DICTIONNAIRE POPULAIRE

ILLUSTRÉ

D'HISTOIRE NATURELLE

COMPRENANT

LA BOTANIQUE, LA ZOOLOGIE, L'ANTHROPOLOGIE
L'ANATOMIE, LA PHYSIOLOGIE, LA GÉOLOGIE, LA PALÉONTOLOGIE, LA MINÉRALOGIE

avec les applications de ces sciences

A L'AGRICULTURE, A LA MÉDECINE, AUX ARTS ET A L'INDUSTRIE

PAR

J. PIZZETTA

OFFICIER DE L'INSTRUCTION PUBLIQUE, LAURÉAT DE L'INSTITUT

REVU ET PRÉCÉDÉ D'UNE INTRODUCTION

PAR

M. EDMOND PERRIER

MEMBRE DE L'ACADÉMIE DES SCIENCES
DIRECTEUR DU MUSÉUM D'HISTOIRE NATURELLE

DEUXIÈME ÉDITION

PARIS

A. HENNUYER, IMPRIMEUR-ÉDITEUR

47, RUE LAFFITTE, 47

1905

DICTIONNAIRE POPULAIRE

ILLUSTRÉ

D'HISTOIRE NATURELLE

DICTIONNAIRE POPULAIRE

ILLUSTRÉ

D'HISTOIRE NATURELLE

COMPRENANT

LA BOTANIQUE, LA ZOOLOGIE, L'ANTHROPOLOGIE
L'ANATOMIE, LA PHYSIOLOGIE, LA GÉOLOGIE, LA PALÉONTOLOGIE, LA MINÉRALOGIE

avec les applications de ces sciences

A L'AGRICULTURE, A LA MÉDECINE, AUX ARTS ET A L'INDUSTRIE

PAR

J. PIZZETTA

OFFICIER DE L'INSTRUCTION PUBLIQUE, LAURÉAT DE L'INSTITUT

REVU ET PRÉCÉDÉ D'UNE INTRODUCTION

PAR

M. EDMOND PERRIER

MEMBRE DE L'ACADÉMIE DES SCIENCES
DIRECTEUR DU MUSÉUM D'HISTOIRE NATURELLE

DEUXIÈME ÉDITION

PARIS

A. HENNUYER, IMPRIMEUR-ÉDITEUR

47, RUE LAFFITTE, 47

1905

PRÉFACE

Les études scientifiques ont pris, de nos jours, un développement considérable ; toutes les classes de la société s'y intéressent. Parmi les sciences, aucune n'offre plus d'avantages et d'attraits que l'*Histoire naturelle*, qui fait aujourd'hui partie de l'enseignement à tous les degrés. Elle comprend, en effet, l'étude du globe, celle des corps bruts qui le composent et des êtres vivants qui l'habitent. Il n'en est pas une d'où sortent plus d'applications utiles aux arts, à l'économie domestique, à la conservation de notre être. Qui ne sait combien le règne minéral offre de ressources à l'art de bâtir, aux arts mécaniques et chimiques, et à cette foule d'industries qui enrichissent les sociétés civilisées? L'agriculture, ce premier des arts, emprunte à l'histoire naturelle ses connaissances et ses améliorations les plus précieuses. La botanique lui fournit des renseignements exacts, non seulement sur les végétaux cultivés à raison de leur utilité pour l'homme, mais aussi sur ceux que leurs propriétés nuisibles doivent faire soigneusement extirper. La zoologie nous apprend à connaître les espèces animales qui nous fournissent des aliments, des produits utiles dans les arts et dans l'économie domestique, et celles qui sont nuisibles ou dangereuses. Il n'est pas une branche d'industrie qui ne tire parti de l'étude de la nature. Et, lors même que l'on mettrait de côté le point de vue matériel, n'est-ce pas une source d'inépuisables jouissances que l'étude des phénomènes curieux et brillants de la végétation, que celle des mœurs et des instincts surprenants des animaux, que la recherche de l'origine du globe et des êtres vivants?

Depuis un quart de siècle, les sciences naturelles ont fait des progrès immenses ; on a établi des nomenclatures nouvelles, redressé d'anciennes erreurs, proclamé de nouvelles théories biologiques. Jamais, en un mot, la tendance des esprits vers l'étude de la nature n'a démontré d'une manière plus évidente l'utilité d'une publication résumant les connaissances acquises jusqu'à ce jour sur les sciences naturelles. Nous avons donc pensé répondre à un besoin réel en publiant un *Dictionnaire populaire d'histoire naturelle* qui, sous une forme concise, donne une idée complète des phénomènes de la nature et de la vie, et résume d'une façon impartiale les découvertes des savants contemporains.

Rédigé en vue de rendre accessible à toutes les intelligences l'étude des sciences naturelles, nous avons évité, autant qu'il était possible, dans cet ouvrage, l'abus des mots scientifiques. Tous s'y trouvent cependant à leur ordre alphabétique, avec leur étymologie et leur définition. Nous nous sommes efforcé d'être aussi complet que possible, et de résumer dans ce dictionnaire ce que l'on serait obligé de chercher dans une foule de traités distincts. Ce livre s'adresse donc, non seulement à la jeunesse studieuse de toutes nos écoles et aux esprits curieux de connaître la nature, mais aussi aux professeurs, à qui il pourra servir de memento pour préparer leurs cours et leurs excursions.

Il nous reste à remplir un devoir agréable en offrant l'expression de notre profonde gratitude à l'éminent professeur du Muséum, M. Edmond Perrier, qui a bien voulu écrire pour nous la magistrale *Introduction* qui précède et rehausse ce livre, et nous aider de ses conseils; puis à M. Hamy, le savant anthropologiste, qui a obligeamment consenti à revoir les articles relatifs aux races humaines. Nous offrons également nos remercie-ments à MM. Devy, Jobin et Millot, qui ont dessiné les belles figures qui complètent et expliquent le texte, et à notre éditeur enfin, M. Hennuyer, qui n'a reculé devant aucun sacrifice pour faire de notre ouvrage un livre de luxe, dont le prix, néanmoins, reste à la portée de tous.

J. PIZZETTA.

INTRODUCTION

I

Une transformation profonde s'est accomplie dans les sciences naturelles durant la seconde moitié de ce siècle. De sciences purement descriptives qu'elles sont longtemps demeurées, elles sont devenues explicatives. Du temps de Linné et de Buffon, on se bornait à définir, d'après leurs caractères extérieurs, les diverses espèces de plantes et d'animaux. Cuvier contribua, plus que tout autre, à répandre le goût des recherches anatomiques ; il agrandit ainsi, dans des proportions inconnues jusqu'à lui, le champ des descriptions, tandis que Lamarck et Geoffroy Saint-Hilaire tentaient, par des méthodes différentes, de pénétrer les lois mêmes de la formation des êtres vivants. C'était ouvrir une voie féconde dans laquelle se sont élancés avec une magnifique ardeur les naturalistes de notre temps.

Lamarck et Geoffroy Saint-Hilaire n'avaient à leur disposition que de faibles moyens d'investigation. Ils étaient forcés de laisser à l'hypothèse une part énorme dans leur conception générale de la nature. Les perfectionnements rapides apportés dans ce dernier demi-siècle au microscope et à la technique microscopique ont donné aux procédés de recherche une étonnante puissance de pénétration. Certains objectifs de microscope, combinés avec des appareils d'éclairage appropriés, permettent de distinguer des particules ayant à peine un vingt-millième de millimètre de diamètre ; grâce à l'emploi de réactifs fixateurs et durcissants, on est parvenu à maintenir en place, sans les déformer, les éléments anatomiques les plus délicats, à pénétrer le corps tout entier des animaux mous, ainsi fixés, de substances coagulables, se laissant facilement couper en tranches minces, à l'aide de rasoirs bien affilés ; on a imaginé enfin des appareils, les *microtomes*, qui permettent de débiter en tranches successives, n'ayant pas plus d'un quatre-centième de millimètre d'épaisseur, tout le corps d'un animal ou toute la substance d'un organe, sans qu'aucune de ces tranches successives puisse être égarée, déchirée ou déplacée par rapport aux autres. De la sorte, les parties les plus profondes, les moins facilement accessibles d'un organe, ont pu être soumises à l'investigation microscopique la plus minutieuse, et il est presque facile de relier rigoureusement entre elles, par une simple construction géométrique, toutes les parties ainsi observées séparément.

Il y a plus : la chimie est venue prêter à la micrographie un secours inattendu. Non seulement elle lui a fourni les moyens de fixer, avec leurs formes naturelles, les éléments les plus délicats, mais elle lui a permis de distinguer les unes des autres les substances qui prennent part à leur constitution. Parmi ces substances, les unes réduisent les sels d'argent, d'autres les sels d'or, d'autres encore les sels d'osmium ou de ruthénium, et prennent, en fixant sur elles les métaux réduits, des teintes caractéristiques ; les matières colorantes telles que l'acide picrique, le carmin, l'hématoxyline, ou matière colorante du bois de Campêche, la longue série des couleurs d'aniline, ont fourni tout un arsenal de délicates réactions colorées, à l'aide desquelles deviennent évidentes pour les yeux les moindres particularités de structure des éléments vivants, à l'aide desquelles les diverses sortes de ces éléments et des tissus qu'ils composent peuvent être distinguées avec une extrême rigueur. D'autre part, l'essence de térébenthine, l'essence de girofle, l'essence de cèdre, ont permis de rendre transparents les tissus préalablement déshydratés à l'aide de l'alcool absolu, et l'on peut, après les avoir débités en lames minces, les coller sur des plaques de verre, à l'aide du baume de Canada, et en faire ainsi des préparations dont la conservation est indéfinie.

De toutes les recherches poursuivies à l'aide de ces divers moyens, il est résulté trois grands faits :

1° La vie s'exerce par l'intermédiaire d'un groupe de substances, différentes des composés chimiques par les incessantes transformations qu'elles subissent. Ces substances, essentiellement composées de carbone, d'hydrogène, d'azote, d'oxygène, de soufre, sont les *substances protoplasmiques* ou *substances sarcodiques ;*

2° Les substances protoplasmiques se mélangent en proportions diverses pour constituer des corpuscules de *dimensions limitées*, ordinairement microscopiques, qu'on a désignés sous les noms de *cellules*, d'*éléments anatomiques*, de *plastides ;*

3° Tout être vivant, plante ou animal, est une association de plastides plus ou moins nombreux, plus ou moins dissemblables, issus d'un plastide unique, l'œuf, lui-même nécessairement détaché d'un organisme préexistant.

Ces trois propositions sont, pour les sciences qui s'occupent des êtres vivants, pour les *sciences biologiques*, le point de départ d'une méthode nouvelle. Les substances protoplasmiques, les éléments anatomiques ou plastides qu'elles constituent, jouent, entre les mains des biologistes, le même rôle que les *agents naturels* entre les mains des physiciens, les *corps simples* entre les mains des chimistes. L'effort des biologistes doit porter avant tout sur la définition exacte et rigoureuse de ces substances protoplasmiques, sur la détermination de leurs propriétés, sur l'étude des facultés des éléments anatomiques qu'elles constituent. Ce premier travail accompli, il sera possible au physiologiste de déduire des propriétés connues des plastides, les fonctions des organes et des appareils ; les différents modes de groupement dont les plastides sont susceptibles donneront de même au morphologiste l'explication de la structure intime et de la forme extérieure des diverses sortes d'animaux ou de plantes.

Dans le Règne animal comme dans le Règne végétal, on peut s'élever graduellement et d'une façon pour ainsi dire continue d'êtres constitués par un seul plastide à des êtres dont l'organisme en comprend des millions.

Il est clair que les êtres vivants composés du nombre le plus restreint de plastides sont ceux dont les propriétés physiologiques et morphologiques seront le plus facilement déduites des propriétés des plastides isolés, et que leur connaissance parfaite sera un guide précieux pour l'étude des organismes plus compliqués ; ceux-ci éclaircront à leur tour de la même lumière l'histoire des êtres les plus élevés. Il n'y a donc qu'une seule manière logique d'exposer didactiquement l'ensemble de nos connaissances relativement au Règne végétal ou au Règne animal : elle consiste à prendre pour point de départ les formes les plus simples des deux Règnes et à

·suivre pas à pas les progrès de l'organisation jusqu'à ce qu'on arrive aux plantes et aux animaux les plus complexes. Les faits, si la méthode a été rigoureusement suivie, doivent s'enchaîner, comme s'enchaînent les théorèmes de la géométrie, les phénomènes qui ressortissent à un même chapitre de la physique, les propriétés des divers composés d'une même série en chimie organique. Une telle coordination synthétique est le but vers lequel doivent tendre les biologistes, car le degré de cohésion que présente la chaîne des faits permet alors de mesurer l'étendue des connaissances acquises et de préciser nettement les lacunes de la science.

II

LA MÉTHODE PRIMITIVE DES SCIENCES NATURELLES.

Cette conception de la méthode dans les sciences biologiques peut être considérée comme toute nouvelle ; c'est, en effet, la méthode exactement inverse qui a été suivie par la presque totalité des naturalistes jusque dans ces dernières années, et il ne serait pas difficile de montrer qu'elle imprègne encore plus qu'on ne saurait le croire les écrits de ceux mêmes qui pensent en avoir secoué le plus courageusement le joug. Les anciens traités de Zoologie ou de Botanique et un certain nombre des plus récents débutent, en effet, invariablement par l'histoire des Mammifères ·ou celle des Plantes phanérogames, et nous font ensuite assister, plus ou moins méthodiquement, à la dégradation des organismes, en leur accordant, en général, d'autant moins d'attention qu'ils sont plus simples. Cette méthode est, en quelque sorte, un souvenir, une survivance qu'on pourrait presque aujourd'hui nommer une superstition, de l'ordre même dans lequel ont été rassemblées nos connaissances sur les animaux et les plantes. « Imaginons, dit Buffon, un homme qui a tout oublié ou qui s'éveille tout neuf pour les objets qui l'environnent ; plaçons cet homme dans une campagne où les animaux, les oiseaux, les poissons, les plantes, les pierres, se présentent successivement à ses yeux. Dans les premiers instants, cet homme ne distinguera rien et confondra tout. Mais laissons ses idées s'affermir peu à peu par les sensations réitérées des mêmes objets ; bientôt il se formera une idée générale de la matière animée, il la dis·tinguera aisément de la matière inanimée, et, peu de temps après, il distinguera très bien la matière animée de la matière végétative, et naturellement il arrivera à cette grande division : *animal, végétal* et *minéral ;* et, comme il aura pris en même temps une idée nette de ces grands objets si différents : la *terre,* l'*air* et l'*eau,* il viendra en peu de temps à se former une idée particulière des animaux qui habitent la terre, de ceux qui demeurent dans l'eau, et de ceux qui s'élèvent dans l'air, et, par conséquent, il se fera aisément à lui-même cette seconde division : *animaux quadrupèdes, oiseaux, poissons…* Ensuite, mettons-nous à la place de cet homme, ou supposons qu'il ait acquis autant de connaissances et qu'il ait autant d'expérience que nous en avons ; il en viendra à juger des objets de l'histoire naturelle par les rapports qu'ils auront avec lui. Ceux qui lui seront les plus nécessaires, les plus utiles, tiendront le premier rang ; par exemple, il donnera la préférence, dans l'ordre des animaux, au cheval, au chien, au bœuf, etc., et il connaîtra toujours mieux ceux qui lui seront le plus familiers. Ensuite, ·il s'occupera de ceux qui, sans être familiers, ne laissent pas que d'habiter les mêmes lieux, les mêmes climats, comme les cerfs, les lièvres et tous les animaux sauvages ; et ce ne sera qu'après toutes ces connaissances acquises que sa curiosité le portera à rechercher ce que peuvent être les animaux des climats étrangers, comme les éléphants, les dromadaires, etc.

Il en sera de même pour les poissons, pour les oiseaux, pour les insectes, pour les coquillages, pour les plantes, pour les minéraux et pour toutes les autres productions de la nature. Il les étudiera à proportion de l'utilité qu'il en pourra tirer ; il les considérera à mesure qu'ils se présenteront plus familièrement, et il les rangera dans sa tête relativement à cet ordre de ses connaissances, parce que c'est, en effet, l'ordre selon lequel il les a acquises et selon lequel il lui importe de les conserver. »

C'est bien là, en effet, l'ordre suivant lequel nos connaissances biologiques semblent avoir été acquises ; c'est, en tout cas, l'ordre suivant lequel Buffon dispose ses chapitres de l'histoire des quadrupèdes. Ses contemporains, élèves de Linné, ne diffèrent pas de lui autant qu'on pourrait le croire au premier abord. Ils vont seulement un peu plus loin dans l'analyse des grands groupes primordiaux. Ils distinguent plusieurs groupes de Mammifères, d'Oiseaux, de Poissons, de Plantes, plus semblables entre eux que semblables aux autres, et, de même que Buffon ne mêle ni les Poissons aux Oiseaux, ni les Oiseaux aux Quadrupèdes parce qu'ils sont du même climat, les naturalistes linnéens évitent de mêler entre eux les représentants des groupes secondaires qu'ils ont reconnus. Au fond, leur méthode est la même. L'Homme est le point de départ du Règne animal ; la Plante à fleur, le point de départ du Règne végétal. Tout est classé, non pas, il est vrai, sous le point de vue utilitaire auquel Buffon s'arrête, momentanément d'ailleurs, mais sous l'unique point de vue du degré plus ou moins grand de ressemblance avec l'Homme, s'il s'agit des animaux, avec les Plantes qui s'imposent le plus directement à son attention, s'il s'agit des végétaux. Cela ne présente aucun inconvénient tant qu'on n'a d'autre but que de décrire les êtres vivants ; les naturalistes qui se placent à ce point de vue restreint ont effectivement professé qu'il est indifférent de présenter l'histoire de la nature dans l'ordre ascendant ou dans l'ordre descendant. Il n'en est plus ainsi dès que la véritable science se constitue, dès que l'on se propose, non plus seulement de *constater*, mais d'*expliquer*. Il devient absolument nécessaire de passer peu à peu du *simple* au *composé ;* or, les naturalistes se sont longtemps bornés, à l'exemple de Buffon, et parfois en croyant faire tout autre chose, à passer du *familier* à ce qui ne l'était pas. Leur erreur de méthode est devenue particulièrement grave le jour où, par une singulière confusion de mots, ils ont pu croire qu'en procédant ainsi ils appliquaient la méthode d'investigation qui consiste à aller sans cesse du *connu* à l'*inconnu*.

Aux naturalistes du siècle dernier et du commencement de celui-ci, ce qui paraissait le *connu*, étant déjà le *familier*, c'était l'Homme, c'étaient les Vertébrés, c'étaient les grands végétaux les plus répandus, les Plantes à fleur. Le Vertébré, la Plante phanérogame, devaient apparaître comme des unités, caractéristiques chacune d'un grand Règne de la nature, et auxquelles tout devait être ramené. C'est manifestement sous l'empire de ces idées qu'Étienne Geoffroy Saint-Hilaire fut amené à proclamer l'*unité de composition du règne animal*, et à faire tous ses efforts pour donner une démonstration de cette unité. Longtemps encore après lui, on croyait avoir expliqué, lorsque, à la suite d'une comparaison d'un animal peu connu avec un animal supérieur, on était parvenu à mettre en évidence quelque point de ressemblance. Toute la langue des anatomistes est encore pleine de cette idée ; c'est ainsi que les noms de tête, de thorax, d'abdomen, de queue, de glandes salivaires, de foie, de reins, de cœur sont successivement transportés de l'Homme aux animaux les plus inférieurs ; c'est ainsi qu'Ehrenberg peut croire un moment avoir découvert, chez les Infusoires, des organes dignes du nom d'estomac, de celui de cœur, et que, jusque dans ces dernières années, l'idée que ces êtres sont, à certains égards, comparables aux animaux supérieurs, a conservé des partisans.

Ce transfert des conceptions tirées de l'observation des animaux supérieurs, à la coordination des faits résultant de l'étude des animaux inférieurs, a eu pour conséquence — et cela devait être — de semer l'histoire de ces animaux de difficultés théoriques qui ont soulevé, parmi les zoologistes et parmi les philosophes, des discussions passionnées, et qui ont pu paraître insurmontables à plus d'un bon esprit dont la seule faute était d'avoir accepté, avec un peu trop de confiance, la méthode de raisonnement et de comparaison dont les sciences naturelles sont demeurées, jusqu'à ce jour, si profondément imprégnées.

Rien n'est plus saisissant, à cet égard, que l'histoire des assauts livrés, par les découvertes successives faites sur les animaux inférieurs, à trois conceptions qui auraient pu paraître claires entre toutes, si l'on s'était borné à l'étude des formes supérieures du Règne végétal et du Règne animal : la notion d'*individu*, la notion d'*espèce*, la notion même de la différence entre l'animal et le végétal.

III

L'INDIVIDU ET L'INDIVISIBILITÉ. — L'ANIMAL DIT « COMPOSÉ » OU COLONIE.

A ne considérer que les Vertébrés, les Mollusques ou les Arthropodes, le Règne animal paraît composé d'unités fondamentales irréductibles, que nous nommons les *individus*. Le mot individu exprime le caractère essentiel de ces unités, qui est l'*indivisibilité;* ce mot fait partie du langage courant. Nous savons tous, sans qu'il soit besoin de définition plus précise, ce que c'est que l'individu quand il s'agit d'un Homme, d'un Chien, d'un Chat, d'un Oiseau. L'individu, si l'on veut le définir plus rigoureusement, provient du développement d'un œuf; il grandit, se modifie plus ou moins, mais arrive à une forme déterminée, toujours la même, dure un certain temps, vieillit et finalement disparaît, après avoir contribué, avec l'assistance d'un autre individu, à la procréation d'œufs semblables à celui d'où il provient. Au cours de sa durée, au cours de sa vie, toute partie séparée accidentellement de cet individu est vouée à une destruction rapide; l'individu lui-même souffre de cette séparation et meurt, quelquefois instantanément, si la séparation porte sur certaines parties qui se montrent ainsi essentielles à son existence. Tel est l'*individu animal*. L'*individu végétal,* considéré dans ce qu'il a de plus habituel, en diffère par quelques points importants. Né d'une graine, comme l'individu animal d'un œuf, il grandit comme lui, mais en se ramifiant, en modifiant sans cesse sa forme par l'addition de nouvelles parties qui semblent, à un premier examen, disposées sans règle; sa durée, parfois courte, semble, dans d'autres cas, celui des arbres, par exemple, illimitée. Les parties qu'on en détache au cours de sa vie ne meurent pas nécessairement; transportées sur un autre individu, ou même plantées en terre, elles continuent, au contraire, à vivre, à se développer, et peuvent se transformer en nouveaux individus, tandis que l'individu primitif continue lui-même à prospérer sans paraître souffrir de leur disparition. Aucune amputation ne paraît même amener nécessairement sa mort, pourvu qu'on le maintienne dans un milieu propre à lui permettre de respirer et de se nourrir. Ces différences entre l'individu végétal et l'individu animal ont longtemps paru si essentielles, qu'on les faisait entrer volontiers dans la caractéristique des deux grands Règnes entre lesquels on répartit les êtres vivants. La ramification, la greffe, le marcottage, le bouturage, paraissaient des phénomènes tout à fait propres aux Végétaux. Si bien que lorsque Peyssonel, vers 1725, vint annoncer que le Corail était, non pas un végétal, comme on le croyait depuis la découverte de ses prétendues fleurs par Marsigli (1711), mais bien un animal ramifié, son affirmation ne rencontra que des incrédules. Réaumur, par générosité, crut même ne pas devoir nommer, devant l'Académie des sciences, l'auteur d'une si étrange découverte. Les recherches de Trembley sur l'Hydre d'eau douce portèrent, en 1740, le premier coup à la conception courante de l'individu animal et de l'individu végétal. Trembley ayant vu ses Hydres mouvoir leurs tentacules, se déplacer, capturer des proies, les digérer, ne pouvait douter que ce ne fussent des animaux ; mais il avait vu en même temps ces animaux se ramifier comme des plantes ; il avait réussi à les greffer les uns sur les autres, à en obtenir de véritables boutures, et il avait assisté à la formation de marcottes naturelles ou artificielles. Il fallait donc étendre aux animaux des facultés qui avaient, jusqu'ici, paru spéciales aux plantes. Ces découvertes, étendues par une commission de l'Académie des sciences dont de Jussieu était l'âme, eurent pour conséquences de faire ranger définitivement dans le Règne animal les Éponges, les Hydraires, les Coralliaires, les Bryozoaires, dont, jusque-là, les botanistes conservaient les dépouilles dans leurs herbiers.

Il semblait dès lors naturel de poursuivre la comparaison commencée méthodiquement par Trembley, faite inconsciemment jusque-là par la plupart des naturalistes, entre les plantes et ce qu'on allait appeler bientôt les Zoophytes ; il n'en fut pas ainsi. Par une réaction bien fréquente dans l'histoire des sciences, après avoir considéré les Zoophytes comme de véritables plantes, on perdit de vue les ressemblances manifestes qui existent entre eux et les végétaux ; tout l'effort se porta, au contraire, vers la mise en évidence de leurs facultés animales ; on chercha à étendre jusqu'à eux les notions acquises sur les animaux supérieurs, et, en particulier, à les englober dans la notion de l'individualité animale, telle qu'on l'avait acquise, sans trop se demander si les bases mêmes de cette notion étaient solidement assises.

Une Hydre d'eau douce, avant toute ramification, apparaît comme une individualité comparable à celle de tout autre animal, d'un Chien, par exemple. Cette Hydre, bien nourrie et convenablement chauffée, grandit, puis se ramifie ; chacun des rameaux prend la forme de l'Hydre primitive. Trembley a pu en obtenir jusqu'à dix-sept nés les uns sur les autres. Arrivés à leur complet développement, ces rameaux se séparent et vivent à l'état isolé. Voilà donc dix-sept individualités nouvelles constituées ! Si le phénomène se poursuit durant toute la belle saison, tout œuf qui a donné naissance, au printemps, à une Hydre unique, se trouve, à la fin de l'automne, avoir été l'origine de plusieurs centaines d'Hydres résultant tout simplement de l'accroissement du corps de l'Hydre primitive ou de ses dérivées successives. L'œuf animal, réputé ne produire qu'un seul individu, en produit ici une légion. C'est une première brèche à la conception ancienne de l'individualité animale.

Mais toutes ces Hydres pourraient ne pas se séparer. En fait, la séparation, qui est la règle chez les Hydres d'eau douce, est l'exception chez les Polypes marins analogues. Là, tout ce qui provient d'un même œuf demeure uni, sauf quelques parties sur lesquelles nous aurons à revenir tout à l'heure. Comment va-t-on qualifier la formation ramifiée, arborescente, le buisson de Polypes, qui se constitue ainsi ? Si l'on poursuit la comparaison avec les plantes, ce buisson ramifié sera un *individu,* au sens végétal du mot, tout comme le premier buisson venu. Si l'on s'attache à la comparaison avec les animaux, chaque Polype, chaque Hydre sont des individus distincts. Sous l'influence de la réaction produite par les découvertes de Trembley, c'est cette notion dernière qui triompha. Comme le dit Trembley, les divers membres d'une famille d'Hydres demeurent unis de manière à constituer un arbre généalogique vivant. A dater de ce moment, une notion nouvelle se trouve introduite dans la science : celle de l'animal vivant matériellement uni à ses semblables, celle de l'association physiologique de plusieurs individualités distinctes, demeurées, en raison même de leur mode de formation, en continuité de tissu. Un mot semble nécessaire pour désigner cette forme si inattendue d'association ; ce mot passe bientôt dans le langage courant : une association d'animaux en continuité de tissu est ce qu'on nomme une *colonie*.

Le mot, une fois créé, devient le symbole d'une entité dont le caractère subjectif disparaît bientôt, et dont on s'efforce de démontrer la réalité objective. On imagine la *colonie* comme une société telle que savent en créer un certain nombre d'Insectes, les Hyménoptères mellifères, les Fourmis ou les Termites, par exemple, mais où les individus, au lieu de demeurer simplement sous le même toit, sont en complète continuité de tissu, à la façon des frères Siamois ; et, comme c'est là une notion neuve, en somme, que cette notion de l'animal composé, comme elle contient une certaine part de vérité, on cherche à l'étendre le plus possible ; on la transporte des colonies d'Hydraires et de Coralliaires fixés, pour lesquelles elle a été imaginée, aux Siphonophores, aux Pennatulides, ce qui ne soulève pas grandes difficultés. Un peu plus tard (1827), Moquin-Tandon en fait une application aux animaux articulés de Cuvier, dont il considère les *articles* ou *segments* comme autant d'individualités distinctes, d'organismes complets et équivalents, qu'il désigne sous le nom de *zoonites*. A la vérité, les équivalents isolés de ces zoonites ne sont pas connus, mais leur existence n'est pas absolument nécessaire à la défense des idées de Moquin-Tandon. C'est, en effet, d'une manière toute théorique, que ce naturaliste admet l'individualité de ces zoonites, et il ne leur attribue pas de rôle mécanique dans la formation d'organismes dont la perfectibilité n'est pas admise. Aussi, dès 1831, Dugès, simplement préoccupé de démontrer une sorte d'unité de plan de structure des êtres organisés, ce qu'il appelle leur *conformité organique*, étend-il à tous les animaux quelque peu élevés la notion de la composition. La complication organique est obtenue, suivant lui, par la répétition, les groupements divers, les modifications en sens différents, la coalescence à des degrés variables, d'organismes plus simples, auxquels on peut appliquer, chez les Polypes aussi bien que chez les Vertébrés, la qualification de zoonites. Dugès appliquait aux zoonites la grande loi de la *division du travail physiologique* énoncée, en 1827, par H. Milne Edwards et qui a pris depuis une si large place dans les conceptions des zoologistes, qu'il semble impossible aujourd'hui que la science ait pu s'en passer. Il supposait, d'ailleurs, que les zoonites, bien que susceptibles de se modifier en sens divers, avaient, dans tout le Règne animal, la même constitution fondamentale.

Mais ce n'est pas seulement dans le Règne animal que l'idée de colonie se généralise. Gœthe avait déjà, en 1790, développé cette hypothèse que, dans les Végétaux, les feuilles et les organes floraux ne sont que des modifications d'un même organe fondamental, et que les rameaux peuvent être considérés comme autant d'individus fixés sur la plante mère, de la même façon que celle-ci l'est dans le sol. Partant de cette conception, qu'on pourrait faire remonter jusqu'à Bonnet, Gaudichaud et Aubert Dupetit-Thouars imaginent un végétal élémentaire qu'ils nomment le *phyton*, correspondant à l'animal élémentaire ou zoonite de Dugès. Et la *loi de composition* se trouve ainsi étendue à l'empire organique tout entier. L'idée de l'*animal composé*, qui semble ressortir des recherches de Trembley, a gagné, comme une sorte de contagion, l'esprit des naturalistes occupés des recherches les plus diverses ; elle atteint jusqu'aux botanistes, qui s'efforcent d'établir la pluralité d'unités aussi évidentes que peut l'être celle d'un arbre. La nouvelle façon de voir rencontre cependant des contradicteurs, même parmi les zoologistes. Cuvier décrit la Pennatule comme un animal à plusieurs bouches et, tandis que M. Van Beneden voit, dans le Tænia, une colonie de Trématodes, M. Blanchard donne d'excellentes raisons pour démontrer qu'un Tænia est une unité organique tout comme un Ver de terre ou un Insecte. L'un et l'autre, comme nous le verrons bientôt, sont dans le vrai.

IV

LA PRÉTENDUE GÉNÉRATION ALTERNANTE ET LA NOTION DE L'ESPÈCE.

Pendant que la conception de l'individualité, telle qu'elle découle de l'étude des animaux supérieurs, est soumise à ces rudes épreuves, à la suite de l'examen de la constitution et des facultés des Invertébrés inférieurs, la notion de l'espèce reçoit, à son tour, une violente secousse. On est habitué à voir les jeunes ressembler à leurs parents, sauf pour la taille, ou tout au moins, s'ils en sont différents, se transformer à un certain âge, de manière à leur ressembler complètement, les caractères particuliers aux jeunes passant tantôt graduellement, tantôt brusquement à ceux de l'adulte, comme cela arrive pour la livrée ou le plumage chez les Mammifères et les Oiseaux, pour l'organisation interne chez les Batraciens, les Insectes et les autres animaux. Lorsque les transformations que subissent certains animaux, au cours de leur vie, sont profondes, on les appelle des *métamorphoses*, et ces métamorphoses, si bien connues qu'elles soient, ne sont pas sans exciter, de nos jours encore, un réel étonnement. Grâce à elles, l'espèce comprend trois sortes d'individus plus ou moins différents entre eux: les mâles, les femelles, les jeunes. Il peut arriver, en outre, que certains mâles ou certaines femelles demeurent stériles, et prennent alors une forme particulière; une quatrième sorte d'individus, celle des neutres, s'ajoute par cette modification, sans grande importance, aux trois sortes fondamentales.

Dès 1819, de Chamisso découvre chez des animaux marins, les Salpes, un fait absolument inattendu. Chez ces bizarres animaux, deux générations consécutives ne se ressemblent pas. On rencontre les Salpes en mer, tantôt à l'état solitaire, tantôt sous forme de longues chaînes où les individus sont disposés sur deux rangs. Les Salpes unies en chaîne, ou *Salpes agrégées*, ne vivent pas seulement dans d'autres conditions que les *Salpes solitaires;* elles ont aussi une forme et même une organisation interne différentes; or, les Salpes agrégées sont produites par les Salpes solitaires, et chacune d'elles produit à son tour une Salpe solitaire; de sorte que, dans cette singulière famille, les filles ne ressemblent jamais qu'à leurs grand'mères. Ce fait demeure isolé jusqu'en 1837. A ce moment, Michaël Sars, pasteur à Bergen (Norwège), découvre un animal qu'il croit être une Hydre marine, et auquel il donne le nom de *Scyphistome.* Des observations diverses lui montrent plus tard que le Scyphistome s'allonge avec l'âge, de manière que la forme de son corps devienne cylindrique; puis le cylindre se creuse d'annulations successives qui finissent par le faire ressembler à une pile d'écuelles. Sous cette forme, c'est ce que l'on nomme un *Strobile.* Les bords de chacun des éléments du Strobile se découpent en huit lobes bifurqués, puis chacun de ces éléments se détache, en commençant par le plus élevé, et n'est autre chose, au moment de sa mise en liberté, qu'une petite Méduse pour laquelle on avait créé le genre *Ephyre.* La petite Méduse grandit, change de forme et devient enfin une de ces grandes Méduses connues sous les noms de *Rhizostomes*, de *Cyanées*, de *Pélagies*, etc. Quelques années plus tard (1843), Dujardin découvre que les Méduses d'une autre famille se développent sur certains Hydraires ramifiés, à la façon des fleurs sur les plantes. Ces faits prennent dès lors une importance capitale. Cuvier avait placé les Hydres et les Méduses dans deux classes toutes différentes des Zoophytes ; il devient nécessaire de confondre ces deux classes, puisqu'un animal appartenant à l'une d'elles engendre des animaux appartenant à l'autre, et réciproquement ; il semble, d'autre part, nécessaire de modifier la définition de l'espèce, puisque la forme spécifique, au lieu de demeurer constante à travers toutes les générations, change régulièrement d'une génération à la suivante. On se demande alors si ces faits sont aussi exceptionnels qu'ils le paraissent au premier abord. On reconnaît bientôt qu'il en existe de très semblables, au moins en apparence, chez les Trématodes, et M. de Quatrefages en signale de tout à fait analogues chez des Annélides, les Syllidiens. Un éminent naturaliste danois, Japetus Steenstrup, essaie bientôt d'expliquer et de synthétiser tous ces faits. Les mœurs des Abeilles et des Fourmis lui servent de point de départ. Là, il existe des femelles stériles, à qui est confié, en totalité, l'élevage des jeunes ; elles sont, pour ces jeunes, de véritables *nourrices*. Steenstrup suppose qu'il en est de même chez les Zoophytes, les Vers et les Tuniciers ; pour lui, deux générations semblables sont, chez les Salpes, les Polypes, les Trématodes, et certains Vers annelés, interrompues par une génération de *nourrices* nées par un bourgeonnement ou par un procédé voisin. Ces nourrices ne font que recevoir en dépôt l'œuf de leur mère ; elles le logent et l'alimentent jusqu'à ce qu'il soit arrivé à maturité ; comme elles alternent avec les formes sexuées, Steenstrup désigne ce mode de génération sous le nom de *génération alternante*. La génération de nourrices continue, en quelque sorte, l'œuvre des véritables mères qui, chez les animaux inférieurs, produisent un trop grand nombre d'œufs pour être capables de les mener à bien. Grâce à ces considérations, il semble que la génération alternante soit ramenée au cas de la génération ordinaire ; l'alternance régulière des formes sexuées et des nourrices ne trouble plus même que fort peu les notions acquises sur la persistance de la forme de génération en génération chez les animaux de même espèce, puisque les nourrices ne comptent pas dans la génération sexuée.

La théorie des générations alternantes n'est cependant pas acceptée sans conteste ; elle devient le pivot de vives discussions, où les naturalistes épuisent toutes les ressources de leur esprit pour ramener au prétendu type normal de la génération des Vertébrés, les phénomènes, assez disparates d'ailleurs, réunis artificiellement sous la dénomination de génération alternante.

Ainsi, à quelque point de vue qu'on se place, l'histoire des Animaux inférieurs vient apporter un trouble profond dans les vieilles conceptions ; les découvertes nouvelles, au lieu de rendre ces conceptions plus claires, ne font qu'accumuler autour d'elles les difficultés. Cela seul suffirait à démontrer que la voie dans laquelle s'étaient engagées les sciences naturelles n'était pas la vraie. Tout s'éclaire, en effet, dès qu'on suit la voie inverse, dès qu'on prend pour point de départ les êtres les plus simples et que, rejetant d'avance toute théorie, on dispose simplement les faits dans l'ordre de complication croissante ; ils s'enchaînent dès lors d'eux-mêmes ; ils s'expliquent de la façon la plus simple les uns par les autres ; ils constituent à eux seuls un vaste système où les notions anciennes trouvent leur place, mais apparaissent déchues de la valeur générale qu'on leur avait attribuée, et n'ayant plus que la valeur de simples cas particuliers.

V

L'ANIMAL ET LE VÉGÉTAL.

Les plastides, ou éléments anatomiques, tels que nous les avons déjà définis, sont le point de départ de la longue chaîne que nous allons pouvoir constituer. Une foule d'êtres vivants sont réduits à un seul plastide ou à un petit nombre de plastides tous semblables entre eux. Une première question se présente ici : dans quel Règne doit-on les placer ? La difficulté de la réponse a paru assez grande à Hæckel pour qu'il ait proposé de constituer un Règne à part, le *Règne des Protistes*, pour tous les êtres monoplastiques. Mais la difficulté n'est qu'éludée par cet artifice ; elle se représente, en effet, plus grande dès qu'on demande comment le Règne des Protistes se distinguera soit du Règne animal, soit du Règne végétal. Aussi Hæckel, dans l'impossibilité où il s'est trouvé de limiter son Règne des Protistes, a-t-il été amené à y englober la classe entière des Champignons, dont la nature végétale ne fait de doute pour personne. Il n'y a donc pas lieu d'admettre, entre le Règne animal et le Règne végétal, un Règne intermédiaire des Protistes. La vie se présente à nous sous deux aspects, qui ont été reconnus de tout temps : l'aspect végétal et l'aspect animal. La différence de ces deux aspects a une cause que nous devons chercher à déterminer, et, cette cause une fois connue, il est évident que le caractère distinctif de l'animal et du végétal s'imposera de lui-même.

Le végétal, abstraction faite de sa forme extérieure, diffère de l'animal par son immobilité, par son insensibilité au moins apparente, par son inaptitude à prendre des aliments solides. Or, ces différences sont étroitement liées aux conditions dans lesquelles se trouvent les éléments anatomiques dans les deux Règnes. Tandis que, chez l'animal, ces éléments sont nus ou entourés d'une membrane flexible qui permet aux substances protoplasmiques de manifester au dehors leur contractilité et de laisser pénétrer dans leur masse des particules solides, les plastides des végétaux supérieurs sont enfermés dans une enveloppe rigide d'une substance particulière, voisine de l'amidon, la *cellulose*, qui n'est autre chose, d'ailleurs, que la substance même du bois et du papier. Cette substance est exsudée par l'élément anatomique qui fabrique ainsi lui-même sa prison. La membrane de cellulose une fois produite, la contractilité du protoplasme ne peut plus lui imprimer aucune déformation ; la sensibilité du protoplasme, si elle persiste encore, ne peut plus se traduire par aucun mouvement ; les corps solides ne pouvant plus traverser cette membrane, les aliments, avant d'arriver au protoplasme, devront être préalablement dissous.

Toutes les différences entre l'animal et le végétal ont donc pour origine le développement, autour des plastides, d'une paroi de cellulose ; nous considérerons, en conséquence, comme appartenant au Règne végétal, tous les êtres formés d'un seul plastide qui sont enveloppés de cellulose. L'apparition de la membrane de cellulose pourra être, chez quelques-uns, tardive ou momentanée ; tant qu'elle n'aura pas eu lieu, ces plastides jouiront de toutes les propriétés des animaux ; dès qu'elle se sera constituée, ils perdront toutes ces propriétés aussi longtemps qu'ils seront enveloppés de cellulose ; de là des divergences au sujet du Règne auquel ils appartiennent ; en fait, ils passent, au cours de leur vie, d'un Règne à l'autre ; mais, comme il nous faut prendre un parti à leur égard, et que l'apparition même momentanée, autour d'eux, d'une enveloppe de cellulose, fût-elle incomplète, en fait incontestablement des candidats, pour le moins, au titre de végétal, nous *conviendrons* de leur attribuer ce titre. Nous sommes d'ailleurs en droit d'exclure tout autre critérium, le critérium que nous employons étant le seul qui ait son point de départ dans la conception initiale du végétal et de l'animal, conception aussi ancienne que l'art d'observer. Dès lors, la démarcation entre le Règne animal et le Règne végétal ne souffre plus de difficulté sérieuse.

Dans le Règne animal, les êtres formés par un seul plastide ou par un petit nombre de plastides semblables entre eux sont réunis en une seule et même grande division : celle des *Protozoaires*. Dans le Règne végétal, il est impossible de séparer les êtres monoplastiques d'autres formés par un agrégat de plastides d'ailleurs peu différenciés. Ils constituent avec eux le grand groupe des *Thallophytes*, qui se subdivise en deux classes : celle des Thallophytes sans matière verte ou *Champignons ;* celle des Thallophytes verts, capables de décomposer l'acide carbonique et de s'en assimiler le carbone, qui constituent la classe des *Algues*.

VI

INDÉPENDANCE ET SOLIDARITÉ DES ÉLÉMENTS ANATOMIQUES.

Dans les deux Règnes, tout organisme n'est, en somme, nous l'avons déjà dit, qu'une association de plastides. Les plastides associés pour constituer un organisme gardent toujours une part importante de leur autonomie. Chacun vit pour son compte, sans se soucier de ses voisins ; mais le fait même de l'association amène des tempéraments à cette *indépendance des éléments anatomiques*, et crée entre eux une solidarité dont l'étendue est d'ailleurs variable. En effet, les plastides associés occupent des positions différentes par rapport au milieu extérieur, et sont, par conséquent, différemment affectés par lui ; leur position réciproque n'est pas non plus la même, et les actions qu'ils exercent les uns sur les autres sont, par cela même, différentes. Ces actions sont d'ailleurs inévitables : chaque élément anatomique vit, en effet, au milieu des substances excrétées par ses voisins, doit partager avec eux les matériaux nutritifs et l'oxygène qui sont amenés dans la région du corps qu'ils occupent, et ce partage se fait inégalement suivant le degré d'activité des éléments concurrents. Il suit de là que les plastides associés se constituent en grande partie à eux-mêmes leurs conditions d'existence ; dès qu'on les isole, ils ne sont plus dans les conditions qu'ils se sont faites ; ils dépérissent le plus souvent et meurent. D'ailleurs les conditions d'existence variées que crée l'association amènent nécessairement les plastides à différer les uns des autres, comme les conditions mêmes où ils vivent. Chez les plastides ainsi *différenciés*, les propriétés, d'abord communes à tous, sont inégalement mises en jeu ; chaque catégorie de plastides en arrive à ne plus exercer que certaines propriétés dominantes dont l'exercice devient indispensable à celle des autres plastides. Les plastides d'une catégorie donnée semblent dès lors avoir une *fonction* spéciale à remplir, fonction nécessaire à la persistance de l'association, dont l'activité physiologique devient, en définitive, la somme de toutes ces fonctions particulières. Si l'on considère cette activité physiologique comme un travail qui doit être accompli par des ouvriers divers, on peut dire que le fait même de l'association entraîne, entre les éléments anatomiques différenciés, une *division du travail physiologique*, d'autant plus grande, que les plastides associés constituent un organisme plus parfait. La solidarité des éléments anatomiques est naturellement poussée d'autant plus loin, que la division du travail physiologique est elle-même plus avancée. De cette solidarité résulte l'indivisibilité de l'associa-

tion, qui est elle-même la base de la notion de l'*individualité*. Il suit de là que l'individualité n'est pas un phénomène primitif, mais le résultat de la solidarité qui se développe graduellement entre les plastides formant une même association : son développement est, lui aussi, graduel et c'est pourquoi la dissociation du corps, possible chez les végétaux et les animaux inférieurs, devient impossible chez les animaux supérieurs.

VII

PHYTOZOAIRES ET ARTIOZOAIRES.

Tout organisme végétal ou animal est, à son début, réduit à un plastide unique, l'*œuf*. C'est de la division répétée du plastide primitif que résultent tous les plastides, si nombreux qu'ils soient, qui constituent un même organisme. Mais l'histoire tout entière des végétaux, celle des animaux inférieurs, montrent que les organismes quelque peu élevés ne se constituent pas d'un seul coup. Le végétal le plus compliqué, l'arbre le plus gigantesque est d'abord réduit à une racine et à une tige indivises, supportant au total une ou deux feuilles : de même, le corps de tous les animaux inférieurs est, au moment de l'éclosion, dépourvu de toute ramification, ou de toute division en segments. Mais après que le corps a grandi un certain temps, son évolution ne tarde pas à suivre une voie nouvelle. Dans la très grande majorité des cas, s'il est fixé à la façon des végétaux, le corps se ramifie et chacun des rameaux prend une constitution analogue à celle que présentait le corps lui-même avant sa ramification. On peut dire, quand la croissance est terminée, que le corps est constitué par autant de parties équivalentes entre elles et équivalentes au corps primitif qu'il existe de rameaux.

Si le corps doit demeurer libre, les progrès de la croissance amènent encore la formation de parties toutes équivalentes entre elles et équivalentes au corps primitif : mais ces parties, au lieu de se disposer latéralement les unes par rapport aux autres, se placent bout à bout, et constituent ce qu'on nomme les segments des corps chez les Arthropodes, les Vers annelés. Il y a donc déjà deux grandes catégories d'animaux : les animaux dont le corps est ramifié comme celui des plantes, et ceux dont le corps est segmenté. Nous pouvons désigner les animaux de ces deux catégories sous les noms de PHYTOZOAIRES et d'ARTIOZOAIRES, et nous pourrons bientôt établir qu'il n'y en a pas d'autres.

VIII

DIFFÉRENCIATION DES PARTIES DU CORPS DES PLANTES ET DES ANIMAUX.

Qu'il s'agisse d'ailleurs de Végétaux, de Phytozoaires ou d'Artiozoaires, les parties similaires résultant de la croissance du corps sont susceptibles des mêmes modifications. Chez les Plantes, les rameaux et les feuilles, les feuilles surtout, peuvent revêtir les formes les plus diverses. Elles se transforment en épines, en écailles protectrices des bourgeons, en magasins de réserves alimentaires, en vrilles destinées à soutenir les plantes grimpantes, en bractées protectrices des inflorescences ou des fleurs, en sépales, pétales, étamines, carpelles, et même, comme chez les *Drosera*, les *Dionæa*, les *Nepenthes*, en organes de chasse et de digestion. Chez les Polypes, les divers rameaux d'un même corps peuvent de même revêtir des formes diverses, et se consacrer ensuite exclusivement à telle ou telle catégorie de fonctions; c'est ainsi que, chez certains Polypes hydraires, les Hydractinies, par exemple, on trouve des *rameaux protecteurs* en forme d'épines, des *rameaux préhenseurs* chargés de la défense et de la chasse, des *rameaux nourriciers*, chargés de la digestion, des *rameaux reproducteurs* sur lesquels se développent enfin des *rameaux sexués*, les uns mâles, les autres femelles.

A cette différenciation des rameaux correspond, chez les animaux segmentés, une différenciation tout à fait analogue des segments du corps; mais ici la différenciation, en raison de la disposition en ligne droite de tous les segments, suit une direction, en quelque sorte constante. Le premier segment, qui, dans la locomotion, entraîne forcément tous les autres à sa suite, se consacre, en général, exclusivement à l'exploration de la région dans laquelle il va engager le corps dont il fait partie; il se charge, en outre, avec ses voisins immédiats, de saisir les aliments et de les déglutir. Sur ce premier groupe de segments se concentrent les organes des sens, une partie plus ou moins importante des organes d'attaque et de défense, la bouche, les organes de préhension et de trituration des aliments; la masse nerveuse qu'ils contiennent, reçoit et apprécie les impressions recueillies par les organes des sens; c'est d'elle que partent, en conséquence, les ordres à toutes les régions; elle prend un développement exceptionnel et devient le centre nerveux directeur de tout l'organisme, le *cerveau*. Ainsi se constitue ce que nous nommons une *tête*. Les segments qui suivent la tête sont évidemment les mieux placés pour exécuter immédiatement les ordres de locomotion venus du cerveau; ils peuvent être assistés de tous les autres segments; mais, dans les animaux segmentés les plus élevés, ils suffisent à eux seuls à assurer la locomotion. L'ensemble de ces *segments locomoteurs* est désigné sous le nom de *thorax*. Le développement considérable que prennent les muscles à l'intérieur du thorax en chasse les viscères; ceux-ci se rassemblent souvent dans les segments qui suivent le thorax et qui forment l'*abdomen*. Mais il peut arriver que les viscères n'occupent cependant pas toute l'étendue du corps; après l'abdomen, vient alors une série de segments qui, n'ayant à remplir que des fonctions tout à fait secondaires, ne présentent plus que des dimensions réduites, de sorte que le corps se termine par une *queue*. La *tête*, le *thorax*, l'*abdomen*, la *queue* sont les *régions du corps*. Dans chaque région, les segments peuvent se confondre au point de n'être plus distincts que dans leur jeune âge ou par la façon dont se groupent leurs organes et leurs appendices; c'est ce qui arrive, par exemple, pour la tête des Insectes et des Vertébrés, pour l'abdomen des Araignées. Chez ces derniers animaux, la tête et le thorax sont de même confondus en une seule masse.

En comparant entre elles les diverses sortes d'Arthropodes ou de Vers annelés, on peut les disposer en séries dans lesquelles il est facile de suivre toutes les phases de cette division du corps en régions de plus en plus différentes, de plus en plus aussi étroitement solidaires. Au début de ces séries se placent des animaux à segments très nombreux, presque exactement semblables entre eux. D'abord le nombre des segments augmente pendant toute la vie de l'animal; puis il se fixe pour chaque espèce de manière à ne pas dépasser un certain maximum; peu à peu ce maximum est atteint de plus en plus vite, et, en même temps se réduit. Bientôt les segments deviennent de plus en plus différents; leur nombre se réduit encore, et se fixe non plus seulement pour chaque espèce, mais pour des groupes entiers; c'est ainsi que tous les Crustacés supérieurs ont un corps composé de vingt et un segments, que tous les Insectes en ont dix-huit, et que, chez les Vertébrés, le nombre des vertèbres, abstraction faite de la queue, n'oscille plus qu'entre d'étroites limites, dans la classe des Mammifères.

IX

DISSOCIATION DU CORPS.

Tant que les segments demeurent semblables entre eux, ils peuvent évidemment se passer les uns des autres : tous remplissent à la fois toutes les fonctions nécessaires à leur existence. Pendant tout le temps qu'il se forme des segments nouveaux, l'animal peut alors se diviser en parties indépendantes, comprenant un plus ou moins grand nombre de segments. Cette *dissociation du corps*, résultat immédiat de l'indépendance réciproque des segments, indépendance qui est elle-même un effet de celle des éléments anatomiques, est ce qu'on a appelé la *scissiparité*, la *gemmiparité*, la *reproduction par division*, par *bourgeonnement*, la *métagenèse*. On l'observe chez un grand nombre de Vers marins (*Syllis, Myrianis, Protula, Filigrana*) ou d'eau douce (*Dero, Naïs, Chœtogaster*).

C'est un phénomène qui, loin d'étonner, comme il l'a fait lorsqu'il fut découvert par Bonnet, doit apparaître, au contraire, aujourd'hui, comme une conséquence immédiate des notions que nous possédons sur les propriétés des éléments anatomiques. Il arrive, quelquefois, que la dissociation du corps se complique d'une adaptation des parties dissociées à un rôle particulier. Ainsi, chez les *Autolytes*, qui sont des Vers annelés, on voit s'isoler successivement une série de segments postérieurs qui emportent avec eux les éléments reproducteurs. Ces segments revêtent alors une forme différente de celle des segments antérieurs ; l'individu primitif semble avoir donné naissance à un individu d'autre forme que la sienne. Ce phénomène, très simple et très clair quand on se place au point de vue où nous sommes actuellement, est un de ceux qu'on avait rangés et qu'on range encore souvent dans la catégorie des *générations alternantes*. Il est encore indiqué lorsque, le nombre des segments devenant fixe pour chaque espèce, la dissociation cesse d'être possible. C'est ainsi que, chez certaines Néréides, toute la partie postérieure du corps prend, au moment de la reproduction, des caractères analogues à ceux des individus reproducteurs des Autolytes, mais ne s'isole pas. Le corps se trouve ainsi simplement divisé en deux régions.

Quand le nombre des segments se fixe pour chaque espèce, la faculté de former de nouveaux segments, qui dure toute la vie chez les formes inférieures, n'est pas, tout d'abord, absolument épuisée par la constitution du corps ; mais il faut, pour qu'elle soit mise en jeu, qu'un accident se produise. C'est ainsi que les Annélides marines et les Vers de terre, lorsqu'ils viennent à être coupés en deux, peuvent refaire la partie du corps qui leur manque, et quelquefois même la tête ; les Crustacés ne peuvent déjà plus reconstituer que leurs membres ; les Arachnides et les Insectes, sauf de rares exceptions, ne sont même plus capables de ces reconstitutions limitées. On en observe cependant encore quelques indications chez les Batraciens et les Sauriens ; mais, chez tous les autres Vertébrés, comme chez les Arthropodes supérieurs, l'organisme, une fois constitué, demeure ce qu'il est, et son pouvoir de régénération des parties perdues ne va pas au delà de la cicatrisation des blessures. Nous voyons ainsi se développer pas à pas cette individualité si concentrée des animaux supérieurs qui, loin d'être la règle générale dans le Règne animal, est le résultat d'une longue élaboration ; nous saisissons le mécanisme de cette évolution, et l'obscurité dont les naturalistes ont si longtemps enveloppé leur fausse conception de l'individualité, fait place à une clarté satisfaisante pour l'esprit.

Le développement de l'individualité animale, tel que nous venons de le présenter, est la conséquence de la disposition des segments du corps en série linéaire, et de l'obligation où se trouve un animal ainsi formé de se mouvoir le plus habituellement dans la direction de l'une de ses extrémités, dont les segments terminaux se développent en une tête. Rien de pareil ne saurait se produire, ni chez les animaux ramifiés, aptes à se mouvoir avec une égale facilité dans toutes les directions, ni chez les animaux fixés, ni, à plus forte raison, chez les végétaux. Aussi, tous les rameaux gardent-ils cette indépendance réciproque qui leur permet de vivre encore et de prospérer, lorsque se produit accidentellement ou naturellement la dissociation du corps dont ils font partie. Mais cette indépendance même permet à certaines parties de contracter avec d'autres des rapports spéciaux. C'est ainsi que, chez les Plantes phanérogames, les feuilles modifiées en carpelles, étamines, pétales et sépales, se groupent en un appareil spécial qu'on nomme la *fleur;* dans la fleur elle-même, les sépales et les pétales peuvent demeurer libres ou se souder, donnant ainsi naissance à deux catégories de fleurs : les *fleurs polypétales,* ou mieux *dialypétales,* et les *fleurs monopétales,* ou mieux *gamopétales.* Chez les Polypes, les rameaux préhenseurs, dépourvus de bouche ou des rameaux analogues, se groupent de même en couronne autour d'un rameau nourricier, pourvu de bouche, donnant ainsi naissance à des bouquets de rameaux dans lesquels l'agencement rayonné des parties rappelle l'agencement des parties de la fleur. Si les rameaux préhenseurs se soudent au rameau nourricier et demeurent indépendants les uns des autres dans la partie qui le dépasse, il se constitue une sorte de fleur animale dialypétale, qui n'est autre chose qu'un *Polype coralliaire.* Les rameaux préhenseurs forment les tentacules du Polype ; le rameau nourricier son sac stomacal ; on peut suivre dans la classe des Hydrocoralliaires toutes les phases de formation de ces Polypes. Si les rameaux sans bouche se soudent entre eux, sans se souder au rameau nourricier, ils constituent une sorte de cloche, du sommet de laquelle pend, en guise de battant, le rameau nourricier; nous sommes en présence d'une autre sorte de fleur animale, d'une fleur gamopétale, qui n'est autre chose qu'une *méduse.* Tandis que les polypes coralliaires demeurent, en général, unis entre eux, et que le même mode de groupement des parties se généralise à toute l'étendue de leurs corps, les méduses, comme les fleurs, ne se forment que par place sur le corps ramifié des Hydres. Mais, pourvues de tout ce qui est nécessaire à chacune d'elles pour mener une vie indépendante, elles se détachent, comme aussi tombent parfois les fleurs, et vivent plus ou moins longtemps nageant obliquement dans l'eau, grâce aux contractions de leur ombrelle, rythmées comme les pulsations d'un cœur. Le seul enchaînement des faits, si on les considère indépendamment de toute idée préconçue sur les lois de la génération ou sur l'individualité, explique donc, de la façon la plus simple, l'histoire des méduses, sans qu'il soit besoin de faire appel à une théorie particulière, à une loi mystérieuse, telle que celle des générations alternantes.

Il y a plus, il existe des Hydraires libres et flottants, soutenus par une sorte de ludion rempli d'air. Chez une partie de ces Hydraires, les méduses, au lieu de se détacher, demeurent fixées au corps, peuvent se grouper, comme le font les fleurs des végétaux, en une sorte d'inflorescence et, conservant la faculté de contracter leur cloche, entraînent avec elles le corps tout entier, dont elles deviennent ainsi les organes locomoteurs. Ces Hydraires flottants constituent la classe des Siphonophores.

L'étude pure et simple des faits, à la seule condition de les grouper dans leur ordre de complication croissante, vient de nous permettre de résoudre avec la plus grande simplicité quelques-uns des problèmes naguère encore réputés comme les plus ardus de la morphologie.

Il a suffi, en somme, pour en apercevoir la solution, d'écarter les fantômes dont l'imagination des naturalistes les avait d'abord enveloppés, et d'aller droit à eux en se laissant exclusivement guider par ces jalons naturels qu'on appelle les *faits*.

X

LES PHÉNOMÈNES EMBRYOGÉNIQUES.

La même méthode permet de pénétrer en partie d'autres mystères, qui ont longtemps paru non moins profonds : ceux du *développement embryogénique*. Une foule d'animaux traversent, nous l'avons dit, une longue série de formes très différentes les unes des autres avant d'atteindre leur forme définitive. Tantôt ils demeurent libres, se meuvent, recherchent leur nourriture, la digèrent, parfois même se multiplient, pendant que leur développement s'accomplit ; tantôt, jusqu'à une période plus ou moins avancée de leur développement, ils demeurent enfermés sous des enveloppes protectrices, plus ou moins impénétrables, ou même se fixent au corps de leur mère, à qui ils empruntent leur nourriture ; c'est le cas des Mammifères, par exemple. On attachait autrefois une grande importance à ces différences. Les *animaux vivipares*, qui mettent au monde des petits vivants, étaient soigneusement distingués des *animaux ovipares*, qui pondent des œufs, et l'on n'était pas moins soigneux de distinguer les *animaux à métamorphoses* des *animaux à développement direct*. On a déjà pu le pressentir, d'après ce qui précède, ces distinctions ont aujourd'hui perdu une grande partie de leur valeur philosophique ; une même loi régit le développement de tous les animaux aussi bien que celui des plantes.

L'examen des faits connus amène d'abord à constater que les êtres vivants, ramifiés ou segmentés, dont le corps est formé des rameaux ou des segments les plus nombreux et les plus semblables entre eux, sont aussi ceux dont toutes les phases de développement s'accomplissent en liberté. Ils commencent à mener une vie indépendante dès que la première de ces parties s'est constituée, avant même parfois qu'elle n'ait acquis tous ses organes. Cette première partie une fois constituée, les divers rameaux, les divers segments du corps se forment successivement, et, dans le cas le plus simple, un à un. Les choses en restent là chez tous les végétaux et chez la presque totalité des animaux ramifiés : les Éponges, les Polypes, les Échinodermes.

Les plus simples des animaux à corps segmenté naissent, eux aussi, réduits à leur premier segment ; et comme ce segment est destiné à devenir ensuite la tête tout entière ou le premier segment de la tête, qu'il produit ensuite les autres segments un à un, on peut exprimer ce fait d'une façon saisissante pour l'esprit en disant : *Les plus simples des animaux segmentés naissent réduits à leur tête, et c'est la tête qui produit ensuite, à sa partie postérieure, les autres segments du corps*. Le premier segment, le futur segment céphalique, quelle que soit la forme ultérieure qu'il revête, a même, au moment de sa naissance, une forme déterminée, presque constante, chez les Arthropodes d'une part, chez les Vers annelés de l'autre. Cette *forme embryonnaire primitive* a reçu le nom de *nauplius* chez les Arthropodes, de *trochosphère* chez les Vers ; elle se meut, chez les premiers, à l'aide de deux ou trois paires de pattes bifurquées ; chez les seconds, à l'aide d'une double ceinture de cils vibratiles, qui comprend la bouche entre ses deux cercles.

Chez tous les animaux segmentés dont le corps ne se dissocie pas, le segment qui se caractérise le second est celui qui doit former l'extrémité postérieure du corps ; les autres segments se forment immédiatement avant lui, de sorte que le segment le plus jeune occupe toujours l'avant-dernier rang. Il n'y a d'exception à cette règle que dans quelques cas où le corps se divise en régions très nettement distinctes. Il arrive alors quelquefois que ces régions se caractérisent de très bonne heure par la différenciation de leur premier segment, et que les autres segments de chaque région se forment entre cette région et celle qui la suit, comme si les diverses régions du corps étaient autant d'animaux distincts.

Naturellement, à mesure que les segments se multiplient, la physionomie du jeune animal se modifie beaucoup, et par suite de l'addition des segments nouveaux, et par suite de la différenciation plus ou moins graduelle des segments déjà formés, qui s'adaptent à des fonctions nouvelles. On désigne ordinairement sous le nom de *métamorphoses* ces changements d'aspect qui sont la conséquence nécessaire de la multiplication et de l'adaptation des parties. Mais, à mesure que les segments du corps deviennent plus étroitement solidaires, que l'individualité se caractérise, on assiste à un phénomène nouveau et de haute importance. Les segments du corps qui, d'abord, se constituaient lentement, un à un, tendent à se constituer de plus en plus vite ; ils finissent par se montrer presque simultanément. En même temps, s'accumulent dans l'œuf des matériaux nutritifs de plus en plus abondants, destinés non pas à former directement l'embryon, mais à être digérés par les éléments qui le constituent. La rapidité avec laquelle le développement s'accomplit, la présence sous les enveloppes de l'œuf de matériaux nutritifs qui limitent la place laissée libre pour l'embryon, la nécessité, pour les organes de ce dernier, de se disposer momentanément de manière à utiliser le mieux possible les matériaux nutritifs mis à leur disposition, altèrent profondément tout à la fois le mécanisme de la formation des parties, la rapidité relative, l'ordre même de leur développement ; la forme générale de l'embryon peut se trouver ainsi profondément modifiée ; son éclosion est, en outre, retardée, par suite de la longue imperfection où demeurent divers organes, et notamment ceux du mouvement, momentanément inutiles, puisque le jeune animal trouve à sa disposition tout ce qui lui est nécessaire pour vivre. On arrive ainsi au cas où l'embryon ne quitte les enveloppes de l'œuf que lorsque tous les segments de son corps se sont constitués, ce qui a lieu pour les Écrevisses, la presque totalité des Arachnides, les Scolopendres, les Insectes, un certain nombre de Vers annelés, tous les Vertébrés.

Ce développement rapide s'accompagne enfin de la formation d'organes accessoires employés soit à faciliter la nutrition de l'embryon, soit à assurer sa respiration. Telles sont les enveloppes désignées par les embryogénistes sous les noms d'*amnios* et d'*allantoïde*. Il est à remarquer que ces enveloppes sont en même temps une protection contre la dessiccation ; elles rendent, par conséquent, possible le développement de l'œuf à l'air libre : aussi ne sera-t-on pas étonné que les animaux segmentés les plus essentiellement terrestres, c'est-à-dire les Insectes parmi les Arthropodes, les Reptiles, les Oiseaux et les Mammifères parmi les Vertébrés, comptent justement parmi ceux dont les embryons sont protégés dans l'œuf par une enveloppe amniotique. Le développement préalable de ces membranes a permis, chez les Mammifères, une nouvelle adaptation. Les plus inférieurs de ces animaux, ceux qui sont, par leur organisation, le plus rapprochés des Reptiles, l'Ornithorhynque et l'Échidné, sont encore ovipares, et pondent de gros œufs comme les Reptiles et les Oiseaux. Chez tous les autres, l'œuf demeure dans le corps de la mère, ne contient que fort peu de matériaux nutritifs, ne présente en conséquence que de très faibles dimensions ; et les enveloppes qui servent d'ordinaire, chez les Vertébrés aériens, à absorber les matériaux nutritifs contenus dans l'œuf et l'oxygène de l'air qui filtre à travers les pores de sa coquille, sont utilisées pour puiser dans le sang de la mère ces mêmes matériaux.

Si les embryons à éclosion tardive présentent de telles adaptations qui n'influent pas d'ailleurs sur la forme définitive de l'animal, rien n'empêche les embryons libres de présenter des adaptations toutes transitoires aux conditions dans lesquelles ils doivent se développer. C'est ainsi que les embryons des Échinodermes, des Némertes, des Balanoglosses, de certains Géphyriens, peuvent prendre des organes provisoires qui changent profondément leur figure, et ne laisseraient en rien soupçonner quelle sera leur destinée ultérieure.

En tenant compte de ces divers faits, on voit que tous les phénomènes embryogéniques sont reliés entre eux, chez les animaux segmentés, par une formule simple : *Lorsqu'on passe des types inférieurs aux types supérieurs de chaque série, la formation des segments du corps s'accélère ; les embryons s'adaptent aux conditions particulières dans lesquelles ils doivent se développer, mais les grandes lignes du développement restent les mêmes ;* il y a tout à la fois, en un mot, *adaptation* et *accélération des phénomènes embryogéniques.*

Ces règles sont d'ailleurs générales, et s'appliquent aussi bien aux animaux ramifiés et aux végétaux qu'aux animaux segmentés.

XI

L'ACCÉLÉRATION EMBRYOGÉNIQUE.

On peut suivre pas à pas la marche de l'accélération embryogénique chez les Siphonophores ; elle arrive à supprimer tout le corps ramifié des Hydraires fixés, et réalise alors la formation directe des Méduses aux dépens de l'œuf ; le Scyphistome de Sars n'est pas, comme le croyait le naturaliste de Bergen, une Hydre, mais bien une Méduse qui se développe directement, et se divise ensuite en segments transversaux, dont chacun se métamorphose, après sa mise en liberté, en une grande Méduse de forme différente. La production des Méduses par division d'un Scyphistome et leur production par floraison, en quelque sorte, d'un Hydraire ramifié ne sont donc pas des phénomènes analogues, comme on l'avait cru un moment ; ils sont, au contraire, aux deux extrémités d'une longue série où le développement est de plus en plus accéléré.

Dans le Règne végétal, l'accélération embryogénique intervient d'une façon tout à fait analogue et peut être considérée comme la cause de la transformation des Plantes cryptogames en Plantes phanérogames, des Plantes sans fleurs en Plantes à fleurs. Les Plantes cryptogames, outre la dissociation du corps, ont deux modes de reproduction qui ont tous les deux pour point de départ un plastide unique ; elles se reproduisent, suivant les circonstances, à l'aide de *spores*, qui sont de simples plastides détachés de la plante, et à l'aide d'*œufs*, qui résultent eux-mêmes de la fusion de deux plastides, l'un mâle et l'autre femelle. Chez les Mousses, les Fougères, les Prêles, les Lycopodiacées, ces deux modes de reproduction alternent régulièrement l'un avec l'autre. Les spores produisent un appareil végétatif, de forme particulière, sur lequel se développent les éléments mâle et femelle d'où résultent les œufs ; ceux-ci produisent à leur tour un appareil végétatif nouveau, très différent de celui qui est issu des spores, et sur lequel ces dernières se constituent. C'est là ce qu'on appelle la *génération alternante des végétaux*, bien qu'elle ait fort peu de rapport avec les phénomènes variés qu'on a réunis sous ce nom chez les animaux. Un certain nombre de Fougères, de Prêles, de Lycopodiacées produisent des spores de deux sortes : les unes, très petites, dites *microspores*, ne donnent naissance qu'à des appareils végétatifs mâles ; les autres, très grosses, dites *macrospores*, ne produisent que des appareils végétatifs femelles. La sexualité remonte ainsi des éléments qui produisent l'œuf, à l'appareil végétatif qui les porte, et aux spores d'où naît cet appareil végétatif ; mais, en même temps que ce phénomène se produit, l'accélération embryogénique intervient : les microspores et les macrospores ne produisent plus qu'un appareil végétatif si petit, qu'il demeure inclus dans les enveloppes mêmes de ces spores.

Chez les Gymnospermes (Conifères, Cycadées, Gnétacées), les choses vont encore plus vite : le tissu de l'organe formateur des spores, du *sporange*, ne s'arrête pas à constituer de véritables macrospores. Les éléments qui devraient constituer les macrospores restent dans le sporange et, par conséquent, ne quittent pas la plante mère ; ils se divisent pourtant de manière à constituer dans le sporange un appareil végétatif rudimentaire qu'on appelle l'*endosperme*, au sein duquel se constituent enfin les éléments femelles. Les microspores achèvent au contraire leur développement, et quittent la plante mère ; mais c'est pour être transportés par le vent dans les sporanges femelles ; là, elles produisent un appareil végétatif réduit à deux ou trois plastides dont l'un, fonctionnant comme élément mâle, se fusionne avec un des éléments femelles pour former l'œuf. Ces microspores ont été prises longtemps pour les véritables éléments mâles des plantes ; c'est à elles qu'on a donné le nom de *grains de pollen*, tandis que, prenant le sporange femelle pour l'analogue de l'œuf des animaux, on lui donnait le nom d'*ovule*.

Enfin, chez les Plantes angiospermes (Monocotylédones et Dicotylédones), l'endosperme n'est plus indiqué que par quelques cellules qui disparaissent après la constitution définitive de l'œuf. Ainsi toute la phase de développement qui sépare la formation des spores de la formation de l'œuf est peu à peu supprimée dans le développement des Plantes phanérogames, et l'appareil végétatif, issu de l'œuf, se développe presque seul. Il commence même à se développer dans le *sporange* femelle, dans l'*ovule*, avant que celui-ci ne quitte la plante mère et ne se transforme en graine ; de sorte que la graine, en tombant, emporte déjà un embryon tout formé, et qu'on peut dire des plantes phanérogames qu'elles sont vivipares.

XII

RAPPORTS DE L'EMBRYOGÉNIE AVEC L'ANATOMIE COMPARÉE ET LA PALÉONTOLOGIE ; SON IMPORTANCE POUR LA CLASSIFICATION.

Tout ce grand ensemble de faits, toute la théorie de l'embryogénie peut tenir en quelques mots. En somme, entre le développement lent, graduel, des formes organiques les moins différenciées, et le mode de développement, au premier abord si étrange, des formes élevées, il n'y a de différence que dans la rapidité de la formation des parties et dans l'apparition de phénomènes secondaires d'adaptation aux conditions dans lesquelles l'embryon doit se développer. Mais l'étude de la lente évolution des formes inférieures nous met, à n'en pas douter, sous les yeux le mécanisme même grâce auquel les formes organiques les plus simples se sont graduellement compliquées. Nous voyons partout l'organisme commencer par un plastide unique :

l'*œuf*. Ce plastide se multiplie par division. Si les plastides résultant de cette division se séparent au fur et à mesure de leur formation, le corps reste réduit à un seul plastide ; c'est le cas des Protozoaires et d'un certain nombre de Thallophytes. Si les plastides demeurent associés et ne se dissocient que par groupes, ils constituent des organismes simples encore, tels que ceux qui constituent les formes embryonnaires primitives de toutes les grandes séries organiques. Si les groupes de plastides constitués pour la dissociation demeurent unis à leur tour, ils forment des organismes plus compliqués, desquels dérivent enfin, par différenciation et solidarisation des parties, les formes les plus élevées des êtres vivants. Cette étroite concordance entre l'embryogénie et le mécanisme évident de complications des organismes, telle que nous le démontre la comparaison des formes actuellement vivantes, autorise à penser que les *formes embryonnaires successives d'un animal ne sont que la répétition rapide, plus ou moins accélérée et modifiée par l'adaptation, des formes mêmes que son espèce a traversées dans la suite des temps pour arriver à se constituer*. Les formes supérieures de chaque groupe et celles qui ont été adaptées à un genre de vie très spécial, les formes parasites et les formes fixées au sol, par exemple, doivent donc traverser un certain nombre d'états correspondant aux formes inférieures, normales, des groupes auxquels elles appartiennent, et d'autre part, les formes fossiles les plus anciennes doivent ressembler dans une assez large mesure aux formes inférieures et aux formes embryonnaires des groupes zoologiques et botaniques actuels.

Ces deux conclusions sont également confirmées par un assez grand nombre de faits ; il faudrait, pour les citer tous, écrire ici l'histoire de la paléontologie, de l'embryogénie et de l'anatomie comparée tout entière. Nous nous bornerons à quelques exemples saillants.

Les femelles des Crustacés parasites de la famille des Lernéens sont si complètement déformées, que Cuvier les avait placées dans la classe des Vers ; elles naissent cependant sous forme de *nauplius* et revêtent, avant de subir les déformations étranges qui les caractérisent, les caractères des Crustacés copépodes ordinaires. Les Cirripèdes, Crustacés fixés, qu'on a longtemps pris pour des Mollusques, naissent, eux aussi, sous forme de *nauplius*, puis revêtent, avant de se fixer, une forme très voisine de celle des *Cypris*, remarquables petits Crustacés pourvus d'une carapace bivalve. Les Sacculines, parasites des Crabes, et qui n'apparaissent au dehors que comme un volumineux sac placé sous l'abdomen de ces animaux, subissent les mêmes métamorphoses que les Cirripèdes et doivent être, en conséquence, considérés comme des Cirripèdes modifiés par le parasitisme. Les Pénées, Crustacés décapodes très voisins des Crevettes, sortent de l'œuf sous forme de *nauplius*, prennent ensuite une forme spéciale, la forme de *zoë*, qui n'est pas sans quelques analogies avec les Crustacés copépodes, puis revêtent les caractères des Crustacés schizopodes et arrivent enfin à leur forme définitive. La plupart des Crustacés décapodes suivent le même mode de développement, mais naissent soit à l'état de zoë, comme les Crabes, soit à l'état de schizopode, soit enfin, comme les Homards et les Écrevisses, sous une forme très voisine de leur état définitif. Les Bernard-l'ermite qui vivent dans des coquilles de Mollusques abandonnées, ont un corps courbé en arc pour s'adapter à la forme de la coquille, et les organes du côté concave sont en partie avortés ; ces Crustacés sont, à leur naissance, parfaitement symétriques et ne se déforment que plus tard. Les Tuniciers sont des animaux profondément modifiés par la fixation au sol ; ils traversent des phases de développement qui rappellent étonnamment celles que traverse lui-même le plus inférieur des Vertébrés, l'*Amphioxus*. Les Araignées, les Dinophiles, les Géphyriens armés, dont le corps à l'état adulte ne présente aucune trace de segments, sont très nettement segmentés durant la période embryonnaire. Les Vertébrés dont la segmentation n'est guère apparente, à l'état adulte, que par la répétition régulière des vertèbres, ont un embryon très nettement segmenté et dont les segments se développent successivement comme ceux des Arthropodes et des vers Annelés. Les Poissons plagiostomes, tels que les Requins, comptent parmi les plus anciens des Vertébrés ; leurs embryons ont un appareil rénal exactement construit sur le type de celui des Vers. Les Batraciens, avant de devenir des animaux à respiration aérienne, présentent d'abord une organisation très voisine de celle des Poissons. Les Reptiles, les Oiseaux, les Mammifères traversent eux-mêmes, à l'état embryonnaire, une phase analogue, caractérisée surtout par la présence de fentes branchiales et par la disposition de l'appareil circulatoire ; enfin l'embryon humain possède une queue, qui n'est ni plus ni moins développée que celle des embryons de phase correspondante des autres Mammifères.

D'autre part, les Comatules, qui sont les représentants les plus récents de la classe des Crinoïdes et qui sont libres à l'état adulte, sont fixées, dans leur jeune âge, comme la plupart des Échinodermes anciens ; elles présentent d'abord les caractères des plus anciens de tous, les Cystidés ; puis ceux des crinoïdes fixés les plus simples et se détachent enfin de leur pédoncule. Les Limules, derniers représentants actuels de la grande classe des Mérostomacés, sont, au moment de leur éclosion, très voisins des Trilobites fossiles de la période primaire.

XIII

ÉVOLUTION PALÉONTOLOGIQUE DES ÊTRES VIVANTS.

L'accord prévu théoriquement entre l'anatomie comparée, la paléontologie et l'embryogénie a, d'après ce qui précède, une réelle existence. Cet accord, nous l'avons en quelque sorte déduit du mécanisme de formation des organismes que nous a révélés l'étude des êtres inférieurs. Si ce mécanisme a été réellement appliqué à la formation graduelle des êtres vivants, cela suppose que les formes vivantes actuelles dérivent de formes primitives qui ne leur ressemblaient pas ; nous pouvons espérer retrouver ces formes primitives parmi les fossiles que la paléontologie étudie actuellement avec tant d'ardeur, et nous pouvons nous proposer de rechercher si les données rassemblées déjà par cette science sont conformes à l'hypothèse d'une évolution graduelle des êtres vivants. Cela n'est pas douteux.

Les géologues divisent l'histoire de la terre en quatre grandes périodes, qu'ils nomment tout simplement : période primaire, période secondaire, période tertiaire et période quaternaire.

La période primaire comprend, par ordre d'ancienneté, l'*époque cambrienne*, l'*époque silurienne*, l'*époque dévonienne* et l'*époque permo-carbonifère*.

La période secondaire comprend l'*époque triasique*, l'*époque jurassique* et l'*époque crétacée*.

La période tertiaire comprend les époques *éocène*, *oligocène*, *miocène* et *pliocène*.

Enfin, la période quaternaire peut être considérée comme le début de la période actuelle.

Chacune de ces époques est caractérisée par une flore et une faune spéciales, dont certains représentants disparaissent peu à peu, tandis que d'autres sont reliés aux formes actuelles par une série presque ininterrompue d'intermédiaires. De plus, les formes les plus anciennes sont certainement, dans leur ensemble, moins perfectionnées que les plus récentes.

Dans la période cambrienne, la faune et la flore sont extrêmement réduites ; des Trilobites

(Paradoxides), des Brachiopodes (Lingules), des Gastéropodes (Pleurotomaires, Murchisonies) en sont les représentants les plus élevés. C'est seulement dans le silurien inférieur qu'on voit apparaître en grand nombre les Éponges, les Hydraires, les Coralliaires, les Cystidés, les Étoiles de mer, les Crinoïdes, les Trilobites, les Euryptéridés, les Arachnides (Scorpions) et les Insectes (Blattes), se montrent déjà dans les couches supérieures. Les Mollusques sont exclusivement représentés par des Gastéropodes distocardes (Bellérophons, Pleurotomaires, Troques, Turbo), des Lamellibranches sans siphons (Nucules, Arches, Avicules), des Céphalopodes tétrabranches (Nautiles); quelques Poissons constituent comme une amorce du développement des Vertébrés. Durant l'époque dévonienne, les Poissons prennent un rapide développement; mais ce sont tous des Sélaciens ou des Ganoïdes à queue dissymétrique. Pendant la période permo-carbonifère, la flore prend pour la première fois un grand développement. Aux Algues des périodes précédentes succèdent des Fougères, des Équisétacées, des Lycopodiacées de très grande taille, et les Gymnospermes font même leur apparition. En même temps, la faune terrestre se développe; les Insectes sont cependant encore presque tous des Névroptères ou des Orthoptères, et les Vertébrés terrestres, des Batraciens, dont les formes s'acheminent vers celles des Sauriens, qui font leur première apparition connue dans le permien.

La période primaire s'achève avec les derniers Trilobites. Durant la période secondaire, on voit apparaître les Polypiers du type actuel, de nombreux Crinoïdes d'un type nouveau, des Oursins bilatéraux, des Gastéropodes et des Lamellibranches à siphons; les Céphalopodes dibranchiaux se multiplient et sont représentés par l'innombrable série des Ammonites et des Bélemnites, aujourd'hui disparus. Les Poissons osseux commencent à prendre quelque importance et, sur la terre, la domination passe aux Reptiles. Ces animaux s'adaptent alors à toutes les conditions d'existence possibles; ils prennent une variété d'attitude et une puissance d'organisation dont la classe actuelle des Reptiles ne saurait donner une idée. Tandis que les uns rampent modestement sur le sol, d'autres se dressent sur leurs quatre pattes à la façon des Mammifères, et peuvent atteindre jusqu'à 30 mètres de long (*Atlantosaurus, Apatosaurus, Brontosaurus*); d'autres se tiennent volontiers à demi dressés, à la façon des Kanguroos, sur un vaste trépied formé par leur queue et leurs pattes de derrière (*Stegosaurus, Diracodon, Omosaurus*); ils sont encore plantigrades, mais la plante des pieds se relève à son tour chez les *Iguanodons* et les *Camptonotus*, et le membre postérieur prend ainsi peu à peu la forme de celui des Oiseaux, réalisée finalement chez les *Compsognathus*. Cependant, certaines formes dont les pattes se transforment en nageoires retournent dans les mers, où elles jouent le rôle de nos Palmipèdes (*Plesiosaurus*) et de nos Cétacés (*Ichthyosaurus*); au contraire, les Ptérodactyles s'élancent dans les airs, où ils volent, comme nos Chauves-souris, à la poursuite des Insectes.

C'est de ces transformations si diverses et si variées des Reptiles que se dégagent enfin les Oiseaux dont les premiers ont encore une queue de Lézard (*Archæopteryx*), des dents à leurs mâchoires (*Archæopteryx, Ichthyornis, Hesperornis*) et peuvent manquer d'ailes (*Hesperornis*). L'apparition des Oiseaux ne paraît remonter qu'à la période jurassique; il faut reculer jusque vers la fin du trias l'apparition des Mammifères (*Microlestes*) qui paraissent, d'ailleurs, être directement dérivés des Batraciens à deux condyles occipitaux, sans passer par l'intermédiaire des Reptiles. Ces premiers Mammifères sont tous des Marsupiaux.

Enfin, la période tertiaire est, à proprement parler, la période de préparation immédiate des formes vivantes actuelles. Les mots *éocène*, *oligocène*, *miocène*, *pliocène*, qui servent à désigner les quatre époques successives de cette période, indiquent que la proportion des types voisins des types actuels ou identiques à ces types va en croissant dans chacune d'elles. Toutes les formes fondamentales existent durant cette période ; les grands Reptiles et les Reptiles à pattes dressées ont entièrement disparu ; mais les Oiseaux sont déjà si nombreux et si caractérisés, que l'on est conduit à admettre que leur évolution a dû se faire à la fin de la période crétacée.

On a pu suivre pas à pas, au contraire, toute l'évolution des Mammifères ordinaires. Ils débutent par des formes omnivores ou insectivores, plantigrades, pourvues de cinq doigts à tous les pieds. Mais bientôt le système dentaire se différencie ; les molaires tranchantes des carnassiers, les molaires plates des herbivores, s'accusent ; en même temps, les pattes se redressent peu à peu. Les Mammifères digitigrades apparaissent, et, chez les Carnassiers, cette allure n'est pas dépassée ; elle entraîne la disparition du pouce aux pattes de derrière chez les Chiens et les Chats, aux quatre pattes chez les Hyènes. La transformation va plus loin chez les Herbivores. Ces animaux se dressent non seulement sur leurs doigts, mais sur l'extrémité de leur dernière phalange que protège un ongle volumineux, devenu un *sabot*. Bientôt les doigts les plus longs sont même seuls utilisés, et l'animal marche ainsi ou bien sur trois ou bien sur quatre doigts. De ces doigts, les médians dépassent encore les autres, l'animal arrive à se dresser exclusivement sur leur extrémité et marche alors ou bien sur un seul doigt : c'est l'allure des Chevaux, ou bien sur deux : c'est l'allure des Porcins et des Ruminants. Les doigts latéraux persistent encore quelque temps malgré leur inutilité, mais ils finissent par disparaître, tandis que se soudent, chez les Ruminants, les deux os de support des doigts utiles. Ces os soudés en un seul forment l'*os canon*.

Enfin, vers les derniers temps de la période tertiaire ou au début de la période quaternaire, l'Homme fait son apparition.

Cette esquisse générale de l'évolution du Règne végétal et du Règne animal est encore confirmée par l'étude détaillée des groupes ou les formes fossiles ont été le mieux conservées. L'histoire des transformations successives des Ammonites a été tracée jusque dans ses moindres détails, et l'on possède tant de formes successives ou simultanées de Mammifères placentaires, que l'embarras consiste surtout, dans certains cas, à choisir parmi un grand nombre de lignées, quelles sont celles qui ont réellement conduit aux formes actuelles, et quelles sont celles qui n'ont abouti qu'à des formes similaires aujourd'hui disparues. L'histoire des Carnassiers, celle des Ruminants nous montrent, en effet, qu'à un certain moment, les formes appartenant à un type donné présentent tout à coup d'innombrables variations en sens divers, dont aucune ne paraît avoir d'importance particulière : les os du crâne, ceux des membres, la dentition, varient indépendamment. Puis il se fait un départ entre ces variations multiples ; certaines combinaisons de variations deviennent plus fréquentes ; à telle forme de dentition correspond bientôt une forme de crâne et de pattes déterminée ; finalement certaines combinaisons l'emportent sur toutes les autres et se perpétuent seules, les combinaisons différentes disparaissant sans retour. C'est ainsi que le type *Marte* et le type *Chat* semblent, en particulier, s'être dégagés d'innombrables variations du type *Civette*, et que les Chevaux semblent issus des *Palæotherium*, qui auraient en même temps fourni plusieurs autres types longtemps comptés dans la généalogie des chevaux, mais qui auraient, en réalité, disparu sans laisser de descendants.

XIV

THÉORIE DE L'ESPÈCE.

L'ensemble de faits anatomiques, embryogéniques et paléontologiques dont nous venons de donner un aperçu conduit, par la façon même dont s'enchaînent toutes ses parties, à l'idée que les formes vivantes sont indéfiniment variables. Cela semble déjà résulter du fait que les éléments anatomiques, les rameaux et les segments du corps, quoique issus d'un élément anatomique unique, présentent dans un même organisme, si peu qu'il soit élevé, les formes les plus variées. Pourtant, l'observation quotidienne semble protester contre cette variabilité. Aussi bien dans le Règne végétal que dans le Règne animal, les formes vivantes paraissent se perpétuer sans modification sensible de génération en génération, et tous les individus des deux règnes se laissent assez facilement répartir entre un nombre déterminé de groupes que l'on pourrait supposer descendus chacun d'un couple unique. Ces groupes sont ce que les naturalistes appellent des *espèces*. Toute une grande école de naturalistes admet que les espèces sont réellement aussi invariables qu'elles nous le paraissent, que leur nombre peut être diminué par la disparition naturelle de quelques-unes d'entre elles, mais que ce nombre ne saurait être augmenté que par un phénomène sur l'essence duquel les plus prudents évitent de se prononcer. Pour une autre école, au contraire, il en est des espèces comme des individus : elles sont en voie d'incessantes transformations, et ces transformations naturelles viennent combler les vides qu'apportent au catalogue des êtres vivants la disparition incontestée, démontrée même par des documents historiques irréfutables, de certaines espèces. On objecte aux naturalistes de cette dernière école que si les disparitions d'espèces sont dûment constatées, la formation d'espèces nouvelles aux dépens d'espèces préexistantes n'a jamais été scientifiquement observée. Cet argument n'a peut-être pas toute la valeur qu'on lui accorde généralement, car il suppose qu'on est bien réellement fixé sur la signification du mot *espèce* et qu'aucun désaccord n'est possible sur ce point. Or, il n'en est rien : l'espèce a été définie par les premiers auteurs en partant de quelques cas simples qu'on a supposé être le cas général, ou bien en s'appuyant sur un très petit nombre de faits d'expériences, dont il est absolument impossible d'étendre les résultats à tous les êtres vivants. Sa définition, pour les partisans de la fixité des formes vivantes, n'est, en somme, qu'une modification de cet axiome de Linné : « Nous comptons autant d'espèces qu'il est sorti de couples des mains du Créateur. » Cela est clair, cela est net. Chaque espèce remontant à un couple primitif, les individus qui la composent se sont perpétués de génération en génération sans se mélanger entre eux; il y a aujourd'hui entre les diverses espèces autant de distance qu'il y en avait à l'origine des choses. Aucun mélange ne devrait être possible entre espèces différentes, sans quoi, ces mélanges se produisant dès l'origine des choses, nous en serions arrivés aujourd'hui à un chaos qui équivaudrait à la variabilité indéfinie. Nous n'en sommes ni à ce chaos, ni à l'ordre absolu qu'on pourrait lui opposer, mais à un état que nous devons essayer de préciser à l'aide des faits envisagés indépendamment de toute idée préconçue.

Tout d'abord, il y a certainement des Protozoaires et des Thallophytes qui se multiplient soit par simple division, soit au moyen de spores, de sorte que l'on ne saurait invoquer ici, comme caractère de l'espèce, l'infécondité de croisements qui n'existent pas. La plupart des naturalistes qui ont étudié de près les Rhizopodes, et notamment les Foraminifères et les Radiolaires, s'accordent à déclarer que, dans ces deux classes, les formes les plus diverses sont unies par un si grand nombre d'intermédiaires qu'il est impossible d'assigner aux espèces des limites précises, ce qui revient à dire qu'il n'y a pas d'espèces.

La fusion de parties provenant de deux individus distincts est nécessaire pour assurer la continuité de la reproduction chez les Infusoires ciliés, et les formes semblent ici plus nettement séparées. Toutefois, la délimitation des espèces est encore fort difficile chez les Éponges qui sont cependant des organismes plus complexes ; on peut même dire que les variations sont nombreuses et les croisements fréquents chez tous les Invertébrés ; mais tout ce que l'on sait des plus élevés de ces animaux diffère peu de ce que les expériences nous ont appris sur les Vertébrés. Là, on constate les faits suivants :

1° Il existe des groupes d'individus qui peuvent se mêler en donnant naissance à des produits mixtes, indéfiniment féconds quand on les laisse s'accoupler entre eux.

2° D'autres groupes d'individus donnent, en s'unissant, des jeunes féconds lorsqu'on les accouple entre eux, mais dont les produits reprennent, après quelques générations, les caractères des groupes primitifs.

3° Entre les groupes d'individus d'une troisième sorte, l'accouplement est fécond, mais donne naissance à des produits stériles.

4° Il y a enfin des groupes d'individus entre lesquels tout mélange est impossible.

Voilà les faits.

Il faut reconnaître qu'ils ne sauraient être différents si les formes entre lesquelles on constate ces divers rapports s'étaient graduellement écartées les unes des autres ; on comprend mal, au contraire, l'inégalité de ces distances, si les espèces ont été, dès le début, créées immuables. Mais on a cru devoir désigner par des noms les groupes d'individus appartenant à quelques-unes de ces catégories ; dès lors elles ont apparu comme des entités absolument distinctes. Tous les individus appartenant aux groupes de la première catégorie sont considérés comme constituant une même *espèce*. Ceux de la seconde et de la troisième catégorie sont d'espèce différente, mais de même *genre;* ceux de la quatrième catégorie sont au moins de genre différent, et peuvent présenter tous les degrés de distance.

Malheureusement il n'y a pas entre ces divers groupes, les démarcations absolues que supposent ces dénominations conventionnelles. Tout d'abord les groupes de la première catégorie d'individus ne sont pas identiques entre eux. On observe de l'un à l'autre des différences qui peuvent se manifester entre les individus d'une même génération ou, au contraire, caractériser des lignées distinctes qui se maintiennent, avec leurs caractères propres, tant que les circonstances extérieures demeurent les mêmes ou que ces lignées ne se croisent pas entre elles. Les différences entre individus de même génération, lorsqu'elles sont suffisamment intenses, suffisamment fréquentes, caractérisent des groupes d'individus de même espèce qu'on nomme des *variétés ;* les différences qui se transmettent intégralement d'une génération à l'autre caractérisent des groupes d'individus de même espèce qu'on nomme des *races*.

Or, en accouplant constamment ensemble des individus appartenant à une même variété, en pratiquant sur eux une *sélection* rigoureuse, on arrive à rendre leurs caractères héréditaires, à transformer, par conséquent, les variétés en races. N'est-il pas possible, d'autre part, en développant les caractères différentiels des races, en maintenant les individus de même race dans des conditions d'existence très différentes de celles auxquelles sont soumises les autres races de la même espèce, ou par tout autre moyen, n'est-il pas possible d'arriver à isoler les races d'une même espèce de façon suffisante pour qu'elles ne puissent plus se mélanger? A cette question, la paléontologie semble répondre d'une manière absolument positive; l'expérience semble donner une réponse non moins concluante : le Lièvre et le Lapin, le Chacal et le Chien, le Chien et le Loup, la Chèvre et le Mouton, pour ne parler que des Mammifères, se croisent en donnant des produits féconds qui se perpétuent indéfiniment, et cependant tous ces animaux sont universellement considérés comme d'espèce différente ; il est vrai qu'on ne donne de cette opinion d'autre raison que la persistance de ces formes côte à côte, sans qu'elles songent à s'unir entre elles spontanément. On a cru cependant, depuis une époque relativement récente, reconnaître aux produits de leur croisement, qu'on nomme des *hybrides*, un caractère physiologique spécial : à la première génération, ces hybrides présentent des caractères assez exactement intermédiaires entre ceux des espèces parentes et se ressemblent beaucoup entre eux ; mais, si on les laisse s'unir, à mesure que les générations se succèdent, les frères deviennent d'abord très différents ; on en trouve beaucoup parmi eux qui présentent presque exactement les caractères des espèces parentes ; puis, l'un des deux sang paraît éliminé, et tous les individus font retour à l'une de deux espèces qu'on avait unies. Le mélange des espèces ne serait ainsi qu'apparent ; il serait impossible de le maintenir, et les espèces mélangées se régénéreraient spontanément. Ces faits ont été observés aussi bien dans le Règne animal que dans le Règne végétal ; un botaniste éminent, M. Charles Naudin, a consacré à leur étude dans le Règne végétal beaucoup de soin et de patience. Ils témoignent incontestablement de la stabilité des formes parentes ; mais ils ne prouvent cependant pas que cette stabilité soit absolue, et les expériences de fécondation croisée faites jusqu'ici dans les deux Règnes sont encore trop peu nombreuses pour qu'on puisse conclure à l'impossibilité de créer entre deux groupes d'individus considérés comme constituant deux espèces distinctes, un groupe hybride présentant des caractères mixtes persistant pendant un nombre indéfini de générations. D'ailleurs, l'impossibilité de maintenir l'état mixte des hybrides fût-elle prouvée, qu'il n'en résulterait pas l'impossibilité de variations ultérieures pour les formes parentes.

Il est acquis, au contraire, que, dans une même espèce, il est possible de trouver des races différentes, capables de se croiser, de manière à donner une *race métisse*, dont les caractères intermédiaires entre ceux des races parentes se maintiennent naturellement pendant un nombre indéfini de générations. M. de Quatrefages a tiré de ce fait un magnifique parti pour l'explication du mode de formation des races humaines et pour la reconstitution de leur histoire. Mais toutes les races métisses ne se maintiennent pas ainsi : les zootechnistes savent avec quelle difficulté on conserve, à certaines races croisées, leurs caractères mixtes les plus précieux ; ils savent que, suivant les circonstances, l'une ou l'autre des races mères arrive à prédominer, quand il ne se fait pas entre elles une séparation pure et simple. Cela est si vrai que l'on retrouve, parmi les fossiles quaternaires, des races de Chiens, de Chevaux et de Bœufs correspondant exactement à nos races actuelles, et qu'il en est ainsi même chez l'Homme. Or, le fait du mélange si facile de ces races s'oppose à ce qu'on puisse les considérer comme des espèces distinctes, ce qu'autoriserait cependant à faire leur longue persistance.

Il y a donc lieu de conclure qu'entre les races et les espèces il n'existe pas de démarcation très précise, ce qui revient à dire qu'il n'est pas impossible qu'en divergeant de plus en plus, les races d'une même espèce se constituent en espèces distinctes, incapables désormais de se mêler. Le fait a été signalé pour les Lapins sauvages de Porto-Santo, une des îles de l'archipel de Madère, et leurs congénères européens ; pour le Chat du Chili et son ancêtre, notre Chat domestique ; pour le Cochon d'Inde et l'*Apereadu*, qui paraît être sa souche d'origine. On peut donc considérer comme vraisemblable que tous les passages possibles existent entre les races et les espèces, et que les espèces d'un même genre n'étaient primitivement que des races devenues peu à peu incapables de se mêler.

Quel a été l'instrument de cette séparation ? Il est clair que si tous les individus de race différente, mais de même espèce, vivaient côte à côte, ces individus se livreraient, pour conquérir leur nourriture, dès qu'ils seraient devenus suffisamment nombreux, des combats d'autant plus terribles, qu'ils seraient plus voisins les uns des autres. La moindre différence désavantageuse deviendrait à la longue, pour les races concurrentes, une cause de disparition. À la suite de cette *lutte pour la vie*, il s'effectuerait entre elles une *sélection naturelle*, de telle sorte que la *survivance des plus aptes* à utiliser les conditions d'existence dans lesquelles s'est livrée la bataille, serait le prix de la victoire. C'est ainsi que Darwin explique l'*adaptation* si remarquable des formes vivantes aux conditions d'existence dans lesquelles elles sont cantonnées, adaptation si étroite, que beaucoup d'espèces animales semblent rigoureusement faites pour ces conditions déterminées à l'exclusion de toutes autres, comme l'ont soutenu, depuis Aristote, les partisans de la doctrine des *causes finales ;* c'est ainsi que peut être expliqué l'isolement physiologique des espèces actuelles les unes par rapport aux autres, isolement qui est la conséquence de leur long cantonnement dans des conditions d'existence déterminées, à la suite de leur victoire dans ces conditions, et non dans d'autres.

On ne saurait trop le remarquer, Darwin n'explique ainsi ni le mécanisme de la constitution des formes vivantes supérieures à l'aide des formes simples, ni le mécanisme de la production des caractères secondaires acquis par les premières formes complexes après leur constitution ; il se borne à nous montrer comment ces formes, une fois constituées, au lieu de demeurer reliées par un nombre infini d'intermédiaires sont, au contraire, arrivées à présenter l'isolement relatif où nous les voyons. C'est la lutte pour la vie, qui a produit cet isolement. Mais elle n'a pas produit les formes elles-mêmes. Celles-ci se sont constituées par l'*association*, et elles ont triomphé dans la lutte pour la vie grâce aux qualités mêmes qui assurent le triomphe des sociétés humaines et qui constituent le fonds éternel de leur morale : la *discipline* et la *solidarité*. C'est l'idée à laquelle conduisent les études que nous avons publiées, il y a quelques années, sur *les Colonies animales et la formation des organismes*.

XV

LA MÉTHODE ET LES SYSTÈMES DE CLASSIFICATION.

Arrivé à ce point, il est facile de résoudre une question qui a préoccupé si vivement les naturalistes de la fin du siècle dernier et du commencement de celui-ci, qu'ils en ont fait la science tout entière : la question de la *méthode naturelle*.

Lorsque, à la suite des voyages dont l'ère s'ouvre par la découverte du nouveau monde, le nombre des formes vivantes connues devint trop considérable pour que chacune d'elles pût être facilement retrouvée dans des descriptions disposées sans ordre, il fallut songer à classer ces descriptions de manière à rendre pratique l'usage des traités d'histoire naturelle. Ce classement se fit d'abord un peu à l'aventure, chacun employant à son gré le *système* qui lui paraissait le plus commode. La clef de ces systèmes était fournie par les modifications successives de tel ou tel caractère arbitrairement choisi. De ce nombre est le système de classification des plantes basé par Linné sur le nombre des étamines, et connu sous le nom de *système sexuel*. Mais la philosophie inspira bientôt aux naturalistes des visées plus hautes. Tout en imaginant ses ingénieux systèmes, Linné concevait dans la nature un ordre général dont il ne pouvait se flatter d'avoir deviné le secret, mais dont il recommandait l'étude à ses successeurs, espérant qu'ils arriveraient à le reproduire dans leurs classifications qui deviendraient ainsi l'image même du monde vivant. Cette classification parfaite, qui devait s'imposer par sa perfection même, qui ne pouvait admettre de rivale, parce qu'elle représentait l'ordre même des choses, était ce que Linné appelait la *méthode naturelle* ou tout simplement la *méthode*. En quoi consistait l'ordre qu'elle prétendait représenter? C'est un point sur lequel les naturalistes n'étaient guère plus d'accord que les philosophes. Concevoir l'existence d'un ordre naturel, découvrir cet ordre et le rendre apparent à tous les yeux dans une classification étaient choses toutes différentes. Bonnet, Cuvier, Lamarck ont certainement cru tous les trois avoir imaginé une classification naturelle. Or Bonnet supposait que tous les êtres inertes, vivants et même surnaturels, pouvaient être disposés en une longue série linéaire dans laquelle chacun était exactement intermédiaire entre deux autres, et il avait essayé de dresser ainsi ce qu'il appelait l'*échelle des êtres*. Cuvier croyait avant tout à la finalité de la nature et à l'immuabilité des formes vivantes. Il déduit de ces deux principes les fondements de sa classification naturelle. Pour lui, tout être vivant étant créé pour une fin doit présenter une organisation en rapport avec cette fin. Ses organes doivent donc se trouver entre eux dans des relations étroitement déterminées; de sorte que si l'on connaît certains de ses caractères, on doit pouvoir en déduire tous les autres; c'est en cela que consiste ce que le fondateur de la Paléontologie appelle le *principe de la corrélation des formes*. D'ailleurs tous les caractères n'ont pas la même importance; il en est dont les modifications n'entraînent aucun changement profond dans l'organisme, tandis que d'autres ne peuvent être même faiblement altérés sans que ces altérations aient un retentissement sur toutes les parties du corps. Ces caractères, qui régissent en quelque sorte l'organisme tout entier, sont ce que Cuvier appelle les *caractères dominateurs*, et il en est de différents degrés qui peuvent servir à définir des groupes subordonnés les uns aux autres, comme ces caractères eux-mêmes. La recherche de l'ordre de *subordination des caractères* doit donc être le fondement même de la méthode naturelle. C'est en partant de ces idées que Cuvier est amené à accorder une importance prédominante au système nerveux, qui est, suivant lui, tout l'animal, et à répartir les animaux en quatre *embranchements* entre lesquels il ne suppose aucun passage, parce que les espèces étant fixes et immuables, n'ont elles-mêmes aucun lien immédiat.

La classification de Cuvier peut se résumer dans le tableau suivant :

1ᵉʳ *embranchement*. — VERTÉBRÉS: quatre classes: Mammifères, Oiseaux, Reptiles, Poissons.

2ᵉ *embranchement*. — MOLLUSQUES : six classes: Céphalopodes, Ptéropodes, Gastéropodes, Acéphales, Branchiopodes, Cirropodes.

3ᵉ *embranchement*. — ARTICULÉS: quatre classes: Annélides, Crustacés, Arachnides, Insectes.

4ᵉ *embranchement*.—Cinq classes: Échinodermes, Helminthes, Acalèphes, Polypes, Infusoires.

Tout autre est le sentiment de Lamarck. L'illustre auteur de l'*Histoire des animaux sans vertèbres* pense que les êtres vivants se sont d'abord manifestés sur la terre sous des formes très simples : les uns sont nés de l'union directe des éléments minéraux: carbone, hydrogène, oxygène et azote : les autres ont apparu sous la forme de parasites des êtres déjà constitués et ont pris naissance aux dépens de leurs humeurs. De là, deux séries distinctes d'Animaux invertébrés qui viennent se confondre, en s'élevant graduellement dans la série unique des Vertébrés.

Cuvier descendait dans sa classification des Vertébrés aux Infusoires ; Lamarck s'élève au contraire des Infusoires à l'Homme, et il présente sa classification sous la forme suivante qui est, pour lui, un arbre généalogique du Règne animal :

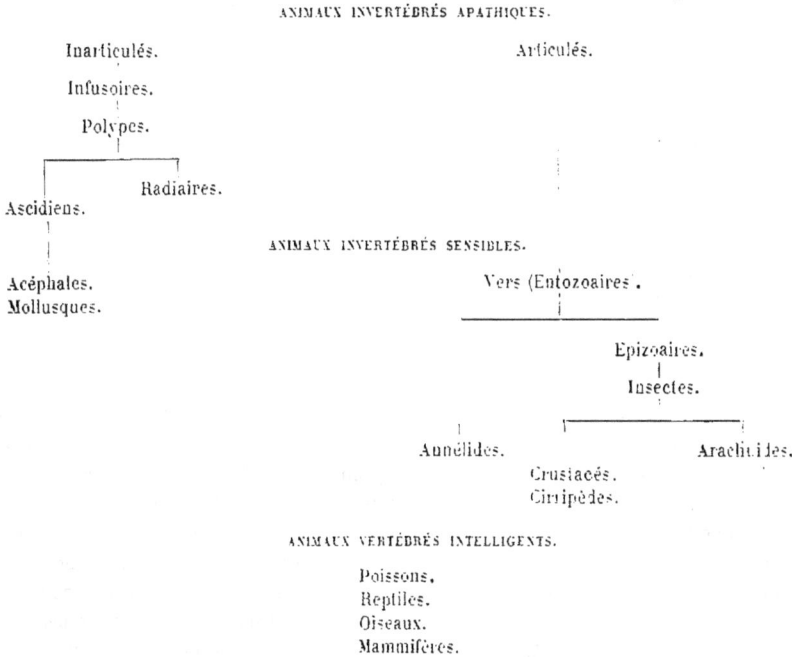

ANIMAUX INVERTÉBRÉS APATHIQUES.

Inarticulés.   Articulés.

Infusoires.

Polypes.

Ascidiens.   Radiaires.

ANIMAUX INVERTÉBRÉS SENSIBLES.

Acéphales.   Vers (Entozoaires.
Mollusques.

Epizoaires.

Insectes.

Annélides.   Arachnides.

Crustacés.
Cirripèdes.

ANIMAUX VERTÉBRÉS INTELLIGENTS.

Poissons.
Reptiles.
Oiseaux.
Mammifères.

Ces trois méthodes n'étaient pas les seules. Mac Leay, en Angleterre, croyait avoir découvert que les animaux pouvaient se répartir en cinq cercles tangents, et il proposait ce qu'il appelait le *système quinaire*. Les Philosophes de la Nature appliquaient à la classification leur théorie des oppositions. La méthode de Cuvier, qui s'annonçait comme basée sur les faits, bien plus que sur des conceptions philosophiques, n'eut pas de peine à triompher de ces rêveries. Les plus grands perfectionnements dont elle fut susceptible lui ont été apportés par Henri Milne Edwards qui, adoptant les quatre embranchements de Cuvier, et les combinant à ceux de de Blainville, après en avoir quelque peu modifié les limites, les divisait chacun en deux sous-embranchements de la manière suivante :

1er *Embranchement :* OSTÉOZOAIRES ou VERTÉBRÉS.

1er Sous-embranchement.	2e Sous-embranchement.
Allantoïdiens	*Anallantoïdiens :*
Mammifères.	Batraciens.
Oiseaux.	Poissons.
Reptiles.	

2ᵉ *Embranchement :* Extomozoaires ou Annelés.

1ᵉʳ Sous-embranchement.	2ᵉ Sous-embranchement.
Arthropodes ou *Articulés :*	*Vers :*
Insectes.	Annélides.
Myriapodes.	Helminthes.
Arachnides.	Turbellariés.
Crustacés.	Cestoïdes.
	Rotateurs.

3ᵉ *Embranchement :* Malacozoaires ou Mollusques.

1ᵉʳ Sous-embranchement.	2ᵉ Sous-embranchement.
Mollusques :	*Molluscoïdes :*
Céphalopodes.	Tuniciers.
Ptéropodes.	Bryozoaires.
Gastéropodes.	
Acéphales.	

4ᵉ *Embranchement :* Zoophytes.

1ᵉʳ Sous-embranchement.	2ᵉ Sous-embranchement.
Radiaires :	*Sarcodiaires :*
Échinodermes.	Infusoires.
Acalèphes.	Spongiaires.
Coralliaires.	

Dans la classification de Henri Milne Edwards, on voit apparaître, pour la division des Vertébrés en sous-embranchements, des caractères tirés de la présence ou de l'absence d'un organe appartenant à l'embryon, l'*allantoïde*. Déjà, presque au même temps où Cuvier publiait sa classification, von Baër avait résumé ses travaux sur le développement embryogénique des animaux, en essayant d'en tirer une méthode de classification. Les brillantes solutions fournies par l'embryogénie pour des questions de classification longtemps controversées, comme la position des Lernées ou celle des Cirripèdes, conduisirent bientôt les zoologistes à accorder à cette science une confiance de plus en plus grande pour la détermination des affinités des êtres. De là à en faire la base d'un système de classification, il n'y avait qu'un pas. Ce pas, Ehenberg, van Beneden, Carl Vogt, l'avaient déjà franchi avant l'importance prise par le transformisme. On put croire un moment que l'avènement de la doctrine de Darwin donnerait aux classifications embryogéniques un nouveau crédit. Dans la doctrine nouvelle, la classification ne peut être comprise, en effet, que comme un arbre généalogique, ainsi que l'avait vu si nettement Lamarck. S'il est vrai, comme le soutenaient les transformistes, que les formes successives des embryons sont comme une série de miniatures des ancêtres de l'animal adulte qu'ils doivent produire, la solution de toutes les questions controversées de classification appartient de plein droit à l'embryogénie ; c'est elle qui devrait fournir les caractères des grandes divisions du Règne animal. Huxley, Hæckel, Giard, ont effectivement tenté de les lui demander. Malheureusement, nous l'avons vu précédemment, les portraits fournis par l'embryogénie ne sont pas fidèles. L'accélération embryogénique d'une part, les adaptations embryonnaires de l'autre, altèrent profondément, non seulement la forme de l'embryon, mais encore la disposition de ses organes et jusqu'au mécanisme de leur formation. Tant qu'on ne connaîtra pas les lois de ces altérations, il sera impossible d'user avec une confiance absolue des résultats fournis par l'embryogénie pour la détermination des affinités. Ces résultats ne sauraient prévaloir contre ceux qu'apportent, de leur côté, l'anatomie comparée et la paléontologie. En fait, jusqu'à présent l'embryogénie a soulevé plus de problèmes qu'elle n'a résolu de questions, sauf lorsqu'elle s'est adressée à des êtres auxquels une adaptation à des genres de vie très spéciaux avait imposé des déformations tardives, propres à masquer leur véritable nature.

De toute façon, une méthode de classification qui classe les êtres, en allant des plus simples aux plus complexes, est évidemment, quelque idée qu'on puisse se faire sur leur origine, la seule méthode conforme aux principes scientifiques. Si cette méthode tient un compte rigoureux de l'ordre d'apparition des êtres tel qu'il nous est connu ; si elle se préoccupe non seulement des caractères externes ou internes des animaux adultes, mais encore de leur mode de développement, il est clair qu'elle représentera si bien l'état de la science, qu'on pourra la considérer comme aussi parfaitement naturelle que possible, pour l'époque où elle aura été établie. De plus, comme elle tient compte tout à la fois des données paléontologiques trop longtemps négligées [1] et des données embryogéniques, elle doit satisfaire à la fois les partisans de la théorie de la fixité des espèces et les partisans de la théorie de l'évolution. Bien plus, elle doit nécessairement, lorsqu'elle est arrivée à un certain degré de perfection, entraîner fatalement la conviction vers l'une ou l'autre de ces doctrines.

En appliquant ces principes, on trouve tout d'abord que les animaux formés d'un seul plastide, les protozoaires mis à part, se rattachent à un petit nombre de formes simples, dont les unes restent toute leur vie à cet état de simplicité, tandis que les autres ne sont connues que sous forme d'embryon. On peut concevoir autant de séries zoologiques qu'il existe de ces formes simples et l'on se trouve ainsi en présence des séries suivantes :

1° SPONGIAIRES ayant l'*Olynthus primordialis* de Hæckel comme forme simple ;

2° POLYPES ayant l'Hydre d'eau douce comme point de départ et comprenant les Hydres, les Siphonophores, les Cténophores, les Acalèphes et les Coralliaires ;

3° ÉCHINODERMES ayant pour point de départ un embryon vermiforme tel que celui des Comatules, et comprenant les Cystidés, les Stellérides, les Ophiurides, les Blastoïdes, les Crinoïdes, les Échinides et les Holothurides ;

4° ARTHROPODES ayant pour point de départ l'embryon connu sous le nom de *nauplius ;*

5° NÉPHRIDIÉS, représentés encore à l'état simple par les Rotifères et ayant, en tout cas, pour point de départ la forme embryonnaire connue sous le nom de *trochosphère*. Cette dernière série est de beaucoup la plus nombreuse de toutes, car elle comprend les Rotifères, les Bryozoaires, les Brachiopodes, les Vers annelés, les Géphyriens, les Platyhelminthes, les Mollusques, les Tuniciers et les Vertébrés.

La plupart des animaux appartenant aux trois premières séries ont un corps ramifié, tantôt irrégulièrement, tantôt radiairement, présentant d'ordinaire plus d'un plan de symétrie ou pas du tout. La ramification de leur corps autorise à les réunir en un seul groupe, caractérisé par le *type de structure ;* on peut les désigner sous le nom de PHYTOZOAIRES. Tous les Phytozoaires sont des animaux aquatiques, et un très petit nombre seulement habite les eaux douces.

1. Dans la classification des collections de Protozoaires, de Spongiaires, de Polypes, d'Échinodermes, de Vers, de Mollusques et de Tuniciers que nous avons eu à organiser pour les nouvelles galeries du Muséum, et qui contiennent les animaux fossiles de ces groupes aussi bien que les vivants, nous avons tenu à introduire cette innovation que les divers genres, et dans les genres, les espèces fossiles, sont disposés, autant que possible, dans l'ordre même de leur apparition; de sorte que l'histoire de l'évolution de chaque groupe se déroule sous les yeux des visiteurs, autant qu'elle nous est connue. Il nous a semblé que, transformiste ou non, on ne peut contester qu'une méthode qui présente les êtres dans l'ordre où la Nature les a produits soit une méthode naturelle.

Les animaux des deux autres séries ont un seul plan de symétrie ; et cette structure fondamentale n'est modifiée, chez eux, que par une inégalité de développement des deux côtés du
corps, déterminant parfois un enroulement de celui-ci en spirale ou en hélice, comme on le
voit chez les Bernard-l'ermite et les Mollusques gastéropodes. Leur corps ne présente que
rarement de ramifications latérales proprement dites ; il est fréquemment segmenté. En
raison de ce type spécial de structure, on peut les désigner sous le nom d'ARTIOZOAIRES ou animaux à symétrie bilatérale. Les deux séries d'Artiozoaires se distinguent par des caractères très
tranchés et qui apparaissent dès la période embryonnaire. Les Arthropodes sont revêtus de
chitine et manquent totalement de cils vibratiles, de sorte que leur organisation évolue dans une
direction toute particulière. Les Néphridiés sont, au contraire, abondamment pourvus de cils
vibratiles, surtout dans les formes inférieures ou embryonnaires ; de plus, tous présentent un
appareil rénal construit sur un type constant et consistant en paires de tubes ciliés, les *Néphridiés*, s'ouvrant, d'une part, dans la cavité générale du corps, d'autre part à l'extérieur. Quelques
Néphridiés, les Bryozoaires et les Tuniciers, se fixent, à une période plus ou moins avancée de
leur développement et, comme ils possèdent encore à ce moment la faculté de bourgeonner,
leur corps se ramifie après la fixation, comme celui des Phytozoaires.

Les Arthropodes se divisent naturellement en deux groupes suivant leur genre de vie :
1° les *Arthropodes aquatiques*, comprenant les Mérostomés, dont les Limules sont aujourd'hui les
seuls représentants, et la longue série des Crustacés ; 2° les *Arthropodes terrestres*, comprenant
les Arachnides, les Onychophores ou Péripates, les Myriapodes et les Insectes.

On ne peut diviser ainsi les Néphridiés qui présentent une bien plus grande variété de
formes. En effet, les Rotifères, les Bryozoaires, les Brachiopodes, les Géphyriens, les Tuniciers,
sont tous aquatiques, et ces trois dernières classes n'ont même que des représentants marins.
Les Vers annelés et les Mollusques présentent des formes marines, des formes d'eau douce
et des formes vivant dans la terre humide, qui ont entre elles les plus grandes affinités. Toutefois on peut dire que le plus grand nombre des Sangsues et la presque totalité des Lombriciens et des Mollusques pulmonés sont d'eau douce ou terrestres. Les Platyhelminthes sont
aquatiques ou parasites. Enfin la division en animaux aquatiques et en animaux terrestres reparaît pour les Vertébrés : les Vertébrés anallantoïdiens sont, en réalité, ceux dont les embryons
ne peuvent se développer que dans l'eau et dont l'existence est liée à cet élément. Les Vertébrés allantoïdiens sont ceux dont les embryons se développent à l'air libre ou dans le corps de
la mère, et qui sont, par conséquent, indépendants de l'eau. Ces concordances générales
montrent que nos classifications anatomiques et embryogéniques, tout en faisant appel à des
caractères quelquefois difficiles à interpréter, traduisent en somme, plus souvent que nous ne
pensons, le genre de vie de l'animal et les rapports qu'il contracte avec le milieu extérieur.

Les Plantes n'échappent pas à cette loi. C'est pour elles que la première méthode naturelle
a été conçue par les de Jussieu. Cette méthode s'appliquait surtout aux Phanérogames, les seules
plantes bien connues à cette époque ; elle était basée sur la structure de la fleur. Adolphe
Brongniart y introduisit, pour le groupement des familles, la structure de la graine, et des botanistes éminents s'efforcent aujourd'hui de la perfectionner en faisant intervenir dans ce groupement la structure, aujourd'hui minutieusement étudiée, de toutes les parties de la plante.
Aussi, les grands traits de la classification des végétaux peuvent-ils être considérés comme
définitivement arrêtés.

Les plantes sont faites exclusivement de cellules ou ajoutent aux cellules des fibres et des vaisseaux dérivés de ces éléments primordiaux. Elles peuvent, par conséquent, se diviser déjà en *plantes cellulaires* et *plantes vasculaires*. Les premières demeurent simples ou présentent des ramifications latérales planes, qu'on nomme les *feuilles*. Les plantes sans feuilles forment l'embranchement des *Thallophytes;* les plantes cellulaires, à feuilles, forment l'embranchement des *Muscinées*.

Les Thallophytes sont presque toutes des plantes aquatiques ou parasites; si elles sont dépourvues de la matière qui colore en vert tous les végétaux supérieurs, la *chlorophylle*, elles forment la classe des *Champignons;* celle des *Algues*, si elles sont pourvues de chlorophylle. A partir des Algues, toutes les plantes sont vertes, et les Muscinées qui se divisent en deux classes, les Hépatiques et les Mousses, commencent la série des plantes à végétation terrestre. Toutefois, la fécondation des Muscinées ne peut s'opérer que par l'intermédiaire de l'eau. Ces plantes ne sont donc qu'incomplètement terrestres.

Avec les vaisseaux, apparaît un organe nouveau, la *racine*. Les plantes vasculaires sont donc en même temps les plantes qui possèdent des feuilles et des racines. Leur appareil végétatif est toujours aérien. Mais, dans une première série, celle des Cryptogames, la fécondation nécessite encore l'intervention de l'eau. Les Cryptogames sont donc encore, à l'égard de la fécondation, des plantes aquatiques; elles se divisent en *Équisétacées* ou Prêles, *Filicacées* ou Fougères et *Lycopodiacées*.

Enfin, apparaît, avec les *Gymnospermes*, la fécondation aérienne, qui caractérise les plantes phanérogames, les seules plantes complètement et vraiment terrestres. L'appareil de la fécondation aérienne, la *fleur*, simplement ébauché chez les Gymnospermes (Cycadées, Conifères et Gnétacées), n'atteint tout son développement que chez les *Angiospermes* (Monocotylédones et Dicotylédones).

Les végétaux forment ainsi une série plus ou moins ramifiée, mais régulièrement ascendante, tandis que les animaux doivent être divisés en plusieurs séries parallèles. Mais les lois qui président à l'évolution de ces séries sont les mêmes et attestent l'unité de ce grand phénomène mécanique que l'on nomme la *vie*.

CONCLUSION.

Nous avons essayé d'indiquer, dans les quelques pages qui précèdent, le programme que s'efforcent, aujourd'hui, de remplir les sciences naturelles. L'ère de la méthode contemplative, la période des conceptions métaphysiques est passée. Il est acquis, aujourd'hui, que de l'étude du monde vivant doit sortir son explication. Avec plus d'ardeur et de succès que jamais, on étudie les animaux et les végétaux en vue de l'action qu'ils exercent sur nous et du parti qu'on en peut tirer. Les incomparables recherches de M. Pasteur ont révélé depuis longtemps de quelle importance il était pour l'Homme de connaître le secret des infiniment petits; la physiologie végétale est sur le point de modifier complètement notre agriculture et de lui donner un nouvel essor; on sait aujourd'hui cultiver les Éponges, et l'on a fait de l'élevage des Mollusques une industrie dont le rendement est aujourd'hui parfaitement régulier; on parviendra sous peu à assurer l'empoissonnement de nos rivières, et l'on manie dès à présent les formes et les propriétés des animaux domestiques avec une merveilleuse habileté.

Mais les sciences naturelles entrevoient, dans l'avenir, des résultats d'un tout autre ordre que ces résultats pratiques. Elles tiennent, entre leurs mains, le fil conducteur qui doit leur permettre de remonter, à travers les âges, jusqu'à nos origines ; le mécanisme et les causes de la formation des organismes commencent à leur apparaître. Et, grâce à elles, sur les débris de l'ancienne philosophie se dresse une philosophie plus haute et plus large qui établit partout la loi à la place du caprice. Leur retentissement sur nos institutions sociales n'est pas moindre ; vainement, au nom de je ne sais quels intérêts, on essayerait de restreindre ou de dissimuler cette action ; le vrai se dégage de lui-même de toute entrave ; il ne peut être redoutable à personne ; mais l'avenir appartient à ceux qui savent les premiers le reconnaître et conformer leurs actes à ses prescriptions. Déjà, d'ailleurs, des conceptions sorties du cabinet des naturalistes sont venues plus d'une fois se mêler aux conceptions politiques des hommes d'État. Alors que les sciences naturelles n'étaient qu'une description sommaire des formes vivantes, on pouvait douter de leur importance ; elles s'imposent aujourd'hui aux esprits les moins clairvoyants comme les grandes éducatrices de la pensée humaine ; elles ont, depuis quelques années, profondément changé son orientation. Ainsi s'explique le vif intérêt qu'elles suscitent et que le livre pour lequel nous écrivons cette introduction saura maintenir en éveil.

EDMOND PERRIER.

DICTIONNAIRE POPULAIRE

D'HISTOIRE NATURELLE

A

ABACA. Nom que porte, à Manille, une espèce de Bananier (*Musa textilis*), qui fournit le Chanvre de Manille (Voir BANANIER.)

ABAJOUES. On nomme ainsi les poches que certains mammifères portent aux deux côtés intérieurs de la bouche. Presque tous les singes de l'ancien continent et quelques rongeurs en sont pourvus. Ces poches servent à ces animaux comme de garde-manger pour la conservation de leurs aliments. Les singes, lorsqu'ils vont à la maraude, remplissent ces magasins, que leur a donnés la nature. Les Hamsters (voir ce mot) possèdent des abajoues très vastes qui s'étendent jusque sur les côtés du cou, et dans lesquelles ils rapportent à leur terrier les grains qu'ils emmagasinent pour subsister pendant l'hiver.

ABDOMEN ou **ventre.** L'abdomen est la région du corps des animaux dont la cavité renferme la plus grande partie des organes digestifs. La constitution de cette région du corps varie beaucoup dans les diverses classes d'animaux, tant pour l'étendue que pour les organes qu'elle contient; aussi l'étudierons-nous aux articles MAMMIFÈRES, OISEAUX, REPTILES, POISSONS, MOLLUSQUES, INSECTES, etc. Chez l'homme, l'abdomen se divise en trois régions : la supérieure ou *épigastre*, l'inférieure ou *hypogastre*, et la moyenne ou *ombilicale*. Il renferme l'estomac et les intestins, le foie, la rate et le pancréas, plus les organes urinaires et reproducteurs, etc. Les côtés de l'épigastre, ou partie supérieure de l'abdomen, ont reçu le nom d'*hypocondres ;* l'hypocondre gauche est occupé par la rate, et le droit par le foie; on donne le nom de flancs aux côtés de la région ombilicale. (Voir DIGESTION.)

ABDOMINAUX. Les Abdominaux forment le premier ordre de la division des poissons MALACOPTÉRYGIENS de Cuvier. Ce groupe comprend la plupart des poissons d'eau douce; leur caractère principal est d'avoir les nageoires ventrales suspendues sous l'abdomen en arrière des pectorales, sans aucune rela-

tion avec les os de l'épaule. Il forme aujourd'hui avec les Apodes l'ordre des PHYSOSTOMES et comprend six familles : les *Clupéidés*, les *Salmonidés*, les *Esocidés*, les *Cyprinidés*, les *Acanthopsidés* et les *Siluridés*. (Voir ces mots.)

ABEILLE (*Apis*). Genre d'insectes HYMÉNOPTÈRES de la famille des *Apidés*. Tout le monde connaît l'Abeille ou mouche à miel, cet insecte précieux qui donne à l'homme le miel et la cire. Livrées à leur instinct naturel, les Abeilles sociales s'établissent dans des creux d'arbres ou de rochers, et leur état est dès lors aussi bien policé que dans les ruches où nous les recueillons.

Ce que nous allons dire s'applique donc aussi bien aux Abeilles sauvages qu'aux Abeilles domestiques. Chez le plus grand nombre d'insectes, il existe deux sortes d'individus : des mâles et des femelles; mais dans les Abeilles, les fourmis et quelques autres genres, on trouve une troisième sorte d'individus qui n'ont pas de sexe et que l'on a appelés *neutres*; ces derniers sont en réalité des femelles imparfaitement développées. Une société ou essaim d'Abeilles se compose d'une seule femelle féconde ou mère Abeille, qui est la reine, et de deux autres ordres de citoyens : 1° les mâles ou *faux-bourdons*, plus gros que les Abeilles ordinaires et qui s'en distinguent, en outre, par le développement de leurs yeux et l'absence d'aiguillon; ce sont les pères de la cité; 2° les neutres ou *ouvrières*, destinées à nourrir les autres ordres et à construire les édifices. Ces dernières se distinguent par leur taille plus petite, et, en outre, par la conformation de leurs pattes postérieures : le premier article du tarse est en quadrilatère, il s'articule avec la jambe et peut se replier sur elle-même comme une petite pince. Cette pièce est garnie en dedans d'une brosse de poils courts et rigides; la jambe présente elle-même un petit creux auquel on a donné le nom de *corbeille*. Ces instruments, qui n'existent que chez les ouvrières ou neutres, servent à faire la récolte du pollen. Lorsque l'insecte se roule dans la corolle des fleurs, la poussière fécondante des étamines s'attache aux poils qui recouvrent son corps; c'est alors qu'au moyen de la brosse qui garnit le tarse postérieur, l'Abeille réunit cette poussière en petites boulettes qu'elle colle dans le creux de ses jambes. Le nombre des mâles, dans une ruche, peut varier de 200 à 1 200 et celui des ouvrières de 10000 jusqu'à 25 et 30000; mais il ne peut y avoir jamais qu'une seule reine ou femelle pondeuse. Comme les ouvrières, cette reine est armée d'un aiguillon; les mâles seuls n'en ont pas. Le premier soin d'un essaim dans son habitation est d'en calfeutrer bien exactement toutes les parois intérieures avec de la cire; puis les ouvrières jettent les fondements de la cité et des habi-

vrières, que ce pollen, élaboré dans leur estomac, était ensuite dégorgé sous forme d'une bouillie blanchâtre, qui, durcissant à l'air, constituait la véritable cire. Il n'en est cependant pas ainsi, car la cire est sécrétée entre les arceaux inférieurs des anneaux de l'abdomen, ce dont on peut facilement se convaincre en soulevant un peu ces anneaux. C'est avec la cire que les ouvrières construisent les cellules destinées à recevoir les œufs pondus par la reine. Chaque cellule ou alvéole a la forme d'un petit godet hexagonal, ou à six côtés, parfaitement régulier, fermé d'un côté seulement, et la réunion de ces alvéoles constitue ce que l'on nomme *gâteau*. Les gâteaux résultent de l'adossement de deux couches d'alvéoles, disposées de telle sorte que le

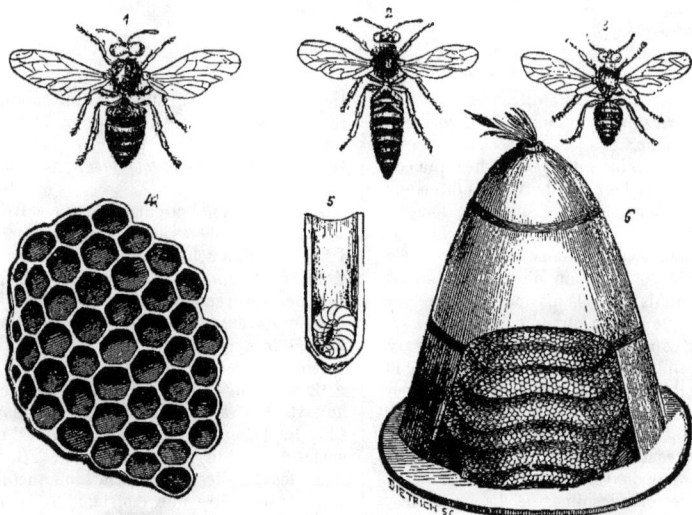

1. Abeille mâle ou faux-bourdon. — 2. Abeille femelle ou reine. — 3. Abeille neutre ou ouvrière. — 4. Cellules.
5. Larve d'Abeille dans son alvéole. — 6. Ruche ouverte pour montrer les gâteaux.

tations de la postérité à naître. Les mâles et la reine ne travaillent à aucun ouvrage, ils sont uniquement destinés à la propagation de l'espèce. Munies, comme tous les insectes de l'ordre des HYMÉNOPTÈRES (voir ce mot) auquel elles appartiennent, de quatre ailes et de six pattes, les Abeilles ouvrières vont, dès le matin, à la picorée, ou butiner sur les fleurs, qu'elles savent fort bien reconnaître, de très loin, à la couleur éclatante de leur corolle, espèce d'enseigne qui leur indique l'hôtellerie où elles trouveront leur succulent repas. C'est au moyen de leur trompe qu'elles retirent du nectaire des plantes le suc qu'elles convertiront bientôt en miel. Chacun sait, en effet, que c'est aux sécrétions des Abeilles que nous devons le miel et la cire. On a pensé pendant longtemps que cette dernière matière était due au pollen, dont se nourrissent quelquefois les ou-

fond des unes devient le fond des autres; en outre, la base de chaque cellule est formée par la réunion de trois cellules opposées, et il y a ainsi économie de matière et d'espace. On ne sait trop ce qu'il faut le plus admirer, ou de la régularité et de la délicatesse de l'ouvrage, ou de l'habileté des ouvrières. Pour construire, l'Abeille prend successivement les plaques de cire sécrétées entre les anneaux de son abdomen, au moyen de la pince que nous avons décrite plus haut, les porte à sa bouche, puis les mâche pour leur donner l'apparence de filaments mous, et les applique contre la voûte de la ruche. Plusieurs Abeilles travaillent de concert, et les filaments qu'elles déposent forment bientôt une masse assez étendue dans laquelle elles creusent les cellules. Les cellules sont de trois sortes: il y en a de petites, destinées aux larves des ouvrières et à la provision de miel ; des moyennes, destinées aux larves des mâles ; et enfin des grandes, destinées aux œufs et par suite aux larves devant donner naissance à des reines. Celles-ci sont toujours en petit nombre (de 10 à 15), placées au centre de la ruche ; elles sont rondes, à parois épaisses comme un dé à coudre ; chacune coûte bien aux ouvrières le travail et la cire de cent alvéoles ordinaires ; mais rien n'est trop beau pour leur souveraine, et les Abeilles, si économes d'ordinaire, n'y épargnent ni le temps ni la matière. Tout autour sont des cellules moyennes, moins spacieuses que les cellules royales, mais cependant du double à peu près des cellules communes ; ce sont les berceaux destinés aux œufs des mâles ou faux-bourdons ; enfin, les autres cellules du couvain, de dimensions ordinaires, sont consacrées aux œufs qui donneront des neutres ou ouvrières ; une partie de ces petites cellules est aussi destinée à conserver la provision de miel. — Lorsque le gâteau est terminé, d'autres ouvrières pénètrent dans chaque alvéole pour en polir les parois et pour garnir les pans et l'orifice de *propolis*, sorte de gomme résineuse qu'elles recueillent principalement sur les bourgeons du peuplier blanc. Les cellules ordinaires sont alors remplies de miel pur et bouchées avec un couvercle de cire qui l'empêche de s'écouler ; c'est la provision, pour l'hiver surtout. Ce miel si doux, ce n'est pas l'Abeille qui le fait ; elle le récolte sur les fleurs, dont elle suce les glandes nectarifères. Elle l'apporte dans son estomac, petite vessie transparente qu'on observe en séparant son ventre de sa poitrine, et le dégorge dans les alvéoles. Le miel conserve beaucoup des qualités des plantes sur lesquelles les Abeilles l'ont recueilli. Ce sont le romarin et les plantes aromatiques de nos provinces méridionales qui donnent au miel de Narbonne son arome agréable. C'était le thym et le serpolet qui donnaient à celui du mont Hymette le parfum qui le faisait rechercher ; c'est une espèce d'acacia qui rend le miel vert à l'île Bourbon. Xénophon rapporte que dans la retraite des Dix mille, ses soldats devinrent insensés et comme empoisonnés, après avoir mangé, aux environs de Trébizonde, du miel recueilli par les Abeilles sur des plantes vénéneuses. — Au printemps, la reine quitte la ruche, s'élève dans les airs, accompagnée de tous les mâles qui lui font un nombreux cortège, et revient, environ trente minutes après son départ, fécondée. Un fait digne de remarque, c'est que la fécondation ne peut avoir lieu que dans l'air, les femelles que l'on retient enfermées dans les ruches restent improductives. A son retour, la reine est l'objet des soins les plus empressés de la part des ouvrières ; celles-ci la caressent de leur trompe et dégorgent de temps en temps du miel qu'elles lui présentent. C'est environ quarante-huit heures après sa rentrée dans la ruche, que la reine commence à pondre ; elle parcourt les gâteaux, et enfonçant le bout de son abdomen dans chaque alvéole, elle y dépose un œuf. Les premiers

œufs que pond la reine doivent donner naissance à des ouvrières ; ce n'est que longtemps après qu'elle pond des œufs de mâle. Trois jours plus tard, les œufs éclosent ; il en sort un petit ver blanc qui devient l'objet de toute la sollicitude des ouvrières ; celles-ci, comme de bonnes nourrices, lui apportent plusieurs fois par jour une espèce de bouillie mielleuse, qui diffère suivant l'âge et le sexe de la larve. Au bout de cinq jours, le ver a atteint tout son développement, et il se met en devoir de filer une coque de soie dans laquelle il se renferme pour opérer sa métamorphose en Abeille ; il sort enfin de son alvéole sous cette dernière forme, le vingtième jour après sa ponte. Aussitôt les autres Abeilles lui prodiguent tous les soins nécessaires, l'essuyant, la léchant et lui offrant du miel jusqu'à ce qu'elle soit bien affermie. Ces berceaux sont le trésor, le palladium sacré de la république des Abeilles ; elles sacrifieraient toutes leur vie avec le plus ardent patriotisme pour sa défense, et lorsqu'elles perdent leur reine, elles se rallient autour des cellules royales pour en tirer quelque nouvelle reine, pour en faire éclore une autre. C'est là un des faits les plus singuliers de la vie des Abeilles. La reine ne pond pas d'œufs destinés spécialement à donner le jour à des femelles, et il n'y aurait donc que deux sortes d'individus, les mâles et les neutres, dans la ruche sans la reine, si une larve d'ouvrière, placée dans une cellule royale et abondamment nourrie d'une bouillie particulière, ne devenait pas une femelle, une mère capable de fécondité et digne d'être élevée au rang de reine. Cette étonnante découverte est due à Schirach, simple paysan de la Lusace, et a été confirmée pleinement depuis. C'est que toutes les Abeilles neutres ou ouvrières sont des femelles dont les organes sont restés incomplets, tant à cause de l'étroitesse de leurs cellules natales que par le défaut d'une nourriture abondante. Ainsi, lorsqu'un de ces œufs d'ouvrière, placé dans une grande cellule, y fait éclore son ver, les ouvrières lui apportent avec prodigalité une gelée nutritive, succulente, et ce ver si bien choyé devient plus gros que les autres, et se développe en femelle parfaite. Bien que restées neutres, les ouvrières conservent, comme on le voit, un sentiment très vif de la maternité, et en remplissent les devoirs avec une ardeur infatigable. C'est ce précieux instinct, conservateur des familles et des races chez les animaux, qui devient la cause de leurs associations. Cependant, il arrive parfois qu'il naît une seconde reine du vivant de la première, et la nouvelle venue est souvent la cause des plus grands troubles dans l'état ; c'est un dangereux compétiteur au trône, et il se forme alors deux partis ; celui de la jeune souveraine et celui de la reine mère. Celle-ci, craignant de se voir arracher le sceptre, frémit de rage, et, aveuglée par la jalousie, elle ne songe à rien moins qu'à se débarrasser de sa rivale par le meurtre. Lorsque la ruche est très populeuse et regorge d'habitants, l'affaire peut s'arranger à l'amiable; et grâce, sans doute, à la sagesse et à l'intervention des vieillards, la reine mère quitte la cité à la tête de ses vieux sujets et va fonder ailleurs une colonie. On donne le nom d'*essaims* à ces colonies errantes. Bientôt la reine s'arrête sur une branche, ses sujets fidèles l'entourent en la couvrant de leur corps et forment une espèce de grappe en s'accrochant les uns aux autres. C'est le moment que choisit le cultivateur pour s'emparer de l'essaim et le placer dans une ruche. Mais d'autres fois, la population se trouvant renfermée dans de justes limites, cette scission de l'état entraînerait de graves conséquences, si l'une des reines n'était sacrifiée, et la querelle se vide par un combat singulier. Dès que les deux rivales se trouvent en présence, elles s'attaquent avec furie, se portent mille coups jusqu'à ce que l'une d'elles parvienne à se mettre au-dessus de son ennemie et lui plonge son dard dans le corps; alors on jette hors de la cité le cadavre du vaincu et la réconciliation devient universelle. Quant à ces batailles rangées que se livreraient dans les airs les neutres, partagées en deux camps, et dont Virgile nous a laissé une si pompeuse description, elles sont complètement controuvées; les ouvrières restent en effet simples spectatrices du combat. Les mâles ou faux-bourdons, qui sont sans armes, se mêlent encore moins à ces querelles; ils vivent en fainéants aux dépens des laborieuses ouvrières, celles-ci les soignent et les nourrissent tant qu'ils sont nécessaires, mais lorsque arrive l'automne, leur mission est terminée; ils ne sont plus bons à rien, et les ouvrières, qui ne voient plus en eux que des bouches inutiles, les chassent par force de la ruche; elles les tuent même lorsqu'ils tentent d'y rentrer. Les malheureux bannis, incapables de travailler, traînent quelque temps leur misère au froid et à la pluie et périssent bientôt. Aux premiers froids, les ouvrières se ramassent en peloton autour de la reine, dans la ruche, et passent ainsi la mauvaise saison sans prendre de nourriture. — Pendant leur période d'activité, des ouvrières sont préposées à la police et à la garde de la ruche; mais malgré tous leurs soins et leur vigilance elles ne peuvent empêcher quelques individus malfaisants d'y pénétrer; aussi ne laissent-elles en général qu'un guichet fort étroit pour l'entrée de la cité. Au nombre de leurs ennemis les plus à craindre, il faut citer: les frelons, les guêpes et surtout les teignes, qui percent et salissent leurs alvéoles, de manière, quelquefois, à les forcer d'abandonner la ruche. Les hirondelles et les moineaux leur font une guerre active au dehors. — L'Abeille est peut-être, de tous les animaux que l'homme peut utiliser, celui qui demande le moins de soins et qui fournit le plus de produits; ce qu'elle recueille serait perdu sans elle, ce qu'elle enlève aux plantes ne peut en rien amoindrir leur production; au contraire, ces utiles insectes favorisent la fructification. L'Abeille, en s'introduisant dans le calice des fleurs, fait tomber le pollen, ou

poussière fécondante, sur les organes femelles; souvent même, pour les plantes dans lesquelles les sexes existent sur des pieds différents, elle porte le pollen des fleurs mâles, après s'en être couvert le corps en se roulant dans leur calice, sur les fleurs femelles.—La ruche doit être assez grande pour loger trente-cinq à quarante mille Abeilles, le couvain de la reine et les résultats des travaux de la colonie. L'improduction des Abeilles vient presque toujours d'une trop petite dimension de la ruche. Celle-ci est en forme de pain de sucre; elle doit être haute de 1 mètre et large de 35 centimètres de diamètre à sa base. Elle se compose de trois compartiments séparés: un premier en bas, nommé *défense*, de la hauteur de 25 centimètres; un second au-dessus, nommé *couvain*, de la hauteur de 50 centimètres; un troisième, nommé *cabochon*, de la hauteur de 25 centimètres. Ces trois compartiments communiquent ensemble par des ouvertures grillées en osier croisé. La ruche se fait en paille de seigle tordue en rond, puis recouverte d'un enduit composé de chaux mélangée de foin haché très fin; pour la garantir de la pluie, on la recouvre d'un faisceau de paille de seigle; le faîte de la ruche doit se terminer par un cône en bois, ou mieux par un vase en terre cuite. Le premier compartiment sert à la ruche de réservoir d'air et de défense; c'est pour les ennemis des Abeilles un obstacle à surmonter; celles-ci, qui font toujours bonne garde, ont le temps d'apercevoir l'ennemi avant qu'il ait pu pénétrer au cœur de la place, de le tuer ou de le chasser. Le second compartiment, ou couvain, est la véritable ruche; c'est là que les Abeilles construisent les rayons de cire et que la reine dépose ses œufs. Le troisième compartiment, ou cabochon, est celui où les Abeilles placent leur trésor, les rayons destinés à contenir le miel, que toujours elles portent au haut de leurs travaux. Telle est la ruche la plus simple et la plus commode. La réussite d'un rucher dépend beaucoup aussi de sa situation; il demande à être placé autant que possible dans le voisinage des bois, des prairies, des champs cultivés et près d'un cours d'eau. Dans un tel milieu, les Abeilles prospèrent et produisent toujours. Pour récolter le miel et la cire des Abeilles, on a longtemps employé la vapeur de soufre en ignition qui les asphyxie; cette pratique barbare autant qu'absurde a été remplacée par la taille des ruches, pratiquée après l'engourdissement des Abeilles au moyen de la fumée des lycoperdons, champignons qui jouissent de propriétés anesthésiques. — L'Abeille sociale est connue depuis l'antiquité la plus reculée: les Hébreux la nommaient *Deborah*, et les Grecs *Melissa*, et ses produits ont dû profiter à l'homme avant même toute civilisation. Chacun sait que le miel et la cire constituent aujourd'hui des branches d'industrie très considérables; une ruche fournit souvent de 6 à 8 kilogrammes de miel par année et presque autant de cire. — C'est surtout aux observations de Réaumur et de Huber que l'on doit de connaître la véritable histoire des Abeilles. Ce dernier, principalement, a passé un grand nombre d'années à étudier les mœurs de ces insectes, et ses découvertes sont d'autant plus admirables que Huber était aveugle. Il étudiait les faits par les yeux d'un domestique dévoué dont il dirigeait les observations et en tirait les déductions. — L'Abeille commune (*Apis mellifica*), vit en France et dans tout le nord de l'Europe ; celle dont parlent les anciens et que l'on élève encore en Italie, en Grèce et dans une partie de l'Orient, est l'Abeille ligurienne (*Apis ligustica*). Elle ressemble beaucoup à la précédente, mais en diffère par son corps brunâtre, avec les trois premiers anneaux de l'abdomen ferrugineux et bordés de noir. On élève en Egypte l'Abeille à bandes (*Apis fasciata*), à Bourbon, l'*Apis unicolor*, au Bengale, l'*Apis indica*, etc.

Abeilles solitaires. — La famille des *Abeilles* ou Apidés renferme encore d'autres genres qui, pour ne point égaler l'admirable industrie des Abeilles sociales, n'en sont pas moins dignes de notre attention. Celles-ci vivent solitaires et construisent pour leur progéniture des nids fort remarquables ; bien qu'après avoir admiré les magnificences d'une cité d'Abeilles sociales, on ne puisse guère les comparer qu'à la cabane modeste du villageois. Parmi ces Abeilles solitaires, nous citerons l'espèce nommée par Réaumur Abeille maçonne, et par les entomologistes modernes Osmie (*Osmia muraria*). Cet insecte, assez semblable à notre Abeille par la forme, a le corps noir, couvert de poils d'un jaune roux, avec les ailes enfumées. C'est la femelle seule qui exerce sa merveilleuse industrie pour loger et nourrir sa postérité ; car, dans toute cette famille des Abeilles, les mâles sont des paresseux dont on ne peut tirer aucun travail. L'Osmie femelle établit toujours son domicile sur quelque muraille exposée en plein soleil ; elle va à la recherche d'un sable fin, qu'elle cimente en petites masses au moyen de la salive visqueuse qu'elle a la propriété de sécréter, puis, elle applique sur le mur sa petite boulette de mortier dans laquelle elle creuse une cellule arrondie, de la forme d'un dé à coudre. Elle construit ainsi, à côté les unes des autres, huit à dix loges, et façonne en dernier lieu une enveloppe commune, sorte de toiture arrondie en dôme et formée d'un ciment qui durcit tellement à l'air, qu'il résiste même au couteau. Cela fait, l'Abeille remplit à moitié les loges de miel et dépose dans chacune d'elles un œuf, puis elle bouche avec le plus grand soin l'ouverture principale, et rassurée désormais sur l'avenir de sa race, elle va mourir loin de là, sur quelque fleur. En effet, de chaque œuf sortira un ver, qui trouvera à sa portée une nourriture suffisante jusqu'à l'époque où il se filera une coque soyeuse, dans laquelle il s'enfermera pour préparer sa transformation en insecte parfait. Dès que la métamorphose est parachevée, l'Abeille sort de son berceau de soie, ramollit le mortier de sa demeure avec un liquide qu'elle sécrète abondamment, et

enlevant chaque parcelle avec ses mâchoires, elle finit par faire un trou assez grand pour lui livrer passage ; alors elle prend joyeusement son essor. — Certaines Osmies ont la singulière habitude de construire leur nid dans des coquilles vides de limaçon. — Une autre espèce d'Abeille solitaire, à laquelle Réaumur a donné le nom d'**Abeille tapissière** (*Osmia papaveris*), nous offre une industrie encore plus remarquable : elle creuse, au milieu de quelque allée sableuse, un trou d'environ 3 pouces de profondeur, large comme un tuyau de plume, et s'évasant vers le fond en forme de bouteille. Lorsque son trou est terminé, et qu'elle en a bien lissé les parois, elle va se poser sur quelque beau coquelicot dont elle découpe en rond les pétales, au moyen de ses mâchoires, et elle se sert de celles-ci avec autant d'habileté qu'un tailleur de ses ciseaux ; cela fait, elle prend entre ses pattes cette belle pièce de satin ponceau, va l'appliquer contre les parois de sa maison et tapisse ainsi, avec un art admirable, tout l'intérieur de son nid. Cet appartement si richement tendu, c'est le berceau de l'enfant qu'elle doit bientôt mettre au monde. La tapisserie achevée, elle remplit le fond de la demeure d'une pâte mielleuse et dépose auprès un œuf, duquel sortira un ver, qui deviendra, comme sa mère, une petite Abeille velue, de couleur ferrugineuse. Puis, pour que nul ennemi ne puisse découvrir la retraite de son enfant, elle replie sur elle-même la partie supérieure de la tapisserie comme lorsqu'on ferme un cornet de papier et elle comble avec de la terre le reste du trou, dont il devient impossible dès lors de retrouver la trace. — Une autre espèce, à laquelle Réaumur a donné le nom d'**Abeille coupeuse de feuilles**, est la *Megachile centuncularis*. Elle est petite, noire, couverte d'un duvet gris fauve. Comme l'Abeille tapissière, elle creuse un trou profond de 5 à 6 centimètres dans lequel elle construit plusieurs cellules en forme de dé à coudre, faites de feuilles de rosier, et emboîtées les unes dans les autres. — Celle décrite par Réaumur sous le nom d'**Abeille charpentière** emploie, pour la conservation de sa postérité, des procédés au moins aussi étonnants que ceux des précédentes ; nous les décrirons au mot Xylocope, nom sous lequel elle est connue des naturalistes.

ABELMOSCH. Nom arabe de l'*Hibiscus abelmoschus*, plante de la famille des *Malvacées*. Ses graines sont employées en parfumerie sous les noms de *Graine de musc* et d'*Ambrette*. (Voir Ketmie.)

ABIES. C'est le nom scientifique latin du genre *Sapin*.

ABIÉTINÉES (de *abies*, nom latin du sapin). Tribu de la famille des *Conifères*, qui a pour type le genre *Sapin*, et comprend, en outre, les *Pins*, *Mélèzes*, *Cèdres*, *Araucaria*, etc. Ce groupe offre pour caractères communs : les écailles des chatons mâles munies de connectifs portant chacun deux loges d'anthères ; deux ou quatre ovules suspendus à la base de chaque écaille du chaton femelle. Ce sont, en général, de grands arbres toujours verts, à feuilles en aiguilles. (Voir CONIFÈRES.)

ABLE et **ABLETTE** (*Alburnus*, de *albus*, blanc). Poissons de petite taille, de la famille des *Cyprinidés*. Ils se distinguent surtout par leur corps allongé et comprimé latéralement; leur bouche grande, dépourvue de barbillons; leurs dents pharyngiennes disposées sur deux rangs. Les pêcheurs de nos rivières les nomment *poissons blancs*; leur chair molle est au reste peu estimée. Parmi les espèces de ce genre qui habitent nos rivières, nous citerons l'**Ablette commune** (*Alburnus lucidus*), très connue dans toutes les eaux douces de l'Europe; elle est longue de 16 à 22 centimètres, d'un vert jaunâtre sur le dos, et brillant du plus bel éclat

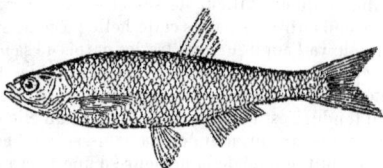

Ablette commune.

d'argent sur le reste du corps. C'est cette matière argentée, recueillie au moyen de l'ammoniaque, qui s'emploie, sous le nom d'*essence d'Orient*, à la fabrication des fausses perles; on la trouve en plus grande quantité à la base des écailles et dans les intestins. L'Ablette se réunit souvent en troupes nombreuses; c'est principalement au printemps, lorsqu'elle fraye, qu'on en prend une grande quantité. Les brochets, les truites et autres poissons voraces en détruisent beaucoup. — L'**Ablette spirlin** (*Alburnus bipunctatus*), connue des pêcheurs sous le nom d'*Eperlan de Seine*, a le corps plus haut et plus comprimé que l'Ablette ordinaire; elle est en dessus d'un vert bleuâtre, et d'un beau blanc d'argent sur les flancs et le ventre; la ligne latérale est bordée par une série de petits points noirs.

ABORIGÈNE (*ab*, de, *origo*, origine). On nomme ainsi l'homme, l'animal ou la plante qui est originaire du sol où il vit.

ABOYEUR. Nom vulgaire d'un oiseau du genre *Chevalier*. (Voir ce mot.)

ABRANCHES (de *a* privatif et *bragchia*, branchie). Ordre créé par Cuvier dans la classe des ANNÉLIDES, comprenant ceux de ces animaux qui sont dépourvus de tout organe extérieur de respiration et qui respirent par la surface de la peau. Il les divise en deux familles: 1° les **Abranches sétigères**, pourvues de soies servant à la locomotion; genres *Lombric*, *Naïs*, etc.; 2° les **Abranches sans soies**; genres *Sangsue*, *Dragonneau*, etc. (Voir ces mots et ANNÉLIDES.)

ABRE (de *abros*, délicat). Genre de plantes de la famille des *Légumineuses-papilionacées*, tribu des *Viciées*. La seule espèce intéressante est l'*Abrus*

precatorius ou *Liane à réglisse*, arbrisseau répandu dans la plupart des pays chauds, et dont les racines sont employées dans l'Inde et en Amérique aux mêmes usages que chez nous celles de la réglisse. Ses graines, luisantes, d'un rouge écarlate, avec une tache orbiculaire d'un beau noir, sont connues en France sous le nom de *pois d'Amérique*. On en fait des colliers et des bracelets pour les enfants.

ABRICOTIER. Cet arbre, que les botanistes rangent parmi les pruniers, est originaire de l'Arménie, comme l'indique son nom scientifique : *Prunus armeniaca* ou *Armeniaca vulgaris*. On l'a trouvé aussi croissant naturellement au Japon et à la Chine. Non seulement l'Abricotier fait l'ornement de nos jardins, mais encore il nous donne un des fruits les plus savoureux de nos climats; il se couvre, au premier printemps, de jolies fleurs blanches qui s'ouvrent avant le développement des feuilles et sont irrégulièrement répandues le long des branches. Cet arbre n'est pas difficile sur la qualité du terrain; cependant il faut se garder de le planter dans un sol argileux et humide, où ses fleurs printanières auraient plus à souffrir des effets de la gelée. On le multiplie de semences, et surtout de greffes en écusson sur amandier et sur prunier.

Abricotier commun.

On le tient en espalier ou en plein vent; par la seconde méthode, les fruits sont peut-être moins beaux, mais ils sont plus savoureux et plus abondants. Le bois de l'Abricotier sert à des ouvrages de tour. Son fruit se sert cru ou cuit, et l'on en fait des conserves et des pâtes. — Les variétés d'Abricotiers sont très nombreuses et se reconnaissent à leurs fruits; on distingue surtout : l'Abricotier-pêche ou de Nancy, l'Abricotier de Hollande ou Aveline, l'Abricotier alberge, le gros Saint-Jean, etc.

ABROCOME (de *abros*, magnifique, et *comé*, fourrure). Nom donné par le naturaliste anglais Waterhouse à un genre de mammifères de la famille des *Chinchillidés*. Les deux espèces qui la composent (*A. Bonneti* et *A. Curieri*) se trouvent au Chili. Leur fourrure est d'une finesse extrême.

ABRUS. (Voir ABRE.)

ABSINTHE, genre de plantes de la famille des *Composées tubuliflores*. — On distingue trois espèces d'Absinthe : la *grande*, la *petite*, et l'*Absinthe maritime*. — La grande Absinthe (*Artemisia absinthium*) se plaît dans les lieux arides et montueux de nos climats, où elle fleurit en juillet et août. Ses tiges sont droites, de 8 à 12 décimètres de hauteur, cannelées, cotonneuses; les feuilles sont alternes, larges, d'un vert argenté et profondément découpées; les fleurs sont petites, jaunâtres et disposées

Grande Absinthe.

en grappes. Cette plante répand une forte odeur aromatique, sa saveur est amère. — La grande Absinthe est d'un usage très répandu dans l'économie domestique, la médecine et l'art vétérinaire. On prépare avec cette plante un vin vermifuge et stomachique, un sirop, une infusion aqueuse, etc. On connaît également la liqueur de table appelée *extrait d'Absinthe suisse*, que l'on boit, étendue d'eau, au commencement d'un repas pour aiguiser l'appétit; elle se prépare avec l'Absinthe distillée et l'alcool; l'abus en est très nuisible, et mène fatalement à l'ivresse furieuse, à l'abrutissement et à la mort. — La petite Absinthe (*Artemisia pontica*), particulière au midi de l'Europe, a la même propriété que la grande, mais à un degré moins élevé. — L'Absinthe maritime (*Artemisia maritima*), qui croît dans les régions salines du Nord, est un puissant vermifuge.

ABSORPTION. C'est l'action par laquelle certains corps se pénètrent et s'imprègnent de fluides ou de solides très divisés. Ce phénomène est le plus général dans tous les êtres vivants. En effet, on ne peut concevoir l'accroissement et l'entretien des animaux et des végétaux, sans la fonction de faire pénétrer dans leur intérieur les matériaux du monde extérieur et sans la faculté de rejeter au dehors ceux qui sont devenus inutiles. Il s'effectue incessamment diverses absorptions par toutes nos surfaces, et dans le parenchyme même de nos organes. — Un grand nombre d'expériences ont démontré cette faculté absorbante; ainsi, par exemple, si l'on plonge dans l'eau le corps d'un animal de manière que le liquide ne puisse pénétrer dans sa bouche, on trouve néanmoins qu'au bout d'un certain temps son poids est augmenté sensiblement; or, cette augmentation de poids est bien évidemment due à l'absorption de l'eau par la surface extérieure du corps. — Il y a, dans l'intestin, absorption du chyle, après digestion; absorption d'air, dans les bronches pulmonaires, dans l'acte de la respiration; absorption d'air ou d'eau, de principes alimentaires ou délétères, à la surface de la peau et des membranes : si l'on place sous la peau d'un animal de l'arsenic dans un sachet, cet arsenic disparaît en quelques heures par l'absorption vitale, et occasionne un empoisonnement mortel. Chez les animaux des classes inférieures, dont la structure est moins compliquée et les facultés plus bornées, l'absorption ne consiste que dans l'imbibition; les substances étrangères traversent l'épaisseur des parties solides avec lesquelles elles sont en contact, et pénètrent ainsi dans la profondeur de tous les tissus. Chez les animaux dont l'organisme est plus compliqué, chez lesquels il se fait une circulation régulière, cette imbibition s'effectue bien de la même manière; mais dès que ces substances ont pénétré dans les vaisseaux qui traversent les tissus, et sont mêlées aux sucs nourriciers du corps, un autre phénomène a lieu : les molécules nutritives, au lieu de continuer à se répandre de proche en proche dans les diverses parties, sont entraînées par des courants et distribuées immédiatement dans tous les points où le sang lui-même pénètre. Les veines et les vaisseaux lymphatiques jouent par conséquent un rôle très important dans l'absorption, chez les animaux pourvus d'un système circulatoire. (Voir Circulation et Digestion.) — Chez les végétaux, l'absorption s'opère par endosmose : les extrémités des radicelles, formées d'une partie sèche et dure, sont garnies au-dessus de leur pointe de poils très déliés qui pompent les sucs que renferme la terre. (Voir Physiologie végétale et Sève.)

ABUSSEAU. Nom vulgaire d'un petit poisson du genre *Athérine*. (Voir ce mot.)

ABUTILON. (Voir Sida.)

ABYSSINS. Population métisse résultant de mélanges réitérés entre des émigrants sémitiques et la race kouschite qui occupe le plateau montagneux situé entre la Nubie au nord, le Nil Blanc à l'est, la mer Rouge à l'ouest, et le pays des Gallas au sud. Les caractères physiques des Abyssins sont très variables : leur peau est tantôt noire, tantôt bronzée, tantôt cuivrée; les cheveux, toujours noirs, sont ou lisses, ou frisés, ou crépus; les lèvres sont épaisses, mais pas autant que celles des nègres; les pommettes sont saillantes; le nez droit et long, quelquefois aquilin, jamais épaté. Quant à leur

Abyssin.

langue, c'est un mélange d'idiomes sémitiques et chamitiques. Leur civilisation est encore peu avancée.

ACACIA. L'arbre auquel on donne communément ce nom, en France, n'appartient nullement au genre *Acacia* des botanistes; son vrai nom est *Robinier*, et c'est à ce mot que nous en parlerons, réservant ici le nom d'*Acacia* aux vrais Acacias de Linné, qui forment aujourd'hui un genre de la famille des *Légu-*

mineuses, tribu des *Mimosées*. Ce sont des arbres ou des arbrisseaux propres aux régions chaudes des deux mondes, généralement épineux, à feuilles ailées ou pennées, et à fleurs régulières en tête, soit éparses, soit réunies en grappes à gousse déhiscente. Nous citerons : l'**Acacie mielleuse** (*Acacia mellifera*) des montagnes de l'Arabie, à fleurs savou-

Acacia arabique.

reuses; l'**Acacie à grandes gousses** (*Acacia scandens*) des parties chaudes de l'Inde et de l'Amérique, dont les rameaux s'étendent au loin, et portent des fruits d'un goût de châtaigne; l'**Acacie féroce** (*Acacia fera*), qui, plantée en haie, défend de ses épines rameuses les propriétés des Chinois et des Cochinchinois, et dont les gousses passent pour un remède souverain contre deux terribles maladies, l'apoplexie et la paralysie; l'**Acacie balsamique** du Chili, des branches de laquelle suinte un baume parfumé, excellent pour la guérison des plaies; l'**Acacie d'Égypte** ou gommier rouge, et l'**Acacie du Sénégal** ou gommier blanc, nous fournissent cette substance, précieuse pour la médecine et pour les arts, et que le commerce va distribuant partout sous le nom de *gomme arabique*. L'Acacie d'Égypte (*Acacia vera*) est épineuse; ses épines stipuliformes divergent de la tige; ses feuilles sont deux fois ailées, et ont une glande à la base du pétiole; ses fleurs sont en tête et pédonculées. C'est un arbre de 10 à 14 mètres de hauteur, à tronc presque droit, qui se trouve en Arabie et dans la haute Égypte; l'Acacie du Sénégal ou *verek* (*Acacia senegalensis*) est un arbrisseau de 3 à 7 mètres de haut, tortueux, formant des buissons. L'Acacie arabique (*Acacia arabica*) produit également la gomme; c'est un arbre de 4 à 5 mètres, qui croît en Arabie et en Abyssinie; ses fleurs croissent trois par trois et ses gousses sont étranglées dans l'intervalle de chaque graine comme les grains d'un rosaire. — L'Acacia catechu ou cachoutier, qui produit le ca-

chou (voir ce mot), est un arbre de 10 à 12 mètres de haut, à tronc court, à rameaux étalés, épineux, laineux aux extrémités, à feuillage clairsemé ; les fleurs sont blanches, disposées en épis dans l'aisselle des feuilles ; la gousse est linéaire, aplatie, renfermant cinq ou six graines orbiculaires. Le Catechu est très répandu dans l'Inde et à Ceylan ; son écorce sert au tannage des peaux ; c'est de son bois qu'on extrait le cachou.

ACAJOU. On donne ce nom à plusieurs arbres de genres différents. Le plus répandu, celui qui fournit le *bois d'acajou* des ébénistes, est le *mahogany* des Américains (*Swietenia mahogani* des botanistes). Il appartient à la famille des *Méliacées*. C'est un grand et bel arbre, qui atteint 35 et 40 mètres de hauteur et 5 à 6 mètres de circonférence. Son écorce est d'un gris cendré ; sa vaste ramure porte des feuilles pennées, à huit folioles d'un vert gai ; ses fleurs sont petites, blanchâtres, à cinq pétales et dix étamines soudées ensemble ; le fruit est une capsule fort dure, de forme ovale, contenant cinq loges remplies de graines. Le Mahogany croît surtout dans les régions montagneuses de l'Amérique centrale et des Antilles. On l'expédie en billes de diverses longueurs, que l'on débite en planches extrêmement minces destinées au placage. Tout le monde connaît les beaux meubles qu'on en fait et qui, d'abord d'un rouge clair, deviennent avec le temps d'un beau rouge brun. C'est le bois le plus précieux pour l'ébénisterie à cause du beau poli qu'il prend, et parce que les vers ne l'attaquent jamais. — On donne le nom d'**Acajou femelle** ou de **faux acajou** au bois du Cédrel odorant (*Cedrela odorata*), grand arbre de l'Amérique australe, dont le bois brun, et rappelant l'odeur du cèdre, est surtout employé en Amérique et en Angleterre à construire des canots et des pirogues. Son bois est d'ailleurs moins bien teinté et beaucoup moins dur que celui du Mahogany ; son écorce passe pour fébrifuge. — Enfin on nomme **Acajou à pommes** une espèce d'*Anacardier* (voir ce mot) beaucoup plus précieuse par son fruit que par son bois, qui n'a aucun rapport avec l'Acajou.

Acajou d'Australie, l'Eucalyptus géant. (Voir Eucalyptus.)

Acajou [*faux*], le Cédrel odorant.

ACALÈPHES (du grec *akaléphé*, ortie). Classe de l'embranchement des Zoophytes établie par Cuvier et comprenant, outre les **Méduses,** les **Siphonophores** et les **Cténophores.** (Voir ces mots.) Dans la classification actuelle, les Acalèphes forment le troisième ordre de la classe des Hydroméduses, et comprennent celles dont l'origine ne se rapporte dans aucun cas à un polype. (Voir Méduse.)

ACALYPHE (du grec *akaléphé*, ortie, de leur ressemblance apparente avec l'ortie commune). Genre de plantes de la famille des *Euphorbiacées*, dont quelques espèces d'Amérique (*A. indica* et *A. hispida*) ont des propriétés purgatives. On leur donne le nom vulgaire de *Ricinelles.*

ACANTHACÉES. Famille de plantes dicotylédones, monopétales, hypogynes, composées d'herbes ou d'arbustes à feuilles simples opposées, à fleurs irrégulières, ordinairement disposées en grappes ou en épis, pourvues chacune d'une ou de deux bractées ; le fruit est une capsule de forme variable. Cette famille comprend, outre le genre *Acanthe*, qui en est le type, les genres *Thunbergia, Ruellia, Barleria, Asteracanthus, Blepharis, Justicia.*

ACANTHE (de *akantha*, épine). Ce nom, qui nous vient des Grecs, est celui du genre type de la famille des *Acanthacées ;* il ne désigne aujourd'hui ni

Acanthe épineuse.

l'arbre épineux à feuilles toujours vertes et à baies couleur de safran dont parle Virgile, ni l'arbre épineux à gousses longues que décrit Théophraste ; ce sont des plantes herbacées à larges feuilles épineuses qui périssent à l'approche de l'hiver et repoussent au printemps. Ces plantes sont presque toutes propres aux régions tropicales ; deux espèces seulement : l'**Acanthe molle** (*Acanthus mollis*) et l'**Acanthe épineuse** (*Acanthus spinosus*), croissent naturellement dans le midi de l'Europe et de la France. Les caractères botaniques des Acanthes sont les suivants : tige herbacée, garnie de feuilles opposées, profondément découpées; fleurs réunies en épi terminal, accompagnées, chacune, de trois bractées; à calice divisé en quatre parties; à corolle bilabiée, dont la lèvre inférieure est trilobée, quatre étamines; le fruit consiste en une capsule bivalve et à deux loges qui contiennent chacune deux graines. — L'Acanthe molle, remarquable par ses belles feuilles radicales et sa tige fleurie de plus d'un demi-mètre de haut, a donné l'idée du beau chapiteau corinthien au sculpteur grec Callimaque. Voici, au reste, ce que raconte Vitruve à ce sujet : Une jeune fille de Corinthe étant morte au moment où elle allait se marier, sa nourrice recueillit dans une corbeille plusieurs petits objets auxquels elle avait été attachée pendant sa vie. Pour les mettre à l'abri des injures du temps et les conserver, cette femme couvrit la corbeille d'une tuile et la posa ainsi sur le tombeau. Dans ce lieu se trouvait, par hasard, la racine d'une plante d'Acanthe. Au printemps, elle poussa des feuilles et des tiges qui entourèrent la corbeille. La rencontre des coins de la tuile força leurs extrémités de se recourber, ce qui forma le commencement des volutes. Le sculpteur Callimaque, passant près de ce tombeau, vit ce panier et remarqua la manière gracieuse avec laquelle ces feuilles naissantes le couronnaient. Cette forme nouvelle lui plut; il l'imita dans les colonnes qu'il fit par la suite à Corinthe, et il établit, d'après ce modèle, les proportions et les règles de l'ordre corinthien. —Suivant quelques auteurs, c'est l'Acanthe épineuse qui aurait inspiré le chapiteau corinthien.

ACANTHIA. Nom scientifique de la *Punaise des lits* et de quelques autres espèces du même genre, telles que la *Punaise de la chauve-souris,* la *Punaise de l'hirondelle* et celle *des pigeonniers.* (Voir Punaise.)

ACANTHOBDELLE (de *akantha,* épine, et *bdella,* sangsue). Genre des *Hirudinées.* (Voir Sangsue.)

ACANTHOCÉPHALE (de *akantha,* épine, et *képhalé,* tête). (Voir Échinorhynque.)

ACANTHOCÈRE (du grec *akantha,* épine, et *kéras,* corne). Ce nom a été donné par les entomologistes à trois insectes d'ordres différents qui ont les antennes épineuses : l'*Acanthocera longicornis,* du Brésil, est un Diptère; l'*Acanthocera valgus,* du Cap, est un Hémiptère; et l'*Acanthocerus æneus,* de l'Amérique septentrionale, est un Coléoptère lamellicorne.

ACANTHOPTÈRES ou **ACANTHOPTÉRYGIENS** (du grec *akantha,* épine, et *pterugion,* nageoire). Cuvier, dans son *Règne animal,* a fait des Acanthoptérygiens le premier ordre des poissons osseux, qui forme aujourd'hui, sous le nom abrégé d'Acanthoptères, la première division de l'ordre des Téléostéens. — Ces poissons, qui forment la division la plus nombreuse, se reconnaissent aux épines qui

tiennent lieu de premiers rayons à leur dorsale ou qui soutiennent seules leur première nageoire du dos, lorsqu'ils en ont deux. Leur anale a aussi quelques épines pour premiers rayons, et il y en a généralement une à chaque ventrale. Ce sous-ordre

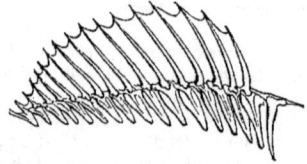

Nageoire dorsale d'Acanthoptère.

est divisé en un grand nombre de familles naturelles, dont les principales sont : les *Labridés,* les *Percidés,* les *Mullidés,* les *Triglidés,* les *Gasterostéidés,* les *Scombéridés,* les *Blennidés,* les *Labyrinthiformes,* les *Fistularidés,* etc. (Voir ces mots.)

ACANTHOPSIDÉS (du grec *akantha,* épine, et *ops,* œil). Groupe de poissons Malacoptérygiens, comprenant les Loches. (Voir ce mot.)

ACANTHURE (du grec *akantha,* épine, et *oura,* queue). Genre de poissons osseux, de l'ordre des Acanthoptères, remarquables par la forte épine, mobile et tranchante comme une lancette, qui se dresse de chaque côté de la queue. Cette arme dangereuse, qui fait de graves blessures lorsqu'on les prend imprudemment, a valu à ces poissons le nom de *chirurgiens,* sous lequel on les désigne en Amérique. Les Acanthures ont de grands rapports avec les Chétodons (voir ce mot) parmi lesquels les rangeait Linné; ce sont des poissons très comprimés latéralement, de forme arrondie, et qui habitent les parties chaudes desdeux océans.— L'espèce la mieux connue, le Chirurgien, est variée de noir, de jaune et de violet; une autre espèce, l'Acanthure porte-voile (*A. velifer*), ainsi nommée de ce que sa nageoire dorsale s'élève sur son dos comme une voile latine, se trouve aux Antilles.

ACARIDES. Synonyme de Acariens.

ACARIENS, ACARUS (du grec *akaros,* ciron, mite). Les Acariens constituent un ordre de la classe des Arachnides, renfermant un nombre considérable de très petits êtres, la plupart microscopiques, dont le corps est en général discoïde ou globuleux, et n'a pas, comme les *Aranéides* (voir ce mot), l'abdomen bien distinctement séparé du céphalothorax. Ces animaux respirent généralement au moyen de trachées qui s'ouvrent sous le ventre par une paire d'orifices ou stigmates; ils présentent une grande diversité dans la disposition de leurs deux paires d'appendices buccaux, suivant les familles, et n'ont, lorsqu'ils naissent, que trois paires de pattes au lieu de quatre. Le plus grand nombre des Acariens vivent sur le sol en parasites des végétaux et des animaux; quelques-uns attaquent nos substances alimentaires, et il en est qui sont aquatiques; tels sont les Hydrachnes. — On divise les Acariens en plusieurs familles, sous les noms de *Trombidités, Hydrachnidés, Gamasidés, Ixodidés, Sarcoptidés*, etc. — Les **Trombidités** ont pour type le genre *Trombidion*, remarquable par le duvet écarlate qui recouvre leur corps. On trouve fréquemment courant à terre le *Trombidium holosericeum*, qui est d'un rouge de sang. Dans son jeune âge, c'est le *Trombidium autumnale*, si commun en automne dans les champs, et qui, sous le nom de *Lepte* ou *Rouget*, envahit les jambes des promeneurs et leur cause de si vives démangeaisons. Il n'a alors que six pattes. — Les **Hydrachnidés** sont aquatiques; ils vivent sur les poissons, les mollusques et les insectes d'eau douce. Le type du groupe est l'*Hydrachna globosa*, que l'on trouve souvent sur les feuilles des Potamogetons. C'est un des plus gros Acarides; il atteint parfois 4 millimètres de longueur. — Les **Gamasidés** vivent en parasites sur les animaux; on les trouve souvent dans les caves, dans la terre humide des jardins, où ils courent avec assez de rapidité. Leur corps est coriace et ils sont dépourvus d'yeux. Le genre type de ce groupe, *Gamasus*, renferme plusieurs espèces, dont l'une, le *Gamase des pigeons*, se répand parfois en abondance sur le corps des hommes et leur cause des démangeaisons insupportables. — Les **Ixodidés**, bien connus sous le nom de *Tiques*, attaquent les mammifères; l'espèce type est l'*Ixodes ricinus*, qui vit sur les chiens, et accidentellement sur l'homme. Ils enfoncent leur tête dans le derme des animaux qu'ils sucent et le reste de leur corps se gonfle énormément. — Les **Sarcoptidés** ont, en général, le corps mou et les pattes terminées par des vésicules; c'est à ce groupe qu'appartiennent l'Acarus du fromage (*Acarus domesticus*), l'Acarus de la farine (*Acarus farinæ*) et l'Acarus de la gale (*Sarcoptes scabiei*). Ce dernier, pour ainsi dire punctiforme, n'a guère qu'un tiers de millimètre de longueur; il est d'un blanc laiteux, avec les deux paires de pattes antérieures dépassant le pourtour du corps, et terminées chacune par une vésicule; les deux paires postérieures sont rudimentaires et terminées par de longues soies, et sur le dos se voient quelques tubercules épineux. Ces petits animaux se tiennent entre le derme et l'épiderme, principalement dans les endroits du corps où la peau est la moins épaisse, à la face antérieure du tronc, aux plis des membres, entre les doigts, etc. Les mâles sont d'un tiers environ plus petits que les femelles. Les uns et les autres tracent dans l'épiderme des sillons plus ou moins réguliers, à l'extrémité desquels on les trouve habituellement. Les vésicules purulentes qui accompagnent la gale indiquent les endroits où la femelle a déposé ses œufs. C'est le travail de sillonnement des Acarus dans la peau, qui produit ces démangeaisons insupportables qui sont un des caractères de la gale. Personne n'ignore que la gale se communique facilement, soit par le contact, soit par la cohabitation,

soit par l'usage des mêmes vêtements. Il est aujourd'hui hors de doute que c'est l'*Acarus scabiei* qui produit la gale, et qu'il suffit de placer sur la peau d'un homme sain quelques-uns de ces animalcules pour y déterminer les pustules psoriques.

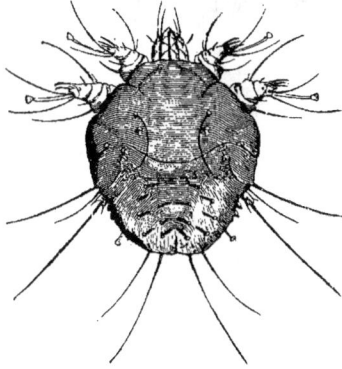

Sarcopte de la gale vu sous le microscope.
(Grossissement de 100 diamètres.)

Plusieurs autres espèces de Sarcoptes produisent la gale chez divers animaux; tels sont le **Sarcopte du cheval**, le **Sarcopte du chat**, le **Sarcopte du dromadaire**, le **Sarcopte du porc**, etc.

ACARPE (de *a* privatif et *karpos*, fruit). Privé de fruit.

ACARUS. (Voir Acariens.)

ACAULE (de *a* privatif et *kaulos*, tige; sans tige). On désigne par ce mot les végétaux privés de tiges; mais il n'y a que les Cryptogames cellulaires (Algues, Champignons, Lichens) qui soient réellement *acaules*. Jamais, chez les plantes phanérogames, la tige ne manque complètement (voir Tige); mais elle est parfois cachée sous la terre et prend alors le nom de *souche* ou *rhizome*.

ACCENTEUR. Petit groupe d'oiseaux du genre *Fauvette* (voir ce mot) et comprenant la Fauvette des Alpes, le Mouchet et la Fauvette montagnarde.

ACCIPITRES (de *accipiter*, nom latin de l'épervier). Nom employé par Linné pour désigner les oiseaux de proie ou Rapaces. (Voir ce mot.)

ACCLIMATATION, ACCLIMATEMENT. On distingue aujourd'hui ces deux expressions, regardées longtemps comme synonymes. Le mot **acclimatement** exprime l'ensemble des modifications par lesquelles passe un individu, né dans un climat, lorsqu'il devient apte à vivre dans un milieu tout à fait différent; il implique aussi, pour sa descendance, la faculté de se propager saine et vigoureuse pendant une longue suite de générations. — Le mot **acclimatation** suppose l'intervention de l'art et des procédés à l'aide desquels ce changement peut être obtenu.

ACCOUCHEUR. Nom vulgaire d'une espèce de crapaud dont on a fait le genre *Alytes*. (Voir Crapaud.)

ACCRESCENT. Se dit de tout organe floral qui, au lieu de se flétrir comme de coutume après la floraison, continue à végéter et s'accroît jusqu'à la maturité du fruit. Ainsi, le calice est accrescent dans le rosier; la cupule du fruit chez le chêne, le noisetier, résulte de la réunion des bractées soudées entre elles et accrescentes.

ACCROISSEMENT. C'est l'augmentation de l'étendue d'un corps, par le dépôt successif des nouvelles molécules constituantes. Ce phénomène est commun aux êtres du règne organique et à ceux du règne inorganique. Les animaux, les végétaux, les minéraux s'accroissent; mais le mode d'accroissement n'est pas le même dans les deux règnes : dans le règne organique, l'accroissement est soumis aux lois de l'absorption (voir ce mot); les molécules, qui doivent nourrir et augmenter le volume des corps, entrent dans leur intérieur, et après y avoir subi une élaboration particulière, sont dirigées dans les canaux que ces corps renferment et distribuées dans leurs diverses parties, pour augmenter la masse de dedans en dehors. Ils s'agrandissent par *intussusception ;* ils puisent dans le monde extérieur les matériaux qu'ils assimilent et incorporent à leur propre substance. L'accroissement est donc l'un des principaux caractères communs à tous les corps naturels; seulement, dans les végétaux et les animaux, il est contenu dans de certaines limites qu'il ne saurait dépasser. — L'accroissement dans les corps inorganiques ou minéraux diffère sous deux rapports de l'accroissement des corps organisés : 1° nous avons vu que chez ces derniers il y avait *intussusception ;* les minéraux, au contraire, s'agrandissent par *juxtaposition,* c'est-à-dire par la superposition extérieure des nouvelles couches qui ne font qu'envelopper la masse déjà formée ; 2° dans les corps organisés le phénomène est renfermé dans de certaines limites, dans le corps inorganique, au contraire, l'accroissement n'a pas de limites. (Voir Animal, Végétal et Minéral.)

ACÉPHALES (de *a* privatif et *képhalé*, tête). Grande division de l'embranchement des Mollusques, comprenant tous les coquillages bivalves, caractérisés principalement par l'absence de tête apparente. (Voir Mollusques.) On subdivise les Acéphales en deux classes : 1° les **Lamellibranches**, qui comprennent la grande majorité des coquilles bivalves, dont *l'huître* et la *moule* nous offrent le type; 2° les **Brachiopodes**, comprenant un petit nombre de genres vivants : les *Lingules* et les *Térébratules.*

ACER. Nom scientifique latin du genre *Érable.* (Voir ce mot.)

ACÉRACÉES. (Voir Acérinées.)

ACERAS (du grec *a* privatif et *kéras*, corne). Genre de plantes de la famille des *Orchidées* (voir ce mot), qui offre pour caractères distinctifs : périanthe relevé en casque, labelle sans éperon, pendant, allongé, à lobes linéaires, le moyen bifide ; ovaire tordu ; bulbes entiers. Le type du genre, l'**Aceras pendu** (*Ac. anthropophora*), vulgairement *orchis pendu,* a une tige de 2 à 4 décimètres, nue sous l'épi, à feuilles oblongues, lancéolées, à fleurs d'un vert jaunâtre, bordées de brun, en épi allongé. On a vu, dans la forme de ces fleurs, la représentation grossière d'un homme pendu, d'où ses noms. Elle croît dans les prés secs, les bois montueux.

ACÈRE (de *a* privatif et *kéras*, corne). Genre de mollusques Gastéropodes pleurobranches, de la famille des *Bullidés.* Ces petits mollusques, qui habitent les mers du Nord, ont le corps allongé, cylindrique, la tête aplatie et tronquée en avant ; le pied, très grand et très extensible, peut, en se redressant, couvrir la plus grande partie de la coquille. Celle-ci est mince, élastique et ovalaire. — L'**Acère ampoule** (*Acera bullata*) a de 2 à 3 centimètres de longueur, lorsqu'il rampe ; son manteau porte un long filament contractile, qui émerge de l'ouverture postérieure de la coquille ; celle-ci est jaune.

ACÉRINÉES (de *acer*, nom latin de l'érable). Famille de plantes dicotylédones, polypétales, hypogynes, qui a pour type le genre *Érable.* (Voir ce mot.) On considère aujourd'hui les Acérinées comme formant une simple division de la famille des *Sapindacées.*

ACÉTABULAIRE (du latin *acetabulum,* gobelet). Ce genre curieux a tour à tour été placé parmi les polypiers et parmi les plantes; Cuvier, dans son *Règne animal,* le range parmi les polypes à polypiers; de Blainville le considère comme un végétal, et les naturalistes modernes sont du même avis et le placent dans la famille des algues unicellulaires. — Trois espèces composent ce genre ; la plus connue se trouve sur les côtes de la Méditerranée, principale-

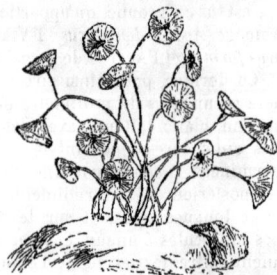

Acétabulaire.

ment en Algérie ; c'est l'**Acétabulaire de la Méditerranée** que nous avons figurée. — Cette espèce ressemble en quelque sorte à des champignons composés d'une tige très allongée, grêle, qui porte à son sommet une plaque ronde et mince comme un parasol ; les rayons de son disque sont creux et contiennent des grains verdâtres.

ACÉTOSELLE Un des noms vulgaires de l'*Oxalis acetosella.*

ACHAINE ou **AKÈNE** (de *a* privatif et *chainein,* ouvrir, c'est-à-dire qui ne s'ouvre pas. Fruit sec, indéhiscent, à graine unique, n'adhérant pas au péricarpe. (Voir FRUIT.)

ACHE (*Apium*). Plante de la famille des *Ombellifères*, tribu des *Araliées*, connue des anciens, qui s'en couronnaient dans les cérémonies funèbres, probablement à cause de la teinte sombre de son

Ache sauvage.

feuillage. Elle est bisannuelle et se trouve tantôt à l'état sauvage dans les marais, les lieux bas et humides, tantôt dans nos jardins, modifiée par la culture et devenue une plante alimentaire fort estimée sous le nom de *Céleri*. — On en connaît plusieurs variétés, dont les principales sont : le petit Céleri à couper, creux, et dont les feuilles entrent dans les salades ; nain frisé, tendre et cassant ; plein blanc, ou rouge et rose ; violet de Tours, à côtes épaisses ; Céleri-rave, dont la racine se mange cuite, etc. Les Céleris demandent une terre meuble et de fréquents arrosements. On les sème en avril ; en septembre, on butte ceux qu'on veut faire blanchir, et en décembre on les recouvre de paille ou de feuilles pour les empêcher de geler. — L'Ache sauvage (*Apium graveolens*) est pourvue d'une grande quantité d'huile volatile ; aussi présente-t-elle une odeur et une

saveur aromatiques très prononcées qui la font employer en médecine comme excitant. On en fait une conserve agréable. Sa racine, courte, pivotante, est diurétique ; les anciens lui attribuaient des vertus nombreuses. Nous figurons ici la plante à l'état sauvage. — Une autre espèce d'ache bien connue, est le **Persil** (*Apium petroselinum*). D'une racine blanche, conique, de la grosseur du petit doigt, s'élève une tige cylindrique, striée longitudinalement, haute de 50 centimètres environ. Les feuilles sont décomposées, à folioles profondément incisées en lobes aigus. Les fleurs sont petites, jaunâtres, en ombelles. — Le Persil est une plante qui croît naturellement dans les lieux stériles et que l'on cultive généralement dans les jardins potagers. Il est extrêmement important de ne pas le confondre avec la *petite ciguë* (*Æthusa cynapium*), qui a avec lui beaucoup de ressemblance ; cette dernière est en effet vénéneuse. Voici les caractères auxquels on peut le reconnaître : le Persil a des fleurs jaunes, la ciguë a les siennes blanches ; cette dernière plante répand en outre une odeur vireuse et nauséabonde, tandis que celle du Persil est aromatique et agréable ; la tige de la ciguë est presque lisse et maculée de rouge, celle du Persil est cannelée et uniformément verte. On voit qu'avec un peu d'attention il est facile d'éviter une méprise qui cause toujours des accidents extrêmement graves.

Ache d'eau, la Berle à feuilles étroites.

Ache de montagne, la Livèche.

Ache des chiens, l'*Æthusa cynapium* ou petite ciguë.

ACHÉE. Les pêcheurs désignent parfois sous ce nom les vers et vermisseaux qui leur servent d'appâts.

ACHERONTIA, nom scientifique du Sphinx atropos ou Papillon à tête de mort. (Voir SPHINX.) C'est un grand papillon crépusculaire, peint de couleurs sombres en dessus, avec les ailes inférieures d'un jaune orangé orné de bandes noires ; son corps, très gros, est rayé d'anneaux noirs et d'orangé pâle ; mais c'est surtout par son corselet que cet insecte se distingue singulièrement : des taches orangées et noires, mélangées de gris, forment sur son dos, d'une manière parfaitement distincte, la figure d'une tête de mort ; cette peinture funèbre a fait regarder cet insecte par les gens de la campagne comme un signe de funeste présage. Ses habitudes nocturnes et le son strident et lugubre qu'il fait entendre, n'ont pas peu contribué à sa mauvaise réputation. C'est toutefois un animal assez inoffensif, au moins à l'état de papillon, car il vit d'abord sous la forme d'une grosse chenille verte, rayée de jaune, avec une corne recourbée sur la queue, et il fait, sous cet état, de grands ravages dans les champs de pommes de terre. — On a cependant accusé l'Acherontia de pénétrer dans les ruches des abeilles pour manger leur miel ; mais cette assertion ne nous paraît pas bien prouvée. Il est possible que, vers l'arrière-saison, quelques sphinx, cherchant un abri contre le froid, se réfugient dans les ruches qu'ils trouvent ouvertes, comme ils le feraient dans toute autre cavité ; mais la brièveté de leur trompe et la grosseur de leur corps, comparativement à la petitesse des alvéoles, ne leur permettraient pas d'en pomper le miel.

odorante ; ses feuilles, dont la saveur rappelle celle de l'estragon, sont employées comme sternutatoires. On la cultive dans les jardins sous le nom de *boutons-d'argent*.

ACHORION (du grec *achor*, teigne). Genre de cham-

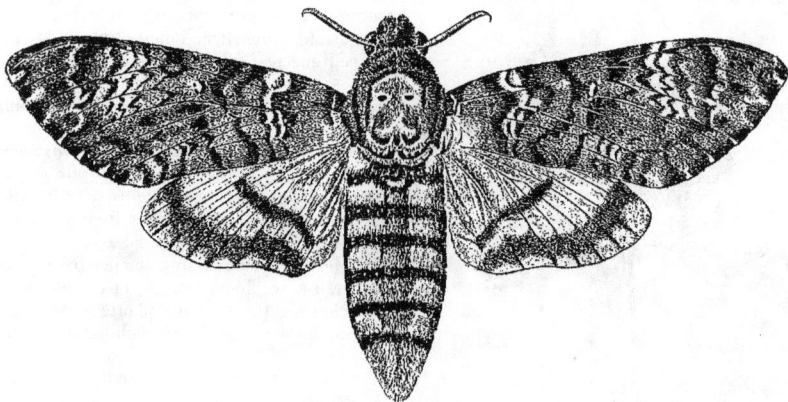

Acherontia atropos (grandeur naturelle).

ACHEUS. (Voir BRADYPE.)

ACHILLE [Tendon d']. (Voir TENDON D'ACHILLE.)

ACHILLÉE (du nom d'Achille, qui devait à Chiron la connaissance des propriétés des plantes). Genre de plantes de la famille des *Composées tubuliflores*, renfermant des herbes vivaces à odeur forte, aromatique. — L'Achillée millefeuille (*Achillea millefolium*),

Achillée millefeuille.

employée fréquemment, autrefois, dans le traitement des plaies récentes, d'où le nom d'*herbe à la coupure, herbe des charpentiers*, n'est plus aujourd'hui cultivée que comme plante d'ornement. Sa racine vivace donne naissance à des tiges dressées, velues, hautes de 40 à 60 centimètres ; à feuilles sessiles, à dents aiguës ; à fleurs blanches, disposées en corymbe à la partie supérieure des rameaux, auxquelles succèdent de petits fruits ovoïdes. La *Millefeuille* est très commune dans les lieux incultes, où elle fleurit pendant l'été. — L'Achillée ptarmique, L., fort commune aussi dans les prés et les lieux humides, se distingue de la précédente par sa tige rameuse et paniculée à sa partie supérieure ; par ses feuilles lancéolées, très étroites, finement dentées en scie ; par ses fleurs à rayons blancs et à disque d'un blanc jaunâtre, disposées en panicule terminale à l'extrémité des rameaux. Cette plante est légèrement

pignon voisin des *Oïdium* (voir ce mot), dont le développement sur la tête de l'homme détermine la teigne faveuse.

ACICULAIRE (d'*acus*, aiguille). Ce mot s'applique à toute partie menue, allongée, raide et piquante comme une aiguille ; les feuilles des pins, par exemple.

ACINIER. Nom vulgaire de l'aubépine dans certaines provinces.

ACIPENSER. Nom scientifique latin du genre *Esturgeon*. (Voir ce mot.)

ACOMYS (de *aké*, pointe, et *mus*, rat). Genre de mammifères rongeurs très voisins des rats, dont ils diffèrent par leurs poils entremêlés d'épines. Le *Perchal* de Buffon appartient à ce genre, ainsi que le rat du Caire (*Acomys cahirinus*). Ce dernier a 10 centimètres de longueur, sans compter la queue, qui en mesure à peu près autant ; son pelage est gris cendré.

ACONIT (*Aconitum*). Genre de plantes de la famille des *Renonculacées*, tribu des *Aquilégiées*, renfermant des espèces en général très vénéneuses, remarquables d'ailleurs par la beauté et la singularité de leurs fleurs. Les Aconits sont des plantes vivaces, à tige droite, peu élevée, à feuilles palmées et multifides, à fleurs bleues ou jaunes, imitant la forme d'un capuchon. — On en connaît plusieurs espèces ; mais la plus remarquable est l'**Aconit napel** (*A. napellus*), qui croît en France et dans les régions méridionales de l'Europe. Sa racine pivotante, napiforme et noirâtre, est vivace ; sa tige, haute de près de 1 mètre, porte des feuilles alternes, partagées jusqu'à la base en cinq ou sept lobes découpés en lanières étroites et aiguës; les fleurs sont bleues, grandes, en grappes allongées à la partie supérieure de la tige; le calice de la fleur est composé de cinq sépales inégaux, la corolle de deux pétales dressés, terminés en capuchon; les étamines sont au nombre de trente, les pistils au nombre de trois, placés au centre des étamines. Le fruit est formé de trois capsules allongées qui s'ouvrent par une suture longitudinale. L'Aconit napel est une fort belle plante

Aconit napel.

que l'on cultive souvent dans les jardins; mais elle renferme dans toutes ses parties un poison très énergique. Dans les pays de montagnes, on mélange sa racine avec de la viande et l'on en forme des appâts pour faire périr les loups. Les anciens Germains et les Gaulois empoisonnaient leurs flèches en les trempant dans le suc de cette plante, et, suivant quelques voyageurs, certains peuples de l'Inde emploieraient au même usage une autre espèce également vénéneuse. On fait quelquefois usage de l'Aconit en médecine, contre les paralysies, les fièvres intermittentes, les hydropisies passives, etc. On prépare avec le suc de ses feuilles fraîches, un extrait que l'on administre à la dose de 6 à 10 centigrammes. — Les Aconits, dont on obtient par la culture de fort belles variétés, sont des plantes robustes qui demandent peu de soin. Les espèces les plus répandues dans nos jardins sont : l'**Aconit des Alpes**, l'**Aconit bicolore**, d'Italie, l'**Aconit du Japon**, etc.

ACORE (*Acorus*). Genre de plantes monocotylédones de la famille des *Aroïdées* se distinguant par un calice globuleux à six divisions, six étamines hypogynes, un ovaire supère à trois loges renfermant plusieurs graines. — L'**Acore odorant** (*A. calamus*) est une plante herbacée qui croît dans les terrains marécageux de la Normandie et de la Bretagne; on la retrouve dans l'Inde. Sa tige est un rhizome épais, horizontal, portant des feuilles en forme de glaive, engainantes, striées, d'un beau vert. Ses fleurs hermaphrodites, disposées en un épi serré, jaunâtre, sont portées sur un spadice fusiforme qui termine l'axe floral. Celui-ci s'élève du sol entre les feuilles et ne les dépasse pas. Le rhizome de l'Acorus répand une odeur très agréable et passe pour avoir des propriétés stimulantes. C'est le *Calamus aromaticus* des pharmacies. On l'emploie pour aromatiser l'eau-de-vie de Dantzig. — On cultive dans les jardins une jolie variété de l'*Acorus gramineus* du Japon, dont les feuilles rubanées sont colorées de blanc, de rose et de vert.

ACOTYLÉDONES. Nom donné par L. de Jussieu au premier embranchement du règne végétal, répondant aux *Cryptogames* de Linné et aux *Agames* de Lamarck. (Voir CRYPTOGAMES.)

ACOUCHI. Espèce du genre *Agouti*. (Voir ce mot.)

ACRANIEN (de *a* privatif et *kranion*, crâne). (Voir AMPHIOXUS.)

ACRIDIDÉS ou **ACRIDIENS** (du grec *akris*, sauterelle). Famille d'insectes de l'ordre des ORTHOPTÈRES, qui a pour type le genre *Criquet*; en latin, *Acridium*. Cette famille comprend plusieurs autres genres, dont les principaux sont les *Œdipodes*, les *Tetrix*, les *Pneumores*, etc. Quant aux vraies sauterelles, elles appartiennent à la famille des *Locustidés*. (Voir CRIQUET et SAUTERELLE.)

ACROCARPES (du grec *akros*, extrémité, et *karpos*, fruit). Subdivision de la famille des *Mousses*. (Voir ce mot.)

ACROCHORDE (du grec *akrochordôn*, verrue). Genre de reptiles de l'ordre des OPHIDIENS, section des *Aglyphodontes*. Ces serpents, non venimeux, ont sur tout le corps des écailles, petites, rhomboïdales, en forme de verrues. Les Acrochordes sont aquatiques et vivent dans les eaux douces de l'Inde et des grandes îles de la Malaisie; tel est l'**Acrochorde de Java**, qui atteint 2 mètres de longueur.

ACROGÈNE (du grec *akros*, extrémité, et *genea*, naissance). Se dit en botanique d'une plante qui s'accroît surtout par son sommet : mousses, fougères, etc.

ACTÉE (*Actæa*). Genre de plantes dicotylédones de la famille des *Renonculacées :* une seule espèce habite l'Europe, c'est l'*Actæa spicata*, à tige dressée, peu rameuse, haute de 4 à 8 décimètres, portant des feuilles deux ou trois fois ailées, à folioles ovales dentées. Ses fleurs, petites, blanches, sont disposées en grappes terminales compactes. Ses baies sont noires. — Cette plante, connue sous le nom vulgaire d'*herbe de Saint-Christophe*, répand, quand on la froisse, une odeur désagréable; sa baie est vénéneuse et sa racine purgative. — Une espèce de l'Amérique du Nord, l'**Actée à grappes** (*Actæa racemosa*), fournit dans sa souche amère un purgatif violent, employé contre la morsure des reptiles.

ACTINIDÉS. (Voir ACTINIE.)

ACTINIE (du grec *aktin*, rayon). Genre de Zoophytes rangés par Cuvier parmi les polypes charnus, formant aujourd'hui le type de la famille des *Actinidés*, dans l'ordre des ZOANTHAIRES. — Les Actinies ont le corps en forme de cylindre charnu, contractile, concave en dessous, et produisant, lorsqu'il est

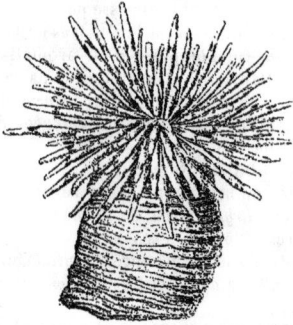

Actinie.

fixé sur un rocher, l'effet d'une ventouse. La partie supérieure est munie de nombreux tentacules, ou appendices, disposés sur plusieurs rangées circulaires au milieu desquelles se trouve placée la bouche, ou plutôt l'unique orifice de l'estomac. Pour changer de place, l'animal glisse sur sa base ou, se détachant complètement, se laisse emporter au gré des flots. C'est au moyen de leurs tentacules que les Actinies arrêtent au passage toutes sortes de petits animaux marins qu'elles font entrer dans leur bouche au moyen de ces membres déliés. Le tégument extérieur se replie à l'intérieur pour former les parois de l'estomac. Les œufs se développent entre le tégument extérieur et l'estomac. Les petits sont rejetés par la bouche en assez grand nombre. Ils ne quittent le corps de la mère que lorsqu'ils ont déjà une douzaine de tentacules. Lorsque le soleil brille de tout son éclat, ces animaux couvrent les rochers; ils sont ornés des plus vives couleurs, et leurs rayons, étalés comme les pétales d'une fleur double, leur ont fait donner le nom d'*anémones de mer*. Comme la plupart des polypes, les Actinies ont une très grande faculté reproductrice; leurs tentacules coupés repoussent en très peu de temps, et lorsque, en voulant le détacher du rocher auquel il adhère, on déchire le pied de l'animal, celui-ci continue de vivre, reproduit bientôt une bouche et de nouveaux tentacules et devient un animal complet. — On en connaît un grand nombre d'espèces qui vivent sur le littoral de toutes les mers. Parmi celles de nos

côtes, nous citerons l'**Actinie coriace** (*A. senilis*), l'**Actinie pourpre** (*A. equina*), l'**Actinie blanche** (*A. plumosa*), l'**Actinie brune** (*A. effœta*), etc.

ACTINOPHRYS (de *aktin*, rayon, et *ophrus*, sourcil). Genre de Protozoaires de la classe des RHIZOPODES, ordre des HÉLIOZOAIRES. (Voir ces mots.)

ACTINOTE. (Voir AMPHIBOLE.)

ACUMINÉ. Se dit, surtout en botanique, de tout organe ou partie qui se termine brusquement en pointe à son sommet.

ADAMAS. Nom du diamant chez les Grecs et les Romains.

ADANSONIA. (Voir BAOBAB.)

ADAPIS. Petit pachyderme fossile voisin du *Daman* (voir ce mot), et découvert dans les plâtrières de Montmartre.

ADDUCTEURS [Muscles]. Nom de plusieurs muscles qui rapprochent de l'axe du corps une partie qui en avait été écartée : adducteur de la cuisse, adducteur de l'œil, etc.

ADÈLE. Genre d'insectes LÉPIDOPTÈRES de la famille des *Tinéidés*. (Voir TEIGNE.)

ADELPHE (du grec *adelphos*, frère). Se dit des étamines quand elles sont réunies par leurs filets. Suivant le nombre des groupes qu'elles forment : un, deux... ou plusieurs, les étamines sont dites : *monadelphes, diadelphes*, ou *polyadelphes*. D'après cette disposition des étamines, Linné, dans son Système sexuel des plantes, en formait trois classes : MONADELPHIE, DIADELPHIE, POLYADELPHIE.

ADIANTE. Genre de fougères désignées par les anciens botanistes sous le nom de *capillaires* et remarquables par la finesse de leur pétiole et de ses divisions. Les Adiantes sont propres aux pays chauds; quelques-unes cependant croissent dans le bassin de la Méditerranée. Ces plantes ont des pétioles grêles se subdivisant en rameaux nombreux très fins, brillants, d'un noir d'ébène, qui portent des folioles cunéiformes, membraneuses, d'un vert tendre et présentant, sur leur bord, les capsules ou sores. Leurs feuilles répandent un parfum agréable et ont des qualités mucilagineuses,

Adiante capillaire.

qui les font employer en médecine pour fabriquer des sirops ou des tisanes émollientes. On les cultive en serre chaude. — C'est l'*Adiantum capillus Veneris*, ou **Capillaire de Montpellier**, que l'on emploie le plus souvent; elle habite le bord des fontaines et les grottes humides du Midi. On fait aussi usage de l'*Adiantum pedatum* du Canada et de l'*Adiantum trapeziforme* du Mexique.

ADIPEUX (du latin *adeps*, graisse). Qui est formé

ou accompagné de graisse. — *Tissu adipeux :* on donne ce nom au tissu conjonctif dont les cellules contiennent des gouttelettes graisseuses. Ce tissu a pour rôle principal de servir à l'organisme comme lieu de dépôt des principes gras. — On nomme *système adipeux* l'ensemble des parties similaires formées par du tissu adipeux; telle est la couche adipeuse sous-cutanée ou *panicule adipeux*, développé surtout à la partie postérieure du cou, autour des mamelles, au pli de l'aine, à la plante des pieds, etc.

ADIVE. Espèce du genre *Renard.* (Voir ce mot.)

ADONIDE (*Adonis*). Genre de plantes de la famille des *Renonculacées*, qui doit son nom à la fable d'Adonis changé en fleur. Les Adonides ne se distinguent en réalité des *Anémones* (voir ce mot) que par la coloration verte des folioles extérieures du périanthe. Parmi les quelques espèces de ce genre,

Adonide d'automne.

nous citerons l'**Adonide d'automne** ou *goutte de sang,* plante annuelle cultivée dans les jardins, et qui se distingue par ses fleurs d'un rouge pourpre. L'**Adonide estivale** ou *œil de perdrix,* assez commune dans les blés, se cultive aussi dans les jardins, à cause de son port élégant et de ses jolies fleurs jaunes. Les Adonides jouissent des mêmes propriétés irritantes que les Anémones.

ADOXA (du grec *a* privatif et *doxa*, gloire, c'est-à-dire peu remarquable). Genre de plantes dicotylédones, polypétales, périgynes, de la famille des *Rubiacées*, dont le type est l'**Adoxe moschatelle** (*Ad. moschatellina*), vulgairement *petit musc.* Plante faible, délicate, à odeur de musc, à tige grêle de 1 à 2 déci-

mètres, anguleuse, le plus souvent simple, partant d'une souche blanchâtre, écailleuse; à feuilles glabres, luisantes, les radicales longuement pétiolées, les caulinaires ternées à folioles trifides; à fleurs verdâtres réunies en capitule au sommet de la tige; elle croit en mars et avril dans les lieux frais et ombragés.

ADRAGANTE [Gomme]. (Voir ASTRAGALE et ACACIA.)

ADULAIRE. On donne ce nom, tiré du mont Adule, ou Saint-Gothard, à un feldspath orthose blanc, nacré et transparent, dont on trouve de beaux cristaux au Saint-Gothard, en Suisse. Les joailliers l'appellent *pierre de lune.*

ADVENTIF, ive (ce qui survient accidentellement). Cet adjectif s'applique, en botanique, aux racines et aux bourgeons qui naissent en dehors du lieu habituel de leur développement. (Voir BOURGEONS et RACINES.)

Æ. Voir à la lettre E les mots qui manquent ici.

ÆGAGRE. Nom de la chèvre sauvage. (Voir CHÈVRE.)

ÆGILOPS. Genre de plantes graminées de la tribu des *Triticées.* On a considéré à tort l'une d'elles comme étant le blé à l'état sauvage. (Voir FROMENT.)

ÆOLIS. (Voir ÉOLIDE.)

ÆPYORNIS. (Voir ÉPYORNIS.)

ÆQUORÉE. (Voir MÉDUSES.)

AÉROLITHE (de *aêr*, air, et *lithos*, pierre, vulgairement *pierre tombée du ciel*). On désigne sous ce nom, et mieux encore sous celui de *bolide*, des corps enflammés qui se meuvent dans l'espace avec une grande rapidité, en laissant derrière eux une traînée brillante, et finissent par éclater. La chute des aérolithes est presque toujours précédée de fortes détonations, suivies d'un roulement assez semblable au bruit du tonnerre; puis l'on entend des sifflements analogues à ceux que produit la chute de corps pesants et l'on voit tomber des pierres en plus ou moins grande quantité. Les anciens ont souvent observé ce phénomène singulier, puisqu'on en trouve des relations dans Pline, dans Tite-Live, César, etc. Il existe également plusieurs citations de ce phénomène chez des auteurs du moyen âge; mais ce n'est qu'au commencement de notre siècle que des observations exactes ont été faites. La chute des aérolithes, révoquée en doute par les écrivains sceptiques du dix-huitième siècle, fut admise irrévocablement après l'effroyable pluie de pierres qui eut lieu à Laigle en Normandie, le 26 avril 1803. Le savant Biot, envoyé sur les lieux par l'Institut, fit un rapport détaillé qui ne permit plus d'élever aucun doute à ce sujet; et, depuis cette époque, un grand nombre de chutes de pierres ont rendu le fait populaire. — Le volume des aérolithes est extrêmement variable, ainsi que leur forme, qui ne présente d'autre caractère particulier que celui de l'usure de leurs angles et de leurs arêtes. Leur surface est ordinairement couverte d'un enduit noirâtre, quelquefois terne, d'autres fois luisant comme un vernis, ce qui paraît provenir de la fusion de la partie extérieure du bolide. Ils possèdent toujours, au moment de leur chute, une température très élevée, et s'enfoncent plus ou moins profondément dans le sol. La composition chimique de ces météorites est très variable ; mais la silice est toujours l'élément le plus abondant du corps et forme, le plus souvent, au moins un tiers de son poids ; le fer, tantôt à l'état métallique, tantôt à l'état d'oxyde, y forme, quelquefois, près d'un autre tiers ; puis s'y présentent en moindres proportions, de l'alumine, de la magnésie, de la chaux, de l'oxyde de manganèse, du nickel, du chrome, de la soude, du soufre, de la potasse, du cuivre et du carbone ; mais ces principes n'y sont pas constants, et les derniers ne s'y rencontrent même que très rarement. Voici, au reste, les résultats de l'analyse d'une des pierres tombées à Laigle, par Thénard :

Silice	46
Magnésie	10
Fer	36 } pour 100.
Nickel	2
Soufre	5

Le grand bolide trouvé par Pallas, dans les plaines de la Sibérie, pesait 700 kilogrammes et était presque entièrement composé de fer. On conserve au Muséum d'histoire naturelle un aérolithe tombé à Juvinas, dans l'Ardèche. Cette pierre, qui s'était enfoncée de 18 décimètres dans le sol, pesait 92 kilogrammes avant d'avoir été rompue ; l'échantillon du Muséum pèse encore 42 kilogrammes et mesure environ 6 décimètres cubes. — On a d'abord considéré les aérolithes comme des pierres lancées par les volcans de la lune, et le savant de Laplace avait même calculé qu'un corps lancé de notre satellite avec la force de projection de nos volcans terrestres pouvait parfaitement entrer dans la zone d'attraction de la terre. Mais aujourd'hui l'on regarde les bolides et les étoiles filantes comme des corps identiques, c'est-à-dire comme des astéroïdes qui se meuvent autour du soleil en décrivant des sections coniques. S'ils viennent à s'approcher de la terre et à pénétrer dans son atmosphère, ils s'échauffent assez par le frottement contre les molécules d'air pour devenir incandescents. Ce sont les éclats de ces bolides qu'on nomme *aérolithes*.

ÆSCULUS. Nom scientifique latin du Marronnier. (Voir ce mot.)

ÆSHNE. (Voir LIBELLULE.)

ÆTHUSE (*Æthusa*, du grec *aithusa*, de *aithein*, brûler). Genre de plantes de la famille des *Ombellifères* dont l'unique espèce, l'*Æthusa cynapium*, est connue sous les noms de **petite Ciguë, faux Persil, Ache des chiens**. Elle est vénéneuse. Elle croît dans les jardins et les lieux cultivés et a quelquefois causé des accidents à cause de sa grande ressemblance avec le Persil. Toutefois, il est facile de l'en distinguer à son feuillage d'un vert sombre, aux lignes rougeâtres du bas de la tige, et à l'odeur fétide qu'elle répand quand on froisse ses feuilles entre les doigts. (Voir ACHE.)

AGAME (*Agama*). Genre de reptiles de la famille des *Iguaniens* et dont le caractère distinctif est d'avoir le palais lisse et sans dents. — Les Agames ont les formes générales des lézards ; mais ils en diffèrent par les caractères propres à tous les iguaniens. Ils ont le corps et la queue couverts de petites écailles rhomboïdules, imbriquées ; tout le long du corps règne une rangée d'épines ou plutôt d'écailles redressées et pointues. Leur tête est large et couverte de plaques, leurs mâchoires fortes et armées de dents triangulaires ; la peau de la gorge et des flancs est lâche et plissée en travers ; et lorsque ces animaux sont irrités, cette peau se gonfle et ils font entendre un sifflement aigu. Les Agames habitent de préférence les lieux arides et sablonneux, et se cachent sous les pierres ou dans de petits terriers peu profonds. Ils ont beaucoup de vivacité, et, quoique de petite taille, ils sont très courageux et se défendent même contre l'homme ; mais c'est à tort qu'on les a prétendus venimeux ; leur morsure n'est pas plus dangereuse que celle de nos lézards. La femelle pond et dépose dans le sable de vingt-cinq à trente œufs de la grosseur d'un pois, qu'elle abandonne sans en prendre aucun soin. On en connaît douze à quinze espèces, qui presque toutes habitent les Indes orientales et l'Afrique. L'une d'elles, l'**Agame ocellé** (*A. barbata*), qui atteint jusqu'à 4 décimètres de longueur, est d'un brun verdâtre, avec des taches jaunes arrondies et bordées de noir sous le ventre ; sa mâchoire inférieure est garnie en dessous d'une série d'épines qui lui ont fait donner le nom latin de *barbata*. Elle vient de l'Australie.

AGAMES (de *a* privatif et *gamos*, mariage). Sous ce nom, Lamarck a désigné le groupe des plantes acotylédones ou Cryptogames. — On applique également ce nom, en zoologie, aux animaux qui se reproduisent par gemmation ou scissiparité.

AGAMI (*Psophia*, du grec *psophéô*, je fais du bruit). Genre d'oiseaux de l'ordre des ÉCHASSIERS, placé par Cuvier en tête de sa tribu des *Grues*, et formant, pour Is. Geoffroy Saint-Hilaire, la famille des *Psophidés*. Ces oiseaux ont le bec droit, se rapprochant de celui des gallinacés ; le tour des yeux nu, les tarses longs et grêles, trois doigts devant, dont les deux externes réunis par une petite palmure, et un derrière. Les ailes sont arrondies, concaves, à rémiges courtes, très étagées, la queue est courte. — L'espèce la plus connue est l'**Agami trompette** (*P. crepitans*, L.), qui se trouve à la Guyane ; elle est de la grosseur d'un faisan, mais élevée sur pattes comme les grues ; son plumage est noirâtre avec des brillants reflets verts et violets sur la poitrine ; ses yeux sont entourés d'un cercle rouge, et son bec recourbé en pointe est de couleur jaunâtre. L'Agami doit son nom d'*oiseau trompette* à la faculté qu'il a de faire entendre, assez fréquemment, un son sourd et prolongé, sans ouvrir le bec ; ce bruit semble provenir de la trachée-artère, et a assez d'analogie avec la voix interne des ventriloques. A l'état sauvage, les Agamis vivent en troupes nombreuses, dans les forêts montagneuses, où ils se nourrissent d'insectes, de graines et de fruits sauvages. Comme tous les oiseaux à ailes courtes, leur vol est lourd et bas; mais leur course est légère et rapide. Ils perchent sur les arbres peu élevés et creusent au pied de ceux-ci des trous peu profonds qui leur servent de nid, et dans lesquels ils pondent deux ou trois fois par an de dix à quinze œufs d'un vert clair, un

Agami.

peu plus gros que les œufs de poule. Leur chair est, dit-on, d'un goût assez agréable chez les jeunes, mais elle devient fort dure chez les vieux individus. — L'Agami s'apprivoise très facilement et paraît susceptible d'un grand attachement pour son maître. Il est même très jaloux des autres animaux domestiques et leur livre souvent des combats, en les harcelant à coups de bec. Là ne se bornent pas ses qualités; car, au dire des voyageurs, on l'emploie en Amérique à la garde des troupeaux; et il s'acquitte de ce soin avec beaucoup d'intelligence, ramenant ceux qui s'écartent à grands coups de bec, et ne rentrant au bercail que le dernier. Deux Agamis remplacent avantageusement, dit-on, un chien bien dressé. Ces précieuses qualités devraient faire désirer la naturalisation de cet oiseau dans nos contrées; mais il ne paraît pas qu'il ait été fait jusqu'à ce jour aucun essai.

AGAPANTHE (*Agapanthus*, du grec *agapé*, amour, et *anthos*, fleur). Genre de plantes de la famille des *Liliacées*, tribu des *Hémérocallidées*, dont l'espèce type, l'Agapanthe à ombelle, originaire du cap de Bonne-Espérance, fait l'ornement de nos jardins sous le nom de *Tubéreuse bleue*. De sa racine tubéreuse sortent des touffes de feuilles allongées, obtuses, du milieu desquelles s'élève une hampe de près d'un mètre, portant à son sommet une ombelle bien fournie de grandes fleurs d'un beau bleu d'acier. Cette jolie plante craint les froids et doit être rentrée l'hiver.

AGARIC (*Agaricus*). Ce mot, employé de tout temps pour désigner certains champignons, vient d'*Agaria*, contrée de la Sarmatie, dans laquelle croissaient abondamment ces végétaux. On l'applique aujourd'hui à tous les champignons *Basidiosporés*, à surface inférieure garnie de lames rayonnantes, simples ou rameuses. Voici comment on les caractérise : champignons avec ou sans volva, à chapeau distinct, de forme assez variable, sessile ou pédiculé, garni à sa surface inférieure de lames simples, d'égale longueur ou entremêlées de lames plus courtes vers la circonférence. — Les Agarics forment un genre très nombreux; on en compte plus de deux cents espèces dans les seuls environs de Paris. Ils croissent, pour la plupart, dans les lieux humides, les prairies, les fumiers, les troncs d'arbres et les bois pourris. Leur développement est plus ou moins rapide, suivant les espèces; un seul jour suffit aux unes, tandis que d'autres n'ont atteint leur maturité qu'au bout d'un mois. Lorsque l'Agaric est arrivé à ce terme, les capsules éclatent et donnent passage aux graines ou sporules qui recouvrent la surface des feuillets d'une matière pulvérulente, de couleur variable, suivant les espèces ; cette matière s'attache aux objets environnants, et donne naissance à des champignons de même nature. Parmi les Agarics, un petit nombre sert à la nourriture de l'homme; mais beaucoup d'espèces constituent un poison actif et violent. On a cherché à reproduire les espèces comestibles, mais on n'a réussi jusqu'à ce jour que pour un petit nombre d'entre elles. — Le champignon de couche ou **Agaric champêtre** (*A. edulis*) est celui que l'on obtient le plus facilement, et voici comment on procède : on fait un mélange de terreau, de fumier pourri et de crottin de che-

Agaric champêtre.

val, et on en forme dans une cave des couches de 2 ou 3 pieds de haut. On étend sur toute cette surface du blanc de champignon que l'on recouvre ensuite d'une couche de terreau. Il est nécessaire d'arroser de temps en temps, pour entretenir la fermentation, la chaleur et l'humidité, trois circonstances nécessaires au développement des champignons. Cette espèce est la plus usitée, et la seule qu'il soit permis de vendre sur les marchés de

Paris. Presque toutes les carrières des environs renferment des couches à champignon. La quantité qu'elles produisent est immense; on en apporte chaque jour de 20 000 à 25 000 maniveaux au carreau de la halle. Cette espèce croît naturellement sur les pelouses sèches et exposées au soleil. — Nous parlerons, en traitant des champignons en général, des caractères auxquels on reconnaît ceux qui sont vénéneux de ceux qui ne le sont pas; nous nous contenterons ici de conseiller à nos lecteurs de repousser comme dangereuses les espèces qui croissent dans les lieux humides ou à l'ombre dans les bois touffus. — Parmi les espèces d'Agarics les plus remarquables, nous citerons d'abord, comme espèces comestibles : l'*Agaricus cæsareus* ou **Amanite orange**, à chapeau, d'un jaune orangé vif. Les Romains en étaient très friands. Chacun sait que l'empereur Claude mourut après en avoir mangé. Les historiens accusent Agrippine d'y avoir mêlé du poison; mais il se pourrait bien que le mets fût tout simplement préparé avec l'*Agaricus muscarius* ou **fausse orange**, espèce très dangereuse qui ressemble assez à la précédente. — L'**Agaric mousseron** (A. *albellus*), ou champignon muscat, ainsi nommé à cause de son odeur musquée, est une des espèces les plus savoureuses. — L'**Agaric élevé** (A. *procerus*), vulgairement *parasol* ou *potiron*, est une des plus grandes espèces que l'on connaisse; son pédicule a de 25 à 35 centimètres de hauteur, et supporte un large chapeau de couleur bistrée. — L'**Agaric du houx** (A. *aquifolii*), qui croît sous les buissons de houx, est très estimé des amateurs, ainsi que l'**Agaric du peuplier** (A. *populi*). — Parmi les espèces les plus dangereuses, nous citerons

Agaric fausse orange (*Amanita muscarius*).

l'**Agaric fausse orange** (A. *muscarius*), sous-genre **Amanite;** elle ressemble beaucoup à l'Amanite orange (A. *cæsareus*); mais en diffère par les écailles blanches dont son chapeau est comme moucheté.

Cette espèce, très dangereuse, a souvent causé dans nos pays de graves accidents. Pallas assure cependant qu'on la mange en Russie sans inconvénient. Ce fait est-il dû au climat? — Mais ce qu'il y a de singulier dans l'histoire de ce champignon, c'est l'usage que l'on en fait au Kamtschatka; au dire de Langsdorf, les habitants le font sécher pour le conserver, ou en préparent une boisson dont ils se servent au lieu de vin. Ceux qui le mangent ou qui boivent sa liqueur sont pris d'une ivresse particulière, dans laquelle les facultés intellectuelles sont anéanties, et qui détermine chez les uns une gaieté folle, chez les autres une tristesse profonde. Cette espèce est quelquefois employée en médecine, et a été administrée avec succès dans l'épilepsie et quelques affections nerveuses; on l'emploie aussi à très petites doses pour combattre les affections scrofuleuses. L'*Agaric brûlant*, l'*Agaric caustique* et l'*Agaric meurtrier* sont également des espèces très dangereuses.—On donne le nom d'*Agaric des pharmaciens* (agaricon) à deux espèces de Bolets (voir ce mot) qui croissent sur le chêne et sur le mélèze, et celui d'*Agaric des chirurgiens* ou *Agaric amadouvier* au *Boletus fomentarius* qui croît sur le tronc de plusieurs arbres et principalement sur celui du hêtre.

AGASSE. Nom vulgaire de la Pie dans quelques départements.

AGATE ou AGATHE, acide silicique simplement translucide. Ce sont des pierres qui ont beaucoup de rapport avec les silex, et qui, comme ces derniers, font feu au briquet; se distinguant des autres quartz par leur cassure ondulée, leur transparence et leurs couleurs riches et variées. — Les Agates se trouvent disséminées, sans ordre, dans de certaines roches amygdaloïdes, sous forme de masses globuleuses; on les trouve aussi sous la forme de galets au bord de la mer et de quelques fleuves. Les masses globuleuses d'Agates, ou rognons, sont généralement engagées dans des roches rougeâtres, et sont revêtues à l'extérieur d'une légère couche de terre verte (talc chlorité); on en trouve depuis la grosseur d'un grain de millet jusqu'à celle d'un melon, mais ces dernières sont rares. — Les principaux gisements d'Agates se trouvent en Bohême, en Écosse, en Sicile, en Islande, en Sibérie, etc.; mais c'est surtout d'Oberstein que l'on tire la meilleure partie des Agates d'Europe. Il nous vient d'Orient des Agates magnifiques, toutes travaillées, en plaques, en vases, en coupes; mais sans que l'on connaisse précisément l'endroit d'où on les tire. — Les Agates portent différents noms, suivant leurs couleurs. — Les *calcédoines* sont d'un blanc bleuâtre ou roussâtre, assez transparentes; quelques-unes sont comme pommelées; on en tire d'assez belles d'Oberstein et des îles Feroë. — Les *onyx* présentent des couches de couleurs différentes, nettement tranchées, et disposées en bandes ondulées, droites et même concentriques. Ce sont des sortes d'Agates que les graveurs en pierres fines emploient pour faire des camées. — Les *cornalines* offrent une couleur rouge, transparente : les unes, pâles, sont les moins recherchées ; les autres, d'un rouge de sang, nous viennent du Japon et sont très estimées. — La *chrysoprase*, qui est l'espèce d'Agate la plus rare, est d'un beau vert-pomme ; on la tire de la haute Silésie, de roches magnésiennes. Selon Klaproth, sa couleur est due à trois centièmes d'oxyde de nickel. — On trouve encore des Agates arborisées, connues sous le nom de *dendrites*, et qui présentent des dessins fort singuliers.

AGATINE (*Achatina*). Genre de mollusques GASTÉ-ROPODES de la famille des *Hélicidés*, voisins des Bulimes, dont ils se distinguent par leur coquille dépourvue d'ombilic, à columelle tronquée obliquement. Les Agatines vivent à terre dans les endroits humides des régions tropicales. L'Agatine zèbre et l'Agatine perdrix, du sud de l'Afrique, sont les espèces les plus remarquables.

AGAVÉ. Genre de plantes de la famille des *Amaryllidées*, propre aux contrées chaudes de l'Amé-

Agavé d'Amérique.

rique, d'où on l'a transplantée dans le midi de l'Europe et en Afrique. Cette plante, que l'on a souvent confondue avec l'aloès, a le tronc cylindrique et écailleux, ressemblant d'abord à une énorme asperge ; puis elle s'élève jusqu'à 10 mètres de hauteur ; sa base est garnie de feuilles épaisses, charnues, qui ont 1m,50 de longueur sur plus de moitié d'épaisseur ; elles sont étalées en rosace ; les fleurs, disposées de chaque côté du tronc, depuis le milieu environ jusqu'au sommet, donnent à la plante l'aspect le plus gracieux. — L'Agavé ne fleurit qu'une fois ; mais dans nos contrées froides on

voit rarement les fleurs s'épanouir : c'est peut-être ce qui a donné lieu à cette croyance populaire, que cette plante ne fleurissait que tous les cent ans et que son épanouissement était toujours accompagné d'une détonation semblable à celle d'un canon. Son accroissement est excessivement rapide : le Jardin des Plantes en a possédé une espèce qui fleurit et qui, à cette époque, croissait de 15 centimètres par jour ; elle parvint ainsi à une hauteur de 10 mètres. — L'Agavé d'Amérique (*Agave americana*), nommée dans le pays *pitte*, a été naturalisée dans le midi de l'Europe et surtout en Espagne : on en forme des haies qui deviennent impénétrables à cause des fortes épines des feuilles. Ces feuilles, préparées, donnent une assez grande quantité de fils, dont on fabrique des cordages et même de la grosse toile.— L'Agavé du Mexique ou *maguey* des Mexicains, outre les fils que donnent ses feuilles, fournit aussi aux habitants une matière visqueuse qu'ils emploient en place de savon dans les lavages. Ils en tirent encore, en creusant le centre de la plante, une excellente boisson, le *pulqué*, d'abord sucrée et douce, mais qui devient forte et vineuse par la fermentation.

AGLAIA. Genre de plantes dicotylédones de la famille des *Méliacées*, propres aux régions intertropicales de l'Asie. L'une d'elles, *Aglaia edulis*, donne des fruits comestibles : une autre, *Aglaia odorata*, est employée par les Chinois à parfumer le thé.

AGLAOPE. Voir ZYGÈNE.

AGLOSSE de *a* privatif et *glossa*, langue. Genre d'insectes LÉPIDOPTÈRES de la famille des *Pyralidés*. (Voir PYRALE.

AGLOSSES de *a* privatif et *glossa*, langue. Groupe de BATRACIENS ANOURES privés de langue. Voir PIPA.)

AGLYPHODONTES (du grec *a* privatif, *glyphô*, sillon, et *odous*, *odontos*, dent). Division de l'ordre des OPHIDIENS. Voir ce mot.

AGNEAU. Petit de la brebis.

AGNUS CASTUS. Voir GATTILIER.

AGOUTI (*Chloromys*). Genre de mammifères de l'ordre des RONGEURS, de la famille des *Caviadés*. Ces jolis petits animaux habitent le nouveau continent, où ils remplacent nos lièvres et nos lapins ; ils sont de la taille de ces derniers, dont ils ont aussi les mœurs et les habitudes ; mais leur conformation les rapproche plutôt des cochons d'Inde. Ils ont les oreilles courtes et presque nues, arrondies ; la queue rudimentaire ; cinq doigts aux pieds de devant et trois à ceux de derrière, pourvus d'ongles longs et forts ; leur poil est luisant, mais raide et cassant, noir à la base et jaune au sommet, ce qui donne à l'animal une teinte verdâtre qui lui a fait appliquer le nom de *chloromys* (rat vert), par Cuvier. Ces animaux vivent dans les trous d'arbres et ne se creusent jamais de terriers ; leur nourriture consiste en écorces tendres et en fruits sauvages. Ils se servent de leurs pattes de devant pour porter leurs aliments à leur bouche, mais pas avec autant d'adresse que les écureuils. Leur naturel est craintif, mais cependant très irascible, et lorsqu'on les agace, ils mordent avec rage. — On rencontre, surtout à Cayenne, les Agoutis par troupes de vingt ou trente, et on leur fait une chasse suivie; leur chair est assez délicate, malgré son goût sauvage. Comme nos lièvres, ils courent très vite en plaine ou en montant les collines; mais, lorsqu'ils descendent, leurs jambes de derrière, plus longues que celles de devant, occasionnent de fréquentes culbutes. Outre

Agouti.

l'Agouti acouchi, qui se trouve à la Guyane, on connaît plusieurs autres espèces également de l'Amérique méridionale; tels sont l'**Agouti huppé** (*C. cristata*) de la Guyane, qui doit son nom aux poils de son occiput, allongés en manière de crête; l'**Agouti acuti** (*C. acuti*) du Brésil, à croupe rousse.

AGRAPHIS. Nom générique de la *Jacinthe des bois*. (Voir JACINTHE.)

AGRÉGÉS. (Voir TUNICIERS.) Se dit en botanique d'organes rapprochés en une seule masse, quoique distincts les uns des autres : fleurs agrégées (scabieuse), fruits agrégés (mûre).

AGRILUS. (Voir BUPRESTE.)

AGRION. (Voir LIBELLULE.)

AGRIMONIA (*Aigremoine*, du grec *ayrios*, sauvage, et *monias*, solitaire). Genre de plantes de la famille des *Rosacées*, section des *Sanguisorbées*. (Voir AIGREMOINE.)

AGRIPAUME (*Leonurus*). Genre de plantes de la famille des *Labiées*, à calice turbiné, à cinq dents, corolle bilabiée, à lèvre supérieure oblongue, rétrécie à la base, à lèvre inférieure étalée, trifide.— Le type du genre est l'**Agripaume cardiaque** (*L. cardiaca*), qui croît dans les lieux incultes, le long des haies et des chemins. Sa tige, haute de 1 mètre, porte des feuilles larges, divisées en plusieurs lobes; ses fleurs, ou verticilles axillaires, sont petites, purpurines ou blanchâtres. On lui attribuait autrefois des propriétés contre les palpitations; elle est aujourd'hui sans usage.

AGROSTEMME (du grec *agros*, champ, et *stemma*, couronne). Nom scientifique de la Nielle des champs et de la Coquelourde, plantes rangées par la plupart des botanistes dans le genre *Lychnis*. (Voir ce mot.)

AGROSTIS (du grec *agrostis*, gramen). Genre de plantes de la famille des *Graminées*, cultivées comme plantes fourragères. On en connaît plusieurs espèces qui croissent dans les prairies humides. L'une des espèces qui se propagent le plus est l'**Agrostis traçante** ou **stolonifère**, vulgairement *traînasse* ou *fiorin*. Ses tiges, nombreuses, couchées sur le sol, s'y enracinent à chaque nœud et deviennent parfois très incommodes; aussi l'extirpe-t-on avec soin dans les terres régulièrement cultivées. Elle donne un bon fourrage, très nourrissant et qui conserve très longtemps sa fraîcheur; elle offre en outre l'avantage de réussir dans de mauvais terrains. On cultive aux États-Unis l'*Agrostis dispar* (*herd grass* des Américains), qui donne aussi un bon fourrage. L'une des espèces les plus communes dans nos contrées est l'*Agrostis spicaventi*, remarquable par sa finesse et sa panicule élégante, qui se balance au moindre vent.

AGROTIS. (Voir NOCTUELLES.)

AÏ. Animal mammifère du groupe des *Bradypes*. (Voir ce mot.)

AIAUT ou **AIAULT**. Noms vulgaires du Narcisse pseudo-narcisse.

AIGLE (*Aquila*). Grand genre de la famille des *Falconidés*, ordre des RAPACES ou oiseaux de proie diurnes. Ils se distinguent des Faucons surtout par leurs ailes tronquées obliquement; les premières pennes sont plus courtes que les quatrième et cinquième, qui sont les plus longues; cette disposition de l'aile rend leur vol moins fort que celui des Faucons; cependant leur forme allongée leur donne encore une grande puissance. Leur bec robuste, droit à sa base et recourbé vers sa pointe, ne présente pas, comme celui des Faucons, une ou plusieurs dents saillantes. Leurs tarses sont emplumés jusqu'à la base des doigts; ceux-ci sont armés d'ongles puissants et arqués, creusés en dessous d'une gouttière dont les bords forment des lames tranchantes et font de leurs serres de véritables poignards. L'Aigle habite les montagnes, où il chasse les oiseaux et les mammifères, ne se nourrissant que de proie vivante. Son regard est étincelant, sa démarche fière, et, même dans le repos, il reste la tête haute, hardiment campé sur ses jambes. Il choisit une compagne, avec laquelle il passe toute son existence; le couple se construit un nid entre deux rochers, ou quelquefois sur un arbre élevé, dans des lieux presque inaccessibles. Ce nid, que l'on appelle *aire* et qu'ils gardent toute leur vie, au lieu d'être creux comme celui des autres oiseaux, est plat, large de plusieurs pieds, et formé de bâtons appuyés par les deux bouts; ceux-ci sont traversés de branches flexibles, recouvertes de joncs ou de bruyères. C'est là qu'ils vivent en parfaite intelligence, chassant de concert et prenant soin d'éloigner des environs de leur demeure tous les autres oiseaux de proie. Tous les ans la femelle élève deux ou trois petits. On prétend que lorsque les aiglons sont assez forts pour voler, leurs parents les chassent au loin hors du nid et les empêchent de revenir; mais il est entièrement faux qu'ils mettent à mort les plus gourmands de leurs nourrissons. On fixe la durée de leur existence à près d'un siècle.—L'espèce la plus connue est l'**Aigle royal** (*A. regia*). C'est l'un des plus puissants oiseaux de proie : il est long de 1ᵐ,10 depuis le bout du bec jusqu'à l'extrémité des serres. Son plumage est brun ou noirâtre ; les plumes de la nuque sont effilées, plus claires et d'une teinte dorée ; la queue est plus foncée, marquée de bandes cendrées. Dans sa jeunesse, cette espèce a la queue blanche dans sa moitié supérieure, ce qui l'a fait prendre par Buffon pour une espèce différente, qu'il a décrite sous le nom d'*Aigle commun*. Il habite les contrées montagneuses de l'Europe et de l'Asie, et dans l'Afrique et l'Amérique septentrionales. L'Aigle royal occupe, parmi les oiseaux, le rang qu'occupe le lion parmi les quadrupèdes ; mais peut-être a-t-on exagéré chez tous les deux les brillantes qualités. Quoi qu'il en soit, l'Aigle jouissait de la vénération des anciens ; sa présence au milieu d'un sacrifice annonçait un message des dieux. Ses images guidèrent au combat les armées romaines, et récemment encore le génie de la gloire a promené son emblème dans toutes les capitales de l'Europe. — L'**Aigle impérial** (*A. imperialis*) et l'**Aigle criard** (*A. nœvia*) se distinguent de l'**Aigle royal** par leur taille plus petite et les nuances de leur plumage. L'Aigle criard n'a que 50 centimètres de longueur ; il pousse continuellement des cris plaintifs qui lui ont valu son nom. Cette espèce est peu courageuse et se laisse vaincre par l'épervier. D'autres espèces

Aigle royal.

d'Aigles habitent le bord des fleuves et de la mer, et se nourrissent en grande partie de poisson. On leur donne le nom d'*Aigles pêcheurs* ou *Pigargues*. (Voir ce mot.) Les *Harpies* appartiennent également au groupe des Aigles.

AIGLE DE MER. Nom vulgaire de la Mourine, poisson du genre *Raie*. (Voir ce mot.)

AIGLEFIN ou **AIGREFIN**. (Voir MORUE.)

AIGRELIER et **AIGRETIER**. Noms vulgaires de l'Alisier. (Voir ce mot.)

AIGREMOINE (*Agrimonia*). Genre de plantes de la famille des *Rosacées*, tribu des *Sanguisorbées*, comprenant quelques plantes herbacées, à feuilles ailées et à fleurs jaunes en épis terminaux. Ces fleurs sont régulières, hermaphrodites, à étamines peu nombreuses, à ovaire à deux ou trois carpelles uniovulés. La seule espèce intéressante de ce genre est l'**Aigremoine eupatoire**. D'une racine vivace s'élève une tige herbacée, dressée, poilue ainsi que toute la plante, haute de 50 à 60 centimètres. Ses feuilles sont alternes, à folioles lancéolées, aiguës, profondément dentées. Ses fleurs sont jaunes, disposées en grappe terminale. Cette plante est très commune le long des chemins, sur la lisière des bois, où elle fleurit pendant une grande partie de l'année. Les

Aigremoine eupatoire, fleur grossie.

fleurs de l'Aigremoine ont une saveur légèrement âpre et astringente qui les fait employer en décoction pour des gargarismes dans les inflammations de la gorge, et comme tisane dans la diarrhée. C'est au groupe des Aigremoines qu'appartiennent l'*Alchemille*, la *Pimprenelle* et le *Cousso* d'Abyssinie. (Voir ces mots.)

AIGRETIER. Nom vulgaire d'une espèce d'Alisier. (Voir ce mot.)

AIGRETTE. On donne ce nom, en zoologie, à un faisceau de plumes droites, effilées, qui ornent la tête de certains oiseaux, comme les paons, les hérons, les hiboux, certaines grues, etc. — Les naturalistes donnent ce nom spécifique à une espèce de *héron* et à un singe du genre *macaque*. — En botanique, on applique le nom d'*aigrettes* à des houppes de soies ou de poils qui surmontent certaines parties des plantes et surtout le fruit, comme on le voit dans la plupart des Composées, des Valérianées, des Dipsacées.

AIGUE MARINE. Pierre précieuse ainsi nommée parce que sa couleur rappelle celle de l'eau de la mer. C'est une pierre de couleur verte, de la même nature que l'émeraude, et qui se trouve dans divers pays et notamment en Russie. Elle portait anciennement le nom de *béril*. L'Aigue marine n'est guère employée que dans la bijouterie commune ; elle se compose d'alumine, de silice, de glucine, de chaux et d'oxyde de fer.

AIGUILLAT (*Spinax*). Poisson du groupe des *Squales* ou *Requins*. (Voir ce mot.) Il doit son nom à l'épine, acérée comme une aiguille, qu'il porte sur le dos. Il se distingue des requins proprement dits et des roussettes, par l'absence de nageoire anale. L'Aiguillat (*Spinax acanthias*) a le corps allongé, couvert d'une peau chagrinée brune en dessus, blanchâtre en dessous: il atteint 1 mètre de longueur. Sa chair est dure et de mauvais goût, mais sa peau est employée comme celle des autres squales à polir le bois et l'ivoire et à fabriquer divers objets en peau de chagrin.

AIGUILLE DE MER, Nom vulgaire du *Syngnathus acus* et de l'*Équille*. (Voir ces mots.)

AIGUILLON, Arme dont sont pourvus les insectes femelles de l'ordre des HYMÉNOPTÈRES, et qui leur sert non seulement à attaquer ou à se défendre, mais qui, complément des organes générateurs, est propre aussi à la ponte des œufs. (Voir HYMÉNOPTÈRES.) Quelques poissons présentent également des épines qui remplacent les rayons des nageoires ou sont disséminées sur la peau. Ces aiguillons sont mobiles chez la *Vive*. Les *Diodons* ont la peau armée de gros aiguillons pointus, et quelques espèces de raies ont le corps couvert de gros tubercules osseux garnis d'un aiguillon recourbé. — On nomme *aiguillon*, en botanique, des piquants formés seulement de tissu cellulaire durci et n'adhérant qu'à l'épiderme, comme dans le rosier, la ronce, etc. Il diffère de l'*Épine* en ce que celle-ci adhère au tissu interne du végétal et est formée de fibres ligneuses.

AIL (*Allium*). Genre de plantes de la famille des *Liliacées*, qui présente, pour caractères distinctifs, des fleurs disposées en ombelles simples; chaque fleur composée d'un périgone à six pièces égales entre elles, de six étamines hypogynes, d'un pistil à ovaire triloculaire et à style unique. Le fruit qui succède à ces fleurs est une capsule à trois loges monospermes ou dispermes. Quelques espèces présentent un autre mode de reproduction, qui consiste en ce que les fleurs et les fruits sont remplacés par des *bulbilles*, sortes de petites bulbes qui multiplient la plante aussi bien que les graines; de là la division des Aulx en espèces à ombelle *capsulifère* et à capsule *bulbifère*. Les feuilles de ces plantes sont tantôt planes, tantôt cylindriques et creuses. Ce genre renferme aujourd'hui près de deux cents espèces, dont la plupart croissent naturellement dans les parties méridionales de l'Europe et en Asie. La France en possède trente-cinq espèces, cultivées soit comme plantes d'ornement, soit comme plantes potagères. Parmi ces dernières est l'**Ail commun** (*A. sativum*), originaire de la Sicile, qui est l'objet d'une culture et d'un commerce importants: on le multiplie non de graines, mais par ses cayeux. Les Égyptiens l'adoraient avec l'oignon; les Grecs, au contraire, l'avaient en horreur. On sait que, de nos jours, c'est le manger favori du peuple dans tout le Midi. Il est vrai que l'Ail du Midi a une âcreté moins forte et une odeur moins pénétrante que l'Ail du Nord. On recherche surtout celui de Vaucluse et de Cavaillon. On attribue à l'Ail de nombreuses propriétés médicinales dont la mieux constatée est sa vertu vermifuge. — Dans ce genre rentrent le **Poireau** (*A. porrum*); l'**Oignon** (*A. cepa*), dont tout le monde connaît les usages alimentaires; il se multiplie de

Ail cultivé, fleur. — Caïeux ou gousses.

graines, et produit un grand nombre de variétés; l'échalote qui nous vient d'Orient, la ciboule, la civette, etc. Parmi les espèces cultivées comme plantes d'ornement, nous citerons l'**Ail doré** ou moly (*A. moly*) à fleurs d'un beau jaune doré, l'**Ail à odeur de vanille** (*A. fragrans*), remarquable par l'odeur de vanille que répandent ses fleurs roses et pourpres; l'**Ail azuré** (*A. azureum*) de Sibérie, à fleurs d'un beau bleu d'azur.

AILANTE (*Ailantus*). Arbre des Indes orientales de la famille des *Rutacées*, tribu des *Quassiées*, caractérisé par des fleurs unisexuées, à cinq pétales roulés en cornet, dix étamines, ovaires courbés, entourés d'un disque plissé et présentant chacun un style latéral. Les fruits sont des samares membraneuses terminées en pointe. — L'**Ailante glanduleux** (*A. glandulosa*), connu sous le nom de *Vernis du Japon* par suite d'une erreur qui lui attribuait la production de ce vernis, qui provient en réalité d'une espèce de sumac, est un grand arbre à cime étalée, s'élevant à 20 mètres et plus de hauteur. Ses feuilles composées, imparipennées, portent quinze à vingt-cinq folioles pointues. Ses fleurs sont jaunâtres, disposées en panicule, d'une odeur peu agréable. Ce bel arbre, originaire de la Chine, est parfaitement acclimaté en France, où il fait l'ornement des parcs et des promenades publiques, par l'élégance de son port et la richesse de son feuillage. Il se développe très rapidement, et son bois ferme et peu cassant est comparable à celui du noyer. Dans ces derniers temps, l'Ailante a pris une importance nouvelle par suite de l'introduction dans l'industrie d'un nouveau ver à soie qui se nourrit de ses feuilles (voir VER A SOIE); ces dernières sont anthelminthiques ainsi que l'écorce.

AILE. On donne ce nom, en zoologie, aux organes de locomotion dans l'air; ces organes sont surtout l'attribut des oiseaux et de presque tous les insectes. On rencontre chez certains mammifères des espèces d'ailes formées par le développement des membranes interdigitales, mues par un appareil musculaire; tels sont les *cheiroptères* ou chauves-souris (voir ce mot), dont le bras et la main sont transformés en aile. On a fort improprement appliqué le nom d'aile aux membranes ou extensions cutanées, que l'on rencontre chez quelques autres mammifères, tels que le *Galéopithèque volant*, les *Polatouches* et trois espèces de *Phalangers* (voir ces mots); mais ces membranes, qui ne font que faciliter le saut et la course, sont, à proprement parler, de simples parachutes. Chez les oiseaux, l'aile remplace les membres antérieurs des mammifères et est exclusivement destinée à la locomotion dans les airs. Nous en parlerons avec détail à l'article OISEAU. Parmi les reptiles antédiluviens, dont les ossements fossiles nous ont révélé les gigantesques proportions et les formes plus ou moins bizarres, un genre de sauriens, nommé *ptérodactyle* par Cuvier, était muni d'ailes dans le genre de celles des chauves-souris et des galéopithèques. Les nageoires des poissons ont assez d'analogie avec les ailes des oiseaux; aussi quelques poissons sont-ils pourvus de longues nageoires pectorales, qui peuvent, au besoin, les soutenir quelque temps au-dessus de l'eau. Plusieurs espèces de *Muges* et d'*Exocets* échappent ainsi aux carnassiers de l'Océan; mais leur élément ne tarde pas à les réclamer, car les rayons du soleil, en séchant leurs ailes, ne sont pas moins funestes à ces Icares aquatiques qui retombent pesamment dans leur humide région. Chez les insectes pourvus de cet organe de vol, les ailes sont au nombre de deux ou de quatre; leur forme, leur position, leur consistance, varient beaucoup et ont fourni les principaux caractères à la classification. (Voir INSECTES.) — En botanique, on donne le nom d'*aile* aux deux pétales latéraux des fleurs papilionacées (voir FLEUR), et à de minces appendices membraneux ou foliacés qui garnissent une partie quelconque de certains végétaux, tels les fruits de l'orme et de l'érable.

AILERONS. On donne ce nom à deux petites pièces membraneuses qui remplacent les ailes inférieures chez les insectes diptères. (Voir DIPTÈRES.) — On donne également le nom d'ailerons aux nageoires du requin.

AILURUS. (Voir PANDA.)

AIMANT (*Magnes*). L'Aimant naturel, *magnétite* ou *pierre d'aimant*, est un fer oxydé magnétique, composé de 72,41 de fer et de 27,59 d'oxygène (Fe³O⁴). Il est noir, d'un aspect métallique, et forme des

amas stratiformes, quelquefois considérables, dans les gneiss et dans les schistes cristallisés en Suède, en Norwège, dans l'Oural, l'île d'Elbe, les États-Unis. On le rencontre parfois en cristaux dont la forme est l'octaèdre régulier ou à arêtes tronquées. C'est un minerai très riche donnant du fer d'excellente qualité. Cette substance minérale est remarquable surtout par la double propriété d'attirer le fer et de diriger l'une de ses extrémités vers le nord.

AINE. On désigne sous ce nom l'enfoncement, ou mieux le pli qui sépare l'abdomen de la cuisse, et qui s'étend depuis l'épine antérieure et supérieure de l'os ilion jusqu'à la partie moyenne de la branche horizontale du pubis. La peau qui recouvre cette partie est fine et délicate, et contient dans son épaisseur une assez grande quantité de follicules qui sécrètent une humeur très odorante; des poils la recouvrent dans le voisinage du pubis. La présence d'une assez grande quantité de glandes lymphatiques sous la peau de l'aine, rend cette région un lieu d'élection pour les abcès froids et les engorgements chroniques, et c'est également sous la peau de l'aine que la hernie crurale fait saillie.

AÏNOS. Restes d'une race humaine spéciale dont on trouve les survivants à Yéso et dans l'archipel des Kouriles. Ils occupaient jadis le Japon jusqu'aux îles Kiou-Siou et peut-être le rivage occidental de la mer d'Ochotsk. Les Aïnos sont surtout remarquables par le développement extraordinaire du système pileux, qui forme toison sur presque tout le corps, et non seulement chez les hommes, mais aussi chez les femmes et les enfants. Sauf l'abondance des poils, ils se rapprochent beaucoup des races blanches, leur peau est brune, leurs yeux noirs, leurs cheveux raides et noirs. Ils sont à moitié sauvages; leur langue est polysyllabique et, ils sont fétichistes et adorent l'ours.

AIR (*Aer*). On donne le nom d'*air* au fluide invisible dans lequel nous vivons, et dont la totalité, qu'on nomme *Atmosphère*, environne la terre jusqu'à une hauteur d'environ 80 kilomètres. L'air est diaphane; il est incolore en petite quantité; mais en grande masse il paraît bleu, et c'est lui qui forme ce qu'on nomme le *ciel*. L'air, comme tous les corps de la nature, est pesant, ce dont on peut s'assurer facilement en pesant une vessie gonflée d'air, et en la pesant de nouveau après l'avoir dégonflée; son poids est de 1g,30 par litre. La pression de l'atmosphère fut observée pour la première fois vers le commencement du dix-septième siècle par Galilée, et peu après irrévocablement démontrée par son disciple Torricelli, à qui la science est redevable de l'invention du *baromètre*. Cette pression, au niveau de la mer, égale un poids d'environ 1k,033 par centimètre carré de surface, ce qui équivaut à une colonne de mercure de 28 pouces (76 centimètres); en sorte qu'on peut évaluer le poids de la colonne d'air que supporte un homme de moyenne taille, à environ 16 000 kilogrammes; mais cette pression énorme n'est pas sensible pour nous, parce qu'elle est con-

4

trebalancée par la réaction des fluides élastiques qui remplissent notre corps. Sans cette pression même, les animaux périraient infailliblement; l'air et les autres fluides élastiques renfermés dans leur intérieur, n'étant plus contenus, se dilateraient et rompraient par leur force expansive le tissu des organes qui les renferment. C'est ce qui arrive lorsqu'au moyen de la machine pneumatique on soustrait un animal à la pression atmosphérique. La densité de l'atmosphère n'est pas la même partout; il est évident que, comme la colonne atmosphérique diminue de longueur à mesure qu'on s'éloigne de la terre, les couches inférieures ont à supporter tout le poids de celles placées au-dessus d'elles, et conséquemment, plus l'élévation est grande, moins il y a de pression, en d'autres termes plus l'air est léger. Lorsque cette pression est considérablement diminuée, ainsi qu'il arrive sur les hautes montagnes, on éprouve un malaise général; la respiration devient pressée et haletante, la circulation s'accélère, des hémorragies se produisent, surtout par les organes de la respiration. Néanmoins, l'homme peut vivre dans un air très rare; Cuença et Quito, qui sont situés à 3100 toises au-dessus de la mer, sont habités et fertiles. A 4500 mètres, il n'existe plus aucune trace de végétation; mais les vautours des Andes s'élèvent parfois à plus de 5000 mètres.— La température a aussi une grande influence sur la densité de l'air; la chaleur, en le dilatant, diminue sa pesanteur; c'est-à-dire que si l'air s'échauffe, il occupe plus d'espace et exerce, par conséquent, à volume égal, une pression plus faible sur celui qui l'environne. Plus l'air est froid, au contraire, plus il pèse; aussi l'air chaud tend toujours à s'élever et se trouve continuellement remplacé par l'air froid qui est plus pesant; c'est là la cause des courants d'air, du tirage des cheminées, etc. L'air est compressible et parfaitement élastique. Cette élasticité de l'air et sa mobilité donnent lieu à des phénomènes bien connus; tels sont le vent, la propagation du son, la dissémination des odeurs, etc. L'air, comme tous les corps, se dilate et se raréfie sous l'influence du calorique, de même qu'il se resserre et se contracte par l'action du froid. Si on approche du feu une vessie remplie d'air, on la verra se gonfler, se tordre avec force et enfin crever par l'augmentation du volume de l'air, à mesure qu'il s'échauffe. La température de l'atmosphère varie selon le degré d'élévation. Plus il est dense, plus il retient la chaleur solaire; plus on s'éloigne de la terre, plus l'air est froid. Dans l'ascension exécutée par Gay-Lussac, en 1804, ce savant s'éleva de terre par une chaleur de 28 degrés (on était alors au mois de juillet), et, arrivé à une hauteur de 7000 mètres, son thermomètre marquait 9 degrés au-dessous de zéro. On a calculé que la température diminuait de 1 degré centigrade par 200 mètres; c'est pourquoi il existe des neiges perpétuelles sur le sommet des monts élevés, même sous l'Équateur. L'air atmosphérique est composé de 79 parties de gaz azote, de 21 parties de gaz oxygène, d'un atome de gaz acide carbonique et d'une quantité de vapeur d'eau variable. Ses propriétés sont dues en grande partie à la présence de l'oxygène; l'azote sert à modérer l'activité de cet énergique élément. L'air exerce une action chimique remarquable sur les végétaux et les animaux; les végétaux herbacés absorbent pendant la nuit une certaine quantité de gaz oxygène, qu'ils transforment en partie en acide carbonique; c'est pour cela qu'il est malsain de conserver des plantes, la nuit, dans une chambre où l'on repose. Mais, dans le jour, lorsque leurs parties vertes sont en contact avec les rayons solaires, l'acide carbonique, qui se trouve dans l'atmosphère, est décomposé; son oxygène est mis à nu et le carbone est absorbé par le végétal, qui s'accroît par cette seule raison. Il résulte évidemment de cette décomposition que l'atmosphère, contenant l'acide carbonique expiré par les divers animaux, doit se purifier par l'action des rayons solaires sur les parties vertes et devenir plus riche en oxygène. Les végétaux travaillent donc au bien-être des animaux, en rendant l'air atmosphérique plus propre à leur respiration, et les animaux, à leur tour, coopèrent au développement des végétaux, en exhalant dans l'atmosphère le gaz carbonique dont ces derniers sont avides. Équilibre merveilleux qui assure dans les deux règnes la durée des espèces. Chez les animaux, l'air entre continuellement dans les poumons, et par son contact avec le sang veineux qu'il y rencontre, il se décompose et cède son oxygène à l'organisme qu'il vivifie ainsi. (Voir Respiration.)

AIRA. Nom scientifique des plantes graminées du genre *Canche*.

AIRE. On donne ce nom au nid des grands oiseaux de proie, et principalement à celui de l'aigle. (Voir ce mot.)

AIRELLE (*Vaccinium*). Genre de plantes de la famille des *Éricacées*, tribu des *Vacciniées*, ayant pour caractères: un calice très petit à quatre divisions, une corolle monopétale campanulée, huit ou dix étamines portant chacune une anthère fourchue à deux arêtes sur le dos, comme la plupart des bruyères; un ovaire infère, pluriloculaire; les fruits sont des baies globuleuses divisées en quatre ou cinq loges, contenant chacune quelques graines. Ce sont des arbrisseaux provenant du nord de l'Europe et de l'Asie, et principalement de l'Amérique septentrionale. L'espèce la plus connue, en Europe, est l'**Airelle myrtille** ou *raisin des bois* (V. *myrtillus*). Cette petite plante n'atteint pas plus de 60 centimètres de hauteur; elle croît dans les bois et les terrains sableux; ses rameaux sont verts et anguleux et portent des fleurs d'un blanc rosé, qui donnent au mois de mai de petites baies d'un beau rouge, qui deviennent d'un bleu violet en mûrissant; ses feuilles sont alternes, ovales, ressemblant à celles du myrte: de là le nom de *myrtille*. Ces baies, de la grosseur d'un pois, sont bonnes à manger, et, dans plusieurs contrées montagneuses où l'airelle est plus commune, les habitants les mangent avec du lait. Elles ont un goût acide assez agréable. On en fait aussi des confitures et un sirop rafraîchissant, employé en médecine contre la dysenterie. On s'en sert aussi en teinture; elles donnent une belle couleur bleue ou violette. Les es-

• Airelle myrtille.

pèces de l'Amérique septentrionale sont en tout supérieures à celles de l'Europe. Leurs baies sont plus grosses et en même temps d'un goût plus agréable. Dans la Caroline, c'est le dessert ordinaire des planteurs.

AISSELLE. C'est la région située au-dessous de l'articulation du bras avec l'épaule, l'enfoncement que forment, en se réunissant, la poitrine et l'épaule. L'aisselle est revêtue d'une peau fine, toujours enduite d'une humeur odorante. A l'âge de puberté, il y paraît un poil crépu et fin. Sous la peau de l'aisselle se trouvent du tissu cellulaire, de la graisse et des ganglions lymphatiques qui livrent passage à des organes importants, tels que l'artère et la veine axillaires. La présence d'un tissu cellulaire abondant, des glandes et des vaisseaux lymphatiques rend le creux de l'aisselle un lieu d'élection pour les furoncles, les abcès et les anthrax. — En botanique, on donne le nom d'*aisselle* à la petite cavité formée par la réunion des feuilles d'une plante avec la tige, et l'on nomme *fleurs axillaires* celles qui naissent de cette partie de la plante.

AJONC (*Ulex*). Sous-arbrisseau de la famille des *Légumineuses-papilionacées*, tribu des *Génistées*, garni de rameaux nombreux, épineux à leur sommet; les feuilles sont raides et hérissées de piquants; leurs fleurs, disposées en épis au sommet des rameaux, sont jaunes et produisent un assez joli effet; le fruit est une gousse renflée, bivalve, renfermant un petit nombre de graines arrondies. L'**Ajonc d'Europe** (*U. europæus*), connu vulgairement sous le nom de genêt *épineux* ou *jonc marin*, ne dépasse pas, dans nos contrées, 1 à 2 mètres; mais en Espagne, dans les montagnes de la Galice, il parvient à une hauteur de 5 mètres et plus. Il pousse de nombreux rameaux touffus, épineux, portant au printemps quelques petites feuilles dures et pointues qui se changent en épines. Cette plante, très abondante, couvre les landes de la Bretagne et de la Normandie, prospérant dans les plus mauvais terrains. On emploie les Ajoncs desséchés comme combustible et les sommités des rameaux comme [un fourrage nourrissant et délicat pour les bestiaux; on prétend même qu'il rend plus abondant le lait des

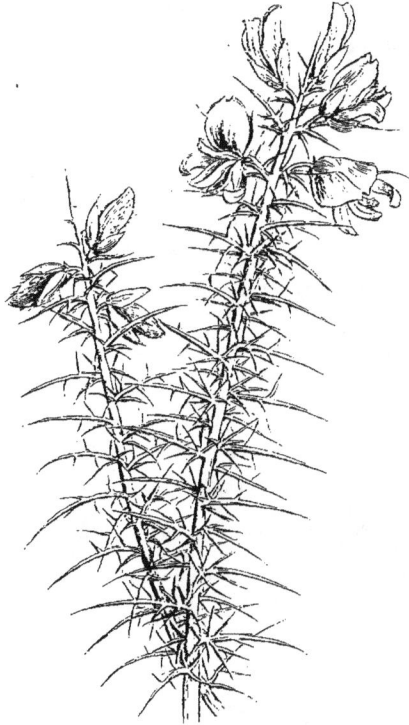

Ajonc d'Europe.

vaches. On en forme des haies en Angleterre, où il est aussi employé comme engrais. Desséché, puis répandu sur le sol par poignées et brûlé, il donne une cendre saline qui produit les meilleurs résultats.

AJUGA. Nom scientifique latin du genre *Bugle*.

AKÈNE (du grec *a* privatif et *kainein*, s'ouvrir : qui ne s'ouvre pas). Fruit sec, indéhiscent, à graine unique n'adhérant pas au péricarpe. (Voir **Fruit**.)

AKIS. (Voir **Mélasomes**.)

AKKAS. (Voir **Négritos**.)

ALABASTRITE (*chaux sulfatée*). Cette substance, qui se trouve principalement dans les carrières à plâtre de la Toscane, offre une blancheur éblouissante. Son peu de résistance au ciseau et le beau poli qu'elle peut recevoir la font rechercher des sculpteurs pour les petits objets d'art. L'Alabastrite n'est, en effet, autre chose que ce que, dans le monde, on a l'habitude d'appeler *Albâtre*. (Voir ce mot.) L'albâtre est de la chaux carbonatée, et n'offre que très rarement une couleur blanche, bien éloignée de la pureté de celle de l'Alabastrite ; mais celle-ci est beaucoup moins solide et s'altère au contact de l'air.

ALACTAGA. Espèce du genre *Gerboise*. (Voir ce mot.)

ALATERNE. (Voir NERPRUN.)

ALAUDA. Nom scientifique latin des Alouettes. (Voir ce mot.)

ALAUDIDÉS. Famille d'oiseaux de l'ordre des PASSEREAUX CONIROSTRES, comprenant les Alouettes.

ALBATRE (*Alabastrum*, pierre calcaire, *chaux carbonatée*, var.). Cette substance, moins dure que le marbre, est aussi susceptible d'un moins beau poli. Elle est très rarement blanche, et offre ordinairement des nuances variées et rembrunies. On donne à tort le nom d'Albâtre à une foule de petits objets d'art dont la matière est l'*Alabastrite* (voir ce mot) ; c'est également à tort que l'on dit *blanc comme de l'Albâtre*. On connaît plusieurs espèces d'Albâtre ; les plus estimées sont l'**Albâtre agate** et l'**Albâtre onyx**, qui présentent des veines de diverses couleurs ; elles proviennent de stalactites. On en fait des camées, des vases, etc. C'est principalement dans la partie méridionale de l'Europe, surtout en Italie et en Sicile, que se trouve l'Albâtre. On en a également trouvé des morceaux dans les carrières à plâtre de Montmartre.

ALBATROS (*Diomedea*). Genre d'oiseaux de l'ordre des PALMIPÈDES, famille des *Longipennes*, ayant pour caractères : un bec fort et tranchant, recourbé à l'extrémité en forme de croc, comme celui des oiseaux de proie ; des ailes très longues et très étroites ; des jambes courtes et des pieds manquant absolument de pouce, présentant trois doigts longs et palmés. Les Albatros sont les plus grands et les plus massifs de tous les oiseaux qui parcourent la surface des mers ; ils atteignent une longueur de 1ᵐ,30 ; leurs ailes étendues ont, d'une extrémité à l'autre, en moyenne, 3ᵐ,50. Leur vol est très puissant ; ils suivent en troupes les vaisseaux pendant des jours entiers, et semblent se jouer des orages. Ces oiseaux sont très gloutons ; aussi s'en empare-t-on très facilement en amorçant un hameçon avec un morceau de peau. Souvent, lorsqu'ils sont repus, ils se reposent sur les flots et s'y endorment même ; ils sont alors tellement alourdis qu'ils ne peuvent échapper aux matelots, qui les poursuivent dans des barques et les tuent à coups de crocs ou de rames. Ils se nourrissent de poissons, de mollusques, de zoophytes et de frai de poissons ; ils poursuivent surtout avec acharnement les poissons volants, qu'ils saisissent au sortir de l'eau. L'espèce la plus connue des navigateurs est l'**Albatros commun** (*D. exulans*), que l'on nomme *mouton du Cap*, à cause de sa grosseur et de son plumage blanc ; il est très abondant au-delà du tropique du Capricorne ; ses ailes sont

Albatros.

noires ; sa voix, forte et désagréable, ressemble, dit-on, au braiement d'un âne. Les Albatros s'apparient vers la fin de septembre et construisent à terre un nid élevé, formé d'argile, où la femelle pond des œufs nombreux et bons à manger. Quant à la chair de cet oiseau, elle est dure et de mauvais goût.

ALBERGIER. Variété d'Abricotier. (Voir ce mot.)

ALBINISME. (Voir ALBINOS.)

ALBINOS. Ce mot espagnol, qui veut dire *blanc*, s'applique à certains individus caractérisés par une structure particulière de la peau, consistant dans l'absence ou la diminution du *pigmentum* ou matière colorante. Les Albinos ont la peau d'un blanc mat, les poils blancs et cotonneux, leur pupille est rose comme celle du lapin blanc, et ne peut supporter l'éclat du jour. Le plus souvent ces malheureux sont idiots ou tout au moins leur intelligence est très bornée. Il n'existe pas, comme l'ont avancé quelques écrivains du dix-huitième siècle, des peuplades d'Albinos en Afrique ; seulement, les individus atteints de cette maladie sont plus communs dans cette contrée que dans d'autres. L'albinisme est congénial ; on n'a pas d'exemple qu'il se soit produit après la naissance. Cette altération n'est pas le partage exclusif de l'espèce humaine ; on l'a observée chez un grand nombre d'animaux : les chevaux, les lapins, les chats, les souris, nous en offrent tous les jours des exemples ; et chez quelques-uns même cette altération est devenue presque une seconde nature, et peut se transmettre de génération en génération. Il en est de même des animaux pies, qui ne sont autre chose que des Albinos partiels. On a également observé des exemples d'albinisme chez les écureuils, les rats, les taupes, les renards, les éléphants, les ours, les chameaux, les ânes, les chèvres, les corbeaux, les merles, les serins, les poules, les paons, les faucons, les moineaux, etc. L'albinisme, presque sans exemple dans les pays très froids, et rare dans les contrées tempérées, se montre fort commun dans les contrées équatoriales, surtout chez les peuples dont la couleur est plus foncée.

ALBITE (de *albidus*, blanchâtre). Feldspath à base de soude, à cristaux formant un prisme doublement oblique, ordinairement accolés deux à deux. Sa couleur varie du blanc de lait au vert. L'Albite contient environ 68 pour 100 de silice; il fond en verre bulbeux et colore la flamme en jaune. (Voir FELDSPATH.)

ALBRAN. On donne ce nom au jeune canard, soit sauvage, soit domestique.

ALBUMEN. Nom latin du blanc d'œuf; on l'applique à cette partie de l'amande de certaines graines qui nourrit l'embryon. (Voir GRAINE.) Il est synonyme d'*endosperme*.

ALBUMINE. L'Albumine est un composé organique qui se trouve dans tous les animaux supérieurs et dans presque toutes les plantes. Elle fait partie du sang, de la chair musculaire, du blanc d'œuf, des liquides séreux, etc. Suivant Dumas, la composition élémentaire de l'Albumine du blanc d'œuf est: carbone, 53,37; hydrogène, 7,10; oxygène, 23,76; azote, 16,77. Elle renferme en outre du soufre et du phosphore. L'Albumine soluble forme avec l'eau froide une dissolution d'Albumine, celle-ci se coagule et se sépare du liquide. L'Albumine coagulée est blanche, opaque, élastique et désormais insoluble. Cette faculté de coagulation est mise à profit pour clarifier certains liquides, et particulièrement les dissolutions de sucre. On mêle l'Albumine au liquide que l'on veut clarifier, puis l'on chauffe lentement jusqu'à l'ébullition. Au moment où l'Albumine se coagule, elle forme un réseau délié qui se meut de bas en haut, enchaîne les corps flottants dans le liquide et les rassemble à la surface. C'est à cet usage qu'est employé le sang de bœuf dans les raffineries de sucre. C'est avec le blanc d'œuf qu'on clarifie les sirops. L'Albumine se combine avec les sels de cuivre et de mercure et les neutralise, ce qui la rend précieuse dans un grand nombre d'empoisonnements. Des blancs d'œufs délayés dans l'eau sont le contrepoison le plus efficace lorsque les accidents ont été produits par quelqu'une de ces substances délétères.

ALCA. Nom latin scientifique du Pingouin, type de la famille des *Alcidés*. (Voir PINGOUIN.)

ALCEDO. Nom latin scientifique du Martin-pêcheur, type de la famille des *Alcédidés*. (Voir MARTIN-PÊCHEUR.)

ALCÉE ou **Rose trémière.** Espèce du genre *Guimauve*. Cette belle plante, originaire d'Orient, a été introduite en Europe à l'époque des croisades. Ses tiges, hautes de 2 mètres et plus, sont dressées,

épaisses, poilues et portent de grandes feuilles cordiformes à trois ou cinq angles, crénelées. Ses fleurs, disposées en un long épi, sont très grandes, d'un rose clair. L'horticulture en a obtenu un grand nombre de variétés de diverses couleurs. Une espèce de la Chine (*Althæa sinensis*), à grandes fleurs panachées de blanc et de pourpre, produit un charmant effet. Ces plantes donnent un principe mucilagineux émollient et adoucissant comme la Guimauve officinale.

ALCÉMÉROPE. Genre d'oiseaux de l'ordre des PASSEREAUX SYNDACTYLES, de la famille des *Méropidés*, créé par Isidore Geoffroy Saint-Hilaire pour une espèce du genre *Guêpier*, le **Guêpier à fraise**, qui diffère de ses congénères par ses ailes plus courtes

Alcémérope.

et par son bec, dont le dessus est parcouru par une rainure longitudinale. — Ce bel oiseau habite Sumatra. Sa taille est de 30 centimètres. Il a le front d'un pourpre violet; le reste du corps d'un beau vert, et, de sa gorge, descendant en forme de fraise, de longues plumes d'un rouge vermillon brillant. L'Alcémérope diffère encore des guêpiers par ses habitudes nocturnes, analogues à celles des engoulevents.

ALCES. Nom scientifique latin de l'Élan. (Voir ce mot.)

ALCHEMILLE, ou *pied de lion.* Genre de plantes de la famille des *Rosacées*, de la tribu des *Agrimoniées.* L'*Alchemilla vulgaris* est une plante herbacée, vivace, qui croît dans les pâturages et les prés secs; elle est remarquable par l'élégance de ses feuilles, palmées ou digitées, et par ses fleurs verdâtres, en corymbes terminaux ou axillaires; celles-ci ont un calice à huit découpures alternativement grandes et petites; il recouvre le fruit à sa maturité; la corolle est nulle, les étamines sont au nombre de quatre. On emploie en médecine ses feuilles comme vulnéraires et astringentes. Quelques docteurs allemands lui ont attribué une propriété bien propre à lui faire rendre une sorte de culte par certaines dames ; ils prétendent que sa décoction a la vertu de réparer les outrages du temps et de rendre aux traits la fraîcheur et l'éclat du printemps.

ALCYON (*Alcyonium*). Genre de polypiers charnus, type de l'ordre des ALCYONIENS, de la classe des CORALLIAIRES, dont les polypes présentent, pour caractères distinctifs, des tentacules foliacés, dentés sur leurs bords, au nombre de sept ou huit ; un œsophage distinct, une cavité digestive, s'ouvrant en dehors par une seule ouverture et entourée de six ou huit ovaires. Ces ovaires communiquent avec l'estomac, de sorte que les œufs sont rendus par la bouche. Les Alcyons vivent réunis en

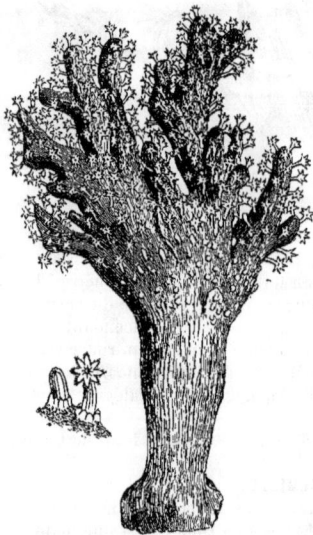

Alchemille.

un polypier charnu, formé de spicules disséminées dans les tissus ; ils ont un système de vaisseaux communs, servant au transport du suc nourricier. Cette conformation singulière fait que la nourriture prise

Alcyon palmé, un polype séparé.

par un seul individu profite à tous les autres. Les polypiers des ALCYONIENS présentent les formes les plus variées ; tantôt ils s'étendent sur différents corps, sous la forme d'une croûte gélatineuse ; tantôt ils affectent la forme globuleuse des champignons ; d'autres fois enfin, ils sont arborescents et divisés en rameaux. Ils se fixent aux rochers et aux plantes marines. Les cellules, où vivent ces animaux, sont répandues à la surface du polypier ou placées à l'extrémité des rameaux. Le polype s'allonge jusqu'à l'ouverture de sa loge où il étale ses tentacules rangés en étoile autour de la bouche ; c'est au moyen de ces rayons qu'il arrête et porte à cet orifice les corpuscules qui forment sa nourriture. Les œufs qu'ils rejettent donnent naissance à de petits polypes qui nagent librement à la surface de la mer jusqu'à ce qu'ils se fixent à quelque rocher pour former un nouveau polypier. — On distingue, dans ce groupe, plusieurs genres, outre celui des *Alcyons* dont le type est l'**Alcyon palmé** (*Alcyonium palmatum*) de la Méditerranée. Ce sont les *Tubipores*, que l'on a comparés à des tuyaux d'orgue ; les *Isis*, dont l'axe est branchu comme dans le *Corail* (voir ce mot) ; les *Gorgones* à polypier dendroïde, dont l'axe est corné et flexible (*Gorgonia flabellans*) ; les *Pennatules* ou *Plumes de mer*, dont l'axe est garni de chaque côté de lames imitant les barbes d'une plume et sur lesquelles sont fixés les polypes.

ALCYON. Nom de genre sous lequel Linné comprenait les martins-pêcheurs. (Voir ce mot.)

ALCYONELLE (diminutif d'*Alcyon*, genre de Polypiers). Genre de molluscoïdes, de la classe des BRYOZOAIRES (voir ce mot), rangés autrefois parmi les polypiers. Ces petits animaux sont très communs dans toutes nos eaux douces, où ils vivent en familles, fixés aux pierres et aux vieux bois. Les Alcyonelles vivent dans des tubes membraneux, réunis entre eux, formant des masses plus ou moins considérables, toujours fixées. Leur tête est hérissée de quarante-quatre tentacules rangés en forme de fer à cheval, au centre desquels est placée la bouche. Ces tentacules rétractiles leur servent à saisir les volvox et autres infusoires dont ils font leur nourriture. La reproduction des Alcyonelles se fait de deux manières : ou elle est ovipare, et les œufs se développent dans un ovaire placé sous l'estomac, ou elle est gemmipare, les animaux poussant de divers points de leur superficie des tubes dans lesquels se développent de petits polypes. Une seule espèce compose ce genre singulier, c'est l'Alcyonelle des étangs (*Alcyonella fluviatilis*). On la trouve en abondance dans l'étang de Plessis-Piquet, près Paris.

ALECTOR. (Voir Hocco.)

ALEURITES. (Voir BANCOULIER.)

ALEVIN. Le poisson sorti de l'œuf et non encore développé.

ALFA. Nom vulgaire du *Stipa tenacissima*, plante de la famille des *Graminées*, très commune dans les terrains arides de l'Algérie. Ses feuilles, très allongées et résistantes, sont utilisées pour la fabrication de la pâte à papier et de divers ouvrages de sparterie.

ALGAZEL. Espèce du genre *Antilope*. (Voir ce mot.)

ALGUES (*Algæ*, de *algidus*, frais). Les Algues sont des plantes cryptogames cellulaires, pourvues de chlorophylle, mais diversement colorées; à organes végétatifs non différenciés en tiges, feuilles et racines. Leur appareil de nutrition, appelée *fronde* ou *thalle*, est composé de cellules nues ou entourées d'une production mucilagineuse, et disposées en membranes, tantôt simples, tantôt rameuses, ou en masses informes, ou en filaments, ou même unicellulaires. Les organes reproducteurs sont tantôt disséminés dans l'ensemble du tissu végétal, tantôt localisés dans certaines régions; quelques-unes ne paraissent pas avoir d'organes sexuels; d'autres se multiplient par conjugaison; les plus élevées ont des organes mâles (*anthérozoïdes*), presque toujours mobiles, et des organes femelles (*pollinides, spermaties*), habituellement immobiles. — Les Algues végètent dans la mer, dans l'eau douce, ou à la surface des corps humides; leur forme, leur consistance et leurs couleurs sont très variées; leurs dimensions ne le sont pas moins, surtout chez les Algues marines, car on en trouve qui mesurent à peine un millième de millimètre; tel est le *Trichodesmium Ehrenbergii*, qui, par son accumulation extraordinaire, produit la coloration à laquelle la mer Rouge doit son nom, tandis qu'il en est qui atteignent jusqu'à 500 mètres de longueur (*Macrocystis*).—D'après leur couleur, qui répond à des différences dans leur organisation et leur reproduction, on divise les Algues en cinq groupes ou tribus : *Nostocacées, Confervacées, Ulvacées, Fucacées, Floridées*. (Voir ces mots.)

ALHAGI. (Voir Manne.)

ALIBOUFIER. Nom vulgaire du *Styrax officinalis*. (Voir Styrax.)

ALISE. Fruit de l'Alisier.

ALISIER (*Cratægus*). Genre d'arbres ou d'arbrisseaux, de la famille des *Rosacées*, tribu des *Pyrées*, dont les caractères sont : calice à cinq dents, corolle à cinq pétales arrondis; ovaire à deux ou cinq loges; fruit : pomme charnue, oblongue, couronnée par les dents du calice. Les Alisiers sont des arbres ou des arbrisseaux à feuilles profondément incisées et généralement cotonneuses en dessous, à fleurs blanches ou roses, de grandeur moyenne, exhalant une odeur forte, mais peu agréable dans la plupart des espèces, et disposées en corymbes; leur fruit est ovale, rougeâtre et farineux. Parmi les espèces que renferme ce genre, les plus intéressantes sont : — l'**Alisier allouchier** (*Cratægus aria*), qui croît dans les régions montagneuses de l'Europe, où il forme des buissons qui s'élèvent par la culture jusqu'à 9 mètres de hauteur. Il porte des fruits que l'on nomme *alises*, et qui, âpres d'abord, deviennent, en mûrissant, d'une saveur douce et agréable. Le bois de l'allouchier est très recherché des tourneurs et

des luthiers, à cause de sa dureté. — L'**Alisier à larges feuilles** (*C. latifolia*), ou Alisier de Fontainebleau, est un bel arbre qui croît assez communément dans la forêt de ce nom. Son port élégant et son feuillage le font cultiver dans les jardins paysagers; ses feuilles sont ovalaires, très larges et

Alisier allouchier.

fortement anguleuses; ses fruits, bons à manger, servent à préparer une espèce de cidre. On emploie son bois à divers usages. — L'**Alisier antidysentérique** (*C. torminalis*), vulgairement *Aigrelier*, assez commun dans nos forêts; son écorce était autrefois employée en médecine.

ALISMA et **ALISMACÉES.** La famille des *Alismacées* renferme des plantes aquatiques monocotylédones, connues sous les noms vulgaires de *Plan-*

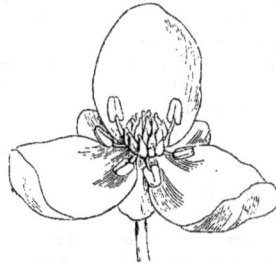

Alisma plantago, fleur grossie.

tains d'eau et de *Sagittaires*. Ses caractères sont : calice à six divisions, dont trois antérieures pétaloïdes et caduques; étamines, six ou plus, insérées au calice; pistils, six à trente, à une seule loge, renfermant une ou deux graines. Plantes herbacées, vivaces, croissant sur le bord des ruisseaux, des étangs, des lacs et des rivières, etc. — L'Alisma, **plaintain d'eau** ou fluteau (*Alisma plantago*, L.), sert de type à la famille des *Alismacées*. Ses tiges sont droites, triangulaires, creuses, à nœuds très espacés; ses feuilles radicales sont droites, pétiolées, ovales-aiguës. Ses fleurs en verticilles composés, pédonculés et roses. Cette plante fleurit en été. On prétend qu'elle est nuisible aux bestiaux. Sont également répandus : l'*Alisma ranunculoïdes* et l'*Alisma natans*, qui fleurissent tout l'été, comme le *fluteau*.

ALIZARI. (Voir GARANCE.)

ALKÉKENGE (*Physalis*). Plante herbacée, vivace, de la famille des *Solanées*, qui croît spontanément dans les terrains calcaires de tout le nord de l'Europe. Cette plante, que l'on désigne encore sous les noms vulgaires de *Coqueret* et d'*Herbe aux cloques*, s'élève à 5 ou 6 décimètres. Ses feuilles sont ovales, pointues, géminées, pubescentes; ses fleurs, d'un blanc jaunâtre, solitaires, axillaires; son fruit est une baie rouge, de la grosseur d'une cerise, renfermée dans un calice vésiculeux, très renflé et d'un rouge écarlate à la maturité. Ce fruit, dit *Cerise de juif*, est acidule et s'emploie comme diurétique.

ALLAITEMENT. Cette fonction appartient exclusivement aux animaux mammifères. Le lait, dont ces animaux ont seuls le privilège de nourrir leurs petits pendant les premiers temps de leur existence, est sécrété par des glandes, désignées sous le nom de *mamelles*, dont le nombre et la position relative diffèrent suivant les espèces. — Nous nous occuperons principalement, dans cet article, de l'allaitement dans notre espèce. — Chez les femmes, les glandes mammaires, développées à l'époque de la puberté, acquièrent, pendant la grossesse, un volume plus considérable; elles élaborent le liquide qui doit nourrir le nouvel être, et commencent à le sécréter quelquefois deux ou trois jours avant l'accouchement; mais, le plus souvent, aussitôt après. Le *lait*, produit de cette sécrétion, n'a pas tout d'abord les qualités qu'il acquiert par la suite : il est plus limpide, plus séreux; on lui donne alors le nom de *colostrum*, et l'on prétend qu'il possède une vertu purgative, nécessaire pour débarrasser les intestins de l'enfant du *méconium* qui les surcharge. Mais après deux ou trois jours, le lait possède toutes les qualités qui le rendent propre à l'alimentation. Pour s'approprier aux besoins croissants et à la puissance digestive du nouvel être, ce lait lui-même devient de plus en plus nourrissant, c'est-à-dire de plus en plus riche en matière *butyreuse* et en *caséum* (voir LAIT). C'est ce qui explique pourquoi les enfants nouveau-nés refusent parfois le sein et deviennent malades lorsqu'on les confie à des nourrices qui souvent allaitent déjà depuis longtemps. La durée de l'allaitement est très variable, non seulement suivant les espèces, mais encore chez l'homme, suivant la croissance et la vigueur de l'enfant. — Les différentes espèces de Mammifères ont, suivant leur conformation et la disposition de leurs mamelles, une manière différente d'allaiter leurs petits. Les singes,

qui portent comme l'homme des mamelles pectorales, y suspendent leurs nourrissons en les soutenant dans leurs bras. Mais la plupart des Mammifères ont, en venant au monde, la faculté de se tenir sur leurs jambes et de téter leur mère dans cette position.

ALLANTOÏDE (du grec *allantoïdès*, en forme de saucisse). Bien qu'il ait, en effet, la forme d'un boudin chez les Ruminants, cet organe spécial du fœtus revêt chez l'homme, chez les Carnassiers et dans les Oiseaux, la forme d'une vésicule piriforme. Par la suite l'Allantoïde se divise en deux portions : une interne, forme la vessie urinaire; l'autre externe, l'Allantoïde propre, vient s'appliquer à la face interne du chorion, entre lui et l'amnios, pour servir à la respiration du jeune animal.

ALLANTOÏDIENS. Milne Edwards divise les Vertébrés en Allantoïdiens et Anallantoïdiens, suivant qu'ils sont pourvus ou non de cet organe à l'état fœtal. Les Mammifères, les Oiseaux, les Reptiles sont pourvus d'un allantoïde, les Batraciens et les Poissons en sont dépourvus.

ALLÉLUIA. (Voir OXALIDE.)

ALLIAIRE. Nom vulgaire d'une plante crucifère, le *Sisymbrium alliaria*, très commune en Europe, dans les lieux couverts et humides. Son nom lui vient de l'odeur d'ail qu'elle répand; on lui attribue des propriétés dépuratives et antiscorbutiques. Ses graines servent à faire des sinapismes et dans les campagnes on mange quelquefois ses feuilles en salade. (Voir SISYMBRE.)

ALLIGATOR. (Voir CROCODILE.)

Alliaire
(*Sisymbrium alliaria*).

ALLIUM. Nom scientifique du genre *Ail*. (Voir ce mot.)

ALLOUCHIER. Nom vulgaire d'une espèce d'Alisier (*Cratægus aria*).

ALLUVIONS. On donne ce nom à l'accumulation successive des particules entraînées par les eaux des rivières et des fleuves, et rejetées par elles sur les rivages ou à l'embouchure de ces cours d'eau. — Les petits filets d'eau qui, sur les pentes des montagnes, tracent à peine un léger sillon, forment, par leur réunion, des ruisseaux; ceux-ci, enflés par les pluies ou par la fonte des neiges, donnent souvent naissance à des torrents impétueux qui arrachent et roulent des fragments de rochers et des masses de sable. Ces blocs, entraînés dans leur course et broyés les uns contre les autres, se trouvent ensuite à l'état de galets et de gravier dans les rivières et les fleuves qui vont enfin les porter à la mer. C'est ainsi que se trouvent accumulées à l'embouchure des fleuves des couches épaisses de sables et de cailloux roulés. Ces

couches représentent ce que l'on appelle les *Alluvions*. Mais la masse des matières charriées augmentant tous les jours, les côtes s'ensablent peu à peu et la mer recule, laissant derrière elle des flaques d'eau et des marais. Cet ensablement graduel est connu sous le nom d'*atterrissement;* et toutes les côtes voisines des embouchures des grands fleuves, qui ne se terminent pas par des falaises escarpées, s'ensablent peu à peu d'une manière très sensible. L'ensablement du golfe du Lion par les Alluvions du Rhône, marche en certains points avec une rapidité remarquable. La ville de Cette qui, d'abord était une île, a peine à maintenir son port à une profondeur suffisante. Venise s'efforce de conserver ses lagunes, mais, malgré ses efforts, elle appartiendra un jour au continent ainsi que Ravenne, qui, au dire de Strabon, était jadis dans les lagunes et se trouve actuellement à une lieue du rivage. — On se ferait difficilement une idée de la quantité de matériaux ainsi entraînés. Dans le cours d'une année, le Gange jette à la mer une masse de limon dont le volume représente 180 millions de mètres cubes ; le Hoang-ho, en Chine, menace de combler, tôt ou tard, le vaste golfe où il se déverse. — Entravé par ses propres dépôts, un fleuve, avant de rejoindre la mer, se divise en un nombre plus ou moins grand de ramifications divergentes. Les *atterrissements* compris entre le littoral et ces ramifications du fleuve ont à peu près la forme d'un triangle ; aussi leur donne-t-on le nom de *deltas*, à cause de leur ressemblance avec la lettre de l'alphabet grec Δ (delta), qui correspond à notre D. Tels sont les deltas du Rhône, du Pô, du Nil, du Gange, du Mississipi. — Parfois les Alluvions sont dues à d'effroyables inondations qui ont laissé sur le sol de vastes nappes de limons, des sables et des cailloux roulés ; telles sont celles auxquelles les géologues réservent le nom de Diluvium. (Voir ce mot.)

ALMANDINE. (Voir GRENAT.)

ALNUS. Nom scientifique latin du genre *Aune.* (Voir ce mot.)

ALOÈS. Genre de plantes de la famille des *Liliacées,* tribu des *Liliées,* qui présente pour caractères principaux : un calice tubuleux, presque cylindrique, à six divisions peu profondes, six étamines insérées à la base du calice, un stigmate à trois lobes ; fruit : capsule à trois loges à plusieurs graines ; feuilles épaisses, charnues, réunies à la base de la hampe ; celle-ci terminée par un épi de fleurs allongées. Les nombreuses espèces de ce genre appartiennent presque toutes à l'Afrique, et surtout à la partie australe de ce continent. Les Aloès se plaisent dans les sables brûlants des déserts, et prospèrent dans tous les terrains secs et pierreux. Leurs formes, à la fois belles et étranges, les font rechercher dans nos jardins et dans nos serres. Les Aloès atteignent parfois des proportions colossales ; on en cite un, aux îles Canaries, qui n'a pas moins de 4 mètres de diamètre et 20 mètres de hauteur. — On retire de certains Aloès, et principalement de l'*Aloe socotrina,*

un suc résineux employé en médecine. Ce suc qui se trouve dans le commerce en masses solides, compactes, d'un brun verdâtre, est connu sous le nom de *Socotrin* ou d'*Aloès.* Sa saveur est très amère. On l'obtient généralement en coupant les feuilles et en

Aloès socotrin.

les mettant dans des paniers, que l'on plonge à plusieurs reprises dans l'eau bouillante ; celle-ci se sature de la matière extractive ; on filtre et on évapore. A petites doses, l'Aloès socotrin est un excellent tonique ; à haute dose, c'est un violent purgatif, et il présente même quelque danger, puisque l'on prétend que Machiavel en mourut. En pharmacie, il fait la base de la teinture composée, connue sous le nom d'*élixir de longue vie.* — Son amertume a donné lieu au dicton : amer comme *chicotin,* corruption du mot *socotrin.* — Ce que l'on nomme ordinairement *bois d'aloès* n'a rien de commun avec les plantes dont nous venons de parler et provient d'une espèce d'*Agave.*

ALOPECURUS (du grec *alópêx,* renard, et *oura,* queue). Nom scientifique latin des plantes graminées du genre *Vulpin.*

ALOSE (*Alosa*). Poisson de la famille des *Clupéidés.* La véritable **Alose** (*Al. vulgaris*), que l'on confond souvent avec la *finte,* se distingue par sa tête large et veinée, sa bouche sans dents, son dos large et arrondi, son ventre mince et tranchant ; c'est un excellent poisson qui remonte dans nos fleuves pour y frayer en avril et surtout en mai, ce qui l'a fait nommer en Allemagne *may fisch*. A cette époque, ces poissons ont les laitances ou ovaires remplis, et le ventre est tellement distendu, que la hauteur du corps fait près du quart de la longueur totale. Elles remontent assez haut dans les fleuves : on en prend dans la Seine jusqu'à Provins, dans la Loire, dans le Rhône, dans le Rhin. Quand elles ont frayé, les Aloses deviennent comme malades, elles maigrissent considérablement et ont si peu de forces qu'elles se laissent aller au fil de l'eau, qui les reporte vers la mer ; mais un petit nombre seulement peut y arriver, la plupart mourant en route. Les petites Aloses, nées dans les eaux douces, croissent jusqu'à la taille de 1 décimètre, puis descendent le fleuve pour regagner la mer, où elles se développent et atteignent la taille de 3 décimètres environ. Ce poisson meurt aussitôt qu'on l'a tiré de l'eau. — La **Finte** (*Al. finta*) a beaucoup d'analogie avec l'Alose ordinaire et remonte, comme elle, les fleuves vers le mois de mai. Elle s'en distingue cependant par son corps plus allongé, ses écailles moins grandes, ses dents plus fortes ; elle est, en outre, caractérisée par la présence sur ses flancs de cinq ou six taches noirâtres.

ALOUATE (*Stentor*). Les Alouates ou *Singes hurleurs*, de la famille des *Cébiens* ou *Sapajous*, sont de petits singes de l'Amérique méridionale, qui présentent pour caractères distinctifs une queue très longue, prenante, surpassant la longueur du corps ; l'absence totale de callosité aux fesses, et le développement considérable de la mâchoire inférieure, qui forme un vide énorme, destiné à loger l'os hyoïde, si remarquable chez ces animaux. Les Alouates doivent à leur voix puissante le nom de hurleurs (*stentores*). Plusieurs voyageurs racontent que vers le soir, ces singes se réunissent au nombre de vingt ou trente, dans les forêts, sur les rives des fleuves, et qu'ils poussent alors de concert, des cris que l'on ne peut comparer en force à ceux d'aucun autre animal ; l'effet en est, dit-on, effrayant, et peut facilement se faire entendre dans un rayon d'une lieue. A peine hauts de 6 décimètres, et d'une organisation assez frêle, les Alouates portent, à la partie supérieure de la gorge, un os hyoïde, d'une grandeur démesurée (il a environ 5 centimètres en tous sens), creux, et formant une sorte de tambour ; c'est en passant par cet organe que la voix acquiert sa force. Chez ces animaux, la queue est un membre important par l'habileté avec laquelle ils savent s'en servir, pour saisir les objets, cueillir les fruits et les porter à leur bouche, comme le fait l'éléphant avec sa trompe. Nue en dessous dans le dernier tiers de sa longueur, elle est douée d'une telle force, que souvent ils s'élancent des cimes les plus élevées des arbres, et s'accrochant au milieu de leur chute à quelque branche, s'y balancent et s'élancent de nouveau. Aussi passent-ils leur vie sur les arbres, sautant de l'un à l'autre et vivant de leurs fruits. Leur chair, assez délicate, les expose aux coups des chasseurs ; mais si la balle ne les tue pas sur le coup, ils se cramponnent par la queue aux branches, y restent suspendus, et la contraction des muscles dure encore plusieurs jours après la mort. On en connaît plusieurs espèces, dont la plus commune.

Alouate stentor.

l'**Alouate stentor**, a le pelage d'un beau fauve doré, et la mâchoire inférieure garnie d'une longue barbe ; l'**Alouate roux** de la Guyane, à corps d'un beau roux avec la face noire ; l'**Alouate ourson** de l'Orénoque, d'un roux doré.

ALOUCHE et **ALOUCHIER**. (Voir ALISIER.)

ALOUETTE (*Alauda*). Genre d'oiseaux PASSEREAUX, formant une petite famille à part sous le nom d'*Alaudidés*, et caractérisés par un bec moyen non échancré, à pointe mousse ou conique, à narines en partie recouvertes de petites plumes serrées. — Tout le monde connaît l'Alouette ; mais il est difficile de distinguer les diverses espèces entre elles, et même souvent, celles-ci des genres voisins. Le trait le plus saillant de leur organisation est le développement excessif de l'ongle du pouce, qui, de plus, est presque droit. Elles partagent ce caractère avec les bergeronnettes, les farlouses, les hochequeues. Quant à leurs autres caractères, les principaux sont, outre ceux indiqués plus haut, des ailes subobtuses, à troisième rémige la plus longue, douze pennes à la queue et dix-huit aux ailes ; plumage gris ou sombre, marqué de grivelures plus foncées à la gorge, au cou et à la poitrine. La conformation de leurs pieds les empêche de se percher, mais elles marchent avec une grande agilité. Aussi vivent-elles dans les champs, où elles se nourrissent de graines et d'insectes. Cuvier les a classées dans la troisième famille des passereaux, les *conirostres*. — Nous ne parlerons ici que de l'Alouette des champs, dont l'histoire convient à presque toutes les espèces de notre pays. —L'**Alouette commune** (*A. arvensis*) a son plumage mélangé de noirâtre, de gris roussâtre et de blanc sale sur les parties supérieures, et en dessous d'un blanc roux avec des taches longitudinales noires ou d'un brun foncé. Sa longueur de l'extrémité du bec au bout de la queue est de 18 centimètres environ, et l'envergure de 35 centimètres. Les mâles sont plus bruns que les femelles et portent autour du cou une sorte de collier noir. Ils sont aussi plus gros, bien que l'Alouette la plus lourde ne pèse pas 2 onces (62 grammes).—L'Alouette commune est le musicien des champs; son joli ramage devance le printemps, on l'entend dans les beaux jours qui succèdent aux jours froids et sombres de l'hiver. Elle chante dès l'aube et se tait vers le milieu du jour; mais quand le soleil s'abaisse

Alouette des champs.

vers l'horizon, elle remplit de nouveau les airs de ses modulations variées et sonores. De même que dans presque toutes les espèces d'oiseaux, le ramage est un attribut particulier au mâle. — Cette voix si pure et si mélodieuse, loin de s'éteindre dans l'esclavage, s'y conserve et s'y embellit; et, si on la prend jeune et qu'on l'élève avec soin, l'Alouette devient l'un des oiseaux les plus précieux, moins encore par la beauté de ses accents naturels que par sa prodigieuse mémoire, qui lui permet de retenir ceux des autres oiseaux et tous les airs qu'on veut lui apprendre. C'est en octobre ou en novembre que l'on doit prendre celles que l'on destine au chant; elles ne tardent pas à s'habituer à l'esclavage et deviennent familières au point de manger dans la main. Il faut seulement avoir soin de recouvrir de toile par le

haut la cage où on les renferme, sans quoi, obéissant à leur instinct qui les porte à s'élever perpendiculairement, elles se briseraient la tête contre le plafond. On nourrit les jeunes que l'on prend dans le nid avec de la graine de pavot mouillée, et lorsqu'ils mangent seuls, avec de la mie de pain aussi humectée, ou même avec toutes sortes de graines. C'est ordinairement au bout de deux ans que la voix des jeunes mâles est complètement développée. C'est vers le mois de mai, dans nos contrées, que la femelle construit, entre deux mottes de terre ou au pied d'une touffe d'herbe, un petit nid plat, formé de brins de paille et de menues racines, où elle pond quatre ou cinq œufs grisâtres, tachetés de brun, et les petits éclosent après quatorze ou quinze jours d'incubation. Elle a pour ses petits l'affection et les soins les plus étendus, et veille sur eux avec la plus grande sollicitude, même après qu'ils peuvent quitter le nid. Aux approches de l'hiver, l'espèce tout entière se partage en deux bandes, celle des voyageuses et celle des sédentaires. Les premières traversent la Méditerranée et vont se répandre en Syrie, en Égypte, en Nubie et en Abyssinie, d'où elles reviennent au retour de la belle saison. Quant aux Alouettes sédentaires, elles sont l'objet d'une guerre acharnée. C'est vers le mois de septembre que les Alouettes prennent cet embonpoint, cette chair succulente qui les fait rechercher par les gourmets sous le nom de *mauviettes* et à laquelle les pâtés de Pithiviers doivent leur réputation. — L'**Alouette cochevis** (*A. cristata*) doit son nom latin à une petite huppe qu'elle porte sur la tête : elle ressemble, du reste, beaucoup à la précédente. — L'**Alouette des bois** ou **lulu** (*A. nemorosa*) a, comme la précédente, une petite huppe; elle a de plus la tête entièrement entourée d'une bande blanchâtre qui passe au-dessus des yeux. Elle est aussi beaucoup plus petite. Elle n'est sédentaire que dans quelques contrées de la France, et perche quelquefois sur les arbres. — L'**Alouette calandre** (*A. calandra*), la plus grande espèce d'Europe, est longue de 18 à 20 centimètres; son plumage est brun en dessus, blanchâtre en dessous avec une grande tache noirâtre sur la poitrine. L'ongle du pouce est plus long que dans les autres espèces.

ALOUETTE DE MER. (Voir Bécasseau.)

ALPACA. (Voir Lama.)

ALPA-VIGOGNE. Métis de l'Alpaca et de la Vigogne. (Voir Lama.)

ALPINIE. (Voir Galanga.)

ALPISTE (*Phalaris*). Genre de plantes de la famille des *Graminées*, tribu des *Phalaridées*. Parmi les espèces de ce genre, il en est trois qui offrent de l'intérêt à l'agriculture; ce sont : l'**Alpiste asperelle** ou **riz bâtard**, ainsi nommé parce que ses graines remplacent assez bien le riz; cette plante croît principalement dans les lieux aquatiques des Vosges, de la Suisse, de l'Italie, dans l'ancien continent, et de la Virginie, dans le nouveau. — L'**Alpiste des Canaries**, dont les villes de Tunis et d'Alger faisaient seules le commerce autrefois, est aujourd'hui répandu partout. C'est une plante alimentaire dont on prépare un très bon gruau; les oiseaux et surtout les serins sont très friands de sa graine, et sa fane est un très bon fourrage.—L'**Alpiste chiendent** est cultivé

Alpiste des Canaries.

dans les jardins à cause de ses feuilles élégamment rayées de jaune, et de ses fleurs de couleur purpurine, qui produisent le plus bel effet.

ALQUIFOUX. Nom sous lequel on désigne, dans le commerce, la galène réduite en poudre que l'on emploie pour la couverte de la poterie grossière. En Orient, les femmes l'emploient, mêlé au noir de fumée, pour se teindre les cils et les sourcils.

ALSINE (du grec *alsos*, bois sombre). Genre de plantes dicotylédones de la famille des *Caryophyllacées*, offrant pour caractères : cinq sépales, cinq pétales, dix à cinq étamines; capsule ovoïde à trois valves; graines nombreuses, réniformes. Le type du genre, l'**Alsine printanière** (*A. verna*), se distingue par ses sépales à trois nervures, ses feuilles étroites, raides, subulées. Elle croît dans les hautes montagnes, Alpes, Pyrénées.—L'**Alsine à feuilles menues** (*A. tenuifolia*) a les tiges grêles, à rameaux divergents, les feuilles aiguës, connées, les fleurs blanches, paniculées; elle fleurit tout l'été et croît dans les champs sablonneux.—L'**Alsine media** de Linné, si connue sous le nom de *morgeline, mouron blanc*, appartient au genre *Stellaire*. (Voir ce mot.)

ALTERNE. Se dit en botanique des diverses parties des plantes qui sont placées alternativement et non l'une en face de l'autre. Ainsi, les feuilles sont dites *alternes* lorsqu'elles sont placées les unes au-dessus des autres des deux côtés opposés de la tige.

ALTHÆA. Nom scientifique de la Guimauve, que les Grecs appelaient *Althaia*. (Voir GUIMAUVE.)

ALTISE (*Altica*, du grec *altikos*, sauteur). Genre d'insectes COLÉOPTÈRES TÉTRAMÈRES de la famille des *Chrysomélidées*. Ces insectes, malheureusement trop connus des cultivateurs, sont de fort petite taille, ornés de couleurs brillantes; leurs cuisses postérieures sont renflées et propres au saut; ils sautent en effet avec une grande promptitude, et sont très difficiles à saisir. Quelques espèces d'Altises multiplient beaucoup dans les jardins, et attaquent en si grande quantité les plantes potagères qu'elles leur font le plus grand tort. Leurs larves vivent aux dépens des mêmes plantes, rongeant le parenchyme des feuilles. On en connaît un grand nombre d'espèces, et l'Amérique septentrionale est la contrée qui en possède le plus. La plus grande espèce de notre pays est l'**Altise potagère** (*A. oleracea*); vulgairement *puce de jardin*, que nous avons figurée très grossie; elle n'a que 3 millimètres de longueur. Sa couleur est un vert ou bleu brillant.

Altise grossie.

ALUCITE (du latin *a luce*, qui vit loin de la lumière). Genre d'insectes LÉPIDOPTÈRES, de la famille des *Tinéités*. Ce petit papillon, dont le nom scientifique actuel est *Butalis cerealella*, ressemble beaucoup aux Teignes de nos appartements. Il a 6 à 7 millimètres de longueur, les ailes couleur de café au lait clair et frangées sur les bords. Sa chenille nue, ayant l'aspect d'un petit ver blanc, pénètre dans le grain et en ronge toute la farine; comme elle rebouche avec soin le trou qu'elle a fait pour entrer, on ne peut distinguer les grains attaqués, et c'est dans la coque vide du grain même qu'elle se transforme en papillon. Sa multiplication est prodigieuse, car elle produit jusqu'à quatre générations par année, et elle a souvent occasionné d'affreuses disettes dans quelques départements. Ce qu'il y a de pis, c'est que non seulement la chenille de l'Alucite ronge le grain, mais qu'elle gâte encore avec ses excréments ceux qu'elle ne ronge pas. Les blés attaqués par l'Alucite donnent un pain mauvais et très malsain, qui cause à ceux qui en font usage un mal de gorge très dangereux.

Alucite des céréales grossie.

ALUMINE (*oxyde d'aluminium*, du mot *alumen*, alun). L'Alumine, qui se retire de l'alun, est une substance rangée par les chimistes modernes avec les oxydes métalliques; elle existe dans la nature, à l'état de pureté, mélangée avec la silice, ou à l'état de combinaison. Sous le premier état, elle appartient aux terrains anciens et constitue le saphir, la topaze d'Orient, le rubis ou corindon, substances les plus dures après le diamant ; mélangée avec la silice, elle forme les argiles, substances qui lui doivent la propriété de faire pâte (voir ARGILE) ; combinée avec de l'eau, elle donne l'Alumine hydratée ; avec l'acide sulfurique, la potasse ou l'ammoniaque, elle fournit l'alun (voir ALUN) ; avec l'acide fluorique et la soude, elle donne la cryolite. Le feldspath, les kaolins, les terres de pipe, les ocres, la tourmaline, etc., contiennent de l'Alumine. L'Alumine est blanche, pulvérulente, insipide, inodore, douce au toucher et infusible sans addition ; elle happe à la langue, forme pâte avec l'eau qu'elle retient très fortement sans s'y dissoudre, inaltérable à l'air, se combine avec les acides pour former des sels. La plupart des chimistes considèrent l'Alumine comme formée de 2 équivalents d'aluminium et de 3 équivalents d'oxygène, ou en poids de 100 d'aluminium et de 87,7 d'oxygène. L'Alumine naturelle a une dureté considérable qui s'élève à 3,9 ; on s'en sert à cause de cette propriété pour polir les pierres précieuses et les glaces. On utilise à cet usage le corindon opaque qui prend alors le nom d'*émeri*.

ALUMINIUM. Ce métal, découvert en 1839 par le chimiste allemand Wœhler, sous la forme d'une poudre grise, a acquis, par suite des découvertes nouvelles de M. Deville, une très grande importance. L'habile chimiste français, reprenant les travaux de M. Wœhler, en 1854, a obtenu un métal blanc, ayant l'éclat de l'argent, ne s'oxydant ni à l'air sec ni à l'air humide, ni même au contact de l'acide nitrique ; sa densité est 2,5, à peu près celle du verre ; il est donc quatre fois plus léger que l'argent ; il est très malléable et très ductile, se prêtant merveilleusement à toutes les opérations mécaniques ; de plus, c'est un des corps les plus répandus à la surface du globe : son oxyde (*alumine*), combiné à l'acide silicique et à une certaine quantité d'eau, forme les argiles. Cette origine commune, il est vrai, empêche le nouveau métal d'aspirer à devenir métal monétaire, mais c'est là son moindre défaut, et il est certainement appelé à remplacer l'argent dans les applications industrielles. L'Aluminium a, en effet, sur l'argent, deux avantages considérables, c'est d'abord son excessive légèreté, puis son inaltérabilité à l'air, même chargé de vapeurs sulfhydriques, vapeurs qui, comme l'on sait, noircissent rapidement l'argent. Il forme avec le cuivre un alliage qui, par sa couleur, ressemble à l'or. L'Aluminium est encore aujourd'hui à un prix assez élevé.

ALUN, ALUNITE. L'Alunite ou pierre d'Alun est un sulfate d'alumine et de potasse hydraté dont on retire l'Alun. Celui-ci est très employé dans les arts ; c'est un sel blanc, d'une saveur astringente, formé par la combinaison du sulfate d'alumine avec le sulfate de potasse ou avec le sulfate d'ammoniaque. On le nommait autrefois *alumine vitriolée*. Il est tout à la fois le produit de la nature et le produit de l'art. L'Alun naturel, que les minéralogistes désignent sous le nom d'*alumine sulfatée alcaline*, ne

s'est présenté jusqu'alors, et en petite quantité, que sous forme d'efflorescences ou de petites masses fibreuses et concrétionnées que l'on rencontre sur les roches alunifères, telles que le schiste, la pierre d'Alun, la houille, l'argile schistoïde et schiste bitumineux. L'*alumine sulfatée fibreuse* ou *Alun de plume* est en filaments soyeux, parallèles, d'un blanc éclatant et assez semblable à l'amiante ; on le rencontre souvent dans des lieux évidemment volcaniques, tels qu'à la solfatare de Pouzzoles, dans le cratère de volcans, dans les îles Éoliennes et dans certaines eaux minérales. Il existe à Piombino et à Tolfa, en Italie, des collines entières de sous-sulfate d'alumine, dont on retire un Alun connu sous le nom d'*Alun de Rome*, très estimé dans les arts, parce qu'il ne renferme pas de fer à l'état soluble. — L'Alun artificiel se fabrique en France par plusieurs millions de kilogrammes, c'est presque toujours des schistes alumineux qu'on le retire. L'Alun est d'un grand usage dans les arts : le teinturier l'emploie comme mordant pour fixer les couleurs sur les étoffes ; le papetier l'emploie pour l'encollage des papiers. On s'en sert pour donner de la fermeté au suif des chandelles, pour retarder la putréfaction des matières animales. Enfin la médecine le prend comme astringent et comme caustique léger à l'état d'Alun calciné.

ALVÉOLE (du latin *alveus*, loge). Petites loges ou cellules que les abeilles et les guêpes construisent pour y élever leurs larves. (Voir ABEILLES, GUÊPES.) — On a donné ce nom, par analogie, aux petites cavités des os maxillaires dans lesquelles les dents sont enchâssées. — En botanique, on nomme *alvéoles* les cavités du réceptacle où sont logées les semences de certaines fleurs. Cette disposition se voit principalement dans les *Composées*. (Voir ce mot.)

ALYSSE (*Alyssum*, du grec *a* privatif et *lissa*, rage). On lui attribuait autrefois la propriété de guérir la rage. — Genre de plantes de la famille des *Crucifères*, dont une espèce, l'**Alysse des rochers** (*A. saxatile*), est très répandue dans les jardins sous le nom de *Corbeille d'or* ou de *Thlaspi jaune*. Elle forme une touffe hémisphérique et se couvre au printemps de fleurs d'un beau jaune doré. Cette espèce est originaire de Candie. On trouve aux environs de Paris l'*Alyssum montanum* et l'*Alyssum calycinum*.

ALYTES. Nom scientifique du Crapaud accoucheur. (Voir CRAPAUD.)

AMADOUVIER. Nom vulgaire d'une espèce de champignon du genre *Polyporus*. C'est le *Boletus ignarius* de Linné, avec lequel on prépare l'amadou. (Voir BOLET.)

AMANDE. On donnait autrefois le nom d'*amande* au seul fruit de l'amandier ; mais aujourd'hui les botanistes ont étendu ce nom à cette partie importante de la graine renfermée dans l'épisperme ou tégument propre de cette graine. (Voir GRAINE.)

AMANDE DE TERRE. On donne ce nom aux tubercules du Souchet comestible (*Cyperus esculentus*) (voir SOUCHET) et au fruit de l'arachide.

AMANDIER (*Amygdalus communis*). Le genre *Amygdalus*, créé par Tournefort, ne diffère des *prunus* que par son fruit, dont le mésocarpe d'abord charnu se dessèche peu à peu pendant la maturation de la graine. L'Amandier est un bel arbre originaire de l'Asie et du nord de l'Afrique; mais parfaitement acclimaté dans le midi de l'Europe. C'est d'Espagne, d'Italie, de Barbarie et des provinces méridionales de la France que viennent les amandes les plus estimées. On connaît plusieurs variétés d'Amandiers que l'on multiplie par semences. Le fruit de l'Amandier est oblong, c'est une espèce de noix dont le brou est mince et coriace, et dont la partie ligneuse renferme une semence blanchâtre, enveloppée d'une pellicule jaunâtre. Relativement à leur saveur, les amandes sont douces ou amères. Les premières sont d'un goût agréable, et renferment une grande quantité d'huile, de l'albumine, du sucre et de la gomme; aussi sont-elles très nourrissantes. On en extrait une huile fort estimée, et principalement réservée pour l'usage de la pharmacie. Elles forment la base des émulsions, de l'orgeat, des loochs, des dragées, des nougats, etc. Les parfumeurs font, avec le résidu, la *pâte d'amande*, employée pour adoucir la peau. Les amandes amères renferment les mêmes principes que les amandes douces; mais elles contiennent en outre de l'acide cyanhydrique ou prussique, et une huile volatile, jaune, plus pesante que l'eau; elles ont une saveur et une odeur caractéristiques, qui se trouvent dans les amandes des noyaux de pêches, d'abricots et de cerises. Il serait malsain d'en manger une trop grande quantité. L'une des variétés les plus remarquables est l'Amandier-pêcher, espèce d'hybride du pêcher et de l'Amandier. On trouve quelquefois sur la même branche de cette variété, surtout dans les étés chauds, les deux sortes de fruits : les uns gros, ronds, charnus et succulents comme la pêche, mais d'une saveur amère, et seulement propres à être employés en compote; les autres gros, allongés, n'ayant qu'un brou sec. Le bois de l'Amandier est fort dur et parfois agréablement coloré : aussi est-il souvent employé par les tourneurs, pour faire de petits objets.

AMANITE. Genre de champignons de la famille des *Agaricinées*, lesquels ne diffèrent des vrais agarics que par le volva, qui, dans le premier âge, enveloppe complètement le chapeau. L'orange, la fausse orange, l'agaric bulbeux et l'agaric vénéneux appartiennent à ce groupe. (Voir AGARIC.)

AMARANTACÉES. Famille de plantes dicotylédones très voisines des *Chénopodées*, comprenant des plantes herbacées ou sous-frutescentes; à feuilles alternes ou opposées; à fleurs petites, souvent hermaphrodites, quelquefois unisexuées, en épis, en capitules ou en panicules. Ces fleurs ont un calice de trois à cinq sépales, soudés ou libres, pas de corolle; des étamines hypogynes dont le nombre varie de trois à cinq, et dont les filets sont tantôt libres et distincts, tantôt soudés ensemble. L'ovaire est libre, le plus souvent uniloculaire, rarement à plusieurs graines. Le fruit est une petite capsule s'ouvrant transversalement ou restant indéhiscente. On

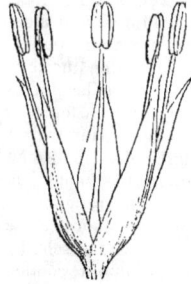

Amarantus, fleur mâle.　　　Amarantus, fleur femelle.

a divisé cette famille en deux sections : dans la première sont les genres qui ont les feuilles alternes; dans la seconde sont ceux qui les ont opposées. Les

Amarante, queue de renard.

genres principaux sont : *Amarantus, Celosia, Gomphrena.*

AMARANTE (du grec *amarantos*, qui ne se flétrit pas). Ce genre de plantes est le type de la famille des *Amarantacées*. Ce sont des végétaux herbacés à feuilles alternes, à très petites fleurs pourpres ou vertes, monoïques, disposées d'ordinaire en panicules ou en épis composés. Les fleurs mâles ont un calice à trois, quatre ou cinq étamines à filets libres. Les fleurs femelles, mêlées avec les mâles, ont un calice pareil et un style à trois parties. Les espèces assez nombreuses de ce genre sont dispersées dans toutes les contrées du globe, particulièrement dans les régions chaudes de l'Asie. On les cultive dans nos jardins comme plantes d'agrément; elles aiment une bonne terre. Nous citerons comme

les plus remarquables : l'**Amarante queue de renard**
(*A. caudatus*), haute de 1 mètre, à fleurs cramoisies
en longues grappes pendantes ; l'**Amarante tricolore**,
à fleurs vertes, se distingue par ses longues feuilles
tachées de jaune. de rouge et de vert : l'**Amarante
gigantesque** *A. speciosus*, qui atteint près de 2 mètres de hauteur, a des fleurs pourprées agglomérées le long des rameaux. La beauté sombre et sévère des Amarantes les avait fait consacrer aux morts
par les anciens, qui les plantaient autour des tombeaux. Les fleurs de l'Amarante étaient aussi le symbole de l'immortalité, parce qu'elles ont la faculté de
conserver leur éclat lors même qu'elles sont sèches.
L'Amarante commune des jardiniers appartient au
genre *Célosie*. Voir ce mot.

AMARANTINE. Nom vulgaire des plantes du genre
Gomphrena. Voir ce mot.

AMARYLLIDÉES. Famille de plantes monocotylédones, très voisines des *Liliacées*. Les Amaryllidées
ont la fleur des Liliacées, mais leur ovaire est infère ; ce qui tient à la forme concave de leur récep-

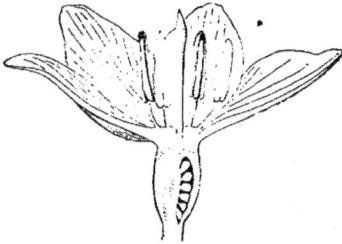

Amaryllidées, coupe de la fleur.

tacle dans lequel l'ovaire est enchâssé. Ce sont en
général des plantes bulbeuses, propres aux régions
chaudes du globe, et qui fournissent un grand
nombre de belles espèces à l'horticulture. — A cette
famille appartiennent les *Agavés* à tige ligneuse, les
Amaryllis, les *Nivéoles*, les *Narcisses*, etc.

AMARYLLIS. Genre de plantes, type de la famille
des *Amaryllidées*. Les Amaryllis présentent pour
caractères un calice infundibuliforme, coloré, dont
le limbe est à six divisions souvent inégales, six
étamines libres, style terminé par un stigmate trifide, capsule à trois loges à graines nombreuses.
Toutes les plantes de ce genre ont la racine bulbifère, une hampe terminée par une ou plusieurs fleurs
très grandes, qui sortent d'une spathe monophylle.
La plupart des espèces sont originaires de l'Inde,
de l'Amérique méridionale ou du cap de Bonne-
Espérance. On en cultive un grand nombre comme
plantes d'ornement, tels sont : l'**Amaryllis croix de
Saint-Jacques** *A. formosissima*, de l'Amérique australe, dont les fleurs bilabiées, d'un rouge pourpre,
figurent à peu près les épées rouges brodées sur les
habits de chevaliers de Saint-Jacques de Calatrava ;
l'**Amaryllis à fleurs roses** *A. bellladona*, dont la
hampe, de 6 à 7 décimètres de hauteur, porte à

son extrémité huit à douze grandes fleurs campanulées, odorantes ; l'**Amaryllis jaune**, à fleurs jaunes ;
l'**Amaryllis dorée**, de la Chine, à fleurs en ombelle
d'un jaune doré ; l'**Amaryllis écarlate** *A. equestris* ; l'**Amaryllis éclatante**, dont la tige est terminée
par une spathe d'où sortent quatre grandes fleurs
d'un rouge vermillon. Toutes ces plantes se multiplient de caïeux, demandent une terre légère et
craignent les gelées. — Le suc visqueux contenu
dans les bulbes de quelques espèces, notamment
de l'*Amaryllis belladona*, passe pour être très vénéneux.

AMAZONE. Voir PERROQUET. Buffon réunissait
sous ce nom tous les Perroquets de l'Amérique qui
ont du rouge sur le fouet de l'aile.

AMBLYSTOME. Genre de Batraciens de l'ordre des
URODÈLES, famille des *Salamandrines*, propres à
l'Amérique, dont une espèce, l'*Amblystome du
Mexique*, donne naissance à une larve, l'*Axolotl*, qui
jouit de la faculté de se reproduire. Tous les Am-
blystomes ne passent pas par la forme *Axolotl*. Voir
ce mot.

AMBRE GRIS. Substance aromatique qu'on trouve
flottante à la surface de la mer ou rejetée sur les
côtes de Madagascar, des Moluques, du Japon, etc.
Elle se présente en masses opaques et légères, plus
ou moins volumineuses, formées par couches, et
entremêlées quelquefois de débris de poissons et
de becs de seiche. Sa couleur est un gris nuancé de
noir et de jaune. Elle se ramollit facilement à la
chaleur de la main et se liquéfie dans l'eau bouillante. Cette matière brûle avec une vive clarté, en
répandant une odeur pénétrante qui rappelle celle
du musc. On croit que cette substance est une concrétion formée dans l'intestin cæcum de l'espèce de
cachalot nommée *Physeter macrocephalus*. MM. Pel-
letier et Caventou, qui l'ont analysé, pensent que
l'Ambre gris pourrait bien être un calcul biliaire
de certains cétacés. — Cette substance s'emploie
aujourd'hui en parfumerie comme cosmétique ; on
l'employait autrefois en médecine comme antispasmodique.

Ambre blanc. On donne ce nom à une sorte de
gomme copal que produit un arbre du Brésil, le
courbaril. Voir ce mot.

Ambre jaune. Voir SUCCIN.

Ambre noir. Voir JAYET.

AMBRETTE. Un des noms vulgaires de la Ketmie
musquée.

AMBROISIE. Voir CHENOPODIUM.

AMBULACRE (de *ambulare*, se promener). Voir ECHI-
NODERME.

AMEIVA nom brésilien. Genre de reptiles SAU-
RIENS de l'Amérique du Sud, qui y représentent nos
lézards, dont ils sont très voisins.

AMELANCHIER *Cratægus*. Genre de plantes de la
famille des *Rosacées*, offrant pour caractères principaux : calice à cinq dents, corolle à cinq pétales
étalés et arrondis ; ovaire ayant de deux à cinq
loges, fruit oblong, charnu, couronné par les dents

du calice. — L'**Amelanchier** commun est un arbre indigène, qui s'élève à 3 mètres de hauteur, à feuilles
ovales arrondies; blanchâtres en dessous; ses fleurs
en bouquet, sont grandes, d'un blanc soufré; ses
fruits sont d'un bleu noirâtre. On emploie le bois
de l'Amelanchier pour les petits ouvrages de tour;

Amelanchier.

il est susceptible d'un beau poli. — L'**Amelanchier
de Choisy** (*C. racemosa*) est un arbrisseau de 3 à
4 mètres, à rameaux rougeâtres, à feuilles oblongues; les fleurs sont moyennes, à pétales linéaires
et blancs, les fruits sont noirs. Ces plantes se cultivent en terre franche, légère, exposition au nord.
On mange confits les fruits de l'Amelanchier commun; leur goût, légèrement acidulé, n'est pas désagréable. — L'**Amelanchier de l'Inde** (*C. indica*) produit
d'excellents fruits. Dans son pays natal, c'est un
arbre moyen; dans nos contrées, ce n'est qu'un arbrisseau d'un joli aspect, mais qui réclame les soins
de la serre.

AMENTACÉES. Le célèbre botaniste Tournefort
avait créé cette famille, pour les plantes chez lesquelles les fleurs mâles sont généralement groupées
en épi ou chaton (*amentum*). Brongniart en fait une
classe qui comprend plusieurs familles dont les
principales sont: les *Ulmacées*, les *Salicinées*, les *Quercinées*, les *Juglandées*, les *Bétulinées*, les *Myricées*, etc.
Cette classe comprend en général des arbres plus
ou moins grands, à feuilles alternes, planes, simples et pétiolées, tels que les bouleaux, les chênes,
les ormes, les saules, les châtaigniers, etc.

AMÉRICAINES (Races). Il existe, entre les divers
peuples des deux Amériques, des différences beaucoup plus considérables qu'on ne l'avait soupçonné
autrefois. On y reconnaît un certain nombre de va-

riétés bien caractérisées : 1° le type **Nord-Américain**
se distingue par sa tête osseuse, un peu pyramidale,
son nez grand, saillant et arqué, sa face losangique,
ses mâchoires fortes et robustes. La peau est cuivrée
(Peaux-Rouges); les cheveux sont noirs, lisses et
plats, la barbe est peu fournie; la taille est assez
grande, les membres bien proportionnés, les sens
très développés. Tels sont les Creeks, Cherokees,
Pawnees, Chippeways, Mandanes, Iroquois, Algon-
quins, etc.; — 2° le type **Mexicain**, dont nous parlerons au mot AZTÈQUE, paraît venu de l'Amérique
du Nord par une suite de migrations. Il a fondé
jadis un empire puissant sur les plateaux du
Mexique, et malgré les violences de la conquête
espagnole, il forme encore la grande majorité de
la population mexicaine; — 3° le type **Guarani** habite
la grande plaine qui, du versant oriental des Andes,
s'étend jusqu'à l'Atlantique. Il comprend les Caraïbes, les Guaranis, les Tupis, les Botocudos. Ils sont
de taille moyenne, ont la peau de couleur jaunâtre;
leurs yeux, souvent obliques, et leur nez court, les

Type Nord-Américain (chef Mandane).

rapprochent quelque peu du type Mongol; — 4° le type
Pampéen comprend de nombreuses tribus répandues
à l'est de la grande Cordillère (Patagons, Charuas,
Chiquitos, etc.). Les formes larges, massives, quelquefois athlétiques, la tête forte et ronde, le front
bas, le nez gros et épaté, la bouche grande, bordée de
grosses lèvres, les yeux petits, la peau brune olivâtre
composent une physionomie typique assez générale
chez ces peuplades; — 5° le type **Ando-Péruvien** comprend les Quichuas, les Péruviens, les Aymaras, etc.,
qui habitent les hautes régions de la Cordillère, les

pentes du versant occidental ou les côtes. Ils sont dolichocéphales, à front un peu fuyant; la face est assez
large, le nez long, saillant, fortement aquilin, à narines largement ouvertes, la bouche grande, les lèvres moyennes; leur peau est d'un brun olivâtre; —
6º le type **Araucanien** habite les Andes du Chili et les
plaines de l'est jusqu'à la Terre de Feu, qu'occupent les Pécherais. Les Araucans ont la tête grosse,

Type Pampéen (chef Patagon).

le visage rond, les pommettes hautes et saillantes,
le nez court et épaté, la bouche grande, bordée de
fortes lèvres. Leur couleur est un brun olivâtre clair.
Les Araucans sont nomades et guerriers; quant aux
Pécherais ou Fuégiens, confinés à l'extrême sud du
continent américain, sous un climat rigoureux, vivant
presque exclusivement de leur pêche, ce sont les
plus misérables de tous les habitants du nouveau
monde.

AMÉTHYSTE (*quartz hyalin violet* des minéralogistes). C'est une pierre précieuse d'une belle couleur violette, qui prend un beau poli et s'emploie
fréquemment dans la bijouterie. Cette couleur,
qu'une chaleur un peu forte fait disparaître totalement, semble fuir les bords et se retirer vers le
centre lorsqu'on plonge la pierre dans l'eau. Il est
rare que les Améthystes un peu volumineuses aient
dans toute leur étendue une belle teinte violette
bien uniforme; aussi celles qui réunissent ces deux
qualités sont assez recherchées. C'est presque toujours une Améthyste qui orne l'anneau pastoral des
évêques, ce qui lui a valu son nom vulgaire de *pierre
d'évêque*. Les anciens attribuaient à cette pierre la
propriété de préserver de l'ivresse, et c'est de là
que lui vient son nom (du grec *améthustos*, qui n'est
pas ivre). Les Améthystes les plus estimées viennent
du Brésil et de la Sibérie; on en trouve également
en Espagne, en Allemagne et même en France, dans
l'Auvergne. La pierre que l'on nomme *Améthyste
orientale* se distingue de l'Améthyste proprement
dite par sa dureté et sa pesanteur spécifiques beaucoup plus faibles. C'est une variété violette du

corindon. (Voir ce mot.) — On a également donné
ce nom, par allusion à leur couleur, à un oiseau-
mouche et à un insecte DIPTÈRE de la famille des
Muscides.

AMIANTE (de *amiantos*, qui ne se détruit pas).
L'Amiante ou *asbeste*, que les minéralogistes classent
aujourd'hui dans le genre *Amphibole* (voir ce mot),
est un silicate de magnésie. C'est une substance
tantôt verte et grisâtre, tantôt blanche, composée de
filets longs, soyeux, plus ou moins déliés. Cette singulière production du règne minéral, douce, flexible
et légère, est cependant formée des mêmes éléments
que les pierres les plus dures, c'est-à-dire de silice,
de magnésie, d'alumine et de chaux. Elle doit son
nom à sa propriété d'être *inaltérable*, même au feu
et elle est infusible au plus haut degré. Par sa texture fibreuse, son éclat soyeux et la facilité avec laquelle on en sépare les filaments déliés et flexibles,
elle ressemble beaucoup à un composé de fibres végétales. Les anciens employaient l'Amiante à faire
de la toile incombustible, dans laquelle ils enveloppaient les corps morts pour les brûler, afin de
pouvoir en recueillir les cendres sans qu'elles se
mélassent avec celles du bûcher. On a trouvé, dans
des tombeaux romains, des linceuls de cette espèce
qui ne laissent aucun doute à ce sujet. Dans les
temps modernes, on a fabriqué des mèches de lam-
pes qui ne s'altèrent pas; ainsi que de la toile, du
papier, et même de la dentelle qu'il suffit de jeter
au feu pour les blanchir. — En Corse, on mêle de
l'Amiante à l'argile pour faire des poteries légères,
capables de résister au feu. L'Amiante se trouve surtout en Savoie, dans le Tyrol, en Corse, en Hongrie,
dans l'Oural, la Silésie, etc.

AMIBES (du grec *ameibein*, passer d'une forme à une
autre). Groupe de protozoaires de la classe des Rhizopodes. (Voir ces mots.)

AMIDON. (Voir FÉCULE.)

AMIRAL. Nom donné à une coquille du genre *Cône*.
(Voir ce mot.)

AMMI. Genre de plantes de la famille des *Ombellifères*, tribu des *Carées*, caractérisée par son fruit
ovale, oblong, comprimé latéralement; carpelles à
cinq côtes filiformes égales. L'*Ammi majus* est une
plante annuelle à tige dressée, ramifiée, haute de
40 à 60 centimètres; les feuilles sont éparses, subdivisées. Ses graines aromatiques sont employées
comme condiment.

AMMOCÈTE (de *ammos*, sable, *koitos*, gîte). (Voir
LAMPROIE.)

AMMODYTES. Genre de poissons de la famille des
Ophiidés, de l'ordre des MALACOPTÉRYGIENS APODES de
Cuvier. Le type du genre, le Lançon (*Ammodytes to-
bianus*), est un petit poisson au corps allongé comme
une anguille; sa couleur est un bleu argenté nuancé
de bandes plus claires, sa tête est comprimée et se
termine en un museau pointu formé par la mâchoire
inférieure, qui est beaucoup plus longue que la supérieure; c'est là l'instrument qu'il emploie pour
creuser le sable, dans lequel il s'enfonce à marée

basse, et il s'en sert avec tant de dextérité que, si on ne le ramasse promptement, il s'y enfouit de nouveau en un clin d'œil. Les pêcheurs le recherchent non seulement à cause de la délicatesse de sa chair, mais aussi parce qu'il constitue un excellent appât pour les gros poissons, qui paraissent l'apprécier comme le fait l'homme. On trouve le Lançon communément sur les côtes de la Manche et celles de la mer du Nord. — L'Équille (*A. lancea*), également commune sur nos côtes et de même taille (22 à 25 centimètres), se distingue du Lançon par son corps plus épais et ses mâchoires plus courtes.— On donne également ce nom à une espèce de Vipère. (Voir ce mot.)

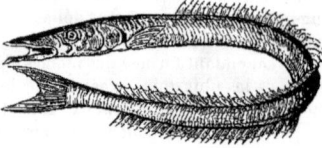

Lançon.

AMMON [Cornes d']. (Voir AMMONITES.)

AMMONITES ou **Cornes d'Ammon**. Genre de coquilles de la classe des CÉPHALOPODES, famille des

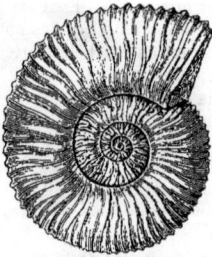

Ammonite de Duncan.

Ammonidées. Elles tirent leur nom du dieu Ammon, à cause du rapport qu'elles ont avec les cornes du bélier qui formaient le principal attribut de cette divinité. Ce genre a pour caractères : coquille univalve, chambrée, en spirale discoïde à tours contigus et tous apparents, à cloisons traversées dans la partie supérieure de la coquille par un tube ou siphon. L'animal devait avoir les plus grands rapports avec les nautiles. (Voir ce mot.) Apparues plus tard que les nautiles et bien plus abondantes, les Ammonites ne nous ont transmis vivantes aucune de leurs innombrables espèces. Les unes n'ont guère que le diamètre d'une pièce de cinquante centimes, d'autres atteignent l'ampleur d'une roue de voiture. On en trouve déjà dans le terrain du trias; mais leur nombre et leurs espèces vont en augmentant dans le terrain jurassique et surtout dans le terrain sui-

vant, le terrain crétacé, par-delà lequel il n'en existe plus.

AMMOPHILE (du grec *ammos*, sable, et *philein*, aimer). Genre d'insectes HYMÉNOPTÈRES de la famille des *Sphégides*. (Voir ce mot.) Ils ont les mandibules dentelées, les palpes filiformes et la languette très fléchie en dessous. Ce sont les *Guêpes-ichneumons* de Réaumur. Les Ammophiles sont des insectes fouisseurs qui vivent du suc mielleux des fleurs; mais leurs larves sont carnassières. Le type du genre est l'**Ammophile des sables**, assez commun dans notre pays; il est de formes très élancées, d'un noir bleuâtre. La femelle creuse dans le sable un trou profond et y dépose une chenille qu'elle a piquée de son aiguillon; cette blessure ne tue pas la chenille, mais la plonge dans un engourdissement profond, dans une sorte d'anesthésie qui la prive de mouvement. A côté de cette chenille, la femelle pond un œuf, et la larve qui en sort dévore peu à peu la chenille qui suffit à sa nourriture jusqu'au moment de sa transformation.

AMNIOS. Membrane lisse, transparente, d'une extrême ténuité, formant une sorte de poche dans laquelle sont contenus le fœtus et le liquide qu'on appelle les *eaux de l'Amnios*. Cette membrane est recouverte extérieurement par le *chorion*. Les eaux de l'Amnios sont un fluide limpide, blanchâtre, d'une odeur fade et d'une saveur légèrement salée; elles ont pour but d'empêcher que l'utérus ne s'applique immédiatement sur le fœtus, ne le serre, ne le comprime; elles servent à amortir les chocs extérieurs, et à l'instant de l'accouchement, la dilatation qu'elles opèrent par leur présence au col utérin contribue à faciliter cette fonction. — Les allantoïdiens, c'est-à-dire les mammifères, les oiseaux et les reptiles, sont seuls pourvus d'Amnios.

AMŒBIENS. Pour *Amibes*.

AMOMACÉES ou **AMOMÉES** (du genre *Amome*). Famille de plantes monocotylédones, dont les représentants, répandus dans toutes les régions tropicales du globe, mais surtout en Asie, sont des herbes vivaces pourvues le plus ordinairement d'un rhizome épais et charnu, portant les racines adventives, des écailles et des rameaux aériens, à feuilles alternes, engainantes à leur base, à nervures latérales et parallèles. Fleurs solitaires ou disposées en grappes simples ou composées, accompagnées de bractées; réceptacle concave; périanthe double, trimère; trois étamines dont deux stériles, pétaloïdes, et une fertile à anthère biloculaire. Ovaire infère à trois loges uni ou pluriovulées. Fruit sec ou charnu. La plupart des Amomacées sont aromatiques, et comme telles employées en médecine, comme condiments ou comme parfums. Les genres principaux sont : *Amomum, Curcuma, Zingiber, Alpinia*.

AMOME (*Amomum*). Genre de plantes monocotylédones, type de la famille des *Amomacées*. Ce sont des herbes aromatiques, originaires des pays chauds; à rhizome épais; à feuilles entières, lancéolées, engainantes; à fleurs en épi ou panicule terminale.

Les fleurs des Amomes ont un calice trifide, une corolle à trois divisions profondes, l'inférieure plus grande, une étamine à filet plane, trilobée au sommet, un style filiforme. — Parmi les espèces que renferme ce genre, nous citerons le **Cardamome**

Amome Gingembre.

(*A. cardamomum*), à tiges nombreuses terminées par des fleurs dont les Indiens emploient les graines comme condiment. Mais la plus importante de toutes est le **Gingembre** (*A. zingiber*). C'est une plante herbacée qui croît naturellement dans les lieux humides de l'Inde et aux environs de Gingi, à l'ouest de Pondichéry, d'où elle tire probablement son nom. C'est sa souche rampante (rhizome) qui constitue le gingembre du commerce; cette souche, grosse comme le doigt, noueuse, légèrement aplatie, couverte d'un épiderme grisâtre, produit trois ou quatre tiges stériles, hautes d'environ 2 pieds, garnies de feuilles en fer de lance, longues de 15 à 18 centimètres et disposées horizontalement sur deux rangs: les tiges beaucoup plus courtes qui portent les fleurs naissent à quelque distance des branches stériles; elles sont couvertes d'écailles. Les écailles supérieures forment une tête ovale et embrassent chacune une fleur. Cette espèce se distingue des autres Amomes par un appendice en forme d'alène, long, canaliculé, qui termine l'anthère. Les fleurs sont d'un beau jaune ponctué de rouge. Le gingembre est un stimulant énergique des voies digestives; les Anglais le font infuser dans la bière pour la rendre plus fortifiante, c'est leur *ginger-beer*. Les marins le mangent en salade, coupé par tranches, pour se ga-

rantir du scorbut. — L'**Amome aromatique** du Bengale et l'**Amome melegueta** donnent des graines condimentaires connues sous le nom de *graines de Paradis.*

AMORPHE (de *a* privatif et *morphé*, forme). Qui n'a pas de forme déterminée.

AMOURETTE. Nom vulgaire des graminées du genre *Brize.* (Voir ce mot.)

AMPÉLIDÉES (de *ampélos*, nom grec de la vigne). Famille de plantes dicotylédones polypétales, à étamines hypogynes, ovaire à deux loges, baie globuleuse. Elle comprend les genres *Cissus*, *Ampelopsis* et *Vitis.* Cette famille répond aux *Vinifères* de Jussieu. (Voir Vigne.)

AMPÉLOGRAPHIE (de *ampélos*, vigne, et *graphein*, écrire). Description des espèces et variétés de vigne.

AMPELOPSIS (du grec *ampélos*, vigne, et *opsis*, apparence). Nom scientifique de la Vigne vierge.

AMPHIBIE (du grec *amphi*, des deux côtés, et *bios*, vie). On donne ce nom à la classe des Batraciens (voir ce mot) détachés des Reptiles par de Blainville, et qui respirent dans l'eau au moyen de branchies dans leur jeunesse, et plus tard dans l'air, au moyen de poumons. Quelques-uns, comme les protées et les sirènes, respirent à la fois dans l'air et dans l'eau. — On donne aussi parfois le nom d'**Amphibiens** à une tribu de mammifères carnivores qui comprend les *phoques* et les *morses.* — Dans le langage vulgaire, on donne le nom d'**amphibies** aux animaux qui peuvent sortir de l'eau, leur séjour habituel, pour venir sur le rivage dont ils ne s'éloignent guère; tels sont les phoques, les morses, les lamantins, les loutres, les castors, l'hippopotame, etc., parmi les mammifères, et les crocodiles et certaines tortues parmi les reptiles. Tous ces animaux ont des poumons et respirent l'air en nature. La plupart d'entre eux doivent la faculté de plonger et de séjourner longtemps sous l'eau, à la forme de leurs narines et à une modification de certaines parties du système veineux qui, retardant la circulation, permet une respiration moins fréquente.

AMPHIBOLE (du grec *amphibolos*, ambigu). Cette substance minérale est une combinaison de silex et de chaux, rayant le verre et se présentant en cristaux, tantôt verts, tantôt bleus ou gris. On réunit sous le nom d'*amphibole* la hornblende, l'actinote et la trémolite. M. Beudant considère ce genre comme une division des silicates magnésiens. On donne le nom de *trémolite* aux variétés blanches ou légèrement verdâtres qui ne renferment que de la chaux ou de la magnésie; elles se trouvent en prismes rhomboïdaux, plus ou moins allongés. Les variétés d'un vert foncé portent le nom d'*actinote;* la magnésie y est remplacée en tout ou partie par le protoxyde de fer. L'actinote cristallise en prismes rhomboïdaux. Le nom de *hornblende* a été donné aux variétés noires qui se présentent en cristaux réguliers et bien proportionnés; elles se trouvent particulièrement dans les laves, les basaltes et les roches trachytiques. — C'est parmi les trémolites que se range la plus flexible des substances minérales, l'amiante ou asbeste (voir ce mot), dont les longs filets soyeux sont susceptibles de se tisser et de former des étoffes incombustibles.

AMPHIGÈNE (du grec *amphi*, des deux côtés, et *gennao*, j'engendre). Se dit en botanique d'une plante qui s'accroît dans tous les sens. Ce mot est opposé à acrogène (voir ce mot) et s'applique principalement aux cryptogames cellulaires (algues, champignons, lichens) qui s'accroissent par toute leur périphérie.

AMPHINOME. Genre d'Annélides CHÉTOPODES des mers tropicales.

AMPHIOXUS. Singulier genre de poissons qui forme à lui seul l'ordre des ACARDÉENS ou LEPTO-

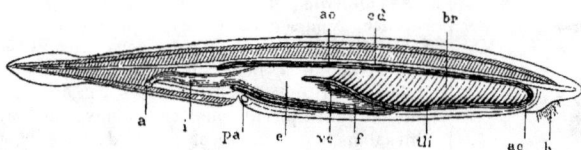

AMPHIOXUS LANCEOLATUS.

b, bouche. — *br.* chambre branchiale. — *e*, estomac. — *i*, intestin. — *a*, anus. — *pa.* pore abdominal. — *cd*, corde dorsale. — *tli*, tronc longitudinal inférieur. — *ac*, arc aortique. — *ao*, aorte. — *vc*, veine cave.

CARDES. C'est un petit animal vermiforme, aplati, terminé en pointe aux deux extrémités et présentant à peu près la forme d'une lancette de chirurgien, d'où son nom (*Amphioxus lanceolatus*). Ce curieux animal, que l'on avait pris d'abord pour une limace, vit enfoui dans le sable, à une faible profondeur, sur les côtes de l'Atlantique et de la Méditerranée. Il a 5 à 6 centimètres de long. L'Amphioxus n'a pas de cerveau, pas de cœur, pas de sang rouge. Son système nerveux est réduit à une moelle épinière formée d'un cordon cylindrique, émettant de distance en distance des filets nerveux qui se distribuent aux différentes parties du corps. Le squelette est représenté par un simple cordon cellulaire séparant la cavité qui contient la moelle de celle qui contient les viscères. Son appareil circulatoire présente un petit nombre de vaisseaux, contractiles sur une partie de leur étendue, comme ceux des vers. Seule, la disposition relative du système nerveux et du tube digestif fait de l'Amphioxus un vertébré. La partie antérieure de son tube digestif est transformée en une vaste poche percée de trous et couverte de cils vibratiles dont les mouvements attirent l'eau chargée d'air et de matières alimentaires qui servent à la nutrition de l'animal. Cette poche vibratile fonctionne comme une branchie et se retrouve dans tous ses traits essentiels chez les ascidies (voir ce mot). La bouche, située sur la face ventrale à peu de distance de l'extrémité antérieure ou céphalique, a la forme d'une fente allongée, elle est bordée de tentacules ciliés qui, sans nul doute, sont des organes de tact. Les

seuls organes des sens qui existent, sont : un œil impair rudimentaire constitué par un simple amas de pigment, et une petite fossette garnie de cils vibratiles que l'on considère comme l'organe de l'olfaction. De l'œuf de l'Amphioxus sort une larve ciliée qui a de grands rapports avec celle des ascidies. De cette organisation, il résulte que l'Amphioxus est le dernier des vertébrés, ou plutôt le premier degré de cet embranchement dans la série ascendante.

AMPHIPODES (du grec *amphi*, des deux côtés, et *podes*, pieds). Ordre de la classe des CRUSTACÉS, formant avec les ISOPODES la division des *Edriophthalmes* de Milne Edwards, comprenant ceux des crustacés à pattes thoraciques ambulatoires dont les yeux sont sessiles et fixes, au lieu d'être portés sur des pédoncules mobiles, comme chez les *Podophthalmes*. Les Amphipodes ont le corps comprimé latéralement, composé de vingt segments, à tête distincte portant deux paires d'antennes, deux mandibules, deux paires de mâchoires et une paire de pieds mâchoires. Ils ont sept paires de membres thoraciques ambulatoires et six paires de fausses pattes abdominales. Les branchies sont portées par les membres thoraciques et consistent en vésicules insérées sur l'article basilaire. Leurs métamorphoses sont presque nulles, et les petits ont, à la sortie de l'œuf, à peu près la forme de l'adulte. Le groupe renferme des animaux de petite taille, parmi lesquels nous citerons les *Gammarus*, dont le type est la *Crevette des ruisseaux*, si commune dans tous nos petits cours d'eau ; les *Talitres*, voisins des Gammarus, mais qui vivent sur

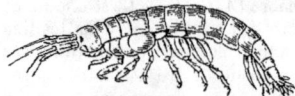

Crevette des ruisseaux (*Gammarus fluviatilis*).

les bords de la mer, où on les nomme *Puces de mer*, parce qu'ils sautent comme les puces ; les *Chevrolles* (Caprella), remarquables par leur corps linéaire ; enfin les *Cyames*, vulgairement *Poux de baleine*, qui vivent en parasites sur ces cétacés ; leur corps est élargi et court et rappelle en plus grand la forme de certains pédiculaires.

AMPHISBÈNE (du grec *amphisbaina*, qui marche dans les deux sens). Les anciens donnaient ce nom à un serpent très redouté et sur lequel on débitait de nombreuses fables. Lucain en parle dans la description des serpents de la Lybie : *Et gravis ingeminum surgens caput Amphisbæna* (Phars. I, IX). Pline, dans son *Histoire naturelle*, le dit pourvu d'une tête à ses deux extrémités, et marchant en arrière comme en avant. On ne sait pas au juste à quelle espèce se rapportent ces descriptions. Aujourd'hui l'on donne le nom d'Amphisbène à un genre de *Sauriens* d'Amérique, qui forment avec les chirotes (voir ce mot) la petite famille des *Amphisbénidés*. Leur corps est partout d'un volume égal, couvert d'écailles quadrangulaires, et la queue, de même forme et de même volume que la tête, pourrait être confondue avec elle au premier coup d'œil, ce qui leur a fait donner par les Brésiliens le nom de *cobra das duas cabeças* (couleuvre à deux têtes), et a fait croire qu'ils pouvaient marcher dans les deux sens. Ces reptiles ont la tête obtuse, arrondie, la bouche petite, les yeux petits, à peine visibles ; le tympan caché sous la peau. Ils n'ont pas de membres, mais l'on trouve en arrière et cachés sous la peau des pieds vestigiaires composés d'une petite pièce osseuse, grêle, allongée, surmontée d'une sorte d'ergot. Ces animaux se nourrissent de petits insectes, surtout de fourmis, et vivent dans les bois sablonneux. Ils sont ovipares et tout à fait inoffensifs. Les espèces les plus communes sont : l'**Amphisbène blanche**, l'**Amphisbène enfumée**, l'**Amphisbène vermiculaire**, etc., toutes trois d'Amérique.

AMPHISTOME (de *amphi*, des deux côtés, et *stoma*, bouche). Genre de vers intestinaux de l'ordre des TRÉMATODES DISTOMIENS, à double ventouse, qui vivent en parasites dans l'estomac des mammifères.

AMPHITRITE. Nom donné par Cuvier à des Annélides tubicoles aujourd'hui réparties entre les

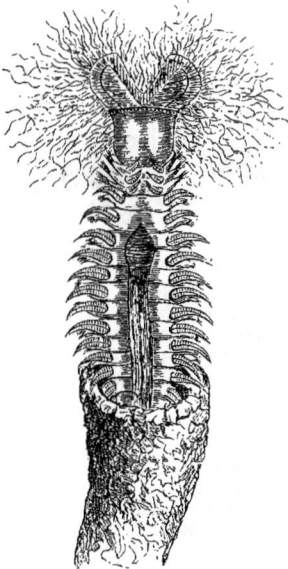

Hermelle à ruche à moitié sortie de son tube.

genres *Hermelle* et *Pectinaire*, et reconnaissables aux soies dorées, disposées sur plusieurs rangs en couronne, à la partie antérieure de leur tête, leur servant de défense ou peut-être de moyen de ramper ou de ramasser les matériaux de leur tuyau. Autour de la bouche sont de nombreux tentacules, et sur le commencement du dos, de chaque côté, des branchies en forme de peigne. Les Pectinaires se construisent des tuyaux légers en forme de cônes réguliers, qu'elles transportent avec elles. Leurs soies dorées offrent deux rangées dont les dents sont dirigées vers le bas. Telle est la **Pectinaire dorée**, dont le tube, de 5 centimètres de long, est formé de petits grains ronds de diverses couleurs. On la trouve dans toutes nos mers. Les Hermelles habitent des tuyaux factices fixés à divers corps, et leurs soies dorées forment sur leur tête plusieurs couronnes concentriques d'où résulte un opercule qui bouche leur tuyau quand elles se contractent. L'espèce principale est l'**Hermelle à ruche** (*A. alveolata*), que Linné rangeait dans les polypiers. Ses tuyaux, unis les uns aux autres en une masse compacte, présentent leurs orifices assez régulièrement disposés comme ceux des alvéoles des abeilles. On la trouve sur toutes nos côtes.

AMPHIUME. Genre de batraciens URODÈLES, caractérisés par l'absence de branchies, dont la place est indiquée seulement par une fente. Leur corps serpentiforme est porté par deux paires de pattes très courtes et très éloignées l'une de l'autre, munies de deux ou de trois doigts, suivant l'espèce, d'où les noms d'**Amphiuma didactyla** et **tridactyla** que leur a donnés Cuvier. Ces animaux habitent les terrains marécageux de l'Amérique ; ils atteignent jusqu'à 1 mètre de longueur et sont complètement inoffensifs.

AMPLEXICAULE (du latin *amplecti*, embrasser, et *caulis*, tige). Lorsque les pétioles, les pédoncules, les feuilles ou les bractées s'élargissent à leur base, de manière à embrasser la tige, on dit que ces organes sont *amplexicaules ;* telles sont les feuilles du pavot et du chardon.

AMPOULE. (Voir BULLE.)

AMPULLAIRE (*Ampullaria*). Genre de mollusques GASTÉROPODES-PROSOBRANCHES, à coquille globuleuse, conique, ventrue, à spire très courte, à dernier tour beaucoup plus grand que tous les autres réunis. L'animal a un pied large, muni d'un opercule corné ; sa tête porte quatre tentacules, dont les deux supérieurs ont à leur base externe des yeux pédonculés. Les Ampullaires habitent les eaux douces des pays chauds. Le calcaire grossier des environs de Paris en renferme plusieurs espèces fossiles.

AMYGDALES (du grec *amugdalé*, amande). On donne ce nom aux glandes muqueuses, ou plutôt à l'assemblage de follicules muqueux, situés de chaque côté de l'isthme du gosier, entre les piliers du voile du palais ; leur forme ovoïde, aplatie de dedans en dehors, leur surface rugueuse, les a fait comparer à des amandes recouvertes de leur coque ligneuse. Le tissu des Amygdales est gris rougeâtre et mou ; la membrane muqueuse qui les recouvre présente une teinte plus prononcée que celle des parties voisines, elle est criblée d'une douzaine d'ouvertures dirigées en bas. Les nerfs des Amygdales leur proviennent du voile du palais ; leurs vaisseaux sanguins sont des rameaux des artères et des veines palatines ; ces glandes ont pour fonctions de sécréter un mucus demi-transparent, destiné à faciliter le passage du bol alimentaire à travers l'isthme du gosier.

AMYGDALUS. Nom scientifique latin de l'Amandier.

AMYRIS. (Voir Balsamier.)

ANABAS (du grec *anabainô*, je monte). Genre de poissons de la famille des *Labyrinthiformes*, créé par Cuvier, pour une espèce de l'Inde, qui présente dans ses habitudes ce fait singulier de monter aux arbres et de vivre dans l'eau qui s'amasse dans l'aisselle des feuilles. On ne connaît qu'une espèce d'Anabas, répandue dans toute l'Inde et dans les îles de son archipel. C'est un petit poisson qui ne dépasse guère 16 centimètres de longueur. Sa couleur est vert sombre. Sa chair est fade, sent la vase et est remplie d'arêtes ; mais on la mange à cause des vertus médicinales qu'on lui attribue ; elle passe pour augmenter le lait des nourrices et la vigueur

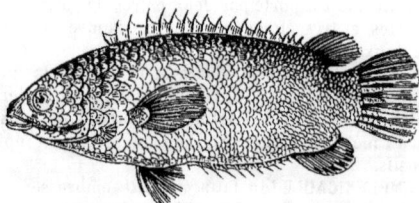

Anabas.

des hommes. L'Anabas a la tête large, un peu arrondie, couverte de fortes écailles dentelées, ainsi que le reste du corps. Des dents en velours garnissent les mâchoires, le devant du chevron, du vomer et la base de cet os, sous l'arrière du crâne ; disposition unique chez les poissons. Pour monter après les arbres, l'Anabas se retient à l'écorce par les épines des opercules, fléchit sa queue, et s'accroche par les épines de son anale, puis, détachant la tête, il s'élève ainsi et se fixe de nouveau pour recommencer ces mouvements. Mais ce que ce poisson présente de plus singulier dans son organisation, c'est son appareil branchial. Il forme, dit Cuvier, un vrai labyrinthe qu'on ne peut mieux comparer qu'à un chou frisé ou qu'à certaines espèces de millépores lamelleux. C'est au moyen des cellules formées par les replis de ces feuillets que se trouve retenue l'eau qui découle sur les branchies et les humecte pendant que le poisson est à sec ; ce qui lui permet de rester assez longtemps hors de l'eau. Aussi n'est-il pas rare d'en rencontrer se traînant sur la terre, quelquefois à d'assez grandes distances.

ANACANTHINES (de *a* privatif et *akantha*, épine). Ordre de poissons téléostéens qui répond aux Malacoptérygiens subbrachiens de Cuvier, en y ajoutant les genres *Ammodytes* et *Ophidium*. Il comprend les poissons dont les nageoires ventrales sont attachées sous les pectorales, et dont la vessie natatoire est dépourvue de canal aérien, ce qui les rapproche des Acanthoptères. A cette tribu appartiennent les familles des *Ophidés*, *Gadidés*, *Pleuronectidés*.

ANACARDIER (*Anacardium*). Genre de plantes de la famille des *Térébinthacées*, ayant pour caractères : calice à cinq divisions, cinq pétales, dix étamines dont une plus longue et stérile ; fruit réniforme, porté sur un pédoncule renflé et charnu. Ce sont des arbres moyens, à tronc noueux, à feuilles ovales, entières, à fleurs disposées en petites grappes terminales. L'espèce la plus remarquable est l'Anacardier occi-

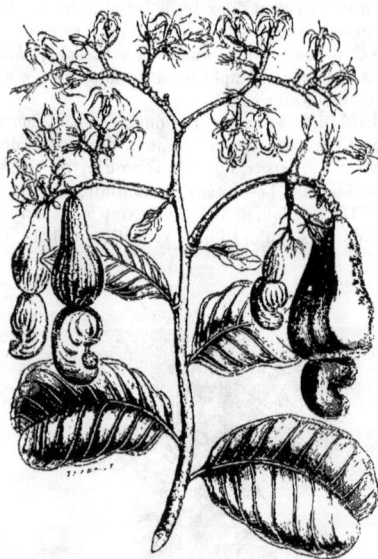

Anacardier occidental.

dental, vulgairement connu sous le nom d'*Acajou à pommes*. Son fruit est une noix en forme de rein, lisse, grisâtre, renfermant une amande blanche, attachée, par sa plus grosse extrémité, au sommet d'un réceptacle charnu en forme de poire ; ce réceptacle est blanc ou jaunâtre. La substance en est spongieuse, acide, mais abondante en sucre et agréable au goût. Cet arbre est des plus utiles et fort estimé des naturels de l'Amérique du Sud. On retire du fruit de l'Acajou à pommes, un suc qui, fermenté, devient vineux, et qui, distillé, donne un esprit très ardent. On en fait également une boisson rafraîchissante en coupant un de ces fruits en quatre et en le laissant tremper quelques heures dans de l'eau fraîche. On retire de la noix une huile caustique très inflammable. qui teint le linge d'une couleur de fer indélébile, et qui consume sans danger, au dire de Nicholson. les verrues et les cors. De son tronc transsude. quand on le taille, une gomme roussâtre. transparente. tenace. qui. fondue dans un peu d'eau. donne une glu excellente. L'écorce de cet arbre est grise. et son bois blanc et tendre est recherché pour la menuiserie ; mais il n'a aucun rapport avec le bois d'acajou. malgré le nom qu'on lui donne. — Une espèce d'Asie. l'Anacardier à feuilles larges (A. *latifolium*. fournit un vernis très estimé en Chine.

ANACONDA. Voir EUNECTES.

ANAGALLIS. Nom scientifique du Mouron des champs. Voir MOURON. Ce nom. tiré du grec. signifie *qui excite le rire* : les anciens prétendaient que cette plante portait à la gaieté. et ils l'employaient contre les maladies du foie. De nos jours on ne lui prête plus aucune vertu. Il ne faut pas confondre le *Mouron des champs Anagallis* avec le *Mouron des oiseaux Stellaria*, car les graines du premier font. dit-on, périr les oiseaux auxquels on les donne par mégarde à la place de la Stellaire. Celle-ci. nommée vulgairement *Morgeline*. a de petites fleurs blanches. tandis que celles de l'Anagallis sont rouges et plus grandes. Toutes deux fleurissent du reste pendant tout l'été dans les champs et les lieux cultivés.

ANAGYRE de *anaguros*. nom de la plante chez les Grecs. Genre de plantes de la famille des *Légumineuses-papilionacées*, dont une espèce. l'Anagyre puante (*Anagyris fœtida*. croît dans le Midi. C'est un arbrisseau dont toutes les parties répandent. quand on les froisse. une odeur repoussante. qui lui a fait donner le nom de *bois puant*. Ses fleurs et ses feuilles sont douées de propriétés émétiques; ses graines passent pour être vénéneuses.

ANALLANTOÏDIEN (qui n'a pas d'allantoïde). Voir ALLANTOÏDE.)

ANANAS (*Bromelia*. Genre de plantes de la famille des *Broméliacées*. Cette plante remarquable. dont la patrie originaire n'est pas bien connue. est aujourd'hui répandue dans les parties intertropicales de l'Asie et de l'Amérique. Rapportée du Brésil en France vers le milieu du seizième siècle par le voyageur Jean de Léry, cette plante ne réussit pas et périt bientôt; ce ne fut que deux siècles après qu'elle fut de nouveau introduite en France. Son port est élégant ; de longues feuilles vertes. dentées, environnent sa tige. haute de 6 décimètres ; celle-ci porte un épi de fleurs violacées. très nombreuses et serrées, auxquelles succèdent des baies symétriquement arrangées. si pressées qu'elles semblent ne faire qu'un seul fruit, assez ressemblant à un cône de pin, surmonté d'une espèce de couronne de feuilles courtes, s'allongeant après la floraison. et dont on se sert aussi bien que des œilletons pour propager la plante. Son fruit est excellent; il prend à l'époque de la maturité une belle couleur jaune doré et répand une odeur très agréable. Sa chair est douce, fondante et parfumée. Grâce aux soins des horticulteurs. cette plante a produit de nombreuses variétés dont les plus estimées sont : l'Ananas commun, le **Violet de la Jamaïque**, le **Cayenne épineux**, le **Cayenne sans épines**, le d'Envile, etc. Les fruits de quelques-unes de ces variétés diffèrent pour le

Ananas.

poids de 1 et demi à 2 et même à 3 kilogrammes. Cette plante demande de grands soins. de la lumière et une chaleur très intense. surtout au moment de la production du fruit, pour en assurer la parfaite maturation. On la tient dans des serres basses, chauffées à l'eau bouillante: quelques horticulteurs sollicitent la végétation en introduisant la vapeur sous les racines: par ce moyen on obtient des fruits très gros, mais peu savoureux et aqueux. — **Ananas fraisier.** (Voir FRAISIER.

ANARRHIQUE (*Anarrhicas*. Genre de poissons de l'ordre des ACANTHOPTÈRES proprement dits. de la famille des *Blennidés*, caractérisé par une bouche largement fendue. à mâchoires armées de dents fortes et coniques ; par une nageoire dorsale longue, haute. composée de rayons flexibles. et par l'absence de ventrales et de vessie natatoire. — L'Anarrhique a la forme des blennies: la tête courte et large. le corps allongé, comprimé et recouvert de très petites écailles engagées dans la peau: mais. tandis que les blennies sont de petite taille. l'Anarrhique atteint de très fortes dimensions. L'Anarrhique loup (A. *lupus*, doit son nom de *loup marin* à sa redoutable denture et à sa voracité. Il est très répandu sur les côtes de la Scandinavie et de l'Islande. mais assez rare sur nos côtes. Sa taille atteint et même dépasse parfois 2 mètres. Il est brun. plus clair sur le ventre. avec les flancs rayés de bandes foncées. Sa chair est assez délicate. Ce poisson est d'une grande ressource pour les Islandais, qui le mangent séché et salé et emploient sa peau comme chagrin. On en connaît une espèce plus petite (*A. minor*).

ANAS. Nom latin du genre *Canard*. (Voir ce mot.)

ANASTATIQUE (du grec *anastasis*, résurrection). Plante singulière, connue vulgairement sous le nom de *Rose de Jéricho*. Elle appartient à la famille des *Crucifères*. Cette petite plante (*Anastatica hierochuntina*) est annuelle, velue; ses feuilles sont spatulées, dentées, duveteuses, ses fleurs blanchâtres. Elle croît dans les lieux arides de l'Arabie et de la Palestine, où on la nomme *Kaf Mariam* (main de Marie), en lui attribuant une foule de propriétés merveilleuses. Lorsque la plante se dessèche sur pied, ses tiges et ses rameaux se recroquevillent en une boule de la grosseur du poing. Le vent ne tarde pas à la déraciner et à la faire rouler comme une balle sur le sable du désert; mais, dès qu'elle arrive dans un lieu humide ou qu'on la met dans

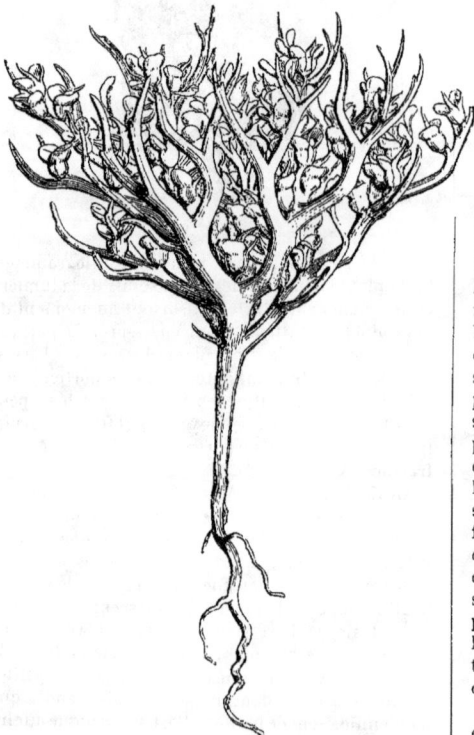

Rose de Jéricho (*Anastatica hierochuntina*).

l'eau, elle reprend toute sa fraîcheur. En raison de cette propriété, on s'en sert comme hygromètre.

ANASTOMOSE. Jonction et union réciproque de deux ou plusieurs vaisseaux, fibres, tubes, nerfs, etc.

ANATIDÉS (de *anas*, nom latin du canard). Famille d'oiseaux PALMIPÈDES, LAMELLIROSTRES, comprenant, outre les canards, les eiders, les oies, les cygnes et les harles. (Voir ces mots.)

ANATIFE (du mot latin *anas*, canard, et *fero*, je porte). Genre singulier de l'ordre des CIRRIPÈDES (voir ce mot), comprenant des animaux mous, à coquille en forme de cône aplati et composée de cinq valves, dont deux de chaque côté, et la cinquième sur le bord dorsal. Ces valves, rapprochées par une membrane qui les borde et les maintient, sont soutenues sur un pédicule tubuleux, à parois musculaires, susceptible de s'allonger et de se contracter. L'animal se fixe par ce pédicule sur les corps

Anatife.

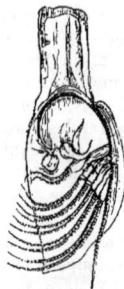

Le même ouvert montrant l'animal.

marins et principalement sur la cale des navires, ce qui fait qu'on le rencontre dans presque toutes les mers. Dans leur jeune âge, leurs habitudes et leurs formes sont bien différentes; ils nagent librement et ressemblent à des cypris ou à des cyclopes. Le nom d'*Anatife* vient de cette croyance absurde que ces coquilles donnaient naissance aux canards sauvages. Les naïfs partisans de cette croyance pensaient que, s'ils ne voyaient pas les canards sortir de la coquille, c'est que ceux-ci s'envolaient pendant la nuit, et ce qui le prouve, disaient-ils, c'est qu'on ne retrouve plus l'animal dans son enveloppe. Le fait est que les Anatifes retirés de l'eau, se dessèchent promptement et à tel point, qu'il faut une grande attention pour découvrir au fond de la coquille les restes de l'animal racorni au-dessus de toute expression. — On en connaît plusieurs espèces sur nos côtes, entre autres l'**Anatife pouce-pied** (*Lepas anatifera*), qui s'attache sous les bois flottants, sous la coque des navires; on les trouve parfois fixés en grand nombre sur le corps des baleines.

ANATINE. Genre de mollusques bivalves de la classe des LAMELLIBRANCHES, ordre des SIPHONIENS, type de la famille des *Anatinidés*, caractérisé par une coquille mince, nacrée, dont la charnière se compose d'un cuilleron sur chaque valve et d'un ligament interne contenant un osselet. Elle est répandue dans toutes les mers. On en connaît plusieurs espèces fossiles.

ANATOMIE (du grec *anatomê*, dissection). Science qui a pour objet l'étude des êtres organisés, au point de vue de la forme, de la situation, de la composition et des rapports des parties qui constituent l'organisme. L'anatomie se divise en plusieurs branches : l'*anatomie descriptive*, ou anatomie proprement dite, se borne à donner la description des parties avec la simple indication de leurs usages ou de leurs propriétés vitales; l'*anatomie comparée* décrit les parties d'un plus ou moins grand nombre d'êtres et les compare entre elles; l'*anatomie philosophique*, de la connaissance de tous ces organes comparés entre eux, conclut aux lois générales de l'organisation; l'*anatomie générale* analyse les organes pour en étudier la structure et les éléments anatomiques; lorsqu'elle s'occupe spécialement des tissus, on lui donne le nom d'*histologie*. L'anatomie *artistique* ou *plastique* est celle qui étudie le corps humain au point de vue des formes, des proportions et mouvements dans leur application aux beaux-arts. — L'anatomie proprement dite comprend l'*ostéologie* (étude des os), la *syndesmologie* (étude des ligaments), la *myologie* (étude des muscles), l'*angéiologie* (étude des vaisseaux), la *névrologie* (étude des nerfs), enfin, la *splanchnologie* (étude des viscères ou organes intérieurs). (Voir ces divers articles.) — **Anatomie végétale.** (Voir VÉGÉTAUX.)

ANATROPE (du grec *anatrepein*, retourner). Se dit en botanique de l'ovule dont le micropyle est placé près du hile, tandis que la chalaze est à l'extrémité opposée. (Voir GRAINE.)

ANCHOIS (*Engraulis*). Petit poisson de la famille des *Clupéidés*, se distinguant des harengs par une bouche beaucoup plus large, fendue bien au-delà des yeux, et par des ouvertures branchiales beaucoup plus considérables. Sa tête est assez grosse; son museau, conique et pointu, porte les narines sur le côté, et dépasse de beaucoup la mâchoire inférieure, qui est, ainsi que la supérieure, hérissée de dents très fines. L'Anchois ne dépasse guère 1 décimètre; il est très abondant dans toutes les mers des régions tempérées de l'Europe, surtout dans la Méditerranée et sur les côtes d'Espagne, où l'on en fait des pêches importantes; sa couleur est verdâtre clair sur le dos et argentée sur le ventre, quand le poisson est vivant; mais le vert passe au bleu aussitôt après sa mort et devient de plus en plus foncé. Les Anchois vivent en troupes nombreuses; les Provençaux les pêchent avec d'immenses filets nommés *risoles*, dont les mailles sont très serrées. La pêche se fait ordinairement pendant les nuits obscures, depuis avril jusqu'en juillet, et l'on y emploie un grand nombre de petites barques qui vont trois par trois; l'une d'elles porte un réchaud sur lequel on brûle du bois sec, de manière à produire le plus de clarté possible; cette lueur attire le poisson, et, lorsqu'il est rassemblé en quantité suffisante, les pêcheurs jettent leurs filets à l'eau et se rapprochent de la barque éclairée; à un signal donné, le feu est éteint et l'on bat l'eau avec les rames; alors les poissons effrayés vont se jeter dans les mailles du filet, qu'on lève, dès qu'à sa pesanteur on juge qu'il est suffisamment garni. L'Anchois frais se mange frit; mais c'est plutôt pour le conserver en salaison qu'on se livre à sa pêche. Aussitôt que les pêcheurs ramènent les filets à terre, les femmes et les enfants s'emparent du poisson, lui arrachent la tête, et avec elle les viscères, lavent le corps et le placent dans de petits tonneaux, en mettant un lit de sel et un lit de poissons. Le sel est écrasé en poudre fine et rougi avec de l'ocre. Ainsi préparés, les Anchois sont livrés au commerce. Leur chair, devenue piquante, est un assaisonnement agréable pour beaucoup de mets. Cette préparation est très ancienne; les Grecs et les Romains faisaient grand usage de ce poisson, qui entrait dans la composition de leur fameux *garum*. On connaît, outre l'**Anchois commun** (*Clupea encrasicholus*), plusieurs espèces du même genre qui fréquentent les côtes d'Amérique, du Malabar et du Coromandel.

ANCHUSA. (Voir BUGLOSSE.)

ANCOLIE (*Aquilegia*). Genre de plantes de la famille des *Renonculacées*, tribu des *Aquilégiées*, remarquable par la singulière organisation de ses fleurs, qui ressemblent à un capuchon, et par ses feuilles,

Ancolie commune.

qui forment, quand elles ne sont pas entièrement déployées, une espèce de cornée où la rosée et les gouttes de pluie séjournent. Les Ancolies sont des plantes herbacées, vivaces, à périanthe double; le calice est formé de cinq sépales, la corolle de cinq pétales se prolongeant en un long éperon, les étamines verticillées, cinq carpelles indépendants, pluriovulés. — L'**Ancolie commune** (*A. vulgaris*) est une des plus jolies plantes de nos bois ; elle fleurit en mai, juin et juillet ; on la cultive aussi dans les jardins, où elle double facilement. Les fleurs sont bleues, pouvant, par la culture, passer au rouge, au rose, au panaché, au blanc ; elles offrent cinq cornets élégants, recourbés en bas et ressemblant à des cornes d'abondance. Quand la fleur devient double, chacun de ses cornets en reçoit d'autres plus petits emboîtés les uns dans les autres. Cette plante aime l'ombre. L'Ancolie des Alpes, l'Ancolie de Sibérie et l'Ancolie du Canada sont de belles plantes. La dernière a des fleurs d'un beau rouge mêlé de jaune. On les multiplie de semences et par pieds enracinés que l'on sépare en avril et en septembre.

ANCYLOCERAS (du grec *agkulos*, recourbé, et *kéras*, corne). Coquille fossile de la famille des *Ammonitidés*, qui se trouve dans l'oolithe inférieur et la craie.

ANDALOUSITE. Silicate d'alumine, infusible, insoluble, dont la forme dérive d'un prisme droit à base rhombe d'environ 91 degrés ; sa densité est 3,14. L'Andalousite est ordinairement terreuse, plus ou moins friable.

ANDOUILLERS. Nom que l'on donne aux branches ou rameaux des bois du cerf. (Voir ce mot.)

ANDRÈNE. Genre d'insectes HYMÉNOPTÈRES de la famille des *Apides*. Ce sont de petites abeilles solitaires qui creusent dans la terre des trous profonds pour y déposer leurs œufs, avec une provision de miel.

ANDRIAS. (Voir SALAMANDRE.)

ANDROCÉE (du grec *anér*, *andros*, homme). On donne ce nom à l'ensemble des organes mâles de la fleur. (Voir FLEUR.)

ANDROGYNE. Ce mot, qui vient du grec et signifie *homme* et *femme*, est généralement pris comme synonyme d'*hermaphrodite*. En zoologie, on réserve ce nom aux animaux chez lesquels il y a réunion des organes sexuels mâle et femelle sur le même individu, mais qui ne peuvent se reproduire qu'en s'accouplant deux à deux, tels que les limaçons, et on conserve celui d'*hermaphrodites* aux animaux chez lesquels les deux sexes sont réunis et qui peuvent se féconder eux-mêmes sans le secours d'un autre individu, comme les huîtres. — En botanique, on applique ce nom aux plantes qui portent sur le même pied des fleurs mâles ou staminées et des fleurs femelles ou pistillées.

ANDROMÈDE (*Andromeda*, nom mythologique). Genre de plantes dicotylédones de la famille des *Éricacées*, offrant pour caractères : calice à cinq divisions, corolle caduque, globuleuse ou ovoïde, à dents réfléchies ; dix étamines, capsule dressée à cinq loges, à cinq valves ; graines nombreuses. Le type du genre, l'**Andromède à feuilles de Polium** (*A. poliifolia*), a des tiges radicantes, ligneuses, de 2 à 3 décimètres, des feuilles elliptiques, coriaces, persistantes, blanchâtres et roulées en dessous ; des

fleurs globuleuses, rosées, en ombelle au sommet des rameaux. Elle croît sur les Alpes. C'est une plante narcotico-âcre pernicieuse aux bestiaux. Dans les Pyrénées croît une espèce à fleurs bleues. (*A. cœrulea.*)

ANDROPHORE (du génitif grec *andros*, homme, et *phéró*, je porte). On donne ce nom, en botanique, aux étamines soudées en un tube, comme dans la mauve.

ANDROPOGON. Ce nom, qui signifie *barbe d'homme*, et qui fait allusion aux poils qui garnissent les épillets de la plante, désigne un genre de plantes monocotylédones de la famille des *Graminées*, caractérisé par des épillets géminés ou ternés, celui du centre sessile, hermaphrodite, uniflore ; les autres pédicellés, mâles, quelquefois neutres. Les fleurs sont en épis ou en panicules rameuses. Parmi les nombreuses espèces dont se compose ce genre, nous citerons : l'**Andropogon nardus**, dont la racine, connue sous le nom de *Nard indien*, est très employée aux Indes comme condiment et possède des propriétés excitantes ; l'**Andropogon schœnanthus**, également originaire des Indes, est remarquable par son odeur de citron ; ses fleurs se prennent en infusion comme le thé. Les brosses et les balais que l'on vend à Paris en si grande quantité sous le nom de *Chiendent* sont faites de la racine d'une espèce d'**Andropogon**. Enfin le *Vétiver*, que l'on place au milieu du linge ou que l'on pend en petits paquets aux murailles pour corriger la mauvaise odeur, est la racine de l'**Andropogon muricatus** des Indes.

ANE. Espèce du genre *Cheval*. (Voir ce mot.)

Anémone des jardins.

ANÉMONE. Genre de plantes de la famille des *Renonculacées*, renfermant des espèces nombreuses à souche souterraine, vivace, à tige droite, robuste, de 4 à 5 décimètres de hauteur, garnie de feuilles découpées d'un vert foncé, et portant une fleur à l'extrémité des rameaux : ces fleurs ont un périanthe simple, pétaloïde, de cinq ou dix sépales ; des étamines nombreuses insérées en spirale : les carpelles également nombreux. Au-dessous de chaque fleur et à une certaine distance se trouve un involucre formé de trois folioles. Suivant Pline, elles ne s'épanouissent que lorsque le vent souffle, d'où le nom d'Anémone (du grec *anémos*, vent). Leur port élégant, la beauté de leurs fleurs, font cultiver ces plantes dans tous les jardins. On les trouve également dans les bois où elles annoncent le retour du printemps, telles sont la *pulsatilla* ou Coquelourde, la *pratensis*, la *nemorosa* ou Sylvie. Les Anémones sont blanches, roses ou bleues et varient à l'infini : leur feuillage est d'un vert luisant ; mais elles n'ont pas d'odeur suave. Les espèces les plus remarquables sont l'Anémone des jardins, l'Anémone à couronnes, l'Anémone hépatique, l'Anémone pulsatile, l'Anémone œil-de-paon. On les multiplie par leurs semences ou par la séparation de leurs racines tubéreuses.

ANÉMONE DE MER. Nom vulgaire des Actinies. (Voir ce mot.)

ANETH. (Voir Fenouil.)

ANGE DE MER. Nom vulgaire d'une espèce de poisson, le *Squatina angelus*, remarquable par le développement des nageoires pectorales qu'on a comparées aux ailes des anges. Ce poisson appartient à la famille des *Squalidés*, dans l'ordre des Sélaciens plagiostomes et semble former le passage des squales aux raies. Il a la forme allongée des premiers, dont le rapprochent ses principaux caractères ; mais il tient aux raies par son corps déprimé, par la position des yeux à la face dorsale et par le développement des nageoires pectorales. Le *Squatina angelus* se rencontre sur nos côtes ; il atteint jusqu'à 3 mètres de longueur. On mange sa chair.

ANGÉLIQUE. Genre de plantes de la famille des *Ombellifères*, tribu des *Peucédanées*, caractérisé par ses pétales lancéolés, recourbés, et par son fruit ovoïde contenant deux graines relevées de cinq côtes. Toutes les Angéliques sont des plantes herbacées, bisannuelles ou vivaces, à feuilles grandes, ailées ; les ombelles à rayons nombreux, étalés ; les fleurs sont blanches ou verdâtres. L'espèce la plus intéressante est l'*Angelica archangelica* ou **Angélique** ordinaire, grande plante à tige fistuleuse, très charnue, succulente, cannelée, à feuilles bipennatiséquées, qui croît spontanément en France, dans les montagnes, et dans le nord de l'Europe. Elle est cultivée en grand à cause de ses propriétés aromatiques et médicales ; ses tiges confites dans le sucre font des conserves très recherchées ; sa racine, dont on tire une liqueur spiritueuse, est employée comme diurétique ; ses graines, réduites en poudre, sont vermifuges. C'est principalement dans la ville de Niort que se prépare l'Angélique du commerce.

Il y a plus de trois siècles qu'elle y est cultivée. — L'**Angélique sauvage,** haute de près de 2 mètres, a les mêmes qualités, mais à un degré inférieur ; elle croît communément dans les endroits marécageux. — L'**Angélique Razouls** est une espèce qui croît dans les Pyrénées.

Angélique. — Fleur, graine.

ANGIOLOGIE (Du grec *aggeion*, vaisseau, et *logos*, discours, traité). Partie de l'anatomie qui traite des vaisseaux ; autrement dit des *artères* et des *veines*. (Voir ces mots.)

ANGIOSPERME (du grec *aggeion*, vase, et *sperma*, graine). Se dit des plantes dont le fruit est à péricarpe non adhérent aux graines.

ANGLE FACIAL. Le squelette de la tête est formé de deux parties chez tous les Mammifères : le crâne proprement dit, réceptacle du cerveau, et la face qui réunit les principaux organes des sens et de l'appareil de mastication. Leur développement est en raison inverse et leur situation respective en rapport avec ce développement. Chez l'homme, le crâne est volumineux et placé au-dessus de la face ; chez les animaux quadrupèdes, il se rapetisse et se porte de plus en plus en arrière. Ces deux caractères acquièrent une haute importance pour distinguer le développement du cerveau et, par conséquent, de l'intelligence. Camper, le premier, fit l'application de cette méthode et inventa l'*angle facial*. C'est l'angle formé par la réunion de deux lignes idéales, dont l'une descend du point le plus saillant du front au bord des dents incisives supérieures, et dont l'autre doit être tracée du conduit auriculaire à ce dernier point. (Actuellement la première ligne s'arrête au bord alvéolaire, qui devient le sommet de l'angle.) Le degré d'ouverture de cet angle, en donnant la proportion relative du crâne et de la face, peut indiquer d'une manière assez exacte le développement plus ou moins considérable de l'intelligence chez l'homme et les divers animaux. Il est facile de concevoir, en effet, que plus le crâne augmente de volume, plus le front doit faire saillie en avant et, par

l'échelle animale. L'angle facial est d'environ 80 degrés dans les têtes européennes, de 75 pour les têtes mongoles et de 70 seulement chez les nègres; chez le gorille, cet angle n'est plus que de 38 degrés. Aujourd'hui l'étude du crâne forme la base fondamentale des recherches anthropologiques. On ne se contente plus de mesurer l'angle facial, on y ajoute d'autres mensurations et principalement le cubage de la cavité crânienne. Celui-ci se fait au moyen du petit plomb ou du millet que l'on introduit par le trou occipital jusqu'à ce que la cavité soit pleine; le contenu est ensuite vidé dans une éprouvette graduée qui indique la capacité. On a pu établir ainsi que les races inférieures ont une capacité moindre que les races supérieures. Les crânes

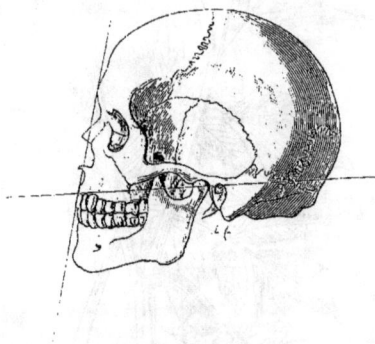

Angle facial de l'Européen.

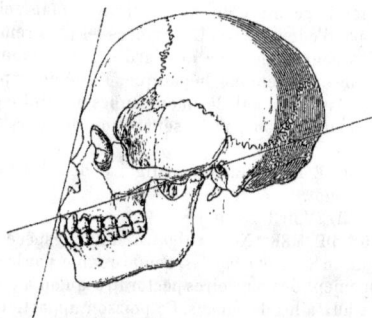

Angle facial de l'Africain.

conséquent, plus l'angle formé par la rencontre de la ligne faciale avec la ligne de la base du crâne doit être ouvert; tandis qu'il devient au contraire plus aigu à mesure que la capacité crânienne diminue, et que la ligne faciale s'incline en arrière. Ainsi, dans notre tête européenne, l'angle offre

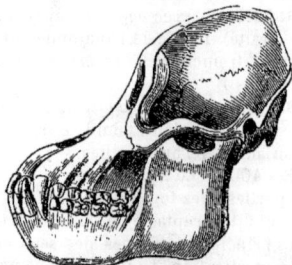

Crâne de gorille (profil).

une ouverture d'environ 80 degrés; tandis qu'il est beaucoup moins ouvert et n'offre plus que 70 degrés dans la tête africaine. L'ouverture de l'angle facial diminue à mesure que l'on s'éloigne de plus en plus de l'homme et qu'on descend davantage dans

des Australiens donnent en moyenne 1 347 centimètres cubes, ceux des nègres de l'Afrique occidentale 1 430, ceux des Chinois 1 518, ceux des Parisiens 1 558. On prend d'autre part l'*indice céphalique* en mesurant le diamètre antéropostérieur, qui s'étend du front à l'occipital, et le diamètre transverse maximum. On donne le nom de *brachycéphales* (de *brachus*, court) à ceux qui, vus d'en haut, présentent la forme approximativement ronde, et celui de *dolichocéphales* (de *dolichos*, allongé) à ceux qui sont ovales et dont la longueur l'emporte environ d'un quart sur la largeur.

ANGORA. On donne ce nom à des variétés d'animaux de différents genres, originaires d'Angora, en Anatolie, et remarquables par la longueur et la finesse de leur poil. Tels sont le chat, le lapin et la chèvre d'Angora. (Voir ces mots.)

ANGUILLE (*Anguilla*). Genre de poissons de l'ordre des TÉLÉOSTÉENS, tribu des MALACOPTÈRES APODES, famille des *Murénidés* qui a pour type l'**Anguille commune** (*A. vulgaris*), poisson bien connu de tout le monde et qui abonde dans les rivières, les lacs et les étangs de toute l'Europe. L'Anguille a le corps allongé, arrondi vers la poitrine et comprimé vers la queue. Cette partie du corps est entourée par les trois nageoires verticales réunies entre elles; les pectorales sont les seules nageoires paires de ce poisson, car il n'a pas de ventrales; les opercules ne sont pas visibles au dehors; ces pièces osseuses, qu'entourent concentriquement les rayons branchiostèges, sont fort petites et, comme ces derniers, complètement cachées dans l'épaisseur de la peau. Celle-ci ne laisse d'autre passage à l'eau qui a servi à la respiration que de simples trous qui s'ouvrent tantôt sur les côtés du cou, tantôt sous la gorge, suivant les espèces. Les branchies sont placées sous la peau comme au fond d'un sac et, par conséquent, mises à l'abri de tout contact extérieur, ce qui permet à ces poissons, ainsi que l'observe Cuvier, de demeurer quelque temps hors de l'eau sans périr. — Leur corps est couvert d'une peau grasse et épaisse dont les écailles ne sont visibles qu'après le dessèchement.— Les eaux douces de l'Europe nourrissent plusieurs espèces d'Anguilles, désignées sous des noms différents; mais toutes ont à peu près les mêmes mœurs. L'Anguille commune vit dans les eaux courantes ou dormantes indifféremment; c'est un animal très vorace, qui se nourrit de petits animaux de sa classe, et surtout de goujons, dont il est très friand; il attaque même les petits quadrupèdes et les oiseaux aquatiques. Il chasse particulièrement pendant la nuit, et se tient blotti pendant le jour dans les touffes de plantes aquatiques ou dans des trous le long des berges. L'Anguille s'enfonce aussi sous la vase des étangs, pendant le froid, et lorsqu'on met ces amas d'eau à sec pour en faire la pêche, on est obligé de piétiner cette vase pour en faire sortir les anguilles. Dans les chaleurs de l'été et surtout quand le temps est orageux, les Anguilles aiment à sortir de l'eau; elles vont quelquefois très loin au travers des herbes, chasser les petits reptiles, les vers, les colimaçons, elles mangent même certaines plantes. Si le jour les surprend à terre, elles se blottissent dans une touffe d'herbes et, roulées sur elles-mêmes, y attendent la nuit; c'est ce qui explique comment, en fauchant une prairie, le fer des travailleurs a quelquefois coupé une Anguille. Dans les eaux courantes, ces poissons nagent avec force et rapidité contre le courant; mais, en descendant, ils se laissent aller au fil de l'eau, aussi en prend-on beaucoup dans des nasses tendues en travers des rivières. C'est surtout à l'époque où les Anguilles descendent le courant, pour se rendre à la mer et y frayer, que l'on en prend en quantité.—On ne connaît rien de bien positif sur le mode de reproduction des Anguilles, cependant l'opinion la plus généralement répandue est qu'elles sont ovovivipares, c'est-à-dire que les œufs éclosent dans le corps de la mère. L'Anguille est un poisson dont la chair est, comme chacun sait, fort estimée. Elle atteint de très grandes proportions, eu égard à la taille qu'elle a en naissant; celle-ci est à peine de 2 à 3 centimètres, et l'on a vu des anguilles longues de 2 mètres et du poids de 15 kilogrammes;

ces cas sont rares, il est vrai, et la taille qu'elles prennent ordinairement n'est que de 1 mètre à 1m,30. On distingue comme des espèces particulières : l'Anguille à large bec, l'Anguille à long bec, l'Anguille à bec moyen, etc. — On a séparé des Anguilles proprement dites les Congres, qui ne vivent que dans l'eau salée et dont la dorsale naît presque sur la nuque. On en connaît deux espèces dans nos mers: l'une, désignée sous le nom d'Anguille de mer (Muræna conger, L.), atteint plus de 3 mètres de longueur; elle est commune toute l'année sur les marchés de Paris, la chair en est peu délicate; l'autre, la Myre (Conger myrus), plus petite que la précé-

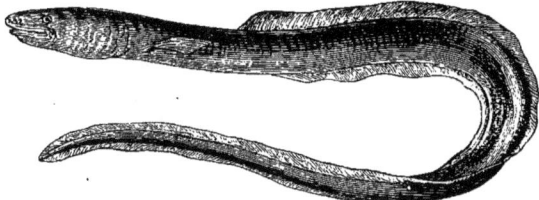

Congre.

dente, vit dans la Méditerranée. On distingue sous le nom de Murènes les espèces chez lesquelles manquent les nageoires pectorales; ces poissons sont exclusivement marins. L'une d'elles, la Murène-hélène (M. helena), célèbre chez les anciens à cause de la délicatesse de sa chair, n'a qu'une seule rangée de dents aiguës à chaque mâchoire; les Romains l'élevaient à grands frais dans des viviers construits sur le bord de la mer. On rapporte à ce sujet que Vedius-Pollio, riche patricien, qui possédait un grand nombre de ces animaux, faisait jeter vivants dans ses viviers, pour être dévorés par les murènes, les esclaves fautifs. Cette espèce fait souvent des morsures très dangereuses, que les pêcheurs prennent le plus grand soin d'éviter. — Les Ophisures ont la dorsale et l'anale se terminant avant d'arriver au bout de la queue, de sorte que celle-ci se trouve ainsi dépourvue de nageoire. La principale espèce de ce genre est connue vulgairement sous le nom de Serpent de mer (Ophisurus serpens). Ce poisson habite la Méditerranée; il atteint 2 mètres de longueur; sa couleur est brune en dessus, argentée en dessous. — On nomme vulgairement Anguille de haie, l'orvet (voir ce mot); Anguille de mer, le congre, dont nous avons parlé plus haut.

ANGUILLIFORMES. Famille de poissons composant l'ordre des MALACOPTÉRYGIENS APODES de Cuvier. Tous ceux qui en font partie manquent de nageoires ventrales, et ont le corps allongé comme celui des anguilles. Les principaux genres de cette famille sont: *Anguille, Gymnote, Donzelle.* Elle répond à la famille des *Murénidés* des classificateurs modernes.

ANGUILLULES (de *Anguillula*, petite anguille). Sortes de vers microscopiques, confondus autrefois parmi les infusoires filiformes ou *vibrions*, mais beaucoup mieux organisés que ceux-ci. Ils rentrent dans la classe des NÉMATOÏDES et forment la famille des *Anguillulidés*. Ils sont voisins des ascarides. Les Anguillules ont un tégument résistant, strié en travers, renfermant un long œsophage musculeux terminé par un anus. La bouche est munie de trois tubes courts, articulés à l'extrémité de l'œsophage. Ces vers, bien connus de tous les amateurs de microscope, se développent dans le vinaigre, la colle de farine, le blé niellé; ces animaux ont, comme les rotifères (voir ce mot), la singulière propriété de se dessécher complètement sans perdre la vie; une goutte d'eau suffit pour leur rendre toute leur activité. Les Anguillules ont des sexes séparés; on distingue chez la femelle un ovaire rempli d'œufs, et ceux-ci éclosent à l'intérieur du corps de la mère. Quelques-uns de ces animaux microscopiques vivent, comme les vers intestinaux, dans les organes d'autres êtres vivants; on en rencontre dans le corps des lombrics, des limaces, des chenilles, etc. C'est à leur présence qu'est due la maladie du blé connue sous le nom de *nielle*.

ANGUIS. (Voir ORVET.)

ANGUSTURE. On donne ce nom à une écorce fébrifuge qui nous arrive d'Amérique et qui provient d'un arbre du Vénézuéla, le *Galipea febrifuga*. Cet arbre, haut de 4 à 5 mètres, à feuilles alternes, longuement pétiolées, composées de trois folioles inégales, ovales, lancéolées, à fleurs en grappes axillaires et terminales, blanches, appartient à la famille des *Rutacées*. Son écorce est d'un gris jaunâtre, très mince, d'une saveur amère, d'une odeur un peu nauséeuse; elle doit son odeur et ses propriétés à une huile essentielle. On l'emploie comme tonique et fébrifuge.

ANGUSTURE [Fausse]. On donne le nom de *fausse angusture* à l'écorce du vomiquier. (Voir ce mot.) Cette dernière est un poison violent.

ANHINGA (*Plotus*). Genre d'oiseaux de l'ordre des PALMIPÈDES, de la famille des *Totipalmes*. Les Anhingas se distinguent par leur cou mince, allongé, surmonté d'une petite tête effilée et terminée par un long bec pointu : leur corps est allongé, leurs ailes longues, leur queue grande et large, contre l'ordinaire des oiseaux d'eau. Les pieds, courts et robustes, sont terminés par quatre doigts, réunis par une seule membrane; ce qui en fait d'excellents nageurs. Essentiellement aquatiques, les Anhingas passent la plus grande partie de leur vie dans l'eau où ils poursuivent les poissons; ils ont à terre une démarche lourde et pénible; mais ils volent bien et se perchent facilement malgré la conformation de leurs pieds; aussi nichent-ils sur les branches élevées des arbres qui croissent aux bords des rivières ou des lacs. Ils sont d'un naturel défiant et sauvage et ne se laissent pas approcher; à la moindre apparence de danger, ils plongent avec rapidité, pour ne sortir que mille pas plus loin, tenant la tête seulement hors de l'eau. On ne les chasse guère, d'ailleurs, car leur chair passe pour détestable. Leur plumage est soyeux et doux au toucher; dans l'espèce du Sénégal (*P. rufus*), il est d'un brun roux doré en dessus, noirâtre en dessous; dans l'espèce propre au Brésil et à la Guyane, le plumage est en dessus d'un brun foncé brillant, ondé de petites taches blanches avec le ventre blanc (*P. leucogaster*). La taille de ces oiseaux, mesurée du bec au bout de la queue, est de 80 centimètres, dont moitié pour le cou et la tête.

ANI (*Crotophaga*, mangeur d'insectes). Ce nom est celui d'un genre d'oiseaux propres à l'Amérique et remarquables surtout par leurs mœurs. Ils appartiennent à la famille des *Cuculidés*, de l'ordre des GRIMPEURS ou ZYGODACTILES. Les philosophes anciens se plaisaient à citer l'abeille et la fourmi comme modèles du travail laborieux et persévérant, le chien comme symbole de la fidélité, le lion comme exemple du courage. Sans aucun doute ils eussent donné l'Ani comme le modèle de toutes les vertus domestiques et sociales, si le continent qu'il habite eût été découvert deux mille ans plus tôt. Les Anis vivent en sociétés nombreuses, et se tiennent ordinairement dans les savanes plantées de buissons ou au milieu des palétuviers des marécages. Chacun travaille au bonheur de tous, sans trouble, sans discorde. Toutes les femelles travaillent en commun à la construction d'un grand nid où elles pondent et couvent de concert. Leurs œufs, d'un vert bleuâtre et recouverts d'une couche crayeuse blanche, sont mêlés, et les petits, dès qu'ils sont éclos, sont adoptés par la société tout entière, soignés par toutes les mères sans distinction, jusqu'à ce que leur âge et leurs forces en fassent des citoyens de cette petite république. Les Anis sont doux et confiants; on les rencontre par troupes de quarante et cinquante dans les contrées les plus chaudes de l'Amérique, et ils se laissent approcher d'assez près pour que le chasseur puisse à son gré les choisir et les abattre. Au reste, on ne les poursuit guère, car, outre l'intérêt qu'inspirent leurs mœurs, leur chair est détestable et ils rendent de grands services en détruisant une quantité d'insectes nuisibles et de petits reptiles. Les Anis sont des oiseaux grimpeurs, de la grosseur d'un merle; leur bec est gros et court, à narines ovales percées à la base, et surmonté d'une crête cornée et tranchante; la mandibule supérieure est, en outre, creusée de deux ou trois sillons; leurs ailes sont courtes, sur-obtuses, à quatrième et cinquième pennes les plus longues; leur queue, de la longueur du corps, est composée de dix pennes établies en éventail; leurs pieds sont robustes. Le plumage des Anis est de couleurs sombres, généralement noir ou brun avec chaque plume bordée d'un liséré vert ou bleu. On distingue l'**Ani des palétuviers** (*C. major*) et l'**Ani des savanes** (*C. ani*); ces oiseaux, pris jeunes, se familiarisent assez bien et apprennent même, dit-on, à parler. Leur cri ordinaire est une sorte de piaulement désagréable.

ANIMALCULES. (Voir MICROZOAIRES et INFUSOIRES.)

ANIMAUX. Comme nous le verrons au mot Règnes, on distingue aisément un corps brut d'un corps organisé, le règne minéral se sépare d'une manière bien tranchée des règnes végétal et animal; mais il n'est pas toujours aussi facile de distinguer ces deux derniers entre eux.—En effet, ce qui rend très difficile l'établissement de limites bien précises, c'est que des nuances presque insensibles conduisent d'un règne à l'autre. Lorsque nous descendons vers les derniers degrés de l'échelle animale, nous voyons des êtres qui ressemblent plus à des plantes qu'à des animaux, et cela à un tel point que certains d'entre eux sont encore aujourd'hui ballottés d'un règne à l'autre. (Voir Protistes.) Linné, le premier, donna sa fameuse définition des trois règnes: 1° Les minéraux croissent; 2° les végétaux croissent et vivent; 3° les animaux croissent, vivent et sentent. — Selon Linné, la vie caractérise donc le règne végétal et le règne animal, et la faculté de sentir distingue l'animal de la plante. Si nous considérons les classes les mieux organisées des deux règnes, nous ne pouvons, en effet, les mieux caractériser; mais si nous descendons vers les classes inférieures, cette définition devient insuffisante. — En effet, le mouvement est, sans contredit, l'expression fidèle de la sensibilité. Or, nous ne pouvons l'accorder à tous les animaux, pas plus que le refuser à tous les végétaux. Nous voyons des plantes qui ont des mouvements manifestes. Tout le monde connaît la sensitive (*Mimosa pudica*), qui possède la singulière faculté de refermer son feuillage lorsqu'on la touche. Une autre plante, l'attrape-mouche (*Dionœa muscipula*), présente un phénomène non moins étonnant. Lorsqu'un insecte se pose sur une de ses feuilles, elle referme sur lui ses lobes et ne les rouvre que lorsque la mort a privé l'insecte du mouvement qui l'irritait. D'un autre côté, beaucoup de plantes cryptogames ont des éléments reproducteurs microscopiques, qui se meuvent dans l'eau avec autant d'agilité que les animaux infusoires avec lesquels on les a souvent confondus. — Chez certains animaux, le mouvement est beaucoup moins sensible que dans ces plantes. Si nous voyons certains polypes agiter leurs tentacules pour saisir ou attirer les molécules nutritives, s'ils paraissent discerner ce qui leur convient de ce qui leur est nuisible, ne voyons-nous pas aussi les plantes diriger leurs feuilles vers les lieux les plus aérés et les plus lumineux, étendre leurs racines dans les endroits les plus humides et les plus favorables à leur développement? L'éponge, qui est un animal, n'en fait pas autant. — Ce n'est donc pas la sensibilité ni le mouvement qui distinguent l'animal de la plante; mais, avoir des nerfs, des muscles, une bouche, une cavité digestive, sentir et se mouvoir, voilà ce qui distingue les êtres un peu élevés dans l'échelle animale du reste des corps organisés. Si ces caractères ne se rencontrent pas toujours réunis dans le même animal, il y en a au moins un de sensible; ainsi certains polypes, à qui l'on refuse le mouve-

ment et la sensibilité, sont incontestablement pourvus d'une cavité digestive. De plus, en général, dans la composition chimique des animaux, c'est l'azote qui domine, c'est au contraire le carbone dans celle des végétaux. La plante absorbe de l'eau et de l'acide carbonique et élimine l'oxygène, l'animal absorbe l'oxygène et élimine l'eau et l'acide carbonique. Mais laissons de côté, pour le moment, ces êtres dont la simplicité de structure embarrasse le naturaliste, et ne nous occupons que des êtres supérieurs pour en étudier l'organisme. — Comme nous l'avons déjà vu, le premier et le plus important phénomène qui caractérise les animaux, c'est la vie; « elle consiste, dit Cuvier, dans la faculté qu'ont certaines combinaisons corporelles de durer pendant un temps et sous une forme déterminés, en attirant sans cesse dans leur composition une partie des substances environnantes, et en rendant aux éléments des portions de leur propre substance. La vie est donc un tourbillon plus ou moins rapide, dont la direction est constante, et qui entraîne toujours des molécules de même sorte; mais où les molécules individuelles entrent et d'où elles sortent continuellement, de manière que la forme du corps lui est plus essentielle que sa matière. » — Pour assurer cette forme et établir le mouvement, il a fallu un système de parties solides ou *tissus organiques,* contenant des fluides auxquels ils impriment un mouvement continuel, nécessaire pour établir l'équilibre conservateur de la machine animale, et dont le nombre, la forme et la combinaison sont en raison de la plus ou moins grande perfection des êtres. (Voir Organismes.) C'est à ces fluides que les tissus doivent en partie leur flexibilité et la mollesse qui les rendent propres à remplir les fonctions auxquelles ils sont destinés.— Les parties solides, dont la réunion constitue les organes, composent avec les fluides ou humeurs l'organisation. — Lorsque le mouvement de ces parties est interrompu, ce ne sont plus que des corps inertes; l'équilibre est à jamais rompu, c'est la mort! Cette mort arrive chez tous les êtres organisés, soit par des accidents qui altèrent ou détruisent l'harmonie de leurs parties, soit par l'effet de la vie elle-même, qui finit par fatiguer et user les organes de manière à y rendre impossible la continuation du mouvement vital. — Tous les naturalistes sont aujourd'hui d'accord pour reconnaître que les organismes animaux comme les organismes végétaux ont pour élément primordial constitutif une petite masse ou cellule de substance homogène albumineuse qu'on désigne sous le nom de *Protoplasma.* (Voir ce mot.) Les organismes les plus simples (voir Protozoaires) sont formés d'un globule de cette substance; les plus compliqués sont formés par la réunion de ces éléments. Les cellules modifiées de différentes façons forment des agrégations spéciales qui sont désignées sous le nom de *tissus.* — Comme tous les êtres organisés, les animaux sont formés d'un tissu aréolaire, ou divisé par cellules, à peu près comme une éponge, et toujours imbibé de liquides. Ce tissu enveloppe le corps entier et toutes les parties qui le remplissent comme une espèce de canevas. — Il a la propriété de se resserrer, et c'est cette force qui retient le corps dans une forme déterminée. Ce tissu très serré forme les membranes; celles-ci à leur tour, se contournant en cylindres, forment les vaisseaux : les os eux-mêmes ne sont que ce tissu durci par l'accumulation de sels calcaires. Légèrement modifié, il forme le tissu musculaire, qui, sous la forme de fibres charnues, a pour fonctions de faire mouvoir les os qu'il entoure. Sa propriété distinctive est de se contracter. (Voir Muscles.) — Les fonctions organiques des animaux font l'objet de la physiologie. On peut les diviser en trois classes : celles de la *nutrition,* par lesquelles l'animal s'assimile une partie des substances dont il fait sa nourriture; les fonctions de *relation,* par lesquelles l'animal se met en rapport avec tout ce qui l'entoure, et les fonctions de *reproduction.* Ces dernières ont pour but la conservation de la race, tandis que les premières se rapportent à la conservation de l'individu. Ces diverses fonctions s'exécutent chez les animaux d'une manière très variée, suivant la structure de leurs organes. — Le nombre des formes animales étant considérable, il a fallu dès le principe les ranger suivant un ordre déterminé qui permit de les reconnaître en simplifiant pour l'esprit la connaissance des innombrables détails dont se compose l'histoire de chacune d'elles, c'est là le but des *classifications.* Linné, le premier, établit la classification méthodique, d'après les formes extérieures; puis Cuvier, sentant combien cette division fondamentale, tout ingénieuse qu'elle était, offrait encore d'imperfections, s'efforça de répartir plus également le règne animal en le distribuant, d'après la considération des faits anatomiques et des corrélations organiques, en quatre grands embranchements qui sont : les *vertébrés,* les *mollusques,* les *articulés* et les *rayonnés.* Nous indiquerons, chemin faisant, les modifications assez considérables qu'a éprouvées cette méthode.

I. Le corps de tous les animaux **vertébrés** a pour fondement une charpente osseuse, un squelette formé d'une colonne qui se compose d'un plus ou moins grand nombre de vertèbres, se termine antérieurement par la tête et postérieurement par la queue. Dans la tête se distinguent le crâne et la face, qui renferment le cerveau, les organes des sens, à l'exception du toucher, et ceux de la manducation, les mâchoires. Deux paires de membres distingués en antérieurs et postérieurs et qui manquent quelquefois. Un système nerveux, siège du sentiment, de l'intelligence et de la volonté, qui donne la vie à toutes ces parties, se compose toujours d'un cerveau et d'un cervelet contenus dans le crâne, et d'une moelle épinière renfermée dans le canal des vertèbres, d'où naissent tous les nerfs proprement dits, tant ceux qui président aux sensations que ceux qui président au mouvement. Le

sang, organe de nutrition, plus ou moins rouge suivant son oxygénation, est porté dans toutes les parties du corps par le cœur, muscle nerveux, dont les contractions sont la cause principale de la circulation; des vaisseaux (les artères) le conduisent du cœur jusqu'aux extrémités, et d'autres vaisseaux (les

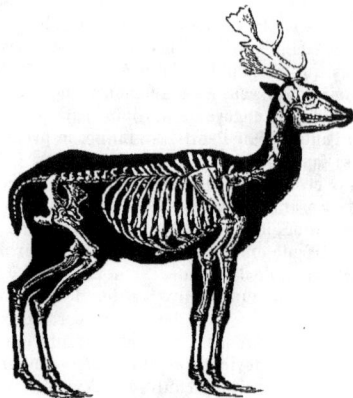

Vertébré (mammifère).

veines) le ramènent des extrémités au cœur, d'où, après s'être régénéré dans l'organe respiratoire, il est relancé vers les extrémités. L'oxygénation du sang s'opère par le fait de la respiration dans un organe spécial, différemment constitué, suivant que les animaux sont destinés à respirer dans l'air ou dans l'eau. Le sang, épuisé par les parties du corps qu'il a nourries, se répare au moyen de la nutrition, fonction qui s'opère dans l'appareil de l'alimentation. (Voir Circulation, Nutrition, Respiration.) Enfin, l'espèce, chez ces animaux, se compose toujours de deux individus de sexe différent. — Les vertébrés se partagent en quatre classes : les Mammifères, les Oiseaux, les Reptiles et les Poissons. (Voir ces mots.) On a depuis séparé les Batraciens des Reptiles pour en faire une classe à part. (Voir Batraciens.)

II. Les **mollusques** n'ont pas de squelette intérieur, leurs muscles sont attachés à une peau molle, tantôt nue, tantôt recouverte d'un test calcaire nommé coquille, dont les formes varient à l'infini. Les organes du mouvement des mollusques qui peuvent se mouvoir (car un grand nombre restent constamment fixés à des corps étrangers) se présentent sous toutes sortes d'aspects et de structures. (Voir Mollusques.) La respiration se fait par des poumons ou par des branchies. La circulation est toujours double. Le sang consiste en un liquide d'un blanc jaunâtre ou bleuâtre. Leur système nerveux reste confondu avec les autres viscères; il se compose de plusieurs renflements ou ganglions, espèce de petits cerveaux unis entre eux par des filets nerveux. Beaucoup de mollusques n'ont pas de tête distincte, et, par conséquent, sont privés d'yeux ; très peu possèdent l'organe de l'ouïe ; enfin, le plus grand nombre sont réduits au sens du toucher. Ces animaux présentent les plus grandes variations dans toutes

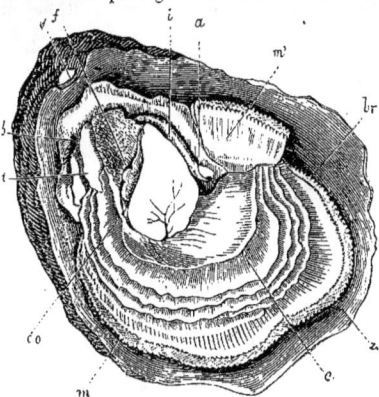

Mollusque (huître). — *m* et *m'*, lobes du manteau ; *c*, muscles de la coquille ; *br*, branchies ; *b*, bouche ; *t*, tentacules labiaux : *f*, foie ; *i*, intestin ; *a*, anus ; *co*, cœur.

les parties de leur système alimentaire ; leur estomac est tantôt simple et tantôt multiple, et leurs intestins diversement prolongés. Chez la plupart des mollusques, chaque individu est pourvu des deux sexes, les uns se fécondant réciproquement, tandis que les autres ont la faculté de se féconder seuls ; presque tous sont ovipares, et d'une fécondité prodigieuse. — On reconnaît aujourd'hui dans cet embranchement trois types distincts : *mollusques proprement dits*, *molluscoïdes* et *tuniciers*.

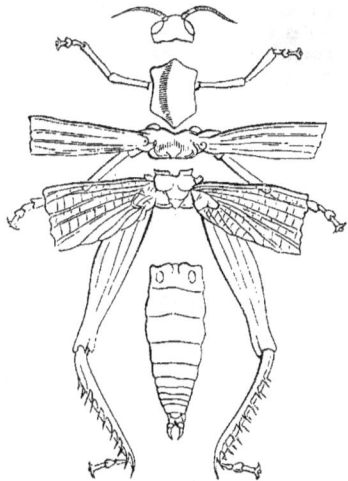

Articulé (insecte).

III. Les **articulés** ont le corps formé de parties distinctes, articulées bout à bout les unes aux au-

tres. C'est à l'intérieur de cette enveloppe, molle ou coriace, que s'attachent les muscles du tronc. Leur système nerveux consiste en deux longs cordons régnant le long du corps, interrompus de distance en distance par des nœuds ou ganglions, dont partent les nerfs du corps et des membres. Les modes de la circulation, de la respiration et de la génération présentent de grandes variétés. Ceux de ces animaux qui ont des membres en ont toujours plus de quatre. La bouche (sauf chez plusieurs Annélides) est armée de mâchoires, toujours latérales, dont le nombre varie de deux à six. — Les articulés renferment quatre classes : les Annélides ou *vers à sang rouge*, les Crustacés, les Arachnides et les Insectes. (Voir ces mots.) Aujourd'hui, les Annélides et les autres *vers* forment un embranchement ou type particulier.

IV. Les **rayonnés** ou *zoophytes*, qui composent le dernier embranchement de la méthode de Cuvier, comprennent des êtres dont les organes sont disposés autour d'un centre, comme les rayons d'un

Rayonné (astérie).

cercle. Cuvier pensait à tort que, chez ces animaux, il n'existe que des organes respiratoires douteux, à peine quelques vestiges de circulation, ni organe spécial pour les sens, ni système nerveux bien distinct. L'appareil alimentaire est celui qui est le plus évident, il est très varié, tantôt il est pourvu d'un seul orifice (Cœlentérés), tantôt il en a deux (Échinodermes). Quant au mode de la reproduction, il offre, dans la plupart, une grande ressemblance avec le développement du bourgeon d'une plante (scissiparité, gemmiparité) ; mais la plupart ont en même temps des sexes. Cet embranchement comprenait les Échinodermes, les Vers intestinaux, les Acalèphes, les Polypes et les Infusoires. Une étude plus approfondie de ces animaux inférieurs les a fait distribuer dans quatre embranchements différents : les Échinodermes, les Cœlentérés ou Polypes, les Éponges et les Protozoaires. (Voir ces mots.) Quant aux vers intestinaux, ils ont été réunis aux annélides pour former l'em-

8

branchement ou type des Vers. — Voici, pour nous résumer, le tableau de la division du Règne animal en type ou embranchements, d'après M. Edmond Perrier, professeur au Muséum d'histoire naturelle :

et plus rarement la cochenille (voir ces mots). Quelques poissons sont soumis dans nos viviers à une sorte de domestication, comme la carpe, la tanche, le brochet, l'anguille, etc. L'homme, dit Buffon,

				Types ou embranchements.
Animaux ayant un corps formé de deux moitiés symétriques; ordinairement libres de toute adhérence avec le sol.	Un squelette intérieur, dont la partie la plus constante est une colonne vertébrale			Vertébrés.
	Point de squelette intérieur formé de pièces séparées.	Corps divisé en segments ou anneaux successifs.	Des membres articulés....	Arthropodes.
			Point de membres articulés	Vers.
		Corps non divisé en segments successifs, ordinairement une coquille externe, symétrie souvent limitée à la tête et au pied		Mollusques.
Animaux ayant un corps formé de parties semblables entre elles, disposées en rayons; ou vivant en colonies irrégulières, souvent fixées au sol.	Un tube digestif nettement séparé des parois du corps			Echinodermes.
	Point de tube digestif distinct des parois du corps,	des nématocystes; animaux souvent rayonnés....		Cœlentérés.
		point de nématocystes; animaux non rayonnés....		Éponges.
Animaux dépourvus d'organes proprement dits				Protozoaires.

Ces embranchements sont divisés en classes et en familles dont on trouvera les détails d'organisation aux divers articles qui leur ont été consacrés.

Animaux à sang chaud. On entend par cette expression les mammifères et les oiseaux dont la température est en général plus élevée que celle des autres animaux. Elle est entre les limites de 35 et de 44 degrés centigrades; celle des mammifères est de 35 à 40 degrés; celle des oiseaux, de 40 à 44 degrés.

Animaux à sang froid. On comprend sous cette dénomination tous les animaux, hormis les mammifères et les oiseaux; parce qu'en général leur chaleur suit les variations de la température extérieure et n'en diffère que de 2 ou 3 degrés.

ANIMAUX DOMESTIQUES. On comprend sous ce nom les êtres que l'homme a arrachés à l'état de nature, pour les faire servir à ses besoins, les associer à ses travaux, à ses plaisirs. Les animaux soumis à la vie domestique ont tous subi dans leur régime, leur taille, la couleur de leur pelage et même dans leurs formes, des modifications plus ou moins grandes, qui ne tardent pas à s'effacer lorsque l'animal est rendu à la vie sauvage, et que ses goûts naturels peuvent reprendre le dessus. Ce retour à la vie sauvage n'a pas lieu tout à coup, les caractères de la civilisation ne s'effacent que graduellement et à chaque nouvelle génération, jusqu'à ce qu'ils se perdent entièrement. — Les animaux domestiques appartiennent aux mammifères, aux oiseaux et aux insectes, quelquefois même aux poissons. Les mammifères, appelés spécialement bestiaux, sont le cheval, l'âne, le mulet, le taureau, le bœuf et la vache, le buffle et sa femelle, le zèbre, l'yak, le verrat et la truie, le bélier et la brebis, le bouc et la chèvre, le chien, le chat, le lapin, le furet, le cochon d'Inde; on y réunit aussi le renne, le dromadaire, le chameau, la vigogne, le lama, etc., etc.; mais l'usage de ceux-ci est limité à un petit nombre de localités. Les oiseaux de basse-cour sont le coq et la poule, le dindon, l'oie, les canards et les pigeons; on y ajoute aussi le paon, le cygne, le faisan, la pintade, etc. Les insectes sont : les abeilles, les vers à soie,

change l'état naturel des animaux, en les forçant à lui obéir et les faisant servir à son usage. Tout, suivant lui, est artificiel dans la domesticité des animaux, tout tient à l'homme. Mais la puissance de l'homme ne suffit pas pour expliquer ce phénomène; car, pourquoi un petit nombre d'espèces seulement seraient-elles devenues domestiques au milieu de tant d'autres demeurées sauvages malgré nos tentatives? Il y a donc une cause propre de la domesticité des animaux, et cette cause, Fréd. Cuvier la trouve dans leur sociabilité. En effet, il n'est pas une seule espèce devenue domestique qui, naturellement, ne vive en société; et de tant d'espèces solitaires que l'homme n'aurait pas eu moins d'intérêt, sans doute, à s'associer, il n'en est pas une seule qui soit devenue domestique; car il ne faut pas confondre l'apprivoisement ou la captivité avec la domesticité; un oiseau qu'on met en cage, un renard qu'on enchaîne ne sont pas des animaux domestiques, ils sont simplement captifs et sont prêts à reprendre leur liberté à la première occasion favorable. Quant au chat, il est bien plutôt le commensal que le serviteur de l'homme. Le premier état n'a rapport qu'à des individus, tandis que la domesticité s'applique à l'espèce entière. Cet instinct qui pousse invinciblement les hommes à se réunir est aussi la première cause des sociétés que forment certaines espèces; comme pour nous, il est primitif. Il ne dépend ni de l'intelligence, car la brebis stupide vit en société, et le lion, l'ours, le renard, etc., vivent solitaires; ni de l'habitude, car le long séjour des petits auprès des parents ne l'amène pas. Il y a donc des espèces instinctivement sociables, et c'est de ces espèces seules que l'homme tire tous ses animaux domestiques. A force de soins l'on a pu apprivoiser quelques espèces sauvages et solitaires, tels que les faucons, dressés à la chasse des autres oiseaux; le guépard, qui rend aux Indiens de semblables services; l'éléphant surtout dont les Indiens ont su se faire à la fois un esclave si docile pendant la paix, et un si redoutable allié pendant la guerre. Ces animaux rendent certainement à l'homme des services aussi signalés que ceux réduits le plus complètement en domesticité. Mais une différence capitale les sépare néanmoins; c'est l'impossibilité où l'homme a toujours été de multiplier ces animaux suivant ses besoins; il ne possède que des individus en plus ou moins grand nombre, enlevés isolément à la vie sauvage. Ce n'est qu'une conquête imparfaite et mal assurée. La véritable domesticité, au contraire, offre pour caractère essentiel la possession acquise à l'homme, non pas seulement d'individus isolés, mais de l'espèce tout entière avec le pouvoir de la multiplier presque autant qu'il le veut, et de lui faire même subir, en quelque sorte, les modifications qu'il juge convenables à sa destination. — L'homme n'a, pour agir sur les animaux, qu'un petit nombre de moyens; la faim est l'un des plus puissants. En ne lui donnant que peu d'aliments à la fois, et à de longs intervalles, l'animal prend de l'affection pour celui qui le soigne, et si l'on ajoute à propos quelque nourriture choisie, quelque friandise, cette affection s'accroît beaucoup, et par suite l'autorité de l'homme. Par la faim, par la veille forcée, on excite les besoins de l'animal; mais on ne les excite que pour les satisfaire. Ce n'est, en effet, que là où le bienfait commence. L'homme ne se contente pas de satisfaire les besoins naturels, il fait naître des besoins nouveaux; il se rend peu à peu nécessaire par ses bienfaits; et ce n'est que quand il en est venu là qu'il emploie la contrainte et les châtiments pour maintenir l'esclave dans le devoir. Or, ces moyens, qui, appliqués à un animal sociable, en font un animal domestique, ne font qu'un animal apprivoisé d'un animal solitaire. — Nous avons énuméré plus haut toutes nos espèces domestiques; mais leur petit nombre fait ressortir notre pauvreté. En effet, sur cent quarante mille espèces animales aujourd'hui connues, combien l'homme en possède-t-il à l'état domestique? quarante-trois! — Et sur ces quarante-trois espèces, dix manquent à la France, huit à l'Europe entière. Nous en sommes au même point où en étaient les anciens; notre civilisation moderne n'a encore fait aucun pas dans cette voie cependant si féconde, et, il faut bien l'avouer, nous sommes en cela inférieurs aux Chinois. Depuis quelques années, cependant, les naturalistes sont entrés dans la voie des applications pratiques, et grâce aux efforts de la Société d'acclimatation et de son savant fondateur, Isid. Geoffroy Saint-Hilaire, le nombre de nos espèces domestiques sera bientôt considérablement augmenté. Déjà plusieurs nouvelles espèces de vers à soie ont été introduites dans notre industrie et la pisciculture nous donne de brillantes espérances. Et combien n'en existe-t-il pas encore dont l'acquisition serait pour l'homme une source de richesse et de prospérité. Ainsi le lama si sobre, l'alpaca avec sa toison si recherchée, l'yak, le kangurou, voilà autant d'animaux qui non seulement nous donneraient de la viande en abondance, mais qui fourniraient, en outre, à l'industrie d'excellents produits. Nous citerons encore le tapir américain,

plus grand et plus docile que le cochon, et qui serait pour nous d'une double utilité comme aliment et comme bête de somme; le zèbre et l'hémione qui pourraient nous rendre les mêmes services que le cheval et l'âne; les phoques eux-mêmes, si sociables et si intelligents, seraient facilement dressés à la pêche. La classe des oiseaux ne nous offre pas moins d'avantages; sans parler des nombreux gallinacés propres à grossir le nombre de nos oiseaux de basse-cour, le casoar, l'autruche, les grues, etc., seraient de véritables oiseaux de boucherie, et l'agami nous serait très utile pour la garde et la conduite des autres oiseaux de basse-cour.

ANIMAUX FOSSILES. (Voir Fossiles et Paléontologie.)

ANIMAUX HIBERNANTS. (Voir Sommeil.)

ANIMAUX PERDUS. On désigne sous ce nom les animaux fossiles (voir Fossiles) qui n'ont plus d'analogues vivants. Nous verrons que ces espèces, ces genres, souvent même ces familles, qui n'ont plus de représentants sur notre globe, appartiennent aux couches les plus anciennes, et que le rapport numérique de ces espèces à celles qui ont des analogues croît en raison de l'ancienneté des terrains.

ANIMÉ. On donne ce nom à une résine qui découle du tronc d'un arbre de la Guyane, le courbaril. (Voir ce mot.) Cette résine, qui ressemble beaucoup à la résine copal, s'emploie surtout à la fabrication des vernis.

ANIS. Plante annuelle de la famille des *Ombellifères*, originaire de l'Égypte, et que l'on cultive en grand aux environs d'Angers, de Bordeaux et en Espagne, pour en récolter la graine qui entre dans la composition de la liqueur connue sous le nom d'*anisette*, des dragées d'anis, et dans certaines pâtisseries. C'est une espèce du genre *Pimpinelle (Pimpinella anisum)*; sa racine est blanche, fusiforme; sa tige est dressée, haute de 30 centimètres, rameuse, pubescente. Les feuilles radicales sont simples ou trifoliées; celles de la tige découpées en lanières étroites. Les fleurs sont petites, blanches, en ombelles terminales. Les fruits sont ovoïdes, pubescents et blanchâtres. Ces fruits ont une saveur sucrée, aromatique, chaude; ils sont stimulants et employés surtout comme propres à réveiller les forces de l'estomac. On retire des fruits de l'anis une huile volatile très excitante.

Anis étoilé. Nom vulgaire de la Badiane. (Voir ce mot.)

ANISOPLIE. (Voir Hanneton.)

ANNEAU. (Voir Annelés.)

ANNELÉS. Milne Edwards établit sous ce nom un embranchement du règne animal, qui comprend tous les animaux dont le corps est composé de segments ou anneaux plus ou moins distincts et placés à la suite les uns des autres. Il comprend deux divisions: les Vers et les Arthropodes. (Voir ces mots.) On fait aujourd'hui de ces divisions deux embranchements distincts.

ANNÉLIDES. Ces animaux, que Cuvier désigne sous

le nom de *vers à sang rouge* et qui forment, dans sa méthode, la première classe des animaux articulés, constituent actuellement une classe de l'embranchement des VERS, ayant pour caractères généraux un corps plus ou moins allongé, mou, offrant un nombre considérable d'anneaux, ou du moins de plis transversaux. Leurs membres sont remplacés par des soies raides et mobiles, servant à la locomotion (*Chétopodes*) ; quelquefois l'animal rampe en contractant et allongeant alternativement les diverses parties de son corps (*Apodes*). La tête ne se distingue du corps que par l'appareil buccal, qui est tantôt un disque élargi ou ventouse, percé à son centre et muni de mâchoires en forme de crochets, tantôt un tube protractile en forme de trompe. La respiration se fait par des branchies en forme de panaches ou de ramuscules dont la forme et la disposition varient beaucoup. Un certain nombre de ces animaux n'ont pas ces organes apparents, et leur peau semble servir d'organe respiratoire. — Ils sont pourvus d'un système nerveux multiganglionnaire et d'un appareil vasculaire pour la circulation. Leur sang est presque toujours rouge, quelquefois verdâtre. Les Annélides vivent dans la vase, dans la terre humide, ou nagent dans la mer. Quelques-unes habitent dans des tubes ouverts par les deux bouts et formés de matière

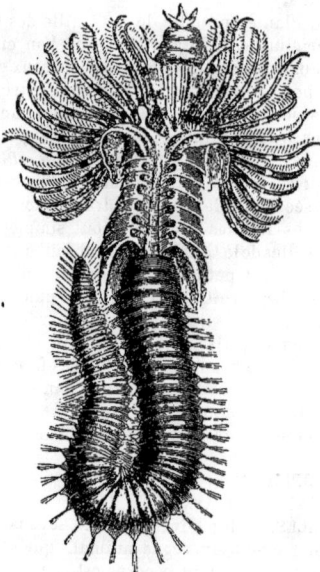

Annélide chétopode (serpule).

calcaire qui transsude de leur peau et à laquelle s'allient souvent des objets étrangers. — La classe des ANNÉLIDES se divise en deux sous-classes : les **Chétopodes**, dont les anneaux portent des soies,

et les **Hirudinées** ou *Apodes*, qui sont dépourvus de soies. — Les Chétopodes comprennent plusieurs groupes : 1° les TUBICOLES, se distinguant à leurs branchies en panaches placées sur la tête ou à la partie antérieure du corps. Ces animaux sont enfermés dans un tube calcaire qu'ils sécrètent ou qu'ils construisent avec des grains de sable ou des fragments de coquille ; ce sont les *Serpules*, les *Sabelles*, les *Amphitrites* ; 2° les DORSIBRANCHES, caractérisés par la position des branchies insérées à la face dorsale du corps ou à sa partie moyenne : *Arénicole*, *Néréide*, *Aphrodite* ; 3° les ABRANCHES, qui ne montrent, à l'extérieur, aucun organe de respiration : *Lombric*. (Voir ces mots.)

ANNUELLES. Se dit en botanique des plantes qui ne vivent qu'un an. Dans beaucoup de plantes la tige seule périt dans l'année, tandis que la racine reste vivace.

ANOBIE (*Anobium*). Genre d'insectes COLÉOPTÈRES, type d'une petite famille, celle des *Anobiidés*, dont les caractères principaux sont : corps oblong, épais, convexe ; tête enfoncée dans le corselet ; antennes courtes, avec les trois derniers articles comprimés en massue ; mandibules très dures, tridentées, dénotant des rongeurs. — Ces insectes rongent, en effet, le bois sec et d'autres matières desséchées, et sont parfois un véritable fléau pour les naturalistes et les amateurs de vieux meubles. Les petits trous ronds qu'on voit dans ces derniers et dans les boiseries sont leur ouvrage, et comme ces trous semblent percés à la vrille, on leur donnait anciennement le nom de *vrillettes*, nom qu'ils portent encore vulgairement aujourd'hui. Si l'on coupe par tranches le bois ainsi percé, on trouvera au fond de la galerie que s'est creusée l'insecte, la larve ; c'est un petit ver blanc, mou, à six pattes écailleuses, avec deux fortes mâchoires qui lui servent à arracher le bois dont il se nourrit, et qu'il rend ensuite par petits grains, qui forment cette poussière fine de bois vermoulu. — Les Anobies sont en général de petite taille, 4 ou 5 millimètres, et de couleur terne, et leur instinct les porte en outre à dissimuler leur existence en contrefaisant les morts. Au moindre danger, elles replient sous leur corps leurs pattes et leurs antennes, et se laissent tomber sans mouvement ; de sorte que les oiseaux et les autres animaux qui voudraient en faire leur proie, ne trouvant qu'un petit corps sec, arrondi, inanimé, ressemblant plus à une petite brindille de bois ou même à une petite crotte qu'à un être animé, n'y touchent pas. C'est de cette habitude que leur vient leur nom scientifique d'*Anobium* (de *ana*, de nouveau, et *bioô*, je vis), parce qu'ils semblent avoir la faculté de ressusciter. Cette crainte salutaire, qui les porte à rester ainsi sans mouvement, est poussée si loin que ni l'eau, ni le feu, ni une torture quelconque ne peut en tirer le moindre signe de vie. Cette ténacité à simuler la mort a mérité à l'une des espèces le nom d'opiniâtre (*A. pertinax*), mais dès que l'apparence du danger est disparue, ils étendent leurs membres et s'échappent. — Les Anobies offrent une autre singularité : les deux sexes s'appellent et se répondent en frappant de petits coups secs à intervalles égaux, qui ressemblent au bruit que fait le mouvement d'une montre. La superstition y a vu un présage lugubre, un avertissement de mort, et on a donné à ce bruit, en conséquence, le nom d'*horloge de la mort*. Mais il a suffi qu'un naturaliste cherchât à pénétrer ce mystère, pour qu'on en reconnût la véritable cause : au lieu d'un sinistre avertissement, c'est un joyeux signal d'appel pour ces petits animaux. — L'*Anobium abietis* vit dans l'écorce du sapin ; l'*Anobium striatum* dans celle du marronnier.

ANOBIIDÉS. (Voir Anobie.)

ANODONTE (de *anodontos*, sans dents). Genre de mollusques Acéphales, de la famille des *Naïades*, connus vulgairement sous le nom de *Moules d'étang*. Les Anodontes sont répandues dans les rivières, les étangs et même les mares d'eau douce de presque toutes les parties du globe. Ce sont des coquilles de

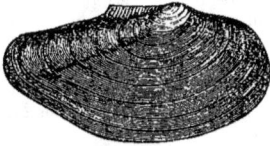

Anodonte.

taille moyenne, couvertes à l'extérieur d'un épiderme épais, noir ou verdâtre ; nacrées à l'intérieur. On mange l'animal dans certaines localités, mais sa chair dure et très fade est bien inférieure à celle des moules. On en connaît un assez grand nombre d'espèces, dont le type est l'*Anodonta cygnea* d'Europe. Ses valves, assez grandes, servent dans le Nord à écrémer le lait. L'*Anodonta iridina* d'Afrique est remarquable par la belle couleur irisée de sa nacre à l'intérieur.

ANOLIS. Genre de reptiles Sauriens de la famille des *Iguanidés*. Les Anolis sont des reptiles américains qui offrent les formes générales des iguanes ; mais ils s'en distinguent par plusieurs caractères et notamment par la peau de leurs doigts qui s'élargit en dessous en un disque ovale strié en travers, au moyen duquel ils peuvent se cramponner sur des surfaces lisses. Ils ont sous la gorge une sorte de fanon ou de goitre qu'ils enflent quand ils sont irrités, et ils mordent alors fortement ; mais leur morsure n'est pas venimeuse. On en connaît plusieurs espèces : *Anolis velifer, A. lineatus, A. bimaculatus.*

ANOMALIE (du grec *anomalia*). Irrégularité, monstruosité, état contraire à l'ordre naturel.

ANOMALURES (du grec *anómalos*, qui n'est pas régulier, et *oura*, queue). Genre de mammifères Rongeurs, voisins des loirs, mais qui offrent plusieurs singularités dans leur organisation. Ils ont, comme les polatouches, une membrane étendue sur les flancs entre les quatre membres, qui leur sert de parachute et leur permet de s'élancer d'un arbre à l'autre ; cette membrane s'étend aussi entre les cuisses et embrasse la queue. Celle-ci est longue, terminée en forme de panache, et l'animal la porte relevée, comme l'écureuil. Mais le caractère le plus singulier est que la base de cette queue est garnie en dessous de grosses écailles imbriquées les unes sur les autres. Ces curieux animaux ont été trouvés sur la côte occidentale d'Afrique, à Fernando Po. On en connaît deux espèces : l'**Anomalure de Fraser** (*An. Fraseri*), à poil doux et moelleux, d'un brun roux et portant dix écailles sous la queue, et l'**Anomalure de Pélée** (*An. Pelei*), à pelage brun noirâtre en dessus, blanc en dessous, portant sous la queue quinze grosses écailles.

ANOMIE (contraction de *anomalie*). Genre de mollusques bivalves, Lamellibranches, asiphonés, voisin des huîtres, dont ils diffèrent par plusieurs caractères, notamment par l'existence de trois muscles coquilliers, tandis que l'huître n'en a qu'un. On ne peut assigner aucune forme précise à la coquille, qui est en général discoïde, parce que la valve inférieure, très mince, se moule sur les corps étrangers auxquels elle adhère ; elle peut donc être lisse, très mouvementée ou courbée dans un sens ou dans l'autre. Le type du genre est l'**Anomie pelure d'oignon** (*An. ephippium*), qui se trouve dans les mers d'Europe et principalement là où séjournent les huîtres. Ce Mollusque, connu des pêcheurs sous le nom de *Hanon*, nuit considérablement aux bancs d'huîtres ; il s'y accumule parfois jusqu'à 10 et 15 centimètres d'épaisseur et les étouffe en quelque sorte. Les Anomies ne sont pas comestibles.

ANON. Le petit de l'âne.

ANONACÉES. Famille de plantes dicotylédones, polypétales, hypogynes, formée d'arbres et d'arbrisseaux propres aux régions chaudes de l'Asie et de l'Amérique, et très voisine de celle des Magnoliacées. Cette famille comprend, outre les *Anones*, les genres principaux : *Xylopia, Uvaria, Asimina, Monodora*. Presque tous appartiennent aux régions tropicales. (Voir Anone.)

ANONE. Genre de plantes, type de la famille des *Anonacées*, propres aux contrées tropicales des deux continents, à feuilles simples et alternes, à fleurs complètes situées à l'aisselle des feuilles, et composées de trois sépales, six pétales et de nombreuses étamines. Les Anones sont des arbres de moyenne grandeur, dont plusieurs sont cultivés en Amérique à cause de leurs fruits ; tel est l'**Anone corossol** (*An. muricata*), arbre de 3 à 6 mètres d'élévation, qui croît aux Antilles. Cet arbre porte des fleurs jaunes assez grandes, solitaires à l'aisselle des feuilles et donnant naissance à des fruits charnus, ovoïdes, de la grosseur des deux poings. Ces fruits, connus communément sous le nom de *Corossol* ou *Pomme-cannelle*, sont couverts d'une écorce dure et très rugueuse, d'une saveur désagréable ; on fend le fruit dans sa longueur, pour en retirer une pulpe blanche, succulente, fondante comme du beurre et d'une saveur douce, légèrement acidulée : on mange aussi les fruits de l'*Anone écailleuse,* connus sous le nom

Anona squamosa.

de *Cœur de bœuf,* et ceux de l'*Anone cherimolia.* Ces Anones se rapprochent beaucoup du corossol, mais leur chair est moins délicate.

ANONYME. Nom donné par Buffon au Fennec. (Voir RENARD.)

ANOPHTHALME (du grec *anophthalmos,* privé d'yeux). (Voir BEMBIDIENS.)

ANOPLOTHÉRIUM (de *a* privatif, *oplon,* arme, et *thérion,* animal). Ce mot, qui signifie *animal sans armes,* sert à désigner un genre de pachydermes

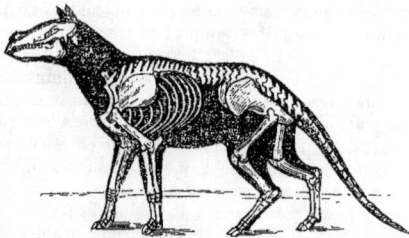

Anoplothérium commun, squelette et forme probable.

fossiles de l'époque tertiaire éocène, dont les débris ont été retrouvés dans le gypse parisien. L'Anoplothérium commun, le plus grand, de la taille d'un cheval ordinaire, avait la tête lourde, le corps trapu,

les extrémités plus grosses et plus courtes; mais ce qui le distinguait, c'était une énorme queue. Sa démarche, lourde et traînante à terre, devait être assez vive dans l'eau, où il passait sans doute la plus grande partie de sa vie, comme l'hippopotame. Ainsi que ce dernier, il vivait des racines et des tiges succulentes des plantes aquatiques. Une autre espèce, l'Anoplothérium léger, avait la taille, les formes élancées et les jambes grêles de la gazelle. Léger comme un chevreuil, il devait courir rapidement autour des marais et des étangs où nageait la première espèce. Il devait y paître les herbes aromatiques des terrains secs, ou brouter les pousses des arbrisseaux. Une troisième espèce avait la taille et les proportions du lièvre, deux autres avaient seulement celle du cochon d'Inde. Ces trois dernières espèces forment le genre *Dichobune,* à cause des collines disposées par paire que présentent les quatre dernières molaires.

ANOPLOURES (de *a* privatif, *oplon,* arme, et *oura,* queue). On comprenait autrefois sous ce nom d'ordre les Poux (*Pédiculidés*) et les Ricins (*Ricinidés*), qui forment aujourd'hui, sous le nom d'*Aptères,* une division de l'ordre des HÉMIPTÈRES.

ANOURES (de *anoura,* sans queue). Ordre d'animaux BATRACIENS comprenant les familles des *Ranidés* et des *Bufonidés,* c'est-à-dire les grenouilles et les crapauds. (Voir ces mots.)

ANSER. Nom latin du genre *Oie.* (Voir ce mot.)

ANSÉRINE. Espèce du genre *Chénopode.* (Voir ce mot.)

ANTÉDILUVIEN (antérieur au déluge). Ce mot, qui n'est plus guère usité dans la science, s'appliquait à tous les fossiles dont on a retrouvé les traces dans les couches géologiques.

ANTÉDON. (Voir COMATULE.)

ANTENNES. Petits organes articulés, mobiles, en forme de cornes, situés sur la tête des insectes, des myriapodes et des crustacés. (Voir ces mots.) Les uns y ont vu des organes du toucher; d'autres, et parmi eux Latreille, les regardent comme le siège de l'odorat.

ANTÉUS (géant de la Fable). Genre de vers de la classe des CHÉTOPODES, ordre des ABRANCHES, famille des *Lombricidés.* L'Antée géant (*Antheus gigas*), de Cayenne, mesure 1^m,16 de longueur. Ses mœurs ne sont pas connues.

ANTHAXIA. (Voir BUPRESTE.)

ANTHEMIS (nom grec de la *Camomille*). Genre de plantes dicotylédones de la famille des *Composées-tubuliflores,* offrant pour caractères : involucre à folioles imbriquées; fleurs ligulées sur un seul rang, fleurons du centre à tube comprimé; fruits munis de côtes tout autour, tronqués au sommet. L'Anthémis des champs (*Anthemis arvensis*), vulgairement *Fausse camomille,* se reconnaît à sa tige velue, d'un vert blanchâtre, rameuse, striée, de 3 à 5 décimètres; à ses feuilles pubescentes, bipennatifides, à segments linéaires lancéolés aigus, dentés; à réceptacle conique à paillettes lancéolées, acuminées, presque aussi longues que les fleurs; le fruit a dix côtes. Fleurs blanches à disque jaune. L'été, dans les champs sablonneux.— L'**Anthémis puante** (*A. cotula*), vulgairement *Maroute, Camomille des chiens*, est une plante d'une odeur désagréable, à tige dressée, rameuse, de 3 à 5 décimètres; à feuilles bipennées,

Anthemis camomille.

à segments allongés, écartés, mucronés; le fruit a dix côtes tuberculeuses. Les fleurs blanches à disque jaune. L'été, dans les champs, les blés. Cette espèce est considérée comme antispasmodique. — Les camomilles appartiennent au genre *Anthemis*, mais la plupart des botanistes en font un sous-genre sous le nom de camomilla. (Voir CAMOMILLE.) Il en est de même des pyrèthes. (Voir ce mot.) — On cultive dans les jardins plusieurs espèces d'Anthémis, principalement l'**Anthémis à grandes fleurs** ou *Chrysanthème des Indes*, qui donne un nombre considérable de variétés.

ANTHÈRE (du grec *anthéros*, fleuri). L'Anthère est cette partie supérieure de l'étamine ordinairement formée de deux petites poches membraneuses réunies par un corps intermédiaire nommé *connectif* et qui contient le pollen ou poussière fécondante des fleurs. (Voir FLEUR.)

ANTHÉRIDIE. Organe des plantes acotylédones correspondant à l'étamine. (Voir CRYPTOGAMES.)

ANTHÉROZOÏDES (de *anthéros*, fleuri, et *zóon*, animal). Corpuscules fécondateurs mâles des végétaux CRYPTOGAMES. (Voir ce mot.)

ANTHÈSE (du grec *anthésis*, floraison). On nomme ainsi en botanique le moment de l'épanouissement d'une fleur.

ANTHIAS. (Voir BARBIER.)

ANTHOMYE (de *anthos*, fleur, et *muia*, mouche). (Voir MOUCHE.)

ANTHOPHORE (de *anthos*, fleur, et *phéró*, je porte). Prolongement du réceptacle qui porte les pétales, les étamines et le pistil.

ANTHOPHORE (du grec *anthos*, fleur, et *phoros*, porté vers). Genre d'insectes HYMÉNOPTÈRES de la famille des *Apidés*, caractérisés par leurs antennes courtes et filiformes, leurs mandibules unidentées, leurs palpes maxillaires de six articles et leurs jambes postérieures munies extérieurement d'une brosse de poils épais et serrés. L'**Anthophore des murs** (*Anthophora parietina*), qui se trouve aux environs de Paris, est une petite abeille grise qui vole de fleur en fleur pendant la belle saison. La femelle dépose ses œufs dans les trous des vieux murs et élève à l'entrée une sorte de petite fortification en terre pour en défendre l'accès aux parasites.

ANTHOZOAIRES (synonyme de Zoanthaires, de *anthos*, fleur, et *zóon*, animal). Ordre de zoophytes CŒLENTÉRÉS comprenant les Actiniaires et les Madréporaires. Le nom de *Zoanthaires* est préférable à celui d'*Anthozoaires*, qui a le défaut d'être semblable par sa prononciation avec celui d'*Entozoaires*, dont le sens est tout autre.

ANTHRACITE (du grec *anthrakités*, qui ressemble à du charbon, vulgairement houille éclatante). L'Anthracite est une substance noire, ayant l'éclat métallique, opaque, friable, brûlant lentement et avec difficulté, sans odeur ni fumée. Ces derniers caractères, joints à l'absence du bitume, suffisent pour distinguer cette substance de la houille ou charbon de terre. L'Anthracite est un composé de carbone presque pur, avec 3 ou 4 pour 100 de matières terreuses et quelques traces d'hydrogène; sa pesanteur spécifique est de 1,5 à 1,8. Cette substance peut être employée comme combustible; mais on ne l'enflamme que difficilement lorsqu'elle est en petite quantité; il faut, pour y parvenir, la mêler avec du bois ou de la houille, et disposer surtout les fourneaux de manière à ce qu'il y ait un fort tirage; mais une fois qu'elle est embrasée, la combustion se continue d'elle-même, en produisant une chaleur très intense. — On regarde généralement l'Anthracite comme étant de la houille modifiée par le métamorphisme, une espèce de coke naturel. C'est principalement dans les terrains de transition que se trouve l'Anthracite; il se présente en couches, en amas ou en filons. Ce combustible se trouve également dans les terrains houillers et dans le lias des Alpes. Les principaux gîtes d'Anthracite en France sont dans les départements de l'Isère, des Hautes-Alpes, de la Mayenne et de la Sarthe. Il est répandu avec profusion dans les États-Unis d'Amérique, où il joue dans l'industrie un rôle important.

ANTHRAX (du grec *anthrax*, charbon). Genre d'insectes DIPTÈRES de la division des *Tanystomes*, voisins des Bombylles. Ce sont de grosses mouches velues qui doivent leur nom à leur couleur noire.

Elles volent avec rapidité au-dessus des fleurs, et y plongent leur trompe sans s'y poser, en faisant entendre un bourdonnement aigu. Leur corps est déprimé, leur tête haute et large, leurs antennes courtes. L'espèce type est l'**Anthrax morio**, commune aux environs de Paris.

ANTHRÈNE (*Anthrenus*). Genre d'insectes COLÉOPTÈRES de la famille des *Clavicornes*, tribu des *Dermestidés* (voir ce mot), renfermant de très petits animaux, à corps globuleux, agréablement coloré par une poussière écailleuse, analogue à celle qui couvre les ailes des papillons. Ces petits insectes, gros comme la tête d'une forte épingle, vivent pour la plupart comme les dermestes, c'est-à-dire sur les peaux, les fourrures, les plumes et autres matières animales, au moins à l'état de larve. Celle-ci est la terreur des collectionneurs d'insectes; c'est un petit ver muni de six pattes écailleuses et couvert de faisceaux de poils érectiles comme les piquants du porc-épic; elle change plusieurs fois de peau, se transforme en chrysalide à l'automne et sort à l'état d'insecte parfait au printemps suivant. L'**Anthrène des musées** (*A. museorum*), malheureusement fort commune, est un véritable fléau pour les collections d'histoire naturelle. D'autres espèces vivent sur les fleurs; tel est l'*Anthrenus pimpinellæ*, commun sur les Ombellifères.

ANTHRISCUS. Nom botanique générique du *Cerfeuil.*

ANTHROPOÏDES (de *anthrôpos*, homme, et *eidos*, forme). Synonyme d'*Anthropomorphes.*

ANTHROPOLITHE (du grec *anthrôpos*, homme, et *lithos*, pierre, autrement dit homme fossile). (Voir HOMME FOSSILE.)

ANTHROPOLOGIE (de *anthrôpos*, homme, et *logos*, discours, traité). Histoire naturelle de l'homme. (Voir HOMME et RACES HUMAINES.)

ANTHROPOMORPHES (de *anthrôpos*, homme, et *morphé*, forme). On donne ce nom à un groupe de grands singes qui, par leurs formes, leur squelette et l'absence de queue, se rapprochent de l'homme. Ce sont les *Orangs*, les *Chimpanzés*, les *Gorilles* et les *Gibbons*. (Voir ces mots.)

ANTHROPOPITHÈQUE (de *anthrôpos*, homme, et *pithécos*, singe). Ancêtre supposé de l'homme, auquel sont attribués les silex taillés grossièrement, trouvés dans le miocène. On n'a encore rencontré aucun ossement de cet anthropoïde.

ANTHYLLIS (nom grec de la plante?) — Genre de plantes dicotylédones de la famille des *Légumineusespapilionacées* offrant pour caractères principaux : plantes herbacées ou sous-ligneuses, à feuilles ailées avec impaire; fleurs en tête; calice persistant, à cinq dents, à tube souvent renflé; corolle à carène obtuse, ou à pointe courte, étamines toutes soudées; gousse renfermée dans le calice, à une ou deux graines. — L'**Anthyllide vulnéraire** (*Anthyllis vulneraria*), vulgairement *Triolet jaune*, est une plante herbacée à tiges nombreuses, couchées, poilues, à feuilles pubescentes à folioles ovales oblongues, la

terminale beaucoup plus grande; fleurs jaunes ou rougeâtres, en capitules terminaux, de mai à juillet, dans les prés secs, les pâturages. Cette plante entre dans la composition du mélange qu'on appelle *Thé suisse*. Quelques espèces du Midi : *A. cytisoïdes* et *A. Hermaniæ*, sont ligneuses.

ANTIAR, ANTIARIS. (Voir UPAS.)

ANTILOPE. Genre d'animaux mammifères de l'ordre des RUMINANTS, type de la famille des *Antilopidés*, formant le passage des cerfs aux chèvres. Leurs caractères principaux sont d'avoir des cornes creuses, généralement rondes, marquées, au moins à leur base, d'anneaux saillants ou d'arêtes longitudinales et dont le noyau osseux est totalement ou à peu près solide. Les Antilopes sont, en général, des animaux faits pour la course, à taille élancée et légère; elles ont le plus souvent des larmiers comme les cerfs, des touffes de poils aux genoux, la queue courte, garnie de longs poils, les oreilles droites et assez longues. Ces animaux appartiennent presque tous à l'ancien monde, et vivent pour la plupart en troupes. Les uns habitent les plaines arides et sablonneuses, et ne se nourrissent que de plantes aromatiques; d'autres se tiennent de préférence sur les bords des fleuves. Ce sont en général des animaux doux et sociables, qui ont les yeux grands et vifs, l'ouïe très fine, et qui sont doués d'une grande légèreté. Cuvier, dans son *Règne animal*, les divise en onze groupes, d'après la forme de leurs cornes.

Cornes annelées à double courbure. — A ce groupe appartient la **Gazelle** (*Antilope dorcas*), qui a les cornes rondes, grosses et noires, la taille et la forme élégante du chevreuil; le pelage fauve clair dessus,

Antilope bleue.

blanc dessous, avec une bande brune le long de chaque flanc. Elle vit dans tout le nord de l'Afrique, en troupes innombrables. Nous avons consacré un article particulier à cette jolie espèce. Le *Dseren* ou *chèvre jaune* des Chinois, le *Saïga* de Russie et le *Nanguer* du Sénégal appartiennent à ce groupe.

Cornes annelées à triple courbure. — L'Antilope des **Indes** (*A. cervi capra*) et l'**Antilope de Nubie** (*A. addax*) se rapprochent beaucoup de la gazelle, aux cornes près.

Cornes annelées à double courbure, la pointe en arrière. — Le **Bubale** (*A. bubalis*), ou vache de Barbarie, a des proportions plus lourdes que les autres espèces, la tête longue et grosse, la taille du cerf, le pelage fauve et la queue terminée par un flocon noir.

Cornes annelées à courbure simple, la pointe en arrière. — L'**Antilope bleue** (*A. leucophæa*), à pelage d'un cendré bleuâtre, et l'**Antilope chevaline** (*A. equina*) font partie de ce groupe. Leur taille est celle du cheval.

Petites cornes droites, moindres que la tête. — Le **Chevreuil du Cap** (*A. latana*), le **Sauteur des rochers** (*A. orestraygus*), le **Grimme**, appartiennent à cette division qui renferme les plus petites Antilopes.

Cornes annelées à courbure simple, la pointe en avant. — Le **Nagor** (*A. reversa*) du Sénégal, à pelage brun roussâtre, de la taille du daim.

Cornes annelées, droites ou peu courbées, plus longues que la tête. — L'**Antilope à longues cornes** (*A. oryx*), Pasan de Buffon, du midi de l'Afrique; sa taille est celle du cerf; ses cornes, longues de 1 mètre, sont droites, rondes et pointues; sa tête est blanche, bariolée de noir; son pelage fauve, avec une bande noire sur l'épine dorsale et une à chaque flanc.

Cornes à arête spirale. — Le **Canna** (*A. oreas*), ou élan du Cap, est de la taille d'un fort cheval et porte de grosses cornes coniques, droites, entourées d'une arête spirale. Une petite crinière règne le long de l'épine. — Le **Condous** (*A. strepsiceros*) est de la taille du cerf; son pelage gris brun est rayé en travers de blanc; il a une petite barbe sous le menton et une crinière le long de l'épine. Cette espèce vit isolée au Cap.

Cornes fourchues (un crochet se détache de leur base comme un andouiller de cerf). — L'**Antilope fourchue** (*A. furcifera*) habite en grandes troupes les prairies de l'ouest de l'Amérique septentrionale; sa taille est celle du chevreuil, son poil roussâtre.

Quatre cornes (la première paire est en avant des yeux, la seconde à l'arrière du frontal). — Le **Tchicarra** (*A. quadricornis*), de la taille du cheval, à pelage fauve, habite les forêts de l'Hindoustan ; la femelle n'a point de cornes.

Deux cornes lisses. — Le **Nylgau** (*A. picta*), de la taille d'un grand cerf, a les cornes courtes recourbées en avant, une barbe sous le milieu du cou, le poil grisâtre, les pieds marqués d'anneaux noirs et blancs. Cette espèce habite les Indes; la femelle n'a pas de cornes. — Le **Chamois** (voir ce mot) (*A. rupicapra*), ou **Isard** des Pyrénées, a les cornes droites, recourbées brusquement en arrière comme un hameçon. Sa taille est celle d'une grande chèvre; il a le pelage brun foncé, avec une bande noire descendant de l'œil vers le museau. Il court avec la

plus grande agilité parmi les rochers escarpés, et se tient en petites troupes dans la région moyenne des très hautes montagnes. — On a séparé des antilopes le **Gnou** (*A. Gnu*), dont on a fait le genre

Antilope gnou.

Connochœtes. Cet animal singulier habite les montagnes du Cap. Ses cornes, élargies et rapprochées à leur base, descendent d'abord obliquement en avant et se redressent ensuite brusquement. Son mufle est large et aplati. Le cou est garni d'une crinière redressée. Son corps est assez semblable à celui d'un petit cheval. Les gnous vivent en troupes nombreuses et courent avec une extrême vitesse.

ANTIMOINE (en latin *stibium*). Son nom français lui vient, dit-on, de ce que les premiers essais de cette substance, comme médicament, eurent lieu sur des moines qu'ils firent périr (Delafosse). — Ce métal se présente dans la nature à l'état natif ou pur. Il est alors reconnaissable à son blanc d'étain, à son tissu lamelleux, à sa fragilité et à son peu de dureté qui permet à une pointe de laiton de le rayer; lorsqu'on le frotte, il répand une odeur alliacée. Il se présente dans les filons en petites masses lamellaires. On le trouve aussi tantôt oxydé, tantôt combiné avec le soufre ou avec différents métaux. A l'état d'oxyde, il n'a plus son brillant métallique; mais il est d'un blanc nacré; il est fusible à la flamme d'une bougie et complètement volatil en fumée blanche; il se présente alors en lames et en aiguilles divergentes. L'oxyde d'Antimoine se présente encore sous forme d'une substance terreuse très tendre et d'un blanc jaunâtre. L'Antimoine combiné au soufre forme le sulfure naturel d'Antimoine; il se compose de 27 parties de soufre et de 73 d'Antimoine sur 100. C'est une substance métallique d'un gris de plomb, qui cristallise en prisme rhomboïdal; on la trouve aussi en baguettes rayonnant d'un point central, ou en lamelles; c'est une espèce nommée *stibine* qui est la plus commune dans la nature, et par conséquent la plus exploitée pour les arts. Quelquefois, par une sorte de décomposition, le sulfure d'Antimoine prend une teinte rougeâtre, devient fragile et tendre, et forme alors l'**Antimoine oxydé sulfuré** ou *kermès*. En cet état, il est formé d'environ 30 parties d'oxyde d'Antimoine et de 70 de sulfure. L'Antimoine se combine dans la nature avec plusieurs métaux : avec le nickel, le plomb, le cuivre. Le sulfure d'Antimoine, ou *stibine*, se trouve en filons dans le granit, le gneiss et le mica-schiste. On le trouve, en France, principalement dans les départements de l'Ardèche, du Cantal, du Gard, de la Vendée, etc.— Ce métal est d'une grande utilité dans les arts et l'industrie. Combiné avec l'acide tartrique et la potasse, il forme l'émétique ; à l'état d'hydrosulfate, il fournit à la médecine le soufre doré et le kermès. Il entre dans la composition du jaune de Naples et d'autres couleurs ; à l'état de sulfure, il sert à la fabrication des crayons communs de graphite, improprement appelés crayons de mine de plomb. Il sert aussi à faire plusieurs alliages ; avec le plomb, il est employé pour les caractères d'imprimerie et pour les robinets de fontaines ; avec l'étain, qu'il rend plus pur, on en forme des planches qui servent à graver la musique.

ANTIPATHE (du grec *antipathês*, contraire). Genre de polypiers de la classe de CORALLIAIRES, ordre des ZOANTHAIRES. Le caractère essentiel des animaux qui composent ce genre réside, d'une part, dans les polypes, qui n'ont que six tentacules très courts, non rétractiles ; d'autre part, dans le polypier ramifié pourvu d'un axe corné de couleur noire, que recouvre une écorce de consistance gélatineuse. Le type du genre est l'*Antipathes subpinnata* de la Méditerranée, connu sous le nom de **Corail noir**.

ANTIRRHINÉES et mieux **Anthirrhinées** (du grec *anthos*, fleur, et *rin*, nez, museau ; fleur en museau). Division de la famille des *Scrofularides*, dont le type est le genre *Antirrhinum* ou Muflier. (Voir ce mot.)

ANUS. Mot latin qui désigne, chez l'homme et chez les animaux, l'ouverture naturelle de l'intestin par laquelle sortent les excréments. Cet orifice extensible se trouve ordinairement placé à la région postérieure ou inférieure du tronc. Dans la plupart des mollusques, il est plus ou moins rapproché de la bouche, et il manque dans beaucoup de zoophytes. Chez l'homme et les animaux supérieurs, son pourtour, appelé marge de l'anus, présente le plus souvent des plis ou rides formés par la contraction d'un muscle circulaire nommé *sphincter* de l'anus, qui fronce l'orifice anal, et le ferme de manière à empêcher la sortie des matières contenues dans l'intestin.

AORTE. Grosse artère qui part du ventricule gauche, se recourbe en crosse et descend jusqu'au niveau de la quatrième vertèbre lombaire, où elle se bifurque. (Voir ARTÈRE et CIRCULATION.)

APELLE. Espèce de singe du genre *Sajou*. (Voir ce mot.)

APEREA. Nom américain du Cobaye. (Voir ce mot.)

APÉTALES. Ce mot, qui signifie *sans pétales*, se dit des fleurs qui n'ont qu'une seule enveloppe ou qui en sont même tout à fait dépourvues, tels sont les daphnés, les lis, les tulipes, etc. On les appelle également *Monopérianthés* ou *Monochlamidés*.

APHANIPTÈRES (du grec *aphanês*, invisible, et *pteron*, aile). On désignait sous ce nom un ordre d'insectes composé de la seule famille des *Pulicidés* ou Puces. On en fait aujourd'hui une division de l'ordre des DIPTÈRES. (Voir PUCE.)

APHIDIENS (de *aphis*, puceron). Nom scientifique de la tribu des *Pucerons*. (Voir ce mot.)

APHIDIPHAGES (de *aphis*, puceron, et *phagô*, je mange). On désigne sous ce nom les larves d'insectes qui se nourrissent de pucerons ; telles sont celles des Coccinelles, des Hémérobes, des Syrphes, etc. (Voir ces mots.)

APHIS. Nom scientifique latin du Puceron.

APHODIE. Insectes COLÉOPTÈRES de la famille des *Lamellicornes*, tribu des *Coprophages*. (Voir ce mot.)

APHRODITE (du nom grec de Vénus, *Aphrodité*). Genre d'Annélides de l'ordre des DORSIBRANCHES. Les Aphrodites ont la forme aplatie, ayant sur le dos deux rangées de larges écailles et sont plus courtes et plus larges que les autres annélides. Au-dessus de ces écailles, et comme pour les cacher, sont des étoupes qui brillent de tout l'éclat de l'or. Ces animaux sont des plus admirables par la vivacité de leurs couleurs, dont la beauté ne le cède pas à celle du plumage des colibris, ni à l'éclat des pierres précieuses. — Telle est l'A-phrodite bérissée (*Aphrodita aculeata*) que l'on trouve sur nos côtes. Ces longs poils brillants d'or, ces aigrettes étincelantes de rubis et d'émeraudes ont un but plus utile qu'on ne le pourrait croire au premier abord. L'Aphrodite porte sur elle un véritable arsenal : chacun de ces poils est une arme acérée, les uns en fer de lance, les autres tranchants, d'autres encore barbelés, et, comme les dards du porc-épic, ces aiguillons restent implantés dans le corps de l'ennemi.

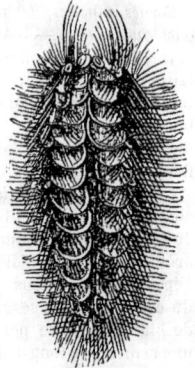

Aphrodite bérissée.

APHYLLE (*a* privatif et *phullon*, feuille). On donne ce nom aux plantes dont la tige est privée de feuilles, telles sont la véronique aphylle et la cuscute, etc. Quelquefois les feuilles sont remplacées par des écailles comme dans les Orobanches.

API [Pomme d']. (Voir POMME.)

APIAIRES. Synonyme de Apidés.

APIDÉS (de *apis*, abeille). Famille d'insectes HYMÉNOPTÈRES, section des *Porte-aiguillon*. La famille des *Apidés*, qui a pour type les abeilles et les bourdons, comprend des insectes qui tous savent fabriquer cette pâtée sucrée et parfumée qu'on appelle *miel* et dont ils nourrissent leurs larves; presque tous construisent des nids très remarquables, ordinairement divisés en petites loges plus ou moins nombreuses. La famille des Apidés se divise en plusieurs groupes fondés sur la forme des jambes postérieures et de la langue; les principaux genres sont les *Abeilles* et les *Bourdons*, les *Xylocopes*, les *Andrènes*, les *Osmies*. (Voir ces mots.) Ces insectes ont pour caractères communs : mâchoires et lèvres ordinairement fort longues, constituant une trompe; lèvre inférieure plus ou moins linéaire avec l'extrémité soyeuse; pattes postérieures le plus souvent conformées pour récolter le pollen; ailes étendues pendant le repos.

APION (du grec *apion*, poire). Genre d'insectes COLÉOPTÈRES de la famille des *Rhynchophores*, tribu des *Attelabides*.— Les Apions sont de fort petits charançons qui rappellent les formes générales des rhynchites; mais ils sont plus élancés, plus effilés en avant par leur rostre grêle et cylindrique. Le nombre de leurs espèces est considérable; elles sont généralement noires ou bleues et vivent à l'état de larve, soit dans les graines des plantes, soit sur les fleurs ou dans les tiges de divers végétaux.—L'**Apion de la vesce** *(A. craccæ)* dépose ses œufs dans la graine de cette légumineuse, la larve y subit ses transformations.—L'**Apion du trèfle** *(A. apricans)* vit à l'état de larve sur les fleurons du trèfle commun, ronge la graine, perfore le légume et va se changer en nymphe dans le capitule même. Ce petit insecte détruit une quantité considérable de semences et cause ainsi un grand préjudice au cultivateur.—L'**Apion des vergers** *(A. pomonæ)*, long de 2 millimètres, à corps noir, ponctué, à élytres bleues ponctuées et sillonnées, se trouve sur presque tous nos arbres fruitiers; la femelle dépose ses œufs sur les fleurs, et la larve qui en sort y commet des ravages souvent considérables en rongeant l'ovaire qui doit former le fruit. Le pommier et le poirier sont les arbres qu'il préfère. Une des espèces les plus remarquables, l'**Apion sanguineum**, longue de 3 millimètres, est entièrement d'un rouge de sang.

APIS. Nom latin de l'Abeille. (Voir ce mot.)

APIUM. Nom scientifique latin des plantes du genre *Ache*. (Voir ce mot.)

APLYSIE (du grec *aplusia*, malpropreté). Les Aplysies sont des mollusques nus qui forment la famille des *Aplysidés* et appartiennent à l'ordre des GASTÉRÓPODES TECTIBRANCHES, ils ressemblent assez à de grosses limaces; leur corps est ovalaire, allongé, terminé en pointe. Ils rampent sur un pied large qui déborde le corps. Les branchies en forme de panache flottant sont placées à droite et recouvertes par un lobe du manteau dans l'épaisseur duquel est logée une coquille flexible et demi-transparente. Les tentacules, au nombre de quatre, les antérieurs ont la forme des oreilles du lièvre, les yeux sont placés à leur base et en avant des tentacules postérieurs. Ils sont hermaphrodites. Ces animaux, que les anciens nommaient *lièvres marins*, ont été l'objet de fables singulières. De tout temps les pêcheurs ont eu la

manie d'attribuer des propriétés malfaisantes aux animaux qui ne servent point à la nourriture de l'homme. Sa chair, disait-on, et l'eau dans laquelle on l'avait fait infuser, étaient vénéneuses, et celui qui en mangeait mourait au bout d'un nombre de jours égal à celui qu'avait vécu l'animal. Il paraît que, d'après ces croyances, on faisait entrer l'Aplysie dans la composition des poisons. Locuste, dit-on, l'employait pour Néron. — Les Aplysies se nourrissent particulièrement des fucus les plus tendres, mais elles mangent aussi de petits animaux marins; leurs mouvements sont très lents, et elles se tiennent tapies sous des pierres ou dans des creux de rochers. Ce qu'il y a de plus remarquable en elles, c'est la propriété qu'elles ont de répandre, à l'approche du danger, comme les seiches, une quantité de liqueur nauséabonde et rougeâtre qui les dérobe à la vue de leurs ennemis. Ces mollusques pullulent d'une manière prodigieuse; on les trouve dans presque toutes les régions du globe; leurs œufs sont disposés en longs filaments auxquels les pêcheurs donnent le

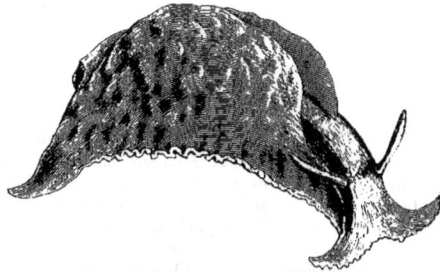

Aplysie dépilante.

nom de *vermicelle de mer*. L'espèce type est l'**Aplysie dépilante** *(A. depilans)*, ainsi nommée parce qu'on croyait que la liqueur qu'elle lance faisait tomber le poil des parties du corps qu'elle touchait; on la trouve sur les côtes de la Méditerranée et de l'Océan. Sa couleur est d'un noir bleuâtre avec les bords rouges; elle a 12 à 13 centimètres de longueur.

APOCYN de *opokunon*, qui tue les chiens . Le genre *Aporyn* est le type de la famille des *Apocynacées*. Ce sont des plantes à tige ligneuse, remplie d'un suc laiteux âcre et purgatif, garnie de feuilles opposées, coriaces, et de fleurs monopétales, à corolle hypogyne. Les Apocyns sont des plantes vivaces, robustes et traçantes; leurs fleurs sont disposées en corymbes axillaires ou terminaux. Les espèces les plus connues sont : l'**Apocyn à feuilles herbacées** *(A. cannabinum)*, les Américains tirent de sa tige des filaments forts et soyeux, propres à la filature et à la fabrication des toiles. Sa tige, haute de plus d'un mètre, est garnie de feuilles oblongues, velues en dessous; elle se termine par des corymbes de petites fleurs verdâtres.—L'**Apocyn gobe-mouche**(*A. androsæmifolium*) à fleurs roses en bouquets, doit son nom à la singulière propriété dont jouissent ses fleurs, très irri-

tables, de se refermer sur les mouches qui viennent puiser le suc mielleux qui se trouve au fond de leur corolle. Ces deux plantes nous viennent de l'Amérique septentrionale. Leur suc laiteux passe pour vénéneux. L'*Apocyn à ouate* est une *Asclépiade*.

APOCYNACÉES. Famille de plantes dicotylédones comprenant des arbrisseaux ou des plantes herbacées vivaces, à feuilles opposées, entières; à fleurs hermaphrodites régulières : calice monosépale à cinq divisions : corolle monopétale hypogyne; cinq éta-

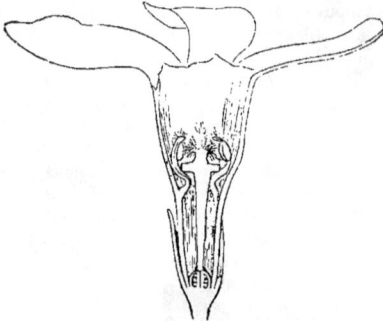

Apocynacée (pervenche), coupe de la fleur.

mines insérées sur le tube de la corolle, à anthères biloculaires; un style, un stigmate en tête, deux ovaires soudés; fruit composé de deux follicules (dont un avorte souvent), s'ouvrant longitudinalement d'un seul côté et portant sur les bords les graines pendantes, avec ou sans aigrette soyeuse. Cette famille dont le type est le genre *Apocyn*, renferme en outre les Pervenches (*Vinca*), les Lauriers-roses (*Nerium*), les *Echites*, etc.

APODES (de *a* privatif et *podes*, pieds : *sans pieds*). Cuvier, dans son Règne animal, donne ce nom ou celui de MALACOPTÉRYGIENS APODES à un ordre de poissons qui comprend la famille des *Anguilliformes*. De nos jours les nomenclateurs en font une division de l'ordre des MALACOPTÈRES, comprenant les familles des *Murénidés* et des *Gymnotidés*.

APODES. On applique ce nom à tous les animaux privés de membres : les serpents, les vers, les larves de beaucoup d'insectes sont apodes. On a donné, en outre, le nom d'**Apodes** ou de **Serpentiformes** à un ordre de la classe des BATRACIENS comprenant les espèces sans pieds. (Voir CÉCILIE.)

APOGON (de *a* privatif et *pôgôn*, barbe : *imberbe*, c'est-à-dire sans barbillons). Nom scientifique du Mulle. (Voir ce mot.)

APOLLON. Espèce de papillon diurne du genre *Parnassius*. (Voir PAPILLON.)

APONÉVROSE (du grec *apo*, de, et *neuron*, nerf). Membranes blanches, luisantes, très résistantes et composées de fibres entre-croisées, qui tantôt enveloppent et contiennent les muscles, tantôt servent à leur implantation. (Voir MUSCLES.)

APOPHYSE (du grec *apophusis*, excroissance). On nomme ainsi les éminences qui existent à la surface des os. (Voir Os.) Elles sont le plus souvent destinées à donner insertion à des muscles.

APOTHÉCIE (du grec *apo*, de, et *thêkê*, étui). Nom donné aux organes reproducteurs des lichens. (Voir ce mot.)

APPAREIL. On désigne sous ce terme l'ensemble des organes qui servent à une même fonction : appareils de la digestion, de la circulation, de la respiration, etc.

APPENDICE. On donne ce nom à toute partie adhérente ou continue à un corps auquel elle est surajoutée : les membres des animaux, les barbillons des poissons, les antennes des insectes, les tentacules des rayonnés sont des appendices. Les petits prolongements qui garnissent la corolle de certaines fleurs, les écailles qui entourent l'ovaire des graminées, le petit filet qui se prolonge au-dessus de l'anthère, sont des appendices.

APPRIMÉ. Ce mot s'emploie en botanique pour désigner la position des branches, des rameaux ou des feuilles, quand ils sont dressés le long de la tige.

APRON (*Aspro*). Genre de poissons de la famille des *Percidés*, à corps allongé, à dorsales très séparées; à museau plus avancé que la bouche, celle-ci garnie de dents en velours; écailles rugueuses, comparables à celles de la perche. On connaît deux espèces d'Apron dans les eaux douces d'Europe : l'**Apron du Rhône** (*A. vulgaris*), d'une couleur verdâtre, a de 15 à 20 centimètres de longueur; les pêcheurs l'ont nommé *sorcier*, parce qu'ils le regardent comme de mauvais présage; l'**Apron du Danube** ou *cingle* est beaucoup plus grand, il atteint 40 centimètres; il est d'un gris jaunâtre avec quatre bandes noires longitudinales. Ces poissons ont une chair très délicate. Le dernier surtout, à cause de sa taille, est servi sur les meilleures tables.

APTÉNODYTES (de *aptên*, sans ailes, et *dutês*, plongeur). Nom scientifique latin du Manchot.

APTÈRES (du grec *apteros*, privé d'ailes). On désigne sous ce nom tous les insectes privés d'ailes. (Voir INSECTES.) — C'est, en outre, le nom d'un sous-ordre de l'ordre des HÉMIPTÈRES, comprenant les Pédiculés ou POUX. (Voir ce mot.)

APTÉRYX (*apterux*, sans ailes). Genre d'oiseaux de l'ordre des COUREURS, de Geoffroy Saint-Hilaire, formant à lui seul la famille des *Aptérygidés*. Ce singulier oiseau, qui habite la Nouvelle-Zélande, et dont les ailes sont réduites à de simples moignons terminés par un ongle recourbé, a un bec très long, droit, renflé et recourbé à sa pointe, près de laquelle sont percées les narines en forme de trou. — L'**Aptéryx austral** (*A. australis*) est de la taille d'une poule; son plumage est décomposé et tombant comme de longs poils, de couleur ferrugineuse; son bec rappelle celui de la bécasse, et ses pieds sont d'un gallinacé. Cet oiseau, si singulier par ses caractères, a des mœurs non moins curieuses; les naturels de la Nouvelle-Zélande l'appellent *kiwikiwi*, d'après son cri; il se tient dans les forêts les plus fourrées et les plus sombres de l'île, et reste blotti pendant le jour dans les touffes de hautes herbes ou dans des cavités qui sont entre les racines des arbres; c'est là aussi qu'il construit son

Aptéryx.

nid, où il ne pond qu'un œuf. Il sort la nuit pour chercher sa nourriture qui consiste en vers et en insectes. — Le kiwi vit par paires, mâle et femelle, et, malgré la brièveté de ses jambes, il court avec une grande rapidité. Les naturels, qui aiment beaucoup sa chair, le chassent avec des chiens.

APUS. Genre de crustacés PHYLLOPODES, caractérisés par un grand bouclier dorsal recouvrant le corps presque en entier et que dépasse seul en arrière l'abdomen, en forme de queue terminée par des filets. Les pattes, au nombre de trente à quarante paires, sont foliacées ou en forme de rames. Les Apus, communs dans nos mares, sont de très petite taille.

AQUARIUM (mot latin qui signifie *réservoir*). Un Aquarium est un vase ou bassin rempli d'eau, où l'on conserve des plantes et des animaux aquatiques pour le plaisir des yeux ou pour l'étude. — Tout vase pouvant contenir de l'eau peut être converti en Aquarium. Il n'y a point de règles pour la forme et les dimensions à donner au vase; mais la matière n'y est pas indifférente; car, comme l'accès de la lumière est nécessaire au bien-être des plantes et des animaux, et qu'il faut que l'on puisse observer à l'aise ses habitants, la maison doit être de verre. Un bocal à poissons rouges, un cristallisoir peuvent servir d'Aquarium. Mais, le plus simple et le moins coûteux de tous, est la cloche à melon employée par les jardiniers. On la place renversée sur un de ces trépieds en fer employés pour servir de support à des miroirs en boule, ou tout simplement sur un coussinet ou dans un socle en bois creusé au milieu. — Quel qu'il soit, le fond de l'Aquarium doit être garni d'une couche de sable de rivière bien lavé et rempli aux deux tiers d'une eau pure et limpide, de rivière ou de source, pas de puits ni de pluie. On peut déposer sur le fond du bassin quelques coquillages ou madrépores qui concourent à son embellissement. — Si l'on ne plaçait dans l'Aquarium que des poissons ou des animaux aquatiques, on ne pourrait les y conserver qu'à la condition de changer fréquemment l'eau, qui se corromprait rapidement; mais si l'on a le soin d'y faire végéter quelques plantes aquatiques, ce qui, d'ailleurs, ne nuit en rien à l'élégance de ce petit monde sous-marin, celles-ci purifieront l'eau qui ne se corrompra pas et pourra servir jusqu'à ce que la poussière et les déjections des animaux l'aient troublée. — Parmi les habitants d'un Aquarium, il en est qui ne sont pas exclusivement aquatiques, et qui, respirant l'air atmosphérique, périraient asphyxiés si on les maintenait constamment sous l'eau; tels sont, entre autres, les tritons, les grenouilles et les insectes d'eau. Ils viennent de temps en temps respirer l'air à la surface et aiment, surtout la nuit, à sortir de l'eau. S'ils ne peuvent le faire, ils s'épuisent en efforts inutiles, en s'élançant le long des parois de glace et portent le trouble dans la communauté. Il faudra donc élever au milieu du bassin un petit refuge où les animaux puissent grimper et se reposer. On peut, dans ce but, tailler des meulières en rocailles pittoresques, ou en faire même de factices au moyen de morceaux de pierre ponce assemblés ensemble et recouverts de ciment romain, qui a la propriété de durcir dans l'eau. — Pour peupler un Aquarium, il y a certaines précautions à observer : Il faut d'abord proportionner la population animale à la capacité du vase; celle-ci a besoin, comme nous, de l'oxygène pour respirer, et de trop nombreux habitants ne pourraient pas plus vivre dans un bassin trop étroit qu'une foule d'hommes renfermés dans une chambre. Il faut au moins 3 litres d'eau pour un poisson de taille moyenne, tel que le cyprin doré, le goujon, le vairon. — Il faut tenir compte également des mœurs des animaux que l'on destine à vivre ensemble et ne pas associer des créatures qui sont en hostilité permanente, sinon on les verra bientôt s'attaquer avec fureur et s'entre-dévorer. Les individus ne doivent pas non plus être de trop grande taille, et il faut renoncer à introduire dans la communauté les espèces voraces, telles que le brochet, l'anguille, la perche, etc. Ces espèces ne peuvent figurer dans un Aquarium qu'à la condition d'y être isolées. — La lumière, comme l'air, est indispensable à la santé des animaux aquatiques; quant à la chaleur, elle ne doit ni monter au-dessus de 15 à 18 degrés ni descendre au-dessous de 5 degrés; il faut donc éviter avec soin l'exposition au soleil ou à la gelée. — Quelques instruments fort simples sont nécessaires au service de l'Aquarium; c'est, d'abord, une longue pince en bois au moyen de laquelle on puisse fouiller tous les recoins du bassin, afin d'en enlever les matières nuisibles, telles que les corps morts, les débris d'aliments, les détritus de plantes. On enlèvera facilement les petites ordures et les déjections animales au moyen d'un tube de verre, ouvert aux deux bouts, que l'on enfonce, en bouchant l'ouverture supérieure avec le doigt au-dessus de l'objet que l'on veut enlever; on retire alors le doigt, et l'eau, en montant dans le tube pour regagner son niveau, entraînera l'objet avec elle. On place alors de nouveau le doigt sur l'ouverture supérieure du tube pour empêcher l'eau de s'écouler et l'on retire le tube contenant l'objet. Un siphon de verre ou un tube en caoutchouc est indispensable lorsqu'il devient nécessaire de retirer une certaine quantité d'eau. Enfin, un petit filet à main ou une petite

Aquarium d'appartement.

passoire à long manche pour retirer les animaux lorsqu'il en sera besoin. — Les plantes les plus propres à vivre dans l'Aquarium sont : les *lemna* ou lentilles d'eau, le volant d'eau (*Myriophyllum*), le *chara* ou lustre d'eau, qui peuvent vivre dans l'eau sans s'enraciner dans le sol; le callitriche, l'anacharis, l'hydrocharis ou morrène, les potamots ou épis d'eau, les naïades, qui poussent des racines des nœuds de la tige et vivent longtemps sans s'enraciner. — Enfin, l'on peut y conserver, pendant un temps plus ou moins long, les renoncules d'eau, le rossolis, les nymphæa ou nénuphars, le trèfle d'eau (*Menyanthès*), etc. Mais il faudra les retirer dès qu'ils donneront des signes de caducité ou que leurs feuilles jauniront. — Nous devons citer les espèces animales qui se plaisent dans l'Aquarium et que l'on a la certitude d'y conserver : parmi les poissons, le cyprin doré ou poisson rouge, qui présente les teintes les plus riches et les plus variées; les vairons, qui revêtent au printemps les plus belles couleurs; la carpe et la tanche, qui

deviennent familières au point de venir prendre la nourriture entre les doigts; le gardon, la vandoise, la loche, vivent bien dans l'Aquarium et contribuent à lui donner un aspect animé; le meunier, la brème et les ablettes sont moins robustes et difficiles à conserver. Parmi les batraciens aquatiques, les diverses espèces de tritons; parmi les insectes, les hydrophiles; parmi les mollusques, les planorbes et les lymnées, qui rendront de grands services en dévorant tous les détritus qui troublent l'eau. — Un des spectacles les plus amusants que puisse offrir l'Aquarium est celui du repas des animaux. Les poissons montrent une insatiable avidité; manger est la grande affaire de leur existence; aussi, les voit-on lutter de vitesse pour saisir leur proie, se sauver dès qu'ils l'ont happée et se poursuivre souvent pour se l'enlever l'un à l'autre. — Il faut proscrire de l'alimentation la mie de pain et les pâtes que l'on a l'habitude de donner aux poissons rouges, non que ces substances soient mauvaises comme aliment, mais parce que les portions qui restent dans l'eau entrent en fermentation, donnent un goût acide à l'eau et en troublent la transparence; on ne peut donc employer ce genre de nourriture que pour les petits bocaux dont on change l'eau tous les jours. — L'aliment le plus convenable est la viande cuite ou crue que tous ces animaux mangent avec plaisir; on la coupe en longs filaments, comme de petits vers; lorsqu'elle tombe au fond, elle ne trouble pas l'eau, et l'on peut l'en retirer facilement au moyen des pinces et du tube de verre. Les petits vers de vase, les mouches, les petites araignées, et en général tous les insectes mous, sont pour les poissons un vrai régal. — Deux ou trois repas réguliers par semaine suffisent au besoin des habitants de l'Aquarium; les détritus végétaux, les animalcules qu'ils dévorent sans cesse leur servent de supplément. — L'Aquarium marin ne diffère de celui d'eau douce que parce qu'il est alimenté par l'eau de mer et contient les animaux qui l'habitent. Son établissement n'est guère praticable que dans le voisinage des côtes, ou en subvenant aux dépenses que nécessite le transport de l'eau de mer. On a souvent tenté l'emploi de l'eau de mer artificielle; mais le succès a toujours été de courte durée.

AQUIFOLIACÉ (du latin *acus*, aiguille, et *folium*, feuille). Qui a les feuilles piquantes, comme le houx.

AQUIFOLIACÉES. (Voir Ilicinées.)

AQUILA. Nom scientifique latin de l'Aigle. (Voir ce mot.)

AQUILEGIA. (Voir Ancolie.)

AQUILINÉS (de *aquila*, aigle). Groupe de la famille des *Falconidés*. (Voir ce mot.)

ARA. Groupe d'oiseaux de la famille des Perroquets. (Voir ce mot.)

ARABES (anciennement *Adites* et *Ismaélites*). Les Arabes représentent eux seuls aujourd'hui, avec les Juifs, le type sémite, auquel on rattache les anciens Assyriens, Phéniciens, Carthaginois. Le type arabe est un des plus beaux du monde. Le visage,

Arabe.

long et mince, forme un ovale régulier; le front est droit, mais peu élevé; le nez aquilin, les yeux noirs en forme d'amande avec de longs cils noirs; les cheveux et la barbe sont noirs et lisses; la peau se bronze facilement. L'Arabe est de taille moyenne, plutôt grande en Algérie. Il est sec, nerveux et a les attaches fines; il est sous-dolichocéphale. — A la suite de l'hégire de Mahomet, les Arabes jouèrent un rôle important dans le monde; ils occupèrent, par voie de conquête, la plus grande partie de l'Afrique et la moitié de l'Asie; ils ont laissé de leur sang en Espagne et même dans le sud-est de la France. Aujourd'hui, on les rencontre de l'Égypte au Maroc, surtout en Algérie, du golfe d'Aden à la Cafrerie, de la mer Méditerranée et de la mer Rouge aux monts Bolor d'une part, aux embouchures du Gange et du Cambodge de l'autre. Il ne faut pas confondre, comme on le fait souvent, les Arabes avec les Berbères et les Kabyles. (Voir ces mots.)

ARABETTE (*Arabis*, qui croît en Arabie, c'est-à-dire dans les lieux secs). Genre de plantes dicotylédones de la famille des *Crucifères*, offrant pour caractères distinctifs : calice droit à sépales bosse-

lés, pétales entiers, étalés, stigmate obtus, presque sessile; silique linéaire, allongée, comprimée, à valves munies d'une nervure dorsale; graines comprimées, souvent ailées, sur un rang. — L'**Arabette des Alpes** (*A. alpina*) croît sur les montagnes élevées et se cultive dans les jardins sous le nom d'*Arabette du Caucase;* à souche émettant des tiges florifères de 1 à 2 décimètres; à feuilles sessiles, molles, dentées; épanouit dès le mois de mars ses fleurs blanches un peu odorantes. — L'**Arabette tourette** (*A. turrita*) se rencontre dans les bois élevés et pierreux. Sa tige droite, simple, robuste, velue, haute de 4 à 8 décimètres, porte des feuilles ovales, oblongues, dentées, sessiles; les radicales pétiolées. Ses fleurs, d'un blanc jaunâtre, s'ouvrent en mai et juin; siliques très longues, arquées, comprimées; graines brunes entourées d'une bordure jaune. — L'**Arabette ciliée** (*A. ciliata*) croît sur les hautes montagnes. Sa tige, de 2 à 3 décimètres, porte des feuilles ciliées ou velues, les radicales sont étalées en rosette. Ses fleurs blanches sont disposées en cyme.

ARABIS. Nom scientifique latin du genre *Arabette*.

ARACARI (*Pteroglossus*). Genre d'oiseaux de l'ordre des Grimpeurs, voisins des Toucans (voyez ce mot), dont ils diffèrent par leur bec moins long et moins gros, mais plus dur et plus solide ; par leur queue plus longue en général et très étagée, tandis qu'elle est carrée chez les Toucans. Leur langue est étroite, cartilagineuse, en forme de plume, d'où leur nom générique (*pteron*, plume, et *glossa*, langue). Celui d'Aracari leur est donné par les indigènes de l'Amérique du Sud, patrie de ces oiseaux. Ils ont le plumage varié, mais le vert y domine. Comme les Toucans, ils habitent les grands bois, nichent dans les trous des arbres et vivent de fruits et d'insectes. Les espèces les mieux connues sont l'*Aracari vert*, l'*Aracari grigri* et l'*Aracari koulik*.

ARACHIDE (*Arachis*). Genre de plantes de la famille des *Légumineuses*, tribu des *Hédysarées*, originaire de l'Afrique occidentale, et que l'on cultive en Chine, au Japon et dans les provinces méridionales des États-Unis d'Amérique et de la France, ainsi qu'en Espagne et en Italie. Cette plante, connue sous le nom de *pistache de terre*, est annuelle ; on la cultive en grand pour ses propriétés alimentaires et oléagineuses. L'**Arachide souterraine** (*A. hypogæa*) a sa racine fusiforme, composée de fibres grêles couvertes d'un grand nombre de tubercules pisiformes. Sa tige, rameuse et poilue, est longue d'environ 4 décimètres; ses feuilles sont alternes, ailées, d'un beau vert, composées de deux paires de folioles, et munies d'une paire de stipules lancéolées. Les fleurs, qui naissent aux aisselles des feuilles réunies par petits bouquets de trois à six, sont petites, jaunes; les supérieures sont toutes mâles; les inférieures sont, les unes femelles, les autres polygames. Après la fécondation, les premières disparaissent; les secondes seules sont fécondées et présentent un phé nomène très curieux. L'ovaire, développé, s'allonge peu à peu, se courbe vers la terre et finit par s'y enfoncer; il y accomplit sa maturation à plusieurs pouces au-dessous de la surface et présente alors ensevelie une gousse longue, cylindrique, de substance coriacée, et qui renferme deux et quelquefois quatre semences de la grosseur d'une noisette. Cette espèce d'amande est enveloppée d'une pellicule couleur de chair, et sa substance est blanche, farineuse et oléagineuse. On la mange cuite dans l'eau ou grillée sous la cendre et on la fait, dit-on, entrer parfois dans la confection du chocolat. C'est dans cette amande que réside le produit de l'Arachide; elle fournit la moitié de son poids d'une huile grasse, agréable au goût et qui se conserve très longtemps sans rancir. Elle est très siccative et peut s'employer dans les arts.

Fruit souterrain de l'Arachide.

ARACHNIDES (du grec *arachné*, araignée). Les Arachnides forment la seconde classe de l'embranchement des animaux articulés ou ARTHROPODES. Ce sont des animaux à corps généralement mou et revêtu d'une peau qui n'est pas dure ni calcaire, comme dans les crustacés. Ils n'ont jamais d'ailes et se meuvent au moyen de pieds articulés, le plus souvent au nombre de huit, et terminés par deux ou trois crochets. La tête, chez eux, se confond avec le thorax et forme un ensemble inséparable nommé *céphalothorax;* elle n'est jamais pourvue d'antennes, mais présente deux pièces articulées en forme de petites serres, *chélicères*, mal à propos comparées aux mandibules des insectes, dont on leur a donné le nom; elles se meuvent en sens contraire de celles-ci, c'est-

Appareil buccal d'une araignée, vu en dessous. —*c*, chélicères; *b*, palpes maxillaires; *a*, mâchoires réunies à leur base par une mentonnière ou langue sternale.

sternale. Chez les uns, la respiration s'effectue au moyen de poumons, sortes de petites poches composées de nombreuses lamelles unies et rapprochées entre elles comme les feuillets d'un livre; ces poches communiquent à des ouvertures extérieures transversales, nommées *stigmates*, dont le nombre varie de deux à huit, et situées à la partie inférieure de l'abdomen. Chez les autres, la respiration s'opère, comme chez les insectes, au moyen de trachées. Les tardigrades n'ont pas d'organes respiratoires. De là l'ancienne division des Arachnides en *trachéennes* et en *pulmonaires*. Le système circulatoire consiste en un cœur ayant la forme d'un grand vaisseau allongé, donnant naissance à des artères qui se rendent aux diverses parties du corps. Le système nerveux nous offre dans la plupart un volumineux ganglion central, situé à la partie médiane du thorax, et deux autres plus petits en avant, donnant naissance aux nerfs optiques et aux nerfs buccaux. Le ganglion central émet de chaque côté quatre rameaux aboutissant aux pattes, et en arrière deux grands cordons nerveux se divisant à la base de l'abdomen en quatre ou cinq rameaux branchus. Ce mode d'organisation varie cependant chez les Scorpions. (Voir ce mot.) Les Arachnides ont les sexes séparés : la plupart sont ovipares; les petits éclosent quelques jours après la ponte, et ils ont déjà la même forme que les adultes, sauf quelques espèces qui naissent avec six pattes et n'acquièrent les deux autres qu'après une mue *(acariens)*. Les Arachnides se nourrissent en général d'insectes qu'elles saisissent dans les toiles, ou à la course; d'autres vivent en parasites sur divers animaux et sur l'homme lui-même (voir ACARUS), ou sur des végétaux. Cuvier divisait les Arachnides en deux ordres, les pulmonaires et les trachéennes. — Les *pulmonaires* comprennent deux familles, les *fileuses* et les *pédipalpes* : les *fileuses* sont les *araignées* proprement dites; les *pédipalpes* comprennent les *tarentules* et les *scorpions*. — Les *trachéennes* se divisent en *faux scorpions*, en *pycnogonides* et en *holètres*. — On divise aujourd'hui les **Arachnides** en sept ordres d'après les caractères suivants:

ARACHNIDES.	Des organes respiratoires.	Abdomen distinct.	Plusieurs articles au céphalothorax et à l'abdomen........................		GALÉODES.
			Abdomen sans articles et pédiculé.................		ARANÉIDES.
		Céphalothorax non articulé.	Abdomen composé de plusieurs articles et non pédiculé	des sacs pulmonaires........	SCORPIONIDES.
				des trachées...............	PHALANGIDES.
		Abdomen confondu avec le céphalothorax............................			ACARIENS.
	Pas d'organes respiratoires.	Pattes en forme de tronçons...........................			TARDIGRADES.
		Pattes longues et multi-articulées..........................			PYCNOGONIDES.

à-dire de haut en bas; ces pièces sont remplacées, dans les Arachnides dont la bouche est en forme de suçoir, par deux lames pointues servant de lancettes. Les organes de la vision consistent en petits yeux lisses, groupés de diverses manières, et dont le nombre varie de deux à douze. Leur bouche est composée d'une lèvre en languette, de deux mâchoires formées par le premier article des palpes et d'une pièce cachée sous les mandibules et qui se nomme langue

Les **Arachnides** se trouvent partout. Leur chasse exige certaines précautions, surtout dans les pays chauds; on doit les saisir avec de petites pinces, afin d'éviter leur morsure quelquefois dangereuse. On les conserve dans de petits tubes de verre remplis d'alcool.

ARACHNOÏDE (du grec *arachnoïdès*, semblable à une toile d'araignée). L'une des membranes qui enveloppent le cerveau. (Voir CERVEAU.)

ARAGONITE. Carbonate de chaux prismatique naturel qui se distingue du calcaire, non seulement par sa forme cristalline, mais encore par sa densité plus grande qui atteint 2,93. Elle éclate en petits fragments à une température peu élevée.

ARAIGNÉE. Tout le monde connaît ce hideux animal que les Grecs ont trouvé moyen de poétiser sous le nom d'*Arachné*. Chacun sait que, défiée et vaincue par l'habile ouvrière de Colophon, Minerve la frappa de sa navette et la changea en Araignée, de sorte que l'infortunée n'a conservé de sa première nature que son habileté à tisser de la toile. Mais quittons la fable pour l'histoire. On comprend sous le nom d'Araignées toutes les arachnides pulmonaires, pourvues de filières, c'est-à-dire d'organes propres à sécréter une espèce de soie : c'est l'ordre des ARANÉIDES. Parmi ces aranéides fileuses, on distingue celles qui le plus souvent mou, soyeux, ovoïde, ne montre pas d'articles distincts, et porte à son extrémité des *filières*. Ces filières sont des mamelons coniques ou cylindriques au nombre de quatre ou de six, percés de milliers de trous auxquels viennent aboutir les vaisseaux sécréteurs, réunis en paquets dans l'abdomen. La matière qui forme le fil de l'Araignée est une espèce de gomme transparente qui, expulsée à travers les pores de la filière, prend de la consistance au contact de l'air et constitue des fils d'une ténuité telle, qu'il en faudrait un millier pour égaler en grosseur un cheveu. A leur sortie de la filière, l'Araignée colle ces fils à quelque objet, en y appliquant son abdomen ; puis, à l'aide de ses pattes, dont les griffes sont dentées comme un peigne, elle les réunit en un seul fil qu'elle tire suivant ses besoins en s'éloignant du point d'attache. Au moyen de cette

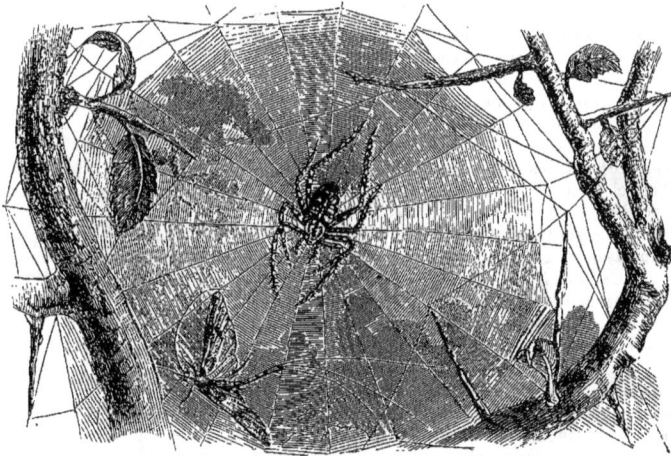

Toile d'Araignée Epeire.

n'ont que deux sacs pulmonaires et deux stigmates, ce sont les **Araignées** proprement dites ou *Dipneumones ;* et celles qui ont quatre sacs pulmonaires et quatre stigmates (deux de chaque côté), ce sont les *Tétrapneumones* ou **Mygales,** auxquelles nous consacrerons un article particulier.—Chez les Araignées, comme dans le reste de la classe des ARACHNIDES, le corselet et la tête ne font qu'un ; celle-ci est comme incrustée dans la poitrine et n'est, par conséquent, susceptible d'aucun mouvement ; la nature y a remédié en y plaçant huit yeux, toujours ouverts comme ceux d'Argus, qui lui permettent d'explorer les alentours. Le corselet et la tête réunis en un seul corps ont reçu le nom de *céphalothorax.* Celui-ci porte, en avant, les pièces composant la bouche, c'est-à-dire deux lèvres (une inférieure et une supérieure), deux mâchoires latérales et deux palpes articulées ; en dessous s'attachent huit pattes articulées, terminées par des crochets dentelés. L'abdomen est suspendu au céphalothorax par un pédicule très mince ; il est soie qu'elles sécrètent, les Araignées tendent des filets pour surprendre leur proie, jettent des cordages pour leur servir de ponts suspendus ou d'échelles pour descendre à terre ; elles en tapissent leurs demeures ou en construisent des cocons pour renfermer et abriter leurs œufs. Toutes les Araignées fileuses ne construisent pas de toiles ; quelques-unes se contentent de tapisser leur demeure, et au lieu d'attendre leur proie au milieu de leurs filets, elles courent à sa recherche, ou blotties derrière quelque motte de terre, comme le léopard derrière son rocher, elles la guettent au passage. Mais le plus grand nombre des aranéides construisent des toiles ou filets ; les unes en réseau circulaire, dont tous les fils rayonnent du centre à la circonférence et sont reliés entre eux par d'autres fils plus déliés et placés circulairement ; les autres font une toile moins régulière, mais d'un tissu plus serré placé d'ordinaire dans un angle de mur ou entre deux branches : puis elles se placent en embuscade dans un coin, où elles ont construit une loge cylindrique pour leur habitation. Dès qu'une victime s'est empêtrée dans ses filets, l'Araignée accourt, la garrotte de nouveaux liens, puis la tue instantanément en la perçant avec le crochet venimeux qui termine ses mâchoires; ce crochet est percé, vers sa pointe, d'un petit trou par lequel s'écoule, dans la plaie, le venin contenu dans une petite vésicule placée à la base de la mâchoire. L'Araignée ne dévore jamais les cadavres de ses victimes, elle se contente d'en sucer le sang et les humeurs. Il arrive cependant quelquefois que l'insecte est trop fort, alors l'Araignée elle-même brise sa toile pour se débarrasser d'un hôte dangereux; elle raccommode ensuite le dégât, ou, s'il est trop grand, elle reconstruit une autre toile. Dans le plus grand nombre des espèces, le mâle est plus petit et moins fort que la femelle; aussi il arrive souvent que celle-ci le tue et en fait sa proie. Et cependant, ces hideuses bêtes, ennemies de leur propre espèce, et qui ne respectent même pas le père de leurs enfants, deviennent les mères les plus tendres, les plus passionnées; elles forment avec le plus grand soin une coque de soie fine dans laquelle elles renferment leurs œufs; les espèces sédentaires déposent la précieuse bourse au fond de leur demeure; mais les Araignées coureuses ou chasseuses l'attachent à leur abdomen, l'emportent toujours avec elles, et ne l'abandonnent qu'avec la vie. Les œufs qui ne sont pas destinés à passer l'hiver éclosent quinze ou vingt jours après la ponte. Dès qu'ils peuvent se suffire à eux-mêmes, la mère quitte ses petits; ceux-ci restent ensemble jusqu'à la première mue et filent en commun; mais ensuite, ils se séparent, vont vivre chacun de leur côté et ne s'épargnent nullement s'ils viennent à se rencontrer. Les Araignées ont un système nerveux très développé; aussi leur tact est-il d'une finesse extrême; elles sentent les moindres vibrations qui agitent les fils de leur toile; mais nous ne savons si elles sont aussi bien partagées sous le rapport des autres sens; l'ouïe semblerait jouer chez elles un rôle assez important, si l'on en croyait Grétry, qui raconte, dans ses Mémoires, qu'une Araignée descendait du plafond sur la table de son piano chaque fois qu'il jouait, et qu'elle disparaissait dès qu'il cessait de toucher le clavier. Mais n'était-ce pas là plutôt l'effet des vibrations de l'instrument? En effet, des expériences répétées tendraient à prouver que le sens de l'ouïe, s'il existe chez les Araignées, est au moins fort peu développé. Il n'en est pas de même de ceux du tact et de la vue. — On a prétendu que, dans les pays chauds, le venin de certaines Araignées pouvait être funeste à l'homme lui-même; mais des expériences sérieuses de savants, tels que Walkenaër et Léon Dufour, ont prouvé que la morsure des espèces réputées les plus dangereuses n'avait été suivie d'aucun accident. Il est certain cependant qu'il existe, dans l'Amérique méridionale, des Araignées gigantesques (voir MYGALE) dont la morsure tue de petits oiseaux et même des rep-

tiles. Quant à ces contes aussi absurdes que terribles d'Araignées suçant le sang des hommes jusqu'à la mort, personne n'y croit plus. — On a cherché à tirer parti du fil des Araignées et l'on a pu en fabriquer des gants et des bas; mais la difficulté d'élever en domesticité des animaux toujours prêts à s'entre-dévorer y a fait renoncer. Les Araignées sont répandues sur la totalité du globe, et l'on en connaît un nombre considérable d'espèces, dont quelques-unes se font remarquer par l'éclat de leurs couleurs ou la singularité de leurs formes. Les naturalistes les ont classées dans diverses sections, suivant leurs mœurs; telles sont : les *fileuses* ou sédentaires, qui, comme nous l'avons vu, fabriquent une toile ou filet; les *tubicoles*, qui se retirent dans un tube doublé de soie et font des excursions au dehors; les *coureuses*, qui forcent leur gibier à la course; les *sauteuses*, qui se mettent en embuscade et se lancent d'un bond sur la proie qui passe à leur portée, etc. — Parmi les espèces de

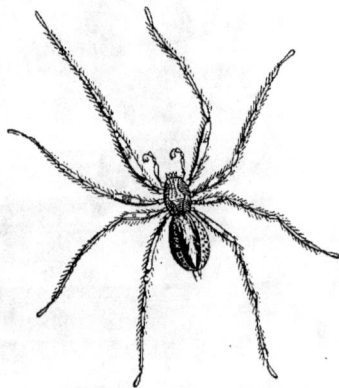

Araignée domestique, grandeur naturelle.

notre pays, nous citerons l'**Araignée domestique** (*Tegenaria domestica*), bien connue de tout le monde pour construire dans l'intérieur de nos habitations, aux angles des murs, une grande toile horizontale, à la partie supérieure de laquelle est un tube où elle se retire pour épier les mouches et autres insectes qui viennent s'y prendre. Son céphalothorax porte sur le devant huit yeux placés sur deux rangs parallèles; il est couvert de poils fauves et bordé de noir; son abdomen présente dans son milieu une bande longitudinale d'un rouge pâle, bordée de taches noires ou brunes; ses pattes, très longues, sont verdâtres, annelées de brun rouge. — L'**Araignée des caves** (*T. civilis*) ressemble assez à la précédente; son céphalothorax est rougeâtre; son abdomen, d'un jaune pâle, est taché de noir. Elle construit dans les caves, sous les pierres, dans les endroits obscurs et retirés des édifices, une toile semblable à celle de l'Araignée domestique.

— L'**Araignée agreste** (*Agelena labyrinthica*) établit sur les herbes ou les plantes basses une toile horizontale en forme de hamac; et, au-dessus de cette toile, elle tend encore des fils isolés très forts, servant à arrêter les insectes dans leur vol et à les précipiter sur la toile. Elle renferme ses œufs dans un cocon de couleur orange. Cette espèce a le céphalothorax couvert de poils gris et l'abdomen d'un brun noir velouté, avec une suite de raies blanches en forme

Araignée Épeire, grandeur naturelle.

de chevrons.—L'**Araignée diadème** ou **Épeire** (*Epeira diadema*) est commune, en automne, dans les jardins; elle tisse une toile verticale, d'une forme géométrique très régulière; sa couleur est brun rougeâtre, et elle porte sur l'abdomen une croix blanche et des taches en points blancs. — Les **Lycoses** ou *araignées-loups* se mettent en embuscade pour surprendre leur proie et s'élancent dessus dès qu'elle est à leur portée. C'est à ce groupe qu'appartient la *Tarentule*, célèbre par les fables ridicules dont elle est le sujet; nous lui avons consacré un article particulier. — Les **Érèses** se construisent des fourreaux de soie et tendent des fils irréguliers entre les arbustes épineux. Leurs yeux sont curieusement disposés : quatre forment un petit carré sur le milieu de la partie antérieure du céphalothorax, et les quatre autres, placés sur les côtés, forment un grand carré au milieu duquel est enfermé le premier. L'**Érèse rouge** (*Eresus cinaberinus*), qui se trouve aux environs de Paris, a le céphalothorax noir, bordé de rouge, et l'abdomen d'un rouge écarlate, avec quatre taches noires. Elle chasse à la course. — Certaines Araignées aquatiques (*Aquitéles*) offrent des mœurs très singulières. (Voir ARGYRONÈTE.)

ARAIGNÉE DE MER. Nom vulgaire d'un crustacé du genre *Maia*. (Voir CRABE.)

ARALIA. Genre de plantes ombellifères de la tribu des *Araliées*, se distinguant par un fruit charnu, souvent drupacé, divisé en plusieurs loges et dont les carpelles ne se séparent pas à la maturité. La tribu des *Araliées* comprend, outre le genre *Aralia*, les *Panax* (Ginseng) et les *Hedera* (Lierre). — Les *Aralia* sont des plantes ligneuses, à feuilles longuement pétiolées, alternes, à fleurs petites, en grappes ou en panicules. Ils sont originaires de l'Amérique septentrionale et cultivés dans les jardins en raison de leur joli feuillage et de leur port élégant.

ARALIACÉES (du genre *Aralia*). Famille de plantes dicotylédones à corolle polypétale épigyne ; étamines alternes avec les pétales, en nombre égal; ovaire infère à deux ou plusieurs loges; baie charnue ou sèche. Cette famille, voisine des Ombellifères, renferme les genres *Aralia, Panax, Hedera* (Lierre). (Voir ces mots.)

ARANÉIDES. (Voir ARAIGNÉE.)

ARANÉEUX. Se dit des poils entre-croisés, imitant plus ou moins une toile d'araignée.

ARAUCARIA (du nom d'une province de l'Amérique du Sud, où cet arbre est très répandu). Grands arbres de la famille des *Conifères*, de la tribu des *Abiétinées*, à rameaux verticillés, dressés, étalés, garnis de feuilles ovales, allongées, luisantes, ter-

Araucaria de Norfolk.

minées en pointe aiguë. Ce sont de très beaux arbres, au port élégant. Leur bois est de qualité supérieure. On en connaît de nombreuses espèces : l'Araucaria du Chili (*A. chilensis*), celui de l'île Norfolk (*A. excelsa*), l'Araucaria de Cunningham et celui de Cook, etc.

ARBORISATION. On donne ce nom ou celui de Dendrites à des dessins de couleur foncée, représentant des troncs ou des branches plus ou moins ramifiées, que l'on rencontre sur certaines pierres et surtout dans les agates. Ces arborisations sont formées par des infiltrations d'eau chargée de particules métalliques, qui pénètrent par des fissures de la pierre.

ARBOUSIER (*Arbutus*). Genre de plantes de la famille des *Ericacées*, très voisin des Airelles. L'espèce la plus intéressante est l'**Arbousier commun** (*A. unedo*), qui croît dans le midi de la France, en Espagne et en Italie. C'est un bel arbrisseau qui s'élève de 3 mètres jusqu'à 8 mètres de hauteur. Son tronc se divise en rameaux irréguliers, nombreux, d'un beau rouge, et forme de beaux taillis. Son joli feuillage, d'un vert brillant, persiste pendant l'hiver : il est alterne, ovale oblong, denté, à pétiole

Arbousier commun.

rouge. En septembre et en février, il est couvert de fleurs blanches ou roses, simples ou doubles, suivant la variété, disposées en grelots et en grappes pendantes axillaires ou terminales. Le fruit qui leur succède ressemble à la fraise de nos jardins, ce qui lui a fait donner le nom de *Fraisier en arbre*. Ce fruit, d'un rouge vif lorsqu'il est mûr, est sucré, mais âpre et astringent ; les oiseaux en sont très friands. Linné lui a donné le nom de *unedo* (*unum edo*, j'en mange un), pour exprimer que son âpreté empêche d'en manger beaucoup. On retire de sa pulpe jaune et mucilagineuse un sucre liquide prêt à cristalliser et de l'alcool de 16 à 20 degrés. — L'Arbousier se multiplie de graines semées en temps sec, au mois de mars, et de marcottes. L'**Arbousier à panicules** (*A. andrachne*), l'**Arbousier des Alpes** (*A. alpina*) et l'**Arbousier raisin d'ours** ou *Busserole* (*A. uva ursi*) ont de grands rapports avec l'Arbousier commun. Les feuilles et l'écorce des Arbousiers contiennent une grande quantité de tannin ; on les emploie pour le tannage des cuirs.

ARBRE (*Arbor*). On désigne sous ce nom les végétaux à tige ligneuse, par opposition à celui d'*herbe* ou de plante herbacée, que l'on donne à ceux dont la tige meurt chaque année. Les botanistes cependant donnent au mot *arbre* une acception plus précise et plus limitée. Ils réservent ce nom pour les végétaux ligneux les plus grands, ceux dont la tige est simple inférieurement et ne commence à se ramifier qu'à une hauteur plus ou moins considérable au-dessus du sol, en un mot pour les végétaux qui ont un *tronc*. Tous les autres végétaux ligneux ont reçu les noms d'*arbrisseaux*, d'*arbustes* et de *sous-arbrisseaux* :

1° Les arbrisseaux *arbusculæ*) ont la tige ramifiée dès la base, et rivalisent presque avec les arbres par leur vigueur et leur élévation ; tels sont les lilas, les noisetiers, etc. ;

2° Les arbustes (*frutices*) ont également leur tige ligneuse ramifiée dès la base ; mais ils s'élèvent peu et dépassent rarement la hauteur de 1 mètre ;

3° Enfin, les sous-arbrisseaux (*subfrutices*) prennent en quelque sorte le milieu entre les arbustes et les plantes herbacées. Leur tige est ramifiée dès la base, ligneuse inférieurement ; mais leurs jeunes rameaux sont herbacés et meurent chaque année, tandis que la portion ligneuse persiste et vit un grand nombre d'années ; telles sont la vigne vierge, la rue officinale, les clématites, etc.

Le nom d'*arbre* suivi d'une épithète significative est souvent employé pour désigner vulgairement certains végétaux ligneux, presque toujours remarquables par quelques-unes de leurs propriétés. C'est ainsi qu'on nomme : — **Arbre à beurre**, le *Bassia butiracea*, palmier de l'Inde ; — **Arbre à bois blanc**, les saules, les peupliers, le sapin, etc. ; — **Arbre à cire**, les ciriers ; — **Arbre à fraises**, l'arbousier ; — **Arbre à glu**, le houx, dont l'écorce fournit d'excellente glu ; — **Arbre à la gomme**, l'eucalyptus résineux et le métrosidéros de la Nouvelle-Hollande ; — **Arbre à l'ail**, une espèce de casse (*Cassia alliodora*), et le sebestier domestique ; — **Arbre à lait** : ce nom se donne à plusieurs espèces d'apocynées, d'euphorbes et d'urticées, qui fournissent un suc blanc assez semblable au lait ; — **Arbre à pain**, une espèce intéressante du genre *Artocarpe ;* — **Arbre à papier**, le mûrier à papier ; — **Arbre à perruque**, le sumac fustet ; — **Arbre à résine**, tous les arbres résineux ; — **Arbre à sang**, une espèce de millepertuis de la Guyane, qui fournit par incision une résine d'un rouge sanguin ; — **Arbre à savon**, le phalangium ; — **Arbre à sucre**, l'arbousier, à cause du sucre que l'on retire de son fruit ; — **Arbre à suif**, le *Croton sebiferum ;* — **Arbre à tan**, le sumac des corroyeurs ; — **Arbre à thé**, le symploque de l'Amérique méridionale ; — **Arbre au corail**, l'érythrine ; — **Arbre au coton**, le fromager à cinq feuilles ; — **Arbre au poivre**, le poivrier d'Espagne (*Schinus molle*) ; — **Arbre aux fraises**, l'arbousier, à cause de ses fruits ; — **Arbre aux grives**, le sorbier des oiseaux ; — **Arbre à quarante écus**, le *Gincko biloba ;* — **Arbre aux tulipes**, le tulipier de Virginie ; — **Arbre bouton**, le céphalanthe d'Amérique et le gainier du Canada ; — **Arbre d'argent**, le *Protea argentea;* — **Arbre de baume**, le clusier jaune et le baumier gommifère; — **Arbre de corail**, l'arbousier d'Orient; — **Arbre de Dieu**, le *Ficus religiosa* de l'Inde; — **Arbre d'encens**, le pin de Virginie et diverses espèces de baumes; — **Arbre de fer**, le *Dracœna ferrea* de l'Inde; — **Arbre de Judée**, le gainier (*Cercis siliquastrum*); — **Arbre de Moïse**, le buisson ardent que forme le néflier; — **Arbre de neige**, l'amelanchier de Virginie; — **Arbre de Sainte-Lucie**, le cerisier malaheb; — **Arbre de soie**, la mimeuse en arbre et l'asclépiade de Syrie; — **Arbre de suif**, le croton porte-suif; — **Arbre des Banians**, le figuier du Bengale; — **Arbre du Brésil**, le *Brésillet*; — **Arbre du vernis**, l'angia de la Chine et quelques sumacs; — **Arbre immortel**, le cèdre du Liban; — **Arbre poison**, le mancenillier, le sumac, et généralement tous les arbres éminemment vénéneux; — **Arbre puant**, l'anagyre fétide et le fétidier; — **Arbre triste**, le bouleau commun et le saule de Babylone, dont les rameaux tombent souvent jusqu'à terre; — **Arbres verts**: on donne ce nom aux arbres et arbrisseaux qui conservent leurs feuilles durant tout l'hiver.

ARBRISSEAUX. (Voir Arbre.)

ARBUSTES. (Voir Arbre.)

ARBUTUS. Nom scientifique latin de l'Arbousier. (Voir ce mot.)

ARCHÆOPTERYX (du grec *archaios*, ancien, et *pterux*, aile, oiseau). Singulier oiseau fossile qui forme à lui

Archæopteryx.

seul l'ordre des Saururés de Huxley. Cet oiseau, dont les restes ont été découverts dans les schistes de Solenhofen (époque jurassique), présente des caractères tels qu'on ne saurait dire avec certitude s'il doit être classé parmi les reptiles ou parmi les oiseaux, et longtemps on l'a décrit comme un lézard emplumé. Ses mâchoires étaient pourvues de dents, comme celle du Ptérodactyle, et sa queue, organe très réduit chez les oiseaux actuels, était composée d'une vingtaine de vertèbres et avait une longueur comparable à celle qui existe chez les Sauriens. Mais, ainsi qu'on peut le voir par la reproduction de ses restes, il avait incontestablement des plumes. L'Archæopteryx semble donc former le passage des reptiles aux oiseaux.

ARCHANGÉLIQUE. (Voir Angélique.)

ARCHE (*Arca*). Genre de mollusques ACÉPHALES de la classe des LAMELLIBRANCHES, de la famille des *Ostréidés*. Leur coquille a deux valves égales, transverses, dont la charnière occupe le plus grand côté; celle-ci est garnie d'un grand nombre de petites dents qui engrènent dans les intervalles

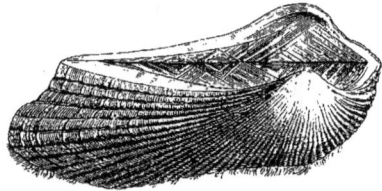

Arche de Noé.

les unes des autres; deux faisceaux de muscles, insérés aux deux bouts des valves, servent à l'animal à les rapprocher. Les Arches sont des coquilles assez délicates et ornées de côtes ou stries longitudinales; elles sont recouvertes, à l'état vivant, d'un épiderme épais et très velu. L'animal qui habite cette coquille est allongé et trapézoïde comme sa coquille et enveloppé dans un manteau à deux lobes égaux. Son corps est formé d'une masse viscérale considérable; l'ouverture de la bouche est grande, transverse, garnie de larges lèvres. On connaît un grand nombre de ces mollusques, qui se tiennent près des rivages dans des endroits rocailleux; mais on les recherche peu pour la table à cause de leur dureté. — L'espèce la plus connue est l'**Arche de Noé** (*Arca Noe*), qui habite la mer Rouge, la Méditerranée et la mer des Antilles. L'aplatissement de sa base, sa forme allongée et ventrue, lui donnent quelque ressemblance avec un bateau.

ARCHÉGONE (de *arché*, principe, et *goné*, rejeton). Appareil femelle des mousses.

ARCHER (*Toxotes*). Genre de poissons de l'ordre des TÉLÉOSTÉENS, tribu des *Acanthoptères*, famille des *Squamipennes*, se distinguant par la position très reculée de la dorsale, par les sept rayons qui soutiennent la membrane des branchies, et par les dents en velours qui garnissent les mâchoires, le bout du vomer, les palatins et la langue. — Ce genre renferme une seule espèce, l'**Archer sagit-**

taire (*T. jaculator*), ainsi nommé à cause de la singulière faculté qu'il possède de lancer avec sa bouche, à plus de 1 mètre de hauteur, des gouttes d'eau, qu'il sait diriger adroitement contre les insectes qui se tiennent sur les plantes aquatiques, et qui les fait tomber en son pouvoir. Ce singulier poisson a le corps en ovale irrégulier, fortement comprimé en arrière et qui augmente sensiblement d'épaisseur jusqu'aux yeux, où la tête alors se termine brusquement en un museau court et pointu; la bouche est fendue obliquement et la mâchoire inférieure est plus longue que la supérieure. Les écailles qui couvrent son corps et sa tête sont très développées et finement pointillées. L'Archer a 15 ou 18 centimètres de longueur; sa couleur est d'un brun foncé en dessus avec quatre taches noires arrondies, le dessous du corps est d'un blanc argenté. Il se trouve dans le Gange et dans les rivières de l'archipel Indien, où il porte le nom d'*Ikan-sumpit*. Les Chinois et les Javanais élèvent ce poisson dans leurs maisons comme objet de curiosité et d'amusement, et lui font exercer son industrie en plaçant des mouches ou des fourmis sur des fils suspendus au-dessus du vase qu'il habite.

ARCTIA. Nom latin des papillons du genre *Écaille* ou *Chélonie*. (Voir ECAILLE.)

ARCTOCÉPHALE (du grec *arktos*, ours, et *képhalé*, tête. (Voir PHOQUE.)

ARCTOMYS (de *arktos*, ours, et *mus*, rat). (Voir MARMOTTE.)

ARCTONYX (de *arktos*, ours, et *onux*, ongle). Nom scientifique du Bali-Saur ou blaireau de l'Inde.

ARDÉA. Nom latin scientifique du Héron.

ARDÉIDÉS (de *Ardea*, héron). Famille de l'ordre des ÉCHASSIERS, caractérisés par leur bec fort et tranchant (*Cultrirostres* de Cuvier), par leurs pattes très longues, à doigts réunis avec courte membrane. Cette famille comprend les Hérons, les Grues, les Cigognes, etc.

ARDOISE (*Argile schisteuse tégulaire* ou *phyllade*). L'Ardoise est une variété de la roche nommée *schiste*, et appartient exclusivement au terrain intermédiaire (*silurien moyen*). Son principal caractère est de se présenter en feuillets minces, droits, faciles à séparer; sa couleur est le gris bleuâtre un peu foncé, quelquefois rougeâtre ou violacé. Les Ardoises présentent très souvent des empreintes de végétaux, et plus rarement d'animaux (Poissons et Crustacés); l'abondance des fossiles est, d'ailleurs, l'indice d'une Ardoise de qualité médiocre. Les qualités d'une bonne Ardoise sont de ne point absorber l'eau, sans quoi elle se couvre de mousse et se détruit promptement, et en outre de bien garder le clou; certaines Ardoises pyriteuses ont, en effet, le défaut de détruire par l'oxydation le clou qui les retient. Les Ardoises appartiennent toujours à des couches très inclinées, quelquefois verticales, et dont les feuilles ne sont pas toujours parallèles au plan des couches. Elles sont divisées naturellement en grands blocs par des fissures qui se croisent

sous différents angles. Les Ardoises qui se montrent très près de la surface du sol ont éprouvé une altération plus ou moins forte; ce n'est qu'à une certaine profondeur qu'elles acquièrent toutes leurs qualités. Outre l'usage de l'Ardoise comme toiture, on l'emploie pour faire des tableaux à écrire, et, sans parler de la consommation qui s'en fait en France, on en exporte annuellement plus de cinquante millions. Les principales ardoisières en France sont celles d'Angers et de Charleville; après elles viennent celles de Saint-Lô, de Cherbourg, des environs de Grenoble, de Traversac (Dordogne), de Blamont, près Lunéville, etc.

AREC (*Areca*). Genre de plantes monocotylédones de la famille des *Palmiers*. Ce sont des arbres élevés, à feuilles terminales, pennées, à pinnules étalées. Les fleurs monoïques dans chaque spadice sont sessiles, accompagnées de bractées. Le fruit est une drupe à chair fibreuse et à noyau mince. L'**Arec cachou** (*A. catechu*), ainsi nommé par Linné, qui croyait à tort que ce palmier produisait le *cachou* (voir ce mot), s'élève à 16 et 18 mètres. Il est cultivé dans les Indes orientales à cause de son fruit, connu sous le nom de *noix d'arec*. Celui-ci renferme une graine dont le périsperme âcre et styptique entre dans la composition du *bétel* (voir ce mot) que mâchent les Indiens et les Malais. A Bourbon et à l'Ile de France croissent en abondance l'**Arec blanc** et l'**Arec rouge**, beaux palmiers au port élégant. Les naturels de la Nouvelle-Zélande mangent les jeunes pousses de l'*Areca sapida*. L'*OEnocarpus* et l'*Iriartea*, qui appartiennent à ce groupe, fournissent, le premier, une huile douce; le second, de la cire.

ARENARIA (de *arena*, sable). Nom scientifique latin du genre *Sabline*.

ARENG, nom javanais (*Arenga*). Genre de plantes de la famille des *Palmiers* (voir ce mot), qui croissent dans l'archipel Indien et dont l'espèce la plus remarquable est l'*Arenga saccharifera* ou *Palmier à sucre*. On en obtient une sève très sucrée, une fécule nourrissante, et les fibres de ses feuilles donnent une bonne matière textile.

ARÉNICOLE (de *arena*, sable, et *colere*, habiter). Genre d'annélides de la classe des CHÉTOPODES, ordre des POLYCHÈTES. Il présente pour caractères principaux : corps allongé, fusiforme, à tête peu distincte, sans yeux, ni antennes, ni mâchoires, bouche entourée de papilles; anneaux du corps nombreux, les antérieurs sans branchies, ceux de la partie moyenne branchifères, au nombre de treize (du 7e au 19e); pieds composés de deux rames, manquant aux anneaux postérieurs. — Ce singulier animal a les dimensions d'un gros ver de terre; il habite sur les bords de toutes les mers d'Europe; il vit dans le sable, ainsi que l'indique son nom, et s'y creuse des galeries profondes. Les pêcheurs de nos côtes s'en servent pour amorce de pêche, ce qui lui a fait donner le nom d'**Arénicole des pêcheurs** (*Arenicola marina*). Sa longueur varie de 20 à 30 centimètres; sa couleur est cendrée rougeâtre avec les branchies rouges. On en trouve parfois une variété toute noire, dont quelques auteurs ont fait à tort une espèce distincte sous le nom d'*Arenicola carbonaria*.

ARÉOLAIRE [Tissu], S'emploie comme synonyme de cellulaire.

ARÉOLÉ. Se dit pour Alvéolé.

ARÉQUIER. (Voir ARÉC.)

ARÊTE (*Arista*). On donne ce nom en zoologie aux os longs et minces qui forment la charpente des poissons. (Voir Os.) En botanique, on désigne sous ce nom, dans les végétaux, toute partie de la fleur qui, sous la forme d'une pointe plus ou moins raide, n'est ordinairement que la continuation d'une des nervures; mais on a principalement appliqué ce nom aux filets plus ou moins allongés, grêles et barbus qui surmontent les valves de la glume ou du calice des Graminées. (Voir ce mot.)

ARGALI. (Voir MOUTON.)

ARGAN (*Argania*). Arbrisseau épineux de la famille des *Sapotacées*, ne renfermant qu'une espèce originaire du Maroc, l'*Argania sideroxylon*, qui fournit dans son fruit une huile propre aux usages domestiques. Sa racine bouillie dans du lait est considérée comme un antidote contre la morsure des serpents. Son bois, très dur, est employé dans l'ébénisterie.

ARGAS. Genre d'acariens, voisins des Ixodes. (Voir ACARIENS.)

ARGENT. L'Argent est un métal blanc, ductile, fusible, dont le poids spécifique est 10,47, ce qui le distingue immédiatement de l'étain, avec lequel il a quelques rapports, et qui pèse un tiers de moins. Il n'est nullement attaquable par les acides végétaux, ce qui le rend très précieux pour les usages de la vie; mais il est soluble à froid dans l'acide nitrique, et forme avec celui-ci le nitrate d'Argent, que l'on emploie en photographie et en médecine. Il est très peu oxydable et conserve par conséquent son brillant à l'air; mais il noircit promptement, lorsque celui-ci est chargé de vapeurs sulfhydriques. L'Argent se présente naturellement en petits cristaux octaèdres ou cubiques, presque toujours groupés sous formes dendritiques; souvent il est en filaments, quelquefois très minces. A l'état métallique, l'Argent se trouve à peu près dans tous les gîtes de sulfure d'Argent, où quelquefois on le rencontre en masses considérables; il est surtout très abondant dans certaines matières argilo-ferrugineuses, qu'on nomme *pacos* au Pérou et *colorados* au Mexique, où il se trouve avec du chlorure d'Argent. On rencontre l'Argent combiné avec plusieurs métaux. Les procédés que l'on suit pour extraire ce métal sont très variés, suivant la nature des mines. Ces procédés consistent généralement à réduire l'Argent à l'état métallique, en l'alliant au plomb ou au mercure. Les gangues pierreuses de l'Argent natif sont ordinairement le calcaire et le quartz. Les principales villes où on le trouve sont celles de Kongsberg, en Norwège; du Potosi, dans la Bolivie; de Schlangenberg, en Sibérie; d'Himmelfurst et de Schneeberg, en Saxe; de Joachimsthal, en Bohème; de Witichen, en Souabe; d'Allemont, en Dauphiné; et de Sainte-Marie-aux-Mines, dans les Vosges. L'Argent est rarement employé à l'état de pureté; il est trop mou, et les objets fabriqués, s'usant promptement à leur surface, perdraient la finesse de leurs contours; c'est pourquoi on l'allie ordinairement à une certaine quantité de cuivre, qui augmente beaucoup sa dureté.

ARGENTINE. (Voir POTENTILLE et ATHÉRINE.)

ARGENTINE. Poisson de la famille des *Salmonidés*, voisin des Éperlans, dont il a les formes générales et la taille. On le pêche dans la Méditerranée, non pour sa chair qui est peu délicate, mais pour la matière argentée qui couvre ses écailles et qui sert, comme celle de l'Ablette, à la fabrication des fausses perles. Son nom scientifique est *Argentina sphyræna*.

ARGILE. Substance terreuse, dont le principal caractère est de se combiner avec l'eau pour former une pâte molle et facile à manier, qui, exposée au feu, prend une consistance quelquefois très considérable et perd la propriété de se délayer dans l'eau. — Les Argiles ne sont que des mélanges de différentes terres, unies entre elles dans des proportions très variables, mais dans lesquelles la silice et l'alumine prédominent ordinairement. Les Argiles sont en général douces et grasses au toucher, se polissant par le simple frottement de l'ongle; elles happent à la langue, et leur couleur varie suivant les espèces, mais la plus ordinaire est le gris blanchâtre. — Les usages de l'Argile sont extrêmement nombreux dans les arts et l'industrie; on en fabrique les tuiles, les briques, les carreaux, la poterie, la faïence, et même la porcelaine. Les sculpteurs l'emploient pour exécuter les modèles de leurs ouvrages, et l'on s'en sert pour le dégraissage des étoffes de laine. Les crayons rouges, les ocres, les terres de Sienne, etc., sont fabriqués avec des Argiles. — Cette substance est une des plus répandues; on la trouve en abondance dans tous les terrains anciens et nouveaux. Elle se trouve par couches superposées, dans lesquelles on rencontre fréquemment des corps organisés fossiles. L'Argile est le produit de la décomposition des roches plutoniques ou volcaniques, tels que le feldspath, le quartz, le granit, le porphyre. — Les principales espèces d'Argile sont : l'**Argile commune** ou *glaise*, l'**Argile à foulon**, le **Kaolin**, qui entre dans la composition de la pâte de porcelaine; l'**Argile ocreuse** rouge ou *sanguine*, dont on fait les crayons rouges; l'**Argile ocreuse** jaune; enfin, l'**Argile plastique** ou *terre glaise*.

ARGONAUTE (*Argonauta*). Genre de mollusques CÉPHALOPODES de l'ordre des DIBRANCHES OCTOPODES, qui présentent pour caractères : une tête couronnée de huit pieds inégaux garnis de ventouses ou suçoirs sur leur surface interne et alternant sur deux séries; les pieds supérieurs sont plus longs, élargis vers leur extrémité en forme d'aile ou de voile chez la femelle, qui sécrète une coquille mince et transparente dans laquelle sont déposés les œufs. C'est une espèce de conque ou de nacelle à carène étroite, aplatie sur les côtés, garnie d'une multitude de rides ou côtes serrées transverses. Cette coquille n'existe pas chez le mâle, dont les bras dorsaux ne sont pas dilatés, et qui ressemble aux autres poulpes. Il est toujours de très petite taille, et l'un de ses bras, prolongé en fouet, porte l'organe co-

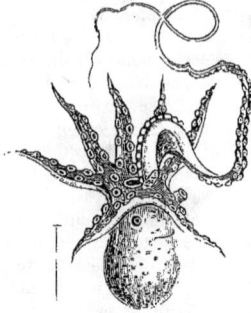

Argonaute mâle, grossi trois fois.

pulateur, auquel on donne le nom d'hectocotyle. Les écrivains de l'antiquité, qui n'ont connu que la femelle, ont beaucoup parlé des merveilles de la navigation de l'Argonaute, et ne forment pas de doute que ce soit à lui que les hommes ont emprunté les premiers principes de cet art. Aristote, le premier, a décrit les manœuvres à l'aide desquelles il vogue à la surface des eaux. Pline,

Argonaute femelle rampant (un cinquième de grandeur naturelle).

toujours ami du merveilleux, a ajouté à cette description les fables les plus singulières. Il nous représente l'Argonaute comme un pilote habile, se servant de ses bras en guise de rames, et présentant

au vent ses deux larges tentacules, comme les marins dressent leurs voiles. Il nous les représente, entraînés par la joie la plus vive à la vue des vaisseaux qui sillonnent les mers, les suivant à l'envi, se jouant à la proue de ces chars maritimes et guidant les marins. Mais, hélas! ce poétique animal n'existe plus, ou plutôt il n'a jamais existé. La sévère observation a remplacé la riante fiction, et l'on sait aujourd'hui que l'Argonaute est un animal fort voisin des poulpes. Comme les autres céphalopodes, il se dirige à reculons, en refoulant l'eau au moyen de son siphon, et ne se sert de ses bras que pour saisir sa proie ou pour ramper au fond de la mer, comme une araignée. Les Argonautes habitent la Méditerranée et les mers des Indes. L'espèce la mieux connue est l'**Argonaute argo** de la Méditerranée. La femelle, lorsqu'elle nage, ne se sert nullement de ses deux bras dilatés comme de voiles, mais les applique sur les côtés de sa coquille, comme pour la maintenir.

ARGOUSIER. (Voir HIPPOPHAÉ.)

ARGUS. On donne ce nom à un oiseau du groupe des Faisans. (Voir ce mot.) On a également désigné sous ce nom divers animaux portant des taches en forme d'yeux. Tels sont plusieurs papillons du genre *Polyommate*, une araignée fileuse sédentaire, un grand lézard du genre *Monitor*, etc.

ARGYNNE. Genre d'insectes LÉPIDOPTÈRES de la section des *Rhopalocères* ou Diurnes, de la famille des *Nymphalides*. — Les Argynnes sont de beaux et gais papillons, auxquels leurs ailes incrustées de nacre

Argynnis latonia.

en dessous ont fait donner le nom de *Nacrés*. Leur tête est assez grosse, à antennes longues terminées par un bouton court aplati en dessous; leurs ailes sont sinuées ou denticulées, d'un jaune fauve avec des taches noires en dessus. — Le Nacré (*Argynnis aglaia*), le Petit nacré (*A. latonia*), le Tabac d'Espagne (*A. paphia*), le Grand nacré (*A. adippe*) sont les plus répandus. Leurs chenilles vivent sur les violettes. — Les *Mélitées* sont de petites Argynnes dépourvues de nacre sur la face inférieure des ailes; celles-ci sont d'un fauve moins brillant et comme quadrillées de noir, ce qui leur a valu le nom vulgaire de *Damiers*. Telles sont les *Melitœa artemis*, *M. athalia* et *M. cinxia*, communes dans nos bois.

ARGYRONÈTE (du grec *arguros*, argent, et *nétos*, filé). Genre de l'ordre des ARANÉIDES ou araignées proprement dites, créé pour une espèce aquatique, l'*Argyroneta aquatica*, très remarquable par ses mœurs. Cette araignée, qui vit constamment au sein des eaux, n'a cependant que des poumons comme les autres et ne peut, par conséquent, que respirer l'air atmosphérique. Mais elle emploie un stratagème dont on ne se douterait guère, si l'observation n'était là; elle construit une cloche à

Argyronètes et leur nid.

plongeur, et voici comment elle s'y prend : l'industrieuse bête vient à la surface de l'eau, nageant sur le dos et tenant au dehors son abdomen couvert de poils fins et serrés, et ce qui est remarquable, c'est que cet abdomen paraît brillant comme du vif-argent, ce qui est dû à la présence de l'air qui s'y attache aussitôt qu'il est sorti de l'eau. Elle replie alors ses pattes et, rentrant précipitamment dans l'eau, emporte avec elle une grosse bulle d'air qu'elle va placer sous quelque feuille de plante aquatique, en s'en débarrassant à l'aide de ses pattes. L'Argyronète entoure alors sa bulle d'air de la matière soyeuse qui sort de ses filières et la fixe aux plantes qui l'entourent, puis elle retourne à la surface de l'eau faire une nouvelle provision d'air qu'elle ajoute à la première, et en même temps agrandit sa cloche en étendant la soie et en la recouvrant de nouvelle matière; répétant le même manège une dizaine de fois, sa cloche se trouve au bout de quelques heures entièrement achevée et de la grosseur d'une petite noix; elle est ordinairement de forme régulière, et n'offre en dessous qu'une ouverture étroite pour l'entrée de son habitant. L'Argyronète est peu remarquable par sa forme et ses couleurs; elle est d'un gris bru-

nâtre et très velue. Elle vit dans les eaux dormantes ou peu courantes du centre de la France, là où les plantes aquatiques croissent en abondance. Cette araignée se nourrit comme les autres de proie vivante; quand elle attrape une mouche, elle l'attache par un fil et l'entraîne dans sa demeure pour s'en repaître. L'Argyronète femelle dépose ses œufs dans un petit cocon fin et blanc qu'elle fixe dans le fond de sa loge; les petites araignées éclosent au bout de quelques jours et s'occupent presque aussitôt de se construire des cloches particulières, qui ont la forme d'un dé à coudre.

ARGYROSE. Sulfure d'argent naturel. (Voir ARGENT.)

ARIA. Un des noms de l'Alisier. (Voir ce mot.)

ARICIE (*Aricia*). Sous ce nom mythologique, l'on désigne un genre de vers marins de la classe des ANNÉLIDES, de l'ordre des CHÉTOPODES DORSIBRANCHES, voisin des *Néréides*, et un genre d'insectes DIPTÈRES voisin des Mouches. (Voir ce mot.)

ARIENS. (Voir ARYENS.)

ARILLE. Tégument accessoire qui se développe ordinairement après la fécondation et recouvre plus ou moins complètement la graine; ce sont des expansions du funicule. Dans le nénuphar, le fusain, l'Arille enveloppe complètement la graine; dans le muscadier, il est découpé en réseau et constitue ce que l'on appelle le *macis*, employé en médecine. (Voir MUSCADIER.) L'Arille, même quand il enveloppe la graine complètement, n'est pas adhérent avec sa surface; il n'y adhère qu'en un point, le hile ou ombilic externe par lequel les vaisseaux nourriciers du péricarpe pénètrent dans la semence. Sur tous les autres points il y est simplement appliqué et peut être enlevé avec la plus grande facilité. L'Arille ne se rencontre que dans les plantes dicotylédones polypétales.

ARION. Genre de mollusques GASTÉROPODES PULMONÉS, très voisin des *Limaces*. (Voir ce mot.) Ils diffèrent de ces dernières par la présence d'un pore muqueux situé à l'extrémité du corps et par la situation de l'orifice respiratoire qui est placé un peu plus en avant que dans les limaces. Ce genre a été créé par Férussac pour la grosse limace rouge; mais ces caractères différentiels n'ont pas paru suffisants à beaucoup de zoologistes qui en font une simple division du genre *Limax*. L'Arion roux ou Limace rouge (*A. rufus*) habite les bois et les jardins de toute l'Europe. Il a 7 ou 8 centimètres de longueur et varie, pour la couleur, du rouge-brique au brun et au jaune; il est heureusement peu commun.

ARISTÉ. Qui est muni d'une ou plusieurs arêtes (en latin, *Arista*).

ARISTOLOCHE. Genre de plantes de la famille des *Aristolochiées* de Jussieu, offrant pour caractères : un ovaire infère à trois loges, un calice souvent coloré, renflé à sa base, offrant un limbe très irrégulier, quelquefois prolongé en languette; les six étamines, soudées et intimement confondues avec le style et les stigmates, forment au centre de la fleur un corps charnu, irrégulièrement arrondi; la capsule est à trois loges à plusieurs graines. — Les Aristoloches sont des herbes ou des arbustes à tiges dressées, diffuses ou volubiles; à feuilles indivisées ou palmées, alternes, pétiolées. Les espèces sont très nombreuses et appartiennent pour la plupart à l'Amérique intertropicale. Ces végétaux sont, en général, remarquables par leurs propriétés médicales; leurs racines sont le plus souvent aromatiques et amères; leurs fleurs grandes, de couleur livide. Les plus remarquables parmi les espèces indigènes sont : l'**Aristoloche ronde** et l'**Aristoloche longue**, du midi de la France, et l'**Aristoloche clématite**, abondante aux environs de Paris, qui passent pour d'excellents toniques et stimulants. — La **Serpentaire de Virginie** est administrée par les médecins américains pour combattre les fièvres typhoïdes; on la regarde aussi comme un antidote

Aristoloche clématite.

contre la morsure des serpents. On cultive l'**Aristoloche à grandes feuilles** et l'**Aristoloche à grandes fleurs** comme plantes d'ornement. Cette dernière espèce, des Antilles, est extrêmement fétide et vénéneuse. Elle est un poison violent pour tous les animaux domestiques, et sa racine, de même que ses fleurs, exhalent une odeur nauséabonde analogue à celle du *Chenopodium vulvaria;* toutefois, en raison de l'ampleur de ses fleurs, on la cultive dans les serres. L'*Aristolochia odoratissima* s'emploie aux Antilles comme fébrifuge et antidysentérique. Nous citerons surtout comme plante de jardin l'**Aristoloche siphon**, dont les tiges atteignent jusqu'à 10 mètres le long des treillis et des tonnelles, qu'elles recouvrent de leurs larges feuilles cordiformes. Ses fleurs bizarres ont la forme d'une pipe turque.

ARISTOLOCHIÉES. Famille de plantes herbacées et d'arbrisseaux à tiges couchées, le plus souvent sarmenteuses et grimpantes; généralement garnies de feuilles alternes pétiolées. Leurs fleurs sont composées d'un calice coloré, à plusieurs divisions ou tubuleux, de six à seize étamines insérées sur l'ovaire, tantôt soudées avec le pistil, tantôt libres et distinctes; stigmate à plusieurs branches; le fruit est une capsule ou baie à plusieurs loges renfermant plusieurs graines. Jussieu place ces plantes à la tête des Dicotylédones apétales à étamines épigynes. Cette famille renferme, outre les *Aristoloches*, les genres *Asarum* et *Bragantia*.

ARKOSE. Cette substance minérale est un grès à grains de quartz ou de feldspath. On le trouve dans le grès houiller, dans le grès bigarré des Vosges et dans plusieurs autres terrains de l'époque secondaire.

ARLEQUIN. Nom vulgaire de l'*Acrocinus longimanus,* grande espèce de Coléoptère longicorne de la tribu des *Lamiaires*, qui se trouve à Cayenne, et dont les couleurs, mélangées de rouge, de noir, de jaune et de gris, rappellent un habit d'arlequin.

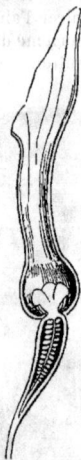

Aristoloche, fleur coupée verticalement.

ARMADILLE. Buffon donne ce nom à une espèce de *Pangolin*. (Voir ce mot.) — On donne aussi ce nom à une division de la famille des *Oniscidés* ou *Cloportes.* (Voir ces mots.)

ARMERIA. (Voir Statice.)

ARMOISE (*Artemisia*). Genre de plantes de la famille des *Composées tubuliflores*, dont plusieurs sont remarquables par leurs propriétés médicales. Outre l'*Absinthe*, qui rentre dans ce genre et à laquelle nous avons consacré un article particulier, nous citerons l'**Armoise commune** (*A. vulgaris*), qui croît dans les lieux incultes et fleurit en août et septembre; elle a des propriétés toniques et stimulantes, mais moins actives que chez l'absinthe. On l'emploie, ainsi que cette dernière, en infusion, pour déterminer ou régulariser les menstrues. — L'**Estragon** (*A. dracunculus*), ainsi nommé à cause de la ressemblance de sa racine avec celle d'un dragon replié sur lui-même, est employé comme condiment; sa saveur piquante, aromatique, qui rappelle le goût de l'anis, le fait employer dans la salade et principalement pour aromatiser le vinaigre. On rencontre cette plante dans toute l'Europe et jusque sur les confins de la Chine. — L'**Armoise citronnelle** ou *aurone*, et l'**Armoise argentée**, se cultivent dans les jardins, à cause de leur odeur agréable. — C'est de l'**Armoise judaïque** ou *Barbotine* et de l'*A. contra*, que provient la poudre vermifuge connue sous le nom de *semen-contra,* et qui nous vient sèche du Levant. Ce sont les capitules de la plante cueillis avant l'épanouissement. L'*Artemisia glacialis* ou *Génipi* forme la base du Vulnéraire suisse.

ARNI. Espèce de Buffle asiatique à grandes cornes. (Voir Bœuf.)

ARNICA (corruption du mot grec *ptarmikê*, sternutatoire). Plante de la famille des *Composées tubuliflores*, tribu des *Sénécionidées*, à feuilles entières, opposées ; à capitules de fleurs jaunes, donnant naissance à des fruits cylindriques, velus, couronnés par une aigrette de soies raides. L'**Arnica montana** est très répandue dans les parties montueuses de la France ; elle est d'un vert pâle, pubescente. Cette plante passe pour un puissant sternutatoire, et on l'appelle même *tabac de montagne* dans les Vosges, où l'on en fait un fréquent usage contre les chutes et les contusions. — L'Arnica

Arnica montana.

est très employée en médecine comme diurétique, tonique, fébrifuge, et surtout comme vulnéraire. On fait usage de sa racine en décoction et de ses feuilles en infusion. On en fait une teinture et une alcoolature pour l'usage externe.

AROÏDÉES. Famille de plantes monocotylédones, division des *Apérianthées*, à étamines hypogynes, très voisine des Typhacées. L'**Arum** ou *Gouet* (voir ce mot) en est le type et renferme la plupart des caractères qui la distinguent. Les aroïdées ont en général une racine vivace, tubéreuse, charnue ; du milieu d'un faisceau de feuilles s'élève une hampe nue qui porte les fleurs. Celles-ci sont ordinairement enveloppées dans une spathe en forme de cornet, souvent colorée ; un spadice ou réceptacle central porte les étamines et les pistils. L'ovaire est le plus souvent à une loge, plus rarement à trois ; il devient en mûrissant une baie ou une capsule souvent monosperme par l'avortement des autres graines. — Les Aroïdées croissent généralement à l'ombre, dans les lieux humides ; la plupart ont un aspect triste, une odeur désagréable, et renferment des sucs vénéneux. Les principaux genres de cette famille sont les **Arum**, qui lui donnent leur nom ; les **Calla**, les **Acorus**, Dracontium, Dracunculus, Caladium, etc.

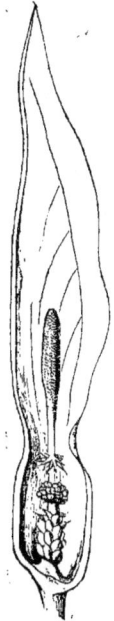

Arum (spathe coupée pour montrer le spadice.)

AROMATES (*Aromata*). On donne ce nom à toutes les substances douées d'une odeur suave, que l'on emploie soit comme médicaments, soit comme cosmétiques. Les Aromates, tirés spécialement des végétaux, doivent leur parfum à des huiles essentielles, à des résines, et quelquefois à de l'acide benzoïque. C'est des pays chauds que nous viennent les Aromates les plus remarquables, tels que le poivre, le girofle, la cannelle, la muscade, la vanille, etc. L'anis, le fenouil, la coriandre, le carvi, qui croissent dans nos contrées, sont également des Aromates ; mais leur odeur est moins pénétrante et leur parfum est moins suave. Les propriétés des Aromates sont d'être excitants et antispasmodiques ; leur saveur est ordinairement chaude, piquante et souvent même amère. — Les Aromates de nature animale sont en très petit nombre ; tels sont : le musc, l'ambre gris, la civette, le castoreum.

AROME (du grec *arôma*, parfum). Principe odorant, essence que certaines plantes contiennent tout formés.

AROMIA. (Voir CALLICHROMA.)

ARONDE. (Voir AVICULE.) On donne parfois ce nom à l'hirondelle.

ARONDELLE. Nom que porte l'hirondelle dans quelques provinces.

ARPENTEUSES. (Voir CHENILLE et PHALÈNES.)

ARRAGONITE. (Voir ARAGONITE.)

ARRÊTE-BŒUF. Nom vulgaire de la Bugrane (*Ononis spinosa*).

ARRIAN. Espèce du genre *Vautour*, assez commune dans les Pyrénées.

ARROCHE (*Atriplex*). Genre de plantes de la famille des *Chénopodées*, renfermant des végétaux herbacés, à feuilles alternes, pubescentes, triangulaires, anguleuses, à fleurs en glomérules, ou disposées en épis interrompus. L'**Arroche des jardins** (*A. hortensis*) est la plante potagère connue sous les noms de *belle-dame*, *bonne-dame* ou *follette*. Cette plante, comme on sait, a des qualités analogues à celles de l'épinard ; mais ses graines sont émétiques et purgatives ; on n'en fait guère usage en thérapeutique. — On donne le nom d'**Arroche fraise** à la *Blette capitée*, et celui d'**Arroche puante** au *Chenopodium vulvaria*.

ARROSOIR (*Aspergillum*). Genre de mollusques ACÉPHALES, bivalves, de la famille des *Enfermés* de Cuvier (*Tubicolidés* de Lamarck), remarquables par la singularité de leurs formes. Ils habitent dans un long tube testacé, terminé par un disque

Arrosoir de Java.

hérissé de courtes tubulures avec une rangée de tubulures plus longues sur sa circonférence, qui rappelle assez une tête d'arrosoir. Ce tube porte, sur le côté dorsal, l'indication des crochets d'une coquille bivalve. Ces singuliers animaux vivent enfoncés perpendiculairement dans le sable. Le type du genre est l'**Arrosoir de Java** (*A. javanum*), long de 20 centimètres. On en connaît de la mer Rouge et de la Nouvelle-Zélande.

ARROW-ROOT (mots anglais qui signifient *racine à flèche*, parce que les naturels lui attribuaient des propriétés pour la guérison des blessures faites par les flèches empoisonnées). On donne ce nom, dans le commerce, à la fécule que l'on retire de la racine de deux plantes de la famille des *Amomées*, les *Maranta indica* et *Maranta arundinacea* de l'Inde, aujourd'hui cultivées aux Antilles. Cette fécule, vantée outre mesure dans ces derniers temps, ne paraît avoir aucun avantage sur la fécule de pomme de terre.

ARSENIC. Métal d'un gris d'acier, très cassant, possédant l'éclat métallique; sa densité est 5,8. — On trouve, dans la nature, l'Arsenic à l'état natif, ou combiné avec l'oxygène ou avec le soufre. L'Arsenic à l'état natif ou métallique se trouve mêlé aux filons de l'antimoine, de l'argent, du cobalt; il cristallise dans le système rhomboédrique. - L'**Arsenic oxydé** ou *Arsenic blanc*, acide arsénieux des chimistes, vulgairement connu sous le nom de *mort aux rats*, se trouve parfois dans la nature à la surface de certains minerais arsénifères, sous forme aciculaire; il est composé de 75,8 d'Arsenic et de 24,2 d'oxygène. — L'**Arsenic sulfuré jaune** ou *orpiment* se rencontre en masses lamellaires dans les marnes et les argiles; il est d'un jaune-citron et composé de 61 d'Arsenic et de 39 de soufre. — L'**Arsenic sulfuré rouge** ou *réalgar*, substance d'un rouge orangé, se rencontre dans la nature en cristaux rhomboïdaux, dans les filons ou au milieu des roches des terrains primordiaux, et notamment dans le gneiss, le schiste argileux et les terrains volcaniques. Il est composé de 70 d'Arsenic et de 30 de soufre. — L'Arsenic et ses composés sont des poisons violents; ces substances brûlent en répandant une odeur d'ail très caractéristique. Dans les arts, on prépare l'Arsenic en décomposant par la chaleur un de ses composés, et surtout le *mispickel*, composé d'Arsenic, de soufre et de fer, que l'on trouve assez abondamment dans la nature.

ARTEMISIA. Nom scientifique latin du genre *Armoise*. (Voir ce mot.)

ARTÈRES. Les Artères sont des vaisseaux destinés à porter le sang du cœur dans toutes les parties du corps, tant pour servir à leur nourriture et à la préparation de certains liquides que pour leur donner le sentiment et le mouvement concurremment avec les nerfs. — Les Artères représentent dans leur ensemble deux troncs principaux, divisés et subdivisés à la manière des arbres. Ces troncs sont : 1° l'artère pulmonaire; 2° l'aorte. (Voir l'article CIRCULATION, où nous avons figuré le cœur et les Artères.)— L'**Artère pulmonaire** est ainsi appelée parce qu'elle va se distribuer dans les poumons. Elle part du ventricule droit du cœur, et, environ 2 pouces après son origine, elle se partage en deux branches, dont l'une va se distribuer au poumon droit et l'autre au poumon gauche. L'Artère pulmonaire a pour mission d'aller exposer à l'action de l'air le sang rapporté au cœur par les veines, afin de lui faire récupérer les qualités excitantes et nutritives qu'il avait perdues par la circulation. — L'**Aorte**, la plus importante des artères, est ce grand tronc qui, partant du ventricule gauche du cœur, va porter le sang dans toutes les parties du corps, à l'exception des poumons. Partie du ventricule gauche, l'artère aorte se dirige en haut, puis, se recourbant, redescend et vient s'appliquer contre la colonne vertébrale, traverse le diaphragme, pénètre dans le ventre, où elle vient se diviser en deux gros troncs, au niveau de la dernière ou de l'avant-dernière vertèbre des lombes. Cette marche de l'aorte la fait diviser en quatre portions : l'une *ascendante* ou montante; l'autre *courbure*: la troisième, *aorte pectorale descendante;* la quatrième, *aorte descendante ventrale.* Chacune de ces quatre portions de l'aorte fournit un certain nombre de branches. (Voir CIRCULATION.)

ARTÉRIOLE (petite artère). On donne ce nom aux ramifications les plus fines des artères.

ARTHROPODES (du grec *arthron*, articulation, et *podes*, pieds. (Voir ARTICULÉS.)

ARTHROZOAIRE. Synonyme d'animal articulé.

ARTICHAUT (*Cynara*). Genre de plantes de la famille des *Synanthéracées*, tribu des *Carduacées*, dont l'espèce la plus commune, le *Cynara scolymus*, originaire d'Éthiopie et répandue de là dans l'Égypte, est aujourd'hui cultivée dans toute l'Europe. Suivant quelques auteurs, l'Artichaut ne serait qu'une race obtenue de culture et issue du *cardon*, qui, seul, jusqu'à ce jour, a été trouvé à l'état sauvage. La racine de l'Artichaut est grosse, fibreuse, ferme, et laisse échapper sur toute sa longueur un chevelu clairsemé. Il sort du collet deux feuilles lancéolées, qui sont suivies de beaucoup d'autres, du centre desquelles s'élève une tige rameuse, très droite, haute de 1 mètre environ; à son sommet, un pédoncule porte un calice grand, évasé, à écailles charnues à leur base, se terminant en pointe et se recouvrant alternativement. L'intérieur est garni de poils sétacés, d'où sortent des graines ovales, surmontées d'une aigrette longue et violette, qui sont mûres en septembre. — On compte plusieurs variétés d'Artichaut; les plus estimées sont : l'**Artichaut vert** ou *commun;* le **violet**, à fruit plus allongé, à écailles violettes vers la pointe; le **rouge**, moins gros que les précédents, en forme de pomme, d'un rouge pourpré; le **blanc**, espèce délicate et peu cultivée. Les Artichauts demandent une terre profonde, fraîche et fertile. On les multiplie par *œilletons* (jeunes pousses nouvelles); on enlève les œilletons avec leur talon, d'où doivent sortir de nouvelles racines, vers le 15 avril, et on les plante en échiquier à 2 ou 3 pieds de distance les uns des autres. Si la terre est bonne et bien fumée, le plant donnera du fruit à l'automne.

ARTICLE (*Articulus*). Pièces mobiles les unes sur les autres, qui, par leur réunion, constituent le corps, les antennes, etc., des animaux articulés.

ARTICULÉS ou **ARTHROPODES**. Embranchement du règne animal, comprenant les animaux invertébrés, dont le corps, divisé en segments ou anneaux successifs, porte des appendices ou membres articulés adaptés aux différents modes de locomotion aquatique, terrestre et aérienne. Le corps est toujours formé d'anneaux, le plus souvent groupés de manière à former trois régions distinctes : la *tête*, le *thorax*, l'*abdomen*, comme chez les insectes; mais, dans certains cas, la tête et le thorax se confondent en un *céphalothorax*, comme dans les araignées, et dans d'autres, on ne peut distinguer l'abdomen du thorax, comme dans les myriapodes.—Les articulés sont dépourvus de squelette intérieur; mais leur enveloppe extérieure prend la consistance de la corne, ou même s'incruste de sels calcaires qui lui donnent une dureté pierreuse (Crustacés). Les anneaux qui composent ce squelette extérieur sont unis par la peau, demeurée molle et flexible dans l'intervalle qui les sépare et jouissent ainsi d'une certaine mobilité. Les muscles forment de nombreux faisceaux, qui prennent leur insertion à la face interne des anneaux. Le système nerveux est analogue à celui des annélides; à chaque segment correspond une paire de ganglions rattachés par des cordons aux ganglions suivants; les sens sont parfois très développés. Le tube digestif s'étend d'une extrémité à l'autre du corps. La bouche est munie d'organes particuliers, offrant des dispositions très variées, suivant le régime alimentaire de l'animal. Le système vasculaire présente un développement fort inégal et en rapport avec le mode de constitution de l'appareil respiratoire, suivant que ces animaux respirent, selon le milieu qu'ils habitent, par des trachées ou des branchies. Chez les articulés, les sexes sont généralement séparés, et ils se reproduisent par des œufs; le développement des jeunes est le plus souvent accompagné de métamorphoses et de mues plus ou moins importantes. — L'embranchement des Articulés se divise en quatre classes dont voici le tableau :

rançons, les **Dermestes**, les **Teignes**, etc. (Voir ces mots.)

ARTOCARPE (du grec *artos*, pain, et *karpos*, fruit; vulgairement appelé *arbre à pain*). Ce genre est pour

Artocarpe rimier.

M. Baillon le type de la tribu des *Artocarpées*, dans sa famille des *Ulmacées;* ce groupe comprend, outre les *Artocarpes*, les genres *Ficus*, *Antiaris*, etc. Ce genre renferme plusieurs espèces, dont quelques-unes sont, pour les régions où elles croissent, une ressource importante. Ce sont des arbres de taille moyenne, à feuilles alternes, découpées, d'un beau vert. Les fleurs sont monoïques, agrégées en un chaton, long et chargé de fleurons nombreux dans les fleurs mâles; court, en massue, couvert d'un grand nombre d'ovaires connés dans les fleurs femelles. Le fruit est une baie ovale, raboteuse, couverte d'aspérités, à peau épaisse, formée par les périanthes du chaton femelle, qui se fondent après leur accroissement. Les Artocarpes croissent dans l'Asie équatoriale et quelques îles de la Polynésie. La plupart produisent des fruits comestibles; mais deux espèces surtout occupent l'un des premiers rangs parmi les végétaux utiles. L'une, le *Rimier* ou *arbre à pain*, est un arbre de 10 à 15 mètres de haut,

Respiration à l'aide de trachées ou de sacs pulmonaires.	Une tête distincte.	Thorax distinct de l'abdomen; trois paires de pattes..	INSECTES.
		Point de thorax distinct: pattes en nombre indéterminé	MYRIAPODES.
	Un céphalothorax portant quatre paires de pattes		ARACHNIDES.
Respirant à l'aide de branchies			CRUSTACÉS.

Dans la classification de Cuvier, les Annélides étaient compris dans l'embranchement des ARTICULÉS ; ils font aujourd'hui partie de celui des VERS.

ARTISON. On donne vulgairement ce nom à un grand nombre d'insectes nuisibles qui attaquent les substances animales et végétales. Tels sont les **Cha-**

à tronc très gros. Ses feuilles sont ovales, coriaces, très grandes, découpées en trois à neuf lobes pointus. Les chatons naissent aux aisselles des feuilles vers l'extrémité des rameaux. Le fruit est ovale ou presque globuleux, du volume de la tête d'un enfant, à surface couverte de tubercules prismatiques. Cette espèce croît spontanément aux Moluques, aux îles de la Sonde et dans tous les archipels de la Polynésie. Son fruit fournit aux habitants de ces contrées, pendant huit mois consécutifs, une nourriture aussi saine qu'agréable. Avant sa parfaite maturité, ce fruit se compose d'une chair blanche et ferme, un peu farineuse. C'est en cet état qu'on le mange, soit cuit au four en guise de pain, soit bouilli ou accommodé de diverses manières; sa saveur est comparable à celle du pain de blé, avec un léger goût d'artichaut. Les Polynésiens en préparent une pâte fermentée qui se conserve assez longtemps et à laquelle ils ont recours pendant la saison où l'arbre à pain reste dépourvu de fruits. Arrivé à maturité parfaite, ce fruit devient pulpeux et d'une saveur douceâtre; mais alors il est purgatif et malsain. Avec l'écorce intérieure du tronc, les habitants de la Polynésie confectionnent les étoffes dont ils s'habillent. La seconde espèce est le *Jaquier*, indigène de l'Inde et des archipels environnants. Son port ne diffère point de celui de l'arbre à pain, mais ses feuilles n'atteignent que 12 à 16 centimètres de long. Les chatons naissent immédiatement du tronc et des grosses branches. Le fruit est oblong, à surface couverte de gros tubercules pointus, prismatiques; il atteint de 50 à 60 centimètres de long sur 20 à 25 de diamètre, et son poids varie de 10 à 20 kilogrammes. Les Malais et les Hindous font de son fruit leur principale nourriture; mais les Européens le trouvent moins bon que celui de l'arbre à pain.

ARUM. Nom scientifique du Gouet. (Voir ce mot.)

ARUNDO. Nom latin du genre *Roseau*. (Voir ce mot.)

ARVICOLA (du latin *arvum*, terre labourée, et *colere*, habiter). Nom scientifique du Campagnol.

ARYENS. Rameau de la race humaine blanche. On divise aujourd'hui la race blanche en trois grandes branches ou rameaux : les Berbères, les Sémites et les Aryens, appelés aussi Indo-Européens et Caucasiques. Ce dernier, le plus important des trois, comprend les Hindous, les Persans et les Mèdes, les Slaves, les Germains, les Celtes, les Gréco-Latins, dont le berceau est supposé être les plateaux du Caucase indien et la Bactriane. De ce centre de formation, les Aryens se sont répandus dans tous les sens, et surtout dans l'Ouest.

ARYTÉNOÏDE [Cartilage]. (Voir Larynx.)

ASA FŒTIDA. Gomme résine que l'on obtient au moyen d'incisions et de sections transversales sur les racines de quatrième année d'une plante ombellifère de la Perse, appartenant au genre *Ferula*. Cette substance nous arrive en masses d'une consistance de cire, d'une couleur jaunâtre à l'extérieur et d'un blanc mat à l'intérieur; elle répand une odeur alliacée, fétide. Cette résine jouit de propriétés toniques et antispasmodiques; on l'emploie en médecine dans le traitement des maladies nerveuses.

ASAGREA. (Voir Cévadille.)

ASARET (*Asarum*). Genre de plantes dicotylédones de la famille des *Aristolochiées*, dont une espèce est indigène, l'*Asarum europæum*, connu sous les noms vulgaires de *Rondelle, Oreillette*, dè la forme de ses feuilles, et de *Cabaret*, parce qu'on lui attribuait la propriété de faire rejeter le vin pris avec excès. C'est une petite plante herbacée, vivace, à fleurs solitaires d'un pourpre noirâtre, qui croît dans les lieux humides et ombragés. On employait autrefois sa racine comme vomitif; mais, depuis la découverte de l'ipécacuanha, on n'en fait guère usage que comme sternutatoire. L'**Asaret du Canada** est employé par les Américains comme stimulant et diaphorétique.

ASARUM. (Voir Asaret.)

ASBESTE (du grec *asbestos*, incombustible. (Voir Amiante.)

ASCALABOTE. (Voir Gecko.)

ASCALAPHE. Genre d'insectes Névroptères de la famille des *Myrméléonidés* ou *Fourmilions*. (Voir ce mot.)

ASCARIDES (*Ascaris*). Genre de vers intestinaux ou *Entozoaires*, de la classe des Nématoïdes, comprenant des vers au corps très allongé, rond, aminci aux deux bouts, à bouche garnie de trois papilles charnues, entre lesquelles s'avance une petite trompe. C'est un des groupes d'helminthes les plus nombreux en espèces que l'on rencontre dans les intestins de l'homme et de toutes sortes d'animaux. Le type du genre est l'Ascaride lombricoïde (*A. lumbricoïdes*), ainsi nommé de sa grande ressemblance extérieure avec le ver de terre ou *Lombric*. Il est long de 20 centimètres et plus. Il vit dans les intestins de l'homme, où il se multiplie quelquefois à l'excès et peut causer des maladies graves, surtout chez les enfants. On le rencontre également chez le cheval, l'âne, le bœuf, le cochon, etc. — L'**Ascaride vermiculaire** (*A. vermicularis*), dont on a fait le genre *Oxyure*, très petit, vit dans le tube intestinal de l'homme; il est très commun, surtout chez les enfants, auxquels il cause des démangeaisons insupportables à l'anus. Le semen-contra et les infusions d'absinthe sont employés contre ces vers; des lotions faites à l'anus avec l'infusion d'absinthe, ou mieux encore, une onction ou deux avec l'onguent mercuriel, font cesser les démangeaisons insupportables que causent ces vers.

ASCIDIES (de *askidion*, petite outre). Ordre d'animaux molluscoïdes de la classe des Tuniciers. Les Ascidies ont, à l'état adulte, la forme de sacs ou de tonneaux et sont enveloppées d'un manteau plus ou moins épais, auquel toute cette classe d'animaux doit son nom de *Tuniciers*. Leur corps n'est pas segmenté et ils sont dépourvus de membres. Ils respirent à l'aide d'un sac branchial, communiquant au dehors par deux orifices : la bouche, qui donne entrée à l'eau, et l'orifice de sortie. Le cœur est un tube court, continué à ses deux extrémités par des vaisseaux. Il bat alternativement dans un sens et dans l'autre; de sorte que les artères, à chaque alternative, deviennent veines et réciproquement. Le système nerveux est représenté par un ganglion cérébral duquel part un cordon qui se prolonge sur toute la longueur de la ligne médiane du dos. Les Ascidies sont hermaphrodites et se reproduisent tantôt par des œufs, tantôt par bourgeonnement. De l'œuf sort une larve, sorte de têtard

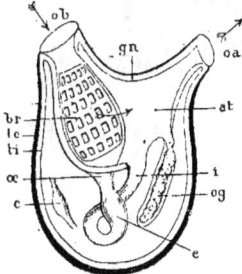

Schéma de l'organisation d'une Ascidie. — *te*, tunique ; *ob*, orifice buccal ; *br*, chambre branchiale ; *œ*, œsophage ; *e*, estomac ; *i*, intestin ; *oa*, orifice anal ; *gn*, ganglion nerveux ; *c*, cœur ; *og*, organes génitaux.

muni d'une longue queue et chez lequel existe une moelle rudimentaire, analogue à celle de l'*Amphioxus*. Cette larve, qui nage d'abord librement, se fixe bientôt à quelque corps sous-marin ; sa queue disparaît et avec elle la corde médullaire. De ces faits singuliers, on a conclu que les Ascidies étaient des Vertébrés, se fixant au sol et subissant dès lors une sorte de dégradation qui rapproche leur forme de celle de certains mollusques. Les Ascidies, type de la classe des Tuniciers, seraient ainsi un rameau latéral de l'embranchement des Vertébrés. — Quoi qu'il en soit, les Ascidies adultes se divisent en *Ascidies simples*, qui sont fixées, mais

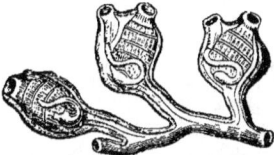

Ascidies sociales (*Perophora Listeri*).

isolées ; en *Ascidies sociales*, qui forment des colonies dans lesquelles les individus sont développés sur des stolons ramifiés, mais sont enveloppés chacun dans un manteau propre, tout en restant en communication les uns avec les autres par des canaux ; et en *Ascidies composées*, qui se distinguent des précédentes en ce que les individus nés par bourgeonnement sont tous enveloppés dans un même manteau et ont un cloaque commun. — Les **Pyrosomes** forment des colonies flottantes composées de nombreux individus. Leur nom (du grec *puros*, feu, et *sôma*, corps) vient de ce qu'ils produisent une phosphorescence très vive, que Péron compare à la lueur d'un fer rouge. Les colonies de Pyrosomes ne se rencontrent qu'en pleine mer et peuvent atteindre jusqu'à 1^m,30 de long.

ASCLÉPIADES (*Asklêpios*, nom grec d'*Esculape*, dieu de la médecine, en raison des propriétés médicales que les anciens attribuaient à ces plantes). — Les Asclépiades appartiennent à la famille des *Apocynacées*, tribu des *Asclépiadées*. — On en cultive plusieurs espèces dans les jardins comme plantes d'agrément, telles sont l'**Asclépiade rouge**, l'**Asclépiade tubéreuse**, l'**Asclépiade élégante**, etc. Mais l'espèce la plus remarquable par son utilité, est celle nommée à tort *Asclépiade de Syrie*, puisque, comme la plupart de ses congénères, elle est originaire de l'Amérique du Nord ; ses graines donnent une huile excellente, et ses tiges de là filasse. Les aigrettes soyeuses qui surmontent ses graines lui ont fait donner le nom d'*apocyn à ouate*, et l'on en tire

Fleur d'Asclépias grossie et coupée verticalement.

parti pour faire de la ouate et des étoffes. Un préjugé fort répandu fait regarder l'**Asclépiade blanche** comme propre à guérir de la morsure des serpents et de l'effet des poisons ; cette plante est au contraire elle-même un poison dangereux. L'*Asclepias procumbens* et l'*A. tuberosa* sont employées en Amérique comme sudorifiques. Les Asclépiades sont des herbes vivaces, à feuilles opposées, à fleurs en ombelles, blanches ou rouges. A l'exception de l'Asclépiade à ouate qui croît dans les plus mauvais terrains, les Asclépiades demandent une terre légère, humide, et une exposition chaude. On les multiplie de graines.

Dans la tribu des *Asclépiadées* se rangent les genres *Vincetoxicum* (dompte-venin), *Stapelia*, *Calotropis*. Les Asclépiadées sont très voisines des apocynées.

ASCOMYCÈTES (du grec *askos*, outre, et *mukês*, champignon). Groupe de champignons formés d'un mycélium filamenteux, toujours pourvu de cloisons transversales et d'un réceptacle fructifère variable, portant des cellules claviformes (*asques*) dans lesquelles se développent les spores. Ce groupe comprend les *Helvelles*, les *Morilles*, les *Pézizes*, etc.

Asile.

ASELLE. Petits crustacés Isopodes de la famille des *Oniscidés* ou *Cloportes* (voir ce mot), qui vivent dans les eaux douces.

ASILE (*Asilus*). Genre d'insectes de l'ordre des Diptères, section des *Brachocères*, type de la famille des *Asilidés*. Ils offrent pour caractères généraux : un corps élancé ; une trompe longue et grêle, terminée par deux très petites lèvres ; des antennes à dernier article simple. — Cette famille renferme des insectes d'assez grande taille, agiles et vigoureux. Ils volent au grand soleil et font entendre un fort bourdonnement. Très rapaces pour la plupart, ils se jettent sur d'autres insectes qu'ils dévorent avec voracité. Leurs larves vivent en général dans la terre, aux racines des plantes; elles sont apodes, allongées, déprimées, avec la tête écailleuse.—Le genre *Asilus*, qui donne son nom à la famille, renferme un assez grand nombre d'espèces, toutes de grande taille. Ce sont des insectes voraces et hardis, qui se jettent sur des chenilles et d'autres insectes qu'ils sucent promptement. Le type du genre est l'**Asilus crabroniformis**. Il a la tête et le corselet jaunes, l'abdomen ayant les trois premiers segments de l'abdomen noirs et les autres jaunes. Cet insecte, commun dans toute l'Europe, serait facilement pris à quelque distance pour un Frelon, et il a les habitudes voraces de ce dernier. — L'**Asilus germanicus** se rencontre dans les bois, sur les troncs des arbres ou sur les bois coupés; il est beaucoup plus rare que le précédent. — L'**Asilus spectrum** de la Chine, noir taché de jaune, est couvert d'un épais duvet d'un jaune doré. C'est un redoutable diptère qui vit en despote sur les autres insectes. — La famille des *Asilides* comprend en outre plusieurs genres exotiques, tels que les *Dasypogon*, les *Midas*, etc., très voisins des Asiles.

ASIMINIER. Arbrisseau de la famille des *Anonacées,* dont les fruits servent en Pensylvanie à préparer une boisson fermentée. On fait également, avec ses graines, une poudre employée contre les poux. Son nom scientifique est *Uvaria triloba.*

ASIPHONIENS (de *a* privatif et *siphon*). Ordre de mollusques Lamellibranches dépourvus de siphon. Il comprend les *Ostréidés,* les *Pectinidés,* les *Aviculidés,* les *Mytilidés,* les *Unionidés* et les *Trigoniadés.*

ASPARAGÉES. Tribu de plantes monocotylédones de la famille des *Liliacées;* elle se distingue des *Liliées* par son fruit charnu, indéhiscent. Ce groupe comprend les genres *Asparagus* (asperge), *Smilax* (salsepareille), *Dracæna* (dragonnier), *Convallaria* (muguet), etc.

ASPARAGINÉES. Cette ancienne famille forme aujourd'hui sous le nom d'*Asparagées* (voir ce mot) une simple tribu de la famille des *Liliacées.*

ASPERELLE. (Voir Alpiste.)

ASPERGE *(Asparagus).* Genre de plantes monocotylédones, type de la tribu des *Asparagées,* dans la famille des *Liliacées.* Tout le monde connaît l'Asperge *(A. officinalis);* sa tige, de 8 à 10 décimètres de hauteur, porte des rameaux écartés, disposés en pyramide comme ceux d'un sapin; ses feuilles sont fines, réunies en faisceaux de trois à quatre renfermés d'abord entre plusieurs stipules. Les fleurs sont petites, verdâtres, mâles sur certains pieds, femelles sur les autres. Dans ces dernières, les graines sont contenues dans une baie d'un rouge très vif.— L'Asperge se sème en pépinière; après un ou deux ans, on relève les pieds pour les repiquer dans des fosses ou des planches séparées, où on les recouvre

chaque année de quelques pouces de fumier ou de terre. Ce sont les jeunes pousses de l'Asperge qui sont servies sur les tables comme un mets délicat.

Asperge.

On connaît l'odeur fétide que communique ce végétal aux urines. L'Asperge devient ligneuse dans les pays chauds, et, sur une vingtaine d'espèces connues, la nôtre seule est comestible. Non seulement l'Asperge nous offre un mets très agréable, mais elle possède encore des propriétés sédatives très prononcées qui en rendent l'emploi fort avantageux en médecine. Le sirop de pointes d'Asperge jouit de la propriété de ralentir les pulsations du cœur sans irriter l'estomac, et, par conséquent, c'est un remède précieux dans l'hypertrophie du cœur et les palpitations.

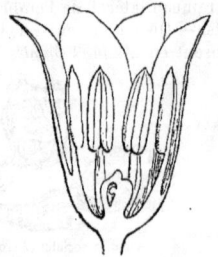

Asperge, fleur grossie coupée verticalement.

ASPERGILLE (de *aspergillus,* goupillon). Genre de champignons microscopiques de la famille des *Mucédinées.* Ce sont ces petits champignons qui, sous le nom de *moisissure,* couvrent les substances animales et végétales en décomposition, les sirops, les confitures, etc.

ASPÉRIFOLIÉES. Synonyme de Borraginées.

ASPÉRULE (d'*asper,* âpre). Genre de plantes de la famille des *Rubiacées.* Les Aspérules sont des plantes herbacées, vivaces, à tiges lisses, à feuilles verticillées par quatre ou huit, à fleurs disposées en cymes. Plusieurs espèces croissent dans les environs de Paris;

ce sont : l'**Aspérule des champs**, à fleurs bleues en glomérules ; l'**Aspérule tinctoriale**, à fleurs d'un blanc rosé, disposées en cymes terminales, connue vulgairement sous les noms de *rubéole* et *petite garance ;* sa racine peut tenir lieu de celle de la garance pour teindre en rouge ; l'**Aspérule odorante**, vulgairement *petit muguet*, à fleurs blanches, est remarquable par l'odeur de mélisse qu'elle exhale, surtout à l'état sec ; l'infusion de cette plante est sudorifique.

Aspérule odorante.

ASPHALTE (du grec *asphaltos*, bitume). Bitume solide, noir, ressemblant à de la houille, fusible à la température de l'eau bouillante et brûlant avec une flamme fuligineuse. Cette substance a reçu le nom de *bitume de Judée*, parce qu'elle abonde particulièrement sur les bords du lac Asphaltite ou mer Morte. Bien que sa densité soit 1,6, elle s'élève du fond du lac à la surface de ses eaux lourdes, dans un certain état de mollesse ; les vents la poussent ensuite dans les anses et les golfes où elle est recueillie ; les Arabes lui donnent le nom de *Karabé de Sodôme*. L'origine de l'Asphalte est volcanique ; nous en reparlerons au mot Bitume. — On désigne également sous le nom d'Asphalte, un calcaire imprégné de bitume que l'on rencontre à la base des terrains éocènes, en Suisse, en Auvergne, à Seyssel (Ain) ; ce sont ces calcaires bitumineux que l'on emploie surtout à la confection des chaussées et des trottoirs.

ASPHODÈLE. Genre de plantes monocotylédones de la famille des *Liliacées*. Les Asphodèles sont des végétaux herbacés et vivaces, à racine tuberculeuse ; à tige nue, garnie, à sa base seulement, de feuilles linéaires très longues ; à fleurs blanches disposées en grappe ; celles-ci sont composées d'un calice pétaloïde de six pétales, de six étamines et d'un style surmonté d'un stigmate à trois pointes ; le fruit est une petite capsule globulaire, à trois loges, renfermant des graines peu nombreuses. Les Asphodèles croissent pour la plupart dans les régions méridionales de l'Europe et sur les côtes méditerranéennes. On en cultive plusieurs espèces dans nos jardins comme plantes d'agrément, telles sont : l'**Asphodèle jaune** ou *bâton de Jacob*, et l'**Asphodèle rameuse** *(Asphodelus ramosus)*. Cette dernière plante, haute de 1 mètre, croît communément dans nos provinces méridionales ainsi qu'en Algérie, et elle a acquis dans ces derniers temps une grande importance ; on retire en effet de ses racines écrasées un suc abondant qui donne par la distillation un alcool très pur et d'un titre élevé. La culture de cette plante demande fort peu de soins ; tous les terrains lui sont bons, et on la multiplie facilement par semis

ou par caïeux. On a trouvé également à utiliser la tige et les feuilles fibreuses de cette plante en la réduisant en pâte pour en faire du gros papier et du carton. Cette industrie a même déjà pris en Toscane

Fleur.   Asphodèle.   Pistil.

une certaine extension, et l'on a pu voir à l'Exposition des échantillons fort satisfaisants de ce nouveau produit.

ASPIC (*aspis*). Reptile célèbre dans l'antiquité pour avoir donné la mort à Cléopâtre. La morsure de l'Aspic ne laissait, dit-on, aucune trace, et faisait passer sans angoisses du sommeil à la mort. En effet, Cléopâtre, après avoir essayé la force du venin sur deux suivantes, qui tombèrent comme frappées de la foudre, se fit mordre au-dessus du sein gauche et mourut aussitôt. Les naturalistes ne sont pas parfaitement d'accord sur l'espèce à laquelle se rapportent les descriptions des anciens ; cependant tout porte à croire que c'est la *vipère haje* ou Naja (voir ce mot) qui habite l'Égypte et qui a la faculté de gonfler son cou, comme le dit Lucain de l'Aspis.

Aspida somniferam tumida cervice levavit.

L'étymologie même du mot Aspis (de *spizo*, distendre) semble confirmer cette présomption.

On donne aujourd'hui le nom d'**Aspic** à une variété de la vipère commune. (Voir VIPÈRE.)

ASPIC. Nom vulgaire de la *Lavande spic.* (Voir LAVANDE.)

ASPLENIUM. Genre de plantes cryptogames de la famille des *Fougères,* dont plusieurs espèces sont employées en médecine; telles sont les **Asplenium adiantum nigrum** ou Capillaire noire, et **A. ruta muraria**, vulgairement *rue des murailles*, usitées comme béchiques. Ces espèces sont communes sur les vieux murs et les rochers.

ASSA FŒTIDA. Mauvaise orthographe. (Voir ASA FŒTIDA.)

ASSIMILATION. C'est l'action en vertu de laquelle les corps doués de la vie s'approprient, rendent semblables à eux les substances avec lesquelles ils sont mis en contact immédiat; résultat définitif de diverses élaborations imprimées par les corps vivants aux substances dont ils se nourrissent. L'assimilation est une véritable absorption dont l'agent, différent d'une simple force chimique, est resté jusqu'à présent inconnu.

L'assimilation se complique en raison de la composition des corps. C'est ainsi que, dans les végétaux, elle change, à l'aide d'un travail plus ou moins simple d'absorption tout extérieur et de sécrétion, quelques principes venus du dehors, tels que l'acide carbonique, l'eau, l'air, etc., en ces diverses substances dont la réunion forme l'organisation végétale; tandis qu'à l'égard de l'homme et de la plupart des animaux, cette action, qui n'admet d'abord que des produits composés fermentescibles, et qui ont au moins passé par la filière de la végétation, suppose, de plus, la série d'altérations successives qui constituent l'insalivation, la digestion, la chylification, l'absorption, la respiration, etc. L'assimilation est donc chez les animaux le résultat collectif d'un concours d'élaborations successives qui appartiennent à la nutrition. (Voir ce mot.)

ASTACUS. Nom scientifique latin de l'Écrevisse. (Voir ce mot.)

ASTARTÉ (nom de la Vénus syrienne). Sous-genre de mollusques bivalves de la classe des LAMELLIBRANCHES, détaché des Vénus pour quelques espèces des mers du Nord. (Voir VÉNUS.)

ASTER (du grec *astèr*, étoile). Genre de plantes de la famille des *Composées,* tribu des *Astérics,* renfermant de nombreuses espèces, dont la plupart sont indigènes de l'Amérique du Nord. Leurs fleurs sont en capitules radiés; celles du rayon sont fertiles, disposées sur un rang; celles du disque hermaphrodites, cinq-dentées. Les Asters sont des plantes herbacées, vivaces, à rhizomes rampants, desquels naissent des tiges souvent rameuses, touffues, à feuilles alternes et des capitules disposés en corymbe; les fleurons sont blancs, roses, violets ou bleus. On les cultive comme plantes de parterre. Les plus belles espèces sont : l'**Aster des Alpes** (*A. alpinus*), à grandes fleurs solitaires à rayons violets; l'**Aster rose** (*A. roseus*), à fleurs d'un rose violacé; l'**Aster œil de Christ** (*A. amellus*), fleurs à rayons bleus, disque jaune; l'**Aster à grandes fleurs** (*A. grandiflorus*), fleurs blanches répandant une agréable

Aster de Chine.

odeur de citron; enfin, l'**Aster de la Chine** (*A. sinensis*), ou *reine-marguerite,* dont les nombreuses variétés présentent toutes les nuances du blanc au bleu foncé ou au pourpre, ou panachées des mêmes couleurs. — Ces plantes aiment en général une terre humide au levant ou au midi. On les multiplie de graines ou d'éclats.

ASTÉRIADÉS. (Voir ASTÉRIDES.)

ASTÉRIDES. Ordre de ZOOPHYTES ou RADIAIRES, du sous-embranchement des *Échinodermes,* de la classe des ASTÉROÏDES ou STELLÉRIDES, comprenant les radiaires à forme pentagonale ou étoilée par le prolongement des rayons qui constituent les bras. On les divise en plusieurs groupes ou familles : les *Astériadés,* auxquels appartiennent les étoiles de mer, communes sur nos côtes (voir ASTÉRIE); les *Échinastéridés,* qui portent à leur surface des épines plus ou moins longues; les *Astro-pectinidés,* dépourvus d'anus, qui ont pour type l'astérie orangée.

ASTÉRIE (*Asterias,* du grec *astèr*, étoile). Genre type de la famille des *Astériadés,* ordre des ASTÉRIDES. Ce sont des animaux à corps déprimé, large, régulièrement divisé en rayons, le plus souvent au nombre de cinq, mais qui peut dans certaines espèces en porter jusqu'à quarante. Au centre de ces rayons est une ouverture qui sert à introduire les aliments et à rejeter les résidus de la digestion. Cet orifice buccal, situé en dessous, n'est pas armé de dents, mais entouré de suçoirs tentaculiformes; leur appareil digestif se prolonge par des appendices jusque dans les rayons. Chaque rayon d'une

Astérie rougeâtre.

Astérie a, en dessous, un sillon longitudinal offrant de chaque côté une ou deux rangées de trous laissant passer des tentacules ou tubes ambulacraires qui leur servent de pieds. Toutes les Astéries sont carnassières et vivent surtout de mollusques, de moules notamment, dont elles dévastent les bancs; elles se meuvent très lentement. — Leurs ovaires, ordinairement gonflés d'œufs au mois de mai, con-

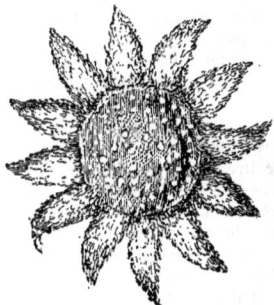

Astérie à aigrettes (Solaster papposus).

sistent en deux corps oblongs, rameux, comparables à une grappe de raisin, et qui flottent dans chaque rayon de l'animal. Les Astéries ont une si grande puissance de reproduction, que, non seulement elles repoussent en fort peu de temps les rayons qui leur sont enlevés, mais qu'un seul resté entier autour du centre lui conserve, chez certaines espèces, la faculté de reproduire tous les autres. Les Étoiles de mer sont toutes, comme l'indique leur nom, habitantes des eaux marines, et on les trouve à diverses profondeurs. Beaucoup d'entre elles sont littorales, et le reflux les laisse souvent à sec sur la plage.

Les Astéries ne servent pas à la nourriture de l'homme; on leur attribue même des qualités malfaisantes. Leur grande abondance sur les côtes de la Manche les fait employer à fumer la terre. Les espèces les plus connues dans nos mers sont : l'Astérie vulgaire ou rougeâtre (A. rubens), l'Astérie orangée (A. aurantiaca), l'Astérie à aigrettes (Solaster papposus), qui a douze rayons.

Les OPHIURES, que l'on rangeait autrefois parmi les Astéries, forment aujourd'hui un ordre à part.

ASTÉROPHYLLITE (de astêr, étoile, et phullon, feuille). Famille de plantes fossiles voisines des Calamites, caractérisées par leurs feuilles nombreuses verticillées et disposées en étoiles. On les rencontre dans les terrains houillers.

ASTICOT. Les pêcheurs donnent ce nom aux larves des mouches, dont ils se servent comme d'appât.

ASTRAGALE. Genre de plantes de la famille des Légumineuses papilionacées, tribu des Galégées, ren-

Astragalus creticus.

fermant un grand nombre d'espèces à feuilles ailées, à fleurs axillaires ou terminales disposées en tête ou en épi, dont les caractères distinctifs sont : calice à cinq dents, corolle papilionacée à étendard plus long que les ailes, étamines en deux faisceaux, stigmate simple; légume presque toujours sessile, tantôt court et renflé, tantôt long et grêle. Les Astragales sont, en général, des plantes d'un aspect agréable, et plusieurs d'entre elles se distinguent par leur utilité. Les Astragalus creticus, gummifer et verus fournissent la gomme adragante. Mais l'espèce qui fournit celle qui nous vient d'Orient est indigène de Perse, et n'est point, comme le croyait

Linné, l'*Astragalus tragacantha*, qui ne fournit pas de gomme, mais l'*Astragalus adscendens*. Deux espèces croissent aux environs de Paris; l'une, connue sous le nom vulgaire de *réglisse bâtarde* (*A. glyciphyllos*), a des fleurs jaunes, et l'autre (*A. mons pessulanus*) a des fleurs purpurines.

ASTRAGALE (du grec *astragalos*, osselet). C'est un des os du tarse, dont il occupe la partie antérieure et supérieure. (Voir SQUELETTE.)

ASTRANCE (*Astrantia*). Genre de plantes dicotylédones de la famille des *Ombellifères*. Ce sont des herbes vivaces, aromatiques, à feuilles radicales pétiolées; les caulinaires sessiles, à fleurs polygames, réunies en ombellules régulières, blanches ou roses. — L'Astrance grande (*A. major*) croît dans les Alpes et les Pyrénées. On lui donne les noms de *Radiaire* et de *Sanicle femelle*. Sa racine, noirâtre, âcre et amère, est purgative.

ASTRÉE (*Astrea*, du grec *astêr*, étoile). Genre de polypier du groupe des *Madrépores*. (Voir ce mot.)

ASTUR. Nom latin de l'Autour.

ASYMÉTRIQUE (de *a* privatif et *symétrie*, qui n'a pas de symétrie). Se dit, en anatomie, des parties qui ne sont pas symétriquement configurées par rapport à la ligne médiane; se dit également de tout être organisé dont les côtés ne sont pas semblables.

ATAVISME (de *atavus*, aïeul). Ressemblance avec les aïeux. Reproduction des caractères d'un ancêtre, disparus depuis plus ou moins longtemps. L'atavisme s'observe très fréquemment dans le règne végétal, où les plantes hybrides ou cultivées tendent à retourner à la forme primitive. Il en est de même chez les animaux, et nos races domestiques, abandonnées à elles-mêmes, reprennent les caractères de l'espèce sauvage. Il arrive souvent, dans la race humaine, que des enfants ne ressemblent nullement à leur père ni à leur mère, mais rappellent les traits et même les aptitudes d'un ancêtre plus ou moins éloigné. C'est là un cas d'atavisme.

ATÈLE (du grec *atelês*, imparfait). Genre de singes américains de la tribu des *Sapajous* ou *Cébiens*, dont les mains antérieures sont dépourvues de pouce. Les Atèles ont la queue et les membres antérieurs très longs et très grêles; leur tête est petite et ronde. Ces singes vivent en troupes de douze à quinze individus, et se tiennent le plus souvent sur les arbres où ils déploient une grande agilité; leur longue queue prenante sert à s'accrocher aux branches où ils se balancent, et même, dit-on, à cueillir les fruits dont ils se nourrissent, car la callosité dont elle est garnie en dessous en fait une véritable main. Ce sont des animaux généralement doux, craintifs et nonchalants. Leur voix est une sorte de sifflement doux et flûté. Les Atèles sont répandus dans une grande partie de l'Amérique méridionale; mais ils ne peuvent supporter le climat de l'Europe, et meurent tous peu de temps après leur arrivée.

Parmi les espèces de ce genre, nous citerons le

Coaita (*Simia paniscus*): c'est l'espèce qui s'acclimate le plus facilement; son pelage est noir, avec la face couleur de mulâtre; sa taille est de 60 centimètres, sans y comprendre la queue qui est plus longue que le corps; l'**Atèle Belzébuth**, à pelage d'un noir brunâtre avec les parties inférieures et le dedans des membres blancs; cette espèce habite les bords de l'Orénoque; l'**Atèle cayou** de la Guyane, qui est noir sur le corps et sur la face.

ATEUCHUS. (Voir COPROPHAGES.)

ATHÉNÉ (nom de Minerve, à qui était consacrée la chouette). On désigne sous ce nom un petit groupe du genre *Chevêche*.

ATHÉRICÈRES (du grec *athêr*, pointe, et *kéras*, corne). Grande division de l'ordre des DIPTÈRES (voir ce mot), comprenant les *Syrphes*, les *OEstres*, les *Mouches*.

ATHÉRINE. Genre de poissons type de la famille des *Athérinidés*, dont les caractères sont: corps oblong, allongé, recouvert d'écailles de grandeur ordinaire; bouche protractile ne présentant qu'un petit nombre de dents; deux nageoires dorsales. Les

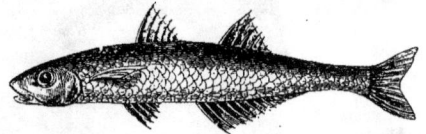

Athérine.

Athérines sont connues des pêcheurs sous les noms d'*argentine*, de *prêtre*, d'*abusseau*, suivant les localités, et les naturalistes donnent à l'espèce la plus commune celui d'*Atherina presbyter*. C'est un joli petit poisson de 5 à 8 centimètres, à corps allongé, avec une belle bande d'argent le long des flancs. C'est cette broderie d'argent, ressemblant à celle d'une étole, qui leur a fait donner le nom de prêtre. — Les Athérines se rencontrent en troupes souvent considérables au premier printemps et vers la fin de l'été le long des côtes, où on les pêche au moyen du carrelet, filet quadrangulaire dont nos pêcheurs d'eau douce se servent sous le nom d'*échiquier*. Leur chair est très délicate, et l'on en fait d'excellentes fritures; mais le poisson meurt aussitôt qu'on le tire de l'eau et se corrompt très vite. Dans certaines rivières du nord de la Bretagne, les Athérines remontent en si prodigieuse quantité pendant les mois de mars et d'avril, qu'ils sont une véritable manne pour le pays dans ce temps de carême.

ATHÉRINIDÉS. Famille de poissons de l'ordre des TÉLÉOSTÉENS, tribu des *Acanthoptères*, formée par le genre *Atherina*. Ces poissons ont le corps oblong, allongé, recouvert d'écailles moyennes; la bouche protractile ne présentant qu'un petit nombre de dents; leurs nageoires dorsales sont au nombre de deux.

ATHÉRURE. Espèce de la famille des *Porc-épics*. (Voir ce mot.)

ATLAS. Nom de la première vertèbre cervicale sur laquelle repose la base du crâne.

ATLAS. Nom spécifique d'un grand Bombyx de la Chine, fort recherché des collectionneurs.

ATRIPLEX. Nom scientifique latin de l'Arroche. (Voir ce mot.)

ATROPA. Nom scientifique latin du genre *Belladone*. (Voir ce mot.)

ATROPOS. (Voir ACHERONTIA.)

ATTACUS. Genre de papillons de nuit de la famille des *Bombycidés*. (Voir ce mot.)

ATTAGÈNE *(Attagenus)*. Genre d'insectes COLÉOPTÈRES de la famille des *Dermestidés*, dont plusieurs vivent à l'état de larve, aux dépens des matières animales desséchées. Le plus répandu, l'**A.** pellio ou *ver des fourrures*, se trouve communément dans les maisons, où il commet des dégâts considérables parmi les pelleteries et les lainages. C'est un petit insecte noir, de 4 à 5 millimètres, avec un point blanc au milieu de chaque élytre.

ATTE. (Voir FOURMI.)

ATTELABE. (Voir CHARANÇON.)

ATTIER. Nom vulgaire de l'*Anona squamosa*. (Voir ANONE.)

ATTRAPE-MOUCHE. (Voir DROSERA et DIONÉE.)

ATTOLL (de *attollo*, je soulève). (Voir ILES MADRÉPORIQUES.)

AUBÉPINE *(Cratægus oxyacantha*, L.). Plante de la famille des *Rosacées* et de la tribu des *Pirées*, bien connue de tout le monde sous les divers noms d'*épine blanche, noble épine, aubépin*, etc. C'est un arbre indigène qui appartient au genre *Néflier;* il

Aubépine.

peut s'élever à 10 mètres de hauteur, et se trouve ordinairement réduit à l'état d'arbrisseau par l'usage que l'on a d'en former des haies. On en connaît plusieurs variétés, dont les principales sont : l'**Aubépine de Mahon**, à fleurs blanches ou roses, odorantes, à feuilles panachées, à fruits jaunes; l'**Aubépine très odorante** (*C. odorantissima*), à fleurs blanches et fruits rouges. L'Aubépine éveille toutes les idées gracieuses du printemps, dont elle est l'emblème, et charme à la fois par la blancheur éblouissante de ses fleurs et par leur parfum suave. L'Au-

bépine jouait son rôle dans les cérémonies de l'antiquité; aux noces des Grecs et des Romains, on portait devant les jeunes époux des branches fleuries d'Aubépine ou des flambeaux faits de son bois. Les rameaux nombreux et flexibles de l'Aubépine peuvent prendre, sous les ciseaux du jardinier, toutes sortes de formes ; c'est l'arbrisseau le plus propre à former des haies, qui sont à la fois des murs de défense et des palissades d'agrément.

AUBERGINE (*Solanum esculentum*) ou **MÉLONGÈNE**. Plante du genre *Morelle* (*Solanum*), qui se distingue par ses tiges, ses feuilles et ses calices épineux. Son fruit est une grosse baie allongée, variant du rouge au violet, et qui fournit un aliment très agréable à sa parfaite maturité. Une variété (S. *ovigerum*), morelle à œuf, donne un fruit qui ressemble à un

Aubergine
(*Solanum esculentum*).

œuf de poule. Avant leur maturité, ces fruits contiennent un principe âcre et même vénéneux, la *Solanine*, qui en rendrait l'ingestion malsaine. (Voir MORELLE.)

AUBIER (*Alburnum*). On appelle ainsi, dans la tige ligneuse des végétaux dicotylédones, les couches ligneuses les plus extérieures, qui se distinguent presque toujours au premier coup d'œil du bois proprement dit par leur couleur plus pâle et leur moindre solidité. Comme il n'existe aucune différence de structure entre l'Aubier et le bois proprement dit, nous traiterons de ces deux organes au mot *Bois*.

AUBIFOIN. Nom vulgaire de la Centaurée bluet. (Voir CENTAURÉE.)

AUBOURS. (Voir CYTISE.)

AUBUSSEAU. Un des noms vulgaires de l'Athérine. (Voir ce mot.)

AUCHENIA. Nom scientifique latin du Lama. (Voir ce mot.)

AUGITE. (Voir PYROXÈNE.)

AULNE. (Voir AUNE.)

AULNÉE. (Voir AUNÉE.)

AULOSTOME (du grec *aulos*, flûte, et *stóma*, bouche, bouche en flûte). Ce nom désigne un genre de poissons de la famille des *Fistularidés*, caractérisé par la tête allongée en un long tube, en forme de flûte, au bout duquel se trouve la bouche; les mâchoires manquent de dents. Cette tête ainsi allongée fait le tiers ou le quart de la longueur du corps, qui est lui-même long et mince. Les nageoires anale et dorsale sont situées fort en arrière, supportées chacune par vingt-cinq rayons. — On en connaît une espèce de la mer des Indes, l'**Aulostome chinois**,

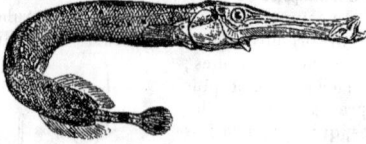

Aulostome.

dont le corps, d'un rose tendre, est semé de taches noires et porte trois lignes d'argent sur les flancs.

AUNE, anciennement *Aulne* (*Alnus*). Genre d'arbres de la famille des *Castanéacées*, tribu des *Bétulinées*, se distinguant par les caractères suivants : fleurs monoïques; les mâles en chatons allongés, pendants, formés de pédicelles à quatre écailles; l'une épaisse et terminale, les trois autres munies chacune d'un calice à quatre lobes renfermant quatre étamines. Les femelles en chatons ovoïdes, composés d'écailles sessiles, imbriquées, quadrifides, portant chacune deux fleurs à deux styles; l'ovaire se change en un fruit osseux, à deux loges monospermes. — L'espèce que l'on trouve dans toute la France, au bord des eaux et dans les terrains marécageux, est l'**Aune commun** (*A. glutinosa*). Cet

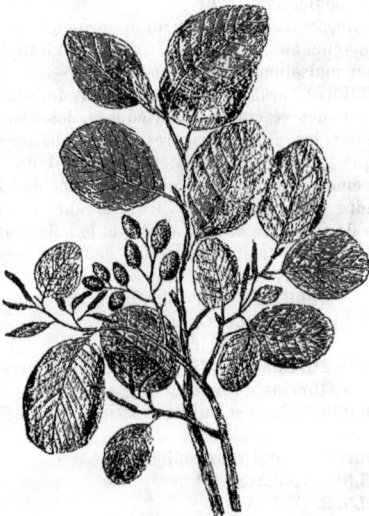

Aune.

arbre atteint jusqu'à 15 mètres de hauteur; son tronc est droit, recouvert d'une écorce épaisse et gercée, et garni de rameaux courts et tortueux. Ses feuilles sont dentelées, souvent ponctuées, parcourues par des nervures à l'aisselle desquelles se trouvent des houppes de poils. La viscosité qu'elles présentent dans leur jeunesse a fait nommer quelquefois cet arbre *aune visqueux*. On plante cet arbre aux bords des étangs et des rivières; ses racines, longues et entrelacées, contribuent à fixer le sol des rivages. La culture de l'Aune est surtout d'un grand avantage dans les lieux trop marécageux pour les saules et les peupliers, et, de même que ceux-ci, il repousse avec vigueur après avoir été coupé ras terre. Le bois d'Aune a la propriété de ne pas s'altérer dans l'eau, ce qui l'a fait rechercher de tout temps pour les pilotis et autres ouvrages destinés à séjourner sous l'eau. Ce bois est aussi recherché par les ébénistes, les tourneurs, les menuisiers et les sabotiers; il est susceptible d'un beau poli, et prend facilement la couleur de l'ébène et de l'acajou; il est excellent comme combustible. L'Amérique possède plusieurs espèces d'Aunes.

AUNÉE. (Voir Inule.)

AURANTIACÉES (de *aurantium*, orange). Famille de plantes dicotylédones, polypétales hypogynes, qui se compose d'arbres et d'arbustes, la plupart originaires de l'Asie tropicale, mais répandus par la culture dans presque toutes les régions chaudes du globe. Ses caractères sont : fleurs régulières hermaphrodites, calice à trois ou cinq divisions, corolle de trois à cinq pétales, étamines hypogynes, en nombre égal, double ou multiple. Le fruit est une drupe charnue, à péricarpe épais et indéhiscent, séparée par des cloisons très minces en plusieurs loges gorgées d'une pulpe plus ou moins

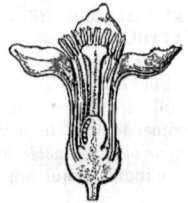

Fleur d'oranger coupée verticalement.

acide et sucrée, et contenant plusieurs graines. Cette famille renferme les genres *Citrus* (orange, citron), *Limonia*, *Feronia*, *Clausena*, *Triphasia*, etc.

AURÉLIE. (Voir Méduses.) On donnait anciennement ce nom aux chrysalides des papillons. (Voir ce mot.)

AURICULAIRE (d'*auricula*, petite oreille). Genre de champignons de la famille des *Agaricinées*, dont le chapeau offre la forme d'une oreille plate. L'**Auricularia mesenterica**, d'un gris rougeâtre, se rencontre aux environs de Paris.

AURICULE (de *auricula*, petite oreille). Espèce du genre *Primevère* (*Primula auricula*), cultivée dans les jardins sous le nom d'*oreille d'ours*.

AURICULE. Genre de mollusques Gastéropodes pulmonés des parties chaudes du globe. On en connaît une espèce (*Auricula myosotis*) des bords de la Méditerranée.

AUROCHS. (Voir Bœuf.)

AURONE ou **CITRONNELLE**. Espèce du genre *Armoise*. (Voir ce mot.)

AUSTRALIENS. (Voir Mélanésiens.)

AUTOCHTHONE (du grec *autos*, même, et *chthón*, terre). On donne ce nom aux races indigènes, à celles qui semblent avoir occupé dès l'origine le sol qu'elles habitent.

AUTOUR (*Astur*). Les Autours forment avec les *éperviers* (voir ce mot) un petit groupe de la famille des *Falconidés*, dans l'ordre des RAPACES ou oiseaux de proie. Les Autours proprement dits ont le bec court, recourbé dès sa base, convexe en dessus, à narines à peu près rondes; les doigts longs, les extérieurs unis à leur base par une membrane, les tarses écussonnés comme ceux des éperviers, mais plus courts. — Parmi les espèces de ce genre, une seule appartient à l'Europe, c'est l'**Autour commun** (*A. palumbarius*); les autres espèces appartiennent principalement à l'Amérique et à l'Australie. L'Autour commun mâle est long d'un demi-mètre, sa femelle est un peu plus grande; il est brun en dessus et blanc en dessous, rayé en travers de brun dans l'âge adulte, moucheté dans le jeune âge; il a

Autour mâle et femelle.

aussi des sourcils blanchâtres. Une variété est blonde et plus rare que l'espèce type. Le vol de l'Autour est bas; il fond obliquement sur sa proie, qui consiste en levrauts, rats, taupes, poules, pigeons; son cri est rauque et fréquent. Cette espèce vit par paires, comme presque tous les oiseaux de proie; elle habite de préférence les montagnes boisées, et construit sur les arbres élevés un nid dans lequel la femelle dépose quatre ou cinq œufs d'un blanc bleuâtre avec des raies et des taches brunes.

AUTRUCHE (*Struthio*). Cuvier place les Autruches dans la famille des *Brévipennes*, ordre des ÉCHASSIERS. Elles forment, dans la classification d'Is. G. Saint-Hilaire, la famille des *Struthionidés*, dans l'ordre des COUREURS, qui renferme encore les *Casoars* et les *Aptéryx*. (Voir ces mots.) Dans les Autruches, les ailes sont fort courtes, impropres au

vol, terminées par un double éperon, et garnies, ainsi que la queue, de plumes à barbes longues, lâches et inflexibles; le bec est déprimé, large, droit et obtus, à mandibule supérieure onguiculée; les narines oblongues, placées vers le milieu du bec; la tête chauve, aplatie, calleuse en dessus. Les pieds sont très robustes, les tarses et les jambes très élevés, celles-ci garnies de muscles puissants. Aussi ces oiseaux ne volent pas, mais courent avec une rapidité extraordinaire. Leur appareil digestif et d'autres détails anatomiques les rapprochent des mammifères; c'est ce qu'avait fort bien remarqué Aristote, qui dit de l'Autruche, *partim avis, partim quadrupes*. On ne connaît que deux espèces de ce genre singulier: l'une d'Afrique (*S. camelus*), répandue dans tout l'intérieur de l'Afrique, depuis l'Égypte et la Barbarie jusqu'au cap de Bonne-Espérance; et en Asie, depuis l'Arabie jusque dans la partie de l'Inde en deçà du Gange; la seconde, d'Amérique, connue sous le nom de *Nandou*. L'Autruche proprement dite est le plus grand de tous les oiseaux connus; elle atteint jusqu'à 2 mètres et demi de hauteur et 50 kilogrammes de poids. Son cou, long et mince, est couvert d'un simple duvet, et supporte une petite tête munie de grands yeux à paupières mobiles et garnies de cils, d'oreilles dont l'orifice est à découvert. Le mâle adulte a le plumage du corps noir, varié de blanc et de gris avec les grandes plumes des ailes et de la queue blanches et noires. La femelle est brune et d'un gris cendré; elle n'a de plumes noires et blanches qu'aux ailes et à la queue. Les jambes sont dénuées de plumes et aussi grosses que la cuisse d'un homme. Les jeunes Autruches ont la tête, le cou et les jambes couverts de plumes pendant une année, mais elles tombent ensuite pour ne plus repousser sur ces parties. Le mâle s'entoure ordinairement de plusieurs femelles qui, toutes, pondent dans le même trou. Les œufs sont disposés très habilement en rayons. Chaque femelle couve à son tour dans la journée; mais elles s'éloignent fréquemment de leur nid lorsque le soleil y darde ses rayons, dont la chaleur est plus que suffisante à l'incubation. La nuit, le mâle remplace ses femelles sur le nid. Celui-ci contient ordinairement de quatre à cinq douzaines d'œufs; c'est un enfoncement dans le sable d'un mètre de diamètre environ; les œufs sont blancs, couverts de gros points enfoncés, longs de 15 à 18 centimètres); ils passent pour un manger délicat. L'incubation dure six semaines environ. Au sortir de l'œuf, les petits sont tout couverts de plumes d'un gris roussâtre taché de noir; ils courent déjà et cherchent leur nourriture. Les Autruches sont souvent réunies en grandes troupes; elles ont l'ouïe fine et la vue perçante. Elles courent avec une telle rapidité, qu'un cheval au galop ne peut les atteindre que lorsqu'elles sont fatiguées. Leur instinct les porte, quand elles sont poursuivies de près, à lancer en arrière, avec leurs robustes pieds, du sable et des pierres. Les Autruches sont herbivores; mais, pour satisfaire leur faim dévorante, elles mangent tout ce qu'elles trouvent; on en a vu qui avalaient des pierres, du fer, des os et même des pièces de monnaie; mais il va sans dire qu'elles rendent ces substances telles qu'elles ont été ingérées, et que leur estomac ne peut les digérer, quoi qu'en aient dit certains auteurs amis du merveilleux. Les voyageurs s'accordent à dire

Autruche d'Afrique.

qu'elles ne boivent pas. Malgré sa force, l'autruche a les mœurs paisibles des Gallinacés; elle n'attaque jamais les animaux plus faibles qu'elle, et ne se soustrait au danger que par une prompte fuite. Bien que cet oiseau n'ait pas une intelligence très développée, il est loin de mériter la réputation de stupidité qu'on lui a faite et il sait souvent mettre le chasseur en défaut par ses ruses. On est parvenu pour ainsi dire à réduire ces animaux en domesticité; les habitants de Dara et ceux de la Libye en nourrissent des troupeaux dont ils tirent des plumes et une nourriture abondante. On en a vu qui étaient assez privés pour se laisser monter comme on monte un cheval. Ce serait une précieuse acquisition pour nos colonies d'Afrique, et même pour nos provinces méridionales, dont le climat conviendrait parfaitement à cet oiseau. Les Arabes se livrent à la chasse de l'Autruche, montés sur leurs infatigables chevaux; mais telle est la rapidité de l'oiseau qu'ils ne peuvent s'en emparer que par

la ruse. L'Autruche ne va point en ligne directe, mais décrit en courant un cercle plus ou moins étendu; les chasseurs la suivent en se dirigeant sur un cercle concentrique intérieur, et moindre par conséquent; puis, quand ils l'ont affamée et fatiguée, ils fondent dessus au galop et l'assomment à coups de bâton, pour que le sang ne gâte pas les plumes. On sait que de tout temps les belles et longues plumes des ailes et de la queue ont été très recherchées; celles des mâles sont plus estimées que celles des femelles. — Le **Nandou** ou Autruche d'Amérique (*S. rhea*) est répandu dans l'Amérique méridionale; elle est moins grande que la précédente (14 à 18 décimètres); sa tête et son cou sont garnis de plumes grisâtres. Ses pieds sont forts et présentent trois doigts. Les plumes des ailes sont longues de 3 décimètres, touffues et serrées contre les flancs; ces plumes sont loin d'être aussi belles que celles de l'Autruche d'Afrique. Elles sont d'un gris bleuâtre, mêlé de taches noires. Ces oiseaux courent aussi avec rapidité; ils s'apprivoisent facilement. Leurs œufs sont jaunâtres, moins gros que ceux de l'Autruche d'Afrique, mais plus délicats. Les Nandous habitent les Pampas de l'Amérique méridionale par troupes d'une trentaine d'individus et se nourrissent de graines et d'herbes. Ils offrent des mœurs analogues à celles de l'Autruche d'Afrique.

AVANT-BRAS. Portion du membre supérieur comprise entre le coude et le poignet.

AVÉLANÈDE. Nom d'une espèce de gland qui provient du *Quercus velani*, chêne du Levant, et qui sert pour le tannage des cuirs et la teinture en noir.

AVELINE, AVELINIER. Variété du Noisetier. (Voir ce mot.)

AVENA. (Voir Avoine.)

AVERRHOA. (Voir Carambolier.)

AVENTURINE. On a donné ce nom à des variétés de quartz grenu ou de feldspath coloré en rouge ou en jaune, et dans lesquelles sont disséminées des paillettes de mica formant des points brillants dont la pierre est comme parsemée. Le nom d'Aventurine lui vient de sa ressemblance avec le verre coloré et parsemé de poussière métallique qui porte ce nom. On prétend qu'un ouvrier vénitien ayant laissé tomber par hasard, ou comme on dit par *aventure*, de la limaille de cuivre et de fer dans du verre en fusion, fut agréablement surpris du résultat de ce mélange, auquel il donna le nom d'*aventurine*. (Voir Quartz.)

AVEUGLE. On donne ce nom à l'Orvet. — On connaît un certain nombre d'animaux aveugles, chez lesquels les organes de la vision sont ou complètement atrophiés ou au moins très rudimentaires. Cette cécité est souvent due à l'influence du milieu dans lequel ils vivent, et l'on sait que le manque d'usage d'un membre entraîne souvent l'atrophie. C'est ainsi que la taupe et le spalax, qui ont une vie souterraine, ont les yeux atrophiés; le protée, batracien qui vit dans les grottes de la Carniole;

l'ambliopsis, poisson découvert dans les eaux souterraines de l'Amérique du Nord, qui vivent constamment plongés dans l'obscurité ont perdu l'usage de la vue. Il en est de même d'un grand nombre d'insectes (*anophthalmus, adelops, centophilus*), de myriapodes et de crustacés (*cambarus, monolitra*), etc., qui vivent dans les ténèbres.

AVICULAIRE. (Voir Mygale.)

AVICULE (*Avicula*). Genre de mollusques Acéphales de la classe des Lamellibranches, ordre des Asiphoniens, type de la famille des *Aviculidés*, remarquable surtout en ce que quelques-unes de ses espèces produisent les perles. L'animal, très voisin de celui des Peignes, est renfermé dans une coquille bivalve, inéquivalve, feuilletée extérieurement, très nacrée intérieurement, assez épaisse,

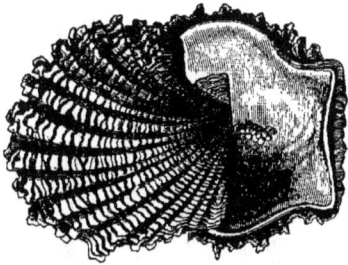

Avicule à perles.

faiblement auriculée, dentée ou non à la charnière. Les Avicules sont propres aux mers des pays chauds, au moins les espèces qui produisent les perles. Elles vivent au fond de la mer, attachées au sol ou fixées les unes sur les autres. — L'espèce la plus recherchée, l'**Avicule à perles** (*A. margaritifera*), connue sous les noms d'*huître perlière, pintadine, mère perle*, se rencontre dans le golfe Persique, sur les côtes du Japon, de Panama, de Californie ; mais surtout dans le golfe de Manaar, près de Ceylan.

Les perles ne sont autre chose que des dépôts de matière nacrée autour de très petits corps étrangers ; on les trouve généralement dans les plus vieilles huîtres. Les jeunes en ont rarement. Il existe, d'ailleurs, diverses opinions sur la formation des perles. M. Ewerard Home, conchyliologiste anglais, attribue cette production à des œufs altérés, qui, n'ayant pu sortir par la voie ordinaire, ont servi de moule aux perles ; il pense que ces œufs, demeurés fixés à leur pédicule, ont reçu comme les autres une couche nacrée qui sert de coquille à ceux qui doivent sortir, et qui, dans ceux-ci, s'ajoute chaque année aux couches précédentes, et compose enfin une enveloppe solide ; sphérique, si elle ne s'est moulée qu'autour de l'œuf ; allongée en poire, si elle s'est étendue plus ou moins le long du pédicule, déformée parfois par la pression des organes. Ce qui donne aux perles

ce reflet si vif et si suave qu'on nomme *orient*, n'est que le résultat de la combinaison de l'éclat de la nacre avec la courbure concentrique des lames infiniment minces dont cette substance est formée. On conçoit, d'après cela, pourquoi un morceau de nacre taillé en forme de perle n'a pas d'orient. On trouve des perles de différentes formes : des *rondes*, ce sont les plus estimées ; en *poire*, et des *biscornues* ou baroques. Une belle perle doit réunir des qualités qu'il n'est pas facile de rencontrer réunies ; elle doit être grosse, régulièrement ronde ou ovale, d'un bel orient, c'est-à-dire bien blanche à reflets brillants ; et il est encore bien plus difficile d'en rassembler un certain nombre du même volume, également belles et bien assorties. Aussi, un collier de belles perles est-il d'un prix inestimable. C'est dans les parages de Ceylan et de l'isthme de Panama que l'on rencontre les plus riches bancs connus. Ceux de Panama appartiennent aux Anglais, qui en ont régularisé la pêche avec soin. Le banc de Panama est divisé en dix parties, parce qu'il faut, dit-on, dix ans pour l'entier développement d'une huître perlière. A l'époque fixée pour la pêche, un grand nombre de barques, montées chacune par trois hommes et deux plongeurs, se rendent sur l'emplacement du banc. Les plongeurs, qui sont pour la plupart des nègres, s'attachent une pierre aux pieds, et sous les bras une longue corde dont l'extrémité est retenue dans le bateau ; ils portent, en outre, un sac ou filet pendu au cou, et un couteau bien affilé pour se défendre au besoin contre les requins qui infestent ces parages. Ils plongent au fond de l'abîme avec la rapidité de l'éclair, détachent promptement les plus grandes huîtres, dont ils remplissent leur filet ; après un temps qui peut durer jusqu'à trois et quatre minutes, ils tirent la corde qui les soutient pour avertir qu'on les retire. Ils apportent de quarante à cinquante coquilles à chaque immersion. Les huîtres sont déposées sur la plage, dans des enclos particuliers ; mais on ne les ouvre pas par force, de peur de les briser ; il faut les laisser mourir, et ce n'est même qu'après que l'animal est tombé en putréfaction qu'on peut facilement extraire les perles de leur coquille.

AVOCATIER. (Voir Laurier.)

AVOCETTE (*Recurvirostra*). Genre d'oiseaux de l'ordre des Échassiers, famille des *Longirostres*, reconnaissables à leur bec très long, très grêle, recourbé vers le haut, membraneux à sa pointe et très flexible, caractères qui distinguent les Avocettes de tous les autres oiseaux. Leurs pieds sont palmés, leurs tarses grêles et élevés ; leurs ailes sont assez étendues, la première rémige dépasse les autres. Ces oiseaux fréquentent les marais, les rivières limoneuses et les côtes de la mer ; ils marchent à gué dans les eaux basses, cherchant dans la vase, avec leur bec recourbé, les vers, les mollusques et autres petits animaux aquatiques, qu'ils pêchent parfois en se jetant à la nage. — L'Avo-

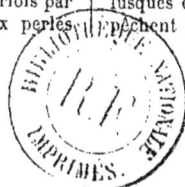

cette d'Europe (*R. avocetta*) est de la grosseur d'un pigeon ; son plumage est varié de noir et de blanc ; le bec, long de 10 centimètres, est de couleur plombée. La femelle fait un nid creux en terre,

Avocette.

qu'elle tapisse de quelques brins d'herbe ; elle y pond trois ou quatre œufs olivâtres, tachés de noir. Ces oiseaux sont d'une défiance extrême ; ils ne se laissent point approcher et ne se prennent à aucun piège ; aussi est-il très difficile de se les procurer vivants. Cette espèce habite le nord de l'Europe ; mais, en hiver, elle émigre dans le midi de la France et même en Italie ; l'Amérique, l'Inde et l'Australie en possèdent chacune une espèce.

AVOINE (*Avena*). Genre de plantes de la famille des *Graminées*, originaire de la Perse suivant les uns, et indigène au nord de l'Europe suivant les autres. Tout le monde connaît cette plante qui, dans toute l'Europe tempérée, sert à la nourriture des chevaux ; en Allemagne, en Hollande et en Angleterre, on emploie son grain à la fabrication de la bière ; mais, dans certains pays peu favorisés de la nature, comme l'Islande et quelques parties de la Norwège, sa farine, unie à celle de l'orge et du seigle, constitue le fond de la nourriture du peuple. L'Avoine demande un sol légèrement humide, souvent labouré et bien amendé ; elle redoute les terres arides et la sècheresse. Sa fane est recherchée par tous les animaux, et améliore sensiblement le lait des vaches, lorsqu'elle est donnée avec modération. La décoction du gruau d'Avoine est fréquemment employée en médecine comme une boisson adoucissante, dont on fait usage dans les rhumes et les affections chroniques de la poitrine. — Ce genre

renferme de nombreuses espèces, dont les plus répandues sont : l'**Avoine commune** (*A. sativa*), qui offre de nombreuses variétés distinguées par la couleur du grain et la présence ou l'absence des arêtes ; l'**Avoine nue** (*A. nuda*), à grain plus petit ; l'**Avoine d'Orient** (*A. orientalis*), à gros grain blanc et farineux. — Quelques espèces sont sans utilité pour l'homme ; l'une d'elles, même, la **folle avoine** (*A. fatua*), nuit beaucoup à l'abondance des récoltes ; elle se distingue par ses fleurs lancéolées à glumelle chargée inférieurement de longs poils soyeux. — L'avoine peut succéder à toutes les récoltes, mais il convient de la placer après les racines parce

Avoine.

qu'elle réussit bien sur les terres profondément remuées. Les Avoines du printemps se sèment en mars ; celles d'hiver en septembre dans le Midi. Un hectare donne en moyenne 40 hectolitres de grain.

AXILE. Se dit en botanique de tous les organes qui constituent l'axe de la plante ou qui en dépendent : la racine, la tige, les rameaux, etc.

AXILLAIRE (de *axilla*, aisselle). On emploie cet adjectif pour désigner tous les organes placés à l'aisselle d'un autre organe, et particulièrement des feuilles ; ainsi, on appelle fleurs axillaires celles qui naissent au point où la feuille se joint à la tige.

AXIS. Nom d'une espèce du genre *Cerf*. (Voir ce mot.)

AXIS. Nom que porte la seconde vertèbre cervicale.

AXOLOTL (nom mexicain). Genre de batraciens, de l'ordre des URODÈLES, voisin des TRITONS. L'Axolotl n'est en réalité que la larve ou le têtard d'un batracien du groupe des Salamandres, l'*Amblystome;* mais ce qu'il offre de singulier, c'est qu'il se reproduit à cet état de larve, ce qui l'a fait longtemps placer parmi les pérennibranches. L'Axolotl présente les caractères généraux des Tritons. Il atteint 25 centimètres de longueur et vit en grand nombre dans les lacs du Mexique; après s'être reproduit par des œufs, il perd ses branchies et se transforme en Amblystome, qui vit à terre, respire par des poumons et revêt les caractères des salamandres terrestres.

AYE-AYE. (Voir CHEIROMYS.)

AZALEA. Genre de plantes de la famille des *Éricacées.* Les Azalées sont des arbrisseaux assez voisins des chèvrefeuilles par leur aspect; leurs fleurs, solitaires à l'aisselle des feuilles, ont un calice et une corolle à cinq divisions inégales, cinq étamines,

Azalée fleur de lis.

une capsule à cinq loges. Ces plantes, cultivées dans les jardins, à cause de la beauté et du parfum de leurs fleurs, sont presque toutes originaires de l'Inde et de l'Amérique. Les plus remarquables sont : l'**Azalea pontica** de l'Asie, à fleurs jaunes, à odeur pénétrante; le miel que les abeilles y butinent cause, dit-on, des nausées et des vertiges; l'**Azalea indica**, à fleurs d'un rouge de feu; l'**Azalea liliiflora**, à grandes fleurs blanches comme des lis; l'**Azalea phœnicea**, à fleurs d'un pourpre violacé. Toutes ces espèces ont donné de nombreuses variétés. Les Azalées exigent la terre de bruyère et l'ombre, et demandent un abri contre les gelées, même légères.

AZALÉE. (Voir AZALEA.)

AZÉDARACH (*Melia*). Grand et bel arbre de l'Inde, aujourd'hui naturalisé en Italie et jusque dans les provinces méridionales de la France, où il ne dépasse pas les proportions d'un arbuste. Il appartient à la famille des *Méliacées.* L'Azédarach, vulgairement nommé *arbre saint* ou *lilas des Indes*, a des feuilles grandes, composées de cinq à sept folioles lancéolées, dentées en scie; ses fleurs en grappes ont la couleur et l'odeur de celles du lilas. Le fruit est un drupe charnu de la grosseur d'une cerise, contenant un

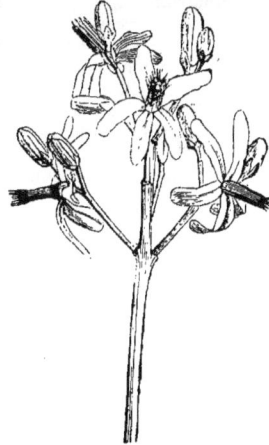

Rameau fleuri d'Azédarach.

noyau allongé à cinq côtes et à cinq loges. — En Perse, on fait usage de la pulpe de ce fruit mêlée à de la graisse pour guérir la gale et la teigne. La racine d'Azédarach a une saveur amère et nauséabonde; on l'emploie cependant comme vermifuge. On retire de ses fruits, dans l'Inde, une huile grasse que l'on emploie à divers usages et particulièrement pour l'éclairage.

AZEROLIER. (Voir ALISIER.)

AZOÏQUE [Terrain]. (Voir TERRAIN PRIMITIF.)

AZTÈQUES. Race humaine du Mexique. « Il y a près de vingt ans, dit M. Lucien Biart, dans son remarquable ouvrage sur les Aztèques, un industriel

Aztèque de la vallée de Cordova.

américain exhiba à Londres et à Paris, sous le nom d'*Aztèques*, deux petits microcéphales, Zambos de l'Amérique centrale, qui devinrent par la suite une des curiosités du musée Barnum, à New-York. » Le nom d'*Aztèques*, auparavant inconnu du grand public, devint aussitôt, dans sa langue expressive, synonyme de Lilliputien. Rien n'est plus contraire à la vérité qu'une pareille croyance.

L'Aztèque, comme on le nommait autrefois; l'Indien, comme on le nomme aujourd'hui par suite de la méprise de Colomb, qui crut aborder aux Indes alors qu'il découvrait l'Amérique, est de taille moyenne, trapu, avec des membres bien proportionnés. Dolichocéphale, il a le front étroit, le nez camard, les yeux noirs, la bouche grande, les lèvres charnues. Ses cheveux sont noirs, épais et rudes; sa barbe rare. La couleur de sa peau est terne, cuivrée. Ses sens sont très subtils. Les Aztèques ont joui d'une civilisation assez avancée; mais la conquête espagnole les a replongés dans l'ignorance et l'apathie.

AZURITE. Cuivre carbonaté bleu naturel, reconnaissable à ses magnifiques cristaux en prisme oblique à base rhombe, d'un beau bleu. On la trouve aussi en masses concrétionnées. Sa densité est 3,83. Les mines de Chessy (Rhône) en fournissent de beaux échantillons.

B

BABIROUSSA (*Sus babyrussa*, L.). Ce nom, qui vient de la langue malaise, et signifie *cochon-cerf*, est celui d'un mammifère de la famille des *Cochons* ou *Porcins*. Il diffère cependant des véritables cochons par son système dentaire composé de quatre incisives en haut et six en bas, de douze molaires à chaque mâchoire, six de chaque côté, et de quatre canines, au total trente-huit dents. Les canines de la mâchoire inférieure se développent comme celles du sanglier; celles de la mâchoire supérieure ont leur alvéole dirigée en haut; elles percent la peau du museau et se recourbent en arrière pour s'en-

Babiroussa.

foncer quelquefois dans la peau du front, après avoir décrit un arc de plusieurs pouces d'élévation. Les anciens qui prenaient ces canines pour de vraies cornes, nommaient l'animal *chœrélaphos* (cochon-cerf). Le Babiroussa a des formes trapues, le museau très allongé, les oreilles petites et pointues; la peau dure et épaisse forme des plis dans plusieurs endroits du corps, ce qui lui donne quelque ressemblance avec le rhinocéros; la queue est grêle et garnie d'un bouquet de poils à son extrémité. Les canines supérieures de la femelle sont beaucoup plus courtes. Les Babiroussas habitent les forêts marécageuses des îles de l'archipel Indien; ils nagent fort bien, et lorsqu'ils sont poursuivis par les chiens, ils tâchent de gagner l'eau et s'y précipitent; ils plongent parfaitement, et passent quelquefois d'une île à l'autre. La chair de cet animal est très savoureuse; elle rappelle, dit-on, la chair du cerf plutôt que celle du cochon; mais elle l'emporte en finesse sur l'une et l'autre; elle n'a pour ainsi dire point de lard.

BABOUIN. (Voir Cynocéphale.)

BACCIFÈRE (de *bacca*, baie, et *ferre*, porter). Qui porte des baies.

BACCIFORME. En forme de baie.

BACCIVORE (de *bacca*, baie, et *voro*, je dévore). Qui se nourrit de baies.

BACILE (*Crithmum maritimum*). Plante de la famille des *Ombellifères* qui croît au bord de la mer, où on lui donne suivant les lieux les noms de *criste marine*, *perce-pierre*, *passe-pierre*. Sa tige, haute de 12 à 15 centimètres, est chargée de feuilles épaisses, profondément découpées, que l'on fait confire dans le vinaigre pour assaisonner les salades.

BACILLARIÉES (de *bacillus*, baguette). Algues unicellulaires de la famille des *Diatomées*. (Voir ce mot.)

BACILLE (de *bacillus*, baguette). (Voir Bactéries.)

BACINET. Nom vulgaire de la Renoncule âcre.

BACTÉRIDIE. (Voir Bactérie.)

BACTÉRIES (de *bactérion*, bâton). Les Bactériens ou Schizomycètes, que quelques naturalistes rangent parmi les *Protophytes*, dans le règne des *Protistes* (voir ce mot), forment pour la plupart des botanistes une famille de la classe des Champignons. Les Bactéries sont les plus simples et les plus petits des champignons. Ce sont des cellules sphériques ou des tubes microscopiques, tantôt isolés, tantôt réunis bout à bout en chapelet ou en cylindre cloisonné, et qui se multiplient en quantité prodigieuse dans les milieux favorables, par scission transversale continue. On les voit se développer par milliards dans les liquides contenant des matières organiques en putréfaction, dans divers liquides et notamment dans le sang de l'homme ou des animaux atteints de certaines maladies. Comme l'ont démontré les travaux de Pasteur et de plusieurs autres chimistes éminents, ces infiniment petits êtres sont les agents actifs des phénomènes de fermentation et de putréfaction que l'on peut observer partout où se trouvent réunis de l'eau, de l'air et de la matière organique. Les Bactéries remplissent un rôle utile à l'homme en désorganisant les corps morts, ou en déterminant au sein de certaines substances les réactions chimiques auxquelles nous devons les produits fermentés, vin, bière, vinaigre, etc; mais, d'un autre côté, ils sont éminemment nuisibles en ce qu'ils altèrent la plupart de nos produits alimentaires et qu'ils sont les véritables auteurs des maladies épidémiques et contagieuses dont l'homme et les animaux domestiques ont tant à souffrir. Les expériences concluantes de MM. Davaine et Pasteur ne laissent aucun doute à cet égard, et l'on sait aujourd'hui que certains d'entre eux, ensemencés et cultivés dans un milieu favorable, donnent à l'animal chez lequel on les inocule la maladie spéciale dont ces microbes sont les agents. Récoltées dans un premier liquide de culture, les Bactéries ont toute leur virulence; mais après une série de cultures successives, leur virulence se trouve de plus en plus atténuée; elle devient presque nulle et, loin de lui être funeste, ils sont maintenant pour l'animal qui les reçoit un *vaccin* préservateur. — Le groupe des Bactéries ou famille des *Bactériens* comprend un très grand nombre d'espèces réparties dans plusieurs genres dont les principaux sont : les **Bactéries globuleuses** (*Micrococcus*), les **Bactéries en bâtonnets** (*Bacterium, Bacillus*); celles filiformes (*Vibrio*), et celles contournées en spirale (*Spirillum*). Parmi les espèces les plus intéressantes, nous citerons : le **Micrococcus vaccinæ**, que l'on trouve dans le vaccin pur sortant du bouton; il a à peine 4 à 5 millièmes de millimètre; le **Micrococcus diphtericus**, de 1 millième de millimètre, que l'on trouve en grande abondance dans les fausses membranes du croup et de l'angine couenneuse; le **Micrococcus septicus**, à la présence duquel on attribue la fièvre typhoïde. Les **Mycodermes** du vin, du vinaigre, de la bière, qui produisent la fermentation de ces liquides, sont très voisins des Micrococcus. Le **Bacillus anthracis** est l'agent des maladies charbonneuses qui déciment nos troupeaux et que combattent si heureusement les découvertes de Pasteur; c'est le **Bacterium syncyanum** qui colore le lait en bleu, le **Bacterium æruginosum** qui colore le pain en vert, le **Bacterium bombycis** qui détermine la pébrine chez le ver à soie. C'est au **Vibrion pyogène** répandu dans les salles d'hôpitaux qu'on attribue l'infection purulente et les abcès phlegmoneux. Le **Leptothrix buccalis** habite la cavité des dents cariées, les intervalles des dents et la surface de la langue; il fournit la trame dans laquelle se dépose le tartre des dents mal soignées. Les **Spirillum** contournés en tire-bouchon, habitent les mares, les eaux croupies; ils ne sont peut-être pas étrangers aux fièvres paludéennes.

BACTÉRIOLOGIE. Nom adopté par les médecins pour désigner l'ensemble des études relatives aux micro-organismes. Pasteur a proposé celui de *microbie*.

BACULITE (de *baculus*, bâton). Genre de mollusques CÉPHALOPODES fossiles de l'époque secondaire, totalement disparus aujourd'hui. Ces coquilles, parfaitement droites, coniques, sont remarquables par leur longueur, elles atteignent parfois près de 1 mètre. Telles sont le **Baculites neocomiensis**, du Néocomien; le **Baculites undulatus**, du Turonien; le **Baculites senoniensis**, du Sénonien.

BADAMIER (*Terminalia*). Genre de plantes de la famille des *Combrétacées*, tribu des *Terminaliées*, comprenant des arbres propres aux contrées tropicales, à fleurs polygames, à fruit drupacé. On en connaît plusieurs espèces utiles par leurs produits; les plus remarquables sont : le **Badamier du Malabar** (*T. catappa*), arbre de 6 à 7 mètres, à feuilles ovales, à fleurs blanches disposées en épis axillaires. Son fruit oblong, connu sous le nom de *myrobolan*, est astringent; son noyau contient une amande qui a le goût de la noisette et donne une très bonne huile. Ce bel arbre est répandu dans les forêts des Moluques et du Malabar. — Dans les mêmes régions croît le **Badamier à feuilles étroites** (*T. Benzoin*), assez voisin du précédent, qui fournit une gomme résine analogue au *benjoin*. — Un autre **Badamier de la Chine** (*T. vernix*) fournit un vernis très estimé. Le bois de ces arbres est employé pour la charpente.

BADIANE (*Illicium*). Genre de plantes de la famille des *Magnoliacées*, tribu des *Illiciées*. Ses caractères sont : périanthe de vingt folioles environ, colorées en jaune, mais où l'on ne peut distinguer ni sépales ni pétales. Vingt étamines, autant de styles et stigmates; fruits capsulaires en étoiles, s'ouvrant supérieurement en deux valves monospermes, et formés par huit follicules ligneux. Ce sont des arbustes à feuilles alternes. On en connaît trois espèces

Badiane, fleur.   Badiane, fruit.

dont la plus remarquable est la **Badiane anis étoilé** (*I. anisatum*), de la Chine, à tiges de 3 à 4 mètres, rameuse; à feuilles persistantes, aiguës et coriaces comme celles du laurier; ses fleurs sont solitaires à l'aisselle des feuilles, jaunâtres, de peu d'effet, mais odorantes comme toutes les parties de cet arbrisseau qui passe l'hiver en pleine terre avec les précautions d'usage pour les arbustes à acclimater. On la multiplie de marcottes avec incision, comme celles des orangers; même terre et exposition. — Les Chinois mâchent les feuilles de la Badiane comme stomachique, ils en aromatisent leur thé, et la regardent comme l'antidote de plusieurs poisons;

on l'emploie avec succès contre l'effet des moules vénéneuses. Dans différents pays on en fait une liqueur de table de la nature des aromates. — Les deux autres espèces, originaires de la Floride, sont la **Badiane à grandes fleurs rouges** (*I. floridanum*) et la **Badiane à petites fleurs rouges** (*I. parvi-florum*), que l'on cultive dans les jardins comme plantes d'agrément. L'infusion de leurs feuilles passe pour très agréable.

BAGASSE. On donne ce nom, dans les colonies, au résidu des cannes à sucre dont on a extrait le jus. Fraîche, on la donne aux bestiaux qui en sont friands; sèche, on l'emploie comme combustible.

BAGUENAUDIER (*Colutea*). Arbrisseau de la famille des *Légumineuses papilionacées*, tribu des *Lotées*, dont les caractères principaux sont : calice à cinq dents, dont deux plus courtes, corolle papilionacée à étendard large et redressé, à ailes étroites, à style recourbé et velu; gousse ovoïde terminée en pointe et renflée comme une vessie. Ses feuilles sont ailées avec impaire. Les Baguenaudiers, bien connus des enfants qui recherchent leur gousse vésiculeuse pour la faire éclater entre leurs doigts, sont des arbustes dépourvus d'épines, à port élégant; leurs fleurs sont en courtes grappes axillaires. — L'espèce la plus répandue est le **Baguenaudier commun** (*C. arborescens*) qui croît spontanément en France et dans les contrées méridionales de l'Europe. Cet arbuste forme un buisson de 4 à 5 mètres de haut, ses feuilles ont neuf ou onze folioles échancrées, ses fleurs sont jaunes et ses gousses d'un vert rougeâtre; celles-ci sont remplies d'air et éclatent avec bruit lorsqu'on les presse. On donne à cette plante le nom de *faux séné*, parce que ses feuilles et ses graines sont purgatives. — Le **Baguenaudier d'Ethiopie** et le **Baguenaudier d'Alep** se distinguent par leurs belles fleurs rouges.

BAI. On désigne sous ce nom la couleur rouge brun du pelage des animaux, et principalement du cheval.

BAIE. On appelle Baies, les fruits charnus qui portent une ou plusieurs graines, soit éparses dans la pulpe, soit renfermées dans une ou plusieurs loges, au milieu d'une enveloppe succulente. Les Baies sont petites, rondes, comme les groseilles, les raisins, le sureau, ou ovales, comme l'épine-vinette; leur disposition est en grappe, excepté dans le sureau, qui les a en parasol. (Voir Fruit.)

BALANCIERS. On donne ce nom, en entomologie, à de petits appendices membraneux qui remplacent les ailes inférieures chez les Diptères. (Voir ce mot.)

BALANE (du grec *balanos*, gland). Genre de crustacés de l'ordre des Cirripèdes ou Cirropodes (voir ce mot) connus sous le nom de *glands de mer*, à cause de leur ressemblance extérieure avec le fruit du chêne. Ces animaux, qui couvrent souvent les rochers de nos côtes, sont renfermés dans une coquille sessile en forme de tube, dont l'ouverture se ferme par plusieurs valves ou battants mobiles au nombre de six en général, mais ils n'ont jamais de

pédoncule. L'animal, assez semblable à celui des anatifes (voir ce mot), fait sortir ses pattes articulées et les agite de manière à établir un courant d'eau qui entraîne les petits animaux dont il fait sa nourriture. Les Balanes ne sont fixées que dans l'âge adulte; à

Balanes.

l'état de larve ou de *Nauplius*, elles sont munies de pieds nageurs et sont fort mobiles. Puis elles revêtent une forme intermédiaire très rapprochée de celle des *Cypris*, et se fixent enfin pour revêtir leur forme définitive. La Balane de nos côtes (*Balanus tintinnabulum*) a 1 pouce de long; on la mange sur quelques points du littoral.

BALANINE (*Balaninus*). Genre d'insectes Coléoptères de la famille des *Curculionidés* (Charançons), caractérisés par le corps épais et court, le rostre grêle, arqué, très long, et dépassant même parfois la longueur du corps. Ces charançons sont de petite taille, et leurs larves se développent dans l'intérieur des fruits; dans les noisettes (*B. nucum*), dans les noyaux de prunellier ou de cerisier (*B. cerasorum*), dans les glands (*B. glandium*).

BALANOGLOSSE (du grec *balanos*, gland, et *glôssa*, langue). Genre de vers de la classe des Entéropneustes. Son corps est aplati, tronqué postérieurement, et muni antérieurement d'une sorte de collier évasé, en avant duquel s'étend une sorte de trompe ou de langue volumineuse ovoïde. Cette trompe sert à l'animal à fouiller le sable au sein duquel il vit; à la base de la trompe est située la bouche. Le **Balanoglosse clavigère**, type du genre, vit dans les sables de la baie de Naples.

BALAUSTE. On donne quelquefois ce nom au fruit du grenadier. On désigne également sous ce nom, dans les pharmacies, les fleurs du grenadier.

BALBUZARD (*Pandion*). Genre d'oiseaux de la famille des *Falconidés*, caractérisés par un bec presque droit à sa base, à dos renflé, à cire velu et lobé au-dessus des narines; les doigts dénués de membranes, l'intérieur excédant à peine les latéraux; la troisième penne des ailes plus longue que les autres. Les Balbuzards sont des oiseaux éminemment pêcheurs; leurs ailes longues et pointues leur permettent de planer et de se balancer comme les faucons dans l'espace, d'où ils fondent avec la rapidité de la foudre sur leur proie humide. Les cuisses et les jambes revêtues de plumes courtes et tassées, les plantes et les doigts garnis d'écailles rudes comme des râpes, pour pouvoir retenir la proie dont la peau est visqueuse et glissante, les ongles et le bec acérés pour la dépecer, tout dénote l'oiseau pêcheur. — Le **Balbuzard commun** (*P. fluvialis*) se trouve sur le bord des eaux de presque tout le globe. Il a le manteau brun et la tête plus ou moins variée de blanc ; les parties inférieures sont blanches avec des taches brunes ou d'un fauve clair sur la poitrine ; le bec et les ongles sont noirs, le cirre et les pieds bleus. En Europe, on rencontre cet oiseau sur la lisière des forêts ou sur les rochers, proche des eaux douces, des lacs et des rivières. Il est assez

Balbuzard.

commun en Russie et en Allemagne, en Bourgogne et dans les Vosges. Cet oiseau atteint 6 décimètres de longueur, la femelle est un peu plus grande. — Le **Balbuzard américain** (*P. americanus*) diffère de l'espèce européenne par des couleurs plus sombres et plus uniformes sur les parties supérieures et par un blanc plus pur sur les parties inférieures. Il fréquente le bord de la mer et s'attaque aux plus gros poissons. On le voit fondre sur sa proie comme une flèche et disparaître sous les flots, puis ressortir tenant entre ses serres un poisson qui souvent ne pèse pas moins de 3 kilos et qu'il va dépecer sur le rivage. Il arrive quelquefois que le Balbuzard est victime de son courage en attaquant un poisson trop gros et trop fort pour qu'il puisse l'emporter ; celui-ci l'entraîne avec lui sous les flots, et si l'oiseau ne parvient à se dégager, tous deux finissent par périr.

BALEINE (*Balæna*). On désigne sous ce nom un groupe de cétacés gigantesques dépourvus de dents ; celles-ci sont remplacées par des fanons ou lames cornées, transverses, minces, fibreuses, effilées à leur bord, occupant la mâchoire supérieure seulement, l'inférieure étant nue et sans armure ; cependant, la mâchoire inférieure a, dans sa rainure gingivale, pendant la période embryonnaire, de pe-

tites dents rudimentaires, mais qui n'apparaissent point à l'extérieur et sont plus tard résorbées. Ces lames cornées, ou fanons, qui garnissent les côtés du palais, sont au nombre d'environ sept à huit cents de chaque côté, implantées à 1 pouce de distance environ les unes des autres ; leur grandeur varie suivant leur situation ; celles du centre ont ordinairement de 3 à 3 mètres et demi ; dans l'intervalle des grandes lames il s'en trouve de plus petites. Les Baleines à fanons sont de gigantesques cétacés qui atteignent 22 à 25 mètres de longueur. Leur forme générale se rapproche de celle de certains poissons ; c'est une sorte de conoïde allongé. La tête de ces animaux est excessivement volumineuse, et fait à elle seule plus du tiers de la longueur totale ; ce développement est dû au prolongement considérable des os maxillaires. Le cou n'est pas marqué et le tronc se continue également d'une manière indistincte avec la queue qui se termine par une nageoire horizontale en forme de croissant. Les Baleines n'ont point de membres postérieurs ; leurs membres antérieurs sont formés à peu près des mêmes pièces que dans les mammifères ; mais les doigts, formés de phalanges bien plus nombreuses, ne sont point libres ni détachés, mais confondus en une sorte de nageoire pectorale qui a environ un vingtième de la longueur totale ; ces nageoires ne peuvent servir qu'à la natation. La bouche de la Baleine est transversale, son ouverture un peu sinueuse se prolonge en arrière jusqu'au-dessous des yeux. Lorsque l'animal ouvre la bouche pour aspirer sa proie, les vers et mollusques y sont précipités avec la masse d'eau qui les contient ; la Baleine

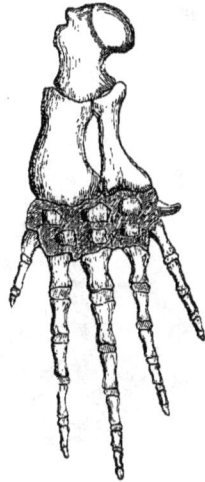

Membre antérieur de la Baleine.

ferme alors la bouche et l'eau tamisée à travers les fanons y laisse pris ces petits animaux qu'elle avale aussitôt pour recommencer la même manœuvre. Plusieurs naturalistes ont avancé qu'une partie de cette eau était rejetée par les évents ; mais des observateurs consciencieux, et entre autres Scoresby, qui avait vu prendre sous ses yeux plus de trois cents Baleines, assurent n'avoir jamais vu sortir de ces conduits de la respiration qu'une vapeur plus ou moins épaisse qui se condense par le contact de l'air froid, retombe en forme de pluie, mais ne forme aucun jet ; ces évents ou narines sont au nombre de deux dans toutes les Baleines. L'œil est proportionnellement très petit, son volume dépasse à peine celui de l'œil du bœuf, il est situé un peu au-dessus de la bouche et de la commissure des lèvres. La femelle porte de chaque côté de la vulve, un peu en avant, une fente longitudinale, dans laquelle se trouve le mamelon, susceptible, dit-on, pendant la sécrétion du lait, de faire une saillie de 30 à 40 centimètres, et qui, lorsqu'il est excité par les aspirations du Baleineau, lance le lait jusque dans son arrière-bouche. Elle ne fait qu'un petit, qu'elle porte, dit-on, dix mois et pour lequel elle montre beaucoup de tendresse. Les téguments de la Baleine sont à peu près uniformes

Baleine franche.

sur toutes les parties du corps et consistent en un cuir dur et épais de 1 pouce environ d'épaisseur; au-dessous, on trouve une couche épaisse de tissu cellulaire graisseux gorgé d'un liquide huileux ; cette couche de tissu graisseux, que les baleiniers désignent sous le nom de lard, a 12 à 15 centimètres d'épaisseur sous le dos et sous le ventre, et sous la mâchoire il forme une sorte de collet qui a quelquefois 1 mètre d'épaisseur. Certaines Baleines donnent jusqu'à 80 et même 100 quintaux d'huile. La couleur de la peau est ordinairement d'un brun ou d'un gris noirâtre en dessus et d'un blanc argenté dans ses parties inférieures; elle est souvent couverte de larges plaques formées de concrétions aux-

quelles s'attachent diverses espèces de mollusques, qui y multiplient comme sur un rocher. La Baleine est constamment dans l'eau et ne quitte guère les mers profondes; son organisation ne lui permet pas de venir à terre. Mais bien que cet animal soit condamné à vivre continuellement dans l'eau, il n'en est pas moins obligé de venir fréquemment à la surface respirer l'air atmosphérique. — Les cétacés qui se rapportent aux Baleines présentent entre eux quelques différences qui ont fait établir des divisions dans la famille naturelle qu'ils constituent. Ainsi, on distingue les Baleines franches, qui n'ont pour organes de locomotion que les nageoires pectorales et la queue ; les Baleinoptères, qui ont une nageoire dorsale; les Rorquals, qui ont la poitrine et le dessous de la tête marqués par des plis longitudinaux. — L'espèce la plus répandue est la **Baleine franche** (Balæna mysticetus), le géant de la création. Malgré sa force et sa masse prodigieuses, ce cétacé est un des animaux les plus timides et les plus inoffensifs. Le moindre bruit, la moindre agitation l'effrayent et il ne se défend guère que par la fuite contre ses nombreux ennemis. Après l'homme, le plus à craindre pour lui est l'épaulard (voir DAUPHIN), qui l'attaque pour lui dévorer la langue, si l'on en croit Anderson et d'autres voyageurs.— La **Baleine australe** et la **Baleine antarctique** diffèrent peu de la précédente.— Les Rorquals, outre leur nageoire dorsale et les rides de la partie inférieure de leur corps, ont la tête plus petite, les fanons moins développés. Tels sont le **Rorqual képorkak** et le **Rorqual boops** ou **Jubarte** des mers d'Islande. Les baleiniers recherchent beaucoup moins les Rorquals que les Baleines franches, non seulement parce qu'ils donnent beaucoup moins d'huile et d'autres produits; mais parce que leur agilité et leur pétulance les rendent plus dangereux. C'est pour se procurer l'huile et les fanons de la Baleine qu'on se livre à la pêche de ce cétacé. — Les navires destinés à la pêche de la Baleine sont ordinairement du port de 400 ou 500 tonneaux, équipés de six à huit chaloupes, et abondamment pourvus des ustensiles nécessaires, savoir : des harpons, des lances, des crocs, etc. Le harpon est une espèce de fer de lance d'environ 15 à 20 centimètres de longueur, dont l'extrémité, nommée dard, est très pointue; les côtés du fer de lance sont tranchants et quelquefois barbelés afin de ne pouvoir être arrachés de la plaie. Ce dard est terminé par une douille assez longue, garnie d'un anneau de fer auquel s'attache une corde de quelques centaines de brasses de longueur. — Les expéditions partent ordinairement pour le nord au mois d'avril, et se livrent à la pêche pendant les mois de mai, de juin et de juillet; plus tard ou plus tôt, les glaces les en empêcheraient. Arrivés dans les parages fréquentés par les Baleines, on marche avec les plus grandes précautions; un temps brumeux est le plus favorable, parce que les pêcheurs se dérobent plus facilement à la vue de ces animaux qui l'ont très perçante, et qui, naturellement très défiants, prennent la fuite à la moindre apparence de danger. Plusieurs matelots, nommés *guetteurs*, se mettent en observation sur les huniers. Lorsqu'ils aperçoivent une Baleine, ils signalent sa présence et indiquent sa direction; aussitôt deux embarcations sont mises à la mer, chacune est montée par six rameurs, un timonier et un ou deux harponneurs; ils font force de rames vers l'animal, en faisant toutefois le moins de bruit possible; le harponneur, le bras tendu, l'œil aux aguets, cherche la partie du corps la plus facile à percer, et lorsqu'il est à portée, il lance son harpon et fait à l'animal une profonde blessure. C'est ordinairement près d'une nageoire pectorale qu'un habile harponneur cherche à frapper, non seulement parce que la peau est plus tendre dans cette partie, mais encore parce qu'il peut atteindre le cœur, le foie ou les poumons, et tuer ainsi l'animal d'un seul coup. La Baleine frappée plonge aussitôt, emportant avec elle le harpon; à mesure qu'elle fuit, on lui lâche de la corde en forçant de rames pour la suivre. Le pêcheur expérimenté prévoit l'endroit où la Baleine reparaîtra sur l'eau pour respirer, et il s'apprête à lui donner un second coup de harpon qui, souvent, achève de la tuer. D'autres fois, cette seconde blessure ne fait que l'exaspérer, elle renverse et brise alors les chaloupes avec sa queue, et met en danger la vie des hommes qui les montent; puis elle replonge de nouveau, mais son sang rougit la surface de l'eau, et lorsqu'elle remonte pour la troisième fois, le sang sort par jets de ses évents, et elle a perdu une partie de ses forces. On l'attaque alors à coups de lance et de massue, et bientôt le monstre expire, vacille, se laisse aller sur le flanc, et montre sur les flots son ventre blanchâtre. On lui introduit alors dans la gueule un crochet attaché à une forte chaîne, et les chaloupes remorquent leur capture auprès d'un navire où on la dépèce ; on met sa graisse en tonneaux ou, ce qui vaut mieux encore, on en extrait l'huile sur-le-champ. Le harponnage à la main présentant de grands dangers, on a cherché à le remplacer. On employa d'abord une sorte de mousquet pour lancer le harpon, puis le canon; mais ces divers moyens, d'un emploi peu commode, ont été abandonnés pour revenir au harponnage à la main. Il arrive aussi parfois que les Baleines harponnées vont mourir sous les glaces ou échouer sur quelque rivage. Elles deviennent alors la proie des oiseaux de mer ou des ours blancs. Ce que nous venons de dire sur la pêche de la Baleine peut s'appliquer à la pêche de tous les grands cétacés. On connaît plusieurs espèces de Baleines fossiles.

BALEINOPTÈRE. (Voir Baleine.)

BALI-SAUR (*Arctonyx*). Le Blaireau de l'Inde.

BALISIER (*Canna*). Genre de plantes monocotylédones type de la famille des *Cannacées*. Les Balisiers sont de grandes et belles plantes vivaces, à racine épaisse, charnue, tubéreuse, qui croissent dans toutes les contrées chaudes de l'un et l'autre continent. Leur tige cylindrique et pleine s'élève quelquefois à 2 ou 3 mètres de hauteur; elle porte

Balisier élégant (*Canna speciosa*).

de grandes fleurs d'une belle couleur jaune ou rouge, réunies en petits groupes, et accompagnées de bractées qui forment une sorte de grappe terminale. Ces fleurs sont hermaphrodites, à périanthe double, irrégulier, une seule étamine, un ovaire infère triloculaire. Les graines sont noirâtres, rondes, dures, renfermées dans une capsule ovoïde qui s'ouvre en trois valves. Les Indiens et les Américains du Sud tirent de ces graines une belle teinture pourpre. — On cultive dans les jardins d'agrément plusieurs espèces de Balisiers, à cause de la beauté de leur feuillage et de leurs fleurs; tels sont : le **Balisier de l'Inde** (*Canna indica*), à fleurs d'un rouge vif et éclatant, à feuilles ovales, très larges, d'un beau vert; le **Balisier glauque** (*C. glauca*), à feuilles d'un beau vert de mer, à fleurs d'un jaune pâle; le **Balisier flasque** (*C. flaccida*), belle plante couverte de grandes fleurs d'un jaune aurore; elle vient de la Caroline du Sud. Toutes ces plantes sont délicates et exigent la serre chaude.

BALISTE (*Balistes*). Genre de poissons de la famille des *Sclérodermes*, ordre des PLECTOGNATHES, ayant, comme les coffres, le corps comprimé, la peau écailleuse et grenue, les mâchoires garnies sur le devant de dents tranchantes. La première dorsale est composée d'un ou de plusieurs aiguillons acérés, articulés sur un os qui tient au crâne, et se couchant dans un sillon du dos. Ces aiguillons se redressent brusquement à la volonté de l'animal, comme mus par un ressort; ce qui a fait comparer ces poissons à la machine de guerre dont ils portent le nom. Les Balistes brillent des couleurs les plus vives; on les voit nager autour des rochers à fleur d'eau, où ils guettent les petits crustacés et les mollusques dont ils font leur nourriture. C'est dans la zone torride, le pays des animaux aux brillantes couleurs, que l'on rencontre les Balistes. — Parmi les espèces les plus remarquables, nous citerons le **Caprisque** (*Balistes capriscus*), que l'on trouve jusque dans la Méditerranée et que les Italiens nomment *pesce balastra;* il est brun, nuancé de bleu, de violet et d'or; le **Baliste étoilé** (*B. stellatus*), gris, parsemé de taches blanches qui le font paraître comme étoilé.

BALIVEAUX. On donne ce nom aux jeunes arbres réservés lors de la coupe d'un taillis pour devenir des bois de haute futaie. On donne encore ce nom aux chênes qui n'ont pas atteint leur quarantième année.

BALLE (*Tegmen, Gluma*). On donne ce nom en botanique à l'enveloppe la plus extérieure, ordinairement composée de deux écailles dans les épillets des graminées. (Voir GRAMINÉES.)

BALLOTE (*Ballota*). Genre de plantes de la famille des *Labiées*, dont le type *B. fœtida*, connu sous les noms vulgaires de *marrube noir, marrube fétide*, croît dans les lieux incultes. Elle est stimulante et vermifuge.

BALSAMIER (*Balsamodendron*). Genre de plantes de la famille des *Térébinthacées*, tribu des *Bursérées*. Ce sont des arbres ou des arbrisseaux à feuilles ternées ou ailées avec impaire; leurs fleurs, disposées en panicules axillaires et terminales, ont un calice à quatre dents, une corolle à quatre pétales ouverts, huit étamines, un style épais et un stigmate en tête. Le fruit est un drupe sec, contenant un noyau globuleux, luisant, à une seule graine.—L'espèce la plus remarquable est le **Balsamier de la Mecque** (*Balsamodendron* ou *Amyris opobalsamum*), que l'on trouve en Égypte, en Syrie et dans l'Arabie Heu-

reuse. Dès la plus haute antiquité, on a vanté son suc comme ayant des propriétés miraculeuses; on en obtient par incision un suc blanc, résineux, d'une odeur très pénétrante, la *myrrhe*, que les mu-

Balsamier de la Mecque.

sulmanes de haut parage emploient comme cosmétique et pour oindre leurs longs cheveux.—Une espèce voisine, le **Balsamodendron myrrha**, produit également la myrrhe. — Le **Balsamier élémifère**, originaire du Brésil, donne par incision une résine jaune verdâtre, dont l'odeur rappelle celle de l'anis ou du fenouil.—Le **Balsamier de la Jamaïque** répand, quand on le brûle, une odeur de rose très prononcée.

BALSAMINE (*Impatiens*). Genre de plantes dicotylédones, type de la famille des *Balsaminacées*, qui ne comprend que ce seul genre et dont on fait aujourd'hui une simple tribu de la famille des *Géraniacées*. Ses principaux caractères sont : capsule à cinq valves; corolle à quatre pétales, irrégulière; le pétale supérieur en capuchon. — Sur une vingtaine d'espèces qui composent ce genre, deux méritent d'être citées : la **Balsamine des jardins** (*Impatiens balsamina*), plante annuelle, originaire de l'Inde, et l'une des plus belles plantes de nos jardins; sa tige, haute de 60 à 80 centimètres, est très rameuse; ses feuilles sont sessiles, lancéolées, dentées; ses fleurs sont réunies en bouquets sur des pédoncules simples et axillaires; il y en a de rouges, de roses, de violettes, de panachées, de blanches. On multiplie cette plante en semant au printemps. La **Balsamine des bois** (*Impatiens noli me tangere*) est vivace et se trouve en France dans les bois; ses fleurs jaunes font peu d'effet, mais ses feuilles, grandes, ovales, se mangent comme les épinards. Le nom latin d'*impatiens*, que leur a

Balsamine. Coupe verticale de la fleur.

Fruit ouvert lançant ses graines.

donné Linné, vient de l'irritabilité que le fruit manifeste lorsqu'on le touche. C'est une capsule à cinq valves qui se roulent brusquement en spirale, au moment de la parfaite maturité, et lancent au loin les graines (d'où son nom, de *ballein*, lancer, et *semen*, graine).

BALSAMITE (*Balsamita*). Genre de plantes dicotylédones de la famille des *Composées tubuliflores*, tribu des *Sénécionidées*. Ce sont des plantes herbacées dont la plus importante est la **Balsamita suaveolens**, que l'on cultive dans les jardins sous les noms de *menthe-coq*, *baume des jardins*. Elle a une odeur forte, aromatique et s'emploie comme stimulant, antispasmodique et vermifuge.

BALSAMODENDRON. (Voir BALSAMIER.)

BAMBOU (*Bambusa*). Genre de plantes de la famille des *Graminées*. Ses caractères sont : épillets lancéolés, comprimés, à cinq fleurs, ayant à leur base trois écailles imbriquées; balle bivalve; six étamines; ovaire surmonté d'un style bifide à stigmate plumeux, une seule semence oblongue. — Ce genre comprend deux espèces bien connues : le **Bambou proprement dit** (*B. arundinacea*), graminée gigantesque qui croît dans l'Inde, soit au milieu des forêts, soit dans les plaines ou sur les montagnes, où elle recouvre souvent d'immenses espaces; elle est naturalisée aujourd'hui dans toutes les régions chaudes du globe. Ses tiges élégantes s'élèvent quelquefois à une hauteur de 20 mètres et plus; elles sont simples; mais de leurs nœuds naissent souvent un très grand nombre de petits rameaux verticillés, chargés de feuilles nombreuses; celles-ci sont semblables à celles du roseau, grandes, d'un vert clair; ses fleurs forment de longues panicules droites, rameuses. Le Bambou, comme presque toutes les Graminées, est un des végétaux les plus utiles à l'homme; ses tiges, creuses et légères, très solides, servent à faire des vases, des seaux et d'autres ustensiles de ménage. Les plus fortes servent

à la charpente des édifices. Avec les fibres qu'on en détache on fait des nattes, des paniers, etc.; et, à une certaine époque, il découle de leurs nœuds une liqueur douce et agréable, susceptible de fermentation, et qui sert de boisson dans le pays, où le Bambou est abondant. En Chine surtout, ses feuilles servent à couvrir le toit du pauvre; ses jeunes pousses, tendres et délicates, se mangent comme nos asperges; c'est avec son écorce qu'est tressé le chapeau de l'homme du peuple, et son liber sert à fabriquer le papier commun. La seconde espèce, le **Bambou Lelébé** (*B. verticillata*), est moins grande que la précédente, mais non moins utile; ses

Bambou.

fleurs sont en verticilles à l'extrémité des rameaux.

BAMBUSA. Nom latin du Bambou.

BANANE. Fruit du Bananier.

BANANIER (*Musa*). Genre de plantes de la famille des *Musacées*, présentant pour caractères : un régime ou épi enveloppé dans une spathe avant la floraison; l'ovaire inférieur, très grand, à trois loges; six étamines, insérées au sommet de l'ovaire; calice à deux sépales colorés, dont le supérieur embrasse l'inférieur et se divise à son sommet en cinq lanières. Fruit consistant en une sorte de baie triangulaire et allongée. Le Bananier n'est point un arbre, mais bien une plante herbacée, dont la tige périt aussitôt qu'elle a donné son fruit; elle a la plus grande analogie avec les Liliacées; un plateau charnu donne inférieurement naissance aux fibres qui constituent la racine et supérieurement à des feuilles; ces feuilles, longues de 2 à 3 mètres et larges de 1 mètre environ, se succèdent rapidement, et leurs pétioles persistants, s'engainant les uns dans les autres, forment en se desséchant une sorte de tige qui atteint de 3 à 5 mètres de hauteur. Elle est traversée dans son centre et dans toute sa longueur par une hampe qui naît de la bulbe et va sortir au sommet; là, cette hampe se

Bananier.

recourbe, se penche vers la terre et se termine par une espèce de régime portant les fleurs femelles et les fruits à sa base, et les fleurs mâles à l'extrémité. Ce végétal, d'un aspect étrange et superbe, est un des plus utiles que la nature ait fait croître entre les tropiques. — Deux espèces surtout, le **Bananier du Paradis** et le **Bananier des sages**, fournissent aux habitants des contrées où ils croissent une nourriture aussi saine qu'agréable. Le fruit du premier, nommé *banane*, demande à être cueilli un peu avant sa maturité, lorsqu'il commence à passer du vert au jaune; sa peau, un peu coriace, recouvre une chair molle, d'une saveur douce et agréable; on le mange le plus communément cuit à l'eau ou sous la cendre, d'autres fois coupé par tranches et frit

comme des beignets. Son nom lui vient, dit-on, de la croyance de certaines peuplades asiatiques, qui le regardent comme le fruit défendu du Paradis terrestre. Le Bananier des sages ou *Bananier-figuier*, est ainsi nommé parce que l'on prétend que les gymnosophistes de l'Inde passaient leur vie sous son ombrage et se nourrissaient de son fruit; ce dernier se mange presque toujours cru, sa chair est délicate et molle. Les bananes-figues, lorsqu'elles sont fraîches, n'ont pas besoin d'assaisonnement; elles contiennent beaucoup de fécule lorsqu'elles sont vertes; mais mûres, elles n'offrent plus que du sucre, et, sous ce rapport, elles le disputent à la canne et à la betterave. On en tire également une excellente eau-de-vie. On les fait sécher pour les conserver et l'on en obtient une farine dont on peut faire une bouillie excellente. Dans les Philippines, on utilise en les filant les fibres de ses feuilles, et partout on en couvre les cases et les pauvres habitations. Le Bananier se propage par des rejets ou drageons qu'on plante à 3 mètres les uns des autres. Les lieux frais et humides, le bord des rivières, sont les plus propices pour la culture du Bananier. Aucune plante cultivée ne donne pour la même surface de terrain une quantité de substance alimentaire comparable à celle que donne le Bananier. Suivant M. de Humboldt, on récolte dans la Nouvelle-Grenade, par hectare, 184 000 kilogrammes de bananes, c'est-à-dire quarante fois plus que les meilleures récoltes de pommes de terre. La culture de ces plantes est aujourd'hui répandue dans les parties chaudes de l'Asie, de l'Afrique et de l'Amérique. On a fait des essais récents de culture dans la Guyane et l'Algérie.

BANCOULIER (*Aleurites*). Genre de plantes de la famille des *Euphorbiacées*, composé d'arbres des régions tropicales de l'Asie et des îles de la mer du Sud. L'*Aleurites moluccana*, Bancoulier (*Camiri* des Javanais), est un arbre moyen, dont les rameaux et les feuilles sont couverts de poils étoilés, qui leur donnent un aspect farineux. Son fruit, connu sous le nom de *noix de bancoule*, est charnu et contient deux noyaux; il renferme une grande quantité d'huile qu'on emploie aux usages domestiques et dans l'industrie.

BANIANS [Arbre des]. Espèce de Figuier (*Ficus Bengalensis*). (Voir Figuier.)

BANNETTE. (Voir Dolic.)

BAOBAB (*Adansonia*). Arbre de la famille des *Malvacées*. Le Baobab est le géant du règne végétal. Adanson a vu au Sénégal un de ces arbres qui avait 65 pieds de circonférence. De cet énorme tronc partaient des branches dont quelques-unes s'étendaient horizontalement jusqu'à 55 pieds et touchaient la terre par leurs extrémités. Chacune de ces branches, dit-il, aurait fait un des arbres monstrueux de l'Europe; et tout l'ensemble de ce Baobab paraissait moins former un arbre qu'une forêt. A chacune des branches correspond une racine de la même grosseur; une seule, qui est au centre, suit la direction du tronc et s'enfonce verticalement à une grande profondeur. L'écorce du tronc et des branches est lisse, épaisse, de couleur cendrée et comme vernissée; son bois est mou, blanc et léger. Les feuilles naissent sur les jeunes rameaux, sont pétiolées, alternes, composées de trois à cinq folioles, ovales, vertes en dessus. Les fleurs en calice, à cinq pétales blancs, à étamines nombreuses, à style très long et légèrement contourné, dix à quatorze stigmates; ces fleurs sont solitaires dans les aisselles des feuilles, suspendues par des pédoncules longs de 1 pied, chargés de trois écailles écartées les unes des autres. Le fruit est connu des habitants du Sénégal sous le nom de *pain de singe;* c'est une capsule ovoïde terminée en pointe aux extrémités, longue de 30 à 40 centimètres, et, de 12 à 15 centimètres de diamètre, à écorce ligneuse recouverte d'un duvet verdâtre, assez épais, divisé intérieurement en dix ou quatorze loges renfermant plusieurs graines en forme de reins entourés de pulpe; l'accroissement de l'arbre est d'abord très rapide, puis devient insensible; sa durée est prodigieuse. Adanson en a remarqué dont l'âge, suivant ses calculs, pouvait s'élever à *quelques milliers d'années.* Les nègres font sécher les feuilles de cet arbre à l'ombre, puis les réduisent en poudre, qu'ils nomment *lalo,* et la conservent dans des sachets de coton; ils font usage de cette poudre dans leurs aliments quotidiens; elle a la propriété de modérer leur transpiration et d'atténuer l'ardeur

Baobab, fleur.

extrême qui les dévore. La tisane faite avec ses feuilles préserve des diarrhées, des fièvres chaudes, des ardeurs d'urine, maladies assez communes chez les Français qui résident au Sénégal. La pulpe du fruit est aigrelette; édulcorée avec du sucre, elle est assez agréable; on en extrait le suc, avec lequel on fait une boisson d'un effet merveilleux, dit-on, dans les fièvres putrides.

BAQUOIS ou **VAQUOIS.** (Voir Pandanus.)

BAR (*Labrax*). Genre de poissons de la famille des *Percidés.* Le Bar (*L. lupus*), que les pêcheurs de la Méditerranée nomment *Loup,* était connu des anciens sous le nom de *Labrax.* Ce poisson, dont la chair est très estimée, atteint une assez forte taille; il se tient près des côtes et remonte fréquemment dans les fleuves à une assez grande distance, ce qui semble indiquer qu'on pourrait le conserver dans

l'eau douce. Son corps est relativement plus allongé et moins épais que celui de la Perche; sa tête est plus comprimée; ses écailles petites, très

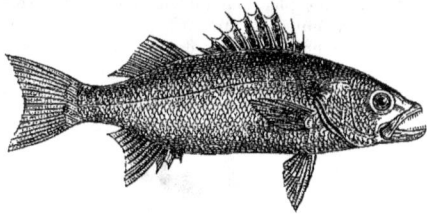

Bar.

adhérentes; sa bouche est grande et garnie de dents jusque sur la langue. Il est en dessus d'un gris bleuâtre, avec les flancs plus clairs et le ventre argenté. Il est assez commun dans toute la Méditerranée; on le pêche à la ligne de fond ou avec des filets.

BARBACOU (*Monasa*). Genre d'oiseaux de l'ordre des Grimpeurs de la famille des *Cuculidés,* qui tiennent à la fois des barbus et des coucous, d'où leur nom; ce sont des oiseaux à mœurs nocturnes, vivant solitaires, qui habitent les bois de l'Amérique du Sud.

BARBARÉE. *Herbe de Sainte-Barbe,* plante crucifère du genre *Barbarea,* formé aux dépens des *Erysimum* de Linné. Commune en France sur le bord des ruisseaux, elle est souvent cultivée dans les jardins sous le nom de *Julienne jaune.* On mange quelquefois ses feuilles en salade.

BARBASTELLE. Espèce de chauve-souris de la famille des *Vespertilionidés.* (Voir Cheiroptères.)

BARBE. On donne le nom de *barbe* aux poils qui garnissent les joues, les environs de la bouche et le menton de l'homme et de quelques mammifères, tels que les boucs et certains singes. (Voir Poils.) Chez les oiseaux, on donne ce nom à des faisceaux de petites plumes ou poils qui pendent à la base du bec. On nomme encore *barbe* des bouquets de poils longs et raides qui garnissent le front ou les antennes de certains insectes.

On donne, en outre, les noms vulgaires de :

Barbe de bouc, au Salsifis sauvage (*Tragopogon*);

Barbe de capucin, à la Chicorée sauvage;

Barbe de Jupiter, à la Joubarbe;

Barbe de vache, à un champignon du genre *Hydne;*

Barbe de vieillard, aux géropogons, à cause de leur réceptacle couvert de poils.

BARBE. Variété du cheval né en Barbarie.

BARBEAU ou **BARBOT** (*Cyprinus barbus,* Linné; *Barbus fluviatilis,* Cuvier). Genre de poissons d'eau douce, de la famille des *Cyprinidés.* Aux angles de son museau, qui est pointu et cartilagineux, pendent deux barbillons de chaque côté, d'où lui est venu son nom; une petite veine rouge règne dans l'intérieur de ces barbillons; les yeux sont petits, la forme du corps oblongue, un peu arrondie dans son contour; le dos arqué, portant à son sommet une arête aiguë, parsemé de points noirs, la mâchoire inférieure plus longue que la supérieure, sans dents; les pharyngiennes disposées sur trois rangées; la fente des ouïes très petite; les écailles moyennes, tendres, minces, de couleur olivâtre sur le dos et argentées sous le ventre; les nageoires du ventre jaunes, celles de la queue rougeâtres, bordées

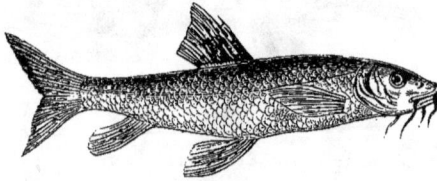

Barbeau.

de noir. Ce poisson a communément 30 à 50 centimètres de long et pèse 2 à 3 livres; on en a vu peser jusqu'à 10 livres et plus. Quand le Barbeau est pêché dans l'eau pure, sa chair est blanche et d'un goût assez agréable. Les appâts vivants sont ceux qui l'attirent le plus facilement. Les Romains faisaient un grand cas de la chair du Barbeau; il n'est pas aussi recherché de nos jours. Le Barbeau fraye en mai et juin. Ses œufs, qui sont d'un beau jaune orangé, ont la réputation d'être malfaisants.

BARBEAU. Nom vulgaire du Bluet des champs. (Voir CENTAURÉE.)

BARBET. Nom d'une race de chiens. (Voir CHIEN.)

BARBICAN. (Voir BARBUS.)

BARBIER (*Anthias*). Sous-genre de poissons du genre *Serran* (voir ce mot), de la famille des *Percidés*. On en connaît une jolie espèce de la Méditerranée (*A. sacer*); elle est d'un beau rouge de rubis à reflets dorés, avec des bandes jaunes sur la joue; mais sa chair est peu estimée. Elle atteint 25 à 30 centimètres de longueur.

BARBILLON. Petit Barbeau. — On donne, en zoologie, le nom de barbillons à des filaments charnus qui se trouvent autour de la bouche d'un grand nombre de poissons. Ce sont probablement des organes du toucher, analogues aux palpes des insectes.

BARBOT. (Voir BARBEAU.)

BARBOTTE. Nom vulgaire de la Lotte. (Voir ce mot.)

BARBUE. (Voir TURBOT.)

BARBULES. Filaments rapprochés qui garnissent les côtés des barbes des plumes d'oiseaux.

BARBUS (*Bucco*). Genre d'oiseaux de l'ordre des GRIMPEURS ou *zygodactyles* de la famille des *Cuculidés*, dont le principal caractère réside dans un bec conique, renflé latéralement et garni à sa base de plusieurs faisceaux de barbes raides qui leur ont valu leur nom. Les Barbus habitent les contrées les plus chaudes des deux continents, dans les

forêts solitaires et sombres; leurs formes lourdes, leur grosse tête et leur démarche indolente leur donnent un air stupide. Ils restent des heures entières perchés sur la même branche, et comme affaissés sous le poids de leur corps. Leur indolence naturelle se retrouve dans la construction du nid qu'ils font dans le creux d'un arbre. Ils se nourrissent ordinairement de fruits et de baies, et attaquent quelquefois les petits oiseaux. — Cuvier divise les Barbus en **Barbus** proprement dits (*Bucco*), à bec non denté, et en **Barbicans** (*Pogonias*), espèces à bec denté. — On en connaît une soixantaine d'espèces répandues dans les régions chaudes de l'Afrique, de l'Inde et de l'Amérique méridionale. Toutes ont le plumage orné de couleurs vives, vert, bleu, jaune, rouge, plus ou moins tachés de noir. Buffon en a décrit quelques-unes, entre autres le **Barbu barbican** (*Pogonias dubius*), noir en dessus, rouge vif en dessous; sa taille est de 24 centimètres.

BARDANE (*Lappa glabra*, vulgairement *glouteron*). Plante bisannuelle qui croît naturellement en Europe sur les bords des routes, dans les lieux incultes; elle se trouve en Afrique aux environs d'Alger. Elle appartient à la famille des *Composées*, tribu des *Cinarées*, et offre les caractères suivants : racines fusiformes, spongieuses : noirâtres à l'extérieur, blanches à l'intérieur; tiges striées, rameuses, hautes de 65 à 95 centimètres : feuilles radicales, grandes, pétiolées, cordiformes, vertes en dessus, légèrement cotonneuses en dessous; fleurs terminales, de couleur purpurine, à écailles calicinales couvertes d'un duvet glabre. Sèches, les fleurs se détachent d'elles-mêmes, et se fixent après les toisons des agneaux et

Bardane.
(*Lappa officinalis*).

les habits des passants, ce qui les a fait nommer *teignes*. La racine de Bardane prise en décoction est sudorifique; on l'emploie en tisane avec succès contre les dartres et autres maladies de la peau. Les feuilles, macérées, réduites en cataplasme, sont résolutives.

BARDEAU. Mauvaise orthographe, pour *Bardot*.

BARDOT. On donne ce nom au produit du cheval et de l'ânesse. (Voir MULET.)

BARGE (*Limosa*). Genre d'oiseaux de l'ordre des ÉCHASSIERS, de la famille des *Longirostres*, tribu des *Scolopaciens* ou *Bécasses*. Ses caractères sont : bec très long, cylindracé, mou et flexible dans toute sa longueur; narines latérales, longitudinalement fendues dans le sillon et percées de part en part; pieds longs, grêles, à quatre doigts, ayant de chaque côté une étroite bordure membraneuse; ailes à première et seconde rémige égale et les plus longues; queue courte. Les Barges sont d'assez grands oiseaux, très haut montés sur pattes et à bec très long. Comme les chevaliers et les courlis avec lesquels ils ont de grands rapports, ils prennent au printemps un plumage roux. Le mâle est constamment plus petit que la femelle. Ces oiseaux se plaisent à l'entour des marécages, particulièrement des marais salés et sur les bords fangeux des fleuves, près de leur embouchure. Leur bec très mou et flexible leur sert à trouver, en fouillant la vase, les vers aquatiques et les petits crustacés dont ils se nourrissent. On en connaît deux espèces en Europe : la **Barge à queue noire** (*Limosa melanura*), et la **Barge rousse** (*L. rufa*). Les Barges pondent des œufs très gros, à proportion de leur taille ; leur grand axe est de 62 millimètres.

BARITE. (Voir BARYTE.)

BAROLITE. Baryte carbonatée. (Voir BARYTE.)

BARS. (Voir BAR.)

BARTAVELLE. (Voir PERDRIX.)

BARYTE (du grec *barus*, pesant). Oxyde de Baryum des chimistes. Il existe deux combinaisons de la Baryte dans la nature : la Baryte carbonatée, *Spath pesant* ou *Barolite*, et la Baryte sulfatée ou *Barytine*. La première est d'un blanc mat, translucide, d'une pesanteur spécifique caractéristique (43,10), à cassure inégale, écailleuse ; elle décrépite au chalumeau et fond en un globule transparent ; elle colore la flamme en jaune orangé. Ses cristaux les plus ordinaires sont des prismes hexagonaux. — La seconde ou *Barytine* (Baryte sulfatée) est de couleur blanche ou jaunâtre, souvent mêlée de teintes rougeâtres. Au chalumeau, elle se fond difficilement en un émail blanc, qui tombe en poussière au bout de quelques heures. Sa forme cristalline la plus fréquente est un prisme droit rectangulaire, avec biseau sur les faces du prisme. On le rencontre souvent aussi en masses fibrineuses, compactes ou terreuses.

BARYTINE. (Voir BARYTE.)

BARYUM (du grec *barus*, pesant). Métal d'un blanc d'argent, d'une densité de 4,97, très oxydable, que l'on obtient par la décomposition de la baryte au moyen de la pile. Il est sans usage.

BASALTE. Roche noire ou d'un gris bleuâtre, plus dure que le verre, très tenace, d'apparence homogène, mais essentiellement composée de feldspath et de pyroxène, et contenant une très grande proportion de fer oxydé ou titané. Le Basalte est une roche ignée qui a été poussée de bas en haut à la surface du sol et qui se trouve, soit sous forme de filons, remplissant les fissures dans lesquelles elle a été injectée, soit sous forme de coulées ou vastes nappes qui forment des plateaux étendus, soit enfin sous forme de masses coniques qui résultent de l'accumulation des matières autour d'orifices d'éruption. Les Basaltes sont souvent divisés en colonnades prismatiques, ce qui résulte du retrait qu'éprouve nécessairement une roche homogène fondue, lorsqu'elle se refroidit lentement et régulièrement. La partie supérieure, exposée au brusque refroidissement atmosphérique, s'est convertie en une couche de scories informes ; mais la partie inférieure, pro-tégée par ce banc de scories, n'a perdu sa chaleur qu'avec une lenteur extrême et a permis ainsi des groupements de quelque régularité. Par la contraction de sa masse refroidie, la lave s'est fendue dans toute son épaisseur en colonnes prismatiques, dont la forme est généralement hexagonale. C'est toujours perpendiculairement aux surfaces refroidissantes que les fissures se sont produites. Étalées sur un terrain horizontal, les laves sont devenues des prismes verticaux ; sur une surface inclinée, elles ont produit des colonnes obliques ; engagées dans quelque gorge dont les parois servaient alors de surfaces refroidissantes, elles se sont divisées en pris-

La chaussée des géants en Irlande.

mes couchés l'un sur l'autre suivant l'horizontale. Les Basaltes se dressent donc tantôt en colonnades verticales, tantôt s'inclinent ainsi qu'un édifice à demi renversé, tantôt enfin s'amoncellent à la manière de troncs d'arbres empilés. Si la colonnade basaltique, au lieu d'être vue par les flancs ne présente aux regards que sa face supérieure, débarrassée par les eaux de son banc de débris, l'aspect est celui d'un pavé à dalles hexagones. L'imagination populaire, frappée du grandiose spectacle des Basaltes, a mis en usage les expressions d'*orgues de géants*, de *chaussées de géants*, pour désigner soit les prismes assemblés côte à côte ainsi que les tuyaux d'un orgue, soit l'espèce de dallage hexagone que forme la surface de coulée. Nous citerons en France, dans l'Ardèche, les colonnades de Chenevari, près de Rochemaure, et la chaussée sur les bords de la petite rivière du Volant, entre Vals et Entraigues. Tout le monde a entendu parler de la fameuse *Chaussée des géants* en Irlande, et surtout de la *Grotte de Fingal*, dans l'île de Staffa, l'une des Hébrides, sur les côtes occidentales de l'Écosse. Une colonnade basaltique d'une admirable régularité et d'une élévation de 13 mètres, sert de façade et de parois à une grotte dans laquelle la mer pénètre librement. L'entrée de ce monument naturel ne mesure pas moins de 11 mètres d'ouverture et donne accès à une sorte de spacieux temple de 46 mètres de profondeur.

BASELLACÉES. Famille de plantes dicotylédones, voisine des *Chénopodiacées*, dont elle diffère surtout par les fleurs pédicellées, le périanthe double et les anthères sagittales. (Voir BASELLE.)

BASELLE (*Basella*). Genre type de la famille des *Basellacées*, renfermant un petit nombre de plantes propres aux Indes orientales. Ce sont des végétaux herbacés à tiges grimpantes. Telle est la **Baselle rouge** (*B. rubra*), connue sous les noms vulgaires de *brède d'angole* ou d'*épinard du Malabar*. On la cultive dans les jardins de l'Inde, où l'on mange ses feuilles en guise d'épinards. Les racines de la **Baselle blanche** (*B. alba*) sont laxatives.

BASIDE. Cellules fertiles des champignons BASIDIOMYCÈTES. (Voir ce mot.)

BASIDIOMYCÈTES (de *basis*, *eidos*, et *mukès*, champignon). Groupe de champignons caractérisé par les spores se développant en nombre défini au sommet de cellules spéciales appelées *Basides*, et réunies dans un hyménium. Pourvus d'un mycélium vivace filandreux, croissant sur le sol ou le bois mort et formé de filaments divisés par des cloisons transversales. Cette division renferme les champignons les plus connus, ceux qui fournissent à l'homme un aliment sain et délicat ou un poison dangereux. Les Agarics, les Bolets, les Chanterelles, les Hydnes, les Clavaires, les Lycoperdons, appartiennent à ce groupe.

BASIDIOSPORÉS (du grec *basis*, base, *eidos*, et *spora*, graine). Synonyme de *Basidiomycètes*.

BASILIC (*Basiliscus*). Genre de reptiles de la famille des *Iguanidés*, dont les caractères distinctifs sont : une expansion cutanée de figure triangulaire s'élevant verticalement au-dessus de l'occiput ; le bord externe des doigts postérieurs garni d'une frange dentelée ; une arête écailleuse, dentelée en scie, régnant depuis l'occiput jusqu'à l'extrémité de la queue ; des dents palatines et pas de pores fémoraux. Le dessus du corps est couvert d'écailles rhomboïdales, carénées, disposées par bandes transversales ; le ventre est garni d'écailles lisses ; les membres sont très allongés, surtout ceux de derrière, les doigts grêles, la queue longue et comprimée. Le reptile qui porte aujourd'hui le nom de *Basilic* n'était pas connu des anciens, puisqu'il est originaire de l'Amérique, et l'on ne sait pas bien quel était l'animal de ce nom dans l'antiquité, tant les descriptions extraordinaires qu'on en donne s'accordent peu. Le Basilic des anciens (du grec *basilikos*, petit roi) était le plus terrible des animaux : il portait sur la tête une couronne (d'où son nom), ses yeux lançaient le feu et la mort d'une violence telle qu'il n'en était pas lui-même à l'abri et qu'il suffisait de réfléchir ses regards au moyen d'un miroir pour lui donner le trépas ; son souffle seul était si délétère que les plantes qui croissaient et les animaux qui passaient près de son repaire périssaient aussitôt. On voit que le Basilic des anciens n'est, fort heureusement, pas facile à retrouver. Quoi qu'il en soit, le reptile auquel Linné a donné le nom de *Basilic* est un lézard, aussi inoffensif que l'autre avait de puissance malfaisante ; il vit sur les arbres, se nourrit de graines ou poursuit de branche en branche les insectes dont il fait sa proie. — Le **Basilic à capuchon** se trouve à la Guyane, à la Martinique et au Mexique ; il est d'un brun fauve ou verdâtre.

Ce reptile est long d'environ 70 à 80 centimètres, dont sa queue comprimée forme près des deux tiers.

BASILIC (*Ocimum*). Genre de plantes de la famille des *Labiées*, dont les caractères sont : calice à deux lèvres, la supérieure large et arrondie, l'inférieure plus longue, à quatre dents aiguës ; corolle renversée, à lèvre supérieure quadrilobée : étamines au nombre de quatre, les deux plus courtes munies d'un petit appendice à leur base. — Les Basilics sont des plantes herbacées et aromatiques, originaires pour la plupart des parties chaudes de l'ancien continent et cultivées dans les jardins ; tels sont : le **Basilic commun** ou **grand Basilic** (*Ocimum Basilicum*), originaire des Indes, à tige droite, velue, haute de 1 pied, à feuilles cordiformes, dentelées ; à fleurs blanches ou purpurines, disposées à l'extrémité de la tige et des rameaux en anneaux composés de cinq ou six fleurs et formant par leur réunion une sorte d'épi. On l'emploie quelquefois comme condiment. Le **Basilic anisé** fournit un assaisonnement fort agréable. Le **Basilic à petites feuilles**, de Ceylan, à feuilles vertes ou violettes, à fleurs blanches, et le **Basilic à grandes fleurs**, sont cultivés dans les jardins. Ces plantes demandent de la chaleur.

BASSET. Race de chiens à jambes très courtes, droites ou torses.

BASSIE (*Bassia*). Genre de plantes dicotylédones, de la famille des *Sapotacées*, comprenant des arbres lactescents des régions tropicales de l'Inde et de l'Afrique. — La **Bassie à longues feuilles** (*B. longifolia*), connue sous le nom d'*Illipé*, croît au Malabar, où son bois dur et résistant est très employé pour les constructions ; son suc laiteux est administré dans le traitement des affections rhumatismales, et l'on extrait de ses graines une huile propre à l'éclairage et à la fabrication du savon. — La **Bassie à larges feuilles** (*B. latifolia*), des régions élevées des Indes orientales, possède les mêmes propriétés. — La **Bassie butyracée**, ou *arbre à beurre* du Népaul, renferme dans ses graines une huile épaisse connue sous le nom de *beurre de Galam*, employée en frictions contre les rhumatismes.

BASSIN. Cuvette osseuse formée de plusieurs os iliaques, sacrum), qui forme dans l'homme la base du tronc et sert de point d'attache aux os des membres postérieurs. (Voir SQUELETTE.)

BASSINET. Nom vulgaire donné à la Renoncule âcre.

BATATES ou **PATATES** (*Convolvulus batatas*, L.). Plante alimentaire très importante, appartient au grand genre des *Liserons*, famille des *Convolvulacées*. C'est une plante vivace, à racine tubéreuse ; à tiges grimpantes ou traînantes ; à feuilles longuement pétiolées, ordinairement deltoïdes ou en forme de fer de hallebarde ; à pédoncules axillaires, rameux, plus longs que les feuilles ; à corolle longue d'environ 5 centimètres, d'un pourpre pâle. La Batate est originaire de l'Asie équatoriale ; mais depuis longtemps on l'a introduite dans tous les pays assez chauds pour cette culture, qui, d'ailleurs, réussit parfaitement dans les localités convenables de l'Europe méridionale; sous le climat de Paris, ce n'est qu'à force de soins qu'on parvient à en obtenir quel-

Batate.

ques faibles produits, encore très inférieurs en qualité à ceux du Midi. La partie comestible de la Batate consiste dans les tubercules de la racine. Ces tubercules ont beaucoup de rapport avec la pomme de terre, tant par la composition intime que par les qualités alimentaires et même pour la saveur; ils sont en général de forme allongée et plus ou moins renflés vers le milieu. Il en existe beaucoup de variétés, de grosseurs et de couleurs diverses. Étant cuits, ils deviennent farineux et légèrement sucrés: c'est un aliment sain et facile à digérer, dont il se fait une consommation très considérable dans les pays chauds.

BATELEUR. Espèce d'Ours et espèce dAigle. (Voir ces mots.)

BATON. Les jardiniers nomment:

Bâton de Jacob, l'Asphodèle jaune;

Bâton d'or, la Giroflée jaune;

Bâton royal, l'Asphodèle blanc.

On donne également le nom de bâton à des insectes du genre *Phasma.* (Voir ce mot.)

BATRACIENS (du grec *batrachos,* grenouille). Les Batraciens forment le quatrième ordre de la classe des REPTILES dans la classification de Cuvier. De Blainville et d'autres zoologistes en ont fait une classe à part sous le nom d'AMPHIBIENS. Il comprend des animaux qui ont avec les grenouilles des rapports plus ou moins intimes de forme ou d'organisation. Les Batraciens ont le corps revêtu d'une peau nue et muqueuse dépourvue de tout revêtement corné, un squelette toujours osseux, et presque tous ont les doigts dépourvus d'ongles. Ils n'ont au cœur qu'un seul ventricule et une seule oreillette cloisonnée. Ils ont, dans le premier âge, des branchies analogues à celles des poissons, et situées de même sur les côtés du cou; mais en arrivant à l'état parfait, la plupart perdent ces branchies pour prendre des poumons et la respiration aérienne; quelques-uns conservent ces branchies toute leur vie (*Protées*). Il y a parmi les Batraciens quelques espèces ovovivipares; mais le plus grand nombre pondent des œufs dont l'enveloppe est simplement membraneuse. Les petits subissent divers degrés de transformations ou métamorphoses; d'abord dépourvus de membres et munis d'une queue, ils prennent, en grandissant, quatre pattes et perdent leur queue comme les *Anoures,* ou la conservent comme les *Urodèles;* quelques-uns n'ont jamais de membres (*Cécilies*). Presque tous vivent dans l'eau ou dans les lieux humides; ils sont omnivores dans leur premier âge et deviennent carnivores en passant à l'état parfait. — On trouve dans les terrains tertiaires et carbonifères de nombreux débris fossiles de Batraciens, et surtout de Ranidés. C'est à cette classe qu'appartiennent la fameuse Salamandre gigantesque prise par l'allemand Scheuchzer pour un homme témoin du déluge, et les énormes Labyrinthodons. (Voir ce mot.) — La classe des BATRACIENS comprend quatre ordres: les ANOURES, les URODÈLES, les APODES et les PÉRENNIBRANCHES. En voici le tableau:

Batraciens dépourvus de branchies à l'âge adulte.	Pourvus de quatre pieds	Sans queue à l'état adulte	ANOURES.
		Possédant toujours une queue	URODÈLES.
	Dépourvus de membres		APODES.
Batraciens gardant toujours leurs branchies			PÉRENNIBRANCHES.

Les ANOURES comprennent les familles des *Ranidés,* des *Bufonidés,* des *Hylidés,* des *Pipidés.* Les URODÈLES se divisent en *Salamandridés, Amphiumidés, Cryptobranchidés.* Les APODES sont formés de la seule famille des *Cécilidés,* et les PÉRENNIBRANCHES comprennent les *Protéidés* et les *Syrénidés.* — Les Batraciens peuvent être pris à la main ou à l'aide du troubleau; on les conserve dans l'alcool, après les avoir lavés à grande eau pour les débarrasser des mucosités dont ils sont le plus souvent couverts.

BAUDET. On donne ce nom vulgairement à l'âne, et particulièrement à l'âne étalon.

BAUDRIER DE NEPTUNE. Nom vulgaire d'une espèce de Laminaire. (Voir ce mot.)

BAUDROIE (*Lophius*). Genre de poissons de l'ordre des TÉLÉOSTÉENS, tribu des *Acanthoptères,* formant la famille des *Lophiidés,* dont le caractère le plus saillant consiste dans la disposition des nageoires pectorales qui sont portées sur des sortes de bras formés par l'allongement des os du carpe. Cette disposition avait fait établir par Cuvier, pour ces poissons, une division des Acanthoptérygiens *à pectorales pédiculées*. Ce groupe comprend les Baudroies de nos côtes, ainsi que les *Chironectes* et les *Malthées* des mers tropicales. Les Baudroies, ou Raies pêcheuses, sont surtout remarquables par la grosseur de leur tête, qui est tout à fait disproportionnée avec le reste du corps; elle entre pour plus des deux tiers dans le volume total de l'animal. Cette tête est très large, déprimée, arrondie en avant; sa surface est hérissée d'épines. La bouche offre une fente considérable: elle est si grande, dit Bélon, qu'elle pourrait aisément dévorer un chien d'une

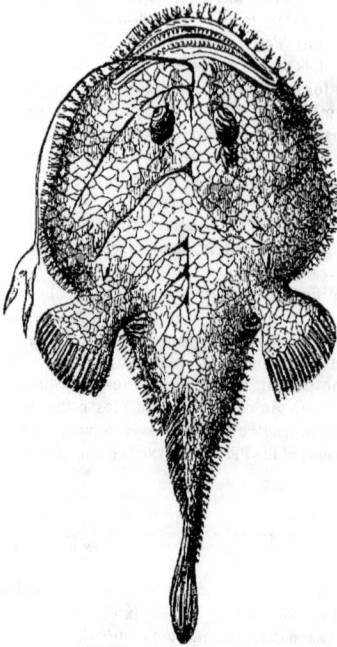

Baudroie.

goulée. La mâchoire inférieure dépasse la supérieure, et toutes deux portent des dents en crochets extrêmement pointues; le palais et les os pharyngiens sont garnis de dents moins longues, mais aussi aiguës. Les yeux sont placés sur le milieu de la tête. Le corps est court, gros et conique; la peau de ces poissons est tout à fait dépourvue d'écailles, molle et recouverte de mucosités. Plusieurs des rayons de la nageoire dorsale sont séparés des autres; il y en a deux principalement plus longs, libres, mobiles, et terminés par une petite palette charnue et blanche, qui surmontent le front. Ces poissons, très voraces, auraient pu difficilement satisfaire leur appétit, si la nature ne leur avait donné les moyens de sup-

pléer par la ruse à leur manque d'agilité. En effet, la Baudroie se tapit au fond de l'eau, cachée dans la vase, et ne laisse apercevoir que les rayons de sa tête qu'elle agite pour les faire ressembler davantage à des vers. De cette manière, elle attire d'autres poissons sur lesquels elle se jette dès qu'ils sont à sa portée. — La **Baudroie commune** (*Lophius piscatorius*), vulgairement nommée *diable de mer* ou *galanga*, habite nos mers; elle atteint jusqu'à 1m,50 et plus de longueur; sa couleur est fauve marbré de brun en dessus et blanchâtre en dessous. C'est un des poissons les plus hideux et les plus voraces. On la pêche, non pour sa chair, qui est détestable, mais pour l'éventrer et lui tirer les poissons qu'elle a encore dans le corps.

BAUDRUCHE. Pellicule formée avec la membrane du gros intestin du bœuf et du mouton.

BAUGE. Retraite du sanglier.

BAUHINIE (*Bauhinia*). Genre de plantes de la famille des *Légumineuses césalpiniées*, dédiée par Linné à la mémoire des frères Bauhin, célèbres botanistes du seizième siècle. Ce sont des arbres et des arbrisseaux des régions tropicales de l'Asie et de l'Amérique (*B. tomentosa* et *B. variegata*), dont les fleurs en infusion sont antidysentériques.

BAUME (*Balsamum*). Les Baumes sont des sortes de résines qui découlent de certains arbres, et dont quelques-unes passent à l'état solide par la dessication, tandis que d'autres, associées à une certaine quantité d'huile volatile, restent molles ou même fluides. Ils se distinguent des résines proprement dites, en ce qu'ils contiennent tous de l'acide benzoïque, qu'on peut isoler en les traitant à chaud avec une dissolution de carbonate de soude qu'on sature ensuite d'acide sulfurique. Ces Baumes sont, comme les résines, insolubles dans l'eau, et au contraire très solubles dans l'alcool, l'éther et les huiles; ils sont très inflammables et répandent en brûlant une odeur aromatique. Les Baumes sont généralement employés en médecine comme stimulants, ou bien encore comme parfums, comme cosmétiques ou pour arroser certains mets. Les principaux Baumes sont :

Le **Baume du Pérou**, extrait du *Myroxylon peruiferum*, arbre de la famille des *Légumineuses*.

Le **Baume de Tolu**, produit par le *Myroxylon toluifera*, arbre de l'Amérique méridionale, cultivé aux environs de la ville de Tolu (Carthagène).

Le **Benjoin**, extrait du *Styrax benzoin*, arbre des îles de la Sonde.

Le **Storax** découle des incisions faites au tronc des aliboufiers.

Baume blanc, B. de Judée, B. de la Mecque, B. de **Syrie**, B. d'Égypte, noms que l'on donne au suc de l'*Amyris opobalsamum* (voir BALSAMIER), arbre de l'Arabie.

Baume du Brésil ou de Copahu. (Voir COPAÏER et LIQUIDAMBAR.)

On donne encore le nom de **Baume** à la tanaisie, de **Baume aquatique** à la menthe aquatique, de

Baume des champs à la menthe commune, **Baume des jardins** à la balsamine, etc., etc.

BAUMIER. Nom vulgaire du Mélilot et des Balsamiers. (Voir ce mot.)

BAVEUSE. (Voir BLENNIE.)

BDELLIUM. On donne ce nom, en thérapeutique, au *baume de la Mecque* et à la *myrrhe de l'Inde*. (Voir BALSAMIER.)

BEC. Enveloppe cornée qui recouvre les os maxillaires chez les oiseaux. (Voir OISEAU.) On nomme vulgairement :

Bec de canard, l'Ornithorhynque ;

Bec de cigogne, le *Geranium ciconium ;*

Bec de grue, le *Geranium robertianum ;*

Bec d'oie, le Dauphin commun.

(Voir à leur ordre alphabétique : BEC CROISÉ, BEC EN CISEAUX, BEC-FIGUES, BECS-FINS, etc.)

BÉCARD. Espèce du genre *Saumon.* (Voir ce mot.)

BÉCASSE (*Scolopax*). Genre d'oiseaux de l'ordre des ÉCHASSIERS, de la famille des *Longirostres,* type de la tribu des *Scolopaciens,* dont les caractères distinctifs sont : bec long, droit, mou et très grêle ; à mandibule supérieure plus longue que l'inférieure, renflée à sa pointe en crochet. Les Bécasses sont des oiseaux assez stupides, comme l'indiquent leur tête comprimée et leurs gros yeux placés en arrière. Les espèces de ce genre, peu nombreuses, ont été réparties dans les trois sections suivantes : 1° les BÉCASSES proprement dites, qui ont le tibia emplumé jusqu'au genou. On n'en connaît qu'une espèce en Europe, la **Bécasse commune** (*Scolopax rusticola*); elle habite les hautes montagnes boisées, d'où elle descend dès les premiers froids; elle arrive dans nos contrées en octobre ou novembre, et les quitte dès les premiers beaux jours. La Bécasse reste cachée dans les bois tout le jour et n'en sort que le soir pour aller chercher sa nourriture; elle fait son nid à terre, près d'un tronc d'arbre ou d'une grosse racine, et y dépose quatre ou cinq œufs de la grosseur de ceux du pigeon, d'un gris roussâtre, marbrés d'ondes plus foncées; les petits courent aussitôt qu'ils sont éclos. Le vol de la Bécasse est peu élevé et de courte durée. Cette espèce est longue de 3 à 4 décimètres; elle a le haut de la tête, le cou, le dos, les couvertures des ailes variés de marron, de noir et de gris; quatre larges bandes noires transversales sur le cou, et une petite bande de même couleur de chaque côté de la tête. — 2° Les BÉCASSINES (*Gallinago*) ont la partie inférieure de leur tarse dénuée de plumes. Ces oiseaux habitent les prairies marécageuses, où ils aiment à se cacher parmi les joncs et les roseaux. La **Bécassine commune** (*Scolopax gallinago*) est plus petite que la Bécasse; sa tête est divisée par deux raies longitudinales noires et trois rougeâtres; le cou et le dessus du corps sont variés de brun et de rougeâtre; la poitrine et le ventre sont blancs. La Bécassine vole avec rapidité, et lorsqu'elle est très élevée, elle fait entendre un cri prolongé, *mée, mée, mée,* assez analogue à celui de la chèvre. Elle habite nos contrées

pendant le printemps et l'automne, et les quitte en été et en hiver; ses œufs sont verdâtres, tachés de brun. La **Grande Bécassine** ou **Bécassine double** (*Gallinago major*) est plus grande que la précédente d'un tiers; ses mœurs sont les mêmes. — 3° Les BÉCASSINES CHEVALIERS ont le doigt extérieur et celui du milieu réunis par une petite membrane. On n'en connaît qu'une seule espèce, la **Bécassine ponctuée,** très rare en Europe, mais très répandue dans l'Amérique du Nord; son plumage est couvert de bariolures noires et blanc roussâtre. Cette espèce forme le passage entre les Bécasses et les Chevaliers (voir ce mot), dont elle a, du reste, le facies et les habitudes.

Grande bécassine.

BÉCASSE DE MER. Nom vulgaire de l'Huîtrier. (Voir ce mot.)

BÉCASSEAUX (*Tringa*). Les Bécasseaux ou *Maubèches* sont des oiseaux de rivage de l'ordre des ÉCHASSIERS, famille des *Longirostres,* qui se tiennent ordinairement sur le bord des lacs, dans les marais et sur les côtes de la mer. Leur bec est long, un peu fléchi à la pointe, mou et flexible dans toute sa longueur; les ailes sont médiocres, à première rémige plus longue que les autres. Ces oiseaux voyagent en petites troupes, et se réunissent plusieurs couples dans le même lieu pour nicher. A l'aide de leur bec long et grêle, ils cherchent, dans la vase et le sable, les insectes et les petits mollusques dont ils se nourrissent. On en connaît plusieurs espèces en France; la plus répandue est le **Bécasseau cocorli,** *Alouette de mer* ou *petite Maubèche,* qui varie beaucoup dans son plumage, suivant les saisons et les sexes; il est long de 2 décimètres environ; on le trouve également en Afrique et dans l'Amérique méridionale. On joignait autrefois aux Bécasseaux les *Combattants,* qui forment aujourd'hui un genre à part. — On donne le nom de **Bécasseau de rivière** (*Tringa ochropus*), vulgairement *Cul blanc,* à une espèce du genre *Chevalier.* Cet oiseau a le plumage d'un noirâtre bronzé en dessus, blanc en dessous, moucheté de gris sous le cou. C'est un excellent gibier, assez commun au bord de nos rivières. — Le **Bécasseau brunetté** (*Tr. variabilis*) et le **Bécasseau**

violet (*Tr. maritima*), ainsi nommé à cause des reflets de son plumage, se trouvent également en France au bord des étangs et des rivières.— La **Maubèche** (*Tr. cinerea*), grise en hiver, rousse en été, variée de noir et de blanc, habite nos marais au printemps et à l'automne.

BÉCASSINE. On donne ce nom à des oiseaux du groupe des *Bécasses*. (Voir ce mot.)

BECCABUNGA. (Voir VÉRONIQUE.)

BEC-CROISÉ (*Loxia*). Genre d'oiseaux de la famille des *Fringillidés*, de l'ordre des PASSEREAUX, dont les caractères distinctifs sont d'avoir un bec fort, allongé, à mandibules très arquées dans le sens opposé, et se croisant vers les deux tiers de leur longueur. Ces oiseaux vivent de graines qu'ils tirent d'entre les écailles des cônes résineux ou du centre des fruits pulpeux, et la conformation particulière de leur bec leur sert merveilleusement à cet usage. L'Europe et l'Amérique possèdent chacune deux espèces de ce genre singulier. L'espèce qui nous vient communément en France est le **Bec-croisé des pins** (*Loxia curvirostra*). Les vieux mâles ont un plumage rouge; les jeunes, jaune rougeâtre; les femelles, vert jaunâtre. Ces oiseaux habitent les contrées boréales de l'Europe et de l'Amérique, et se plaisent dans les forêts de pins.

BEC EN CISEAUX (*Rhynchops*, du grec *rugchos*, bec, et *ops*, œil). Genre d'oiseaux de l'ordre des PALMIPÈDES, de la famille des *Longipennes*, remarquable surtout par la forme de son bec aplati comme un couteau à papier en ivoire. La mandibule supérieure, plus courte que l'inférieure, est creusée d'une rainure dans laquelle entre cette dernière comme la lame d'un rasoir dans son manche.— Le **Bec en ciseaux** (*Rhynchops nigra*), très répandu sur les rivages des deux Amériques, est de la grosseur du Sterne; ses jambes sont courtes, ses pieds palmés, ses ailes extrêmement longues et pointues, dépassant la queue qui est médiocre et fourchue. Cet oiseau, que l'on voit au bord de la mer, en bandes nombreuses, réuni aux Sternes et aux Mouettes, vole rapidement en rasant l'eau comme les hirondelles et traçant un sillon à la surface avec sa mandibule inférieure dont il se sert avec une adresse surprenante pour prendre des mollusques et de petits poissons. A marée basse, il se sert aussi de son bec comme d'un coin pour ouvrir les coquilles bivalves.

BEC-FIGUES (*Ficedula*). Espèce de gobe-mouches de notre pays. (Voir GOBE-MOUCHES.) Dans le midi de la France, on appelle *Bec-figues* différentes espèces de fauvettes et autres becs-fins qui, en automne, au lieu de continuer à faire la chasse aux insectes, attaquent et mangent les figues, les raisins et autres fruits savoureux. Cette nourriture les engraisse à l'excès et rend leur chair fine et délicate; aussi leur fait-on alors une chasse acharnée.

BÊCHE ou **Lisette**. Noms vulgaires que l'on donne dans plusieurs provinces de la France au *Rhynchite* et à l'*Eumolpe*, insectes très nuisibles à la vigne.

BECMARE. Nom vulgaire du Charançon de la vigne (*Rhynchites Bacchus*).

BECQUEBOIS. Un des noms vulgaires du Pic-Vert.

BECS-FINS (*Motacilla*). Famille d'oiseaux de la tribu des *Passereaux dentirostres* dans la méthode de Cuvier, se distinguant par leur bec droit, grêle, en forme d'alène. Elle comprend les Traquets, Fauvettes, Roitelets, Troglodytes, Hochequeues, Bergeronnettes, etc. (Voir ces mots.) Quelques naturalistes désignent cette famille par le nom de *Sylviadés*. Elle forme, dans la méthode d'Is. Geoffroy Saint-Hilaire, la tribu des *Motacilliens* dans la famille des *Turdidés*.

BEDAUDE. Nom vulgaire de la Corneille.

BÉDÉGUAR (*Spongia cynobasti officinarum*). Galle chevelue et très odorante, qui est produite sur les jeunes rameaux des rosiers par la piqûre d'un insecte du genre *Cynips*. (Voir CYNIPS et GALLE.) Elle est spongieuse, remplie de cellules en dedans, de

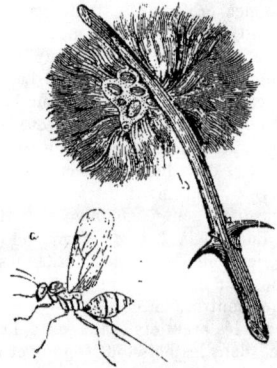

a. Cynips, *b.* Bédéguar.

la grosseur du pouce, irrégulièrement arrondie, recouverte d'une espèce de mousse ou de bourre très serrée. Sa couleur est verte, mélangée de rouge. Cette production végétale a été autrefois employée en médecine, principalement pour dissoudre les calculs urinaires, et comme vermifuge; on ne l'emploie plus aujourd'hui, si ce n'est comme un léger astringent.

BÉGONIA. Genre de plantes type de la famille des *Bégoniacées*, placée par Jussieu à la suite des *Cucurbitacées*. Elle offre pour caractères : fleurs monoïques, étamines nombreuses; anthères extrorses; ovaire infère, tri-loculaire, multiovulé; capsule à trois loges ailées sur le dos, contenant des graines nombreuses. Ce genre renferme un grand nombre d'espèces cultivées dans les jardins et les serres à cause de leurs feuilles veloutées et singulièrement colorées. La plupart sont originaires de l'Amérique équatoriale. On remarque entre autres : le **Bégonia à feuilles de géranium** (*B. geranifolia*); à feuilles de potiron (*B. peponifolia*); à feuilles de vigne (*B. vitifolia*); à feuilles de platane (*B. platanifolia*); le Begonia rex, que nous figurons ici, le **Bégonia sanguin** (*B. sanguinea*); le **Bégonia à tiges rouges** (*B.*

Begonia rex.

rubricaulis, etc., etc. La culture a obtenu en outre une grande quantité de variétés.

BÉGONIACÉES. Famille de plantes dicotylédones, à pétales périgynes, à fleurs dioïques, à fruits capsulaires, munis de trois ailes membraneuses et renfermant un grand nombre de graines petites et striées. Elle a pour type le genre *Bégonia*. (Voir ce mot.)

BEHEN BLANC. Nom vulgaire du *Lychnis dioïca* et du *Centaurea behen*. — **Behen rouge**, le Centranthe rouge.

BÉJUGO. (Voir HIPPOCRATÉE.)

BÉLEMNITES (du grec *belemnon*, flèche). On donne

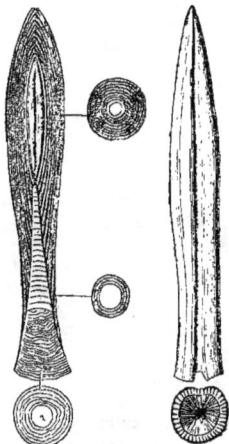

1. Bélemnites hastatus de l'oolithe.
2. Belemnites acutus du lias.

ce nom à une espèce de coquille fossile qui se rencontre dans les couches du lias des terrains juras-

siques. Ce sont de petits cylindres calcaires, de la longueur et de la grosseur du doigt, terminés en pointe à une extrémité et creusés d'une cavité conique à l'autre. Cette cavité est occupée par un mince étui de forme conique, portant le nom d'*alvéole* et divisé en compartiments superposés ou *chambres* au moyen d'une pile de cloisons concaves. Enfin un étroit canal ou *siphon* traverse d'un bout à l'autre la série des cloisons et des chambres. Quelques espèces de Bélemnites, au lieu d'être cylindriques, sont fortement comprimées et très élargies tout en conservant la structure que nous venons de décrire. Pendant longtemps, on a méconnu la véritable nature des Bélemnites; mais, grâce aux échantillons bien conservés et aux empreintes trouvées dans les marnes de Lime-Regis, en Angleterre, on sait aujourd'hui que ce tube calcaire n'est autre que le prolongement de la lame osseuse d'une espèce de céphalopode voisin des Calmars actuels. On a même retrouvé desséchée la poche à encre de ce singulier animal.

BELETTE. Espèce du genre *Putois* (voir ce mot), de la famille des *Mustélidés*. Ce joli petit animal a 16 centimètres de longueur, non compris la queue

Belette.

qui mesure 6 centimètres. Son corps est extrêmement effilé, d'un brun roux en dessus, blanc en dessous; l'extrémité de sa queue n'est jamais noire, si ce n'est dans ses variétés; elle ressemble beaucoup à l'hermine dont elle diffère surtout par sa taille beaucoup plus petite. La Belette se rencontre dans toutes les parties tempérées de l'Europe, et ne s'écarte guère des habitations, si ce n'est dans la belle saison. Elle part alors pour la campagne, suit le bord des ruisseaux et des petites rivières, et se plaît dans les haies et les broussailles, se logeant dans un trou de rocher ou d'arbre, sous un tas de pierres ou dans le terrier d'une taupe ou d'un mulot. Cette jolie bête est d'une agilité extraordinaire, et ses mouvements sont aussi gracieux que vifs. Elle va toujours par bonds, grimpe aux arbres, sautant de branche en branche avec la même facilité que l'écureuil. Dans la campagne, elle fait la chasse aux mulots, aux taupes, aux rats d'eau, aux lézards et aux serpents; son courage est extrême, elle attaque le surmulot deux fois plus gros qu'elle, et sort presque toujours victorieuse de la lutte. Au printemps, elle prépare une espèce de nid avec de la paille, des feuilles sèches et de la mousse, et met bas trois à cinq petits qui grandissent vite et ne tardent pas à suivre leur mère à la chasse. Lorsque vient la mauvaise saison, toute la famille se retire dans les greniers à fourrage, et elle commet alors de grands dégâts : sa taille lui permet de se glisser dans les plus petits trous, et si elle s'introduit dans un poulailler, elle tue tous les poussins, casse les œufs et suce la cervelle des vieilles volailles, en leur trouant le crâne. On rencontre assez fréquemment en France des Belettes jaunâtres, et même toutes blanches.

BÉLIER. Mâle de la Brebis. (Voir ce mot.)

BELLADONE (*Atropa*). Genre de plantes de la famille des *Solanées*, tribu des *Atropées*, caractérisé par un calice à cinq divisions, une corolle hypogyne, campanulée, cinq étamines, un ovaire à deux loges renfermant un grand nombre d'ovules. Le fruit est une baie qu'accompagne le calice étalé en étoile. Presque toutes les espèces de ce genre sont des poisons narcotiques. Le rapport de forme, de grosseur et de couleur de leurs fruits avec la cerise a malheureusement trop souvent trompé les enfants, qui ont payé de leur vie un moment de gourmandise. L'antidote proposé dans les cas d'empoisonnement est l'oxyde de zinc. — L'espèce la plus répandue est

Belladone.

la **Belladone commune** (*Atropa belladona*), que l'on trouve dans beaucoup de jardins, et qui croît spontanément dans nos bois. Sa tige monte à 10 ou 12 décimètres, elle est très rameuse, couverte de feuilles molles et pubescentes, laissant aux doigts, quand on les froisse, une odeur vireuse et désagréable ; ses fleurs sont solitaires, axillaires, d'une couleur pourpre obscure : à celles-ci succèdent des fruits charnus d'abord verts, puis rougeâtres. On se sert, en Italie, du suc des feuilles dans la composition de certains cosmétiques, et c'est de là que lui vient son nom de *belladona* (belle-dame). Quant au nom scientifique d'*atropa*, il rappelle celui d'une des trois Parques, et les propriétés malfaisantes de la plante. On l'emploie en médecine dans le traitement des maladies nerveuses, de la coqueluche, de

la scarlatine, etc. On retire des baies, cueillies avant leur entière maturité, une belle couleur verte.

BELLE-DAME. Nom vulgaire de la Belladone et de l'Arroche. (Voir ces mots.) — C'est également le nom d'un papillon du genre *Vanesse*.

BELLE-DE-JOUR. Nom vulgaire du *Convolvulus tricolor*.

BELLE-DE-NUIT. (Voir NYCTAGO.)

BELLIS (du latin *bellus*, joli, mignon). Genre de plantes de la famille des *Composées astéroïdées*, dont les caractères sont : folioles de l'involucre sur deux rangs, réceptacle conique ; fleurs ligulées sur un seul rang ; fruits (akènes) comprimés, légèrement velus, sans aigrettes ni côtes. — Le type du genre est la **Pâquerette vivace** (*Bellis perennis*), vulgairement *petite marguerite*, charmante petite plante de 10 à 15 centimètres, à souche rampante, à hampe simple, terminée par un seul capitule ; à feuilles en rosette, spatulées crénelées ; ses fleurs à fleurons jaunes, à rayons blancs, souvent rouges en dessous, paraissent au premier printemps et durent presque toute l'année dans les prés, les pelouses. On en obtient par la culture des variétés à fleurs doubles.

BELONE. (Voir ORPHIE.)

BÉLUGA. (Voir DAUPHIN.)

BELZÉBUTH. Nom d'un singe du genre *Atèle*.

BEMBEX (nom grec d'une espèce de guêpe). Genre d'insectes HYMÉNOPTÈRES de la section des *Porte-aiguillon*, famille des *Sphégides*. Ces insectes ont le corps allongé, terminé en pointe ; ils ont un vol rapide et s'arrêtent sur les fleurs pour en pomper le suc, en faisant entendre un bourdonnement aigu et entrecoupé. Les femelles creusent dans le sable des trous où elles déposent leurs œufs et, comme les larves qui en sortiront sont carnassières, elles les approvisionnent avec des mouches et d'autres petits insectes. — Le type du genre, le **Bembex à bec** (*B. rostrata*), long de 15 à 18 millimètres, est noir avec des bandes jaunes.

BEMBIDIENS. Groupe d'insectes COLÉOPTÈRES de la famille des *Carabides*, qui termine le groupe des *Carnassiers terrestres*. Ce sont de charmants petits insectes, fort élégants de formes et d'une extrême agilité. Le genre *Bembidium*, type du groupe, comprend un grand nombre d'espèces habitant toujours les bords des eaux et les endroits humides ; leurs couleurs sont métalliques, avec des taches ou des dessins rougeâtres ; leur tête est souvent bisillonnée, le dernier article de leurs palpes est extrêmement petit et aigu, tandis que l'avant-dernier est grand et un peu renflé à l'extrémité ; les stries des élytres sont ordinairement ponctuées et presque toujours bien marquées. Les uns ont le corselet large, à peine rétréci en arrière : *B. nanum*, 2 millimètres et demi, déprimé, noir, base des antennes et pattes d'un brun roussâtre, corselet court, transversal, fossettes postérieures bien marquées, élytres à quatre stries internes bien distinctes, les externes effacées ; *B. guttula*, 3 millimètres, noir, un peu bronzé, une tache arrondie, roussâtre. Les autres ont le corselet presque cordiforme : *B. fasciolatum*, 5 à 6 millimètres, oblong, déprimé en dessus, d'un vert bronzé obscur, avec une large bande brune sur les élytres ; *B. tricolor*, 4 à 5 millimètres, d'un vert bleuâtre brillant avec la moitié basilaire des élytres rouge. — Dans ce groupe, on remarque le genre des *Anophthalmes* qui, comme l'indique leur nom, sont privés d'yeux. Ces insectes aveugles vivent dans les cavernes sombres, le plus souvent enfouis dans la boue. Comme tous les êtres organisés privés de lumière, ils sont comme étiolés, incolores, presque transparents. Leur corps bombé, leurs longues pattes grêles les font ressembler à de petites araignées. On les a trouvés, jusqu'à présent, seulement dans le midi de la France.

BEN. (Voir Moringa.)

BENGALI. Genre d'oiseaux de l'ordre des Passereaux, famille des *Conirostres*. Les Bengalis sont de petits oiseaux à bec très court, à ailes pointues, à pattes grêles, qui habitent les régions tropicales de l'ancien continent. Comme les moineaux, ce sont des oiseaux familiers et destructeurs ; mais ils rachètent ces défauts par leurs jolies couleurs. — Le Bengali de Buffon (*Fringilla Bengalus*) est gris en dessus, bleu en dessous avec une tache pourpre de chaque côté de la tête ; le bec et les pieds sont rouges. — Le **Sénégali** (*F. Senegala*) est à peine plus grand que notre roitelet ; son bec est rouge strié de noir, son corps d'un rouge vineux, le dos brun et la queue noire. Cette espèce habite le Sénégal ; son chant est assez mélodieux.

BÉNITIER. Nom vulgaire d'une coquille du genre *Tridacne*. (Voir ce mot.)

BENJOIN. Substance balsamique qui s'obtient au moyen d'incisions faites au tronc du *Styrax benzoin*, arbre qui croît aux îles Moluques. On trouve deux sortes de Benjoin dans le commerce : l'un dit *en larmes*, l'autre dit *en sorte*. Le premier se présente en morceaux de la grosseur d'une noisette, arrondis, d'un blanc jaunâtre, à cassure luisante. Il est sans saveur, mais son odeur est douce et suave, et se développe surtout lorsqu'on le fait brûler sur les charbons. Le second est en masses plus ou moins volumineuses, amorphes, jaunâtres ou brunâtres ; sa cassure est terreuse, son odeur est plus prononcée que celle de la précédente. C'est principalement comme objet de parfumerie que le Benjoin est usité, et son odeur agréable le fait employer comme encens. Il forme la base des fameuses *pastilles du sérail* et du *lait virginal*. On l'employait autrefois en médecine en fumigations, comme antispasmodique et comme expectorant dans les maladies de poitrine.

BENOITE (*Geum*). Genre de plantes de la famille des *Rosacées*, tribu des *Frayariées*. Les Benoîtes ont les caractères des Potentilles ; mais l'ovule contenu dans chaque carpelle est basilaire et dressé, avec le micropyle tourné en bas ; les styles persistent dans le fruit sous forme d'aiguilles. — La **Benoîte** ou *herbe de saint Benoît* (*Geum urbanum*) est une plante herbacée à souche vivace, émettant des tiges de 40 à 80 centimètres, terminées par des cimes pauciflores

de fleurs jaunes ; les feuilles radicales sont pennatiséquées, celles de la tige trilobées, à stipules très développées. La souche de la Benoîte possède, quand elle est fraîche, une odeur et une saveur agréables de girofle ; elle est astringente et employée contre la diarrhée.

BENTURONG (*Ictides*). Genre de mammifères de la famille des *Carnassiers plantigrades*, voisins des Blaireaux. Les Benturongs sont des animaux à corps trapu, dont la tête est grosse, les yeux petits, les oreilles arrondies et velues ; les pieds ont cinq doigts armés d'ongles crochus, comprimés et assez forts, mais non rétractiles ; la queue est prenante, entièrement velue. Ils ont dix-huit dents à chaque mâchoire, savoir : six incisives, deux canines et dix molaires. — On connaît deux espèces de ce genre qui se trouvent à Malacca, à Sumatra et à Java ; ce sont : le **Benturong à front blanc** (*I. Albifrons*), qui a 6 décimètres de longueur sans la queue ; sa couleur est d'un gris noirâtre ; et le **Benturong noir** (*I. ater*), un peu plus grand que le précédent et noir. On ne connaît pas les mœurs de ces animaux, ni leur genre de nourriture ; mais tout porte à croire que ce sont des animaux nocturnes qui, comme les blaireaux, passent le jour cachés dans leurs retraites et vont la nuit pourvoir à leurs besoins.

BERBERIS. (Voir Épine-Vinette.)

BERBER. La race berbère, aujourd'hui répandue de l'Égypte à l'Atlantique et de l'Atlas aux confins méridionaux du Sahara, occupait anciennement

Berber.

toute l'Afrique septentrionale, et peut-être une partie de l'Europe méridionale : certains crânes préhistoriques du midi de la France se rapprochent beaucoup du type berber. Les anciens Numides étaient des Berbers ; les Kabyles des anciens États barbaresques, les Touaregs du Sahara, sont les représentants modernes de ce type. Ils sont dolichocéphales orthognathes ; leur teint est brun, leurs cheveux droits, leur front est droit, leur nez busqué, leur taille généralement élevée. Les linguistes considèrent les idiomes berbères comme l'une des souches primitives des langues sémitiques.

Berberis, fleur grossie.

BERBÉRIDÉES (de *Berberis*, nom latin de l'Épine-vinette). Famille de plantes dicotylédones polypétales, composée d'herbes vivaces ou d'arbrisseaux à feuilles alternes, pétiolées, simples ou composées, à fleurs hermaphrodites disposées en grappes simples ou rameuses, à pétales hypogynes, libres, munies à leur base interne de petites glandes nectarifères ; fruit charnu ou sec, déhiscent, contenant plusieurs graines. Cette famille comprend les genres *Berberis*, type du genre ; *Mahonia, Nandina, Caulophyllum*, etc.

BERBERIS. Nom scientifique latin de l'Épine-vinette. (Voir ce mot.)

Berce branc-ursine, fleur et fruit.

BERCE (*Heracleum*). Plantes herbacées de la famille des *Ombellifères*, dont les feuilles pennatisé-

quées se rattachent à la tige par un pétiole en forme de forte gaine. — La **Berce branc-ursine** (*Heracleum spondylium*), type du genre, est très commune au bord des ruisseaux. Cette plante s'élève à plus de 1 mètre et se couronne, en juin et juillet, de larges ombelles de fleurs blanches. On obtient de ses feuilles et de ses graines, en Russie, une boisson alcoolique.

BERGAMOTE. Espèce de citron. (Voir Citronnier.) — On donne également ce nom à une variété de poires.

BERGERONNETTE (*Budytes*). Genre d'oiseaux de la famille des *Becs-fins*, de G. Cuvier, formant aujourd'hui une section de la famille des *Motacillidés*, et

Bergeronnette.

comprenant les espèces à bec droit, grêle, à narines basales, ovoïdes, à moitié fermées par une membrane nue ; queue longue, égale ; ailes à seconde rémige la plus courte de toutes ; tarses deux fois plus longs que le doigt du milieu. Les Bergeronnettes ou Hochequeues arrivent en France au printemps et émigrent à l'entrée de l'hiver ; quelques espèces cependant ne quittent pas nos contrées. Ces oiseaux, aux formes élégantes, se font remarquer par la légèreté et la prestesse avec lesquelles ils poursuivent les moucherons dont ils font leur nourriture ; toujours sautillant et ne cessant d'agiter leur queue par un balancement continu et vertical. Souvent aussi on les voit suivre de près le laboureur, dans le sillon qu'il vient de tracer, pour y saisir les petits vers que la charrue met à découvert. Leur vol est onduleux, et elles font alors entendre un cri assez perçant. Les Bergeronnettes font leur nid dans les champs, au milieu de quelque touffe d'herbe ; leurs œufs sont finement pointillés de gris. — La **Bergeronnette grise** ou Lavandière (*Motacilla cinerea*) habite nos contrées pendant la belle saison ; elle nous quitte aux approches de l'hiver, époque à laquelle elle est remplacée par la **Bergeronnette jaune**. On a établi, dans ce genre, deux sections : les *Lavandières*, qui ont la livrée noire et l'ongle du pouce recourbé, et les *Bergeronnettes* propres, qui ont la livrée jaune et l'ongle du pouce presque droit. La **Bergeronnette grise** et la **Bergeronnette lugubre** (*M. lugubris*), noire en dessus et blanche en dessous, appartiennent à la première section ; dans la seconde se rangent la **Bergeronnette jaune** (*M. boarula*), cendrée en dessus, jaune clair en dessous avec les sourcils blancs et la **gorge noire**, et la **Bergeronnette printanière** (*M. flava*); elle a la tête d'un cendré bleuâtre, la région du croupion d'un vert-olive, la queue moins longue que le corps. C'est la première qui paraît dans nos campagnes, où elle forme des bandes nombreuses. Elle niche dans les guérets et les prairies.

BÉRIL. (Voir BERYL.)

BERLE (*Sium*). Genre de plantes dicotylédones de la famille des *Ombellifères*, dont plusieurs espèces croissent en France, au bord des eaux, comme la **Berle à larges feuilles** (*S. latifolium*) et la **Berle à feuilles étroites** (*S. angustifolium*). Cette dernière, connue sous les noms de *cresson sauvage, ache d'eau*, passe pour antiscorbutique et diurétique. La **Berle des potagers** ou **Chervis** (*S. sisarum*), originaire de la Chine, se cultive dans les jardins pour ses racines charnues, blanches, d'une odeur agréable, que l'on mange comme celles du céleri.

BERMUDIENNE (*Sisyrinchium*). Genre de plantes de la famille des *Iridées*, renfermant des espèces nombreuses qui croissent, pour la plupart, dans les parties tempérées de l'Amérique méridionale, et

Bermudienne striée du Mexique.

dont plusieurs sont cultivées dans nos jardins à cause de leur beauté. Leur enveloppe florale est tubuleuse à la base, formée de six divisions étalées, presque égales; les étamines, au nombre de trois, sont soudées par leurs filets en un tube grêle, plus ou moins long, à anthères allongées. L'ovaire, infère, est à trois angles obtus et à trois loges contenant un

grand nombre d'ovules; le style se termine par trois stigmates filiformes; le fruit est une capsule membraneuse couronnée par le calice. — Les Bermudiennes sont des plantes vivaces à racine souvent fibreuse, rarement tubériforme. Leurs feuilles sont étroites, engainantes à leur base. La tige est simple et cylindrique, quelquefois comprimée. Les espèces le plus généralement cultivées sont la **Bermudienne à petites fleurs** (*S. bermudiana*), de Virginie, à fleurs bleues; la **Bermudienne bicolore** (*S. bicolor*), des Bermudes, à fleurs violettes, tachées de jaune, et la **Bermudienne striée** (*S. striatum*), du Mexique; ses fleurs sont blanches, veinées de jaune à la base.

BERNACHE. Espèce du genre *Oie*. (Voir ce mot.)

BERNACLE. Nom vulgaire des Anatifes.

BERNARD-L'HERMITE. Crustacé du genre *Pagure*. (Voir ce mot.)

BÉROÉ. Genre de Cœlentérés de la classe des CTÉNOPHORES. (Voir ce mot.) Ces animaux marins, auxquels les matelots donnent le nom de *melons de mer*, ont la forme de globes sphériques, transparents comme le cristal, portant des côtes, munies de délicates palettes natatoires pectinées, qui leur donnent un aspect irisé. Le Béroé de Forskaël, type du genre, se rencontre dans la Méditerranée.

BÉRULE. La Berle à feuilles étroites. (Voir BERLE.)

BÉRYL. Variété d'émeraude, couleur d'eau de mer. On lui donne parfois le nom d'*aigue-marine*.

BÊTE. Synonyme d'animal. On donne ce nom accompagné d'un adjectif à une foule d'animaux de divers ordres. Ainsi : **Bête à bon Dieu**, les Coccinelles; — **Bête à feu**, les Lampyres; — **Bête de la mort**, les Blaps, l'Effraie; — **Bête de farine**, le Ténébrion; — **Bête noire**, les Blattes, les Ténébrions; — **Bête puante**, diverses espèces de Mouffettes; — **Bête rouge**, le Trombidion, espèce d'Acarus.

BÉTEL. Nom d'une espèce de Poivrier, le *Piper betel*, qui croît dans l'Inde et aux Moluques; les habitants de ces contrées en mâchent les feuilles comme nos matelots font du tabac; il produit sur ceux qui n'y sont pas habitués un peu d'ivresse. Son usage colore la salive en rouge, noircit les dents, les altère et les détruit même. Le Bétel est un puissant astringent, et les naturels le regardent comme un spécifique contre les fièvres et les dysenteries communes et funestes dans ces climats.

BÉTOINE. Genre de plantes dicotylédones de la famille des *Labiées*, dont l'espèce la plus remarquable, la **Bétoine ordinaire** (*Betonica officinalis*), était considérée par les anciens comme une panacée universelle; elle guérissait la goutte, la sciatique, la céphalalgie, etc.; de toutes ces qualités on ne reconnaît aujourd'hui que celles de ses racines employées comme purgatives C'est une plante vivace, poilue, à tige carrée, droite, haute de 30 à 45 centimètres, les feuilles inférieures sont pétiolées et festonnées, les supérieures presque sessiles; les fleurs sont rouges, disposées en épi terminal. La plante entière exhale une odeur pénétrante qui provoque l'étourdissement; ses feuilles sont sternu-

16

tatoires, et quelques personnes les fument en guise de tabac. Plusieurs espèces se cultivent comme plantes d'ornement, telles sont : la **Bétoine velue**, la **Bétoine orientale** et la **Bétoine à grandes fleurs**.

BETTE, *Beta* (du celte *bett*, rouge). Genre de plantes de la famille des *Chénopodiacées*, remarquable par deux de ses espèces. La première, la **Bette-poirée** (*B. cicla*), est une plante culinaire originaire du Midi. Sa racine cylindrique, ligneuse, légèrement ramifiée, donne naissance à une tige droite, haute de 1 mètre, garnie de larges feuilles ovales, portées sur des pétioles épais. Les fleurs, disposées en longs épis grêles, sont petites, blanchâtres, réunies trois ou quatre ensemble. Cette espèce, dont les feuilles servent à adoucir l'acidité de l'oseille, offre une variété à feuilles d'un blanc jaunâtre, dont la nervure médiane est très large et se mange comme le cardon et le céleri. Les feuilles sont également employées pour le pansement des vésicatoires. La

Betterave.

seconde espèce est une des plantes les plus intéressantes pour l'homme, c'est la **Betterave** (*B. vulgaris*). Sa racine pivotante, charnue, est susceptible de prendre un volume très considérable ; cultivée comme plante culinaire, on mange sa racine et l'on en retire, après la cuisson, un vin doux fort agréable et une confiture qui rivalise avec le meilleur raisiné. Ses feuilles forment un excellent fourrage. On extrait du jus de la Betterave un sucre identique à celui de la canne ; il s'y trouve mélangé à d'autres substances dont on l'isole par divers procédés chimiques. La proportion du jus contenu dans une betterave est de

96 pour 100 ; et ce jus donne 10 à 12 pour 100 de sucre. La Betterave demande une terre saine, bien préparée, et qui ait été fumée avant l'hiver ; on la sème de la fin de mars en mai, en ligne, à une distance de 40 centimètres au moins. La Betterave se sème aussi en pépinière, pour être replantée dans les champs quand le plant est déjà fort et que les racines ont atteint la grosseur du doigt. D'octobre à novembre, avant les gelées, on arrache les racines, on les effeuille en coupant le collet, et, après les avoir laissées ressuyer pendant quelques jours, on les serre dans un lieu sain, et mieux dans des silos ou fosses creusées en terre.

BETTERAVE. Espèce du genre *Bette*.

BETULA. Nom scientifique du Bouleau, qui donne son nom à la tribu des *Bétulinées*.

BÉTULACÉES. Famille de plantes dicotylédones, comprenant les deux seuls genres *Bouleau* et *Aune*.

BÉZOARD. On donne ce nom à des concrétions calcaires ou formées de poils feutrés, qui se forment quelquefois dans le tube digestif des ruminants. Cette substance animale, à laquelle on prêtait autrefois des vertus extraordinaires, se payait au poids de l'or, elle est aujourd'hui délaissée. L'ambre gris paraît être un bézoard du Cachalot.

BI (*bis*, deux fois). Cette syllabe placée devant un mot indique que l'objet qu'il désigne est double : *bilobé*, à deux lobes ; *biloculaire*, à deux loges ; *bivalve*, à deux valves, etc..

BIBION. Genre d'insectes **DIPTÈRES** de la section des *Némocères*, famille des *Bibionidés*. Ils sont lourds, volent peu et restent longtemps en place. Une espèce surtout est très commune au printemps dans les jardins, c'est le *Bibion hortulanus*, connu sous les noms vulgaires de *mouche de mars* ou de *Saint-Marc*. Le mâle est tout noir, la femelle rouge. En certaines années ces insectes sont si abondants qu'ils couvrent les routes. Leurs larves vivent en terre ou dans le fumier ; elles ne paraissent pas nuisibles.

BICEPS. Muscle fléchisseur du bras et de la cuisse. (Voir **MUSCLES**.)

BICHE. Femelle du Cerf. (Voir ce mot.)

BICHIR. (Voir **POLYPTÈRE**.)

BICHON. Petite espèce de chien provenant du croisement du petit barbet et de l'épagneul. (Voir **CHIEN**.)

BICORNE (de *bis*, deux fois, et *cornu*, corne). Ce mot s'applique à tout organe qui offre deux cornes, deux prolongements égaux.

BICUSPIDE. Qui est fendu au sommet, de manière à se terminer en deux pointes.

BIDENT (*Bidens*). Genre de plantes dicotylédones de la famille des *Composées tubuliflores*, qui a pour type le *Bidens tripartita*, connu sous le nom de *chanvre d'eau*, *cornuet*, et qui pousse dans les fossés et les lieux aquatiques de presque toute l'Europe. Cette plante est résolutive et sternutatoire. Le *Bidens cernua* ou *eupatoire aquatique*, qui habite également les marais et le bord des eaux, est considéré comme diurétique et sudorifique. Tous deux donnent à la teinture un jaune-aurore très solide.

BIÈVRE. Ancien nom du Castor.

BIFIDE (de *bis*, deux, et *findo*, je divise). Partagé en deux.

BIGARADIER. (Voir ORANGER.)

BIGARREAU. Variété de *Cerises*.

BIGNONIA. Genre de plantes dédié à l'abbé Bignon, botaniste; type de la famille des *Bignoniacées*. Il comprend des plantes ligneuses, le plus souvent volubiles ou grimpantes, à feuilles opposées, propres aux régions tropicales. Leurs belles fleurs campa-

Bignonia de Virginie.

nulées font l'ornement de nos serres et de nos jardins. On y cultive surtout le **Bignonia de Virginie**, vulgairement *jasmin-trompette*, à bouquets de grandes fleurs d'un rouge-vermillon; le **Bignonia à vrilles**, d'Amérique, à fleurs d'un rouge foncé extérieurement, jaunes en dedans.

BIGNONIACÉES. Famille de plantes dicotylédones, à corolle monopétale hypogyne, irrégulière; quatre étamines didynames insérées sur la corolle; ovaire biloculaire ou uniloculaire entouré à sa base d'un disque glanduleux; capsule bivalve, à graines transversales, comprimées, ailées. Dans cette famille rentrent les genres *Bignonia, Catalpa, Tecoma, Jacaranda, Calebassier*.

BIGORNEAU. Nom vulgaire du Vigneau (*Turbo littoreus*) commun sur les côtes de l'Océan.

BIHOREAU. Espèce de Héron.

BILABIÉ (de *bis*, deux, et *labium*, lèvre). Cette expression désigne, en botanique, un calice ou une corolle composés de deux parties distinctes, en forme de lèvres.

BILE (*Bilis*). La bile est un liquide sécrété par le foie et qui coule de cet organe dans le duodénum, par un conduit particulier, formé de la réunion du *canal hépatique* qui vient du foie et du *canal cystique* qui vient de la vésicule biliaire. Cette dernière est placée immédiatement sur la face inférieure du foie; c'est une poche membraneuse, piriforme, maintenue par le péritoine qui la recouvre presque en entier. La bile a une couleur jaune vert; sa saveur est amère, et son odeur nauséabonde. La bile contenue dans la vésicule est mucilagineuse, et très souvent épaisse et filante. Elle est formée de la combinaison de la soude avec un acide organique azoté, l'acide choléique; il s'y trouve d'autres parties en petite quantité : sels de potasse, de soude, de magnésie, et la biliverdine qui lui donne sa couleur. — On est encore peu certain du véritable but auquel tend la formation de la bile dans le corps; les physiologistes sont partagés d'opinions sur ses usages dans notre économie. Son rôle principal paraît être de concourir à l'émulsion des matières grasses. Dans les arts, la bile sert à enlever les taches de graisse sur les étoffes; on la mêle avec certaines couleurs employées par les peintres, et la médecine l'administre comme tonique, comme amer, soit à l'intérieur, soit à l'extérieur.

BILIAIRE [Vésicule]. (Voir BILE.)

BILOBÉ. Qui a deux lobes, deux divisions séparées.

BILOCULAIRE (de *bis*, deux fois, et *loculus*, loge, qui a deux loges). Se dit surtout en botanique des anthères et des ovaires.

BIMANE (de *bis* et *manus*, qui a deux mains). Ce mot s'applique au seul genre *Homme*. (Voir ce mot.) L'homme est en effet le seul être vivant qui soit à la fois bimane et bipède. Les singes sont *quadrumanes*. (Voir SINGES.)

BIMANES. (Voir CHIROTE.)

BIOLOGIE (de *bios*, vie, et *logos*, traité). Science qui a pour sujet les corps organisés; l'étude des lois de la nature animée. Ce mot est quelquefois employé, mais à tort, comme synonyme de physiologie. (Voir ce mot.)

BIPÈDE (de *bis* et *pes*, qui a deux pieds). On désigne sous ce nom tous les animaux pourvus de deux pieds, tel que l'homme et les oiseaux. C'est ce qui donna lieu à la plaisanterie de Diogène, qui, pour réfuter cette définition de Platon : «L'homme est un bipède sans plumes,» lâcha dans son école un coq plumé, et s'écria : «Voilà l'homme de Platon.»

BIPENNÉE. Deux fois pennée. Se dit en botanique des feuilles composées dont les folioles sont rangées comme les barbes d'une plume (pennée) sur des pétioles secondaires attachés eux-mêmes sur un pétiole commun. Beaucoup de Légumineuses offrent cette disposition.

BIPHORE. (Voir Salpe.)

BIRGUE (*Birgus*). Genre de Crustacés Décapodes de la famille des *Pagurides*. Ce crabe habite plusieurs îles de l'océan Indien, l'archipel des Chagos et celui des Séchelles. Il atteint souvent une grosseur monstrueuse et se nourrit de noix de coco. La première paire de pattes du Birgue se termine par des pinces extrêmement fortes et très pesantes; la dernière paire porte des pinces plus faibles et beaucoup plus effilées. Il semble impossible qu'un crabe puisse ouvrir une noix de coco couverte de son écorce; mais le fait est affirmé par beaucoup de voyageurs qui en ont été témoins. Le crabe déchire d'abord l'écorce fibre par fibre; puis, quand il a enlevé toutes les fibres, il se sert de ses grosses pinces comme d'un marteau et frappe à coups redoublés sur l'extrémité où se trouvent les trois ouvertures de la noix jusqu'à ce qu'il l'ait brisée. Il se retourne alors et, à l'aide de ses pinces effilées, il extrait la substance blanche qui se trouve à l'intérieur. Ces crabes habitent de profonds terriers qu'ils creusent sous les racines des arbres; ils y accumulent en quantité considérable les fibres qu'ils retirent des noix de coco et s'en font un véritable lit. Les Malais recueillent ces masses fibreuses qu'ils emploient en guise d'étoupe. Le Birgue est très bon à manger.

BISAILLE. Le pois gris (*Pisum arvense*).

BISANNUELLE. On applique ce mot en botanique aux plantes qui naissent et produisent des feuilles dans la première année, fructifient et meurent dans la seconde. On les désigne par le signe ⊕.

BISET. (Voir Pigeon.)

BISMUTH. Métal d'un blanc grisâtre que les anciens confondaient avec le plomb et l'étain. A l'état pur, il ressemble beaucoup à l'antimoine. Il se trouve à l'état natif de sulfure, d'arséniure, de phosphosilicate. On exploite presque toujours le Bismuth natif, et, comme il est très fusible, il suffit de le chauffer dans des creusets pour obtenir des culots. On emploie le Bismuth pour faire le blanc de fard, sous-nitrate de Bismuth, qui peut être très nuisible à la santé; pour faire les alliages fusibles et pour préparer quelques émaux. Il est d'un blanc gris un peu rougeâtre, à structure lamelleuse éclatante. Il s'obtient facilement, cristallisé en trémies dérivées du cube. Pur, il est ductile, mais moins tenace et moins dur que le cuivre. Sa densité est 9,82. Il fond à 247 degrés. Il est volatil à 30 degrés du pyromètre, se ternit un peu à l'air humide, s'oxyde facilement par le grillage, et ne décompose l'eau dans aucune circonstance. Il se dissout dans l'acide nitrique et l'eau régale. Il s'allie très bien avec la plupart des métaux.

BISON. Espèce du genre Bœuf. (Voir ce mot.)

BISTORTE (de *bis*, deux fois, et *tortus*, tortueux). Espèce de plante du genre *Polygonum*, qui croît dans les pâturages et les prairies de presque toute l'Europe tempérée. Sa tige est simple, haute de 30 centimètres environ, terminée à son sommet par un épi dense de petites fleurs roses; ses feuilles sont ovales, pétiolées, entières; la racine à peu près de la grosseur du doigt, deux fois coudée sur elle-même (d'où son nom), est brune et rugueuse extérieurement, rougeâtre en dedans; son odeur est presque nulle; sa saveur très astringente. Elle contient une grande quantité de tannin. Aussi l'em-

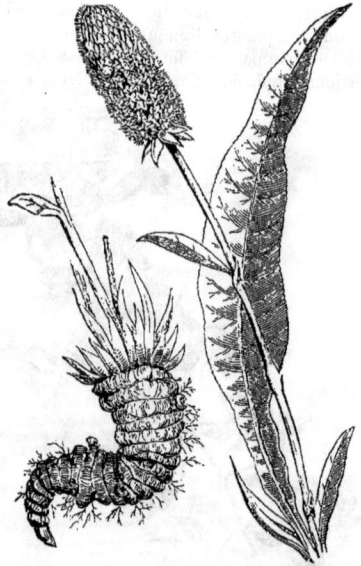

Bistorte.

ploie-t-on en médecine comme un des médicaments astringents indigènes les plus énergiques, dans les diarrhées chroniques, le scorbut et même les fièvres intermittentes.

BISULQUES (de *bis*, deux, et *sulcus*, fente). (Voir Porcine.)

BITUME. Substance combustible, composée de carbure d'hydrogène seul ou uni à un principe oxygéné. Il est tantôt liquide et plus ou moins transparent, tantôt mou comme de la poix, quelquefois solide. Il s'enflamme aisément et brûle avec flamme et fumée épaisse en répandant une forte odeur de poix. Sa pesanteur spécifique varie entre 0,7 et 1,2, ce qui fait que la plupart du temps il surnage à la surface de l'eau; il est généralement de couleur brune ou noire. On en distingue plusieurs variétés dont les principales sont le naphte, le pétrole, le malthe et l'asphalte.

Le **Naphte** est le Bitume le plus rare; il est fluide à la température ordinaire, diaphane, d'un blanc jaunâtre, et très inflammable. Il donne une flamme bleuâtre, une fumée épaisse et ne laisse aucun résidu. Lorsqu'il reste longtemps exposé à l'air, il s'épaissit et se change en asphalte.

Le **Pétrole** (huile de pierre) est d'un brun rougeâtre, d'une consistance visqueuse : c'est le Bitume liquide le plus commun. L'huile de pétrole, qui sert à l'éclairage, est le produit de la distillation de ce dernier. Il laisse un résidu non volatil qui paraît être identique avec le malthe.

Le **Malthe** ou *pissasphalte* est un Bitume glutineux, une espèce de goudron minéral qui se durcit par le froid et se ramollit par la chaleur. Il est soluble dans l'alcool, le naphte et l'huile de térébenthine.

L'**Asphalte**, Bitume de Sodome, Bitume des momies, est solide, d'un noir bleuâtre, à cassure vitreuse. Il provient principalement, comme l'indique son nom, du lac Asphaltite ou de la mer Morte. Il brûle avec une flamme claire, mais en donnant beaucoup de fumée. Il se dissout dans le naphte et l'éther.

Les géologues ne sont pas bien d'accord sur l'origine des Bitumes ; les uns les considèrent comme résultant d'une sorte de distillation naturelle des houilles ; les autres les regardent comme des produits volcaniques. — La Chine, le Japon et la presqu'île d'Abchéron, en Asie, sont très riches en sources de naphte, dont quelques-unes brûlent perpétuellement. On emploie le naphte pour l'éclairage et dans la fabrication de certains vernis. Le malthe ou pissasphalte forme souvent des gîtes considérables et recouvre beaucoup de roches, surtout dans le sol tertiaire. Les principaux gîtes connus en France sont ceux de Seyssel et de Pyrimont dans l'Ain, d'Orthez dans les Pyrénées et du Puy-de-la-Pège ; ces Bitumes sont employés pour le dallage des trottoirs et pour la couverture des édifices et des terrasses. — L'Asphalte proprement dite abonde en Judée ; les anciens Égyptiens en faisaient usage dans la préparation de leurs momies. Il s'élève continuellement du fond du lac Asphaltite à la surface des eaux, où on le recueille. On trouve aussi de l'asphalte en d'autres lieux, mais en très petite quantité.

BIVALVES. On donne ce nom à toutes les coquilles qui, comme l'huître et la moule, sont composées de deux pièces ou valves.

BLAIREAU (*Meles*). Genre de mammifères de l'ordre des CARNASSIERS PLANTIGRADES de Cuvier, placés aujourd'hui parmi les *Mustélidés*, dont ils se rapprochent par leur dentition. Les Blaireaux sont des animaux à corps trapu, bas sur jambes, à queue courte, rappelant assez les ours en miniature. Leurs caractères distinctifs sont les suivants : trente-six dents, savoir : six incisives et deux canines à chaque mâchoire, huit molaires à la supérieure et douze à l'inférieure ; cinq doigts à chaque pied, ceux des pieds de devant armés d'ongles longs et robustes propres à fouir la terre. Ils ont près de l'anus une poche où suinte une humeur grasse et fétide. On ne connaît que deux espèces de Blaireaux, dont l'un habite l'Europe : c'est le **Blaireau commun** (*Meles vulgaris*) ou *taisson*, qui se trouve dans toute l'Europe et l'Asie tempérée. Il a 8 à 10 décimètres de longueur ;

son poil, long et fourni, est gris en dessus, plus noir en dessous ; il a de chaque côté de la tête une bande longitudinale noire passant sur les yeux et les oreilles, et une autre bande blanche sous celles-ci s'étendant jusqu'à l'épaule. Sa démarche est lourde et gênée à cause de la brièveté de ses jambes. — « Le Blaireau, dit Buffon, est un animal paresseux, défiant, solitaire, qui se retire dans les lieux les plus écartés, dans les bois les plus sombres, et s'y creuse une demeure souterraine ; il semble fuir la société, même la lumière, et passe les trois quarts de sa vie dans ce séjour ténébreux dont il ne sort que pour chercher sa subsistance. » Ses pieds de devant, armés d'ongles longs et puissants, lui permettent de creuser la terre avec facilité. Son terrier est tortueux, oblique et souvent très profond ; il n'en sort que la nuit, ne s'en écarte guère, et y revient dès qu'il sent quelque danger ; car il ne

Blaireau.

peut échapper par la fuite, il a les jambes trop courtes pour bien courir. Lorsqu'il est surpris par les chiens, le Blaireau se défend courageusement des dents et des griffes en se couchant sur le dos, et il leur fait souvent de profondes blessures. Le mâle et la femelle vivent solitairement chacun de son côté. Celle-ci met bas trois ou quatre petits dont elle a le plus grand soin. Cet animal est carnassier, cependant il se nourrit volontiers de fruits et de baies. — Le Blaireau est un animal intelligent, rusé et très méfiant ; il ne donne que très rarement dans les pièges qu'on lui tend. Pris jeune, il s'apprivoise au point de suivre son maître, d'obéir à sa voix et de se familiariser avec tout le monde. Les poils du Blaireau sont employés pour la fabrication des brosses molles et des pinceaux : chacun sait du reste que l'on donne le nom de *blaireau* au pinceau qui sert à se savonner la barbe. — La seconde espèce, le **Carcajou** (*Meles labradorica*) ou **Blaireau du Labrador**, se trouve dans l'Amérique septentrionale ; il ressemble beaucoup à notre Blaireau, mais il paraît être un peu plus petit ; il a le pelage brun, plus foncé, et porte tout le long du dos une ligne blanchâtre, bifurquée sur la tête.

BLANCAILLE ou **Blanchaille.** Les pêcheurs donnent ce nom au fretin des poissons blancs d'eau douce ou de mer.

BLANC DE BALEINE ou **Cétine**. Concrétion sébacée qui se trouve principalement dans l'huile contenue dans la tête du cachalot (*Physeter macrocephalus*), mais la baleine n'en donne pas. Cette substance, à laquelle on a donné le nom de *spermaceti*, lorsqu'elle est débarrassée de l'huile qu'elle contient, puis fondue et refroidie, se présente en masses blanches, cristallines, brillantes, onctueuses et translucides. Sa saveur est douceâtre avec son odeur faible. On prêtait autrefois à cette matière des vertus merveilleuses pour la guérison d'un grand nombre de maladies, mais elle est aujourd'hui sans emploi dans la médecine. Son principal usage est pour la fabrication de bougies fort recherchées, à cause de leur blancheur et de leur transparence.

BLANC DE CHAMPIGNON. Substance blanche filamenteuse qui n'est autre chose que le mycelium du champignon de couche, et dont les jardiniers se servent pour produire ce végétal.

BLANC D'ESPAGNE. Argile blanche purifiée par le lavage. (Voir Argile.)

BLANC D'ŒUF. (Voir Albumine.)

BLANQUETTE. Nom vulgaire d'une espèce d'Ansérine (*Suæda maritima*), d'une variété du figuier cultivé, et d'une variété de poires qui mûrit en juillet.

BLAPS (du grec *blapsis*, nuisible). Genre d'insectes Coléoptères de la famille des *Ténébrionidés* ou *Mélasomes*. Ce sont de gros insectes noirs à formes lourdes, à démarche lente, qui répandent, quand on les saisit, une odeur fétide analogue à celle des blattes. Leur corselet est carré, et leurs élytres, soudées entre elles (car ils sont privés d'ailes), se prolongent en

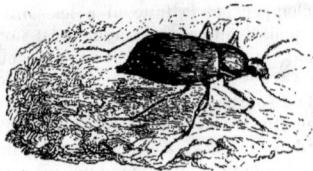

Blaps.

pointe. Le **Blaps mortisaga** (présage de mort) est répandu dans toute l'Europe ; on le rencontre souvent dans les caves. Cet insecte doit son nom à la superstition de nos paysans du Midi, qui regardent sa rencontre comme un funeste présage. Olivier prétend que, dans l'Orient, les femmes mangent sa larve afin d'engraisser. Cette larve est un gros ver d'un blanc jaunâtre assez semblable à celui du hanneton.

BLASTODERME (du grec *blastos*, germe, et *derma*, peau). Membrane formée par les cellules qui résultent de la segmentation du *vitellus*, et aux dépens de laquelle se forment le corps de l'embryon et ses annexes.

BLATTE (du grec *blaptô*, je nuis). Genre d'insectes Orthoptères, section des *Coureurs*, famille des *Blattidés*, caractérisés par leur tête presque entièrement

cachée par le prothorax et garnie de longues antennes ; par des élytres plates sur l'abdomen, se recouvrant l'une l'autre sur la ligne médiane ; par des pattes essentiellement propres à la course, ayant des tarses de cinq articles. Ces insectes qui, malheureusement, se rencontrent dans tous les pays habités par l'homme, lui causent les plus grands dommages ; ils vivent dans l'intérieur des maisons, dans les cuisines, les boulangeries et les moulins à farine, et attaquent le pain, le sucre, la viande, tous les comestibles ; ils rongent aussi les étoffes de laine, de soie, et jusqu'aux chaussures. Quelques espèces habitent les bois et se nourrissent d'autres insectes. — La **Blatte laponne** (*Bl. laponica*), répandue dans toute l'Europe, est longue de 15 millimètres, d'un brun pâle en dessus avec une tache noire sur le corselet. Cette espèce est très répandue et très nuisible dans le Nord ; elle infecte les huttes des Lapons et dévore le poisson qu'ils font sécher pour leur nourriture. — La **Blatte germanique** (*Bl. germa-*

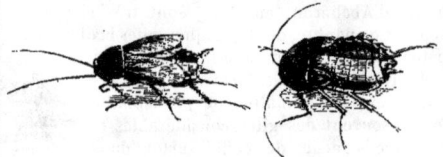

Blatte orientale adulte et nymphe.

nica) est de couleur jaunâtre en dessus, avec deux lignes noires longitudinales sur le corselet. — La **Blatte orientale** (*Bl. orientalis*) ou *Kakerlac*, longue de 23 millimètres, également très commune partout, est d'un brun foncé, avec les pattes et les ailes plus claires. — La **Blatte américaine** (*Bl. americana*), qui a 30 millimètres, est brune ; elle est très répandue dans toutes les colonies et envahit les navires, où elle ronge et souille toutes les provisions. Ces insectes dégoûtants sont un véritable fléau dans les lieux où ils pullulent ; leur corps aplati leur permet de s'introduire par les plus étroites fissures dans les armoires, les caisses, les garde-manger, où ils gâtent et empuantissent tout de leur odeur infecte. Les Blattes sont des insectes nocturnes et ne se montrent guère pendant le jour ; elles courent avec une grande vitesse. La femelle sécrète une liqueur visqueuse, dont elle forme une coque dans laquelle elle dépose ses œufs. Les petites Blattes en sortent au bout de quelque temps et changent cinq ou six fois de peau, en augmentant de volume à chaque mue. Après la dernière, elles sont devenues nymphes et portent déjà des moignons d'ailes, puis leur peau se fend et livre passage à l'insecte parfait. Une espèce d'Australie (*Polyzosteria cuprea*), d'une taille énorme, atteint 55 millimètres de longueur.

BLATTIDÉS. (Voir Blatte.)

BLAVETTE. Un des noms vulgaires du Bleuet. (Voir ce mot.)

BLÉ. (Voir Froment.) Le nom de *blé* a été donné à

diverses plantes qui n'ont aucun rapport avec le froment; c'est ainsi qu'on nomme : **Blé de Canarie**, l'alpiste; **Blé d'Inde**, le maïs; **Blé de Guinée**, le sorgho; **Blé noir**, le sarrasin; **Blé de Turquie**, le maïs.

BLENDE. Nom du sulfure de zinc dans les arts et la minéralogie. (Voir ZINC.)

BLENNIE (*Blennius*). Genre de poissons type de la famille des *Blennidés*, caractérisé par un corps allongé à peau visqueuse et lisse; à tête courte, à museau obtus, à mâchoires armées de dents longues en forme d'incisives, sur une seule rangée; une seule nageoire dorsale; la ventrale réduite à deux ou trois rayons. Ce sont de très petits poissons qui vivent en grand nombre au milieu des rochers qui bordent les côtes. — Le type du genre est la **Blennie pholis** (*Blennius pholis*), petit poisson de 13 centimètres de longueur, au corps allongé, à la tête obtuse, présentant un profil presque vertical; sa peau, molle et sans écailles apparentes, est toujours enduite d'une mucosité qui lui a valu sur nos côtes le surnom de *baveuse*, que rend son nom scientifique *Blennius*, tiré du grec. Sa couleur est très variable, et

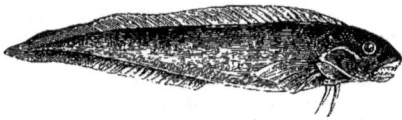
Blennie pholis.

l'on en voit depuis le vert clair varié de jaune et pointillé de brun, jusqu'au vert-olive varié de noir; mais tous ont de grands yeux brillants, entourés d'un anneau d'un beau rouge-cramoisi. — On rencontre les Blennies par petites troupes, nageant et sautant dans les flaques d'eau des rochers. Ce petit poisson est très robuste, et si vivace, qu'on en a vu vivre plus de vingt-quatre heures hors de l'eau. — On rencontre avec le Pholis, mais moins abondamment, une autre espèce de Blennie de même taille; sa couleur est d'un gris roussâtre, marqué sur le dos de taches brunes, ses nageoires inférieures sont nuancées de jaune. — Ce petit poisson, connu des pêcheurs sous le nom de *loquette*, a reçu des naturalistes celui de **Blennie vivipare**. — Bien que plusieurs espèces de Blennies paraissent avoir la faculté bien rare chez les poissons de produire des petits vivants, celle dont nous parlons a été l'objet des meilleures observations. La femelle porte ses petits pendant tout le printemps et l'été, et ce n'est qu'à l'automne qu'elle s'éloigne des côtes et se retire dans les eaux profondes pour mettre bas.

BLENNIDÉS. Famille de poissons de l'ordre des TÉLÉOSTÉENS, tribu des *Acanthoptères*, détachée des *Gobioïdes* de Cuvier et qui comprend, outre les *Blennies*, le genre *Anarrhique*. (Voir ce mot.)

BLET, BLÉTISSEMENT. Se dit de tout fruit charnu qui devient mou, sans pour cela être gâté. Les nèfles, par exemple, ne se mangent que blettes.

BLETTE (*Blitum*). Genre de plantes dicotylédones de la famille des *Chénopodiacées*, composé d'herbes annuelles des régions tempérées de l'Europe. On trouve en France, le long des chemins, dans les lieux cultivés, au pied des murs, le *Blitum virgatum*, nommé vulgairement *épinard-fraise*; le *B. capitatum* ou *arroche-fraise*; le *B. Bonus Henricus*, vulgairement *bon-Henri*, *toute-bonne*. Les feuilles de ces trois espèces se mangent comme celles des épinards.

BLEUET ou **BLUET.** Nom vulgaire de la Centaurée bleue (*Centaurea cyanus*). Tout le monde connaît cette jolie plante qui épanouit ses belles fleurs bleues dans les blés dès les premiers jours de l'été. C'est une herbe annuelle, couverte d'un duvet floconneux, dont les tiges dressées atteignent 7 à

Bleuet.

8 décimètres; ses feuilles sont linéaires, allongées; ses fleurs, en capitule, sont quelquefois blanches ou roses. On lui donne les noms vulgaires de *barbeau* et de *casse-lunettes*; ce dernier nom vient de ce qu'on lui attribuait autrefois des propriétés héroïques contre les maux d'yeux. Le Bleuet appartient à la grande famille des *Composées* et à la tribu des *Cynarées*.

BLITUM. (Voir BLETTE.)

BLOCS ERRATIQUES. Fragments de roches, parfois énormes, qui se trouvent au loin de leur point d'origine et souvent à des hauteurs considérables. (Voir ÉPOQUE GLACIAIRE.)

BLONGIOS. (Voir HÉRON.)

BLUET. Le Bleuet.

BOA. Les anciens donnaient ce nom à certains gros serpents d'Italie, qui, si l'on en croit Pline, étaient ainsi appelés parce qu'ils venaient sucer le pis des vaches. Cette croyance ridicule est encore de nos jours fort répandue dans les campagnes. (Voir Couleuvre.) Les naturalistes comprennent aujourd'hui sous le nom de *Boa* de grands serpents d'Amérique, qui n'ont ni éperons ni osselets à la queue, ni crochets venimeux. Ils ont pour caractères distinctifs : mâchoires fortement dilatables, tête recouverte d'écailles, langue extensible et fourchue ; corps gros et comprimé, renflé dans son milieu ; bandes écailleuses transversales sous le ventre

Boa constrictor.

et la queue à une seule rangée de plaques, un crochet de chaque côté de l'anus. Ils rentrent dans la famille des *Pythonidés*. — L'espèce la plus remarquable est le **Boa constrictor** ou *devin*. Il a la tête en forme de cœur ; la lèvre supérieure bordée d'écailles rangées en dentelures ; une large raie règne sur toute la longueur du dos, formée alternativement de taches noirâtres, tantôt foncées, tantôt pâles, échancrées, irrégulières et hexagonales. Le corps du Boa constrictor est varié de gris, de noir, de roux et de blanc.

Quoique les Boas soient dépourvus de venin, ils n'en sont pas moins très dangereux par leur force et leur longueur, qui atteint jusqu'à 10 et 12 mètres. Ils poursuivent leur proie même au sein des eaux, et, le plus souvent, l'épient en se cachant dans les hautes herbes ; des voyageurs prétendent qu'ils se tiennent suspendus aux branches d'arbres et se jettent sur les animaux à leur passage. Lorsqu'ils ont enlacé leur proie, ils la brisent dans leurs replis, l'enduisent de leur salive et la réduisent ainsi en une masse informe, qu'ils introduisent alors dans leur gosier dilatable au point de leur permetre d'avaler une chèvre ou un agouti ; mais il faut regarder comme controuvés les récits de ces voyageurs qui leur font engloutir un bœuf ou un cerf. Chez le Boa, la déglutition et la digestion sont deux opérations longues et laborieuses ; la proie qu'il introduit dans sa gueule, horriblement dilatée, n'arrive que petit à petit dans son estomac ; c'est là le moment propice pour l'attaquer. Cette proie, à moitié introduite, ne peut plus sortir ; retenue par les dents recourbées, il faut absolument qu'elle suive la direction de l'estomac ; alourdi par ce poids extérieur, le Boa ne peut plus fuir, ni faire usage, pour sa défense, de cette agilité remarquable dont l'a pourvu la nature. Lorsque la proie est entrée entièrement dans l'estomac, le Boa se retire dans un lieu solitaire, où il reste plongé dans une immobilité absolue ; là, il achève sa digestion. Cette lenteur à digérer lui est souvent funeste, car la putréfaction s'empare de ses aliments pendant l'intervalle de la déglutition, et l'odeur fétide qui se répand autour de lui avertit de sa présence. Lorsque les Indiens le surprennent dans cet état, ils le tuent, le hissent sur un arbre pour le dépouiller de sa peau et savourent sa chair avec délices. — Ce qu'il y a de surprenant, c'est la petitesse des œufs du Boa, qui ont à peine 8 centimètres dans leur plus grand diamètre. Le mode de reproduction de ces reptiles ne diffère en rien de celui des couleuvres ; ils pondent leurs œufs dans le sable, et laissent au soleil le soin de les faire éclore. Les petits qui en sortent n'ont que 30 centimètres de longueur. — On connaît d'autres espèces de Boas, tels que l'**Anaconda**, le **Bojobi** et le **Soucourouyou** ; tous trois de l'Amérique du Sud. Ce sont les Pythons (voir ce mot) qui représentent les Boas en Afrique.

BOEHMERIA. Nom scientifique de la Ramie. (Voir ce mot.)

BŒUF (*Bos*). Genre de mammifères type de la famille des *Bovidés*. Dans le langage ordinaire, ce mot sert à désigner le taureau lorsqu'il a subi la castration ; mais, en histoire naturelle, il s'applique à tout le groupe des mammifères ruminants, à pieds fourchus, à cornes creuses simples, à tige osseuse carrée, communiquant avec l'intérieur des sinus frontaux, et dont la peau des parties inférieures du cou est pendante sous forme de fanon. Buffon ne distinguait que deux espèces parmi les bœufs, celle du taureau et celle du buffle. Il regardait les autres espèces comme de simples variétés dues à la diversité des climats. Aujourd'hui que le cabinet d'anatomie comparée possède les squelettes, ou au moins les têtes de toutes les espèces connues, on ne peut plus admettre l'opinion du célèbre écrivain, et l'on est obligé de reconnaître au moins dix espèces. —

Quant à l'origine de notre Bœuf domestique, nous dirons que l'on a trouvé les débris fossiles de trois espèces qui semblent avoir concouru à sa production et dont la plus remarquable, répandue parmi les tourbières de l'Allemagne, de la France et de l'Angleterre, est le *Bos primigenius* ou *Urus*, animal de haute taille à cornes formidables, qui s'est perpétué à l'état sauvage dans les forêts de l'Europe centrale

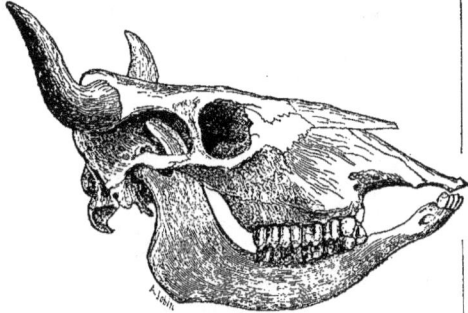

Tête osseuse du bœuf.

jusqu'au moyen âge. — Le **Bœuf domestique** (*B. taurus domesticus*) se distingue par son cou garni en dessous d'un repli de la peau plus ou moins lâche et pendant, auquel on donne le nom de *fanon;* par ses cornes coniques, lisses, recourbées d'abord en dehors, puis en avant et en haut, implantées en arrière du front, par son mufle large, ses lèvres épaisses et son poil touffu, court et égal partout, si ce n'est au front, en arrière du paturon et à l'extrémité de la queue. Sa couleur est ordinairement rougeâtre, noire ou blanche, souvent mélangée de ces trois nuances. La taille moyenne du Bœuf est de 1m,30 environ, et sa longueur de 2m,30. Son poids varie de 500 à 600 kilogrammes; son accroissement se fait rapidement; il cesse de téter à cinq ou six mois; du dixième au vingtième mois, il perd successivement ses dents incisives, qui repoussent alors pour ne plus se renouveler. — Le Bœuf vit quinze à dix-huit ans; son âge se connaît aux dents et aux cornes; les cornes croissent chaque année; on y distingue un nœud annulaire qui indique la pousse de l'année, en comptant pour trois ans le bout de la pointe jusqu'au premier anneau, et les autres pour un an. Le taureau est un animal vif, impétueux, que l'on rend souple et docile par la castration, sans rien détruire de sa force; c'est à dix-huit mois ou deux ans qu'on lui fait subir cette opération. La vache porte neuf mois et met bas ordinairement un seul petit, rarement deux; elle a quatre mamelles, et peut engendrer à dix-huit mois; le taureau est propre à cette fonction au même âge. Le Bœuf est l'animal domestique le plus utile; dans bien des pays il est employé au labour, même au charroi; attelé par les cornes, il tire des poids considérables; son pas est lent et grave; mais, pour la charrue, c'est une qua-

lité qui rend le labourage plus régulier. Après avoir rendu, dans sa vigueur, tous les services possibles, son sort est d'aller à la boucherie; on l'engraisse à l'âge de dix ans, en le laissant paître sans lui imposer de fatigues; là, il acquiert une force d'embonpoint quelquefois surprenante. C'est ainsi qu'on a vu promener dans Paris, pendant le carnaval, des Bœufs gras dont le poids excédait 1 500 kilogrammes. Rien n'est perdu dans le Bœuf après sa mort; sa chair nourrit l'homme, sa peau fournit des cuirs excellents, ses cornes et ses os alimentent un grand nombre d'industries.

La vache, comme nous l'avons dit, peut engendrer à dix-huit mois; mais il vaut mieux ne la laisser s'accoupler qu'à deux ou trois ans. C'est après le vêlage que les vaches donnent le lait le plus abondant. Une vache bien nourrie donne de 7 à 10 litres de lait par jour et même plus.

Le Bœuf se trouve dans toutes les contrées d'Europe, en Asie, en Afrique et en Amérique. Dans cette dernière contrée, où il était inconnu avant que les Européens l'y eussent transporté, il s'est multiplié à l'infini et a beaucoup varié. On connaît plusieurs variétés ou races du Bœuf domestique, et ces races sont à l'infini; ainsi, en France, on distingue les Bœufs du Cantal, du Limousin, du Charolais, du Nivernais, Comtois, Gascon, Normand et Flamand. La Suisse, la Hollande, et surtout l'An-

Bœuf.

gleterre, en produisent d'autres. On connaît des races à cornes très grandes ou très petites; d'autres qui en sont totalement dépourvues. Il existe même au Sénégal une variété de zébu qui porte une troisième corne couchée sur le nez. Mais, de toutes les races descendues de notre Bœuf domestique, aucune ne s'est autant éloignée de son type primitif que le Gnato, au sud de la Plata. Comparé au crâne du Bœuf ordinaire, celui du Gnato a un aspect tout différent, et presque pas un os n'a la même forme ; c'est le bouledogue des Bœufs. — Le **Gayall** ou Bœuf des jungles (*B. frontalis*) ressemble au Bœuf domestique et rend les mêmes services dans les contrées montagneuses de l'Inde ; il a la tête très élargie en arrière, les cornes assez courtes, épaisses, à peine recourbées ; le corps trapu, et le pelage court, de teinte noire. — Le **Zébu** (*B. indicus*) est une espèce distincte, depuis longtemps domestique dans l'Asie. Il est un peu moins grand que notre Bœuf ordinaire, a les formes moins osseuses, la tête plus longue et le garrot surmonté d'une grosse bosse graisseuse. Son pelage est habituellement blanchâtre. Une variété du Zébu n'est pas plus grande qu'un cochon.—Le **Bœuf galla** d'Abyssinie est remarquable par des cornes d'une longueur prodigieuse ; elles sont si grandes qu'elles tiennent plus de 20 litres de liquide. Les Abyssins en font leurs cruches et leurs bouteilles.—L'**Aurochs** (*Bison europæus*), longtemps confondu avec le Bœuf primitif ou *Urus*, est plus fort et plus haut sur jambes que notre Bœuf ; il s'en distingue par son front bombé, plus large que haut, par le poil laineux et crépu qui couvre la tête et le cou du mâle, et par une paire de côtes de plus. Répandue autrefois dans toutes les grandes forêts de l'Europe, cette espèce est aujourd'hui confinée, en très petit nombre, dans les marais boisés de la Pologne et du Caucase.—Le **Bison** de l'Amérique septentrionale (*B. americanus*), ou, comme l'appellent les Américains, le *Buffalo*, se rapproche beaucoup de l'aurochs ; mais il forme une espèce à part. Plus

Bison.

grand que le Bœuf d'Europe, sa tête, son cou et ses épaules sont couverts d'une épaisse crinière qui lui donne un aspect féroce ; la partie postérieure du corps n'est garnie que d'un poil court et serré ; sa queue est médiocre et se termine par un bouquet de poils. Il se distingue, en outre, du Bœuf par son front bombé et par la masse charnue qui forme une bosse à la naissance du dos. Le Bison d'Amérique, qui naguère parcourait en troupes considérables toutes les parties des États-Unis que les défrichements n'avaient pas encore envahies, et se plaisait, dans ces vastes prairies si bien décrites par Cooper, où les Indiens lui faisaient une chasse active, pour se nourrir de sa chair et se vêtir de sa toison, se trouve aujourd'hui relégué en très petit nombre à l'ouest du Mississipi, et comme l'urus et l'aurochs, il ne tardera pas à disparaître. Il est cependant très difficile à tuer, car les balles rebondissent sur son crâne ; il faut, pour le chasser, se servir de lingots de fer et du Thibet le blesser dans les viscères principaux. Lorsqu'une troupe de Bisons galope dans les prairies, ils font un bruit qui s'entend de fort loin et laissent exhaler une odeur de musc très pénétrante. Leur vue paraît moins parfaite que leur odorat, car, lorsqu'ils sont au vent du chasseur, ils s'approchent fort près de lui, tandis que ses effluves les avertissent de sa présence à plus d'un mille de distance. Le Bison n'a pas été dompté, et cependant tout porte à croire qu'avec des soins on aurait pu le soumettre à une demi-domesticité. — Le **Buffle** (*Bos bubalus*), originaire de l'Inde, et amené en Égypte, en Grèce, en Italie, pendant le moyen âge, a le front bombé, plus long que large, les cornes dirigées de côté, et marquées en avant d'une arête longitudinale saillante. Sa peau est presque nue, ses formes lourdes, son aspect farouche. De toutes les espèces du genre, celle-ci est la plus amie de l'eau ; elle se plaît dans les jungles ou dans les marécages, et nage parfaitement. Le Buffle de l'Europe et de l'Asie se plie à la domesticité ; sobre et peu délicat, il se nourrit des herbes les moins sapides. Il est pour l'agriculture une précieuse bête de trait ; sa chair est un peu coriace, mais le lait des femelles est excellent.—Le **Buffle d'Afrique** (*B. cafer*), commun dans la Cafrerie, est un animal féroce et indomptable, qui ne redoute ni les panthères ni les lions ; la base de ses cornes est tellement large qu'elles lui couvrent le front. Il vit en troupes dans les forêts.—Le **Yack** ou *vache de Tartarie*, bœuf à queue de cheval (*B. grunniens*), est originaire des montagnes de la Tartarie et du Thibet ; il vit en troupeaux considérables et affectionne la région des neiges perpétuelles. Le Yack est couvert d'une épaisse fourrure soyeuse, dont la couleur varie du roux clair au noir, et dont on fait d'excellentes étoffes ; une longue crinière règne le long du cou et du dos, et la queue est garnie d'un crin long et élastique comme celui du cheval, mais plus fin et plus lustré. C'est avec cette queue qu'on fait les étendards en usage chez les Turcs. Cette espèce est depuis un temps immémorial pliée à la domesticité chez les Tartares et les Chinois, c'est leur bête de somme ordinaire, et l'on s'en sert même comme de monture. Le Yack porte sur le dos, comme le zébu, une forte loupe graisseuse. — Le **Bœuf musqué d'Amérique** (*Ovibos moschatus*) forme un genre à part et forme le passage des Bovinés vers les Ovinés. Il ne se trouve que dans les parties les plus froides de l'Amérique septentrionale, où il vit dans les forêts; cette espèce n'a pas de mufle, son museau est couvert d'un poil fin jusqu'aux lèvres, comme dans les moutons, d'où le nom d'*ovibos* (bœuf-mouton); son front est très bombé, les cornes sont rapprochées chez les mâles, et très courtes chez les femelles : taille médiocre, queue courte, poils du corps noirs, longs et touffus; en hiver, une laine cendrée très fine vient garnir la racine de ces poils, et tombe en été; cette espèce exhale avec force l'odeur musquée, que l'on remarque plus ou moins chez les Bœufs.

BOGGO. Nom nègre du Mandril.

BOGUE. (Voir SPARE.)

BOGUIRA. (Voir CROTALE.)

BOHON-UPAS. (Voir UPAS.)

BOIS (*Lignum*). Partie dure des végétaux ligneux. Le *corps ligneux* se compose de *Bois* et d'*aubier;* il est formé de couches concentriques, qui se recouvrent les unes les autres annuellement, et peuvent ainsi indiquer l'âge du végétal. Les couches les plus extérieures, celles qui touchent à l'écorce, constituent l'*aubier,* qui ne diffère pas essentiellement du Bois proprement dit ; seulement il est plus jeune, et n'a pas encore toute la dureté et la ténacité qu'il doit acquérir plus tard. Dans les arbres où le Bois est très dur, l'aubier présente ordinairement une différence très remarquable dans la couleur : dans

Tige de chêne montrant les couches naturelles.

le Bois de Campêche et l'ébène, le Bois proprement dit est rouge foncé ou noir, l'aubier est blanc ou grisâtre. Dans les arbres à Bois blanc et à gros grains, la différence est peu sensible. Le Bois est formé des couches les plus intérieures de l'aubier, qui acquièrent successivement plus de dureté, et se convertissent à la fin en véritable Bois. Au centre du Bois est le canal médullaire qui renferme la moelle. A une certaine époque de la vie du végétal, il se forme chaque année une couche de Bois et une couche d'aubier, et il s'ajoute une nouvelle zone concentrique à celles qui existaient déjà. L'âge influe sur leur épaisseur; dans les vieux arbres, les couches intermédiaires, celles qui se sont formées quand le végétal était dans toute sa vigueur, sont plus fortes que les centrales et les extérieures. D'autres causes

influent sur l'épaisseur des couches ligneuses; ainsi dans les années de sécheresse, la sève étant peu abondante, il ne se forme qu'une mince zone ligneuse; au contraire, les zones larges sont le signe des années où le sol s'est trouvé dans un état convenable d'humidité. Dans les arbres fruitiers, les zones ligneuses étroites indiquent le plus souvent des années où l'arbre a donné beaucoup de fruits, et les zones larges celles où il en a peu ou point donné. En effet, l'arbre utilisant en faveur des fruits la majeure partie des matériaux dont il peut disposer, réduit d'autant la formation du Bois nouveau. — Ce que nous venons de dire se rapporte au Bois des arbres dicotylédones; mais, dans la tige ligneuse des végétaux monocotylédones, il présente une disposition bien différente. Dans ces derniers, ce ne sont plus des couches circulaires emboîtées les unes dans les autres, mais des fibres ou faisceaux distincts les uns des autres et plongés au milieu d'un tissu cellulaire qui forme la masse de la tige : aussi la coupe transversale d'une tige de palmier, de jonc ou de tout autre monocotylédone ligneux se montre-t-elle composée d'une foule de points ou de faisceaux arrondis, épars et sans ordre. Les fibres ligneuses sont plus abondantes et plus serrées dans les parties superficielles de la tige chez les plantes monocotylédones, et c'est le contraire pour les tiges dicotylédones, dont les couches ligneuses sont d'autant plus denses qu'elles sont plus intérieures. C'est dans l'intérieur de la fibre ligneuse que se trouvent les vaisseaux aériens, les trachées. (Pour l'organisation de la tige, voir VÉGÉTAUX.)

Le Bois est une des matières les plus utiles que la nature fournisse à l'homme pour la satisfaction de ses besoins ; sans parler de son emploi comme combustible ou comme matière de construction, on en retire, par la distillation, une huile propre à l'éclairage et aux arts, et de l'acide acétique. Divers Bois contiennent en outre de la matière colorante et des sucs précieux, tels que des gommes, des résines, des huiles essentielles, etc.— Des noms particuliers ont été appliqués aux Bois d'un grand nombre d'arbres, et ces noms sont souvent employés dans le commerce ; ainsi l'on nomme : — **Bois amer**, le *Cassia amara;* — **Bois d'acajou**, le mahogani; — **Bois d'aigle** et **Bois d'aloès**, le bois aromatique de l'agalloche qu'on brûle à la Chine et au Japon ; — **Bois d'amourette**, le *Mimosa tenuifolia ;* — **Bois d'anis**, le laurier persan, la badiane; — **Bois à balai**, le bouleau, le genêt; — **Bois bénit**, le buis; — **Bois blanc** : on désigne sous ce nom tous les arbres à bois tendre et peu coloré dont le cœur diffère à peine de l'aubier, tels que les peupliers, les saules, les bouleaux, le tilleul, etc.; — **Bois du Brésil**, le brésillet ; — **Bois de Campêche**, **Bois d'Inde** et **Bois de sang** (voir CAMPÊCHE); — **Bois chandelle** (voir DRAGONNIER); — **Bois cannelle** (voir DAPHNÉ); — **Bois dentelle**, le laghetto (voir DAPHNÉ); — **Bois de fer**, un robinier de la Guyane et un rhamnus des Antilles; —**Bois de Fernambouc**, le brésillet; — **Bois à la fièvre**, le quinquina ; — **Bois de garou, Bois gentil, Bois joli,** le *Daphne mezereum ;* — **Bois immortel** et **Bois incorruptible,** le laurier sassafras ; — **Bois de mai,** l'aubépine ; — **Bois savonnette,** la saponaire ; — **Bois noir,** l'ébène ; — **Bois de Panama** (voir Panama) ;—**Bois puant,** l'*Asa fœtida ;* — **Bois de rose,** le *Convolvulus floridus* des Canaries et le baumier de la Jamaïque ; — **Bois sain** ou **sain Bois,** le gaïac ; — **Bois de Sainte-Lucie,** une espèce de merisier ; — **Bois de Saint-Jean,** le panax ; — **Bois de Sandal** ou **Santal** (voir Santal) ; — **Bois sanguin,** le cornouiller ; — **Bois de Sapan** (voir Cæsalpinia) ; — **Bois de Teck** (voir Teck).

BOIS FOSSILE et **BOIS PÉTRIFIÉ.** (Voir Végétaux fossiles.)

BOIS. On donne ce nom aux cornes rameuses et caduques que portent les diverses espèces de la famille des *Cervidés :* cerfs, daims, chevreuils, rennes, élans ; les femelles en sont dépourvues, excepté chez le renne. Le Bois est une substance qui diffère essentiellement des cornes, quoique, comme elles, il soit le prolongement de l'os frontal. Ce qui lui a valu son nom de Bois, c'est qu'il s'assimile de lui-même à la végétation par une chute régulière ; c'est, pour ainsi dire, une végétation animale. Les vaisseaux sanguins du front versent, au lieu où l'os doit se prolonger en bois, des fluides, qui, soulevant la peau, ne tardent pas à passer à l'état cartilagineux, et qui s'ossifient bientôt ; à mesure que ce travail s'opère, la peau s'élève, et couvre les ramifications du Bois qui, dans son état parfait, finit par se dépouiller. Trois semaines ou un mois suffisent pour que le Bois ait atteint sa première hauteur ; cette hauteur et le nombre de ramifications varient selon l'âge de l'animal : chaque année augmente ce nombre, ce qu'en terme de vénerie on appelle un *andouiller.* (Voir Cerf.)

BOITE A HERBORISER, (Voir Herborisation.)

BOITE DE CHASSE. (Voir Insectes.)

BOJOBI. (Voir Boa.)

BOLET (*Boletus*). Genre nombreux de champignons de l'ordre des Basidiomycètes, famille des *Polyporés,* toujours munis d'un chapeau, mais manquant souvent de pédicule et de volva ; la face inférieure du chapeau est garnie de tubes serrés et perpendiculaires, ce qui les distingue nettement des Agarics. (Voir ce mot.) On connaît quelques Bolets comestibles, tels sont : le **Cèpe** (*B. edulis*), qui croît dans tous les bois au printemps et à l'automne ; il atteint généralement 12 à 15 centimètres de hauteur et autant de largeur ; sa chair ferme et épaisse est d'une saveur très agréable ; le **Cèpe noir** (*B. æreus*), le **Cèpe orange** (*B. aurantiacus*), espèces à pédicule, à chapeau convexe et charnu, sont également comestibles. Les Bolets à tubes rouges, à tubes jaunes sont vénéneux. Tels sont les *B. satanas, B. luridus, B. purpureus.* — C'est avec un Bolet, le *Boletus igniarius* de Linné, rangé aujourd'hui dans le genre Polyporus (voir ce mot), que l'on fait l'amadou. Ce Bolet qui croît sur le tronc des vieux chênes, des ormes, des bouleaux, etc., a son chapeau sessile, aplati, formé d'une substance molle, fongueuse, douce au toucher,

et recouverte d'une écorce calleuse et blanchâtre. On le rencontre communément dans les grandes forêts où on laisse aux arbres le temps de vieillir. C'est généralement aux mois d'août et de septembre

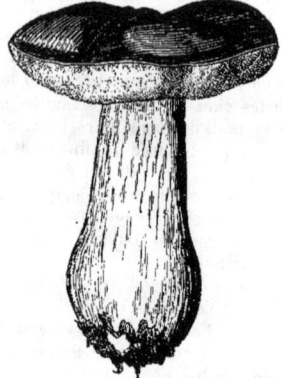

Bolet comestible (cèpe).

qu'on le récolte. Pour préparer l'amadou, on sépare la substance fongueuse de son écorce, et on la coupe en tranches minces que l'on bat au marteau pour l'assouplir ; on fait ensuite bouillir ces tranches dans

Bolet amadouvier.

une forte lessive de nitrate de potasse ; puis, après les avoir fait sécher, on les bat de nouveau. On donne également à ce Bolet le nom d'*agaric des chirurgiens,* parce qu'on l'emploie pour arrêter les hémorragies.

BOMBARDIER. (Voir Brachine.)

BOMBAX. (Voir Fromager.)

BOMBUS. (Voir Bourdon.)

BOMBYCE. (Voir Bombyx.)

BOMBYCIDÉS, *Bombycidæ* (du grec *bombux,* ver à soie). Famille d'insectes Lépidoptères de la section des *Nocturnes* (*Hétérocères*), ayant pour type le genre *Bombyx.* Ces papillons se font généralement remarquer par un corps épais, massif, très velu ; des ailes d'ordinaire fort amples ; des antennes fortement pectinées, souvent semblables à des panaches dans les mâles ; une trompe tout à fait rudimentaire et des palpes très courts. — Cette famille renferme un grand nombre de genres dont les principaux sont : *Sericaria*, auquel appartient le ver à soie ; *Attacus*, *Lasiocampa*, *Bombyx*, *Arctia*, *Callimorpha*, *Lithosia*. Tous ces genres formaient autrefois le grand genre *Bombyx*. (Voir ce mot.)

BOMBYLE (*Bombylius*). Genre d'insectes Diptères type de la famille des *Bombylidés*. Ce sont de grosses mouches, au corps large et aplati, très velu, et remarquable surtout par la longueur de leur trompe qui égale ou dépasse le corps entier. Leur vol est extrêmement rapide et on les voit planer immobiles au-dessus des fleurs, la trompe dirigée horizontalement en avant. On en connaît plusieurs espèces généralement noires ou roussâtres avec les ailes tachetées de noir. Les plus communes sont les *Bombylius major*, *medius* et *minor*.

BOMBYX (nom grec du ver à soie). Le genre *Bombyx*, type de la famille des *Bombycidés*, ne comprend aujourd'hui que les espèces dont les antennes sont très fortement pectinées dans les mâles, les palpes courts, les ailes larges et non dentelées ; le corps épais et court. — Le type du genre est le **Bombyx quercus**, connu sous le nom vulgaire de *minime à bandes* ; on le trouve aux environs de Paris où il est même assez commun ; son corps et les deux tiers des ailes sont d'un brun rouge dans le mâle avec un point clair au milieu ; le dernier tiers est couvert d'une bande d'un jaune d'ocre se fonçant vers l'extrémité. La femelle, plus grosse que le mâle, est d'un brun jaunâtre avec la bande plus claire. La chenille, couverte

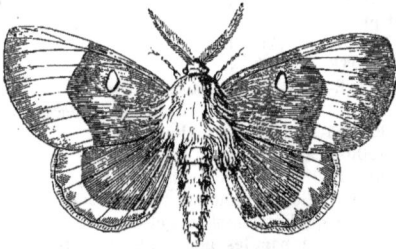

Bombyx du chêne.

de poils grisâtres avec une bande blanche sur les flancs, file une coque presque ronde, d'une soie très serrée, mais qu'on ne paraît pas avoir cherché à utiliser jusqu'à ce jour.—Le **Bombyx processionea**, dont le nom rappelle les mœurs singulières de sa chenille, est un papillon assez insignifiant ; il est

de taille moyenne, a les ailes supérieures grises avec quatre lignes flexueuses noires, un point noir au milieu et la frange annelée de noir et de gris ; les ailes inférieures, d'un blanc sale, n'ont qu'une bande large près de la frange. La chenille est d'un gris roussâtre, avec des tubercules rouges d'où s'élèvent en aigrette des poils longs et clairsemés. Cette espèce est très commune partout. Ces chenilles vivent en société et se construisent une vaste demeure, une espèce de grand sac de soie appliqué le long du tronc d'un chêne, et qui atteint quelquefois jusqu'à

Bombyx processionnaire.

45 à 50 centimètres de longueur ; il est ouvert par le haut pour l'entrée et la sortie des chenilles qui s'y tiennent renfermées pendant le jour. Elles n'en sortent que le soir pour prendre leur nourriture, et observent dans leur marche l'ordre processionnel qui leur a valu leur nom. Il en sort d'abord une, puis deux, puis trois, puis quatre ; toujours sur la même ligne parallèle, et ainsi de suite, et toujours en augmentant de nombre, quelquefois jusqu'à vingt de front ; puis quand elles se sont repues, elles rentrent dans le même ordre. Ces chenilles, souvent en quantités considérables sur certains arbres, leur sont fort nuisibles ; mais plusieurs insectes carnassiers, et surtout les larves des calosomes, en dévorent un grand nombre. Les chenilles processionnaires passent pour venimeuses ; mais elles ne doivent cette mauvaise réputation qu'aux poils raides dont leur corps est couvert et qui, pénétrant aisément dans la peau lorsqu'on les touche, excitent de vives démangeaisons, des rougeurs et de petites ampoules. — Le **Bombyx neustria**, vulgairement *livrée*, nom qui fait allusion aux couleurs de la chenille dont le corps est couvert de lignes longitudinales bleues et rouges, est très nuisible aux arbres sur les branches desquels la femelle dépose une grande quantité d'œufs.

Ces œufs sont réunis en manière d'anneaux, au moyen d'une sorte de gomme, qui les met à l'abri de l'eau et du froid. Aussitôt écloses, les chenilles se répandent sur l'arbre dont elles dévorent les feuilles. — Les **Bombyx chrysorrhæa** et **dispar** sont tout aussi nuisibles. — Le genre Saturnia, ou Attacus,

— Les Arctia et les Callimorpha sont de charmants papillons auxquels leurs belles couleurs vives et variées, disposées par grandes plaques, ont fait donner le nom vulgaire d'*Écailles*. L'**Écaille martre** (*Arctia caja*) est la plus commune du genre : les *Arctia villica, purpurea, matronula, russula*, se trouvent égale-

Bombyx grand paon (Saturnia).

renferme les plus grands Bombyx ; le type du genre est le **Grand Paon de nuit** (*Saturnia pavonia major*), commun en France et dans une grande partie de l'Europe, où il vit sur les ormes et souvent sur les arbres fruitiers. Ce beau papillon a les ailes supérieures de 12 centimètres d'envergure, d'un gris nébuleux avec l'extrémité noire, et le centre des quatre ailes orné d'un œil semblable à ceux qui terminent la queue des paons, d'où son nom. Sa chenille vit sur l'orme, parfois sur le poirier ; elle est d'un beau vert avec des tubercules bleus, et file une grosse coque de soie dure et brune, mais qu'à cause de sa grossièreté l'industrie n'exploite pas. Il n'en est pas de même de celle de deux autres espèces de *Saturnia*, le *Cecropia* de la Nouvelle-Orléans et le *Mylitta* du Bengale, dont la soie est employée dans ces contrées, et s'obtient aujourd'hui facilement en France. (Voir Ver a soie.) Plusieurs espèces étrangères figurent parmi les plus beaux papillons ; tel est l'**Atlas de la Chine** (*Saturnia atlas*), qui a 16 centimètres d'envergure ; ses ailes portent dans leur milieu une tache vitrée, et les inférieures se terminent en queue.— Les Lasiocampa ont les palpes avancés en forme de bec ; leurs ailes dentelées, et d'un brun ferrugineux, les fait ressembler à un paquet de feuilles mortes, aussi leur donne-t-on vulgairement ce nom. Le type du genre est la **Feuille morte** (*Lasiocampa quercifolia*) ; on connaît encore les *L. ilicifolia, L. populifolia, L. betulifolia*.— Le genre Sericaria ne renferme que le **Bombyx du mûrier**, dont la chenille nous donne la soie. Nous avons consacré un article particulier à cette précieuse espèce. (Voir Ver a soie.)

ment dans notre pays, ainsi que les *Callimorpha hera* et *dominula*.

BONDAR. (Voir Paradoxure.)

BONDRÉE. (Voir Buse.)

BONGARE. Genre de reptiles Ophidiens venimeux, qui ont, comme les boas, leurs plaques caudales entières. Leur tête est courte, couverte de grandes plaques ; ils n'ont pas de crochets mobiles ; mais les premières dents antérieures, fort grandes, sont creusées d'un sillon et communiquent avec une glande venimeuse. Les Bongares habitent l'Inde et sont très venimeux. — Le **Bongare annelé**, à anneaux alternativement bleus et noirs, dépasse souvent 2 mètres. — Le **Bongare bleu**, d'un noir bleuâtre, est plus petit.

BON-HENRI. (Voir Blette.)

BONITE. (Voir Thon.)

BONNE-DAME. (Voir Arroche.)

BONNET CHINOIS. Espèce du genre *Macaque*.

BONNET DE PRÊTRE. Le Fusain.

BOON-UPAS. (Voir Upas.)

BORASSUS (du grec *borassos*, datte). Genre de *palmiers* à fleurs dioïques sur un spadice enveloppé de spathes complètes, et dont une espèce est remarquable par les nombreux produits qu'elle fournit. Le *Borassus flabelliformis* croît abondamment dans l'Inde, à Ceylan, à Java, où l'on mange ses jeunes pousses comme légumes. On retire de ses spathes le *Toddy* qui devient par la fermentation un liquide vineux excellent ; on en extrait également ment un sucre abondant appelé *Jaggery*. On fait avec ses fruits une confiture estimée ; enfin, son bois, qui est très dur, sert à la fabrication d'un grand nombre d'ustensiles, et ses feuilles sont employées à faire des nattes, des paniers et à couvrir les maisons.

BORAX (*Borate de soude, Soude boratée* ou *Tinckal*). Substance saline, blanche, d'une saveur douceâtre, soluble dans l'eau, très fusible, que l'on trouve en petites couches cristallines sur les bords de certains lacs de l'Inde, et principalement du Thibet, ou dissous dans leurs eaux. Il résulte de la combinaison de l'acide borique avec l'oxyde de sodium. On le prépare maintenant en France en saturant l'acide borique par la soude, et faisant cristalliser. — A l'état natif, le Borax est d'un gris verdâtre, couleur qu'il doit à une matière organique. On le purifie par la fusion, la dissolution dans l'eau et la cristallisation. C'est ainsi qu'on obtient les cristaux de Borax qui se rencontrent dans le commerce. Il est formé en poids de soude 16,37, acide borique, 13,52, et eau, 47,11. Le Borax est employé dans les arts comme fondant, à cause de sa grande fusibilité; dans la soudure des métaux, dans la peinture sur verre et sur émail. La médecine en fait encore quelquefois usage à l'extérieur comme astringent, contre les aphthes, les ulcérations de la langue, de la face interne des joues, etc.

BORDELIÈRE. Nom d'un poisson du genre *Brême*. (Voir ce mot.)

BORIBORI. (Voir UVARIA.)

BORRAGINÉES ou **BORRAGINACÉES** (de *borago*, nom latin de la bourrache). Famille de plantes très naturelle, à laquelle Linné donnait le nom d'*Aspérifoliées*, à cause de la rudesse de leurs poils, et qui

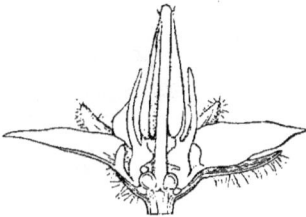

Bourrache, fleur coupée verticalement.

présente les caractères suivants : fleurs à calice libre, à cinq divisions, réduites quelquefois à quatre, plus ou moins profondes, persistant. Corolle monopétale hypogyne, le plus ordinairement régulière et droite, tubuleuse inférieurement, partagée supérieurement en quatre ou cinq lobes alternant avec les divisions du calice. Étamines en nombre égal, insérées au tube de la corolle et alternant avec ses divisions. Ovaire à quatre loges, du sommet duquel part le style, terminé par un stigmate simple ou bifide; chaque loge renferme un ovaire unique. Le fruit est simple et présente sous son péricarpe charnu un noyau à quatre loges. — Les genres principaux compris dans cette famille sont : les *Bourraches*, les *Pulmonaires*, les *Héliotropes*, les

Cynoglosses, les *Consoudes*, les *Myosotis*, etc. Ce sont des plantes herbacées à feuilles alternes et à fleurs disposées en cymes scorpioïdes.

BOS. Nom scientifique latin du Bœuf. (Voir ce mot.)

BOSCHIMAN. (Voir BUSHMEN.)

BOTAL [Trou de]. (Voir CŒUR.)

BOTANIQUE (du grec *botané*, plante). Science qui s'occupe de l'étude, de la description et de la classification des végétaux. Cette science se divise en trois branches principales. La première branche comprend : l'**Organographie**, se divisant en *anatomie végétale*, qui traite de la structure intime des organes, et en *physiologie*, qui traite de leurs fonctions. La seconde branche est la **Taxonomie**, qui classe les végétaux selon leurs affinités. La troisième branche, la Botanique appliquée, comprend l'**Agriculture**, l'**Horticulture**, l'**Arboriculture**, la Botanique médicale et la Botanique industrielle. — La Botanique est, de toutes les parties qu'embrasse l'histoire naturelle, celle qui présente en même temps le plus d'objets d'utilité les plus nombreux, et les agréments les plus variés. Les aliments sains et de tout genre que les plantes offrent à l'homme pour ses besoins les plus essentiels, les ressources innombrables qu'elles fournissent à la médecine dans le traitement des maladies; les tributs multipliés dont elles enrichissent tous les arts; enfin, les charmes qu'elles ont, soit à la campagne, soit dans nos jardins, sous mille aspects divers; tout, en un mot, concourt à assurer une prééminence marquée à cette branche étendue des connaissances humaines, et à en faire sentir les attraits inépuisables. — On connaît actuellement environ cent cinquante mille espèces de plantes. Pour parvenir à distinguer les uns des autres cette immense quantité d'êtres si divers, on a imaginé des moyens plus ou moins ingénieux de les classer d'après leur analogie, et les rapports constants qui existent entre les parties les plus importantes des végétaux. Ces systèmes et méthodes seront exposés au mot VÉGÉTAUX auquel nous renvoyons.

BOTHRIADÉS. (Voir CESTOÏDES.)

BOTHRIOCÉPHALE. Genre de Vers cestoïdes de la famille des *Bothriadés*. (Voir CESTOÏDES.)

BOTHROPS. (Voir TRIGONOCÉPHALE.)

BOTRYTIS (du grec *botrus*, grappe). Genre de Mucédinées microscopiques, dont une espèce, le *Botrytis bassiana*, se développe à l'intérieur de la chenille du ver à soie et produit la maladie connue sous le nom de *muscardine*. (Voir VER A SOIE.)

BOUBIE. Nom vulgaire du Fou.

BOUC. Mâle de la Chèvre. (Voir ce mot.)

BOUCAGE (*Pimpinella*). Genre de plantes dicotylédones de la famille des *Ombellifères*, dont l'espèce la plus importante est le **Boucage anis** (*P. anisum*), originaire d'Égypte et qui se cultive dans le midi de la France, pour ses graines aromatiques, cordiales et stomachiques, bien connues sous le nom d'*Anis*. Ces graines sont employées par les confiseurs et les parfumeurs. Les *Pimpinella magna* et *saxifraga*, communes sur les pelouses sèches, constituent un assez bon fourrage.

BOUCHE. Cavité naturelle que l'on rencontre chez tous les animaux d'une organisation complète, et qui concourt à l'exercice des fonctions de la respiration, de la déglutition et de l'articulation des sons. Cette cavité, formant chez l'homme une espèce de voûte ovalaire, divisée en bouche et en arrière-bouche, se trouve bornée latéralement par les joues; en haut, par la voûte palatine; en bas, par la langue, par une membrane muqueuse, riche en follicules, qui, après l'avoir tapissée, se prolonge sur les voies alimentaires et respiratoires; en avant, par les lèvres qui l'agrandissent, la ferment à volonté, et forment l'entrée de l'appareil digestif; en arrière, par le voile du palais et du pharynx. — La bouche, cavité première et supérieure du conduit alimentaire, siège de la mastication, de l'organe du goût, est continuellement humectée par les mucosités des cryptes nombreux qui la tapissent; mais surtout, à l'aide des canaux excréteurs des glandes salivaires, qui, situées dans son voisinage, préparent ce suc indispensable à la digestion, la salive.— L'arrière-bouche, qui s'étend jusqu'au pharynx, contient le voile du palais, d'où s'échappe la luette, et dans les piliers duquel on aperçoit deux follicules muqueux, ovoïdes, semblables par leur forme à des amandes, d'où leur nom d'*amygdales*, et de leur face interne s'écoule un mucus visqueux, transparent, qui vient encore faciliter la déglutition, en lubréfiant l'isthme du gosier. Enfin, la bouche communique par les narines postérieures avec les fosses nasales, pour former avec ces dernières le tuyau par lequel s'échappe le son vocal. (Voir Langue, Voix, et les différentes classes d'animaux.)

BOUCHE-EN-FLUTE. Cuvier donne ce nom, dans sa méthode, à une famille de poissons Acanthoptérygiens, qui, comme les Fistulaires et les Aulostomes (voir ces mots), ont la tête prolongée en un long tube au bout duquel se trouve la bouche. Cette famille répond aux Fistularidés des auteurs modernes.

BOUCLÉE. Nom spécifique d'une espèce de Raie. (Voir ce mot.)

BOUCLIER. (Voir Silphe.)

BOUILLON BLANC. (Voir Molène.)

BOULE-DE-NEIGE. Variété de la Viorne aubier. (Voir Viorne.)

BOULEAU (*Betula*). Genre de plantes dicotylédones de la famille des *Amentacées* de Jussieu, des *Castanéacées* de Baillon, tribu des *Bétulées*. Les Bouleaux sont des arbres dont les fleurs sont disposées en chatons unisexuels, solitaires, allongés et cylindriques. Les fleurs mâles naissent une à une sous trois petites écailles imbriquées; elles ont de six à douze étamines, qui, après l'avoir tapissée, se prolonge les fleurs femelles naissent trois à trois sous des écailles trilobées; elles ont un ovaire à deux loges surmonté de deux styles. — Le Bouleau commun, la seule espèce cultivée en grand en France

(*B. alba*), s'élève de 13 à 16 mètres, garni de branches nombreuses; ses rameaux sont flexibles; ses feuilles alternes, pétiolées, deltoïdes, aiguës. L'écorce, d'abord brune, devient blanche et s'enlève par bandes transversales. Le Bouleau croît partout; c'est le dernier arbre qu'on rencontre en avançant vers le pôle. C'est un des végétaux les plus utiles à l'homme. Les habitants du Kamtchatka mangent, dit-on, son écorce tendre, mêlée avec du frai de poisson; les Finlandais font infuser ses feuilles en guise de thé; les Norwégiens les conservent pour affourager les bestiaux pendant l'hiver, et ils tirent

Bouleau.

de la sève une espèce de sirop qui devient, par la fermentation, une liqueur piquante fort agréable; les Russes l'emploient pour remplacer la drêche dans la fabrication de la bière. Les Lapons s'en servent pour tanner les peaux de renne; ils couvrent leurs cabanes avec ses branchages, et font avec le tronc tous leurs meubles et ustensiles de ménage. En France, où l'on en tire un moins bon parti que dans le Nord, on emploie les jeunes tiges pour faire des cercles de tonneaux et les brindilles pour faire des balais; de plus, c'est un excellent bois de chauffage. Outre le Bouleau commun, on connaît plusieurs autres espèces; tels sont: le **Bouleau nain**, qui croît dans les marais du nord de l'Europe; le **Bouleau noir** d'Amérique, dont les Canadiens construisent leurs légères pirogues, etc.

BOULEDOGUE. Race de Chiens. (Voir ce mot.)

BOULEREAU. Nom vulgaire du *Gobius niger*. (Voir Gobie.)

BOUQUET. (Voir Crevette.)

BOUQUETIN. (Voir Chèvre.)

BOUQUIN. Les chasseurs donnent ce nom au Lièvre mâle.

BOURDAINE. Nom vulgaire d'une espèce de Nerprun, le *Rhamnus frangula*. (Voir ce mot.)

BOURDON (*Bombus*). Genre d'insectes Hyménoptères de la famille des *Mellifères*, qui, par leurs mœurs et leurs caractères, se rapprochent des abeilles; leur trompe est plus courte que le corps, et ils ont le côté externe des tibias postérieurs creusé en corbeille pour récolter le pollen. Ces insectes se distinguent facilement des abeilles par leur corps très velu, couvert de poils de couleurs tranchantes. Ils habitent nos jardins et nos bois, vivent en société comme les abeilles, mais leur industrie est moins parfaite. La ruche des abeilles est au nid des Bourdons ce que le palais est à la chaumière; mais leur instinct ne laisse pas d'être fort remarquable. Les sociétés des Bourdons sont beaucoup moins nombreuses que celles des abeilles; chaque nid ne renferme guère que cinquante à soixante individus, bien que parfois on en trouve jusqu'à deux cents. Ils construisent leurs nids dans la terre et y emploient la mousse. Les sociétés des Bourdons ne durent jamais au delà d'une saison; les ouvrières et les mâles périssent aux approches de l'hiver; les femelles fécondes se cachent alors dans le creux des arbres ou dans les fissures des murailles, où elles passent l'hiver dans l'engourdissement. Aux

Bourdon femelle. Bourdon mâle.

premières chaleurs, les femelles sortent et, sentant approcher le moment de la ponte, elles construisent leur demeure, forment des boules composées de pollen et de miel et y déposent leurs œufs. Lorsque les larves qui en sortent sont devenues insectes parfaits, elles s'occupent, de concert, à agrandir leur demeure. Le travail est organisé d'une manière fort ingénieuse; un cordon d'ouvrières s'établit du nid au lieu où se trouvent les matériaux qu'elles veulent employer; toutes ont la tête dirigée vers les matériaux, et par conséquent elles tournent le dos au nid. La première de la file coupe alors, avec ses mandibules, quelques tiges de mousse, les carde avec ses pattes de devant de manière à en former une petite boule, qu'elle pousse par-dessous son corps au Bourdon suivant; celui-ci la passe de la même façon à celui qui le suit, de sorte que la mousse arrive de patte en patte jusqu'au nid, où d'autres ouvrières la mettent en œuvre.

Ils construisent ainsi une voûte de mousse et forment, au-dessous, une seconde voûte à parois de cire. Cette cire est grisâtre et ne se liquéfie pas à la chaleur. Ils forment de cette même cire de petits godets qu'ils remplissent de miel. Ces godets, adossés les uns aux autres, forment des gâteaux très irréguliers. Ce n'est que lorsque les travaux de la colonie sont avancés, que la mère Bourdon pond des œufs de mâles et de femelles, car, des premiers, il n'est sorti que des ouvrières. Les femelles sont beaucoup plus grosses que les mâles; les neutres ou ouvrières sont de taille moyenne. Ces mâles et ces femelles vivent en commun pendant l'été, puis les mâles périssent et les femelles vont hiverner, comme nous l'avons déjà vu, jusqu'au printemps suivant. Tout ce qui précède se rapporte au **Bourdon des mousses** (*B. muscorum*); mais les autres espèces offrent des mœurs analogues. On voit que les Bourdons n'ont pas, comme les Abeilles, une seule femelle ou reine, mais un nombre assez considérable de mères qui vivent en bonne intelligence et qui montrent une industrie encore supérieure à celle des ouvrières, puisqu'elles fondent seules le berceau de leur postérité. Il existe, en France, plusieurs espèces de Bourdons qui ne se distinguent guère entre elles que par une coloration différente; tels sont : le **Bourdon des jardins**, le **Bourdon des pierres**, le **Bourdon des forêts**, le **Bourdon souterrain**, etc.

BOURGÈNE. (Voir Nerprun.)

BOURGEONS. Les *Bourgeons* proprement dits sont de petits corps coniques ou arrondis, ordinairement entourés d'écailles, naissant sur les branches, dans l'aisselle des feuilles (*Bourgeon axillaire*), ou à l'extrémité des rameaux (*Bourgeon terminal*), et renfermant les rudiments des tiges, des branches, des feuilles et des organes de la fructification. On peut les comparer à un germe adhérent au végétal, à un embryon se développant sur la plante dont il fait partie. Dans les arbres et les arbrisseaux, ils paraissent au moins un an avant leur épanouissement; dans les arbustes et les plantes herbacées, ils ne se montrent que l'année même où ils doivent se développer. Les Bourgeons, dans nos pays tempérés, paraissent en été; ils portent alors le nom d'*œil*. Ils s'accroissent peu durant l'automne et constituent les *boutons*; en hiver, leur végétation s'arrête; au printemps, ils se gonflent, écartent leurs écailles et se développent complètement; c'est alors qu'on les appelle proprement *Bourgeons*. Le froid peut très longtemps arrêter leur développement sans détruire leur principe vital. Dans les arbres de nos climats, les Bourgeons sont protégés extérieurement contre le froid par un enduit visqueux, et à l'intérieur par une espèce de bourre ou de coton qui recouvre la jeune pousse; ces enveloppes manquent dans ceux des contrées méridionales. On reconnaît les Bourgeons à fleurs ou à fruits à leur forme conique, arrondie et gonflée; les Bourgeons à feuilles sont effilés, allongés et pointus. On appelle *terminal* le

Bourgeon destiné à prolonger les tiges et les rameaux à l'extrémité desquels il est placé. — Les plantes annuelles, comme la Pomme de terre, le Melon, et une infinité d'autres, développent leurs Bourgeons rapidement. Comme ils ne doivent pas passer l'hiver, ils ne sont jamais enveloppés d'écailles protectrices; ce sont des *Bourgeons nus*. Aussitôt apparus, ils s'allongent, déploient leurs feuilles et deviennent des rameaux, puis, à l'aisselle de leurs feuilles, se montrent d'autres Bourgeons, et ainsi de suite, jusqu'à ce que l'hiver fasse périr la plante entière. — Certains Bourgeons parvenus à leur entier développement se détachent de la plante mère et prennent racine dans la terre pour y puiser directement leur nourriture. On les nomme *Bourgeons mobiles* ou *Bulbilles*: tels sont ceux du lis bulbifère et de l'ail. — Le *Turion* et le *Bulbe* (voir ces mots) ne sont, en réalité, que des Bourgeons souterrains.

BOURGUÉPINE. (Voir NERPRUN.)

BOURRACHE (*Borago*). Plante médicinale dont l'usage est très répandu à cause de ses propriétés

Bourrache.

adoucissantes et sudorifiques qui la font prescrire dans le rhumatisme, dans les maladies éruptives et les affections catarrhales; elle fait partie des quatre fleurs pectorales ou béchiques, mais ses vertus sont peu énergiques Cette plante est bisannuelle et croît dans les jardins et les champs cultivés. Sa tige, haute de 8 à 10 décimètres, et ses feuilles sont garnies de petites soies; ses fleurs, bleues ou roses,

sont disposées en panicules; leur corolle est à cinq divisions. La Bourrache appartient à la famille des *Borraginées*. — On appelle *petite Bourrache* la *Cynoglosse printanière*. (Voir CYNOGLOSSE.)

BOURSE. On donne ce nom à la poche abdominale des *Marsupiaux* (voir ce mot) et au volva des Champignons.

BOURSE-A-PASTEUR. Nom vulgaire d'une espèce du genre *Thlaspi*. (Voir ce mot.)

BOUSIERS. (Voir COPROPHAGES.)

BOUTOIR. Les chasseurs donnent ce nom au groin du sanglier.

BOUTON. (Voir BOURGEON et FLEUR.) — On nomme vulgairement :

Bouton d'argent, l'*Achillea ptarmica* et l'*Anthemis nobilis* ;

Bouton d'or, la Renoncule âcre.

BOUTURE (*Talea*). On désigne sous ce nom toute partie d'un végétal qui, mise en terre, est capable de produire des racines et des branches nouvelles. Un rameau, une branche de racine, peuvent servir de Bouture. Lorsqu'on emploie un rameau, il faut qu'il soit bien développé et qu'il présente quelques œils; on le plante à l'abri du soleil et dans un sol convenablement humecté. Dès que son extrémité inférieure est enfoncée dans la terre, elle commence à absorber l'humidité et les sucs élaborés dans l'intérieur de la plante suffisent non seulement pour y entretenir la vie, mais encore pour y continuer le développement. Il se forme bientôt à la section inférieure du rameau un renflement d'où sortent des racines qui se ramifient et s'étendent dans la terre; c'est dès lors un nouvel individu. Toutes les plantes ne reprennent pas également bien de bouture; il est des arbres, tels que les Peupliers, les Saules, les Lilas, les Frênes, chez lesquels ce mode de multiplication est tellement facile, qu'il suffit de mettre en terre une branche pour avoir, l'année suivante, un individu bien poussant; mais il n'en est pas de même des Rosacées, des Légumineuses, des Lauriers, qui demandent des soins très délicats pour reprendre de bouture. Lorsqu'on entoure de terre ou de coton mouillé la base d'une branche tenant à la tige et qu'on fait en même temps une incision annulaire au-dessous de cette base, il se développe des racines adventives; la branche, alors séparée du tronc et plantée en terre, devient une nouvelle plante; c'est ce qu'on appelle une *marcotte*. Lorsqu'on fait croître la Bouture non en terre, mais sur une autre plante, elle prend le nom de *greffe*. En général, les végétaux à bois tendre, à tissu gorgé de sucs, tels que le Saule, le Peuplier, la Vigne, sont ceux qui prennent de bouture avec le plus de facilité. Les végétaux à bois compact et dur sont, au contraire, de reprise très difficultueuse, impossible même. Ainsi, le Bouturage échouerait avec le Chêne, le Buis, et une foule d'autres végétaux à tissu ligneux serré.

BOUVIER. On donne vulgairement ce nom au Gobe-mouches gris et à la Bergeronnette, parce que ces oiseaux ont l'habitude de voleter autour des troupeaux pour y attraper les mouches qui les tourmentent.

BOUVIÈRE. Espèce du genre *Cyprin*, dont quelques ichthyologistes ont fait un genre à part (*Rhodeus*); il diffère des Carpes par l'absence des barbillons.— La Bouvière (*Cyprinus amarus*) est le plus petit de nos Cyprins d'Europe. C'est un charmant petit poisson; mais il est fort délicat. Il est long au plus de 4 à 5 centimètres, verdâtre sur le dos et d'une belle couleur aurore en dessous. En avril, au temps du frai, il porte une ligne d'un bleu d'acier de chaque côté de la queue. Sa chair est médiocre et les pêcheurs ne l'emploient guère que comme amorce.

BOUVREUIL (*Pyrrhula*). Genre de passereaux conirostres, de la famille des *Fringillidés*, dont le caractère distinctif est un bec très court, très bombé, presque rond; ce genre renferme plusieurs espèces répandues dans les contrées tempérées des deux

Bouvreuil.

mondes.—L'espèce type est notre **Bouvreuil commun** (*Pyrrhula europœa*), l'un des plus jolis et des plus gracieux oiseaux de volière, et qui joint à la beauté du plumage un naturel des plus sociables et même susceptible d'attachement pour celui qui le soigne. Toute sa poitrine et son cou sont revêtus d'un beau rouge tendre, et le dessus du plumage est cendré. Mais il revêt quelquefois en cage un plumage tout noir, et l'on attribue cette sorte de mélanisme à sa nourriture, lorsqu'elle se compose uniquement de chènevis. Son chant est doux et flûté, mais il ne se compose que de trois notes; ce qui le rend assez monotone. A l'état sauvage, le Bouvreuil habite les bois où il se nourrit de graines et de bourgeons; il place dans les buissons son nid, composé de petits morceaux de bois entrelacés, où la femelle pond cinq ou six œufs d'un blanc bleuâtre marqués de taches brunes. — Le **Bouvreuil cramoisi** et le **Bouvreuil à longue queue** habitent le nord de l'Europe.

BOVA. (Voir VANILLIER.)

BOVIDÉS. Famille de mammifères ruminants, comprenant ceux dont les cornes creuses sont recourbées et dirigées en dehors : tels que les *Bœufs*, les *Bisons*, les *Buffles*, etc. (Voir Bœuf.)

BOYAUX. (Voir INTESTINS.)

BRACHÉLYTRES (du grec *brachus*, court, et *élutron*). Famille d'insectes COLÉOPTÈRES, caractérisée surtout par la brièveté des élytres qui laissent à découvert la plus grande partie de l'abdomen. Cette famille comprend deux tribus : celle des **Staphylinidés** et celle des **Psélaphidés**. (Voir ces mots.)

BRACHIAL (de *brachium*, bras). En anatomie, ce mot s'applique à tout ce qui concerne le bras : artère brachiale, muscle brachial, nerf brachial.

BRACHINE. Genre d'insectes COLÉOPTÈRES de la famille des *Carabidés*, type de la tribu des *Brachiniens*. (Voir ce mot.)

BRACHINIENS (du grec *brachéin*, craquer, crépiter, faire du bruit). Tribu d'insectes COLÉOPTÈRES de la famille des *Carabidés* (voir ce mot), offrant pour caractères distinctifs : les jambes antérieures échancrées en dedans; les élytres tronquées à l'extrémité; le

Brachines.

corselet presque cylindrique. Le type du groupe auquel celui-ci doit son nom, est le genre **Brachine** (*Brachinus*). Il renferme des insectes d'assez petite taille (au moins les espèces de notre pays), qui ont la singulière propriété de lancer par l'anus, lorsqu'on les inquiète, une vapeur blanchâtre ou jaunâtre avec détonation, et qui laisse après elle une odeur forte et pénétrante, assez analogue à celle de l'acide nitrique. Cette vapeur est très caustique et produit sur la peau la sensation d'une brûlure. On trouve aux environs de Paris trois espèces de brachines, nommées **Brachinus sclopeta** (pistolet), **Brachinus bombarda** et **Brachinus crepitans**; cette dernière, très commune, a la tête et le corselet d'un jaune rougeâtre, l'abdomen brun et les élytres d'un beau bleu clair; sa taille est celle d'une petite mouche. Lorsque cet insecte est pressé par quelque ennemi, il s'arrête tout à coup et lâche sa bordée, qui peut se renouveler jusqu'à dix ou douze fois de suite. Les brachines vivent, réunis en assez grand nombre, sous les pierres; lorsqu'on lève celles-ci on jouit parfois du spectacle singulier d'une décharge générale faite par ces petits artilleurs, auxquels on donne le nom vulgaire de *bombardiers* ou de *pétards*. Les genres qui rentrent dans ce groupe sont, outre les Brachines proprement dits, les *Drypta, Demetrias, Dromius, Lebia*, très petits carnassiers de forme élégante, et assez rapprochée de celle des Brachines.

BRACHION. (Voir Rotifères.)

BRACHIOPODES (de *brachión*, bras, et *podes*, pieds). Classe de mollusques acéphales, bivalves, dépourvus de branchies propres, et qui semblent former le passage des vers aux mollusques. Ces animaux ont un manteau ouvert à deux lobes comme celui des Lamellibranches; ces lobes sont garnis, à l'intérieur, de petits feuillets branchiaux. Ils sont tous munis d'une coquille bivalve et incapables de mouvements, en sorte qu'ils sont eux-mêmes privés de locomotion; aussi emploient-ils pour attirer et saisir leur nourriture deux longs bras ou tentacules mous, charnus, assez semblables à des filaments placés des deux côtés de la bouche et qu'ils peuvent, à leur gré, porter en dehors ou cacher dans leur coquille où ils se roulent en spirale. Cette classe comprend deux petites familles : les Lingules et les **Térébratules**, qui n'offrent d'intérêt qu'au point de vue géologique par leurs espèces fossiles assez nombreuses, surtout dans les terrains siluriens.

BRACHYCÉPHALE (du grec *brachus*, court, et *képhalé*, tête). Retzius, le premier, a établi la distinction entre les races humaines brachycéphales, ou à tête courte, et les races dolichocéphales, ou à tête longue.

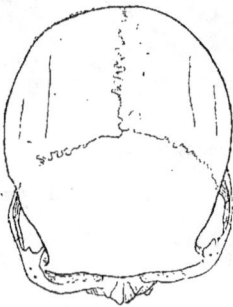

Crâne brachycéphale (race mongole), vu par le vertex
(norma verticalis).

Les principales races brachycéphales sont, en Europe, les Lapons, les Finnois, les Slaves, les Ligures, les Celtes; en Asie, les Mongols; en Océanie, les Malais et en Amérique, d'une part les premiers indigènes du Mexique, de l'autre les Pampéens actuels.

BRACHYPTÈRE (du grec *brachus*, court, et *ptéron*, aile). Les Brachyptères ou plongeurs forment une famille d'oiseaux de l'ordre des Palmipèdes, comprenant les plongeons, les guillemots, les grèbes, les pingouins. On a depuis subdivisé ce groupe en groupes secondaires considérés comme des familles. Ce sont les **Aptenodytés** (Manchots), les **Alcidés** (Pingouins) et les **Colymbidés** (Plongeons).

BRACHYURE (de *brachus*, court, et *oura*, queue; qui a la queue courte.) Section de crustacés Décapodes comprenant les espèces généralement connues sous le nom de *crabes*. Leur queue (abdomen), plus courte que le tronc, se reploie en dessous.

BRACON. (Voir Ichneumon.)

BRACTÉE (du latin *bractea*, lame). On donne ce nom, en botanique, à des petites feuilles qui, généralement, sous la forme d'écailles, accompagnent les fleurs. La grandeur, la forme, la couleur et la consistance des Bractées varient beaucoup. On ne trouve le plus souvent qu'une seule Bractée à la base de la fleur ou de son pédoncule. Lorsque les Bractées sont réunies circulairement autour d'une ou plusieurs fleurs, leur ensemble constitue ce qu'on appelle un *involucre*.

BRACTÉOLE, diminutif de Bractée. Ce dernier nom étant réservé aux petites feuilles qui naissent à la base des *pédoncules*, on donne celui de Bractéole à celles qui naissent à la base des pédicelles.

BRADYPES (du grec *bradypous*, qui marche lentement). Les Bradypes ou Paresseux forment, sous le nom de *Tardigrades*, la première tribu de l'ordre des Edentés de Cuvier. Ils y constituent actuellement la famille des *Bradypodidés*. Leurs dents ne sont pas tout à fait semblables entre elles, comme chez les Edentés, en ce sens qu'elles ne sont pas de même grandeur; mais toutes ont la même forme. Les Paresseux ont des molaires cylindriques, des canines aiguës plus longues, la tête arrondie, la face courte. L'articulation des pieds et des doigts, les membres antérieurs plus grands que ceux de derrière, et ceux-ci tournés en dehors, ralentissent leurs mouvements; leurs doigts, réunis par la peau, ne montrent que deux ou trois ongles énormes et arrondis en crochets. Ces animaux sont herbivores. Ils s'implantent au moyen de leurs ongles sur les arbres, dont ils paissent l'écorce et les feuilles, et ne les quittent qu'après les avoir dénudés. Leur nom vient de la lenteur de leurs mouvements, quand ils sont à terre; ils sont très agiles sur les arbres. — La famille des Paresseux ou Bradypes comprend deux genres : les **Aïs** (*Acheus*) et les **Unaus** (*Bradypus*). — Les Aïs ressemblent à des singes difformes; rien n'égale leur gaucherie à terre. La disproportion de leurs membres, dont les antérieurs sont beaucoup plus longs, les force à se traîner sur les coudes; la largeur de leur bassin et la direction de leurs cuisses en dehors les empêchent d'approcher les genoux; leurs doigts, au nombre de trois, sont réunis par la peau et ne marquent au dehors que par d'énormes griffes. Mais toutes ces imperfections s'effacent dès qu'ils sont sur les arbres; ils présentent alors les conditions les mieux combinées pour grimper; ils se cramponnent aux branches et y saisissent facilement les feuilles dont ils font leur principale nourriture. Leur estomac est divisé en quatre poches assez analogues à celles des ruminants, mais leur canal intestinal est court et sans cœcum. Les Aïs habitent les forêts de l'intérieur de l'Amérique méridionale. On en distingue plusieurs espèces, dont la plus connue est l'Aï ou **Paresseux à trois doigts** (*Acheus tridactylus*). Cet animal doit son nom d'Aï à

Aï (paresseux à trois doigts).

son cri. — Les *Unaus (Bradypus)* diffèrent des Aïs en ce qu'ils n'ont que deux ongles aux pieds de devant, tandis que ces derniers en ont trois; leurs canines sont plus grosses et ils manquent entièrement de queue. L'*unau* ou Bradype didactyle est la seule espèce du genre. Sa taille est de moitié plus grande que celle de l'aï, ses mœurs sont analogues.

BRAMA. Nom scientifique latin de la Brème.

BRANCHES. Divisions principales et secondaires de la tige d'un végétal. — En anatomie, on donne également ce nom aux divisions des vaisseaux et des nerfs.

BRANCHE-URSINE. (Voir Acanthe et Berce.)

BRANCHIES. Organes respiratoires des animaux qui vivent et respirent dans l'eau. Les Branchies, vulgairement appelées *ouïes* chez les poissons, sont des espèces de petites lames disposées comme les barbes d'une plume ou les dents d'un peigne; elles sont généralement situées sur les côtés du cou, suspendues aux os du crâne. Une artère issue du cœur apporte aux branchies le sang noir du corps pour le mettre en contact avec l'air contenu dans l'eau; un autre vaisseau reprend ce sang vivifié et se jette dans l'aorte qui le répartit dans tout le corps de l'animal. Les Branchies sont les organes respiratoires des poissons, des batraciens dans le jeune

âge, des crustacés, des mollusques, des annélides, etc. Chez tous les animaux où l'on rencontre des appareils branchiaux, ces organes ne sont pas situés près de la tête; ainsi les squilles les ont placées sous la queue, d'autres crustacés les ont situées à la base des pattes; chez certains mollusques, elles entourent l'anus ou sont implantées sur le dos, etc. (Voir Poissons, Batraciens, Mollusques, Crustacés, etc.)

BRANCHIOBDELLE (du grec *bragchia*, branchies, et *bdella*, sangsue). Genre de vers annélides de l'ordre des Hirudinées *(Sangsues)* qui vivent en parasites sur les branchies des écrevisses et d'autres crustacés.

BRANCHIOPHORES (de *bragchia*, branchies, et *phoros*, qui porte). Les animaux pourvus de branchies: poissons, mollusques, crustacés, vers, etc.

BRANCHIOPODES (de *bragchia*, branchies, et *podes*, pieds). Ordre de la classe des Crustacés, renfermant de petits animaux aquatiques qui doivent leur nom de *Branchiopodes* à la disposition de leurs membres élargis et lamelleux et formant de véritables pattes branchiales qui servent à la fois à la respiration et à la locomotion. Leur corps ne présente pas toujours la même conformation extérieure: tantôt il est muni d'une carapace bivalve, comme les ostracodes *(Daphnies);* tantôt il est recouvert d'un large bouclier céphalothoracique, en arrière duquel se trouvent les anneaux de la région abdominale qui se termine par deux longs filaments en forme de soies *(Apus);* tantôt enfin, il est dépourvu de carapace et se montre composé d'une longue série d'anneaux distincts *(Branchipus).* Ces animaux subissent des métamorphoses compliquées. — On divise les Branchiopodes en deux sections: les Cladocères à antennes postérieures divisées en deux branches, et pourvus d'un petit nombre de pattes (quatre à six paires), et les Phyllopodes, à corps nettement segmenté et pourvus d'un grand nombre de pattes (dix à quarante paires). — Comme type des premiers, nous citerons les **Daphnies**, très petits animaux abondants dans les eaux douces où ils évoluent par brusques saccades, allure qui leur ont valu le nom vulgaire de *puces d'eau;* c'est au moyen de leurs antennes postérieures ramifiées qu'ils exécutent ces mouvements rapides. — Comme type de la seconde section, nous citerons le **Branchipe** *(B. stagnalis),* qui habite en abondance les eaux stagnantes. Il a 10 à 12 millimètres de longueur et nage rapidement le dos en bas, en agitant sans cesse ses nombreuses pattes branchiales.

BRANCHIPE (Voir Branchiopode.)

BRANC-URSINE ou **BRANCHE-URSINE**. Nom vulgaire de l'Acanthe épineuse et de la Berce.

BRAQUE. Race de Chiens de chasse à poil ras et à oreilles pendantes. (Voir Chien.)

BRAS. Membre supérieur ou thoracique. La portion de ce membre qui s'étend depuis l'épaule jusqu'au coude. Le bras n'a qu'un seul os appelé *humérus.* (Voir Squelette.)

BRASSICA. Nom latin du genre *Chou.*

BRASSICAIRES. Geoffroy donnait ce nom à un groupe de papillons dont les chenilles vivent sur les choux et d'autres crucifères. Il forme aujourd'hui le genre *Piéride*. (Voir ce mot.)

BRAYERA. (Voir Cousso.)

BREBIS. Femelle du Bélier. (Voir Mouton.)

BRÈCHES OSSEUSES. On donne ce nom à des fentes ou fissures verticales remplies par des dépôts sédimentaires, mêlés de fragments de roches, cimentées par des concrétions calcaires, et dans lesquels on rencontre souvent des os de mammifères analogues à ceux des cavernes à ossements. (Voir Caverne.) Ces dépôts se trouvent dans des terrains de différents âges; leur formation et leur mode de remplissage sont les mêmes que ceux des cavernes et des grottes. Les plus célèbres en Europe sont celles de Nice et de Gibraltar. Il en existe plusieurs dans les environs de Paris, notamment à Montmorency et à Auvers.

BRÉCHET. On désigne sous ce nom, chez les oiseaux, la partie antérieure du sternum qui présente une large plaque carrée, carénée dans son milieu.

BRÈDE. (Voir Baselle.) On donne également ce nom à la Morelle noire *(Solanum nigrum)*.

BRÈME *(Abramis)*. Genre de poissons de la famille des *Cyprinidés* dont les caractères distinctifs sont : corps haut et comprimé, à dorsale petite, sans rayons épineux, à anale très longue, à bouche petite, sans barbillons. — On connaît une quinzaine d'espèces de ce genre, habitant les eaux de l'Eu-

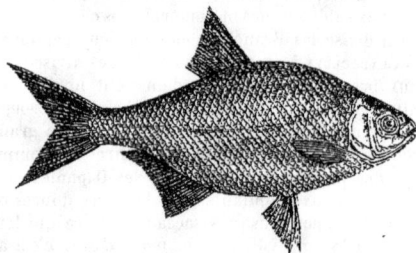

Brème commune.

rope; mais c'est la **Brème commune** *(A. brama)* qu'on désigne sous ce nom. C'est un des poissons les plus connus dans les eaux douces et surtout dans les grands lacs du Nord. Bloch rapporte que dans le seul lac de Nordkœping, en Suède, on en prit plus de 50 000 dans une seule pêche; aussi ce poisson se vend-il très bon marché, malgré la délicatesse de sa chair, qui manque un peu de fermeté. La Brème devient assez grosse; on en prend souvent de 30 centimètres de long et plus; elle fraie en mai. Dans cette saison, les mâles se couvrent de tubercules jaunâtres. Ses couleurs habituelles sont un vert olivâtre en dessus, avec les flancs et le ventre argentés. — La **Bordelière** *(A. blicca)* ou *petite brème* a les pectorales et les ventrales rou-

geâtres; sa chair est peu estimée. — On donne le nom de **Brème de mer** sur nos côtes aux *canthères*. (Voir ce mot.)

BRÉSILLET. On désigne sous ce nom et sous celui de *bois de Fernambouc*, un bois qui nous vient d'Amérique et qui donne une matière colorante d'un beau rouge. Il provient d'un arbre du genre *Cœsalpinia*. (Voir ce mot.)

BRÈVE *(Pitta)*. Genre d'oiseaux de la famille des *Fourmiliers*, caractérisé par un bec de la longueur de la tête, aussi haut que large, échancré à la pointe; des ailes courtes, obtuses; une queue très courte; des tarses allongés, grêles, largement scutellés; des ongles courts, comprimés et légèrement arqués. Leurs formes sont courtes et lourdes. Les Brèves, dont on connaît une trentaine d'espèces réparties dans l'Asie, l'Afrique et les îles Malaises, ont des couleurs vives et tranchées, vert, bleu, violet, pourpre, jaune, noir velouté; elles courent plus qu'elles ne volent et fréquentent les fourrés les plus épais, où elles déposent un nid grossièrement construit de racines et d'herbes. Leur nourriture consiste en insectes, surtout en fourmis, en vers et en mollusques. — Nous citerons la **Brève géante** *(P. cœrulea)* de Sumatra, la plus grande du genre, qui a 25 centimètres de longueur; elle est en dessus d'un beau bleu d'azur, d'un brun cendré dessous, avec la gorge blanche, la tête, la nuque et les rémiges noires. — La **Brève à ventre rouge** *(P. erythrogaster)* de Manille et la **Brève à queue courte** *(P. brachyurus)* de la côte d'Angole sont plus petites.

BRÉVIPENNES (de *brevis*, court, et *penna*, aile). Famille d'oiseaux, dans la méthode de Cuvier, comprenant les espèces à ailes courtes impropres au vol. Ce sont les Autruches et les Casoars. Ils forment aujourd'hui l'ordre des Coureurs.

BRIONE. (Voir Bryone.)

BRISINGA. Genre d'étoiles de mer à bras nombreux, ayant un peu l'aspect des Ophiuridés. Ils ont les bras très longs, cylindriques, distincts du disque et munis d'épines très fines. — La **Brisinga** couronnée des mers du Nord vit à une profondeur de 200 à 300 brasses.

BRIZE, *Briza* (du grec *brizein*, pencher). Genre de plantes graminées dont les épillets en forme de cœur (d'où son nom vulgaire d'*amourette*) se penchent et se balancent au moindre vent. — La **Briza maxima** ou *Grande Brize* croît dans le midi de la France. — La **Briza media**, *Brize moyenne*, vulgairement *amourette*, *pain d'oiseau*, répandue dans nos prés et nos bois, constitue un excellent fourrage.

BROCARD. Les chasseurs donnent ce nom au Chevreuil mâle.

BROCHET *(Esox)*. Genre de poissons type de la famille des *Esocidés*. Le Brochet, connu de tout le monde par sa voracité et la délicatesse de sa chair, est répandu dans toutes les eaux douces de l'Europe. Son corps est allongé, arrondi, et couvert de grandes écailles; sa gueule est fendue jusqu'aux yeux, sous un museau large et déprimé, et ses mâchoires garnies de dents nombreuses et aiguës. Le Brochet a la dorsale petite, reculée sur le dos et au dessus de l'anale, la queue est courte et comprimée. — Le **Brochet commun** (*Esox lucius*) habite les eaux douces de l'Europe et de l'Amérique septentrionale. La couleur générale de ce poisson est grise, variée de taches jaunâtres qui, pendant le temps du frai, acquièrent souvent l'éclat de l'or;

Brochet.

mais ces nuances changent suivant la nature des eaux qu'il habite. Parvenu à un certain âge, il a le dos noirâtre et le ventre blanc avec des points noirs. On a surnommé avec raison le Brochet le requin des eaux douces; il attaque tous les animaux dans l'eau, et souvent ceux de sa propre espèce; rien n'égale sa voracité: les rats d'eau, les oiseaux aquatiques et même les animaux morts deviennent sa proie. Le Brochet croît très vite et atteint une très grande taille. On en a pêché dans le Volga qui avaient plus de 2 mètres et pesaient près de 50 livres; mais on a singulièrement exagéré lorsqu'on a parlé d'individus de 18 pieds. La chair du Brochet est légère et agréable au goût; on la sale dans beaucoup d'endroits, et l'on fait du caviar avec ses œufs; mais ceux-ci passent pour purgatifs et malfaisants. On emploie pour pêcher ce poisson le trident, la ligne, le collet, la nasse et l'épervier. Ceux que l'on prend dans les eaux courantes ont la chair assez délicate, mais ceux qui se sont développés dans les étangs et les tourbières ont souvent une odeur de vase fort désagréable.

BROCOLI. Nom d'une variété de Chou. (Voir ce mot.)

BROME, *Bromus* (du grec *brômé*, nourriture). Genre de plantes de la famille des *Graminées*, très répandues dans les prairies artificielles, et qui couvrent quelquefois des espaces de terrain considérables. Ces plantes sont très voisines des Fétuques. (Voir ce mot.) La fane des *Bromus pratensis* (brome des prés) et *Bromus pinnatus* fournit un très bon fourrage; les graines du *Bromus grossus* (brome à gros grains) engraissent les volailles.

BROMELIA (de Bromel, botaniste suédois). Nom scientifique latin du genre *Ananas*. (Voir ce mot.)

BROMÉLIACÉES. Famille de plantes monocotylédones, à fleurs hermaphrodites disposées en épis ou en grappes; sans corolle, à étamines attachées au calice; celui-ci est formé de six sépales sur deux rangs; l'ovaire a trois loges, contenant chacune un nombre variable d'ovules. Toutes les plantes de cette famille sont originaires soit des Antilles, soit de l'Amérique méridionale. Ce sont des plantes

vivaces, quelquefois des arbustes rameux, portant des feuilles épaisses et raides, armée des dents épineuses sur leurs bords. Le fruit est d'ordinaire une baie à trois loges, couronnée par les lobes du ca-

Bromus mollis.

lice; quelquefois toutes les baies sont unies ensemble, de manière à former un fruit composé, semblable au cône du pin pignon (*Ananas*). Les végétaux les plus intéressants de cette famille sont les **Ananas** (*Bromelia*), type du genre. (Voir ce mot.)

BROMIUS. (Voir EUMOLPE.)

BRONCHES. (Voir POUMONS et RESPIRATION).

BRONCHIOLES. On nomme ainsi les subdivisions des bronches qui pénètrent dans les lobules pulmonaires.

BROU. On donne ce nom à l'enveloppe, plus ou moins fibreuse, qui revêt certains fruits: les noix, les amandes. Le Brou de noix infusé dans l'eau-de-vie sert à préparer une excellente liqueur. On en obtient aussi une couleur très solide.

BROUSSONÉTIE (de Broussonet, naturaliste français). Genre de plantes de la famille des *Morées*. (Voir MURIER A PAPIER.)

BRUANT (*Emberiza*). Genre de passereaux conirostres, type de la famille des *Emberizidés*, ayant pour caractères généraux: un bec conique, court, droit: mandibule supérieure plus étroite et rentrant dans l'inférieure; au palais, un tubercule saillant et dur. Ces petits oiseaux se nourrissent de graines l'hiver, et d'insectes l'été; ils ont, en général, peu de prévoyance, et sont faciles à donner dans les pièges qu'on leur tend. — On en trouve des espèces dans les deux continents: parmi celles que nous avons en France, nous citerons comme la plus importante: le **Bruant commun** ou **Bruant jaune** (*Emberiza citrinella*), long de

17 centimètres, à dos fauve tacheté de noir; la tête et tout le dessus du corps fauves, les deux pennes externes de la queue à bord interne blanc. Il niche dans les haies, et l'hiver, il se rapproche, en troupes nombreuses, des maisons habitées. La chair des Bruants est très délicate, certaines espèces ont même acquis sous ce rapport une grande réputation; tel est l'**Ortolan** (*Emberiza ortolanus*), commun dans le midi de l'Europe, mais

Bruant ortolan.

qu'on ne trouve en France que pendant la belle saison. Cet oiseau fait son nid à terre comme les alouettes, et sa ponte est de cinq œufs grisâtres. Il quitte nos contrées en septembre. — Le **Proyer** (*Emberiza miliaria*), la plus grande espèce de notre pays, est d'un gris brun tacheté de brun foncé. Elle fréquente nos provinces méridionales d'avril en septembre, niche dans les prairies et pond quatre ou cinq œufs d'un gris cendré. — Le **Bruant des roseaux** (*E. schœniculus*) a la tête et la poitrine noires, le dos roux. Il est commun dans le midi de la France et niche dans les roseaux.

BRUCÉE, *Brucea* (dédié au voyageur J. Bruce). Genre de plantes dicotylédones de la famille des *Rutacées*, tribu des *Quassiées*, composé d'arbres originaires de l'Asie et de l'Afrique tropicales.—L'espèce la mieux connue, le **Brucea antidysenterica**, qui croît en Abyssinie, est un arbre de 4 à 5 mètres de hauteur, à écorce grisâtre à feuilles composées, de neuf à treize folioles. Son écorce, réduite en poudre, passe pour être un puissant remède contre la dysentérie.

BRUCHE (*Bruchus*). Genre d'insectes COLÉOPTÈRES de la famille des *Rhynchophores* ou Charançons, et type de la tribu des *Bruchides*, qui se distingue à son rostre très court, aplati, presque carré. Les Bruches ont le corps épais, la tête rétrécie en arrière, les antennes dentées en scie, grossissant vers l'extrémité, le corselet moins large que les élytres, celles-ci presque carrées et ne recouvrant pas le dernier segment de l'abdomen. Ces insectes s'attaquent particulièrement aux graines des plantes légumineuses; les fèves, les lentilles, les pois. Les larves qui, comme celles de presque tous les insectes, sont seules redoutables, consomment une partie de la substance intérieure de ces graines. La femelle attend pour pondre que les plantes commencent à défleurir, à former leurs petites gousses et pond dessus, ne laissant qu'un œuf sur chaque semence. Le petit ver qui sort de cet œuf entre dans le grain et le ronge lentement; il grandit peu à peu et arrive au terme de sa croissance à l'époque de la maturité du grain qu'il remplit alors presque entièrement. Cette larve est blanche, de forme ovoïde; sa tête est cornée, jaunâtre et armée de deux mâchoires; elle n'a pas de pattes et se tient couchée en rond dans sa cellule. Elle passe l'automne et l'hiver dans son habitation, se change en chrysalide au commencement du printemps et en insecte parfait dès les premiers jours de mai. — La **Bruche du pois** (*B. pisi*), qui vit aux dépens de cette plante et y fait souvent de grands ravages, est longue de

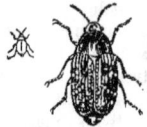

Bruche du pois, à droite très grossie.

5 millimètres, brun varié de gris clair et de cendré, avec le bout de l'abdomen blanchâtre, marqué de deux points noirs. — La **Bruche des fèves** (*B. rufimanus*), longue de 4 millimètres, est couverte d'une pubescence jaunâtre, le corselet porte un point blanc devant l'écusson, les élytres sont tachetées de gris et de noir. Cet insecte vit dans la fève des marais; une fève peut nourrir plusieurs larves. — La **Bruche à cornes claires** (*B. pallidicornis*) attaque les lentilles et s'y multiplie parfois à ce point qu'on est obligé de suspendre pendant quelque temps la culture de ce légume.

BRUGNON. Variété de Pêche. (Voir PÊCHER.)

BRUNELLE. Genre de plantes de la famille des *Labiées*, composé d'herbes vivaces communes dans les prés et les bois et dont l'espèce type, **Brunella vulgaris**, à tige velue, à fleurs d'un rouge violet, est souvent employée dans la médecine populaire comme astringente et vulnéraire.

BRUNETTE. (Voir BRUNELLE.)

BRUXELLES. On donne ce nom en histoire naturelle, et celui de *Presselles*, à de petites pinces de différents modèles, qui servent à saisir les petits objets ou à les maintenir lorsqu'on opère leur dissection.

BRUYÈRES. Les Bruyères ou Ericacées (du nom latin de la bruyère, *erica*) forment une famille de plantes dicotylédones monopétales, d'une forme généralement élégante, à fleurs disposées en épis ou en grappes ; le calice est divisé en quatre ou cinq lobes, la corolle à pétales soudés ensemble, les étamines au nombre de huit ou dix, insérées à la base de la corolle, les anthères biloculaires. Le fruit est une capsule à cinq loges, lesquelles renferment chacune plusieurs petites graines. — La famille des *Ericacées* renferme, outre les *Bruyères* proprement dites, les *arbousiers*, les *airelles*, etc. (Voir ces mots.) — Les Bruyères sont des végé-

Bruyère (*Erica fulgens*).

taux élégants qui ne croissent que dans l'ancien continent. Quelques espèces atteignent à peine 10 centimètres de hauteur, tandis que d'autres montent à plus de 7 mètres ; les unes forment des touffes arrondies, les autres des tapis serrés de plusieurs myriamètres d'étendue. Toutes sont remarquables par leur verdure persistante, la disposition et la couleur de leurs fleurs. Celles-ci sont sphériques, en grelot, en cloche, en massue, affectant des formes bizarres, ou se prolongeant en tubes cylindriques. Un petit nombre seulement ont une odeur agréable. Les Bruyères croissent généralement dans les terrains incultes de nature sablonneuse, dont elles augmentent progressivement l'épaisseur et la fécondité par leurs dépouilles et forment ces terreaux légers et substantiels connus sous le nom de *terre de bruyère*, si utiles dans l'horticulture. — Parmi les espèces de France nous citerons la **Bruyère commune** (*Erica vulgaris*), à fleurs roses ou lilas. Elle constitue aujourd'hui le genre *Calluna*, et couvre des espaces immenses dans les landes de Bordeaux, de la Sologne, etc. Les bestiaux la mangent avec plaisir quand elle est jeune, et elle donne un bon engrais. — La **Bruyère**

arborescente (*Erica arborea*) s'élève dans nos provinces méridionales jusqu'à 3 mètres de hauteur. Cette belle espèce indigène porte des fleurs blanches nombreuses et odorantes fort recherchées par les abeilles. — On cultive dans les serres plusieurs espèces du Cap ; parmi les plus remarquables nous citerons la **Bruyère à grandes fleurs** (*Erica grandiflora*), arbuste d'un mètre et demi de hauteur, à fleurs d'un rouge orangé en dessus, d'un beau jaune en dessous, et la **Bruyère éclatante** (*E. fulgens*), que nous figurons ici.

BRYACÉES (du grec *bruon*, mousse). Tribu de plantes Cryptogames de la famille des *Muscinées*, comprenant les mousses proprement dites, à fructification terminale, à capsule toujours pourvue d'un opercule. (Voir MOUSSES.) Elle a pour type le genre *Bryum*.

BRYOLOGIE (de *bruon*, mousse, et *logos*, traité). Partie de la botanique qui traite des plantes de la famille des *Muscinées*. (Voir MOUSSES.)

BRYONE (*Bryona*). Genre de plantes de la famille des *Cucurbitacées*. La **Bryone commune** (*B. alba*) croît dans les bois, près des haies ; sa tige velue,

Bryone (*B. alba*).

garnie de vrilles, grimpe et s'attache aux corps environnants ; ses feuilles sont cordiformes, ses fleurs, d'un blanc verdâtre, sont dioïques, en grappes ; aux fleurs femelles succèdent des baies noires ou rouges renfermant trois ou six graines.

La racine est charnue, fusiforme, de couleur blanche assez ressemblante au navet, ce qui lui a fait donner le nom de *navet du diable*; son odeur est vireuse et nauséabonde, sa saveur amère et âcre; elle est employée en médecine comme purgatif violent; de plus, elle contient une grande quantité de fécule que l'on peut facilement dépouiller de sa substance vénéneuse par le lavage. — La **Bryone dioïque** (*B. dioïca*) a de très longues tiges avec des feuilles à cinq lobes palmés; ses fleurs petites, d'un blanc verdâtre, sont disposées en grappes. Elle est très répandue dans les haies, et porte les noms vulgaires de *vigne blanche* et de *couleuvrée*; elle possède les propriétés de la précédente.

BRYOPSIS (de *bruon*, mousse, et *opsis*, apparence). Genre d'algues marines de la famille des *Chlorophycées* ou Algues vertes. Elles couvrent les rochers qui émergent à marée basse.

BRYOZOAIRES (de *bruon*, mousse, et *zôon*, animal, parce qu'ils recouvrent comme d'une mousse vivante les corps sous-marins). Classe d'animaux, du sous-embranchement des MOLLUSCOÏDES, qui forment le passage des Mollusques aux Zoophytes; quelques auteurs les placent parmi les vers; Trembley les nommait *polypes à panache*. Ils présentent, en effet, à première vue, une certaine ressemblance avec les polypes. Généralement, l'ensemble de la colonie possède un revêtement chitineux ou calcaire délimitant un grand nombre de petites loges qui renferment chacune le corps mou d'un individu. Ces loges sont souvent pourvues d'un couvercle mobile qui se ferme sur l'animal rétracté. Les Bryozoaires ont le manteau moins développé que les Tuniciers, et les branchies à nu; ces organes consistent en une couronne de tentacules qui entourent la bouche et sont garnis littéralement de cils vibratiles. Le liquide nourricier arrive entre les viscères et le manteau, ainsi que dans l'intérieur des tentacules, mais n'est pas mis en mouvement par un cœur. Leur appareil digestif est un tube complet recourbé en forme d'U, possédant deux orifices distincts. Leur système nerveux consiste en un ganglion unique, situé au-dessus de l'œsophage, entre la bouche et l'anus. Leur multiplication a lieu par bourgeonnement. En général, ces êtres, d'une petitesse presque microscopique, vivent réunis en masses plus ou moins considérables et constituent des colonies semblables à celles qui existent chez les Zoophytes. La plupart habitent la mer, ce sont les *Flustres*, les *Rétépores*, les *Vésiculaires;* d'autres habitent les eaux douces; tels sont les *Alcyonelles*, les *Cristatelles* et les *Plumatelles*. (Voir ces mots.)

BUBALE (de *bubalus*, buffle). Espèce de mammifère ruminant de la famille des *Antilopidés*, connu vulgairement sous le nom de *vache de Barbarie*. Cet animal, de la taille d'un grand cerf, vit en troupes nombreuses dans tout le nord-ouest de l'Afrique. Ses formes sont plus lourdes que celles des autres antilopes; son pelage est fauve, excepté le bout de la queue; cette dernière est terminée par un flocon noir.

Sa tête, très longue et étroite, se termine en mufle; ses cornes, dont la racine est dans le prolongement du front, se touchent presque à la base, s'écartant ensuite latéralement, puis se courbent la pointe en arrière. Les anciens connaissaient le Bubale, et on

Bubale.

le voit représenté sur les monuments égyptiens. Le naturaliste voyageur Shaw assure que les jeunes Bubales se mêlent souvent aux troupeaux de bœufs domestiques et ne les quittent plus, ce qui prouve que cette espèce d'antilope, dont la chair est délicieuse, pourrait être facilement réduite en domesticité.

BRYUM (du grec *bruon*, mousse). Genre de plantes Cryptogames de la famille des *Muscinées*, tribu des *Bryacées*, comprenant les mousses qui ont une urne ovoïde, terminale, pédicellée, pendante, à péristome double, à coiffe en capuchon. Ce genre est très nombreux en espèces. La plupart vivent en société sur la terre où elles forment des gazons plus ou moins touffus. Elles sont vivaces et se rencontrent sous tous les degrés de latitude, depuis le fond des vallées jusqu'au sommet des plus hautes montagnes.

BUBO. Nom scientifique des oiseaux du genre *Duc*, de la famille des *Rapaces nocturnes*, ou Strigidés.

BUBON-UPAS. (Voir UPAS.)

BUCAIL (Voir SARRAZIN.)

BUCARDE, *Cardium* (de *bous*, bœuf, et *kardia*, cœur; cœur de bœuf). Genre de mollusques acéphales de la classe des LAMELLIBRANCHES, ordre des SIPHONIENS, type de la famille des *Cardiacés*, caractérisés par un coquille bombée, cordiforme, équivalve, à côtes radiaires; valves à bords dentés ou plissés; charnière formée de quatre dents sur chaque valve, ligament postérieur très court. L'animal est très bombé, à manteau très ouvert, à pied très grand, cylindrique, dirigé en avant; ses tubes ou siphons assez courts, réunis. Les Bucardes, dont le nom scientifique *Cardium* indique la forme en cœur de la plupart des coquilles, sont très abondamment répandues dans toutes les mers, et vivent près des côtes enfoncées dans le sable. Nos mers en pos-

Bucarde de face.　　　Bucarde de profil.

sèdent plusieurs dont la plus commune (*C. edule*) se mange et se vend sous les noms de *coque* et de *sourdon*, mais sa chair est coriace. Sa couleur est blanchâtre ou fauve et sa coquille offre en travers vingt-six côtes ridées.

BUCCAL. Se dit de tout ce qui concerne la bouche: artère buccale, glandes buccales, muqueuse buccale, etc.

BUCCIN (de *buccina*, trompette, parce que cette coquille servait de trompette aux hérauts de l'antiquité). Genre de mollusques GASTÉROPODES de l'ordre des PECTINIBRANCHES, type de la famille des *Buccinidés*, à coquille de médiocre grandeur, univalve, à ouverture oblongue, à corps allongé, conique. L'animal a la tête garnie de deux tentacules cylindriques, écartés, portant les yeux sur un renflement extérieur, sa trompe est longue et grosse, son pied de grandeur médiocre; l'organe de la respiration est formé de deux peignes branchiaux. Les sexes sont distincts. Les Buccins sont répandus dans toutes les mers,

Buccin ondé.

et sont souvent parés de couleurs assez brillantes. On en trouve quelques espèces sur les côtes de la Manche; la plus commune est le **Buccin ondé** (*B. undatum*), d'un blanc jaunâtre finement strié à sa surface.

BUCCINIDÉS (du genre *Buccin*, type du groupe).— Famille de mollusques GASTÉROPODES de l'ordre des PECTINIBRANCHES ou Prosobranches, formant la division des SIPHONOSTOMES, caractérisés par une coquille spirale dont l'ouverture porte une échancrure ou un canal pour le passage du siphon au moyen duquel l'animal peut respirer sans sortir de son abri. Les principaux genres de cette famille sont les *Cônes*, *Porcelaines*, *Olives*, *Ovules*, *Volutes*, *Buccins*, *Pourpres*, *Rochers*, *Strombes*.

BUCCO. Nom scientifique latin des Barbus. (Voir ce mot.)

BUCEROS (du grec *bous*, bœuf, et *kéras*, corne). Nom scientifique du Calao. (Voir ce mot.)

BUFFALO. Nom américain du Bison. (Voir Bœuf.)

BUFFLE. Espèce du genre *Bœuf*. (Voir ce mot.)

BUFO. Nom scientifique latin du Crapaud qui sert à désigner la famille des *Bufonidés*. (Voir CRAPAUD.)

BUFONIDÉS. (Voir CRAPAUD.)

BUGLE (*Ajuga*). Genre de plantes herbacées de la famille des *Labiées*, offrant pour caractères : calice campanulé, à cinq dents presque égales; corolle à tube muni d'un anneau de poils, à lèvre supérieure presque nulle, l'inférieure trifide; akènes ridés, glabres. — La **Bugle pyramidale** (*A. pyramidalis*) est une plante velue, à tige simple, de 8 à 15 centimètres; à feuilles radicales très grandes, sinuées dentées, à feuilles florales plus longues que les fleurs; celles-ci en glomérules de trois à six fleurs en grappe courte. L'été, dans les Alpes. — La **Bugle de Genève** (*A. Genevensis*) est une plante très velue, de 15 à 25 centimètres, à feuilles d'un vert blanchâtre, les radicales disparaissant avant la floraison, celles de la tige obovales crénelées; à fleurs d'un bleu clair, quelquefois roses, rapprochées en épi, à bractées trilobées. L'été, sur les coteaux secs.— La **Bugle rampante** (*A. reptans*) a des tiges de 15 à 25 centimètres, velues sur deux faces opposées, à rejets stolonifères; feuilles ovales oblongues, peu velues; les radicales persistantes; verticilles de fleurs bleues disposés en épi, à bractées larges. Au printemps, dans les prairies humides.

BUGLOSSE (*Anchusa*). Genre de plantes de la famille des *Borraginées*, qui doit son nom tiré du grec (*bous*,

Buglosse officinale.

bœuf, et *glôssa*, langue) à la forme de ses feuilles que l'on a comparées à la langue du bœuf. — La **Buglosse officinale** (*A. italica*) se trouve en Italie, comme l'indique son nom latin; elle croît aussi dans toute la France : c'est une plante à tige dressée, rameuse, cylindrique, qui s'élève à 1 mètre de hauteur. Cette tige, ainsi que les autres parties herbacées de la plante, est couverte de longs poils rudes et porte des feuilles alternes, ovales, très aiguës. Les fleurs sont bleues, disposées en panicule lâche à l'extrémité des rameaux. Le calice est allongé, à cinq divisions, la corolle à tube cylindrique, à limbe à cinq divisions. La Buglosse n'est pas rare dans les champs aux environs de Paris. Ses usages et ses propriétés sont les mêmes que ceux de la bourrache; elle fait partie des quatre fleurs pectorales. — La racine de la **Buglosse tinctoriale** (*A. tinctoria*), connue sous le nom d'*orcanette*, est de la grosseur du doigt, de couleur rouge violacée; son principe colorant, insoluble dans l'eau, se dissout dans l'alcool, l'éther et les corps gras, qu'il colore en une belle teinte rouge.

BUGRANE (*Ononis*). Plante de la famille des *Papilionacées*, à étendard très ample, plus long que les ailes; à carène prolongée en bec, à gousse renflée. — Le type du genre, la **Bugrane épineuse** ou *arrête-bœuf* (*O. spinosa*) a une racine très robuste, réputée comme apéritive et diurétique.

BUHOTTE. Nom que l'on donne sur nos côtes aux poissons du genre *Gobie*.

BUIS (*Buxus*). On ne connaît guère en France que l'espèce naine du Buis (*B. humilis*), dont on fait des bordures dans les jardins; mais il existe dans les parties méridionales et montagneuses de l'Europe, et dans l'Asie, deux espèces arborescentes qui montent à plusieurs mètres de hauteur, et forment des massifs. Le bois du Buis est si compact et si dense qu'il va au fond de l'eau; il est d'une dureté considérable et est exempt de carie, ce qui le fait rechercher pour les ouvrages de tour et de tabletterie. On l'emploie aussi pour la gravure sur bois; c'est principalement celui du Buis de Mahon (*B. balearica*) que l'on emploie pour ce dernier usage. Il en vient du Caucase, de l'Arménie, de la Perse, et des forêts qui bordent la mer Noire. Les feuilles, auxquelles on attribue des propriétés sudorifiques, sont quelquefois employées comme succédanées du houblon, mais elles n'en possèdent pas l'amertume agréable, et leur âcreté en rend l'usage difficile; c'est sans doute à cette qualité que le Buis doit d'être respecté des animaux. — Le Buis est un genre de la famille des *Euphorbiacées*, à fleurs monoïques, rapprochées en petits pelotons axillaires entourés à leur base de bractées. — Le **Buis commun** (*B. sempervirens*) offre de nombreuses variétés : le *Buis à feuilles étroites*, le *Buis à feuilles de myrte*, le *Buis nain* ou *Buis à bordure*, etc.

BUISSON. On donne ce nom à tous les arbrisseaux et arbustes sauvages bas et très rameux, soit qu'ils aient des épines, soit qu'ils en soient dépourvus.

BUISSON ARDENT. C'est le nom d'une espèce de néflier, le *Mespilus pyracantha*, à cause du rouge vif de ses gros bouquets de fleurs et de ses fruits. Il est originaire de Virginie et cultivé dans les jardins. (Voir NÉFLIER.)

BULBE (*Bulbus*). On donne ce nom au corps plus ou moins arrondi et charnu, formé d'écailles insérées les unes sur les autres et naissant au-dessus de la racine chevelue d'un certain nombre de plantes vivaces appartenant à la classe des Monocotylédones. Le Bulbe n'est pas une racine; c'est, en réalité, un bourgeon souterrain, situé au sommet d'une tige très courte et large que l'on nomme *plateau* et qui émet par sa face inférieure des racines fasciculées. L'oignon comestible est un bulbe, les tulipes et les lis naissent d'un bulbe. — On donne le nom de *Bulbe*, en anatomie, à toute partie plus ou moins renflée en massue ou simplement sphérique : Bulbe pileux, Bulbe dentaire, Bulbe rachidien. (Voir POIL, DENTS, ENCÉPHALE.)

BULBIFÈRE (de *bulbus*, bulbe, et *ferre*, porter). Qui a un ou plusieurs bulbes.

BULBILLES. On nomme ainsi des bourgeons aériens à écailles charnues naissant sur différentes parties de certaines plantes et destinés à se développer seuls, indépendamment de la tige mère. Tels sont ceux du Lis bulbifère et surtout de l'Ail. (Voir ces mots.)

BULBONAC. Nom vulgaire de la Lunaire vivace.

BULIME (*Bulimus*). Genre de mollusques GASTÉROPODES-PULMONÉS de la famille des *Hélicidés*, caractérisés par leur coquille ovale ou turriculée, à ouverture allongée, entière, dont le bord droit est réfléchi en dehors; columelle droite et lisse. L'animal a les plus grands rapports avec celui des Hélix. Les Bulimes sont terrestres et se rencontrent surtout dans les lieux ombragés et humides des contrées chaudes du globe. Les *Bulimus tridens* et *subcylindricus* se trouvent en Europe.

BULLE (*Bulla*). Genre de mollusques GASTÉROPODES PLEUROBRANCHES, famille des *Bullidés*. Les Bulles possèdent une coquille solide, ovale, globuleuse, lisse, ornée de vives couleurs; sans columelle, à large ouverture et en partie recouverte par deux lobes latéraux du pied; ce dernier s'élargit sous la tête en formant une expansion semilunaire. — On en connaît plusieurs espèces répandues dans presque toutes les mers, principalement dans l'océan Indien : *B. hydatis* (Goutte d'eau), *B. liguaria* (Oublie), *B. ampulla* (Ampoule).

BUPHAGA. (Voir PIQUE-BŒUF.)

BULLIDÉS. Famille de mollusques GASTÉROPODES PLEUROBRANCHES, offrant pour caractères : une coquille enroulée, ventrue, assez épaisse, couverte en partie par les lobes du manteau. Cette famille comprend le genre *Bulle*, qui lui donne son nom, et le genre *Acère*.

BUNION (*Bunium*). Genre de plantes de la famille des *Ombellifères*, qui comprend des herbes vivaces à racines souvent tubéreuses. Le type du genre, le **Bunion bulbeux** (*B. bulbocastanum*), connu vulgairement sous les noms de *terre-noix*, *suron*, croît dans les champs calcaires ou argileux. Sa partie souterraine est formée d'un ou de plusieurs petits tubercules arrondis, d'une saveur aromatique analogue à celle du céleri rave, et que l'on mange dans certaines contrées sous le nom de *noix* ou *châtaignes de terre*.

BUNIUM. (Voir BUNION.)

BUPLÈVRE (*Bupleurum*). Genre de plantes ombellifères, connues sous le nom de *perce-feuille*, parce que ses feuilles amplexicaules et soudées à leur base semblent être percées par la tige. Les Buplèvres sont des plantes herbacées, à feuilles entières et à fleurs jaunes. Le *Bupleurum rotundifolium*, plus particulièrement connu sous le nom de *perce-feuille*, et le *B. falcatum*, vulgairement *oreille de lièvre*, passent pour vulnéraires et astringentes.

BUPRESTE (*Buprestis*). (Voir BUPRESTIDÉS.)

BUPRESTIDÉS. Famille d'insectes COLÉOPTÈRES, dont le type est le genre *Bupreste*. Ce nom de *Buprestis* (du grec *bous*, bœuf, et *préthô*, j'enfle) était donné par les anciens à une espèce d'insectes qui, disaient-ils, faisait enfler et crever les animaux qui l'avalaient en paissant l'herbe. Le célèbre entomologiste Latreille a prouvé que cet insecte devait se rapporter au genre *Meloe*, dont les propriétés vésicantes sont très prononcées, et qui porte encore aujourd'hui en Morée le nom de *voupresty;* mais Linné ayant déjà appliqué ce nom à une famille d'insectes coléoptères, sa nomenclature a prévalu, bien qu'ils n'eussent rien de commun avec l'insecte dont parlent les anciens. La famille des Buprestes renferme les plus splendides insectes connus; on les a nommés *richards,* pour donner une idée de l'éclat de leur enveloppe. On trouve chez eux, surtout dans les espèces des contrées tropicales, les couleurs métalliques les plus étincelantes; l'or, le rubis, l'azur s'y marient en dessins variés; mais leurs formes sont lourdes et peu gracieuses. Leur corps est généralement allongé, rétréci postérieurement; leur corselet large; leurs pattes assez courtes avec des tarses de cinq articles, pourvus de lamelles membraneuses en dessous qui leur facilitent la marche sur les tiges et les feuillages des plantes sur lesquelles ils vivent. Leurs antennes sont aplaties, découpées en dents de scie, et, caractère unique parmi les Coléoptères, leurs ailes membraneuses ne sont pas plus longues que les élytres. — Les larves des Buprestidés vivent dans les bois vermoulus, principalement entre l'écorce et le bois des arbres, où elles se creusent des galeries. Elles ont l'apparence de gros vers blancs ou jaunâtres, sont privés de pattes ou n'en offrent que des vestiges sous forme de tubercules. Ces insectes pourraient donc faire du tort aux arbres, mais ils sont peu abondants en Europe et, par conséquent, peu redoutables. — On en connaît un grand nombre de genres, la plupart étrangers. — La plus grande espèce d'Europe est le **Chalcophora mariana**, qui atteint 25 millimètres de longueur; il est d'une belle couleur bronzée à reflets verdâtres et finement sculpté. Il vit sous les écorces des arbres verts, surtout dans le Midi; mais on le rencontre, quoique très rarement, jusqu'aux environs de Paris. — Les Buprestes vrais se distinguent par la conformation du menton, qui laisse à découvert la languette et une partie des mâchoires; leur corps est peu convexe, lisse, bleu ou vert, presque toujours tacheté de jaune. — Le **Bupreste à huit gouttes** (*B. octoguttata*), de 11 à 13 millimètres, de longueur, est d'un bleu d'acier avec les bords latéraux du corselet et cinq taches sur chaque élytre d'un beau jaune. Il vit dans le midi, sur les pins et les sapins. — Le **Buprestis rustica**, un peu plus grand, est d'un vert bronzé, parfois violacé, à élytres striées. Il se rencontre dans les Alpes. — Le **Bupreste bronzé** (*B. ænea*), d'un beau bronzé verdâtre, vit dans le Midi. — Les *Anthaxia* et les *Agrilus* sont des Buprestes de petite taille; les premiers au corps large et aplati, les seconds de forme allongée et étroite. Leurs couleurs sont assez brillantes; le vert et le

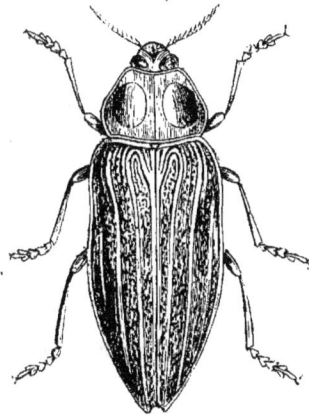

Euchroma gigas.

bleu métalliques y dominent. Ces insectes vivent sur les fleurs et leurs larves sous les écorces. Tel est l'*Agrilus biguttatus.* — Les *Trachys* sont les plus petits des Buprestes, 2 ou 3 millimètres. Leur corps est court et ramassé, triangulaire; le *Trachys minuta*, que l'on trouve sur les chênes, est d'un noir bronzé brillant avec des bandes transversales ondulées sur les élytres formées par une pubescence blanchâtre. Parmi les Buprestidés étrangers, nous citerons les *Euchroma,* dont une espèce, l'**Euchroma gigas** du Brésil, n'a pas moins de 7 à 8 centimètres de longueur, sa couleur est un bronze doré irisé de vert et de pourpre. Les *Chrysochroa,* dont le nom

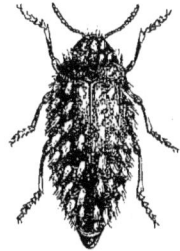

Julodis capensis.

signifie brillant d'or, habitent les Indes orientales; ce sont les plus splendides des insectes. Les *Julodis* sont de grands Buprestes d'Afrique qui ont le corps parsemé de pinceaux de poils colorés, qui produisent l'effet le plus original.

BURGAU. Nom vulgaire donné sur nos côtes à un mollusque du genre *Sabot (turbo)*.

BURSAIRE, *Bursaria* (de *bursa*, bourse). Genre d'Infusoires hétérotriches, type de la famille des *Bursaridés*, qui doivent leur nom à leur corps en forme de bourse, terminé par une bouche bordée d'une rangée de cils en spirale, servant à la nutrition en même temps qu'à la locomotion. (Voir INFUSOIRES.)

BURSÈRE (*Bursera*, dédié au médecin et botaniste I. Burser). Genre de plantes dicotylédones de la famille des *Térébinthacées*, composé d'arbres à suc résineux propres aux régions tropicales du globe. Leurs fleurs sont petites, polygames, leur fruit est une capsule charnue à trois valves. — Le **Gomart** ou **porte-gomme** (*B. gummifera*) est un grand arbre des Antilles qui produit la résine *chibou* et *cachibou ;* son écorce est employée comme diurétique et sudorifique : son bois sert à faire les tonneaux dans lesquels on expédie le sucre en Europe.—Le **Bursera acuminata** des Antilles donne une résine jaune à odeur de citron, connue sous le nom de *carana* ou *caragne.*

BURSÉRACÉES (du genre *Bursère*). Famille de plantes dicotylédones polypétales, à ovaire libre ; pluriloculaire, à ovules ascendants ; ce qui la distingue des *Térébinthacées* à laquelle la réunissent aujourd'hui plusieurs botanistes, comme simple tribu. Elle comprend les genres *Bursera, Balsamea, Canarium.*

BUSARD. (Voir BUSES.)

BUSES et **BUSARDS.** Ces oiseaux forment un groupe distinct dans la famille des *Falconidés (faucons)*. Les **Buses** (*Buteo*) ont les ailes longues, dépassant l'extrémité de la queue, celle-ci égale ; le bec est courbé dès sa base, et l'intervalle entre lui et les yeux sans plumes ; les pieds sont forts. — Nous en possédons deux espèces, qui sont la **Buse commune** (*B. communis*), brune plus ou moins ondée de blanc au ventre et à la gorge, à tarse nu et écussonné ; c'est l'oiseau de proie le plus abondant et le plus nuisible de nos contrées. « Elle n'a guère, dit Buffon, que 4 pieds et demi de vol, sur 20 et 21 pouces de longueur de corps. Cet oiseau demeure toute l'année dans nos forêts. Il paraît assez stupide, soit dans l'état de domesticité, soit dans celui de liberté. Il est assez sédentaire et même paresseux : il reste souvent plusieurs heures de suite perché sur le même arbre. Cet oiseau de rapine ne saisit pas sa proie au vol ; il reste sur un arbre, un buisson ou une motte de terre, et de là se jette sur le petit gibier qui passe à sa portée : il prend les levrauts et les jeunes lapins, aussi bien que les perdrix et les cailles ; il dévaste les nids de la plupart des oiseaux ; et se nourrit aussi de lézards, de serpents, de sauterelles, etc., lorsque le gibier lui manque ». — La **Buse pattue** (*B. lagopus*), de même taille que la Buse commune, variée assez irrégulièrement de brun plus ou moins clair, et de blanc plus ou moins jaunâtre, avec les tarses emplumés jusqu'aux doigts. C'est un des oiseaux de proie les plus répandus. On connaît plusieurs espèces de Buses africaines observées et décrites par le voyageur naturaliste Levaillant. Les **Busards** (*Circus*) diffèrent des Buses, dont ils ont d'ailleurs tous les caractères, par leurs tarses plus élevés et par une espèce de collier que les bouts de plumes qui couvrent leurs oreilles forment de chaque côté de leur cou. Nous en avons en France trois espèces. La **Sous-buse** (*C. gallinarius*) est brune dessus, fauve, tachetée dans sa longueur de brun en dessous, longue de 50 centimètres pour la femelle. L'**Oiseau Saint-Martin**, cendré, à pennes des ailes noires et d'une taille plus petite, n'est que le mâle de la même espèce, qui, dans sa vieillesse, devient presque entièrement blanc, avec les pennes des ailes tou-

Buse commune.

jours noires. Cette espèce niche par terre, et chasse sur le soir aux rats, aux jeunes perdreaux, etc. — Le **Busard commun** ou **Busard des marais** (*C. rufus*), de même taille que le précédent, est brun, avec du fauve clair à la tête et à la poitrine. « Il ne se tient, dit Buffon, que dans les buissons, les haies, les joncs, et à portée des étangs, des marais et des rivières poissonneuses ; il niche dans les terres basses. Le Busard chasse de préférence les poules d'eau ; il prend les poissons vivants et les enlève dans ses serres ; à défaut de gibier ou de poissons, il se nourrit de reptiles, de crapauds, de grenouilles et d'insectes aquatiques. — Le **Busard montagu** (*C. montagui*), au plumage cendré varié de noir en dessus, gris blanc en dessous, avec le ventre et les cuisses flammés de roux, habite l'Europe tempérée ; il arrive en France au milieu du printemps et en repart à la fin de l'été. Il a les mœurs du précédent. — La **Bondrée** (*B. apivorus*), plus petite que la Buse, est brune en dessus, ondée de brun et de blanchâtre en dessous. Elle fait la chasse aux mulots, aux grenouilles, aux lézards et détruit beaucoup de guêpes et d'abeilles.

BUSHMEN, BOSCHIMANS ou **BOSJESMANS**. Race d'hommes très inférieure, qui a jadis peuplé tout le sud de l'Afrique, mais ne se rencontre plus aujourd'hui que par petits groupes dans le désert de Kala-

Boschiman.

kari et sur quelques autres points de l'intérieur du continent. Sans animaux domestiques, presque sans armes (ils n'ont qu'un très petit arc, sans portée), ils vivent le plus souvent de baies, de racines, de larves de fourmis ou de termites et d'autres petits animaux. Ils savent toutefois préparer des fosses recouvertes de branchages pour y faire tomber les animaux sauvages. — Leur teint est d'un jaune sale, leurs cheveux sont en grains de poivre ; les pommettes très saillantes, le menton pointu, le nez plat, l'espace interorbitaire large et déprimé, les lèvres épaisses, donnent à ces sauvages une physionomie tout à fait à part, que l'on retrouve altérée par des croisements chez un grand nombre de Hottentots, qui ne sont que des métis de Boschimans et de Cafres.

BUSSEROLLE. Nom vulgaire d'une espèce d'Arbousier (*Arbutus uva ursi*), aussi nommée *raisin d'ours*. (Voir ARBOUSIER.)

BUTHUS. Nom scientifique latin du Scorpion. (Voir ce mot.)

BUTOMACÉES ou **BUTOMÉES**. La petite famille des *Butomacées* comprend des plantes herbacées, aquatiques, monocotylédones, à tige droite, portant des feuilles alternes, engainantes, à fleurs disposées en ombelle ; composées d'un calice à trois sépales, d'une corolle à trois pétales colorés, d'étamines hypogynes en nombre indéfini, et de six ovaires uniloculaires. Le fruit est formé de carpelles coriaces contenant de nombreuses graines dépourvues de périsperme. — Les *Butomacées* se rapprochent des *Joncacées* et des *Alismacées ;* mais elles en diffèrent par la structure de leurs capsules dont la paroi interne est garnie d'un réseau vasculaire où les graines sont attachées. Les seuls genres *Butomus, Limnocharis* et *Hydrocleis* rentrent dans cette famille.

BUTOME (*Butomus*). Genre de plantes monocotylédonées, à fleurs hermaphrodites régulières, en ombelle, qui donne son nom à la famille des *Butomacées*. Ce genre ne renferme

Butome, fleur.

qu'une seule espèce connue vulgairement sous le nom de *jonc fleuri*. C'est une belle plante qui croît sur le bord des rivières ou des étangs. Sa tige, effilée comme un jonc, s'élance du milieu d'une touffe de feuilles longues et tranchantes et porte, à 1 mètre de hauteur, une ombelle de jolies fleurs roses. C'est le *Butomus umbellatus*. Ses souches sont, dit-on, alimentaires, et ses feuilles passent pour apéritives et diurétiques.

BUTOR. Nom vulgaire d'une espèce de Héron. (Voir ce mot.)

BUXUS. Nom scientifique latin du Buis. (Voir ce mot.)

BYSSUS (du grec *bussos*, fil de lin). Les anciens donnaient le nom de *byssus* à des étoffes faites avec les filaments d'une plante inconnue aujourd'hui, et dont la culture s'est perdue à mesure que la soie du bombyx du mûrier s'est introduite en Europe. Ensuite, on a donné ce nom à des filaments délicats, rameux, rampants, déliquescents, qui croissent dans les lieux humides et dépourvus de lumière, tels que les mines et les caves, et qui sont des algues ou des mycéliums de champignons stériles. — On désigne encore sous le nom de *byssus* une touffe de filaments qui sort de la coquille de certains mollusques lamellibranches, et leur sert à s'attacher aux corps sous-marins. On voit ce Byssus chez les moules, les avicules, les tridacnes, les pinnes marines, les jambonneaux, etc. Ces animaux sont pourvus d'une sorte de pied rudimentaire contractile, à l'aide duquel ils filent le Byssus dont la matière est fournie par une glande particulière. (Voir PINNE.) Les habitants de la Calabre et de la Sicile en fabriquent des étoffes précieuses d'un brun doré à reflets verdâtres, recherchées pour leur moelleux et leur finesse.

C

CAA. Nom brésilien du Maté. (Voir ce mot.)

CAAMA. Espèce du genre *Antilope*. (Voir ce mot.)

CABARET. Oiseau du genre *Linotte*. (Voir ce mot.)

CABARET DES OISEAUX. Une espèce du genre *Cardère*.

CABASSOU. Espèce du genre *Tatou*. (Voir ce mot.)

CABÉLIAU ou CABILLAUD. On donne ce nom à la Morue fraîche.

CABIAI (*Hydrochærus*). Genre de mammifères de l'ordre des Rongeurs, de la famille des *Caviadés*, présentant pour caractères génériques quatre doigts devant et trois derrière, à moitié palmés et armés d'ongles larges ; quatre mâchelières partout et deux incisives en haut et en bas ; en tout, vingt dents ; les oreilles et le nez complètement nus, les yeux très grands, la lèvre supérieure échancrée, qui laisse voir, quoique la bouche soit fermée, de

Cabiai.

grandes dents incisives sillonnées sur leur surface antérieure. Leur poil est peu abondant, assez raide, et ils manquent de queue. — La seule espèce de ce genre est le **Cabiai capybare**. Le Cabiai plonge dans les lacs et les rivières, avec une étonnante facilité, et reste caché sous les eaux des heures entières, ne montrant à la surface que les narines. La chair de cet animal est savoureuse et saine ; on fait avec ses extrémités inférieures des jambons assez estimés. Le Cabiai semble n'exister que dans cette partie de l'Amérique du Sud que déterminent les bassins de l'Orénoque et la rivière de la Plata ; on l'y rencontre nageant par petites troupes ; il s'en éloigne fort peu. C'est le plus grand des rongeurs ; il a 1 mètre de long sur un demi de haut. Il s'apprivoise facilement. — Le nom d'*Hydrochærus*, que lui donnait Linné, signifie *cochon d'eau ;* mais cet animal, dans son organisation, n'offre aucun rapport avec le cochon, pas plus que le Cavia ou Cobaye (voir ce mot), que l'on nomme *cochon d'Inde*, et qui appartient à la même famille.

CABILLAUD. (Voir Cabéliau.)

CABOCHE et **CABOT.** Noms vulgaires du Chabot de rivière.

CABRI. Nom vulgaire du jeune Chevreau.

CABUS. Nom vulgaire d'une variété de Chou cultivé.

CACALIE (*Cacalia*). Genre de la famille des *Composées tubuliflores* comprenant des herbes vivaces répandues dans les régions tropicales. Le *C. sonchifolia* est employé dans l'Inde comme fébrifuge, et le *C. bulbosa* sert en Cochinchine à faire des cataplasmes émollients.

CACAO. Fruit du *Cacaoyer*.

CACAOYER (*Theobroma*). Plante dicotylédone de la famille des *Malvacées*, tribu des *Buettnériées*. C'est un arbre de grandeur moyenne, originaire d'Amérique, à feuilles grandes, à fleurs petites, distribuées par paquets sur les grosses branches, et souvent sur le tronc. La fleur se compose d'un calice à cinq divisions, coloré et caduc, à cinq pétales ; de dix étamines réunies en tube à leur base, dont moitié stériles, lancéolées, l'autre moitié plus courtes, alternes et arquées ; d'un style à cinq stigmates. Le fruit, qui est blanc, a une capsule assez grande, ovale, ligneuse, à cinq angles, divisée en cinq loges

Cacaoyer (*Theobroma cacao*).

dans lesquelles se trouvent des graines recouvertes d'une pulpe gélatineuse, et dépendant d'un placenta central. — Le Cacaoyer cultivé (*T. cacao*), haut de 8 à 10 mètres, a des feuilles d'un beau vert, alternes, lancéolées ; ses fleurs sont nombreuses et croissent toute l'année ; les folioles du calice sont rougeâtres intérieurement, les pétales jaunâtres plus ou moins foncés ; la majeure partie de ces fleurs avortent : celles qui restent produisent des fruits longs de 15 à 18 centimètres, larges de 4 à 5, de forme oblongue, relevés à côtes, comme les melons, et pleins d'aspérités, d'un rouge vif, parsemé de points jaunes lors de la maturité ; ils sont divisés en capsules, renfermant chacune de trente à quarante amandes, qui sont le Cacao proprement dit. Ces amandes sont ovoïdes, de la forme d'une olive, charnues, violacées, recouvertes d'une pellicule cassante et enveloppée d'une pulpe blanchâtre acidulée. Cette substance est très rafraîchissante et agréable au goût ; ces graines contiennent une huile qui s'épaissit naturellement et qui prend alors le nom de *beurre de cacao;* elle a la consistance et la couleur du vrai beurre; cette huile, fort adoucissante, est employée en médecine contre les gerçures et les brûlures. — Mais ce qui donne une haute importance au Cacao, c'est l'usage du chocolat répandu dans toute l'Europe. Cet aliment n'est autre chose que les graines du Cacao, torréfiées à la manière du café, puis broyées et unies au sucre ; on y mélange souvent quelque aromate tel que la vanille ou la cannelle. Les Mexicains connaissaient parfaitement cette préparation et c'est même du nom de *chocolatl* qu'ils lui donnaient, que nous avons fait chocolat. Son nom scientifique *Theobroma* signifie *nourriture des dieux.* — Les Cacaoyers sont propres à l'Amérique équatoriale ; le Cacao le plus estimé est celui connu dans le commerce sous le nom de *caraque;* il vient dans le Caracas ; il est plus onctueux et plus amer que les autres sortes. Une petite espèce de Cacaoyer (*T. bicolor*, Humb.) n'atteint que 3 à 4 mètres de hauteur ; il forme, dans la Colombie et le Brésil, de vastes forêts ; mais ses graines sont de qualité très inférieure. Il croît aussi dans les forêts humides de la Guyane une espèce de Cacaoyer, dont les graines sont bonnes à manger. On le connaît sous le nom de *cacaoyer sauvage;* ses graines sont rarement employées dans le commerce.

CACATOÈS. Groupe de la famille des *Perroquets.* (Voir ce mot.)

CACATUA ou **CACATOIS.** (Voir CACATOÈS.)

CACHALOT (*Physeter*). Genre de mammifères de l'ordre des CÉTACÉS, division des *Souffleurs*, comprenant des animaux marins gigantesques, qui ne le cèdent qu'aux Baleines comme volume. Les Cachalots ont la tête si grosse qu'elle forme à elle seule le tiers de la longueur totale ; mais ni le crâne, ni le cerveau ne participent à cette disproportion, qui tient seulement à l'énorme développement des os de la face ; leur mâchoire supérieure, large, est dépourvue de dents ; la mâchoire inférieure est étroite, reçue dans un sillon de la supérieure, et armée de chaque côté d'une rangée de dents cylindriques ou coniques qui entrent, quand la bouche se ferme, dans des cavités correspondantes de la mâchoire supérieure ; la partie supérieure de leur tête est occupée par des cavités que séparent et recouvrent des cartilages et qui sont remplies de cette matière si connue sous le nom de *blanc de*

baleine; c'est pour cette matière principalement qu'on les pêche, car ils fournissent peu d'huile. — L'espèce la plus commune est le **Cachalot macrocéphale**, dont la longueur va jusqu'à 20 mètres; il n'a qu'une éminence calleuse au lieu de nageoire dorsale, ses évents sont séparés; il est noir, mêlé de verdâtre sur le dos, blanchâtre sous le ventre. Ce géant des mers, en raison même de sa dentition, vit à peu près exclusivement de calmars et autres mollusques nageurs. Ses mouvements sont prompts et rapides, sa vitesse extrême. Habituellement inof-

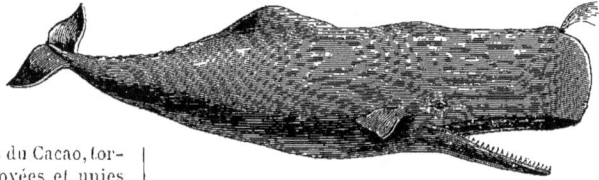

Cachalot.

fensif, le Cachalot poursuivi se défend avec une grande énergie. Lorsqu'il attaque son ennemi, il pousse des mugissements effroyables et attire ainsi d'autres individus de son espèce, qui viennent se joindre à lui. Les Cachalots voyagent en troupes nombreuses, surtout dans les mers profondes. La femelle ne met au monde qu'un seul petit pour lequel elle montre un grand attachement. — Les pêcheurs islandais et norvégiens qui se livrent à la pêche de ces énormes cétacés pour en retirer l'huile et la cétine, courent de grands dangers; car les Cachalots s'élancent parfois sur les embarcations et les submergent. — Un Cachalot de grande taille donne jusqu'à trois tonnes de cétine, et quatre fois autant d'huile. C'est dans l'intestin du Cachalot qu'on trouve l'ambre gris.

CACHIBOU. Nom d'une résine. (Voir BURSERA.)

CACHICAME. (Voir TATOU.)

CACHIRI. Nom que porte à Cayenne une liqueur spiritueuse et enivrante extraite de la racine de Manioc. (Voir ce mot.)

CACHOU. Substance médicamenteuse qui nous vient de l'Inde, où on l'extrait de l'*Acacia catechu*, en faisant bouillir dans l'eau le bois de cet arbre débité en bûchettes. Elle nous arrive en pains du poids de 250 grammes, d'un brun rougeâtre, à cassure luisante et comme résineuse, d'une saveur astringente laissant dans la bouche un arrière-goût sucré et agréable. Le Cachou est en très grande partie composé de tannin et d'une matière extractive particulière. C'est un médicament tonique et astringent très énergique dont on fait un fréquent usage soit à l'intérieur soit à l'extérieur, dans tous les cas où l'usage des astringents est indiqué. Les fumeurs s'en servent aussi pour enlever à leur haleine l'odeur du tabac.

CACIQUE. (Voir CASSIQUE.)

CACTÉES ou **CACTACÉES** (du genre *Cactus*). Famille de plantes dicotylédones qui, par leurs formes étranges, constituent un groupe bien tranché dans le règne végétal. Ce sont des arbrisseaux charnus, à tige simple ou rameuse, sans feuilles, à fleurs hermaphrodites, polypétales périgynes, à étamines nombreuses, plurisériées, insérées à la base de la corolle; à ovaire infère, uniloculaire. Ces fleurs blanches, jaunes ou d'un rouge éclatant, répandent dans quelques espèces un parfum délicieux ; mais elles durent peu. Le fruit est une baie de volume et de forme variables, et contient un grand nombre

Types divers de Cactus.
1. Melocactus. — 2. Opuntia. — 3. Cereus.

de graines. — Parmi les nombreuses espèces de Cactées, plus connues généralement sous le nom de *plantes grasses*, et qui presque toutes sont indigènes de l'Amérique tropicale, les unes présentent une masse sphéroïdale plus ou moins considérable, depuis la grosseur d'un œuf de poule jusqu'à celle de nos plus gros potirons. Cette boule est hérissée de toutes parts de tubercules coniques et épineux (*Mamillaris*), ou présente des côtes droites à rosaces épineuses (*Melocactus*). Tantôt la tige est droite et simple, anguleuse, cylindrique ou cannelée (*Cereus pentagonus*); ces espèces ont reçu le nom de *cierges;* d'autres fois, elle est rameuse, en candélabres (*C. heptagonus*), ou bien composée d'articles globuleux placés bout à bout (*Opuntia*). C'est sur le nopal (*O. cochenillifer*) que vit l'insecte qui donne la Cochenille. (Voir ce mot.) — Outre celles que nous venons de citer, l'une des espèces les plus intéressantes est le **Cactier en raquette** (*O. vulgaris*). Sa tige, composée d'un grand nombre d'articulations en raquettes ovales, atteint sur les côtes de la Méditerranée jusqu'à 6 mètres de hauteur. Aux fleurs jaunes, succèdent des fruits de la forme et de la grosseur d'une figue, bons à manger, ce qui a fait

donner à la plante le nom de *figuier d'Inde*. Dans quelques localités, on emploie les articles de l'opontie en cataplasmes dans les dysenteries et les inflammations.

CACTIER. Nom français du genre *Cactus.*

CACTUS (du grec *kaktos*, chardon). Linné comprenait sous ce nom la majeure partie des espèces qui rentrent aujourd'hui dans la famille des *Cactées*, et qui ont été réparties dans plusieurs genres dont les principaux sont : *Mamillaria, Melocactus, Echinocactus, Cereus, Opuntia*. Il n'existe plus de genre *Cactus* proprement dit. (Voir CACTÉES.)

CADE [Huile de]. (Voir GÉNÉVRIER.)

CADELLE. On donne ce nom dans le midi de la France à la larve d'un insecte de la famille des *Nitidulidés*, la *Trogosita mauritanica*, considérée comme nuisible aux grains ; mais des observations récentes tendent à prouver qu'il est au contraire utile et ne fréquente les tas de blé que pour détruire les larves des Calandres et des Alucites qui en sont le véritable fléau.

CADUC (de *cadere*, tomber). Cette expression est employée en botanique pour désigner les organes qui tombent prématurément ; ainsi l'on nomme *calice caduc* celui qui tombe au moment de l'épanouissement de la fleur, comme dans le pavot.

CÆCUM. (Voir INTESTINS.)

CÆSALPINIA. Genre de plantes de la famille des *Légumineuses*, tribu des *Cæsalpiniées*, renfermant des arbres ou des arbrisseaux armés d'aiguillons, et propres aux régions tropicales de l'Asie et de l'Amérique. — Plusieurs espèces de ce genre offrent un haut degré d'intérêt ; telles sont la **Cæsalpinia echinata** du Brésil, qui fournit le *brésillet* ou *bois de Fernambouc*, et la **Cæsalpinia sappan** ou *brésillet des Indes;* tous deux donnent à la teinture une belle couleur rouge ; le premier est un joli arbre à rameaux longs et divergents, garni de feuilles deux fois ailées ; ses fleurs, en grappes panachées de rouge et de jaune, répandent une odeur suave; son bois, d'un jaune rougeâtre, prend un beau poli. Le *Sappan*, originaire des Indes orientales, est plus petit et plus épineux ; son bois, plus dur que celui de Fernambouc, est employé en guise de clous et de chevilles dans les constructions ; on en fait aussi de beaux meubles, et les Indiens en font des haies vives qui, en peu de temps, deviennent impénétrables. — Une troisième espèce, la **Cæsalpinia mimosoïdes** du Malabar, offre, comme la sensitive (*Mimosa pudica*), le phénomène singulier de contracter son feuillage au moindre attouchement. — Les caractères botaniques du genre Cæsalpinia sont : calice en tube urcéolé à limbe à cinq dents, corolle à cinq pétales onguiculés, dix étamines velues à la base ; légume ou gousse oblongue, comprimée, renfermant de deux à six graines ovoïdes.

CAFARD. Un des noms vulgaires de la Blatte.

CAFÉ. Nom des graines du Caféier.

CAFÉIER (*Coffea*). Arbrisseau de la famille des *Rubiacées*, toujours vert, de 7 à 10 mètres de hauteur, à feuilles ovales, oblongues, ondulées, d'un vert foncé et luisant; ses fleurs blanches, d'une odeur douce et légère, imitent celles du jasmin; elles naissent par paquets aux aisselles des feuilles. A la fleur succède une baie rouge qui brunit en mûrissant et renferme deux graines minces et aplaties par leur côté interne. Suivant Raynal, le Caféier vient originairement de la haute Éthiopie, où il était connu bien avant qu'on le recueillît en Arabie: on raconte qu'au quinzième siècle un mollah nom-

Caféier.

mé Chadely s'aperçut que les chèvres qui broutaient les feuilles du Caféier devenaient plus légères, plus vives que de coutume et bondissaient dans une sorte d'ivresse, ce qui lui donna l'idée de faire usage de la graine infusée, dans le but de se délivrer d'un assoupissement continuel, qui ne lui permettait pas de remplir convenablement ses devoirs religieux. Cette boisson lui réussit complètement, et ses derviches imitèrent son exemple, qui fut bientôt suivi dans tout l'Orient. Ce conte est peu probable; n'est-il pas, en effet, plus raisonnable de croire que le mollah avait appris les propriétés de cette boisson de ses voisins les Éthiopiens? Quoi qu'il en soit, ce ne fut qu'en 1615 que le Café fut introduit en Europe par Venise, d'où il vint à Marseille; mais son usage ne se répandit à Paris qu'en 1669, époque à laquelle l'ambassadeur ottoman, Soliman Aga, mit cette liqueur à la mode. — Pendant longtemps l'Europe fut tributaire de l'Arabie pour le commerce du Café. Ce ne fut qu'au commencement du siècle dernier que le capitaine français

Déclieux en transporta un pied à la Martinique. C'est de ce pied que sont sorties les vastes plantations qui couvrent aujourd'hui les Antilles. Le terrain, le climat, la température exercent une grande influence sur les qualités du Café. Le plus estimé vient de l'Yémen et surtout des environs de Moka; puis viennent ceux de Java, de Bourbon, de la Martinique. La graine du Café crue n'est douée d'aucun parfum et n'offre qu'une saveur herbacée peu agréable; c'est la torréfaction qui développe son arome suave et sa délicieuse saveur. Bien que l'usage de cette boisson agréable soit répandu aujourd'hui dans toutes les classes de la société, il est rare de le voir bien préparer; cela provient de ce que, en général, on a la mauvaise habitude de trop brûler le Café; l'arome, dû à une huile essentielle, disparaît alors par l'évaporation et avec lui toutes les qualités du Café. On doit arrêter la torréfaction lorsque le grain bruni commence à se couvrir de taches noires huileuses, mais il ne faut pas le laisser devenir complètement noir; ce n'est plus alors qu'un grain carbonisé. Sous le rapport hygiénique, le Café est tonique, stimulant; il favorise la digestion et excite les facultés intellectuelles sans trop les exalter; cependant il ne convient pas aux personnes délicates et l'abus en est dangereux.

CAFRES. Population qui occupe sous différents noms presque toute la région méridionale de

Jeune guerrier cafre.

l'Afrique, au sud de l'Équateur, et forme bien plus une unité linguistique qu'un ensemble ethnique. Les Cafres appartiennent incontestablement au groupe nègre; mais ils en constituent un des types supérieurs. Les caractères du nègre sont chez eux fréquemment adoucis et le mélange de sang arabe ou hottentot a introduit dans leurs tribus des variétés assez grandes. Ils sont dolichocéphales, et leur indice céphalique est 73,4. Les Cafres sont à la fois agriculteurs et pasteurs ; toutefois les travaux de la terre sont abandonnés aux femmes. Ils sont parfois réunis en grandes agglomérations politiques, mais plus souvent divisés en tribus indépendantes, soumises au despotisme absolu de leurs chefs, qui sont continuellement en guerre les uns contre les autres. Les langues qu'ils parlent sont toutes du même groupe, connu des linguistes sous le nom de *bantou*.

CAÏEU. (Voir BULBE.)

CAILLE (*Coturnix*). Oiseaux de l'ordre des GALLINACÉS, de la famille des *Tétraonidés*, très voisins des Perdrix. Leurs caractères distinctifs sont : bec court et recourbé, plus large que haut ; pourtour des yeux jamais dénudé, pieds à tarses lisses, sans éperons ; queue courte, composée de quatorze pennes étagées ; ailes médiocres à deuxième penne la plus longue. — Chez la Caille vulgaire ou **Caille d'Europe** (*C. dactylisonans*), les parties supérieures

Caille.

du corps sont variées de brun et de gris, avec une raie pointue et blanchâtre sur chaque plume ; le sourcil est blanchâtre, la gorge noire, la poitrine roussâtre, l'abdomen et les cuisses blancs, le bec noir, les pieds couleur de chair ; la femelle a la poitrine blanchâtre, parsemée de taches noires arrondies ; cette espèce se trouve dans toute l'Europe, dans une partie de l'Asie et en Afrique ; elle est célèbre par ses migrations. Bien différente en cela des perdrix, qui sont tout à fait sédentaires, elle ne reste chez nous que l'été, va passer l'hiver en Afrique, et traverse ainsi deux fois par an la Méditerranée ; elle part par troupes et ordinairement au clair de la lune, en choisissant un vent favorable. Lorsque les Cailles arrivent sur les côtes d'Afrique et dans le Levant, au mois de septembre, elles sont souvent si fatiguées qu'on les prend à la main ; en Morée et dans plusieurs îles de la Méditerranée, les habitants en font une véritable récolte, les salent et en font un commerce important ; c'est au mois d'avril

qu'on voit revenir les Cailles dans nos provinces méridionales. Cet instinct voyageur est tellement prononcé, que les individus captifs, ceux qui ont été pris, dès leur naissance, ne cessent, à l'époque de ces voyages, de s'agiter toutes les nuits pendant un mois, et de frapper avec une violence extrême les barreaux de leur prison ; cependant on rencontre encore à l'automne, dans nos contrées, quelques individus vieux ou provenant de couvées tardives. — La Caille vole avec célérité ; mais elle se lève difficilement et redescend bientôt à terre ; elle court plus qu'elle ne vole ; les mâles ont un caractère farouche et querelleur ; ils sont polygames et se livrent parfois entre eux de terribles combats. On a souvent exploité ce penchant pour amuser la multitude, et les anciens goûtaient fort ce spectacle, que l'on trouve encore en faveur dans quelques villes d'Italie. Les femelles pondent en juillet (dans nos climats) huit à douze œufs d'un verdâtre clair, marqués de petits points et de taches brunes et noirâtres ; elles les déposent dans un simple trou entouré de brins d'herbes ; les petits courent en quittant la coquille. C'est dans les blés, les prairies, les luzernes, que les Cailles établissent leur nid ; ces oiseaux sont susceptibles de prendre un embonpoint extraordinaire. Comme les bec-figues et les ortolans, ils se couvrent d'une couche épaisse de graisse ; ils sont alors un gibier fort recherché, et, de l'aveu de tous les gourmets, rien n'égale la délicatesse de leur chair.

CAILLEBOTTE. Nom vulgaire de la Viorne obier. (Voir ce mot.)

CAILLE-LAIT ou **GAILLET** (*Galium*). Plante de la famille des *Rubiacées*, assez commune par toute la France, où l'on en connaît deux espèces : le **Caille-**

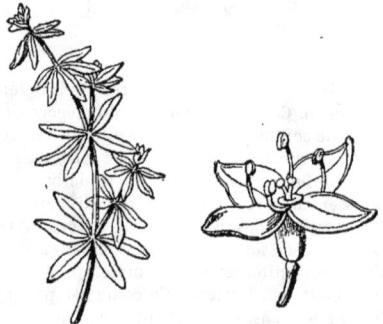

Caille-lait (*Galium mollugo*).   *Galium mollugo*, fleur.

lait jaune (*G. verum*), plante vivace à tiges de 4 à 6 décimètres de hauteur, garnies de feuilles verticillées de six à douze ; luisantes en dessus, pubescentes et blanchâtres en dessous ; à fleurs jaunes, disposées en panicule terminale ; cette espèce est employée en médecine comme astringente et antispasmodique ; le **Caille-lait blanc** (*G. mollugo*), à tiges très rameuses, du double plus longues que dans l'espèce précédente, à feuilles verticillées par huit, à fleurs blanches en panicules terminales latérales; ces plantes n'ont pas la propriété de cailler le lait qu'indique leur nom; mais on leur attribue des propriétés antispasmodiques et antiépileptiques. C'est avec le suc jaune de la racine du *Galium verum* qu'on colore les fromages de Chester.

CAILLETTE. On donne ce nom au quatrième estomac des Ruminants. (Voir Ruminants.)

CAILLOU. On donne vulgairement ce nom à plusieurs pierres susceptibles de poli et employées dans la fausse bijouterie; mais il est particulièrement réservé en minéralogie au silex. (Voir ce mot.) — On nomme **Caillou roulé** tout fragment de roche dure, quelle que soit sa nature minéralogique, qui a été usé et arrondi par l'action prolongée des eaux; c'est à leur frottement, les uns contre les autres, que les divers fragments mis en mouvement par les eaux courantes ou par les vagues de la mer doivent leur forme arrondie; on donne plus particulièrement le nom de *galets* aux cailloux roulés qui doivent leur forme au flux et au reflux de la mer sur les rivages. — On nomme aussi:

Caillou d'Alençon, de petits cristaux de quartz transparent;

Caillou du Rhin, le Quartz hyalin.

CAÏMAN. (Voir Crocodile.)

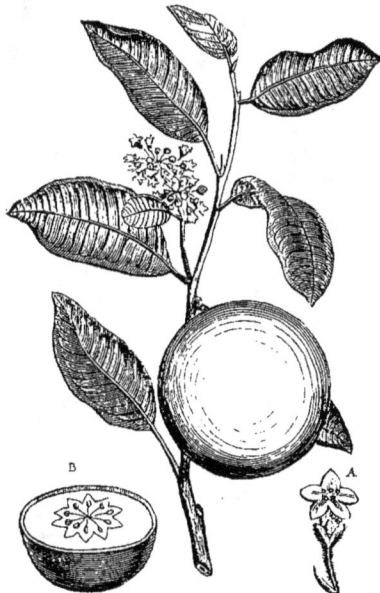

Caïmitier.
A, fleur. — B, fruit coupé transversalement.

CAÏMITIER (*Chrysophyllum*). Genre de plantes de la famille des *Sapotacées*, renfermant des espèces propres à l'Amérique tropicale; ce sont de grands arbres remarquables par l'élégance de leur port et surtout par la beauté de leur feuillage, couvert en dessous d'un duvet soyeux et jaune doré, auquel ils doivent leur nom scientifique de *Chrysophyllum* (feuille d'or); les feuilles sont alternes, les fleurs petites, en grappes.—Deux espèces méritent surtout de fixer l'attention: le **Caïmitier pomifère,** cultivé aux colonies, et dont on a obtenu plusieurs variétés distinguées par la couleur du fruit, tantôt vert, tantôt rouge; ce dernier possède une pulpe douce et très agréable au goût qui le fait rechercher par les habitants; la seconde espèce, plus petite que la précédente (*C. monopyrenum*) donne un fruit deux fois plus gros qu'une olive et d'une saveur vineuse très agréable; toutes deux ont un bois dur et compact, excellent pour les ouvrages du tour.

CAJEPUT [Huile de]. Huile volatile que l'on obtient par la distillation des feuilles du *Melaleuca cajeput*, arbre des îles Moluques, de la famille des *Myrtacées*. Les Indiens le nomment *caïou pouti*, d'où l'on a fait *cajeput*. — Cette huile est très épaisse, visqueuse, verdâtre, soluble dans l'alcool; elle répand une odeur particulière très agréable qui rappelle tout à la fois celle de la térébenthine, du camphre, de la menthe poivrée. L'huile de Cajeput arrive rarement en Europe, où son prix est très élevé; mais en Chine et dans l'Inde, elle est fréquemment employée et passe pour un médicament précieux dans un grand nombre de maladies. Ce médicament possède des propriétés éminemment excitantes; on l'emploie à l'intérieur par gouttes sur du sucre comme sudorifique et antispasmodique; on l'a préconisé contre le choléra.

CAKILE (nom arabe), en français, *Caquillier*. Genre de plantes crucifères, ayant pour caractères distinctifs: calice bossu à la base, style nul; silicule indéhiscente, à deux articles monospermes superposés, le supérieur tétragone, stigmate sessile; une graine solitaire dans chaque loge, oblongue. Le type du genre, le **Caquillier maritime** (*Cakile maritima*), vulgairement *roquette de mer*, est une plante glauque qui croît sur le littoral. Sa tige est flexueuse de 1 à 3 décimètres, à feuilles charnues, à fleurs rouges ou violacées en grappe allongée.

CALABA. Nom que porte aux Antilles le *Calophyllum calaba*, bel arbre de la famille des *Clusiacées*, dont l'écorce est remplie d'un suc résineux verdâtre fortement aromatique, que l'on emploie comme vulnéraire; on le donne également à l'intérieur pour remplacer le copahu.

CALABAR [Fève de]. Nom vulgaire de la graine du *Physostigma venenosum*, liane de l'Afrique tropicale, de la famille des *Légumineuses papilionacées*, et qui constitue un poison dangereux.

CALADION (*Caladium*). Genre de plantes monocotylédones de la famille des *Aroïdées*, cultivées dans nos serres et nos jardins pour la beauté de leur feuillage et de leurs fleurs. On en connaît aujourd'hui de nombreuses espèces; mais nulle ne surpasse le **Caladium esculentum** (*Colocasia*), dont les immenses feuilles en cœur, d'un vert lustré, atteignent souvent 1^m,50 et sont portées sur de robustes pétioles

Caladium bicolor.

de 1 à 2 mètres de longueur. La racine de cette plante se mange en Amérique, ainsi que celle du *Caladium bicolor* et du *Caladium violaceum.*

CALAMENTE (*Calamintha*). Genre de plantes dicotylédones de la famille des *Labiées,* qui renferme plusieurs espèces utilisées en médecine. Ce sont des plantes herbacées, aromatiques, à calice tubuleux à treize nervures, à corolle droite, à akènes lisses. La **Calamintha officinalis** ou *mélisse de montagne,* la **Calamintha nepeta,** la **Calamintha clinopodium** ou *basilic sauvage,* sont communes sur les coteaux calcaires ombragés, dans les bois, les buissons; elles ont des propriétés aromatiques et toniques analogues à celles des menthes.

CALAMINE. On donne ce nom à des masses compactes concrétionnées, formées en très grande partie de silicate de zinc entremêlé de carbonate. Ces masses constituent le minerai de zinc le plus important par l'abondance de ses gîtes et la facilité de son exploitation. Elles se présentent en amas considérable au milieu des calcaires de sédiments secondaires depuis le terrain houiller jusqu'aux étages jurassiques. Les principaux gîtes de Calamine sont ceux de la Haute-Silésie, du Limbourg et de Juliers et du Derbyshire en Angleterre. On s'en sert en Belgique et en Allemagne pour préparer le zinc métallique.

CALAMITE. On donne ce nom à des végétaux fossiles regardés d'abord comme analogues aux roseaux (*Calamus*); mais que l'on considère aujourd'hui comme appartenant à la famille des *Équisétacées.* Les Calamites se rencontrent dans l'étage houiller.

CALAMUS. Nom latin des Roseaux.
CALAMUS AROMATICUS. (Voir CANNE.)
CALANDRE, (Voir ALOUETTE.)
CALANDRE (du grec *kalandros*). Genre d'insectes COLÉOPTÈRES de la famille des *Rhynchophores,* type de la tribu des *Calandrites,* dont les caractères distinctifs sont : un rostre cylindrique, un peu épais, moins long que la tête et le corselet réunis, portant des antennes de neuf articles, dont les deux derniers seulement forment la massue. Ce groupe renferme un grand nombre d'espèces, la plupart des pays chauds, dont quelques-unes très remarquables par leur grande taille et leurs habitudes. Toutes vivent aux dépens des végétaux, et il en est de fort nuisibles. La plus nuisible de toutes est la **Calandre** ou *charançon du blé* (*C. granaria*), connue depuis la plus haute antiquité par les ravages qu'elle cause dans les approvisionnements de céréales. La Calandre du blé est longue de 3 millimètres seulement; sa forme est allongée, sa couleur d'un brun noir; le corselet est de la longueur des élytres, fortement ponctué, les élytres ont des stries finement ponctuées; les pattes sont courtes et fortes. On rencontre ce petit Charançon dans les greniers, les granges et les magasins, où il se multiplie parfois en nombre prodigieux. Vers les premiers jours de mai, la femelle entre dans un tas de blé, perce un petit trou à la surface d'un grain et y insère un œuf; puis passe à un autre grain, y insère également un œuf, et ainsi de suite, déposant un seul œuf sur chaque grain; et, comme sa fécon-

Calandre
du blé grossie.

dité est prodigieuse, une seule femelle suffit pour gâter un monceau de blé. De chacun de ces œufs sort une petite larve, sorte de ver blanc sans pieds, long d'une ligne à peine, à tête écailleuse, armée de deux petites mâchoires cornées; il s'enfonce aussitôt dans le grain, où il trouve à la fois le vivre et le couvert, après avoir soigneusement bouché le trou par lequel l'œuf avait été introduit. Il vit ainsi dans le grain, dont il dévore toute la substance farineuse, jusqu'à ce qu'il ne reste que l'enveloppe extérieure; il s'y transforme en nymphe, puis bientôt après en insecte parfait, et sort alors de sa retraite pour aller pondre ses œufs sur d'autres grains. Cet insecte, véritable fléau de nos magasins, se multiplie d'une manière effrayante en fort peu de temps; on a calculé qu'un seul couple pouvait produire, dans l'espace de quatre à cinq mois, une colonie de plus de six mille petits Charançons. Aussi les ravages qu'ils causent dans nos greniers et dans nos granges sont vraiment épouvantables. — On a proposé une foule de moyens contre les Calandres; mais la plupart sont inefficaces. Les meilleurs nous paraissent les suivants : conserver le grain dans des silos dont la température soit inférieure à 10 degrés, les Charançons ne pouvant se reproduire à une température plus basse, et avoir soin de faire remuer souvent le grain, ce qui les incommode et les fait fuir. Lorsqu'on emploie ce procédé, il convient de laisser dans un coin un petit tas de blé que l'on sacrifie et que l'on ne remue pas ; les insectes, troublés ailleurs, s'y rendront pour pondre ; et lorsqu'ils y seront réunis en grand nombre, on les tuera en y versant de l'eau bouillante. — Une autre Calandre (*C. orizæ*) attaque spécialement le riz. — Une espèce des Indes attaque le palmier ; c'est la **Calandra palmarum**, longue de plus de 5 centimètres ; sa larve est un gros ver très blanc et très dodu, qui vit dans la moelle du palmier ; mais si celui-ci fait du tort à l'homme en mangeant le palmier, au moins l'homme se venge-t-il en mangeant l'insecte. En effet, cette grosse larve que le père Labat compare à une pelote de graisse de chapon, passe pour un mets délicieux. (Voir Charançon.)

CALANDRELLE. Nom vulgaire de l'Alouette.

CALAO, *Buceros* (du grec *bous*, bœuf, et *kéras*, corne). Ces oiseaux forment un genre de Passereaux syndac-

Calao à casque.

tyles ou Levirostres et constituent une petite famille, celle des *Bucéridés*, propre aux contrées chaudes de l'ancien continent ; ils se distinguent par un bec énorme, long, arqué ; le front nu dans sa partie antérieure, les narines placées à la naissance du bec ; celui-ci est surmonté d'un casque ou protubérance cornée qui s'accroît avec l'âge ; les pieds sont courts, à quatre doigts, dont trois devant, un derrière, couverts d'écailles et réunis à leur base. Les Calaos ont une marche lourde et peu facile ; ils courent par bonds comme les corbeaux, se perchent sur les arbres très élevés, et préfèrent ceux qui sont morts, parce qu'ils trouvent à placer leurs nids dans les cavités du tronc : ils sont omnivores et se nourrissent, selon l'occasion, de fruits, de vers, de mollusques ; ils recherchent aussi les souris, les rats et les autres petits mammifères ; c'est pourquoi les Indiens les tiennent souvent dans leurs maisons.

Ils saisissent ces petits animaux, les serrent dans leur bec pour les tuer et les ramollir, puis les avalent en les jetant en l'air et en les recevant dans leur large gosier. Ces oiseaux sont tristes et taciturnes ; ils se réunissent en bandes nombreuses dans les forêts de l'Asie et de l'Afrique. — On compte plusieurs espèces de Calaos, que l'on divise en Calaos casqués et en Calaos non casqués. Les premiers ou vrais Calaos se distinguent par le casque ou crête osseuse de forme bizarre qui surmonte le bec. Parmi eux, nous citerons le **Calao rhinocéros** (*B. rhinoceros*), long de 1 mètre de la tête à l'extrémité de la queue ; son bec, long de 30 centimètres, a 15 centimètres de hauteur, y compris le casque : ce casque, recourbé à son extrémité, comme la corne que le rhinocéros porte sur le nez, a fait donner à cet oiseau le nom qu'il porte ; le casque est d'un rouge vif à sa partie supérieure, et jaune mat jusqu'à l'extrémité, qui est arrondie, sillonnée par deux lignes noires, dont une au milieu, l'autre du côté de la tête ; le bec est courbé, noir à la racine et jaunâtre jusqu'à l'extrémité ; les yeux bordés de cils ; le plumage noir à reflets bleuâtres ; les pieds noirs et vigoureux. Il habite les régions chaudes de l'Inde, Java, Sumatra, les Philippines. — Le **Calao bicorne** (*B. abyssinicus*) a le casque concave dans sa partie supérieure, et présentant deux saillies en avant, en forme de double corne. — Parmi les espèces sans casque, dont les auteurs modernes font un genre à part sous le nom de *Tockus*, nous citerons le **Calao-tock** du Sénégal, un peu plus gros que notre pie, à bec rouge simple, à plumage varié de noir et de blanc. — Les voyageurs modernes, Livingstone en Afrique, Tickell et Meason dans l'Inde, ont observé chez ces oiseaux un fait singulier : c'est que, au temps de l'incubation, le mâle bouche l'entrée du nid, creux d'arbre ou trou de rocher, en n'y laissant qu'une petite ouverture suffisant juste pour que la femelle y puisse et puisse passer le bout de son bec et recevoir la nourriture qu'il lui apporte.

CALATHIDE (du grec *kalathis*, corbeille). On donne ce nom en botanique au mode d'inflorescence qu'offrent les plantes de la famille des *Composées* (voir ce mot), et qui consiste en une agrégation de fleurs sessiles groupées en tête globuleuse ou hémisphérique sur un pédoncule élargi entouré d'un involucre. On le confond parfois avec le capitule.

CALCAIRE (du latin *calx*, chaux). On désigne à la fois, sous ce nom, une espèce minérale et une roche ; dans l'une et l'autre, c'est un carbonate de chaux. Comme espèce minérale, il comprend les nombreuses variétés connues sous les noms de spath, d'albâtres, de marbres, de craie, marnes, pierres à chaux à bâtir. Considéré comme roche, il comprend toutes celles essentiellement composées de carbonate de chaux, quelle que soit leur texture ; ainsi, l'on nomme **Calcaire lamellaire** celui qui offre dans sa cassure des lamelles bien distinctes ; **Calcaire saccharoïde**, celui dont la texture grenue ressemble à celle du sucre ; **Calcaire compact**, celui qui présente une cassure inégale, conchoïde et écailleuse comme la pierre lithographique ; **Calcaire oolitique**, celui qui présente une réunion de grains arrondis, plus ou moins gros ; **Calcaire crayeux**, celui qui offre une texture lâche et terreuse, comme la craie blanche ; **Calcaire grossier**, celui dont le grain est irrégulier et la texture lâche, comme la pierre à bâtir des environs de Paris ; **Calcaire marneux**, celui qui, tendre et friable, se désagrége facilement et devient par là propre à l'amendement des terres. — Le *Carbonate de chaux* ou pierre Calcaire, est de toutes les substances minérales la plus répandue sur la terre ; elle forme des collines et des chaînes entières de montagnes. Elle est le produit de la combinaison de l'acide carbonique et de la chaux, se décompose avec effervescence par les acides nitrique et sulfurique, et donne par la calcination de la chaux vive, en perdant son acide carbonique. Elle forme des roches plus ou moins dures et d'une texture plus ou moins compacte. C'est de ces roches que sont extraits les moellons et les pierres de taille, qui servent à la construction de nos édifices. Quelquefois les parties qui constituent ces pierres ont si peu de cohésion entre elles, qu'elles se séparent sous la simple pression des doigts ; elles prennent alors le nom de *craie*. Les marbres ne sont que du Calcaire modifié par la chaleur. En effet, si l'on remplit de craie en poudre, bien tassée, un cylindre en fer, et qu'on le bouche hermétiquement, de manière à pouvoir le chauffer au rouge, sans que le Calcaire se décompose, celui-ci fond et donne un produit à structure saccharoïde comme le marbre statuaire. Combiné avec l'argile, le carbonate de chaux donne naissance aux marnes. Les grès ne sont que des sables agglutinés par un ciment Calcaire. Les coquilles des mollusques et la portion solide des polypiers sont du carbonate de chaux, et leurs débris forment une grande partie des sédiments Calcaires que les eaux de la mer déposent sur le fond de celle-ci. Combinée avec l'acide sulfurique, la chaux donne le plâtre ou gypse et l'albâtre ; elle est combinée avec l'acide phosphorique dans les os des animaux.

CALCANEUM. Os qui forme le talon, et donne attache au tendon d'Achille. (Voir SQUELETTE.)

CALCARIFORME (de *calcar*, éperon). En forme d'éperon.

CALCÉDOINE. (Voir AGATE.)

CALCÉOLAIRE (de *calceolus*, petit soulier, de la forme de la corolle chez ces plantes). Ce genre, de la famille des *Scrofulariées*, renferme de nombreuses espèces, presque toutes propres au Chili ou au Pérou. Ce sont des plantes annuelles, à feuilles opposées, entières, crénelées ou dentées, soyeuses ou veloutées, à pédoncules multiflores portant des fleurs jaunes, blanches ou pourpres. On les cultive souvent dans nos jardins, à cause de la beauté et de la singularité de leurs fleurs en forme de sabot. On en obtient, par la culture, de nombreuses variétés, affectant toutes les nuances du jaune et du pourpre ; chez quelques-unes, la corolle est en outre marquée de larges taches ou d'une multitude de petits points d'une autre couleur que celle du fond. Ces fleurs sont délicates ; on les cultive en pot dans la terre de bruyère, elles craignent la trop

Calcéolaire hybride.

grande sécheresse, comme la trop grande humidité et ne supportent pas le froid. — Quelques Calcéolaires ont des propriétés médicales ; telles sont : la *Calceolaria rugosa*, employée comme vulnéraire, la *Calceolaria pinnata*, dont les feuilles sont purgatives, et la *Calceolaria trifida*, employée au Pérou comme fébrifuge.

CALCIUM (de *calx*, chaux). Métal qui, par sa combinaison avec l'oxygène, donne la chaux. On ne le trouve pas en nature. (Voir CARBONATES.)

CALEBASSE. Nom vulgaire donné aux fruits de plusieurs espèces de cucurbitacées. (Voir COURGE.) — On donne aussi ce nom au fruit du Calebassier.

CALEBASSIER (*Crescentia*). Ce nom s'applique à des arbres propres aux contrées chaudes de l'Amérique et qui n'ont rien de commun avec les courges auxquelles on donne en France le nom de *Calebasse*. Le genre *Crescentia* ou *Calebassier* appartient à la famille des *Bignoniacées;* il a pour caractères : calice caduc à deux divisions, corolle à limbe divisé en cinq lobes ondulés ; quatre étamines didynames ; fruit à écorce ligneuse et renfermant dans une seule loge une pulpe abondante. — Le *Calebassier à longues feuilles (C. cujete)* a des rameaux allongés, des feuilles alternes, fasciculées, terminées en pointe, à pétiole court ; les fleurs verdâtres sont tachées de jaune et de pourpre. Son fruit, plus ou moins globuleux, atteint souvent jusqu'à 30 centimètres de diamètre ; l'écorce en est ligneuse, solide et recouverte d'un épiderme lisse et mince, d'un jaune verdâtre ; la pulpe qui le remplit et qui contient un grand nombre de petites graines est jaunâtre et d'un goût aigrelet. Les indigènes des Antilles, où cet arbre croît en abondance, font avec l'écorce de ce fruit, dont ils enlèvent la pulpe, des gourdes, des vases, des plats et d'autres ustensiles qu'ils ornent de dessins. Le bois du Calebassier est fort dur, et prend un beau poli ; on en fait des meubles. — Le **Calebassier à feuilles larges** de la Jamaïque porte des fleurs rouges : l'écorce de son fruit est beaucoup plus fragile.

CALENDULE. (Voir Souci.)

CALICE. (Voir Fleur.)

CALICIFLORES. Classe établie par de Candolle, pour les plantes dont la corolle et les étamines sont insérées sur le calice : telles sont les familles des *Rosacées,* des *Légumineuses,* des *Composées,* etc.

CALICULE. Sorte d'involucre qui ne contient qu'une fleur et adhère à la base du calice, de façon à représenter un second calice, comme on le voit dans les mauves, les guimauves, etc.

CALIFORNIENS. Groupe de races fort mêlées, presque entièrement disparues aujourd'hui, qui habitaient la Californie avant l'arrivée des Blancs. Ils diffèrent principalement des Indiens des Prairies, leurs voisins de l'est, par un certain nombre de caractères qui les rapprochent tantôt des peuples Mongols, tantôt des insulaires polynésiens. Ces indigènes vivaient encore pour la plupart à l'âge de pierre, il y a une quarantaine d'années.

CALLA. Genre de plantes monocotylédones de la famille des *Aroïdées,* très voisines des Arum ou Gouets, dont ils diffèrent principalement par leur axe floral ou spadice couvert d'organes reproducteurs jusqu'au sommet, leur spathe aplatie persistante. Fleurs mâles et femelles entremêlées. Le type du genre, le **Calla des marais** *(C. palustris),* est une plante aquatique, à souche horizontale, épaisse ; à tige rampante, nageante ; à feuilles toutes radicales, engaînantes, ovales cordiformes ; à spathe verdâtre en dehors, blanche en dedans ; baies rouges en épi compact. Il croît dans les étangs et les marais de l'Europe centrale. — On cultive dans les bassins et les aquariums le **Calla d'Éthiopie,** dont la belle spathe blanche est odorante.

CALLEUX [Corps]. (Voir Cerveau.)

CALLICHROME, *Callichroma* (du grec *kallos,* beauté, et *chróma,* couleur). Genre d'insectes Coléoptères de la famille des *Cérambycidés* ou *Longicornes.* Ce sont des insectes d'assez grande taille ornés de couleurs brillantes et remarquables par la longueur de leurs antennes. L'espèce type du genre *Callichroma moschata,* connue sous le nom de **Capricorne musqué,** est commune l'été sur les saules ; elle est d'un beau vert azuré et répand une forte odeur de rose.

CALLIDIE, *Callidium* (de *kallos,* beauté, et *eidos,* forme). Genre d'insectes Coléoptères de la famille des *Cérambycidés* ou *Longicornes.* Ce sont des insectes au corps allongé, déprimé, ne dépassant pas 12 à 15 millimètres. Leurs antennes sont aussi longues que le corps, leurs cuisses renflées à l'extrémité. Ils vivent sur le tronc des vieux arbres, dans les chantiers, etc. Plusieurs espèces sont connues en France : *C. sanguineum, C. variabile, C. violaceum.*

CALLIMORPHE (de *kallimorphé,* belle forme). Genre d'insectes Lépidoptères de la famille des *Bombycidés.*

CALLIPHORA. Genre d'insectes de l'ordre des Diptères de la famille des *Muscidés,* composé d'un assez grand nombre d'espèces dont la plus connue est le **Calliphora vomitoria,** vulgairement *mouche bleue de la viande.* Cette grosse mouche s'attaque à la viande et y pond ses œufs par tas. De ces œufs sortent au bout de vingt-quatre heures, des larves, ayant l'aspect de vers blancs, qui se développent avec une rapidité étonnante. Ces larves, armées de mâchoires en crochet, déchiquettent la viande et y dégorgent en même temps un liquide visqueux qui en active la décomposition. Une espèce de l'Amérique du Sud, le **Calliphora anthropophaga,** dépose souvent ses œufs au bord des narines des personnes endormies ; la larve qui en sort pénètre dans les fosses nasales et provoque de graves inflammations accompagnées de souffrances intolérables.

CALLIRHIPIS (de *kalos,* beau, et *rhipis,* éventail). (Voir Cébrionidés.)

CALLISTEMON. (Voir Métrosideros.)

CALLITRICHE (du grec *kallithrix,* belle chevelure). Nom scientifique des singes du genre *Sagouin.*

CALLITRICHE. Genre de plantes dicotylédonées, polypétales périgynes, de la famille des *Haloragées.* — La **Callitriche printanière** *(C. verna),* vulgairement *étoile d'eau,* est une plante herbacée aquatique croissant dans les mares et les ruisseaux ; à tige grêle ; à feuilles inférieures linéaires, étroites, les supérieures obovales, en rosette ; fleurs très petites, axillaires, solitaires ; angles du fruit à carène ailée.

CALLOCÉPHALE (du grec *kallos,* beauté, et *képhalé,* tête). Genre de la famille des *Phoques.* (Voir ce mot.)

CALLOSITÉ. Endurcissement de l'épiderme ou de quelque autre partie qui prend une consistance cornée. Chez les animaux, on donne ce nom à certaines parties recouvertes d'une peau plus épaisse, souvent rugueuse, dépourvue de poils. On remarque surtout ces callosités sur la poitrine et les genoux des chameaux, les fesses des singes, etc.

CALLUNA. Nom scientifique latin de la Bruyère commune. (Voir Bruyère.)

CALMARS (*Loligo*). — Animaux mollusques de la famille des *Sépiadés* ou *Seiches,* classés parmi les Céphalopodes dibranchiaux décapodes. Les Grecs les connaissaient sous le nom de *thétis,* et les Latins sous celui de *loligo* ; leur nom moderne vient du latin *calamaria* (écritoire), parce qu'ils répandent autour d'eux, quand on les inquiète, une liqueur noire comme de l'encre. — Les Calmars ont une forme plus allongée que les seiches, et leur os interne diffère beaucoup de celui de ces dernières ;

c'est une lame de corne transparente en forme de plume, et qui a quelquefois jusqu'à un pied de long. Leur corps est muni de deux nageoires, et leur bouche est entourée de huit pieds chargés de petits suçoirs. La tête supporte en outre deux bras plus longs que les pieds, et armés au bout de suçoirs dont l'animal se sert, comme d'une ancre, pour se fixer. Les Calmars se tiennent parmi les plantes sous-marines et se nourrissent de poissons et d'animaux marins; ils nagent à reculons avec une extrême vélocité, et s'élancent même quelquefois hors de l'eau comme un trait à plusieurs pieds de hauteur. Ces animaux répandent à volonté, comme les seiches, une encre noire qui trouble l'eau autour d'eux, et les dérobe ainsi à la poursuite de leurs ennemis. Les pêcheurs les emploient comme appât dans la pêche de la morue, et les habitants des côtes de la Méditerranée mangent sa chair; celle-ci passe même pour assez délicate; les Romains en

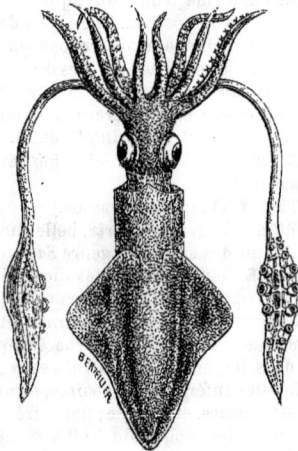

Calmar.

faisaient grand cas. — Le **Calmar commun** (*L. vulgaris*), que l'on trouve dans nos mers européennes, et le **Petit Calmar** ou *calmaret* (*L. parva*), sont les espèces les plus répandues.

CALMARET. Nom vulgaire du petit Calmar et nom français du genre *Loligopsis*, qui diffère peu des Calmars.

CALOSOME (du grec *kalos*, beau, et *sôma*, corps). Genre d'insectes COLÉOPTÈRES de la famille des *Carabidés*, aux élytres presque carrées, au corselet court, fortement arrondi sur les côtés. Ce sont de beaux et grands insectes très carnassiers que l'on trouve surtout sur les chênes, où ils font la chasse aux chenilles. — Le type du genre, **Calosoma sycophanta**, est long de 24 à 30 millimètres; il est noir, avec la tête et le corselet d'un noir bleuâtre et les élytres d'un rouge cuivreux brillant, passant au vert sur les côtés, avec des stries ponctuées et les intervalles finement ridés. — Le **Calosoma inquisitor**

à 18 à 20 millimètres, est d'un bronzé brillant, foncé, passant quelquefois au bleuâtre; corselet plus ridé en travers, élytres plus courtes, plus ridées et plus ponctuées; tous deux vivent sur les chênes. — La larve du Calosome sycophante est un gros ver noir

Calosome sycophante.

annelé, à six pattes, et dont la bouche est armée de redoutables mandibules; il s'établit dans le nid même des chenilles processionnaires sur les chênes, et en fait un grand carnage; puis le moment de sa transformation arrivé, elle redescend à terre et se cache sous quelque racine ou sous une pierre.

CALTHA. (Voir POPULAGE.)

CALVILLE. Variété de Pomme (Voir POMMIER.)

CALYBE. (Voir PARADISIER.)

CALYCANTHE (du grec *kalux*, calice, et *anthos*, fleur). Genre de plantes dicotylédones de la famille des *Calicanthacées*. Ce sont des arbrisseaux aromatiques du Japon et de l'Amérique du Nord, à tige carrée, à feuilles opposées, pétiolées, entières, à fleurs terminales ou axillaires composées d'un calice coloré, charnu, à tube court, à limbe multipartit, à étamines nombreuses, périgynes, à ovaires nombreux, libres, insérés sur le tube du calice. — Le **Calycanthe du Japon** (*Calycanthus praecox*), dont les fleurs jaunes naissent avant les feuilles, fleurit de décembre à février et répand une odeur agréable. — Le **Calycanthe fleuri** (*C. floridus*) de la Caroline, a des fleurs d'un rouge foncé, odorantes, naissant en même temps que les feuilles.

CALYCE. (Voir FLEUR.)

CALYCIFLORES. (Voir CALICIFLORES.)

CALYSTEGIA (du grec *kalux*, calice, et *stégô*, je couvre). Genre de plantes dicotylédones, monopétales hypogynes, de la famille des *Convolvulacées*, se distinguant par son calice renfermé dans deux ou quatre bractées foliacées. Ce sont des plantes volubiles ou rampantes détachées du genre *Convolvulus* pour le *C.* **sepium** ou *grand liseron des haies*, le *C.* **pubescens** de la Chine, à clochettes roses, et le *C.* **soldanelle** des côtes maritimes à fleurs purpurines.

CAMBIUM. (Voir SÈVE.)

CAMBRIEN. (Voir CUMBRIEN.)

CAME (*Chama*). Genre de mollusques bivalves, lamellibranches-siphoniens, caractérisés par la coquille épaisse, feuilletée, inéquivalve ; la charnière offrant une seule dent cardinale, s'articulant dans une fossette correspondante de la valve opposée. L'animal, parfois très volumineux, a les siphons peu allongés et les bords du manteau soudés dans toute leur étendue. Comme les huîtres, les Cames vivent fixées aux rochers par leur grande valve. On mange ces mollusques, surtout la **Came feuilletée** et la **Came gryphoïde** de la Méditerranée.

CAMÉLÉON (du grec *chamailéon*). Singulier genre de reptiles de l'ordre des SAURIENS, type de la famille des *Caméléonidés*. Ces animaux ont le corps comprimé, recouvert d'une peau chagrinée par de petits grains écailleux ; le dos tranchant, la queue

Caméléon.

ronde, prenante et recourbée en dessous ; à chaque pied, cinq doigts réunis jusqu'aux ongles, et formant deux faisceaux, l'un de deux doigts, l'autre de trois ; la tête anguleuse, sans oreilles visibles à l'extérieur ; la langue charnue, très extensible et terminée par un petit tubercule gluant qui sert à prendre les insectes ; les yeux sont recouverts par une paupière unique très bombée, qui ne laisse qu'un petit trou faisant l'office de pupille ; ils offrent en outre la singulière propriété de se mouvoir indépendamment l'un de l'autre, ce qui permet à l'animal de regarder simultanément dans deux directions tout à fait opposées. Ce reptile a des poumons si volumineux, qu'une fois gonflés l'animal paraît transparent, ce qui a fait dire aux anciens qu'il se nourrissait d'air. Le singulier phénomène qui lui est commun avec un petit nombre de reptiles, et qui consiste dans la faculté de changer instantanément et plusieurs fois de couleur, l'a fait regarder comme le symbole de l'hypocrisie. On a diversement expliqué ce changement de couleur. G. Cuvier reconnaît ici l'influence des passions ; il dit que les poumons étant vastes, le sang peut y séjourner ou en sortir à la volonté de l'animal, et

qu'ainsi ce fluide colore peu ou beaucoup, suivant qu'il est rappelé dans le poumon ou poussé dans les mailles de la peau. Milne Edwards pense que deux matières colorantes existent sous la peau ; l'une superficielle, qui donne la nuance grise ou jaunâtre ordinaire, l'autre plus profonde, rouge, violette ou vert foncé, qui ne sort des utricules, où elle est enfermée, que lorsque l'animal est agité de quelque vive passion. Quoi qu'il en soit, lorsque le Caméléon est pris d'un accès de crainte ou de colère, il se gonfle au point de doubler de volume, puis il passe par toutes les teintes du cendré rougeâtre et du gris brun, jusqu'à devenir presque noir, avec quelques diaprures et taches blanchissantes. L'animal revient ensuite tout doucement à des teintes normales. Quelquefois aussi, on ne sait trop sous quelle impression, son corps se couvre de taches ocellées d'un beau jaune doré. — Le Caméléon est le plus inoffensif des animaux ; bien que ses mâchoires tranchantes aient une certaine force, il ne mord jamais celui qui cherche à le saisir. Ses mouvements sont d'une lenteur extrême ; il vit d'insectes qu'il guette, immobile sur une branche, et lorsque ceux-ci passent à sa portée, son corps ne fait aucun mouvement, mais sa langue visqueuse, lancée comme un trait, arrête dans son vol l'insecte imprudent et le porte avec la même rapidité dans la bouche. Cette langue peut, quand l'animal la lance, atteindre presque à la longueur du corps. Les Caméléons sont ovipares ; ils habitent les contrées chaudes de l'ancien continent et se tiennent constamment sur les arbres où ils chassent les insectes. — Le **Caméléon ordinaire** (*Chamæleo vulgaris*) d'Égypte et de Barbarie, qui se trouve aussi dans le midi de l'Espagne, et jusque dans les Indes, atteint 45 centimètres de longueur ; il a le capuchon pointu et relevé d'une arête en avant ; les grains de la peau égaux et serrés, la crête supérieure dentelée jusqu'à la moitié du dos, l'inférieure jusqu'à l'anus. Ce singulier animal a fourni aux auteurs anciens matière à une foule de contes plus ou moins ridicules auxquels nous ne nous arrêterons pas. On en connaît plusieurs espèces d'Asie, d'Afrique, de Madagascar. Une espèce de l'Afrique méridionale, le **Caméléon cornu**, a la tête surmontée de trois cornes ; l'une placée entre les narines, et les deux autres au-dessus des yeux.

CAMÉLÉOPARD. (Voir GIRAFE.)

CAMÉLIDÉS (de *camelus*, chameau). Famille de mammifères qui comprend les Chameaux et les Lamas. (Voir ces mots.)

CAMÉLINE. Petite plante de la famille des *Crucifères*, dont on retire une huile souvent employée pour l'éclairage. Sa tige herbacée est dure, haute ; garnie de feuilles éparses, lancéolées ; ses fleurs petites, jaunes, sont en grappes terminales. L'huile que l'on retire de ses graines répand une forte odeur d'ail, lorsqu'elle est fraîche ; mais elle la perd bientôt. Elle donne une lumière très vive et produit peu de fumée. La Caméline a sur le colza cet avantage que sa végétation est excessivement rapide; on la sème en mai ou en juin, et l'on récolte

Caméline.

trois mois après. L'huile de Caméline a cependant moins de valeur que celle du colza.

CAMELLIA (rose de Chine ou du Japon). Plante de la famille des *Ternstrœmiacées*, tribu des *Théées*. Les Camellias, que M. Baillon réunit aux thés, n'en

Camellia.

diffèrent que par la présence d'étamines intérieures libres en face de chaque pétale. Cette belle plante est un arbre de taille moyenne en Chine, et chez nous un arbrisseau de 3 à 4 mètres; sa tige est rameuse, grisâtre, quelquefois brune; son feuillage vernissé, persistant, est d'un vert foncé; elle donne

depuis le mois d'avril jusqu'en octobre et décembre, des fleurs terminales nombreuses, assez semblables à la rose des haies, d'un effet des plus gracieux. Les variétés sont nombreuses; elles diffèrent entre elles par les fleurs, qui sont ou simples, ou doubles, de couleur rouge, blanche, rose, carnée-jaunâtre, ou panachée. Les Camellias demandent un terrain substantiel; ils craignent également le froid et la trop grande chaleur; on les propage de boutures et de marcottes. Le nom de cette plante vient de celui du P. Camelli qui, le premier, la rapporta en Europe. Les Chinois extraient des graines du Camellia une huile très fine, bonne à manger. Suivant Thunberg, les dames japonaises retirent des feuilles du *Camellia thé* une eau parfumée qu'elles emploient à leur toilette.

CAMELUS. Nom scientifique latin du Chameau. (Voir ce mot.)

CAMÉRISIER. Un des noms vulgaires du Chèvrefeuille.

CAMIRI. (Voir BANCOULIER.)

CAMOMILLE (*Anthemis*). Genre de plantes de la famille des *Composées tubuliflores*, tribu des *Chrysanthémées*. Ce sont des plantes herbacées, à feuilles finement découpées; à fleurs assez grandes, ordinairement solitaires à l'extrémité des rameaux. — L'espèce la plus importante est la **Camomille romaine** (*A. nobilis*); ses tiges sont rameuses, menues et couchées, à folioles aiguës et velues; ses fleurs à rayons blancs répandent une odeur aromatique très forte. Cette plante, qui est vivace, croît en France, en Italie et en Espagne. On en connaît deux variétés, l'une à fleurs doubles et l'autre à fleurs sans rayons; la première est cultivée comme plante d'ornement, et se multiplie par éclats de racines. Les fleurs de la Camomille romaine, prises en décoction, sont stomachiques, vermifuges, toniques et antispasmodiques; employées dans les fièvres intermittentes, elles sont, dit-on, préférables au quinquina. — La **Camomille à grandes fleurs** (*A. grandiflora*), de la Chine, est une des plus belles espèces du genre; on la cultive dans les jardins sous le nom de *chrysanthème des Indes*. Sa tige, haute de plus d'un mètre, est garnie de feuilles alternes; ses fleurs, de la grandeur de celles de l'anémone, sont d'un pourpre foncé ou d'un beau jaune. — La **Maroute** ou *camomille puante* (*A. cotula*), ainsi nommée, de l'odeur désagréable qu'elle répand, renferme un principe stimulant qui la fait employer dans les névroses. Cette plante est fort commune le long des rivières et des étangs. — La **Camomille des teinturiers** (*A. tinctoria*, L.) fournit une belle couleur aurore; elle est commune dans les Alpes; ses fleurs ont leurs rayons jaunes. — C'est au genre *Anthemis* qu'appartient le Pyrèthre. (Voir ce mot.) Nous avons figuré au mot ANTHEMIS la Camomille romaine.

CAMOUCHE. (Voir KAMICHI.)

CAMPAGNOL (*Arvicola*). Genre de mammifères de l'ordre des RONGEURS, famille des *Muridés*, section des *Arvicolidés*; ce sont des animaux assez semblables aux rats, dont ils se distinguent par leur museau tronqué, leurs oreilles et leur queue courtes et velues. On en connaît un grand nombre d'espèces répandues sur les deux continents ; elles ont toutes la tête grosse, les yeux grands, à prunelle ronde ; le museau large, la lèvre supérieure partagée par un sillon ; le corps petit, supporté par des pattes courtes ; quatre doigts aux pieds de devant, cinq à ceux de derrière, y compris le pouce qui, dans les pieds de devant, est remplacé par un tubercule : les doigts sans palmures et terminés par des ongles allongés et crochus, la queue courte ; enfin, ces espèces ont encore le pelage long, épais

Campagnol, rat d'eau.

et moelleux, laissant passer quelques grands poils au-dessus des yeux et sur les côtés du museau. — Les Campagnols habitent dans les bois, dans les champs et dans les vallées, près des eaux ; ils se creusent, sous terre, de petits trous, où ils font des provisions de blé, de glands, de noisettes et d'autres substances végétales qui leur servent d'aliments. — Nous ne citerons que quelques espèces d'Europe. Le Rat d'eau (A. amphibius, L.), d'un gris brun foncé, d'une taille un peu plus grande que celle du rat commun, se trouve dans presque toute l'Europe, et se tient près des eaux peu fréquentées ; là, il fouille le sol pour y chercher les racines dont il se nourrit ; bien qu'il nage avec facilité, il n'attaque pas le poisson, mais il mange le frai de ces animaux. — Le Campagnol commun ou *petit rat des champs* (A. arvalis) improprement nommé *mulot* dans nos campagnes, n'a que 10 centimètres de longueur y compris la queue ; son pelage est jaune brun. Ce petit animal est tristement célèbre par les ravages qu'il fait dans les campagnes. Il se creuse dans les terrains élevés une retraite composée de plusieurs galeries irrégulières qui aboutissent à une chambre de 8 ou 10 centimètres de diamètre. C'est là que la femelle dispose un lit d'herbes sèches sur lequel elle met bas, deux fois par an, de huit à douze petits. Une telle fécondité est effrayante lorsqu'on songe aux ravages qui résultent souvent de la multiplication de ce petit animal ; c'est ainsi qu'en 1816 et 1817, le seul département de la Vendée éprouva, par son fait, une perte qui fut évaluée à

plus de 2 millions. Ils coupent les tiges des céréales par le pied, mangent une partie du grain sur place et emportent le reste. — Le Campagnol économe (A. œconomus), un peu plus grand que le précédent, ne se trouve qu'en Sibérie ; c'est au fond des vallées humides de cette vaste contrée que ce petit quadrupède se retire, et déploie dans la construction de son domicile une industrie remarquable. Il creuse d'abord près de la surface du sol une vaste chambre, d'un pied de diamètre, d'où partent, dans tous les sens, une trentaine de galeries s'ouvrant par des soupiraux d'un pouce de diamètre. C'est dans la grande chambre garnie de mousse qu'il se tient ordinairement, prêt à s'enfuir par l'une des galeries s'il est inquiété. En dessous se trouvent les magasins ; ce sont trois ou quatre grandes chambres qui communiquent par des galeries avec les parties supérieures de l'habitation. C'est dans ces magasins que l'économe entasse, après les avoir fait sécher au soleil, les racines destinées aux provisions d'hiver. Dans certaines années, ces animaux se rassemblent au printemps en troupes considérables et émigrent vers l'est ; rien ne les arrête dans leur course, ni bras de mer, ni rivière, ni montagne ; ils sont alors suivis par des carnassiers de toute espèce qui en détruisent un très grand nombre. Les Kamtschadales recherchent la demeure de ces Campagnols pour s'emparer de leurs provisions. — Nous citerons encore : le Campagnol des neiges (A. nivalis), gris cendré, qui habite les montagnes neigeuses de la Suisse, et le Campagnol social (A. socialis), qui vit en société sur les bords du Volga. — Les Lemmings (voir ce mot) sont très voisins des Campagnols.

CAMPAN [Marbre de]. (Voir MARBRE.)

CAMPANIFORME ou CAMPANULÉ (de *campana*, cloche). En forme de cloche.

CAMPANULACÉES. Famille de plantes herbacées, dicotylédones, monopétales périgynes, à tiges li-

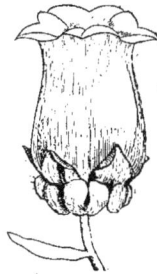

Campanule, fleur.   Fleur coupée verticalement.

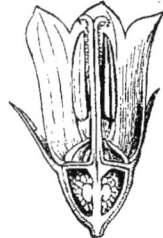

gneuses, renfermant un suc laiteux, souvent caustique. Elle tire son nom de la Campanule. Ses caractères généraux sont : corolle monopétale à cinq divisions, assise sur le calice ; celui-ci adhérent à l'ovaire ; étamines alternes, fixées au calice au-dessous de la corolle ; anthères séparées ; ovaire inférieur, surmonté d'un disque glanduleux, du milieu duquel part un stigmate tantôt simple, tantôt divisé. Cet ovaire se change en capsule, s'ouvrant sur le côté; elle est divisée en plusieurs loges. Les principaux genres de cette famille sont : *Campanula, Phyteuma, Rapunculus, Erinia, Specularia, Trachelium*, etc.

CAMPANULAIRES. Groupe de polypiers hydroïdes de la classe des HYDROMÉDUSES. Ce sont des polypes réunis en colonies, à organisation très simple, revêtus d'une gaine cornée et formant à chacun d'eux un tube dont l'extrémité s'élargit en manière de coupe (*hydrothèque*). Leur cavité digestive communique par un canal viscéral commun avec celles des autres individus de la colonie. A une certaine épo-

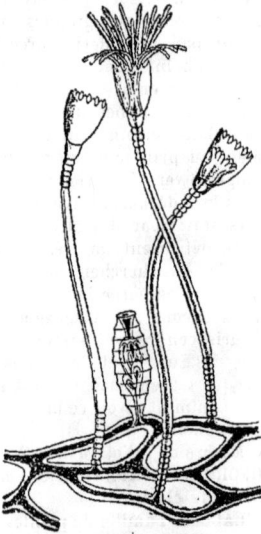

Campanulaires de Johnston.

que, sur quelques-uns de ces polypes naissent des bourgeons, qui se développent, se détachent et revêtent la forme de méduse. Celle-ci produit des œufs qui donnent naissance à des polypes hydroïdes. (Voir HYDROMÉDUSES.) On distingue parmi les Campanulaires plusieurs familles, suivant la disposition des polypes sur les rameaux; ce sont : les *Campanularidés*, les *Sertularidés*, les *Plumularidés*. — Les Campanulaires proprement dites (*Campanularia*) offrent un polypier à tiges simples ou ramifiées, composées d'un axe charnu à périderme corné, annelées à leurs deux extrémités et terminées par des calices ou hydrothèques dépourvus de couvercle, dans lesquels sont logés les polypes nourriciers. Ceux-ci ont une bouche en entonnoir entourée d'un cercle de tentacules. Les capsules sexuelles ou gonothèques, sortes de polypes transformés, sont le plus souvent sessiles et dépourvues d'orifice et de tentacules, mais traversées par un axe charnu sur lequel se développent les bourgeons qui se transfor-

ment en méduses. Nous figurons ici la *Campanulaire de Johnston*.

CAMPANULE (de *campanula*, petite cloche). Genre de plantes de la famille des *Campanulacées*. On en cultive un grand nombre d'espèces dans les jardins, où leurs fleurs bleues, blanches, violettes ou jaunes,

Campanule gantelée.

disposées en épis ou solitaires, produisent le plus bel effet. Telles sont : la **Campanule carillon**, la **Campanule gantelée**, la **Campanule pyramidale**, la **Campanule raiponce**. On mange les racines de cette dernière espèce, ainsi que celles de la **Campanule doucette**; elles ont un goût assez agréable; mais sont un peu dures. On mange leurs feuilles en salade lorsque le plant est jeune.

CAMPÊCHE (Bois de). C'est le bois de l'*Hematoxylon campechianum*, arbre qui croît dans plusieurs parties de l'Amérique équinoxiale, et particulièrement dans la baie de Campêche au Mexique. On l'emploie dans la teinture, pour les rouges, les noirs et plusieurs couleurs composées. Son principe colorant se nomme *hématine*. On s'en sert également en médecine comme astringent. C'est un arbre de la famille des *Papilionacées*, tribu des *Césalpinées*: ses rameaux sont épineux, toujours verts et il atteint 12 à 15 mètres de hauteur. Son bois est dur, compact, d'un brun rougeâtre; on l'expédie en Europe sous la forme de bûches volumineuses. Suivant sa provenance, on lui donne les noms de *bois de Campêche, bois de Nicaragua, bois de la Jamaïque*.

CAMPHRE, CAMPHRIER. Le Camphre est un principe immédiat des végétaux. On le rencontre dans plusieurs lauriers, dans un grand nombre de *Labiées*, telles que la lavande, le thym, la marjolaine, ainsi que dans plusieurs plantes de la famille des *Ombellifères*. Mais on le retire surtout en grand, au moyen de la décoction et de la sublimation, de différentes parties d'une espèce de laurier (*Cinnamomum camphora*), qui croît à la Chine et au Japon. Pour obtenir le Camphre, on brise le tronc et les branches de l'arbre dont on veut le retirer, on les place dans de grandes cucurbites de fer dont l'intérieur est garni de cordes faites avec de la paille de riz. Après avoir suffisamment arrosé d'eau, on chauffe modérément, et le Camphre entraîné par les vapeurs de l'eau va se condenser sur la paille de riz, où on le recueille après l'opération. C'est ainsi qu'il arrive

Camphrier du Japon.

en Europe; il est à l'état brut, impur, sous forme de poudre grise; aussi doit-il être raffiné avant d'être employé. Cette opération se fait en le sublimant dans des matras avec un trentième ou un cinquantième de chaux qui lui enlève l'huile empyreumatique qu'il contient. Le Camphre est solide, blanc, demi-transparent, fragile, d'une odeur particulière, forte, aromatique, d'une saveur amère, âcre et brûlante, gras au toucher et granuleux. Le Camphre brûle à l'air, l'eau ne le dissout que très faiblement, l'alcool, l'eau-de-vie, les huiles volatiles le dissolvent facilement. Cette substance est fréquemment employée en médecine; elle agit comme calmant et antispasmodique; dissous dans l'alcool, il constitue un excellent résolutif. — Le **Camphrier du Japon** (*C. camphora*) est un arbre de 10 à 15 mètres, à branches lisses, à feuilles alternes, simples, pétiolées, luisantes, d'un vert brillant; en fleurs disposées en grappes axillaires ou terminales construites comme celles du cannellier.

CANAL. En histoire naturelle, on emploie ce mot comme synonyme de tube, étui; ainsi l'on dit indifféremment canal digestif ou tube digestif, canal médullaire ou étui médullaire. (Voir VAISSEAUX, MOELLE, etc.)

CANALICULÉ. Se dit de toute partie creusée en gouttière.

CANANG. (Voir UVARIA.)

CANARD (*Anas*, L.). Genre d'oiseaux de l'ordre des PALMIPÈDES, sous-ordre des *Lamellirostres*, type de la famille des *Anatidés*, qui comprend tous les palmipèdes, dont le bec, grand et large, a ses bords garnis d'une rangée de lames saillantes, minces, placées transversalement, qui paraissent avoir pour usage de laisser écouler l'eau quand l'oiseau a saisi sa proie. On divise ce groupe en trois sections : les Cygnes, les Oies et les Canards proprement dits. Nous ne nous occuperons dans cet article que de ces derniers. (Voir CYGNES et OIES.) Les Canards se distinguent des cygnes et des oies par leur cou beaucoup moins long. leurs jambes plus courtes et placées plus en arrière. On rencontre ces oiseaux dans toutes les parties du monde, où ils peuplent les rivages de la mer et des rivières ; ils nagent avec aisance, fendent les ondes très habilement et plongent avec grâce pour saisir leur proie; ils ne cessent d'habiter la surface de l'eau où dans le temps où le soin de leurs œufs les attache au rivage ; mais, dès que les petits sont éclos, ils se hâtent de les conduire à leur séjour de prédilection. Cependant, tout au contraire des oies, ils se retirent le soir dans les champs et ne reviennent à l'eau que le matin. Ils volent pour la plupart aussi aisément qu'ils nagent. Tous, ou presque tous, se retirent à l'époque de la pariade dans les régions les plus boréales du globe; ils restent pendant toute la saison des longs jours dans ces climats, et ne les quitent qu'à l'automne pour passer dans les pays méridionaux; mais, dès avant l'équinoxe du printemps, ils suivent la marche du soleil, pour retourner dans les froides contrées où ils ont pris naissance. Les Canards se distinguent entre tous les palmipèdes par la beauté de leur plumage. — Leurs espèces, très nombreuses, ont été réparties dans divers groupes pour en faciliter la classification; mais on peut regarder le **Canard sauvage** (*A. boschas*) comme le type du genre; le mâle a la tête et le cou d'un vert très foncé; un collier blanc au bas du cou, les parties supérieures rayées de zigzags très fins d'un brun cendré, la poitrine est marron foncé; le miroir de l'aile est d'un vert violet bordé en dessus et en dessous d'une bande blanche; son bec est d'un jaune verdâtre, et ses pieds orangés. La femelle est plus petite, tout son plumage est varié de brun sur un fond grisâtre. C'est de cette espèce que sont sorties nos races domestiques. Dans son état sauvage, il niche surtout dans le Nord, et est de passage dans nos climats en automne et à la fin de l'hiver. Il en reste toujours dans nos contrées quelques groupes qui nichent dans les marais. La femelle pond quatorze à seize œufs d'un blanc verdâtre. Dès que les petits sont éclos, le père et la mère les conduisent à l'eau, mais ils ne volent qu'à trois mois. Les Canards sauvages ont un vol très élevé; ils vivent en société et voyagent par troupes nombreuses. — L'une des plus belles espèces du genre est le **Canard à éventail** (*A. galericulata*) de la Chine, au plumage brillant, au

Canard à éventail de la Chine.

panache vert pourpré et aux rémiges orange relevées en éventail, qui le dispute en beauté au faisan doré. Mais ces couleurs brillantes sont réservées aux seuls mâles, car les femelles sont toujours vêtues de couleurs sombres et peu variées. Cette magnifique espèce est commune en Chine, surtout à Nankin, où on la donne aux jeunes fiancés le jour de leur mariage, comme un symbole de la fidélité conjugale.

On a subdivisé le genre Canard en deux sections: les *Anatinés* ou Canards proprement dits, à cou moyen, à pouce nu, comprenant les Canards, souchet, chipeau, pilet, sarcelles, et les *Fuligulinés* à cou gros et court, à pouce bordé d'une membrane. A cette section appartiennent les morillon, Milouin, garrot, eider, macreuse. Nous avons consacré des articles particuliers aux *eiders*, aux *macreuses* et aux *sarcelles*.

Nos Canards domestiques proviennent du Canard sauvage; ils rendent de grands services dans l'économie domestique. Leur chair, d'une digestion facile, leurs œufs délicats, leurs plumes, sont des biens d'autant plus précieux qu'on les obtient plus facilement. En effet, les Canards ne demandent presque aucun soin; à peine a-t-on besoin de s'occuper de leur nourriture, qu'ils savent trouver dans les restes et les ordures, il leur suffit d'avoir un peu d'eau. Les femelles commencent leur ponte au mois de février et la continuent jusqu'en mai. Les petits éclosent au bout d'un mois; ils vont à l'eau aussitôt après leur naissance. — Parmi les canards proprement dits, nous citerons encore: le **Canard musqué**, originaire d'Amérique; c'est une des plus grandes espèces; il est d'un noir irisé avec une large bande blanche sur les ailes, et une plaque nue, couverte de papilles rouges, de chaque côté de la tête, celle-ci porte une huppe; les pieds et le bec sont rouges, ce dernier est surmonté à sa base d'une caroncule rouge et ronde comme une cerise; le **Pilet** (*A. acuta*), du nord de l'Europe, à plumage cendré, finement rayé de noir, nommé aussi *canard à longue queue*; le **Souchet** (*A. clypeata*), à tête et cou verts, à poitrine blanche, ventre roux, dos brun, ailes variées de blanc, de cendré, de vert et de brun; il nous vient au printemps, et disparaît entièrement dès que le froid devient vif; sa chair est excellente; le **Tadorne** (*A. tadorna*), blanc, à tête verte, avec une ceinture cannelée autour de la poitrine; l'aile variée de noir, de blanc, de roux et de vert; le bec rouge, relevé en bosse saillante à sa base. Son duvet est presque aussi fin et aussi doux que celui de l'eider. Ces deux dernières espèces ne se tiennent point en troupes comme les autres canards; mais ils vivent par couples. — Le **Milouin**, à plumage cendré, strié de noirâtre, est un gibier délicieux; il nous arrive du Nord au mois d'octobre.

CANARI. (Voir SERIN.)

CANCER. Nom latin du Crabe.

CANCHE (*Aira*). Genre de plantes de la famille des *Graminées*, tribu des *Avénacées*, offrant pour caractères: épillets à deux ou trois fleurs, hermaphrodites; deux glumes carénées, presque égales; deux glumelles dont l'inférieure irrégulièrement dentée au sommet, munie d'une arête droite ou genouillée partant près de la base. — Nous citerons: la **Canche gazonnante** (*A. cæspitosa*), à tiges rudes, de 6 à 10 décimètres, à feuilles planes, assez larges, raides, sillonnées en dessus; à fleurs luisantes, panachées de blanc et de violet en panicule pyramidale; elle croît dans les bois et les prés un peu humides; les bestiaux la mangent au printemps, mais la délaissent en automne; et la **Canche flexueuse** (*A. flexuosa*), à souche gazonnante, tige de 4 à 8 décimètres, feuilles presque capillaires, enroulées, à ligule courte, tronquée; épillets petits, luisants, violacés, en panicule diffuse. La Canche croît dans les bois montueux.

CANCRE. Nom vulgaire des Crabes.

CANCRELAT. Un des noms vulgaires de la Blatte. (Voir ce mot.)

CANE. Femelle du Canard.

CANÉFICIER. (Voir CASSE.)

CANELLE. (Voir CANNELLE.)

CANEPÉTIÈRE. (Voir OUTARDE.)

CANETON. Nom du jeune Canard.

CANICHE. Nom vulgaire du chien Barbet. (Voir CHIEN.)

CANIDÉS (de *canis*, chien). Famille de mammifères carnivores, digitigrades, à griffes non rétractiles, comprenant les *chiens*, les *chacals*, les *renards*, les *loups*. (Voir ces mots.)

CANINES. (Voir DENTS.)

CANNA. Nom scientifique latin du Balisier.

CANNA. Espèce du genre *Antilope* (A. *oreas*, vulgairement *Élan du Cap*). (Voir ANTILOPE.)

CANNABINE. (Voir DATISQUE.)

CANNABINÉES (de *cannabis*, non latin du chanvre). Quelques auteurs en font une famille particulière ; mais la plupart la considèrent comme une simple section de la famille des *Urticacées*.

CANNABIS (nom grec du chanvre). Nom scientifique du genre *Chanvre*.

CANNACÉES (du genre *Canna*). Famille de plantes monocotylédones, voisine des Amomacées, dont elle diffère surtout par l'embryon placé dans un endosperme double. Il comprend les genres *Canna* et *Maranta*. Quelques auteurs lui donnent le nom de *Marantacées*. Le genre *Canna* (balisier), type de la famille, offre pour caractères : fleurs irrégulières, en grappe terminale, composées d'un périanthe double ; l'externe herbacé, à trois segments égaux, l'interne pétaloïde, à trois divisions réunies en tube à leur base ; une étamine unique et un stigmate pétaloïde ; un ovaire à trois loges contenant un grand nombre d'ovules. Le fruit est une capsule ovoïde, tuberculeuse, couronnée par le limbe du calice ; elle est à trois loges contenant chacune plusieurs graines globuleuses et s'ouvre en trois valves. (Voir BALISIER.)

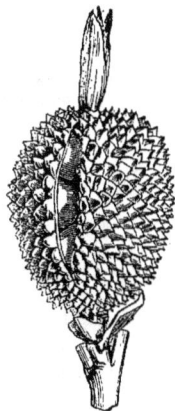

Fruit du *Canna indica*.

CANNAMELLE (du latin *canna*, roseau, et *mel*, miel). Nom vulgaire de la Canne à sucre.

CANNE. On désignait autrefois, dans les pharmacopées, sous le nom de *Canne aromatique* (*Calamus aromaticus*), une plante des Indes de la famille des *Gentianées*, qui entrait dans la composition de la thériaque. Elle est aujourd'hui abandonnée. — On donne parfois ce nom à l'*Acorus calamus*.

CANNE A SUCRE ou **CANNAMELLE** (*Saccharum*). Genre de plantes de la famille des *Graminées*. Cette plante, l'une des plus utiles à l'homme, est vivace ; de sa racine genouillée, fibreuse, sortent plusieurs tiges qui s'élèvent de 2 à 4 mètres de hauteur, avec un diamètre de 4 à 5 centimètres. Ces tiges lisses, luisantes, articulées, sont garnies de quarante à soixante nœuds rapprochés, et remplies d'une moelle succulente qui, étant exprimée, porte le nom de *vin de canne* ; c'est de cette liqueur que l'on extrait le sucre. De chaque nœud partent de longues feuilles striées, d'un vert glauque avec une nervure blanche ; ces feuilles tombent à mesure que la canne mûrit. Le sommet de la tige est sans nœud, et porte une large panicule soyeuse, argentée, couverte de petites

fleurs blanchâtres, cachées à la vue et donnant naissance à des graines oblongues enveloppées par les valves. Dès que la plante a fleuri, elle arrive promptement au terme de son existence ; elle devient pesante, cassante, d'une couleur jaunâtre, violette ou blanchâtre, selon les variétés, c'est alors qu'on fait la récolte. On divise la tige en deux parties : l'une dépouillée de feuilles se nomme *canne sucrée*, parce

Canne à sucre.

qu'elle présente le sucre tout formé, l'autre dite *tête de canne* ou *flèche*, garnie de feuilles vertes, est destinée à donner un nouvel individu, c'est une bouture. Les produits de la Canne sont immenses ; outre le sucre, elle donne des sirops que l'on convertit en rhum et autres liqueurs. La partie supérieure de sa tige fournit aux bestiaux un très bon fourrage. La cendre de ses racines sert à fertiliser le terrain. — On connaît plusieurs variétés de Cannes, les seules cultivées pour la fabrication du sucre sont : la **Canne à sucre officinale**, originaire des Indes orientales, et type de l'espèce ; la **Canne à sucre violette** et la **Canne à sucre de Taïti**. — Pour obtenir le sucre, on coupe les tiges lorsqu'elles sont mûres, c'est-à-dire lorsqu'elles ont environ dix-huit mois ; on en fait des fagots et on les transporte au moulin, où elles sont pressées entre des cylindres. Les Cannes pressées répandent une liqueur douce et visqueuse qui est conduite dans des chaudières où on la fait cuire jusqu'à ce qu'elle ait atteint une consistance de sirop. On la verse alors dans des moules de terre en forme de cônes creux ouverts par les deux bouts et dont le petit trou, qui est la pointe du cône, est bouché avec un tampon de paille. Au bout de vingt-quatre heures, le sucre est refroidi et cristallisé; on a alors du sucre brut. Un premier lavage le débarrasse d'une partie de la liqueur mielleuse grasse et brune et donne la *cassonnade*, et une nouvelle purification par le noir animal donne le sucre raffiné blanc. — Les anciens connaissaient parfaitement le sucre, qu'ils nommaient *saccharon*. Dioscoride, et après lui Pline, dit que c'est une espèce de miel contenu dans la moelle de certains roseaux de l'Inde, qui se congèle à la façon du sel et est friable comme lui; seulement ils ne paraissent pas avoir connu l'art de le raffiner. Ce n'est que vers l'époque des premières croisades que le sucre raffiné fut introduit en Europe, et les Vénitiens en eurent longtemps le monopole. Vers la fin du quatorzième siècle, la culture de la Canne à sucre fut introduite en Sicile et en Chypre, et un siècle plus tard en Espagne, où elle réussit parfaitement. Aujourd'hui, ce précieux végétal est cultivé dans presque tous les climats chauds.

CANNEBERGE. Nom vulgaire d'une espèce d'Airelle (*Vaccinium oxycoccos*), arbrisseau rampant à rameaux filiformes qui croît dans les marais tourbeux de l'Europe et de l'Amérique du Nord. Ses baies globuleuses rouges, d'abord âpres et acides, deviennent sucrées et acidules en hiver, et servent à faire des confitures et un sirop rafraîchissant.

CANNELLE et **CANNELLIER**. La Cannelle est l'écorce d'un arbre de la famille des *Lauracées*, du genre *Cinnamomum*. Le **Cannellier** (*Cinnamomum ceylanicum*), qui croît dans l'île de Ceylan et que l'on cultive en grand à Cayenne, à la Jamaïque et au Brésil, est un arbre toujours vert, de 5 à 7 mètres de hauteur; son écorce est d'un roux grisâtre, son bois léger, poreux et odorant; ses feuilles opposées, lisses et ovales, pointues au sommet, trinervées à la base; ses fleurs, disposées en panicule terminale, sont nombreuses, petites et blanches. Le fruit est une baie ovale, bleuâtre dans sa maturité, renfermant un noyau, dont l'amande fournit une huile concrète avec laquelle on fait des bougies. De ses racines, très aromatiques, on extrait beaucoup de camphre. L'exploitation du Cannellier est fort simple; la Cannelle est la seconde écorce des jeunes pousses et branches de trois ans du laurier Cannellier que l'on enlève, puis on la coupe en feuillets carrés et on l'expose au soleil; là elle se dessèche, se roule en spirale, et acquiert cette teinte rousse qu'on lui connaît. La récolte a lieu en février et août. Cette substance a une saveur aromatique très agréable; elle est utilisée en pharmacie et dans l'art culinaire. — On trouve encore dans le commerce, sous le nom de *cannelle*, diverses écorces dont l'odeur et la saveur se rapprochent de la précédente; telles sont celles du *Drimys aromatique*, connue sous le nom de *cannelle blanche*, et celle du *Cassia lignea* de Cochinchine.

CANON. Os de la jambe du cheval qui répond au métacarpe et au métatarse de l'homme.

CANONNIERS. On donne vulgairement ce nom aux insectes du genre *Brachine*. (Voir ce mot.)

CANTALOUP. Variété de Melon. (Voir ce mot.)

CANTARELLE. On donne ce nom dans le Midi aux Champignons du genre *Chanterelle*. (Voir ce mot.)

CANTHARIDE. Genre d'insectes Coléoptères Hétéromères, famille des *Vésicants* ou *Méloïdés*. On en connaît plusieurs espèces; mais la plus répandue en Europe et celle qui est le plus communément employée en médecine est la **Cantharide des boutiques** (*Cantharis vesicatoria*) ou *mouche d'Espagne*; elle est longue de 20 à 25 millimètres, d'un vert brillant, avec les antennes noires; les élytres sont minces et flexibles. Cette espèce se fixe principalement sur le frêne et le lilas, dont elle dévore les feuilles; son odeur est très forte et peut faire reconnaître sa présence à une assez grande distance. Quand on veut recueillir des Cantharides, on a soin d'observer le jour l'arbre sur lequel elles sont arrêtées, puis on place un drap autour de cet arbre, que l'on secoue fortement dès le matin, pendant que ces insectes sont encore engourdis. On les fait mourir en les exposant à la vapeur du vinaigre chaud, et ensuite, on les fait sécher afin de les conserver. Tout le monde connaît l'emploi de la Cantharide, pour appeler sur un point du corps une vive irritation et détacher l'épiderme, ce qui l'a fait utiliser pour établir les vésicatoires. Données à l'intérieur, elles sont un remède très dangereux et peuvent produire l'empoisonnement, même à des doses très faibles. On les emploie cependant dans les maladies nerveuses, surtout dans la paralysie. La plupart des espèces de ce genre jouissent de propriétés analogues. Celle d'Amérique (*C. vittata*) est noire, avec la tête, le corselet et cinq bandes longitudinales jaunes sur les élytres. — Les anciens connaissaient les propriétés de la Cantharide, seulement l'espèce qu'ils employaient n'était pas la nôtre, car la description qu'en donne Dioscoride (*Luteas habent in pennis transversas lineas*) paraît se rapporter au Mylabre de la chicorée, dont les élytres sont en effet traversées de bandes jaunes, et qui est encore en usage dans tout l'Orient et même en Chine.

Cantharide.

CANTHÈRE (*Cantharus*). Genre de poissons de la famille des *Sparidés*, ayant pour caractères: la bouche peu fendue, les dents en carde serrées; une seule dorsale; les rayons branchiostèges au nombre de six; les écailles grandes et très adhérentes. Les Canthères sont des poissons très voraces. — On en pêche deux espèces sur nos côtes, dont l'une, le **Canthère commun** (*C. vulgaris*), connue sous le nom de *brème de mer*, est un poisson assez recherché; sa chair est blanche et légère comme celle des bars; l'autre, connue des pêcheurs sous le nom de **Sarde grise** (*C. griseus*), est moins délicate. — On pêche communément dans la Méditerranée une troisième espèce connue en Italie sous le nom de *cantaro*, qui paraît n'être qu'une variété du Canthère commun.

CAOUANE. Nom vulgaire d'une espèce de Tortue de mer, du groupe des *Chéloniens* (*Testudo caretta*, de Gmelin): sa carapace est formée de plaques juxtaposées d'un brun ou marron foncé; sa longueur est d'environ 1^m,30 et son poids s'élève à 130 et 200 kilogrammes. La Caouane habite la Méditerranée et l'océan Atlantique; sa chair est mauvaise et son écaille peu estimée. (Voir TORTUE.)

CAOUTCHOUC (vulgairement *gomme élastique*). Cette substance blonde ou brunâtre, opaque, très élastique, imperméable à l'eau et au gaz, provient du suc laiteux qui s'écoule des incisions faites à certains arbres des pays tropicaux, tels que l'*Hevea guianensis*, de la Guyane française, le *Lobelia caoutchouc* des Andes, les *Ficus elastica* et *indica* de l'Inde; mais c'est surtout l'*Hevea guianensis*, qui fournit cette substance. Ce grand arbre de l'Amérique méridionale a 15 à 20 mètres d'élévation; son tronc, d'un gris rougeâtre, a 6 ou 8 décimètres de diamètre; ses branches naissent vers le sommet et se répandent en tous sens. Les feuilles, épaisses, se composent de trois folioles pyriformes, coriaces, luisantes, de 8 à 10 centimètres de long; les fleurs, disposées en grappes terminales, sont petites, monoïques, dépourvues de corolle; les fleurs mâles et les fleurs femelles sont placées sur la même panicule. Le fruit est une grosse capsule ligneuse, à trois lobes et à trois loges, dont chacune contient deux ou trois graines ovoïdes, roussâtres; il est de la grosseur d'une prune. Le suc qui coule du tronc est recueilli dans des moules d'argile en forme de fioles et desséché au feu libre, ce qui lui donne son aspect enfumé. — Ce n'est que depuis quelques années que l'industrie a tiré parti de l'imperméabilité du caoutchouc; on ne l'employait avant que pour effacer les traces du crayon sur le papier, et pour faire certains instruments de chirurgie. Makintosh, le premier, s'en servit pour fabriquer des étoffes imperméables. On en confectionne aussi des chaussures et une foule d'objets. Le caoutchouc se dissout dans l'éther et dans le sulfure de carbone; il fond à 42 degrés et reste onctueux après le refroidissement. Épuré, il est composé, suivant Faraday, de 87,2 de carbone et de 12,8 d'hydrogène.

CAPELAN. Espèce du genre *Morue*. (Voir ce mot.)

CAPILLAIRE (de *capillus*, cheveu). On donne ce nom, en histoire naturelle, à toutes les parties dont la ténuité peut se comparer à celle d'un cheveu: racines capillaires, vaisseaux capillaires.

Capillaire. Nom vulgaire de l'Adiante, cheveu de Vénus. (Voir ADIANTE.)

CAPILLUS VENERIS. Cheveu de Vénus. (Voir ADIANTE.)

CAPISTRATE. (Voir ÉCUREUIL.)

CAPITULE (de *capitulum*, petite tête). On donne

ce nom au mode d'inflorescence des plantes de la famille des *Synanthérées* ou *Composées*, lequel consiste dans la réunion de fleurs nombreuses très serrées entre elles, sessiles sur un réceptacle qui n'est autre chose que le sommet dilaté du pédoncule commun. Le capitule est tantôt nu, tantôt pourvu d'un involucre.

CAPPARIDÉES. Famille de plantes herbacées ou ligneuses, qui prend son nom du genre *Capparis* ou *Câprier*, le plus important de la famille. Ses principaux caractères sont: feuilles alternes, simples, avec des stipules, ou composées sans stipules; calice à quatre divisions; corolle à quatre pétales souvent irréguliers; étamines ordinairement en grand nombre, quelquefois quatre ou six; ovaire à une seule loge, contenant beaucoup de semences; style simple ou divisé et terminé par un stigmate ayant autant de lobes que le style a de divisions; fruit charnu, allongé en forme de baie ou de silique. Cette famille a de grands rapports avec les crucifères, surtout quand le fruit est une silique; mais elle s'en éloigne par le grand nombre des étamines et par le fruit qui, souvent, est une baie; elle offre aussi un principe volatil, âcre, stimulant et analogue à celui des plantes crucifères dont elle possède plusieurs propriétés médicales. Les Capparidées, en effet, sont diurétiques, excitantes et antiscorbutiques. Cette famille comprend entre autres genres: *Capparis*, *Cleome*, *Cratæva*, *Moringa*.

CAPPARIS. Nom scientifique latin du genre *Câprier*.

CAPRA. Nom latin de la Chèvre, type de la famille des *Capridés*.

CAPRE et **CAPRIER** (*Capparis*). Genre de la famille des *Capparidées*, à laquelle il donne son nom.

Câprier (*Capparis spinosa*).

On connaît plusieurs espèces de ce genre; mais une seule mérite de fixer notre attention, c'est le **Câprier épineux** (*C. spinosa*). Cette plante offre plusieurs tiges étalées, rameuses et glabres ; la fleur grande et d'un aspect très agréable, à cause de la blancheur de la corolle et du nombre des étamines, qui s'élève de soixante à quatre-vingts ; le calice a des sépales inégaux, disposés en croix ; le fruit charnu, en forme de poire, contient dans sa pulpe un grand nombre de graines très ténues. Quoique originaire de l'Asie, cet arbrisseau se trouve aussi en Barbarie et en Provence, où il est l'objet d'un commerce important ; il est surtout très commun dans cette dernière contrée. On cultive les Câpriers en plein champ dans une terre douce et légère ; on les multiplie de graines et de boutures. On recueille les fleurs en boutons et on les confit dans du vinaigre pour faire ce qu'on appelle des *câpres*. L'écorce de la racine du Câprier est quelquefois employée en médecine comme apéritive et diurétique.

CAPRICORNE (de *capra*, chèvre, et *cornu*, corne). (Voir Longicornes.) On réserve plus particulièrement ce nom aux espèces du genre *Cérambyx*. (Voir ce mot.) — On nomme **Capricorne musqué** le *Callichroma moschata.*

CAPRIDÉS. Famille de mammifères de l'ordre des Ruminants et comprenant tous ceux qui, comme la Chèvre, ont les cornes plus ou moins comprimées et anguleuses: Chèvres, Moutons, Bouquetins.

CAPRIER. (Voir Capre.)

CAPRIFICATION. (Voir Figue.)

CAPRIFIGUIER, c'est-à-dire *figuier de chèvre.* On donne ce nom au figuier sauvage qui croît sur les rochers.

CAPRIFOLIACÉES. Famille de plantes qui tire son nom du genre *Caprifolium,* chèvrefeuille ; ce sont des plantes dicotylédones, monopétales, périgynes, renfermant en général des arbrisseaux, à feuilles opposées, entières, sans stipules ; la fleur offre un calice monosépale, une corolle monopétale, quatre-cinq étamines, un style, l'ovaire, infère ; les graines sont renfermées dans une baie. Les genres *Sureau, Viorne, Chèvrefeuille,* rentrent dans cette famille. (Voir ces mots.)

CAPRIMULGIDÉS (de *caprimulgus,* engoulevent). Famille d'oiseaux de l'ordre des Passereaux fissirostres, comprenant les Engoulevents, les Podarges et les Guacharos.

CAPRIMULGUS (de *capra,* chèvre, et *mulgeo,* je trais). Nom scientifique latin du genre *Engoulevent.* (Voir ce mot.)

CAPRISQUE. Nom vulgaire d'un poisson du genre *Baliste.* (Voir ce mot.)

CAPROMYS (de *capra,* chèvre, et *mus,* rat). Genre de mammifères rongeurs, voisins des Rats, dont ils ont les formes générales et l'organisation ; mais ils s'en distinguent par leur grande taille et par leurs mœurs, et ils ont quatre molaires partout. Les Capromys appartiennent à l'île de Cuba. Ils sont de la taille du lapin ; leurs mouvements sont lents, mais ils grimpent aux arbres avec facilité ; exclusivement herbivores, ils recherchent surtout les plantes aromatiques. Leur chair est assez délicate.

— Le **Capromys Fournieri** est brun avec les pieds et le museau noirs ; la queue, moitié moins longue que le corps, est couverte d'anneaux écailleux ; il est de la taille d'un Lapin. — Le **Capromys prehensilis,** un peu plus petit, est roux avec la tête et les pattes blanches ; la queue est aussi longue que le corps.

CAPSELLA. (Voir Thlaspi.)

CAPSICUM. Nom latin du Piment.

CAPSULE (de *capsa,* boîte). On donne ce nom, en anatomie, à diverses parties qui ont la forme ou la disposition d'enveloppe. Ainsi l'on nomme **Capsule du cœur,** le péricarde, **Capsule cristalline,** la membrane qui entoure le cristallin, **Capsules synoviales,** les membranes en forme de manchon placées aux articulations et qui sécrètent la synovie (voir ce mot), **Capsules surrénales,** de petits organes placés de chaque côté au-dessus du rein, qu'ils coiffent comme un petit casque dont ils ont la forme. — En botanique, on donne le nom de *capsule* à tout fruit sec contenant plusieurs graines, à une ou à plusieurs loges. Cette définition générale comprend un très grand nombre de fruits de forme et de structure variées ; tels sont : le Follicule, la Silique, la Silicule, la Pixide, la Gousse, l'Élatérie. (Voir ces mots.)

CAPUCHON (*Cucullus*). Ce nom s'applique aux organes de la fleur, pétales ou sépales, qui ont la forme concave, comme dans l'aconit et l'ancolie.

CAPUCINE (*Tropæolum*). Genre de plantes de la famille des *Géraniacées,* tribu des *Tropæolées,* se distinguant par les caractères suivants : calice coloré, profondément divisé en cinq lobes, dont le supérieur se prolonge en éperon ; corolle à cinq pétales, dont trois ciliés sur les bords ; huit étamines libres ; style terminé par trois stigmates ; fruit formé de trois capsules charnues. — On connaît une douzaine d'espèces, toutes originaires de l'Amérique méridionale. La plus remarquable est la **Capucine ordinaire** (*T. majus*). Ses fleurs, d'un jaune orangé ou souci-ponceau, partent de l'aisselle des fleurs et sont marquées, sur les pétales supérieurs, de lignes noirâtres. Les feuilles peltées, lisses sur leur surface supérieure, sont plus pâles en dessous ; la tige est cylindrique, grimpante, et s'élève de 2 à 3 mètres quand elle est soutenue. Cette espèce nous a été apportée du Pérou en 1684. — La **Petite Capucine** a la tige plus rameuse et moins élevée ; ses fleurs, plus pâles, ont les trois pétales inférieurs marqués d'une tache rouge : ce caractère est constant et sert parfaitement à la distinguer de l'espèce précédente. — On a obtenu, par la culture, des espèces doubles et de nombreuses variétés, depuis le jaune clair jusqu'au brun velouté. — Les fleurs et les fruits de la Capucine, confits dans le vinaigre, servent d'assaisonnement dans les salades, auxquelles elles donnent une odeur et une saveur agréables. Tout le monde connaît le bel effet que produit cette plante lorsqu'elle s'étale sur un mur ou un treillage. — On sème les Capucines sur place, en terre ordi-

naire, lorsque les gelées ne sont plus à craindre.
CAPYBARA. (Voir Cabiai.)
CAQUILLIER. (Voir Cakile.)
CARABE et **CARABIDÉS.** Linné comprenait autrefois sous le nom de Carabes toutes les espèces d'insectes Coléoptères réparties aujourd'hui dans les nombreuses divisions de la famille des *Carabidés*. Le genre *Carabe* n'est plus lui-même qu'une de ces divisions. La famille des *Carabidés* forme, avec celles des *Cicindélidés* et des *Hydrocanthares* (voir ces mots), la grande division des Carnassiers, représentants des bêtes féroces parmi les insectes coléoptères. Les insectes qui nous occupent se distinguent par leurs pattes longues et fortes, toujours propres à la course ; par leurs formes allongées, leur bouche armée de mâchoires robustes, leurs six palpes, leurs antennes filiformes. Ce sont des animaux

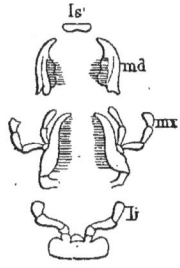

Appareil masticateur du Carabe.
ls, lèvre supérieure, *md*, mandibules ; *mx*, mâchoires et palpes maxillaires ; *b*, labre et palpes labiaux.

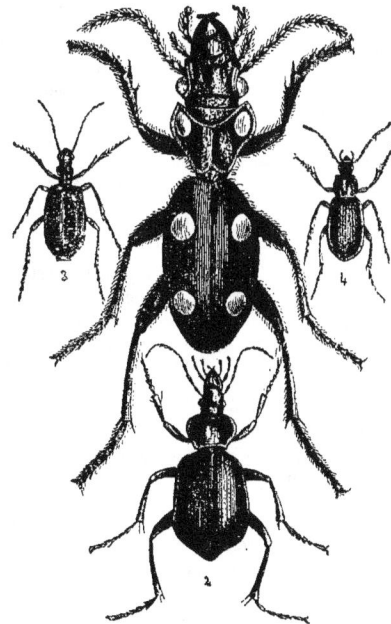

Carabidés.
1. Anthie à six gouttes du Cap. — 2. Calosome. — 3. Brachine. 4. Féronie cuivreuse.

chasseurs et carnassiers, vivant aux dépens des autres insectes, qu'ils attaquent à force ouverte. Ils sont en général très agiles à la course, mais font peu usage de leurs ailes, dont plusieurs espèces sont

même complètement privées. Les Carabidés se tiennent assez volontiers cachés pendant le jour, sous les pierres ou la mousse, d'où ils sortent le soir pour chasser. Le plus grand nombre répand une odeur fétide et lance souvent par l'anus un liquide âcre et caustique qui, chez quelques-uns, les Brachines (voir ce mot), sort avec bruit sous la forme d'une vapeur blanchâtre. Les larves de ces insectes vivent généralement dans la terre ; elles sont armées de fortes mandibules, et sont, comme les insectes auxquels elles donnent naissance, d'une grande voracité. — Le genre *Carabe* proprement dit se distingue par des élytres soudées entre elles et l'absence d'ailes membraneuses dessous ; il renferme les plus grandes et les plus belles espèces de la tribu ; quelques-unes de celles qui habitent le midi de la France peuvent rivaliser avec tout ce que les pays tropicaux offrent de plus riche. Tels sont les *Carabus splendens, rutilans, hispanus,*

Carabe doré.

etc.. etc., où les feux du rubis se marient aux reflets de l'émeraude et de l'or.—Tout le monde connaît le **Carabe doré**, si répandu dans nos campagnes et dans nos jardins, où on le désigne sous les noms de *jardinière, couturière*, etc. Ces Carabes nous rendent de grands services en dévorant les limaces et un grand nombre d'insectes et de larves qui attaquent les plantes. Le Carabe doré est en dessus d'un beau vert doré, et en dessous d'un noir brillant. — Le **Carabe vert** (*C. monilis*), le **Carabe bleu** (*C. cyaneus*), le **Carabe noir** (*C. consitus*), également fort répandus en France, rendent les mêmes services. — Les *Procères* et les *Procrustes* sont de grands Carabidés, qui diffèrent très peu des Carabes ; ils habitent l'Europe méridionale et l'Asie Mineure ; une seule espèce de Procruste se trouve en France (*Procrustes coriaceus*) ; elle est toute noire, à élytres fortement chagrinées. — La famille des *Carabidés* est divisée en un grand nombre de groupes, comprenant eux-mêmes plusieurs genres. Ce sont les *Carabiens, Brachiniens, Scaritiens, Chlæniens, Féroniens, Harpaliens, Bembidiens*, etc. (Voir ces mots.) Leur nombre est considérable ; nous figurons ici quelques types de carabidés.

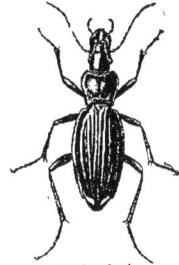

CARABIENS. Le groupe des Carabiens comprend les genres *Elaphrus, Notiophilus, Omophron, Nebria, Leistus, Calosoma, Carabus, Procerus, Procrustes, Cychrus,* dont le caractère commun est d'avoir les jambes antérieures entières, non échancrées.

CARACAL. Mammifère de la famille des *Félidés*. (Voir Lynx.)

CARACARA (*Polyborus*). Genre d'oiseaux de proie américains qui tiennent le milieu entre les vautours et les faucons, et forment, dans la famille des *Falconidés*, le petit groupe des *Polyboriens*. Ils ont, comme les vautours, une partie de la tête dénuée de plumes, le jabot saillant, les yeux à fleur de tête, les doigts allongés, à ongles peu arqués, et comme eux, ils recherchent les charognes et les immondices pour s'en repaître. Mais leur vol est plus rapide et leur démarche plus facile. Les Caracaras sont les plus familiers de tous les oiseaux de proie; ils suivent l'homme partout où il s'établit, depuis les terres les plus australes jusqu'à la ligne. Posés sur les arbres ou sur les toits des maisons, ils ne prennent aucun soin pour se cacher, et attendent patiemment que le hasard leur envoie quelque proie facile. Ces oiseaux enlèvent parfois dans les basses-cours les jeunes poulets; mais à part ces cas de rapine, ils rendent de véritables services à l'homme en dévorant les cadavres et en détruisant une foule de reptiles. Les Caracaras sont d'un naturel querelleur et criard (c'est de leur cri que leur vient leur nom); on leur voit souvent disputer avec acharnement aux vautours un lambeau dégoûtant de charogne, ou poursuivre les oiseaux plus faibles pour les forcer, en les harcelant, à leur abandonner leur proie. Ils vivent par paires, et placent sur les arbres élevés un nid composé de petits branchages entrelacés, où la femelle dépose deux œufs d'un rouge violet. — On connaît plusieurs espèces de ce genre; toutes ont les mêmes mœurs, mais offrent quelques différences de plumage. — Le **Caracara vulgaire** (*P. brasiliensis*), très commun au Brésil et au Paraguay, est rayé en travers de blanc et de noir; sa tête porte une calotte noire un peu prolongée en huppe; les couvertures des ailes et le bout de la queue sont noirâtres.

CARACOLLE. Nom d'une espèce du genre *Haricot*.

CARAGNE. (Voir CHARAGNE et BURSÈRE.)

CARAMBOLIER (du nom malabare *Carambolas*). *Averrhoa*. Genre de plantes dicotylédones de la famille des *Oxalidacées*, comprenant des arbres des Indes orientales, dont les fruits pulpeux, acides, servent à préparer des boissons rafraîchissantes et des conserves. On les emploie contre les fièvres bilieuses et la dysenterie.

CARANA. (Voir BURSÈRE.)

CARANX ou **CARANGUE.** Genre de poissons de la famille des *Scombéridés*, caractérisés par deux dorsales avec une épine couchée en avant de la première, et par deux épines libres au devant de l'anale; la caudale est grande et fourchue. Ces poissons, très voisins des Maquereaux (voir ce mot), ont le corps allongé, couvert de petites écailles, excepté le long de la ligne latérale, où elles s'élèvent en crête osseuse denticulée, et armée de pointes. — On connaît de nombreuses espèces de Caranx; la plus répandue sur nos côtes est le **Saurel** ou **Maquereau bâtard** (*Caranx trachurus*). C'est un poisson huileux, à chair médiocre, qui a la forme du maquereau. Quelques espèces des mers des Antilles passent pour vénéneuses.

CARAPACE. On donne ce nom à l'enveloppe cornée dans laquelle est renfermé le corps des tortues.

(Voir ce mot.). — On l'applique aussi par extension à l'enveloppe calcaire qui recouvre les crustacés, et aux pièces écailleuses dont sont revêtus les tatous.

CARAQUE. (Voir CACAO.)

CARASSIN. Poisson du genre *Carpe*. (Voir ce mot.)

CARBONATES. Grand genre de minéraux, renfermant des espèces qui ont pour caractère commun d'être solubles dans les acides et de dégager alors avec effervescence du gaz acide carbonique. Tous les carbonates sont solides et cristallisent dans la forme rhomboédrique ou rhombique. Les principaux carbonates sont : le *calcaire* ou carbonate de chaux, l'une des substances les plus abondamment répandues dans la nature; la *giobertite* (carbonate de magnésie), qui se trouve disséminée en cristaux dans les roches magnésiennes; la *sidérose* (carbonate de fer), jaune ou brune, un des principaux minerais de fer (voir FER); l'*aragonite* (carbonate de chaux prismatique) a la même composition que le calcaire, mais en diffère par sa cristallisation rhombique et sa plus grande dureté; la *céruse* (carbonate de plomb); le *natron* (sous-carbonate de soude hydraté); l'*azurite* (carbonate bleu de cuivre), d'une couleur bleu d'azur, passant au bleu indigo (voir CUIVRE); la *malachite* (carbonate vert de cuivre), vert-pré ou vert d'émeraude. (Voir MALACHITE.)

CARBONE. On donne le nom de carbone au charbon ordinaire lorsqu'il est à l'état de pureté, c'est-à-dire dégagé des gaz et des cendres qu'il contient. Ce corps est très abondamment répandu dans la nature, puisqu'il forme une grande partie de toutes les matières végétales et animales. On le rencontre à l'état de *diamant*, de *graphite*, d'*anthracite*, de *houille*. (Voir ces mots.)

CARBONIFÈRE [Terrain]. Il fait suite au terrain dévonien, et se divise en deux étages : étage *carbonifère* proprement dit, et étage *houiller*. Le premier, c'est-à-dire le plus bas, est caractérisé par un calcaire noir (*calcaire anthraxifère*), quelquefois grenu, fréquemment traversé par des veines de carbonate de chaux spathique. Cet étage fournit les marbres communs de Belgique, le petit granite d'Écaussines, les marbres de Marquise; on y trouve aussi de l'anthracite, du peroxyde de fer. Le calcaire carbonifère est riche en fossiles; quelquefois la roche est pétrie de polypiers et de crinoïdes; les mollusques y sont nombreux, on y trouve des Céphalopodes (*Orthoceras laterale, Goniatites evolutus*), des Gastéropodes (*Bellerophon costatus*), des Brachiopodes (*Productus aculeatus, striatus*); les Échinodermes s'y montrent pour la première fois, mais sont rares; les restes de poissons (Placoïdes) sont nombreux. — L'étage houiller, qui comprend la houille proprement dite, renferme les dépôts charbonneux de la France, de la Belgique, de l'Angleterre, de l'Allemagne, etc. En raison de son importance, nous lui consacrerons un article particulier. (Voir HOUILLER.)

CARCAJOU. Nom du Blaireau d'Amérique (*Meles labradoria*). Il ne se distingue guère du Blaireau d'Europe que par son pelage, d'une teinte plus claire, et sa taille un peu plus forte. Ses mœurs sont semblables.

CARCHARIAS. Nom scientifique latin du Requin. (Voir ce mot.)

CARCHARODON. (Voir Squales.)

CARCIN. Nom du Crabe commun de nos côtes (*Portunus mœnas*). (Voir Crabe.)

CARDAMINE. Genre de plantes de la famille des *Crucifères*, qui a pour caractère principal des siliques linéaires à valves planes sans nervure et s'ouvrant avec élasticité du sommet à la base. — Le type du genre, la **Cardamine des prés** (*Cardamine pratensis*), ou *cresson des prés*, croît abondamment au printemps dans les prairies humides, qu'elle émaille agréablement de ses fleurs d'un blanc rosé ou purpurines disposées en bouquet terminal. C'est une plante à saveur piquante et amère douée de propriétés dépuratives et antiscorbutiques.

CARDAMOME. (Voir Amome.)

CARDE. (Voir Cardon.)

CARDÈRE (*Dipsacus*). Genre de plantes herbacées, ayant le port des chardons, mais s'en distinguant

Cardère.

par leurs fleurs réunies en tête comme les scabieuses. Leurs tiges sont anguleuses et hérissées d'épines, garnies de feuilles opposées, allongées, molles. — L'espèce la plus intéressante est la **Cardère sauvage** (*Dipsacus sylvestris*), qui croît spontanément dans les terrains incultes de presque toutes les régions tempérées de l'Europe. Ses fleurs forment une grosse tête d'un bleu rougeâtre ; ses feuilles am-

plexicaules forment une sorte de godet où s'amasse l'eau de pluie. Une variété de cette plante, dont les paillettes des fleurs sont crochues, se cultive en grand sous le nom de *chardon à foulon* pour les besoins des fabriques d'étoffes où on l'emploie à peigner le drap et à polir sa surface. La partie employée à cet usage est le réceptacle des fleurs et des graines ; il est hérissé de longues paillettes raides, pointues, recourbées à l'extrémité, qui font l'office de *cardes* naturelles, plus fines et plus élastiques que celles que nos arts ont su créer. Les fabriques de drap consomment une quantité prodigieuse de Cardères ; aussi cultive-t-on cette plante en grand aux environs de Louviers, de Sedan, d'Elbeuf, de Carcassonne, etc.

CARDIA (du grec *kardia*, cœur). On nomme ainsi l'orifice supérieur de l'estomac (voir ce mot), parce qu'il est situé un peu au-dessous de la pointe du cœur.

CARDIAQUE. Ce qui a rapport au cœur : artères cardiaques, veines cardiaques, nerfs cardiaques.

Cardiaque. Nom vulgaire de l'Agripaume.

CARDINAL. En histoire naturelle, on donne ce nom à plusieurs animaux chez lesquels la couleur rouge domine, tels sont : le tangara rouge du Cap, une espèce de troupiale, un gros-bec, un poisson du genre spare et plusieurs insectes. On donne encore ce nom à une espèce de glaïeul à fleurs rouges (*Gladiolus cardinalis*) et à une lobélie (*Lobelia cardinalis*), à fleurs écarlates.

CARDINALES [Dents]. On désigne sous ce nom des espèces d'apophyses disposées en forme de pivot près de la charnière des coquilles bivalves, pour faciliter les mouvements de leurs pièces. Le nombre et la forme de ces dents ont souvent fourni des caractères pour distinguer les genres.

CARDIUM (de *kardia*, cœur). Nom scientifique latin des mollusques du genre *Bucarde*. (Voir ce mot.)

CARDON (*Cinara*). Espèce du genre *Artichaut*. C'est une plante laiteuse, bisannuelle, originaire des contrées méridionales de l'Europe et du nord de l'Afrique ; elle se distingue de l'artichaut par ses feuilles découpées en lobes épineux, dont la côte est très saillante, épaisse et charnue ; par ses tiges plus grêles, terminées par des têtes de fleurs beaucoup plus petites ; enfin, par les écailles de l'involucre, armées d'épines acérées. — On possède quatre variétés du Cardon : le **Cardon d'Espagne**, le **Cardon de Tours**, plus recherché, quoiqu'il soit encore très épineux ; le **Cardon plein**, sans épines, le **Cardon à côtes rouges**, dont la culture est peu répandue. Comme aliment, le Cardon renferme beaucoup de mucilage, et peut être classé parmi les substances laxatives et rafraîchissantes. Les Cardons se cultivent comme les artichauts.

CARDUACÉES (de *Carduus*, chardon). Tribu de la famille des *Composées tubuliflores* qui a pour type le genre *Chardon*, et dans laquelle toutes les fleurs d'un même capitule ont la corolle monopétale, régulière et tubuleuse. Elle comprend les genres

Carduus (chardon), *Cinara* (cardon), *Cirsium*, *Cartha-mus*, *Onopordon*, *Centaurea*, etc.

CARDUELIS. Nom latin du Chardonneret. (Voir ce mot.)

CARDUUS. Nom scientifique latin du genre *Chardon*. (Voir ce mot.)

CARÈNE (de *carina*, la quille d'un navire). On donne ce nom au pétale inférieur des fleurs papilionacées en raison de sa forme. On dit de certains organes qu'ils sont *carénés*, lorsqu'ils ont la forme d'une nacelle.

CARET. Espèce de Tortue de mer (voir TORTUE) du groupe des *Chélonées*. Plus petit que la tortue franche, le Caret pèse rarement plus de 100 kilos. Sa carapace est formée de treize larges écailles imbriquées. Elle a le museau allongé, les mâchoires aiguës et peut faire de sérieuses morsures. Sa carapace est subcordiforme, marbrée de brun sur un

Tortue caret.

fond fauve ou jaune. Son écaille, très estimée, fournit presque toute celle que l'on emploie dans les arts. La dépouille d'un seul individu pèse environ deux kilos. L'écaille a une grande analogie avec la corne; elle se travaille comme elle, et peut acquérir un beau poli. On pêche le Caret (*Chelonia imbricata*) dans l'Océan Atlantique américain, et dans la mer des Indes.

CAREX. (Voir LAICHE.)

CARIACOU. Nom donné par Buffon au Cerf de Virginie. (Voir CERF.)

CARIAMA *(Microdactylus)*. Oiseau du Brésil, placé dans l'ordre des ÉCHASSIERS, section des *Hérodactyles*, et formant la petite famille des *Microdactylés*. Le Cariama a la taille de la cigogne, le bec aussi long que la tête, arqué, fendu jusque sous les yeux, garni à sa base de plumes longues, relevées en

forme de huppe frontale; il a le tour des yeux nu, ceux-ci garnis de longs cils raides; les jambes très longues, grêles; les doigts courts, mais robustes et armés d'ongles assez puissants. Ses ailes sont courtes, obtuses; sa queue assez longue, arrondie. — Le **Cariama** huppé *(Microdactylus cristatus)* habite le Brésil et la Guyane; sa longueur totale est d'un mètre environ; il est très haut sur pattes. Son plumage est d'un gris roussâtre, vermiculé de brun; le tour des yeux est bleuâtre, et les tarses jaunes; sa démarche est grave et son regard fier. Cet oi-

Cariama.

seau vit par couples sur la lisière des forêts montagneuses, où il chasse les reptiles et les insectes dont il fait sa nourriture. Sa voix forte et sonore s'entend, dit-on, à plus d'un mille de distance: son cri a quelque ressemblance avec le nom qu'on lui a donné. Le vol du Cariama est bas et de courte durée; mais il court très vite; son naturel est craintif et farouche. On parvient cependant à l'élever en domesticité, et il est fort estimé pour la bonté de sa chair.

CARICA. (Voir PAPAYER).

CARIE. Le grain, comme le bois des arbres et les os des animaux, est sujet à une maladie qui porte le nom de *carie*. Le blé ou froment en est particulièrement attaqué. Cette maladie se propage de proche en proche avec une ruineuse rapidité; on voit les grains cariés prendre une couleur brunâtre, et leur peau devenir légèrement ridée. Ils répandent en outre une fort mauvaise odeur, et, au lieu de farine, ils contiennent une poussière noirâtre, très fine et grasse au toucher. — Cette maladie est déterminée par une petite plante parasite de la famille des *Champignons (Uredo caries)* appartenant au groupe des *Ustilaginées*. L'humidité surabondante du sol ou de l'atmosphère contribue évidemment à la rapide multiplication de ce parasite. On a cherché à prévenir la reproduction de la Carie par plusieurs moyens; on emploie, dans diverses localités, la chaux, le sel, l'arsenic, le sulfate de cuivre; ce dernier est un des plus puissants préservatifs; dans d'autres lieux on s'en tient au chaulage.

CARILLON. Nom d'une espèce du genre *Campanule*. (Voir ce mot.)

CARINAIRE *(Carinaria)*. Genre de mollusques Gastéropodes marins, à corps nu, allongé, transparent, portant des branchies composées de lobes coniques dont l'ensemble forme un peigne et que

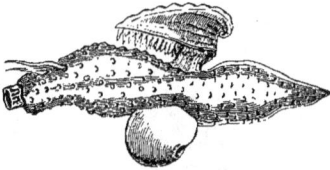

Carinaire.

recouvre une très petite coquille mince, subconique, ornée de stries. La tête s'allonge en trompe et porte deux tentacules à la base desquels se trouvent insérés les yeux. On en connaît une espèce de la Méditerranée qui se tient toujours en pleine mer.

CARIOPSE. (Voir Fruit.)

CARLIN. Synonyme de *chien-doguin*, petite variété de chien, assez rare aujourd'hui, et qui doit son nom à son masque noir, qu'on a comparé à celui de Carlin, l'Arlequin de la comédie italienne.

CARLINE. Genre de plantes de la famille des *Composées*, tribu des *Carduacées*. Ce sont des plantes herbacées, garnies d'épines dures, qui croissent généralement dans les terrains incultes des régions tempérées de l'Europe. — La **Carline commune** *(Carlina vulgaris)*, à capitules jaunâtres, que l'on trouve aux environs de Paris, renferme dans sa racine une matière résineuse âcre et amère, douée de propriétés purgatives. — La **Carline à feuilles d'acanthe** *(C. acanthifolia)* des Alpes, se cultive parfois comme plante d'ornement.

CARMIN. (Voir Cochenille.)

CARNASSIERS *(Feræ)*. Ordre nombreux de mammifères qui se nourrissent en totalité ou en partie de chair ou plutôt de matières animales. Cuvier, dans son *Règne animal*, divise cet ordre en trois familles : les **Cheiroptères**, ou chauves-souris, les **Insectivores**, les **Carnivores**, ou carnassiers proprement dits. (Voir ces mots.) — Les Carnassiers se distinguent par une organisation qui leur fait une loi impérieuse de se nourrir de chair. Si le tigre, le lion, la marte, déchirent une proie vivante, au lieu de brouter l'herbe, ce n'est pas qu'ils aient soif de sang, comme on l'a prétendu, c'est parce que la nature les a conformés pour cela, en leur donnant des mâchoires courtes où sont implantées des molaires tranchantes, des canines longues et acérées, un estomac simple et petit, un intestin très court, qui ne leur permettraient pas de se nourrir d'aliments purement végétaux. Cet instinct de meurtre se voit encore chez les oiseaux de proie aussi bien que chez les insectes carnassiers; ceux-ci font la chasse aux autres insectes et s'en nourrissent. Leurs mâchoires, très solides, portent chacune deux palpes, et sont terminées par une petite pièce écailleuse, recourbée en griffe, et offrant à l'intérieur des cils ou de petites épines. La languette est enchâssée dans une échancrure du menton; les antennes sont filiformes; les ailes membraneuses manquent quelquefois. — Ces insectes sont, les uns terrestres, les autres aquatiques; les premiers composent deux familles : les *Cicindélidés* et les *Carabidés*, les derniers forment également deux familles, les *Dyticidés* et les *Gyrinidés*. (Voir ces mots.)

CARNILLET. Nom vulgaire du Silène gonflé *(Silene inflata)*. (Voir Silène.)

CARNIVORES (de *caro, carnis*, chair, *vorare*, dévorer). Dans un sens général, on donne ce nom à tous les animaux qui se nourrissent de chair, il est alors synonyme de carnassiers; mais en zoologie, on désigne sous ce nom un ordre de la division des Carnassiers. Les Carnivores sont des animaux quadrupèdes à quatre ou cinq doigts onguiculés à tous les membres, et chez lesquels l'appétit sanguinaire se joint à la force et à l'intelligence nécessaire pour

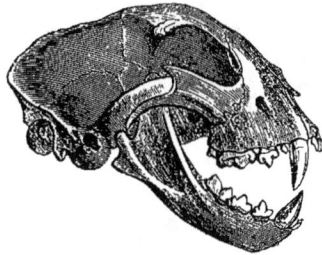

Carnassier (guépard).

y subvenir. Ils ont à chaque mâchoire deux grosses et longues canines, entre lesquelles sont six incisives. Les molaires sont ou entièrement tranchantes, ou mêlées seulement de parties à tubercules mousses, et jamais hérissées de pointes coniques. Les Carnivores ont l'ouïe très fine, l'odorat d'une extrême subtilité, et leur vue s'exerce, même pendant la nuit, chez un grand nombre d'entre eux. Cuvier divisait cette famille en trois tribus : 1° les *Plantigrades*, leurs pieds de derrière reposant à plat sur le sol; tels que : les ours, les ratons, les coatis, les blaireaux et les gloutons; 2° les *Digitigrades*, marchant sur l'extrémité des doigts ; tels sont : les martes, les moufettes, les loutres, les chiens, les civettes, les hyènes et les chats ; 3° les *Amphibies*, qui ont les extrémités enveloppées dans une peau épaisse et transformées en nageoires ; ils vivent dans l'eau : ce sont : les phoques, les morses. — On divise aujourd'hui l'ordre des Carnivores en *Félidés* (chats), *Canidés* (chiens), *Hyénidés* (hyène), *Viverridés* (civette), *Mustélidés* (martes), *Ursidés* (ours). Les Amphibies forment un ordre à part, et comprennent trois familles : les *Trichéchidés* (morse), *Phocidés* (phoques) et *Otaridés* (otarie). (Voir ces mots.)

CARONCULE. Excroissance charnue, le plus souvent dénuée de plumes, qui se voit au cou, au front, à la base du bec de certains oiseaux, tels que le dindon, la grue, le casoar, etc.

CAROTIDE. C'est la principale artère qui porte le sang à la tête ; elle part de l'artère sous-clavière, non loin du cœur, monte à la partie latérale du cou et se divise en deux branches, dont l'une, *externe*, va se distribuer aux parties les plus extérieures du cou et de la tête, tandis que l'*interne* pénètre dans l'intérieur du crâne et se ramifie dans les parties antérieure et moyenne du cerveau.

CAROTTE *(Daucus).* Genre de plantes de la famille des *Ombellifères*, tribu des *Daucinées*, à racine charnue, bisannuelle, conique, allongée, rouge ou blanchâtre, donnant naissance, la seconde année de son développement, à une tige dressée, cylindrique, hérissée de poils rudes, haute de 60 à 80 centimètres, striée longitudinalement. Les feuilles sont pétiolées, hérissées de poils, très découpées, les fleurs blanches disposées en ombelles planes, composées d'une vingtaine de rayons. On trouve souvent au centre de l'ombelle une fleur stérile, d'une couleur pourpre foncé. Les fruits sont ovoïdes, allongés, à cinq petites dents au sommet, hérissés de poils blancs. A l'époque de la maturité, les rayons se redressent et se resserrent les uns contre les autres. Cette plante réussit dans les terrains gras et sablonneux ou dans une terre douce, pourvu qu'elle ait été fumée l'automne précédent ; le semis se fait en mars. On en cultive plusieurs variétés. La Carotte fournit du sucre, et sa pulpe est employée en médecine comme rafraîchissante, appliquée sur les ulcères ou sur les gerçures. La décoction de Carotte est administrée comme apéritive, on l'a préconisée contre la goutte et la jaunisse. Les bestiaux mangent sa fane avec plaisir ; elle passe pour augmenter le lait des vaches.

Ombelle de carotte.

CAROUBE ou **CAROUGE**. Fruit du Caroubier.

CAROUBIER *(Ceratonia,* L.). Plante de la famille des *Légumineuses cæsalpinées.* Le Caroubier à silique *(Ceratonia siliqua)* est un arbre de moyenne grandeur, à feuilles toujours vertes, luisantes et ailées à cinq-sept paires de folioles, à fleurs rouges en épis nombreux, de 5 à 7 centimètres de long ; à gousses longues de 15 à 20 centimètres, pendantes, épaisses, luisantes,

Caroubier.

charnues intérieurement, et renfermant plusieurs graines ou fèves noires et luisantes. Cet arbre croît abondamment sur les côtes d'Afrique, d'Espagne et de Provence. Dans ces pays, les gens du peuple et les enfants mangent avec plaisir son fruit, appelé *caroube* ou *carouge,* qui a une saveur douce et sucrée. En Égypte, on en retire une sorte de sirop dans lequel on confit d'autres fruits. Le bois du Caroubier est très dur, à veines d'un beau rouge foncé ; on s'en sert pour des ouvrages d'ébénisterie et de marqueterie. L'extrait d'écorce de Caroubier est un excellent astringent ; les Arabes l'emploient contre la diarrhée.

CAROUGE. (Voir CAROUBE.)

Carouge à miel. (Voir FÉVIER.)

CAROUGE. Genre d'oiseaux de l'ordre des PASSEREAUX, de la famille des *Corvidés,* voisins des loriots et des troupiales. On en connaît plusieurs espèces, toutes propres aux régions chaudes de l'Amérique. Le type du genre, le **Carouge banana** de la Martinique, est long de 18 centimètres, il a la tête, le cou et la poitrine d'un brun rougeâtre assez vif. Les Carouges vivent par paires dans les bois, les taillis où ils poursuivent les insectes ; ils font des nids remarquables, en forme de bourse et suspendus à l'extrémité des branches, (*oriolus nidipendulus*, Lath.)

CARPE (de *karpos*, poignet). Partie de la main qui constitue ce que l'on appelle vulgairement le poignet. (Voir Squelette.)

CARPE (*Cyprinus*). La Carpe est le type du genre *Cyprin* et de la famille des *Cyprinidés*. Elle est reconnaissable à sa petite bouche, à ses mâchoires sans dents et aux trois rayons plats de ses ouïes. Les Cyprins n'ont qu'une dorsale, et leur corps est couvert d'écailles souvent fort grandes; ils habitent les eaux douces et vivent en grande partie de graines, d'herbes et même de limon. Les Carpes proprement dites se distinguent par leur dorsale longue, ayant, ainsi que l'anale, une épine pour deuxième rayon.

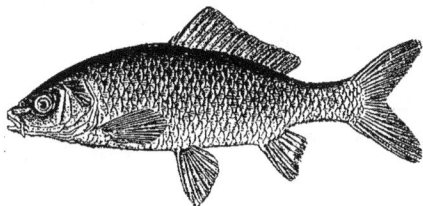

Carpe commune.

— La **Carpe vulgaire** (*Cyprinus carpio*), poisson connu de tout le monde, est d'un vert olivâtre doré, jaunâtre en dessous, à deux courts barbillons à chaque angle de la mâchoire supérieure. Originaire du centre de l'Europe, elle vit dans nos eaux tranquilles, où elle atteint jusqu'à 1 mètre de long. Ce poisson se propage aisément dans les viviers, les étangs; sa chair a généralement un bon goût. On en élève une variété à grandes écailles, dont certains individus ont la peau nue par places, ou même entièrement, que l'on nomme *reine des carpes* ou *carpe à cuir*. Les Carpes fraient en mai, et recherchent alors les eaux les plus tranquilles; si, dans leur voyage, elles rencontrent un obstacle, elles s'efforcent de le franchir; elles font alors des sauts analogues à ceux du saumon; on les voit s'étendre sur le côté, à la surface de l'eau, puis, se courbant en arc en rapprochant la tête de l'extrémité de leur queue, elles se détendent tout à coup comme un ressort, frappent l'eau vivement, et rejaillissent ainsi, souvent à la hauteur de 2 mètres. Les Carpes se multiplient avec la plus grande facilité dans les rivières et les étangs, et elles y deviennent très grasses et succulentes, surtout si l'on pratique l'ablation des ovaires ou de la laite. On rapporte des faits incroyables sur la longévité de ce poisson, qui vivrait cent cinquante et deux cents ans. — On prend dans les eaux douces de l'Europe une espèce de Carpe qui se distingue de la précédente principalement par l'absence de barbillons, c'est le **Carrassin** (*C. carrassinus*), connu de nos pêcheurs sous le nom de *carreau;* sa chair est aussi estimée que

celle de la Carpe commune. — La **Carpe gibèle** (*C. gibelio*), répandue en Angleterre et en Allemagne et rare en France, est plus petite que la Carpe ordinaire et dépasse rarement le poids de 2 livres. Son corps est plus élevé et plus court, d'un brun olivâtre en dessus, blanc jaunâtre en dessous. La jolie espèce de cyprin que nous conservons dans nos appartements sous le nom de *poisson rouge* est la **Dorade** de la Chine. (Voir Dorade.)

CARPELLE (du grec *karpos*, fruit). On donne ce nom, en botanique, à chacun des organes femelles d'une fleur, dont l'ensemble constitue le *gynécée* ou *pistil*. Tout carpelle isolé se présente sous la forme d'une petite feuille pliée longitudinalement et dont les deux bords appliqués l'un sur l'autre sont soudés sur toute leur longueur de manière à former une partie creuse plus ou moins renflée appelée *ovaire*. (Voir ce mot.) L'ovaire peut être composé d'un seul ou de plusieurs carpelles, suivant les plantes, et offrir des dispositions très variées qui fournissent des caractères importants à la classification.

CARPINUS. Nom latin du Charme.

CARPOCAPSA (de *karpos*, fruit, et *kapsis*, qui dévore. (Voir Pyrales.)

CARPOLOGIE (de *karpos*, fruit, et *logos*, discours, traité). Partie de la botanique qui a pour objet l'étude des fruits.

CARRAGEEN. Nom vulgaire du *Chondrus crispus*, algue marine qui se mange sur les côtes de l'Irlande et des pays du Nord.

CARRASSIN. Espèce du genre *Carpe*. (Voir ce mot.)

CARREAU. (Voir Carpe.)

CARRELET. Nom vulgaire de la Plie. (Voir ce mot.)

CARTABLE. On nomme ainsi un portefeuille contenant une certaine quantité de feuilles de papier buvard, du format de l'herbier et destiné à recevoir immédiatement les plantes délicates qui risqueraient de s'endommager dans la boîte à herborisation. (Voir Herbier, Herborisation.) Le Cartable se compose de deux feuilles libres de carton fort, revêtues en dehors de basane ou de toile, ou de deux planchettes minces en bois; deux courroies terminées chacune par une boucle passée dans des boutonnières pratiquées dans ces feuilles de carton ou planchettes, les réunissent et permettent de régler leur écartement suivant les besoins. Le Cartable est porté à la main à l'aide de poignées, ou en sautoir au moyen d'une courroie. Cet appareil est fort commode pour les petites plantes herbacées. Celles-ci doivent y être bien disposées et comprimées fortement.

CARTERON, CARTERONNE. Homme ou femme nés de l'union d'un mulâtre avec une femme blanche, ou d'un blanc avec une mulâtresse.

CARTHAME (*Carthamus*). Plante de la famille des *Composées tubuliflores*, tribu des *Cynarées*. Le **Carthame des teinturiers** (*Carthamus tinctorius*) est l'espèce principale de ce genre; on la connaît plus vulgairement sous le nom de *safran bâtard*. Cette plante, originaire d'Orient et d'Égypte, est cultivée avec succès dans les provinces méridionales de la France. Sa tige droite, cylindrique, un peu raide, s'élève de 1 à 2 pieds. Ses feuilles sont ovales, alternes, piquantes et rudes. Ses fleurs apparaissent en juillet et en août; elles sont terminales, solitaires et flosculeuses; la corolle est d'un jaune doré. Les fruits

Carthame des teinturiers.

sont ovoïdes, allongés. Les parties usitées de cette plante sont les fleurs; elles donnent deux principes colorants très importants dans l'art de la teinture. L'un, soluble dans les alcalis, peut donner à la soie toutes les nuances, depuis le rose clair jusqu'au rouge-cerise; il porte le nom de *carthamine* ou *acide carthamique;* mêlé au talc finement pulvérisé, il compose le *fard* ou rouge végétal, dont les femmes font usage pour la toilette. L'autre principe est jaune; il est soluble dans l'eau et beaucoup moins estimé. Les graines de Carthame, grosses et noires, donnent une huile douce d'excellente qualité; les perroquets sont très friands de ces graines, mais elles agissent sur l'homme comme un violent purgatif.

. **CARTHAMINE.** (Voir Carthame.)

CARTILAGE (*Cartilago*). Tissu souple, élastique, d'un blanc opalin, formant le passage entre les parties molles et les os. Les cartilages sont isolés dans le nez, les oreilles, la trachée artère, etc.; sur d'autres points, ils revêtent les extrémités articulaires des os, leur servent d'intermédiaires ou bien se continuent avec eux. Leur fonction est alors d'amortir les chocs par leur élasticité et de résister aux frottements qui tendent à détruire ces parties. Avec

l'âge, la plupart des cartilages finissent par s'ossifier. Certains poissons ont leur squelette mou, flexible et presque entièrement composé de Cartilages. On leur donne le nom de *chondroptérygiens* ou *cartilagineux*. (Voir Poissons.)

CARTILAGINEUX [Poissons]. Ordre établi par Cuvier et répondant aux ordres des Sélaciens et des Cyclostomes de la classification actuelle.

CARTONNIÈRE [Guêpe]. Espèce du genre *Guêpe*. (Voir ce mot.)

CARUM. Genre de plantes ombellifères. (Voir Carvi.)

CARVI (*Carum*). Plante de la famille des *Ombellifères*, tribu des *Carées*, qui croît naturellement aux environs de Paris, ainsi que dans presque toutes les régions tempérées de l'Europe. C'est une plante herbacée, annuelle, rameuse, à racine fusiforme, odorante, à feuilles découpées et pointues, à fleurs d'un blanc jaunâtre, disposées en ombelle. Les graines de cette plante sont toniques et aromatiques; on les emploie comme celles de l'anis. Les bestiaux mangent sa fane avec plaisir.

CARYA (de *karuon*, noix). Genre de plantes dicotylédones de la famille des *Juglandacées*, composé de beaux arbres de l'Amérique boréale, ayant le port du noyer, dont ils sont très voisins. A ce genre appartient le **Noyer blanc** (*Carya alba*), connu sous le nom américain de *Hickory;* son bois est très employé pour faire des meubles. On mange, sous le nom de *noix pacanes*, les fruits du *Carya olivœformis*, répandu surtout dans la Louisiane.

CARYOPHYLLÉES. Famille de plantes dicotylédones à laquelle l'œillet (*Caryophyllus*) donne son nom. Ce sont des plantes herbacées, à feuilles opposées, indivises, dépourvues de stipules; à fleurs régulières, généralement hermaphrodites, à réceptacle convexe, à corolle polypétale; étamines en

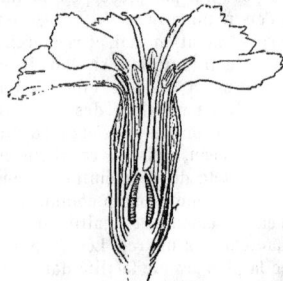

Caryophyllées (œillet), fleur coupée verticalement.

nombre égal à celui des pétales ou en nombre double; fruit capsulaire, uniloculaire ou à deux-cinq loges, surmontées par autant de styles. Cette famille renferme un très grand nombre de plantes, agréables par le parfum et les couleurs variées de leurs fleurs; mais à l'exception de la saponaire et du lychnis, usités en médecine, aucune d'elles n'offre d'utilité. On comprend dans cette famille les genres *Œillet, Saponaire, Lychnis, Coquelourde, Nielle, Stellaire,* etc.

CARYOPHYLLIDÉS (de *caruophullon*, clou de girofle, de la forme de la tête). Famille de vers intestinaux de l'ordre des CESTOÏDES, qui vivent en parasites à l'intérieur de divers poissons et d'autres animaux aquatiques.

CARYOPSE (de *caruon*, noix, et *opsis*, apparence). Fruit sec, indéhiscent, à graine unique adhérant au péricarpe : blé, seigle, avoine et autres graminées. C'est lui que l'on désigne ordinairement sous le nom de *grain*.

CASCARILLE (de l'espagnol *cascarilla*, petite écorce.) Écorce grise assez semblable au quinquina mou et qui provient du *Croton elateria,* arbuste propre à la Floride et aux îles de Bahama. La Cascarille, très odorante, à saveur chaude, épicée et amère, est employée comme tonique, astringente et fébrifuge. (Voir CROTON.)

CASOAR (*Casuarius*). Genre d'oiseaux de l'ordre des ÉCHASSIERS, de la famille des *Brévipennes* de Cuvier, de

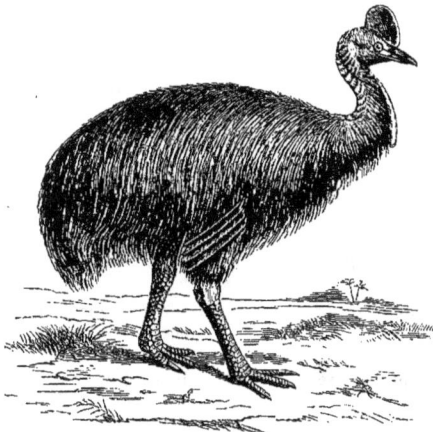

Casoar à casque.

l'ordre des COUREURS de G. Saint-Hilaire. Cet oiseau, qui paraît être le représentant de l'autruche dans les îles de l'archipel Indien, a les ailes encore plus courtes, et totalement inutiles pour la course. Ses plumes ont des barbes si peu garnies de barbules que de loin elles ressemblent à des poils d'ours ou de sanglier. — Le **Casoar à casque** ou *émeu* (*Casuarius emeu*), le plus gros des oiseaux de l'ancien continent, après l'autruche, qu'il égale presque pour la grosseur, quoiqu'il ait les jambes sensiblement plus courtes, a le bec comprimé latéralement, la tête surmontée d'une proéminence osseuse recouverte de substance cornée, la peau de la tête et du cou nue, teinte en bleu céleste et en couleur de feu, avec des caroncules pendantes, de la nature de celles du dindon. L'aile a quelques tiges noires

sans barbes, qui lui servent d'armes défensives ; le pied n'a que trois doigts. On trouve le Casoar dans la partie la plus orientale de l'Asie méridionale, aux îles Moluques, dans celles de Java et de Sumatra, et surtout dans les profondes forêts de l'île de Céram, où il vit par couples solitaires. Il est à l'état privé à Amboine, où on l'a transporté des îles plus orientales. Il avale, comme l'autruche, tout ce qu'on lui présente ; mais les fruits et les racines forment le fond de sa nourriture. On a comparé sa voix au grognement du cochon. Quoique plus massif que l'autruche, le Casoar court presque aussi vite qu'elle ; il se sert avec avantage de son bec et de ses piquants pour se défendre, et donne aussi des coups de pied très violents, tant en avant qu'en arrière ; c'est, du reste, un animal sauvage et stupide. Ses œufs sont d'un vert plus ou moins foncé ; il n'en pond que trois ou quatre, qu'il dépose dans le sable, et qu'il abandonne à la chaleur du climat. Sa chair est noire, dure et peu succulente. — On fait un genre à part du Casoar de la Nouvelle-Hollande, ou **Dromée** (*Dromaius ater*). Cet oiseau, qui habite les forêts d'eucalyptus de la Nouvelle-Galles du Sud, est devenu fort rare par suite des défrichements. Il est très farouche et privé de la faculté de voler ; mais il court, comme l'autruche, avec une grande rapidité ; sa nourriture consiste en herbes et en fruits. Sa chair a, dit-on, le goût de celle du bœuf. La femelle pond de dix à douze œufs, plus petits d'un tiers que ceux de l'autruche, d'un beau vert émeraude foncé, piqueté de gris clair. La femelle n'en prend aucun soin, et c'est le mâle qui les couve. Les petits sont couverts de duvet, et ont pour livrée quatre bandes d'un roux foncé sur un fond d'un blanc sale. On connaît peu d'ailleurs les mœurs de cet oiseau.

CASQUE (*Cassis*). Genre de mollusques GASTÉROPODES PECTINIBRANCHES de la famille des *Buccinidés,* à coquille univalve ovale, à ouverture étroite, terminée à la base par un canal court recourbé vers le dos. L'animal ressemble à celui des Buccins (voir ce mot), mais le manteau s'étale en dehors de la coquille. On en connaît plusieurs espèces. — Le *Cassis vibex* et le *Cassis decussata* se trouvent dans la Méditerranée.

CASSAVE. (Voir MANIOC.)

CASSE. C'est le fruit du Canéficier (*Cassia fistula*), grand et bel arbre de la famille des *Légumineuses cæsalpiniées.* Cet arbre ressemble beaucoup au noyer par son port et par ses feuilles. Les fleurs sont jaunes, grandes, disposées en grappes axillaires ; et les gousses, qui portent dans le commerce le nom de *casse en bâtons*, à cause de leur forme, sont brunes, unies, cylindriques, à écorce ligneuse, longues de 40 à 50 centimètres. Ces gousses sont remplies d'une pulpe noire, douce et sucrée, contenant une semence rouge et polie. C'est cette pulpe qui est employée en pharmacie, comme purgatif. Le Canéficier est originaire de l'Éthiopie, d'où il s'est répandu dans l'Égypte, l'Arabie, l'Inde et l'archipel Indien. Il est également cultivé au Brésil.

CASSE-LUNETTES. Un des noms vulgaires du Bleuet, à cause de ses propriétés ophthalmiques.

CASSE-NOIX (*Nucifraga*). Genre d'oiseaux de l'ordre des Passereaux, section des *Coracirostres*, de la famille des *Corvidés*. Ces oiseaux, très voisins des Corbeaux, ont le bec droit, à mandibule supérieure plus longue que l'inférieure et émoussée au bout; les narines sont basales et cachées par les plumes; les ailes sont pointues et la queue arrondie. — Le Casse-noix (*N. caryocatactes*) est long de 35 centimètres; brun, tacheté de blanc sur tout le corps. Il grimpe le long des arbres qu'il frappe de son bec pour en faire sortir les insectes dont il fait sa nourriture; il y joint des fruits et surtout des noix. La femelle pond cinq ou six œufs d'un gris jaunâtre pointillés de brun.

CASSE-PIERRE. Nom vulgaire de diverses espèces de *Saxifrages* et de *Pariétaires* qui croissent dans les murs et sur les rochers.

CASSICAN (*Barita*). Les Cassicans sont des oiseaux voisins des Corbeaux, dont ils ont le port, la taille, la couleur et les mœurs. Ils sont originaires des terres australes, où ils représentent nos corbeaux. On en connaît plusieurs espèces: *Barita tibicen*, *Barita strepera*, *Barita destructor*.

CASSIDE (*Cassida*). Genre d'insectes Coléoptères de la famille des *Chrysomélides* et type de la tribu des *Cassidites*. Ce sont des insectes phytophages remarquables par l'expansion de leur corselet et de leurs élytres, qui recouvrent et débordent le corps, y compris la tête, comme la carapace des tortues. — On connaît plus de quatre cents espèces de ce genre, dont un dixième environ appartient à l'Europe. Ces dernières sont généralement de petite taille, vertes ou jaunâtres, parfois rayées ou piquetées de noir. Le plus grand nombre appartient aux régions les plus chaudes de l'Amérique méridionale, où elles atteignent souvent une grande taille et se font remarquer autant par la bizarrerie de leurs formes que par la vivacité de leurs couleurs. — Les espèces européennes se trouvent au commencement de l'été sur les artichauts, les chardons et les menthes. Elles pondent leurs œufs en plaques sur les feuilles, et les recouvrent d'excréments, sans doute pour les dérober à la vue de leurs ennemis. Les larves emploient le même moyen de sûreté.

CASSIER. Pour Canéficier. (Voir Casse.)

CASSIQUE (de *cassis*, casque). Genre d'oiseaux de l'ordre des Passereaux conirostres, voisins des Troupiales (voir ce mot) et caractérisés par un bec exactement conique, plus long que la tête et dont la mandibule supérieure forme une saillie osseuse entre les plumes du front (d'où son nom). — On en connaît plusieurs espèces, toutes d'Amérique, où ils portent le nom de *yapous*. Ce sont des oiseaux qui vivent en troupes, se nourrissent d'insectes et paraissent avoir des mœurs assez semblables à celles de nos étourneaux. Ils construisent des nids en forme de bourse très artistement faits, qu'ils suspendent à l'extrémité des branches. — Les espèces les plus connues sont le **Cassique huppé** (*C. cristatus*) et le **Cassique yapou** (*C. persicus*), tous deux de Cayenne. Nous figurons le **Cassique montézuma** du

Cassique montézuma.

Mexique, belle espèce au plumage marron, avec la queue jaune brillant à plumes médianes noires.

CASSIE. Nom vulgaire de l'Acacia.

CASSIS. Groseillier noir, arbuste indigène et très commun. On prépare avec ses fruits une liqueur spiritueuse appelée *vin de cassis*; et, mêlés avec l'alcool et le sucre, une espèce de ratafia. (Voir Groseillier.)

CASSITÉRITE. Nom du Peroxyde d'étain naturel.

CASTAGNEUX. Nom vulgaire du Petit-Grèbe. (Voir Grèbe.)

CASTAGNOLE (*Parus*). Genre de poissons de l'ordre des Acanthoptères, famille des *Squamipennes*, à nageoires écailleuses; à museau très court, à bouche presque verticale quand elle est fermée. — On en connaît une espèce de la Méditerranée, c'est la **Castagnole de Ray** (*P. Rayi*). Son corps long de 70 à 80 centimètres, est presque aussi haut que long et recouvert d'écailles d'une teinte brillante à reflet bruni. Sa chair est tendre et délicate, et l'on en prend du poids de 5 kilogrammes.

CASTANEA. Nom latin du genre *Châtaignier*.

CASTANÉACÉES (de *castanea*, châtaignie. mille de plantes établie par M. Baillon et répondant en partie aux *Amentacées* des anciens auteurs. Elle se divise en six tribus: *Bétulées* (bouleau), *Corylées* (noisetier), *Quercinées* (chêne), *Balanopsées*, *Letnériées* et *Myricées* (cirier). Ses caractères généraux sont: arbres ou arbrisseaux à feuilles alternes; fleurs monoïques; fleurs mâles en chatons cylindriques, garnies de petites bractées; périgone à quatre-six divisions ou nul et remplacé par une écaille; quatre à vingt étamines. Fleurs femelles solitaires ou réunies dans un involucre; involucres solitaires ou groupés, périgone caliciforme à tube soudé avec l'ovaire, à limbe court, denté, disparaissant à la maturité; ovaire de deux à six loges, à un ou deux ovules pendants; fruit protégé par l'involucre accru chargé d'épines (*Châtaignier*), ou formant une capsule foliacée irrégulièrement déchiquetée au sommet (*Noisetier*), ou entouré seulement à sa base d'une cupule hémisphérique (*Chêne*).

CASTOR. Genre de mammifères de l'ordre des Rongeurs, formant la famille des *Castoridés*. Les Castors se distinguent de tous les autres rongeurs par leur queue aplatie horizontalement, de forme presque ovale et couverte d'écailles : ce sont des animaux à formes lourdes et épaisses ; ils ont à tous les pieds cinq doigts garnis d'ongles en gouttière, et ceux de derrière sont réunis jusqu'à l'ongle par une membrane, ce qui, joint à la forme de leur queue, les rend habiles nageurs. Leurs dents molaires, au nombre de quatre de chaque côté, ont la

Castor.

couronne plate ; les incisives sont très vigoureuses; aussi vivent-ils principalement d'écorces et de racines, et se servent-ils de ces dents pour couper toute sorte de bois ; les yeux sont très petits, cachés dans les poils; les oreilles n'ont qu'une petite conque externe, mais qui a la faculté de se fermer en se reployant sur elle-même ; les narines sont petites, sans mufle, et susceptibles aussi de se fermer ; la lèvre supérieure est fendue ; de fortes moustaches garnissent les côtés du museau, et un pelage très épais couvre le corps; de grosses poches glanduleuses, placées vers l'anus, produisent une pommade d'une odeur forte, employée en médecine sous le nom de *castoreum*. — On ne connaît qu'une espèce de ce genre, c'est le **Castor du Canada** (*Castor fiber*, Linné), d'un brun roussâtre uniforme, haut de 1 pied à peu près, long de 2, sans compter la queue. On en trouve parfois de tout noirs. — Chacun sait quelle admirable industrie les Castors déploient pour la construction de leurs demeures. Réunis au nombre de deux ou trois cents vers les mois de juillet ou d'août, ils s'occupent d'abord à choisir un endroit convenable ; c'est, autant que possible, un cours d'eau assez fort pour supporter le flottage des matériaux dont ils auront besoin pour leurs con-

structions. Leur choix fait, ils travaillent à barrer la rivière, afin d'obtenir un niveau constant ; et dans ce but ils construisent une digue. Ils choisissent quelque gros arbre planté sur le bord de la rivière, le coupent à 1 pied au-dessus du sol à l'aide de leurs puissantes incisives, et savent toujours diriger sa chute de manière à ce qu'il tombe en travers du cours d'eau. Ce gros tronc servira de point d'appui aux travaux subséquents. Ils coupent alors d'autres arbres plus petits, les ébranchent, les traînent à la rivière, en dirigent le flottage jusqu'au lieu où ils doivent être employés, et là les plantent verticalement contre le gros tronc d'arbre. D'autres Castors apportent des branches flexibles et les entrelacent aux pieux verticaux, puis ils en bouchent tous les interstices avec de la terre qu'ils gâchent avec leurs pieds et battent avec leur queue. Plusieurs rangs de pilotis sont ainsi plantés l'un devant l'autre, et la digue a parfois jusqu'à 3 mètres d'épaisseur, suivant la force du courant. Ces admirables travaux ne sont pas le résultat d'un simple instinct, et ce qui le prouve, c'est que, lorsque ces animaux découvrent un lac à leur convenance et à niveau constant, ils se dispensent de tous ces travaux gigantesques et procèdent immédiatement à la construction de leurs huttes. Celles-ci sont bâties sur pilotis près du bord. Leur forme est à peu près ronde, terminée en dôme, quelquefois aplatie au sommet ; leur grandeur varie de 2 à 3 mètres de diamètre, les murs sont très épais. Chacune de ces huttes est destinée à loger une famille composée d'un nombre variable d'individus, mais le plus souvent d'un mâle et d'une femelle adultes, et de quelques petits ; elle est composée de deux étages ; l'inférieur sert de magasin, on y place les écorces et les tiges tendres, qui forment les provisions d'hiver; une porte cachée sous l'eau s'ouvre dans cette partie de la maison, et permet aux habitants de s'échapper en plongeant. L'étage supérieur est destiné à l'habitation, et les Castors se tiennent toujours dans un parfait état de propreté. Tous leurs travaux s'exécutent la nuit, et avec une rapidité surprenante ; ils ont en outre des terriers le long du rivage, où ils se réfugient quand on attaque leurs huttes, et qu'ils habitent exclusivement l'été, saison pendant laquelle ils s'éparpillent et vivent solitaires; on rencontre même en Amérique des individus qui vivent toujours solitaires dans des terriers. Les femelles mettent bas, à la fin de l'hiver, deux ou trois petits qu'elles ont portés quatre mois. Au bout de deux ans ils ont pris leur accroissement, et la durée de leur vie ne va guère au-delà de quinze. Les Castors que l'on trouve en Europe, le long des rivières, et qui sont connus sous le nom de *bièvres*, vivent toujours solitaires. C'est probablement le voisinage de l'homme qui les empêche de bâtir ; car F. Cuvier, qui en a observé à l'état de domesticité, a reconnu en eux ce même penchant. On apprivoise aisément le Castor, et on l'accoutume à vivre de matières animales ; sa chair se mange, quoique fort peu délicate ; mais on le chasse surtout pour sa fourrure. Celle du Castor social est la seule recherchée ; les autres ont le poil rongé par le frottement. Leur fourrure, très recherchée dans le commerce, se compose de deux sortes de poils, les uns longs, soyeux et brillants ; les autres cachés sous les premiers, courts, très touffus, d'une grande finesse. Les fourrures des Castors tués en hiver sont les plus précieuses. La voix du Castor consiste en une espèce de petit cri plaintif qui se change, lorsqu'on l'inquiète, en une sorte de grognement ou d'aboiement sourd. La chasse active que l'on fait à ces animaux depuis près de deux siècles en a fait considérablement diminuer le nombre ; et ce n'est guère que dans les contrées éloignées du nord-ouest, en Amérique, qu'on les rencontre aujourd'hui en société. Les progrès de l'agriculture et le peuplement des bords des rivières ont partout refoulé les Castors en Europe, sans cependant les détruire complètement ; de nos jours on les rencontre encore isolément sur le Danube, la Meuse, la Moselle, le Weser, où ils se cachent dans des terriers savamment dissimulés. Jusqu'au dix-huitième siècle on trouvait des Castors en Alsace et dans les grandes îles du Rhin, entre Rhinau et Strasbourg. Ils étaient autrefois assez répandus sur les bords du Rhône ; mais les ravages qu'ils exerçaient en coupant et rognant les saules les ont fait poursuivre et détruire, au point qu'on en prend très rarement aujourd'hui. L'ondatra ou *rat musqué*, que Linné rangeait parmi les Castors, forme aujourd'hui un genre de la famille des *Arvicolidés*.

CASTORÉUM. Substance onctueuse produite par les glandes anales du Castor. Elle a une odeur forte, peu agréable, un goût âcre, une couleur rougeâtre. Elle est en grande partie composée d'un corps gras, de résine, d'albumine, d'huile volatile, etc. Le Castoréum du commerce vient soit du Canada, soit de la Russie. Le premier a un parfum différent du second qui rappelle l'odeur du bouleau (cuir de Russie) ; les Castors russes se nourrissent en effet de l'écorce de cet arbre, et leur sécrétion contracte une propriété que ne possède pas le Castoréum d'Amérique. Le produit des Castors du Rhône a l'odeur de la macération des saules qui servent à la nourriture de ces rongeurs. On emploie le Castoréum en médecine, comme stimulant et antispasmodique dans les affections nerveuses, l'hystérie, l'épilepsie.

CASUARINA. Genre de plantes type de la famille des *Casuarinées*, établi pour des arbres et des arbrisseaux de l'Australie ou des Indes orientales qui ressemblent à des prêles gigantesques, à rameaux verticillés, dépourvus de feuilles et ne présentant que de petites écailles circulaires membraneuses, à fleurs unisexuées, dioïques ou monoïques, les mâles en chatons, les femelles en petits cônes. Ces arbres, d'un aspect assez triste, ont un bois fort dur et résistant, très propre aux constructions navales ; les naturels de l'Australie l'emploient pour la fabrication de leurs armes. — Le type du genre est le **Casuarina** à feuilles de prêle (*C. equisetifolia*) ou *filao* de l'Inde, cultivé dans nos serres. L'écorce du

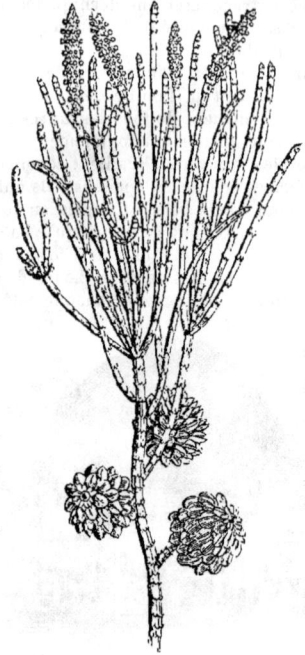

Casuarina.

Casuarina muricata est employée par les Indiens comme médicament tonique.

CATACLYSME (du grec *kataclusmos*, inondation). Se dit en géologie de tout phénomène brusque et violent, de toute révolution du globe. La théorie des *Révolutions du globe* et des *Cataclysmes successifs* soutenue par Cuvier, avec tant de talent, n'a plus cours aujourd'hui, et a fait place à la théorie des *causes actuelles*, de Lyell. (Voir GÉOLOGIE.)

CATAIRE (*Nepeta*). Genre de plantes de la famille des *Labiées*, composées d'herbes à fleurs réunies en épis terminaux. Ses tiges, dressées et couvertes d'une pubescence blanchâtre, s'élèvent à 1 mètre environ ; ses feuilles ovales cordiformes, sont dentées, crénelées, tomenteuses en dessous ; ses fleurs à corolle moitié plus longue que le calice. — On connaît plusieurs espèces de ce genre propres à l'Europe méridionale et à l'Asie : une seule habite la France centrale, c'est la **Cataire commune** (*N. cataria*), connue sous le nom vulgaire d'*herbe aux chats*. Cette plante a en effet la propriété d'attirer les chats qui se roulent et se frottent avec délices sur son feuillage. Elle est considérée, en médecine, comme tonique et stomachique.

CATALPA. Arbre de la famille des *Bignoniacées*.

On en connaît plusieurs espèces, dont la plus intéressante est le **Catalpa commun** (*Catalpa bignonioïdes.*) Cet arbre, originaire des États-Unis de l'Amérique septentrionale (Caroline), atteint 10 à 12 mètres de hauteur. Il a l'écorce blanchâtre, les rameaux divergents et un peu écartés ; les feuilles entières, grandes, cordiformes, et d'un beau vert supérieurement. Aux mois de juillet et d'août, ses rameaux se terminent par de larges girandoles de fleurs qui rappellent les pyramides ou épis lâches des fleurs du marronnier d'Inde. Les fleurs du Catalpa sont grandes, d'un beau blanc maculé de pourpre et de jaune : ces fleurs répandent une odeur fort agréable ; mais il paraît que le miel qu'y recueillent les abeilles est d'une âcreté extrême. Son fruit est une silique ou légume fort long, rempli de graines plates très serrées et très nombreuses. Le Catalpa aime les terrains frais et fertiles ; dans son pays natal on le trouve habituellement au bord des rivières. On l'a introduit depuis quelques années dans nos plantations d'ornement, où il produit un fort bel effet. — Une autre espèce, **Catalpa longissima**, fournit un bois très riche en tannin, qui est employé dans l'industrie sous le nom de *chêne noir d'Amérique;* son écorce est regardée comme fébrifuge.

CATANANCHE. (Voir CUPIDONE.)

CATAPPA. (Voir BADAMIER.)

CATARRHINIENS (du grec *kata*, dessous, et *rhin*, nez). Grande tribu de singes comprenant ceux de l'ancien continent, qui ont les narines rapprochées et ouvertes au-dessous du nez. (Voir SINGES.)

CATECHU. (Voir CACHOU.)

CATHARTE. (Voir VAUTOUR.)

CATOBLEPAS. Nom scientifique du Gnou.

CATTLEYA (dédié à W. Cattley, botaniste anglais). Genre de plantes de la famille des *Orchidées*, tribu des *Épidendrées*, remarquables par la beauté de leurs fleurs, qui les fait cultiver en serre chaude. Les Cattleya sont originaires de l'Amérique du Sud, où elles vivent en parasites sur de grands arbres. Leurs fleurs, enveloppées dans une spathe, atteignent jusqu'à 20 centimètres de diamètre (*Cattleya labiata*) ; elles offrent en outre un brillant coloris et répandent une odeur suave (*C. superba*).

CAUCALIDE (*Caucalis*). Genre de plantes herbacées de la famille des *Ombellifères*, à feuilles deux et trois fois pennatiséquées, à fruits hérissés d'aiguillons. — L'espèce type, la **Caucalide fausse carotte** (*C. daucoïdes*), se rencontre fréquemment en France parmi les blés.

CAUCASIENS. En dehors d'un certain nombre de peuples appartenant aux groupes *aryen, sémite* et *ouralo-altaïque*, les deux versants du Caucase ont donné asile à diverses époques à des populations que l'on réunit aujourd'hui sous le nom de *caucasiennes*. Elles se divisent, d'après les recherches les plus récentes, en cinq groupes, comprenant quarante-cinq familles distinctes. Les quatre groupes sont le *Karthevélien*, le *Tcherkesse*, l'*Ossèthe*, le *Tchetchène* et le *Lesghien*. Le premier de ces groupes est

celui qui renferme les familles les plus connues : *Géorgiens, Mingréliens, Lazes*, etc. La régularité et l'expression des traits du visage ainsi que l'élégance

Caucasien (Tcherkesse).

martiale de tous ces peuples, ont de tout temps frappé les voyageurs, qui admirent également la fidélité des Caucasiens à leurs vieilles coutumes, leur énergie morale et leurs habitudes chevaleresques.

CAUCASIQUE. Le nom de *race caucasique* a été longtemps considéré comme synonyme de celui de *race blanche*. Cette appellation est tombée presque complètement en désuétude. On sait fort bien, en effet, aujourd'hui, que la masse des peuples européens n'est pas originaire du Caucase, et que les ethnographes du commencement du siècle avaient réuni sous cette étiquette commune des peuples aussi différents d'origines que de caractères.

CAUDAL (du latin *cauda*, queue). Tout ce qui a rapport à la queue : vertèbres caudales. On appelle *nageoire caudale* celle qui termine la queue des poissons et des cétacés. Verticale chez les poissons, elle est horizontale chez les cétacés.

CAULINAIRE (de *caulis*, tige). On donne ce nom à tout organe appendiculaire naissant sur la tige ou qui en dépend ; tels sont les aiguillons du rosier, les fleurs de la cuscute, les feuilles du tabac, etc.

CAURALE. Genre d'oiseaux ÉCHASSIERS de la famille des *Ardéidés*, voisins des Grues. On n'en connaît qu'une espèce, le **Caurale phalénoïde** de la Guyane. Cet oiseau, que les habitants désignent sous les noms de *petit paon des roses, oiseau du soleil*, est de la taille d'un courlis, à cou mince et élancé, à bec droit et pointu, plus long que la tête, à jambes basses, à queue étalée. Son plumage est nuancé par bandes en zigzags de brun, de roux, de gris, de blanc et de noir. C'est un oiseau très farouche, qui ne se laisse pas approcher ; il fréquente le bord des rivières et se nourrit de poissons et de mollusques.

CAURIS. Espèce du genre *Porcelaine*. (Voir ce mot.) C'est une petite coquille ovale déprimée, plate en dessous, à bords épais, d'un blanc jaunâtre. Cette coquille, très commune sur le littoral africain, est employée par les nègres comme monnaie, d'où son nom vulgaire de *monnaie de Guinée*. C'est la *Cypræa moneta* des conchyliologistes.

CAVALE. Synonyme de Jument.

CAVE [Veine]. Nom des veines qui apportent au cœur le sang des diverses parties du corps. (Voir Cœur et Circulation.)

CAVERNES. Grandes cavités ou anfractuosités naturelles qui traversent et divisent irrégulièrement, en tous sens, la plupart des roches solides de l'écorce terrestre, et plus particulièrement les roches calcaires. On a longtemps attribué la formation des Cavernes à l'action des eaux ; mais bien qu'on rencontre au niveau des mers quelques Cavernes peu profondes, que l'on peut attribuer à l'action répétée des vagues, il est difficile de penser que de vastes couloirs, qu'une suite de grottes nombreuses, ornées de stalactites de toutes les formes, et communiquant les unes aux autres sur une étendue de plusieurs lieues, aient été produits uniquement par l'action des eaux. Il est plutôt à présumer que l'origine première des Cavernes est due à des crevasses énormes qui se sont opérées par suite de la dislocation des couches calcaires, due aux nombreuses commotions que l'enveloppe du globe a éprouvées, et qui ont été ensuite agrandies par l'action des eaux. Les Cavernes calcaires sont presque toujours tapissées d'une croûte cristalline produite par le dépôt des eaux chargées d'une matière calcaire. Ces dépôts, qu'on nomme *stalactites* (voir ce mot), donnent naissance, soit à des colonnes grossières, soit à des pyramides suspendues par leur base à la voûte ou assises sur le plancher. Beaucoup de ces cavités contiennent de vastes réservoirs d'eau, des lacs, et donnent issue à des cours d'eau qui, quelquefois aussi, s'y engouffrent pour ne plus reparaître. Quelques-unes de ces Cavernes sont remarquables par la quantité de débris animaux qu'elles renferment. Ceux-ci, sans doute pendant de nombreuses générations, seront venus s'y réfugier, y traîner leur proie et y terminer successivement leur existence. De là l'accumulation de leurs ossements, que nous trouvons dans un terrain noir, fétide, qui, probablement, vient de la décomposition de leur chair. Le plus grand nombre de ces débris appartiennent à des ours, à des hyènes et à des loups de plus grande taille que les espèces que nous connaissons aujourd'hui. On y trouve aussi des débris de rongeurs, de ruminants, de pachydermes et d'oiseaux qui ont été sans doute la proie des premiers. Souvent le dépôt est recouvert par une couche de limon annonçant que des eaux bourbeuses ont dû pénétrer dans la cavité et y séjourner ; quelquefois on trouve les ossements disséminés, brisés et mêlés de débris de stalactites et de cailloux roulés, ce qui annonce la force d'entraînement des eaux. Les

espèces de mammifères y sont complètement analogues ou identiques à celles que l'on trouve dans le diluvium (voir ce mot) ; on peut donc regarder ces deux effets comme corrélatifs. Les Cavernes et les grottes préexistantes furent envahies par les eaux diluviennes qui y laissèrent les graviers, les limons et les ossements diluviens. Dans d'autres cas, les animaux d'espèces différentes, fuyant les flots envahissants, ont pu se réfugier pêle-mêle dans ces mêmes Cavernes, où les eaux les submergèrent. Ainsi, l'on voit accolés et entassés les uns près des autres des os de rongeurs et des ossements de grands carnassiers avec des débris de pachydermes et de ruminants. — Dans ces mêmes Cavernes, on a découvert des silex taillés de main d'homme, des ossements humains et quelquefois des objets de l'industrie humaine primitive. Tous ces objets se trouvent enfouis dans le limon des Cavernes avec les restes d'ours, d'éléphants, de rhinocéros, d'hyènes, de chevaux, de ruminants, et sur un grand nombre de ces ossements on a découvert des traces d'instruments tranchants qui ne peuvent provenir que de la main de l'homme. Ces faits sont plus que suffisants pour témoigner de la contemporanéité de l'homme avec les espèces d'animaux dont les ossements se trouvent enfouis à côté des siens dans les Cavernes osseuses. Toutes les parties du monde ont offert des Cavernes à ossements et dans un grand nombre d'entre elles on a reconnu des traces de l'homme primitif. (Voir Homme fossile.)

CAVIA. Nom scientifique latin du Cabiai, d'où la famille des *Caviadés* qui comprend les *Cabiais*, les *Agoutis* et les *Cobayes*. (Voir ces mots.)

CAVIADÉS. (Voir Cavia.)

CAVIAR. Nom d'un mets que l'on prépare en Russie avec les œufs d'esturgeon. Les Russes des bords du Volga et les Kosaks de l'Oural en font une branche d'industrie très importante. (Voir Esturgeon.)

CAVICORNES (de *cavus*, creux, qui a les cornes creuses). On donne ce nom à une section des Ruminants. (Voir ce mot.)

CAY-CAY. Nom que porte dans l'Indo-Chine un bel arbre de la famille des *Rutacées*, dont le nom scientifique est *Irvingia harmandiana*. Le Cay-cay est très répandu dans les forêts de la Cochinchine et on le retrouve au Cambodge. Il peut atteindre une hauteur de 40 mètres et plus de 1 mètre de diamètre ; son tronc, droit et élancé, se termine par un bouquet de rameaux garnis d'un feuillage touffu vert foncé ; son bois est très dur, à grain fin et serré, susceptible d'un beau poli ; son écorce est amère et riche en tannin. La floraison a lieu en avril et donne en juillet un fruit à noyau, de la grosseur d'une prune, renfermant une amande huileuse, que les singes mangent avidement. Les Annamites recueillent ces fruits pour en extraire l'huile, qui s'épaissit et donne une matière grasse analogue au beurre de cacao. Au Cambodge on en fait des chandelles, qui donnent une flamme assez brillante sans odeur désagréable. Cette huile, extraite en grand au moyen de procédés industriels, pourra être d'un bon usage pour la fabrication des savons et des bougies.

CAYEU. (Voir Bulbe.)

CAYOU. Nom que donnent les naturels à un Singe américain, l'*Ateles ater*. (Voir Atèle.)

CÉBIDÉS (de *cebus*, sajou). Nom d'une famille de singes du nouveau continent, à queue longue et prenante et sans callosités aux fesses. Dans ce groupe rentrent les genres *Sajou*, *Atèle*, *Alouate*.

CÉBRIONIDES. Tribu d'insectes Coléoptères de la famille des *Malacodermes*, dont le type est le genre *Cebrio*. Ils se distinguent des *Lampyrides* par leur corps plus convexe et par leurs palpes non renflés vers le bout. Ce groupe renferme un petit nombre de genres peu importants : les *Cebrio*, dont une espèce (*C. gigas*) se trouve dans le midi de la France, mais assez rarement ; les *Callirhipis* et les *Rhipicera* du Brésil et des Indes orientales sont remarquables par leurs antennes pectinées formant un élégant panache.

CÉBUS. (Voir Sajou.)

CÉCIDOMYE. Genre d'insectes Diptères, section des *Némocères*, famille des *Tipulidés*. Les Cécidomyes ont les antennes garnies de poils verticillés ; la tête sphérique, la trompe peu saillante. Ce sont des Tipuliens de fort petite taille, vivant le plus

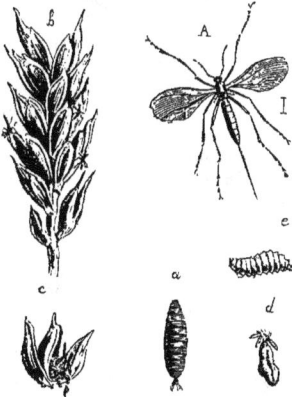

Cécidomye du blé. — A, insecte parfait grossi ; *b*, épi sur lequel voltige l'insecte parfait grandeur nature ; *d*, grain de blé déformé et portant la nymphe grandeur nature ; *e*, larve grossie ; *a*, nymphe grossie.

souvent à leur état de larve, comme les Cynipsiens, dans des excroissances que détermine la piqûre de leur tarière sur certaines plantes. La **Cécidomye du froment** (*Cecidomyia tritici*) cause parfois de grands ravages dans nos blés. On voit souvent, le soir, en juin et juillet, voler au-dessus des blés des myriades de moucherons, rassemblés en petits nuages comme les essaims de cousins. Ce sont des Cécidomyes qui s'abattent sur les épis pour y pondre leurs œufs. Ces petits insectes sont jaunes et ont l'apparence svelte et grêle de nos cousins ; leur corps se termine par une longue tarière, aussi fine qu'un

fil de ver à soie, au moyen de laquelle ils déposent leurs œufs entre les glumes des épillets, avant la floraison. Au bout de quelques jours, les larves sortent des œufs ; elles sont d'un jaune vif, et vivent au nombre de six à dix et plus dans le même grain, qu'elles rongent. Le grain avorte tout à fait ou reste contourné et amaigri. Lorsqu'elles sont complètement développées, elles se réfugient au pied des chaumes et y restent engourdies pendant l'hiver. Elles se transforment en nymphes au printemps, et l'insecte parfait prend son essor au mois de juin. Dans certaines années où les Cécidomyes sont très abondantes, elles causent des dégâts considérables. Le moyen de les détruire est de retourner les chaumes aussitôt après la moisson et de les brûler. — La **Cécidomye destructrice** (*C. destructor*) ravage les blés en Amérique. — Une espèce assez répandue en France et en Allemagne, la **Cecidomyia saliciperda**, dépose ses œufs dans l'écorce des saules et y détermine un gonflement et une sorte de déformation spongieuse.

CÉCILIDÉS. (Voir Cécilie.)

CÉCILIE (*Cœcilia*). Genre singulier d'animaux, tour à tour placés parmi les Ophidiens et les Batraciens, et définitivement classés parmi ces derniers, où ils forment la famille des *Cécilidés*. Les Cécilies ont, en effet, tous les caractères extérieurs des serpents ; mais leur organisation interne est celle des Batraciens, et l'on a même constaté chez elles des métamorphoses analogues à celles de ces derniers. — Ces animaux ont le corps serpentiforme, la peau lisse, visqueuse et revêtue de très petites écailles ; les yeux sont excessivement petits, et manquent même quelquefois. La tête est déprimée ; l'anus presque au bout du corps ; les côtes nombreuses, mais très courtes, sans sternum ; les deux mâchoires garnies de dents aiguës ainsi que le palais ; l'oreille tout à fait couverte par la peau. Les espèces de ce genre, toutes étrangères à

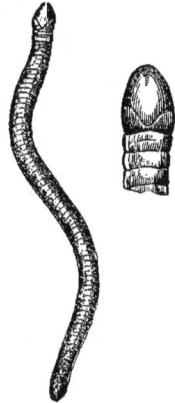

Cécilie. Tête de grandeur naturelle.

l'Europe, se creusent en général des trous en terre, dans les endroits marécageux, et leurs mœurs se rapprochent de celles des tritons ; il en est qui atteignent jusqu'à 40 et 45 centimètres de longueur. Telles sont la *Cœcilia tentaculata* et la *Cœcilia glutinosa*, de l'Amérique méridionale, que leur corps annelé et dépourvu de pattes fait ressembler à de gros lombrics.

CECUM. (Voir Cœcum.)

CEDONULLI. Mots latins dont la signification est : *Je ne le cède à aucune*, et qui sont le nom marchand et vulgaire d'une magnifique coquille du genre

Côno. (Voir ce mot). C'est une coquille couronnée, à fond de couleur cannelle. avec deux cordons réguliers de taches bleues cernées de brun. Elle vient de la mer des Antilles.

CÉDRAT. (Voir ORANGER.)

CÉDRATIER. Espèce du genre *Citronnier.*

CÈDRE (*Cedrus*). Cet arbre, célèbre dans l'antiquité par la majesté de son port et par l'incorruptibilité attribuée à son bois, est placé dans la famille des *Conifères* et la tribu des *Abiétinées.* — Le Cèdre du Liban peut s'élever à plus de 30 mètres, et en a quelquefois jusqu'à 10 de circonférence à sa base. Le tronc se divise en une multitude de branches, celles du centre sont dressées et presque verticales, les plus extérieures sont étendues et horizontales,

Cèdre du Liban.

couchées les unes sur les autres; les feuilles sont petites, linéaires, raides et piquantes comme celles des pins, mais réunies en faisceaux divergents. Les sexes sont séparés sur le même individu; les chatons mâles sont ovoïdes, allongés; les chatons femelles cylindriques e placés au sommet des jeunes rameaux. Les cônes qui succèdent aux chatons femelles sont ovoïdes, imbriqués, de la grosseur de deux poings. Le Cèdre fleurit, dans nos climats, au mois d'octobre. Ce bel arbre, qui jadis couvrait les pentes du mont Liban, est maintenant fort rare sur cette montagne; mais il existe de vastes forêts de Cèdres sur les monts Ourals, et l'on en rencontre dans différentes parties de l'Asie Mineure; il en existe également dans les pays situés entre le Volga et l'Oural. Cet arbre ne se perdra donc pas, comme on semblait le craindre. Tout le monde connaît le magnifique individu qui orne le labyrinthe du Jardin des Plantes, à Paris; il a été planté, en 1734, par Bernard de Jussieu, qui le

rapporta, dit la légende, dans son chapeau. Le tronc a 3 mètres de circonférence; mais Pallas en a vu qui mesuraient jusqu'à 10 mètres de tour. — Le bois du Cèdre est léger, roussâtre, veiné comme celui du pin sauvage; on peut l'employer dans l'ornementation et pour les constructions. C'est avec les Cèdres du Liban que Salomon fit construire ce fameux temple qui passait pour l'une des merveilles du monde. Le Cèdre de l'Himalaya ou **Deodar** (*C. deodora*) atteint 40 mètres de hauteur; son bois répand une odeur agréable et est susceptible de prendre un beau poli. — On donne le nom de *Cèdre blanc* à une espèce de cyprès, et celui de *Cèdre rouge* à un genévrier d'Amérique.

CÉDREL (*Cedrela*). Genre de plantes de la famille des *Méliacées*, comprenant des arbres élevés américains ou asiatiques, à feuilles persistantes, à fleurs petites, blanches en panicule terminale. — Le Cédrel odorant ou *faux acajou* (*C. odorata*) des Antilles donne un bois aromatique, léger, de couleur rougeâtre, très employé dans l'ébénisterie; on en fait aussi des boîtes à cigares. L'écorce du **Toona** (*C. toona*) du Bengale, et celle du **Cedrela febrifuga**, sont employées dans l'Inde contre les fièvres intermittentes.

CÉLANE. (Voir HARENG.)

CÉLASTRE. *Celastrus* (du grec *kèlastron*, nom grec d'un arbrisseau indéterminé.) Genre de plantes dicotylédones, polypétales hypogynes. Ce sont des arbrisseaux grimpants, à feuilles alternes, à fleurs pentamères, disposées en grappes. — Le **Célastre grimpant** (*C. scandens*), vulgairement *bourreau des arbres*, qui croît au Canada, étouffe de ses tiges volubiles les autres arbres.

CÉLASTRINÉES (du genre *Célastre*). Famille de plantes dicotylédones. Arbustes ou arbrisseaux à feuilles simples, ordinairement alternes; à fleurs régulières, généralement hermaphrodites; calice à quatre-cinq divisions, corolle de quatre-cinq pétales insérés au bord d'un disque hypogyne, quatre-cinq étamines alternes avec les pétales; un-trois styles soudés, à stigmate deux-cinq lobé; ovaire libre à deux-quatre loges uni ou pluriovulées; fruit capsulaire ou baie. Il comprend les genres *Fusain* et *Célastre.*

CÉLERI. (Voir ACHE.)

CELLÉPORES. Genre de BRYOZOAIRES de l'ordre des ECTOPROCTES, qui forment des colonies calcaires à cellules distinctes, encroûtant les rochers et autres corps sous-marins.

CELLULAIRE. Qui est composé de cellules. On donne le nom de *tissus cellulaires* à ceux qui ne sont formés que de cellules juxtaposées, comme l'épiderme, le tissu cellulaire des plantes. On nomme *végétaux cellulaires* ceux dont le tissu est entièrement formé de cellules, comme les algues, les lichens, les champignons. (Voir ORGANISMES et TISSUS.)

CELLULE. (Voir VÉGÉTAUX et ORGANISMES.)

CELLULOSE. (Voir VÉGÉTAUX.)

CELOSIE. Cette plante appartient au genre *Celo-*

sia et à la famille des *Amarantacées*. Elle est originaire de l'Inde et se cultive dans les jardins d'agrément sous les noms d'*amarante des jardins*, de *passe-velours*, de *crête de coq*; sa tige, haute de 60 centimètres environ, porte des feuilles sessiles, larges, ovales, aiguës, et se termine par un amas de fleurs

Célosie crête de coq.

petites, tellement nombreuses et serrées en têtes longues, aplaties et plissées, qu'on les prendrait pour des crêtes ou des morceaux de velours épais. Cette plante demande une terre légère et une exposition chaude; elle est annuelle et on la multiplie par ses graines, en mars, sur couche.

CELTIS. Nom scientifique latin du Micocoulier.

CENTAURÉE. Tout le monde connaît cette délicieuse fleur des champs, répandue en proportions souvent considérables parmi les céréales, et désignée sous le nom vulgaire de *bluet*. C'est le type du genre *Centaurée*, de la famille des *Composées tubuliflores*, tribu des *Cinarées*. Ses principaux caractères sont : involucre globuleux, formé d'écailles imbriquées; fleurons de la circonférence beaucoup plus grands, irréguliers et neutres; fleurs du centre à corolle monopétale, tubuleuse, régulière; fruits avec ou sans aigrette.—Les principales espèces sont : la **Centaurée-bluet** ou *barbeau* (Centaurea cyanus, L.), plante annuelle, d'un beau bleu d'azur, qui fleurit pendant le mois de juin, au milieu des blés; elle fait, dit-on, beaucoup de mal au blé; sa tige est rameuse, presque carrée, rude et velue; ses feuilles alternes; les supérieures sessiles, lancéolées, aiguës, velues sur la face supérieure; les fleurs solitaires et terminales. Le fruit est ovoïde, tronqué à son sommet, velu, couronné par une aigrette poilue et courte. On attribue à cette plante des pro-

priétés ophthalmiques, qui lui ont fait donner son nom vulgaire de *casse-lunettes*. — Dans ce genre rentrent la **Chausse-trape** ou *chardon étoilé* (C. calcitrapa), petite plante hérissée d'épines qui croît partout sur les bords des chemins; toutes les parties en sont amères. On la préconise comme succédanée du quinquina. — La **Jacée** (C. jacea), abondante dans les prés, est considérée comme un excellent fourrage. — Le **Chardon bénit** (C. benedicta), qui croît dans le midi de la France, passe pour posséder des propriétés diurétiques très prononcées. — La **Centaurée musquée** (C. moschata) ou *ambrette*, qui croît en Orient, doit son nom à l'odeur d'ambre qu'elle répand.

CENTAURÉE [Petite]. On donne vulgairement ce nom à l'*Erythræa centaurium*, petite plante herbacée de la famille des *Gentianées*, dont les sommités fleuries sont employées en infusion comme toniques et fébrifuges.

CENTIPÈDES ou **CENTPIEDS.** (Voir Myriapodes.)

CENTRANTHE (de *kentron*, éperon, et *anthos*, fleur). Genre de plantes de la famille des *Valérianacées*, détaché du genre *Valeriana*, dont il diffère par sa corolle à tube longuement éperonné, et par son unique éta-

Centranthe rouge.

mine. — Parmi les espèces de ce genre, nous citerons le **Centranthe rouge** (Centranthus ruber), connu sous les noms de *valériane rouge* et *behen rouge*, qui croît sur les vieux murs; il est haut de 50 centimètres, à feuilles ovales lancéolées, à fleurs rouges; sa racine est odorante et possède des propriétés toniques et antispasmodiques. — Le **Centranthe à** feuilles étroites (*C. angustifolius*), à feuilles linéaires, à éperon moitié plus court que le précédent, croît dans les lieux pierreux.

CENTRISQUE (*Centriscus*). Genre de poissons de la famille des *Fistularidés* ou bouche en flûte, offrant pour caractères : un corps ovalaire, comprimé, tranchant dans sa partie ventrale et recouvert d'écailles petites, terminées par une pointe ; tête prolongée en avant en museau ou tube qui porte à son extrémité une bouche très petite et dépourvue de dents. — Le type du genre est le **Centrisque bécasse** (*C. scolopax*), vulgairement nommé *bécasse de mer* et *poisson-trompette*. Ce curieux petit poisson est commun dans la Méditerranée et assez rare dans la Manche. Il est d'un blanc argenté. On le mange, mais sa chair est peu estimée.

CENTRONOTE (du grec *kentron*, aiguillon, et *nótos*, dos). Cuvier emploie ce nom pour désigner une tribu de la famille des *Scombéridés*, comprenant ceux de ces poissons qui ont la dorsale précédée d'épines libres. Ce sont les *Pilotes*, les *Lices* et les *Trachinotes*. (Voir ces mots.)

CENTROPOME (du grec *kentron*, aiguillon, et *pôma*, opercule). Genre de grand poisson américain, connu vulgairement sous le nom de *brochet de mer*, parce qu'il a le museau déprimé comme notre brochet. Il appartient à la famille des *Percidés*.

CÉNURE. (Voir CŒNURE.)

CEP. Pied de vigne.

CÈPE. Espèce de Champignon du genre *Bolet*. (Voir ce mot.)

CÉPHALASPIS (du grec *képhalé*, tête, et *aspis*, bouclier). (Voir POISSONS FOSSILES.)

CÉPHALANTHE (du grec *képhalé*, tête, et *anthos*, fleur). Genre de plantes de la famille des *Rubiacées*, comprenant des arbrisseaux américains à fleurs sessiles agglomérées en tête ou capitule. Le *Cephalanthus occidentalis*, à fleurs jaunes, connu sous le nom de *bois bouton*, est employé aux États-Unis comme tonique et fébrifuge.

CÉPHALIQUE (du grec *képhalé*, tête). Tout ce qui a rapport à la tête : artère céphalique, veine céphalique, etc.

CÉPHALOCYSTES (de *képhalé*, tête, et *kustis*, vessie). On donnait autrefois ce nom aux Vers cystiques, c'est-à-dire aux Cestoïdes à l'état vésiculaire (*Cysticerques, Cœnures, Échinocoques*.)

CÉPHALOMYIE (de *képhalé*, tête, et *muia*, mouche). Insecte DIPTÈRE de la famille des *Œstridés*, dont la larve vit dans les sinus frontaux du mouton. (Voir ŒSTRE.)

CÉPHALOPHORES (du grec *képhalé*, tête, et *phoros*, qui porte). On donne ce nom, par opposition à celui d'*Acéphales* (sans tête), aux mollusques qui possèdent une tête plus ou moins distincte. Dans ce groupe rentrent les *Ptéropodes*, les *Gastéropodes* et les *Céphalopodes*. Blainville employait ce mot comme synonyme de Céphalopodes.

CÉPHALOPODES (du grec *képhalé*, tête, et *pous, podos*, pied). Classe de mollusques caractérisés par les pieds ou les bras qu'ils portent à la partie antérieure de la tête et qui l'entourent comme une collerette. Ce sont de tous les mollusques, ceux qui présentent l'organisation la plus élevée. Ces animaux, qui n'ont jamais été observés que dans l'eau salée, sont de grosses masses charnues renfermées dans un sac que forme le manteau dont les bords sont soudés, ouvert par devant et garni, dans plusieurs espèces, de nageoires sur les côtés. La tête sort de ce sac ; elle est ronde, grosse, pourvue de deux grands yeux et couronnée par de longs appendices qui sont des bras ou pieds charnus, de forme conique, plus ou moins longs, susceptibles de

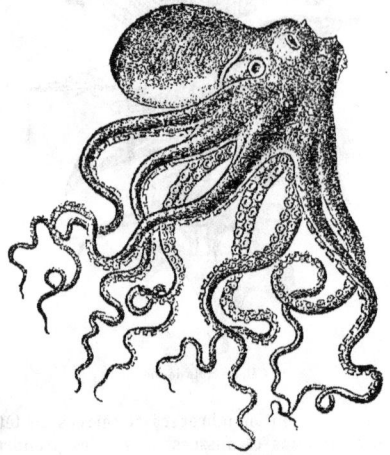

Céphalopode octopode (poulpe).

se fléchir en tous sens, et munis à leur face interne de petits suçoirs ou ventouses avec lesquels l'animal se fixe très fortement aux corps qu'il embrasse, et qui lui servent aussi à marcher et à nager. Le système nerveux central est rassemblé dans la tête où il est protégé par un cartilage spécial, et sur les nerfs qui en partent, on peut encore observer de volumineux ganglions sans analogues chez les autres mollusques. Les organes des sens présentent chez eux un haut degré de développement ; la sensibilité tactile est particulièrement localisée dans leurs bras et l'organisation de leur œil est aussi parfaite que chez les vertébrés. Les branchies ou organes de la respiration sont contenues dans la cavité comprise entre la face ventrale de l'animal et son manteau. A l'ouverture du sac branchial se trouve un organe membraneux, en forme d'entonnoir renversé dont le tube fait saillie au dehors et sert à l'expulsion de l'eau, qui en est chassée par la contraction des parois. En outre, la projection de cette colonne liquide produit un choc en retour qui a pour effet la progression de l'animal en sens opposé. L'appareil circulatoire, bien qu'en partie lacunaire, comme dans les autres mollusques, est beaucoup plus riche en vaisseaux. A la base de leurs pieds, dont le nombre est ordinairement de huit à dix, est située l'ouverture de la bouche, qui présente deux fortes mâchoires recourbées comme celles d'un perroquet et qui laissent voir entre elles une petite langue hérissée de pointes cornées. Les sexes sont séparés. — Presque tous les Céphalopodes sont d'une grande voracité et d'une agilité merveilleuse; comme ils ont beaucoup de moyens pour saisir leur proie, ils font une grande destruction de poissons, de crabes et d'autres animaux marins. Lorsqu'ils nagent, leur tête est portée en arrière; ils peuvent, dit-on, marcher dans toutes les directions, ayant la tête en bas et le corps en haut. Quelques-uns vivent dans des coquilles contournées, tels sont les argonautes et les nautiles; chez d'autres, elle est remplacée par une lame calcaire, comme dans les seiches. Il existe, chez la plupart des Céphalopodes, une poche qui sécrète un liquide noirâtre que ces animaux peuvent lancer au dehors à volonté. On divise la classe des Céphalopodes en deux ordres : les Dibranchiaux et les Tétrabranchiaux, suivant qu'ils ont deux branchies ou quatre branchies. L'ordre des Tétrabranchiaux ne renferme aujourd'hui vivant que le seul genre Nautile; mais de nombreux genres fossiles s'y rattachent (orthoceras, ammonites, ceratites); les Dibranchiaux se divisent en deux sections d'après le nombre de leurs bras : les Décapodes qui ont dix bras (seiches, calmars) et les Octopodes qui n'en ont que huit (poulpe, argonaute). (Voir ces mots.)

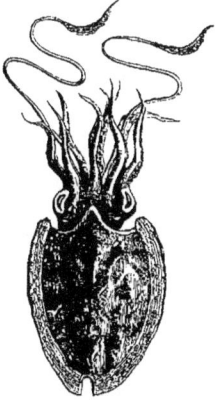

Céphalopode décapode (seiche).

CÉPHALOPTÈRE (du grec képhalé, tête, et ptéron, nageoire). Genre de poissons Sélaciens, de la famille des Rajidés ou Raies, remarquables par leur grande taille et par le développement de leurs nageoires pectorales. Leur nom vient de ce qu'ils portent, de chaque côté de la tête, une petite nageoire dirigée en avant et simulant une sorte de corne. On pêche dans la Méditerranée le **Céphaloptera giorna** qui a jusqu'à 3 mètres de largeur. Plusieurs espèces de la mer des Indes atteignent 4 mètres de diamètre.

CÉPHALOTE (de képhalé, à cause de la grosseur de la tête). Genre de Chauve-souris très voisines des Roussettes dont elles diffèrent surtout par leur index manquant d'ongle et par les membranes de leurs ailes qui se réunissent au milieu du dos. — Le **Céphalote** de Péron vient de Timor, il a 65 centimètres d'envergure, et son pelage est d'un brun roux.

CÉPHALOTE. Insecte Coléoptère de la famille des Carabidés, tribu des Féroniens, remarquable par la grosseur de sa tête et par l'étranglement qui existe entre le thorax et l'abdomen. Il est tout noir et se trouve assez communément sous les pierres dans toute l'Europe.

CÉPHALOTHORAX. Nom donné à la partie antérieure du corps chez les arachnides et beaucoup de crustacés. Le Céphalothorax résulte de la soudure plus ou moins complète de la tête et du thorax.

CEPHUS (nom mythologique). Genre d'insectes de l'ordre des Hyménoptères, de la famille des Tenthrédinées. (Voir Tenthrède). Les Céphus ont les antennes épaissies à l'extrémité, de vingt et un articles. Leurs larves sont molles, avec six pattes

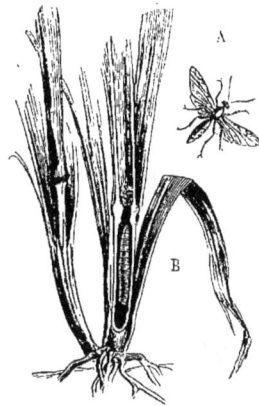

A, Cephus. B, Larve de Cephus dans une tige de blé.

écailleuses; mais pas de fausses pattes membraneuses. Ces larves vivent à l'intérieur de certaines tiges et causent parfois des dégâts assez considérables. Tel est le **Cephus pygmæus**, petit insecte noir à anneaux jaunes sur l'abdomen. La femelle insère au mois de mai un œuf dans une tige de blé ou de seigle, qu'elle a percée au moyen de sa tarière; la larve qui en sort se nourrit de la moelle de la tige, et parvenue au terme de sa croissance, peu de jours avant la moisson, elle descend vers la terre pour s'y transformer en nymphe; mais auparavant, pour assurer sa sortie sous la forme ailée au printemps suivant, elle coupe circulairement la paille en dedans, un peu au-dessus du sol. Les épis attaqués par le Cephus se reconnaissent aisément: ils sont blanchâtres et droits, et s'élèvent au-dessus des autres qui sont encore verts et se courbent sous le poids des grains, tandis que les premiers sont entièrement vides. En outre, la coupure circulaire, opérée par la larve au bas de la tige, fait qu'elle se brise au pied lorsqu'il fait du vent. Le champ présente alors le même aspect que s'il avait été traversé dans tous les sens par des animaux.

CEPS. (Voir Cèpe.)

CÉRAÏSTE. (Voir Cerastium.)

CÉRAMBYCIDÉS (de *cerambyx*, nom latin des capricornes). Grande famille d'insectes Coléoptères dont les représentants sont plus connus sous les noms de *capricornes* ou *longicornes*. (Voir ce mot.) Ils ont le corps allongé, la tête saillante, pourvue d'antennes très longues, de onze articles, insérés près des yeux, qui sont généralement échancrés. Leurs jambes sont assez longues, leurs tarses de quatre articles. Leurs larves, vermiformes, apodes, pourvues de fortes mandibules, vivent généralement dans les troncs et les branches des arbres, dans lesquels ils se creusent des galeries, et causent ainsi des dégâts souvent considérables. — Les Cérambycidés, dont on connaît aujourd'hui plusieurs milliers d'espèces, sont répartis dans un très grand nombre de genres, dont les principaux sont : *Prionus, Cerambyx, Callidium, Rosalia, Callichroma, Purpuricenus, Clytus, Molorchus, Lamia, Morimus, Dorcadion, Saperda, Leptura,* etc.

CERAMBYX (du grec *kerambux*, capricorne). Nom scientifique latin du genre *Capricorne*. Ce genre, qui comprenait autrefois un très grand nombre d'espèces, a été peu à peu démembré ; on le réserve aujourd'hui à de grands longicornes de couleur

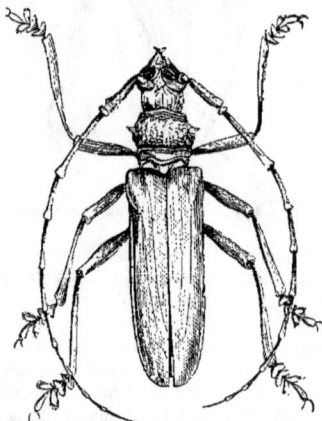

Cerambyx heros.

sombre, à antennes épaisses, noueuses, plus longues que le corps; à corselet plissé ou ridé, armé sur les côtés d'un tubercule épineux; à jambes longues et robustes. — Le type du genre, le **Cerambyx heros**, est long de 35 à 50 millimètres, d'un brun noir assez brillant, à élytres finement rugueuses. On le rencontre de juin à août sur le tronc des vieux arbres et surtout des chênes, dans lesquels sa larve creuse de profondes galeries. — Les **Cerambyx miles, Cerambyx velutinus, Cerambyx cerdo** se trouvent également en France.

CÉRAMIE (du grec *keramion*, vase en terre). Genre de plantes marines acotylédones de la famille des *Algues,* tribu des *Floridées,* caractérisées par une fronde tubuleuse, articulée, dont les extrémités sont recourbées en pince. Leurs nombreuses spores sont enfermées dans les cellules de l'écorce. Les Céramies sont de ravissantes petites plantes marines, de couleurs très vives, roses ou pourpres, vivant toujours immergées. On en trouve sur nos côtes plusieurs espèces remarquables : telle est la **Céramie diaphane** (*Ceramium diaphanum*); ses tiges, d'une extrême finesse, sont articulées, rameuses, à articulations composées de cellules cylindriques, alternativement blanches et roses, et renflées de loin en loin en nœuds d'où partent les rameaux. — Une autre espèce, non moins élégante, est la **Céramie plumeuse** (*Ptilota plumosa*); ses tiges, hautes de 2 décimètres environ, sont garnies de rameaux disposés régulièrement des deux côtés, comme les barbes d'une plume, et chacun de ces rameaux est à son tour garni de ramuscules délicats. Cette petite algue, d'un beau rouge, produit le plus bel effet

Céramie élégante.

lorsqu'elle est bien étalée sur le papier. Telle est encore la **Céramie élégante,** l'une des plus jolies espèces de cette belle famille. Ces plantes conservent leur port élégant tant qu'elles sont dans l'eau, mais dès qu'on les en retire, leurs filaments déliés s'affaissent et ne présentent plus qu'une masse informe.

CERASTIUM (du grec *kerastos,* cornu, allusion à la forme des capsules). Genre de plantes dicotylédones polypétales, de la famille des *Caryophyllacées.* Ce sont des espèces herbacées, la plupart vivaces, à fleurs assez grandes, offrant un calice à cinq sépales; cinq pétales bifides ou échancrés; dix étamines, quelquefois cinq; cinq styles; une capsule uniloculaire, polysperme, cylindrique ou conique, s'ouvrant par dix dents. — L'espèce la plus remarquable et que l'on cultive dans les jardins, est le **Céraïste des Alpes** (*Cerastium alpinum*) à tige couchée à la base, redressée, velue, de 1 à 2 décimètres, à feuilles ovales, elliptiques, ciliées; à fleurs blanches à pétales étalés, bifides. Il croît sur les hautes montagnes. — Le **Céraïste commun** (*C. vulgatum*), le **Céraïste visqueux** (*C. viscosum*), le **Céraïste duveteux** (*C. tomentosum*), croissent dans nos prés et nos champs.

CÉRASTE (*Cerastes,* de *kerastos,* cornu). Genre de reptiles Ophidiens de la famille des *Vipéridés,* dif-

fèrant des vraies vipères par leurs plaques sour-
cilières qui se relèvent en pointe et simulent une
paire de petites cornes (d'où son nom). — Le Céraste ou *vipère cornue* (*Cerastes ægyptiacus*), dont les
anciens ont souvent parlé, parvient à la taille d'environ 60 centimètres, et se fait remarquer par une
petite corne qu'il porte sur chaque sourcil. Il est

Céraste cornu.

d'un gris jaunâtre, avec des taches transversales
irrégulières, plus foncées. On ne le trouve que
dans les sables brûlants de l'Arabie, de l'Egypte et
de la Syrie, où il demeure enfoui, et dont il ne sort
que pour se précipiter sur sa proie. Sa morsure est
le plus souvent mortelle pour l'espèce humaine.
On en connaît une espèce à six cornes (*Cerastes
hexacera*) également d'Afrique; sa morsure est très
dangereuse.

CERASUS. Nom latin du Cerisier.

CERATODUS. (Voir Dipnés.)

CERATONIA. Nom scientifique latin du Caroubier.

CÉRATOPHYLLE (du grec *kéras*, corne, et *phullon*,
feuille). Genre de plantes de la famille des *Haloragées*. Ce sont des plantes aquatiques, à feuilles
verticillées, sessiles, finement découpées; à fleurs
monoïques, sans calice ni corolle; fleur mâle dix
à vingt-cinq étamines, fleur femelle à ovaire uniloculaire à un seul ovule. — Le *Ceratophyllum
demersum* ou *cornifle* porte un fruit épineux à sa
base. Il croît dans les étangs et les mares, mais
n'offre aucune qualité utile.

CERCIS. Nom scientifique latin du Gainier.

CERCOLEPTES. (Voir Kinkajou.)

CERCOPE (*Cercopis*). Genre d'insectes Hémiptères
de la famille des *Cicadées*. Ce sont des petites cigales
à corps massif, à élytres presque coriaces, à antennes de trois articles dont le dernier terminé
par une soie; elles sont muettes. — On trouve aux
environs de Paris la **Cercope sanglante** (*C. sanguinolenta*), ainsi nommée des taches rouges qu'elle
porte sur un fond noir. — La **Cercope écumeuse**
(*C. spumaria*) est d'un gris jaunâtre; c'est sa larve
qui, sur les plantes, et principalement la luzerne,
fait extravaser la sève autour d'elle, sous la forme
d'une écume blanche à laquelle on donne vulgairement le nom de *crachat de coucou*.

CERCOPITHÈQUES (de *kerkos*, queue, et *pithékos*,
singe). Groupe de singes comprenant les Guenons,
les Macaques et les Magots. (Voir ces mots.)

CÉRÉALES (de *Cérès*, déesse des moissons). Nom
donné aux diverses plantes de la famille des *Graminées* (froment, seigle, orge, avoine, riz, maïs), qui
servent à la nourriture des peuples civilisés.

CÉRÉBRAL (de *cerebrum*, cerveau). Qui a rapport
au cerveau : artères cérébrales, hémisphères cérébraux, etc.

CÉRÉBRO-SPINAL [Système nerveux]. L'ensemble
de l'axe cérébro-spinal et des nerfs qui en partent.
(Voir Nerveux [Système].)

CERF (*Cervus*). Genre de mammifères ruminants,
type de la famille des *Cervidés*, caractérisés surtout
par l'existence de prolongements frontaux, de structure osseuse, et nullement enveloppés d'un étui
corné comme chez les bœufs, les chèvres, etc.; on
leur donne le nom de *bois*. Ces bois, ordinairement
ramifiés, manquent toujours chez la femelle, celle
du renne exceptée, et se renouvellent tous les ans
chez les mâles. — Leurs nombreuses espèces existent répandues dans les deux continents; quelques-
unes sont même propres à l'un et à l'autre, tels sont
l'Élan et le Renne. Ces animaux vivent par grandes
troupes ou par petites familles, composées seulement de quelques individus; les uns recherchent
les forêts et les contrées élevées, d'autres préfèrent
les plaines et les savanes noyées et marécageuses.
Ce sont, de tous les ruminants, les plus élégants et
les plus agiles : leurs jambes sont minces et élevées,
sans cependant être grêles; leur corps est svelte et
gracieusement arrondi; leur cou est délié et leur
tête surmontée par des bois dont les formes variées
ajoutent encore à leur beauté. Leur vitesse à la
course est leur plus grande ressource contre leurs
ennemis; cependant ils trouvent quelquefois dans
le bois qui orne leur tête un moyen de défense. La
famille des *Cervidés* comprend quatre genres : les
Cerfs proprement dits, les *Daims*, les *Rennes*, les
Élans. Les premiers ont les bois ronds. Les trois
autres les ont plats. — A la première section appartient le **Cerf commun** (*C. elaphus*), naturel des forêts
de toute l'Europe et de l'Asie tempérée; à pelage
d'été fauve brun ave une ligne noirâtre, et de chaque
côté une rangée de petites taches fauve pâle le long
de l'échine; en hiver, d'un gris brun uniforme. Le
bois du mâle est rond et vient la seconde année;
d'abord en forme de dague, il prend, les années
suivantes, à la face inférieure, des branches ou andouillers, dont le nombre croît avec l'âge, et se
couronne d'une espèce d'empaumure de plusieurs
petites pointes; il tombe au printemps et revient
pendant l'été; quand il est refait, commence le rut;
la biche porte huit mois, et met bas, en mai, un
faon de couleur fauve avec des taches blanches. —
Le Cerf montre beaucoup d'intelligence; lorsqu'on
le chasse, il n'est sorte de ruses qu'il n'imagine
pour échapper aux limiers. Il va, vient, passe et
repasse plusieurs fois sur sa voie, cherche à se faire
accompagner par quelque jeune Cerf, pour donner
le change; puis il le quitte tout à coup et prend le
large, ou bien il se jette à l'écart et se couche à plat

ventre. Si ses ruses et ses détours sont déjoués, il n'hésite pas à se jeter à l'eau pour dérober sa trace aux chiens. Si ces derniers le forcent enfin, il se retourne alors et cherche à se défendre avec ses cornes contre les meutes et les chasseurs. Naturellement doux et pacifiques, les Cerfs entrent au temps des amours dans des accès d'un transport furieux. Ils sont fort à craindre dans ces moments-là et attaquent même l'homme. — A la section des Cerfs à cornes rondes appartiennent encore : le **Cerf axis** (*C. axis*), appelé par Buffon *cerf du Gange;* il vit dans l'Hindoustan, et particulièrement au Bengale. Sa forme est celle du daim; son pelage est en tout temps d'un fauve assez vif, moucheté de blanc sur les flancs et sur le dos; la gorge, le ventre, ainsi que la face interne des membres, sont blancs. — Le **Cerf de Corse** (*C. corsicanus*), le **Cerf de Virginie** et le **Cerf du Canada** se rapprochent beaucoup de notre Cerf commun. — Le **Cerf cochon** (*C. porcinus*), très voisin de l'axis, mais de plus petite taille et de formes plus lourdes, habite le continent indien, où on l'engraisse pour sa chair qui est très délicate. Cette espèce qui, selon toute probabilité, s'acclimaterait facilement en France, serait une précieuse acquisition. — Le **Chevreuil** (*C. capreolus*), plus petit que le Cerf et le Daim, dont il offre les formes générales, a son pelage d'été d'un fauve doré ou roussâtre ; il devient brun en hiver, sa queue est remplacée par un simple tubercule. Ses bois, assez petits, sont rameux, à deux andouillers, l'un dirigé en avant, l'autre en arrière. Le Chevreuil n'a ni canines ni larmiers; la femelle, que l'on nomme *chevrette*, a la taille et les formes du mâle, dont elle ne diffère que par le manque de bois. Au lieu de vivre en troupes comme le Cerf et le Daim, le Chevreuil vit en famille, le père, la

mère et les petits allant toujours ensemble. La chevrette porte cinq mois et produit ordinairement deux faons, l'un mâle et l'autre femelle, qui s'attachent l'un à l'autre et ne se quittent jamais. Le Chevreuil est répandu dans toute l'Europe tempérée : sa chair est plus estimée que celle du Cerf. — Dans la section des Cerfs à cornes plates rentrent le Daim, le Renne, l'Élan, etc. — Le **Daim** (*Dama*), un peu plus petit que le Cerf commun, a son pelage d'été brun fauve, tacheté de blanc, avec deux raies également blanches, l'une sur les flancs, l'autre sur la cuisse; il devient en hiver d'un brun plus foncé. Ses bois sont divergents et dentelés profondément sur leurs bords supérieurs. La femelle, nommée *Daine*, ne diffère du mâle que parce qu'elle manque de bois. Son faon est fauve tacheté de blanc. Le Daim, moins répandu que le Cerf commun, se rencontre dans presque toute l'Europe tempérée; lorsqu'il est chassé, il emploie les mêmes ruses que le Cerf. Nous avons consacré des articles particuliers au *Renne* et à l'*Élan*. (Voir ces mots.) Les *Cerfs daguets*, exclusivement originaires de Cayenne, se distinguent nettement de tous les autres Cerfs par

Cerf, biche et faon.

l'état rudimentaire de leur bois qui conserve la forme du premier bois des autres espèces. L'une de ces espèces, le **Gouazoubira** (*C. nemorivagus*) est d'un brun grisâtre, les lèvres, le dessous de la tête et le ventre sont blancs, ainsi que les fesses. L'autre, le **Gouazoupita** ou *Cerf roux* (*C. rufus*) est d'un roux vif en dessous. Tous deux sont de moyenne taille et vivent dans les bois, d'où ils ne sortent qu'au crépuscule pour venir fourrager dans les cultures. — On a découvert les ossements fossiles de plusieurs espèces de Cerfs qui n'existent plus aujourd'hui; l'une des plus remarquables est le **Cerf à bois gigantesque** (*C. megaceros*), dont on trouve fréquemment les restes en Irlande. Cette espèce, intermédiaire entre l'Élan et le Cerf, a les bois pal-

Cerf à cornes gigantesques (fossile).

més de l'Élan; ces bois ont une envergure de plus de 3 mètres.

CERF-VOLANT. On donne ce nom à un insecte Coléoptère du genre *Lucane*. (Voir ce mot.)

CERFEUIL. Nom vulgaire de l'*Anthriscus cerefolium*, plante de la famille des *Ombellifères*. Le **Cerfeuil commun** est une plante annuelle dont la racine est fusiforme, la tige rameuse, haute d'un pied et demi à deux pieds; les feuilles radicales longuement pétiolées, à folioles ovales, incisées et dentées, d'un vert clair. Les fleurs sont petites, en ombelles, composées de quatre ou cinq rayons. La graine mûrit dans l'année et se garde trois ans; on la sème depuis mars jusqu'en septembre, en variant les expositions, pour éviter l'excès du froid ou de la chaleur; au midi, en mars; au nord, en juin. Les feuilles sont légèrement excitantes et diurétiques; elles servent d'assaisonnement dans beaucoup d'aliments. On en connaît plusieurs variétés sous le nom de *cerfeuil musqué, cerfeuil frisé*, etc. — Une autre espèce non moins intéressante est le **Cerfeuil bulbeux** (*A. bulbosum*), qui croît naturellement dans les prés et les forêts humides. Cette plante est bisannuelle; ses tiges, hautes de 15 à 20 décimètres, sont garnies de larges feuilles velues, d'un vert foncé, et portent d'abondantes ombelles de fleurs blanches; son aspect rappelle beaucoup celui de la carotte sauvage. Ses racines sont tuberculeuses, et ses tubercules, qui atteignent par la culture la grosseur d'un œuf de poule, répandent une délicieuse odeur de vanille et sont très bons à manger. C'est un légume très estimé en Bavière et en Alsace; mais on ne le cultive guère en France, où son introduction rendrait cependant de grands services.

CERINTHE (du grec *kéros*, cire, et *anthos*, fleur; fleur recherchée par les abeilles). Genre de plantes de la famille des *Borraginées*, dont une espèce,

C. aspera, est répandue dans la région méditerranéenne, où elle est connue sous le nom de *mélinet*. Ses fleurs jaunes ou purpurines sont réunies en grappes; ses feuilles en cœur sont amplexicaules; cette plante a les propriétés de la bourrache.

CERISE. Fruit du Cerisier.

CERISIER (*Cerasus*). Ce bel arbre fruitier, originaire de l'Asie, et qui tire, dit-on, son nom de la ville de Cerasonte, appartient à la famille des *Rosacées*, tribu des *Prunées*. Il présente pour caractères botaniques : calice campanulé, à cinq divisions courtes et obtuses, caduc; drupe charnu, presque rond, marqué d'un sillon longitudinal; noyau lisse; fruit non recouvert d'un vernis glauque. — Le **Cerisier commun** (*C. vulgaris*), arbre qui s'élève à 6 ou 8 mètres et dont le tronc peut acquérir plus d'un mètre de tour, fut introduit en Europe et apporté à Rome vers l'an 68 avant J.-C. par le préteur Lucullus, aussi célèbre par sa gastronomie que par ses immenses richesses. Lorsque le Cerisier est cultivé, ses rameaux s'étalent de manière à former une tête arrondie; son tronc est droit, cylindrique, son écorce lisse et luisante, son bois rouge, et recherché pour les ouvrages de tour et la fabrication des instruments de musique. Ses feuilles sont pétiolées, ovales, aiguës, dentées en scie; ses fleurs sont blanches, portées sur des pédoncules allongés, et disposées

Fleurs de cerisier.

en ombelles presque sessiles et peu fournies; les fruits, connus sous le nom de *cerises*, sont arrondis, fondants, pleins d'une eau presque toujours sensiblement acide, plus ou moins sucrée, suivant les variétés; la couleur de ces fruits est aussi variable, et l'on en voit de rouges, de roses, de jaunâtres et de noirâtres. On connaît, sous divers noms, plusieurs variétés du Cerisier commun, tels sont les *Griottes*, les *Guignes*, les *Bigarreaux*. Plusieurs espèces différentes, telles que le **Merisier** (voir ce mot), dont les fruits servent à préparer la liqueur connue sous le nom de *kirchenwasser*, se distinguent du Cerisier par plusieurs caractères. Les queues de cerise sont employées dans la médecine populaire, comme jouissant de propriétés diurétiques. Le Cerisier aime surtout les terres légères, un peu calcaires ; il redoute les terrains humides et argileux. On le reproduit par greffe à œil dormant vers la fin d'août, sur le merisier, le malaheb ou le Cerisier franc.

Cerisier à grappes (*C. padus*), vulgairement *putiet*, à petites grappes de fleurs blanches, donne un petit fruit rond, amer.

Cerisier malaheb ou *de Sainte-Lucie*. Arbre de 3 à 6 mètres, à grappes de six à huit fleurs blanches, à petit fruit noirâtre, très amer. Il est très commun dans les Vosges.

CÉRITHE (*Cerithium*) Genre de mollusques GASTÉ-ROPODES PECTINIBRANCHES, de Cuvier, aujourd'hui type de la famille des *Cérithidés* dans la section des *Holostomes*, qui ont pour caractère principal l'ouverture de leur coquille entière. La coquille des Cérithes est turriculée, à spires nombreuses ; l'ouverture est ovale et le canal court. L'animal a le pied très court, un opercule corné et porte un voile sur la tête. — Le Cérithe des Moluques (*C. moluccanum*) est long de 65 millimètres, à spire composée de treize tours et couverte de stries transversales. Il existe un grand nombre de Cérithes fossiles dans les couches du calcaire coquillier ; le plus remarquable est le Cérithe géant, qui atteint 50 centimètres de longueur et compte jusqu'à trente-cinq tours de spire.

Cérithe géant.

CERNEAU. Fruit du Noyer avant sa maturité.

CÉROCOME (du grec *kéras*, corne, et *comé*, chevelure). Genre d'insectes COLÉOPTÈRES de la famille des *Méloïdés*, remarquable surtout par la forme que présentent les antennes chez les mâles. Ces organes sont composés de neuf articles dilatés, inégaux et de forme irrégulière. — Le Cérocome de Schœffer, long de 2 à 10 millimètres, d'un beau vert métallique à reflets dorés, a une certaine ressemblance avec la cantharide. Cet insecte qui, comme tous ceux de la famille, a des propriétés vésicantes, vit sur les ombellifères dans le Midi.

CÉROXYLE, *Ceroxylon* (du grec *kéros*, cire, et *xulon*, bois.) Genre de plantes de la famille des *Palmiers*, dont on connaît trois espèces propres aux régions tropicales de l'Amérique du Sud. La plus importante est le *Ceroxylon andicola* ou *arbre à cire*, qui croît dans les Andes. Ce beau Palmier que l'on rencontre jusqu'à une hauteur de 3 000 mètres au-dessus du niveau de la mer, porte son large parasol de feuilles ailées à 50 mètres de hauteur, et ces feuilles sont longues de 3 à 6 mètres. Ses spadices sont pendants et son fruit est un drupe violet, sucré, fort recherché des écureuils et des oiseaux. Son tronc fournit en abondance une matière résineuse appelée cire de palmier ou *céroxyline*, dont les in-

Céroxyle.

digènes font des cierges et des bougies. Quelques auteurs placent ce Palmier dans le genre *Iriartea*.

CÉROXYLINE. (Voir CÉROXYLE.)

CÉRUMEN (de *cera*, cire). Matière épaisse, onctueuse, jaunâtre, qui s'accumule dans le conduit auditif externe ; elle est sécrétée par les glandes sébacées de l'oreille.

CERVEAU. Le Cerveau est la partie la plus volumineuse de l'encéphale de l'homme. (Voir NERVEUX [système].) Il remplit toute la partie supérieure du crâne, et chez les animaux les plus rapprochés de l'homme, il conserve cette prédominance (anthropomorphes). Le Cerveau humain a une forme ovale, plus effilée en avant qu'en arrière, voûté à sa face supérieure et aplati inférieurement (A.). Il se compose de deux moitiés semblables que sépare, suivant le plan médian du corps, un sillon très profond nommé la grande scissure médiane du cerveau (A.44') ; chaque moitié porte le nom d'*hémisphère*, bien qu'elle ait plutôt la forme d'un quart de sphère. A sa partie inférieure et médiane, la grande scissure est interrompue, chez l'homme et la plupart des mam-

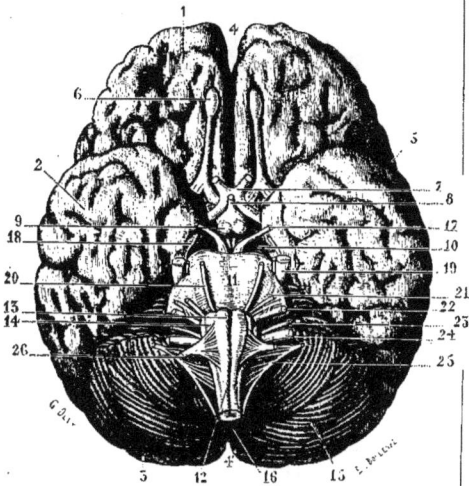

A. Cerveau (face inférieure).

1, lobe frontal du cerveau ; 2, lobe sphénoïdal ; 3, lobe occipital : 4', scissure interhémisphérique ou médiane ; 5, scissure de Sylvius ; 6, nerf olfactif ; 7, chiasma des nerfs optiques ; 8, tuber cinereum et sa tige ; 9, tubercules mamillaires ; 10, pédoncules cérébraux ; 11, protubérance annulaire ; 12, bulbe ; 13, pyramides antérieures ; 14, olives ; 15, lobes latéraux du cervelet ; 16, son lobe médian : 17, nerf moteur oculaire commun : 18, nerf pathétique ; 19, nerf trijumeau ; 20, nerf moteur oculaire externe ; 21, nerf facial ; 22, nerf auditif ; 23, nerf glosso-pharyngien ; 24, nerf pneumo-gastrique ; 25, nerf spinal ; 26, nerf grand hypoglosse.

mifères, par une lame transversale et horizontale de substance blanche qui unit les deux hémisphères, c'est le lobe médian ou *corps calleux* (B.2). Il n'existe pas chez les oiseaux et, en général chez tous les vertébrés ovipares. Dans l'espèce humaine et dans la plupart des mammifères, le cerveau se distingue par les nombreux sillons qui creusent sa surface en divers sens et que l'on nomme *anfractuosités*, les éminences qui font saillie entre eux se nomment les *circonvolutions* du Cerveau ; elles sont plus développées à l'âge adulte que dans l'enfance. — A la face inférieure du Cerveau on distingue deux éminences arrondies (*tubercules mamillaires*, A. 9), et deux pédoncules très gros, qui semblent sortir de la substance de cet organe pour se continuer avec la moelle épinière (A. 12). C'est également de cette partie du Cerveau que sortent les nerfs auxquels ce viscère donne naissance. La substance du Cerveau est blanche en dedans et grise à l'extérieur. Le cervelet (A. 15 et B. 5) est placé au-dessous de la partie postérieure du Cerveau ; on y distingue, comme dans ce dernier, deux hémisphères et un lobe médian ; inférieurement, il se continue aussi avec la moelle épinière au moyen de deux gros pédoncules, et entoure ce dernier organe par une

bande de substance blanche qui porte le nom de *protubérance annulaire* ou *pont de Varole* (A. 11). Cette protubérance manque chez les derniers vertébrés. Le cervelet ne possède pas à sa surface de véritables circonvolutions ; il présente des stries parallèles qui accusent l'existence d'un nombre considérable de lamelles de substance nerveuse. — Tous les nerfs de la sensibilité spéciale, et d'autres importants qui se rendent à la face, au cou, aux poumons et à l'estomac naissent de l'encéphale ; ce sont : première paire, les *nerfs olfactifs* (A. 6) ; deuxième paire, *nerfs optiques* (A. 7) ; troisième paire, *nerfs moteurs oculaires communs* (A. 17) ; quatrième paire, *nerfs pathétiques* (A. 18) ; cinquième paire, *nerfs trijumeaux* (A. 19) ; sixième paire, *nerfs moteurs oculaires externes* (A. 20) ; septième paire, *nerfs faciaux* (A. 21) ; huitième paire, *nerfs auditifs* (A. 22) ; neuvième paire, *nerfs glosso-pharyngiens* (A. 23) ; dixième paire, *nerfs pneumogastriques* (A. 24) ; onzième paire , *nerfs spinaux* (A. 25) ; douzième paire, *nerfs grands hypoglosses* (A. 26). — La *moelle allongée* ou bulbe rachidien (C. 5), qui naît de la face inférieure du Cerveau, un peu en avant du cervelet, par deux gros pédoncules, n'est que la portion encéphalique de la moelle épinière enfermée

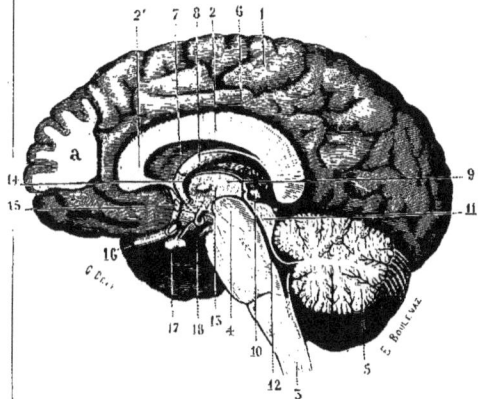

B. Cerveau (coupe sagittale passant par la scissure médiane).

1, circonvolutions de la face interne de l'hémisphère droit ; 2, coupe du corps calleux, 2', son genou ; 3, coupe du bulbe ; 4, coupe du pédoncule cérébral droit ; 5, coupe du cervelet montrant l'arborisation de la substance blanche enveloppée par la substance grise (arbre de vie) ; 6, circonvolution du corps calleux ; 7, cloison transparente ou septum lucidum ; 8, trigone cérébral ; 9, couche optique ; 10, glande pinéale et habenæ ; 11, tubercules quadrijumeaux droits ; 12, aqueduc de Sylvius ; 13, paroi externe du ventricule moyen ; 14, trou de Monro ; 15, commissure antérieure du cerveau ; 16, coupe du chiasma des nerfs optiques ; 17, glande pituitaire ; 18, nerf moteur oculaire commun. (La partie antérieure du lobe frontal a été coupée en *a*, de manière à montrer la structure des circonvolutions formées de substance grise qui recouvre la substance blanche.)

dans la colonne vertébrale. Elle franchit le trou occipital, passe au-dessous des fibres transversales, *pont de Varole* (A. 11) qui réunissent les deux lobes du cervelet et se partagent en deux faisceaux dits *pédoncules cérébraux* (A. 10). Dès lors ceux-ci s'écartent et se portent en haut et en dehors pour s'épanouir en deux gerbes de fibres blanches qui donnent naissance aux hémisphères cérébraux, à la surface

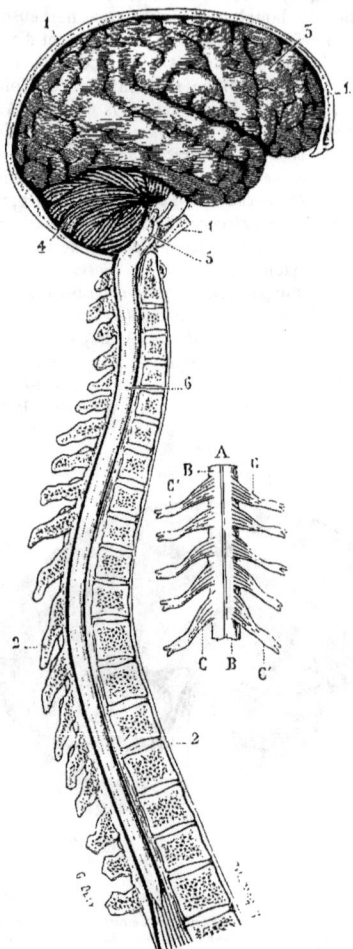

C. Axe cérébro-spinal.

1, coupe sagittale du crâne ; 2, coupe du rachis ou colonne vertébrale ; 3, face latérale du cerveau ; 4, cervelet ; 5, bulbe rachidien ou moelle allongée ; 6, moelle épinière.
Segment de moelle épinière vue par sa face antérieure : A, sillon médian ; B, cordons antérieurs ; C, racines des nerfs spinaux ; C', leur ganglion.

desquels s'ajoute une couche de substance grise. Le Cerveau est l'organe essentiel de la sensibilité, de la volonté, de l'intelligence. Les actes de transmission ont pour siège les parties blanches ; les actes d'initiative, de pensée, se passent dans la substance grise, qui constitue l'écorce des hémisphères ;

les nerfs sont les conducteurs par lesquels se transmettent les impressions, ou l'excitation motrice. On a reconnu que le nombre et la perfection des facultés intellectuelles sont en proportion de l'étendue de la surface des hémisphères cérébraux, et que celle-ci est en raison directe du nombre et de la profondeur des circonvolutions. L'homme et après lui les singes anthropomorphes, l'ours, le chien, l'éléphant ont les circonvolutions les plus compliquées, tandis que les insectivores, les rongeurs, les marsupiaux, généralement moins intelligents, les ont peu apparentes. Les circonvolutions manquent chez les oiseaux, les reptiles, les poissons et chez beaucoup de mammifères. Le corps calleux manque chez les marsupiaux et les monotrèmes, il existe chez tous les autres mammifères ; il fait défaut dans les autres classes de vertébrés. Le poids de l'encéphale, lorsqu'il a atteint son maximum de croissance, c'est-à-dire à l'âge de trente à quarante ans, est en moyenne de 1410 grammes pour les hommes et de 1262 grammes pour les femmes ; mais ce poids augmente ou diminue suivant les individus. C'est ainsi que le poids du cerveau de Cuvier était de 1830 grammes, tandis que celui d'une femme boschimane ne pesait que 800 grammes ; mais ce sont là des faits exceptionnels. (Voir Nerfs, Système nerveux.)

CERVELET, CERVELLE. (Voir Cerveau.)

CERVICAL de *cervix*, cou). Tout ce qui a rapport au cou : artères cervicales, veines cervicales, vertèbres cervicales.

CERVIDÉS de *cervus*, cerf). Famille de mammifères ruminants, comprenant ceux qui, comme le Cerf, ont des cornes pleines en bois, caduques, et dont les mâles seuls sont pourvus, excepté chez les Rennes où les femelles en portent également. Ce sont : les *Cerfs*, les *Chevreuils*, les *Daims*, les *Élans*, les *Rennes*, etc. Voir ces mots.)

CERVIER Loup). (Voir Lynx.)

CERVULE de *Cervulus*, petit cerf). Genre formé pour le **Chevreuil des Indes** ou *muntjac*, dont le bois est fort petit. Sa taille est moindre que celle de notre Chevreuil, et son pelage d'un roux marron brillant. Il vit en petites troupes à Ceylan, Sumatra et Java.

CERVUS. Nom latin du Cerf.

CÉSALPINIE. Voir Césalpinia.)

CESTE (*Cestum*). Genre d'animaux Cœlentérés de l'ordre des Cténophores, famille des *Cestidés* ou *Rubans*. Ce sont des animaux marins bien caractérisés par leur corps très comprimé et fortement élargi sur les côtés, de manière à présenter absolument la forme d'un large ruban. On voit dans son milieu deux filaments tactiles. — Le type du genre, le **Ceste de Vénus**, se rencontre dans la Méditerranée. Il offre l'aspect d'une ceinture transparente bordée de fines palettes toujours en mouvement, qui brillent au soleil de toutes les couleurs de l'arc-en-ciel, surtout lorsqu'il nage en serpentant.

CESTIDÉS (Voir CESTE).

CESTOÏDES (de *cestum*, ruban). Les Cestoïdes forment un ordre de vers de la classe des PLATHEL-MINTHES, dont le corps, très allongé, aplati en forme de ruban, est formé d'une série de segments disposés comme les anneaux d'une chaîne. On les appelait autrefois *antozoaires* ou *vers intestinaux*. Ces vers sont parasites et leur organisation est très inférieure. Il n'ont ni bouche ni tube digestif, ils sont également dépourvus d'organes respiratoires et d'appendices locomoteurs et leur système nerveux est tout à fait rudimentaire. L'une des extrémités du corps est renflée, munie de ventouses et de crochets au moyen desquels l'animal se fixe à la muqueuse intestinale de l'hôte qui le nourrit, c'est la tête. Les vers cestoïdes sont hermaphrodites, chacun des articles dont se compose la chaîne qui constitue le ver possède à la fois les organes mâle et femelle; parvenus à maturité, ils se détachent et forment les corps connus sous le nom de *cucurbitains* ou *proglottis*. Ces vers parasites absorbent par la surface de leur corps dans l'intestin ou les tissus de leur hôte les matériaux nutritifs dans lesquels ils sont baignés. La plupart des Cestoïdes subissent à la fois des métamorphoses et des changements d'hôtes ; l'embryon se développant dans un hôte différent de celui chez lequel vit l'animal adulte. (Voir TÆNIA.) — Les Cestoïdes se partagent en plusieurs familles: les **Tæniadés**, qui ont la tête munie de quatre ventouses, avec ou sans couronne de crochets; leur corps est nettement divisé en segments; — les **Bothriocéphalés**, qui n'ont que deux ventouses ; — les **Ligulidés**, qui n'ont pas de ventouses et dont le corps n'est pas divisé en articles ; — les **Caryophyllidés**, qui n'ont ni ventouses ni crochets, ni divisions du corps en articles.

CESTREAU (*Cestrum*). Genre de plantes dicotylédones de la famille des *Solanées*. Ce sont des arbrisseaux à feuilles alternes, à fleurs allongées en entonnoir, à baie entourée par le calice. Presque tous appartiennent à l'Amérique méridionale. Les baies de plusieurs d'entre eux sont vénéneuses, tels sont les *C. nocturnum* et *C. laurifolium*. — On cultive dans les serres pour leurs belles fleurs les *C. roseum* et *C. aurantiacum*.

CESTRUM. (Voir *Cestreau*.)

CÉTACÉS (du grec *kêtos*, baleine). Nom sous lequel les anciens désignaient les plus grands animaux marins. Ce nom ne s'applique plus aujourd'hui qu'aux mammifères pisciformes à membres antérieurs transformés en nageoires et privés de membres postérieurs (baleines, cachalots, narvals, lamantins, etc.), mais c'est en effet dans cette tribu que se rencontrent les géants de la création. Un examen superficiel des formes extérieures fit longtemps classer ces animaux parmi les poissons; mais l'étude de l'organisation intime, et particulièrement celle des appareils de reproduction et de la respiration, ont démontré qu'ils appartenaient à la classe des mammifères. En effet, les cétacés, quoique habitant des mers, sont obligés de venir respirer à la surface, et ce n'est qu'à la capacité de leurs poumons, qui leur permet en quelque sorte de faire provision d'air, qu'ils doivent de pouvoir plonger plus ou moins de temps sans être asphyxiés. Les fosses nasales ne servent pas à l'odorat, mais seulement à la respiration. L'orifice qui donne entrée à l'air est situé sur le point le plus élevé de la tête ; on le nomme *évent* ; il communique au larynx par un conduit garni d'un mécanisme particulier qui l'obture complètement, de sorte que la respiration peut s'effectuer pendant que l'animal déglutit. De plus, ces animaux produisent des petits vivants que la mère allaite. Tous les Cétacés ont la surface du corps lisse et sans poils; leur tête est grosse, portée par un cou si court qu'on ne le distingue pas de la poitrine ; leur queue est confondue à la base avec le ventre ; elle est très grosse, et terminée par une nageoire aplatie horizontale. Jamais ces animaux n'ont de pieds de derrière, ni rien qui tienne lieu de ces membres : ceux de devant sont courts, aplatis, et changés en une sorte de rame ou de nageoire. Ils vivent toujours dans l'eau. Leurs sens sont généralement fort obtus; les yeux petits, les oreilles nulles ; leur voix est une espèce de beuglement sourd. Leur cerveau est comparativement très petit; il offre cependant des circonvolutions nombreuses. Parmi les Cétacés, les uns sont carnivores, les autres sont herbivores, ce qui a donné lieu à leur répartition dans deux sections : 1° celle des HERBIVORES ou SIRÉNIDÉS, comprenant les *Lamantins*, les *Dugongs* et *Stellères* (voir ces mots); leurs dents sont à couronnes plates, ils ont deux mamelles sur la poitrine et leurs narines sont situées à l'extrémité du museau, qui porte des moustaches ; ils sont tous étrangers à nos mers; 2° celle des CÉTACÉS CARNIVORES ou SOUFFLEURS, comprenant les Dauphins, les Marsouins, les Narvals, les Baleines, les Cachalots. (Voir ces mots.) Ils se distinguent des précédents par leurs narines disposées en évent et situées sur le front, ce qui leur permet de respirer en ne présentant que le sommet de la tête à fleur d'eau. Chez eux, l'inspiration et l'expiration se font à grand bruit, d'où leur nom de *souffleurs*. Pendant l'expiration sort un jet de vapeur d'eau qui se condense par l'effet du refroidissement dans l'air, ce qui a donné lieu à cette opinion, encore très répandue, que ces animaux rejettent par leurs narines l'eau qu'ils ont engloutie avec leur proie. Ils vivent de poissons et autres animaux marins, et avalent leur nourriture sans la mâcher. Leurs mamelles sont près de l'anus. Ils forment les familles des *Balénidés*, *Physétéridés* (cachalot), *Monodontidés* (narval), *Delphinidés* (dauphin).

CÉTÉRACH. Genre de plantes de la famille des *Fougères* (voir ce mot), dont l'unique espèce, le *Cétérach officinarum*, vulgairement *doradille*, possède des frondes légèrement amères et mucilagineuses, employées comme pectorales.

CÉTINE. (Voir Blanc de Baleine.)

CÉTIOSAURES (du grec *kètos*, baleine, et *sauros*, lézard). Genre de reptiles Sauriens fossiles de la famille des *Crocodiliens*, caractérisé par des os spongieux et par l'absence de cavité médullaire dans les os longs. Ces reptiles étaient marins, et égalaient presque en grosseur les baleines actuelles. On a trouvé leurs restes dans l'étage crétacé sénonien, en France, à Meudon, dans les formations oolithiques de l'Angleterre, et en Amérique, dans le New-Jersey.

CÉTOINE (*Cetonia*). Genre d'insectes Coléoptères de la famille des *Lamellicornes*, type du groupe des *Cétonidés* ou *Mélitophiles*. Ces insectes vivent sur les fleurs ; ils ont pour principaux caractères : mandibules membraneuses au côté interne, non saillantes, pygidium découvert, mésosternum souvent saillant, crochets des tarses simples, antennes de neuf ou dix articles. Les Cétoines ont le corps ovale, déprimé en dessus, le corselet trapézoïde, les élytres sinuées et les jambes fortement dentées. Leurs formes sont lourdes et massives, mais leur corps est orné des

Cétoine dorée et sa larve. -- Antenne grossie.

couleurs les plus vives. Leur vol est rapide et bruyant ; elles se reposent sur les fleurs, principalement sur celles des Carduacées, des Rosacées et des arbres fruitiers. — La **Cétoine dorée** ou *émeraudine* (*Cetonia aurata*), type du genre, est un des insectes les plus communs des environs de Paris, et il en est en même temps l'un des plus jolis. On la rencontre en grand nombre pendant l'été dans le calice des roses, où sa belle couleur d'émeraude légèrement striée de blanc tranche agréablement sur la couleur tendre de la fleur dont elle se nourrit. — Ce genre renferme un nombre considérable d'espèces, dont la plupart remarquables par leur brillant coloris, surtout celles des contrées chaudes de l'Asie, de l'Afrique et de l'Amérique. Tels sont, entre autres, les **Goliaths**, grandes Cétoines cornues, dont la taille atteint 10 à 15 centimètres et qui sont les plus splendides insectes que l'on puisse voir. Parmi les espèces de notre pays nous citerons *Cetonia marmorata*, bronzée, vermiculée de blanc ; *C. floricola*, d'un vert métallique ou bronzé, à taches grises ; *C. morio*, d'un noir mat saupoudré de blanc ; *C. cardui*, d'un noir bleuâtre. — Deux autres espèces, plus petites que la Cétoine dorée et également communes aux environs de Paris, sont la **Cétoine piquetée** (*C. stictica*), noire, pointillée de blanc, et la **Cétoine hérissée** (*C. hirta*), noire, couverte de longs poils jaunâtres. Ces deux espèces se rencontrent

principalement sur les fleurs des chardons. — La larve de la Cétoine dorée que l'on a le mieux étudiée ressemble beaucoup à celle du hanneton, mais elle est beaucoup moins nuisible. A l'approche de l'hiver ces larves s'enfoncent à 2 ou 3 pieds en terre, mais elles se rapprochent de la surface au printemps. Lorsqu'elles ont pris tout leur accroissement, c'est-à-dire au bout de trois ou quatre ans, elles se construisent une coque ovalaire, composée de détritus de bois et de terre, agglutinés par une liqueur gommeuse qui la rend tellement dure, qu'à peine peut-on l'entamer avec un couteau. C'est dans cette coque qu'elles subissent leurs transformations et elles en sortent un mois après à l'état d'insecte parfait. — Divers autres genres rentrent dans la division des *Cétonidés* ou *Mélitophiles ;* ce sont les *Gnorimus*, à corselet arrondi, plus étroit que les élytres ; le *Gnorimus nobilis*, d'un beau vert métallique, à reflets cuivreux, est commun sur les fleurs de sureau ; les *Trichius* au corps épais et velu, à élytres larges presque carrées. — La **Trichie à bandes** (*T. fasciatus*), à corselet couvert d'un poil jaune serré, en velours, à élytres d'un beau jaune doré, traversées de trois bandes noires, se trouve sur les roses en juin et juillet ; sa larve vit dans le bois qu'elle réduit en poussière et fait rompre parfois les poutres les plus fortes.

CÉTONIDÉS. (Voir Cétoine.)

CETRARIA ISLANDICA. Nom scientifique latin du Lichen d'Islande. (Voir Lichen.)

CÉVADILLE (*Sabadilla officinarum*). On donne ce nom aux fruits et aux graines réduits en poudre, d'une plante mexicaine de la famille des *Colchicacées*, l'*Asagræa officinalis*. On n'emploie cette poudre qu'à l'extérieur, sous le nom de *poudre des capucins*, pour détruire la vermine sur la tête ; mais l'usage en est dangereux. Cette plante qui faisait autrefois partie du genre *Veratrum*, a le port et les caractères des plantes de ce genre.

CHABIN. On donne ce nom au produit du Bouc et de la Brebis.

CHABOISSEAU. Nom vulgaire d'un poisson du genre *Cotte*.

CHABOT. Nom vulgaire d'un poisson du genre *Cotte*.

CHACAL. Division du genre *Chien*. (Voir ce mot.) Le Chacal commun (*Canis aureus*) est une espèce répandue en Afrique et en Asie. Les Chacals sont des animaux voraces, un peu moindres pour la taille que le loup, dont ils ont le poil et les formes générales. Ils se rapprochent du renard par leur museau pointu, leur queue tombante ; mais celle-ci est moins grosse et n'atteint guère que le talon. Comme les chiens sauvages, ils vivent par troupes et se nourrissent le plus souvent d'animaux morts. Quand ils attaquent une proie, ils se réunissent plusieurs ensemble. La similitude de leur organisation intérieure et de leurs mœurs avec nos chiens domestiques a donné à penser qu'ils en pourraient être la souche ; mais Fr. Cuvier a objecté à cette opinion que

les Chacals répandent une odeur si forte et si désagréable, qu'elle seule aurait empêché l'homme de
rapprocher de lui ces animaux pour en faire ses
compagnons. Les espèces fossiles de chiens découvertes dans ces derniers temps ont d'ailleurs résolu
la question. (Voir Chien.) — On distingue plusieurs
sous-espèces ou variétés de Chacals, qui offrent

Chacal.

quelques différences dans les nuances de leur pelage ; tels sont : le **Chacal de l'Afrique australe**
(*C. mesomelas*), celui du Sénégal (*C. anthus*), celui
d'Égypte (*C. variegatus*). Buffon a décrit sous le nom
d'*adive* une espèce que l'on a regardée longtemps
comme la même que le Chacal ; mais on sait aujourd'hui que l'adive est une jolie espèce de chien
sauvage, vivant en Afrique, mais jamais en troupes
comme le Chacal.

CHACMA. (Voir Cynocéphale.)

CHÆROPHYLLUM. Nom scientifique latin du Cerfeuil.

CHÆTODON. (Voir Chétodon.)

CHAIA. (Voir Chavaria.)

CHAIR. Ce qu'on nomme *chair* en termes de boucherie et d'économie domestique, ce sont les parties
molles et surtout les masses musculaires des animaux.

CHALAZE. (Voir Graine et Œuf.)

CHALCIDE, *Chalcis* (du grec *chalkos*, airain, de la
couleur de l'animal). Pline décrit sous ce nom une
espèce de lézard du midi de l'Europe, qui paraît
n'être autre que le *Seps*. (Voir ce mot.) Ce nom désigne aujourd'hui un genre de Sauriens, type de la
famille des *Chalcididés*. (Voir plus haut.) On en cite
plusieurs espèces encore peu connues.

CHALCIDIDÉS. Famille de reptiles Sauriens voisins des *Seps*, et caractérisés par un sillon bilatéral
sur toute la longueur du corps ; ils n'ont pas de
trous auditifs externes. Quelques-uns sont privés de
membres ou n'en ont que de rudimentaires et ressemblent à des serpents (*Pseudopus*, *Ophiosaurus*). —
Le Scheltopusick (*Pseudopus Pallasii*) est le seul re-

présentant européen de cette famille ; il habite le
sud de la Russie et de l'Autriche. Il est privé de
pieds et mesure près d'un mètre de longueur. Ces
animaux forment le passage des Sauriens aux Ophidiens. En effet, quoique rapprochés des lézards par
les pattes et par la tête, ils ont toute l'apparence
des serpents ; ils se roulent sur eux-mêmes, comme
ces derniers, et leurs pattes, lorsqu'ils en ont, sont
si petites, qu'elles ne peuvent soutenir leur corps.

CHALCOPHORE. (Voir Bupreste.)

CHALCOSINE (du grec *chalkos*, cuivre). Sulfure de
cuivre naturel.

CHALEF (du mot arabe *khalef*, nom que donnent
les Arabes à une espèce de ce genre). Type de la
famille des *Elæagnées*, ce genre comprend des arbres
et des arbrisseaux à feuilles alternes, écailleuses ;
à fleurs hermaphrodites, régulières, monopétales,
réunies par petits bouquets à l'aisselle des feuilles ;
le fruit est un akaine recouvert par le périanthe devenu charnu. — **Le Chalef à feuilles étroites** (*Elæagnus angustifolia*) est originaire du Levant, mais cultivé dans toutes les contrées méditerranéennes ; on
lui donne vulgairement le nom d'*olivier de Bohême*

Chalef à feuilles étroites.

à cause d'une certaine ressemblance avec l'olivier. On mange son fruit ; ses fleurs ont une odeur
de fraise. On mange dans l'Inde les fruits des *Elæagnus arborea* et *conferta* et en Perse ceux de l'*orientalis*.

CHALEUR ANIMALE. Le corps des animaux vivants dégage constamment une certaine quantité
de calorique que l'on désigne par le mot de Cha-

leur animale. Cette faculté est commune à tous, mais tous ne la possèdent pas également, et les différences qu'ils présentent, à cet égard, sont très variées. On a distingué par le nom d'animaux à *sang chaud* ceux dont la température se conserve à peu près la même au milieu des variations atmosphériques, et l'on a donné celui d'animaux à *sang froid* à ceux qui ne produisent pas assez de chaleur pour avoir une température indépendante de ses variations. Dans la première catégorie se rangent les mammifères et les oiseaux; tous les autres animaux appartiennent à la dernière. Mais quelle est la véritable source de la Chaleur animale? Nous savons que tous les animaux absorbent de l'oxygène en quantité variable, suivant la classe et les conditions physiologiques, et que cet oxygène est le principal agent des mutations et transformations chimiques qui sont à la fois l'effet et la cause de la nutrition. (Voir ce mot.) Or, toute combinaison développe de la Chaleur, et l'on peut considérer les réactions chimiques de la nutrition comme le principal foyer de la chaleur organique. Tout organe qui fonctionne, tout mouvement produit de la chaleur, en quantité très inégale, et c'est la circulation générale qui nivelle les diverses températures locales et répartit dans tout le corps, avec une certaine égalité, par le système sanguin, la chaleur créée. (Voir CIRCULATION.) Bien que les animaux à sang chaud développent assez de chaleur pour conserver la même température en été et en hiver, la température des milieux dans lesquels ils se trouvent influe sur celle de l'économie animale. Quelques mammifères même ne peuvent élever leur température que de 12 à 15 degrés, lorsque celle de l'atmosphère est à zéro ou au-dessous; aussi pendant l'hiver restent-ils plongés dans une sorte de torpeur qui dure jusqu'à la belle saison, parce que le refroidissement qu'ils subissent ralentit chez eux le mouvement vital. (Voir SOMMEIL HIBERNAL.) — L'exercice, on le sait, augmente et entretient momentanément la production de chaleur, et cette faculté semble disparaître pendant le sommeil; aussi les hommes exposés à l'influence d'un froid rigoureux et qui s'endorment imprudemment succombent-ils plus fréquemment que ceux qui résistent au sommeil. Lors de la campagne de Russie, les malheureux soldats qui, accablés de fatigue et de privations, cédaient à l'irrésistible besoin du sommeil ne se relevaient plus de leur couche glacée. Nous terminerons cet article en donnant la température moyenne de quelques mammifères, oiseaux, poissons, reptiles:

La température de l'air étant	15°,15
L'homme adulte donne	37°,14
Le singe	39°,78
Le chat	38°,30
Le chien	39°,00
Le mouton	39°,03
Le cochon d'Inde	35°,76
Le pigeon	42°,98
Le moineau	41°,96
La chouette	41°,47
La carpe	14°,70

La tanche	14°,54
La truite	14°,42
La couleuvre	15°,65
La grenouille	15°,49

CHALEUR DE LA TERRE. La température de la surface du sol varie beaucoup selon les saisons, les climats et la configuration du sol; la chaleur solaire se concentre dans les vallées, et la température y est beaucoup plus élevée que sur les montagnes, et plus l'on monte plus le refroidissement augmente. — Cet échauffement produit par les rayons solaires ne pénètre pas bien profondément la croûte terrestre. Chacun sait que si, en été, on descend dans une cave, on éprouve une sensation de fraîcheur; tandis que si on y pénètre, en hiver, c'est une impression de chaleur que l'on ressent. Ce double fait tient simplement à ce que la température de la cave est constante, et par conséquent indépendante de l'échauffement et du refroidissement de la surface du sol. On peut s'en assurer d'une manière rigoureuse en enfonçant un thermomètre à demeure dans le sol de la cave, le sommet de la colonne liquide restera à peu près fixé à la même hauteur. C'est ainsi que les thermomètres en expérience dans les caves de l'Observatoire, situées à 28 mètres au-dessous du niveau du sol, marquent invariablement, depuis plus de soixante ans, 11°,82 au-dessus de zéro. — L'expérience prouve donc qu'à une certaine profondeur, variable suivant les régions du globe, et qui ne dépasse pas 30 mètres, l'influence solaire ne se manifeste plus et que la température du terrain se maintient en tout temps invariable et constante. Mais, si l'on descend au-dessous de cette limite de la température constante, on remarque que la chaleur augmente à mesure que l'on s'enfonce plus profondément dans le sol. — Quelques puits de mines descendent assez profondément assez considérable par rapport à l'homme, bien que ces excavations ne représentent qu'une fraction bien faible du rayon de notre globe. C'est ainsi que les mines de houille du nord de la France, celles de cuivre de Cornouailles, atteignent 700 mètres de profondeur, c'est-à-dire plus de dix fois la hauteur des tours de Notre-Dame de Paris. — Si l'on descend un thermomètre dans ces mines, on reconnaît qu'il indique une température d'autant plus élevée qu'il est placé à une profondeur plus grande, et l'on voit la chaleur augmenter assez régulièrement de 1 degré par chaque 25 à 30 mètres de profondeur. On aura donc pour des mines de 600 mètres un accroissement de 20 degrés, et, en effet, dans certaines mines profondes, malgré les procédés de ventilation et le froid produit par l'évaporation de l'eau qui suinte le long des rochers, la chaleur est telle que les ouvriers sont obligés d'y travailler à peu près nus. Et que ces mines soient situées sous le ciel torride du Mexique, ou dans le sol glacé de la Sibérie, elles offrent ce même résultat de l'accroissement de la température à partir de la couche invariable. — Ces observations répétées avec soin sur un grand nombre de points sont en outre d'accord avec celles que fournit l'eau des puits artésiens, qui nous apporte la température des couches profondes qui la fournissent. Le puits de Grenelle qui a 548 mètres de profondeur, donne l'eau à 28 degrés, et le puits de Passy fournit un résultat analogue. Or, la température de la couche invariable étant d'environ 12 degrés, il en résulte un accroissement à peu près égal à 1 degré par 30 mètres. Le forage le plus profond que l'on ait pratiqué jusqu'à ce jour, est celui que l'administration de la marine a fait exécuter à Rochefort. Il a donné l'eau à 825 mètres, et celle-ci a une température de 42 degrés. — Cette chaleur souterraine que nous constatons, que nous arrivons même à mesurer, n'émane pas du Soleil ni d'aucune autre cause extérieure à notre globe ; car, dans ce cas, elle devrait être de moins en moins considérable à mesure qu'on s'éloigne davantage de la surface. La cause de cet échauffement réside donc nécessairement dans l'intérieur même de la Terre. — Les eaux thermales et les déjections volcaniques semblent prouver que la chaleur continue à s'accroître à mesure que l'on s'éloigne en descendant de la surface du sol. Nous possédons en France, dans les Vosges et les Pyrénées, des sources dont la température dépasse 50 et 60 degrés. Celles de Hamman Meskoutine, dans la province de Constantine, sont à 95 degrés, presque la température de l'eau bouillante. Les soffioni ou jets de vapeur des environs de Volterra, en Toscane, ont une température de plus de 100 degrés, et tout le monde a entendu parler de ces fameuses sources chaudes de l'Islande, le Geyser et le Strok, qui s'élancent en bouillonnant à 30 mètres de hauteur, et qui ont la chaleur de l'eau bouillante, tandis que la moyenne de la température extérieure est au-dessous de zéro. Les flots de laves incandescentes que vomit le cratère des volcans, et qui s'écoulent comme un torrent le long des flancs de la montagne volcanique, possèdent souvent une température de plus de 1000 degrés, et nous apportent une nouvelle preuve de la chaleur qui existe dans les réservoirs profonds d'où elles sortent. — Tout ce qui précède nous donne donc le droit de supposer que la température continue à croître — au moins jusqu'à une certaine profondeur — dans la même proportion que nous l'indiquent les expériences faites dans les mines à l'aide du thermomètre, c'est-à-dire de 1 degré par 30 mètres. — Partant de ces données nous aurons déjà 100 degrés ou l'eau bouillante à 3000 mètres ; 400 degrés ou la chaleur rouge à 12000 mètres ; 1000 degrés ou le verre fondu à la profondeur de 30000 mètres ; 1600 degrés, point de fusion du fer, à 48 kilomètres ; enfin, en supposant même que cet accroissement de température diminue ou cesse même tout à fait à une profondeur qui ne serait que la centième partie du rayon terrestre, c'est-à-dire environ 66 kilomètres, on obtiendrait une

température de plus de 2000 degrés, à laquelle aucune des substances minérales qui peuvent se trouver dans les profondeurs ne conserverait l'état solide. — Nous pouvons donc conclure que la terre, globe de matière incandescente à l'origine, est encore aujourd'hui composée d'un noyau central de minéraux en fusion, qu'enveloppe de toutes parts une mince écorce solide. (Voir TERRE.)

CHAMÆROPS (du grec *chamai*, à terre, et *rôpes*, broussailles). Nom scientifique du Palmier nain. (Voir PALMIERS.)

CHAMEAU (*Camelus*). Genre de mammifères de l'ordre des RUMINANTS, type de la famille des *Camélidés*, qui comprend les Chameaux et les Lamas. Les Chameaux sont des animaux de grande taille, à tête allongée, à hautes jambes, à long cou, à lèvre supérieure renflée et fendue, qui, avec les Lamas (voir ce mot), se distinguent de tous les autres Ruminants, en ce qu'ils ont deux incisives crochues et deux canines en haut, six incisives

Chameau.

tranchantes et deux canines en bas. Au lieu de ce grand sabot aplati au côté interne qui enveloppe toute la partie inférieure de chaque doigt chez les autres Ruminants, et détermine la figure du pied fourchu ordinaire, ils n'en ont qu'un petit, en forme d'ongle symétrique, comme celui des pachydermes, et leurs deux doigts sont réunis en dessous jusque près de la pointe par une semelle épaisse, mais flexible. Leur dos est chargé d'une ou deux énormes loupes, formées par une masse de graisse. Ils ont la faculté de passer plusieurs jours sans boire, ce qui tient probablement à de grands amas de cellules qui garnissent les côtés de leur panse et dans lesquelles il se produit continuellement de l'eau, que l'animal a la faculté de faire remonter dans sa bouche ; mais cette eau n'est nullement potable, comme on le croit vulgairement. — On connaît deux espèces de Chameaux, toutes les deux complètement réduites à l'état domestique. — Le **Chameau** proprement dit (*Camelus bactrianus*), haut de 2 mètres à 2ᵐ,30 à l'épaule, est de couleur brun-marron, avec deux bosses sur le dos; il est originaire du centre de l'Asie, et est employé comme bête de somme dans le Turkestan, la Perse, le Thibet. — Le **Dromadaire** (*C. dromedarius*) ou *chameau à une seule bosse*, diffère surtout du précédent en ce qu'il n'a qu'une bosse au milieu du dos; sa taille paraît être en général moins forte et son poil plus gris, mais il varie en grandeur et en couleur. Il s'est répandu d'Arabie dans tout le nord de l'Afrique et dans une grande partie de la Syrie et de la Perse. Ces deux espèces donnent ensemble des produits féconds, tantôt à une seule, tantôt à deux bosses, quelque soit le sens dans lequel s'effectuent les unions. Le Chameau fait la richesse de l'Arabe; il le nourrit de son lait, plus abondant et durant plus longtemps que celui de la vache; de sa chair, qui, chez les jeunes, est, dit-on, aussi délicate que celle du veau. Il s'habille de son poil, long et moelleux; mais c'est surtout comme bête de somme que le Chameau est précieux à son propriétaire; il est infatigable, et sa sobriété est proverbiale en Orient. Sa semelle large et plate étendue sous ses pieds lui permet de marcher dans les sables mouvants où le cheval s'enfoncerait. Un Chameau, chargé de 150 à 200 kilogrammes, fait 8 à 10 lieues sous un soleil brûlant, se contentant pour tout aliment d'une poignée de grains, ou de quelques dattes, et restant souvent huit à dix jours sans boire. La femelle porte douze mois et le petit tette pendant un an; ce n'est qu'à quatre ans qu'il peut se reproduire et devient propre au travail. Dès que le Chameau est né, on lui plie les quatre jambes sous le ventre, on le couche dessus et on le force à garder cette position pendant plusieurs jours, puis on l'accoutume peu à peu à porter des fardeaux. Le Chameau est très obéissant au maître qui le conduit; quand celui-ci veut le charger ou le décharger, un seul signe suffit pour le faire coucher à terre; mais si on lui donne une charge trop forte, il la refuse et reste couché, malgré les mauvais traitements, jusqu'à ce qu'on l'ait allégé. La nuit, les Chameaux dorment ainsi agenouillés. En Algérie, on appelle *Djemel* le Chameau ordinaire ou Chameau de bât, et *Méhari* le Chameau de selle. Ce dernier n'existe que dans l'extrême Sud de nos possessions algériennes. Le Djemel est générale-

ment plus gros, plus ramassé, plus bas sur jambes que le Méhari. Il fait 4 à 5 kilomètres à l'heure et marche six à huit heures en portant un poids moyen de 100 kilogrammes. Le Méhari est plus haut sur jambes; celles-ci sont sèches, la tête et le corps sont relativement petits. Ses allures sont plus rapides et plus soutenues. Il peut fournir une moyenne de 10 kilomètres à l'heure et marcher huit heures pendant huit et dix jours sans boire; mais au bout de ce temps, il absorbe de quarante à cinquante litres d'eau. La privation de nourriture fait plus souffrir le Chameau que la privation d'eau; il résiste difficilement à plus de trois jours de jeûne. Les Chameaux et les Méharis des Touaregs sont supérieurs à ceux de nos tribus sahariennes; ils sont de meilleure race, mieux dressés, plus rapides et plus résistants à la fatigue.

CHAMOIS. Le Chamois (*Rupicapra Europea*) est le seul représentant de la famille des *Antilopidés* ou Antilopes (voir ce mot) dans l'Europe occidentale. Il vit en petites troupes dans la région moyenne

Chamois des Alpes.

des Alpes et des Pyrénées. C'est au milieu des glaciers, des pics couverts de neige, qu'on le voit bondir avec une agilité surprenante. Le Chamois est de la taille d'une grande chèvre; son pelage est brun foncé avec une ligne noire qui descend de l'œil au museau; ses cornes, petites et rondes, ont leur pointe subitement recourbée en arrière comme un hameçon. Sa légèreté est prodigieuse; on le voit parfois s'élancer d'un rocher de 15 à 20 mètres de hauteur et retomber immobile sur une surface à peine assez large pour tenir ses quatre pieds. Sa vue et son ouïe sont admirablement développées, et il se laisse difficilement surprendre. La chasse du Chamois offre de grands dangers, non seulement à cause des lieux impraticables qu'il habite, mais encore parce que, devenu brave par nécessité, lorsqu'il est cerné par les chasseurs, il se précipite parfois sur l'un d'eux et l'entraîne avec lui dans les précipices. La chair du Chamois est bonne à manger, et sa peau sert à faire des vêtements très chauds et très solides. La femelle porte quatre à cinq mois un et plus rarement deux petits, qu'elle met bas en mars ou avril. Le Chamois des Pyrénées porte le nom d'*isard*. Il est un peu plus petit que celui des Alpes.

CHAMOMILLA. (Voir Camomille.)

CHAMPIGNONS (*Fungi*). Classe de plantes cryptogames ou acotylédones, renfermant un nombre considérable d'espèces très variées. Les Grecs leur donnaient le nom de *mukès*, d'où le nom de *mycologie* appliqué à cette partie de la botanique qui s'occupe des Champignons. — Les Champignons sont toujours dépourvus de feuilles, de tiges et de racines; ils sont composés d'un tissu cellulaire, lâche, spongieux, sans aucune trace de vaisseaux; dans quelques cas seulement, ils paraissent formés de filaments analogues à ceux des conferves ou des byssus, entrecroisés dans tous les sens, et intimement unis entre eux. Ce tissu cellulaire prend des formes très variées et forme toujours des masses plus ou moins charnues, épaisses, solides, de couleurs très diverses, mais qui n'ont jamais la teinte verte des végétaux vasculaires. On distingue en général, dans les Champignons les mieux organi-

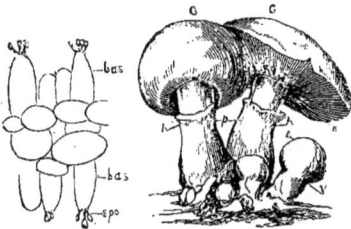

Champignons.

sés, une tige ou *pédicule* (p), tantôt plein et charnu, tantôt creux, fixé à la terre, sur le tronc des arbres, ou sur toute autre matière animale ou végétale, par des filaments qui semblent remplir le rôle de racines. Quelquefois ce pédicule est enveloppé, ainsi que le *chapeau* (c) qui le couronne, surtout avant son accroissement, par une espèce de bourse que l'on nomme *volva* (v), et dont le pédicule porte ordinairement les restes dans les Champignons développés (A). Le chapeau, qui présente presque toujours une forme hémisphérique, porte, à la surface inférieure, tantôt des lames verticales et rayonnantes (*Agarics*), tantôt des tubes (*Bolets*) ou des rameaux (*Clavaires*), recouverts par une membrane que l'on nomme *hymenium* (h), et qui constitue l'organe fructifère. Cette membrane est couverte de petites capsules ou *sporanges* (spo), renfermant les se-

mences ou *spores*, qui s'en échappent au moment voulu sous forme de poussière. Cette organisation est celle des vrais Champignons; mais dans d'autres, les semences sont éparses sous l'épiderme qui couvre la plante (*Trémellinées*); dans d'autres encore, elles sont renfermées dans des cellules irrégulières qui couvrent une partie de la surface du Champignon. Les séminules émettent des filaments qui, s'entre-croisant, forment une masse compacte, c'est le *mycelium*, que les cultivateurs nomment *blanc de champignon*, et sur lequel se développent des tubercules qui deviendront des Champignons. Les Champignons se plaisent dans les lieux humides et peu exposés au soleil, sur les matières organiques en décomposition, dans les liquides fermentescibles (*moisissures*), et l'on peut dire partout. Ils se développent en général avec la plus grande rapidité; mais leur existence n'est pas de longue durée; ils ne tardent pas à se décomposer, surtout lorsqu'on les a arrachés. — Les propriétés et les usages des Champignons sont très variés; un grand nombre fournissent un aliment nourrissant, quoiqu'en général d'une digestion difficile; des espèces, quelquefois répandues avec profusion pendant l'hiver, forment dans plusieurs pays la base de la nourriture de la classe indigente. Malheureusement, toutes les espèces ne sont pas également salutaires, beaucoup d'entre elles sont vénéneuses, et de terribles accidents sont les suites inévitables de leur emploi; aussi doit-on mettre le plus grand soin à les choisir, et les faire macérer dans le vinaigre, qui paraît neutraliser le principe nuisible qu'ils renferment. Le plus ordinairement on distingue les bons Champignons à l'odeur suave et franche qu'ils exhalent, odeur qui tient un peu de celle des amandes amères, de la rose ou de la farine fraîche; cependant, ce caractère n'est pas constant, et l'on peut citer des espèces que l'odeur ferait repousser, bien qu'elles fournissent un mets délicat, tandis que d'autres espèces qui semblent inviter à les cueillir sont très dangereuses. Des caractères plus sûrs sont une saveur de noisette, sans fadeur ni âcreté, une consistance ferme, une surface sèche; ajoutons que les Champignons de bonne qualité existent de préférence dans les lieux découverts; qu'ils sont souvent attaqués par les animaux, et qu'au lieu de se corrompre, ils se dessèchent sur place. Le climat paraît d'ailleurs avoir une grande influence sur ces cryptogames; et des espèces qui, dans nos contrées méridionales ou tempérées, sont nuisibles, se mangent sans inconvénients en Norwège et en Russie. Voici les précautions les meilleures à prendre dans tous les cas : pour chaque 500 grammes de Champignons coupés par morceaux, il faut 1 litre d'eau acidulée par trois cuillerées de vinaigre. On laisse les Champignons macérer pendant deux heures, puis on les lave à grande eau; ils sont alors mis dans l'eau froide, qu'on porte à l'ébullition, et, après une demi-heure, on les retire pour les apprêter à sa guise. On a par ce moyen rendu inoffensives des espèces reconnues vénéneuses. Les Champignons vénéneux agissent comme poisons âcres; ils déterminent de violentes douleurs d'entrailles, accompagnées de vomissements et de déjections qui se terminent souvent par la mort; et il est peu d'années où ces funestes accidents ne se renouvellent. Pour combattre les effets délétères des Champignons vénéneux, le premier soin à prendre est de les chasser de l'économie, en ayant recours au vomissement provoqué par l'eau chaude ou l'émétique, et aux purgatifs si les douleurs d'entrailles indiquent qu'ils sont déjà parvenus dans les intestins. Lorsque l'estomac est débarrassé, on administre une potion éthérée, et ensuite des boissons mucilagineuses et adoucissantes. Le nombre des espèces de Champignons connus est considérable; on les a réparties d'après la classification du docteur Léveillé, dans un grand nombre de genres, groupés eux-mêmes dans six divisions ou familles, qui sont :

1° Les **Basidiomycètes** ou Basidiosporées, à réceptacle de forme variable, à spores supportées par des basides (*bas*) qui recouvrent sa surface ou qui sont renfermés dans son intérieur. Dans cette famille rentrent les genres *Amanite, Agaric, Bolet, Polypore, Chanterelle, Clavaire, Tremelle, Phallus, Clathre, Lycoperdon,* etc. ;

Amanite oronge (Basidiomycètes).

2° Les **Ascomycètes** ou Thécasporées, à réceptacle de forme variable, à spores renfermées dans des thèques situées à sa surface ou dans l'intérieur du réceptacle. Cette division comprend comme genres principaux; les *Géoglosse, Helvelle, Pezize, Truffe, Sphœrie,* etc. — C'est à ce groupe qu'appartiennent un grand nombre de Champignons microscopiques (*Torula, Oïdium, Penicillum, Aspergillus,* etc.) qui vivent sur différentes matières en putréfaction, et que plusieurs mycologistes considèrent comme n'étant que des rameaux sporifères du mycélium de certains Champignons ascomycètes.

3° Les **Oomycètes**, à mycélium tubuleux, non cloisonné, qui porte des *spores* et des *oospores* dans l'extrémité dilatée d'une des branches du mycélium. Ce sont de petits Champignons, la plupart microscopiques, qui se montrent sur les surfaces humides de beaucoup de substances organiques. On les confond généralement sous le nom de *moisissures;*

4° Les **Schizomycètes**, les plus simples et les plus petits des Champignons; unicellulaires; se multipliant par divisions transversales; se trouvent constamment dans les décompositions chimiques végétales ou animales : *Bactéries, Vibrions,* etc. ;

5° Les **Myxomycètes**, Champignons muqueux, formés d'une sorte de mycélium visqueux et mobile, vivant sur des végétaux en décomposition. Ce n'est autre chose qu'un protoplasma locomobile qui se déforme sans cesse en englobant les corps qui se trouvent à sa portée. A l'époque de la reproduction, cette masse muqueuse se condense en un réceptacle fructifère composé de nombreux sporanges, dans lesquels se développent les spores. Les *fleurs de tan* (*Æthalium*), qui se produisent sur la tannée, les *Spumaria* d'un blanc de lait, les *Lycogala* d'un rouge écarlate, sur le bois pourri, appartiennent à ce groupe.

Ces familles renferment des genres nombreux, qui, eux-mêmes, comprennent un nombre considérable d'espèces, fort différentes entre elles par leurs formes, leurs dimensions, leurs manières de vivre, et pour la plupart inconnues des personnes qui ne font pas une étude spéciale de cette branche de la botanique. La science reconnaît pour Champignons ces innombrables moisissures qui viennent sur les substances organiques en voie de décomposition; ainsi que les taches, les efflorescences qui marbrent, surtout en automne, les feuilles maladives. Le charbon et la carie des céréales sont dus au développement de petits Champignons des genres *Uredo* et *Tilletia* sur les grains; la maladie des pommes de terre et celle de la vigne ont pour cause la présence de Champignons du genre *Oïdium;* la muscardine, maladie qui tue tant de vers à soie, doit son origine à un champignon du genre *Botrytis.* C'est également à des Champignons microscopiques que l'on attribue les maladies du *muguet* des enfants, de la *teigne* et du *croup.*

Enfin les *Microbes* et les *Bactéries* qui produisent les ferments et les maladies contagieuses sont rangées par beaucoup de savants parmi les Champignons. Les Champignons, si l'on en excepte quelques espèces dont la substance est sèche et subéreuse, sont très difficiles à conserver en collection; ils se dessèchent et perdent leurs couleurs; le meilleur moyen est encore de les placer séparément dans de petits bocaux remplis d'alcool. Quelques amateurs les font sécher en les enterrant dans du sable sec et légèrement chauffé. On a imité les Champignons avec de la cire, et l'on en voit de fort beaux spécimens au Muséum; mais c'est là une œuvre d'art qu'il n'est pas donné à tout le monde d'exécuter.

CHAMPIGNON DE COUCHE. (Voir Agaric.)

CHAMSÈS ou **CHAMPSÈS.** (Voir Crocodile.)

CHANFREIN. Partie antérieure de la tête du cheval, qui s'étend depuis les yeux jusqu'aux naseaux.

CHANTERELLE, *Cantarellus* (du grec *kantharos,* vase, coupe). Genre de champignons de la division des *Basidiomycètes,* tribu des *Agaricinées,* caractérisé par un chapeau en entonnoir, irrégulier, onduleux sur les bords, garni en dessous de plis étroits, saillants, ramifiés. — La **Chanterelle ordinaire** (*C. cibarius*) est d'un jaune orangé plus ou moins pâle; le pied est plein, charnu, le chapeau irrégulier, relevé

Chanterelle comestible.

en entonnoir, à bords sinueux. Son odeur est assez agréable; sa saveur un peu poivrée. Cette espèce croît en abondance dans les forêts en automne; on la nomme vulgairement *chevrotte, gyrole, mousseline*. — La **Chanterelle à pied noir**, beaucoup moins répandue que la précédente, est vénéneuse.

Chanterelle. On donne aussi ce nom à la perdrix et à la caille femelles.

CHANTEUR [Faucon]. Le voyageur naturaliste Levaillant a donné ce nom à un oiseau du genre *Faucon*, qui habite l'Afrique, et fait entendre un ramage agréable. C'est le seul oiseau de proie connu comme ayant un chant harmonieux. Son nom scientifique est *Nisus canorus*. (Voir ÉPERVIER.)

CHANTRE. Nom vulgaire du Roitelet.

CHANVRE (*Cannabis*). Genre de plantes de la famille des *Ulmacées*, tribu des *Cannabinées*. Le **Chanvre commun** (*C. sativa*), originaire des contrées chaudes de l'Asie, est devenu, depuis plusieurs siècles, l'objet d'une culture très étendue, et se trouve naturalisé dans la plupart des contrées de l'Europe. Sa racine est pivotante, fusiforme; sa tige, creuse et striée, s'élève, suivant le climat et la fertilité du sol, de 1 à 3 mètres de hauteur; les feuilles inférieures sont opposées, les supérieures alternes, toutes incisées et velues. Le Chanvre est dioïque, c'est-à-dire que les deux sexes existent sur des pieds séparés; les fleurs, de couleur verdâtre, sont disposées : les mâles, en grappes terminales au sommet de la tige, et les femelles, en épis ramassés, situés à l'aisselle des feuilles supérieures. Le fruit est une petite capsule sphérique, bivalve, à une seule graine. Le Chanvre, à l'état frais, possède des propriétés narcotiques très prononcées; toutes ses parties exhalent une odeur forte et pénétrante qui, au bout

d'un certain temps, cause des vertiges et une sorte d'ivresse. En Orient, les feuilles du Chanvre font la base d'une préparation connue sous le nom de *haschisch*, dont l'usage procure une sorte d'ivresse extatique, analogue à celle que produit l'opium. En Europe, cette plante est seulement utilisée comme textile et oléagineuse. Sa graine, connue vulgairement sous le nom de *chènevis*, est une bonne nourriture pour la volaille; l'huile qu'on en tire s'emploie en thérapeutique à des émulsions adoucissantes; on en fait aussi usage pour la peinture et la fabrication du savon noir. Chacun sait que le Chanvre se cultive surtout pour la filasse que fournissent ses tiges. Les terres qui conviennent le mieux à la culture du Chanvre sont celles qui sont le plus riches en humus; cette plante ne supporte ni excès de sécheresse, ni excès d'humidité. L'époque du semis varie de mars en juin; on sème à la volée et l'on recouvre légèrement la graine par un hersage avec un fagot d'épines. Au bout de trois ou quatre mois, c'est-à-dire de juillet en août, on arrache brin à brin le Chanvre mâle, qui jaunit le premier, puis on le met sécher au soleil en petites bottes verticales. Un ou deux mois après, on arrache le Chanvre

Chanvre.

femelle et on récolte la graine. Lorsque le Chanvre est sec, on passe à l'opération du *rouissage*, qui consiste à faire macérer les tiges à la rosée ou dans une eau courante. On les retire du moment que la partie ligneuse s'enlève facilement; on lave, on sèche, on sépare les fibres, on les peigne et l'on obtient une filasse plus ou moins fine suivant la qualité de la plante, et le soin apporté dans les opérations. La quantité de filasse produite par un hectare planté en Chanvre peut être évaluée à 700 kilogrammes environ, et celle de chènevis à trois fois la semence. La culture du Chanvre est très répandue dans la Champagne, la Picardie, la Bourgogne, la Bretagne et l'Alsace; mais pas assez cependant, puisque nous sommes à cet égard tributaires de l'Allemagne, de l'Italie et de l'Amérique.

Chanvre d'eau. (Voir BIDENT.)

Chanvre de Crète. (Voir DATISQUE.)

Chanvre de la Nouvelle-Zélande. Le *Phormium tenax*.

Chanvre d'Amérique. L'*Agave mexicana*.

CHAPEAU. Nom donné en botanique à la partie supérieure, en forme de parasol, qui est portée par le pied ou pédicule dans la plupart des champignons.

CHAPON. Jeune coq privé des organes de la génération.

CHARA. Genre de plantes acotylédones acrogènes, type de la famille des *Characées*. Cette famille comprend des plantes aquatiques submergées, à rameaux

Chara vulgaire.

verticillés, le plus souvent incrustées d'une matière calcaire. Leurs organes reproducteurs, situés à l'aisselle des rameaux, se présente d'une part sous la forme de disques lenticulaires (*Anthéridies*), renfermant des globules rouges, et d'autre part de sporanges contenant un grand nombre de granules striés. Les plantes de cette famille habitent les eaux douces et stagnantes de tous les pays. — Le genre type, **Chara** ou **Charagne**, renferme un grand nombre d'espèces, le *Chara vulgaire*, très commun dans toutes les eaux stagnantes ou peu courantes, se recouvre souvent d'une croûte calcaire qui le fait employer à écurer les ustensiles de ménage, d'où son

nom d'*herbe à écurer*. On lui donne aussi le nom vulgaire de *lustre d'eau*. Les *Nitella*, qui forment, avec les *Chara*, les deux seuls genres de la famille, ne diffèrent de ces derniers que par l'absence de la couche épidermique.

CHARACÉES. Famille de plantes acotylédones ou cryptogames, dont les espèces vivent dans les eaux douces et constituent les deux seuls genres *Nitella* et *Chara*. (Voir ces mots.)

CHARADRIDÉS (de *charadrius*, nom latin du pluvier). Famille d'oiseaux échassiers comprenant les genres *Pluvier*, *Vanneau*, *OEdicnème* et *Huitrier*.

CHARAGNE. Nom vulgaire des plantes du genre *Chara*.

CHARANÇON. (Voir RHYNCHOPHORES et CALANDRE.)

CHARANÇONITES ou **CUCURLIONITES.** (Voir RHYNCHOPHORES.)

CHARBON. On donne, en agriculture, le nom de *charbon* à une maladie des graminées qui n'est dangereuse ni pour l'homme, ni pour les animaux ; elle est rare dans le froment et affecte plus particulièrement l'orge, l'avoine, et surtout le maïs. L'épi atteint du Charbon se réduit en une poussière noire, et ne conserve d'intact que son axe. On a tour à tour attribué la production de cette maladie à la piqûre de certains insectes, à une surabondance de sève, à l'état atmosphérique, etc., etc. Il est aujourd'hui prouvé que le Charbon est produit par la présence d'une plante parasite de la famille des champignons (*Ustilago carbo*), dont les germes reproducteurs ne seraient autre chose que les globules constitutifs de la poussière même du charbon. (Voir USTILAGO.)

CHARBON DE TERRE. (Voir HOUILLE.)

CHARBONNIER. (Voir MERLAN.)

CHARBONNIÈRE. Nom vulgaire d'une espèce de Mésange. (Voir ce mot.)

CHARDON (*Carduus*). Genre de plantes de la famille des *Composées*, tribu des *Carduacées*, caractérisé par l'involucre formé d'écailles imbriquées et par l'aigrette caduque qui termine les fruits. Ce sont des plantes herbacées, dressées, à tiges rameuses, épineuses, dont les fleurs sont en capitules presque globuleux ou oblongs. Parmi les nombreuses espèces de ce genre, nous citerons : le **Chardon des champs** (*C. arvensis*), qui fait le désespoir du cultivateur par la tendance qu'ont ses graines d'envahir les cultures ; les **Carduus tenuifolius**, **Carduus nutans**, **Carduus acanthoïdes**, ce dernier remarquable par la beauté de ses grandes feuilles épineuses ; le **Chardon marie** (*Silybum marianum*), à tiges robustes, pubescentes, à feuilles maculées de blanc, à capitules très gros, qui croît au bord des chemins ; ses feuilles sont amères et toniques.—Certaines plantes munies d'épines sont encore vulgairement appelées *chardons*, bien qu'elles n'appartiennent pas au même genre ; tels sont :

Chardon bénit, une Centaurée.

Chardon à foulon, le Cardère.

Chardon étoilé, la Chausse-trape.

Chardon Roland, le Panicaut.

CHARDONNERET. Genre d'oiseaux de l'ordre des PASSEREAUX, section des *Conirostres*, famille des *Fringillidés*, se distinguant par un bec en cône allongé comprimé vers la pointe, qui est très aiguë. — Le Chardonneret (*Carduelis elegans*) est un de nos plus jolis oiseaux d'Europe, bien connu par son beau plumage, ainsi que par la facilité avec laquelle on lui apprend à siffler des airs et à faire toutes sortes de tours. Son nom vient de sa prédilection pour les graines de chardon. « Beauté

Chardonneret mâle et femelle.

de plumage, douceur de la voix, finesse de l'instinct, adresse singulière, docilité à l'épreuve, ce charmant petit oiseau réunit tout, et il ne lui manque que d'être rare et de venir d'un pays éloigné pour être estimé ce qu'il vaut. » Le Chardonneret a les parties supérieures brunes, le front et la gorge cramoisis, les joues, le devant du cou, et les parties inférieures d'un blanc pur. Ses ailes sont décorées d'une plaque jaune et ont les pennes marquées d'une série de points blancs. — Le Chardonneret tarin (*C. spinus*), vulgairement *tarin*, est olivâtre en dessus, jaune en dessous, avec une calotte, l'aile et la queue noires; l'aile porte deux bandes jaunes. Cet oiseau niche sur les hauts sommets des sapins, dans toute l'Europe. Il supporte facilement la captivité, et devient très familier.

CHARME. Les arbres qui rentrent dans ce genre de la famille des *Amentacées* ou *Castanéacées* de Baillon, tribu des *Corylées*, présentent pour caractères : fleurs mâles disposées en chatons pendants, se composant chacune de huit à quinze étamines, insérées sous une écaille. Les fleurs femelles, disposées comme les fleurs mâles, naissent deux à deux sur des écailles trilobées; leur périanthe se termine en quatre ou six dents. Les styles, au nombre de deux pour chaque fleur, sont filiformes et persistants. Le fruit consiste en une noix à une seule graine. —

L'espèce la plus répandue est le **Charme commun** de nos forêts (*Carpinus betulus*, L.), arbre élégant, à écorce lisse et unie, paré d'un feuillage léger; il atteint 12 à 15 mètres de hauteur. Le bois de Charme est blanc, d'un grain très serré; il est excellent pour le chauffage et le charronnage; on l'emploie fréquemment à la fabrication d'un grand nombre d'instruments aratoires. Cet arbre jouait autrefois un grand rôle dans les jardins, à cause de la facilité avec laquelle on peut le façonner en toutes sortes de formes; c'est de son nom que dérive celui de *charmille*, devenu général pour désigner toutes les décorations de verdure taillées au ciseau. — On en distingue plusieurs variétés qui présentent quelques légères différences dans le feuillage.

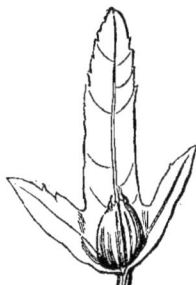

Charme, fruit.

CHARMILLE. (Voir CHARME.)

CHARNIÈRE. Point de jonction et d'articulation des deux valves d'une coquille bivalve par un ligament chitineux ou tendineux.

CHARPENTIÈRE [Abeille]. Nom donné par Réaumur au Xylocope. (Voir ce mot.)

CHASSE. Nous n'avons pas à nous occuper ici de la Chasse au point de vue cynégétique, mais seulement des moyens d'obtenir et de conserver intacts les animaux destinés à l'étude ou aux collections. La Chasse aux mammifères consiste dans l'emploi du fusil, des trappes, des fosses; celle aux oiseaux se fait au moyen du fusil, de la pipée, de la sarbacane. On a écrit de longs traités sur ces diverses chasses, dans le détail desquelles nous ne pouvons entrer. L'art de préparer ces animaux fait l'objet de la *Taxidermie*. Nous donnerons les détails nécessaires sur la chasse et la conservation des animaux des diverses classes aux articles généraux qui les concernent. (Voir REPTILES, POISSONS, MOLLUSQUES, INSECTES, ARACHNIDES, CRUSTACÉS, MOLLUSQUES, VERS, etc., et, pour les plantes, l'article HERBIER, HERBORISATION.)

CHASSE-DIABLE. Un des noms vulgaires du Millepertuis.

CHASSELAS. Variété de Raisin cultivée aux environs de Fontainebleau. (Voir VIGNE.)

CHAT (*Felis*). Les Chats forment, sous le nom de *Félidés*, une famille de mammifères carnassiers, de l'ordre des CARNIVORES, section des *Digitigrades*. Cette famille renferme, outre les chats proprement dits (*chat, tigre, lion, panthère, jaguar, léopard*), les *guépards* et les *lynx*. Les Chats sont de tous les carnivores les plus fortement armés; leurs mâchoires courtes sont mues par des muscles prodigieusement forts, et armées de trente dents, savoir : six incisives en haut et en bas; deux canines supérieures et deux inférieures ; huit molaires à la mâchoire supérieure et six seulement à l'inférieure ; leurs ongles rétractiles, qui se redressent et se cachent entre les doigts dans l'état de repos, ne perdent jamais leur pointe ni leur tranchant. Leurs doigts sont au nombre de cinq aux pieds de devant, l'interne fort petit, et de quatre à ceux de derrière ; ces doigts sont très courts en apparence, parce que la dernière phalange se relève et se

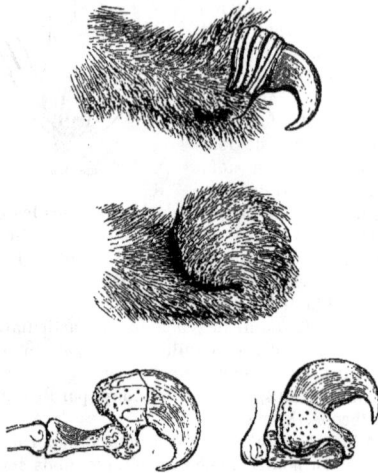

Ongles rétractiles du Lion.

cache avec l'ongle. Ils ont l'ouïe excessivement fine, et c'est le plus développé de leurs sens. Leur vue ne paraît pas avoir une portée très longue, mais ils voient bien le jour et la nuit ; leur prunelle prend chez quelques-uns, en se contractant, une forme allongée verticalement. Quoique la brièveté du museau ne laisse pas une grande étendue à la membrane pituitaire, ils font cependant grand usage de leur odorat. Leur langue est revêtue de pointes cornées très rudes. Leur pelage est en général doux et fin, et toute la surface du corps très sensible au toucher ; leurs moustaches paraissent surtout le siège d'impressions très délicates. Répandus sur la surface presque entière du globe, ces animaux ont partout des mœurs semblables. Doués d'une vigueur prodigieuse, et pourvus des armes les plus puissantes, ils n'attaquent cependant pas les autres animaux à force ouverte ; la ruse et l'astuce dirigent tous leurs mouvements. Marchant sans bruit vers le lieu où ils espèrent trouver une proie, ils s'approchent en rampant de leur victime, puis saisissant l'instant propice, ils fondent sur elle d'un seul bond, la déchirent de leurs ongles, et assouvissent pour quelques heures la soif de sang qui les dévore. Quand ils sont rassasiés, ils se retirent au centre du domaine qu'ils se sont choisi, et attendent, en dormant, qu'un

nouveau besoin les presse d'en sortir. Les grandes espèces se cachent au sein des forêts touffues, les petites s'établissent sur des arbres, ou dans des terriers, quand ils en trouvent de tout faits. Ils vivent solitaires. Les mères seules éprouvent de la tendresse pour leur progéniture ; les mâles la dévorent souvent. Tels sont les animaux où la force et la férocité réunies ont atteint leur dernière limite. Et cependant l'homme, en prévenant leur besoins, en les flattant par des caresses, en les punissant par la privation d'aliments, est parvenu à maîtriser ce naturel en apparence indomptable. Les espèces de ce genre se trouvent dans l'ancien et le nouveau continent. Mais les plus grandes appartiennent essentiellement aux régions tropicales. Nous consacrerons des articles particuliers au lion, au tigre, au léopard, au lynx, au jaguar, etc. Nous ne nous occuperons ici que des Chats proprement dits. — Le **Chat ordinaire** (*F. catus*, Linné) est originaire de nos forêts d'Europe. Dans son état sauvage, il est gris brun avec des ondes transverses plus foncées, le dessous pâle, le dedans des cuisses et des quatre pattes jaunâtre, la queue annelée de noir. Il est un peu plus grand que nos variétés domestiques dont il paraît être la souche. Malgré sa petite taille, on trouve dans le Chat sauvage toutes les habitudes des grandes espèces ; il vit isolé dans les bois, et fait une chasse active aux perdrix, aux lièvres et à tous les animaux faibles. En domesticité, le Chat perd beaucoup de ses instincts carnassiers ; mais quoique Buffon ait chargé son portrait de trop sombres couleurs, il n'est pas sans défaut ; défiant, rusé et voleur, rien ne saurait le corriger, et il ne flatte son maître que pour obtenir ce qu'il convoite. Le Chat commun a produit

Chat sauvage.

de nombreuses variétés connues sous les noms de *chat des chartreux*, *chat d'Espagne*, *chat d'Angora*, *chat rouge*, etc. Une singularité remarquable, c'est que tous les chats marqués de trois couleurs, jaune, noir et blanc, sont des femelles. La chatte porte cinquante-cinq à cinquante-six jours, et ses portées sont de quatre à six petits. Ces animaux vivent ordinairement de dix à quinze ans. — Parmi les espèces étrangères nous citerons: le **Chat nigripède** du midi de l'Afrique, de la taille de notre Chat domestique; son pelage est roux marqué de taches noires, l'extrémité de ses quatre pieds est noire ; le **Chat du Bengale**, à pelage gris, tigré de brun ; le **Chat élégant** du Brésil, de la taille de notre Chat sauvage, qui a son pelage d'un beau roux doré avec des taches annelées noires; le **Chat ganté** d'Égypte, dont Temminck fait descendre nos Chats domestiques; ii est gris, marqué de fauve en dessus, blanc en dessous, avec quelques fines bandes noires sur l'occiput et une dorsale noire. — Le **Chat-tigre** ou **Serval** habite l'Afrique. Plus grand que notre Chat sauvage il est fauve en dessus, blanchâtre en dessous et moucheté sur tout le corps de taches noires pleines.

CHAT CERVIER. (Voir LYNX.)

CHAT DE MER. (Voir CHIMÈRE.)

CHAT-HUANT. (Voir CHOUETTE.)

CHAT-PARD ou *Chat-tigre.*

CHAT-TIGRE. (Voir CHAT.)

CHAT-VOLANT. (Voir GALÉOPITHÈQUE.)

CHATAIGNE. Fruit du Châtaignier.

CHATAIGNE D'EAU. Nom vulgaire du fruit de la Mâcre. (Voir ce mot.)

CHATAIGNE DE TERRE. (Voir BUNION.)

CHATAIGNIER. Genre de plantes type de la fa-

Rameau fleuri de châtaignier.

mille des *Castanéacées* de Baillon, qui répond en partie aux *Amentacées* de Jussieu, se distinguant

par ses fleurs mâles disposées en chatons très longs et dressés; par ses fleurs femelles renfermées ordinairement trois à trois dans un involucre coriace et hérissé de petites épines rameuses, offrant un ovaire à six loges et à autant de styles. Les fruits sont des noix recouvertes par l'involucre amplifié, et qui s'ouvrent en plusieurs valves comme une capsule. — Le **Châtaignier commun** (*Castanea vesca*)

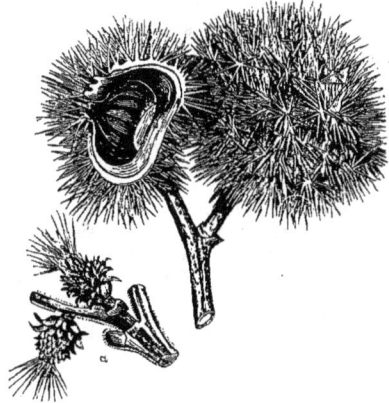

Châtaignier. — *a*, fleurs femelles et fruits mûrs.

croît spontanément dans tout le midi et dans une grande partie du centre de l'Europe ; c'est, sans contredit, l'un des arbres les plus utiles de nos contrées. Ses longs rameaux étalés horizontalement et son feuillage touffu d'un vert gai lui donnent un aspect très pittoresque. Il parvient souvent à une grosseur prodigieuse ; on cite le Châtaignier de l'Etna, auquel les voyageurs donnent une circonférence de plus de 50 mètres; c'est le plus gros arbre connu et l'on ne peut évaluer l'âge de ce vieux colosse qui a certainement plusieurs milliers d'années d'existence. On voit un châtaignier, près de Sancerre, qui a plus de 10 mètres de circonférence. Le bois du Châtaignier est pesant, élastique ; son grain est fin et serré, et peut recevoir un assez beau poli. Il est rarement attaqué par les insectes, mais malheureusement trop sujet à la carie sèche ; c'est un bon bois de chauffage. Ses jeunes branches servent à faire des cerceaux, des treillages, etc. Le fruit du Châtaignier est un aliment sain et abondant; il est composé d'une grande quantité d'amidon, d'une certaine partie de matière sucrée et d'une très minime de gluten. Dans les Cévennes, le Limousin, la Corse, les châtaignes entrent pour la plus grande part dans la nourriture des pauvres paysans qui les font rôtir ou bouillir, et en font une sorte de pain. Dans le Gard, on dessèche les châtaignes de manière à pouvoir les conserver pendant plusieurs années. Les grosses châtaignes, connues sous le nom de *marrons*, viennent des environs de Lyon et du Var.

— Le Châtaignier se plaît sur les montagnes, et dans un sol léger et profond. On le multiplie de graines qu'on sème en place ou en pépinières, abritées des vents par des arbres ou des haies vives. Le Châtaignier présente plusieurs variétés ne se reproduisant que par la greffe, et différant entre elles par le port, la forme et la couleur du feuillage, la qualité, l'abondance, la grosseur du fruit.

CHATAIRE. (Voir CATAIRE.)

CHATI. Espèce de Chat sauvage d'Amérique.

CHATON (*Amentum*). On donne ce nom à un certain mode d'inflorescence résultant de la réunion de fleurs unisexuelles, disposées en épi autour d'un axe commun. Le Chaton mâle tombe après la floraison, caractère qui le distingue de l'épi. Ce mode d'inflorescence est propre à certains arbres de la famille des *Amentacées* ou *Castanéacées*. Le Chaton est pendant dans le bouleau et le noisetier, simple dans les peupliers et les saules, composé dans le noyer. Il est globuleux dans les platanes, ovoïde dans l'orme et interrompu dans plusieurs espèces de chêne.

CHATOUILLE. Nom vulgaire de la Lamproie.

CHAT-PARD. Le Serval.

CHAUME. Nom sous lequel on désigne la tige des Graminées.

CHAUS. (Voir LYNX.)

CHAUSSE-TRAPE. Nom vulgaire d'une espèce de Centaurée.

CHAUVE-SOURIS. (Voir CHEIROPTÈRES.)

CHAUX. (Voir CALCAIRE.)

Chaux [CARBONATE DE]. (Voir CALCAIRE.)

Chaux [PHOSPHATE DE]. (Voir CALCAIRE et os.)

Chaux [SULFATE DE]. (Voir GYPSE, PLÂTRE.)

CHAVARIA. (Voir KAMICHI.)

CHAVICA. Plantes de la famille des *Pipéracées*, originaires des Indes orientales, qui fournissent le poivre long et le bétel. (Voir POIVRIER et BÉTEL.)

CHAYOTTE. Cucurbitacée de l'Inde que l'on cultive en Algérie et en Provence et dont le fruit se mange comme l'Aubergine.

CHEIRANTHUS. Nom scientifique du genre *Giroflée*.

CHEIROGALE (de *cheir*, main, et *galé*, chat). Genre de mammifères de l'ordre des LÉMURIENS. Ces petits animaux, voisins des Makis, habitent Madagascar. Ils ont la tête ronde comme les chats, les lèvres garnies de moustaches, les yeux très grands, saillants et rapprochés, les oreilles courtes et ovales. Les *C. major* et *C. minor*, qui ne diffèrent que par la taille, ont un pelage épais et doux, d'un gris fauve en dessus, blanc en dessous, la queue longue et touffue. Ces animaux ont des habitudes nocturnes.

CHEIROMYS (du grec *cheir*, main, et *mus*, rat.) Animal mammifère découvert sur la côte de Madagascar par Sonnerat, qui lui donna le nom d'*aye-aye*, d'après l'exclamation poussée par les naturels à la vue de cet animal singulier qui leur était jusqu'alors inconnu. Cet animal se rapproche, par

l'ensemble de son organisation, beaucoup plus des lémuriens que des rongeurs auxquels le rapportait Cuvier à cause de sa dentition. Ses pieds ont cinq doigts; parmi ceux de devant, quatre sont fort longs, et celui du milieu est extrêmement grêle; aux pieds de derrière le pouce est séparé des autres doigts et leur est opposable; tous sont munis d'ongles pointus, excepté celui

Cheiromys.

du pouce opposable qui est plat comme dans les singes; les membres de devant sont plus courts que ceux de derrière, la tête est arrondie, les yeux grands et dirigés en avant, les oreilles grandes et presque nues, le museau court et pointu, la lèvre supérieure non fendue, la queue longue et épaisse. D'après ces caractères, on en fait aujourd'hui une petite famille de l'ordre des LÉMURIENS. On n'en connaît qu'une espèce: l'*Aye-aye de Madagascar*, grand comme un lièvre, d'un brun mêlé de jaune, avec la queue garnie de gros crins noirs. C'est un animal nocturne, dont les mouvements sont lents; ils se nourrit d'insectes et de vers, qu'il prend sous les écorces à l'aide de ses longs doigts.

CHEIRONECTE. (Voir CHIRONECTE.)

CHEIROPTÈRES (du grec *cheir*, main, et *ptéron*, aile). Les Cheiroptères ou Chiroptères, connus généralement sous le nom de *chauve-souris*, forment dans la classe des MAMMIFÈRES un ordre à part; Cuvier en faisait une simple famille de l'ordre des CARNASSIERS. Ces animaux ont les bras, les avant-bras et les doigts excessivement allongés et formant, avec la membrane qui en remplit les intervalles, de véritables ailes, aussi étendues que celles des oiseaux; aussi volent-ils très haut et très rapidement; mais ils sont loin de marcher avec la même facilité. Leur pouce est court, et armé d'un ongle crochu, qui leur sert à se suspendre et à ramper; leurs pieds de derrière sont faibles, divisés en cinq doigts égaux, et tous armés d'ongles.

Leurs yeux sont fort petits, mais leurs oreilles sont souvent très grandes, et forment avec leurs ailes une énorme surface membraneuse, presque nue, et tellement sensible, que les Chauves-souris auxquelles on a crevé les yeux continuent à se

Chauve-souris oreillard.

diriger par la seule diversité des impressions de l'air, au milieu des obstacles accumulés à dessein autour d'elles. Ce sont des animaux nocturnes qui, dans nos climats, passent l'hiver en léthargie. Ils se suspendent pendant le jour dans des lieux obscurs, la tête en bas, accrochés par les ongles de derrière: leur portée ordinaire est de deux petits. Les Cheiroptères comprennent un très grand nombre d'espèces, répandues sur tous les points du globe; on les a réparties dans quatre familles qui sont: les *Roussettes* ou *Ptéropidés*, les *Phyllostomidés*, les *Rhinolophidés* et les *Vespertilionidés*.

1º Les ROUSSETTES sont caractérisées par leurs mâchelières à couronnes plates, qui dénotent leur régime frugivore. Ce sont les grandes chauves-sou-

Roussette grise.

ris; elles habitent l'Afrique et les Indes orientales, où on mange leur chair. Leur membrane est échancrée profondément entre les jambes; elles n'ont point ou presque point de queue; leur doigt index porte une troisième phalange et un petit ongle qui manque dans les autres chauves-souris; leur museau est simple, leur oreille médiocre, sans

oreillon. — La **Roussette noire** (*Pteropus edulis*, Geoff.) des îles de la Sonde et des Moluques, où elle se tient pendant le jour suspendue en grand nombre aux arbres, atteint 45 à 50 centimètres de longueur et 1ᵐ,50 d'envergure; son pelage est d'un brun noirâtre plus foncé en dessous; sa tête rappelle celle d'un chien. Cet animal commet de grands dégâts dans les jardins fruitiers. Son cri est très fort et ressemble à celui de l'oie. Les Indiens mangent sa chair, qu'ils trouvent délicate; mais elle déplaît aux Européens à cause de son odeur musquée. Cette espèce n'a pas de queue. — La **Roussette commune** des îles de France et de Bourbon est plus petite; on a comparé sa chair à celle du lièvre. — La **Roussette à collier**, *rougette* de Buffon, d'un gris brun, à cou rouge, habite les mêmes îles. — La **Roussette paillée**, d'un fauve châtain, habite le Sénégal, ainsi que la **Roussette macrocéphale**.

2º Les PHYLLOSTOMES (du grec *phullon*, feuille, et *stôma*, bouche) sont remarquables par l'existence

Phyllostome fer de lance.

de deux crêtes membraneuses nasales, l'une en forme de fer à cheval sur le haut de la lèvre supérieure, l'autre située au-dessus de la première, en forme de feuille ou de fer de lance; leurs oreilles sont grandes, nues, non réunies à la base; leur gueule très fendue, laissant sortir les canines; leurs ailes très développées; leur pelage court et lustré; leur taille moyenne. — Tous les Phyllostomes habitent l'Amérique méridionale; tels sont: le **Phyllostome fer de lance** de la Guyane, et le **Phyllostome fleur de lis** du Brésil. Ces animaux sont très sanguinaires; ils vivent communément d'insectes; mais, comme les *Vampires* (voir ce mot), ils s'attaquent souvent aux gros animaux endormis pour leur sucer le sang.

3º Les RHINOLOPHES ont, comme les Phyllostomes, une membrane sur le nez; mais leurs oreilles sont encore plus développées, et leur système dentaire les rapproche des Vespertilions; tels sont les **Mégadermes**, dont les oreilles sont plus grandes que la tête. Le **Mégaderme feuille** et le **Mégaderme lyre**, ainsi nommés de la forme de leur membrane nasale, se trouvent en Afrique. Le **Rhinolophus nobilis** et le **Rhinolophus insignis** habitent Java; le **Rhinolophe trident** n'est pas rare en Égypte; le **Rhino-**

lophe unifer, le **Rhinolophe bifer**, le **Rhinolophe trèfle**, doivent leurs noms à leur membrane nasale : les deux premiers se trouvent en France et dans le reste de l'Europe, le dernier habite Java.

4° Les Chauves-souris propres ou Vespertilions, sont caractérisées par un museau sans aucun appendice, des oreilles bien séparées l'une de l'autre ; la queue comprise dans la membrane ; quatre incisives en haut, dont les deux moyennes un peu écartées, six en bas à tranchant un peu dentelé : c'est à ce genre qu'appartient notre **Chauve-souris ordinaire** (*Vespertilio murinus*), qui est grise, à oreilles oblongues, de la longueur de la tête ; elle a de 40 à 45 centimètres d'envergure d'une aile à l'autre. Il ne faut pas la confondre avec l'**Oreillard commun** (*Vespertilio auritus*) qui est encore plus répandu et dont les oreilles ont une étendue considérable. On trouve, mais rarement, une variété albine de ces deux espèces. Les Chauves-souris sortent de leur retraite à la brune, lorsque, le soleil étant baissé, on voit voltiger ces myriades de moucherons et de papillons nocturnes, dont elles font leur proie. Leur gloutonnerie est extrême, aussi ne distinguent-elles pas les pièges les plus grossiers, et on peut les prendre à la ligne en amorçant un hameçon avec un insecte et en agitant cet appât dans l'air. Lorsque leur chasse est abondante, elles en mettent une partie en réserve, dans les espèces d'abajoues qui leur garnissent les deux côtés de la bouche. Ces animaux ne sont nullement faciles à observer vivants ; privés de leur liberté, ils ne tardent pas à périr. Les Vespertilions sont très nombreux en espèces, répandues sur tous les points du globe ; outre celles décrites ci-dessus, on trouve en France la **Barbastelle**, la **Pipistrelle**, la **Noctule**, etc.

CHELASON. (Voir Lynx.)

CHÉLIDOINE (*Chelidonium*). Genre de plantes de la

Grande Chélidoine.   Fleur de Chélidoine.

famille des *Papavéracées*. Le nom de Chélidoine, qui en grec (*chélidôn*) signifie *hirondelle*, vient de ce que les anciens croyaient que l'hirondelle guérit avec le suc de cette plante les yeux malades de ses petits. Les Chélidoines sont des plantes herbacées

à rhizome souterrain, vivace, propres aux régions tempérées de l'hémisphère boréal. Elles ont pour caractère un calice à deux sépales, une corolle à quatre pétales en croix, des étamines en nombre indéfini ; le fruit est une silique à deux valves, s'ouvrant de la base au sommet. Les Chélidoines renferment dans leur tige succulente un suc jaune et âcre, autrefois préconisé contre la goutte et l'hydropisie ; on ne l'emploie plus aujourd'hui que pour détruire les verrues. — La **Grande Chélidoine**, vulgairement connue sous le nom d'*éclaire* ou d'*herbe aux verrues* (*Chelidonium majus*), croît en abondance à l'ombre des vieux murs ; ses fleurs disposées en ombelle sont jaunes ; ses feuilles découpées comme celles du chêne.

Chélidoine [Petite]. La Ficaire.

CHELIDONIUM. Nom scientifique latin du genre *Chélidoine*.

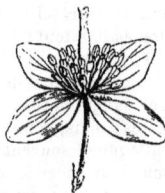

CHÉLIFÈRE (du grec *chélé*, pince, et *fero*, je porte.) Genre d'arachnides, type de la famille des *Chéliféridés*, dans l'ordre des Pseudoscorpionidés, renfermant de petits animaux qui offrent la plus grande analogie de forme avec les scorpions ; mais ils en diffèrent par leur taille extrêmement petite, et surtout par l'absence de queue et par conséquent d'aiguillon. (Voir Scorpion.) — L'une des espèces les plus communes de ce genre est la **Pince des bibliothèques** (*Chelifer cancroides*), que l'on trouve fréquemment dans les livres, les herbiers, les

Chélifère, grossi 20 fois.

poulaillers, dans la mousse ou sous l'écorce des arbres, où elle fait la chasse aux acarus et autres insectes nuisibles. Lorsqu'on veut la saisir, elle s'enfuit à reculons en menaçant de ses pinces ouvertes. — Une espèce presque microscopique, l'*Obisium muscæ*, vit en parasite sur la mouche commune.

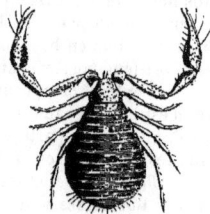

CHÉLONÉE (du grec *chélôné*, tortue). Genre de reptiles de l'ordre des Chéloniens, famille des *Chélonidés*, qui renferme la Tortue franche, le Caret, la Caouane.

CHÉLONIDÉS. Famille de reptiles Chéloniens, qui prend son nom du genre *Chélonée* et comprend les Tortues marines. (Voir Tortue.)

CHÉLONIENS (de *chélôné*, nom grec de la tortue). L'ordre des Chéloniens se distingue nettement de tous les autres ordres de reptiles, par la forme discoïdale de leur corps et la présence d'une enveloppe solide qui le protège. Cette sorte de cuirasse est formée de deux parties, l'une supérieure ou dorsale, la *carapace*, l'autre inférieure ou ventrale, le *plastron*. Ces plaques solides résultent de la transformation des apophyses épineuses des vertèbres dorsales et des côtes, en dessus, et d'os qui se développent dans l'épaisseur du derme en dessous. Elles constituent par leur assemblage une boîte osseuse dans laquelle sont logées toutes les parties molles de l'animal, et où il peut retirer ses pattes, sa tête et sa queue. Tous les Chéloniens sont quadrupèdes; leurs pattes sont modifiées selon leur mode d'existence. Leurs mâchoires manquent de

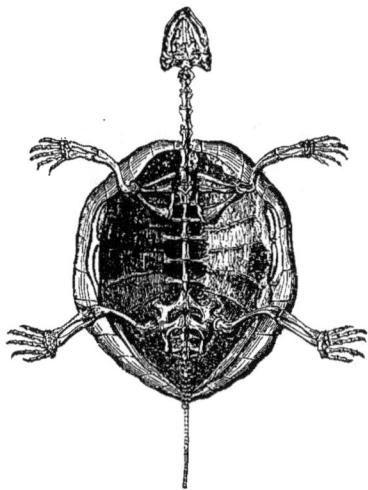

Squelette de Tortue (le plastron est enlevé).

dents et sont revêtues d'un bec corné ayant quelque analogie avec celui des perroquets. Les Tortues sont ovipares; elles pondent des œufs revêtus d'une coque dure qu'elles déposent dans des trous, ou qu'elles enfouissent dans le sable. — On a tiré de la conformation de leurs pieds et de la forme de leur carapace, les caractères à l'aide desquels on a divisé ces animaux en quatre familles : les **Chélonidés** ou Tortues marines, les **Trionycidés** ou Tortues fluviales, les **Emydidés** ou Tortues paludines, et les **Testudinidés** ou Tortues terrestres. (Voir Tortue.)

CHÉLYDE (*Chelys*). Genre de tortues de la famille des *Emydidés*, ordre des Chéloniens, établi pour une espèce singulière de la Guyane, où on la nomme *matamata*. Elle a le nez prolongé en trompe, la tête et le cou garnis de lobes cutanés, et deux barbillons au menton; ses pattes antérieures ont cinq doigts et les postérieures quatre; la carapace complètement ossifiée est soudée avec le plastron. La Chélide matamata atteint jusqu'à un mètre de longueur; elle habite les eaux douces du Brésil et de la Guyane.

CHÊNE (*Quercus*). Genre de plantes de la famille des *Castanéacées*, tribu des *Quercinées*, offrant les caractères botaniques suivants : fleurs mâles disposées en chatons lâches et pendants, offrant chacun un périanthe simple de cinq à neuf divisions et de six à dix étamines ou rarement un plus grand nombre; fleurs femelles solitaires ou agrégées, ou disposées en épis dans les aisselles des feuilles, ayant un

ovaire de trois ou cinq loges couronné par autant de stigmates; le fruit, nommé spécialement *gland*, est une noix à une seule graine recouverte à sa base par un involucre particulier auquel on a imposé le nom de *cupule*. Les Chênes, emblèmes de la force et de la vigueur, ne prospèrent que sous l'influence d'un climat tempéré; ils abondent dans les Etats-Unis, dans le centre et dans le midi de l'Europe, dans l'Asie Mineure, dans la Chine et le Japon,

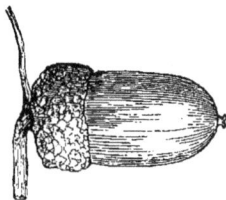

Gland, fruit du Chêne.

et couvrent les pentes et les vallées de l'Himalaya. On connaît le respect que leur portaient les anciens. Le Chêne était consacré à Jupiter et jouait un grand rôle dans le culte druidique. Son fruit servait de nourriture aux hommes avant l'intro-

Chêne-liège.

duction de l'agriculture. On connaît aujourd'hui plus de cent espèces de chênes, dont la plupart sont remarquables par la beauté de leurs formes et leur utilité. — Les chênes les plus répandus en France sont le **Chêne rouvre** (*Quercus robur*) et le **Chêne à grappes** (*Q. pedunculata*); leur bois fait la base de notre chauffage et entre dans la plupart de nos constructions. Ce bois l'emporte par la durée et la solidité sur tous les autres bois de l'Europe; leur écorce s'emploie généralement au tannage des cuirs; leurs glands servent à la nourriture des porcs qui en sont très friands. — Le **Chêne grec**

(*Q. esculus*), qu'on trouve en Italie, en Dalmatie et en Grèce, produit des glands doux comme les châtaignes, et qui se mangent soit rôtis, soit bouillis. — Le **Chêne vert** ou *yeuse* (*Q. ilex*) habite toute l'Europe australe ainsi que les côtes de Barbarie et de Syrie; son tronc est tortueux, et ses feuilles coriaces et persistantes ressemblent un peu à celles du houx; son bois est très employé dans la menuiserie et le charronnage, et certaines variétés donnent des glands doux bons à manger. — Le **Chêneliège** (*Q. suber*) croît dans les mêmes lieux que le précédent; son écorce fongueuse constitue le *liège* (voir ce mot); ses glands ont le goût des châtaignes. — Le **Chêne ballote** (*Q. ballota*) croît en Espagne et dans la Barbarie; les habitants de l'Atlas se nourrissent de son fruit une partie de l'année, et on le mange également en Espagne et en Portugal. — Le *Quercus infectoria*, commun dans l'Asie Mineure et qui ne forme qu'un buisson de 4 à 5 pieds de haut, donne la noix de galle, produite par la piqûre d'un insecte sur ses jeunes rameaux. (Voir GALLE et CYNIPS.) — Enfin, c'est sur le *Quercus coccifera* que vit le *kermès*, insecte qui donne, comme la cochenille, une belle couleur rouge. — L'Amérique possède aussi de nombreuses espèces de Chênes dont le bois, l'écorce et le fruit sont d'une grande utilité pour les habitants; tels sont: le **Chêne quercitron** (*Q. tinctoria*) de l'Amérique du Nord, dont l'écorce sert à teindre en jaune les cuirs, les laines, la soie, etc., et remplace avantageusement la gaude; le **Chêne blanc**, le **Chêne des montagnes**, qui donnent un excellent bois. — Les Chênes sont des arbres à racines pivotantes et fort longues, qui ont besoin d'un sol profond. Ils aiment une terre franche et pas trop humide. Les Chênes se reproduisent principalement par semis au moyen de glands fraîchement tombés; ils croissent très lentement, mais leur durée est fort longue, et l'on en connaît qui datent de plus de dix siècles.

CHÊNENOIR D'AMÉRIQUE. (Voir CATALPA.)

CHÊNEVIS. Nom donné à la graine du Chanvre.

CHENILLE. Tout le monde connaît les Chenilles; ce sont les larves des papillons, c'est-à-dire le premier état de ces insectes, depuis leur sortie de l'œuf jusqu'à leur transformation en chrysalide. Nous en parlerons à l'article LÉPIDOPTÈRES.

Chenille [FAUSSE]. (Voir TENTHRÈDE.)

CHÉNOPODE (du grec *chênopous*, patte d'oie, nom donné à la plante, type du genre, à cause de la forme palmée de ses feuilles). Le genre *Chenopodium*, type de la famille des *Chénopodiacées*, est en partie composé de plantes herbacées de chétive apparence, mais remarquables pourtant par leurs propriétés. Leurs feuilles sont alternes, pétiolées, palmées, sinuées, ou dentées; leurs fleurs sont petites, de couleur verdâtre, le plus souvent disposées en glomérules ou en grappes. — Parmi les espèces les plus intéressantes, nous citerons: le **Chénopode anthelminthique** de l'Amérique du Nord, que l'on cultive en Europe à cause de ses propriétés vermifuges; le **Chénopode ambrosioïde**, vulgairement

thé du Mexique, dont on prépare par infusion une boisson agréable, en usage dans toute l'Amérique du Sud, où on la désigne sous le nom de *maté*; cette plante s'est acclimatée en France où elle est même devenue assez commune; le **Chénopode quinoa** du Pérou, dont les habitants mangent les feuilles en guise d'épinards, et les graines en bouillie. — Les *Chenopodium botrys* et *vulvarium*, communs dans nos contrées, ont une odeur forte de poisson pourri, une saveur âcre et amère, et sont réputés antispasmodiques. La dernière est connue vulgairement sous le nom de *vulvaire*. — Un grand nombre de Chénopodes croissent sur les côtes de la mer; on obtient en brûlant ces plantes de la soude en abondance. — La belle-dame, les épinards, la belle ou poirée, appartiennent à cette famille.

Fleur de Chenopodium, grossie.

CHÉNOPODÉES ou **CHÉNOPODIACÉES**. Famille de plantes dicotylédones, composée d'herbes et de sous-arbrisseaux à feuilles alternes, dépourvues de stipules. Fleurs peu apparentes, à corolle nulle, à calice de trois à cinq sépales, le plus souvent soudés entre eux; étamines trois à cinq; ovaire uniloculaire et uniovulé, libre; fruit indéhiscent, (akène), enveloppé par le calice. Cette famille, qui a pour type le genre *Chénopode*, renferme plusieurs plantes importantes pour l'économie. Les principaux genres sont: *Chenopodium*, *Beta* (bette), *Atriplex* (arroche), *Spinacia* (épinard), *Salicornia*, *Salsola*.

CHÉRIMOLIER. Nom vulgaire d'un arbre du genre *Anone* (voir ce mot), l'*Anona tripetala* du Pérou, dont le fruit, très estimé, sert à préparer le *vin de corossol*.

CHÉROPOTAME. (Voir CHŒROPOTAME.)

CHERVI ou **CHERVIS**. Nom vulgaire de la Berle.

CHÉTODON ou **CHÆTODON**. Genre de poissons de la famille des *Squamipennes*. Les Chætodons (du grec *chaité*, crin, et *odous*, dent), ainsi nommés à cause de leurs dents semblables à des crins, par leur finesse et leur longueur, et rassemblées sur plusieurs rangs serrés comme les poils d'une brosse, sont très nombreux dans les mers chaudes, et peints des plus belles couleurs. Ils sont, parmi les poissons, ce que les colibris sont parmi les oiseaux. — Le **Chétodon à bec**, distingué par la forme extraordinaire de son museau, qui est long, grêle, ouvert seulement au bout, est un poisson de mer des Indes, long de 16 à 20 centimètres. Son corps, comme celui de tous ses congénères, est comprimé, arrondi et revêtu des plus brillantes couleurs. Cinq bandes transversales brunes se détachent sur un fond mêlé d'or et d'argent. Ce poisson se tient près de l'embouchure des rivières, et chasse les insectes, comme l'archer, en leur lançant un filet d'eau. Les gens riches de l'Inde en élèvent dans des bassins pour leur voir exercer leur industrie. Leur chair est bonne à manger. — Le **Chétodon à grandes**

écailles a tout le corps de couleur argentée ; le troisième aiguillon de sa dorsale se prolonge en un filet qui atteint parfois le double de la longueur du corps et ressemble à une espèce de fouet. Cette

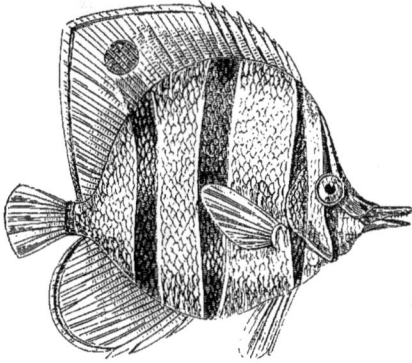

Chétodon à bec.

particularité lui a fait donner le nom de *cocher*. Sa chair passe pour très délicate. Les Chétodons sont très vifs et nagent à la surface comme pour montrer leurs belles couleurs.

CHÉTOPODES (du grec *chaité*, crin, et *podes*, pieds). Division de la classe des ANNÉLIDES (voir ce mot), comprenant celles dont les anneaux sont munis de soies. Presque tous les Chétopodes vivent dans l'eau, surtout dans la mer ou dans les fonds vaseux, plus rarement dans le sol humide. Ils constituent deux ordres : les POLYCHÈTES, munis de pieds inarticulés portant les soies (parapodes) et subissant des métamorphoses : *Arénicole*, *Térébelle*, *Serpule*, *Aphrodite*, *Néreis*, etc., et les OLIGOCHÈTES, sans parapodes ni tentacules, et se développant sans métamorphoses : *Lombrics*, *Naïs*, etc.

CHÉTOPTÈRE (de *chaité*, crin, et *ptéron*, aile, c'est-à-dire qui a des soies en forme d'ailerons). Genre de vers de l'ordre des CHÉTOPODES POLYCHÈTES, dont les anneaux médians portent des appendices dorsaux en forme d'ailerons. Ils se construisent des tubes parcheminés, ouverts aux deux bouts et implantés dans le sol en forme d'U, de sorte qu'ils restent pleins d'eau pendant le retrait de la mer. Nous en avons une espèce sur les côtes de Normandie (*Chetopterus valencini*). Celles du golfe de Naples (*Ch. variopedatus*) sont lumineuses.

CHEVAINE (*Leuciscus dobula*). Genre de poissons de la famille des *Cyprinidés*, caractérisé par son corps épais, allongé, recouvert d'écailles grandes et striées ; ses nageoires peu développées ; les dents pharyngiennes disposées sur deux rangs. — La Chevaine ou **Juène**, connue des pêcheurs sous le nom de *meunier*, parce qu'elle se plaît surtout dans les remous produits par les roues des moulins, atteint d'assez fortes dimensions et un poids de deux à trois kilogrammes. Elle est verdâtre en

dessus, dorée sur les flancs et à ventre blanc ; les pectorales sont jaunâtres. La Chevaine fraye en avril et mai et dépose ses œufs au milieu des graviers. Pendant les belles journées d'été, on la voit souvent à la surface, guettant les insectes que le

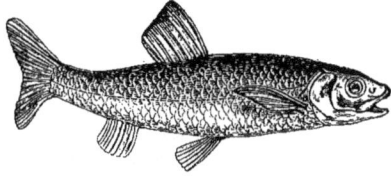

Chevaine.

vent fait tomber à l'eau. Sa chair est molle et remplie d'arêtes. — Une autre espèce qui ne se trouve que dans les eaux du midi, la **Chevaine méridionale**, diffère de l'espèce ci-dessus par sa tête plus petite et plus allongée, son corps plus court à écailles moins grandes. La *Vandoise* (voir ce mot) appartient à ce genre.

CHEVAL (*Equus*). Ce nom s'applique, en histoire naturelle, non seulement à l'animal domestique que tout le monde connaît, mais encore à toutes les espèces qui, comme l'âne, le zèbre, le couagga, l'hémione, etc., rentrent dans la famille des *Equidés*. Les Chevaux ont à chaque pied un seul doigt et un seul sabot, d'où le nom de *solipèdes* que leur

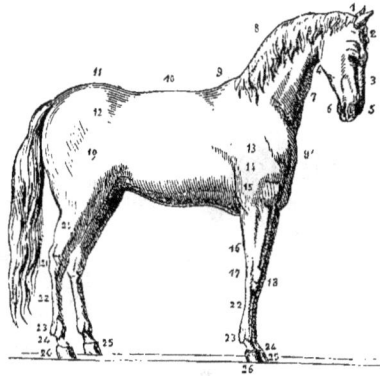

Énumération des parties extérieures du Cheval.

La tête comprend : 1, les oreilles, la nuque ; 2, le front ; 3, le chanfrein ; 4, les ganaches ; 5, les naseaux ; 6, le menton. — On distingue au corps : 7, l'encolure ; 8, la crinière ; 9, le garrot ; 9′, le poitrail ; 10, le dos ; 11, la croupe ; 12, les hanches ; — Les membres antérieurs se divisent en : 13, épaule ; 14, bras ; 15, coude ; 16, avant-bras ; 17, châtaigne ; 18, genou. — Les membres postérieurs se divisent en : 19, cuisse ; 20, jambe ; 21, jarret ; puis tous se terminent par : 22, le canon ; 23, le boulet ; 24, le paturon ; 25, la couronne ; 26, le sabot.

donnait Cuvier. L'os métacarpien ou métatarsien de ce doigt est très allongé et forme ce que l'on nomme le *canon*. Il est accompagné sur les côtés de deux petits os ou *stylets* qui représentent deux métacarpiens rudimentaires ; mais on a retrouvé, dans les terrains tertiaires, des espèces fossiles qui avaient trois doigts, ce qui les rapproche des tapirs. Chaque mâchoire porte six incisives tranchantes, six molaires de chaque côté, dont la forme est carrée. Les mâles ont de plus, à la mâchoire supérieure et quelquefois à toutes les deux, deux petites canines qui manquent presque toujours aux femelles. Entre ces canines et la première molaire est l'espace vide qui répond à l'angle des lèvres, et où l'on place le mors, au moyen duquel l'homme les dompte et les dirige. Les Chevaux ont l'œil saillant et grand, l'oreille longue et très mobile, les narines sans mufle, la langue très douce ; ils ont l'ouïe très fine, et voient bien, de nuit comme de jour ; leur lèvre supérieure, très mobile, est pour eux un instrument de préhension ; tout leur corps est couvert d'un poil bien fourni, avec une crinière sur le cou ; leur queue est médiocre, mais souvent garnie de longs crins. Les Chevaux, par leurs formes, leurs proportions, leurs mouvements, donnent l'idée de la force jointe à l'agilité. Toutes les espèces du genre *Cheval* paraissent originaires du grand plateau asiatique et de l'Afrique méridionale ; deux d'entre elles ont été réduites en domesticité, et se trouvent aujourd'hui répandues sur tous les points du globe. Dans l'état sauvage, les Chevaux vivent en troupes plus ou moins nombreuses, conduites par un vieux mâle qui les dirige dans leurs courses. Le Cheval proprement dit (*Equus caballus*) est, comme l'a dit Buffon, « la plus noble conquête que l'homme ait jamais faite ; ce fier et fougueux animal partage avec lui les fatigues de la guerre et la

Cheval arabe.

gloire des combats. Aussi intrépide que son maître, le Cheval voit le péril et l'affronte ; il se fait au bruit des armes, il l'aime ; il le cherche et s'anime de la même ardeur ; il partage aussi ses plaisirs ; à la chasse, à la course, il brille, il étincelle. » A ce tableau du grand peintre de la nature, nous ajou-

terons que ce n'est pas seulement dans les hasards périlleux de la guerre et dans les fêtes brillantes que le Cheval rend des services à l'homme, mais qu'il l'aide encore à défricher la terre qui le nourrit, qu'il se charge de transporter ses fardeaux et d'établir au loin les relations. Tout le monde sait quelles

Poulain de dix-huit jours. Cheval de quatre ans.

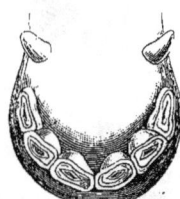

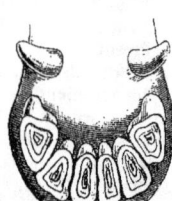

Cheval de sept ans. Cheval de dix ans.

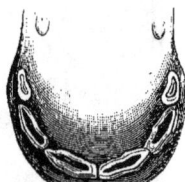

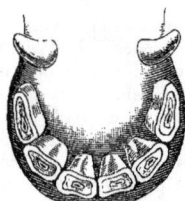

Cheval de quinze ans. Cheval de vingt ans.

variations il présente pour la couleur et la taille. Les principales races ont même des différences sensibles dans la forme de la tête et dans les proportions. Les plus sveltes, les plus rapides, sont les Chevaux arabes, qui ont aidé à perfectionner la race andalouse ; les plus gros et les plus forts sont ceux de nos provinces du Nord qui servent au trait ; les plus petits viennent de la Corse et des Pyrénées ; ils sont remarquables par leur feu et leur vigueur. Il existe en Laponie une race très petite ; deux individus adultes, amenés à Paris, dépassaient à peine la taille d'un chien de Terre-Neuve. Le Cheval de course anglais provient des croisements des juments du pays avec des étalons arabes ; on sait combien est extraordinaire la rapidité de leur course. Mais la plus remarquable de toutes ces variétés est la kalmouque, dont le corps est recouvert d'un poil long, blanc, recoquillé comme une toison. — La Jument porte onze mois, et ne donne qu'un petit ; le poulain naît couvert de poils et les yeux ouverts ; ses jambes sont assez fortes pour le porter. Il tette six à sept mois, et ce n'est qu'à quatre ans qu'il peut engendrer sans se nuire; la durée de la vie du Cheval ne dépasse guère trente ans. Son âge se connaît surtout aux incisives : les deux extrêmes sont appelées *coins*. Ces dents ont d'abord la couronne creuse, et comme par l'effet de la détrition, elles perdent cet enfoncement petit à petit et en temps égaux pour chaque individu; elles donnent ainsi l'âge du Cheval. Les dents de lait se reproduisent entre deux et trois ans : les incisives de lait sont plus blanches, plus étroites que celles de la seconde dentition. A deux ans, les coins de lait ont perdu leur creux. Dans la seconde dentition, les incisives inférieures perdent leur creux : les premières entre quatre et cinq ans, les secondes entre cinq et six ans, les dernières entre sept et huit ans. Les incisives supérieures s'usent moins rapidement. Les cavités des deux moyennes disparaissent vers la huitième année;

Onagre.

celles des suivantes, vers la dixième; celles des deux latérales, vers la douzième. Passé cet âge, tous les creux sont effacés et le Cheval ne marque plus. Les Équidés ont le cerveau bien développé et pourvu de nombreuses circonvolutions. Ils sont intelligents. Le Cheval réellement sauvage n'existe aujourd'hui nulle part. Les Chevaux qui vivent en liberté dans l'Amérique, où ils sont assez nombreux pour former dans certaines contrées des troupes de plus de 10 000 individus, proviennent des Chevaux domestiques qu'y transportèrent les Espagnols à l'époque de la conquête. D'immenses troupes de Chevaux errants se rencontrent également en Asie, où les Tartares leur donnent le nom de *tarpans*. — L'**Onagre** (*E. onager*) ou *gourkour*, serait, d'après Pallas, la souche de notre âne domestique; cependant les sujets obtenus au Muséum d'histoire naturelle de Paris par l'accouplement du gourkour et de l'ânesse se sont toujours montrés stériles. On le rencontre encore dans certaines contrées de l'Asie, où il se repaît surtout des plantes sèches et épineuses

qui croissent dans les vastes plaines de la Tartarie. Les Onagres vivent en troupes, et émigrent, selon les saisons, pour rechercher des climats plus chauds. Pallas a vu ces animaux dans les déserts de la Sibérie, au-delà du Laïk, de l'Iemba, dans le voisinage du lac Aral. Les Kalmouks et les Kirghiz les appellent *koulans*. Leur taille est supérieure à celle de notre âne commun, et leurs formes incomparablement plus belles. Leur poil est d'un beau gris, quelquefois un peu bleuâtre; une bande noire suit l'épine dorsale, et une autre descend sur les épaules en traversant le garrot; leur queue ressemble à celle de l'âne, mais les oreilles sont moins larges et moins hautes. Les Onagres marchent et paissent en troupeaux de plusieurs mille, et traversent les déserts de l'Asie sous la conduite de vieux chefs; s'ils viennent à être attaqués par les loups, ils se rangent en cercle, en plaçant au centre les poulains et les vieillards; ils frappent leurs ennemis de leurs pieds de devant, les déchirent avec leurs dents, et remportent toujours la victoire. Ils ont la même légèreté dans leur course que les Chevaux sauvages, et leur naturel est intraitable. — L'**Ane domestique** (*E. asinus*), s'il provient de l'Onagre, a été réduit à un état d'abjection, par suite des pénibles travaux et des mauvais traitements que nous lui avons fait éprouver. D'Asie, il aurait passé successivement en Égypte, en Grèce, en Italie et enfin dans le Nord de l'Europe, en se détériorant à mesure que la température baissait. L'Ane se distingue de l'Onagre par sa taille plus petite, ses formes plus trapues, ses oreilles beaucoup plus longues, sa tête plus grosse et plus plate. C'est encore en Arabie et en Perse que se trouvent les Anes les plus rapprochés de l'espèce sauvage, et par conséquent les plus estimés; l'Italie et l'Espagne possèdent également des Anes superbes; en France, c'est l'Ane du Poitou qu'on estime le plus; on l'emploie généralement à la reproduction; mais il est très méchant et on ne peut l'approcher qu'avec prudence. Le mâle devient à trois ans propre à la génération; la femelle met bas le poulain douze mois. Le lait d'Anesse a des qualités rafraîchissantes et exerce l'impression la plus favorable sur les organes digestifs et pulmonaires, qui sont le siège d'une irritation prolongée. L'Ane, par son accouplement avec l'espèce chevaline, donne naissance au mulet. (Voir ce mot.) Si le Cheval n'existait pas, a dit Buffon, l'Ane serait pour nous le premier des animaux. C'est la comparaison qui le dégrade. L'Ane n'a pas, il est vrai, la noblesse, le feu et la docilité qui caractérisent le Cheval de sang, bien dressé; mais il est plus patient, plus sobre, plus robuste et plus disposé à s'accommoder à toutes les situations dans lesquelles il peut se trouver. Il dort moins que le Cheval et supporte avec résignation la privation de nourriture et l'intempérie des saisons; c'est un animal des plus utiles, et qui est loin de mériter le mépris dont il est partout accablé. En Perse, où on élève avec soin

les Anes domestiques, l'espèce s'est remarquablement anoblie. Leur taille est élevée, leurs formes
sont sveltes, leurs membres nerveux et déliés, et
leur rapidité égale celle des meilleurs Chevaux. —
C'est en Egypte qu'on constate les traces les plus
anciennes de la domesticité de l'Ane; on voit figurer cet animal sur les monuments égyptiens, aussi
haut qu'on puisse remonter. On pourrait donc admettre comme souche de l'Ane domestique, l'**Ane
à pieds zébrés** (*E. tœniopus*) qui habite les pays
situés entre le Nil et la mer Rouge. — Une espèce
très voisine de l'Onagre, et intermédiaire entre
ce dernier et le Cheval, est l'**Hémione** ou *dziggetai*
(*E. hemionus*). Il diffère de l'Onagre par ses oreilles
moins grandes et surtout par la forme de ses
narines, dont les ouvertures simulent deux croissants à convexité tournée en dehors. Son pelage,
formé d'un poil ras et lustré, est de couleur isabelle. La crinière, la ligne dorsale et le bouquet
de poils qui termine la queue sont noirs. L'Hémione
vit en troupes nombreuses dans les déserts de
l'Asie centrale et offre d'ailleurs les mœurs de
l'Onagre. — Le **Couagga** d'Afrique (*E. quaccha*) ressemble beaucoup aux deux espèces précédentes ;
mais sa tête plus petite et ses oreilles plus courtes
le rapprochent plus qu'elles du Cheval. Des zé-
brures existent sur la tête et le cou. — Le **Zèbre**
(*E. Zebra*) est assez voisin de l'Onagre, dont il a à
peu près la taille et les formes, mais dont il diffère par son beau pelage rayé symétriquement de
bandes brunes, s'étendant transversalement sur un
fond d'un blanc jaunâtre. Cet animal, connu des
anciens, qui le désignaient sous le nom d'*hippo-
tigre* (cheval-tigre), habite en troupes nombreuses
les parties montagneuses de l'Afrique méridionale.
Méfiant et farouche, il sait se défendre contre des
animaux plus forts que lui par de vigoureuses
ruades ; on ne l'apprivoise que difficilement en le
prenant très jeune : aussi n'a-t-il été nulle part réduit en domesticité. — Le **Dauw** (*E. montanus*) se
rapproche beaucoup du Zèbre, mais sa taille est
plus petite, et les bandes noires de son pelage sont
alternativement plus larges et plus étroites. Celles
de l'arrière se portent obliquement en avant; ses
jambes et sa queue sont blanches. Le Dauw habite
les environs du Cap et la Cafrerie. Les mœurs de
ces deux espèces sont celles du Cheval sauvage. —
On a depuis longtemps tenté d'acclimater le Dauw
dans notre pays, et il s'est plusieurs fois reproduit
à la ménagerie du Jardin des plantes. Des essais
suivis au Jardin d'acclimatation pour utiliser cette
espèce comme animal de trait, ont parfaitement
réussi, et ce bel établissement a possédé jusqu'à
sept Dauws des deux sexes parfaitement dressés et
d'une grande docilité. — On trouve dans les couches
d'alluvions de nombreux débris de Chevaux fossiles, qui se rapprochent de nos chevaux domestiques actuels. Mais parmi les genres fossiles éteints,
on remarque un enchaînement, une succession de
formes qui relie les *Paleotheriums* aux Chevaux, et

qui se traduit par une simplification graduelle du
pied et une modification dans la structure des molaires. C'est ainsi que nous voyons chez le Paléo-
therium trois doigts portant également sur le sol,

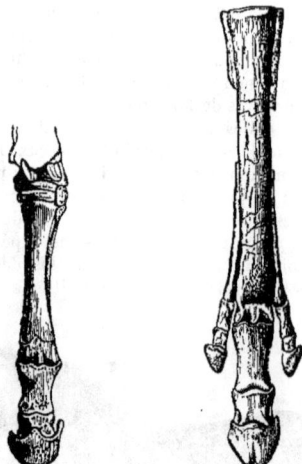

Pied postérieur
du cheval.

Pied postérieur
de l'Hipparion gracile.

puis les deux doigts latéraux se réduire de plus en
plus chez le *Paloplotherium* et l'*Hipparion*, pour s'a-
trophier enfin, et laisser seul exister le doigt du
milieu chez nos équidés vivants.

CHEVAL MARIN. Nom vulgaire de l'Hippocampe.
(Voir ce mot.)

CHEVAL DE RIVIÈRE. L'Hippopotame.

CHEVALIER (*Totanus*). Genre d'oiseaux de l'ordre
des ÉCHASSIERS, section des *Longirostres*, famille
des *Scolopacidés* ou *Bécasses*. Les Chevaliers ont le
bec au moins aussi long que la tête ; grêle, droit,
à mandibule supérieure un peu fléchie sur l'inférieure ; les tarses longs, grêles, écussonnés ; les
doigts plus ou moins réunis, le pouce court et ne
touchant à terre que par le bout. Leurs ailes sont
suraiguës et leur queue est courte. Les Chevaliers
sont des oiseaux paisibles, qui vivent, pour la plupart, en société dans les prairies humides, sur le
bord des eaux douces ou salées, où ils se nourrissent
de vers, de mollusques et d'insectes. Ils ont l'allure
dégagée et courent avec légèreté ; leur vol est bas
et court. — Le **Chevalier aboyeur** (*T. glottis*) est le
plus grand des Chevaliers d'Europe. Sa taille est
de 35 centimètres. Son plumage est cendré brun en
dessus, blanc en dessous ; la queue rayée de bandes
étroites et irrégulières grises et blanches ; ses pieds
sont verts. Cette espèce, qui est de passage régulier
en France, habite le nord de l'ancien continent ;
elle niche dans les marécages. — Le **Chevalier brun**
(*T. fuscus*), un peu plus petit que le précédent, est
d'un brun noirâtre en dessus, ardoisé inférieure-

ment, à plumes lisérées ou piquetées de blanc sur leur bord; la queue rayée de brun et de blanc; les pieds sont rougeâtres. Cette espèce habite le nord de l'Europe; elle est de passage en France et fréquente les marais d'eau douce. — Le **Chevalier**

Chevalier gambette.

gambette (*T. calidris*), vulgairement *chevalier aux pieds rouges*, est long de 28 centimètres; brun supérieurement, blanc inférieurement. Il est sédentaire dans le midi de la France et passager dans le nord; il niche dans les prairies marécageuses. — Le **Chevalier cul blanc** est un *Bécasseau*. (Voir ce mot.)

Chevalier, poisson. (Voir OMBRE CHEVALIER.)

CHEVANNE. (Voir CHEVAINE.)

CHEVÈCHE. (Voir CHOUETTE.)

CHEVELU. On emploie cette expression, en botanique, pour désigner les nombreuses ramifications capillaires qui garnissent certaines racines. — On nomme *cuir chevelu* la partie de la peau au-dessous de laquelle sont implantés les cheveux.

CHEVESNE. (Voir CHEVAINE.)

CHEVEUX. (Voir POILS.)

CHEVEUX DE VÉNUS. Nom vulgaire d'une fougère du genre *Adiante*. (Voir ce mot.)

CHEVEUX DU DIABLE. La Cuscute.

CHEVILLE DU PIED ou **MALLÉOLE.** Saillies osseuses de chaque côté de la partie inférieure de la jambe, formées, l'interne par une éminence du tibia, l'externe par l'extrémité tarsienne du péroné. (Voir SQUELETTE.)

CHÈVRE (*Capra*). Genre de mammifères de l'ordre des RUMINANTS, famille des *Capridés* ou Chèvres. — Ce groupe comprend, outre les *Chèvres* proprement dites, les *Bouquetins* et l'*Egagre*. Les Chèvres ont le noyau osseux de leurs cornes occupé en grande partie par des cellules nombreuses; ces cornes, souvent très grandes, sont arquées en arrière et divergentes, à coupe prismatique, et dont la face antérieure est marquée de tubérosités transversales; le chanfrein est droit, et le menton est généralement garni d'une longue barbe. A ce genre, dont toutes les espèces sont propres à l'ancien continent, appartient l'**Ægagre** (*C. ægagrus*) ou *chèvre sauvage*, qui paraît être la souche de toutes les variétés de nos Chèvres domestiques; il se distingue par ses cornes tranchantes en avant, longues de 80 centimètres chez le mâle, courtes et quelquefois nulles chez la femelle. Il habite en troupe sur les montagnes de Perse, et peut-être sur celles de plusieurs autres pays orientaux, recherchant de préférence les lieux les plus escarpés et les plus élevés. C'est un animal très défiant et très agile. Sa taille est un peu plus élevée que celle de la Chèvre domestique. Son pelage est d'un gris roussâtre en dessus, avec une ligne dorsale; le devant de la tête et la queue sont noirs. — Les Chèvres domestiques varient à l'infini pour la taille, pour la couleur, la longueur, la finesse des poils, et même pour le nombre des cornes; tous ces animaux sont robustes, capricieux, vagabonds, cherchent toujours à grimper, aiment les lieux secs, sauvages, escarpés, et se nourrissent d'herbes grossières ou de jeunes pousses de bois. On sait que le mâle porte le nom de *bouc*. La Chèvre est la vache du pauvre; son

Chèvre d'Angora.

lait est meilleur que celui de brebis; il peut suppléer le lait de femme, et l'on en fait d'excellents fromages; mais son peu de crème le rend impropre à la confection du beurre. La Chèvre peut produire pendant toutes les saisons: elle porte cinq mois et met bas habituellement deux petits, rarement trois; on peut la traire quinze jours après. Elle donne du lait soir et matin durant quatre ou cinq mois. — La **Chèvre commune** (*C. hircus*) se trouve dans toute l'Europe et dans les pays où les Européens l'ont transportée. La Chèvre, nom que l'on réserve d'ordinaire à la femelle, est plus petite que le bouc, ses cornes sont moins longues ; celles-ci varient en nombre dans les deux sexes ; le plus souvent il n'y en a que deux, mais on en voit parfois trois ou quatre ; elles peuvent même manquer totalement. La couleur du pelage varie du blanc au

Bouquetin.

noir et du fauve clair au brun foncé. Les Chèvres sont peu difficiles pour la nourriture, et elles sont d'un assez bon rapport ; leur chair, quoique inférieure à celle du mouton, est cependant un bon aliment. Son poil long et fort sert à fabriquer diverses étoffes. — Une variété de cette espèce, propre à l'Espagne, n'a jamais de cornes. Son poil est plus long et plus soyeux que dans l'espèce commune. — On trouve à Bourbon et à l'île Maurice une Chèvre noire à poil ras que l'on nomme *cabri*. — La **Chèvre d'Angora**, si remarquable par la longueur, la finesse et la blancheur éclatante de sa toison, est un peu plus petite que notre Chèvre commune. Le mâle a les cornes très longues, disposées en spirale. Cette espèce remarquable paraît confinée dans les environs de la ville d'Angora (Asie Mineure). — La **Chèvre du Thibet** ou *chèvre cachemire*, dont le beau poil soyeux compose en grande partie les tissus de cachemire, varie du blanc au chamois, et du gris clair au noir. Cette espèce est de petite taille ; ses cornes, très aplaties, sont tordues en spirale et divergentes ; ses oreilles sont larges et pendantes. Les Kirghiz de l'Oural possèdent une race de Chèvres qui se rapproche beaucoup de celle du Thibet. — Les **Bouquetins** (*Ibex*) se distinguent par leurs cornes noueuses et peu divergentes. C'est à ce genre qu'appartient le **Bouquetin** (*Ibex Alpinus*), espèce sauvage et rupestre, dont le nom vient, dit-on, de *bouc estain*, signifiant bouc de roches. Le mâle a de grandes cornes dirigées obliquement en arrière et en dehors ;

carrées en avant, et marquées de nœuds saillants et transverses ; elles sont courtes ou nulles chez la femelle ; leur tête est courte, leurs yeux vifs et étincelants, leurs jambes minces et sèches ; leur couleur est fauve en dessus, blanchâtre en dessous, avec une bande noire sur l'échine. Le Bouquetin habite le sommet des hautes montagnes de l'ancien continent. Rien n'est comparable à la légèreté de cet animal ; bondissant d'un pic à l'autre, il lui suffit d'une pointe où se puissent rassembler ses quatre pieds pour y tomber d'aplomb d'une hauteur de 10 mètres et s'en élancer de nouveau. Il offre à peu près les mœurs du chamois.

CHEVREAU. On donne ce nom et celui de biquet, au petit de la Chèvre.

CHÈVREFEUILLE (*Caprifolium*). Genre type de la famille des *Caprifoliacées*, renfermant des arbrisseaux grimpants ou dressés, à feuilles opposées, à inflorescence axillaire ; les fleurs ordinairement belles et souvent odorantes sont tubuleuses ou infundibuliformes, à cinq étamines insérées sur le tube de la corolle, à ovaire deux-trois loculaire. On en cultive un grand nombre d'espèces qui appartiennent aux régions tempérées et chaudes de l'hémisphère boréal. On recherche surtout pour l'ornement des jardins les espèces grimpantes, afin d'en garnir les treillages et les berceaux ; ou bien, sans soutien, elles prennent sous le ciseau du jardinier toutes les formes qu'il lui plaît de leur donner,

Chèvrefeuille.

étalant leur feuillage pittoresque sur lequel se détachent leurs bouquets de fleurs odorantes. Les Chèvrefeuilles se multiplient, avec la plus grande facilité, de boutures, de marcottes et de graines. Leur disposition à émettre des racines est si grande que souvent les rameaux qui traînent sur le sol s'y enracinent d'eux-mêmes. On attribue à tort des qualités malfaisantes aux baies de certaines espèces, entre autres à celles du **Chèvrefeuille sylvatique**. Les vaches, les moutons et les chèvres en broutent les feuilles. Plusieurs espèces croissent en France ; les plus répandues sont : le **Chèvrefeuille noir**, le **Chèvrefeuille des jardins**, le **Chèvrefeuille bleu**, qui donnent de nombreuses variétés.

CHEVRETTE. Femelle du Chevreuil. — On donne aussi vulgairement ce nom aux Crevettes.

CHEVREUIL. Espèce du genre *Cerf*. (Voir ce mot.)

CHEVROLLE. (Voir Amphipodes.)

CHEVROTAIN (*Moschus*). Petit groupe de mammifères ruminants, se rapprochant des cerfs ou des antilopes, dont ils diffèrent par leur petite taille, l'absence de cornes et le développement de leurs canines supérieures. On divise ce groupe en deux sections ou sous-familles : les *Moschidés* et les *Tra-*

Chevrotain porte-musc.

gulidés. A la première appartient l'espèce la plus intéressante, celle qui produit le musc ; elle constitue le genre *Chevrotain* proprement dit. — Le **Chevrotain musc** (*M. moschiferus*) est grand comme un petit chevreuil, presque sans queue, et couvert d'un poil très gros et très cassant ; sa couleur est fauve grisâtre ; il porte à la mâchoire supérieure deux longues canines. Ce qui rend surtout cet animal remarquable, c'est la poche située sous le -ventre, en arrière, et qui se remplit de cette substance odorante connue sous le nom de *musc*. Cette espèce paraît propre aux régions âpres et rocheuses de l'Asie, qui s'étendent entre la Sibérie, la Chine

et le Thibet, où elle vit solitaire, sautant et grimpant avec autant d'agilité qu'un chamois. Le mâle seul produit du musc, et on lui fait une chasse active pour se procurer cette substance odorante si fréquemment employée dans la parfumerie. On en fait usage en médecine comme antispasmodique. — Les Chevrotains de la seconde section ou Tragulidés, diffèrent du précédent en ce qu'ils n'ont pas de poche à musc, et leur taille est plus petite. On en connaît plusieurs espèces appartenant au continent asiatique, ou aux îles de la Sonde. — Le **Chevrotain pygmée** (*Tragulus pygmæus*) est de la taille d'un lièvre ; c'est le plus petit des ruminants. Ses formes ont l'élégance qui distingue les gazelles, et son pelage est d'un roux vif en dessus, blanc sur les parties inférieures. — Le **Memina** est un peu plus grand que le précédent, brun, tacheté de blanc. Le Memina (*Tragulus memina*) habite les régions chaudes de l'Inde, et surtout Ceylan. — Le **Kanchil** est une espèce voisine, qui habite Sumatra.

CHIBOU. (Voir Bursère.)

CHICHE Pois. (Voir Ciche.)

CHICORACÉES. Tribu de la famille des *Composées liguliflores*, monopétales, à étamines périgynes, renfermant un grand nombre de plantes à feuilles alternes, à calice composé, à corolle plus ou moins allongée et dentelée, avec graine à aigrettes. La plupart des Chicoracées renferment un principe amer ou laiteux qui les fait employer en médecine. Plusieurs entrent dans l'économie domestique ; tels sont les laitues, les chicorées, les pissenlits, les salsifis, etc. Des uns on mange les pousses, des autres les racines, et l'on parvient, par la culture, à en diminuer les principes âcres et à y développer le mucilage et le sucre. La tribu des *Chicoracées* renferme comme genres principaux, outre les Chicorées (*Cichorium*), les *Crepis* (crépide), *Taraxacum* (pissenlit), *Lactuca* (laitue), *Sonchus* (laiteron), *Scorzonère*, *Tragopogon* (salsifis), *Scolymus*, etc.

CHICORÉE (*Cichorium*). Genre type de la tribu des *Chicoracées*. Ce sont des plantes herbacées, à fleurs bleues, blanches ou roses, répandues en Europe, en Barbarie et dans l'Inde. Deux espèces seulement sont employées : la **Chicorée sauvage** (*C. intybus*), plante vivace, commune sur le bord des chemins, ligneuse et fort rameuse, de 40 à 60 centimètres de hauteur, à feuilles oblongues, à fleurs axillaires, sessiles, géminées. On emploie sa racine torréfiée et moulue pour mitiger le café. Cette poudre, dépourvue d'arome, ne contient qu'un principe amer et donne une boisson tonique, avantageusement employée chez les personnes dont le tempérament irritable fait craindre l'action du café. Les feuilles s'emploient en décoction comme tonique et stomachique. En les faisant pousser à l'ombre, ces feuilles deviennent longues, d'un blanc jaune, tendres, et perdent beaucoup de leur amertume ; on les mange alors sous le nom de *barbe de capucin*. — La **Chicorée endive** (*C. endivia*), originaire de l'Inde, annuelle, est plus élevée que la précédente ; à feuilles entières ou dentées, à fleurs sessiles ou à longs

Chicorée.

pédicules. Cette espèce se mange cuite ou en salade ; les deux variétés les plus répandues sont la *chicorée frisée* et la *scarole*.

CHICOTIN. (Voir Aloès). On donne aussi ce nom à la Coloquinte.

CHIEN (*Canis*). Genre de mammifères Carnivores de la division des *Digitigrades*, type de la famille des *Canidés*, qui comprend, outre les Chiens proprement dits, les loups, les chacals, les renards et quelques petits genres secondaires. Ces animaux se distinguent des autres carnassiers par plusieurs caractères importants ; ils ont de quarante à quarante-deux dents, savoir : six incisives en haut et en bas, deux canines à chaque mâchoire, douze molaires supérieures et douze ou quatorze inférieures, dont trois fausses molaires en haut, quatre en bas et deux tuberculeuses derrière chaque carnassière ; leur langue est douce ; leurs pieds de devant ont cinq doigts et ceux de derrière quatre ; leurs ongles ne sont ni rétractiles ni tranchants comme ceux des chats : aussi ne sont-ce pas des armes pour eux ; ils ont la prunelle ronde, et plusieurs ont des habitudes nocturnes ; leur vue est excellente, leur ouïe fine, leur odorat d'une subtilité prodigieuse ; ils mêlent des végétaux à leur nourriture animale. Ce sont, en général, des animaux de taille moyenne, dont les proportions annoncent la force et l'agilité ; leurs membres sont élevés, leurs muscles fortement dessinés ; cependant leur allure est indécise, leur regard manque de hardiesse ; ils sont plus prudents que courageux ; ils ne montrent du courage que lorsqu'ils sont pressés par la faim, ou animés d'un sentiment impérieux, comme l'attachement que leur inspire leur maître. A l'état sauvage, les chiens habitent des cavernes, des trous de rochers ; mais jamais ils ne creusent de véritables terriers, comme les renards. Ces animaux ont l'instinct de la sociabilité ; aussi vivent-ils en troupes quelquefois considérables pour chasser le gibier ou pour se défendre mutuellement. — On rencontre dans les pampas de l'Amérique méridionale, des troupes nombreuses de Chiens domestiques, abandonnés, et redevenus sauvages, qui sont très redoutables pour le bétail et pour les chevaux qui paissent en liberté. Ils restent dans les plaines découvertes et marchent toujours en nombre, de crainte des jaguars. Les Chiens sauvages hurlent et n'aboient jamais. — Le **Chien domestique** (*C. familiaris*, Linné) se distingue par sa queue recourbée, et varie d'ailleurs à l'infini pour la taille, la forme, la couleur et la qualité du poil. C'est la conquête la plus complète que l'homme ait jamais faite : l'espèce tout entière a passé sous son empire ; elle l'a suivi par toute la terre. « Le Chien, dit Buffon, indépendamment de la beauté de sa forme, de la vivacité, de la force, de la légèreté, a par excellence toutes les qualités intérieures qui peuvent lui attirer les regards de l'homme. Un naturel ardent, colère, même féroce et sanguinaire rend le Chien sauvage redoutable à tous les animaux et cède dans le Chien domestique aux sentiments les plus doux, au plaisir de s'attacher et au désir de plaire ; il vient en rampant mettre aux pieds de son maître son courage, sa force, ses talents et attend ses ordres pour en faire usage. Plus docile, plus souple qu'aucun des animaux, non seulement le Chien s'instruit en peu de temps, mais encore il se conforme aux mouvements, aux manières, à toutes les habitudes de ceux qui le commandent ; il prend le ton de la maison qu'il habite comme les autres domestiques, il est dédaigneux chez les grands et rustre à la campagne. Lorsqu'on lui a confié pendant la nuit la garde de la maison, il devient plus fier et quelquefois féroce ; il veille, il fait sa ronde, il sent de loin les étrangers, et pour peu qu'ils s'arrêtent ou tentent de franchir les barrières, il s'élance, s'oppose, et, par des aboiements réitérés, il donne l'alarme, avertit et combat. » Le Chien a suivi l'homme par toute la terre, partout il lui est asservi. Où cesse la végétation, et où s'arrête l'herbivore, le Chien vit encore des restes de la chasse ou de la pêche de ses maîtres. Le même animal qui, au sud, veille sur les moutons sans laine de l'Africain, chasse pour l'Indien de l'Amazone, sert de nourriture au Chinois et défend les huttes du Papou, se retrouve au nord, gardant les rennes du Lapon, et traînant l'Eskimau jusque sur les glaces polaires. Le Chien est, en un mot, le plus intelligent des quadrupèdes, sans en excepter l'éléphant. On ne trouve nulle part aujourd'hui le Chien à l'état de pure nature ; les Chiens sauvages que l'on trouve dans plusieurs contrées, ne sont que des races domestiques qui ont recouvré leur indépendance depuis un certain nombre de générations, et probablement repris par là quelques-uns des traits de l'espèce primitive. La domestication du Chien remonte d'ailleurs à la plus haute antiquité ; on en voit figurer sur les monuments égyptiens diverses races, et il en est fait mention dans le *Zend Avesta*. Il est en outre avéré qu'il existait en Amérique plusieurs Chiens domestiques avant l'arrivée des Européens.

Des causes aussi puissantes que celles qui résultent des climats divers, de la nourriture, de la sélection, suffisent à peine pour expliquer les nombreuses modifications que le Chien domestique a éprouvées, et qui forment ses différentes races. Aussi plusieurs naturalistes ont pensé que nos chiens n'avaient pas pour souche une seule espèce, comme le veut Buffon, mais qu'elles venaient d'espèces différentes,

Chien de berger d'Écosse.

qu'on ne pouvait plus reconnaître aujourd'hui, à cause du mélange de leurs races. La paléontologie donne raison aux partisans de la multiplicité des types, en démontrant qu'à une époque antérieure à l'apparition de l'homme sur la terre, il existait déjà plusieurs espèces ou variétés de Chiens, dont quelques-unes paraissent correspondre assez exactement avec quelques variétés actuelles de notre Chien domestique, telles que l'Epagneul et le Mâtin. Il est donc probable que les nombreuses variétés du Chien domestique viennent du croisement de celui-ci avec des Chiens sauvages (loups, chacals), et du croisement des métis entre eux, tout en admettant l'influence du climat. — Quoi qu'il en soit, les Chiens sauvages et ceux des peuples peu civilisés, tels que les habitants de la Nouvelle-Hollande, ont les oreilles droites, ce qui a fait croire que les races européennes les plus voisines du premier type étaient notre Chien de berger, notre Chien-loup ; mais la comparaison des crânes en rapproche davantage le mâtin et le danois, après lesquelles viennent le Chien

courant, le Braque et le Basset, qui ne diffèrent entre eux que par la taille et les proportions des membres. Le Lévrier est plus élancé ; le Chien de berger

Grand Lévrier à poil ras.

et le Chien-loup reprennent les oreilles droites des Chiens sauvages, mais avec plus de développement dans le cerveau, qui va croissant encore, ainsi que l'intelligence, dans le Barbet, l'Epagneul et le Chien de Terre-Neuve. Le Dogue, d'un autre côté, se fait remarquer par le raccourcissement et la force de ses mâchoires ; et le Boule-dogue, chez lequel ce caractère est encore plus marqué, a le nez relevé et la tête presque ronde. Le Doguin n'est qu'un diminutif de ce dernier. Quant aux petits chiens d'appartement, roquets, bichons, carlins, etc., ce sont les produits les plus dégénérés et les marques les plus fortes de la puissance que l'homme exerce sur la nature.

Fr. Cuvier a réparti les nombreuses races de

Dogue anglais (mastiff).

chiens dans trois sections, basées sur la forme de la tête et la longueur des mâchoires, caractères qu'il considère comme étant en rapport avec le degré d'intelligence et de puissance olfactive de l'animal qui les possède. Ce sont : I. les **Mâtins**, caractérisés par une tête plus ou moins allongée et par les os pariétaux tendant à se rapprocher; les condyles de la mâchoire inférieure sur la même ligne que les molaires supérieures. Tous ces chiens peuvent être dressés pour la chasse et surtout pour celle qui demande plus de force et de courage que d'intelligence et d'adresse. Cette section comprend : 1° les Chiens sauvages ou à moitié domestiqués, chassant en troupes, tels que le Dingo de l'Australie, le Dhôle de l'Inde, le Koupara d'Amérique; 2° les Chiens domestiques chassant en troupes ou seuls, mais employant la vue de préférence à l'odorat; tels que le Chien d'Albanie, les Lévriers, le Chien des Indiens. etc. — II. Les **Épagneuls**, caractérisés par leur tête modérément allongée, à pariétaux écartés et se renflant de manière à beaucoup agrandir la boîte cérébrale et les sinus frontaux. Ce sont les plus intelligents de tous les Chiens. Ce sont : 1° les Chiens propres à la garde des troupeaux, tels que le Chien de berger, le Chien à loups, etc.; 2° les Chiens aimant l'eau et se plaisant à la natation, tels que le chien de Terre-Neuve, le Barbet, l'Épagneul d'eau; 3° les Chiens d'arrêt, chassant par l'odorat seulement et ne tuant pas le gibier : le Braque, le Chien couchant, l'Épagneul; 4° les Chiens courants chassant en troupes par l'odorat et tuant le gibier, tels que le Chien à renards (*fox hounds*) et le Chien à lièvres (*harrier*). — III. Les **Dogues**, caractérisés par le raccourcissement de leur museau, le mouvement ascensionnel de leur crâne, son rapetissement et l'étendue considérable des sinus frontaux. Ces races sont moins intelligentes que les précédentes: la pesanteur de leur corps semble indiquer celle de leur intelligence; mais leur caractère est énergique, redoutable même. Ce sont : 1° les Chiens de garde, tels que le Dogue de forte race, le Mastiff, le Bulldog, le Bullterrier, etc.; 2° les Chiens d'appartement : Roquet, Doguin, Carlin, Bichon, etc. Après F. Cuvier, Hamilton Smith a divisé les Chiens en six sections : *Lévriers*, *Mâtins*, *Chiens lachnés* (laineux), *Chiens de chasse*, *Terriers* et *Dogues*.

Chez tous les Chiens, la gestation ne se prolonge pas au-delà de neuf semaines, la portée est de cinq à douze petits. Ceux-ci naissent les yeux fermés; ils les ouvrent le dixième ou le douzième jour; à deux ans, ces animaux ont terminé toute leur croissance. Les Chiens sont vieux à quinze ans, et n'en dépassent guère vingt. Nous ne terminerons pas cet article sans parler de la maladie terrible, la *rage*, qui atteint quelquefois ces animaux. La rage spontanée est le funeste monopole du Chien domestique; les chaleurs de l'été et la soif ne sont pas les causes de la rage, comme on l'a cru si longtemps; il paraît bien prouvé aujourd'hui que la rage spontanée est une conséquence de la privation absolue de l'acte génésiaque; de nombreuses expériences ne laissent aucun doute à cet égard. Les chiens des contrées sauvages et les chiens libres ne sont jamais atteints de cette terrible maladie, parce que, jouissant de leur liberté, ils peuvent suivre leurs instincts; tan-

dis que le Chien domestique est soumis à une vie d'esclavage, et le plus souvent à une nourriture excitante (les os, qui renferment beaucoup de phosphore, substance éminemment aphrodisiaque). Aujourd'hui, grâce à la découverte du vaccin contre la rage par l'illustre savant Pasteur, l'homme se trouve à l'abri du terrible danger que lui faisait courir son utile, mais dangereux ami.

Nous avons consacré des articles particuliers aux Loups, aux Renards et aux Chacals, qui appartiennent au groupe des Canidés.

Chien des prairies. Les Américains donnent ce nom (*prairies dog*) à une espèce du genre *Marmotte.*

Chien sauvage. Les habitants de la colonie du Cap nomment ainsi le Cynhyène. (Voir ce mot.)

Chien de mer. Nom vulgaire de plusieurs poissons des genres *Squale* et *Roussette.* (Voir ces mots.)

Chien-volant. Nom vulgaire de la Roussette commune (*Pteropus vulgaris*).

CHIENDENT (*Triticum repens*). Plante de la famille des *Graminées*, du même genre que le blé et qui croît en abondance dans les lieux incultes, le long des haies et des vieux murs. Cette plante est reconnais-

Chiendent (*Triticum repens*).

sable à ses racines longues et rampantes, blanches et noueuses; à ses tiges droites portant des feuilles dures et velues en dessus, et à ses épillets, composés de cinq fleurs, tantôt munies, tantôt dépourvues d'arêtes. Les chiens mangent les feuilles de cette plante dont les aspérités, irritant le gosier et l'estomac, provoquent des évacuations. On n'emploie guère en médecine que les racines du Chiendent, qu'on récolte à la fin de l'été; on les lave, on les bat pour enlever l'épiderme qui contient un principe irritant, puis on les sèche et on les met en bottes. Ces racines donnent une décoction calmante, diurétique, propre contre les irritations et inflammations ; elle forme, avec l'orge et la réglisse, la tisane la plus usitée. — On donne également le nom de *chiendent* à une autre graminée, le *Cynodon dactylon*, qui offre les propriétés de la précédente.

Chiendent des Indes, Le Vétiver.

CHIGOMMIER. (Voir COMBRET.)

CHILOGNATHES (du grec *cheilos*, lèvre, et *gnathos*, mâchoire). Ordre de la classe des MYRIAPODES.

CHILOPODES (du grec *cheilos*, lèvre, et *podes*, pieds.) Ordre de la classe des MYRIAPODES.

CHIMÈRE. Suivant les poètes anciens, la Chimère était un monstre à tête de lion, à corps de chèvre et à queue de dragon, qui vomissait des flammes, et qui fut tué par Bellérophon. Les naturalistes modernes ont donné ce nom à un genre de poissons de

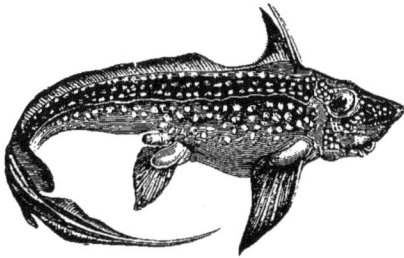

Chimère arctique.

l'ordre des SÉLACIENS, type de la famille des *Chiméridés*, qui présentent, par leur conformation, de grands rapports avec les squales ou requins. Ils s'en distinguent en ce qu'ils n'ont qu'un seul orifice branchial de chaque côté du cou. — La **Chimère arctique** (*Chimæra monstrosa*) se plaît au milieu des glaces et dans les eaux profondes de l'Océan septentrional ; mais on la prend accidentellement sur les côtes d'Europe. C'est un poisson de forme bizarre au corps allongé et comprimé, terminé en arrière par un long filament. Sa tête grande, de forme pyramidale, porte en avant un museau conique qui fait saillie au dessus de la bouche ; la peau de la face forme des plis saillants et rugueux. La bouche, qui s'ouvre en dessous, est armée sur ses mâchoires de lamelles osseuses, dures et striées ; le palais en est également garni. La première dorsale est de forme triangulaire, pourvue d'une épine très forte, falciforme ; la caudale borde en dessus et en dessous le long filament qui termine le corps. La Chimère a les parties supérieures teintées de brun, les flancs argentés et le ventre blanc, parsemés de points bruns. La ligne latérale se divise en approchant de la tête en plusieurs branches sinueuses, blanches, bordées de brun. Ses yeux grands, très brillants et comparables à ceux du chat, lui ont fait donner le nom de *chat de mer*. Sa chair est dure et peu estimée.

CHIMPANZÉ (*Troglodytes*). Genre de singes anthropomorphes de l'ordre des QUADRUMANES de Cuvier ou des PRIMATES de Geoffroy Saint-Hilaire. Les anciens désignaient, sous le nom de *Troglodytes*, une race d'hommes sauvages, qui, comme les gorilles, n'étaient probablement que des singes. Geoffroy Saint-Hilaire a employé ce nom pour désigner le Chimpanzé ou orang noir, celui de tous les singes

Chimpanzé.

qui, par ses proportions générales, se rapproche le plus de l'homme. C'est aussi, avec l'orang-outan, l'animal chez lequel les dispositions intellectuelles sont le plus remarquables, bien qu'il y ait loin de l'état en quelque sorte élémentaire de ses facultés, au développement de celles de l'intelligence humaine. Le Chimpanzé se rapproche plus de l'homme que les autres singes, par la longueur de ses bras, qui ne descendent que jusqu'au jarret, tandis que chez les orangs et les gibbons, ces membres s'allongent considérablement. Les jambes ont une espèce de mollet ; les doigts des mains et des pieds ont les mêmes dimensions relatives que chez l'homme ; les ongles sont aplatis. Cette organisation des membres permet au Chimpanzé, plus qu'aux autres singes, la station verticale ; appuyé sur un bâton, il peut marcher debout assez longtemps ; cependant les extrémités sont surtout organisées pour grimper aux arbres. Le corps du Chimpanzé est couvert de poils noirs ; mais le visage, les oreilles et la paume des mains en sont dépourvus. Tout ce que nous disons à l'article *Orang* des habitudes et de l'intelligence de ces singes, peut s'appliquer au troglodyte Chimpanzé Ce dernier nom est celui que lui donnent les naturels de la Guinée.

CHINCAPIN. Nom vulgaire du Châtaignier d'Amérique (*Castanea pumila*).

CHINCHE. (Voir MOUFFETTE.)

CHINCHILLA (*Eriomys*). Tout le monde connaît les élégantes fourrures d'un beau gris perlé auxquelles on donne le nom de *chinchilla*. Mais l'animal qui les fournit, quoique mentionné depuis longtemps par les voyageurs, n'est guère connu que depuis un

Chinchilla.

demi-siècle; avant cette époque, les peaux seules étaient expédiées du Chili et du Pérou en Europe. Le Chinchilla est un rongeur de la taille de notre écureuil; mais son corps est moins élancé; sa queue est en balai et non en panache, ses yeux sont gros et pleins de vivacité, sa lèvre supérieure porte de longues soies; ses oreilles sont très grandes, arrondies et presque nues. Les pattes antérieures, à quatre doigts, sont plus courtes que les postérieures, celles-ci en ont cinq. D'après l'abbé Molina du Chili, les Chinchillas vivent dans des terriers très profonds. Ce sont des animaux sociables, d'un caractère doux et craintif, qui s'apprivoisent assez facilement. Dans certaines localités des Andes, du Chili et du Pérou, les Chinchillas sont très communs, et on leur fait une chasse active pour leur fourrure. Ce sont d'ailleurs des animaux très prolifiques; les femelles ont par année deux portées de quatre ou cinq petits chacune. — Au même groupe appartient la **Viscache** (*Callomys viscaccia*). Ce rongeur a la taille et les formes générales du lapin, mais avec des oreilles plus courtes et une queue beaucoup plus longue. Son pelage est abondant et épais, mais il n'a pas la finesse de celui du Chinchilla. Il est gris glacé de brun en dessus et blanc sur les parties inférieures. Les Viscaches vivent en société dans les vastes pampas de l'Amérique du Sud, où elles se creusent de nombreux terriers. On les chasse pour leur fourrure, mais on ne mange pas leur chair. — Les Chinchillas et les Viscaches forment la famille des *Eryomidés*, dans l'ordre des RONGEURS.

CHINOIS. (Voir MONGOLS.)

CHINQUIS. (Voir ÉPERONNIER.)

CHIONANTHE (du grec *chion*, neige, et *anthos*, fleur). Genre de plantes dicotylédones de la famille des *Oléacées*. Ce sont des arbrisseaux d'Amérique remarquables par leurs grappes de fleurs blanches. Le **Chionanthe de Virginie** ou *l'arbre de neige* se cultive dans les jardins. Il atteint 4 mètres de hauteur.

CHIQUE. (Voir PUCE.)

CHIROMYS. (Voir CHEIROMYS.)

CHIRONECTE (du grec *cheir*, main, et *nectès*, nageur). Genre de mammifères MARSUPIAUX de la famille des *Didelphidés*. Ils diffèrent des sariques proprement dites par la palmature de leurs pieds et leurs mœurs aquatiques. — La seule espèce connue est le **Chironecte yapock** ou *petite loutre de la Guyane* (*Didelphis palmata*, de G. Saint-Hilaire). C'est un joli petit animal de 25 à 30 centimètres de longueur, non compris la queue, qui en mesure autant; son pelage est brun en dessus, blanc en dessous; sa queue est nue et écailleuse; il a une poche abdominale. Ses mœurs sont comparables à celles de la loutre, d'où l'un de ses surnoms.

CHIRONECTE (même étymologie que dessus). Genre de poissons ACANTHOPTÉRYGIENS de la famille des *Lophiidés* ou Baudroies. Ces poissons ont, comme les baudroies, des rayons libres sur la tête, dont le premier est grêle, terminé par une houppe; les suivants sont garnis d'une membrane, quelquefois très renflée. Leur bouche est fendue verticalement, leurs ouïes munies de quatre rayons. Les nageoires pectorales sont portées sur une sorte de pédoncule ou

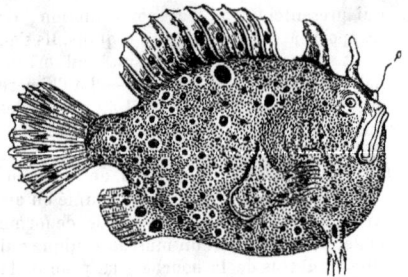

Chironecte panthère.

bras, les ventrales petites, placées en avant. Les Chironectes habitent les mers des pays chauds; ils sont généralement de petite taille et peuvent, comme les diodons et les balistes, se gonfler d'air. Dans cet état, ils flottent à la surface comme un ballon. — Le **Chironecte panthère** (*C. pardalis*) que nous figurons ici, a, sur un fond rouge, de nombreuses taches noires ocellées, entourées de gris. On le prend sur les côtes de Gorée.

CHIRONIE (*Chironia*). Genre de plantes de la famille des *Gentianées*, dicotylédones, monopétales hypogynes. Ce sont d'élégants arbrisseaux, originaires du cap de Bonne-Espérance, à fleurs en panicule, rouges, à anthères jaunes sortantes. On en cultive plusieurs espèces dans les jardins; mais il faut les rentrer en serre aux premiers froids. Telles sont : la Chironie à feuilles de lin (*C. linoïdes*), la Chironie à feuilles de jasmin (*C. jasminoïdes*) et la Chironie à feuilles de serpolet (*C. serpillifolia*).

CHIROPTÈRES. (Voir Chéiroptères.)

CHIROTE (*Chirotes*). Genre de Sauriens dont Cuvier faisait sa division des Bimanes, et que les nomenclatures modernes rangent dans la famille des *Amphisbénidés*. Ces singuliers animaux ressemblent assez à des lézards très allongés; mais leur corps est tout d'une venue, sans renflement qui distingue la tête du corps, ni celui-ci de la queue; et les écailles, au lieu d'être disposées comme des tuiles, sont rectangulaires et forment des bandes transversales qui n'empiètent pas les unes sur les autres. Ils n'ont que les deux membres antérieurs, très courts; les postérieurs ne se manifestent que par des vestiges d'os cachés sous la peau. Leurs mâchoires sont garnies tout autour de petites dents serrées. — L'espèce la mieux connue de ce genre curieux est le **Chirote du Mexique** ou **cannelé** (*C. caniculatus*). Ses deux pieds placés près du cou sont courts, à quatre doigts chacun; avec un vestige de cinquième. Il a 20 à 25 centimètres de long, est gros comme le petit doigt et couleur de chair. La rencontre des anneaux du dos et de ceux du ventre forme de chaque côté du corps une cannelure. On connaît peu les mœurs de cet animal, qui vit d'insectes.

CHIRURGIEN. (Voir Acanthure et Jacana.)

CHITINE (du grec *chitôn*, tunique). Substance organique formant la base de l'enveloppe solide des animaux articulés ou Arthropodes, qui constitue ce qu'on appelle le squelette épidermique.

CHLÆNIE. (Voir Chlæniens.)

CHLÆNIENS (de *chlaina*, manteau). Groupe d'insectes Coléoptères de la famille des *Carabidés*. Ils ont pour caractères : les palpes tronqués à l'extrémité, les jambes antérieures échancrées vers le milieu, mais non élargies; les mandibules acérées. Les Chlænies, types du groupe, habitent en famille le bord des eaux. Ce sont de jolis insectes, au corps d'un vert métallique, avec les élytres d'un vert pré, pubescentes et bordées de jaune. Tels sont les *Chlænius velutinus*, *vestitus*, *marginatus*, etc., qui se trouvent assez communément en France, cachées sous les pierres. Les autres genres du groupe sont les *Loricera*, reconnaissables à leurs antennes hérissées de poils; les *Licinus*, *Badister*, *Panagæus*, plus ou moins voisins des Chlænies.

CHLAMYDOSAURE (du grec *chlamys*, manteau, et *sauros*, lézard). Genre de reptiles Sauriens de la famille des *Ignanidés*. Le Chlamydosaure est un lézard d'assez grande taille et qui mesure, avec la queue, au moins 60 à 70 centimètres; il est originaire de la Nouvelle-Hollande, et se tient habituellement sur les arbres, auxquels il grimpe avec une extrême agilité. Mais ce qu'il présente de plus singulier, ce sont deux larges expansions cutanées, une de chaque côté du cou, susceptibles de s'étendre et de servir de parachute, lorsque l'animal

saute de branche en branche. Le nom donné à l'animal fait allusion à cette particularité; cette collerette ayant été comparée à un manteau (*chlamyde* des anciens Grecs).

CHLAMYPHORE (du grec *chlamus*, manteau, et *phoros*, qui porte). Espèce du genre *Tatou*.

CHLORION (de *chloros*, vert). Genre d'insectes Hyménoptères de la famille des *Sphégidés*. Les Chlorions sont de jolies mouches à quatre ailes, de forme élancée, de couleur verte ou bleue métallique très éclatante. Comme chez tous les Hyménoptères, la femelle du Chlorion est armée d'un aiguillon redoutable. Ces insectes sont répandus partout où se rencontrent les blattes, auxquelles ils font une guerre acharnée. C'est pour en approvisionner son nid et donner la nourriture à ses larves que le Chlorion attaque les blattes. Dès qu'il en aperçoit une, il s'élance sur elle, la saisit avec ses mandibules entre la tête et le corselet, lui enfonce son aiguillon dans l'abdomen et ne lâche prise que lorsque sa victime ne donne plus aucun signe de vie. Le Chlorion traîne alors sa proie jusqu'à son nid, dont l'ouverture est presque toujours trop petite pour donner passage à un insecte aussi gros que la blatte; mais le Chlorion ne recule pas devant une semblable difficulté; il arrache les ailes et les pattes de la blatte et pénètre à reculons dans son nid en tirant avec ses mandibules l'insecte, qui s'allonge et se comprime contre les parois du tube.

CHLORITE (de *chloros*, vert). Talc chlorité ou terre verte. Substance minérale qui tient du talc et des micas; c'est un silicate alumineux à base de magnésie et de protoxyde de fer. Il se présente en petites lamelles hexagonales, d'un vert plus ou moins foncé et composant ainsi des masses à structure grenue ou écailleuse. Les lamelles du Chlorite se clivent très aisément et sont transparentes et flexibles. On trouve cette substance en abondance dans les terrains granitiques et schisteux des Alpes, du Tyrol, de la Bohême, etc. — On confond souvent avec le Chlorite des talcs verts, qui ne renferment pas d'alumine. Telles sont les terres vertes de Chypre et de Vérone qu'on emploie dans la peinture.

CHLOROMYS. (Voir Agouti.)

CHLOROPHYCÉES (de *chloros*, vert, et *phucos*, algue). Grande division de la famille des *Algues* (voir ce mot), comprenant celles de couleur verte ; tantôt réduites à une seule cellule microscopique (*Hydrocitium*), tantôt formées de filaments capillaires (*Conferva*), ou dilatées en lames cellulaires foliacées (*Ulva*). Leur mode de production est conjugué ou zoosporé.

CHLOROPHYLLE (de *chloros*, vert, et *phullon*, feuille). Lorsque sous le microscope on écrase par la compression le tissu cellulaire vert d'une feuille, on voit s'échapper des cellules une gouttelette de fluide transparent, dans lequel nagent de nombreux granules verts; ces granules sont la *Chlorophylle*, comparables dans les végétaux aux globules du sang des animaux. Ces granules verts sont si menus qu'il en tiendrait plus d'un million dans 1 millimètre cube. La Chlorophylle donne la coloration verte non seulement aux feuilles, mais aussi à l'écorce jeune, aux fruits non mûrs, à toutes les parties enfin colorées en vert. Les tissus colorés par la Chlorophylle se trouvent toujours à l'extérieur, où ils peuvent recevoir l'influence de la lumière solaire, et jamais à l'intérieur, où cette influence leur ferait défaut. C'est, en effet, aux granules de Chlorophylle qu'appartient le rôle chimique de dédoubler sous l'action de la lumière le gaz carbonique en oxygène et en carbone ; ils absorbent ce dernier et rejettent l'oxygène. (Voir VÉGÉTAUX.) Dans l'obscurité, l'acide carbonique n'est plus décomposé, le dégagement d'oxygène n'a pas lieu. Quelques plantes sont entièrement dépourvues de Chlorophylle, et ne pourraient par conséquent retirer par elles-mêmes du gaz carbonique le carbone nécessaire à leur existence. Ces plantes sont parasites et vivent aux dépens d'autres végétaux, dont elles détournent la sève à leur profit. Telles sont, par exemple, l'*Orobanche*, la *Cuscute*, la *Clandestine*. (Voir ces mots.) Les champignons manquent de Chlorophylle, elle existe au contraire chez quelques animaux inférieurs, l'hydra verte et certains infusoires.

CHLOROPS (du grec *chloros*, vert, et *ops*, œil). (Voir MOUCHES.)

CHLOROSPERMÉES. (Voir CHLOROPHYCÉES.)

CHOCARD (*Pyrrhocorax*). Genre de PASSEREAUX CORACIROSTRES de la famille des *Corvidés*, très voisins des Corbeaux ; mais leur bec est moins fort et comprimé. Le **Chocard des Alpes** (*P. alpinus*) est tout noir, avec le bec jaune et les pieds rouges. Il vit d'insectes, de limaçons, de graines et de fruits. A l'exemple du Corbeau, il ne dédaigne pas les charognes.

CHŒROPHYLLUM, Nom scientifique latin du Cerfeuil.

CHŒROPOTAME (du grec *choiros*, cochon, et *potamos*, fleuve). Mammifère pachyderme fossile trouvé dans les terrains gypseux des environs de Paris, et que Cuvier a placé dans le genre *Cochon*.

CHŒTODON. (Voir CHÉTODON.)

CHOIN, *Schœnus* (du grec *schoïnos*, jonc). Genre de plantes monocotylédones hypogynes, de la famille des *Cypéracées*. Ce sont des plantes à tiges cylindriques ou triangulaires, à feuilles jonciformes, à fleurs écailleuses, sans éclat, qui croissent dans les prairies humides et marécageuses. Quelques espèces croissent en France, mais la plupart sont exotiques. A notre flore appartiennent les *Schœnus mariscus*, *nigricans*, *albus* et *fuscus*. Ces plantes ne sont d'aucune utilité.

CHOLÉDOQUE (de *cholé*, bile, et *dokos*, qui contient). Conduit ou canal qui porte et verse la bile dans le duodénum.

CHONDROPTÉRYGIENS (du grec *chondros*, cartilage, et *pterux*, nageoire). Division de la classe des poissons dont le nom indique la nature cartilagineuse du squelette. Cuvier divisait ce groupe en plusieurs ordres : celui des STURIONIENS ou *esturgeons*, des SÉLACIENS, comprenant les *squales* et les *raies*, et des CYCLOSTOMES ou *lamproies*.

CHONDRUS (du grec *chondros*, cartilage). Genre de plantes cryptogames de la classe des ALGUES, section des *Rhodophycées*, dont les caractères distinctifs sont : fronde cartilagineuse plane, sans nervures, dichotome, à segments linéaires ou cunéiformes ; conceptacles hémisphériques, sessiles sur une des faces de la fronde, ou immergés plus profondément.—Le type du genre est le **Chondrus crispus**, vulgairement *chicorée de mer*, *carragen*, à fronde ramifiée et aplatie, fixée sur les rochers par un pied presque cylindrique, d'où partent des rameaux colorés en rouge brun ou pourpre foncé, aplatis soit en baguettes étroites, soit en lames larges, souvent découpées en segments frisés à l'extrémité. Cette algue est employée comme émollient à cause de ses membranes qui se gélifient. En Angleterre, et surtout en Irlande, on en fait des gelées alimentaires.

CHOQUART. (Voir CHOCARD.)

CHORAS. (Voir MANDRILLE.)

CHORDA (du latin *chorda*, corde). Genre de plantes cryptogames de la classe des ALGUES, section des *Melanophycées*, offrant pour caractères distinctifs : une fronde simple, cylindrique, filiforme, creusée intérieurement d'une cavité interrompue de distance en distance par des cloisons. Toute la fronde est couverte de poils courts, en velours, à la base desquels sont fixées les spores. — La **Corde fil** (*C. filum*) consiste en une longue tige cylindrique, d'un vert olivâtre, grosse comme une plume de cygne dans son milieu et s'amoindrissant en pointe vers ses extrémités. Sa longueur varie de 4 à 5 décimètres jusqu'à 5 et 6 mètres ; on la prendrait pour une vraie corde et les pêcheurs lui donnent le nom de *filin*.

CHORION (du grec *chorion*, enveloppe). Les anatomistes donnent ce nom à la plus extérieure des membranes qui enveloppent le fœtus. (Voir FŒTUS et ŒUF.)

CHOROÏDE. (Voir ŒIL.)

CHOU (*Brassica*). Genre de plantes potagères bien connues de tout le monde ; elles appartiennent à la famille des *Crucifères*, tribu des *Cheiranthées*, et offrent pour caractères botaniques : un calice à quatre sépales dressés, bossué à la base ; une corolle à quatre pétales, six étamines libres, dentées ; un fruit siliqueux, bivalve, allongé, presque cylindrique, renfermant plusieurs semences globuleuses. — Le **Chou sauvage** (*B. oleracea*), qui paraît être la souche des nombreuses variétés cultivées de nos jours, vient des côtes de l'Europe septentrionale, où on le rencontre encore à l'état sauvage. Sa tige est élevée, rameuse, garnie de feuilles charnues, glauques, lobées, espacées et immangeables ; ses fleurs, d'un jaune pâle, sont disposées en longues grappes à l'extrémité des rameaux. On peut rapporter les nombreuses variétés auxquelles la culture du Chou sauvage a donné naissance, à cinq races principales, qui sont : 1° le **Chou cavalier** ou *Chou vert*. Ses feuilles sont étalées, ne formant pas la tête. Elles sont découpées et frangées sur les bords; 2° le **Chou de Bruxelles**, Chou vert dans lequel se développent

Chou sauvage.

à l'aisselle des feuilles caulinaires, des bourgeons globuleux, qui prennent la grosseur d'une noix et forment un aliment agréable et délicat; 3° le **Chou frisé** ou *Chou de Milan*, à feuilles réunies en tête dans les jeunes pieds; elles finissent par s'étaler et sont toujours lobées et déchiquetées, tantôt rouges ou vertes, blanches ou panachées; 4° le **Chou pommé** ou *Chou cabu* est facile à reconnaître à ses feuilles très rapprochées et très serrées les unes contre les autres, et formant une tête plus ou moins volumineuse. Les feuilles intérieures s'étalent et deviennent blanches et très tendres. C'est une des races les plus estimées. Le *Chou rouge* appartient à cette variété; 5° le **Chou rave** se distingue à sa tige renflée au-dessus du collet de la racine et qui forme une tête charnue de la grosseur des deux poings, partie qui seule

Chou commun.

est employée à la nourriture de l'homme. — Le **Chou-fleur**, originaire du Levant, a la tige basse, les feuilles oblongues à côtes blanches; dans cette espèce, les pédoncules des fleurs s'épaississent, s'entre-greffent et sont chargés d'une multitude de fleurs qui avortent et restent rudimentaires; elles sont rapprochées et disposées en corymbe. Le *brocoli* est une variété du Chou-fleur, dont il se distingue par ses pédoncules moins épais, plus allongés et non groupés en corymbe serré. — Les anciens faisaient grand cas du Chou, auquel ils attribuaient des propriétés merveilleuses, et l'employaient pour combattre une foule de maladies. Mais aujourd'hui, ses usages sont restreints à l'économie domestique. C'est un des aliments les plus usités, surtout parmi les habitants des campagnes. Les Allemands lui font subir une préparation qui le rend plus facile à digérer et à conserver. Après l'avoir coupé menu, ils le mettent dans des tonnes avec du sel et le laissent subir un certain degré de fermentation. On donne à cette préparation le nom de *choucroute* (en allemand *sauer kraut*). — On sème les Choux dans la dernière quinzaine

Chou-fleur.

d'août; on les repique en pépinière en octobre, pour les planter à demeure en février et mars, à la distance d'un mètre l'un de l'autre. Les Choux demandent une bonne terre bien fumée, et de l'eau en temps de sécheresse. — Le Navet, le Colza et la Navette (voir ces mots) font partie du genre *Brassica*.

On nomme encore:

Chou caraïbe, le *Colocasia* comestible;

Chou palmiste, le gros bourgeon qui termine la tige des palmiers;

Chou poivré, le Gouet commun.

CHOUCAS. Espèce du genre *Corbeau*.

CHOUETTE (*Strix*). G. Cuvier comprenait sous le nom de *Chouettes*, et Linné sous celui de *Strix*, la famille entière des oiseaux de proie nocturnes; famille qui porte aujourd'hui le nom de *Strigidés*, et a été divisée en plusieurs genres. Les Chouettes sont remarquables par leur tête grosse et plate, leurs yeux très grands, dirigés en avant, entourés de plumes décomposées qui forment un disque autour de la base du bec; celui-ci comprimé, crochu, garni d'une cire molle dans laquelle sont percées les narines, cachées par des poils dirigés en avant; les jambes complètement emplumées; les pieds munis de quatre doigts, armés d'ongles forts et crochus, rétractiles. Ces oiseaux jouissent, à un plus haut degré que tous les autres, de la faculté de dilater leur pupille, qui brille dans les ténèbres. Leur vol est médiocre; leurs ailes, garnies de plumes molles et douces, ne frappent que mollement l'air; aussi ces oiseaux ne font-ils aucun bruit en volant. Les Chouettes fuient la lumière du jour et ne quittent guère leurs retraites qu'au crépuscule et au clair de la lune; elles passent le jour dans des trous d'arbres ou de masures. Leur vue et leur ouïe sont parfaitement organisées pour des oiseaux destinés à chasser dans l'ombre. Les Chouettes se nourrissent de proie vivante, qu'elles attendent le plus souvent au passage, silencieusement perchées sur une pierre ou sur une branche d'arbre; d'autres fois elles vont en quête pour surprendre les oiseaux ou les petits mammifères endormis. Cependant quelques Chouettes chassent de jour. Les grandes espèces, telles que le grand-duc, le harfang, etc., font leur nourriture des lièvres, des lapins, des perdrix, etc.; elles ne se nourrissent d'animaux morts que dans le cas d'extrême disette. Ces oiseaux ne montrent pas une grande industrie dans la construction de leur nid; la femelle pond de deux à quatre œufs blancs, se rapprochant de la forme sphérique, dans des trous de murs ou de rochers, dans les creux des arbres, quelquefois dans les nids abandonnés des pics et des corbeaux. Le mâle et la femelle se partagent les soins de la couvaison et montrent une grande tendresse pour leurs petits. De tout temps les Chouettes ont passé pour des oiseaux de mauvais augure, et on leur fait généralement une guerre acharnée, bien que rien ne justifie l'aversion qu'elles inspirent. Les oiseaux de proie diurnes, hardis voleurs, viennent enlever au milieu de nos basses-cours nos poules et nos pigeons et détruisent le gibier; mais les Chouettes ne sont pas dans ce cas et rendent au contraire de grands services à l'agriculture en détruisant une foule de petits rongeurs et d'insectes qui vivent aux dépens de nos récoltes. Les petites espèces surtout, apprivoisées et élevées dans nos jardins, nous rendraient des services immenses. — Tous les oiseaux haïssent mortellement les Chouettes et les poursuivent avec acharnement dès qu'ils les aperçoivent pendant le jour. On utilise cette antipathie pour faire tomber dans le piège des oiseaux de toutes sortes. Le chasseur, caché sous une hutte de feuillage, imite le cri de la Chouette et attire ainsi les oiseaux des environs sur les gluaux préparés d'avance. Cuvier divisait les Chouettes en deux sections : les *Hiboux* et les *Chouettes* proprement dites; ces dernières diffèrent des hiboux par l'absence des aigrettes sur le front. — On répartit aujourd'hui les espèces de la famille des *Strigidés* dans les genres *Surnia* ou *Har-*

fang, Chevêche, Duc, Scops, Chat-huant, Nyctale, Hibou, Effraie, qui se distinguent par l'absence ou la présence d'aigrettes, la forme du bec et des ailes, etc.

Les genres privés d'aigrettes sont les *Surnia* ou *Harfang* (voir ces mots), les *Chevêches*, les *Chats-Huants* et les *Effraies*. Les **Chevêches** (*Athene*) ont pour caractères : le disque facial incomplet, le bec court, les ailes obtuses. Citons d'abord la **Chouette commune** ou **Grande Chevêche** (*A. noctua*), répandue dans toutes les parties de l'Europe; elle est de la taille de l'épervier, d'un brun noirâtre en dessus, avec des taches blanches sur la tête, en raies transversales sur les scapulaires, et plus pâle en dessous, avec une longue queue étagée, marquée de lignes transverses blanches. Elle préfère pour séjour les masures et les tours abandonnées. Elle voit pendant le jour beaucoup mieux que les autres oiseaux nocturnes, et s'exerce même quelquefois à la chasse des hirondelles et des autres petits oiseaux, qu'elle

Chat-huant, hulotte (*Strix aluco*).

plume avant de les manger. — La **Petite Chouette** ou **Chevechette** (*A. passerina*) ressemble à la précédente par ses formes et sa manière de vivre; mais elle n'a que 20 centimètres de longueur, et sa queue est courte. — Il existe plusieurs autres espèces de Chevêches en Asie et en Amérique.

Le genre *Chat-huant* (*Syrnium*) se distingue par l'absence d'aigrette, par son disque facial presque complet, son bec court, ses doigts emplumés, ses ailes obtuses. — Le type du genre est la **Chouette hulotte** ou **Chat-huant** (*S. aluco*), un peu plus grand que la Chouette commune, dont il a les mœurs; il est couvert partout de taches longitudinales brunes, avec des taches blanches aux scapulaires; le fond du plumage est grisâtre dans le mâle, roussâtre dans la femelle. Ces oiseaux se trouvent dans toute l'Europe. Les bois sont leur demeure ordinaire.

Le genre *Effraie* (*Strix*) est caractérisé par l'absence d'aigrettes; le bec droit, allongé; le disque facial complet, très large; les tarses emplumés, mais les doigts seulement poilus ; les ailes aiguës. — L'Effraie ou Fresaie (*S. flammea*), commune en France, est répandue, à ce qu'il paraît, sur tout le globe. Son dos est nuancé de fauve et cendré, joliment moucheté de points blancs entourés chacun de points noirs ; son ventre est brun, avec ou sans mouchetures brunes. Elle vit de souris, de rats, de chauves-souris, de musaraignes, d'insectes. Elle niche dans les tours, dans les clochers ; fait entendre sans cesse un soufflement bruyant, qu'elle interrompt par des cris entrecoupés, *grei, gré*, dans le silence de la nuit.

Les genres munis d'aigrettes ou Hiboux de Cuvier, sont les *Ducs, Scops, Hiboux*. — Les Ducs (*Bubo*) ont le bec court, très fort et recourbé jusqu'à la pointe, le disque facial incomplet, les tarses et les doigts emplumés, les ailes obtuses, la queue courte et arrondie. — Le Grand-Duc (*B. europæus*) se distingue à son énorme tête, aux aigrettes longues de 6 cen-

Hibou moyen-duc.

timètres qui la surmontent, à son bec noir et crochu, à son plumage d'un roux brun taché de noir et de jaune, à ses pieds couverts jusqu'aux ongles de plume et de duvet. C'est le plus grand des oiseaux de proie nocturnes ; il atteint 6 à 7 décimètres de long et 17 d'envergure. Il a le dessous du corps jaune roux, varié de gris et ondé de noir ; le dessous d'un roux plus clair avec des taches brunes et des raies transversales ondulées ; la gorge blanchâtre. Il descend peu dans la plaine, habite les rochers ou les tours élevées et les vieux châteaux en ruines. Il ne sort que de nuit et se nourrit de jeunes lièvres, de lapins, de taupes, de mulots, de grenouilles, de couleuvres. Son nid a près d'un mètre de diamètre, et se compose de branches entrelacées, de racines flexibles ; le dedans est garni de feuilles. La femelle y dépose un ou deux, rarement trois œufs ronds, d'un blanc pur. Cet oiseau est surtout commun dans les montagnes boisées de l'Europe orientale.

Le genre *Scops* ne diffère des Ducs que par ses doigts nus. Le Scops ou Petit-Duc (*S. europæus*) n'est pas plus gros qu'un merle. Il vit en troupes qui émigrent à peu près aux mêmes époques que les hirondelles. Tout son corps est nuancé de gris, de roux, de brun et de noir ; ses aigrettes sont formées de six à huit plumes. Il rend de grands services à l'agriculture, en détruisant un nombre considérable de mulots.

Le genre *Hibou* (*Otus*) a les aigrettes petites, le disque facial complet et les ailes aiguës ; le bec est court, moins que chez les précédents ; les tarses et les doigts sont emplumés. — Le Hibou commun ou Moyen duc (*O. communis*) est à plumage fauve, flammé de brun, à aigrette d'un brun noirâtre ; sa queue porte huit ou neuf barres transversales brunes ; on le trouve dans toute l'Europe et communément en France. Ses mœurs sont celles des chouettes ; il se donne rarement la peine de faire un nid, mais il dépose ses œufs, d'un blanc pur, au nombre de quatre ou cinq, dans des nids abandonnés de pie, de corbeau ou de canard. Il chasse les petits oiseaux et surtout les mulots et les rats, dont il fait une grande destruction.

CHOU-FLEUR. (Voir Chou.)

CHRISTE MARINE. Nom vulgaire donné sur nos côtes à la Salicorne herbacée et au *Crithmum maritimum* ou *perce-pierre*, dont les feuilles se mangent confites dans le vinaigre.

CHROMATOPHORES (du grec *chrôma*, couleur, et *phoros*, qui porte). Cellules sphériques remplies de matière colorante, que contient la peau des céphalopodes (poulpes, calmars, seiches), de divers poissons, des caméléons), et auxquelles sont dus les changements de couleurs qu'éprouve la peau de ces animaux, selon que ces vésicules sont étalées ou non par les fibres musculaires rayonnantes dont elles sont entourées.

CHROME (du grec *chrôma*, couleur). Métal d'un blanc gris, cassant, peu fusible et, jusqu'à présent sans usage. On ne le trouve dans la nature qu'à l'état d'oxyde de chrome, de fer chromé ou de chromate de plomb. Le fer chromé ou sidérochrome est composé d'oxyde de chrome, de peroxyde de fer et d'alumine. C'est avec ce minerai qu'on prépare le chromate de potasse et qu'on fabrique le vert de chrome si précieux pour la peinture sur porcelaine, à cause de sa résistance au feu. La couleur connue sous le nom de *jaune de chrome* est un chromate de plomb.

CHROMIS. Genre de poissons de l'ordre des Acanthoptères, groupe des *Pharyngognathes*, type de la famille des *Chromidés*, voisine de celle des Labridés, dont elle diffère par la présence de deux petits cæcums au pylore. Ce sont des poissons d'eau douce, dont le type, le Chromis niloticus du Nil, offre des mœurs singulières. Le mâle prend les œufs de la femelle dans sa bouche et les y couve. Ce poisson, qui atteint 50 à 60 centimètres de longueur, passe pour fort délicat. — Une espèce du Jourdain qui offre les mêmes habitudes, le Chromis tiberiadis, est tellement abondante dans cette rivière et les lacs qu'il traverse, que les filets se rompent parfois sous leur poids. On en connaît quelques espèces des fleuves d'Amérique qui présentent le même phénomène.

CHROMULE. Synonyme de Chlorophylle.

CHRYSALIDE. Etat intermédiaire entre la chenille et le papillon. (Voir LÉPIDOPTÈRES.)

CHRYSANTHÈME. Ce nom, tiré du grec et qui signifie *fleur d'or*, est celui d'un genre de plantes de la famille des *Composées*, tribu des *Chrysanthé-*

Chrysanthème de la Chine (*Chr. sinensis*).

mées, à fleurs radiées, à feuilles profondément découpées, dont le type est le **Chrysanthème des moissons** ou *marguerite dorée*, jolie plante à fleurs jaunes, fort commune dans les champs. On en obtient par la culture, dans les jardins, de belles variétés doubles, jaunes ou blanches. — Le **Chrysanthème des prés** ou *grande marguerite*, et le **Chrysanthème des Indes** ou *reine marguerite*, donnent également de nombreuses variétés de toutes les nuances ; cette dernière espèce est rangée par quelques botanistes dans le genre *Anthemis*.

CHRYSANTHÉMÉES. Tribu des plantes de la famille des *Synanthéracées* ou *Composées radiées*, se distinguant des Carduacées par les fleurs de la périphérie qui ont une corolle ligulée, c'est-à-dire fendue en dedans. Elle comprend, outre les *Chrysanthèmes*, les genres *Calendula, Arnica, Matricaria, Anthemis*, etc.

CHRYSIDIDÉS (du genre *Chrysis*). Famille d'in-sectes HYMÉNOPTÈRES, section des Porte-aiguillon, caractérisés par leur corps presque cylindrique, pouvant se replier en forme de boule, et par leur abdomen dont les segments sont susceptibles de s'engainer et de s'allonger comme les tubes d'une lunette. Cet abdomen est en outre terminé par un aiguillon dont la piqûre est assez douloureuse. Ce sont les plus brillants des Hyménoptères. Cette famille comprend, outre les *Chrysis*, les genres *Hedychrus, Stilbum, Euchrœa*, etc.

CHRYSIS (du grec *chrusos*, or). Genre d'insectes HYMÉNOPTÈRES de la section des porte-aiguillon, type de la famille des *Chrysidides*. Ils offrent pour caractères principaux : un corps presque cylin-drique, pouvant se replier en forme de boule ; des antennes coudées, insérées au-dessus de la bouche ; des pattes courtes ; l'abdomen, attaché au thorax par un pédicule très court, est armé d'un aiguillon dans les femelles. Rien ne saurait égaler la magni-ficence des couleurs de ces petits insectes, vraies pierres précieuses animées. Ils volent pendant le jour sur les fleurs ; mais ils ne savent pas comme les abeilles en extraire le suc pour faire du miel ; ils ne savent même pas construire un nid pour leur progéniture, et en sont réduits, comme le coucou, à vivre aux dépens des autres insectes. — La **Chrysis commune** (*Chrysis ignita*) ressemble pour l'aspect et la taille à une mouche ; mais son cor-selet et son abdomen semblent une émeraude et un rubis soudés ensemble. Elle se rencontre assez communément aux environs de Paris. A l'époque de la ponte, elle épie le moment où l'abeille soli-taire (*Osmia*) sort de son nid, pour y pénétrer ; et elle y dépose un œuf imperceptible. L'abeille à son tour pond son œuf, auprès duquel elle dépose une provision de miel ; puis, tranquille sur le sort de sa progéniture, elle ferme avec soin sa cellule. L'œuf de l'abeille éclot le premier, et il en sort une larve qui trouve à sa portée une nourriture abondante et qui ne demande qu'à prospérer ; mais le ver de la Chrysis sort à son tour de l'œuf ; il s'at-tache aussitôt à la larve de l'abeille, lui fait un trou à la peau et la suce tout à son aise, en ayant soin toutefois de ne point la faire périr ; ce n'est que lorsqu'il est arrivé au moment de sa transforma-tion qu'il s'abandonne entièrement à sa goutton-nerie, et dévore complètement sa victime. Il se métamorphose alors en nymphe, garde une immo-bilité parfaite et ne mange plus, jusqu'au moment où il se transforme en une mouche resplendis-sante qui perce sa prison pour aller voltiger sur les fleurs, et qui, comme sa mère, ira bientôt pondre dans quelque nid d'abeille.

CHRYSOBALAN (gland doré). Fruit de l'Icaquier.

CHRYSOCHLORE. (Voir TAUPE.)

CHRYSOCHROA. (Voir BUPRESTE.)

CHRYSOLITHE. (Voir PÉRIDOT.)

CHRYSOMÈLE (du grec *chrusos*, or, et *mélon*, pomme.) Genre d'insectes COLÉOPTÈRES, tétramères, type de la famille des *Chrysomélides*. (Voir ce mot.)

Ce sont des insectes phytophages, au corps arrondi ou ovalaire, de consistance très dure. On en connaît un très grand nombre d'espèces réparties sur presque tous les points du globe ; la France en possède

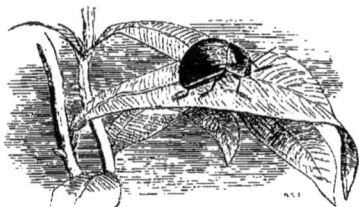

Chrysomèle du peuplier.

une soixantaine, dont les plus répandues sont : les *C. populi, Staphylea, Gypsophilœ, Sanguinolenta, Violacea, Polita, Fastuosa, Molluginis, Graminis, Viridis,* etc.

CHRYSOMÉLIDÉS (du genre *Chrysomèle*). Famille d'insectes COLÉOPTÈRES, tétramères, qui, par les Donacies, se relie aux Longicornes. Ce sont des insectes à formes ramassées et arrondies, parés des plus brillantes couleurs. Les Chrysomèles vivent sur les fleurs ; mais leurs larves, petits vers blancs à six pattes écailleuses, rongent les feuilles des arbres auxquels elles nuisent parfois au plus haut degré. Les nombreuses espèces de cette famille formaient autrefois pour Linné un seul genre ; mais il a subi depuis de nombreuses divisions, basées sur la forme des antennes et des parties de la bouche. Les **Donacies**, par leurs formes allongées, par leur tête dégagée du corselet, leurs antennes longues et insérées entre les yeux, forment le passage entre les Longicornes et les Chrysomélidés ; ce sont de charmants insectes, à couleurs métalliques, qui vivent au bord des eaux, sur les plantes aquatiques. — Les **Chlytres**, à tête enfoncée dans le corselet, à antennes pectinées, sont en général de couleur jaune, ponctués de noir ; leurs larves se forment avec leurs excréments de petits tubes dans lesquels elles se retirent. — Les **Eumolpes** ont la tête moins enfoncée, à antennes épaissies vers le bout ; quelques espèces américaines atteignent une grande taille et sont revêtues des plus brillantes couleurs (*E. de Surinam*). — L'espèce la plus répandue dans nos contrées est l'*Eumolpe de la vigne*, petit insecte noirâtre à élytres ferrugineuses, qui cause souvent des ravages dans les vignobles. — Les **Chrysomèles** proprement dites, à tête dégagée, à antennes moniliformes, ont de nombreux représentants dans notre pays ; tels sont : la **Chrysomèle du peuplier** (*Lina populi*), longue de 8 à 10 millimètres, bronzée

Timarcha turbida.

avec les élytres d'un rouge brique brillant. La larve de cette espèce dévore les feuilles du peuplier ; elle répand, quand on veut la saisir, une liqueur jaune d'une odeur repoussante ; la **Chrysomèle du gramen**, plus petite de moitié, d'un beau vert doré ; la **Chrysomède ensanglantée**, noire avec une bordure d'un rouge de sang ; cette dernière appartient au genre *Timarcha* ainsi que la *T. turbida*, l'une des plus grandes de la famille ; la **Chrysomèle remarquable**, d'un beau vert doré avec des bandes longitudinales rouge de feu bordé de violet. — Les **Doryphores**, espèces américaines de très grande taille, sont également remarquables par leurs belles couleurs ; l'une d'elles (*Doryphora decemlineata*) est devenue tristement célèbre par les ravages qu'elle exerce dans les champs de pommes de terre. La démarche des Chrysomèles est lente et mal assurée ; ces insectes demeurent en repos pendant le jour, fixés aux feuilles ou aux tiges des plantes, ou sous leur écorce ; et c'est la nuit qu'ils montrent le plus d'activité. Les Altises, les Criocères, les Cassides, etc., appartiennent à ce groupe.

CHRYSOPHRYS (du grec *chrusos*, or, et *ophrus*, sourcil). Nom scientifique de la Dorade.

CHRYSOPHYLLUM (de *chrusos*, or, et *phullon*, feuille.) Nom scientifique du Caïmitier.

CHRYSOPRASE (du grec *chrusos*, or, et *prason*, poireau). Variété d'Agate d'un vert blanchâtre. (Voir AGATE.)

CHRYSOPS (du grec *chrusos*, or, et *ops*, œil). (Voir TAON).

CHYLE et **CHYME**. (Voir DIGESTION.)

CHYLIFÈRES (Vaisseaux). On donne ce nom à des canaux vasculaires destinés à transporter le chyle, qui proviennent de l'intestin et versent leur produit dans le canal thoracique. (Voir DIGESTION.)

CIBOULE. Plante potagère du genre Ail (*Allium*). (Voir ce mot.) — La Ciboule (*A. fistulosum*) diffère de l'ognon par ses bulbes plus petits et réunis en touffes ; elle est indigène dans le midi de la Russie. Ses feuilles et ses jeunes tiges s'emploient à l'assaisonnement des salades. On en connaît plusieurs variétés. — La Ciboulette ou *civette* (*A. schœnoprasum*), qui croît dans les prairies des Alpes, sert aux mêmes usages. Elle se distingue par ses bulbes oblongs, réunis en touffes, et par ses tiges presque nues, ornées de belles fleurs roses panachées de violet.

CIBOULETTE. (Voir CIBOULE.)

CICADAIRES. (Voir CICADIDÉS.)

CICADIDÉS (de *cicada*, cigale). Les Cicadidés ou *Cicadaires* de Latreille ont pour type le genre *Cicada* (voir CIGALE) et forment une famille de l'ordre des HÉMIPTÈRES, tribu des *Homoptères*. Les *Fulgores*, les *Membraces*, les *Cercopes* rentrent dans ce groupe. Ils ont pour caractères communs : des tarses de trois articles, des antennes très petites, de trois à six articles, en forme d'alène et terminés par une soie ; les femelles sont pourvues d'une tarière pour déposer leurs œufs.

CICER. (Voir CICHE.)

CICÉROLE. Nom vulgaire du Pois chiche.

CICHE (*Cicer*). Genre de plantes dicotylédones, polypétales, périgynes, de la famille des *Légumineuses papilionacées*, à ailes plus courtes que l'étendard, plus longues que la carène, gousse sessile, ovoïde, renfermant deux graines, contournées en forme de tête de bélier. — Le **Ciche à tête de bélier** (*C. arietinum*), vulgairement connu sous le nom de *pois chiche*, *cicérole*, est cultivé dans le Midi pour ses graines farineuses alimentaires.

CICHORIUM. Nom scientifique latin du genre *Chicorée*.

CICINDÈLE (*Cicindela*, Linné). Genre d'insectes COLÉOPTÈRES, type de la famille des *Cicindélidés*. (Voir ce mot.) Les Cicindèles sont des insectes carnassiers et voraces dont la démarche est vive et légère ; celles qui se servent de leurs ailes ont le vol court et rapide. On les rencontre le plus souvent dans les lieux sablonneux exposés au soleil, où elles cherchent leur proie. Les espèces de ce genre sont

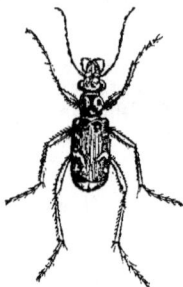

Cicindèle hybride.   Larve de Cicindèle.

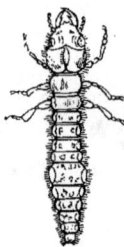

le plus souvent ornées de couleurs métalliques très brillantes, avec des dessins plus clairs que le fond. Leurs formes sont élégantes, leur tête est large, munie de gros yeux et de puissantes mandibules recourbées, leurs jambes fines, allongées, et conformées pour la course. Quelques espèces exhalent une odeur de rose fort agréable. Leurs larves sont très voraces ; mais elles ne sont pas agiles comme l'insecte parfait. — Celle d'une espèce commune aux environs de Paris, la **Cicindele hybride**, se creuse au moyen de ses pattes et de ses mandibules une fosse perpendiculaire, puis elle place sa large tête comme une bascule à l'ouverture de la fosse, et dès qu'un malheureux insecte vient à passer sur ce pont perfide, elle baisse la tête, fait une culbute, et précipite sa proie au fond de son trou. — L'espèce la plus commune, la **Cicindele champêtre**, est d'un beau vert pré, à reflets cuivreux, avec des dessins jaune clair sur les élytres. Ce genre renferme un très grand nombre d'espèces disséminées dans toutes les régions du globe.

CICINDÉLIDES. Famille d'insectes COLÉOPTÈRES CARNASSIERS, dont les caractères distinctifs sont d'avoir un crochet articulé à l'extrémité des mâchoires,

des yeux gros, le plus souvent des ailes sous les élytres. Ce sont des insectes de formes sveltes et élégantes, le plus souvent ornés de couleurs métalliques très brillantes, avec des taches plus claires que le fond. Leur tête, munie de gros yeux, déborde le corselet, qui est généralement cylindrique et plus étroit que les élytres. Leur bouche est puissamment armée de mandibules en forme de faucilles, très aiguës et dentelées, et bien propres à déchirer leurs victimes. Ce sont les tigres des insectes. Leurs pattes fines et très allongées sont les instruments d'une course rapide. Ce groupe renferme plusieurs genres, dont les plus remarquables sont : *Cicindela* (voir ce mot) et *Megacephala*, qui ont des représentants en Europe, et *Manticora*, les géants de la famille, qui habitent l'Afrique australe et sont privés des brillantes couleurs qui ornent presque tous les Cicindélidés.

CICONIENS. Division de la famille des *Ardéidés*, dont le type est le genre *Cigogne* (*Ciconia*).

CICUTAIRE (*Cicuta*). Genre de plantes dicotylédones de la famille des *Ombellifères*, dont on ne connaît qu'une espèce en Europe, désignée sous les noms de **Ciguë aquatique**, **Ciguë vireuse**, *Cicuta virosa* des botanistes. Cette plante, qu'il ne faut pas confondre avec la **Ciguë officinale** (genre *Conium*) et la **Petite Ciguë** (genre *Æthusa*), est une plante à souche vivace et à racine épaisse, charnue, pivotante, à tige haute de 6 à 9 décimètres, dressée, rameuse, fistuleuse ; à feuilles grandes, pinnatiséquées, à pétiole fistuleux, strié, à lobes étroits, aigus, dentés. Ombelles à rayons nombreux. Elle croit dans les marais, au bord des eaux. Toutes ses parties répandent une odeur vireuse désagréable et sont éminemment vénéneuses. C'est un poison narcotico-âcre.

CIERGE (*Cereus*). Genre de plantes dicotylédones de la famille des *Cactacées*, comprenant des plantes de l'Amérique tropicale, à tiges charnues, anguleuses, le plus souvent munies d'aiguillons groupés en touffes. Leurs fleurs sont disposées latéralement : elles sont grandes, en général très belles, mais très fugaces ; plusieurs espèces donnent un fruit acidulé et rafraîchissant. — Les espèces de ce genre sont assez nombreuses ; nous citerons parmi les plus remarquables : le **Cierge du Chili** (*Echinocactus elegans*), à dix ou douze côtes ; le **Cierge du Pérou** (*E. peruvianus*), à cinq-huit côtes, à fleurs blanches ; le **Cierge magnifique** (*Cereus speciosissimus*), à trois ou quatre angles, à fleurs d'un rouge pourpre, larges de 10 à 12 centimètres ; le **Cierge laineux** de l'Amérique méridionale (*C. lanuginosus*), qui est couvert d'un duvet blanc laineux. Ces plantes se cultivent en serre, sous notre climat. (Voir CACTUS.)

CIGALE (*Cicada*). Genre d'insectes HÉMIPTÈRES, section des *Homoptères*, famille des *Cicadidés*, caractérisé par des antennes très petites, coniques, composées de sept articles, des tarses de trois articles, des yeux très saillants entre lesquels existent trois ocelles disposées en triangle. Les Cigales sont reconnaissables à leur corps épais, ramassé, terminé en pointe ; à leur tête large, supportant de gros yeux proéminents, à leurs longues ailes transparentes, veinées de diverses couleurs. Leur forme générale les fait ressembler à une énorme mouche. Les Cigales ne sautent pas, et sont surtout remarquables par les organes du chant dont les mâles seuls sont pourvus. Ces organes, placés à la base de l'abdomen, de chaque côté, consistent en deux

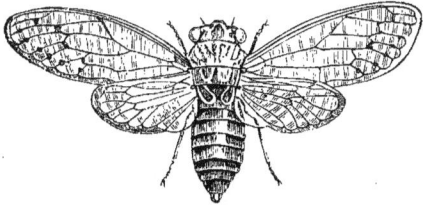

Cigale de Provence.

membranes élastiques, convexes, les *timbales*, mises en vibration par deux muscles spéciaux; le son résultant de cette vibration est renforcé par une *caisse* remplie d'air, dont la paroi est en partie fermée par deux minces membranes, la *membrane* plissée et le *miroir*. L'appareil du chant est caché par deux plaques ventrales semi-circulaires, les *volets*; ils produisent un son monotone et désagréable, dont l'harmonie n'a jamais existé que dans l'imagination des Grecs, bien qu'Anacréon lui ait consacré une ode. On rapporte que ces derniers conservaient les Cigales dans de petites cages, et qu'ils en mangeaient les larves comme un mets délicat. Les Cigales ne se rencontrent que dans les pays chauds, et recherchent l'ardeur du soleil; en Europe, on n'en rencontre plus passé le 45e degré de latitude; et dans nos régions tempérées, on donne à tort le nom de Cigale à la grande sauterelle verte, si commune dans notre pays et qui fait également entendre une sorte de chant. C'est sans doute cette dernière que le bon La Fontaine avait en vue lorsqu'il a dit: « La Cigale ayant chanté tout l'été. » Au reste, l'une et l'autre meurent à l'automne et ne subsistent jamais *jusqu'à la saison nouvelle*. — Comme chez tous les hémiptères, la bouche des Cigales est formée de pièces très allongées constituant un bec ou suçoir; l'abdomen des femelles est terminé par une tarière dont elles se servent pour faire des entailles aux arbres et y déposer leurs œufs; les larves qui sortent de ces œufs s'enfoncent en terre et vivent aux dépens des racines; elles s'y transforment en nymphes, sortent au printemps et se posent sur quelque plante où la chaleur du soleil dessèche leur peau; celle-ci se fend sur le dos et l'insecte prend son essor, abandonnant sa dépouille. Le type du genre est la **Cigale plébéienne**, commune dans le Midi; la **Cigale de l'Orne**, également commune en Provence, est plus petite.

CIGOGNE (*Ciconia*). Les Cigognes sont de grands oiseaux de l'ordre des ECHASSIERS, tribu des *Longirostres*, famille des *Ardéidés*, assez rapprochés des Grues et des Hérons (*Ardea*); leurs caractères sont: un bec long, conique et pointu; le cou et les pieds très longs, quatre doigts dont les trois extérieurs réunis par une membrane; le tour des yeux nu. Bien que les ailes des Cigognes soient de médiocre étendue, ce sont des oiseaux capables de franchir d'un essor soutenu d'immenses espaces. Elles s'élancent de terre en faisant deux ou trois sauts, partent le cou et les jambes tendus et s'élèvent en décrivant des spires qui vont toujours en s'agrandissant. Elles descendent à terre de même en tournoyant. Leur démarche est lente et grave, elles ne courent que rarement. Dans l'attitude du repos, les Cigognes se tiennent sur un seul pied, le cou replié, la tête couchée sur l'épaule, et elles conservent cette position pendant des heures entières. — Nous en avons deux espèces en France. — La **Cigogne blanche** (*C. alba*), oiseau d'environ 1 mètre de longueur et 1m,30 de hauteur, a le plumage blanc, avec les pennes des ailes noires, le bec et les pieds rouges. Les jeunes se reconnaissent à la teinte brune des

Cigogne blanche.

ailes. Elle habite presque tout l'ancien continent, et se nourrit de reptiles, de poissons et d'insectes. Elle est presque partout de passage; elle passe l'hiver en Afrique et surtout en Égypte, d'où elle revient au printemps en France, et dans l'Europe septentrionale. Son naturel est doux, elle n'est ni défiante, ni sauvage; elle place son nid, formé de brins de bois et de joncs, tantôt à la cime des grands arbres ou à la pointe des rochers escarpés, tantôt sur les tours et les clochers, parfois même sur le toit des maisons. Chaque couple reprend, comme les hirondelles, au moment de son retour printanier, l'habitation de l'année précédente. La ponte est de deux à quatre œufs, d'un blanc jaunâtre, que le mâle et la femelle couvent alternativement, et qui éclosent au bout d'un mois. Quand les petits commencent à voleter, les parents font leur éducation avec la plus grande sollicitude : ils les portent sur leurs ailes, les défendent avec courage et ne les quittent que lorsqu'ils les voient assez forts pour pourvoir euxmêmes à leurs besoins : l'attachement des Cigognes pour leur progéniture est si fort qu'elles périssent avec elle plutôt que de l'abandonner. Entre autres vertus, on prête aux Cigognes celle de la fidélité conjugale, et les liens qu'elles forment ne sont en effet rompus que par la mort de l'un des deux conjoints. C'est en grandes troupes que ces oiseaux exécutent leurs migrations. Vers la fin d'août, toutes celles d'un canton s'assemblent dans une grande plaine, puis, presque toujours pendant la nuit et par un vent du nord, elles s'élèvent ensemble et partent vers d'autres climats. Leur chair n'est pas bonne à manger ; mais les services qu'elles rendent aux hommes en détruisant les reptiles et même les cadavres en putréfaction, leur assurent presque partout une protection spéciale, que sanctionnait même la religion chez quelques peuples anciens. Malgré la facilité qu'elles ont à se familiariser, elles ne multiplient jamais en domesticité, quelque liberté qu'on puisse leur laisser. Les Cigognes n'ont pas de voix ; elles ne produisent d'autre bruit qu'un petit claquement qui résulte du choc des mandibules du bec entre elles : c'est leur cri de rappel et d'amour. — La **Cigogne noire** (*C. nigra*), noirâtre, à reflets pourprés, avec le ventre blanc, est plus rare et plus sauvage que la précédente ; elle habite les mêmes contrées. — Parmi les espèces étrangères, nous citerons la **Cigogne violette** de l'Inde et le **Marabout** du Bengale, qui fournit ces belles plumes légères qui servent de parure aux femmes, et portent le nom de l'oiseau qui les produit.

CIGUË (*Conium*). Genre de plantes vénéneuses de la famille des *Ombellifères*, tribu des *Carées*. On en connaît plusieurs espèces ; la plus répandue, la **Grande Ciguë** (*C. maculatum*) ou *ciguë commune*, croît en Europe au bord des champs et des haies ; c'est celle dont les Athéniens employèrent le suc pour faire mourir Socrate. C'est une herbe bisannuelle, haute de 10 à 15 décimètres, à tige cylindrique, fistuleuse, striée, marquée de taches d'un pourpre foncé ; ses feuilles, d'un vert sombre, sont trois fois ailées ; les folioles dont elles se composent sont dentées, les fleurs en ombelles sont blanches ; chaque coque du péricarpe est relevée de cinq côtes crénelées. Les feuilles de cette plante, mangées par méprise en guise de persil, ont donné lieu à de graves accidents. Dans l'empoisonnement par la Ciguë, on emploie comme antidotes les acides végétaux, tels que le vinaigre, le jus de citron, etc., étendus d'eau. En médecine, on emploie la Ciguë

à l'extérieur contre les rhumatismes, et à l'intérieur, dans plusieurs maladies chroniques. — La **Petite Ciguë** ou *ache des chiens* (*Æthusa cynapium*), plus dangereuse que la précédente en ce qu'elle

Grande ciguë (1, fleur ; 2, fruit).

croît dans les jardins et ressemble plus au persil ou au cerfeuil, s'en distingue par son odeur vireuse et surtout par les folioles de ses collerettes très étroites et pendantes. (Voir ACHE.) — La **Ciguë aquatique** (*Cicuta virosa*) ou *cicutaire* (voir ce mot) paraît posséder des qualités aussi délétères que les deux espèces précédentes ; mais comme elle ne croît que dans les marais et sur le bord des eaux, les méprises sont moins à craindre.

CILIÉ. Ce nom s'applique, en histoire naturelle, à toutes les parties bordées de cils.

CILS. On donne ce nom aux poils qui garnissent le bord des paupières de l'œil et qui servent à soustraire cet organe à l'influence d'une lumière trop vive, et à le préserver du contact des poussières qui voltigent dans l'atmosphère. — On nomme *Cils vibratiles* les appendices qui garnissent la bouche ou le corps de beaucoup d'animaux inférieurs et de certains infusoires au moyen desquels ils se meuvent ou déterminent dans le liquide qu'ils habitent un tourbillon qui amène à leur bouche les corpuscules alimentaires. Les Zoospores ou semences de certaines Algues (voir ce mot) sont également munis de Cils vibratiles.

CIMBEX. Genre d'insectes de l'ordre des HYMÉNOPTÈRES, de la famille des *Tenthrédinés*. Ce sont de grandes mouches à quatre ailes, munies d'une tarière, reconnaissables à leurs antennes de cinq articles terminées par une petite massue bi ou triarticulée. Leurs larves (fausses chenilles) ont vingt-deux pattes et vivent sur le saule et le bouleau. Le type du genre est le **Cimbex jaune** (*C. lutea*), à ailes diaphanes avec les nervures brunes. Il a 25 millimètres de longueur. (Voir Tenthrèdes.)

CIME. (Voir Cyme.)

CIMEX. Nom latin du genre *Punaise*. (Voir ce mot.)

CINABRE. Mercure sulfuré. Il renferme 15 de soufre et 85 de mercure. C'est le minerai de mercure le plus commun. Sa couleur en masse est un violet brun ; mais, pulvérisé, il devient d'un beau rouge ; il est alors employé dans la peinture sous le nom de *rouge de cinabre* ou *vermillon*. On l'exploite principalement pour en retirer le mercure, notamment à Almaden et à Idria.

CINARÉES. (Voir Carduacées.)

CINAROCÉPHALES. Ce nom employé par de Jussieu, désignait une famille répondant à celle des *Carduacées*.

CINCHONA. Nom scientifique latin des Quinquinas.

CINCLE (*Cinclus*). Genre d'oiseaux de l'ordre des Passereaux, tribu des *Dentirostres*, famille des *Turdidés*, voisins des Merles, mais s'en distinguant par des mœurs complètement dissemblables. Les Cincles ont des formes et un plumage analogues à ceux des Merles ; mais ils ont l'habitude de chercher leur

Cincle plongeur.

nourriture au sein des eaux. Leur bec est petit, grêle et droit ; leurs jambes de longueur médiocre, leurs doigts grands et robustes, mais non palmés, malgré leurs habitudes aquatiques. Leurs ailes sont courtes et arrondies ; leur queue courte, coupée carrément. — Le **Cincle plongeur** (*C. aquaticus*) ou *merle d'eau* de Buffon se rencontre dans les parties montagneuses de la France, de l'Angleterre, de l'Espagne et de l'Italie ; c'est près des torrents bordés de rochers qu'il se plaît. Cet oiseau, de la grosseur d'un étourneau, est d'un brun noirâtre en dessus,

ondé de gris en dessous ; le devant du cou et la poitrine sont d'un blanc pur, et une large bande d'un brun roux ceint le ventre. — Le Cincle cherche sa nourriture au sein des eaux ; il y plonge et nage à l'aide de ses ailes ; il peut même marcher au fond du lit des ruisseaux très peu profonds, où il trouve les insectes, les larves aquatiques et le frai des poissons dont il fait sa pâture ; mais non en eau profonde. Le Cincle marche à terre en sautillant ; il vole fort vite, en droite ligne et en rasant la surface de l'eau comme le martin-pêcheur. Il vit solitaire, excepté au temps de la pariade, et chante en tout temps d'une voix forte et sonore. La femelle niche au bord des eaux ; elle construit un nid composé de mousse et d'herbes entrelacées qu'elle cache sous les herbes, sous les fougères, ou dans une fente de rocher, et dans lequel elle dépose quatre ou cinq œufs d'un blanc laiteux et très allongés. — On connaît deux autres espèces de Cincles : le **Cincle de Pallas**, qui habite les contrées orientales de l'Europe, et le **Cincle du Mexique** ; tous les deux ont les plus grands rapports avec le Merle d'eau.

CINÉRAIRE, *Cineraria* (de *cinereus*, couleur de cendre). Genre de plantes dicotylédones de la famille des *Composées tubuliflores*, à involucre à un seul rang de folioles égales, soudées à la base, dépourvu de calicule ; caractère par lequel il diffère du genre *Senecio*. — Le type du genre est la **Cinéraire des marais** (*C. palustris*), vulgairement *séneçon des marais*. Tige de 6 à 8 décimètres très feuillée ; feuilles presque linéaires, ondulées, sessiles, cendrées en dessous ; fleurs jaunes en corymbe terminal. Elle croît l'été, au bord des eaux. — Les jardiniers désignent sous ce nom plusieurs plantes ornementales du genre *Séneçon*. Telles sont le **Séneçon laineux** (*Senecio lanatus*), le **Séneçon sanglant** (*S. cruentus*), le **Séneçon à feuilles de peuplier** (*S. populifolius*), dont on a obtenu de nombreuses variétés.

CINI. (Voir Serin.)

CINNAMOMUM. Nom scientifique latin du genre *Cannellier*. (Voir ce mot.)

CIRCAÈTE. Genre d'oiseaux de proie de la famille des *Falconidés*. Les Circaètes se rangent à la suite des balbuzards ; ils ont les ailes plus longues, le bec convexe en dessus et comprimé, à pointe très crochue ; la queue étagée et carrée. On rencontre en France le **Jean le blanc** (*Circaetus gallicus*), espèce plus grande que le balbuzard ; il est brun en dessus, blanc en dessous, taché de brun pâle ; sa queue est marquée en travers de trois bandes pâles, le sourcil est noir, la cire et les pieds jaunes. Ses mœurs le rapprochent des buses. Il est assez commun dans toute l'Europe où il se nourrit surtout de lézards, de grenouilles et de serpents. Lorsqu'il se trouve dans le voisinage des fermes, il ne se fait pas scrupule d'enlever les poules, les jeunes dindons et les canards. — Une espèce du Brésil, le **Circaète couronné** (*C. coronatus*), offre les mêmes mœurs. Il est d'un brun cendré ; les plumes de sa tête forment une huppe derrière l'occiput. Le soir et le matin, il parcourt le bord des rivières en quête d'une proie, et pousse fréquemment un sifflement aigu et lamentable.

CIRCÉE (*Circæa*). Genre de plantes dicotylédones, polypétales, périgynes, de la famille des *Onagrariées*. Ce sont de petites plantes herbacées, vivaces, à feuilles opposées, pétiolées, ovales ou cordiformes, denticulées; à fleurs blanches, réunies en grappes. On en connaît un très petit nombre d'espèces, dont une, la **Circæ intetania** se rencontre dans les bois frais des environs de Paris; on la désigne sous les noms vulgaires d'*herbe de saint Étienne*, d'*herbe à la magicienne*. Ce dernier nom et celui de Circée viennent de ce qu'on la faisait entrer au moyen âge dans les pratiques de sorcellerie.

CIRCINAL, CIRCINÉ (de *circinus*, cercle). Épithète employée pour désigner les organes végétaux ou animaux roulés sur eux-mêmes en forme de crosse.

CIRCULATION. Fonction physiologique consistant

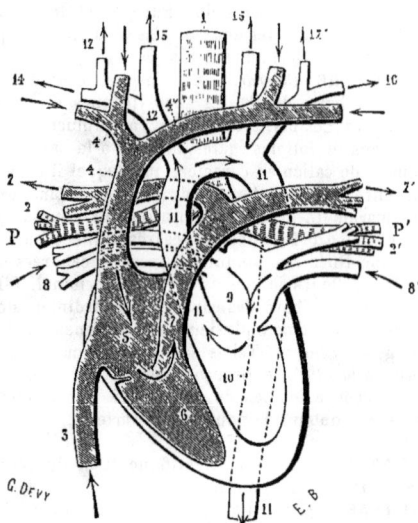

Circulation du sang dans le cœur et les gros vaisseaux afférents et efférents (demi-schématique).

1, trachée; 2, 2', bronches droite et gauche; 3, veine cave inférieure recevant le sang veineux des membres abdominaux et de la partie inférieure du tronc; 4, veine cave supérieure formée par la réunion des deux troncs brachio-céphaliques droit et gauche; 4', 4''. et ramenant au cœur le sang veineux du cou et des membres thoraciques; 5, oreillette droite; 6, ventricule droit; 7, artère pulmonaire portant au poumon P' P' le sang veineux; 8, 8', veines pulmonaires droite et gauche ramenant le sang artérialisé du poumon dans l'oreillette gauche; 9, oreillette gauche; 10, ventricule gauche; 11, aorte; 12, tronc brachiocéphalique artériel se bifurquent en deux branches; 13, artère carotide droite, et 14, artère sous-clavière droite; 15, artère carotide gauche; 16, artère sous-clavière gauche; 17, 17', artères vertébrales. (La direction des flèches indique dans quel sens s'opère le cours du sang. La partie ombrée désigne les organes qui contiennent du sang veineux.)

en ce que le sang porte dans toutes les parties du corps les matériaux nécessaires à leur nutrition. La Circulation commence et finit avec la vie; sa suspension prolongée entraîne la mort. L'appareil de la circulation se compose : 1° d'un organe central d'impulsion, le *cœur*, poche musculaire divisée en quatre compartiments, dont les deux supérieurs

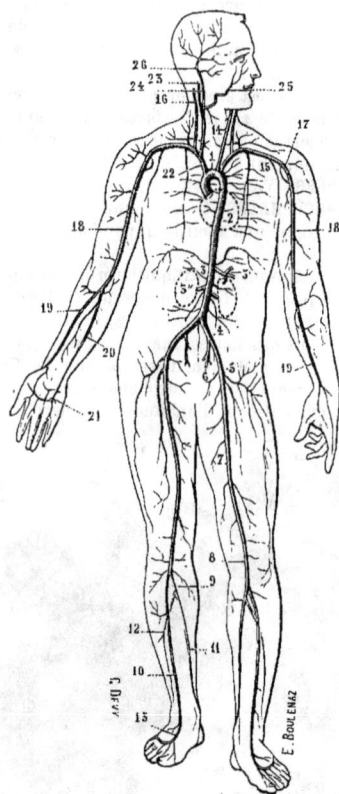

Circulation artérielle.

1, crosse de l'aorte; 2, aorte thoracique; 3, aorte abdominale; 3', trépied cœliaque; 3'', artère rénale; 4, artère iliaque primitive; 5, artère iliaque externe; 6, artère iliaque interne ou hypogastrique; 7, artère fémorale; 8, artère poplitée; 9, tronc tibiopéronier; 10, artère tibiale antérieure; 11, artère tibiale postérieure; 12, artère péronière; 13, artère pédicule; 14, artère carotide gauche; 15, artère sous-clavière gauche; 16, artère vertébrale; 17, artère axillaire; 18, artère humérale; 19, artère radiale; 20, artère cubitale; 21, arcade palmaire; 22, tronc brachio-céphalique donnant naissance à la carotide et à la sous-clavière du côté droit; 23, artère carotide interne; 24, artère carotide externe; 25, artère faciale; 26, artère temporale superficielle.

sont nommés oreillettes (5,9) et les deux inférieurs ventricules (6, 10); 2° d'un système de conduits de structure et de propriétés différentes : les *artères*, vaisseaux par lesquels le sang vivifié porte aux diverses parties du corps les matériaux de la nutrition; et les *veines* qui rapportent le sang dépouillé de ses qualités vitales au cœur, d'où il est lancé dans les poumons pour s'y revivifier au contact de l'air.

Entre les dernières ramifications des artères et les plus petites divisions des veines, existent des canalicules extrêmement fins, que leur ténuité a fait comparer à des cheveux, les *capillaires*, qui relient entre eux les deux systèmes de conduits. C'est au niveau de ces réseaux capillaires que s'opèrent, entre le liquide sanguin et les milieux ambiants, les échanges qui ont pour résultat : 1° de transformer le *sang artériel* en *sang veineux* dans la *grande circulation* ou *circulation générale* ; 2° de ramener le *sang* veineux à l'état *artériel* dans la *circulation pulmonaire*. Le cours du sang forme ainsi un cercle parfait. Suivons pas à pas, pour nous faire mieux comprendre, le trajet que parcourt ce liquide. Les veines (3, 4) rapportent le sang épuisé dans l'oreillette droite (5), d'où il descend dans le ventricule droit (6) ; celui-ci communique par l'artère pulmonaire (7) avec les poumons, dans les vaisseaux desquels le sang, mis en contact avec l'air de la respiration (voir ce mot), reprend de nouvelles qualités vitales ; il est alors d'un beau rouge, chaud et écumeux. Le sang est ramené par les vaisseaux artériels (8, 8') du poumon dans l'oreillette gauche, d'où il passe dans le ventricule gauche (10). Celui-ci, en se contractant, le pousse dans l'aorte (11) et dans toutes les artères du corps qui se terminent dans les réseaux capillaires. De ceux-ci le sang, devenu noirâtre, passe dans les veines du corps qui aboutissent aux deux veines caves (3, 4), et celles-ci le versent, par les veines du cœur, dans l'oreillette droite (5), d'où il sort pour recommencer le circuit que nous venons de décrire. Nous verrons, à l'article Digestion, comment le chyle provenant de la digestion des aliments se mêle au sang, et répare ainsi les déperditions qu'il a éprouvées pendant son trajet par tout le corps. Le sang coule donc, dans les artères, du centre à la circonférence, c'est-à-dire du cœur vers les extrémités ; tandis que dans les veines il coule des extrémités vers le cœur ; c'est pourquoi, dans la saignée, lorsqu'on comprime une veine, le vaisseau se gonfle au-dessous du point de compression, tandis que l'effet contraire se produit lorsqu'on comprime une artère. C'est aux contractions du cœur, qui lancent le sang dans les artères, que sont dus les mouvements réguliers connus sous le nom de pulsations. — La Circulation se fait de la même manière chez l'homme, chez les mammifères et les oiseaux, mais elle offre des différences importantes chez les autres classes d'animaux. (Voir Reptiles, Poissons, Mollusques, Insectes, Vers, etc. Quant à la Circulation chez les végétaux, voir Végétaux et Sève.)

CIRCUS. Nom scientifique latin du genre *Busard*.

CIRE. (Voir Abeilles et Cirier.) — On donne également ce nom à la membrane qui entoure la base du bec des oiseaux de proie, et dans laquelle sont percées les narines.

CIRIER (*Myrica*). Plusieurs végétaux étrangers donnent une cire plus ou moins abondante : telles sont quelques espèces de palmiers, la canne à sucre et les myrica ; mais la plante la plus intéressante sous ce rapport est le **Cirier de la Louisiane** (*M. cerifera*). Cet arbuste appartient à la famille des *Castanéacées*, à la tribu des *Myricées*, et croît en abondance dans toutes les parties chaudes ou tempérées des États-Unis d'Amérique, principalement dans les terrains humides et marécageux, et sur les rives des fleuves. Il s'élève à 2 ou 3 mètres de hauteur ; sa tige, à écorce grisâtre, se divise en un grand nombre de rameaux cylindriques très feuillus ; ses feuilles al-

Cirier de la Louisiane.

ternes sont lancéolées, dentées, vertes en dessus et parsemées en dessous d'innombrables points jaunes. Ses fleurs sont axillaires, disposées en chatons ; le fruit qui leur succède est une baie charnue, globuleuse, d'abord verte, devenant à l'époque de la maturité d'un gris cendré et recouverte d'une substance grasse et onctueuse, qui n'est autre chose que de la cire. Pour extraire cette substance, on jette les fruits dans l'eau bouillante, et au bout de quelque temps, la cire se sépare du fruit et vient surnager ; elle est alors verdâtre ; mais il est facile de l'épurer et de la blanchir. Chaque Cirier peut donner près de 4 kilogrammes de graines qui fournissent 1 kilogramme de cire environ. Préparée en bougies, cette cire se consume lentement et répand une odeur aromatique. Ces arbustes jouissent de la précieuse propriété d'assainir les lieux marécageux.

CIRRES (de *cirrus*, frange). On donne ce nom, en zoologie, aux appendices ou tentacules filiformes des annélides et des cirripèdes (voir ces mots), et

31*

quelquefois même aux barbillons ou palpes labiaux de certains poissons.

CIRRIPÈDES ou **CIRROPODES** (de *cirrus*, cirre, frange, et *podes*, pieds). Ces animaux singuliers, que l'on rangeait autrefois parmi les mollusques sous le nom de *Multivalves,* ont été rapportés à la classe des CRUSTACÉS, à laquelle ils appartiennent par la disposition ganglionnaire de leur système nerveux, et la forme très rapprochée de celle de *Nauplius,* puis de *Cypris,* qu'ils présentent au moment de leur naissance. A cette période de leur existence, ils nagent librement, mais bientôt après ils se fixent pour toujours sur quelque corps sous-marin et changent complètement de forme. Leur corps mou est enveloppé dans un manteau. Ils n'ont point d'yeux, leur bouche est garnie de mâchoires latérales; la face abdominale de leur corps est occupée par deux rangées de lobes charnus portant chacun deux longs appendices cornés, garnis de cils qui ne sont autre chose que des pattes modifiées. Ces appendices ou cirres sont au nombre de douze paires, et l'animal peut les sortir ou les rentrer à volonté par l'ouverture de sa coquille. Celle-ci est composée de plusieurs pièces calcaires entre lesquelles est une ouverture destinée à livrer passage aux cirres. Ces animaux respirent par des branchies rudimentaires; leur tube digestif s'étend de la bouche à l'anus, placé entre les deux derniers pieds cirriformes. Ils n'ont pas d'appareil circulatoire. Ils se fixent aux bois flottants, aux rochers, les uns par un long pied charnu, comme les anatifes; les autres par une longue surface basilaire, comme les balanes. (Voir ces mots.)

CIRSE (*Cirsium*). Genre de plantes dicotylédones de la famille des *Composées tubuliflores,* tribu des *Carduacées,* renfermant un grand nombre d'espèces herbacées ayant l'aspect des chardons. Les plus répandues sont le **Cirse des champs** (*C. arvense*), vulgairement *chardon hémorrhoïdal,* assez commun dans les blés, les lieux incultes. Il doit son nom vulgaire à ce que l'on employait autrefois ses feuilles contre les hémorrhoïdes. Le *Cirsium oleraceum,* espèce des prairies tourbeuses, se mange quelquefois dans le Gard, comme le chou.

CISEAUX [Bec en]. (Voir BEC EN CISEAUX.)

CISERON. Nom vulgaire du Pois chiche. (Voir CICHE.)

CISSE (*Cissus*). Ce nom, que les Grecs donnaient au lierre (*kissos*), a été appliqué à un genre de plantes grimpantes de la famille des *Ampélidacées* ou *Vitacées;* ce sont des arbrisseaux sarmenteux ou rampants, munis de vrilles, à feuilles persistantes, digitées ou pennées, à fleurs petites, verdâtres, disposées en cymes ou en ombelles. Ces plantes, qui croissent dans les régions tropicales des deux mondes, sont connues vulgairement sous le nom de *liane des voyageurs.* Plusieurs d'entre elles contiennent une telle quantité d'eau bonne à boire, que, coupées par tronçons, elles peuvent désaltérer un certain nombre de personnes.

CISTACÉES. Famille de plantes dicotylédones ayant pour type le genre *Ciste* (voir ce mot), et comprenant en outre les genres *Helianthemum, Hudsonia* et *Lechea.* Ce sont des plantes herbacées ou des arbrisseaux à feuilles simples, entières, opposées, rarement éparses ; à inflorescence terminale : fleurs hermaphrodites régulières, calice à cinq sépales, dont deux extérieurs plus petits ; cinq pétales égaux, étalés ; étamines nombreuses hypogynes ; ovaire libre à style filiforme et stigmate simple ; capsule à trois ou cinq loges ou uniloculaire à trois, cinq ou dix valves portant sur leur milieu interne les graines ou les cloisons incomplètes.

CISTE (*Cistus*). Genre de plantes dicotylédones, polypétales, hypogynes, formant, pour les botanistes, une petite tribu à part, celle des *Cistinées.* Les Cistes sont de petits arbustes élégants, à feuilles opposées, entières ; à fleurs rosacées assez grandes,

Ciste ladanifère.

roses, jaunes ou blanches ; le fruit est une capsule qui s'ouvre en trois ou cinq valves remplies de graines attachées sur les bords. Ces plantes, répandues dans le bassin de la Méditerranée, donnent une gomme-résine dont l'industrie tire parti; on l'obtient du Ciste ladanifère et des Cistes de Chypre et de Crète. Cette substance résineuse, connue dans le commerce sous le nom de *ladanum,* est d'un brun noirâtre et répand une odeur balsamique très agréable; sa saveur est amère et aromatique. Les pharmaciens le font entrer dans plusieurs préparations comme résolutif et astringent; les parfumeurs l'emploient dans la composition de plusieurs cosmétiques. — Le **Ciste ladanifère** (*C. ladaniferus*) est très commun en Espagne; on recueille le ladanum en jetant les sommités et les feuilles de la plante dans l'eau bouillante où il surnage. — Plusieurs espèces de Cistes sont cultivées comme plantes d'ornement; tels sont le **Ciste pourpre** de l'Archipel, dont les belles fleurs rouges ressemblent à des roses, et le **Ciste de Crète**, à grandes fleurs d'un rouge ponceau. Malheureusement, ces fleurs s'épanouissent aux premiers rayons du soleil levant, suivent cet astre dans son cours, et le soir du jour qui les a vues naître les voit se flétrir.

CISTINÉES. (Voir Ciste.)

CISTUDE. Genre de reptiles Chéloniens de la famille des *Émydés*, comprenant les tortues d'eau douce. (Voir Tortue.)

CITRON. Fruit du Citronnier.

CITRONNELLE. On a donné ce nom à plusieurs plantes; telles sont: l'Armoise aurone et la Verveine trifoliée, à cause de l'odeur de citron qu'elles laissent aux doigts lorsqu'on froisse leurs feuilles. On donne aussi ce nom à la Mélisse officinale.

CITRONNIER. (Voir Oranger.)

CITROUILLE (*Citrullus*). Genre de la famille des *Cucurbitacées* à fleurs monoïques, solitaires; calice large, campanulé; corolle profondément cinq-partite; étamines triadelphes; les fleurs femelles à ovaire infère, composé de trois-six loges, renfermant un grand nombre d'ovules. — La **Citrouille cultivée** (*C. vulgaris*) est originaire d'Afrique; c'est une plante herbacée, à tige couchée, très poilue, à feuilles cordiformes, profondément découpées, à fleurs jaunes. Son fruit, très gros, oblong, lisse, verdâtre, est rempli d'une chair ferme, sucrée, rouge; on la cultive et on la mange sous les noms de *pastèque* ou de *melon d'eau*. — La **Coloquinte** (*C. colorynthis*) appartient à ce genre. (Voir Coloquinte.) On donne souvent le nom de *citrouille* à plusieurs espèces du genre *Courge*. (Voir ce mot.)

CIVETTE. Plante du genre *Ail* (*Allium schœnoprasum*), connue sous le nom de *ciboulette*. (Voir Ciboule.)

CIVETTES. Les Civettes, types de la famille des *Viverridés* (du nom latin de la civette, *Viverra*), forment un genre de mammifères carnivores, près duquel viennent se placer les *Genettes*, les *Paradoxures*, les *Mangoustes* ou *Ichneumons*. Les Civettes ont pour caractères distinctifs : trois fausses molaires en haut, quatre en bas, deux tuberculeuses assez grandes en haut, une seule en bas, et deux tubercules saillants au côté interne de leur carnassière inférieure. Leur langue est hérissée de papilles aiguës et rudes; leur prunelle, allongée verticalement; les pieds ont cinq doigts courts et réunis par une membrane; les ongles sont rétractiles et se cachent à demi dans la marche; le pelage, très fourni, se compose de poils soyeux et de poils laineux. Près de l'anus se trouve une poche plus ou moins profonde, qui se remplit d'une pommade abondante d'une forte odeur musquée produite par les glandes qui entourent cette poche. — Les Civettes proprement dites se distinguent par leur poche divisée en deux sacs; leur pupille demeure ronde pendant le jour, et leurs ongles ne sont

qu'à demi rétractiles. Ce genre contient deux espèces. La **Civette** (*V. civetta*) est de la taille du renard; son pelage cendré, irrégulièrement barré et tacheté de noir. La queue, moindre que le corps, est annelée de noir; deux bandes de cette couleur font le tour de la gorge, et une troisième entoure la face. Le poil du cou et du dos forme une espèce de crinière que l'animal redresse lorsqu'on l'irrite. La Civette se trouve dans les parties les plus chaudes de l'Afrique. — La seconde espèce est le **Zibeth** (*V. zibetha*), qui habite l'archipel Indien; il a le corps couvert de taches noires sur un fond gris, les anneaux de la queue sont plus nombreux et plus rapprochés que dans la Civette. Ces animaux sont farouches et irascibles; ils ont les habitudes nocturnes

Civette d'Afrique.

des grands carnassiers, restant le jour cachés dans quelque terrier ou quelque anfractuosité de rocher, et ne sortent que le soir et la nuit pour chasser les petits mammifères et les oiseaux. Dans quelques parties de l'Afrique et des Indes, on les élève en captivité pour recueillir leur parfum. On les tient pour cela dans des cages étroites où elles ne peuvent se retourner, et lorsqu'on veut s'emparer de la pommade, on ouvre la cage par derrière et l'on râcle avec une cuiller la poche où elle s'est amassée. L'opération peut se répéter deux fois par semaine. Cette matière est d'un blanc jaunâtre, épaisse, onctueuse, d'une odeur musquée excessivement forte. On l'employait autrefois en médecine comme stimulante et antispasmodique, mais elle ne sert plus aujourd'hui que dans la parfumerie. (Voir Genettes et Ichneumons.)

CLADOBATE. (Voir Tupaïa.)

CLADONIA (du grec *klados*, rameau). Genre de plantes cryptogames de la famille des *Lichens*, à thalle tubuleux, parfois lacinié, ordinairement couvert de squamules à la base; apothécies brunes ou rouges. Le type du genre est la **Cladonie crénelée** (*C. crenulata*), qui ressemble à des cornets. — C'est à ce genre qu'appartient le **Lichen des rennes** (*Cladonia rangiferina*), qui sert de pâture dans les régions boréales aux troupeaux de rennes et à d'autres animaux. (Voir Lichens.)

CLAIRON (*Clerus*). Genre d'insectes Coléoptères,

type de la famille des *Clérides*. Celle-ci se distingue des *Malacodermes*, qu'elle suit, par la forme du corselet rétréci à la base, par les antennes terminées par une massue plus ou moins comprimée, dentée, et par les tarses un peu déprimés, munis en dessous de lamelles plus ou moins développées. Ces insectes ont en général de vives couleurs; ils courent sur les troncs d'arbres ou voltigent sur les fleurs; leurs larves sont très carnassières et vivent aux dépens d'autres insectes.

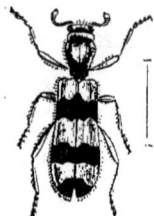

Clairon des abeilles.

— Le **Clairon des abeilles** (*Clerus apiarius*) a 12 à 15 millimètres de longueur; il est d'un bleu assez brillant, finement ponctué; ses élytres sont traversées de deux larges bandes rouges. La femelle pénètre dans le nid des abeilles solitaires (Osmie), ou même dans les ruches de l'abeille sociale, pour y déposer ses œufs. La larve du Clairon éclos dévore celle de l'abeille qui est dans la cellule la plus voisine, puis elle passe dans la loge voisine et se fraie ainsi un passage d'une loge à une autre, toujours en dévorant la larve qui y est recluse. Un an après la ponte, elle a acquis toute sa grandeur et se métamorphose en insecte parfait dans la dernière loge dont elle s'est emparée. Celui-ci s'empresse de sortir de sa prison pour s'envoler sur les fleurs, où il passe son existence. — Le **Clairon des ruches** (*C. alvearius*) diffère du précédent en ce qu'il a la suture et une tache autour de l'écusson, outre les deux bandes d'un noir bleu. Il a des mœurs analogues. — Les *Thanasymus* ne sont que de petits Clairons, dont les palpes labiaux sont plus longs que les maxillaires. — Les *Corynetes*, encore plus petits (3 à 5 millimètres), ont généralement le corps roux avec les élytres bleues : *Clerus cœruleus, Clerus violaceus, Clerus rufipes*. Ils vivent sur les fleurs.

CLASSIFICATION. Rangement d'une collection d'objets de même nature, d'après certaines conventions ou des principes rationnels. A l'origine, l'homme, ne s'occupant que des objets utiles à ses besoins, se contenta de donner des noms vulgaires aux minéraux, aux plantes et aux animaux les plus répandus; mais, à mesure qu'il observa les productions de la nature, il reconnut bientôt, en présence de la multitude des objets qui s'offraient à son étude, la nécessité de dresser des catalogues, conçus dans un certain ordre d'idées, pour ne pas tomber dans une inévitable confusion. Il ne suffit pas, en effet, que ces objets soient nommés pour qu'on puisse les désigner clairement; il faut encore qu'ils soient caractérisés par l'indication de quelques traits, qui permettent non seulement de les reconnaître et de les distinguer parmi les autres, mais encore de les grouper dans un ordre tel, qu'il soit facile, à un moment donné, de trouver la place qu'ils occupent dans le catalogue général qu'on en aura fait. Ces traits peuvent être choisis d'une façon arbitraire, et en vue seulement d'arriver à une détermination rapide et commode, ou bien ils sont tirés de la nature même des objets, de manière à les rapprocher ou à les éloigner suivant le degré de ressemblance qu'ils ont entre eux. Dans le premier cas, on a une classification artificielle ou *système*, dans le second, une classification naturelle ou *méthode*, qui a pour but d'exprimer les rapports véritables existant entre les objets eux-mêmes.

Sans parler d'Aristote qui, le premier, proposa une classification des animaux fort remarquable pour l'époque à laquelle il vivait, il faut arriver au dix-huitième siècle pour trouver une classification méthodique des êtres organisés. C'est à Linné que revient l'honneur d'avoir inventé la méthode naturelle. Jusqu'à lui, l'histoire naturelle n'avait été qu'une science purement descriptive; Buffon lui-même avait admirablement peint les animaux, reproduit leurs allures et analysé leurs mœurs; mais il ne les avait pas classés. Linné porta le flambeau de la méthode dans l'édifice de l'histoire naturelle; il en fut le législateur. Il introduisit la *nomenclature binaire*, dont le principe consiste à donner aux objets deux noms, le premier indiquant le genre et le second l'espèce, suivant un procédé analogue à celui par lequel on distingue dans la société chaque individu par un nom de famille et un nom de baptême; il s'ensuivit une grande clarté et une grande simplicité dans la désignation des animaux et des végétaux. En comparant les différents genres, il reconnut que les uns avaient en commun un grand nombre de caractères importants, tandis que d'autres différaient presque en tout; des genres les plus semblables entre eux il forma les familles, puis les ordres, et enfin les classes, constituant ainsi les cadres dans lesquels les êtres vivants devaient prendre chacun leur place respective. Par l'emploi de ces divisions successives, on arrive évidemment à grouper les êtres *organisés* d'après leur *degré* de ressemblance. Ainsi, pour nous servir d'une figure familière employée par M. E. Perrier, quand on connaît le corps d'armée, la division, le régiment, la compagnie, dont un soldat fait partie, il suffit de désigner son numéro matricule pour le retrouver, et l'on sait de plus, jusque dans les moindres détails, quel est l'uniforme de ce soldat. En 1735, Linné avait proposé pour la classification des végétaux le système célèbre connu sous le nom de *système sexuel*, et qui fut accueilli par un succès tel, qu'il fit oublier l'intérêt que l'auteur lui-même attachait à la recherche de la méthode naturelle, dont maints passages de ses écrits posent les bases; mais dont les règles définitives furent formulées plus tard par Ant.-Laur. de Jussieu. D'un autre côté, sa classification zoologique n'avait rien d'artificiel, et la plupart des groupes établis par lui ont mérité d'être conservés. En 1817, Georges Cuvier publia sa *Zoologie;* elle était intitulée : le *Règne animal distribué d'après son organisation*. Ce titre seul est une révélation ; c'est l'alliance intime de la zoologie avec l'anatomie comparée ; c'est aussi l'application raisonnée de la méthode naturelle à la classification des animaux. Ressuscitant du même coup les vertébrés fossiles à l'aide des débris osseux que la terre nous a conservés, il leur assigna une place dans la série animale actuelle, dont ils complètent la succession en comblant les lacunes qui séparent les classes, les ordres et les genres. Elle n'a cependant pas dit son dernier mot, et les transformistes s'efforcent aujourd'hui de reconstituer par l'embryogénie et la paléontologie l'arbre généalogique du règne animal, avec lequel doit concorder toute classification naturelle. Après les réformes de Jussieu et de Cuvier, l'histoire naturelle cessait d'être une science purement descriptive, un inventaire convenablement rangé des richesses de la nature ; elle devenait une science vraiment philosophique. — Pour nous résumer, faisons connaître la valeur de certains termes dont il est nécessaire de bien connaître l'acception : un individu est un être pris parmi une réunion d'êtres semblables sous tous les points de vue. Ainsi, dans une réunion d'hommes, dans une forêt de chênes, etc., chaque homme, chaque arbre, pris isolément, est un *individu*. Une réunion de plusieurs *individus* offrant les mêmes caractères et se reproduisant avec les mêmes propriétés essentielles, est ce qu'on appelle une *Espèce ;* tous les individus d'une même espèce, dans le règne organique, jouissent également de la propriété de se reproduire par la génération ; ceux d'espèces différentes sont en général privés de cette faculté, et s'il arrive quelquefois que des espèces diverses se fécondent, elles ne produisent que des hybrides ou des mulets, qui sont, le plus souvent, privés de la faculté de perpétuer leur race. On appelle Variétés des individus d'une même espèce, qui s'éloignent du type primitif par des caractères de peu d'importance. Un *Genre* est la réunion d'un certain nombre d'espèces qui ont entre elles une ressemblance évidente dans leurs caractères intérieurs et leurs formes extérieures. Ainsi le chat, le tigre, le lion, la panthère, etc., ont en commun la forme ronde de la tête, le même nombre de dents acérées, une langue âpre, les yeux luisant de nuit, des ongles rétractiles et crochus aux doigts, le même appétit féroce pour une proie vivante. Plusieurs genres sont réunis par les mêmes principes, et constituent une *Famille :* les familles se groupent entre elles selon leurs affinités pour former un *Ordre ;* enfin plusieurs ordres forment ce qu'on appelle *Classe*, ou le premier degré de division dans une classification. Pour les classifications adoptées aujourd'hui dans chaque règne, voir Minéraux, Végétaux et Animaux.

CLATHRE, *Clathrus* (du grec *klathron*, cloison, grillage). Genre de champignons Gastéromycètes de la famille des *Phalloïdés*. Ce sont des champignons sessiles, ovoïdes ou globuleux, formés de rameaux charnus anastomosés en grillage, émettant de tous côtés une humeur dans laquelle sont enveloppées les spores. — Le **Clathre cancellé** (*C. cancellatus*), vulgairement *cran*, est assez commun dans les bois secs du midi de la France ; il forme une masse globuleuse de 5 à 10 centimètres de hauteur, ne tenant à la terre que par une petite racine ; ses rameaux, anastomosés entre eux, forment une espèce de voûte d'un rouge vif, orangé ou jaune, percée de part en part de larges trous carrés ou en losanges. A sa base se trouvent les restes du volva ou enveloppe blanche qui l'enveloppait dans sa jeunesse. Il répand à sa maturité une odeur cadavérique insupportable. Il est d'ailleurs malfaisant.

CLAVAIRE, *Clavaria* (de *clava*, massue). Genre de champignons de la division des Hyménomycètes, tribu des *Agaricinées*. Les Clavaires n'ont pas de chapeau distinct ; elles sont parfois simples et s'allongent en forme de massue ; plus souvent ramifiées et imitant un petit buisson touffu. Elles croissent à terre. — L'espèce la plus usitée comme aliment est la **Clavaire corail** (*C. coralloïdes*), qui croît en automne dans les bois. Elle est divisée en rameaux

Clavaria bothrys.

plus ou moins nombreux, cylindriques, pleins, formant une touffe buissonnante, dont la couleur varie du blanc au jaune orangé. Elle est assez estimée des amateurs, surtout quand elle est jeune. On lui donne les noms vulgaires de *tripette, buisson, pied de coq*, etc. La *Clavaria bothrys*, à rameaux rougeâtres ou jaunâtres, est également comestible.

CLAVICORNES (de *clava*, massue, et *cornu*, corne). Famille d'insectes Coléoptères, dont les genres nombreux sont répartis dans plusieurs groupes ou tribus ayant une organisation et des mœurs distinctes, mais qui présentent dans la forme de leurs antennes un caractère commun qui leur a valu le nom de *clavicornes*. Les derniers articles des antennes sont plus gros que les autres et forment une sorte de bouton ou de massue (*clava*), tantôt serrée, tantôt lâche. Leurs tarses sont toujours composés de cinq articles. Les tribus qui rentrent dans cette famille sont celles des *Silphidés*, des *Histéridés*, des *Dermestidés*, dont on fait aujourd'hui autant de familles distinctes.

CLAVICULE. Un des deux os dont est formée l'épaule. C'est un os grêle et cylindrique, contourné en S et placé en travers à la partie supérieure de la poitrine, entre le sternum et l'omoplate. (Voir SQUELETTE.)

CLAVICULÉS. On donne ce nom à une division de l'ordre des RONGEURS, dans la classe des mammifères, qui se distingue par des clavicules plus ou moins fortes; tandis que celles-ci manquent ou ne sont que rudimentaires dans les autres groupes de rongeurs. La division des Claviculés comprend les Ecureuils, les Rats, les Loirs, les Campagnols, les Gerboises, les Marmottes, les Castors, etc.

CLAVIFORME (de *clavis*, massue). Qui a la forme d'une massue, c'est-à-dire qui est renflé de la base au sommet.

CLAVIGÈRE (de *clava*, massue, et *gero*, je porte). Genre d'insectes COLÉOPTÈRES de la famille des *Brachélytres*, tribu des *Psélaphiens*. Ce sont de très petits insectes à tête cylindrique privée d'yeux, à antennes en massue, composées de six articles, à élytres très courtes terminées par un pinceau de poils. Le *Claviger foveolatus*, que l'on trouve en France, n'a que 2 millimètres de longueur; il est d'un brun clair et doit son nom spécifique à la large fossette qui creuse le dessus de l'abdomen. On rencontre ces petits insectes dans les fourmilières; les fourmis en ont le plus grand soin et les élèvent, comme elles font des pucerons et dans le même but, c'est-à-dire pour jouir du liquide sucré qui s'écoule de leur corps et qu'elles sucent avec avidité.

CLAVIPALPES (de *clava*, massue, et *palpus*, palpe). Famille d'insectes COLÉOPTÈRES, section des *Tétramères*, caractérisés par des palpes terminées par un article beaucoup plus grand que les autres, en forme de croissant. Leurs antennes finissent en massue, et leurs tarses sont garnis de brosses en dessous. Ce sont des insectes phytophages, à corps ovale ou arrondi, assez voisins des Chrysomèles. Le genre principal est celui des *Erotyles*.

CLÉMATITE (*Clematis*). Genre de plantes de la famille des *Renonculacées*, tribu des *Clématidés*, qui

Clematis vitalba.

Clematis vitalba, fruit.

ont pour caractères : périanthe simple, carpelles plus ou moins nombreux, indépendants, pluriovulés, fruits monospermes, secs, indéhiscents. Les Clématites sont des herbes vivaces ou des arbustes sarmenteux, à feuilles opposées, pétiolées, entières. On en connaît de nombreuses espèces, ayant la plupart un suc âcre et caustique. Leurs feuilles fraîches, pilées et appliquées sur la peau, y déterminent une inflammation très vive. — La **Clématite des haies** (*C. vitalba*) porte le nom trivial d'*herbe aux gueux*, parce que les mendiants s'en servent quelquefois pour se procurer des ulcères factices, au moyen desquels ils cherchent à exciter la pitié publique. Ce principe âcre est d'ailleurs volatil et se perd par l'ébullition; aussi mange-t-on dans plusieurs contrées ses jeunes pousses cuites. Cette plante, qui croît spontanément dans nos bois, est sarmenteuse, à rameaux allongés, garnis de vrilles, au moyen desquelles ils s'accrochent à tout ce qui les avoisine. Ses fleurs sont blanches, disposées en cyme pédonculée à l'aisselle des feuilles. On en garnit les berceaux et les tonnelles; on la désigne parfois sous les noms de *viorne* et de *vigne blanche*. On cultive encore dans les jardins, comme plantes d'ornement, la **Clématite de Mahon** (*C. balearica*) et la **Clématite odorante** (*C. flammula*), à fleurs blanches; elles sont recherchées pour garnir les murs et les treillages; la **Clématite viorne** et la **Clématite azurée** font un très bel effet dans les parterres.

CLÉOME. Genre de plantes dicotylédones, polypétales, hypogynes, de la famille des *Capparidées*. Ce sont des plantes herbacées ou des sous-arbrisseaux des régions tropicales, à feuilles le plus souvent composées de trois à sept folioles, à fleurs tétramères solitaires ou disposées en grappes terminales; le fruit est une capsule en forme de silique. Presque toutes les espèces de ce genre sont douées de propriétés stimulantes, et employées en médecine dans leurs pays d'origine. — Les **Cleome pentaphylla** et **Cleome triphylla** sont antiscorbutiques, les **Cleome heptaphylla** et **polygama**, toutes deux de l'Amérique du Sud où on les nomme *mozambé*, sont stomachiques et stimulantes; les **Cleome felina** et **icosandra** de l'Inde sont employées comme vermifuges. On en cultive plusieurs espèces dans les jardins pour la beauté de leurs fleurs, tels sont le **Cleome rosea** du Brésil et le **Cleome arborea** de Caracas, haut de 2 mètres et à fleurs pourpres.

CLEPSINE (du grec *klepsinos*, caché). Genre d'annélides de l'ordre des HIRUDINÉES. Ce sont des sangsues au corps court, élargi, se roulant en boule et vivant aux dépens des mollusques d'eau douce.

CLÉRIDÉS (de *clerus*, clairon). (Voir CLAIRON.)

CLÉRODENDRON (du grec *kléros*, fortune, et *dendron*, arbre). Genre de plantes de la famille des *Verbénacées*, comprenant des arbres et des arbrisseaux des régions chaudes du globe. Leurs fleurs en entonnoir, à cinq lobes, ont quatre étamines saillantes; le fruit est une drupe à deux ou quatre noyaux. On cultive comme plante d'ornement le **Clerodendron éclatant**, à fleurs écarlates, et le **Clerodendron infortunatum** à fleurs blanches, dont l'odeur rappelle celle de la fleur d'oranger. Les feuilles aromatiques du **Clerodendron heterophyl-**

lum de l'île Bourbon s'emploient en infusion contre les maladies scrofuleuses.

CLIGNOTANTE [Membrane]. Membrane qui, chez les oiseaux, est placée verticalement à l'angle interne de l'œil, et que l'animal peut tirer sur l'œil comme un rideau pour le garantir de l'impression d'une trop forte lumière.

CLIO. Petits mollusques de la classe des PTÉROPODES, de la division des *Gymnosomes*, c'est-à-dire dépourvus de coquilles, type de la famille des *Clionidés*. Le corps des Clios, de forme allongée, est étranglé antérieurement en une sorte de cou supportant la tête garnie de plusieurs petits tentacules; il se termine postérieurement en pointe et porte sur les côtés du cou deux nageoires ou ailes triangulaires. Leur bouche est formée de deux petites lèvres charnues et d'une languette. Ces petits mollusques, qui vivent en troupes innombrables dans les mers du Nord, forment la prin-

Clio à longue queue.

cipale nourriture des baleines qui en engouffrent des milliers à chaque bouchée. Ils sont d'ailleurs d'une incroyable fécondité, et leurs œufs flottent en longs cordons à la surface de la mer. Les Clios ont des couleurs très agréables; il y en a de bleus tachés de violet, de rose tendre mêlé de rouge vif; tels sont le Clio boréal (*C. borealis*) et le Clio à longue queue qui fourmillent dans les mers du Nord.

CLITORIE (*Clitoria*). Genre de plantes de la famille des *Légumineuses papilionacées*. On cultive dans les jardins la **Clitorie de Ternate** pour ses belles fleurs bleues. Sa racine est vomitive.

CLIVAGE. Le Clivage est l'acte par lequel on sépare, on divise un cristal, lame par lame, dans le sens de la cristallisation. (Voir CRISTALLISATION et MINÉRALOGIE.)

CLIVINA. (Voir SCARITIENS.)

CLOAQUE. On désigne sous ce nom un réceptacle à une seule issue, donnant à la fois passage aux matières fécales, à l'urine et aux œufs dans les femelles. Les animaux chez lesquels on rencontre ce genre d'organisation sont les oiseaux, les batraciens, les reptiles, beaucoup de poissons et un petit nombre de mammifères à structure irrégulière, les *monotrèmes*. (Voir ces mots.)

CLOCHETTE. On donne vulgairement ce nom aux liserons (voir ce mot) et à quelques autres plantes dont la corolle est en cloche.

CLOISON (*Septum*). On nomme ainsi en botanique les parois qui séparent en plusieurs loges distinctes la cavité de l'ovaire.

CLOPORTE (*Oniscus*.) Les Cloportes sont de petits crustacés bien connus de tout le monde; on les range dans l'ordre des ISOPODES terrestres, où ils forment la famille des *Oniscidés*. Ils présentent

pour caractères : quatre antennes, dont les deux latérales seules sont apparentes, de huit articles; le corps ovale allongé, convexe en dessus, composé d'une tête et de treize anneaux dont les sept premiers portent chacun une paire de pattes; les six autres forment une espèce de queue munie en dessous d'écailles et qui protège les organes de la respiration et de la génération. Bien que terrestres, les Cloportes respirent par des branchies, et nous offrent un exemple d'adaptation à la vie aérienne. Il a suffi pour qu'ils devinssent aptes à vivre à terre, que leurs branchies fussent protégées contre la dessiccation; en effet, leurs pattes abdominales sont bifurquées et seule la moitié interne fonctionne comme branchie; la portion externe, aplatie et résistante, forme une espèce d'opercule qui les garantit. Les femelles portent leurs œufs dans un sac ovalaire placé sous leur corps; les œufs éclosent dans ce sac et les petits, après en être sortis, cherchent encore pendant quelques jours un refuge sous la queue de leur mère. Les Cloportes habitent de préférence les lieux humides et obscurs, les caves et les

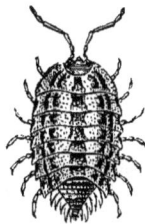
Cloporte.

celliers, et se tiennent dans les fentes des murailles, des cloisons, sous les pierres, etc. Leur marche est ordinairement lente, cependant on les voit courir assez vite ou se rouler en boule si on les saisit. Le type du genre est l'*Oniscus asellus* ou **Cloporte commun**. Pendant longtemps les Cloportes ont été employés en médecine, comme jouissant de propriétés diurétiques; mais ils sont aujourd'hui tout à fait inusités. — On distingue plusieurs genres parmi les oniscidés ou Cloportes : ce sont les **Porcellions**, très voisins des Cloportes, proprement dits, les **Armadilles**, etc. — Les **Aselles** (*Asellus*) sont des Cloportes aquatiques, au corps très allongé, terminé par deux appendices fourchus, à pattes longues, terminées par un crochet (*A. aquaticus*), très commun dans les eaux douces et stagnantes.

CLOTHO (nom de l'une des trois Parques). Genre d'araignée de la famille des *Aranéidés*, dont les caractères sont : pattes robustes, mandibules petites, huit yeux, les deux filières supérieures plus longues que les autres. Léon Dufour en a fait son genre *Uroctea*.

CLOU DE GIROFLE. Nom donné aux fleurs en bouton de l'*Eugenia aromatica* ou Giroflier (voir ce mot), cueillis avant l'épanouissement des fleurs.

CLOVIS ou **CLOVISSE.** On donne vulgairement ce nom sur nos côtes à une coquille du genre *Vénus*. (Voir ce mot.)

CLUBIONE. Genre d'araignée de la famille des *Aranéidés*, à pattes fortes, allongées, à mâchoires droites, à huit yeux et à filières égales. Elles construisent sous les pierres ou dans les fentes des murs des tubes soyeux qui leur servent d'habitation. La *Clubiona holosericea* est très commune dans toute l'Europe. On la dit venimeuse ; mais son venin est sans action sur l'homme.

CLUPE. (Voir HARENG.)

CLUPÉIDÉS (de *clupea*, nom latin du hareng). Famille de poissons de l'ordre des TÉLÉOSTÉENS, tribu des *Malacoptères abdominaux*, et l'une des plus importantes pour les ressources qu'offrent à l'alimentation de l'homme certaines de ses espèces : le *Hareng*, la *Sardine*, l'*Anchois*. (Voir ces mots.) Ils offrent pour caractères communs : un corps allongé, recouvert de grandes écailles, comprimé, tranchant dans sa région ventrale, n'ayant qu'une seule nageoire dorsale ; les maxillaires supérieurs soudés à l'incisif qui est très petit. La vessie natatoire bien développée, avec canal aérien.

CLUSIA (dédié au botaniste français *Clusius* (Lécluse), mort en 1609). Genre de plantes dicotylédones, polypétales, hypogynes, type de la famille des *Clusiacées*, composé d'arbres et d'arbrisseaux à suc résineux, propres à l'Amérique tropicale. Le *Clusia rosea* croît aux Antilles, où on lui donne le nom de *figuier maudit*. Les naturels se servent de son suc résineux en guise de goudron, et pour panser les plaies des chevaux ; le suc du *Clusia* jaune est employé à la Jamaïque comme vulnéraire. Ces deux espèces sont cultivées dans les serres chaudes du Muséum.

CLUSIACÉES ou **GUTTIFÈRES.** Famille de plantes dicotylédones, qui emprunte son nom au genre *Clusia*. Elle renferme des arbres et des arbrisseaux quelquefois grimpants, à suc résineux, à rameaux tétragones, articulés, à feuilles opposées ou verticillées, épaisses, coriaces ; à fleurs régulières polygames-dioïques ou hermaphrodites, tantôt solitaires, tantôt disposées en cymes ou en grappes ; celles-ci sont composées de deux à six pétales hypogynes, d'étamines nombreuses, à anthères biloculaires ; le fruit est ordinairement charnu, à graines grosses. Cette famille renferme les genres *Clusia, Guttier, Mammea, Mesua, Mangoustan* ou *Garcinia, Calophyllum.*

CLYPEASTER (de *clypeus*, bouclier, et *astér*, étoile). Genre d'échinodermes, type de la famille des *Clypéastridés*, comprenant ceux dont le corps aplati et allongé en forme de bouclier, possède des piliers et des lamelles internes réunissant les faces dorsale et ventrale. Le test est pentagonal et la bouche centrale ; l'anus est à la face inférieure du disque. Toutes les espèces de ce genre appartiennent aux mers chaudes. Plusieurs sont fossiles soit des terrains tertiaires, soit des terrains crétacés. — Le type du genre est le *Clypeaster scutellatus.* Il se trouve à l'état fossile dans le miocène.

CLYTHRE. (Voir CHRYSOMÉLIDÉS.)

CNICUS BENEDICTUS. Nom scientifique du Chardon bénit. (Voir CHARDON.)

COAITA. Singe du genre *Atèle.* (Voir ce mot.)

COASSEMENT. On appelle ainsi le cri des grenouilles et des crapauds.

COATI (*Nasua*). Genre de mammifères CARNIVORES de la tribu des *Plantigrades*, famille des *Ursidés*. Les Coatis joignent aux dents et à la marche traînante des ratons un nez singulièrement allongé et mobile, dont ils se servent pour fouir. Leur taille approche de celle du renard commun ; mais ils sont beaucoup plus bas sur pattes ; leur corps est très allongé, leur tête effilée comme celle du renard ; leurs jambes courtes, les doigts à demi palmés et munis d'ongles longs et crochus ; la

Coati.

queue, aussi longue que le corps, est ordinairement redressée ; les poils sont soyeux, très épais et très longs sur tout le corps, excepté sur la tête. Ils portent avec leurs pattes de devant leurs aliments à la bouche, et déchirent avec leurs ongles la viande en petits morceaux avant de la manger. Ce sont d'ailleurs des animaux omnivores, qui se nourrissent à peu près indifféremment de fruits ou de matières animales. Ils ont des habitudes nocturnes, montent facilement aux arbres où ils vont dénicher les oiseaux, et, à l'inverse des autres animaux, ils en descendent la tête la première et en s'accrochant par les pattes de derrière. Ils boivent en lapant et se couchent en rond comme les chiens. Ces animaux s'apprivoisent facilement et recherchent beaucoup les caresses. Ils font entendre une sorte d'aboiement très aigu, et manifestent leur joie par un petit sifflement assez doux. Les Coatis habitent les forêts de l'Amérique méridionale, où ils vivent seuls ou réunis par paires. On en connaît deux espèces : le **Coati roux** (*N. rufa*), fauve roussâtre, qui a le museau et des anneaux à la queue bruns, et le **Coati brun** (*N. fusca*), d'un brun mélangé d'un peu de gris sur toutes les parties supérieures du corps, et d'un jaune sale aux parties inférieures, la queue annelée de noir et de jaune sale.

COBÆA. (Voir Cobéa.)

COBALT. Ce métal est d'un gris un peu rose, sans éclat ; il n'a ni odeur, ni saveur sensibles. On ne trouve pas le Cobalt à l'état natif ; ses principaux minerais sont le **Cobalt arsénical**, composé de Cobalt, d'arsenic, avec un peu de fer (il contient 20 pour 100 de Cobalt), et le **Cobalt gris**, qui est un sulfo-arséniure de Cobalt ; il contient 33 pour 100 de Cobalt, mais il est moins répandu. On obtient ce métal par le grillage de ses minerais et diverses opérations chimiques. Il n'est point employé à l'état métallique, mais à l'état d'oxyde. Son protoxyde est bleu d'azur foncé, et son peroxyde est noir bleu. Ces deux oxydes constituent les différentes qualités de smalt et d'azur qu'on trouve dans le commerce, lorsqu'ils sont à l'état de verre obtenu à l'aide de la fusion et pulvérisé ensuite. La plus grande partie du Cobalt, que l'on trouve dans le commerce, nous vient de la Saxe, sous le nom de *safre* ; à cet état, il est très impur, mélangé le plus souvent avec des matières siliceuses, beaucoup d'arsenic, quelquefois du nickel et du bismuth. Dans le département de l'Isère, près de Grenoble, on trouve en abondance un Cobalt terreux de couleur noire et du Cobalt arséniaté.

COBAYE (*Cavia*). Genre de mammifères Rongeurs de la famille des *Caviadés*, offrant l'organisation

Cobaye sauvage (*Aperea*).

des Cabiais ; ils ont la tête grosse et courte, les oreilles courtes et rondes et n'ont point de queue. Le **Cobaye** ou *cochon d'Inde*, aujourd'hui très répandu en Europe, est originaire d'Amérique, où il se trouve entre la Plata et l'Amazone, et porte le nom d'*aperea* ; il y parvient à la même taille que l'espèce domestique ; mais son pelage est entière-

ment gris roussâtre : il habite les broussailles et ne creuse pas de terrier, quoiqu'il se cache dans les trous qu'il rencontre. A l'état sauvage, la femelle ne fait chaque année qu'une portée d'un ou deux petits ; en domesticité, elle fait, par an, trois ou quatre portées de quatre ou cinq petits, quand elle est toute jeune, puis ensuite de dix à douze. Cet animal s'est singulièrement modifié par la domesticité ; son pelage est varié de noir, de blanc et de roux, disposés par larges plaques irrégulières. On l'élève plutôt par curiosité que par spéculation, car sa chair est fade et peu abondante. On croit généralement, il est vrai, que son odeur éloigne les souris et les punaises ; cette odeur, assez désagréable, est due à deux glandes situées de chaque côté de l'anus. La femelle porte pendant soixante-six jours, et les petits en venant au monde sont assez forts pour suivre leur mère. Ces petits animaux sont aptes à la reproduction au bout de cinq à six semaines. — Le **Cobaye austral** (*C. australis*), qui habite les régions les plus australes de l'Amérique du Sud, est grisâtre en dessus, blanc en dessous, un peu plus grand que le cochon d'Inde. Il est fort répandu sur les bords du Rio-Negro et se creuse des terriers profonds. — Une autre espèce du Brésil (*C. flavidens*) a les incisives de couleur jaune.

COBÉA ou **COBÆA**. Genre de plantes grimpantes de la famille des *Polémoniacées*. On en connaît plusieurs espèces, mais la plus répandue est le **Cobéa grimpant** (*C. scandens*), originaire des plateaux du Mexique, aujourd'hui très commune dans nos jardins. On l'emploie surtout pour recouvrir les murs et les treillages. Elle fleurit depuis le mois de juin jusqu'à l'entrée de l'hiver. Sa fleur, en forme de cloche, très grande, est d'abord jaune, puis violette. Peu de végétaux se développent avec plus de rapidité que le Cobéa ; on a observé des jets qui, en moins de quatre mois, avaient acquis plus de 10 mètres de longueur. On le multiplie par des boutures.

COBITIS. Nom scientifique latin de la Loche.

COBRA DI CAPELLO. (Voir Naja.)

COCA (*Erythroxylum*). Genre de plantes de la famille des *Linacées*, tribu des *Erythroxylées*. La Coca ou Hayo (*E. coca*) est un arbrisseau du Pérou, cultivé

Erythroxylum coca.

dans les Andes, la Bolivie, le Brésil, etc. Les feuilles sont alternes, ovales aiguës, pétiolées ; les fleurs sont régulières, hermaphrodites, nombreuses et petites, réunies en cymes à l'aisselle des feuilles ; chaque fleur est composée de cinq sépales, cinq pétales, dix étamines ; un ovaire libre à trois loges biovulées, surmonté de trois styles ; le fruit est un drupe rouge, oblong, monosperme. Les Indiens mâchent les feuilles de la Coca et y trouvent un stimulant précieux qui leur permet de supporter de dures fatigues et un long jeûne. Il s'en fait dans toute l'Amérique du Sud un commerce considérable. On l'emploie en médecine comme excitant et tonique, sous forme d'infusion, de sirop, de vin.

COCAINE. Alcaloïde que l'on extrait des feuilles de Coca. Il produit une excitation du système circulaire et du système nerveux.

COCOIDÉS. (Voir Cochenille et Gallinsectes.)

COCCIGRUE. Nom vulgaire du Sumac.

COCCINELLE (du grec *kokkinos*, écarlate). Genre d'insectes Coléoptères type de la famille des *Coccinellidés*. Très voisins des Chrysomèles, dont ils diffèrent cependant par leurs antennes renflées en massue, le dernier article de leurs palpes maxillaires élargi en forme de hache, et par leurs tarses de trois articles seulement (*trimères*). Ces insectes ont le corps hémisphérique, semblable à la moitié d'une boule, luisant, lisse et orné de fort belles couleurs. Ce genre comprend un grand nombre d'espèces très répandues dans nos jardins, sur les arbres et sur les plantes ; elles pénètrent aussi quelquefois dans les maisons. Ces petits insectes sont désignés dans les campagnes sous les noms divers de *tortues*, de *bêtes à bon Dieu* ; on les distingue principalement par les couleurs ainsi que par l'arrangement, la forme et le nombre des taches qui les recouvrent. La plus commune de nos pays, **la Coccinelle à sept points**, est longue de 5 à 6 millimètres, d'un beau rouge, comme une perle de corail, avec sept points noirs sur les élytres. On rencontre aussi communément dans nos environs la **Coccinelle à deux points**, la **Coccinelle à vingt points**, la **Coccinelle à douze points**, la **Coccinelle à six points**, etc. — Lorsqu'on saisit ces petits animaux, ils retirent leurs membres vers la partie moyenne du corps et semblent tout à fait privés de pattes ; puis ils font sortir de leurs jointures une gouttelette d'une humeur jaunâtre et très fétide ; mais ce moyen de défense n'empêche pas qu'ils ne soient souvent la proie des hirondelles. Ils sont carnassiers sous l'état de larve comme sous celui d'insecte parfait, et ils rendent service dans nos jardins en détruisant un grand nombre de pucerons et de kermès qui sucent la sève des végétaux ; de là le nom d'*Aphidiphages* qu'on donne à ces insectes.

Coccinelle à sept points.

COCCOTHRAUSTES (du grec *kokkos*, grain, et *thraustes*, briseur). Nom scientifique latin des Grosbecs. (Voir ce mot.)

COCCULE. *Cocculus* (diminutif de *coccus*, graine). Genre de plantes dicotylédones, polypétales, hypogynes, de la famille des *Ménispermacées*, composé d'arbrisseaux des régions tropicales. Le **Cocculus glaucus** et le **Cocculus Lœœba** des Moluques sont toniques et astringents ; le **Cocculus tuberosus** des Indes produit les fruits connus sous le nom de *coques du Levant*. Ce sont des drupes renfermant un noyau blanchâtre dont la graine est un poison narcotico-âcre employé surtout à stupéfier et empoisonner les poissons.

COCCUS. (Voir Cochenille.)

COCCYX. Petit os triangulaire qui s'articule par sa base avec la partie inférieure du sacrum, à l'extrémité de la colonne vertébrale. Il est formé de quatre vertèbres soudées et correspond chez l'homme à la queue des mammifères. (Voir Squelette.)

COCHENILLE (*Coccus*). Genre d'insectes de l'ordre des Hémiptères-Homoptères, type de la famille des *Coccidés* ou *Gallinsectes*. On voit souvent sur les

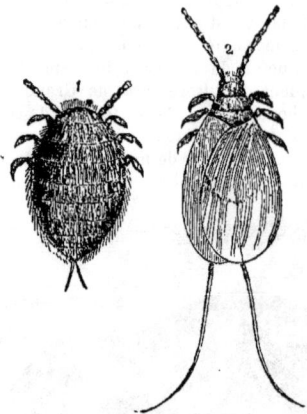

1. Cochenille du nopal, femelle, très grossie. — 2. Cochenille du nopal, mâle, très grossie.

branches des pêchers et d'autres arbres fruitiers, de petites tubérosités brunes ayant la couleur du café ou de la feuille morte. Ces espèces de galles sont ovales et ressemblent à un petit bateau renversé, dont la longueur serait de 6 à 7 millimètres sur 3 ou 4 de large, et l'on remarque une petite échancrure à leur extrémité postérieure. Ces tubérosités sont des insectes du genre *Coccus*, ou plutôt des femelles de Coccus qui ont atteint leur entier développement. Le mâle, plus petit que la femelle, a le corps allongé, d'un rouge foncé et terminé par deux soies divergentes ; il porte des ailes blanches, grandes, et des antennes assez longues. La femelle n'a point d'ailes ; elle est munie d'un petit bec conique, très pointu, qui lui sert à percer l'épiderme des végétaux et à pomper sa nourriture. Son corps, formé d'anneaux, aplati en dessous, convexe en dessus, est d'un brun foncé, recouvert d'une villosité blanchâtre. Comme tous les autres insectes, les Cochenilles subissent des métamorphoses. Après avoir changé de peau un certain nombre de fois, la larve se transforme en nymphe dans sa peau durcie

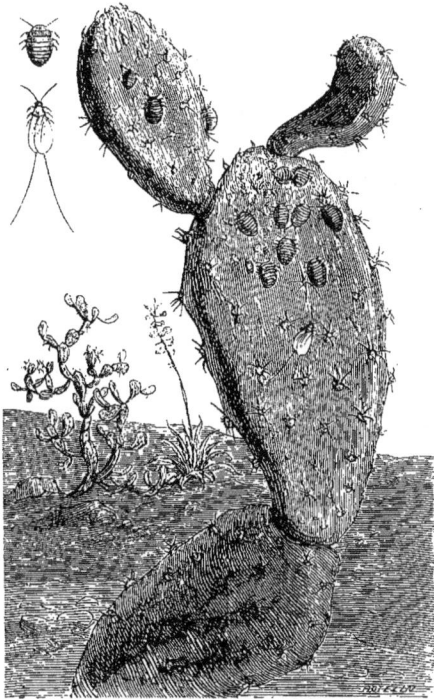

Cochenille du nopal, sur le *Cactus opuntia*.

qui lui sert de coque, puis elle en sort au printemps à l'état d'insecte parfait. La femelle, arrivée à l'état parfait, cherche sur la plante qu'elle habite un endroit convenable ; puis, enfonçant son petit bec pointu dans le parenchyme de la feuille ou de la tige, elle ne bouge plus, la trompe seule fonctionne et elle prend bientôt un accroissement considérable qui lui fait acquérir le volume d'un pois ; son abdomen se remplit alors d'une quantité d'œufs très petits. Le mâle, pourvu d'ailes, ne grossit pas ; il ne mange même pas du tout, car il est complètement dépourvu d'organes buccaux. Mais il ne perd rien cependant de son activité. Il voltige autour des femelles et féconde leurs œufs ; puis, peu de temps après avoir rempli sa mission, il meurt. La femelle pond ses œufs qui restent d'abord fixés au-dessous de son ventre ; mais bientôt elle meurt, immobile à la même place, et sa peau desséchée

sert de coque à ces œufs, d'où ne tardent pas à éclore les larves. Celles-ci dévorent les entrailles de leur propre mère et ne laissent subsister de son cadavre que l'enveloppe extérieure qui leur sert d'abri ; puis elles se répandent sur la plante et enfoncent leur petit suçoir dans l'écorce. Ces piqûres innombrables faites à l'arbre et leur succion continuelle, nuisent considérablement aux plantes sur lesquelles elles se fixent. Telle est, en général, l'histoire de tous les Gallinsectes : la Cochenille du pêcher (*Lecanium persicæ*), celle de la vigne (*Lecanium vitis*), de l'oranger (*Lecanium hesperidum*), du coudrier (*Lecanium coryli*). Ces espèces dont on a fait le genre *Lecanium* ne diffèrent des véritables *Coccus* que par les tarses qui sont de deux articles dans les premiers et d'un seul chez les derniers. Le genre *Coccus* ou Cochenille renferme de nombreuses espèces ; la plus remarquable du genre est la **Cochenille** proprement dite, originaire du Mexique, où elle vit sur le nopal (*Cactus opuntia*). On fait ordinairement trois ou quatre récoltes de Cochenilles par année dans les *nopaleries*. Voici de quelle manière on y élève ces insectes : on construit, avec de la filasse, de petits nids, qu'on accroche aux épines du cactier et dans lesquels on dépose huit ou dix femelles desséchées servant d'enveloppe à un nombre prodigieux de petits œufs. Bientôt on en voit éclore, par l'action de la chaleur solaire, de petites larves qui se répandent sur la surface du végétal, s'y nourrissent et y sont récoltées, lorsqu'elles ont subi toutes leurs métamorphoses. C'est la femelle seule que recherche l'industrie, et c'est au moment où elle va effectuer sa ponte, c'est-à-dire lorsqu'elle a acquis son plus grand volume, qu'on la recueille, en râclant la ponte avec un couteau de bois. La récolte faite, elles sont séchées dans des fours ou plongées dans l'eau bouillante qui les fait périr. La Cochenille se présente dans le commerce sous la forme de petits grains irréguliers, noirâtres ou couverts d'une poussière blanchâtre. Cette Cochenille donne le meilleur carmin qui ne passe pas à l'air comme les rouges d'aniline. On employait autrefois la Cochenille du chêne vert du midi de l'Europe et la Cochenille de Pologne pour obtenir des rouges violacés. La Cochenille du chêne vert (*Coccus ilicis*), très répandue en Provence et en Languedoc où elle porte le nom de *kermès*, ne sert plus guère aujourd'hui dans l'industrie. C'est une espèce de Cochenille, le *Coccus lacca*, qui fait exsuder de certains arbres d'Orient, par ses piqûres, la gomme laque. (Voir LAQUE.)

COCHER. Nom vulgaire d'un poisson du genre *Chétodon*. (Voir ce mot.)

COCHEVIS. Espèce du genre *Alouette*. (Voir ce mot.)

COCHLÉARIA (de *cochlear*, cuiller). Genre de plantes de la famille des *Crucifères*, tribu des *Lunariées*, à calice formé de quatre sépales concaves et étalés, corolle de quatre pétales étalés, fruit siliqueux, à deux loges contenant plusieurs graines. — Le **Cochléaria officinal**, vulgairement *herbe aux cuillers*, de la forme des feuilles, est une plante annuelle à racine fusiforme, à tige rameuse, munie de feuilles alternes ; les feuilles inférieures sont réniformes, obtuses, les supérieures allongées, prolongées inférieurement en deux petites languettes ; les fleurs sont blanches, disposées en grappes à l'extrémité des rameaux. Cette plante croît naturellement sur le rivage de la mer. Ses feuilles ont une saveur âcre et amère ; on en obtient par distillation une huile essentielle employée en médecine comme stimulante et antiscorbutique. — Le **Cochléaria de Bretagne**

Cochléaria officinal.

Cochléaria, fruit.

(*Cochlearia armoracia*), vulgairement *cranson* ou *raifort sauvage*, à racine vivace, à tige haute de 6 à 8 décimètres, porte des feuilles radicales très grandes, elliptiques, celles de la tige plus petites, allongées ; ses fleurs blanches sont disposées en épis à l'extrémité des rameaux. Son fruit siliqueux est petit, ovoïde. Cette plante croît sur le bord des ruisseaux. Sa racine fraîche est le plus puissant médicament antiscorbutique ; on la fait digérer dans le vin ou l'alcool ; sa saveur est âcre et très forte. On râpe la racine du Cochléaria sous le nom de Raifort, pour assaisonner le bœuf bouilli.

COCHON (*Sus*). Les Cochons ou *Suidés* forment une famille de l'ordre des Porcins. (Voir ce mot.) Compris par Cuvier dans son ordre des Pachydermes, il a pour type le genre *Cochon*. Ce sont des animaux au corps trapu, à jambes courtes, à museau terminé par un boutoir tronqué, propre à fouiller la terre. Leur peau est revêtue de soies dures, sous lesquelles croît un poil plus frisé ; leurs pieds ont quatre doigts, dont les deux mitoyens, munis de forts sabots, portent seuls sur le sol, et les deux externes sont rudimentaires ; ils ont six incisives à chaque mâchoire, les inférieures couchées en avant, quatre canines sortant de la bouche et se recourbant toutes vers le haut, vingt-quatre ou vingt-huit molaires ; leur œil est proportionnellement très petit, et leur vue faible, mais leur odorat est très fin. A l'état sauvage, les Cochons vivent dans les forêts, où ils se nourrissent de racines et de fruits, quoiqu'ils n'éprouvent pas de répugnance pour la nourriture animale. C'est à ce genre qu'appartient le **Sanglier** (*Sus scrofa*), à corps trapu, à oreilles droites, à défenses prismatiques, recourbées en dehors, à poil hérissé, noir, se redressant en crinière, lorsque l'animal est irrité. La femelle ou *laie* est un peu plus petite que le mâle, et moins bien armée ; elle fait six ou huit petits par année en une seule portée ; ils sont rayés de noir et de

Sanglier d'Europe.

blanc ; on les nomme *marcassins*. — Le Sanglier habite les forêts les plus vastes et les plus solitaires de l'Europe et de l'Asie. Les vieux mâles vivent seuls, mais les femelles restent en familles avec leurs petits au moins pendant deux ans. Ces animaux aiment à se vautrer dans la vase ; ils recherchent l'eau et nagent parfaitement. Le Sanglier établit son repaire ou *bauge* dans quelque fourré ; en général il n'est pas méchant et n'attaque jamais l'homme ; mais lorsqu'il est attaqué lui-

Cochon domestique.

même, il déploie un courage intrépide et aveugle et devient alors très dangereux. Dans ce cas, il court droit devant lui, renversant tout sur son passage, et blessant cruellement à coups de boutoir tous ceux qui veulent s'opposer à sa fuite. Sa course est rapide et légère, malgré ses formes lourdes et ramassées. La laie montre pour ses petits le plus vif attachement : elle les cache dans quelque fourré épais pour les soustraire non seulement à la voracité des loups, mais encore à celle des mâles de son espèce, qui ne manqueraient pas de les dévorer s'ils les rencontraient pendant les premiers jours de leur existence. — Le Cochon domestique varie en grandeur et en couleur, tantôt blanc, tantôt noir, tantôt rouge, tantôt varié; ses oreilles sont longues et pendantes, sa queue tortillée; sa fécondité s'est bien accrue par la domesticité, puisque la truie fait chaque année deux portées dont chacune va jusqu'à douze petits. Le Cochon peut produire à un an, grandit jusqu'à cinq ou six et peut en vivre vingt. Il est très vorace et n'épargne pas même ses petits. Chacun connaît son utilité. Tous les peuples de la terre s'en nourrissent, excepté les juifs et les mahométans qui s'en abstiennent en vertu d'un précepte religieux. On donne le nom de *porc* au Cochon qui a subi la castration. — Le Cochon de la Chine diffère du nôtre, par ses oreilles droites, son front bombé, son museau plus court : il est plus petit et plus bas sur jambes, et couvert de soies noires. — Le Cochon du Cap ou de Siam se rapproche beaucoup du précédent, ses jambes sont encore plus courtes et son ventre traîne presque à terre. — Nous citerons encore le Sanglier des Papous (S. *papuensis*), moins grand et moins fort que notre Sanglier, à défenses petites; le Sanglier à masque (S. *larvatus*) de l'Afrique australe, à tête rendue hideuse par les énormes verrues qui surmontent les yeux et les côtés du museau; par son épaisse crinière et ses fortes moustaches raides. — Les diverses espèces de cette famille, libres ou soumises à la domesticité, joignent à des formes disgracieuses des habitudes sauvages et des goûts profondément dépravés. Ce sont des animaux grossiers et stupides, gouvernés par des appétits insatiables et qui restent insensibles à toute tentative d'éducabilité. Tout le monde connaît le goût de ces animaux pour les truffes et leur habileté à les découvrir. — D'après Cuvier, les Cochons domestiques proviendraient du Sanglier d'Europe, dont on trouve les restes fossiles dans le diluvium; Is. Geoffroy Saint-Hilaire les fait descendre des Sangliers d'Asie; mais si l'on considère que les diverses races domestiques présentent des formes très distinctes, jusque dans le squelette, et que l'on reconnaît plusieurs espèces fossiles, on peut admettre que plusieurs de ces espèces ont concouru à la formation des races de Porcs domestiques. A la famille des Suidés appartiennent les Phacochères, les Babiroussas et les Pécaris. (Voir ces mots.) — On nomme encore :

Cochon d'Amérique, le Pécari ;
Cochon-cerf, le Babiroussa ;
Cochon d'Inde, le Cobaye ;
Cochon de mer, le Marsouin.
Cochon de terre, le Pangolin.

COCO. Fruit du Cocotier. (Voir ce mot.)

COCON ou COQUE. On donne ce nom à l'enveloppe soyeuse dans laquelle se renferment certaines chenilles ou larves pour y subir leur métamorphose en chrysalide. C'est surtout de la Coque du *bombyx du mûrier*, que l'on tire la soie. (Voir VER A SOIE.)

COCORLI. (Voir BÉCASSEAU.)

COCOTIER. Genre de plantes monocotylédones de la famille des *Palmiers*, composé de beaux arbres répandus dans les contrées tropicales et croissant de préférence dans le voisinage de la mer. L'espèce la plus remarquable de ce genre est le Cocotier commun (*Cocos nucifera*, L.). Cet arbre, cultivé dans presque toutes les contrées intertropicales, paraît originaire de l'Inde ou des archipels voisins. Son tronc grêle s'élève comme une colonne jusqu'à 25 mètres et plus; il ne tient au sol que par une simple houppe de minces racines, et se couronne

Cocotier.

d'une magnifique touffe de feuilles courbées également en tous sens, et mesurant jusqu'à 6 mètres de long sur 1 mètre de large. Les fleurs, jaunâtres, naissent dans l'aisselle des feuilles inférieures, en panicule ou grappe qui prend le nom de *régime;* les fleurs mâles en occupent la partie supérieure, et les fleurs femelles, en plus petit nombre, sont placées au dessous. Chaque panicule est enveloppé avant la floraison dans une grande spathe qui s'ouvre par le côté. Les noix, de la grosseur d'une tête d'homme et un peu trigones, offrent un brou filandreux très épais, recouvert d'une écorce lisse de couleur verdâtre; le noyau, de forme ovale, est très dur, quoique son épaisseur ne dépasse pas 4 millimètres; l'amande, creuse en dedans, contient avant sa parfaite maturité un liquide laiteux,

agréable à boire lorsqu'il est frais; la chair de
l'amande, d'abord succulente, finit par devenir
coriace et filandreuse. Les *noix de coco* se mangent
soit à moitié mûres, lorsque la substance de l'a-
mande ressemble à une crème un peu épaisse, soit
plus tard, lorsque cette amande a acquis de la consistance; son goût ressemble alors à celui de la
noisette; mais il faut user de cet aliment avec modération, car il est fort indigeste. On fait avec ces
mêmes amandes des émulsions rafraichissantes, et
dans l'Inde on en exprime une huile qui s'emploie
soit à brûler, soit à préparer les aliments. Les
Coques de la noix tiennent lieu de vases; la filasse
de son brou sert à fabriquer des cordages et à calfeutrer les navires. La sève du Cocotier donne,
par la distillation, une eau-de-vie très forte, connue dans l'Inde sous le nom d'*arrack de paria*. Avec
les feuilles du Cocotier on fabrique des paniers,
des nattes, des tapis. Le bourgeon terminal de
l'arbre peut se manger comme le chou palmiste.
(Voir PALMIER.)

COCQUARD. On donne ce nom au métis du Faisan
et de la Poule.

COCRÈTE. Nom vulgaire du *Rhinanthus crista
galli.*

CŒCUM. (Voir INTESTINS.)

CŒLENTÉRÉS (du grec *koïlos*, cavité, et *enteron*,
intestin). Embranchement d'animaux à symétrie
rayonnée, comprenant une partie seulement des
zoophytes ou rayonnés de Cuvier (Polypes et Acalèphes). Leur nom de *cœlentérés* fait allusion au
trait le plus important de l'organisation de ces
animaux qui consiste en ce que le corps ne présente qu'une seule cavité intérieure (*gastrula*), qui
ne communique avec le dehors que par une ouverture unique servant presque toujours à la fois
de bouche et d'anus. Un Cœlentéré peut être représenté schématiquement comme un sac charnu
à double paroi, dont la cavité forme l'appareil digestif. La paroi externe est l'*ectoderme*, la paroi
interne l'*endoderme*, et entre les deux se développe
une couche de tissu plus ou moins épaisse, le *mésoderme*. Dans les espèces les mieux organisées,

tral et se répétant quatre ou six fois ou suivant un
multiple de ces nombres.

La forme du corps varie beaucoup chez les
Cœlentérés. La plupart ont la forme d'un sac autour de l'ouverture duquel règne une couronne de
tentacules (*Coralliaires*, *Polypoméduses*, *Cténophores*).

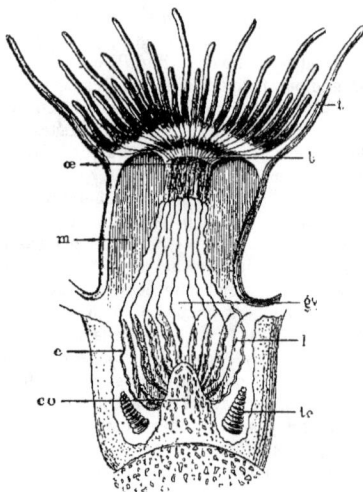

Section d'un Cœlentéré (*Astroïdes*).

t, tentacules; *b*, orifice buccal; *œ*, œsophage; *gv*, cavité gastro-
vasculaire; *m*, cloisons charnues, *co*, columelle; *te*, testicule.

Ces tentacules sont généralement munis d'organes
urticants ou *nématocystes* qui ont fait donner à quelques-uns le nom d'*orties de mer*. Ce sont des vésicules remplies d'un liquide venimeux, au milieu
duquel est enroulé en spirale un petit tube effilé.
Au moindre choc, ce tube se détend comme un ressort, pénètre comme une flèche dans le corps de
l'animal, y verse le liquide venimeux et le tue. —
L'embranchement des Cœlentérés se divise en quatre classes, dont voici le tableau :

Corps pourvu d'une cavité gastro-vasculaire s'ouvrant par un seul orifice.	Cavité gastro-vasculaire divisée en deux parties par un étranglement contractile. Des côtes frangées à la surface du corps.	CTÉNOPHORES.
	Cavité gastro-vasculaire simple; génération par bourgeonnement (polypoïde) ou alternante (médusoïde)	POLYPOMÉDUSES ou HYDROMÉDUSES.
	Cavité gastro-vasculaire divisée en loges par des replis mésentéroïdes. Pas de génération médusoïde	CORALLIAIRES.
Corps formé par une masse celluleuse creusée de canaux s'ouvrant au dehors par divers orifices.		SPONGIAIRES.

cette poche se complique par l'adjonction de canaux périphériques qui portent le liquide nourricier ou chyme dans les différentes parties du corps;
elle remplit donc à la fois les fonctions d'appareil
digestif et d'appareil circulatoire, ce qui lui a fait
donner le nom de *cavité gastro-vasculaire*. Les Cœlentérés sont encore remarquables par la disposition
rayonnée qu'ils présentent à l'état adulte; le corps
de ces animaux se compose de parties similaires
disposées comme des rayons autour d'un axe cen-

COENDOU (*Synetheres*). Genre de mammifères Ron-
GEURS de la famille des *Hystricidés* ou Porcs-épics,
remarquables par leur queue longue, nue en dessous au bout, et prenante comme celle des sapajous, et par leurs pieds à quatre doigts munis
d'ongles crochus qui leur permettent de grimper
aux arbres. On n'en connaît bien qu'une espèce de
l'Amérique du Sud, le Coendou (*S. prehensilis*). Il a
le museau gros et court, garni d'épaisses moustaches, le front bombé. Son corps est couvert en

dessus de piquants assez courts, serrés, annelés de blanc et de noir. Il a 65 centimètres de longueur sans la queue qui en mesure 50. Cet animal a des allures assez singulières; il est peu agile, mais grimpe très bien sur les arbres, dont il fait sa demeure habituelle, se nourrissant d'écorces, de feuilles et de fruits. On le trouve à la Guyane, au Brésil et au Mexique.

CŒNURE. Larve hydatique du *Tœnia cœnurus* (voir TÉNIA), qui vit en parasite dans le cerveau du mouton et produit chez cet animal la maladie connue sous le nom de *tournis*. Cette larve, telle qu'on la trouve dans le cerveau du mouton, consiste en une vésicule remplie d'un liquide albumino-séreux, sur les parois de laquelle on voit un grand nombre de têtes munies de quatre ventouses et d'une couronne de crochets. Le mouton envahi par les Cœnures devient malade, paralysé d'un côté, et meurt; ou, le plus souvent, on l'abat dès qu'on a reconnu la maladie. On coupe la tête, dans laquelle on sait que réside le mal et on la jette aux chiens; ceux-ci la mangent, avalent les Cœnures, qui dans leur estomac se développent, et deviennent *Tœnia cœnurus*, dont ils ne sont que le scolex. Quand le Ténia s'est complètement développé dans l'estomac du chien, ses cucurbitains ou anneaux se détachent et le chien les sème avec ses fèces sur l'herbe que broutent les moutons qu'il accompagne. Le mouton avale les œufs, et les larves qui en proviennent gagnent le cerveau. Telle est la singulière évolution de ce ver, qui est d'ailleurs la même pour tous les vers *cestoïdes*. (Voir ce mot.)

CŒUR. Organe central de la circulation du sang. Situé dans la poitrine entre les deux poumons, au-dessous et en avant de la bifurcation de la trachée, le Cœur repose sur le diaphragme, et est enveloppé dans une poche séreuse qui facilite ses mouvements (*le péricarde*). Sa forme est celle d'un cône aplati, dont la pointe regarde en bas et à gauche. Il est comme suspendu par sa base à une sorte de pédicule que constituent les gros vaisseaux, veines et artères, qui naissent de cet organe ou qui aboutissent à lui. Son volume présente de notables différences suivant les individus; on l'a comparé à celui du poing fermé; en général, il est moindre chez la femme que chez l'homme. — Le Cœur est un muscle creux, composé chez l'homme et les animaux supérieurs de deux poches juxtaposées, l'une *droite*, l'autre *gauche*, et séparées par une cloison mitoyenne. Aucune communication n'existe entre elles chez l'adulte; la première contient du sang *veineux*, la seconde du sang *artériel*. Chacune de ces deux poches droite et gauche se subdivise elle-même en deux cavités placées l'une au-dessus de l'autre. La première s'appelle *oreillette*, l'inférieure porte le nom de *ventricule*. A l'oreillette droite (*d*) viennent aboutir les deux grosses *veines caves* (*i*, *h*) chargées de rapporter le sang qui a servi à la nutrition et aux sécrétions, et une veine plus petite, la *veine coronaire* (*m*) qui ramène celui qui

provient des parois mêmes du Cœur. L'oreillette gauche reçoit les quatre *veines pulmonaires* (*o*, *p*) qui charrient le sang artérialisé à sa sortie du poumon. — Chaque oreillette communique avec le ventricule du même côté par un orifice (*orifice auriculo-ventriculaire*) muni d'une *valvule* [valvule *mitrale* à gauche (*i*), valvule *tricuspide* à droite (*d'*)], sorte de soupape qui empêche le sang de refluer du ventricule dans l'oreillette pendant les contractions du Cœur. Le ventricule droit débouche dans l'artère pulmonaire (*g*); l'aorte (*f*), gros tronc d'où

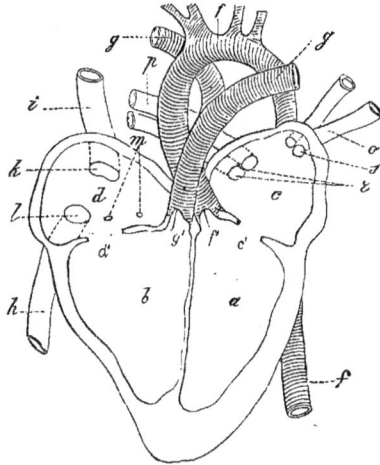

Coupe schématique du cœur de l'homme.

a, ventricule gauche; *b*, ventricule droit; *c*, oreillette gauche; *c'*, orifice auriculo-ventriculaire gauche; *d*, oreillette droite; *d'*, orifice auriculo-ventriculaire droit; *f*, artère aorte, *f'*, son orifice; *gg*, branches de l'artère pulmonaire, *g'*, leur orifice; *h*, veine cave inférieure; *i*, veine cave supérieure; *k*, orifice de la veine cave supérieure; *l*, orifice de la veine cave inférieure; *m*, orifice de la veine coronaire; *o*, veines pulmonaires gauches; *p*, veines pulmonaires droites; *r*, orifice des veines pulmonaires droites; *s*, orifice des veines pulmonaires gauches.

émanent tous les rameaux secondaires chargés de distribuer le liquide nourricier dans l'organisme, naît du ventricule gauche; l'orifice aortique (*f'*) et celui de l'artère pulmonaire (*g'*) sont aussi pourvus chacun d'une valvule qui assure le cours normal du sang et s'oppose à son retour en arrière. A l'exception de la veine coronaire, les vaisseaux qui s'ouvrent dans les oreillettes ne présentent pas de valvules. Cependant on a conservé le nom de valvule d'Eustache, qu'elle porte chez le fœtus, à un vestige de soupape qu'offre chez l'adulte l'embouchure de la veine cave inférieure. — Les deux oreillettes et les deux ventricules du Cœur se contractent successivement. Les contractions régulières de ces cavités, pendant lesquelles l'organe semble se raccourcir et vient frapper de sa pointe les parois thoraciques, constituent les battements du Cœur. Ils se renouvellent environ soixante à soixante-dix fois par minute chez l'adulte, et quatre-vingt-dix à cent vingt fois dans le premier âge. (Voir CIRCULATION.) — Nous avons dit que le Cœur droit et le Cœur gauche (on distingue souvent par ces noms les deux moitiés artérielle et veineuse du Cœur) ne communiquaient pas chez l'adulte. Il n'en est pas de même chez le fœtus. Les deux oreillettes sont d'abord confondues en une seule, puis du troisième au sixième mois s'élève entre elles une cloison percée d'une ouverture, le *trou de Botal*, qui se trouve plus ou moins complètement obturée au moment de la naissance. De cette communication entre les oreillettes, il résulte que chez le fœtus, le sang que contiennent les deux cavités se mélange et est à peu près de même nature. — Chez les mammifères,

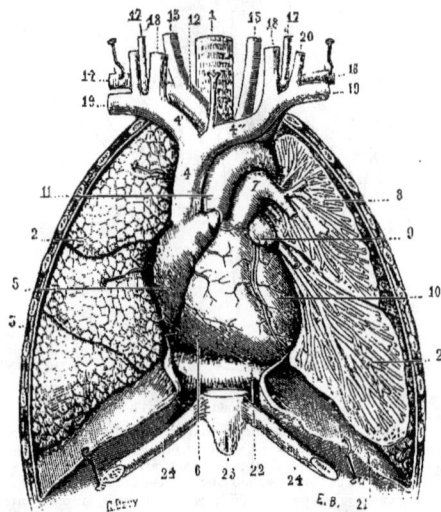

Cœur et poumons.

1, trachée ; 2, poumon droit : 2', poumon gauche ouvert pour montrer les ramifications des bronches et des vaisseaux pulmonaires ; 3, paroi thoracique ; 4, veine cave supérieure ; 4'4'', troncs brachio-céphaliques veineux droit et gauche ; 5, oreillette droite ; 6, ventricule droit ; 7, artère pulmonaire ; 8, les branches se rendant dans le poumon gauche ; 9, oreillette gauche ; 10, ventricule gauche ; 11, aorte ; 12, tronc brachio-céphalique artériel ; 13, artère carotide droite ; 14, artère sous-clavière droite ; 15, artère carotide gauche ; 16, artère sous-clavière gauche ; 17, artères vertébrales : 18, veines jugulaires ; 19, veines sous-clavières ; 20, veines vertébrales ; 21, feuillet pariétal de la plèvre tapissant la convexité du diaphragme (22) ; 23, appendice xyphoïde du sternum ; 24, cartilages costaux.
(La partie antérieure de la cage thoracique a été enlevée, le poumon droit écarté en dehors pour découvrir le cœur.)

les oiseaux et les crocodiles, le Cœur présente quatre cavités, comme chez l'homme, mais dans la classe des reptiles, où il n'y a qu'une portion du sang qui passe par le poumon, le Cœur renferme trois cavités seulement, deux oreillettes, dont une pulmonaire, et un seul ventricule, à la fois aortique et pulmonaire ; de sorte que le sang noir et le sang rouge se mêlent dans le ventricule unique d'où naissent en

même temps l'aorte et l'artère pulmonaire ; il résulte de là que ce sang mêlé est porté en même temps dans le poumon pour y subir les effets de la respiration et dans toutes les parties du corps pour les nourrir. Dans la classe des poissons, le Cœur n'a plus que deux cavités, une oreillette et un ventricule, qui représentent seulement le côté droit du Cœur, celui que traverse le sang noir. Le Cœur gauche est remplacé par un système de vaisseaux qui, après avoir porté le sang dans l'appareil respiratoire, le ramènent dans une grande artère (artère dorsale) destinée à l'envoyer dans toutes les parties du corps. Les mollusques ont un Cœur aortique composé d'une oreillette et d'un ventricule, c'est-à-dire comparable au côté gauche du Cœur de l'homme ; chez les crustacés, c'est une cavité unique placée sur le trajet du sang artériel. — Tous les animaux n'ont pas de Cœur ; chez les êtres les plus inférieurs de l'échelle animale, tels que les annélides ou vers à sang rouge, les insectes, les zoophytes (voir ces mots), cet organe manque.

CŒUR DE BŒUF. On donne vulgairement ce nom au fruit du Corossol, arbre des Indes qui appartient au genre *Anone*. (Voir ce mot.) — On applique également ce nom aux coquilles du genre *Bucarde*.

COFFRE (*Ostracion*). Genre de poissons de l'ordre des TÉLÉOSTÉENS, de la tribu des *Plectognathes*, famille des *Ostracionidés*. Ces poissons ont, au lieu d'écailles, des compartiments osseux et réguliers, soudés en une sorte de cuirasse inflexible, qui leur revêt la tête et le corps, en sorte qu'ils n'ont de mobile que la queue, les nageoires, la bouche et une sorte de petite lèvre qui garnit le bord de leurs ouïes ; les mâchoires sont armées chacune de dix ou douze dents coniques, dentition assez semblable

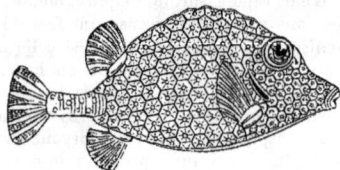

Coffre triangulaire (*Ostracion triqueter*).

à celle des Balistes ; les nageoires ventrales manquent, et il n'y a qu'une seule dorsale et une anale, toutes deux petites. Ils ont peu de chair ; mais leur foie est gras et donne beaucoup d'huile. Les formes de la carapace des Coffres sont assez variées : les uns ont le corps trièdre, d'autres sont tétraèdres ; puis les plaques surcilières ou frontales se prolongent en pointes ou cornes. Ces variations dans les formes ont donné lieu à l'établissement d'un assez grand nombre d'espèces qui, toutes, viennent des mers intertropicales de l'Inde ou de l'Amérique. — Le **Coffre à quatre cornes** (*O. quadricornis*) habite les parties chaudes de l'océan Atlantique, et ce n'est qu'accidentellement qu'on le prend sur les côtes d'Europe. Sa tête, armée d'épines au-dessus des yeux, lui a fait donner son nom. Sa couleur est d'un brun jaunâtre. — Nous citerons encore le **Coffre triangulaire** (*O. triqueter*) de la mer des Indes, et une espèce des mers de Chine (*O. sinensis*) à peine longue de 5 centimètres.

COGNASSIER, *Cydonia* (son nom latin lui vient de son lieu d'origine Cydon, ville de Crète). Genre de plantes de la famille des *Rosacées*, tribu des *Pyrées*, voisines des Poiriers, dont elles ne diffèrent guère que par le nombre de graines contenues dans le fruit. Ce sont des arbrisseaux à feuilles simples, alternes, indivises, entières ou dentées en scie, à fleurs grandes et solitaires ou petites et ombellées. — L'espèce la plus intéressante de ce genre est le **Cognassier commun** (*C. vulgaris*), originaire de l'Asie tempérée, mais naturalisé aujourd'hui dans toute l'Europe méridionale et centrale. C'est un arbrisseau tortueux

Cognassier de Portugal.

s'élevant à 4 ou 5 mètres, à feuilles ovales, entières, cotonneuses en dessous. Les fleurs, grandes et belles, d'un blanc rosé, naissent solitaires à l'extrémité des rameaux en avril et mai. On en cultive trois variétés : la *Maliforme*, à fruit à forme de pomme, la *Pyriforme*, à fruit à forme de poire, et celle de *Portugal*, que nous figurons ici. Les deux premières variétés sont cultivées comme arbre à fruits dans le midi, où l'on prépare avec les coings les confitures connues sous le nom de *cotignac;* mais, dans nos contrées tempérées, on préfère le Cognassier de Portugal, qui est plus fort, plus beau, dont le fruit gros et charnu mûrit en octobre. Ce fruit, qui est beaucoup trop astringent pour être mangé sans préparation, sert à faire d'excellentes conserves ainsi que des compotes. En médecine, on emploie les semences du coing pour obtenir un mucilage par immersion des pepins; on en prépare des collyres adoucissants employés dans les inflammations ophtalmiques; les coiffeurs se servent de ce mucilage sous le nom de *bandoline*, pour lisser les che-

veux et leur faire conserver la forme qu'ils leur ont donnée, et le fruit s'administre sous forme de sirop pour combattre les diarrhées rebelles. — Le **Cognassier de la Chine** et le **Cognassier du Japon** (*C. sinensis* et *C. japonica*) sont cultivés en Europe comme arbres d'ornement; le dernier se couvre, dès les premiers jours du printemps, de fleurs d'un pourpre éclatant qui produisent le plus bel effet; mais ses fruits ne mûrissent pas sous le climat de Paris. Ces arbres aiment une terre légère et une exposition chaude; on les multiplie de marcottes et de boutures.

COIFFE. Organe en forme de bonnet qui recouvre l'urne des Mousses. (Voir ce mot.) — Organe protecteur de l'extrémité de la racine des plantes.

COING. Fruit du Cognassier.

COINS. On donne ce nom aux incisives latérales du cheval. (Voir ce mot.)

COIX. Genre de plantes monocotylédones de la famille des *Graminées*, à fleurs monoïques en épi. Il comprend des herbes rameuses à tige pleine et à feuilles assez larges. Leurs fleurs sont disposées en épis fasciculés, les trois épillets basilaires sont logés dans un involucre ovoïde, dur, luisant et percé à la partie supérieure. L'unique espèce, le **Coix lacryma** des Indes, connu sous le nom vulgaire de *larme de Job*, est employée en Chine comme tonique et diurétique. Ses graines, immergées dans l'eau pendant une nuit et dépouillées de leur enveloppe dure, servent de nourriture. Introduite dans le midi de l'Europe, surtout en Espagne, on y utilise sa farine, et l'on fait des chapelets et des colliers avec ses graines dures et osseuses d'un beau gris perle.

COKE. (Voir HOUILLE.)

COL ou **COU.** Partie du corps située entre la tête et les épaules. Le Col présente de grandes variations dans la série animale. Nous en parlerons aux diverses familles. En anatomie, on emploie le mot *col* pour désigner un rétrécissement que présente un os (Col du fémur, Col de l'astragale), ou un organe (Col de la vessie, Col de l'utérus).

COLA. Arbre des régions tropicales de l'Afrique, de la famille des *Malvacées*, dont les graines, connues sous le nom de *noix de cola*, ont des propriétés analogues à celles du *maté*, et sont employées comme masticatoire par les indigènes. (Voir STERCULIER.)

COLCHICACÉES. Famille de plantes monocotylédones qui répond à celle des *Mélanthacées* de Robert Brown. Ce sont des herbes vivaces à souche bulbeuse ou fibreuse, à fleurs régulières ayant un périanthe pétaloïde à six divisions, six étamines, l'ovaire supère à trois loges pluriovulées. Les Colchicacées sont très voisines des Liliacées, dont elles diffèrent surtout par l'indépendance de leurs carpelles et par leurs anthères extrorses, tandis qu'elles sont introrses chez les liliacées. Cette famille comprend les genres *Colchique, Bulbocode, Vératre, Sabadilla*.

COLCHIQUE (*Colchicum*). Genre de plantes monocotylédones, bulbeuses, type de la famille des *Colchicacées*. Les Colchiques offrent une végétation des plus singulières; leurs fleurs, en forme d'entonnoir, se développent en automne, sans être accompagnées de feuilles; à cette époque, la partie supérieure seulement du périanthe et du pistil sort de terre, la partie inférieure du tube et des styles est cachée sous le sol; l'ovaire, ainsi que les rudiments des feuilles et du pédoncule sont renfermés dans une cavité du bulbe, enfoui quelquefois à plus de 30 centimètres de profondeur; le fruit et les feuilles se développent peu à peu sous terre pendant l'hiver; et ce n'est qu'au printemps que ces organes paraissent ensemble supportés par une courte hampe, ce qui a fait croire autrefois que le fruit naissait avant la fleur, d'où le nom que lui donnaient les anciens botanistes, *filius ante patrem*. Toutes les parties des Colchiques, mais surtout leurs bulbes, contiennent un suc laiteux, âcre et fortement vénéneux, que les sorcières faisaient entrer, dit-on, dans la plupart de leurs philtres et de leurs poisons. La célèbre magicienne Médée ne pouvait manquer de faire entrer dans la composition de ses philtres le Colchique, commun dans la Colchide, dont le nom est resté à la plante. — Parmi les dix à douze espèces de ce genre, répandues en Europe, nous citerons le **Colchique d'automne** (*C. autumnale*), commun en septembre et octobre dans les prairies humides qu'il émaille de ses belles fleurs lilas; on lui donne les noms vulgaires de *safran bâtard*, *tue-chien*, etc. On utilise en médecine le suc des bulbes et des semences contre l'hydropisie, la goutte et les rhumatismes; mais son emploi demande les plus grandes précautions, les préparations à base de semences étant plus actives que celles faites avec les bulbes. Les fleurs fraîches sont employées pour la préparation d'une alcoolature, et les feuilles elles-mêmes, dont les propriétés vénéneuses sont bien connues, pourraient être utilement employées en thérapeutique, mais elles sont inusitées. Les bulbes du Colchique d'automne, débarrassés avec soin de leurs principes toxiques, donnent une fécule amylacée alimentaire. Enfin, la teinture obtient de ses fleurs une couleur jaunâtre assez vive et très solide. On cultive, dans les jardins, plusieurs jolies variétés du Colchique d'automne, à fleurs blanches doubles, panachées.

Colchique d'automne.

Plusieurs autres espèces font l'ornement de nos parterres, telles sont : le **Colchique de Bivona** (*C. Bivonœ*), espèce remarquable par la coloration de ses fleurs panachées de petits carreaux pourpres sur fond blanc, disposés comme les cases d'un damier. Cette jolie plante se trouve dans l'Europe méridionale.

COLÉOPHORE. (Voir TEIGNE.)

COLÉOPTÈRES (du grec *koléos*, étui, et *ptéron*, aile). Ordre de la classe des INSECTES comprenant ceux à quatre ailes, dont les supérieures, dures ou coriaces, servent d'étui aux inférieures, qui sont

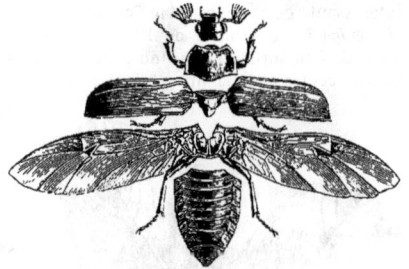

Insecte coléoptère (Hanneton).

membraneuses et pliées en travers sous les premières dans le repos; tels sont les hannetons, les capricornes, etc. On donne à ces ailes supérieures le nom d'*élytres* (du grec *élytron*, qui a la même signification que *koléos*). Chez les Coléoptères, la bouche, organisée pour broyer les aliments, est composée d'une lèvre supérieure ou labre, de deux mandibules plus ou moins tranchantes, de deux mâchoires munies de palpes, et d'une lèvre inférieure qui porte aussi deux palpes. Toutes ces pièces sont libres et jamais soudées ensemble. Les Coléoptères subissent tous des métamorphoses; c'est-à-dire qu'ils passent à l'état de *larves* et de *nymphes* avant de devenir insectes parfaits. (Voir INSECTES.) Leurs larves offrent en général un corps composé de douze anneaux mous, non compris la tête; celle-ci est écailleuse, munie de pièces semblables à celles de l'insecte parfait. Les antennes, quand elles existent, sont courtes; les yeux manquent très souvent. Les trois premiers segments, qui correspondent au corselet de l'insecte parfait, portent le plus communément trois paires de petites pattes écailleuses; elles n'ont jamais d'ailes. Les nymphes sont immobiles, nues,

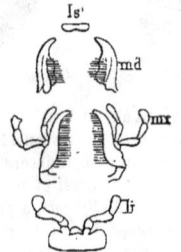

Appareil masticateur.

ls, lèvre supérieure ou labre; *md*, mandibules; *mx*, mâchoires et palpes maxillaires; *b*, lèvre inférieure et palpes labiaux.

ou renfermées dans des coques ; cachées dans la terre, dans l'intérieur ou sous l'écorce des arbres. Les Coléoptères, à l'état d'insecte parfait, ont tous les ailes supérieures ou étuis, mais les inférieures, membraneuses, manquent quelquefois ; dans ce cas, les élytres sont soudées ensemble. Comme chez tous les insectes, leurs pieds sont au nombre de six, formés de plusieurs pièces articulées : la hanche, la cuisse, la jambe et le tarse ; cette dernière partie, terminée par des griffes, se compose elle-même d'un nombre variable d'articles sur lequel on a établi les principales divisions de cet ordre. Tous ces insectes sont pourvus d'organes générateurs ; il n'existe chez eux que des mâles ou des femelles ; on n'y rencontre pas de neutres, comme chez les hyménoptères. Les Coléoptères sont les plus nombreux et les mieux connus de tous les insectes ; on en connaît aujourd'hui plus de cent mille espèces ; leurs formes variées, leurs couleurs brillantes et la facilité avec laquelle on les conserve, les font plus rechercher par les naturalistes que les insectes des autres ordres, bien que, sous le rapport des mœurs, ils soient loin d'offrir à l'observateur le même intérêt ; car on n'en trouve point parmi eux dont les produits soient utilisés par l'homme. Une seule famille, celle des vésicants, offre des espèces employées en médecine, ce sont la cantharide et le mylabre. Un grand nombre d'espèces sont même très nuisibles à l'agriculture, surtout à l'état de larve ; cependant quelques-uns nous rendent service, soit en faisant leur proie des espèces phytophages, soit en hâtant la décomposition des nombreuses matières en putréfaction qui souillent le sol. D'après le système de Latreille, exposé dans le *Règne animal* de Cuvier, et encore suivi par quelques entomologistes, l'ordre des Coléoptères se divise d'abord en quatre sections d'après le nombre d'articles qui composent le tarse : 1° les *Pentamères* ont cinq articles à tous les tarses ; 2° les *Hétéromères* ont cinq articles aux quatre tarses antérieurs et quatre aux postérieurs ; 3° les *Tétramères* ont quatre articles à tous les tarses, et 4° les *Trimères*, trois articles seulement. Mais quelque ingénieuse que soit cette classification artificielle, reposant sur un caractère unique, elle a le défaut de rompre les affinités les plus grandes. La méthode généralement suivie aujourd'hui, groupe les Coléoptères par familles comprenant tous les genres qui présentent un grand nombre de caractères analogues. Ce sont les *Cicindélidés*, les *Carabidés*, les *Dytiscidés*, les *Gyrinidés*, les *Hydrophilidés*, les *Staphylinidés*, les *Silphidés*, les *Histéridés*, les *Dermestidés*, les *Scarabéidés*, les *Buprestidés*, les *Elatéridés*, les *Malacodermes*, les *Cléridés*, les *Hétéromères*, les *Cantharidés*, les *Curculionidés*, les *Xylophagidés*, les *Cérambycidés*, les *Chrysomélidés* et les *Coccinellidés*. (Voir ces mots.) Les Coléoptères se rencontrent partout ; ils courent à terre, nagent au sein des eaux, volent dans les airs. On en trouve dans les fleurs, sous les écorces et les racines des végétaux, sous les pierres, sous la mousse, dans les fientes des animaux et jusque dans les cadavres en putréfaction. Les uns sont actifs pendant le jour, les autres ne sortent de leur retraite que la nuit. Aucun Coléoptère n'est venimeux ; on peut donc les saisir avec la main ou avec les bruxelles si l'on craint les mandibules des fortes espèces. On se sert du troubleau ou filet de canevas pour pêcher les insectes d'eau, ou pour prendre ceux qui sont cachés dans les herbes ou les arbustes, en promenant le filet à travers ceux-ci, ce qui s'appelle *faucher*. Les Coléoptères recueillis pendant la chasse sont mis dans des flacons bien bouchés et munis d'un tampon de coton imbibé d'une solution de cyanure de potassium, qui les fait périr de suite. Quant aux larves, ordinairement molles, on les conserve dans l'alcool. Au retour de la chasse, on pique les Coléoptères sur l'élytre droite avec une épingle d'une grosseur appropriée à leur taille, et l'on étend les pattes et les antennes dans leur attitude naturelle. Ces insectes, recouverts d'un test solide, se dessèchent sans se déformer et n'ont pas besoin d'autre préparation. Les insectes de trop petite taille pour être piqués, sont collés sur des petites pièces triangulaires de papier ou de mica à l'extrémité opposée desquelles est fixée l'épingle ; la meilleure colle à employer est une goutte de baume du Canada, préférable à la gomme arabique, qui s'écaille quelquefois. L'insecte est alors prêt à être placé dans la collection. Pour ce qui regarde la disposition et la conservation de la collection, nous renverrons à l'article général Insectes.

COLIADES. Genre d'insectes Lépidoptères de la famille des *Piéridés*. Ce sont des papillons de moyenne grandeur, dont les ailes à fond jaune sont ordinairement bordées de noir ; leurs ailes inférieures prolongées sous l'abdomen lui forment comme un canal. On les trouve souvent dans les champs de luzerne. Les plus répandus sont : le **Coliade citron** (*Colias rhamni*) et le **Coliade souci** (*C. hyale*) qui doivent leur nom à la nuance de leurs ailes.

COLIBRI. Division de la famille des *Oiseaux-mouches* ou *Trochilidés*, de l'ordre des Passereaux ténuirostres, comprenant ceux qui ont le bec arqué et dont plusieurs se distinguent par le prolongement des pennes intermédiaires de leur queue. Ce sont les plus petits de tous les oiseaux. Ils sont célèbres par l'éclat métallique de leur plumage, et surtout par les plaques aussi brillantes que des pierres précieuses que forment à leur gorge ou sur leur tête des plumes écailleuses d'une structure particulière. Ils ont un bec long et grêle, renfermant une langue qui s'allonge au gré de l'animal, et se divise presque jusqu'à sa base en deux filets qu'ils emploient, dit-on, pour sucer le nectar des fleurs ou saisir les insectes dont ils font aussi leur nourriture. Leurs très petits pieds, leur large queue, leurs ailes extrêmement longues et étroites, leur donnent, pour leurs mouvements, une grande ressemblance avec les martinets. Ils se balancent en l'air presque aussi aisément que les mouches, et volent, à proportion de leur taille, plus rapidement qu'aucun autre oiseau. Ils vivent en général solitaires, volant sans cesse en bourdonnant de fleur en fleur, et ne se réunissent en couples que dans la saison de la pariade. Les Colibris sont d'un caractère pétulant et querelleur, ils se battent entre eux pour la possession d'un buisson en fleurs, et ne souffrent pas qu'un autre oiseau s'approche de leur nid, surtout quand ils couvent. Les nids qu'ils con-

Colibri topaze (grandeur naturelle).

struisent répondent à la délicatesse de leur corps : garnis de coton ou d'une bourre soyeuse, ils sont fortement tissés et revêtus à l'extérieur de lichens ou de petits fragments de bois enduits d'un suc gommeux. La femelle dépose dans ce nid deux petits œufs blancs, dont le volume surpasse à peine, dans quelques espèces, celui d'un pois ordinaire ; elle les couve alternativement avec le mâle, et, au bout de treize jours, il en sort des petits qui ne sont pas, en naissant, plus gros qu'une mouche. — Comme type de ce genre, nous citerons le **Colibri topaze** (*Trochilus pella*), l'un des plus grands et des plus beaux. Sa taille, mesurée de la pointe du bec à celle de la queue, non compris ses deux longs brins, est de 8 centimètres ; les deux longues plumes ont 5 à 6 centimètres de longueur. La gorge et le devant du cou sont enrichis d'une plaque topaze du plus grand brillant : cette couleur, vue de côté, se change en vert doré ; une coiffe d'un noir velouté couvre la tête ; un filet de ce même noir encadre la plaque topaze ; la poitrine, le tour du cou et le haut du dos sont du plus beau pourpre foncé ; le ventre est d'un pourpre encore plus riche, et brillant de reflets rouges et dorés ; les épaules et le bas du dos sont d'un roux aurore. — Le **Colibri à brins blancs** (*Trochilus superciliosus*), du Brésil, est d'un vert doré en dessus, gris en dessous, avec un trait gris sous l'œil ; la queue brune bordée de blanc, les deux rectrices moyennes allongées et terminées en brins droits. — Les Colibris habitent les contrées

chaudes des deux Amériques, et ne s'éloignent guère des tropiques, tandis qu'on rencontre certains oiseaux-mouches jusqu'au Canada. (Voir OISEAUX-MOUCHES.)

COLIMAÇON. Nom vulgaire donné aux mollusques du genre *Hélice*. (Voir ce mot.)

COLIN (*Ortyx*). Genre d'oiseaux de la famille des *Tétraonidés*. Les Colins appartiennent à l'Amérique ; ils se distinguent des perdrix dites par leur bec plus court et plus gros, et par leur queue un peu plus développée ; leur taille est inférieure à celle de nos perdrix. On distingue le **Tocro** ou *perdrix de la Guyane*, le **Colin du Mexique** et le **Colin de Californie** ou *Colin aigrette*.

COLIN (Voir MERLAN.)

COLIOU (*Colius*). Genre d'oiseaux PASSEREAUX de la famille des *Conirostres*, voisins des Durbecs. Ce sont des oiseaux de l'Afrique ou des Indes à bec court, épais, conique, à pennes caudales étagées et très longues, à plumes fines et soyeuses, à teintes cendrées. Les Colious vivent en famille sur les arbres, et grimpent à la manière des perroquets ; ils vivent de fruits, de graines et de bourgeons. Les mieux connus sont : le **Coliou du Cap** (*C. capensis*) et le **Coliou à gorge noire** (*C. nigricollis*.)

COLLECTIONS (du latin *collectio*, action de rassembler, de réunir). Pour rendre plus facile l'étude des êtres que produit la nature, il est nécessaire de les comparer entre eux. (Voir CLASSIFICATION.) On n'atteint ce but qu'en les réunissant, en les préparant de manière à les conserver le plus longtemps possible et en les rangeant d'après les caractères qui les distinguent. C'est à ces réunions d'objets qu'on a donné le nom de *collections*. Mais s'il est facile de comprendre leur immense utilité, il est toujours difficile et dispendieux de les former, et ce n'est guère que dans les grands établissements créés par les gouvernements qu'on parvient à obtenir à cet égard d'importants résultats. Telles sont les collections de notre Muséum d'histoire naturelle, qui, grâce à Buffon, à Daubenton, à Lamarck, à Geoffroy Saint-Hilaire, à Cuvier et à leurs savants successeurs, comptent parmi les premières du monde. C'est toujours là que l'amateur devra chercher des modèles et s'inspirer pour ranger ses propres richesses. Les soins que demandent les Collections nécessaires à l'étude des diverses branches de la science sont fort différentes ; ainsi, tandis que les Collections minéralogiques et paléontologiques, faciles à conserver, ne réclament que peu de précautions, les plantes, les animaux et surtout certains ordres d'insectes exigent les plus grands soins pour leur conservation. C'est donc aux articles consacrés aux diverses classes d'êtres vivants, que nous indiquerons les procédés à employer pour la préparation et la conservation de leurs représentants.

COLLERETTE. On donne ce nom, en botanique, à l'involucre (voir ce mot) qui entoure l'ombelle des plantes ombellifères.

COLLET. On nomme ainsi le point de jonction entre la tige et la racine.

COLOBE, *Colobus* (du grec *kolobos*, mutilé). Genre de mammifères de l'ordre des Primates, sous-ordre des Simiens catarrhiniens, voisins des Semnopithèques, dont ils se distinguent par leurs mains antérieures privées de pouce. Les singes de ce genre sont spéciaux au continent africain. — L'espèce type, le **Colobe à fourrure** (*C. vellerosus*), habite la Gambie; il a le dos et les flancs couverts de longs poils noirs. — Le **Colobe guereza**, d'Abyssinie, a sa robe noire recouverte de longs poils blancs, qui lui forment un élégant manteau.

COLOCASIA (nom ancien d'une espèce d'arum). Genre de plantes de la famille des *Aroïdées*, tribu des *Caladiées*, voisines des Caladions. Ce sont des plantes remarquables par la beauté et l'extrême ampleur de leur feuillage, le pittoresque de leur port, l'odeur agréable de leurs fleurs, qui les font cultiver dans les serres d'Europe. Ces belles plantes croissent en Orient, dans l'Inde, l'Amérique méridionale; leur rhizôme tubéreux fournit dans quelques espèces une fécule alimentaire. Telle est la **Colocasie des anciens** (*C. antiquorum*) qui est l'*Arum esculentum* de Linné. Cette plante, cultivée de tout temps dans l'Inde et en Egypte, donne une excellente fécule dont on fait du pain; on mange aussi son rhizôme cuit, et ses feuilles en guise d'épinards. On cultive cette espèce en Provence où elle atteint 1m,40 de hauteur; ses feuilles ont jusqu'à 70 centimètres de longueur sur 50 centimètres de largeur. Une espèce de l'Amérique du Sud, le *Colocasia esculentum*, sert d'aliment aux indigènes qui l'appellent *Taya*; elle porte le nom de *chou caraïbe* dans les Antilles. On trouve dans les îles océaniennes les *Colocasia macrorhiza* et *odora*.

COLOMBAR, COLOMBE et **COLOMBI-GALLINE.** Divisions de la famille des *Pigeons* (voir ce mot).

COLOMBIDÉS. Nom que donne Is. Geoffroy, dans sa classification à la famille des *Pigeons*.

COLOMBO ou **COLUMBO.** Nom pharmaceutique de la racine du *Menispermum columba*, arbrisseau de Ceylan, d'où elle arrive sous forme de rouelles d'un jaune verdâtre, marquées de stries concentriques; sa saveur est très amère. On l'emploie comme tonique et stomachique, surtout dans la convalescence des maladies aiguës.

COLON. Partie du gros intestin qui s'étend entre le cæcum et le rectum. (Voir Intestins.)

COLONNE VERTÉBRALE. (Voir Squelette et Nerveux [système]).

COLOQUINTE. Plante herbacée du genre *Citrouille* (*Citrullus colocynthis*), commune en Egypte et en Orient. Sa tige, couchée ou fixée aux corps voisins à l'aide de vrilles, est velue; elle porte des feuilles alternes, divisées en cinq lobes dentés, longuement pétiolées; les fleurs sont axillaires et solitaires, les mâles séparées des femelles, à corolle campanulée, divisée en cinq lobes, et d'un jaune orange. Son fruit, du volume et de la couleur d'une orange, contient une pulpe d'une saveur extrêmement amère. Cette pulpe s'employait autrefois comme remède purgatif drastique; mais son usage a souvent donné lieu à des accidents graves, qui l'ont fait abandonner.

COLORADO. Un des noms vulgaires du Doryphore à dix lignes (*Leptinotarsa decemlineata*) des Etats-Unis, dont la larve ravage les cultures de pommes de terre. (Voir Doryphore.)

COLPODE. (Voir Infusoires.)

COLUBER. Nom latin de la Couleuvre.

COLUBRIDÉS (de *coluber*, nom latin de la couleuvre). Famille de la classe des Reptiles, ordre des Ophidiens, tribu des *Aglyphodontes*, comprenant les couleuvres. (Voir ce mot.)

COLUBRIFORMES. Tribu de reptiles de l'ordre des Ophidiens, division des *Opisthoglyphes*, comprenant des serpents qui se séparent des couleuvres par la présence de crochets cannelés situés sur la mâchoire supérieure. Ces crochets ne sont pas toujours annexés à une glande venimeuse, auquel cas ils sont inoffensifs; mais, même lorsque la glande existe, la position de ces crochets, situés très en arrière, est défavorable pour qu'ils puissent servir à mordre et à inoculer le poison dans la blessure. La seule espèce de ce genre qui se trouve en Europe est la **Couleuvre de Montpellier** (*Cœlopeltis insignitus*); elle est répandue dans tout le sud de l'Europe et dans le midi de la France. Sa tête est quadrangulaire, et son museau offre, à la partie supérieure, une fossette profonde. On n'a jamais constaté d'accident occasionné par cette couleuvre, qu'on nomme aussi *Couleuvre maillée*.

COLUMBO. (Voir Colombo.)

COLUMELLE. On donne ce nom, en zoologie, à la colonne qui forme l'axe d'une coquille spirale. — En botanique, la Columelle est un axe faisant suite au pédoncule et sur lequel les carpelles de certaines plantes semblent fixés, comme dans les géraniums, les Euphorbiacées, etc. On lui donne quelquefois le nom de *Carpophore*.

COLUTEA. Nom scientifique du Baguenaudier. (Voir ce mot.)

COLYMBUS. Nom scientifique latin du Plongeon.

COLZA. Plante oléagineuse du genre *Chou* (*Brassica*), connue des botanistes sous le nom de *Brassica campestris*, var. *oleifera*. Cette plante est annuelle; sa racine fusiforme, quelquefois renflée; sa tige dressée, haute de 30 à 50 centimètres, cylindrique et glabre; ses feuilles inférieures sont sinueuses, couvertes de poils rudes sur la face inférieure; les feuilles supérieures sont sessiles, amplexicaules, lisses et entières. Les fleurs sont jaunes; les siliques dressées, cylindriques, contenant plusieurs graines globuleuses et brunes. On en connaît deux variétés, l'une dite d'*hiver*, l'autre d'*été*, toutes deux très productives par l'huile que fournissent leurs semences et par le fourrage qu'elles produisent. On sème le Colza d'hiver en juillet, à la volée, dans la proportion de 2 à 3 kilogrammes de graines par arpent. En avril suivant, on fait la récolte de la semence. Après l'expression de l'huile, les pains ou tourteaux qui restent sont un très bon aliment pour les animaux et un engrais puissant pour les terres et les prairies. Le Colza d'été, à fleurs blan-

Colza cultivé et silique de grandeur naturelle.

ches, étant plus actif que le Colza d'hiver, on le sème de préférence au printemps et même pendant tout l'été, pour se procurer de la nourriture pour le bétail, quand le fourrage est rare. L'huile de Colza est fort employée dans les arts et l'économie domestique, particulièrement pour l'éclairage.

COMARET (*Comarum*). Genre de plantes dicotylédones, polypétales, périgynes, de la famille des *Rosacées*. Le Comaret (*C. palustre*), rangé autrefois parmi les Potentilles, est une plante herbacée à feuilles imparipennées, à fleurs en cime, rouges, qui croît dans les marais tourbeux de l'Europe et de l'Amérique du Nord. Très riche en tannin, elle est employée pour le tannage des cuirs ; on lui attribue des propriétés fébrifuges.

COMATULE, *Antedon* (de *cóma*, chevelure). Genre d'échinodermes de la classe des Crinoïdes, qui, par leurs formes générales, rappellent certaines étoiles de mer. Leur corps discoïdal est pourvu à la face ventrale d'une bouche et d'un anus distincts, et sur les bords, de bras rayonnants, le plus souvent au nombre de dix, très longs et garnis de pinnules, au moyen desquels ils rampent, nagent ou se fixent. La face dorsale porte des cirres multi-articulés, servant également à la fixation de l'animal. Les œufs de Comatule se transforment en une larve ou gastrula qui présente d'abord une couronne de cils analogue à celle des Holothuries ; puis, à son extrémité postérieure, se développe un pédicule calcaire articulé, au moyen duquel elle se fixe après avoir perdu sa couronne de cils ; les bras se déve-

loppent ensuite par bourgeonnement, et, arrivée à l'état adulte, la Comatule se détache du pédicule et devient libre. Longtemps on a considéré comme des animaux très différents la Comatule et sa larve ; celle-ci était considérée comme une Encrine. (Voir ce mot.) Le Pentacrine d'Europe, si répandu dans les terrains anciens, n'est que le premier âge de la

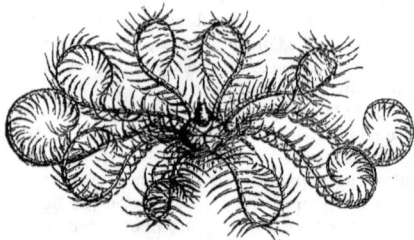

Comatule rosacée (*Antedon rosaceus*).

Comatule. On connaît plus de cent espèces de Comatules, parmi lesquelles nous citerons l'**Antedon rosacea** et l'**Antedon phalangium**, tous deux de la Méditerranée. On les rencontre également sur les côtes de l'Océan et de la Manche, notamment à Roscoff et à Saint-Vaast, accrochées sur les grands varechs ou cachées sous les galets des récifs.

COMBATTANT (*Machetes*). Genre d'oiseaux de l'ordre des Échassiers (*Longirostres* de Cuvier), famille des *Scolopacidés*, très voisins des Bécasseaux (voir ce mot), dont ils ne diffèrent que par la longueur de leurs jambes et par la demi-palmure qui unit le doigt du milieu au doigt externe. —

Combattant.

On ne connaît qu'une espèce de ce genre propre à l'Europe, c'est le **Combattant belliqueux** (*M. pugnax*), très commun en Hollande, dont il habite, pendant la belle saison, les prairies humides; il se retire en automne sur le littoral. Cet oiseau, un peu plus petit que la bécassine, porte autour du cou, au moment de la pariade, une épaisse collerette de plumes, et sa tête se couvre de papilles.

rouges. Le Combattant doit son nom à son humeur belliqueuse; il livre à ses rivaux des combats furieux, qui se terminent souvent par la mort de l'un d'eux. Il niche dans les herbes et la femelle pond quatre ou cinq œufs d'un vert clair taché de brun; ses habitudes sont du reste celles des bécasseaux. On le trouve dans les contrées septentrionales de l'Europe et de l'Asie.

COMBRET (*Combretum*, nom dans Pline, d'une plante indéterminée). Genre de plantes type de la famille des *Combrétacées*, renfermant des arbres ou des arbrisseaux souvent grimpants, à feuilles opposées, très entières; à fleurs blanches ou pourpres de cinq pétales et dix étamines, disposées en épis axillaires ou terminaux. L'élégance de leur port et la beauté de leurs fleurs en font cultiver plusieurs espèces dans les serres d'Europe. Tel est le **Combret écarlate** (*C. coccineum*), connu sous le nom de *chigomier;* il est originaire de Madagascar.

COMBRÉTACÉES (du genre *Combretum*). Famille de plantes dicotylédones composée d'arbres ou d'arbrisseaux des régions tropicales, à fleurs hermaphrodites, polypétales, à ovaire infère, à fruit drupacé. Cette famille renferme les genres *Combretum*, *Terminalia* (Badamier), etc.

COMMANDEUR. On donne ce nom à un oiseau du genre *Troupiale* (voir ce mot), l'*Icterus pterophœniceus*, à cause d'une tache rouge qu'il porte sur la partie antérieure de l'aile.

COMMISSURE. En anatomie, ce sont les points où se rejoignent les bords d'une ouverture en forme de fente : commissure des lèvres, des paupières.

COMPAGNON BLANC et **COMPAGNON ROUGE.** Noms vulgaires de deux espèces du genre *Lychnide*. (Voir ce mot.)

COMPOSÉ, ÉE. En botanique, on appelle *feuilles composées* celles qui sont formées de la réunion d'un plus ou moins grand nombre de petites feuilles ou *folioles* distinctes et portées sur un pétiole commun. La *fleur composée* est un groupe de fleurs (*fleurons*) réunies en capitule ou *calathide* et sessiles sur un réceptacle commun (*clinanthe*) qu'entoure un involucre à un ou plusieurs rangs d'écailles. Telles sont les plantes appartenant à la famille des *Composées*. (Voir ce mot.)

COMPOSÉES (*Compositæ*). Les Composées ou Synan-

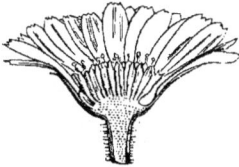

Souci (capitule coupé verticalement).

théracées forment une famille de plantes dicotylédones, gamopétales, à étamines périgynes. Ce nom de *composées* vient de ce que l'ensemble que l'on prend pour une fleur dans le chardon, la marguerite, le pissenlit, etc., est en réalité l'assemblage d'une quantité de petites fleurs très distinctes et très complètes réunies sur un réceptacle commun, ce que l'on appelle *capitule*, et entourées de bractées formant un involucre; chaque fleur est privée de calice, à corolle tubuleuse, à quatre ou cinq divisions, à cinq étamines rapprochées et agglutinées en tube autour du pistil : l'ovaire est infère, uniloculaire, surmonté d'un style bifide au sommet. Quand toutes les fleurs du capitule sont pourvues d'une corolle régulière ou *fleuron*, les composées sont dites *Tubuliflores*, comme dans les chardons, l'artichaut, les centaurées, etc.; la corolle est dite *demi-fleuron* lorsqu'elle est fendue en dedans et ses cinq divisions déjetées en dehors, ce sont les *Liguliflores* :

Souci (fleuron mâle).   Souci (demi-fleuron femelle).

chicorées, scorzonères, laitues, pissenlits, etc.; on les dit *Radiées* ou *Corymbifères* lorsque les capitules ont les fleurs centrales (*disque*) à corolle régulière et celles de la périphérie (*rayon*) à corolle ligulée; ce sont les plus nombreuses; tussilages, asters, pâquerettes, soleils, séneçons, anthemis, chrysanthèmes, soucis, dahlias, etc. (Voir ces divers mots.) Les organes de végétation et les propriétés sont très variables dans cette famille que l'on divise en plusieurs tribus dont les plus importantes sont : les Carduacées, les Chicoracées, les Centaurées, les Chrysanthémées. (Voir ces mots.)

CONCEPTACLE. On emploie ce mot en botanique pour désigner dans les plantes cryptogames les organes de formes et de nature très diverses qui contiennent les spores ou semences.

CONCHIFÈRES (de *concha*, coquille, et *ferre*, porter). On donne ce mot à tous les mollusques pourvus de coquille. (Voir MOLLUSQUES.)

CONCHYLIEN. Qui tient de la coquille, ou qui en possède : terrain conchylien.

CONCHYLIOLOGIE. Science qui a pour but l'étude et la classification des coquilles; elle est confondue aujourd'hui dans l'étude des Mollusques. (Voir ce mot.)

CONCOMBRE (*Cucumis*). Genre de plantes de la famille des *Cucurbitacées* (voir ce mot), renfermant une vingtaine d'espèces toutes annuelles, hérissées de poils raides, à tiges grimpantes et munies de

vrilles; les feuilles sont anguleuses ou profondément lobées ; les fleurs monoïques, naissant aux
aisselles des feuilles ; les mâles en fascicules ou en
cimes, les femelles solitaires, à cinq pétales de
couleur jaune. Le fruit est une baie plus ou moins
grosse, pulpeuse, à une seule loge ou à trois loges,
renfermant un grand nombre de graines ou pépins
oblongs, lisses et comprimés. — Les espèces les
plus importantes de ce genre sont : les **Melons**, auxquels nous avons consacré un article particulier, et
les **Concombres** proprement dits. — Le Concombre
se distingue par son fruit allongé, presque cylindrique, obtus aux deux bouts, souvent courbé en
arc. Tout le monde connaît les usages culinaires
des Concombres; les cornichons ne sont autre
chose que le jeune fruit de cette plante confit dans
le vinaigre ; les uns et les autres ont des qualités
très rafraîchissantes, mais ils ne conviennent
qu'aux estomacs forts. On fait entrer la pulpe du
Concombre dans la fabrication d'une pommade
très bonne pour les gerçures des lèvres et les petits
boutons au visage. Les autres espèces de ce genre,
telles que celles de Russie, de Perse, d'Égypte,
d'Amérique, etc., sont également cultivées pour
leurs qualités. Toutes ces plantes aiment la chaleur
et l'eau.

Concombre d'âne, Concombre sauvage. (Voir Ecbalium.)

CONDOR (*Gryphus*). Genre d'oiseaux de proie de
la famille des *Vulturidés*, se distinguant des Vau-

Condor des Andes.

tours sarcoramphes, dont ils ont été détachés, par
le développement de la crête qui s'étend jusque
sur le cou, et par le pouce inséré plus haut que les

autres doigts. Tel est le Condor ou grand vautour
des Andes (*Gryphus typus*), l'espèce la plus remarquable de la famille des *Vulturidés*. Cet oiseau a les
parties supérieures de son corps d'un noir grisâtre.
La tête et le cou sont dégarnis de plumes. Le mâle,
outre l'excroissance charnue qui s'étend de la base
du bec au sommet du crâne, en porte encore une
sous le bec. La femelle manque de ces excroissances charnues et est tout entière d'un gris brun.
Le collier du mâle est d'un blanc soyeux éclatant.
Ses tectrices alaires sont blanches intérieurement,
ce qui forme sur l'aile une grande plaque de cette
couleur. Cette espèce, dont on a singulièrement
exagéré la force et la grandeur, est cependant en
réalité l'un des plus grands oiseaux qui existent et
celui dont le vol est le plus élevé; il atteint jusqu'à
1 mètre de longueur totale et 2m,75 à 3 mètres d'envergure. Il habite ordinairement les pics les plus
élevés de la Cordillère des Andes, près de la limite
des neiges perpétuelles, et ne descend guère dans
la plaine que pour y chercher sa proie. On a dit qu'il
attaquait les vigognes et les moutons, et qu'il les
enlevait dans ses serres; mais la vérité est que le
Condor ne se repaît que de cadavres ou d'animaux
mourants, comme les autres vautours.

CONDOUS. Espèce du genre *Antilope*. (Voir ce
mot.)

CONDYLE. On nomme ainsi les saillies osseuses
articulaires arrondies : l'humérus, le fémur, la mâchoire inférieure présentent des condyles.

CONDYLURE. (Voir Taupe.)

CONE (*Conus*). Genre de mollusques Gastéropodes de l'ordre des Pectinibranches, type de la
famille des *Conidés*. La coquille des Cônes se reconnaît à sa spire aplatie, formant la base d'un

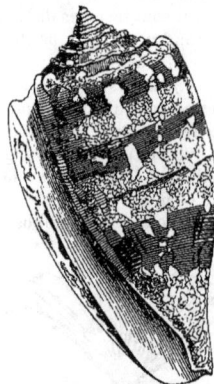
Cône amiral.

Cône dont la pointe est à l'extrémité opposée, à son
ouverture étroite presque rectiligne. L'animal des
Cônes est allongé, muni d'un pied évasé en avant;
il a deux tentacules courts, cylindriques, qui portent les yeux sur un enflement près de leur pointe,

et sont placés sur les côtés d'une trompe courte, ovalaire et non rétractile. Le manteau et la cavité respiratrice qu'il concourt à former, sont portés sur le côté droit. L'eau pénètre dans cette cavité par un siphon très long, évasé à son extrémité. Les Cônes habitent toutes les mers ; mais ils sont plus communs et plus beaux dans les pays chauds ; ils se tiennent ordinairement sur le sable à une profondeur de dix à douze brasses. Peu de genres de mollusques sont aussi nombreux et aussi riches en espèces que celui des Cônes, et c'est dans ce genre qu'on rencontre le plus de coquilles rares et chères. Toutes habitent les mers des pays chauds. Parmi les plus remarquables nous citerons les **Cônes impérial**, **noble**, **cedonulli**, **amiral**. Le **Cône drap d'or** et le **Cône tigré** de l'Océan des Indes, comptent également parmi les plus belles.

CONE. Fruit résultant d'un assemblage de fleurs à l'aisselle d'écailles souvent ligneuses et qui a la forme d'un Cône. Fruit du pin, du sapin, du mélèze, etc. (Voyez CONIFÈRES.) On lui donne aussi le nom de *strobile*.

CONFERVACÉES. (Voir CONFERVES.)

CONFERVES (*Confervæ*). Groupe de plantes cryptogames de la classe des ALGUES, division des *Chlorophycées*, type de la famille des *Confervacées*. Ces végétaux rudimentaires, qui font partie du groupe des *Zoosporées* de Decaisne, sont composés de fila-

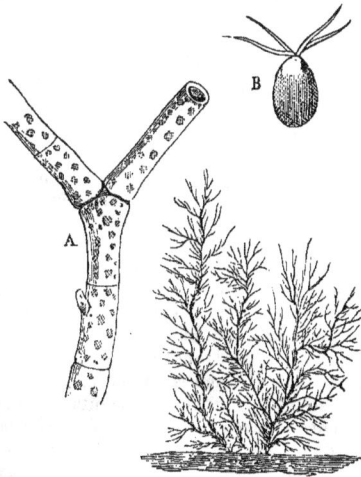

Conferve des ruisseaux.

A, filament grossi ; B, zoospore ou globule reproducteur très grossi.

ments libres, simples en général, tubuleux, cylindriques, articulés et présentant des espèces de valvules à chaque articulation. La structure de ces filaments est transparente ; ils renferment une matière colorante verte, qui semble être la substance reproductive ; car c'est elle qui, bourgeonnant après la rupture du tube qui la contenait, produit

un nouveau filament, et par conséquent une plante nouvelle. Ces globules verts ont la singulière propriété de se mouvoir spontanément dans l'eau lorsqu'ils sont devenus libres, à la manière des animalcules infusoires ; ce qui les a fait considérer comme intermédiaires entre les végétaux et les animaux. (Voir PROTOPHYTES.) Les Confervcs habitent spécialement les eaux douces et stagnantes, plus rarement les eaux salées. La plupart, une fois desséchées, reprennent une apparence de vie par une immersion prolongée dans l'eau fraîche. Ces plantes sont souvent très abondantes dans les marais et elles contribuent pour une grande part à la formation de la tourbe. Plusieurs même habitent les eaux thermales et forment ces couches glutineuses connues sous le nom de *glairines*.

CONGLOMÉRAT (de *cum*, avec, et *glomerare*, entasser). On désigne sous ce nom, en géologie, des fragments de roches ou cailloux arrondis et usés par l'effet des eaux, et cimentés par une substance minérale qui peut être siliceuse, calcaire ou argileuse. Ce mot est synonyme de poudingue.

CONGRE (*anguille de mer*). Poisson du genre *Anguille*, famille des *Murénidés*. (Voir ANGUILLE.)

CONIDIE (du grec *konis*, poussière). On donne ce nom aux corps reproducteurs des cryptogames qui ne sont pas des spores normales ; ceux qui naissent du mycelium des *Oidium*, par exemple.

CONIFÈRES. Famille de plantes phanérogames-gymnospermes, caractérisée par des fleurs unisexuées dépourvues d'enveloppe ; les fleurs mâles disposées en chatons ; les fleurs femelles réduites à des ovules nus, renversés ou dressés, ordinairement portées sur des écailles imbriquées en cône, forme que conserve le fruit. La famille des Conifères est, sans contredit, l'une des plus importantes pour nos climats et pour ceux du Nord. Elle se compose en grande partie d'arbres de futaie, auxquels leurs feuilles raides et persistantes (exceptionnellement caduques dans les mélèzes), ont fait appliquer le nom d'*arbres verts*. Les pins, les sapins,

Cône de pin.

les cèdres, les genévriers, les cyprès, les thuyas et les ifs en font partie. (Voir ces mots.) — Une utilité sans bornes vient se joindre dans les Conifères à un port majestueux. Les épaisses forêts de pins, de sapins et de mélèzes, qui couvrent d'immenses étendues dans les régions boréales des deux continents, font la principale richesse de ces contrées. Presque tous les végétaux du groupe dont nous parlons, abondent en sucs résineux qui fournissent la térébenthine, la poix, la colophane, la sandaraque, le goudron et autres substances de même nature. On mange les amandes du pin *cembro*, ainsi que celles du pin *pignon* et du *ginkho*. Les baies de genévrier possèdent des propriétés toniques et excitantes. La famille des *Conifères* comprend trois tribus : les *Abiétinées*, les *Cupressinées* et les *Taxinées*.

CONIOMYCÈTES (de *konis*, poussière, et *mukês*, champignon). Champignons parasites, pulvérulents, qui envahissent les végétaux vivants. Ils comprennent les Urédinées et les Ustilaginées. (Voir ces mots.)

CONIROSTRES (de *conus*, cône, et *rostrum*, bec). Groupe d'oiseaux de l'ordre des PASSEREAUX, caractérisés surtout par la forme conique de leur bec. Il comprend les familles des *Paridés* (mésanges), des *Alaudidés* (alouettes), des *Embérizidés* (bruants), des *Fringillidés* (moineaux).

CONIUM. Nom scientifique latin du genre *Ciguë*.

CONJONCTIF [Tissu] (de *cum*, avec, et *jungere*, joindre). Ainsi nommé parce que ce tissu, comblant les interstices des divers organes, sert à les réunir, en même temps qu'il renferme les vaisseaux et nerfs qui établissent la solidarité entre les diverses parties de l'organisme.

CONJONCTIVE. Membrane muqueuse qui unit les paupières au globe de l'œil, et leur permet de se mouvoir librement l'un sur l'autre. (Voir ŒIL.)

CONJUGAISON. Mode de reproduction particulier à certaines algues inférieures (Desmidiées, Diatomées, Zygnémées), et qui consiste dans la fusion du contenu protoplasmique de deux cellules ; fusion d'où résulte une spore qui reproduira la plante. Il existe aussi une Conjugaison plus complexe chez la plupart des Protozoaires (Héliozoaires, Grégarines, Infusoires).

CONJUGUÉ (de *cum*, avec, et *jugum*, joug). Qui est disposé par paires. On nomme *feuilles conjuguées* les feuilles composées dont les folioles sont opposées et disposées par paires de chaque côté du pétiole commun.

CONNÉ (de *cum*, avec, et *natus*, né). Se dit de deux parties soudées l'une à l'autre par leur base.

CONNECTIF. Corps particulier, distinct du filet, qui réunit dans quelques étamines les loges séparées de l'anthère, comme chez la Sauge.

CONNIVENT (de *connivere*, fermer à demi). Se dit des parties qui se rapprochent vers leur sommet, de façon à paraître faire corps ensemble : les anthères dans les morelles, les feuilles de l'arroche, etc.

CONOCARPE, *Conocarpus* (du grec *kónos*, cône, et *karpos*, fruit). Genre de plantes de la famille des *Combrétacées*, tribu des *Terminaliées*, comprenant quelques arbres peu élevés habitant les régions tropicales de l'Amérique. Leurs feuilles simples, coriaces, sont penninerviées ; leurs fleurs régulières, à corolle polypétale épigyne, en capitules ; le fruit drupacé, en cône, renfermant une graine huileuse. Les arbres de ce genre sont utiles à l'homme par la dureté et la compacité de leur bois ; leur écorce contient des principes astringents qui la rendent propre au tannage. — L'espèce principale est le **Conocarpe dressé** (*C. erecta*) de la Jamaïque, qui atteint 10 mètres de hauteur.

CONOÏDE. En forme de cône. Ligaments conoïdes : ceux qui servent à attacher la clavicule à l'omoplate.

CONOPS (du grec *kónôps*, moucheron). Genre d'insectes DIPTÈRES du groupe des *Athéricères*, de la famille des *Muscidés*, caractérisé par des antennes droites, en massue, de trois articles ; la trompe coudée à sa base. Les Conops ont la tête grosse, presque hémisphérique, les yeux grands ; le corselet court, cubique ; l'abdomen allongé, mince à la base et renflé à l'extrémité ; les pattes longues et minces ; les ailes étroites et les balanciers allongés. Ce sont des insectes très vifs qui, malgré la forme menaçante de leur trompe et leur facies qui rappelle un peu celui des guêpes, sont fort inoffensifs et ne vivent que du miel des fleurs. Il n'en est pas de même de leurs larves qui vivent en parasites sur les bourdons. — L'espèce la plus commune est le **Conops à grosse tête** (*C. macrocephala*) ; il est noir anuelé de jaune et ressemble à une petite guêpe.

CONQUE (*Concha*). Les anciens désignaient par le nom de Conque la plus grande partie des coquilles bivalves, et Lamarck a créé sous ce nom une famille renfermant les coquilles bivalves régulières, qui ont des caractères communs. Il a partagé cette famille en deux groupes : les **Conques fluviatiles** et les **Conques marines**, d'après le milieu qu'elles habitent. Dans la première section se rangent les coquilles connues des naturalistes sous les noms de cyclades, cyrènes et galatées ; dans la seconde sont les cyprines, cythérées, vénus, etc.

Conque (Anatomie). On nomme ainsi la partie centrale fortement excavée du pavillon de l'oreille, et au fond de laquelle est l'orifice du conduit auditif externe. (Voir OREILLE.) — On donne aussi ce nom vulgaire à plusieurs espèces de champignons.

CONRINGIA (nom propre). (Voir VÉLAR.)

CONSOUDE (*Symphytum*). Genre de plantes de la famille des *Borraginées* ayant pour caractères : calice à cinq divisions, corolle campanulée tubuleuse, à limbe cinq-lobé, quatre akènes implantés au fond du calice. Ce sont des herbes vivaces hérissées de poils. — La principale espèce du genre est la **Consoude officinale**, plante connue dans presque toutes les parties de l'Europe, où elle croît dans les prés humides et sur les bords des fossés. Sa tige est haute de 6 à 12 décimètres, rameuse, velue et succulente ; ses feuilles sont ovales, pointues, d'un vert foncé, rudes au toucher ; ses fleurs, d'un rose pourpré ou d'un blanc jaunâtre, sont disposées en épi lâche au sommet de la tige ; cet épi se roule en crosse vers le haut, avant l'entier développement de ses fleurs. La racine est un paquet de grosses fibres à écorce noire, réunies en faisceaux. La plante fleurit en mai et juin dans notre climat. On emploie sa décoction, dans la diarrhée, les catarrhes pulmonaires, etc., comme médicament adoucissant. Les feuilles de cette plante possèdent les mêmes propriétés que celles de la bourrache.

CONSTRICTEURS [Muscles] (de *constringere*, comprimer). Ce sont les muscles dont les fibres sont disposées circulairement autour d'un canal ou d'un orifice, qu'elles ferment par leur contraction : constricteur de l'anus, constricteur de l'urèthre, constricteur du pharynx.

CONSTRICTOR. (Voir Boa.)

CONTRAYERVA (de l'espagnol *yerba*, herbe, et *contra*, contre). Nom donné en pharmaceutique à la racine du *Dorstenia brasiliensis*, réputée comme contre-poison du venin des serpents. (Voir Dorsténie.)

CONVALLARIA (de *convallis*, vallée, et *leirion*, lis). Nom scientifique latin du Muguet. (Voir ce mot.)

CONVOLUTÉ. Se dit en botanique de tout organe ou partie d'organe qui est roulé sur lui-même en forme de cornet.

CONVOLVULACÉES. Famille de plantes dicotylédones, monopétales, dont le liseron (*convolvulus*) est le type. Ces plantes ont une fleur régulière, avec un calice imbriqué, une corolle en entonnoir et des étamines alternes aux divisions de la corolle ; l'o-

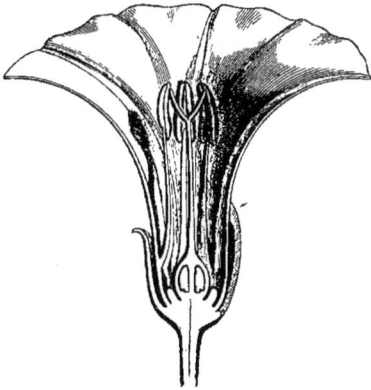

Fleur de *Convolvulus scammonia* (coupe verticale).

vaire est libre, et le plus souvent à deux loges. Cette famille comprend un assez grand nombre d'arbrisseaux grimpants et d'herbes qui renferment généralement un suc laiteux, âcre et purgatif. Cette dernière propriété se rencontre surtout dans le *jalap* et la *scammonée*. On la retrouve aussi dans nos espèces indigènes, quoique beaucoup moins active. On remarque les genres *Convolvulus, Calystegia, Ipomœa, Quamoclit, Batate, Cuscute*, etc.

CONVOLVULUS. Nom botanique du Liseron. (Voir ce mot.)

CONYZE. (Voir Inule.)

COPAHU. Térébenthine qui coule du *Copaïfera officinalis* de l'Amérique tropicale. (Voir Copayer.) Cette résine, qu'on appelle improprement *baume de Copahu*, d'une odeur forte et d'une saveur âcre, amère et fort désagréable, est un stimulant très actif, dont l'action se porte spécialement sur les muqueuses. Cette substance est composée d'huile

volatile, 46 ; résine jaune, 52 ; résine visqueuse, 1 à 2. Les maladies contre lesquelles le Copahu a été employé avec succès, sont : la gonorrhée, la leucorrhée, le catarrhe vésical et le catarrhe pulmonaire. On l'administre par voie d'ingestion.

COPAIER. (Voir Copayer.)

COPAL. Gomme-résine qui coule du tronc de l'*Elæocarpus copallifera,* arbre des Indes orientales et du Courbaril (*Hymenæa*) du Brésil. Cette gomme est dure, sèche, légère, d'un jaune plus ou moins foncé. On l'emploie pour fabriquer des vernis recherchés.

COPAYER (*Copaïfera*). Arbre de la Nouvelle-Grenade qui produit l'espèce de térébenthine à laquelle on donne à tort le nom de *baume de Copahu* et qui est employé en médecine comme stimulant et antisyphilitique. Le Copayer (*Copaïfera Jacquini*) est un arbre de 15 à 18 mètres de hauteur, à feuilles alternes, composées, paripennées, de six à huit folioles, oblongues lancéolées ; à fleurs disposées en grappes axillaires blanches. Il appartient à la famille des *Légumineuses*, tribu des *Cæsalpiniées*. A la Guyane, au Brésil, au Pérou, croissent des Copayers très voisins du précédent et qui fournissent en partie le Copahu du commerce.

COPÉPODES (du grec *kopê*, rame, et *podes*, pieds). Ordre de la classe des Crustacés comprenant de petits animaux dont le corps est allongé, articulé, sans carapace ; ils sont pourvus d'une paire de mandibules, d'une paire de mâchoires, de deux paires de pattes mâchoires, et de quatre ou cinq paires de pattes natatoires terminées par une ou deux rames. Ils ont des sexes séparés, et les femelles portent leurs œufs dans deux grands sacs suspendus de chaque côté de l'abdomen. Quelques-uns vivent en liberté dans les eaux douces, comme les *Cyclopes* (voir ce mot) ; mais le plus grand nombre vivent en parasites sur la peau et les branchies des poissons ; tels sont les *Caliges,* les *Argules,* les *Lernées.*

COPERNICIE (dédié à Copernic). Genre de palmiers de l'Amérique tropicale. On emploie le bois du *Copernicia cerifera* pour les constructions, et ses feuilles transsudent une sorte de cire jaunâtre appelée *cire de carnauba.*

COPRIN (du grec *kopros*, fumier). Genre de champignons hyménomycètes de la famille des *Agaricinés*, dont les espèces se développent principalement sur les fumiers. Les Coprins ne sont pas vénéneux ; plusieurs même sont comestibles (*Coprinus comatus, C. atramentarius*) ; mais ils mûrissent très rapidement et se changent alors en un liquide noirâtre, que l'on a essayé d'employer comme encre naturelle.

COPRIS. Nom scientifique latin d'un genre de Bousiers. (Voir Coprophages.)

COPROLITHE (de *kopros*, fiente, et *lithos*, pierre). Excréments fossiles. (Voir Fossiles.)

COPROPHAGES (du grec *kopros*, fiente, et *phagô,* je mange). Les Coprophages ou *bousiers* sont des insectes Coléoptères de la famille des *Scarabéides* ou *Lamellicornes* (voir ces mots), qui, comme l'indique leur nom, vivent habituellement dans le fumier et les excréments. Ces insectes ont en général des formes courtes et ramassées; leurs pattes antérieures, larges et dentées, sont propres à fouir la terre dans laquelle ils s'enfoncent souvent très profondément. Ils sont, pour le plus grand nombre, d'un noir luisant, mais quelques-uns sont ornés de couleurs métalliques brillantes. Les bousiers n'ont pas l'aspect aussi repoussant que semblerait l'indiquer leur genre de vie; ils sont toujours au contraire propres et brillants, la nature leur ayant donné la faculté de sécréter une huile qui empêche les matières au milieu desquelles ils vivent, d'adhérer aux diffé-

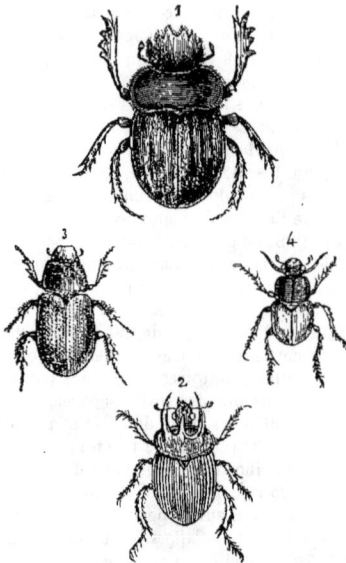

1, Ateuchus sacré; 2, Minotaure phalangiste mâle; 3, Aphodie fimétaire grossi ; 4, Onthophage taureau mâle.

rentes parties de leur corps. Les insectes Coprophages nous rendent des services signalés; ce n'est pas sans raison que la nature a mis en eux ce goût dépravé pour les immondices et les substances les plus dégoûtantes. En effet, les bousiers sont préposés à la salubrité publique; ils ont été chargés de nettoyer la terre et de la débarrasser des débris immondes, des détritus animaux et végétaux qui, par leur putréfaction, infecteraient bientôt l'atmosphère. Ces matières, divisées à l'infini par le travail de milliers d'insectes, se décomposent rapidement et fécondent ainsi cette terre qu'elles auraient empoisonnée sans eux. Les bousiers restent pendant le jour enfoncés dans les excréments des animaux ou dans la terre; ce n'est que vers le soir qu'ils volent lourdement en faisant entendre un fort bourdonnement. Ces insectes, très nombreux en espèces, offrent du reste des formes assez variées et des

mœurs fort curieuses. Ce sont d'abord les **Ateuchus**, propres aux contrées chaudes de l'ancien continent, et qui ont la singulière habitude de rouler en boule de petites masses de fiente de bestiaux, au milieu desquelles ils déposent leurs œufs; de sorte que les larves qui en sortiront trouveront en naissant une nourriture toute préparée. Cette habitude a fait donner à ces insectes le nom de *pilulaires*, et rien n'est curieux comme de les voir occupés à pousser leur boule à reculons jusqu'au trou destiné à la recevoir. Les anciens Égyptiens, qui adoraient tout ce qui leur était utile, rendaient un culte à l'Ateuchus, qu'on a nommé pour cette raison *scarabée sacré*. Nous le voyons fréquemment représenté sur leurs monuments et souvent sous des dimensions gigantesques; on le représentait aussi en employant les matières les plus précieuses, pour en faire des amulettes que l'on portait au cou et que l'on retrouve ensevelies avec les momies. Deux espèces d'Ateuchus paraissent avoir fait partie du culte des Égyptiens : l'un qui se retrouve en Espagne et dans nos provinces méridionales, est tout noir, c'est l'*Ateuchus sacré;* l'autre, propre à l'Egypte, est d'un magnifique vert doré, c'est l'*Ateuchus des Égyptiens*. — Puis viennent les **Copris**, dont plusieurs espèces ont la tête et le corselet surmontés de cornes et de protubérances; celles d'Amérique (*phanœus*) ont souvent des couleurs éclatantes. Ces insectes se creusent dans la terre des trous profonds et obliques, au fond desquels ils déposent leurs œufs. On trouve assez communément dans nos environs le *Copris lunaire*. — Les **Géotrupes**, au corps très convexe, métallique, se creusent des trous profonds sous les bouses et volent le soir avec bruit; le Géotrupe ou Minotaure phalangiste mâle a le corselet muni de trois cornes ; les *G. stercorarius, sylvaticus, vernalis*, sans cornes, verts ou bleuâtres en dessous, sont très communs. — Les **Onthophages** sont de très petite taille; leur forme est arrondie et aplatie comme celle d'une lentille; la plupart ont la tête armée de cornes, et celles-ci sont quelquefois longues et recourbées comme celles du taureau (*Onthophagus taurus*). — Les **Aphodies**, également de petite taille, ont des formes plus allongées; ils vivent dans la bouse de vache; leur couleur est noire avec les élytres rouges, jaunes ou noires, diversement tachetées. Nous citerons l'*Aphodius fimetarius* ou scarabée bedeau, à élytres rouges, l'*A. scrutator*, le plus grand du genre (10 à 12 millimètres), noir à élytres rouges; le *Granarius*, le plus petit de tous (3 millimètres), noir.

COQ (*Gallus*). Cet oiseau forme dans l'ordre des Gallinacés et la famille des *Phasianidés* un genre caractérisé par la crête rouge qui surmonte sa tête, et les caroncules ou appendices charnus qui pendent sous son bec; par sa queue, disposée en deux plans verticaux, adossés l'un à l'autre, et que recouvrent d'autres plumes, se recourbant en un long et beau panache; enfin, par le long éperon ou ergot dont le tarse est armé. La taille et les couleurs de cet oiseau diffèrent selon les races. Les formes du Coq sont lourdes et massives ; il vole rarement et avec effort, mais il marche d'un pas assuré, et court avec une grande vitesse. Sa démarche grave et fière annonce la force et le courage. Le chant bien connu du Coq et que nous représentons par les syllabes *co-co-ri-co*, est clair et perçant. Il le fait entendre pendant la nuit aussi bien que dans le cours de la journée. Chaque fois qu'il chante, il bat des ailes, se dresse sur ses pattes et allonge le cou. Les Coqs sont polygames et peuvent suffire à un très grand nombre de femelles ; cependant, dans nos basses-cours, on ne lui en laisse que dix ou douze. « Le Coq, dit Buffon, a beaucoup de soin et même d'inquiétude et de souci pour ses poules : il ne les perd

Coq espagnol.

guère de vue ; il les conduit, les défend, va chercher celles qui s'écartent, les ramène, et ne se livre au plaisir de manger que lorsqu'il les voit toutes manger autour de lui. Quand il les perd, il donne des signes de regret. Quoique jaloux, il n'en maltraite aucune ; sa jalousie ne l'irrite que contre les concurrents. S'il se présente un autre Coq, sans lui donner le temps de rien entreprendre, il accourt l'œil en feu, les plumes hérissées, se jette sur son rival et lui livre un combat opiniâtre, jusqu'à ce que l'un ou l'autre succombe, ou que le nouveau venu lui cède le champ de bataille. » La Poule est d'un tiers plus petite que le Coq et d'une allure plus gracieuse ; sa crête est beaucoup plus basse et nulle dans quelques espèces. La queue est de même forme, mais arrondie et sans panache ; ses couleurs sont plus ternes, et le noir y domine. La

voix est un caquètement ou gloussement suscepti-. tible de modulations. Dans l'état de liberté, les Poules font une espèce de nid assez semblable à celui des perdrix, et y déposent un grand nombre d'œufs ; mais en servitude, elles pondent dans le premier endroit venu. On connaît la sollicitude de la Poule pour ses petits ; et en la voyant si assidue, si tendre mère, on croirait qu'un sentiment intelligent préside à ses actions ; mais il n'en est rien, elle ne fait qu'obéir à un instinct impérieux, car la Poule couve indifféremment tous les œufs qu'on lui donne, même des œufs de plâtre ; et elle prodigue les mêmes soins à tous les petits qu'elle a fait éclore : témoin sa sollicitude pour les canards qu'on lui a donnés à couver. — Le plus ordinairement le poulet sort de la coquille au bout de vingt et un jours, après l'avoir brisée le petit onglet corné qui garnit la pointe de son bec ; il quitte bientôt l'aile de sa mère pour chercher sa nourriture. Au bout d'un mois, les Coqs prennent la crête ; à deux mois, ils chantent et commencent à se battre, et à cinq ou six, ils sont aptes à la reproduction ; à la même époque, les poulettes commencent à pondre. — La domesticité du Coq et de sa femelle remonte à une époque très reculée ; mais l'espèce sauvage se trouve encore de nos jours dans les montagnes de l'Hindoustan. C'est, croit-on, le **Coq bankiva** *(Gallus bankiva)*. Comme la plupart des animaux domestiques, le Coq a donné des races ou des variétés nombreuses, différenciées par la taille, le plumage, le développement ou l'absence de la crête, etc. C'est ainsi qu'un beau Brahma pèse de 5 à 7 kilogrammes, tandis qu'un Bantam atteint à peine 500 grammes. Parmi les variétés les plus intéressantes, nous citerons le **Coq huppé**, chez lequel une touffe épaisse de plumes remplace la crête qui orne la tête du mâle ; le **Coq nègre**, noir dans toutes ses parties, y compris la crête ; le **Coq de soie**, soyeux et blanc. — Dans l'économie rurale, on recherche les Coqs d'épaisse encolure, au beau plumage, à l'œil brillant, à la tête haute, surmontée d'une large crête d'un pourpre vif, à l'allure vive, à la voix sonore. La Poule doit être choisie de taille moyenne, d'une couleur foncée, sans éperons. Une bonne poule peut pondre presque tous les jours, lorsqu'elle n'est pas occupée à couver. La longueur des ergots sert d'indice à l'âge. A trois ou quatre ans, le coq a déjà perdu sa vigueur première, et il demande un remplaçant ; privé des attributs de son sexe, il se nomme *chapon* ; dans cette nouvelle condition, il acquiert beaucoup d'embonpoint et sa chair prend un goût plus délicat. Les principales races françaises sont celles de Crèvecœur, de Houdan, de la Flèche et de Bresse.

Coq de Bruyère. (Voir TÉTRAS.)

Coq d'Inde. (Voir DINDON.)

Coq de roche. (Voir RUPICOLE.)

COQUART. On donne ce nom au métis du **Faisan** et de la **Poule**.

COQUE. (Voir COCON.)

COQUE DU LEVANT. Petite baie de la grosseur d'un pois, d'un gris noirâtre, rugueuse, contenant un petit noyau, et qui est le fruit d'une liane des Indes, le *Cocculus suberosus*. Cette Coque renferme un principe toxique et amer, la picrotoxine, qui agit comme les poisons narcotiques. Les pêcheurs indiens s'en servent pour prendre le poisson. Ils en font une pâte qu'ils jettent dans les rivières et les étangs ; les poissons, qui en sont très avides, sont enivrés au point de venir nager à la surface, où on les prend facilement avec la main. L'usage de cette substance est interdit chez nous.

COQUELICOT. (Voir Pavot.)

COQUELOURDE. On donne vulgairement ce nom au *Lychnis coronaria*, à l'Anémone pulsatille et au Narcisse commun.

COQUERET. Nom vulgaire de l'Alkékenge.

COQUILLAGE. Ce nom, que l'on applique vulgairement à tous les mollusques à coquille, ou à cette dernière seulement, n'est pas employé dans le langage scientifique.

COQUILLE. (Voir Mollusques.) On nomme :
Coquille de Saint-Jacques, le Peigne commun ;
Coquille des peintres, la Mulette.

COQUILLES FOSSILES. (Voir Fossiles.)

COQUILLES [Conservation des]. L'animal mollusque doit être conservé dans l'alcool ; mais quand il s'agit de conserver la Coquille seule, il faut d'abord enlever l'animal, puis laver avec soin la Coquille à l'eau douce et la brosser de manière à enlever tous les corps étrangers en ménageant avec la plus grande attention les épines délicates et même les poils dont quelques-unes sont pourvues. Les Coquilles marines sont recouvertes d'un dépôt que l'on nomme *drap marin ;* on les en débarrasse en les plongeant dans de l'eau de Javelle, puis on les brosse et on les met sécher ; celles qui sont polies comme les porcelaines, peuvent être enfin frottées avec une peau de chamois.

COQUIOLE. Nom vulgaire d'une espèce de Fétuque. (Voir ce mot.)

CORACIAS (de *korax*, corbeau). Nom scientifique du genre *Rollier*. (Voir ce mot.)

CORAIL, *Corallium* (du grec *koreô*, j'orne). Considéré comme une plante marine jusque vers le milieu du dix-huitième siècle, le Corail est en réalité un polypier corticifère, dont l'axe est pierreux, plein, solide et strié à sa surface. Il est placé dans la famille des *Gorgonidés*, dans l'ordre des Alcyonaires, et sert de type à la classe des Coralliaires. A l'état de vie, cet axe est revêtu d'une écorce charnue, percée d'une multitude de petites cellules où logent des polypes qui ont chacun huit bras, et que l'on regardait autrefois comme les fleurs du Corail. Ce polypier ressemble, en effet, à un très petit arbre, dépourvu de feuilles et de rameaux, n'ayant que le tronc et les branches. Fixé par sa base aux rochers, il s'élève à 50 centimètres environ, et emploie huit à dix ans pour atteindre cette hauteur. Tout polypier, tout pied de Corail débute par un seul polype qui, issu d'un œuf, se fixe à une roche sous-marine pour y fonder une colonie. Une fois qu'il a pris pied, ce polype bourgeonne comme une plante et produit d'autres polypes, comme un arbre étendant

Corail rouge.

ses branches. Le premier polype, le polype mère, se solidifie avec l'âge, il dépose dans sa substance, sous forme de petits corpuscules qui se soudent

Branche de corail dont les polypes sont développés.

ensuite, la pierre sur laquelle les générations accumulées de ses enfants se multiplient l'accroissant toujours, comme s'augmentent les branches et les rameaux d'un arbre. Les cavités digestives des différents polypes sont reliés entre elles par un système de canaux compliqués qui laissent leur trace sur les polypiers. Grâce à cette disposition, la colonie entière profite de la nourriture prise séparément par chaque individu. On pourrait donc comparer le Corail à l'hydre de la fable, qui n'avait qu'un seul corps et un seul estomac surmonté d'un grand nombre de têtes. Le Corail se trouve dans plusieurs endroits de la Méditerranée, de la mer Rouge, de l'Atlantique (îles du Cap-Vert), du Pacifique (Japon); on le pêche à la profondeur de 25 à 50 mètres, et jamais il n'existe au-dessus de 3 mètres ni au-dessous de 300. On reconnaît dans le commerce plusieurs variétés de Corail rouge, différenciées par l'éclat des couleurs. Celui des côtes de France et d'Italie est le plus beau; celui des côtes d'Afrique est plus gros, mais moins vivement coloré. On trouve aussi du Corail blanc; il est peu estimé. Le Corail n'est plus d'aucun usage en médecine, si ce n'est comme dentifrice, réduit en poudre impalpable. Les orfèvres s'en servent pour la confection de bijoux, de colliers, de bracelets, de peignes et d'autres ornements de la toilette des femmes. — L'instrument dont se servent les pêcheurs de Corail est une sorte de croix de bois garnie d'un filet en dessous, avec une grosse pierre au milieu. On descend cette machine que l'on promène le long des rocs où se trouve le Corail, dont les branches se brisent et s'accrochent au filet.

Corail noir. (Voir Antipathe.)
Corail. Serpent. (Voir Elaps.)
Corail. Nom vulgaire d'un champignon du genre *Clavaire.*

CORALLIAIRES. Classe d'animaux rayonnés ou zoophytes, de l'embranchement des *Cœlentérés.* (Voir ce mot.) Les Coralliaires, qui empruntent leur nom au *Corail*, comprennent en partie les polypes des anciens auteurs. Tantôt isolés, tantôt constituant par leur réunion des colonies plus ou moins considérables (polypiers), ils ont le corps cylindrique, de forme rayonnée, pourvu antérieurement d'un seul orifice servant à la fois de bouche et d'anus et entouré d'une couronne de tentacules simple ou multiple. La bouche est suivie d'un estomac qui communique avec la cavité du corps par un orifice qui peut être fermé par un muscle spécial. Cette cavité du corps qui renferme le liquide nourricier, est divisée par des *replis mésentéroïdes* en loges, communiquant avec les tentacules. On n'a constaté chez ces animaux ni système nerveux ni appareil spécial pour la respiration. En général, les Coralliaires ne restent pas isolés, mais forment des colonies qui résultent de la multiplication par scissiparité ou par bourgeonnement d'un polype simple issu d'un œuf. Celui-ci naît sous la forme d'une larve ciliée qui se fixe après avoir nagé quelque temps en liberté. (Voir Corail.) Les Coralliaires habitent la mer et se trouvent en grande abondance dans les mers chaudes, où ils forment souvent, par leur accumulation, des récifs considérables et des *îles madréporiques.* (Voir ce mot et Polypiers.) La classe des Coralliaires se divise en deux ordres:

I. Alcyonaires, qui ont leurs tentacules au nombre de huit, formant un seul cercle autour de la bouche : ces tentacules sont bipinnés et comme dentés en scie sur leurs bords; les replis mésentéroïdes sont également au nombre de huit. Cet ordre comprend les familles des *Alcyonidés, Pennatulidés, Gorgonidés, Tubiporés*; II. Zoanthaires, à tentacules non bipinnés et généralement en nombre supérieur à huit et formant plusieurs cercles concentriques autour de la bouche. Cet ordre comprend les *Actiniaires*, les *Antipathaires*, les *Madréporaires.*

CORALLINE (de *corallium*, corail). Genre de plantes marines ácotylédones de la classe des Algues, de la famille des *Floridées* ou *Rhodophycées*, groupe des Céramiaires. Les Corallines croissent en abondance sur nos côtes, surtout vers la limite des basses eaux, dont elles tracent la ligne habituelle, comme ces traits

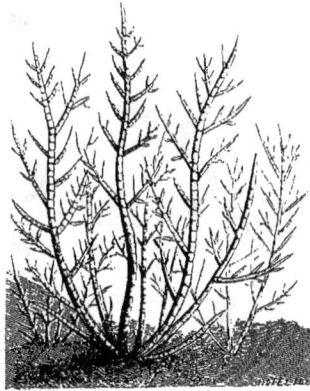

Coralline.

en couleur qui, sur nos cartes de géographie, marquent la limite des diverses contrées. C'est une petite plante composée de nombreuses tiges grêles, articulées, branchues, ne dépassant guère 1 décimètre de hauteur, mais formant des masses épaisses qui servent de refuge à un grand nombre d'animaux. On prendrait volontiers cette petite plante pour un polypier, car elle a la singulière propriété d'extraire de l'eau de mer, pour s'en revêtir, une telle quantité de carbonate de chaux que, lorsque les parties végétales meurent et se décomposent, la portion calcaire reste intacte et conserve sa forme primitive. Lorsqu'elle est vivante, la Coralline est rose ou d'un rouge pourpre; les tiges, complètement blanches, ne sont que des morts revêtus de leur suaire de pierre. On l'employait autrefois en pharmacie à cause du carbonate de chaux qui recouvre ses tiges, et comme anthelminthique.

CORAUX. (Voir Corail, Madrépores, Attolls.)

CORB (*Corvina*). Genre de poissons Acanthoptères, voisins des Sciènes et des Maigres. Le **Corb noir** (*C. nigra*), type du genre, atteint 75 à 80 centimètres;

il est d'un brun argenté avec les nageoires noires. Ce poisson est assez commun dans la Méditerranée et l'Adriatique, d'où il remonte dans les fleuves et particulièrement dans le Nil. Sa chair est fort délicate.

CORBEAU *(Corvus).* Genre d'oiseaux de l'ordre des Passereaux, section des *Coracirostres*, type de la famille des *Corvidés*, qui comprend, outre les Corbeaux, les pies, les geais, les loriots, etc. — Les Corbeaux proprement dits sont caractérisés par un bec fort, plus ou moins conique, un peu courbé à la pointe mais non crochu, et dont les narines sont recouvertes par des plumes raides, dirigées en avant. — Ces oiseaux, répandus dans toutes les régions du globe, ont de tout temps fixé l'attention des hommes. Dans certains pays, on les regarde comme des bienfaiteurs occupés à purger les champs et les jardins des vers et des insectes; dans d'autres, leur tête est

Corbeau.

mise à prix, parce qu'on redoute leurs bandes affamées. La superstition s'est aussi emparée d'eux, dès les temps anciens, et ils sont encore des présages funestes pour la plupart de nos paysans. Doués d'une certaine intelligence, ces oiseaux passent facilement à la domesticité, et retiennent les mots qu'on leur a répétés. A l'état sauvage, ils vivent en société. Leurs troupes couvrent, pendant l'hiver surtout, les routes et les campagnes ensemencées, où leur présence ne paraît pas occasionner de dommages considérables. Ils sont d'un caractère turbulent, bavard, querelleur et voleur; ils poursuivent souvent les petits oiseaux pour s'emparer de leur proie. — Le **Grand Corbeau** *(Corvus corax,* L.), dont la taille atteint presque celle du coq, a le plumage noir; il vit plus retiré que les autres espèces, vole haut et bien, et découvre les cadavres à une grande distance; mais on a singulièrement exagéré la puissance de son odorat en prétendant qu'il sentait les corps en putréfaction de plusieurs lieues. Il faut plutôt attribuer cette faculté à l'excellence de sa vue et à son intelligence. Lorsqu'un Corbeau, des hauteurs où il plane,

a découvert avec ses yeux perçants un cadavre, il quitte aussitôt son allure pour se diriger à tire d'aile vers la proie qu'il vient de découvrir; les Corbeaux les plus rapprochés de lui aperçoivent cette manœuvre, et sachant bien ce que signifie ce changement de vol, ils s'empressent de suivre leur voisin au plus vite. Ceux-ci sont aperçus et suivis par d'autres, cela se continue ainsi de proche en proche et explique comment on voit des Corbeaux accourir, de plusieurs lieues, auprès d'un cadavre. Les Corbeaux ont de l'analogie avec les vautours par leur voracité et leur appétit pour les charognes, par la finesse de leur vue et la mauvaise odeur qu'ils exhalent. Ils vivent aussi d'animaux vivants, tels que taupes, souris, lapereaux, et enlèvent même parfois les jeunes oiseaux de basse-cour. Ils nichent isolément sur des arbres élevés ou des rochers escarpés. La femelle ne se distingue du mâle que par sa taille plus petite; elle pond trois œufs d'un vert sale avec quelques taches brunes; les petits sont, dans les premiers temps, plutôt gris que noirs; dès qu'ils sont en état de voler, le père et la mère les chassent du nid. — La **Corneille** *(Corvus corone,* L.) est plus petite que le Corbeau, à queue plus carrée, à bec moins arqué en dessus. Cette espèce se rapproche beaucoup du Corbeau pour les mœurs. On en trouve de toutes blanches dans le Nord.—Le **Freux** *(Corvus frugilegus,* L.), plus petit que la Corneille, à bec plus droit et plus pointu, se nourrit d'insectes et de graines. Comme la Corneille, le Freux vit en grandes troupes et niche sur les arbres de moyenne hauteur. — Le **Choucas** ou **Petite Corneille des clochers** *(C. monedula,* L.), qui ne dépasse pas la taille du pigeon, est d'un noir moins intense que les espèces précédentes, et qui tire même sous le cendré sous le ventre. Il vit en troupes et niche dans les clochers, les vieilles tours. Cette espèce, qui ne se nourrit pas de cadavres, ne répand pas comme les autres une odeur fétide. — On nomme **Corbeau de mer** ou **Corbeau pêcheur** le Cormoran. (Voir ce mot.)

CORBEILLE D'ARGENT. On donne vulgairement ce nom au thlaspi blanc *(Iberis sempervirens),* de la famille des *Crucifères,* dont on fait des bordures d'un joli effet.

CORBEILLE D'OR. Les jardiniers donnent ce nom à l'*Alyssum saxatile,* plante de la famille des *Crucifères,* dont les fleurs en bouquet sont d'un jaune doré éclatant.

CORBINE. Nom vulgaire de la Corneille commune.

CORBULE. Genre de mollusques voisins des Myes.

CORCELET. (Voir Corselet.)

CORCHORUS. (Voir Corète.)

CORDÉ. S'emploie en botanique comme synonyme de cordiforme.

CORDES VOCALES. On nomme ainsi les ligaments inférieurs de la glotte, situés à droite et à gauche du larynx. (Voir Larynx et Voix.)

CORDIFORME (en forme de cœur). Se dit des feuilles, des pétales, etc., dont la configuration rappelle plus ou moins celle d'un cœur.

CORDON BLEU. Nom d'un oiseau du genre *Cotinga*.

CORDON OMBILICAL. Vaisseaux qui s'étendent du placenta jusqu'à l'ombilic du fœtus, et portent à celui-ci les matériaux de sa nutrition. (Voir Fœtus.)

CORDYLOPHORA. (Voir Hydre.)

CORÉGONE. Genre de poissons de la famille des *Salmonidés*. (Voir Lavaret.)

CORÈTE ou **CORETTE** (*Kerria*. D. C. *Corchorus*, Thunb.) — Genre de plantes de la famille des *Rosacées*, tribu des *Spiréacées*. Fleurs jaunes à calice monosépale à cinq dents, corolle à cinq pétales, vingt étamines environ, cinq à huit carpelles contenant un ovule chacun. Les Corètes sont des sous-arbrisseaux à feuilles alternes, ovales lancéolées. On cultive dans nos jardins comme plante d'ornement la **Corète du Japon**; cette plante qui s'élève à 1^m,50 ou 2 mètres, se couvre de charmantes fleurs jaunes, ressemblant à des roses pompon. — Le nom latin de *Corchorus*, donné à ce genre par Thunberg, appartenant déjà à un genre de malvacées créé par Linné, de Candolle a changé ce nom en celui de *Kerria*. Les vrais *Corchorus* sont des plantes de la famille des *Malvacées*, répandues dans les régions tropicales; elles ont le port et les propriétés émollientes des mauves et des guimauves. Les fibres intérieures de quelques espèces et principalement des *Corchorus acutangulus, tridens* et *capsularis* servent à préparer le fil de *jute*, dont on fait des toiles, des cordes et des filets de pêche d'une solidité à toute épreuve. — Le **Corchorus olitorius**, vulgairement connu sous le nom de *mauve des juifs*, est cultivé comme plante potagère.

CORIAIRE. (Voir Coriariées.)

CORIANDRE. Genre de plantes de la famille des *Ombellifères*, tribu des *Carées*, dont l'espèce la plus intéressante est la **Coriandre cultivée** (*Coriandrum sativum*), originaire de l'Italie, mais aujourd'hui naturalisée en France. Sa racine est annuelle, fusiforme, sa tige dressée, cylindrique, rameuse, à feuilles découpées, à segments très étroits; ses fleurs, d'un blanc rosâtre, forment une ombelle de cinq ou six rayons, chaque ombelle offrant un petit involucre de quatre à huit folioles aiguës. Son fruit est globuleux, offrant dix côtes longitudinales. Lorsque cette plante est fraîche et en fleur, elle répand une odeur désagréable de punaise; mais les fruits, lorsqu'ils sont secs, ont une odeur aromatique et agréable, analogue à celle de la mélisse; ils sont carminatifs et stomachiques. On les emploie en pharmacie pour masquer la saveur désagréable de certaines préparations.

CORIARIA. Voir Coriariées.)

CORIARIÉES (de *corium*, cuir, à cause des propriétés tannantes de ses espèces). Famille de plantes dicotylédones, polypétales, hypogynes, dont H. Baillon fait une simple tribu de la famille des *Rutacées*. Elle ne comprend que le genre *Coriaire* (*Coriaria*), formé d'un petit nombre d'espèces des deux continents. Ce sont des arbrisseaux à rameaux carrés, à feuilles opposées, à fleurs petites, en grappes terminales. — Le type du genre est la **Coriaire à feuilles de myrte** (*Coriaria myrtifolia*), vulgairement *corroyère* ou *redoux*, dont le suc astringent est

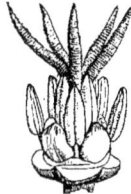

Coriaire, fleur dépouillée de son calice.

Coriaire à feuilles de myrte.

employé par les teinturiers et les tanneurs. Ses feuilles et son fruit sont vénéneux. Ses fleurs, en grappes dressées, sont petites et verdâtres, ses feuilles ovales, lancéolées, trinervées; son fruit est une capsule à cinq coques, renfermant une graine unique.

CORINDON. On a réuni sous ce nom plusieurs minéraux regardés pendant très longtemps comme très différents les uns des autres, mais que l'analyse chimique a fait reconnaître comme de simples variétés d'une seule et même espèce. M. Beudant place le Corindon dans son groupe des aluminides; cette substance prend, suivant la couleur qu'elle présente, les noms de *saphir, topaze, rubis, émeraude*. (Voir ces mots.) Le Corindon est infusible au chalumeau, inattaquable aux acides et sa dureté ne le cède qu'à celle du diamant. Il est essentiellement formé d'alumine, mais souvent mélangé de diverses matières étrangères. Cette pierre appartient aux terrains de cristallisation; elle s'y trouve disséminée, surtout dans le granit; on la trouve aussi dans les basaltes et en cristaux isolés dans les sables qui viennent de la destruction de ces roches et qui sont entraînés par les eaux. — Une variété commune du Corindon, réduite en poudre, sert, sous le nom d'*émeri*, à polir les pierres et les métaux.

CORINE. Un des noms de la Gazelle.

CORISE. Nom grec de la punaise. (Voir ce mot.) Genre d'insectes Hémiptères de la famille des *Hydrocorises*.

CORLI, CORLIEU. (Voir Courlis.)

CORME. Fruit du Sorbier.

CORMIER. Nom vulgaire du Sorbier. (Voir ce mot.)

CORMORAN. (*Carbo.* — *Phalacrocorax*, Cuv.). Genre d'oiseaux de l'ordre des Palmipèdes, section des *Totipalmes*, famille des *Pélécanidés*. Les Cormorans ont le bec allongé, comprimé, le bout de la mandibule supérieure crochu, les narines linéaires, l'ongle du doigt du milieu dentelé en scie. On trouve ces oiseaux répandus dans toutes les parties du globe. La seule espèce que l'on voit communément en France est le Cormoran proprement dit, nommé aussi *corbeau pêcheur;* il est de la taille de l'oie, d'un brun noir, ondé de noir foncé sur le dos et mêlé de blanc sur la tête et le haut du cou, avec les joues et le tour de la gorge blancs chez le mâle, dont l'occiput porte une huppe. Il se nourrit de

Cormoran.

poissons vivants, qu'il pêche avec beaucoup d'adresse dans la mer ou dans l'eau douce. Plongeur habile autant que nageur excellent, il poursuit au sein des eaux une proie qui rarement lui échappe. Il nage la tête seule hors de l'eau. A terre, sa démarche est plus lourde que celle du canard, et il préfère même se percher que de rester sur le sol. Les Cormorans ont un vol assez rapide et soutenu ; cependant on ne les rencontre jamais fort loin en mer ni dans l'intérieur des continents; c'est le plus souvent dans le voisinage de la mer qu'ils se rassemblent en troupes parfois considérables. A l'époque de la pariade, les Cormorans s'isolent par couples; ils font un nid d'herbes et de joncs entrelacés dans les trous des rochers ou sur les arbres ; la femelle pond trois ou quatre œufs également gros par les deux bouts, et dont la coquille est rude et blanchâtre. La chair du Cormoran est d'un fort mauvais goût, surtout lorsqu'on n'a pas pris la précaution d'enlever la peau avant de la faire cuire. On s'est servi autrefois, en Europe, du Cormoran pour la pêche. Cette coutume, aujourd'hui abandonnée chez nous, est encore en usage en Chine. Les Chinois obtiennent de ces oiseaux une docilité extraordinaire. Perchés sur le bord de l'embarca-

tion, ils attendent le signal de leurs maîtres, et dès qu'il est donné, ils se lancent à l'eau et commencent leurs recherches. Une fois saisie par leur bec coupant et crochu, leur proie ne peut leur échapper. Le Cormoran revient alors à la surface et rapporte à son maître comme un chien. On a toutefois la précaution de passer un anneau au cou de ces oiseaux pour les empêcher d'avaler le poisson.

CORNACÉES (de *cornus*, nom latin du cornouiller). Famille de plantes dicotylédones, polypétales, périgynes, composée d'arbres et d'arbrisseaux à feuilles opposées, dépourvues de stipules, à fleurs généralement hermaphrodites, à calice soudé avec l'ovaire, à limbe quatre denté, corolle à quatre pétales, quatre étamines, ovaire infère à une-trois loges uni-ovulées, stigmate en tête, fruit drupacé. Cette famille, qui renferme un très petit nombre de genres, a pour type le genre *Cornus*. (Voir Cornouiller.)

CORNALINE. Variété de quartz agate remarquable par sa belle couleur rouge et sa diaphanéité. (Voir Agate.)

CORNE. Tissu épidermique dur, généralement blanchâtre ou noirâtre qui revêt extérieurement certaines parties du corps de différents vertébrés. La Corne constitue les sabots, les ongles, les griffes, les ergots, le bec, etc., des divers animaux.

Corne. Fruit du Cornouiller.

CORNE D'ABONDANCE. (Voir Craterelle.)

CORNE D'AMMON. (Voir Ammonite.)

CORNE DE CERF. Nom vulgaire d'une espèce de *Plantain.* (Voir ce mot.)

CORNÉE. (Voir Œil.)

CORNEILLE. Espèce du genre *Corbeau.* (Voir ce mot.)

CORNES. Eminences dures, de formes et de natures diverses, qui croissent sur la tête de plusieurs animaux, principalement des mammifères ruminants. Les cornes sont persistantes chez les Ruminants, caduques chez les Cerfs. Elles constituent pour ces animaux des armes puissantes. C'est à tort que l'on étend le nom de *cornes* aux *antennes* des insectes et aux *tentacules* des mollusques.

CORNICHON. Variété de concombre, connue sous le nom de *concombre vert petit*, et dont les fruits confits dans le vinaigre avant leur maturité, constituent les Cornichons.

CORNIER. Nom vulgaire du Cornouiller.

CORNIFLE. (Voir Cératophylle.)

CORNIOLE. Nom vulgaire de la Mâcre.

CORNOUILLER (*Cornus*). Genre de plantes type de la famille des *Cornacées*, caractérisé par un calice à quatre dents, une corolle à quatre pétales, quatre étamines alternes avec ces derniers, un fruit drupacé contenant un noyau à deux loges et à deux graines. Parmi les espèces remarquables, on doit citer le **Cornouiller commun** (*Cornus mas*), vulgairement appelé *cornier* ou *Cornouiller mâle*. Cet arbrisseau, de 3 à 4 mètres, est rameux et son bois est fort dur. Les feuilles sont opposées, ovales, entières, légèrement pubescentes en dessous. Les fleurs naissent avant les feuilles et forment de petites ombelles jaunes, ceintes d'une collerette de quatre bractées. Les fruits sont oblongs, d'un beau rouge à leur extrémité; on les connaît sous les noms vulgaires de *cornouilles, cornes*. On les mange, quoique leur saveur soit un peu acerbe. L'écorce du Cornouiller est astringente et fébrifuge; elle a été proposée comme succédanée du quinquina. Une autre espèce aussi fort

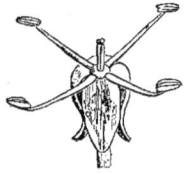

Cornouiller (fleur grossie).

commune dans les bois et les haies est le **Cornouiller sanguin** (*C. sanguinea*), ainsi nommé à cause de la couleur de ses jeunes pousses. Les fleurs en sont blanches et les fruits

Cornouiller sanguin.

noirs à leur maturité. On cultive dans les jardins comme plante d'agrément le **Cornouiller à fleurs** et le **Cornouiller soyeux** à fleurs blanches et à fruits bleus.

CORNUET. (Voir BIDENT.)

COROLLE. (Voir FLEUR.)

COROLLIFLORES. Classe de plantes dicotylédones, monopétales, hypogynes, dans la classification de de Candolle, et qui comprend les *Primulacées*, les *Gentianées*, les *Solanacées*, les *Labiées*, etc.

CORONAL [Os]. On donne ce nom à l'os *frontal*. (Voir CRANE.)

CORONILLE (*Coronilla*). Genre de plantes de la famille des *Légumineuses papilionacées*, tribu des *Hédysarées*, offrant pour caractères : pétales à onglets de la longueur du calice, carène aiguë, gousse allongée, grêle, formée d'articles séparés, renfermant chacun une graine. Les Coronilles sont des herbes ou des sous-arbrisseaux à feuilles pennées avec impaire. — On cultive comme plante de parterre la **Coronille des jardins** (*C. emerus*) qui s'élève à 1 mètre; ses fleurs en couronne (d'où le nom du genre) sont jaunes avec l'étendard rouge au milieu. Cette espèce croît spontanément dans le midi de l'Europe. — La **Coronille variée**, à fleurs panachées de blanc et de lilas, et la **Coronille minima** à fleurs jaunes croissent aux environs de Paris.

COROSSOL. Fruit de l'*Anona muricata*. (Voir ANONE.)

COROZZO. (Voir ELAÏS.)

CORPS CALLEUX, CORPS CENDRÉ et **CORPS STRIÉ.** (Voir CERVEAU.)

CORRÈTE. (Voir CORÈTE.)

CORROYÈRE. (Voir CORIAIRE.)

CORS. On donne ce nom aux ramifications des bois du cerf : cerf dix cors.

CORSAC. Synonyme de Adive, espèce du genre *Renard*.

CORSELET. On nomme ainsi, chez les insectes, le thorax, c'est-à-dire la partie du corps qui s'étend entre la tête et l'abdomen, et qui porte les pattes et les ailes. (Voir INSECTES.)

CORTICAL (de *cortex*, écorce.) Qui appartient ou adhère à l'écorce. Se dit en anatomie de tout ce qui a rapport aux couches extérieures d'un organe.

CORTINAIRE. Genre de champignons détaché du genre *Agaric* (voir ce mot), parce que, chez eux, la Cortine est formée de filaments aranéeux entrecroisés. Les *Cortinarius castaneus, præstans, armillatus, violaceus* et *cinnamomeus*, croissent dans les bois et sont comestibles.

CORTINE (de *cortina*, tenture). On donne ce nom à l'ensemble des débris du volva, qui, dans certaines espèces de champignons du groupe des *Agaricinées*, restent attachés au bord du chapeau et y constituent comme une couronne frangée.

CORVIDÉS (de *corvus*, nom latin du corbeau). Famille d'oiseaux de l'ordre des PASSEREAUX, section des *Coracirostres*, comprenant ceux qui, comme les corbeaux, ont un bec robuste et garni à la base de plumes sétiformes couvrant les narines. Ce sont, outre les corbeaux, les choucas, les pies, les geais, les loriots, etc.

CORVUS. Nom latin du Corbeau.

CORYDALIS (nom grec de l'alouette : allusion à l'éperon de la fleur qui rappelle le doigt postérieur de l'alouette). Genre de plantes dicotylédones, polypétales, hypogynes, de la famille des *Fumariacées*, et dont les caractères distinctifs sont : pétale supérieur prolongé en éperon, l'inférieur linéaire; silique bivalve, polysperme à graines lenticulaires. — Le type du genre est le **Corydalis jaune** (*C. lutea*), à tige rameuse, anguleuse, de 2 à 4 décimètres, à

feuilles composées de folioles obovales, incisées trifides. Fleurs jaunes en grappes terminales s'ouvrant en juin et juillet. Il croît sur les murs et les rochers. Nous citerons encore le **Corydalis à vrilles** (*C. claviculata*), à tige grimpante, rameuse, à folioles ovales ternées ou quinées ; pétiole terminé par une vrille rameuse accrochante, à fleurs jaune pâle, en grappes terminales peu fournies, s'épanouissant de mai à septembre, et le **Corydalis solida**, à fleurs purpurines.

CORYLUS. Nom latin du Coudrier. (Voir Noisetier.)

CORYMBE (du grec *corumbos*, cime, sommet). On désigne sous ce nom, en botanique, une inflorescence dans laquelle toutes les fleurs sont disposées sur un même niveau horizontal, comme un parasol, quoique portées par des pédicelles insérés à des niveaux différents.

CORYMBIFÈRES. Tribu de la famille des *Composées*, correspondant aux *Radiées* des anciens auteurs et rentrant aujourd'hui dans les *Composées tubuliflores* de de Candolle. (Voir Composées et Tubuliflores.)

CORYNÈTES (du grec *koryné*, massue). Genre d'insectes Coléoptères de la famille des *Clérides*. (Voir Clairon.)

CORYPHÈNES (du grec *coruphé*, sommet, et *phaeinos*, brillant). Genre de poissons de la famille des *Scombéridés*, à corps allongé et comprimé ; la tête et le dos tranchants à leur partie supérieure ; une seule nageoire dorsale, s'étendant presque depuis la nuque jusqu'à la queue. Ces poissons sont, avec

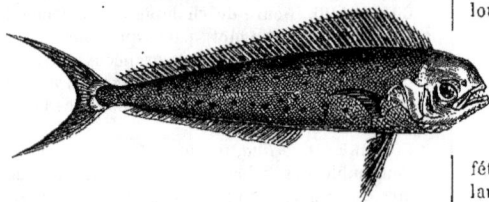

Grande Coryphène.

les chætodons, les plus brillants habitants de l'élément liquide ; leurs écailles semblent formées de petites plaques d'or et d'argent poli, d'où les rayons du soleil font jaillir mille nuances changeantes. La grâce et la souplesse de leurs mouvements ajoutent encore à leur beauté ; mais tout ce luxe de couleurs disparaît avec la vie. Voraces, hardis et très agiles, les Coryphènes poursuivent les poissons volants qui vont par bandes, et leur font une guerre acharnée. Telle est la gloutonnerie de ces poissons, qu'il suffit de l'appât le plus grossier pour les prendre. Les marins disposent à cet effet un bouchon, auquel ils fixent deux petites plumes en guise d'ailes et un fort hameçon pour figurer la queue ; à peine est-il mis à l'eau, que les Coryphènes se jettent dessus. — Parmi les espèces les plus remarquables de ce genre, nous citerons : la **Grande Coryphène**

de la Méditerranée (*Coryphæna hippurus*), grand et beau poisson, d'un bleu argenté en dessus, avec des taches bleues plus foncées sur le dos ; les nageoires sont jaunes ; ce poisson, que les Hollandais nomment *dolfyn*, est appelé à tort *daurade*, nom qui appartient au *Chrysophrys aurata*; la **Coryphène pompile** (*Centrolophus pompilus*, Cuv.), d'un bleu foncé glacé de verdâtre ; la **Coryphène pélagique** (*Coryphæna pelagicus*, Cuv.), très rapprochée de la grande Coryphène dont elle diffère par sa taille plus petite et sa tête plus allongée.

COSMOGONIE (de *kosmos*, monde, et *génos*, naissance). Ensemble des théories au moyen desquelles on cherche à expliquer l'origine du monde.

COSSE. Synonyme vulgaire de Gousse.

COSSUS. Les anciens donnaient ce nom à une larve d'insecte qui vivait dans l'intérieur des arbres, et qu'ils servaient sur leurs tables comme un mets délicat, après l'avoir engraissée en la nourrissant de farine. On a cru reconnaître, dans la description donnée par Pline, la larve d'un coléoptère longicorne, le *Cerambyx heros*. De nos jours, on donne ce nom, et d'après Linné, à un genre de lépidoptères de la famille des *Bombycides*, dont les chenilles longues, déprimées, glabres, armées de fortes mandibules, se pratiquent des galeries sous l'écorce des arbres, en mangent l'aubier, et sucent la sève. Elles attaquent aussi la partie ligneuse, et causent le plus grand mal aux arbres qui les recèlent, sans que rien, le plus souvent, indique au dehors leur présence. — L'espèce la plus commune, le **Cossus ronge-bois** (*C. ligniperda*), est un grand papillon de formes lourdes ; il a les ailes grisâtres, plus ou moins nébuleuses ; sa chenille, d'un rouge sanguin en dessus, jaunâtre en dessous, attaque principalement les ormes ; ceux de nos grandes routes en sont souvent infestés, et meurent avant l'âge par suite de ses dégâts. Ces chenilles, qui dégorgent une liqueur huileuse et fétide, ne peuvent avoir rien de commun avec les larves dont parle Pline.

COSTAL. Tout ce qui a rapport aux côtes : cartilages costaux, nerfs costaux, etc.

COTE. On donne vulgairement le nom de côte à la nervure médiane des feuilles simples ou au rachis des feuilles composées.

CÔTES. Os longs et courbes qui, chez les animaux vertébrés, forment les parties latérales du thorax et vont de la colonne vertébrale au sternum. Leur nombre et leur forme varient dans les diverses classes d'animaux. On en compte douze paires chez l'homme. (Voir Squelette.)

COTINGA (*Ampelis*). Genre d'oiseaux de la famille des *Turdidés*, ordre des Passereaux dentirostres, remarquables par leurs belles couleurs. Les Cotingas sont des oiseaux de la Guyane et du Brésil assez voisins des Gobe-mouches ; leur taille est à peu près celle du merle. — Nous citerons le **Cotinga pompadour**, d'un beau pourpre clair, avec les ailes blanches ; le **Cordon bleu**, du plus bel outremer, avec la poitrine violette traversée d'un ruban bleu ; le **Cotinga ouette**, à calotte et ventre écarlates, avec le reste du plumage rouge clair. — Ces oiseaux n'ont pour eux que la beauté de leur plumage, car ils n'ont pas de chant et leur chair est d'un fort mauvais goût.

COTON. (Voir Cotonnier.)

COTONEASTER (de *cotoneus*, qui ressemble au cognassier). Genre de plantes dicotylédones, polypétales, périgynes, de la famille des *Rosacées*, offrant pour caractères : calice à cinq lobes courts, persistant autour du disque du fruit ; trois-cinq styles ; fruit rouge, globuleux, à trois-cinq noyaux osseux, faisant saillie au milieu du disque. — Le type du genre, le **Cotoneaster commun** (*Cot. vulgaris*), vulgairement *néflier cotonneux*, est un arbrisseau non épineux, de 5 à 7 décimètres, à rameaux tortueux, à feuilles entières, ovales, cotonneuses en dessous ; à fleurs d'un blanc verdâtre, axillaires, en petits bouquets de deux à cinq ; fruit rouge, penché. Il croît sur les coteaux secs, les montagnes. — Une autre espèce, le **Cotoneaster pyracanthe**, vulgairement *buisson ardent*, qui croît dans le Midi, est cultivé dans les jardins, en raison du bel effet que produisent ses fleurs et ses fruits écarlates.

COTONNIER (*Gossypium*). Genre de plantes de la famille des *Malvacées*, tribu des *Hibiscées*. On en connaît une dizaine d'espèces, toutes indigènes dans la zone équatoriale. Le Coton du commerce est le duvet floconneux qui enveloppe leurs graines ; ces flocons se gonflent et débordent de toutes parts, lorsque la capsule s'ouvre à sa maturité. Les Cotonniers sont des herbes annuelles ou des arbrisseaux. Ils se distinguent par des feuilles ordinairement lobées ou palmées, par des fleurs élégantes, de couleur jaunâtre, dont le calice est accompagné d'un involucre à trois grandes bractées cordiformes et souvent incisées. Les Cotonniers font l'objet d'une culture très étendue, non seulement dans les contrées intertropicales, mais dans toutes celles dont le climat est assez chaud pour que l'oranger y prospère en plein air. — Sur le littoral de la Méditerranée, on ne cultive guère que le **Cotonnier herbacé** ou *Cotonnier de Malte* (*G. herbaceum*). Aux Antilles, on donne la préférence au **Cotonnier velu** (*G. hirsutum*) et au **Cotonnier de la Barbade** (*G. barbadense*). Dans l'Inde et dans la Chine, le **Cotonnier nankin** (*G. religiosum*) et le **Cotonnier arborescent** (*G. arboreum*) sont les espèces les plus estimées. — Dans le commerce, on les partage en cotons longue soie et coton courte soie ; en outre, on les désigne sous le nom du pays d'où ils proviennent. Voici l'ordre dans lequel on les range suivant leur beauté : Géorgie, Demerary, Fernambouc, Egypte, Nouvelle-Orléans, Bahia, Indes occidentales, Surate, Madras, Bengale. Les Cotonniers aiment un sol meuble léger, plutôt sec qu'humide. On sème les graines de coton dans de petites fosses, comme dans nos pays les haricots. Une irrigation modérée peut être utile dans les pays secs et chauds.

Les Cotonniers fleurissent trois ou quatre mois après leur sortie de terre, et la graine est mûre environ soixante-dix jours après ; elle devient alors jaune et s'ouvre, laissant sortir le duvet cotonneux. On le recueille en l'arrachant avec les doigts de l'intérieur de la capsule, et on l'expose à l'air sur des claies pour sécher, puis on le met dans des sacs à l'abri de l'humidité. Comme les semences viennent avec le coton lors de la cueillette, on em

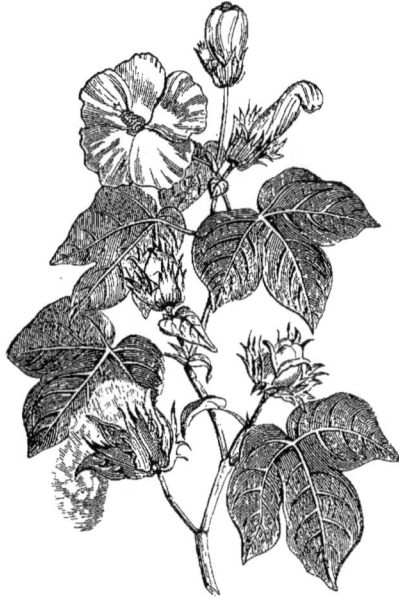

Cotonnier.

ploie, pour les en séparer, un moulin à égrainer. On donne ces graines aux bestiaux, à la volaille, ou on en extrait de l'huile. — Aucune substance textile animale ou végétale ne joue un rôle aussi considérable que le coton dans l'économie des sociétés modernes. Il n'en est aucune qui puisse servir à la fabrication d'étoffes plus variées. — Dans l'Asie équatoriale, l'usage de porter des vêtements de coton remonte à la plus haute antiquité, mais cet usage resta longtemps étranger aux Grecs et aux Romains. Lors de la découverte du nouveau monde, les étoffes de coton étaient employées par les Mexicains et les Brésiliens. Jusqu'à la fin du dix-huitième siècle, il ne se consommait pas en Europe une seule pièce de coton qui ne vînt de l'Hindoustan ; mais ce pays originaire de l'antique industrie cotonnière s'est trouvé, dans ces derniers temps, dépossédé principalement au profit de deux nations : les États-Unis pour la production de la matière première, et l'Angleterre pour la fabrication des fils et tissus. — Les essais faits en Algérie ont été couronnés d'un plein succès, et font espérer que bientôt la France ne sera plus, sous ce rapport, tributaire d'autres nations.

COTONNIÈRE. Nom vulgaire d'une plante du genre *Gnaphalium*.

COTTE (*Cottus*). Genre de poissons de l'ordre des ACANTHOPTÉRYGIENS, type de la famille des *Cottidés*, détachée du groupe des *Joues cuirassées* de Cuvier. Les Cottes offrent pour caractères : une tête large, déprimée, cuirassée et diversement armée d'épines et de tubercules ; deux nageoires dorsales, des dents au devant du vomer, mais non aux palatins ; six rayons aux branchies et trois ou quatre seulement aux ventrales. — Le type du genre *Cotte* est le Cha-

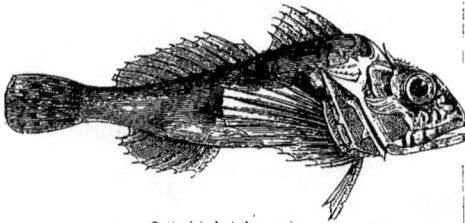

Cotte (chabot de mer).

bot de rivière (*C. gobio*), petit poisson noirâtre de 12 à 15 centimètres, qui se trouve dans les eaux douces de toute l'Europe. Nos pêcheurs le nomment *chapsot* et *têtard ; c'est le *bull head* des Anglais et le *capo grosso* des Italiens ; sa peau est nue, sans écailles visibles : elle présente des teintes grises ou brunes sur un fond verdâtre. Le Chabot de rivière est bon à manger ; les pêcheurs l'emploient comme appât pour prendre des anguilles qui en sont très friandes. Il recherche les fonds de sable et de gravier et se cache sous les pierres pendant le jour.— Le **Cotte de mer** ou *chaboisseau* (*C. scorpio*), de 20 à 25 centimètres de longueur, est d'un gris verdâtre, mélangé de marbrures noirâtres en dessus. Il a la tête très grosse, la bouche très large et son corps va en s'amincissant graduellement, sa tête et ses opercules sont garnis d'aiguillons. C'est un poisson vorace, nageant avec rapidité : sa chair n'est pas bonne à manger, mais son foie donne beaucoup d'huile. Les pêcheurs redoutent beaucoup les blessures de ses épines. — Le **Chabot à quatre cornes** (*C. quadricornis*) se distingue du précédent par les quatre tubercules qu'il porte au sommet de la tête. Il est assez répandu dans la mer Baltique et la mer du Nord.

BOTTIDÉS. Famille de poissons osseux (*Téléostéens*) ayant pour type le genre *Cotte*. (Voir ce mot.) Ce groupe comprend les *Cottes*, les *Scorpènes*, les *Trigles* et les *Dactyloptères*. Ces deux derniers genres ont des rayons libres sous les pectorales, servant d'organes tactiles ; les Cottes et les Scorpènes en sont dépourvus.

COTYLÉDON (du grec *cotulédôn*, petite coupe). Si l'on ouvre une graine d'un volume un peu considérable, tel qu'une amande, un haricot, on voit la masse de l'amande se séparer en deux parties, et abstraction faite des rudiments de la racine et de la tige (voir VÉGÉTAL), ces parties sont les Cotylédons qui, gonflés de fécule, sont destinés à nourrir la plante naissante. Une classe nombreuse de végétaux se reproduisant par des spores et non par des graines, n'ont pas de Cotylédons, on les nomme *Acotylédones* (voir CRYPTOGAMES) ; d'autres ont une graine indivise, et par conséquent un seul Cotylédon : ce sont les *Monocotylédones :* celles dont la graine se partage en deux Cotylédons sont dites *Dicotylédones :* de là la division des plantes en trois embranchements : Acotylédones, Monocotylédones et Dicotylédones. Toutefois, dans le genre *Cuscute*, les Cotylédons font complètement défaut, tandis que chez beaucoup de conifères, les pins et les sapins, par exemple, les Cotylédons sont au nombre de quatre à douze et verticillés.

COU. (Voir COL.)

COU ROUGE. Le Rouge-gorge.

COU TORS. Le Torcol.

COUAGGA. Espèce du genre *Cheval*. (Voir ce mot.)

COUCOU *(Cuculus).* Genre d'oiseaux de l'ordre des PASSEREAUX, section des *Zygodactyles*, type de la famille des *Cuculidés*, caractérisée par le doigt externe dirigé en arrière, le bec moyen, un peu recourbé, les ailes courtes, la queue étagée. Ce groupe comprend, outre les Coucous proprement dits, les Indicateurs, les Anis, les Couroucous, les Barbus. (Voir ces mots.) — Les Coucous ont un bec médiocre, assez fendu et légèrement arqué, les tarses courts, la queue longue, composée de dix pennes. Ce sont des oiseaux voyageurs qui vivent d'insectes et de chenilles. Ils sont célèbres par l'habitude singulière de déposer leurs œufs dans le nid d'autres oiseaux insectivores. Ils pondent à terre et transportent leur œuf, qui est très petit, avec leur bec ou leurs serres ; ils n'en introduisent qu'un dans chaque nid, mais les déposent tous dans des nids voisins, et ne cessent, dit-on, de les surveiller. L'oiseau dans le nid duquel l'œuf de Coucou a été introduit le couve comme les siens propres, même lorsque le Coucou a commencé par lui casser les siens, ce qui arrive fréquemment. Toutefois, s'il le surprend déposant son œuf dans le nid, il le chasse et casse l'œuf. Les Coucous choisissent presque toujours, pour y déposer leurs œufs, les nids des petites espèces, telles que le rouge-gorge, la fauvette, le rossignol, la bergeronnette, le bruant, etc., de sorte que le gros parasite fait presque toujours mourir de faim les enfants de la maison ; souvent même, en remuant, il les jette hors du nid les uns après les autres ; mais il est faux que, comme on l'a dit, il dévore sa mère nourrice, ainsi que ses petits, l'organisation du Coucou s'oppose d'ailleurs à cet acte carnassier. Sa mère adoptive continue ses soins au jeune Coucou, jusqu'au moment où celui-ci est assez fort pour sortir du nid. A cette époque, le petit étranger prend sa volée et rejoint ses parents avec lesquels il reste jusqu'à ce que son éducation soit terminée. Nous avons une espèce de ce genre généralement répandue en Europe ; c'est le **Coucou commun** (*C. canorus*), à peu près de la taille du merle, d'un gris cendré, à ventre blanc, rayé en travers de noir, la queue tachetée de blanc sur les côtés ; le jeune ayant du roux au lieu de gris. Il nous arrive par troupes au mois d'avril, et repart au

Coucou.

mois de septembre pour des contrées plus chaudes. Il se répand dans nos bois, où il s'apparie presque aussitôt : c'est alors qu'il commence à nous faire entendre ce chant si connu, dont on a tiré son nom, et qui cesse dès les premiers jours de juillet, époque du commencement de la mue. Le mâle seul a ce chant, qu'il produit en faisant des révérences à la manière des tourterelles. Le cri de la femelle est un *quic, quic, quic*. Les Coucous sont des oiseaux d'un caractère sauvage et hargneux ; ils ne souffrent dans leur district aucun autre oiseau de leur espèce, excepté leur femelle. Ils ne supportent pas la captivité et se laissent presque toujours mourir de faim. — Le **Coucou huppé** (*C. glandarius*) fait quelquefois son apparition en Europe. — On en connaît plusieurs espèces étrangères, dont quelques-unes, africaines (*C. auratus, C. cyprcus, C. chalcites*), qui ont un plumage d'un vert doré.

COUCOU. Nom vulgaire de la Primevère officinale.

COUDE (*Cubitus*). Articulation du bras avec l'avant-bras ; la partie de cette articulation qui porte plus spécialement le nom de Coude, est la saillie que l'apophyse olécrane du cubitus fait en arrière de l'articulation.

COU-DE-PIED. On donne ce nom à la région la plus élevée du dos du pied qu'on désigne en anatomie sous le nom de *tibio-tarsienne*. (Voir SQUELETTE.)

COUDRIER. (Voir NOISETIER.)

COUGUAR. Espèce du genre *Chat*. (Voir PUMA.)

COULANT. On donne ce nom en botanique à une tige grêle qui rampe à la surface du sol et fournit des racines à chacun de ses nœuds ; les fraisiers et les potentilles offrent cette particularité.

COULÉE. On donne ce nom en géologie à des masses rocheuses qui, primitivement fluides, se sont épanchées de leur point d'éruption sous forme de courants : coulées de lave, de basalte. (Voir ces mots.)

COULEUVRE (*Coluber*). Les anciens semblent avoir employé ce nom pour désigner les serpents en gé-

néral ; plus tard il servit à désigner tous les serpents non venimeux. Les naturalistes modernes le réservent aujourd'hui aux ophidiens privés de crochets venimeux (*Aglyphodontes*), à corps couvert d'écailles en dessus, avec des plaques entières sous le ventre, doubles sous la queue ; à tête couverte de neuf à douze écailles plus grandes que celles du reste du corps. Ainsi caractérisés, ils forment la famille des *Colubridés* qui renferme toutes les Couleuvres proprement dites, dont on connaît un très grand nombre qu'on a réparties dans plusieurs genres. — Les Couleuvres proprement dites (*Coluber*) sont des serpents de moyenne ou de petite taille, dont la nourriture varie selon les espèces, mais consiste toujours en animaux qu'ils prennent tout vivants. Il est faux, quoi qu'on en dise, que les Couleuvres aillent manger les fruits dans les jardins et sucer le lait des vaches dans les prairies et dans les étables ; leurs lèvres écailleuses ne permettraient pas la succion. Leur langue bifurquée, que le vulgaire prend pour un dard, est douée de mouvements

Couleuvre à collier.

rapides et rétractiles dans un fourreau basilaire. Elles pondent une ou deux fois chaque année, un assez grand nombre d'œufs oblongs et membraneux, attachés en chapelet les uns aux autres, et que la chaleur du soleil fait éclore. Ce genre contient un grand nombre d'espèces, répandues dans toutes les parties du globe ; celles des pays froids ou tempérés s'enfoncent en terre en automne et y restent engourdies pendant tout l'hiver. On en trouve dans toute la France. Les Couleuvres sont des animaux inoffensifs, qui n'ont pas de venin ; tout au plus peuvent-elles mordre comme les lézards et sans entamer la peau. Cependant le vulgaire les redoute souvent à l'égal de la vipère (voir ce mot), dont ils ne savent pas les distinguer, ce qui est facile toutefois rien qu'à examiner la tête. — On a divisé ces ophidiens en Couleuvres terrestres et Couleuvres d'eau douce ; parmi les premières, nous citerons la **Couleuvre commune** ou verte et jaune (*C. viridiflavus*), la **Couleuvre d'Esculape** (*Elaphis Æsculapi*), la **Couleuvre à quatre raies** (*E. quadriradiatus*), toutes trois de la France. Ces serpents habitent de préférence les plaines et les lieux couverts de bruyères ;

on les rencontre dans le Midi, ainsi qu'à Fontainebleau. Les espèces aquatiques sont : la **Couleuvre à
collier** (*Tropidonotus natrix*) et la **Couleuvre vipérine**
(**T.** *viperina*); cette dernière espèce est regardée

Tête de vipère.   Tête de couleuvre.

comme ovovivipare; elle doit son nom à ses couleurs qui rappellent assez celles de la vipère. Toutes
deux vivent dans le voisinage des eaux douces et
nagent fort bien. — La Couleuvre de Montpellier
forme le genre *Cœlopeltis*, type de la tribu des *Colubriformes*. (Voir ce mot.)

COULEUVRÉE. (Voir BRYONE.)

COUMA et **COUMIER.** Grand arbre des forêts de la
Guyane, appartenant à la famille des *Apocynacées*.
Il s'élève à 10 mètres environ. Son tronc, recouvert
d'une écorce grise, laisse écouler lorsqu'on l'incise
un suc résineux. Ses branches, très ramifiées, portent des feuilles ovales, entières, verticillées par
trois; ses fleurs sont roses, groupées en panicules;
son fruit, de la grosseur d'une prune, à pulpe rouge
renfermant de trois à cinq graines, est agréable au
goût; on lui donne le nom de *poire de Couma.*

COUMAROU, COUMAROUNA (*Dipteryx*) (noms donnés à cet arbre par les indigènes). Grand arbre
de la famille des *Légumineuses papilionacées* qui
habite les forêts de la Guyane. Son bois, d'un jaune
rosé et d'une dureté extrême, est employé aux
mêmes usages que le *gaïac*. Son fruit a la forme et
la structure d'une grosse amande; c'est une gousse
épaisse, jaunâtre, qui renferme une graine ovale
oblongue noirâtre, plus ou moins ridée quand elle
est sèche, et bien connue sous le nom de *fève-
tonka*, d'où l'on extrait la coumarine. Cette graine
possède une odeur aromatique très agréable qui la
fait employer en Europe à parfumer le tabac à pri-
ser; les Indiens Galibis en font des colliers. Cette
graine contient une huile grasse odorante que l'on
emploie dans la parfumerie.

COUPE-BOURGEONS. (Voir RHYNCHITE.)

COUPEUR D'EAU. Nom vulgaire du Bec-en-ciseaux.
(Voir ce mot.)

COURBARIL (*Hymenœa*). Bel arbre de la famille des
Légumineuses cœsalpiniées, qui habite les contrées
chaudes de l'Amérique méridionale. Il est élevé de

7 à 8 mètres, à cime étalée, à feuilles alternes, à
fleurs disposées en panicules terminales, à gousse
ligneuse et féculente. De son tronc recouvert d'une
écorce épaisse et rugueuse, d'un brun rougeâtre,
découle une gomme jaunâtre, d'une odeur agréable
employée au Brésil comme médicament dans les
affections pulmonaires. Cette gomme, connue en
Europe sous le nom de *gomme animé* d'Amérique,
copal tendre, sert à la fabrication des vernis. Le
Courbaril est très dur, il est employé dans la charpente et l'ébénisterie.

COUREURS (*Cursores*). Ordre de la classe des OI-
SEAUX, caractérisé par un sternum aplati, pourvu
de carène ou *bréchet*, par des ailes rudimentaires,
impropres au vol. L'absence des rémiges aux ailes
et de rectrices à la queue leur a fait donner aussi le
nom de *brévipennes*. Leurs pieds ont trois doigts,
quelquefois deux seulement dirigés en avant, le
pouce fait toujours défaut, excepté chez l'aptéryx.
Les pattes sont fortes, robustes et dépourvues de
muscles vigoureux, tandis que ceux de la poitrine
et de l'épaule sont peu développés; les clavicules
manquent ou sont rudimentaires. Ce sont, en général, des oiseaux de forte taille, qui courent
rapidement, mais ne volent pas. Ils habitent les
plaines désertes des régions chaudes de l'hémisphère sud, et se nourrissent de substances végétales. On divise cet ordre en trois familles : 1° celle
des **Autruches** ou *Struthionidés*, 2° celle des **Casoars**
ou *Casuaridés*, et 3° celle des **Aptéryx** ou *Aptérygidés*.
(Voir ces mots.) On y joint les *Dinornithidés*, qui
comprennent quelques oiseaux gigantesques dont
la race est disparue. Ce sont les Dinornis, Épiornis, Palaptéryx. (Voir ces mots.)

COURE-VITE. (Voir COURT-VITE.)

COURGE (*Cucurbita*). Genre de plantes de la famille
des *Cucurbitacées* à fleurs ordinairement unisexuées,
campanulées, à divisions peu profondes : fleurs mâles à cinq sépales étroits, cinq étamines uniloculaires; fleurs femelles à ovaire infère, surmonté
d'un style à trois branches. Le fruit est une grosse
baie coriace à la surface et dont la pulpe comestible
renferme beaucoup de graines allongées, aplaties.
— La **Courge calebasse** (*C. lagenaria*) est une plante
annuelle, à tige couchée, poilue, armée de vrilles
latérales, à feuilles alternes, grandes, cordiformes,
longuement pétiolées. Ses fleurs sont blanches ou
jaunes, en entonnoir; son fruit varie beaucoup
dans sa forme, qui est tantôt celle d'une grosse
poire, tantôt celle d'une massue; d'autres fois il est
très allongé, cylindrique, sec, crustacé extérieurement et rempli à l'intérieur d'une pulpe aqueuse et
jaunâtre contenant les graines. La Calebasse, originaire de l'Inde, se cultive aujourd'hui dans toutes
les parties de l'Europe. Ses fruits sont rarement
employés comme aliment, quoique la pulpe qu'ils
renferment soit bonne à manger. Leurs graines
sont employées en médecine comme celles du melon. A ce genre appartiennent les **Potirons** (*C. maxima*), le **Giraumon** (*C. pepo*), le **Patisson** (*C. melopepo*),

toutes espèces cultivées pour l'alimentation. (Voir POTIRON.)

COURLAN. Espèce de Courlis de la Guyane.

COURLIS. Genre d'oiseaux ÉCHASSIERS LONGIROSTRES de la famille des *Scolopacidés*. Les Courlis (*Numenius*) ont le bec arqué comme les ibis, mais plus grêle, rond sur toute sa longueur ; le bout de la mandibule supérieure dépassant l'inférieure : ils

Courlis corlieu.

ont quatre doigts, trois antérieurs, palmés à la base, et un postérieur qui ne touche à terre que par le bout. Ces oiseaux vivent sur le bord de la mer et des fleuves, dans les marais, les prairies, et s'avancent aussi dans l'intérieur des terres; ils se nourrissent de vers, d'insectes et de mollusques. Leur démarche est grave et mesurée ; leur vol soutenu et très élevé, mais ils ne perchent pas. Ils vivent par grandes troupes, hors le temps de la pariade, où ils s'isolent par couples; ils nichent sur le sable ou dans les herbes, et les petits quittent le nid dès leur naissance, pour aller chercher eux-mêmes leur nourriture. — Nous en avons deux espèces en Europe. Le **Courlis commun** (*N. arcuatus*), long de 60 centimètres et plus, y compris le bec qui a 15 centimètres, est brun avec le bord de toutes les plumes blanchâtre, la queue rayée de blanc et de brun. C'est un gibier médiocre qui s'arrête peu dans l'intérieur des terres, mais qui est commun le long de nos côtes, et en particulier dans les pays qu'arrose la Loire. Il se trouve dans presque toute l'Europe. — Le **Corlieu d'Europe** ou *petit Courlis* (*N. phæopus*) est de moitié moindre que le précédent, mais à peu près de même plumage. Il est plus rare en France que le précédent.

COURONNE. On nomme ainsi la partie des dents qui s'élève libre au-dessus de la gencive.

COURONNÉ. Se dit en botanique de tout fruit qui, provenant d'un ovaire adhérent, est terminé par le limbe du calice persistant comme dans la pomme et la poire.

COUROUCOU (du cri de ces oiseaux) (*Trogon*). Genre de passereaux ZYGODACTYLES (*Grimpeurs de*

Cuvier), de la famille des *Cuculidés,* ayant pour caractères : un bec court et voûté plus large que haut, courbé à la pointe et garni à la base de longs poils qui cachent les narines; les ailes sont obtuses, les tarses courts et grêles, presque entièrement emplumés. Les Couroucous sont des oiseaux des régions tropicales; ils vivent solitaires, dans les endroits les plus retirés des forêts. Leur vol est vif et onduleux, mais court; ils semblent craindre le grand jour et ne sortent guère que le matin et le soir pour chasser aux insectes et aux chenilles dont ils font leur nourriture. Leur cri, assez semblable à celui des tourterelles, peut être représenté par les syllabes *cou-rou-couou...*, d'où leur nom. Les Couroucous sont de magnifiques oiseaux ornés des couleurs les plus brillantes où dominent le vert glacé d'or, l'azur, le noir velouté; le dessous du corps est en général rouge, orange ou jaune. — Le **Couroucou resplendissant** (*T. pavoninus*) est d'un vert d'émeraude glacé d'or à reflets pourprés; sa tête est surmontée d'une huppe; les grandes pennes de la queue s'allongent en quatre rubans flottants de 80 centimètres de longueur; le dessous du corps est d'un rouge vermillon, les rémiges sont noires, les latérales blanches. Ce magnifique oiseau habite le Brésil et le Mexique, où les dames créoles se parent de son plumage. — Le **Couroucou temnure** (*T. temnurus*) de Cuba est d'un vert bleu doré avec la gorge et le ventre d'un gris ar-

Couroucou du Pérou (*Trogon peruviensis*).

doisé. Le **Couroucou du Pérou** (*T. peruviensis*), que nous figurons ici, est en dessus d'un vert chatoyant magnifique, avec la poitrine d'un noir velouté et le ventre rouge. Sa queue, d'un beau vert bronzé, a ses plumes médianes plus longues et terminées en pointe.

COURTILIÈRE, *Gryllotalpa* (du vieux mot français *courtil,* jardin). Genre d'insectes de l'ordre des ORTHOPTÈRES, famille des *Gryllidés,* connus vulgairement sous le nom de *taupes-grillons,* de leur double ressemblance avec les animaux de ce nom. Cet insecte singulier a, en effet, le facies du grillon, mais ses pattes de devant larges, aplaties, dentées et tranchantes en dedans rappellent les pattes antérieures de la taupe, et lui servent comme à elle de mains pour fouir la terre et couper les racines. Le corps est gros, le corselet ovale et bombé comme une carapace d'écrevisse ; les élytres sont courtes, les ailes repliées en forme de lanière dépassent de beaucoup les élytres. — La **Courtilière commune** (*G. vulgaris*) ou *jardinière* est de couleur enfumée ; elle se trouve dans les prairies, les potagers et près des fumiers ; elle est très connue par les dégâts qu'elle fait dans les jardins, où elle ronge les racines des sa-

Courtilière.

lades, des melons, des fraisiers, et où elle creuse sous la terre, à l'aide de ses pattes de devant, de longues galeries. Elle vit aussi de proie vivante, et n'épargne même pas sa progéniture, au moins le mâle, car la femelle possède un instinct particulier pour protéger ses œufs ; elle fabrique une espèce de sphère creuse en terre, dans l'intérieur de laquelle elle introduit ses œufs, quelquefois au nombre de trois cents. L'ouverture en est ensuite soigneusement fermée. La mère n'abandonne pas au hasard l'espoir de sa postérité. Elle veille sur le berceau de sa famille, elle le transporte quelquefois à la surface de la terre pour y jouir des douces influences de la chaleur ; d'autres fois elle le retire jusqu'au fond de son terrier quand elle craint l'humidité, ou qu'elle redoute quelque autre péril. Ce n'est que pendant la nuit que les Courtilières sortent de leur retraite et font usage de leurs ailes. Les petits éclosent un mois après la ponte ; aux ailes près, ils ressemblent déjà à leurs parents. Au bout d'un mois, ils changent de peau et se dispersent en creusant des galeries dans toutes les directions, coupant et dévorant tout ce qu'ils rencontrent sur leur passage. A l'automne, ils creusent profondément le sol et s'enfoncent en terre pour échapper au froid ; ce n'est qu'au bout de trois ans qu'ils arrivent à l'état d'insecte parfait. Les Courtilières font de grands ravages dans les champs de blé, d'orge et surtout dans les potagers, où leur pré-

sence est dénoncée par la végétation jaunie et flétrie. Les moyens employés pour détruire ces insectes nuisibles consistent à rechercher leur trou qu'on emplit d'eau ou d'huile, ou à placer en terre le long des plates-bandes des vases remplis d'eau, dans lesquels ils viennent souvent se noyer.

COURT-VITE (*Cursorius*). Genre d'oiseaux de l'ordre des Échassiers, famille des *Alectoridés* (Pressirostres, de Cuvier), qui doivent leur nom à l'étonnante rapidité de leur course. Ce sont des oiseaux voisins des Outardes, qui habitent les plaines de l'Afrique et de l'Asie ; une espèce, le **Court-vite Isabelle**, originaire du nord de l'Afrique, s'égare parfois en Europe et jusqu'en France.

COUSIN (*Culex*). Les Cousins ou *Culicidés* (du nom latin du Cousin, *culex*) forment une famille de l'ordre des Diptères, section des *Némocères*. — Le type bien connu de ce groupe d'insectes est le **Cousin commun** (*C. pipiens*), dont nous allons décrire les mœurs identiques à celles des autres espèces. Le Cousin a le corps mince, très allongé ; son dos bossu porte deux ailes longues et fines ; sa tête est surmontée de deux antennes, plumeuses chez le mâle, velues chez la femelle, et se prolonge en une trompe très déliée ; enfin son corps grêle est supporté par des pattes d'une longueur excessive. La trompe du Cousin est un étui velu, qui renferme quatre lames d'une finesse extrême, les unes dentelées en scie, les autres effilées comme des lames d'épée ; c'est avec cet appareil effrayant que l'insecte perce notre peau pour se gorger de notre sang ; l'étui est fendu longitudinalement et se termine par un bourrelet ou anneau complet ; à mesure que l'aiguillon pénètre dans la chair, l'étui se courbe en arc jusqu'à former un angle qui devient de plus en plus aigu, tandis que le bourrelet de l'étui reste appliqué sur le bord de la plaie, et sert à maintenir les lames minces et flexibles de l'aiguillon. Celles-ci, parfaitement jointes ensemble, font l'office d'une pompe par où monte le sang. Bien que la piqûre du Cousin soit légère en elle-même, elle cause une douleur très cuisante, qu'il faut attribuer au venin que l'insecte verse dans la plaie. Une goutte d'alcali volatil guérit l'inflammation qui en résulte. Lorsque la femelle a été fécondée, elle se place sur quelque brin d'herbe à fleur d'eau, puis croisant ses jambes de derrière, elle dépose un à un ses œufs en forme de bouteille, et les maintient debout avec ses pattes, jusqu'à ce que leur masse offre une surface suffisante pour voguer sans risque. Environ quarante-huit heures après la ponte, il sort de chaque œuf un petit ver ou larve qui vit dans l'eau et nage avec rapidité ; cette larve a la partie antérieure du corps très renflée, et rappelle assez la forme du têtard. C'est dans les eaux croupissantes des mares et des étangs que vivent ces larves ; elles se nourrissent de tous les débris infects qu'elles contiennent et préviennent ainsi, ou du moins retardent, la corruption des eaux. Elles se changent bientôt en nymphes, qui vivent aussi dans l'eau, et se préparent, huit ou dix jours après, à subir leur transformation en insecte parfait. Cette dernière métamorphose du Cousin, qui d'un animal aquatique va en faire un volatile, est un des traits les plus curieux de son histoire. La nymphe, qui s'apprête à quitter son humide séjour,

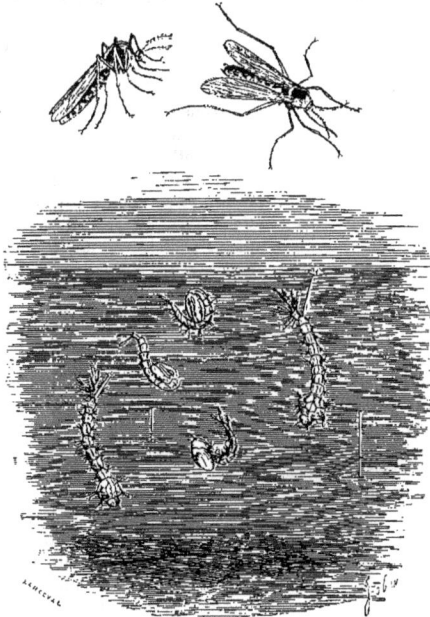

Cousin.

monte à la surface de l'eau et s'y tient immobile. Sa peau se gonfle, se fend sur le dos, et laisse paraître le corselet du cousin. La tête commence à se dégager ; c'est un moment très critique pour l'animal : l'eau, qui était son élément, lui serait maintenant funeste. Un souffle dans l'air, une secousse maladroitement donnée, la moindre oscillation vont le submerger ! Aussi n'est-ce que grâce aux plus grandes précautions et au bout d'un temps assez long qu'il parvient à se débarrasser peu à peu de sa dépouille. La peau de la nymphe est devenue un petit batelet, capable de supporter le Cousin, qui se dresse au milieu comme un mât. Si le vent vient à souffler, l'insecte reste immobile, et la frêle nacelle glisse sur l'eau. Au premier moment de calme, le Cousin dégage ses pattes, ses ailes, et s'élance dans les airs. — Sous le climat que nous habitons et surtout dans les villes, le Cousin ne paraît pas un fléau redoutable ; mais dans les régions tropicales, et surtout dans les pays marécageux où ces insectes pullulent, ils ne laissent aucun repos, et l'on ne peut leur échapper qu'en s'enveloppant de ces voiles de gaze nommés *moustiquaires*. Linné et d'autres voyageurs rapportent avoir vu des malheureux dont les membres étaient rendus monstrueux par les pi-

qûres réitérées de ces animaux. C'est dans le seul but de se préserver de leurs cruelles attaques que les Hottentots se frottent le corps de graisse, et que les naturels de l'Amérique du Sud s'enduisent le corps d'ocre rouge. Dans ces contrées, on donne aux Cousins les noms de *moustiques* et de *maringouins*. Le Cousin commun paraît ne s'attaquer qu'à l'homme ; mais une espèce voisine, le *Culex equinus*, tourmente particulièrement les chevaux.

COUSSO (*Brayera abyssinica*). Arbre des régions montagneuses de l'Abyssinie, atteignant 18 à 20 mètres de hauteur, à rameaux étalés, à feuillage touffu et à fleurs en grappes terminales ou axillaires de 25 et 30 centimètres de longueur. Cette plante appartient à la famille des *Rosacées*, tribu des *Agrimoniées*. Ses fleurs pulvérisées et en infusion sont employées comme vermifuges, principalement contre le ténia.

COUTEAU. Nom vulgaire d'un mollusque du genre *Solen*.

COUTURIÈRE. Nom vulgaire d'une espèce de Fauvette (*Sylvia sutoria*) et du Carabe doré.

COUVAIN. On nomme ainsi les œufs et les larves des Abeilles. (Voir ce mot.)

COUVAISON. Synonyme d'Incubation.

COXAL [Os] (de *coxa*, hanche). On donne parfois ce nom à l'os *iliaque*, qui forme les parties latérales du bassin et la saillie de la hanche.

COYPOU. (Voir Myopotame.)

CRABE (*Cancer*). Nom vulgaire sous lequel on désigne indistinctement les Crustacés décapodes composant le sous-ordre des Brachyures (queue courte). Ces crustacés se distinguent par leur queue plus courte que le tronc, sans nageoires, se reployant en dessous à l'état de repos, pour se loger dans une fossette de la face inférieure. Cette queue est triangulaire dans les mâles, bombée dans les femelles

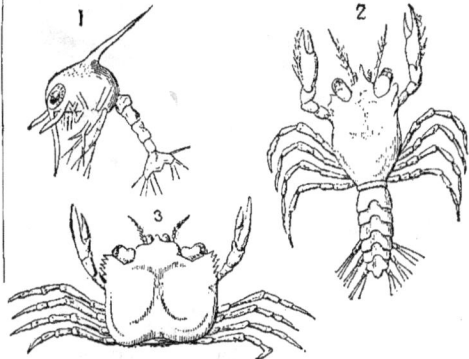

Crabe.
1. Zoæa. — 2. État intermédiaire. — 3. Crabe adulte.

et portant chez ces dernières cinq paires de fausses pattes en forme de doubles filets, destinées à soutenir les œufs. Les antennes sont petites ; les intermédiaires, ordinairement logées dans une fossette sous le bord antérieur, se terminent chacune par deux filets très courts. Leur carapace est très grande, généralement plus large que longue, et embrasse la tête; on la nomme céphalothorax. Sur le devant de la carapace on voit saillir les yeux portés sur un court pédicule; les pattes antérieures, au nombre de deux, sont très fortes et terminées par des pinces ou serres dont les dimensions sont quelquefois monstrueuses. Les Crabes subissent des métamorphoses; ils débutent par l'état de Zoœa et offrent alors un céphalothorax pourvu d'un seul œil médian et surmonté d'une épine dorsale et un abdomen allongé rudimentaire. Il perd ensuite ses parties cuticulaires et prend peu à peu la forme adulte. — Les Crabes habitent en général les côtes maritimes, surtout celles qui sont rocailleuses; mais nulle part ils ne sont plus communs que dans les régions de l'équateur et des tropiques; ils sont carnassiers et se nourrissent de débris d'animaux. Craintifs, solitaires, ces crustacés ne chassent que la nuit, et se tiennent pendant le jour cachés dans les fentes et les crevasses des rochers. Ils sont très prolifiques, et dans beaucoup d'espèces, chaque portée se compose de quatre à six cents individus dont le développement s'accomplit dans l'espace d'une année. Quelques espèces fournissent un aliment assez agréable au goût, mais lourd et indigeste. Les espèces très nombreuses que renferme cette famille ont été réparties dans plusieurs genres; mais leur forme générale est la même, et ils ne diffèrent les uns des

Crabe nageur ou étrille.

autres que par quelques particularités dans les organes du mouvement et la forme de la carapace. — Les principales familles adoptées aujourd'hui sont: les *Dromiidés*, *Majidés*, *Cancridés*, *Grapsidés*, *Leucosiidés*, etc. Parmi les espèces les plus intéressantes du groupe des Cancridés ou crabes proprement dits, nous citerons : le **Crabe poupart** ou *tourteau* (C. *pagurus*), commun sur nos côtes occidentales; il atteint 25 à 30 centimètres de largeur, et pèse jusqu'à 2 et

même 3 kilogrammes; son test est roussâtre; sa chair est assez estimée. — Le **Crabe commun** ou *ménade* (*Carcinus mœnas*), très répandu sur nos côtes, où on le nomme *Crabe enragé* ou *Cranque*, est beaucoup plus petit que l'espèce précédente. Son test est verdâtre, finement chagriné. On le rencontre par milliers à marée basse dans la baie de Somme. — L'**Étrille** (*Portunus puber*) a le test couvert d'un duvet jaunâtre; sa chair est très délicate.— Le **Maïa** (*Maïa squinado*), type du groupe des Majidés, que, sur les côtes de la Méditerranée, on appelle *araignée de mer*, est une grosse espèce tout hérissée d'épines et de tubercules. — Les **Pinnothères** sont de très petits Crabes qui s'introduisent et vivent dans les coquilles de moules; beaucoup de personnes attribuent à leur présence, mais à tort, l'espèce d'empoisonnement que produisent parfois ces mollusques sur ceux qui les mangent. (Voir MOULE.) — Parmi les espèces étrangères, nous citerons le **Crabe géant** de la Nouvelle-Hollande, espèce monstrueuse, dont les serres sont aussi grosses que le bras d'un homme. Les colons d'Amérique désignent sous les noms de *tourlouroux*, *Crabes de terre*, *Crabes violets*, *Crabes peints*, les *Gécarcins*, crabes terrestres, dont une espèce surtout, le *Gecarcinus ruricola*, a donné lieu à beaucoup de récits merveilleux. Ce que l'on sait de certain, c'est que ces animaux passent une partie de leur vie sur la terre, se cachent dans des trous et ne sortent que le soir. Il y en a qui vivent constamment dans les cimetières. Une fois par année, lorsqu'ils veulent faire leur ponte, ils se rassemblent en bandes innombrables, et se dirigent vers la mer en suivant la ligne la plus courte, sans s'embarrasser des obstacles qu'ils peuvent rencontrer. Les espèces de Crabes sont d'ailleurs en nombre considérable. Elles ont été décrites dans l'*Histoire des Crustacés*, de M. Milne Edwards. On connaît plusieurs Crabes fossiles; ils appartiennent surtout aux terrains tertiaires.

On nomme vulgairement :

Crabe des moules, le Pinnotère;

Crabe peint et **Crabe de terre**, un Gécarcin d'Amérique.

CRABIER. Nom donné à divers animaux qui se nourrissent de crabes, entre autres à un mammifère du genre *Raton*, et à un oiseau du genre *Héron*. (Voir ces mots.)

CRABRON. Genre d'insectes de l'ordre des HYMÉNOPTÈRES, famille des *Spégidés* ou *Fouisseurs*, à antennes coudées, à mandibules terminées en pointe. Leur tête est forte, quadrangulaire, leur thorax globuleux, leur abdomen lisse et noir, ordinairement taché ou annelé de jaune. Les Crabrons ont le port et les formes de grosses guêpes; ils se nourrissent du suc des fleurs; mais leurs larves sont carnassières. Les femelles creusent un trou dans la terre ou le bois pourri, y déposent leurs œufs et approvisionnent les larves qui en sortiront avec des chenilles et des insectes qu'elles piquent de leur aiguillon.—L'espèce la plus répandue dans notre pays est le **Crabron** à grosse tête (*Crabro cephalotes*), noir, avec une tache d'un jaune doré sur la tête et une tache ferrugineuse sur les côtés de l'abdomen.

CRACHAT DE COUCOU. (Voir CERCOPE.)

CRAIE. Variété de chaux carbonatée. (Voir CALCAIRE et CRÉTACÉ [*Terrain*].)

CRAMBÉ (du grec *krambê*, chou marin). Genre de plantes de la famille des *Crucifères*, dont l'espèce type, le *Crambe maritima* ou *chou marin*, croît sur les bords de l'Océan. C'est une plante herbacée vivace, dont les jeunes pousses, blanchies par l'étiolement, constituent un légume excellent. On la cultive en Angleterre comme plante potagère. Elle s'élève de 3 à 5 décimètres, ses feuilles inférieures sont grandes, ondulées, glauques et ses fleurs en grappes terminales blanches.

CRAMPONS (*Fulcra*). Appendices plus ou moins longs qui naissent sur certaines tiges (*le lierre*), et servent à fixer la plante sur les corps voisins.

CRAN et **CRANSON.** Noms vulgaires d'une espèce du genre *Cochléaria*. (Voir ce mot.)

CRANE (*Cranium*). La tête est formée de deux parties : le *crâne* proprement dit, qui renferme le cerveau (voir ce mot), et la *face*, réceptacle des principaux organes des sens et de l'appareil de

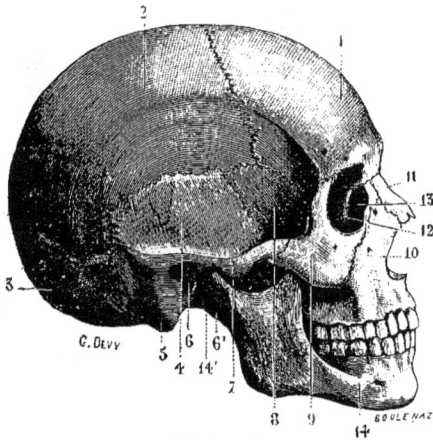

Crâne humain.

1, frontal ; 2, pariétal ; 3, occipital ; 4, temporal ; 5, apophyse mastoïde ; 6, conduit auditif externe ; 6' fosse temporale ; 7, arcade zygomatique ; 8, sphénoïde ; 9, os malaire ; 10, maxillaire supérieur ; 11, os propres du nez ; 12, orbite ; 13, canal lacrymal ; 14, maxillaire inférieur ; 14', son condyle.

mastication. Le crâne est composé de huit os, dont quatre médians et impairs : le *frontal*, l'*ethmoïde*, le *sphénoïde* et l'*occipital*, et deux latéraux doubles et symétriquement placés : le *pariétal* et le *temporal*. La forme habituelle du crâne chez l'homme est celle d'un ovoïde à grosse extrémité postérieure; son volume est plus considérable chez l'homme que chez la femme; sa capacité (qui s'obtient en remplissant, suivant certaines règles, la cavité avec

du plomb n° 8) est égale en moyenne à Paris à 1 560 centimètres cubes chez le premier, et à 1 340 centimètres cubes seulement chez la seconde. A la naissance, les os de la voûte du crâne, extrêmement minces, se touchent par leurs bords, mais sont encore séparés au niveau de leurs angles, où une membrane fibreuse constitue seule la paroi crânienne; ces espaces membraneux ont reçu le nom de *fontanelles*. Ce n'est qu'à la fin de la première année qu'ont disparu les dernières traces de ces espaces membraneux et que les os se joignent sur toute l'étendue de leurs bords. — Chez l'homme, le crâne, très développé, est placé au-dessus de la face; chez les mammifères, il se rapetisse et se reporte de plus en plus en arrière. Ces deux caractères ont une haute importance et il en découle toute une série d'autres caractères secondaires, qui, à leur tour, contribuent à la distinction de l'homme et des animaux et aussi des races humaines entre elles. Pour les apprécier, les anthropologistes ont adopté diverses méthodes : telles sont la mesure des *angles faciaux* (voir ANGLE FACIAL), des angles sphénoïdaux, occipitaux, des projections faciales et crâniennes, etc. Les formes générales du crâne sont exprimées par l'*indice céphalique* que l'on trouve en établissant la proportion centésimale de la largeur du crâne à la longueur supposée égale à 100. Quand le rapport ainsi obtenu est inférieur à 75, le crâne est dit *dolichocéphale* vrai. Entre 75 et 77,7, il est *sous-dolichocéphale;* entre ce dernier chiffre et 80, il est *mésaticéphale*. Au-dessus de 80, il est *sous-brachycéphale;* la *brachycéphalie* vraie commence à 83,3.

CRANGON. (Voir CREVETTE.)

CRANIOLOGIE. Partie de l'anthropologie qui s'occupe plus spécialement de l'étude et de la description du crâne.

CRANIOMÉTRIE. On donne ce nom aux procédés employés au moyen de certains instruments pour déterminer les dimensions du crâne, les rapports avec la face, etc. (Voir RACES HUMAINES.)

CRANSON. (Voir COCHLÉARIA.)

CRAPAUD (*Bufo*). Genre de la classe des BATRACIENS, ordre des ANOURES, type de la famille des *Bufonidés*. Ils diffèrent des grenouilles par la courte étendue des pattes de derrière, par les tubercules ou verrues qui hérissent leur peau et par l'absence complète de dents aux mâchoires. Quelques merveilleuses propriétés que l'antique magie ait prêtées à cet immonde et difforme animal, quelque réprobation qu'aient jetée sur lui les croyances superstitieuses des habitants de nos campagnes, il est aujourd'hui reconnu que le Crapaud n'a rien de venimeux, au moins pour l'homme et les grands animaux. Cependant, il épanche une bave jaunâtre qui paraît être un poison mortel pour les petits animaux ; et, lorsqu'on le tourmente, il se gonfle et darde par l'anus une liqueur irritante capable d'occasionner de vives douleurs, pour peu qu'elle atteigne les yeux. Le Crapaud se nourrit de vermisseaux, de chenilles, de petits insectes, etc., et en cela il rend de signalés services à l'agriculture. Presque toutes les espèces de ce genre fuient la lumière ; elles se retirent dans les lieux humides et sombres, dans les excavations des vieux murs, sous les pierres et même dans la terre. On remarque chez ces reptiles moins d'attrait pour l'eau que chez les grenouilles ; ils en approchent même rarement, excepté dans le temps de la ponte, pour y déposer leurs œufs. Ces œufs sont pondus par la femelle en longs chapelets, comme ceux des grenouilles. Les petits se développent sous la forme de têtards et vivent primitivement dans les eaux. Le Crapaud paraît jouir d'une grande longévité ; sa vie est peu active, mais elle est très tenace ; son action peut être considérablement ralentie, sans cependant se détruire ; et, comme ces animaux respirent peu et sont d'ailleurs susceptibles d'hibernation, ils peu-

Crapaud commun.

vent demeurer pendant assez longtemps renfermés dans un espace très resserré. Il ne faut pas croire cependant qu'on puisse rencontrer des Crapauds vivants renfermés dans des pierres ou dans des roches pendant de nombreuses années ; ce sont là des contes absurdes. Il en est de même des pluies de Crapauds : cette dernière croyance est fondée, sans doute, sur ce que les pluies brusques et abondantes, inondant leurs retraites, les forcent à sortir de leurs trous, et qu'ils paraissent subitement et en grand nombre à la surface de la terre, là où on n'en voyait pas quelques instants auparavant ; mais, comme le disait plaisamment Rey, celui qui peut croire qu'il pleut des Crapauds peut croire aussi aisément qu'il peut pleuvoir des veaux. — Le genre Crapaud comprend une trentaine d'espèces, dont dix sont originaires de l'Europe. — Le Crapaud vert ou Calamite (*Bufo calamita*), à fond vert et mouchetures écarlates, est long de 5 à 6 centimètres ; le Crapaud commun (*B. vulgaris*) est long de 8 à 10 centimètres. On trouve ces deux espèces aux environs de Paris. — Le Crapaud accoucheur (*Alytes obstetricans*), petite espèce commune en France, est gris, ponctué de noir. Au temps de la ponte, ce Crapaud débarrasse sa femelle de ses œufs, se les attache sur le dos au moyen de filets glaireux, et porte avec les plus grandes précautions ces frêles rejetons. — Les Pelobates, les Sonneurs (*Bombinator*), les Alytes, qui sont généralement compris parmi les Crapauds, possèdent des dents à la mâchoire supérieure. Le Cra-

paud sonnant, du genre *Bombinator*, à ventre couleur de feu, est marqué de taches bleues. — Parmi les espèces étrangères, nous citerons le Crapaud agua des Antilles, qui atteint jusqu'à 30 centimètres de longueur ; son corps, d'un jaune verdâtre, est marqué de taches brunes. — Les Pipas d'Amérique forment une famille à part. (Voir PIPA.)

On nomme vulgairement :

Crapaud de mer, la Baudroie ;

Crapaud volant, l'Engoulevent.

CRAPAUDINE. Nom vulgaire du *Stachys recta*.

CRAQUELINS. Dans plusieurs de nos ports, les pêcheurs donnent ce nom aux crabes qui viennent de changer de test et sont alors dans un état mou. Ils s'en servent comme appât pour le gros poisson de mer.

CRASSANE, CRESSANE. Variété de poire à chair fondante et parfumée, très estimée. Elle est arrondie, plus large que haute, d'un vert grisâtre, portée par un pédoncule mince et allongé.

CRASSULACÉES. Famille de plantes dicotylédones, polypétales, périgynes. Herbes ou sous-arbrisseaux plus ou moins charnus, à feuilles simples, épaisses, succulentes, alternes ou opposées ; fleurs hermaphrodites régulières, à calice libre, persistant, à cinq divisions ; cinq pétales libres ou soudés en tube, cinq-dix étamines à anthères biloculaires ; fruit ordinairement formé de follicules libres déhiscents, polyspermes, à graines menues. Les fleurs sont tantôt solitaires, tantôt en cimes ou en grappes. Cette famille, dont les représentants sont désignés communément sous le nom de *plantes grasses*, a pour type le genre *Crassula ;* il comprend en outre les Sédum et les Joubarbes.

Crassule écarlate (*C. coccinea*).

CRASSULE, *Crassula* (de *crassus,* épais). Genre type de la famille des *Crassulacées.* Ce sont des plantes herbacées ou des sous-arbrisseaux à feuilles opposées, à calice plus court que la corolle, à cinq divisions, cinq pétales, cinq étamines, cinq ovaires libres, accompagnés d'écailles à leur base. Nous en possédons une espèce, la Crassule rouge (*C. rubens*), qui croît sur les murs et dans les endroits sablonneux. On cultive dans les jardins plusieurs espèces de Crassules originaires du cap de Bonne-Espérance : *C. arborescens, C. lactea, C. coccinea.*

CRATÆGUS. Nom scientifique latin du genre *Aubépine.*

CRATÈRE. (Voir Volcan.)

CRATERELLE (de *cratera,* coupe). Genre de Champignons Hyménomycètes, famille des *Auricularinées,* à réceptacle cartilagineux, parcouru à sa face inférieure par des veines anastomosées et porté par un pédicule cylindrique creux ; assez voisin des Chanterelles. — L'espèce type *Craterellus cornucopioides,* connue vulgairement sous les noms de *corne d'abondance* et de *trompette des morts,* a à peu près la forme d'un entonnoir ou d'une trompette ; il est noirâtre à l'extérieur, fauve en dessous, et vient en groupes dans les bois. Il est comestible, mais son peu de chair et sa couleur sombre n'invitent guère à le manger. On en connaît quelques autres espèces beaucoup plus rares ; tels sont le *Craterellus clavatus* et le *Craterellus pistillaris,* qui se trouvent dans les bois de sapins.

CRAVANT ou **BERNACHE.** (Voir Oie.)

CRAVE (*Fregilus*). Genre d'oiseaux de l'ordre des Passereaux coracirostres, de la famille des *Corvidés.* Les Craves ont le bec plus long que la tête, arrondi, un peu grêle, fléchi en arc, pointu, et les narines recouvertes par des plumes dirigées en avant, comme chez les corbeaux. — Le **Crave d'Europe** (*F. graculus*), de la taille d'une corneille, est noir, à bec et à pieds rouges ; ses ailes atteignent ou dépassent le bout de sa queue. Il vit sur les plus hautes montagnes des Alpes et des Pyrénées, et y niche dans les fentes des rochers ; mais dans les hivers rigoureux on le trouve sur des parties moins élevées ; les fruits et les insectes font sa nourriture. Il se réunit quelquefois en troupes ; son naturel est vif, inquiet, turbulent ; il a un cri aigu et sonore, qu'il fait entendre presque sans relâche. Quand on le voit descendre dans les vallées, on considère sa présence comme un signe de neige et de mauvais temps.

CRAX. Nom scientifique latin du Hocco.

CRÉCERELLE. (Voir Cresserelle.)

CRÉNILABRE (du latin *crena,* fente, et *labrum,* lèvre). Genre de poissons de l'ordre des Acanthoptères, famille des *Labridés,* caractérisé par un préopercule dentelé, un seul rang de dents à chaque mâchoire, une dorsale épineuse, libre. Les Crénilabres sont généralement ornés de belles couleurs ; un des plus beaux et des mieux connus est le **Crénilabre paon** (*C. pavo*) de la Méditerranée ; il a 40 à 50 centimètres de longueur et est richement coloré de vert, de jaune et de rouge. On le voit souvent sur les marchés d'Italie, où on lui donne le nom de *pappagallo* (perroquet).

CRÉOLE. On donne ce nom aux individus nés dans les colonies d'Amérique et des Indes de parents européens.

CRÉOPHAGE (du grec *kréophagos,* carnivore). Synonyme de *carnivore.*

CRÉPIDE (*Crepis*). Genre de plantes dicotylédones,

monopétales, périgynes, de la famille des *Chicoracées.* Ce sont des herbes à fleurs jaunes qui croissent dans les lieux arides, sur les vieux murs et n'offrent aucun intérêt.

CRÉPUSCULAIRES. On donnait autrefois ce nom aux insectes Lépidoptères que l'on voit voler le soir et le matin et qui restent cachés pendant le jour. Cette division répond aux familles des *Sphingidés* et des *Zigænidés* des auteurs modernes. (Voir ces mots.)

CRESCENTIE. (Voir Calebassier.)

CRESSERELLE. Espèce du genre *Faucon.*

CRESSERELLETTE ou **CRESSERINE.** Espèce du genre *Faucon.*

CRESSON. Ce nom a été donné à plusieurs plantes crucifères, cultivées comme herbes potagères, et remarquables, en outre, par leurs propriétés diurétiques, antiscorbutiques et dépuratives. — L'espèce

Cresson de fontaine.

à laquelle on donne plus spécialement ce nom est le **Cresson de fontaine** (*Nasturtium officinale*), plante vivace commune dans toute l'Europe, aux bords des eaux courantes. On s'en sert aussi fréquemment comme aliment que comme médicament ; ce sont les feuilles que l'on met particulièrement en usage. Le suc de cette plante entre dans la composition du sirop et du vin antiscorbutiques. — Le **Cresson alénois** ou *cresson des jardins* (*Lepidium sativum*) est une plante annuelle dont les jeunes feuilles, à raison de leur saveur piquante, s'emploient fréquemment à l'assaisonnement des salades. Elle jouit des mêmes propriétés que le Cresson de fontaine. — Le **Cresson des prés** (*Cardamine pratensis*), qui peut remplacer à tous égards le Cresson de fontaine, croît dans les prairies humides, qu'il orne au printemps de ses fleurs roses ; enfin, on cultive aussi dans les potagers le **Cresson de terre** ou *cresson vivace* (*Erysimum præcox*), qui a des propriétés analogues à celles des espèces précédentes.

CRESSON SAUVAGE. La Berle à feuilles étroites.

CRÉTACÉ [Terrain]. On appelle ainsi, du nom latin de la craie, *creta,* une série de couches de la période secondaire en majeure partie constituées par de la craie, et répandues sur de très vastes surfaces au-dessus des derniers étages du terrain jurassique. (Voir ce mot.) — Le soulèvement de ces derniers terrains d'où résultèrent les montagnes du Jura ou de la Côte-d'Or, modifia la configuration de l'Europe. Dans les mers nouvellement circonscrites, se déposèrent pendant une longue période de tranquillité, les terrains crétacés qui atteignent en certains points 1 500 et 2 000 mètres d'épaisseur et couvrent plus de la douzième partie de la superficie totale de la France. On divise les terrains crétacés en trois étages : 1° l'étage inférieur ou *néocomien;* 2° l'étage moyen ou du *grès vert;* 3° l'étage supérieur ou de la *craie.* — L'étage néocomien emprunte son nom à la ville de Neufchâtel (*Neocomium*) en Suisse, aux environs de laquelle il est particulièrement développé, ainsi que dans la Bourgogne, la Franche-Comté et la Provence. Il est formé de couches alternatives de calcaire, de sables ferrugineux, d'argiles, etc. (étage des sables ferrugineux). Au dessus se déposent des marnes bleues et des grès verts, auxquels succède une craie parsemée de grains verts, provenant des grès et nommée pour cela *craie verte* ou *chloritée* (étage *glauconieux* ou des grès verts). Puis viennent enfin de puissantes couches de craie blanche dont le dépôt a dû se continuer pendant un grand nombre de siècles, car leur épaisseur dépasse parfois 500 mètres. C'est l'étage *crayeux* auquel l'époque entière doit son nom. Cette craie, presque entièrement composée de carbonate de chaux, est massive, tendre et traçante, souvent mélangée d'une quantité plus ou moins grande de sable dont on la débarrasse facilement par le lavage pour en fabriquer le blanc d'Espagne. Ordinairement, elle renferme à sa partie supérieure de nombreux silex, soit en rognons, soit en lits, qui fournissent la pierre à fusil; mais, dans sa partie inférieure, la craie cesse de contenir des silex et devient marneuse. Elle prend une certaine dureté et passe même à l'état de pierre solide, susceptible d'être employée dans les constructions; on la nomme alors *tuffeau.* L'élégante cité de Tours n'est bâtie que de cette craie tuffeuse, qui, poreuse, et si tendre qu'elle se laisse entamer au couteau, durcit peu à peu au contact de l'air.

On subdivise la craie proprement dite en trois étages : *Turonien* (de Tours), *Sénonien* (de Sens), et *Danien* (de Danemark), représenté à Meudon par le calcaire pisolithique.

La surface sur laquelle s'étend la craie est considérable; on peut la suivre du nord-ouest au sud-est, depuis l'Irlande jusqu'à la Crimée, sur une longueur de 1 500 kilomètres, et, en travers de cette direction, depuis la Suède jusqu'à Bordeaux sur une autre longueur de 1 100 kilomètres. Elle est très développée en Angleterre et en France, et il est évident que ces couches appartiennent à une seule et même formation et qu'elles se sont déposées avant l'existence du détroit qui sépare ces deux contrées, car les couches de chaque côté sont parfaitement identiques, comme on peut le voir par la composition des falaises, en sorte qu'elles ont été formées

dans une seule et même mer qui couvrait le bassin de Paris et celui de Londres. La craie qui, au premier abord, paraît totalement dépourvue de débris organiques, se montre sous le microscope remplie de fragments de coraux, de spongiaires, de coquilles, de foraminifères et d'infusoires encore plus ténus.

Les divers étages de l'époque crétacée renferment un grand nombre de fossiles inconnus aux époques précédentes. Parmi les végétaux, ce sont quelques cycadées, des fougères et des conifères en petit nombre, qui forment la base des rares forêts qui couvrent les montagnes; mais surtout un grand nombre de plantes aquatiques, algues, conferves, naïades différant presque toutes des espèces qui les ont pré-

Diatomées fossiles (dépôt s d'eau douce), vues au microscope.

cédées. A cette époque, où une grande partie de la terre était encore sous les eaux, vivaient de nombreuses espèces de poissons, comme le prouvent leurs débris. Ils diffèrent de ceux qui les ont précédés et encore plus de ceux qui les suivront. Des requins gigantesques et voraces poursuivaient et décimaient leurs nombreuses tribus. Sur les rivages des mers et des lacs rampaient d'énormes reptiles, des crocodiles voisins des monitors : l'un d'eux, le *mosasaure,* avait 10 mètres de longueur; il était connu sous le nom de grand crocodile de Maëstricht, parce que c'est dans les carrières crayeuses des environs de cette ville qu'on découvrit ses ossements pour la première fois. L'Iguanodon, l'Hylœosaure, sauriens gigantesques, et d'énormes tortues ont laissé leurs débris dans les couches de la craie. On a découvert dans les carrières de Kent les ossements d'un ptérodactyle géant dont les ailes mesuraient 4 mètres d'envergure. Dans le terrain néocomien apparaissent les premiers oiseaux palmipèdes. — Les couches du terrain crétacé sont naturellement fort riches en mollusques : vénus, peignes, huîtres, rudistes, térébratules, ammonites, nautiles, trigonies; en bélemnites; en oursins ou échinodermes: en crustacés : crabes, écrevisses.

Le terrain crétacé renferme du gypse, du sel gemme et du lignite. Des soulèvements importants mirent fin à l'époque crétacée ; le mont Viso en Piémont, la chaîne du Pinde en Grèce, les collines de Noirmoutiers et d'Antibes appartiennent à ce système. Plusieurs géologues placent à cette époque un premier soulèvement des Pyrénées.

CRÊTE (*Crista*). On nomme ainsi une caroncule comprimée, le plus souvent de couleur rouge, que l'on remarque sur la tête de divers oiseaux, le coq, le condor. Quelques reptiles portent le long du dos un repli cutané plus ou moins développé qui porte aussi le nom de Crête.

CRÊTE DE COQ. Nom vulgaire de la *Celosia cristata*. (Voir CÉLOSIE.)

CRÉTELLE. Nom vulgaire du *Cynosurus cristatus*, plante de la famille des *Graminées*, qui croît communément dans les prés et qui donne un fourrage tardif.

CRÈVE-CHIEN. La Morelle noire.

CREVETTE. On comprend vulgairement sous ce nom les diverses espèces de Crustacés décapodes, de la famille des *Palémonidés*, que l'on sert sur nos tables sous les noms de *crevettes, salicoques, bouquets*, etc., et qui appartiennent aux genres *Palémon* et *Crangon*. Ce sont de petits animaux marins et littoraux, à corps comprimé latéralement, à abdomen très grand, dont les téguments sont simplement cornés. Leurs pattes

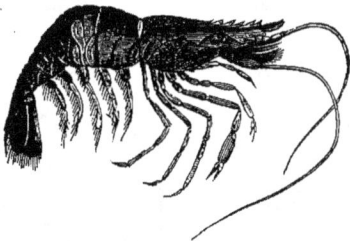

Crevette Palémon.

sont généralement grêles et très longues et les fausses pattes natatoires sont encaissées à leur base par des prolongements lamelleux des segments de l'abdomen ; la nageoire caudale est grande et bien formée. Dans les *Crangons*, les antennes sont insérées sur la même ligne et le rostre est court ; dans les *Palémons*, les antennes sont insérées sur deux rangs et le rostre est grand, comprimé et denté. — Le **Crangon vulgaire** (*Crangon vulgaris*) est très répandu sur nos côtes et sur celles d'Angleterre ; mais sa chair est beaucoup moins estimée que celle du *Palæmon serratus* ou grosse Crevette, à laquelle on donne en propre le nom de *Salicoque*. Sur les marchés de Paris, on appelle le Crangon *Crevette grise* par opposition au Palémon qu'on appelle *Crevette rose*. Il n'est pas sans importance de savoir distinguer le Crangon ou Crevette grise du Palémon ou Crevette rose ; car cette dernière étant plus estimée

et par conséquent plus chère, des industriels peu scrupuleux colorent le Crangon avec du minium (oxyde de plomb) pour le vendre comme Crevette rouge ou Bouquet. Le Crangon ne devient pas rouge comme le Palémon par la cuisson.

CREVETTE DES RUISSEAUX. Petit crustacé du genre *Gammarus*. (Voir AMPHIPODES.)

CREVETTINES. Groupe de Crustacés comprenant les *Gammarus* et les *Talitres*. (Voir AMPHIPODES.)

CRICETUS. Nom scientifique latin du Hamster.

CRICRI. (Voir GRILLON.)

CRIN. (Voir POIL.)

CRIN VÉGÉTAL. On donne ce nom aux fibres du Zostère, de l'Agave et à celles du Chamærops. (Voir ces mots.)

CRINIÈRE. L'ensemble des crins qui siègent le long de la portion dorsale du cou de certains mammifères : les solipèdes, les antilopes, le lion, etc., etc.

CRINOÏDES (de *krinon*, lis, et *eidos*, aspect). Classe d'animaux rayonnés de l'embranchement des ÉCHINODERMES, caractérisés par un corps en forme de coupe ou de calice, généralement fixé, au moins dans le jeune âge, par une tige articulée et pourvus de bras articulés garnis de pinnules. Leur squelette dermique est composé de plaques calcaires polygonales mobiles ; la bouche est centrale, tournée vers le haut. Les Crinoïdes comprennent des formes fossiles appartenant à l'époque paléozoïque (voir ENCRINE), et ne sont représentés dans la faune actuelle que par un petit nombre d'espèces vivantes : *Pentacrinus, Comatula, Rhizocrinus*, etc. Ces animaux sont fixés au sol par une tige articulée naissant de leur région dorsale et portant de distance en distance des cirres rangés en verticilles. Leur corps, en forme de coupe ou de calice, est composé de pièces calcaires disposées avec beaucoup de régularité et dont les bords donnent naissance à des bras articulés simples ou ramifiés et garnis de pinnules. Leur tube digestif présente deux orifices situés non loin l'un de l'autre à la face ventrale du corps tourné vers le haut ; cependant l'anus manque quelquefois. L'appareil reproducteur est situé dans les bras, comme chez les Étoiles de mer. — Parmi les Crinoïdes, il en est dont la tige persiste et grandit pendant toute la vie de l'animal ; telles étaient les *Encrines* des temps géologiques ; tels sont encore les *Pentacrines* actuellement vivants. D'autres, comme les *Comatules* (voir ce mot),

Encrine.

n'ont de tige que pendant le jeune âge, et deviennent libres lorsqu'elles ont atteint leur forme définitive ; elles ressemblent alors à des Ophiures. Parmi ces dernières, nous citerons la **Comatule de la Méditerranée** (*Comatula Mediterranea*) ou **Comatule rosacée**, figurée à la page 264 ; le **Pen-**

tacrine tête de Méduse (*Pentacrinus caput Medusæ*) de la mer des Antilles est le plus remarquable du genre.

CRIOCÈRE (*Crioceris*). Genre d'insectes COLÉOPTÈRES de la famille des *Chrysomélidés*, à corselet beaucoup plus étroit que les élytres, souvent angulé latéralement; les pattes sont assez courtes, robustes, les crochets des tarses sont simples, enfin les yeux sont presque toujours échancrés. Tout le monde connaît le **Criocère du lis** (*C. merdigera*), de

Criocère du lis.

7 à 8 millimètres, d'un beau rouge corail, avec les pattes noires; sa larve offre des mœurs singulières; soit pour se défendre contre les ardeurs du soleil, soit pour dégoûter ses ennemis, elle se recouvre de ses excréments comme d'un manteau protecteur. Sur les asperges, on trouve le **Crioceris asparagi**, à corselet non anguleux, d'un bleu d'acier ou bronzé, avec le corselet rouge et quatre taches d'un jaune clair, souvent confluentes sur chaque élytre, dont la bordure est rouge; il a des habitudes analogues. Le **Crioceris duodecimpunctata** est convexe, d'un beau jaune d'ocre, avec six points noirs sur chaque élytre.

CRIQUET (*Acridium*). Insectes ORTHOPTÈRES de la division des SAUTEURS, type de la famille des *Acrididés*, confondus vulgairement avec les Sauterelles. Les Criquets se distinguent de celles-ci par leurs antennes qui ne dépassent pas la moitié de la longueur du corps; par leurs tarses à trois articles, par la tarière des femelles qui ne dépasse jamais l'extrémité de l'abdomen; celui-ci est solide et non vésiculeux. Les Criquets ont le corps lourd et les ailes très développées, quoiqu'elles ne semblent pas de nature à leur permettre de se maintenir longtemps dans l'air; leurs mâchoires sont très fortes et leur permettent de triturer des corps très durs, comme des tiges d'arbres, des écorces; les pattes postérieures sont très grandes comparativement aux antérieures; les cuisses sont très renflées et parfaitement disposées pour le saut; ces cuisses, à leur côté interne, offrent des rides très saillantes qui, en se frottant contre les nervures des ailes, à la manière d'un archet de violon, produisent une stridulation pénétrante, une sorte de chant monotone qui se fait entendre pendant les beaux jours d'été, surtout vers le soir. Les Criquets sont répandus presque partout, et sont très nombreux en espèces; ils se nourrissent essentiellement de végétaux, s'attaquant indistinctement à toute espèce de plantes, et l'on sait les immenses dégâts qu'ils font parfois. C'est vers la fin de l'été ou au commencement de l'automne qu'ils apparaissent à l'état d'insecte parfait; les œufs sont pondus vers la fin de l'automne, et les petits éclosent dans les premiers jours du printemps; l'insecte a dès lors la forme qu'il aura à son état adulte; toutefois il manque d'ailes; après plusieurs mues, il éprouve un dernier changement de peau : il est alors à l'état de nymphe, et bientôt il se transforme en insecte parfait. Les parties les plus chaudes du globe, surtout celles de l'ancien continent, ont continuellement à souffrir des dommages considérables causés par ces insectes; à certaines époques, ils sont parfois si nombreux dans les terres cultivées, qu'ils changent bientôt les plus fertiles en véritables déserts : rien ne résiste à leur voracité; lorsque les localités qu'ils habitent viennent à ne plus leur fournir de nourriture, ils partent tous ensemble comme à un signal donné, pour des contrées encore épargnées, mais qu'ils ne tardent pas à ravager entièrement. L'espèce qui produit le plus

Criquet voyageur.

de dégâts est le **Criquet voyageur** (*A. migratorium*), long de 6 à 7 centimètres. On sait les malheurs incalculables que causent ces insectes; on a lu les relations que les voyageurs ont faites des dégâts immenses qu'ils produisent; la Bible nous a signalé la famine venant à la suite des dévastations de ces orthoptères; enfin, les journaux d'Algérie nous donnent constamment de nombreux détails sur les dégâts produits en Algérie par des bandes immenses de Criquets : on se rappelle la terrible invasion de 1866 qui occasionna une perte de plus de 30 millions et provoqua une famine pendant laquelle 200 000 indigènes périrent de faim et de misère. Cependant certaines peuplades africaines, tels que les Hottentots, se réjouissent de l'arrivée des Criquets; ils s'en nourrissent et en font même des conserves. Les espèces de nos régions tempérées sont de petite taille et ne pullulent pas au point de devenir dangereuses. On rencontre communément en France le **Criquet stridule** à ailes rouges et le **Criquet bleu.**

CRISTAL (du grec *krustallos*, glace). Les anciens ne donnaient ce nom qu'aux produits de la cristallisation qui sont transparents comme le cristal de roche et qu'ils croyaient être dus à une opération semblable à celle qui détermine la glace. Aujourd'hui, on applique le nom de Cristal à tout solide polyédrique terminé par des facettes planes, unies, régulières, qui sont placées symétriquement les unes par rapport aux autres, et que le clivage et d'autres phénomènes rendent sensibles.

CRISTAL DE ROCHE. (Voir QUARTZ.)

CRISTALLIN. Corps lenticulaire transparent, placé dans l'œil entre l'humeur aqueuse et le corps vitré et qui remplit le rôle que joue l'objectif ou la lentille dans la chambre noire du photographe. (Voir ŒIL.)

CRISTALLISATION et **CRISTALLOGRAPHIE.** On nomme *cristallisation* la force qui, d'après les lois de l'affinité chimique, réunit les molécules similaires d'une substance minérale en un solide à facettes plus ou moins régulières. Le solide qui résulte de cette action chimique prend le nom de *cristal,* et la science qui a pour but l'étude des cristaux et la connaissance des lois qui président à leur formation se nomme *cristallographie.* Un corps est cristallisé lorsque ses molécules, dans leur arrangement en commun, ont tellement concerté leurs positions et leurs distances mutuelles qu'elles sont symétriquement espacées sur des systèmes de plans et de lignes droites, et offrent dans leur ensemble un réseau continu et uniforme, une disposition parallélogrammique, d'où naissent à l'intérieur des configurations polyédriques que le clivage et d'autres phénomènes physiques rendent sensibles. Il suit de là qu'un corps cristallisé doit se prêter avec plus ou moins de facilité à un clivage ou à une division mécanique de sa masse par lames ou couches planes dans une ou plusieurs directions. En clivant un cristal dans les divers sens où le clivage est possible, on obtient ce qu'on appelle un solide de clivage. C'est sur la Cristallographie que repose en grande partie la minéralogie. (Voir ce mot.) Les anciens regardaient les cristaux comme de simples effets du hasard. Linné, le premier, vit autre chose qu'un jeu de la nature dans un phénomène qui se reproduisait constamment le même. Mais ce fut seulement Romey de Lisle, en 1772, puis plus tard Haüy, qui établirent définitivement les lois de la

cristallographie. Les formes cristallines des corps bruts sont extrêmement nombreuses; leur étude paraît donc tout d'abord longue et difficile. Mais on a reconnu qu'un grand nombre de formes, en apparence très différentes, se lient entre elles de la manière la plus naturelle et ne sont que des modifications plus ou moins profondes les unes des autres. Toutes les formes connues constituent six groupes distincts dont les caractères sont nettement tranchés. Il résulte de là que toutes les études cristallographiques se résument à bien connaître les propriétés physiques et géométriques d'un petit nombre de formes qu'on peut prendre pour base de toutes les autres, et l'on donne le nom de *système cristallin* à l'ensemble des formes pouvant être ramenées à une forme type. Ces formes types ou primitives sont les suivantes : 1° le cube ; 2° le rhomboèdre ; 3° le prisme droit à base carrée; 4° le prisme droit à base rectangle; 5° le prisme oblique à base rectangle ; 6° le prisme oblique à base parallélogramme. On peut y ramener toutes les autres formes cristallines. On trouve dans la nature un grand nombre de cristaux tout formés, sans qu'il nous soit possible de dire exactement quelles ont été les circonstances de leur formation ; mais il est aussi beaucoup de corps dont nous pouvons produire artificiellement la cristallisation. On peut dire en général que la cristallisation a lieu toutes les fois que les particules destinées à former un solide, étant d'abord écartées les unes des autres, sont ensuite parfaitement libres de se réunir lentement et suivant les lois naturelles, sans qu'aucune action mécanique vienne déranger l'influence de ces lois. On connaît trois moyens généraux de donner lieu à ces circonstances nécessaires ; l'un est la dissolution, l'autre, la volatilisation, le troisième, la fusion.

CRISTATELLE. Genre de petits animaux agrégés de l'embranchement des VERS, classe des BRYO-

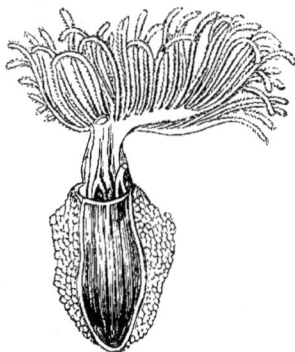

Jeune Cristatelle, moisissure (*Cr. mucedo*).

ZOAIRES. Les Cristatelles forment dans les eaux douces de petites colonies mobiles, transparentes, qui, vues à l'œil nu, ressemblent à des moisissures et, examinées à la loupe, se montrent composées de petits animaux cylindriques, munis de tentacules, disséminés sur une plaque ovale, parfois assez volumineuse, dont la face inférieure constitue une sorte de pied sur lequel la colonie rampe comme une sorte de limace sur sa sole ventrale; ce pied est tantôt flottant, tantôt fixé par une de ses extrémités à un corps submergé. L'animal n'a guère qu'un millimètre de longueur. Le type du genre est la **Cristatella mucedo** qu'on rencontre dans toute l'Europe occidentale.

CRISTE MARINE. (Voir Crithme.)

CRITHME, *Crithmum* (du nom grec de cette plante). Genre de plantes dicotylédones, polypétales, périgynes, de la famille des *Ombellifères*. C'est une herbe charnue, à souche rampante, à tige flexible, à feuilles charnues, aromatiques. On emploie ces feuilles comme condiment en les faisant confire dans le vinaigre, et on les désigne vulgairement sous les noms de *criste marine*, *perce-pierre*, *fenouil de mer*. Cette plante croît parmi les roches du littoral; on emploie son suc comme vermifuge.

CROASSEMENT. On nomme ainsi, par imitation, le cri rauque des corbeaux.

CROCHETS. Petites dents qui, chez le cheval, remplacent les canines. On donne également ce nom aux dents creuses qui, chez les serpents venimeux, servent à conduire le venin dans la plaie.

CROCODILE (*Crocodilus*). Genre d'animaux vertébrés de la classe des Reptiles, de l'ordre des Crocodiliens, famille des *Crocodilidés*. Ce sont les mieux organisés de tous les reptiles. Cet ordre comprend

Mâchoires de crocodile.

non seulement les Crocodiles actuellement vivants, mais les grands sauriens fossiles (Plésiosaures, Ichthyosaures, etc.) Les Crocodilidés, que l'on a souvent comparés à d'énormes lézards, ont une queue aplatie verticalement, un corps étroit, revêtu en dessus et en dessous d'écailles carrées, celles du dos formant des protubérances assez semblables à de petites pyramides. Les jambes sont courtes et

très fortes; les pieds de derrière sont palmés ou demi-palmés; ceux de devant sont armés de cinq griffes crochues, ceux de derrière de quatre. Les dents fortes aiguës sont disposées sur une seule rangée, implantées dans des alvéoles; la mâchoire inférieure s'articule avec un os carré immobile. Le cœur droit et le cœur gauche sont séparés par une cloison interventriculaire. Les vertèbres du cou, appuyant les unes sur les autres par de petites fausses côtes, rendent le mouvement latéral très difficile à ces animaux; aussi ne les évite-t-on aisément en tournant. La démarche des Crocodiles est pesante et gênée hors de l'eau; aussi ne se rendent-ils guère à terre que pour dormir. C'est dans leur élément de prédilection qu'ils déploient leur activité et leur toute-puissance; là seulement ils deviennent indomptables et véritablement dangereux. Leur peau, excepté celle du ventre, est dure, impénétrable aux flèches et aux balles. Pour blesser les Crocodiles il faut les attaquer à quelque jointure; encore les coups portent-ils bien souvent à faux. Ces amphibies sont très voraces et d'une grande vigueur; ils détruisent une grande quantité de poissons et d'autres animaux aquatiques et sont redoutables même pour l'homme. Ils noient leur proie et la placent ordinairement dans quelque creux sous l'eau, où ils la laissent se putréfier avant de la manger; ils se tiennent habituellement dans les eaux douces, et viennent déposer leurs œufs au bord des fleuves à l'époque des grandes chaleurs. Toutefois ils ne craignent pas l'eau salée, et s'avancent quelquefois à une certaine distance dans la mer. Les femelles construisent des nids, veillent sur leur progéniture et l'entourent des plus tendres soins pour la dérober aux tentatives des mâles qui cherchent à la dévorer. On divise les Crocodiles en trois groupes : Caïmans, Crocodiles et Gavials.

1° Les **Caïmans** ou *alligators* appartiennent tous à l'Amérique. Leur tête est moins oblongue que celle des Crocodiles proprement dits, leur museau large obtus, les dents inégales, les quatrièmes d'en bas entrant dans des trous de la mâchoire supérieure quand la bouche est fermée. Leurs pieds ne sont qu'à demi palmés et sans dentelures. Parmi les espèces de ce genre, nous citerons le **Caïman à museau de brochet** (*Alligator lucius*) de l'Amérique septentrionale. Cet animal s'établit de préférence sur le rivage des grands fleuves, où il vit de poissons et d'oiseaux aquatiques. La femelle fait un trou dans le sable pour y déposer ses œufs; d'autres fois elle les dépose sous une espèce de meule formée de limon mélangé d'herbes, qu'elle bat avec sa queue; sa ponte est de trente à quarante œufs d'un blanc verdâtre. Ces œufs, de la grosseur de ceux d'une poule d'Inde, sont musqués et très bons à manger. La femelle veille sur son précieux dépôt et conduit ses petits à l'eau dès qu'ils ont vu le jour. L'Alligator atteint 5 et 6 mètres de longueur; l'hiver, il s'enfonce dans la vase et tombe dans un profond sommeil, dont il ne sort qu'à l'approche des beaux jours. Les espèces qui vivent sous l'équateur passent, au contraire, le temps des grandes chaleurs dans une espèce de léthargie.

2° Les **Crocodiles propres** ont la tête oblongue, et deux fois au moins plus longue que large; leurs dents sont inégales, et les quatrièmes d'en bas passent dans des échancrures (et non pas dans des trous) de la mâchoire supérieure. Leurs pieds postérieurs sont dentelés au bord externe et palmés jusqu'au bout des doigts. Le célèbre **Crocodile du Nil** ou *champsés* appartient à ce genre; il habite les régions supérieures du Nil et atteint, dit-on, jusqu'à 10 mètres de longueur. Son cri ressemble au vagissement d'un enfant. La femelle pond, deux fois par an, une vingtaine d'œufs qu'elle abandonne dans le sable où la chaleur solaire les fait éclore. Les ichneumons et les vautours détruisent beaucoup de ces œufs. Les Égyptiens mangent la chair du champsés. Cet animal est très vorace; souvent étendu parmi les roseaux, le corps couvert de limon et ressemblant à un tronc d'arbre renversé, il attend immobile le moment favorable de saisir sa proie. D'autres fois il se laisse entraîner par le courant d'un fleuve, n'élevant au-dessus de l'eau que le dessus de la tête et surveillant les deux rives; dès qu'il voit quelque animal s'approcher de l'eau pour boire, il plonge, se dirige vers lui en nageant entre deux eaux, le saisit par les jambes et l'entraîne au large pour le noyer. Lorsque la faim le presse, il attaque même l'homme.

3° Les GAVIALS ou *longirostres* ont le museau rétréci, cylindrique, très allongé; les dents à peu près égales, les quatrièmes d'en bas passent, quand la bouche est fermée, dans des échancrures (et non pas dans des trous) de la mâchoire supérieure; les pieds de derrière sont palmés jusqu'au bout des doigts. Les Gavials sont propres à l'Asie. Le **Gavial du Gange** (*Gavialis gangeticus*) est d'une taille gigantesque et sa force est prodigieuse; d'autres espèces plus petites habitent les eaux douces de l'Inde et de la Chine.

On connaît un assez grand nombre d'espèces fossiles, dont la plupart ont été trouvées dans les terrains géologiques de l'Europe qui n'en possède actuellement aucune vivante. Les Crocodiliens fossiles présentent des formes plus variées que les genres actuels et diffèrent de ceux-ci en divers points. Parmi ces différences, une des plus importantes est la forme des vertèbres qui, dans quelques-uns, rappelle celle des poissons. Les Crocodiliens ont apparu avec l'époque jurassique et diminuent pendant les époques crétacée et tertiaire, en se rapprochant de plus en plus des formes actuelles. Quelques-uns devaient atteindre une taille gigantesque, si l'on en juge par les dents trouvées dans le terrain oolithique, et qui ont 14 centimètres de longueur, c'est-à-dire le quadruple de celles des Crocodiles actuels. Pictet réunit sous le nom d'EXALIOSAURIENS, les Plésiosaures, Ichthyo-

Crocodile.

saures, Ptérodactyles, Nothosaures, etc., de l'époque jurassique.

CROCUS. (Voir SAFRAN.)

CROISETTE. Nom vulgaire du *Galium cruciatum* et de la *Gentiana cruciata*. (Voir CAILLE-LAIT et GENTIANE.)

CROIX DE MALTE ou de JÉRUSALEM. Nom vulgaire donné au *Lychnis chalcedonica*.

CROIX DE SAINT-JACQUES. Nom de l'*Amaryllis formosissima*.

CROSSE DE L'AORTE. (Voir AORTE.)

CROTALE (du grec *krotalon*, grelot.) Les Crotales ou *serpents à sonnettes* forment un genre de serpents venimeux, type de la famille des *Crotalidés*, qui comprend, outre les *Crotales* proprement dits, les *Trigonocéphales* ou *Bothrops*, munis de fossettes situées entre les yeux et les narines. Ces ophidiens sont les plus redoutables de tous les serpents venimeux. — Les Crotales proprement dits sont surtout caractérisés par le singulier instrument qu'ils portent au bout de la queue: il est formé de cornets écailleux au nombre de douze à quinze emboîtés les uns dans les autres et mobiles, qui produisent, par l'agitation rapide de la queue, un bruit strident assez comparable à celui d'une petite crécelle. Ce bruit, qui n'est pas très fort, peut s'entendre cependant d'assez loin pour déceler aux autres animaux la présence du terrible reptile, et comme ses mouvements sont très lents, ils ont le temps de l'éviter. Les Crotales ont des formes trapues, la tête grosse, à museau court et arrondi ; leur dos s'amincit en une carène assez forte ; leur couleur est ordinairement un brun jaunâtre relevé de taches

Crotale (serpent à sonnettes).

foncées et en losange. On connaît plusieurs espèces de Crotales, toutes propres à l'Amérique. L'espèce la plus répandue, le **Crotale commun** (*Crotalus durissus*), vit aux Etats-Unis et au Mexique. Cette espèce dépasse rarement plus d'un mètre de longueur. Sa morsure est des plus dangereuses ; au bout de quelques secondes, la partie mordue enfle, puis l'enflure gagne le reste du corps, et après quelques instants le patient meurt au milieu d'atroces

Tête de crotale.

souffrances. On rapporte le fait d'un chasseur qui, mordu à la main par un Crotale, eut le courage de se la faire sauter d'un coup de hache, mais ce fut en vain : quelques instants après il succombait à l'effet de l'absorption qui avait déjà eu lieu. Son venin est tellement actif, que les plus gros animaux, le cheval et le bœuf, par exemple, y succombent en quelques heures et le chien en quelques minutes. L'appareil venimeux des Crotales est semblable à celui de tous les serpents à venin : ce sont deux dents creusées d'un canal (Solénoglyphes) et reposant sur des vésicules qui distillent le suc meurtrier. Nous le décrivons avec détail à l'article VIPÈRE. Les

Crotales sont vivipares comme ces dernières, et la mère veille pendant un certain temps sur ses petits. Palisot de Beauvois rapporte qu'ayant voulu s'emparer d'une femelle, celle-ci fit résonner ses sonnettes, en même temps qu'elle ouvrait une large gueule, et y reçut cinq petits serpents avec lesquels elle se sauva.

— Le **Crotale horrible** ou *boguira* (*C. horridus*) habite l'Amérique intertropicale, où il vit aussi redouté que le précédent. On donne le nom de *Crotale muet* à un Crotale dépourvu de sonnette caudale. On en fait un genre à part sous le nom de *Lachésis*. Il habite l'Amérique équatoriale, et atteint 2 mètres de longueur. Il est très redouté.

CROTALIDÉS. Famille de reptiles de l'ordre des OPHIDIENS SOLÉNOGLYPHES qui a pour type le genre *Crotale*. (Voir ce mot.)

CROTON. Genre de plantes de la famille des *Euphorbiacées*, tribu des *Crotonées*, à loges de l'ovaire

Croton tiglium.

uniovulées. Les Crotons ont des fleurs monoïques ou dioïques à calice double, à cinq divisions chacun ; les fleurs mâles ont de douze à vingt étamines ;

les fleurs femelles ont un ovaire à trois côtes, surmonté de trois styles bifides. Le fruit est une capsule tricoque contenant trois graines. Les Crotons sont des plantes herbacées ou sous-frutescentes, dont la plupart appartiennent aux parties chaudes de l'Amérique et de l'Asie. — Ce genre renferme plusieurs espèces remarquables, parmi lesquelles nous citerons : le **Croton officinal** ou *cascarille*, arbrisseau de 2 mètres de hauteur, à écorce grise, à feuilles alternes, lancéolées, à fleurs monoïques, verdâtres, constituant à la partie supérieure des rameaux des épis allongés, dont la base se compose de fleurs femelles et la moitié supérieure de fleurs mâles. La cascarille croît naturellement au Pérou, au Paraguay, à Saint-Domingue, etc. L'écorce de cette plante est employée en médecine ; on l'administre en poudre, comme tonique et stimulant; elle paraît posséder, mais à un degré moindre, les qualités du quinquina. — Le **Croton tiglium**, L., à feuilles ovales, dentées, à fleurs en épis, donne des fruits ovoïdes, de la grosseur d'une olive, divisés en trois loges, dont chacune renferme une graine ovoïde allongée. Ce végétal croît dans les différentes parties de l'Inde, à Ceylan, etc. Toutes les parties du Croton tiglion sont purgatives, et particulièrement l'huile que renferment ses graines et que l'on obtient par expression. Une seule goutte de cette huile est un purgatif violent; à plus forte dose, elle agirait comme poison âcre. On désigne les graines sous les noms de *grains de tilly* ou *pignons d'Inde*. — Le **Croton lacciferum** de l'Inde donne une espèce de laque qui entre dans la fabrication de divers vernis et de la cire à cacheter. — C'est du **Croton tinctorium**, espèce commune dans toute la région méditerranéenne, que l'on obtient la teinture de *tournesol*.

CROUPION. On nomme ainsi la région coccygienne chez les oiseaux, sur laquelle sont insérées les plumes formant la queue.

CRUCIANELLE. Nom vulgaire du *Galium cruciatum* (Voir CAILLE-LAIT.)

CRUCIFÈRES. Famille de plantes dicotylédones, polypétales, à étamines hypogynes. Elle offre pour caractères distinctifs : un calice à quatre sépales non persistants, une corolle à quatre pétales alternes avec les sépales, six étamines, dont deux constamment plus courtes que les quatre autres; un ovaire biloculaire à deux placentaires pariétaux ordinairement multiovulés; un style court ou presque nul, persistant, terminé en deux stigmates. Le fruit est une silique ou une silicule. — Cette famille, qui doit son nom à la disposition de ses pétales en croix, est l'une des plus naturelles du règne végétal. — L'utilité des Crucifères est très variée. Nous y trouvons des plantes alimentaires de première importance, telles que les choux, les raves, les navets, etc.; d'autres dont les feuilles ou les racines servent d'assaisonnement, comme le raifort, le radis, le cresson, etc. Le colza et la navette se cultivent en grand à cause de l'huile qu'on exprime de leurs graines. Les juliennes, les quaran-

taines, la giroflée, la corbeille d'or, l'ibéride et autres contribuent à orner les jardins. Le pastel ou guède contient une fécule analogue à l'indigo. Beaucoup de Crucifères fournissent à la thérapeutique des remèdes antiscorbutiques ou excitants;

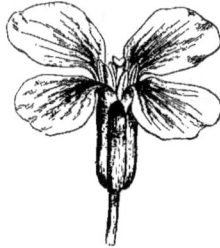

Crucifère (fleur de giroflée).   Etamine et pistil.

tels sont la moutarde noire, le cochléaria, le vélar. L'azote, substance fort rare dans la plupart des autres familles, existe en quantité assez notable dans celle des Crucifères.

CRUCIFORME. En forme de croix ; la corolle des Crucifères en offre un exemple.

CRUOR. On désigne sous ce nom la masse des globules rouges du sang.

CRURAL (de *crus*, jambe). En anatomie, ce qui a rapport à la cuisse : artère crurale, nerf crural, etc.

CRUSTACÉS (de *crusta*, croûte). Classe d'animaux invertébrés de l'embranchement des ARTHROPODES, dont le corps est divisé en un grand nombre de segments portant presque toujours chacun une paire d'appendices plus ou moins développés. La tête, formée de plusieurs segments soudés ensemble, porte le plus souvent deux yeux, deux paires d'antennes, deux mandibules et deux paires de mâchoires. Dans le plus grand nombre, la tête se confond avec le thorax, et ces deux parties sont recouvertes par une carapace, formée, comme le reste des téguments, d'une peau résistante, souvent incrustée de carbonate de chaux. Le tube digestif est droit, muni d'une glande hépatique. L'appareil circulatoire se compose d'un cœur, d'artères qui répandent le sang dans les diverses parties du corps, et de veines qui le ramènent au cœur après son passage dans l'appareil respiratoire. Celui-ci est formé de branchies dont la disposition varie suivant les ordres (voyez le tableau ci-contre). Le système nerveux est ganglionnaire, et les ganglions cérébraux commandent à tout l'organisme. Les organes des sens paraissent assez développés : le toucher a pour organes des appendices tactiles, cirres, tentacules, antennes; les organes visuels consistent en yeux simples ou stemmates et en yeux composés; ces derniers sont, dans un certain nombre de genres, portés sur des pédoncules mobiles (crabes, homards); les organes auditifs et olfactifs ont leur siège dans les antennes internes. Sauf chez les Cirripèdes, les sexes sont séparés. Presque toujours le développement s'accompagne de métamorphoses ; au sortir de l'œuf, le crustacé est une larve munie de trois paires d'appendices et d'un œil frontal impair qu'on appelle *nauplius;* cependant, les Crustacés supérieurs (Podophthalmes) franchissent généralement ce premier échelon et se montrent en naissant dans un état plus avancé de développement, ont sept paires de mem-

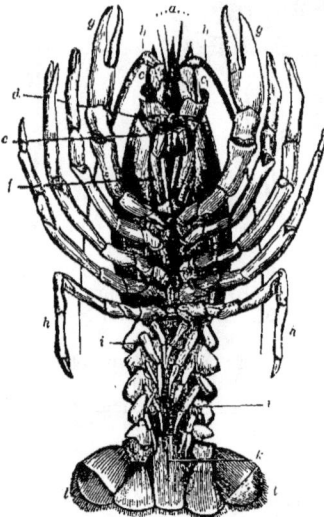

Écrevisse fluviatile.

a, antennes internes ; *b,* antennes externes ; *c,* yeux pédonculés ; *d,* tubercule auditif ; *e, f,* mâchoires et pattes mâchoires ; *g, g,* première paire de pattes thoraciques ou pinces ; *h,* pattes ambulatoires de la cinquième paire ; *i, i,* pattes abdominales chargées de porter les œufs ; *k,* anus, *l, l,* nageoire caudale.

bres et revêtent la forme qui a reçu le nom de *Zoëa;* ils passent ensuite par des transformations et des mues successives, avant d'acquérir leurs caractères définitifs. (Voir CRABE.) La taille et la forme des Crustacés varient à l'infini ; il en est de microscopiques, il y en a d'énormes. Voici le tableau de la classification des Crustacés d'après les travaux les plus récents ; c'est, à très peu près, celle de M. Milne Edwards :

amas de fucus, ou dans les crevasses des rochers ; les filets des pêcheurs ramènent parfois des espèces rares. On peut les saisir à la main, de manière à éviter leurs pinces. Les petites espèces sont conservées dans l'alcool ; les grandes demandent à être vidées, puis remplies de coton ou de filasse hachée, imprégnées de savon arsenical. Une fois l'individu préparé et bien sec, on le revêt d'une couche de vernis.

CRYPTOBRANCHUS. (Voir SALAMANDRE.)

CRYPTOCÉPHALE (du grec *kruptos*, caché, et *képhalé*, tête). Genre d'insectes COLÉOPTÈRES de la famille des *Chrysomélidés*. (Voir ce mot.) Ce sont de petits insectes phytophages, connus sous le nom vulgaire de *gribouris*. Ils ont le corps cylindrique, court, et la tête rentrée complètement dans le corselet ; les antennes sont longues et filiformes ; le corselet est grand, très convexe ; les pattes moyennes, à peu près égales. Les larves de ces insectes vivent, comme celles des Clythres et des Criocères, dans des fourreaux formés de leurs excréments. Ce genre est très nombreux en espèces qui vivent sur les fleurs et surtout sur les saules et les peupliers. Leurs couleurs sont assez variées : les unes sont noires avec les élytres jaunes ou rouges tachetées de points noirs (*Cryptocephalus sex maculatus, C. imperialis*), d'autres sont d'un bleu d'acier (*C. violaceus*), ou d'un vert métallique plus ou moins doré (*C. sericeus.*)

CRYPTOGAMES (de *kruptos*, caché, et *gamos*, mariage, c'est-à-dire qui n'a pas d'organes reproducteurs apparents). Ce nom a été créé par Linné pour désigner la dernière classe des végétaux : celle que de Jussieu comprend sous le nom d'*Acotylédones*, et Lamarck sous celui d'*Agames*. Les végétaux de cette classe n'ont ni fleurs ni fruits comparables à ceux des plantes phanérogames, et la plupart n'ont même ni feuilles, ni tiges, ni racines. — Ces plantes sont formées par du tissu cellulaire, soit simple, soit accompagné de quelques filaments allongés qui sont les rudiments du tissu vasculaire. Ils offrent deux formes générales : tantôt ils sont en *lames* ou en *filaments;* leur accroissement est périphérique, on les dit *amphigènes;* tantôt ils ont un *axe* et des *organes appendiculaires* et leur accroissement se fait

CRUSTACÉS.	Animaux dioïques.	Pattes thoraciques ambulatoires.	Yeux pédonculés mobiles. Podophthalmes.	Branchies intérieures. Cinq paires de pattes proprement dites.......................	DÉCAPODES.
				Branchies libres et flottantes. Trois paires de pattes proprement dites.................	STOMAPODES.
				Huit paires de pattes bifurquées...........	SCHIZOPODES.
			Yeux sessiles et fixes. Edriophthalmes.	Branchies formées par les pattes abdominales postérieures......................	ISOPODES.
				Branchies vésiculeuses portées par les pattes thoraciques......................	AMPHIPODES.
		Pattes natatoires.	Pattes en forme de lames foliacées à la fois natatoires et respiratoires....................		BRANCHIOPODES.
			Carapace bivalve.................................		OSTRACODES.
			Pas de carapace.................................		COPÉPODES.
	Animaux hermaphrodites fixés à l'âge adulte. Pattes en forme de cirres multiarticulés.................				CIRROPODES.

Les Crustacés habitent pour la plupart la mer, d'autres les eaux douces, quelques-uns se trouvent dans l'intérieur des terres. On en rencontre beaucoup sur le rivage, cachés sous les pierres, sous les

par le sommet ; on leur donne alors le nom d'*acrogènes.* — La lame constituant les végétaux amphigènes se nomme *fronde* dans les algues, et *thalle* dans les lichens. — Les organes de la reproduction sont les *spores*, qu'on appelle encore *sporules* ou *gongyles*. Ils sont formés par des cellules remplies de matière organique amorphe. Ils sont quelquefois disséminés dans le végétal; quelquefois, au contraire, ils sont placés dans des points limités. Les spores sont, dans quelques végétaux, renfermés dans des organes protecteurs auxquels on a donné le nom général de *conceptacle*. Le conceptacle prend des noms particuliers suivant les familles où on l'examine. Ainsi on le nomme *sporange* dans les fucus, *apothécion* ou *scutelle* dans les lichens, *urnes* dans les mousses, *capsules* ou *thèques* dans les fougères et les champignons. Beaucoup de Cryptogames présentent un mode de génération sexuée, résultant de la fusion d'un élément femelle, la *spore*, avec un élément mâle, l'*anthérozoïde*. C'est généralement un petit être muni de cils et doué de mouvements rapides, comme les infusoires. Quelques-uns de ces végétaux élémentaires sont formés d'une seule cellule de protoplasma ou d'un certain nombre de ces cellules; ce sont les protistes neutres de Hæckel. Ils se reproduisent par simple segmentation, comme les bactéries, les oscillaires, par exemple. — On s'est longtemps servi pour classer les Cryptogames de la structure de leur tissu; uniquement formé de cellules chez les uns, d'où leur nom de *Cryptogames cellulaires;* muni chez les autres de fibres et de vaisseaux, ce qui les a fait nommer *Cryptogames vasculaires*. Aux cellulaires appartiennent les Algues, les Champignons, les Lichens et les Mousses; aux vasculaires ressortissent les Fougères, les Lycopodiacées, les Équisétacées. Plus récemment on les a distingués en deux classes, suivant la présence ou l'absence de chlorophylle. La classe des Cryptogames à chlorophylle comprend : les *Sélaginellées*, les *Lycopodiacées*, les *Fougères*, les *Équisétacées*, les *Mousses*, les *Hépatiques*, les *Characées*, les *Algues;* la classe des Cryptogames sans chlorophylle ne comprend que les *Lichens* et les *Champignons*. (Voir ces mots.)

CRYPTURIDÉS. (Voir TINAMOUS.)

CTÉNOÏDES (du grec *kteis*, *ktenos*, peigne, et *eidos*, ressemblance, c'est-à-dire *pectiné*). On donne ce nom aux écailles de poissons en forme de disque mince, à surface marquée de stries rayonnantes et à bord dentelé et hérissé d'épines. Agassiz, dans sa classification des poissons, faisait un ordre des *Cténoïdes*, comprenant ceux dont les écailles offrent cette structure, et répondant à peu près aux Acanthoptérygiens de Cuvier.

CTÉNOMYS et **CTÉNOMYDÉS** (de *kteis*, peigne, et *mus*, rat). Mammifères rongeurs, très voisins des Rats, dont ils se distinguent par leur pelage généralement raide et mêlé de piquants, par leur queue velue et par leurs molaires au nombre de quatre partout. Les Cténomes (*Cténomys*) appartiennent à l'Amérique du Sud, où ils sont très répandus; ils ont la tête forte, les pattes robustes et la queue assez courte; ils rappellent les campagnols. Ils sont fouisseurs, font des terriers considérables et deviennent parfois très nuisibles dans les terres cultivées. Ils ont les habitudes de la taupe, creusant d'immenses galeries sous le sol pour chercher les racines des plantes dont ils se nourrissent, et, comme ils vivent en famille, ces animaux minent parfois des espaces considérables, où les chevaux s'enfoncent jusqu'au boulet. On distingue plusieurs espèces de Cténomys : le **Cténome du Brésil** ou *tucutuco*, à pelage roux; le **Cténome noir**, et le **Cténome brun**, du Chili. On a formé une famille des Cténomydés, ayant pour type le genre *Ctenomys;* il comprend, en outre, les *Myopotames* ou Coypous.

CTÉNOPHORES (de *kteis*, peigne, et *phoros*, porteur). Classe d'animaux de l'embranchement des Cœlentérés. Les Cténophores actuels faisaient partie de l'ancienne classe des ACALÈPHES de Cuvier. Le corps de ces animaux est sphérique ou cylindrique, quelquefois rubané *(Ceste)*; il est transparent, incolore et de consistance gélatineuse. La bouche est située à l'un des pôles du corps et conduit dans un estomac aplati qui se rétrécit inférieurement en entonnoir; du point où commence le rétrécissement partent des canaux transversaux, branchus, qui se portent vers la périphérie du corps. Extérieurement sont disposées en séries longitudinales des rangées de minces lames membraneuses mobiles, déchiquetées sur leur bord et disposées comme les dents d'un peigne, d'où leur nom de Cténophores (porte-peigne). De chaque côté de l'estomac est, chez certaines espèces, une poche d'où sort un long tentacule que l'animal rétracte ou fait sortir à volonté. Ce sont des fils pêcheurs munis de nombreux nématocystes (capsules urticantes), qui sont à la fois des organes de préhension et de locomotion. Les œufs se développent dans les parois latérales des canaux, d'où ils passent dans l'estomac et sont rejetés par la bouche. Les jeunes Cténophores ont une organisation incomplète; mais ils n'éprouvent pas de métamorphoses réelles. — On divise les Cténophores en deux ordres : 1° Les EURYSTOMES, à large bouche, qui comprennent les *Béroés* et quelques autres petits genres voisins, et 2° les STÉNOSTOMES, à bouche étroite, où sont rangés les *Cydippes*, les *Callyanires*, les *Cestes*, etc.

CUBÈBE. Espèce du genre *Piper*. (Voir POIVRIER.)

CUBITUS. Os externe de l'avant-bras, placé en dedans du radius. (Voir SQUELETTE.) C'est celui des deux os qui est le plus long et dont l'extrémité supérieure forme la pointe du coude.

CUCUJO ou **CUCUYO.** (Voir ÉLATÉRIDÉS.)

CUCULIDÉS (de *cuculus*, nom latin du coucou). Famille d'oiseaux ayant pour type les *Coucous*.

CUCULLIFORME (de *cucullus*, cornet). En forme de capuchon ou de cornet. Les fleurs de l'ancolie sont cuculliformes.

CUCULUS. Nom latin du Coucou.

CUCUMIS. Nom scientifique latin du Concombre.

CUCURBITACÉES. Famille de plantes dicotylédones, polypétales, à étamines épigynes, dont les caractères distinctifs sont : fleurs monoïques ou dioïques; calice adhérent à l'ovaire, cinq étamines; ovaire uniloculaire, à placentaires pariétaux; trois à cinq styles soudés. Le fruit, remarquable dans beaucoup d'espèces par ses dimensions extraordinaires, est une baie plus ou moins charnue ou succulente (*péponide*), renfermant de nombreuses graines allongées et aplaties. — Les melons, les courges, les citrouilles, les concombres et les pastèques font partie de cette famille. Les sucs de beaucoup de Cucurbitacées sont amers et nauséabonds, et pris à forte dose, ils deviennent de violents drastiques ou même des poisons mortels; tels sont la coloquinte, le concombre d'âne et les racines de la bryone.

CUCURBITAIN. Nom que l'on donne aux segments ou proglottis libres des ténias, à cause de leur ressemblance avec les semences de courge (*Cucurbita*). (Voir TÉNIA.)

CUILLERON. On donne ce nom ou celui d'*ailerons* à deux petites pièces membraneuses, arrondies, plus ou moins concaves, en forme de cuiller, qui, chez la plupart des insectes diptères, occupent l'intervalle compris entre la base des ailes et celle des balanciers. On considère les Cuillerons comme le rudiment de la seconde paire d'ailes qui manque chez les diptères.

CUISSE. Portion supérieure du membre abdominal ou inférieur qui s'étend depuis le pli de l'aine jusque vers le genou. Elle est soutenue par un os unique, le *fémur*, qui est le plus long et le plus volumineux des os du corps. (Voir SQUELETTE.)

CUIVRE (*Cuprum*). Ce métal, l'un des plus utiles et des plus anciennement connus, est d'un beau rouge brillant (le cuivre jaune n'est qu'un alliage de Cuivre et de zinc), d'une saveur et d'une odeur désagréables. Il est éminemment malléable et ductile, et on peut l'obtenir en feuilles très minces et en fils très fins. Le Cuivre est du petit nombre de métaux qui se présentent dans la nature à l'état natif, c'est-à-dire sans mélange avec d'autres substances; il se présente d'ailleurs sous des formes assez variées et cristallise en cubes, en octaèdres, en prismes rectangulaires, etc.; plus souvent il est mamelonné, ou bien il se présente en lames minces, en rameaux branchus ou en filaments plus ou moins déliés, quelquefois même en masses informes d'un volume assez considérable. — Le Cuivre est moins dur que le fer, mais plus dur que l'or et l'argent; c'est pourquoi on l'allie à ces deux métaux pour les rendre plus résistants. Sa pesanteur spécifique varie de 8,7 à 8,96. Le Cuivre se conserve indéfiniment à l'air sec; à l'air humide il se recouvre d'une couche verte (carbonate de cuivre hydraté) appelée *vert-de-gris*, et qui est, comme l'on sait, un poison dangereux. La présence des acides favorise cette altération. Aussi les ustensiles de cuisine en Cuivre doivent-ils être soigneusement étamés, particulièrement quand ils doivent servir à chauffer des préparations acides. Le Cuivre peut former des alliages avec tous les métaux, si l'on en excepte le plomb et le fer. Quelques-uns de ces composés, principalement le *bronze* et le *laiton*, ont, comme on le sait, dans les arts, de nombreux et importants usages. Le Cuivre est un des métaux qui se combinent le plus facilement avec d'autres substances, et qui, conséquemment, présentent dans la nature le plus de variétés. Ses combinaisons avec l'oxygène, le soufre, le fer, d'autres métaux encore et différents acides, constituent un grand nombre d'espèces parmi lesquelles les plus importantes pour l'industrie sont le Cuivre pyriteux et deux espèces de carbonates. Le soufre et le fer mélangés avec le Cuivre en quantités à peu près égales forment le Cuivre pyriteux ou *chalkopyrite*, substance reconnaissable à sa couleur jaune de bronze, qui forme des masses mamelonnées et qui cristallise souvent en octaèdres. Il renferme environ 35 pour 100 de Cuivre. C'est le principal minerai. Avec l'acide carbonique le Cuivre forme trois espèces : la *malachite* ou le carbonate vert, qui cristallise quelquefois en prismes rhomboïdaux, mais qui se trouve communément en masses mamelonnées; l'*azurite* ou le carbonate bleu, qui cristallise dans le système rhomboédrique. Le Cuivre pyriteux se trouve à la fois au milieu des terrains primitifs et secondaires; mais le carbonate appartient plus communément aux terrains secondaires. Le Cuivre, si abondamment répandu dans la nature, forme un objet de commerce important; mais, comme il se trouve rarement à l'état de pureté, son extraction est assez difficile. A l'état natif, il suffit de fondre le Cuivre; on traite par le charbon l'oxyde et le carbonate. Les divers procédés d'extraction sont du ressort de la métallurgie. — On connaît les usages nombreux du Cuivre, qui est employé comme monnaie, qui sert dans le doublage des navires, et qui, recouvert d'une couche d'étain, constitue la matière d'un grand nombre d'ustensiles domestiques. Les contrées les plus riches en minerais de Cuivre sont l'Angleterre, la Russie, l'Autriche et la Suède.

CUJELIER. Nom vulgaire d'une espèce du genre *Alouette*.

CULEX. Nom latin du genre *Cousin*. (Voir ce mot.)

CUL-BLANC. Nom vulgaire du bécasseau de rivière et de l'hirondelle de rivage. On donne également ce nom à un insecte du genre *Bourdon*.

CULICIDÉS (de *culex*, cousin). Groupe d'insectes qui a pour type le genre *Cousin*. (Voir ce mot.)

CULTRIROSTRES (du latin *culter*, couteau, et *rostrum*, bec). Famille d'oiseaux de l'ordre des ÉCHASSIERS, établie par Cuvier pour les espèces à bec long, fort, tranchant et pointu. Elle comprend les Grues, les Hérons et les Cigognes. (Voir ces mots.)

CUMBRIEN (Terrain). Le premier des terrains sédimentaires ou paléozoïques; le terrain Cumbrien tire son nom de la province de Cumberland, en Angleterre, où il se montre à découvert sur une grande étendue ; mais on le rencontre également sur beaucoup d'autres points du globe. Il est composé, en grande partie, de roches schisteuses et de grès divers. Les couches les plus basses sont composées de schistes bleus luisants, d'ardoises vertes. Au-dessus viennent des grès siliceux, des roches schisteuses dures, grises, rougeâtres, verdâtres, avec des veines de quartz. Dans le pays de Galles, les schistes de Llamberis fournissent de temps immémorial les ardoises les plus estimées. C'est aussi à cette époque qu'appartiennent les puissantes couches de schistes verts et luisants de l'ouest de la France.—Les schistes du terrain Cumbrien nous offrent les premiers vestiges de l'organisation. Les traces de végétaux y sont un peu confuses; on a pu y reconnaître cependant des empreintes d'algues; on y rencontre d'ailleurs de petits amas d'anthracite, substance charbonneuse dont l'origine est évidemment végétale. Les rares traces d'animaux que l'on y trouve appartiennent à des mollusques et à des annélides d'une organisation très simple. Ce terrain se montre en France dans la Bretagne, la Vendée, le Maine-et-Loire, etc. Le soulèvement du système du Hundsruck met fin à cette période.

CUMIN. Petite plante ombellifère de la tribu des *Daucinées*, herbacée, annuelle, très rameuse, à feuilles découpées en lanières filiformes, qui croît spontanément en Égypte et en Orient. Ses graines ont une odeur forte, mais agréable, une saveur aromatique et piquante. Les musulmans s'en servent comme de condiment et en mettent dans leurs ragoûts. On l'emploie également en Allemagne et en Hollande en guise d'épices.

CUMIN DES PRÉS. Nom vulgaire du Carvi.

CUNÉIFORME (de *cuneus*, coin). En forme de coin.

CUNICULUS. Nom latin du Lapin.

CUPIDONE (*Catananche*). Genre de plantes dicotylédones de la famille des *Composées*, tribu des *Chicoracées* : involucre à folioles imbriquées, luisantes, argentées, écailleuses ; réceptacle hérissé de longues soies. Ce sont des plantes d'ornement cultivées dans les jardins. — La **Cupidone bleue** (*C. cœrulea*) est une jolie plante à feuilles velues, qui croît spontanément dans le midi de la France, ainsi que la **Cupidone jaune** (*C. lutea*), vulgairement *pied de lion*.

CUPRESSINÉES (de *cupressus*, nom latin du Cyprès). Tribu de la famille des *Conifères*, intermédiaire entre celle des *Abiétinées* et celle des *Taxinées*, et composée d'arbres et d'arbrisseaux à rameaux aplatis, à feuilles aciculaires, à fleurs ordinairement monoïques disposées en chatons, à fleurs femelles dressées, réunies plusieurs ensemble à l'aisselle, d'écailles peu nombreuses ; fruits à écailles ligneuses ou charnues ; plantules à deux cotylédones. — Cette tribu comprend comme genres principaux : les *Cyprès*, les *Thuyas* et les *Genévriers*. (Voir ces mots.)

CUPRESSUS. Nom scientifique latin des Cyprès.

CUPULE (de *cupula*, petite coupe). Assemblage de bractées écailleuses formant une sorte de coupe qui persiste autour du fruit.

CUPULIFÈRES. (Voir QUERCINÉES.)

CURARE. (Voir STRYCHNOS.)

CURCAS. (Voir MÉDICINIER.)

CURCULIO. Nom scientifique latin des Charançons.

CURCULIONIDÉS. (Voir RHYNCHOPHORES.)

CURCUMA. Genre de plantes de la famille des *Amomacées*, à souches tuberculeuses, oblongues, noueuses, de la grosseur du doigt ; ses feuilles, longues d'un pied, sont engainantes à leur base, et partent du collet de la racine, car la plante est acaule (sans tige). Les fleurs de couleur jaune disposées en un épi gros, court, sessile, naissant du milieu des feuilles, ont le calice et la corolle tubuleux, tripartis, une seule étamine fertile, un ovaire à trois loges renfermant de nombreux ovules. — Le **Curcuma** (*C. tinctoria*) est originaire des Indes orientales ; sa racine, d'un jaune foncé, connue dans le commerce sous le nom de *safran des Indes*, a une odeur et une saveur analogues à celles du gingembre, dont elle a aussi les propriétés. Elle contient une matière colorante jaune, la curcumine, employée surtout comme réactif chimique, et qui devient rouge foncé par l'action des substances alcalines.

CURURU. (Voir PAULLINIA.)

CUSCUTE. Genre de plantes de la famille des *Convolvulacées*, renfermant des espèces à tiges longues, très grêles, entièrement dépourvues de feuilles, et s'enlaçant par mille replis autour des tiges des autres plantes sur lesquelles elles vivent en parasites, et qu'elles finissent par étouffer. Les fleurs, en général blanches et très petites, sont agrégées en capitule ou en épi. Ces plantes sont communes dans les forêts de l'Amérique, où elles atteignent parfois de grandes proportions. Celles d'Europe sont de petite taille ; elles envahis-

Cuscute sur une tige de lin.

sent principalement la luzerne, le thym, les bruyères, etc. ; telles sont la **Cuscute d'Europe** (*C. major*), qui vit sur le chanvre, l'ortie et le houblon ; la **Cuscute du thym** ou *Cuscute commune* (*C. epithymum*), appelée vulgairement *teigne, tignasse, cheveux du diable* ; elle est souvent très nuisible aux prairies artificielles.

CUSPIDÉ (de *cuspis*, pointe). Terminé en pointe aiguë.

CUTÉRÈBRE. (Voir ŒSTRE.)

CYAME (du grec *kuamos*, fève). Petits crustacés de l'ordre des *Amphipodes*. (Voir ce mot.) Connus sous le nom vulgaire de *poux de baleine*, ils vivent en parasites sur les grands cétacés dont ils rongent la peau. L'espèce type, le *Cyamus ceti*, a le corps large, orbiculaire, aplati ; sa tête porte deux paires d'antennes dont les antérieures beaucoup plus longues que les postérieures. Ses pattes sont courtes, robustes, terminées par de fortes griffes; sur les troisième et quatrième segments du corps sont insérés

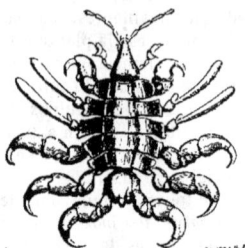

Cyame.

deux longs tubes branchiaux à la base desquels est placée chez les femelles une bourse ovigère.

CYANÉE (du grec *kuanéos*, bleu). Genre de cœlentérés de l'ordre des DISCOPHORES MONOSTOMIENS comprenant des Méduses libres, remarquables par leur belle couleur bleue. On en connaît une espèce de la Manche. (Voir MÉDUSES.)

CYANOPHYCÉES. Division du grand groupe des Algues, comprenant les Bactéries, les Oscillaires, les Nostocs. (Voir ces mots.)

CYATHÉE, *Cyathea* (du grec *kuathos*, coupe, etc., allusion à la forme de l'organe qui renferme les granules reproducteurs). Les Cyathées sont des fougères arborescentes des régions tropicales, à tiges droites, quelquefois très élevées, à feuilles très grandes, bi ou tripennées. Les capsules, en groupes globuleux, sont insérées vers le milieu des nervures simples et enveloppées dans un tégument scarieux. — La **Cyathée en arbre** (*C. arborea*) et la **Cyathée élégante** (*C. elegans*), d'Amérique, s'élèvent à 2 ou 3 mètres; la *Cyathea glauca*, de l'île Bourbon, dépasse souvent 10 mètres.

CYCADÉES. Famille de plantes dicotylédones apétales, classées autrefois parmi les Fougères; mais leurs deux cotylédons et leurs ovules les ont fait placer à la suite des Conifères. Les Cycadées ont, en effet, avec le port des Palmiers, l'organisation des Conifères. Ces plantes appartiennent aux régions tropicales des deux continents et forment les genres *Cycas* et *Zamia*.

CYCAS. Genre de plantes type de la famille des *Cycadées*. Ce sont des végétaux dicotylédones gymnospermes, très voisins des Conifères par leur organisation, bien que fort différents par leur port et leur foliation, qui rappellent plutôt ceux des Palmiers. Leurs fleurs sont dioïques; l'inflorescence mâle est en cône terminal, dont chaque écaille porte des anthères à une seule loge; l'inflorescence femelle se compose d'écailles portant chacune trois ou quatre ovules dressés. Le fruit est réduit à une graine nue.—On connaît plusieurs espèces de Cycas, appartenant toutes aux contrées chaudes de l'ancien continent. Tels sont le **Cycas revoluta** du Japon; son tronc court et gros est couvert des cicatrices des feuilles tombées, et couronné par un bouquet de grandes feuilles découpées et composées d'une centaine de folioles linéaires. Cette plante se

Cycas circinalis.

trouve à l'état fossile dans les couches de la période triasique. Le *Cycas circinalis* du Malabar s'élève souvent à plus de 15 mètres.

CYCLADE (*Cyclas*). Genre de mollusques LAMELLIBRANCHES SIPHONIENS, type de la famille des *Cycladidés*, qui comprend, en outre, les *Cyrènes* et les *Galathées*. On peut dire que les Cyclades et les Cyrènes sont des Vénus d'eau douce. Ce sont de petits mollusques à pied très allongé, à siphons réunis dans une certaine étendue; leur coquille bivalve est ovale, arrondie, généralement assez mince, pourvue de petites dents cardinales. — La **Cyclade des rivières** (*C. rivicola*), la plus grande du genre, atteint 2 centimètres de large; elle est élégamment striée et d'un brun verdâtre. Elle est assez commune dans la Seine et la Marne.

CYCLAMEN (du grec *kuklaminos*). Genre de plantes dicotylédones, monopétales, hypogynes, de la famille des *Primulacées*. Ce sont des herbes vivaces à rhizomes épais, à feuilles radicales, dont les hampes tordues en spirales portent une seule fleur. Les pourceaux sont très friands des racines, d'où le nom de *pain de pourceau* qui est donné au Cyclamen. On cultive ces plantes dans les jardins pour la beauté et l'originalité de leurs fleurs, dont les pétales sont réfléchis en arrière. Tels sont le **Cyclamen d'Europe**, dont les fleurs roses, à gorge purpurine, s'épanouissent dès le mois de mars; ses feuilles réniformes sont pourprées en dessous; son rhizome, d'une saveur âcre et brûlante, jouit de propriétés purgatives et émétiques ; le **Cyclamen**

Cyclamen d'Europe.

napolitain, à corolle rose et gorge violette, à dix dents, et le **Cyclamen de Perse**, à corolle rouge ou blanche.

CYCLOBRANCHES (de *kuklos,* cercle, et *bragchia,* branchies). Groupe de mollusques de l'ordre des GASTÉROPODES-PROSOBRANCHES, comprenant les Patelles et les Chitons.

CYCLOPE. Genre de très petits crustacés de l'ordre des COPÉPODES, de la sous-classe des ENTOMOSTRACÉS,

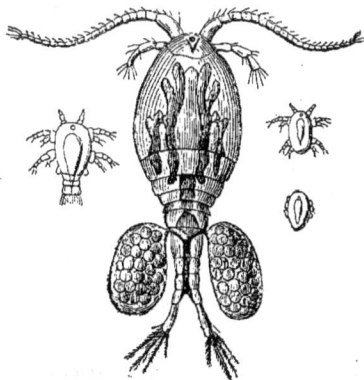

Cyclope femelle chargé d'œufs, très grossi, et ses transformations.

habitant en grand nombre les eaux douces, et qui doivent leur nom ou celui de *monocle* à ce qu'ils n'ont qu'un seul œil, placé sur le sommet de la tête. Leur corps est ovalaire, se rétrécissant vers le bas pour former une queue bifurquée à l'extrémité. Ils ont quatre antennes et cinq paires de pattes. Les femelles portent leurs œufs dans de petits sacs si-

tués de chaque côté de l'abdomen ; leurs larves subissent des métamorphoses assez compliquées.

CYCLOPTÈRE (du grec *kuklos,* cercle, et *ptéron,* aile). Genre de poissons acanthoptères de la famille des *Discoboles,* caractérisés par la disposition de leurs nageoires ventrales, formant un disque ovale qui leur sert de ventouse et leur permet de se fixer aux rochers ou à tout autre corps solide. Le corps est élevé, la bouche grande et bien armée ; il manque de vessie natatoire. On n'en connaît qu'une espèce : le Lompe ou *lièvre de mer (Cyclopterus lumpus),* qui habite les mers du Nord. Sa tête est grande, son museau court ; sa bouche, largement fendue, est munie de petites dents en velours. Sa peau, épaisse et visqueuse, est couverte de tubercules ; elle est d'un gris bleuâtre ; sa chair n'est pas bonne.

CYCLOSTOME (du grec *kuklos,* cercle, et *stóma,* bouche). Genres de mollusques GASTÉROPODES-PROSO-BRANCHES, type de la famille des *Cyclostomidés,* dont les représentants vivent à terre dans les lieux humides. L'animal rampe sur un pied allongé ; sa tête, prolongée en trompe, porte en arrière une paire de tentacules coniques, pourvus d'yeux au côté externe de la base. Il respire l'air au moyen d'un réseau de vaisseaux placés en haut de la cavité respiratoire, largement ouverte au-dessus de la tête. La coquille est contournée, conique, à tours de spire parfai-

Cyclostome tigré.

tement arrondis, le dernier plus grand que les autres ; l'ouverture est ronde, fermée par un opercule. Chez les Cyclostomes, les sexes sont séparés. — Le type du genre est le **Cyclostome élégant,** commun en France. Nous figurons ici le Cyclostome tigré. On en connaît plusieurs espèces fossiles des terrains tertiaires.

CYCLOSTOMES. Ordre de poissons cartilagineux. Ce sont, après l'*Amphioxus* (voir ce mot), les plus imparfaits, pour le squelette, de tous les animaux vertébrés ; ils n'ont ni pectorales ni ventrales ; leur corps allongé se termine en avant par une lèvre charnue, circulaire, ou demi-circulaire, soutenue par un anneau cartilagineux, résultant de la soudure des palatins avec la mâchoire inférieure ; les branchies, au lieu de former des peignes, présentent l'apparence de bourses formées par la réunion d'une des faces de la branchie avec la face opposée de la branchie voisine. Leur squelette est cartilagineux, peu développé ; le crâne est constitué par une capsule cartilagineuse renfermant un cerveau petit et très simple. Les yeux sont cachés sous la peau et l'organe de l'odorat consiste en une seule fosse nasale. — Cet ordre comprend les *Lamproies,* les *Myxines.* (Voir ces mots.)

CYDIPPE. (Nom mythologique). Genre d'animaux marins de la classe des CTÉNOPHORES (voir ce mot), division des *Globuleux,* autrefois rangés parmi les

Acalèphes de Cuvier, avec les Béroës. Leur corps, de forme ovoïde, est pourvu à sa superficie de huit côtes saillantes, disposées comme des méridiens, ainsi que de tentacules présentant des ramifications latérales et des lamelles. L'espèce la plus connue est le **Cydippe plumosa** de la Méditerranée.

CYDONIA. Nom scientifique latin du Cognassier.

CYGNE (*Cycnus*). Ce bel oiseau appartient à l'ordre des Palmipèdes, à la famille des *Lamellirostres*. L'éclatante blancheur de son plumage, l'élégance de ses formes, sa grâce à nager, le font rechercher pour l'ornement de nos bassins. — L'espèce que nous élevons en domesticité, le **Cygne commun** (*C. olor*), originaire des grands lacs de l'intérieur de l'Europe, est aujourd'hui répandu sur tout le globe.

Cygne commun.

Son plumage, gris dans le premier âge, devient d'un blanc pur; son bec est rouge; il est noir dans le **Cygne sauvage** (*C. ferus*), qui se distingue en outre de l'espèce précédente par sa tête légèrement teinte de jaune. Le Cygne sauvage vient des régions septentrionales de notre hémisphère. On rencontre sur les côtes méridionales de l'Australie le *Cygne noir*, qui doit son nom à la couleur de son plumage; une espèce américaine, le **Cygne à cou noir** du Chili, a la tête et le cou noirs, avec le reste du plumage blanc. — Le Cygne est sans contredit le plus beau et le plus élégant de tous les oiseaux d'eau; mais ce n'est qu'un oiseau de parade, peu intelligent et non susceptible d'éducation. Les anciens ont beaucoup exagéré ses qualités, et, par esprit d'imitation, nous lui avons conservé son prestige poétique. C'est ainsi que Buffon, se laissant trop entraîner à ses inspirations littéraires, dit du Cygne : « Cet oiseau règne sur les eaux à tous les titres qui fondent un empire de paix, la grandeur, la majesté, la douceur. Il vit en un mot plutôt qu'en roi au milieu des nombreuses peuplades des oiseaux aquatiques, qui toutes semblent se ranger sous sa loi. » Ce portrait est par trop flatté; le Cygne est au contraire un oiseau méchant, brutal et très irascible, comme le prouvent des faits nombreux; et les mâles se livrent, au temps de la pariade, de terribles combats, qui finissent souvent par la mort d'un des combattants. Ils se servent de leurs ailes

pour frapper, et telle est la force de celles-ci qu'on en a vu renverser un homme d'un seul coup. Le Cygne est un oiseau essentiellement nageur; son allure, facile et gracieuse dans l'eau, devient gauche et embarrassée à terre, comme celle des canards. Son vol est lourd, mais vigoureux et très élevé. Le cri du Cygne est loin d'être harmonieux; il ressemble un peu à celui du paon. Chez une espèce d'Amérique, le **Cygne trompette** (*C. buccinator*), ce cri ressemble à la note élevée du clairon. Quant au chant du Cygne à sa mort, ce n'est qu'une des nombreuses fictions de la Grèce. Les Cygnes se nourrissent de racines et d'herbes, auxquelles ils joignent des vers, des insectes, et même des grenouilles. Ces oiseaux ne sont pas monogames, ils prennent chaque année une nouvelle compagne. La femelle construit un nid très large, composé d'herbes et de roseaux, et pond vers la fin de l'hiver six à huit œufs verdâtres, qu'elle couve avec ardeur. Les petits en sortent au bout de six semaines, couverts d'un duvet grisâtre, et vont aussitôt à l'eau. Ils restent jusqu'en novembre avec leurs parents, qui veillent sur eux avec sollicitude. Les Cygnes sont des oiseaux migrateurs; ils voyagent en troupes nombreuses et serrées, disposées en forme de coin; c'est en novembre qu'ils arrivent dans nos contrées et ils les quittent au printemps pour retourner dans les régions boréales. On chasse le Cygne pour ses plumes et son duvet, car sa chair est peu délicate, et on le servait anciennement sur les tables opulentes, plutôt par ostentation que par goût.

CYMBALAIRE. Nom d'une plante du genre *Linaire*.

CYME. Groupe de fleurs sur des pédoncules rameux partant du même point et arrivant à une même hauteur.

CYMODOCÉE. Ce joli nom mythologique sert à désigner un genre de crabes de l'ordre des Décapodes nageurs, famille des *Sphéromidés*. Ce sont de petits crustacés marins, dont la forme rappelle celle des cloportes. On en connaît plusieurs espèces sur nos côtes; le type du genre est la *Cymodocea pilosa*.

CYNANCHE (du grec *kunagché*, fait de *kuón*, chien, et *agchein*, étrangler). Genre de plantes de la famille des Asclépiadées, dont une espèce européenne, la *Cynanche de Montpellier* (*Synanchum Monspeliacum*) produit un suc drastique, connu dans la pharmacopée sous le nom de *scammonée de Montpellier*.

CYNARA. Nom scientifique latin du genre *Artichaut*.

CYNHYÈNE. Ce nom, qui signifie *chien-hyène*, désigne aujourd'hui un petit genre formé pour une espèce d'Afrique, que Cuvier plaçait à la suite des hyènes sous le nom d'*Hyénoïde;* mais il se rapproche des chiens par sa dentition et n'en diffère que par le nombre de ses doigts, qui est de quatre, aussi bien aux membres de devant qu'à ceux de derrière. — On ne connaît qu'une espèce de ce genre, la **Cynhyène peinte** du cap de Bonne-Espérance, que les colons nomment *chien sauvage*. Sa taille est celle d'un fort mâtin; son pelage à fond grisâtre est agréablement varié de taches noires et jaunes irrégulièrement parsemées; sa queue touffue descend jusqu'à ses talons. Les mœurs de cette espèce sont différentes de celles des hyènes proprement dites; elle se réunit en troupes plus ou moins nombreuses, pour chasser les gazelles et les antilopes en plein jour. Comme les loups, elles se divisent en deux troupes, dont l'une poursuit le gibier et le rabat vers le lieu où l'autre se tient en embuscade. Elles attaquent aussi les moutons et même les bœufs et les chevaux lorsqu'elles les trouvent isolés. Faute de proie vivante, les Cynhyènes savent se contenter de cadavres.

CYNIPS. Les Cynips sont de petits insectes de l'ordre des Hyménoptères, section des *Térébrants,* longs à peine de 4 à 5 millimètres, qui, au moyen d'une tarière très déliée, dont l'extrémité est armée de dents, percent l'écorce et les feuilles des arbres pour y déposer leur œufs. La présence de ceux-ci ne tarde pas à déterminer l'affluence des sucs vers la partie piquée, et produit ainsi ces excroissances, quelquefois monstrueuses, connues sous les noms de *galles* et de *bédéguars,* dont quelques-unes sont employées dans la teinture en noir, et qui sont si communes sur les feuilles du chêne et sur la tige des rosiers. C'est dans l'intérieur et aux dépens de ces tumeurs que l'œuf déposé se développe, que la larve se nourrit, puis se transforme successivement en nymphe et en insecte parfait. Parvenu à ce dernier état, l'insecte perce sa demeure et s'envole. — Les Cynips sont des insectes au corps court et oblong, aux antennes filiformes de treize à quinze articles, aux mâchoires munies de palpes fort longues, aux pattes grêles et simples; leurs ailes présentent quelques nervures formant plusieurs cellules complètes sur les supérieures et une seule sur les inférieures. Parmi les espèces les plus remarquables on doit citer : le **Cynips tinctorial,** qui produit sur une espèce de chêne du Levant (*Quercus infectoria*) la galle que l'on emploie dans la fabrication de l'encre à écrire; le **Cynips des feuilles du chêne,** qui occasionne sur les nervures des feuilles ces petites excroissances de la forme et de la grosseur d'une cerise, et offrant la coloration d'une pomme d'api; le **Cynips de la rose,** qui produit cette galle chevelue de couleur verte, si commune sur les rosiers, et connue sous le nom de *bédéguar.* — L'espèce la plus célèbre est le **Cynips du figuier,** fameux autrefois par les services qu'on lui attribuait dans l'Orient en produisant la fécondation des fruits de l'arbre dont il porte le nom. (Voir Figuier.)

CYNOCÉPHALES (de *kuôn,* chien, et *képhalé,* tête; singes à tête de chien). Les Cynocéphales sont de grands singes d'Afrique, de la division des *Catarrhiniens,* offrant les formes générales des Macaques, avec une tête allongée, à museau tronqué, dans lequel sont percées les narines, ce qui le fait ressembler à celui d'un chien; leurs canines sont très fortes; leur queue varie en longueur suivant les espèces, et

ils ont des callosités aux fesses comme tous les singes de l'ancien continent. Les Cynocéphales sont en général des singes de grande taille, féroces et dangereux; ils habitent de préférence les montagnes et les rochers buissonneux. Ils vivent en troupes souvent fort nombreuses, et défendent leur territoire contre l'accès des hommes. Ils placent des sentinelles, et lorsqu'ils sont surpris, ils tâchent d'abord d'effrayer l'ennemi par leurs cris, mais s'ils ne peuvent ainsi le forcer à la retraite, ils l'attaquent à coups de pierre et de bâton. Les armes à feu peuvent seules parvenir à les effrayer, et encore ne battent-ils en retraite que lorsque plusieurs des leurs sont couchés sur le terrain. Leur amour de l'indépendance est tel qu'ils aiment mieux se tuer en se précipitant sur les rochers que de tomber entre les

Cynocéphale babouin.

mains de ceux qui les poursuivent. Malheur aussi au voyageur qui se laisse surprendre par eux : bientôt terrassé et le corps criblé d'horribles morsures, il paye de la vie son imprudence. Les Cynocéphales sont cependant presque exclusivement frugivores et ils sont le fléau des vergers et des jardins qu'ils mettent au pillage. Pris fort jeunes, ces singes sont d'abord assez doux et dociles, quoique d'un naturel malicieux et irascible, mais avec l'âge se développent leurs mauvais penchants, et leur méchanceté ne connaît bientôt plus de bornes. Les principales espèces du genre sont : le **Papion** (*Cyn. sphynx*) de Guinée, à queue longue, à pelage d'un brun roux avec le visage noir; c'est une des espèces les plus féroces; le **Babouin** (*Simia cynocephalus,* L.), qui est d'un jaune verdâtre avec les parties inférieures et internes blanchâtres et la face noire; cette espèce paraît être celle que les Égyptiens adoraient comme l'emblème du dieu Thoth, et que l'on voit figurée sur les monuments ainsi que la suivante; l'**Hamadryas** ou *tartarin,* qui a la face couleur de chair, et le dos et les épaules couverts d'un camail formé de longs poils d'un cendré olivâtre; cette espèce vit en Arabie et en Éthiopie. — Le **Chacma** (*C. porcarius*) a le pelage noir glacé de verdâtre, avec une crinière le long du dos et un pinceau de poils au bout de la queue ; la face est d'un noir violacé. La femelle n'a pas de crinière. Les chacmas habitent les environs du cap de Bonne-Espérance ; ils sont moins féroces que leurs congénères, mais voleurs effrénés. Ces singes vont par bandes de vingt à trente individus, et commettent des ravages considérables dans les champs et les vergers. Lorsqu'ils vont à la maraude, ils se partagent en trois escouades, dont l'une entre dans l'enclos pour le saccager, pendant que les individus de la seconde se placent en sentinelles pour avertir de l'approche du danger. Ceux de la troisième bande se placent en dehors et font la chaîne, placés à quelque distance les uns des autres, et échelonnés depuis le lieu du pillage jusqu'à la place où se trouve leur magasin de dépôt, adossé le plus

Tête du Cynocéphale mandrill.

ordinairement à quelque montagne. Ceux qui sont dans l'enclos jettent les objets volés à ceux qui font la chaîne, et ceux-ci se les passent de main en main jusqu'au magasin. Mais qu'une des sentinelles pousse un cri d'alarme, et aussitôt toute la troupe décampe au plus vite. — Le **Mandrill** (*C. mormon*), celle de toutes les espèces qui a le museau le plus allongé et la queue la plus courte, se distingue aussi par sa férocité et sa hideuse laideur. Son pelage est cendré verdâtre ; sa face, entourée d'une barbe et d'une collerette d'un jaune citron, porte un gros nez rouge bordé de bandes bleues, et sa tête est surmontée d'un toupet de poils raides. Le mandrill atteint debout la taille de l'homme. Il est très redouté des nègres de la Guinée.

CYNODON (de *kuón*, chien, et *odous*, dent). Nom scientifique latin du Chiendent. (Voir ce mot.)

CYNOGLOSSE, *Cynoglossum* (de *kuón*, chien, et *glossa*, langue). Genre de plantes de la famille des *Borraginées*. Ce sont des herbes à tiges rameuses, à feuilles alternes, velues, dont la forme et le toucher moelleux ont valu le nom de *langue de chien* à la plante. Les fleurs sont disposées en grappe terminale ; elles sont campanulées ou presque rotacées, à cinq étamines. — La **Cynoglosse officinale** est employée en médecine : le suc de sa racine possède des vertus narcotiques analogues à celles de l'opium. Du reste, elle entre avec l'opium, la jusquiame et plusieurs substances, dans la composition des *pilules de cynoglosse*, qui sont très recommandées et que l'on trouve dans toutes les officines. C'est une plante herbacée, exhalant une odeur forte, qui s'élève à 6 ou 8 décimètres et porte des grappes de fleurs d'un rouge violacé. — La **Cynoglosse**

Cynoglosse officinale.

bicolore a des fleurs blanches à gorge pourpre.

CYNOPITHÈQUE (de *kuón*, chien, et *pithêkos*, singe). Synonyme de Cynocéphale. (Voir ce mot.)

CYNORRHODON (de *kuón*, chien, et *rhodon*, rose). Nom pharmaceutique du fruit de l'Eglantier (*Rosa canina*), vulgairement *rose de chien*, qui est doué de propriétés astringentes et s'emploie contre les diarrhées chroniques.

CYNOSURUS (de *kuón*, chien, et *oura*, queue). Genre de plantes monocotylédones, glumacées, de la famille des *Graminées*, présentant pour caractères distinctifs : épillets fertiles de deux à cinq fleurs ; entremêlés d'épillets stériles à paillettes mucronées ou aristées, glumes des épillets fertiles et glumelle inférieure mucronée ou aristée. — Le **Cynosure à crête** (*Cynosurus cristatus*), vulgairement *crételle des prés*, est une plante à souche gazonnante, à tige de 3 à 5 décimètres, grêle ; à feuilles linéaires, étroites, planes ; à panicule en forme d'épi allongé que l'on a comparé à la queue d'un chien ; à fleurs d'un vert jaunâtre. Cette plante, que l'on trouve dans les pâturages, fournit un bon fourrage.

CYPÉRACÉES (de *cyperus*, souchet). Famille de plantes monocotylédones, sans périanthe, comprenant des végétaux herbacés, verts dans toutes leurs parties, à feuilles entières, allongées en rubans étroits que parcourent parallèlement les nervures longitu-

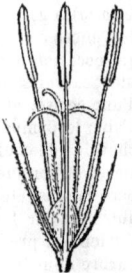

Cypéracées (fleur de *Scirpus lacustris*).

dinales. Les Cypéracées se distinguent facilement des graminées par leur tige pleine, sans renflements à la naissance des feuilles. Les fleurs sont disposées en épis vers le sommet de la plante ; ces épis ou épillets, groupés de diverses manières, consistent en une série de bractées écailleuses à l'aisselle desquelles sont situées tantôt plusieurs étamines autour d'un pistil, tantôt des étamines ou des pistils seulement. La graine consiste en un sac membraneux rempli par un gros périsperme farineux, excepté à son bout inférieur sous lequel est niché un petit embryon en forme de toupie. La tige qui s'élève au-dessus du sol n'est, le plus souvent, qu'un rameau partant d'un rhizome souterrain horizontal. — Les principaux genres de cette famille sont : *Cyperus* ou *Souchet,* qui donne son nom au groupe, *Scirpus, Schœnus, Carex,* etc.

CYPERUS. (Voir Souchet.)

CYPRŒA. Nom latin du genre *Porcelaine.* (Voir ce mot.)

CYPRÈS (du grec *kuparissos,* cyprès). Genre de plantes de la famille des *Conifères,* tribu des *Cupressinées,* composé de grands arbres exotiques. Ce genre est caractérisé par son fruit globuleux, lequel se compose d'écailles coriaces attachées à un axe central, serrées les unes contre les autres, et offrant la forme d'un clou, lorsqu'à l'époque de la maturité leurs bords se désunissent. — L'espèce la plus remarquable est le **Cyprès d'Orient** (*Cupressus fastigiata*) ; son port noble et majestueux le fait cultiver dans la plupart des jardins paysagers. Son tronc, garni de la base au sommet de ramifications éparses et faisant avec lui un angle très aigu, forme une belle pyramide arrondie ; ses feuilles sont persistantes, très petites, d'un vert sombre et éternel. Depuis la plus grande antiquité, cet arbre est consacré à la mort ; les Romains enveloppaient souvent les cadavres de son feuillage ; et une branche de Cyprès, appendue aux portes des maisons, était un signe de deuil. Les bûchers destinés à consumer les corps étaient formés du bois de cet arbre, qui, de nos jours, est encore le symbole de la douleur et de la mort. Le bois de Cyprès est dur, d'un grain fin, très peu corruptible, mais il est cassant. — Le **Cyprès horizontal,** que quelques botanistes regardent comme une simple variété du précédent, en diffère par la direction de ses branches qui s'écartent de la tige, et forment avec elle un angle droit.— Parmi

Cyprès d'Orient.

les autres espèces de ce genre, nous citerons le **Cyprès faux thuya** (*C. thuyoïdes*) de l'Amérique du Nord, où on lui donne le nom de *cèdre blanc* ; ses feuilles ressemblent à celles du thuya ; son fruit, d'un brun rougeâtre, laisse transsuder une résine odorante estimée des Américains pour la guérison des blessures récentes. Son bois est fort en usage dans les constructions civiles et navales. Cet arbre croît de préférence dans les contrées marécageuses du Canada et des Etats de l'Est, et l'on prétend que les exhalaisons aromatiques et antiseptiques de sa résine combattent les influences morbifiques des miasmes qui s'élèvent de ces marais.

CYPRÈS [Faux]. (Voir Santoline.)

CYPRIN DORÉ ou **POISSON ROUGE.** Noms que l'on donne à la Dorade de la Chine. (Voir Dorade.)

CYPRINS ou **CYPRINIDÉS.** Famille nombreuse de poissons d'eau douce de l'ordre des Téléostéens, tribu des *Malacoptères abdominaux,* reconnaissables à une bouche peu fendue, à des mâchoires faibles, sans dents (tandis que les pharyngiens sont forte-

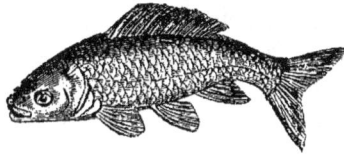

Cyprin doré.

ment dentés), à des rayons branchiaux peu nombreux. Le corps est écailleux ; il n'y a point de dorsale *adipeuse,* comme dans les silures et les salmonés. Ce sont les moins carnassiers des poissons. Cuvier partageait cette famille en deux sections : celle des *Cobitiens,* comprenant le genre *Loche,* au corps allongé, couvert de petites écailles ; à la tête petite ; à dents pharyngiennes nombreuses et pointues, et celle des *Cypriniens,* dont le corps est couvert d'écailles généralement grandes et dont les dents pharyngiennes sont fortes et propres à triturer les aliments ; ce sont : les Carpes, le Barbeau, le Goujon, la Brême, l'Ablette, le Gardon, le Véron, etc. (Voir ces mots.) La section des Cypriniens compose seule aujourd'hui cette famille, celle des Cobitiens rentrant dans celle des *Acanthopsidés.*

CYPRIPÈDE (de *Cypris,* Vénus, et *podion,* pantoufle). Genre de plantes de la famille des *Orchidées,* à fleurs pédonculées solitaires, dont le labelle très grand et concave est renflé en sabot. Elles ont en outre les anthères latérales fertiles, les intermédiaires stériles et pétaloïdes. Ce sont des plantes herbacées, croissant dans les parties froides et tempérées des deux continents — Le **Sabot de Vénus** (*Cypripedium calceolus*), qui croît en Suisse et en France, porte des fleurs roussâtres avec le labelle jaune. On le cultive dans les jardins ainsi que le **Cypripède gracieux** (*C. venustum*), de la Caroline, à fleurs jaunes pointillées de rouge, et le **Cypripède**

remarquable (*C. spectabilis*) du Canada à grandes fleurs blanches veinées de rose. Ces plantes se

Cypripède, sabot de Vénus.

cultivent en terre de bruyère tenue fraîche et à l'ombre.

CYPRINUS. Nom scientifique latin du genre *Carpe*. (Voir ce mot.)

CYPRIS. Genre de très petits crustacés de l'ordre des Ostracodes. (Voir ce mot.) Leur corps est enfermé dans une carapace bivalve, mince, transparente, et se prolonge en arrière en un abdomen terminé par deux stylets; à la partie supérieure et antérieure du corps est un gros œil unique; au-

Cypris très grossi.

dessous duquel s'insère une paire d'antennes terminées par un faisceau de soies. Les pattes sont au nombre de quatre seulement; la paire antérieure constitue des rames natatoires; entre elles se trouve la bouche. Les Cypris subissent des transformations successives; on trouve ces petits crustacés presque microscopiques dans les eaux douces de toute l'Europe.

CYPSÉLIDÉS (de *cypselus*, nom latin du martinet.) Famille d'oiseaux de l'ordre des Passereaux fissirostres, comprenant les martinets et les salanganes.

CYPSELUS. Nom scientifique latin des Martinets. (Voir ce mot.)

CYRÈNE. Genre de mollusques bivalves de l'ordre des Lamellibranches siphoniens, de la famille des *Cyclades* (voir ce mot), dont ils se distinguent par leur coquille plus grande, pourvue de fortes dents cardinales, et surtout par leurs siphons libres dans toute leur longueur. Les Cyrènes habitent les eaux douces des pays chauds.

CYSTICERQUE (du grec *kystis*, vessie, et *kerkos*, queue). Les Cysticerques, longtemps regardés comme un genre particulier de vers intestinaux ou entozoaires, ne sont que les larves des ténias. (Voir ce mot.) Dans cet état, l'animal se compose d'une tête armée de plusieurs rangs de crochets, prolongée postérieurement et terminée en arrière par une vessie remplie d'eau. Tant qu'il demeure dans le corps de l'hôte où il a atteint ce premier degré d'organisation, le jeune animal ne subit aucune transformation; mais, dès qu'il passe dans les intestins d'un autre animal qui aura fait sa proie du premier, il y trouvera les conditions nécessaires à son développement et deviendra ténia. (Voir Ténia et Cestoïdes.) Le **Cysticerque** du cochon (*Cysticercus cellulosæ*) détermine chez cet animal la maladie connue sous le nom de *ladrerie;* c'est lui qui, introduit dans l'estomac de l'homme, y développe le *Tænia solium* ou ver solitaire. Le *Cænure* du mouton n'est que la larve du *Tænia cænurus* du chien et du loup.

CYSTOÏDES. (Voir Cestoïdes.)

CYTHÉRÉE. (Voir Ostracodes.) Ce sont de petits crustacés presque microscopiques, très voisins des Cypris, dont ils diffèrent, parce qu'ils ont huit pieds et qu'ils vivent dans l'eau salée.

CYTINACÉES. Famille de plantes dicotylédones composées d'herbes charnues parasites sur d'autres plantes, et dont le port rappelle celui des Orobanches. Elle comprend les genres *Cytinus* et *Hydnora*

CYTINE, *Cytinus* (du grec *kutinos*, fleur du grenadier). Genre de plantes type de la famille des *Cytinacées*, dicotylédones, apétales, à périanthe simple ou nul. Les Cytines sont des plantes parasites, charnues, à tige simple, couverte d'écailles imbriquées en guise de feuilles, à fleurs axillaires, sessiles, campanulées; leur port rappelle celui des Orobanches. — Le **Cytinus hypocistis** (*Cytinelle*), type du genre, vit en parasite sur les racines des Cystes, dans le Midi. On fait avec le suc de ses baies une conserve astringente, employée contre la dysenterie.

CITINÉES. (Voir Cytinacées.)

CYTINELLE. (Voir Cytine.)

CYTISE. Genre de plantes de la famille des *Légumineuses papilionacées*, tribu des *Génistées*, à fleurs hermaphrodites, calice monosépale, bilabié, corolle bilabiée, étamines réunies en tube; gousse linéaire à plusieurs graines. Les Cytises sont des arbustes ou des arbrisseaux dont le port se rapproche de celui des genêts, mais qui ne sont pas épineux, comme la plupart de ces derniers. Leurs feuilles sont ternées, accompagnées de petites stipules; leurs fleurs terminales ou axillaires, en épi, de

Cytise, faux ébénier.

couleur jaune ou rouge. Ces végétaux sont originaires des contrées méridionales et montagneuses de l'Europe et de l'Asie. — Le **Cytise commun** ou genêt à balais (*Cytisus scoparius*), plus généralement connu sous le nom de genêt, est décrit à ce mot.— Le **Cytise aubours** ou faux ébénier (*C. laburnum*), indigène des Alpes et du Jura, est un arbrisseau de 3 à 4 mètres de hauteur; son feuillage épais, d'un vert foncé, sur lequel se détachent de longues grappes de fleurs jaunes, produit un effet très pittoresque; son bois, très dur, veiné de noir et susceptible d'un beau poli, est recherché par les tourneurs; il prend en vieillissant une teinte générale noire à laquelle il doit le nom de *faux ébénier*. — Le **Cytise pourpre** se cultive dans les jardins pour ses belles grappes de fleurs rouges.

CYTODE (de *kutodès*, celluleux.) On désigne sous ce nom, d'après Hœckel, les cellules composées d'une petite masse de protoplasma sans membrane cellulaire. (Voir ORGANISMES.)

CYTTARIA (du grec *kuttaros*, alveole). Genre de champignons Discomycètes de la famille des *Helvellacées* qui croissent au Chili, sur les racines des arbres. Ils ont pour caractères : réceptacles charnus-gélatineux, agrégés ou réunis dans une sorte de stroma commun, globuleux. Cupules placées à la périphérie du stroma qui s'ouvrent lors de la rupture de l'épiderme. Hyménium séparable; thèques géantes, finissant par se dégager des paraphyses entre lesquelles elles sont placées. On en connaît deux espèces; le **Cyttaria de Darwyn** (*C. Darwynii*), d'une belle couleur jaune, est recherché par les naturels.

D

DACTYLE. Espèce de mollusque du genre *Pholade*. (Voir ce mot.)

DACTYLE (du grec *daktulos*, doigt, par allusion aux divisions de l'épi). Genre de plantes de la famille des *Graminées*, tribu des *Festucacées*, dont l'espèce type, le **Dactyle pelotonné** (*Dactylis glomerata*), très commune dans tous les terrains, donne un bon fourrage en vert. C'est une graminée droite, haute de 1 mètre, à feuilles planes, carénées, à panicule pyramidale, irrégulière.

DACTYLÈTHRE (du grec *daktuléthra*, dé à coudre). Genre de batraciens de l'ordre des ANOURES, division des *Aglosses*, voisins des *Pipas*, mais s'en distinguant par la présence de petites dents à la mâchoire supérieure et d'ongles coniques, en forme de dé aux trois doigts du milieu des membres postérieurs. Le *Dactylethra lævis* habite l'Afrique australe; il a la physionomie extérieure et les mœurs de nos crapauds.

DACTYLOPTÈRE (du grec *daktulos*, doigt, et *ptéron*, aile). Genre de poissons de la famille des *Cottidés* (section des Joues cuirassées de Cuvier), connus vulgairement sous le nom de *poissons volants* ou *hirondelles de mer*. Ils ont pour caractères principaux : le préopercule terminé par une longue épine érectile qui leur sert d'arme défensive, et des nageoires pectorales à rayons fort allongés et réunis par une large membrane, qui en forme, aussi bien une aile qu'une nageoire. Leur corps a la forme de

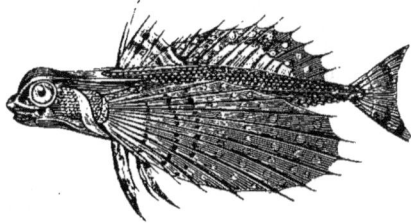

Dactyloptère commun.

celui des Trigles; il est couvert d'écailles dures qui présentent chacune une carène tranchante terminée en pointe. La puissance du vol, quoique très limitée chez ces poissons, leur permet néanmoins de s'élever à une assez grande hauteur au-dessus de la mer et de parcourir ainsi environ une trentaine de mètres.

Les Dactyloptères ont de nombreux ennemis; dans l'eau, les daurades et d'autres poissons les poursuivent avec acharnement, et lorsque, pour leur échapper, ils s'élèvent dans les airs, ils se livrent aux albatros et aux goélands, qui les attendent pour les dévorer. Leur vol cesse dès que le desséchement a détruit la souplesse de leurs nageoires et les force à les mouiller dans la mer. Dans les temps calmes, on voit voler des milliers de Dactyloptères qui offrent un spectacle des plus curieux; dans les nuits obscures, ils brillent quelquefois d'une lumière phosphorescente. — On en connaît deux espèces : une de la Méditerranée, le **Dactyloptère commun** (*Dactylopterus volitans*), brun en dessus, rouge sur les flancs et blanc rosé en dessous, avec les nageoires d'un gris bleuâtre ou verdâtre. — La seconde espèce, le **Dactyloptère oriental**, habite la mer des Indes.

DAGUET. On donne ce nom au jeune Cerf dont le bois n'a pas encore de branche.

DAHLIA. Genre de plantes de la famille des *Composées tubuliflores*, dédié au botaniste suédois André Dahl. On n'en connaissait dans le principe qu'une espèce, originaire du Mexique (*D. variabilis*), d'où elle fut apportée en Espagne en 1789. C'est du jardin botanique de Madrid qu'elle s'est répandue en Europe, où elle a produit les nombreuses variétés qui font aujourd'hui le plus bel ornement de nos jardins en automne. A l'exception de l'odeur, la nature leur a dispensé tous ses dons; beau port, grandes et nombreuses fleurs, blanches, jaunes, roses, pourpres, et passant de ces couleurs à leurs nuances les plus délicates ou les plus foncées. Les pétales, tantôt plans, tantôt canaliculés, sont imbriqués avec une régularité admirable. La culture des Dahlias est extrêmement facile; on plante ses tubercules au printemps, à l'air libre, en les relevant dès l'apparition des gelées pour les conserver en hiver dans un lieu sec, aéré, et à l'abri du froid. Le Dahlia aime un sol riche et profond, une exposition chaude; on le multiplie par la division de ses tubercules, en conservant un œil sur chaque portion détachée. Les tubercules radicaux sont employés comme alimentaires au Mexique, où on les mange cuits sous la cendre; dans nos climats, ils sont coriaces, fibreux, et conservent une forte saveur poivrée.

DAIL. (Voir PHOLADE.)

DAIM, DAINE. Espèce du genre *Cerf*. (Voir ce mot.)

DALBERGIE (dédié à Dalberg, botaniste suédois). Genre de plantes dicotylédones de la famille des *Légumineuses papilionacées*, composé d'arbres et d'arbrisseaux grimpants, propres aux régions tropicales. Ils offrent pour caractères : carène à pétales libres, de la même longueur que les ailes; huit-dix étamines; gousse membraneuse, veinée, à une ou deux graines. Les *Dalbergia latifolia, robusta, sissoo*, sont des arbres de 8 à 10 mètres de hauteur, qui fournissent des bois durs, colorés, incorrup-

tibles, très estimés pour l'ébénisterie; celui du *Dalbergia melanoxylon* est connu dans le commerce sous le nom d'*ébène du Sénégal*, et l'on pense généralement que c'est d'une espèce de ce genre que vient le *bois de palissandre*.

DALÉE, *Dalea* (dédié au botaniste anglais Dale.) Genre de plantes de la famille des *Légumineuses*, section des *Papilionacées*. Ce sont des arbrisseaux du Mexique à fleurs disposées en épi. On cultive en France, dans les jardins, la **Dalée à fleurs jaunes**, la **Dalée queue de renard** à fleurs violettes, et la **Dalée à fleurs pourpres**; cette dernière est originaire de l'Illinois.

DAMAN (*Hyrax*). Petit mammifère de la taille de notre marmotte, commun au mont Sinaï, et qui paraît être le *saphan* de l'Écriture sainte, dont la chair était interdite aux Hébreux. Cet animal, que ses caractères extérieurs avaient d'abord fait ranger avec

Daman du Cap.

le cobaye dans le genre *Cavia*, forme aujourd'hui un groupe distinct (*Hyracidés*) entre les Rongeurs et les Pachydermes. Cet animal rappelle assez la forme et les proportions de la marmotte; mais son corps est plus allongé, ses jambes mieux disposées pour la course, et il manque complètement de queue. Ses pieds antérieurs ont quatre doigts, les postérieurs trois seulement, tous terminés par de petits ongles en sabots, caractère qui, joint à une dentition semblable à celle des rhinocéros, a fait ranger par Cuvier le Daman parmi les pachydermes. Ces animaux sont herbivores, leur naturel est craintif et très doux. Ils fréquentent de préférence les endroits rocailleux et se retirent dans des trous de rochers. En Syrie, où le Daman est commun, on le chasse pour sa chair qui est assez délicate et pour sa fourrure formée d'un poil doux et soyeux. On l'élève quelquefois en domesticité et l'on prétend qu'il tue les souris. — Le **Daman de Syrie** (*H. syriacus*) est d'un brun fauve en dessus, blanchâtre en dessous. — On en connaît une autre espèce, propre à l'Afrique australe, c'est le **Daman du Cap** (*H. capensis*), un peu plus grand que le précédent, brun roux en dessus, avec une bande dorsale plus foncée, blanchâtre en dessous.

DAMAS. Variétés de prunes. On distingue le Damas gris, le violet, le musqué, le noir tardif et hâtif, le noir de Tours, etc.

DAMASONIE, *Damasonium* (du grec *damazô*, je dompte, parce qu'on la regardait autrefois comme un antidote contre le venin des reptiles). Genre de plantes monocotylédones de la famille des *Alismacées,* qui diffère du genre Alisma par ses carpelles à deux graines, soudés par leur suture ventrale. La **Damasonie commune** (*D. vulgare*), connue sous le nom d'*étoile d'eau,* de *plantain aquatique,* est une plante herbacée très abondante dans nos étangs et nos mares. Sa tige, longue de 10 à 12 centimètres, porte des feuilles pétiolées, ovales, cordiformes à trois nervures et des fleurs blanches disposées en deux verticilles.

DAME D'ONZE HEURES. Nom vulgaire de l'Ornithogale en ombelle. (Voir ORNITHOGALE.)

DAMIER. On donne vulgairement ce nom à un oiseau du genre *Pétrel,* et à un papillon du genre *Argynne.*

DAMMAR. (Voir DAMMARA.)

DAMMARA. Genre de conifères de la famille des *Abiétinées,* composé d'arbres élevés propres à l'Australie et aux îles de l'archipel Indien. — Le **Dammara blanc** (*D. orientalis*), des Moluques, s'élève à 25 et 30 mètres de hauteur; ses branches verticillées, étalées, se redressent au sommet; ses feuilles sont lancéolées, longues de 8 à 10 centimètres, son écorce est grise. Il découle de son tronc une résine odorante et très transparente (*Dammar des Indes*) que l'on emploie, comme le Baume du Canada, pour la préparation des objets microscopiques. — Le **Dammara austral** de la Nouvelle-Zélande donne une résine analogue au copal, et qui sert à la fabrication des vernis. Il fournit un excellent bois pour la marine.

DANOIS. Variété de Chien du groupe des *Mâtins.* On en distingue deux variétés : le *Grand* et le *Petit Danois.* Ils ont le corps élancé, les oreilles courtes, le poil ras, la queue moyenne et relevée; il y en a de noirs, de gris, ou variés de noir et de blanc. Le Petit Danois est le plus souvent blanc, tacheté de noir. (Voir CHIEN.)

DAPHNÉ. Genre de plantes de la famille des *Thyméléacées,* renfermant des arbustes ou des arbrisseaux élégants, à feuilles alternes, souvent persistantes. Leurs fleurs, tantôt axillaires et solitaires, tantôt terminales et groupées en capitules ou en grappes, ne sont jamais grandes; elles ont un calice coloré, tubuleux, à quatre ou cinq divisions peu profondes; les étamines, au nombre de huit ou dix, sont insérées sur le tube du calice; le pistil est simple; l'ovaire supère, uniloculaire, renferme un ou deux ovules. Le fruit est un petit drupe monosperme. On en connaît plusieurs espèces. — Le **Daphné bois gentil** (*D. mezereum,* L.) est un petit arbuste de 1 mètre à 1^m,50 d'élévation, qui se couvre de fleurs roses dès le mois de février, avant que ses feuilles commencent à paraître; ces feuilles naissent toutes du sommet de chaque rameau au-dessus des fleurs. Celles-ci sont disposées par petits bouquets de deux ou trois à la partie supérieure de la tige. Le fruit est d'un rouge vif. Le bois gentil est commun dans les bois montueux. — Le **Daphné lauréole** (*D. laureola*) a le port d'un laurier; ses feuilles, d'un vert foncé, sont éparses, coriaces, persistantes; ses fleurs sont verdâtres, ses fruits d'abord verts deviennent d'un rouge noirâtre. Cette espèce est commune dans les bois humides. — Le **Daphné garou** (*D. gnidium*), vulgairement sain-bois,

Daphné lauréole.

à fleurs blanches et velues, odorantes, auxquelles succèdent de petites baies globuleuses d'abord vertes, puis noirâtres. Cet arbuste croît dans les provinces méridionales de la France, dans les lieux secs et incultes. Toutes les espèces de Daphnés, et principalement la dernière, jouissent de propriétés irritantes : on emploie l'écorce du garou pour préparer les pommades épispastiques avec lesquelles on entretient la suppuration des vésicatoires; la décoction de l'écorce et des feuilles est purgative. Dans l'Amérique du Nord, on substitue au garou le *Daphne palustris;* à Saint-Domingue et à Cuba, croît le **Laghetto** ou *bois dentelle,* remarquable par son écorce, formée d'un réseau de fils entrelacés qui ressemble à une dentelle grossière.

DAPHNIE. Genre de crustacés BRANCHIOPODES de la famille des *Cladocères.* Ce sont de très petits animaux qui vivent en grand nombre dans les eaux douces stagnantes. Leur corps très comprimé est enveloppé dans une carapace bivalve, transparente; ils portent en avant deux grandes antennes ramiflées servant de rames et ont cinq paires de pattes. Leur agilité et leur allure saccadée leur a fait

Daphnie très grossie.

donner le nom vulgaire de *puces d'eau*. Le *Daphnia pulex* est très commun en Europe.

DARD (*spicula*). On désigne sous ce nom, en histoire naturelle, l'extrémité pointue de la queue des scorpions et la pièce principale de l'aiguillon chez les hyménoptères. (Voir ce mot.) Mais c'est à tort que le vulgaire donne le nom de dard à la langue des serpents.

DARWINISME (de Darwin, naturaliste anglais). (Voir Transformisme.)

DASYURE, *Dasyurus* (de *dasus*, fourni, et *oura*, queue). Genre de mammifères de l'ordre des Marsupiaux créatophages ou carnassiers, voisins des Thylacines. Ils ont quarante-deux dents, les quatre doigts postérieurs libres, la queue allongée et très touffue. Les Dasyures sont propres au continent australien et à ses îles, où ils représentent nos martes et nos fouines dont ils ont les mœurs. — Le plus répandu est le **Dasyure viverrin** (*D. viverrinus*), dont le pelage est fourni et doux, et la queue de longueur moyenne et velue. — Le **Dasyure macroure** se distingue par sa queue aussi longue que le corps. Ces animaux sont très voraces et commettent de grands dégâts dans les fermes et les poulaillers.

DATISQUE (*Datisca*). Genre de plantes de la famille des *Saxifragées*. L'unique espèce, le **Datisca cannabina**, vulgairement connu sous les noms de *cannabine* et de *chanvre de Crête*, est originaire de l'Asie occidentale. C'est une plante herbacée à feuilles alternes, imparipennées, à fleurs apétales, dioïques, verdâtres, disposées en épis axillaires et terminaux. On extrait de sa racine un suc jaune qui sert à teindre la soie.

DATTE. Fruit du Dattier.

DATTIER (*Phœnix*). Genre de plantes de la famille des *Palmiers*, renfermant un petit nombre d'espèces, dont la plus intéressante est le Dattier cultivé. Les Dattiers vivent tantôt isolés, tantôt réunis en belles forêts, et présentent une organisation remarquable. D'une racine déliée, aux fibres ramassées en faisceau, surgit une colonne végétante presque droite,

d'égale grosseur dans toute sa longueur, à part les cicatrices raboteuses rangées en spirale et déterminées par la chute successive des feuilles. Le sommet de ce stipe, dont la hauteur dépasse souvent 25 mètres, se couronne d'une gerbe élégante de feuilles nombreuses et serrées, sous forme de palmes, longues de 3 à 4 mètres, et qui l'embrassent dans leur partie inférieure. C'est du milieu de ces feuilles que sortent de vastes spathes dures, presque ligneuses, renfermant les organes de la reproduction, et qui se fendront par un de leurs côtés pour laisser échapper de grandes panicules fleuries, très rameuses, que l'on nomme *régime*. Les sexes sont séparés et portés sur des individus distincts. Les fleurs mâles sont très petites et renferment six étamines à filaments très courts, surmontés par des anthères vacillantes et biloculaires. Les fleurs femelles, plus amples, ont les ovaires égaux, trilobés, avec un style court et un stigmate conique, recourbé en bec d'oiseau. Quand

Régime de Dattier.
a, fleurs mâles; *b*, fleurs femelles.

les Dattiers sont réunis en massifs, la fécondation s'opère sans difficulté : le pollen s'échappe des anthères en si grande quantité que, au lever du soleil, le bois entier est enveloppé d'une vapeur jaune de soufre ; mais quand les Dattiers sont très éloignés, les cultivateurs recueillent le pollen, en s'emparant du *régime* des fleurs mâles, avant l'explosion des anthères ; puis, montant au sommet des stipes femelles, ils secouent fortement le régime sur leurs fleurs, qui sont ainsi fertilisées. Ce pollen conserve ses propriétés fécondantes pendant plusieurs années ; aussi, dans les plantations de Dattiers, ne cultive-t-on qu'un petit nombre de pieds mâles pour un grand nombre de pieds femelles, ces derniers seuls donnant les fruits. Ce procédé de fécondation artificielle est en usage depuis l'antiquité la plus reculée, puisque Théophraste en parle déjà. — Le fruit du Dattier ou la *Datte* est un drupe mou de la forme d'une grosse olive, la pulpe en est grasse, douce et sucrée ; les plus belles se récoltent à Tozzer, en Barbarie. La Datte naît sur des grappes pendantes, touffues, d'un volume souvent considérable, et du poids de 12 à 14 kilogrammes. Dans sa fraîcheur, ce fruit est d'un beau jaune doré et d'un goût exquis, il perd beaucoup sec. On en fait en Natolie une liqueur vineuse pétillante, et l'Arabe, après l'avoir desséchée, en fait une farine qui, pressée en tablettes, est pour lui d'une grande ressource dans ses courses lointaines. Le Dattier cultivé paraît originaire de l'Afrique septentrionale et de l'Asie occidentale, d'où il s'est répandu dans la plupart des colonies situées entre les tropiques et jusque dans le midi de l'Europe ; on le rencontre dans le royaume de Valence et sur la côte de Gênes. On peut aussi recueillir la sève du Dattier, et fabriquer avec elle, comme avec celle de plusieurs autres palmiers, du vin de palme. Les feuilles servent à faire des nattes, des paniers, des chapeaux.

DATURA. Genre de plantes de la famille des *Solanacées*, renfermant des espèces essentiellement vénéneuses.

Datura stramonium.

Leurs feuilles sont alternes, oblongues sinuées ; leurs fleurs, très grandes, à calice tubulé quinquéfide, à corolle en entonnoir, cinq-dix denté, à cinq étamines. La plupart des espèces appartiennent à l'Amérique et à l'Asie tropicales ; elles ont une odeur vireuse qui trahit leurs qualités funestes ; cependant quelques-unes ont un parfum suave ; tels sont les **Datura arborea** et **suaveolens**, belles espèces cultivées dans nos jardins, qui ont de 2 à 3 mètres de hauteur et se couvrent de fleurs

odorantes, longues de 30 centimètres. Mais l'espèce la plus commune et la plus dangereuse est la **Stramoine** (*Datura stramonium*), vulgairement nommée *pomme épineuse*, *herbe du diable*, *herbe aux sorciers*, etc. Elle a de 6 à 10 décimètres, ses feuilles sont d'un vert sombre, ses fleurs blanches ou violettes, son fruit est une capsule ovoïde, armée d'épines robustes. On a extrait du Datura un principe très actif connu sous le nom de *daturine*. On l'emploie en médecine contre les névralgies, l'épilepsie, les rhumatismes. Ingérée à dose élevée, la Stramoine cause un profond trouble physiologique : perte de mémoire, délire, fureur, paralysie et enfin arrêt du cœur. Particularité remarquable : si elle est ingérée aux malades atteints d'hallucinations, elle les guérit. On emploie avec succès les feuilles de Stramoine, avec la belladone et la jusquiame, sous forme de cigarettes, dans l'asthme, les catarrhes, les spasmes des bronches, etc. Les fumigations de feuilles de Stramoine comme antiasthmatique sont connues et employées du reste depuis longtemps.

DAUCUS. Nom scientifique latin du genre *Carotte*.

DAUPHIN. Les anciens désignaient sous ce nom (*delphinus*), non seulement les cétacés qui le portent aujourd'hui, mais encore plusieurs espèces de grands poissons qui n'ont aucun rapport avec les premiers. — Les Dauphins forment, dans l'ordre des CÉTACÉS, la famille des *Delphinidés*. Ce sont des animaux exclusivement aquatiques ; leur corps, fusiforme et tout à fait nu, est privé complètement de membres postérieurs ; leur queue se termine par une nageoire horizontale. Leurs nageoires, situées un peu en arrière de la tête, représentent les membres antérieurs des autres mammifères, et sont composées des mêmes parties. Leur tête, arrondie en dessus, se termine par des mâchoires déprimées, garnies de dents coniques et crochues. Les Dauphins sont fort communs dans nos mers ; ils suivent les vaisseaux en troupes nombreuses, et donnent aux marins le spectacle le plus curieux par la variété et la vivacité de leurs mouvements. Ils aiment à se jouer à la surface des flots, paraissant et disparaissant avec la rapidité d'une flèche. Autant les Dauphins ont été favorisés sous le rapport des mouvements, autant ils paraissent l'avoir été peu sous celui des sens. Chez eux, la vue, l'ouïe, l'odorat et le goût n'ont que des organes imparfaits. Les Dauphins se nourrissent de différents animaux marins, poissons, mollusques, etc. ; on les rencontre souvent aux embouchures des fleuves, qu'ils remontent même quelquefois à d'assez grandes distances. Comme tous les cétacés, ils sont forcés de venir à la surface de l'eau pour respirer ; mais ils peuvent suspendre leur respiration pendant un temps fort long. Chez la femelle, la gestation est de dix mois ; les mamelles, au nombre de deux, situées de chaque côté de la vulve, sont remplies de lait, dont les petits Dauphins se nourrissent en tétant. La chair de ces cétacés est peu délicate, bien que recherchée par les peuples du Nord; et nos marins ne s'en nourrissent que faute de mieux. On connaît les faits extraordinaires rapportés par Pausanias et par Pline sur l'intelligence de ces animaux : c'étaient, au dire de ces historiens, des modèles de bonté, de douceur, d'intelligence et de dévouement, et de plus des amateurs passionnés de la musique, témoin l'histoire d'Arion. Mais, ou les Dauphins ont bien dégénéré, ou ces récits sont des contes faits à plaisir. Les Dauphins suivent en effet les vaisseaux; mais c'est, comme les requins et beaucoup d'autres poissons, pour profiter de tous les débris et balayures que l'on jette du bord, et non pour être à portée de sauver les hommes en cas de naufrage, comme l'ont avancé les naturalistes naïfs de l'antiquité. Les Dauphins sont au contraire des animaux peu intelligents, brutaux et voraces,

Dauphin commun.

comme la plupart des cétacés. La famille des *Dauphins* ou *Delphinidés* comprend plusieurs genres : ce sont les Dauphins proprement dits (*Delphinus*), caractérisés par leur tête prolongée en museau étroit et par leurs dents petites et nombreuses. — Le type du genre est le **Dauphin commun** (*D. delphis*), vulgairement nommé par nos matelots *oie de mer*, long de 2 mètres. Sa couleur est noirâtre en dessus, blanchâtre en dessous. Il vit en troupes nombreuses dans toutes les mers de l'Europe. — Le **Dauphin du Cap**, le **Dauphin de la Nouvelle-Zélande**, etc., diffèrent peu de l'espèce précédente. — Le **Grand Dauphin** ou *souffleur* (*D. tursio*), qui se rencontre plus particulièrement dans le Nord de l'Atlantique, atteint jusqu'à 5 mètres. — Les **Marsouins** (*Phocœna*) ont la tête uniformément bombée en avant, le museau court, les dents comprimées et aiguës. L'espèce de nos mers (*P. communis*) ne dépasse pas 1m,50, c'est l'espèce la plus commune et c'est celle surtout que l'on voit cabrioler en groupes à la suite des navires. — Le genre *Delphinorhynchus* comprend les espèces à rostre plus allongé, à dents moins nombreuses et plus grosses que chez les vrais Dauphins. Tels sont : le **Delphinorhynque à long bec** (*D. rostratus*), de l'Océan Atlantique, et le **Delphinorhynque plombé** (*D. plombeus*), de l'océan Indien. — Le genre *Orque* renferme les plus grandes espèces, à rostre plus court, garni de dents peu nombreuses, mais grosses et coniques. Tel est l'**Epaulard** (*Orca gladiator*), qui atteint jusqu'à 8 mètres de longueur; sa dorsale, haute de 13 décimètres, est recourbée en arrière et terminée en pointe. C'est l'*orque* des anciens. Cet animal est, au dire d'Anderson, le plus

cruel ennemi de la baleine; il l'attaque en troupe, la harcèle jusqu'à ce qu'elle ouvre la gueule, et alors lui dévore la langue. — Le genre *Beluga*, avec la dentition des orques, manque de nageoire dorsale; on lui donne par suite le nom de *Delphinaptère*. Le **Beluga leucas** est d'un blanc d'ivoire; il atteint 5 à 6 mètres de longueur et vit dans les mers boréales. — Le genre *Globicéphale* se distingue par sa tête grosse et globuleuse, à museau très court. Le **Globicephalus melas** ou *Dauphin noir* de l'océan Atlantique est long de 4 à 5 mètres.

DAUPHINELLE (*Delphinium*). Genre de plantes de la famille des *Renonculacées*, tribu des *Aquilégiées*, se distinguant par leurs fleurs à calice coloré, de cinq sépales inégaux, dont le supérieur se prolonge à la base en un éperon creux, plus ou moins allongé; corolle à cinq pétales irréguliers, étamines nombreuses, hypogynes; pistils un à cinq. Les Dauphinelles sont des plantes herbacées, annuelles ou vivaces. — La **Dauphinelle des jardins** ou *pied d'alouette* (*D. ajacis*) est une plante annuelle, haute de 60 à 70 centimètres, à feuilles finement découpées, à fleurs en épis, éperonnées, variant du rose au rouge et du bleu au violet; on cultive dans les jardins, sous le nom de *pied d'alouette nain*, une petite variété de la précédente. — La **Dauphinelle à grandes fleurs**, de Sibérie, est vivace; elle porte de belles et grandes fleurs d'un bleu d'azur. — La **Dauphinelle élevée** ou *pied d'alouette vivace* vient également de Sibérie; ses tiges, hautes de 2 mètres, sont garnies de grandes feuilles à cinq lobes incisés, et donnent en juin et juillet de grandes fleurs en épis, d'un bleu d'azur; ces plantes demandent une terre franche et légère et se multiplient de graines et d'éclats. — La **Dauphinelle consoude** (*D. consolida*) ou *pied d'alouette des champs* croît naturellement dans les blés; ses fleurs bleues, en grappes, passent pour avoir des propriétés ophthalmiques. La Staphisaigre (voir ce mot) appartient au genre *Dauphinelle*.

DAURADE (de *aurata*, dorée). Genre de poissons Acanthoptérygiens, de la famille des *Sparidés*. La Daurade est un beau et bon poisson, que les anciens nommaient *chrysophrys* (sourcil d'or), à cause de la bande en croissant, de couleur dorée, qui va d'un œil à l'autre; elle a la tête comprimée, très relevée au-dessus des yeux; le corps élevé, couvert d'écailles petites, le dos caréné; ses mâchoires, garnies de dents cubiques et mousses au fond de la bouche, sont armées sur le devant de dents coniques et pointues. Elle est en dessus d'un gris argenté, d'un beau blanc d'argent en dessous, avec dix-huit ou vingt bandelettes longitudinales dorées, qui donnent à tout le corps un reflet jaune doré auquel cette espèce doit le nom qu'elle porte. La Daurade atteint 60 à 80 centimètres; elle s'engraisse beaucoup et sa chair devient alors d'un goût très délicat. Celles qu'on pêche dans les étangs de Cette et de Martigues sont très estimées. Les Romains en faisaient grand cas et en élevaient dans leurs viviers. Ces poissons sont très voraces, et se nourrissent surtout de mollusques qu'ils découvrent en fouillant le sable avec leur queue ; aussi les rencontre-t-on fréquemment près des côtes. Il ne faut pas confondre la *Daurade* avec la *dorade*

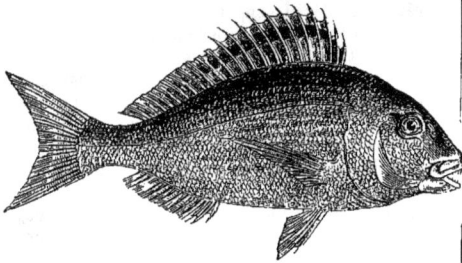

Daurade (*Chrysophrys*).

(voir ce mot), poisson bien connu sous le nom de *poisson rouge*.

DAUW. Espèce du genre *Cheval*. (Voir ce mot.)

DÉCA (du grec *déka*, dix). Préfixe qui se joint à divers mots pour indiquer le nombre dix.

On dit en botanique :

Décafide, partagée en dix parties.

Décandre (Fleur), qui contient dix étamines.

Décapétale (Fleur), qui a dix pétales.

DÉCANDRIE. Dans sa classification botanique, Linné donnait ce nom à la dixième classe des plantes phanérogames, dont les fleurs ont dix étamines (œillet, saxifrage, etc.).

DÉCAPODES (du grec *déka*, dix, et *podes*, pieds). Ordre de crustacés podophthalmes qui présentent, outre les pattes mâchoires, cinq paires de pattes proprement dites (d'où leur nom). Ils ont la tête réunie au thorax et portent deux paires d'antennes. Leur abdomen, qui est tantôt raccourci, tantôt au contraire allongé, porte aussi des appendices pédiformes ; mais ceux-ci sont plus ou moins rudimentaires et on les nomme *fausses pattes abdominales*. Les branchies forment des espèces de houppes situées à la base des pattes ambulatoires et renfermées de chaque côté du céphalothorax dans une loge spéciale formée par les rebords de celui-ci. — L'appareil circulatoire est bien développé, et il existe chez ces animaux un estomac masticateur armé à l'intérieur de pièces calcaires qui achèvent de broyer les aliments. Leur système nerveux se fait remarquer par le volume des ganglions cérébroïdes. L'abdomen est tantôt bien développé et terminé par une large nageoire composée de lamelles latérales et d'une partie médiane ; tantôt, au contraire, il est rudimentaire, dépourvu de nageoire caudale et replié sous le thorax ; d'où la division des Décapodes en deux groupes : les Macroures (à grande queue) et les Brachyures (à queue courte). Les premiers comprennent plusieurs familles, dont les types les mieux connus sont les *Crevettes*, les *Écrevisses*, les *Homards*, les *Pagures*. Dans le second groupe rentrent tous les *Crabes*. Il y a aussi un ordre de Céphalopodes Décapodes comprenant la *Seiche*, le *Calmar*, etc.

DÉCOMPOSÉE [Feuille]. On dit d'une feuille qu'elle est décomposée lorsque son pétiole se subdivise en pétioles secondaires, supportant tous des folioles distinctes. Ce terme s'applique aussi aux feuilles qui, sans être réellement composées, sont découpées en un grand nombre de lanières inégales indéfiniment divisées (le persil, le cerfeuil, la carotte, etc.). (Voir Feuille.)

DÉCURRENTE [Feuille]. Se dit des feuilles dont le limbe se prolonge sur la tige avant de s'en détacher, et y forme des espèces d'ailes foliacées, comme dans la consoude.

DÉFENSES. On donne ce nom aux dents des éléphants, sangliers, morses, etc., qui saillent hors de la bouche. (Voir Dents.)

DÉGLUTITION. Opération par laquelle les aliments, après avoir subi l'action des dents et des liquides qui affluent dans la bouche, sont ramassés par la langue et passent dans l'estomac en traversant le pharynx et l'œsophage. (Voir Digestion.)

DÉHISCENCE. Acte par lequel le fruit mûr s'ouvre naturellement ou se partage en pièces qu'on désigne généralement sous le nom de *valves*, pour laisser échapper les graines. La déhiscence est dite *septicide* lorsque les cloisons se décollent en deux lames dans le sens de leur épaisseur et que les carpelles soudés deviennent distincts (millepertuis); on la dit *loculicide* lorsqu'elle s'opère par l'ouverture longitudinale du dos des carpelles; chaque valve représente alors deux moitiés de carpelle (iris); enfin la déhiscence est dite *transversale* ou *horizontale* lorsque le péricarpe se coupe transversalement en deux moitiés, comme une boîte à savonnette (mouron, plantain).

DÉILÉPHILE. (Voir Sphinx.)

DELPHINAPTÈRE. (Voir Dauphin.)

DELPHINIDÉS. (Voir Dauphin.)

DELPHINIUM. (Voir Dauphinelle.)

DELPHINORHYNQUE. (Voir Dauphin.)

DELTOÏDE (de la lettre grecque delta, Δ). Muscle triangulaire qui forme le moignon de l'épaule et recouvre l'articulation humérale. (Voir Muscles.)

DÉLUGE. (Voir Diluvium.)

DEMI-FLEURON. (Voir Composées.)

DEMOISELLE. Nom vulgaire des Libellules.

DEMOISELLE DE NUMIDIE. Nom d'une espèce du genre *Grue*. (Voir ce mot.)

DENDRITE. (Voir Arborisation.)

DENDROPHIDE, *Dendrophis*(du grec *dendron*, arbre, et *ophis*, serpent). Genre d'ophidiens arboricoles non venimeux, voisins des Couleuvres, habitant l'Asie et l'Afrique australe.

DENT. (Voir Dents.)

DENTALE. *Dentalium* (de *dens*, dent). Genre de mollusques formant à lui seul la classe des Scaphopodes, et l'ordre des Solénoconques. L'animal est entouré d'un manteau en forme de sac et pourvu d'un pied trilobé. La tête est rudimentaire, sans yeux ni tentacules : la bouche est portée par un mamelon et entourée de huit appendices labiaux à bords découpés. On ne lui découvre ni cœur ni branchies et la respiration paraît se faire par la surface du manteau. Ce singulier mollusque est renfermé dans une coquille tubulaire allongée, arquée, ayant la forme d'une dent d'éléphant, d'où son nom

Dentale.

de *Dentale*. On en connaît un assez grand nombre d'espèces, dont plusieurs fossiles remontent à la période dévonienne. Les espèces vivantes se rencontrent sur les plages sablonneuses, surtout dans les pays chauds. Elles vivent enfoncées dans le sable, la tête en bas.

DENTALE. Nom que donnent les Italiens au *Denté*, poisson très répandu sur les marchés d'Italie.

DENT DE CHIEN. Le *Cynodon dactylon* ou gros Chiendent.

DENT DE LION. Les plantes du genre *Leontodon* et le Pissenlit.

DENTÉ (*Dentex*). Genre de poissons de l'ordre des ACANTHOPTÉRYGIENS, famille des *Sparidés*. Ils ont le corps élevé, de forme oblongue, recouvert d'écailles pectinées; les mâchoires égales portant au moins quatre canines, et en arrière de celles-ci des dents en velours. Opercules et préopercules écailleux; six rayons branchiostèges. Le **Denté commun** (*D. vulgaris*) se trouve dans la Méditerranée, et plus rarement dans l'Atlantique. Ce poisson est souvent long de 1 mètre; il est d'un rouge brun en dessus, blanc en dessous; les nageoires brunes; sa chair est assez estimée des Italiens, qui lui donnent le nom de *Dentale* ou *Denti*.

DENTELAIRE (*Plumbago*). Genre de plantes dicotylédones, semi-monopétales, à corolle hypogyne, à cinq étamines, cinq styles, à ovaire sessile, uniloculaire à un ovule pendant; fruit membraneux enveloppé par le calice. Les Dentelaires, type de la famille des *Plombaginées*, sont des plantes herbacées ou sous-frutescentes, à feuilles alternes, embrassantes, à fleurs en épis terminaux, qui croissent dans les parties chaudes des deux mondes. Le type du genre, la **Dentelaire d'Europe** (*Pl. europæa*), qui s'élève à 1 mètre, porte des épis courts de fleurs violettes. Sa racine, très âcre, est employée dans le Midi comme masticatoire contre le mal de dents; de là vient son nom de *Dentelaire*.

DENTELÉ [Muscle]. On donne ce nom à plusieurs muscles du corps humain. Le *Grand Dentelé* est un large muscle des parois latérales du thorax; il s'attache par son bord antérieur aux neuf premières côtes par autant de digitations ou dentelures (d'où

son nom), puis il se fixe en arrière au bord interne de l'omoplate. Ce muscle fixe l'omoplate contre le thorax. — Les *Petits Dentelés* sont deux muscles de la région du dos. Le supérieur ou *dorso-costal* s'attache à l'apophyse épineuse de la dernière vertèbre cervicale et aux trois premières dorsales, d'une part, et d'autre part aux deuxième, troisième, quatrième et cinquième côtes, dont il est élévateur. Le *Petit Dentelé* inférieur ou *lombo-costal* va des trois dernières vertèbres dorsales et des trois premières lombaires au bord inférieur des quatre dernières côtes, dont il est abaisseur.

DENTIROSTRES (de *dens*, dent, et *rostrum*, bec). Sous-ordre d'oiseaux de l'ordre des PASSEREAUX comprenant ceux dont la mandibule supérieure présente près de son extrémité, de chaque côté, une échancrure plus ou moins apparente. A cette division appartiennent les *Pies-grièches*, les *Gobe-mouches*, les *Jaseurs*, les *Hochequeues*, les *Sylviadés* ou chanteurs, les *Merles*, etc. (Voir ces mots.)

DENTS. Corps durs plus ou moins compliqués dans leur texture, et destinés à retenir, diviser et triturer les aliments. Ces organes ressemblent beaucoup à des os, et sont fixés solidement au bord de chaque mâchoire, de façon à agir les uns contre les autres. Chez l'homme, que nous prendrons ici comme exemple, chaque dent se développe dans l'intérieur d'un petit sac membraneux logé dans l'épaisseur de l'os de la mâchoire; ce sac, que l'on nomme la *capsule dentaire*, se compose de deux membranes vasculaires et renferme dans son intérieur un petit noyau pulpeux, semblable à un bourgeon, dans lequel viennent se ramifier des filets nerveux et un grand nombre de vaisseaux. Ce noyau, appelé le *bulbe*, ou germe de la dent, sert à former celle-ci qui grandit peu à peu et qui, en s'allongeant, remonte vers le bord de la mâchoire qu'elle perce bientôt pour se montrer au dehors; cette portion saillante et dénudée constitue la *couronne* de la dent, et la *racine*, ou portion basilaire, reste engagée dans la mâchoire; on appelle *collet* le point intermédiaire. La cavité osseuse qui loge la dent est appelée *alvéole*. Lorsque le bulbe dentaire est fixé au fond de sa capsule, il arrive un moment où la matière pierreuse qui se dépose à sa surface l'entoure de toutes parts et comprime ses vaisseaux nourriciers de façon à en déterminer l'oblitération; la dent cesse alors de croître, et le bulbe se flétrit. Pour certaines dents, telles que les incisives des rongeurs, les défenses des éléphants, les canines des sangliers, il en est autrement; le bulbe ne cesse pas de fonctionner, la croissance de la dent ne s'arrête pas, et quand elle paraît ne plus croître, c'est qu'elle s'use par son extrémité libre. On distingue dans chaque dent des parties qui diffèrent entre elles par leur structure. La substance qui en forme presque toute la masse et qui en occupe l'intérieur formant un tout homogène, plus ou moins compact, se nomme *ivoire;* celle qui, d'ordinaire, en revêt l'extérieur et qui constitue à la surface une sorte de couverte pierreuse et vernissée, se nomme *émail*. Quelques animaux offrent cependant des exceptions très remarquables dans la structure de leurs dents ; ainsi, les défenses des éléphants se composent d'une suite de cônes d'ivoire emboîtés les uns dans les autres, et chez les oryctéropes, l'ivoire semble formé de fibres parallèles, laissant entre elles des vides qui lui donnent l'apparence du jonc. Quant à leur composition chimique, l'ivoire se compose de gélatine dans les mailles de laquelle se dépose un phosphate de chaux ; l'émail est un fluate calcaire sans gélatine. — On distingue généralement les Dents en *incisives*, en *canines* et en *molaires* ; chez l'homme,

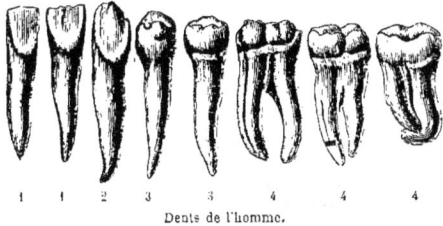

Dents de l'homme.

les incisives (1) (coupantes) ont la forme de prismes ; elles sont placées sur le devant, au nombre de quatre à chaque mâchoire ; viennent ensuite les canines ou laniaires (2), de forme conique, elles sont au nombre de deux à chaque mâchoire, une de chaque côté. Celles de la mâchoire supérieure prennent aussi le nom d'*œillères*. Les molaires, que leurs fonctions ont fait comparer à des *meules* (en latin *mola*), immédiatement placées après les canines, sont au nombre de vingt, dix à chaque mâchoire, cinq de chaque côté. Elles sont divisées en petites molaires (3) et en grosses molaires (4). Les Dents, vulgairement dites *dents de sagesse*, sont les dernières grosses molaires qui poussent le plus tardivement ; elles restent même parfois enfermées dans leur alvéole. L'homme adulte a trente-deux dents. Elles paraissent successivement dans un ordre à peu près le même chez tous les individus. Les deux incisives médianes de la mâchoire inférieure se montrent les premières du sixième au douzième mois, puis celles de la mâchoire supérieure ; une paire succède à l'autre. Ensuite viennent les incisives latérales de la mâchoire inférieure, qui sont suivies de leurs correspondantes supérieures. La nature semble alors se reposer quelque temps ; et, vers le quinzième mois, les quatre dents canines percent la gencive, une de chaque côté, toujours en commençant par la mâchoire inférieure. Bientôt on voit deux petites molaires, et enfin quatre autres petites molaires terminent l'éruption des dents de lait, qui sont remplacées successivement vers la septième année. Quatre autres molaires paraissent vers la cinquième année, et celles-ci ne sont pas remplacées à la seconde dentition. A dix ou douze ans, il naît quatre grosses molaires, puis enfin les dents de sagesse

paraissent à un âge déjà avancé. La plupart des mammifères ont aussi deux dentitions.

Le régime de l'animal entraîne une forme spéciale des dents ; des molaires surtout, plus importantes que les autres. Chez l'herbivore, les végétaux dont il fait sa nourriture étant d'une nature fibreuse et résistante, que l'animal doit longtemps broyer pour les réduire en une bouchée pâteuse apte à être avalée et digérée sans obstacle, les dents devaient présenter des surfaces larges et plates propres à triturer la nourriture à la manière des meules d'un moulin. Chez le carnivore, au contraire, la chair dont il se nourrit étant une matière molle facile à avaler et à digérer, il suffit à l'animal de la déchirer, de la couper par lambeaux. Les dents du carnivore doivent donc se présenter l'une à l'autre des arêtes tranchantes qui manœuvrent à la façon des lames de ciseaux. (Voir HERBIVORES, CARNIVORES, INSECTIVORES, etc.) Aussi est-ce sur l'étude du système dentaire qu'est basée la classification des mammifères. Quelques genres seulement parmi les mammifères sont tout à fait dépourvus de dents, tels sont les fourmiliers, les pangolins, les échidnés, les baleines adultes. L'ornithorhynque et la stellère ont des sortes de dents cornées formées par le durcissement des papilles de la muqueuse buccale. (Voir les différents ordres des mammifères.)

DÉODAR. (Voir CÈDRE.)

DERMAPTÈRES (du grec *derma*, peau, et *ptéron*, aile). Nom donné par quelques entomologistes aux insectes de la famille des *Forficulidés*. (Voir FORFICULES.)

DERMATOBIE, *Dermatobia* (de *derma*, peau, et *bios*, vie). Genre d'insectes DIPTÈRES de la famille des Œstridés, séparés des œstres à cause de la forme de leurs larves, fortement atténuées en arrière, et ayant les six premiers anneaux garnis d'une double rangée de crochets dirigés en arrière. Les Dermatobies sont exotiques. L'espèce principale (*D. noxialis*), qui se rencontre dans l'Amérique tropicale, est une grosse mouche bleuâtre, velue, tachée de gris, avec les antennes et les pattes jaunes. Ses larves piriformes, connues sous les noms de *vers macaques* et *vers moyoquil*, vivent en parasites sur les chiens, les bœufs et parfois aussi sur l'homme ; ils produisent des tumeurs très douloureuses.

DERME. (Voir PEAU.)

DERMESTES (du grec *derma*, peau, et *estein*, dévorer). Genre d'insectes COLÉOPTÈRES PENTAMÈRES, famille des *Clavicornes*, type de la tribu des *Dermestidés*. Ses caractères sont : des antennes de onze articles, plus courtes que la tête et le corselet, et terminées par une massue perfoliée, formée par les trois derniers articles ; des jambes étroites et allongées, le corps ovalaire, épais, convexe en dessus. Le nom de ces petits animaux qui signifie *mange-peau*, leur convient parfaitement, à raison des mœurs de leurs larves. En effet, celles-ci causent de grands dégâts dans les collections d'histoire naturelle et dans les magasins de pelleteries. Elles rongent tellement les poils ou les plumes de toutes les peaux de mammifères ou d'oiseaux qu'il n'en reste bientôt plus que le cuir tout nu. Ces larves s'introduisent aussi dans les garde-manger et y dévorent toutes les matières animales qu'on y conserve. Mais si, sous ce rapport, elles sont un fléau pour l'homme, elles sont d'une utilité incontestable

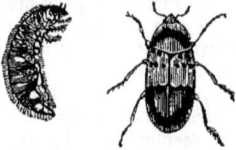

Dermeste du lard et sa larve, grossis du double.

dans l'économie de la nature, en complétant la destruction des cadavres, dont elles rongent les parties fibreuses et tendineuses. A l'état d'insectes parfaits, les Dermestes ne sont pas nuisibles ; ils ne fréquentent que les fleurs, et les femelles ne recherchent les matières animales que pour y déposer leurs œufs, afin que les larves qui en sortiront trouvent en naissant une nourriture appropriée à leur organisation. On trouve communément aux environs de Paris le Dermeste du lard, le Dermeste murin et le Dermeste renard. — Le Dermeste des fourrures (*Attagenus pellio*), noir avec un point blanc sur chaque élytre, est très commun dans les maisons. Sa larve ronge les pelleteries.

DERMESTIDÉS. Famille d'insectes COLÉOPTÈRES du groupe des *Clavicornes*, comprenant les genres *Dermestes*, type de la famille, *Attagenus*, *Anthrenus*, *Megatoma*. Comme dans les autres divisions de cette famille, les Dermestidés ont des antennes terminées par une massue tantôt oblongue, tantôt arrondie ; mais ici les élytres enveloppent les côtés de l'abdomen ; la tête, à peine saillante, rentre dans le corselet à la moindre alerte, et en même temps les pattes s'appliquent contre le corps, de sorte que l'insecte paraît contrefaire la mort. Les uns vivent aux dépens des matières animales soit conservées, soit en putréfaction ; les autres vivent sous les mousses, dans les sables.

DÉSESPOIR DES PEINTRES. Un des noms vulgaires de la Saxifrage ombreuse (*Saxifraga umbrosa*).

DESMAN (*Mygale*). Genre de mammifères CARNASSIERS INSECTIVORES, très voisins des *Musaraignes* (voir ce mot), dont ils diffèrent par leurs doigts palmés, surtout aux membres postérieurs, par une queue écailleuse et comprimée latéralement, par une trompe mobile presque aussi longue que la tête, et enfin par l'absence de conque auditive. Tous ces caractères joints à un œil excessivement petit, dénotent des animaux à la fois souterrains et nageurs. En effet, les doigts palmés sont des rames, et la queue comprimée est un gouvernail ; leur trompe mobile, leurs ongles forts, leur servent à fouiller

dans la vase. Ils préfèrent le séjour des étangs, des lacs et de toutes les eaux dormantes ; ils se font dans la berge un terrier dont l'entrée est sous l'eau ; c'est par là qu'ils commencent le travail : ils fouillent en gagnant petit à petit en hauteur, et creusent un boyau dont les détours sont assez nombreux pour décrire une longueur de 6 à 7 mètres, et dont la partie la plus élevée est toujours au-dessus du niveau des plus hautes eaux. Ils y vivent solitaires ou avec une compagne, suivant les saisons. En hiver, ils ne s'engourdissent pas ; la glace les emprisonne alors sous l'eau, et ils peuvent être réduits à périr asphyxiés par l'épuisement de l'air de leurs terriers. S'il y a quelque partie de la surface des eaux qui ne soit pas gelée, il viennent y disputer une petite place à fleur d'eau pour l'extrémité de leur trompe. Leur nourriture consiste uniquement en insectes. On n'en connaît que deux espèces : l'une

Desman de Russie.

de Russie, qui est de la taille de notre hérisson ; Pallas, qui l'a découverte, lui donna le nom de *Sorex moschatus*, et Cuvier la détacha des Musaraignes pour en faire le genre *Mygale*; l'autre, des Pyrénées (*M. pyrenaïca*), découverte peu de temps après, est de taille plus petite. Leur pelage, brun en dessus, d'un gris argentin en dessous, est assez beau ; mais il conserve une odeur forte qui empêche de l'employer comme fourrure.

DESMIDIÉES (du grec *desmos*, lien, chaîne, et *eidos*, forme). Groupe d'ALGUES unicellulaires répandues souvent en quantités considérables dans les étangs et les marais tourbeux. Ce sont des corpuscules microscopiques, affectant une grande variété de formes, et le plus souvent réunis en filaments. Leur reproduction s'effectue par conjugaison Les genres principaux de ce groupe sont : les *Desmidium*, *Sphirogyra*, *Arthrodesmus*, *Closterium*, etc.

DEUIL. Les amateurs de papillons donnent les noms de *grand deuil*, *petit deuil* et *demi-deuil* à des espèces du genre *Satyre* et *Nymphale*.

DEVIN. (VOIR BOA.)

DÉVONIEN [Terrain]. Après le soulèvement du terrain silurien eut lieu une longue période de repos pendant laquelle se déposèrent des conglomérats et des grès, composés des débris des roches siluriennes.

Puis vinrent les vieux grès rouges, qui doivent leur coloration à l'oxyde de fer, et dont les couches, alternées de schistes et de calcaires, forment le *terrain dévonien*, ainsi nommé parce qu'il a surtout été étudié par les géologues anglais dans le comté de Devon, mais ce terrain n'occupe en France qu'un petit nombre de points. Des schistes argileux, des grès et des calcaires de l'époque dévonienne se montrent par lambeaux, particulièrement sur les rives de la Loire, dans le Maine et sur les confins de la Flandre française avec la Belgique. Il se manifeste dans les Pyrénées par les marbres rouges et verts de la vallée de Campan. Pendant cette époque et la suivante, la végétation terrestre prend un développement considérable. — La vie jusqu'alors exclusivement marine, commence à se développer sur la terre; des roseaux et des prêles s'élèvent d'abord sur les rives des îles, qui peu à peu se couvrent elles-mêmes de végétaux. Vers la fin de l'époque dévonienne, de vastes forêts ombrageaient le sol. C'étaient des fougères en arbre, telles qu'on n'en voit plus aujourd'hui d'analogues que dans les régions tropicales, des prêles et des lycopodes gigantesques dont les représentants actuels ne sont que de mauvaises herbes qui croissent dans les prés marécageux, mais qui, alors, atteignaient la hauteur des plus gros bambous de

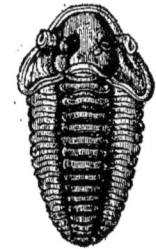

Trilobite du dévonien (*Calymene Blumenbachii*).

l'Inde. Déjà paraissent des sigillaires et des lepidodendrons, arbres au tronc papelonné d'écailles, dont la luxuriante végétation caractérise l'époque suivante. Malgré leur développement colossal, toutes ces plantes ont une organisation très simple; aucune d'elles ne porte de fleurs, toutes sont cryptogames, c'est-à-dire à organes reproducteurs ordinairement cachés et difficiles à reconnaître. — La vie animale se développe aussi ; outre les mollusques (*Goniatites, Spirifer, Calceola*), les crustacés (*trilobites*), les zoophytes (*hydrozoaires, foraminifères*), qui, déjà, peuplaient les eaux de l'époque précédente, on voit apparaître de nombreux poissons, qui présentent des formes spéciales et quelquefois si bizarres que ce n'est qu'avec hésitation qu'on les a rapportés à cette classe. (Voir FOSSILES.) Quelques-uns de ces animaux atteignent une très grande taille. Certaines espèces présentent des caractères propres aux reptiles, semblent annoncer l'arrivée prochaine de ces derniers. Parmi les plus remarquables de ces poissons étaient : l'*Asterolepis*, dont le corps gigantesque était protégé par une forte armure osseuse garnie de tubercules en forme d'étoiles; le *Cephalaspis*, dont la tête seule était protégée par un bouclier écailleux, et surtout le *Megalichthys*, monstre moitié poisson, moitié tor-

tue. Sa tête ressemblait à celle d'un brochet, et son dos était recouvert de larges plaques écailleuses, assez semblables à la carapace d'une tortue, aux pattes de laquelle ressemblaient ses nageoires allongées et couvertes d'écailles. C'est dans les couches supérieures du vieux grès rouge que l'on a trouvé, en Angleterre, les premiers débris d'un reptile; ce sont les os d'un petit lézard ou d'une salamandre aquatique qui pouvait avoir de 12 à 15 centimètres de long. On lui a donné le nom de

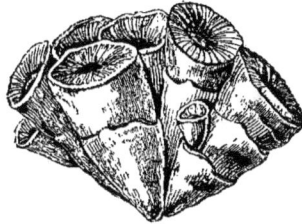

Cyatophyllum turbinatum du dévonien.

Telepeton elginense. De nouveaux soulèvements firent surgir des eaux ces terrains dévoniens qui, presque toujours, se trouvent en stratification discordante avec les terrains antérieurs qu'ils recouvrent, et qui, outre la Bretagne, terre ancienne par-dessus toutes les autres, couvrent de larges surfaces en Angleterre et en Écosse, dans l'est de la France et en Belgique, en Saxe et dans l'Amérique du Nord. C'est à cette époque que s'élevèrent les ballons des Vosges et les collines du Bocage normand. C'est également à cette époque qu'appartiennent les porphyres de la Lozère et les granits du Broken immortalisés par les chants de Goethe.

DIABLE DE MER. Nom vulgaire de la Baudroie. (Voir ce mot.)

DIADELPHE (de *dis*, deux, et *adelphos*, frère). On dit des étamines qu'elles sont *diadelphes*, lorsqu'elles sont réunies par leurs filets en deux corps distincts (fumeterre, haricot, etc.).

DIALLAGE (du grec *diallagê*, changement). Silicate de chaux et de magnésie avec 10 à 14 pour 100 de fer, de la famille des Pyroxènes. On la trouve en petites masses lumineuses de couleur vert bronzé ou noirâtre dans les euphotides et les serpentines. Son poids spécifique est 32, sa dureté, 4.

DIALYPÉTALE (du grec *dialuein*, séparer). Synonyme de *polypétale*. Se dit de la corolle dont les pétales sont libres.

DIAMANT. Corps vitreux, très dur et rayant tous les corps sans être rayé par aucun; c'est le plus brillant des minéraux et l'un des plus limpides. Son vif éclat, les feux étincelants qui jaillissent de son intérieur, sont dus tout à la fois à la grande réfraction dont il est doué, et à la dispersion considérable qu'il fait éprouver aux rayons de la lumière qui le traversent dans tous les sens. Cependant la limpidité parfaite est rare, le plus souvent elle est salie par des teintes jaunâtres ou brunâtres ; on en rencontre avec des couleurs vives telles que le rose, le bleu et le vert, il y en a même de noirs. — Le Diamant est le plus dur de tous les corps ; il cristallise en octaèdres réguliers ; sa densité est de 3,53. — Lorsqu'on le brûle dans l'oxygène, il ne donne que de l'acide carbonique pur, et laisse à peine un millième de résidu ; il en résulte que le Diamant est du carbone cristallisé. Les Diamants sont en général d'un petit volume. Leur valeur commerciale dépend à la fois de leur degré de perfection et de leur grosseur. Les très petits Diamants susceptibles d'être taillés valent en lots jusqu'à 230 francs le gramme ; à un demi-gramme, un Diamant brut vaut 260 à 280 francs ; à 1 gramme, il vaut plus de 1 000 francs. Le Diamant taillé est beaucoup plus cher que le Diamant brut, car outre qu'il a coûté du temps à travailler et qu'il a perdu de son poids, on acquiert ainsi la certitude qu'il est sans défaut. Un Diamant taillé de 1 gramme vaut à peu près 3 500 francs. Lorsque les Diamants sont d'une grosseur remarquable, leur prix augmente suivant une progression beaucoup plus rapide. Le prix croît à peu près comme le carré du poids. Le Régent, qui appartient à la France, pèse 139 karats 1/3 ou 28ᵍ,89 (le karat équivaut à 212 milligrammes) ; il est taillé et brillant et n'a aucun défaut ; aussi passe-t-il pour le plus beau Diamant que l'on connaisse. Il a coûté 2 250 000 francs, et est estimé plus du double. Les plus gros Diamants connus sont celui d'Agrah, pesant 133 grammes ; celui du radjah de Bornéo, 78 grammes ; celui du Mogol, 63 grammes ; celui de Russie, 41 grammes ; celui d'Autriche, 29ᵍ,33. Les Diamants défectueux reconnus pour ne pouvoir pas être travaillés se vendent pour faire de la poussière de Diamant dont on se sert pour tailler et polir les autres, ou pour garnir les outils employés à la gravure des pierres fines et à la coupe du verre. Exposé à la chaleur la plus violente, le Diamant n'éprouve aucune altération, pourvu qu'il soit privé du contact de l'air et de l'oxygène. Au contact de l'un et de l'autre, il brûle avec beaucoup d'éclat et produit une petite flamme bleue ; il peut disparaître sans résidu, et ne donne pour produit que de l'acide carbonique pur. Le Diamant nous vient principalement de l'Inde et du Brésil, du cap de Bonne-Espérance, des monts Ourals ; on le trouve dans les terrains d'alluvion ou de transport, ainsi que dans les roches micacées et les grès supérieurs. — Les anciens connaissaient le Diamant et lui donnaient le nom d'*adamasa ;* ils l'employaient pour graver les pierres dures, ainsi que nous l'apprend Pline.

DIANDRE (du grec *dis,* deux, et *andria,* virilité). Se dit en botanique de toutes les plantes qui n'ont que deux étamines ; tels sont le jasmin, la sauge, la véronique, etc.

DIANTHUS. Nom scientifique latin des Œillets.

DIAPHRAGME (du grec *diaphragma,* qui ferme à travers. Cloison transversale). On donne ce nom à un muscle fort large et très mince qui sépare la cavité du corps de l'homme et de beaucoup d'animaux en deux parties à peu près égales. Il est situé chez nous entre la poitrine et l'abdomen, et sépare ainsi le cœur et les poumons de l'estomac.

DIASTOLE (du grec *diastolé,* dilatation). Dilatation du cœur et des artères au moment où le sang pénètre dans leur cavité. C'est le mouvement opposé à la *systole.* La Diastole et la systole sont ainsi deux mouvements successifs qui concourent aux phénomènes de la circulation.

DIATOMÉES (de *dia,* en travers, et *tomaios,* coupé). Groupe de protophytes composé de petites algues microscopiques, unicellulaires, à membrane enveloppante incrustée de silice qu'Ehrenberg rangeait parmi les infusoires, et qui sont répandues en nombre prodigieux dans les eaux douces et salées du monde entier. Ce sont de petits corps aplatis, de formes diverses, tantôt libres et mobiles dans l'eau, tantôt fixés à la surface des plantes marines, et alors souvent réunis en petites colonies. Chaque individu est formé d'une seule cellule de protoplasma, enfermée entre deux plaquettes ou valves dont l'une un peu plus grande que l'autre la déborde, comme un couvercle déborde la boîte qu'il recouvre. Pour se reproduire, la cellule se segmente en deux parties qui s'écartent l'une de l'autre, chacune entraînant avec elle la valve qui la recouvre ; après cette séparation, chaque individu nouveau sécrète sur sa surface nue une valve nouvelle, puis il se segmente de nouveau, et ainsi de suite à l'infini. Cette carapace siliceuse offre souvent les dessins les plus variés, et d'après leur forme, on les a réparties dans plusieurs genres dont les plus importants sont les *Navicules* et les *Bacillaires.* Ces carapaces et leurs débris forment souvent des couches puissantes d'une terre fine que l'industrie emploie pour polir les métaux sous le nom de *tripoli.* — Les Diatomées, que leur cuirasse siliceuse rend indestructibles, s'accumulent depuis le commencement du monde au fond des mers ; une goutte d'eau en contient des milliers, et telle est leur abondance que les plus anciennes roches stratifiées et celles qui les suivent et se forment encore aujourd'hui sous nos yeux, sont remplies et quelquefois exclusivement formées de leurs dépouilles. Des montagnes énormes sont bâties par leurs squelettes. Nous avons figuré à l'article CRÉTACÉ quelques Diatomées.

DICERAS (du grec *dis,* deux, et *kéras,* corne). Genre de coquilles fossiles bivalves, de la famille des *Camacées,* qui caractérisent l'étage corallien (terrain jurassique). D'énormes crochets contournés en spirale distinguent les Diceras des Cames. L'espèce la plus répandue est le *Diceras arietina.*

DICHOBUNE. (Voir ANOPLOTHERIUM.)

DICHOTOME (du grec *dichotomia,* division en deux). On applique ce nom à tout organe végétal qui se divise en deux parties, dont chacune se bifurque en deux autres. La tige du gui se dichotome.

DICHOTOMIQUE [Méthode]. On donne ce nom à une méthode artificielle au moyen de laquelle l'étudiant, forcé de choisir entre deux propositions contradictoires, est conduit, de numéro en numéro, à la détermination du genre et de l'espèce. On l'emploie surtout en botanique. Ainsi, par exemple:

1 Plante pourvue de fleurs (*Phanérogames*), 2 ; plante dépourvue de fleurs (*Cryptogames*), 215 ;

2 Fleurs complètes pourvues de calice, corolle, étamines et pistil, 3 ; fleurs incomplètes, c'est-à-dire dépourvues d'un de ces organes, 132 ;

3 Corolle polypétale, 4 ; corolle monopétale, etc.

DICLINE (du grec *dis*, deux, et *kliné*, lit). On dit les plantes diclines lorsque les étamines et le pistil sont portés par des fleurs séparées, soit sur le même pied (*monoïque*), soit sur des pieds différents (*dioïques*).

DICOTYLÉDONE. Se dit en botanique d'une plante dont l'embryon présente deux cotylédons. (Voir GERMINATION et VÉGÉTAUX.)

DICOTYLÉDONES. Grand embranchement du règne végétal comprenant toutes les plantes phanérogames dont l'embryon est pourvu de deux ou plusieurs cotylédons. (Voir VÉGÉTAUX.)

DICTAMNE (*Dictamnus*). Genre de plantes dicotylédones, polypétales, hypogynes, de la famille des *Rutacées*, dont la principale espèce, le **Dictamne blanc** (*D. albus*), est connue sous le nom de *fraxinelle*. (Voir ce mot.)

DIDELPHES. (Voir MARSUPIAUX et SARIGUE.)

DIDYME (de *didumos*, double). Se dit d'une partie composée de deux lobes.

DIDYNAME (de *dis*, deux, et *dunamis*, puissance). Se dit des étamines au nombre de quatre, dont deux plus grandes que les deux autres (le muflier, beaucoup de labiées, etc.).

DIGESTION (du latin *digestio*). Fonction par laquelle les animaux élaborent les substances alimentaires, à l'aide d'organes particuliers, en séparant la portion susceptible de s'assimiler à leurs propres tissus et en rejetant celle qui ne peut en faire partie. L'exercice des fonctions animales entraîne des pertes continuelles qui doivent être sans cesse réparées. La nature offre aux animaux, dans le règne organique, ces moyens de réparation et les substances qui jouissent de cette propriété ont reçu le nom d'*aliments*. Les aliments, c'est-à-dire les matériaux qui doivent accroître et renouveler la substance du corps, sont en général sous forme solide. Afin de pouvoir se distribuer dans les diverses parties du corps, ils ont donc à subir nécessairement un travail préparatoire qui les divise, les fluidifie, et les rende ainsi aptes à pénétrer partout. Ce travail est effectué par la digestion. — La digestion est un des caractères les plus essentiels de l'animalité ; dans les degrés inférieurs de l'échelle animale, on voit une sorte de sac à une seule ouverture dans lequel les aliments sont introduits, séjournent et sont absorbés par imbibition, tandis que par le même orifice est rejeté le résidu excrémentitiel. Puis l'appareil et la fonction se compliquent ; au sac succède un canal, très court d'abord, que les aliments traversent d'un bout à l'autre, laissant sur leur passage leurs parties assimilables. Plus tard, enfin, la digestion se compose d'opérations multiples, exécutées chacune par des

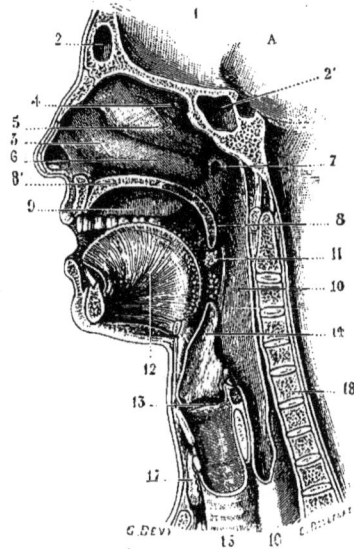

A. Coupe du cou et de la face.

1, cavité du crâne ; 2, sinus frontal ; 2', sinus sphénoïdal ; 3, fosses nasales ; 4, cornet supérieur ; 5, cornet moyen ; 6, cornet inférieur ; 7, ouverture de la trompe d'Eustache ; 8, 8', coupe du voile du palais et de la voûte palatine ; 9, bouche ; 10, pharynx ; 11, amygdale comprise entre les deux piliers droits du voile du palais ; 12, coupe de la langue ; 13, coupe du larynx : 14, épiglotte ; 15, trachée ; 16, œsophage ; 17, coupe du corps thyroïde ; 18, coupe des disques et des corps vertébraux.

organes spéciaux. Les degrés intermédiaires sont innombrables entre l'animal le plus imparfait et l'homme, chez qui nous étudierons particulièrement cette fonction, parce qu'il résume en lui tous les faits qui se trouvent isolés chez les autres animaux.

Théorie chimique de la digestion. — Les aliments sont les matériaux destinés à fournir aux êtres vivants les éléments de leur croissance et à réparer leurs pertes. Ils produisent également, par leur transformation, la chaleur et les diverses forces que l'organisme met en jeu. Empruntés aux trois règnes de la nature, les aliments contiennent dans leur composition tous les éléments qui entrent dans la structure des parties qu'ils sont destinés à régénérer ou à former. D'après Liébig, les aliments azotés (chair musculaire, albumine, etc.) serviraient à la formation des tissus, d'où le nom d'*aliments plastiques*. Les aliments non azotés (graisses, fécule, sucre), en se combinant avec l'oxygène absorbé, serviraient à entretenir la chaleur, d'où le nom d'*aliments respiratoires*.

En traversant le tube digestif, les aliments y rencontrent divers liquides qui les dissolvent et les rendent assimilables. — La *salive*, sécrétée par les glandes salivaires, sert à imbiber les aliments pour faciliter la déglutition et exerce aussi sur eux une action chimique. C'est un liquide habituellement alcalin, formé d'eau tenant en dissolution diverses substances minérales et une matière organique spéciale, la *ptyaline*, à laquelle elle doit ses propriétés. Cette dernière, analogue à la diastase, peut comme elle convertir la fécule en glucose. Les substances féculentes (pain, légumes, fruits) sont seules attaquées par la salive; les corps gras et les substances azotées ne le sont pas. — Le bol alimentaire, imprégné de salive et modifié par elle, pénètre dans l'estomac où il est soumis à l'action du suc gastrique que sécrètent en abondance les innombrables follicules dont sa muqueuse est criblée. Le *suc gastrique* est un liquide incolore, à réaction acide; il contient 90 pour 100 d'eau, divers sels, de l'acide lactique, de l'acide chlorhydrique et une substance particulière, la *pepsine*, véritable principe actif du suc gastrique. Il a la propriété de dissoudre les substances alimentaires azotées, telles que la chair, le blanc d'œuf, le lait caillé; mais il est sans influence sur les corps gras et la fécule. La pâte demi-liquide résultant du mélange des aliments dissous par le suc gastrique avec ceux qui ont échappé à son action est désignée sous le nom de *chyme*. Une partie des substances dissoutes est absorbée par les vaisseaux de l'estomac, l'autre continue sa route à travers l'intestin grêle. A son entrée, elle est arrosée par la bile que produit le foie et qui s'accumule dans la vésicule biliaire, d'où elle est expulsée pendant le travail de la digestion. — La *bile* est un liquide alcalin, visqueux, d'un vert sombre, d'une saveur amère (fiel), qui dissout les corps gras à la manière du savon, dont elle se rapproche par sa constitution chimique. La bile nettoie pour ainsi dire l'intestin en dissolvant l'épithélium usé des villosités; en dehors de ce rôle digestif secondaire, ce n'est guère qu'un excrément. — Le *pancréas*, placé non loin du pylore, déverse dans l'intestin le suc pancréatique qui a pour fonction de compléter le travail digestif en dissolvant les matières grasses et en transformant en sucre (glucose) les matières féculentes déjà modifiées par la salive. Sous l'action du suc pancréatique, les corps gras se divisent en fines gouttelettes qui ont l'apparence du lait; on dit alors qu'ils sont émulsionnés et, dans cet état, ils peuvent traverser les parois de l'intestin et pénétrer directement dans les vaisseaux absorbants qui rampent dans l'épaisseur de ces parois. — La digestion est achevée par le *suc intestinal* sécrété par les glandes microscopiques qui existent dans la muqueuse intestinale. Il paraît avoir pour fonction de digérer les aliments qui ont jusqu'alors échappé à l'action des autres sucs organiques; il agit en outre sur le sucre de canne qu'il rend assimilable en le transformant en glucose. Ce travail successif accompli dans toute la longueur de l'intestin grêle a pour résultat un liquide blanc, d'aspect laiteux, qui contient de l'albumine, de la fibrine, des matières grasses et a beaucoup d'analogie avec le sang qu'il est destiné à former. On le nomme *chyle*. Ce produit est absorbé par les vaisseaux chylifères et veineux qui naissent des divers points de l'intestin. Les vaisseaux chylifères conduisent le chyle au cœur par le canal thoracique, la veine sous-clavière gauche et la veine cave supérieure; les veines intestinales le mènent dans la veine porte qui le distribue au foie, d'où il passe dans la veine cave inférieure qui le mène au cœur, où il se trouve mélangé avec le chyle amené par les vaisseaux chylifères. Du cœur il passe dans les poumons pour subir l'action vivifiante de l'oxygène. Apte alors à réparer les pertes des tissus, il est distribué par les artères aux divers organes. — Quant au résidu de la digestion, privé de tous ses principes nutritifs, il poursuit son trajet jusque dans le gros intestin, d'où il est expulsé au dehors.

Organes digestifs. — Tous les phénomènes de la digestion se passent dans le trajet d'un canal qui s'étend depuis la bouche jusqu'à l'anus. La cavité alimentaire affecte la forme d'un tube ouvert à ses deux bouts et ordinairement élargi vers le milieu, afin que les matières nutritives puissent mieux s'y accumuler et y séjourner pendant le temps nécessaire à leur digestion. Ce tube et ces accessoires sont tapissés par une membrane muqueuse, entourée d'une tunique charnue formée de fibres musculaires, qui, par leurs contractions, servent à pousser les aliments de haut en bas. L'appareil de la digestion ne se compose pas seulement

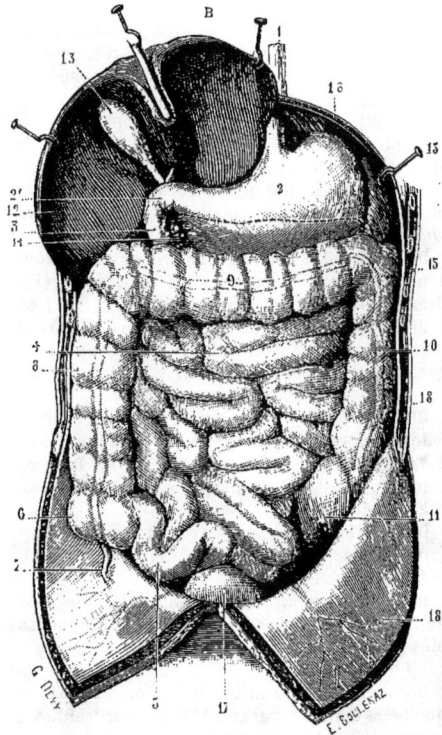

B. Appareil digestif.

1, œsophage ; 2, estomac ; 2', pylore ; 3, duodénum ; 4, jéjunum ; 5, iléum ; 6, cæcum ; 7, appendice vermiculaire ; 8, côlon ascendant ; 9, côlon transverse ; 10, côlon descendant ; 11, S. iliaque ; 12, foie fortement relevé en haut et en dehors pour laisser voir sur sa face inférieure ; 13, la vésicule du fiel ; 14, pancréas situé derrière l'estomac et dont la limite supérieure est marquée par le pointillé ; 15, rate un peu érignée en avant ; 16, coupe du diaphragme ; 17, vessie urinaire ; 18, paroi abdominale ; 19, paroi thoracique.

du tube alimentaire, mais aussi de divers organes glandulaires, lesquels sont situés à l'entour et destinés à verser dans sa cavité les liquides particuliers. Les plus importants parmi ces organes sont les glandes gastriques, le foie, le pancréas, et les glandes salivaires (voir ces mots). — L'ouverture supérieure du tube digestif ou la bouche (A, 9) est une cavité ovalaire formée en haut par la mâchoire supérieure et le palais, en bas par la langue (A, 12) et la mâchoire inférieure, latéralement par les joues, en arrière par le voile du palais (A, 8), et en avant par les lèvres. Le canal alimentaire se rétrécit alors peu à peu et forme le *pharynx* (A, 10).

ou arrière-bouche et prend le nom d'*œsophage* (A, 16) un peu au-dessous du milieu du cou. Il descend ainsi entre les deux poumons, en passant derrière le cœur, traverse le diaphragme (B, 16) et se termine à l'estomac. L'*estomac* (B, 2) est une poche membraneuse, placée en travers à la partie supérieure de l'abdomen, assez semblable pour la forme à une cornemuse. C'est là que les aliments sont digérés et changés en *chyme*. L'ouverture par laquelle l'estomac communique avec l'œsophage se nomme *cardia*, et celle qui conduit de ce viscère dans les intestins est appelée *pylore* (B, 2′), espèce d'anneau musculaire contracté, qui se dilate pour livrer passage aux aliments dans les *intestins*. Ceux-ci sont logés dans l'abdomen et renfermés dans les replis d'une membrane nommée *péritoine*, qui les fixe à la colonne vertébrale. Ils se composent de deux parties distinctes : l'*intestin grêle* et le *gros intestin*. L'intestin grêle, ainsi nommé à cause de son étroitesse, forme environ les trois quarts de la longueur totale des intestins, qui est six fois celle du corps ; c'est dans son intérieur que la digestion s'achève. Dans son intérieur s'ouvrent les innombrables bouches de vaisseaux absorbants qui y puisent le *chyle*. On distingue dans l'intestin grêle trois portions, le *duodénum* (B, 5), le *jéjunum* (B, 4), et l'*iléon* (B, 3). Ce dernier vient se terminer au *cæcum* (B, 6), où commence le *gros intestin*. Le *côlon* (B, 9) fait suite au cæcum, se replie vers le foie et redescend vers le bassin, où il se continue avec le *rectum*, qui se termine à l'anus (*a*). Arrivés dans le gros intestin, les aliments, épuisés des parties nutritives, deviennent matières fécales et sont enfin expulsés par l'anus. Le canal alimentaire est en rapport avec la nature des aliments dont les animaux se nourrissent, et varie surtout dans son étendue. Les matières alimentaires qui pénètrent dans l'intestin grêle s'y mêlent avec les humeurs sécrétées par ses parois, et avec deux liquides particuliers, la *bile* et le *suc pancréatique*. (Voir ces mots.) — Le *foie* (B, 12), qui est l'organe producteur de la bile, est le viscère le plus volumineux du corps ; il est situé à la partie supérieure de l'abdomen, du côté droit ; sa couleur est d'un rouge brun et sa substance est molle et granuleuse ; de nombreux vaisseaux sécréteurs se réunissent entre eux pour former un tronc *(conduit hépatique)* qui verse la bile dans le duodénum, et qui communique aussi avec une poche membraneuse située à la partie inférieure du foie et servant de dépôt à la bile, c'est la *vésicule biliaire* (B, 13). — Le *pancréas* (B, 14) est une grosse glande située entre l'estomac et la colonne vertébrale, annexée au duodénum et qui produit un liquide assez semblable à la salive qu'elle verse dans le duodénum par un petit conduit. Son rôle le plus important consiste à dissoudre et émulsionner les corps gras. La *rate* (B, 15) est un organe placé dans le flanc gauche, et accolé à la grosse extrémité de l'estomac ; sa forme est celle d'une fève et sa couleur un brun rouge violacé. On ne connaît point encore bien les fonctions de cet organe, qui peut d'ailleurs

rête extirpé chez l'homme ou les animaux sans qu'il en résulte de troubles fonctionnels.

. **DIGITALE** (de *digitus*, doigt). Genre de plantes de la famille des *Scrofulariacées*, tribu des *Digitalées*, à calice cinq-denté, à corolle hypogyne, campanulée plus ou moins ressemblante à un doigt de gant (d'où ses divers noms de *gantelet*, *gant de Notre-Dame*, *doigtier*), quatre étamines, capsule à plusieurs graines. Les Digitales sont herbacées et vivaces ; elles ont les feuilles alternes, ovales pointues, et les fleurs disposées en longs épis. — L'une des espèces les plus remarquables est la **Digitale pourprée** (*D. purpurea*), commune en France. Aux mois de juillet et d'août, les chemins et les champs sont ornés de toutes parts des pyramides pourprées de ses fleurs, qui pendent en cloches du

Digitale pourprée.

sommet de la tige, longue de 8 à 10 décimètres. Le principe qu'elle contient, la *digitaline*, est très actif. Les propriétés de cette plante, comme cardiaque et diurétique, sont précieuses : elle ralentit la circulation du sang et détermine une excrétion plus considérable des urines. Aussi rend-elle des services indubitables en thérapeutique. On l'administre en pilules, en poudre, en sirop, en teinture, en extrait alcoolique, en tisane. Elle est employée dans les engorgements du poumon, et surtout dans l'anasarque consécutive à la fièvre scarlatine, dans les maladies du cœur, dans les palpitations nerveuses, etc. ; mais il faut en user avec prudence, car à haute dose, elle devient un poison dangereux. — On cultive dans les jardins la **Digitale à grandes fleurs**, des Alpes et de la Suisse, remarquable par ses beaux épis de fleurs jaunes, et la **Digitale des Canaries**, à fleurs d'un jaune safran.

DIGITALINE. Alcaloïde obtenu de la digitale pourprée et qui s'emploie en médecine sous forme de digitaline amorphe ou de digitaline cristallisée. (Voir DIGITALE.)

DIGITÉE [Feuille]. Se dit d'une feuille composée, dont les folioles sont disposées comme les doigts de la main, écartés les uns des autres, comme dans le marronnier d'Inde, le lupin, etc.

DIGITIGRADES. Cuvier donne ce nom à la seconde tribu de la famille des *Carnivores*, comprenant ceux qui marchent sur le bout des doigts ; elle renferme les genres *Civette*, *Martre*, *Chien*, *Chat*, etc.

DIGYNE (du grec *dis*, deux, et *guné*, femme). Se dit en botanique d'une fleur dont l'ovaire est surmonté de deux styles distincts. Linné en fait un ordre de son système sexuel sous le nom de *Digynie*.

DIKE (mot anglais qui signifie *digue*). On donne ce nom en géologie à des masses de matières minérales fondues, éruptées de l'intérieur à travers des fissures de la croûte terrestre, et qui forment ainsi des sortes de murs ou de cloisons à travers les roches. Parfois, la roche environnante se dégrade et la coulée minérale, plus résistante, reste en saillie comme un mur. Lorsque ces sortes de murailles ont de grandes dimensions de largeur et d'épaisseur, on leur donne le nom de *dikes ;* lorsque ces dimensions sont plus réduites, on leur donne le nom de *filons* ou de *veines*.

DILLÉNIE et **DILLÉNIACÉES** (dédié au botaniste allemand I. Dillen). Le genre *Dillénie*, type de la famille des *Dilléniacées*, est composé de grands arbres propres aux Indes. Le **Dillenia scabrella** et le **Dillenia speciosa** donnent des fruits d'une saveur acide avec lesquels on prépare dans le pays un sirop béchique et rafraîchissant. La famille des *Dilléniacées* comprend des plantes dicotylédones, dialypétales, hypogynes, à fleurs pentamères, à étamines en nombre indéfini ; à fruit formé de deux à cinq carpelles folliculaires, au bord interne desquels sont attachées les graines sur deux rangs. Cette famille renferme les genres *Dillenia*, *Candollea*, *Hibbertia*, *Tetracera*, qui appartiennent pour la plupart aux régions tropicales de l'Asie, de l'Amérique et de l'Australie.

DILUVIUM (Géologie). Le Diluvium est un terrain de transport composé de matières arrachées aux couches antérieures et sous-jacentes, remaniées et brisées par les courants et par les eaux. Il se subdivise en trois assises distinctes, quant à leur âge et à leur composition, et que l'on peut considérer comme marquant trois époques successives de la même période : 1° le *Diluvium gris*; 2° le *Læss*; 3° le *Diluvium rouge*. — Le Diluvium gris existe habituellement dans les vallées, où sa puissance moyenne est de 10 à 15 mètres. Il est composé de graviers, de sables, de fragments de roches arrachés aux collines environnantes, le plus souvent mêlés en désordre. Ce terrain de transport existe dans toutes les contrées du globe ; les éléments qui le composent sont naturellement différents suivant la nature des couches environnantes, mais le mode de déposition et les fossiles sont exclusivement propres à l'époque quaternaire ; la plupart des espèces n'existent plus actuellement, elles n'existaient pas antérieurement. Ce Diluvium gris est dû aux immenses courants produits par les soulèvements qui mirent fin à la période pliocène. Après ce dépôt, notre hémisphère subit un grand abaissement de température. Les neiges et les glaces s'amoncellent sur tout le nord de l'Europe, jusqu'au milieu de la Russie, de l'Allemagne, de l'Angleterre et de la France, qui deviennent comme la continuation de la zone arctique. Dans nos régions, les glaciers, maintenant confinés au fond des vallées les plus élevées des Alpes, prennent une extension considérable et descendent jusque dans les plaines, comme l'attestent les moraines qu'ils ont laissées et les roches qu'ils ont polies, sillonnées en progressant. (Voir GLACIERS.) Cette période de froid se nomme *époque glaciaire*. L'homme en a été témoin, car, dans les alluvions et les grottes de cet âge, on trouve les débris de ses ossements et les restes de sa naissante industrie : silex taillés en haches, en lames de couteau, en fer de lance ou de flèche ; tessons de poterie grossière façonnée à la main, etc. — Lorsque la température s'adoucit de nouveau, la fusion des glaces et des neiges produisit d'énormes courants, d'immenses inondations, qui ravinèrent le sol, balayèrent les couches superficielles et finirent par y déposer une couche de limon jaunâtre qu'on appelle le *læss* ou terre à briques. — Puis, après une période de repos, une dernière et immense irruption des eaux, attribuée par les uns au soulèvement des Andes et de la chaîne volcanique de l'Asie centrale, par d'autres, à une débâcle du pôle boréal (voir GLACIERS), qui produisit cette inondation générale, ce déluge, en un mot, qu'on trouve non seulement écrit dans la Bible, mais encore profondément empreint dans les traditions de presque tous les peuples. Cette inondation, partie du Nord, a semé sur toute l'Europe septentrionale, en Prusse, en Pologne, en Russie, en Suède, des blocs énormes de rochers arrachés aux monts Scandinaves, à l'Oural, aux montagnes de la Finlande. On les nomme *blocs erratiques*. Aucun courant d'eau ne serait capable de pareils effets ; les glaces seules ont pu amener de semblables résultats ; ces blocs anguleux, à arêtes vives, sans trace d'usure par le frottement, ont dû être charriés par des glaces flottantes descendues du pôle Nord. C'est ainsi qu'ils ont pu franchir de grandes distances et se déposer intacts au point où la glace qui les portait venait échouer et se fondre. Le dépôt de ces eaux diluviennes, composé de cailloux, de gros graviers empâtés dans de l'argile rouge, est ce qu'on appelle le *Diluvium rouge*. Il se retrouve dans toutes les contrées du globe et d'une manière à peu près constante. Toutes les vallées que recouvre le Diluvium sont très riches en fossiles et surtout en ossements de mammifères. En certains endroits on rencontre de véritables nécropoles de ces êtres disparus. On dirait que, tous à la fois, se sont enfuis devant un ennemi commun, surpris sans doute par l'inondation ou entraînés par les eaux qui les ont tous atteints, enveloppés et fixés sur place. Les animaux dont on retrouve le plus abondamment

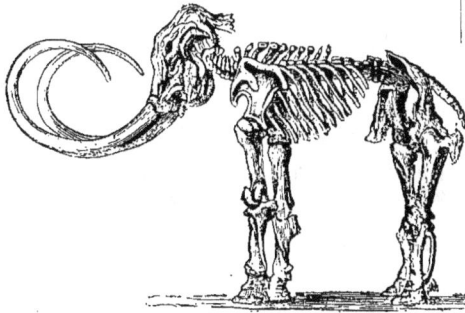

Mammouth du diluvium (*Elephas primigenius*).

les restes sont : le mammouth ; son fidèle compagnon, le rhinocéros à narines cloisonnées ; l'hippopotame, l'aurochs, le bœuf musqué, le buffle, le cheval, le cerf, l'élan, le renne, un grand castor. Mêlés à ces débris, et surtout dans les cavernes, se trouvent des ossements de carnassiers : panthère, hyène, ours, loup, renard, etc. Toutes ces espèces sont généralement plus grandes que leurs congénères actuelles et on rencontre partout leurs débris accumulés. Ce qui ajoute à l'intérêt de ces dépôts, c'est que quelques-uns offrent la trace évidente de l'existence de l'homme et prouvent sa contemporanéité avec les animaux fossiles de cette époque. — Après le dépôt du Diluvium commence l'époque moderne, avec le climat, la géographie, la faune et la flore actuels.

DINDE. Femelle du Dindon.

DINDON ou **COQ D'INDE** (*Meleagris*). Genre d'oiseaux de la famille des *Cracidés*, ordre des GALLINACÉS, originaire de l'Amérique, improprement nommée Indes occidentales. Son nom scientifique de *Meleagris* n'est pas plus heureux, puisque c'est à la Pintade que les Grecs donnaient ce nom mythologique et non au Dindon qu'ils ne pouvaient connaître. — L'espèce aujourd'hui répandue dans presque toutes les contrées du globe et qu'on élève dans nos basses-cours, se fait remarquer par sa grande taille, par son plumage d'un brun noir, à reflets bronzés. Sa tête et son cou sont garnis d'une peau nue et mamelonnée, flottante sous la gorge ; un appendice charnu pend du front sur le bec qu'il recouvre. La femelle diffère du mâle par sa taille plus petite et par l'absence d'éperons et de caroncules. Les Dindons sont parmi les gallinacés ceux dont la taille est la plus massive. Leur démarche lente, leurs mouvements gauches et souvent grotesques, leur cri désagréable, leur ont valu chez nous une réputation de stupidité assez méritée. Cependant, le

Dindon, à l'état sauvage, a des habitudes bien différentes de celles que lui a imposées la servitude. Dans nos basses-cours, un seul mâle suffit à cinq ou six femelles. Les Dindes font ordinairement deux pontes par année, l'une en février, l'autre en août. Chaque ponte est de douze à quinze œufs, que le mâle brise si l'on ne prend la précaution de l'en éloigner. L'éducation des dindonneaux, qui forme une des branches importantes de l'économie rurale, exige des soins très multipliés. Quoique paisible et même craintif, le Dindon est néanmoins susceptible d'affections vives qui se traduisent par des changements remarquables dans son habitude extérieure. Toutes les parties nues du cou et de la tête se gonflent et se colorent du plus vif incarnat ; la caroncule du front s'allonge considérablement. Ses plumes se hérissent ; sa queue se relève et s'étale en éventail. La couleur rouge excite surtout sa colère, et il attaque à coups de bec la personne qui la porte. Les mâles se battent souvent entre eux, mais avec moins d'acharnement que les coqs. Les Dindons sauvages habitent les forêts centrales de l'Amérique du Nord ; ils vont par bandes, souvent très nombreuses, et se livrent parfois à des voyages assez longs. Ils se tiennent pendant la nuit perchés sur les arbres dont ils descendent aux premiers rayons du jour ; mais ils nichent à terre. Ils échappent au chasseur par l'agilité de leur course, qui égale celle du meilleur

Dindon.

chien ; cependant leur vol est rapide et soutenu. Le Dindon sauvage ne se nourrit que de fruits et de graines. Sa chair est plus délicate, sa corpulence plus forte que celle du même oiseau élevé dans nos basses-cours. Il en diffère également par son plumage d'un brun à reflets métalliques très brillants, surtout dans la saison de la pariade. C'est à des missionnaires jésuites que l'on doit l'introduction du Dindon en Europe, et c'est, dit-on, aux noces de Charles IX (1570) qu'on vit pour la première fois paraître cet oiseau sur une table française. — On en connaît une autre espèce, propre au Mexique, et qui le dispute au paon par l'éclat de son plumage : c'est le **Dindon ocellé** (*M. ocellata*); il réunit les couleurs les plus vives, et porte sur la queue de larges taches circulaires bleues entourées d'or et de rubis. Quant aux Dindons blancs, gris, roux, que l'on voit en Europe, ce ne sont que des variétés de l'espèce domestique.

DINORNIS (du grec *deinos*, grand, terrible, et *ornis*, oiseau). Nom donné à un oiseau gigantesque de

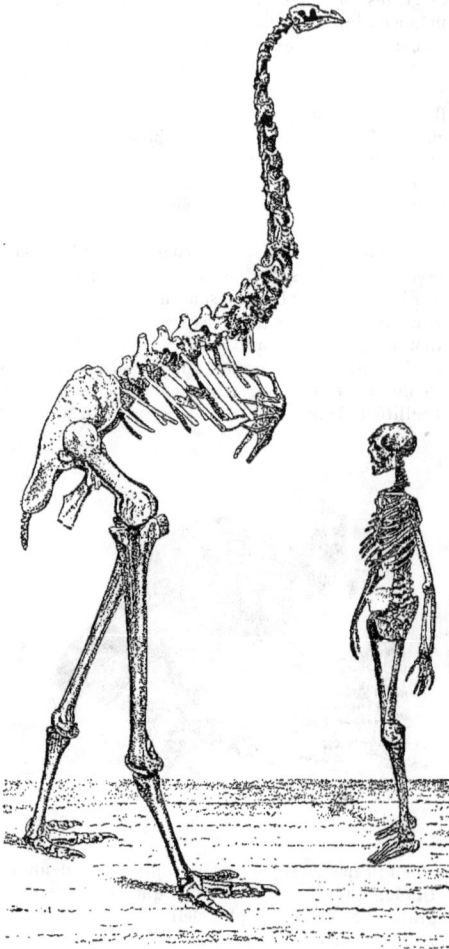

Squelette de moa et squelette d'homme.

la Nouvelle-Zélande, dont la race est aujourd'hui éteinte; mais qui, d'après les récits des naturels, qui lui donnent le nom de *moa*, aurait été connu et combattu par leurs ancêtres. D'après son squelette, cet oiseau appartenait à l'ordre des BRÉVIPENNES ou Coureurs, et devait être assez voisin de

l'autruche, mais beaucoup plus grand et de formes moins lourdes. Ses pieds, hauts de 1^m,37, indiquent pour l'oiseau entier une taille de près de 4 mètres. On lui a donné le nom de **Dinornis giganteus**. Ses os sont privés de trous à air comme les mammifères et les reptiles. Ses pieds n'ont que trois doigts. — Une autre espèce moins grande (elle n'a que 1^m,10) se distingue par l'énormité de ses pieds, qui lui ont fait donner le nom de **Dinornis elephantopus**.

DINORNITHIDÉS (de *dinornis*). Famille d'oiseaux de l'ordre des COUREURS, composé d'espèces fossiles gigantesques. Ce sont les *Dinornis*, *Epiornis*, *Palapteryx*, etc.

DINOTHÉRIUM (du grec *deinos*, grand, terrible, et *thérion*, animal). Nom générique d'un mammifère fossile, l'un des plus grands et des plus singuliers représentants de ce monde ancien, dont les débris

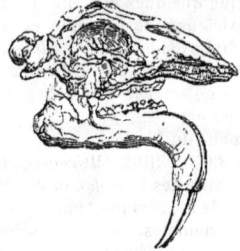

Crâne de dinothérium et l'animal restauré.

seuls nous révèlent aujourd'hui l'existence. C'est dans les sables et les calcaires tertiaires supérieurs de divers bassins du centre de l'Europe qu'on trouve les restes du Dinothérium. Cuvier lui donna d'abord le nom de *tapir gigantesque;* mais, plus tard, M. Kaup, sur la découverte de nouveaux squelettes plus complets, en fit un genre particulier. Cet animal surpassait en grandeur et en force les plus grands éléphants, et sa tête était non moins extraordinaire par sa grosseur et sa forme que celle de ces derniers animaux. Deux défenses, dont les pointes étaient dirigées vers la terre, lui sortaient aussi de la bouche; mais elles étaient implantées dans la mâchoire inférieure, qui, à cet effet, était recourbée en bas, en décrivant un quart de cercle en avant des molaires; celles-ci étaient au nombre de vingt, cinq de chaque côté des mâchoires. Tous les caractères connus du Dinothérium tendent à le faire considérer comme un pachyderme voisin des mastodontes, de l'hippopotame et des tapirs; la forme de ses mâchoires et de ses dents indique que cet animal portait une trompe, qu'il se nourrissait de racines, que ses défenses, constituant une sorte de hoyau, lui servaient à arracher, et, comme la plupart des animaux de cette famille, il aimait, selon toute apparence, à se plonger dans l'eau, où se soutenait plus facilement sa prodigieuse masse.

DIODON (de *dis*, deux, et *odous*, dent). Genre de poissons de l'ordre des PLECTOGNATHES, famille des *Tétrodonthidés*, dont les mâchoires indivises ne présentent qu'une seule pièce en haut et une en bas. Les Diodons sont des poissons de forme globuleuse; à peau dure, hérissée d'aiguillons acérés, très mobiles; conformation qui leur a fait donner les noms de *hérissons de mer* et d'*orbes épineux*. Ces poissons, propres aux mers tropicales, se tiennent dans le voisinage des côtes et se nourrissent de petits poissons, de crustacés et de mollusques. Lorsqu'on veut les saisir, ils se gonflent comme des ballons, et dans cet état, leurs aiguillons, dressés de toutes parts, menacent l'ennemi. Les pêcheurs les redoutent beaucoup; car non seulement les blessures causées par leurs épines sont fort dangereuses, mais encore leur chair est souvent malsaine, et leur fiel est regardé comme un poison subtil. Le *Diodon atinga* atteint 30 centimètres de diamètre; sa couleur est blanchâtre, parsemée de petites taches noires. Les *Triodons* et les *Tétrodons* appartiennent à cette famille.

DIOÉCIE (de *dis*, deux, et *oikia*, demeure). Vingt-deuxième classe du système sexuel de Linné, comprenant les végétaux à fleurs unisexuées, mâles ou femelles, portées les unes et les autres sur des pieds distincts. Cette classe se divise en quinze ordres d'après le nombre des étamines, et leur mode d'insertion. (Voir RÈGNE VÉGÉTAL.)

DIOÏQUES [Plantes]. On dit qu'une plante est dioïque lorsqu'elle offre des fleurs unisexuées, chaque sexe étant porté sur des pieds différents. Les palmiers, les saules, etc., sont dioïques.

DIOMEDEA. Nom scientifique latin du genre *Albatros*.

DIONÉE, *Dionea* (nom mythologique). Genre de plantes de la famille des *Droséracées*, ayant pour type un des végétaux les plus singuliers et les plus intéressants du globe. Cette plante, qui croît dans les terrains marécageux de la Caroline, est vivace, très glabre, à feuilles toutes radicales, étalées en rond sur terre; ces feuilles, à pétiole ailé, membraneux, sont arrondies, charnues, hérissées aux bords de cils épineux, irritables ainsi que le limbe, qui se replie vivement sur lui-même dès qu'un corps étranger le touche. Du milieu de ces feuilles s'élève une hampe de 15 à 20 centimètres de long, se terminant

par un corymbe de six ou huit fleurs blanches assez élégantes. Les feuilles radicales de la Dionée se font remarquer, comme nous l'avons dit, par la grande irritabilité de leurs lobes terminaux. Lorsqu'un insecte vient se poser sur leur surface, les deux lobes se rapprochent aussitôt, croisent les cils de leurs

Dionée attrape-mouche (*D. muscipula*).

bords et plus la victime se débat, plus la pression devient grande. La mort de l'insecte met un terme à cette irritabilité; dès lors les lobes s'ouvrent et reprennent leur position habituelle. Ce singulier phénomène a valu à la plante le nom d'*attrape-mouche*, qu'elle partage avec les droseras. (Voir ce mot.)

DIORITE (du grec *dioraô*, je distingue, c'est-à-dire formé de parties bien tranchées). La Diorite est une roche granitoïde composée de feldspath et d'amphibole et qui se distingue de la syénite (voir ce mot), en ce que l'élément amphibolique y domine, et que le quartz y manque généralement. Les deux principes composants sont d'ailleurs plus également mélangés, plus intimement confondus; et la roche passe souvent à une masse homogène de couleur verte; on lui donne alors le nom d'*ophite* (d'*ophis*, serpent). Cette roche, de formation ignée, se rencontre assez abondamment dans la nature; elle forme des amas, des filons ou même des couches subordonnées. La Diorite est susceptible de poli et peut être employée comme pierre de décoration, surtout la Diorite globulaire de Corse dans laquelle le feldspath et l'amphibole sont disposés par couches concentriques.

DIOSCOREA. (Voir IGNAME.)

DIOSCORÉES ou **DIOSCORÉACÉES** (de *dioscorea*,

nom scientifique des Ignames, type de la famille). Famille de plantes monocotylédones composée de plantes herbacées et de sous-arbrisseaux volubiles, à rhizomes volumineux généralement charnus et féculents; feuilles pétiolées, simples, souvent cordiformes, fleurs très petites, régulières, généralement dioïques, disposées en épis ou en grappes axillaires; ovaire infère; fruit capsulaire ou charnu, bacciforme. Genres principaux : *Tamus, Dioscorea, Testudinaria.*

DIOSMA (du grec *dios*, divin, et *osmê*, odeur). Genre type de la famille des Diosmacées, comprenant des arbrisseaux propres à l'Afrique australe, dont les fleurs blanches répandent une odeur très forte.

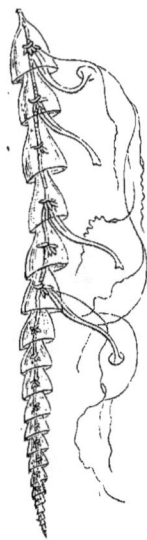

Diphye Bory (Quoy et Gaymard) d'après Cuvier.

DIOSMACÉES. Famille de plantes dicotylédones, dialypétales, hypogynes, voisine des Rutacées, auxquelles les réunissent quelques botanistes. Elle comprend les genres *Diosma, Fraxinelle, Correa,* etc.

DIOSPYROS. Nom scientifique latin du genre *Plaqueminier.*

DIPHYE (du grec *diphués*, double). Genre de cœlentérés de l'ordre des SIPHONOPHORES, caractérisés surtout par l'absence de vessie aérienne. Les vésicules natatoires, au nombre de deux, sont très grosses et contiguës; de la postérieure, plus petite, part la tige sur laquelle sont disposés des groupes de polypes. Chacun de ces groupes peut devenir libre pour constituer des méduses. On trouve dans l'Atlantique le *Diphyes campanulifera* et dans la Méditerranée le *Diphyes turgida.*

DIPHYLLE (de *dis*, deux, et *phullon*, feuille). Ce mot s'applique, en botanique, à divers organes, composés de deux pièces (spathe, calice, feuille, etc.).

DIPLOPTÈRES (de *diploos*, double, et *ptéron*, aile). Division de l'ordre des HYMÉNOPTÈRES, section des *Porte-aiguillon*, établie par Latreille pour ceux de ces insectes dont les ailes supérieures sont doublées longitudinalement. Ce groupe comprend la famille des *Vespidés* ou *Guêpes.* (Voir ce mot.)

DIPLOZOON (de *diploos*, double, et *zóon*, animal). Genre de vers de l'ordre des TRÉMATODES POLYSTOMIENS, voisins des Douves. Ces singuliers animaux, qui vivent en parasites sur les branchies de divers poissons d'eau douce, sont simples et solitaires dans le jeune âge; mais à l'état adulte, ils se conjuguent deux à deux et vivent ainsi réunis pendant le reste de leur existence, en forme d'*x* allongé. Chacun d'eux est pourvu de deux rangées de quatre ventouses à l'extrémité postérieure, et de deux ven-

touses antérieurement. On n'en connaît qu'une espèce : le **Diplozoon paradoxum,** qui ne dépasse pas 1 centimètre de longueur.

DIPNÉS, *Dipneustes* (de *dis*, deux, et *pnein*, respirer). Ordre de poissons qui forme la transition de ceux-ci aux batraciens. Les Dipnés ressemblent aux poissons par leur forme; ils sont allongés comme les anguilles, couverts d'écailles arrondies, ont une nageoire caudale, des nageoires pectorales et abdominales qui, à la vérité, ressemblent aussi bien à des pattes aplaties. Leur squelette est assez rudimentaire et leur crâne reste cartilagineux. Ils respirent, comme les autres poissons, dans l'eau par des branchies; mais leur vessie natatoire, transformée en poumon, leur permet de respirer également hors de l'eau. Ils sont donc en réalité amphibies. De là le nom de *Dipnés,* qui indique leur double respiration, et celui de *Pneumobranches* proposé par Hæckel. Le *Lepidosiren,* le *Protoptère* et le *Ceratodus* constituent ce groupe; les deux premiers ont deux poumons et forment la famille des *Dipneumones,* le dernier (*Ceratodus*) n'a qu'un poumon et forme la famille des *Monopneumones.* — Le *Ceratodus Forsteri,* découvert récemment dans les eaux bourbeuses de l'Australie, est un grand poisson dipné qui ne possède qu'un poumon analogue à ceux des batraciens, et dont les nageoires ressemblent à des pattes aplaties. Sa forme générale rappelle un peu celle du Scinque, mais sa queue est beaucoup plus courte et conique et son corps est couvert de grandes écailles imbriquées. Il respire dans l'eau par ses branchies, comme les poissons, dans la saison humide, et, pendant les sécheresses de l'été, il vit enfoui dans la vase desséchée et respire l'air par son poumon. Le Protoptère (*Protopterus annectens*), que le naturaliste Owen a décrit comme un Lepidosiren (voir ce mot), a, en effet, beaucoup de ressemblance avec ce dernier.

DIPNEUMONES. (Voir DIPNÉS et LEPIDOSIREN.)

DIPNEUSTES. (Voir DIPNÉS.)

DIPNOÏQUES. (Voir DIPNÉS.)

DIPODES (de *dis*, deux, et *podes*, pieds). Synonyme de Bipèdes.

DIPSACÉES. Famille de plantes dicotylédones, monopétales, périgynes, composée d'herbes vivaces et de sous-arbrisseaux à feuilles opposées, quelquefois connées et formant autour de la tige une espèce de godet; fleurs hermaphrodites réunies en capitules compactes sur un réceptacle commun involucré, pourvues chacune d'un involucelle calyciforme persistant; corolle monopétale, tubuleuse, quatre étamines à anthères introrses; ovaire infère, à une loge uniovulée. Le fruit est un akène couronné par le calice formant aigrette; il ne contient qu'une seule graine. Genres principaux : *Dipsacus, Morina, Cephalaria, Scabiosa.*

DIPSACUS. Nom scientifique latin du genre *Cardère.* (Voir ce mot.)

DIPTÈRES (du grec *dis*, deux, et *ptéron*, aile). Ordre nombreux d'insectes, désignés vulgairement sous le nom de *mouches, moucherons, cousins*, etc., et dont le principal caractère est l'absence de la seconde paire d'ailes, que l'on voit chez les autres insectes, et qui est remplacée chez eux par deux appendices auxquels on a donné le nom de *balanciers*, parce qu'ils servent à régulariser le vol. L'enveloppe des Diptères est peu consistante ; leur tête globuleuse ou hémisphérique tourne comme sur un pivot ; elle porte de grands yeux à facettes, et souvent trois ocelles ou faux yeux sur son sommet. Les antennes, insérées sur le front, sont de formes variables. Comme chez tous les insectes qui prennent des aliments liquides, la bouche des Diptères a la

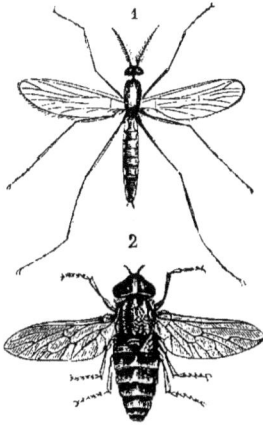

Diptères.
1, Némocère (tipule) ; 2, brachocère (taon).

forme d'une trompe, et se compose d'une gaine dans l'intérieur de laquelle sont des lames écailleuses en forme de scies, servant à entamer les substances dont l'insecte veut pomper les sucs. La poitrine est ordinairement arrondie ; le ventre, composé de six à neuf anneaux, ne tient au thorax que par un pédicule étroit. Les pattes, généralement grêles et allongées, se terminent par un tarse de cinq articles, dont le dernier a deux crochets et souvent aussi des espèces de palettes vésiculeuses formant ventouses, comme chez les mouches, ce qui leur permet de marcher sur les surfaces les plus lisses, telles que les glaces. Les Diptères éprouvent des métamorphoses complètes. Leurs larves sont molles et n'ont pas de pattes ; la plupart vivent en terre ; d'autres sont aquatiques. Les femelles déposent leurs œufs dans les matières corrompues, sous l'eau, ou sous la peau de certains animaux, particulièrement des chenilles. Il est des Diptères qui se nourrissent des sucs des plantes ; d'autres se repaissent du sang des animaux. La profusion avec laquelle ces insectes sont répandus sur la surface du globe leur fait remplir deux destinations importantes dans l'économie générale ; d'une part, ils servent de

subsistance aux oiseaux insectivores ; d'autre part, ils contribuent puissamment à faire disparaître toutes les substances en décomposition, tout ce qui corrompt la pureté de l'air. Mais si, d'un côté, ces frêles animaux nous rendent des services, de l'autre ils nous sont très nuisibles ; car c'est à cette classe d'insectes qu'appartiennent les cousins, les moustiques, les maringouins, si avides de notre sang, les taons et les œstres qui harcèlent nos bestiaux, les mettent en fureur et parfois causent leur mort, et certaines larves qui font mourir sur pied nos céréales. L'ordre des Diptères est partagé en quatre groupes ou sous-ordres : 1° les **Némocères**, à antennes de six articles au moins, à palpes de quatre à cinq articles, renfermant les Diptères à corps menu et allongé, à tête petite, à ailes étroites, tels que les *cousins, tipules ;* 2° les **Brachocères**, à antennes de trois articles, palpes d'un ou de deux articles, comprenant les Diptères à corps large, peu allongé, à tête hémisphérique, aussi large que le thorax ; cette division est la plus nombreuse ; elle comprend les *mouches* proprement dites, les *taons*, les *xylophages*, les *syrphes*, les *œstres*, etc. (voir ces mots) ; 3° les **Pupipares**, ainsi nommés parce qu'ils naissent sous la forme de nymphe ou de pupes, comprenant les *hippobosques*, les *ornithomyes ;* 4° enfin les **Aphaniptères** (sans ailes) ou puces (voir ce mot), qu'on y a réunis dans ces derniers temps. On chasse les Diptères avec le filet à papillons ou avec la pince à gaze, suivant qu'ils volent ou sont posés sur les plantes ; comme pour les papillons, on emploie la *miellée* pour les attirer et l'on prend par ce moyen beaucoup d'espèces crépusculaires. — La seule préparation à leur donner pour collectionner ces insectes consiste à les piquer au milieu du thorax avec une épingle fine, et à étaler les ailes et les pattes ; on peut employer à cet usage un petit étaloir à papillons. Les très petits individus sont collés sur carte ou sur mica, comme nous l'avons indiqué pour les Coléoptères.

DIPTÉROCARPE, *Dipterocarpus* (du grec *dipteros*, à deux ailes, et *karpos*, fruit). Genre type de la famille des *Diptérocarpées*, comprenant de grands arbres résineux de l'Asie tropicale. Plantes dicotylédones, polypétales, hypogynes, à feuilles opposées, entières, coriaces ; à fleurs grandes, disposées en grappes, et auxquelles succède une noix ligneuse, à une loge, et une graine entourée du tube calicinal dont deux sépales, plus longs que les trois autres, lui forment comme deux ailes (d'où le nom). Ces arbres, d'un très beau port, fournissent en abondance des sucs résineux ou huileux balsamiques très employés dans l'Inde. — Le **Dipterocarpus trinervis**, de Java, donne une résine qui remplace le baume de copahu. — Les **Dipterocarpus alatus** et **incanus** donnent une huile balsamique, nommée *huile de bois* (*wood oil*), très usitée comme vulnéraire chez les Annamites, qui l'emploient également pour frotter leurs meubles, afin d'en éloigner les fourmis blanches ou termites. — Le **Dipterocarpus dryo-**

balanops de Bornéo fournit du camphre en abondance.

DIPTERYX. (Voir Coumarou.)

DIRCA. Genre de plantes dicotylédones, apétales, périgynes, de la famille des *Thyméléacées*, dont l'unique espèce, **Dirca palustris**, est un arbrisseau de l'Amérique boréale, qui croît dans les marais et les lieux humides. Son bois, très souple et tenace, lui a fait donner au Canada le nom vulgaire de *bois de cuir*. Ses feuilles sont alternes, très entières; ses fleurs hermaphrodites, d'un jaune pâle, sortent par trois de gemmes axillaires; son fruit est un drupe charnu. Le Dirca est un remède populaire aux États-Unis; ses fruits et son écorce sont employés comme purgatifs.

DISCOBOLES (de *diskos*, disque, et *bolé*, projection). Famille de poissons de l'ordre des Malacoptérygiens subbrachiens de Cuvier, dont le nom vient de la forme de leurs nageoires ventrales unies et arrondies en disque, de manière à former une ventouse au moyen de laquelle ils peuvent se fixer sur les corps solides. Cette famille comprend les genres *Cycloptère*, *Echénéis*, *Lepadogaster*.

DISCOMYCÈTES (de *diskos*, disque, et *mukès*, champignon). Groupe de champignons sphéroïdaux, à sporanges placés dans des cavités ouvertes à l'extérieur. Il comprend les Morilles, les Helvelles, les Pézizes, etc. (Voir ces mots.)

DISCOPHORES (de *diskos*, disque, et *phoros*, qui porte). Ordre de l'embranchement des Cœlentérés, de la classe des Hydroméduses, répondant aux Méduses proprement dites de Cuvier. (Voir ce mot.)

DISPERME (*dis*, deux, et *sperma*, graine.) Se dit d'un fruit qui renferme deux graines, comme la baie de l'épine-vinette.

DISQUE. On donne ce nom en botanique à un corps glanduleux qui, dans la plupart des végétaux, se trouve au-dessous ou autour de l'ovaire; dans le premier cas on le dit *hypogyne*, et dans le second *périgyne*.

DISSECTION (de *dis*, particule disjonctive, et *secare*, couper). Opération par laquelle on met à découvert les différentes parties des corps organisés pour en étudier la structure.

DISSÉMINATION (de *dis*, indiquant écartement, et *seminare*, semer). Dispersion naturelle des graines à la surface de la terre. (Voir Graine.)

DISTIQUE. Se dit en botanique de fleurs ou épillets naissant sur deux rangs seulement, à droite et à gauche.

DISTOME. (Voir Douve.)

DITOMUS. (Voir Scaritiens.)

DIURNES. Ce nom s'applique à tous les animaux qui voient et sortent le jour, par opposition à celui de *nocturnes*, sous lequel on désigne ceux qui se cachent pendant le jour et ne sortent que le soir ou la nuit. On l'applique principalement à la première section des oiseaux de proie qui voient et chassent le jour (Falconidés, Vulturidés) pour les distinguer des chouettes auxquelles on a donné par opposition le nom de *nocturnes*. — Le nom de Diurnes sert aussi à distinguer la première grande famille des insectes de l'ordre des Lépidoptères. Elle répond au grand genre *Papillon* de Linné. (Voir Papillon et Lépidoptères.)

DIVARIQUÉ. On dit des rameaux ou des pédoncules d'une plante, qu'ils sont divariqués, lorsqu'ils s'écartent brusquement dès leur origine et se portent en différents sens.

DJAMALA. Nom indien du Chanvre de l'Inde (*Cannabis indica*), dont on obtient le haschich.

DOBULE. Poisson du genre *Ablette*.

DODÉCAGYNIE (du grec *dôdeka*, douze, et *guné*, femme). Ordre de plantes dans le système de Linné, comprenant celles dont les fleurs ont douze pistils.

DODÉCANDRIE (de *dôdeka*, douze, et *anêr*, homme). Classe de plantes, dans le système de Linné, comprenant celles dont les fleurs ont de douze à vingt étamines.

DODO. (Voir Dronte.)

DOGUE. (Voir Chien.)

DOIGTIER. Nom vulgaire de la Digitale pourprée.

DOIGTS (*Digitus*). Prolongements qui divisent l'extrémité inférieure des mains et des pieds. (Voir ces mots.)

DOLÉRITE. Espèce de roche pyroxénique. C'est un mélange grenu, à texture granitoïde, à cassure très brillante, d'aspect noir ou plutôt tigré; de Labrador, d'un gris clair, d'Augite, d'un noir verdâtre, et d'un peu de Magnélite. On y trouve aussi du calcaire et du fer spathique. Elle se rapproche beaucoup des basaltes. Elle constitue les laves de l'Etna et du Stromboli et se trouve dans les régions volcaniques de l'Auvergne.

DOLFYN. (Voir Coryphène.)

DOLIC, *Dolichos* (nom grec du haricot). Genre de plantes dicotylédones, polypétales, périgynes, de la famille des *Légumineuses papilionacées*, tribu des *Phaséolées*, composé de plantes herbacées grimpantes ou dressées, à feuilles stipulées, à trois folioles pennées, à fleurs en grappes, à gousse comprimée en sabre, contenant plusieurs graines ovoïdes, comprimées. Les Dolics appartiennent aux régions chaudes du globe, plusieurs sont cultivés comme plantes alimentaires; tels sont : le Lablab (*D. lablab*), originaire des Indes orientales et cultivé en Egypte pour ses graines qu'on mange comme les haricots; les Dolichos tuberosus et bulbosus, de l'Inde, dont on mange les tubercules féculents; le Dolichos catjang, dont les Hindous mangent la graine.—Le Dolichos monophthalmus est cultivé en Italie et dans le midi de la France pour ses graines farineuses, connues sous les noms de *habine*, *mangette*, *bannette*. Enfin, le Dolichos soja croît en Chine et au Japon, où l'on mange ses graines en bouillie; les Japonais emploient son suc pour faire une sauce fort usitée en Angleterre sous le nom de *soy*.

DOLICHOCÉPHALE (du grec *dolichos*, allongé, et *képhalé*, tête). Se dit des races humaines dont le crâne, vu par sa partie supérieure, est ovale, la plus grande longueur l'emportant d'un quart ou plus sur la plus grande largeur, c'est-à-dire dans la proportion de 100 à 75 ou au-dessous. Quand le rapport est inférieur à 75, le crâne est dit *dolichocéphale* vrai; quand ce rapport est entre 75 et 77,7, il est *sous-dolichocéphale;* entre ce dernier chiffre et 80, il est *mésaticéphale*, de 80 à 83, il est *sous-brachycéphale;* la *brachycéphalie* vraie commence à 83,3. Le mot *dolichocéphale* est opposé à celui de *brachycéphale* (de *brachus*, court), par lequel on désigne les races à crâne relativement large et court. Il y a des races dolichocéphales et brachycéphales dans les trois troncs qui composent l'humanité.

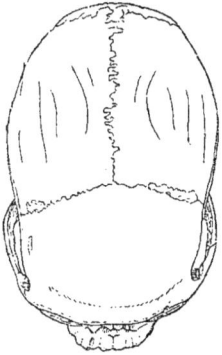
Crâne dolichocéphale (race Papoue), vu par le vertex (*norma verticalis*).

DOLICHOS. (Voir Dolic.)

DOLIQUE. (Voir Dolic.)

DOLIUM. Nom latin du genre *Tonne*. (Voir ce mot.)

DOLOMÈDE (du grec *dolomédés*, qui emploie la ruse). Genre d'Arachnides de l'ordre des Aranéides ou fileuses. Le type du genre, le Dolomède frangé (*D. fimbriatus*), n'est pas rare en France, où on le voit courir avec rapidité sur l'eau des mares et des bassins. Son corps brun, couvert de poils très serrés, ne se mouille pas au contact de l'eau. Ses huit yeux sont disposés sur le céphalothorax en trois lignes transversales par 4, 2, 2. Au moment de la ponte, cette araignée file une toile grossière à l'entour des plantes et y dépose ses œufs renfermés dans un cocon, qu'elle ne quitte plus jusqu'à leur éclosion.

DOLOMIE (dédié au minéralogiste Dolomieu). Roche carbonatée. C'est un carbonate double de chaux et de magnésie en proportions égales, isomorphe du calcaire. Elle se clive en rhomboèdres de 16,15', sa densité est de 2,9. C'est un minéral d'un aspect cristallin, blanc, grisâtre ou jaunâtre à éclat nacré. Cette roche appartient à toutes les formations sédimentaires. On en connaît de nombreuses variétés dont la plupart sont bonnes pour les constructions, quelques-unes même sont de vrais marbres.

DOMESTICATION (du latin *domesticus*, qui appartient à la maison). (Voir Animaux domestiques.)

DOMPTE-VENIN (*Vincetoxicum*). Genre de plantes de la famille des Asclépiadacées, à fleurs régulières: calice monosépale, corolle monopétale à cinq lobes étalés, cinq étamines réunies par la base avec la corolle, deux carpelles indépendants pluriovulés.— Le Dompte-venin (*V. officinale*) est une plante herbacée, à souche vivace, traçante, à tiges hautes de 50 à 60 centimètres, divisées dans le haut en rameaux florifères. Les feuilles sont opposées, entières, ovales aiguës, un peu coriaces. Les fleurs petites, blanches, sont en corymbes. Cette plante, qui croît dans les environs de Paris, est connue sous le nom d'ipécacuanha *des Allemands*. Son rhizome possède une saveur âcre et désagréable; elle est employée en médecine comme vomitif et sudorifique. Son nom lui vient de ce qu'anciennement on regardait cette plante comme un antidote du venin des serpents.

Dompte-venin (*Vincetoxicum officinale*).

DONACE, *Donax* (du grec *donax*, roseau). Genre de mollusques bivalves, acéphales, classé des Lamellibranches siphonés, de la famille des *Vénéridés*. Ce sont de petites coquilles aplaties, triangulaires, striées, à deux empreintes musculaires, avec quatre dents à la charnière; l'animal présente les caractères des vénus. Les Donaces vivent dans le sable; leurs espèces, nombreuses, habitent presque toutes les contrées du globe. On les trouve en si grande abondance sur nos côtes, qu'elles peuvent servir à la nourriture des populations du littoral.

DONACIE, *Donacia* (de *donax*, roseau, à cause de leur habitat). Genre d'insectes Coléoptères tétramères, de la famille des *Chrysomélidés*. Ils se séparent des autres groupes de la famille par leur tête dégagée du corselet, leurs antennes assez longues, leurs formes allongées, qui les fait plutôt ressembler à de petits longicornes, et par leurs mœurs aquatiques. Leurs pattes postérieures sont plus longues que les autres et ont les cuisses dentées. Ces jolis insectes ont des couleurs métalliques souvent assez brillantes et leurs élytres sont couvertes de stries ponctuées. On en connaît un grand nombre d'espèces, qui vivent sur diverses plantes aquatiques.

DONZELLE (*Ophidium*). Genre de poissons de l'ordre des Téléostéens, tribu des *Anacanthines*, type de la famille des *Ophidiidés*. Ces poissons ont de grands rapports avec les apodes; mais leur vessie natatoire manque de canal aérien. Leur corps est anguilliforme, comprimé, couvert de petites écailles cachées sous la peau; leurs nageoires dorsale, anale et caudale sont réunies ensemble; leurs mâchoires, égales, sont armées de dents petites et nombreuses. Les Donzelles portent sous la mâchoire inférieure quatre barbillons. Ce sont de petits poissons au corps allongé comme les anguilles, mais dont la taille ne dépasse guère 22 à 25 centimètres. On les trouve dans la Méditerranée ; telles sont : la **Donzelle commune** (*O. barbatum*), d'un bleu pâle en dessus, argenté en dessous, avec les nageoires bordées de noir, et la **Donzelle brune** (*O. Vassali*), de couleur brune. La chair de ces poissons est assez délicate. A la même famille appartiennent les lançons et les équilles, qui n'ont pas de vessie natatoire et forment le genre *Ammodytes*. (Voir ce mot.)

DORADE. Nom que donnent les pêcheurs aux Coryphènes. (Voir ce mot.)

DORADE (*Cyprinus auratus*). Espèce du genre *Cyprin*, de la famille des *Cyprinidés*, offrant en petit tous les caractères des carpes. — Le **Cyprin doré** ou **Dorade de la Chine**, si répandu partout sous le nom de *poisson rouge*, est surtout remarquable par la beauté de ses couleurs. Introduit en Europe vers la fin du seizième siècle, sa domestication en Chine remonte à une haute antiquité. Les riches Chinois se plaisent à élever dans leurs demeures un grand nombre de variétés de ce joli poisson, qu'ils mélangent sans cesse pour en obtenir de nouvelles modifications. Peu d'animaux offrent plus de variations que le Cyprin doré, soit dans les couleurs, soit dans les formes. On en voit de rouges, de dorés, de blancs, d'argentés, de pies, de presque noirs. Les uns ont des formes élancées et élégantes ; d'autres sont courts et ramassés. Chez les uns, la dorsale est très

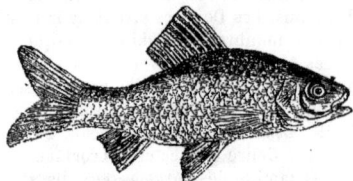

Dorade de la Chine.

développée ; chez d'autres, elle est très petite ou même réduite à l'état de moignon ; la queue est très large chez les uns, trilobée chez d'autres. Enfin il en est dont les yeux sont énormément gonflés. Cette espèce est très prolifique dans l'eau tiède ; mais ses couleurs sont beaucoup plus vives dans l'eau fraîche. C'est d'ailleurs un poisson robuste qui supporte fort bien la captivité et résiste facilement aux extrêmes de chaud et de froid. On a souvent essayé d'acclimater le Cyprin doré dans nos étangs et nos rivières ; mais il y disparaît toujours rapidement à cause de la guerre acharnée que lui font les animaux carnassiers auxquels il n'a aucun moyen de résister et que l'éclat de ses couleurs ne manque jamais d'attirer. — Il ne faut pas confondre la Dorade avec la daurade, poisson du genre *Chrysophrys*.

DORADILLE. Nom vulgaire d'une espèce de Fougère, l'*Asplenium ceterach*.

DORCUS. (Voir LUCANE.)

DORÉE (*Zeus*). Genre de poissons de la famille des *Scombéridés*. Beau poisson, assez répandu dans la Méditerranée, où les pêcheurs lui donnent le nom de *San Pietro*. Son corps, très comprimé, est de forme ovalaire et recouvert d'écailles très petites ; sa tête est courte, à bouche grande et très protractile, à mâchoires et vomer garnis de dents très petites. Ce poisson, remarquable par ses couleurs et par sa forme, était très estimé des anciens, qui lui don-

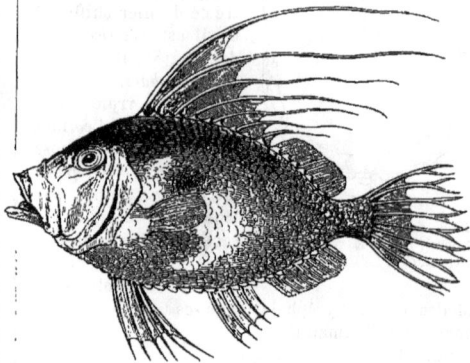

Dorée.

naient le nom de *Zeus* en l'honneur de Jupiter. La Dorée a les parties supérieures d'un brun olivâtre, à reflets métalliques, les flancs sont d'un jaune doré, le ventre est blanc. Au-dessus et en arrière des pectorales se voit une tache circulaire assez large, d'un beau noir. La Dorée a 60 centimètres et plus de longueur ; sa chair est très délicate.

DORIS. Genre de mollusques GASTÉROPODES de l'ordre des NUDIBRANCHES, type de la famille des *Doridés*. Ce sont des animaux marins, dépourvus de coquille, rampant sur un pied aussi long et parfois plus long que le corps, ayant un peu la forme d'un bateau ; revêtus d'un manteau tantôt court, tantôt au contraire débordant autour de l'animal ; leur tête, médiocre, porte au-dessous du manteau une paire de tentacules labiaux, et en dessus une autre paire de tentacules en massue ; leurs branchies, placées sur le dos, sont symétriques, situées sur la ligne médiane et vers l'extrémité postérieure ; l'anus est au centre des branchies. Les Doris sont hermaphrodites et pondent des œufs nombreux contenus dans un ruban gélatineux que l'animal tourne en spirale et attache aux plantes marines. Ils sont ordinairement parés de couleurs agréables. Leur vie est très apathique ; ils se cachent sous les pierres, dans la vase, entre les racines des plantes marines des rivages, et se tiennent presque toujours immobiles, si ce n'est le soir et pendant la nuit, où ils sont à la recherche de leur nourriture, qui est probablement végétale. Ils nagent souvent renversés sur le dos, le pied à la surface de l'eau. Les mers chaudes en possèdent des espèces qui acquièrent quelquefois 20 et 25 centimètres de longueur. — L'une des espèces les plus communes, est le **Doris étoilé** (*Doris stellata*), long de 3 centimètres ; sa forme rappelle celle de la limace ; son corps, d'un gris cendré, est parsemé en dessus de petits tubercules

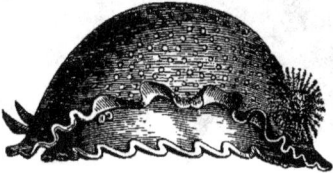

Doris étoilé.

arrondis ; il porte sur la tête quatre tentacules. Les branchies de ce Doris, placées extérieurement vers la partie postérieure du corps, ont la forme d'une étoile frangée. Un autre Doris (*D. pilosa*) est jaune, couvert de papilles piliformes ; ses tentacules sont tuberculeux, et l'on voit en avant deux points noirs qui sont les yeux.

DORMILLE. Un des noms vulgaires de la Loche. (Voir ce mot.)

DORONIC, *Doronicum*. Genre de plantes dicotylédones de la famille des *Composées tubuliflores*, composé d'espèces herbacées vivaces répandues en Europe et en Asie. On emploie les racines du *Doronicum pardalianches* contre l'épilepsie. C'est une plante indigène, à feuilles radicales pétiolées, en cœur, les supérieures sessiles, ovales ; sa tige rameuse, haute de 60 à 80 centimètres, porte de grandes fleurs solitaires, d'un jaune brillant en mai et juin. Le **Doronic du Caucase**, à fleurs plus grandes et plus vives, s'épanouit en mars et avril.

DORSAL (de *dorsum*, dos). Qui concerne le dos ou est placé sur le dos : épine-dorsale, vertèbres dorsales, nageoires dorsales, etc.

DORSIBRANCHES (qui a les branchies sur le dos). (Voir ANNÉLIDES.)

DORSTÉNIE, *Dorstenia*. (Dédié au botaniste Dorsten). Genre de plantes dicotylédones, de la famille des *Moracées*, caractérisé par la réunion des fleurs mâles et femelles mêlées les unes aux autres sur un large réceptacle charnu, concave, dans lequel elles sont à demi plongées ; ces fleurs sont dépourvues de périanthe. Ce sont, en général, des plantes herbacées, à tige très courte ou nulle, à feuilles radicales, propres aux régions tropicales de l'Amérique. Leurs racines, douées de propriétés stimulantes et sudorifiques, sont employées dans leurs pays d'origine contre la morsure des serpents. Celle du *Dorstenia brasiliensis* constitue le *Contrayerva officinal* ; elle est de couleur fauve, à odeur aromatique, et s'emploie comme excitant et diaphorétique. Le *Dorstenia Drakena* et le *Dorstenia Houstoni* fournissent des racines analogues.

DORYPHORE (du grec *doruphoros*, qui porte une lance). Genre d'insectes COLÉOPTÈRES de la famille des *Chrysomélidés*. Ce sont les plus grands et les plus beaux insectes de la famille, et le caractère auquel ils doivent leur nom consiste en ce que leur poitrine est armée d'une longue pointe dirigée en avant. On en connaît un assez grand nombre d'espèces, presque toutes propres aux régions tropicales de l'Amérique. Dans ces dernières années, une espèce de ce genre, originaire de l'Amérique du Nord, s'est acquis une triste célébrité par les ravages qu'elle a commis dans les cultures de pommes de terre. Cet insecte, **Leptinotarsa decemlineata** ou **Doryphore à dix lignes**, s'est répandu sur tout le territoire des États-Unis, où on le désigne sous les noms vulgaires de *potato-beetle* ou de *colorado*. Il a 10 à 12 millimètres de longueur ; son corps est globuleux, très convexe, brun, avec les élytres jaunâtres, marquées chacune de cinq lignes noires. Sa larve vit sur les plantes de la famille des Solanées

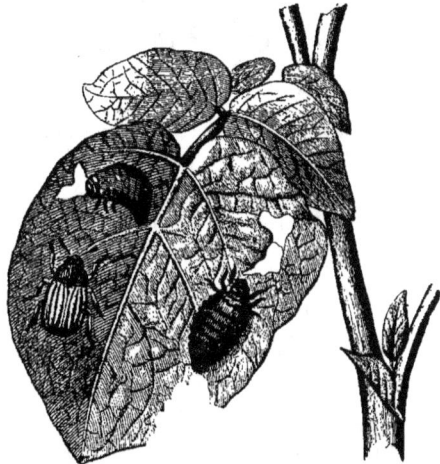

Doryphore (*Leptinotarsa decemlineata*).

et surtout sur la pomme de terre, dont elle dévore les feuilles, ce qui fait périr la plante. Elle s'est multipliée depuis une dizaine d'années au point de détruire en partie la récolte. Cet insecte nuisible commence à se propager en Europe, et l'on a déjà signalé sa présence en Angleterre, en Allemagne et en Hollande.

DOS. Partie postérieure du thorax, qui s'étend depuis la dernière vertèbre cervicale jusqu'à la première lombaire. On dit aussi *dos de la main*, *dos du pied*, pour désigner la face supérieure de ces parties.

DOUBLE. En botanique, on appelle *fleur double* celle dont les étamines et les pistils sont convertis en pétales. On dit le *périanthe double* quand il est formé de deux enveloppes distinctes, le calice et la corolle. On nomme *calice double* celui qui est muni d'une espèce d'involucre simulant un second calice.

DOUC. Espèce de singe du genre *Semnopithèque*.

DOUCE AMÈRE (*Solanum dulcamara*). Plante du genre *Morelle*, de la famille des *Solanées*. C'est une plante vivace, grimpante, qui s'élève à 2 ou 3 mètres ; ses rameaux sont garnis de feuilles alternes, ovales cordiformes, les supérieures à trois lobes ; ses fleurs petites, violettes, sont disposées en cimes termi-

Douce amère (*Solanum dulcamara*).

nales longuement pédonculées ; le fruit qui leur succède est une petite baie ovoïde, rougeâtre, qui, bien que d'un goût fade et nauséeux, n'a rien de malfaisant. Son nom de Douce amère lui vient de son écorce qui, lorsqu'elle est mâchée, a un goût sucré que domine une saveur amère ; elle passe pour un peu vénéneuse. Cette plante appelée aussi *herbe de Judée, vigne sauvage, morelle grimpante*, croît spontanément dans les haies, les taillis. On l'emploie surtout en décoction, comme narcotique faible, contre les rhumatismes et le catarrhe ; cependant, à haute dose, elle produit des nausées, des vomissements et du vertige. (Voir Morelle.)

DOUCETTE. Nom vulgaire de la Mâche.

DOUM (*Cucifera*). Doum est le nom arabe d'une espèce de palmier dont les botanistes ont fait le genre *Cucifera*, nom que lui donnaient les anciens. C'est un palmier d'Égypte, voisin des Chamærops, qui s'élève à 8 ou 10 mètres de hauteur. Vers la moitié de sa hauteur, il se partage en deux branches qui, à leur tour, se bifurquent plusieurs fois. Les feuilles groupées en faisceaux sont palmées, leurs pétioles sont creusés en gouttière, engainants à la base et bordés d'épines. Les fleurs sont dioïques et disposées en grappes renfermées dans des spathes qui naissent à l'aisselle des feuilles. Un calice à six divisions inégales et un nombre égal d'étamines composent la fleur mâle ; dans la fleur femelle, les divisions du calice sont plus grandes et à peu près égales ; au milieu est un ovaire libre à trois lobes et à trois loges. Le fruit, appelé *kouki* par Théophraste, est un drupe sec, simple ou marqué de deux ou trois lobes ; son écorce est fine et d'un brun clair ; il n'est d'aucun usage ; mais il renferme un noyau osseux et rond dont on fait dans le pays des colliers et des bracelets. De son tronc exsude une gomme résine employée autrefois

Doum.

comme diaphorétique, sous le nom de *Bdellium d'Égypte*.

DOUVE (*Distomum*). Genre de vers parasites de la classe des Trématodes, famille des *Distomiens*, particulièrement intéressant parce qu'on le trouve chez l'homme et plusieurs mammifères, et surtout dans le foie du mouton. — Le corps de la Douve du mouton (*D. hepaticum*) a la forme d'une feuille et présente deux ventouses, l'une à la bouche, l'autre un peu plus bas. Ce ver est hermaphrodite ; les œufs sont évacués avec les fèces, il en sort de petites larves couvertes de cils vibratiles qui pénètrent dans le corps de jeunes mollusques aquatiques (*Lymnées*). Le mouton en se désaltérant avale accidentellement ces mollusques et avec eux les larves qui se transforment dans son estomac en Douves et gagnent le foie. La Douve du mouton atteint 2 ou 3 centimètres de long et 1 centimètre de large, sa couleur est d'un blanc sale plus ou moins teinté de brun. Elle fait mourir un grand nombre de moutons. On la trouve aussi chez la plupart des ruminants, et même parfois chez l'homme.

DOUVE. On donne ce nom, en botanique, à deux espèces du genre *Renoncule*. (Voir ce mot.) On nomme *Petite Douve* la *Ranunculus flammula*, et *Grande Douve* la *Ranunculus lingua*.

DOYENNÉ. Variété de poire, connue encore sous le nom de *beurré blanc*, à chair fondante et parfumée.

DRABA. (Voir Drave.)

DRACÆNA. Nom latin du genre *Dragonnier*. (Voir ce mot.)

DRACONCULE. (Voir Serpentaire.)

DRACONTE, *Dracontium* (du grec *drakón*, petit dragon, petit serpent). Genre de plantes monocotylédones de la famille des *Aroïdées*, dont l'unique espèce, le *Dracontium polyphyllum*, connu vulgairement sous le nom de *bois de couleuvre*, habite l'Amérique tropicale. Sa souche écailleuse, à laquelle il doit son nom, passait parmi les Indiens pour guérir la morsure des serpents. Il n'en est rien; mais ses tubercules farineux contiennent un principe âcre et caustique, et on les emploie comme stimulants et antispasmodiques.

DRACUNCULUS. (Voir Serpentaire.)

DRAGEON. Rameau qui part de la racine. (Voir Stolon et Racines.)

DRAGON (du grec *drakón*, dragon). Le Dragon tel que nous le représentent les légendes, espèce de reptile gigantesque aux replis tortueux, armé d'ailes puissantes, vomissant la flamme et immolant ses victimes par la seule fascination de son regard,

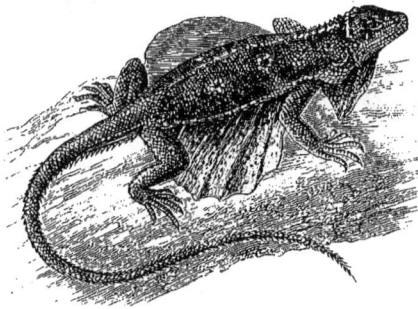

Dragon.

n'est qu'un être absolument fictif. De tout temps, le dragon ailé n'a été qu'un hiéroglyphe, un emblème cachant un fait historique, et le plus souvent une calamité publique; peut-être celui des terribles inondations de certains fleuves, dont les sinuosités représentent en effet les replis tortueux des reptiles. Aujourd'hui, déchu de son ancienne puissance, le Dragon n'est plus pour le naturaliste qu'un faible et innocent reptile de l'ordre des Sauriens ou Lézards, de la famille des *Iguanidés*, assez curieux toutefois à observer pour ses mœurs et la bizarrerie de ses formes. Il est de petite taille; son corps, vert dans l'espèce la plus commune, et couvert d'écailles, se termine par une longue queue. Sa peau forme sous la gorge un *fanon*, espèce de poche en forme de goitre. Enfin, et c'est ce qu'il y a de plus remarquable dans cet animal, une partie des côtes, au lieu de se courber en arc autour de la poitrine, s'étendent en ligne droite et soutiennent des prolongements de la peau, formant des espèces d'ailes qui, sans servir précisément au vol, soutiennent l'ani-

mal à la manière d'un parachute, lorsqu'il saute d'un arbre à l'autre. Mais autant il montre d'agilité dans cet exercice, autant il éprouve de difficulté à marcher; aussi le trouve-t-on rarement à terre, et ne quitte-t-il guère la cime des arbres que pour se jeter à l'eau, où il nage avec une grande facilité. Le Dragon vit d'insectes, qu'il poursuit avec beaucoup d'agilité de branche en branche. Il dépose ses œufs dans les troncs des vieux arbres, où la chaleur les fait éclore. — On en connaît plusieurs espèces, toutes propres aux Indes orientales. La plus répandue est le **Dragon vert** (*Draco viridis*), long de 22 centimètres, dont la queue fait plus de moitié; il est d'un vert uniforme à l'exception des ailes qui sont d'un brun pâle. — Le **Draco volans** habite Java.

DRAGONNEAU. Nom vulgaire d'un ver du genre *Filaire*. (Voir ce mot.)

DRAGONNIER (*Dracæna*). Genre singulier de végétaux monocotylédones de la famille des *Liliacées*,

Dragonnier du Brésil (*Dracæna brasiliensis*).

tribu des *Asparaginées*. Les Dragonniers ont à peu près le port et l'organisation des palmiers; on en connaît plusieurs espèces dont la plus remarquable est le **Dragonnier gigantesque** (*D. draco*) de l'Inde et des Canaries. Dans son jeune âge, ce beau végétal ressemble à un fût de colonne surmonté d'une gerbe de feuilles ensiformes; puis il se fourche en plusieurs branches, et ses rameaux, formés d'articulations, comme celles du cactus en raquettes, se couronnent d'une touffe de feuilles longues de 40 à 50 centimètres sur 3 de largeur. Le tronc grossit . alors d'une manière remarquable et se recouvre d'une écorce coriace. Les fleurs, petites et très nombreuses, sont réunies en longue panicule terminale. Il leur succède une baie jaunâtre, charnue, succulente, de la grosseur d'une cerise et d'une saveur assez agréable. De son tronc découle un suc gommeux, séchant à l'air, d'un *rouge sanguin*, employé par les Chinois dans la fabrication d'un vernis estimé; on l'employait également autrefois en médecine comme astringent sous le nom de *sang-dragon*. Cet arbre arrive parfois à une taille gigantesque; il en existe un pied aux environs d'Orotava, dans les Canaries, qui, au rapport de Humboldt, n'a pas moins de 20 mètres de hauteur et 15 mètres de circonférence; or, si l'on songe à la lenteur avec laquelle se développent les tiges monocotylédones, on sera étonné de l'antiquité à laquelle doit remonter cet arbre. — Nous citerons parmi les autres espèces, le **Dragonnier pourpre** (*D. terminalis*), de la Chine, remarquable par ses feuilles pourpres; le **Dragonnier odorant** (*D. fragrans*), dont l'énorme pyramide de fleurs blanches répand une odeur suave; le **Dragonnier du Brésil**, espèce élégante souvent cultivée dans nos serres. — Une espèce des Indes, le **Dracæna reflexa**, porte le nom vulgaire de *bois chandelle*, parce qu'il exsude un suc résineux qui s'enflamme facilement.

DRAINE ou **DRENNE**. Nom vulgaire d'une espèce de Merle. (Voir ce mot.)

DRAP D'ARGENT, DRAP D'OR. Les marchands et les amateurs de coquilles donnent ces noms à des espèces du genre *Cône*. (Voir ce mot.)

DRAP MARIN. On nomme ainsi une sorte d'épiderme ou cuticule qui recouvre la coquille des mollusques. (Voir ce mot.)

DRAPIER. On donnait anciennement ce nom au Martin-pêcheur, parce qu'on croyait que sa dépouille préservait les étoffes des vers.

DRAVE (*Draba*). Genre de plantes dicotylédones, polypétales, hypogynes, de la famille des *Crucifères*. Ce sont de très petites plantes à fleurs petites, blanches ou jaunes, en grappe, qui croissent sur les murs ou dans les lieux arides (*Draba verna*). Elles n'offrent aucun intérêt particulier.

DRILE (*Drilus*). Genre d'insectes COLÉOPTÈRES de la famille des *Lampyrides*. (Voir ce mot.)

DRILL. Espèce de singe du genre *Cynocéphale*. (Voir ce mot.)

DRIMYS (du grec *drimus*, âcre.) Genre de plantes dicotylédones, polypétales, hypogynes, de la famille des *Magnoliacées*, composé d'arbres et d'arbustes d'Amérique ou d'Australie qui fournissent à la thérapeutique des écorces aromatiques douées de propriétés toniques, stomachiques et stimulantes. Telle est *l'écorce de Winter* ou *cannelle de Magellan*, qui provient du *Drimys Winteri*, et le *chachaca* des Mexicains (*D. mexicana*). Les fruits du *Drimys lanceolata* réduits en poudre sont employés en guise de poivre.

DROMADAIRE. (Voir CHAMEAU.)

DROMÉE. (Voir CASOAR.)

DRONTE ou **DODO** (*Didus*). Singulier oiseau dont la race est aujourd'hui disparue et qui existait encore vers la fin du dix-septième siècle dans les îles de France et de Bourbon. Il n'est connu que par un tableau à l'huile que l'on conserve au Musée britannique, et par les descriptions qu'en ont laissées quelques voyageurs, et dont voici le résumé : le Dronte (*Didus ineptus*, Latham), nommé *dodo* par les Portugais, *dodaerts* ou *walgh-vogel* (oiseau de

Dronte.

dégoût) par les Hollandais, *cygne à capuchon* par les naturalistes français, ne présentait, selon son nom hollandais, que des formes et des qualités rebutantes. Plus gros qu'un cygne, il n'avait de cet oiseau que les plumes et la conformation générale. Impropre au vol, il pouvait à peine se traîner pesamment et d'un air gauche. Sa tête, plantée sur un cou épais et court, n'était presque en entier qu'un bec énorme armé de mandibules concaves dans leur milieu, renflées par les deux bouts, recourbées à la pointe en sens contraire, et ressemblant exactement à deux cuillers pointues qui s'appliqueraient l'une sur l'autre, la convexité en dehors. L'ouverture de ce bec se prolongeait bien au delà de deux gros yeux noirs, entourés d'un cercle blanc; sa teinte était d'un blanc bleuâtre jusqu'à sa pointe, qui était jaunâtre en dessus et noirâtre en dessous. Un bourrelet de plumes, ou, suivant quelques observateurs, une membrane, formait sur sa tête, déjà si difforme, une sorte de capuchon. Son corps tout rond, était si gros et si gras, qu'il ne pesait pas moins de 50 livres. Des plumes grises, molles et douces au toucher, le couvraient en entier. Une touffe de plumes jaunâtres, placées de chaque côté, tenait lieu d'ailes ; cinq plumes de la même couleur, à barbes désunies et crépues, et relevées, tenaient lieu de queue. Toute cette masse bizarre était soutenue sur deux pieds ou plutôt sur deux gros piliers, longs d'un décimètre, ayant presque autant de circonférence, et terminés par des doigts à ongles émoussés. La chair du Dronte exhalait une odeur excessivement désagréable qui la rendait impropre à la nourriture. Latham a classé le Dronte dans la famille des *Autruches*, et en a fait un genre sous le nom de *Didus*. Is. G. Saint-Hilaire a établi pour lui l'ordre des INERTES.

DROSERA (du grec *droseros*, couvert de rosée). Genre de plantes type de la famille des *Droséracées*.

Drosère rossolis (*Drosera rotundifolia*).

Les Droseras sont des plantes herbacées, vivaces, à calice monosépale à cinq divisions, cinq pétales, cinq étamines, ovaire uniloculaire renfermant un nombre indéfini d'ovules. — Le **Drosère rossolis** (*D. rotundifolia*) croît dans les bois humides, sur le bord des fossés. Les feuilles sont disposées en rosette, appliquées contre le sol, à limbe large comme une pièce de cinquante centimes rétréci en un long pétiole et couvert sur sa face interne de poils glanduleux qui sécrètent un liquide acide. Du centre de la rosette de feuilles s'élèvent des hampes florifères, hautes de 15 à 20 centimètres, terminées par une inflorescence de petites fleurs blanches roulée en crosse. Les insectes qui se posent sur ces feuilles y sont retenus par le liquide visqueux qui les enduit et absorbés ou digérés par la plante. Des expériences souvent répétées ne laissent aucun doute sur ce fait singulier. De là son nom de plante carnivore et insectivore, qui s'applique également à la dionée et au *Sarracenia variolaris* — Le **Drosera longifolia**, qui se distingue du précédent par ses feuilles allongées en spatule, est plus rare, il offre les mêmes phénomènes.

DROSÉRACÉES. Famille de plantes dicotylédones, polypétales, hypogynes, dont le type est le genre *Drosera*. (Voir ce mot.) Il comprend en outre les genres *Dionée* et *Parnassie*.

DRUPE. Fruit indéhiscent, ordinairement à une seule graine, à mésocarpe charnu et à endocarpe durci en noyau ; la cerise, la pêche, la prune, l'abricot, l'amande sont des Drupes.

DRYADE, *Dryas* (divinité mythologique). Genre de plantes de la famille des *Rosacées*, tribu des *Fragariées*, comprenant des plantes alpines. La **Dryade à huit pétales** (*D. octopetala*), plante vivace à tige basse, donne de grandes fleurs blanches d'un joli effet. Ses feuilles sont employées en infusion comme toniques et astringentes.

DRYMIDE. (Voir DRIMYS.)

DRYOBALANOPS. Arbre du genre *Dipterocarpus* (voir ce mot) qui fournit le camphre de Sumatra et de Bornéo.

DUC (*Bubo*). Genre d'oiseaux rapaces nocturnes de la famille des *Strigidés*. (Voir CHOUETTE.)

DUDAÏM. (Voir MANDRAGORE.)

DUGONG (*Halicore*). Animaux marins appartenant à l'ordre des CÉTACÉS, division des *Herbivores*, famille des *Sirénidés*. Ils ont de grands rapports avec les Lamantins, mais ils en diffèrent par leurs mainsnageoires dépourvues d'ongles, par leur queue en croissant semblable à celle des dauphins, et par les incisives de leur mâchoire supérieure, qui s'allongent en forme de défenses, droites, divergentes et tranchantes à leur extrémité. On rencontre les Dugongs en troupes, dans les mers de la Malaisie et dans la mer Rouge ; ils fréquentent les plages peu profondes couvertes de plantes marines dont ils se nourrissent exclusivement. Le **Dugong** (*H. indicus*) atteint 4 à 5 mètres de longueur. La pêche de ces animaux n'est pas sans danger, car souvent ils saisissent au moyen de leurs longues dents le bord

Dugong (*Halicore dugong*).

des embarcations et s'efforcent de les submerger. Leur chair passe pour très délicate et se sert dans l'Inde sur les tables les plus opulentes ; mais cet animal devient de plus en plus rare et finira sans doute par disparaître complètement de la surface du globe.

DUNES. Longues collines de sable qui s'accumulent sur certaines plages, perpendiculairement à la direction du vent du large. La vague pousse sur la plage des masses de sable dont les parties fines, chassées par le vent, s'amoncellent en une série de buttes parallèles entre elles. A chaque tempête, ces buttes, ces Dunes progressent vers l'intérieur des terres. Le vent soufflant de la mer fait peu à peu ébouler une Dune dans la vallée suivante, qui se comble et devient Dune à son tour; et ainsi de suite jusqu'à la plus avancée, qui s'éboule sur les terres cultivées. En même temps, la mer apporte de nouveaux matériaux sur le rivage pour constituer une nouvelle colline de sable, marchant à la file des autres. On estime que ce mouvement de progression est de 20 à 25 mètres par année. C'est de la sorte que les Dunes envahissent lentement les terres cultivées et les recouvrent d'une énorme couche de sable stérile. Pour mettre fin aux ravages des Dunes dans les Landes, on les a rendues immobiles en les plantant de pins. Les côtes de la France présentent des Dunes, dans le Pas-de-Calais, à partir de Boulogne, en Bretagne, du côté de Nantes et des Sables-d'Olonne, et dans les Landes, depuis Bordeaux jusqu'aux Pyrénées, sur une longueur de 240 kilomètres. Dans le seul département des Landes, les Dunes occupent une superficie de 30 000 hectares.

DUODÉNUM. Première portion de l'intestin grêle qui suit immédiatement l'estomac et communique avec lui par le pylore. (Voir Digestion.)

DURAMEN. Le bois proprement dit ou cœur du bois; c'est-à-dire les couches situées entre l'aubier et le canal médullaire. (Voir Végétaux.)

DURBEC (*Corythus*). Genre d'oiseaux de l'ordre des Passereaux, famille des *Conirostres*, section des *Gros-becs*. Leur nom vient de leur bec très fort et arqué comme celui des perroquets. Le type du genre est le **Durbec ordinaire** (*C. enucleator*) qui a la taille du gros-bec; il est brun, mêlé de gris et de rose, et sur les couvertures des ailes, est une double ligne blanche. Le Durbec habite le nord des deux continents, dans les bois de sapins, où il se nourrit des graines des cônes. Ce régime lui a fait donner par Vieillot le nom de *strobilophaga*.

DURE-MÈRE. On donne ce nom à la plus extérieure des membranes du cerveau. (Voir Cerveau et Système nerveux.)

DUVET. (Voir Plume.)

DYKE. (Voir Dike.)

DYNAMENA. (Voir Sertulaire.)

DYTIQUE, *Dytiscus* (du grec *duticos*, qui se plonge dans l'eau). Genre d'insectes Coléoptères, type de la famille des *Dytiscidés*. Ce sont les plus grands des carnassiers aquatiques. Ils ont pour caractères des antennes longues et filiformes, le dernier article des palpes égal aux autres; cinq articles aux tarses, les postérieurs portent deux crochets. Pourvus d'ailes bien développées, les Dytiques volent facilement, et souvent on les voit, le soir, déployant leurs ailes et bourdonnant à la façon des hannetons, se transporter dans d'autres mares où ils portent la terreur et le ravage. Rien n'égale leur voracité; ils se jettent sur tous les êtres vivants qui nagent autour d'eux; ce sont les requins du monde des insectes. Ils saisissent leur proie avec leurs pattes de devant et la portent contre leur bouche.

Non seulement ils s'attaquent aux larves des libellules, des éphémères, des hydrophiles, des têtards des grenouilles et des tritons, aux mollusques des eaux; mais il n'est pas rare de pouvoir observer quelques petits poissons devenir victimes d'une attaque combinée de ces carnassiers. — L'espèce la plus commune, le type du genre, est le **Dytique bordé** (*D. marginalis*), qui a 30 à 35 millimètres de longueur. Sa couleur est en dessus d'un vert olive avec le devant de la tête, le tour du corselet et le bord latéral des élytres jaunâtres. Le dessous du corps et des pattes est jaune. Le mâle a les

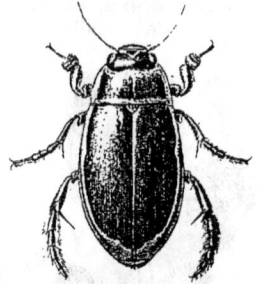

Dytique bordé mâle.

élytres lisses, celles de la femelle sont cannelées ou profondément sillonnées jusqu'aux deux tiers de leur longueur. On trouve cependant quelquefois des femelles qui ont les élytres lisses, comme les mâles. Dans quelques espèces même (*D. circumcinctus et circumflexus*), les femelles à élytres sillonnées sont l'exception. Le mâle se distingue en outre par ses pattes antérieures garnies de larges palettes parsemées de petites ventouses. Dans leur état de larve, les Dytiques sont exclusivement aquatiques; ils sont encore plus voraces que l'insecte parfait, s'il est possible. La larve du Dytique bordé est de couleur brunâtre; son corps est composé de douze anneaux qui vont en s'amincissant jusqu'à l'extrémité terminée en pointe. La tête, grosse, ronde et plate, est armée de grandes mâchoires arquées, creuses, et percées d'un trou sur leur côté interne. La larve enfonce ces armes terribles dans le corps de sa victime et suce comme un vampire tous les sucs qu'elle renferme. Après avoir changé trois fois de peau et acquis tout son développement, elle quitte l'eau et se creuse dans le sol humide une cavité ovale où elle se change en nymphe d'un blanc sale, qui passe habituellement l'hiver. — On en connaît plusieurs autres espèces, dont la plus remarquable est le **Dytiscus latissimus**, qui habite principalement les eaux des Vosges. Il a 40 millimètres de longueur, les élytres élargies au milieu, le corselet bordé de jaune.

DYTISCIDÉS. Famille d'insectes Coléoptères, comprenant des insectes aquatiques et carnassiers, caractérisés par leurs antennes longues et filiformes, leurs pattes antérieures courtes et les postérieures longues et aplaties en forme de rames. Comme les carabidés, ils ont six palpes et cinq articles à tous les tarses. Leur organisation, leurs appétits sont les mêmes, modifiés toutefois selon la différence du milieu qu'ils habitent. Ils vivent dans les eaux douces, où ils font continuellement la chasse aux autres petits animaux, soit à l'état de larve, soit à l'état d'insecte parfait. Ces derniers en sortent cependant quelquefois pour voler dans les environs; mais lorsqu'ils se posent à terre, leur démarche est lourde et embarrassée. Cette famille comprend un grand nombre de genres dont les espèces offrent toutes le même facies et les mêmes mœurs, mais leur taille varie depuis celle des plus grands Dytiques qui ont près de 5 centimètres de longueur, jusqu'à celle de certains *Hydroporus* qui ont à peine 1 millimètre. Les genres principaux sont *Dytiscus, Acilius, Hydaticus, Colymbetes, Agabus, Hydroporus, Haliplus.*

DZIGGUETAI. Synonyme d'Hémione, espèce du genre *Cheval.* (Voir ce mot.)

E

EAU (*Aqua*). L'Eau, rangée par les anciens au nombre des quatre éléments, est l'un des corps les plus abondamment répandus dans la nature et l'un des plus nécessaires à l'existence des êtres organisés. Dans la nature, elle ne se trouve jamais à l'état de pureté parfaite, car, sans compter les matières qu'elle dissout ou qu'elle tient en suspension, elle renferme toujours une certaine quantité d'air, environ un vingt-cinquième de son volume à 10 degrés de température et sous la pression ordinaire de l'atmosphère. Pour purifier l'Eau, on la distille au moyen d'un appareil nommé *alambic*. Dans cet état, elle est transparente, inodore et insipide. L'Eau est un protoxyde d'hydrogène; elle est formée en poids de 88,29 d'oxygène et de 11,71 d'hydrogène, ou bien, en volume, de 1 d'oxygène et de 2 d'hydrogène (H^2O). — L'Eau nous présente le spectacle le plus familier d'un corps susceptible d'affecter les trois formes : *solide, liquide* et *gazeuse*. Lorsque la température descend au-dessous du zéro de nos thermomètres, l'Eau prend l'état solide, elle se congèle; elle augmente de volume en se congelant, et cette expansion de l'Eau glacée est telle qu'elle brise les vases qui la renferment. Quand il gèle, comme on dit vulgairement, à *pierre fendre*, la rupture des pierres est due à l'expansion que prend, en passant à l'état solide, l'Eau contenue dans leurs pores; c'est également à la congélation de l'Eau contenue dans le tissu cellulaire des plantes qu'il faut attribuer la mort de beaucoup d'entre elles pendant les hivers rigoureux. Par suite de son augmentation de volume, la glace est moins dense que l'Eau, et par conséquent plus légère; aussi surnage-t-elle toujours. Tous les corps solides et liquides augmentent de volume, se dilatent quand on élève leur température et se contractent au contraire lorsqu'on l'abaisse; l'Eau liquide présente une exception curieuse sous ce rapport : entre 0 et + 4 degrés, loin de se dilater, elle se contracte; c'est à 4 degrés qu'elle présente son maximum de densité, et par conséquent son minimum de volume; à partir de cette température, elle se dilate, soit qu'elle s'échauffe, soit qu'elle se refroidisse. La légèreté spécifique de la glace est un fait aussi important que singulier; en effet, si l'Eau, en se solidifiant, diminuait de volume comme tous les corps, les glaçons qui se forment à la surface de ce liquide, devenus plus pesants que lui, tomberaient au fond et s'y accumuleraient; en sorte qu'à la suite d'un froid intense et prolongé, il n'y aurait pas d'étangs ou de rivières qui ne fussent complètement gelés, et tous les êtres organisés qui vivent au sein des eaux périraient nécessairement. Cet inconvénient est heureusement impossible, parce que la couche glacée qui recouvre l'Eau restée liquide la garantit du froid de l'atmosphère et prévient sa congélation. La glace, pour revenir à l'état liquide, absorbe une grande quantité de calorique; cette quantité de calorique est évaluée à 75 degrés; c'est-à-dire que 1 litre de glace et 1 litre d'eau à 75 degrés, mêlés ensemble, donneraient 2 litres d'eau à 0. Lorsqu'on chauffe de l'Eau pure, à la pression ordinaire (0m,76), elle entre en ébullition à 100 degrés, et se réduit complètement en vapeur; mais elle ne peut acquérir la moindre augmentation de chaleur au delà de son point d'ébullition, la vapeur absorbant cette chaleur et l'entraînant à mesure qu'il s'en développe. A l'état de vapeur, l'Eau occupe un volume 1 700 fois plus grand qu'à l'état liquide; et chacun sait que c'est sur cette prodigieuse expansion de la vapeur d'eau qu'est établi son emploi comme force motrice. Chacun sait aussi que l'Eau, à son maximum de densité, sert de point de comparaison pour apprécier la densité et le poids de tous les corps; 1 centimètre cube d'eau distillée à 4 degrés pèse 1 gramme, unité de poids métrique. — L'Eau recouvre la plus grande partie de notre planète. Elle s'élève dans l'atmosphère à l'état de vapeurs invisibles, pour se répandre ensuite sous forme de pluies, de rosées, de brouillards, sur toutes les parties solides de la terre, d'où elle retourne vers l'Océan, ce grand réservoir. — L'Eau des fontaines et celle des puits sont presque toujours chargées de substances étrangères; celles des rivières contiennent plus souvent des matières en suspension, soit terreuses, soit organiques, qui troublent fréquemment leur limpidité. Celles des marais sont ordinairement chargées de débris organiques, qui leur donnent une teinte particulière et des propriétés délétères. Comme boisson, l'Eau douce est le liquide le plus précieux, le désaltérant le plus parfait, le digestif par excellence. Les Eaux de pluie, de neige, de glace, sont naturellement les plus pures, mais non les meilleures, non plus que celles qui sont distillées. Les Eaux courantes sont plus salubres que les eaux stagnantes. On peut considérer comme bonne toute Eau parfaitement insipide et inodore, et qui jouit de la propriété de dissoudre le savon et de bien cuire les légumes. Lorsque les sels calcaires ou autres prédominent, comme dans l'Eau de puits, le savon reste en grumeaux et les légumes secs ne se ramollissent pas. Le moyen de purifier ces Eaux est d'y ajouter une certaine quantité de carbonate de soude, qui décompose le sulfate et le carbonate de chaux. On les désinfecte au moyen du charbon. L'Eau est non moins indispensable aux plantes qu'aux animaux; elle est l'élément constitutif de toute végétation. Sans l'Eau, pas de vie possible. Les corps organisés, animaux et végétaux, offrent tous, répandue dans leurs organes et en proportions énormes, de l'Eau, qui, se mêlant à certains principes, à certaines substances, constitue les différents fluides nécessaires à l'entretien de la vie. Une petite quantité de matières organiques et minérales suffit pour changer l'Eau en sève, en sang, en lait. Le sang renferme 97 pour 100 d'Eau, le lait 85 pour 100. Le corps d'un mammifère complètement desséché perd les 7/10 de son poids.

À l'origine du monde, alors que le globe terrestre roulait dans l'espace comme un énorme boulet incandescent, l'Eau ne pouvait exister, au moins à l'état liquide. Pendant cette période d'incandescence, l'Eau, ainsi que toutes les matières qui se volatilisent à la simple chaleur de nos fourneaux, était à l'état gazeux et mêlée aux fluides élastiques d'une atmosphère brûlante, trop épaisse pour laisser pénétrer les rayons du soleil. Mais, dès que, par son rayonnement continuel dans l'espace, le globe terrestre eut perdu une partie de son calorique et que la chaleur de sa surface se fut abaissée au-dessous de 100 degrés, la masse des vapeurs suspendues jusque-là dans l'atmosphère, commença à se condenser et l'Eau se précipita en torrents à sa surface. Sur cette écorce encore brûlante, l'Eau bouillonnait, remontait dans l'air en vapeurs épaisses, qui, parvenues à une certaine hauteur, se résolvaient de nouveau en abondantes pluies. Lorsqu'enfin la terre fut suffisamment refroidie, les Eaux finirent par former une vaste mer, qui dut couvrir tout le globe terrestre, alors privé de montagnes. (Voir TERRE.)

L'EAU SALÉE doit son nom à la saveur que lui communique le chlorure de sodium ou sel marin qui s'y trouve en dissolution. Elle comprend l'Eau de mer et celle des sources salées; c'est la moins pure de toutes; sa pesanteur spécifique est 1 027 environ. La composition de l'Eau de mer n'est pas la même dans toutes les localités; celle de l'océan Atlantique donne à l'analyse, pour 1 litre ou 1 000 parties :

Eau distillée.	968 00
Chlorure de sodium	26 25
Chlorure de magnésie	3 55
Sulfate de magnésium	2 30
Chlorure de potassium	0 72
Carbonate de chaux	0 02
Sulfate de chaux	1 26

L'Eau de mer a une odeur nauséabonde, une saveur amère et très salée; on a remarqué que l'amertume diminue à raison de la profondeur et que la salure est plus grande au large que sur les côtes; on n'a d'ailleurs que des hypothèses vagues sur l'origine de la salure des eaux de la mer; quelques géologues l'ont attribuée à des bancs inépuisables de sel, qui se trouvent, disent-ils, au fond de l'Océan. D'autres, avec plus de raison, pensent que l'Eau, en se séparant de l'atmosphère, à l'origine, se précipita sur le globe, tenant en dissolution les sels qu'elle renferme encore aujourd'hui.

Les EAUX MINÉRALES sont des sources naturelles qui sortent du sein de la terre chargées des divers principes qu'elles y ont dissous en proportion assez considérable pour n'être plus propres aux usages domestiques, mais qui leur ont fait acquérir des propriétés médicinales. Ces Eaux renferment des sels, des oxydes, des acides, dans des proportions très variées. On divise les Eaux d'après leurs propriétés les plus saillantes, d'abord en Eaux *thermales* ou chaudes et en Eaux *froides;* puis ensuite en Eaux *acidules, sulfureuses, ferrugineuses* et *salines,* selon la nature de leurs principes minéralisateurs. Les Eaux thermales ont une température souvent très élevée; ce qui tient à la grande profondeur d'où elles proviennent; car la chaleur propre de la terre augmente, comme l'on sait, très rapidement, à mesure que l'on s'enfonce dans ses profondeurs. (Voir CHALEUR DE LA TERRE.)

ÉBÉNACÉES. Famille de plantes dicotylédones formée d'arbres et d'arbustes, originaires de l'Asie, de l'Afrique et de l'Amérique tropicales, à bois très dur et pesant, souvent noir au centre. Leurs feuilles sont alternes, coriaces; leurs fleurs dioïques, disposées en cimes axillaires ou terminales, à corolle monopétale, régulière, hypogyne, à étamines insérées sur la corolle; ovaire libre, à un ou deux ovules pendants. Le fruit est une baie globuleuse ou ovoïde contenant un petit nombre de graines. Cette famille comprend les genres *Diospyros* et *Royena.*

ÉBÈNE. (Voir ÉBÉNIER.)

ÉBÉNIER ou **PLAQUEMINIER** (*Diospyros*). Genre de plantes type de la famille des *Ebénacées.* Les Ébéniers sont des arbres ou des arbrisseaux à feuilles alternes, simples, très entières, de forme oblongue ; à fleurs dioïques ou polygames, naissant à l'aisselle des feuilles, sur de courts pédoncules. Ces fleurs offrent un calice de quatre à six folioles, une corolle à tube ovoïde ou en forme de grelot, à limbe divisé en autant de lobes que le calice a de folioles. Les étamines, dans les fleurs mâles, sont insérées au fond de la corolle au nombre de huit à vingt ; l'ovaire, dans les fleurs femelles, est pluriloculaire et surmonté d'un style quadrifide. Le fruit est une baie charnue contenant plusieurs graines. — On connaît environ une trentaine d'espèces d'Ébéniers, dont les unes produisent le *bois d'ébène*, tandis que d'autres

Ebénier de l'Inde.

sont remarquables comme arbres fruitiers. La plupart de ces espèces croissent dans la zone équatoriale, surtout en Asie. — L'espèce dont on tire le plus communément le bois d'ébène est le **Diospyros ebenum**, arbre de l'Inde ; mais plusieurs autres espèces, telles que les **Diospyros ebenaster, melanoxylon, tomentosa**, etc., le fournissent également. On sait que ce bois se distingue par son extrême dureté et par sa couleur d'un noir foncé ; mais ces qualités, qui le rendent si précieux à une foule d'emplois dans l'ébénisterie (dont le mot *ébène* donne l'origine), la tabletterie, la marqueterie, etc., ne lui sont acquises que dans un âge avancé. C'est seulement le cœur de l'arbre qui devient compact et noir ; l'aubier, c'est-à-dire les couches plus supérieures du bois sont, au contraire, d'un tissu lâche et de couleur blanche. — Dans le **Diospyros decandra** de la Cochinchine, le bois, d'ailleurs très dur, conserve à tout âge une couleur blanche marbrée de noir ; dans le **Diospyros chloroxylon** du Bengale le vieux

bois devient vert. — Parmi les Ébéniers remarquables comme arbres fruitiers, nous citerons le **Kaki** du Japon (*D. kaki*), qui donne un fruit assez semblable à une prune de reine-claude, et le **Plaqueminier de Virginie** (*D. virginiana*), dont les baies, excellentes dans le Midi, deviennent, dans le Nord, tellement âpres, qu'elles répugnent même aux oiseaux. La seule espèce d'Europe est le **Plaqueminier commun** (*D. lotus*), qui diffère peu du précédent.

On donne vulgairement le nom de *faux ébénier* à l'**Aubours** (*Cytisus laburnum*), petit arbre que l'on cultive dans les jardins, à cause du bel effet que produisent ses longues grappes pendantes de belles fleurs jaunes.

ÉCAILLE. La substance cornée que l'on désigne sous ce nom provient de la carapace des tortues. (Voir ce mot.)

ÉCAILLES (*Squamæ*). On donne ce nom à des lamelles épidermiques qui recouvrent la peau de la plupart des poissons, aux plaques cornées des reptiles (lézards, serpents, tortues). Les pattes des oiseaux sont garnies d'écailles ; il en est de même de la queue de certains rongeurs (rats, castors). Chez quelques mammifères, elles adhèrent à la peau (armadille, pangolin) et semblent alors formées par l'agglutination des poils. Enfin la poussière plus ou moins brillante qui orne les ailes des papillons et les élytres de plusieurs coléoptères, est un composé de petites écailles colorées implantées sur l'aile par un pédicule, et disposées en recouvrement comme les tuiles d'un toit. — Dans les plantes, les écailles paraissent n'être que des feuilles avortées, et demeurées à l'état rudimentaire, leurs formes et leur grandeur varient à l'infini, et on les trouve sur diverses parties du végétal ; elles garnissent le fruit des conifères, le bulbe du lis, les racines des polypodes, la tige de l'orobanche, etc.

Les amateurs de papillons nomment :
Écaille brune, la *Chelonia matronula ;*
Écaille martre, la *Chelonia caja ;*
Écaille marbrée, la *Chelonia villica ;*
Écaille rose, la *Chelonia hebe*. (Voir BOMBYX.)

ÉCARLATE [Graine d']. (Voir COCHENILLE.)

ECBALIUM (du grec *ekballô*, je lance dehors). Genre de plantes dicotylédones, apétales, de la famille des *Cucurbitacées*, retiré du genre *Momordica* de Linné, parce que sa tige est dépourvue de vrilles et que son fruit se détache du pédoncule à la maturité. — Une seule espèce forme ce genre : c'est le **Concombre sauvage** ou *concombre d'âne* (*Ecbalium elaterium*), plante herbacée qui croît dans les lieux stériles du midi de l'Europe, où on l'appelle *giclet*. Elle est hérissée, rugueuse, ses feuilles sont cordiformes, dentelées, ses fleurs jaunes ; son fruit charnu, en forme d'olive, se détache à la maturité au moindre contact, en lançant avec force par sa base un jet liquide qui entraîne les graines au loin. Le suc contenu dans ce fruit est un purgatif drastique très violent, et il a joui pendant longtemps d'une certaine réputation sous le nom d'*Elaterium*.

ÉCHALOTE. Nom vulgaire d'une espèce du genre *Ail.* (Voir ce mot.)

ÉCHASSE (*Himantopus*). Genre d'oiseaux de l'ordre des Échassiers, famille des *Scolopacidés*, qui doivent leur nom à la longueur démesurée de leurs jambes, beaucoup plus grandes que chez aucun autre échassier ; leur bec est droit, cylindrique, deux fois aussi long que la tête ; les doigts, au nombre de trois, réunis à leur base par une membrane ; les ailes longues, suraiguës ; la queue courte. Les Échasses sont des oiseaux tristes, défiants, silencieux et solitaires, qui ne se réunissent en petites troupes qu'à l'époque de l'incubation ; le mâle est un peu plus grand que la femelle, son plumage est noir et blanc avec le manteau et les ailes à reflets verdâtres ; le

Échasse.

plumage de la femelle a des couleurs moins pures et sans reflets. Ces oiseaux vivent dans les marais ou les lacs salés et sur le bord de la mer, et se nourrissent de frai de grenouilles, d'insectes aquatiques, de vers, de petits mollusques : à l'époque de la pariade, toutes les Échasses d'un district se réunissent en troupes et font leurs nids, composés de brindilles ou d'herbes, sur une éminence, et tout près les uns des autres ; la femelle dépose dans son nid quatre œufs verdâtres pointillés de brun, de la grosseur de ceux de la perdrix. Les Échasses sont des oiseaux migrateurs ; ils arrivent sur notre littoral méditerranéen au mois d'avril, et repartent au mois d'août. On n'en connaît qu'une espèce en Europe, c'est l'**Échasse à manteau noir** (*H. melanopterus*). Cet oiseau est long de 35 à 40 centimètres, noir verdâtre en dessus, blanc en dessous, avec le bec noir et les pieds rouges ; il habite l'est de l'Europe et le midi de la France et niche à terre dans les marais.

ÉCHASSIERS (*Grallatores*). Les Échassiers ou oiseaux de rivage forment un ordre bien caractérisé de la classe des oiseaux ; on les reconnaît à la nudité du bas de leurs jambes, et le plus souvent à la hauteur de leurs tarses, deux circonstances qui leur permettent d'entrer dans l'eau jusqu'à une certaine profondeur sans se mouiller les plumes, d'y marcher à gué, et d'y pêcher au moyen de leur cou et de leur bec, dont la longueur est généralement proportionnée à celle des jambes ; ceux qui ont le bec fort vivent de poissons et de reptiles ; ceux qui l'ont faible, de vers et d'insectes ; très peu prennent des aliments végétaux, et ceux-là seulement vivent éloignés des eaux. Le nombre des doigts est de trois, tous devant, ou de quatre, dont trois en avant et un derrière, le plus souvent le doigt extérieur est uni par sa base à celui du milieu, au moyen d'une courte membrane ; quelquefois il y a deux membranes ; d'autres fois pas du tout. Presque tous ces oiseaux courent avec une grande vitesse et volent avec rapidité ; ils étendent leurs jambes en arrière en volant, au contraire des autres oiseaux qui les reploient sous le ventre. Cet ordre contient cinq familles dans la méthode de Cuvier : 1° les **Brévipennes** (autruche, casoar), dont on fait aujourd'hui un ordre à part, celui des Coureurs ; 2° les **Pressirostres** (outarde, pluvier, vanneau, huîtrier, etc.) ; 3° les **Cultrirostres** (agami, grue, héron, cigogne, spatule) ; 4° les **Longirostres** (ibis, bécasse, avocette, courlis, échasse, etc.) ; 5° les **Macrodactyles** (kamichi, rale, poule d'eau, foulque). (Voir ces mots.) — Dans la classification d'Is. Geoffroy Saint-Hilaire les Échassiers se divisent en : I. **Hérodactyles**, à doigts courts, pourvus de demi-membranes et divisés eux-mêmes en *Pressirostres, Uncirostres* et *Longirostres* ; cette division comprend la presque totalité des Échassiers ; II. **Palamodactyles**, à pieds palmés, à pouces très courts (les avocettes et les flamants) ; III. **Macrodactyles**, à doigts longs, à ongles filiformes (kamichi, jacana, rále, foulque). Quant aux *Brévipennes* de Cuvier, ils rentrent dans la section des *Rudipennes* ; ordre des Coureurs (autruche, casoar).

ÉCHELETTE. Nom vulgaire du Grimpereau des murailles.

ÉCHENEIS. (Voir Remora.)

ÉCHENILLEUR (*Ceblepeyris*.) Genre d'oiseaux de l'ordre des Passereaux dentirostres, voisins des Loriots. Les Échenilleurs, comme leur nom l'indique, vivent de chenilles. Leurs diverses espèces habitent l'Afrique et l'Inde. Ce sont des oiseaux sylvicoles, de la taille du merle, au plumage sombre.

ÉCHIDNÉ (du grec *échinos*, hérissé de piquants). Ce singulier genre de mammifères forme, avec l'ornithorhynque, l'ordre des Monotrèmes. (Voir ce mot.) Ni Linné ni Buffon n'ont connu ces deux animaux, qui comptent à juste raison parmi les productions les plus extraordinaires de la Nouvelle-Hollande, et c'est au docteur Shaw, naturaliste anglais, qu'on en doit la première description. Les Échidnés (*Echidnea*, Cuv.) sont assez semblables aux hérissons par leur aspect extérieur, parce qu'ils sont couverts en dessus de piquants nombreux ; en dessous ils n'ont que des poils ; le corps est gros et court, le cou à peine sensible, la queue n'est qu'une sorte de tubercule revêtu de piquants ; leur tête est prolongée en un bec mince, cylindrique, qui contient une langue très longue, filiforme, gluante, qu'ils étendent au dehors pour s'emparer des insectes dont ils font leur nourriture ; ils n'ont point de dents, mais leur palais est garni de plusieurs rangées de petites épines dirigées en arrière ; leurs pieds sont courts et armés d'ongles très puissants ;

Échidné.

aussi ces animaux fouissent la terre avec facilité, et se pratiquent près des arbres une demeure souterraine. Au moindre soupçon de péril, ils se roulent en boule comme le hérisson. Le peu que l'on connaît des mœurs de l'Échidné montre d'ailleurs que c'est un animal apathique et dépourvu d'intelligence. — On en connaît plusieurs espèces ; l'une est l'**Échidné épineux** (*Echidna hystrix*), qui habite les régions montagneuses de l'Australie ; l'autre, l'**Échidné hérissé** (*E. setosa*), se trouve en Tasmanie ; trois espèces habitent la Nouvelle-Guinée. — Il est aujourd'hui hors de doute que, comme l'ornithorhynque, ces singuliers animaux pondent des œufs pourvus d'une coque blanche et flexible.

ÉCHIDNÉ (*Echidna*). Genre de reptiles OPHIDIENS de la famille des *Vipéridés,* voisins des Vipères. (Voir ce mot.) Ils n'ont ni plaques ni écusson sur la tête, et leurs narines sont concaves et situées pour ainsi dire sous les yeux au lieu d'être latérales. Ce sont des serpents redoutables qui remplacent nos vipères en Afrique. — Une espèce, l'**Échidné mauritanique**, se rencontre en Algérie, surtout dans la province d'Oran, où elle est fort redoutée. — L'**Échidné heurtante** (*E. arietans*) habite le sud de l'Afrique ; on lui donne le nom vulgaire de *vipère minute* à cause de la rapidité avec laquelle agit son venin. Les habitants du Cap donnent à une espèce de ce genre le nom de *serpent cracheur,* parce qu'il lance une bave acide et caustique qui peut aveugler lorsqu'elle atteint les yeux.

ECHIMYS (du grec *échinos,* hérisson, et *mus,* rat). Genre de mammifères de l'ordre des RONGEURS, voisins des Loirs, mais caractérisés par leur pelage mélangé de piquants, leur longue queue revêtue d'écailles et de poils, leurs oreilles grandes et ovales et leurs pattes grêles à cinq doigts. Ce sont des animaux fouisseurs, de la taille de nos rats, qui se

nourrissent de racines et de fruits et se creusent de longs terriers. On en connaît plusieurs espèces : *Echimys setosus, Echimys spinosus, E. cayennensis,* etc., toutes de l'Amérique méridionale.

ÉCHINIDES (du grec *échinos,* hérissé de piquants). Classe d'animaux rayonnés de l'embranchement des ÉCHINODERMES, plus connus généralement sous le nom d'*Oursins.* (Voir ce mot.)

ECHINOCACTUS. Genre de Cactus en forme de boule hérissée de piquants (du grec *échinos,* hérisson, et *cactus*). Dans ce genre, la tige est presque globuleuse, sillonnée de haut en bas de cannelures variables en nombre et en profondeur. Les fleurs, remarquables par leur grandeur et leur beauté, viennent sur les angles saillants des côtes, au milieu de petites touffes de soies et d'épines placées de distance en distance sur les angles. Les écailles calicinales partent de toute la surface de l'ovaire, et le fruit porte l'empreinte de toutes ces écailles. L'Echinocactus Ottoni, du Brésil, de forme sphérique et d'un beau vert, porte de grandes fleurs d'un beau

Echinocactus de Decaisne.

jaune citron, avec les étamines pourpre. Nous figurons ici l'**Echinocactus de Decaisne,** montrant sa splendide fleur pourpre.

ÉCHINOCOQUE (de *échinos,* épine, et *kokkos,* grain). Ces organismes, qui atteignent la grosseur du poing et peuvent se multiplier par bourgeonnement ou par division, étaient placés par Cuvier parmi ses Vers intestinaux parenchymateux à côté des Cœnures ; ils ne sont pas autre chose que les cysticerques du *Tænia echinococcus.* Les Echinocoques vivent sur l'homme et sur divers mammifères. (Voir TÆNIA et CYSTICERQUE.)

ÉCHINODERMES (du grec *echinos*, hérissé de piquants, et *derma*, peau). Ces animaux, à symétrie radiée, dont Cuvier faisait la première classe de son embranchement des Rayonnés ou Zoophytes, forme aujourd'hui un embranchement particulier qui prend place entre les Vers et les Cœlentérés. Les Échinodermes ont le corps sphérique (*Échinides*), étoilé (*Astérides*), ou cylindrique (*Holothurides*), mais toujours rayonné avec prédominance du type quinaire. L'axe central, autour duquel sont disposées ces parties semblables entre elles, est terminé par deux pôles, l'un supérieur où est situé l'anus lorsqu'il existe, l'autre inférieur où est située la bouche. Le tégument, presque toujours mou dans ses parties superficielles, s'incruste dans les couches profondes de formations calcaires de grandeurs et de formes variables constituant un dermato-squelette à la fois flexible et coriace ; ce dernier est souvent garni d'épines ou de piquants tantôt fixes, tantôt mobiles ; il est en outre percé de trous par où sortent de longs tubes membraneux, comme un doigt de gant, et terminés chacun par une ventouse. Ces pieds ambulacraires sont en relation à l'intérieur avec une petite ampoule contractile remplie d'eau. Cette dernière, en se contractant, provoque la turgescence et la projection au dehors des pieds ambulacraires, qui s'accrochent aux corps solides au moyen de leurs ventouses et font progresser l'animal. Ils possèdent, en outre, des sortes de tenailles à deux ou trois branches (*pédicellaires*) pour saisir les corps peu volumineux. Les Échinodermes sont pourvus d'un appareil digestif séparé des parois du corps par une vaste cavité générale, et accompagné, chez les crinoïdes, les oursins et les holothuries, de canaux où se rassemble le chyle ; les organes nutritifs diffèrent suivant les groupes. Quant au système nerveux, dont on a longtemps nié la présence, il existe réellement : autour de la bouche règne un anneau nerveux qui envoie aux divers rayons du corps les nerfs qui doivent leur porter le principe de la sensibilité et du mouvement. La reproduction est généralement sexuelle. A quelques exceptions près les Échinodermes sont dioïques. Les organes des deux sexes sont des glandes en grappes. On divise l'embranchement des ÉCHINODERMES en cinq classes, dont nous donnon les caractères dans le tableau suivant :

mais ils déposent leurs œufs dans le corps des chenilles, et les larves qui en sortent dévorent celles-ci. — Le type du genre est l'Echinomye géante (*Echinomyia grossa*), de la taille d'un bourdon, noire, avec la tête jaune et la base des ailes roussâtre. D'après Réaumur, cette espèce déposerait ses œufs par exception dans les bouses de vache, où se développeraient ses larves.

ECHINOPS (de *échinos*, hérisson, et *opsis*, figure). Genre de plantes dicotylédones, monopétales, périgynes, de la famille des *Composées tubuliflores*. Ce sont des herbes dressées, ramifiées, épineuses, qui croissent dans les lieux incultes de l'hémisphère boréal. Leurs feuilles pennipartites ont leurs lobes et leurs dents terminés par une épine ; leurs fleurs sont réunies en tête globuleuse sur un réceptacle commun, bleues ou blanches, et terminent en grand nombre les rameaux. Chaque fleur est munie d'un involucelle. On en cultive quelques espèces dans les jardins, notamment l'**Echinops à tête ronde** (*E. sphærocephalus*) et l'**Echinops ritro**, à cause de leurs jolies fleurs bleues.

ÉCHINORHYNQUE (de *échinos*, épine, et *rhugchos*, bec ou trompe). Genre de vers intestinaux de l'ordre des ACANTHOCÉPHALES qu'il forme à lui seul. Leur corps est en forme de sac ovoïde ou cylindrique offrant à son extrémité antérieure une trompe rétractile munie d'aiguillons en crochets. Ces vers se fixent au moyen de leurs crochets aux intestins des animaux vertébrés chez lesquels ils vivent. — L'**Échinorhynque géant** (*E. gigas*), dont le mâle atteint 10 centimètres de long et la femelle jusqu'à 40 centimètres, vit habituellement chez le cochon ; on l'a trouvé aussi chez l'homme. L'*E. polymorphus* vit dans l'intestin de plusieurs oiseaux, notamment du canard ; l'*E. proteus* est commun dans les intestins des poissons d'eau douce.

ECHINUS. (Voir OURSIN.)

ÉCHITE, *Echites* (du grec *échis*, vipère, à cause de sa tige serpentante). Genre de plantes dicotylédones, monopétales, hypogynes, de la famille des *Apocynées*. Ce sont des plantes volubiles, à feuilles opposées, à grandes fleurs odorantes, disposées en grappes, qui les font rechercher pour l'ornement des jardins. On cultive surtout l'**Echites graveolens**, à fleurs blanches, de l'Amérique du Sud, l'**Echites**

CORPS.					
	Cylindrique				HOLOTHURIES.
	Sphérique				OURSINS.
	En forme d'étoile	Bouche tournée vers le sol.	Rayons paraissant directement soudés entre eux		ASTÉRIES.
			Rayons soudés à un disque central		OPHIURES.
		Bouche tournée vers le haut ; animaux fixés dans le jeune âge au moins			CRINOÏDES.

ÉCHINOMYE (de *échinos*, hérissé de piquants, et *muia*, mouche.) Genre d'insectes de l'ordre des DIPTÈRES, section des *Brachycères*, famille des *Muscidés*, tribu des *Tachinaires*. Ce sont de grosses mouches au corps épais, hérissé de soies raides, et dont les antennes ont le second article plus long que le troisième. On en connaît plusieurs espèces qui volent généralement sur les fleurs des ombellifères,

suberecta à fleurs jaunes, de la Jamaïque, l'**Echites torulosa**, à fleurs rouges, de Saint-Domingue.

ECHIUM. Nom scientifique latin de la Vipérine. (Voir ce mot.)

ÉCITONE. (Voir FOURMI.)

ÉCLAIRE [Grande]. Nom vulgaire de la Chélidoine.

ÉCLAIRETTE. Nom vulgaire de la Ficaire.

ÉCONOME. (Voir CAMPAGNOL.)

ÉCORCE. C'est la partie extérieure et superficielle de la tige des végétaux ligneux ; elle se compose de couches superposées, entre lesquelles se trouve ordinairement interposée une lame fort mince de parenchyme qu'il est possible de désagréger par la macération, de sorte que les couches corticales les plus jeunes peuvent, dans ce cas, se séparer comme les feuillets d'un livre, ce qui leur a valu le nom de *liber*. On distingue dans l'écorce, en procédant de l'intérieur vers l'extérieur : le liber ou les couches corticales, l'enveloppe herbacée, la couche celluleuse ou couche subéreuse et enfin l'épiderme. Cette dernière ne se trouve cependant que sur les tiges assez jeunes, car à mesure que la tige grossit par la formation de couches sous l'écorce, l'épiderme se distend, se gerce et tombe sans se renouveler. C'est dans les couches corticales que se répandent d'abord les sucs connus sous le nom général de sève descendante, et qui contribuent principalement à l'accroissement en diamètre des tiges ; cette propriété fait de l'écorce un des organes les plus essentiels à la vie des arbres. Lorsqu'on écorce un arbre au printemps, la sève qui monte dans l'état normal par le jeune bois ou l'aubier, ne continue pas moins de le faire ; mais elle ne peut plus redescendre après avoir été élaborée dans les feuilles, et les racines meurent faute de leur alimentation ordinaire ; car il est à remarquer qu'elles transmettent aux tiges la nourriture qu'elles pompent dans le sol, mais qu'elles reçoivent la leur propre des tiges mêmes. Les écorces servent à divers usages ; leurs fibres sont généralement plus allongées, plus ténues que celles du bois ; aussi, peut-on, chez plusieurs espèces, les employer au tissage ; nul n'ignore que c'est de l'écorce du chanvre, du lin, du genêt, etc., qu'on extrait des filasses de diverses qualités. C'est la couche subéreuse, très développée, qui constitue le liège (*suber*) dans le chêne-liège. Certaines écorces renferment des matières colorantes, aromatiques, médicinales, d'autres fournissent le *tannin* ; c'est de l'écorce des sapins, des pins, des mélèzes que découlent la résine et la térébenthine. Les Lapons se nourrissent de l'écorce des pins et des bouleaux en temps de disette, et ils en fabriquent leurs canots et la toiture de leurs huttes enfumées. (Voir TIGE, SÈVE, etc.)

ÉCORCE DE MAGELLAN. (Voir DRIMYS.)

ÉCORCE DU PÉROU. Le Quinquina.

ÉCORCE DE WINTER. (Voir DRIMYS.)

ÉCORCHEUR. (Voir PIE-GRIÈCHE.)

ÉCREVISSE (*Astacus*). Genre de crustacés de l'ordre des DÉCAPODES MACROURES, type de la famille des *Astacidés*, qui comprend, outre les Écrevisses, les Homards. (Voir ce mot.) Les Écrevisses ont le corps enveloppé dans une espèce de carapace ou test calcaire, qui se termine en avant par un rostre allongé, en arrière par ce qu'on appelle la queue, mais qui est, à proprement parler, l'abdomen, lequel est composé de six anneaux convexes en dessus, et terminé comme un éventail par cinq lames minces,

organes de natation. La tête, confondue avec le tronc, supporte des yeux hémisphériques placés à l'extrémité d'un pédicule, et quatre antennes inégales, dont les deux latérales sont plus longues que le corps. Le tronc donne naissance à cinq paires de pieds, dont la première, plus volumineuse et inégale, se termine en une *pince* ou *serre*, dentelée à son bord interne. Sous l'abdomen ou queue se voient de petits appendices, sortes de pattes rudimentaires destinées à la natation et à maintenir les œufs chez la femelle. (Voir la figure de l'article CRUSTACÉS.) L'Écrevisse nage d'avant en arrière par la brusque flexion de son abdomen et de sa nageoire caudale. La femelle, deux mois après l'accouplement, pond un grand nombre d'œufs rougeâtres, qu'elle porte agglutinés sous son abdomen. C'est là que les petits, très mous à leur naissance, trouvent un premier abri. Quand le moment de la

Écrevisse de rivière.

mue est arrivé (de mai à septembre), l'Écrevisse, dont l'enveloppe est devenue trop étroite, se tourne sur le dos, agite sa queue et ses pattes et, par suite de ces mouvements, il se fait entre l'abdomen et le thorax une séparation à la faveur de laquelle l'animal achève de se dégager de l'étui calcaire qui le retient emprisonné. Au sortir de son enveloppe, l'animal est mou et sans défense ; aussi a-t-il soin, lorsqu'il est prêt à muer, de chercher une retraite où il puisse être à l'abri du danger ; car si ses congénères le rencontraient dans cet état, ils ne manqueraient pas de le dévorer. Cette pellicule acquiert en quelques jours, par la transsudation de nouveaux sels calcaires, la dureté de l'ancienne. Chez les Écrevisses prêtes à muer, on trouve constamment, sur les côtés de l'estomac, deux petits corps calcaires, connus vulgairement sous le nom d'*yeux d'écrevisses* ; ces deux pièces disparaissent pendant la mue, ce qui a fait supposer que ces corps calcaires fournissaient les matériaux pour la fabrication de la nouvelle carapace. On les employait autrefois en médecine, mais ils sont aujourd'hui sans usage. Les Écrevisses présentent un autre fait remarquable, c'est la faculté qu'ont leurs pattes et leurs antennes de repousser après leur amputation. — L'**Écrevisse de rivière** (*A. flu-*

viatilis) habite les eaux douces d'Europe ; elle se cache sous des pierres ou dans des trous dont elle ne sort que pour chercher les larves d'insectes, les mollusques ou les débris organiques dont elle fait sa nourriture. La carapace de l'Écrevisse est d'un brun verdâtre ou bleuâtre, cette coloration normale est due à deux substances pigmentaires, l'une rouge, l'autre bleuâtre. Cette dernière est soluble dans l'eau chaude, l'alcool et les acides, ce qui explique comment par la cuisson elle devient rouge. L'Écrevisse peut marcher en avant, à reculons ou de côté ; mais c'est toujours en reculant qu'elle nage. Elle vit, dit-on, vingt ans et au delà. On la pêche à la main ou à l'aide de filets ou de fagots dans lesquels on l'attire par quelque appât, ordinairement de chair putréfiée. On préfère pour la table les Écrevisses qui habitent les eaux vives. On trouve en Amérique, en Afrique et à la Nouvelle-Hollande, des espèces d'Écrevisses très voisines de la nôtre. Il en existe une espèce aveugle dans les eaux souterraines de la caverne du Mammouth aux États-Unis.

ÉCRIVAIN. Nom vulgaire de l'Eumolpe de la vigne. (Voir Eumolpe.)

ECTO (du grec *ektos*, au dehors). Particule prépositionnelle, préfixe des mots indiquant ce qui est extérieur, superficiel.

ECTODERME. La couche la plus extérieure des téguments animaux ou végétaux.

ECTOPHYTE (de *ektos* et *phuton*, plante). Se dit des végétaux parasites qui se développent à la surface des organes soit des plantes, soit des animaux. Il est l'opposé de *entophyte*.

ECTOZOAIRE. Animal parasite sur la peau (acarus, pou, puce, etc.).

ÉCUELLE D'EAU. (Voir Hydrocotyle.)

ÉCUME DE MER. (Voir Magnésite.)

ÉCUREUIL, *Sciurus* (du grec *skiouros*, de *skia*, ombre, *oura*, queue, proprement : qui se fait de l'ombre avec sa queue). Genre de mammifères de l'ordre des Rongeurs, type de la famille des *Sciuridés*, remarquables par leur queue longue et touffue qu'ils relèvent en panache au-dessus de leur corps ; les Écureuils ont des formes gracieuses et sveltes, les sens assez développés, la tête large, les yeux saillants, les oreilles ordinairement surmontées d'un pinceau de poils qui les dépassent de plusieurs lignes. Les naturalistes caractérisent ce genre par des incisives inférieures très comprimées, et par ses doigts, au nombre de quatre devant, de cinq derrière, munis d'ongles très acérés, ce qui lui permet de grimper aux arbres avec une grande facilité. Les Écureuils vivent au milieu des forêts, sur les grands arbres, où ils construisent, dans la bifurcation de quelques branches, des espèces de nids, formés de bûchettes et de mousse dans lesquels habite toute une famille. En tête de leurs nombreuses espèces nous citerons l'**Écureuil commun** (*S. vulgaris*), répandu dans toute l'Europe, et qu'on y apprivoise pour sa gentillesse. Il est blanc sous le ventre, et d'un roux vif sur le dos, long de 18 à 20 centimètres. « L'Écureuil, dit Buffon, est un joli petit animal qui n'est qu'à demi sauvage, et qui par sa gentillesse, par sa docilité, par l'innocence même de ses mœurs, mériterait d'être épargné ; il n'est ni carnassier ni nuisible, ses aliments ordinaires sont des fruits, des amandes, des noisettes, de la faine et du gland. Il est propre, vif, très alerte, très éveillé, très industrieux ; il a les yeux pleins de feu, la physionomie fine, le corps nerveux, les membres très dispos ; sa jolie figure est encore rehaussée par une belle queue en forme de panache, qu'il relève jusque sur sa tête, et sous laquelle il se met à l'ombre. Il ne s'engourdit pas comme le loir pendant l'hiver, il est en tout temps très éveillé... Il est trop léger pour marcher, il va

Écureuil.

ordinairement par petits sauts, et quelquefois par bonds ; il a les ongles si pointus et les mouvements si prompts, qu'il grimpe en un instant sur un hêtre dont l'écorce est lisse. Les Écureuils semblent craindre l'ardeur du soleil ; ils demeurent pendant le jour à l'abri de leur domicile, dont ils sortent le soir pour s'exercer, jouer et manger. » — Les Écureuils ont l'instinct de la prévoyance très développé ; aussi font-ils plusieurs magasins dans différents trous d'arbres, afin que s'ils viennent à en perdre un par accident, il leur en reste toujours d'autres pour les aliments pendant l'hiver. Ces petits animaux sont très rusés, et lorsqu'ils aperçoivent le chasseur, ils ont soin de se tenir derrière le tronc de l'arbre et de tourner autour pour rester constamment masqués, à mesure que le chasseur tourne lui-même autour de l'arbre ; aussi est-il fort difficile de les tirer si l'on est seul. On les prend avec des trappes amorcées avec des noisettes ou des amandes. Leur chair est bonne à manger, et le poil de leur queue sert à faire des pinceaux. Les mœurs de tous les Écureuils sont semblables, et l'esquisse qui précède peut s'appliquer à toutes les espèces. Dans le nord de l'Europe et de l'Asie, le pelage de notre Écureuil devient, en hiver, d'un gris cendré, et fournit la jolie fourrure qu'on connaît sous le nom de *petit-gris*. — Parmi les espèces étrangères, nous citerons le **Capistrate**, ou *petit-gris*, de Buffon ;

un peu plus grand que l'Écureuil d'Europe, son pelage est gris de fer avec la tête noire; il habite le sud des États-Unis; l'**Écureuil de la Caroline** (*S. cinereus*), d'un gris fauve; l'**Écureuil noir** du Mexique; le **Grand Guerlinguet** et le **Petit Guerlinguet** de Buffon, tous deux de la Guyane et du Brésil; le dernier n'a pas plus de 10 centimètres de longueur. — Le **Grand Écureuil du Malabar** (*S. maximus*), de Buffon est la plus grande espèce du genre; sa taille égale celle du chat, son pelage est d'un brun roux très vif, les épaules, les cuisses et la queue sont d'un beau noir et le ventre jaune. Il habite les forêts de palmiers du Malabar.

Les **Polatouches** ou *Écureuils volants* sont très voisins des Écureuils; ils en diffèrent principalement par la peau des flancs très dilatée, étendue entre les jambes de devant et de derrière en manière de parachute, ce qui leur donne la faculté non pas de voler, mais de bondir dans les airs à une très grande distance. Les Polatouches sont de jolis petits animaux qui offrent à peu près les formes et les mœurs des Écureuils. Ils dorment une partie du jour dans quelque trou d'arbre garni de feuilles ou de foin, et sortent vers le soir pour se mettre en quête de leur nourriture qui consiste en graines et en bourgeons de pin et de bouleau. Ces animaux vivent en troupe dans les forêts du nord de l'Europe et de l'Amérique. Leur vivacité est très grande; grâce à la membrane qui s'étend entre leurs pattes, ils peuvent franchir une distance de plus de quarante à cinquante pas. On en connaît deux espèces : le **Polatouche** proprement dit ou *Assapanick* des Américains (*Sciuropterus volucella*, Fr. C.), qui habite le Canada et les États-Unis, dont la taille est de 12 centimètres sans compter la queue, presque aussi longue que le corps, et le pelage d'un gris roussâtre en dessus, blanc en dessous; le **Palatouka** des Russes (*Sciuropterus volans*, L.), qui vit solitaire dans les forêts du nord de l'Europe. Il est un peu plus grand que le précédent, son pelage est gris cendré et sa queue est moitié moins longue que le corps. On en rencontre, dit-on, une variété toute blanche dans les contrées les plus froides de l'Amérique septentrionale. — Les **Pteromys** ou *rats volants* ne diffèrent des Polatouches que par des caractères très légers. Ils habitent l'Inde et les îles de son archipel. Ils ont d'ailleurs les formes et les habitudes des précédents.

ÉCUSSON (*Scutellum*). Pièce de forme et de grandeur très variables, qui est située à la base du prothorax, entre les deux ailes supérieures, chez les insectes coléoptères et les hémiptères principalement. Les lépidoptères, les aptères et beaucoup d'autres insectes en sont dépourvus. — On donne également ce nom aux pièces écailleuses qui recouvrent les pieds des oiseaux.

ÉDENTÉS. Cuvier a formé sous ce nom un ordre de mammifères comprenant plusieurs familles assez différentes entre elles, mais qui ont pour caractères communs d'avoir une dentition incomplète ou nulle

et les pieds terminés par des ongles très forts, pouvant principalement servir à fouiller le sol ou à grimper. Leurs mouvements sont généralement lents, et leurs facultés intellectuelles peu développées. L'ordre des Édentés se divise en deux sections : 1° les **Tardigrades**, comprenant une seule famille, celle des *Bradypes*, et 2° les **Édentés** proprement dits, renfermant plusieurs familles : les *Tatous*, les *Oryctéropes*, les *Myrmécophages* ou *Fourmiliers* et les *Manidés* ou *Pangolins*. (Voir ces divers mots.) — Le mot Édentés ne doit pas être pris littéralement; s'il en est d'absolument dépourvus de dents (les pangolins, les fourmiliers), d'autres présentent une ou deux sortes de dents, mais jamais d'incisives (les tardigrades); d'autres n'ont que les molaires, ce sont les tatous et les oryctéropes. Toutes ces dents sont dépourvues de racines, et ne montrent aucune trace d'émail. — On a retrouvé dans le diluvium de l'Amérique du Sud, les restes d'Édentés gigantesques : *Megatherium, Mylodon, Megalonyx*. (Voir ces mots.)

ÉDICNÈME. (Voir Œdicnème.)

ÉDREDON. Nom donné au duvet de l'eider.

EFFARVATTE. (Voir Rousserolle.)

EFFRAIE. (Voir Chouette.)

ÉGAGRE. (Voir Ægagre.)

ÉGAGROPILE (du grec *aigagros*, chèvre sauvage, et *pilos*, balle de laine.) (Voir Bézoard.)

ÉGLANTIER. Espèce sauvage de Rosier. (Voir ce mot.)

ÉGLEFIN ou **ÉGREFIN.** Nom vulgaire d'une espèce de Morue.

ÉGOPODE. (Voir Podagraire.)

EGYLOPS. (Voir Ægylops.)

EIDER (*Somateria*). Genre d'oiseaux Palmipèdes, très voisins des Canards (voir ce mot), dont ils se

Eider.

distinguent par leur bec plus allongé et plus étroit à l'extrémité qu'à la base. L'Eider (*S. mollissima*) a le plumage blanchâtre, avec la calotte, le ventre et la queue noirs. Il habite les mers glaciales du pôle et abonde surtout en Islande, en Laponie, au Groenland et au Spitzberg. On le retrouve encore assez communément aux Orcades, aux Hébrides, et même en Suède. Il est aussi de passage dans les parties moins septentrionales de l'Europe et sur les côtes de l'Océan. Les Eiders nichent au milieu des rochers entourés par la mer, et la recherche de leur duvet expose l'homme à de grands dangers. Souvent, pour arriver au nid, il faut, ou gravir presque à pic des falaises suspendues sur les flots, ou se faire descendre par des cordages jusqu'aux excavations qui recèlent les petits. Chaque fois que l'on enlève l'édredon qui garnit le nid et sert à conserver aux œufs et aux petits une chaleur suffisante, la mère arrache de son ventre une nouvelle portion de duvet. On se procure encore cette précieuse substance en tuant l'oiseau; mais alors elle est d'une qualité inférieure à celle qui provient de l'Eider vivant. Ce qui fait rechercher l'édredon, c'est la propriété qu'il possède de conserver la chaleur mieux que toute autre substance, et avec une économie de poids telle, que l'expérience seule peut en donner une idée.

ÉLÆAGNÉES (de *elæagnus*, genre type). Famille de plantes dicotylédones, apétales, comprenant des arbres ou des arbrisseaux à rameaux quelquefois épineux, à feuilles alternes ou opposées, couvertes surtout en dessous d'écailles scarieuses; fleurs unisexuées, rarement hermaphrodites, axillaires ou en grappes, à périanthe simple, tubuleux, fruit crustacé, indéhiscent, renfermant une seule graine. Cette famille comprend les genres *Elæagnus* (Chalef) et *Hippophae* (Argousier.)

ÉLÆAGNUS. Nom scientifique latin du genre *Chalef.* (Voir ce mot.)

ÉLAIS ou **ÉLÆIS** (du grec *élaion*, huile). Espèce de palmier de l'Afrique et de l'Amérique tropicales, à stipe de hauteur médiocre, épais, dressé, à frondes amples à pétioles épais bordés de dents épineuses. L'*Elaïs guineensis* ou *Elaïs oleifera*, connu dans la Nouvelle-Grenade sous le nom de *corozzo*, porte des fruits charnus, variant du jaune au rouge, d'où l'on extrait par expression l'*huile de palme*; c'est une substance butyracée, ayant la couleur de la cire jaune et se liquéfiant par la simple chaleur des mains. Elle se rancit vite et de jaune devient blanche. Son odeur est agréable et sa saveur nulle. Cette matière est employée en pharmacie, et les indigènes des pays où croît cet arbre l'emploient dans l'économie domestique. On extrait cette huile du fruit en écrasant la pulpe, qu'on jette dans des baquets pleins d'eau chaude; on recueille ensuite avec des écumoires la matière butyreuse qui surnage. Les nègres se servent de ce beurre pour apprêter leurs mets, s'éclairer et s'oindre le corps. Les propriétés de cette huile sont adoucissantes; et l'on prétend qu'employée en frictions, elle est souveraine contre les douleurs rhumatismales.

ÉLAN (*Cervus alces*). Ce mammifère ruminant, classé parmi les cerfs (voir ce mot), se distingue de tous les animaux de ce genre par sa taille, égale ou même supérieure à celle du cheval, par ses bois, qui présentent chez l'adulte la forme d'une palme ou d'une lame triangulaire, dentelée sur son bord externe; le mâle seul porte des bois. Son cou est court et gros, sa queue courte, ses oreilles longues, son museau renflé. Il est très haut sur jambes; celles de devant sont plus longues que celles de derrière. Son pelage, qui varie de couleur avec l'âge, est généralement d'un brun cendré sur le dos, blanc sous le ventre et à la partie interne des membres. Il brunit avec l'âge jusqu'à devenir noir. L'Élan vit dans les contrées septen-

Élan.

trionales des deux continents, où il habite en général les forêts basses et humides. Il mange les rejetons des arbres et broute l'herbe et les blés verts. Pour paître à terre, il est obligé de se mettre à genoux, à cause de la brièveté de son cou. La disposition de son train de devant, plus élevé que celui de derrière, fait qu'il ne galope jamais; son allure est un trot plus ou moins rapide, toujours accompagné d'un craquement fort extraordinaire que l'on attribue au choc de ses sabots. La brièveté du cou de l'Élan et l'énormité de ses bois lui donnent un air beaucoup moins élancé et moins gracieux qu'aux autres cerfs. Ses bois, qui peuvent peser jusqu'à 30 kilogrammes dans la variété d'Amérique, tombent à la fin de l'automne et repoussent au printemps. Les Elans vont par troupes de douze à quinze individus, conduits par un vieux mâle; ils sont plus communs en Amérique et en Asie qu'en Europe, où la race disparaît tous les jours. Dans le nord-ouest de l'Amérique, où l'on appelle l'Élan *original*, on le soumet à une espèce de domesticité et on l'attelle à des traîneaux; mais on n'en obtient pas les mêmes services que du renne. Sa peau fournit une buffleterie estimée et sa chair n'est pas désagréable; elle tient de celle du bœuf. Ses bois sont employés aux mêmes usages que ceux du cerf.

ÉLAPS ou **SERPENT CORAIL.** Genre d'ophidiens PROTÉROGLYPHES, type de la famille des *Elapidés*, qui se distinguent par leur tête raccourcie, renflée en arrière et couverte en dessus de plaques polygonales. Leur corps est cylindrique et coloré par de larges anneaux, ordinairement rouges sur un fond clair, d'où leur nom de *serpents corail*. Leurs espèces, toutes étrangères à l'Europe, vivent en Asie, en Afrique et en Amérique. Malgré leur beauté, ces serpents sont très redoutés, car ils sont munis de crochets venimeux, comme les autres Vipéridés; mais la petitesse de leur bouche fait qu'ils mordent difficilement. Nous citerons comme type du genre l'*Elaps corallinus*, du Brésil; il n'a que 60 centimètres de longueur. Le fond de sa couleur, d'un rouge cinabre, est interrompu de distance en distance par des anneaux noirs et blancs.

ÉLATER. (Voir ÉLATÉRIDÉS.)

ÉLATÉRIDÉS (du grec *élatér*, qui repousse). Famille d'insectes COLÉOPTÈRES détachée des *Sternoxes* de Latreille, dont elle faisait partie avec les *Buprestidés*. (Voir ce mot.) Ces insectes ont beaucoup d'analogie avec les précédents; ils en diffèrent surtout par la conformation du prosternum, qui forme le plus souvent une mentonnière en avant et se termine postérieurement en une pointe aiguë, comprimée, pénétrant dans une cavité antérieure du mésosternum. C'est grâce à cette disposition que les Élatéridés, connus généralement sous les noms de *taupin*, de *toque-maillet* et de *marteau*, peuvent, quand ils sont sur le dos, exécuter des sauts parfois assez élevés. Leur corps est plus rarement d'aspect métallique que celui des Buprestidés; leurs antennes sont plus longues, dentées en scie et parfois pectinées. Les Élatéridés ont en général une forme allongée, aplatie; les antennes assez longues, en dents de scie ou de peigne; les jambes courtes et contractiles. Cette brièveté des pattes fait que, lorsqu'ils sont renversés sur le dos, ils ne peuvent se relever; alors, par une vigoureuse contraction, l'insecte fait entrer la pointe sternale dans la cavité du mésosternum; au moment où entre la pointe, il se produit une brusque détente, au moyen de laquelle le sol, heurtant avec force le sol, projette en l'air le corps, qui a chance de retomber sur ses pieds. S'il retombe sur le dos, ce qui arrive parfois, le Taupin recommence à sauter, et cela autant de fois qu'il le faut pour qu'il se retrouve dans sa position naturelle. A l'aide de ce ressort, le Taupin saute perpendiculairement, et à une hauteur qui égale en moyenne dix ou douze fois la hauteur de son corps, ce que ne pourrait faire assurément le plus fort acrobate. Les Élaters volent bien, mais ils ne peuvent prendre leur essor facilement. Lorsqu'on veut les saisir, ils contractent leurs pattes et se laissent tomber dans l'herbe, où ils restent immobiles jusqu'à ce que le danger soit passé. Les larves sont cylindriques, revêtues d'une enveloppe cornée, à pattes courtes, mais fortes; leur forme allongée, arrondie et d'égale grosseur les a fait nommer par les Anglais *vers fil de fer*. Ces larves vivent dans les racines, les bois décomposés, et quelques-unes sont très nuisibles à nos cultures. Les insectes parfaits se trouvent fréquemment sur les arbres et sur les fleurs. Leurs genres et leurs espèces sont excessivement nombreux et répandus dans le monde entier.

Quelques grands Taupins d'Amérique répandent une lueur phosphorescente, non comme les lampyres, par l'extrémité de l'abdomen, mais par deux taches situées sur les côtés du corselet; cette lueur est assez vive, dit-on, pour permettre de lire à petite distance. Les dames créoles les placent coquettement dans leur chevelure. On donne dans le pays à ces insectes lumineux le nom de *cucujo*, et, dans la science, celui de *pyrophorus* (porte-feu). Aucune espèce d'Europe ne jouit de cette propriété. Les couleurs des Élaters sont rarement aussi riches

Élater du blé et larves.

que celles des Buprestes; chez ceux de nos pays, c'est le noir, le brun ou le jaune qui domine; quelques-uns sont d'un vert bronzé à reflets cuivreux; tels sont les *Corymbites latus, æneus, cupreus, pectinicornis;* d'autres sont d'un beau rouge vif, *Corymbites hœmatodes, Elater sanguineus*. etc. Les espèces que l'on voit le plus communément dans les champs de blé, et qui sont le plus nuisibles, appartiennent au genre *Agriotes*. Le **Taupin obscur** (*A. obscurus*) est long de 9 à 10 millimètres, couleur de poix couvert d'une épaisse pubescence jaunâtre. — Le **Taupin cracheur** (*A. sputator*), de 7 à 8 millimètres de longueur, a la tête et le corselet noirs, les élytres brunes striées-ponctuées; il est recouvert d'une courte pubescence jaunâtre. — Le **Taupin à lignes** (*A. lineatus*) ressemble à l'*obscurus*, mais ses élytres sont rayées longitudinalement. — Le **Taupin du blé** (*E. segetis*, Gyll.) est brun, à élytres striées.

Les femelles de ces insectes pondent leurs œufs au pied des jeunes plantes de blé, contre la racine ou entre les feuilles; les petits vers qui en sortent mettent cinq ans environ à atteindre toute leur croissance, et ont alors 22 à 25 millimètres de longueur. Pendant tout ce temps, ils ont vécu aux dépens des racines ou de la partie souterraine des tiges de blé, qui meurent ou se cassent. Ces larves se changent en chrysalides à la fin de l'été et en insectes parfaits peu de temps après. Parmi les espèces exotiques, nous citerons, outre les Pyrophores dont nous avons parlé plus haut, les Tetralobus des Indes orientales, qui atteignent 6 à 7 centimètres de longueur; les Alaüs de l'Amérique, qui portent de grandes taches ocellées sur leur corselet.

ÉLATÉRIE. Genre de plantes dicotylédones, polypétales, périgynes, de la famille des *Cucurbitacées*. Son nom vient de l'élasticité de ses fruits.

ÉLATÉRIUM. Nom pharmaceutique du Concombre sauvage. (Voir ECBALIUM.)

ÉLATINACÉES (du genre *Élatine*). Famille de plantes dicotylédones, polypétales, cyclosporés, détachées des Caryophyllacées, dont elle diffère par son fruit; capsule cloisonnée à quatre loges polyspermes, à graines cylindriques, sans albumen. Cette famille, dont le type est le genre *Élatine*, comprend de petites herbes annuelles habitantes des marais.

ÉLATINE (du grec *élatinos*, de sapin; allusion à ses feuilles, qu'on a comparées à celles du sapin). Genre de plantes herbacées, à tiges couchées, souvent radicantes, offrant pour caractères : calice à trois ou quatre divisions; corolle de trois ou quatre pétales sans onglet; étamines en nombre égal ou double des pétales; ovaire libre, trois-quatre styles; capsule à trois ou quatre loges polyspermes. Ce sont de petites herbes à feuilles opposées ou verticillées et à fleurs axillaires. Le type du genre, l'**Élatine poivre d'eau** (*E. hydropiper*), croît dans les lieux inondés, dans les mares; ses tiges radicantes, de 3 à 6 centimètres, sont munies de feuilles opposées, ovales spatulées, longuement pétiolées; ses fleurs sont blanches ou rosées. Les *Elatine triandra*, *hexandra* et *octandra* se distinguent, comme leur nom l'indique, par le nombre de leurs étamines. Toutes sont aquatiques.

ÉLÉAGNÉES. (Voir ÉLÆAGNÉES.)

ÉLÉDONE (du grec *élédoné*, espèce de poulpe). Genre de mollusques CÉPHALOPODES qui diffèrent des Poulpes proprement dits en ce que leurs tentacules n'ont qu'une rangée de ventouses au lieu de deux.

ÉLÉIDE (du grec *élaios*, olivier). (Voir ÉLAÏS.)

ÉLÉMENTS. Les anciens définissaient les éléments : des substances simples, indécomposables, et dont tous les corps sont formés; ils n'en reconnaissaient que quatre : le feu, l'air, l'eau et la terre, et jusque vers la fin du siècle dernier, les chimistes n'admettaient encore pour éléments que ces quatre substances qu'ils disaient inaltérables, et auxquelles on ne connaissait point de parties constituantes. On sait aujourd'hui qu'aucun des éléments représentés comme simples par les anciens ne l'est réellement : le feu semble se diviser en lumière et en calorique; l'air est formé de deux gaz bien distincts : gaz azote et gaz oxygène; l'eau résulte de la combinaison de l'hydrogène et de l'oxygène; enfin, la terre est formée de plusieurs couches de terrains divers et tous

différemment composés. La science reconnaît aujourd'hui soixante-quinze *éléments* ou *corps simples*, c'est-à-dire soixante-quinze substances qui ont résisté jusqu'à ce jour à nos moyens de décomposition les plus puissants; l'on n'affirme pas par là que ces corps soient réellement élémentaires; et il est très possible que les progrès futurs de la science permettent, par la suite, d'opérer leur décomposition. — On divise les corps simples ou élémentaires en deux sections : les corps non métalliques ou *métalloïdes* et les corps métalliques ou *métaux*. Cette division est fondée principalement sur la propriété que possèdent ces corps d'être bons ou mauvais conducteurs de la chaleur et de l'électricité. Les métalloïdes, au nombre de quinze, sont : l'oxygène, l'hydrogène, l'azote, le soufre, le sélénium, le tellure, le chlore, le brome, l'iode, le fluor, le phosphore, l'arsenic, le carbone, le bore et le silicium. Les métaux sont : le potassium, sodium, lithium, baryum, strontium, calcium, magnésium, glucinium, aluminium, zirconium, thorium, yttrium, cérium, lantane, didyme, erbium, terbium, manganèse, chrome, tungstène, molybdène, vanadium, fer, cobalt, nickel, zinc, cadmium, cuivre, plomb, bismuth, mercure, étain, titane, tantale, niobium, antimoine, uranium, argent, or, platine, palladium, rhodium, iridium, ruthénium, osmium, cæsium, gallium, indium, rubidium, thallium, samarium, mosandrum, philippium, decipium, scandium, thulium, holmium; la plupart de ces corps sont d'ailleurs fort rares et n'ont reçu aucune application. Nous consacrons des articles particuliers à ceux d'entre eux qui offrent quelque intérêt.

ÉLÉIS. (Voir ÉLAÏS.)

ÉLÉMI. Substance résineuse aromatique produite par des arbres du genre *Amyris* (balsamier). (Voir ce mot.)

ÉLÉPHANT (*Elephas*). Genre de mammifères autrefois compris dans l'ordre des PACHYDERMES, formant aujourd'hui un ordre à part, celui des PROBOSCIDIENS (du grec *proboskis*, trompe). Des proportions colossales, de redoutables défenses, une trompe, admirable instrument de tact, de préhension et d'odoration; une grande intelligence, une force prodigieuse unie à tant de douceur : tout concourt à faire de l'Éléphant un des êtres les plus remarquables du règne animal. Une peau calleuse, épaisse, nue ou à peu près, le régime herbivore, des pieds terminés par cinq doigts enveloppés dans l'épaisseur des téguments, et ne se dessinant au dehors que par des ongles attachés sur le bord d'une espèce de sabot : tels sont les principaux caractères de ces animaux. Leur trompe, véritable prolongement du nez, est creusée d'un double tuyau, correspondant aux deux narines et communiquant supérieurement avec elles au moyen d'une valvule, espèce de soupape que l'animal ouvre à volonté. Son extrémité inférieure est formée par un bord circulaire qui se prolonge antérieurement en un appendice digitiforme. La trompe est à la fois pour l'Éléphant le levier le plus puissant, le bras le plus agile, la main la plus adroite. Il peut, à l'aide de ce merveilleux organe, saisir les plus petites choses et les porter à sa bouche, ou enlever les plus lourds fardeaux et les poser sur son dos; déraciner un arbre, ou saisir son ennemi dans ses replis musculeux et le lancer au loin. La trompe est-elle menacée, l'animal la replie entre ses défenses, qu'il présente menaçantes à celui qui l'attaque. Ces défenses, qui sont formées par les deux incisives de la mâchoire supérieure, tombent, comme les dents de lait, dans le jeune âge, et ne repoussent qu'une fois. Leur courbure et leur longueur varient suivant l'espèce, l'âge, le sexe de l'individu. Elles peuvent atteindre jusqu'à 3 mètres de longueur et 60 à 100 kilogrammes de poids. L'Éléphant s'en sert pour remuer la terre dont il veut arracher des racines, et il a pour la trituration des feuilles et des racines dont il se nourrit quatre à huit dents molaires. Les défenses fournissent l'ivoire, qui reçoit tant d'applications dans l'industrie. C'est avec sa trompe que l'Éléphant ramasse sa nourriture et qu'il aspire la boisson qu'il fait couler ensuite dans son gosier. Cet animal a les yeux très petits relativement à la masse de son corps, l'ouïe très fine, les parties extérieures de l'oreille aplaties et considérablement élargies, la tête énorme et le front élevé. Mais les naturalistes, qui étaient partis de là pour évaluer l'intelligence de ce quadrupède, n'avaient pas observé que, par suite des vides qui se trouvent entre les parois du crâne, le volume du cerveau est bien neuf fois plus petit que celui de cette boîte osseuse; il présente cependant des circonvolutions très développées.—Les Éléphants peuvent se reproduire à l'état de domesticité, quoi qu'en ait dit Buffon, également dans l'erreur lorsqu'il prétend que les petits tettent avec leur trompe ; les mamelles sont pectorales, au nombre de deux. La gestation est de vingt mois; l'animal, à sa naissance, a communément 1 mètre de hauteur, et il est en état de suivre sa mère. Les Éléphants habitent de préférence les forêts épaisses et les lieux marécageux, dans les parties les plus chaudes de l'Asie et de l'Afrique; ils s'y tiennent ordinairement par troupes

Éléphant des Indes.

de quinze à vingt conduites par un vieux mâle. Une erreur populaire est que ces animaux ne peuvent pas se coucher et qu'ils dorment constamment debout; la vérité est qu'ils reposent parfois debout, appuyés contre le tronc d'un gros arbre; mais que le plus souvent ils se couchent pour dormir, en ayant soin toutefois d'appuyer leur épaule contre un rocher ou un tronc d'arbre. Ces pesants mammifères nagent avec facilité, et courent assez vite, grâce à la longueur de leurs pas. Leur naturel est assez doux quoique farouche, et ils n'attaquent jamais l'homme ni les animaux, à moins qu'ils ne soient eux-mêmes attaqués. Dans ce cas, ils se défendent avec la fureur du désespoir, et alors ils deviennent terribles. Une fois pris et apaisés par quelques bons traitements, ils deviennent doux et soumis, et quelques jours suffisent pour les habituer à la captivité et à une obéissance passive. On chasse les Éléphants de diverses manières : dans l'Inde on les poursuit avec des Éléphants privés, et on les prend par les pieds avec un nœud coulant de grosse corde, dont on attache l'extrémité à un gros arbre. La faim les a bientôt domptés. A Ceylan, les chasseurs, montés sur des Éléphants privés, cernent les animaux sauvages et les rabattent, en poussant de grands cris, vers une enceinte de fortes palissades qui se referme sur eux. En Afrique, on ne les chasse que pour leurs défenses et leur peau, qui donnent lieu à un commerce très important avec les comptoirs du littoral. Les Hottentots mangent leur chair; la trompe et les pieds passent pour un mets délicat. Les colons du Cap les chassent au fusil, avec des lingots de plomb alliés d'étain; les Hottentots les font tomber dans des fosses recouvertes de gazon, où ils les tuent ensuite à coups de flèches. — Les Éléphants privés se montrent intelligents, doux et dociles; mais on a cependant singulièrement exagéré leurs qualités, et l'on a débité sur leur compte les fables les plus puériles. Il faut ranger, parmi celles-ci, la danse sur la corde, la sensibilité de l'un d'eux, qui lui fit adopter l'enfant d'un cornac qu'il avait tué, les ruses employées par les mères pour sauver leurs enfants; nous dirons même, à ce sujet, que les femelles montrent peu d'attachement pour leurs petits, qu'elles abandonnent souvent pour fuir. Du reste, la domesticité de l'Eléphant n'est jamais complète, car, quelque privé qu'il soit, il ne manque jamais de se sauver dans les bois pour reprendre sa vie sauvage dès qu'il en trouve l'occasion. — On connaît deux espèces vivantes d'Éléphants. L'**Éléphant des Indes**, haut de 3 mètres à 3^m,50, a le front concave, la tête pyramidale, les défenses moyennes chez le mâle, très courtes chez la femelle ; ses oreilles sont de moyenne taille, et ses molaires présentent des losanges d'émail très serrés. Dressé, dès la plus haute antiquité, pour la chasse ou pour la guerre, l'Éléphant des Indes rend de très grands services aux Asiatiques, par sa force et sa docilité. On en rencontre de tout blancs, véritables albinos de leur espèce, et qui sont en grande vénération à la cour du roi de Siam, où on leur rend les honneurs décernés aux princes du sang. — L'**Éléphant d'Afrique** est plus petit ; il se distingue surtout par son front convexe, sa tête ronde, par ses défenses plus longues, ses oreilles très grandes, lui couvrant les épaules, et par ses molaires à losanges d'émail plus larges. Cette espèce, autrefois soumise par les Carthaginois, n'existe aujourd'hui qu'à l'état sauvage ; elle habite l'Afrique méridionale et centrale, jusqu'en Abyssinie. Des voyageurs parlent d'une espèce d'Éléphants rouges, très farouches, qui habitent les bords du Niger ; mais il est probable que cette couleur leur vient de la terre dans laquelle ils se vautrent. — Il existait dans les temps primitifs des Éléphants qui vivaient en Europe, et dont les restes fossiles commencent à se montrer dans les terrains de l'âge miocène. On rapporte à cet ordre les Mastodontes et les Dinotherium. Le Mammouth et quelques autres espèces de l'époque quaternaire se rapprochent beaucoup de nos espèces actuelles.

ÉLÉPHANT DE MER. Nom vulgaire du Phoque à trompe.

ELEPHAS. Nom scientifique latin de l'Éléphant.

ÉLEUSINE. Genre de plantes monocotylédones de la famille des *Graminées*, répandues dans toutes les parties tropicales du globe. Elles ont les feuilles planes, les épis digités fasciculés. Le type du genre, l'**Éleusine coracan**, haute d'environ 1 mètre, donne des graines globuleuses, de la grosseur d'un grain de millet, d'un usage très répandu dans l'Inde. — L'**Éleusine tocusso** est aussi d'une grande ressource en Afrique.

ELLÉBORE, *Helleborus* (du grec *élein*, faire périr, et *bóra*, pâture). Genre de plantes dicotylédones, polypétales, hypogynes, de la famille des *Renonculacées*, tribu des *Elléborées*, offrant pour caractères essentiels : un calice à cinq folioles persistantes, une corolle de cinq à douze pétales en forme de cornet et beaucoup plus petits que le calice ; des étamines au nombre de trente à soixante ; un pistil composé de trois à dix ovaires libres, terminés chacun par un style subulé ; un péricarpe de trois à dix follicules, bivalves et à plusieurs graines. Les Ellé-

bores sont des herbes vivaces, à tiges ou sans tiges ; les feuilles radicales sont alternes, longuement pétiolées, coriaces ; les fleurs, de couleur verdâtre, blanchâtre ou rougeâtre, sont en général assez grandes et disposées vers l'extrémité des hampes ou des rameaux. Toutes les espèces de ce genre contiennent un principe âcre, amer et vénéneux, concentré surtout dans les racines, lesquelles agissent d'une manière très violente, à la fois comme émétique et comme purgatif, même n'étant prises qu'à petite dose. L'école d'Hippocrate préconisait les racines

Ellébore d'Orient.

d'Ellébore comme un remède très efficace contre une foule de maladies et principalement les aliénations mentales ; mais aujourd'hui ce médicament drastique et dangereux n'est guère employé que dans l'art vétérinaire.—C'est l'**Ellébore d'Orient** (*H. orientalis*) dont les anciens faisaient plus spécialement usage. Cette plante, très commune dans l'Asie Mineure, jouit encore de toute sa vogue chez les empiriques musulmans. Plus tard on a confondu cette espèce avec l'**Ellébore noir** (*H. niger*, L.), indigène dans les montagnes de l'Europe australe et facile à distinguer des autres espèces congénères par ses fleurs d'un rose pâle ou blanchâtre ; il se cultive comme plante de parterre, et fleurit en décembre et janvier, malgré les neiges et les frimas, ce qui lui a valu le nom vulgaire de *rose de Noël*. — L'**Ellébore fétide** (*H. fœtidus*, L.), qui n'est pas rare dans les endroits pierreux, et se reconnaît à sa tige rameuse, assez abondamment garnie de feuilles, est regardé par beaucoup de médecins comme un excellent vermifuge. — On donne le nom d'*Ellébore blanc* au *Veratrum album*.

ÉLYME (du grec *élumos*). Genre de graminées de la tribu des *Hordéacées*. Ce sont des herbes vivaces, à racines longues et rampantes, à feuilles planes, à épis simples, qui croissent dans les endroits sablonneux. Le type du genre, l'**Elymus arenarius**, s'emploie pour fixer les sables mouvants des dunes.

ÉLYTRES (du grec *élutron*, étui). On donne ce nom aux ailes supérieures des insectes coléoptères; ce sont des espèces de boucliers, de nature cornée, destinés à garantir les ailes inférieures de ces insectes, qui sont ordinairement très fines et délicates. (Voir COLÉOPTÈRES.)

ÉMAIL. (Voir DENTS.)

ÉMARGINÉ. Se dit d'un organe échancré superficiellement: la feuille du buis, les pétales du géranium sanguin sont émarginés.

EMBERIZA. Nom scientifique latin des oiseaux du genre *Bruant*.

EMBÉRIZIDÉS (de *Emberiza*, bruant). Famille d'oiseaux de l'ordre des PASSEREAUX, section des *Conirostres*, comprenant les Bruants, les Proyers et les Plectophanes. (Voir ces mots.)

EMBRANCHEMENTS. Nom employé par Cuvier pour désigner les quatre groupes primordiaux établis par lui dans le règne animal. (Voir ANIMAUX, VÉGÉTAUX et CLASSIFICATION.)

EMBRYOGÉNIE (du grec *embruon*, embryon, et *genesis*, production). Branche de la zoologie qui s'occupe de la production des œufs et de leur développement chez les êtres vivants. (Voir REPRODUCTION.)

EMBRYOLOGIE. Même signification qu'*Embryogénie*.

EMBRYON. (Voir ŒUF, GRAINE et REPRODUCTION.)

ÉMERAUDE (*Smaragdus*). Pierre précieuse de l'ordre des silicates alumineux, cristallisant en prisme hexagonal régulier, composée de silice, 67,41; alumine, 18,75, et glucine, 13,84; souvent mélangée de petites quantités d'oxyde chromique ou d'oxyde de fer; dans le premier cas elle forme l'*Émeraude* d'un beau vert pur; dans le second elle constitue le *béril* ou *aigue-marine* (voir ce mot), d'un vert bleu ou jaunâtre. Les Émeraudes sont des substances vitreuses, fusibles en émail, insolubles dans les acides, assez dures pour rayer le quartz. Leur dureté est représentée par 7,5, leur densité par 2,70. Elles se trouvent en général disséminées dans les roches granitiques et schisteuses du sol de cristallisation. Les plus belles se tirent du Pérou, de la Colombie en Amérique, de l'Égypte en Afrique, et de l'Oural en Europe. On trouve en France, dans le Limousin, des bérils opaques d'un très gros volume. L'Émeraude verte, connue des anciens sous le nom de *smaragdus*, était très estimée; elle figure encore de nos jours au premier rang des pierres précieuses. Les aigues-marines ont beaucoup moins de valeur.

ÉMERAUDINE. (Voir CÉTOINE.)

ÉMERI ou **ÉMERIL** (*Corindon granulaire*). Pierre métallique fort pesante et fort dure, à texture grenue, de couleur brune, rougeâtre ou bleuâtre, dont l'action sur l'aiguille aimantée est très sensible, ce qui l'a fait prendre longtemps pour un minerai de fer. Elle se compose de 70 à 80 pour 100 d'alumine, de silice et de fer. Sa dureté répond à 9; sa densité à 4. L'Émeri se trouve mêlé à toutes les mines, principalement à celles d'or, de cuivre et de fer; on le rencontre surtout au cap Émeri, dans l'île de Naxos, en Grèce, en Saxe, en Suède. Sa poudre est d'un grand usage dans les arts, pour polir les métaux, les glaces et les pierres fines, à l'exception du diamant. L'Émeri est employé avec de l'eau pour le travail des pierres et avec de l'huile pour les métaux.

ÉMÉRILLON. Espèce du genre *Faucon*. (Voir ce mot.)

ÉMEU. (Voir CASOAR.)

ÉMISSOLE (*Mustelus*). Genre de poissons sélaciens, de l'ordre des SQUALES, famille des *Carchariidés*. Les Émissoles ont les formes des requins, mais leurs dents sont plates, en pavé; aussi leurs mœurs sont plus douces et leur nourriture consiste en mollusques et en crustacés. On en connaît deux espèces dans nos mers, l'**Émissole commune** (*M. vulgaris*) et l'**Émissole étoilée** (*M. stellatus*). Toutes deux atteignent 1 mètre. Leur peau est grise tachetée de blanc.

ÉMOU. Nom que porte en Australie le *Dromaius australis* ou Casoar de la Nouvelle-Hollande. Cet oiseau, placé par Cuvier dans le genre Casoar, en diffère par plusieurs caractères qui l'ont fait considérer comme un genre particulier dans l'ordre des COUREURS. L'Émou est plus grand que le Casoar à casque, ses jambes et sonc ou sont plus longs; sa tête est petite, garnie d'un petit bouquet de plumes crépues; sa face est dénudée, la nuque et le cou sont couverts de plumes courtes et duveteuses. Son bec est noir, aussi long que la tête, à mandibule supérieure fortement carénée, onguiculée à l'extrémité. Ses ailes sont nulles et ne présentent pas de baguettes nues comme dans le Casoar; ses jambes sont fortes et emplumées, ses tarses réticulés, ses pieds portent trois doigts, dont le médian deux fois aussi long que les autres. Sa queue est nulle; ses plumes, moins décomposées que dans le Casoar, sont à barbules courtes, disposées par paires sur un même tuyau et de couleur brune variée. — L'Émou habite l'Australie; autrefois répandu sur tout le littoral et dans les îles environnantes, cet oiseau, qui ne peut voler, et qui n'a d'autre moyen de défense que la rapidité de sa course, a été en partie détruit et s'est réfugié dans le nord du continent. Cela est d'autant plus regrettable, que l'Émou peut rendre des services immenses comme oiseau de boucherie; sa chair est comparable à celle du bœuf, et sa cuisse seule peut atteindre un poids de 10 kilogrammes; cette chair, plus tendre et plus blanche chez les jeunes, est un mets très estimé en Australie. Ses œufs, d'un beau vert foncé, et dont le volume équivaut à celui de douze œufs de poule, sont très délicats et d'un goût exquis. Sa peau, recouverte d'une abondante fourrure, sert à faire des tapis de luxe, et ses plumes, souples et élégantes, sont employées pour la parure. Ce bel oiseau s'est reproduit à plusieurs reprises en France et en Angleterre, depuis le premier essai tenté au Jardin des Plantes en 1849 par Florent Prévost. L'Émou femelle pond, au commencement de l'hiver, qui correspond au printemps d'Australie, sept ou huit œufs, que le mâle couve ; les petits éclosent au bout de deux mois et peuvent courir et chercher leur nourriture au sortir de

Émou de la Nouvelle-Hollande.

l'œuf, comme les jeunes poulets. C'est encore le mâle qui les élève et les dirige avec soin et la femelle ne prend aucune part à leur éducation. L'Émou est, en outre, un des oiseaux les plus robustes que l'on connaisse, et surtout un des plus insensibles au froid ; on les voit se tenir constamment hors de leur loge par les froids les plus rigoureux et se montrer indifférents à la neige comme à la pluie. Rien n'est donc plus facile que l'acclimatation de cet oiseau en Europe.

ÉMOUCHET. Nom vulgaire du petit Épervier (*Falco nisus*).

EMPREINTES. (Voir FOSSILES.)

ÉMYDE (du grec *émus*, tortue). On désigne sous ce nom le groupe des Tortues d'eau douce. (Voir TORTUE.)

ÉNANTHE. (Voir ŒNANTHE.)

ENCÉPHALE (du grec *en*, dans, et *képhalê*, tête). Le cerveau. (Voir NERVEUX [Système].)

ENCORNET. Nom que donnent les pêcheurs de nos côtes aux Calmars. (Voir ce mot.)

ENCOUBERT. Espèce du genre *Tatou*. (Voir ce mot).

ENCRINE (du grec *enkrinon*, en forme de lis). (Voir CRINOÏDES.)

ENDIVE. Espèce du genre *Chicorée*. (Voir ce mot).

ENDOGÈNE (du grec *endon*, en dedans, et *genea*, génération). De Candolle emploie ce mot pour désigner les végétaux dont la tige, dépourvue d'étui médullaire central, est formée de faisceaux fibro-

vasculaires disséminés au milieu d'une masse cellulaire, et ne sont jamais disposés en zones concentriques. Cette classe de végétaux se divise en deux sous-classes : 1° celle des **Endogènes phanérogames**, qui correspond aux *monocotylédones* de Jussieu, et 2° celle des **Endogènes cryptogames**, qui représente les *acotylédones vasculaires*.

ENDOMYCHIDÉS (de *endon*, dedans, et *mukès*, champignon). Famille d'insectes COLÉOPTÈRES, section des *Trimères*, qui a pour type le genre *Endomychus*. Ce sont des insectes de petite taille, au corps oblong, assez convexe, à tête en forme de museau, enchâssée dans le corselet, portant des antennes de onze articles, insérées en avant des yeux ; les pattes sont assez grandes, non rétractiles. Cette famille comprend les anciens Fongicoles de Latreille ; les Endomychus, les Lycoperdina, les Dapsa, petits insectes qui vivent exclusivement dans les champignons. Les plus répandus en France sont l'**Endomychus coccineus**, d'un beau rouge, avec la tête, les antennes, les pattes et une tache sur chaque élytre, noirs, et le **Lycoperdina bovistæ**, d'un brun rougeâtre.

ENDOMIQUE. (Voir ENDOMYCHIDÉS.)

ENDOSMOSE (de *endon*, en dedans, et *osmos*, action de pousser). Quand deux liquides de nature différente, mais ayant de l'affinité l'un pour l'autre ou simplement miscibles, sont séparés par une cloison membraneuse, il s'établit à travers cette cloison deux courants dirigés en sens inverse et inégaux en intensité, l'un donnant plus ou moins qu'il ne reçoit ; de telle façon qu'il y a accumulation de liquide d'un côté de la membrane et diminution de l'autre. *Endosmose* signifie le courant fort, et *Exosmose*, le courant faible. En général, le courant d'endosmose a lieu du liquide le moins dense vers le plus dense. (Voir VÉGÉTAUX et ABSORPTION.)

ENDOSPERME (du grec *endon*, dedans, et *sperma*, graine). Nom donné à la masse plus ou moins considérable de tissu cellulaire parenchymateux qui, dans certaines graines (blé, maïs, noyer, etc.), entoure l'embryon, qu'elle est destinée à nourrir pendant la germination. L'endosperme compose, avec l'embryon, l'amande des graines de beaucoup de plantes. (Voir GRAINES.)

ENFLE-BŒUF. (Voir BUPRESTE et MÉLOÉ.)

ENGAINANT. Se dit de certains organes des plantes, tels que les feuilles, les pétioles, etc., qui embrassent la tige comme une gaine. On les dit encore *amplexicaules* (renoncule, jusquiame, iris).

ENGOULEVENT (*Caprimulgus*). Genre d'oiseaux PASSEREAUX, section des *Fissirostres*, où il forme une famille distincte sous le nom de *Caprimulgidés*. Ce groupe comprend les Podarges (*Podargus*) de l'Océanie et de l'Australie ; les Guacharos (*Steatornis*) de l'Amérique méridionale ; les Ibijaux (*Nyctibius*) d'Amérique et d'Afrique, et les Engoulevents proprement dits. Les Engoulevents sont des oiseaux de nuit. Ils ont ce même plumage léger, mou, et nuancé de gris et de brun qui caractérise les oiseaux de proie nocturnes ; leurs yeux sont grands ; leur bec, garni de fortes moustaches, court, et encore plus fendu qu'aux hirondelles, peut engloutir les plus gros insectes, qu'il retient au moyen d'une salive gluante ; son énorme ouverture leur a fait donner le nom de *crapauds volants ;* il porte sur sa base les narines en forme de petits tubes ; leurs ailes sont longues, aiguës ; leurs pieds courts, à tarses emplumés ; le pouce peut se diriger en avant. Ces oiseaux vivent isolés, ne volent que pendant le crépuscule ou dans les belles nuits, poursuivant les phalènes et autres insectes nocturnes, dont ils font leur proie. Ils déposent à terre, au milieu des bruyères ou dans les trous des arbres, deux ou trois œufs jaunâtres tachés de brun. L'air qui s'engouffre, quand ils volent, dans leur large bec, y produit un

Engoulevent.

bourdonnement particulier, d'où leur nom *engoule-vent.* On a dit qu'ils tétaient les chèvres, croyance à laquelle ils doivent le nom vulgaire de *tette-chèvre* (*Caprimulgus*). Ce qui a pu donner lieu à cette opinion ridicule, c'est qu'ils fréquentent les parcs des chèvres et des moutons pour s'emparer des insectes qui y sont attirés en grand nombre. — La seule espèce d'Engoulevent que nous ayons en Europe est l'**Engoulevent commun** (*C. Europæus*), de la taille d'une grive, d'un gris brun, ondulé et moucheté de brun noirâtre, avec une bande blanchâtre allant du bec à la nuque. Le mâle ne diffère de la femelle que par les taches blanches qui terminent les rectrices. L'Engoulevent arrive chez nous au printemps, niche dans les bruyères et va chercher des climats plus chauds au moment de l'année où sa nourriture devient moins abondante. Cet oiseau est utile à l'homme, en détruisant une quantité considérable d'insectes, et surtout de hannetons, auxquels il fait une guerre meurtrière.

Les Podarges sont caractérisés par un bec énorme, portant en dessus une arête vive et se terminant en pointe recourbée qui entre dans une échancrure de la mandibule inférieure ; leur bouche est démesurément fendue. Leurs ailes sont puissantes, leur queue assez allongée ; les pieds robustes, à doigt médian plus long. — Le **Podarge cendré** (*Podargus*

cinereus), de l'Australie, a les mœurs de notre Engoulevent. Il est brun, varié de noir, de gris et de roussâtre.

Les Ibijaux (*Nyctibius*) ont le bec plutôt membraneux que corné, aplati en dessus, très ample et s'ouvrant jusqu'au delà de l'œil ; les pieds sont gros et courts, les doigts réunis à la base par une membrane, et le médian à peine plus long que les autres. L'**Ibijau de Cayenne** (*N. grandis*), de la taille du hibou, a son plumage roux, coupé de bandes noires obliques et irrégulières.

Les Guacharos (*Steatornis*) ont le bec très solide, à mandibule supérieure pourvue d'une arête vive et d'une forte dent, très fendu, garni à sa base de soies raides ; les pieds, gros et courts, ont les doigts bien séparés, terminés par des ongles tranchants. Le **Guacharo de Caripe** (*S. Caripensis*) est roux marron, barré et vermiculé de noir et tacheté de blanc. Cet oiseau nocturne habite les cavernes de l'Amérique équinoxiale, où l'a découvert le célèbre voyageur de Humboldt.

ENGRAULIS. Nom scientifique latin du genre *Anchois*.

ENNÉAGYNIE (du grec *ennéa*, neuf, et *guné*, femme). Nom donné par Linné, dans son système sexuel, à un ordre formé des plantes qui ont neuf pistils.

ENNÉANDRIE (de *ennéa*, neuf, et *anèr*, homme). Nom donné par Linné à la neuvième classe de son système sexuel, comprenant les plantes qui ont neuf étamines.

ÉNOTHÈRE. (Voir Œnothère.)

ENSIFORME (de *ensis*, épée, et *forma*). En forme d'épée, comme les feuilles d'iris, de glaïeul et de beaucoup de graminées.

ENTELLE. Espèce de singe du groupe des *Semnopithèques.* (Voir ce mot.)

ENTOMOLOGIE (du grec *entomon*, insecte, et *logos*, discours, traité). Partie de la zoologie qui traite des Insectes. (Voir ce mot.)

ENTOMOSTRACÉS (du grec *entomon*, insecte, et *ostrakon*, coquille). Les Entomostracés ou Copépodes (de *kopê*, rame) sont de très petits crustacés, fort nombreux en espèces, dont le corps est distinctement segmenté ; la tête, unie au premier anneau thoracique, porte deux paires d'antennes ; les organes buccaux sont représentés par une paire de mandibules, une paire de mâchoires et une paire de pattes mâchoires ; puis viennent cinq paires de pattes natatoires bifurquées, dont la dernière demeure rudimentaire ; l'abdomen se termine par une nageoire caudale bifurquée. Les sexes sont séparés ; les femelles portent ordinairement leurs œufs dans des sacs situés de chaque côté de l'abdomen. Les petits subissent des métamorphoses compliquées ; en naissant, ils n'ont que trois paires de pattes natatoires ; puis, après la première mue, apparaissent successivement les autres pattes : les pattes mâchoires, les antennes et les mandibules. — Les Cyclopes sont le type de l'ordre des Entomostracés ; ce sont de très petits crustacés blancs, fort abondants dans toutes les eaux douces et qu'on rencontre jusque dans nos fontaines de cuisine. Leur nom leur vient de ce qu'ils n'ont qu'un œil. Quelques espèces marines se multiplient en telle quantité qu'elles forment de véritables bancs, ren-

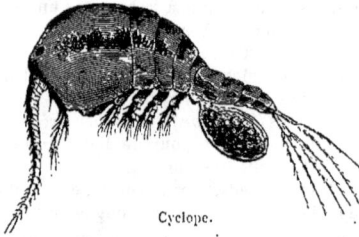

Cyclope.

dant la mer laiteuse sur une étendue de plusieurs lieues carrées. Ces petits animaux forment la nourriture des bandes de harengs. Un grand nombre d'Entomostracés vivent en parasites sur la peau et les branchies des poissons; tels sont les Lernées, les Argules, les Caliges.

ENTOZOAIRES (de *entos*, au dedans, et *zóon*, animal). On désigne sous ce nom les vers intestinaux. (Voir Vers.)

ENTROQUE. Petit corps pierreux, généralement de forme pentagonale, présentant d'ordinaire sur les deux faces l'empreinte d'une étoile parfaitement régulière. Ces pierres, très abondantes dans certaines localités, ne sont autre chose que les articles disséminés qui formaient autrefois la tige des *Encrines fossiles*. (Voir Crinoïdes.)

ÉOCÈNE (du grec *eós*, aurore, et *kainos*, récent). On donne ce nom, en géologie, aux terrains tertiaires les plus inférieurs, c'est-à-dire qui recouvrent les terrains crétacés.

ÉOLIDE (*Eolis*). Genre de mollusques Gastéropodes de l'ordre des Nudibranches, famille des *Éolides*. Ce sont des animaux marins, sans coquille, limaciformes, gélatineux, rampant sur un pied très

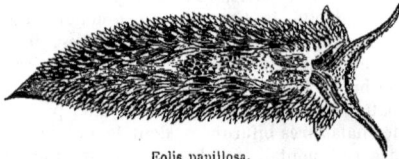

Eolis papillosa.

allongé terminé en pointe. Leur tête est munie de deux paires de tentacules; leurs branchies papilleuses, saillantes, sont disposées en plusieurs séries sur la partie supérieure du corps. — Les Éolides sont de petits mollusques répandus dans presque toutes les mers, surtout dans celles des tropiques. — L'*Eolis papillosa* se trouve fréquemment sur nos côtes, rampant sur les fucus ou nageant à la surface de la mer, le corps renversé.

ÉOZOON (de *eós*, aurore, et *zóon*, animal). Production de forme spiralée et divisée en petites loges, trouvée dans les couches laurentiennes du Canada et considérée comme un foraminifère fossile de grande taille. Ce serait le plus ancien fossile connu. Toutefois, quelques géologues ont nié la nature organique de l'Eozoon.

ÉPACRIDE, *Epacris* (du grec *épi*, sur, et *akra*, sommet). Genre de plantes dicotylédones, monopétales, hypogynes, type de la famille des *Epacridées*. Ce sont des arbrisseaux à port de bruyère, à feuilles éparses, à fleurs pentamères, solitaires ou en épi. Elles croissent dans les lieux élevés, en Australie, et l'on en cultive plusieurs espèces dans les jardins. Telles sont l'**Épacride campanulée**, à fleurs rouges; l'**Épacride élégante**, à fleurs roses; l'*Epacris paludosa*, à fleurs blanches tubulées. On les cultive en terre de bruyère, et il faut les rentrer pendant l'hiver.

ÉPACRIS. (Voir Épacride.)

ÉPAGNEUL. Race de chiens à long poil. (Voir Chien.)

ÉPAULARD. Espèce du genre *Dauphin*. (Voir ce mot.)

ÉPAULE. Portion basilaire du membre supérieur chez l'homme, qui sert à réunir le bras au tronc. Elle est formée par l'omoplate, la clavicule et la tête de l'humérus ou os du bras. Des muscles puissants entourent ces os, dont le plus épais, le *deltoïde*, forme ce que l'on appelle vulgairement le moignon de l'épaule.

ÉPEAUTRE. Espèce de Froment. (Voir ce mot.)

ÉPÉE DE MER. Nom vulgaire de l'Espadon. (Voir ce mot.)

ÉPEICHE. Espèce d'oiseau du genre *Pic*. (Voir ce mot.)

ÉPEIRE. (Voir Araignée.)

ÉPERLAN (*Osmerus*). Genre de poissons de la famille des *Salmonidés*. Ses caractères sont : deux rangées de dents écartées à chaque os palatin; le devant de l'os vomer presque dépourvu de dents; le corps allongé, très comprimé; les ventrales répondant au bord antérieur de la dorsale. — On ne connaît qu'une espèce de ce genre, c'est l'**Éperlan** (*O. eperlanus*, L.); il est orné des plus belles teintes d'argent et de vert clair, et sa chair est excellente à manger. Il habite l'Océan, la Manche et la mer du Nord. Il s'engage au printemps dans les fleuves, mais ne remonte pas loin leur cours. A cette époque, l'embouchure de la Seine en est remplie, et c'est un des poissons dont on mange le plus à Rouen, où il est fort recherché. Sa chair est très délicate et parfumée. Il ne dépasse guère 15 à 20 centimètres.

ÉPERLAN DE SEINE. Espèce d'Ablette, plus grande de taille et portant deux points noirs sur les écailles de la ligne latérale. On le nomme aussi *Spirlin*.

ÉPERON. On donne ce nom, en zoologie, à une saillie dure, cornée, dont sont armés les membres de certains animaux. Les mâles des oiseaux gallinacés (dindon, coq, faisan, etc.) portent un Éperon, vulgairement nommé *ergot*, à la partie postérieure du tarse ; divers échassiers (jacana, kamichi, vanneau) ont le fouet de l'aile muni d'un Éperon semblable ; il constitue une arme redoutable. L'ornithorhynque a les pieds postérieurs armés d'un Éperon puissant. — En botanique, on appelle *Éperon* un prolongement postérieur de la base du calice ou de la corolle ; la capucine, le pied d'alouette sont éperonnés.

ÉPERONNIER (*Polyplectron*). Genre d'oiseaux de l'ordre des Gallinacés, de la famille des *Pavonidés*. Ils sont très voisins des Paons, mais s'en distinguent par leur taille plus petite, leur bec moins voûté, les plumes de la queue moins allongées et non susceptibles de s'épanouir en roue ; enfin par la présence de deux ou trois éperons ou ergots aux tarses des mâles. Ce sont des oiseaux de la taille du faisan, à plumage brun, rehaussé de reflets métalliques et ocellé. La livrée des femelles et des jeunes est moins brillante. — On en connaît plusieurs espèces toutes de l'Inde. Ce sont : le **Chinquis**, de la Chine, l'**Éperonnier ocellé**, l'**Éperonnier chalcure**, de l'île de Sumatra, etc.

ÉPERVIER (*Accipiter*). Genre de la famille des *Falconidés*, très voisin des Autours (voir ce mot), dont il ne diffère que par les tarses plus longs et plus grêles. Une seule espèce habite l'Europe : l'**Épervier commun** (*A. nisus*). Il a les parties supérieures d'un cendré bleuâtre, et les parties inférieures blanches,

Épervier.

avec des raies brunâtres, longitudinales sous la gorge, transversales sous le ventre. Son bec est noirâtre ; ses pattes et l'iris de ses yeux, jaunes. Le mâle a 32 centimètres de long, la femelle est un peu plus grande. Il offre, du reste, de nombreuses variétés suivant l'âge et les localités. L'Épervier habite les champs, il se nourrit de reptiles, de petits mammifères et surtout de petits oiseaux dont il fait une destruction prodigieuse. L'Épervier commun, vulgairement appelé *émouchet*, ne chasse

pas comme le faucon qui, des hautes régions de l'air, fond sur sa proie, comme s'il tombait des nues ; il la poursuit en rasant la terre et jusque dans les broussailles, où il la saisit au moyen de ses pattes longues et agiles. Le mâle et la femelle se réunissent, dit-on, pour chasser le lièvre, auquel ils crèvent les yeux ; ils font aussi une terrible guerre aux pigeons. L'Épervier fait son nid sur les arbres les plus élevés, et la femelle y pond quatre ou cinq œufs tachés d'un jaune rougeâtre vers les bouts. — Une espèce d'Afrique, l'**Épervier chanteur** (*A. musicus*), passe pour posséder une voix très mélodieuse ; ce serait la seule espèce connue d'oiseaux de proie qui chanterait agréablement.

ÉPERVIÈRE (*Hieracium*). Genre de plantes dicotylédones, monopétales, périgynes, de la famille des *Composées liguliflores*, renfermant un grand nombre d'espèces herbacées propres aux régions tempérées de l'hémisphère boréal. Ces plantes sont le plus souvent couvertes de poils glanduleux, et ont des fleurs jaunes ou orangées, assez semblables à celles du pissenlit. Les *Hieracium pilosella*, vulgairement *piloselle*, *Épervière oreille de souris*, le *Hieracium murorum* ou *Épervière de muraille*, et le *Hieracium umbellatum*, sont assez communs dans les environs de Paris.

ÉPHÉMÈRE (du grec *éphêmeros*, qui ne vit qu'un jour). Genre d'insectes de l'ordre des Névroptères, de la tribu des *Subulicornes*, type de la famille des *Éphémérides*. Ces insectes tirent leur nom de la courte durée de leur vie qui n'est que de quelques heures. L'insecte parfait, qui voit à peine le jour, n'a d'autre fonction que de perpétuer son espèce, tandis qu'à l'état de larve, il passe sous l'eau deux ou trois années. Les Éphémères se reconnaissent à la délicatesse de leurs formes qui rappellent celles des libellules ; leur tête, plus large que longue, porte deux antennes très courtes de trois articles, une bouche à peine visible, dont les parties

Éphémère commune.

sont atrophiées ; ils n'en avaient nul besoin, en effet, puisqu'ils ne mangent pas ; leurs yeux sont très gros et réticulés ; leurs pattes antérieures sont très longues ; leur abdomen est terminé par deux ou trois longues soies articulées. Ces insectes paraissent ordinairement au coucher du soleil dans les beaux jours d'été ou d'automne, mais ils survivent rarement jusqu'au lendemain. On les voit se réunir le long des lacs et des étangs, voltigeant et se balançant dans les airs. Ils sont parfois en si grande abondance, que la terre est jonchée de leurs cadavres, et que leurs ailes blanches font paraître le sol comme recouvert d'une couche de neige. Avant de mourir, la femelle laisse tomber dans l'eau deux paquets d'œufs, qui gagnent le fond par leur propre poids et s'y dispersent. Les petites larves qui en sortent se creusent dans la vase de petits trous tubulaires, où elles vivent fort retirées ; elles se nourrissent d'animalcules et de matières animales. Lorsque le moment de la transformation est venu, la nymphe sort de l'eau et grimpe sur quelque tige, où elle attend que sa peau se dessèche. Alors son enveloppe se fend sur le dos, et l'insecte parfait en sort et fait usage de ses ailes. — L'Éphémère commune (*Ephemera vulgata*) est brunâtre tachetée de jaune, avec les quatre ailes transparentes réticulées par des nervures brunes. On rencontre encore en France plusieurs autres espèces ; ce sont les **Ephemera lutea, marginata, brevicauda** qui ont, comme la *vulgata*, trois filets à la queue, et les **Ephemera longicauda, nigra** et **culiciformis**, qui n'ont que deux filets.

ÉPHÉMÈRE. On donne vulgairement ce nom au Tradescantia de Virginie. (Voir Tradescantia.)

ÉPI (*Spica*). Sorte d'inflorescence dans laquelle des fleurs nombreuses et sessiles, ou munies d'un pédicelle très court, sont disposées le long d'un axe commun en spirales ou sur plusieurs rangs horizontaux. Les graminées offrent l'exemple de l'épi le mieux caractérisé. Les amaranthes et les résédas ont aussi les fleurs en Épis.

On nomme vulgairement :

Épi de la Vierge, l'Ornithogale blanc ;

Épi du vent, l'*Agrostis spica venti*.

ÉPIAIRE. (Voir Stachys.)

ÉPICARPE. On nomme ainsi l'enveloppe extérieure du fruit.

ÉPICÉA. Nom vulgaire du Sapin commun. (Voir Sapin.)

ÉPIDENDRE (du grec *épi*, sur, et *dendron*, arbre). Genre de plantes monocotylédones de la famille des *Orchidées*, qui vivent en parasites sur les arbres de l'Amérique tropicale. Plusieurs espèces se cultivent en serre, à cause de la beauté de leurs fleurs.

ÉPIDERME. (Voir Peau.)

ÉPIGASTRE (du grec *épi*, au-dessus de, et *gastér*, ventre). Partie supérieure de la région antérieure du ventre des mammifères. (Voir Abdomen.)

ÉPIGÉ (du grec *épi*, sur, et *gê*, terre). Qui vit sur la terre ou hors de terre. C'est l'opposé de *hypogé*.

ÉPIGÉNÈSE (du grec *épi*, sur, et *génésis*, génération). Doctrine opposée à celle de la préexistence des germes et qui considère tout être organisé comme le produit de formations nouvelles et successives. (Voir Organismes et Reproduction.)

ÉPIGLOTTE (de *épi*, sur, et *glossa*, langue). Lame fibro-cartilagineuse, mince, élastique, de forme ovalaire, située un peu au-dessous de la base de la langue, au-devant et au-dessus de la cavité du larynx. L'Épiglotte joue le rôle de soupape et sert à obturer l'orifice du larynx pendant la déglutition.

ÉPIGYNE. On donne cette épithète, en botanique, à la corolle ou aux étamines qui naissent sur l'ovaire, comme chez le cornouiller, la garance.

ÉPILLET. On donne ce nom aux petits axes qui portent les fleurs dans l'épi des plantes graminées. (Voir ce mot.)

ÉPILOBE (du grec *épi*, sur, et *lobos*, gousse). Genre de plantes de la famille des *Onagrariées*, ayant pour caractères : calice tubuleux, à quatre divisions, corolle à quatre pétales, huit étamines, ovaire à quatre loges pluriovulées. Ce sont des plantes herbacées qui croissent dans les lieux humides ; leurs fleurs en épis ou en grappes sont roses ou purpurines, portées sur un long ovaire qui devient une capsule analogue pour la forme à une gousse. On en cultive quelques-unes dans les jardins ; telles sont : L'**Épilobe à épi** (*Epilobium spicatum*), vulgairement *laurier de Saint-Antoine*, l'**Épilobe hérissé** (*E. hirsutum*) et l'**Épilobe des montagnes** (*E. montanum*), toutes trois spontanées en France.

ÉPINARD (*Spinacia*). Genre de plantes de la famille des *Chénopodées*, renfermant des végétaux herbacés, annuels ; à feuilles alternes, hastées, dentées ; à fleurs axillaires, agrégées en glomérules ; originaires d'Orient. — L'espèce la plus répandue à cause de son utilité est l'**Épinard commun** (*S. oleracea*, L.), dont les tiges atteignent 60 à 80 centimètres de haut. On en distingue deux variétés, l'une à graines épineuses, connue sous le nom d'*épinard cornu*, l'autre à graines lisses, connue sous celui d'*épinard de Hollande*. On sème les Épinards de mars à la fin d'octobre ; ils ne demandent d'autres soins que des arrosements copieux, et sont bons à couper six semaines ou deux mois après le semis. On cultive souvent sous le nom d'Épinards la *baselle* et le *chénopode quinoa* dont les feuilles peuvent également se manger cuites, et qui offrent sur l'Épinard l'avantage de durer plus longtemps.

ÉPINARD FRAISE. (Voir Blette.)

ÉPINES. On confond vulgairement sous ce nom tous les piquants dont sont armés les animaux ; mais, en botanique, on ne considère comme Épines que les prolongements durs et acérés qui naissent immédiatement du tissu vasculaire, et qui, par conséquent, font corps avec le bois ou du moins avec l'intérieur de l'écorce. On appelle, au contraire, *aiguillons* les pointes ordinairement courtes et faibles qui ne proviennent que de l'épiderme et peuvent s'en détacher sans déchirer les tissus sous-jacents. Les vinettiers, le prunellier, l'aubépine, etc., sont armés d'épines ; les ronces et les rosiers n'offrent que des aiguillons. Dans beaucoup de cas, les Épines ne sont autre chose que des rameaux ou des feuilles arrêtées brusquement dans leur développement, aussi certains végétaux épineux, qui croissent dans des terrains arides, perdent-ils leurs épines lorsqu'on les cultive dans un terrain substantiel.

On nomme vulgairement :
Épine blanche, l'aubépine blanche ;
Épine rose, l'aubépine rose ;
Épine fleurie, le prunellier ;
Épine du Christ, le jujubier.

ÉPINE-VINETTE ou **VINETTIER** (*Berberis*). Type de la famille des *Berbéridées*. Les Vinettiers sont des arbrisseaux armés d'épines ; à feuilles alternes sur les jeunes pousses, mais roselées sur le vieux bois à l'aisselle des épines, pétiolées, et souvent bordées de dents piquantes ; les fleurs,

Epine-vinette (*Berberis vulgaris*).

Fleur d'Epine-vinette grossie. — *a*, grandeur naturelle.

de grandeur médiocre et toujours de couleur jaune, sont disposées en grappe ; les pédoncules communs naissent du centre des rosettes de feuilles. La plupart des Vinettiers croissent dans les contrées tempérées ; ils forment des buissons touffus qui se couvrent d'une multitude de fleurs au mois de mai ; les grappes de leurs fruits écarlates ou pourpres produisent un bel effet en automne. Les racines des Épines-vinettes, de couleur jaune à l'intérieur, sont amères et astringentes ; macérées dans une lessive alcaline ou dans une dissolution d'alun, elles fournissent une couleur jaune dont il se fait un emploi considérable en Russie pour la teinture des cuirs. Les feuilles sont acidules et peuvent remplacer l'oseille ; le bétail en est très friand. Les fruits ont en général une saveur très acide, mais non désagréable ; on en prépare des sirops, des conserves, des dragées et des confitures ; leur suc a des propriétés antiseptiques, antiscorbutiques et rafraîchissantes ; les graines

sont extrêmement astringentes. — L'espèce à laquelle s'applique plus spécialement le nom d'Epine-vinette est le **Vinettier commun** (*B. vulgaris*, L.), qui croît dans toute l'Europe ainsi qu'en Sibérie. C'est un bel arbrisseau à écorce blanche et polie, à épines disposées trois à trois ; son feuillage est d'un vert gai, luisant ; ses fleurs jaunes, fortement odorantes, ses fruits rouges, quelquefois violets. — L'Epine-vinette croît le long des bois, on la cultive dans les jardins. Tous les terrains lui sont bons, et on la multiplie très aisément de graines.

ÉPINIÈRE [Moelle]. (Voir Nerveux [*Système*].)

ÉPINOCHE (*Gasterosteus*). Genre de poissons de l'ordre des Téléostéens, tribu des *Acanthoptères*, type de la famille des *Gastérostéidés* (ventre cuirassé), dont les principaux caractères sont : épines dorsales libres et ne formant pas nageoires, ventre garni d'une cuirasse osseuse, ventrales réduites à une seule épine. Ces poissons, d'une taille fort petite, vivent dans les ruisseaux, les rivières et les eaux salées. Ils sont fort agiles et paraissent doués d'une force musculaire peu commune, puisqu'ils peuvent s'élancer à plus d'un pied hors de l'eau. Leur voracité est très grande ; ils se nourrissent de vers, d'insectes aquatiques, de frai et même de petits poissons. Les Epinoches doivent à leur armure de ne redouter aucun ennemi, car elles peuvent présenter de toutes parts des épines acérées qui rebutent les poissons les plus voraces. Mais ce que ces petits animaux offrent de plus remarquable, c'est la singulière habitude qu'ils ont de former comme les oiseaux, un nid pour leurs petits. L'Epinoche va chercher au loin des brins d'herbes et des débris de végétaux qu'elle dépose sur la vase, en les fixant

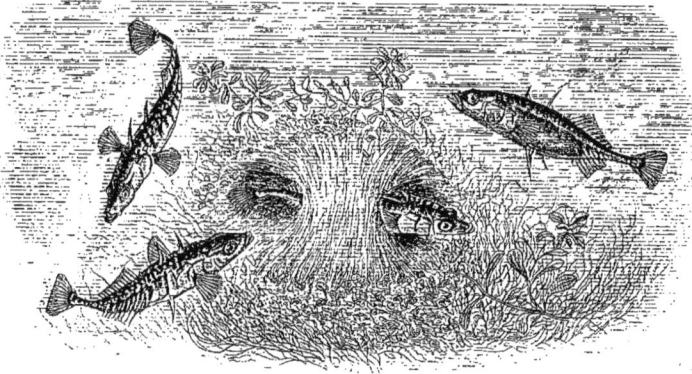

Epinoches.

à coups de tête et en y mêlant du sable pour l'empêcher d'être entraîné par l'eau, puis elle agglutine et réunit ces matériaux à l'aide du mucus qui suinte de sa peau, en glissant doucement dessus et en l'arrondissant avec son museau. Lorsque le nid est terminé, l'Epinoche, dont les couleurs sont habituellement assez ternes, se revêt soudain de teintes plus brillantes ; ses écailles s'irisent et, ainsi paré, le mâle va chercher les femelles prêtes à pondre, les amène à son nid et se charge seul de soigner le frai qu'elles y déposent ; il défend ses petits avec énergie et leur donne la becquée comme le font les oiseaux. Au sortir du nid, il guide les jeunes Épinoches à travers les eaux et ne les abandonne que lorsqu'elles sont devenues assez fortes pour suffire aux besoins de leur propre conservation. L'Épinoche est fort commune dans nos rivières ; elle est peu recherchée comme aliment à cause de ses épines et de sa petitesse, mais sa chair est assez agréable. — On confond sous le nom de *grande Épinoche*, deux espèces qui ont trois épines libres sur le dos, mais dont l'une (*G. trachurus*, Cuvier) a tout le côté, jusqu'au bout de la queue, garni de plaques écailleuses, tandis que l'autre (*G. gymnurus*, Cuvier) n'a de ces plaques que dans la région pectorale. Elles ne dépassent pas 8 centimètres en longueur. — L'**Épinochette** (*G. pungitius*) d'un tiers plus petite, a sur le dos neuf épines fort courtes. On trouve des individus qui ont sur les côtés de la peau des écailles carénées, tandis que d'autres, formant une espèce distincte (*G. lævis*), sont dépourvus de cette armure.

ÉPINOCHETTE. (Voir Épinoche.)

ÉPIPHYSE (de *épi*, sur, et *phuein*, croître). On désigne sous ce nom la partie terminale qui forme la tête des os longs, et ne se soude au corps de l'os qu'à l'âge adulte.

ÉPIPHYTE (de *épi*, sur, et *phuton*, plante). Qui vit sur les plantes sans en être parasite. Les lichens et les mousses sont épiphytes.

ÉPIPLOON (du grec *épi*, sur, et *pléô*, je flotte). Double feuillet membraneux formé par un prolongement du péritoine et flottant sur la surface des intestins.

ÉPISPERME (de *épi*, sur, et *sperma*, graine). Enveloppe extérieure de la graine, autrement dit la peau. On lui donne aussi le nom de *testa*. (Voir Graine.)

ÉPITHÉLIUM (de *épi*, sur, et *thélé*, mamelon, parce qu'il a d'abord été étudié sur cet organe.) On désigne sous ce nom de fines membranes cellulaires qui forment la superficie des surfaces intérieures ou extérieures du corps des animaux. L'épiderme est formé par les cellules épithéliales. (Voir Peau et Tissus.)

ÉPIZOAIRE (de *épi*, sur, et *zóon*, animal). On donne ce nom aux parasites qui vivent sur la surface extérieure du corps des animaux, comme le pou, la puce, le sarcopte. (Voir Parasites.)

ÉPONGE (*Spongia*). L'Éponge est une production naturelle, que tout le monde connaît par l'usage habituel qu'on en fait chez soi, et cependant c'est un corps sur la nature duquel les naturalistes ont émis bien des opinions différentes ; ils l'ont rangé tour à tour parmi les animaux et les végétaux. Aujourd'hui l'animalité des Éponges ne fait aucun doute. Ce serait d'ailleurs se faire une idée très fausse de la nature d'une Éponge, en ne considérant que celle qui sert aux soins de la toilette. Une Éponge est un corps formé d'agrégats de cellules amiboïdes dépourvues de membrane et ordinairement soutenu par une charpente solide constituée par des filaments et des formations cornées, siliceuses ou calcaires, présentant dans son intérieur un système de canaux, et à sa surface de nombreux pores et de plus une ou plusieurs ouvertures désignés sous le nom d'*oscules*. Le réseau fibreux que l'on emploie dans les usages domestiques n'est qu'une sorte de squelette destiné à soutenir la masse charnue de l'organisme, dont il reproduit assez fidèlement la forme. Chez certaines Éponges, au réseau fibreux viennent s'associer des productions siliceuses de forme bien nettement définie, ce sont les *spicules*. Mais le plus souvent les fibres manquent et le squelette est alors tout entier constitué par ces spicules dont les formes, variées à l'infini, ont souvent une grande élégance : ce sont des épingles, des crochets, des ancres, des croix, des étoiles, etc. Ces spicules ont des rôles variés : les uns soutiennent les parties molles de l'Éponge et forment la base de son squelette ; d'autres unissent ensemble ses divers tissus, quelques-uns, terminés en pointe acérée hérissent sa surface et deviennent de véritables organes de défense. Tantôt les spicules sont siliceux, tantôt ils sont

Olynthus primordialis (calcisponge).

calcaires ; mais jamais des spicules calcaires et siliceux ne coexistent dans une même Éponge. La forme des fibres et des spicules, la façon dont ces formes se combinent entre elles ont été employées à la classification des Éponges. Ces productions ne sont cependant que l'accessoire de l'Éponge, le principal, c'est la masse charnue dans laquelle elles se développent, masse creusée de canaux ramifiés en sens divers et aboutissant à des orifices extérieurs. Ces pores sont de deux sortes : les uns rares, de grand diamètre, sont les *oscules* ; les autres, extrêmement nombreux et de petit diamètre, sont les *pores inhalants*. Si l'on met en expérience les spongilles de nos eaux douces, en mettant une poussière colorée dans l'eau du vase où elles sont placées, on verra cette poussière entraînée vers l'Éponge, y entrer par les petits trous et en sortir par les gros. Des pores inhalants partent des canaux qui se ramifient irrégulièrement et vont aboutir à des chambres situées sous les oscules. En certains points, ces canaux présentent des élargissements sphériques couverts de cils vibratiles; ce sont ces *corbeilles vibratiles*, comme on les nomme, qui déterminent le courant d'eau qui traverse l'Éponge, courant dans lequel se trouvent l'oxygène et les aliments nécessaires à son existence. Le domaine de chaque oscule, dit M. Edmond

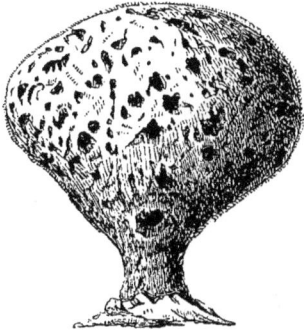

Éponge commune (cératosponge).

Perrier, dans son remarquable ouvrage les *Colonies animales,* correspond à une Éponge simple dans ces *Éponges composées* qui résultent par conséquent de l'union ou même de la fusion presque totale d'un nombre plus ou moins considérable d'*Éponges simples.* Seules ces dernières sont de véritables individus; les autres sont des collectivités, des *colonies.*

Spongille fluviatile (silicosponge).

Tandis que les Éponges composées doivent à leur nature coloniale une variété de formes pour ainsi dire infinie, en général les Éponges simples présentent, au contraire, une forme sensiblement constante. L'une d'elles, à laquelle on peut ramener toutes les autres, est l'*Olynthus,* que l'on peut se figurer comme une petite urne, dont l'ouverture ne serait autre chose que l'oscule de l'Éponge : ses parois minces, soutenues par des spicules calcaires à trois branches, sont assez régulièrement perforées de trous qui jouent le rôle de pores inhalants. A certaines époques se forment dans la substance de l'Éponge des œufs qui se développent et s'échappent par les oscules sous forme de larves ciliées, dont chacune devient, après s'être fixée, une nouvelle Éponge. La jeune Éponge n'a d'abord qu'un oscule, mais bientôt elle bourgeonne et en produit d'autres, à la manière des polypes hydraires. — Les Éponges sont toujours adhérentes aux corps sous-marins. On les trouve à diverses profondeurs. Elles sont communes dans les mers des pays chauds, moins répandues dans les régions tempérées, et extrêmement rares dans le voisinage des pôles. Leur volume varie d'un millimètre à deux mètres; leur forme, la régularité de leurs opercules et leur couleur offrent aussi beaucoup de variétés. Quelques espèces auxquelles on donne le nom de *spongilles* vivent exclusivement dans les eaux douces. — Les Éponges employées dans les arts et pour les usages domestiques nous viennent de l'Amérique méridionale ou de la Méditerranée, où les pêcheurs sont obligés de plonger jusqu'à la profondeur de 10 à 12 mètres pour les rencontrer. — Les Éponges renferment beaucoup de matières étrangères, et leurs fibres sont remplies de sable et d'argile. Pour les nettoyer, on les bat, puis on les lave et on les traite aussi par l'acide hydrochlorique très affaibli, à l'effet d'en dissoudre les parties calcaires. Après les avoir lavées une dernière fois, on les fait sécher et les Éponges très fines, destinées à la toilette, sont ensuite blanchies au chlore. Les Éponges forment aujourd'hui sous le nom de spongiaires un embranchement particulier qui prend place entre les Cœlentérés et les Protozoaires. On y distingue trois ordres très bien caractérisés, d'après la nature de leur squelette : les *Cératosponges* ou Éponges cornées, les *Calcisponges* ou Éponges calcaires, et les *Silicosponges* ou Éponges siliceuses; c'est au premier ordre qu'appartiennent surtout les Éponges du commerce, dont les principales sont : l'**Éponge usuelle** (*Spongia usitatissima*), l'**Éponge de Syrie,** l'**Éponge de l'Archipel,** l'**Éponge de Grèce,** l'**Éponge de Barbarie** (*S. communis*), l'**Éponge de Bahama** et l'**Éponge des Antilles.** Les spongilles des eaux douces (*Spongilla friabilis*) renferment des spicules siliceux qui, outre leur petite taille, les rendent impropres au service de l'industrie.

ÉPOQUES GÉOLOGIQUES. Comme nous l'avons vu à l'article Chaleur de la terre, l'écorce terrestre, mince et flexible, doit, au moindre retrait de la matière fluide, se plisser ou se rompre en dressant, suivant les lignes de rupture, les flancs escarpés de ses couches brisées. (Voir Montagnes). — Les fractures de l'écorce terrestre ne sont pas des accidents subits que rien ne prépare. Longtemps, autant que le permet sa flexibilité, l'enveloppe solide accompagne la matière fluide dans son mouvement de concentration; le sol, avec une lenteur que les siècles accumulés peuvent seuls rendre sensible, s'incline, fléchit, oscille, s'élevant en un point du globe, s'abaissant en d'autres. Enfin la rupture a lieu suivant les lignes de moindre résistance. Alors les mers et les continents font un nouveau partage de leurs domaines respectifs ; d'après la valeur de leurs niveaux modifiés, l'ancien lit des mers peut devenir terre ferme, et l'ancienne terre ferme peut devenir lit des mers. Enfin, l'ordre se rétablit, et une nouvelle période de calme commence, pour se terminer tôt ou tard par un accident pareil. Bien souvent déjà la Terre a éprouvé des dislocations pareilles qui, modifiant sa surface, déplacent les continents et les mers ; car les traces de l'Océan se retrouvent partout. — « S'il y a quelque chose de bien constaté en géologie, dit Cuvier (*Révolutions du globe*), c'est que nos continents ont été, alternativement et à plusieurs reprises, couverts par les eaux et laissés à sec. » — C'est au moyen de l'étude des couches sédimentaires, de leur nature, de leur nombre, de leur ordre de succession, de leur stratification concordante ou discordante, enfin, de leurs fossiles, que la géologie parvient à reconnaître les antiques répartitions entre la mer et la terre ferme, et les principaux changements que l'écorce terrestre a subis pour amener peu à peu les continents à la configuration qu'ils ont aujourd'hui. Les périodes de repos pendant lesquelles se sont formées au fond des mers telles et telles assises sédimentaires constituent autant d'*époques géologiques*. Ces périodes sont séparées l'une de l'autre par des accidents de niveau, brusques ou lents, qui, en changeant plus ou moins le relief de l'écorce terrestre, ont changé, par là même, la configuration de la terre ferme et la distribution des eaux marines. A diverses reprises, les mers ont été ainsi différemment délimitées. Ici les terres, et c'est le cas le plus général, ont gagné en étendue par une émersion plus prononcée hors des eaux ; là, au contraire, elles ont perdu en surface par une submersion ; enfin, la carte du monde a profondément varié d'une époque à l'autre.—On divise le passé de la Terre en quatre grandes *ères* principales, qui se subdivisent elles-mêmes en époques ou périodes : 1° L'ère *primaire* ou *paléozoïque*, comprenant les époques *cambrienne*, *silurienne*, *dévonienne* et *permo-carbonifère*, caractérisées par la présence des trilobites, des poissons ganoïdes, de mollusques et de cœlentérés. La végétation consiste en cryptogames gigantesques : prêles, fougères, puis en cycadées et en conifères ; 2° l'ère *secondaire* ou *mésozoïque*, qui comprend les époques *triasique*, *jurassique* et *crétacée*, est surtout caractérisée par ses gigantesques reptiles, sauriens et dinosauriens, ses oiseaux reptiliens ; ses mers abondent en ammonites, bélemnites, céphalopodes, polypiers ; aux cycadées et aux conifères se mêlent des palmiers et les premières dicotylédones ; 3° l'ère *tertiaire* ou *néozoïque*, divisée en trois périodes : *éocène*, *miocène*, *pliocène*, est caractérisée par le développement des mammifères, des oiseaux, des mollusques gastéropodes et acéphales ; les végétaux dicotylédones y prennent le plus grand développement ; 4° enfin l'ère *quaternaire* ou *moderne* est surtout caractérisée par l'apparition de l'homme sur

le globe. (Voir TERRE, FOSSILES, et les articles consacrés à chaque époque.)

ÉPOQUE GLACIAIRE. (Voir GLACIERS.)

ÉPURGE. (Voir EUPHORBE.)

ÉPYORNIS, et mieux **ÆPYORNIS.** Ce nom, tiré du grec, signifie *grand oiseau*, et a été donné à un oiseau fossile dont on a retrouvé les ossements et les œufs gigantesques dans l'île de Madagascar. D'après les fragments qu'il a reçus, M. I. Geoffroy Saint-Hilaire voit dans cet oiseau géant le type d'un genre nouveau de la famille des *Brévipennes*, et il lui attribue une taille de 3 à 4 mètres, c'est-à-dire double de celle de l'autruche. L'un des œufs qu'a reçus ce savant n'a pas moins de 34 centimètres de grand diamètre, 23 de petit diamètre et 85 centimètres de grande circonférence ; l'épaisseur de la coquille est de 3 millimètres. La capacité de cet œuf est de 9 litres ; son volume égale celui de 6 œufs d'autruche et de 130 œufs de poule. Les ossements de l'Épyornis ont été découverts au sein d'alluvions modernes ; cette circonstance fait présumer que l'oiseau a dû vivre dans des temps peu éloignés de nous, si même il n'existe encore. Au rapport de certains voyageurs, des naturels de l'île de Madagascar affirment que l'oiseau gigantesque existe encore, mais qu'il est excessivement rare. Ce qu'il y a de certain, c'est qu'aucun voyageur ne l'a jamais vu. D'autres oiseaux gigantesques ont également vécu à la Nouvelle-Zélande. (Voir DINORNIS.)

ÉQUIDÉS (de *equus*, cheval). Famille d'animaux mammifères comprenant le seul genre *Cheval* (voir ce mot), et à laquelle Cuvier donnait le nom de *Solipèdes*, pour indiquer l'existence d'un seul doigt apparent ou sabot à chaque pied. Il en est ainsi, en effet, des espèces qui vivent de nos jours ; mais on a découvert dans les couches tertiaires des espèces éteintes à trois doigts (*Hipparion*), qui rattachent nettement ces animaux aux autres familles de l'ordre des JUMENTÉS (rhinocéros et tapirs). — Cuvier comprenait ces familles dans son ordre des PACHYDERMES, qui a été démembré et forme aujourd'hui trois ordres distincts : PROBOSCIDIENS, JUMENTÉS, PORCINS. (Voir ces mots.)

Dans les Équidés, chaque mâchoire est munie de six incisives, d'une canine et de six molaires à couronne carrée, où l'émail apparaît sous forme de quatre croissants. Entre les canines et les molaires sont les barres, où l'homme place le mors qui lui permet de dominer le cheval.

ÉQUILLE. Petit poisson du genre *Ammodytes*. (Voir ce mot.)

ÉQUISÉTACÉES (de *equisetum*, prêle). Famille de plantes cryptogames vasculaires, de la division des Acrogènes. Ce sont de petites plantes herbacées qui croissent dans les terrains marécageux, les prairies humides. Elles ont un rhizome souterrain et rampant, d'où s'élèvent des tiges rigides, creuses, cylindriques, sillonnées, articulées ; chaque article est muni à son point de jonction d'une gaine membraneuse, dentée, qui paraît être le rudiment des feuilles. Les rameaux, toujours verticillés, prennent naissance à la base des gaines et présentent la même structure que les tiges. La fructification est en forme de cône à l'extrémité de la tige et formée par la réunion d'un grand nombre d'écailles, sous chacune desquelles est un cercle de capsules ou

Prêle (*Equisetum sylvaticum*).

sporanges qui se fendent à la maturité et laissent échapper une foule de spores. — Les Équisétacées, qui atteignaient une taille gigantesque aux époques géologiques anciennes (voir VÉGÉTAUX FOSSILES), sont aujourd'hui réduites à de fort petites dimensions. Cette famille ne comprend qu'un seul genre, *Equisetum* ou *Prêle*.—Les prêles, vulgairement *queue de cheval*, sont remarquables par la grande quantité de silice placée dans les petits tubercules qui forment les aspérités de leurs tiges. Aussi emploie-t-on ces tiges desséchées pour polir les bois et même les métaux. Ces plantes ont en outre des propriétés diurétiques qui les font employer en médecine, surtout dans les affections exanthématiques. On trouve communément dans nos champs et nos marais les **Equisetum arvense**, **variegatum**, **ramosum** et **palustre**.

ÉRABLE (*Acer*). Genre de plantes type de la famille des *Acérinées*, renfermant de grands arbres presque tous indigènes dans les régions tempérées de l'hémisphère septentrional, où ils forment souvent d'immenses forêts. Les Érables sont des arbres ou des arbrisseaux à rameaux opposés, à feuilles simples, opposées, pétiolées et lobées, ou anguleuses. Les fleurs sont en général petites et disposées en grappe ou en ombelle ; calice de quatre à douze folioles, pétales en même nombre ; étamines quatre-douze, ovaire didyme, terminé par un style bifurqué. Le fruit se compose de deux samares ou capsules ailées à deux loges. — Les espèces indigènes les plus remarquables sont : l'**Érable sycomore** (*A. pseudoplatanus*), qui atteint 20 à 25 mètres

Erable sycomore.

de hauteur et 1 mètre de diamètre. Cet arbre croît dans toute l'Europe, mais surtout dans les montagnes du Nord. Son beau port le fait rechercher comme arbre d'ornement dans les parcs et les grands jardins. Son bois marbré, d'un gris blanchâtre, d'un tissu dense, susceptible d'un beau poli, sert à de nombreux usages dans les arts et métiers (armuriers, ébénistes, tourneurs, luthiers) ; il est très estimé comme bois de chauffage. — En Amérique, l'**Érable à sucre** (*A. saccharinum*) forme à lui seul des bois entiers. Avec la sève de cet arbre, recueillie au printemps, on fabrique, aux États-Unis, un sucre identique à celui de canne et de betterave. Le procédé pour se procurer cette sève est des plus simples ; on perce dans le tronc, avec une tarière, des trous ascendants, auxquels on adapte des tuyaux par lesquels s'écoule la sève. L'écoulement dure un mois environ, et chaque érable peut fournir 2 ou 3 kilogrammes de sucre par année. — L'**Érable platane** (ainsi nommé à cause de la ressemblance de ses feuilles avec celles du platane), indigène dans presque toute l'Europe, fournit aussi par la cuisson un sirop semblable à celui de la mélasse, mais inférieur en qualité comme en quantité à celui de l'érable à sucre. — Une des plus

46

belles espèces du genre est l'Erable de Pensylvanie, dont l'écorce verte est couverte de stries blanches.

ÉRÈBE (du grec *érèbos*, noirceur). Genre d'insectes LÉPIDOPTÈRES de la section des *Nocturnes*, famille des *Noctuélides*. Ce genre ne renferme qu'un petit nombre d'espèces exotiques, remarquables par leur grande taille. Le type du genre, l'*Erebus strix*, de la Guyane, atteint 22 centimètres d'envergure ; il est d'un gris blanchâtre, avec les ailes traversées de lignes noires brisées et ondulées.

ÉRÈSE. (Voir ARAIGNÉE.)

ÉRETHIZON. (Voir PORC-ÉPIC.)

ERGOT. On donne ce nom, en botanique, à l'altération que présente le grain de plusieurs graminées, et en particulier de quelques céréales. Elle consiste dans une excroissance en forme de corne, assez ressemblante à l'ergot des gallinacés. — Le grain ergoté est d'abord mou, pulpeux, puis il se solidifie et s'allonge. Rouge ou violacé dans les premiers instants, il prend ensuite une teinte plombée, puis il devient noir, et sa surface se couvre quelquefois d'une poudre noirâtre. L'Ergot est produit par un champignon du groupe des *Ascomycètes*, du genre *Sphacelia*, qui n'est en réalité que le mycélium du *Cordiceps purpurea*. Ce mycélium se développe dans l'ovaire et végète à la place du grain. La fermentation panaire semble développer l'action du grain ergoté ; mais il paraît n'être malfaisant que quand il entre pour un dixième au moins avec la farine. Ses effets varient en raison de l'espèce de grain qu'il a attaquée. Ainsi, en Amérique, le maïs ergoté produit des accidents bien moins dangereux chez l'homme que ceux qu'entraîne en Europe notre seigle ergoté. Les oiseaux, qui en sont très friands, tombent dans une espèce d'ivresse, et les poules pondent des œufs sans coquilles, ce qui s'explique par l'action de ce grain sur les organes génitaux, qui expulsent l'œuf avant qu'il ait eu le temps de se revêtir de son enveloppe calcaire. —

Ergot du seigle.

L'Ergot du seigle, dont le principe actif est connu sous le nom d'*ergotine*, est employé en médecine comme un puissant hémostatique, et, dans certains cas, pour accélérer l'accouchement.

ERGOT. (Voir ÉPERON.)

ERICA. Nom scientifique du genre *Bruyère*.

ÉRICACÉES (de *erica*, nom latin de la bruyère). Famille de plantes dicotylédones, monopétales, hypogynes, qui a pour type le genre *Bruyère*. Ce sont des arbrisseaux et des sous-arbrisseaux à feuilles simples, ordinairement alternes ; à fleurs monopétales, disposées en panicules ou en ombelles, à ovaire supère dans les *bruyères* et les *arbousiers*, à ovaire infère dans les *airelles*, à fruit capsulaire ou bacciforme. Ces plantes, répandues en abondance dans les régions tempérées des deux mondes, ont été réparties dans quatre tribus : 1° **Rhododendrées**, à corolle caduque, à fruit capsulaire s'ouvrant par décollement des cloisons, et comprenant les genres *Rhododendrum*, *Azalea*, *Kalmia* ; 2° **Éricées**, à corolle marcescente, à fruit capsulaire, à déhiscence loculicide ; genres : *Erica* et *Calluna* ; 3° **Andromédées**, à corolle caduque, à fruit capsulaire ou bacciforme ; genres : *Andromeda*, *Arbutus* ; 4° **Vacciniées**, corolle caduque, ovaire infère, fruit charnu ; genres : *Vaccinium* (airelle) et *Oxycoccos*.

ÉRIGERON (de *érion*, poil, et *géron*, vieillard, parce que les capitules de fleurs se couvrent de soies blanches). Genre de plantes dicotylédones, monopétales, périgynes, de la famille des *Composées tubuliflores*. Ce sont des herbes à capitules presque hémisphériques à disque jaune. — L'**Érigeron âcre** (*E. acer*), type du genre, est haut de 30 à 40 centimètres ; ses feuilles sont linéaires lancéolées ; les fleurons de la circonférence d'un bleu violet. Cette plante, connue sous le nom de *vergerette*, est commune dans toute l'Europe. — L'**Érigeron du Canada** (*E. canadensis*), originaire de l'Amérique du Nord, est aujourd'hui répandu dans toute la France. On lui attribue des propriétés toniques et astringentes ; ses cendres, très riches en carbonate de potasse, servent dans certaines contrées à faire la lessive.

ÉRINACIDÉS (de *erinaceus*, hérisson). Tribu de la famille des *Insectivores*, ordre des CARNASSIERS (mammifères), comprenant les genres *Tupaia*, *Hérisson* et *Tanrec*. (Voir ces mots.)

ÉRISTALE (*Eristalis*). Genre d'insectes DIPTÈRES de la division des *Brachycères*, famille des *Syrphides*. Ce sont de grosses mouches, au corps ramassé, noirâtre, couvert de poils fauves, avec l'abdomen conique, souvent orné de taches ferrugineuses. Leurs larves, connues sous le nom de *vers à queue de rat*, vivent dans les cloaques et autres lieux impurs ; leur corps est terminé par une longue queue composée de deux tuyaux rentrant l'un dans l'autre et que l'animal peut allonger à son gré ; c'est à l'aide de cet organe singulier, dont le ver tient constamment l'orifice au-dessus de la surface du liquide, qu'il se procure l'air nécessaire à sa respiration.

ERMITE. (Voir PAGURE.)

ERODIUM (du grec *erodios*, héron). Genre de plantes formé aux dépens du genre *Géranium* (voir ce mot), comprenant les espèces pourvues de dix étamines dont cinq stériles. Les Erodium grinnum (bec de grue), incarnatum, cicutarium et moschatum, qui croissent en France, font partie de ce genre. On en cultive plusieurs dans les jardins, principalement l'Erodium alpinum, à fleurs violettes veinées de pourpre.

ERPÉTOLOGIE (du grec *erpeton*, reptile, et *logos*, traité). Branche de la zoologie qui a pour objet l'étude des reptiles. (Voir ce mot.)

ERRATIQUES [Blocs]. (Voir Diluvium.)

ERS, *Ervum* (de *arva*, guérets.) Genre de *Légumineuses papilionacées*, tribu des *Vicées*. Ce sont des plantes herbacées à feuilles paripennées, à pétiole terminé en vrille, à pédoncules axillaires pauciflores : le calice à cinq points, les supérieures plus courtes; étamines en deux faisceaux; style filiforme, non barbu sous le stigmate; gousse stipitée, linéaire, arrondie au sommet, non prolongée en bec, à graines globuleuses. Très voisins des Lentilles, l'**Ers à quatre graines** (*E. tetrasperma*), à petites fleurs lilas, et l'**Ers grêle** (*E. gracilis*), à grandes fleurs bleues, croissent parmi les blés.

ERUCA. Nom scientifique latin du genre *Roquette.*

ERVUM. Nom scientifique latin du genre *Ers.*

ERYNGIUM. (Voir Panicaut.)

ERYSIMUM. (Voir Vélar.)

ÉRYTHRÉE, *Erythrœa* (du grec *éruthros*, rouge). Genre de plantes dicotylédones, monopétales, hypogynes, de la famille des *Gentianées*. Ce sont des herbes annuelles à feuilles opposées, soudées à leur base, à fleurs en corymbe pentamères. — L'**Erythrée centaurée** (*E. centaurium*), vulgairement *petite centaurée, gentianelle*, a sa tige droite, quadrangulaire de 3 à 6 décimètres, ses feuilles inférieures en rosette, obovales, celles de la tige sessiles, linéaires aiguës; ses fleurs sessiles, roses ou blanches, sont réunies en corymbe au sommet des rameaux. On la trouve l'été dans les bois, les pâturages. On emploie la *petite centaurée* comme fébrifuge. — L'**Érythrée maritime**, à fleurs jaunes, croît sur le littoral de l'Océan. Elle est amère et tonique.

ÉRYTHRINE, *Erythrina* (de *éruthros*, rouge). Genre de plantes dicotylédones de la famille des *Légumineuses papilionacées*, comprenant des arbres ou des arbrisseaux le plus souvent épineux, à feuilles pennées, à trois folioles, à fleurs en grappes, très grandes, très nombreuses, d'un beau rouge vermillon très éclatant, originaires des régions chaudes des deux continents. Plusieurs espèces de ce genre sont recherchées dans nos jardins et nos serres; tels sont : l'**Érythrine crête de coq** (*E. crista galli*), de l'Amérique méridionale, l'**Érythrine corail** (*E. corallodendron*), vulgairement *arbre corail, flamboyant*, à cause de la beauté de ses fleurs d'un rouge corail; l'**Érythrine de l'Inde** ou *mouricou*, des Indes orientales; l'écorce de ce dernier est employée comme fébrifuge.

ERYTHROXYLUM (de *éruthros*, rouge, et *xulon*, bois). (Voir Coca.)

ÉRYX. Genre de reptiles Ophidiens de la famille des *Pythonidés*, à queue très courte, obtuse, à langue courte, épaisse, échancrée; pas de crochet à venin. Les Éryx ressemblent beaucoup aux orvets par leurs formes et leurs habitudes; ils sont timides et complètement inoffensifs. Leur nourriture consiste en insectes et en vers. L'espèce la plus répandue est l'Éryx turc (*E. turcicus*), qui habite l'Egypte et la Turquie : il est d'un gris jaunâtre taché de noir. On en connaît d'autres espèces d'Asie et d'Afrique.

ESCARBOT. Nom vulgaire donné aux insectes du genre *Hister*. (Voir ce mot.)

ESCARBOUCLE (de *carbunculus*, petit charbon). On ne sait pas au juste à quelle pierre les anciens donnaient ce nom. Beaucoup de minéralogistes ont pensé avec Brongniart que ce devait être le *grenat*. (Voir ce mot.)

ESCARGOT. Nom vulgaire des mollusques du genre *Hélice*. (Voir ce mot.)

ESCAROLE ou **SCAROLE.** Variété de la Chicorée cultivée. (Voir Chicorée.)

ESCHARE (du grec *eschara*, croûte). Dans le langage ordinaire, on donne ce nom à la croûte noirâtre qui résulte de la mortification d'un tissu gangréné, par l'action du feu, des caustiques, etc. En zoologie, on a appliqué ce nom à un groupe de petits polypiers pierreux, non flexibles, à expansions aplaties, lamelliformes, garnies sur les deux faces de cellules à parois communes, à ouverture ronde ou en demi-ellipse. Ces cellules, extrêmement petites, contiennent chacune un animalcule, et leur réunion forme une colonie animale; leurs tentacules forment un cercle complet autour de la bouche. Les Eschares se trouvent dans toutes les mers et principalement dans les régions profondes; on en trouve plusieurs espèces sur les côtes de la Manche et de l'Océan. Les Eschares ou Escharidés forment une famille de la classe des *Bryozoaires* (voir ce mot), de l'ordre des Stelmatopodes. Ils sont voisins des Flustres.

ESCOURGEON. Variété d'Orge.

ESOCES (Voir Ésocidés.)

ÉSOCIDÉS (de *esox*, nom latin du brochet). Famille de poissons de l'ordre des Téléostéens, tribu des *Malacoptères abdominaux*. Ils se distinguent par une dorsale unique située vis-à-vis de l'anale, et par leur tête terminée par un bec à mandibules inégales, munies de fortes dents. Leur vessie natatoire, très grande, a un canal aérien (*Physostomes*). Cette famille comprend les brochets, les orphies, les morues, les exocets. (Voir ces mots.)

ÉSOPHAGE. (Voir Œsophage.)

ESOX. Nom scientifique latin du genre *Brochet.*

ESPADON (*Xiphias*). Genre de poissons de l'ordre des Acanthoptères, type de la famille des *Xiphidés*. Ce poisson a la forme extérieure des thons, mais il se reconnaît au premier coup d'œil à sa mâchoire supérieure, qui se prolonge en une lame comprimée, tranchante des deux côtés, terminée en pointe comme une épée. Quoique doués d'une immense force, d'une extrême agilité et nageant avec une vitesse qu'aucun habitant des eaux ne surpasse, les Espadons mènent cependant une vie douce et tranquille. Ennemis du carnage, ils broutent seulement des fucus et mangent des mollusques; on les voit paisiblement escorter leurs femelles. Mais lorsqu'ils livrent des combats, ils sont terribles. A l'aide de leur longue épée, ils transpercent leur agresseur.

On a prétendu qu'ils attaquaient la baleine et les autres grands cétacés; mais dans quel but? les animaux ne sont féroces que par nécessité; le tigre et le requin ne doivent leurs instincts carnassiers qu'à leur organisation, qui les oblige à se repaître de chair et de sang, et ni les mœurs ni la nourriture de l'Espadon ne justifient cette agression. Si le fait était vrai, nous ne pourrions en trouver l'explication que dans des circonstances exceptionnelles; ces poissons sont en effet attaqués parfois par de petits crustacés parasites, qui s'attachent au-dessous de leurs nageoires pectorales, et les font souffrir si vivement, qu'agités, furieux, ils s'élancent hors de l'eau, contre les rochers, ou même contre les navires, dans lesquels ils enfoncent quelquefois leur épée à une grande profondeur; il est possible que dans de telles circonstances, ils courent contre une baleine comme ils le font sur un vaisseau. On conserve au Musée britannique un bordage de vaisseau qu'un de ces poissons perça de toute la longueur de son glaive, effort qui lui coûta la vie. — On ne connaît qu'une espèce de ce genre, l'**Espadon commun** (*X. gladius*), plus répandu dans la Méditerranée que dans l'Océan. C'est surtout près de la Sicile qu'il se montre communément, à l'époque du passage des thons, dont il accompagne presque

Espadon.

toujours les longues colonnes. On le pêche au harpon comme la baleine. Sa chair blanche et délicate est fort estimée, surtout celle des jeunes, qui rappelle, dit-on, le meilleur veau. Les Siciliens la salent pour la conserver. Sa grande queue a la forme d'un croissant; son dos est noir, lavé de bleu sur les flancs; le ventre est argenté. Il acquiert une très grande taille et atteint même, dit-on, jusqu'à 6 mètres.

ESPARCETTE. Espèce de Sainfoin. (Voir ce mot.)

ESPÈCE (*Species*). On entend par espèce l'ensemble des individus plus ou moins semblables entre eux, qui sont descendus ou qui peuvent être regardés comme descendus d'une paire primitive unique par une succession ininterrompue et naturelle de familles. On nomme *variété* un individu ou un ensemble d'individus appartenant à la même génération

sexuelle, qui se distinguent des autres représentants de la même espèce, par un ou plusieurs caractères exceptionnels. Lorsque ces caractères se transmettent par voie de génération sexuelle, les individus semblables qui en sont doués constituent une *race*. (Voir CLASSIFICATION et TRANSFORMISME.)

ESQUIMAUX. Peuple de race mongolique qui habite les régions arctiques de l'Amérique. Les Es-

Esquimau, homme et femme.

quimaux ou Eskimos surtout ceux du Grand Archipel Arctique, forment une des plus pures races connues. Ils se rattachent manifestement aux races jaunes par les caractères anatomiques; mais ont pourtant un certain nombre de traits qui leur sont propres. Leur crâne est extrêmement dolichocéphale (71,4), leur face est allongée et aplatie, à pommettes saillantes, les yeux sont petits et bridés. Les cheveux sont droits et noirs et la barbe est presque nulle. Ils sont de petite taille et trapus. Les Eskimos descendaient autrefois beaucoup plus loin dans le Sud; leur habitat s'est de plus en plus restreint depuis l'arrivée des Européens.

ESTOMAC. (Voir DIGESTION.)

ESTRAGON. Espèce du genre *Armoise* (*Artemisia dracunculus*), originaire de l'Europe méridionale, et cultivée aujourd'hui dans tous les jardins, pour son feuillage d'une saveur aromatique et piquante, qui sert à parfumer le vinaigre et la salade. Elle a des propriétés stomachiques et antiscorbutiques.

ESTURGEON (*Acipenser*). Poisson à squelette cartilagineux (*Chondroptérygiens*) formant le type de l'ordre des STURIONIENS de Cuvier et des GANOÏDES actuels. Ils ont les formes générales des squales et sont reconnaissables à leur bouche dépourvue de dents, ouverte sous un museau très proéminent, qui porte en dessous quatre barbillons déliés; à leur corps plus ou moins garni d'écussons implantés sur la peau en rangées longitudinales, et à leur nageoire caudale, qui entoure l'extrémité de la queue, et a en dessous un lobe saillant. Les Esturgeons sont en général de grande taille et doués d'une force musculaire considérable. Ils remontent facilement les courants les plus rapides, et peuvent donner avec leur queue des coups violents. Mais ils ont d'ordinaire des habitudes paisibles, et ne sont guère redoutables que pour les poissons petits et mal armés, ce qui tient d'ailleurs à l'absence d'armes meurtrières, et non, comme on l'a dit, à la douceur de leur caractère. Ils se nourrissent de harengs, de maquereaux, de morues, et on les voit souvent fouir avec leur museau dans la vase pour y

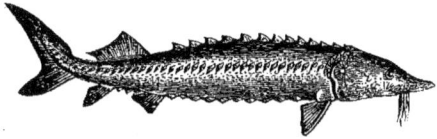

Esturgeon.

chercher des vers et des mollusques. On les rencontre en si grand nombre au printemps, remontant les fleuves septentrionaux de l'ancien et du nouveau continent, que, dans l'Oural, on est quelquefois forcé, au dire de Pallas, de tirer le canon afin de les disperser. Vers la fin de l'été, ils quittent les lacs et les fleuves pour regagner la mer. — On connaît plusieurs espèces d'Esturgeons, dont les plus remarquables sont : l'**Esturgeon commun** (*Acipenser sturio*) qui atteint 4 à 5 mètres de longueur, et jusqu'à 300 kilogrammes en poids. On le rencontre dans l'Océan, la Méditerranée, la mer Caspienne ; mais au printemps, il entre dans les grands fleuves tributaires de ces mers, et les remonte parfois à des distances assez considérables. Il attaque alors les poissons d'eau douce, et surtout les petits saumons, qui remontent les fleuves à la même époque que lui. La chair de l'Esturgeon commun est très estimée, surtout dans le Nord ; fraîche, elle rappelle celle du veau ; on la mange aussi salée ou marinée. C'est avec ses œufs qu'on prépare le *caviar* dont on fait en Russie un commerce important. — Le **Huso** ou *grand Esturgeon*, dont la taille est souvent de 4 à 5 mètres, est répandu dans la mer Noire et la mer Caspienne. Sa chair est moins délicate que celle de l'Esturgeon commun, mais ses œufs sont plus abondants et plus estimés. Les pêcheurs du Volga prennent ces poissons en quantités considérables, au moyen de digues de pieux à angle rentrant, formant comme une immense nasse, qui les conduit dans un espace fermé au moyen de claies d'osier, où l'on s'en empare facilement. — Le **Sterlet** ou *petit Esturgeon*, dont la taille ne dépasse pas 1 mètre, se distingue également des espèces précédentes par ses couleurs agréables. Ces couleurs sont un gris sale varié de brun chez l'Esturgeon commun et le Huso ; dans le Sterlet, la partie inférieure du corps

est blanche, tachetée de rose, le dos est noirâtre, les écussons d'un beau jaune, et les nageoires ventrale et anale sont rouges. La chair de cette espèce est très délicate. On trouve le Sterlet dans la mer Caspienne et la mer Baltique, ainsi que dans les lacs de la Suède et de la Poméranie, où l'ont introduit Frédéric Ier de Suède et Frédéric II de Prusse. — Outre leur chair et leurs œufs, les Esturgeons fournissent à l'homme la matière connue sous le nom de *colle de poisson* ou *ichthyocolle*, employée pour clarifier les liquides et pour fabriquer la colle à bouche ; c'est de leur vessie natatoire qu'on tire cette substance.

ÉSULE. (Voir EUPHORBE.)

ÉTAIN (*Stannum*). Métal solide, d'une couleur argentine, plus dur et plus brillant que le plomb, malléable, non volatil, facilement fusible et oxydable, répandant en brûlant une lumière vive ; ce qui sert à distinguer de suite les minerais qui en renferment. L'Étain ne se rencontre pas natif ; mais il est assez abondant à l'état d'oxyde. L'oxyde d'Étain (SnO^2) offre souvent deux cristaux réunis, comme les mâchoires d'un bec. Il cristallise en prisme droit à base carrée. Il est tantôt translucide et le plus souvent opaque, d'un très vif éclat. On le trouve rarement en combinaison avec le soufre (*Étain pyriteux*), presque toujours on le rencontre à l'état d'oxyde stannique (*cassitérite*), plus ou moins pur. L'Étain colore le verre en blanc, et c'est lui qui fait la base de tous les émaux opaques. Sa pesanteur spécifique est de 7,28 et de 7,29 après qu'il a été laminé. L'Étain préserve les autres métaux de la rouille ou de l'oxydation ; c'est pour cela qu'on en recouvre le fer et le cuivre. Amalgamé avec le mercure, il se colle intimement au verre et sert pour l'étamage des glaces. On tire l'Étain, en Europe, de l'Angleterre, de l'Allemagne, de la Bohême et de la Hongrie ; en Asie, de la presqu'île de Malacca ; en Amérique, du Chili, du Pérou et du Mexique. Le minerai d'Étain se trouve en petits filons dans des roches granitiques ou en cristaux désagrégés au milieu de sables provenant de la destruction de ces roches.

ÉTALOIR. Petit appareil servant à étaler les ailes des papillons, afin de leur donner une bonne attitude dans la collection. Il consiste en une planchette de bois tendre (tilleul ou peuplier), bien plane et polie en dessus, et au milieu de laquelle règne, dans toute sa longueur, une rainure dont la profondeur et la largeur sont proportionnées au volume du corps ; il est nécessaire d'en avoir de plusieurs dimensions. On enfonce le corps du papillon piqué dans la rainure, jusqu'à ce que les ailes affleurent ; puis on dispose celles-ci, en les fixant avec de fines aiguilles, et on les maintient au moyen de bandes étroites de papier retenues à chaque bout par une forte épingle. On laisse ainsi sécher l'insecte pendant quelques jours.

ÉTAMINE, *Stamen* (du grec *estanai*, se tenir droit). Organe sexuel mâle des plantes phanérogames, qui se compose le plus ordinairement de deux parties distinctes; l'une essentielle, l'*anthère*, et l'autre accessoire, le *filet*. Quand ce dernier manque, l'étamine est dite *sessile*. L'anthère renferme le pollen. (Voir Fleur.)

ETHMOÏDE (du grec *ethmos*, crible). Un des os du crâne, dont il forme la base en s'articulant en arrière avec le *sphénoïde*. Son nom lui vient de ce que sa lame supérieure est percée d'un grand nombre de trous. Il contribue à former la voûte des fosses nasales. (Voir Crane.)

ETHNOGRAPHIE. ETHNOLOGIE (du grec *ethnos*, peuple). Parties de l'anthropologie descriptive. M. Hamy définit plus spécialement l'Ethnographie comme une science ayant pour objet « l'étude des manifestations matérielles de l'activité humaine ».

ÉTHUSE. (Voir Æthuse.)

ÉTOILE DE MER. Nom vulgaire des Astéries. (Voir ce mot.)

Étoile des bois. Nom vulgaire de la Stellaire (*Stellaria nemorum*.)

Étoile du printemps. Le *Callitriche verna*.

ÉTOURNEAU (*Sturnus*). Genre d'oiseaux de l'ordre des Passereaux conirostres, formant une petite famille spéciale sous le nom de *Sturnidés*, dont les caractères génériques sont : un bec conique, droit, déprimé, sans échancrure ; des ailes longues et poin-

Étourneau.

tues, des couleurs en général sombres et métalliques. Turbulents, bavards et querelleurs, ces oiseaux sont pris quelquefois, dans le langage familier, comme emblème de la légèreté et de l'inconséquence. Portés par instinct à la vie sociale, on les voit toujours réunis en bandes nombreuses dans les prairies et les contrées boisées. Ils vivent de graines et d'insectes qu'ils vont chercher jusque sur le dos du bétail. Fidèles au canton qu'ils ont choisi pour demeure, ils ne s'en éloignent que par nécessité, chassés par le froid et le manque de nourriture, et y reviennent avec la belle saison. — L'Étourneau **commun** (*S. vulgaris*), vulgairement connu sous le nom de *sansonnet*, est noir, avec des reflets métalliques et des taches blanches à l'extrémité des plumes ; mais le sexe et l'âge apportent des modifications dans sa couleur, et plusieurs altérations

accidentelles le rendent blanc, gris, jaunâtre, etc. Sa longueur est de 20 à 25 centimètres. Très nombreux dans tout l'ancien continent, il y habite de préférence dans les prairies marécageuses. Au premier printemps, il fait choix d'une compagne, et se retire avec elle dans un creux d'arbre ou de mur, où ils disposent un nid de paille, d'herbes ou de mousse. La femelle y dépose de quatre à six œufs gris, nuancés de vert. Ces oiseaux se réunissent vers l'automne en troupes nombreuses et émigrent pendant l'hiver. On les chasse au filet et aux pièges, non pour leur chair qui est dure et de mauvais goût, mais pour les élever en domesticité. Ils s'apprivoisent facilement, apprennent à siffler des airs et même à prononcer des phrases très distinctement. A l'état libre ils ont un gazouillement perpétuel et un cri aigu et prolongé. — On connaît l'**Étourneau rouge**, l'**Étourneau magellanique** ou *cardinal des prairies*, l'**Étourneau à collier**, tous trois du nouveau continent, etc.

ÉTRILLE. Nom vulgaire d'une espèce de Crabe (voir ce mot) de l'ordre des Décapodes, section des *Brachyures*. C'est le *Portunus puber*, commun sur nos côtes.

ÉTUI MÉDULLAIRE. (Voir Moelle.)

ÉTUIS. On donne ce nom, traduction du mot latin *elytra*, aux ailes supérieures des insectes coléoptères. Ces ailes sont généralement cornées et recouvrent les ailes inférieures comme un étui. (Voir Coléoptères.)

EUCALYPTUS. Ce nom, qui signifie en grec *bien coiffé*, désigne un genre d'arbres de la famille des *Myrtacées*, dont le caractère distinctif consiste dans l'espèce de coiffe qui recouvre la fleur avant son épanouissement, et qui tombe comme une calotte lorsque les étamines la poussent en se développant. C'est à ce genre qu'appartient le fameux Eucalypte géant de la Nouvelle-Hollande. Ce bel arbre dé-

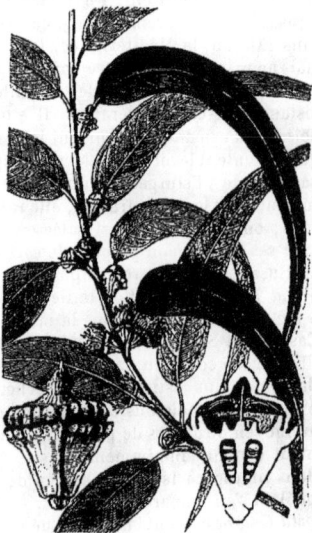

Eucalyptus globulus et sa fleur ouverte.

passe souvent 50 mètres de hauteur et 5 de diamètre. Son bois, dur et veiné, a reçu des Anglais le nom d'*acajou d'Australie;* on l'emploie dans l'ébénisterie ainsi que dans les constructions civiles et navales. Les feuilles sont ovales oblongues; les fleurs jaunes en grappes répandent une odeur balsamique très agréable, qui les fait rechercher des abeilles. — L'**Eucalypte résinifère** donne une gomme résine rougeâtre que l'on emploie dans la teinture, et son écorce fongueuse sert aux Australiens pour recouvrir leurs huttes. — L'**Eucalypte à manne** (*E. mannifera*) donne une manne appelée *manne d'Australie,* mais l'espèce la plus remarquable est l'**Eucalyptus globulus.** Ses feuilles et son écorce sont fébrifuges, astringentes, antiputrides, désinfectantes; son écorce, très riche en tannin, sert en outre au tannage des peaux; son bois, très dur et incorruptible, est employé à tous les travaux de charpente et d'hydraulique; enfin ses plantations assainissent les pays marécageux, en détruisant le miasme palustre. L'Eucalyptol, ou essence d'Eucalyptus, est employé avec succès dans le traitement de la pleurésie, de la phtisie, de la tuberculose, des bronchites chroniques, etc.

EUCHROMA. (Voir Bupreste.)

EUMÈNE (du grec *eumenès,* doux). Genre d'insectes Hyménoptères, section des *Porte-aiguillon,* type de la famille des *Euménidés.* Les Euménidés ont de grands rapports avec les Vespidés, surtout par la disposition de leurs ailes; mais leurs caractères naturels et surtout leurs mœurs les en distinguent bien nettement. Ils ont le corps plus allongé, des antennes composées de treize articles dans les mâles et de douze dans les femelles; leurs mandibules, beaucoup plus longues que larges, sont rapprochées en avant en forme de bec et dentées; leur languette est étroite et allongée; leurs ailes sont repliées dans le sens de leur longueur, comme chez les guêpes. — Les Eumènes vivent solitaires; il n'existe pas chez eux d'individus neutres, et la femelle seule pourvoit au soin de sa progéniture. Les insectes parfaits vivent sur les fleurs dont ils pompent le miel; mais ils ne sont nullement organisés pour le récolter, non plus que le pollen, et ne sauraient en approvisionner leurs larves. Celles-ci sont carnassières et vivent de proie vivante ; mais, privées de pieds et incapables de se mouvoir, elles ne pourraient se procurer cette proie. C'est la mère qui la leur procurera. En effet, cette mère industrieuse, qui ne vit que du nectar des fleurs, va faire la guerre aux insectes pour assurer l'existence de sa progéniture. En général, l'Eumène s'attaque à une espèce particulière pour en approvisionner son nid. La femelle pique de son aiguillon ses victimes et les emporte dans son nid. L'insecte ainsi blessé ne meurt pas de la blessure, il demeure plongé dans un état de catalepsie qui, tout en le rendant incapable de se mouvoir et de se défendre, lui conserve sa fraîcheur et sa souplesse. Les larves qui éclosent auprès de ces provisions péniblement amassées par leur mère, trouvent à leur portée une nourriture convenable, en quantité suffisante pour toute la durée de leur existence à l'état de larve. La livrée des Eumènes est à près celle des guêpes, mais leur corps est bien plus allongé. L'espèce la plus répandue de ce genre, en France, est l'**Eumène étranglée** (*Eumenes coarctata*), longue de 12 à 15 millimètres, noire, avec des taches et le bord des segments abdominaux jaunes. Cette espèce fait son nid sur les graminées et surtout sur les bruyères; il consiste en une petite boule sphérique, de terre très fine, dans laquelle la mère ne dépose qu'un seul œuf avec la pâture nécessaire à sa larve. Elle construit plusieurs nids de la même espèce.

EUMOLPE (du grec *eumolpos,* harmonieux). Genre d'insectes Coléoptères de la famille des *Chrysomélidés.* Ce sont des insectes d'assez grande taille, revêtus de couleurs métalliques, qui tous appartiennent à l'Amérique. Mais on a conservé ce nom d'*Eumolpe* à une espèce qui appartient aujourd'hui au genre *Bromius,* détaché des Eumolpes anciens. Cet Eumolpe (*Bromius vitis*), connu des vignerons sous le nom d'*écrivain,* est, dans certaines contrées, un fléau pour la vigne. Il découpe à jour les feuilles et ronge les grains, qui se fendent et ne mûrissent plus. Le meilleur moyen de s'en débarrasser est de lâcher des poules dans la vigne, dès le mois de juin.

EUNECTES (du grec *eu,* bien, et *nèctès,* nageur). Genres de reptiles Ophidiens de la famille des *Boas.* Ce serpent se distingue des boas proprement dits, en ce que ceux-ci sont surtout arboricoles, tandis que l'Eunecte a des mœurs aquatiques. Sa conformation est en rapport avec sa manière de vivre; ses yeux et ses narines, relevés sur la partie supérieure de la tête, lui permettent de voir et de respirer tout en restant presque en totalité sous l'eau. Sa couleur olivâtre, marquée de grosses taches noires, se confond avec celle des terrains vaseux, submergés, qu'il habite, attendant que quelque animal altéré s'approche du marais et devienne sa proie. — La seule espèce connue, l'**Eunectes murinus,** est appelée *anaconda* ou *mangeur de rats* par les naturels du pays où on le rencontre, c'est-à-dire les parties chaudes de l'Amérique du Sud, spécialement la Guyane et le Brésil. C'est un des serpents les plus gigantesques; notre ménagerie nationale en possède un qui mesure plus de 6 mètres. Toutefois, l'espèce paraîtrait pouvoir atteindre des dimensions encore supérieures, puisque Firmin, dans son histoire naturelle de Surinam, dit en avoir tué un de 23 pieds de long. D'autres voyageurs parlent d'exemplaires allant jusqu'à une longueur de 30 pieds, mais il faut peut-être faire la part de l'exagération.

EUNICE. Genre d'annélides Chétopodes de la famille des *Néréides.* (Voir ce mot.)

EUPATOIRE. (Voir Aigremoine.)

EUPATOIRE (*Eupatorium*). Genre de plantes dicotylédones, monopétales, périgynes, de la famille des *Composées tubuliflores,* ayant ses fleurs toutes tubuleuses et hermaphrodites, l'involucre imbriqué, cylindrique, le style poilu à la base, les fruits cylindriques, munis de côtes, sessiles, à aigrette poilue. Le type du genre est l'**Eupatoire à feuilles de chanvre** (*E. cannabinum*), vulgairement *chanvrine*, à tige droite, rameuse, pubescente, de 7 à 10 décimètres, à feuilles opposées, de trois à cinq lobes lancéolés, dentés ; fleurs rougeâtres, odorantes, en corymbes terminaux, serrés, qui croît en Europe au bord des eaux, le long des fossés. L'Eupatoire est amère, âcre et légèrement purgative.

EUPHORBE (*Euphorbia*). Genre de plantes dicotylédones type de la famille des *Euphorbiacées*. Ce genre renferme un grand nombre d'espèces, les unes frutescentes, les autres herbacées, ayant pour ca-

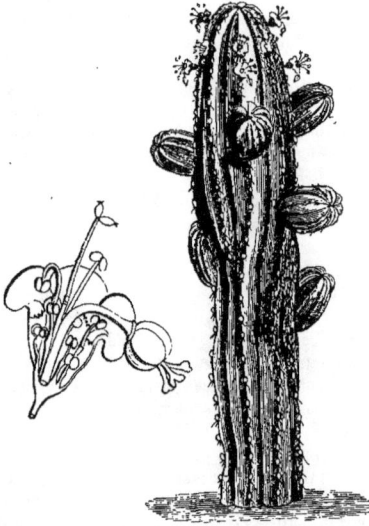

Euphorbe des anciens, fleur coupée verticalement.

ractères communs des fleurs monoïques, groupées par douze ou quinze mâles et une seule femelle dans un involucre commun ; chaque fleur mâle consistant en une seule étamine, et la fleur femelle pédonculée, un peu élevée au-dessus des fleurs mâles, nue ou munie d'un calice ; trois styles parfois soudés en un seul, six stigmates distincts ou quelquefois réunis par deux ; le fruit est une capsule formée de trois coques s'ouvrant élastiquement en deux valves. Les Euphorbes se distinguent également par un suc laiteux, âcre et vénéneux. Les unes sont frutescentes et appartiennent aux contrées tropicales, les autres sont herbacées et ont leurs fleurs disposées en panicules ou en ombelles. Parmi les premières, nous citerons l'**Euphorbe résinifère** du Maroc ou Euphorbe des anciens (*E. resinifera*). C'est une plante vivace, à port de *cactus*, à tige dressée, charnue, quadrangulaire, nue sans feuilles, chargée d'épines. Elle s'élève à 2 et 3 mètres de hauteur. Son suc laiteux, âcre et caustique, se condense à

l'air en petits morceaux friables, d'un jaune pâle, demi-transparent : c'est la *gomme résine d'Euphorbe* employée autrefois en médecine, mais reléguée aujourd'hui dans les remèdes hippiatriques à cause de sa trop grande énergie. Les Euphorbes d'Europe sont beaucoup moins énergiques ; l'huile des graines s'emploie comme émétique et comme purgatif ; les feuilles et les racines, fraîches ou desséchées, sont également vomitives et purgatives. — L'**Epurge** (*E. lathyris*), que l'on nomme également *purge*, *catapuce*, *catherinette*, et qui croît dans toute la France, est une herbe de 60 centimètres à 1 mètre, à tige épaisse, à feuilles entières, lancéolées, disposées sur quatre rangs. L'ombelle est quadrifide ; les pétales ou appendices glanduleux sont échancrés en forme de croissant. — L'**Euphorbia helioscopia**, vulgairement *réveille-matin*, l'**Euphorbia peplus** et l'**Euphorbia sylvatica** sont employées dans les campagnes comme purgatives. — Une espèce d'Amérique, l'**Euphorbia ipecacuanha**, est employée comme succédanée de l'ipécacuanha. On désigne parfois les Euphorbes herbacées sous le nom de *tithymale*, principalement l'**Euphorbia cyparissias**.

Euphorbia sylvatica.

EUPHORBIACÉES. Famille de plantes ayant pour type le genre *Euphorbe* et renfermant des herbes, des arbrisseaux ou des arbres, ayant pour caractères communs des fleurs monoïques, à réceptacle convexe, à ovaire libre, pluriloculaire ; fruit sec, divisé à sa maturité en autant de coques qu'il y a de graines. Les Euphorbiacées renferment généralement un suc laiteux âcre et caustique ; dans ce groupe important rentrent les genres *Euphorbe*, *Ricin*, *Jatropa*, *Manioc*, *Mercuriale*, *Croton*, *Buis*. (Voir ces mots.)

EUPHOTIDE. (Voir JADE.)

EUPHRAISE (*Euphrasia*). Genre de plantes de la famille des *Scrofulariacées*, gamopétales, hypogynes, à corolle bilabiée, la supérieure large et bilobée, l'inférieure trifide, quatre étamines. Ce sont des plantes herbacées, annuelles, à feuilles dentées, à fleurs disposées en épis unilatéraux, qui habitent les contrées tempérées, et principalement l'hémisphère austral. L'**Euphraise officinale** (*E. officinalis*), qui croît dans nos régions, a des fleurs blanches, quelquefois bleuâtres, veinées de rose ou de violet et marquées d'une tache jaune, dont la forme, analogue à celle d'un œil, a fait regarder autrefois la plante comme un remède infaillible contre les maladies des yeux, d'où son nom vulgaire de *casse-lunettes*. En réalité, cette plante est un peu aromatique, amère et astringente.

EURYALE (nom mythologique). Genre d'Échinodermes de la classe des Ophiurides, remarquables par leurs bras bifurqués dès la base, puis présentant des ramifications nombreuses et irrégulières, dont les extrémités très déliées et s'enroulant en spirale leur servent à s'accrocher aux tiges des

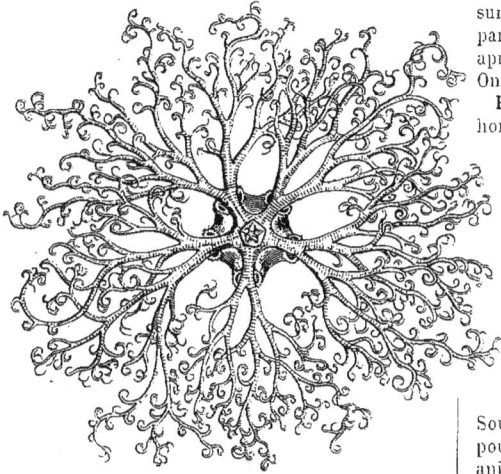

Euryale, tête de Méduse.

polypiers et des gorgones (voir ces mots.) Leur disque est pentagone; les sillons ambulacraires sont recouverts par une peau molle; des crêtes et des papilles remplacent sur la face ventrale des bras, les piquants des autres ordres. On en connaît une de la Méditerranée, l'**Euryale arborescens**, vulgairement *tête de Méduse*. Plusieurs habitent les mers tropicales.

EURYCANTHE (du grec *eurus*, large, et *acantha*, épine). (Voir Phasma.)

EURYSTOME (de *eurus*, large, et *stoma*, bouche). Ordre de la classe des Cténophores (voir ce mot), comprenant les *Béroës* et quelques petits genres voisins.

EUSTACHE [Trompe d']. Canal fibro-cartilagineux qui fait communiquer le pharynx et la caisse du tympan; on lui donne aussi le nom de *canal auditif interne*. (Voir Ouïe.)

ÉVENT. On donne ce nom aux narines des cétacés, qui offrent une disposition particulière. (Voir Cétacés.)

ÉVOLUTION (du latin *evolutio*, développement). On emploie ce mot en physiologie pour désigner l'ensemble des mutations que subit un être vivant dans le cours de son existence. On applique également aujourd'hui ce nom à une théorie d'après laquelle les différents types d'êtres organisés seraient soumis à une transformation lente et graduelle des formes sous l'influence des conditions extérieures. (Voir Transformisme.)

EVONYMUS. Nom scientifique latin du Fusain. (Voir ce mot.)

EXCRÉTION (de *excernere*, séparer). Action par laquelle certains organes rejettent au dehors les matières liquides ou solides qu'ils contiennent; telles sont l'excrétion de l'urine, de la sueur, du mucus nasal, des matières fécales. On emploie aussi parfois ce mot comme synonyme de sécrétion. (Voir ce mot.)

EXHALATION. Ce mot pris parfois pour *sécrétion*, surtout de la sueur, désigne, en physiologie, l'acte par lequel l'haleine ou l'air est rejeté des poumons après avoir été privé d'une partie de son oxygène. On donne aussi ce nom au produit de l'exhalation.

EXOCET, *Exocetus* (du grec *exôkoitos*, de *exô*, dehors, et *koité*. demeure, gîte). Genre de poissons formant la famille des *Exocétidés*, dans l'ordre des Malacoptères abdominaux. Ainsi que les dactyloptères et les pégases. ces poissons peuvent abandonner le sein des eaux et s'élancer dans les airs, où ils se soutiennent au moyen de leurs nageoires pectorales développées comme des ailes. Ils ne s'élèvent pas très haut, mais ils franchissent au moins l'espace d'une portée de fusil sans se replonger dans les flots. Il paraît qu'ils peuvent s'abaisser ou monter à volonté, et changer même la direction de leur vol, suivant leur volonté. Souvent. en pleine mer, on voit des bandes d'Exocets poursuivis par des daurades. Dans ce cas, ces pauvres animaux, symboles d'une perpétuelle frayeur. demeurent le moins de temps possible dans l'eau et seulement pour humecter leurs ailes devenues impropres au vol par leur dessèchement. Par leur vol et leurs immersions successives, ils rappellent ces galets que les enfants, dans leurs jeux. lancent sur les eaux. et qui en effleurent la surface par des ricochets

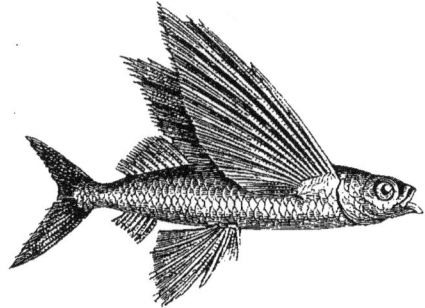

Exocet.

multipliés. Quelquefois alors ils viennent se jeter dans les voiles ou dans les sabords des navires. L'air n'est pas, pour eux, un asile beaucoup plus assuré que les eaux ; car si les poissons qui les poursuivent ne peuvent s'élancer hors de leur élément pour les saisir, des oiseaux de haut bord leur donnent la chasse et les enlèvent à l'instant où ils déploient leurs nageoires; du reste, si ce pauvre animal est en butte aux attaques de tant d'ennemis, lui aussi fait des victimes, car il se nourrit de vers et de mollusques. — L'espèce la plus commune dans l'Océan, l'**Exocet volant** (*E. volitans*) ou *gabot*, a de 20 à 30 centimètres de longueur. Elle est remarquable par ses teintes d'azur et d'argent que rehausse le bleu foncé de la dorsale et de la queue. Sa chair passe pour très délicate, ainsi que celle de l'espèce méditerranéenne, l'**Exocetus exiliens**, que nos pêcheurs provençaux appellent *Peï voulan*.

EXOGÈNE (du grec *exô*, et *généa*, génération). Dans sa classification, de Candolle donne ce nom à tous les végétaux dont la tige est formée de faisceaux disposés par couches concentriques et devenant plus serrés et plus grêles à mesure qu'ils s'approchent du centre. Ce sont les *Dicotylédones* de Jus-

sieu. Le mot *Exogène* est l'opposé d'*Endogène*. (Voir ce mot.)

EXOSMOSE. (Voir Endosmose.)

EXPIRATION. Se dit, en physiologie, de l'acte par lequel l'air qui a pénétré dans les poumons par l'inspiration en est expulsé. (Voir Respiration.)

EXTRORSE (de *extrorsum*, au dehors). Se dit, en botanique, des anthères qui ont leur face tournée vers la circonférence de la fleur. Ce mot est l'opposé de *introrse* qui indique la position des anthères, dont la face est tournée en dedans.

EXTENSEURS [**Muscles**]. Nom générique des muscles destinés à étendre certaines parties : muscles extenseurs des doigts, du pied, etc. (Voir Muscles.)

F

FABA. Nom latin de la Fève.

FABAGELLE. Nom vulgaire du Zygophyllum. (Voir ce mot.)

FABREQUIER. (Voir Micocoulier.)

FACE (*Facies*). Portion antérieure de la tête, destinée à loger les quatre principaux organes des sens et les parties initiales des voies digestives et respiratoires. (Voir Crâne.)

FACIAL. Qui a rapport à la face : nerf facial, artère faciale, angle facial. (Voir Angle.)

FACIES. Ce mot latin, qui signifie *face*, s'emploie en histoire naturelle pour désigner l'aspect général et caractéristique d'un animal ou d'une plante.

FAGARIER (*Fagara*). Genre de plantes dicotylédones, polypétales, hypogynes, de la famille des *Rutacées*, tribu des *Zanthoxylées*, à fleurs régulières, à pétales et étamines libres, ovaire pluriloculaire à un ou deux ovules. Ce sont des arbrisseaux un peu épineux, à fleurs disposées en panicules, dont l'écorce et d'autres parties sont aromatiques et excitantes. — Le **Fagarier du Japon** (*F. piperita*), qui porte dans son pays le nom de *Hoa-tsiao* (fleur poivre), est employé au Japon dans le traitement de plusieurs maladies; ses capsules broyées remplacent le poivre.

FAGOPYRUM. Nom latin du Sarrasin. (Voir ce mot.)

FAGUS. Nom latin du Hêtre. (Voir ce mot.)

FAILLE (du verbe *faillir*). On donne ce nom, en géologie, à de vastes fissures qui interrompent la continuité des couches d'un terrain, et sur l'un des côtés desquelles un affaissement a détruit la correspondance des couches dont cet terrain s'est formé.

FAINE. Fruit du Hêtre. (Voir ce mot.)

FAISAN, *Phasianus* (du nom grec de cet oiseau, *phasianos*, oiseau du Phase, l'ancienne Colchide). Le genre *Faisan*, qui est le type de la famille des *Phasianidés*,

dans l'ordre des Gallinacés, se distingue par une queue conique étagée disposée en toit, un bec fort, courbé à la pointe, convexe en dessus et nu à sa base ; des joues nues, verruqueuses ; des tarses robustes, armés d'un puissant ergot. Ces oiseaux sont surtout remarquables par l'éclat varié des couleurs dont brille le plumage des mâles ; nous disons des mâles seulement, car, par une loi commune à la plupart des animaux de cette classe, les femelles n'offrent

Faisan doré.

sur leurs robes, d'un brun terne, variées de gris ou de jaunâtre, rien qui rappelle les teintes brillantes dont s'enorgueillit le Faisan. On a constaté cependant que les Faisanes, qui ont en vieillissant cessé d'être fécondes, changent parfois de couleur et deviennent semblables à des mâles dont le plumage serait terne et décoloré. Ce sont là les individus qu'on appelle Faisans *coquards*, et qu'on regarde à tort comme des mâles malades. Ce nom se donne aussi aux produits métis de la Poule et du Faisan à l'état de domesticité. Les Faisans vivent par bandes qui habitent de préférence les plaines boisées; ils se tiennent le jour à terre, mais ils gagnent les grands arbres pour y passer la nuit. Avides de grains, ils font de grands dégâts dans les champs où ils se montrent. Ils passent pour avoir peu d'intelligence et un naturel assez farouche, qu'adoucit cependant la captivité. Leur cri rauque ressemble assez à celui du paon. La durée ordinaire de leur vie est de huit à dix ans. A l'époque de la pariade, les mâles se livrent entre eux de furieux combats qui se terminent souvent par la mort de l'un des deux adversaires. Un seul mâle suffit, dans nos faisanderies, à sept ou huit femelles; celles-ci sont exclusivement chargées des soins de la famille; elles pondent dans le nid de mousse, qu'elles ont préparé au pied d'un arbre, une douzaine d'œufs, qu'elles couvent pendant vingt-cinq jours; mais rarement réussissent-elles à élever même la moitié de leurs Faisandeaux. — On appelle *faisanderies* les lieux où l'industrie élève, pour les plaisirs de la chasse au parc ou des tables opulentes, cet oiseau, dont la chair parfumée, d'une exquise délicatesse, est si recherchée des gourmets, surtout quand l'individu est jeune.—Parmi les espèces les plus dignes de fixer notre attention, nous citerons le **Faisan ordinaire** (*P. colchicus*), originaire de l'Asie Mineure, et aujourd'hui répandu dans toute l'Europe. C'est l'oiseau du bords du Phase, apporté sur notre continent, s'il en faut croire les récits de l'antiquité, par les Argonautes. Sa taille est celle d'une poule; son vol est pesant et court comme celui des gallinacés. Il a la tête et le cou d'un vert doré changeant au bleu et au violet, et le reste du plumage fauve doré, maillé de vert. De chaque côté de l'occiput s'échappent deux bouquets de plumes d'un beau vert doré. L'iris est jaune; les joues sont garnies de membranes ou caroncules rouges. La femelle est plus petite que le mâle. Le *Faisan blanc* est une variété du faisan ordinaire. — Le **Faisan doré** ou **tricolore** (*P. pictus*), originaire de la Chine et du Japon, se distingue entre toutes les autres espèces par l'éclat de son plumage. Une collerette orangée, maillée de noir, revêt son cou; le haut du dos est vert, le croupion jaune, les ailes sont rousses, avec une tache d'un beau bleu; le ventre est rouge de feu; la queue longue et brune, tachetée de gris. — Le **Faisan argenté** (*P. nycthemerus*), originaire de la Chine, et qui s'est aussi naturalisé en Europe, est tout blanc sur le dos avec de petites lignes noires sur chaque plume; le ventre est entièrement noir. — Le **Faisan argus** ou *luen*, dont quelques naturalistes ont fait un genre à part (*Argus*), se distingue des précédents par un bec plus allongé et moins arqué; par sa tête et son cou nus, par ses tarses grêles et élevés. L'Argus a la peau des joues et du cou d'un rouge cramoisi; son plumage, d'un brun clair, est tout parsemé de petites taches rousses ou d'un brun foncé. Ses ailes et sa queue sont garnies de longues et larges plumes, marquées de grandes taches oculaires du plus bel effet. La femelle est

privée de cet ornement. Ce magnifique oiseau habite les forêts de Java et de Sumatra. — On donne le nom de *Faisan cornu* au Tragopan. (Voir ce mot.)

FALAISE. On donne ce nom aux escarpements verticaux que forment sur certains points les rivages de la mer, et qui s'élèvent au-dessus des flots comme une haute muraille. Deux fois par jour la marée vient battre le pied des falaises; chaque flot qui les heurte emporte quelque parcelle de la roche poreuse qui les constitue, et quand les hautes mers se ruent contre elles dans les tempêtes, les lames furieuses les sapent à coups pressés; elles déchaussent l'escarpe, la minent; bientôt celle-ci surplombe, se détache et s'écroule. Ce n'est pas seulement l'action des flots qui dégrade les falaises, les eaux pluviales hâtent encore cette dégradation. En pénétrant de haut en bas dans l'épaisseur des couches, elles y déterminent des fentes perpendiculaires qui, en s'agrandissant, finissent par détacher de la masse des pyramides de craie. Celles-ci restent debout jusqu'à ce que les hautes marées, en sapant leur base, déterminent la chute. La vague délaye et emporte ces débris, et la falaise, mise à nu, est de nouveau attaquée à vif. L'histoire a conservé le souvenir de phares, de tours, de villages même, qui, par suite de ces éboulements, sont aujourd'hui disparus sous les eaux.

FALCIFORME (*Falciformis*). En forme de faux. Un grand nombre de parties ou d'organes des animaux et des plantes rappellent par leur forme le fer d'une faux (en latin *falx*).

FALCONIDÉS (de *falco*, nom latin du Faucon). Famille d'oiseaux de l'ordre des RAPACES, comprenant le plus grand nombre des oiseaux de proie diurnes. Ce sont les Faucons, les Buses, les Milans, les Aigles, les Pygargues, les Éperviers, etc. (Voir ces mots.) — Ce sont des oiseaux au vol puissant, à la vue perçante, se nourrissant de proie vivante; leur bec et leurs serres sont robustes et crochus, leurs ailes longues et vigoureuses. Leur organe visuel offre une conformation particulière qui leur permet de voir également bien de loin et de près. Le Faucon planant dans les hautes régions où notre regard ne peut le suivre, voit, lui, tout ce qui se passe à terre; son œil perçant aperçoit la perdrix qui court dans le sillon et il fond sur elle avec la rapidité de l'éclair; mais, à mesure qu'il s'en rapproche, la netteté de sa vision ne diminue pas; de presbyte qu'il était, l'oiseau de proie devient myope. Ce changement dans la portée de la vue est produit par un mécanisme admirable de simplicité : tout autour de la cornée règne un anneau de petits osselets que l'oiseau peut à son gré resserrer ou relâcher. En le resserrant, l'oiseau comprime le globe de l'œil et rend par suite la cornée plus convexe; il devient myope et voit de près; en le relâchant, la cornée cesse d'être poussée par les humeurs de l'œil, elle s'aplatit; l'oiseau devient presbyte; il voit de loin.

FALUNS. On donne ce nom, en géologie, à un calcaire sableux, très friable et très riche en débris de coquilles, fort abondant surtout en Touraine, où on l'exploite pour l'amendement des terres. On les désigne sous les noms de *Faluns nummulitique, madréporique, encrinitique, à oursins,* suivant qu'ils sont presque exclusivement formés de ces fossiles. Ils datent de l'époque tertiaire et sont évidemment dus à des dépôts de rivage marin ou d'embouchure de fleuve.

FAMILLE. (Voir Classification.)

FANFRE. Nom vulgaire que donnent les Provençaux à un poisson du genre Pilote. (Voir ce mot.)

FANON. On donne ce nom à un pli de la peau, souvent très développé, qui pend sous le cou des animaux du genre *Bœuf.* (Voir ce mot.)—On nomme aussi *Fanons* les lames cornées qui remplacent les dents à la mâchoire supérieure des baleines. (Voir ce mot.)

FAON. Nom du petit du cerf jusqu'à six mois.

FARLOUSE (*Anthus*). Genre d'oiseaux Passereaux de la famille des *Alaudidés,* qui établit le passage des Bergeronnettes aux Alouettes, auxquelles elles ressemblent beaucoup. — La **Farlouse** ou *alouette des prés* (*A. pratensis*), aussi connue sous le nom vulgaire de *pipi* ou *pipit,* est longue de 16 centimètres, brun olivâtre dessus, blanchâtre dessous, avec des taches brunes à la poitrine et aux flancs, un sourcil blanchâtre, les bords des pennes externes de la queue blancs, l'ongle du pouce plus long que le pouce lui-même et faiblement arqué. Elle se tient dans nos prairies humides, se nourrit de vermisseaux et d'insectes, niche dans les joncs ou les touffes de gazon, et nous quitte en automne. Elle se perche difficilement et reste souvent à terre. Son chant est assez flatteur, quoiqu'un peu triste. La femelle chante comme le mâle. Cet oiseau engraisse singulièrement en automne en mangeant du raisin, et est recherché alors, dans plusieurs de nos provinces, sous les noms de *bec-figue* et de *vinette.* — La **Farlouse des arbres** (*A. arboreus*), qui habite toute l'Europe, est de couleur roussâtre et a l'ongle du pouce de la longueur de ce doigt. Elle perche beaucoup plus que l'espèce précédente.

FAROUCH. Nom vulgaire du Trèfle incarnat. (Voir Trèfle.)

FASCICULÉ (du latin *fascis,* faisceau). Se dit en botanique des organes qui sont réunis en faisceau; les feuilles du pin, par exemple.

FASCIOLE. (Voir Douve.)

FASÉOLE ou mieux **PHASÉOLE** (de *phaseolus,* nom latin du haricot). On donne parfois ce nom aux graines des plantes du genre *Haricot* et *Dolic.*

FASTIGIÉ (de *fastigium,* faîte). Se dit, en botanique, des tiges ou des inflorescences dont les rameaux, dressés et rapprochés les uns des autres, arrivent tous à la même hauteur, de manière à former au sommet un plan horizontal.

FAU. Un des noms vulgaires du Hêtre. (Voir ce mot.)

FAUCHEUR (*Phalangium*). Les Faucheurs ou *faucheux,* comme les appellent les paysans, forment, dans la classe des Arachnides, un ordre à part sous le nom de Phalangidés. Ils se distinguent des araignées par le nombre de leurs yeux, qui est de deux seulement ; par leur petit corps arrondi et déprimé, leur abdomen articulé et largement uni au céphalothorax, et par l'excessive longueur de leurs pattes, qui leur donne une démarche toute particulière.—Le **Faucheur des bois** (*P. opilio*), si commun dans les jardins, parcourt avec agilité et en très peu de temps un assez long espace de terrain ; s'il marche lentement, il progresse par de larges enjambées, ce qui a fait comparer son allure à celle des moissonneurs qui fauchent dans nos prairies et dont il a pris le nom. Il ne peut toujours lutter de vitesse avec les insectes ennemis ; mais il trouve dans ses longues échasses le moyen de n'en être pas atteint, en soulevant son corps et laissant un espace figuré par les arches d'un pont, sous lequel son ennemi passe sans le toucher. Les pattes des Faucheurs sont très fragiles et gardent une grande motilité longtemps après leur séparation du corps. Ces insectes sont carnassiers ; ils se nourrissent de petits insectes, qu'ils saisissent avec leurs mandibules et qu'ils percent au moyen des crochets dont elles sont armées ; ils sucent leur proie de la même manière que le font les araignées. Les Faucheurs ne vivent pas plus d'une année et périssent tous vers la fin de l'automne. Souvent ils sont dévorés par des insectes parasites, entre autres par la lepte, qui n'adhère au corps du Faucheur que par son bec. Les Faucheurs ne filent point comme les araignées ; on les trouve sur les plantes, les troncs d'arbres et les vieux murs. La femelle dépose dans la terre des œufs blancs en assez grand nombre, qu'elle entasse les uns auprès des autres. On trouve communément aux environs de Paris le **Faucheur ordinaire** (*P. opilio*) et le **Faucheur cornu** (*P. cornutum*).

FAUCON (*Falco*). Genre d'oiseaux de proie diurnes ou *Rapaces,* type de la famille des *Falconidés.* Ils se distinguent des aigles par leur bec, courbé dès sa base, armé d'une dent aiguë de chaque côté de sa pointe, et par leurs ailes aiguës. Les Faucons sont doués d'une grande vigueur et d'une patience à toute épreuve ; ils se nourrissent habituellement de proies vivantes, à la poursuite desquelles ils montrent un courage inconnu à des espèces bien supérieures en taille. Aussi distingue-t-on autrefois les Faucons des autres oiseaux rapaces sous le nom d'*oiseaux de proie nobles.* Ce sont en outre, de tous les oiseaux de proie, ceux qui ont la plus brillante livrée, et dont le plumage varie le plus suivant l'âge et le sexe. Ce n'est que vers la quatrième ou cinquième année qu'il ne change plus. La femelle est dans cette tribu plus grande d'un tiers que le mâle, ce qui a fait donner à ce dernier le nom de *tiercelet.* Les Faucons sont des oiseaux d'une légèreté sans égale ; leur vol est rapide et soutenu, mais leur marche est sautillante et peu gracieuse, ce qui tient à leurs grands ongles crochus, et à la longueur de leurs ailes et de leur queue; aussi le vol est-il l'allure la plus familière à ces oiseaux. Ils habitent les forêts et les bois, où ils vivent solitaires avec leur femelle; cependant ils voyagent en troupes plus ou moins nombreuses, lorsqu'ils émigrent à la suite des oiseaux que le froid chasse vers des climats plus doux. Leur courage est très grand, et on les voit souvent attaquer des animaux plus forts qu'eux; c'est en planant dans les hautes régions de l'air qu'ils cherchent une proie; dès que leurs yeux perçants l'ont découverte, ils fondent dessus perpendiculairement et avec la rapidité d'une flèche, mais c'est toujours avec leurs serres et jamais avec leur bec qu'ils saisissent leur victime. Ils préfèrent le gibier à plume, et attaquent le héron, la grue, le faisan, les perdrix et les lapins. Quand ils poursuivent un mammifère, c'est toujours à la nuque qu'ils le saisissent, et ils lui crèvent les yeux à coups de bec. Le nid que construisent les Faucons est une aire composée de bûchettes ou de brindilles, suivant la taille des espèces, et ils le placent sur les rochers élevés ou sur les grands arbres. La femelle y pond de trois à cinq œufs blancs, tachetés de brun ou de rougeâtre, qu'elle couve seule. Lorsque les petits sont élevés, les parents les chassent loin du nid. — Le **Faucon ordinaire** (*F. communis*), de la grosseur d'une poule, a les parties supérieures d'un brun ocreux avec des bandes plus foncées, le dessous du corps blanc et finement rayé de brun, la queue brune en dessus avec des taches roussâtres, une moustache noire et triangulaire sur la joue, le bec ordinairement bleu, l'iris et les pieds jaunes. Les jeunes ont les parties supérieures brunâtres, avec les plumes bordées de roux. Les Faucons dits *pèlerins* ne sont, suivant G. Cuvier, que des jeunes un peu plus noirs que les autres. Cette espèce habite les parties montueuses de l'Europe; elle niche au milieu des roches les plus escarpées. C'est elle qui

a donné son nom à la *fauconnerie*, ou art d'élever les Faucons pour la chasse. Ce n'était qu'après des soins infinis et des jeûnes sévères, et par l'espoir de la récompense, qu'on en obtenait ce genre de service. — Une autre espèce un peu plus grande, le **Lanier** (*F. lanarius*), ressemble pour le plumage au jeune Faucon. — Le **Gerfaut** (*F. gyrfalco*), plus grand que le Faucon ordinaire, était le plus estimé dans la fauconnerie pour son ardeur. Son plumage est brun en dessus, avec une bordure plus pâle sur chaque plume; blanc en dessous avec des taches ou des rayures brunes. — Le **Sacre** (*F. sacer*) est, en dessus, d'un brun cendré frangé de roux clair, blanc en dessous, taché de roux clair, les sourcils blancs. — Le **Hobereau** (*F. subbuteo*), brun dessus, blanc dessous, à cuisses et ventre roux, les joues et les moustaches noires. Il est de la taille d'un merle. — La **Cresserelle**, qui tire son nom de son cri aigu, a la même taille; elle est rousse en dessus, blanche dessous, tachetée de noir; la tête et la queue sont d'un cendré bleuâtre chez le mâle. — L'**Émerillon**, le plus petit de nos oiseaux de proie, est cendré bleuâtre en dessus, blanc en dessous, taché de roux chez le mâle, qui est le *Rochier* des auteurs; la femelle est brune en dessus. — Le **Faucon pêcheur** ou *orfraie* est un

Faucon.

pygargue. (Voir ce mot.)

FAUNE. On emploie ce mot pour désigner la population animale d'une contrée ou d'une époque géologique. Il s'applique aussi à un ouvrage spécialement consacré à la description des animaux d'un pays ou d'une région quelconque. La Faune est aux animaux ce que la flore est aux plantes.

FAUSSE. (Voir FAUX.)

FAUVES. Dans le langage cynégétique, on réserve le nom de Fauves aux cerfs, chevreuils et daims, d'après la couleur de leur pelage.

FAUVETTE (*Sylvia*). Genre d'oiseaux type de la famille des *Sylviadés*, de l'ordre des PASSEREAUX, section des *Becs-fins*, comprenant, outre les Fauvettes proprement dites, les Pouillots, les Rousse-rolles et les Roitelets. (Voir ces mots.) — Les Fauvettes ordinaires sont de gentils oiseaux qui se font remarquer, en général, par leur chant agréable et la gaîté de leurs allures. Leur plumage assez varié est ordinairement brun ou roussâtre ; leur bec droit, effilé ; leur queue arrondie et de moyenne grandeur ; leurs ailes assez étendues ; leurs tarses longs et grêles. On trouve les Fauvettes sur tous les points du globe, mais surtout en Europe. Elles nous quittent à l'entrée de l'hiver pour revenir au printemps égayer de nouveau nos champs et nos bosquets. Les insectes, les fruits, les grains forment leur nourriture habituelle. Les Fauvettes sont aimables, gaies, vives, d'une extrême mobilité ; elles apportent même, dans la captivité, un naturel doux et aimant. Quoiqu'elles ne se réunissent jamais en

Fauvette des jardins.

troupes, elles se plaisent dans la société de leurs semblables. Elles vivent sur les arbres, sautant de branche en branche, et descendent rarement à terre ; leur vol est bas, irrégulier, et jamais de longue durée. Les Fauvettes font en général leur nid dans les taillis et les broussailles ; il est formé de brins d'herbe liés ensemble avec de la laine ou du crin. La femelle fait deux couvées par an et pond chaque fois quatre ou cinq œufs ; le mâle partage avec sa compagne les soins de l'incubation. — La Fauvette des jardins (S. hortensis), d'un brun cendré dessus, blanche dessous, fait ordinairement son nid dans les buissons des jardins. — La Fauvette à tête noire (S. atricapilla) a le dessus de la tête noir chez le mâle, brun marron chez la femelle. C'est, de toutes les espèces, celle dont le ramage est le plus mélodieux. « Son chant, dit Buffon, tient un peu de celui du rossignol, et l'on en jouit plus longtemps ; car plusieurs semaines après que ce chantre du printemps s'est tu, l'on entend les bois résonner partout du chant de ces Fauvettes ; leur voix est facile, pure et légère, et leur chant s'exprime par une

suite de modulations peu étendues, mais agréables, flexibles et nuancées ; ce chant semble tenir de la fraîcheur des lieux où il se fait entendre, il en peint la tranquillité, il en exprime le bonheur. » — La Fauvette traîne-buisson ou accenteur mouchet (S. modularis) est la seule qui nous reste en hiver ; elle est en dessus brune, avec le sommet de la tête cendré, la gorge et la poitrine d'un gris ardoise, blanchâtre sous le ventre. Cette espèce vit dans les bois en été et se rapproche des jardins et des vergers en hiver. Dans le midi de la France, où elles sont communes, les Fauvettes, très friandes de fruits sucrés, prennent vers la fin de l'été, un embonpoint extrême et une graisse délicate qui donne à leur chair un goût exquis. Elles sont alors fort recherchées sous le nom de bec-figue, et estimées autant que les ortolans. — Les Fauvettes des roseaux forment un genre à part sous le nom de Rousserolles. (Voir ce mot.)

FAUX, FAUSSE. On emploie souvent cette épithète pour désigner des êtres présentant une ressemblance plus ou moins frappante avec d'autres antérieurement dénommées ; ainsi l'on a appelé : Fausse angusture, une espèce de Strychnos ; — Fausse cannelle, le Laurier cassie — Fausse chenille, les larves des Tenthrèdes ; — Fausse nageoire, les nageoires adipeuses ; — Fausse oronge, une espèce d'Agaric ; — Fausses pattes, les organes ambulatoires des annélides, les mamelons membraneux des chenilles, les appendices qui se trouvent sous la queue des crustacés ; — Fausse réglisse, l'Astragale glyciphylle ; — Fausse rhubarbe, la Rue des prés ou Piganon jaune ; — Fausse rose, la Galle du saule ; — Faux acacia, le Robinier ; — Faux acorus, une espèce d'Iris ; — Faux baume du Pérou, le Mélilot bleu ; — Faux bois, l'Aubier ; — Faux bourdon, le mâle de l'Abeille ; — Faux ébénier, le Cytise des Alpes ; — Faux indigo, le Galea officinal ; — Faux ipécacuanha, diverses plantes qui ont des propriétés émétiques ; — Faux jalap, le Mirabilis jalappa ; — Faux lupin, une espèce de Trèfle ; — Faux nard, une espèce de Lavande ; — Faux platane, un Érable ; — Faux poivre, le Piment et le Fagarier ; — Faux quinquina, l'Iva frutescent ; — Faux scorpions, une famille d'Arachnides ; — Faux séné, le Baguenaudier ; — Faux sycomore, l'Azedarach ; — Faux thé, un Chénopode, et l'Alstonia thea ; — Faux thuya, un Cyprès ; — Faux tremble, un Peuplier d'Amérique.

FAUX. Nom vulgaire d'une espèce du genre Requin. (Voir Squale.)

FAVEROLLE, pour Féverolle.

FAYARD. Un des noms vulgaires du Hêtre.

FÉCONDATION. (Voir Fleur et Reproduction.)

FÉCULE. La Fécule ou amidon est une substance blanche et brillante qui se rencontre dans un grand nombre de végétaux, par exemple dans les tubercules de la pomme de terre, les graines des céréales, la moelle du sagouier, et les tiges des diverses plantes qui peuvent servir à la nourriture de l'homme et des animaux. La Fécule est sans saveur ni odeur, insoluble dans l'alcool, l'éther, les huiles fixes et volatiles, l'eau froide, etc. — Traitée par l'eau bouillante, elle se convertit en une gelée demi-transparente connue sous le nom d'*empois*. L'acide sulfurique très étendu convertit l'amidon, d'abord en une matière gommeuse soluble dans l'eau, puis en sucre identique pour la composition avec le sucre de raisin. On donne le nom de *dextrine* à la matière gommeuse qui se forme d'abord. Enfin, le caractère le plus remarquable de l'amidon est sa coloration en bleu par l'iode. Les usages de l'amidon sont nombreux et importants; associé avec des matières azotées ou des corps gras, il constitue la base de notre alimentation; il sert à la fabrication du sucre de fécule. L'amidon du blé est spécialement employé dans les fabriques d'indiennes pour épaissir les mordants auxquels il donne plus de consistance que la gomme; les confiseurs en font un usage journalier pour la composition des dragées; enfin c'est avec l'*empois* que les blanchisseuses donnent de l'apprêt au linge. — On l'obtient facilement en râpant la pomme de terre. On dispose la pulpe ainsi obtenue sur un linge, au-dessus d'un grand verre, et on l'arrose avec un filet d'eau tout en remuant. Les grains de fécule sont entraînés par l'eau à travers les mailles du linge; tandis que la pulpe grossière reste sur le filtre. L'eau amassée dans le verre laisse déposer par le repos la fécule, sous forme d'une matière blanche, pulvérulente, qui craque sous les doigts. Les grains de fécule sont d'une finesse excessive; ceux de la pomme de terre, qui sont les plus volumineux, tiendraient au nombre de cent cinquante dans un millimètre cube; ceux du blé sont beaucoup plus petits, et ceux de la betterave encore bien moindres. — Le rôle de la fécule pour la végétation est de servir de première nourriture aux jeunes plantes. Tout germe en est approvisionné. Pour nourrir la plante, la fécule insoluble se transforme en *glucose* soluble dans l'eau, et celle-ci devient de la *cellulose* pour former des cellules, des fibres et des vaisseaux.

FEINTE. (Voir FINTE.)

FELDSPATH (de l'allemand *feld*, champ, et *spath*, pierre). C'est une des substances minérales les plus répandues dans la nature; elle entre dans la composition de presque toutes les roches plutoniques, anciennes ou modernes, et constitue en grande partie les gneiss, les granites, les porphyres, etc. Ces sont des silicates alumino-alcalins ou alumino-terreux, plus durs que l'acier, faisant feu au briquet, plus ou moins fusibles, nettement clivables. Cette substance est certainement une de celles que l'on peut regarder comme une partie constituante essentielle du premier noyau de la terre; on en distingue trois espèces principales. — L'Orthose, silicate double de potasse et d'alumine, dont le système cristallin dérive d'un prisme rhomboïdal, à base ou à arête terminale oblique, est limpide, blanc, rouge, vert, quelquefois chatoyant, d'autres fois aventuriné; les variétés limpides et nacrées sont ordinairement nommées *adulaire;* les vertes,

pierre *des amazones;* les chatoyantes, *pierre de sucre;* les aventurinées, *pierre de soleil.* Toutes ces pierres sont employées en bijouterie. — L'**Albite** diffère de l'orthose en ce que la potasse est ordinairement remplacée par la soude; elle cristallise en prismes obliques. Sa couleur est ordinairement blanche. L'albite constitue presque entièrement les trachytes. — Le **Labradorite** est plus dense que les autres feldspaths; il pèse 2,75; il est toujours translucide, et remarquable par ses reflets vifs et changeants. Le fond de sa couleur est gris avec des veines blanches. Son système cristallin dérive encore d'un prisme rhomboïdal oblique. Le labradorite entre dans la composition du basalte et de plusieurs autres roches volcaniques. Toutes les variétés de Feldspath sont fusibles au chalumeau, en émail plus ou moins blanc, ce qui les distingue des quartz, avec lesquels on pourrait les confondre quelquefois; elles sont inattaquables par les acides.

FEMME MARINE, HOMME MARIN. On suppose avec raison que ce sont les phoques et les lamantins (voir ces mots), qui ont donné lieu aux fables des sirènes, des tritons, des Femmes marines et des Hommes marins, si répandues dans l'antiquité et le moyen âge.

FÉMORAL (de *fémur*, os de la cuisse). Synonyme de crural; artère fémorale, aponévrose fémorale, etc.

FÉMUR. Os de la cuisse. (Voir SQUELETTE.)

FENÊTRE. On donne le nom de *fenêtre ronde* et de *fenêtre ovale*, en anatomie, aux deux ouvertures situées sur la paroi interne de l'oreille moyenne et qui établissent sa communication avec l'oreille interne. (Voir OREILLE.)

FENNEC. Espèce du genre *Renard*. (Voir ce mot.)

FENOUIL. Plante du genre *Aneth* (*Anethum fœni-*

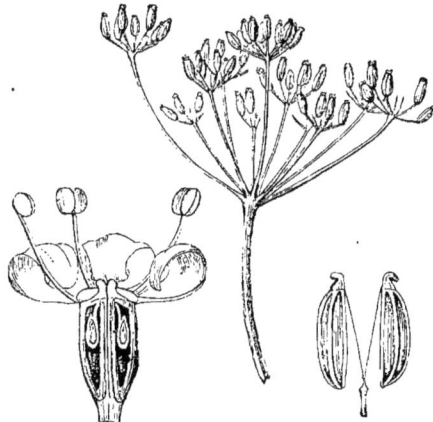

Fenouil (ombelle).
Fleur coupée verticalement et graine grossies.

culum, L.), de la famille des *Ombellifères.* Le Fenouil est une herbe vivace atteignant de 1m,20 à 2 mètres de hauteur. La tige glabre, cannelée et rameuse, est garnie de grandes feuilles d'un vert glauque, plusieurs fois pennées, à folioles sétacées. Les ombelles sont amples, planes et composées d'environ quinze à vingt-cinq rayons. Les fleurs, petites et d'un jaune vif, ont des pétales égaux et enroulés. Le fruit oblong et presque cylindrique offre dix côtes saillantes. Indigène dans le midi de l'Europe, le Fenouil se cultive assez communément comme plante potagère. Sa saveur est douceâtre et aromatique. En Italie, les racines des jeunes plantes sont un mets recherché. Dans les contrées plus septentrionales de l'Europe, on confit au vinaigre les jeunes pousses et les fruits verts. Les confiseurs et les liquoristes font entrer les fruits mûrs dans plusieurs préparations.

On nomme vulgairement :

Fenouil d'eau, la Renoncule flottante et le Volant d'eau;

Fenouil de mer, le Crithme maritime;

Fenouil puant, l'Aneth odorant;

Fenouil sauvage, la Ciguë.

FENUGREC (*Fœnum græcum*, foin grec). Plante herbacée annuelle, appartenant au genre *Trigonelle (Trigonella fœnum græcum)*, de la famille des *Légumineuses papilionacées*, section des *Trifoliées*. Le Fénugrec s'élève à 30 centimètres; ses feuilles composées ont leurs folioles obovales dentées et les stipules ont la forme d'un fer de faux; ses fleurs sont blanches et les gousses falciformes. Il constitue un bon fourrage. Ses graines exhalent une odeur aromatique analogue à celle du Mélilot; on les emploie en médecine comme émollientes et lubrifiantes. En Orient, on mange sa graine bouillie comme les pois.

FER, *Ferrum* (*sideros* des Grecs.) Le Fer est sans contredit le premier des métaux, celui dont l'industrie humaine retire le plus d'avantages. Plus précieux pour l'humanité que l'or et l'argent, c'est de sa substance que sont faits tous nos outils, nos machines à vapeur, nos armes de guerre, etc. C'est un métal solide, d'un gris bleuâtre, granuleux, très dur, ductile, d'une odeur sensible lorsqu'on le frotte, très oxydable et difficilement fusible. — Le Fer est très répandu dans la nature; il existe très peu de minéraux qui n'en contiennent plus ou moins. La dureté du Fer excède celle de la plupart des métaux, et elle augmente encore lorsqu'il est converti en acier; dans cet état, il acquiert un grand éclat métallique; ce métal est malléable, mais beaucoup moins que l'or, l'argent et même le cuivre. Sa ductilité est parfaite, car on le tire en fils aussi fins que les cheveux, et sa ténacité est considérable. Le Fer exige pour entrer en fusion une chaleur de 130 degrés du pyromètre de Wedgwood; avant d'arriver à ce point, il devient rouge brun, rouge clair et blanc; il a acquis alors une telle mollesse, qu'il peut être coupé facilement, et que deux barres peuvent être soudées par le choc; propriété aussi remarquable qu'importante pour les arts. On rencontre rarement le Fer à l'état métallique; presque tout le Fer natif qu'on rencontre dans la nature est renfermé dans des pierres météoriques (*Aérolithes*). Le plus ordinairement on trouve le Fer à l'état d'oxyde ou de sulfure : on le retire de ses oxydes. L'*acier* est une combinaison de Fer pur et de carbone, ou un carbure de Fer. Il ne se trouve pas à l'état natif, mais on le produit artificiellement. Uni à l'oxygène, le Fer forme trois espèces minérales : l'oligiste, la limonite et l'aimant. L'*oligiste* est composé d'environ 30 d'oxygène et 70 de Fer; on le trouve dans les dépôts volcaniques et dans les terrains de cristallisation et de sédiment. C'est un des minerais de Fer les plus riches : il est commun en Suède et dans l'île d'Elbe, mais rare en France. Il est en masse d'un gris de Fer, et souvent recouvert d'une poussière rouge. La sanguine et l'ocre rouge sont du Fer oligiste terreux, l'*hématite* est une variété de Fer oligiste, on en fait les crayons rouges des dessinateurs. La *limonite*, brune ou jaunâtre, est composée de 80 pour 100 de peroxyde de Fer, uni à de l'oxyde de manganèse, à de l'eau et à de la silice. On la trouve dans les terrains de sédiment en masses concrétionnées brunes ou jaunâtres. — Combiné avec le soufre, le Fer produit le sulfure de Fer, ou pyrite. La *pyrite* ou marcassite est d'un jaune d'or ou de laiton, composée de 46 de Fer et de 54 de soufre. Elle cristallise dans le système cubique. On la rencontre fréquemment disséminée dans les filons, les amas métalliques, mais on ne l'exploite pas comme minerai de Fer, mais pour le soufre qu'elle renferme. — Combiné avec l'acide carbonique, le Fer forme la *sidérose* (Fer carbonaté). Ce minéral cristallise comme le carbonate de chaux dans le système rhomboédrique; il est très riche en Fer, très facile à fondre et donne directement de l'acier. On le rencontre en dépôts quelquefois puissants dans les terrains de cristallisation et dans les terrains de sédiment. Il existe en filons dans les Basses-Pyrénées, où il alimente de nombreuses forges, ainsi que dans l'Isère. — Le Fer-blanc est une tôle mince découpée et trempée dans un bain d'étain.

FER DE LANCE. Nom vulgaire d'une chauve-souris du genre *Phyllostome*, et d'un serpent venimeux de la Martinique, le *Trigonocéphale*.

FERNAMBOUC ou BRÉSILLET. On donne ces noms au bois de divers arbres du genre *Cesalpinia*.

FÉROLIA. Genre de plantes dicotylédones, polypétales, périgynes, de la famille des *Ulmacées*, tribu des *Artocarpées*, dont l'unique espèce connue est un grand arbre de la Guyane, le **Ferolia guyanensis**, qui fournit un bois rouge panaché de jaune, susceptible d'un très beau poli. Ce bois est très estimé dans l'industrie où on le désigne sous les noms de *bois de Férole, bois satiné, bois marbré*. Le suc laiteux qui découle de son écorce est employé comme sudorifique.

FÉRONIA. Genre d'insectes COLÉOPTÈRES, type du groupe de *Féroniens*. (Voir ce mot.)

FÉRONIENS (de *Feronia*, déesse des bois). Groupe d'insectes COLÉOPTÈRES de la famille des *Carabidés*.

Ce sont des insectes carnassiers, de formes généralement allongées, rapides coureurs. La plupart vivent sous les pierres pendant le jour et en sortent le soir pour se livrer à la chasse. Ils ont pour caractères les palpes tronqués à l'extrémité, les jambes antérieures échancrées vers le milieu, avec les deux ou trois premiers articles des tarses cordiformes et dilatés chez les mâles. Le genre *Feronia*, type du groupe, renferme un grand nombre d'espèces de formes très variées, de couleur noire ou métallique, luisants. Les principaux genres de ce groupe sont : *Calathus, Pristonychus, Sphodrus, Anchomenus, Amara, Zabrus, Broscus.* Presque tous ces insectes rendent des services à l'agriculture en détruisant une foule de petites espèces nuisibles ; cependant on accuse la larve du *Zabrus gibbus* d'occasionner des dégâts en rongeant la racine des céréales.

FÉRULE (*Ferula*). Genre de plantes de la famille des *Ombellifères*, tribu des *Peucédanées*. Les Férules sont des herbes souvent assez élevées, à racines charnues, épaisses, à feuilles décomposées, à fleurs en ombelles composées, à fruit comprimé muni de côtes fines. Elles habitent les régions méridionales de l'Europe et de l'Asie. La **Férule commune** (*F. communis*) d'Europe, s'élève à 1ᵐ,80 ; les segments de ses feuilles sont linéaires et ses fleurs jaunes. — Une espèce d'Asie (*Ferula narthex*) donne la résine connue en médecine sous le nom d'*Asa fœtida*. — Une autre de Perse (*Ferula galbaniflua*) donne le *galbanum*, gomme-résine employée en médecine.

FESSIER. On donne le nom de *grand, moyen* et *petit fessier* aux trois couches de muscles superposés qui forment à la partie postérieure du tronc les masses charnues désignées sous le nom de *fesses*. (Voir Muscles.)

FESTUCA. (Voir Fétuque.)

FÉTUQUE. *Festuca* (du celtique *fest*, pâture). Genre de plantes graminées caractérisé par des épillets de cinq à dix fleurs et même davantage, à stigmates terminaux et sessiles. Ces fleurs sont rassemblées en panicule ou en grappe ; les feuilles sont engainantes, linéaires. Ces plantes croissent abondamment dans les lieux arides et stériles des régions tempérées de l'Europe. On les cultive pour former des pâturages. — La **Fétuque des prés** (*F. pratensis*) donne un excellent fourrage ; on l'emploie surtout pour ensemencer les prairies basses. — La **Fétuque élevée**, plus haute et plus tardive que la précédente, forme des prairies durables. — La **Fétuque des brebis** (*F. ovina*) ou *coquiole*, très recherchée des moutons, vient bien dans les plus mauvais terrains. —La **Fétuque flottante**, plante des prairies humides, est également recherchée par les animaux. Sa graine est employée dans le Nord comme plante alimentaire ; sa farine est bonne en bouillie, elle se rapproche beaucoup de celle du riz.

FEUILLE AMBULANTE. Nom vulgaire des insectes du genre *Phyllie*. (Voir ce mot.)

FEUILLE MORTE. Nom vulgaire d'un insecte Lépidoptère du genre *Lasiocampa*. (Voir Bombyx.)

FEUILLES. Les Feuilles sont des expansions ordinairement vertes, membraneuses, planes, naissant sur la tige et les rameaux des plantes, ou partant immédiatement du collet de la racine. Par les pores nombreux de leurs surfaces, elles absorbent ou exhalent les gaz, suivant qu'ils sont nécessaires ou inutiles à la nutrition du végétal ; elles sont formées par l'épanouissement d'un faisceau de fibres provenant de la tige. Les fibres ou vaisseaux, par leurs ramifications diverses, forment un réseau dont les mailles sont remplies par du tissu cellulaire qui tire son origine de l'enveloppe herbacée de la tige ; c'est ce qu'on appelle le *parenchyme* ; il est

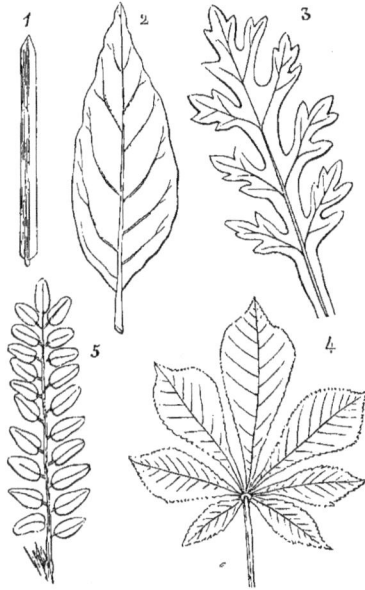

recouvert d'une membrane particulière, nommée *épiderme.* Elles doivent leur coloration verte aux innombrables corpuscules de *chlorophylle* qui remplissent les cellules. Le plus souvent les Feuilles sont soutenues par une queue mince et légère : c'est le faisceau de fibres prolongé et non encore épanoui ; il porte en botanique le nom de *pétiole*, et la Feuille est dite *pétiolée ;* elle est *sessile* quand il n'y a pas de pétiole, c'est-à-dire quand les fibres s'étendent en lame dès leur sortie de la tige. On appelle *disque* ou *limbe* la partie communément plane et verdâtre qui constitue la Feuille proprement dite. Sa face supérieure est d'ordinaire plus lisse, plus verte, et à l'épiderme plus adhérent ; la face inférieure est d'une couleur moins foncée, souvent couverte de poil ou de duvet ; son épiderme, moins intimement uni à la couche herbacée, offre un grand nombre de pores, ou petits pertuis, qui sont les bouches des vaisseaux intérieurs du végétal.

Aussi est-ce surtout par la face inférieure que les Feuilles absorbent les fluides exhalés de la terre ou répandus dans l'atmosphère. Les ramifications du pétiole sur le disque de la Feuille portent le nom de *nervures*. Quelquefois les nervures se prolongent au delà du disque de la Feuille, et forment des épines plus ou moins acérées, comme dans le houx. Leur disposition sur les Feuilles n'est pas sans importance. Dans les dicotylédones, elles sont presque toujours ramifiées et anastomosées ou réunies entre elles; dans les monocotylédones, elles ont constamment une direction longitudinale et parallèle; il n'y a d'exception que pour les aroïdées. Les Feuilles n'existent pas dans tous les végétaux; la cuscute n'en offre aucune apparence; dans les orobanches, elles sont remplacées par des écailles; dans plusieurs plantes grasses, comme les cierges, il est impossible de les distinguer, etc. On appelle *simples* les Feuilles dont le pétiole n'est pas divisé, et qui

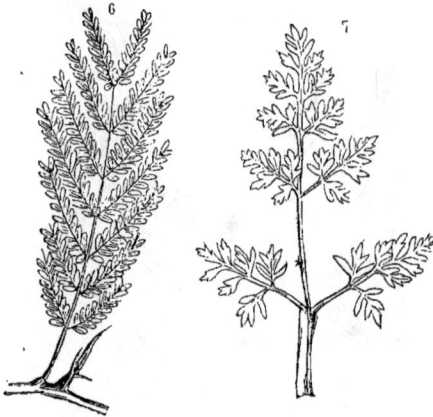

sont formées d'une seule expansion : ex., le lilas (fig. 2); *composées*, celles qui se composent d'un plus ou moins grand nombre de folioles, ou petites Feuilles, distinctes les unes des autres, sessiles ou pétiolées, fixées au sommet ou sur les parties latérales d'un pétiole commun; ex., le trèfle, le marronnier d'Inde (fig. 4), le robinier (fig. 5). Lorsque les folioles sont régulièrement placées le long du pétiole commun (fig. 5), on dit la Feuille *pennée*; on la dit *bipennée* quand les pétioles secondaires, au lieu de porter une seule foliole, constituent autant de feuilles pennées (gleditschia, fig. 6). Parmi ces dernières, on nomme *articulées* celles qui sont attachées au pétiole par une sorte d'articulation qui leur permet certains mouvements remarquables comme on l'observe dans l'acacia (fig. 5), et la plupart des autres légumineuses. Les Feuilles offrent dans leurs formes de nombreuses différences; dans certains végétaux, le faisceau fibreux se termine sans être divisé, et la Feuille conserve alors la forme d'un pétiole; dans ce cas, elle est dite *aciculaire*, c'est ce

qu'on observe dans beaucoup de nos arbres verts (les sapins (fig. 1), les pins, les mélèzes); mais plus ordinairement le faisceau se sépare en plusieurs et les faisceaux secondaires s'écartent de chaque côté de la grosse nervure comme les barbes d'une plume par rapport à son tuyau. Cette disposition est nommée *pennée* (fig. 2). Lorsque le faisceau se divise en plusieurs autres presque égaux qui marchent en s'écartant à peu près comme les deux doigts de la main ouverte, elle est dite *digitée* (fig. 4). Le parenchyme peut remplir complètement les interstices des nervures, de manière que la ligne qui forme les bords de la Feuille soit continue, on dit alors que la Feuille est *entière* (fig. 2). Souvent le parenchyme s'arrête avant la terminaison des nervures, alors la Feuille est découpée, son bord formé par une suite de lignes brisées (fig. 3). Si les découpures sont petites, elles prennent le nom de *dents*; si elles sont plus grandes, ce sont des lobes. Elles sont *trifides, quadrifides, multifides*, suivant qu'elles présentent trois, quatre, ou un plus grand nombre de divisions étroites et peu profondes; *tripartites, quadripartites, multipartites*, quand les incisions arrivent aux deux tiers au moins du disque de la Feuille; on la dit *décomposée* ou *laciniée* (caucalide, fig. 7) lorsque la Feuille est découpée en un grand nombre de lanières inégales. Elles sont *orbiculées* ou arrondies en cercle (la capucine); *cordiformes* ou en cœur (le nénuphar); *sagittées* ou en fer de flèche (la sagittaire); *lunulées* ou en croissant; *réniformes* ou en forme de rein; *cunéiformes* ou en coin, etc. Quant à leur disposition sur les tiges ou les rameaux, elles sont *opposées*, quand elles sont disposées, une à une, sur deux points diamétralement opposés; *alternes*, lorsqu'elles naissent seule à seule sur différents points de la branche; *verticillées*, lorsqu'elles naissent plus de deux à la même hauteur autour de la tige ou des rameaux, et y forment une sorte de collerette; *géminées*, naissant deux à deux, l'une à côté de l'autre du même point; *imbriquées*, ou se recouvrant comme les tuiles d'un toit, etc. On dit encore les Feuilles embrassantes ou *amplexicaules*, quand la base de leur limbe ou de leur pétiole entoure la tige; *décurrentes*, lorsque leur limbe se prolonge sur la tige avant de s'en détacher (consoude); *confluentes*, quand, étant opposées, elles se joignent par leurs bases entre lesquelles passe leur tige (chèvrefeuille). — Les usages physiologiques des Feuilles sont relatifs à la respiration, à l'exhalation et à l'absorption des plantes. Sous l'influence solaire, elles décomposent le gaz acide carbonique qu'elles reçoivent des racines ou qu'elles enlèvent à l'atmosphère, retiennent tout le carbone et rejettent presque tout l'oxygène; alors le carbone forme du bois, des résines et autres matières combustibles. Mais la nuit, les Feuilles sommeillent, et rendent au dehors, tel qu'elles les reçoivent des racines, l'acide carbonique que, faute de lumière, elles ne sont plus aptes à élaborer. (Voir VÉGÉTAUX.)

FÈVE (*Faba*). Plante de la famille des *Légumineuses*

papilionacées, tribu des *Phaséolées*. La **Fève commune** (*F. vulgaris*), la seule espèce du genre, se reconnaît facilement à ses grandes folioles, à sa corolle blanchâtre ou pourprée, dont les ailes sont marquées d'une grande tache noire, à son stigmate partagé en deux lèvres distinctes, à ses grandes gousses presque sessiles et en général fortement bosselées, enfin à ses grosses graines plus ou moins allongées. Les climats tempérés de l'Asie, auxquels l'Europe doit la plupart de ses arbres fruitiers et autres végétaux alimentaires, sont aussi

Fève des marais.

la patrie de la Fève; on ne connaît pas de localité où la plante croisse spontanément, quoique plusieurs auteurs avancent qu'elle est indigène en Perse. La Fève offre deux races ou variétés principales : la *Fève de marais* et la *Féverole*; la première obtient en général la préférence pour les usages culinaires; l'autre se cultive plus spécialement en grand pour la nourriture des animaux, lesquels ne sont pas moins friands de son herbe verte que des graines. Loin d'épuiser le terrain qui la nourrit, la Fève le rend au contraire plus propre à produire d'abondantes récoltes de céréales; enfouie en vert, elle est un des meilleurs engrais végétaux que l'on connaisse, et cette pratique agricole date de la plus haute antiquité. La farine des Fèves est plus nu-

tritive que celle de l'orge, mais elle rend le pain très indigeste. Elle peut aussi servir à faire des cataplasmes émollients. — On a donné le nom de *Fève* à plusieurs graines de genres différents; c'est ainsi qu'on appelle :

Fève de Calabar, la graine du *Physostigma venenosum*. (Voir CALABAR.)

Fève à cochon, le fruit de la Jusquiame;

Fève de Pythagore, le fruit du Caroubier;

Fève d'Égypte, le fruit du Lotus;

Fève de loup, l'Ellébore fétide.

Fève de Malacca, le Fruit de l'Anacardier;

Fève de Saint-Ignace, une espèce de Strychnos;

Fève Tonka, la graine du Coumarouna odorant.

FÉVEROLE. Variété de la Fève. (Voir ce mot.)

FÉVIER (*Gleditschia*). Genre de plantes dicotylédones de la famille des *Légumineuses papilionacées*, composé d'arbres à feuilles pennées, à fleurs vertes, disposées en épis, à épines rameuses, qui croissent dans les régions tempérées de l'Asie, de l'Afrique et de l'Amérique. — Le **Févier d'Amérique** (*G. triacanthos*), connu sous le nom vulgaire de *carouge à miel*, s'élève à 12 et 15 mètres; il est garni de fortes épines souvent trifides. Ses gousses à enveloppe coriace renferment une pulpe douceâtre avec laquelle on prépare, dans l'Amérique du Nord, une liqueur fermentée alcoolique. — Le **Févier de la Chine** (*G. sinensis*), hérissé de longues épines, sert à faire des haies et des clôtures.

FIBRE. (Voir TISSUS et BOIS.) Fibres nerveuses (voir NERFS). Fibres musculaires (voir MUSCLES).

Fibres végétales. (Voir VÉGÉTAUX.)

FIBREUX. Qui est composé de fibres : tissu fibreux, racine fibreuse.

FIBRILLE. On appelle ainsi les ramifications capillaires d'une racine.

FIBRINE. (Voir SANG.)

FICAIRE (*Ficaria*, la racine figurant de petites figues agglomérées). Genre de plantes dicotylédones, polypétales, hypogynes, de la famille des *Renonculacées*. — La **Ficaire renoncule** (*F. ranunculoïdes*), vulgairement *petite chélidoine*, *éclairette*, *herbe aux hémorrhoïdes*, est une petite plante vivace, à tiges couchées ou radicantes, à feuilles glabres, luisantes, en cœur, à fleurs solitaires d'un beau jaune. Celles-ci diffèrent de celles du genre *Renoncule* par leur calice à trois folioles et leur corolle à huit ou neuf pétales. Sa racine à fibres épaisses et charnues est employée en décoction contre les hémorroïdes. La Ficaire se trouve assez communément dans toute l'Europe, dans les bois humides. Elle se reproduit en partie par *bulbilles*, racines modifiées portant un bourgeon, et qui se forment à l'aisselle des feuilles.

FICOÏDE (*Mesembryanthemum*). Genre de plantes charnues, à feuilles épaisses, succulentes, alternes ou opposées, à fleurs comme radiées; il forme à lui seul la famille des *Mesembryanthémées*. Les Ficoïdes sont des plantes d'un aspect agréable, à fleurs brillantes, répandant pour la plupart une odeur suave. Leur nom scientifique (*Mesembryan-*

FIG — 380 — FIG

themum), qui signifie *fleur de midi*, leur vient de ce que la fleur de plusieurs espèces s'épanouit au milieu du jour. — Le **Ficoïde comestible** (*M. edule*) donne un fruit de la forme et de la grosseur d'une figue, d'un goût agréable, que l'on mange au cap de Bonne-Espérance. — Le **Ficoïde glacial** (*M. cristallinum*) offre une particularité singulière; ses tiges, longues de 60 à 80 centimètres, rampantes, sont hérissées de vésicules transparentes qui les font paraître comme couvertes de glace. Le suc de cette plante est employé aux Canaries contre l'hydropisie et les affections du foie. On trouve en Corse le **Ficoïde nodiflore**, dont les Marocains emploient le suc pour la préparation de leurs cuirs. Les Ficoïdes se cultivent comme les cactus; on les multiplie de boutures. On cultive surtout les *Mesembryanthemum conspicuum, aureum, deltoïdes, falciforme, bicolor, tricolor, micans*, etc.

Ficoïde falciforme.

FICUS. Nom scientifique latin du genre *Figuier*.

FIDE. Ce mot s'emploie en botanique pour indiquer que les pétales de la corolle sont soudés jusqu'à moitié ou à peu près. On dit la corolle bifide, trifide, quadrifide, multifide, suivant le nombre des pétales ou divisions. Ce mot s'applique aussi au stigmate.

FIEL. (Voir BILE.)

FIEL DE TERRE. Nom vulgaire de la Fumeterre officinale.

FIGUE. Fruit du Figuier.

Figue-banane. Fruit du Bananier.

Figue de Barbarie et **Figue d'Inde.** Fruit du *Cactus opuntia*.

FIGUIER (*Ficus*). Genre de plantes de la famille des *Ulmacées*, tribu des *Artocarpées*. Les Figuiers sont en général des arbres de taille moyenne, à cime touffue, et qui contiennent un suc laiteux plus ou moins âcre. Les feuilles, luisantes et persistantes, sont simples, épaisses et accompagnées chacune d'une grande stipule qui l'enveloppe avant l'épanouissement. L'inflorescence offre une particularité peu commune dans le règne végétal : les fleurs, très petites, couvrent la surface interne d'un réceptacle creux, charnu, de forme globuleuse ou turbinée, et muni à son sommet d'une petite embouchure fermée par des écailles. Aussi les anciens et la plupart des botanistes antérieurs à Linné, croyaient-ils le Figuier dépourvu de fleurs. Ces réceptacles naissent ou aux aisselles des feuilles, ou

épars le long des branches. Les fleurs mâles se composent d'un périanthe profondément divisé en trois lobes, et de trois étamines. Les fleurs femelles offrent chacune un périanthe quinquéfide, un ovaire uniloculaire contenant un seul ovule et muni d'un style filiforme, se terminant en stigmate bifide. Le fruit est constitué par le réceptacle grossi devenu plus ou moins succulent et renfermant une multitude de petites graines. La seule espèce indigène, et en même temps la plus importante sous le rapport de l'utilité, est le **Figuier commun** (*F. carica*, Linné). Ce végétal, naturalisé depuis bien des siècles dans l'Europe méridionale et d'ailleurs cultivé de temps immémorial dans toutes les contrées voisines de la Méditerranée, paraît être originaire

Figuier commun.
a, réceptacle florifère coupé verticalement; *b*, fleur mâle; *c*, fleur femelle.

d'Orient ou de l'Afrique septentrionale. Il forme, dans les climats chauds, un arbre haut de 8 à 10 mètres. Ses feuilles, à trois ou cinq lobes, ressemblent à celles de la vigne. Les fruits, dont il existe une multitude de variétés, sont pyriformes et présentent diverses nuances de rouge, de violet, de blanc, de jaune ou de vert; ceux qui occupent le bas des ramules sont les plus précoces et en général les plus gros; ceux qui naissent vers l'extrémité des ramules mûrissent deux à trois mois plus tard que les autres, et quoique d'ordinaire plus petits, ils sont beaucoup plus sucrés. Le Figuier se plaît dans les sols pierreux ou arides et dans les localités découvertes. Dans le midi de la France et dans les climats chauds, cet arbre, une fois planté, ne réclame presque aucun soin de la part du cultivateur; il faut même se garder de le soumettre à la taille, car la pourriture prend facilement à toute blessure faite, soit au tronc, soit aux branches. On le multiplie tant de graines que par rejetons, par boutures, par marcottes et par la greffe. Dans le nord de la France, le Figuier ne peut se cultiver qu'à la faveur d'expositions très abritées; encore faut-il le pailler en hiver. Les figues bien mûres sont un aliment sain et agréable, et ce fruit, soit frais, soit séché, constitue la nourriture habituelle de beaucoup d'habitants de l'Europe méridionale et de l'Orient. Mais le suc laiteux qui découle de l'écorce, pris à l'intérieur, agit à la manière de tous les poisons âcres. — Ce genre renferme d'autres espèces très remarquables, telles que le **Figuier sycomore**, dont le bois incorruptible servait aux anciens Égyptiens à renfermer leurs momies, et dont les fruits ont à peu près les mêmes qualités que les figues communes; le **Figuier élastique** (*F. elastica*) des montagnes du Népaul, qui fournit du caoutchouc et dont la culture est tellement répandue; le **Figuier des Pagodes** (*F. religiosa*), qui joue un rôle important dans la religion des Indiens, et leur donne de la laque; le **Figuier du Bengale** (*F. indica*), vulgairement *pipal*, l'une des plus admirables merveilles du règne végétal, tant à cause de sa longévité et de sa manière de croître, qu'à raison des énormes dimensions qu'il est susceptible d'acquérir. Le célèbre voyageur Marsden a observé un individu de cette espèce offrant une soixantaine de troncs et une cime de plus de 300 mètres de circonférence. Les branches du Figuier du Bengale pendent à terre, y prennent racine, et forment des arceaux de verdure qui s'étendent au loin et deviennent le point de départ d'arbres nouveaux groupés autour de la souche commune.

On nomme vulgairement :

Figuier d'Adam, le Bananier;

Figuier des Indes, le Papayer;

Figuier d'Inde, le *Cactus opuntia* (voir CACTUS);

Figuier maudit, le *Clusia rosea*.

FIGUIERS. Buffon donnait ce nom à des oiseaux becs-fins réunis par Cuvier aux pouillots.

FIL DE LA VIERGE. On appelle ainsi ces filaments blancs et légers qui voltigent dans les airs, surtout à l'automne, et qui proviennent des jeunes araignées. (Voir ARAIGNÉE.)

FILAGO (*Cotonnière*). Genre de plantes de la famille des *Composées tubuliflores*, dont les caractères principaux sont : capitules petits, coniques, à cinq angles plus ou moins prononcés; involucre à folioles concaves ou carénées, imbriquées; réceptacle pailleté au bord; fleurs femelles sur plusieurs rangs; fruits comprimés, aigrette poilue. Le type du genre, la **Cotonnière française** (*Filago gallica*), est une plante de 2 à 3 décimètres, grêle, couverte d'un duvet soyeux; sa tige à rameaux dichotomes, à feuilles linéaires aiguës; ses capitules coniques, en petits glomérules axillaires; ses fleurs d'un blanc jau-

nâtre. Elle croît l'été dans les champs sablonneux.

FILAIRE (*Filaria*). Genre de vers parasites de l'ordre des NÉMATOÏDES, type de la famille des *Filariadés*. Ces vers ont le corps très long, semblable à un fil, plus volumineux à la partie antérieure; leur bouche est entourée d'une plaque chitineuse, présentant huit saillies. C'est à ce genre qu'appartient le fameux **Dragonneau** ou *filaire de Médine*, très répandu chez les populations d'Afrique et sur les bords du Gange. On ne connaît que la femelle de ce ver. Elle peut atteindre de 60 à 80 centimètres de longueur, et à peine 1 millimètre d'épaisseur. Elle est vivipare et constitue, quand elle est arrivée à maturité, une gaîne remplie d'embryons. Ces jeunes vers vivent pendant un certain temps dans l'eau, où ils se développent sans doute dans quelque animal aquatique, d'où ils passent sur l'homme. C'est presque toujours dans le tissu cellulaire sous-cutané des jambes ou des pieds de ceux qui vont à l'eau qu'on le rencontre, et beaucoup plus rarement ailleurs. La présence du ver détermine dans ces régions la production d'abcès douloureux dans le pus desquels il vit, pelotonné sur lui-même. Les indigènes laissent habituellement l'abcès s'ouvrir spontanément et extirpent le ver qui est très mince et cassant, en l'enroulant sur un petit bâton et en procédant très doucement de crainte de briser le ver qui laisserait échapper dans la plaie ses petits vivants. — La **Filaire de l'œil** (*F. loa*) s'observe chez

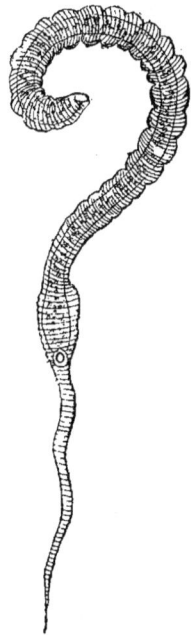

Filaire de Médine jeune (d'après Cobbold).

les nègres : elle est logée entre la conjonctive et la sclérotique, et est longue de 30 à 35 millimètres. — La **Filaire du sang** (*F. sanguinis*), qui atteint 6 à 8 centimètres de longueur et la grosseur d'un cheveu, vit, pendant le jeune âge, dans les vaisseaux sanguins de l'homme qui en avale les germes en buvant de l'eau mal filtrée. Ils cheminent dans les vaisseaux et se développent dans les capillaires sanguins et lymphatiques, en provoquant des abcès. On ne la rencontre guère que dans les régions tropicales.

FILAO. (Voir CASUARINA.)

FILARIA. *Phyllirea* (du grec *phullon*, feuille). Genre de plantes de la famille des *Oléinées*, voisines des Troènes. Ce sont des arbrisseaux à feuilles persistantes, coriaces, sessiles; à petites fleurs blanches ou verdâtres, qui croissent en petites grappes à l'aisselle des feuilles; à petites baies noirâtres. Les **Filaria latifolia, media et angustifolia** croissent en France; on les emploie fréquemment, surtout le premier, à orner les jardins paysagers.

FILET. Partie de l'étamine, le plus souvent filiforme, qui supporte l'anthère; il manque quelquefois et l'anthère est dite alors *sessile*.

FILEUSES [**Araignées**]. Synonyme d'Aranéides. (Voir ARAIGNÉES.)

FILICINÉES. (Voir FOUGÈRES.)

FILIÈRES. On appelle ainsi les pores par lesquels les araignées et les chenilles (voir ces mots) font sortir la substance soyeuse dont elles composent leurs toiles et leurs cocons.

FILIFORME. Qui est comme un fil; en forme de fil.

FILIPENDULE. (Voir SPIRÉE.)

FILONS. On donne ce nom à des masses minérales, pierreuses ou métallifères, aplaties, comprises entre deux plans parallèles et coupant la stratification des terrains dans lesquels elles se trouvent. L'origine des filons métalliques paraît se lier directement à la réaction de la matière intérieure en fusion contre l'enveloppe solide du globe. On conçoit, en effet, que lorsque la matière ignée et à demi pâteuse se faisait jour à travers le sol, il devait en résulter une multitude de fentes, de fissures, qui livraient passage à des gaz de différentes natures, et, probablement aussi, à diverses substances métalliques vaporisées. Or, une grande partie de ces fissures a pu se remplir de bas en haut, soit par la matière en fusion elle-même, soit par la condensation d'émanations minérales parties du foyer central, qui venaient successivement tapisser les parois des fissures, selon les lois de la cristallisation. Telle doit être l'origine des filons d'oxyde de cuivre, d'étain, de plomb, d'or et d'argent, qui tous se trouvent dans les terrains anciens.

FILOU (*Epibulus*). Genre de poissons de la famille des LABRIDÉS, formé par Cuvier pour une espèce de la mer des Indes voisine des Spares. Le corps et la tête de ce poisson sont recouverts de grandes écailles, dont le dernier rang empiète sur les nageoires anale et caudale; il y a au-devant de chaque mâchoire deux dents coniques, plus longues que les autres; mais ce qu'ils présentent d'extraordinaire, c'est l'extrême extension qu'ils peuvent donner à leur bouche, dont ils font subitement une espèce de tube, pour saisir au passage les petits poissons qui nagent à leur portée. On n'en connaît qu'une espèce, de la mer des Indes : c'est le Filou (*Sparus insidiator*), long de 30 centimètres, de couleur rougeâtre.

FINTE. Espèce de poisson du genre *Alose*.

FIORIN. Nom vulgaire de l'Agrostide stolonifère, plante graminée.

FISSIDENT. (Voir MOUSSE.)

FISSIPARITÉ (de *fissus*, fendu, et *parere*, produire). Mode de reproduction observé chez un grand nombre d'animaux et de végétaux inférieurs. Il consiste dans la division du corps en deux ou plusieurs parties qui deviennent chacune un être parfait. (Voir REPRODUCTION.)

FISSIPÈDES. On applique généralement ce nom aux animaux mammifères dont le pied garni de sabots est fendu au milieu : tels sont les cochons, les cerfs, les bœufs, les moutons, etc.

FISSIROSTRES (de *fissus*, fendu, et *rostrum*, bec). Groupe d'oiseaux de l'ordre des PASSEREAUX, comprenant ceux dont le bec large et aplati est très profondément fendu. Ce groupe est divisé en trois familles : *Caprimulgidés* (Engoulevents), *Cypsélidés* (Martinets) et *Hirundinidés* (Hirondelles).

FISSURELLE (de *fissura*, fissure). Genre de mollusques GASTÉROPODES de l'ordre des SCUTIBRANCHES, type de la famille des *Fissurellidés*. L'animal est allongé, muni d'un pied large et épais; sa tête, à museau court, non protractile, est pourvue de deux tentacules coniques à la base desquels sont insérés les yeux. La coquille est semblable à celle des Patelles, mais elle présente à son sommet une ouverture destinée à faire passer l'eau sur les branchies. La plupart habitent les côtes américaines. On trouve la **Fissurelle grecque** (*Fissurella Græca*) dans la Méditerranée.

FISTULAIRE (de *fistula*, flûte). Genre de poissons type de la famille des *Fistularidés*, voisins des Aulostomes, dont ils diffèrent par leurs mâchoires garnies de petites dents. Les Fistulaires prennent leur nom de leur museau prolongé en tube au bout du-

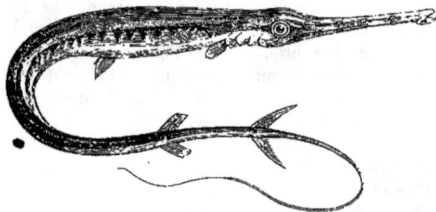

Fistularia serrata.

quel se trouve la bouche. Leur corps est mince, arrondi, très allongé. D'entre les lobes de la caudale sort un mince filament parfois aussi long que le corps. On en connaît deux espèces, les *Fistularia tabacaria* et *serrata*, propres aux mers des Antilles; elles sont longues de 1 mètre. Leur chair n'est pas bonne à manger.

FISTULARIDÉS. Famille de poissons de l'ordre des TÉLÉOSTÉENS, tribu des *Acanthoptères*, répondant aux *Bouches en flûte* de Cuvier. Les espèces de ce groupe sont caractérisées par un long tube formé au-devant du crâne par le prolongement des os de la face, et au bout duquel se trouve la bouche. Cette famille se compose des genres *Fistulaire, Aulostome* et *Centrisque*. (Voir ces mots.)

FISTULEUX. Se dit, en botanique, des tiges ou des feuilles allongées et creuses intérieurement : telles sont celles de l'oignon.

FISTULINE (*Fistulina*). Genre de champignons hyménomycètes de la famille des *Hydnacées*, qui a pour type la **Fistuline langue de bœuf** (*F. hepatica*, vulgairement *foie de bœuf*. Ce champignon, fort bon à manger lorsqu'il est jeune, croît sur le chêne ; il est le plus souvent sessile et d'un rouge plus ou moins foncé. Il acquiert parfois un volume considérable. On l'a recommandé autrefois contre les accès de goutte.

FLABELLIFORME (de *flabellum*, éventail). En forme d'éventail. Cette épithète est fréquemment employée en histoire naturelle.

FLAGELLÉS (de *flagellum*, fouet). Ordre de Protozoaires de la classe des INFUSOIRES, caractérisés par un ou plusieurs appendices filiformes (*flagellum*), sortes d'organes locomoteurs, qui oscillent comme un fouet et auxquels s'ajoutent chez certaines espèces des cils disposés en couronne. Ces flagellums, par leurs oscillations, amènent les particules nutritives à la bouche de ces infusoires. Leur reproduction a lieu par division ou segmentation du corps. Les Flagellés, répartis dans un grand nombre de genres, habitent dans les eaux douces et les eaux salées. Ce sont : les *Monades*, *Cercomonades*, *Trichomonades*, *Euglènes*, qui paraissent être des plantes, et on en a rapproché les *Noctiluques*. On y a placé à côté de véritables animaux. (Voir INFUSOIRES.)

FLAGELLUM. (Voir FLAGELLÉS.)

FLAGEOLET. Nom vulgaire d'une espèce de *Haricot*. (Voir ce mot.)

FLAMANT, *Phœnicopterus* (de *flamma*, flamme). Ce genre, que Cuvier plaçait dans l'ordre des ÉCHASSIERS, à cause de la longueur des jambes, forme aujourd'hui la famille des *Phénicoptéridés* dans l'ordre des PALMIPÈDES, division des *Lamellirostres*, auxquels ils se rattachent par leur bec et leurs pieds palmés. Les jambes, d'une hauteur excessive, ont les trois doigts de devant palmés jusqu'au bout, celui de derrière extrêmement court ; le cou est non moins grêle ni moins long que les jambes ; la tête porte un bec dont la mandibule inférieure est un ovale ployé longitudinalement en canal demi-cylindrique, tandis que la supérieure, oblongue et plate, est ployée en travers dans son milieu pour joindre l'autre exactement ; les narines sont percées longitudinalement dans un sillon situé de chaque côté du bec ; les bords des deux mandibules sont garnis de petites lames transversales très fines ; la langue est charnue et très épaisse. Les Flamants vivent de coquillages, d'insectes, d'œufs de poissons, qu'ils pêchent au moyen de leur long cou, et en retournant leur tête pour employer avec avantage le crochet de leur mandibule supérieure ; ils habitent surtout les bords de la mer et des marais qui l'avoisinent. Bien que leurs pieds soient palmés, les Flamants ne sont point des oiseaux essentiellement nageurs, et la membrane qui réunit leurs doigts semble plutôt destinée à rendre leur marche plus facile sur les fonds vaseux. Leur démarche à terre est lourde et embarrassée ; mais leur vol est puissant. Ils se re-

posent sur une patte comme les cigognes, en retirant l'autre sous leur corps et en cachant la tête sous une aile. Ces oiseaux vivent par petites troupes ; ils sont d'un naturel très défiant, et placent toujours des sentinelles, qui, à la moindre alarme, poussent un cri sonore, au bruit duquel toute la bande prend son essor. Ils observent dans leur vol le même ordre que les grues, et font comme elles de longs voyages. Suivant les uns, la femelle fait un nid de terre élevé, sur lequel elle se met à che-

Flamant d'Europe.

val pour couver ses œufs, parce que ses longues jambes l'empêchent de s'y prendre autrement ; mais suivant d'autres, elle choisit simplement un petit monticule élevé au-dessus des eaux, pour y déposer ses œufs, qu'elle couve en reployant ses jambes sous le ventre. La ponte est de deux œufs blancs, et les petits courent peu de jours après leur naissance. — L'espèce la mieux connue est le **Flamant d'Europe** (*P. ruber*) ; tout son plumage est d'un beau rose, avec le dos plus vif et les ailes d'un rouge ardent. Les pieds sont rouges ainsi que le bec qui est noir au bout. Cette espèce est répandue dans toutes les parties chaudes et tempérées de l'ancien continent. On en voit chaque printemps des troupes nombreuses sur nos côtes méridionales, et elles remontent quelquefois jusque vers le Rhin. Sa chair passe pour être fort bonne à manger. Sa peau, garnie d'un bon duvet, peut servir aux mêmes usages que celle du cygne. Une espèce de l'Amérique méridionale, très semblable à la précédente, a le plumage plus vivement coloré. — Le **Flamant pygmée** (*P. mi-*

nor), de moitié plus petit que le Flamant d'Europe, habite le cap de Bonne-Espérance et le Sénégal.

FLAMBE. Nom vulgaire de l'Iris d'Allemagne.

FLAMBÉ. Nom vulgaire d'un lépidoptère du genre *Papillon* (*Papilio podalirius*).

FLAMMANT. (Voir FLAMANT.)

FLAMMETTE ou **FLAMMULE.** Noms vulgaires d'une espèce de *Renoncule* (*Ranunculus flammula*).

FLANC. En anatomie, la région des parois abdominales située entre les fausses côtes et le bord supérieur de l'os des îles. (Voir ABDOMEN.)

FLÈCHE D'EAU ou **FLÉCHIÈRE.** Noms vulgaires de la Sagittaire. (Voir ce mot.)

FLÉCHISSEURS [Muscles]. Ce sont les muscles qui ont pour action de fléchir une ou plusieurs parties d'un membre sur la partie placée au-dessus. On donne plus spécialement le nom de *fléchisseurs* aux muscles des doigts et des orteils.

FLÉOLE (*Phleum*). Genre de plantes monocotylédones de la famille des *Graminées*, qui offre pour caractères botaniques : épillets à une fleur hermaphrodite ; glume à deux valves tronquées, carénées, plus longues que la fleur, terminées chacune par une arête courte ; deux glumelles, la supérieure bicarénée, trois étamines, deux styles. — La **Fléole des prés** (*P. pratense*), *Timothy grass* des Anglais, fournit un excellent fourrage. Souche gazonnante, chaume de 50 à 80 centimètres, renflé à la base ; feuilles planes, aiguës, à gaine cylindrique ; épillets blanchâtres rayés de vert. — La **Fléole des Alpes** (*P. alpinum*), à épillets purpurins, à nœuds de la tige rougeâtres, se trouve dans les pâturages élevés des Alpes, où elle fournit un fourrage fin, mais peu abondant.

FLET. Poisson du genre *Plie*. (Voir ce mot.)

FLÉTAN (*Hippoglossus*). Genre de poissons de la famille des *Pleuronectidés*. Ce sont des poissons plats très voisins des Plies, dont ils diffèrent surtout par la forme plus allongée du corps. Les Flétans sont d'un brun foncé en dessus, blancs en dessous ; ils atteignent souvent une très grande taille. On en a pêché sur les côtes d'Angleterre et de Norwège qui n'avaient pas moins de 2 mètres de long et 130 kilogrammes en poids (*H. vulgaris*). Ces poissons sont très voraces et attaquent surtout les raies, les gades, les cottes ; mais ils sont eux-mêmes poursuivis par les dauphins et les squales. Leur chair est très délicate, et on en fait dans le Nord des pêches importantes. Les Groenlandais mangent non seulement sa chair, fraîche ou salée, mais encore l'huile qu'ils retirent de son foie. Une espèce plus petite, l'*Hippoglossus citharus*, habite la Méditerranée.

FLEUR (*Flos*). La Fleur est l'ensemble des organes qui concourent à la reproduction des plantes ; tantôt elle existe par la présence d'un ou de plusieurs organes mâles, ou bien d'un ou de plusieurs organes femelles, ou encore des organes mâles et femelles rapprochés et groupés, nus ou accompagnés d'enveloppes particulières. Un organe mâle ou femelle peut donc, à lui seul, constituer une Fleur. Mais pour qu'une Fleur soit complète, elle doit offrir les organes des deux sexes, environnés d'une double enveloppe. La rose, la giroflée sont des Fleurs complètes. Prenons cette dernière comme exemple (fig. 1) : la première enveloppe, en procédant de dehors en dedans, est composée de quatre petites feuilles dressées, se touchant par leurs bords ; elles sont d'un brun verdâtre et forment autour des autres parties de la Fleur une enveloppe qui les protège : c'est le *calice* ; en dedans de cette première enveloppe on en voit une seconde composée de

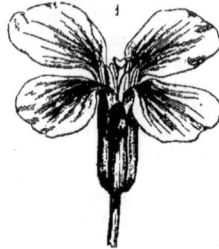

Crucifère (fleur de giroflée).   Etamine et pistil.

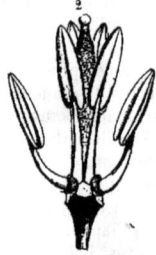

quatre feuilles odoriférantes, d'un jaune rouille, étalées et figurant par leur ensemble une croix à quatre branches arrondies, c'est la *corolle* ; le calice et la corolle forment le *périanthe*, c'est-à-dire la double enveloppe de la Fleur ; mais bien que ce soit généralement la partie la plus apparente de la Fleur, elle en est la moins importante et manque dans beaucoup de plantes. Les véritables organes de la génération sont : la petite colonne droite qui s'élève au centre de la fleur, le *pistil* ou organe femelle, et les six petites baguettes qui l'entourent, les étamines ou organes mâles (fig. 2) ; ceux-ci portent à leur extrémité de petits sachets (*anthères*), qui renferment une poussière jaune, le *pollen* ou matière fécondante. La Fleur de la Giroflée est complète et, par conséquent, hermaphrodite. Maintenant que nous avons un aperçu général de la Fleur, il convient d'examiner chacune des parties qui la composent. Prenons pour exemple l'œillet représenté figures 3 et 4. Dans le *pistil* ou l'organe femelle (*p*), on distingue trois parties : 1° l'*ovaire* (*o*), qui contient les ovules ; 2° le *style*, prolongement de l'ovaire, s'élevant au-dessus de lui ; 3° le *stigmate* (*s*), qui termine le style. On donne parfois à cet ensemble le nom de *gynécée*. Le style manque quelquefois, et dans ce cas le stigmate, qui ne manque jamais, est immédiatement placé sur l'ovaire. L'ovaire, la partie inférieure du pistil, et en même temps la plus épaisse, est comparable, sous beaucoup de rapports, à l'ovaire des animaux ; il renferme les *ovules*, graines naissantes attachées par leur cordon ombilical ou funicule à la paroi d'une cavité intérieure, souvent divisée en plusieurs loges par des cloisons ; l'ovaire abrite les graines jusqu'au temps de la maturité, et il élabore dans son tissu les sucs nutritifs qui servent à leur développement. Le style est le support du stigmate, et il communique avec l'ovaire. Le stigmate est souvent humide, inégal et couvert de papilles ou de petits mamelons. Les *étamines* (*c*) sont les organes par lesquels s'opère la fécondation. Elles remplissent dans les plantes les mêmes fonctions que les organes mâles dans les animaux ; aussi les désigne-t-on souvent sous le nom d'organes mâles ou d'*androcée*. On distingue trois parties dans les étamines : le *pollen*, petites vessies membraneuses qui contiennent la liqueur fécondante ; l'*anthère*, sachet dans lequel est renfermé le pollen ; l'*androphore*, qui sert de support à l'anthère. L'androphore manque quel-

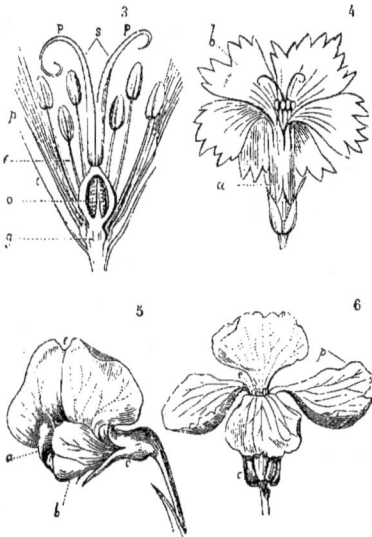

3. organes floraux de l'œillet ; 4, fleur caryophyllée (œillet) ; 5, fleur papilionacée (pois) ; 6, fleur cruciforme (giroflée).

quefois. Lorsque ce support ne soutient qu'une seule anthère, il prend le nom de *filet*. La manière d'être la plus ordinaire à l'étamine est d'avoir son filet étroit et terminé en pointe, son anthère oblongue, à deux lobes accolés latéralement. Quelques Fleurs n'ont qu'une étamine ; d'autres en offrent deux, trois, quatre, jusqu'à cent et même plus. On a remarqué que le nombre des étamines était constant dans la même Fleur au-dessous de douze. C'est sur cette considération que sont établies la plupart des classes de la méthode artificielle de Linné, devenue si célèbre sous le nom de *Système sexuel*. (Voir VÉGÉTAUX.) Un terrain très substantiel transforme souvent les étamines en pétales. Les Fleurs doubles et pleines qui embellissent nos parterres sont dues à des métamorphoses de ce genre. La Fleur est alors stérile. Chaque lobe de l'anthère est un sac membraneux, divisé intérieurement par une

cloison mitoyenne. A l'époque de la maturité, les deux lobes s'ouvrent par deux valves, et le pollen s'échappe. Le périanthe, prolongement de la partie extérieure du support de la Fleur, sert d'enveloppe immédiate aux organes de la génération. Il est simple ou double. Le périanthe simple est tantôt d'un tissu vert, ferme et peu succulent ; tantôt d'un tissu coloré, mou, aqueux. Il est rare que les étamines ne soient pas opposées aux segments du périanthe simple, quand elles sont en nombre égal à ces segments. Le périanthe double se compose de deux enveloppes distinctes ; l'une extérieure et continue avec l'écorce du support de la Fleur (le *calice*, 4, *a*) ; l'autre intérieure et continue avec le corps ligneux placé sous l'écorce du support (la *corolle*, 4, *b*). Le calice est ordinairement d'une consistance ferme et de couleur herbacée ; les pièces qui le composent prennent le nom de *sépales*, et suivant qu'il est composé d'une seule ou de plusieurs pièces, on le dit monosépale ou polysépale. On distingue dans le calice monosépale le tube, lorsque étant d'une seule pièce il ressemble, dans une partie de sa longueur, à un tube plus ou moins allongé. L'orifice du calice est l'entrée du tube. Le limbe du calice est la partie supérieure qui se prolonge en lame mince au delà des incisions et de l'orifice du tube. Le calice polysépale tombe ordinairement quand la Fleur s'épanouit ou quand la fécondation est opérée. Le calice monosépale se maintient après la fécondation, et presque toujours il accompagne le fruit dans son développement. La corolle entoure immédiatement les organes de la génération ; son tissu est mou, aqueux, coloré, fugace. Elle est monopétale ou polypétale ; monopétale, lorsqu'elle est formée d'une seule pièce, polypétale, lorsqu'elle est formée de plusieurs segments ou pétales distincts. On distingue également dans la corolle monopétale : le tube, l'orifice ou la gorge du tube, le limbe, qui est toute la partie mince et dilatée, depuis l'orifice jusqu'au bord inclusivement. On distingue dans toute corolle polypétale les pétales, qui sont les différents segments dont l'ensemble constitue la corolle, et dans chaque pétale l'onglet, qui est la partie par laquelle le pétale tient à la Fleur, et la lame, qui est la partie supérieure, mince et dilatée, correspondant au limbe de la corolle monopétale. Les principales formes de la corolle monopétale sont celles en cloche, en roue, en entonnoir, etc. C'est une loi assez constante que la corolle monopétale porte les étamines ; mais les corolles polypétales les portent rarement. Considérée dans son ensemble, une Fleur complète présente donc l'aspect d'une rosette à quatre tours ou *verticilles* provenant de l'épanouissement d'un même bourgeon. Les divers éléments de ces verticilles ne sont, en effet, que des feuilles modifiées, et cette origine est bien reconnaissable, surtout dans l'ovaire simple ou carpelle. Les huiles volatiles, élaborées dans le tissu des corolles, sont la source ordinaire des émanations odorantes que les fleurs répandent dans l'atmosphère. La partie d'où naissent médiatement ou immédiatement les organes sexuels et la corolle est le réceptacle de la Fleur (fig. 3, *g*). Nulle Fleur n'est privée de réceptacle, puisqu'il faut bien que les organes qui la composent soient attachés en un endroit quelconque. On distingue les Fleurs en régulières et irrégulières. Pour qu'une Fleur soit parfaitement régulière, il faut que les pièces de même nature qui composent chacun de ses systèmes organiques soient absolument semblables entre elles, et placées sur un plan régulier, à égale distance les unes des autres ; mais il suffit que cet état de choses existe dans le périanthe pour que l'on considère la Fleur comme régulière ; et, par opposition, on nomme Fleur irrégulière celle dont les divisions ou les segments du périanthe diffèrent entre eux par la grandeur, la forme et la position (fig. 5). Une seule de ces différences entraîne l'irrégularité de la Fleur. La corolle polypétale régulière est dite *cruciforme* quand elle se compose de quatre pétales opposés deux à deux en croix (giroflée, fig. 6), *rosacée* quand elle se compose de cinq pétales à onglet court ou nul (rose, cerisier, fig. 7) ; on la dit *caryophyllée* lorsqu'elle a cinq pétales munis d'onglets allongés (œillet, fig. 4). La corolle polypétale irrégulière est dite *papilionacée* (fig. 5) quand elle est formée de cinq pétales, dont un supérieur (étendard *c*) embrasse les quatre

7. Fleur rosacée (églantier).

autres ; deux latéraux (ailes *a*) et deux inférieurs souvent soudés (carène *b*) ; tels sont le pois, le genêt (fig. 5). La corolle polypétale irrégulière, qui n'est pas papilionacée, est dite *anomale* (pensée, aconit). La corolle monopétale est dite *campanulée* lorsque son tube s'évase en cloche (campanule, fig. 8) ; *rotacée*, quand le tube est presque nul et que les divisions du limbe sont ouvertes et divergentes comme les rayons d'une roue (bourrache) ; *labiée*, quand le limbe offre deux divisions principales ou lèvres et

dont la gorge reste ouverte (lamium, fig. 9) ; *personée* ou en masque, lorsque le limbe a deux lèvres comme la labiée, mais que la gorge est fermée par une saillie de la lèvre inférieure (muflier, fig. 10). Les Fleurs sont attachées aux rameaux,

8. Fleur campanulée (campanule).   9. Fleur labiée (lamium).   10. Fleur personée (muflier).

aux tiges, aux feuilles, aux racines, quelquefois immédiatement, d'autres fois par l'intermédiaire d'un support privé de feuilles. Ce support est un pédoncule. Les Fleurs sont souvent accompagnées d'enveloppes distinctes des périanthes, et qu'on peut regarder comme accessoires. Ces enveloppes ont une grande analogie avec les feuilles : ce sont des *bractées*. — La disposition des Fleurs sur un végétal est ce qu'on nomme son *inflorescence* ; ainsi, elles peuvent naître solitaires, ou deux à deux, ou se réunir en groupes, etc. Quoique la fécondation des plantes dépende un peu du hasard, les chances favorables sont si multipliées, qu'il paraît impossible que dans l'ordre naturel une plante chargée de Fleurs bien conformées reste stérile. Le pollen, très léger, est transporté de Fleur en Fleur par les insectes et emporté par les vents. L'hermaphrodisme, rare dans les animaux, est très commun dans les plantes, et l'organe mâle, placé auprès de l'organe femelle, le couvre, dans ce cas, de la poussière fécondante, qui s'attache au stigmate, pénètre par le style dans l'ovaire et féconde les ovules. La floraison des mâles et des femelles s'opère presque toujours à des époques concomitantes, de sorte que les pistils sont en état de puberté quand les anthères dispersent leur pollen. Les étamines ont de certains mouvements favorables à la fécondation ; les étamines du mûrier, de la pariétaire et d'autres plantes, courbées dans la Fleur avant l'épanouissement, se redressent comme autant de ressorts, au moment où les divisions du périanthe s'écartent, et la même secousse fait ouvrir les anthères et jaillir le pollen. Les étamines de la rue s'inclinent les unes après les autres sur le pistil, touchent les stigmates avec leurs anthères, puis se redressent et se jettent en arrière. Les organes femelles ne sont pas moins mobiles : les styles de la nigelle, de la Fleur de passion, etc., se penchent vers les étamines jusqu'à ce que la fécondation soit achevée. Les Orientaux savent de temps immémorial que pour que le fruit du dattier ou du pistachier se développe, il est indispensable que les individus mâles soient placés au voisinage des individus femelles; pour assurer les récoltes, ils disposent leurs cultures de manière que des vents réguliers portent le pollen sur les pistils, ou même ils recueillent le pollen sur les dattiers mâles pour le secouer sur les Fleurs femelles. Les pluies qui surviennent au moment où les anthères s'ouvrent empêchent l'action du pollen. On le remarque surtout dans la vigne, et on dit alors que la Fleur coule. De même que les animaux d'espèces très voisines, comme le cheval et l'âne, se fécondent mutuellement, de même aussi des plantes très voisines, telles, par exemple, que le coquelicot et le pavot somnifère, produisent des espèces mixtes, que les botanistes nomment des *hybrides* et qui empruntent quelque chose de la physionomie du père et de celle de la mère.

On a donné, dans le langage vulgaire, le nom de Fleur, suivi d'une épithète, à un grand nombre de plantes; ainsi l'on appelle :

Fleur de coucou, le Narcisse et la Primevère;

Fleur de beurre, la Renoncule âcre;

Fleur de Noël, l'Ellébore noir;

Fleur de la passion, la Passiflore;

Fleur de saint Jacques, la Jacobée;

Fleur de veuve, la Scabieuse;

Fleur du soleil, l'Hélianthe;

Fleur de tan, un petit Champignon jaune qui envahit les plates-bandes des tanneries.

FLEURETTE, FLEURON. (Voir Composées.)

FLORAISON. On donne ce nom ou celui d'*Anthèse* à l'ensemble des phénomènes qui accompagnent l'épanouissement des fleurs. Il ne faut pas confondre l'*inflorescence* avec la floraison; l'inflorescence (voir ce mot) est le mode d'arrangement des fleurs sur le rameau qui les porte.

FLORAL. Se dit de ce qui appartient à la fleur : enveloppes florales, fleurs florales.

FLORE. Ce nom mythologique de la déesse des fleurs s'applique à l'ensemble des végétaux qui croissent dans une contrée, et, par extension à l'ouvrage qui les décrit. La Flore est aux végétaux ce que la faune est aux animaux.

FLORIDÉES ou RHODOPHYCÉES. Famille de plantes cryptogames de la classe des Algues, et comprenant des espèces marines généralement ornées de couleurs très vives. Tantôt leurs frondes sont filiformes, tubuleuses, très ramifiées (*Céramics*), tantôt elles sont rameuses, foliacées (*Délesserie*). Les fructifications de ces plantes sont des spores immobiles, renfermées dans les cellules mères, situées sur les nervures ou à l'extrémité des frondes. — Les Floridées sont remarquables autant par l'élégance de leurs formes que par l'éclat de leurs couleurs. Elles se distinguent par leurs nuances roses, pourpres ou violettes, qu'avive encore l'action atmosphérique. C'est surtout au delà de la limite des marées, à quelques mètres sous l'eau, qu'on trouve les Floridées; souvent aussi dans les flaques profondes des rochers. Les céramies, les corallines, les plocamies, les délesseries, qui sont le plus bel ornement des herbiers, appartiennent à cette famille. — Le **Carrageen** (*Chondrus crispus*) s'emploie comme émollient à cause de son abondant mucilage. En Irlande et sur plusieurs points du littoral, on le mange et l'on en fait des gelées. — La **Mousse de Corse** est une Floridée du genre *Gigartina*.

FLORIFÈRE. Se dit, en botanique, des parties qui portent des fleurs : rameau florifère, bourgeon florifère.

FLOSCULEUSES. Division de la famille des *Composées* (voir ce mot), établie par Tournefort, et correspondant à celle des *Tubuliflores* des classifications actuelles.

FLOUVE (*Anthoxanthum*). Genre de plantes de la famille des *Graminées*, ayant pour caractères : épillets à trois fleurs, dont deux stériles; la fleur fertile, à glumelles plus courtes que les autres; deux étamines, deux styles et deux stigmates. On cultive en France, comme plante fourragère, la **Flouve odorante**, petite graminée vivace, qui croît naturellement dans les terrains secs. Son chaume, haut d'environ 30 centimètres, se termine par un épi rameux. C'est un excellent fourrage, qui, sec, répand une odeur très agréable. — La **Flouve amère**, qui croît en Portugal, ressemble beaucoup à la précédente; mais ses feuilles et ses tiges sont rudes et son épi plus allongé.

FLUSTRE (*Flustra*). Genre de molluscoïdes de la classe des Bryozoaires. Ce sont des animaux polypiformes, à tégument externe s'endurcissant en grande

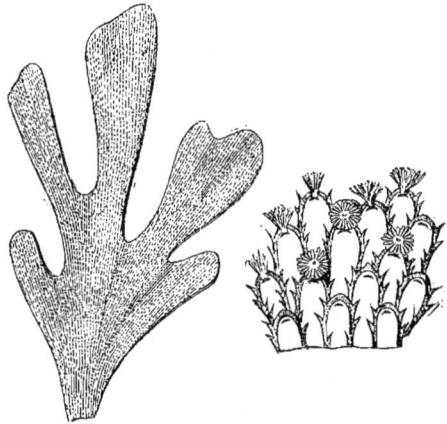

Fragment de flustre foliacée.   Cellules et animaux grossis.

partie et formant des polypiers d'apparence cornée ou calcaire, à loges ou cellules complètes pour chaque animal, mais contiguës, de manière à produire des lames ou expansions frondescentes fixées par leur base aux corps sous-marins. — L'espèce la plus remarquable, et celle qu'on rencontre le plus fréquemment sur la plage, est la **Flustre foliacée** (*F. foliacea*); elle a la forme et l'aspect d'un fucus très ramifié à frondes aplaties; sa couleur est d'un blanc jaunâtre, assez semblable à celle du parchemin. La Flustre foliacée habite à une assez grande profondeur et se développe jusqu'à atteindre 1 mètre en tous sens; mais on en trouve fréquemment des fragments sur le rivage. La Flustre ressemble à tel point à une algue marine, que beaucoup de personnes refusent de croire, à première vue, à sa nature animale; mais si l'on passe le doigt sur la surface des feuilles ou plutôt la lame du polypier, on éprouve la sensation d'une râpe, sensation causée par les innombrables cellules épineuses dont il est composé. Une faible loupe suffit pour dévoiler cette curieuse structure, qui n'a rien de commun avec celle des végétaux. Les cellules sont en forme de raquette, garnies d'un rebord armé de quatre épines courtes, deux de chaque côté; ce sont ces épines microscopiques qui produisent la sensation râpeuse que l'on éprouve au toucher.

FLUTE [Bouche en]. (Voir Fistularidés.)

FLUTEAU. Nom vulgaire d'une plante du genre *Alisma*. (Voir ce mot.)

FŒNE. (Voir Ichneumon.)

FŒNICULUM. Nom latin du genre *Fenouil.* (Voir ce mot.)

FŒNUM GRÆCUM. Nom latin du Fénugrec.

FŒTUS (du latin *fœtus*, fruit, produit). Nom par lequel on désigne le petit animal mammifère, et particulièrement l'enfant lorsqu'il est encore dans le sein de sa mère. (Voir Œuf et Reproduction.)

FOIE (*hépar*, *hépatos*). C'est la plus considérable de toutes les glandes du corps; elle est située dans l'hypocondre droit qu'elle remplit en entier, au-dessous du diaphragme, et a pour usage principal d'opérer la sécrétion de la *bile* qui s'amasse dans une ampoule nommée *vésicule biliaire*, et de la verser dans la portion des intestins nommée *duodénum*. Le conduit qui met en rapport le Foie avec le duodénum se nomme *canal cholédoque* Sa forme est celle d'une portion d'ovoïde coupé dans sa longueur; sa texture est granuleuse; sa couleur, d'un rouge brun chez les jeunes sujets, devient plus foncée chez les vieillards. A mesure qu'on avance en âge, il devient de moins en moins volumineux, et l'activité de sa sécrétion diminue. On donne le nom de *veine porte*, à cause de son usage, au tronc veineux formé par la réunion des veines abdominales qui se rendent au Foie. Cette veine se divise en une infinité de ramifications qui suivent le même chemin que celles des *artères hépatiques* et se limitent dans la substance glandulaire des îlots que pénètrent les capillaires communs aux deux systèmes de vaisseaux. Les capillaires forment un réseau dont chaque maille entoure une cellule de Foie; de ce réseau naissent les premiers ramuscules des veines sus-hépatiques qui ramènent le sang dans la veine cave inférieure. Les ramifications des canaux excréteurs de la bile seraient celles de la veine porte.

Le Foie extrait du sang les matériaux inutiles, qui sont conduits hors de l'organisation par la bile. — Un autre acte de haute importance s'accomplit dans le Foie; non seulement le sang y subit une épuration en se débarrassant de ses matériaux biliaires; mais encore il s'y enrichit en glucose, qui est par excellence le combustible du foyer vital. Les belles expériences de Claude Bernard ont prouvé que le sang, avant de pénétrer dans le Foie par la veine porte, contenait fort peu de glucose ou même souvent n'en renfermait pas du tout, tandis qu'à sa sortie du Foie par la veine hépatique, il en contenait toujours une forte proportion. Dans certains cas maladifs, il arrive, soit que la formation du glucose

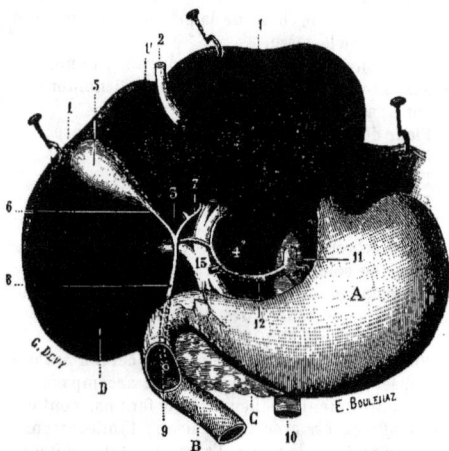

Foie. (Cet organe est fortement relevé et attiré en haut par son bord antérieur de manière à montrer sa face inférieure ou concave.)

A, estomac; B, duodénum; C, pancréas; D, foie.

1, bord antérieur du foie avec 1' son échancrure, qui correspond au ligament suspenseur (2), vestige de la veine ombilicale du fœtus; 3, sillon transverse; 4, lobule de Spiegel; 5, vésicule du fiel ou cholécyste; 6, canal cystique; 7, canal hépatique; 8, canal cholédoque; 9, ampoule de Vater où vient déboucher ce canal ainsi que le conduit excréteur du pancréas; 10, aorte; 11, tronc cœliaque; 12, artère hépatique; 13, veine porte.

par le Foie s'exagère, soit que l'organisation débilitée ne puisse consumer la proportion habituelle de combustible vital. Alors le glucose en excès est rejeté par la voie des urines et détermine l'affection connue en médecine sous le nom de *diabète sucré* ou de *glycosurie*. Il se forme aussi dans le Foie une grande quantité d'urée.

Chez les mammifères autres que l'homme, le Foie se fait remarquer par la variété dans le nombre des lobules qui le composent et qui sont plus distincts les uns des autres que chez l'homme. Le nombre de ces lobules varie depuis deux ou trois jusqu'à cinq ou sept, comme dans le genre des *Chats*. — Chez les oiseaux, le Foie est généralement plus volumineux que dans les mammifères. Sa figure est plus uniforme, et il est partagé le plus ordinairement en deux lobes. Il est placé autant à gauche qu'à droite, et il remplit les deux hypocondres. — Chez les reptiles, il est encore plus volumineux que dans les classes précédentes. Très peu divisé, il est souvent simplement échancré; non seulement il occupe les deux hypocondres, mais il descend encore très loin derrière les intestins, et sa couleur tourne au jaune. — Chez les chéloniens, le Foie a une conformation particulière, il est formé de deux masses arrondies qui occupent chacune un hypocondre et qui sont réunies par une bandelette étroite dans laquelle rampent les principaux vaisseaux. — Chez les poissons, la grandeur relative du Foie est généralement très considérable, et il est peu partagé; sa couleur est le plus souvent jaunâtre. — Enfin, chez les mollusques, le Foie est très volumineux, mais il est dépourvu de vésicule du fiel. Dans les crustacés les mieux organisés, il existe en arrière de l'estomac, et, s'ouvrant dans l'intestin, deux grosses glandes de couleur brune ou jaune auxquelles on donne le nom de *Foie*, bien que leur fonction soit plutôt analogue à celle du pancréas. Les insectes, les vers, les cœlentérés sont dépourvus de cet organe.

FOIE DE BŒUF. (Voir Fistuline.)

FOIN. C'est le nom qu'on donne à l'herbe des prés, après qu'elle a été fauchée et desséchée pour être conservée et servir d'aliment aux bestiaux. On donne également ce nom aux aigrettes et aux fleurs qui garnissent le réceptacle de l'artichaut avant son épanouissement.

FOIROLLE. (Voir Mercuriale.)

FOLIACÉ. Se dit des organes qui ont l'apparence ou l'organisation des feuilles.

FOLIOLE (diminutif de *feuille*). On donne ce nom à chaque petite feuille attachée au pétiole commun d'une feuille composée. (Voir Feuille.)

FOLLE AVOINE. (Voir Avoine.)

FOLLETTE. Nom vulgaire de l'Arroche des jardins.

FOLLICULE. On donne ce nom, en anatomie, à de petits corps membraneux utriculaires ou vésiculeux, situés dans l'épaisseur des membranes qui sécrètent au dehors un fluide particulier : Follicules sébacés. (Voir Glande.) — En botanique, on donne ce nom au fruit formé d'une seule feuille carpellaire repliée sur elle-même et qui s'ouvre à la maturité par sa suture (ellébore, nigelle, apocyn).

FONCTIONS (du latin *fungi*, exécuter). On donne ce nom, en physiologie, à l'ensemble des actes accomplis par un appareil organique. L'entretien de la vie résulte de l'ensemble des fonctions qui s'exécutent dans un organisme. On divise généralement les fonctions en trois grandes classes : fonctions de *nutrition*, de *relation* et de *reproduction*. (Voir ces mots et Organisme.)

FONGICOLES (de *fungus*, champignon, et *colere*, habiter). (Voir Endomychidés.)

FONGIE, *fungia* (de *fungus*, champignon). Genre d'animaux cœlentérés de la classe des Anthozoaires, ordre des Madréporaires, type de la famille des *Fongidés*. Ces polypiers sont libres à l'âge adulte, étendus en forme de disque; sur la muraille basilaire

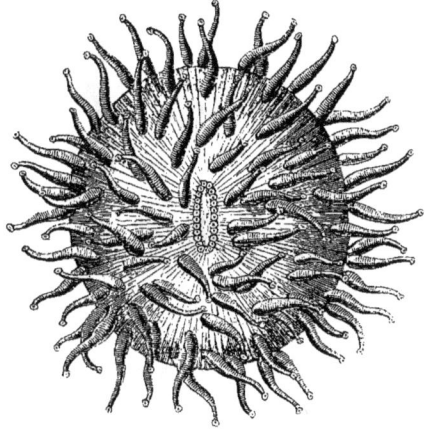

Fongie patelle.

sont insérées des cloisons nombreuses, rayonnantes, dont les lames continues ont leur bord crénelé, avec leurs faces latérales couvertes de saillies épineuses; c'est cette forme qui rappelle le dessous du chapeau des champignons (Agaricinées). Les tentacules sont épars à la surface du calice, qui est isolé. — Le type du genre est le **Fungia patella**, ou champignon marin de la mer des Indes.

FONTINALE (de *fons*, fontaine). Genre de plantes cryptogames de la famille des *Mousses*, division des *Pleurocarpées*, qui habitent les eaux courantes. (Voir Mousses.)

FORAMINIFÈRES. Ordre d'animaux inférieurs de la classe des Rhizopodes, embranchement des Protozoaires, comprenant de petits êtres microscopiques de consistance glutineuse et de forme indécise, enfermés dans un test ou coquille, dont la forme varie à l'infini. Les animaux qui habitent ces coquilles microscopiques étaient autrefois classés parmi les mollusques céphalopodes; mais leur organisation les range parmi les Protozoaires. On leur donne le nom de *Foraminifères* (du latin *foramen*, trou), à cause des nombreuses ouvertures dont leur coquille est percée, et par où passent les filaments où pseudopodes qui servent à l'animal d'organes locomoteurs. Cette coquille ne présente parfois qu'une seule chambre, pourvue d'une large ouverture; d'autres fois elle en possède plusieurs, communiquant les unes avec les autres, et offre les formes les plus variées. D'après leur conformation, on les divise en *Perforés* et *Imperforés*. Aux premiers appartiennent les genres *Lagena, Nodosaria*,

Globigerina, Nummulites, etc. ; aux derniers ressortissent les *Gromia, Miliolites, Uniloculina,* etc. — Ces petits animaux sont répandus dans la nature en quantité innombrable. Partout où l'on recueille le sable qui s'amasse dans les crevasses des rochers baignés par la mer, ou même celui du fond à diverses

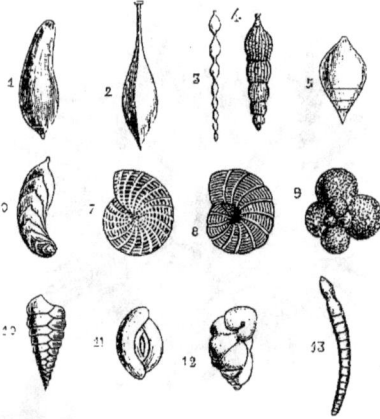

Foraminifères.

1, Lagena ; 2, Oolina clavata ; 3, Nodosaria rugosa ; 4, Nodosaria spinicosta ; 5, Glandulina ; 6, Cristellaria compressa ; 7, Polystomella crispa ; 8, Dendritina elegans ; 9, Globigerina bulloïdes ; 10, Textularia mayeriana ; 11, Quinqueloculina bronniana ; 12, Bullinia ; 13, Dentalina.

profondeurs, on la trouve rempli de coquilles microscopiques de la forme la plus élégante, et le nombre en est parfois tellement considérable, qu'en certains points du littoral, il entre pour moitié dans la composition du sable. Ces êtres, si petits que le microscope seul peut en dévoiler la structure, jouent cependant un rôle important dans la nature. Des couches de terrains de plusieurs lieues d'étendue sont exclusivement formées par l'agglomération de ces coquilles ou de leurs débris ; tel est, par exemple, le calcaire grossier du bassin de Paris. On a calculé qu'un pouce cube de ce terrain renfermait environ cinquante-huit mille de ces petits tests ; ce qui, pour 1 mètre cube, donnerait le chiffre effrayant de trois milliards. On peut donc affirmer sans exagération que tout Paris et la plupart des communes environnantes sont bâtis de ces coquilles. La couche de craie blanche qui s'étend depuis la Champagne jusqu'en Angleterre en est remplie, et, de nos jours encore, ils pullulent dans le lit des mers. Les Nummulites, de forme discoïdale, dont les coquilles aux multiples compartiments jonchent les assises calcaires et crayeuses des temps secondaires, et les innombrables *milioles* qui, par endroits, criblent la pierre à bâtir des environs de Paris, appartiennent à cet ordre. Nous donnons ici les principaux types morphologiques de ces petits êtres.

FORBICINE. (Voir LÉPISME et THYSANOURES.)

FORFICULE (de *forficula,* petites tenailles). Genre d'insectes de l'ordre des ORTHOPTÈRES, section des *Coureurs,* type de la famille des *Forficulidés,* dont quelques entomologistes font un ordre distinct sous le nom de *Dermaptères.* Ces insectes sont bien connus sous le nom vulgaire de *perce-oreille.* Ce nom vient, non pas, comme on le croit généralement, de ce qu'ils pénètrent dans les oreilles, mais bien de la ressemblance qui existe entre la pince dont est muni leur abdomen et l'instrument dont se servaient autrefois les bijoutiers pour percer les oreilles auxquelles on voulait attacher des pendants. Il suffit d'ailleurs des connaissances anatomiques les plus superficielles pour reconnaître que ces insectes ne peuvent pénétrer profondément dans les oreilles et y causer les graves accidents qu'on leur attribue. Les Forficules sont des insectes inoffensifs, qui ne s'attaquent qu'à nos fleurs et à nos fruits. On les reconnaît à leur tête large et aplatie, unie au corselet par un col mince ; à leurs élytres très courtes ; à leur abdomen très long terminé par deux pièces cornées en forme de pinces, plus développées chez les mâles. La femelle couve ses œufs comme les gallinacés et ne quitte ses petits que lorsqu'ils peuvent subvenir à leurs besoins. Plusieurs espèces de Forficules se rencontrent très communément dans les lieux humides, sous les pierres, les écorces, les feuilles sèches, etc. Tels sont : la **Forficule perce-oreille** (*Forficula auricularia,* longue de 12 à 15 millimètres, que nous figurons ici ; la **Forficule à deux points,** plus petite,

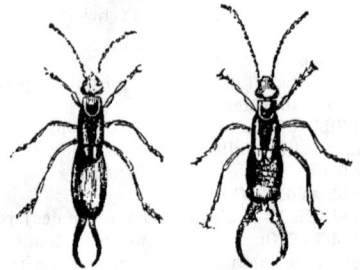

Forficules femelle et mâle (*Forficula auricularia*).

qui porte un point rouge sur chaque élytre. — La **Forficule géante** (*F. gigantea*), commune dans le midi de la France, mesure 25 millimètres de longueur, sans les pinces, qui en ont autant. — La **Forficule américaine** mesure 32 millimètres sans les pinces, qui sont peu développées.

FORMATION. On donne ce nom, en géologie, à un groupe de dépôts ignés ou sédimentaires qui ont une origine ou une époque commune. (Voir TERRAINS.)

FORMICALEO. Nom scientifique latin du Fourmilion. (Voir ce mot.)

FORMICIDÉS. (Voir FOURMIS).

FOSSANE. Espèce de mammifère du genre *Genette.* (Voir ce mot.)

FOSSE. On donne ce nom, en anatomie, à une cavité plus ou moins profonde et évasée et dont l'ouverture est plus large que le fond, telles sont : les fosses orbitaires, nasales, palatines, temporales, iliaques, etc.

FOSSILES. On appelle Fossile (de *fossum*, enfoui) tout corps organisé qui a été enfoui dans la terre à une époque indéterminée, mais antérieure à l'époque actuelle, qui y a été conservé ou qui y a laissé des traces non équivoques de son existence. Toutes les roches (voir ce mot) dont l'ensemble constitue l'écorce solide du globe, se divisent en deux grandes classes. La première est celle des roches cristallines ou d'origine ignée, dues au refroidissement de la matière fluide incandescente ou à son éjaculation parmi les roches sédimentaires; elles ne renferment aucune trace d'êtres organisés, la chaleur intense qui régnait alors sur le globe s'opposant à leur existence. On leur donne en conséquence le nom de *roches azoïques* (de *a* privatif et *zôon*, animal). La seconde classe comprend les roches sédimentaires ou d'origine aqueuse, formées dans les eaux par voie de déposition. C'est dans cette sorte de roches que l'on trouve des traces nombreuses de la vie organique, animale ou végétale. Toutes les parties du globe ont été tour à tour envahies par les eaux et laissées à sec pendant des périodes plus ou moins longues, et les bassins des mers ou des lacs qu'elles ont formés se sont comblés et modifiés par suite des matières solides qui s'y sont déposées. Chaque année il vient s'appliquer sur les fonds recouverts par les masses liquides une nouvelle couche, et, dans ce dépôt annuel, les eaux ensevelissent tous les objets qui sont venus tomber durant le même temps dans sa profondeur. Dans ce vaste cimetière viennent s'enterrer les coquillages, les squelettes des poissons et de tous les animaux marins, les plantes, les cadavres d'animaux terrestres et tous les objets que l'eau courante ramasse sur sa route, pour les verser dans les grands réservoirs d'eau douce ou d'eau salée. Ces couches superposées sont comme de vastes musées où nous pouvons lire l'histoire des êtres qui ont précédé l'apparition de l'homme sur la terre. Ces dépôts antiques se retrouvent partout; presque toutes les pierres, depuis les marbres les plus durs jusqu'aux moellons les plus grossiers, sont parsemés de débris d'animaux qui ont été jadis ensevelis dans cette pierre tandis qu'elle se formait. — On a trouvé des Fossiles appartenant à toutes les grandes divisions du règne organique. Parmi les végétaux, on rencontre des troncs ligneux pétrifiés, des semences, des empreintes de feuille ; il y a des polypiers, des insectes, des crustacés, des mollusques fossiles; relativement aux vertébrés, on en trouve qui appartiennent aux cinq classes des poissons, des batraciens, des reptiles, des oiseaux, des mammifères; tous diffèrent plus ou moins, selon leur ancienneté, des êtres aujourd'hui vivants. Les Fossiles du règne animal consistent, avant tout, dans les parties dures : ossements, dents, tests, écailles, coquilles, qui, par leur nature minérale, résistent le mieux à la destruction; les parties molles, d'une décomposition facile, ont rarement laissé des traces, la putréfaction et autres causes les ayant dissipées sous les eaux avant que se fût déposé le sédiment qui aurait pu en garder au moins l'empreinte. Il ne nous reste donc en général des vieilles populations du globe que des débris souvent fort incomplets. Cependant, au moyen de ces faibles restes, les naturalistes ont pu se former une idée très juste et assez complète de presque tous ces animaux. Pour concevoir comment ils y sont parvenus, il suffit de connaître un principe d'anatomie que Cuvier a développé, et qu'il a nommé *le principe de la corrélation des formes;* il consiste en ceci : que toutes les parties des animaux sont entre elles dans un rapport tel, que la forme de l'une étant donnée, l'on peut en général en déduire celle de toutes les autres. Le simple raisonnement démontre qu'il doit en être ainsi pour beaucoup de cas, puisque tous les organes d'un animal, devant concourir au même but, doivent se trouver coordonnés d'une manière conforme à ce but.

Si les intestins d'un animal sont organisés de manière à ne digérer que de la chair et de la chair récente, par exemple, il faut aussi que ses mâchoires soient construites pour dévorer une proie; ses griffes, pour la saisir et la déchirer ; ses dents, pour la couper et la diviser; le système entier de ses organes de mouvement, pour la poursuivre et pour l'atteindre ; ses organes des sens, pour l'apercevoir de loin. Il faut même que la nature ait placé dans son cerveau l'instinct nécessaire pour savoir se cacher et tendre des pièges à ses victimes.

Les Fossiles se présentent sous différents états; ce sont, le plus souvent, les parties solides des animaux : os et dents des vertébrés, coquilles ou étuis calcaires des mollusques et des crustacés. Fréquemment, la matière minérale primitive s'est conservée telle quelle. Ainsi, les coquilles et les coraux fossiles ont encore le calcaire qui les composait à l'état de vie ; les ossements possèdent leur carbonate et leur phosphate de chaux. Mais la matière organique, par exemple le cartilage des os, a toujours disparu, remplacée par une matière minérale ; et cela d'une manière d'autant plus complète que le Fossile est plus ancien. D'autres fois, à la substance primitive, tant minérale qu'organique, s'en est substituée une autre, variable suivant les terrains, et consistant surtout en carbonate de chaux, silice, oxyde et sulfure de fer. Ce n'est pas ici un encroûtement superficiel, un fourreau minéral superposé à l'objet comme peuvent en faire de nos jours les eaux des sources incrustantes; mais bien une substitution intime, qui s'est faite de molécule à molécule, à mesure que la matière originelle disparaissait dissoute; enfin, une véritable *pétrification* ou conversion en pierre. Souvent le Fossile disparaît après que la couche qui l'entoure a été solidifiée ; or, cette couche, en s'appliquant exactement sur le Fossile, en reproduit la forme. C'est une *empreinte*. On donne encore ce nom aux traces des pas qu'ont laissées certains animaux en passant sur une roche encore molle, et qui ont persisté après la solidification de cette roche ; on trouve ainsi les empreintes de pas de reptiles et d'oiseaux.

« Comme dans l'histoire civile on consulte les titres, on recherche les médailles, on déchiffre les inscriptions antiques, pour déterminer les époques des révolutions humaines, dit l'éloquent Buffon, de même, dans l'histoire naturelle, il faut fouiller les archives du monde, tirer du sein de la terre les vieux monuments, recueillir leurs débris, et rassembler en un corps de preuves tous les indices des changements physiques qui peuvent nous faire remonter aux différents âges de la nature. C'est le seul moyen de fixer quelques points dans l'immensité de l'espace, et de placer un certain nombre de jalons sur la route éternelle du temps. » Ces titres et ces médailles de l'antiquité du globe, ce sont les Fossiles, qui nous racontent par quelles phases la vie a passé pour arriver à l'état de nos jours. En effet, l'étude des Fossiles que renferment les couches de la terre nous fait voir, par la progression qui se montre aussi bien dans l'ensemble de l'organisation que dans le nombre des êtres successivement ajoutés, que le règne animal et le règne végétal ont subi une véritable évolution, parallèle à l'évolution du globe. On remarque qu'à partir des couches les plus profondes où se manifeste la vie, jusqu'aux plus récentes, il se présente dans la succession des divers étages, relativement aux formes de la vie animale et végétale, un développement graduel d'organisation, une progression du simple au composé, et comme une série ascendante de systèmes vivants de plus en plus compliqués ou parfaits, de manière que, dans les strates les plus inférieures, prédominent les animaux dont les fonctions sont le moins élevées : mollusques, testacés, zoophytes, et les végétaux de la nature la plus simple, des algues marines, des acotylédones d'une taille démesurée ; puis apparaissent dans les formations suivantes, des poissons, d'innombrables reptiles aux proportions gigantesques, marins ou amphibies, rampant dans des savanes ou des marécages, au milieu d'une végétation tropicale composée de fougères, de cycadées, de conifères. Enfin, les terrains tertiaires sont caractérisés par des oiseaux et par des mammifères terrestres, associés à des plantes dicotylédones, quatre ou cinq fois plus nombreuses que les monocotylédones, et ces débris organiques offrent, en général, les plus grands rapports avec les genres actuels. Quant aux dépôts les plus superficiels, diluviens et alluviens, ils renferment les restes des animaux et des plantes qui, pour la plupart, existent maintenant à la surface du globe. Ainsi, les formes des animaux et des plantes fossiles s'éloignent d'autant plus des espèces actuelles que l'on descend à une plus grande pro-

fondeur dans les immenses tombeaux où ils sont ensevelis, et ils présentent une organisation de plus en plus complexe, à mesure qu'on remonte la série des terrains ; bien qu'à tous les étages on retrouve, malgré de nombreuses modifications, les ordres les plus simples et les moins parfaits. C'est un point non moins solidement établi dans l'histoire de la vie, que celui de l'extinction successive de certaines formes aux diverses époques et leur remplacement par d'autres ordinairement analogues, mais de plus en plus voisines des formes actuelles. (Voir TRANSFORMISME.) — Les Fossiles nous fournissent des renseignements non seulement sur les hauts problèmes de la philosophie naturelle, mais encore sur la configuration générale de la surface de notre planète aux diverses époques, sur l'antique répartition des terres et des mers.

De tous les Fossiles, les plus répandus sont les coquilles, soit que les mollusques aient été réellement plus nombreux que les animaux des autres classes aux anciens âges de la terre, soit que leurs tests pierreux, plus résistants, nous soient parvenus en plus grande abondance que les autres restes organiques. Parmi les mollusques, les uns, peu nombreux en espèces, habitent les eaux douces ; les autres, en plus grande abondance, ont pour demeure les mers. Nos fossés, nos lacs, nos étangs, regorgent en particulier de limnées, de planorbes et de paludines, qui n'ont pas de représentants dans les mers ; les mers, à leur tour, ont d'innombrables espèces totalement étrangères aux eaux douces ; tels sont, par exemple, les murex, hérissés de piquants, et les huîtres, les moules. Dans les vases des fossés s'amassent des coquilles de planorbes et de limnées ; dans les dépôts sous-marins s'entassent les huîtres et les murex. Or, dans beaucoup de localités, la roche, sans rien présenter de spécial dans sa nature chimique, est pétrie de coquilles de planorbes, de limnées et autres espèces des eaux douces. A ce signe seul se reconnaît que la roche a été déposée au fond d'une nappe d'eau douce notamment au fond d'un lac devenu aujourd'hui terre ferme. En d'autres points, incomparablement plus répandus, la roche ne renferme que des coquilles marines. Sa formation est donc due aux dépôts de la mer. Si quelque part un mélange se présente de coquilles marines et de coquilles d'eau douce, c'est la marque de l'embouchure d'un cours d'eau, apportant à la mer, pendant ses crues, les dépouilles de ses propres mollusques.

Enfin, ce ne sont pas seulement les plaines, les terrains bas qui, dans leurs assises, nous montrent des coquilles marines fossiles ; on les trouve aussi, et souvent très abondantes, jusque dans la roche des plus hautes cimes, à des hauteurs où nulle mer ne pourrait être portée aujourd'hui par des causes existantes. Tout prouve que ces coquilles ont vécu dans la mer, que c'est elle qui les a déposées dans les lieux où on les trouve. Or, si la mer n'a pu s'élever à la cime des montagnes pour y laisser ses coquillages fossiles, c'est donc la terre elle-même qui, d'abord inférieure au niveau des mers, a reçu les sédiments des mers auxquelles elle servait de lit, puis s'est soulevée, emportant avec elle les preuves évidentes des dislocations et changements de relief qui, des profondeurs océaniques, ont fait terre ferme et chaînes de montagnes. (Voir Soulèvements, Terrains, etc.) Nous donnerons un aperçu de la succession des êtres dans le temps au mot Paléontologie.

FOSSOYEUR (Scarabée). (Voir Nécrophore.)

FOU (*Sula*). Genre d'oiseaux de l'ordre des Palmipèdes, famille des *Totipalmes*, se distinguant par

Fou de Bassan (*Sula bassanus*).

leur tête petite, leur bec beaucoup plus long que la tête, terminé en crochet et fendu jusqu'en arrière des yeux, à bords dentelés ; par leur face et leur gorge nues, leurs ailes très longues, aiguës ; leurs jambes courtes à doigts réunis par une membrane, leur queue conique. Les Fous sont des oiseaux massifs, de forme peu gracieuse. Organisés pour le vol et la natation, ils sont à terre tellement lourds et gauches, qu'ils se laissent approcher et tuer sans résistance ; cette inertie, attribuée à leur stupidité, n'est due en réalité qu'à l'impuissance de fuir, à laquelle les réduisent la brièveté de leurs jambes et la longueur de leurs ailes, qui ne leur permettent pas de s'élancer d'un seul bond dans les airs ; mais lorsqu'ils volent au-dessus des vagues, ils déploient une admirable légèreté et enlèvent avec une dextérité surprenante les poissons imprudents qui viennent à la surface. Les Fous nichent en grandes bandes sur les rochers et les falaises baignés par la mer ; leurs nids sont placés les uns à côté des autres et les femelles y déposent un ou deux œufs d'un blanc pur à surface rude. — Une seule espèce habite l'Europe : c'est le Fou blanc ou *Fou de Bassan*, que l'on rencontre jusqu'en Écosse et en Norwège pendant la belle saison, contrées qu'il abandonne pour le Sud dès que le froid se fait sentir. Le nom de Bassan lui vient d'une petite île du golfe d'Édimbourg, où il multiplie beaucoup. Cet oiseau est blanc avec les pennes des ailes noires ; la peau nue de la face et de la gorge est bleue, les tarses sont rayés longitudinalement de vert clair. Il a 1 mètre

de longueur de l'extrémité du bec au bout de la queue.

FOUET DE L'AILE. On donne ce nom à la troisième partie, c'est-à-dire la partie la plus extérieure de l'aile des oiseaux. Dans certaines espèces : kamichi, jacana, bernache, oie de Gambie, le Fouet de l'aile est armé d'un ou de deux éperons qui sont de véritables armes pour ces oiseaux.

FOUETTE QUEUE. Nom vulgaire d'un reptile du genre *Stellio* et du Gecko du Pérou.

FOUGÈRES (*Filices*). Famille de plantes cryptogames vasculaires, de la classe des Filicinées, offrant les caractères suivants : plantes vivaces, à tiges, racines et feuilles bien développées. La tige, très apparente, ou même ligneuse dans quelques Fougères équatoriales, est réduite dans nos espèces indigènes, à une souche souterraine, traçante, qui porte des racines adventives et des feuilles (*frondes*) ; celles-ci sont ordinairement très grandes, roulées en crosse dans leur jeunesse, et portent à leur face inférieure les organes de la fructification. Dans quelques Fougères, toutes les feuilles sont fertiles ; dans d'autres, les feuilles fertiles diffèrent complètement des feuilles ordinaires ou sont réduites à de simples nervures. Les sporanges sont tantôt rapprochés en groupes (*sores*), ou nus, ou recouverts par une membrane (*indusie*) ; tantôt disposés en lignes. La plante feuillée ne produit jamais directement les organes reproducteurs sexués ; les spores détachées de la plante mère ne sont pas fé-

1. Fougère mâle (*Nephrodium filix mas*).
a, b, face inférieure d'une foliole montrant la fructification.

condées ; mais, placées dans un lieu convenable, elles donnent naissance à une lame celluleuse (*prothalle*) sur laquelle se développent les organes mâles ou *anthéridies* et les organes femelles ou *archégones*. Dans nos climats tempérés, les Fougères sont des herbes vivaces, dépourvues de tige aérienne et dont les feuilles ou frondes partent d'une tige souterraine ou rhizome ; mais, dans les contrées tropicales, on rencontre des Fougères qui ont un tronc ligneux et atteignent de 8 à 12 mètres de hauteur. Ce tronc, ordinairement très simple et parfaite-

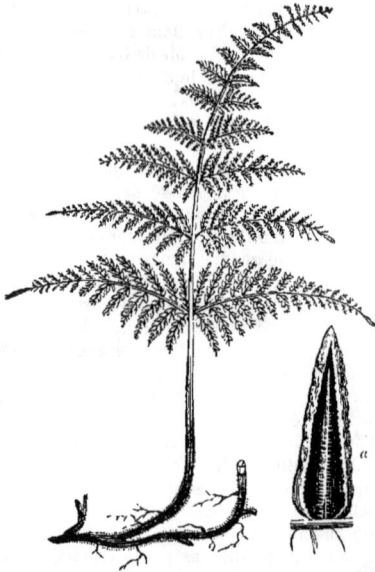

2. Grande Fougère (*Pteris aquilina*). — *a*, foliole vue en dessous.

ment cylindrique, est couronné d'une magnifique touffe de feuilles d'énorme dimension, de sorte qu'il rappelle les formes élégantes des palmiers. Les frondes des Fougères sont indivisées, palmées, digitées, ou plusieurs fois composées. Avant leur développement, elles sont enroulées de haut en bas en forme de crosse d'évêque, ce qui constitue l'un des caractères distinctifs de la famille. Ces végétaux n'offrent aucun organe analogue aux fleurs des phanérogames. Les organes de la fructification consistent en une sorte de très petites capsules groupées à la face inférieure des feuilles par petites masses linéaires arrondies. Les souches d'un grand nombre de Fougères herbacées sont amères et très astringentes; la thérapeu-

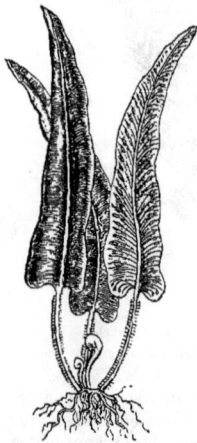

3. Scolopendre (*Scolopendrium officinale*).

tique en emploie plusieurs comme vermifuge, et surtout comme tænifuge; telles sont : la **Fougère mâle** (*Nephrodium filix mas*) (fig. 1) et la **Grande Fougère** (*Pteris aquilina*, (fig. 2), qui servent aussi

dans le Nord à la place du houblon dans la confection de la bière. Cette dernière espèce, connue également sous le nom de *porte-aigle*, parce que la coupe transversale de sa tige offre une figure noirâtre, représentant assez bien un double aigle héraldique, est très commune dans les lieux sablonneux. Les Polynésiens cultivent plusieurs espèces de Fougères, dont les souches, grosses et farineuses, leur tiennent lieu de pain. Les feuilles de la Fougère *adiante* (voir ce mot) sont aromatiques et pectorales; elles entrent dans la composition du sirop de capillaire.

La famille des Fougères comprend plus de trois mille espèces, dont un grand nombre doivent à l'élégance de leur feuillage et à leur brillant coloris d'être l'ornement des jardins. On a réparti leurs genres nombreux dans plusieurs tribus fondées particulièrement sur la structure des sores et leur mode d'insertion. Ce sont : 1° les POLYPODIÉES, à sporanges se développant sur la face inférieure des lobes foliaires et dont les capsules sont entourées d'un anneau suivant une direction verticale; genres *Polypodium*, *Pteris*, *Nephrodium*, *Asplenium*, *Scolopendrium* (fig. 3), *Adianthum*, etc., comprenant la plupart de nos espèces indigènes; 2° les HYMÉNOPHYLLÉES, dont l'anneau est dans une direction oblique ; genres *Hymenophyllum*, *Trichomanes*, petites Fougères tropicales; les CYATHÉES,

4. Ophioglosse (*Ophioglossum vulgatum*).

dont l'anneau élastique entoure obliquement les sporanges : genres *Cyathea*, *Alsophila*, renfermant les Fougères arborescentes des régions tropicales; 3° les PARKÉRIÉES, qui n'ont qu'un fragment d'anneau oblique : genres *Parkeria*, *Ceratopteris*; 4° chez les LYGODIÉES, l'anneau est complet, mais reporté au sommet en manière de calotte et la déhiscence a lieu par une fente régulière qui ouvre la capsule : genre *Lygodium;* 5° chez les OSMONDÉES, l'anneau élastique se réduit à un petit disque strié : genre *Osmunda;* 6° chez les MARATTIÉES, l'anneau manque et les capsules, libres entre elles, sont serrées régulièrement les unes à côté des autres sur deux rangs et s'ouvrent chacun par une fente; genres *Marattia* et *Danea*, grandes fougères des régions tropicales ; 7° les OPHIOGLOSSÉES diffèrent des autres Fougères par leurs feuilles, qui ne s'enroulent pas en crosse dans leur jeune âge, et par leurs capsules plongées dans le tissu même de la feuille: genres *Ophioglossum* (fig. 4) et *Botrychium*.

La famille des Fougères est celle qui a le plus

grand nombre de représentants dans la flore fossile des âges géologiques (voir Paléontologie); elle domine surtout dans les couches de la période carbonifère.

FOUINE (*Mustela foina*). Mammifère carnassier du genre *Marte* (voir ce mot), famille des *Mustélidés*. — La Fouine est brune, avec tout le dessous de la gorge et du cou blanchâtre; elle a 45 centimètres environ de longueur, plus la queue, qui en a 25. Elle se trouve dans nos forêts et s'approche souvent des habitations, où même elle établit sa demeure dans un trou de muraille ou d'arbre. Mais c'est un

Fouine.

hôte dangereux. Lorsqu'elle parvient à s'introduire de nuit dans un poulailler ou une faisanderie, ce que ses formes allongées et sa souplesse d'échine lui permettent de faire facilement, pour peu qu'il y existe quelque fissure, elle commence par mettre à mort tout ce qu'elle peut atteindre, et l'emporte ainsi pièce à pièce dans son repaire; elle est aussi très avide d'œufs, prend les souris, les rats, les taupes, les oiseaux dans leurs nids. Elle aime aussi le miel et les graines de chènevis. Comme ses congénères, la Fouine possède au voisinage de l'anus des glandes dont la sécrétion exhale une odeur fétide.

Buffon nomme :

Fouine de la Guyane, le Grison;

Fouine de Madagascar, la Mangouste vansire.

FOUISSEURS. On donne ce nom en général à tous les animaux qui creusent la terre pour y trouver un abri ou des aliments : la taupe, le hamster, les tatous, etc. — Latreille a appliqué en particulier ce nom à une famille d'insectes hyménoptères (voir ce mot), qui comprend les *Sphex*, les *Pompiles*, les *Bembex*, les *Cerceris*, les *Ammophiles*, etc. Ce sont des insectes au corps allongé, au vol rapide, armés d'un aiguillon redoutable. Les femelles creusent dans le sol des galeries, au fond desquelles elles déposent leurs œufs et, en même temps, une proie destinée à nourrir les larves qui en sortiront. Cette proie consiste en insectes, différents suivant les espèces, et que la piqûre de leur aiguillon plonge dans une sorte de léthargie sans leur donner la mort.

FOULQUE. Genre d'oiseaux de l'ordre des Échassiers, section des *Macrodactyles*, famille des *Rallidés*. Les Foulques (*Fulica*) joignent, à un bec court

et à une plaque frontale considérable, des doigts fort élargis par une bordure festonnée, et qui en font d'excellents nageurs; aussi passent-elles toute leur vie sur les marais et les étangs; elles ont le plumage lustré, comme les palmipèdes, et se plaisent si peu à terre, que, malgré la très grande brièveté de leurs ailes, c'est souvent en volant qu'elles passent d'un étang à un autre, suppléant par l'effort des muscles au défaut d'étendue des pennes alaires. Nous n'en avons qu'une espèce en Europe : la **Foulque** proprement dite ou morelle (*Fulica atra*), à peu près de la grosseur d'une poule commune, longue d'environ 35 centimètres depuis le bout du bec jusqu'à celui de la queue, de 45 centimètres depuis le bout du bec jusqu'à l'extrémité des ongles; elle est d'une couleur ardoise foncée, avec le bord des ailes de couleur blanche, et la plaque frontale blanche aussi, excepté au temps de la pariade, où elle devient rouge. Commune partout où il y a des lacs et des étangs, elle s'apparie en février, et choisit pour faire son nid les endroits couverts de roseaux secs; elle en forme un petit tas assez élevé au-dessus de l'eau, fait au milieu un creux qu'elle garnit de petites herbes sèches, et y dépose des œufs presque aussi gros que ceux de la poule domestique, d'un blanc brunâtre tacheté de rouille, dont le nombre varie entre six et quatorze, et qui sont aussi bons à manger que ceux des canards. La chair de cet oiseau est noire et a un goût de marais fort désagréable, ce qui toutefois n'empêche pas de le chasser.

FOURMI. Tout le monde connaît ces insectes, dont les habitudes ne sont pas moins admirables que celles des abeilles. Malheureusement, tandis que ces dernières constituent un bien précieux pour l'homme, les Fourmis sont regardées, à juste titre, comme un fléau. En effet, non seulement ces insectes ne produisent rien qui puisse servir à notre industrie, mais, au contraire, ils nous nuisent souvent en creusant la terre, en s'introduisant dans nos maisons où ils perforent les poutres en tous sens, dévorent nos provisions et gâtent tout ce qu'ils touchent par l'odeur désagréable qu'ils répandent. — Les Fourmis appartiennent à l'ordre des Hyménoptères, section des *Porte-aiguillon;* on trouve chez elles, comme chez les abeilles, trois sortes d'individus : des mâles et des femelles, qui ne vivent que pour perpétuer l'espèce, et des ouvrières, c'est-à-dire des individus neutres, qui donnent leurs soins aux mères et aux jeunes, qui leur apportent leur nourriture quotidienne, qui leur construisent des demeures et les défendent contre tout danger. Les mâles et les femelles sont seuls pourvus d'ailes. Les femelles et les neutres sont armés d'un aiguillon; dans quelques espèces la femelle en est privée. Les Fourmis vivent en sociétés nombreuses et construisent des demeures quelquefois immenses, où des milliers d'individus travaillent constamment. Vers le mois d'août, dans nos contrées, les mâles et les femelles quittent la *fourmilière*, se répandent au dehors, et remplissent le rôle pour lequel ils ont été créés. Dès lors, les mâles ne peuvent plus rentrer dans la fourmilière ; les neutres, ces austères travailleurs, ne veulent souffrir aucune bouche inutile, et les malheureux mâles ne tardent pas à périr. Quant aux femelles, elles sont saisies par les ouvrières qui leur arrachent leurs ailes et les entraînent dans la fourmilière. Mais beaucoup de ces femelles échappées au loin, s'établissent seules dans quelque cavité du sol et y pondent leurs œufs qui n'éclosent qu'au printemps suivant. Elles creusent elles-mêmes les premières galeries de l'habitation, soignent et nourrissent les jeunes larves, qui, aussitôt après leur transformation en neutres, aident leur mère, agrandissent la maison et ne lui laissent bientôt plus rien à faire. Comme la femelle pond un très grand nombre d'œufs et que les métamorphoses s'accomplissent en fort peu de temps (vingt-trois jours), la société s'accroît avec une grande rapidité et la fourmilière finit avec le temps par acquérir des dimensions considérables. Au moment de la ponte, les ouvrières recueillent les œufs avec soin, et les réunissent en tas dans le lieu le mieux abrité de l'habitation, et lorsque, quinze jours après, la larve sort de ces œufs, semblable à un petit ver blanc sans pattes, ces bonnes nourricières

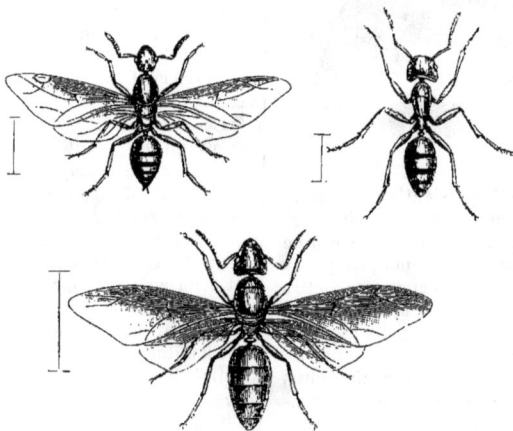

Fourmi.

1, fourmi mâle ; 2, fourmi neutre ; 3, fourmi femelle.
(Componotus lygniperdus.)

lui dégorgent une liqueur miellée, appropriée à sa faiblesse, et la transportent au faîte de la fourmilière, afin qu'elle y reçoive la salutaire influence du soleil ; elles s'occupent constamment des larves jusqu'au moment où celles-ci se filent un petit cocon de soie, dans lequel elles subissent leur transformation en nymphes. Ce sont ces cocons blancs, pour lesquels les Fourmis montrent tant de sollicitude, que l'on prend à tort pour leurs œufs ; ceux-ci sont très petits, et restent toujours cachés dans l'intérieur de la fourmilière. Lorsque l'insecte parfait est près d'éclore, les neutres l'aident à sortir de sa prison, en déchirant avec leurs mandibules l'enveloppe de soie ; puis, elles donnent leurs soins au nouveau-né, le nourrissent et l'accompagnent partout, comme pour lui faire connaître l'habitation dans tous ses détails. Comme on le voit, l'histoire des Fourmis ressemble en beaucoup de points à celle des abeilles ; mais nous verrons bientôt chez elles des preuves plus frappantes d'intelligence que chez ces

dernières. Dans les ruches d'abeilles, une seule femelle ou reine règne sans partage sur la société ; et telle est sa jalousie, qu'elle cherche à se délivrer par le meurtre de toute rivale. Dans les sociétés des Fourmis, au contraire, l'on voit plusieurs femelles, plusieurs mères, vivre ensemble et confondre leurs produits, sans que jamais aucune mésintelligence éclate entre elles. Les nids des Fourmis varient beaucoup quant à la forme et à l'emploi des matériaux, selon les espèces ; cependant, c'est toujours le bois ou la terre qui fait les frais de la construction. Les Fourmis qui emploient la terre commencent à creuser et déblayer de manière à établir des chambres et des corridors disposés les uns au-dessous des autres, et communiquant entre eux par des passages nombreux. Toute la terre qui est retirée à l'intérieur est portée au-dessus, pour protéger les constructions souterraines et servir aux étages supérieurs ; telles sont les habitations de la *fourmi brune* et de la *noir-cendrée*. Les espèces qui, comme la *fourmi fuligineuse*, construisent dans le bois, s'établissent le plus ordinairement dans des arbres déjà creusés par d'autres insectes ; et profitant du local, elles le disposent d'une manière commode en établissant des galeries et des compartiments avec les fragments et la sciure du bois, en les consolidant avec la matière agglutinante qu'elles ont la propriété de sécréter. Si les Fourmis ne tracent pas, comme l'abeille, des figures géométriques d'une admirable régularité, leurs travaux, variés suivant la nature du terrain et proportionnés toujours à l'opportunité des circonstances environnantes, n'en attestent que mieux toutes les ressources de leur intelligence. — Qui ne connaît la charmante fable de La Fontaine, *la Cigale et la Fourmi*, dans laquelle le fabuliste représente cette dernière comme un modèle de prévoyance ? et combien de fois lui a-t-on reproché de s'être trompé sur ce point ! Les Fourmis de nos climats n'amassent point ; elles ne prennent pas soin d'emplir leurs greniers en vue de la mauvaise saison. En effet, elles ne mangent pas de graines et n'ont nullement besoin de provisions pour l'hiver, pas plus que la cigale ; car, comme le loir et la marmotte, elles s'engourdissent dès les premiers froids. Et cependant le bon La

Fontaine a raison. Il a emprunté le sujet à Ésope, qui habitait la Grèce ; Salomon et Élien ont parlé des greniers des Fourmis, et c'est une croyance universelle dans tout l'Orient. Il existe, en effet, dans les pays chauds et jusque sur le littoral de la Méditerranée, des espèces qui ne s'engourdissent pas l'hiver et qui se comportent tout autrement que les Fourmis du Nord. Elles récoltent les graines des plantes et les entassent dans des greniers souterrains qui ont parfois une grande étendue. Mais, avant de les emmagasiner, elles ont soin de les dépouiller de leurs enveloppes et de leurs capsules, parties sans usage et qui ne feraient qu'embarrasser. Le sol de ces magasins est toujours cimenté avec soin et garni d'un revêtement de petits cailloux, ce qui prouve que les Fourmis savent parfaitement que, pour être conservées, les substances alimentaires doivent être mises à l'abri de l'humidité, et ce qu'il y a de plus étonnant, c'est qu'elles ont soin de manger d'abord le germe des graines pour les empêcher de se développer sous l'influence de la chaleur et de l'humidité. Ces Fourmis, que M. Mogridge a observées près de Menton et qu'il appelle *moissonneuses*, sont les *Atta barbara* et

Coupe d'une fourmilière.

structor. La Fourmi, comme l'abeille, aime beaucoup le sucre, le miel, tous les sucs doux des fruits, ou des végétaux, et les quête partout ; après s'en être gorgée, elle vient distribuer à ses compagnes, aux larves de la fourmilière, le surplus, qu'elle apporte dans son estomac. La plus grande récolte qu'elles font de ces sucs mielleux vient des pucerons, qui sucent les plantes. Les pucerons rejettent, comme par deux petits appendices postérieurs, une matière sucrée dont les Fourmis sont très avides. Aussi les voit-on rôdant sans cesse autour de ces insectes, pour profiter de cette manne délicieuse ; mais ce qui est bien plus extraordinaire, c'est que non seulement les Fourmis caressent les pucerons de leurs antennes, pour les exciter à donner ce suc agréable, mais que, de plus, pour assurer leur nourriture, et empêcher que d'autres insectes ne s'emparent des produits de ces pucerons, elles les réduisent à l'état de domesticité, les parquent comme leur bétail, pour trouver à toute heure de quoi se nourrir de leur sécrétion miellée. Elles les transportent dans les prai-

ries voisines de la fourmilière, et les distribuent par petits troupeaux, sur les plantes environnantes ; ou même elles poussent la précaution jusqu'à parquer ces animaux et élever autour d'eux un bercail, une enceinte qu'ils ne peuvent franchir. Au reste ces nouveaux pasteurs ne font aucun mal à leurs petites brebis ; ils ne les mangent point, ils se contentent de leur demander leur laitage. Et lorsque, vers la fin de l'automne, les pucerons viennent à mourir, les Fourmis, pour ne pas perdre entièrement ces troupeaux, si utiles à leur nourriture, ont soin, dit-on, de mettre à l'abri et de tenir chaudement dans leurs demeures, des œufs de ces pucerons, pendant l'hiver, afin qu'au retour du printemps il en naisse de nouveaux troupeaux. Ces faits paraîtraient vraiment incroyables, si des observateurs sérieux et en tout dignes de foi, tels que Huber et l'abbé de Latreille, n'en avaient été témoins ainsi que d'autres merveilles. Voilà donc parmi les Fourmis des peuples pasteurs, vivant du produit de leurs troupeaux ; et à côté d'eux, nous trouverons des tribus belliqueuses, domptant les peuplades voisines et faisant de leurs prisonniers des esclaves, des serfs, comme le pratiquèrent autrefois les Spartiates envers les habitants d'Hélos. Ces Fourmis conquérantes, que l'on nomme *amazones (Polyergus rufescens)*, sont roussâtres, longues de 6 à 8 millimètres, et vont en corps, souvent considérables, attaquer les nids des Fourmis *noir-cendrées (formica fusca)*, dont elles enlèvent les larves et les nymphes. Ces expéditions sont souvent très meurtrières, car les noir-cendrées, quoique de moitié moins fortes que les amazones, font une résistance désespérée, et combattent avec fureur ; mais les amazones finissent presque toujours par remporter la victoire et enlever leur précieux butin. Voici l'explication de ce fait singulier : les amazones sont courageuses et bien armées ; mais elles ne savent ni construire des nids, ni pourvoir aux besoins de leurs larves, qui périraient infailliblement, si d'autres n'en prenaient soin. Ce n'est que pour se procurer des esclaves, des sortes d'ilotes, auxquels elles confieront l'éducation de leurs petits, que ces belliqueuses Fourmis attaquent les noir-cendrées, habiles dans l'art de construire des nids et d'élever les larves. Les amazones ne font jamais prisonnières les Fourmis adultes, qui abandonneraient bien vite leur prison, pour retourner parmi leurs compagnes; elles n'enlèvent que les larves et les nymphes qui, lorsqu'elles se changent en insectes parfaits, croyant se trouver dans leur propre demeure, exécutent d'instinct tous les travaux et soignent les petits comme elles le feraient au milieu de leur propre tribu. — La **Fourmi sanguine**, qui est d'un rouge vif, a des habitudes analogues à celles des amazones, et va enlever les larves de la **Fourmi mineuse**. — La **Fourmi noire** et la **Fourmi fuligineuse** sont très communes en France. — Il existe en Amérique des Fourmis nomades, connues sous le nom de **Fourmis de visite**, dont les tribus innombrables envahissent les maisons, tombent sur tout ce qui se trouve à leur portée, et s'enfuient, comme les Arabes du désert, chargées de butin. Dans les forêts de l'Amérique du Sud, vivent en troupes innombrables de grosses Fourmis armées d'énormes mandibules tranchantes et pointues qui, jointes à leur aiguillon, en font de redoutables animaux. Ces Fourmis, connues sous le nom d'*Ecitones*, sont en effet la terreur de tous les êtres vivants; les Indiens les craignent beaucoup, et l'on cite des cas où des voyageurs ayant commis l'imprudence de s'endormir au pied d'un arbre, avaient été assaillis et avaient succombé sous les morsures et les piqûres de ces terribles insectes. Les Œcodomes, également américaines, sont de grosses Fourmis qui coupent les feuilles des arbres et les emportent pour construire leur nid; elles commettent parfois de grands ravages. Enfin, nous citerons une espèce singulière du Mexique, **Myrmecocystis mexicanus**, connue vulgairement sous le nom de *Fourmi à miel*; parmi les neutres de cette espèce, il en est qui servent de nourrices aux autres et se gonflent de miel au point que leur abdomen atteint la grosseur d'une cerise. Les Mexicains mangent ces Fourmis mellifères après leur avoir coupé la tête et le thorax, et on les vend à la mesure sur les marchés.

Fourmis blanches. On donne vulgairement ce nom aux termites. (Voir ce mot.)

FOURMILIER (*Myrmecophaga*). Genre de mammifères de l'ordre des Édentés, famille des *Myrmécophagidés* (mangeurs de fourmis), qui offre pour caractères un corps couvert de poils épais et longs, une tête terminée par un museau très allongé, au bout duquel est située la bouche consistant en une ouverture de quelques lignes; langue très longue, cylindrique, très extensible; yeux très petits; mâchoires dépourvues de dents et de la faculté de se mouvoir; doigts armés d'ongles très forts et tranchants aux membres antérieurs, ce qui les oblige à appuyer la tranche extérieure du pied sur le sol. Ces animaux, qui appartiennent exclusivement à l'Amérique intertropicale, n'offrent qu'un petit nombre d'espèces; la plus grande de ce genre est le **Tamanoir** ou *Grand Fourmilier* (*M. jubata*,

Linné), dont la taille égale celle d'un renard; il vit à terre, se creuse un terrier et ne grimpe jamais aux arbres; le **Tamandua**, d'une taille moitié plus petite, a la queue prenante, et vit sur les arbres; le **Fourmilier didactyle** (*M. didactyla*), qui n'a que deux doigts aux pieds de devant, est de la grosseur d'un rat, son pelage est doux, d'un blond jaunâtre avec une ligne rousse sur le dos; sa queue est prenante et il passe sa vie sur les arbres. — Les Fourmiliers vivent de fourmis, de termites et de plusieurs autres insectes; leurs ongles, très grands, seul moyen de défense qu'ils aient, leur servent à creuser les fourmilières. Il leur suffit alors d'étendre sur la fourmilière leur langue recouverte de viscosité, sur laquelle les fourmis viennent se coller, comme les oiseaux sur la branche enduite de glu. — Le Fourmilier vit solitaire et n'habite avec sa femelle

Fourmilier tamanoir.

qu'au temps de la pariade. Cette dernière met au jour un seul petit. Le nouveau-né s'attache à sa mère, qui le transporte sur son dos et ne le quitte qu'après que ses soins lui sont devenus inutiles. — On donne également le nom de *Fourmiliers* aux oryctéropes d'Afrique. (Voir ce mot.)

FOURMILIERS (*Myrmothera*). Famille d'oiseaux de l'ordre des Passereaux, section des *Dœodactyles*. Ils diffèrent des merles avec lesquels on les confondait autrefois, par leurs jambes hautes et leur queue courte. Ils ont les tarses longs, les ailes et la queue plus ou moins courtes; ils ont des habitudes terrestres, nichent à terre ou dans les fourrés et se nourrissent d'insectes et principalement de fourmis et de termites. — Les Fourmiliers ont reçu le nom scientifique de *Myrmothera* (mangeurs de fourmis). Ces oiseaux, qui habitent les forêts de l'Amérique méridionale, vivent en troupes loin des habitations et près des grandes fourmilières, très nombreuses dans cette contrée. N'étant pourvus que d'ailes d'une très petite envergure, ils ne s'en servent que pour sautiller sur les branches des buissons et des arbustes. Le plus souvent ils se tiennent sur le sol et voltigent d'une fourmilière à l'autre. Ils construisent leurs nids dans les buissons ; la femelle pond ordinairement trois ou quatre œufs. On connaît plusieurs espèces de Fourmiliers. Leur plumage est varié de noir, de blanc et de roux ; leur chant est harmonieux, mais ils ne peuvent endurer la captivité et meurent dès qu'on les met en cage. Le type du genre est le **Fourmilier grand beffroi** (*Myrmothera tinniens*), de Cayenne. Son nom vient de ce que soir et matin, pendant près d'une heure, il pousse des cris qui ressemblent au tintement d'une cloche.

FOURMILIÈRE. (Voir FOURMI.)

FOURMILION (*Myrmeleon* ou *Formicaleo*). Genre d'insectes de l'ordre des NÉVROPTÈRES, famille des *Myrméléonidés*. A l'état d'insecte parfait (*a*), le Four-

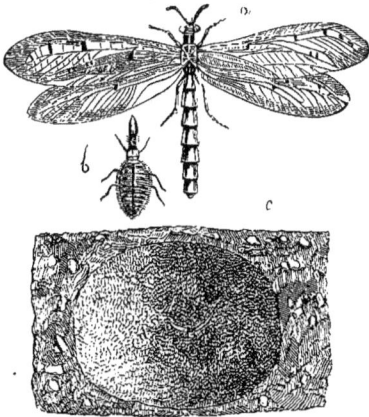

Fourmilion.
a, insecte parfait ; *b*, sa larve ; *c*, entonnoir.

milion a, dans sa physionomie générale, beaucoup de ressemblance avec les libellules ; il s'en distingue cependant par ses antennes renflées et par son abdomen moins effilé. C'est un insecte chasseur, qui voltige de buisson en buisson en quête d'une proie facile. Mais ce n'est point dans son existence aérienne qu'il mérite de fixer notre attention, c'est pendant la première période de sa vie à l'état de larve. La larve (*b*) a une tête et un corselet étroits avec un abdomen large, très volumineux. Les mandibules sont plus longues que la tête, recourbées et aiguës, formant une paire de pinces propres à saisir fortement une proie. Cet insecte est commun dans notre pays ; on trouve sa larve en abondance dans les endroits sablonneux les plus exposés à l'ardeur du soleil. Là elle se construit une espèce d'entonnoir dans le sable mouvant, en marchant à reculons, et chargeant le sable sur sa tête aplatie pour le lancer au loin. Lorsque le travail est achevé, la larve se place au fond du trou, le corps enfoncé dans le sable, la tête seule en dehors, attendant patiemment qu'un insecte, en passant, vienne à se laisser glisser le long des parois de son entonnoir. Dès qu'elle s'aperçoit de sa présence, elle lui jette aussitôt du sable avec sa tête pour l'étourdir et le faire tomber au fond du précipice. La larve du Fourmilion s'empare alors de sa victime, la suce pour absorber toutes les parties liquides qu'elle contient et rejette ensuite sa dépouille au loin. Les fourmis, étant très nombreuses et ayant plus l'habitude de courir à terre que les autres insectes, sont surtout exposées à servir de pâture aux Fourmilions ; c'est ce qui a valu à ces derniers le nom sous lequel ils sont généralement connus. Vers le mois d'août, ces larves se forment une petite coque soyeuse, parfaitement ronde, dans laquelle elles se métamorphosent en nymphes. Le type du genre *Fourmilion* (*M. formicarius*) est long d'environ 3 centimètres, noirâtre, avec quelques taches jaunes, et les ailes diaphanes offrant quelques points ou taches noirâtres.

FOURNIER (*Furnarius*). Genre d'oiseaux américains de la famille des *Fourmiliers*. (Voir ce mot.) Ils se distinguent des vrais Fourmiliers par leur bec plus haut que large, leurs tarses plus courts, leurs ongles courbés, leur queue plus longue. — Le type du genre est le **Fournier roux** (*F. rufus*), long de 20 centimètres, brun roux en dessus, blanc en dessous. Son nom lui vient de la forme toute particulière qu'il donne à son nid, qui est celle d'un véritable petit four. Il est construit en terre, mastiquée et unie tant à l'extérieur qu'à l'intérieur comme par la main d'un potier. L'entrée est sur le côté, et l'intérieur est divisé par une cloison qui commence à l'entrée et se termine en spirale à la paroi intérieure, mais en laissant un passage pour pénétrer dans une espèce de chambre matelassée d'herbes fines où sont déposés les œufs. De cette disposition il résulte qu'on ne peut retirer les œufs sans briser le nid. Ces oiseaux sont très familiers et s'apprivoisent facilement.

FOUTEAU. Nom vulgaire du Hêtre.

FOVILLA (pour *Favilla*, fine poussière). Nom sous lequel on désigne, en botanique, le liquide épais et mucilagineux contenu dans les grains du pollen. (Voir REPRODUCTION.)

FRAGARIA (de *fragrare*, sentir bon). Nom scientifique latin du genre *Fraisier*.

FRAGON (*Ruscus aculeatus*). Petit arbrisseau de la famille des *Asparaginées*, connu sous les noms vulgaires de *houx frelon*, *petit houx*, *myrte sauvage*, qui croît dans les bois d'une partie de l'Europe. Ses tiges sont cannelées à rameaux ovales, aplatis en forme de feuille et terminés par une épine. Ses fleurs petites, d'un blanc verdâtre à anthères violettes, naissent à l'aisselle des feuilles et donnent naissance à une baie d'un beau rouge corail de la forme et de la grosseur d'une petite cerise. On emploie sa racine comme diurétique et ses graines torréfiées ont été proposées comme succédané du café.

FRAI. Nom sous lequel on désigne les œufs des poissons et des batraciens.

FRAISE. (Voir FRAISIER.)

FRAISIER (*Fragaria*). Genre de plantes de la famille des *Rosacées*, tribu des *Fragariées*, qui comprend, outre les Fraisiers, les *Potentilles*, les *Ronces*, les *Benoîtes*. (Voir ces mots.) Les Fraisiers proprement dits sont des herbes vivaces, drageonnantes, à feuilles composées de trois folioles insérées au sommet d'un long pétiole, à tiges basses, à fleurs blanches et disposées en corymbe terminal, offrant un calice campanulé, divisé en cinq segments; une corolle à cinq pétales; des étamines et ovaires en nombre indéfini; réceptacle ovale ou conique, devenant gros et charnu après la floraison; fruit constitué par une multitude de petites coques graniformes plus ou moins enfoncées dans la pulpe du réceptacle et contenant chacune une seule graine. Ce réceptacle pulpeux est la partie mangeable de la *Fraise*, laquelle diffère en ce point de la plupart des autres fruits comestibles. — Le Fraisier **commun** (*F. vesca*, Linné) croît dans presque toute l'Europe, surtout dans les montagnes. Il diffère de ses congénères par son calice réfléchi après la floraison. C'est cette espèce qui se cultive si fréquemment aux environs de Paris sous le nom de *Fraisier de Montreuil*. — Le Fraisier **d'Angleterre** et le Fraisier **Fressant** ne sont pas moins répandus dans les cultures, et ne s'éloignent guère du type de l'espèce. — Le **Fraisier des Alpes**, ou des quatre saisons, est une variété remarquable en ce qu'elle produit des fruits depuis le commencement de l'été jusqu'à la fin de l'automne. — Le Fraisier **à grandes fleurs** (*F. grandiflora*, Ehr.), originaire des États-Unis, est remarquable non seulement par la grandeur de ses fleurs, mais aussi par le volume de ses fruits, dont la saveur est très aromatique. Les variétés les plus répandues sont le **Fraisier ananas**, le **Keen's seedling**, le **Fraisier de Caroline**, le **Fraisier de Bath**, etc. Le **Fraisier du Chili** (*F. chilensis*, Ehr.) produit un fruit du volume d'un petit œuf de poule; mais il est peu productif et même difficile à conserver dans le nord de la France. Tout le monde sait que les fraises ne sont pas moins salubres qu'agréables au goût. Les racines des Fraisiers, fortement astringentes, de même que celles de beaucoup d'autres rosacées, possèdent des propriétés diurétiques et apéritives. L'infusion des jeunes feuilles a une saveur agréable; aussi la prend-on quelquefois en guise de thé. Les conditions les plus favorables à la culture des Fraisiers sont une exposition découverte et un sol substantiel. Ces plantes exigent de copieux arrosements, et l'on prétend qu'ainsi traitées elles sont plus productives que sous l'influence de la pluie. Les Fraisiers se multiplient au moyen d'éclats et de drageons, ou bien de graines; celles-ci doivent être semées, dès leur maturité, dans un sol meuble et très doux. Les plantations sont à renouveler tous les deux ou trois ans.

FRAISIER EN ARBRE. Nom vulgaire de l'Arbousier.

FRAMBOISE. Fruit du Framboisier.

FRAMBOISIER. Espèce du genre *Ronce* ou *Rubus*, de la famille des *Rosacées*, tribu des *Fragariées*. Ce végétal, désigné par Linné sous le nom de *Rubus idæus*, forme un sous-arbrisseau à tiges bisannuelles, dressées, atteignant 2 mètres de haut, et hérissées de nombreux aiguillons; les feuilles, pennées avec impaire, se composent de trois à sept folioles de forme ovale, pointues, dentelées, d'un vert glauque en dessus, à face inférieure recouverte d'un duvet blanc très serré; les fleurs, de grandeur médiocre et à corolle blanchâtre, sont disposées en panicules lâches, tant axillaires que terminales; les pétales, en forme de coin et très entiers, sont plus courts que le calice. Le fruit, composé de quantité de petites baies, soudées en forme de mûre, est ordinairement pourpre; toutefois on cultive des va-

Framboisier (*Rubus idæus*).
Fruit mûr et fleur dépouillée de sa corolle.

riétés, soit jaunes, soit blanchâtres. Le Framboisier croît spontanément dans presque toute l'Europe; il se plaît surtout dans les localités à la fois pierreuses et humides des montagnes. La saveur délicieuse et les qualités rafraîchissantes de ses fruits le font cultiver communément dans les jardins; ils entrent dans la composition de toutes sortes de gelées, confitures, sirops, etc., etc. En Russie, de même qu'en Pologne, on prépare avec les Framboises, par la fermentation, une sorte de vin assez agréable, et, par la distillation, une boisson alcoolique. Les feuilles et les jeunes pousses du Framboisier sont détersives et astringentes; leur décoction s'emploie parfois en gargarisme contre le mal de gorge.

FRANCHIPANIER (*Plumeria*). Ce genre de plantes, dédié par Linné à Charles Plumier, religieux et botaniste distingué du dix-septième siècle, appartient à la famille des *Apocynées*. Les Franchipaniers sont des arbres ou des arbrisseaux d'un port élégant, à feuilles alternes, larges, lancéolées; à fleurs grandes, disposées en corymbes terminaux. On cultive, dans nos serres, le **Franchipanier à longues feuilles**, de Madagascar, le **Franchipanier de Haïti**, à grandes fleurs blanches marquées de jaune à la base, le **Franchipanier des Antilles**, à fleurs rouges, etc. Toutes ces plantes répandent une odeur agréable; mais elles renferment un suc laiteux, âcre et corrosif qui tache et brûle tout ce qu'il touche

FRANCOLIN. (Voir Perdrix.)

FRANGULA (*Bourdaine*). Genre de plantes dicotylédones, polypétales de la famille des *Rhamnacées*, qui se distingue par ses fleurs hermaphrodites, à cinq parties (pentamères), ses styles soudés, à un seul stigmate ; sa baie sphérique, à graines comprimées. La seule espèce, la **Bourdaine** ou **Bourgène** (*Frangula vulgaris*), vulgairement *rhubarbe des paysans, aune noir, bois à poudre*, est un arbrisseau de 2 à 3 mètres, non épineux, à feuilles alternes, pétiolées, entières, ovales, luisantes, à fleurs axillaires, pédonculées, d'un blanc verdâtre, à baies rouges, devenant noires en automne ; elle croît dans les lieux frais, les bois humides et fleurit de mai à juillet. L'écorce de la Bourdaine est fréquemment employée comme purgatif dans les campagnes. C'est avec le bois de la Bourdaine qu'on prépare le meilleur charbon utilisé dans la fabrication de la poudre de chasse.

FRAXINELLE (*Dictamnus*). Plante de la famille des *Rutacées*, dont Linné a fait le type de son genre *Dictamne*, sous le nom de **Dictamne blanc**. C'est un arbuste vivace, à tiges droites, hautes de 50 centimètres à 1 mètre, à feuilles alternes, ressemblant à celles du frêne (*fraxinus*), d'où vient son nom, et qui croît dans les haies du midi de la France. Ses fleurs, à cinq pétales blancs ou rouges, disposées en un long épi lâche qui occupe le tiers supérieur de la tige, sont couvertes de petites glandes visqueuses remplies d'une huile essentielle qui exhale une odeur aromatique très forte. Dans les grandes chaleurs de l'été, cette plante offre un phénomène singulier : l'huile volatile qui s'échappe de ses glandules forme, autour de la plante, une atmosphère qui s'enflamme aussitôt qu'on en approche une bougie. La racine de la Fraxinelle, formée de fibres libériennes allongées et assez grosses, est amère et aromatique ; elle doit ses propriétés à l'huile essentielle qu'elle renferme ; en médecine, on l'emploie comme sudorifique et vermifuge et même comme fébrifuge. Elle pourrait, dit-on, par ses propriétés toniques et stimulantes, rendre de grands services dans les affections chroniques : le scorbut, la scrofule, etc. Elle entre dans la composition du baume de Fioravanti.

FRAXINUS. Nom scientifique latin du Frêne. (Voir ce mot.)

FRAYÈRE. On nomme ainsi les endroits où les femelles des poissons viennent déposer leurs œufs.

FRÉGATE (*Tachypetes*). Genre d'oiseaux de l'ordre des Palmipèdes, famille des *Totipalmes*, remarquables par la longueur de leurs ailes et par celle de leur queue fourchue. Le nom de cet oiseau lui vient de la rapidité de son vol, qu'on a comparée à celle du vaisseau qui porte ce nom. De tous les oiseaux marins, la Frégate est en effet celui dont le vol est le plus puissant ; elle est douée en outre de tous les attributs qui rendent redoutables les oiseaux de proie. Armée d'un bec acéré et d'ongles robustes et crochus, elle fond avec la rapidité de la flèche sur le poisson qui se montre à la surface des eaux, ou même elle attaque d'autres oiseaux pêcheurs pour leur arracher leur proie. Mais la longueur même de ses ailes, qui ont 4 mètres d'envergure, lui fait obstacle pour nager et rend à terre sa démarche embarrassée, au point qu'elle se laisse assommer sans résistance. Aussi perche-t-elle de préférence sur la cime des rochers ou des arbres. Les Frégates ne s'éloignent guère des côtes à plus d'une vingtaine de lieues. C'est dans les anfractuosités des rochers ou sur des arbres élevés qu'elles disposent leur nid ; et la femelle y pond un ou deux œufs blancs pointés

Grande Frégate.

de rouge. — La **Grande Frégate** (*T. aquila*), commune vers les mers du Sud, a son plumage d'un noir changeant au bleu dans le mâle ; une membrane rouge s'étend sous le bec qui est noir, allongé et terminé en pointe crochue. La femelle diffère du mâle par la couleur de la tête, du cou et du ventre, qui sont blancs. Quelques naturalistes en ont fait par erreur une espèce particulière, sous le nom de **Frégate à tête blanche.**

FREIN. On donne le nom de *frein de la langue* ou de *filet* au repli muqueux qui part de la face inférieure de la langue et va à la partie moyenne de la face postérieure du bord alvéolaire de la mâchoire inférieure. Il a pour but de régulariser les mouvements de la langue en les limitant.

FRELON. Espèce du genre *Guêpe*. (Voir ce mot.)

FRÊNE (*Fraxinus*). Genre de plantes de la famille des *Oléacées*, tribu des *Fraxinées*, renfermant un grand nombre d'espèces, dont la plupart croissent dans l'Amérique septentrionale. Les Frênes sont de grands et beaux arbres à feuilles opposées, à fleurs polygames, ayant pour fruit une capsule coriace, biloculaire, ailée. Leur bois est très recherché par les charpentiers, les tonneliers, les charrons et les ébénistes. Celui qui est le plus fréquemment employé sous ce rapport est le **Frêne élancé** (*F. excelsior*) ou Frêne commun ; c'est l'un des arbres les plus élevés de nos climats, où il est indigène. Le tronc en est droit, bien proportionné, et terminé par une ample cime. Il a fourni par la culture diverses variétés introduites dans les grands jardins comme ornement. Le bois du grand Frêne est blanc, dur, et cependant très souple, élastique et susceptible d'un beau poli. On regarde en outre son écorce comme apéritive, diurétique et fébrifuge. Ses feuilles sont considérées comme douées de propriétés purgatives semblables à celles du séné : elles fournissent aux teinturiers une belle couleur bleue et servent en hiver à la nourriture des bœufs, des chèvres et des moutons. En Angleterre, on confit ses jeunes fruits pour les manger comme assaisonnement ; quelques médecins les conseillent en infusion contre l'hydropisie. C'est du **Frêne à feuilles rondes** (F. rotundifolia), originaire de l'Italie et de la Sicile, que découle la substance purgative connue sous le nom de *manne*. (Voir ce mot.) Cette substance exsude naturellement à travers l'écorce dans les temps chauds ; mais pour en augmenter la récolte, on pratique des incisions plus ou moins nombreuses, par lesquelles la sève élaborée s'écoule et se concrète. On trouve ce Frêne naturalisé dans quelques forêts de France. Le **Frêne orné** forme aujourd'hui un genre particulier. (Voir ORNE.)

FRESAIE. Nom vulgaire de l'Effraye. (Voir CHOUETTE.)

FRETIN. On donne ce nom aux très petits poissons, soit adultes, soit jeunes ; ces derniers reçoivent habituellement le nom d'*alevin*.

FREUX. Espèce du genre *Corbeau*. (Voir ce mot.)

FRIGANE. (Voir PHRYGANE.)

FRINGILLA. Nom latin du Pinson, dont on a fait le type de la famille des *Fringillidés*. (Voir ce mot.)

FRINGILLIDÉS (de *fringilla*, pinson). Famille d'oiseaux de l'ordre des PASSEREAUX CONIROSTRES, renfermant un très grand nombre de genres répartis dans plusieurs groupes, dont les principaux sont : les **Pinsons** (*Fringillæ*), comprenant les linottes, chardonnerets, sizerins ; les **Moineaux** (*Passeres*); les **Bouvreuils** (*Pyrrhulæ*), dont une espèce, le *Canari*, est devenue domestique. (Voir ces mots.)

FRIQUET. Espèce du genre *Moineau*. (Voir ce mot.)

FRITILLAIRE, *Fritillaria* (de *fritillus*, cornet à jouer aux dés, par allusion à la forme de la fleur.) Genre de plantes de la famille des *Liliacées*, à bulbe solide, à tige droite garnie de feuilles alternes ou verticillées, à fleurs axillaires, grandes, tulipacées. — Le type de ce genre est la **Fritillaire impériale**, vulgairement *couronne impériale*, dont les fleurs penchées, d'un rouge safrané, forment à la partie supérieure de la tige une couronne surmontée d'un bouquet de feuilles. Cette belle plante, cultivée aujourd'hui dans tous les jardins, a été rapportée de Constantinople en 1570 par le botaniste Clusius. Elle a l'inconvénient d'exhaler une odeur désagréable. Son bulbe contient un suc âcre analogue à celui de la ciguë, quoique moins dangereux. — La **Fritillaire à damier** ou *méléagrine* a des fleurs penchées, de couleur violette, marquées de petits carrés blancs ou jaunes assez semblables à ceux d'un da-

Fritillaire impériale.

mier. La culture de ces plantes est la même que celle des autres liliacées.

FROMAGER (*Bombax*). Genre de plantes dicotylédones, polypétales, hypogynes, de la famille des *Malvacées*. Il est composé d'arbres propres aux régions chaudes du globe et surtout de l'Amérique méridionale. Les caractères distinctifs de ce groupe, dont on fait aujourd'hui une tribu, est d'avoir les filets des étamines séparés à leur sommet en cinq ou dix faisceaux, et pour fruit une capsule à cinq loges polyspermes, renfermant des graines enveloppées de filaments ou de poils. — Le **Fromager à cinq étamines** (*B. pentandrum*), répandu dans presque toute l'Inde, est un arbre de 15 à 20 mètres de hauteur. Son bois est léger, très cassant, son écorce verdâtre, ses feuilles digitées, composées de sept à neuf folioles lancéolées et portées sur de longs pétioles. Ses fleurs blanches ont cinq étamines ; son fruit est une capsule longue de 15 centimètres qui s'ouvre en cinq valves pour montrer ses semences noires renfermées dans un duvet cotonneux. Les Javanais emploient ce duvet à garnir des coussins ; les semences se mangent torréfiées. — Le **Fromager à fleurs laineuses** (*B. erianthos*) habite le Brésil, et le **Fromager à sept feuilles** (*B. heptaphyllum*), le Sénégal, où son tronc énorme sert à faire des pirogues.

FROMENT (*Triticum*). Plante annuelle de la famille des *Graminées*. Chacun sait que la farine des grains du Froment fait la base d'un des aliments les plus sains et les plus nourrissants, du pain. Le Froment est en effet de toutes les céréales la plus riche en principes nutritifs.— Le Froment cultivé a ses chaumes dressés, simples, hauts de 1 mètre et demi à 2 mètres, noueux, glabres, à feuilles linéaires, alternes, engainantes. Ses fleurs sont disposées en épi serré et présentent pour caractères généraux : épillets solitaires sur chaque dent de l'épi et opposés à cet axe, glume à deux valves, renfermant plusieurs fleurs, glumelle ou balle à deux valves ; chaque fleur porte trois étamines fourchues et pen-

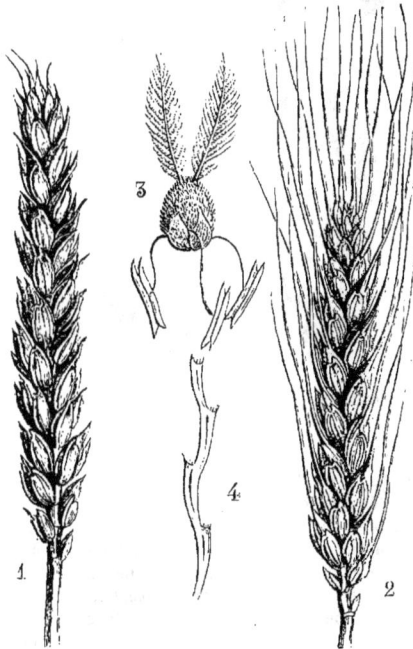

Froment.

1, blé d'hiver; 2, blé de printemps; 3, fleur du blé grossie; 4, portion de l'axe de l'épi dépouillé.

dantes, un ovaire libre et deux styles plumeux ; le fruit, appelé vulgairement *grain de blé*, se nomme en botanique *cariopse*. Ces grains contiennent sous leur péricarpe un albumen abondant qui donne la *farine*, leur péricarpe fournit le *son*. Cette céréale offre un grand nombre de variétés locales, dont la plupart rentrent, après deux ou trois années, dans celles des pays où elles ont été transportées. On distingue cependant les blés de mars ou de printemps, et les blés d'automne, ou blés d'hiver que l'on sème avant l'hiver. On les distingue encore en blés tendres et en blés durs, en blés blancs et blés roux, etc., mais toutes ces variétés sont dues aux conditions différentes de sol, d'exposition et de

fumure. Nous allons passer en revue les plus répandues de ces variétés.

Froment ou blé de mars. Barbes faibles, balles un peu serrées, excellente qualité. Variétés : *blé de Pologne, blé de Crète* ou *d'été*, sans barbes ; *blé du Bengale*, à barbes noires ; *blé du Cap*, barbes blanches qui deviennent jaunes les années suivantes, mais bien farineuses ; *blé de mars*, sans barbes, épis courts et serrés, plus hâtif et plus haut que les précédents ; le blé à barbes de Sicile ou *trimenia* est encore plus précoce ; le *blé de Miracle*, à épi rameux et barbu, quoiqu'il dégénère en épi simple, est aussi très bon. On sème tous ces blés de mars en avril, par plates-bandes de 2 mètres de largeur, espacées de 3 décimètres entre elles. Cette culture est d'autant plus profitable dans les grands carrés, qu'elle peut succéder à des choux récoltés en février et mars, etc.

Froment d'hiver (*Triticum hibernum*). Sans barbes, à grains lourds et très farineux ; *blé rouge d'Égypte*, à barbes longues, pailles pleines, épis très beaux, grenus, bonne qualité ; *blé Lamas*, précieux, considéré comme plus précoce ; le *blé d'hiver* ressemble beaucoup au précédent ; *blé de Philadelphie*, très bon ; il est barbu, l'épi est long, mais peu serré ; *blé de Talavera*, très estimé en Angleterre, et recherché depuis peu en France.

Froment épeautre (*Triticum sperta*). On distingue la grande épeautre et la petite. Ces deux variétés se sèment également bien au printemps, viennent dans de très mauvais terrains, sont très rustiques, donnent la meilleure farine, surtout dans les terres sablonneuses, mais le grain est difficile à extraire de sa balle. — La partie moyenne de la zone tempérée est le climat où le blé vient le mieux ; cependant il s'étend au delà de cette limite et on le rencontre dans presque tous les points du globe où l'homme a pu s'établir sans de trop grandes difficultés. — Le Froment redoute également un excès de sécheresse ou d'humidité. Toutes les terres qui renferment plus de 20 pour 100 d'eau à 30 centimètres de profondeur sont incapables de fournir de bonnes récoltes de cette plante. La nature de l'engrais exerce d'ailleurs sur la composition du grain une influence très marquée ; plus il est riche en azote, et plus le grain contient de gluten. Les terrains qui doivent être ensemencés en blé au printemps reçoivent à la fin de l'été un labour et un hersage ; puis un labour profond avant l'hiver, et enfin, au moment de l'ensemencement, un labour superficiel suivi d'un roulage et d'un hersage. C'est au gluten et aux autres principes azotés contenus dans la farine de Froment que celle-ci doit principalement ses propriétés alimentaires. Il est d'autant plus abondant que le blé provient d'une contrée plus méridionale. La farine du blé est composée en moyenne de : amidon, 68 ; gluten, 12 ; 10 pour 100 d'eau ; un peu de glucose, de dextrine et environ 2 pour 100 de matières minérales. — On ignore la patrie du blé, de même au reste que celle de la plupart des autres céréales qui sont cultivées depuis longtemps; cependant on le croit originaire de l'Asie centrale. Les Chinois et les Égyptiens sont les peuples qui ont le plus anciennement cultivé cette plante, mais on ne trouve, dans leurs annales, aucun renseignement sur l'époque où cette culture a été introduite dans leur pays. Ce fut d'Égypte qu'elle fut introduite dans l'Europe méridionale. On a cru un moment avoir retrouvé la souche du blé cultivé dans l'*Ægilops triticoïdes* du Midi ; mais des expériences sérieuses ont prouvé que ce dernier n'était qu'un produit hybride de l'*Ægilops ovale* et du Froment.

FRONDE. On désigne sous ce nom les feuilles des fougères et de certaines algues. (Voir ces mots.)

FRONTAL. Os large et mince placé à la partie antérieure du crâne, et compris entre les pariétaux. (Voir Crane.)

FRUGIVORES (de *fruges*, fruits, et *vorare*, dévorer). Nom par lequel on désigne les animaux qui se nourrissent de fruits, par opposition à ceux qui vivent de chair ou d'herbages. On ne voit guère, cependant, d'animaux exclusivement *frugivores*, car ils joignent presque toujours aux fruits diverses substances végétales, de même que les herbivores, et même certains carnassiers, joignent les fruits à leur alimentation ordinaire.

FRUIT. On entend par ce mot, en botanique, un ovaire accru et fécondé (voir Fleur), soudé ou non avec son calice. Son étude forme une partie importante de la science et se nomme *carpologie* (de *karpos*, fruit). Le Fruit est, en effet, le résultat de toute la végétation, et les graines sont le moyen habituel par lequel l'espèce est reproduite. — L'existence du Fruit commence au moment où, la fécondation étant accomplie, les organes floraux changent d'aspect ; les étamines et la corolle tombent ; le calice se détache ou grandit en persistant ; les ovules se changent en graines, et elle finit à la *dissémination* des graines, c'est-à-dire à l'époque où, la maturité du Fruit étant complète, les différentes parties qui le composent s'ouvrent, se désunissent, se détruisent, de manière à permettre aux graines de se semer et de se développer. — Le Fruit offre la partie analogue aux parois de l'ovaire ; on la nomme *péricarpe* (*péri*, à l'entour, et *karpos*, fruit), et celle qui correspond à l'ovule ou aux ovules, et qui est appelée *graine*. (Voir ce mot.) Si nous examinons le péricarpe dans l'abricot, par exemple (fig. 1), nous le trouvons, comme la plupart des Fruits, composé de trois enveloppes : 1° celle qui ressemble à une peau couverte de duvet (*e*), *épicarpe* (*épi*, sur) ; 2° celle qui constitue la chair (*m*), *mésocarpe* (*mesos*, milieu) ; 3° la portion ligneuse, vulgairement *noyau* (*n*), *endocarpe* (*endon*, en dedans). Il arrive fréquemment que ces trois enveloppes, ou l'une d'elles, surtout le mésocarpe, sont beaucoup moins distinctes. Les *valves* sont les anneaux ou pièces extérieures, dont l'assemblage constitue le péricarpe : la ligne formée par la réunion des *valves* s'appelle *suture*. Les *cloisons* sont les prolongements des valves ou du placenta, qui partagent le péricarpe en plusieurs cavités. Les *vraies cloisons* sont toujours formées par deux feuillets saillants de l'endocarpe, réunis par un prolongement fort mince du mésocarpe ; celles qui présentent une structure

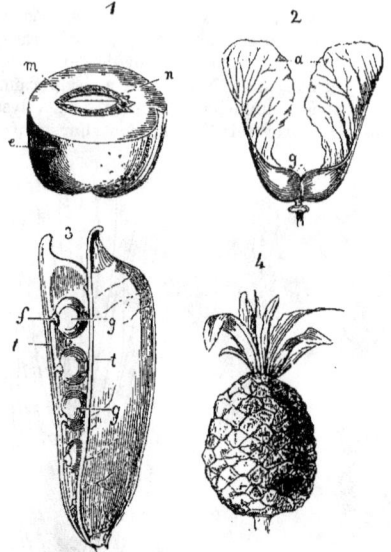

1, drupe (prune); 2, samare (érable); 3, gousse (pois);
4, sorose (ananas).

différente sont nommées *fausses cloisons;* telles sont celles du pavot, des crucifères, etc. Les *loges* sont les cavités que forment les valves et les cloisons, et qui sont destinées à contenir les graines ; on dit que le péricarpe est uniloculaire, biloculaire, triloculaire, etc., suivant qu'il offre une, deux, trois loges, etc. Le *placenta* ou *trophosperme* (fig. 3, *t*) est la partie interne du péricarpe, à laquelle sont attachées les semences, soit immédiatement, soit par un petit filet nommé *cordon ombilical* ou *podosperme* (*f*). Le point par lequel la graine communique avec le péricarpe, pour en recevoir sa nourriture, est l'*ombilic* ou le *hile*. A l'époque de la maturité, la plupart des péricarpes s'ouvrent d'eux-mêmes pour donner passage aux graines ; ce sont les

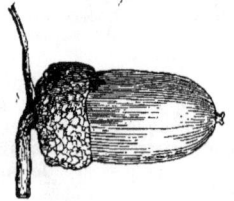

5. Gland (chêne).

péricarpes *déhiscents* (fig. 37); il en est qui ne s'ouvrent pas et qu'on nomme *indéhiscents* (les graminées). L'ouverture des péricarpes a lieu tantôt par le sommet (le châtaignier), tantôt par le côté (l'asclépias); quelquefois par des trous pratiqués à la partie supérieure (la linaire), le plus souvent par les valves qui se séparent, et la déhiscence se fait par des sutures longitudinales; dans quelques cas cependant, ces sutures sont transversales et les valves superposées; c'est cette espèce de Fruit qu'on nomme *pyxide* ou savonnette (le mouron). Quelques plantes sont douées d'une force élastique par laquelle elles lancent au loin leurs semences (la balsamine, etc.). — Les variétés de forme, de structure, de consistance ; le nombre variable et la position respective des graines, ont fait partager les Fruits en espèces très nombreuses, et qui, toutes, ont reçu des noms particuliers. — On appelle Fruit *simple* celui qui provient d'un pistil unique renfermé dans une fleur (la pêche); *multiple*, celui qui provient de plusieurs pistils réunis ou soudés, mais appartenant tous à des fleurs distinctes et rapprochées les unes des autres (la mûre). — Suivant la nature de leur péricarpe, les Fruits sont ou *secs* ou *charnus*, *déhiscents* ou *indéhiscents*. On les dit aussi *monospermes*, *dispermes*, *trispermes*, *polyspermes*, suivant qu'ils ont une, deux, trois, ou plusieurs graines. Parmi les Fruits simples, secs et indéhiscents, on remarque le *cariopse*, monosperme, à péricarpe très mince et confondu avec l'enveloppe propre de la graine (toutes les graminées : blé, riz); l'*akène*, monosperme, à péricarpe distinct de l'enveloppe de la graine (les

6. Silique (colza).

synanthérées, les ombellifères); la *samare* (fig. 2), membraneuse, très compliquée, souvent bordée d'*ailes* (*a*), ou d'appendices élargis, à une ou deux graines (*g*) (l'orme, l'érable); le *gland* (fig. 5), à une seule loge, monosperme, dont le péricarpe, adhérent à la graine, est enchâssé dans un involucre écailleux ou foliacé, nommé *cupule* (le chêne, le noisetier). — Dans les Fruits simples, secs et déhiscents, on range : le *follicule*, membraneux, allongé, à une seule valve, à une seule loge et s'ouvrant par une suture longitudinale (le laurier-rose); la *silique* (fig. 6), allongée, à deux valves séparées par une *fausse cloison;* les graines sont attachées aux deux *sutures* (la giroflée,

7. Silicule (cochléaria).

le colza); on lui donne le nom de *silicule* (fig. 7) lorsqu'elle est aussi longue que large (le cochléaria); la *gousse* ou *légume* (fig. 3), fruit à deux valves, dont les graines (*g*) sont attachées par un funicule (*f*) à un seul trophosperme (*t*), ou cordon qui suit la direction de la suture supérieure (le pois, le haricot); la *capsule :* on comprend sous ce nom tous les Fruits secs déhiscents qui ne peuvent rentrer dans les divisions précédentes (le pavot, le muflier, etc.).

— Les Fruits *charnus* sont indéhiscents ; parmi les diverses espèces, on remarque le *drupe* (fig. 1), renfermant à son intérieur un noyau (la cerise, la prune); la *baie*, formée d'une masse pulpeuse renfermant les graines (le raisin, la groseille); la *noix*, ne différant du drupe que par l'épaisseur moindre de son mésocarpe, appelé *brou;* tels sont les fruits de l'amandier, du noyer; la *mélonide à nucules* ou à osselets (la nèfle); la *mélonide à pépins* (la poire, la pomme); la *péponide*, fruit à plusieurs loges éparses dans la pulpe, renfermant chacune une graine soudée à la paroi interne (courge, melon). — Les Fruits *multiples* ne présentent que des réunions de divers Fruits simples provenant d'ovaires soudés; ainsi, les fraises, les framboises, ne sont formées que des petits drupes; le Fruit des renoncules n'est qu'une réunion d'akènes; puis viennent les *Fruits agrégés*, c'est-à-dire formés de la réunion de plusieurs pistils provenant de plusieurs fleurs; on y trouve le *cône* (Fruit des pins, des sapins, des cèdres, etc.); la *sorose* (la mûre, l'ananas, fig. 4); le *sycone* (la figue).

FRUTESCENT (de *frutex*, arbrisseau). Se dit d'un végétal ligneux rameux dès sa base. On le dit *sous-frutescent*, lorsque la partie inférieure de sa tige est ligneuse.

FUCACÉES ou **PHYCOÏDÉES** (de *fucus*, varech). Tribu d'algues marines de la section des *Mélanophycées*, généralement brunes ou olivâtres, ordinairement sous forme de frondes coriaces, membraneuses ou filamenteuses, munies ou dépourvues de nervures, et souvent chargées de vésicules remplies d'air qui leur servent à flotter. Les organes reproducteurs sexués sont renfermés dans des cavités ou conceptacles qui s'ouvrent à l'extérieur par un pore garni de poils. Tantôt les organes reproducteurs mâles et femelles sont portés sur des pieds différents; tantôt ils sont réunis dans le même conceptacle. Ces organes reproducteurs sont portés à

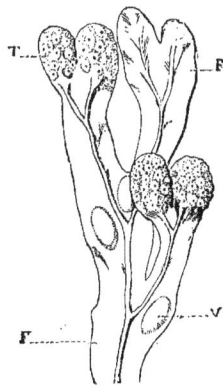

Fucus vesiculosus.
F, fronde; T, tubercule fructifère; V, vésicule aérienne.

l'extrémité du rameau, qui est fortement renflée. Les organes femelles sont des *oogones*, cellules sphériques qui renferment les *oosphères ;* les organes mâles sont des *anthéridies*, petits sacs ovoïdes portés sur des poils rameux et qui contiennent des *anthérozoïdes*. Ceux-ci nagent à l'aide de cils vibratiles, comme de véritables infusoires animaux, et vont féconder les oosphères, qui prennent alors le nom d'*oospores*. Chaque oospore s'allonge, se ramifie en bas en petits crampons par lesquels elle se fixe, tandis qu'elle se segmente en haut pour produire une plante

Fucus serratus et laminaire.

semblable à celle qui lui a donné naissance. Les principaux genres qui rentrent dans ce genre sont : *Fucus, Sargassum, Laminaria, Chorda, Padina*, etc.

Fuchsia globosa.

FUCHSIA. Genre de plantes de la famille des *Onagrariées*, dédié à la mémoire de Léonard Fuchs,

médecin et botaniste du seizième siècle. Les Fuchsias sont de jolis arbustes de l'Amérique méridionales, à feuilles persistantes, opposées, ovales pointues ; à belles fleurs pendantes, dont le calice tubuleux, à limbe partagé en quatre divisions, est fortement coloré ; les pétales de la corolle, plus courts que le calice, sont insérés au sommet de son tube, ainsi que les huit étamines, dont quatre plus courtes ; stigmate quatre-lobé, ovaire à quatre loges polyspermes.—L'espèce la plus répandue dans les jardins est le **Fuchsia écarlate** (*F. coccinea*), dont les fleurs pendantes, d'un rouge écarlate, se détachant sur son feuillage d'un vert gai, produisent le plus bel effet. Les horticulteurs ont obtenu de cette jolie plante une foule de variétés. On cultive les *Fuchsia conica, globosa, gracilis, venusta, virgata, microphylla*, etc., en serre tempérée ; mais ils réussissent également en pleine terre à une exposition chaude abritée, et en ayant soin de les couvrir pendant les froids.

FUCUS (du grec *phukos*, algue). Genre type de la tribu des *Fucacées*, dans la grande famille des *Algues*. Les Fucus, très communs sur nos côtes, où on les confond sous la dénomination générale de *varechs* ou de *goémons*, appartiennent à la section des *Mélanophycées*. Leur tige adhère aux roches par un empâtement discoïde muni de crampons et se ramifie soit en branches, soit en lames aplaties et nervées. Parmi les nombreuses espèces de Fucus qui croissent sur nos côtes, nous citerons le **Fucus à vessies**(*F. vesiculosus*) ou *raisin de mer*, dont la fronde plane et plusieurs fois

Fucus noueux.

bifurquée est parsemée de vésicules rondes remplies d'air ; le **Fucus à nœuds** (*F. nodosus*), à ramifications épaisses et coriaces comme du cuir, renflées de distance en distance par des vessies remplies d'air ; le **Fucus denté** (*F. serratus*) (voir FUCACÉES), dépourvu de vésicules à air, mais dont les frondes sont dentées sur leurs bords comme une lame de scie. — Quant au **Fucus flottant** ou *raisin des tropiques*, il appartient au genre *Sargasse*. (Voir ce mot.)

Les Fucus croissent en abondance sur les rochers que découvre la mer au reflux, mais on les découvre à d'assez grandes profondeurs. Le point qu'ils habitent paraît influer beaucoup sur leur coloration ; ainsi, les varechs que l'on récolte sur nos côtes sont toujours d'un vert brun, souvent presque noir, tandis que ceux que ramène la drague d'une certaine profondeur sont d'un jaune plus ou moins clair. C'est ce qui explique pourquoi l'on en trouve parfois de cette couleur sur la plage, où ils ont été jetés par la vague, après avoir été arrachés du sol par les flots de fond. Sur certains points du littoral, et surtout en Normandie et en Bretagne, on récolte ces espèces de varechs pour les brûler et en faire de la soude.

FUÉGIENS. Ce nom, emprunté à l'appellation espagnole de la Terre de Feu *(tierra del fuego)*, désigne un petit groupe de tribus indiennes, vivant misérablement dans la plus grande partie de l'archipel Magellanique. Ces Indiens, qu'on nomme aussi *Pécherais*, se rattachent par leurs caractères physiques à la race Téhuelche. Ils étaient encore à l'âge de pierre au moment de l'arrivée des missionnaires anglais qui les évangélisent. On les distingue en *Chonos*, *Tekenikas* et *Alikhoulips*. Leur habitat s'étend depuis le golfe de Penyas, au nord-ouest, jusqu'à la baie du Bon-Succès, au sud-est. Ils vivent de poissons, de phoques et surtout de coquillages, que ramassent les femmes. Ils se couvrent de peaux et leur industrie se borne à fabriquer des flèches armées d'éclats de silex, de canots en écorce et des huttes en terre. La femme est parmi eux une véritable bête de somme. Leur seul animal domestique est le chien, aussi sauvage que son maître.

FUGACE. Ce mot s'emploie, en botanique, comme synonyme de Caduc. (Voir ce mot.)

FULGORE (de *fulgor*, éclair). Genre d'insectes de l'ordre des HÉMIPTÈRES HOMOPTÈRES, famille des *Fulgoridés*. Les Fulgores, propres à l'Amérique méridionale, sont des insectes de grande taille, remarquables surtout par leur tête fort grande et vésiculeuse. Leurs couleurs sont en général vives et variées; leur organisation se rapproche des cigales, mais ils sont privés d'appareil pour le chant. On en connaît plusieurs espèces, dont la plus remarquable, sous tous les rapports, est le **Fulgore porte-lanterne** (*Fulgora lanternaria*). Cet insecte a la tête fort grande, vésiculeuse et offre le singulier phénomène de répandre la nuit une lumière phosphorescente très intense. Mlle Mérian, qui habitait Surinam, rapporte qu'ayant renfermé plusieurs Fulgores, ces insectes s'échappèrent pendant la nuit et se répandirent de tous côtés dans sa chambre. Grande fut d'abord sa frayeur, rapporte-

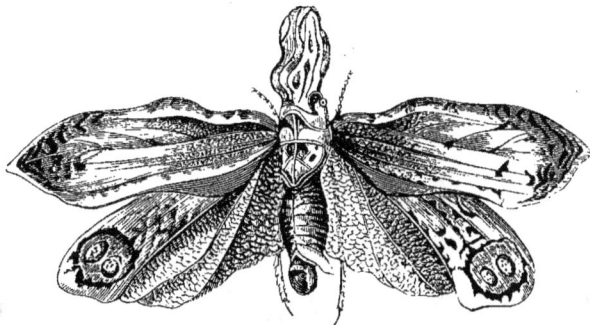

Fulgore porte-lanterne.

t-elle, en voyant briller des lumières assez vives pour qu'il fût possible de lire avec leur seul secours; mais elle reconnut bientôt que ces lueurs intenses étaient produites par les Fulgores. Plusieurs voyageurs qui ont parcouru l'Amérique et ont recueilli de ces insectes, assurent n'avoir pas observé cette phosphorescence; cela tient peut-être à ce que les Fulgores n'ont cette faculté que pendant une période de leur vie, sans doute à l'époque de l'accouplement et qu'ils la perdent ensuite. Le Fulgore porte-lanterne est de couleur jaune, moucheté de noir et de blanc; il se trouve communément à Cayenne. — Le genre *Fulgore* est le type de la famille des *Fulgoridés*, représentée en Europe par une très petite espèce qui vit sur le noyer. Cette espèce unique (*Fulgora europæa*, L.) est toute verte, à front prolongé et strié. On la trouve dans les Landes. Elle fait aujourd'hui partie du genre *Dictyophora*.

FUMARIA. (Voir FUMETERRE.)

FUMARIÉES (du genre *Fumaria*). Simple tribu de la famille des *Papavéracées* de Baillon, comprenant des plantes herbacées à suc aqueux, à feuilles alternes multifides, à fleurs en grappes, irrégulières : calice à deux sépales membraneux, très petits, caducs; corolle de quatre pétales, les deux extérieurs plus grands, souvent gibbeux ou éperonnés; six étamines hypogynes soudées en deux faisceaux; ovaire uniloculaire, style filiforme à stigmate bilobé; fruit en forme de silique polysperme, à deux valves, ou monosperme et indéhiscent. Cette tribu compte parmi ses genres les *Fumaria*, *Corydalis*, *Hypecoum*, etc.

Fumeterre, fleur.

FUMEROLLES. (Voir VOLCAN.)

FUMETERRE (*Fumaria*). Genre de plantes de la famille des *Papavéracées*, tribu des *Fumariées*, renfermant des plantes annuelles, à tige grêle, rameuse, à feuilles alternes, découpées en lobes ou segments nombreux et étroits, à fleurs petites, formant en général des grappes simples. L'une des espèces les plus communément cultivées est la **Fumeterre officinale** (*F. officinalis*) ou *fiel de terre*, qui croît spontanément dans les champs et les lieux cultivés. Ses fleurs à quatre pétales, imitant une fleur papilionacée, sont purpurines. Le suc de cette plante est très amer; on l'emploie en médecine comme stomachique et contre les affections scorbutiques, les dartres, la gale. On cultive dans les jardins la **Fumeterre jaune** et la **Fumeterre à grandes feuilles**. On emploie également en décoction les feuilles de ces deux espèces.

FUNAIRE. *Funaria* (de *funus*, corde). Genre de mousse de la tribu des *Bryacées*, à péristome double, à coiffe triangulaire. Le type du genre, la **Funaire hygrométrique** (*F. hygrometrica*), est une jolie petite mousse commune sur les murs et les rochers. Son pédicelle se tord sur lui-même pendant la dessiccation et se déroule sous l'influence de la moindre humidité.

FUNICULE. (Voir GRAINE.) C'est le filet qui relie l'ovule au placenta. On l'appelle également *podosperme*.

FURET. Mammifère carnassier de la famille des *Mustélidés*, rangé dans le genre *Putois*, dont il a tous

Le Furet.

les caractères ainsi que les mœurs. (Voir PUTOIS.) Le Furet est un petit carnassier de la famille des *Martes*, au corps long, souple et vigoureux, comme tous les membres de la famille, et, comme eux, un vrai buveur de sang. Originaire d'Afrique, d'où il est passé en Espagne avec les Arabes, il nous est venu de ce pays en compagnie de ses envahisseurs. Mais il ne peut exister dans nos bois en liberté; le froid et l'humidité l'empêchent de vivre et de se reproduire. On l'élève en domesticité en ne lui donnant que du pain trempé dans du lait, et on le tient le plus chaudement possible dans des boîtes où il dort presque constamment. Le Furet (*Putorius furo*) est élégant de formes, son pelage doux et bien fourni est d'un jaune clair, souvent blanchâtre, et ses yeux sont roses, caractères qui ont porté quelques naturalistes à croire que cet animal ne serait qu'une variété albine du putois. Quoi qu'il en soit, le Furet est l'ennemi mortel du lapin, et l'homme a utilisé ses instincts sanguinaires pour opposer une barrière aux envahissements du rongeur. Lors donc qu'on veut fureter un terrier, que l'on a reconnu être habité par des lapins, on tend les bourses sur chacune des gueules du terrier, et, par l'une d'elles, on introduit le Furet. Celui-ci, dès qu'il a senti sa proie, se glisse, fouille les galeries, y met le désarroi, et expulse tous les habitants, qui, cherchant à fuir par des issues, se précipitent dans les bourses. Le Furet, avide de sang, n'a qu'une idée

fixe, celle d'en acculer un dans une impasse; et, s'il parvient à ce résultat, si l'on n'a eu soin de le museler, il égorge incontinent sa victime et lui suce le sang jusqu'à ce qu'il en soit ivre; et, comme il s'endort aussitôt qu'il est repu, on est obligé d'attendre son réveil pour recommencer plus loin le fouillage.

FUSAIN (*Evonymus*). Genre de plantes dicotylédones, polypétales, hypogynes, de la famille des *Célastrinées*. Les Fusains sont des arbrisseaux dressés ou grimpants, à branches quadrangulaires, à feuilles opposées, ovales, dentées; à fleurs petites, axillaires, de quatre ou cinq pétales et autant d'étamines. — Le type du genre est le **Fusain d'Europe**, vulgairement connu sous les noms de *bois lardoire* et de *bonnet carré* ou *bonnet de prêtre*. Cet arbrisseau, commun dans nos forêts, est haut de 4 à 5 mètres; il a des fleurs petites et jaunâtres, disposées en bouquets de deux ou trois; ses fruits sont globuleux, à quatre côtés, d'un rouge vif; c'est à la forme de ce fruit que la plante doit son dernier surnom. Son bois jaunâtre, à grain fin et serré, sert à fabriquer des fuseaux, des aiguilles à tricoter et des lardoires. Son charbon, d'une légèreté extraordinaire, est employé dans les arts, sous forme de crayon tendre, pour tracer des esquisses qui s'effacent sans laisser de traces; il entre aussi dans la composition de la poudre à canon. Le fruit des Fusains a une odeur nauséabonde; on en préparait autrefois un onguent antipédiculaire, et aujourd'hui encore, les baies sont employées en décoction dans le traitement de la gale des animaux domestiques. Le Fusain est un puissant cholagogue dans son écorce, dans ses baies, dans ses feuilles. C'est de son bois qu'on extrait l'*évonymine*, très employée dans les constipations rebelles. On cultive dans les jardins le **Fusain à larges feuilles**, le **Fusain de Virginie** à feuilles persistantes, et le **Fusain du Japon** à feuilles bordées de blanc.

FUSEAU (*Fusus*). Genre de mollusques GASTÉROPODES de la section des *Pectinibranches*, famille des *Buccinidés*. Ce sont des coquilles de forme élégante, fusiformes, rugueuses, à spire très élevée; leur canal est droit et allongé, leur ouverture ovale. L'animal qui habite ces coquilles rampe sur un pied large, quadrilatère; sa tête est petite, munie en avant de deux tentacules courts et coniques, portant les yeux à la base; la bouche, percée en dessous, est susceptible de s'allonger en trompe; elle

Fuseau d'Islande.

renferme une langue rubanée, à trois rangs de crochets. Le manteau court se prolonge en avant en un canal étroit. On connaît un grand nombre d'espèces répandues dans presque toutes les mers, surtout dans celles de la zone torride. — Le **Fuseau veiné**, commun sur les côtes de la Méditerranée, a de 6 à 8 centimètres de longueur; sa coquille, formée de neuf tours de spire, est blanchâtre, veinée de brun roussâtre. L'animal est d'un rouge vif. — Le **Fuseau de Tarente**, des côtes de la Sicile et de la Corse, est blanc nuancé de roux. Le **Fuseau d'Islande**, long de 10 à 12 centimètres, est blanc veiné de brun.

FUSIFORME (de *fusus*, fuseau). Qui est allongé, renflé au milieu et aminci aux extrémités comme un fuseau.

FUSTET. Nom vulgaire d'une plante du genre *Sumac*. (Voir ce mot.) C'est le *Rhus cotinus*, répandu dans toute la région méditerranéenne. Son bois, employé par les ébénistes et les luthiers, fournit une matière colorante jaune, utilisée dans la teinture. On emploie son écorce comme le quinquina, contre les fièvres intermittentes, dans la partie méridionale de l'Autriche et en Serbie.

G

GADE. (Voir Morue.)

GADIDÉS. La famille des *Gadidés* a pour type le genre *Gade* ou *Morue* et comprend en outre les merlans, merlus, lottes, etc. (Voir ces mots.) Les poissons de ce genre appartiennent à l'ordre des Téléostéens, à la tribu des *Anacanthines* (malacoptérygiens subbrachiens de Cuvier). Ils sont reconnaissables à leurs ventrales attachées sous la gorge et aiguisées en pointe. Le corps est médiocrement allongé, peu comprimé, couvert d'écailles molles, la tête bien proportionnée, sans écailles; toutes les nageoires molles; les mâchoires et le devant du vomer armés de dents pointues, petites, sur plusieurs rangs, et faisant la carde; les ouïes grandes, à sept rayons. Presque toutes les espèces portent deux ou trois nageoires sur le dos, une ou deux derrière l'anus et une caudale distincte. La plupart vivent dans les mers froides ou tempérées, et donnent d'importants articles de pêche. Leur chair blanche, aisément divisible par couches, est généralement agréable.

GADOÏDES. (Voir Gadidés.)

GAÏAC. (Voir Gayac.)

GAILLET. (Voir Caille-lait.)

GAINE. On donne ce nom, en botanique, au pétiole des feuilles quand il se dilate en une membrane qui embrasse la tige, dans une portion plus ou moins grande de sa circonférence. Les graminées et les cypéracées en offrent un exemple. — On emploie également ce mot en anatomie pour désigner certaines parties membraneuses qui entourent, en manière de Gaines, quelques-uns de nos organes. Ainsi les Gaines synoviales des tendons, les Gaines celluleuses des muscles, des veines, etc.

GAINIER (*Cercis*). Genre de plantes de la famille des *Légumineuses*, tribu des *Cæsalpiniées*. Ce sont des arbres de moyenne grandeur, à feuilles alternes, simples, entières, accompagnées de stipules, offrant des fleurs disposées en faisceaux nombreux épars sur les branches, avant le développement des feuilles.— Une seule espèce croît en Europe, c'est le **Gainier d'Europe** (*C. siliquastrum*), vulgairement connu sous le nom d'*arbre de Judée*. Son tronc est droit, couvert d'une écorce noirâtre et gercée; ses branches s'étendent horizontalement en parasol et se couvrent au premier printemps de nombreux faisceaux de fleurs roses auxquelles succèdent des feuilles d'un vert tendre. Cet arbre réussit dans les terrains les plus maigres. Ses fleurs, confites au vinaigre, sont employées pour assaisonner les salades. — La seconde espèce, le **Gainier du Canada**, ressemble beaucoup au précédent, mais ses branches montent droit, et ses fleurs sont plus pâles.

GALACTODENDRON (de *gala*, lait, et *dendron*, arbre, arbre à lait.) Genre de plantes de la famille des *Ulmacées*, tribu des *Artocarpées*, dont l'espèce la mieux connue et la plus importante est le **Galactodendron utile**, ou *arbre à lait*, *arbre à la vache*, *palo de vaca*, de l'Amérique méridionale. C'est un arbre de 25 à 30 mètres de haut, qui croît parmi les rochers et dans les lieux arides, où, pendant plusieurs mois, il ne reçoit pas une goutte d'eau sous ce climat brûlant. Aussi ses feuilles sont sèches et coriaces, ses branches paraissent mortes; mais si l'on incise le tronc, il s'en écoule un suc blanc et épais, qui a l'apparence, la saveur et les qualités nutritives du lait, avec une odeur balsamique. Il fait crème comme le lait, et par évaporation au bain-marie on obtient un extrait qui ressemble à la frangipane. On comprend combien cet arbre est précieux pour les voyageurs et les habitants du pays. Il est abondant surtout dans le Vénézuéla.

GALAGO. Genre de mammifères de la famille des *Lémuridés* ou faux singes, très rapprochés des makis, mais s'en distinguant par la longueur de leurs tarses, l'ampleur de leurs oreilles presque nues et le raccourcissement de leur museau. Les Galagos sont de petits animaux propres aux régions chaudes de l'Afrique; leurs mouvements sont vifs et gracieux; leurs membres grêles, terminés par des mains dont le pouce est opposable, leur permettent de grimper aux arbres avec une grande facilité; aussi est-ce dans les bois qu'ils vivent, se nourrissant d'insectes et de la gomme des mimosas. Leur pelage est fin et soyeux, leur queue longue et en panache. Les Galagos ont des habitudes nocturnes, et passent la plus grande partie du jour à dormir.

Ils nichent dans des trous d'arbres qu'ils tapissent d'herbes sèches. — Le **Galago du Sénégal** est de la taille d'un écureuil : son pelage est d'un gris cen-

Galago du Sénégal.

dré. Il habite les forêts de gommiers du Sénégal. — Le **Grand Galago** (G. *crassicaudatus*), qui habite les mêmes régions, est du double plus grand.

GALANGA. On désigne sous ce nom, dans les officines, une racine aromatique des Indes, employée en médecine comme stomachique et stimulante. Elle est ramifiée, cylindrique, rougeâtre, marquée de franges circulaires, d'une odeur aromatique agréable et d'une saveur âcre et brûlante. Cette racine ou plutôt ce rhizome provient d'une plante de la famille des *Amomacées*, l'**Alpinia galanga**, arbuste à tiges droites, de 15 à 20 décimètres, à feuilles alternes, striées, très grandes, à fleurs blanchâtres, disposées en grappe terminale; le fruit est une capsule ovoïde, rouge à sa maturité et contenant deux ou trois graines. Le Galanga, fort estimé dans l'Inde, est très peu employé en Europe, où on lui préfère le gingembre et la cannelle.

Perce-neige (*Galanthus nivalis*).

GALANTHE, GALANTHINE, *Galanthus* (du grec *gala*, lait, et *anthos*, fleur). Genre de plantes monocotylédones de la famille des *Amaryllidacées*, offrant pour caractères : périanthe à six divisions pétaloïdes, les ex-

térieures étalées, les intérieures plus courtes, dressées, échancrées, anthères prolongées en soie, stigmate aigu. La seule espèce de ce genre est le **Galanthus nivalis**, généralement connu sous le nom de *perce-neige*, et qui croît dans les prairies et les bois d'une grande partie de la France. Sa hampe nue, fistuleuse, s'élève d'une souche bulbeuse à 20 ou 25 centimètres; elle porte à sa base deux feuilles opposées et au sommet une fleur solitaire blanche, penchée, à divisions intérieures tachées de vert. Cette plante fleurit dès le mois de janvier, alors que la terre est souvent encore couverte de neige. Ses bulbes sont réputés fébrifuges et purgatifs.

GALATHÉE (*Galathea*). Genre de crustacés de l'ordre des DÉCAPODES MACROURES, famille des *Astacidés*, section des *Homards*. Ils ont le thorax ovoïde, la queue étendue, les pinces très longues, cylindriques et fortes, le dessus du corps épineux et cilié. On pêche sur les côtes de la Méditerranée les **Galathe arugosa, gregaria** et **strigosa**, qui atteignent 8 à 10 centimètres. Leur chair est fort bonne à manger.

GALBANUM. Gomme-résine dont on attribue la production au *Ferula galbaniflua*, de la Perse, ou au *Peucedanum galbanum*, du Levant, plantes ombellifères. Le Galbanum se présente sous forme de larmes blanchâtres, jaunes ou rouges, d'une odeur désagréable, d'une saveur amère et âcre. On l'employait autrefois comme expectorant et antispasmodique, mais il est fort peu usité aujourd'hui.

GALÉ. Plante du genre *Myrica* (voir ce mot), assez commune en France, dans les terrains marécageux. C'est un arbuste formant buisson, s'élevant à 1 mètre environ, dont les rameaux nombreux, d'un brun rougeâtre, sont garnis d'un feuillage vert tendre assez semblable à celui de l'osier. Ses fleurs jaunâtres s'épanouissent en avril et en mai; le fruit qui leur succède est lisse, à trois lobes. Toutes ses parties ont une odeur forte, aromatique, qui lui a fait donner le nom de *piment royal* ou *piment aquatique;* on l'appelle aussi quelquefois *myrte bâtard*. Son nom de *Galé* vient du grec *gala* et signifie lait, parce qu'on lui attribue la propriété d'augmenter le lait des chèvres et des vaches qui broutent son feuillage.

GALEGA. Genre de plantes dicotylédones de la famille des *Légumineuses papilionacées*, comprenant des plantes herbacées qui croissent dans le midi de l'Europe. Le type du genre est le **Galega officinal**, vulgairement *rue des chèvres*, herbe aux chèvres, à feuilles imparipennées, composées de dix-sept à vingt et une folioles, à fleurs blanches ou bleuâtres disposées en longue grappe. Cette plante est recherchée par les chèvres et les vaches; elle passe pour augmenter leur lait; on l'a préconisée comme sudorifique.

GALÈNE. Sulfure de plomb naturel. (Voyez PLOMB.)

GALEOBDOLON. (Voir GALÉOPSIDE.)

GALÉODE (du grec *galeodès*, semblable à une belette). Genre d'arachnides dont on fait un ordre à part sous le nom de *Solifuges* (qui fuient le soleil). Ce sont des araignées de grande taille, velues, et remarquables autant par leur organisation que par leurs mœurs. Les Galéodes ont le corps ovalaire, allongé, divisé en trois parties distinctes, la tête, le thorax et l'abdomen; le céphalothorax se composant de segments distincts dont l'antérieur porte les yeux, au nombre de deux, les chélicères terminées par des pinces, les palpes maxillaires en forme de pattes et enfin les pattes de la première paire; ce segment céphalique est suivi de trois anneaux thoraciques sur chacun desquels est insérée

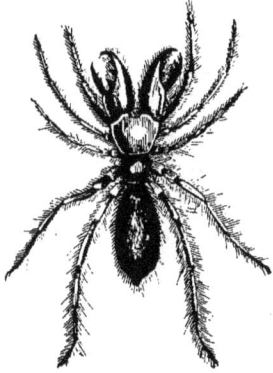

Galéode.

une paire de pattes pourvues de griffes, la première paire en est privée. L'abdomen est aussi composé d'articles distincts dont les premiers portent les stigmates ou orifices extérieurs des trachées par lesquelles respirent ces arachnides. Par ces caractères, les Galéodes forment en quelque sorte le passage entre les arachnides et les insectes. Le corps et les pattes sont couverts de longs poils raides, de couleur jaune ou brune. Leurs mâchoires, en forme de pince, sont très robustes. Les Galéodes habitent les régions chaudes de l'ancien et du nouveau continent; on les dit venimeuses. Ces arachnides sont très voraces; elles ne tendent pas de filets; mais poursuivent et forcent à la course leur proie, qui consiste en insectes et même en petits lézards. Le capitaine Hutton, qui a étudié au Bengale les mœurs d'une des plus fortes espèces, la **Galéode vorace**, dit l'avoir vue saisir un lézard long de 3 pouces (sans la queue), lui couper la gorge avec ses mâchoires et le dévorer presque entièrement. On trouve en Algérie la **Galéode aranéoïde**, également commune au cap de Bonne-Espérance; sa morsure est, dit-on, très douloureuse, et les Arabes la redoutent beaucoup.

GALÉOPITHÈQUE. Ce nom, formé de deux mots grecs, *galé*, chat, et *pithekos*, singe, désigne un genre de mammifères de l'ordre des LÉMURIENS, et formant à lui seul la famille des *Galéopithécidés*. Ces animaux singuliers vivent dans l'archipel Indien, et leur caractère le plus saillant est de présenter avec un corps de chat ou plutôt de maki, des membranes

semblables à celles des écureuils volants. On leur donne aussi le nom de *chats volants*. Ces mammifères quadrupèdes ont à chaque pied cinq doigts reliés ensemble par une membrane et armés d'ongles forts et aigus qui leur permettent de grimper aux arbres avec facilité; leur pouce n'est pas opposable. La membrane aliforme leur donne la faculté de se soutenir en l'air à la manière des polatouches; elle commence aux côtés du cou, est sous-tendue par les quatre membres et passe entre les pattes de derrière pour envelopper la queue dans toute sa longueur. Une autre singularité de leur organisation consiste dans la forme de leurs dents incisives inférieures qui sont divisées comme un peigne. Ces animaux se tiennent pendant le jour cachés dans les lieux les plus retirés des forêts; ils y sommeillent et ne quittent leur retraite que le soir, par-

Galéopithèque.

courant en tous sens les arbres et y recherchant les insectes dont ils font leur nourriture. — Le **Galéopithèque varié** a le pelage d'un brun sombre varié de taches blanches sur les membres. C'est le même que le *Galéopithèque commun* et le *Galéopithèque volant;* mais il existe une autre espèce aux Philippines qui porte le nom de **Galéopithèque des Philippines.**

GALÉOPSIDE, *Galeopsis* (de *galéa*, casque, et *opsis*, apparence). Genre de plantes dicotylédones de la famille des *Labiées*, voisines des Lamiums. Ce sont des herbes, à feuilles opposées, à fleurs verticillées et accompagnées de bractées. Le type du genre, le **Galeopsis ladanum**, est vulgairement connu sous le nom d'*ortie rouge*, à cause de la couleur de ses fleurs et de l'aspect de son feuillage. — Une autre espèce, le **Galeopsis Galeobdolon**, plus connue sous le nom d'*ortie jaune*, forme aujourd'hui le genre *Galeobdolon*, parce que la lèvre supérieure de sa corolle n'a pas de dents latérales à sa base. Ces plantes sont employées en infusions pectorales.

GALÉRUQUE (*Galeruca*). Genre d'insectes COLÉOPTÈRES TÉTRAMÈRES de la famille des *Chrysomélides*. Ce sont des insectes de petite taille (3 à 8 millimètres) au corps oblong ou ovalaire ; la tête est courte, les antennes assez fortes, insérées entre les yeux, le corselet court, les élytres rebordées, les cuisses postérieures non renflées, les crochets des tarses bifides. Beaucoup d'espèces sont aptères. Les Galéruques sont essentiellement phytophages et vivent réunies ou dispersées sur diverses plantes ou arbres particuliers à chaque espèce, dont elles rongent les feuilles. Leurs larves vivent cachées sous l'écorce ou parmi les racines et commettent parfois d'assez grands dégâts. Telle est la Galéruque de l'Orme (*G. ulmariensis*), qui, souvent, dépouille complètement de leurs feuilles les ormes de nos parcs et de nos promenades. Elle est jaunâtre en dessus, avec trois taches noires sur le corselet et une bande marginale de même couleur sur chaque élytre. — Telle est encore la Galéruque de l'aune (*G. alni*), dont les larves découpent et percent à jour les feuilles de cet arbre. L'insecte est d'un beau bleu. — Les Galéruques de la tanaisie (*G. tanaceti*), du saule (*G. capreæ*), de l'aubépine (*G. sanguinea*), sont également communes.

GALETS. (Voir CAILLOUX ROULÉS.)

GALIET. (Voir CAILLE-LAIT.)

GALIPOT. Suc résineux que l'on obtient par incision de plusieurs espèces de pins, et notamment du pin maritime ou pin de Bordeaux. C'est la térébenthine impure qu'on livre à l'industrie.

GALIUM. Nom scientifique latin des Caille-lait.

GALLA. Espèce du genre *Bœuf*. (Voir ce mot.)

GALLE. On désigne sous ce nom des excroissances produites sur les végétaux par la piqûre de divers insectes, et notamment des cynips et des pucerons. (Voir ces mots.) Ces excroissances varient considérablement de forme, de dimension, de couleur, suivant l'espèce d'insectes qui les produit et la plante sur laquelle elles se développent. Les plus importantes sont les **Bédégars** ou **Galles du rosier**, les **Galles du Levant** ou **noix de Galles**, les **Galles de Chine**, etc. Les Bédégars se développent sur les feuilles ou les jeunes rameaux des rosiers ; ils sont formés d'un noyau solide divisé en plusieurs loges, où se trouvent les œufs ou les larves du *Cynips rosæ*, et résultent de la piqûre de cet insecte, lorsqu'il enfonce sa tarière dans les tissus du végétal, pour y déposer ses œufs. Ce noyau est hérissé de longs filaments rameux de couleur verte ou rougeâtre. Cette production bizarre, considérée autrefois comme une panacée universelle, était désignée dans les pharmacopées sous le nom de *Spongia cynobasti* ; elle est aujourd'hui sans usage. Les Galles du Levant ou *noix de Galles* se développent sur les bourgeons du *Quercus infectoria* de la Grèce et de l'Asie Mineure, sous l'influence des piqûres du *Cynips tinctoria*. Elles sont sphériques, d'un vert noirâtre ou jaunâtre, de la grosseur d'une bille ordinaire et présentent, au centre, une logette occupée par la larve. Cette Galle, très riche en tannin, sert à la fabrication de l'encre et à la teinture en noir ; la médecine l'emploie comme astringent puissant. — Les Galles de Chine sont produites sur les *Rhus semi alata* et *japonica* par les piqûres d'une espèce de puceron, l'*Aphis chinensis*. Elles sont très grosses et très dures, d'un gris velouté, difformes et couvertes de protubérances ; on les emploie aux mêmes usages que la noix de Galles. Tout le monde connaît ces jolies petites Galles de la forme et de la grosseur d'une cerise, qui croissent sur les feuilles du chêne commun et

Galles du chêne et cynips.

que l'on prendrait pour une pomme d'api en miniature ; elles sont produites par le *Cynips quercus*. On mange en Perse et à Constantinople, où l'on apporte sur les marchés, une Galle charnue, de la grosseur d'une petite pomme, et qui croît sur une espèce de sauge (*Salvia pomifera*), et les enfants mangent souvent celle qui croît sur le lierre terrestre.

GALLÉRIE (*Galleria*). Genre d'insectes LÉPIDOPTÈRES de la famille des *Tinéides*, dont deux espèces font le désespoir des apiculteurs par les ravages qu'elles exercent dans les ruches d'abeilles. Ce sont de petits papillons gris, qui pénètrent dans les ruches et y pondent leurs œufs. De ceux-ci sortent de petites chenilles, qui se creusent à travers les gâteaux de cire des galeries souvent longues de 25 et 30 centimètres, au milieu desquelles elles vivent. Ces galeries sont tapissées à l'intérieur d'une soie blanche et serrée qui les met à l'abri de l'aiguillon des abeilles, et leur nombre est parfois si grand que celles-ci se voient obligées d'abandonner leur ruche. Les deux espèces dont il est ici question sont : la **Galleria cerella**, d'un gris cendré taché de brun, longue de 15 millimètres ; la **Galleria alvearia**, plus petite, d'un gris roussâtre brillant avec les yeux rouges. — D'autres Galléries (*G. colonella* et *G. anella*) pondent leurs œufs dans les nids des bourdons.

GALLINACÉS. L'un des ordres d'oiseaux les mieux caractérisés et les plus naturels, et l'un de ceux qui nous offrent les ressources les plus précieuses, puisqu'il renferme le coq, le faisan, le dindon, le coq de bruyère ou tétras, la perdrix, la caille, la pintade, le paon, etc. (Voir tous ces mots.)

Un bec voûté, médiocrement long, et percé de chaque côté par les narines, que recouvre une membrane épaisse et molle, des tarses assez élevés, terminés le plus souvent par quatre doigts, dont trois antérieurs, réunis à leur base par une courte membrane, tels sont les caractères assignés à ce groupe d'oiseaux. Il faut ajouter à ces caractères une taille assez généralement grande, des formes épaisses, des ailes courtes et concaves, qui rendent leur vol court et embarrassé, et la faculté de courir avec vitesse; enfin, une fécondité prodigieuse. Le plumage est, dans les mâles de quelques espèces,

Gallinacé (*Tetras ptarmigan*).

resplendissant des plus riches couleurs. Un gésier épais et musculeux leur permet de digérer les corps les plus durs, et l'on trouve souvent cet organe rempli de petits cailloux qu'ils ont avalés sans doute dans le but d'exercer une trituration plus forte sur les graines dont ils se nourrissent, et qu'ils ont l'habitude de chercher en grattant la terre. — Les Gallinacés ne construisent point de nids; ils se contentent de déposer leurs œufs au pied d'un buisson, ou dans quelque trou qu'ils recouvrent d'un peu de paille ou d'herbe. De même que dans les autres espèces polygames, les mâles restent étrangers à l'incubation et à l'éducation des petits, qui, au sortir de la coquille, commencent déjà à chercher, sous la conduite de leur mère, les graines ou les insectes nécessaires à leur subsistance. — Les Gallinacés voyagent en général fort peu, à l'exception des cailles et des dindons. Ces oiseaux forment un groupe très naturel que l'on a divisé en plusieurs familles; ce sont : les *Cracidés* (hocco), les *Méléagridés* (dindons); les *Mégapodidés* (mégapode); les *Phasianidés* (faisans, coqs, paons); les *Tétraonidés* (tétras, perdrix), les *Ptéroclidés* (ganga). Les pigeons, que Cuvier rangeait dans ce groupe, forment aujourd'hui un ordre à part. (Voir PIGEONS.)

GALLINAZO. Nom que porte au Pérou le *Cathartes aura*. (Voir VAUTOUR.)

GALLINSECTES. Famille d'insectes de l'ordre des HÉMIPTÈRES HOMOPTÈRES, comprenant les Cochenilles et les Kermès. (Voir ces mots.) Les Gallinsectes sont ainsi nommés parce qu'ils ressemblent à de petites galles fixées sur les plantes.

GALLINULE. (Voir POULE D'EAU.)

GALLUS. Nom scientifique latin du Coq.

GALUCHAT. On donne ce nom, dans l'industrie, à la peau travaillée et polie de diverses roussettes et autres poissons du groupe des Squales.

GAMASE (*Gamasus*). Genre d'acariens aveugles qui vivent en parasites sur les animaux de toutes les classes (mammifères, oiseaux, reptiles, insectes). (Voir ACARUS.)

GAMBETTE. Espèce d'oiseau du genre *Chevalier*. (Voir ce mot.)

GAMBIER ou **CAMBIR** (*Uncaria*). Plante de la famille des *Rubiacées*. C'est une liane originaire des îles de la Malaisie, qui s'élève souvent à plus de 10 mètres : son écorce est d'un rouge brun; ses feuilles opposées, ovales pointues. En faisant bouillir ces feuilles et les rameaux dans des vases de fer et en faisant évaporer on obtient une gomme-résine qui se rapproche beaucoup du *cachou*. Cette substance, que les Malais mélangent au *bétel* pour le mâcher, est astringente et s'emploie aux mêmes usages que le cachou.

GAMMARUS. Genre de crustacés de l'ordre des AMPHIPODES, de la famille des *Gammaridés*, qui comprend en outre les Talitres. (Voir ce mot.) Ce sont de petits animaux au corps élancé, à tête petite, à pattes postérieures assez longues, offrant l'aspect général des crevettes. — Le type du genre Gammarus est le **Gammarus pulex**, connu vulgaire-

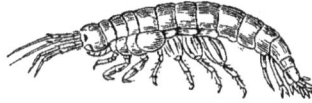

Crevette des ruisseaux (*Gammarus pulex*).

ment sous le nom de *crevette des ruisseaux*. Son corps, très comprimé latéralement, est terminé par des appendices styliformes bifurqués qui lui permettent d'exécuter des sauts assez considérables. Il nage rapidement sur le côté, et presque toujours au fond. Il est très commun dans les cressonnières.

GAMOPÉTALE (du grec *gamos*, union, et *petalon*, pétale). Se dit en botanique de toute corolle dont les pétales sont soudés entre eux par leurs bords, soit en partie, soit en totalité (digitale, consoude, bourrache, etc.). Ce mot est synonyme de Monopétale.

GAMOSÉPALE. Synonyme de Monosépale, se dit quand les sépales du calice sont soudés par leurs bords (bourrache, primevère, etc.).

GANGA (*Pterocles*). Genre d'oiseaux de l'ordre des GALLINACÉS, famille des *Ptéroclidés*. Les Gangas sont voisins des Tétras, dont ils se distinguent par leurs ailes longues et aiguës et par leur queue cunéiforme. Ces caractères en font de bons voiliers, et on les considère comme formant le passage entre les gallinacés et les pigeons. Ils sont monogames, et diffèrent en cela des autres gallinacés. La femelle dépose à terre quatre ou cinq œufs blancs ou olivâtres tachés de noir et les couve alternativement avec le mâle. Les Gangas sont des oiseaux voyageurs qui habitent l'Asie et l'Afrique ; ils ne sont que de passage en Europe. — Le **Ganga cata** (*P. setarius*), d'Asie, se rencontre sur les bords de la Méditerranée ; on lui donne le nom de *gélinotte des Pyrénées*. Il est de la taille de la perdrix, de couleur isabelle, avec la gorge noire ; les plumes des ailes sont terminées par des taches blanches et noires ; les deux rectrices moyennes de sa queue se terminent en filets minces. Les femelles et les jeunes ont leur plumage comme bigarré de brun et de noir. — Le **Ganga des sables** (*P. arenarius*), que les Russes appellent *poule des steppes*, se rencontre depuis la Russie méridionale jusque dans l'Afrique septentrionale, et se montre dans les Pyrénées. Son plumage est cendré, avec un triangle noir au milieu du cou et le ventre noir ; sa queue ne se termine pas par des filets.

GANGLION. Renflement ou nodosité qui se rencontre sur le trajet des nerfs et des vaisseaux lymphatiques. (Voir LYMPHATIQUES et NERFS.)

GANOÏDES. Ordre de poissons caractérisés par la présence sur le corps de plaques osseuses ou d'écailles émaillées et striées (de *ganos*, éclat). Le bord antérieur des nageoires et surtout de la caudale est muni de petites épines disposées sur un ou deux rangs ; leur squelette est cartilagineux chez les uns (esturgeons et spatulaires), osseux chez quelques autres (polyptères, lépidostés). Les branchies sont libres, recouvertes par un opercule ; il existe une vessie natatoire qui s'ouvre dans l'œsophage par un canal aérien. Comme dans les dipnés, l'intestin est pourvu d'un repli spiral très développé. L'ordre des GANOÏDES n'est plus aujourd'hui représenté que par les esturgeons et les spatulaires d'Europe et d'Amérique, les polyptères d'Afrique, les lépidostés et les amia de l'Amérique septentrionale. Il en était tout autrement aux époques géologiques, et les nombreux poissons qui habitaient les mers depuis l'époque dévonienne jusqu'à celle de la craie appartenaient tous à l'ordre des GANOÏDES et à celui des PLACOÏDES. (Voir POISSONS FOSSILES et PALÉONTOLOGIE.)

GANT DE NOTRE-DAME. Nom vulgaire de la Campanule gantelée, de l'Ancolie commune et de la Digitale.

GARANCE (*Rubia tinctorum*). Plante herbacée, vivace, de la famille des *Rubiacées*, originaire du midi de l'Europe. Les racines de la Garance sont longues et rampantes ; les tiges, qui périssent chaque année, sont quadrangulaires, grêles, plus ou moins couchées, et atteignent jusqu'à 1 mètre de longueur ; elles présentent des feuilles disposées en verticilles, lancéolées, et garnies à leur bout de dents fines et accrochantes. Les fleurs, d'un jaune verdâtre, sont petites, à corolle rotacée, cinq-lobée ; elles naissent réunies en bouquets lâches à l'extrémité des rameaux ; chacune d'elles fait place à un fruit composé de deux petites baies noires charnues et attachées ensemble. La Garance est une plante

tinctoriale d'une grande importance ; le principe colorant réside essentiellement dans la racine ; la couleur qu'on en extrait et qu'on emploie à la teinture des tissus fournit diverses nuances d'un rouge peu brillant, mais parfaitement solide. C'est avec la Garance que sont teints les pantalons de drap de l'infanterie française. En France, la culture de la Garance est fort ancienne, puisqu'au temps de la domination romaine, les habitants de l'Artois l'employaient déjà pour teindre leurs étoffes. Aujourd'hui, les deux centres principaux de production de la Garance sont l'Alsace et la Provence. C'est dans le département de Vaucluse que l'on cultive la plus

Garance.

grande espèce de Garance et la plus estimée. Cette plante veut un sol léger, perméable, frais et riche ; on l'ensemence en mars ou avril, lorsque les gelées ne sont plus à craindre et que la terre est encore assez fraîche pour favoriser la germination des graines. On les distribue en lignes espacées d'un pied en laissant un sentier toutes les cinq lignes. La récolte se fait en septembre et octobre ; on coupe les tiges pour fourrage, puis on procède à l'arrachage des racines, que l'on fait sécher avec soin. La meilleure Garance se cultive dans l'Asie Mineure, où on l'appelle *alizari*. La Garance renferme deux principes colorants, l'un rouge, l'autre jaune ; le premier (*alizarine*) se rencontre dans la masse qui se dépose par le refroidissement de la décoction alunée de la Garance ; le principe jaune (*xanthine*) se dissout dans l'eau froide : on précipite la liqueur par l'eau de chaux, puis l'on traite ce précipité par l'acide acétique. — On nomme **Petite Garance** l'Aspérule tinctoriale.

GARAPATTE. On donne ce nom en Amérique à l'*Ixodes nigua*. (Voir Ixode.)

GARCINIA. Genre de plantes dicotylédones de la famille des *Clusiacées*, comprenant des arbres et des arbustes propres aux contrées tropicales de l'ancien continent, et remarquables par les sucs gommo-résineux qui s'écoulent de leur tige lorsqu'elle est incisée. — Les espèces les plus utiles sont les **Garcinia morella** et **Cambogia**, qui fournissent la *gomme-gutte* (voir ce mot), et le **Garcinia mangostana**, dont les fruits sont comestibles. (Voir Mangoustan.)

GARDENIA (dédiée à A. Garden, médecin botaniste des Etats-Unis). Genre de plantes dicotylédones, monopétales, périgynes, de la famille des *Rubiacées;* à fleurs pentamères. Les espèces de ce genre sont des arbres ou des arbrisseaux à feuilles opposées, ovales aiguës, à fleurs solitaires, terminales, répandant une odeur très agréable. On en cultive plusieurs espèces, originaires de la Chine et du Japon; telles sont : le **Gardenia à grandes fleurs** (*G. florida*), à fleurs d'un blanc jaunâtre, d'une odeur suave, et le **Gardenia radicant**, très voisin de l'espèce précédente. — Une espèce du Cap, le **Gardenia jasminoïde**, doit son nom au parfum de ses fleurs qui rappelle celui du jasmin. Leurs baies renferment une pulpe jaunâtre qu'on utilise en Chine pour la teinture des étoffes.

Gardenia florida.

GARDE-ROBE. Un des noms vulgaires de la Santoline. (Voir ce mot.)

GARDON (*Leuciscus*). Genre de poissons de la famille des *Cyprinidés*, très voisins des Carpes, dont ils diffèrent surtout par l'absence de barbillons. — Le **Gardon commun** (*L. rutilus*), très abondant dans nos eaux douces, préfère les eaux tranquilles et recherche particulièrement les berges. Ses couleurs sont brillantes, mais sa chair est peu estimée à cause de sa mollesse et des nombreuses arêtes qui s'y trouvent. Il est en dessus d'un gris verdâtre à reflets bleuâtres, qui s'éclaircit sur les flancs; le ventre est argenté, les nageoires sont rouges. Ce poisson est très prolifique et fraye de la mi-mai à la mi-juin. — Le **Gardon pâle** (*L. pallens*), connu des pêcheurs sous le nom de *Gardon de fond*, est aussi fort commun. Ses couleurs sont plus pâles, et ses nageoires jaunâtres. — Le **Rotengle** (*L. erythrophthalmus*), que les pêcheurs nomment *Gardon rouge*, est assez répandu dans nos cours d'eau. Sa taille ne dépasse guère 30 centimètres. Il a les couleurs du Gardon, mais ses flancs ont des reflets dorés et ses

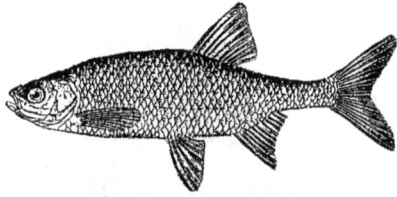

Gardon.

nageoires sont verdâtres, lavées de rouge à l'extrémité. Il se plaît dans les eaux courantes et fraye vers la fin d'avril. Une espèce propre à l'Angleterre, le **Gardon bleu** (*L. cœruleus*), doit son nom à sa belle couleur d'azur.

GARENNE. On appelle ainsi le lieu où l'on élève des lapins sauvages.

GAROU. (Voir Daphné.)

GARROT. On appelle ainsi, chez le cheval, la partie du corps qui est située dans le bas du cou et dont la saillie est produite par les apophyses épineuses des cinq ou six premières vertèbres dorsales.

GARROT. Section du genre *Canard* (voir ce mot), comprenant quelques espèces à bec plus court et plus étroit en avant : *Anas clangula, Anas glacialis*, qui nous viennent par bandes en hiver.

GASTÉROMYCÈTES (de *gastér*, ventre, et *mukés*, champignon). Champignons dont les spores très nombreuses sont portées sur des couches hyméniales situées dans l'intérieur d'un réceptacle globuleux (*peridium*), déhiscent ou indéhiscent. A ce groupe appartiennent les clathres, les truffes, les nidulaires, les lycoperdons, etc.

GASTEROPHILUS. Nom scientifique latin de l'OEstre du cheval. (Voir OEstre.)

GASTÉROPODES (du grec *gastér*, ventre, et *pous, podos*, pied). Classe nombreuse d'animaux mollusques à tête distincte (*Céphalophores*), qui se traînent sur le ventre à l'aide d'un disque charnu et musculeux, nommé *pied;* tels sont le colimaçon et la limace. Leur dos est couvert d'un manteau qui s'étend plus ou moins, et sécrète généralement une coquille simple, calcaire, ordinairement clypéiforme ou contournée en spirale, tantôt à droite, tantôt à gauche, autour d'un axe solide appelé *columelle*. Plusieurs en sont cependant privés. Leur tête est pourvue de deux paires de tentacules, à la base ou à l'extrémité d'une desquelles sont situés les yeux; la bouche, ouverte à la partie antérieure de la tête, est entourée de lèvres souvent protractiles sous forme de trompe, et armée d'une ou de deux mâchoires cornées; elle renferme aussi une langue garnie à sa surface de lamelles, de dents ou de crochets. Cet appareil masticateur jouit souvent d'une grande puissance. Le tube digestif comprend un long œsophage qui se dilate en un estomac simple ou multiple. L'intestin est très long et décrit de nombreuses circonvolutions; l'anus est situé

Escargot commun.

d'ordinaire sur le dos ou sur le côté. L'appareil circulatoire est assez variable; en général, le cœur se compose d'un ventricule et d'une oreillette; du ventricule part une aorte qui se divise en deux troncs artériels, l'un se dirigeant vers la tête et le pied, l'autre en arrière pour se ramifier dans la masse viscérale. Les mollusques Gastéropodes ont trois colliers nerveux œsophagiens se rattachant

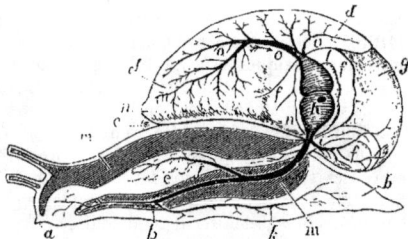

Anatomie d'un Gastéropode.

a, bouche; b, pied; c, anus; d, poumon; e, estomac (recouvert par glandes salivaires); f, intestin; g, foie; h, cœur; i, artère aorte; j, artère gastrique; k, artère du pied; l, artère hépatique; m, cavité abdominale fonctionnant comme sinus veineux; n, canal irrégulier communiquant avec cavité abdominale portant le sang au poumon; o, vaisseau portant le sang artériel du poumon au cœur.

tous les trois à deux ganglions cérébroïdes sus-œso-phagiens; le premier porte deux *ganglions buccaux*, le second deux *ganglions pédieux*, le troisième jus-qu'à six *ganglions viscéraux*. Les Gastéropodes sont les uns dioïques, les autres monoïques; aux pre-miers appartiennent presque tous les prosobran-ches, au seconds les opistobranches et presque tous les pulmonés. La plupart des Gastéropodes sont ovipares; quelques-uns vivipares (paludine). La structure, la nature et la position des organes respiratoires, varient beaucoup, et c'est d'après cette forme et cette position que Cuvier a divisé cette classe en sept familles portant les noms de

Nudibranches, *Inférobranches*, *Tectibranches*, *Pulmo-nés*, *Pectinibranches*, *Scutibranches* et *Cyclobranches*. Milne Edwards et d'autres naturalistes ont modifié depuis cette classification. On divise aujourd'hui les Gastéropodes en PULMONÉS et BRANCHIAUX, sui-vant que ces animaux respirent par des poumons ou des branchies. Les Branchiaux se divisent à leur tour en *Opisthobranches* et en *Prosobranches*, suivant que l'oreillette où débouchent les veines bran-chiales est située en arrière du ventricule ou en avant. Les Prosobranches comprennent les trois derniers groupes de Cuvier, les Opisthobranches comprennent les trois premiers. — Les **Branchiaux prosobranches** ont été divisés par M. Perrier, dans la collection du Muséum, en *Diotocardes*, qui ont deux oreillettes au cœur; *Hétérocardes*, dont le cœur, à une seule oreillette, présente en outre une oreille supplé-mentaire dont le rôle est inconnu, et en *Monotocardes*, qui n'ont qu'une oreillette au cœur. Les *Diotocardes* se divisent eux-mêmes en *Homonéphrides*, dont les deux reins sont semblables (pleurotomaires, fissu-relles), *Hétéronéphrides*, à reins dissemblables (halio-tides, troques, turbots), en *Mononéphrides* qui n'ont plus qu'un seul rein (nérites, hélicines). Les Hétéro-cardes sont les patelles; les Monotocardes, tous Mo-nonéphrides, ont été divisés, suivant leur régime alimentaire, en *Ténioglosses* ou herbivores et *Sténo-glosses* ou carnivores. Les **Branchiaux opisthobranches** renferment les Nudibranches: *Eolis*, *Doris*, *Tethys*, et les Tectibranches: *Aplysies*, *Dolabelles*, *Bulles*, etc. (Voir ces mots.) Les **Pulmonés** forment un ordre à part, comprenant les Gastéropodes terrestres ou d'eau douce: *Hélices*, *Limaces*, *Lymnées*, *Planorbes*, *Auricules*.

GASTÉROSTÉE (du grec *gastêr*, ventre, et *osteon*, os). Nom scientifique des poissons du genre *Épinoche*.

GASTRÉ. Nom donné au *Gasterosteus spinachia*, qui habite la mer. (Voir ÉPINOCHE.)

GASTRIQUE (Suc). (Voir DIGESTION.)

GASTROPHILUS. (Voir ŒSTRE DU CHEVAL.)

GATE-BOIS. (Voir COSSUS.)

GATILIER ou **GATTILIER** (*Vitex*). Ce nom, sous le-quel on désigne vulgairement les plantes du genre *Vitex*, qui appartiennent à la famille des *Verbénacés*, est surtout appliqué au **Gattilier d'Europe** (*V. agnus castus*). C'est un arbrisseau de la région méditerra-néenne, à rameaux faibles et blanchâtres, à feuilles opposées, digitées, cotonneuses en dessous, à fleurs disposées en épis verticillés, de couleur violette ou purpurine, et dont les petits fruits arrondis (drupes), d'une odeur forte et d'une saveur chaude et piquante, ont été employés en guise de poivre sous les noms de *poivre sauvage*, *poivre de moine*. Cet arbuste jouait autrefois un rôle important dans la vie monastique; on mêlait ses semences aux aliments des religieux, qui portaient aussi son bois en guise d'amulette, afin de se mettre à l'abri des passions, d'où son nom d'*agneau chaste*. Mais cette prétendue vertu calmante n'existe nullement dans cette plante, qui serait plu-tôt douée de propriétés excitantes.

GAUDE. La plante qui porte communément ce nom est le *Reseda luteola* de Linné, appelé en outre *réséda des teinturiers* et *herbe aux juifs*. Ce réséda (voir ce mot), qui se cultive, pour les usages des teinturiers, dans plusieurs contrées de l'Europe, est commun en France, au bord des champs et des chemins, dans les décombres, dans les terrains pierreux et sablonneux. C'est une plante herbacée, haute de 1 à 2 mètres, bisannuelle à l'état spontané, mais annuelle lorsqu'elle est semée au printemps. Sa racine, longue et pivotante, produit une tige simple ou peu rameuse, droite, feuillue dans toute sa longueur, et terminée par un long épi de fleurs; cet épi, ainsi que Linné l'observa d'abord, suit exactement le cours journalier du soleil, même par une atmosphère sombre ou pluvieuse, c'est-à-dire qu'il s'incline vers l'est le matin, vers le sud à midi, vers l'ouest l'après-midi et vers le nord pendant la nuit. Les feuilles, glabres comme toute la plante, sont d'un vert gai, linéaires lancéolées, munies vers leur base d'une dent à chacun des bords. Les fleurs, très nombreuses et serrées, sont petites et d'un jaune verdâtre. Le calice est divisé en quatre lanières. La corolle offre quatre pétales de forme irrégulière. La capsule est arrondie et couronnée par trois pointes. La décoction de la Gaude dans l'eau donne une très belle couleur jaune. Il s'en fait une forte consommation pour teindre les étoffes de laine, de soie, de coton et d'autres substances végétales. Les plantes cultivées à cet effet sont arrachées avec leurs racines, à l'époque où les graines commencent à mûrir; elles sont mises en bottes qu'on fait sécher complètement, et c'est ainsi qu'on les conserve pour l'usage. D'ailleurs la Gaude fraîche peut de même s'employer à la teinture. Les cendres de la plante contiennent, à ce qu'on assure, beaucoup de potasse.

GAVIAL. *(Voir* Crocodile.)

GAYAC ou **GAÏAC** (*Guajacum*, L.). Genre de plantes de la famille des *Rutacées*, tribu des *Zygophyllées*, qui offre pour caractères : un calice divisé jusqu'à la base en cinq lanières inégales, une corolle à cinq pétales rétrécis en onglet, dix étamines, un ovaire de deux à cinq loges polyspermes, un fruit charnu à cinq angles saillants. Toutes les espèces de Gayacs appartiennent aux contrées équatoriales de l'Amérique; ce sont des arbres remarquables, tant par la dureté de leur bois et la beauté de leurs fleurs que par leurs vertus médicales. Toutes les parties de ces végétaux contiennent une gomme-résine d'une saveur amère, un peu âcre. Les feuilles sont opposées, coriaces, persistantes, ailées, sans foliole impaire. Les fleurs, de couleur bleue, naissent à côté des stipules, sur de longs pédoncules simples. — L'espèce la plus remarquable, le **Gayac officinal** (*G. officinale*, L.), des Antilles, est un arbre de 15 à 20 mètres de haut; son écorce est épaisse, lisse et grisâtre; le fruit, de la grosseur d'une cerise, est presque en forme de cœur. Le bois du Gayac officinal, d'un brun jaunâtre, d'une extrême dureté et

susceptible d'un beau poli, est recherché par les menuisiers, les ébénistes et les tourneurs. Du tronc de l'arbre découle une résine jaune, verdâtre et d'une odeur aromatique; cette résine, qui est la partie active de la plante et que l'on désigne égale-

Gayac.

ment sous le nom de *gayac*, est célèbre par ses propriétés stimulantes, diurétiques et légèrement purgatives. La décoction du bois ou de l'écorce se prescrit, surtout en Amérique, comme dépuratif, antiscorbutique et antisyphilitique. La teinture alcoolique de Gayac sert de base au fameux *remède des Caraïbes*, si vanté comme antigoutteux.

GAYAL. Nom d'une espèce de bœuf du Thibet, le *Bos frontalis*.

GAZELLE (*Antilope dorcas*). Espèce du genre *Antilope*. La Gazelle a la taille, l'élégance et la légèreté du chevreuil; ses cornes noirâtres sont assez grosses, et marquées de douze à quatorze anneaux saillants. Son pelage est en dessus d'un fauve clair, avec le ventre, les fesses et la face interne des membres d'un beau blanc; une bande brune règne le long des flancs. La tête est fauve avec une bande blanchâtre entourant l'œil. Cet animal porte des larmiers, et à chaque aine une poche remplie d'une matière grasse. Les Gazelles vivent dans tout le nord de l'Afrique, souvent en troupes considérables, et sont la proie ordinaire du lion et de la panthère. Quoique d'un naturel très timide, elles résistent parfois à leur ennemi, en se formant en cercle et présentant un rempart de cornes menaçantes. En Syrie, la chasse de la Gazelle au faucon est un des divertissements favoris des riches. L'oiseau de proie fond sur la tête de la pauvre Gazelle et lui crève les yeux. Le nom de *Gazelle* est arabe ; les auteurs de cette nation les citent sans cesse dans leurs écrits comme des symboles de douceur et des modèles de grâce et de beauté. Les beaux yeux se nomment simplement en Orient des yeux de Gazelle, et c'est bien avec raison, car il est impossible d'avoir le regard plus doux et plus vif que ce charmant animal. — La Corinne

Gazelle.

(*A. corinna*) ne diffère de la Gazelle commune que par des cornes plus grêles, à anneaux plus nombreux.

GAZON. On appelle ainsi toute herbe menue, courte, serrée, qui tapisse le sol. Les Gazons sont en général composés de graminées à feuilles fines, telles que les brizes, les fétuques, l'ivraie vivace, etc.

GEAI (*Garrulus*). Genre d'oiseaux Passereaux, section des *Conirostres*, de la famille des *Corvidés*, voisins des Pies, dont ils se distinguent surtout par leur bec plus court, se recourbant brusquement à la pointe qui est souvent échancrée, et garni à sa base de plumes sétacées dirigées en avant. Une queue arrondie et courte distingue d'ailleurs suffisamment les Geais des pies. Ce sont des animaux colères, criards, à mouvements brusques, pétulants, vivant par couples pendant la belle saison, en famille durant l'hiver, et habitant les bois, où ils se nourrissent préférablement de graines et de fruits, quoiqu'ils soient à peu près omnivores. Ils n'émigrent pas tous au retour des frimas. — L'espèce la plus connue est le **Geai d'Europe** (*G. glandarius*), bel oiseau que l'on reconnaît à sa robe d'un roux lie de vin, à ses moustaches noires, aux plumes qui forment comme une tache d'un beau bleu d'azur à la partie antérieure de l'aile. Il est de la grosseur d'un pigeon. Son nom spécifique lui vient de la prédilection qu'il montre pour le gland. Sa tendresse pour ses petits est très vive. Son cri naturel est rauque et

fort désagréable, mais cet oiseau montre assez de facilité à contrefaire toutes sortes de sons, ce qui

Geai.

fait qu'on l'élève volontiers en cage, où il s'apprivoise facilement s'il a été pris jeune. Cette espèce, très commune en Europe, a aussi été observée en Afrique et en Asie. On recherche dans quelques contrées la chair des individus encore jeunes. On connaît plusieurs autres espèces de Geais des deux continents, parmi lesquels on cite surtout le beau **Geai bleu**, de l'Amérique du Nord, le **Geai noir à collier blanc**, le **Geai orangé**, etc. ; les Geais blancs sont de véritables *albinos*.

GÉANT (*Gigas*). On donne ce nom à tous les hommes dont la stature excède de beaucoup les dimensions moyennes de l'espèce humaine. Il n'est pas très rare de rencontrer, dans une population, de ces individus dont la taille est exceptionnelle ; et, de nos jours, on a pu voir à Paris un jeune Irlandais, dont la taille atteignait 2m,50, et un Chinois mesurant 2m,52. Mais s'il se rencontre parmi nous des individus géants, il n'existe point aujourd'hui, et l'on n'a point de preuves qu'il ait jamais existé de peuple géant. Les fameux Patagons de l'Amérique du Sud, dont le nom est devenu proverbial, ont été ramenés, par des observations exactes, aux proportions ordinaires de l'espèce humaine. Alc. d'Orbigny, qui a séjourné parmi eux et les a mesurés, leur donne une taille moyenne de 1m,73 ; le plus grand qu'il ait vu avait 1m,91. On a cité, il est vrai, l'autorité de la Bible (Nombres, XIII, v. 32 et suiv.) ; mais on a sans doute mal interprété le sens du passage qu'on invoque. Quant aux dissertations et aux *gigantologies* du moyen âge, les faits disparaissent toujours sous la masse des erreurs et des récits fabuleux. Dans beaucoup de pays, on trouvait et l'on trouve encore de nos jours, en creusant la terre à peu de profondeur, des ossements de grande taille, qu'à leur forme générale on croyait reconnaître pour des os analogues à ceux qui entrent dans le squelette humain. Sur cette simple analogie, on les attribuait à une race d'hommes détruite, et calculant, par une facile règle de proportion, la taille de ces Géants présumés, on arrivait à des individus de proportions gigantesques. Tels sont les ossements découverts en Crète et qu'on prit pour ceux d'Orion ; ceux qui, en Sicile, passèrent pour ceux de Polyphème ; ces débris, enfin, découverts en France au dix-huitième siècle, et dont l'ignorance ou la fourberie firent le squelette du fameux Teutobochus, ce roi des Cimbres vaincu par Marius, qui n'avait pas moins de 25 pieds. Toutefois ces récits ne passaient pas sans contradiction, et déjà vers le milieu du siècle dernier, Haller démontrait combien l'existence des races de Géants était incompatible avec les proportions du reste de la création. Aujourd'hui, grâce aux savants travaux de Cuvier et de tant d'autres anatomistes célèbres, on sait que ces ossements, déterrés dans diverses contrées, appartiennent à des races d'éléphants ou de mastodontes depuis longtemps détruites, et qui ont peuplé la terre à une autre époque. En réalité, les plus grands Géants que l'on ait mesurés avec précision ne paraissent pas

Gecko des murailles.

avoir dépassé la taille de 2ᵐ,60 à 2ᵐ,80. Malgré les affirmations de quelques auteurs anciens, évidemment entachées d'erreur ou d'exagération, on ne peut admettre que l'espèce humaine s'amoindrit, qu'elle dégénère avec la marche des âges ; car ni les nombreuses momies trouvées en Egypte ni les ossements recueillis dans les plus anciennes sépultures n'accusent une taille supérieure à celle des hommes de nos jours.

GÉCARCIN, *Gecarcinus* (du grec *gê*, terre, et *karkinos*, crabe). Genre de crustacés Décapodes de la section des *Brachyures*, famille des *Grapsidés*. Les Gécarcins ou Crabes terrestres ont la carapace ovalaire, arrondie sur les bords et fortement bombée de chaque côté en avant ; les antennes externes sont entièrement recouvertes par le front, et les pattes ambulatoires, très robustes, sont pourvues de crêtes dentelées. Les Gécarcins habitent les régions tropicales de l'Amérique ; ils ont des habitudes nocturnes, et se rencontrent surtout dans les terrains marécageux, dans le voisinage de la mer. — Le type du genre est le **Gecarcinus ruricola**, des Antilles, où on le désigne sous les noms de *tourlourou*, de *crabe peint*, de *crabe de terre*. Il est d'un rouge de sang ou violacé, et mesure 8 à 10 centimètres de largeur ; sa chair est très estimée. D'autres espèces habitent les collines boisées et descendent en troupes innombrables vers la mer, en mai ou juin, pour y faire

leur ponte. Ces crabes commettent, paraît-il, de grands ravages dans les jardins.

GECKO (*Ascalabotes*). Genre de reptiles de l'ordre des Sauriens formant la famille des *Geckotidés*. Les formes des Geckos ne sont point élancées comme celles des lézards, mais, au contraire, lourdes et ramassées comme celles des salamandres. Leur tête est aplatie, triangulaire ; leurs yeux dénués de paupières ; leur langue plate est revêtue d'écailles ; leurs mâchoires sont garnies d'une rangée de petites dents serrées et aiguës ; leur corps, couvert de tubercules saillants, est garni de très petites écailles grenues, entremêlées de quelques-unes plus grandes, plates. Les Geckos ont à chaque pied cinq doigts aplatis et garnis de replis de la peau, qui font l'office de ventouses et leur permettent de marcher renversés sur les plafonds ; leurs ongles acérés sont rétractiles comme ceux des chats. Les écailles de la queue forment des bandes circulaires. On en connaît plusieurs espèces qui habitent les diverses parties du globe. Le Gecko proprement dit (*Gecko familiaris*) se trouve en Egypte et dans les Grandes Indes. Il se tient dans les endroits humides, dans les creux d'arbres pourris, et ne sort de sa retraite qu'aux approches de la nuit pour faire la chasse aux insectes et aux vers dont il se nourrit. Quelques espèces, en Asie, en Afrique, loin de rechercher les lieux humides, occupent les endroits chauds et secs, se cramponnent sous les toits, s'enfoncent dans les crevasses des murailles, exposées au soleil, et chassent en plein jour les insectes. Lorsque le Gecko est irrité, il s'épanche de sa bouche une écume visqueuse à laquelle le vulgaire attribue des propriétés vénéneuses ; et si l'on en croyait les auteurs anciens, l'attouchement seul de ses pieds suffirait pour empoisonner les substances sur lesquelles il marche. Mais, en réalité, les Geckos, au moins ceux d'Europe, sont des animaux timides, inoffensifs et incapables de nuire. Quoi qu'il en soit, les Egyptiens le redoutent et le nomment *aboubours* (père de la lèpre). Au dire de certains auteurs, les propriétés venimeuses du Gecko dépendraient des pays et des saisons. Le **Gecko des murailles** (*Stellio* des anciens), *Tarente* des Provençaux, qui se trouve en France, sur les bords de la Méditerranée, n'est certainement pas venimeux, tandis que le **Sputateur** (*Gecko sputator*), petite espèce des îles Indiennes, lance un crachat noirâtre, corrosif, qui, dit-on, fait enfler la partie qu'il a atteinte. La femelle du Gecko dépose des œufs ovales de la grosseur d'une noisette, les couvre d'un peu de terre et laisse au soleil le soin de les faire éclore.

Le **Gecko à verrues** (G. *verruculatus*) et le **Gecko des maisons** (G. *lobatus*) se trouvent dans l'Europe méridionale. Suivant la forme et la disposition des doigts, on a réparti les Geckos dans plusieurs genres : *Platydactylus*, *Hemidactylus*, *Thecadactylus*, *Gymnodactylus*, etc.

GELIDIUM. Genre d'algues marines de la section des *Floridées*. Ce sont de petites plantes, très décomposées, d'un port élégant et d'une belle couleur purpurine ou violette. — Le type du genre, le **Gelidium corneum**, se rencontre dans l'Atlantique et la Méditerranée. On la trouve souvent mêlée à la mousse de Corse. Ce sont les Gelidium de la mer des Indes qui entrent en partie dans la construction des fameux nids des salanganes.

GÉLINOTTE. (Voir Tetras.)

GÉMELLÉ (de *gemellus*, jumeau). Qui est disposé par paires.

GÉMINÉ (de *geminus*, double). Qui est disposé deux à deux sur un support commun : les feuilles, les fleurs.

GEMME (*Gemma*). Synonyme de Bourgeon.

GEMMIPARITÉ (de *gemma*, bourgeon, et *parere*, produire). Reproduction par bourgeons. Elle consiste dans le développement d'une partie limitée de l'organisme générateur en un point de sa surface pour la formation d'un nouvel être, qui s'en détache à un moment donné et vit alors d'une vie propre, indépendante. Ce mode de reproduction est fréquent dans les cœlentérés, les bryozoaires, etc. (Voir Reproduction.)

GEMMULE. On appelle, en botanique, *Gemmule* ou *Plumule*, le premier bourgeon de la plante; celui qui, au moment de la germination de la graine, naît au sommet de la *tigelle* et donne naissance plus tard aux divers organes du système ascendant. (Voir Graine et Germination.)

GENCIVE. Tissu fibro-vasculaire, dense et peu sensible, qui revêt les arcades alvéolaires et qui s'arrête au collet des dents. Les Gencives sont revêtues par la membrane muqueuse de la bouche; elles ne renferment pas de glandes, mais sont riches en vaisseaux et en nerfs. (Voir Dents.)

GÉNÉAGÉNÈSE. Synonyme de génération alternante. (Voir Reproduction.)

GÉNÉRATION. (Voir Reproduction.)

GÉNÉRATION SPONTANÉE ou HÉTÉROGÉNIE (de *hétéros*, différent, et *géneia*, origine). Nous décrivons à l'article Reproduction les procédés variés par lesquels s'accomplit la génération dans les diverses classes d'êtres vivants; mais il reste à résoudre une question importante, celle de savoir si l'existence d'êtres organisés, que d'autres êtres semblables et antérieurs n'auraient point engendrés, est possible; en un mot, s'il existe des êtres organisés dont la production soit spontanée. Nous croyons inutile de prouver l'absurdité d'une génération *par pourriture*, comme l'admettaient les anciens, d'où sortiraient des espèces d'une organisation très complexe, comme les grenouilles, les serpents, les insectes; tout le monde sait aujourd'hui que les insectes, que les vers, qui apparaissent dans les viandes en putréfaction, dans les fruits, proviennent d'œufs qui y ont été déposés par d'autres insectes. Mais il est plus difficile d'expliquer l'apparition spontanée de myriades d'animalcules dans un liquide (voir Infusoires), ou la présence des bactéries dans les maladies infectieuses, des petits organismes des ferments, etc. Faut-il attribuer à la faiblesse de nos sens, à l'imperfection de nos instruments, l'impossibilité où nous sommes, dans certains cas, de découvrir aucun germe qui puisse expliquer la présence spontanée de ces êtres; ou faut-il admettre avec Buffon, Priestley, Pallas, Muller, Cabanis, Lavoisier, Lamarck, Bory de Saint-Vincent, Dujardin et tant d'autres esprits supérieurs, une génération spontanée? « La nature, dit Lamarck, à l'aide de la chaleur, de la lumière, de l'électricité et de l'humidité, forme des générations spontanées ou directes, à l'extrémité de chaque règne des corps vivants, où se trouvent les plus simples de ces corps. » Lorsqu'on place un peu de chair musculaire dans de l'eau, l'œil armé du microscope y découvre bientôt une foule de petits globules d'une extrême petitesse et doués d'un mouvement spontané, puis des infusoires d'une organisation plus élevée. Certains vers apparaissent spontanément dans le vinaigre et ne se trouvent nulle part ailleurs; certaines conferves se forment de cellules libres qui viennent s'ajouter en chapelet les unes à la suite des autres, et forment dans cet état une chaîne verte et immobile dont les anneaux, se désagrégeant, reprennent leur vie active et spontanée. (Voir Protistes et Oscillatoires.) Il n'est donc pas étonnant qu'il ait semblé à certains savants devoir admettre que des éléments ou des molécules organiques, comme les appelait Buffon, d'une nature particulière, répandues dans l'univers, pussent, en se combinant sous l'empire de certaines forces, produire, dans les derniers degrés de l'échelle organisée, cette classe d'êtres qui forme, dans le sein du monde visible, un autre monde animé dont nous n'entrevoyons même pas les limites. Dans ces derniers temps, la question a été reprise et traitée par des savants du plus grand mérite, et notamment par Pouchet et Joly, partisans de l'hétérogénie, et par Pasteur, adversaire déclaré de cette doctrine. Les expériences très délicates et très bien faites ont tour à tour semblé donner raison à chacun des deux partis. Suivant Pasteur, la production des animalcules et des mucédinées s'explique par l'existence dans l'atmosphère d'une multitude de germes de ces êtres microscopiques; c'est la théorie de la *Panspermie*. Suivant Pouchet et Joly, habiles micrographes, on n'aurait jamais pu découvrir aucun de ces germes dans l'air, en quelque lieu qu'on l'ait recueilli, et ils affirment avoir vu se produire des animalcules dans des infusions préalablement débarrassées de tout germe par l'ébullition, et ne donnant accès qu'à de l'air calciné ou même formé chimiquement. Cependant, en dernière analyse, les expériences faites devant une commission de l'Académie des sciences et les magnifiques conséquences qui en sont depuis découlées ont brillamment donné raison à Pasteur et la panspermie a rallié l'immense majorité des naturalistes. Mais, de quelque façon qu'on l'envisage, il faut toujours bien admettre l'apparition d'un premier être sans qu'aucun germe lui fût préexistant. « L'œuf a-t-il précédé la poule, ou la poule a-t-elle précédé l'œuf ? » demandait un philosophe. (Voir REPRODUCTION.) Aujourd'hui, la question a changé de face ; le professeur allemand E. Hæckel, l'un des plus fermes soutiens de l'école transformiste, pose d'une façon nouvelle le problème de l'origine de la vie. Il n'admet plus que des animaux ou des végétaux, même réduits à une simple cellule, puissent se former [directement. Mais la cellule, dont tous les organismes procèdent, est essentiellement formée d'une substance peu différente *en apparence* d'un composé chimique. Cette substance, c'est le *protoplasma* (voir ce mot), que l'on trouve partout où la vie se manifeste ; et c'est elle qui, suivant Hæckel, serait produite par l'union directe des éléments chimiques, et pourrait naître spontanément. Une fois formée, elle se perpétuerait, s'organiserait en cellules, et ces cellules, se groupant à leur tour, constitueraient enfin toute la série des organismes. (Voir ce mot.)

GÉNÉRATION ALTERNANTE. (Voir REPRODUCTION.)

GÉNESTROLE. Nom vulgaire du Genêt des teinturiers. (Voir GENÊT.)

GENÊT (*Genista*). Genre de plantes de la famille des *Légumineuses papilionacées*, tribu des *Génistées*. L'espèce qu'on appelle plus spécialement *Genêt* est considérée aujourd'hui par quelques botanistes comme faisant partie du genre *Cytise*.—Le **Genêt commun** ou *Genêt à balais* (G. *scoparia*) forme un buisson haut de 1 à 3 mètres. Ses rameaux sont glabres et anguleux ; ses feuilles sont petites, pétiolées, et la plupart simples. Les fleurs, solitaires à l'aisselle des feuilles, sont longuement pédonculées, grandes, odorantes, de couleur jaune, et rapprochées en grappes ; la gousse, noire à la maturité, est comprimée, fortement poilue aux bords et de forme oblongue ; elle renferme plusieurs graines. Cet arbrisseau couvre, dans plusieurs parties de l'Europe, d'immenses espaces incultes, et ne laisse guère croître à son ombre que quelques chétives graminées. Néanmoins, la plante est d'une grande utilité ; ses cendres contiennent beaucoup de potasse ; l'écorce des branches et des rameaux est filandreuse ; elle sert à faire des cordages et des toiles grossières connues sous le nom de *sparterie*. Le bétail, les chèvres et les bêtes à laine broutent volontiers les jeunes pousses. Toute la plante est astringente et peut être employée au tannage. Les jeunes pousses, les feuilles et les racines possèdent des propriétés apéritives, diurétiques et purgatives. Les pousses contiennent un principe actif : la *spartéine*, qui est employé comme médicament cardiaque.—Le **Genêt d'Espagne** (*Spartium junceum*, L.), espèce si fréquemment cultivée comme arbuste d'agrément, est aussi commune dans l'Europe méridionale que le Genêt commun l'est dans le Nord. Elle atteint 3 mètres de haut ; ses rameaux touffus, très nombreux, d'un vert luisant, effilés et lisses comme des joncs, lui impriment une physionomie particulière et très élégante. Les feuilles, petites et peu nombreuses, sont tantôt simples, tantôt composées de trois folioles. Les fleurs, grandes, odorantes et de couleur jaune, forment des grappes lâches, vers l'extrémité des ramules. La gousse, allongée, est aplatie et velue. Cette plante offre les mêmes qualités et les mêmes usages que la précédente. — Le **Genet des teinturiers** (G. *tinctoria*), appelé également *genestrole*, *genette*, *bois vert*, croît dans presque toute l'Europe ainsi qu'en Sibérie. C'est un arbuste touffu, haut de 8 à 10 décimètres, à feuilles sessiles et lancéolées, à fleurs jaunes en grappes, qui donnent une teinture jaune, d'ailleurs peu employée chez nous, parce qu'on lui préfère la *gaude*. — Les *Genista purgans* et *sagittalis* possèdent des propriétés purgatives. On donne le nom de *Genêt épineux* à l'ajonc.

GENETTE (*Genetta*). Genre de mammifères carnassiers de la tribu des *Digitigrades*, de la famille des

Genette.

Viverridés (civettes). Les Genettes diffèrent des civettes proprement dites, par leur poche anale, qui se réduit à un enfoncement léger formé par la saillie des glandes et presque sans excrétion, quoique l'odeur soit très manifeste. Leurs ongles se retirent entièrement entre les doigts comme dans les chats. Les Genettes ont les formes générales des civettes. — La **Genette commune** (G. *vulgaris*), dont le pelage est gris tacheté de brun ou de noir, a la queue aussi longue que le corps ; elle se trouve depuis la France méridionale jusqu'au cap de Bonne-Espérance ; elle habite le bord des ruis-

Genêt à balais
(*Genista scoparia*).

seaux. Sa peau forme un article important de pelleterie. On connaît encore la **Genette des Indes**, la **Genette de Java** et la **Fossane de Madagascar**, qui ne diffèrent du type que par la nuance du pelage et la disposition des taches.

GENÉVRIER (*Juniperus*). Genre de plantes de la famille des *Conifères*, tribu des *Cupressinées*, composé d'arbres et d'arbrisseaux propres aux régions tempérées de l'Europe et de l'Amérique du Nord. De même que les autres conifères, les Genévriers abondent en principes résineux ; les feuilles sont verticillées ou opposées, petites, coriaces, sessiles. Les fleurs, peu apparentes, sont ou monoïques, ou dioïques, et disposées en petits chatons axillaires. Le fruit a l'apparence d'une baie, et se compose

Genévrier (*Juniperus communis*).

des écailles du chaton femelle entre-greffées et devenues charnues. Les graines, en petit nombre dans chaque fruit, sont à peu près trigones. Parmi les espèces indigènes, nous devons citer en premier lieu le **Genévrier commun** (*J. communis*, Lin.), qui habite toute l'Europe ainsi que la Sibérie, mais abonde surtout dans le Nord. Il prospère en tout terrain et dans toutes les localités, soit arides, soit humides, soit même marécageuses. Placé dans les conditions les plus favorables, il parvient à six ou sept mètres de haut ; mais, le plus souvent, il ne constitue qu'un buisson peu élevé. Ses feuilles, verticillées trois à trois, sont linéaires et acérées ; ses fruits (nommés vulgairement *baies de genièvre*), du volume d'un gros pois, sont d'un bleu violet et d'une saveur aromatique douceâtre ; ils n'acquièrent

leur maturité qu'au bout de dix-huit mois, à partir de l'époque de la floraison. Ces fruits servent en Hollande à la confection de l'eau-de-vie de genièvre, et en Angleterre à la fabrication du *gin ;* les montagnards du midi de la France savent en extraire une sorte de boisson vineuse dite *genevrette*. On les emploie aussi en médecine et surtout dans l'art vétérinaire ; ils possèdent des propriétés toniques, stimulantes, diurétiques et antiscorbutiques. La plupart des oiseaux frugivores, notamment les merles et les grives, recherchent avec avidité les baies de genièvre, et cette nourriture donne à la chair du gibier une saveur exquise. Le bois du Genévrier commun, presque incorruptible, très dur et non sujet à l'attaque des insectes, sert à des ouvrages de tour et de marqueterie ; il est rougeâtre, veiné, d'un grain fin et susceptible d'un beau poli. — Le **Genévrier oxycèdre**, vulgairement connu, dans la France méridionale, sous le nom de *cade*, ne diffère du Genévrier commun que par ses fruits deux à trois fois plus gros et de couleur rouge. On extrait de son bois une huile empyreumatique, qui s'emploie dans l'art vétérinaire à la guérison des maladies de la peau. — Le **Genévrier d'Amérique** (*J. virginiana*) porte, dans l'Amérique septentrionale, le nom de *cèdre rouge*. C'est un bel arbre qui atteint 25 mètres de hauteur. Son bois, presque incorruptible, devient d'un rouge violet, d'où son nom de *red cedar ;* on l'emploie à une multitude d'usages. La *sabine* appartient aussi à ce genre.

GÉNICULÉ, *Geniculatus* (du latin *genu*, genou). Qui est coudé, genouillé, qui a des nœuds. La tige de la spargoute noucuse est géniculée, ainsi que la racine de la gratiole.

GENIÈVRE. Fruit du Genévrier.

GENIPAYER (*Genipa*). Genre de plantes dicotylédones, monopétales, périgynes, de la famille des *Rubiacées*, comprenant des arbres de l'Amérique tropicale, à feuilles opposées, ovales, à stipules interpétiolaires, à fleurs axillaires ou terminales, à corolle infundibuliforme à cinq divisions, cinq anthères sessiles, l'ovaire infère ; le fruit est une baie grande, ovale, charnue, à deux loges polyspermes. — L'espèce la plus intéressante, celle que l'on désigne particulièrement sous le nom de **Genipayer d'Amérique** (*G. Americana*), abonde aux Antilles. C'est un arbre de 12 à 13 mètres d'élévation, au tronc droit, épais, recouvert d'une écorce grisâtre, ridée ; à la cime large, étalée ; au feuillage d'un beau vert, à feuilles très longues ; à fleurs réunies en bouquets terminaux d'un blanc jaunâtre, répandant une odeur agréable ; le fruit qui leur succède est de la grosseur d'une orange, d'un vert pâle ; contenant une pulpe blanche, aigrelette, rafraîchissante, d'un goût agréable. — Le **Genipa caruto**, des rives de l'Orénoque, et le **Genipa edulis**, de Cayenne, donnent également des fruits comestibles.

GENIPI. On donne vulgairement ce nom à plusieurs espèces d'armoises des montagnes de la Suisse et de la Savoie, dont les sommités entrent dans la composition des vulnéraires suisses ; telles sont les *Artemisia spicata, glacialis* et *mutellina*.

GÉNISSE. Nom que l'on donne à la jeune vache qui n'a pas vêlé.

GENISTA. Nom scientifique latin du genre *Genêt*.

GENOU. Articulation de la jambe avec la cuisse, ou du fémur avec le tibia et la rotule, celle-ci étant appliquée sur la surface concave en avant des deux condyles fémoraux. (Voir SQUELETTE.)

GENRE. (Voir CLASSIFICATION.)

GENTIANE. Genre de plantes de la famille des *Gentianacées*, à laquelle elle donne son nom. La Gentiane commune ou jaune (*Gentiana lutea*, L.) est une grande et belle plante qui se plaît en Europe sur les montagnes. En France, on la trouve dans l'Auvergne et sur les sommets les plus élevés des Vosges et du Jura. Ses tiges ont la hauteur d'un homme ; elles sont vigoureuses et garnies de larges feuilles plissées, de forme ovale. Les fleurs, de couleur jaune, forment un long épi entremêlé de petites feuilles. Les racines sont longues, épaisses, jaunâtres, spongieuses, assez grosses ; elles dégagent une odeur forte, particulière à toutes les Gentianées ; c'est la partie de la plante dont on se sert en médecine. Peu d'amers sont plus employés et méritent mieux leur réputation ; on administre la Gentiane en poudre, sous forme d'extrait, de teinture, de sirop. Elle entrait dans le remède fameux connu sous le nom de *thériaque ;* elle est stomachique et fébrifuge. — La **Gentiane des marais**, qui croît en France et en Italie, est remarquable par ses belles fleurs bleues ; elle offre, d'ailleurs, les mêmes qualités que l'espèce précédente.—Ce genre renferme encore les **Gentiana purpurea, acaulis, punctata**, communes dans les Alpes, et qui peuvent remplacer la Gentiane jaune.

Gentiane jaune.

GENTIANACÉES (du genre *Gentiana*). Famille de plantes dicotylédones, monopétales, hypogynes, offrant pour caractères : le calice persistant, monosépale, à divisions plus ou moins profondes ; la corolle, monopétale, régulière, dentée ou divisée ; cinq étamines et un pistil terminé par un ou deux stigmates complètent la fleur. Celle-ci donne naissance à une capsule qui s'ouvre en deux valves et dans laquelle sont renfermées des graines fort petites et assez nombreuses. Les Gentianacées sont des herbes ou des arbrisseaux à feuilles opposées, entières et presque toujours glabres. On les trouve dans toutes les régions du globe, et l'on remarque qu'un grand nombre d'entre elles se plaisent sur les montagnes et jusque vers les limites des neiges éternelles. Beaucoup de Gentianacées sont des plantes médicinales estimées ; elles sont amères et toniques ; le trèfle d'eau (*Menyanthes trifoliata*, L.), si commun dans toute la France et qui pare les rives de nos petits cours d'eau de ses belles fleurs blanches et frangées ; la petite centaurée (*Chironia centaurium*), non moins remarquable et plus usitée ; la spigélie du Maryland (*Spigelia marylandica*, L.), vermifuge renommé, sont, avec la Gentiane jaune, les plantes les plus remarquables de la famille des Gentianacées.

GENTIANELLE. Nom vulgaire d'une espèce de Gentiane, la **Gentianella amarella**, et de la petite centaurée (*Chironia centaurium*).

GÉOCORISE (de *gé*, terre, et *koris*, punaise). Groupe d'insectes HÉMIPTÈRES, section des *Hétéroptères*, comprenant les Réduves et la plupart des insectes confondus sous le nom général de *Punaises*. (Voir ce mot.)

GÉODE. Les Géodes sont des rognons creux, ou des cavités disséminées dans une roche, dont l'intérieur est tapissé de cristaux ou stalactites tantôt de la même substance que le rognon, et tantôt d'une substance différente. C'est dans cet état qu'on trouve les plus beaux cristaux de carbonate de chaux et d'améthyste.

GÉOGNOSIE (de *gé*, terre, et *gnosis*, connaissance). Synonyme de Géologie. (Voir ce mot.)

GÉOLOGIE (du grec *gé*, terre, et *logos*, traité). Science qui a pour objet l'étude de la terre, depuis son origine jusqu'à l'époque actuelle. Basée sur l'observation et intimement liée à toutes les autres sciences physiques, la Géologie comprend la **Géogénie**, qui traite de l'origine et du mode de formation des parties solides de la terre ; la **Lithologie**, qui traite essentiellement des roches ; la **Minéralogie**, qui s'occupe des éléments de ces roches ou des minéraux ; la **Stratigraphie**, qui a pour objet l'arrangement et la distribution chronologique de ces matières ; enfin, la **Paléontologie**, qui étudie les fossiles, c'est-à-dire des êtres organisés qui ont vécu aux différentes époques géologiques et dont nous retrouvons les restes plus ou moins bien conservés, enfouis dans les diverses couches de la terre. Pour éviter les redites, nous renverrons donc aux articles TERRE, FOSSILES, ROCHES, TERRAINS, etc.

La géologie est une science des plus utiles ; elle a pour but, non seulement de satisfaire la curiosité de l'homme en lui permettant de déchiffrer l'histoire du globe terrestre qu'il habite, mais encore de lui fournir des règles précises pour connaître les conditions de gisement des minéraux et lui éviter les longs et coûteux tâtonnements qu'entraîneraient des travaux poussés à l'aventure. C'est, en effet, dans le sein de la terre que sont renfermées les substances nécessaires au développement de la civilisation matérielle ; les matériaux de construction ; les minerais d'où l'on extrait les métaux, les matières premières des produits chimiques et les

combustibles minéraux, ce pain quotidien de l'industrie moderne.

GÉOMÈTRES. On donne parfois ce nom aux Chenilles arpenteuses. (Voir LÉPIDOPTÈRES et PHALÈNES.)

GÉOMYS (de *gê*, terre, et *mus*, rat). Genre de mammifères de l'ordre des RONGEURS, de la famille des *Spalacidés*. Ce genre est assez voisin des Hamsters (voir ce mot) et comprend quelques espèces de l'Amérique du Nord, parmi lesquelles le **Geomys bursarius**, du Canada, qui se creuse des terriers profonds. .

GÉOPHILE (*gê*, terre, et *philos*, ami). Genre de myriapodes de l'ordre des CHILOPODES, à corps très étroit, très allongé, composé de quarante anneaux au moins, dont chacun porte une paire de pattes, sauf l'antérieur ou céphalique, et le postérieur ou anal, qui porte deux petits appendices. Ils sont privés d'yeux, ont des antennes longues et effilées de quatorze articles, et les pattes courtes. Les Géophiles vivent habituellement sous terre, dans les lieux humides, sous les mousses, sous les pierres, quelquefois même sous les boiseries de nos appartements. Quelques espèces jouissent de propriétés phosphorescentes; tel est le **Géophile électrique**, assez commun dans les bois. Le **Géophile frugivore** (*G. carpophaga*) est aussi très répandu. On les désigne vulgairement sous le nom de *millepattes*. (Voir MYRIAPODES et SCOLOPENDRE.)

GÉOSAURE, *Geosaurus* (de *gê*, terre, et *sauros*, lézard). Grand reptile fossile du lias de Solenhofen, nommé d'abord *Lacerta gigantea*; puis, par Cuvier, *Geosaurus sœmmeringii*, et placé entre les crocodiliens et les sauriens La tête et les dents ressemblent à celles des monitors; mais le corps des vertèbres est biconcave et les grands os des extrémités sont plus semblables par leur forme à ceux des crocodiles.

GÉOTRUPE (du grec *gê*, terre, et *trupaô*, je perce). Genre d'insectes COLÉOPTÈRES de la famille des *Lamellicornes*, section des *Coprophages*. Les Géotrupes sont des insectes vivant dans des trous qu'ils creusent sous les matières stercorales ou dans les matières animales en putréfaction. Ces mœurs leur ont fait donner les noms vulgaires de *bousiers* et de *fouille m*..... Leurs mandibules sont cornées, non recouvertes par le chaperon qui est triangulaire; leurs antennes ont dix ou onze articles. Ces insectes ont la taille et un peu la forme de notre hanneton, mais plus trapue; les espèces de ce genre, très nombreuses, sont en dessus d'un noir luisant ou d'un bleu violacé profond; le dessous de leur corps offre presque toujours les couleurs les plus brillantes. Une des espèces les plus remarquables de nos environs est le **Géotrupe phalangiste** (*Minotaurus typhœus*), qui porte sur le devant du corselet trois cornes horizontales en forme de pointes. Nous l'avons figuré à l'article COPROPHAGES. Les autres n'ont pas de cornes. Le **Geotrupes stercorarius** est noir bronzé en dessus, d'un bleu d'acier en dessous. Le **Geotrupes sylvaticus** est d'un noir bleuâtre.

GÉRANIACÉES. Famille de plantes dicotylédones, polypétales, hypogynes, comprenant des herbes ou des sous-arbrisseaux à feuilles stipulées, le plus souvent alternes; à fleurs hermaphrodites, ordinairement régulières; calice persistant, à cinq divisions, corolle à cinq pétales; dix étamines à filets réunis à la base; cinq styles soudés à l'axe central; ovaire libre, à cinq loges uni ou bi-ovulées. Fruit capsulaire à cinq coques se détachant de la base vers le sommet de l'axe et entraînant chacune avec elle une portion du style qui se tord en spirale et reste adhérent à l'axe par son sommet. Outre le genre type *Géranium*, cette famille comprend les *Erodium* et les *Pelargonium*.

GÉRANIUM (du grec *géranos*, grue). Genre de plantes type de la famille des *Géraniacées*, offrant pour caractères : calice à cinq sépales presque égaux; corolle régulière (en rosace), hypogyne, à cinq pétales rétrécis chacun en court onglet; étamines au nombre de dix, alternativement plus lon-

Geranium Robertianum.   Fleur de géranium.

gues et plus courtes, fruit à cinq coques terminées chacune par un appendice, lequel, après la déhiscence, se roule en crosse de bas en haut. C'est à ces appendices, dont l'ensemble, avant la séparation des coques, offre la forme d'un long bec d'oiseau, que fait allusion le nom de Géranium; il en est de même des désignations vulgaires de plusieurs espèces appelées *bec de grue* ou *bec de cigogne*. Les Géraniums sont des herbes à feuilles palmées; leurs pédoncules ne portent qu'une ou deux fleurs. Leur corolle est bleue, ou violette, ou pourpre, ou rose, ou blanche. On en connaît une centaine d'espèces, la plupart remarquables soit par la beauté de leurs fleurs, soit par des propriétés médicales. Le **Geranium pratense**, L., le **Geranium macrorhizum**, L., le **Geranium ibericum**, Cavan., le **Geranium sylvaticum**, L., et plusieurs autres se cultivent fréquemment comme plantes de parterre. Le **Geranium Robertianum**, L., nommé vulgairement *herbe à Robert*, *herbe à l'esquinancie*, *bec de grue* et *bec de cigogne*, espèce très commune en Europe sur les murs, les décombres, dans les buissons, les bois, etc., passe dans la médecine empirique pour un excellent vulnéraire, ainsi que pour un remède infaillible contre la dysenterie, les diarrhées, les maux de gorge, etc. Toutes les parties de cette plante sont très astringentes et exhalent une forte odeur. On attribue les mêmes vertus au **Géranium à fleurs rondes** (*Geranium rotundifolium*, L.) et au **Geranium pratense**, non moins communs que le précédent. Dans l'Amérique du Nord, le **Geranium carolinianum**, et au Mexique, le **Geranium mexicanum** sont également employés comme toniques et astringents. En Australie, on mange, sous le nom de *native carrot*, les tubercules du **Geranium parviflorum**. Les belles plantes connues des botanistes, sous le nom de *pelargonium* et d'*erodium*, rentrent dans ce groupe.

GERBILLE. (Voir Gerboise.)

GERBOISES, *Dipus* (de *jerbuah*, nom arabe de la Gerboise d'Afrique). Groupe de petits mammifères Rongeurs qui constitue la famille des *Dipodidés*. Ils ont la physionomie générale des rats, avec lesquels les confondaient les anciens, bien qu'ils en diffèrent par leur queue velue, d'une extrême longueur, par leur dentition et surtout par la conformation des membres postérieurs, qui dépassent de beaucoup les antérieurs en longueur. Aussi les Gerboises se

Gerboise.

tiennent-elles habituellement sur leurs pieds de derrière, comme les kanguroos, sautant plus souvent qu'elles ne marchent, et ne se servant guère de leurs pieds de devant que pour porter les aliments à leur bouche, d'où leur nom de *rat bipède* (*Dipus*). Les Gerboises sont des animaux timides et inoffensifs, qui se creusent des terriers comme les lapins, et passent l'hiver dans un engourdissement complet. Ces animaux ont une vie nocturne ; ils se nourrissent de racines et de grains. On a divisé le groupe des Gerboises en deux sections : la première comprend les Gerboises proprement dites, à tête large, à museau court, garni de longues moustaches ; leurs pattes antérieures ont quatre doigts avec un rudiment de pouce, les postérieures ont trois doigts, supportés par un seul os métatarsien. Les Gerbilles diffèrent des Gerboises par leur museau plus allongé et surtout par leurs membres postérieurs terminés par cinq doigts, dont chacun est supporté par un os particulier du métatarse. A la première section, appartient la **Gerboise de Buf-**

fon (*D. sagitta*) ; son pelage est fauve en dessus, blanc en dessous, avec une tache blanche en croissant sur la cuisse ; la queue, plus longue que le corps, se termine par un flocon de poils à bout blanc. On en connaît plusieurs autres espèces, telles que l'**Alactaga**, de la Russie méridionale (*D. jaculus*), d'un gris fauve en dessus, blanc en dessous. Un peu plus grand que la Gerboise, il a 25 centimètres de longueur, et sa queue 30 centimètres. L'**Acontion** (*D. acontion*), du même pays, n'a que 10 centimètres de longueur, sa queue en a 18. — Les Gerbilles ont la dentition des rats ; leur port et leurs habitudes ont une grande analogie avec ceux des Gerboises. On en connaît une vingtaine d'espèces, toutes propres à l'ancien continent. Leur taille varie depuis celle du rat noir jusqu'à celle du petit mulot. Leur pelage est fauve en dessus, blanc en dessous. La **Gerbille du Tamaris** et la **Gerbille opime** appartiennent à la Russie méridionale ; la **Gerbille otarie** et la **Gerbille hérine** habitent l'Inde ; la **Gerbille égyptienne** et la **Gerbille des Pyramides** se trouvent en Egypte. — L'**Hélamys** ou *Gerboise du Cap* forme aujourd'hui un genre à part.

GERFAUT. Espèce du genre *Faucon*. (Voir ce mot.)

GERMANDRÉE (*Teucrium*). Genre de plantes de la famille des *Labiées*, comprenant des herbes ou des arbrisseaux dicotylédones, monopétales, hypogynes, ayant pour caractères : calice à cinq dents, corolle à tube court, à lèvre supérieure très petite, à deux ou quatre lobes, l'inférieure grande, étalée, quatre étamines, akènes marqués d'un réseau saillant. Un assez grand nombre d'espèces de ce genre se rencontrent en France et même aux environs de Paris. — La **Germandrée officinale** (*T. chamædrys*), vulgairement *petit chêne*, à souche rampante, tiges couchées, feuilles crénelées, à fleurs purpurines réunies de trois à six, croît sur les coteaux secs et arides. Elle est amère et aromatique et possède des propriétés toniques et stomachiques. — La **Germandrée sauvage** (*T. scorodonia*), vulgairement *sauge des bois*, se distingue à ses fleurs jaunes en grappes terminales. Elle passe pour sudorifique, fébrifuge et diurétique. — La **Germandrée aquatique** (*T. scordium*) croît dans les lieux humides, dans toute la France ; ses fleurs, réunies par groupes de deux à six, sont lilas ou pourprées. Son odeur est légèrement alliacée ; elle est tonique, fébrifuge et stimulante.

GERME. (Voir Reproduction, Germination.)

GERMINATION. C'est l'acte par lequel la plantule s'accroît, se débarrasse de ses téguments et finit par se suffire à elle-même. L'ovule fécondé dans l'ovaire par le pollen devient une graine douée de la propriété de donner naissance à une autre plante par la germination. Placée en terre dans des conditions favorables de profondeur, d'humidité et de température, la graine se tuméfie, ses enveloppes se ramollissent et se fendent, l'embryon développe sa gemmule et s'allonge en puisant la matière sucrée dans les cotylédons, véritables mamelles végétales qui nourrissent le jeune bourgeon jusqu'à ce qu'il soit en état de croître par ses propres forces. Il pousse sa radicule dans le sol, sa plumule vers l'air où elle apparaît après un temps plus ou moins long. Les cotylédons fournissent peu à peu leur substance au jeune végétal, puis se dessèchent et tombent aussitôt que des feuilles véritables et les racines sont en état de pourvoir à ses besoins.

Haricot en voie de germination.

GERMON (*Orcynus*). Genre de poissons ACANTHOPTÉRYGIENS, famille des *Scombéridés*, très voisins des Thons, dont ils diffèrent par la longueur de leurs pectorales. Le **Germon** alalonga se pêche dans la Méditerranée ; on en prend qui pèsent jusqu'à 40 kilogrammes. Sa chair est aussi estimée que celle du thon.

GÉROFLIER. (Voir GIROFLIER.)

GERRIS. Genre d'insectes HÉMIPTÈRES, section des *Hétéroptères*, famille des *Hydrométridés*. Les Gerris sont des insectes d'eau, très répandus dans les étangs, les mares, les bassins de nos parcs, et connus de tout le monde sous le nom impropre d'*araignées d'eau*. Ces insectes n'ont en effet rien de commun avec les araignées, si ce n'est leurs longues pattes, à l'aide desquelles ils glissent par saccades à la surface de l'eau ; le duvet soyeux qui couvre leur corps les préserve du contact du liquide. Les Gerris ont le corps étroit, allongé ; la tête triangulaire, à rostre court ; les élytres opaques, pourvues de fortes nervures longitudinales. Ils sont carnassiers et se nourrissent de petits insectes qu'ils saisissent au moyen de leurs pattes antérieures crochues et se repliant comme des pinces. Ces hémiptères sont pourvus d'ailes qui leur permettent d'aller d'une mare dans une autre ; mais on les rencontre rarement hors de l'eau. Les larves ne diffèrent guère de l'insecte parfait que par l'absence des organes du vol. — On en connaît plusieurs espèces dont les plus répandues sont les **Gerris palustris, paludum** et **rivulorum.** Ils sont tous d'un noir brun ou verdâtre. — Les *hydromètres* (voir ce mot), que l'on confond souvent avec les Gerris, ont donné leur nom à la famille.

Gerris palustris.

GÉRYONIE (*Geryonia*). Genre de cœlentérés de l'ordre des ACALÈPHES, de la classe des HYDROMÉDUSES, type de la famille des *Géryonidés*. Ce sont des méduses à ombelle gélatineuse, munie sur ses bords de tentacules très mobiles, entre lesquels sont placés autant de filaments intermédiaires très allongés ; le pédoncule buccal large et cylindrique entoure l'estomac. — Les **Geronya proboscidalis** et **hastata** habitent la Méditerranée. (Voir MÉDUSES.)

GÉSIER. Portion de l'estomac des oiseaux, qui constitue, surtout chez les granivores, un organe de trituration. (Voir OISEAUX.)

GESNÉRIACÉES (du genre *Gesneria*). Famille de plantes dicotylédones, monopétales, hypogynes, comprenant des plantes généralement herbacées, rarement ligneuses, à feuilles simples, dépourvues de stipules, le plus ordinairement opposées ou verticillées ; à fleurs hermaphrodites, irrégulières, disposées en grappes ou en cimes axillaires. Calice monosépale à cinq divisions ; corolle monopétale, tubuleuse, à limbe bilabié ; quatre étamines didynames, insérées sur le tube de la corolle. Fruit tantôt charnu, tantôt capsulaire ; graines petites. Les Gesnériacées habitent les contrées tropicales de l'Amérique. La famille comprend un grand nombre de genres dont les principaux sont : *Gesneria, Gloxinia, Besleria, Columnea, Chirita, Cyrtandra*, etc.

GESNÉRIE, *Gesneria* (dédié à Gesner, naturaliste suisse du seizième siècle). Genre de plantes type de la famille des *Gesnériacées*. Ce sont des plantes herbacées de l'Amérique tropicale, dont on cultive un certain nombre dans nos serres, à cause de la beauté de leurs fleurs. — Telles sont la **Gesneria elongata**, à fleurs écarlates, et la **Gesneria tomentosa**, à fleurs jaunes tachées de rouge, réunies de quinze à vingt en un magnifique corymbe.

GESSE. Genre de plantes dicotylédones, polypétales, périgynes, connu des botanistes sous le nom scientifique de *lathyrus*, et appartenant à la famille des *Légumineuses papilionacées*, tribu des *Viciées*. Ce sont des herbes à tiges généralement grimpantes ; leurs feuilles se composent d'un petit nombre de folioles et se terminent en vrille rameuse. La fleur est irrégulière, la gousse allongée, comprimée et renfermant un assez grand nombre de graines. — La **Gesse commune** ou *lentille d'Espagne* (*Lathyrus sativus*, L.), indigène dans l'Europe australe, se cultive fréquemment comme plante fourragère. On mange dans le Midi ses graines réduites en farine, mélangée avec celles des céréales par parties égales, ou même pure, en bouillie. Il en est de même des **Lathyrus cicera, pratensis** et **hirsutus.** — La **Gesse tubéreuse** (*L. tuberosus*, L.), facile à reconnaître à ses grandes feuilles pourpres, croît dans les blés dans toute l'Europe. Elle produit sous terre des tubercules charnus, noirâtres, d'une saveur analogue à celle des châtaignes, et connus sous le nom de *glands de terre*. Par contre, les graines du **Lathyrus aphaca** passent pour vénéneuses. La plante d'agrément connue de tout le monde sous le nom de *pois de senteur* appartient à ce genre; c'est le **La-thyrus odoratus**, L., dont s'enguirlandent tant de mansardes parisiennes.

GESTATION (de *gestare*, porter). Ce mot exprime le temps pendant lequel le fœtus des espèces vivipares reste renfermé dans le sein de la mère, depuis le moment de la conception jusqu'à l'époque où il arrive à la lumière. (Voir OEuf.) La durée de la gestation est, en général, plus longue dans les grandes espèces vivipares que dans les petites ; ainsi, celle de la femelle de l'éléphant est de vingt mois, celle du chameau de dix mois et dix jours, celles de la jument et de l'ânesse de trois cents jours, celle de la vache dure deux cent quatre-vingt-six jours, celle du cerf deux cent soixante-dix jours, de la chèvre et de la gazelle deux cent cinquante-quatre jours, de la brebis cent quarante-sept jours, de la louve et de la chienne soixante-trois jours, de la chatte cinquante-six jours, du lapin et du lièvre trente jours, de la souris vingt-cinq jours.

GEUM. (Voir Benoite.)

GEYSER (mot irlandais qui signifie *furieux*). Sources thermales d'eaux jaillissantes dont il existe un grand nombre en Islande. C'est au milieu d'une plaine formée d'une argile impure, sèche, crevassée et criblée de trous et d'orifices béants, que sont situées ces sources jaillissantes, dont la plus importante est le **Grand Geyser**. Au centre d'un cône tronqué de 5 à 6 mètres de hauteur, formé de couches de silice concrétionnée, est creusé un vaste bassin de 18 mètres de diamètre, assez semblable à une cuvette, et au fond duquel est percé le tube qui donne passage à la source ; celui-ci a environ 3 mètres de diamètre. Le bassin est plein jusqu'au bord d'une eau presque bouillante, et au-dessus s'élève constamment une grande colonne de vapeur. A des intervalles très réguliers d'une heure et demie, un bruit semblable à celui du tonnerre indique dans le fond de la source le commencement de l'éruption. L'eau commence à bouillonner dans le bassin, puis des jets d'eau bouillante d'une épaisseur de 3 mètres se succèdent immédiatement en s'élevant jusqu'à 30 et même 40 mètres. La température de ces jets diminue d'une manière remarquable durant leur ascension. Peu d'instants avant l'éruption, à 23 mètres de profondeur, la température de l'eau était dans le tube de 126 degrés, elle n'est plus que de 85 quand elle retombe dans le bassin. Le strock situé non loin du grand Geyser, a un moindre volume d'eau que ce dernier. Les éruptions sont plus fréquentes, mais elles ne s'annoncent pas par des détonations souterraines. La force qui projette ces masses énormes d'eau bouillante paraît due à l'explosion de la vapeur formée dans le sein de la terre à une profondeur où la chaleur intérieure du globe est considérable. Nous savons, en effet, que la température de la terre augmente d'un degré par 30 mètres, à mesure que l'on descend vers le centre ; il faudrait donc arriver à une profondeur de 3 000 mètres pour obtenir la température de l'eau bouillante que rejettent les Geysers.

GIBBAR. (Voir Baleine.)

GIBBIE, *Gibbium* (du latin *gibbus*, bosse). Genre d'insectes Coléoptères de la famille des *Ptinidés*. Ce sont de petits insectes au corps fortement renflé, comme vésiculeux, mais dur et luisant. Leur corselet est très court, anguleux, leurs élytres soudées, leurs pattes et leurs antennes longues. Le *Gibbium scotias*, long de 3 millimètres, est d'un brun rouge brillant. On le trouve souvent dans les maisons, et il commet parfois de grands dégâts dans les herbiers.

GIBBON, *Hylobates* (du grec *hulé*, bois, et *bateó*, je marche). Les Gibbons viennent immédiatement après les chimpanzés et les orangs dans la famille des *Anthropomorphes* de l'ordre des Simiens. Comme eux, ils sont dépourvus de queue ; mais ils en diffèrent par leurs fesses calleuses, leurs bras qui touchent à terre lorsqu'ils sont debout et leur front moins développé (leur angle facial ne mesure guère plus de 45 degrés). Ces singes sont de moyenne taille et tous originaires du midi de l'Asie. Les Gibbons sont essentiellement grimpeurs ; à l'aide de leurs longs bras, ils s'accrochent aux branches des arbres et cheminent ainsi avec beaucoup de rapidité. Ils se nourrissent principalement de fruits et d'œufs ; mais, en captivité, ils sont omnivores. Leur intelligence ne paraît pas très développée, mais ils sont doux et patients, même dans l'âge adulte, époque à laquelle les autres espèces de grands singes deviennent intraitables. — Parmi les espèces de ce genre, nous citerons le **Gibbon siamang** (*H. syndactylus*), entièrement noir, qui habite les forêts de Java et de Sumatra. Son second et son troisième orteil, réunis jusqu'à la phalange onguéale, lui ont mérité son nom spécifique latin. Ces singes sont très doux. Les femelles montrent pour leurs petits une tendresse extrême et leur prodiguent les soins les plus délicats. Les siamangs se rassemblent en troupes nombreuses, conduites par un chef ; ainsi réunis, ils saluent le soleil à son lever par des cris épouvantables qu'on entend de plusieurs milles. — Le **Gibbon lar** (*Grand Gibbon* de Buffon), de la presqu'île de Malacca et du royaume de Siam, est de couleur noire ou brun noir, avec l'encadrement de la face et les extrémités de couleur blanchâtre. Buffon en a possédé un individu qui n'a pas vécu longtemps hors de son pays natal. — Nous citerons encore le **Gibbon à favoris blancs** et le **Gibbon cendré**.

GIBÈLE. Espèce du genre *Carpe*. (Voir ce mot.)

GICLET. Nom vulgaire de l'*Ecbalium agreste*.

GIGARTINA. Nom scientifique latin du genre d'algues qui renferme la mousse de Corse. (Voir ce mot.)

GINGEMBRE, *Zingiber* (du pays de *Gingi*, dans l'Inde). Genre de plantes monocotylédones type de la famille des *Zingibéracées*, qui rentre elle-même aujourd'hui dans celle des *Amomacées*. Ses caractères principaux sont : périanthe extérieur à trois divisions courtes; l'intérieur tubuleux à trois divisions irrégulières; anthère fendue en deux; style reçu dans le sillon de l'étamine unique. Ce sont des plantes herbacées, à racines tubéreuses articulées, à feuilles membraneuses, distiques, renfermées dans une gaine; à fleurs disposées en épis

Gingembre.

serrés composés d'écailles imbriquées uniflores. Elles sont originaires de l'Inde orientale. — Le type du genre, l'espèce la plus intéressante, est le **Gingembre officinal**, cultivé aujourd'hui dans l'Amérique tropicale, principalement à la Jamaïque, d'où l'on tire presque tout le Gingembre du commerce. C'est la racine, ou, pour mieux dire, le rhizome tubéreux, coriace, à odeur aromatique, à saveur chaude et piquante, qui est doué de propriétés stimulantes et carminatives. C'est un excellent digestif.

GINGO. (Voir Ginkgo.)

GINKGO (*Salisburia*). Grand arbre de la Chine et du Japon, depuis longtemps naturalisé en Europe, mais peu répandu. Il appartient à la famille des *Conifères*, mais n'est pas résineux. Son tronc, haut de 15 à 20 mètres, se couronne d'une large cime pyramidale; son écorce grisâtre est crevassée; ses feuilles longuement pétiolées sont alternes, rhomboïdales, bifides au milieu. Ses fleurs sont unisexuelles dioïques; le fruit qui leur succède est un drupe d'un jaune verdâtre, de la grosseur d'une noix, renfermant une amande dont le goût rappelle à peu près celui de la châtaigne, et qui sert d'ali-

ment en Chine; de là son nom de *noyer du Japon*. Le **Ginkgo bilobé** (*S. biloba*) atteint dans son pays natal des dimensions considérables; le voyageur Runge en cite un pied qu'il vit à Pékin et qui mesurait 13 mètres de circonférence. Le nom vulgaire d'*arbre aux quarante écus*, qu'on lui donnait autrefois, vient du prix auquel le vendaient les pépiniéristes.

GIN-SENG, *Panax* (du grec *panakès*, qui guérit tous les maux). Cette plante, dont la racine est regardée en Chine et au Japon comme le médicament le plus précieux et le plus utile que puisse fournir le règne végétal, se compose d'une tige herbacée, haute de 30 à 50 centimètres, droite, unie, de la grosseur d'une plume; elle se partage à son sommet en trois pétioles, soutenant chacun une feuille composée de cinq folioles ovales aiguës, dentées sur leurs bords; du milieu de ces trois pétioles s'élève un pédoncule portant une petite ombelle de fleurs blanches. Le fruit est une baie globuleuse de la grosseur d'une cerise et d'un beau rouge, partagée en trois loges, dont chacune contient une seule graine. La racine de cette plante, dans laquelle résident les merveilleuses propriétés qu'on lui attribue, est charnue,

Gin-seng. — Fleur, racine, fruit.

noueuse, fusiforme, le plus souvent partagée en deux branches pivotantes garnies de fibrilles, de couleur jaune. Les Chinois la considèrent comme le tonique le plus puissant et le plus propre à relever les forces abattues par les fatigues ou les excès. Introduit en Europe vers le commencement du dix-septième siècle, le Gin-seng s'y est vendu au poids de l'or; mais son emploi est abandonné depuis qu'on a reconnu que ses propriétés se réduisaient à celles de la plupart des plantes aromatiques. Elle appartient à la famille des *Araliacées*.

GIRAFE (*Camelopardalis*). Genre de mammifères ruminants qui forme à lui seul une famille naturelle, celle des *Girafidés* ou *Caméloparalidés*. La Girafe est sans contredit l'un des animaux les plus extraordinaires de la création. Son cou, démesurément long, surmonté d'une petite tête munie de cornes velues, la disproportion qui existe entre le train antérieur et le train postérieur, la longueur des membres comparée à la brièveté du corps, tout, dans ses formes extérieures, sort des règles ordi-

Girafe.

naires. L'analogie qu'on a cru remarquer, quant à la forme de la tête et de son cou, avec le chameau, et la ressemblance de son pelage ras, blanchâtre, parsemé de taches de couleur fauve, avec celui de la panthère, lui avaient fait donner anciennement le nom de chameau-léopard (*Camelopardalis*). Outre les deux appendices osseux, longs de quelques pouces, qu'elle porte sur la tête, et qui ne sont à proprement parler ni des cornes ni des bois, mais des prolongements de l'os frontal, recouverts par une peau velue, la Girafe présente encore, au milieu du front, entre les deux yeux, une tubérosité plus large et moins saillante, qui simule une troisième corne, particularité uniquement propre à son espèce. Ses oreilles sont longues, ses yeux grands; une crinière à poils très courts, de la couleur de la robe, descend derrière le cou jusqu'aux épaules. Une épaisse touffe de crins termine la queue, qui est de longueur moyenne. Sa hauteur est d'environ 4 mètres. Quant aux caractères tirés des dents et des sabots, ils sont, en général, ceux qui appar-

tiennent à l'ordre des Ruminants (voir ce mot), dont ce quadrupède fait partie. Les individus des deux sexes diffèrent peu entre eux, bien que le mâle soit un peu plus grand que la femelle. Cet animal est assez nonchalant; son allure habituelle est l'amble; mais, quand il trotte, il ramène vivement les deux membres du train de derrière entre ceux du train de devant, qu'il tient écartés, et prend ainsi son point d'appui sur les premiers pour s'avancer à l'aide des seconds, conservant pendant ce temps la même raideur dans le cou, qui ne plie jamais, mais qui se balance d'avant en arrière, comme un pendule, entre les deux épaules, qui lui servent de charnière. Sa course est d'ailleurs très rapide, grâce à la longueur de ses membres. — Les Girafes vivent en famille sur la lisière des vastes déserts de l'Afrique, où elles se nourrissent de feuilles d'arbres, surtout de celles des mimosas. La femelle porte quinze mois, et met bas un seul petit, qui a déjà 5 pieds de hauteur à sa naissance. Quoique d'un naturel doux et paisible, elles savent, si la fuite leur est impossible, se défendre par de vigoureuses ruades contre le lion lui-même, leur plus dangereux ennemi. Les diverses peuplades de l'Afrique leur donnent aussi la chasse pour se procurer leur peau et manger leur chair. Les ménageries de Paris, de Londres, d'Anvers, ont possédé plusieurs Girafes, qui s'y sont même reproduites; mais elles ne peuvent vivre longtemps dans des contrées où la température est si différente de celle de leur pays natal.

GIRASOL. (Voir OPALE.)

GIRASOL (de *gyrare*, tourner vers, et *sol*, soleil). On donne ce nom à quelques plantes dont on croit que les fleurs se tournent toujours vers le soleil : l'Héliotrope du Pérou, l'Hélianthe annuel, etc.

GIRAUMONT (*Cucurbita pepo*). Espèce du genre *Courge*, très voisine des Potirons, dont elle se distingue par son fruit plus petit, jaune ou verdâtre, à couronne plus foncée, à chair plus ferme et plus sucrée. On la cultive dans les potagers.

GIRELLE (*Julis*). Genre de poissons de la famille des *Labridés*, caractérisé par un corps comprimé de forme oblongue et recouvert d'écailles plus petites que dans les autres genres du groupe; la tête dépourvue d'écailles; les mâchoires armées d'une rangée de dents coniques, terminée de chaque côté par une dent caniniforme; la nageoire dorsale pourvue de huit ou neuf rayons épineux. — La Girelle commune (*J. vulgaris*) est, par ses couleurs, un des plus beaux poissons de mer; elle a les parties supérieures d'un beau vert à reflets métalliques, parfois teintées de bleu; les flancs présentent des teintes d'un bleu violacé et sont parcourus par une large bande à bords festonnés d'un jaune plus ou moins foncé ou de couleur orangée; le ventre est argenté; la nageoire dorsale, violette, est bordée d'une bande orangée. Ce beau poisson se prend sur toutes les côtes d'Europe, surtout sur celles du Midi, en Espagne, en Grèce. — La **Girelle élégante**

(*J. speciosa*) est jaune, avec des bandes verticales rouges ou violettes; la queue est rouge, à base noire.

GIROFLE [Clou de]. (Voir GIROFLIER.)

GIROFLÉE. On désigne vulgairement sous ce nom plusieurs plantes de la famille des *Crucifères* constituant le genre *Cheiranthus* des botanistes. Elles offrent pour caractères communs : un calice de quatre sépales, une corolle de quatre pétales à long onglet, une glande devant chacun des sépales latéraux. Le fruit est une silique comprimée, biloculaire, contenant plusieurs graines sur un seul rang dans chaque loge. Les Giroflées sont des herbes vivaces ou des sous-arbrisseaux à feuilles très entières ou dentelées et presque sessiles. Les fleurs sont en grappes terminales. L'espèce la plus notable et à laquelle on donne généralement le nom de Giroflée, sans autre épithète, est la **Giroflée jaune** (*Cheiranthus cheiri*, L.), vulgairement *Giroflée de muraille, violier jaune*. La Giroflée vient spontanément dans toute l'Europe, jusque vers le 50° degré de latitude; elle croît de préférence sur les vieux murs et les rochers. Ses belles fleurs, odorantes et de fort longue durée, l'ont fait recevoir depuis bien des siècles dans les jardins. Aujourd'hui, les amateurs d'horticulture estiment surtout les variétés nommées *bâtons d'or*, qui se recommandent par des fleurs doubles et beaucoup plus grandes que celles de la plante non cultivée; du reste, la Giroflée cultivée offre aussi des variétés à corolle soit brunâtre, soit pourpre, soit panachée de jaune et de brun. Les variétés à fleurs doubles se multiplient, au printemps, par boutures à talon, faites avec les jeunes rameaux d'un an, et mises dans des pots qu'on tient à l'ombre jusqu'à la reprise, et qu'on conserve en orangerie durant l'hiver. La **Giroflée quarantaine**, la **Giroflée fenestrelle** et la **Giroflée grecque** ou *iris* appartiennent au genre *Matthiola*.

GIROFLIER ou **GÉROFLIER** (*Eugenia aromatica* ou *caryophyllata*). Ce végétal appartient à la famille des *Myrtacées* et a été détaché du genre *Caryophyllus* pour former le genre *Eugenia*, qui offre pour caractères principaux un calice en forme d'entonnoir à quatre dents; une corolle de quatre pétales, cohérents au sommet en forme de coiffe; de nombreuses étamines insérées à la gorge du calice, un ovaire à deux loges. Le fruit est une baie couronnée par les dents du calice à une ou deux loges monospermes. Les Girofliers sont des arbres de l'Asie équatoriale, très aromatiques dans toutes leurs parties, à feuilles opposées, coriaces, persistantes, parsemées d'une multitude de glandules punctiformes. Les fleurs viennent en cimes trichotomes à l'extrémité des jeunes rameaux. — Le Giroflier cultivé (*Eugenia caryophyllata*) atteint de 8 à 12 mètres de haut. Ses branches, étalées, forment une tête pyramidale et touffue; ses feuilles, longues de 10 centimètres, et assez semblables à celles du laurier, sont luisantes, lancéolées, terminées en pointe. Le calice, à l'époque de la floraison, est de couleur pourpre. Les pétales, de couleur rose, sont étalés, arrondis, plus courts que les étamines; celles-ci ont des filets jaunes. La baie est oblongue, d'un pourpre violet, longue à peu près d'un pouce. Cet arbre, indigène aux Moluques, où sa culture fut pendant longtemps monopolisée par la Compagnie hollandaise, est aujourd'hui très répandu dans l'Inde, aux îles de France et de Bourbon, ainsi qu'aux Antilles et dans plusieurs parties de l'Amérique méridionale. Personne n'ignore les usages et les propriétés des *clous*

Giroflier.

de *girofle*, lesquels ne sont autre chose que les fleurs du Giroflier cueillies peu avant leur épanouissement et séchées à l'ombre. Du reste, toutes les parties du végétal sont aromatiques au plus haut degré; on en obtient, par la distillation, l'*essence de girofle*, huile essentielle d'une odeur pénétrante et d'une saveur caustique; cette huile s'emploie tant comme parfum que comme médicament excitant, et pour la cautérisation des dents cariées; mais ce n'est qu'avec beaucoup de précautions et à très petite dose qu'il faut l'employer.

GIROLLE, ou mieux GYROLLE. On donne ce nom à la Chanterelle.

GITHAGO. Nom spécifique de la Nielle des blés (*Agrostemma githago*).

GLABRE (*Glaber*). Qui manque de poils.

GLACIAIRE [Époque]. Après le soulèvement des Alpes, qui mit fin à la période des terrains tertiaires, et pour des causes encore mal définies, mais dont la principale paraît être la loi astronomique de la précession des équinoxes, notre hémisphère boréal subit un grand abaissement de température. Les neiges et les glaces s'amoncellent sur tout le nord de l'Europe jusqu'au milieu de la Russie, de l'Allemagne, de l'Angleterre, de la France, qui deviennent comme la continuation de la zone arctique. Dans nos régions, les glaciers, maintenant confinés au fond des vallées les plus élevées des Alpes, prennent une extension considérable et descendent jusque dans les plaines, comme l'attestent les moraines qu'ils ont laissées et les roches qu'ils ont polies, sillonnées, en progressant. Cette période de froid se nomme *époque glaciaire*. L'homme en a été témoin, car dans les alluvions et les grottes de cet âge, on trouve les débris de ses ossements et les restes de sa naissante industrie, tessons de poterie grossière, façonnée à la main et simplement desséchée au soleil, silex taillés pour servir de hache, de racloir, de pointe de flèche ou de lance. (Voir GLACIERS, QUATERNAIRE [*époque*]). Parmi les animaux contemporains de l'homme à cette froide période, étaient le renne, dont on retrouve les ossements jusque dans le midi de la France, l'élan, l'aurochs, le mammouth, le rhinocéros, etc.

GLACIALE. Nom vulgaire d'une plante du genre *Mesembryanthemum*. (Voir FICOÏDE.)

GLACIERS. A mesure que l'on s'élève dans l'atmosphère, en s'éloignant de la terre, la température décroît, de telle sorte qu'à une certaine élévation, variable suivant les climats, cette température se trouve toute l'année au-dessous du point de congélation de l'eau. Dans ces froides régions, les vapeurs atmosphériques ne peuvent donc se résoudre en pluie, mais bien en neige, et cela en été comme en hiver. Il y a donc, d'un bout de la terre à l'autre, dans les régions équatoriales comme dans les zones tempérées et les zones glaciales, une hauteur au-dessus de laquelle la chaleur est insuffisante pour fondre les neiges. A partir de cette hauteur, la pluie est inconnue, même au cœur de l'été; la neige et le grésil y tombent seuls. C'est la région des *neiges perpétuelles*. La limite à laquelle commencent à se montrer les neiges perpétuelles est, naturellement, d'autant plus élevée que la contrée possède un climat plus chaud, et par suite, elle s'abaisse graduellement de l'équateur vers les pôles. Sous l'équateur, les neiges commencent vers 4 800 mètres; dans les Alpes et les Pyrénées, vers 2 700 mètres; en Islande, à 936 mètres; au Spitzberg, au niveau même de la mer. Ces neiges, qui tombent sans cesse sur les hauts sommets, auraient bientôt doublé la hauteur des montagnes, si diverses causes ne s'opposaient pas à leur amoncellement. A chaque bourrasque, les neiges poudreuses des hauteurs sont soulevées en tourbillons et chassées dans les vallées voisines; les vents secs et chauds du midi les évaporent rapidement; la chaleur propre de la terre fond lentement les neiges par la base; enfin, les *avalanches* en détachent des masses considérables des flancs de la montagne. Ces neiges, qui s'accumulent dans les hautes vallées, tassées, durcies, agglutinées par la pression de leurs assises énormes, et finalement converties en glace, constituent ce qu'on nomme un *Glacier*. Quand la température est assez élevée, en été, par exemple, la neige se ramollit à la surface et éprouve un commencement de fusion. L'eau qui en provient s'infiltre dans les couches et les convertit, lorsque vient la gelée de la nuit, en une masse granuleuse composée de petits glaçons sans adhérence, c'est ce que l'on appelle le *névé*. Assez fin dans le voisinage des neiges éternelles, le névé devient de plus en plus grossier par l'augmentation du volume des glaçons dont il est formé. Puis, à mesure que le Glacier descend plus avant dans la vallée, la masse énergiquement comprimée sous son propre poids devient glace transparente et d'un magnifique azur. La plupart des hautes vallées voisines des neiges perpétuelles ont leur Glacier. Dans les Alpes seules on en compte plusieurs centaines. Leur longueur est parfois de 4 à 5 lieues, et leur largeur d'une lieue et plus. L'épaisseur de ces entassements de glace est communément de 30 à 40 mètres, mais en quelques points elle atteint jusqu'à 300 mètres et plus. Rien n'est plus varié que l'aspect d'un Glacier. Là, la surface est un plan incliné sablé de grains opaques de névé, ici c'est un miroir resplendissant; plus loin, c'est une mer agitée, subitement immobilisée par le froid. Çà et là s'ouvrent d'énormes crevasses du fond desquelles monte une sourde rumeur d'eau courante; un torrent, en effet, coule sous le Glacier, formé par les mille ruisselets qui circulent dans les rigoles de la glace, s'écoulent le long des flancs de la montagne, puis bondissent en cascades nombreuses ou en un torrent qui sort en grondant du pied excavé du Glacier. En même temps qu'ils s'alimentent par les neiges à leur partie supérieure, les Glaciers diminuent par la fusion qui a lieu principalement à leur surface et à leur extrémité inférieure, et cette fusion est d'autant plus active, que le Glacier pénètre dans les régions basses, puisqu'il y rencontre une température plus élevée. Les Glaciers ne sont pas immobiles comme le serait un fleuve congelé; ils marchent. Ils cheminent, il est vrai, fort lentement du côté des vallées; mais ils s'étendraient indéfiniment s'ils n'étaient arrêtés par la fusion de leur extrémité inférieure. Un été sec et chaud les fait reculer du côté des hauts sommets, un été froid et humide leur permet de s'avancer dans les régions basses. Pour qu'un Glacier progresse, il suffit donc que son alimentation l'emporte sur ses pertes et réciproquement. Des observations exactes montrent que la progression des Glaciers s'accomplit d'une manière continue et sans saccades, et la cause en est dans la nature même de la glace. Celle-ci est, en effet, une matière en quelque sorte visqueuse, qui s'écoule lentement; sollicitée par son poids et obéissant à la pente, elle glisse entre les parois rocheuses qui l'encaissent, se moule en quelque sorte sur elles, surmonte ou contourne les obstacles. Au Groenland et au Spitzberg, où les Glaciers descendent vers la mer, les choses se passent autrement : au fond des fiords ou baies qui échancrent la côte, on voit la glace s'élever presque à pic du niveau de la mer à une hauteur de 600 mètres, au delà de laquelle la glace de l'intérieur monte d'une façon continue aussi loin que l'œil peut la suivre. C'est par ces fiords que la glace s'avance en blocs énormes de plusieurs kilomètres de large et de 3 à 400 mètres de hauteur ou d'épaisseur. Quand ces masses atteignent le fond des baies, elles ne se fondent pas et ne se brisent pas en fragments, mais elles continuent leur course et pénètrent dans l'eau salée en restant solides et en raclant le fond. A la longue, quand elles plongent assez pour flotter, il s'en détache d'énormes morceaux qui remplissent la baie de Baffin de montagnes de glace, et contiennent souvent des pierres, du sable et de la boue. Tous les navigateurs en ont rencontré, et quelquefois tellement mêlées de terre et de pierres et surchargées de rochers, que la glace en devenait presque invisible. C'est à des phénomènes analogues, mais sur une beaucoup plus grande échelle, que se sont produits les effets grandioses de l'*Époque glaciaire ;* des radeaux de glace ont dû transporter les blocs erratiques sur la vaste mer qui couvrait alors les régions septentrionales et les déposer en échouant sur les points où on les retrouve aujourd'hui. De même qu'un fleuve roule des galets, entraîne des sables et des limons, de même un Glacier charrie des débris ; mais ses galets sont d'énormes blocs de roche, et au lieu de rouler au fond du lit, ils sont portés sur le dos du courant de glace. Sur chacun de ses flancs, et dans toute sa longueur, un Glacier est bordé par une rangée de débris éboulés des pentes voisines par l'action des intempéries, des avalanches, etc. Ce sont de grands quartiers de rochers anguleux, des sables, des boues, entassés pêle-mêle. On donne à ces débris le nom de *moraines ;* latérales lorsqu'elles bordent les côtés du Glacier, frontale, lorsqu'elle se trouve en avant. Ce sont ces moraines qui nous indiquent les limites des Glaciers de l'ancien monde. Un autre phénomène qui indique également l'ancienne action des Glaciers est le polissage des roches, les stries et les sillons qu'on y voit tracés. Un Glacier dans sa marche, glissant sur les roches, les polit ou les sillonne de profondes rainures au moyen des sables ou des fragments de roc arrachés par le courant et précipités jusqu'au fond du Glacier. Tout cède à cette friction indomptable.

GLADIOLUS. Nom scientifique du Glayeul.

GLAÏEUL. (Voir GLAYEUL.)

GLAISE [Terre]. Argile plastique commune, terre à poteries, qui possède à un haut degré la propriété de donner avec l'eau une pâte qui se laisse mouler et conserve sa forme après la cuisson. (Voir ARGILE.)

GLAND (*Glans*). Ce nom sert communément à désigner le fruit du chêne ; mais, en botanique, on l'applique également à tout fruit indéhiscent, uni-loculaire, monosperme, dont la base est entourée d'un involucre ligneux cupuliforme (chêne, hêtre, noisetier, etc.).

GLAND DE MER. Nom vulgaire des Balanes.

GLAND DE TERRE. Nom vulgaire de la Gesse tubéreuse. (Voir GESSE.)

GLANDES. Les Glandes sont des organes mollasses, grenus, lobuleux, composés de vaisseaux, de nerfs et d'un tissu particulier qui unit toutes ces parties entre elles, lesquels ont pour usage de puiser dans la masse du sang certains liquides qu'ils déposent dans des cavités, dans des réservoirs, ou directement au dehors, par des canaux désignés sous le nom d'*excréteurs.* Les glandes principales sont : 1° les deux glandes *lacrymales*, situées au-dessus du globe de l'œil, et destinées à préparer les larmes ; 2° les *salivaires*, au nombre de six, trois de chaque côté de la bouche, dont une située sous l'oreille, l'autre sous la branche de la mâchoire inférieure, et la troisième sous la langue ; elles ont pour usage de préparer et de verser dans l'intérieur de la bouche la salive nécessaire à l'élaboration et à la digestion des aliments ; 3° le foie ; 4° le pancréas ; 5° les reins ; 6° les testicules ; 7° les ovaires ; 8° les mamelles. (Voir les articles spéciaux consacrés à ces divers organes.) — Les glandes peuvent être considérées comme des filtres d'une inimitable perfection, qui, baignés par le sang sur une de leurs faces, arrêtent tels ou tels principes et livrent passage à d'autres, sans qu'il nous soit possible de démêler la cause qui provoque ce triage.

GLANIS. Nom vulgaire d'une espèce du genre *Silure.*

GLARÉOLE (*Glareola*). Genre d'oiseaux de l'ordre des ÉCHASSIERS, de la famille des *Macrodactyles*, qui ont pour caractères un bec de Pluvier, des ailes longues et pointues et un pouce portant à terre par le bout. Ce sont des oiseaux qui vivent dans les marais au bord des étangs, quelquefois sur les plages maritimes. Ils sont insectivores, volent et courent avec rapidité. — La Glaréole à collier, type du genre, vulgairement *perdrix de mer*, qui se trouve en Europe et en Asie, est brune en dessus, blanche en dessous, avec un collier noir ; les pieds sont rouges. Elle niche au milieu des herbes aquatiques.

GLAUCIENNE ou **GLAUCION** (*Glaucium*). Genre de plantes dicotylédones de la famille des *Papavéracées,* détaché des Chélidoines de Linné, dont il diffère par sa silique à deux loges séparées par une cloison spongieuse séminifère. Le type du genre, la **Glaucienne à fleurs jaunes** (*Gl. flavum*), a de grandes fleurs jaunes qui lui ont valu le nom de *pavot jaune*, et sa silique, qui atteint jusqu'à 16 centimètres de long, la fait nommer aussi *pavot cornu*. Ses feuilles sessiles, découpées en lobes obtus, sont glauques, pulvérulentes. — On trouve dans le midi la **Glaucienne à fleurs rouges**.

GLAYEUL. Genre de plantes de la famille des *Iridacées*. Le mot de Glayeul est une altération de celui de *gladiolus*, employé par les anciens pour désigner les espèces indigènes du genre, et faisant allusion aux feuilles de ces végétaux, lesquelles ont à peu près la forme d'un glaive (*gladius*). Les Glayeuls sont des plantes bulbeuses, à tiges ordinairement simples, garnies de feuilles alternes et engaînantes. Les fleurs, remarquables tant par l'éclat de leurs couleurs que par leur grandeur, sont disposées en grappe terminale et enveloppées chacune, avant l'épanouissement, dans une spathe foliacée à deux ou trois valves. Les caractères génériques sont : enveloppe de la fleur simple, pétaloïde, en forme d'entonnoir, limbe partagé en six lobes inégaux ; étamines, au nombre de trois, insérées au tube du périanthe ; ovaire adhérent, surmonté d'un seul style, lequel se termine par trois stigmates ; capsule à trois valves et à trois loges, contenant plusieurs graines bordées d'une aile membraneuse. La plupart des Glayeuls sont indigènes au cap de Bonne-Espérance. — Le **Glayeul commun** (*Gladiolus communis*, L.) croît en Europe, surtout dans les contrées méridionales. La tige, simple et haute de 40 à 60 centimètres, se termine par une grappe de six à quinze fleurs, de couleur pourpre, longues de près de 5 centimètres, et tournées d'un même côté. Les bulbes de la plante sont fort recherchés par les porcs. Parmi les espèces exotiques, nous citerons le **Glayeul cardinal**, dont les fleurs sont d'un rouge éclatant ; le **Glayeul perroquet**, ainsi nommé à cause de ses fleurs panachées de jaune et d'écarlate ; le **Glayeul changeant**, remarquable par les nuances variées que prennent ses fleurs à différentes heures du jour : brunes le matin, elles changent insensiblement de couleur jusqu'à ce qu'elles deviennent d'un bleu clair. On attribuait autrefois au bulbe du Glayeul des vertus aphrodisiaques et emménagogues, qui l'avaient fait surnommer *Radix victorialis*, mais l'usage en est aujourd'hui complètement abandonné. — On nomme **Glayeul des marais**, l'iris faux, *Acorus*, et **Glayeul puant**, l'iris fétide.

GLÉCOME (*Glechoma*). (Voir LIERRE TERRESTRE.)

GLEDITSCHIA. (Voir FÉVIER.)

GLIRES. Nom latin des Rongeurs.

GLOBICÉPHALE (tête globuleuse). (Voir DAUPHIN.)

GLOBIGÉRINES. Foraminifères de forme globuleuse. (Voir FORAMINIFÈRES.)

Glayeul.

GLOBULAIRE, *Globularia* (de *globulus*, petite boule). Genre de plantes dicotylédones, monopétales, hypogynes, type de la famille des *Globulariées*. Ce sont généralement des sous-arbrisseaux à feuilles alternes, entières, spatulées ; à fleurs réunies en capitule globuleux, sur un réceptacle commun. — La **Globulaire turbith**, type du genre, très répandue dans nos régions méridionales, passait autrefois pour posséder des propriétés très délétères, ce qui l'avait fait nommer *Herba terribilis*; l'expérience a démontré que la décoction de ses feuilles est au contraire un excellent purgatif. C'est un arbuste de 1 mètre environ à tige rameuse, rougeâtre, à fleurs bleues, petites, disposées en capitule globuleux à l'extrémité de chaque rameau. — La **Globulaire commune** (*Gl. vulgaris*), répandue aux environs de Paris, jouit des mêmes propriétés.

GLOBULARIÉES. Famille de plantes formée par le seul genre *Globulaire* (voir ce mot), et dont les caractères sont : fleurs hermaphrodites, irrégulières ; calice persistant à cinq divisions, corolle bilabiée, à cinq divisions inégales ; quatre étamines didynames, insérées au sommet du tube de la corolle ; ovaire libre, uniloculaire, devenant un akène enveloppé par le calice.

GLOBULE. On donne ce nom à toute partie d'un élément anatomique ou d'une humeur, sphérique ou sphéroïdale : globules du lait, globules du sang, globules lymphatiques. (Voir LAIT, LYMPHE, SANG.)

GLOMERIS (de *glomeris*, peloton). Genre de myriapodes de l'ordre des CHILOGNATHES, caractérisés par leur corps court subcylindrique, aplati en dessous, formé seulement de douze segments, dont le dernier est élargi en forme de bouclier ; les pattes sont au nombre de trente-quatre à quarante ; la tête, très grosse, est pourvue de huit yeux disposés sur une ligne courbe. Ces myriapodes vivent sous les pierres ; ils ont, comme les cloportes, la faculté de se rouler en boule ; d'où leur nom. — Le type du genre est le **Glomeris marginata**, qui se trouve dans nos bois, sous la mousse et les pierres ; il est noir avec les anneaux bordés de jaune.

GLOMÉRULE (de *glomerula*, petite pelote). Agglomération irrégulière de petites fleurs formant une masse plus ou moins sphérique, comme le buis.

GLOSSINA. (Voir TSETSÉ.)

GLOSSOPHAGE (du grec *glôssa*, langue, et *phagein*, manger). Genre de mammifères de l'ordre des CHEIROPTÈRES, famille des *Phyllostomidés*. Ils diffèrent des Phyllostomes proprement dits, auxquels les réunissait Cuvier, par leur langue longue, extensible, garnie de papilles en forme de poils et propre à sucer le sang. Ils ont le nez surmonté d'une feuille en fer de lance et une membrane interfémorale très courte. Les espèces de ce genre, peu nombreuses, habitent la Guyane et le Brésil. La plus connue est le **Glossophaga soricina**.

GLOSSO-PHARYNGIEN. Nerf de la neuvième paire des nerfs encéphaliques, ainsi nommé parce qu'il se distribue à la langue et au pharynx. (Voir NERFS.)

GLOTTE, *Glossis* (de *glôssa*, langue). On donne ce nom, en anatomie, à l'orifice circonscrit dans le larynx, par les cordes vocales inférieures et par les faces internes aryténoïdes. (Voir LARYNX et VOIX.)

GLOUTERON. (Voir BARDANE.)

GLOUTON (*Gulo arcticus*). Genre de mammifère de l'ordre des CARNASSIERS, section des *Plantigrades*, qui relie les Mustélidés aux Ursidés. Il est de la grosseur du blaireau, dont il se rapproche par la démarche, mais il est moins bas sur pattes. Son pelage est brun, plus foncé sous le ventre et sur le dos que le long des flancs. Ses oreilles sont petites, sa queue courte et touffue; ses gros pattes, courtes et musculaires, sont armées d'ongles robustes. Le Glouton, qui doit son nom aux appétits voraces qui le distinguent, est d'un naturel éminemment carnassier ; il ne craint pas d'attaquer des animaux beau-

Glouton.

coup plus grands que lui, le renne particulièrement, très commun dans les contrées qu'il habite. Mais comme il est bas sur jambes et peu agile, il ne peut s'emparer de sa proie que par stratagème. Tapi sur quelque branche d'arbre, il attend au passage un animal dont il puisse se rendre maître, et il s'élance sur lui en ayant soin de le saisir au cou et de lui ouvrir avec ses dents ses gros vaisseaux. La malheureuse victime presse en vain sa course, elle emporte avec elle son cruel ennemi qui, cramponné à sa gorge, continue à lui sucer le sang et à creuser la plaie jusqu'à ce qu'elle tombe épuisée. Le Glouton vit solitaire dans le nord de l'Europe et de l'Asie, ainsi que dans les régions froides de l'Amérique septentrionale; les Russes lui donnent le nom de *rossomak*. Les Américains donnent le nom de *wolverenne* à leur espèce, qui ne paraît différer de celle de l'ancien continent que par la teinte plus claire de son pelage. La fourrure des Gloutons est touffue comme celle des ours, mais le poil en est moins long; elle est l'objet d'un commerce important dans le Canada. — Une espèce de l'Amérique du Sud, le **Grison** (*Viverra vittata*), est noire avec le dessus de la tête et du cou gris.

GLOXINIA. Genre de plantes dicotylédones, monopétales, hypogynes, de la famille des *Gesnériacées*. Ce sont des plantes vivaces, à racine tuberculeuse, à feuilles amples, ovales oblongues, qui donnent en août et septembre des fleurs grandes, campanulées, bleues, roses ou blanches, réunies en grappes terminales. — La **Gloxinia maculata**, de l'Amérique méridionale, est cultivée dans les jardins, en terre de bruyère ; on la rentre pendant l'hiver.

GLU (*Viscum*). Matière qui résulte de la macération de diverses substances végétales. Les baies du Gui, les jeunes écorces du houx, des viornes et de plusieurs gentianées en produisent. Elle est fort anciennement connue, et se préparait autrefois par la décoction des baies du gui. Maintenant on l'obtient par un autre procédé : on prend la seconde écorce du houx, qu'on fait bouillir dans l'eau et qu'on abandonne ensuite dans une cave à la fermentation putride qui la convertit en glu, c'est-à-dire en une masse verdâtre, visqueuse et gluante. On ne fait guère usage de cette substance que pour prendre les petits oiseaux.

GLUME et **GLUMELLE**. (Voir GRAMINÉES.)

GLUTEN. Substance albuminoïde que renferme la farine des céréales et surtout celle du froment. C'est à elle que la farine des céréales doit la propriété de former avec l'eau une pâte liante. On l'obtient en malaxant de la pâte de bonne farine sous un filet d'eau, en une masse grisâtre, molle, élastique, qui gonfle dans l'eau. Le Gluten est très nutritif; on le prépare granulé pour potages, et l'on recommande le pain de Gluten aux diabétiques.

GLYCÈRE. Ce nom mythologique sert à désigner un genre de vers marins de la classe des ANNÉLIDES errantes, de l'ordre des CHÉTOPODES.

GLYCÉRIE (*Glyceria*). Genre de plantes de la famille des *Graminées*, tribu des *Festucacées*, détaché du genre *Poa*, dont il diffère par sa glumelle inférieure non carénée et par la supérieure à carènes ciliées. Ce sont des graminées aquatiques, rampantes, à feuilles planes, à panicules simples ou rameuses. — La **Glycérie flottante** (*Gl. fluitans*) est répandue dans toute l'Europe, dans les mares, les fossés, au bord des eaux. Dans le Nord et surtout en Allemagne, on mange ses graines bouillies dans du lait. Les bestiaux sont assez friands de ce fourrage.

GLYCINE (de *glukus*, doux). Genre de plantes dicotylédones, polypétales, périgynes, de la famille des *Légumineuses papilionacées*, renfermant des plantes d'aspect très différent, tantôt herbacées, tantôt sous-ligneuses ; à tige droite ou volubile. — Nous possédons quelques espèces remarquables. La **Glycine frutescente**, de la Caroline, à tiges volubiles de 4 à 5 mètres de hauteur, à feuilles composées de neuf à dix folioles, à fleurs violettes en longues grappes, est acclimatée dans nos régions tempérées et forme de très jolis berceaux. — La **Glycine de la Chine**, à tige ligneuse, sarmenteuse, s'étendant en longs festons, qui peuvent atteindre de 15 à 20 mètres, et sont chargés de grappes de belles fleurs bleues qui répandent une odeur suave, est aujourd'hui très répandue dans nos jardins, dont elle fait un des plus beaux ornements pendant les mois d'avril et de mai. — La **Glycine tubéreuse** a ses fleurs en grappes panachées de pourpre et de

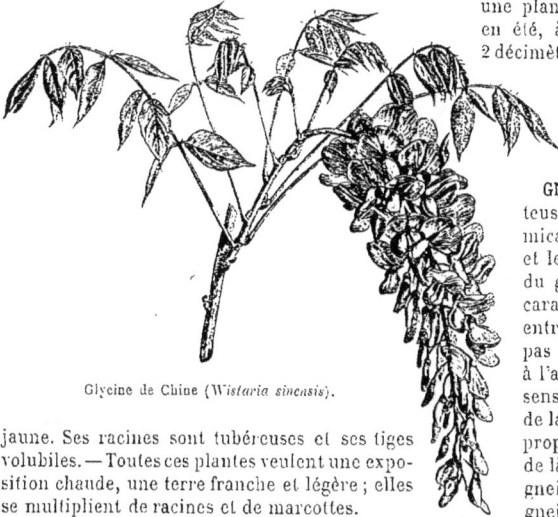

Glycine de Chine (*Wistaria sinensis*).

jaune. Ses racines sont tubéreuses et ses tiges volubiles. — Toutes ces plantes veulent une exposition chaude, une terre franche et légère ; elles se multiplient de racines et de marcottes.

GLYCYRRHIZA (du grec *glukus*, doux, et *rhiza*, racine). Nom scientifique latin de la Réglisse.

GLYPTODON (du grec *gluptos*, sculpté, et *odous*, dent). Espèce de tatou gigantesque dont on a retrouvé les restes fossiles dans les Pampas de la Plata. Il manque d'incisives et de canines, et ses molaires, au nombre de huit de chaque côté et à chaque mâchoire, offrent de fortes cannelures qui les font paraître comme sculptées. Une épaisse cuirasse osseuse, de plus d'un mètre de longueur et formée de plaques en rosace, recouvrait le corps de ces animaux. La seule espèce connue jusqu'à ce jour a reçu le nom de **Glyptodon clavipes**, à cause de ses pieds courts et épais, assez semblables à ceux des éléphants.

GNAPHALE, *Gnaphalium* (du grec *gnaphalion*, cotonnière). Genre de plantes dicotylédones de la famille des *Composées tubuliflores*, remarquables par le duvet blanc qui recouvre toutes leurs parties, d'où leurs noms vulgaires d'*herbes à coton, cotonnières*. Ce sont des plantes herbacées, à feuilles alternes, entières, à fleurs en capitule, toutes tubuleuses, les externes femelles, sur deux ou trois rangs, les fleurs mâles au centre ; elles sont, en général, peu remarquables. On trouve en France les **Gnaphalium sylvaticum, luteo-album, uliginosum**. — On cultive dans quelques jardins le **Gnaphalium margaritaceum**, de l'Amérique du Nord, sous le nom d'*immortelle blanche, immortelle de Virginie*. (Voir IMMORTELLE.)

GNAVELLE, *Scleranthus* (du grec *scleros*, rude, et *anthos*, fleur). Genre de plantes dicotylédones, polypétales, de la famille des *Paronychiées*, dont les caractères distinctifs sont : calice à cinq divisions, campanulé ; cinq pétales filiformes ou nuls ; deux styles ; capsule indéhiscente, monosperme, renfermée dans le tube du calice persistant. — Le type du genre, la **Gnavelle annuelle** (*S. annuus*), est une plante herbacée, commune dans les champs, en été, à tiges très rameuses, couchées, de 1 à 2 décimètres, à feuilles opposées, linéaires, aiguës, sans stipules ; à fleurs en fascicules, terminales et axillaires, formant une grappe allongée. — Sur la **Gnavelle vivace** (*S. perennis*) vit la cochenille de Pologne.

GNEISS. Roche composée, à structure schisteuse et formée de quartz, de feldspath et de mica, comme le granit ; mais il est stratifié et le granit ne l'est pas ; en outre, les strates du gneiss sont ondulés, et c'est un de leurs caractères les plus évidents. La distinction entre les gneiss et les granits n'est d'ailleurs pas toujours facile, car le passage de l'une à l'autre de ces roches a lieu par degrés insensibles. Le quartz forme en général le quart de la masse des gneiss ; le mica s'y trouve en proportions très variables, de 10 à 30 pour 100 ; de là leur distinction en gneiss micacés et en gneiss talqueux. Les éléments accidentels des gneiss sont les mêmes que ceux du granit ; on en trouve parfois comme lardés de tourmaline, de grenat, de pyrites, etc. Les gneiss rouges doivent cette couleur à l'orthose. Le gneiss est considéré par les géologues comme une des premières roches consolidées ; on ne le trouve jamais qu'à la base de la série des roches stratifiées.

GNIDIA. Genre de plantes dicotylédones, apétales, de la famille des *Thyméléacées*. Ce sont des arbustes propres aux contrées tropicales de l'Asie et de l'Afrique, à fleurs terminales, en tête involucrée ; périanthe en entonnoir à limbe quadrifide, à gorge garnie de quatre écailles représentant les pétales ; huit étamines ; le fruit est une noix incluse dans la base persistante du périanthe. On emploie au Cap l'écorce des **Gnidia simplex** et **pinifolia** comme émétique et purgative. On en cultive quelques espèces en serre, parmi lesquelles le **Gnidia oppositifolia**, à fleurs blanches, soyeuses.

GNORIMUS. (Voir CÉTOINE.)

GNOU. Espèce du genre ANTILOPE. (Voir ce mot.)

GOBE-MOUCHES (*Muscicapa*). Genre fort nombreux d'oiseaux de l'ordre des PASSEREAUX, section des *Dentirostres*, type de la famille des *Muscicapidés*. Ils tirent leur nom de leur habitude de se nourrir d'insectes ailés qu'ils attrapent ordinairement au vol. On les caractérise par leur bec légèrement déprimé, hérissé de poils à sa base, à pointe un peu crochue. Ce sont des oiseaux voyageurs qui se retrouvent sous toutes les latitudes à peu près, et surtout dans les régions équatoriales où ils habitent les forêts et les lieux les plus retirés. Solitaires, excepté dans la saison de la pariade, ils se partagent cependant avec une égale sollicitude les soins de l'incubation et montrent un courage admirable à défendre leurs petits. Ils construisent sans art un nid formé de mousse et de racines qu'ils placent dans un trou de mur ou dans l'enfourchure des grosses branches des arbres. La femelle y pond de trois à cinq œufs d'un blanc bleuâtre, tachetés de brun. Habituellement silencieux, quoique fort vifs, ils font entendre un cri aigu et peu agréable. Le plumage des espèces que la belle saison ramène dans nos climats, bien qu'assez agréable, est loin d'avoir l'éclat qu'il offre dans celles des pays chauds. Ces animaux rendent d'éminents services à l'homme par la vaste destruction qu'ils opèrent de ces essaims ailés si nombreux et si incommodes dans les régions méridionales. — Le Gobe-mouches gris d'Europe (M. grisola), long de 15 centimètres, est d'un brun cendré par dessus, blanchâtre en dessous, avec quelques mouchetures sur la poitrine. Le Gobe-mouches à cou blanc (M. albicollis) et le Gobe-mouches becfigue (M. atricapilla), plus petits que le précédent, ont les parties supérieures noires et les inférieures blanches. On les rencontre assez com-

Gobe-mouches.

munément dans l'est et le sud de la France. Les Gobe-mouches arrivent dans nos régions tempérées au mois d'avril et repartent vers la fin de septembre. Les Becfigues, comme l'on sait, passent pour un mets fort délicat. — Au groupe des Gobe-mouches se rapportent les Tyrans et les Moucherolles ; parmi ces dernières nous citerons la Moucherolle à huppe ou roi des Gobe-mouches (M. regia), jolie espèce de l'Amérique méridionale, qui doit son nom à la huppe composée de quatre ou cinq rangs de petites plumes rouges, pointées de noir, étagées transversalement sur la tête en forme de diadème. La gorge est jaune, le dos et les ailes brun foncé, l'estomac est blanc, ondé finement de noir.

GOBIE (Gobius). Genre de poissons type de la famille des Gobioïdés, caractérisé par un corps allongé, recouvert d'écailles assez grandes ; à tête aplatie supérieurement et renflée sur ses côtés ; à mâchoires armées de dents petites et coniques, disposées sur plusieurs rangs ; deux nageoires dorsales ; ventrales réunies en disque. Ce sont de très petits poissons de rivage dont on connaît de nombreuses espèces. L'un des plus communs, à peine long de 5 à 7 centimètres, est teinté de gris pointillé de brun, avec

une tache noire ronde vers le bord de la première nageoire dorsale : c'est le Gobie à une tache (G. minutus) ; d'autres, de même taille, sont teintés de roux maillé de noir et portent deux taches noires de chaque côté du corps, l'une placée derrière la

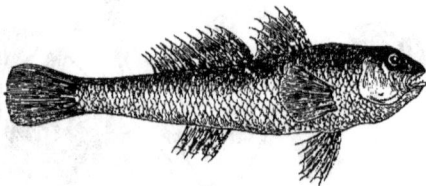

Gobie boulereau.

nageoire pectorale, et l'autre à la base de la caudale : c'est le Gobie à deux taches (G. reticulatus). Ces petits poissons sont très vifs ; ils établissent leur demeure sous quelque grosse coquille ou dans quelque petite touffe d'herbes marines, et de là guettent les petits animaux qui passent à leur portée, s'élançant comme un trait sur leur proie et l'emportant dans leur repaire ; ce sont surtout les petites crevettes qui font les frais de leur repas. — Les Gobies offrent un détail de conformation assez curieux : leurs nageoires ventrales sont réunies en un seul disque creux formant l'entonnoir, et l'animal peut s'en servir comme d'une ventouse, pour s'attacher aux parois des rochers au milieu desquels il vit. — Une autre espèce de Gobie, plus grande que les précédentes, car elle atteint 10 à 13 centimètres, est le Boulereau (Gobius niger) ou goujon de mer ; sa couleur est un brun olivâtre, varié de bandes plus claires, avec les nageoires dorsales bordées à la partie antérieure d'un liséré blanchâtre. D'après le naturaliste Olivi, ce petit poisson construirait un nid et veillerait sur ses œufs comme l'épinoche.

GOÉLAND (Larus). Genre d'oiseaux de l'ordre des Palmipèdes, section des Longipennes, famille des Laridés ou Mouettes. Les Goélands comprennent les espèces plus grandes que le canard ; ils se distinguent par un bec long, comprimé, pointu, à mandibule supérieure arquée vers le bout et portant les narines longues et étroites sur le milieu du bec. Leurs jambes sont assez longues avec un pouce court. Ce sont des oiseaux grands voiliers, au vol extrêmement puissant. On les rencontre en mer à des distances considérables. Lâches, voraces et criards, ces oiseaux fréquentent les rivages par bandes innombrables ; ils s'y nourrissent de poissons, de mollusques et de toute espèce de proie morte ou vivante. Leur chair est dure et d'un goût détestable ; mais leurs œufs, qu'ils déposent sur le sable ou dans des creux de rochers, passent pour assez délicats. — Les espèces les plus répandues sur nos côtes sont : le Goéland à manteau noir (L. marinus), tout blanc, à manteau noir, avec le bec jaune et les pieds rougeâtres, et le Goéland à manteau gris (L.

glaucus), qui diffère du précédent par son manteau d'un cendré clair. Tous deux mesurent de 65 à 70 centimètres de longueur. Au même groupe ap-

Goéland à manteau noir.

partiennent les mouettes, les labbes et les sternes. (Voir ces mots.)

GOÉMON. On donne ce nom, sur nos côtes, aux algues marines de la famille des *Fucacées*.

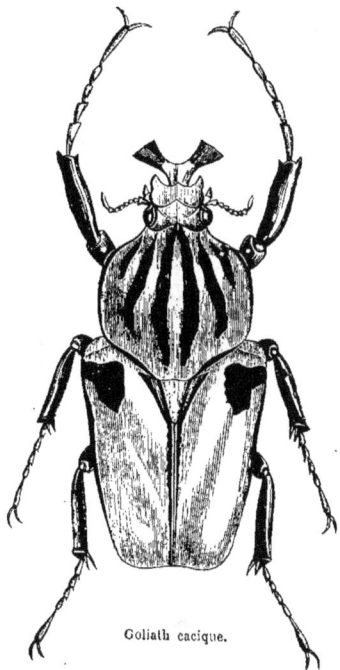

Goliath cacique.

GOLIATH. Ce nom du géant biblique sert à désigner un genre d'insectes COLÉOPTÈRES de la famille

des *Lamellicornes*, tribu des *Cétonidés*. Ce sont les géants du groupe. Ils habitent l'Afrique équinoxiale. Tels sont les **Goliath giganteus** et **cacicus**, qui ont de 8 à 9 centimètres de longueur. Leur grande taille et leur beauté les font rechercher par les amateurs; mais ils sont rares dans les collections. Le **Goliath cacique** est un des insectes les plus remarquables de l'ordre des Coléoptères, tant par sa grande taille que par sa forme particulière, ainsi qu'on en peut juger par la figure que nous donnons ici. Ce nom de *cacique*, qui rappelle les princes du Mexique, lui a été donné par suite d'une erreur, qui l'a fait longtemps regarder comme originaire de l'Amérique. Sa véritable patrie est la Guinée, où il vit sur la cime des arbres, s'abreuvant du suc des fleurs. Ce bel insecte a le corselet rougeâtre avec des bandes noires; ses élytres d'un gris clair sont bordées de noir.

GOMART. (Voir BURSÈRE.)

GOMBO. (Voir KETMIE.)

GOMME. C'est un suc végétal qui découle naturellement ou par incision de certaines plantes ligneuses, s'épaissit à l'air, devient concret et forme une substance sèche, solide et incristallisable; incolore, translucide, insipide, ou du moins très fade, sans odeur, inaltérable à l'air, soluble dans l'eau, à laquelle elle donne une consistance épaisse et visqueuse; insoluble dans l'alcool. Toutes les Gommes présentent la composition chimique de l'amidon. La Gomme est très répandue dans les plantes dicotylédones, principalement de la famille des *Légumineuses*. On la trouve souvent combinée avec la résine; on lui donne alors le nom de *gomme-résine*. Considérée sous le point de vue physiologique, la Gomme n'est autre chose que la sève descendante des végétaux; elle est pour eux le fluide régénérateur des tissus. La sortie de la Gomme est donc une véritable hémorragie, qui appauvrit la plante et l'épuise insensiblement : aussi voit-on les arbres qui laissent exsuder des Gommes dépérir peu à peu et bientôt mourir, si l'écoulement a été trop considérable. Les climats chauds possèdent plus d'arbres gommifères que les climats tempérés; tels sont les *Acacia nilotica, arabica* et *senegalensis*, auxquels on doit les **Gommes arabique** et **du Sénégal**, les *Astragalus creticus* et *tragacantha*, qui donnent la **Gomme adragante**. Plusieurs acacias de l'Inde et du Chili fournissent des Gommes qui n'arrivent pas en Europe. Les Gommes de nos pruniers, pêchers, abricotiers (rosacées), sont connues sous le nom de **Gomme du pays** ou **Gommes nostras**; elles sont peu solubles. Les Gommes arabique et du Sénégal ont surtout une haute importance dans les arts et dans la médecine; on les administre à l'intérieur comme pectoraux et des adoucissants estimés : les pâtes de jujube, de guimauve et de réglisse ont toutes la Gomme pour base.

GOMME-COPAL. (Voir COPAL.)

GOMME ÉLASTIQUE. (Voir CAOUTCHOUC.)

GOMME-GUTTE. La Gutte est une gomme-résine qui provient de plusieurs plantes de la famille des

Guttifères, arbres de l'Inde, presque tous aromatiques et remarquables par les sucs propres abondants qui découlent de leur écorce. Le *Stalagmites cambogioïdes*, de Ceylan et de Cambodge, et le *Garcinia cambogia*, de l'Inde, sont les arbres auxquels on doit particulièrement la Gomme-Gutte. On favorise la sortie de ce suc soit en incisant l'écorce, soit en rompant les jeunes branches de l'arbre. A peine exposée à l'air, elle se solidifie et prend l'aspect qu'on lui connaît, en morceaux irréguliers ayant quelque ressemblance avec l'aloès, mais d'une couleur plus vive. La cassure de la Gomme-Gutte est nette et brillante, d'un beau jaune rougeâtre ; elle s'enflamme à la bougie et brûle en émettant beaucoup de fumée ; elle n'a pas d'odeur. Cette substance est un purgatif énergique, elle est depuis longtemps employée en médecine ; cependant son usage demande beaucoup de prudence. La Gutte fournit aux peintres une belle couleur jaune et d'excellent vernis. L'alcool et l'essence de térébenthine la dissolvent presque en entier, mais l'eau n'en dissout que la partie gommeuse.

GOMME-LAQUE. (Voir LAQUE.)

GOMME-RÉSINE. On donne ce nom aux sucs concrets des plantes obtenus par exsudation spontanée ou par incision, et consistant en un mélange de gomme, de résine, d'huile volatile, solubles dans l'alcool dilué chaud. Lorsque l'on verse de l'eau dans une solution alcoolique de Gomme-Résine, la liqueur se trouble et prend un aspect laiteux, parce que la résine, qui est insoluble dans l'eau, se sépare et reste en suspension. Les Gommes-Résines sont fournies généralement par des plantes herbacées, tandis que les résines viennent le plus souvent de plantes ligneuses. Les principales Gommes-Résines sont : l'*Asa fœtida*, le *Galbanum*, l'*Opoponax*, l'*Oliban* ou *Encens*, la *Myrrhe*, la *Gomme-Gutte*, etc.

GOMMIER. Nom vulgaire de la Bursère gummifère et des *Mimosa nilotica, arabica* et *senegalensis*, qui produisent les gommes dites arabiques. On donne, en Australie, le nom de *Gommier* aux Eucalyptus.

GOMPHRÈNE, *Gomphrena* (du grec *gomphos*, clou, de l'inflorescence en tête). Genre de plantes dicotylédones, apétales, de la famille des *Amarantacées*. Ce sont des herbes ou des arbrisseaux à feuilles opposées, à fleurs disposées en épis ou en capitules et accompagnées chacune de trois bractées, répandues dans les contrées intertropicales de l'Asie et de l'Amérique. — L'Amarantine (G. *globosa*), de l'Inde, est fréquemment cultivée dans les jardins, à cause de ses fleurs en têtes globuleuses d'un rouge violet. On lui donne souvent le nom d'*immortelle violette*. Une espèce du Brésil, la **Gomphrena officinalis**, jouit dans son pays d'une grande réputation comme tonique et stimulante ; elle y porte le nom de *paratudo*, comme qui dirait *panacée*.

GONGYLES (du grec *goygulos*, rond). Corpuscules reproducteurs des lichens et des hépatiques.

GONIATITE (du grec *gónia*, angle). Genre fossile de mollusques CÉPHALOPODES de la famille des *Ammonitidés*. Ce sont de belles coquilles régulièrement

enroulées en spirale et qui diffèrent des ammonites en ce que leurs cloisons sont simplement sinueuses et non ramifiées. Les Goniatites sont abondantes dans l'étage dévonien ; mais leur existence se prolonge depuis le silurien jusque dans les couches crétacées.

Goniatites Hœninghausi.

GONIDIES (du grec *gonos*, semence). Nom donné en botanique aux cellules vertes dont se composent en grande partie le thalle des lichens et les frondes des hépatiques et qui donnent naissance aux corpuscules reproducteurs ou gongyles.

GORDIUS. Genre de vers de l'ordre des NÉMATOÏDES ou vers ronds, qui vivent en parasites à l'intérieur des crustacés et des insectes aquatiques. — L'espèce la mieux connue est le *Gordius aquaticus*, plus connu sous le nom de *dragonneau*.

GORFOU. Nom vulgaire du grand Pingouin.

GORGE. En anatomie, ce mot est synonyme de Pharynx. En ornithologie, on désigne sous ce nom la partie antérieure du cou des oiseaux. Accompagné d'une épithète, il sert à désigner certaines espèces ; ainsi l'on nomme :

Gorge blanche, la Fauvette grise ;
Gorge bleue, un Cotinga ;
Gorge noire, le Rossignol de murailles ;
Gorge rose, une espèce de Gros-bec ;
Gorge rouge, le Rouge-gorge.

Gorgone.

GORGONE. Genre de cœlentérés de la classe des CORALLIAIRES, ordre des ALCYONAIRES, type de la famille des *Gorgonidés*. Ce sont des polypiers constitués par un axe de consistance cornée, flexible, élastique, qui tantôt pousse de longs rameaux parfaitement rectilignes, tantôt se divise en branches légères, tantôt s'épanouit en éventail. Cet axe est revêtu d'une partie corticale ou sarcosome dans lequel sont disséminés des spicules épars. Les polypes sont insérés sur des verrues saillantes. — Le type du genre, **Gorgonia verrucosa**, habite la Méditerranée. Le polypier est en forme d'arbuscule très rameux, sur les branches duquel les tubercules calycifères sont distribués irrégulièrement; sa couleur est d'un blanc jaunâtre.

La famille des *Gorgonidés* comprend les genres *Gorgonia, Isis, Corallium*, etc.

GORILLE. Le navigateur carthaginois Hannon raconte, dans la relation du voyage qu'il fit, environ cinq siècles avant l'ère chrétienne, le long des côtes occidentales de l'Afrique, qu'ils rencontrèrent des hommes sauvages, tout velus, qui, à leur approche, s'enfuirent avec une étonnante agilité à travers les rochers, en leur jetant des pierres. Ses interprètes les nommaient *Gorilles*. Ils s'emparèrent de trois femelles qu'ils furent obligés de tuer à cause de leur férocité, et dont ils consacrèrent les peaux, à leur retour, dans le temple de Junon Astarté. Ces sauvages velus étaient évidemment des singes, et la science moderne a emprunté ce nom au navigateur carthaginois pour le donner à une grande espèce nouvelle, récemment découverte sur la côte occidentale d'Afrique au Gabon. Le Gorille prend place à côté de l'orang-outang et du chimpanzé, c'est-à-dire des singes qui se rapprochent le plus de l'homme par leur conformation et par leurs facultés, et que pour cette raison on a nommés *anthropomorphes*. C'est le plus grand des singes connus; sa hauteur n'est que celle d'un homme de moyenne stature; mais les membres postérieurs étant relativement très courts, son corps est beaucoup plus long et d'un diamètre proportionnellement plus considérable que chez l'homme. En effet, sa hauteur totale est de 1^m,70 à 1^m,80 et sa circonférence à la poitrine de 1^m,50. Ses bras ont 1 mètre de longueur, tandis que ses jambes ne mesurent que 75 centimètres. Sa tête présente un énorme museau que termine une bouche largement fendue, garnie de lèvres minces et de fortes dents en nombre égal à celles de l'homme; les canines, très développées, dépassent de beaucoup les incisives. Sa face est dépourvue de poils, excepté sur la lèvre supérieure et au menton; le nez est large et plat, les yeux et le front très fuyants.

Gorille.

Le Gorille n'est encore que très imparfaitement connu; on ne sait presque rien de ses mœurs; mais quelques-uns de ses caractères, et notamment la conformation presque exactement humaine de ses mains antérieures, donnent à penser que cette espèce se rapproche encore plus de l'homme que le chimpanzé et l'orang-outang lui-même. Un voyageur chasseur, M. du Chaillu, qui a vu de près le Gorille, a donné des détails intéressants sur cet animal. Le Gorille ne vit pas en troupe. En fait d'adultes, on ne rencontre jamais que le mâle et la femelle. Ils demeurent sur les arbres et se construisent avec des branchages une espèce d'abri où ils se retirent la nuit pour dormir. Le Gorille est très farouche et évite la présence de l'homme; mais lorsque le chasseur se trouve face à face avec l'animal, celui-ci ne cherche pas à fuir. Son rugissement terrible et retentissant dénonce d'ailleurs sa présence; on l'entend à une lieue de distance. Il se redresse alors de toute sa hauteur, regardant hardiment son ennemi en face; ses yeux gris et enfoncés brillent au fond de leur orbite d'un éclat sauvage; ses traits contractés sont sillonnés de rides affreuses, ses lèvres minces s'écartent et laissent voir ses longues dents aiguës, et il bat sa vaste poitrine de ses énormes poings en poussant rugissement sur rugissement. Il ressemble ainsi d'une manière effrayante à un homme velu, ou plutôt à ces créations fantastiques, moitié hommes, moitié bêtes, dont l'imagination de nos vieux peintres a peuplé les régions infernales. Si le chasseur tire et manque son coup, le Gorille s'élance aussitôt sur lui, et personne ne peut résister à ce terrible assaut. Un seul coup de son énorme main armée d'ongles robustes éventre un homme, lui brise la poitrine ou lui écrase la tête. — Le Gorille adulte est tout à fait indomptable; quant aux petits Gorilles, même pris à la mamelle, ils ont toujours montré un caractère intraitable jusqu'à leur mort, qui termine toujours une courte captivité; ils refusent toute nourriture, mordent et déchirent avec rage celui même qui pourvoit à leurs besoins. — Le Gorille est presque entièrement de couleur noire, si ce n'est le front, qui est brun roussâtre, et la face interne des cuisses, dont les poils sont gris. Le Muséum de Paris possède des squelettes montés et plusieurs crânes de cet animal, ainsi qu'une peau préparée avec le plus grand soin et à laquelle l'artiste a su donner l'apparence de la vie.

GOSIER. Nom vulgaire donné à l'arrière-bouche ou Pharynx.

GOSSYPIUM. Nom scientifique du Cotonnier. (Voir ce mot.)

GOUET (*Arum*). Genre de plantes monocotylédones, spadiciflores, type de la famille des *Aroïdées*. Les plantes de cette famille ont des fleurs unisexuées, sans calice propre, ordinairement munies d'une spathe ou enveloppe renfermant le spadice, axe charnu qui supporte les fleurs. Les Gouets ont leur spathe roulée en cornet, enveloppant un spadice en massue, nu à sa partie supérieure, couvert inférieurement de fleurs femelles qui consistent en un carpelle nu, et garni, dans le milieu, d'étamines qui constituent autant de fleurs mâles. Le fruit est une baie globuleuse, pisiforme, renfermant une seule graine. Les arums sont des plantes vivaces, à racine tuberculeuse, charnue et très riche en fécule (72 pour 100). — L'espèce la plus connue à cause de ses propriétés médicales est le **Gouet ordinaire** (*A. maculatum*, L.), nommé vulgairement *pied de veau*. Ses feuilles sont grandes, sagittées, d'un vert luisant en dessus, quelquefois tachetées de noir. La spathe est d'un vert très pâle, bordée de pourpre; le spadice est rougeâtre ou violacé, les baies sont d'un rouge vif. Cette espèce, assez commune aux environs de Paris, fleurit dès le mois de mars dans les lieux ombragés et humides. La racine du *pied de veau* renferme un suc âcre et

laiteux, qui jouit de propriétés purgatives très intenses; mais son âcreté fait qu'on l'emploie rarement. En Esclavonie, cette racine, cuite et desséchée, sert d'aliment. Le tubercule de l'*Arum coloca-*

Arum maculatum.

sia, de l'Inde, cultivé également en Égypte, est une plante potagère. Il en est de même de l'*Arum esculentum*, des Antilles, connu en Amérique sous le nom de *chou caraïbe* : on mange ses feuilles et ses racines. — Le **Gouet attrape-mouche** (*A. crinitum*), de Minorque, est une plante fort singulière : son spadice est garni de nombreuses soies violettes couchées le long de l'axe, qui se redressent et s'enlacent pour retenir les mouches qu'attire l'odeur cadavéreuse de la fleur. — Les **Calla** sont très voisins des Arums; on en cultive une espèce remarquable par la beauté de son grand cornet floral blanc et de ses feuilles d'un vert velouté, dans les bassins et les aquariums.

GOUJON (*Gobio*). Genre de poissons MALACOPTÈRES ABDOMINAUX, de la famille des *Cyprinidés*. Ces poissons se reconnaissent à l'absence d'épines aux nageoires dorsale et anale, et aux barbillons qui entourent leur bouche; ils se distinguent des Barbeaux par leur taille beaucoup plus petite et par les écailles de leur corps beaucoup plus grandes.—L'espèce commune, le **Gobio fluviatilis**, L., reconnaissable à ses flancs couverts de taches rondes, vit en petites troupes dans nos eaux douces. Elle passe de préférence l'hiver dans les lacs, et au printemps remonte les rivières pour frayer. Sa nourriture consiste en vers et en insectes aquatiques; elle ne dédaigne pas non plus la charogne. Sa taille dépasse ra ement 15 centimètres. Ses couleurs varient beaucoup, mais ne sont jamais brillantes ; ses nageoires sont piquetées de brun. Sa chair est estimée et on en fait d'excellentes fritures. — On en

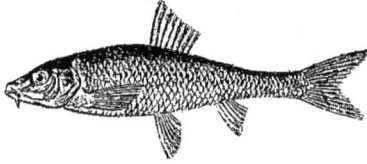

Goujon.

connaît une seconde espèce qui vit dans les fleuves de l'Allemagne, et que l'on a prise aussi dans la Somme, c'est le **Gobio obtusirostris**, d'ailleurs peu différent de notre Goujon. Ce dernier fraye en mai et juin.

GOUJON DE MER. (Voir Gobie.)

GOUJONNIÈRE [Perche]. (Voir Gremille.)

GOUR. Espèce du genre *Bœuf*, qui se rapproche beaucoup du gyall ou bœuf des jongles (*Bos frontalis*), de l'Inde, dont il n'est peut-être qu'une simple variété.

GOURA. (Voir Pigeon.)

GOURAMI (*Osphromenus*). Genre de poissons de la famille des *Labyrinthiformes*, caractérisés par le grand nombre des rayons épineux de leur dorsale ; leurs mâchoires garnies d'une bande étroite de dents en velours, et le développement de leur appareil labyrinthiforme, qui leur permet de vivre un temps assez long hors de l'eau. — L'espèce la plus remarquable du genre, le **Gourami** (*O. olfax*), est originaire de la Chine, d'où on l'a transportée à Java, à l'île de France, en Australie, etc., où elle s'est parfaitement acclimatée. Ce poisson vit dans les eaux douces et atteint communément 1 mètre de longueur. Son corps, très haut et comprimé, est recouvert de grandes écailles arrondies d'un brun doré ; sa tête est courte et obtuse, les nageoires dorsale et anale très développées et le premier rayon de la ventrale prolongé en un long filet ; sa

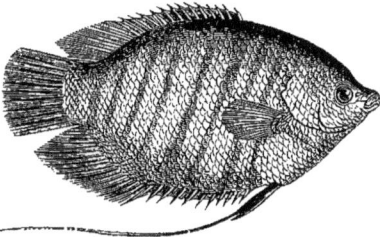

Gourami.

queue est courte et arrondie. Le Gourami joue un rôle important dans l'alimentation des Chinois, non seulement par son volume, mais par la délicatesse de sa chair, qui est comparable et même

supérieure, dit-on, à celle du turbot. Ce serait une précieuse acquisition pour nos rivières.

GOURDE. Nom sous lequel on désigne vulgairement le fruit d'une plante du genre *Courge* (*Cucurbita lagenaria*), et auquel on donne aussi le nom de *Calebasse*.

GOURGANE. Nom vulgaire de la Fève.

GOURKOUR. Nom persan de l'Onagre.

GOUSSE. Fruit sec ou membraneux, s'ouvrant en deux valves par ses deux sutures, ordinairement à plusieurs graines attachées sur la suture supérieure et placées alternativement sur l'une et l'autre valve (pois, genêt). Il est le plus souvent à une seule loge, mais parfois partagée par des étranglements en plusieurs loges monospermes (sainfoin, coronille). On dit alors la Gousse *lomentacée*. La Gousse qu'on appelle également *Cosse* ou *Légume* est spéciale à la grande famille des *Légumineuses*. (Voir ce mot et Fruit.)

GOUSSE A SAVON. (Voir Gymnoclade.)

GOUT. Celui des cinq sens qui nous permet de percevoir les saveurs des corps. Son siège est dans la cavité buccale, à l'entrée des voies digestives. La langue est son organe spécial ; les piliers et la face antérieure du voile du palais perçoivent les saveurs, mais, contrairement à l'opinion générale, la voûte palatine n'est pas impressionnée par les corps sapides. (Voir Bouche, Langue et Nutrition.)

GOUTTE D'EAU. Nom vulgaire d'une coquille du genre Bulle, la *Bulla hydatis*.

GOUTTE DE SANG. Un des noms vulgaires de l'Adonis d'automne.

GOYAVE. (Voir Goyavier.)

GOYAVIER. Genre de plantes de la famille des *Myrtacées*, connu des botanistes sous le nom de *Psidium*, et renfermant plusieurs arbres à fruits mangeables et très estimés dans les pays chauds. Les Goyaviers sont des arbres ou des arbrisseaux à feuilles coriaces, persistantes, opposées, très entières. Les pédoncules, solitaires aux aisselles des feuilles, opposés, donnent naissance à une, deux ou trois fleurs, quatre ou cinq-lobées, à corolle blanche, à étamines jaunes très nombreuses. Les espèces de ce genre croissent presque toutes dans les contrées intertropicales de l'Amérique. — Le **Goyavier-poire** et le **Goyavier-pomme** se cultivent comme arbres fruitiers dans toute la zone équatoriale, ainsi que dans les régions chaudes de la zone tempérée ; ils doivent leur nom à la forme de leur fruit. Le premier (*P. pyriferum* L.), ou *Goyavier blanc*, est un petit arbre à rameaux quadrangulaires, à pédoncules terminés par une seule fleur ; le fruit, en forme de poire, est jaune à l'extérieur et renferme une pulpe succulente blanche, d'une saveur douceâtre, aromatique, et un peu musquée. Ce fruit, nommé vulgairement *goyave*, passe pour un aliment sain et agréable ; on le mange cuit ou cru, et l'on en prépare des gelées et des confitures. — Le second (*P. pomiferum*, L.), ou *Goyavier rouge*, diffère du précédent par ses pédoncules à trois fleurs et par ses fruits moins gros, plus ronds, à pulpe acide, rougeâtre. Le fruit de cette espèce est astringent et ne se mange qu'en confitures et en compotes. — Le **Goyavier de la Chine** (*P. cattlejanum*, L.) produit un fruit du volume d'une pêche, de couleur pourpre, à pulpe à la fois sucrée et

Goyavier.

acidulée ; cette espèce est plus recherchée que les goyaves communes. — Un autre Goyavier (*P. polycarpum*), qui croît dans les savanes de la Trinité, produit des fruits du volume d'une noix et d'une saveur délicieuse.

GRACULUS. Nom latin du Geai, que l'on nomme aujourd'hui *garrulus*. Le nom de *gracula* désigne actuellement le Martin.

GRAIN. (Voir GRAINE.) On nomme vulgairement **Grain d'avoine**, **Grain de blé**, **Grain d'orge**, des petites coquilles ovalaires des genres *Bulime* et *Porcelaine*.

GRAINE (*Semen*, semence). L'ovule qui se développe et mûrit, après avoir été fécondé, constitue la Graine. La Graine contient l'embryon du végétal. Toute Graine est constamment attachée à la paroi interne du péricarpe (voir FRUIT), de sorte que lorsqu'elle vient à s'en détacher, elle laisse voir une petite cicatrice qui indique le point d'adhérence. Ce point, qui marque la base de la Graine, se nomme *hile* ou *ombilic*. Il est quelquefois petit et peu visible ; mais dans quelques plantes, au contraire, il forme une cicatrice parfois très large et d'une couleur particulière, comme dans le marronnier d'Inde, par exemple. C'est par ce hile que les vaisseaux nourriciers passent du péricarpe dans la Graine, et l'ouverture qui se trouve au centre

ou sur la côte du hile est dite *omphalode*. La partie qui continue le cordon ombilical, depuis le hile jusqu'à la paroi interne de l'enveloppe de la Graine, est appelée *raphé*. Le point extrême du raphé est appelé *chalaze* ou *ombilic interne*. Dans beaucoup de Graines, on trouve près du hile une perfororation, que l'on a nommée *micropyle*, de deux mots grecs qui signifient petite porte. L'enveloppe de la Graine, dont le hile n'est qu'un point, se nomme *épisperme*. On y distingue assez facilement, dans la plupart des plantes, une couche externe nommée *test*, et une intérieure, appelée *tegmen*. Aucune Graine ne manque d'épisperme ; seulement cette enveloppe peut être excessivement mince et soudée avec les parties sous-jacentes, comme on le voit dans les labiées. Au-dessous de l'épisperme se trouve l'*amande* qui peut renfermer une ou deux portions : l'*albumen*, aussi nommé *périsperme*, et l'*embryon*, ou seulement ce dernier, qui est la partie essentielle, la petite plante en miniature. L'albumen est formé de tissu cellulaire ; il est amylacé, corné ou oléagineux, suivant les familles. Il est destiné à fournir, lors de la germination, au jeune embryon, une nourriture toute préparée et d'une facile assimilation. C'est l'albumen du grain de blé qui donne la farine ; c'est l'albumen du café que l'on torréfie et dont on extrait, par infusion, l'arome et les sucs modifiés par la chaleur ; c'est enfin l'albumen qui fournit le lait des fruits du cocotier. — L'embryon étant, en quelque sorte, un végétal déjà formé, toutes les parties qu'il doit un jour développer y existent, mais seulement à l'état rudimentaire. Il est essentiellement formé de quatre parties : 1° du *corps radiculaire* ; 2° du *corps cotylédonaire* ; 3° de la *gemmule* ; 4° de la *tigelle*. Le corps radiculaire ou la *radicule* (R) constitue une des extrémités de l'embryon ; c'est lui qui, par la germination, doit donner naissance à la racine. Cette partie se dirige toujours vers le centre de la terre, quelle que soit la position que l'on donne à l'embryon. Les plantes parasites

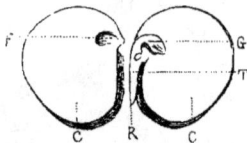

Graine du pois ouverte.

font seules exception à cette règle. Le corps cotylédonaire peut être simple et parfaitement indivis : dans ce cas, il est formé par un seul cotylédon et l'embryon est dit *monocotylédoné*, comme dans le riz, l'orge, etc. D'autres fois et plus souvent, il est formé de deux corps réunis à leur base : l'embryon est dit alors *dicotylédoné* (C, C), comme dans les fèves, les haricots, la moutarde, etc. Les cotylédons peuvent être en nombre supérieur à deux dans le même embryon : cela existe presque toujours dans la famille des conifères, tels que pins, sapins, cyprès, etc. Les cotylédons ont pour usage de favoriser le développement de la jeune plante, en lui fournissant, par leur ramollissement et leur dissolution, une nourriture analogue, à quelques égards, au lait des animaux mammifères. La *gemmule* (G) est le petit corps qui naît entre les cotylédons ou dans la cavité même du cotylédon, quand ce dernier est unique. C'est le premier bourgeon de la jeune plante qui va se développer. La *tigelle* (T) n'existe pas toujours d'une manière bien marquée; elle se confond d'une part avec la base du corps cotylédonaire, et de l'autre avec la radicule, dont elle est une sorte de prolongement. Les Graines, avant d'être confiées aux milieux dans lesquels elles doivent se développer, mûrissent, comme on le dit vulgairement. Cette maturation consiste en ce que l'eau qu'elles contenaient s'est transformée, par l'adjonction d'autres substances, en fécule, en huile, etc. Le carbone et les matières terreuses dominent dans les enveloppes, comme la fécule et l'huile dans l'albumen et l'embryon. — Plusieurs conditions sont nécessaires pour la germination des Graines : la *fécondation;* les Graines non fécondées par le pollen sont frappées de stérilité ; l'*intégrité* et la *fraîcheur* des Graines; les Graines huileuses surtout perdent assez promptement leur aptitude à germer : les Graines farineuses, au contraire, la conservent très longtemps, puisque des grains de blé et d'orge, trouvés dans les tombeaux égyptiens et romains, confiés à la terre, n'avaient pas encore, dit-on, perdu la faculté de germer, quoique vieux de plusieurs siècles. L'eau, l'air et une chaleur convena-

Graine de pissenlit.   Graine de valériane.

nable sont également nécessaires à la germination. Une fois mûres dans leurs fruits, les Graines doivent être dispersées à la surface du sol pour germer en des points où elles trouvent des conditions favorables. La nature a employé une foule de précautions admirables pour assurer leur dissémination. Les unes sont lancées au loin par les valves du fruit qui s'ouvrent brusquement et s'enroulent comme un ressort (balsamine); d'autres sont munies d'aigrettes, de panaches, d'ailerons qui les soutiennent en l'air et donnent prise au moindre souffle d'air; telles sont celles des chardons, des pissenlits, des bleuets,

de l'orme, etc. Quelques-unes, garnies d'épines ou de crochets, s'attachent aux animaux, qui les transportent au loin. Il en est enfin qui sont renfermées dans une enveloppe crustacée indigestible ; les oiseaux les avalent et vont les ressemer ailleurs.

On nomme vulgairement :

Graine d'Avignon, les fruits du Nerprun des teinturiers;

Graine d'écarlate, le Kermès du chêne;

Graine de musc, les graines de la Ketmie musquée;

Graine de paradis, le fruit d'une espèce d'Amome;

Graine de Tilly, les semences du Croton tiglium;

GRAISSET. Nom vulgaire de la Rainette commune. (Voir Grenouille.)

GRALLÆ. Nom scientifique latin des oiseaux de l'ordre des Échassiers.

GRAMINÉES. Famille de plantes de la classe des Monocotylédonées, à la fois l'une des plus naturelles, des plus riches en espèces, et des plus importantes sous le rapport de l'utilité. Le blé, l'orge, l'avoine et toutes les autres céréales sont des exemples connus de tout le monde. On connaît plus de deux mille espèces de Graminées. Aucune contrée du globe n'est privée de Graminées; on en trouve de nombreux représentants en toute localité et en tout sol, depuis les contrées équinoxiales les plus brûlantes jusqu'aux dernières limites de la végétation, soit au bord des neiges éternelles dans les chaînes alpines, soit dans les régions hyperboréennes. En général, les Graminées sont des herbes basses et touffues; toutefois, un certain nombre d'espèces, surtout parmi celles des pays chauds, atteignent une grande hauteur. Le bambou, cette Graminée gigantesque de la zone torride, offre un tronc ligneux comparable à celui des palmiers, avec lesquels il peut souvent rivaliser en grandeur. La racine des Graminées est fibreuse; dans les espèces annuelles, les fibres partent immédiatement du collet de la plante; dans les espèces vivaces, elles naissent sur une souche souterraine en général traçante. La tige (qu'on désigne aussi par le nom spécial de *chaume*), simple ou rameuse, est cylindrique, et offre de distance en distance des nœuds solides et articulés, tandis que les espaces compris entre ces renflements sont d'ordinaire creux à l'intérieur dans toute leur longueur. Les feuilles, alternes et striées de fines nervures longitudinales, se composent de la *gaine* et de la *lame*. La gaine est la partie inférieure plus ou moins enroulée, partant d'un nœud de la tige et recouvrant celle-ci jusqu'au nœud suivant, point où commence la lame. Celle-ci, en général plane, est communément linéaire et assez étroite. Les fleurs (hermaphrodites en beaucoup d'espèces, diclines ou polygames dans d'autres), toujours dépourvues de calice et de corolle, sont insérées, en général, au nombre de deux à vingt, immédiatement le long d'un rachis (axe commun) grêle et flexueux, de manière qu'un assemblage de cette nature forme un petit épi (*épillet*) à deux rangs de fleurs alternes. Chaque fleur est accompagnée à sa base de deux bractées en forme d'écailles. Ces bractées spéciales de chaque fleur sont appelées *glumelles* ou *paillettes*. (Linné les considérait comme la corolle des Graminées.) A la base de chaque épillet s'insèrent deux autres bractées assez semblables aux glumelles, mais en général plus grandes ; ce sont les *glumes* (organes envisagés par Linné comme le calice des Graminées, et nommés *spathes* par d'autres auteurs). Dans un certain nombre d'espèces, l'épillet se trouve réduit à une seule fleur. Les épillets eux-mêmes sont groupés en nombre plus ou moins considérable, en panicules, soit amples et plus ou moins lâches (comme

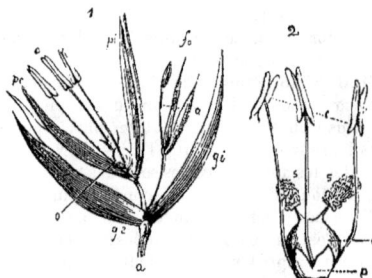

Fleur de Graminée.

— *pe*, paillette externe de la fleur fertile ; *pi*, paillette interne ? *e*, étamine ; *o*, pistil ; *a*, axe ; *ge*, glumes externes ; *gi*, glumes internes ; *fa*, fleurs supérieures avortées.
2. — Fleur fertile dépouillée de sa glume ; *e*, étamines ; *p*, paléoles ; *o*, ovaire ; *ss*, stigmates.

dans l'avoine, le millet, etc.), soit resserrées en forme d'épi (comme dans le froment, le seigle, l'orge, etc.). L'inflorescence générale est ou terminale, ou axillaire et terminale. — Les organes floraux proprement dits se réduisent au pistil et aux étamines, accompagnés, dans presque toutes les espèces, d'une, de deux ou de trois petites squamules, ou *écailles hypogynes* insérées au-dessous de l'ovaire. Les étamines, insérées également au-dessous de l'ovaire, sont, en général, au nombre de trois, moins habituellement d'une seule, de deux, de quatre, de six, ou rarement en nombre indéfini. L'ovaire, à une seule loge, contient un seul ovule ; il est surmonté de deux styles (plus rarement d'un seul ou de trois styles) terminés chacun par un stigmate, soit plumeux, soit poilu. Le fruit, toujours à parois sèches et membraneuses, finit par se souder au tégument de la graine, et, par conséquent, il reste clos à la maturité, époque à laquelle il se détache en général de l'axe ; les botanistes désignent ce fruit par le nom de *caryopse*. La graine offre un périsperme farineux, en général beaucoup plus volumineux que l'embryon. — L'utilité des Graminées est loin de se borner aux avantages déjà immenses qui résultent, pour l'homme civilisé, de la culture des céréales. La fécule nutritive contenue dans les graines de ces dernières se trouve, sans exception, dans le périsperme des autres Graminées ; mais le

volume peu considérable des graines de la plupart de ces végétaux rendrait l'extraction de la farine peu avantageuse. Toutefois, plusieurs espèces, quoique beaucoup moins importantes que les céréales proprement dites, sont néanmoins l'objet d'une culture très étendue à titre de plantes alimentaires : telles sont, par exemple, le millet et l'alpiste ou graine de Canarie, en Europe ; le sorgho ou doura, le *Panicum miliaceum*, et autres, dans l'Asie équatoriale et en Afrique. Les graines de la fétuque d'eau (*Festuca fluitans*, L.) sont recueillies par les pauvres dans le nord de l'Europe ; on en fait de même des graines du riz sauvage (*Zizania aquatica*, L.), dans l'Amérique septentrionale. Du reste, une multitude d'animaux doivent leur subsistance, pendant une partie de l'année, aux graines des Graminées sauvages. Les Graminées offrent un intérêt presque aussi puissant comme plantes fourragères que comme plantes alimentaires : ce sont elles qui, dans les climats tempérés, constituent le fond des prairies naturelles et des pelouses. Aussi choisit-on fréquemment certaines espèces, connues en agriculture sous le nom de *fourrages graminés*, pour faire des prairies artificielles : telles sont surtout le dactyle (*Dactylis glomerata*, L.), le fromental (*Avena elatior*, L.), la phléole (*Phleum pratense*, L.), la flouve (*Anthoxanthum odoratum*, L.), l'ivraie vivace (*Lolium perenne*, ou *ray-grass*), la houque laineuse (*Holcus lanatus*, L.), et, dans le midi de l'Europe, l'herbe de Guinée (*Panicum altissimum*, Lamk.). On a pu voir à l'article BAMBOU combien sont variés les usages auxquels sert ce végétal. Les sucs des Graminées contiennent une quantité plus ou moins considérable de sucre cristallisable. L'espèce la plus importante sous ce rapport est sans contredit la canne à sucre. A la suite de ce végétal, le *Sorghum saccharatum* (cultivé dans quelques parties de l'Italie), le maïs et l'*Arundo donax* méritent encore d'être signalés à raison de l'abondance des principes sucrés qu'ils renferment. En général, les Graminées n'ont aucune odeur très prononcée ; toutefois, il existe dans plusieurs espèces des huiles essentielles très odorantes. Telles sont l'*Andropogon nardus* ou nard (voir ce mot), employé de tout temps comme parfum dans l'Asie équatoriale, l'*Andropogon schœnanthus*, dont l'infusion est regardée, dans l'Inde, comme un excellent stomachique, et l'*Andropogon citratus*, qui exhale une odeur de citron. L'odeur agréable que répand la flouve, espèce commune en Europe dans les prairies sèches, provient de la présence de l'acide benzoïque. Les feuilles éminemment flexibles et tenaces du spart (*Lygeum spartum*, L.) alimentent une branche d'industrie assez étendue dans l'Europe australe. Aucune Graminée n'est reconnue pour vénéneuse, si l'on en excepte les graines de l'ivraie (*Lolium temulentum*, L.). L'ergot des céréales, à la vérité, est une substance très délétère, mais il ne saurait être considéré que comme une production cryptogamique qui se développe aux dépens de l'ovaire de la plante.

GRANATÉES (de *granatum*, grenadier). Famille de plantes dicotylédones créée pour le seul genre *Grenadier*. (Voir ce mot.) On en fait aujourd'hui une simple section de la famille des *Myrtacées*.

GRANATUM (de ses nombreuses graines). Nom latin du Grenadier.

GRAND, GRANDE. Cet adjectif se joint en histoire naturelle au nom d'une foule d'animaux et de végétaux. C'est à ce nom qu'il faut les chercher. Ainsi : *grand aigle, grand duc, grande grive, grande chélidoine, grande consoude, grand liseron,* voir AIGLE, DUC, GRIVE, CHÉLIDOINE, CONSOUDE, LISERON, etc.

GRAND PAON. (Voir BOMBYX.)

GRANDS VOILIERS. Nom employé par Cuvier comme synonyme de Longipennes.

GRANIT ou **GRANITE** (de l'italien *granito*, grenu). Roche éruptive à contexture agrégée et grenue par excellence, composée principalement de feldspath, qui en forme plus de la moitié, de quelques centièmes de mica et de quartz pour le reste. Le feldspath et le mica varient beaucoup dans leur couleur ; celle de la roche en dépend ; le volume des grains est aussi très variable. Le granit, de même que toutes les autres roches primordiales, ne renferme point de corps organisés. Il n'est jamais stratifié et ne présente aucun délit. On est donc autorisé à le considérer comme une roche d'origine ignée. Il appartient aux résultats des premières dislocations de l'écorce du globe, et il doit presque toujours être rapporté aux époques les plus anciennes. Le Granit de certaines localités est susceptible de désagrégation et de décomposition, par suite de l'action des agents atmosphériques ; c'est à cette action destructive, agissant sur le feldspath, que sont dus les crêtes escarpées et les pics élancés qui distinguent certaines hautes montagnes de Granit. Cette roche, très abondante dans la nature, est employée comme pierre de décoration et de construction ; elle est susceptible d'un beau poli, et l'étendue de ses masses permet d'y tailler des blocs tels que des obélisques. On connaît plusieurs variétés de Granit. Lorsque les trois substances (feldspath, mica et quartz) qui constituent le Granit sont également mélangées, elles forment le Granit commun, qui peut se diviser en deux sous-variétés, selon qu'il est *à gros grains* ou *à petits grains*. Les couleurs les plus ordinaires de ces Granits sont : le grisâtre, le jaunâtre ou le rosé. Lorsque le Granit à petits grains contient des cristaux de feldspath d'une forme régulière et d'une grandeur supérieure à celle des autres substances constituantes, il prend le nom de **Granit porphyroïde**, parce qu'il présente au premier coup d'œil l'aspect d'un porphyre. A ces substances qui composent essentiellement le Granit, il s'en joint plusieurs autres qui varient selon les localités : ainsi on y voit fréquemment des cristaux d'amphibole, de tourmaline, de béryl, d'émeraude, de corindon, de cymophane, de grenat, de pinite, etc. ; on y trouve aussi en amas le quartz ou cristal de roche et le calcaire. Plusieurs

métaux y sont disséminés, tels que la pyrite ou fer sulfuré, l'aimant ou fer oxydulé, l'étain, etc. ; ceux qui y forment des filons sont : le bismuth, le fer, le plomb, l'étain, le cuivre, l'argent et l'or, qui ont ordinairement pour gangue le quartz et le calcaire.

GRANIVORES. On donne ce nom aux animaux qui se nourrissent de graines et spécialement aux oiseaux.

GRAPHITE (de *graphein*, écrire). Le Graphite, qu'on nomme aussi *plombagine* ou *mine de plomb*, est une substance solide, grise, possédant l'éclat métallique, salissant les doigts et laissant une trace sur le papier. Il se trouve en cristaux tabulaires du système hexagonal, mais le plus souvent en écailles et en paillettes. Il est plus dur que le talc, mais moins dur que le gypse. — Cette substance, employée à faire les crayons, est connue de tout le monde. C'est une variété de carbone naturel et presque pur, mais souvent mêlé de matières terreuses. Le poids spécifique du Graphite varie de 1,08 à 2,45. Cette substance se rencontre dans les parties les plus anciennes des terrains de transition. On le trouve dans différentes localités en France, en Corse, en Allemagne, en Russie, en Espagne. Le Graphite est aussi employé pour donner de l'éclat à la tôle et à la fonte, et pour faire des creusets réfractaires. Dans la galvanoplastie, on recouvre de plombagine les corps non conducteurs qui doivent servir de moules.

GRAPPE. Assemblage de fleurs ou de fruits portés sur des pédicelles disposés le long d'un pédoncule commun. (Voir INFLORESCENCE.)

GRASSETTE (*Pinguicula*). Plante herbacée de la

Grassette.

famille des *Utriculariées*, qui croît dans les lieux marécageux de l'Europe tempérée. Ses feuilles radicales et disposées en rosette sont molles et charnues. Du milieu de cette rosette de feuilles s'élèvent deux ou trois longs pédoncules qui portent chacun une fleur assez semblable à la violette. La surface des feuilles est humide et comme onctueuse, et leurs bords sont légèrement enroulés en dessus. Lorsqu'un insecte se pose sur la feuille, il y reste comme englué, la feuille recourbe le bord de son limbe, emprisonne la victime, et ne se déroule que lorsque l'insecte, privé de ses sucs, n'est plus qu'un cadavre inerte. Des expériences concluantes prouvent que certaines plantes ont la faculté de dissoudre les éléments azotés d'une proie vivante et d'en absorber le produit. On a donné à ces végétaux singuliers le nom de *plantes carnivores.* Telles sont, outre la Grassette, la drosère ou rossolis, la dionée, les utriculaires, le népenthes, etc.

GRATERON. Nom vulgaire d'une espèce de Caillelait (*Galium aparine.*)

GRATIOLE. Genre de plantes dicotylédones, monopétales, hypogynes, de la famille des *Scrofulariacées.* Ce sont des plantes herbacées, vivaces, à feuilles opposées, à fleurs axillaires, accompagnées chacune de deux bractées et composées d'un calice à cinq lobes, d'une corolle à deux lèvres, la supérieure bilobée, l'inférieure trilobée, de deux étamines; le fruit est une capsule à quatre valves. — La seule espèce qui croisse en Europe, la **Gratiole officinale**, habite les marais; elle a une odeur nauséabonde et une saveur très amère. C'est un purgatif énergique dont les indigents font communément usage dans certains pays; de là son nom vulgaire d'*herbe à pauvre homme.* Elle s'élève à 5 ou 6 décimètres; ses feuilles à trois nervures sont presque amplexicaules; ses fleurs d'un blanc jaunâtre.

GRAUWACKE (de l'allemand *grau,* gris, et *wacke,* roche). Nom que donnent les Allemands à une sorte de grès polygénique abondant sur les bords du Rhin. Dans le Grauwacke, le ciment, d'un gris de fumée, ou brun, paraît être un schiste argileux imprégné de silice et mêlé de particules anthraciteuses; il emporte des grains de quartz, de feldspath et ordinairement des morceaux de schiste argileux. Il renferme parfois en grand nombre des paillettes de mica. Le Grauwacke appartient aux terrains de transition.

GRÈBE (*Podiceps*). Genre d'oiseaux plongeurs de l'ordre des PALMIPÈDES, section des *Brachyptères,* famille des *Colymbidés.* Les Grèbes ont le corps oblong, situé presque verticalement sur des tarses assez courts; une tête arrondie, entourée de longues plumes et portée par un long cou; un bec long et droit, des yeux à fleur de tête; point de queue; caractères qui leur donnent une physionomie toute particulière. Leur plumage est lustré comme celui des espèces qui passent une partie de leur vie dans l'eau, et on l'emploie souvent comme fourrure. Les Grèbes sont des oiseaux essentiellement nageurs; leurs mouvements hors de l'eau sont embarrassés et lents; aussi ne viennent-ils à terre que lorsque

la tempête les y a poussés. Ces oiseaux volent rarement, mais lorsqu'ils le font, c'est toujours d'une manière rapide et soutenue; ce sont d'ailleurs des oiseaux voyageurs. En automne, ils quittent les bords de la mer pour se répandre dans les lacs de l'intérieur, et au printemps, ils reviennent sur les côtes de l'Océan. Les Grèbes nichent dans l'eau; leur nid est flottant et construit d'un amas de débris végétaux au milieu desquels un petit godet contient les œufs. Leur nourriture consiste en poissons, vers, mollusques, et en plantes marines. Leur chair a une saveur désagréable. Plusieurs espèces vivent en

Grèbe huppé.

Europe, et se voient plus ou moins fréquemment en France. Celle qui est la plus répandue dans ce dernier pays est le **Grèbe huppé** (*P. cristatus*), long de 50 centimètres, brun dans les parties supérieures, blanc argenté dessous, avec deux bouquets de plumes d'un noir lustré, dirigés en arrière de chaque côté de la face, et une rangée de plumes relevées autour du cou en manière de fraise. Viennent ensuite le **Grèbe cornu** (*P. cornutus*), l'**Oreillard** (*P. auritus*), ainsi nommés de la disposition des plumes de leur tête, prolongées en forme de cornes, et le **Grèbe castagneux** (*P. minor*), le plus petit de tous, dépourvu de fraise et de huppes. C'est la seule espèce qui habite exclusivement les eaux douces.

GREFFE. Nous avons déjà dit qu'on donnait le nom de *bouture* (voir ce mot) à toute partie d'un végétal qui, mise en terre, était capable de produire des racines et des branches nouvelles. La *greffe* est une bouture que l'on fait croître, non en terre, mais sur une autre plante. La Greffe consiste donc à appliquer un œil ou un rameau d'un végétal sur un autre végétal, de manière que leur sève puisse se mettre promptement en communication et que celle du sujet passe facilement dans le rameau greffé pour le nourrir comme s'il était planté en terre. Deux époques conviennent particulièrement à la reprise de la plupart des Greffes : le printemps, au moment de l'ascension de la sève ; les approches de l'automne, pendant le cours de la seconde sève. On a groupé les diverses manières de greffer en quatre divisions principales : 1° les *Greffes par approche*, qui consistent à inciser, rapprocher et unir la partie qui doit servir de sujet et celle qui doit servir de Greffe, mais sans séparer celle-ci de son propre pied, le sevrage ne devant avoir lieu qu'après la reprise ; 2° les *Greffes par scions* ou rameaux détachés du pied-mère avant d'être opéré ; 3° les *Greffes par gemmes* ou *boutons*, séparées avec une simple plaque d'écorce du végétal qui les forme, et transportées ainsi sur un autre ; 4° les *Greffes herbacées*, c'est-à-dire celles qui s'opèrent avec les parties non encore ligneuses des plantes. Les usages généraux des Greffes sont de multiplier et de conserver, conjointement avec les marcottes et les boutures, les variétés non transmissibles de semis ; de propager les espèces qui ne fleurissent ou ne grainent que difficilement dans nos régions, d'améliorer celles qui n'ont que peu de valeur, d'obtenir des végétaux utiles là où la qualité de la terre convient mieux à leurs congénères qu'à eux-mêmes. — L'union ne peut se faire qu'entre des végétaux parents à un degré très rapproché ; ainsi, entre le lilas et le frêne, le prunier et le cerisier, le cognassier et le poirier, le pêcher et l'abricotier, etc. ; mais il faut reléguer parmi les fables ce qu'ont rapporté les anciens de certaines Greffes, telles que vigne sur myrte, vigne sur cerisier, citronnier sur pommier, rosier sur houx, etc.

GRÉGARINES (de *gregarius*, qui vit en troupeau). Classe de PROTOZOAIRES, comprenant des organismes cellulaires microscopiques, formés d'une membrane sans ouverture, renfermant un protoplasma rempli de granulations, et présentant un noyau transparent muni d'une nucléole. Les Grégarines sont parfois divisées en plusieurs loges par de fausses cloisons transversales formées d'un protoplasma plus épais. Ces protozoaires vivent en parasites dans les organes digestifs des animaux invertébrés et s'y accumulent parfois en telle quantité qu'ils déterminent la mort. On les divise en *monocystidées* et en *didymophyidées*, suivant que leur corps est simple ou divisé en parties distinctes. L'espèce la plus remarquable habite l'intestin du homard ; c'est la *Gregarina gigantea*, qui atteint 1 centimètre de long.

GREMIL, *Lithospermum* (du grec *lithos*, pierre, et *sperma*, graine). Genre de plantes de la famille des *Borraginées*. Ce sont des herbes vivaces qui croissent dans les lieux incultes, sur le bord des chemins et des bois. Elles ont des feuilles simples, alternes, des fleurs axillaires, le plus souvent disposées en épis au sommet de la tige et des rameaux, à corolle monopétale, infundibuliforme, à cinq étamines, à ovaire supère quadrilobé ; le fruit est composé de quatre petites noix osseuses, situées au fond du calice, qui est persistant et renferment chacune une graine. C'est de ces graines lisses et luisantes, et

dures comme la pierre dans le **Gremil officinal**, que le genre prend son nom (*lithospermum*), et l'espèce celui d'*herbe aux perles*. Cette plante s'élève à 40 ou 50 centimètres ; elle est droite, couverte de feuilles lancéolées et velues ; ses fleurs, petites et blanchâtres, s'épanouissent en mai ; ses petits fruits sont très durs et d'un beau gris de perle. — Le **Gremil tinctorial** du Midi, connu sous le nom d'*orcanette*, plus petit, à fleurs bleues ou violacées, donne par sa racine une couleur vermeille, très employée en Orient.

GREMILLE (*Acerina*). La Gremille, connue de nos pêcheurs sous le nom de *perche goujonnière*, est un petit poisson de la famille des *Percidés*, assez voisin de la Perche ; mais que les points noirs épars sur le dos et la forme du museau font un peu ressembler au goujon. Son corps est ovalaire et moins comprimé que dans la Perche ; les deux nageoires dorsales sont réunies en une seule. Ce poisson est très commun dans presque toutes les eaux douces de l'Europe ; son corps, d'un vert doré en dessus, est en dessous d'un blanc d'argent, irisé de rose et de bleu. Il a la taille du goujon, et vit comme lui en petites troupes. Sa chair est très saine et très délicate.

GREMILLET. Nom vulgaire du Myosotis des marais.

GRENADIER. Arbre de la famille des *Myrtacées*, tribu des *Granatées*, constituant à lui seul, pour les botanistes, le genre *Punica*. Son nom scientifique

Grenadier (*Punica granatum*) ; fleur coupée verticalement.

vient de *malus punica*, terme employé par les Romains pour désigner cet arbre qu'ils avaient reçu de Carthage ; quant à celui de Grenadier, en latin *granatum*, il vient sans doute de la multiplicité des graines qui remplissent son fruit. Le Grenadier s'offre tantôt sous forme d'un buisson et tantôt sous forme d'un petit arbre haut de 5 à 7 mètres. Son tronc tortueux se divise en branches à rameaux touffus, menus et épineux. Ses feuilles, opposées ou verticillées, sont entières, luisantes, courtement pétiolées. Les fleurs, grandes et d'un écarlate brillant, sont presque sessiles et naissent à l'extrémité des ramules, au nombre de une à cinq. Le calice coloré, en tube, est divisé en cinq, six ou sept lobes triangulaires et pointus. Les pétales de la corolle, en même nombre que les lobes du calice, sont insérés à la gorge de celui-ci, ainsi que les étamines, qui sont nombreuses et à filets libres. Le fruit, connu sous le nom de *grenade*, est coriace et indéhiscent, sphérique, couronné par le limbe du calice ; il est à plusieurs loges, et, en outre, divisé par un diaphragme horizontal en deux compartiments inégaux, dont le supérieur est plus ample. Ce fruit, rougeâtre ou jaunâtre à la maturité, n'est guère plus gros qu'une noix à l'état sauvage, mais il atteint par la culture le volume d'une grosse orange ; chaque loge est remplie d'un grand nombre de graines osseuses, enveloppées d'un tégument succulent et pulpeux, lequel est la seule partie mangeable du fruit. Le Grenadier croît spontanément dans le nord de l'Afrique et dans presque toutes les contrées tempérées de l'Asie, d'où il a été introduit en Europe à une époque très reculée. On possède dans le Midi trois variétés de grenades, savoir : celle à pulpe douce, celle à pulpe acidule et celle à pulpe mélangée de sucre et d'acide. Cette pulpe est en général rafraîchissante et astringente. On la suce crue, et l'on en fait aussi des sirops, des confitures, ainsi que des sorbets d'un goût agréable. Les fleurs du Grenadier, nommées en pharmacie *balaustes*, sont très astringentes parce qu'elles contiennent beaucoup de tannin ; leur décoction s'emploie contre les diarrhées chroniques et plusieurs autres maladies. L'écorce du fruit, qui possède les mêmes propriétés que les fleurs, sert au tannage ; c'est avec cette écorce que les Tunisiens obtiennent la belle couleur jaune de leurs maroquins ; elle peut d'ailleurs remplacer la noix de galle dans la préparation de l'encre noire. L'écorce de la racine de Grenadier, administrée aux doses convenables, est l'un des remèdes les plus efficaces contre le *tænia* ou ver solitaire.

GRENAT. Cette substance minérale, composée en grande partie de silice et d'alumine (silicate d'alumine), renferme aussi en quantité notable tantôt de la chaux, tantôt du fer, quelquefois la chaux avec le fer, et d'autres fois le fer uni au manganèse. Mais quelles que soient les combinaisons sous lesquelles se présente le Grenat, sa cristallisation est toujours la même, c'est-à-dire qu'il cristallise dans le système cubique, en présentant pour formes dominantes le trapézoèdre et souvent le dodécaèdre rhomboïdal. Ce sont les différences de composition et de couleurs qu'on remarque dans les Grenats qui en ont déterminé la division en plusieurs espèces. Ceux qui ont des teintes rouges plus ou moins foncées prennent le nom d'*almandines ;* les Grenats jaunâtres ou verdâtres sont des *grossulaires ;* les bruns et noirs constituent les *spessartines* et les *mélanites.* — Les Grenats se trouvent en petite masse dans les gneiss, les schistes et les autres roches anciennes, dans les serpentines et d'autres roches d'origine ignée. Les Grenats *almandines* sont sur-

tout recherchés par les bijoutiers ; ceux qui sont d'un beau rouge feu sont désignés sous le nom de *grenat syrien, grenat oriental.* Ces pierres sont souvent d'un prix assez élevé.

GRENOUILLE (*Rana*). Genre de reptiles de la classe des Batraciens, de l'ordre des Anoures, type de la famille des *Ranidés*, caractérisé par une peau lisse, des membres postérieurs plus longs que le corps, ce qui en fait des animaux sauteurs, des membres antérieurs plus courts, des doigts non munis de pelotes visqueuses, comme dans les rainettes, au nombre de quatre en avant, entièrement palmés, et au nombre de cinq en arrière ; une langue attachée fort en avant et que l'animal lance au dehors pour s'en servir ensuite comme d'une pelle et ramener la proie dans sa bouche ; deux rangées de petites dents, une à la mâchoire supérieure, l'autre au palais, ce qui les distingue nettement des crapauds qui en sont totalement privés. Leur squelette ne présente aucune trace de côtes, ce qui, joint à l'absence d'un diaphragme, nécessite un mode de respiration tout particulier. Lorsque l'animal veut

Transformations de la grenouille.

faire entrer de l'air dans ses poumons, il ferme hermétiquement sa bouche, abaisse son larynx et augmente d'autant sa cavité buccopharyngienne. L'air entre par les fosses nasales et vient remplir ce surplus de capacité. Au printemps, dès que la chaleur vient réchauffer ces animaux au fond des mares qui leur servent d'asile contre le froid, ils songent à se reproduire. La femelle laisse alors échapper ses œufs en longs chapelets flottants, que le mâle arrose de sa liqueur fécondante. Comme les autres batraciens, les Grenouilles subissent des métamorphoses très curieuses : de l'œuf sort un petit être ovoïde (*têtard*), terminé par une longue queue comprimée latéralement, dépourvu de membres et portant de chaque côté du cou une houppe de branchies. Mais bientôt les branchies externes tombent et sont remplacées par des branchies internes assez semblables à celles des poissons ; en même temps, les pattes postérieures apparaissent ; puis, quelque temps après, les pattes antérieures. Jusque-là, le petit animal ressemble assez bien à un batracien urodèle ; mais bientôt la queue, qui déjà s'était rapetissée, finit par disparaître complètement. C'est ce qui distingue les Anoures (grenouille, rainette, crapaud) des Urodèles (salamandres), qui conservent leur queue toute leur vie. — Dès qu'elles sont arrivées à l'état parfait, les Grenouilles respirent par des poumons, leurs branchies s'atrophient, et on les asphyxierait si on les maintenait trop longtemps sous l'eau. — Les Grenouilles ont des formes sveltes, élancées, moins ramassées que celles des crapauds ; leurs couleurs sont vives et agréables. Ce sont en général des animaux essentiellement aquatiques, qui s'éloignent peu du rivage des eaux douces et paisibles ; pendant l'hiver, lorsque les insectes qui font leur principale nourriture cessent de se montrer, elles s'enfoncent dans le sable ou dans la vase, et passent dans un engourdissement profond la saison des froids. Les Grenouilles font entendre, au printemps, un cri sourd et comme plaintif ; les mâles ont en outre un cri particulier, très sonore, auquel on donne le nom de coassement. Les Grenouilles sont les plus agiles des amphibiens ; on les voit souvent s'élancer à une distance de plusieurs pieds, et leur natation rapide et gracieuse ne le cède qu'à celle des poissons. Ces animaux sont très voraces et en même temps assez stupides, car ils

Grenouille verte.

mordent aux appâts les plus grossiers et se laissent prendre à l'hameçon armé d'un ver, d'une mouche, ou même d'un morceau de drap rouge. On mange leurs cuisses dépouillées de leur peau, et l'on en fait un bouillon dont on préconise les effets dans les maladies de poitrine. Les Grenouilles sont répandues dans les deux hémisphères. — La Grenouille verte (R. esculenta, L.) est la plus commune des environs de Paris et que l'on voit se jouer au milieu des plantes aquatiques de nos étangs et de nos rivières. — La Grenouille rousse (R. temporaria, L.) se rencontre au printemps, sautant dans les bois ; elle ne recherche l'eau qu'au temps de la reproduction, elle vit souvent dans les jardins et les haies. — La Grenouille mugissante (R. pipiens), vulgairement Grenouille-taureau, n'a pas moins de 50 centimètres du bout du museau à l'extrémité des pattes postérieures, et habite les marais de la Caroline, aux États-Unis d'Amérique. Très agile, elle saute jusqu'à 3 et 4 mètres, et prend de petits poissons et des oiseaux aquatiques qu'elle saisit par les pattes et entraîne sous l'eau. Son nom vient de la force de son coassement, qui, au dire des voyageurs, ressemble au mugissement d'un taureau.

Les Rainettes (Hyla) diffèrent des Grenouilles par l'extrémité de leurs doigts élargie et arrondie en une espèce de pelote visqueuse qui leur permet de se fixer aux corps et de grimper aux arbres. Ce caractère et quelques autres moins importants les ont fait ériger en famille, celle des Hylidés. Elles se tiennent sur les arbres tout l'été et y poursuivent les insectes ; mais elles pondent dans l'eau et s'enfoncent dans la vase en hiver, comme les autres Grenouilles. — La Rainette commune (H. viridis), connue vulgairement sous le nom de graisset, est d'un beau vert en dessus, blanche en dessous, avec une ligne jaune et noire de chaque côté du corps. — Une espèce de l'Amérique méridionale, la Rainette bicolore, est d'un bleu céleste en dessus, rosée en dessous. — Une autre espèce du Mexique, qui forme un genre particulier, le Notodelphis ovifera, porte ses œufs dans une poche située sur le dos.

GRENOUILLETTE. Nom vulgaire de la Renoncule aquatique.

GRÈS. Roche quartzeuse, c'est-à-dire composée essentiellement de quartz (voir ce mot), à texture grenue, à grains plus ou moins fins, tantôt blanche, tantôt jaune, tantôt rouge, et offrant même souvent l'assemblage de plusieurs couleurs différentes. Les Grès doivent leur origine à des sables quartzeux réunis par un ciment de nature semblable ou étrangère à la leur. On trouve des Grès dans tous les terrains ou grands groupes de roches qui composent l'écorce du globe. Nous citerons les principaux dans l'ordre de leur formation. L'un des plus anciens Grès est celui que l'on nomme psammite ou **Grès argileux, Grès micacé** ; il est postérieur aux micaschistes et aux gneiss. Le **vieux Grès rouge** ou **Grès pourpré,** qui se montre ensuite, est antérieur aux plus anciens combustibles. Le **Grès houiller,** quelquefois micacé, accompagne les couches houillères. Le **Grès rouge,** ordinairement composé d'un gravier dont les parties sont réunies par un ciment argilo-ferrugineux, est postérieur à la formation houillère. Le **Grès bigarré,** ainsi nommé parce qu'il présente un mélange de diverses couleurs, succède au Grès rouge. Différents Grès siliceux ou calcarifères se montrent dans les différents étages du terrain jurassique. Les **Grès verts** et des **Grès ferrugineux** appartiennent au terrain crétacé ou qui comprend la craie. Enfin différents Grès sans traces de débris organiques et des Grès calcarifères appelés mollasses, mais plus récents que les Grès de Fontainebleau, appartiennent aux différents étages du terrain supérieur à la craie. Ces différents Grès sont employés à divers usages, principalement pour la bâtisse et le pavage.

GRIBOURI. Nom vulgaire de l'Eumolpe de la vigne. (Voir Eumolpe.)

GRIFFES. Les ongles prolongés en pointe crochue des carnassiers, des rapaces, etc. — On donne ce nom, en botanique, à des appendices qui naissent de la tige et des rameaux, et servent à accrocher certaines plantes sarmenteuses sur les corps environnants. Le lierre, le jasmin de Virginie sont munis de griffes. Il ne faut pas confondre les *griffes* ou *crampons* avec les suçoirs qui garnissent certaines tiges parasites (cuscute) et qui sont de véritables racines supplémentaires se collant aux plantes voisines pour y puiser les sucs nutritifs.

GRIFFON. Nom vulgaire du Gypaète. (Voir ce mot.) Plusieurs variétés de chiens ont également reçu ce nom.

GRILLON (*Gryllus*). Genre d'insectes de l'ordre des ORTHOPTÈRES, section des *Sauteurs*, famille des *Gryllidés*. Les Grillons sont bien connus de tout le monde

Grillon jeune et adulte.

sous le nom de *cri-cri*, nom qui rappelle le bruit retentissant que produisent les mâles par le frottement de leurs élytres. Quelques espèces se rencontrent dans presque toute l'Europe ; de ce nombre sont : le **Grillon des champs** et le **Grillon domestique**. Le premier (*G. campestris*), noir avec la base des étuis jaunâtre, les cuisses postérieures rouges en dessous et la tête très grosse, se tient sur le bord des chemins, dans les terrains sablonneux, où il se creuse un terrier quelquefois très profond, et dont il ne sort que le soir pour donner la chasse aux insectes, dont il se nourrit. Le Grillon domestique (*G. domesticus*) évite la lumière et recherche la chaleur. Il produit un bruit monotone et ennuyeux que l'on entend le soir ou pendant la nuit dans les cuisines et près des fours. Les anciens trouvaient, à ce qu'il paraît, leur chant très harmonieux, car ils en élevaient dans de petites cages. Les enfants s'amusent à la chasse du grillon en jetant au fond de son trou une fourmi liée à un cheveu, qu'ils retirent aussitôt ; le Grillon sort alors vivement à sa poursuite ; il suffit du reste de plonger un fétu de paille dans son trou pour l'en faire sortir, et c'est de cette imprudence extrême, remarquée par les anciens, qu'est venu le proverbe latin *stultior gryllo* (plus fou qu'un grillon), pour désigner celui qui se jette

étourdiment au devant des embûches que lui tendent ses ennemis. Les femelles des Grillons sont très fécondes ; elles pondent, vers le milieu de l'été, environ trois cents œufs ; les petites larves qui en naissent se creusent des trous dans la terre et y passent l'hiver. Elles deviennent nymphes au printemps suivant ; puis, bientôt après, insectes parfaits. — Une espèce des Indes orientales, le **Grillon monstrueux** (*Schizodactylus monstrosus*), est remarquable par sa grande taille (50 à 55 millimètres) et par ses ailes, dont l'extrémité est enroulée en forme de spirale ; ses antennes, très longues et fines comme un cheveu, sont composées de deux cent quarante articles. — Les Courtilières (voir ce mot) appartiennent à la famille des *Gryllidés*.

GRIMM ou **GRIMME**. Espèce du genre *Antilope*.

GRIMPEREAU (*Certhia*). Genre d'oiseaux de l'ordre des PASSEREAUX ANYSODACTYLES, type de la famille des *Certhidés*, qui comprend, outre les Grimpereaux, les Tichodromes et les Sittelles, et offrent pour

Grimpereau.

caractères communs une queue dont les pennes rigides se terminent en pointe, et une langue longue, étroite et cornée. Les Grimpereaux proprement dits, ainsi nommés de l'habitude qu'ils ont de grimper aux arbres, en se servant de leur queue comme d'un arc-boutant, se distinguent des genres voisins par la courbure de leur bec. — Le **Grimpereau d'Europe**

(*C. familiaris*) est un petit oiseau long de 12 centimètres, qui vit dans les bois et dans les vergers, où il se fait remarquer par la vivacité avec laquelle il grimpe ou voltige d'arbre en arbre, cherchant sous les écorces ou dans les fissures les insectes dont il fait sa nourriture. Son plumage est d'un brun gris flammé de blanc en dessous, blanchâtre en dessous, teint de roux au croupion et à la queue. Il niche dans les trous des arbres, qu'il garnit de mousse. — Le **Grimpereau de muraille** (*Tichodroma muraria*) ou *échelette*, qui se cramponne le long des murs à l'aide de ses ongles très longs, est d'un cendré clair, avec du rouge vif sur quelques pennes de l'aile ; la gorge du mâle est noire. Il habite aussi l'Europe. Il niche dans les crevasses des rochers et des murs.

GRIMPEURS (*Scansores*). Cuvier a indiqué sous ce nom le troisième ordre de la classe des OISEAUX, comprenant les Perroquets, les Toucans, les Pics, les Coucous, les Barbus, les Torcols, etc. Les oiseaux qui appartiennent à cet ordre ont avec les passereaux de grandes affinités, et le caractère tiré des pieds : deux doigts dirigés en avant et deux en arrière, est un peu artificiel, car les coucous, qui le présentent, ne grimpent pas, et plusieurs passereaux, qui ont trois doigts en avant, sont d'excellents grimpeurs ; il nous suffit de citer les *Grimpereaux*. Aussi, quelques naturalistes, entre autres Isid. Geoffroy Saint-Hilaire, ont-ils réuni ces deux ordres en un seul, celui des PASSEREAUX. (Voir ce mot.) Actuellement, on admet un ordre des GRIMPEURS, en faisant un groupe à part des Perroquets. (Voir ce mot.) — Les Grimpeurs actuels comprennent les familles des *Toucans* (*Rhamplastidés*), des *Couroucous* (*Trogonidés*), des *Coucous* (*Cuculidés*), des *Pics* (*Picidés*). (Voir ces mots.)

GRIOTTE. Sorte de marbre d'un rouge foncé taché de noir et de blanc. (Voir MARBRE.)

GRIOTTIER. Variété de cerisier à gros fruits d'un rouge foncé.

GRISET. Nom vulgaire d'une espèce du genre *Maki*. — On donne également ce nom à une espèce de requin, le *Squalus griseus*.

GRISON. Espèce du genre GLOUTON. (Voir ce mot.)

GRIVE. (Voir MERLE.)

GRIVET. Espèce de singe du genre *Cercopithèque* (*Simia grisea*), de l'Inde.

GRONDEUR, GRONDINS. Noms vulgaires de plusieurs poissons du genre *Trigle*. (Voir ce mot.)

GROS-BEC, *Coccothraustes* (du grec *kokkos*, graine, et *thrauô*, je brise). Genre d'oiseaux de l'ordre des PASSEREAUX CONIROSTRES, de la famille des *Fringillidés*. Ce genre, dans lequel Linné comprenait autrefois, outre les Gros-becs proprement dits, les moineaux, chardonnerets, pinsons, linottes, serins, bruants (voir ces mots), ne renferme plus aujourd'hui que les espèces dont le bec exactement conique se distingue par son excessive grosseur. — Le **Gros-bec commun** (*C. vulgaris*) a le dos et le dessus de la tête d'un brun marron, la gorge et les pennes des ailes noires, avec une bande blanche sur l'aile, le reste du plumage cendré. Sa longueur totale est de 15 à 18 centimètres. Il vit dans les bois et les vergers, et se nourrit de graines et de fruits ; son bec a une force telle qu'il brise les noyaux les plus durs. Il construit assez négligemment, sur les arbres de moyenne grandeur, un nid où la femelle dépose de quatre à six œufs d'un vert bleuâtre marqué de taches brunes. Le Gros-bec est un oiseau voyageur ; il émigre en octobre, par troupes quelquefois considérables, et pousse ses excursions jusque sur les bords de la Méditerranée. Cependant il en reste toujours un assez grand nombre dans nos pays, pendant la mauvaise saison. Le chant de cet oiseau, ou plutôt son cri, est dur et monotone. Il est

Gros-bec commun (*Coccothraustes vulgaris*).

d'un naturel querelleur, farouche et sauvage. — Le **Gros-bec verdier** (*C. chloris*), de la grosseur du moineau, est assez répandu dans les jardins, les parcs et les taillis de la France ; son plumage est verdâtre en dessus, jaunâtre en dessous. Son bec est moins gros que dans l'espèce précédente. Il vit de graines, de baies et d'insectes et supporte bien la captivité. Son ramage ressemble un peu à celui du pinson. — Le **Rose-gorge** de Buffon appartient également à ce genre. C'est un joli oiseau de l'Amérique du Nord, d'un noir foncé en dessus, d'un bleu pur en dessous, avec la gorge et le devant du cou d'un beau rouge.

GROSEILLIER. Le genre *Groseillier* (*Ribes*), type de la famille des *Grossulariées* de de Candolle, forme pour M. H. Baillon une simple tribu (*Ribésiées*) dans la famille des *Saxifragées*. Quoi qu'il en soit, ce genre offre les caractères suivants : calice campanulé ; limbe à cinq lobes ; corolle à cinq pétales très petits ; cinq étamines insérées, soit à la gorge, soit au fond du calice; ovaire uniloculaire, à deux ou trois placentaires pariétaux ; style bifide ou trifide ; baie contenant plusieurs graines. — Les Groseilliers sont des arbrisseaux à fleurs disposées en grappes ; ces grappes, accompagnées en général d'une rosette de feuilles, naissent des bourgeons situés le long des ramules. — L'espèce la plus intéressante est le Gro-

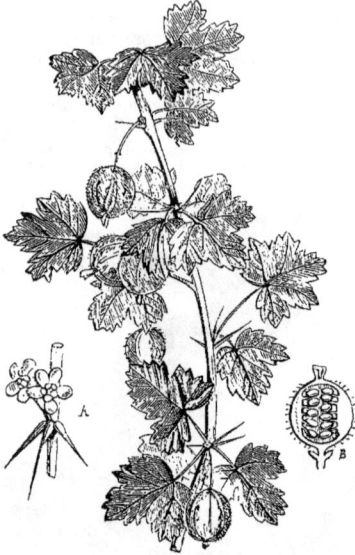

Groseillier à maquereaux. — A, fleur ; B, fruit.

seillier commun (*R. rubrum*, L.) ou *Groseillier rouge*, *Groseillier à grappes*. Cet arbrisseau, si généralement cultivé, se rencontre çà et là, en Europe et jusqu'en Sibérie, dans les bois humides. Ses feuilles, en forme de cœur à leur base, sont arrondies et à cinq lobes dentelés. Les grappes, réclinées à l'époque de la floraison, deviennent pendantes lorsque le fruit commence à se former. Le fruit, appelé *Groseille*, est une petite baie rouge, à saveur agréable, sucrée et acidule. La Groseille, qui est rafraîchissante, adoucissante et légèrement laxative, sert à faire des conserves, des gelées, des sirops très appréciés. — Le Groseillier à maquereaux (*R. grossularia*, L.), facile à reconnaître, parmi les autres grossulariées indigènes, à ses aiguillons très forts et souvent ternés, ainsi qu'à ses grandes fleurs, solitaires ou géminées au sommet des pédoncules, croît spontanément dans presque toute l'Europe ; il se plaît dans les terrains pierreux et arides. On le cultive à cause de son fruit appelé *Groseille à maquereaux*, parce qu'il sert à assaisonner ce poisson. — Le Groseillier noir (*R. nigrum*, L.) ou *cassis*, haut de 1 à 2 mètres, est cultivé partout en Europe et surtout en France, pour ses fruits très stomachiques et dont on fait une excellente liqueur connue sous

le nom de *cassis*. On emploie quelquefois l'infusion de ses feuilles comme diurétique. Ses fleurs jaunes ou violettes sont en grappes très lâches ; son fruit est une baie globuleuse noire. — Le **Groseillier odorant** (*R. palmatum*, Desf.) a de grandes fleurs d'un beau jaune, répandant une odeur de jasmin ; ses fruits ont une saveur qui rappelle celle du cassis. — On cultive encore, comme plante d'agrément, le Groseillier des Alpes, le Groseillier du Liban, le Groseillier pourpre. Tous les Groseilliers réussissent parfaitement en pleine terre, dans les régions tempérées ; ils craignent les grandes chaleurs. Leur multiplication et leur culture sont extrêmement faciles ; ils viennent partout, pourvu qu'ils trouvent un peu d'ombre.

GROSSULAIRE. (Voir GRENAT.)

GROSSULARIÉES. Famille de plantes qui ne comprend que le genre *Groseillier* (*Ribes*). H. Baillon en fait une simple tribu de la famille des *Saxifragées*, sous le nom de *Ribésiées*. (Voir GROSEILLIER.)

GROTTE. (Voir CAVERNE.)

GRUE (du latin *grus*). Genre de grands oiseaux qui forment, dans l'ordre des ÉCHASSIERS, famille des *Ardéidés* (cultrirostres de Cuvier), un groupe remarquable par la longueur des tarses, du cou et du bec. La plupart des espèces ont la tête et une partie du cou dépourvues de plumes. Leurs ailes sont allongées et leur queue courte. Le plumage ne diffère point dans les deux sexes. Ce sont des oiseaux gracieux, au port noble, à la démarche grave, au vol puissant ; ils vivent en famille jusqu'au moment de la reproduction, époque à laquelle ils s'isolent par couples. — La **Grue commune** (*Grus cinerea*), la seule qui soit de passage en France, haute de 12 à 13 décimètres, est d'un gris cendré, avec la gorge et les plumes du croupion noirâtres. Elle est depuis longtemps célèbre par sa prévoyance et par l'ordre intelligent avec lequel elle accomplit ses migrations annuelles, du nord au sud en automne, et du sud au nord au printemps. Disposée en triangle pour mieux fendre l'air, ou en rond si le vent est trop violent, la troupe part sous la conduite d'un chef. Leur vol est parfois si élevé, qu'à peine l'œil peut les apercevoir dans les hautes régions qu'elles traversent, mais leur voix éclatante et sonore se fait toujours distinctement entendre. Dans les temps de repos, des sentinelles avancées veillent à la sûreté générale. Ce sont ordinairement les grandes plaines humides, couvertes de marais, que les Grues choisissent pour leur séjour de prédilection ; c'est là qu'elles trouvent en abondance des aliments appropriés à leur nature. Les Grues font, comme les cigognes, une assez grande destruction de reptiles, d'insectes et de vers, auxquels elles joignent diverses graines, et des plantes aquatiques. Elles construisent généralement un nid de joncs grossièrement entrelacés, qu'elles placent sur une petite éminence, et dans lequel la femelle dépose deux œufs bleuâtres, que les deux parents couvent alternativement. Lorsque l'un d'eux est sur le nid, l'autre veille à la sûreté commune en se promenant à peu de distance, et s'élance avec fureur contre les autres animaux qui les approchent et même contre l'homme. Lorsque les pontes sont terminées, les Grues se rassemblent de nouveau, et l'époque de cette réunion précède de peu celle de leur départ. L'une des particularités les plus singulières des habitudes des Grues, ce sont les jeux auxquels elles se livrent entre elles. Ces jeux, remarqués et décrits par les anciens, ont été constatés par les observateurs les plus dignes de foi. C'est surtout le matin et le soir que ces oiseaux se livrent à leurs ébats;

Grue couronnée.

placés en cercle ou sur plusieurs rangs, ils gambadent, dansent les uns autour des autres, tournent sur eux-mêmes, battent des ailes et se livrent, en un mot, aux évolutions les plus burlesques. La chair des Grues est peu délicate, bien qu'on la mange dans plusieurs pays; mais leurs œufs sont excellents. — Parmi les espèces étrangères, nous citerons la **Grue** ou **Demoiselle de Numidie** (*Ardea virgo*), qui a le cou noir, le corps d'un gris bleuâtre et deux faisceaux blanchâtres sur les côtés du cou; et la **Grue couronnée** (*Ardea pavonia*), bel oiseau originaire d'Afrique, qui a le corps noir, les ailes blanches, la tête surmontée d'une aigrette roussâtre dorée en forme de couronne. On voit souvent cette dernière en domesticité en Europe, où son élégance la fait rechercher.

GRYLLON, GRYLLIDÉS. (Voir GRILLON.)

GRYLLO-TALPA (ou *Taupe-grillon*). Nom scientifique des Courtilières.

GRYPHÉE (du grec *gryphos*, crochu). Genre de mollusques LAMELLIBRANCHES, famille des *Ostracés*, très voisins des Huîtres, dont ils ne diffèrent que par leur forme allongée et plus bombée, recourbée. L'espèce connue vulgairement sous le nom d'*huître portugaise*, est la **Gryphæa angulata**. La plupart des

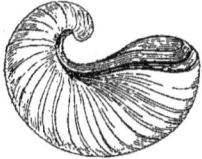

Gryphée arquée du lias.

espèces connues sont fossiles et appartiennent aux terrains calcaires. On trouve la **Gryphæa dilatata** dans l'oolithique, la **Gryphæa colomba** dans le grès vert, et la **Gryphæa arcuata** caractérise par son abondance certaines couches du lias.

GUACHARO. (Voir ENGOULEVENT.)

GUACO ou **HUACO.** Nom américain sous lequel ont été importées, en Europe, plusieurs plantes préconisées contre la morsure des serpents venimeux. Mais le véritable *Guaco* des Indiens du Mexique décrit par Humboldt, est une liane de la famille des *Composées tubuliflores*. Ses feuilles ont un goût amer et une odeur désagréable, et on les considère dans toute l'Amérique centrale comme un remède préventif et curatif de la morsure des serpents venimeux, mais la dessiccation leur fait perdre leurs propriétés.

GUAN. (Voir PÉNÉLOPE.)

GUANACO. Nom vulgaire du Lama.

GUANO. Substance d'origine organique qui constitue un engrais puissant; il contient de l'ammoniaque, de l'acide phosphorique, du phosphate de chaux et un principe particulier, la *guanine*. Le Guano n'est pas autre chose que la fiente des oiseaux de mer, accumulée depuis des siècles sur certaines îles de l'Amérique du Sud et principalement du Pérou, où il forme une couche de plusieurs mètres d'épaisseur. Il a l'apparence d'une poudre sèche, d'un jaune pâle qui devient d'un brun chocolat par son exposition à l'air. Son odeur est forte, ammoniacale et provoque l'éternument.

GUARANA. (Voir PAULLINIA.)

GUAZUMA. Nom mexicain d'un grand arbre de la famille des *Malvacées*, auquel son port et ses feuilles ont fait donner le nom d'*orme d'Amérique* (*Guazuma ulmifolia*); son écorce est employée comme sudorifique.

GUÈDE. Nom vulgaire du Pastel.

GUENON (*Cercopithecus*). Ce nom, sous lequel le vulgaire désigne le plus souvent tous les singes femelles sans distinction, est, pour les naturalistes, celui d'un groupe de singes propres à l'Afrique, appartenant au sous-ordre des *Catarrhiniens* et présentant pour caractères : des fesses calleuses, une queue longue, relevée sur le dos, et des *abajoues*, c'est-à-dire des poches situées entre les joues et les mâchoires, où ils peuvent garder les aliments en réserve. Leur taille est médiocre, leurs membres bien proportionnés. Les Guenons ou cercopithèques (du grec *kerkos*, queue, et *pithékos*, singe, singe à queue) vivent en troupes dans les forêts et se jouent dans les arbres avec une grande agilité. Les voyageurs rapportent que chaque troupe a une sentinelle qui, lorsqu'elle voit paraître un ennemi, jette aussitôt un cri d'alarme. Au cri, toute la troupe se rassemble sur la cime d'un arbre, et de là, comme d'une forteresse, chaque individu lance sur l'ennemi commun une foule de projectiles, tels que des fruits, des branches, et même des excréments. Certaines espèces sont armées de canines énormes, tranchantes en arrière, à l'aide desquelles elles peuvent faire des blessures graves; aussi a-t-on généralement soin, dans les ménageries, de rogner ces armes dangereuses. Ces singes, à l'état sauvage, se nourrissent d'insectes et surtout de fruits. Ils pénètrent fréquemment dans les jardins et les vergers, pendant la nuit, remplissent leurs abajoues, et commettent souvent des dégâts considérables. Les femelles portent leur petit dans leurs bras pendant plusieurs semaines, et l'allaitent comme font les femmes; elles lui témoignent une grande affection et le défendent avec courage; mais les mâles montrent pour lui la plus grande indifférence et le maltraitent même parfois. — En domesticité, les Guenons montrent généralement un naturel assez doux et docile, quoique toujours malicieux; cependant quelques espèces deviennent en vieil-

Guenon malbrouck.

lissant irascibles et indociles. — Parmi les espèces les plus remarquables, nous citerons la **Guenon à nez blanc** de Buffon (*C. petaurista*); son pelage est noir, pointillé de gris verdâtre en dessus, plus clair sur la poitrine et le ventre; son nez est tout blanc. Elle habite la Guinée. — La **Guenon mone** (*C. mona*), de la côte occidentale d'Afrique, a le pelage marron, avec le dessus des extrémités noir, et deux taches blanchâtres sur chaque fesse. — La **Guenon moustac** est en dessus d'un roux verdâtre, tiqueté de noir; la gorge et le ventre sont blancs, la queue d'un roux vif. Le tour de la bouche est noir avec du blanc au-dessus. Cette espèce habite la Guinée. — La **Guenon malbrouck** (*C. cyanosurus*), de la côte occidentale d'Afrique, est en dessus d'un vert jaunâtre tiqueté de noir; le menton, la gorge, le ventre et le dedans des membres sont blancs; la face est noirâtre avec une bande blanche sur le front. — Le **Callitriche** (*C. sabœus*) ou *singe vert*, du Sénégal, a le pelage d'un vert doré vif en dessus; sa queue se termine par un flocon de poils jaunes; la face est noire. — Le **Patas** (*C. ruber*), vulgairement *singe rouge*, du Sénégal, est roux en dessus, blanc en dessous, avec la face grise

et le nez noir. — Le **Talapoin** (*C. melarhinos*), la plus petite espèce du genre, n'a que 30 centimètres de longueur; son pelage, d'un vert tiqueté en dessus, est blanc en dessous; son nez est noir. Il habite la côte occidentale d'Afrique.

GUÉPARD (*Felis jubata*). Cette espèce diffère des autres chats ou *felis*, par sa tête plus ronde et plus courte, et par ses ongles non rétractiles, caractères qui ont déterminé Cuvier à en faire un genre à part. — Le Guépard ou *tigre chasseur* a la même taille et la queue aussi longue que la panthère; mais il est plus élancé, et sa tête est plus petite. Le fond de son pelage est d'un fauve jaunâtre, et il est couvert de taches noires rondes, entièrement pleines, d'un pouce de diamètre, et séparées les unes des autres par un intervalle d'une certaine étendue; le dessous du corps est presque blanc; une bande noire règne de l'œil au coin de la bouche; la queue est couverte de taches noires, et terminée par une touffe de longs poils. Le Guépard diffère des autres *felis*, autant par les mœurs que par les caractères. Son naturel est assez doux; il se laisse facilement apprivoiser, et dans certaines parties de l'Asie, on le dresse pour la chasse. Pour s'en servir à cet effet, un cavalier prend le Guépard en croupe et le lâche lorsqu'on est à portée du gibier. Telle est l'agilité de cet animal, qu'en quelques bonds il atteint ordinairement sa proie et l'étrangle. Buffon a parlé de cette espèce sous le nom de *petite once*.

GUÊPE (*Vespa*). Genre d'insectes de l'ordre des Hyménoptères, section des *Porte-aiguillon*, famille des *Vespidés*, caractérisés par des mandibules courtes, des antennes coudées, des pattes postérieures simples, avec les jambes pourvues de deux épines à l'extrémité, les ailes ployées longitudinalement pendant le repos. Les Guêpes sont répandues dans toutes les parties du monde; toutefois elles sont plus abondantes dans les régions les plus chaudes du globe. On en connaît un grand nombre d'espèces; toutes offrent des couleurs jaunes ou ferrugineuses sur un fond noir. Il y a trois ordres d'individus parmi les Guêpes : les femelles et les neutres sont pourvues d'un aiguillon redoutable; les mâles en sont privés. Ce sont les ouvrières ou neutres qui donnent leurs soins aux larves et qui construisent les habitations propres à les abriter. En un mot, on retrouve chez ces insectes, à peu d'exceptions près, les mêmes mœurs et le même genre de vie que l'on observe chez les abeilles. (Voir ce mot.) Toutefois, on doit remarquer que, tandis que chez les abeilles les sociétés sont permanentes, il n'en est plus de même chez les Guêpes, où il n'y a que des sociétés annuelles, qui ne vivent pas, comme les abeilles, sous les lois d'une seule reine. A la fin de la belle saison, les Guêpes ouvrières périssent ainsi que les mâles. Les femelles restent donc seules; elles abandonnent leurs demeures et passent l'hiver dans un état complet d'engourdissement, cachées dans les fissures des murs ou des arbres. Dès le commencement du printemps, elles commencent à se montrer; chacune isolément va construire son nid, pondre ses œufs, et soigner ses jeunes larves, qui ne tardent pas à se transformer en insectes parfaits. Dès lors les neutres ou ouvrières, qui naissent de ces premières larves, se mettent à l'œuvre, agrandissent leurs habitations,

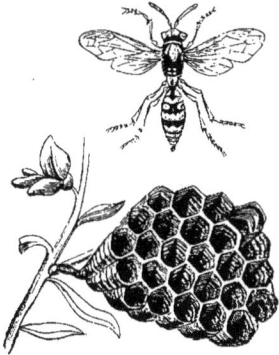

Guêpe rousse et son nid.

et lorsque les femelles pondent de nouveau, elles prennent seules soin des larves. Pendant l'année, il y a plusieurs générations de Guêpes qui ne donnent que des individus neutres; vers le milieu de l'été seulement la femelle pond des œufs qui doivent

Poliste française et son nid.

donner naissance à des mâles et à des femelles. Les Guêpes construisent des demeures quelquefois très vastes, et qui, pour l'industrie, le cèdent peu aux ruches des abeilles. C'est avec des parcelles de vieux bois ou d'écorce, qu'elles ont délayées et réduites, en les broyant, en une sorte de pâte semblable à celle dont on fait le papier, que les Guêpes construisent leurs rayons, composés de cellules hexa-

gonales, suspendues par un pédicule et ordinairement entourées d'une enveloppe. La plupart des Guêpes construisent leur nid sous terre; quelques-unes suspendent leurs gâteaux aux branches d'un arbre ou les construisent dans un trou de vieux mur ou de tronc d'arbre. La forme du guêpier varie, chaque espèce ayant sa manière de bâtir; celui de la **Guêpe cartonnière** est fait d'un carton qui pourrait rivaliser avec les meilleurs produits de nos manufactures. Ce carton est fabriqué avec des parcelles de vieux bois qu'elle triture avec ses mandibules et qu'elle réduit en pâte au moyen d'une salive particulière. Le bec des oiseaux est impuissant à percer ce guêpier, et la pluie glisse dessus sans le détruire. — La **Guêpe commune** (*V. vulgaris*) établit son habitation dans la terre, et le **Frelon** (*V. crabro*) dans les troncs d'arbres; la **Guêpe rousse** et la **Poliste française** (*Polistes gallica*) attachent la leur à la tige de quelque plante. Les Guêpes communes sont très habiles à excaver la terre; elles pratiquent un souterrain spacieux de 35 à 45 centimètres de profondeur; quelquefois même elles profitent des souterrains que se creuse la taupe. Leurs gâteaux, étayés sur plusieurs rangs, ne sont pas appuyés immédiatement contre les parois de la cavité; elles sont recouvertes d'une enveloppe de carton d'un pouce d'épaisseur qui les préserve de l'humidité. Une galerie étroite, et plus ou moins longue, conduit à l'entrée de la petite ville souterraine. Les Guêpes entament les fruits avec leurs mandibules et en sucent le jus; elles absorbent aussi la sève des arbres, et attaquent d'autres insectes et principalement les abeilles, dont elles sucent les liquides. Elles dégorgent un miel aussi agréable au goût que celui de nos abeilles, mais en moins grande quantité et ne sécrètent pas de cire. Les *Polistes*, très voisines des vraies Guêpes, s'en distinguent surtout par leur corps plus élancé. Elles font un petit nid sans enveloppe formé d'un simple gâteau qu'elles suspendent par un pédicule à quelque tige de plante. Telle est la **Poliste française** (*Polistes gallica*). Une espèce américaine, du genre *Poliste*, produit un miel vénéneux, ce qui tient aux plantes sur lesquelles l'insecte récolte ses matériaux. On la connaît dans le pays sous le nom de *Lecheguana*. Le **Frelon** (*Vespa crabro*), la plus grande espèce, et celle dont l'aiguillon est le plus redoutable, a 25 à 30 millimètres de longueur. Il construit dans les vieux troncs d'arbres un nid assez semblable à celui de la Guêpe commune, mais beaucoup plus petit.

GUÉPIER. Nid de la guêpe.

GUÊPIER (*Merops*). Genre d'oiseaux de l'ordre des PASSEREAUX SYNDACTYLES, type de la famille des *Méropidés*. Ces oiseaux sont caractérisés par un bec allongé, triangulaire à sa base, légèrement arqué, terminé en pointe aiguë. Leurs ailes longues et pointues, leurs pieds courts, leur donnent un vol assez semblable à celui des hirondelles. Ils poursuivent en grandes troupes les abeilles, les guêpes, les frelons, dont ils font leur nourriture exclusive, et émigrent lorsque le canton où ils se sont établis ne leur offre plus une nourriture assez abondante. On en connaît une espèce commune dans le midi de l'Europe, mais assez rare en France : c'est le **Guêpier commun** (*M. apiaster*), qui a 25 à 28 centimètres de longueur et 42 à 45 d'envergure; c'est un bel oiseau à dos fauve, avec le front et le ventre bleu d'aigue-marine, la gorge jaune entourée de noir. Il niche dans des trous qu'il creuse le long des berges, à 4 et 5 pieds de profondeur. Les jeunes y font long-temps leur demeure avec leurs parents, et partent avec eux en automne. Parmi les espèces étran-gères, nous citerons le **Guêpier vert** (*M. viridis*), du Bengale, et le **Guêpier à tête bleue** (*M. nubicus*), du Sénégal.

GUERLINGUET. (Voir Écureuil.)

GUEULE DE LION et **GUEULE DE LOUP.** Noms vul-gaires du Muflier commun.

GUI. Plante du genre *Viscum*, de la famille des *Loranthacées*, à fleurs dioïques dépourvues de pé-tales; les mâles ayant un calice partagé en quatre lobes, dont chacun porte une anthère sessile de

Gui.

forme oblongue; les fleurs femelles ayant un calice semblable à celui des fleurs mâles, mais couronnant l'ovaire et sans trace d'anthères. L'ovaire, à une seule loge, ne renferme qu'un seul ovule, et est sur-monté d'un style court. Le fruit est un petit drupe semblable à une baie pulpeuse, et contenant un seul noyau en forme de cœur comprimé. Les Guis sont des végétaux essentiellement parasites, c'est-à-dire que leurs graines ne peuvent germer qu'étant en contact avec l'écorce d'un autre végétal ligneux, sur lequel ils s'implantent et dont la sève les nour-rit. L'espèce connue sous le nom vulgaire de Gui ou **Gui blanc** est le *Viscum album* qu'on rencontre fré-quemment sur les branches des pommiers, des poi-riers, des tilleuls, des peupliers, et quelquefois aussi sur les pins, les sapins et les chênes. C'est un arbuste très rameux dès sa base; formant de grosses touffes arrondies et hautes de 3 à 12 décimètres. Les rameaux sont menus, verts et régulièrement dicho-tomes. Les feuilles, longues d'environ 5 centimètres, sont persistantes, sessiles, lancéolées oblongues, ob-tuses, d'un jaune verdâtre. Les fleurs, petites et de même couleur que les feuilles, sont agrégées aux extrémités ainsi qu'aux bifurcations des jeunes ramules; le fruit, de couleur blanche et rempli d'une pulpe visqueuse presque diaphane, a la forme et le volume d'un grain de groseille.— Les historiens et les poètes ont parlé du respect religieux que les anciens Gaulois professaient pour le Gui, auquel ils accordaient des vertus surnaturelles. Et, chose bi-zarre, cette tradition se conserva longtemps après que la religion des druides eut fait place à d'autres cultes; le Gui a joui d'une longue réputation dans la médecine; mais de nos jours, loin d'être l'objet de la vénération publique, il est au contraire en butte aux outrages du cultivateur, qui l'arrache et le détruit partout où il le rencontre. En effet, le Gui, se nourrissant uniquement de la sève des arbres sur lesquels il végète, devient très nuisible aux ar-bres fruitiers. La pulpe visqueuse du fruit, ainsi que l'écorce du gui, peuvent servir à faire de la glu; mais l'écorce du houx s'emploie de préférence à cet usage. La plupart des oiseaux frugivores sont friands du fruit du Gui, dont ils rendent les graines sans les digérer : aussi est-ce là l'un des moyens mis en œuvre par la nature pour la dissémination de la plante.

GUIGNARD. Nom vulgaire d'un oiseau du genre *Pluvier*.

GUIGNE. (Voir Cerisier.)

GUIGNETTE. Nom vulgaire d'un oiseau du genre *Chevalier*.

GUILLEMOT (*Uria*). Genre d'oiseaux de l'ordre des Palmipèdes, section des *Brachyptères*, famille des Al-cidés (de *alca*, nom des pingouins), ayant pour ca-ractères : un bec droit, long, convexe en dessus, couvert à sa base de plumes veloutées, à narines ovales, à demi fermées par une membrane; tarses courts, grêles, réticulés, doigts totalement palmés; ailes très étroites, queue courte. Les Guillemots ha-bitent les mers arctiques et émigrent vers le sud en hiver. Ils se nourrissent de mollusques, d'in-sectes et de petits poissons. Comme les autres oiseaux de ce groupe, les Guillemots doivent à leur organisation la faculté de nager et de plon-ger avec la plus grande facilité, et ils sont fort gracieux sur l'eau; mais à terre leur démarche est lourde et embarrassée. — Le **grand Guillemot** (*U. Troïle*), de la taille d'un canard, est d'un brun noirâtre en dessus, blanc en dessous, avec les flancs marqués de taches noires. Cette espèce niche sur les côtes de la mer du Nord et de la Manche; elle pond un seul œuf très gros, pyriforme, d'un gris verdâtre ou olivâtre, tacheté de brun. — Le **petit Guillemot** (*U. grylle*), que les marins désignent sous le nom de *pigeon du Groenland*, est de la taille du pigeon. Il est noir en dessus, blanc en dessous, avec un trait blanc sur l'aile. Son bec, de moitié plus court que la tête, en a fait faire un genre particu-

Grand Guillemot.

lier sous le nom de *Cephus*. Il est de passage sur les côtes septentrionales de la France.

GUIMAUVE *Althæa*. Genre de plantes de la famille des *Malvacées*. Ce sont des herbes annuelles ou vivaces, tomenteuses, indigènes des régions tempérées de l'hémisphère boréal, à feuilles alternes, pétiolées, lobées ou divisées, à fleurs d'un rouge pâle, pédonculées et axillaires, formant au sommet de la tige une sorte de grappe ou de corymbe. — L'espèce la plus importante du genre est la **Guimauve officinale** (*A. officinalis*, haute de 8 à 15 décimètres, qui croît naturellement en France, en Angleterre, en Allemagne, etc., dans les terrains humides et sur les bords des ruisseaux. Elle fleurit en juillet et août. Toutes les parties de cette plante, les racines, les

Guimauve officinale (*Althæa*).

fleurs et les feuilles, sont émollientes et mucilagineuses. Elles sont d'un usage journalier dans les affections catarrhales et dans toutes les maladies où il y a irritation et inflammation. Les fleurs de la Guimauve, qui font partie de quatre fleurs pectorales, se cueillent au moment où elles paraissent,

mais les racines se récoltent seulement à l'automne ou pendant l'hiver. Après avoir dépouillé les racines de leur écorce dure et jaunâtre, on les coupe en morceaux, que l'on fait sécher, et qui sont vendus sous forme de bâtons. Le terrain qui convient le mieux à la Guimauve est une terre franche, légère, un peu humide. — La **Rose trémière** (*A. rosea*), vulgairement *passe-rose*, *mauve rose*, *bâton de saint Jacques*, appartient à ce genre. Cette belle plante, originaire d'Orient, dont les tiges s'élèvent à 2 ou 3 mètres, à feuilles cordiformes, à trois ou cinq angles, crénelées, donne en juillet et août un long épi de magnifiques fleurs rouges, jaunes ou blanches, ou pourpres, qui ressemblent à des roses doubles. Elle possède les mêmes propriétés que la Guimauve.

GUIT-GUIT. Voir Sucriers.

GUNNEL. Un des noms de la Blennie commune.

GUTTA-PERCHA. Cette substance, analogue au caoutchouc, est le résidu de l'évaporation du suc laiteux qui s'écoule des incisions faites au tronc de l'*Inosandra gutta*, arbre répandu dans les îles de la Malaisie. Elle offre sur le caoutchouc cet avantage qu'elle est plus dure à froid et plus molle à chaud. On en fait des tubes, des moules, des plaques, etc. La Gutta-percha est inattaquable à l'eau froide ; aussi s'en sert-on pour envelopper les fils métalliques dans les câbles télégraphiques sousmarins. Elle offre la même composition chimique que le caoutchouc. Voir ce mot.

GUTTE Gomme. Voir Gomme-gutte.

GUTTIER *Cambogia*. Genre de plantes dicotylédones, type de la famille des *Guttifères*, composé d'une seule espèce, originaire de l'Inde ; c'est le *Cambogia gutta*, grand arbre à écorce noirâtre qui laisse suinter une gomme-résine analogue à la *gomme-gutte*, mais de qualité très inférieure. Cette dernière est produite par le Stalagmitis cambogioïdes, qui appartient à la même famille. Le fruit du Guttier est une baie de la grosseur d'une orange, à côtes, qui se mange crue ; son écorce est très astringente.

GUTTIFÈRES. La famille de plantes établie par Jussieu sous le nom de *Guttifères*, rentre aujourd'hui dans celle des *Clusiacées*.

GYALL. Nom donné au Bœuf des jungles, dans l'Inde. Voir Bœuf.

GYMNÈTRE *Gymnetrus* du grec *gymnos*, nu, et *êtron*, bas ventre, c'est-à-dire sans nageoire anale. Genre de poissons de l'ordre des Acanthoptères, de la famille des *Ténioïdes* ou poissons en ruban présentant pour caractères : corps allongé et plat, privé de nageoire anale ; une longue dorsale, dont les rayons antérieurs très prolongés forment une sorte de panache ; les ventrales fort longues ; la caudale, composée d'un petit nombre de rayons, s'élève verticalement sur l'extrémité de la queue. Les Gymnètres sont des poissons mous, à chair muqueuse et de mauvais goût. On en connaît une espèce dans la Méditerranée, le **Gymnètre glaive** (*G. gladius*), dont le corps est d'une belle couleur argentée, marqué de petites taches grisâtres ; il a parfois 3 mètres de longueur. — Une espèce de la mer du Nord, le **Gymnètre de Banks** (*G. Banksii*), a la nageoire dorsale dressée tout le long du corps ; elle débute au-dessus de la nuque par des rayons allongés formant une sorte de panache. Cette espèce, assez rare, est d'un blanc argenté parcouru par des lignes verticales d'un noir bleuâtre.

GYMNOBLASTE (de *gumnos,* nu, et *blastos,* germe). Plante dont l'embryon est nu, sans albumen ou endosperme.

GYMNOCLADE (de *gumnos,* nu, et *klados,* rameau). Genre de plantes dicotylédones de la famille des *Légumineuses césalpiniées,* dont on ne connaît que deux espèces, l'une du Canada et l'autre de la Chine. — La première, **Gymnocladus dioïca** ou **canadensis,** vulgairement *chicot,* est un grand arbre inerme, à branches très courtes, dont les feuilles atteignent jusqu'à 65 centimètres de longueur. Ses graines fournissent une huile purgative. — Les gousses du **Gymnocladus sinensis,** vulgairement nommées *gousses à savon,* donnent un mucilage qui sert en Chine au lavage des étoffes.

GYMNODONTES (de *gumnos,* nu, et *odous, odontos,* dent). Groupe de poissons Téléostéens (osseux de Cuvier), sous-ordre des *Plectognathes,* qui, au lieu de dents distinctes, ont les mâchoires garnies d'une substance d'ivoire formant comme un bec. Il comprend les Môles, les Diodons, Triodons, etc.

GYMNOPLEURUS (de *gumnos,* nu, et *pleura,* côté). Genre d'insectes Coléoptères de la famille des *Lamellicornes,* section des *Coprophages.* (Voir ces mots.) Ils sont très voisins des Ateuchus, mais leur taille est généralement plus petite, leurs pattes antérieures sont pourvues de tarses, et leurs élytres, brusquement échancrées, laissent voir une portion de leurs flancs. Ces insectes vivent dans les bouses, qu'ils roulent en forme de boule pour y déposer leurs œufs, d'où le nom de *pilulaires.* Le type du genre est le **Gymnopleurus pilularius,** très commun dans le midi de la France ; il est d'un noir mat et a 12 à 15 millimètres de long.

GYMNOSPERMES (de *gumnos,* nu, et *sperma,* graine). Se dit des plantes dont les graines paraissent dépourvues de péricarpe (Conifères, Cycadées).

GYMNOSTOME (de *gumnos,* nu, et *stoma,* bouche). Se dit en botanique des capsules de certaines mousses (*Sphagnum, Gymnostomum*) qui sont dépourvues de dents.

GYMNOTE, *Gymnotus* (de *gumnos,* nu, et *nótos,* dos). Genre de poissons de l'ordre des Téléostéens, tribu des Malacoptères apodes, type de la famille des *Gymnotidés.* Ce sont des poissons serpentiformes, qui ont l'aspect des anguilles. Ils ont, comme ces dernières, les ouïes en partie fermées par une membrane qui s'ouvre au-devant des nageoires pectorales ; l'anus est placé fort en avant, la nageoire anale règne sous la plus grande partie du corps ; mais il n'y en a pas du tout le long du dos. Toutes les espèces sont étrangères. La plus remarquable habite les rivières de l'Amérique méridionale, c'est le **Gymnote électrique,** auquel sa forme presque tout d'une venue, sa tête et sa queue obtuses ont fait aussi donner le nom d'*anguille électrique.* Il n'a pas de nageoire au bout de la queue, sous laquelle s'étend la nageoire anale ; sa peau ne présente pas d'écailles sensibles ; sa couleur générale est noirâtre, avec quelques petites raies longitudinales plus foncées ; il atteint 2 mètres de longueur, et donne des commotions électriques si violentes, qu'il abat les hommes et les chevaux. Il use de ce pouvoir à volonté, le dirige dans le sens qu'il lui plaît et s'en sert pour tuer ou étourdir les poissons ; mais il l'épuise par l'exercice, et a besoin, pour le recouvrer, de repos et de nourriture. L'organe qui produit ces singuliers effets règne tout le long du

Gymnote électrique.

dessous de la queue, dont il occupe près de moitié de l'épaisseur, et où il n'est recouvert que par la peau. Ces poissons laissent échapper, par les petits trous dont leur tête est percée, une humeur visqueuse qui donne un goût fétide à leur chair. M. de Humboldt, dans son *Voyage en Amérique,* a donné, sur ces animaux singuliers, des détails très intéressants.

GYNÉCÉE (du grec *gunaikeion,* appartement des femmes). On donne ce nom en botanique à l'ensemble des organes femelles de la fleur, et celui d'*androcée* (du grec *andros,* homme) à l'ensemble des organes mâles.

GYNERIUM (de *guné,* pistil, et *erion,* laine ; pistil laineux). Genre de plantes monocotylédones de la famille des *Graminées,* tribu des *Festucées,* à épillets dioïques, à glumelle couverte de longs poils, trois étamines, deux styles. — Le type du genre, le **Gynerium argenteum** ou *grand roseau des Pampas,* est aujourd'hui cultivé dans tous les jardins. C'est une plante vivace, dont les tiges pleines s'élèvent à 2 mètres de hauteur, du centre d'une grosse touffe de feuilles rubanées, dures, d'un vert glauque, dentelées sur les bords et longues de plus de

1 mètre. Ces tiges sont terminées par de grandes panicules de 60 à 75 centimètres, denses, soyeuses, argentées, qui durent très longtemps. Cette belle graminée fait un effet charmant au milieu d'une pelouse; elle est fort rustique et ne demande d'autres soins que de la couvrir au pied, l'hiver, d'une couche de feuilles sèches. Elle se multiplie de graines ou par division des touffes.

GYNOPHORE (du grec *guné*, femme, pistil, et *phoros*, qui porte). On donne ce nom, en botanique, au support plus ou moins allongé, qui, dans certaines fleurs, élève le gynécée ou organes femelles au-dessus des autres verticilles floraux, comme dans le fraisier, le magnolia, le câprier, etc.

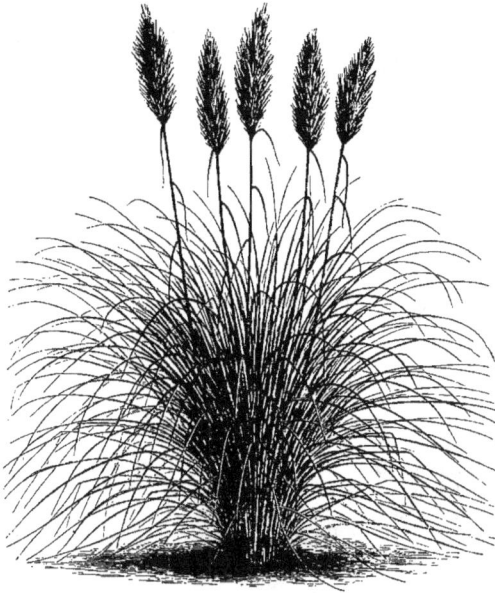

Gynerium argenteum.

GYPAÈTE, *Gypaetus* (du grec *gups*, vautour, et *aétos*, aigle). Genre d'oiseaux de l'ordre des RAPACES,

Gypaète.

de la famille des *Vulturidés*, qui se distinguent des Vautours proprement dits par leurs tarses em-plumés, ainsi que la tête et le cou, caractères qui les rapprochent des Aigles. Ils semblent en effet former le passage entre ces deux groupes. On n'en connaît qu'une espèce : le **Gypaète barbu** (*Gypaetus barbatus*) ou Vautour des agneaux (en allemand *Lemmer geyer*). Cette espèce habite les montagnes élevées de l'ancien continent, et dépasse, par sa taille, tous nos oiseaux de proie; il a jusqu'à 1m,50 de longueur et 3 mètres d'envergure. Son plumage est brun fauve tirant sur le noir, avec une ligne blanche sur le milieu de chaque plume; ses narines sont couvertes en dessous de soies raides, et son bec, droit et fortement crochu, porte en dessous un pinceau de poils en guise de barbe. Le Gypaète tient le milieu entre les Faucons et les Vautours par ses caractères physiques, ainsi que par ses mœurs. Il attaque ordinairement les animaux vivants, qu'il cherche à précipiter du haut des rochers, pour s'en repaître quand ils sont brisés dans leur chute; mais, à défaut de proie vivante, il ne dédaigne pas les corps morts.

GYPOGERANUS (de *gups*, vautour, et *geranos*, grue. (Voir SERPENTAIRE.)

GYPSE (du grec *gupsos*, plâtre). Pierre à plâtre, sulfate de chaux hydraté. C'est une roche homogène, blanche, jaunâtre ou rougeâtre, qui se fond difficilement au chalumeau et perd son eau par la calcination, qui la réduit en plâtre. Le gypse pèse 2,3; il se laisse rayer par l'ongle, et déclive souvent en lames aussi minces que le mica. Sa forme de clivage est le prisme oblique à base rectangulaire. Il contient presque toujours une petite quantité de calcaire, qui lui donne une grande solidité dans les constructions, celui de Montmartre par exemple. Cette roche est très répandue dans l'écorce terrestre, où elle se présente en couches, en amas, en filons, en veines et en cristaux isolés. On la rencontre dans presque tous les terrains sédimentaires, et principalement dans les tertiaires. Le plâtre, dont on fait un si grand usage dans les constructions et dans la décoration des édifices, n'est, ainsi que nous l'avons dit, que le Gypse calciné et devenu anhydre.

GYPSOPHILE (du grec *gupsos*, plâtre, et *philos*, qui aime). Genre de plantes dicotylédones, polypétales, de la famille des *Caryophyllacées*, voisin des Saponaires ; il offre pour caractères : calice campanulé, à cinq divisions membraneuses sur les bords ; corolle à pétales cunéiformes à onglet très court ; dix étamines ; deux styles ; capsule uniloculaire, à quatre valves ; graines sessiles, réniformes. — Le type du genre, le **Gypsophile des murs** (*G. muralis*), est une plante annuelle, dressée, grêle, très rameuse, de 1 à 2 décimètres, à feuilles linéaires, étroites ; à fleurs roses, rayées, s'ouvrant de juin à octobre. Elle croît sur les ruines, dans les lieux sablonneux.

GYRINIDÉS (du grec *gureuein*, tourner). Famille d'insectes COLÉOPTÈRES de la section des *Pentamères*. Ils se distinguent de la famille des *Dytiscidés* (voir ce mot) par leurs pattes antérieures très longues, tandis que les intermédiaires et les postérieures sont très courtes, par leurs antennes très petites, à troisième article élargi en oreillette ; par leurs palpes au nombre de quatre seulement, et surtout par cette disposition singulière des yeux qui sont divisés chacun en deux parties par les bords latéraux de la tête, en sorte qu'ils semblent avoir quatre yeux, deux en dessus et deux en dessous. Le type du groupe est le genre **Gyrin**, qui lui a donné son nom. Les Enhydres et les Dineutes sont étrangers à l'Europe. Tous vivent dans les eaux douces ou saumâtres.

GYRINS (*Gyrinus*). Genre type de la famille des *Gyrinidés* comprenant des insectes aquatiques de petite taille, mais très remarquables. Placés presque toujours à la surface de l'eau, ces insectes y reçoivent la lumière d'une manière directe et sont revêtus de nuances métalliques bronzées qui brillent au soleil de l'éclat le plus vif. On les voit, pendant l'été, nageant à la surface des eaux tranquilles, où ils décrivent de grands cercles, se coupant les uns les autres, comme s'ils patinaient. De là leur est venu le nom de *tourniquets* et celui plus scientifique de *Gyrins*, qui n'en est que la traduction. La disposition de leurs yeux, qui sont placés en dessus et en dessous de la tête, les rend très difficiles à surprendre. Comme leurs ailes sont bien développées, ils volent facilement et s'en servent souvent pour se transporter d'une pièce d'eau dans une autre. Mais s'ils volent bien et nagent encore mieux, ce sont de mauvais marcheurs. En effet, si on les pose sur le sol, on les voit exécuter une série de petits bonds et s'efforcer de regagner l'eau. Ces Gyrins répandent, quand on les touche, une liqueur laiteuse d'une odeur très désagréable. — L'espèce la plus répandue est le **Gyrin nageur** (*G. natator*), d'un noir bronzé brillant, avec les élytres marquées de stries longitudinales formées par des points très rapprochés. La femelle du Gyrin pond sur les feuilles des plantes aquatiques des œufs cylindriques et d'un blanc jaunâtre ; ils éclosent huit ou dix jours après la ponte. Il en sort de petites larves au corps vermiforme composé de douze anneaux, dont les trois premiers portent chacun une paire de pattes ; les suivants sont garnis sur les côtés de longs appendices ciliés qui leur donnent quelque ressemblance avec de petits myriapodes. Ces organes servent à la natation et fonctionnent comme des branchies. Ces larves, fort agiles et très voraces, sortent de l'eau vers le mois d'août pour se rendre sur des feuilles de plantes aquatiques. Là, elles s'enferment dans une coque ovale, pointue aux deux extrémités, formée d'une matière que transsude leur corps et qui, en séchant, devient semblable à du papier gris. C'est là qu'elles se transforment en nymphe, et qu'après avoir passé près d'un mois dans cet état, elles se changent en insecte parfait.

Gyrin nageur.

GYROLE. (Voir CHANTERELLE.)

H

HABINE. (Voir DOLIC.)

HABITAT (HABITATION). On donne le nom d'*habitats*, en histoire naturelle, aux grands centres où vivent les végétaux et les animaux d'espèces et de nature déterminées, et celui de *stations* aux localités particulières où se tiennent certaines espèces ; ainsi les bois, les marais, les eaux douces, les eaux salées sont des stations du même habitat ; l'Europe, la France, la Provence, les environs de Paris indiquent l'Habitat dans des limites de plus en plus précises.

HABROTHAMNUS (du grec *abros*, délicat, et *thamnos*, arbuste). Genre de plantes dicotylédones, monopétales, hypogynes, très voisin des Solanées dont il faisait partie. Ce sont des arbustes du Mexique que l'on cultive dans nos jardins, mais qu'il faut rentrer en serre l'hiver. L'**Habrothamne élégant**, à rameaux inclinés, à feuilles oblongues lancéolées, à fleurs pourpres tubuleuses réunies en corymbe paniculé, et l'**Habrothamne fasciculé**, à tiges plus droites, à fleurs plus larges, à fleurs rouge orangé, sont les plus répandus.

HACHICH (nom arabe). Préparation enivrante et narcotique tirée du chanvre indien (*Cannabis indica*). (Voir CHANVRE.)

HADENA (du grec *hadès*, enfer). (Voir NOCTUELLE.)

HÆMA, HÆMO. Pour tous les mots commençant ainsi, voir HÉMA, HÉMO.

HAGENIA. (Voir Cousso.)

HAJE. (Voir Aspic et Naja.)

HALICORE (du grec *halios*, marin, et *koré*, fille). (Voir Dugong.)

HALIOTIS (du grec *halios*, marin, et *ous*, *ôtos*, oreille). Genre de mollusques Gastéropodes, ordre des Scutibranches, type de la famille des *Haliotidés*, qui a pour caractères : animal déprimé, oblong ovale, à tête large, aplatie, munie d'une paire de tentacules pédiculés et oculés à leur base externe ; manteau court, mince ; pied très élargi, festonné ; coquille en forme d'oreille, à spire courte, richement nacrée intérieurement ; ouverture très ample, entière, plus longue que large, à bords continus ; disque percé de trous disposés en

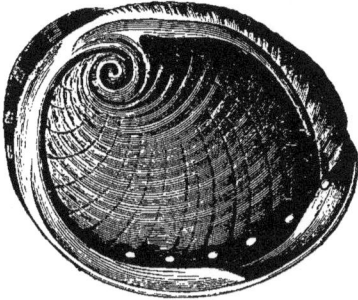

Haliotide.

arc de cercle et paraissant servir aux organes respiratoires.—Ces coquilles, auxquelles on donne vulgairement les noms d'*ormier* et d'*oreille de mer*, auxquels répond son nom scientifique *Haliotis* sont répandues dans presque toutes les mers et abondent principalement dans celles des pays chauds. Quelques espèces atteignent une très grande taille et sont magnifiquement nacrées à l'intérieur ; aussi les emploie-t-on beaucoup dans l'industrie comme ornement pour l'ébénisterie, la marqueterie et la tabletterie, et le commerce en fait charger des navires. Elles sont souvent teintées à l'extérieur de rouge, de vert et de jaune, lorsqu'on enlève la croûte calcaire dont elles sont presque toujours recouvertes. Ces mollusques, dont on mange la chair, restent pendant le jour attachés aux rochers immergés et se rapprochent la nuit des rivages pour y brouter les plantes marines. On trouve sur nos côtes océaniques et dans la Méditerranée, l'*ormier* ou *oreille de mer* (H. *tuberculata*).

HALITHERIUM (du grec *hals*, mer, et *thérion*, animal). Genre de mammifères fossiles, de l'ordre des Siréniens, intermédiaire entre les Lamantins et les Dugongs. On en a trouvé de nombreux débris dans les terrains miocènes et pliocènes.

HALLEBRAND. On donne ce nom au jeune canard sauvage.

HALLIER. Se dit d'un plant touffu de buissons et

d'arbrisseaux, dans lequel se réfugie le menu gibier.

HALORAGÉES (du grec *halos*, mer, *ragion*, grain de raisin). Groupe de plantes dicotylédones formant autrefois une famille distincte, et que les botanistes modernes font aujourd'hui rentrer dans la famille des *Onagrariées*, comme simple tribu, caractérisée par des fleurs tétramères, par le fruit sec et indéhiscent. Ce groupe comprend les genres *Haloragis*, *Myriophyllum*, *Hippuris*, *Trapa*, etc.

HALORAGIS. Genre type de la famille des *Haloragées*, comprenant de petites plantes de la Nouvelle-Hollande.

HAMADRYAS. Espèce de singe du genre *Cynocéphale*. (Voir ce mot.)

HAMAMÉLIDE, *Hamamelis* (du grec *hama*, en même temps, et *melon*, fruit ; c'est-à-dire en même temps que les fleurs). Genre de plantes de la famille des *Saxifragées*. Le type du genre est l'**Hamamélide de Virginie**, que l'on cultive dans nos jardins comme plante d'agrément. C'est un arbrisseau dont les feuilles ressemblent à celles du noisetier et qui donne, à l'automne, des fleurs fasciculées à quatre pétales très allongés, jaunes ; les fruits, dont l'amande est comestible, ne mûrissent que l'année suivante, d'où le nom de la plante. On emploie l'écorce et les feuilles de l'Hamamélide aux États-Unis, comme astringentes.

HAMÉLIE, *Hamelia* (dédiée au naturaliste Duhamel Dumonceau). Genre de plantes de la famille des *Rubiacées*, comprenant des arbustes propres aux régions chaudes des deux Amériques. Ce sont des plantes à feuilles opposées ou verticillées par trois-quatre, à fleurs monopétales, périgynes, pentamères, disposées en cimes ou en grappes. — On cultive comme plante d'ornement l'**Hamelia patens**, du Mexique, à feuilles velues, à fleurs écarlates ; ses fruits, baies globuleuses, servent à préparer un sirop antidysentérique. — L'**Hamelia ventricosa** fournit un bois très estimé des ébénistes.

HAMPE. Pédoncule nu, plus ou moins allongé, qui part du milieu d'un bouquet de feuilles radicales, et porte à son extrémité une ou plusieurs fleurs (primevères, grassette, etc.).

HAMSTER (*Cricetus*). Genre de mammifères de l'ordre des Rongeurs, famille des *Muridés*. Les espèces de ce genre ont beaucoup de ressemblance avec les rats ; elles s'en distinguent cependant par leur queue courte et velue et par les larges sacs ou abajoues creusés dans l'épaisseur de leurs joues et qui s'étendent jusqu'à l'épaule. — Le **Hamster commun** (*Mus cricetus*, L., *Cricetus frumentarius* des auteurs contemporains), ou *rat de blé*, est plus grand que le rat commun ; son pelage est noir en dessous, gris roussâtre en dessus, renversement de couleurs qui se voit rarement. Des taches blanches sont situées sur les flancs et sous la gorge ; le bas de la croupe et les fesses sont roux. Cet animal, fort répandu dans les contrées situées à l'est du Rhin, entre le Danube et le Iénisséi, est fort nuisible à l'agriculture; il habite au milieu des moissons et remplit de grains les vastes terriers qu'il se construit et qui lui servent à la fois de demeure et de magasins. La femelle a la faculté de reproduire trois ou quatre fois par an et met bas chaque fois de six à douze petits, qu'elle chasse de son terrier dès qu'ils ont trois ou quatre semaines; ceux-ci se creusent aussitôt des terriers particuliers. Le Hamster est un véritable fléau pour les contrées

Hamster.

qu'il habite; car il entasse pendant l'été, dans ses vastes terriers, des quantités considérables de grains; on en a découvert qui renfermaient plus de 100 kilogrammes pesant de provisions de toutes sortes. Ces cavités sont situées à 2 ou 3 pieds sous terre, et elles communiquent au dehors par deux galeries, dont l'une est oblique et l'autre perpendiculaire. Pendant l'hiver, le Hamster se tient renfermé dans sa demeure et il s'engourdit pendant les grands froids. Aux grains et aux racines qui forment sa principale nourriture, ce rongeur joint la chair des petits animaux, auxquels il fait la guerre; et, lorsqu'il est pressé par la faim, il n'épargne même pas sa propre espèce. Le Hamster est doué d'un courage aveugle, qui le porte à attaquer indistinctement tous les animaux qu'il rencontre sur son chemin; dès qu'il aperçoit un ennemi, il gonfle prodigieusement ses abajoues, se redresse sur ses jambes de derrière, s'élance sur lui et ne le quitte qu'après qu'il l'a tué, ou que lui-même a perdu la vie. Quelques personnes mangent la chair du Hamster; mais elle est d'un mauvais goût; sa peau sert à faire de bonnes fourrures. — Le Hamster voyageur (C. migratorius) est plus petit que le précédent, d'un gris cendré en dessus, blanc en dessous. Il habite la Sibérie. Cette espèce émigre par troupes souvent considérables; les renards, les fouines, les martes, les oiseaux de proie les suivent et en détruisent une grande quantité. Ce Hamster a, du reste, les mœurs du Hamster commun. — Le Sougar, qui vit également en Sibérie, se distingue par sa taille plus petite et par une ligne dorsale noire qui s'étend depuis la nuque jusqu'à la queue.

HANCHE (Coxa). Partie latérale du bassin qui s'unit à la cuisse; elle est marquée surtout par la saillie formée de chaque côté par l'os iliaque.

HANEBANE ou **HANNEBANNE**. Noms vulgaires de la Jusquiame noire.

HANNETON (Melolontha). Genre d'insectes COLÉOPTÈRES de la tribu des Melolonthides, famille des Lamellicornes. La tribu des Melolonthides ou Phyllophages, dont le type est le Hanneton, renferme une foule d'insectes vivant généralement sur les feuilles; leurs mandibules, fortes et cornées, sont conformées pour ronger les matières végétales; leurs jambes ne sont pas très fortes, leurs antennes ont neuf ou dix articles. Cette tribu renferme les insectes les plus nuisibles à nos cultures, soit à l'état d'insecte parfait, soit à celui de larve; il nous suffira de nommer le Hanneton pour en donner une idée. Chez les Hannetons proprement dits (Melolontha), les antennes ont dix articles, dont les sept derniers chez les mâles, les six derniers seulement chez les femelles, forment la massue. Les lamelles, beaucoup plus grandes dans le mâle que dans la femelle, s'écartent à la volonté de l'animal. Le pygidium ou dernier segment supérieur de l'abdomen est grand, perpendiculaire, prolongé en pointe. Tout le monde connaît le **Hanneton commun** (M. vulgaris); c'est le plus commun de tous les scarabées, pour notre malheur, car il cause dans nos cultures des dégâts considérables. A l'état parfait, le Hanneton ne vit guère plus de six semaines, de la mi-avril à la fin de mai; il se tient alors sur les arbres, surtout sur les ormes, dont il ronge les feuilles; mais sa larve vit trois ans. Celle-ci se nourrit des racines des céréales et d'une foule d'autres plantes; et, comme elle mange pendant presque tout ce temps, la quantité de substance végétale qu'elle consomme est énorme. La femelle, avec ses fortes pattes de devant, creuse le sol à 1 ou 2 décimètres de profondeur et dépose au fond du trou de vingt à trente œufs d'un blanc jaunâtre, de la grosseur d'un grain de chènevis. Elle choisit toujours, pour leur confier sa progéniture, les sols les plus légers et les mieux fumés, c'est-à-dire les terres les plus favorables au développement des végétaux. Au bout d'un mois environ sort de chaque œuf une larve d'un blanc sale, recourbée en arc, molle et grasse, à tête cornée, à pattes grêles. La première année, les petites larves restent réunies et commettent peu de dégâts; en hiver, elles s'enfoncent profondément en terre et échappent ainsi à la gelée et aux inondations; mais, au printemps suivant, pressées par la faim, elles se répandent de tous côtés et dévorent à belles dents toutes les racines qu'elles rencontrent, céréales, légumes, salades, arbres fruitiers, rien ne leur échappe; et elles paraissent avoir une prédilection marquée pour les fraisiers et les rosiers, dont elles causent la mort. Lorsqu'elles sont en grande quantité, leurs ravages sont incalculables, et, il y a quelques années, on évaluait à 25 millions les dommages causés par cette larve dans le seul département de la Seine-Inférieure. On a remarqué que les Hannetons se montraient en quantités prodigieuses certaines années et étaient relativement rares dans d'autres ; que leur abondance se reproduisait à peu près tous les trois ans. Cela s'explique parfaitement par la durée de leur développement. On comprend, en effet, qu'une année où les Hannetons sont très abondants, les femelles déposent une grande quantité d'œufs, et que les larves qui en sortent, passant trois ans à se développer en terre, ne reparaîtront à l'état d'insecte parfait qu'au bout de ce temps, et alors en grand nombre. Vers la fin de l'été de la troisième année, la larve, qui a acquis toute sa croissance, s'enfonce à environ un demi-mètre dans le sol, s'y façonne une coque enduite de sa salive et là se transforme en nymphe. Celle-ci paraît se métamorphoser en insecte parfait dès le mois d'octobre ; mais ce dernier passe l'hiver dans sa chambre natale et n'en sort que dans le courant d'avril. Il existe plusieurs espèces de Hannetons, qui, fort heureusement, sont beaucoup moins répandues que l'espèce type. L'une d'elles, et la plus remarquable, le **Hanneton foulon** (*M. fullo*), a une taille beaucoup plus considérable ; il a 35 à 40 millimètres de longueur. Il est d'un brun noir, parsemé de nombreuses petites taches blanches, pubescentes, formant des marbrures, surtout sur les élytres. Les antennes ont un développement considérable chez les mâles, et le pygidium est sans prolongement. Le Hanneton foulon affectionne le voisinage de la mer ; il n'est pas rare dans les dunes de Dunkerque et des environs d'Ostende et sur les côtes de l'Océan et de la Baltique. — En été apparaissent deux petits Hannetons blonds et poilus ; ils ont des habitudes nocturnes et volent le soir dans nos prairies. Ce sont les **Rhizotrogus æstivus et solstitialis**, vulgairement nommés *Hannetons des blés ;* ils ont de 15 à 19 millimètres de longueur et se reconnaissent à leur massue de trois feuillets et à leur abdomen sans pointe. Adultes, ils rongent les feuilles des arbres ; à l'état de larve, ils rongent les racines comme les Hannetons. — Les Euchlores, qui ont les formes générales des Hannetons, avec des couleurs plus brillantes, habitent les régions chaudes ou tempérées. L'**Euchlore de la vigne** (*Euchlora vitis*) est d'un beau vert métallique, avec les élytres striées et ponctuées. Cet insecte occasionne fréquemment des dégâts dans les vignobles. — Les Anisoplia sont ovalaires, épais, à corselet plus étroit que les élytres, qui sont courtes et presque tronquées ;

Hanneton commun (insecte parfait, nymphe et larve).

leurs jambes antérieures sont bidentées. Telles sont les **Anisoplia agricola**, de 8 à 10 millimètres, d'un noir bronzé, à élytres d'un roux testacé, striées ponctuées ; **Anisoplia horticola**, de 8 à 10 millimètres, d'un vert foncé, avec les élytres d'un brun vif. Ces petits Hannetons, très répandus pendant l'été, rongent les feuilles des arbres et des arbustes. — Les Hoplia, qui se distinguent par leurs tarses postérieurs n'ayant qu'un seul crochet, ont le corps court, épais, couvert d'écailles auxquelles ils doivent leurs brillantes couleurs, comme les papillons. On les trouve habituellement sur les fleurs. L'**Hoplia cœrulea**, de 8 à 10 millimètres de longueur, assez commune dans les prairies qui s'étendent au sud de la Loire, est couverte d'écailles serrées du plus beau bleu clair.

HARENG (*Clupea*). Les poissons de ce nom forment le genre le plus important de la famille des *Clupéidés.* (Voir ce mot.) On les reconnaît à leurs intermaxillaires étroits et courts, au bord inférieur de leur corps comprimé, et garni d'écailles disposées comme les dents d'une scie ; enfin, à leur lèvre inférieure non échancrée. — Tout le monde connaît le **Hareng commun** (*C. harengus*, L.), et l'importance des pêches dont il est l'objet sur tout le littoral des mers du Nord. Dans nos ports, situés depuis Dunkerque jusqu'à l'embouchure de la Seine, on compte chaque année trois à quatre cents bâtiments qui s'occupent de la pêche du Hareng, et l'on évalue à plus de 4 millions de francs les produits qu'ils en obtiennent. Cette pêche se fait ordinairement avec des filets de 100 à 150 brasses de long, dont le bord inférieur est alourdi par des pierres, tandis que le bord supérieur est maintenu à flot au moyens de barils vides. Les mailles de ces filets sont juste de grandeur suffisante pour qu'un Hareng puisse y engager sa tête et soit arrêté par ses ouïes lorsqu'il tente de rétrograder. Le nombre des poissons pris de cette manière est souvent si considérable, qu'en quelques instants les filets sont garnis et rompent sous leur poids. On en a vu prendre 100 000 en moins de deux heures. On prépare les Harengs de diverses manières : on les sale en pleine mer, et, lorsqu'ils sont le résultat de la pêche du printemps ou de l'été, on les nomme *nouveaux* ou *verts ;* pris dans l'arrière-saison ou en hiver, ce sont les Harengs *pecs* ou *pckels ;* fumés, on les appelle *saurs* ou *saurets; dans la saumure, *aines*. L'art de les saler date seulement du quinzième siècle, et est dû à un hollandais; l'art de les *saurir* prit naissance à Dieppe. Lorsque les Harengs sont hors de l'eau, un matelot, nommé *caqueur*, les *habille*, c'est-à-dire leur coupe la gorge, leur enlève les branchies et les entrailles, les lave dans l'eau et les met dans la saumure. Lorsque les Harengs sont arrivés au port, on les ôte de la tonne et on les expose dans des barils (*caques*), où on les arrange avec soin par couches séparées par beaucoup de sel. Dans la manière qui doit fournir les Harengs saurs, on laisse les poissons au moins vingt-quatre heures dans la saumure; et lorsqu'on les en retire, on les enfile, par les ouïes, dans une petite baguette de bois. On les pend dans des cheminées, et on les soumet à un feu qui donne beaucoup de fumée. Il faut vingt-quatre heures pour que le poisson soit convenablement séché. Chaque année, au printemps, les Harengs descendent du nord par bandes innombrables ou *bancs* épais quelquefois de 30 mètres et

Hareng.

larges de plusieurs kilomètres. Vers les mois de juin et de juillet, ils abordent dans les eaux des îles Shetland; peu après ils arrivent sur les côtes d'Écosse et d'Angleterre; enfin, depuis la mi-octobre jusqu'à la fin de l'année, ils se répandent dans la Manche, et descendent le long des côtes de France jusqu'à la Loire, mais jamais plus bas. Les côtes de l'Asie et de l'Amérique sont également visitées par les Harengs; mais dans ces parties du monde, comme en Europe, ils ne franchissent jamais le 43e degré de latitude nord. Leur multiplication est prodigieuse; on a trouvé plus de 40 000 œufs dans le ventre d'une seule femelle de taille moyenne; on assure que leur frai recouvre quelquefois la mer dans une grande étendue et ressemble de loin à de la sciure de bois. On a cru pendant longtemps, mais sans fondement solide, que les Harengs se retiraient périodiquement dans les régions polaires, d'où ils redescendaient vers nos latitudes au commencement du printemps pour frayer. Jamais cependant on ne les a vus remonter vers le nord pour aller passer l'hiver sous les glaces du pôle. Il faut avouer, toutefois, que l'on ne sait trop ce qu'ils deviennent, à moins que, comme l'ont avancé quelques auteurs, ils ne se retirent dans les profondeurs de la mer. Une opinion ancienne fort singulière, et de nos jours encore accréditée chez les pêcheurs, c'est que le Hareng vit d'eau pure; cette assertion n'a aucun fondement, comme on le pense bien; les Harengs se nourrissent en effet de petits crustacés, de mollusques nus, d'alevin, et du frai

même de leurs semblables. Les autres espèces de Harengs sont : le **Harenguet**, plus petit que le Hareng, ordinaire et commun dans le nord; la **Blanquette** (*white-bite* des Anglais), d'une belle couleur d'argent sur tout le corps, avec une tache noire sur le bout du museau; le Pilchard des Anglais ou *célane* de nos côtes, de la taille du Hareng, mais à caudale plus courte et à écailles plus grandes : il se pêche avec le Hareng.

HARENGUET. (Voir HARENG.)

HARFANG (*Surnia*). Genre d'oiseaux de proie nocturnes de la famille des *Strigidés* ou Hiboux, caractérisé par l'absence d'aigrettes; le disque facial incomplet; la conque auriculaire petite; le bec court; les doigts complètement emplumés; les ailes obtuses; la queue étagée. Le Harfang (*S. nyctea*) est un des plus grands rapaces nocturnes; sa taille atteint 60 centimètres du bout du bec à l'extrémité de la queue. Son plumage est d'un blanc de neige bigarré de taches noires; ses pieds sont emplumés jusqu'aux ongles. Il habite le nord de l'Europe, de l'Asie et de l'Amérique, niche sur les rochers escarpés ou sur les vieux pins, et chasse en plein jour les coqs de bruyères, les lièvres et les autres petits mammifères. La femelle pond deux œufs blancs de forme presque sphérique. Sa voracité et son audace sont telles qu'il enlève parfois sous le nez du chasseur le gibier que celui-ci vient d'abattre.

HARICOT (*Phaseolus*). Genre de plantes de la famille des *Légumineuses papilionacées*, tribu des *Phaséolées*, dont les caractères distinctifs sont les suivants : calice campanulé, à deux lèvres, dont la supérieure bidentée, l'inférieure tripartite; corolle à carène contournée en spirale de même que les filets et le style; légume comprimé ou cylindrique, bivalve, contenant un nombre indéfini de graines, séparées les unes des autres par des diaphragmes pelliculaires. Les tiges, en général herbacées, sont le plus souvent volubiles; les fleurs sont disposées en grappes sur des pédoncules axillaires; les feuilles se composent d'une seule paire de folioles, accompagnée d'une foliole impaire terminale; chaque foliole est accompagnée de deux petites stipules. L'espèce dont l'emploi est si universel en Europe, et qu'on désigne plus spécialement sous le nom de HARICOT, est le *Phaseolus vulgaris*, plante originaire de l'Asie. On en possède une multitude de variétés, différant surtout dans la forme, le volume et la couleur des graines; mais pouvant d'ailleurs se rapporter à deux races principales, savoir : les **Haricots à rames** (c'est-à-dire ceux dont les tiges sont longues et volubiles) et les **Haricots nains** (c'est-à-dire ceux dont la tige reste basse et droite). Linné considère ces derniers comme constituant une espèce distincte (*P. nanus*, L.). — Le *Phaseolus coccineus*, nommé **Haricot d'Espagne** (sans doute parce que la plante, d'ailleurs indigène de l'Amérique méridionale, fut d'abord cultivée en Espagne), n'a guère d'usage que pour l'ornement des jardins; toutefois, ses graines sont bonnes à manger, soit en vert, soit sèches. — Le **Haricot caracolle**, originaire de l'Inde, est recherché, surtout dans le midi de l'Europe, comme plante d'agrément ; ses fleurs, plus grandes que celle du pois de senteur, répandent une odeur très suave ; leur corolle, remarquable par une forme bizarre, est panachée de jaune, de violet et de rose. Aux Antilles et dans l'Europe méridionale, il se fait une forte consommation alimentaire des graines de plusieurs espèces de Dolichos, genre voisin des Haricots. On cultive surtout le **Dolichos melanophthalmus**, connu en Provence sous le nom de *mougette* ou de *haricot à œil noir* (parce que la graine offre une grande tache noire). — Toutes les espèces aiment une terre fraîche, légère, substantielle et bien fumée. On sème en général, dans la première quinzaine de mai, en ligne, grain à grain, à 8 centimètres de distance, avec un intervalle de 30 à 40 centimètres entre les lignes ; ou par touffes, cinq ou six grains dans chaque trou, à 30 centimètres de distance environ.

HARLE (*Mergus*). Genre d'oiseaux de l'ordre des Palmipèdes, famille des *Anatidés*, se distinguant des canards proprement dits par leur bec plus mince, plus cylindrique, et à mandibules armées sur leurs

Harle.

bords de petites dents pointues en scie. Leur port et leur plumage sont à peu près ceux des canards. Ils vivent sur les lacs et les étangs, où ils détruisent beaucoup de poisson. — Le **Harle vulgaire** (*M. merganser*) vient en France pendant l'hiver ; il est de la taille d'un canard, il a le bec et les pieds rouges. Le mâle a la tête verte avec les plumes du front relevées en toupet, le manteau noirâtre avec une tache sur l'aile, le cou et le dessous blancs. La femelle et les jeunes ont la tête rousse. — Le **Harle huppé** (*M. serrator*), plus rare dans nos contrées, porte à l'occiput une huppe pendante. Ces oiseaux, excellents nageurs, et plongeurs habiles, ont l'habitude de nager la tête seulement hors de l'eau, tout le corps étant submergé ; aussi les tue-t-on difficilement. Malgré la brièveté de leurs ailes, les Harles ont un vol rapide et soutenu ; mais ils sont encore plus mauvais marcheurs que les canards, et ils ne viennent guère à terre que pour s'y repro-

duire. La femelle fait son nid dans les herbes du rivage, quelquefois dans les racines de quelque arbre, et y dépose de huit à douze œufs blancs. La chair des Harles est d'un goût si détestable, qu'un ancien proverbe dit que : *qui voudrait régaler le diable, lui faudrait bièvre et cormoran.* (C'est sous le nom de *bièvres* que les anciens connaissaient les Harles.)

HARPALE. Genre d'insectes Coléoptères type du groupe des Harpaliens. (Voir ce mot.)

HARPALIENS (de *harpalus*). Groupe d'insectes Coléoptères de la famille des *Carabidés*. Non moins nombreux que les *Féroniens* (voir ce mot), ils s'en distinguent par leurs formes plus ramassées, et par les quatre premiers articles des tarses antérieurs dilatés chez les mâles ; leur taille est médiocre, leur couleur généralement sombre, souvent noire, parfois métallique. Ils se tiennent sous les pierres pendant le jour, et sont surtout abondants dans les régions tempérées et froides des deux hémisphères. — Le genre *Harpalus*, type du groupe, renferme un très grand nombre d'espèces assez voisines les unes des autres ; la plus commune dans nos contrées est le **Harpale bronzé** (*H. œneus*), long de 10 millimètres, d'un vert bronzé, à antennes et pattes roussâtres. Les autres genres du groupe, très voisins des Harpales, sont : *Acinopus, Anisodactylus, Diachromus, Stenolophus*. Tous ces petits insectes sont chasseurs et carnassiers.

HARPE. Genre de mollusques Gastéropodes, ordre des Pectinibranches, famille des *Buccinidés*, que leurs formes élégantes et leurs couleurs vives font

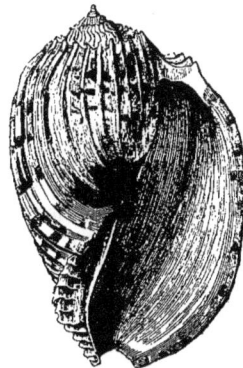

Harpe noble.

rechercher par les amateurs. Les Harpes se rencontrent dans les mers chaudes des Indes et de l'Amérique : leur forme est ovale, bombée, et elles sont garnies de côtes longitudinales, parallèles et tranchantes, qui leur ont valu le nom qu'elles portent ; leur spire est courte, leur ouverture très ample est échancrée par en bas et manque de canal. L'animal qui habite cette coquille a de grands rapports avec les buccins ; il rampe sur un pied énorme, qui bouche complètement l'entrée de la coquille, lorsqu'il s'y retire, mais il n'a pas d'opercule. — Parmi les plus belles espèces, nous citerons : la **Harpe ventrue**, d'un blanc violacé, orné de taches roussâtres festonnées, à côtes d'un beau rose pourpré, et la **Harpe allongée**, à spire allongée, à fond gris taché de brun, avec les côtes rougeâtres.

HARPIE (*Harpyia*). Genre d'oiseaux de proie ou rapaces de la famille des *Falconidés*, voisins des Aigles, dont ils diffèrent par leurs tarses plus courts et plus gros, emplumés au-dessous du genou, les ailes courtes et obtuses. — La **Harpie huppée** (*H. maxima*), dont la taille est supérieure à celle de notre aigle commun, est un des plus redoutables oiseaux de proie. On le dit si fort qu'il a quelquefois fendu le crâne à des hommes à coups de bec, et qu'il enlève un faon dans ses redoutables serres. Sa voracité lui a fait donner le nom d'*aigle destructeur*. Son plumage est brun noirâtre dessus, blanchâtre dessous, rayé de brun sur les cuisses; les plumes du cou et de la tête sont de couleur cendrée; l'occiput est orné d'une huppe de longues plumes noires, qu'il relève lorsqu'il est irrité. La Harpie vit solitaire dans les forêts de la Guyane et niche sur les grands arbres, au bord des fleuves. Elle épie les passereaux, les faons, les singes, tombe à l'improviste sur l'un d'eux, lui brise la tête à coups de bec, le dépèce et le dévore.

HASCHICH. (Voir Chanvre.)

HASE. On donne ce nom à la femelle du Lièvre.

HASTÉ (du latin *hasta*). Qui a la forme d'une lance : feuille hastée.

HAYO. (Voir Coca.)

HECTOCOTYLE (du grec *hékaton*, cent, et *cotulé*, ventouse). Chez certains mâles de mollusques céphalopodes, un des bras qui entourent la bouche s'allonge, se dilate, se remplit de spermatophores et devient un véritable organe copulateur; chez quelques espèces même (*Argonaute, Philonexis*), ce bras se détache du corps du mâle, conserve des mouvements, et va se fixer sur la femelle, dans la cavité palléale de laquelle il verse la matière séminale. Cet organe a été pris pour un ver parasite voisin des Trématodes par Cuvier, qui lui a donné le nom d'*Hectocotylus octopodis*.

HEDERA. Nom scientifique du Lierre.

HEDWIGIA (dédié à Hedwig, botaniste allemand). Genre de plantes dicotylédones, polypétales, hypogynes, de la famille des *Térébinthacées*. Ce sont de grands arbres propres aux régions tropicales de l'Amérique. — L'espèce la plus intéressante, l'**Hedwigia balsamifera**, est assez commune aux Antilles, où on lui donne le nom de *bois-cochon*. Son écorce passe pour fébrifuge et fournit par incisions une résine huileuse à odeur de térébenthine que l'on emploie contre les affections des reins, les calculs biliaires.

HÉDYCHRE. (Voir Chrysididés.)

HEDYSARUM (du grec *hédus*, doux). Nom latin du genre *Sainfoin*. (Voir ce mot.)

HELAMYS (*Pedetes*). Genre de mammifères de l'ordre des Rongeurs, de la famille des *Dipodidés* ou Gerboises. Ils diffèrent de ces dernières par certains caractères qui en ont fait faire un genre à part. L'Helamys ou *lièvre sauteur* a l'apparence extérieure des gerboises; il en a les membres antérieurs très courts, les postérieurs très longs, de gros yeux, une longue queue, quatre mâchelières partout; ses oreilles sont longues comme celles du lièvre, et il a cinq doigts aux pieds antérieurs, armés d'ongles longs et pointus, quatre aux membres postérieurs, munis d'ongles larges et épais comme de petits sabots. — La seule espèce connue, l'**Helamys cafer**, qui est un peu plus grand que notre lièvre, vit au cap de Bonne-Espérance dans des terriers profonds.

HÉLÉNIE (*Helenium*). (Voir Aunée.)

HÉLIANTHE (du grec *hélios*, soleil, et *anthos*, fleur). Genre de plantes de la famille des *Composées tubuliflores*, tribu des *Chrysanthémées*, renfermant quelques espèces utiles et plusieurs plantes d'ornement. Les capitules radiés de leurs fleurs leur ont fait donner le nom de *soleil* ou *fleur du soleil*, idée reproduite dans la désignation scientifique du genre. — La plupart des Hélianthes sont des plantes herbacées, en général vivaces, à feuilles opposées ou alternes, soit entières, soit dentées; les capitules sont terminaux, tantôt solitaires, tantôt disposés en panicule ou en corymbe. Les fleurs du disque, souvent d'un pourpre brunâtre, contrastent agréablement avec celles de la couronne, dont la couleur est d'un jaune plus ou moins vif. — Tout le monde connaît l'**Hélianthe annuel** (*Helianthus annuus*, L.), nommé vulgairement *soleil* ou *tournesol*, soit à cause de l'aspect de sa fleur, soit parce que ses fleurs se tournent vers le soleil, et affectent une direction déterminée par son cours journalier. Cette plante, originaire du Pérou, est cultivée depuis longtemps en Europe, surtout pour l'ornement des jardins. Ses graines font une excellente nourriture pour la volaille; en Amérique, elles servent même à celle de l'homme, et, dans beaucoup de contrées, on extrait l'huile grasse qu'elles contiennent : cette huile, toutefois, a le défaut de rancir promptement. L'écorce des tiges fournit une filasse grossière. L'espèce se distingue facilement à ses tiges élancées, à ses grandes feuilles cordiformes, ainsi qu'à ses capitules solitaires, qui atteignent souvent 25 et 30 centimètres de diamètre. — L'**Hélianthe multiflore** (*H. multiflorus*, L.), connu sous les noms vulgaires de *petit soleil* ou *soleil vivace*, si fréquent dans les parterres, est indigène de l'Amérique septentrionale. — Le **Topinambour** (voir ce mot) est aussi une espèce d'Hélianthe. Ces plantes sont très rustiques, et se multiplient en tout terrain.

HÉLIANTHÈME, *Helianthemum* (du grec *hélios*, soleil, et *anthémon*, fleur). Genre de plantes dicotylédones, polypétales, hypogynes, de la famille des *Cistinées* ou *Cistacées*. Ce sont des herbes ou des sous-arbrisseaux à feuilles généralement persistantes, à fleurs accompagnées de bractées et portées sur des pédoncules opposés aux feuilles. Ces fleurs sont blanches ou jaunes. Parmi les premières, nous citerons : l'**Hélianthème en ombelle**; parmi les secondes, l'**Hélianthème commune** et l'**Hélianthème italique**. Ces plantes croissent de préférence dans les

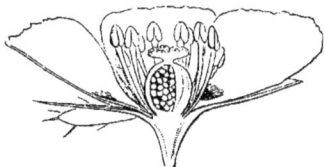

Hélianthème, fleur coupée verticalement.

lieux secs, sur les coteaux arides des régions tempérées de l'Europe. — Une espèce du Canada, l'**Helianthema canadense**, est employée comme astringente et antidiarrhéique.

HÉLICE (du grec *hélix*, spirale). Genre de mollusques GASTÉROPODES, ordre des PULMONÉS, type de la famille des *Hélicidés*, vulgairement désignés sous les noms d'*escargots* et de *colimaçons*. L'animal, assez semblable à la limace, rampe sur un pied large, ovale ; il a sur la tête quatre tentacules ou cornes, dont les supérieurs, plus longs, portent les yeux à leur extrémité ; la bouche, munie de deux lèvres, contient une langue cornée et une dent inférieure ; cet appareil de mastication lui permet d'entamer les substances végétales dont il fait sa nourriture. Il porte sur son dos une coquille ventrue ou globuleuse, quelquefois conoïde, contournée en

Escargot commun.

spirale, et pourvue d'une ouverture oblique, entière, plus large que longue. Les Hélices sont hermaphrodites, c'est-à-dire que chaque individu est muni des deux sexes ; mais l'accouplement est nécessaire (androgynes). Les œufs sont arrondis, enveloppés d'une coque calcaire ; l'animal les dépose sous les feuilles ou sur la tige des végétaux. Les petits en sortent avec leur coquille, qui, d'abord très fragile, se durcit bientôt à l'air. Si l'on casse la coquille on voit que tous ses organes principaux font au milieu du dos une véritable hernie que la coquille est destinée à protéger. (Voir l'article GASTÉROPODES.) Les Hélices vivent dans les bois, dans les jardins et les prairies ; elles se cachent

pendant la sécheresse et ne sortent ordinairement que pendant les temps humides. Elles vivent plusieurs années et passent l'hiver dans l'engourdissement, renfoncées dans leur coquille, que ferme hermétiquement une membrane mucoso-cornée, mais qui n'est pas, comme l'opercule, fixée à la partie postérieure du pied. Les nombreuses espèces d'Hélices varient beaucoup pour la taille ; on en voit qui sont de la grosseur d'un œuf de poule, tandis que d'autres sont microscopiques. L'usage de l'escargot, comme aliment, est très ancien. Pline rapporte avec détail le soin extrême que les anciens prenaient des *escargotières*, où on nourrissait ces animaux de plantes aromatiques. De nos jours on mange encore les escargots. L'espèce la plus estimée, sous ce rapport, est l'*Helix pomatia* ou *escargot de vigne*, l'une des plus grandes espèces européennes. On mange aussi l'**Hélice némorale** et l'**Hélice chagrinée**. Les Hélices forment la base d'un certain nombre de préparations pharmaceutiques, employées surtout comme émollientes et pectorales.

HÉLICINE (diminutif d'*Hélice*). Genre de mollusques GASTÉROPODES PULMOBRANCHES, de la famille des *Cyclostomidés*. Ils ont, avec les Hélices, de grands rapports ; mais, comme les cyclostomes, leur pied présente en arrière un opercule, et l'animal n'a que deux tentacules filiformes à la base externe desquels sont les yeux. Leur coquille ressemble beaucoup à celle des hélices. Les Hélicines habitent les îles intertropicales des deux grands océans.

HÉLICONIE (du mont Hélicon). Genre d'insectes LÉPIDOPTÈRES DIURNES, famille des *Héliconidés*, comprenant de grands et beaux papillons des contrées chaudes de l'Amérique du Sud, recherchés par les collectionneurs en raison de leur forme élégante et de leurs couleurs aussi vives que variées. Les Heliconia sara, phyllis, callicopis, diaphana et narcea se trouvent au Brésil.

HÉLIOTROPE (de *hélios*, soleil, et *trépô*, je tourne). Ce nom était appliqué par les anciens à des plantes qui, comme les hélianthes et le souci des jardins, se tournent constamment vers l'astre du jour ; mais il ne convient nullement au genre auquel les botanistes modernes ont donné ce nom. Quoi qu'il en soit, le genre *Héliotrope* actuel appartient à la famille des *Borraginées*, et il offre les caractères distinctifs suivants : calice quinquéfide ; corolle en forme d'entonnoir, ayant un limbe presque plan et divisé en cinq lobes dont chacun alterne avec une dent ou un pli ; fruit à nucules cohérentes. — La seule espèce intéressante est l'**Héliotrope du Pérou** (*Heliotropium peruvianum*, L.) ; c'est celle que la délicieuse odeur de ses fleurs fait si généralement cultiver comme plante d'agrément, et qu'on désigne communément par le nom d'*héliotrope*, sans autre épithète. Elle fut introduite en France par J. de Jussieu en 1740. Cette plante atteint 1 mètre de hauteur ; ses petites fleurs, d'un blanc violacé, réunies en corymbe, répandent une délicieuse odeur de vanille. — L'**Héliotrope d'Europe** (*H. europæum*), vulgairement *herbe aux verrues*, haute de 15 à 20 centimètres et qui croît abondamment dans les lieux sablonneux, porte de nombreuses fleurs blanches, petites et réunies en épis; elles n'ont aucune odeur. On attribue au suc de cette plante la propriété de détruire les verrues. — Quant à la plante connue sous le nom vulgaire d'*héliotrope d'hiver*, elle n'a de commun avec la précédente que sa légère odeur de vanille, et appartient au genre *Tussilago* des botanistes. L'Héliotrope demande une terre légère et une exposition chaude; on la multiplie de graines ou de boutures, mais il faut la rentrer l'hiver.

HELIX. (Voir Bélice.)

HELLÉBORE. (Voir Ellébore.)

HELMINTHE (du grec *helmins, helminthos*, ver). Les Helminthes ou Entozoaires formaient, dans la méthode de Cuvier, une classe de l'embranchement des Animaux rayonnés; les travaux plus récents les ont fait joindre aux Annélides pour en former l'embranchement des Vers. (Voir ce mot.)

HELMINTHOCHORTON (de *helmins*, ver, et *chortos*, herbe). Nom scientifique de la Mousse de Corse.

HELOPS. Genre d'insectes Coléoptères de la famille des *Hétéromères*, section des *Ténébrionïens*. Ce sont des insectes de moyenne taille, à corps oblong, convexe, à antennes assez longues et grêles, à pattes assez grandes; leurs couleurs sont métalliques ou bleuâtres. Ils vivent ordinairement sous l'écorce des vieux arbres, quelquefois sous les pierres; leurs larves s'enterrent sous les souches ou dans la poussière des arbres cariés. Les *Helops lanipes, striatus, robustus, cœruleus*, ne sont pas rares en France.

HELVELLE (*Helvella*). Genre de champignons de l'ordre des Thécasporées, comprenant des espèces charnues, fragiles, molles, à chapeau irrégulier, formé de lames membraneuses lisses, rabattues sur les côtés ou confusément plissées. Leur pied est presque toujours crevassé, lacuneux. Les Helvelles sont comestibles: telles sont l'Helvelle **comestible** (*H. esculenta*), qui croît au printemps dans les bois de pins, et qui est d'un brun rougeâtre; l'Helvelle mitre, que l'on appelle dans le midi *bonné de capelan*, et qui est d'un brun grisâtre; son chapeau, relevé en pointe de chaque côté, simule assez une mitre. Les Helvelles ont une saveur agréable qui rappelle celle des morilles.

HÉMANTHE (du grec *haima*, sang, et *anthos*, fleur). Genre de plantes monocotylédones de la famille des *Amaryllidées*. Ce sont des plantes bulbeuses, à feuilles radicales coriaces, dont la hampe se termine par une ombelle de fleurs accompagnée d'une spathe divisée en plusieurs segments colorés. Ces fleurs, d'un rouge de sang, ont fait donner à ces plantes le nom qu'elles portent. Elles sont originaires de l'Afrique australe et se cultivent en serre; telles sont: l'*Hæmanthus coccineus* et l'*Hæmanthus puniceus*. L'*Hæmanthus toxicarius* contient dans son bulbe un suc âcre et visqueux, très vénéneux, dont les Hottentots se servent pour empoisonner leurs flèches.

HÉMATIE (du grec *haima*, sang). Globules rouges du sang. (Voir Sang.)

HÉMATITE (de *haima*, sang). Fer oligiste: sesquioxyde de fer. (Voir Fer.)

HEMATOCOCCUS. (Voir Protococcus.)

HEMATOPOTA. (Voir Taon.)

HÉMATOSE (de *haimatósis*, action de changer en sang). Acte par lequel le sang veineux, en traversant les capillaires pulmonaires, se transforme en sang artériel. (Voir Circulation et Respiration.)

HÉMATOXYLON (de *haima*, sang, et *xulon*, bois). Nom scientifique d'un grand arbre des régions tropicales de l'Amérique qui fournit le *bois de campêche*: c'est l'*Hæmatoxylon campechianum*, qui appartient à la famille des *Légumineuses césalpiniées*. (Voir Campêche.)

HÉMÉROBE (du grec *hêméra*, un jour, et *bioó*, je vis). Genre d'insectes Névroptères, famille des *Myrméléonides*, assez voisins des Fourmilions, dont ils diffèrent par leurs antennes longues et sétacées. Les Hémérobes, comme les éphémères, ne vivent que quelques heures à l'état d'insecte parfait. Ce sont de jolis petits insectes de couleur verte, assez ressemblants à des libellules en miniature; leurs ailes ont la finesse et la transparence de la plus belle gaze, et leurs yeux sont d'un beau rouge doré; mais lorsque, séduit par leur forme gracieuse, on les prend dans la main, ils répandent une liqueur jaunâtre d'une odeur nauséabonde. Ils vivent dans les jardins. Les femelles fixent leurs œufs sur les feuilles, au nombre de dix ou douze, rapprochés les uns contre les autres. Ces œufs sont fort singuliers; ils sont globuleux et supportés au bout d'une tige d'un pouce de long et de la finesse d'un cheveu, ce qui leur donne la plus grande ressemblance avec certains champignons microscopiques. Les larves des Hémérobes ressemblent à celles des fourmilions; elles sont très avides de pucerons et en détruisent une quantité considérable, ce qui leur a fait donner par Réaumur le nom de *lions des pucerons*. Ces larves, lorsqu'elles veulent se transformer en nymphes, se filent une coque de soie parfaitement ronde, d'où elles sortent au bout de quinze jours à l'état d'insecte parfait. Le type du genre est l'Hémérobe **aux yeux d'or** (*Hemerobius chrysops*).

HÉMÉROCALLE (du grec *hêméra*, jour, *kallos*, beauté, beauté du jour). Ce nom a été donné par Linné à un genre de plantes remarquables par la grandeur et la beauté de leurs fleurs. Les Hémérocalles appartiennent à la famille des *Liliacées*, section des *Asphodèles*. Ces plantes ont le port du lis. — On en cultive plusieurs espèces dans les jardins; deux sont indigènes d'Europe, ce sont: l'Hémérocalle **jaune**, du Piémont, vulgairement connue sous le nom de *lis asphodèle* ou de *lis jaune*, dont les feuilles nombreuses, étroites, aiguës, longues de 30 à 60 centimètres, forment de grosses touffes, du milieu desquelles s'élèvent plusieurs tiges unies, hautes de 50 à 80 centimètres, rameuses à leur sommet, où elles portent deux ou trois fleurs semblables à celles du lis, d'un jaune clair et d'une odeur agréable; et l'**Hémérocalle fauve**, de Provence, qui diffère de la précédente par ses fleurs d'un fauve rougeâtre et sans odeur. — Nous citerons encore l'**Hémérocalle du**

Hémérocalle bleue.

Japon à fleurs en grappe, d'un blanc pur, et l'**Hémérocalle bleue** de la Chine, à fleurs d'un bleu violacé. Ces plantes se cultivent en pleine terre; elles demandent une exposition chaude. On les multiplie par la séparation des racines.

HÉMYDACTYLE (de *hémisus*, demi, et *daktulos*, doigt). (Voir GECKO.)

HÉMIONE (du grec *hêmionos*, mulet, de *hêmisus*, demi, et *onos*, âne). Espèce du genre *Cheval*. (Voir ce mot.) Elle a les formes du cheval, mais plus lourdes; sa tête est plus grosse et ses oreilles plus longues, mais beaucoup moins que celles de l'âne. Elle en diffère, en outre, par la forme de ses narines en croissant, dont la convexité est en dehors, et par sa queue garnie de crins à l'extrémité seulement. Son poil ras et lustré est de couleur isabelle, avec une bande noire qui s'élargit sur la croupe; la crinière est noire. C'est un animal très vif et très léger à la course. Il vient de l'Hindoustan. Il s'est reproduit plusieurs fois à la Ménagerie et le Jardin d'acclimatation en possède plusieurs parfaitement dressés.

HÉMIPPE (de *hêmisus*, demi, et *hippos*, cheval). Espèce du genre *Cheval*, décrite par Isid. Geoffroy Saint-Hilaire sur deux individus pris dans le désert de Syrie. Elle ressemble beaucoup à l'hémione, mais se rapproche beaucoup plus qu'elle du cheval,

par sa tête plus petite, ses oreilles plus courtes et sa queue plus fournie.

HÉMIPTÈRES (du grec *hémisus*, demi, et *ptéron*, aile). Ordre d'insectes renfermant ceux à quatre ailes, dont la bouche est organisée en suçoir. Cette bouche a la forme d'un tube, composé de pièces articulées les unes au bout des autres, dans l'intérieur duquel se trouvent des stylets aigus, propres à perforer les tissus animaux et végétaux dans lesquels l'animal doit puiser les liquides dont il se nourrit; on lui

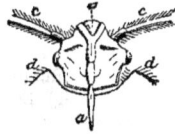

Rostre de punaise.

a, extrémité du rostre; *b*, labre ou lèvre supérieure; *c c*, portion des antennes; *d d*, yeux.

donne le nom de *rostre*. Les Hémiptères ont ordinairement quatre ailes, dont la première paire constitue des demi-élytres, c'est-à-dire crustacées dans la première moitié et membraneuses de là jusqu'au bout, comme dans les punaises des bois

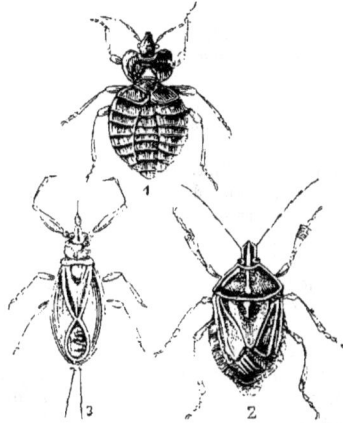

1, Punaise des lits (aptère); 2, géocorise (pentatome); 3, hydrocorise (nèpe).

ou *géocorises*, les punaises d'eau ou *hydrocorises*. Cependant les cigales et les pucerons, qui appartiennent à cet ordre, ont les ailes entièrement membraneuses; et chez la punaise de lit et la cochenille femelle les ailes manquent complètement; ce n'est donc pas dans la forme des ailes que réside le caractère principal de cet ordre d'insectes, mais bien dans celle de leur bouche. Les Hémiptères n'éprouvent pas de métamorphose complète comme la plupart des autres insectes; leurs larves ne diffèrent de l'insecte parfait que par l'absence d'ailes. Cet ordre est divisé en trois sections suivant l'absence ou la conformation des ailes : la première comprend les APTÈRES, qui formaient anciennement l'ordre des *Anoploures*, et se compose des Pédiculés ou Poux, des Ricins, etc.; la deuxième comprend les hémiptères à ailes semi-coriaces (HÉTÉROPTÈRES), elle renferme les Nèpes, les Réduves, les Lygées, les Scutellères ou Punaises ; la troisième section, celle des HOMOPTÈRES, comprend les hémiptères à ailes membraneuses dans toute leur étendue et renferme les Gallinsectes ou Cochenilles, les Pucerons, les Fulgores et les Cigales. (Voir ces mots.)

HÉMISPHÈRES CÉRÉBRAUX. (Voir CERVEAU.)

HEMOCHARIS (du grec *haimacharés*, qui se plaît dans le sang). Espèce d'Hirudinée qui vit sur les poissons d'eau douce. (Voir SANGSUE.)

HÉMOGLOBINE (de *haima*, sang). Partie constituante essentielle des globules rouges du sang. (Voir SANG.)

HÉMOPIS (de *haima*, sang, et *pinô*, je bois ; buveur de sang). Genre d'Hirudinées détaché des sangsues proprement dites, dont elles diffèrent par la forme de la ventouse orale et la disposition des mâchoires. — L'espèce type, l'**Hemopis vorax**, se rencontre dans l'Europe méridionale et l'Algérie, dans les mares, les fossés, les sources. Elle est d'un brun roux en dessus, avec des rangées de points noirs, une bande jaune de chaque côté, et d'un noir ardoisé en dessous. Cette hirudinée, connue sous le nom vulgaire de *sangsue de cheval*, est très nuisible aux bestiaux ; elle s'attache aux cavités buccale et nasale de ces animaux lorsqu'ils boivent dans les eaux courantes et pénètre même dans l'estomac ou les voies respiratoires ; elle peut, dans ce dernier cas, déterminer l'asphyxie.

HENNÉ ou **HENNEH.** Nom arabe d'un arbrisseau du genre *Lawsonia*, de la famille des *Lythrariées*, qui croît en Arabie, dans les Indes orientales et l'Afrique boréale. Il s'élève à 2 ou 3 mètres, et offre à peu près le port de notre troène. Il est inerme dans sa jeunesse, et devient épineux en vieillissant. Ses feuilles sont opposées, elliptiques aiguës ; ses fleurs blanches, à quatre pétales et huit étamines, rassemblées en panicule terminale, répandent une odeur forte et pénétrante et fournissent par distillation une eau parfumée très employée par les orientaux dans les bains et les soins de la toilette. Ses feuilles, séchées et réduites en poudre, renferment un principe colorant jaune, dont les Égyptiens surtout font usage pour se teindre les cheveux et les ongles. Le bois de Henné est très dur et recouvert d'une écorce grise et ridée.

HENNEBANE. Un des noms vulgaires de la Jusquiame.

HENRIETTA (nom propre). Genre de plantes de la famille des *Mélastomacées*, propres aux contrées tropicales de l'Amérique. Le type du genre, l'**Henrietta succosa**, est un arbrisseau de la Guyane, auquel les créoles donnent le nom de *coca Henriette*. Son écorce et ses feuilles sont employées en décoction pour laver les plaies et les ulcères ; ses fruits, d'une saveur agréable, sont recherchés comme aliment.

HÉPATIQUE (du grec *hépar, hépatos*, foie). Qui concerne le foie, ses dépendances, ses sécrétions : artère hépatique, canal hépatique, etc. (Voir FOIE.)

HÉPATIQUE. Plante vivace du genre *Anémone*, de la famille des *Renonculacées*, originaire des contrées montueuses du nord de l'Europe, et qui doit son nom à ce qu'on lui attribuait la propriété de guérir les maladies du foie. C'est une plante herbacée, à racines fibreuses, à feuilles toutes radicales, à trois lobes. On en fait un genre particulier sous le nom d'*hepatica*, à cause de son involucre à trois folioles simulant un calice ; l'**Hépatique à trois lobes** (*H. triloba*) donne dans nos jardins ses grandes fleurs précoces et produit de nombreuses variétés depuis le blanc jusqu'au pourpre et au bleu.

HÉPATIQUES, *Hepaticæ* (du grec *hépar, hépatos,*

Hépatique (*Marchantia polymorpha* ♂).

foie, parce qu'anciennement la médecine employait quelques-unes de ces plantes contre les maladies du foie). Famille de végétaux cryptogames, qui renferme de petites plantes herbacées, rampantes, terrestres ou parasites, intermédiaires entre les lichens et les mousses, et se rapprochant surtout de ces dernières ; tantôt étendues en membranes simples ou lobées, parcourues par une nervure médiane que l'on a considérée comme une tige (*marchantiées*), tantôt composées d'une petite tige ramifiée, portant des feuilles sessiles (*jungermanniées*). Les organes de la génération, tantôt naissent à l'aisselle des feuilles, tantôt sont insérés sur les frondes ; tantôt les mâles et les femelles sont réunis sur le même pied (*monoïques*), tantôt ils sont portés sur des pieds distincts (*dioïques*). L'organe mâle (*anthéridie*) est un sac membraneux dans lequel se développent des anthérozoïdes mobiles ; l'organe femelle est constitué par un sac (*archégone*) contenant un oospore qui, après la fécondation, se développe sur place en un sporange dans lequel se forment des spores non sexuées. Celles-ci donnent par leur germination un proembryon rudimentaire sur lequel se déve-

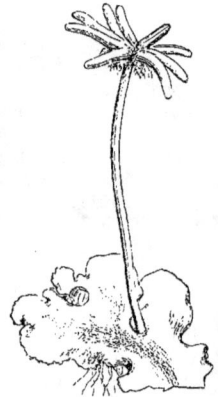

Hépatique (*Marchantia polymorpha* ♀).

loppe la plante sexuée. — On divise généralement les Hépatiques en cinq tribus : 1° *Jongermanniées*, 2° *Marchantiées*, 3° *Monoclées*, 4° *Anthocérées*, et 5° *Riccées*. Ces curieuses petites plantes se plaisent surtout aux sources des fontaines, dans les bois humides, les prés marécageux. — L'**Hépatique des fontaines** (*Marchantia polymorpha*) abonde sur les rochers mouillés par une eau vive et parmi les mousses, au bord des étangs ; les sporanges portés sur un long pédicelle ont la forme d'une étoile à dix rayons. Les Riccies (*Riccia natans, fluitans*, etc.) nagent au sein des eaux tranquilles, où elles voguent d'un bord à l'autre, libres de toute attache au sol.

HÉPIALE (*Hepialus*). Genre d'insectes LÉPIDOPTÈRES de la section des *Nocturnes* (*Hétérocères*), type de la famille des *Hépialidés*. Ce petit groupe renferme des papillons dont les formes s'éloignent de celles des Bombycidés par leur corps allongé, cylindrique ; leurs antennes très courtes, grenues ou faiblement dentées ; les palpes très petits et la trompe nulle ou rudimentaire. Leurs chenilles ont seize pattes ; elles sont allongées, décolorées et munies d'un écusson corné sur le premier anneau ; leur bouche est armée de fortes mâchoires, et elles vivent aux dépens des racines des végétaux. Ces papillons ne se montrent que le soir et restent cachés pendant le jour sous les plantes basses. Ils ont une allure toute particu-

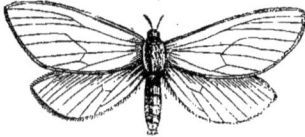

Hépiale du houblon.

lière : après le coucher du soleil, ils s'élèvent verticalement un peu au-dessus du sol, volent en ligne droite avec rapidité, pour se laisser tomber au bout de quelques mètres dans les herbes. — L'**Hépiale du houblon** (*H. humuli*) a les quatre ailes d'un blanc argenté avec la frange rougeâtre, le corps d'un jaune ferrugineux dans le mâle. La femelle, plus grande, a les ailes d'un jaune d'ocre avec deux raies obliques et la frange rougeâtres. Ce papillon est commun, surtout dans le nord, où sa chenille cause souvent de grands dégâts dans les houblonnières. Au moment de se transformer, la chenille se construit sous terre une cellule, tapissée d'une fine couche de soie. — L'*Hepialus lupulinus*, plus petit, vit sur le chiendent.

HEPTAGYNIE (du grec *hepta*, sept, et *guné*, femme). Ordre d'une des classes du système de Linné, comprenant les plantes qui ont sept styles.

HEPTANDRIE (de *hepta*, sept, et *andres*, hommes). Classe du système de Linné comprenant les plantes qui ont sept étamines.

HERACLEUM. (Voir BERCE.)

HERBE. Toutes les plantes qui ne sont pas ligneuses, et dont les tiges périssent chaque année, sont des Herbes. Parmi elles, il en est d'annuelles, de bisannuelles et de vivaces. Ces dernières perdent également leur tige chaque année ; mais il se forme sur le collet de la racine un bourgeon qui devient, l'année suivante, l'origine de la nouvelle tige. Les graminées sont, de toutes les plantes, celles auxquelles le nom d'*herbe* paraît être le plus convenablement appliqué. Elles sont molles, flexibles et si nombreuses que certaines régions du globe en sont couvertes. On comprend généralement sous le nom de *mauvaises herbes*, les végétaux qui, sans être nuisibles, ne servent pas à l'homme. Les Herbes sont les nourrices du genre humain. Le blé, le maïs, le sorgho, le riz, la patate, les ignames, la pomme de terre, le pois, le haricot, la fève, sont des Herbes ; le lin, le chanvre, le coton, l'indigo et la garance sont des Herbes ; les prairies, les pâturages, les gazons sont formés d'Herbes. — Les Herbes sont en Europe bien plus nombreuses que les arbres ; les plantes ligneuses prédominent au contraire dans les pays tropicaux. Le nom d'*Herbe* accompagné d'une épithète sert à désigner vulgairement un grand nombre de plantes. C'est ainsi qu'on nomme : **Herbe à coton**, les Gnaphalium ; — **Herbe à éternuer**, l'*Achillea ptarmica* ; — **Herbe à lait**, le Polygala ; — **Herbe à la coupure**, l'Achillée millefeuille et la Consoude ; — **Herbe à la ouate**, l'Asclépiade de Syrie ; — **Herbe à rubans**, divers roseaux et sparganium ; — **Herbe au citron**, l'Armoise aurone ; — **Herbe au chat**, la Cataire (*Nepeta*) ; — **Herbe au pauvre homme**, la Gratiole ; — **Herbe aux abeilles**, la Spirée ulmaire ; — **Herbe aux cloques**, l'Alkekenge ; — **Herbe aux cuillers**, le Cochlearia ; **Herbe aux écrouelles**, la Scrofulaire ; — **Herbe aux écus**, la Nummulaire ; — **Herbe aux femmes battues**, le Tamier commun ; — **Herbe aux hémorrhoïdes**, la Ficaire ; — **Herbe aux grenouilles**, la Riccie flottante ; — **Herbe aux gueux**, la Clématite ; — **Herbe chaste**, le Gattilier ; — **Herbe de Guinée**, le Phléole géant ; — **Herbe d'or**, l'Hélianthème commune ; — **Herbe de vie**, l'*Asperula cynanchica* ; — **Herbe du vent**, l'Anémone ; — **Herbe mauvaise**, la Zizanie ; — **Herbe musquée**, la Ketmie ambrée ; — **Herbe pédiculaire**, la Staphisaigre ; — **Herbe puante**, le Géranium triste et l'Anagyre fétide ; — **Herbe Robert**, le Géranium commun ; — **Herbe rouge**, la Rubéole ; — **Herbe sacrée**, la Verveine ; — **Herbe sainte Marie**, la Menthe coq ; — **Herbe traînante**, la Cuscute ; — **Herbe aux verrues**, la Chélidoine et l'Héliotrope d'Europe, etc.

HERBIER, HERBORISATIONS. Les herborisations consistent dans l'observation et la récolte des plantes, et l'on donne le nom d'*Herbier* aux collections de plantes sèches disposées d'après un ordre méthodique et destinées à l'étude de la botanique. — Les instruments nécessaires pour herboriser sont la serpette, la houlette et la boîte à herboriser. La serpette sert à couper les branches et à enlever les herbes gazonnantes, les lichens, etc. La houlette sert à déraciner les plantes. La boîte à herboriser, cylindre de fer-blanc un peu comprimé, peint en vert et verni pour réfléchir les rayons du soleil, doit avoir 4 à 5 décimètres de longueur. Des anneaux fixés aux extrémités permettent d'y fixer une courroie pour porter la boîte en bandoulière. Une loupe et un bon canif, pour examiner sur les lieux certaines fleurs caduques; un crayon et des carrés de papier pour prendre des notes et étiqueter ses plantes; voilà le bagage indispensable de l'herborisateur. On doit, autant que possible, herboriser par un temps sec; les plantes récoltées sous la pluie sont sujettes à noircir et à pourrir dans l'Herbier. Les plantes doivent être récoltées en entier, avec leurs racines, lorsqu'elles ne sont pas trop élevées; dans le cas contraire, on les ploie ou les sépare en plusieurs morceaux. Pour les végétaux ligneux, il suffit d'un rameau pourvu de feuilles, de fleurs et de fruits; si ces organes ne se développent que successivement, il faut récolter sur le même individu plusieurs exemplaires à des époques différentes. Si la plante est dioïque, il faut recueillir au moins deux échantillons : l'un mâle, l'autre femelle, pour avoir l'espèce complète. Les plantes, récoltées aussi complètes que possible, doivent être placées dans la boîte de fer-blanc dans une position uniforme, de manière que les racines des unes ne puissent froisser les fleurs des autres. Les racines doivent être soigneusement dégagées de la terre qui leur est adhérente. Ainsi disposées dans la boîte fermée, les plantes peuvent s'y conserver fraîches pendant quelques jours; il n'y faut jamais mettre d'eau. De retour de son excursion, on se livre à l'étude de chacune des espèces recueillies; on en détermine la famille, le genre, l'espèce, et l'on joint à chacune d'elles une étiquette indiquant son nom et le lieu et la date du jour où elle a été recueillie. Il s'agit ensuite de dessécher ses plantes pour les conserver. — Rien n'est plus facile que la composition d'un Herbier. On se procure quelques mains de papier sans colle, nommé communément *papier-buvard;* celui qui boit le mieux est le meilleur, et le format le plus commode est l'in-folio de 42 à 48 centimètres. On distribue son papier-buvard par cahiers de trois ou quatre feuilles; au centre et sur l'une des faces de ce cahier ouvert, on place une plante ou même plusieurs si elles sont petites et si elles peuvent y tenir sans se toucher; on les y étale avec soin, de manière qu'aucune partie ne recouvre les autres ni ne fasse de pli, et en s'efforçant de conserver à la plante son port naturel. Il faut intercaler des petits morceaux de papier-buvard entre les parties qui chevauchent naturellement l'une sur l'autre, comme celles de la fleur; sans cette précaution, elles noirciraient sur toute l'étendue de leur contact. A mesure que l'on étale les diverses parties de la plante, il faut les assujétir avec quelques petits objets pesants, tels que des pièces de monnaie, par exemple, pour les empêcher de revenir sur elles-mêmes. Après les avoir laissées une demi-heure à peu près en cet état, on enlève les poids avec précaution et l'on referme le cahier. Les plantes étant ainsi disposées, chacune au centre de trois feuilles de papier, on superpose tous ces cahiers pour les soumettre à la presse. Deux petites planches bien unies, entre lesquelles on les place et sur lesquelles on pose un objet quelconque du poids de 15 à 20 kilogrammes forment tout l'appareil nécessaire pour opérer cette pression. Cette opération doit être faite autant que possible dans un lieu sec, chaud et aéré; un grenier, en été, remplit toutes ces conditions. Après douze heures de pression, on retire le poids et l'on trouve les papiers imprégnés de l'humidité qu'ils ont enlevée aux plantes. On renouvelle alors le papier-buvard et on soumet de nouveau les cahiers à la presse, jusqu'à ce que les plantes soient entièrement sèches; ce que l'on pourra reconnaître par le simple toucher. Si la plante est sèche, elle ne produira au contact de la main aucune sensation; mais, si elle contient encore de l'humidité, elle donnera une impression de fraîcheur plus ou moins marquée. Il est des plantes très aqueuses ou charnues qui ne se dessèchent pas aussi facilement et qui continuent de végéter dans le papier ou qui finissent par y pourrir; on détruit le principe végétatif dans ces plantes en les immergeant pendant vingt quatre heures dans le vinaigre; on les laisse ensuite un peu sécher à l'air et on les essuie légèrement, puis on les met dans le papier-buvard pour les traiter par les moyens ordinaires. Ce procédé est indispensable pour la préparation des plantes grasses ou à feuilles charnues et de celles dont les racines sont bulbeuses. Quant au papier qui a servi à la dessiccation des plantes, il peut servir indéfiniment en le faisant sécher. Lorsque les plantes sont sèches, on les retire du papier-buvard et on les dispose dans l'Herbier; c'est-à-dire qu'on place chacune d'elles sur une feuille de papier blanc collé, épais, de même format que le papier-buvard, où on la fixe au moyen d'épingles, ou mieux, de bandelettes de papier gommé. On inscrit au bas de la feuille blanche le nom de la plante, le lieu et le jour où on l'a recueillie; puis, cette feuille simple, mise dans une chemise ou double feuille de papier gris ou bleu, est prête à mettre à son ordre de famille dans un carton en forme de portefeuille. Si la formation d'un Herbier est facile, sa conservation, en revanche, ne l'est pas. Il faut lutter constamment contre les insectes qui attaquent les plantes, et les végétaux les plus vénéneux n'échappent même pas à leur voracité. De tous les préservatifs employés, la dissolution du deutochlorure de mercure dans l'alcool paraît être le seul propre à conserver les plantes qui en ont été imbibées; mais l'emploi de cette substance dangereuse demande de grandes précautions. Au reste, le moyen le plus sûr de conserver intact un Herbier est de le renfermer dans un lieu froid, sec et obscur, et surtout, de le visiter avec soin au moins deux fois par an, en enlevant sur-le-champ tout échantillon mal desséché, noircissant ou se couvrant de moisissure. Si c'est une espèce rare, on la lavera à l'alcool et on la fera sécher de nouveau. L'utilité d'un Herbier est immense, pour l'étude des plantes, que l'on fait revenir en soumettant leurs parties à l'action de la vapeur ou en les laissant tremper dans l'eau pendant quelque temps.

HERBIVORES. On désigne par ce nom les animaux qui font de l'herbe leur principale nourriture.

HERBORISATION. (Voir Herbier.)

HÉRISSON (*Erinaceus*). Genre de mammifères de l'ordre des Insectivores, famille des *Erinacéidés*, dont les espèces doivent leur nom aux piquants raides et acérés qui hérissent, comme autant d'é-

Hérisson.

pines, la surface de leur dos. Ces piquants ne sont qu'une modification des poils, qui, au lieu de rester flexibles et soyeux, comme chez les autres mammifères, s'agglutinent et prennent la dureté de la corne; défense précieuse pour un animal que la nature n'a doué ni de force ni d'agilité, ni même de l'instinct de se créer une retraite inaccessible à ses ennemis. Grâce à une disposition particulière de ses muscles, fléchissant la tête et les pattes sous le ventre, et s'enveloppant de sa peau comme d'un manteau, il ne présente à son adversaire qu'une boule protégée par ses piquants, qui se hérissent et s'entrecroisent dans tous les sens. — Le **Hérisson commun** (*E. europæus*), de 20 à 25 centimètres de longueur, à formes épaisses, bas sur jambes, offre cinq doigts armés d'ongles fouisseurs à tous les pieds, une queue très courte, un museau pointu, de petites oreilles arrondies; sa couleur est d'un gris brunâtre; ses mâchoires sont pourvues de trente-six dents. Il se tient pendant le jour dans les haies et dans les bois, blotti dans quelque trou ou sous quelque racine, et n'en sort que la nuit pour aller à la recherche des insectes et des fruits qui composent sa nourriture habituelle; il montre aussi beaucoup de voracité pour la chair, et mange des crapauds, de petits mammifères et des reptiles même venimeux. Il attaque et combat la vipère, dont il paraît ne redouter nullement les morsures. Un autre fait singulier, c'est que cet animal peut dévorer, sans en être incommodé, des quantités considérables de cantharides, tandis qu'un petit nombre

de ces insectes causerait infailliblement la mort de tout autre mammifère. La femelle met bas quatre à sept petits qui naissent les yeux fermés; leur peau nue est blanche, parsemée de points bruns qui indiquent la place des piquants. Les auteurs anciens ont propagé plusieurs erreurs sur les mœurs des Hérissons; entre autres, l'habitude de grimper aux arbres, ce que leurs ongles à pointe émoussée ne leur permettraient pas de faire; et celle d'amasser des provisions pour l'hiver, précaution qui leur serait inutile, puisqu'ils passent la saison froide dans un engourdissement profond. — Une espèce, qui habite depuis le nord de la mer Caspienne jusqu'en Égypte, se distingue du Hérisson d'Europe par la longueur de ses oreilles; c'est le **Hérisson à longues oreilles** (*E. auritus*) ou **Hérisson d'Égypte**, plus petit que le nôtre, à piquants cannelés. — Les **Tanrecs** (*Centetes*), que quelques naturalistes réunissent aux Hérissons, se distinguent de ces derniers par leur tête beaucoup plus allongée, par une molaire de plus que chez les Hérissons proprement dits et par l'absence totale de queue. Ces animaux habitent Madagascar. Ils ont des habitudes nocturnes, creusent comme les Hérissons et vivent comme eux d'insectes.

HÉRISSON DE MER. On donne vulgairement ce nom aux poissons du genre *Diodon* et aux oursins, à cause des piquants dont leur corps est couvert.

HÉRISSONNE. Nom vulgaire de la chenille d'un papillon du genre *Chelonia* (*Ch. caja*), qui est hérissée de poils.

HERMAPHRODISME. Réunion des deux sexes (personnifiés par les noms d'Hermès, *Mercure*, et d'Aphrodite, *Vénus*) sur un même individu. Chez l'homme et les animaux vertébrés, où la plupart des organes ont été poussés jusqu'au degré le plus élevé, il n'existe pas de véritables hermaphrodites; les quelques faits isolés que l'on a pu observer ne sont que des monstruosités individuelles. Il est aujourd'hui reconnu que l'appareil mâle ne peut acquérir son développement qu'en abolissant presque entièrement l'appareil du sexe opposé, et *vice versâ*. Si l'un et l'autre existent, il y a toujours développement incomplet de l'un des deux et souvent même de l'un et de l'autre. Mais il en est autrement lorsqu'on descend vers les derniers degrés de l'échelle animale, et l'on trouve des groupes entiers, tels que ceux des limaces et des hélices, des huîtres et des moules, etc., dans lesquels chaque individu possède distinctement et normalement les deux sexes. Chez les uns (*hélices*), cette surabondance d'organes ne dispense pas de l'accouplement : chacun agit comme mâle en recevant comme femelle, et ils ne peuvent se suffire à eux-mêmes; les autres (*huîtres*) réunissent le double appareil génital et n'ont pas besoin de l'intermédiaire d'un autre individu pour être fécondés. On distingue généralement ces deux genres d'Hermaphrodisme en donnant aux premiers le nom d'*androgynes* (voir ce mot), et en conservant aux seconds celui d'*Herma-*

phrodites. (Voir REPRODUCTION.) — Dans le règne végétal, l'Hermaphrodisme, c'est-à-dire les fleurs renfermant à la fois les organes mâles et les organes femelles, est le cas de la majorité des plantes.

HERMELLE. Genre de vers de la classe des ANNÉLIDES, de l'ordre des CHÉTOPODES POLYCHÈTES, section des *Tubicoles.* Leur corps est partagé en trois parties distinctes : la portion céphalique porte en avant une couronne de soies et sur les côtés de nombreux filaments préhensiles (cirrhes). Les régions thoracique et abdominale, formées d'un plus ou moins grand nombre d'anneaux, suivant l'âge, sont munies de pieds à deux rames. Les Hermelles se construisent des tubes faits de grains de sable agglutinés et vivent généralement en colonies. — Le type du genre, l'**Hermelle alvéolaire** (*Hermella alveolata*), se trouve sur toutes les côtes européennes de l'Océan, et souvent sur les bancs d'huîtres.

HERMINE (*Erminea*). Espèce de mammifère de la famille des *Mustélidés,* du genre *Putois.* L'**Hermine** (*Putorius ermineu*), *roselet* de Buffon, a les formes

Hermine.

sveltes et élégantes de la Belette ; mais sa taille est un peu plus grande ; elle mesure 26 centimètres du bout du museau à l'origine de la queue, et celle-ci a 10 centimètres. Son pelage d'été est d'un beau marron en dessus, d'un blanc un peu jaunâtre en dessous, avec la mâchoire inférieure blanche et le bout de la queue noire. On lui donne alors le nom de *roselet.* En hiver, sa fourrure devient entièrement blanche, sauf le bout de la queue qui reste noir ; elle est alors *Hermine.* Rare dans les pays tempérés, l'Hermine devient d'autant plus commune que l'on remonte davantage vers le nord ; la Russie, la Sibérie, la Laponie, le Kamtchatka et les régions septentrionales de l'Amérique sont les pays où on la rencontre habituellement. Elle a été signalée en France, mais il est probable qu'on l'a confondue avec l'*Herminette,* qui paraît n'être qu'une simple variété blanche de la Belette. L'Hermine a les mêmes mœurs que la Belette, sa vivacité, ses appétits carnassiers ; mais elle est plus farouche et ne s'approche jamais des lieux habités. Elle se nourrit d'écureuils, de rats et d'autres petits animaux ; elle est très friande d'œufs. Comme l'on sait, la fourrure de l'Hermine est des plus estimées, surtout quand elle a ce blanc éclatant qu'elle perd

toujours plus ou moins en vieillissant pour prendre une teinte un peu jaunâtre. C'est dans les régions les plus froides qu'elle acquiert le pelage le plus touffu et le plus beau, et c'est principalement dans les déserts glacés de la Sibérie, que les malheureux exilés sont employés à chasser l'Hermine et la Zibeline, souvent au péril de leur vie et toujours aux dépens de leur santé.

HERMITE. (Voir PAGURE.)

HERNIAIRE, *Herniaria* (plante employée autrefois contre les hernies). Genre de plantes dicotylédones, de la famille des *Paronychiacées.* Ce sont des herbes à tiges étalées, rameuses ; à fleurs très petites, en glomérules latérales ; à sépales herbacés, à pétales filiformes ; deux stigmates presque sessiles ; capsule indéhiscente, monosperme. — Le type du genre, la **Herniaire glabre** (*H. glabra*), vulgairement *herniole, turquette,* qui croît dans les lieux sablonneux en été, est une plante glabre, d'un vert gai, à glomérules de fleurs alternes et opposées aux feuilles ; celles-ci oblongues ovales ; fleurs verdâtres. Elle est réputée diurétique et émolliente. Quelques espèces appartiennent au Midi : *Herniaria hirsuta, incana, cinerea.*

HÉRODIENS. Synonyme d'Ardéidés. (Voir HÉRON.)

HÉRON (*Ardea*). Genre d'oiseaux de l'ordre des ÉCHASSIERS ; leur bec long, comprimé, fendu jusqu'aux yeux, les a fait ranger dans la famille des *Cultrirostres* par Cuvier ; ils forment celle des *Ardéidés* d'Is.-G. Saint-Hilaire. Un long cou, des tarses grêles, élevés, terminés par des doigts allongés et armés d'ongles acérés, achèvent de caractériser ce genre. Les Hérons sont des oiseaux tristes et farouches, qui vivent solitaires pendant le jour, au bord des rivières ou des lacs, où ils détruisent beaucoup de poisson. On les voit, soutenus par leurs longues jambes, comme sur des échasses, passer des heures entières, le cou replié sur la poitrine, et la tête entre les épaules, dans une immobilité apathique qui ressemble à la stupidité ; ils n'en sortent que pour saisir leur proie, sur laquelle ils lancent avec rapidité leur long bec pointu. Ils se réunissent la nuit en grandes troupes, pour nicher dans un même lieu. C'est au sommet des arbres élevés que le Héron construit son nid avec de l'herbe et des branches recouvertes de mousse et de duvet ; la femelle y pond de trois à six œufs de couleur bleuâtre ou verdâtre. Les Hérons émigrent en grandes troupes à l'automne et gagnent les régions méridionales ; mais il en reste toujours quelques-uns dans nos contrées pendant l'hiver. — Lorsque le Héron s'élève dans les airs, il pousse un cri sec et aigu, semblable au son éclatant d'un clairon. Au beau temps de la fauconnerie, la chasse de cet oiseau était réservée aux princes, non pas à cause de la délicatesse de sa chair, mais à cause de son vol magnifique et de la résistance qu'il oppose au faucon ; il se sert de son bec acéré, manœuvré par son long cou, comme d'une arme puissante, et force même parfois son ennemi à la retraite. On a divisé les Hérons en plusieurs sections : les *Hérons* *proprement dits*, qui se distinguent par un corps efflanqué, porté sur de hautes jambes, par un cou grêle, garni inférieurement de longues plumes pendantes; les *butors* au corps plus épais, à jambes et à cou plus courts, ce dernier plus gros; les *bihoreaux*, dont la taille est plus petite et le cou plus court encore que chez les butors; enfin, les *crabiers*, qui sont les plus petits de tous les Hérons. — Le **Héron commun** ou *Héron huppé*, de Buffon (*Ardea major*), se rencontre en France et dans plusieurs autres contrées de l'Europe et de l'Asie. Il a environ 1 mètre de longueur de l'extrémité du bec à celle de la queue; il est gris bleuâtre avec le devant du cou blanc, et porte une huppe noire à l'occiput. Sa chair n'a rien d'agréable. — Le **Héron aigrette** (*A. egretta*), entièrement blanc, a sur le bas du dos

A. Jobin

Héron pourpré.

des plumes longues et effilées qui servent à la parure des femmes. — Le **Héron pourpré** (*A. purpurea*) a le cou orné à sa partie inférieure, de plumes flottantes d'un beau blanc pourpré. — Le **Butor** (*A. stellaris*), plus petit que les précédents, a son plumage varié de jaune ferrugineux et de traits noirs; son cou est couvert de plumes longues et flottantes. — Le **Bihoreau** (*A. nycticorax*), d'un noir à reflets bleuâtres, est remarquable par la belle aigrette blanche qui pare sa tête; sa gorge est de la même couleur. Enfin nous citerons le **Héron crabier** (*A. comata*), comme le plus petit d'Europe.

HERPESTES (du grec *herpestès*, qui rampe). Plantes herbacées de la famille des *Scrofulariacées*, qui croissent dans les contrées tropicales du globe. L'une d'elles, **H. amara**, est employée dans l'Inde comme tonique et fébrifuge; une autre, **H. colubrina**, du Pérou, où on lui donne le nom de *Yerba de Coulebra*, est regardée comme antidote des serpents venimeux.

HERPESTES. Nom latin de la MANGOUSTE.

HERSE. Nom vulgaire du genre *Tribulus*.

HESPÉRIDÉES. Linné donnait ce nom, par allusion aux pommes d'or du jardin des Hespérides, à la famille des *Orangers*, aujourd'hui comprise sous le nom d'*Aurantiacées*.

HESPÉRIDÉS. Famille de *Lépidoptères rhopalocères* ou papillons diurnes, comprenant de petits lépidoptères à corps épais et robuste, à antennes renflées en massue, avec leur extrémité amincie et recourbée en crochet; à palpes larges et courts, très garnis d'écailles. Leurs chenilles sont cylindriques; elles ont la tête grosse et le premier anneau aminci et comme étranglé; elles plient les feuilles pour s'y enfermer dans une coque soyeuse très mince. Les papillons de cette famille ont les ailes étroites, le vol lourd et saccadé, et forment le passage des diurnes aux crépusculaires. Leurs chenilles rappellent, par leur démarche et leurs habitudes, celles des pyrales. — Cette famille renferme un très petit nombre de genres : *Steropès, Hesperia, Thanaos, Syrichtus*. — Le type du genre est l'**Hespérie du chardon** (*Syrichtus alveolus*). On trouve communément dans les bois l'**Hesperia comma**, l'**Hesperia linea**, l'**Hesperia malvæ** et le **Thanaos tages**.

HESPÉRIE. (Voir HESPÉRIDÉS.)

HESPERIS. (Voir JULIENNE.)

HÉTÉROGÉNIE (de *hétéros*, différent, et *génésis*, génération). Ce mot est synonyme de Génération spontanée.

HÉTÉROCÈRES (du grec *hétéros*, différent, et *kéras*, corne). Une des grandes divisions de l'ordre des LÉPIDOPTÈRES (voir ce mot), correspondant aux papillons crépusculaires et nocturnes des anciennes classifications.

HÉTÉROMÈRES (du grec *hétéros*, différent, et *méros*, partie). Famille d'insectes COLÉOPTÈRES comprenant plusieurs tribus, de formes, de caractères et de mœurs très différents, mais qui ont entre elles ce point commun d'avoir les tarses hétéromères, c'est-à-dire les quatre antérieurs de cinq articles et les deux postérieurs de quatre seulement. Ce sont : les Melasomes ou Ténébrionidés, les Cistélidés, les Lagriidés, les Pyrochroïdés, les Méloïdés, les Œdéméridés.

HÉTÉROPODES (de *hétéros*, différent, et *pous, podos*, pied). Ordre de mollusques CÉPHALOPHORES, voisins des Gastéropodes, auxquels les réunissent quelques zoologistes. Ils ont le corps allongé, transparent, gélatineux, tantôt nu, tantôt recouvert par une coquille plate ou en spirale; à tête saillante prolongée en trompe, des yeux très développés et une langue cornée armée de dents puissantes. Le pied est transformé en une nageoire verticale foliacée, souvent pourvue d'une ventouse. Ils respirent par des branchies placées sur le dos et quelques-uns par la peau. Les sexes sont séparés et les femelles pondent leurs œufs en longs cordons cylindriques. Les Hétéropodes habitent la pleine mer, et ne se rencontrent près des rivages que lorsqu'ils y sont poussés par la tempête. Ils appartiennent généralement aux mers des pays chauds. Ce groupe, dont plusieurs auteurs font un ordre à part, comprend : les Firoles, les Atlantes, les Carinaires. Une espèce de ce dernier genre se trouve dans la Méditerranée.

HÉTÉROPTÈRES (de *hétéros*, différent, et *ptéron*, aile). On donne ce nom à une section des insectes Hémiptères, qui se distingue par ce caractère que les ailes supérieures ou élytres sont membraneuses à leur extrémité. Ce groupe comprend les Géocorises ou Punaises terrestres et les Hydrocorises ou Punaises d'eau.

HÊTRE (*Fagus*). Genre de plantes de la famille des *Cupulifères* (*Castanéacées* de Baillon), renfermant quelques espèces d'arbres forestiers, dont une seule est indigène à la France. C'est le **Hêtre commun** (*F. sylvestris*, L.), connu sous les noms vulgaires de *fouteau, fayard* ou *fau*. C'est un arbre de première

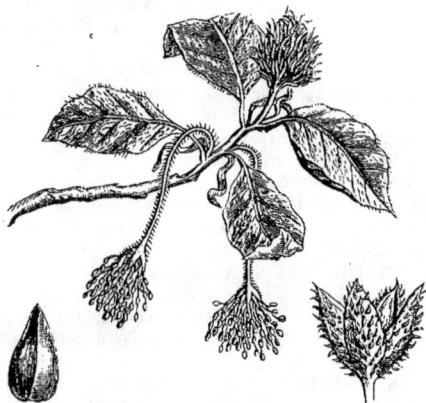

Hêtre.

grandeur et d'un port magnifique. Son tronc est droit, recouvert d'une écorce lisse, peu épaisse et d'un gris clair; il se termine par une cime large, arrondie, offrant un épais abri. Les fleurs, monoïques, apparaissent en même temps que les feuilles, dans le courant d'avril. Les fleurs mâles sont réunies en chatons ovoïdes portés sur de longs pédoncules pendants; les fleurs femelles, dont les pédoncules sont plus courts, naissent à l'aisselle des feuilles supérieures. Cet arbre vient partout en France, excepté dans les plaines et sur les coteaux brûlants du Midi. Très répandu dans les forêts du Nord, il est en quelque sorte étranger aux forêts méridionales. Il peuple à lui seul une grande partie de nos montagnes, le Jura, les Vosges, les Alpes, les Pyrénées; et on le voit encore végéter avec force à côté du sapin, jusqu'à 1500 et 1800 mètres de hauteur. Le Hêtre réussit dans des sols de nature variée; il n'y a que l'argile pure ou un excès d'humidité stagnante qui puisse mettre obstacle à sa végétation; ses racines obliques n'exigent pas un sol profond. Dans des circonstances favorables, ce bel

arbre s'élève à 40 mètres de hauteur, prend 1 mètre à 1m,50 de diamètre, et prospère pendant deux ou trois siècles. Le fruit, qui mûrit et tombe en octobre, porte le nom de *faîne*. La faîne, dont le goût rappelle celui de la noisette, engraisse promptement les porcs et la volaille, qui en sont fort avides. Elle sert à faire de l'huile bonne pour la table, l'éclairage et les besoins des arts. Cette huile se conserve parfaitement pendant plusieurs années. Le bois du Hêtre n'est pas employé en charpente, il ne résiste ni à l'humidité ni aux variations de l'atmosphère; plongé dans l'eau, il se conserve bien, aussi l'emploie-t-on dans la marine. On l'emploie également pour le charronnage et la boissellerie; on en fait des écopes, des battoirs, des tamis, etc. C'est de plus un excellent bois de chauffage et il fournit un charbon estimé. Parmi les variétés du Hêtre commun, nous citerons : le **Hêtre pourpre** ou **Hêtre noir**, noms qui lui viennent de la couleur de ses feuilles; le **Hêtre hétérophylle**, remarquable par ses feuilles très étroites, les unes entières, les autres incisées; le **Hêtre pleureur**, dont les branches se rabattent à terre et forment un vaste parasol. — Le **Hêtre d'Amérique** (*F. ferruginea*) diffère très peu de celui d'Europe.

HÉVÉA. Genre de plantes dicotylédones de la famille des *Euphorbiacées*, comprenant de grands arbres à suc laiteux, propres à l'Amérique tropicale, et dont plusieurs fournissent du caoutchouc; tels sont l'*Hevea guyanensis*, l'*Hevea lutea*, l'*Hevea brasiliensis*. Richard donne à ce genre le nom de *Siphonia*. (Voir Caoutchouc.)

HEXAGYNIE (de *hex*, six, et *guné*, femme). Ordre du système de Linné comprenant les plantes dont les fleurs ont six styles.

HEXANDRIE (de *hex*, six, et *andria*, virilité). Ordre de plantes dans le système de Linné, comprenant celles qui ont six étamines.

HEXAPODES (de *hex*, six, et *podes*, pieds). Les anciens auteurs, y compris Linné, confondaient, sous le nom d'*insectes*, tous les animaux compris aujourd'hui dans l'embranchement des Arthropodes, c'est-à-dire les crustacés, les arachnides, les myriapodes et les insectes proprement dits, et ils donnaient à ces derniers, qui n'ont jamais plus de six pattes, le nom d'*Hexapodes* pour les distinguer des autres classes qui en ont toujours un plus grand nombre. (Voir Insectes.)

HIBERNATION. (Voir Sommeil hibernal.)

HIBISCUS. (Voir Ketmie.)

HIBOU. (Voir Chouette.)

HICKORY. (Voir Carya.)

HIÈBLE ou **YÈBLE**. (Voir Sureau.)

HIERACIUM. (Voir Épervière.)

HILE. Cicatrice qui, dans la graine, représente l'endroit auquel aboutissait le cordon ombilical. (Voir Graine.)

HIMANTOPUS (du grec *himantos*, lanière, et *pous*, pied). Nom scientifique latin des oiseaux du genre *Échasse*. (Voir ce mot.)

HINDOUS. (Voir Ariens.)

HIPPARION. (Voir Cheval.)

HIPPOBOSQUE (du grec *hippos*, cheval, et *boskô*, je me repais). Genre d'insectes Diptères, section des Pupipares, famille des *Hippoboscidés*, qui comprend, outre les Hippobosques, les Ornithomyes et les Nyctéribies. Les Hippobosques sont de grosses mouches à corps ovale, à enveloppe très épaisse, de la consistance du cuir, à l'exception de l'abdomen qui forme une espèce de sac membraneux. Leur tête, munie de deux petites antennes courtes, porte deux yeux, grands, ovales, et se termine en avant par un bec avancé, corné, très aigu, formé de plusieurs pièces; le corselet grand, arrondi, porte deux ailes membraneuses, horizontales; les pattes sont fortes, épineuses, terminées par deux ongles robustes, crochus. Les Hippobosques, que l'on nomme vulgairement *mouches-araignées*, *mouches à chien*, *mouches bretonnes*, ont plus d'un rapport d'organisation avec les taons; ils vivent, comme eux, sur les chevaux et les bœufs qu'ils tourmentent de leurs piqûres; ils se cramponnent à leur peau au moyen de leurs ongles crochus, et s'abreuvent de leur sang. Mais ce que ces insectes offrent de plus remarquable, c'est leur mode de génération. En effet, l'œuf fécondé, au lieu d'être pondu par la femelle, éclôt dans son ventre; la larve y vit et n'en est expulsée qu'après avoir pris tout son développement, et s'y être transformée en nymphe, sous la forme d'un œuf ou plutôt d'une coque, presque aussi grosse que le ventre de la mère. Celui-ci, comme nous l'avons dit, forme un sac membraneux très dilatable. La coque de la nymphe, au moment où elle est expulsée, est molle, d'un blanc de lait; mais elle ne tarde pas à devenir toute noire et très dure, et elle grossit en même temps, au point de dépasser en volume l'abdomen qui la contenait. L'extrême dureté de cette coque empêcherait la sortie de la mouche qui y est renfermée, si la nature n'y avait pourvu en ménageant une porte, que l'insecte n'a qu'à pousser, au moment de son éclosion; cette porte, fixée à la coque par une matière gommeuse, est invisible à l'œil nu. — Outre l'**Hippobosque des chevaux**, qui vit en Europe, on connaît d'autres espèces dont l'une vit sur les chameaux en Afrique. — Les Ornithomyes, comme l'indique leur nom, vivent

Hippobosque du cheval.

sur les oiseaux et jamais sur les mammifères; tel est l'Ornithomyia viridis, ou *Hippobosque des oiseaux*, qui vit sur les passereaux, et l'Ornithomyia hirundinis, qui vit sur l'hirondelle. — Les Nyctéribies vivent sur les chauves-souris. Ces divers genres d'insectes offrent les mœurs et l'organisation des Hippobosques. Les Nyctéribies manquent complètement d'ailes et semblent former le passage des diptères aux poux, parmi lesquels on les rangeait même autrefois.

HIPPOCAMPE (de *hippos*, cheval, et *kampos*, poisson de mer). Genre de poissons de l'ordre des Lophobranches, de la famille des *Syngnathidés*, à corps cuirassé d'une extrémité à l'autre par des écussons qui les rendent presque toujours anguleux. Le tronc est comprimé latéralement, quadrangulaire, terminé par une portion grêle, allongée, dépourvue de nageoire caudale. La tête et le tronc ont quelque ressemblance avec l'encolure d'un cheval en miniature, c'est de là que leur vient leur nom vulgaire de *cheval marin.* On en connaît une espèce dans nos mers (*Hippocampus brevirostre*), une des Indes (*H. longirostre*) et une troisième de la Nouvelle-Hollande (*H. foliatus*). — L'Hippocampe rappelle par sa taille et par sa forme cette pièce du jeu des échecs qui porte le nom de *cavalier*. Sa nageoire dorsale, toujours en mouvement, paraît jouer le rôle d'une hélice de bateau à vapeur. Son corps se termine par une queue grêle, susceptible de s'enrouler autour des tiges des plantes, comme la queue des singes autour des branches des arbres. L'animal nage toujours dans une position verticale, la tête et le museau en avant, à la recherche de sa proie, qui consiste en animalcules. Il existe, chez ces curieux poissons, une particularité organique singulière : leur peau, en se boursouflant,

Hippocampe.

forme sous le ventre des mâles une poche dans laquelle les œufs éclosent. Cette poche incubatoire rappelle celle des sariques et des kangurous.

HIPPOCASTANE (de *hippos*, cheval, et *castanum*, châtaigne). Nom donné par les anciens auteurs au marronnier d'Inde (voir ce mot), parce qu'on croyait que son fruit engraissait les chevaux de la pousse.

HIPPOCASTANÉES (de *hippocastanum*, non spécifique latin du marronnier d'Inde). Famille de plantes dicotylédones, polypétales, hypogynes, ayant pour type le marronnier d'Inde (*Œsculus hippocastanum*). (Voir Marronnier.)

HIPPOCRATÉE, *Hippocratea* (dédié à Hippocrate). Genre de plantes dicotylédones, polypétales, hypogynes, de la famille des *Célastracées*, tribu des *Hippocratées*. Ce sont des arbrisseaux sarmenteux, propres aux régions tropicales du globe, que les Américains nomment *béjugos*. Leurs feuilles persistantes sont opposées, dentées, accompagnées de stipules; leurs fleurs petites et verdâtres, à cinq divisions, trois étamines; leur fruit capsulaire, bivalve, renfermant une amande, alimentaire dans quelques espèces. Telles sont l'**Hippocratea comosa** des Antilles et l'**Hippocratea gahami** des Indes.

HIPPOCRÉPIDE, *Hippocrepis* (du grec *hippos*, cheval, et *krépis*, fer). Genre de plantes de la famille des *Légumineuses papilionacées*, dont les représentants sont des plantes herbacées, à feuilles imparipennées ; calice à cinq dents, les supérieures en partie soudées, carène acuminée, terminée en bec, étendard à long onglet ; gousse articulée, à articles échancrés en forme de fer à cheval. Le type du genre est l'**Hippocrépide en ombelle** (*H. comosa*), vulgairement *fer à cheval*, à tige de 2 à 3 décimètres, étalée, diffuse, rameuse, à feuilles de sept à onze folioles cunéiformes, oblongues ; fleurs en ombelle de six à huit fleurs jaunes, de mai à juillet, sur les pelouses et dans les bois.

HIPPOMANE. (Voir Mancenillier.)

HIPPOPHAÉ (nom mythologique). Genre de plantes dicotylédones de la famille des *Eléagnées*, renfermant une seule espèce, l'**Hippophaé rhamnoïdes**, arbuste qui croît dans les sables maritimes de l'Europe et de l'Asie. Ses feuilles sont alternes, couvertes en dessous d'écailles argentées ; ses fleurs, très peu apparentes, sont axillaires et donnent naissance à une baie d'un jaune rougeâtre que mangent les oiseaux. On lui donne vulgairement le nom d'*argousier*, et on l'utilise pour former des haies.

Hippopotame.

HIPPOPOTAME (du grec *hippos*, cheval, et *potamos*, rivière, cheval de rivière). C'est le nom, assez mal justifié, du reste, sous lequel on désigne un des plus gros mammifères connus. Rien, en effet, dans cet animal difforme, ne rappelle les proportions à la fois nobles et gracieuses du cheval, si ce n'est sa voix assez semblable à un hennissement. Ce pachyderme monstrueux est soutenu par d'énormes jambes terminées chacune par quatre doigts munis d'un sabot. Il porte à l'extrémité de son informe tronc, long quelquefois de 4 mètres, une tête volumineuse, terminée par un large museau renflé pour loger l'appareil dentaire. Ses dents se composent de huit incisives, dont les inférieures longues et dirigées en avant ; de canines très grosses qui s'usent l'une contre l'autre, et dont l'inférieure est recourbée en haut ; enfin, de six mâchelières, précédées en haut d'une petite fausse molaire. Telles sont l'épaisseur et la dureté de sa peau, presque entièrement dénuée de poils, que les balles s'aplatissent en la frappant. Une courte queue, des oreilles peu développées et de petits yeux ronds contrastent avec l'énormité de sa

tête. Ce pachyderme, qui, après l'éléphant et le rhinocéros, est le plus grand des mammifères, est très lourd à terre ; aussi ne s'éloigne-t-il guère du rivage, où il vient pour paître ; encore n'est-ce guère que la nuit qu'il quitte son élément favori. Il habite en troupes nombreuses les lacs et les fleuves de l'Afrique centrale, où il plonge au moindre bruit, nageant très bien, et ayant la faculté de rester pendant quelque temps sous l'eau sans respirer, grâce aux cartilages qui ferment à volonté ses fosses nasales. Il paraît d'un naturel farouche et stupide, se plaît dans la fange, et se nourrit de joncs, de riz et d'autres substances végétales. La femelle ne fait qu'un petit, qui la suit aussitôt dans la rivière, mais elle est obligée de sortir de l'eau pour l'allaiter. La chasse de l'Hippopotame, qui a pour objet sa chair, son cuir et surtout l'ivoire de ses dents, est assez dangereuse ; car si l'animal se sent blessé, il devient furieux, renverse tout ce qui se trouve sur son passage et fait chavirer les embarcations. Aussi recourt-on à la ruse pour s'en rendre maître, en creusant, dans les lieux où il a l'habitude de passer, de vastes fosses masquées de branches, et d'où il ne peut plus sortir une fois qu'il y est tombé. — On a trouvé, en France et en Italie, les débris fossiles de deux espèces d'Hippopotames, dont l'une ne surpassait pas le sanglier en grandeur ; l'autre ressemblait beaucoup à l'Hippopotame actuel. — Les Hippopotames, rangés par Cuvier dans l'ordre des Pachydermes, forment aujourd'hui une famille particulière, celle des Hippopotamidés, dans l'ordre des Porcins ou bisulques.

HIPPURIS (de *hippos*, cheval, et *oura*, queue). Genre de plantes dicotylédones, polypétales, périgynes, de la famille des Onagrariées. C'est une plante herbacée de 40 à 50 centimètres, qui croît dans les eaux douces et saumâtres de l'Europe ; ses feuilles linéaires sont verticillées par quatre, cinq ou six, ce qui leur donne un peu l'apparence des prêles. L'espèce unique (*H. communis*) est connue sous les noms vulgaires de *pesse*, *queue de renard*.

HIRONDELLE (*Hirundo*). L'Hirondelle appartient à l'ordre des Passereaux, section des *Déodactyles*, et forme, dans la tribu des *Fissirostres*, une famille que caractérisent surtout la longueur des ailes, des pieds courts, une queue fourchue et composée de douze pennes, un bec court, déprimé, triangulaire, fendu jusqu'aux yeux. — La petite famille des *Hirondinidés*, voisine de celle des *Caprimulgidés* (Engoulevents), comprend trois genres : les *Martinets*, les *Salanganes* et les *Hirondelles* propres. — Il n'est personne qui n'ait admiré l'Hirondelle, tantôt rasant légèrement la surface du sol, tantôt se perdant dans les plus hautes régions de l'air, au sein duquel se passe en quelque sorte toute son existence ; car elle mange, elle boit, elle se baigne, quelquefois même elle nourrit ses petits en volant. Chaque année, elle passe des pays chauds dans la zone tempérée, où son retour en bandes nombreuses présage ordinairement celui des beaux jours, et dont elle ne repartira que chassée par les frimas ou par la faim. On

Hirondelle.

la voit, ramenée par le plus étonnant instinct, dans les lieux qu'elle habita naguère, revenir prendre possession du même nid qui déjà servit de berceau à sa première couvée. Quelque merveilleux paraisse ce fait, on ne saurait le contester après les expériences de Spallanzani, qui, au moyen de petits cordons de soie de diverses couleurs attachés à la patte de quelques couples, put facilement s'assurer, l'année suivante, du retour des voyageurs. — On voit le couple fidèle élever de concert ce nid, merveilleuse maçonnerie, pour la construction duquel ces petits architectes n'ont d'autre instrument que leur bec, et d'autres matériaux que de la terre gâchée par le fluide visqueux qui sort de ce même bec. L'intérieur en est tapissé d'un duvet sur lequel la femelle dépose quatre à six œufs qu'elle couve avec une constance infatigable, pendant que le mâle est à la recherche de la nourriture. La ponte se renouvelle jusqu'à trois fois dans la belle saison. — Il est peu d'espèces chez lesquelles l'instinct social soit aussi développé que chez les hirondelles. Elles se réunissent en familles nombreuses, construisent leurs nids, les uns près des autres, et paraissent même en certaines circonstances se prêter un secours mutuel. « J'ai vu, dit Dupont de Nemours, une Hirondelle qui s'était, je ne sais comment, pris la patte dans le nœud coulant d'une ficelle, dont l'autre bout tenait à la gouttière d'une maison. Ses forces étaient épuisées, elle criait et pendait au bout de la ficelle... Toutes

les Hirondelles des environs accoururent bientôt, poussant le cri d'alarme, et elles vinrent chacune à leur tour, comme à une course de bague, donner, en passant, un coup de bec à la ficelle. Ces coups, dirigés sur le même point, se succédaient de seconde en seconde, et une demi-heure de ce travail suffit pour couper la ficelle et mettre la captive en liberté. » MM. Roulin et Geoffroy Saint-Hilaire ont rapporté des faits semblables. — Le vol des Hirondelles est non seulement souple et gracieux, mais rapide et soutenu ; on les voit demeurer des journées entières au sein de l'atmosphère, et des expériences irrécusables ont prouvé qu'elles pouvaient faire jusqu'à 25 lieues et plus dans une heure. Oiseaux éminemment voyageurs, les Hirondelles sont toujours en quête d'un climat approprié à leur nature. Elles passent d'une contrée où la saison commence à devenir rigoureuse dans celle qui peut leur offrir une température plus douce. C'est vers la fin du mois de mars qu'elles arrivent dans nos régions, et c'est en septembre qu'elles nous quittent. Du reste, leur arrivée et leur départ sont retardés selon que les froids ont plus ou moins d'intensité et de durée. On a prétendu que ces oiseaux passaient la mauvaise saison dans un engourdissement léthargique, cachés dans des trous ou dans des roseaux ; mais cela est tout au plus vrai d'une espèce, l'*Hirondelle de rivage*, et ne peut encore s'appliquer qu'à quelques individus séparés de la famille commune. Quant à ce conte absurde, renouvelé d'Olaüs Magnus, qui prétend que les Hirondelles demeurent pendant tout ce temps submergées dans des marais, il ne mérite pas d'être discuté. Loin d'occasionner aucun dégât, les Hirondelles rendent d'éminents services à l'agriculture en poursuivant un nombre immense d'insectes destructeurs de nos céréales. En temps de pluie, ou lorsque l'air est à un haut point d'hygrométrie, on voit les Hirondelles raser le sol en poussant de petits cris ; ce vol bas est déterminé, non pas, comme on le croit généralement, par l'état de l'atmosphère lui-même, mais par la quantité de vers et d'insectes terrestres que cette humidité fait sortir du sol. — Les Hirondelles ont les ailes très longues, le plumage serré, le bec déprimé, large à sa base, la queue fourchue et de grandeur médiocre ; les pieds courts, mais propres à la marche. — L'**Hirondelle de fenêtre** (*H. urbica*) est noire dessus, blanche dessous et au croupion ; l'**Hirondelle de cheminée** (*H. rustica*) s'en distingue parce qu'elle a le front, les sourcils et la gorge roux ; l'**Hirondelle de rivage** (*H. riparia*) est brune à la poitrine et sur le dos, blanche à la gorge et au ventre ; l'**Hirondelle de montagne** (*H. montana*) a le plumage brun clair en dessus. Il y en a un grand nombre d'espèces étrangères que distingue leur livrée. — Les **Salanganes** (*Collocalia*), dont on a fait un genre particulier, sont de véritables martinets asiatiques. La mieux connue est la **Salangane** (*C. esculenta*), de l'archipel Indien, célèbre par ses nids de substance gélatineuse, qu'elle façonne avec une espèce particulière de fucus (*gelidium*). Ces nids, que les Cochinchinois recueillent sur les rochers des îles qui bordent leurs côtes, font l'objet d'un commerce très important ; ils fournissent, dit-on, une substance alimentaire qui est un remède héroïque contre l'épuisement. Les Chinois les font bouillir avec du gingembre. Il s'en exporte tous les ans de l'Annam plus de 100 000 kilogrammes ; ce qui représente à peu près 7 millions de nids. — Les **Martinets** (*Cypselus*), sont de tous les oiseaux ceux qui, à proportion de leur taille, ont les plus longues ailes et volent avec le plus de force ; leur queue est fourchue, leurs tarses très courts ; leurs pieds ont ce caractère fort particulier, que le pouce est dirigé en avant presque comme les autres doigts, et que les doigts moyen et externe n'ont chacun que trois phalanges comme l'interne. La brièveté de leurs pieds, jointe à la longueur de leurs ailes, fait que, lorsqu'ils sont à terre, ils ne peuvent prendre leur élan ; aussi passent-ils, pour ainsi dire, leur vie en l'air, poursuivant en troupes et à grands cris les insectes, et buvant même sans cesser de voler. Ils nichent dans des trous de mur et de rocher, et grimpent avec rapidité le long des surfaces unies. — L'Europe ne possède que deux espèces. Le **Martinet commun** (*Cypselus apus*) est long d'environ 22 centimètres, ayant près de 40 centimètres d'envergure, noir, à gorge blanche. Il arrive chez nous pendant le mois d'avril, et nous quitte aux approches du froid. La même paire revient chaque année occuper le même domicile, et quand ils retrouvent leur ancien nid, ils ne prennent pas la peine d'en construire un nouveau. Ils ne font ordinairement qu'une seule couvée de trois à cinq œufs blancs, très allongés. — La seconde espèce, le **Martinet des Alpes** (*C. melba*), est d'un gris brun en dessus, blanc en dessous, sauf un plastron brun à la poitrine. Il est un peu plus grand que le commun. On en connaît beaucoup d'espèces étrangères.

HIRONDELLE DE MER. (Voir Sterne.)

HIRUDINÉES (de *hirudo*, sangsue). Ordre de vers de la classe des Annélides, dont le type bien connu est la sangsue. Leur corps nu, contractile, généralement aplati, est dépourvu de pieds, de soies et de branchies ; il porte en arrière une ventouse qui sert d'organe de fixation ; la bouche, située à l'extrémité antérieure du corps, est souvent placée au fond d'une petite ventouse, elle est pourvue de mâchoires et quelquefois munie d'une trompe (piscicoles, clepsines). L'appareil digestif s'étend en ligne droite de la bouche à l'anus ; l'appareil circulatoire est formé d'un très petit nombre de canaux vasculaires dans lesquels coule un sang rouge ; la respiration se fait par la peau. Leur système nerveux consiste en un cerveau bilobé, et situé au-dessus de l'œsophage ; il fournit des filets sensitifs aux organes tactiles des lèvres et aux points oculaires au nombre de dix, disposés en demi-cercle sur la face dorsale de l'anneau antérieur. Il se relie par deux cordons latéraux au ganglion sous-œsophagien d'où part une chaîne ganglionnaire ventrale, dont chaque ganglion donne naissance à des nerfs latéraux. Les Hirudinées sont pour la plupart hermaphrodites et pondent des œufs renfermés dans un cocon ; quelques-unes sont vivipares. Ces annélides vivent généralement dans les eaux douces ; quelques-unes hantent la mer et d'autres sont terrestres. Presque toutes vivent en parasites sur divers animaux dont elles sucent le sang. On partage l'ordre des Hirudinées en six familles : les *Malacobdellidés* et les *Histriobdellidés* ont des sexes séparés, et les premiers sont aujourd'hui souvent rangés avec les némertiens ; les quatre autres sont hermaphrodites ; ce sont : les *Acanthobdellidés*, qui ont deux paires de soies à la région antérieure du corps ; les *Rhynchobdellidés* ou sangsues à trompe (piscicoles, clepsines) ; les *Microbdellidés*, dont la bouche est armée de deux mâchoires, et les *Gnathobdellidés* ou vraies Sangsues, qui ont trois mâchoires. (Voir Sangsue.)

HISTER (*Escarbot*). Genre d'insectes Coléoptères de la famille des *Clavicornes*, type de la tribu des *Histérides*. Ces insectes ont pour caractères principaux : un corps plus ou moins carré, quelquefois presque globuleux, avec les mandibules avancées ; la tête

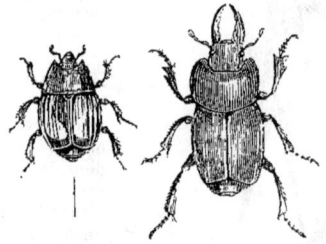

Hister à quatre taches.   Hister à grandes mâchoires.

reçue dans une échancrure du corselet ; les antennes courtes, coudées, à premier article allongé et à massue courte ; les étuis tronqués ; les jambes larges et épineuses. On trouve ces insectes dans les bouses, les fientes, les charognes. Comme les silphes et les nécrophages, les Escarbots semblent avoir pour mission de hâter la décomposition des matières putréfiées dont les émanations trop prolongées empesteraient l'atmosphère. Quelques espèces vivent sous l'écorce des arbres morts ou cariés. On les rencontre pendant une grande partie de l'année, courant souvent par terre et dans les chemins. Lorsqu'on les touche, ils contrefont les morts, en collant leurs pattes et leurs antennes contre le corps, et en suspendant tout mouvement. Malgré leurs sales habitudes, ces insectes sont le plus ordinairement d'un beau noir brillant, souvent taché de rouge. On en connaît un grand nombre d'espèces qui, presque toutes, offrent le même facies. — L'**Escarbot à quatre taches** (*Hister quadrimaculatus*) se trouve communément dans les déjections des vaches ; il offre deux maculatures rouges sur chaque élytre. — La plus grande espèce du genre est l'Escarbot à grandes mâchoires (*H. maxillosus*), du Brésil. — On a détaché des *Histers* quelques genres qui en différent par de légers caractères : tels sont les *Platysoma*, qui ont le corps parallèle, oblong, déprimé en dessus, et vivent sous les écorces des arbres ; les *Saprinus*, au corps épais, d'un bronzé métallique et couvert de points. Ces derniers insectes sont de très petite taille.

HISTÉRIDÉS. (Voir HISTER et CLAVICORNES.)

HISTOIRE NATURELLE. Voir l'INTRODUCTION qu'a bien voulu écrire pour notre ouvrage l'éminent professeur du Muséum, M. Edmond Perrier.

HISTOLOGIE (du grec *histos*, tissu, et *logos*, discours). Partie de l'anatomie qui traite des tissus.

HOAZIN (*Opisthocomus*). Genre d'oiseaux américains que Linné, Buffon et Cuvier placent parmi les gallinacés avec les faisans ou auprès ; tandis que Vieillot, Lesson et R. Gray le placent parmi les passereaux après les pigeons. L'**Hoazin huppé**, que Buffon a décrit sous le nom de *faisan huppé de Cayenne*, différe des vrais gallinacés en ce qu'il n'a pas de membrane entre la base des doigts. Il doit son nom à la belle touffe de plumes longues et effilées qui occupe la nuque. Il fréquente le bord des cours d'eau de la Guyane où croit une espèce d'arum dont il mange les feuilles et les fruits, mais sa chair, qui exhale une forte odeur de castoreum, n'est pas mangeable.

HOBEREAU. Nom vulgaire d'une espèce du genre *Faucon*. (Voir ce mot.)

HOCCO (*Crax*). Genre d'oiseaux de l'ordre des GALLINACÉS, dont on fait aujourd'hui une famille particulière sous le nom de *Cracidés*. Ce sont de grands oiseaux propres aux régions équatoriales de l'Amérique, où ils semblent représenter les dindons des parties septentrionales du nouveau continent. Leur bec, de longueur médiocre, est robuste, comprimé sur les côtés, entouré à sa base d'une peau nue, quelquefois gibbeuse ; les tarses sont allongés et sans éperons ; il y a quatre doigts, trois devant et un derrière, celui-ci appuyant sur le sol par une partie de sa longueur. Ce sont des oiseaux paisibles et très faciles à apprivoiser, qui se tiennent dans les grands bois et ordinairement sur les montagnes. Ils cherchent à terre les fruits dont ils se nourrissent, et se perchent sur les arbres les plus élevés, où, d'après l'étendue et la position de leur pouce, ils doivent mieux conserver leur équilibre que les dindons. Les uns nichent sur les fortes branches des arbres, les autres sur le sol. Leur nid est composé de rameaux secs et de brins d'herbe en dehors, de feuilles en dedans ; la ponte est de quatre à huit œufs. Il en existe plusieurs espèces ; la mieux connue est le Hocco noir ou *Hocco de la Guyane* (*C. alector*), long en totalité de 80 à 90 centimètres, dont la tête est ornée d'une huppe élégante composée de plumes étroites, qu'il abaisse ou relève selon qu'il est diversement affecté. Cette

huppe est d'un beau noir velouté, de même que les plumes de la tête et du cou ; le reste du corps d'un noir sans éclat, excepté le ventre qui est blanc ; le tour des yeux dépourvu de plumes, d'un beau jaune, ainsi que la cire du bec. Le Hocco a la démarche lente et grave, son vol est lourd et bruyant, son cri est aigu et en deux temps, *po-hie*, et il fait entendre, lorsqu'il marche paisiblement, un bourdonnement sourd et concentré. Cet oiseau se familiarise avec la plus grande facilité, et, quand on le laisse sortir, il revient toujours à la maison où il trouve sa nourriture. Il est sans défiance comme sans défense, et rien n'est plus aisé que de le tuer ;

Hocco.

il fournit d'ailleurs un bon gibier. On le trouve communément à la Guyane et au Mexique, où on l'élève en domesticité, et son introduction dans notre pays serait d'un grand avantage. — Le **Hocco roux** ou *Hocco du Pérou* est en dessus d'un marron rougeâtre, avec le front et le haut du cou blancs, les plumes de la huppe sont frisées. — Le **Hocco moucheté de blanc** vit sur les bords du fleuve des Amazones. — Le **Pauxi** (*H. pauxi*), dont quelques naturalistes font un genre à part sous le nom de *Ourax pauxi*, a la membrane du bec couverte de plumes courtes et serrées comme du velours ; la base du bec est surmontée d'un gros tubercule ovale d'un bleu clair et dur comme de la pierre ; son plumage est noir avec le ventre et le bout de la queue blancs. Il habite la Guyane, où on le nomme *oiseaupierre*.

HOCHEQUEUE. (Voir BERGERONNETTE.)

HOLACANTHE (du grec *holos*, tout, et *acantha*, épine). Genre de poissons de la famille des *Chétodonidés*, qui habitent les mers tropicales. Ils ont la forme d'un ovale régulier ; les rayons épineux de leur nageoire dorsale sont peu élevés et presque égaux, et leur préopercule est armé d'une longue épine horizontale. Comme les chétodons, les Holacanthes ont le corps comprimé, aplati, et orné des plus vives couleurs, disposées par bandes ou en cercles. Leur chair est très délicate.

HOLCUS. Nom scientifique latin du genre *Houque*.

HOLOCENTRE (de *holos*, tout, et *kentron*, pointe). Genre de poissons ACANTHOPTÉRYGIENS de la famille des *Percidés*. Ce sont des poissons à nageoires très épineuses, et dont l'opercule, le préopercule, et même toutes les écailles, sont munis d'épines. Ils habitent les mers tropicales et sont ornés des couleurs les plus vives, où le rose et le pourpre vif sont relevés par le brillant de l'or et de l'argent poli. Les Français des Antilles les nomment *cardinaux*. Leur chair est délicate.

HOLOTHURIE (du grec *holos*, entier, et *thurion*, petit trou). Genre d'animaux rayonnés type de la classe des HOLOTHURIDÉS, de l'embranchement des ÉCHINODERMES. Les Holothuries se distinguent des autres Échinodermes par leur corps cylindrique, plus ou moins allongé, quelquefois vermiforme, plus ou moins mou. Leur tégument épais, mais flexible, est incrusté d'une multitude de corpuscules calcaires (spicules). Le long du corps sont rangés les suçoirs ou pieds tubuleux garnis de ventouses rangées en séries longitudinales au nombre de cinq et représentant les bandes ambulacraires des oursins et des astéries. La forme des Holothuries rappelle assez celle du concombre, d'où leur nom vulgaire de *concombre de mer*. L'extrémité antérieure du corps est creusée d'une sorte d'entonnoir au fond duquel est la bouche, et celle-ci est bordée à l'extérieur d'un cercle de tentacules ramifiés, qui s'épanouissent en couronne ou rentrent dans l'entonnoir à la volonté de l'animal. La surface du corps est partagée en cinq bandes longitudinales par de doubles rangées de pieds ou tentacules rétractiles, terminés par des cupules qui agissent à la manière des ventouses en s'appliquant sur le corps. De la bouche s'étend un long canal intestinal, à peine renflé dans son milieu pour former l'estomac, et se terminant vers l'extrémité du corps dans une sorte de cloaque, en forme de vessie ovale, sur lequel se greffe l'organe de la respiration. Celui-ci a la forme d'un arbre creux très ramifié, qui se remplit et se vide d'eau alternativement. Un système de canaux assez compliqué s'étend de chaque côté du canal intestinal, et dans ses mailles s'entrelace l'extrémité de l'arbre respiratoire. On voit, en outre, une multitude de petits tubes blancs qui s'étendent le long du corps en partant de la bouche. Ces tubes blancs sont les ovaires, qui prennent au temps de la gestation une extension prodigieuse, et se remplissent d'une matière rouge et grumelée qui n'est autre que les œufs. Lorsqu'on veut saisir une Holothurie, elle se contracte avec force et lance en un jet rapide l'eau qu'elle renferme. Les lignes de tentacules et de pieds qui marquent la symétrie radiaire dans la plupart des Holothuries, manquent complètement chez quelques-unes. C'est ainsi que les Synaptes ont le corps mou, allongé, cylindrique,

rappelant la forme d'un gros ver. Les pieds sont ici remplacés par une multitude de petites pièces calcaires figurant exactement une ancre de vaisseau et servant à l'animal pour se fixer aux corps environnants. — On connaît un très grand nombre d'espèces d'Holothuries; toutes sont marines; elles se trouvent dans toutes les mers et paraissent plus nombreuses dans celles des pays chauds, leur taille y est aussi plus considérable. Elles vivent sur les rochers, où elles rampent couchées sur un des côtés de leur corps, la bouche en avant, et à l'aide de leurs pieds ou suçoirs. Chez quelques Holothuries, l'une des faces du corps s'adapte plus particulièrement à cette fonction; c'est sur cette face que l'animal repose et qu'il marche. Chez les Psolus, les Elpidia et la plupart des Holothuries des grandes profondeurs, cette face se transforme en une large sole plane, rappelant celle des limaces. Leur nourriture consiste en animalcules, qu'elles se procurent au moyen de leurs appendices buccaux. Après les tourmentes, la mer laisse sur la côte une quantité souvent

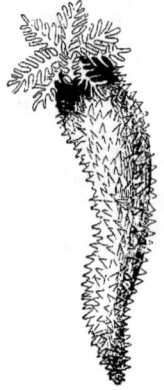

Holothurie
(*Thyone papillosa*).

considérable d'Holothuries, qui ne tardent pas à y périr faute de pouvoir regagner leur demeure habituelle. Dans certaines contrées que baigne la Méditerranée, les gens du peuple recherchent les Holothuries pour les manger; mais nulle part cette sorte de récolte n'est aussi usitée que dans la mer de Chine et aux Moluques. Dans ces derniers parages, la pêche des Holothuries, appelées *trépangs*, se fait au moyen de longs bambous armés d'un crochet acéré, au moyen desquels les Malais s'en emparent. — L'Holothurie trépang est dans l'Inde l'objet d'un commerce important; elle passe pour posséder des propriétés merveilleuses et l'on en fait une très grande consommation en Chine. — On trouve dans la Méditerranée l'Holothurie tubuleuse, de couleur roussâtre; sa taille dépasse quelquefois 30 centimètres. — L'Holothurie fuseau, de couleur cendrée, se trouve assez communément sur les côtes de la Manche, ainsi que l'Holothurie papilleuse, que nous figurons ici d'après Forbes.

HOMARD (*Homarus*). Genre de crustacés de l'ordre des DÉCAPODES MACROURES, famille des *Astacidés*. Le *rostre* (saillie qui termine la tête en avant) est large et aplati à sa base dans les écrevisses d'eau douce, tandis qu'il est grêle et muni de chaque côté de trois ou quatre épines dans les Homards; la main de ces derniers est, proportion gardée avec le reste du corps, beaucoup plus grande que dans les premières. La cuirasse calcaire des Homards, aussi bien que elle des écrevisses, devient rouge sous l'influence d'une température d'environ 70 degrés, des acides ou de l'alcool. Le mâle se distingue de la femelle, dans les Homards comme dans les écrevisses, par un petit appareil placé sous le premier anneau de l'abdomen et qui consiste en deux petites tiges dirigées vers le ventre, aplaties, mobiles à leur base, d'un blanc bleuâtre et de nature cartilagineuse. Le premier anneau de l'abdomen des femelles est dépourvu de tout appendice. Son foie est fort volumineux; il est formé de deux grandes masses glanduleuses jaunes. C'est lui qui fournit la substance amère (bile) avec laquelle on compose en partie l'assaisonnement de la salade de Homards. — Le Homard commun (*H. vulgaris*) atteint jusqu'à 50 centimètres de longueur; il est surtout

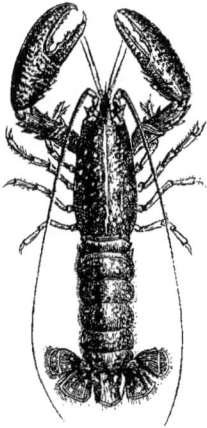

Homard.

remarquable par les deux énormes pinces qui le font facilement distinguer de la langouste. Mais c'est à tort que, dans le vulgaire, on considère celle-ci comme la femelle du Homard; elle constitue une espèce bien distincte. La couleur du Homard est ordinairement brune, plus ou moins foncée; mais il en existe des variétés du plus beau bleu. Les espèces de ce genre habitent la Méditerranée, l'Océan et les eaux d'Amérique.

HOMME (*Homo*). Bien que l'Homme, en général, se distingue de tous les autres êtres par la raison dont il est doué, son organisation le rapproche tellement des animaux les plus élevés, qu'un naturaliste ne saurait l'en distinguer, comme le veulent certains philosophes. La géologie, d'accord, en cela, avec la Genèse, nous apprend que de toutes les espèces vivantes, celle de l'homme est la dernière venue. En fouillant dans les entrailles du globe, on trouve des débris d'êtres organisés d'autant plus simples qu'on pénètre plus profondément; plus, au contraire, on remonte vers la surface, plus on voit les êtres se rapprocher par leur organisation de celle de l'homme. Il semble que la nature ait voulu préluder par une immense variété d'ébauches et d'organisations à ce chef-d'œuvre de sa création. Malgré l'immense supériorité de l'homme en général, sous le rapport des facultés intellectuelles, il se rapproche entièrement des mammifères par sa conformation. Le célèbre Linné osa le premier comprendre l'homme au nombre des animaux, malgré l'éloquente indignation de Buffon, et en fit

un simple genre de l'ordre des PRIMATES. L'Homme est le seul animal à la fois bimane et bipède, c'est-à-dire ayant des organes distincts pour la marche et pour la préhension. Le corps humain est entièrement disposé pour la station verticale; ses pieds fournissent une base plus large que celle d'aucun mammifère; les muscles qui retiennent le pied et la cuisse dans l'état d'extension sont plus vigoureux, d'où résulte la saillie du mollet et de la fesse; le bassin est plus large, ce qui écarte les cuisses et donne au tronc une forme pyramidale favorable à l'équilibre. Enfin, la tête, dans cette situation verticale, est en équilibre sur le tronc, et son articulation est sous le milieu de sa base. (Voir SQUELETTE.) L'Homme est organisé pour se soutenir sur ses pieds seulement. Il conserve ainsi la liberté de ses mains pour les arts, et les organes des sens sont situés le plus favorablement pour l'observation. Les mains, qui tirent déjà tant d'avantage de leur liberté, n'en ont pas moins dans leur structure : leur pouce, plus long à proportion que dans les singes, donne plus de facilité pour la préhension des petits objets; tous les doigts ont des mouvements séparés. L'Homme, si favorisé du côté de l'adresse, l'est beaucoup moins du côté de la force. Sa vitesse à la course est moindre que celle des animaux de sa taille. N'ayant ni mâchoires avancées, ni canines saillantes, ni ongles crochus, il est sans armes offensives, et son corps protégé seulement par une peau mince et relativement glabre, est absolument sans défense. Enfin, c'est de tous les êtres vivants, celui qui est le plus longtemps à prendre les forces nécessaires pour se subvenir à lui-même. Mais cette faiblesse même est pour lui un avantage, en le contraignant de recourir à cette intelligence dont il est doué à un si haut degré. Aucun quadrupède n'approche de lui pour la grandeur relative et les complications des plis du cerveau, instrument principal aux opérations intellectuelles. Ses yeux sont dirigés en avant; il ne voit point des deux côtés à la fois, comme beaucoup de quadrupèdes, ce qui met plus d'unité dans les résultats de sa vue et fixe davantage son attention sur les sensations de ce genre. La conque de son oreille, peu mobile et peu étendue, n'augmente pas l'intensité des sons, et cependant c'est de tous les êtres celui qui distingue le mieux les intonations. Ses narines, plus compliquées que celles des singes, le sont moins que celles de beaucoup d'autres genres, et cependant, il paraît être le seul dont l'odorat soit assez délicat pour être vivement affecté par les mauvaises odeurs. La finesse de son toucher résulte de celle des téguments aussi bien que de la forme de sa main. Il a, en outre, sur tous les animaux une prééminence particulière dans les organes de la voix; seul de tous les mammifères, il peut articuler des sons. L'Homme paraît organisé pour se nourrir principalement de fruits, de racines et d'autres parties succulentes des végétaux; ses mâchoires courtes et de force médiocre, ses canines

égales aux autres dents et ses molaires tuberculeuses ne lui permettraient guère ni de paître
l'herbe ni de dévorer la chair, s'il ne les préparait
par la cuisson. — Depuis longtemps on a agité
la question de savoir si les différentes races humaines appartiennent à une seule espèce, ou si
chaque contrée a eu ses espèces particulières ; de

Race blanche. Mingrélien.

nombreux volumes ont été écrits sur cette matière
pour ou contre l'unité du genre humain. Les uns
reconnaissent plusieurs espèces bien tranchées, là
où les autres ne veulent voir que de simples races
ou variétés. Un des arguments les plus puissants en
faveur de l'unité de l'espèce humaine est ce fait,
acquis à la science, que des espèces animales différentes, lors même qu'elles sont très rapprochées,
ne peuvent produire une lignée mixte, tandis que
nous voyons les diverses races d'Hommes se mêler
entre elles et produire des races métisses indéfiniment fécondes. Le caractère absolu de l'espèce est
la fécondité continue, tandis que le mélange ne produit jamais qu'une fécondité bornée. (Voir Métis et
Mulet.) « L'Homme, dit Buffon, blanc en Europe,
noir en Afrique, jaune en Asie, et rouge en Amérique, n'est que le même Homme teint de la couleur du climat. » Suivant lui, c'est au climat, à la
température, à la lumière que sont dus les caractères particuliers qui différencient les races humaines. Mais on peut opposer de nombreuses
objections à l'opinion de Buffon. Toutes les terres
situées dans la zone torride ne sont pas, comme en
Afrique, habitées par des hommes de couleur
noire ; les habitants de cette partie de l'Amérique
sont rouges et ceux des contrées tropicales de
l'Asie sont jaunes. On trouve, en outre, des races
blanches, établies depuis des siècles sous le soleil
brûlant de l'Afrique sans que la couleur ait changé,
tandis que les Samoïèdes, les Esquimaux, les Lapons, qui habitent au milieu des glaces, ont la peau
fortement bistrée. A ces différences de couleur

viennent se joindre des différences de formes constantes et dépendantes de la conformation osseuse :
quelle dissemblance n'y a-t-il pas entre la face régulière de l'Européen, celle du nègre prolongée en
avant, et celle du Japonais ou du Chinois, aux pommettes saillantes, aux yeux obliques? Quelle distance n'y a-t-il pas du Cafre, grand, bien fait,
intelligent, au Hottentot, petit, laid, obtus ; et tous
deux cependant vivent depuis des siècles côte à
côte. D'autre part, les sculptures et les peintures
des monuments égyptiens nous prouvent que les
caractères spéciaux des Assyriens, des Éthiopiens,
des nègres du Soudan, n'ont aucunement varié. Il
faut donc, ou que les caractères de chaque race
soient propres et indélébiles, et ne tiennent nullement au climat, ou plutôt que la dispersion des
Hommes sur le globe remonte à une très haute
antiquité, ce qui s'accorderait d'ailleurs, non seulement avec les traditions historiques les plus anciennes de l'Égypte, mais encore avec les découvertes géologiques modernes.

« Quoique l'espèce humaine, dit le célèbre Cuvier, paraisse unique, puisque tous les individus
peuvent se mêler indistinctement et produire des
individus féconds, on y remarque certaines conformations héréditaires qui constituent les races ou
variétés. » — C'est principalement sur la couleur
de la peau et l'étude du crâne humain que sont
basées les divisions adoptées par les naturalistes.
C'est depuis longtemps un fait d'observation, que le
développement du crâne est en proportion inverse

Race jaune. Chinois.

de celui des parties inférieures de la face. Camper,
généralisant cette observation, établit en principe
que le degré de proéminence du front est en rapport avec celui des facultés intellectuelles, et il
fournit même le moyen de trouver l'un en mesurant l'autre à l'aide d'un angle formé par deux
lignes, dont l'une descend perpendiculairement du

front jusqu'aux incisives supérieures, et l'autre, dirigée horizontalement, coupe la première en passant par le trou auditif et la base des narines.

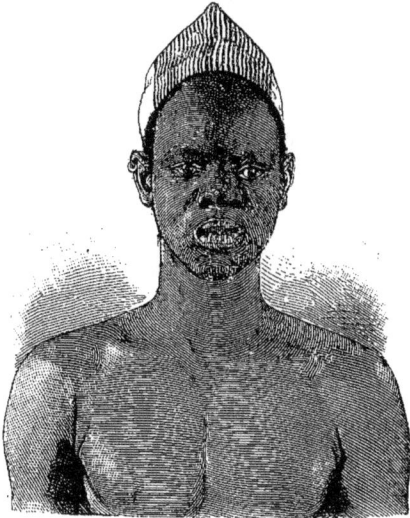

Race noire. Bambara.

Ainsi de 80 à 90 degrés chez l'Européen, l'angle facial n'est plus que de 60 à 75 chez le nègre, de 35 à 40 chez l'orang, et devient de plus en plus aigu en descendant l'échelle animale.

Buffon n'admet qu'une seule espèce humaine. Linné, bien que partageant la même opinion, a adopté cinq variétés : 1° l'*américaine brune;* 2° l'*européenne blanche;* 3° l'*asiatique jaune;* 4° l'*africaine noire;* 5° la *monstrueuse.* D'autres naturalistes distinguent un plus grand nombre de races, et Bory de Saint-Vincent admet jusqu'à quinze espèces (*Essai zoologique sur l'homme*). Cuvier ne considère dans les variétés de l'espèce humaine que trois races éminemment distinctes : 1° la blanche ou *caucasique;* 2° la jaune ou *mongolique;* 3° la noire ou *éthiopique.* Il comprend dans la race mongolique la variété américaine, dont on fait généralement aujourd'hui un ensemble à part. Il est difficile d'établir actuellement une classification scientifique des races humaines; si les races actuelles étaient pures, homogènes, il suffirait de faire la somme de leurs différences et de leurs ressemblances, et de procéder à leur groupement le plus naturel; mais il n'en est pas ainsi, l'unité manque, les races se sont divisées, dispersées, mêlées, croisées en toutes proportions, en toutes directions depuis des milliers de siècles. Les masses principales ont disparu et l'on se trouve fréquemment en présence non plus de races, mais de peuples dont il s'agit de retracer les origines. —

Les classifications des races humaines prennent pour base les caractères physiques, comme la nature des cheveux, la couleur de la peau, la conformation du crâne, celle du nez; mais la plupart de ces classifications ne sont scientifiques qu'à leur base; dès qu'on entre dans les divisions secondaires, elles deviennent plus ou moins arbitraires. Dans ces derniers temps, l'*anthropologie* est devenue une science spéciale, qui s'éclaire au moyen de l'ethnologie, de la linguistique, de l'histoire, mais bien des points restent encore dans l'obscurité. Ce que l'on sait aujourd'hui, c'est que l'ancienneté de l'Homme sur la terre est considérable, qu'il a laissé ses restes osseux et les preuves de son industrie dans des terrains qui remontent au delà de l'époque glaciaire, et qu'il vivait dans nos contrées en même temps que le renne, le mammouth, le rhinocéros laineux, l'hyène, un ours colossal, etc. Trois races d'Hommes au moins ont foulé notre sol avant l'époque historique et toutes trois paraissent avoir laissé des descendants qui ont pris part à la formation de la population actuelle de l'Europe. Envahis plus tard par des peuples venus de l'est qui apportaient avec eux des connaissances supérieures, polissage de la pierre, domestication des animaux, etc., les premiers habitants de notre sol furent dépossédés. Plus tard encore, d'autres Hommes arrivèrent de l'Orient avec le bronze. Les inventions du fer se montrent à leur tour, et du mélange de tous ces

Race océanienne. Maori.

immigrants avec les premiers possesseurs, se forment deux groupes de races. Le premier de ces groupes est de taille plus haute et de coloration plus claire : les Allemands du Nord et les Scandinaves en sont les représentants actuels ; l'autre groupe formé de races plus petites et brunes, est représenté aujourd'hui par les montagnards des Alpes, les Allemands du Sud, les Italiens, les Auvergnats et Bas-Bretons, etc.

Quoi qu'il en soit, et en admettant les grandes divisions adoptées par Cuvier et modifiées par M. de Quatrefages, on distingue aujourd'hui deux rameaux distincts dans le *tronc blanc,* le rameau *indo-germanique* et le rameau *sémitique.* Le premier comprend la grande majorité des habitants de l'Europe, les populations du Caucase, les Persans

Race américaine. Dacotah.

et les Hindous ; le second est formé des anciens Phéniciens, des Juifs et des Arabes. Cette race blanche, à laquelle nous appartenons, offre pour caractères généraux : un angle facial de 80 à 90 degrés, un visage ovale, un nez long et saillant, une peau blanche, susceptible d'offrir néanmoins un grand nombre de nuances, depuis le blanc rosé jusqu'au brun foncé, des cheveux longs, flexibles, variant pour la couleur du blond au noir. — Le *tronc jaune,* que caractérisent un teint jaunâtre, des pommettes saillantes, des yeux petits, noirs, obliquement fendus, des cheveux noirs et droits, une barbe rare, comprend les Chinois, les Japonais, et cette foule de peuples asiatiques, souvent nomades, qui, bien que différant beaucoup entre eux, ressemblent plus ou moins aux Chinois par leur physionomie. Tels sont les Mongols, dont on emprunte souvent le nom pour désigner tout cet ensemble, les Mandchoux, conquérants de la Chine, les Toungouses, les Kalmoucks, les Tartares, les Turcs (qui

ont perdu en grande partie leurs anciens caractères). Les Finnois, les Hongrois, les Samoïèdes, les Lapons, se rapprochent également des hommes jaunes, et on leur donne parfois le nom de *Mongoloïdes.* — Les îles de la Malaisie, Madagascar, les archipels de la Polynésie sont peuplés par des hommes qui ont une physionomie particulière, intermédiaire à certains égards entre la race jaune et la race nègre. On en fait généralement un ensemble à part sous le nom de *Malayo-Polynésiens.* — Les *nègres,* répandus en Afrique, ont généralement la peau noire, le nez large très épaté, les lèvres grosses et saillantes, la barbe rare, les cheveux laineux, disposés en toison continue. Ces caractères, très marqués chez les nègres de Guinée, le sont moins chez les Cafres et les Mombouttous qui ont le teint plus clair ; les Fouls du Soudan ont la peau presque rouge, les Hottentots et les Boschimans l'ont jaune, et leur laideur et leur peu d'intelligence les placent aux derniers rangs de l'humanité. Dans la Mélanésie, l'Indonésie et l'Australie se trouvent des noirs qui ne ressemblent pas aux nègres de l'Afrique et ne se ressemblent pas davantage entre eux. Ce sont les Papous, reconnaissables à leurs énormes chevelures laineuses, les Négritos, qui se différencient par leur toute petite taille, enfin, les Australiens, dont les longs cheveux tombent en mèches, seulement ondulées, autour de la tête.

Le nouveau monde présente, en raison de son étendue et de la diversité de ses milieux, une population encore plus variée. Au nord, ce sont les Esquimaux, confinés dans les régions polaires, et qui rappellent par leur petite taille et leurs mœurs les Samoïèdes et les Lapons. Viennent ensuite les Peaux-Rouges, dont on fait une race à part, reconnaissable à son nez saillant et recourbé, à ses cheveux noirs et droits ; les Mexicains et les Péruviens, arrivés à un certain degré de civilisation au moment de la conquête de l'Amérique ; les Botocudos, qui rappellent un peu, dit-on, les Chinois ; enfin, les Patagons, de haute stature, les Araucans et les Fuégiens, qui n'offrent aucune trace de civilisation et sont des plus misérables. « Quelque variées que soient les formes revêtues par l'Homme dans les différents climats, dit M. Edmond Perrier, on observe entre ces formes tous les intermédiaires possibles ; on peut passer de l'une à l'autre par une infinité de transitions insensibles ; certains individus présentent des caractères tellement mixtes qu'on ne peut les rattacher à aucune race définie. Il est donc évident qu'entre les races humaines il n'existe aucune démarcation bien tranchée ; on ne connaît, au contraire, aucun être intermédiaire entre l'Homme le plus inférieur et le plus élevé des singes, le gorille. Aussi considère-t-on les races humaines comme formant un seul tout, nettement séparé, auquel on a donné le nom d'*espèce humaine.* »

HOMME PRIMITIF, HOMME FOSSILE. Une des questions qui, dans ces derniers temps, ont prêté aux plus ardentes controverses, est celle de l'ancienneté de l'Homme sur la terre. Les uns, cherchant à rattacher le berceau de l'humanité aux traditions bibliques, ne faisaient remonter son acte de naissance qu'à quelque cinq ou six mille ans; d'autres, fondant leurs appréciations sur les découvertes géologiques modernes, lui attribuent une haute antiquité. La naissance de l'Homme ne date-t-elle que de soixante siècles, ou son antiquité est-elle beaucoup plus reculée? En d'autres termes, l'apparition de l'Homme date-t-elle seulement du moment où notre globe est entré dans les conditions actuelles, ou a-t-il été le contemporain des grandes espèces disparues? Nous allons examiner impartialement les pièces du procès, en laissant de côté la question théologique, qui n'est point de notre compétence. Nous ferons remarquer, toutefois, que la croyance de la création de l'Homme à la date de 6 000 ans n'a jamais été érigée en dogme.

On sait que la terre a été d'abord à l'état de masse incandescente et fluide, puis que, se refroidissant, une première enveloppe s'est formée, et que les vapeurs répandues dans l'air se sont condensées à sa surface et ont produit les mers. Au sein de ces mers primitives se sont déposés les terrains primordiaux et les terrains de transition. A ceux-là ont succédé, toujours en procédant de bas en haut, les terrains secondaires, les terrains tertiaires, enfin les quaternaires. Ces diverses couches de la terre sont comme les pages du grand livre de la création, et les pétrifications, les fossiles, sont les caractères au moyen desquels nous déchiffrons les événements géologiques. Les terrains les plus anciens, ceux formés par l'action du feu, et que, pour cette raison, on a nommé *plutoniens*, ne contiennent aucun produit organique; les terrains sédimentaires ou *neptuniens*, au contraire, renferment de nombreux débris de la vie, et ces débris ressemblent d'autant plus à ceux de nos animaux ou de nos végétaux contemporains que nous nous rapprochons davantage de l'époque actuelle. C'est au commencement de la période quaternaire qu'ont apparu le grand ours des cavernes (*Ursus spelæus*), l'hyène des cavernes (*Hyæna spelæa*), le grand tigre (*Felis spelæa*), l'éléphant velu ou mammouth (*Elephas primigenius*), le rhinocéros à narines cloisonnées (*Rhinoceros tichorhinus*), le cerf à bois gigantesques (*Cervus megaceros*), puis le renne (*Cervus tarandus*), l'aurochs (*Bison europæus*), le bœuf primitif ou l'urus (*Bos primigenius*), puis les espèces qui maintenant vivent avec nous. Les animaux dont on retrouve le plus abondamment les restes dans les dépôts quaternaires, alluvions des vallées ou limons des cavernes, sont le mammouth, son fidèle compagnon le rhinocéros à narines cloisonnées, l'hippopotame, l'aurochs, le cerf à grandes cornes. Mêlés à ces débris, et surtout dans les cavernes, se trouvent des ossements de carnassiers: ours, hyène, panthère, loup, etc. Toutes ces espèces sont plus grandes que leurs congénères actuels, et on rencontre souvent

leurs débris accumulés parfois encore dans leurs relations naturelles. Ce qui ajoute à l'intérêt de ces dépôts, c'est que quelques-uns offrent la trace évidente de l'existence de l'Homme. Nous allons y insister plus loin. Quelques mots d'abord pour résumer l'histoire de la question de l'*homme fossile*.

A différentes reprises, la découverte d'ossements d'éléphants ou de mastodontes a donné lieu aux histoires fabuleuses de la mise à nu de cadavres d'anciens géants. La plus célèbre est celle du squelette que, sous Louis XIII, le chirurgien Mazurier voulut faire passer pour celui de Teutobochus, ce roi des Cimbres que combattit Marius, et qui aurait eu 25 pieds de haut! Plus tard, au commencement du siècle dernier, un savant suisse, Scheuchzer, annonça qu'il avait découvert près du Rhin un squelette fossile humain, *homo diluvii testis*, comme il le nomma. Ce prétendu témoin du déluge fit grand bruit, jusqu'à ce que l'on reconnût sa nature réelle, grâce à l'anatomie comparée; c'étaient les restes d'une salamandre gigantesque, dont on retrouva plus tard des squelettes entiers. Cuvier ayant réduit à néant les faits invoqués avant lui en faveur des géants primitifs de l'espèce humaine et des Hommes témoins du déluge, crut pouvoir contester l'existence de l'homme antédiluvien, au moins en Europe, et sa contemporanéité avec des espèces animales perdues. Il alla même plus loin, et prétendit que celui des mammifères dont l'organisation se rapproche le plus de l'Homme, le singe, ne se trouvait pas dans les terrains antérieurs au *diluvium*. Mais des débris fossiles de quadrumanes ont été trouvés depuis à plusieurs reprises, non seulement dans le sud de l'Asie et de l'Amérique, mais dans les terrains tertiaires de l'Angleterre et de la France, et plus récemment en Grèce, où M. Gaudry les a recueillis en grand nombre. Les disciples directs de Cuvier restèrent fidèles à ses doctrines, et, comme il arrive toujours lorsqu'une autorité bien établie a prononcé, les découvertes postérieures n'obtinrent pas d'eux l'attention qu'elles méritaient; on les regarda comme des erreurs dont le maître avait déjà fait justice. Mais aujourd'hui, il n'en est plus ainsi; des faits nombreux et incontestables prouvent que l'Homme a laissé des traces de son passage à une période géologique antérieure à la nôtre, et qu'il est infiniment plus vieux qu'on ne le croyait au temps de Cuvier. Ce sont surtout les cavernes qui ont fourni le plus grand nombre de preuves à l'appui de la thèse de l'Homme fossile. Déjà, en 1823, le géologue anglais Buckland se prononçait affirmativement pour la contemporanéité des ossements humains trouvés par lui dans la grotte de Kirkdale avec ceux de l'hyène et de l'ours des cavernes. Après lui, M. de Christol (1830) découvrait dans les cavernes du Gard des restes humains associés à des os d'ours, d'hyène et de rhinocéros. En 1833, Schmerling constata des faits analogues dans des cavernes des environs de Liège, et il en retira, entre autres débris précieux, un crâne humain qui fit sensation sous le nom de *crâne d'Engis*. Les recherches de Lund et d'Agassiz dans les cavernes de l'Amérique donnèrent des résultats semblables ; il trouva au Soumidouro des ossements humains mêlés aux squelettes des grands animaux quaternaires de l'Amérique du Sud, le megatherium, le mylodon, le megalonyx. Depuis longtemps déjà (1826), Boucher de Perthes avait émis l'idée que, s'il y avait eu des Hommes avant la grande et subite révolution dont la terre avait été victime, suivant l'expression de Cuvier, on devait en retrouver les traces. Ces traces, il les signalait dans les silex taillés enfouis dans ce qu'on appelait encore alors le *diluvium*. Il attendit vingt ans que l'on voulût bien examiner ses preuves et discuter ses raisons. L'exploration des sables et des graviers de la Somme lui procura une quantité considérable de pierres taillées en forme de haches pointues à un bout, arrondies à l'autre, témoignages matériels de l'industrie primitive de l'Homme. Déjà plusieurs fois Boucher de Perthes avait trouvé, mêlés à ces premiers instruments, des débris humains, mais sans pouvoir convaincre ses contradicteurs, lorsque,

Mammouth gravé sur une plaque d'ivoire découverte à la station de la Madeleine.

en 1863, il découvrit la célèbre mâchoire du Moulin-Quignon, dont la discussion eut pour résultat de fixer désormais l'attention sur la recherche des ossements humains fossiles.

L'exploration des cavernes remplies par les sédiments avait fait découvrir, en même temps, des ossements d'animaux éteints, portant des marques indiscutables de l'action humaine. De tous ces objets, témoins d'un autre âge, le plus remarquable est une lame d'ivoire fossile trouvée à la Madeleine, dans la vallée de Vézère, et sur laquelle est figuré de la façon la plus reconnaissable le mammouth avec sa longue crinière. Cette pièce précieuse, découverte par Lartet, et d'une authenticité incontestable, donne la preuve la plus décisive de la contemporanéité de l'Homme et de l'éléphant à crinière dans notre climat à cette époque reculée. Un bois de renne sur lequel était représenté la figure de cet animal et une plaque de schiste où était gravé un ours prouvent également la présence de l'Homme à l'époque où vivaient ces animaux. Dans un grand nombre de cavernes de la Belgique ou du centre et du midi de la France étaient d'anciens foyers avec des cendres et du charbon, des silex taillés en couteaux et en fers de flèche, des outils en bois

de renne et une quantité d'os fendus dans leur longueur pour en retirer la moelle ; ces os, évidem-

Hache en silex d'Abydos (Égypte).

ment frais lorsqu'ils avaient été fendus, appartenaient en partie à des espèces aujourd'hui perdues.

Toutes ces découvertes prouvent, à n'en pas douter, que l'Homme a vécu dans le voisinage des espèces éteintes, et s'est fabriqué avec les os et les bois des animaux, depuis lors disparus, de notre faune les armes et les ustensiles qui complétaient son outillage de pierre. Si l'on compare entre eux les divers objets en pierre ou en os taillés fournis par les couches quaternaires, on reconnaît facilement différents modes de travail. Certains silex, ceux que l'on trouve dans les couches profondes, sont grossièrement taillés ; ils offrent une coupe vague, des éclats irréguliers, des angles émoussés ; d'autres, évidemment plus récents, offrent des formes moins abruptes ; ce sont des couteaux, des haches, des fers de lance et de flèche ; leurs éclats sont plus réguliers, leurs tranchants aiguisés ; enfin viennent les instruments en pierre polie, produit d'une industrie de beaucoup supérieure.

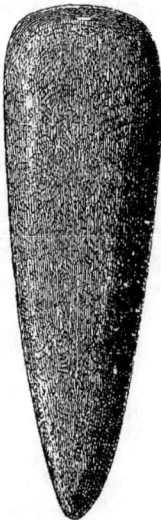

Hache en pierre polie.

La physionomie de la faune apporte un second élément à cette chronologie. Les animaux dont les ossements sont associés aux traces de l'Homme n'ont pas fait tous en même temps leur apparition. Le grand ours a précédé chez nous la grande hyène et le grand chat, et ceux-ci ont fait place aux grands mammifères, le mammouth, le rhinocéros, le renne, qui descendirent du nord lorsque la température, s'abaissant graduellement, amena la période glaciaire. Le renne survécut aux grands pachydermes et laissa après lui l'aurochs, qui s'éteignit à son tour pour ne plus laisser sur notre sol que les espèces que nous y observons encore.

Au premier âge de la pierre taillée grossièrement correspondent l'ours et l'hyène des cavernes, le *mammouth*, le rhinocéros ; dans le second âge domine le *renne;* au troisième âge dit de la *pierre polie* appartiennent l'aurochs et les espèces actuelles. A cette dernière époque, l'Homme a abandonné les cavernes pour habiter sur les lacs, les plateaux et les vallées. Ensuite est venue l'époque du bronze, puis celle du fer.

En observant la lenteur avec laquelle s'opèrent les dépôts qui constituent l'écorce la plus superficielle du globe, on peut juger approximativement du temps qu'a nécessité la formation des alluvions où les silex taillés sont retrouvés. On a découvert, dans les dépôts du Nil, des produits de l'industrie humaine remontant, suppose-t-on, à plus de 15 000 ans; et, d'après des données recueillies en Amérique, Agassiz fait remonter l'espèce humaine à plus de 100 000 ans. Les couches de stalagmites, qui forment généralement le pavé des cavernes, sous la couche de limon superficiel, s'accroissent avec une lenteur extrême, puisqu'elles sont dues à la pellicule calcaire que laisse, en s'évaporant, l'eau qui tombe goutte à goutte sur le sol ; l'épaisseur de ces couches constituerait donc une véritable chronométrie, si ce phénomène s'opérait avec une constante régularité. L'exploration de la caverne de Torquay, dans le Devonshire, a donné des résultats curieux à relever ici. La couche de limon de la surface contenait à la base des poteries romaines, qui permettent de lui assigner environ dix-neuf siècles d'existence. L'épaisseur de la première couche stalagmitique, qui avait de 2 à 3 centimètres, et la nature des objets qu'elle contenait, la faisait remonter à 4000 ans environ avant notre ère; mais la seconde couche stalagmitique ayant 91 centimètres d'épaisseur, nous reporterait, sous la réserve faite plus haut, au delà de 200 000 ans, époque où se seraient déposés les *limons rouges* de la caverne. Or, ce limon renfermait des silex taillés, des os travaillés, mêlés aux débris des grands pachydermes fossiles.....

Les découvertes d'ossements humains fossiles se sont multipliées considérablement depuis quelques années dans les alluvions et les cavernes. Près du célèbre crâne de Néanderthal, dont l'ancienneté avait été discutée, sont venus se placer ceux de Brüx en Bohême, d'Eguisheim en Alsace, de Spy en Belgique, de Canstadt en Würtemberg, de l'Olmo en Italie, de Clichy près Paris, etc. A la fameuse mâchoire de la Naulette, si remarquable par ses formes qui la rapprochent des types les plus inférieurs de

l'humanité actuelle, se juxtaposent celles de Malarneau et de Gourdan dans les Pyrénées, d'Arcy-sur-Cure, de Goget et de Spy en Belgique. Les troglodytes du midi de la France sont représentés par les crânes et les squelettes de Cro-Magnon, de la Madeleine, de Laugerie-Basse, de Bruniquel, de Menton, etc., etc. D'autres types ont été rencontrés à Grenelle (Paris), dans les alluvions de la Seille, les

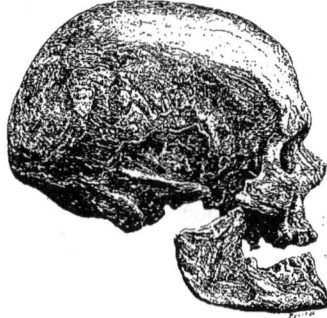

Crâne fossile de Cro-Magnon.

grottes de la vallée de la Lesse, en Belgique, etc., et MM. de Quatrefages et Hamy, combinant tous ces documents anatomiques dans un travail d'ensemble, les ont groupés en un certain nombre de chapitres consacrés à autant de *races fossiles* désignées par les noms des gisements où on les a tout d'abord rencontrées. Ce sont : la race de *Canstadt*, offrant des affinités étroites avec celle des Australiens primitifs, aujourd'hui relégués dans le sud du continent australien; la race de *Cro-Magnon*, ou des troglodytes du midi de la France, dont les carac-

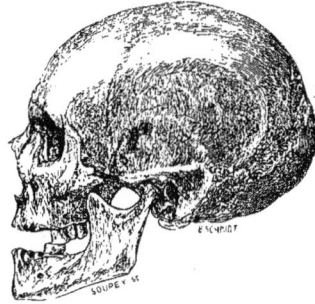

Crâne fossile de Furfooz.

tères semblent s'être continués dans les populations ibériques; la race de *Furfooz*, qui n'est peut-être pas éloignée de la Ligure; celle de *Grenelle*, apparentée aux Lapons; celle de la *Truchère* enfin, qui tend à se rapprocher de certains types mongoliques. MM. de Quatrefages et Hamy ont fait une étude détaillée des caractères anatomiques de ces races anciennes et des races actuelles dans leur magnifique ouvrage : *Crania ethnica*. On consultera encore avec fruit l'*Introduction à l'étude des races humaines*, de M. de Quatrefages, où les renseignements les plus utiles à connaître sur la question se trouvent condensés.

HOMOPTÈRES. (Voir Hémiptères.)

HONGRE. Cheval que la castration a rendu infécond.

HOPLIE (du grec *hoplé*, ongle). Genre d'insectes Coléoptères pentamères, de la famille des *Lamellicornes*. Ils appartiennent au groupe des *Hannetons*. (Voir ce mot.)

HORDEUM. Nom scientifique latin de l'Orge.

HORLOGE DE FLORE. (Voir Sommeil des plantes.)

HORLOGE DE LA MORT. Nom vulgaire d'un insecte du genre *Anobie*. (Voir ce mot.)

HORNBLENDE. (Voir Amphibole.)

HORTENSIA (*Hydrangea*). Ce magnifique arbrisseau, qui figure parmi les plantes d'ornement les plus recherchées, appartient au genre *Hydrangea* des botanistes, et fait partie de la famille des *Saxifragées*. Cette belle plante fut importée en France par Commerson, qui la dédia à Mme Hortense Lepaute, femme du célèbre horloger de Paris, et non à la reine Hortense, comme l'ont avancé quelques auteurs. Ses tiges rameuses, cylindriques, de 1 mètre environ de hauteur, sont garnies de feuilles semblables à celles de l'obier (*Viburnum opulus*), grandes, d'un beau vert, à pétiole court, épaissi, légèrement creusé en gouttière. Le sommet des tiges et des rameaux florifères se divise en corymbes terminaux, presque sphériques, souvent larges de 2 décimètres, d'un beau rose. Chaque corymbe est composé de quatre, cinq et six pédoncules communs, partant presque tous du même point et se subdivisant en plusieurs pédoncules particuliers, les uns

Hortensia commun (*Hydrangea hortensia*).

simplement bifurqués, les autres à trois ou quatre rayons qui soutiennent chacun une fleur. Cette belle plante, à laquelle il ne manque qu'un doux parfum, est très répandue en Chine et au Japon; aussi la trouve-t-on fréquemment représentée sur les vases et les tapisseries qui nous viennent de ces contrées. La culture et la multiplication de l'Hortensia sont des plus faciles; sous le climat de Paris, il passe très bien l'hiver en pleine terre, si l'on a le soin de le couvrir de litière pendant les grands froids. Il demande une exposition un peu ombragée, et de fréquents arrosements en été. Sa multiplication se fait de marcottes ou de boutures. On en obtient souvent par la culture une variété à fleurs bleues.

HOTTENTOTS. Peuplades jadis nombreuses, aujourd'hui réduites à quelques tribus localisées

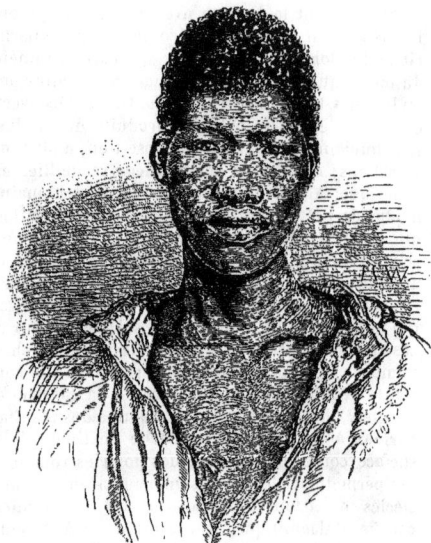

Hottentot.

dans le sud-ouest de l'Afrique australe, au nord de la colonie du Cap. Ils sont d'apparence très variée et diffèrent énormément entre eux. Les uns, presque identiques aux Boschimans, sont de petite taille; leur peau est d'un brun jaunâtre, leurs cheveux sont en *grains de poivre*, le nez est épaté, peu proéminent, les lèvres sont lippues, les pommettes saillantes, le menton est rétréci, long et pointu. Les autres, de taille plus élevée, plus foncés de peau, plus prognathes, ont les traits des Cafres, et plus particulièrement des Béchuanas. Ils ne composent donc pas, comme on l'a souvent écrit, une race à part, mais résultent de mélanges à divers degrés entre les Bantous envahisseurs et les premiers habitants du pays.

HOTTONIE. *Hottonia* (dédié à Pierre Hotton, botaniste du dix-septième siècle). Genre de plantes dicotylédones, monopétales, hypogynes, de la famille des *Primulacées*, à fleurs pentamères réunies en épi lâche. Le type du genre, l'**Hottonie des marais** (*H. palustris*), vulgairement *plumeau*, est une plante commune dans les étangs. Ses tiges submergées sont garnies de feuilles découpées en dents de peigne, assez semblables à celle de la millefeuille ; la partie de la tige qui s'élève hors de l'eau est nue, fistuleuse et porte un épi lâche formé de cinq ou six verticilles de fleurs roses ou blanches, qui produisent un charmant effet.

HOUBARA. (Voir Outarde.)

HOUBLON (*Humulus lupulus*, L.). Le Houblon constitue à lui seul un genre qui appartient à la famille

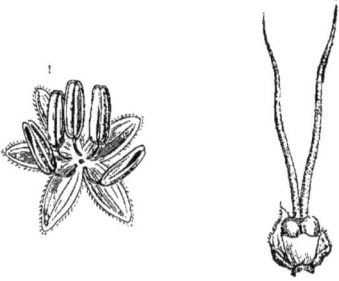

Houblon, fleur mâle grossie.   Houblon, fleur femelle grossie.

des *Ulmacées*, tribu des *Cannabinées*, et offre les caractères suivants : fleurs dioïques, les mâles disposées en panicules, les femelles agrégées en chatons écailleux ; fleurs mâles composées d'un calice à cinq folioles et de cinq étamines, fleurs femelles à calice

Houblon femelle.

réduit à une seule foliole ; ovaire à une seule loge, contenant un seul ovule, et couronné par deux stigmates filiformes. Le fruit est une petite noix renfermant une seule graine, à embryon roulé en spirale. Le Houblon croît spontanément dans toute l'Europe ; il n'est pas rare en France dans les haies et les buissons. C'est une herbe vivace, à tiges grimpantes, volubiles, longues de 4 à 7 mètres. Les feuilles, op-

posées et pétiolées, sont échancrées en forme de cœur à leur base, et partagées en trois ou cinq lobes dentés. Les fleurs sont petites et verdâtres ; les mâles, ainsi que les chatons femelles, constituent des panicules lâches et pendantes, naissant à l'aisselle des feuilles et à l'extrémité des rameaux. Les écailles des chatons femelles prennent beaucoup d'accroissement après la floraison et finisssent par former un petit cône ovoïde, dans lequel les fruits sont complètement cachés. Le Houblon du commerce n'est autre chose que ces cônes, récoltés un peu avant la parfaite maturité et séchés à une chaleur douce. Le Houblon se cultive en grand en Angleterre, en Allemagne, en Belgique et dans plusieurs départements de la France. Personne n'ignore son emploi dans la fabrication de la bière. C'est lui qui aromatise cette boisson en la rendant légèrement amère et tonique. L'amertume des cônes du Houblon est due à la poussière jaune qui entoure les fruits. On l'emploie également en médecine comme stomachique et apéritif, ainsi que dans le traitement des affections scrofuleuses, à titre de dépuratif. On attribue aux fleurs du Houblon la propriété d'exciter au sommeil, et l'on en met parfois dans l'oreiller du malade auquel le repos est nécessaire. — On cultive plusieurs variétés de Houblon, qui toutes proviennent du *Houblon sauvage ;* elles réussissent surtout dans les lieux humides et abrités contre les vents dominants. — Le Houblon se cultive sur échalas et mieux sur perches, espacées d'environ 2 mètres, en quinconce ; on emploie comme plants les jets produits par les vieilles souches que l'on coupe lorsqu'on taille les houblonnières au printemps. Lorsque le plan est assez fort, c'est-à-dire au commencement de juin, il faut avoir soin de biner et de butter chaque mois. C'est vers la fin de septembre, généralement, que les cônes ont atteint leur maturité et qu'on en fait la récolte.

HOUILLE. Tout le monde connaît aujourd'hui cette substance minérale, vulgairement appelée *charbon de terre*, et qui est devenue l'une des matières les plus indispensables à nos besoins industriels et domestiques. — Une ancienne légende flamande attribue la découverte de cette substance à un pauvre forgeron nommé Hullos, qui, le premier, en aurait fait usage. Cette précieuse découverte, faite aux environs de Liége, vers 1030, lui aurait été indiquée par un vieillard mystérieux qui avait disparu aussitôt, et ce serait du nom de ce forgeron que viendrait le mot *houille;* mais cette origine merveilleuse est contredite par un acte de concession de l'abbaye de Peterborough, fait en 835, qui prouve que, déjà à cette époque, le charbon de terre était connu en Angleterre. Les minéralogistes placent la Houille à la suite du diamant, de l'anthracite et du graphite, dans la famille des *Carbonidés ;* elle a pour caractères d'être noire, opaque, tendre, brillante, bitumineuse, susceptible de brûler facilement avec flamme et fumée noire, en répandant une odeur bitumineuse et souvent aussi sulfureuse, ce qui tient à la présence des pyrites de fer dont elle est fréquemment mélangée. Cette substance est composée en grande partie de carbone : en effet, les Houilles présentent 63, 74 et au delà même de 75 pour 100 de carbone, avec des quantités variables d'hydrogène, d'oxygène et d'azote. Cette dernière substance varie en proportion depuis 6 jusqu'à 16 pour 100; sa présence est due, sans doute, à des matières animales, car la Houille a une origine végétale, et les végétaux ne renferment généralement pas d'azote. Considérée comme substance minérale, la Houille se divise en plusieurs variétés ; ainsi, on distingue la **Houille schisteuse**, qui se divise en feuillets à cassure inégale et même conchoïde ; la **Houille granuleuse**, qui semble être une réunion de petits fragments ; la **Houille compacte**, qui est douée d'un éclat résineux et d'une cassure conchoïde ; enfin la **Houille terreuse**, qui se trouve sous la forme d'une matière noirâtre et pulvérulente qui tache les doigts. La Houille se trouve dans une formation particulière qui appartient au *terrain carbonifère*, comprenant des grès, des schistes argileux et des calcaires. (Voir HOUILLER [Terrain]). On connaît son utilité comme combustible : dans les usages domestiques, elle peut remplacer le bois avec avantage, et dans l'industrie, grâce à l'emploi des machines à vapeur, rien ne peut la remplacer ; c'est à l'abondance de cette matière que l'Angleterre doit la prospérité manufacturière à laquelle elle est depuis longtemps parvenue. Sous le point de vue de leurs propriétés et de leur emploi dans les arts, les Houilles sont distinguées en trois classes : les *Houilles grasses*, les *Houilles maigres* et les *Houilles sèches*. — La **Houille grasse**, dite *Houille maréchale* (*Smith coal* des Anglais), est la plus légère, la plus noire et la moins friable. Elle est très combustible; elle brûle avec une flamme blanche et semble se fondre en se consumant. La matière huileuse qu'elle contient lui donne la propriété de s'agglutiner facilement et de brûler avec plus d'activité lorsqu'on l'humecte avec de l'eau : c'est celle qui est employée par les forgerons. Les bassins de Saint-Étienne et de Rive-de-Gier fournissent les meilleures Houilles grasses connues. — La **Houille maigre**, plus pesante, plus solide et moins noire, brûle moins facilement et sans se boursoufler ni s'agglutiner ; sa flamme est bleuâtre, et son résidu moins considérable ; c'est celle qui est propre au chauffage. La variété connue sous le nom de *raffaut* ou de *flénu* appartient à la Houille maigre. — La **Houille sèche** ne contient presque point de bitume ; elle brûle difficilement et avec une flamme très courte. On ne s'en sert guère que dans les hauts-fourneaux à fer et pour la cuisson de la chaux, du plâtre, etc. La Houille en se brûlant se transforme, avant de se consumer entièrement, en une matière charbonneuse, solide, noirâtre et celluleuse : c'est ce que les Anglais appellent *coke*, mot qui est aujourd'hui introduit dans la langue française. Ce coke a la propriété de brûler sans dégager de fumée, et conséquemment peut être

employé avec un grand avantage comme chauffage. Il en résulte que l'industrie s'est attachée à l'obtenir de la manière la plus utile ; on carbonise la Houille dans des fourneaux fermés, en profitant de la chaleur qui se dégage, pour griller des minerais qu'on mélange avec la Houille. On en retire en même temps une espèce de goudron qui est employé par la marine, et dont, par des distillations et des préparations successives, on obtient l'essence minérale ; la créosote utilisée pour les maux de dents et la conservation des viandes ; la paraffine pour les bougies transparentes ; la benzine, qui, avec l'acide nitrique, donne la nitrobenzine ou essence de mirbane ; l'acide picrique ; les couleurs d'aniline ; l'acide phénique, et cent autres produits employés dans l'industrie. Enfin l'un des grands avantages qu'offre la Houille, c'est qu'on en retire par la combustion le gaz hydrogène carboné, employé avec tant d'utilité pour l'éclairage. Les Houilles grasses sont les meilleures pour la fabrication du gaz. La formation houillère constitue des dépôts fort inégalement répartis dans les diverses contrées du globe. Jusqu'à présent, l'Europe paraît être la plus riche des cinq parties du monde en Houille ; mais on y remarque une grande inégalité de richesse houillère. L'Angleterre figure au premier rang ; puis viennent la Belgique et la France : les bassins du Creuzot (Saône-et-Loire) et de Saint-Étienne (Loire) fournissent à eux seuls plus de la moitié de la Houille que l'on exploite en France. Ceux de l'Aveyron et d'Anzin sont également considérables. La Houille ne s'exploite jamais à ciel ouvert, mais toujours par puits ou galeries. Lorsque le toit n'est pas assez solide, ce qui est le cas le plus ordinaire, on exploite par chambres ou entailles de 12 à 15 mètres de largeur, entre lesquelles on laisse des massifs pour soutenir les terres. Des galeries obliques descendent communément de chaque taille à la galerie principale par laquelle les Houilles sont conduites hors de la mine ou tout au bas du puits. (Voir pour la formation de la Houille, l'article suivant.)

HOUILLER [Terrain]. Le terrain houiller comprend deux étages : l'étage du *calcaire carbonifère* et l'étage du *grès houiller*. Les soulèvements qui eurent lieu à la fin de l'époque dévonienne mirent au jour des couches calcaires qui, rongées, minées et entraînées par les eaux, donnèrent naissance à des bancs sous-marins d'un carbonate de chaux rendu noirâtre par les particules d'anthracite (voir ce mot) mêlées avec lui, et que, pour cette raison, l'on a nommé *calcaire carbonifère*. Le calcaire anthraxifère, dont la puissance moyenne est de 4 à 500 mètres, forme la base sur laquelle repose le terrain houiller proprement dit. Il est compact, quelquefois grenu, et offre la singulière propriété de donner par le frottement une odeur fétide. Sa couleur grisâtre ou noirâtre est due aux matières charbonneuses et bitumineuses qu'il renferme. Sur quelques points, cette roche a été convertie par l'action du métamorphisme en marbres connus dans l'industrie sous les noms de marbre noir de Dinan, marbre de Sainte-Anne, pierre d'Écaussines. Quoique fort employés, ces marbres présentent un grand inconvénient, par suite des parties bitumineuses qu'ils renferment : lorsque l'on pose dessus un

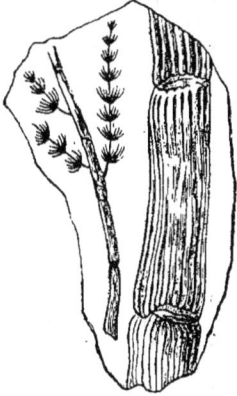

Calamite.

corps chaud, la chaleur réagit sur ces parties bitumineuses et forme des taches qui obligent à le faire repolir. On rencontre interposés aux couches anthraxifères des lits de silex noirâtre, du peroxyde de fer et des couches parfois très épaisses de calcaire magnésien. Cet étage est très riche en fossiles : polypiers, mollusques, radiaires, crustacés, poissons ; quelquefois même la roche n'est qu'un amas

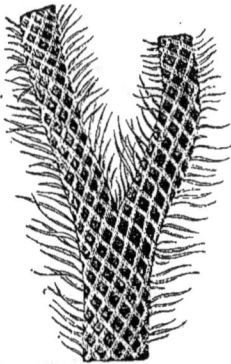

Lepidodendron.

de coraux et de crinoïdes. La flore de cette époque offre une exubérance de vie extraordinaire, sans exemple dans le passé, sans analogie dans les âges suivants. Partout le sol est paré de verdure ; d'immenses forêts couvraient les îles, et la végétation offrait un développement dont la richesse même des

forêts tropicales actuelles pourrait à peine nous donner une idée. Les énormes calamites, les sigillaires au tronc élancé, les gigantesques lepidodendrons, les cycadées, les walchias, ancêtres des palmiers et des conifères, les fougères arborescentes, formaient partout des forêts impénétrables. Tous ces végétaux sont disparus aujourd'hui ; quelques petites plantes aquatiques et marécageuses, telles que les prêles et les lycopodes, rappellent seules de nos jours, et sous nos climats, les plantes houillères ; mais, comparées avec elles, elles sont comme le plus humble brin d'herbe à côté du chêne superbe de nos forêts.

Cependant, un silence de mort devait régner dans ces forêts ; nul bruit, si ce n'est celui du vent qui entrechoquait ces roseaux et ces prêles gigantesques, ne devait animer leurs effrayantes solitudes. Il n'existait encore aucun des insectes qui vivent sur les fleurs, aucun oiseau dans les bois, ni sur les bords des lacs et des étangs, aucun mammifère sur les terres émergées, et, par conséquent, aucun

Sigillaire.

chant, aucune voix interrompant le silence solennel de cette nature si riche et cependant muette. La vie semble toujours être concentrée dans les eaux ; des zoophytes, des mollusques, des crustacés, des poissons, sont à peu près les seuls êtres vivants. Cependant, avec la flore terrestre, commencent à paraître quelques reptiles amphibies, que faisaient déjà pressentir ces énormes poissons sauroïdes de l'époque précédente : dans les vastes savanes, dans les marais où végétaient les calamites, les lepidodendrons et les sigillaires de cette époque vivaient des reptiles, dont la forme était celle de salamandres gigantesques ; d'autres, intermédiaires entre les batraciens et les lézards, l'un d'eux, l'*ophioderpeton*, avec un corps de serpent monté sur des pattes très courtes, représentait les cécilies actuelles.

Au-dessus de l'étage anthraxifère, et comme servant d'assise à l'étage houiller, sont des grès feldspathiques et quartzeux, assez abondants pour fournir des meules à toute l'Angleterre ; ces grès sont aussi très répandus dans les Ardennes. L'étage houiller présente un intérêt tout particulier à cause de l'abondance du précieux combustible qu'il recèle ; c'est le plus important de toute la série géologique au point de vue économique industriel. Il est composé de couches successives de grès divers nommés grès houillers, de schistes souvent bitumineux et inflammables, et enfin de houille. (Voir ce mot.) Cette substance n'appartient pas exclusivement à l'étage houiller, mais elle y atteint son maximum d'abondance et en devient par là le caractère le plus constant. La houille proprement dite ne forme guère à elle seule, même en Angleterre et en Belgique où elle abonde, qu'une portion insignifiante de la masse totale. En Angleterre, la puissance des couches carbonifères s'élève à plus de 900 mètres, tandis que les lits de combustible, au nombre de

Fougère fossile (*Pecopteris*).

trente à quarante, ne dépassent pas 25 mètres dans leur ensemble. Les couches carbonifères ne paraissent pas s'être déposées partout dans les mêmes conditions ; mais dans tous les cas, la houille doit son origine à des masses de végétaux enfouies au sein des eaux et ayant subi, sous une forte pression, une décomposition particulière. D'après Liebig et autres chimistes, lorsque le bois et la matière végétale sont enfouis dans la terre, exposés à l'humidité et soustraits en partie ou en totalité à l'action de l'air, ils se décomposent lentement et se convertissent en lignite imprégné d'une forte proportion d'hydrogène. La décomposition continuant, le lignite passe à l'état de houille ordinaire ou bitumineuse par le dégagement de l'hydrogène carboné. Dans certaines circonstances, des masses d'eau considérables, déplacées par les soulèvements et lancées comme un gigantesque torrent, ont dû raser des îles entières extrêmement boisées. Arrachées

du sol qui les avait vues naître, entraînées par ces inondations ou par des courants plus ou moins violents, les plantes furent jetées en masse dans des lacs, des golfes, des baies. Là, après avoir flotté quelque temps à la surface, ces bois, saturés par l'eau, durent couler au fond avec les détritus que la répétition du même phénomène accumulait successivement. C'est ainsi recouverts, et, probablement, sous l'influence d'actions chimiques et de circonstances diverses, que, peu à peu, ces végétaux ont changé de forme et sont passés à l'état de charbon minéral.

Dans d'autres cas, la houille paraît avoir pour origine d'anciennes tourbières ; c'est-à-dire qu'elle résulterait de la décomposition successive et sur place d'une abondante végétation herbacée, accumulée dans certaines dépressions, et qui a pu, par la compression et sous l'influence de certaines circonstances particulières, passer à l'état de houille.

Il n'est pas rare de rencontrer dans les houillères des troncs d'arbres qui ont conservé leur position verticale, et dont les racines sont entremêlées avec celles d'autres arbres voisins, également dressés. Il en existe un exemple remarquable en France, dans la mine du Teuil, près Saint-Etienne. Le plus souvent, on les voit inclinés ou couchés parallèlement aux lignes de stratification. On les trouve parfois dans un état de conservation si parfaite, qu'en les soumettant au microscope, on a pu étudier les détails les plus délicats de leur organisation.

Chose remarquable, les plantes recueillies dans les houillères d'Europe se retrouvent partout les mêmes, en Amérique et dans l'Inde, et sous toutes les latitudes, au nord comme au midi. Ce qui tend à prouver que, à l'époque où se formait le terrain carbonifère, non-seulement la température était plus élevée qu'aujourd'hui, mais encore, plus uniforme, plus également répartie sur toute la surface du globe, encore soumis à l'influence de son foyer central. Les végétaux des terrains houillers appartiennent pour la plupart à des cryptogames vasculaires. Les dicotylédones, qui, maintenant, forment les deux tiers des végétaux vivants, y sont à peine représentés par quelques rares conifères, c'est-à-dire par les espèces les moins élevées en organisation de cette classe. Le plus grand nombre de ces plantes n'a plus de représentants sur la terre. Plusieurs même ont cessé d'exister après le dépôt de la formation houillère. Les fougères constituent à elles seules à peu près la moitié de la flore carbonifère ; ce sont des *Pecopteris*, *Sphœnopteris*, *Nevropteris*, *Odontopteris*, *Caulopteris*, etc.

Il existe peu de débris animaux dans l'étage houiller. On y rencontre seulement quelques mollusques, des zoophytes, des crustacés et quelques rares insectes. Les vertébrés ont pour représentants d'énormes poissons sauroïdes, dont l'organisation fait pressentir la prochaine apparition des reptiles.

HOULQUE (*Holcus*). Genre de plantes monocotylédones de la famille des *Graminées*, dont deux espèces

sont très répandues en France : la **Houlque laineuse**
(*H. lanatus*) et la **Houlque molle** (*H. mollis*), qui donnent un très bon foin. Elles sont très recherchées
des bestiaux, tant en vert qu'en sec. — Le **Holcus
saccharatus** ou *millet de Cafrerie* appartient au genre
Sorgho. (Voir ce mot.).

HOUMIRI. Grands arbres de l'Amérique tropicale
qui appartiennent à la famille des Linacées. Le
type du genre, l'**Houmiri baumier** (*H. balsamifera*),
est un grand arbre des forêts de la Guyane, dont la
tête se couronne de grosses branches divergentes,
divisées en rameaux garnis de feuilles alternes,
ovales aiguës. De son écorce épaisse et rougeâtre
découle par incision un suc résineux, balsamique,
rougeâtre, doué de propriétés analogues à celles du
copahu et connu sous le nom de *baume d'Houmiri*.
Les Caraïbes l'emploient contre le ténia.

HOUPPIFÈRE (*Euplocomus*). Genre d'oiseaux de
l'ordre des Gallinacés, qui tiennent à la fois du coq
et du faisan. En effet, leur queue verticale, dont les
couvertures sont plus longues que les pennes et
retombent en panache, rappelle tout à fait celle des
coqs ; mais leur tête, au lieu d'être pourvue d'une
crête, est couronnée par une belle houppe droite
(d'où leur nom) semblable à ceux des paons et des
lophophores ; quant aux autres caractères, ce sont
ceux des faisans ; aussi les a-t-on rangés dans la
famille des *Phasianidés*. L'espèce type du genre, la
Houppifère macartney, de l'île de Java, a la tête, le
cou, le dessus du corps, la poitrine et le ventre
d'un noir à reflets violets, les côtés du corps et le
dessus de la queue d'un beau rouge orangé, le bec
jaune et les pieds grisâtres. Sa taille est celle du
coq.

HOUQUE. (Voir Houlque.)

HOUX (*Ilex*). Genre de plantes type de la famille
des *Ilicinées* ou *Aquifoliacées*, offrant pour caractères : calice petit, à quatre ou cinq dents ; corolle
rotacée à quatre ou cinq lobes ; ovaire à quatre ou
cinq loges ; stigmates sessiles en nombre égal ; fruit
charnu, renfermant quatre ou cinq noyaux dont
chacun est rempli par une seule graine. Les Houx
sont des arbres ou des arbrisseaux à feuilles coriaces et persistantes ; les fleurs, petites et blanchâtres, naissent aux aisselles des feuilles, soit en
fascicules, soit en cimes, soit en ombelles simples.
— Le **Houx commun** (*I. aquifolium*, L.) est la seule
espèce indigène. Assez répandu dans les forêts de
l'Europe centrale et méridionale, il ne s'avance
guère au delà du 50e degré de latitude. Le plus
souvent il ne forme qu'un buisson ; mais, dans les
localités les plus favorables à son développement,
il s'élève en arbre à cime pyramidale et touffue, et
il acquiert parfois la hauteur de 12 mètres. Ses
feuilles, très coriaces, luisantes et d'un beau vert,
sont ovales, courtement pétiolées, en général bordées de dents acérées et piquantes. Les fleurs sont
disposées en ombelles simples. Les fruits, du volume d'un pois et de couleur en général écarlate,
mûrissent en automne et ornent les rameaux jus-

qu'au printemps suivant. Son bois est souple, très
dur, jaunâtre ou verdâtre, d'un grain fin et serré ;
on le recherche pour les ouvrages de tour et de
marqueterie ; on emploie l'écorce de houx à la préparation de la glu. Les baies de Houx sont purgatives et émétiques. Cet arbre est souvent cultivé
dans les jardins où il produit un bel effet, surtout

Houx commun. — *a*, fleurs.

dans les bosquets d'hiver. — Le **Houx de Mahon**, qu'on
cultive aussi comme arbre d'ornement, n'est autre
chose qu'une variété du Houx commun, dont elle
diffère par des feuilles plus grandes et non dentées.
— Une des espèces les plus remarquables de ce
genre est le **Houx maté** ou *thé du Paraguay*. C'est
un petit arbre à feuilles cunéiformes, ovales, dentées, dont l'usage est répandu dans toute l'Amérique
centrale, à l'état d'infusion théiforme comme boisson stimulante. (Voir Maté.)

HOUX-FRELON. (Voir Fragon.)

HOUX [Petit]. (Voir Fragon.)

HUACO. (Voir Guaco.)

HUCH [Hucho]. Espèce du genre Saumon.

HUETTE. Nom vulgaire de la Chouette hulotte.

HUILE DE BOIS. (Voir Diptérocarpe.)

HUILE DE PALME. (Voir Elaïs.)

HUILES. On désigne sous ce nom divers composés, d'origine végétale ou animale, qui ont pour caractères généraux la fluidité à la température ordinaire, l'onctuosité, l'insolubilité dans l'eau, la
solubilité dans l'éther, la combustibilité plus ou
moins prompte par le contact d'un corps en ignition,
une pesanteur spécifique presque toujours infé-

rieure à celle de l'eau. Les Huiles végétales existent principalement dans la partie de la semence qui donne naissance aux cotylédons : il faut excepter de cette règle générale l'Huile d'olive qui est renfermée dans le péricarpe ou partie charnue du fruit de l'olivier ; d'autres corps huileux, analogues à la cire, se trouvent dans le pollen, dans les sucs ou parties aqueuses des végétaux, etc. De toutes les familles végétales, les plus riches en semences huileuses sont celles des *crucifères*, des *drupacées*, des *amentacées* et des *solanées*. Les semences des *graminées* et des *légumineuses* ne donnent que des traces d'Huile grasse. Les Huiles sont essentiellement composées de carbone, d'hydrogène, d'oxygène et d'azote ; mais dans des proportions variables. Les Huiles grasses végétales sont assez nombreuses ; plusieurs d'entre elles sont employées dans les arts, l'économie domestique et la médecine. Nous signalons les plus importantes. — L'**Huile d'amandes** est fournie par les fruits de l'amandier commun. D'une saveur agréable, inodore, elle est employée dans la pharmacie à la préparation du cérat, et elle entre dans la composition de potions et juleps, comme émollient ou laxatif. Ses tourteaux réduits en poudre s'emploient aux soins de la toilette sous le nom de *pâte d'amande*. — L'**Huile d'arachide** provient de l'*Arachis hypogœa :* elle a une odeur de noisette et peut remplacer l'huile d'olive et l'huile d'amandes douces. — L'**Huile de cameline**, extraite des semences de *Camelina sativa*, est d'un jaune d'or ; elle peut servir pour la table et l'éclairage. — L'**Huile de chènevis**, retirée des graines du chanvre, est employée à l'éclairage et à la confection du savon vert. — L'**Huile de colza** est employée à l'éclairage. — L'**Huile de lin** jouit de propriétés émollientes et laxatives. — L'**Huile de navette** sert d'aliment et à l'éclairage. — L'**Huile de noix**, plus siccative que celle de lin, est plus employée dans la peinture. Elle sert d'aliment dans beaucoup de pays, et la médecine l'emploie comme purgatif. — L'**Huile d'œillette** ou de **pavot** est employée comme aliment et pour l'éclairage ; plus siccative que l'huile d'olive, on l'emploie quelquefois pour délayer les couleurs. — On peut faire avec l'olive (voir OLIVIER) plusieurs variétés d'Huile. L'**Huile d'olive** la plus pure, qu'on appelle *huile vierge*, est à peine colorée en jaune ; son odeur et sa saveur sont agréables et peu sensibles. L'Huile commune est jaune et rancit facilement. — Les **Huiles de ricin** et de **croton** sont, comme on sait, des laxatifs très employés. (Voir RICIN.) Certaines Huiles, par leur consistance, mériteraient plutôt le nom de *beurre*, telles sont les huiles de palme, de coco, de laurier.

HUILES ANIMALES. L'**Huile de baleine** est extraite des vastes cavités de la tête de ce cétacé et du panicule adipeux de cet animal. Jaune rougeâtre, d'une odeur désagréable, elle sert à l'éclairage et à la fabrication des savons mous. — L'**Huile de cachalot**, jaune orangé clair, transparente, sert aux mêmes usages que l'Huile de baleine. — L'**Huile de**

dauphin ou de **marsouin** est jaune-citron, d'odeur de poisson. — L'**Huile de phoque** est analogue à l'Huile de dauphin. — L'**Huile de poisson** est extraite soit des animaux entiers, soit d'organes spéciaux, tels que le foie (morues, squales, raies). — L'**Huile de foie de morue** s'extrait du foie de la morue blanche (*Morrhua vulgaris*) et de celui de quelques espèces voisines. Dans le commerce, on distingue les Huiles de foie de morue suivant leur couleur : en *blanche, ambrée, blonde* et *brune*, teintes qui résultent du mode de préparation ; leur odeur et leur saveur sont d'autant plus faibles que leur couleur est plus claire. Cette Huile est employée dans le traitement du rachitisme, de la scrofule, de la tuberculose, etc. On vend souvent comme Huile de foie de morue, les Huiles de foie des raies et des squales qui, d'ailleurs, possèdent les mêmes qualités, et ont à très peu près la même composition chimique. — Les **Huiles de pieds de bœuf** et de **mouton** s'emploient dans l'industrie.

HUILES ESSENTIELLES. Les Huiles essentielles ou volatiles sont des substances grasses, odorantes, peu solubles dans l'eau, plus ou moins solubles dans l'éther et l'alcool, qui, la plupart, existent toutes formées dans les plantes. C'est aux Huiles essentielles qu'elles renferment qu'est due l'odeur des plantes odoriférantes. La parfumerie et la médecine font un très grand usage des Huiles essentielles, dont nous indiquerons les propriétés variées en décrivant les plantes qui les produisent.

HUITRE (*Ostrea*). De tous les coquillages, les Huîtres sont, sans contredit, les plus anciennement et les plus universellement connus ; toutes les mers en contiennent ; et partout elles sont recherchées pour la nourriture de l'homme. Les Huîtres sont des mollusques acéphales, c'est-à-dire sans tête distincte, de la classe des LAMELLIBRANCHES et forment le type de la famille des *Ostréidés* (ordre des ASIPHONIENS). Leur forme est en général ovale, assez régulière, mais non complètement symétrique ; la coquille est assez épaisse, nacrée dans son intérieur, plus ou moins grossièrement feuilletée ou lamelleuse à l'extérieur, et elle donne par la calcination une chaux excellente ; la tête de l'animal correspond aux crochets et au ligament qui réunit les valves, et la partie postérieure, qui est plus large, répond au bord libre des valves. Le manteau est fort ample et formé de deux lobes séparés l'un de l'autre, excepté au-dessus de la bouche, où il forme une sorte de capuchon qui la recouvre ; ce manteau, épaissi dans ses bords, est pourvu de deux rangs de cils très sensibles, musculaires et rétractiles ; et il est formé de deux feuillets. Il n'y a pas d'organes locomoteurs ; l'appareil nutritif se compose d'une bouche, d'une poche stomacale à parois très minces, qui est placée dans l'épaisseur du foie, et d'où part un intestin grêle, qui, après s'être contourné plusieurs fois dans le foie, remonte vers le milieu du dos, où il se termine par un orifice flottant et infundibuliforme. Le foie, assez volumineux et de couleur brune, embrasse l'estomac et une partie de l'intestin. Les branchies, ou organes de la respiration, se composent de quatre feuillets inégaux en longueur. L'appareil de la circulation comprend un cœur pyriforme et son oreillette; le cœur donne naissance par sa pointe à un gros tronc aortique, qui se divise en trois branches, et de sa base partent deux autres gros troncs très courts, qui se divisent aussi en plusieurs rameaux. Ces mollusques sont hermaphrodites, c'est-à-dire qu'ils reproduisent leurs petits d'eux-mêmes, et défient, par conséquent, ces fameux connaisseurs qui ont la prétention de distinguer les mâles des femelles. Ils jettent au commencement du printemps un frai qui ressemble assez à une goutte de suif, et dans lequel on distingue, avec l'aide d'une forte loupe, une infinité de petites Huîtres toutes formées. L'ovaire est placé à la partie antérieure et supérieure de l'animal;

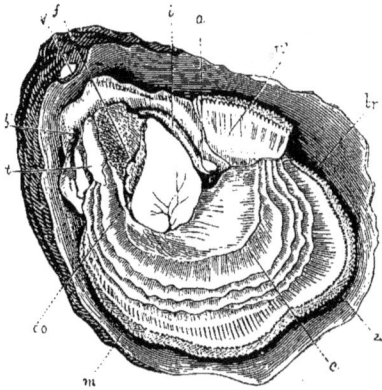

Mollusque (huître). — *m* et *m'*, lobes du manteau; *c*, muscles de la coquille; *br*, branchies; *b*, bouche; *t*, tentacules labiaux; *f*, foie; *i*, intestin; *a*, anus; *co*, cœur.

peu apparent pendant l'hiver, et sous forme d'une tache laiteuse qui recouvre une petite partie du foie, il se développe au printemps, au point de donner à la moitié supérieure de l'animal cette teinte laiteuse qui le fait regarder comme malade, et qui a donné lieu à ce dicton : qu'il n'y a de bonnes Huîtres que dans les mois où l'on trouve la lettre R, c'est-à-dire de septembre à avril. Ce préjugé est salutaire, puisqu'il s'oppose à la trop grande consommation de ces mollusques à l'époque de la propagation; mais, en réalité, les Huîtres ne sont ni moins bonnes ni moins saines à ce moment qu'à tout autre. Chaque Huître pond par an de 30000 à 60 000 œufs, ce qui explique comment se produisent ces énormes *bancs d'Huîtres* sur lesquels on pêche sans cesse, et qui sans cesse se renouvellent avec rapidité. Elles vivent ordinairement sur les côtes, à peu de profondeur, et dans une mer dont les eaux sont peu agitées. On les trouve aussi attachées aux rochers ou aux corps sous-marins, de manière

à rester immobiles toute leur vie, si une circonstance quelconque ne vient pas les déplacer. Elles se fixent encore les unes aux autres; de là ces masses plus ou moins considérables, tant par leur épaisseur que par leur étendue. Presque toutes les espèces d'Huîtres sont comestibles. Dès l'antiquité la plus reculée, elles ont été recherchées comme un mets très délicat; on les servait sur les tables des Lucullus, des Apicius. Les Huîtres fournissent un aliment agréable, léger, recommandé généralement aux estomacs délicats. Les gastronomes préfèrent l'Huître *verte*, regardée généralement comme appartenant à une espèce particulière; cette couleur est due à une diatomée particulière dont elle s'alimente. En France, on estime surtout les Huîtres du rocher de Cancale (Ille-et-Vilaine), de Marennes, d'Arcachon; en Belgique, celles d'Ostende; en Angleterre, celles de Colchester. — L'**Huître comestible** (*O. edulis*) n'est pas la seule qui mérite de fixer notre attention; on mange également le **Pied de cheval** (*O. hippopus*), espèce très grande qui se trouve sur les côtes de la Manche, ainsi que plusieurs espèces américaines. Leur pêche est sévèrement défendue dans les mois de mai, juin, juillet et août, temps pendant lequel l'Huître jette son frai; elle est autorisée dès le mois de septembre jusqu'au mois d'avril. Elle s'exécute à la *drague*, instrument de fer qui a la forme d'une pelle recourbée, que l'on garnit d'une poche en cuir ou d'un filet, et que l'on attache à un bateau. Celui-ci, poussé par le vent, entraîne la drague, qui, comme le ferait un râteau, amasse les Huîtres au milieu des eaux. L'Huître ne devient bonne que quelque temps après qu'elle a été pêchée, ou, ce qui est la même chose, qu'après avoir séjourné pendant quelque temps dans un réservoir d'eau salée, qui a 3 à 4 pieds de profondeur, et qui communique avec la mer à l'aide d'un conduit par lequel l'eau peut entrer et sortir; c'est là ce qu'on appelle *parquer les Huîtres*. Un parc bien fait doit avoir son enceinte garnie d'une couche de petit galet et de sable, afin que l'eau soit toujours limpide. — Les parcs les plus connus sont ceux de Marennes, de Saint-Vaast, de Courseulles, d'Etretat, de Fécamp, de Dieppe, du Tréport et de Dunkerque. Granville et Cancale, continuellement exposées aux vents, ne peuvent en avoir.

Plusieurs procédés ont été proposés pour la propagation et l'amélioration des Huîtres, et l'on sait depuis fort longtemps qu'on peut transporter et naturaliser ces mollusques sur des rivages qui n'en possédaient pas auparavant. Comme nous l'avons dit, chaque Huître peut donner naissance à plus de cinquante mille petits; mais, sur ce nombre, il en reste à peine une douzaine qui s'attachent sur la coquille-mère, et le reste se disperse entraîné par les flots ou devient la proie des autres animaux marins. Le problème consistait donc à trouver un procédé qui permît de recueillir cette inépuisable semence et de la transporter sur les fonds à peupler, et on l'a résolu en faisant descendre sur les bancs des fascines, des clayonnages formés de branchages, sur lesquels s'incrustent les petites Huîtres microscopiques. — Les Huîtres ont de nombreux ennemis et au premier rang l'étoile de mer. Les astéries enlacent les huîtres avec leurs rayons et quand elles ont saisi leur proie elles ne la lâchent plus, dussent-elles s'y cramponner pendant plusieurs jours. Le mollusque étouffé s'ouvre alors, et l'étoile de mer y introduit sa langue, membrane fort extensible et redoutable, et par succions répétées elle aspire l'animal. Or les étoiles de mer se rencontrent par bancs très nombreux sur nos côtes, et lorsqu'un de ces bancs envahit une huîtrière, celle-ci peut-être menacée d'une ruine complète. Le bigorneau perceur ou *murex* est aussi un ennemi redoutable de l'Huître; il perce un trou rond dans la coquille de l'Huître et par ce trou introduit sa trompe qui aspire les sucs nutritifs du mollusque. Les crabes, eux aussi, avec leurs pinces dentelées, parviennent à ouvrir une brèche entre les bords des coquilles de l'Huître. Plusieurs espèces d'Huîtres et de moules produisent de la nacre et des perles; mais celles de nos côtes ne donnent qu'une nacre laiteuse sans valeur, et les perles qu'on trouve accidentellement dans nos Huîtres comestibles ne sont que des grains calcaires sans éclat. (Voir AVICULE.) — On connaît un très grand nombre d'espèces d'Huîtres vivantes, et un nombre encore plus considérable d'espèces fossiles, principalement dans les terrains jurassiques.

HUITRIER (*Hæmatopus*). Genre d'oiseaux de l'ordre des ÉCHASSIERS; compris par Cuvier dans sa famille des *Pressirostres*, il constitue aujourd'hui à lui seul la famille des *Hématopidés*. Le principal caractère de ces oiseaux est d'avoir le bec plus long que la tête, droit, pointu, comprimé en coin et assez fort pour leur permettre d'ouvrir de force les coquilles des mollusques dont ils font leur nourriture. Leurs jambes sont de hauteur médiocre, et leurs doigts, au nombre de trois, sont réunis à leur base par une membrane. On n'en connaît qu'une espèce en Europe, c'est l'**Huîtrier pie** (*H. ostralegus*), vulgairement nommé *pie de mer,* à cause de son plumage varié de blanc et de noir, assez semblable à celui de la pie. Le bec et les pieds sont rouges, d'où son nom scientifique *Hæmatopus* (pieds couleur de sang); sa taille est celle du canard. Cet oiseau habite les plages désertes de la mer, dont il ne s'écarte que très rarement et lorsque les froids sont trop rudes. C'est qu'en effet, là seulement se trouvent les animaux dont il se nourrit; il mange des mollusques et surtout des Huîtres, dont il fait une grande consommation. Les Huîtriers nagent avec facilité; mais ils ne s'éloignent jamais au large; ils courent avec une grande célérité et volent bien et longtemps. Ces oiseaux ont des mœurs sociales, et, hors la saison de la pariade, durant laquelle ils vivent isolément par couples, on les rencontre par bandes plus ou moins nombreuses. A certaines époques, les Huîtriers quit-

tent les cantons qu'ils habitent; mais ils ne vont jamais loin, et l'on en trouve sur nos côtes dans toutes les saisons. Leur mode de nidification n'annonce pas une grande industrie; la femelle se contente de creuser sur la grève une petite excavation

Huîtrier.

dans laquelle elle dépose deux à quatre œufs olivâtres tachés de noir. Le plumage de la femelle ne diffère en rien de celui du mâle. — L'**Huîtrier noir,** tout noir, à pieds cendrés, habite les côtes de l'Amérique septentrionale.

HULOTTE. Espèce du groupe des Chouettes. (Voir ce mot.)

HUMANTIN (*Centrina*). Genre de poissons de l'ordre des SÉLACIENS, famille des *Squalidés.* (Voir ce mot.) Ils se distinguent par la présence d'une forte épine sur chacune des dorsales et par la brièveté de leur queue; ce qui leur donne une taille plus ramassée qu'aux autres squales. L'Humantin atteint 1^m,80; il est brun en dessus, blanchâtre dessous; sa peau, couverte de gros tubercules, est tellement dure qu'on l'emploie comme râpe pour polir le bois. Il se rapproche rarement des côtes.

HUMBOLDTIE (dédié au savant A. de Humboldt). Genre de plantes dicotylédones de la famille des *Légumineuses cæsalpinées,* qui comprend une seule espèce originaire de Ceylan.

HUMÉRUS. Os du bras qui concourt par son extrémité supérieure à former l'épaule. (Voir SQUELETTE.)

HUMEURS. En physiologie, on entend par Humeurs tous les fluides organiques formés dans les animaux, soit habituellement, soit à la suite d'un travail accidentel. Le vulgaire n'applique ce nom qu'à quelques-uns d'entre eux, tels que la bile, le mucus, la sérosité et le pus surtout, en tant qu'il les considère comme cause de maladie et conséquemment comme matière à expulser. Le chyle, le sang, la lymphe, la salive, le lait, etc., sont des humeurs. Nous avons consacré des articles particuliers à chacun de ces fluides, qui ont des usages déterminés dans l'économie.

HUMULUS. Nom scientifique latin du Houblon.

HUPPE. Genre d'oiseaux de l'ordre des PASSEREAUX, section des *Ténuirostres,* qui forment une famille à part sous le nom de *Upupidés*. Les Huppes (*Upupa*) ont le bec plus long que la tête, un peu arqué, grêle, trigone à la base, et se distinguent surtout par l'ornement qu'elles ont sur la tête et qui est formé d'une double rangée de longues plumes qui se redressent au gré de l'oiseau. — Les contrées chaudes de l'Afrique et de l'Inde semblent être la patrie des Huppes; une seule espèce se montre momentanément dans le midi de l'Europe; c'est la **Huppe commune** (*Upupa epops*), longue en

Huppe.

totalité de 30 centimètres environ, d'un roux vineux, les ailes et la queue noires, deux bandes blanches en travers sur les couvertures et quatre sur les pennes de l'aile. Elle vit ordinairement solitaire ou par couples, cherche les insectes et les vers dans la terre humide, et pond dans des trous d'arbre ou de muraille, quatre œufs d'un blanc grisâtre. La Huppe vole peu et court sur la terre en faisant entendre un petit cri, *put, put*. Elle nous quitte aux approches de l'hiver, pour retourner en Afrique. Vers la fin de l'automne, cet oiseau devient fort gras et sa chair est assez délicate. Ces oiseaux s'apprivoisent facilement et deviennent familiers au point de suivre leur maître et de se percher sur son épaule.

HURA. (Voir Sablier.)

HURE. On donne ce nom à la tête du sanglier, surtout lorsqu'elle est détachée. Par extension, on l'applique à la tête du cochon, au museau du brochet, etc.

HURLEUR. (Voir Alouate.)

HUSO. (Voir Esturgeon.)

HYACINTHE. (Voir Jacinthe.)

HYACINTHE. On donne ce nom, en minéralogie, à une variété de Zircon d'un rouge brunâtre. Les joailliers appliquent ce nom à certaines variétés de grenats.

HYALE, *Hyalœa* (du grec *hualus*, verre). Genre de mollusques Ptéropodes de l'ordre des Thécosomes,

type de la famille des *Hyalidés*, voisins des Clios, dont ils diffèrent par la présence d'une petite coquille cornée très mince et transparente. Ces petits mollusques nagent en troupes considérables à la surface des lames qu'ils sillonnent avec une grande vitesse à l'aide de leurs nageoires toujours en mouvement. Ils forment avec les Clios la principale nourriture des grands cétacés qui les engloutissent par milliers. On en connaît plusieurs espèces, dont une, l'**Hyale à trois dents** (*H. tridentata*), habite la Méditerranée; sa coquille, qui a 17 millimètres de longueur, est d'une teinte rosée mélangée de brun violet.

HYALIN (du grec *hualos*, verre). Se dit des substances ou parties transparentes comme le verre : le corps vitré du globe de l'œil, par exemple. (Voir Œil.)

HYBRIDE (de *hubris*, métis). On emploie fréquemment ce mot comme synonyme de Métis (voir ce mot); mais le plus souvent, on le réserve à la botanique, pour désigner les plantes qui proviennent d'une fécondation croisée, c'est-à-dire dans laquelle le pollen d'une espèce est venu féconder le pistil d'une espèce différente. Les graines qui se sont développées dans le pistil ainsi fécondé, donnent naissance à des individus intermédiaires, par leur forme, à la plante père qui a fourni le pollen et à la plante mère qui a subi l'action. On voit dès lors que ces plantes hybrides sont analogues aux métis animaux. La production des Hybrides a lieu quelquefois dans la nature et sans le concours de l'homme; elle est alors naturelle; mais le plus souvent elle a lieu par les soins de l'horticulteur, qui, en l'entourant de précautions, sait la rendre plus facile et plus sûre. — La condition essentielle pour que deux plantes puissent se féconder l'une l'autre, est qu'elles présentent entre elles beaucoup d'affinité; plus deux plantes ont d'analogie entre elles, plus leur hybridation est facile. Deux variétés d'une même espèce se fécondent sans difficulté. Le fait est généralement possible entre deux espèces d'un même genre, et l'on a même observé des cas de fécondation croisée entre des plantes de genres différents, d'une même famille; ce dont on n'a pas d'exemple parmi les animaux. (Voir Métis.) C'est ainsi qu'on a obtenu des produits du croisement du lychnis blanc femelle avec la saponaire officinale, de la nicotiane avec le datura, du pavot avec la chélidoine, des divers genres de malvacées entre eux, etc. — Le nombre des hybridations naturelles est très restreint, tandis que celui des hybridations artificielles est très grand. On en comprendra facilement la raison, si l'on réfléchit que, dans la nature, les fécondations croisées ne peuvent jamais avoir lieu qu'entre des espèces dont la floraison est simultanée; tandis que, dans nos jardins, l'art réussit à lever cette difficulté, soit en retardant la floraison de l'une des deux espèces, soit en conservant pendant un temps plus ou moins long du pollen que l'on répand ensuite sur le pistil de la plante la plus tardive. Pour que le pistil d'une espèce puisse être fécondé par le pollen d'une autre espèce, il faut aussi qu'il n'ait pas déjà subi l'action fécondante de son propre pollen. C'est évidemment là l'une des causes qui s'opposent le plus ordinairement dans la nature à la réussite des fécondations croisées. Le nombre des hybridations artificielles est aujourd'hui considérable, c'est même à la production des Hybrides que nos jardins doivent leurs plus brillants ornements et leurs produits comestibles les plus estimés.

HYDATIDE (du grec *hudatis*, vessie). (Voir Cysticerque et Ténia.)

HYDNE. Genre de champignons hyménomycètes caractérisé par la membrane fructifère hérissée d'aiguillons libres ou soudés à la base et portant à leur extrémité les capsules qui renferment les sporules. Ce sont d'assez gros champignons, la plupart comestibles. Les formes des Hydnes varient beaucoup; les uns ont le chapeau creusé en entonnoir (*Hydnum infundibulum*), d'autres émettent de longs aiguillons pendants qui leur ont fait donner les noms vulgaires de *barbe de vache*, *barbe de bouc*, *tignasse*, *hérisson* (H. *erinaceus*); l'**Hydne coralloïde**, qui croît sur les vieux troncs d'arbres, ressemble à une tête de chou-fleur. L'espèce type, **Hydnum repandum**, assez commune en France, où elle est connue sous les divers noms de *rignoche*, *urchin*, *barbe de vache*, croît dans les bois de hêtres et de châtaigniers. Sa forme se rapproche de celle des agarics; il est comestible et sa chair est très délicate.

HYDRACHNE (du grec *hudrachna*, araignée d'eau). Genre d'arachnides de l'ordre des Acariens, type de la famille des *Hydrachnidés*, dont toutes les espèces sont aquatiques. Les Hydrachnes sont de très petite taille (de 2 à 5 millimètres); ils ont le corps globuleux, les pattes ciliées et natatoires, les palpes terminés par une grande griffe arquée. Leurs larves sont apodes et parasites; elles se fixent sur les insectes aquatiques. La plupart des espèces vivent libres; quelques-unes cependant sont parasites dans des coquilles d'unio et d'anodontes.

HYDRAIRES. Groupe ou sous-ordre de cœlentérés de la classe des Hydroméduses, comprenant des individus isolés : les Hydres. (Voir ce mot.)

HYDRANGÉE ou **HYDRANGELLE.** (Voir Hortensia.) Outre l'Hortensia cultivé dans nos jardins, on connaît plusieurs autres espèces de ce genre de saxifragées. Tel est l'**Hydrangée arborescente**, dont la racine est employée aux États-Unis contre les affections de la vessie, et l'**Hydrangée de Thunberg**, dont les feuilles servent au Japon à faire des infusions théiformes.

HYDRARGYRE (du grec *hudór*, eau, et *arguros*, argent). Ancien nom du mercure. (Voir ce mot.)

HYDRE (*Hydra*). — Genre singulier de polypes nus de l'ordre des Hydroïdes, dans la classe des Hydroméduses. Les Hydres ou Hydridés ont un corps cylindrique creux, capillaire, dont le tissu est gélatineux, diaphane, très contractile; se terminant par

un petit renflement, ou tête, garni de six à douze tentacules sétacés, radiaires. Ces tentacules, beaucoup plus longs que le corps et minces comme des fils d'araignée, font l'office de bras, prennent diverses directions selon la volonté de l'animal, et lui servent à saisir ses aliments, qui consistent en larves d'insectes aquatiques ou en infusoires, qu'il attire par le mouvement continuel de ses tentacules et qu'il saisit au passage; puis il les porte à l'ouverture de sa bouche, située au centre du cercle que forment ces tentacules : ceux-ci sont garnis de capsules urticantes ou *nématocystes*, renfermant un liquide caustique et un long filament roulé en spirale qui, au moindre contact, se détend comme un ressort et s'enroule autour de la victime qu'il paralyse. Les Hydres ont un estomac à une seule ouverture : espèce de sac formé par la peau extérieure qui se replie en dedans; et, chose singulière,

1, Hydre verte; 2, Hydre brune.

on peut retourner ces animaux comme un gant, de manière à ce que leur peau extérieure devienne intérieure et réciproquement, sans qu'ils paraissent en souffrir et sans qu'ils cessent de fonctionner comme avant. Ces polypes jouissent d'une telle vitalité, qu'on peut les couper en morceaux sans les détruire, chaque fragment conservant la vie et devenant bientôt un animal parfait. Si l'on fend l'Hydre depuis le sommet jusqu'au milieu du tronc, on produit une Hydre à deux têtes, dont chacune exerce ses fonctions. En coupant ce polype en quatre, six, dix parties, on obtient l'Hydre à quatre, six ou dix têtes; si l'on coupe toutes ces têtes, chacune fournit une nouvelle Hydre. Cette production caractéristique des polypes d'eau douce rappelle le monstre de Lerne : de là le nom d'*Hydre* donné par Linné à ce zoophyte. L'Hydre se multiplie naturellement, en produisant à sa surface des Hydres nouvelles, qui poussent sur son corps comme des bourgeons sur une branche; celles-ci y demeurent fixées quelque temps, formant ainsi une colonie, puis elles se détachent et vivent chacune isolément. — Certaines Hydres, nées les unes sur les autres, ne se séparent pas et forment des colonies permanentes; elles ont l'aspect d'un arbuste dont chaque feuille serait un animal. Tel est le *Cordylophora lacustris*, qui vit dans nos eaux douces. A certaines époques se détachent du corps des plus gros individus de petites larves ciliées qui se fixent bientôt et fondent autant de nouvelles colonies. On peut considérer ces petits animaux comme le type de la classe des Hydroméduses. (Voir ce mot.) On connaît plusieurs espèces de ce genre, répandues dans les lacs, les étangs et les mares de la France; telles sont: **l'Hydre à longs bras**, **l'Hydre verte** et **l'Hydre brune**, qui se tiennent fixées aux plantes aquatiques ou aux pierres au fond de l'eau. Ces singuliers animaux sont très petits, la taille des plus grands ne dépasse guère 1 centimètre, mais leurs tentacules peuvent atteindre 2 à 3 décimètres de longueur (*Hydre brune*). Ce sont de véritables lignes qu'ils tendent sur le passage des petits animaux dont ils font leur proie et qu'ils enroulent avec la rapidité de l'éclair.

HYDRE (reptile). (Voir Hydrophis.)

HYDROBATA (du grec *hudôr*, eau, et *bainô*, je marche). Nom que donne Vieillot au Cincle ou merle d'eau.

HYDROBIE (du grec *hudôr*, eau, et *bioô*, je vis). (Voir Hydrophile.)

HYDROCANTHARES (du grec *hudôr*, eau, et *kantharos*, scarabée). Groupe d'insectes carnassiers qui ne sont à proprement dire que des carabidés aquatiques. On les divise en *Dytiscidés* et en *Gyrinidés*. (Voir ces mots.)

HYDROCHARIS et **HYDROCHARIDÉES** (de *hudôr*, eau, et *charis*, grâce). La famille des *Hydrocharidées* comprend des plantes monocotylédones, aquatiques, dont les feuilles s'étalent à la surface de l'eau. Leurs fleurs, renfermées dans des spathes, sont ordinairement dioïques, réunies plusieurs ensemble; elles sont composées d'un calice à six divisions, dont trois extérieures calicinales et trois intérieures pétaloïdes, d'une à treize étamines à anthères biloculaires, d'un ovaire infère surmonté de trois

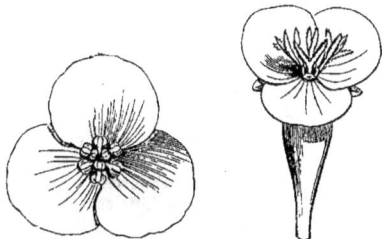

Hydrocharis, fleur mâle et fleur femelle.

ou six stigmates bifides. Le fruit est ovoïde, allongé, à six loges, ou plus rarement uniloculaire; il mûrit sous l'eau. Les principaux genres de cette famille sont, outre le genre *Hydrocharis*, qui lui donne son nom, les *Anacharis*, *Vallisneria*, *Elcoda*

et *Stratiotes*. — Le genre *Hydrocharis* ne comprend qu'une seule espèce, la **Morrène** (*Hydrocharis morsus ranæ*), jolie plante, assez commune dans les mares et les ruisseaux, à la surface desquels elle étale élégamment ses feuilles arrondies, qui la font ressembler à un nymphæa en miniature. Cette plante

Anacharis.

produit dans l'eau des rejets traçants, d'où naissent, de distance en distance, de petites tiges qui portent les feuilles disposées comme par paquets. Les pédoncules des fleurs, au nombre de quatre ou cinq, sortent de l'aisselle des feuilles. Ces fleurs, composées d'un calice de trois feuilles et de trois pétales blancs et arrondis, font un joli effet. L'Anacharis (*A. canadensis*) est remarquable par sa puissance de reproduction. De ses racines longues, simples, filiformes, s'élèvent des tiges feuillues très déliées et rameuses, hautes de 10 à 20 centimètres, portant des feuilles ternées oblongues. Les fleurs, insignifiantes, se développent à l'aisselle des feuilles supérieures. Cette plante se multiplie d'une façon prodigieuse par le sectionnement de ses tiges feuillues, qui ont la faculté d'émettre de petits bourgeons à l'aisselle des feuilles, bourgeons qui se développent rapidement, se détachent de la tige mère, tombent au fond où elles poussent des racines, et ne tardent pas à former des touffes vigoureuses. — L'Anacharis est originaire de l'Amérique du **Nord**, d'où elle a été introduite accidentellement en Angleterre; elle y a si bien prospéré, qu'aujourd'hui elle gêne la navigation sur quelques points de la Tamise. Depuis quelques années, cette plante est devenue commune dans plusieurs localités des environs de Paris. On la trouve dans la plupart des lacs et des bassins des promenades publiques ; elle est abondante dans la Seine, au pont d'Ivry et près de Corbeil ; mais c'est surtout dans l'Essonne, près de cette dernière ville, que sa croissance a pris des proportions considérables ; elle forme, dans ce petit cours d'eau, sur un espace de plusieurs kilomètres, de véritables tapis de verdure d'une intensité très remarquable.

HYDROCHŒRUS (de *hudôr*, eau, et *choiros*, petit cochon). Nom scientifique latin du genre *Cabiai*. (Voir ce mot.)

HYDROCORISES (de *hudôr*, eau, et *koris*, punaise). (Voir Punaise.)

HYDROCOTYLE (de *hudôr*, eau, et *kotulé*, vase). Genre de plantes aquatiques de la famille des *Ombellifères*. Le type du genre, l'**Hydrocotyle vulgaris**, connu sous le nom d'*écuelle d'eau*, est assez commun en France, où il croît sur le bord des mares, des étangs. C'est une plante herbacée, qui doit son nom à la forme remarquable de ses feuilles rondes, un peu déprimées au centre. Elle figurait autrefois dans les officines comme résolutive et détersive.

HYDROÏDES. Ordre de la classe des Hydroméduses, dont le type est l'*Hydre*. (Voir ces mots.)

HYDROMÉDUSES. Classe de zoophytes du sous-embranchement des Cœlentérés, dont le type le plus simple est l'*hydre*. (Voir ce mot.) Cette classe comprend des animaux qui, pour la plupart, se présentent sous deux formes : une forme agame ou polypoïde et une forme sexuée ou médusoïde. Ces polypes étaient autrefois confondus avec ceux dont nous avons parlé sous le nom de *polypes* ou *coralliaires* : mais ils s'en distinguent non seulement par leur mode de reproduction, mais encore parce que leur cavité digestive est plus simple et dépourvue de replis. Ce n'est que par exception qu'ils possèdent des parties solides semblables aux polypiers (*millépores*) ; en général, ils sont munis d'une gaine de consistance cornée sécrétée par la couche épidermique. — Parmi les nombreuses espèces de colonies de polypes, il en est qui manifestent au moment de la reproduction un étonnant phénomène. De même que les plantes fleurissent, elles produisent des organismes rayonnés, comme les fleurs elles-mêmes, qui se détachent quand ils sont arrivés à maturité et s'en vont nager librement dans la mer. Ce sont des Méduses. De cette parenté avec les Hydres ou polypes, on a donné à ce groupe de cœlentérés le nom de *Hydroméduses*. La reproduction, chez ces animaux, offre quelques variations, d'après lesquelles on a divisé les Hydroméduses ou Polypoméduses en trois ordres. Dans le premier : I. Hydroïdes, c'est la forme polypoïde qui domine ; les individus produits par bourgeonnement par les polypes (*hydres*) leur restent souvent unis, de façon à constituer des colonies (*Cordylo-*

phora). — Dans le second : II. Siphonophores, les individus réunis en colonies sont de formes diverses, les uns polypoïdes, les autres médusoïdes. — III. Le troisième ordre, celui des Discophores ou Acalèphes, est caractérisé par l'individualité prépondérante et bien accusée de la forme médusoïde.

HYDROMÈTRE (de *hudôr*, eau, et *métron*, mesure). Genre d'insectes Hémiptères, section des Hétéroptères, famille des *Hydrométridés*. Très voisins des Gerris (voir ce mot), les Hydromètres ont le corps encore plus allongé, filiforme, d'une ténuité extrême ; la tête cylindrique allongée ; les antennes de quatre articles, dont les deux derniers fort grêles et plus longs que les autres. Le type du genre est l'**Hydromètre des étangs** (*Hydrometra stagnorum*), que l'on trouve courant sur les eaux stagnantes de presque toute l'Europe.

HYDROMYS (de *hudôr*, eau, et *mus*, rat). Genre de mammifères de l'ordre des Rongeurs, de la famille des *Muridés*, propres à l'Australie. Ils se distinguent des autres rats par leurs pattes postérieures palmées et leurs dents molaires, au nombre de deux seulement de chaque côté, à chaque mâchoire. Leurs oreilles sont petites et arrondies ; leur queue ronde, couverte de poils courts. On en connaît deux espèces : l'**Hydromys leucogaster**, à ventre blanc, et l'**Hydromys chrysogaster**, à ventre jaune. Tous deux ont environ 32 centimètres de longueur ; le pelage brun et la queue longue, noire à la base. Ils vivent au bord des eaux et ont des mœurs aquatiques comme notre rat d'eau.

HYDROPHANE (de *hudôr*, eau, et *phanos*, brillant). Variété d'opale qui, lorsqu'on la plonge dans l'eau, devient transparente et prend des couleurs irisées. (Voir Opale.)

HYDROPHIDES. (Voir Hydrophis.)

HYDROPHILE (du grec *hudôr*, eau, et *philéô*, j'aime). Genre d'insectes Coléoptères pentamères aquatiques, type de la tribu des *Hydrophiliens*, famille des *Palpicornes*. Ce sont, en général, des insectes de grande taille, à corps convexe, de forme elliptique, naviculaire ; à tête allongée, inclinée, avec les yeux ronds et saillants, les antennes en massue. Leur corselet est plus large que long, et porte en dessous une épine sternale fortement prolongée en arrière et très aiguë. Les pattes antérieures ont le dernier article des tarses dilaté en palette chez le mâle, les pattes intermédiaires et les postérieures sont longues, robustes, et aplaties en forme de rame, armées à leur extrémité d'éperons longs et aigus ; leurs tarses sont allongés, aplatis et ciliés dans toute leur longueur. On trouve communément, aux environs de Paris, l'**Hydrophile brun** (*Hydrophilus piceus*), long de 4 à 5 centimètres et plus, d'un brun noir brillant ; il habite les eaux douces et tranquilles de toute l'Europe. Cet insecte se transporte d'une mare à l'autre, au moyen des ailes membraneuses qu'il tient repliées sous ses élytres. Quoique plus grand que le dytique (voir ce mot), l'Hydrophile devient souvent la proie de ce dernier, beaucoup plus agile et mieux armé que lui ; mais s'il a moins de courage, il se montre supérieur en industrie. En effet, la femelle du dytique pond ses œufs un à un et en abandonne l'éclosion au hasard ; tandis que

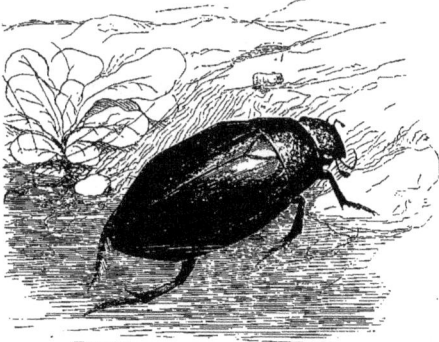

Hydrophile.

celle de l'Hydrophile se construit une coque de soie pour y renfermer ses œufs et la fixe à quelque plante aquatique ou à un corps flottant. Les larves éclosent au bout de quinze jours et se dispersent bientôt pour chercher leur nourriture ; ces larves sont carnassières. On trouve encore dans les mares des environs de Paris deux ou trois espèces d'Hydrophiles beaucoup plus petites (*H. caraboïdes*, *H. luridus*), qui forment le genre *Hydrobius*. Les *Hydrobies* sont de petits Hydrophiles qui n'ont pas les tarses postérieurs aplatis en rame et chez lesquels manque l'épine sternale. On en connaît plusieurs espèces : **Hydrobius fuscipes, Hydrobius bicolor, Hydrobius æneus,** communs dans nos étangs.

HYDROPHIS (de *hudôr*, eau, et *ophis*, serpent, serpent d'eau). Les Hydrophis ou hydres forment un genre d'ophidiens aquatiques type de la famille des *Hydrophidés*. Ils se distinguent surtout par la forme comprimée de leur queue, conformation en rapport avec leurs habitudes aquatiques. Ces serpents de mer sont communs dans certains parages de la mer des Indes, et dans les eaux de Java. Leur tête est petite, garnie de grandes plaques ; la partie postérieure de leur corps est comprimée verticalement en forme de rame. L'une des espèces les plus répandues est l'**Hydre bicolore** (*H. bicolor*), noire en dessus, jaune en dessous ; quoique fort venimeuse, on mange sa chair. L'**Hular-limpé** de Java (*H. fasciatus*), qui habite les rivières, appartient aussi à ce genre ; il est aussi très venimeux.

HYDROPHYLLE (de *hudôr*, eau, et *phullon*, feuille). Genre de plantes dicotylédones, monopétales, hypogynes, type de la famille des *Hydrophyllacées*, très voisine des Borraginées dont elle diffère par le fruit capsulaire et les feuilles profondément lobées. Ce sont des plantes herbacées à suc aqueux de l'Amé-

rique boréale, qui se plaisent au fond des eaux. Elles ont l'aspect des borraginées. Le type du genre, l'**Hydrophylle de Virginie**, à feuilles découpées en cinq-sept segments, à fleurs bleues, se cultive dans les jardins, ainsi que l'**Hydrophylle du Canada**, à fleurs purpurines.

HYDROPHYTES (de *hudôr*, eau, et *phuton*, plante). (Voir ALGUES.)

HYÈNE (*Hyæna*). Ces animaux, réunis aux chats par Cuvier, forment maintenant une petite famille de l'ordre des CARNIVORES, celle des *Hyénidés*, que l'on place à la suite des Canidés. Ces animaux n'ont que quatre doigts normaux à chaque pied ; on remarque en outre, aux membres antérieurs, un petit tubercule osseux qui remplace le pouce. Ils sont remarquables par la largeur considérable de leur tête ; leur mâchoire est courte, très robuste, leur système dentaire régulier ; leur langue est rude, leurs oreilles très développées et presque entièrement nues, leurs yeux grands ; l'écartement de leurs arcades zygomatiques, le raccourcissement de leur mâchoire, dénotent une grande force dans cette région chez ces animaux ; aussi est-il presque impossible de leur arracher ce qu'ils tiennent entre leurs dents ; les apophyses dorsales sont aussi fort remarquables pour leur grandeur, ce qui, joint à la puissance de la région maxillaire, leur permet de soulever les plus lourds fardeaux ; aussi les a-t-on vues

A. Jobin.

Hyène rayée.

souvent emporter dans leur bouche la proie la plus lourde sans lui laisser toucher le sol. Les auteurs anciens ont fort exagéré la férocité des Hyènes ; ces animaux sont plus lâches que sanguinaires, plus voraces que féroces ; ils se jettent de préférence sur des charognes, et ce n'est que lorsque la faim les presse qu'ils attaquent les autres animaux ou l'homme lui-même. Le jour, elles se tiennent dans des cavernes d'où elles sortent la nuit pour aller à la recherche de leur nourriture ou pour déterrer des cadavres dans les cimetières. Ces habitudes carnassières, l'odeur repoussante qu'exhalent ces animaux, leur allure ignoble, leur cri lugubre, semblable, dit Buffon, aux sanglots d'un homme, tout a contribué à faire de ces hideux quadrupèdes un objet d'effroi pour le vulgaire, à accréditer sur eux les superstitions les plus étranges. La disposition des membres postérieurs de l'Hyène a encore été pour les anciens la cause d'une erreur non moins grossière; cet animal, au lieu de tenir ses membres postérieurs relevés, à la manière des carnassiers, les a toujours, au contraire, ployés sur eux-mêmes; circonstance à laquelle il doit la démarche irrégulière qui a fait penser pendant longtemps qu'il était naturellement boiteux. Cette disposition des membres postérieurs l'empêche de sauter; elle le rend également impropre à la course. On connaît plusieurs espèces d'Hyènes. L'**Hyène rayée** (*H. vulgaris*) a le pelage d'un gris jaunâtre rayé irrégulièrement en travers de brun ou de noir; cette espèce se distingue par une crinière qui s'étend tout le long de l'épine dorsale; elle habite la Perse, en Asie, et presque toute l'Afrique. — L'**Hyène brune** (*H. brunnea*), du sud de l'Afrique, est d'un gris brun foncé, avec des raies noirâtres sur les jambes. — L'**Hyène tachetée** (*H. capensis*), du cap de Bonne-Espérance, est grise ou roussâtre avec des taches noires. — On a rencontré dans les cavernes à ossements de l'époque quaternaire de nombreux débris appartenant à plusieurs espèces d'Hyènes, plus grandes que celles actuellement existantes. Telle est entre autres l'*Hyæna spelæa*, dont les ossements ont été trouvés en France, en Angleterre, en Allemagne, etc.

HYLA. Nom scientifique latin de la Rainette.

HYLÉSINE, *Hylesinus* (du grec *hulé*, bois, et *sinos*, dommage. (Voir SCOLITES.)

HYLOBATES (du grec *hulobatés*, qui vit dans les bois). Nom scientifique latin du genre *Gibbon*.

HYLOTOME (de *hulé*, bois, et *tomé*, coupure). Genre d'insectes HYMÉNOPTÈRES, section des *Térébrants*, fa-

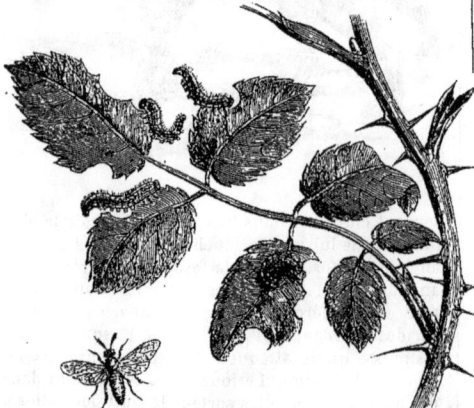

Hylotome du rosier et sa larve (fausse chenille).

mille des *Tenthrédinidés*. Le type du genre est l'**Hylotome du rosier** (*H. rosæ*), malheureusement trop commun pour nos jardins. La femelle, au moyen de

sa tarière en scie, fend l'écorce des branches des rosiers et y dépose ses œufs, d'où sortent des larves qui dévorent les feuilles. L'Hylotome du rosier a le corps lisse, d'un jaune roux avec la tête, le thorax et la poitrine noirs, ainsi que l'extrémité des jambes et les tarses. Sa larve, que l'on prendrait pour une chenille, est en dessus couleur feuille morte, parsemée de petits tubercules noirs surmontés d'un poil; les côtés et le dessous sont vert pâle; elle a dix-huit pattes, dont les six premières seulement sont écailleuses et munies d'un crochet. Cette larve, lorsqu'elle a atteint tout son développement, descend à terre pour se transformer en nymphe. Il y a deux générations dans l'année; la mouche éclôt en avril et en août.

HYMENÆA. (Voir COURBARIL.)

HYMÉNIUM (du grec *humén*, membrane). Nom donné, en botanique, à la membrane qui tapisse la surface des lames ou des tubes situés à la face inférieure du chapeau des champignons hyménomycètes, et qui porte les organes reproducteurs. (Voir CHAMPIGNONS.)

HYMÉNOMYCÈTES (de *humén*, membrane, et *mukês*, champignon). Grand groupe de champignons qui ré-

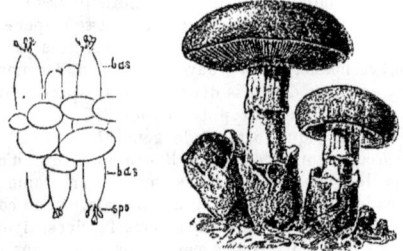

Champignons.

pond aux Basidiomycètes d'autres auteurs, et qui présentent un mycélium vivace, filandreux, croissant sur le sol ou le bois mort, et formé de filaments divisés par des cloisons transversales; un réceptacle fructifère de formes très variables, croissant sur le mycélium et portant des cellules reproductrices (spores, *spo*) qui se développent sur des cellules renflées désignées sous le nom de *basides* (bas). Ce sont les champignons les plus connus, ceux qui fournissent à l'homme dans quelques espèces un aliment sain et agréable, notamment les Agarics et les Bolets, qui renferment aussi les poisons les plus dangereux. Ils se répartissent dans six familles : 1° **Agaricinées** (genres : *Agaric, Amanite, Chanterelle*, etc.); 2° **Polyporées** (genres: *Bolet, Polypore*, etc.); 3° **Hydnacées** (genres : *Hydne, Fistuline*, etc.); 4° **Auriculariées** (genres : *Auriculaire, Corticine, Craterelle*, etc.); 5° **Clavariées** (genre *Clavaire*, etc.); 6° **Trémellinées** (*Trémelle*, etc.). (Voir ces mots.)

HYMÉNOPHORE (de *humén*, membrane, et *phoros*, qui porte). On donne ce nom au réceptacle ou chapeau des champignons, à la surface inférieure desquels s'étend l'hyménium. (Voir ce mot.)

HYMÉNOPTÈRES (du grec *humên*, membrane, et *ptéron*, aile). Cet ordre, l'un des plus intéressants de la classe des insectes, puisqu'il renferme ceux qui

Insecte hyménoptère
(*Sphex*).

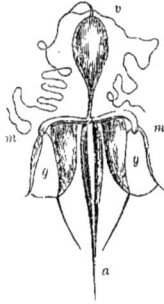

Aiguillon d'abeille.
a, aiguillon; *g g*, gaine de l'aiguillon; *m m*, muscles; *v*, vésicule à venin.

offrent l'industrie la plus merveilleuse, et qui nous donnent le miel, la cire, la noix de galle, etc., renferme les insectes dont les ailes, au nombre de quatre, sont nues et membraneuses, à nervures longitudinales, et dont les organes buccaux, souvent réunis en tube, sont disposés plutôt pour la succion que pour la mastication. Les pièces de la bouche offrent une disposition intermédiaire à celle des insectes broyeurs et des insectes suceurs; les Hyménoptères sont plutôt des insectes *lécheurs*. La lèvre supérieure et les mandibules sont à peu près conformées comme chez les Coléoptères; mais les mâchoires et la lèvre inférieure forment une espèce de gaine qui renferme plusieurs appendices filiformes dépendant de la lèvre inférieure et constituant la *trompe* par où montent les sucs dont l'animal se nourrit. Les femelles de cet ordre ont en outre l'abdomen muni d'une tarière ou d'un aiguillon. Les insectes Hyménoptères ne vivent que des liquides mielleux provenant des fleurs, des fruits ou de la tige des végétaux; quelques-uns d'entre eux, cependant, déchirent d'autres insectes pour sucer leurs liquides. L'abdomen, composé de cinq à neuf segments, est suspendu au corselet par un

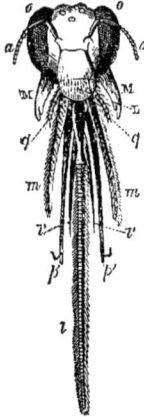

Tête grossie d'un Hyménoptère (*Anthophore*). — *a*, antennes: *o*, yeux à facettes entre les-quels on peut voir trois ocelles; L, labre; M, mandibules; *m*, mâchoires avec leurs palpes *q*; *l*, languette, avec ses paraglosses *l'*; *p'*, palpes labiaux.

mince pédicule; il est terminé, dans les femelles, par une tarière, continuation de l'oviducte, servant à ouvrir les tissus végétaux ou même les corps d'animaux pour y déposer les œufs; cette tarière est souvent remplacée par un aiguillon qui constitue pour ces insectes une arme redoutable. Cet appendice est composé de trois pièces principales : la base, l'étui et l'aiguillon ou tarière, mus par des muscles puissants, et creusés d'une rainure qui donne passage au liquide venimeux, lorsque cet appareil est en rapport avec des glandes à venin. Les Hyménoptères subissent des métamorphoses complètes, c'est-à-dire qu'ils demeurent pendant leur état de nymphes incapables de se mouvoir et de prendre aucune nourriture; la plupart de leurs larves ressemblent à un ver, et sont dépourvues de pattes. Leurs mœurs sont tellement variées, que nous renvoyons aux articles spéciaux pour les décrire. On a divisé l'ordre en deux sections : les **Hyménoptères térébrants**, comprenant ceux munis d'une tarière, et les **Porte-aiguillon**. La première section comprend les *Chalcidés*, les *Ichneumonidés*, les *Cynipsidés*, les *Siricidés* (sirex), les *Tenthrédinidés;* la seconde section, celle des PORTE-AIGUILLON, comprend les *Apidés* (abeilles), *Vespidés* (guêpes), *Crabronidés*, *Sphégidés* (sphex), *Formicidés* (fourmis), *Chrysididés* (chrysis). (Voir ces mots.) — La chasse des Hyménoptères se fait avec le filet à papillons ou la pince à gaze, en évitant autant que possible leur piqûre presque toujours douloureuse, sinon dangereuse. On les pique au milieu du thorax, et l'on dispose leurs ailes et leurs pattes dans leur attitude naturelle sur l'étendoir.

HYOÏDE. Os impair situé à la partie antérieure et supérieure du cou, entre la base de la langue et le larynx. Sa forme générale est celle d'un fer à cheval dont la convexité est en avant. Il donne attache à un grand nombre de muscles qui meuvent et soutiennent la langue et le larynx.

HYOSCYAMUS. Nom latin du genre *Jusquiame.*

HYPÉRICINÉES (de *hypericum*, millepertuis). Famille de plantes dicotylédones, polypétales, hypogynes, à feuilles opposées, simples, dépourvues de stipules, très souvent criblées de glandes transparentes. Fleurs hermaphrodites, régulières, disposées en panicules ou en corymbes, à quatre ou cinq pétales libres, hypogynes, le plus souvent de couleur jaune et bordées de points glanduleux noirs; étamines nombreuses; ovaire supère, à une ou plusieurs loges, surmonté de trois à cinq styles à stigmates capités. Fruit capsulaire ou bacciforme à graines très petites. Ce sont des herbes vivaces et des arbustes. Les genres principaux compris dans cette famille sont : *Hypericum, Androsœmum, Helodes.*

HYPERICUM. Nom latin du genre *Millepertuis.*

HYPEROODON (du grec *huperoa*, palais, et *odous*, dent). Genre de cétacés placé entre les cachalots et les narvals. L'Hyperoodon a 8 ou 10 mètres de longueur; il a une nageoire dorsale et sa tête se prolonge en une sorte de bec, comme chez les dauphins;

le palais est comme pavé de tubercules osseux ; mais la mâchoire supérieure n'offre aucune dent et l'on n'en voit qu'une seule paire à la mâchoire inférieure, encore est-elle souvent cachée dans l'alvéole. L'Hyperoodon habite les hautes mers du Nord. On n'en connaît qu'une espèce, l'*Hyperoodon de Baussard*.

HYPNE (*Hypnum*). Genre de petites mousses qui croissent dans toute l'Europe, sur terre, sur les arbres, dans l'eau. On en connaît plus de deux cents espèces, qui se distinguent à leur urne portée sur un pédicelle latéral, à péristome double, l'extérieur composé de seize dents ; la coiffe fendue latéralement.

HYPOCHONDRE (de *hupo*, sous, et *chondros*, cartilage). Partie latérale supérieure de l'abdomen, à droite et à gauche de l'épigastre, au-dessous des cartilages des dernières côtes. (Voir Abdomen.)

HYPODERME (de *hupo*, sous, et *derma*, peau). Genre d'insectes Diptères de la famille des Œstridés. (Voir Œstre.)

HYPOGASTRE (de *hupo*, sous, et *gastér*, ventre). Région médiane inférieure de l'abdomen ou région sous-ombilicale. (Voir Abdomen.)

HYPOGÉ (de *hupo*, sous, et *gé*, terre). Qui est situé au-dessous de la surface du sol. Certains champignons, tels que la truffe.

HYPOGLOSSE (du grec *hupo*, sous, et *glóssa*, langue). Nerfs crâniens de la douzième paire qui se distribuent dans la langue. (Voir Nerfs.)

HYPOGYNE (de *hupo*, sous, et *guné*, femelle). Se dit des organes de la fleur insérés sous l'ovaire.

HYPOPITYS. Synonyme de Monotropa.

HYRAX. (Voir Daman.)

HYSOPE ou **HYSSOPE.** La plante dont la Bible parle sous ce nom était sans doute une mousse d'une extrême petitesse, puisqu'elle est citée en opposition avec le cèdre du Liban : « depuis le cèdre du Liban jusqu'à l'hysope (*ezob*) », dit Salomon. Les Grecs donnaient le nom d'*hyssopos* à une plante de la famille des labiées que l'on croit être notre **Hysope officinal.** Cette plante, qui croît sur les montagnes des provinces méridionales, se trouve aussi dans les régions montagneuses de la Grèce. C'est un petit arbrisseau de 30 à 60 centimètres de hauteur, à rameaux droits, à feuilles opposées, sessiles, lancéolées, à fleurs blanches, roses ou bleues, réunies en petits bouquets à l'aisselle des feuilles. Les sommités de cette plante ont une odeur aromatique, une saveur un peu âcre et amère. On les emploie en médecine contre les catarrhes pulmonaires, l'asthme ; l'infusion et le sirop d'hysope sont fréquemment employés pour faciliter l'expectoration.

HYSTRIX. Nom scientifique latin du Porc-épic.

I

IBÉRIDE (*Iberis*). Genre de plantes de la famille des *Crucifères*, vulgairement connues des jardiniers sous les noms de *thlaspi* ou *téraspic*. Ce sont des plantes herbacées, à feuilles alternes, entières ou incisées, à fleurs disposées en corymbes, à silicule comprimée. — L'Ibéride **amère** (*I. amara*, L.) se rencontre dans les champs cultivés de toute l'Europe : elle forme une touffe de 20 à 25 centimètres de haut, à rameaux étalés, portant des feuilles un peu épaisses et d'un vert foncé ; aux fleurs irrégulières, d'un blanc pur ou teintes d'un violet très pâle, succèdent des silicules un peu échancrées et surmontées du style. On en obtient par la culture de très belles variétés, à fleurs odorantes. — Plusieurs Ibérides étran-

Ibéride amère.

gères se cultivent dans nos parterres, où les jardiniers les nomment obstinément *téraspic* et parfois *thlaspi*. Telles sont l'Ibéride de Perse (*I. semperflorens*, L.) ou *thlaspi vivace*, Ibéride toujours fleurie, sous-arbrisseau à feuilles oblongues, spatulées, entières et persistantes ; ses fleurs blanches et odorantes durent très longtemps ; mais il lui faut une bonne exposition et même la chaleur d'orangerie ; l'**Ibéride toujours verte** (*I. sempervirens*, L.), originaire des Alpes, plus rustique, et formant d'élégantes bordures. On cultive encore l'Ibéride ombellifère (*I. umbellata*, L.), dont une variété a des fleurs blanches fort grandes, qui sont disposées en grappes serrées comme celles de la julienne.

IBEX. Nom scientifique latin du Bouquetin.

IBIJAUX. (Voir Engoulevent.)

IBIS. Genre d'oiseaux échassiers de la famille des *Ardéidés* (longirostres de Cuvier). Très voisins des Courlis, les Ibis se distinguent par un bec grêle et arqué, presque carré à sa base, et par les pieds munis d'un pouce susceptible de toucher la terre ; les doigts externes totalement palmés à la base ; les ailes médiocres ; la queue courte. Les Ibis sont des oiseaux de mœurs douces et paisibles, à démarche lente et grave, vivant en sociétés par petites troupes de six à dix. Ils habitent les terrains bas et marécageux, où ils fouillent la vase pour y découvrir les vers et les petits mollusques dont ils se nourrissent. On connaît différentes espèces d'Ibis répandues dans les deux mondes. L'une d'elles, l'Ibis sacré (*I. religiosa*), était, comme on sait, pour l'antique Égypte, un objet de vénération et de culte religieux; on élevait cet Ibis dans l'enceinte des temples, et un arrêt de mort, porté contre quiconque eût osé le tuer, protégeait sa libre circulation dans les villes; son cadavre était embaumé et entouré de bandelettes, ainsi qu'on le voit par les momies de cet oiseau. Les Égyptiens supposaient à l'Ibis sacré la puissance de repousser les serpents qui menaçaient les frontières de la patrie; et c'était, disaient-

Ibis sacré.

ils, sous la forme d'un Ibis qu'Hermès avait parcouru la terre, pour enseigner aux hommes les arts et les sciences. Cet oiseau, *Ibis sacer* des anciens, nommé par les Arabes *abou-Hannès* (père Jean), est de la grosseur d'une poule; il a tout le plumage blanc, à l'exception des bouts des grandes pennes de l'aile, qui sont noirs, ainsi que le bec, la tête, le cou et les pattes. Sa nourriture consiste en petits poissons, en reptiles et en mollusques. Les Égyptiens de nos jours sont loin d'avoir pour l'Ibis la même vénération que leurs ancêtres; ils le chassent et mangent sa chair. Cet oiseau est devenu du reste beaucoup plus rare que du temps d'Hérodote, qui dit qu'on en rencontrait à chaque pas. De nos jours, les Ibis émigrent et quittent l'Égypte aussitôt que la crue du Nil cesse, pour s'avancer dans le sud, jusqu'en Éthiopie. Les Ibis vivent par couples que la mort seule peut désunir: le mâle et la femelle travaillent en commun à la construction du nid, composé de bûchettes et de brins d'herbes entrelacés, et placé sur quelque arbre élevé ou, plus rarement, à terre. La ponte est de deux ou trois œufs blanchâtres. Les petits naissent au bout de trente jours, couverts de duvet. Outre l'Ibis sacré, nous

citerons l'Ibis rouge (*I. rubra*), de la Guyane et de la Louisiane; il est en entier d'un beau rouge vermillon, avec l'extrémité des rémiges noire; ce n'est qu'après la deuxième ou troisième mue qu'il prend sa couleur rouge; les jeunes sont d'abord cendrés. — L'Ibis blanc, tout blanc à l'exception de l'extrémité des rémiges qui est d'un vert verdâtre brillant, est commun sur les côtes méridionales des États-Unis d'Amérique. On le vend sur les marchés de la Nouvelle-Orléans, sous le nom de *courlis espagnol*. — L'Ibis noir, décrit par Buffon sous le nom de *courlis d'Italie*, a son plumage noir, à reflets verts et violets; on le rencontre dans les régions chaudes de l'Europe, de l'Asie et de l'Amérique.

ICAQUIER *Chrysobalanus*). Arbre fruitier de la famille des *Rosacées*, tribu des *Chrysobalanées*, très répandu aux Antilles, où les Européens lui donnent le nom de *prunier d'Amérique*. C'est un petit arbrisseau de 2 à 3 mètres de hauteur, à tronc tortueux, à feuilles arrondies entières, luisantes, à pétiole très court; ses fleurs sont petites, inodores, blanchâtres, disposées en panicules axillaires ou terminales. Le fruit qui leur succède est un drupe de la grosseur et de la forme d'une prune moyenne. Sa chair molle, d'une saveur douce, un peu astringente, est fort agréable, ainsi que l'amande de sa graine. Les diverses parties de l'Icaquier ont des propriétés médicinales qui les font employer, surtout aux Antilles et à Cayenne, dans les diarrhées et les dysenteries. On retire de son amande une huile employée en pharmacie. Aux Antilles, on confit son fruit, et l'on fait avec l'Europe un commerce assez considérable de ses confitures.

ICHNEUMON. Mammifère du genre *Mangouste*. (Voir ce mot.)

ICHNEUMON. Genre d'insectes de l'ordre des Hyménoptères, de la section des *Térébrants*, type de la famille des *Ichneumonidés*. Leur nom vient de celui de la mangouste Ichneumon, mammifère que vénéraient les Égyptiens, parce qu'il détruit les reptiles et les œufs des crocodiles, tandis qu'eux détruisent les chenilles. Ces insectes ont ordinairement le corps étroit et allongé; la tête verticale, armée de mandibules courtes et acérées; les yeux ovales, saillants; les antennes longues, sétacées, droites dans les mâles et contournées sur elles-mêmes dans les femelles; le corselet est bombé; les ailes de médiocre grandeur, ou courtes; les quatre pattes antérieures très longues; l'abdomen est allongé, composé d'un grand nombre de segments et toujours terminé, dans les femelles, par une tarière, soit apparente, soit cachée. Cette tarière, souvent beaucoup plus longue que le corps de l'insecte, paraît composée d'un, deux ou trois poils; mais c'est toujours la même tarière, se composant de la tarière proprement dite de consistance cornée et élastique, et de deux autres parties accolées dessus qui sont les fourreaux de la tarière. La plupart du temps, les deux parties de ce fourreau sont écartées d'elle en forme de trident; la pièce principale, celle du milieu, est la tarière proprement dite ou l'oviducte. A l'état parfait, les Ichneumons vivent sur les fleurs; mais, sous celui de larve, ils vivent aux dépens d'autres insectes, principalement des chenilles, dans le corps desquelles les femelles les déposent à l'état d'œuf. Ces dernières, constamment occupées à la recherche de leurs victimes, sont dans une agitation continuelle; on les voit toujours voletant, et plus souvent courant avec vivacité, agitant vivement leurs antennes et regardant de tous côtés. Dès que l'Ichneumon aperçoit une chenille, il se jette dessus, s'y accroche, et, malgré les mouvements de la chenille, il lui fait plusieurs piqûres, et dépose un œuf dans chacune. De cet œuf, il sort une larve sans pattes, qui se nourrit de la graisse de la chenille, et se garde bien d'attaquer les organes nécessaires à

Ichneumon déposant ses œufs dans le corps d'une larve lignivore.

la vie; aussi la victime continue-t-elle à vivre emportant avec elle son ver rongeur, jusqu'à ce que celui-ci la fasse enfin périr en lui perçant la peau quand il veut sortir. Les chenilles ont même souvent le temps de se métamorphoser en chrysalides avant de perdre la vie, et les collectionneurs qui attaquent des chenilles pour en obtenir des papillons d'une extrême fraîcheur, sont fort désappointés en voyant des Ichneumons sortir de la chrysalide d'une espèce rare de papillon. Tous les Ichneumons ne pondent pas sur les chenilles; il en est qui attaquent les larves d'autres insectes, et quelques espèces de très petite taille vont pondre leurs œufs dans les œufs mêmes des autres insectes. Les Ichneumons montrent un instinct surprenant, et possèdent peut-être un sens qui nous est inconnu, pour découvrir les insectes qui doivent servir de pâture à leurs larves. Ceux dont l'abdomen est muni d'une longue tarière atteignent souvent des larves qui vivent dans le bois, et l'on ne peut comprendre comment ils peuvent les découvrir dans des retraites si bien cachées. Le nombre des espèces d'Ichneumons est considérable : l'on en trouve dans tous les pays, et partout ils jouent le même rôle, venant au secours de l'agriculture en détruisant des milliers de chenilles et d'autres insectes, qui, sans cela, causeraient de grands dégâts à la végétation. La nature semble avoir préposé pour chaque espèce plantivore une

espèce carnivore, chargée d'empêcher sa trop grande multiplication : celle du carnivore est tout naturellement maintenue dans de justes limites, puisque, faute de proie vivante, il ne peut nourrir ses larves. C'est ainsi que les pucerons, les charançons, les pyrales et beaucoup d'autres insectes phytophages sont soumis au sanguinaire contrôle des Ichneumons. Presque toutes les espèces sont noires, tachées de blanc, de jaune ou de rouge. On confond parfois avec les Ichneumons les insectes du genre *Sphex* (voir ce mot), qui ont un peu leurs formes générales; mais leur organisation est bien différente. — La famille des *Ichneumonidés* renferme un grand nombre de genres : les espèces du genre *Bracon* sont très petites; elles déposent leurs œufs dans le corps des pucerons, des charançons et d'autres petits insectes. Les *Microgaster* attaquent les chenilles des papillons blancs si nuisibles à nos potagers. Les Ophions et les Ichneumons proprement dits s'attaquent à diverses espèces de chenilles, dont ils détruisent un grand nombre; leur taille est plus grande que celle des genres précédents. Une espèce du genre *Fœne* (*Fœnus ejaculator*) attaque les larves des guêpes et des abeilles.

ICHNEUMONIDÉS. (Voir ICHNEUMON.)

ICHTHYOBDELLES (de *ichthus*, poisson, et *bdella*, sangsue). Groupe d'Hirudinées, plus connues généralement sous le nom de *sangsues des poissons*. Leur corps est cylindrique, à peau généralement verruqueuse; les ventouses sont larges, la bouche porte une forte trompe exsertile; les segments sont formés de quatre anneaux. Ces sangsues vivent en parasites sur les poissons; les unes habitent les eaux douces, les autres la mer. On les répartit dans plusieurs genres, dont les principaux sont : *Pontobdella*, *Piscicola*, *Branchellio*.

ICHTHYOLOGIE (de *ichthus*, poisson, et *logos*, discours, traité). Branche de la zoologie qui traite des poissons. (Voir ce mot.)

ICHTHYOSAURE. Ce nom, qui signifie *poisson-lézard*, a été donné à un reptile fossile de l'époque jurassique. Ces antiques sauriens, dont la taille atteignait quelquefois plus de 7 mètres, présentaient dans leur organisation des particularités maintenant départies à diverses classes et à divers ordres d'animaux, mais qu'on ne trouve plus réunies dans un seul et même genre. Ainsi, ils avaient tout à la fois le museau d'un marsouin, les dents d'un crocodile, la tête d'un lézard, les vertèbres d'un poisson et les nageoires d'une baleine. Leur corps monstrueux se terminait par une queue longue et d'une force prodigieuse. La tête avait, chez certaines espèces, plus de 2 mètres de longueur. Leurs yeux énormes étaient entourés d'une série de pièces osseuses analogues à celles qui entourent les yeux de plusieurs oiseaux de proie. Par leur contraction ces pièces osseuses augmentaient la convexité de la partie antérieure de l'œil et le rendaient myope; en reprenant leur position naturelle, elles le faisaient presbyte. Ce curieux instrument d'optique permettait donc à l'Ichthyosaure de découvrir sa proie de loin comme de près, dans l'obscurité de la nuit et dans les abîmes de la mer ; telle est au moins l'opinion de deux savants illustres, Buckland et Cuvier. Les mâchoires de certaines espèces d'Ichthyosaures — car il en existait plusieurs — étaient armées de cent quatre-vingts dents coniques. Les vertèbres de ces animaux, au nombre de plus de cent, étaient creuses comme celles des poissons, structure admirablement adaptée aux mouvements que ces animaux devaient

Ichthyosaure.

exécuter dans le milieu qu'ils habitaient ; leurs côtes, nombreuses, minces, longues, très arquées, annoncent que la cavité pectorale était fort vaste ; ce qui permettait probablement à l'animal d'introduire dans sa poitrine une grande quantité d'air, et de plonger longtemps sans venir respirer à la surface des eaux. Les membres antérieurs ressemblaient à ceux de la baleine et occupaient à peu près la même place ; mais, outre ces rames élastiques et puissantes, les Ichthyosaures en avaient deux autres plus petites, placées à la partie postérieure du corps ; ces dernières manquent chez les cétacés, où elles sont remplacées par une queue plate et horizontale destinée aux mêmes usages.

ICICA. (Voir Iciquier.)

ICICARIBA. Nom vulgaire d'un arbre du Brésil qui appartient au genre *Iciquier*. (Voir ce mot.)

ICIQUIER (*Icica*). Genre de plantes dicotylédones, polypétales, hypogynes, de la famille des *Térébinthacées*. Ce sont de grands arbres propres aux contrées tropicales de l'Amérique, qui fournissent, la plupart, des résines odorantes, aromatiques. Leurs feuilles sont alternes, imparipennées ; leurs fleurs blanches forment des grappes axillaires ou terminales. — L'Iciquier icicariba du Brésil donne par incision une résine abondante, connue sous le nom d'*élémi du Brésil*, d'une odeur forte et agréable, d'une saveur aromatique et amère ; elle s'emploie à l'extérieur comme stimulant et entre dans la composition du baume de Fioraventi et de l'emplâtre diachylon. — L'Iciquier tacahamaca produit la résine de ce nom, aujourd'hui peu employée. — L'Iciquier cèdre (*I. altissima*) donne un bois rouge et serré, très employé à Cayenne pour faire des meubles et des embarcations.

ICOSANDRIE (du grec *eikosi*, vingt, et *andres*, hommes). Qui a vingt étamines. Nom d'une classe du système botanique de Linné, comprenant les plantes qui ont vingt étamines et plus adhérentes au calice, comme les rosacées.

ICTIDES. (Voir Benturong.)

IF (*Taxus*). Genre de plantes de la famille des *Conifères*, tribu des *Taxinées*. Ce sont des arbres de moyenne grandeur, très rameux, à feuilles linéaires toujours vertes, disposées en face l'une de l'autre des deux côtés des rameaux. Les fleurs sont dioïques et naissent de bourgeons axillaires. Les fleurs mâles forment de petits chatons globuleux, portés sur un pédicule entouré d'écailles imbriquées, dont chacune porte cinq à dix étamines ; les fleurs femelles sont solitaires, à l'extrémité d'un petit rameau axillaire, entouré à sa base de bractées et constituant un petit chaton uniflore. Cette fleur est réduite à un ovaire trigone, ovoïde, à stigmate simple, sessile. Le fruit qui lui succède est une noix uniloculaire, monosperme, de la forme d'une olive ; le réceptacle devient charnu et coloré après la fécondation et recouvre le fruit complètement. Ces arbres, dont la tige est droite, la cime conique, arrondie, très touffue, le feuillage d'une teinte uniforme, vert foncé, même noirâtre, croissent lente-

If commun.

1, Rameau femelle avec fruits mûrs ; 2, rameau mâle avec fleurs ; 3, fleur mâle grossie ; 4, fruit demi développé ; 5, fleur femelle grossie.

ment et habitent, dans les climats tempérés, le fond des vallées, les lieux frais et ombragés, les bases inclinées des montagnes et sur les collines des deux continents. — L'espèce la plus intéressante de ce genre, l'**If commun** (*T. baccata*), est un arbre de hauteur moyenne, qui ne dépasse guère 12 à 15 mètres ; son tronc a communément 6 à 8 décimètres de diamètre ; mais il peut acquérir des dimensions considérables, et l'on en connaît en France qui n'ont pas moins de 12 mètres de circonférence. Celui de Fortingal, en Ecosse, mesure 15 mètres de circonférence, et on lui accorde deux mille ans d'existence. L'If ne vit point en société comme les autres conifères ; il ne forme pas des forêts d'une vaste étendue ; on le trouve ordinairement isolé, même dans les localités les plus favorables à son développement. Le feuillage touffu et toujours vert de cet arbre lui fait jouer un rôle important dans la décoration des parcs et des jardins, et la facilité avec laquelle il subit la taille permet aux jardiniers de lui donner toutes sortes de formes bizarres. — Les anciens attribuaient à l'If des propriétés vénéneuses très prononcées. Des expériences nombreuses ont démontré l'innocuité de son ombrage et de ses fruits ; mais il paraît avéré que son feuillage frais est dangereux pour les bestiaux. Quant aux fruits, dont les enfants et les oiseaux sont également très friands, leur pulpe, d'un rouge vif, n'est point dangereuse si l'on en mange avec modération ; pris à l'excès, ils causent la dysenterie, comme tous les fruits acerbes et visqueux. Le bois de l'If est incorruptible, d'un rouge brun, veiné de zones rouges plus foncées ; il est très dur, plein, d'un grain très fin, et susceptible d'un beau poli ; il devient, en vieillissant, d'un rouge foncé et prend, par suite d'une longue immersion dans l'eau, la couleur pourpre violet des plus beaux bois exotiques.

IGNAME. Plusieurs espèces du genre *Dioscorea* produisent des tubercules charnus, connus dans les colonies françaises sous le nom d'*Ignames* (du mot *inhame*, par lequel on les désigne en portugais). Ces tubercules, cuits, sont un aliment très sain et d'une saveur très agréable, assez analogue aux pommes de terre, et qui fait la principale nourriture des habitants de beaucoup de contrées de l'Asie équatoriale. Le genre *Dioscorea* est le type de la famille des *Dioscoracées*, et offre les caractères suivants : fleurs dioïques, composées d'un calice campanulé, partagé en six segments ; fleurs mâles à six étamines insérées à la base

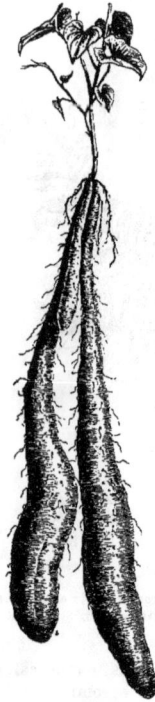

Igname de Chine.

des segments du calice ; fleurs femelles à ovaire triloculaire, surmonté de styles filiformes. Le fruit est une capsule à trois coques, aplaties, en forme d'ailes, à une seule loge. Les *Dioscorea* sont des herbes ou des arbustes à tiges volubiles, souvent armées d'aiguillons crochus ; leurs feuilles,

très entières ou rarement palmées, sont pétiolées, le plus souvent cordiformes, alternes. Les fleurs, petites et peu apparentes, forment des grappes ou des épis axillaires. — Les espèces les plus remarquables, à titre de plantes alimentaires, sont : l'**Igname globuleuse** (*D. globosa*), fréquemment cultivée dans l'Inde ; ses tubercules sont très gros, presque sphériques, blancs à l'intérieur ; on les préfère à ceux de toutes les autres espèces du genre ; l'**Igname de Chine** (*D. batatas*), l'espèce dont la culture est la plus répandue non seulement dans l'Asie équatoriale, mais aussi dans les contrées intertropicales de l'Afrique et de l'Amérique ; ses tubercules acquièrent jusqu'à 1 mètre de long et pèsent souvent de 15 à 20 hectogrammes ; leur forme est en général oblongue, et leur chair tantôt blanchâtre, tantôt rougeâtre. La culture de cette plante est extrêmement simple et ressemble à celle de la pomme de terre. Des essais tentés en France et en Algérie, pour acclimater cette précieuse plante, semblent avoir parfaitement réussi.

IGNATIER. (Voir STRYCHNOS.)

IGUANE (*Iguana*). Genre de reptiles de l'ordre des SAURIENS, type de la famille des *Iguanidés*, qui comprend, outre les Iguanes proprement dits, les Basilics, les Agames et les Dragons. (Voir ces mots.) Les Iguanidés ont, avec la forme générale des lézards, les doigts libres et les autres caractères des

Iguane d'Amérique.

lacertiens ; mais ils en diffèrent par leur langue charnue, épaisse et non extensible (*Crassilingues*). Les Iguanes propres appartiennent à l'Amérique ; ils sont d'assez grande taille, quelques-uns atteiguant une longueur de 2 mètres, y compris la queue. Ils se distinguent des lézards par leur corps comprimé sur les côtés et par le fanon qui pend sous la gorge. — L'Iguane **commun** d'Amérique (*Iguana tuberculata*) est en dessus d'un vert jaunâtre, marbré de vert pur ou de bleu, la queue annelée de brun; le dessous plus pâle. Une crête de grandes écailles en forme d'épines règne le long du dos; le bord antérieur du fanon est dentelé comme le dos; sa taille est de 1 mètre à 1^m,30. Cette espèce est commune dans toute l'Amérique chaude, où sa chair passe pour délicieuse, quoique malsaine. Elle vit en grande partie sur les arbres, où elle chasse les insectes et les jeunes oiseaux; elle se nourrit également de fruits, de graines et de feuilles; la femelle pond dans le sable des œufs gros comme ceux d'un pigeon et très agréables au goût. Comme la plupart des sauriens, les Iguanes abandonnent leurs œufs dans le sable, à l'influence de la chaleur solaire. — Une espèce du Mexique, l'Iguane **cornu**, se distingue par la saillie osseuse qui s'élève entre ses yeux.

IGUANIDÉS, IGUANIENS. (Voir Iguane.)

IGUANODON. Ce nom, qui signifie *dents d'Iguane*, a été donné à un gigantesque reptile fossile du terrain crétacé. Ses dents, découpées en scie sur les bords et surmontées d'une couronne plate, rappellent celles de l'Iguane, et lui servaient à arracher, couper, broyer les plantes et les racines, dont il faisait sans doute sa nourriture. Son squelette le rapproche des Iguanes, et l'analogie porte à croire que, comme ces derniers, il était revêtu d'une cuirasse d'écailles et portait peut-être sur le nez une corne. Mais, tandis que la taille de nos Iguanes modernes ne dépasse pas 1 mètre, l'iguanodon avait plus de 10 mètres de longueur; l'os de sa cuisse surpasse en grosseur celui des plus grands éléphants. (Voir Paléontologie.)

ILÉON (du grec *eilein*, se contourner). Dernière partie de l'intestin grêle, qui fait suite au jéjunum; il fait un grand nombre de circonvolutions. (Voir Intestins.)

ILES [Os des]. Os iliaque, os innominé. (Voir Iliaque.)

ILES MADRÉPORIQUES. Certains zoophytes ont la faculté d'extraire de l'eau de la mer les sels calcaires qu'elle contient, pour en construire ces masses pierreuses connues sous le nom de *madrépores* et de *coraux* (voir Coralliaires et Polypiers) qui finissent par former, en s'accumulant, des récifs et des îles entières. La mer, jetant des sables et du limon sur le haut de ces écueils, en élève la surface au-dessus de son propre niveau et en forme des îles plates. Ce terrain nouveau offre aux graines de plantes que les vagues y amènent, un sol sur lequel ces végétaux croissent assez rapidement pour ombrager bientôt sa surface. Les troncs d'arbres entiers, qui sont portés à la mer par les rivières d'autres pays et d'autres îles, y trouvent enfin un point d'arrêt après une longue course. Quelques petits animaux, tels que des insectes et des lézards, sont transportés avec eux et deviennent les premiers habitants de ces récifs. Les oiseaux de mer y construisent leurs nids; quelques oiseaux de terre égarés viennent y chercher un refuge dans les buissons, et, plus tard, enfin l'homme paraît et bâtit sa hutte sur le sol devenu fertile. Ces îles madréporiques sont très répandues dans les mers tropicales; le seul archipel des Maldives, dans la mer des Indes, comprend douze mille écueils ou îlots, dont le plus grand, Malé, a 2 lieues de circuit. On rencontre dans l'océan Pacifique de ces îles madréporiques qui offrent l'aspect d'un grand anneau, parfois de plusieurs lieues de diamètre, d'une blancheur éclatante, couvert en partie de verdure, et dont le centre est occupé par un lac calme et transparent. On donne à ces îles madréporiques circulaires le nom d'*atolls*. Ces constructions de coraux ont souvent leur base à plusieurs centaines de mètres au-dessous du niveau des mers. Or, on sait que les polypes ne peuvent vivre et par conséquent bâtir à plus de 25 ou 30 mètres de profondeur, non plus qu'au-dessus du niveau des eaux.

Pour expliquer la forme circulaire des atolls, si singulière et si constante; pour se rendre compte des madrépores observés à des profondeurs où les polypes ne sauraient vivre, on admet généralement l'interprétation suivante, proposée par Darwin : Supposons une île rocheuse, sommet émergé de quelque montagne sous-marine. Tout autour, à fleur d'eau, les polypes bâtissent un récif annulaire, continu ou discontinu, suivant les conformations du terrain qui leur donne appui. Supposons, en outre, que le sol sous-marin, servant de base à la montagne, s'affaisse peu à peu, avec une extrême lenteur. L'écueil madréporique plongera davantage sous les eaux; ses parties inférieures seront abandonnées par les polypes comme trop profondes; ses parties supérieures continueront à être habitées et serviront de base à de nouvelles constructions. Avec les progrès continuels de l'affaissement du sol sous-marin, l'amas madréporique descendra toujours plus profondément dans les eaux, tandis que les polypes remonteront d'autant et se maintiendront en travail à la surface. Enfin, la pointe rocheuse centrale, dernier vestige de la montagne, disparaît sous les eaux, laissant à sa place une lagune qu'entoure le croissant ou l'anneau de madrépores. La formation des atolls tendrait donc à prouver que, sur certains points, le fond des mers subit un affaissement graduel, qui ensevelit sous les eaux les derniers sommets de quelque vaste continent disparu.

ILEX. Nom scientifique latin du genre *Houx*. (Voir ce mot.)

ILIAQUE [Os]. Os pair, plat, volumineux, qui occupe les parties latérales et antérieures du bassin. (Voir Squelette.) On lui donne aussi le nom d'*os des îles*. — Qui appartient aux régions *iliaques* : muscle iliaque, artères iliaques, veines iliaques.

ILICINÉES (de *ilex*, houx). Famille de plantes dicotylédones, monopétales, hypogynes, à laquelle de Candolle donne le nom d'*Aquifoliacées,* d'après l'espèce type du groupe, l'**Ilex aquifolium** (houx commun). Ce sont des arbres ou des arbustes à feuilles alternes ou opposées, coriaces, non stipulées, souvent persistantes ; à fleurs hermaphrodites, régulières, solitaires ou fasciculées à l'aisselle des feuilles. Le fruit est un drupe charnu, à deux, quatre ou huit noyaux osseux, monospermes. (Voir Houx.)

IMBRIQUÉ. Se dit en histoire naturelle de certains organes (écailles, feuilles, bractées, etc.) qui se recouvrent les uns les autres comme les tuiles d'un toit ; comme, par exemple, les écailles de certains poissons et reptiles, l'involucre de l'artichaut, les bulbes du lis.

IMITATEUR. Un des noms du moqueur d'Amérique. (Voir Moqueur.)

IMMORTELLE. Ce nom s'applique vulgairement à beaucoup de plantes de la famille des *Composées,* dont les écailles constituant les involucres de leurs capitules floraux, quoique ornées de couleurs vives

Immortelle du Mexique.

et brillantes, conservent très longtemps tout leur éclat, grâce à leur consistance analogue à celle de la paille sèche. Les espèces désignées le plus généralement sous le nom d'*Immortelles* font partie des genres *Gnaphalium* et *Helichrysum,* qui offrent des capitules composés de fleurs toutes tubuleuses, hermaphrodites, à l'exception de celles de la série externe, lesquelles sont parfois stériles ; l'involucre à écailles nombreuses, sèches, minces, colorées. Les Immortelles sont des herbes ou des sous-arbris-

scaux, à capitules soit solitaires, soit disposés en corymbes terminaux. Leurs écailles involucrales sont blanches, ou jaunes, ou pourpres, ou violettes ; celles qui avoisinent les fleurons débordent souvent de beaucoup les inférieures et divergent en rayonnant. On cultive plusieurs espèces d'Immortelles dans les jardins ; les principales sont : l'**Immortelle puante** (*H. fœtidum,* L.), du Cap, à tiges longues d'environ 60 centimètres ; à feuilles nombreuses, larges et pointues ; à fleurs en bouquets, grosses, d'un beau jaune ; l'**Immortelle de Virginie** (*Antennaria margaritacea*) ou *Immortelle blanche,* vivace, à tiges de 40 centimètres, à feuilles linéaires, lancéolées, à fleurs en corymbe, et d'un jaune soufre, à calice argenté ; l'**Immortelle orientale** (*G. orientale,* L.) ou *Immortelle jaune,* originaire d'Afrique, vivace, à tige simple, de 30 centimètres ; à feuilles linéaires, persistantes ; à fleurs en corymbe, d'un beau jaune luisant, ainsi que le calice. C'est surtout cette espèce qui sert à faire les couronnes funéraires. — L'**Immortelle globuleuse** (*G. eximium,* L.), du Cap, à tige de 30 centimètres, à feuilles serrées, opposées, ovales, à des fleurs d'un beau jaune. Le calice commun est d'un rose foncé. L'extrémité de ses écailles est marquée d'une tache carmin. — On cultive encore, sous le nom d'**Immortelle du Mexique,** une belle plante du genre *Jungia* de Linné, à capitules de fleurs blanches ; et sous celui d'**Immortelle violette** l'amarante globuleuse (*Gomphrena globosa,* L.), de l'Inde.

IMPARIPENNÉE. Se dit d'une feuille pennée dont le pétiole est terminé par une foliole impaire (le frêne, le sainfoin).

IMPATIENS. (Voir Balsamine.)

Impatiente camellia.

IMPATIENTE (*Impatiens*). Linné a donné ce nom aux plantes que Tournefort, avant lui, nommait *balsamines* (voir ce mot), en raison de l'élasticité de leurs fruits qui, lors de leur maturité, lancent au loin leurs graines, pour peu qu'on y touche. Il a même donné le nom scientifique de *noli me tangere* (ne me touchez pas) à la balsamine des bois. On en cultive plusieurs belles variétés dans les jardins, entre autres l'**Impatiente camellia**, à fleurs énormes, très pleines et régulières, qui rappellent celles de l'arbuste dont elle porte le nom.

IMPÉRATOIRE. (Voir Peucédane.)

IMPÉRIALE. (Voir Fritillaire.)

INAMOU. (Voir Tinamou.)

INCISIVES [Dents] (de *incidere*, couper). (Voir Dents.)

INCUBATION (de *incubare*, être couché sur). Action de couver, c'est-à-dire le séjour d'un des parents, la mère habituellement, sur les œufs pour en provoquer par sa chaleur le développement jusqu'à l'éclosion. C'est surtout chez les oiseaux que s'observe l'incubation. (Voir Oiseaux.)

INDÉHISCENT. Se dit du fruit qui ne s'ouvre pas naturellement et dont les graines ne se répandent que par la rupture du péricarpe. (Voir Fruit.)

INDICATEUR (*Indicator*). Genre d'oiseaux de la famille des *Cuculidés* ou Coucous. Les Indicateurs, dont on connaît aujourd'hui plusieurs espèces de l'Afrique australe, de l'Asie et de l'Océanie, établissent le passage des pies aux coucous. Ils ont pour caractères : le bec court, conique, arqué, à bords comprimés vers la pointe, qui est entière et sans échancrure, les narines basales, ovalaires; les ailes longues et pointues, la queue médiocre, les ongles robustes et recourbés, taillés comme ceux des pies, dont ils ont quelques-unes des habitudes. Leur nourriture consiste en guêpes et en abeilles, dont ils dévorent les provisions de miel ; mais leur langue est plate, courte et non extensible ; leur plumage est terne et sans éclat métallique. Les Indicateurs présentent des habitudes fort curieuses auxquelles ils doivent leur nom. Ces oiseaux, très gourmands du miel des abeilles, dès qu'ils ont découvert une ruche sauvage, appellent l'homme par leurs cris, volent devant lui, se posent près de la ruche, et semblent l'inviter à profiter de leur découverte, quoiqu'ils n'aient qu'un but, celui de guetter la destruction du nid de ces insectes pour ensuite s'assurer la possession du miel qui s'y trouve. Les Hottentots, de même que tous les voyageurs, instruits de ce manège, ont pour ces oiseaux une grande affection et ne manquent jamais de leur laisser une bonne part du miel qu'ils leur ont fait découvrir. Ils ne font pas de nids, et, comme les coucous, déposent leurs œufs dans les nids de plusieurs espèces d'oiseaux, auxquels ils abandonnent le soin de les couver. L'espèce la plus connue est l'**Indicateur de Sparmann**, d'un vert olive en dessus, grisâtre en dessous, long de 17 centimètres. Il habite l'Afrique australe.

INDICES CRANIOMÉTRIQUES. (Voir Angle facial et Races humaines.)

INDIGO, INDIGOTIER. On désigne sous le nom d'*Indigo* une matière colorante bleue, très employée en teinture, que l'on retire d'un certain nombre de plantes et particulièrement de quelques espèces du genre *Indigofera*, appartenant à la famille des *Légumineuses papilionacées*. Les Indigotiers sont originaires des Indes orientales et du Mexique, d'où ils ont été propagés dans les deux Amériques et aux îles. L'extraction de l'Indigo et son application aux tissus, qui paraissent avoir été fort anciennement connues dans l'Inde, sont restées ignorées en Europe jusque vers le seizième siècle, époque à laquelle les Hollandais commencèrent à faire connaître l'importance de cette substance. L'espèce qui fournit le plus ordinairement l'Indigo est l'**Indigo-**

Indigotier franc. — *a*, fleur; *b*, gousse.

tier franc (*I. tinctoria*), petit arbrisseau de 1 mètre de hauteur, à tige droite, cylindrique, rameuse, couverte d'un duvet blanc ; à feuilles alternes, ailées avec impaire, de neuf à onze folioles; les fleurs rougeâtres, réunies en épis axillaires, donnent naissance à des gousses grêles, étranglées, courbées en faucille, et renfermant cinq à sept graines. La plante est bisannuelle, mais elle est généralement épuisée dès la première année. On la sème tous les ans au mois de mars; deux mois plus tard, on en fait une première récolte, deux mois après une autre, et quelquefois une troisième. La première coupe est la meilleure; les autres vont en déclinant. L'Indigo contenu dans ces plantes est blanc; on l'extrait en épuisant les feuilles au moyen de l'alcool, de l'éther ou de l'eau. Le digestum aqueux ou alcoolique des plantes indigofères, étant abandonné à l'air, forme un dépôt d'indigo bleu.—L'**Indigofera tinctoria** n'est pas la seule plante qui fournisse l'Indigo ; on en obtient également de l'*Isatis tinctoria* ou *pastel* et du *Nerium tinctoria*. On cultive en Égypte et en Arabie l'**Indigofera argentea** et le **caroliniana** aux États-Unis ; tous deux fournissent une substance tinctoriale abondante.

INDRI. (Voir Lémuriens.)

INDUSIA, *Indusium* (de *inducere*, couvrir). On donne ce nom, en botanique, à la pellicule qui, dans un grand nombre de fougères, recouvre les sporanges. (Voir Fougères.)

INFÈRE. Organe qui est placé au-dessous d'une autre partie. On dit, en botanique, que l'ovaire est infère lorsqu'il est soudé au tube du calice et qu'il est couronné par le limbe.

INFLORESCENCE. Disposition générale qu'affectent les fleurs dans les végétaux. L'Inflorescence est dite simple ou composée, suivant qu'elle est formée de fleurs isolées ou d'une agrégation de fleurs. On la dit *terminale* quand elle est placée à l'extrémité de sa tige et des rameaux ; *axillaire*, quand elle part de l'aisselle des rameaux ; *latérale*, lorsqu'elle se trouve sur quelque point des entrenœuds. Quand les fleurs sessiles ou pédonculées sont disposées sur un axe commun, simple et non ramifié, elles forment un *épi* (le blé, le plantain). Si le pédoncule commun se ramifie plusieurs fois

pyramide, cet assemblage prend le nom de *thyrse* (le lilas, le marronnier). On dit que les fleurs sont *en panicule*, quand l'axe commun est ramifié et que ses divisions secondaires sont très allongées et

Corymbe (millefeuille).

Chaton (saule).

écartées les unes des autres, comme dans le yucca. Les fleurs sont *en corymbe*, si les pédoncules et pédicelles naissent de points différents de la tige, mais arrivent tous à peu près à la même hau-

Capitule (scabieuse).

Grappe (réséda).

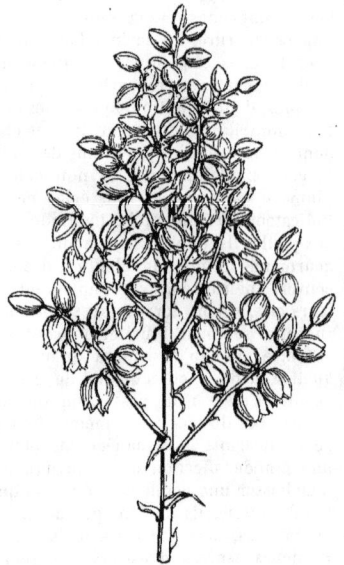

Panicule (yucca).

et irrégulièrement, cette disposition prend le nom de *grappe* (la vigne, le réséda). Quand le pédoncule commun est dressé, que ses ramifications sont courtes, et que les fleurs réunies représentent une

teur (la millefeuille). On appelle *cime* la disposition dans laquelle les pédoncules partent d'un même point, les pédicelles de points différents, mais arrivent tous à la même hauteur (le sureau).

Les fleurs sont *en ombelle* quand les pédoncules, égaux entre eux, partent d'un même point, s'écartent et se ramifient en pédicelles qui partent tous également de la même hauteur, de sorte que l'ensemble des fleurs représente un parasol ouvert (la carotte, le fenouil). Les pédoncules réunis forment une *ombelle;* chaque groupe de pédicelles, une *ombellule.* Les fleurs sont dites *verticillées* ou en verti-

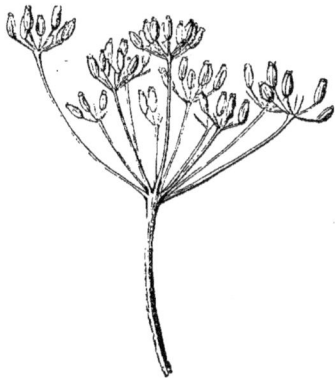

Ombelle et ombellules (fenouil,.

cille, quand elles forment un anneau autour du même point de la tige (le volant d'eau). On nomme *spadice* l'inflorescence dans laquelle le pédoncule commun est couvert de fleurs unisexuelles, nues et sessiles (le poivrier); quelquefois le spadice est vert d'une spathe (le gouet). Quand les fleurs unisexuelles sont insérées sur des écailles qui tiennent lieu de pédoncule, cet arrangement a reçu le nom de *chaton.* Les fleurs sont *en tête* ou *capitule,* quand elles sont sessiles ou pourvues d'un pédicelle très court, réunies sur un réceptacle commun, plus large que le sommet du pédoncule et entourées d'un involucre composé d'un ou de plusieurs rangs de folioles (le chardon, la scabieuse, etc.).

INFUNDIBULIFORME (de *infundibulum,* entonnoir). Nom donné, en botanique, aux corolles monopétales dont le tube long et étroit s'élargit insensiblement en un limbe peu évasé (le tabac, la jusquiame, etc.).

INFUSOIRES. Lorsque le microscope eut été inventé, plusieurs naturalistes, et Leeuwenhoek le premier, découvrirent dans les infusions de diverses plantes des myriades d'animalcules, auxquels ils donnèrent le nom d'*Infusoires,* en raison de leur origine. De nombreux observateurs ont depuis constaté que les êtres dont il s'agit vivent également dans les eaux les plus limpides, dans celles

de la mer et dans diverses autres substances. Bory de Saint-Vincent proposa de remplacer le nom d'*Infusoires* par celui de *microscopiques,* puisque ce n'est qu'à l'aide du microscope que l'on peut constater leur existence et connaître leur organisation. Après lui, quelques auteurs leur ont appliqué le nom de *microzoaires.* Aujourd'hui, les Infusoires forment une classe de l'embranchement des Protozoaires. — Les Infusoires proprement dits sont des animaux d'une extrême petitesse, à demi transparents, paraissant pour la plupart blancs ou incolores; quelques-uns sont colorés en vert, en bleu ou en rouge. Tous vivent dans l'eau ou dans des substances fortement humides. L'eau trouble des ornières, des mares, les eaux des étangs et des lacs où se décomposent de nombreux végétaux, les mousses humides, etc., en contiennent de grandes quantités. Les Infusoires ont des formes très variées, mais leur organisation est des plus simples. Leur corps est uniquement formé par une masse homogène de protoplasma, et, chez quelques-uns, consiste en une simple cellule. Généralement, leur corps est limité par une membrane mince ou *cuticule* et ne peut changer constamment de forme, comme chez les Rhizopodes. Les uns sont pourvus d'un ou de deux fouets vibratiles (*flagellum*). D'autres possèdent une carapace de consistance variable, et la membrane qui leur sert de peau est généralement couverte de cils vibratiles qui sont les principaux organes locomoteurs (*ciliés*). Après avoir quelque temps vagabondé, il est des Infusoires qui se fixent et produisent de longs suçoirs avec lesquels ils saisissent les petits êtres qui passent à leur portée (*acinétiens*). Quelques-uns, en se fixant, conservent leurs cils vibratiles et produisent parfois des colonies arborescentes (*vorticelles*); mais la plupart des Infusoires demeurent libres et se multiplient par division transversale de leur corps avec une incroyable rapidité; au point souvent de colorer de grandes masses d'eau. Presque tous les Infusoires présentent une bouche, un rudiment de tube digestif, et offrent une vésicule pulsatile qui se contracte et paraît être chargée d'expulser les résidus. C'est dans la substance même du corps que les aliments sont dissous et assimilés. Quant au système nerveux, il n'y en a pas trace. — La classe des Infusoires se divise en quatre ordres :

Pas de flagellum. { Des cils ou cirres même à l'état adulte	....	Ciliés.
{ Pas de cils à l'état adulte, des suçoirs	....	Suceurs.
Un ou plusieurs { Des cils outre le flagellum.	....	Cilio-flagellés.
flagellums. { Pas de cils.	....	Flagellés.

Le nombre des espèces connues d'Infusoires est considérable; nous allons donner une description succincte des principaux groupes, en commençant par les plus infimes. — I. Les Flagellés sont caractérisés, comme l'indique leur nom, par la présence d'un ou deux flagellums, sorte de longs filaments en forme de fouet. Ce sont les plus simples des Infusoires. On y plaçait autrefois les *Monades,* que l'on ne considère plus aujourd'hui que comme des spores de champignons inférieurs. Les *Colpodes* sont reconnaissables à leur forme ovoïde, avec une échancrure latérale au fond de laquelle est la bouche. Les *Volvoces*, munis d'un double flagellum, vivent en colonies et forment par leur réunion des masses gélatineuses sphéroïdales. Quelques auteurs les rangent dans le règne végétal. Les *Euglènes* vivent isolés; ils se font remarquer par la contractilité de leur corps. — II. Les **Cilio-flagellés** ne comprennent qu'une famille, celle des *Péridiniens*, qui possèdent, outre leurs flagellums antérieurs, un flagellum ondulé, longtemps pris pour une ceinture de cils vibratiles; ils sont munis d'une sorte de cuirasse siliceuse. C'est près de ce groupe qu'on place les *Noctiluques*, qui produisent le phénomène de la phosphorescence des eaux de la mer. Ce petit animal, de forme sphéroïdale, avec un long flagellum, se rencontre parfois sur nos côtes en quantité tellement considérable, que la mer en paraît lumineuse à perte de vue. — III. Les **Suceurs**, munis de suçoirs nombreux et rétractiles, ne comprennent qu'une seule famille, celle des *Acinétiens*. Ils sont fixés et plus ou moins longuement pédonculés. — IV. Le quatrième et dernier ordre, celui des **Ciliés**, le plus important de tous, a été divisé en plusieurs groupes, suivant la manière dont les cils sont répartis sur le corps. Ce sont les Holotriches, les Hétérotriches, les Hypotriches et les Péritriches. 1° Les *Holotriches*, dont le corps est uniformément recouvert de cils sur toute sa surface, comprend les Coleps et les Opalina, au corps allongé, ovoïde, vivant dans nos eaux douces; 2° les *Hétérotriches*, dont le corps est garni de cils et dont la bouche est entourée par une couronne de cirres, renferment les Bursariés, en forme de bourse; les Stentors, dont le corps en fuseau ou en entonnoir offre souvent une coloration verte ou bleue; 3° les *Hypotriches* sont des Infu-

soires bilatéraux, à face dorsale, convexe, nue, et à face ventrale plate, munie de cils ou de cirres; dans ce groupe rentrent les Keronia, qui vivent en parasites dans les hydres d'eau douce; les Aspidica, au corps cuirassé; les Oxytriches, armés de cirres en forme de stylets et de crochets; 4° les *Péritriches*, dont le corps cylindrique, généralement nu, présente des cirres buccaux rangés en spirale; ce sont les Vorticelles, dont le corps campanulé est porté sur une longue tige qui se roule en spirale ou se détend à la volonté de l'animal; elles sont souvent réunies en colonies nombreuses.

Les Anguillules, les Rotifères, les Bactéries (voir ces mots), qu'on considérait autrefois comme des Infusoires, appartiennent à des embranchements différents.

INGA. Genre de plantes dicotylédones, polypétales, périgynes, de la famille des *Légumineuses mimosées*, tribu des *Acaciées*. Ce sont des arbres ou des arbrisseaux à feuillage élégant et varié, à fleurs en grappes, d'un brillant coloris, propres aux régions chaudes de l'Amérique. Les gousses de plusieurs espèces, notamment des **Inga edulis, dulcis, sapida**, renferment une pulpe parfumée, très recherchée comme aliment au Brésil. L'Inga aux fruits sucrés (*Ingavera*) est un grand arbre à écorce grisâtre, dont le bois est dur et d'un blanc soyeux; sur son feuillage d'un beau vert foncé se détachent des bouquets de ses grandes fleurs blanches; ses longues gousses pubescentes renferment une pulpe blanche sucrée d'un goût très agréable. On cultive en serre, comme plantes d'ornement, les **Inga pulcherrima** et **grandiflora**, du Mexique, à fleurs pourpres.

INORGANIQUE. Qui est privé d'organes. On nomme règne inorganique ou corps inorganiques l'ensemble des corps minéraux, par opposition aux animaux et aux végétaux. (Voir MINÉRALOGIE, RÈGNE MINÉRAL.)

INSECTES. La classe des Insectes, dans l'état actuel des sciences naturelles, est loin d'embrasser

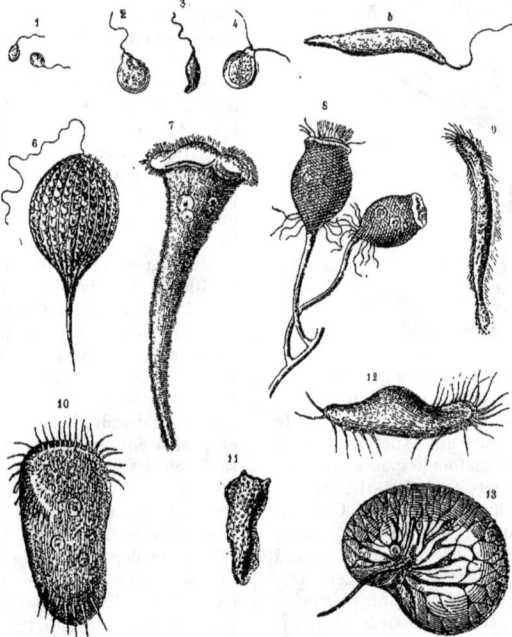

INFUSOIRES.

Flagellés : 1, Monas lens; 2, Cryptomonas inflata; 3, Astasia contorta; 4, Disclmis viridis; 5, Stentor mulleri; 6, Phacus longicauda.
Ciliés : 7, Stentor mulleri; 8, Vorticella infusionum; Oxytricha rubra; 10, Keroua mytilus; 11, Planariola rubra; 12, Plœsconia patella.
Noctilucidés : 13, Noctiluca miliaris.

tous les animaux auxquels on donne vulgairement ce nom. Il suffit souvent, en effet, qu'un animal soit de petite taille pour qu'on lui donne le nom d'Insecte ; mais les naturalistes ont restreint cette dénomination à certains êtres qui présentent tous un ensemble de caractères qu'on ne rencontre dans

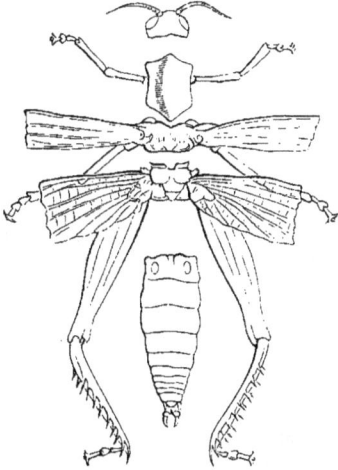

Criquet.

aucun autre groupe d'êtres organisés. Les Insectes sont des animaux articulés, toujours pourvus de trois paires de pattes, et le plus souvent d'une ou de deux paires d'ailes ; ils respirent par des trachées et subissent des métamorphoses ; tandis que

Trompe de papillon.   Insecte brayeur (Carabe).

les myriapodes, les arachnides et les crustacés, compris autrefois parmi les Insectes, ont toujours plus de trois paires de pattes, jamais d'ailes, et n'éprouvent souvent que des mues ou changements de peau. Le corps des Insectes est généralement protégé par une peau très dure, coriace et d'apparence cornée. Elle représente une sorte de squelette extérieur, puisqu'elle soutient et renferme les organes mous, toujours situés à l'intérieur ; disposi-

tion inverse de celle que nous observons dans les classes plus élevées. Le corps d'un Insecte est partagé en plusieurs segments, et c'est précisément de cette division que leur est venu leur nom, du mot latin *insectum*, qui signifie entrecoupé. On distingue principalement la tête, le thorax et l'abdomen. La tête porte la bouche, armée parfois de fortes mandibules arquées et de mâchoires bien aiguisées, destinées à saisir et à déchirer une proie, ou à couper des substances résistantes, et qui se meuvent toujours en travers. Ces parties de la bouche sont quelquefois profondément modifiées : tantôt elles s'allongent en une *trompe* roulée en spirale, à l'aide de laquelle le papillon suce le nectar au fond de la corolle des fleurs ; tantôt elles s'avancent sous la forme d'un bec pointu ou rostre, qui sert à la punaise à percer la peau des végétaux et à en sucer la sève ; tantôt elles se changent en un suçoir composé d'un fourreau solide, renfermant plusieurs fines épées, au moyen desquelles le cousin nous cause des tumeurs si importunes ; tantôt enfin, elles se transforment en un suçoir simple et charnu, comme celui avec lequel la mouche des maisons aspire les liquides qui forment sa nourriture. La

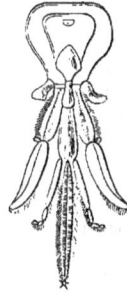

Organes buccaux de l'abeille.   Rostre de punaise.

tête est élégamment ornée d'*antennes* de formes très variées, s'élevant en gracieux panaches ou en longs filets délicats et mobiles ; ce sont les organes du tact, peut-être même de l'ouïe. A côté des antennes et voisins des parties de la bouche, on voit deux yeux, dont la surface est régulièrement divisée comme un réseau. Outre ces deux yeux, composés de milliers de facettes, quelques insectes en ont encore deux ou trois autres, beaucoup plus petits, disposés en triangle, sur le milieu du front, et que l'on nomme stemmates. Les insectes n'ont pas de véritables organes de la voix ; mais ils produisent certains sons par des frottements, par des vibrations rapides communiquées à certaines parties de leur corps, conformées de manière à représenter des cordes ou des membranes. Les uns font mouvoir leur tête sur le corselet, ou celui-ci sur les élytres ; d'autres font vibrer ces mêmes étuis de corne à l'aide des derniers anneaux de leur abdomen ; d'autres enfin, possèdent, comme la cigale, les grillons, le sphinx atropos, des appareils particuliers. Le thorax, ou *corselet*, composé de trois anneaux, supporte les pattes, constamment au nombre de six, et les ailes. Les pattes sont composées de plusieurs pièces différentes articulées les unes au bout des autres, ce sont la *hanche*, la *cuisse*, la *jambe* ou *tibia*, et le *tarse* ou pied composé d'une suite de petits articles (1 à 5), et dont le dernier est terminé par des crochets ou griffes. Les ailes varient et par le nombre et par la structure : tantôt il y en a deux seulement, comme chez la mouche domestique; tantôt il y en a quatre, comme chez le papillon, la libellule et le hanneton. Quand les ailes supérieures sont dures, coriaces, comme chez ce dernier, on les appelle *élytres;* quand elles sont transparentes comme de la gaze, on les nomme simplement *ailes membraneuses*. Les papillons ont leurs quatre ailes membraneuses recouvertes d'une fine poussière d'écailles colorées. L'abdomen ou le ventre ne supporte jamais de membres, et se trouve formé par une suite d'anneaux réunis les uns aux autres par une membrane souple qui n'empêche pas leur mobilité. Chacun de ces anneaux est percé latéralement d'une petite ouverture en forme de boutonnière, nommée *stigmate* : c'est l'entrée de la trachée destinée à donner passage à l'air dans l'acte de la respiration. L'abdomen est souvent terminé par des instruments très variés, pour aider la ponte des insectes : ce sont des tenailles solides, des tarières bien aiguisées, des scies finement dentées, des vrilles pénétrantes, des sabres recourbés, des couteaux affilés; ce sont souvent des armes offensives et défensives, terribles parce qu'elles sont empoisonnées, comme le dard des guêpes et des abeilles. L'organisation intérieure des Insectes consiste principalement en un canal intestinal, renflé dans sa partie supérieure pour former l'estomac. L'appareil respiratoire consiste en vaisseaux ou *trachées* répandues dans tout le corps, aboutissant à des ouvertures extérieures (stigmates) par où pénètre l'air ; point de cœur, mais un vaisseau dorsal, sans division à ses extrémités. Les Insectes possèdent tous les sens que nous avons reçus en partage, bien qu'il soit difficile de préciser jusqu'à quel point ils sont développés chez eux. Leur système nerveux présente une très grande variété et la chaîne ganglionnaire offre chez les Insectes tous les degrés intermédiaires entre une chaîne composée de renflements distincts et une seule masse ganglionnaire. Chez tous, le cerveau se compose de deux lobes plus ou moins évidents qui fournissent les nerfs antennaires et optiques. Si l'on suit un Insecte dans les différentes périodes de sa vie, on remarque une suite de phénomènes curieux. Une femelle, pressée de pondre, cherche un endroit propice et y dépose les *œufs* que renfermait son abdomen; au bout d'un temps plus ou moins long, de cet œuf sort un animal mou, de forme variable, mais le plus souvent vermiforme, toujours privé d'ailes, souvent de pattes et d'yeux,

en un mot, très différent de l'Insecte parfait et que l'on nomme *larve* ou *chenille*. Cet animal croît, puis après avoir plusieurs fois changé de peau, il cesse tout à coup de prendre de la nourriture; il ne bouge plus, son corps se raccourcit, et bientôt il éprouve une métamorphose complète et revêt une nouvelle forme, celle de *nymphe* ou *chrysalide*. Dans cet état, on commence déjà à distinguer les diverses parties de l'Insecte parfait. Enfin, au bout d'un temps plus ou moins long, de cette nymphe sort l'*Insecte parfait*, doué de sa faculté essentielle, celle de reproduire son espèce. Telle est, en abrégé, l'histoire des métamorphoses de tous les Insectes. — Presque tous les Insectes sont ovipares, à l'exception des pucerons et de quelques diptères, qui sont ovovivipares. Les œufs des Insectes sont généralement très petits. Ils offrent des couleurs variées, parfois des dessins et des sculptures en relief, disposés avec une symétrie admirable. Ces œufs sont de formes très différentes, quelquefois très bizarres. Il y en a d'arrondis, d'ovales, de cylindriques, de plats, de déprimés, de prismatiques, d'anguleux, etc. L'excessive fécondité des Insectes est bien propre à exciter la surprise; celle des poissons peut seule lui être comparée. Le bombyx du ver à soie dépose environ cinq cents œufs; le cossus ronge-bois, mille; quelques pucerons, deux mille; la guêpe ordinaire, au moins trente mille; les reines des abeilles pondent environ quarante ou cinquante mille œufs. Mais le prodigieux instinct, qui porte les Insectes à déposer leurs œufs dans les conditions les plus favorables au développement futur de la jeune larve qui doit éclore, est encore plus admirable. Quand l'œuf n'est pas revêtu d'une coquille assez solide, il est protégé, tantôt par un enduit gommeux, tantôt par une humeur corrosive, quelquefois par une moelleuse enveloppe, composée de poils soyeux que la mère arrache de son propre corps. Il y a, dans les soins qui entourent la ponte des œufs, mille ruses, mille artifices qu'on ne saurait soupçonner. Tantôt l'œuf est caché dans une fente adroitement pratiquée sur la tige des végétaux, comme celui de nos cigales; tantôt par un étui solide, semblable à un fourreau de cuir, comme celui de la blatte. Cet instinct admirable a appris à l'Insecte parfait, qui vit du nectar des fleurs, à choisir la plante grossière propre à nourrir la larve qui doit sortir de l'œuf et le dirige dans son choix, de manière à ce qu'il ne commette jamais la moindre erreur. La *Vanesse io* ou paon du jour ira toujours déposer ses œufs sur les orties armées d'aiguillons redoutables; la *Nymphale iris*, aux couleurs changeantes, ira placer les siens sur les feuilles du peuplier; le papillon machaon, sur le fenouil et sur les autres ombellifères; la belle-dame, sur le chardon aux ânes; certains diptères sur les charognes, sans envier une nourriture plus délicate au sphinx du laurier-rose, à la piéride du chou ou à la piéride du navet. Les œufs des Insectes éclosent sous l'influence de la chaleur solaire, cependant quelques-uns les couvent et les défendent avec une ardeur extrême. En brisant l'œuf qui le retenait prisonnier, l'Insecte se présente sous la forme de *larve* ou chenille (du latin *larva*, masque, pour indiquer que l'Insecte est caché

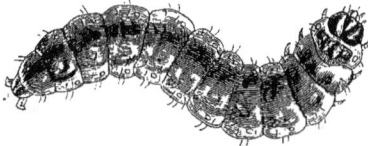

Cossus ligniperda et sa chenille.

sous une apparence trompeuse). Cependant ces petits animaux, dès leur première condition, ne sont pas aussi complètement masqués les uns que les autres : les sauterelles, les criquets et autres orthoptères, les punaises, les cigales et une partie des névroptères et des aptères, offrent dès leur naissance l'image de ce qu'ils seront dans la suite; et

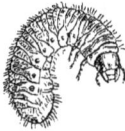

Cétoine dorée et sa larve.

les organes du vol paraissent manquer seuls à ceux qui plus tard devront en être pourvus. Il n'en est pas ainsi des espèces comprises dans les autres ordres. Pourrait-on, par exemple, reconnaître le papillon sous la figure de la chenille qui dévore les feuilles de nos arbres, ou la brillante cétoine qui vit dans les roses, sous celle du hideux ver blanc qui ronge leurs racines? Ces deux manières d'être si différentes ont fait distribuer les larves dans deux catégories principales : les *larves* proprement dites et les *demi-larves*. La forme générale du corps varie beaucoup chez les larves des différents Insectes; jamais elle ne se montre gracieuse, élégante. Leur démarche rampante, leurs goûts

dépravés, en font au contraire un objet de dégoût; cependant, quelques chenilles sont revêtues des plus brillantes couleurs. Beaucoup de larves sont nues, beaucoup sont recouvertes de poils ou d'épines. Les larves ont des dangers à courir et des périls d'autant plus redoutables qu'elles sont hors d'état, pour la plupart, de s'y soustraire par la fuite. Elles ont recours à la ruse, et l'histoire de certaines larves est vraiment curieuse sous le rapport des ressources et de l'adresse qu'elles emploient. Les unes salissent leur robe de poussière pour se rendre invisibles aux yeux de leurs ennemis ; les autres placent sur leur dos un fardeau dégoûtant pour éloigner la voracité des oiseaux ; d'autres se suspendent à un fil de soie jusqu'à ce qu'il n'y ait plus rien à craindre. Celles des diverses chrysomélides laissent transsuder de leurs pores une huile empestée. La queue-fourchue du saule (*Dicranura vinula*) a le pouvoir de lancer une liqueur caustique. La chenille du papillon machaon fait sortir de son anneau prothoracique deux cornes divergentes capables d'effrayer ses ennemis. Diverses teignes, dont les travaux nous sont nuisibles, se construisent à mesure qu'elles avancent, un tuyau de soie, véritable chemin couvert à l'aide duquel elles peuvent en paix commettre leurs déprédations ; d'autres larves se fabriquent des fourreaux qu'elles traînent avec elles. Nous décrivons, au reste, toutes ces merveilles dans les articles particuliers qui sont consacrés à chacun de ces animaux. Les Insectes, à l'état de larve, se distinguent par une insatiable voracité, et font une énorme consommation de nourriture; c'est alors surtout que les ravages des espèces sont à redouter. A mesure que la larve grandit, elle est obligée de changer de peau parce que ses téguments ne sont jamais élastiques. Cette mue a souvent lieu deux ou trois fois. C'est sous la forme de larve que le plus grand nombre des Insectes passent la majeure partie de leur existence ; il y a néanmoins des différences extrêmes entre eux, relativement à sa durée. Les larves de la mouche de la viande atteignent toute leur taille et sont prêtes à se changer en nymphes en six ou sept jours; les larves des abeilles, en vingt jours; tandis que la larve du hanneton vit au moins trois ans; celles de l'oryctès nasicorne et du cerf-volant, quatre ou cinq ans. — Les larves, arrivées à leur complet développement, se préparent à entrer dans le profond sommeil qui doit les conduire à une vie plus distinguée. Dans le sentiment de leur faiblesse, dans la crainte des dangers qui doivent les environner, elles cherchent un asile solitaire dans lequel elles puissent s'endormir en toute sécurité. C'est alors qu'on les voit errer de tous côtés, remplies d'inquiétude, à la découverte d'un bon et sûr gîte. Dès qu'elles l'ont trouvé, elles disposent promptement leur nouveau domicile, et, comme appesanties par un faix invincible, elles ne tardent pas à tomber dans un lourd sommeil, semblable à la mort. Quelques espèces privilégiées filent une coque de soie, douce et moelleuse enveloppe, dans laquelle elles s'enferment parfaitement comme dans une chambre sépulcrale. Les larves prennent alors le nom de *nymphes* ou de *chrysalides*. Les nymphes ne sont pas généralement gracieuses dans leurs formes; elles ressemblent assez à ces momies égyptiennes dont les membres sont fortement collés le long du corps et qui ne présentent qu'une masse emmaillotée des pieds à la tête. Les Insectes demeurent à l'état de nymphe pendant un espace de temps très variable, suivant les espèces. Quelques-uns sont prêts à prendre leur essor au bout de deux ou trois jours, tandis que d'autres sont endormis pendant plusieurs mois, et quelquefois pendant plusieurs années. Le plus souvent la nymphe se fend par le milieu du dos, et l'Insecte en sort en tirant successivement ses membres de leur enveloppe, comme d'un étui. Parfois, de la partie antérieure de la nymphe, il se détache une petite calotte ou segment sphérique, et, par cette porte circulaire, l'Insecte parfait trouve une issue convenable. Quand la nymphe est pourvue d'une coque soyeuse, l'animal sécrète une liqueur particulière, destinée à produire un ramollissement partiel, propre à faciliter la séparation du tissu. Parvenus à leur condition la plus belle, les petits animaux dont nous nous occupons jouissent, en général, peu de temps des avantages qu'ils ont conquis. La durée de leur vie semble même alors être en raison inverse du temps qu'ils ont mis à arriver à leur état parfait. Le cerf-volant qui, au sortir de l'œuf, mine pendant plusieurs années l'intérieur de nos chênes, vit à peine un mois et demi, quand, revêtu d'une enveloppe plus solide, il semblerait pendant longtemps pouvoir braver le trépas. Les éphémères, qui, dans leur jeune âge, restent deux ou trois ans cachées au fond des eaux, ont, après leur dernière transformation, une existence si passagère que souvent le jour même qui en est témoin l'est aussi de leurs derniers moments. La nature ne paraît donc conduire les Insectes à la troisième période de leurs métamorphoses, c'est-à-dire à la jouissance de toutes leurs facultés, que pour préparer la venue de leurs descendants. La ponte, sous quelque forme qu'elle se présente, est le dernier acte important de la vie des Insectes : avant même qu'elle ait eu lieu, la plupart des mâles ont payé leur tribut à la nature, et dès qu'elle est terminée, la destinée des femelles est accomplie ; elles languissent et périssent bientôt. Les Insectes parfaits déploient presque le même instinct que les larves, sous le rapport de la conservation; quelques-uns sont garantis par les formes bizarres dont la nature les a pourvus; le plus souvent la course ou le vol les dérobe au danger; d'autres fois, ils simulent la mort, quand on les saisit, en contractant leurs pattes et leurs antennes, et se laissant tomber à terre; quelques-uns peuvent sauter, comme les puces et les altises, en contractant, puis relâchant leurs pattes postérieures; d'autres, par

un prompt mouvement qu'ils donnent à leur tête, peuvent se retourner : tels sont les taupins ou élaters. Quant à la nourriture, les herbivores, lignivores et floricoles ont peu de peine à se la procurer ; les espèces carnassières poursuivent leur proie, soit à terre, soit en l'air ou dans l'eau. La taille des insectes varie beaucoup depuis les plus grosses espèces, les *scarabées*, par exemple, dont quelques-uns atteignent 10 centimètres de longueur, jusqu'aux espèces presque imperceptibles et qu'on ne peut étudier qu'à l'aide d'une forte loupe. Le nombre des espèces d'Insectes est énorme, et on peut le porter à plus de 400 000. Un grand nombre d'Insectes sont nuisibles à l'homme, et le nombre de ceux qui lui sont utiles est malheureusement très restreint. A des milliers de ces petits êtres qui dévastent et gâtent nos provisions, nous n'avons à opposer que quelques espèces qui, comme les abeilles, les vers à soie, les cochenilles, les cantharides, etc., sont de véritables richesses pour les pays qu'elles habitent. Cependant les Insectes remplissent un rôle très important dans l'économie de notre globe. En effet, malgré leur faiblesse et leur petitesse individuelles, ces petits êtres sont puissants et redoutables par leur nombre, par leur ardeur infatigable, par leur industrie. Certains Insectes aident à la multiplication des végétaux, en transportant le pollen ou poussière fécondante d'une fleur à l'autre; d'autres, au contraire, s'opposent à leur trop grande multiplication et la maintiennent dans de justes proportions. Ceux-ci consomment les débris végétaux, et nettoient la terre et les eaux des détritus qui les corrompraient; ceux-là s'attaquent aux cadavres, aux déjections des grands animaux et purgent le monde de tous ces résidus impurs qui infecteraient l'air; ils changent ces matières devenues inutiles et même nuisibles, en un terreau fécond et contribuent à leur transformation en gaz vivifiant. (Voir COPROPHAGES, NÉCROPHORES, BOUCLIER, etc.) Les Insectes servent d'ailleurs à la nourriture d'un grand nombre d'animaux et même à celle de l'homme; sans parler de la larve du cerambyx que les Romains mangeaient sous le nom de *cossus*, on mange encore de nos jours aux Antilles la larve du charançon palmiste; les Hottentots, les Cafres et même les Arabes se nourrissent des sauterelles dont les nuées désastreuses ravagent fréquemment les contrées qu'ils habitent, et les Australiens font également entrer plusieurs espèces d'Insectes dans leur alimentation. — Un grand nombre d'Insectes carnassiers sont, en outre, utiles à l'homme, en dévorant les espèces phytophages, qui attaquent nos forêts et nos végétaux cultivés : car de même que la nature a créé ces derniers pour limiter la multiplication nuisible de certains végétaux, de même elle a créé les espèces carnassières pour s'opposer aux trop grands ravages des espèces plantivores. — Pendant longtemps, la classification de Latreille, le savant collaborateur de Cuvier, a prévalu parmi les naturalistes, et malgré les nombreuses modifications apportées par les entomologistes, le cadre primitif est resté. Dans cette classification, les Insectes se divisent d'abord en deux grandes sous-classes : les Insectes sans ailes ou *aptères* et les Insectes *ailés*. La première sous-classe se divise en trois ordres :

1° Les **Thysanoures**, dont l'abdomen est garni sur les côtés de pièces mobiles en forme de fausses pattes ou terminées par des appendices propres au saut ; la bouche formée d'organes broyeurs : tels sont les lépismes.

2° Les **Parasites**, dont la bouche consiste en un museau renfermant un suçoir rétractile, ou en une

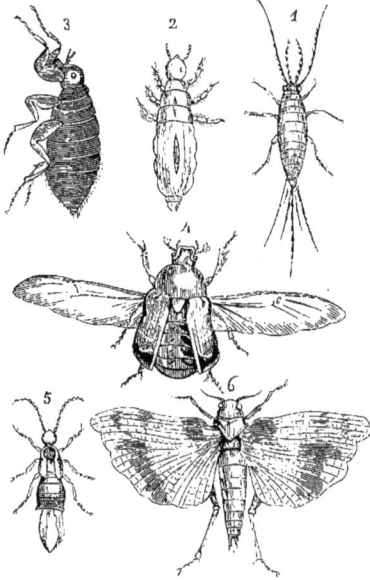

1, lépisme ; 2, pou ; 3, puce ; 4, cétoine ; 5, forficule perce-oreille ; 6, criquet.

fente située entre deux lèvres et avec deux mandibules en crochet (le pou).

3° Les **Aphaniptères**, avec une bouche composée d'un suçoir renfermé dans une gaine cylindrique de deux pièces articulées (la puce).

Parmi les Insectes ailés, qui forment neuf ordres, les sept premiers ordres ont quatre ailes, les deux derniers n'ont que deux ailes membraneuses ; en outre, les Insectes des quatre premiers ordres ont des mandibules et sont des Insectes broyeurs, ceux des ordres suivants ont les organes buccaux rapprochés en tubes, et sont des Insectes suceurs ou lécheurs.

4° Les **Coléoptères**, qui ont les ailes supérieures en forme d'étuis crustacés et horizontaux, les ailes inférieures pliées simplement en travers (cétoine, hanneton).

5° Les **Dermaptères**, qui ont les ailes supérieures coriaces comme les coléoptères, mais très courtes ; les inférieures sont rayonnées, pliées transversalement et longitudinalement ; l'abdomen est terminé

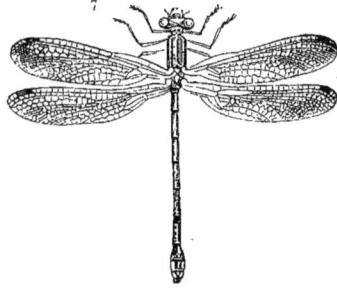

7. Libellule.

dans les deux sexes par une pince (forficule ou perce-oreille).

6° Les **Orthoptères**, dont les ailes supérieures en forme d'étuis, sont ordinairement coriaces et le plus souvent croisées au bord interne, les ailes inférieures pliées en deux sens ou simplement dans leur longueur (criquet, sauterelle).

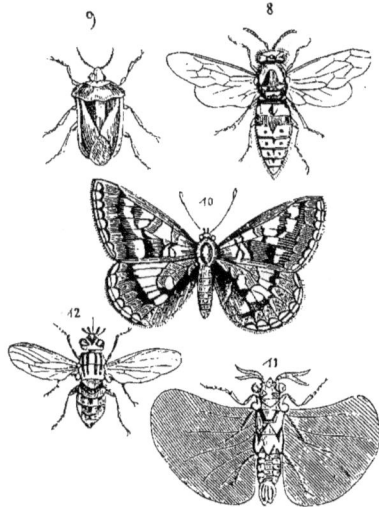

8, guêpe ; 9, punaise des bois ; 10, papillon ; 11, rhipiptère ; 12, mouche.

7° Les **Névroptères**, dont les ailes sont finement réticulées, les ailes inférieures ordinairement de la grandeur des ailes supérieures ou plus étendues dans un de leurs diamètres (libellule).

8° Les **Hyménoptères**, qui ont des ailes articulées à grandes mailles, les ailes inférieures plus petites que les supérieures, l'abdomen des femelles est presque toujours terminé par un oviducte ou par un aiguillon (guêpe, abeille).

9° Les **Hémiptères**, qui ont la bouche en forme de bec articulé, renfermant dans sa gaine des mandibules et les mâchoires transformées en soies; les ailes supérieures en forme d'étuis crustacés avec l'extrémité membraneuse, ou semblable aux inférieures, mais plus grandes et plus fortes (punaises).

10° Les **Lépidoptères**, dont les ailes sont couvertes d'écailles colorées semblables à une poussière; la bouche est formée d'une espèce de trompe roulée en spirale (papillon).

11° Les **Rhipiptères**, à ailes pliées au repos en éventail, deux corps crustacés et mobiles situés à l'extrémité antérieure du thorax (xenos).

12° Les **Diptères**, avec deux ailes étendues, accompagnées, dans presque tous, de deux corps mobiles en forme de balanciers situés en arrière des ailes, et la bouche le plus souvent en forme de trompe terminée par deux lèvres (mouches).

Plus récemment, on a apporté quelques modifications nouvelles à cette classification. Considérant que l'absence des ailes ne constitue qu'un caractère sans valeur importante, puisqu'il se trouve dans tous les ordres des espèces qui en sont privées, la sous-classe des *Aptères* a été supprimée et ses ordres réunis aux groupes ailés dont ils se rapprochent par la disposition des organes buccaux et quelques autres caractères. Ainsi les *Thysanoures* ont été placés dans l'ordre des orthoptères; les *Parasites* ou *Pédiculidés* rentrent dans l'ordre des hémiptères, et les *Aphaniptères* ou *puces* forment la famille des *Pulicidés* dans l'ordre des diptères. Les *Dermaptères* ou *forficules* ont été restitués à l'ordre des orthoptères, dont on les avait détachés, et les *Rhipiptères* rentrent dans celui des diptères. La classe des Insectes ne comprendrait ainsi que sept ordres : les Hyménoptères, les Coléoptères, les Orthoptères, les Névroptères, les Lépidoptères, les Hémiptères, les Diptères. (Voir ces mots.)

Chasse et conservation des Insectes. — Les Insectes se trouvent partout : sur les routes, dans les champs, dans les bois, sur les plantes, dans les eaux; mais si l'on se contentait de ramasser seulement ceux qui se présentent à la vue, on risquerait fort, sauf par quelque heureux hasard, de ne récolter que les plus communs. Il faut donc aller au devant d'eux et les chercher dans leurs retraites les plus secrètes. On doit lever les pierres qui bordent les chemins ou qui reposent sur le sol dans les prés et les bois; visiter les sablonnières et fouiller les trous qui s'y rencontrent souvent en grand nombre; chercher au bord des eaux, sous les détritus et sous les pierres, et même sous celles qui garnissent le fond des ruisseaux; sur les plantes, il faut visiter avec soin les tiges, les feuilles et les fleurs; sur les arbres, surtout sous leur écorce, dans leur carie ou parmi le détritus qui remplace leur aubier; sous les mousses qui recouvrent les troncs et les rochers; dans les champignons et autres substances végétales en décomposition; dans les fumiers, les matières excrémentitielles, surtout celles des herbivores, sur les cadavres d'animaux en putréfaction. Quelque désagréables que puissent être les recherches dans ces dernières substances, elles dédommagent souvent le naturaliste de ses peines. Mais avant de se mettre en chasse, il faut se pourvoir d'abord des objets nécessaires, qui sont : des boîtes garnies de liège pour y piquer les Insectes, des bouteilles contenant du cyanure de potassium, ou remplies d'alcool ou de benzine, des filets, des épingles, des pinces, un écorçoir, un fort couteau, etc. Il est évident qu'on ne trouve pas dans les pays cultivés les espèces des régions arides, ni dans les plaines celles qui vivent sur les montagnes. La chasse consiste donc à explorer ces différentes localités et à attraper au moyen du filet les Insectes qui volent à notre portée. Mais il est encore deux autres moyens prompts, et qui procurent beaucoup d'Insectes que l'on ne prendrait pas autrement. Le premier consiste à étendre à terre une nappe blanche au pied des arbres et des arbustes, et de secouer ou de battre ceux-ci au-dessus; il tombe ainsi beaucoup de choses que l'on se hâte de saisir; on emploie également dans ce but un parapluie à manche brisé que l'on tient renversé en bas. L'autre moyen est de faucher, c'est-à-dire de promener rapidement un fort filet sur les champs de plantes, surtout lorsque celles-ci sont en fleur; la secousse fait tomber les Insectes au fond du filet, où on les saisit ensuite. Les Insectes capturés, les uns, les plus gros, sont de suite piqués; les autres sont mis dans le flacon à cyanure ou dans le flacon à benzine, pour être piqués au retour de la chasse. On ne doit mettre dans le liquide que ceux dont les couleurs sont noires ou métalliques; les Insectes qui doivent leurs brillantes couleurs à un duvet léger ou à une fine poussière y perdraient leur riche parure. Si l'on en excepte les coléoptères, qui sont piqués sur l'élytre droite, tous les Insectes des autres ordres doivent être piqués sur le milieu du thorax. On trouvera, d'ailleurs, aux articles consacrés aux divers groupes les détails qui les concernent particulièrement.

Il ne faut jamais placer dans la collection les Insectes nouvellement piqués; il est bon de les laisser sécher pendant quelques jours, à l'abri de la poussière et de l'humidité, sans quoi ils pourraient se couvrir de moisissure. Lorsqu'ils sont bien secs, on peut les plonger pendant quelques heures dans la benzine ou l'alcool arséniqué pour les mettre à l'abri des mites et des larves. On conserve généralement les Insectes dans des boîtes en carton hermétiquement fermées; les vitrines ou boîtes recouvertes d'une glace ont, il est vrai, l'avantage de laisser voir les objets; mais, à la longue, une lumière trop vive finit par altérer les couleurs délicates de certains Insectes, et surtout des papillons. Les entomologistes doivent visiter fréquemment et avec soin leur collection; car, trop souvent, malgré la bonne fermeture des boîtes, les anthrènes (voir ce mot) et les acarus ou mites trouvent le moyen d'y pénétrer et y produisent rapidement des dégâts considérables. Quelques amateurs placent dans un coin de la boîte, afin d'éloigner ces insectes destructeurs, un petit tube de verre contenant une éponge imbibée de parties égales de benzine et d'acide phénique. Lorsqu'une boîte est attaquée, ce que l'on reconnaît aisément à la poussière qui s'accumule au pied de l'épingle de l'Insecte infecté, il faut retirer celui-ci et le plonger dans la benzine, où on le laissera séjourner quelques heures, et, pour plus de sûreté, on passera la boîte au *nécrentôme*, sorte d'étuve à double fond, dans laquelle on soumet les boîtes à insectes à la chaleur de l'eau bouillante, ce qui fait périr les larves.

Quel que soit le genre de boîtes adopté, il faut qu'elles ferment bien hermétiquement, qu'elles soient abritées de la poussière et surtout de l'humidité. On doit éviter dans ce but qu'elles soient placées trop près d'un mur; elles doivent toujours en être éloignées au moins de quelques centimètres. Ces boîtes doivent être garnies au fond de liège; c'est la seule substance dans laquelle les épingles tiennent bien. Chaque boîte ou tiroir doit porter sur le dos une étiquette indiquant les genres qui y sont renfermés. Quant aux étiquettes intérieures, qui désignent chaque espèce, elles varient de grandeur et de forme, suivant le goût des amateurs. Cependant, le plus généralement, on place en tête de chaque genre une étiquette un peu plus grande et en caractères gras, et au-dessous de chaque espèce, le nom spécifique et celui du pays auquel elle appartient. Il est également d'usage de désigner par des étiquettes de couleur différente la partie du monde à laquelle l'Insecte appartient : blanches pour l'Europe, bleues pour l'Afrique, jaunes pour l'Asie, vertes pour l'Amérique et roses pour l'Océanie.

INSECTIVORES. On désigne généralement sous ce nom tous les animaux qui vivent exclusivement d'insectes. Ils forment, dans la classe des Mammifères, un ordre qui comprend trois familles : les **Musaraignes** (*Soricidés*), les **Hérissons** (*Érinacidés*) et les **Taupes** (*Talpidés*); leurs mâchelières sont garnies de tubercules coniques. — Un grand nombre d'oiseaux sont insectivores. Temminck en forme une famille particulière dans l'ordre des Passereaux, qui répond en partie à celle des *Dentirostres* de Cuvier. Les insectes eux-mêmes s'entre-dévorent; ceux qui sont carnassiers se distinguent par leurs mandibules vigoureuses et acérées.

INSECTOLOGIE. Synonyme d'Entomologie.

INTERCOSTAL. Qui est situé entre les côtes : les muscles, les vaisseaux, etc.

INTESTINAUX. (Voir Vers intestinaux.)

INTESTINS. (Voir Digestion.)

INTRORSES (de *introrsum*, au dedans). Se dit des anthères quand elles s'ouvrent du côté du pistil. On les dit extrorses quand elles s'ouvrent en dehors.

INTUSSUSCEPTION (de *intus*, au dedans, et *suscipere*, recevoir). Les corps organisés, animaux et végétaux, s'accroissent par intussusception, c'est-à-dire en faisant pénétrer au dedans d'eux-mêmes des matériaux empruntés au monde extérieur et qu'ils ont le pouvoir de transformer en leur propre substance au moyen de la digestion et de l'assimilation.

INULE (*Inula*). Genre de plantes de la famille des *Composées tubuliflores*, à capitule radié, à involucre hémisphérique, anthères munies de deux appendices plumeux; akènes pourvus d'une aigrette de poils. Les Inules sont des plantes vivaces, à tige herbacée ou sous-ligneuse, à feuilles alternes, à fleurs jaunes. Le type du genre est l'Aunée (*I. helenium*), à souche épaisse, aromatique, à tige robuste, velue, de 1 à 2 mètres de hauteur; à feuilles aiguës, dentées ; à fleurs en corymbe irrégulier. La décoction de sa racine est stomachique et vermifuge. Avec la racine macérée dans du vin blanc, on obtient un vin stomachique remplaçant le vin de quinquina. Cette plante croît en France, en Allemagne, en Italie. — L'Inule glaive (*I. ensifolia*) se fait remarquer par ses longues feuilles raides, lancéolées, de 70 centimètres. — L'Inule à **feuilles de saule** (*I. salicina*) croît dans les bois secs. — L'Inula dysenterica a des propriétés toniques et astringentes; on emploie sa racine et ses fleurs contre la diarrhée et la dysenterie.

INVERTÉBRÉS. Ce mot, par opposition à celui de vertébrés, indique les classes d'animaux qui n'ont point de colonne vertébrale et par suite point de squelette osseux et intérieur. Ce sont les mollusques, les crustacés, les arachnides, les insectes, les vers et cœlentérés. (Voir tous ces mots et Animaux.)

INVOLUCELLE (diminutif d'involucre). On donne ce nom, en botanique, au verticille de bractées qui, dans les plantes ombellifères, est situé à la base de chacune des ombellules, ou ombelles partielles.

INVOLUCRE (d'*involvo*, j'enveloppe). On désigne sous ce nom les réunions de bractées qui forment autour des fleurs, ou dans leur voisinage, une sorte de collerette, comme chez les ombellifères, les anémones et un grand nombre de composées.

Ombelle de carotte montrant l'involucre et l'involucelle.

IONIDIUM (du grec *ion*, violette, et *cidos*, semblable). Genre de plantes dicotylédones, polypétales, hypogynes, de la famille des *Violacées*. Ce sont des arbustes des régions tropicales de l'Amérique, à feuilles alternes, entières, à fleurs naissant à l'aisselle des feuilles supérieures. L'**Ionidium itubu**

fournit dans sa racine émétique et purgative le *faux ipécacuanha* du Brésil. L'Ionidium **parviflorus**, de Colombie, et l'Ionidium **strictus**, des Antilles, ont des propriétés analogues. (Voir Ipécacuanha.)

IPÉCACUANHA (nom brésilien de la plante). Genre de plantes de la famille des *Rubiacées*, remarquables par les propriétés médicales de leur racine. — On connaît deux espèces de ce genre, l'Ipécacuanha **officinal** (*Cephælis ipecacuanha*, Rich.), connu dans le commerce sous le nom d'*Ipécacuanha gris* ou *annelé*. C'est un arbrisseau du Brésil, à tige ascendante, sarmenteuse, de 30 à 40 centimètres de hauteur ; à feuilles opposées, ovales lancéolées, d'un beau vert ; à fleurs blanches, petites, réunies en capitules terminaux. Il croît dans les forêts humides des provinces de Fernambouc et de Rio-Janeiro. C'est cette

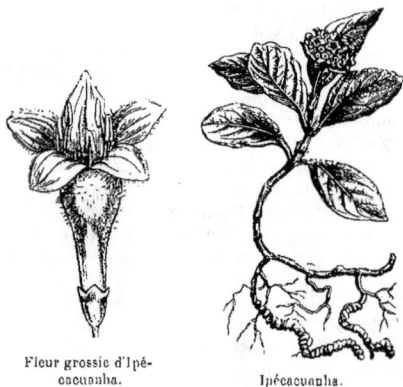

Fleur grossie d'Ipécacuanha.   Ipécacuanha.

espèce qui fournit à l'Europe tout l'Ipécacuanha qui s'y consomme. Cette substance se rencontre dans le commerce sous forme de racines cylindriques, tortueuses, de 8 à 12 centimètres de longueur, de la grosseur d'une plume à écrire ; son épiderme est rugueux et grisâtre ; son écorce offre des étranglements circulaires, très rapprochés les uns des autres, et imitant des anneaux ; son odeur est forte, nauséabonde ; sa saveur est amère, un peu âcre et aromatique ; son intérieur, ou partie ligneuse, est fibreux, jaunâtre, inodore et beaucoup moins sapide que l'enveloppe corticale. — La seconde espèce, l'Ipécacuanha **strié** (*Psychotria emetica*) ou *Ipécacuanha brun*, ainsi nommé à cause de sa couleur plus foncée que dans le précédent, offre, entre les anneaux ou étranglements, des stries longitudinales qui n'existent pas dans l'Ipécacuanha gris. Une autre différence encore très marquée, c'est que les espèces d'anneaux formés par la partie corticale sont plus éloignés les uns des autres. Sa cassure est moins compacte ; son odeur et sa saveur presque nulles. Cette espèce habite le Pérou. — On donne le nom d'*Ipécacuanha blanc* ou *Ipécacuanha du Brésil* à une plante du genre *Ionidium*, de la famille des *Violacées*. L'Ipécacuanha blanc diffère des deux autres

espèces par la ténuité, la filiformité de ses racines ; par la couleur blanchâtre et l'aspect ondulé de son écorce ; par les anneaux demi-circulaires que forme cette dernière ; enfin son odeur est plus faible et sa saveur est nulle. On emploie cette dernière espèce dans l'Amérique méridionale ; elle croît à Cayenne et sur la côte du Brésil. — L'Ipécacuanha, dont le principe actif est l'émétine, jouit de propriétés vomitives, excitantes et toniques très prononcées. Donné à petites doses, il irrite l'estomac et produit le vomissement ; à doses fractionnées, son action semble se porter principalement sur les organes pulmonaires ; c'est pour cela qu'on l'emploie fréquemment dans certains catarrhes pulmonaires, la coqueluche, etc. C'est le médicament par excellence de la dysenterie.

Ipécacuanha des **Allemands**. (Voir Dompte-venin.)
Ipécacuanha du **Brésil**. (Voir Ionidium.)
Ipécacuanha **blanc**. (Voir Ionidium.)
Ipécacuanha [**Faux**]. (Voir Ionidium.)

IPOMÉE (*Ipomæa*). Genre de plantes de la famille des *Convolvulacées*, très voisines des Liserons ou Convolvulus, dont elles ne diffèrent en réalité que par leurs stigmates très courts et globuleux. Ces plantes volubiles rappellent par leur port et leurs fleurs les convolvulus, et fournissent quelques belles espèces à nos jardins ; telles que l'Ipomée de **Madagascar** (*I. Lindleyi*), à fleurs d'un rose carminé, l'Ipomée à feuilles digitées (*I. digitata*), à fleurs lilacées, des Antilles ; l'Ipomée **pourprée** (*I. purpurea*), de l'Amérique du Sud. Mais les plus importantes à cause de leurs propriétés utiles sont le **Jalap** et la **Patate**, auxquels nous avons consacré des articles particuliers. — L'**Ipomœa turpethum** ou *turbith*, des Indes orientales, fournit dans sa racine un purgatif énergique analogue au Jalap.

IPRÉAU. Nom vulgaire du Peuplier blanc.

IRAGUA. Nom de la Vive sur les côtes de la Méditerranée.

IRIDACÉES ou **IRIDÉES**. Belle et riche famille de plantes monocotylédones, remarquables par la grandeur et l'éclat de leurs fleurs ; le genre *Iris* en est le type, et en rassemble les principaux caractères. Toutes les Iridacées ont une tige herbacée, cylindrique ou comprimée, partant d'une racine tubéreuse, quelquefois fibreuse. Leurs feuilles sont alternes, planes, ensiformes ou cylindracées. Les fleurs, avant leur épanouissement, sont enveloppées dans une spathe membraneuse ; elles naissent solitaires ou groupées de diverses manières. Voici leurs caractères généraux : calice pétaloïde, généralement tubuleux, adhérent par sa base à l'ovaire, ayant son limbe à six divisions profondes, dont trois intérieures et trois extérieures, point de corolle ; trois étamines insérées au tube, opposées aux segments du calice ; anthères à deux loges, ovaire infère, à trois loges, contenant chacune plusieurs ovules attachés sur deux rangées alternatives ; style simple, terminé par trois stigmates membraneux et pétaloïdes, capsule à trois loges polyspermes et à trois valves. A cette famille appartiennent les iris, les glayeuls, les safrans, les ixies, les bermudiennes, etc. (Voir ces mots.)

IRIDINE (de *iris*). Genre de plantes monocotylédones de la famille des *Iridées*, très voisines des Iris, avec lesquels on les confondait autrefois. Leur périanthe est à six divisions, en roue, les trois extérieures amincies à leur base en onglet, les intérieures plus petites. Le type du genre, l'**Iridine bleue** (*Vieussenxia glaucopis*) ou *Iris paon*, a les segments extérieurs de la fleur blancs avec une grande tache bleue. Elle vient du cap de Bonne-Espérance.

IRIS. Genre de plantes type de la famille des *Iridacées*, remarquable par la forme élégante et les couleurs aussi vives que variées des fleurs de la plupart des espèces, qualités auxquelles il doit son

Iris germanique.

nom, qui est celui de l'arc-en-ciel. Il reproduit les caractères principaux de la famille (voir IRIDACÉES), et se distingue des genres voisins par ses sépales recourbés en dehors et en bas, ses pétales dressés et convergents, son style à trois lobes pétaloïdes carénés en dessus. Tous les Iris sont des herbes à racine tubéreuse, ou moins souvent bulbeuse. La plupart ont des tiges très simples ou peu rameuses, dégarnies de feuilles vers le haut. Les feuilles, disposées sur deux rangs et très rapprochées à la base des tiges, sont alternes, engainantes par leur base, entières, pointues, en général en forme d'épée antique, finement striées dans le sens de leur longueur. Les fleurs, très odorantes dans beaucoup d'espèces, sont solitaires au sommet de la tige, ou bien elles forment une grappe terminale, simple ou rameuse ; chaque fleur, avant son épanouissement, est enveloppée de deux gaines membraneuses qu'on appelle

spathes. L'espèce indigène la plus commune est l'**Iris des marais** ou *faux acore* (*Iris pseudo-acorus*, L.), vulgairement *glayeul des marais*, qui se plaît au bord des eaux et dans les prairies marécageuses. On le distingue sans peine à sa tige haute de 1 mètre et plus, garnie de feuilles au moins aussi longues qu'elle-même et à ses fleurs d'un beau jaune. Ce sont ces fleurs ou celles de quelque autre espèce indigène, et non celles d'un lis, qui ont servi de type aux *fleurs de lis* des anciennes armoiries de France. La racine de l'Iris des marais est âcre et drastique étant fraîche, propriétés qu'on retrouve à un degré plus ou moins prononcé dans les racines de la plupart de ses congénères, mais qui se perdent en tout ou en partie par la dessiccation. — Les espèces le plus fréquemment cultivées à titre de plantes d'ornement sont : l'**Iris d'Allemagne** (*I. germanica*, L.), vulgairement *flambe, flamme*, à fleurs très grandes, odorantes, variant du violet foncé au bleu pâle et au blanc ; ses racines sont aussi très âcres et s'employaient autrefois contre l'hydropisie. — L'**Iris de Florence** (*I. florentina*, L.), à fleurs très grandes et constamment blanches. Ses racines ont une odeur de violette très agréable ; aussi s'en sert-on pour parfumer les poudres dites *de riz* ; on en fait les petites boules qu'on connaît sous le nom de *pois d'iris* ou *pois à cautère*. — L'**Iris à fleurs panachées** (*I. variegata*, L.), à fleurs odorantes, panachées de jaune, de brun ou pourpre et de blanc. — L'**Iris de Portugal** et l'**Iris bulbeux** diffèrent des espèces précédentes par une racine bulbeuse et des feuilles très étroites, semblables à celles des joncs. Cette dernière espèce (*I. juncea*), connue sous le nom vulgaire de *zetout*, donne un bulbe de la grosseur d'une noisette, d'une saveur très agréable.

IRIS. Membrane circulaire placée à la partie antérieure de l'œil au-devant du cristallin. (Voir ŒIL.)

ISARD. (Voir CHAMOIS.)

ISATIS. Espèce du genre *Renard*.

ISATIS. Nom scientifique latin du Pastel. (Voir ce mot.)

ISIS. Genre de cœlentérés coralliaires de l'ordre des ALCYONNAIRES, famille des *Isididés*, essentiellement caractérisés par leur polypier arborescent, dont l'axe est composé alternativement de parties calcaires et de parties cornées, recouvertes par une écorce épaisse ou sarcosome analogue à celle du corail, et dans laquelle sont implantés les polypes. Le type du genre, l'**Isis hippuris**, se trouve dans toutes les mers. A l'état vivant ce beau polypier est blanchâtre ; mais dépouillé de son écorce, il paraît comme annelé alternativement de brun et de blanc ; la couleur foncée des parties cornées tranchant nettement sur celle des parties calcaires qu'elles séparent. Sa grandeur varie de 1 à 5 décimètres.

ISOÉTÉES (du grec *isos*, semblable, et *étos*, année, c'est-à-dire plantes restant vertes toute l'année). Groupe de végétaux cryptogames acrogènes, détaché des Lycopodiacées comme famille distincte. Ce sont des plantes aquatiques ou terrestres, à rhizome très court, sillonné, émettant des racines dichotomes et des frondes subulées, en touffes serrées, dressées, élargies et membraneuses à la base. Il ne comprend qu'un seul genre : Isoetes, à feuilles radicales à la base desquelles se trouvent des fossettes qui logent les organes reproducteurs ; ce sont des sporanges de deux sortes : les uns, fixés aux feuilles de la circonférence, contiennent des *macrospores* produisant un prothalle femelle ; les autres, fixés aux feuilles du centre, renferment des *microspores* en poussière très fine et en nombre considérable qui donnent un prothalle mâle. L'**Isoète des lacs** (*I. lacustris*), plante aquatique à tige presque nulle, en disque charnu d'où émanent des racines fibreuses et des feuilles épaisses, linéaires, très aiguës, croît dans les lacs et les étangs.

ISONANDRA. Genre de plantes dicotylédones de la famille des *Sapotacées*, dont une espèce, l'**Isonandra gutta**, fournit la *gutta-percha*. (Voir ce mot.)

ISOPODES (de *isos*, semblable, et *podes*, pieds). Ordre de la classe des Crustacés, se rapprochant beaucoup des Amphipodes (voir ce mot) par leur conformation extérieure, mais dont les pattes abdominales sont transformées en branchies membraneuses formées de deux lames, dans l'intérieur desquelles le sang circule ; le cœur est également situé dans la région abdominale. Ils ont le corps large, aplati, recouvert d'une peau dure et épaisse, parfois incrustée de calcaire. Les anneaux thoraciques, au nombre de sept, ont en général à peu près la même largeur, et portent chacun une paire de pattes toutes semblables. L'abdomen est terminé, dans les Isopodes nageurs, par de larges lamelles semblables à des nageoires ; dans les Isopodes terrestres par des appendices cylindriques ou coniques ; dans tous, il porte les pattes branchiales au nombre de cinq paires. A l'exception des Oniscidés (*Cloportes*), qui sont terrestres, et de quelques espèces qui habitent les eaux douces (*Aselles*), tous les Isopodes sont marins. Les uns (*Idotea, Cymodocea*, etc.) sont libres et nageurs, d'autres (*Entomiscus, Cymothoa, Bopyrus*, etc.) vivent en parasites sur les poissons ou les crabes.

IULE, *Iulus.* Genre de myriapodes de l'ordre des Chilognathes, à corps allongé subcylindrique, formé d'un nombre considérable d'anneaux (souvent plus

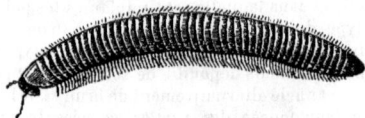

Iule des sables (*Iulus sabulosus*).

de cinquante), composé chacun d'une grande plaque dorsale, de deux pièces latérales et de deux pièces ventrales ; le premier anneau est sans pieds, les trois suivants portent chacun une paire de pattes, tous les autres en ont deux. La tête est munie de deux antennes courtes, de sept articles et de points

oculaires nombreux. Les Iules se rencontrent dans toutes les régions du globe, dans les lieux humides, sous les pierres. Ils se roulent en spirale à la moindre apparence de danger. Le type du genre est l'**Iule des sables**, commun en France.

IVOIRE. Matière qui constitue les défenses des éléphants, et les dents en général. (Voir Dents.)

Ivoire végétal. (Voir Phytéléphas.)

IVRAIE (*Lolium*). Genre de plantes de la famille des *Graminées*. Ce genre se distingue essentiellement

Ivraie (*Lolium temulentum*).

du froment (*Triticum*) par la position de ses épillets distiques et multiflores, qui regardent l'axe par une de leurs faces, par la saillie que forme chaque fleur en dehors et par sa balle qui est quelquefois à une seule valve. Parmi les espèces de ce genre, deux surtout méritent de fixer notre attention ; mais par des raisons contraires ; en effet, l'une cause le plus grand tort aux moissons et produit sur l'homme et les animaux des effets funestes, tandis que la seconde se recommande par son utilité. — La première est l'**Ivraie vénéneuse** (*L. temulentum*, L.), plante mal famée à raison des propriétés malfaisantes de ses graines, et d'autant plus dangereuse qu'elle croît de préférence parmi les céréales. Cette espèce, qu'on appelle aussi *herbe enivrante* ou *zizanie*, est annuelle, à racine fibreuse, produisant plusieurs chaumes grêles, hauts de 4 à 8 décimètres. Les épillets, composés chacun de cinq à huit fleurs, sont de la longueur de la glume. Les graines paraissent contenir un principe à la fois âcre et narcotique. Lorsqu'elles se trouvent mêlées en certaine quantité aux graines des céréales, elles communiquent à la farine et au pain des qualités pernicieuses, susceptibles de produire des accidents plus ou moins graves, tels que nausées, vomissements, vertiges, tremblements, ivresse. — La seconde espèce, l'espèce utile, est l'Ivraie vivace (*L. perenne*), le *ray grass* des Anglais. Cette espèce, commune le long des chemins, sur les pelouses naturelles, est haute de 4 à 5 décimètres, à épi long et comprimé, formé de six à douze fleurs. Cette graminée a une grande importance comme espèce fourragère et comme gazon; sous ce dernier rapport, on l'emploie de préférence à toute autre plante; elle forme d'excellents pâturages dans toutes les terres qui ne sont pas trop sèches, et se renforce d'autant plus qu'elle est plus broutée et piétinée par les animaux. — L'Ivraie d'Italie (*L. italicum*) donne également d'excellents résultats.

IXIE, *Ixia* (du grec *ixos*, glu, parce que son bulbe est visqueux. Suivant d'autres, ce nom lui viendrait de la corolle plane et très ouverte de ses fleurs, qui figure une roue, la roue d'Ixion). Ce sont des plantes herbacées de la famille des *Iridacées*, à racines bulbeuses, à feuilles ensiformes, engainantes à leur base, à fleurs ordinairement disposées en épis élégants, remarquables par leurs brillantes couleurs, qui leur assignent un rang distingué parmi les plantes d'ornement. Une seule espèce croît en Europe, dans les régions méditerranéennes, c'est l'Ixie bulbocode, à fleurs violettes ou purpurines, avec un onglet jaunâtre. Les autres espèces sont originaires de l'Afrique méridionale, ce sont : l'Ixie rose, à hampe terminée par une seule fleur d'un très beau rose; l'Ixie tricolore, à fleurs d'un beau rouge vif avec la base des pétales d'un jaune doré,

et un trait noir séparant les deux couleurs; l'Ixie citrin, à fleurs en épi d'un beau jaune citron ; l'Ixie anémone, à fleurs blanches lavées de jaune. Toutes ces plantes multiplient par caïeux; elles demandent surtout à être garanties du froid.

IXODE (du grec *ixodès*, collant). Genre d'arachnides de l'ordre des ACARIENS, type de la famille des *Ixodidés*. Les Ixodes, plus connus sous le nom de *tiques*, ont le corps aplati, ovale, presque orbiculaire, recouvert par un bouclier céphalothoracique très dur, portant souvent sur les côtés deux yeux rudimentaires. Ils se distinguent surtout par ce caractère que les palpes engainent le suçoir et forment avec lui un bec avancé formé de trois lames cornées dont l'inférieure est dentée en scie; les pattes, au nombre de huit, sont longues, formées de six articles, dont les deux derniers forment un tarse conique garni de deux forts crochets. Ces acariens s'attachent à la peau des animaux, dont ils sucent le sang, et s'en gorgent tellement qu'ils acquièrent un volume comparativement énorme. On en connaît plusieurs espèces, parmi lesquelles nous citerons l'Ixode ricin (*Ixodes ricinus*) ou *tique des chiens*; son nom lui vient de ce qu'étant repu, il a l'aspect d'une graine de ricin. Cette espèce fréquente les lieux boisés, les taillis, ce qui explique qu'on la trouve le plus souvent sur les chiens de chasse, mais elle attaque aussi les bœufs et les moutons, et parfois même l'homme. Lorsqu'ils ont introduit leur rostre dans la peau, il est fort difficile de les détacher, et le plus souvent, on n'arrache que le corps. Il vaut mieux leur appliquer une goutte de benzine ou d'essence de térébenthine qui leur fait lâcher prise; l'Ixodes reduvius se rencontre fréquemment sur les bœufs et les moutons. L'Ixodes nigua, de l'Amérique centrale, où il est connu sous le nom de *yarapatte*, appartient au genre *Argas*; c'est l'*Argas americanus*. Il attaque l'homme et les animaux. Les larves des Ixodes n'ont que trois paires de pattes, comme celles de tous les acariens.

J

JABIRU (*Mycteria*). Genre d'oiseaux de l'ordre des ÉCHASSIERS, famille des *Ardéidés* (*Cultrirostres* de Cuvier), très voisins des Cigognes, dont ils diffèrent surtout par leur bec comprimé et retroussé vers le haut. Ces oiseaux ont les mœurs des cigognes; ils habitent les vastes savanes marécageuses de l'Amérique du Sud, où ils recherchent les insectes, les mollusques et les poissons, dont ils font leur nourriture. — L'espèce la plus commune est le Jabiru d'Amérique (*M. americana*, Linné); elle est très grande, blanche; le cou et la tête sont dénués de plumes, et revêtus d'une peau noire qui prend une teinte rouge vers le bas; l'occiput seulement a quel-

ques plumes blanches; le bec et les pieds sont noirs; le cou est long et fort gros. Cet oiseau a 1m,60 de hauteur verticale et autant de longueur totale.

JABORANDI (nom brésilien). Grand arbre du Brésil qui appartient à la famille des *Rutacées*. Ses feuilles s'emploient comme celles de la *coca* (voir ce mot). Amer et aromatique, le Jaborandi (*Pilocarpus pinnatifolius*) provoque la salivation et la transpiration. On l'emploie en infusion théiforme, à la dose de 2 à 4 grammes dans les bronchites, la goutte, le rhumatisme, etc.

JABOT, Portion de l'estomac des oiseaux. (Voir ce mot.)

JACA ou **JAQUIER**. Nom vulgaire de l'Artocarpe (voir ce mot) ou *arbre à pain*.

JACAMAR (*Galbula*). Genre d'oiseaux de l'ordre des Grimpeurs ou Zygodactyles, famille des *Galbulidés*, caractérisés par un bec beaucoup plus long que la tête, quadrangulaire, pointu; par des ailes courtes, une queue longue et étagée et par des tarses courts à moitié emplumés. Ce sont des oiseaux à plumage généralement vert foncé à reflets métalliques, qui habitent les forêts de l'Amérique méridionale. On les répartit dans trois groupes : 1° les **Jacamars**, qui ont le bec droit (*G. viridis* et *G. paradisea*); 2° les **Jacamérops**, dont le bec est légèrement recourbé (*G. grandis*), et 3° les **Jacamaralcyons** (*G. tridactyla*), chez lesquels le doigt postérieur interne manque. Ces oiseaux vivent d'insectes qu'ils attrapent au vol et nichent dans les trous d'arbres.

JACAMARALCYON. (Voir Jacamar.)

JACAMÉROPS. (Voir Jacamar.)

JACANA (*Parra*). Genre d'oiseaux de l'ordre des Échassiers, de la famille des *Rallidés* (*Macrodactyles* de Cuvier). Leur bec, de longueur médiocre, est droit, comprimé latéralement, couvert à sa base, dans quelques espèces, par une membrane nue qui remonte vers le front; les tarses longs et grêles sont terminés par des doigts déliés, munis d'ongles

Jacana.

aigus et extrêmement longs; les ailes sont munies d'un éperon pointu. Les Jacanas se trouvent en Asie, en Afrique et dans l'Amérique méridionale; ce sont des oiseaux farouches, criards et querelleurs, vivant dans les marais des pays chauds, et marchant aisément sur les herbes au moyen de leurs longs doigts; mais ils ne peuvent nager; ils s'enfoncent dans l'eau jusqu'au genou et courent avec légèreté sur les nénuphars et autres plantes aquatiques à larges feuilles. Ils marchent plus qu'ils ne volent; cependant leur vol est droit et rapide; ils se nourrissent exclusivement d'insectes et nichent à terre au milieu d'herbes très hautes. La ponte est de quatre œufs verdâtres, tachetés de brun foncé. Leurs habitudes les rapprochent d'ailleurs des râles et des poules d'eau. Le **Jacana commun** (*P. jacana*, L.) a son bec jaune, sous lequel se trouvent deux barbillons charnus, une

membrane couchée sur le front, divisée en trois lambeaux; la tête, le cou, la gorge et tout le dessous du corps sont d'un noir violet, le manteau roux, les grandes pennes des ailes vertes, la queue courte et arrondie; il est long d'environ 30 centimètres. On lui donne le nom vulgaire de *chirurgien* au Brésil, sans doute à cause de l'éperon triangulaire en forme de lancette dont ses ailes sont armées. — Le **Jacana à longue queue** (*P. sinensis*), de l'Inde, se distingue de ses congénères par la longueur des deux pennes intermédiaires de la queue; il est de couleur marron nuancé de rouge avec une collerette blanche lisérée de noir, et le derrière du cou d'un jaune doré. — Le **Jacana à nuque blanche** se distingue par son cou noir devant et blanc derrière; il habite Madagascar.

JACÉE. (Voir Centaurée.)

JACINTHE, *Hyacinthus* (du nom du jeune Hyacinthe changé en fleur par Apollon). Ce genre appartient à la famille des *Liliacées*. Ses carac-

Jacinthe (*Hyacinthus orientalis*).

tères génériques sont : racine bulbeuse, à feuilles radicales étroites, à fleurs disposées en épi au haut de la hampe; chaque fleur se composant d'un calice tubuleux, dont le limbe évasé a six divisions recourbées. Les étamines, au nombre de six, sont attachées à la paroi interne du calice; elles ont des filets très courts, des anthères allongées et à deux loges; l'ovaire est libre, sessile, ovoïde ou globuleux, à six côtes, à trois loges contenant chacune environ huit ovules attachés sur deux rangées longitudinales à l'angle interne ; le style se termine par un stigmate à trois lobes. L'ovaire se développant devient une capsule ordinairement triangulaire, à trois loges, renfermant chacune plusieurs graines ovoïdes ou globuleuses.— Le type du genre est la **Jacinthe d'Orient** ou *jacinthe des jardiniers* (*H. orientalis*, L.), haute de 20 à 30 centimètres, terminée par un épi de jolies fleurs blanches, roses ou bleues, exhalant une odeur suave. C'est la Hollande, Harlem surtout, qui possède les plus belles cultures de jacinthes et de tulipes ; on en compte plus de douze cents variétés dont quelques-unes se vendent à un prix très élevé. On propage ces variétés par les caïeux. La culture des Jacinthes veut une terre légère ; on met les oignons en terre au commencement de l'automne, et on les protège pendant l'hiver, en couvrant les planches de fougère ou de paille. La floraison a lieu dès les mois de mars et d'avril. Lorsque la floraison est terminée et la hampe desséchée, on retire les bulbes de terre et on les conserve dans un lieu sec jusqu'au moment de la plantation. — La **Jacinthe des bois** (*H. nutans*), très commune dans nos bois au printemps, est haute d'environ 30 centimètres et terminée par un épi de fleurs d'un beau bleu de ciel et renversées. On en fait aujourd'hui le genre *Agraphis*. — La **Jacinthe améthyste**, des Pyrénées, a la tige grêle, terminée par six à douze fleurs d'un beau bleu violacé.

JACKAL. (Voir Chacal.)

JACO. Nom vulgaire du Perroquet gris.

JACOBÉE. Plante du genre *Séneçon*.

JACQUIER ou **JAQUIER**. Nom vulgaire d'un arbre du genre *Artocarpe*. (Voir ce mot.)

JADE. Substance minérale composée de feldspath mélangé à d'autres matières. Elle est très dure, raye le verre, reçoit un poli onctueux ; sa densité varie entre 2.95 et 3. On en distingue plusieurs variétés. Le **Jade oriental**, qui se rencontre dans l'Inde, la Chine, l'Amérique du Sud, est verdâtre, blanchâtre, souvent translucide. Les Orientaux en font des amulettes, des manches de couteau, des poignées de sabre. — Le **Jade de Saussure**, vert ou bleuâtre, se trouve près de Genève et de Turin. — Le **Jade de Corse**, connu sous le nom de *vert de Corse*, est d'un vert d'herbe, à éclat chatoyant. On lui donne le nom d'*euphotide*.

JAGUAR (*Felis onça*, L.). Grande panthère des fourreurs. Le Jaguar ou tigre d'Amérique est le plus grand, le plus fort et le plus à craindre des *Felis* américains. (Voir Chat.) Sa taille surpasse celle des plus fortes panthères de l'Afrique. Sa peau est remarquable par sa beauté ; les taches y sont ocellées sur le dos, et en forme de roses sur les flancs. Cet animal féroce est surtout commun au Mexique, où il cause de grands dégâts parmi les troupeaux. Il est nocturne et habite les grandes forêts ; comme le tigre, dont il a les mœurs, il recherche le voisinage

des fleuves, qu'il traverse avec facilité. Il attaque les taureaux, les mulets, les chevaux. Il attaque rarement l'homme, à moins qu'il ne soit pressé par la faim. Quoique d'un naturel sanguinaire, le Jaguar ne tue que ce qui est nécessaire à sa consommation ; et il arrive souvent que, trouvant deux bœufs ou deux chevaux attachés ensemble, il n'en prive qu'un seul de la vie. Sa force est prodigieuse ; il peut emporter un cheval dans ses mâchoires et même traverser une rivière avec sa proie. On le rencontre généralement seul et quelquefois avec sa femelle ; celle-ci fait

Jaguar.

deux petits, dont le poil est moins lisse et moins beau que dans les adultes ; la mère les guide dès qu'ils peuvent la suivre, les protège, les défend avec courage. — La peau du Jaguar est assez recherchée ; on le chasse au fusil avec de nombreuses meutes de chiens. Les Gauchos de la Plata, vrais centaures américains, font au Jaguar, pour avoir sa peau, une guerre d'extermination ; simplement armés du *lasso* (cordelette garnie à ses extrémités de balles de plomb) et d'un coutelas bien affilé, ils vont à la rencontre du terrible animal, l'enlacent, le traînent au galop de leur cheval, et lorsqu'il est épuisé, l'achèvent avec leur coutelas. Si le Gaucho manque son coup, il devient la proie du Jaguar, mais l'homme est presque toujours vainqueur. On rencontre, mais très rarement, des Jaguars complètement noirs avec les taches d'un noir plus profond.

JAGUARONDI. Espèce américaine du Chat sauvage. (Voir Chat.)

JAIS. Le Jais ou *jayet* est une substance d'un noir luisant, très foncé ; elle est dure, compacte, cassante, d'un éclat gras ; sa pesanteur spécifique est de 1,26. Le Jais brûle sans couler et sans boursoufflure, répandant une odeur âcre. On y reconnaît parfois la texture organique du bois ; d'autres fois il n'en offre aucun vestige. On trouve le Jais en lits interrompus dans les bancs de lignite piciforme ; il se trouve aussi dans les gîtes de lignite couverts par des terrains basaltiques. On l'emploie en bijouterie pour les parures de deuil. (Voir Lignite.)

JALAP. On appelle ainsi la racine d'une plante du genre *Ipomœa* (voir ce mot), très voisin du genre *Convolvulus* (*Ipomœa purga*). Cette plante, employée surtout autrefois comme purgatif, croît naturellement au Mexique, principalement aux environs de Jalapa, d'où son nom. Sa racine est pivotante, très renflée, ovoïde, d'un blanc grisâtre et charnue. De cette racine partent des tiges volubiles et striées; les feuilles, longuement pétiolées, ont une forme ovale ou orbiculaire, quelques-unes sont hastées. Les ?pédoncules biflores portent une belle fleur pourpre, de la grandeur de celle du liseron des haies. La racine de Jalap s'administre en poudre à

Jalap (*Ipomœa purga*).

la dose de 1 à 2 grammes délayés dans de l'eau ou incorporés avec du miel. C'est un purgatif assez violent. La résine de Jalap est encore plus active; elle s'emploie à la dose de 4 à 5 décigrammes. Le Jalap entre dans un grand nombre d'élixirs purgatifs, entre autres dans l'eau-de-vie allemande ou teinture de Jalap composée, qui s'administre à la dose de 10 à 20 grammes.

JALAPS [Faux]. On donne le nom de *faux Jalaps* à des racines employées comme succédanés du vrai Jalap; telles sont celles du *Mirabilis jalapa* et de la Bryone. (Voir ces mots.)

JAMBE. On donne ce nom à la seconde portion des membres abdominaux qui s'étend depuis le genou jusqu'au pied. La jambe est formée par deux os, le tibia et le péroné, et par deux groupes de muscles importants. (Voir SQUELETTE et MUSCLES.)

JAMBONNEAU. Nom vulgaire d'une coquille du genre *Pinne marine*. (Voir ce mot.)

JAMBOSIER (*Jambosa*). Genre de plantes dicotylédones, polypétales, périgynes, de la famille des *Myrtacées*. Il comprend des arbres et des arbrisseaux répandus dans les régions tropicales du globe, et dont plusieurs offrent un grand intérêt. — Le Jambosier commun (*J. vulgaris*), de l'Inde, connu sous les divers noms de *jamerosier*, *pomme rose*, *jamrosade*, est un grand arbre de 10 à 12 mètres de hauteur, à feuilles longues, lancéolées, à fleurs en

panicule, d'un blanc jaunâtre auxquelles succèdent des fruits semblables à de petites pommes jaunâtres, dont la chair, d'une saveur acidulée agréable, laisse dans la bouche une saveur de rose. On confit ses fleurs et ses fruits. — Le Jambosier de Malacca (*J. malacensis*) donne également un fruit piriforme délicieux et embaumé. — Le Jambosier à feuilles de myrte, de l'Australie, est un arbrisseau à fleurs blanches et à fruits rouges également comestibles. Tous ces végétaux faisaient autrefois partie du genre *Eugenia*, de Linné.

JAMEROSIER. (Voir JAMBOSIER.)

JAM-ROSADE. (Voir JAMBOSIER.)

JANTHINE (du grec *ianthinos*, violet). Genre de mollusques de la classe des CÉPHALOPHORES, ordre des HÉTÉROPODES, formant à lui seul la famille des *Janthinidés*. L'animal a la forme générale des Gastéropodes. Sa tête est semblable à un gros mufle, tronqué en avant et fendu longitudinalement par une bouche à lèvres épaisses, armées en dedans de plaques cornées hérissées de crochets; en arrière, elle porte deux grands tentacules bifurqués. Après la tête et en dessous est un pied ovalaire, dépourvu d'opercule; mais auquel l'animal peut ajouter une espèce de radeau formé d'une multitude de bulles qu'il sécrète, et dont le mucus se durcit à l'air. C'est à l'aide de ce radeau ou flotteur que l'animal se maintient à la surface de l'eau, et c'est à sa face inférieure qu'il attache ses œufs. La coquille des Janthines est ventrue, globuleuse ou conoïde, très mince, extrêmement fragile et toujours teinte d'un beau bleu violacé, d'où leur nom. L'animal peut sécréter un suc pourpré pour troubler l'eau, afin d'échapper à ses ennemis. On croit que les Janthines étaient un des principaux mollusques dont les anciens tiraient la pourpre; en effet, on les rencontre dans la Méditerranée par essaims de milliers d'individus.

JAPONAIS. (Voir MONGOLS.)

JAQUES. Nom vulgaire du Geai.

JAQUIER. (Voir ARTOCARPE.)

JARDINIÈRE. Un des noms vulgaires du Carabe doré et de la Courtilière.

JARGON. (Voir ZIRCON.)

JARRET. On nomme ainsi, chez l'homme, la région postérieure du genou. Ce que l'on nomme *jarret* chez les animaux, tels que le cheval, le bœuf, correspond non au genou ou au coude, mais au poignet et au tarse de l'homme.

JAROSSE. Nom vulgaire du *Lathyrus cicera*, plante papilionacée. (Voir GESSE.)

JARS. Nom vulgaire de l'Oie mâle domestique.

JASEUR (*Bombycilla*). Genre d'oiseaux de l'ordre des PASSEREAUX, section des *Dentirostres*, famille des *Turdidés*, offrant pour caractères : bec court, convexe en dessus, à mandibule supérieure échancrée; narines situées à la base du bec et en partie cachées par les plumes du front; tarses courts, scutellés. — Le Jaseur de Bohême (*B. garrula*), la seule espèce qui paraisse en Europe, est un oiseau de mœurs sociables, aimant à vivre en compagnie de ses semblables, et ne s'isolant par paires qu'au moment des couvées. Les Jaseurs se nourrissent d'insectes et aussi de fruits; ils sont assez timides et se retirent fréquemment au milieu des buissons les plus épais; leur vol est de courte durée; très rarement ils descendent à terre. Ces oiseaux se trouvent, dans quelques parties de l'Amérique; mais ils sont surtout abondants en Asie et dans l'Europe orientale. C'est dans ces contrées qu'ils nichent ordinairement. Lorsqu'ils se montrent

Jaseur de Bohême.

dans l'Europe septentrionale, ce n'est qu'en petit nombre et à des époques tout à fait indéterminées. Cependant, quoiqu'ils soient rares, on les prend dans presque tous les pays, en Hollande, en Allemagne, en Suisse et même en Italie et en France. Les Jaseurs s'apprivoisent avec beaucoup de facilité; mais ils n'ont d'agréable que leurs belles couleurs. Leur chant consiste en un gazouillement continuel, qui leur a valu leur nom, mais la captivité les rend muets. L'espèce d'Europe, longue de 20 centimètres, a les plumes de la tête allongées en huppe; les parties supérieures et inférieures de son corps sont d'un brun rougeâtre, couleur qui règne aussi sur le dos, mais avec une teinte plus foncée; la bande du dessus des yeux et la gorge d'un noir profond; les rémiges noires, terminées par une tache angulaire jaune et blanche; huit ou neuf des pennes secondaires terminées de blanc et présentant un petit prolongement cartilagineux en palette, d'un beau rouge vif. Couvertures inférieures de la queue marron; pennes noires terminées de jaune. La femelle a l'espace noir de la gorge moins grand que chez le mâle, et seulement quatre ou cinq des pennes secondaires terminées par le prolongement cartilagineux. Les jeunes avant la première mue n'ont aucune trace de cet ornement. — Le **Jaseur d'Amérique** (*B. cedrorum*), qui habite le

sud des États-Unis, est de moitié plus petit que l'espèce précédente, dont il ne diffère, d'ailleurs, que par la couleur de son ventre, qui est jaune.

JASMIN (*Jasminum*). Genre de plantes dicotylédones, monopétales, hypogynes, type de la famille des *Jasminées*. Le genre *Jasminum* offre pour caractères un calice en forme de cloche, découpé en cinq dents; une corolle à tube cylindracé, à limbe partagé en cinq segments; deux étamines insérées au tube de la corolle; l'ovaire à deux loges, contenant un ou deux ovules. Le fruit est une baie à deux loges monospermes. Les Jasmins sont des arbustes grimpants ou des arbrisseaux, à feuilles opposées ou alternes, simples ou composées. On en cultive dans les jardins plusieurs espèces, à raison du parfum délicieux de leurs fleurs; une seule est indigène, c'est le **Jasmin frutescent** (*J. fruticans*), vulgairement *Jasmin jaune*. Cet arbrisseau est commun dans les contrées voisines de la Méditerranée, où il forme des buissons de 1 à 2 mètres de hauteur. — Le **Jasmin commun** (*J. officinale*) ou *Jasmin blanc*, originaire d'Asie et remarquable par la suavité de

Jasmin commun.

l'arome de ses fleurs, se cultive en grand dans le midi de l'Europe pour la préparation de l'huile de Jasmin, très employée dans la parfumerie. Cette espèce est celle que l'on cultive le plus communément dans les jardins. Ses rameaux effilés, qui atteignent jusqu'à 6 et 7 mètres de longueur, parent les berceaux et les treillages, et embaument l'air de leurs bouquets élégants. En Orient, on utilise ses branches pour la confection de tuyaux de pipe.

— On cultive encore le **Jasmin très odorant** (*J. odoratissimum*) ou *Jasmin jonquille*, ainsi nommé à cause de la couleur et de l'odeur de ses fleurs, et le **Jasmin à grandes fleurs** (*J. grandiflorum*) ou *Jasmin d'Espagne*. Toutes ces plantes demandent une terre légère et une exposition chaude; on les multiplie de marcottes et de rejetons.

JASMIN DE VIRGINIE. On donne souvent ce nom ou celui de Jasmin trompette au Bignonia de Virginie (genre *Tecoma*, Jussieu).

JASMINÉES. Groupe de plantes dicotylédones, monopétales, hypogynes, considéré par quelques botanistes comme une famille particulière, mais que l'on regarde plus généralement aujourd'hui comme une simple tribu de la famille des *Oléacées*. Elle a pour genres principaux : *Jasminum* et *Nyctanthes*.

JASPE. (Voir Quartz.)

JATROPHA. (Voir Médicinier et Manioc.)

JAYET. (Voir Jais.)

JEAN LE BLANC. Espèce d'oiseau de proie du genre *Circaëte*. (Voir ce mot.)

JÉJUNUM. Portion de l'intestin grêle comprise entre le duodénum et l'iléon. (Voir Digestion.)

JÉRICHO [Rose de]. (Voir Anastatique.)

JOCKO. Nom que les habitants du Congo donnent au Chimpanzé (voir ce mot), et qu'a adopté Buffon.

JOLI-BOIS ou **BOIS-JOLI.** Nom vulgaire du *Daphne mezereon*. (Voir Daphné.)

JONC, JONCACÉES, *Juncus* (de *jungo*, je joins, parce qu'on fait avec ces plantes des liens). La famille des *Joncacées* comprend des plantes monocotylédones aquatiques, ayant pour caractères communs : périanthe glumacé à six divisions sur deux rangs, six étamines opposées à ces divisions, trois stigmates filiformes; capsule à une ou trois loges s'ouvrant en trois valves; graines dépourvues de périsperme; leurs feuilles sont alternes, engainantes, planes ou cylindriques. Leurs fleurs, peu apparentes, sont disposées en grappes, en cimes ou en capitules. La famille des *Joncacées* comprend un très petit nombre de genres

Fleur de Luzula.

dont les principaux sont : les genres *Juncus*, qui donne son nom à la famille, et *Luzula*, qui ne diffère du précédent que par sa capsule à une seule loge, tandis que celle des Joncs est à trois loges polyspermes. Les Joncs (*Juncus*) sont des plantes herbacées qui se plaisent dans les localités marécageuses ou humides, et produisent des fleurs très petites, disposées en panicules ou en glomérules. Dans son acception habituelle, le nom de *Jonc*, sans désignation plus spéciale, s'applique à deux espèces de ce genre,

savoir : le **Jonc commun** (*J. conglomeratus*, L.) et le **Jonc glauque** (*J. glaucus*, Ehrb.). Ces plantes ont des feuilles souples, très tenaces, grêles, cylindracées, dressées, toutes radicales, formant des touffes hautes de 30 à 60 centimètres; ces feuilles, ainsi que les hampes florifères (lesquelles ressemblent absolument aux feuilles), sont, comme l'on sait, très utiles en guise de liens, pour toutes sortes d'opérations de jardinage; elles servent, en outre, à faire des nattes, des paniers, des corbeilles, etc. Les *Luzula campestris* et *vernalis*, souvent confondus avec les Joncs, croissent aux environs de Paris. Parmi plusieurs plantes d'autres genres qu'on désigne improprement sous le nom de Joncs, nous devons citer :

Jonc odorant, une graminée de l'Inde, l'*Andropogon schananthus*;

Jonc fleuri, le *Butomus umbellatus*;

Jonc marin et **Jonc épineux,** l'Ajonc;

Jonc des Indes, le Rotin ou Rotang;

Jonc des étangs, le *Scirpus palustris*;

Jonc d'Espagne, le *Spartium junceum*;

Jonc d'Égypte, le Papyrus.

JONCACÉES ou **JONCINÉES.** (Voir Jonc.)

JONGERMANNE. (Voir Jungermannes.)

JONQUILLE. Espèce du genre *Narcisse*. (Voir ce mot.)

JOUBARBE (*Sempervivum*). Genre de plantes dicotylédones, polypétales, périgynes, de la famille des *Crassulacées*. Ce sont des plantes d'une verdure con-

Joubarbe des toits.

stante, garnies de feuilles épaisses, charnues, disposées en rosettes étalées sur le sol; leurs fleurs, disposées en cime, sont jaunes ou purpurines. Tout le monde connaît la **Joubarbe des toits** (*S. tectorum*), indigène à l'Europe et très improprement appelée *artichaut sauvage* des vieux murs. Du milieu d'une belle rosette de feuilles s'élève une tige droite, de

3 à 4 décimètres de hauteur, velue, à fleurs purpurines. Elle se trouve sur les toits rustiques et dans les fentes des rochers; elle a figuré longtemps dans les pharmacopées, comme excellente contre les fièvres bilieuses et inflammatoires; toutes ses propriétés se réduisent aujourd'hui à soulager les douleurs causées par les hémorroïdes enflammées; on dépouille les feuilles de l'épiderme et on les applique directement; on en fait aussi, avec du beurre ou de l'huile d'olive, une espèce de pommade pour guérir les brûlures. Les paysans du Midi l'emploient pour la guérison des cors aux pieds. On cultive dans les jardins plusieurs espèces de Joubarbes, telles que la **Joubarbe de Madère** et la **Joubarbe des Canaries**, à grappes jaunes, la **Joubarbe arachnoïde**, à fleurs d'un rouge purpurin.

JOUE Gena'. Régions moyennes et latérales du visage formées par les muscles buccinateur, masséter, grand et petit zygomatique. Leur face interne est contiguë aux dents et aux gencives. Elles sont tapissées en dedans par la muqueuse buccale. Les Joues, par leurs mouvements, aident à la mastication, à la gustation, à l'émission de divers sons. La région génienne proprement dite est arrondie et bombée chez les sujets gras, creusée chez les individus maigres. On y trouve comme couches superposées, du dehors au dedans, la peau, remarquable au point de vue physiologique par les colorations très diverses produites sous l'influence des émotions; cette peau, assez épaisse, est doublée d'un panicule adipeux très épais en arrière; puis la couche de muscles dont la face interne est tapissée par la muqueuse buccale. Des artères et des veines traversent cette région.

JOUES CUIRASSÉES. Cuvier a formé sous ce nom une famille de poissons acanthoptérygiens dont l'os sous-orbitaire, étendu sur la joue, donne à leur tête un aspect singulier et la fait paraître comme cuirassée. Cette famille renferme plusieurs genres remarquables, dont les principaux sont les *Trigles*, les *Dactyloptères*, les *Cottes*, les *Scorpènes*. (Voir ces mots.) Elle répond aux familles des *Cottidés* et des *Triglidés* des nomenclateurs modernes.

JUBARTE. Espèce du genre *Baleine*. (Voir ce mot.)

JUDÉE [Arbre de]. (Voir GAINIER.)

JUGLANDÉES. Famille de plantes dicotylédones, polypétales, périgynes, ayant pour type le genre *Noyer* (voir ce mot), en latin *Juglans*. Ce sont des arbres élevés à suc aqueux résineux, à feuilles alternes dépourvues de stipules; à fleurs monoïques ou dioïques: les mâles disposées en chatons cylindriques et offrant chacune une bractée écailleuse à la base de laquelle sont insérées de trois à trente-six étamines à filets très courts; les femelles, solitaires ou disposées en épis terminaux ou axillaires, offrant chacune une involucre uniflore, un calice soudé en dehors avec l'involucre et en dedans avec l'ovaire, qui est uniovulé. Le fruit est une *noix*, à mésocarpe (*brou*) épais, presque coriace, à péricarpe ligneux s'ouvrant en deux valves, renfermant une graine à quatre lobes irréguliers, charnue, huileuse. Ces végétaux habitent principalement l'Amérique du Nord. Le genre *Noyer*, qui formait seul cette fa-

Noyer : *a*, fleurs mâles; *b*, fleurs femelles.

mille, a été partagé en plusieurs genres : *Juglans*, *Carya*, *Pterocarya*.

JUGLANS (de *Jovis glans*, gland de Jupiter, gland divin). Nom scientifique latin du genre *Noyer*.

JUGULAIRE (du latin *jugulum*, gorge). Qui a rapport à la gorge : région jugulaire, veine jugulaire.

JUJUBIER (*Zizyphus*). Genre de plantes dicotylédones, polypétales, périgynes, de la famille des *Rhamnacées*, présentant pour caractères : un calice étalé à cinq divisions ou découpures pointues, cinq étamines insérées, de même que les pétales, sur un disque glanduleux; deux styles courts à stigmates obtus; fruit ovoïde contenant sous un brou charnu un noyau à deux loges ayant chacune une semence ovale arrondie. Ce sont des arbres de médiocre stature, à feuilles simples, presque toujours épineux, à fleurs petites, blanches ou jaunâtres. Ils se plaisent dans les pays chauds; aucun d'eux ne se trouve en Europe à l'état sauvage; mais on y cultive avec succès l'espèce principale, dont nous allons parler : c'est elle qui porte généralement le nom de **Jujubier**. Cet arbre est originaire de la Syrie. On le trouve en grande quantité en Égypte et en Barbarie. Les rameaux du Jujubier sont effilés, tantôt épineux et tantôt inermes, à feuilles simples, alternes, pourvues de trois nervures. Les fleurs sont petites, d'un blanc verdâtre, et donnent naissance à un fruit d'une belle couleur rouge, mou à sa maturité, d'une saveur douce sucrée, un peu mucilagineuse. Sa chair recouvre un noyau à loges, souvent monosperme par avortement. C'est à ce fruit que le Jujubier doit toute son importance. On peut le considérer comme alimentaire ou comme médicinal ; il est très nourrissant et a une saveur assez agréable. Quand il a été desséché, il change de couleur, devient plus sucré et peut alors, par la fermentation, fournir un vin médiocre. C'est un fruit pectoral ; associé aux figues, aux dattes et aux raisins secs, il sert à préparer des boissons béchiques, adoucissantes, et les sirops pectoraux. La pâte, si connue sous le nom de *pâte de Jujubes*, doit son nom au fruit du Jujubier, mêlé à la gomme arabique et au sucre réduits en poudre. Le Jujubier est cul-

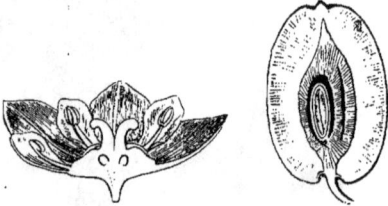

Fleur et fruit de jujubier coupés verticalement.

tivé en France jusque sur les rives de la Loire. Au nord de ce fleuve, il ne donne plus que des fruits aqueux et presque sans saveur. On trouve dans ce genre deux arbres célèbres : le **Jujubier lotos** (Z. *lotus*, Lamk.), qui abonde sur la côte de Tunis et dans l'intérieur de l'Afrique, d'où il a été transporté en Sicile et en Portugal ; c'est, suivant l'opinion commune, le fameux arbre des Lotophages, dont le fruit délicieux faisait oublier à ceux qui le mangeaient les douceurs de la terre natale (voir LOTUS) ; le **Jujubier épine du Christ** (Z. *spina Christi*), qui a pour patrie la Palestine. On a cherché à établir que la couronne d'épines du Sauveur avait été faite avec les rameaux fortement épineux de cet arbre, et le nom qu'il a reçu consacre cette opinion.

JULIENNE (*Hesperis*). Genre de plantes de la famille des *Crucifères*. Ce sont des végétaux herbacés, à feuilles simples et alternes, à fleurs disposées en grappe terminale. Ce genre renferme un grand nombre d'espèces ; l'une d'elles est l'objet d'une culture assez étendue de nos jardins, à cause de l'agréable odeur de ses fleurs, la **Julienne des dames** (*H. matronalis*). Cette espèce est indigène aux bois, et surtout aux montagnes de l'Europe ; par suite de sa culture dans les jardins, elle a produit de nombreuses variétés, remarquables pour la couleur, la grandeur, la forme ; les principales sont simples, ou doubles, rougeâtres, violettes ou d'une blancheur éclatante. Elle fleurit en mai et juin ; il lui faut une terre franche et substantielle. On en obtient une huile abondante, âcre, amère, qui se fige à peu près à la même température que l'huile d'olive et peut être employée à l'éclairage. — Dans les jardins on cultive en bordure la **Julienne maritime** (*H. maritima*), qui donne une tige annuelle sou-

vent couchée à sa base, rameuse et haute au plus de 16 à 20 centimètres ; elle porte de grandes corolles purpurines, agréablement odorantes. On l'appelait autrefois *giroflée de Mahon*. — On emploie en médecine la **Julienne alliaire** (*H. alliaria*), dont toutes les parties ont une saveur amère et répandent une odeur d'ail, surtout lorsqu'on les froisse entre les doigts. On prétend que partout où elle abonde dans les pâturages, elle imprime au lait le goût repoussant de cette plante. Ses feuilles fraîches sont diurétiques ; leur suc passe pour un excellent remède dans la guérison des ulcères. Elle appartient au genre *Sisymbrium*.

JULIS. Nom scientifique latin des poissons du genre *Girelle*. (Voir ce mot.)

JULODIS. Genre de Buprestes exotiques remarquables par les pinceaux de poils colorés dont leur corps est couvert. (Voir BUPRESTE.)

JUMAR. On donnait autrefois ce nom au produit supposé du taureau et de la jument, ou du cheval et de la vache. Ce métis n'a jamais existé. (Voir MÉTIS.)

JUMENT. Femelle du Cheval.

JUMENTÉS. Ordre de mammifères comprenant ceux dont les doigts, en nombre impair, sont enveloppés par des onglons ou sabots. Dans cet ordre sont comprises les trois familles des *Équidés*, des *Tapiridés* et des *Rhinocéridés*. (Voir ces mots.)

JUNCUS. (Voir JONC.)

JUNGERMANNES (du nom de Louis Jungermann, botaniste allemand). Groupe de végétaux cryptogames de la famille des *Hépatiques*, caractérisés par leurs tiges simples ou rameuses portant de véritables feuilles dont les formes sont extrêmement variées. La plupart ressemblent à des mousses. Elles croissent dans les bois, sur les troncs d'arbres, les rochers, etc. (Voir HÉPATIQUES.)

JUNIPÈNE ou **JUNIPÉRILÈNE**. Nom que l'on donne à l'essence de genièvre. (Voir GENÉVRIER.)

JUNIPERUS. Nom scientifique latin du genre *Genévrier*.

JURASSIQUE [Terrain]. Les couches sédimentaires qui succèdent au trias sont des grès et des calcaires, à l'ensemble desquels on a donné le nom de *terrain jurassique*, parce que les montagnes du Jura en sont

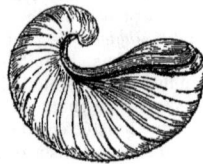

Gryphée arquée du lias. Térébratule quadrifide.

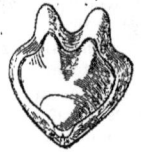

principalement formées, et l'on a divisé cette formation en deux étages : celui du *lias* et l'étage *oolithique*.

Le *lias*, qui constitue la base du terrain jurassique,

est composé de couches arénacées, et surtout de ce grès quartzeux blanchâtre ou jaunâtre qui sert de pierres à bâtir. Au-dessus sont des calcaires com-

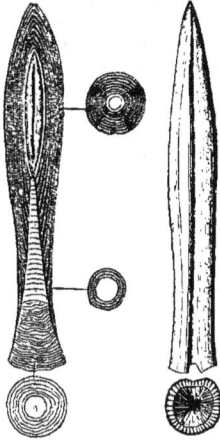

Bélemnite.

pacts bleuâtres, grisâtres ou jaunâtres, souvent remplis de coquilles, parmi lesquels dominent la gryphée arquée, des bélemnites, des ammonites, des nautiles, des trigonies, des huîtres, des peignes, des térébratules, etc., de nombreux polypiers, des encrines, des poissons ganoïdes, qui, tous, appartiennent à des genres éteints et surtout des reptiles, qui, par leur nombre, leur grosseur et leur structure extraordinaire, forment le trait le plus caractéristique des débris organiques du lias. Ce sont des Ichthyosaures, des Plésiosaures, des Mégalosaures, des Ptérodactyles (voir ces mots), animaux à formes étranges, sans analogues de notre temps, et dont le

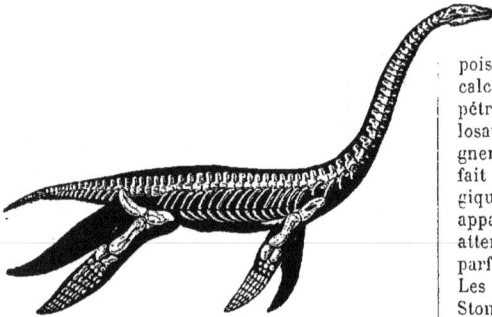

Plésiosaure du lias.

nombre et la puissance ont fait donner à cette époque le nom d'*époque des reptiles*.

L'étage *oolithique*, qui succède au lias, et dont la puissance atteint parfois jusqu'à 700 mètres, est caractérisé par la texture globulaire que présentent ses calcaires, dont on a comparé les grains à des œufs de poisson (du grec *ôon*, œuf, et *lithos*, pierre). Cet étage commence par des assises de calcaires jaunâtres ou rougeâtres chargés d'hydrate de fer. C'est à ces couches qu'appartiennent les minerais de fer en grains qu'on exploite sur divers points de la France. Au dessus viennent des alternances d'argile et de marnes bleuâtres ou jaunâtres que les Anglais ont nommées *terres à foulon*, parce qu'elles servent à dégraisser les draps qui sortent des fabriques. Puis ce sont des calcaires oolithiques, des calcaires coquilliers, des marnes, tous plus ou moins riches

Cycas revoluta.

en fossiles : bélemnites, ammonites, huîtres, térébratules, trigonies, et une multitude de polypiers, souvent en quantité tellement considérable, qu'ils y forment des bancs continus de plusieurs mètres d'épaisseur, en conservant la position dans laquelle ils ont vécu au fond de la mer. — Les polypiers et les mollusques ne sont pas les seuls habitants des mers jurassiques; les poissons y sont également très nombreux ; les bancs calcaires de Solenhofen, en Allemagne, en sont pétris. L'ichthyosaure, le plésiosaure, le mégalosaure, armés jusqu'aux dents, continuent à régner en tyrans sur l'empire des mers. Mais le fait le plus intéressant de l'histoire paléontologique du terrain jurassique, c'est la première apparition des mammifères. Comme on doit s'y attendre, ce sont les espèces inférieures, les moins parfaites de la classe, qui apparaissent d'abord. Les restes trouvés dans les carrières de schiste de Stonesfield sont des débris de didelphes ou marsupiaux, petits animaux voisins des sarigues actuelles de l'Amérique et de l'Australie. Par leur système dentaire et par leur mode de reproduction, les didelphes sont moins éloignés des reptiles que toute autre famille de mammifères. La fin de cette époque fut marquée par le soulèvement des montagnes du Jura, et par celui de quelques chaînons moins importants, tels que ceux de la Côte-d'Or, du mont Pila et des Cévennes.

JUSQUIAME (du nom grec de cette plante *huoskuamos*, de *hus*, *huos*, porc, *kuamos*, fève). C'est un genre de la famille des *Solanées*, si féconde en poi-

Jusquiame noire.

sons. Elle offre pour caractères un calice d'une seule pièce, tubuleux, à cinq divisions ; une corolle monopétale en forme d'entonnoir, à tube court et à limbe ouvert et découpé obliquement en cinq segments inégaux ; cinq étamines insérées au tube de la corolle ; un ovaire supérieur, surmonté d'un style avec un stigmate. Le fruit est une capsule ovale, sillonnée de chaque côté, partagée horizontalement en deux loges contenant chacune beaucoup de graines. Dès la plus haute antiquité, les Jusquiames ont été connues comme des plantes vénéneuses et employées comme médicaments. Parmi les nombreuses espèces de ce genre, on distingue la **Jusquiame noire** (*Hyoscyamus niger*), vulgairement *hannebane*, *potelée*, *herbe des chevaux*, plus particulièrement employée de nos jours, la **Jusquiame blanche**, la **Jusquiame dorée**, la **Jusquiame physaloïde** et la **Jusquiame datoia**. Ces deux dernières sont plus

abondantes et plus usitées dans l'Orient, où elles entrent dans des compositions propres à provoquer cette ivresse rêveuse et agréable que les musulmans ne peuvent demander aux liqueurs spiritueuses. Les Jusquiames d'ailleurs ont toutes des propriétés semblables à celles de la Jusquiame noire. Cette plante narcotique, commune dans l'Europe tempérée et méridionale, a été souvent l'occasion d'empoisonnements. Sa racine épaisse, pivotante et blanchâtre (à peu près comme celle du panais), donne naissance à une tige cylindrique rameuse, feuillée, haute de 40 à 60 centimètres. Elle est chargée, ainsi que les feuilles, d'un duvet lanugineux abondant et doux au toucher. Ses feuilles sont grandes, ovales lancéolées, sinuées, d'un vert pâle ; celles de la tige, alternes, sessiles et amplexicaules ; les radicales rétrécies en pétiole à leur base et étalées sur la terre. La plante entière exhale une odeur forte et désagréable. Les fleurs, assez grandes, d'un jaune pâle, veinées d'un pourpre foncé, sont sessiles, axillaires, et disposées sur les rameaux en épis terminaux, tournées d'un seul côté. Cette plante croît dans les lieux arides et incultes, et fleurit en juin et juillet. La Jusquiame, dont le principe actif est l'*hyoscyamine*, est employée dans le traitement des affections douloureuses, principalement des névralgies. Elle entre dans la composition des pilules de cynoglosse. On emploie les feuilles, mélangées avec le datura et la belladone, sous forme de cigarettes, dans l'asthme et les toux nerveuses.

JUSSIŒA (genre établi par Linné en l'honneur de Jussieu). Ce sont des plantes dicotylédones, polypétales, périgynes, la plupart herbacées et marécageuses, propres aux contrées tropicales. Elles font aujourd'hui partie du genre *Ludwigia*. (Voir ce mot.)

JUSTICIA (de *Justice*, botaniste écossais). Genre de plantes dicotylédones, monopétales, hypogynes, à corolle bilabiée, à tube allongé : deux étamines, ovaire à deux loges, style simple. Ce sont de beaux arbrisseaux de l'Asie tropicale, à feuilles opposées, à fleurs disposées en épis terminaux, dont on cultive quelques-uns dans les jardins, notamment le **Justicia velutina** ou *carmantine*, à grandes feuilles oblongues, à épis de fleurs roses, et le **Justicia adhatoda** ou *noyer des Indes*, à fleurs blanches. Il faut les rentrer en hiver.

JUTE. On désigne, en Europe, sous le nom de *fil de jute*, une substance textile importée en grande quantité de l'Asie, et qui paraît provenir des fibres de plusieurs plantes de la famille des *Tiliacées*, notamment des *Corchorus olitarius* et *capsularis*.

K

(Chercher à la lettre C les mots qui ne se trouveraient pas au K.)

KABASSOU. Nom vulgaire du Tatou à douze bandes. (Voir TATOU.)

KABYLE. (Voir BERBER.)

KAEMPFÉRIE (*Kæmpferia*). Genre dédié par Linné au médecin et botaniste allemand Kæmpfer pour des plantes monocotylédones, de la famille des *Zingibéracées*. Ce sont des herbes vivaces, à racines tubéreuses et à feuilles radicales, larges, originaires des Indes orientales. On tire de leur racine un suc jaune que les Indiens utilisent pour la teinture.

KAKATOÈS. (Voir PERROQUET.)

KAKERLAC ou *cancrelat*. Nom vulgaire de la Blatte dans les colonies. (Voir BLATTE.)

KAKI. (Voir EBÉNIER.)

KALMIE (*Kalmia*). Genre de plantes dicotylédones, polypétales, hypogynes, dédié par Linné au botaniste Kalm, l'un de ses disciples. Elle appartient à la famille des *Éricacées*, tribu des *Rhododendrées*, et comprend des arbrisseaux à feuilles persistantes, entières, et à fleurs pentamères, disposées en corymbes. L'espèce principale, **Kalmia latifolia**, est connue aux États-Unis sous le nom de *laurier de montagne* (*mountain laurel*); c'est un bel arbuste à fleurs roses dont l'aspect rappelle celui des rhododendrons. Ses feuilles sont narcotiques et vénéneuses; on les emploie en décoction à l'extérieur contre la teigne, le psoriasis et autres maladies cutanées.

KAMICHI (*Palamedea*). Genre d'oiseaux de l'ordre des ÉCHASSIERS, famille des *Alectoridés* (*Pressirostres* de Cuvier), ne renfermant qu'une seule espèce de l'Amérique méridionale, remarquable surtout par les deux éperons qu'elle porte à chaque aile et par la corne qui surmonte sa tête. Le Kamichi cornu (*P. cornuta*), nommé *camouche* à Cayenne, a la taille et le port du dindon; il porte le cou droit, la tête haute, a la démarche lente et grave. Rarement il se perche sur les arbres; il habite de préférence les marécages, les savanes à demi noyées; mais malgré ses habitudes à demi aquatiques, il n'est pas un oiseau nageur. L'appareil d'armes offensives que possède le Kamichi le rendrait formidable, si ses mœurs n'étaient des plus douces : il vit paisiblement au milieu de ses semblables et des autres animaux, et ne fait pas même la guerre aux reptiles, ainsi qu'on l'avait avancé. Il vit par couples; le mâle et la femelle restent unis jusqu'à la mort et montrent l'un pour l'autre le plus vif attachement. Ils nichent au pied d'un arbre, dans les hautes herbes ou les broussailles; et la ponte est de deux œufs de la grosseur de ceux de l'oie. Leur nourriture consiste principalement en graines et en herbes aquatiques, auxquelles ils joignent quelquefois des mollusques et des vers. Le Kamichi cornu est ainsi appelé à cause de l'appendice corné qu'il porte sur la tête; cette corne, dont la longueur varie de 8 à 10 centimètres, est droite et seulement recourbée vers la pointe. Cette particularité n'est pas la seule qu'offrent les Kamichis; car, comme les jacanas, ils portent encore aux ailes une paire d'éperons enchâssés dans une sorte de fourreau. Quant au plumage, cet oiseau est peu remarquable. Il a l'aile marquée d'une tache rousse, tout son manteau d'un gris d'ardoise, et l'abdomen blanchâtre. Sa tête est couverte de quelques plumes

Kamichi.

duveteuses, variées de blanc et de noir. Ses jambes et ses pieds sont recouverts d'une peau écailleuse noirâtre. Il a 1 mètre de longueur. La voix du Kamichi est forte et retentissante; elle a même, au dire des voyageurs, quelque chose de terrible. Plusieurs naturalistes, entre autres Cuvier, rangent dans le même genre le **Chavaria**, du Paraguay (*Opisthocomus fidelis*). Il diffère du Kamichi par l'absence de corne sur la tête; il a les ailes munies d'éperons. Son plumage est nuancé de noir et de gris, et son occiput est garni d'une petite touffe de plumes. Le voyageur Jacquin dit avoir vu cet oiseau, réduit en domesticité, rendre les mêmes services que l'agami (voir ce mot) pour la garde des troupeaux. À l'état sauvage, il a les mœurs du Kamichi.

KAMTCHADALES. Peuplade qui habite le Kamtchatka, grande péninsule de l'Asie, à l'extrémité orientale de la Sibérie. Elle appartient à cette race mongoloïde primitive, répandue tout autour du cercle arctique et dont les Esquimaux (voir ce mot) sont le type. Ils ont d'ailleurs les mœurs de ces derniers, partout au moins où l'influence russe ne les a point amenés à modifier leur genre de vie.

KANCHIL. (Voir CHEVROTAIN.)

KANGUROO ou **KANGOUROU** (*Macropus*). On donne, en Australie, le nom de *Kanguroo*, nom qui a été adopté par les naturalistes, à un genre de mammifères MARSUPIAUX, type de la famille des *Macropodidés*, qui se distinguent par leur museau allongé, leurs grandes oreilles, et surtout par la longueur démesurée de leurs membres postérieurs et de leur queue. Le système dentaire de ces animaux

Kanguroo.

est remarquable par l'absence de canines et par la disposition des incisives inférieures; celles-ci, au nombre de deux seulement, sont très longues, très fortes et ont une direction horizontale; tandis que les supérieures, au nombre de six, sont larges et verticales, les molaires sont au nombre de cinq de chaque côté et à chaque mâchoire. Leurs membres antérieurs, très courts, ont cinq doigts armés d'ongles assez forts; les postérieurs n'ont que quatre doigts. Par leur forme générale, les Kanguroos se rapprochent des lapins et des gerboises; ils sont exclusivement originaires de la Nouvelle-Hollande et des îles voisines. Ces animaux y vivent dans les lieux boisés, en troupes peu nombreuses. Ils se tiennent habituellement dans une position verticale, posant sur toute l'étendue de leurs longs pieds de derrière et sur leur robuste queue, qui fait véritablement l'office d'un troisième membre postérieur. Ils peuvent, dit-on, franchir d'un saut, une distance de plus de 10 mètres, ce qui ne paraît pas surprenant quand on examine la force prodigieuse du train de derrière et de la queue; ils emploient souvent aussi pour la progression leurs membres antérieurs, et même avec

assez d'avantage, parce qu'alors la succession plus rapide des mouvements en compense le peu d'étendue. Leur queue leur sert notamment contre leurs ennemis; en outre, ils emploient, dit-on, le doigt annulaire de leur pied de derrière, doigt qui est armé d'un ongle très fort et très développé, pour éventrer les chiens qui les poursuivent. Les femelles, comme celles de tous les marsupiaux, présentent une poche ventrale dans laquelle sont placés les petits, qui naissent presque à l'état de fœtus. On apprivoise aisément les Kanguroos, et l'on sait que nos ménageries européennes en possèdent souvent: les espèces de ce genre sont nombreuses; la principale est le **Kanguroo géant** (*M. major*). C'est le plus grand mammifère de la Nouvelle-Hollande : il atteint jusqu'à 2 mètres de hauteur. La couleur de son pelage est d'un brun rouge-cannelle, plus pâle en dessous, plus foncé en dessus; le bout du museau, les extrémités et le dessus de la queue sont d'un brun noir très foncé. Sa chair est bonne à manger et a, dit-on, de l'analogie avec celle du cerf. — Le **Kanguroo-rat** appartient au genre *Poturoo*. (Voir ce mot.) — Nous citerons encore le **Kanguroo laineux**, le **Kanguroo à bandes**. Ces animaux se ressemblent tous par leurs mœurs et par leurs formes; ils ne diffèrent que par la taille et la nuance du pelage. Les Kanguroos sont des animaux essentiellement herbivores; ils se réunissent en troupes pour paître l'herbe des vallées, sous la garde de quelques sentinelles vigilantes. Les femelles montrent beaucoup de tendresse pour leurs petits, qu'elles portent dans leur poche abdominale; elles ne les abandonnent que lorsque, blessées mortellement, elles ne peuvent plus les sauver. On les voit alors les aider, avec leurs mains, à sortir de leur sac, les cacher dans quelque buisson, puis reprendre leur course dans une direction opposée pour dérouter le chasseur. Les Australiens leur font une guerre acharnée, pour leur chair, dont ils sont très friands, et pour leur peau, dont ils fabriquent leurs manteaux.

KAOLIN. Nom chinois de la terre à porcelaine. (Voir ARGILE.)

KARABÉ. Nom que l'on donne en Orient à l'ambre jaune ou succin.

KAVA ou **KAWA.** Nom qu'on donne à Taïti à une espèce de poivrier, le *Piper methysticum*, dont la racine possède des propriétés sudorifiques et dépuratives, et avec laquelle les naturels préparent une boisson enivrante. La kawaïne, résine molle, jaune verdâtre, paraît être la partie active du Kawa.

KAURIS. (Voir CAURIS.)

KENNEDYA (dédié à l'agronome anglais Kennedy). Genre de plantes dicotylédones, de la famille des *Légumineuses papilionacées.* Ce sont de charmants arbrisseaux grimpants qui se rapprochent des glycines, et fournissent à l'ornement des jardins plusieurs espèces dont les fleurs sont en longues grappes bleues (*K. monophylla*), rouges (*K. eximia*), ou pourpres (*K. rubicunda*). Toutes sont de l'Australie. Elles servent le plus souvent à palisser les serres, car elles craignent le froid.

KERMÈS ou **CHERMÈS** (de l'arabe *kirmis*). Insectes Hémiptères de la famille des *Coccidés*. Ils sont très voisins des Cochenilles, dont ils diffèrent par leurs antennes sétacées, de cinq articles. Tout ce que nous avons dit des cochenilles peut s'appliquer aux Kermès. Ceux-ci vivent sur les feuilles d'une espèce de chêne (*Quercus coccifera*), dans le midi de l'Europe. On emploie les coques desséchées du Kermès dans la teinture, pour remplacer la cochenille, surtout dans le Levant, pour la teinture des soies. (Voir Cochenille.) L'espèce la plus répandue est le Kermès Bauhini, connue sous le nom de *graine d'écarlate*.

KERMÈS MINÉRAL. (Voir Antimoine.)

KETMIE, *Hibiscus* (*Kethmy* est le nom arabe de la plante ; *hibiskos*, le nom grec de la Guimauve). Genre de plantes de la famille des *Malvacées*, offrant pour caractères : calice monosépale à cinq lobes, cinq pétales, étamines plus ou moins nombreuses, à filets soudés en tube, cinq pistils,

Ketmie d'Orient (*Hibiscus syriacus*).

capsule à cinq loges polyspermes. Les Ketmies sont des arbustes ou des arbrisseaux des contrées intertropicales des deux mondes. Les feuilles sont alternes, accompagnées de stipules, leurs fleurs sont grandes et remarquables par leur beauté. — Parmi les espèces les plus intéressantes, nous citerons : la **Ketmie de Syrie** (*Althæa frutex* des jardiniers), c'est un arbrisseau de 2 à 3 mètres ; ses fleurs semblables à celles de la rose trémière, sont diversement colorées (rouges, violettes, blanches, à onglet d'un rouge vif, panachées, etc.). — Une

autre espèce également cultivée dans les jardins, est la **Ketmie rose de la Chine** (*H. rosa sinensis*) ; elle a une tige ligneuse, des feuilles ovales, luisantes, glabres, entières à la base, profondément dentées à leur partie supérieure. Les fleurs sont solitaires.

Hibiscus splendens, d'Australie.

simples ou doubles, de coloration variée (blanches, rouges, jaunes, aurore). La première vient en pleine terre et s'accommode de presque toutes les natures de terrain ; mais la rose de la Chine est plus délicate et demande l'abri de la serre chaude pendant les froids. Il en est de même du magnifique *Hibiscus splendens* de l'Australie, que nous figurons ici. — La **Ketmie musquée** (*H. abelmoschus*), de l'Inde, est un arbrisseau de 6 à 10 décimètres, à feuilles palmées, à cinq ou sept lobes ; ses fleurs, d'un beau jaune soufre, ont la gorge brune. Sa capsule renferme de nombreuses graines, exhalant une odeur marquée d'ambre et de musc, que l'on emploie dans la parfumerie sous le nom de *graines d'ambrette*. — Mais l'espèce la plus intéressante est la **Ketmie comestible** (*H. esculentus*) ou *gombo*. Cette plante, cultivée aux Antilles et dans l'Amérique méridionale, monte à 2 ou 3 mètres ; ses feuilles ressemblent assez à celles du figuier ; ses fleurs sont jaune-soufre ; ses capsules, cuites à l'eau ou au beurre, donnent un ragoût clair et visqueux très goûté des créoles, qui le nomment *calalou ;* on mange aussi ses graines, qui sont de la couleur, de la grosseur et de la forme de nos vesces. Cette plante réussit parfaitement en pleine terre dans nos provinces méridionales.

KEVEL. Nom d'un ruminant du genre *Antilope* (voir ce mot), très voisin des Gazelles, mais dont les cornes un peu plus longues sont comprimées à la base.

KINA. (Voir Quinquina.)

KINKAJOU (*Cercoleptes*). Mammifère singulier de l'ordre des Carnassiers, section des *Plantigrades*, famille des *Ursidés*, auxquels il appartient par ses dents et ses pieds; tandis que sa tête ronde, ses oreilles et sa queue prenante, le rapprochent des singes. On ne connaît qu'une espèce de ce genre,

Kinkajou (*Potos caudivolvulus*).

c'est le **Kinkajou potto** (*C. caudivolvulus*), qui habite les forêts de l'Amérique méridionale; il est à peu près de la taille du chat; son pelage est d'un roux vif en dessous, d'un brun roux en dessus. Ses habitudes sont nocturnes; sa démarche est lente, et il se tient habituellement sur les arbres, s'accrochant par la queue aux branches, et s'y balançant comme les singes. Il chasse les petits mammifères dont il fait sa proie, mais il est très friand de miel et de lait. Cet animal s'apprivoise assez facilement, et montre même un certain attachement pour celui qui le nourrit : comme l'écureuil, il tient dans ses pattes de devant les aliments qu'on lui donne, et gratte à la manière des singes. Il ne faut pas confondre le Kinkajou avec le *carcajou*, qui est une espèce américaine du genre *Blaireau*.

KIVI. (Voir Apteryx.)

KOLA. (Voir Cola.)

KOLPODE (du grec *kolpos*, échancrure). Genre d'infusoires ciliés du groupe des *Paraméciens*, caractérisés par l'échancrure latérale de leur corps ovoïde. (Voir Infusoires.)

KOUSSO. (Voir Cousso.)

KRAKEN. (Voir Poulpe.)

KRAMÉRIE (du botaniste allemand Kramer). Genre de plantes dicotylédones, polypétales, hypogynes, de la famille des *Polygalacées*, propres aux régions tropicales de l'Amérique. Ce sont des arbustes à feuilles alternes, à fleurs sessiles, dont les racines ligneuses, douées de propriétés astringentes très énergiques constituent le ratanhia des pharmacies. Les plus importantes au point de vue médical sont les **Krameria ixina** et **triandra**.

L

LABBE (*Lestris*). Genre d'oiseaux de l'ordre des Palmipèdes, section des *Longipennes*, famille des *Laridés*. Les Labbes stercoraires, qui ont beaucoup de ressemblance avec les goélands, s'en distinguent toutefois par leurs narines placées vers la pointe du bec et leur queue pointue, les deux pennes intermédiaires dépassant toujours les autres. Ils poursuivent avec acharnement les petites mouettes pour leur enlever ce qu'elles mangent; leur nom de *Stercoraire* (de *stercus*, fiente) leur vient même de ce qu'on avait cru qu'ils cherchaient à recueillir les excréments qu'elles lâchent en volant. Ils ne s'éloignent qu'accidentellement des voisinages habitables des pôles, où ils vivent par troupes nombreuses et nichent dans les anfractuosités des rochers ou sur les dunes marécageuses. Cependant nous voyons quelquefois, mais bien rarement, le **Stercoraire labbe** ou *Labbe à la longue queue* (*L. cataractes*), long en totalité de 40 centimètres, brun foncé dessus, blanc dessous; les deux pennes du milieu de la queue excédant les autres du double. Il en paraît quelquefois un assez grand nombre sur les côtes de Picardie; on en a vu aussi dans l'intérieur des terres.

LABDANUM. (Voir Ladanum.)

LABELLE (du latin *labellum*, petite lèvre). On donne ce nom, en botanique, à une des divisions du périanthe de la fleur des orchidées. (Voir ce mot.)

LABÉON (de *labeo*, à grosses lèvres). Genre de poissons Malacoptérygiens de la famille des *Cyprinidés*, remarquables surtout par leur museau épais et charnu avançant sur la bouche, dont la fente est recouverte par un triple rang de lèvres; à l'angle du maxillaire est un petit barbillon. Les Labéons sont des poissons d'eau douce qui habitent le Nil et les rivières de l'Inde. Le plus connu est le **Labéon du Nil** (*Labeo niloticus*), un des plus communs de tous les poissons du Nil. Il rappelle un peu la carpe. Sa taille est d'environ 25 centimètres; sa couleur est un brun verdâtre, plus clair en dessous; sa chair est assez estimée.

LABIAL (de *labium*, lèvre). Qui se rapporte aux lèvres : artère labiale, muscle labial, muqueuse labiale.

LABIDOURES (du grec *labis*, pince, et *oura*, queue). Synonyme de Forficulidés. (Voir ce mot.)

LABIÉ. Qui a des lèvres. (Voir Labiées.)

LABIÉES. Nom d'une des familles les plus naturelles et pour l'ensemble des caractères botaniques et pour les propriétés inhérentes aux plantes nombreuses, dicotylédones, herbacées, plus rarement sous-ligneuses, qui la composent. La germination des graines s'y opère dans le court espace de quelques jours; la radicule se développe en racines pivotantes. Les tiges sont d'ordinaire carrées, ramifiées, à rameaux opposés; les feuilles qui les garnissent sont opposées, très rarement verticillées, trois à trois, et portées sur des pétioles creusés en gouttière; les fleurs nues, le plus souvent accompagnées de bractées ou de soies, se montrent tantôt solitaires, ou disposées en anneaux, tantôt rassemblées en épis ou bien formant le corymbe et même la panicule. Chaque fleur a le calice monosépale, divisé par le haut en cinq parties égales chez les unes, inégales chez les autres, et constituant deux lèvres opposées; la corolle a son limbe plus souvent bilabié qu'unilabié, et à lèvres béantes; quatre étamines, dont deux plus courtes, sujettes à avorter dans quelques genres; l'o-

Fleur labiée
(*Lamium*).

vaire libre, à quatre loges, à style simple et stigmate bifide. Aux fleurs succèdent quatre capsules indéhiscentes, à une seule graine chacune. Les Labiées constituent un groupe très riche en espèces, et bien caractérisé, tant par le port que par la conformation des fleurs et des fruits; presque toutes sont fort aromatiques, propriété due à des huiles essentielles. Beaucoup d'espèces renferment, en outre, un principe amer, de nature gommo-résineuse; aussi, un certain nombre de Labiées s'emploient-elles à titre de remèdes stimulants ou toniques; telles sont surtout, parmi les Labiées indigènes : les menthes, les lavandes, plusieurs sauges, le romarin, l'hysope, la mélisse, les germandrées et autres. Plusieurs Labiées, telles que le thym, la sarriette, la marjolaine, les basilics (voir tous ces mots) et autres, se cultivent comme plantes condimentaires ou comme parfums; beaucoup, en-

Sauge des prés (labiée).

fin, contribuent, par l'élégance de leurs fleurs, à l'ornement des parterres et des serres. — On les divise en six tribus : *Menthées, Ajugées, Salviées, Lavandulées, Thymées, Lamiées.*

LABLAB. Nom vulgaire d'une espèce de Dolic. (Voir ce mot.)

LABRADORITE. On donne ce nom et celui de Labrador à une espèce de Feldspath. (Voir ce mot.)

LABRAX. Nom scientifique latin des poissons du genre *Bar.*

LABRE. On nomme ainsi une pièce solide de la bouche des insectes, placée au-dessus des mandibules et qui représente la lèvre supérieure. (Voir INSECTES.)

LABRE (de *labrum*, lèvre). Poissons de la famille des *Labridés*, remarquables par leurs belles couleurs et par la forme allongée de leur bouche. Les Labres abondent dans la Méditerranée et l'Océan; ils se tiennent réunis par petites troupes sur les côtes rocheuses, où ils chassent les mollusques et les petits crustacés. Leur chair est une nourriture saine et agréable. — Parmi les espèces les plus remarquables, nous citerons le **Labre vieille** (*Labrus bergylla*, ou *perroquet de mer*), dont le corps à fond

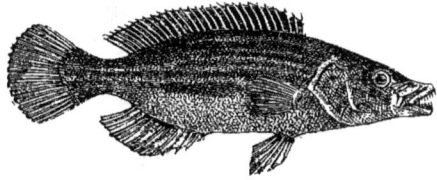

Labre varié.

vert est recouvert d'un réseau de couleur rouge et orangée. — Le **Labre merle** (*L. merula*) est brun, parsemé de taches noirâtres et de points violacés. — Le **Labre rouge** et le **Labre jaune** se distinguent par ces couleurs. La taille de ces poissons varie de 35 à 50 centimètres. — Le **Labre varié** (*L. mixtus*), qui fréquente nos côtes, où il est connu sous les noms de *verdon* et *roussignon* dans le Midi, de *coquette* en Bretagne, est d'un jaune orangé, avec de larges bandes bleuâtres sur le corps, et bleu verdâtre sur la tête.

LABRIDÉS. Famille de poissons de l'ordre des TÉLÉOSTÉENS, tribu des *Acanthoptères*, reconnaissables aux caractères suivants : ils ont le corps oblong, couvert d'écailles cycloïdes plus ou moins grandes; une seule dorsale, soutenue en avant par des épines, armée le plus souvent chacune d'un lambeau membraneux; la bouche armée de dents, tantôt en pavé, tantôt en pointes ou en lames, mais généralement très fortes; les mâchoires couvertes par des lèvres charnues, particularité qui leur a valu leur nom. Ils ont une vessie natatoire. Des genres qu'elle comprend, les plus remarquables sont : les *Labres*, les *Filous*, les *Girelles*. (Voir ces mots.)

LABYRINTHIFORMES. Famille de poissons de l'ordre des TÉLÉOSTÉENS, tribu des *Acanthoptères*, caractérisés par la structure feuilletée des os pharyngiens supérieurs qui forment, au-dessus des branchies, des cellules compliquées, servant à emmagasiner de l'eau; de sorte que ces poissons peuvent vivre un certain temps dans l'air et même se transporter à d'assez grandes distances. L'Anabas et le Gourami appartiennent à cette famille.

LABYRINTHODON (du grec *laburinthos*, labyrinthe, et *odous*, dent). Genre de reptiles gigantesques, dont on trouve les débris dans les terrains permiens et triasiques et qui, par leur organisation, semblent former le passage entre les Sauriens et les Batraciens. Leur nom est tiré de la conformation de leurs dents, dont l'émail forme des plis rentrants et compliqués, comme les allées d'un labyrinthe. Leur tête rappelle celle des crocodiliens, dont ils avaient la stature ; mais leur corps devait être beaucoup

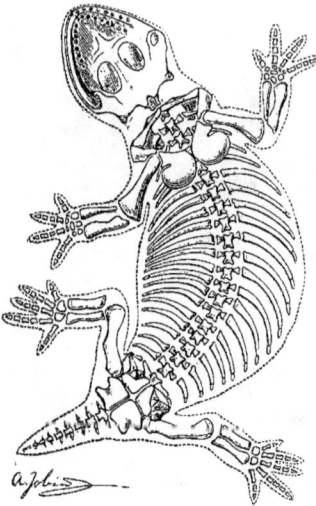

Labyrinthodon.

plus ramassé et plus haut sur pattes. Ces animaux perdus devaient offrir l'apparence de salamandres gigantesques, comme le montre notre figure, empruntée au beau mémoire de Widersheim. Ils ont laissé dans les grès bigarrés du trias, les traces les plus nettes de leurs pieds.

LACERTIDÉS ou **LACERTIENS** (de *lacerta*, nom latin du lézard). Famille de reptiles de l'ordre des SAURIENS, comprenant les Lézards. (Voir ce mot.)

LACHÉSIS (nom de l'une des Parques). Genre d'ophidiens de la famille des *Crotalidés*, créé pour une espèce de la Guyane qui n'a pas d'osselets au bout de la queue, d'où le nom de Crotale muet (*Cr. mutus*).

LACINIÉ (de *lacinia*, lanière). Se dit, en botanique, d'un organe (feuille, pétale, etc.), lorsqu'il est irrégulièrement déchiré en lanières étroites.

LACRYMAL (de *lacryma*, larme). L'appareil lacrymal se compose d'une glande, placée au-dessus de l'œil, du volume d'une amande, qui sécrète les larmes, et d'une série d'organes conducteurs (conduits lacrymaux, sac lacrymal et canal lacrymal) qui déposent le produit de cette glande à la surface de la conjonctive, l'étalent sur la partie antérieure du globe de l'œil (paupières), puis le recueillent dans l'angle interne de l'œil, pour le déverser dans les fosses nasales.

LACTAIRE (*Lactarius*). Genre de champignons détaché du genre *Agaric* (voir ce mot), dont il diffère par l'absence de voile et de collerette, et par la propriété qu'ont ces espèces de laisser écouler, lorsqu'on les entame, un suc laiteux blanc, jaune ou rouge ; leur pied est généralement court. Ces champignons, d'assez grande taille, croissent en automne, dans les bois. Quelques espèces sont comestibles et ont une saveur agréable. Tels sont le Lactaire délicieux (*L. deliciosus*), orangé pâle, laissant écouler un suc rouge ; et le Lactaire âcre (*L. acris*), tout blanc et émettant un suc laiteux blanc et très âcre ; la cuisson détruit son âcreté.—D'autres espèces sont très vénéneuses ; de ce nombre sont le Lactaire caustique (*L. causticus*), d'un jaune livide terreux, marqué de zones concentriques plus foncées, ayant son suc laiteux blanc âcre et caustique ; et le Lactaire à suc jaune, de couleur fauve et zoné, très âcre et toxique.

LACTATION. (Voir LAIT et MAMMIFÈRES.)

LACTESCENT. Qui contient un suc laiteux (euphorbe, laitue vireuse).

LACTIFÈRES (du latin *lac*, lait, et *fero*, je porte.) Canaux qui reçoivent le lait des diverses parties de la glande mammaire et le conduisent au mamelon. (Voir MAMELLE.)

LACTUCA. Nom scientifique latin du genre *Laitue*. (Voir ce mot.)

LACUSTRE (de *lacus*, lac). Se dit des plantes et des animaux qui habitent les lacs, et surtout des terrains de sédiment qui, par leurs fossiles, indiquent des dépôts formés au fond d'un lac.

LADANUM. Résine produite par le Ciste ladanifère. (Voir CISTE.)

LAGENARIA (de *lagena*, bouteille). Genre de plantes de la famille des *Cucurbitacées*, propres aux régions chaudes de l'Asie et de l'Afrique. Leurs feuilles, grandes, sont molles et velues, leurs fleurs blanches et leur fruit semblable à nos gourdes. (Voir ce mot.)

LAGET ou **LAGHETTO**, vulgairement *bois-dentelle*. Espèce du genre *Daphné*. (Voir ce mot.)

LAGOMYS (du grec *lagós*, lièvre, et *mus*, rat). Genre de mammifères rongeurs de la famille des *Léporidés*. Ils sont voisins des Lièvres ; mais s'en distinguent par leurs oreilles courtes, par leurs membres postérieurs, à peine plus longs que les antérieurs, et par l'absence de queue. Ces animaux, qui vivent dans les montagnes, se réunissent en petites familles dans des terriers ou des trous de rochers. Tels sont le Pika (*Lagomys alpinus*), qui habite les montagnes de la Sibérie, et l'Ogoton (*L. ogotona*), de la Mongolie ; ils ont la taille du cochon d'Inde.

LAGOPÈDE, *Lagopus* (de *lagós*, lièvre, et *pous*, pied). Genre d'oiseaux de l'ordre des GALLINACÉS, famille des *Tétraonidés*, voisin des Tétras, dont ils se distinguent surtout par leurs pieds couverts de plumes jusqu'aux doigts, ce qui leur donne une apparence de similitude avec ceux du lièvre. C'est dans les régions glaciales de l'Europe et de l'Asie, sur les cimes des montagnes toujours couvertes de neige, que l'on rencontre les Lagopèdes. Ces oiseaux sont pourvus, durant l'hiver, d'un duvet serré qui croît entre les plumes et tombe en été. Les Lagopèdes vivent en familles plus ou moins nombreuses, sauf à l'époque de la reproduction, où ils s'écartent

Lagopède d'Écosse.

les uns des autres par couples. Les femelles font, au pied d'un rocher ou d'un arbuste, un creux circulaire où elles déposent de six à dix œufs qu'elles couvent avec assiduité. Au bout de vingt jours, les petits naissent couverts d'un duvet brun, et quittent aussitôt le nid pour suivre leurs parents. Le cri du mâle est fort et rauque, celui de la femelle rappelle celui de la poule. Les Lagopèdes se nourrissent de baies, de bourgeons, de lichens et ont un goût prononcé pour les jeunes pousses de saule et de bouleau. Comme les perdrix, ils ont un vol lourd, mais courent avec rapidité. Leur chair passe pour très délicate; aussi leur fait-on une chasse assidue. Si l'on en excepte le **Lagopède d'Écosse** (*L. scoticus*), qui conserve en toute saison sa robe d'un roux foncé vermiculé de noir, tous ces oiseaux prennent pendant l'hiver un plumage blanc, fait unique parmi les oiseaux. On connaît le **Lagopède ptarmigan** (L. *alpinus*), vulgairement *perdrix des neiges* ou *perdrix à pieds de lièvre*, qui habite les Alpes et les Pyrénées; c'est le *Lagopède* de Buffon, dont le plumage d'été est fauve, vermiculé de noir; le **Lagopède hyperboré** (L. *islandicus*), commun en Islande, très voisin du précédent; le **Lagopède des saules**, répandu dans la Suède, la Norwège et le Groenland; il est en été roux tacheté de blanc. On a vainement cherché à élever les Lagopèdes en domesticité; ils ne peuvent s'accoutumer à la servitude et périssent peu de temps après qu'on les a privés de leur liberté.

LAGOTHRICHE, *Lagothrix* (du grec *lagós*, lièvre, et *thrix*, poil). Genre de singes platyrrhiniens de l'Amérique méridionale. Ils ont les membres peu développés, la tête ronde, la queue plus longue que le corps, nue en dessous. L'espèce type, le **Lagotriche de Humboldt**, a 9 à 10 décimètres de hauteur; son pelage fin, doux et presque laineux, d'un gris tiqueté, rappelle celui du lièvre. Il habite

en bandes nombreuses les vastes forêts du Brésil. On l'apprivoise souvent en Amérique où on l'appelle *caparo;* il se montre fort doux, mais très gourmand.

LAGOTIS (de *lagós*, lièvre, et *ous, ótos*, oreille). Synonyme de Hélamys. (Voir ce mot.)

LAGRIA. Insectes COLÉOPTÈRES de la famille des *Hétéromères*. Ce sont des insectes noirs, à élytres rousses, assez molles, vivant sur les buissons, à démarche lente; leur tête est à peine rétrécie vers la base, le dernier article des palpes est fortement sécuriforme; les antennes, assez longues, grossissent notamment vers l'extrémité, le corset est cylindrique, bien plus étroit que les élytres. La **Lagria hirta**, longue de 5 à 7 millimètres, est noire, peu brillante, pubescente, à élytres d'un jaune testacé.

LAICHE (*Carex*). Genre de plantes monocotylédones de la famille des *Cypéracées*, renfermant un nombre considérable d'espèces : la France seule en possède près de cent, dont moitié se rencontrent aux environs de Paris. Ce sont des herbes gazon-

Laiche des rives (*Carex riparia*).

nantes, vivaces, et souvent rampantes, à chaume généralement triangulaire, à feuilles alternes, engainantes, qui croissent la plupart dans les terrains marécageux; elles portent des épis à écailles imbriquées. Ces plantes, assez insignifiantes, sont même parfois nuisibles par leur multiplication dans les prairies humides. Toutefois, la **Laiche des sables** (*C. arenaria*), dont le rhizome forme de longues souches rampantes, est utilisée pour fixer les sables sur les bords de la mer et pour consolider les digues de la Hollande; ses rhizomes ont aussi été employés comme sudorifiques sous le nom de *salsepareille d'Allemagne*. — La **Laiche des rives** (*C. riparia*) est très commune au bord des étangs et des rivières. On employait autrefois ses racines comme émollientes et diaphorétiques.

LAIE. Femelle du Sanglier.

LAINE. (Voir Poil.)

LAIT. Liquide blanc et opaque, d'une saveur douce, agréable et légèrement sucrée, qui constitue le premier aliment de tous les jeunes animaux mammifères et de l'homme enfant. Il est sécrété par les glandes mammaires des femelles (voir Allaitement) et varie avec les espèces, avec les races. Ce liquide a, sous le rapport de son organisation globulaire, beaucoup d'analogie avec le sang; mais ses globules sont plus petits. Considéré sous le point de vue chimique, le Lait est un composé de matière grasse (*beurre*), d'une matière azotée (*caséum*), analogue à la fibrine, d'une substance sucrée (*sucre de lait* ou *lactine*), et de matières salines (*chlorures, phosphates* et *lactates alcalins*) en dissolution dans de l'eau. Par le repos, la matière grasse, plus légère, se rassemble à la surface du lait, et constitue la *crème*, qui préserve en quelque sorte les couches inférieures du Lait de l'action oxydante de l'air. En enlevant cette couche supérieure, et en abandonnant le Lait au contact de l'air, on remarque que le liquide s'aigrit: le sucre de Lait éprouve alors une véritable fermentation en se transformant en acide lactique. La présence de cet acide détermine en même temps la précipitation du caséum. La crème, battue violemment dans une baratte pleine d'eau, donne une masse insoluble qui constitue le beurre. C'est du *caséum* ou caillé que l'on retire le fromage. Les plus récentes analyses du lait des principales espèces de mammifères ont donné comme moyennes les résultats suivants:

	Vache.	Anesse.	Chèvre.	Femme.
Eau.	87,4	90,5	82,0	88,6
Caséum	3,6	1,7	9,0	3,9
Beurre. . . .	4,0	1,4	4,5	2,6
Sucre de lait. .	5,0	6,4	4,5	4,9

Le lait de tous les mammifères renferme les mêmes principes; les proportions seules diffèrent suivant les espèces. En général, le Lait des carnivores renferme plus de caséine que celui des herbivores.

La densité du Lait varie aussi suivant sa provenance; ainsi le lait de femme pèse 1020, le lait de vache 1032 et le lait de brebis 1040. L'ébullition modifie les éléments du lait et change son goût et son odeur. Il perd en bouillant ses propriétés les plus saines et les plus balsamiques. Pour empêcher le lait de tourner lorsqu'on le fait bouillir, inconvénient qui arrive souvent pendant les grandes chaleurs et par un temps orageux, on ajoute au lait un peu de bicarbonate de soude: 1/400 environ suffit pour retarder sa coagulation de vingt-quatre heures, et sa saveur n'en est pas sensiblement changée. Le lait pur constitue un aliment essentiellement substantiel et réparateur; il a cependant l'inconvénient de développer le tempérament lymphatique.

LAIT VÉGÉTAL. (Voir Galactodendron, Cocotier.) Nous avons parlé à l'article Galactodendron de l'arbre à lait ou arbre à la vache, qui croît en abondance dans le Venezuela, et fournit un liquide absolument comparable au lait des animaux. Un autre arbre de la Guyane fournit également un lait abondant et propre à l'alimentation. C'est le **Hya-hya** (*Tabernæmontana utilis*), de la famille des *Apocynacées*, fait d'autant plus remarquable que, en général, le suc laiteux des plantes de ce genre est très âcre et purgatif. Plusieurs Palmiers (voir ce mot) fournissent aussi une boisson laiteuse dont font usage diverses populations des contrées tropicales, et tout le monde connaît celle que renferme la noix de coco. Les sucs laiteux des *Papavéracées*, des *Figuiers*, des *Euphorbiacées*, etc., ont des propriétés particulières, dont nous parlerons en traitant de ces familles.

LAITANCE ou **LAITE.** Substance blanchâtre, laiteuse, renfermée dans deux grandes poches membraneuses de forme plus ou moins conique, dans le corps des poissons mâles, et qui n'est autre que leur appareil reproducteur. (Voir Poissons.)

LAITERON ou **LAITRON** (*Sonchus*). Genre de plantes dicotylédones de la famille des *Composées liguliflores*, renfermant des herbes laiteuses répandues dans toutes les parties du monde. Le **Laiteron commun** (*S. oleraceus*), le **Laiteron des champs** (*L. arvensis*), le **Laiteron rude** (*S. asper*) sont très communs en France. Leurs fleurs sont jaunes; leurs feuilles alternes, pinnatifides ou roncinées. On emploie ces dernières dans les campagnes pour faire des cataplasmes émollients.

LAITIER. Un des noms vulgaires du *Polygala commun*.

LAITUE, *Lactuca* (du latin *lac*, lait, à cause du suc laiteux de ces plantes). Genre de plantes de la famille des *Composées liguliflores*, tribu des *Chicoracées*, important surtout par le rôle de quelquesunes de ces espèces comme alimentaires et médicinales. Ce sont des plantes herbacées, remarquables par l'abondance de leur suc laiteux, qui s'écoule de la moindre blessure faite à l'une de ses parties; leurs feuilles sont le plus souvent glabres, entières ou sinuées, assez fréquemment pourvues d'aiguillons le long de la côte médiane; leurs capitules sont ordinairement nombreux et réunis en panicules, renfermant chacun un nombre variable de fleurs jaunes, bleues ou purpurines. L'involucre est cylindrique, formé de bractées imbriquées sur deux ou quatre rangs, dont les extérieures plus courtes.

Les fruits sont comprimés, aplatis, se prolongeant à leur extrémité en un bec filiforme. Parmi les diverses espèces de laitues, les plus intéressantes sont celles cultivées comme potagères. On en a obtenu par la culture un nombre considérable de variétés ; toutes semblent se rattacher à une seule espèce, la **Laitue cultivée** (*L. sativa*, L.), qui se distingue de la Laitue vireuse surtout par ses feuilles dépourvues d'aiguillons sur la nervure médiane. Les botanistes en forment trois divisions principales : les Laitues pommées, les Laitues frisées et les Laitues romaines. On sait que ces nombreuses variétés de Laitues constituent, avant leur floraison, la presque totalité de nos salades; mais, abandonnées à elles-mêmes, elles reprennent une saveur amère, désagréable, et une dureté qui ne permettent guère de les utiliser comme aliments. C'est dans les traités d'horticulture pratique qu'il faut chercher les détails de cette culture qui constitue une branche si importante de l'art des maraîchers. Le suc laiteux de ces plantes est d'une amertume très prononcée; il se concrète en une matière brune, d'une odeur vireuse, employée en médecine comme calmant sous le nom de *thridace ;* on fait, avec les feuilles de ces plantes cuites, des cataplasmes émollients et rafraîchissants. — La **Laitue vireuse** (*L. virosa*, L.), plante sauvage qui s'élève à 1 mètre de hauteur et qui croît dans les champs, le long des haies et des murs, a une odeur forte et désagréable. Son suc laiteux possède des propriétés narcotiques à un haut degré; aussi l'extrait qu'on en obtient sous le nom de *lactucarium* est-il fréquemment substitué à l'opium; mais ses propriétés sont beaucoup moins prononcées. On l'emploie en sirop dans les bronchites et les différentes névroses, à la dose de 20 à 50 grammes. L'eau distillée de laitue entre dans la composition d'un grand nombre de potions calmantes.

LAITUE DE MER. Nom donné à une espèce d'Ulve. (Voir ce mot.)

LALO. Nom que donnent les nègres du Sénégal à une substance qu'ils préparent avec les feuilles séchées et pulvérisées du baobab (voir ce mot) et

Laitue vireuse.

qu'ils emploient comme aliment et comme médicament contre les affections intestinales.

LAMA (*Auchenia*). Groupe de mammifères ruminants de la famille des *Camélidés*, propres aux régions montagneuses de l'Amérique méridionale, où ils remplacent le chameau d'Afrique. Bien que par leur organisation interne et par l'analogie des services qu'ils rendent en domesticité, les Lamas se rapprochent beaucoup des chameaux, ils s'en distinguent cependant à beaucoup d'égards, et surtout par l'infériorité de leur taille, par leurs jambes droites et dépourvues de callosités, la riche toison dont ils sont revêtus, enfin par l'absence de bosses sur le dos ; ils manquent, d'ailleurs, de cet appendice celluleux de la panse, ou de ce cinquième estomac qui sert au chameau de réser-

Lama

voir pour l'eau. Leur tête est très petite et supportée par un très long cou. Les Lamas se tiennent ordinairement sur les montagnes, où ils vivent en troupes plus ou moins nombreuses. — Trois espèces composent le genre *Lama*. Le Lama proprement dit (*A. lama*), ou *guanaco*, est grand comme un cerf et revêtu d'un pelage grossier, le plus souvent châtain. Cette espèce est depuis longtemps réduite en domesticité; les Péruviens s'en servaient exclusivement comme bête de somme avant l'introduction des chevaux et des mulets sur leur continent. Depuis, son utilité a beaucoup diminué, bien que la sûreté de son pas le rende encore précieux pour le transport des fardeaux dans les chemins monteux et difficiles. Le Lama est un animal docile et patient; mais si l'on emploie les mauvais traitements pour accélérer sa marche qui est assez lente, il se couche et refuse obstinément d'avancer. Cet animal habite principalement sur les plateaux élevés du Chili, où les naturels le tiennent parqué. A l'état sauvage, le *guanaco*, dont quelques auteurs

font une espèce distincte, vit par petites troupes de
dix à douze individus, au milieu des rochers escarpés
des Cordillères, à 3000 ou 3500 mètres d'élévation.
La chair des jeunes est très bonne à manger; leur
peau donne un cuir assez estimé, mais leur poil,
moins fin et moins long que celui des autres espèces, ne sert à fabriquer que des étoffes grossières.
— La seconde espèce, l'**Alpaca** (*A. paco*), plus petit
que le Lama, s'en distingue surtout par la beauté
de son pelage, qui pend en longues mèches laineuses sur le dos et sur les flancs. Cette belle toison
d'un brun fauve ne le cède en longueur et en moelleux qu'à celle des chèvres du Thibet.— La **Vigogne**
(*A. vicunna*) constitue une troisième espèce. Elle est
grande comme une brebis; ses formes sont plus
sveltes, ses jambes plus déliées que celles du Lama;
sa laine, d'une grande finesse, et douce comme
de la soie, est d'un fauve orange avec la poitrine
et le ventre blancs. La Vigogne habite les plateaux
élevés des Andes; elle vit par troupes de vingt à
trente individus, conduits par un vieux mâle. Au
contraire du Lama, qui n'a d'agilité que pour bondir au milieu des roches escarpées, comme le chamois, la Vigogne ne peut courir que sur un terrain
plat; mais dans ces conditions, elle court avec la
rapidité du cerf. — La beauté et l'abondance de
la laine de l'Alpaca et de la Vigogne ont déterminé plusieurs essais de naturalisation de ces animaux en Europe. Ces essais ont parfaitement réussi
en France ainsi qu'en Angleterre. On a obtenu,
par le croisement de l'Alpaca et de la Vigogne, un
métis, l'*Alpa-vigogne*, qui tient de ces deux espèces
leurs qualités les plus remarquables. Son poil joint
à la longueur de celui de l'Alpaca, la finesse et le
soyeux du pelage de la Vigogne.

LAMANTIN (*Manatus*), en espagnol *manato* (animal
à mains), ainsi nommé à cause de la ressemblance
grossière de ses membres antérieurs avec des
mains. Les Lamantins forment, avec les dugongs,
la famille des *Sirénidés*, dans l'ordre des CÉTACÉS.
(Voir ce mot.) Leur corps est oblong, pisciforme,
dépourvu de membres postérieurs, et terminé en
arrière par une queue en nageoire, élargie en forme
de pelle et horizontale. Leur tête, que l'on a comparée à celle du bœuf, est beaucoup plus courte, et
terminée par un museau charnu garni de poils
raides; l'oreille est un trou presque imperceptible.
Les membres antérieurs sont disposés, comme chez
les autres cétacés, en forme de nageoires, mais
munis de quatre ongles rudimentaires, ce qui leur
permet de s'en servir comme de pattes pour ramper
et porter leurs petits. Leurs deux mamelles pectorales arrondies, la forme de leur tête, leurs habitudes herbivores, leur ont fait donner tour à tour
les noms vulgaires de *femme marine*, de *sirène*, de
vache marine. Leur peau, assez épaisse, grise, à peu
près dépourvue de poils, est semblable à celle des
pachydermes. Ces animaux montrent une certaine
intelligence; ils ont des mœurs douces, et se témoignent beaucoup d'attachement entre eux. Ils vivent

près des côtes, en troupes plus ou moins nombreuses, qui paissent sur le rivage, et viennent
même parfois à terre. La femelle met bas un seul
petit, pour lequel elle montre la plus vive sollicitude; elle l'accompagne, le guide partout, et ne le
quitte que lorsqu'il est tout à fait adulte. Le mâle
ne quitte jamais sa femelle; il la défend avec courage et l'aide à élever ses petits. On mange leur
chair; elle a le goût de celle du veau; la graisse
en est fort délicate. On trouve les Lamantins dans
les parties les plus chaudes de l'océan Atlantique,
vers l'embouchure des rivières, qu'ils remontent
quelquefois assez loin. — On en connaît deux espèces : l'une, le **Lamantin d'Amérique** (*M. americanus*), atteint quelquefois, dit-on, jusqu'à 7 mètres,
mais sa taille ordinaire varie entre 5 et 6 mètres.

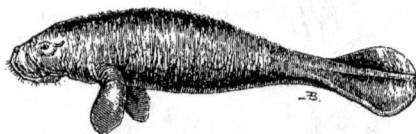

Lamantin.

Son corps est un ellipsoïde allongé, dont la tête
forme la partie antérieure, sans aucun rétrécissement pour marquer le cou; la queue, large et
aplatie, fait à peu près le quart de la longueur totale de l'animal. — Le **Lamantin d'Afrique** (*M. senegalensis*) ne diffère guère du précédent que par sa
taille plus petite. — Plusieurs naturalistes ont
voulu voir, dans les Lamantins, les sirènes et les
tritons des Grecs et des Romains; mais si l'on réfléchit que ces animaux habitent des contrées qui
n'étaient pas connues des anciens, on acceptera
difficilement cette opinion. Les sirènes et les tritons de la fable fréquentaient les plages de l'Archipel grec, parages où l'on ne rencontre jamais
de Lamantins; et ces êtres fantastiques, moitié
femme et moitié poisson, étaient ou des phoques, ou
des créatures tout à fait imaginaires, comme leurs
sphinx, leurs chimères, leurs centaures, etc.

LAMBRUSQUE. On donne ce nom dans plusieurs
provinces, celui de *Lambrusca* en Italie, et de *Lam-
brusco* dans le Languedoc, à la vigne sauvage qui
croît souvent dans les buissons et dans les haies.

LAMELLIBRANCHES. Classe de mollusques ACÉ-
PHALES, dont les branchies sont étalées sous forme
de larges lamelles, et comprenant la grande majorité des espèces à coquille bivalve, à corps symétrique plus ou moins aplati latéralement. Les valves
de la coquille sont réunies par un ligament; elles
sont en outre très fréquemment articulées par des
dents ou des crochets situés sur le bord qui répond
au dos de l'animal. Les valves de la coquille sont
sécrétées par un manteau formé de deux lobes qui
représentent des expansions membraneuses du dos.
Les deux valves peuvent être sensiblement égales
entre elles, et la coquille est dite alors *équivalve*

(moule), ou bien elles diffèrent d'une façon bien accusée et la coquille est *inéquivalve*(huître). Entre les lobes du manteau et le corps s'insèrent, de chaque côté, deux lames branchiales doubles, la bouche est munie de palpes labiaux, couverts de cils vibratiles qui servent, concurremment avec ceux des branchies, à attirer les particules alimentaires. La face ventrale porte fréquemment un pied. Le cœur, situé dans la région dorsale, est composé de deux oreillettes et d'un ventricule. Le système nerveux est formé de trois paires de ganglions : cérébraux, pédieux, palléobranchiaux. Les bords des deux lobes du manteau sont tantôt indépendants, tantôt unis dans une plus ou moins grande étendue, et il peut alors exister des siphons. C'est ce dernier caractère qu'on prend d'ordinaire pour base de la classification des Lamellibranches, que l'on divise en deux ordres : I, **Asiphoniens**, et II, **Siphoniens**, d'après l'absence ou la présence de siphon. L'ordre des ASIPHONIENS comprend les *Ostréidés* (huîtres), les *Pectinidés* (peignes), les *Aviculidés* (avicule), les *Mytilidés* (moules), les *Trigonidés* (trigonie), les *Unionidés* (mulètes). L'ordre des SIPHONIENS comprend les *Tridacnidés*, les *Cardiadés* (bucardes), *Cyprinidés* (cyprine), *Vénéridés* (vénus), *Tellinidés* (telline), *Solénidés* (couteau), *Pholadidés* (pholade), etc. — Nous donnons les détails de l'organisation des Lamellibranches à l'article HUÎTRE.

LAMELLICORNES. Grande famille d'insectes CoLÉOPTÈRES, caractérisés par leurs antennes courtes,

Lamellicorne (Hanneton).

insérées au-devant des yeux, dont les derniers articles sont élargis en lames ou feuillets, de manière à figurer un éventail, comme dans les hannetons. Ils ont cinq articles à tous les tarses (pentamères). Le plus grand nombre des espèces qui composent cette famille sont des insectes à formes ovalaires, un peu lourdes, à tête dilatée en avant, en forme de chaperon, et engagée dans le corselet; leur première paire de pattes est généralement dentée extérieurement et propre à fouir. Très souvent le mâle diffère beaucoup de la femelle et se distingue par des appendices en forme de cornes ou de tubercules dont sont munis la tête et le corselet. Leurs larves, gros vers mous, cylindriques, arrondis, vivent dans

la terre, les matières excrémentitielles ou dans le bois, et plusieurs d'entre elles sont très nuisibles à l'agriculture. A l'état d'insectes parfaits, ils se nourrissent de feuilles ou de fleurs (*Phyllophages*), de racines ou de bois pourri (*Rhizophages*), de fientes d'animaux (*Coprophages*). La famille des Lamellicornes est très nombreuse et a été divisée en une infinité de genres répartis en deux groupes principaux: les *Scarabéidés* et les *Lucanidés*.(Voir ces mots.)

LAMELLIROSTRES (du latin *lamellæ*, petites lames, et *rostrum*, bec). Groupe d'oiseaux de l'ordre des PALMIPÈDES, caractérisés par un bec large, garni sur les bords de lamelles transversales ou de dentelures et recouvert d'une peau molle; par des pattes dont les trois doigts antérieurs sont réunis par une membrane et le postérieur libre. Ce groupe comprend deux familles : celle des *Anatidés* ou canards et celle des *Phénicoptéridés* ou flamants. (Voir ces mots.)

LAMIE, *Lamia* (du grec *lamia*, voracité). Genre de poissons de l'ordre des SÉLACIENS, famille des *Squalidés*, voisins des Requins, dont ils diffèrent par leur museau pyramidal, à la base duquel sont situées les narines, par la présence d'évents situés en arrière des yeux et par les trous des branchies, placés en avant des pectorales. L'espèce commune de nos mers, le **Lamia cornubica**, est de la taille du requin, avec lequel on la confond souvent. Elle est d'un gris noirâtre avec le ventre blanc, et porte de chaque côté de la queue une carène saillante.

LAMIE(*Lamia*). Genre d'insectes COLÉOPTÈRES de la famille des *Longicornes* ou Cérambycidés, tribu des *Lamiaires*, caractérisés par leur tête courte et large, perpendiculaire, sans col; leur corselet non rebordé, épineux ou tuberculeux latéralement, le dernier article des palpes fusiforme; les antennes généralement plus longues que le corps; quelques espèces sont aptères. – Le type du genre *Lamia* est le **Lamia textor**, assez commun aux environs de Paris, où il vit ainsi que sa larve dans les racines du saule. Il a de 20 à 25 millimètres, est d'un brun noir mat, à pubescence grise, à enveloppe dure et coriace; il est aptère. La tribu des *Lamiaires* comprend un grand nombre de genres, la plupart exotiques.

LAMIER (*Lamium*). Genre de plantes dicotylédones de la famille des *Labiées*, composé d'herbes annuelles ou vivaces des régions tempérées de l'Europe, qui ont pour caractères : calice campanulé à cinq ou dix nervures, à cinq divisions; lèvre supérieure de la corolle en casque; l'inférieure à trois lobes; style bilobé; akène triangulaire. — Le Lamier blanc (*L. album*), bien connu sous les noms vulgaires d'*ortie blanche*

Lamier blanc (*Lamium album*).

et de *fausse ortie*, est très commun en France dans les haies, les décombres, le long des murs; elle offre, en effet, le port de l'ortie, mais ses feuilles ne sont pas piquantes, et ses fleurs blanches en glomérules axillaires, à lèvre supérieure poilue, la font facilement reconnaître. Ses feuilles sont employées topiquement dans les campagnes comme vulnéraires et résolutives. Il en est de même du **Lamier tacheté** (*L. maculatum*), à fleurs purpurines. On cultive dans les jardins une espèce d'Italie, l'**Orvale** (*L. orvale*), à cause de ses belles fleurs roses ou purpurines.

LAMINAIRE (*Laminaria*). Genre d'algues marines (cryptogames) de la section des *Mélanophycées*, à fronde stipitée, coriace, d'un vert foncé brunâtre ou roussâtre. Ces algues se reproduisent par des zoospores, sortes de spores mobiles, asexuées, qui se forment dans les cellules terminales de certains poils à la surface du thalle. Les Laminaires sont des plantes marines robustes, solidement ancrées sur le roc par un large empâtement comparable à de fortes racines, d'où s'élève une tige petite qui s'épanouit en une large fronde plane et comme laminée. Dans la **Laminaire digitée** (*L. digitata*), cette fronde est découpée presque jusqu'à sa base, en lanières parallèles comme les doigts de la main. Elle mesure parfois jusqu'à 2 mètres de hauteur. — La **Laminaire sucrée** (*L. saccharina*), longue de 1 mètre et plus, est formée d'une tige cylindrique et épaisse, qui, vers le tiers de sa longueur, s'aplatit en une lame large de 5 à 10 centimètres, gaufrée sur le bord de chaque côté de la ligne médiane. Cette phycée, lorsqu'elle est sèche, se recouvre d'efflorescences sucrées. —

Laminaire
sucrée.

Une troisième espèce, la **Laminaire comestible** (*L. esculenta*), à pied cylindrique muni de crampons, terminé par une lame unique, parcourue par une nervure saillante, et longue souvent de plusieurs mètres, sert à préparer une gelée alimentaire dont se nourrissent certains peuples des régions boréales. Ces Laminaires servent, comme les fucus, à l'extraction de la soude, et les habitants pauvres des côtes de la Bretagne font usage de leurs tiges desséchées comme combustible.

LAMIUM. (Voir LAMIER.)

LAMPOURDE (*Xanthium*). Genre de plantes dicotylédones de la famille des *Ambrosiacées*. Ce sont des plantes herbacées, annuelles, à feuilles alternes plus ou moins incisées, et à fleurs en capitules, unisexuelles monoïques. — La **Lampourde commune** (*X. strumarium*), vulgairement *herbe aux écrouelles*, à cause des propriétés dissolvantes qu'on lui attribuait autrefois, est répandue dans presque toute l'Europe. Ses tiges, hautes de 8 à 10 décimètres, sont anguleuses, ses feuilles rudes et ses involucres fructifères épineux. On extrait de ses feuilles un principe colorant jaune employé dans les arts, d'où son nom latin de *Xanthium* (jaune).

LAMPRILLON ou **LAMPROYON.** (Voir LAMPROIE.)

LAMPROIE, *Petromyzon* (de *petros*, pierre, et *muzô*,

sucer, suceur de pierres, nom tiré des habitudes de cet animal). Genre de poissons cartilagineux de l'ordre des CYCLOSTOMES ou suceurs, formant la famille des *Pétromyzonidés*. Ces animaux sont, après l'*Amphyoxus* (voir ce mot), les plus imparfaits de tous les vertébrés. Les parties solides de leur corps consistent uniquement en une suite d'anneaux ou long cordon cartilagineux renfermant la moelle épinière. Leur corps est vermiforme, et ils sont surtout remarquables par la conformation singulière de leur bouche, qui n'est propre qu'à la succion ; elle se compose d'une sorte de ventouse formée par les mâchoires, soudées en anneau, et dans l'intérieur de laquelle se meut en avant et en arrière, comme un piston, une langue armée de deux rangées longitudinales de petites dents. Leurs branchies, en forme de bourses, s'ouvrent en dehors par sept ouvertures disposées en ligne droite derrière chaque œil. Les Lamproies manquent de nageoires pectorales et ventrales ; elles en ont deux sur le dos, une au delà de l'anus, et une quatrième arrondie à l'extrémité de la queue. Malgré cet appareil de natation incomplet, elles nagent en serpentant au milieu des eaux avec vitesse. On

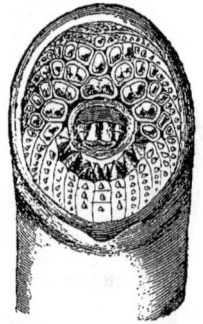
Bouche de la grande lamproie.

trouve souvent les Lamproies fixées par leur bouche aux rochers qui bordent la mer ; et elles quittent les eaux salées, au printemps, pour aller pondre ou féconder leurs œufs dans les fleuves ; leur nourriture consiste en vers, en mollusques et en chair corrompue. Elles peuvent vivre assez longtemps hors de l'eau, et, comme chez tous les animaux dont l'organisation est très simple, la vitalité persiste chez elles longtemps encore après qu'on les a mutilées. On rencontre les Lamproies dans presque tous les climats, et leur chair est d'assez bon goût. — La grande **Lamproie** (*P. marinus*) a près de 1 mètre de long ; elle est marbrée de brun sur un fond jaunâtre ; la petite **Lamproie** (*P. planeri*) ou *sucet*, de couleur olivâtre, n'a que quelques centimètres de longueur. Les marins se servent de cette espèce comme appât pour la pêche des morues. — La **Lamproie fluviatile** (*P. fluviatilis*) ne diffère de la Lamproie marine que par sa taille, qui ne dépasse pas 50 centimètres, et par sa bouche, qui ne présente qu'une seule rangée circulaire de dents. Elle est très répandue dans les eaux douces de la France et de l'Angleterre. — Les Lamproies subissent des métamorphoses ; leur larve, qui vit dans la vase, a été prise longtemps pour un genre particulier de poissons, classé sous le nom d'*ammocètes*. Cette larve que les pêcheurs nomment *chatouille* et *civelle*, a l'aspect d'une petite anguille de 15 à 20 centimètres, verte en dessus et blanche en dessous.

LAMPROYON. (Voir Lamproie.)

LAMPSANE, *Lampsana* (du grec *lapazein*, amollir). Genre de plantes dicotylédones de la famille des *Composées liguliflores*. Ce sont des plantes herbacées à fleurs jaunes en corymbe ou en panicule, à feuilles inférieures lyrées, celles de la tige ovales dentées. La **Lampsane commune** sert dans nos campagnes à faire des cataplasmes émollients, employés surtout pour guérir les gerçures du sein des nourrices, d'où son nom vulgaire d'*herbe aux mamelles.*

LAMPYRE et **LAMPYRIDÉS** (de *lampuris*, nom grec du ver luisant). Groupe d'insectes Coléoptères de la famille des *Malacodermes,* se distinguant par un corps plan, de consistance peu solide, par des mandibules très petites et par des palpes renflés vers l'extrémité. Ce groupe, qui a pour type le genre des *Lampyris* ou vers luisants, comprend les *Malachius, Telephorus, Drilus,* etc. — Les Lampyres proprement dits, si remarquables par cette propriété de répandre la lumière, ont un corps élancé, des élytres minces et flexibles ; leur corselet, arrondi

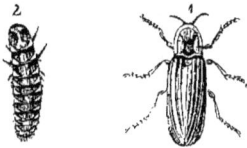

Lampyre, ver luisant. — 1, mâle ; 2, femelle.

en avant, s'avance sur la tête comme un bouclier. — L'espèce la plus répandue, le **Lampyre ver luisant** (*L. noctiluca,* L.), se rencontre assez communément pendant la belle saison dans nos campagnes. Le mâle est ailé, mais n'est pas lumineux ; la femelle, au contraire, n'est pas ailée, mais elle répand une lueur phosphorescente très vive. Cette dernière ressemble plutôt à une larve qu'à un insecte parfait. Toutes les parties de son corps ne sont pas indifféremment douées de cette faculté phosphorescente ; la partie lumineuse est située à l'extrémité inférieure de l'abdomen, où elle se distingue à la clarté du jour comme une tache d'un fauve clair. Le ver luisant peut, à volonté, allumer ou éteindre son merveilleux flambeau, et c'est surtout pendant les chaudes nuits d'été qu'il apparaît comme une petite étoile tombée dans l'herbe ; s'il redoute le moindre danger, il éteint prudemment son fanal et va se cacher sous les feuilles ou sous l'écorce des arbres. — L'Italie possède une espèce de Lampyre encore mieux partagée que la nôtre : les deux sexes sont pourvus d'ailes et jouissent également de la propriété phosphorescente ; c'est le **Lampyre luciole** (*L. italica*). Pendant les belles nuits d'été, on voit ces insectes glisser et voltiger dans les airs en longues phalanges lumineuses. On dirait une fine pluie d'étoiles, et ce spectacle frappe d'admiration le voyageur qui en jouit pour la première fois. — Les Telephorus, très nombreux en espèces et très communs, ont le corps allongé, extrêmement mou ; la tête presque entièrement dégagée du corselet, les antennes longues et filiformes. Les **Telephorus fuscus, tristis, fulvicollis, lividus, melanurus, pallidus,** sont très communs partout. Les enfants les nomment, je ne sais pourquoi, *cochers de fiacre.* — Les **Drilus,** beaucoup moins répandus, sont remarquables par leurs antennes flabellées chez les mâles, qui ont des élytres recouvrant tout l'abdomen ; leur corselet est transversal, un peu plus étroit que les élytres ; les femelles beaucoup plus grosses que les mâles, sont aptères et ressemblent à de gros vers, les larves vivent dans la coquille des hélices ou colimaçons (*Helix nemoralis*), dont elles dévorent l'animal. — Les **Malachius** sont de petits lampyridés à corps oblong, à corselet arrondi, à élytres molles, souvent recourbées à l'extrémité. Ces insectes sont remarquables par les vésicules rouges, appelées *cocardes,* qu'ils peuvent faire sortir sur les côtés du corps, quand on les irrite. Ils sont très agiles et très carnassiers. Leurs couleurs sont vertes et rouges.

LANCÉOLÉ. Se dit de toute partie conformée en fer de lance : feuille lancéolée.

LANCERON. Les pêcheurs donnent ce nom au jeune Brochet. (Voir Brochet.)

LANÇON. (Voir Ammodyte.)

LANGOUSTE (corruption du nom latin *locusta*). Genre de crustacés Décapodes de la division des

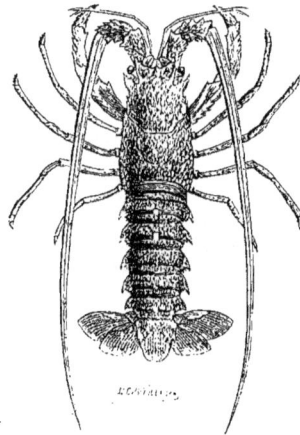

Langouste.

Macroures, type de la famille des *Palinuridés.* Ces crustacés se distinguent par leur grande taille ; par leur carapace hérissée d'un grand nombre d'épines, et que terminent antérieurement deux grosses pointes recourbées en avant ; par la longueur de leurs antennes latérales, sétacées, et armées de pi-

quants, enfin par leurs pattes en pointe ou mono-
dactyles, ce qui suffirait pour les distinguer des
écrevisses et des homards, dont la première paire
de pattes se termine, comme on sait, par une forte
pince. Les femelles se rapprochent des rivages au
mois d'avril pour pondre leurs œufs, qu'elles portent pendant quelque temps fixés sous l'abdomen
à l'aide de leurs fausses pattes. Ces œufs sont de
petits grains d'un rouge de corail, et aussi petits
que ceux de l'écrevisse. Lorsqu'ils sont arrivés à
maturité, la mère les détache et les abandonne
dans les eaux. Au bout de quelques jours il en
sort un singulier petit être, qui ressemble si peu à

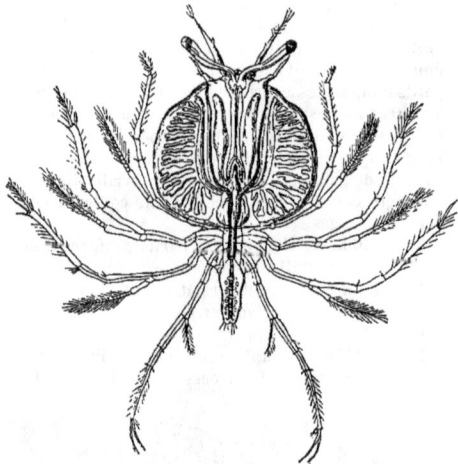

Phyllosome, larve de la langouste (grandeur naturelle).

ses parents qu'on l'a pendant longtemps décrit
comme appartenant à une famille particulière sous
le nom de *phyllosome* (corps en feuille), et, en effet,
son corps est lamelleux comme une membrane
transparente, et tellement mince, qu'on ne sait
comment les viscères peuvent s'y loger. Ces larves
passent par une série de métamorphoses avant
d'arriver à l'état adulte. Les langoustes ressemblent beaucoup d'ailleurs pour leurs formes et
leurs mœurs aux *homards*. On les trouve surtout
dans les mers tempérées et dans les mers intertropicales. Leur chair est plus estimée que celle des
homards; mais comme elles meurent plus vite hors
de l'eau que ces derniers, on les fait cuire au bord
de la mer même, car sans cette précaution, elles se
corrompraient en route. — L'espèce commune, la
Langouste (*Palinurus vulgaris*), atteint 50 centimètres
de longueur et plus. Chargée de ses œufs, elle pèse
jusqu'à 6 et 7 kilos. On la trouve communément
sur les côtes de la Méditerranée; plus rarement
sur celles de l'Océan. Sa couleur est brun violacé,
tacheté de jaune; sa carapace devient rouge par la
cuisson. Les Langoustes abandonnent nos côtes
vers la fin de l'automne et gagnent la haute mer, où

elle vont se cacher dans les fentes des rochers à de
très grandes profondeurs.

LANGUE (*Lingua*). Cet organe charnu, placé dans
la bouche, remplit dans l'économie animale plusieurs fonctions importantes; les unes ont rapport
à la sensibilité, les autres à la grande fonction de
la nutrition; et la langue est placée, en raison
même de cette destination, à l'entrée du canal alimentaire. Douée de la sensibilité tactile, la langue
est le plus généralement un organe de goût; elle
est même le siège principal de ce sens chez les
vertébrés; mais elle devient aussi, par suite de
modifications spéciales dans sa structure et sa
composition, un organe pour la préhension des aliments, la mastication et la déglutition. Elle sert
encore, chez les animaux qui sont doués de la
voix, à varier les sons et les accentuations par les
positions diverses qu'elle peut prendre. (Voir Voix.)
Chez l'homme, la Langue est de forme conique et
aplatie; elle est attachée par sa racine à l'os
hyoïde et par une portion de sa base à la mâchoire
inférieure; sa membrane muqueuse forme en ce
point un repli triangulaire appelé *frein* ou *filet*. (Voir
la figure Digestion.) Cet organe est essentiellement
musculaire; il est recouvert d'une membrane muqueuse sans cesse humectée par la salive et les
fluides sécrétés par les follicules. Des nerfs nombreux se distribuent à la langue : les uns lui donnent
la sensibilité gustative, les autres la mobilité et la
faculté tactile. Les vaisseaux artériels et veineux y
sont très abondants. La membrane muqueuse qui
l'enveloppe présente à la face supérieure des aspérités nombreuses qu'on nomme *papilles*, et qui paraissent être l'expansion des nerfs gustatifs. — La
Langue des mammifères ressemble en général à
celle de l'homme; mais dans les dernières familles
(échidnés, fourmiliers, etc.), où le sens du goût est
émoussé, la Langue est à peu près dépourvue de
papilles. — Chez les oiseaux qui avalent leur nourriture presque sans la mâcher, la Langue est généralement dure et demi-cartilagineuse. Les reptiles
ont une langue généralement mince, protractile,
quelquefois bifide, et devient chez eux un simple
organe de préhension. Chez les poissons, la Langue
est rudimentaire, peu ou point mobile, et le plus
souvent garnie de prolongements cornés ou osseux.
La Langue proprement dite n'existe plus dans les
invertébrés que par exception. — On donne vulgairement le nom de *Langue* à certaines plantes qui
offrent plus ou moins de ressemblance avec l'organe des vertébrés ; ainsi l'on nomme :
Langue d'agneau, le Plantain moyen;
Langue de bœuf, la Fistuline et la Buglosse;
Langue de cerf, la Scolopendre;
Langue de cheval, une espèce de Fragon;
Langue de chien, la Cynoglosse officinale;
Langue d'oie, le *Pinguicula vulgaris;*
Langue de serpent, l'Ophioglosse;
Langue de vache, la grande Consoude.
LANGUETTE. Les entomologistes donnent ce nom

à la lèvre inférieure des insectes. On donne également ce nom, en botanique, à l'appendice qui termine les demi-fleurons des fleurs composées.

LANIER. Espèce du genre *Faucon*. (Voir ce mot.)
LANIIDÉS (de *lanius*, nom latin des pies-grièches). (Voir Pies-grièches.)

LANTANA. Genre de plantes dicotylédones, monopétales, hypogynes, de la famille des *Verbénacées*. Ce sont des arbrisseaux à rameaux anguleux, munis parfois d'aiguillons, à feuilles opposées, simples, à fleurs en capitules axillaires, qui habitent les régions chaudes de l'Asie et de l'Amérique. — Le Lantana camara, du Brésil, et le Lantana melissæfolia sont très aromatiques : on les emploie aux mêmes usages que notre mélisse. — Le **Lantana aculeata**, du Mexique, se cultive en serre pour ses belles fleurs qui, d'abord jaunes, deviennent d'un rouge vermillon.

LANTERNE. (Voir Fulgore.)

LAPEREAU. Nom du jeune Lapin.

LAPIN (*Lepus cuniculus*). Espèce du genre *Lièvre*. Originaire d'Afrique, le Lapin fut d'abord transporté en Grèce et en Espagne, d'où il s'est répandu en France et dans le monde entier. Il se distingue du lièvre proprement dit par ses oreilles un peu plus courtes que la tête, par sa queue plus courte que la cuisse et brune en dessus, et par sa taille moindre. Sous le rapport des habitudes, il en diffère d'une manière encore plus tranchée. A l'état sauvage, le Lapin vit au fond des terriers qu'il se creuse, et qu'il ne quitte que la nuit. Il habite les pays montagneux, les petits coteaux boisés et se nourrit de plantes et d'écorces. C'est un animal très timide, qui tremble au moindre bruit; sa vue n'est pas bonne, comme l'indiquent ses gros yeux à fleur de tête; mais ses grandes oreilles mobiles, qu'il peut tourner de tous côtés, lui permettent de percevoir aisément les plus légers sons; quant à ses jambes, elles sont excellentes; ce sont d'ailleurs les seuls moyens de salut qu'il ait pour échapper à ses nombreux ennemis. Il s'habitue très bien à l'état de domesticité, et y prend à la longue des couleurs très variées. A l'état sauvage, il est ordinairement gris jaunâtre en dessus, blanc en dessous. La femelle porte trente jours, et telle est sa prodigieuse fécondité qu'elle peut produire par année de quarante à cinquante lapereaux. Quand elle veut mettre bas, elle se retranche dans un nouveau terrier, qu'elle creuse en zigzag, et se dépouille le ventre pour faire de son pelage un lit commode à ses petits. Elle ferme avec soin l'entrée de ce terrier qu'elle visite toutes les nuits. On croit généralement que la femelle ne cache ainsi ses lapereaux que pour les dérober à la fureur du mâle. En domesticité, un mâle suffit à six ou sept femelles; à huit mois, il peut se reproduire, mais à cinq ans, il est épuisé; c'est alors qu'il faut l'engraisser pour la table. Cependant, la durée totale de sa vie paraît être de huit à neuf ans. Il faut, pendant l'allaitement, le séparer de ses

petits qu'il tuerait impitoyablement. Chaque portée est composée de quatre à huit petits; et la femelle peut faire jusqu'à sept portées par an. Aussi, n'est-il pas rare, par suite de cette prodigieuse fécondité, de voir les Lapins devenir très nuisibles dans certains pays, comme en Australie, par exemple, où d'un seul couple de Lapins sont provenus, en quelques années, les millions d'individus qui y ravagent aujourd'hui toutes les plantations. Le Lapin détruit les herbes, les racines, les grains, les légumes et même les arbrisseaux, dont il ronge l'écorce pendant l'hiver; il est très nuisible, surtout dans les pays plantés de vignes. Aussi lui fait-on une guerre acharnée, et d'autant plus intéressée que sa chair est excellente; on emploie contre lui les furets, les chiens, les lacets; on le surprend au gîte, on l'at-

Lapin.

tend à l'affût, et l'homme n'est pas le seul qui le chasse; les renards, les martes, les fouines, les chats et plusieurs grands oiseaux de proie le poursuivent avec un égal acharnement. Malgré sa ressemblance avec le lièvre, le Lapin est l'ennemi de cet animal, qu'il ne rencontre jamais sans qu'il s'ensuive un combat acharné. Cependant on est parvenu, à force de soins et en les réunissant dès leur bas âge, à croiser ces deux espèces et à en obtenir des produits auxquels on a donné le nom de *léporides*. Ces métis ont une chair délicieuse et peuvent se reproduire entre eux, mais non indéfiniment. Parmi les principales variétés du Lapin proprement dit, nous citerons le **Lapin d'Angora** et le **Lapin riche** dont le beau poil, d'un gris argenté, est très recherché pour la chapellerie. La chair du Lapin est blanche, saine et d'un goût exquis lorsqu'il est bien nourri; sa peau et son poil sont une branche de commerce importante. Parmi les espèces étrangères, nous citerons : le **Lapin du cap de Bonne-Espérance** (*L. crassicaudatus*), le **Lapin du Sinaï** (*L. sinaïcus*), le **Lapin à courte queue** (*L. brachyurus*), du Japon. Le Lapin blanc à yeux rouges est un albinos. Dans beaucoup de fermes on élève des Lapins, et ces animaux peuvent donner des bénéfices assez considérables si l'on a soin de les maintenir dans des circonstances favorables. Au moyen d'une bonne nourriture, d'un entretien soigneux et de la propreté, on améliore considérablement leur chair et leur fourrure. Le manque de soins engendre toujours, au contraire, une foule de maladies qui ne tardent pas à dépeupler la lapinière et à transformer en pertes les bénéfices sur lesquels on comptait. L'habitude où l'on est dans beaucoup d'endroits de nourrir le Lapin presque exclusivement de feuilles de choux est une des principales causes de ces maladies; cette nourriture lui donne une chair fade, molle et décolorée, tandis que là où on le nourrit de plantes aromatiques. de feuilles et de baies de genièvre, il prend une chair ferme, d'un fumet agréable et comparable à celle du Lapin sauvage.

LAPIS LAZULI. (Voir Lazulite.)

LAPPA. (Voir Bardane.)

LAQUE ou **GOMME-LAQUE.** Matière résineuse fragile, transparente, d'un rouge jaunâtre, inodore, d'une saveur faiblement amère et astringente qui exsude de plusieurs arbres des Indes orientales, particulièrement du *Ficus religiosa*, du *Ficus indica*, du *Croton lacciferum*. A la suite de piqûres qu'y fait un insecte de la famille des *Gallinsectes*, le *Coccus lacca*, le suc de ces plantes s'écoule, durcit et constitue la Gomme-laque. La Laque est surtout employée dans les arts pour faire des vernis excellents, et elle entre pour la part la plus importante dans la fabrication de la cire à cacheter. On l'emploie également comme corps isolant dans la construction des appareils d'électricité.

LAR. Singe du genre *Gibbon*. (Voir ce mot.)

LARD. Nom que l'on donne communément à la couche graisseuse très épaisse, qui se développe sous la peau du porc. La graisse du Lard fondu prend le nom de saindoux.

LARIN, *Larinus* (du grec *larinos*, gras). Genre d'insectes Coléoptères de la famille des *Curculionidés* ou Charançons, à formes épaisses, ovalaires, à téguments de consistance très dure; leur rostre est épais, un peu arqué; les élytres sont ovalaires, un peu plus larges que le corselet, arrondies chacune à la base. Ces insectes vivent surtout aux dépens des plantes de la famille des *Carduacées*. Parmi les espèces assez nombreuses, nous citerons, comme se trouvant dans le midi de la France : le **Larinus maculosus**, long de 10 millimètres, ovalaire, noir, avec des fascies blanchâtres, corselet rugueusement ponctué, élytres à stries ponctuées très fines, que l'on trouve dans les têtes des *Échinops;* le **Larinus ursus**, long de 8 à 10 millimètres, d'un brun foncé, avec des bandes de pubescence cendrée, quelquefois un peu roussâtre, que l'on trouve sur la *Carlina corymbosa;* le **Larinus jaceae**, long de 7 à 8 millimètres, noir, parsemé de petites taches pubescentes grises, corselet densément et finement ponctué, qui vit sur la *Centaurea jacea*. — Le **Larinus scolymi** vit sur les artichauts, auxquels sa larve nuit beaucoup. Ces insectes sont généralement couverts, lorsqu'ils viennent d'éclore, d'une pruinosité jaune, verte ou orangée, qu'ils perdent très vite.

LARIX. Nom scientifique latin du genre *Mélèze*. (Voir ce mot.)

LARMES. Humeur limpide et un peu salée que sécrète une glande particulière (glande lacrymale), située dans l'orbite de l'œil, à son angle externe. Cette humeur est destinée à humecter la surface de la conjonctive (voir Œil) par les mouvements des paupières.

LARMIER. On appelle ainsi de petits sacs membraneux, placés un sous chaque œil, près de l'angle nasal, chez les cerfs et les antilopes. Il s'en écoule une humeur onctueuse et noirâtre, que l'on dit être les *larmes du cerf*.

LARUS. Nom scientifique latin des Goélands et des Mouettes. (Voir ces mots.)

LARVE (du latin *larva*, masque). Premier état des insectes à leur sortie de l'œuf. (Voir Insectes.)

LARYNX (du grec *larunx*). Organe de la voix. Il est formé par la réunion de plusieurs cartilages mobiles, et situé sur le trajet du canal aérien, à la partie supérieure et antérieure du cou, au-dessus

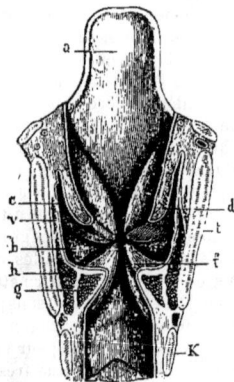

Coupe du larynx.

a, épiglotte; *b*, ventricule; *c*, son prolongement supérieur; *d*, corde vocale supérieure ; *f*, corde vocale inférieure; *g*, muscle thyro-aryténoïdien; *k*, cricoïde.

de la trachée-artère, au-dessous de la base de la langue, suspendu à l'os hyoïde, qui, lui-même, tient par de longs ligaments à la base du crâne. Les divers cartilages qui forment cette caisse résistante sont le thyroïde et le cricoïde, qui en constituent les parois antérieure et latérale, et les deux aryténoïdes qui soutiennent les bords de l'orifice du Larynx dans le pharynx, c'est-à-dire de la glotte. Le Larynx communique donc par la glotte avec l'arrière-bouche au pharynx, et se continue de l'autre côté avec la trachée-artère. Le Larynx présente en avant la saillie verticale du cartilage thyroïde (vulgairement *pomme d'Adam*); intérieurement, la muqueuse qui le tapisse forme, vers son milieu, deux replis latéraux dirigés d'avant en arrière et disposés à peu près comme les bords d'une boutonnière ; ce sont les *cordes vocales*, susceptibles de se tendre et de se rapprocher plus ou moins, de manière à agrandir ou diminuer la fente (ouverture de la glotte) qui les sépare et à modifier les sons. Telle est la disposition de l'appareil vocal chez l'homme et la plupart des mammifères ; mais il a une disposition différente chez les oiseaux. (Voir Oiseau.)

LASIOCAMPA (du grec *lasios*, velu, et *kampa*, chenille). (Voir Bombyx.)

LATANIER (*Latania*). Genre de plantes monocotylédones de la famille des *Palmiers*, dont les caractères distinctifs sont : fleurs dioïques, spathe à plusieurs folioles, calice à six divisions, quinze à

Latanier de Bourbon.

seize étamines à filaments réunis à leur base ; fruit drupacé recouvert d'une écorce, contenant trois noyaux. Le **Latanier de Bourbon** (*L. borbonica*) a le tronc droit, cylindrique, portant à son sommet des feuilles palmées, en éventail, très étalées. La spathe est composée de plusieurs folioles, d'où s'échappe un régime rameux ; ses fleurs sont éparses, jaunes, enchâssées dans les écailles. La sève de cet arbre sert à faire du vinaigre. — Le **Latanier rouge** (*L. rubra*), de l'île Maurice, est moins élevé que le précédent, dont il diffère, en outre, par ses feuilles à folioles ciliées et un peu rougeâtres. Son fruit est une baie globuleuse, ren-

fermant trois noyaux enveloppés d'une pulpe succulente, amère, que l'on emploie comme antiscorbutique.

LATÉRIGRADES (du latin *latere*, et *gradi*, qui marche de côté). Groupe d'arachnides dipneumones, sédentaires, qui marchent de côté et à reculons, aussi bien qu'en avant. Elles ont les quatre pattes antérieures plus longues que les autres, six filières et une seule paire de poches pulmonaires. Ce groupe comprend les Thomises et les Philodromes. Ces araignées ne font pas de toile et jettent seulement quelques fils pour arrêter leur proie.

LATEX. Nous avons dit au mot Sève qu'une partie de la sève descendante s'emmagasine dans les vaisseaux laticifères et forme le Latex. Les vaisseaux laticifères se trouvent au sein de l'écorce, à la jonction de l'enveloppe cellulaire et du liber. Ce sont des vaisseaux anastomosés comme les veines de l'animal, qui puisent dans la sève du végétal et modifient ce liquide de diverses manières. Ce fluide modifié prend le nom de *Latex* ou de *suc propre*, parce que chaque espèce végétale en possède un de nature particulière qui lui appartient en propre. Le Latex est le plus souvent opaque et coloré ; il est blanc comme du lait dans le figuier, les euphorbes, le pavot, le pissenlit, etc. ; il est jaune dans la chélidoine. Ce liquide possède souvent des propriétés énergiques et même redoutables. Celui des euphorbes et de la chélidoine est corrosif ; celui du figuier est assez âcre pour brûler la langue ; celui du pavot contient de l'opium, qui, à faible dose, endort, et, à dose plus forte, tue. Celui de l'antiar des Javanais est un poison violent, avec lequel les naturels des îles de la Sonde empoisonnent leurs flèches. Cependant, dans certaines plantes, le Latex offre, au contraire, des propriétés bienfaisantes. C'est ainsi que, dans le galactodendron, vulgairement connu sous le nom d'*arbre à la vache*, les vaisseaux laticifères laissent écouler un liquide blanc qui a l'aspect, la saveur et les propriétés nutritives du lait ordinaire. L'une des substances les plus communément contenues dans le Latex est le caoutchouc (voir ce mot) ; on le trouve dans certaines espèces de la famille des *Euphorbiacées*, dans le *Ficus clastica*, dans l'Urcéole élastique, etc.

LATHRÉE, *Lathræa* (du grec *lathraios*, caché). Genre de plantes parasites, monopétales, hypogynes, de la famille des *Orobanchées*. Elles se distinguent à leur calice campanulé à quatre divisions ; à leurs fleurs pourvues d'une seule bractée. La **Lathrée écailleuse** (*L. squamaria*), à tige de 1 à 2 décimètres, à souche écailleuse, à fleurs blanchâtres lavées de pourpre, croît sur les racines de la vigne.

LATHYRUS. Nom scientifique latin du genre *Gesse*. (Voir ce mot.)

LATICIFÈRES [Vaisseaux]. Canaux plus ou moins ramifiés qui renferment les liquides particuliers appelés *latex*. (Voir ce mot.) Ces canaux constituent un réseau dont les branches sont anastomosées en mailles de formes irrégulières. Ils se rencontrent surtout dans le *liber* pendant la période de formation de ses couches. (Voir VÉGÉTAUX.)

LATRODECTE (du grec *latris*, captif, et *dèktès*, qui mord). Genre d'arachnides de l'ordre des ARANÉIDES, famille des *Théridionidés*. Ces araignées, qui appartiennent aux pays chauds, sont très voisines des Théridions, dont elles diffèrent surtout par la longueur respective des pieds. Chez les Latrodectes, la première paire est la plus longue, puis la quatrième; la troisième est la plus courte; ils ont huit yeux sur deux lignes écartées; les mâchoires fortes, allongées, inclinées sur la lèvre. Ces arachnides sédentaires filent dans les sillons et sous les pierres des fils très forts, capables d'arrêter les plus gros insectes. Elles sont généralement considérées comme très venimeuses. Une espèce européenne, la **Latrodectus malmignatus**, est très répandue en Espagne, en Italie, en Algérie, et surtout en Corse, où on la redoute à l'égal de la tarentule; mais des expériences sérieuses ont prouvé que leur morsure est à peu près inoffensive pour l'homme et les grands animaux. Cette araignée est noire avec l'abdomen marqué de treize petites taches rouges.

LAURACÉES ou **LAURINÉES**. Famille de plantes dicotylédones, apétales, périgynes, formée d'arbres et d'arbustes aromatiques, à feuilles coriaces, persistantes, dépourvues de stipules. Les fleurs, ordinairement petites, sont hermaphrodites ou unisexuées; le périanthe simple, calicinal, est garni dans son fond d'un réceptacle charnu, concave, sur les bords duquel s'insèrent les étamines, qui sont en nombre double, triple ou quadruple de celui des lobes du périanthe; l'ovaire uniloculaire ne contient qu'un ovule suspendu au sommet de la loge. Le fruit, ordinairement bacciforme, est accompagné à sa base par le périanthe. Cette famille, qui a pour type le genre *Laurus* (laurier), comprend un grand nombre de genres, parmi lesquels nous citerons : *Cinnamomum* (cannellier), *Camphora* (camphrier), *Sassafras*, *Persea* (avocatier), etc.

LAURÉOLE. (Voir DAPHNÉ.)

LAURIER. Le genre *Laurier* ou *Laurus* de Linné est le type de la famille des *Lauracées*. Ces végétaux sont caractérisés par des fleurs dépourvues de corolle, à calice inadhérent, plus ou moins profondément fendu en quatre, six ou huit segments disposés en deux séries alternes, par des étamines en nombre double, triple, quadruple, quintuple, ou sextuple de celui des segments du calice, ou quelquefois en même nombre que ses segments et insérées au fond du calice. Le pistil se compose d'un ovaire à une seule loge, inadhérent, terminé en style columnaire, couronné d'un stigmate en forme de disque, ou à deux ou trois lobes; le fruit est une baie charnue, remplie par une graine ovale ou globuleuse, dépourvue de périsperme. Les Lauriers sont des arbres ou des arbrisseaux, la plupart très aromatiques, à rameaux cylindriques, ou irrégulièrement anguleux; les feuilles alternes, simples, très entières, pétiolées, en général coriaces

et persistantes, à fleurs hermaphrodites ou unisexuelles, axillaires ou terminales, petites, régulières.— Le **Laurier des poëtes**, consacré par les anciens à Apollon, *Laurus nobilis* des botanistes, et qu'on désigne par les noms vulgaires de *Laurier franc* ou *Laurier commun*, et même par ceux de *Laurier-sauce* ou *Laurier-jambon*, est la seule espèce qui vienne spontanément en Europe. Ce végétal, célèbre à tant de titres, abonde non seulement dans l'Europe méridionale, mais aussi en Orient et dans tout le nord de l'Afrique. Il forme, dans les localités propices, un arbre de 10 à 14 mètres de haut, dont la forme svelte et pyramidale est assez sem-

Laurier commun.
a, fleur mâle; *b*, fleur femelle, grossies.

blable à celle du peuplier d'Italie; son tronc droit et élancé se garnit d'un grand nombre de branches et de rameaux redressés, touffus, effilés; l'écorce est d'un brun verdâtre; les feuilles sont d'un vert gai et luisantes en dessus, d'un vert pâle en dessous, lancéolées, courtement pétiolées. Les fleurs, petites et de couleur jaunâtre, sont dioïques; elles naissent aux aisselles des feuilles, en petits faisceaux. Le calice tombe après la floraison. Les fleurs mâles ont douze étamines. Le fruit est une baie d'un bleu noirâtre, du volume d'une olive. Toutes les parties du Laurier sont aromatiques et stimulantes. Les feuilles, comme l'on sait, servent à l'assaisonnement de beaucoup de mets. L'amande des graines fournit une substance grasse, verdâtre, d'une saveur et d'une odeur pénétrantes qu'on appelle *huile de Laurier*, et qui passe pour avoir des propriétés résolutives très efficaces ; elle entre dans la composition du baume de Fioravanti ; on l'emploie fréquemment dans l'art vétérinaire. Le Laurier, grâce à son port élégant, est très recherché comme arbre d'ornement ; mais dans le nord de la France on ne le rencontre guère que sous forme de buissons. — Plusieurs autres laurinées sont non moins intéressantes. De ce nombre sont surtout les espèces qui fournissent la cannelle (voir ce mot) ; ces végétaux constituent maintenant le genre *Cinnamomum*, genre propre à l'Asie et à l'Amérique équatoriales, et celles qui fournissent le camphre (voir ce mot), et dont la principale, le camphrier ou **Laurier-camphrier** (*Camphora officinarum*) est indigène en Chine et au Japon. — L'Avocatier, **Laurier-avocatier** (*Persea gratissima*), arbre indigène des Antilles, et cultivé dans toute l'Amérique intertropicale, donne le fruit connu sous le nom d'*avocat* ou *poire-avocat*, l'un des meilleurs fruits propres à l'Amérique ; il est du volume d'une grosse poire, contient sous une peau coriace une chair épaisse, fondante, d'une saveur analogue à celle de l'artichaut et de la noisette. — Le **Laurier d'Inde** (*Laurus indica*, L.) ou *Laurier royal*, très élégant, indigène des Canaries et de Madère, donne un bois qui est presque aussi beau que l'acajou, et recherché pour l'ébénisterie. — Le Sassafras ou **Laurier sassafras** (*Sassafras officinale*) est fameux par les propriétés aromatiques, toniques, sudorifiques de son bois et de son écorce. Cet arbrisseau, indigène des États-Unis, résiste au climat du nord de la France.

Enfin, on a donné le nom de *Laurier* accompagné de différentes épithètes à certains végétaux qui n'ont de commun avec les laurinées qu'une certaine ressemblance dans le feuillage avec le Laurier commun. Tels sont :

Laurier-amandier, Synonyme de Laurier-cerise.

Laurier-cerise, espèce du genre *Prunus*. C'est un arbrisseau de 3 à 4 mètres de hauteur, à feuilles luisantes, entières, coriaces, à petites fleurs blanches disposées en épis axillaires ; le fruit est un drupe noir, de la grosseur d'une merise. Toutes les parties du Laurier-cerise (*P. laurocerasus*), mais surtout les feuilles, ont des propriétés vénéneuses dues à la présence de l'acide prussique (acide cyanhydrique). On emploie en médecine l'eau distillée de Laurier-cerise contre les affections spasmodiques.

Laurier de Saint-Antoine, l'Épilobe.

Laurier-tin, espèce de Viorne.

Laurier-rose, espèce du genre *Nérion*. (Voir ce mot.)

Laurier-rose des Alpes, le Rhododendron.

Laurier-tulipier, le *Magnolia grandiflora*.

LAURINÉES. (Voir LAURACÉES.)

LAURUS. Nom scientifique latin du genre *Laurier*.

LAVANDE (de *lavare*, laver, parce qu'on en parfumait les bains). Genre de plantes de la famille des *Labiées*, dont toutes les espèces sont remarquables comme plantes aromatiques. Les Lavandes forment des arbustes bas et touffus, à feuilles entières, lan-

céolées, à fleurs presque sessiles, agrégées aux aisselles des bractées, et disposées en épis terminaux ; calice à cinq dents dont la supérieure plus grande ; corolle tubuleuse, bilabiée, à lèvre supérieure bilobée, et à lèvre inférieure trilobée ; étamines, au nombre de quatre, incluses : les deux inférieures plus longues ; style à deux stigmates aplatis. — L'espèce la plus intéressante de ce genre est la **Lavande officinale** ou *Lavande aspic* (*Lavandula spica*, L.), qu'on appelle vulgairement *aspic*, *faux-nard* ou simplement *Lavande*. Cet arbuste, commun dans toute l'Europe méridionale, ne s'élève qu'à 5 ou 6 décimètres au plus ; ses rameaux floraux, qui se renouvellent chaque année, partent d'une souche ligneuse très ramifiée ; ils sont droits, effilés, herbacés, feuillus à la base, presque nus vers le haut, terminés par un épi court, multiflore, garni de bractées brunâtres ; les feuilles sont petites, presque linéaires ; la fleur est bleue, longue d'environ 14 millimètres. Cette Lavande a une saveur amère et une odeur aromatique très pénétrante ; elle jouit, à un degré éminent, de propriétés toniques et stimulantes. C'est l'une des

Lavande officinale ; *a*, sa fleur grossie.

plantes les plus fréquemment employées pour des bains et des fumigations aromatiques ; on en extrait l'huile essentielle connue sous les noms d'*huile aspic* ou *essence de Lavande*, qui entre dans beaucoup de préparations cosmétiques, et qui contient, d'après les analyses de M. Proust, à peu près le quart de son poids de camphre. — La **Lavande véritable** (*L. vera*, D. C.), du midi de la France, est également employée dans la parfumerie ; son odeur est plus agréable et moins forte que celle de l'aspic. — La **Lavande stœchas**, à petites fleurs d'un pourpre foncé, croît abondamment dans nos départements méditerranéens. Elle a une odeur forte et camphrée, et ses propriétés antispasmodiques la font employer en médecine.

LAVANDIÈRE. (Voir BERGERONNETTE.)

LAVANDULA. Nom latin du genre *Lavande*.

LAVANÈSE. Nom vulgaire du Galéga officinal.

LAVARET (*Coregonus*). Poisson du genre *Corégone*, de la famille des *Salmonidés*, qui habite plusieurs lacs de la Suisse et de la Savoie. On le prend aussi en Autriche, en Angleterre et en Russie. Il a en petit les formes générales du saumon ; mais sa tête est proportionnellement plus petite, sa bouche moins grande et dépourvue de dents. Le Lavaret n'atteint pas de fortes dimensions; il pèse habituellement un kilogramme et rarement deux. Sa chair est blanche et délicate. Sa coloration est d'un gris verdâtre sur le dos, argentée sur les flancs et blanche inférieurement; les nageoires sont grises, lavées de noir sur les bords. Le Lavaret fraye de novembre à décembre sur le bord des lacs. On le pêche à la mouche comme la truite.

LAVATÈRE (dédié au médecin naturaliste Lavater). Genre de plantes dicotylédones, polypétales, hypogynes, de la famille des *Malvacées*. Quelques botanistes en font aujourd'hui une simple section du genre *Althæa*. Ce sont des herbes ou des arbrisseaux à feuilles alternes, pétiolées, lobées, à fleurs axillaires disposées en grappes ou en corymbes; elles offrent les mêmes propriétés que les mauves et les guimauves. On en cultive plusieurs espèces dans les jardins, notamment la **Lavatère grandes fleurs** (*Lavatera trimestris*), à grandes fleurs roses; la **Lavatère en herbe** (*L. arborea*), qui atteint 2 mètres et se couvre de belles fleurs violettes; la **Lavatère à**

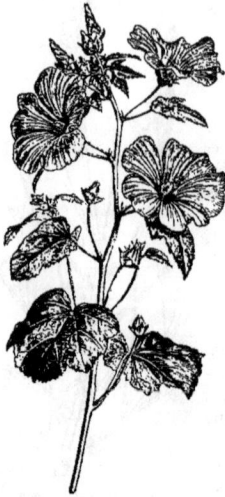

Lavatère à grandes fleurs (*Lavatera trimestris*).

feuilles pointues (*L. olbia*), à feuilles cotonneuses, à fleurs purpurines, qui nous vient d'Hyères.

LAVE. Sous le nom générique de *laves* on comprend toutes les matières fluides vomies par les volcans (voir ce mot), quoique ces matières soient de nature fort différente. Ce sont d'abord pour les volcans les plus anciens, des basaltes, puis des trachytes, des obsidiennes, espèce de verre noirâtre qui, souvent, comme dans les îles de Lipari, couvre en nappes de grandes étendues; enfin les Laves proprement dites, d'un gris noir et d'une structure plus ou moins poreuse. En perdant la haute température qu'elles possèdent au moment de leur émission, les Laves se figent et deviennent une roche dure, souvent sonore, habituellement grise ou noirâtre. Chimiquement, elles se composent de divers silicates, parmi lesquels domine le *labradorite* ou silicate double d'alumine et de chaux. Du reste, leur nature varie beaucoup d'un volcan à l'autre, et aussi pour le même volcan d'une éruption à la suivante. Tantôt elles sont en masses compactes; tantôt elles sont caverneuses à la manière des scories. Les Laves compactes forment le centre et la partie inférieure des courants épais; les Laves scoriacées se trouvent

à la surface et servent d'enveloppe aux premières ou bien constituent des traînées de faible épaisseur. La structure compacte est la conséquence d'un refroidissement prompt.

LAZULITE (*lapis-lazuli, pierre d'azur, outremer*). Substance minérale d'un bleu d'azur, composée de silice, d'alumine et de soude. Elle cristallise en dodécaèdre rhomboïdal; mais ses cristaux sont fort rares; ordinairement elle se présente en masses compactes ou lamellaires. On trouve le Lazulite dans le terrain granitique de certaines contrées, principalement près des bords du lac Baïkal en Sibérie, au Thibet et en Chine. La dureté du lapis-lazuli, qui rend susceptible d'un beau poli, sa belle couleur bleue, les veines de fer sulfuré d'un jaune doré qui le traversent, en font une des plus riches substances que l'on emploie pour les incrustations; mais il est toujours d'un prix très élevé. Les anciens peintres en composaient, en le broyant, une couleur bleue très éclatante et presque inaltérable qu'ils nommaient *outremer*, parce que cette substance ne venait en Europe qu'en traversant les mers; mais, de nos jours, la chimie produit un outremer artificiel dont la couleur rivalise avec celle du lapis-lazuli.

LECANIUM. (Voir COCHENILLE.)

LECANORA (du grec *lecané*, bassin). Genre de lichens comprenant un certain nombre d'espèces intéressantes par l'usage qu'on en fait : le Lecanora parella ou *parelle* (voir ce mot) sert à fabriquer une partie du tournesol; le **Lecanora tinctoria**, commun au Brésil sur les écorces d'arbres, donne une laque violette magnifique; le **Lecanora tartarea**, que l'on trouve dans les Vosges et en Suède, fournit une belle couleur brune. Enfin les **Lecanora esculenta** et **fruticosa**, communs dans les contrées voisines du Caucase, servent à nourrir les bestiaux; les habitants les mélangent même à de la farine pour en faire une sorte de pain. (Voir LICHENS.)

LECHEGUANA. Nom brésilien d'un insecte HYMÉNOPTÈRE de la famille des *Vespidés*, dont le miel possède parfois des propriétés toxiques. (Voir GUÊPE.)

LECYTHIS (du grec *lécuthos*, vase). Arbres de la famille des *Myrtacées*, à feuilles alternes, persistantes, à fleurs hexamères, en grappes, purpurines ou blanches, propres aux régions tropicales de l'Amérique, remarquables surtout par la forme de leurs fruits. Ceux-ci, connus sous le nom de *marmites de singes*, sont de grosses capsules ligneuses, à parois très épaisses et dont le sommet se détache à la maturité comme un couvercle de soupière. Les indigènes s'en servent comme de vases et de tasses. Ses graines sont comestibles, mais elles laissent un arrière-goût amer.

LÉDON (*Ledum*). Genre de plantes dicotylédones, monopétales, hypogynes, de la famille des *Éricacées*, section des *Rhodoracées*. Ce sont de petits arbustes, à feuilles alternes, cotonneuses et d'une couleur de rouille en dessous; à fleurs pentamères blanches, terminales, disposées en ombelle. Les Lédons croissent dans les lieux humides et marécageux des contrées septentrionales. — Le **Ledum palustre** ou *romarin sauvage* répand une odeur forte, résineuse, qui le fait employer en Allemagne pour aromatiser la bière. — Le **Ledum latifolium** d'Amérique a des feuilles larges douées d'une saveur aromatique; on en fait des infusions théiformes, réputées toniques et astringentes; de là le nom de *thé du Labrador* qu'on lui donne communément.

LEDUM. (Voir LÉDON.)

LÉGUME. Synonyme de Gousse. (Voir ce mot.)

LÉGUMINEUSES. Les Légumineuses, ou plantes à gousses, forment une famille de végétaux dicotylédones, qui, eu égard au grand nombre de végétaux utiles qu'elle renferme, constitue un des groupes les plus remarquables du règne végétal. Les caractères essentiels des Légumineuses sont : calice bilabié ou cinq denté, inadhérent; corolle insérée soit au fond, soit à la gorge du calice, papilionacée, ou bien de cinq pétales (soit égaux, soit dissemblables), étamines en nombre défini (ordinairement dix), ou en nombre indéfini, libres, ou monadelphes, dia-

Fleur papilionacée (pois).   Gousse (pois).

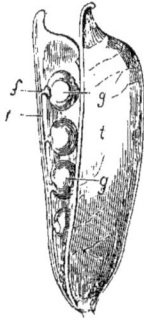

delphes, ou triadelphes, c'est-à-dire réunies en un, deux ou trois faisceaux, insérées au calice ou sous l'ovaire. Le pistil est formé d'un ovaire inadhérent, uniloculaire, surmonté d'un style simple, à stigmate terminal, indivisé; l'ovaire contient un nombre indéfini d'ovules, attachés en un seul rang sur un placenta sutural; le fruit est en général une gousse sèche, plus ou moins allongée, bivalve, à une seule loge, ou divisée en compartiments superposés. C'est de ce fruit, appelé par les botanistes *légume*, que dérive le nom de la famille; nous ferons observer en passant que c'est donc à tort que l'on étend le nom de légumes à toutes les plantes alimentaires et aux racines, telles que les carottes, les navets, les poireaux, etc. Les graines sont solitaires ou superposées en une seule série, attachées à la suture supérieure du fruit. Le port des Légumineuses est extrêmement varié; beaucoup d'espèces forment des arbres très élevés; d'autres sont des arbrisseaux ou des arbustes; un grand nombre sont herbacées. Assez souvent leurs tiges sont sarmenteuses ou vo-

lubiles. Les feuilles, simples ou composées, offrent ordinairement un pétiole à base articulée et accompagné de deux stipules latérales. Les fleurs sont hermaphrodites, ou moins souvent unisexuelles par avortement. Une foule de plantes alimentaires et fourragères appartiennent à cette famille ; tels sont notamment les haricots, les fèves, les pois, les lentilles, les pois-chiches, les lupins, les vesces, les gesses, les luzernes, les sainfoins, les trèfles, les mélilots, etc. (Voir ces mots.) Beaucoup de Légumineuses ont des propriétés médicales très prononcées. Les sénés, la casse, les baguenaudiers, les tamarins, etc., sont purgatifs; certaines espèces sont drastiques, d'autres sont fortement astringentes, ou bien amères et toniques ; il en est qui fournissent des substances balsamiques, telles que le baume du Pérou, le baume de copahu, le baume de Tolu, la fève de Tonka, ou des substances très mucilagineuses, comme la gomme arabique et l'adragante. (Voir tous ces mots.) C'est aux Légumineuses qu'appartiennent les indigotiers, le bois de campêche, le bois de Fernambouc, et beaucoup d'autres plantes tinctoriales. Les Légumineuses jouent un rôle important parmi les arbres exotiques qui peuplent nos jardins paysagers et autres plantations d'agrément. Les robiniers ou faux acacias, l'arbre de Judée, les gleditschia, le sophora du Japon, sont de ce nombre. Une foule d'autres plantes, soit ligneuses, soit herbacées, de cette famille, se font remarquer par l'élégance et le parfum de leurs fleurs. — On divise la famille des Légumineuses en trois tribus, qui sont : les **Papilionacées**, à dix étamines diadelphes ou monadelphes; les **Cæsalpiniées**, à dix étamines ou moins, libres; et les **Mimosées**, à étamines en nombre indéfini, libres. (Voir ces mots.)

LEICHE ou **LICHE** (*Scymnus*). Genre de poissons de l'ordre des SÉLACIENS, famille des *Squalidés* ou Requins, qui ont tous les caractères des Humantins, sauf les épines aux dorsales. La Leiche ou Liche de nos mers (*Scymnus americanus*), à laquelle ce dernier nom a été donné par erreur, est d'un violet obscur; elle est commune dans le golfe de Gascogne et la Méditerranée; sa taille peut atteindre 9 mètres. Comme tous les squales, elle est vorace et dangereuse.

LEK ou **LEQ.** (Voir VANILLIER.)

LEMMERGEYER. (Voir GYPAÈTE.)

LEMMING (*Lemmus*). Genre de mammifères RONGEURS de la famille des *Arvicolidés*, se distinguant des Campagnols par la brièveté de la queue et des oreilles. Le Lemming (*Lemmus norvegicus*) est un des plus jolis mammifères que l'on connaisse; sa taille est un peu supérieure à celle du rat commun; mais sa queue poilue n'a guère que 12 à 15 millimètres de longueur. Les pattes sont extrêmement courtes et ont toutes cinq doigts. Il a le dessus de la tête, le cou et les épaules d'un beau noir, le dos varié en dessus de noir et de jaune; les flancs, le ventre et les pattes d'un blanc jaunâtre. Le capi-

taine Ross, qui l'a observé dans les régions polaires, dit qu'il y devient tout blanc. Le Lemming est répandu dans la Norwège, la Laponie, l'Islande, le Groënland, le Spitzberg et autres contrées boréales ; il vit solitaire ou en famille de trois ou quatre individus au plus, et se creuse de profonds terriers, coupés de galeries bifurquées, au fond desquelles est placé le nid, garni de feuilles et de tiges entrelacées. C'est là que la femelle met bas de cinq à neuf petits. Elle fait plusieurs portées par an. A certaines époques, ces petits rongeurs pullulent

Lemming.

avec une abondance telle qu'ils deviennent une véritable calamité, car nulle culture ne résiste à leur vorace appétit. Une des particularités les plus singulières des mœurs de ces animaux est celle de leurs migrations ; à des époques irrégulières, et sans cause déterminée, on les voit tout à coup se rassembler par milliers et partir pour d'autres contrées ; leurs colonnes serrées s'avancent en ligne droite sans que rien puisse les arrêter ; ils traversent les fleuves à la nage et gravissent les montagnes. Ils marchent de nuit et campent dans la journée, pour se reposer et surtout pour se nourrir ; mais, malheur au champ sur lequel ils se sont arrêtés, tout y est rasé comme par le feu. Dans ces courses aventureuses, les Lemmings deviennent la proie d'une foule d'ennemis : les loups, les isatis, les gloutons, les corbeaux, les chouettes, etc., suivent leurs bandes et en détruisent une prodigieuse quantité ; parfois aussi on les voit, comme s'ils étaient frappés de vertige, se livrer entre eux de sanglants combats. Toutes ces causes de destruction font qu'un centième à peine regagne le point de départ ; mais la fécondité prodigieuse des femelles a bientôt réparé cette dépopulation. Ces animaux ne s'engourdissent pas ; ils passent l'hiver sous la neige, et leur nourriture consiste alors principalement en lichens et en racines bulbeuses, qu'ils se procurent en fouillant comme les taupes. — Le Lemming à collier (L. torquatus), propre à la Sibérie, diffère du précédent par sa taille beaucoup plus petite, par ses pieds antérieurs qui n'ont que quatre doigts, et par un collier blanc qui lui entoure le cou. Ses mœurs paraissent être semblables à celles du Lemming de Norwège. — Une troisième espèce, le Sukerkau, a le pelage tout noir, excepté l'extrémité

des pieds et de la queue. Elle habite la Russie méridionale.

LEMNA, LEMNACÉES. Plantes aquatiques, monocotylédones, autrefois rangées dans la famille des Naïadées, et qui forme aujourd'hui celle des Lemnacées. Les Lemna ou lentilles d'eau sont le type de cette petite famille. Leur nom vulgaire indique parfaitement la forme de ces plantes. Ce sont, en effet, de petites feuilles vertes, arrondies, de la grandeur d'une lentille, qui flottent à la surface de l'eau en émettant en dessous de petites racines fibreuses. Les fleurs placées en dessous sont monoïques, très peu apparentes, composées : les mâles, d'un périanthe monophylle et de deux étamines ; les femelles, d'un périanthe monophylle et d'un style ; capsule uniloculaire, polysperme. Ces plantes, qui couvrent d'une couche d'un vert gai les mares et les étangs, se reproduisent avec une grande rapidité, au moyen de petits bourgeons qui naissent d'une sorte de gaine latérale. On en connaît plusieurs espèces : **Lemna gibba, Lemna minor, Lemna trisulca, Lemna polyrhiza** ; cette dernière se distingue en ce qu'elle a plusieurs racines, tandis que les autres n'en ont qu'une seule.

LÉMODIPODES (du grec laimos, gorge, dis, deux, et podes, pieds). Ordre de crustacés intermédiaires à ceux des Isopodes et des Amphipodes, dont ils diffèrent par l'état rudimentaire de leur abdomen, qui a la forme d'un petit tubercule ; par le petit nombre de leurs vésicules branchiales et leurs membres

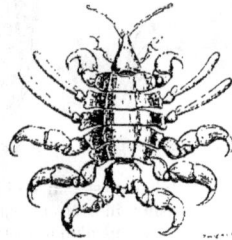

Cyame.

atrophiés. Leur organisation est, du reste, celle des Amphipodes. On divise les Lémodipodes en deux familles : les Caprellidés ou chevrolles, genre Caprella, qui vivent sur les fucus, et les Cyamidés ou poux de baleine, qui vivent en parasites sur la peau des cétacés, genre Cyame.

LÉMUR (du latin lemur, spectre). Nom scientifique latin du genre Maki.

LÉMURIDÉS. (Voir Lémuriens.)

LÉMURIENS. Ordre de mammifères quadrumanes voisins des Singes, dont Linné formait un seul genre sous le nom de Lemur (spectre), à cause de leur allure lente et silencieuse. Ils se distinguent des singes proprement dits par leur museau très allongé, leur système dentaire en rapport avec leur régime insectivore et l'ongle des doigts indicateurs des membres de derrière, beaucoup plus long que les autres. Ce sont des animaux grimpeurs, mais leur queue n'est jamais préhensile. Les Lémuriens sont tous propres à l'ancien continent, et se trouvent principalement à Madagascar. Leurs habitudes sont nocturnes, et ils ont les yeux très grands. Leur cerveau, et par conséquent leur intelligence, sont beaucoup moins développés que chez les singes. L'ordre des LÉMURIENS comprend deux familles : les *Lémuridés* et les *Tarsidés*.

Les LÉMURIDÉS principale famille de l'ordre, renferme les *Makis*, les *Loris*, les *Indris*. Le genre *Maki* (*lemur*), type de la famille des *Lémuridés*, com-

Maki à front blanc.

prend de petits quadrumanes à formes sveltes et élégantes, à queue très longue et touffue, point prenante, à tête allongée, d'où leur est venu le nom de *singes à museau de renard*. Ils ont, comme les singes, les quatre pouces bien développés et opposables aux autres doigts, mais leurs membres postérieurs sont plus longs; ils en diffèrent aussi par le nombre de leurs dents, qui est de trente-six. Les Makis sont des animaux crépusculaires, qui se nourrissent d'insectes, de petits oiseaux et de fruits. Comme tous les quadrumanes, ils ont une grande agilité dans les mouvements, et vivent sur les arbres, en troupes composées de trente à quarante individus. Leur naturel est très doux, et ils s'apprivoisent facilement; ils semblent même très sensibles aux caresses. Ils ont grand soin d'entretenir la propreté de leur fourrure et se lèchent comme les chats. Leur voix est une sorte de grognement. — Les Makis proprement dits sont tous originaires de Madagascar, où ils remplacent les singes. On en connaît plusieurs espèces, tels sont : le **Maki vari**

(*L. macaco*, L.), long de 55 centimètres, et dont le pelage est varié de blanc et de noir par plaques; le **Mococo** (*L. catta*), plus petit que le précédent, à pelage cendré roussâtre en dessus, blanc en dessous, avec la queue annelée de blanc et de noir; le **Maki à front blanc**, à pelage roux, plus foncé en dessus, dont les joues et le front sont blancs, le museau noir; le **Mongous**, gris en dessus, blanc en dessous avec le tour des yeux et le chanfrein noirs. — A la suite des Makis on place les *Loris* (*Stenops*), qui en diffèrent par leur tête plus ronde, à museau moins allongé, et par l'absence de queue. On n'en connaît qu'une espèce, le **Loris grêle** de Ceylan; il est long de 20 centimètres, son pelage est roux en dessus, et d'un gris blanc en dessous. Ses habitudes sont nocturnes comme celles des makis. — Les *Indris* (*Lichanotus*) ont cinq paires de molaires à chaque mâchoire au lieu de six, comme les makis, auxquels ils ressemblent d'ailleurs. L'**Indri sans queue** (*L. brevicaudatus*), long d'un mètre, a le pelage noirâtre. L'**Indri diadème** (*Propithecus diadema*), à pelage jaunâtre mêlé de brun noir, a la queue presque aussi longue que le corps.

La seconde famille, celle des TARSIDÉS, comprend les *Tarsiers*, les *Galagos*, les *Cheiromys* et les *Galéopithèques*. Quelques auteurs font de ces deux derniers genres des familles particulières. Les GALAGOS (*Otolicnus*) sont de petits animaux propres aux régions les plus chaudes de l'Afrique; leurs mouvements sont vifs et gracieux; leurs membres grêles, terminés par des mains dont le pouce est opposable, leur permettent de grimper aux arbres avec une grande facilité; aussi est-ce dans les bois qu'ils vivent, se nourrissant d'insectes et de la gomme de mimosa. Leur pelage est fin et soyeux; leur queue longue et en panache. Les Galagos ont des habitudes nocturnes, et passent la plus grande partie du jour à dormir. Ils nichent dans des trous d'arbres qu'ils tapissent d'herbes sèches. Le **Galago commun** (*Ot. senegalensis*), du Sénégal, est de la taille d'un écureuil, son pelage est de couleur cendrée; le **grand Galago** (*Ot. crassicaudatus*) ressemble beaucoup au précédent, mais sa taille est du double. Le **Galago de Demidoff** n'est pas plus grand qu'un rat, son pelage est roux. Ces deux espèces sont également du Sénégal. — Les TARSIERS (*Tarsius*) se distinguent par la longueur de leurs tarses; ils ont quatre incisives en haut, deux en bas, une paire de canines et six paires de molaires à chaque mâchoire. Le **Tarsier des Moluques** (*Tarsius spectrum*) a 16 centimètres de long sans compter la queue qui en a le double. Son museau est court, ses yeux grands, ses oreilles très développées. Il a cinq doigts très allongés et le pouce opposable. Ce petit animal, à formes grêles, mais assez gracieuses, vit dans les bois et se nourrit d'insectes. (Voir CHEIROMYS et GALÉOPITHÈQUE.)

LENS. Nom latin du genre *Lentille*.

LENTES. Œufs du Pou. (Voir ce mot.)

LENTICULE. (Voir LEMNA.)

LENTILLE (*Ervum lens*). Plante de la famille des *Légumineuses papilionacées*, tribu des *Viciées*. Cette plante, originaire de l'Orient, est naturalisée dans une grande partie de l'Europe. C'est une herbe annuelle, dont la tige, faible, grêle et rameuse, s'élève rarement jusqu'à un pied. Les feuilles sont velues, pennées, terminées en vrille, accompagnées de stipules; les folioles, au nombre de cinq ou six paires par feuille, sont elliptiques ou oblongues. Les pédoncules sont filiformes, solitaires aux aisselles des feuilles supérieures; ils portent chacun une à quatre fleurs terminales. Le calice est à cinq lanières égales; la corolle papilionacée, d'un blanc bleuâtre. Le fruit est une

Lentille.

gousse courte, comprimée, oblongue, bivalve, contenant deux ou trois graines; celles-ci sont orbiculaires, comprimées, lisses, convexes aux deux faces. L'usage alimentaire des Lentilles, ainsi que le prouve l'histoire d'Esaü, fut connu en Orient dès les temps les plus reculés, et ce légume est toujours un des mets favoris des habitants de ces contrées. Les anciens Romains avaient coutume de laisser germer les Lentilles avant de les faire cuire, afin d'y développer le principe sucré. Les Lentilles réussissent mieux dans les sols secs et sablonneux que dans les terres fertiles. On les sème en mars et au commencement d'avril, en rayons et à la volée. On possède plusieurs variétés de Lentilles, dont les plus notables sont la Lentille à la reine ou *lentille rouge*, qui est petite, roussâtre et fortement bombée; la **Lentille blonde**, **Lentille commune** ou *grosse Lentille*, qui est celle qu'on cultive aux environs de Paris, parce qu'elle est plus productive : la graine en est jaunâtre, plus grosse et moins bombée que la Lentille rousse, mais d'une saveur moins recherchée; enfin, le **Lentillon**, qu'on ne cultive qu'à titre de fourrage, et dont la graine est plus petite encore que la Lentille roussâtre. Tout le monde connaît les usages alimentaires des graines de cette plante, qu'on ne mange que lorsqu'elles sont sèches. On n'en fait pas usage dans la médecine, bien qu'on ait préconisé sa farine, dans ces derniers temps, sous le nom d'*erva lenta*, comme un remède infaillible contre la constipation et les maladies inflammatoires.

Lentille d'eau. (Voir LEMNA.)

Lentille d'Espagne. Nom d'une espèce de *Gesse*. (Voir ce mot.)

LENTILLON. (Voir LENTILLE.)

LENTISQUE. Espèce du genre Pistachier. (Voir ce mot.)

LEONTODON (du grec *león*, lion, et *odous*, dent). Ce nom générique désignait pour Linné le Pissenlit (*Leontodon taraxacum*); Jussieu lui substitua celui de *taraxacum*, réservant le nom de *leontodon* au genre dont il est ici question. Ce sont des plantes dicotylédones de la famille des *Composées liguliflores*, ayant pour caractères : involucre à folioles imbriquées; réceptacle nu; akènes atténués au sommet, à aigrette plumeuse, persistante; capitules solitaires au sommet de la tige ou des rameaux. — Le type du genre, le **Liondent d'automne** (*L. autumnale*), vulgairement *dent de lion*, à hampe ordinairement rameuse, de 3 à 7 décimètres, à feuilles lancéolées, pinnatifides, dentées, dilatées à la base, à involucre pubescent ou comme farineux, à fleurs jaunes, croît l'été dans les lieux incultes, les pâturages. Cette espèce varie beaucoup. — Le **Liondent protéiforme** (*L. hastile*), à feuilles toutes radicales, lancéolées, dentées, à hampes uniflores, à capitule unique penché avant la floraison, à fleurs jaunes, croît l'été dans les lieux incultes.

LEONURE. (Voir AGRIPAUME.)

LÉOPARD (*Felis leopardus*). Espèce du genre *Chat*, de la famille des *Félidés*, assez voisine de la Panthère dont elle n'est peut-être qu'une variété. Un peu plus grand que la Panthère, le Léopard a son pelage fauve clair, marqué de six à dix rangs de taches noires plus petites et plus rapprochées que celles de la panthère. Le Léopard habite l'Afrique où ne se trouve pas la Panthère. (Voir ce mot.)

LEPAS. (Voir PATELLE.)

LÉPICÈNE. Synonyme de Glume ou de Balle. (Voir GRAMINÉES.)

LEPIDIUM (de *lepidion*, nom grec du passerage). (Voir PASSERAGE et CRESSON.)

LEPIDODENDRON (du grec *lépis*, écaille, et *dendron*, arbre). Genre de végétaux fossiles du terrain houiller, qui ressemblaient à de gigantesques lycopodes.

Leurs tiges dichotomes étaient couvertes vers leurs extrémités de feuilles simples, linéaires ou lancéolées, à une seule nervure médiane, disposées en spirale très régulière, et insérées sur des mamelons

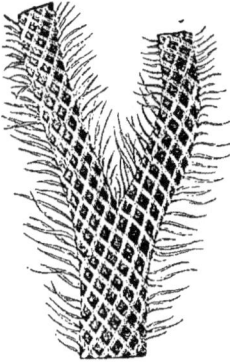

Lepidodendron élégant.

rhomboïdaux, marqués vers leur partie supérieure d'une cicatrice triangulaire qui est celle que la feuille a laissée en tombant. La fructification est en

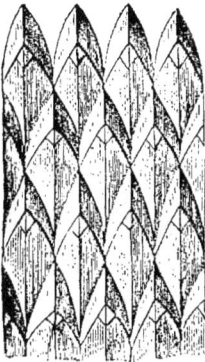

Lepidodendron aculeatum.

cône et des sporanges allongées sont situées à la base des bractées. On rencontre des troncs de Lepidodendrons qui avaient une longueur de plus de 30 mètres et un diamètre de 3 à 4 mètres.

LÉPIDOPTÈRES (du grec *lépis*, écaille, et *ptéron*, aile, ailes écailleuses). Nom que l'on donne, dans la classe des insectes, à l'ordre nombreux et brillant des PAPILLONS. Ces insectes se reconnaissent à deux caractères bien tranchés : d'abord à la poussière écailleuse et diversement colorée qui recouvre leurs ailes, ensuite à leur trompe roulée en spirale et à l'aide de laquelle ils sucent le nectar des fleurs, qui est leur seule nourriture à l'état parfait.

Leur tête est petite, supportant des antennes de formes très variées, toujours composées d'un grand nombre d'articles ; un thorax bombé, court, moins long que l'abdomen, qui l'est généralement beaucoup ; des pattes assez longues, avec cinq articles aux tarses ; des ailes veinées, généralement grandes et couvertes d'une poussière qui, vue au microscope, se compose de petites écailles pédiculées et disposées comme les tuiles d'un toit. Les Lépidoptères éprouvent des métamorphoses complètes. De leurs œufs sortent de petites larves, désignées sous le nom de *chenilles*, lesquelles se changent en nymphes ou *chrysalides*, pour se transformer enfin en *papillons*. Les femelles placent leurs œufs, souvent très nombreux, le plus ordinairement sur les substances végétales, dont leurs larves doivent se nourrir, et elles périssent bientôt après. — Les

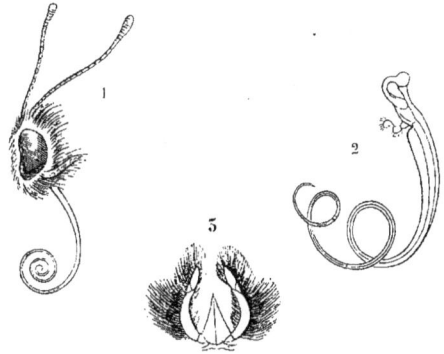

Lépidoptères.
1, tête et trompe de papillon ; 2, trompe de Sphinx développée ; 3, lèvre et palpes labiaux.

larves des Lépidoptères ou *chenilles* ont six pieds écailleux ou à crochets, qui répondent à ceux de l'insecte parfait, et, en outre, quatre à dix pieds membraneux ; celles qui n'ont en tout que dix à douze pieds ont été appelées, à raison de la manière dont elles marchent, *géomètres* ou *arpenteuses*. Elles se cramponnent au plan de position au moyen des pattes écailleuses, puis, élevant les articles intermédiaires du corps, en forme d'anneau ou de boucle, elles rapprochent les dernières pattes des précédentes, dégagent celles-ci, s'accrochent avec les dernières, et portent leur corps en avant, pour recommencer la même manœuvre. Plusieurs de ces chenilles arpenteuses et dites en *bâton* sont fixées, dans le repos, aux branches des végétaux par les seuls pieds de derrière ; elles ressemblent, par la direction, la forme et les couleurs de leur corps, à un rameau, et se tiennent longtemps dans cette situation sans donner le moindre signe de vie. Une attitude si gênante suppose une force musculaire prodigieuse ; et Lyonnet a, effectivement, compté dans la chenille du saule (*Cossus ligniperda*) quatre mille quarante et un muscles. Quelques chenilles ont quatorze ou seize pattes. Le corps de ces larves est, en général, allongé, presque cylindrique, mou, diversement coloré, tantôt nu ou ras, tantôt hérissé de poils, de tubercules, d'épines, et composé, la tête non comprise, de douze anneaux avec neuf stigmates de chaque côté. Leur tête est revêtue d'un derme corné ou écailleux, et offre de chaque côté six petits grains luisants, qui paraissent être

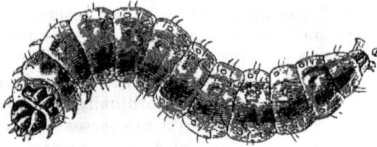

Chenille du saule (*Cossus ligniperda*).

de petits yeux lisses; elles ont, de plus, une bouche composée de fortes mandibules, de deux mâchoires, d'une lèvre et de quatre petits palpes. La matière soyeuse dont elles font usage s'élabore dans deux vaisseaux intérieurs, longs et tortueux, dont les extrémités supérieures viennent, en s'amincissant, aboutir à la lèvre; un mamelon tubulaire et conique, situé au bout de cette lèvre, est la filière qui donne issue aux fils de la soie. La plupart des chenilles sont nuisibles à nos cultures; les unes se nourrissent des feuilles des végétaux; d'autres en rongent les fleurs, les racines, les boutons, les graines; la partie ligneuse ou la plus dure des arbres sert même d'aliment à quelques-unes; à la chenille du saule, entre autres. Elles la ramollissent au moyen d'une liqueur qu'elles y dégorgent. Certaines espèces rongent nos draps, nos étoffes de laine, les pelleteries, et sont pour nous des ennemis domestiques très pernicieux : le cuir, la graisse, le lard, la cire, ne sont même pas épargnés. (Voir TEIGNES.) Quelques-unes se réunissent en société, et souvent sous une tente de soie qu'elles filent en commun, et qui leur devient même un abri pour la mauvaise saison. Plusieurs autres se fabriquent des fourreaux, soit fixes, soit portatifs. On en connaît

qui se logent dans le parenchyme des feuilles, où elles creusent des galeries. Le plus grand nombre se plaît à la lumière du jour. Les autres ne sortent de leurs retraites que la nuit. Les chenilles changent ordinairement quatre fois de peau

Papillon machaon (diurne), et sa chrysalide.

avant de passer à l'état de nymphe ou de chrysalide. On croit assez généralement que les chenilles sont des animaux immondes et venimeux et qu'il suffit de les toucher pour être couvert de boutons. Il n'en est rien; aucune chenille n'est venimeuse. Mais, beaucoup d'entre elles sont velues comme celles du Bombyx processionnaire, du Bombyx du pin, du Bombyx dispar, qui vivent réunies en grand nombre. Or, comme elles changent plusieurs fois de peau avant de se transformer en chrysalides, ces dépouilles poilues s'accumulent dans le nid; les poils, devenus secs et cassants, s'en détachent et volent au moindre mouvement. Fins comme ils sont, ils s'insinuent dans les pores de la peau et y causent une irritation intense accompagnée de démangeaisons insupportables, et, lorsqu'on porte la main sur la partie lésée, le frottement brise ces poils et multiplie ainsi les causes d'une inflammation très douloureuse, lorsqu'elle atteint la figure et surtout les yeux. Beaucoup de chenilles filent une coque où

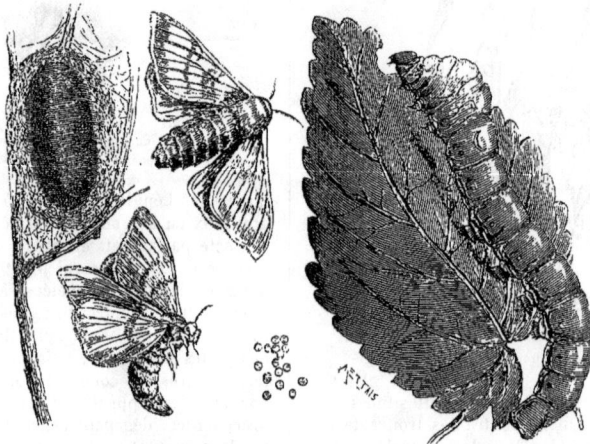

Bombyx du mûrier, ver à soie et cocon (nocturne).

elles se renferment. Une liqueur souvent rougeâtre, ou sorte de méconium, que les Lépidoptères jettent par l'anus, au moment de leur métamorphose, attendrit un des bouts de la coque et facilite leur sortie ; communément encore une des extrémités du cocon est plus faible, ou présente, par la disposition des fils, une issue propice. D'autres chenilles se contentent de lier avec de la soie des feuilles, des molécules de terre, ou les parcelles des substances où elles ont vécu, et se forment ainsi une coque grossière. Les chrysalides des Lépidoptères diurnes, ornées de taches dorées qui ont donné lieu à cette dénomination générale de chrysalides (de *chrusos*, doré), sont à nu et fixées par l'extrémité postérieure ou par le milieu du corps au moyen d'un lien de soie ; les chenilles des papillons de nuit, au contraire, filent des coques ou s'enfoncent en terre pour s'y construire une petite loge. Dans cet état intermédiaire entre la chenille et le papillon, l'individu ne ressemble plus en rien à ce qu'il était auparavant. C'est un être qui respire à peine, dépourvu de tout organe de locomotion ou de nutrition, et qui reste immobile dans son linceul jusqu'au moment de sa résurrection. Le sommeil des chrysalides dure plus ou moins longtemps. Celles de plusieurs Lépidoptères, particulièrement des diurnes, éclosent en peu de jours; souvent même ces insectes donnent deux générations par année; tandis que chez d'autres, les chenilles ou les chrysalides passent l'hiver, et l'insecte ne subit sa dernière métamorphose qu'au printemps ou dans l'été de l'année suivante. Il en est même qui restent une ou plusieurs années dans ce repos léthargique. En général, les œufs pondus dans l'arrière-saison n'éclosent qu'au printemps suivant. Au sortir de la chrysalide, le papillon est mou, imprégné d'humidité. Il étend successivement et sèche à l'air ses organes qui, en moins d'une demi-heure, deviennent aptes à remplir leurs fonctions. Peu après leur naissance, les papillons s'accouplent; le mâle périt au bout de quelques jours et la femelle ne lui survit que le temps nécessaire à l'accomplissement de sa ponte. Quelques papillons cependant éclosent à l'arrière-saison, s'engourdissent pendant l'hiver et se réveillent aux premiers beaux jours du printemps pour propager leur espèce. — Ces insectes sont de tous les pays. Ils abondent surtout dans les contrées méridionales, où ils acquièrent une taille et une vivacité de coloris supérieures à celles de nos espèces européennes. — Si le plus grand nombre des Lépidoptères nous sont nuisibles par les dégâts qu'occasionnent leurs chenilles, quelques-uns nous sont utiles. Tout le monde connaît le produit du Bombyx du mûrier, dont la chenille, connue sous le nom de *ver à soie*, file nos étoffes de luxe. Beaucoup d'autres bombyx donnent une soie qui, bien qu'inférieure en finesse et en beauté à celle du premier, ne laisse pas que de rendre de grands services à l'industrie. Les Chinois, lorsqu'ils ont dévidé le cocon du ver à soie, en tirent la chrysalide qu'ils pralinent dans du sucre et croquent comme des dragées. Les Hottentots et les Australiens mangent avec délices certaines grosses chenilles qu'ils font rôtir pour griller les poils.

D'après Linné et Latreille, on a longtemps divisé les Lépidoptères en trois grandes sections : celle des *diurnes* ou *papillons* proprement dits; celle des *crépusculaires;* celle des *nocturnes.* — Les DIURNES, parmi lesquels on trouve les espèces aux couleurs les plus vives et les plus variées, ne se montrent que lorsque le soleil est sur l'horizon. On les reconnaît, au premier coup d'œil, à la disposition de leurs ailes qu'ils tiennent toujours relevées pendant le repos, tandis que dans les deux autres divisions elles sont couchées horizontalement sur le corps de l'animal. Leurs chrysalides, au lieu de se renfermer dans une coque, restent en général à nu et fixées par l'extrémité postérieure du corps. Ce sont les *Papilionidés,* les *Nymphalidés,* les *Hespéridés,* les *Erycinidés.* (Voir ces mots.) Dans la division des CRÉPUSCULAIRES se rangent les espèces qui se montrent généralement dans le court espace de temps qui sépare l'apparition de l'aurore du lever du soleil, ou le coucher de cet astre de la nuit. Les formes lourdes de ces insectes, le bruit qu'ils font en volant, leur ont fait donner le nom de *papillons-bourdons.* Ici, plus de ces nuances brillantes qui sont l'apanage des espèces diurnes. Les larves ne filent pas une coque proprement dite, mais se font une enveloppe de quelques fils de soie et de débris de végétaux. Le nom de *sphinx* qu'on leur a donné collectivement, vient de la ressemblance qu'ont leurs chenilles avec le monstre de la fable, quand elles tiennent la partie antérieure de leur corps élevée. — Dans la division des NOCTURNES, les couleurs ont une teinte obscure, le vol est pesant, les formes épaisses; les antennes, au lieu d'être renflées comme dans les diurnes, sont *sétacées,* souvent pectinées ou plumeuses. A cette section appartiennent les *Bombyx,* les *Phalènes,* les *Teignes,* les *Noctuelles,* les *Pyrales,* etc. (Voir ces mots.)

Longtemps on a suivi cette classification, défectueuse en réalité, puisque beaucoup d'espèces rangées parmi les crépusculaires ou les nocturnes volent en plein soleil, et que, parmi ces derniers, le plus grand nombre font leur apparition aussitôt après le coucher du soleil. On a donc cherché d'autres caractères plus constants, et, actuellement, les entomologistes suivent la méthode du docteur Boisduval, qui a substitué au mot *Diurnes* celui de *Rhopalocères,* et à ceux de *Crépusculaires* et de *Nocturnes* celui d'*Hétérocères.* Le nom de *Rhopalocères* (du grec *rhopalon,* massue, et *kéras,* corne), qui s'applique aux papillons de jour, indique que leurs antennes, d'abord droites et filiformes, se renflent à leur extrémité, tandis que, chez tous les autres, crépusculaires et nocturnes, ces organes affectent des formes variables (*heteros*), mais ne sont jamais terminés en massue. Un autre caractère assez constant, et qui vient corroborer celui que l'on tire des antennes, est offert par l'organisation et la position des ailes. Chez les diurnes ou rhopalocères, les ailes sont libres et se redressent verticalement l'une contre l'autre dans le repos. Chez les hétérocères, au contraire, les ailes inférieures sont attachées aux supérieures au moyen d'un frein, et elles ne sont jamais relevées dans le repos; de là le nom de *Chalinoptères* imposé à ces derniers et celui d'*Achalinoptères* réservé aux diurnes par le professeur Blanchard. On connaît aujourd'hui plus de cinquante mille espèces de Lépidoptères, et tous les jours on en décrit de nouvelles.

Chasse et conservation des papillons. — Le collectionneur de papillons doit commencer ses excursions dès les premiers jours du printemps et les continuer jusqu'aux premières gelées d'automne, car chaque mois, chaque quinzaine, voit éclore les espèces qui lui sont propres et qui souvent ne paraissent ni plus tôt ni plus tard. L'hiver même lui procurera des chenilles et des chrysalides, réfugiées sous les écorces, les racines, les mousses et les feuilles mortes. — Les papillons de jour se rencontrent sur les fleurs, dans les bois, dans les prairies, dans les champs, surtout pendant la floraison des récoltes légumineuses, telles que les luzernes et trèfles; dans les jardins, et enfin, sur les troncs d'arbres dont les feuilles ont nourri leurs chenilles. Les seuls moyens de s'en emparer lorsqu'on les a découverts, c'est d'attendre qu'ils soient posés, de s'en approcher avec précaution pour ne pas les effaroucher et de les saisir avec le filet, ou de les poursuivre pendant leur vol capricieux et les saisir dans l'air avec le filet. — Les papillons crépusculaires et nocturnes, ne sortant de leur retraite que la nuit, seraient très difficiles à chasser si l'on suivait la même méthode que pour les papillons de jour. On doit les chercher dans les lieux ombragés ou même obscurs, et on les y trouve appliqués contre les vieilles écorces, les murailles, les rochers; ils sont dans un état d'immobilité parfaite, ce qui donne la plus grande facilité pour s'en saisir, et même pour les piquer sur place. Mais cette petite manœuvre demande de la dextérité et de l'habitude, car sans cela l'insecte fait un mouvement, l'épingle glisse sur son thorax, et il s'envole. Les sphinx et quelques autres crépusculaires sortent de leur retraite à la nuit tombante, et viennent voltiger autour des fleurs d'onagre, des belles-de-nuit et autres plantes d'agrément cultivées dans les jardins. Il faut aller les y attendre, s'embusquer sans faire le moindre mouvement, et les saisir rapidement au vol avec le filet. La plus grande partie des phalènes se tiennent pendant le jour appliquées sous les feuilles, dans les buissons et les haies les plus épaisses, où l'œil ne saurait aller les découvrir; il faut les en faire sortir en battant le feuillage avec un bâton, tandis que, de l'autre main, on saisit avec le filet tout ce qui s'en échappe. Lorsque l'on a pris un papillon dans le filet, il faut le tuer de suite pour empêcher qu'il se gâte les ailes en se débattant. Pour cela faire, on saisit l'insecte par la poitrine, sous les ailes, entre le pouce et l'index, et on le serre doucement jusqu'à ce qu'il soit mort. On peut alors le piquer à l'aise. — Un autre moyen par lequel on risque moins de le gâter, est de les faire tomber aussitôt dans un flacon à large ouverture, au fond duquel on a mis du cyanure de potassium ou même des feuilles de laurier-cerise, coupées en petits morceaux et recouvertes d'une rondelle de fort papier percé de trous ou d'un peu de coton. On les tue également tout de suite, en trempant l'épingle dont on les transperce dans l'acide oxalique. — On se procure de très beaux papillons de nuit par deux moyens fort simples. Dans le berceau de verdure d'un jardin, on dépose une veilleuse allumée dans un verre, et on la recouvre d'un entonnoir en verre pour empêcher le vent de l'éteindre et le papillon de s'y brûler les ailes. On la laisse ainsi brûler toute la nuit, le feuillage des arbres, leur tronc et jusqu'à la charpente du berceau sont pour ainsi dire couverts de jolies phalènes qui y ont été attirées pendant la nuit. — On place également une veilleuse dans un appartement donnant dans la campagne, et on en laisse les croisées, non pas ouvertes, mais entr'ouvertes, de manière à ne laisser que 15 centimètres à peu près d'intervalle entre les deux battants, afin de former comme une ouverture de nasse. Le lendemain, on trouve beaucoup de phalènes contre la tapisserie et les corniches du plafond, et même des sphinx, mais plus rarement.

Avant que les papillons ne soient complètement secs, il faut les étaler, c'est-à-dire donner à leur corps et à leurs ailes la position la plus convenable. Pour cela faire, on a un étendoir ou étaloir; c'est une planchette en bois tendre dans laquelle on a creusé une rainure assez large et profonde pour recevoir le corps d'un papillon; on le pique dans cette rainure avec le soin d'y enfoncer le corps jusqu'à la hauteur des ailes; on abaisse celles-ci horizontalement jusque sur la surface de l'étendoir, et on les y maintient au moyen d'une petite bande de carte à jouer ou de fort papier qu'on applique dessus, et qu'on fixe à ses deux extrémités avec des épingles.

Lorsque le papillon est parfaitement desséché, c'est-à-dire au bout de quatre ou cinq jours, on le retire de l'étendoir et on le pique dans les boîtes de la collection. — Lorsque les papillons sont trop secs pour pouvoir être étalés, il faut leur rendre le degré de flexibilité nécessaire en les faisant ramollir. Cette opération consiste à les piquer sur du grès mouillé au fond d'un vase qui ferme hermétiquement, et à les y laisser huit à dix heures; au bout de ce temps, les papillons ont repris leur souplesse.

Outre l'intérêt qu'offrent par elles-mêmes les chenilles, leur éducation est le meilleur moyen de se procurer des papillons frais et brillants. Presque toutes vivent sur les plantes ; il s'agit donc de leur fournir constamment de la nourriture fraîche et appropriée à leurs besoins ; car, si quelques chenilles vivent indifféremment des feuilles de diverses plantes, le plus grand nombre sont intimement liées à un végétal spécial, indispensable à leur existence. Pendant l'hiver, on recherchera les chrysalides au pied des arbres ; on se procure souvent par ce moyen des espèces rares. Nous avons dit à l'article Insectes tout ce qui concerne la disposition et la conservation des collections ; nous ne le répéterons pas ici. Nous indiquerons à ceux de nos lecteurs qui désireraient de plus amples renseignements sur ce sujet, le *Guide de l'amateur d'insectes* et le *Guide de l'éleveur de chenilles*, de MM. Fairmaire et Berce.

LÉPIDOSIREN. Genre de poissons de la famille des *Dipneumones*, de l'ordre des Dipnés (voir ce mot) ou Pneumobranches. Le Lépidosiren est un singu-

Lépidosiren du Brésil.

lier animal qui vit dans les eaux douces du Brésil. Poisson pour les uns, reptile pour les autres, il forme, en réalité, le trait d'union entre les poissons et les batraciens, dont il se rapproche beaucoup. Il a le corps allongé, anguilliforme, couvert d'écailles fines ; la tête courte et obtuse ; la bouche petite, à mâchoires garnies chacune de quatre dents grandes et plates, et, au devant des dents de la mâchoire supérieure, deux petites dents coniques ; les narines s'ouvrent au bout du museau. En arrière de la tête est une ouverture ovale assez grande, dans laquelle on voit quatre arcs branchiaux. Immédiatement derrière cette ouverture branchiale existe de chaque côté un appendice long de quelques centimètres, soutenu par une tige cartilagineuse ; une paire d'appendices analogues saille aux deux tiers postérieurs du corps, où se trouve l'anus ; ce sont des membres ; mais ces membres sont impropres à la locomotion et à la natation. A la suite de la trachée-artère naissent, de chaque côté du corps, des poumons vésiculeux très étendus. — Le **Lépidosiren du Brésil** (*L. paradoxa*) a 30 centimètres de longueur ;

il est de couleur noirâtre, avec des taches blanches. Durant la saison sèche de l'année, ces étranges animaux s'enfouissent dans l'argile desséchée, au milieu d'un nid de feuilles, et là, ils respirent par des poumons, comme les amphibiens. Pendant la saison humide, au contraire, ils vivent dans les rivières et les marais et respirent l'eau par des branchies, comme les poissons. On en connaît une seconde espèce, **Lepidosiren annectens,** de l'Afrique tropicale, dont on a fait le genre *Protopterus*.

LÉPIDOSTÉE (de *lepis*, écaille, et *ostéon*, os). Genre de poissons osseux de l'ordre des Ganoïdes, section des *Rhombifères*, formant une petite famille caractérisée par des écailles d'une dureté pierreuse, le rayon antérieur des nageoires muni de petites écailles osseuses qui les font paraître comme dentelées ; le museau très allongé, les mâchoires égales, munies sur le bord de longues dents pointues et hérissées en dedans de dents en râpe. — Les Lépidostées sont de grands poissons qui habitent les rivières et les lacs de l'Amérique centrale. Pourvus d'armes offensives et défensives très fortes, ils sont d'une voracité extrême et rappellent par leurs mœurs nos brochets. Leur cuirasse osseuse, qui a quelque ressemblance avec celle des crocodiles, est impénétrable même à la balle. On en connaît plusieurs espèces, dont la plus répandue, le **Lépidostée caïman** (*Lepidosteus osseus*), atteint 1 mètre de longueur. Sa chair est assez estimée. — Le **Lépidostée spatule** (*L. spatula*), dont le squelette est cartilagineux, forme un genre à part (*Spatularia*). Son nom spécifique lui vient de ce que son museau, très allongé, s'élargit à l'extrémité en forme de spatule.

LÉPISME, *Lepisma* (du grec *lepis*, écaille). Genre d'insectes Aptères que Latreille rangeait dans l'ordre des Thysanoures, et que l'on classe aujourd'hui parmi les Orthoptères. Ces insectes, connus vulgairement sous le nom de *petits poissons d'argent*, ont le corps allongé, couvert d'écailles fines et très serrées d'un brillant métallique, la tête munie de longues antennes sétiformes, et l'abdomen terminé par trois soies, dont la médiane très longue. Ces petits animaux, nommés autrefois *Forbicines*, sont très vifs et courent rapidement, se cachant dans les boiseries, sous les planches humides, quelquefois sous les pierres ou dans les bibliothèques, et il est difficile de les saisir sans enlever leurs brillantes écailles. — Le type de l'espèce, le **Lépisme du sucre**

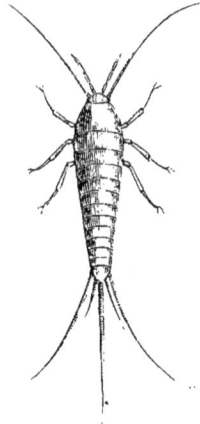

Lépisme du sucre grossi.

(*L. saccharina*), entièrement d'un blanc argenté brillant, a de 12 à 15 millimètres de longueur ; très commun dans les maisons, surtout dans les cabinets obscurs, il se nourrit de bois pourri, de sucre et ronge les livres. Geoffroy dit qu'il mange aussi les psoques ou poux de bois. On trouve en Espagne un **Lépisme doré** (*L. aurata*).

LÉPORIDE. Métis du lièvre et de la lapine. Bien que le lièvre et le lapin (voir ces mots) manifestent l'un pour l'autre une antipathie prononcée, on est parvenu à obtenir l'union féconde de ces deux espèces. Ce produit hybride tient plus du lapin que du lièvre, mais croisé de nouveau avec le lièvre, il prend les qualités de celui-ci. Toutefois le gris prédomine dans son pelage, et ses oreilles et ses membres postérieurs sont moins longs que chez le lièvre ; sa chair est aussi délicate. Ces métis, obtenus par M. Roux, d'Angoulême, depuis 1850, se reproduisent même entre eux pendant plusieurs générations. Il faut avouer cependant que ce croisement offre de grandes difficultés, et que si des savants tels que le docteur Broca et M. Gayot ont pu le tenter avec succès, beaucoup d'autres n'ont pu obtenir les mêmes résultats. Le docteur Broca a donné des détails très intéressants à ce sujet dans son *Mémoire sur l'hybridité*.

LÉPORIDÉS. (Voir Lièvre.)

LEPRALIA. Genre de Bryozoaires stelmatopodes, de la famille des *Escharidés*, caractérisé par des cellules bombées sans rebord marginal. Ce sont des polypiers de consistance pierreuse, à loges serrées

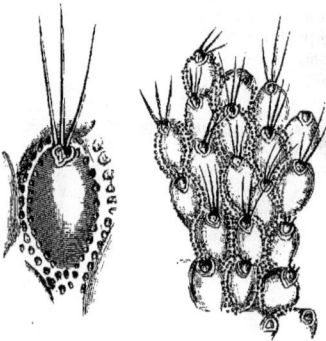

Lepralia.

les unes contre les autres, en lames planes, recouvrant divers corps sous-marins. La **Lépralie réticulée** se trouve sur les côtes de la Manche, sur les pierres et sur les algues ; ses cellules sont ovales oblongues ; la lèvre supérieure de l'ouverture porte trois ou quatre épines. La **Lepralia trispina**, que nous figurons ici avec une de ses cellules très grossie, varie à l'infini.

LEPTE (du grec *leptos*, mince, grêle). Le Lepte automnal, si connu sous le nom de *rouget*, et si incommode par les démangeaisons qu'il cause, lorsqu'il grimpe après les jambes des personnes qui se promènent dans les champs, à l'arrière-saison, est la larve du *Trombidium holosericeum*, espèce d'acarien. (Voir Trombidion).

LEPTINITE. (Voir Leptynite.)

LEPTOSPERME (du grec *leptos*, menu, et *sperma*, graine). Genre de plantes dicotylédones, polypétales, périgynes, de la famille des *Myrtacées*, composé d'arbrisseaux propres à la Nouvelle-Zélande et à l'Australie. Le type du genre est le **Leptospermum thea**, petit arbuste de la Nouvelle-Hollande, à petites fleurs axillaires, blanches, auxquelles succède une capsule polysperme, et dont les feuilles persistantes, coriaces, odorantes, servent à faire une infusion théiforme, très vantée par le capitaine Cook, qui l'employa avec succès pour combattre le scorbut parmi ses équipages.

LEPTURE (du grec *leptos*, mince, et *oura*, queue). Genre d'insectes Coléoptères de la famille des *Longicornes*, section des *Leptarétes*, dont les caractères sont d'avoir la tête saillante, rétrécie à la base en col plus ou moins marqué, le corselet non rebordé, les élytres généralement rétrécies de la base à l'extrémité, qui est tronquée ou échancrée. Les espèces de ce genre sont fort nombreuses ; on les trouve dans les bois, sur les fleurs ; leurs larves vivent dans le bois pourri. Ces gracieux coléoptères sont généralement noirs avec les élytres jaunes ou rouges, annelées ou tachées de noir. Parmi les nombreuses espèces françaises, nous citerons : **Leptura calcarata, bifasciata, quadrifasciata, nigra, melanura, aurulenta**, etc.

LEPTYNITE (du grec *leptunein*, rendre grêle). On appelle ainsi des roches formées de petits grains cristallins d'orthose, auquel se mêlent en quantités variables du quartz et du feldspath. Cette roche a l'apparence d'un grès ; mais elle fond à la flamme du chalumeau en un émail blanc. Les Allemands lui donnent le nom de *weisstein* (de *weis*, blanc, et *stein*, pierre), et on l'appelle aussi *feldspath grenu*. Cette roche constitue un accident au milieu du granit avec lequel elle se confond insensiblement.

LEPUS. Nom scientifique du genre *Lièvre*.

LEQ. (Voir Vanillier.)

LERNÉE (*Lernæa*). Genre de crustacés de l'ordre des Copépodes ou Entomostracés, section des *Siphonostomes*. Ce sont des animaux parasites dont les formes bizarres s'éloignent de toutes celles ordinaires dans cette classe. Dans le jeune âge, ils offrent un mode de conformation normale, et ressemblent beaucoup à de jeunes cyclopes ; ils sont alors pourvus d'un œil frontal et de lames natatoires qui leur permettent de se mouvoir avec agilité ; mais, après avoir éprouvé un certain nombre de mues, ils cessent de mener une vie errante ; les femelles se fixent sur quelque autre animal, un poisson généralement, et les mâles, beaucoup plus petits, s'accrochent sous le ventre de leur femelle. Les organes de la locomotion, devenus inutiles, s'atrophient ou se déforment, la configuration de l'animal change au point de rendre celui-ci méconnaissable. — L'espèce type, **Lernœa branchialis**, se fixe sur les branchies de la morue et des autres gades ; son corps

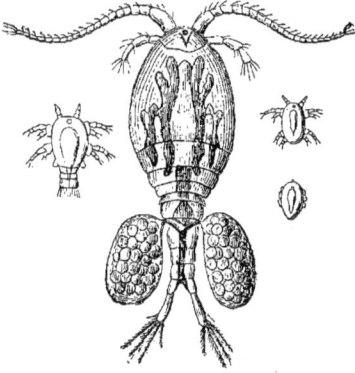

Cyclope, très grossi, et ses transformations.

est vermiforme, muni d'appendices préhensiles terminés par de fortes tenailles, et d'une trompe bien développée qu'elle enfonce dans les ouïes du poisson.

LÉROT. Espèce du genre *Loir*. (Voir ce mot.)

LESSONIE (dédié au naturaliste Lesson). Genre de plantes marines de la famille des *Laminariées*, dont quelques espèces acquièrent une grosseur et une dureté assez considérables. Une tige ou tronc qui a souvent la grosseur du bras, et se bifurque vers son extrémité, porte des frondes allongées, très divisées qui leur donnent l'apparence de petits palmiers. La **Lessonia rufescens** de l'Océan atteint parfois 3 mètres de hauteur.

LESTRIS. Nom scientifique du genre *Labbe*.

LEUCISCUS. (Voir Able.)

LEUCOIUM. (Voir Nivéole.)

LEVISTICUM. (Voir Livèche.)

LEVRAUT. Nom donné au jeune Lièvre.

LÈVRES. Parties charnues, mobiles, minces, qui forment le contour de la bouche chez l'homme et les animaux supérieurs. Par analogie, on donne ce nom à certaines pièces de la bouche des insectes, ainsi qu'aux deux lobes d'une corolle bilabiée.

LEVRIER, LEVRETTE. Variétés de l'espèce du Chien. (Voir ce mot.)

LÉZARD (*Lacerta*). Genre de reptiles de l'ordre des Sauriens, type de la famille des *Lacertidés*. Ce sont des animaux à formes sveltes, effilées, à queue longue et arrondie, dont le dessus du corps est couvert de très petites écailles formant des plaques transversales sur le ventre, et s'élargissant sous le cou en figurant une espèce de collier ; le dessus de leur tête est muni d'une sorte de bouclier osseux que recouvrent de grandes plaques cornées. Chez tous les Lacertidés, les pattes se terminent par cinq doigts

libres et armés d'ongles longs et crochus ; leur langue est mince, extensible, et terminée en deux filets ; mais c'est seulement chez les Lézards proprement dits que l'on trouve deux rangées de dents au fond du palais. Leurs sens, notamment la vue et l'ouïe, paraissent très développés ; leur voix est une sorte de sifflement qu'ils font entendre dans la frayeur ou dans la colère ; leur queue repousse avec autant de facilité qu'elle se casse. Les Lézards sont des animaux purement terrestres, et qui ne vont jamais à

Lézard vert.

l'eau. Ils s'engourdissent par l'effet du froid et ne semblent jouir de toutes leurs facultés que lorsqu'une température assez élevée supplée en quelque sorte à la chaleur intérieure qui leur manque. Leurs mouvements deviennent alors aussi vifs que légers : ils courent avec rapidité, malgré la brièveté de leurs pattes, mais ils se fatiguent promptement, et se laissent prendre au bout de quelques minutes d'une poursuite soutenue, à moins qu'ils ne rencontrent

Lézard gris.

un trou ou une crevasse où ils puissent se cacher. Ils se nourrissent surtout d'insectes, de lombrics et de mollusques terrestres ; ils boivent en lappant, comme les chiens ; ils sont, dit-on, monogames, et ne vivent que par paires. Ils se servent de leurs griffes et de leur museau pour se creuser un trou dans le sable durci, dans la terre ou dans un tronc d'arbre pourri, à moins qu'ils ne trouvent une retraite toute prête dans les fentes des rochers, dans les interstices des vieux murs ou dans quelque terrier de mulot ou de crapaud. Ce trou est ordinairement un boyau terminé en cul-de-sac; les plus creux ont jusqu'à 30 centimètres de profondeur, rarement davantage; beaucoup n'ont que la moitié de cette étendue. C'est là que l'animal se tapit au moindre danger, s'il est à portée d'y arriver avant d'être arrêté dans sa course, c'est là aussi qu'il passe le temps de son engourdissement d'hiver. Au printemps, les Lézards se réveillent revêtus d'une robe nouvelle, et se recherchent pour obéir à l'instinct de la reproduction. Le mâle et la femelle habitent le même terrier, et celle-ci pond de sept à neuf œufs, qu'elle dépose dans un trou et qu'elle abandonne à la chaleur des rayons solaires. Quoique d'un naturel doux et timide, ces reptiles mordent parfois avec violence quand on les attaque; mais aucun n'est venimeux. Quelques fortes espèces des pays chauds ne craignent pas d'attendre leur ennemi et de se défendre, même contre des chiens. Ils rendent généralement de très grands services à l'homme en détruisant des milliers d'insectes nuisibles à la culture, et à la chasse desquels ils montrent beaucoup d'adresse. La durée de leur vie paraît être assez considérable, quoiqu'on ne puisse en assigner le terme. Ils peuvent supporter un jeûne de plusieurs semaines en été, de quelques mois en hiver. Ce genre est très nombreux, et notre pays en fournit plusieurs espèces; parmi les plus remarquables, nous en citerons trois. Le **Lézard ocellé** ou *grand Lézard vert* (*Lacerta ocellata*), du midi de l'Europe, a le dessus du corps d'un beau vert, varié et tacheté de noir; de grandes taches bleues arrondies ornent les flancs. Sa taille moyenne est de 30 à 35 centimètres; mais il atteint parfois jusqu'à 50 centimètres de longueur. C'est le plus grand et le plus robuste des Lézards d'Europe. Il se nourrit d'insectes et de vers, mais il attaque au besoin les grenouilles et les souris : on le rencontre dans le midi de la France, et plusieurs fois on l'a vu à Fontainebleau. — Le **Lézard vert** ou *Lézard piqueté* (*L. viri-*

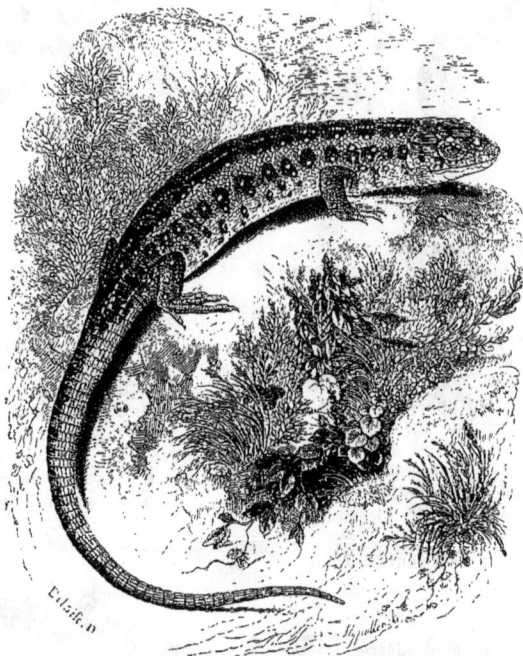

Grand Lézard ocellé.

dis) est d'un bon tiers plus petit que le précédent, ses formes sont plus rondes et plus sveltes; sa queue, mesurée à partir de l'anus, a plus de deux fois la longueur du corps. Il est d'un vert jaunâtre en dessous, d'un beau vert brillant en dessus, tantôt uniforme, tantôt et plus souvent parsemé de points, de taches et de lignes jaunâtres. Il se trouve dans toutes les contrées tempérées de l'Europe, où il recherche les bois, les haies, les herbes touffues, le voisinage des ruisseaux. — Le **Lézard gris** ou *Lézard des murailles* (*L. cinerea*), long de 12 à 15 centimètres, est l'espèce la plus commune du genre; elle est répandue dans toute l'Europe tempérée. On le rencontre fréquemment aux environs de Paris, surtout en été, sur les murs. Il a le dessus du corps grisâtre, avec une série de taches brunes irrégulières; sur chaque flanc, une large bande brune, formée de traits réticulés, tachetée de jaune; le dessous du corps est blanchâtre, quelquefois piqueté de noir. Les couleurs de cette espèce varient d'ailleurs beaucoup. Le Lézard gris, dit Lacépède, paraît être le plus doux, le plus innocent et l'un des plus utiles des reptiles. Ce joli petit animal n'a pas reçu de la nature un vêtement aussi éclatant que plusieurs autres quadrupèdes ovipares, mais elle lui a donné une parure élégante; sa petite taille est svelte; son mouvement agile; sa course si prompte, qu'il échappe à l'œil aussi rapidement que l'oiseau qui vole. Il aime à recevoir la chaleur du soleil; et lorsque, dans un beau jour de printemps, une lumière pure éclaire vivement un gazon en pente, ou une muraille qui augmente la chaleur en la réfléchissant, on le voit s'étendre sur ce mur, ou sur l'herbe nouvelle avec une espèce de volupté. Il se pénètre avec délices de cette chaleur bienfaisante; il marque son plaisir par de molles ondulations de sa queue déliée; il fait briller ses yeux vifs et animés; il se précipite comme un trait pour saisir une petite proie. Utile autant qu'agréable, il se nourrit de mouches, de grillons, de sauterelles, de vers de terre, de presque tous les insectes qui détruisent nos fruits et nos grains ; aussi serait-il fort avantageux que l'espèce en fût plus multipliée : à mesure que le nombre des Lézards gris croîtrait, nous verrions diminuer les ennemis de nos jardins ; ce serait alors qu'on aurait raison de les regarder, ainsi que certains Indiens les considèrent, comme des animaux d'heureux augure, et comme des signes d'une bonne fortune.

LIAIS. Nom que donnent les carriers et tailleurs de pierre à une variété de calcaire grossier, compact, dur et à grain fin, qui prend assez bien le poli, et qu'on emploie pour faire des colonnes, des balustres, des corniches, etc. Le fronton et la colonnade du Louvre sont faits en Liais dur. Il se trouve abondamment dans le bassin de Paris.

LIANES. Les premiers Français établis dans le nouveau monde donnèrent ce nom à des plantes ligneuses, grimpantes ou volubiles, dont les longs rameaux sarmenteux paraissaient très propres à faire des *liens*, ou, parce qu'en réalité, passant d'un arbre à l'autre, elles les lient entre eux d'une manière solide et durable. Il n'existe en Europe que de faibles représentants des Lianes, dans la vigne sauvage et la vigne vierge, la clématite et le lierre (voir ces mots); plantes sarmenteuses, dont l'effet pittoresque est loin d'égaler celui que produisent les Lianes américaines ou asiatiques. Celles-ci impriment aux paysages des tropiques la physionomie qui les caractérise ; elles se développent avec une vigueur extraordinaire et acquièrent souvent des proportions gigantesques. Il en est de si longues qu'elles peuvent s'étendre à plus de 200 mètres, témoin l'*Acacia scandens*, L., et de si robustes qu'elles étouffent les arbres qui leur prêtent un appui. Presque toujours les Lianes développent des branches qui descendent vers la terre, entraînées par leur propre poids; elles s'enroulent les unes autour des autres et forment d'élégantes guirlandes où les oiseaux se plaisent à nicher, doucement bercés par les brises. Les singes se servent de ses rameaux pendants pour grimper au sommet des grands arbres, et il n'est pas rare d'y trouver de longs et redoutables reptiles qui y épient leur proie. Les plantes à Lianes sont très nombreuses; on les trouve dans une foule de familles très diverses ; c'est surtout dans les familles des aristolochiées, des légumineuses, des passiflorées et des vitacées qu'il faut chercher les Lianes. Celles-ci se soutiennent à l'aide de vrilles, de crochets et de crampons. Il en est qui décrivent autour des troncs des tours de spire fort serrés : quelques-unes, en petit nombre, sont parasites. On connaît un nombre considérable de Lianes; nous nous contenterons de signaler la Liane à odeur d'ail (*Bignonia alliacea*); la **Liane à eau** (*Cissus cordifolia*, L.), dont la tige coupée laisse écouler une lymphe ou sève abondante, très propre à désaltérer le voyageur; la **Liane purgative** (*Convolvulus americanus*), dont le suc laiteux agit comme drastique; la **Liane à réglisse** (*Abrus*

precatorius, L.), dont la racine est sucrée ; la **Liane à serpent** (*Aristolochia sanguifuga*), qui peut, dit-on, neutraliser l'action du venin des serpents; enfin la **Liane vulnéraire** (*Tetrapteris inæqualis*), dont le nom rappelle les propriétés.

LIAS. (Voir JURASSIQUE [Terrain].)

LIBELLULE (*Libellula*). Genre d'insectes NÉVROPTÈRES, type de la famille des *Libellulidés*, auxquels leurs formes sveltes, leur vivacité et les couleurs agréables et variées qui les parent, ont fait donner le nom de *demoiselles*. Leur tête grosse, arrondie ou

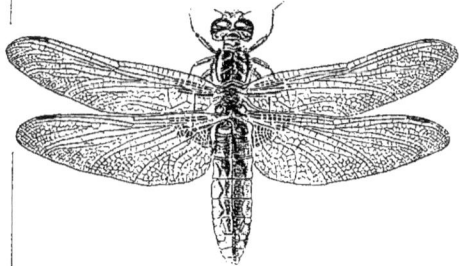

Libellule déprimée.

triangulaire, porte sur ses côtés deux gros yeux à milliers de facettes, et sur son sommet trois yeux lisses, ou ocelles. Les mandibules sont fortes et écailleuses; le tarse est formé de trois articles; les

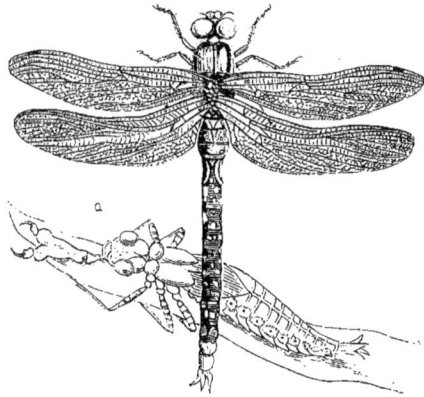

Libellule (*Æschna*) et sa larve.

antennes sont courtes et sétacées; leur corselet, renflé, porte quatre ailes d'une finesse extrême, réticulées de toutes parts. Ces ailes, parfaitement lisses et brillantes, sont souvent parées des plus belles couleurs, et lorsqu'elles sont incolores leur finesse les fait paraître agréablement irisées. Leurs pattes sont grêles et longues. On rencontre toujours les Libellules dans le voisinage des eaux; c'est qu'en effet c'est dans cet élément qu'elles passent leurs premiers états de larve et de nymphe. Les femelles laissent tomber leurs œufs, en planant au-dessus des mares ou des étangs, et les larves qui en sortent y passent une année enfouies dans la vase. Ces larves ressemblent grossièrement à l'insecte parfait, aux ailes près ; mais leurs formes sont plus ramassées, et leur couleur d'un gris ou d'un brun uniforme. Ces larves sont très carnassières ; et comme leur démarche est lente et difficile, elles risqueraient fort de mourir de faim, si la nature ne leur avait accordé, comme compensa-

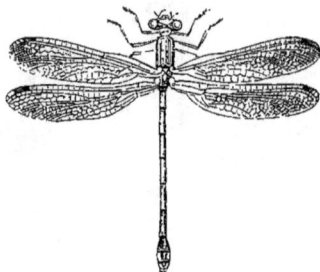

Agrion bleu.

tion, une arme particulière pour s'emparer de leur proie. Cette arme n'est autre chose que la lèvre inférieure, qui acquiert, chez ces animaux, un développement considérable ; elle est articulée sur le menton, et munie à son extrémité de deux palpes dentés, formant la pince. Au repos, cette lèvre se rabat sous le corps ; mais elle peut se détendre comme un ressort, à la volonté de l'animal, et sa longueur atteint alors la moitié de la longueur du corps ; avec ses palpes dentés, il saisit et retient sa proie, qu'il porte à sa bouche en repliant sa lèvre, comme le ferait un éléphant avec sa trompe. Les larves des Libellules offrent encore une autre particularité digne de remarque ; étant privées de l'agilité, ainsi que des organes natatoires nécessaires pour venir respirer l'air à la surface de l'eau, comme la plupart des autres insectes aquatiques, ces larves possèdent un appareil respiratoire particulier : l'extrémité de l'abdomen présente deux ouvertures par lesquelles pénètre une certaine quantité d'eau, laquelle est rejetée, après que l'air qu'elle contenait a été absorbé par des organes spéciaux communiquant avec les trachées. — Lorsqu'est arrivé le moment de la transformation de la nymphe en insecte parfait, elle sort de l'eau, grimpe sur quelque plante du rivage, et s'y fixe fortement à l'aide de ses crochets. Sa peau se dessèche bientôt sous l'influence du soleil, et se fend longitudinalement sur le dos, de façon à donner passage à l'insecte parfait qui se dégage peu à peu, et prend son essor dès que ses téguments ont pris assez de consistance. La famille des Libelluli-

dés comprend trois genres principaux : *Libellula,* *Æschna* et *Agrion.* Les Libellules proprement dites ont pour type la **Libellula depressa,** longue de 3 à 4 centimètres, commune dans toute l'Europe ; le mâle est brun avec l'abdomen bleuâtre, la femelle est d'un jaune olivâtre ; l'abdomen est large et déprimé dans les deux sexes. — L'**Æschna grandis,** type du genre *Æschna,* qui a 7 ou 8 centimètres de longueur, est jaune avec des taches et des bandes brunes sur le corselet et sur chaque anneau de l'abdomen. — L'**Agrion vierge** (*Calopteryx virgo*), type du genre *Agrion,* est commun dans toute l'Europe ; il a 6 centimètres de longueur. Le mâle est d'un beau bleu d'acier très brillant, avec les ailes traversées par une bande bleue ; la femelle est d'un vert bronzé avec les ailes diaphanes. L'**Agrion sanguineum** est d'un beau rouge carmin, l'**Agrion cæruleum** d'un beau bleu clair.

LIBER (mot latin qui signifie *livre,* parce que les couches corticales qui la composent sont disposées comme les feuilles d'un livre). C'est la partie la plus intérieure de l'écorce immédiatement en contact avec l'aubier. (Voir Ecorce et Végétaux.)

LICHE. (Voir Leiche.)

LICHENS (du grec *leichên,* dartre, croûte). Linné désignait sous ce nom, qui est resté vulgaire, la famille des *Lichénacées.* Les Lichens sont des plantes cellulaires terrestres, dépourvues de racine, de tige et de feuilles, végétant sur les pierres, l'écorce, les feuilles des autres plantes. Un Lichen complet se compose d'un appareil végétal ou *thalle,* et d'organes de fructification ou *apothécies.* Le thalle varie beaucoup de forme, de texture et de couleur ; sa consistance est le plus souvent sèche, coriace, quelquefois gélatineuse ; il se fixe à son support par de petits crampons. Il est uniquement cellu-

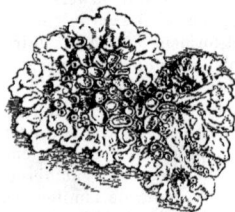

Lichen du tilleul (*Parmelia tiliacea*).

leux ; son tissu cortical est plus dense, et son tissu intérieur, lâche, filamenteux, se nomme *hypha.* Il est entremêlé de globules ordinairement nombreux, souvent verts, qu'on nommait *gonidies.* Ces gonidies ne sont autre chose que des algues unicellulaires nourricières du Lichen. Les études de plusieurs savants botanistes, MM. Bary, Bornet, Rees, etc., ne laissent aucun doute à cet égard. Les organes de fructification ou *apothécies* sont comparables à ceux des champignons ascomycètes. Ce sont des coupes souvent évasées, dont la concavité est tapissée d'un hyménium qui supporte des *asques* (cellules dans lesquelles se forment les spores). Aux asques sont interposés des filaments stériles ou *paraphyses*, et les spores sorties de leurs asques germent et donnent un jeune prothalle. — Les Lichens se trouvent sous tous les climats et dans tous les lieux, jusque dans les régions polaires, là où nulle autre plante ne peut végéter; mais c'est surtout dans les contrées chaudes et humides qu'ils prennent le plus de développement. On en connaît aujourd'hui un nombre considérable d'espèces, (plus de deux mille), dont la forme, la couleur, la consistance varient à l'infini. Tantôt ce sont de légères poussières, des membranules minces; tantôt

Lichen d'Islande (*Cetraria islandica*).

des folioles élégamment découpées, des expansions arborescentes redressées ou des filaments d'une dimension considérable. On a réparti les Lichens dans trois tribus, suivant la manière d'être du thalle : *Byssacées*, *Collémacées* et *Lichénacées*.

I. Byssacées : thalle byssoïde, c'est-à-dire formé de filaments très fins, plus ou moins ramifiés. Genres : *Ephebe, Gonionema.*

II. Collémacées : thalle de forme très variable, constitué par une substance gélatineuse dans laquelle sont dispersées des gonidies réunies en chapelet ou éparses. Genres : *Collema, Leptogium.*

III. Lichénacées : thalle de forme et de coloration très variables, foliacé, squameux, crustacé, pulvérulent; apothécies stipitées, peltées ou patelliformes. — Cette tribu, la plus nombreuse et la plus importante pour l'intérêt qu'offrent plusieurs de ses espèces, comprend un très grand nombre de genres : *Usnea, Roccella, Cetraria, Parmelia, Lecanora, Cladonia, Sticta, Peltigera.* Parmi les espèces les plus utiles à l'homme, nous citerons les suivantes : le Lichen d'Islande (*Cetraria islandica*), puissant analeptique, dont on prépare des pâtes, des gelées, une décoction, et sous toutes ses formes, il produit d'heureux effets. Ce même Lichen sert en Islande à préparer un gruau nutritif. En Sibérie, on utilise la Pulmonie du chêne (*Sticta pulmonacea*), aussi préconisée contre les affections de poitrine et comme succédanée du houblon, dans la fabrication de la bière. Le *Cladonia rangiferina* ou Lichen des rennes est le

seul pâturage d'hiver dans les parties les plus septentrionales de l'Europe. L'art du teinturier doit plus encore aux Lichens que la médecine ; c'est particulièrement dans le nord de l'Europe qu'ils servent à la teinture. Il y a, en Angleterre et en Hollande, des fabriques de couleurs dont la matière première ne consiste qu'en Lichens récoltés en Suède et en Norwège. L'Orseille (*Roccella tinctoria*) et la Parelle (*Lecanora parella*) d'Auvergne sont deux objets assez importants du commerce français.

LICHÉNACÉES. (Voir Lichens.)

LICORNE ou **UNICORNE.** Animal fabuleux décrit par Pline, et qui aurait eu le corps d'un cheval, la tête d'un cerf, avec une longue corne droite au milieu du front. On voit sur les monuments égyptiens l'image gravée d'une antilope (*Antilope oryx*) qui, étant représentée de profil dans ces dessins naïfs, ne montre en effet qu'une seule corne. C'est peut-être là l'origine de la croyance en la Licorne. — On donne encore le nom de Licorne à la chenille de plusieurs espèces de *sphinx* (voir ce mot) qui portent une longue corne recourbée sur l'avant-dernier anneau du corps, et celui de Licorne de mer au Narval.

LIÈGE (*Suber*). On donne le nom de Liège à l'enveloppe corticale d'une espèce de chêne (*Quercus*

Chêne-liège.

suber, L.) qui appartient à la section des chênes à feuilles persistantes, vulgairement désignés sous le nom de *chênes verts*. C'est un arbre de 8 à 10 mètres de haut, qui croît avec une très grande lenteur, et forme des bosquets clairsemés en Europe et en Barbarie. En France, on le trouve en grande quantité dans les landes de Bordeaux, en Provence, jusqu'à Hyères, et dans quelques cantons du Languedoc. L'Algérie possède en assez grand nombre ces arbres précieux. Le chêne-liège se plaît sur les coteaux secs, dans les terres peu profondes. Si l'on n'enlève pas le tissu cellulaire cortical, il se détache naturellement et se régénère ; la même chose arrive quand on détache ce tissu à l'aide d'instruments appropriés, ce qu'on peut pratiquer tous les huit à dix ans lorsque l'arbre est devenu adulte, c'est-à-dire vers la vingtième année. Un même arbre peut fournir dix à douze récoltes. La partie cellulaire de l'écorce du chêne-liège, connue sous le nom de *liège*, est épaisse, spongieuse, légère, élastique, difficilement perméable à l'eau, donnant par la combustion un charbon abondant et léger. Elle est de couleur jaunâtre, tirant un peu sur le rouge. Le chêne-liège est le seul arbre qui serve à l'extraction du Liège, mais il n'est pas l'unique qui puisse en fournir. Il existe une variété d'orme (*Ulmus campestris*, var. *suberosa*) qui produit du Liège ; le *Bombax gossypium* et quelques autres arbres ont également une écorce spongieuse analogue au Liège. Le Liège est surtout utilisé pour la fabrication des bouchons, des semelles destinées à garantir les pieds de l'humidité, des ceintures de natation, etc. Le Liège porté en amulette passait jadis pour avoir la propriété de faire passer le lait, et l'on voit encore aujourd'hui de braves femmes entourer le cou de leur chatte ou de leur chienne d'un collier de bouchons, lorsqu'elles les ont privées de leurs petits.

LIERNE. Nom vulgaire de la Clématite des haies (*Clematis vitalba*).

LIERRE (*Hedera*). Genre de plantes de la famille des *Araliacées*, très voisine des Ombellifères et dont H. Baillon ne fait même qu'une tribu de cette dernière famille. Les Lierres sont des plantes ligneuses, grimpantes, à rameaux flexibles, et munies de crampons ; à feuilles persistantes, lisses, épaisses, quelquefois entières ou cordées, ordinairement à trois ou cinq lobes ; à fleurs d'un blanc jaunâtre, réunies en ombelle simple, auxquelles succèdent de petites baies couronnées par le limbe du calice.

— L'espèce la plus intéressante du genre est le **Lierre grimpant** (*H. helix*, L.). Sa tige est ligneuse, grimpante, munie de crampons ; ses feuilles sont pétiolées, coriaces, luisantes, à cinq lobes aigus ; les fleurs petites, en ombelle simple, jaunâtres ou verdâtres, odorantes, sécrétant un liquide sucré qui attire les insectes, se développent en septembre, et le fruit en hiver ; celui-ci est une baie charnue à suc rouge. La fleur est composée d'un calice à cinq sépales, d'une corolle à cinq pétales, de cinq étamines et d'un style simple. Le Lierre croît spontanément dans toute la zone tempérée du globe. Il se plaît dans les lieux secs et arides, dans les terrains à fond calcaire ; il grimpe sur les troncs ou s'applique contre les parois. Il n'épuise point les

végétaux sur lesquels il s'attache ; ses vrilles s'enfoncent dans les fissures corticales sans rien emprunter aux sucs nourriciers de l'arbre. Quand il vit sur les murs des grands édifices, il les protège plutôt qu'il ne les dégrade. Le Lierre est un arbrisseau plutôt qu'un arbre ; mais on en cite pourtant dont la tige principale avait 30 centimètres de circonférence. On voit cette plante, en Italie, dans toute sa perfection ; elle y atteint le sommet des plus grands arbres et change leurs troncs en colonnes de verdure. Il est peu de plantes aussi célébrées par les poètes : les Grecs avaient consacré le Lierre à Bacchus ; en Égypte, il était consacré à

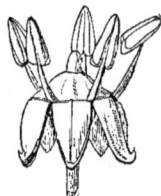
Fleur de lierre.

Osiris. L'utilité du Lierre est assez restreinte. On fait avec son bois, qui est léger et poreux, des pois à cautère. Ses feuilles sont amères, nauséabondes ; elles sont employées au pansement des plaies et des brûlures et pour entretenir l'humidité des cautères. On se sert de leur décoction pour combattre quelques affections de la peau. Ses baies, d'un jaune rougeâtre dans le Midi, d'un noir bleu dans le Nord, sont purgatives et même vomitives, mais elles peuvent être d'un emploi dangereux, car non seulement elles sont réputées vénéneuses, mais encore nous ignorons les propriétés et les effets du Lierre sur l'organisme.

LIERRE TERRESTRE (*Glechoma hederacea*). Plante herbacée vivace de la famille des *Labiées*. Elle ne dépasse guère 30 centimètres de hauteur ; ses feuilles sont opposées, arrondies, crénelées, d'un vert sombre ; ses fleurs, petites, sont bleues, réunies en petit nombre en glomérules axillaires. Elle fleurit en mars et avril dans les bois au bord des haies, le long des murs, etc. On l'emploie en médecine comme expectorant dans les bronchites aiguës ; elle est stimulante, pectorale, béchique, aromatique, vulnéraire.

Lierre terrestre (Glechoma hederacea).

LIEU. Nom vulgaire d'une espèce de Merlan.

LIÈVRE (*Lepus*). On désigne sous ce nom, ou plutôt sous celui de *Léporidés*, un groupe de mammifères de l'ordre des RONGEURS, qui présentent des caractères bien tranchés, aussi bien dans la forme générale de leur corps et dans leurs habitudes, que dans leur système dentaire. La tête est assez grosse, le museau épais, recouvert d'un poil court et soyeux, la lèvre supérieure fendue jusqu'aux narines; les yeux sont grands et saillants; les oreilles sont longues, molles, revêtues de poils en dehors, nues en dedans. Les pieds antérieurs sont courts, à cinq doigts; les postérieurs fort longs, à quatre doigts seulement; tous sont armés d'ongles médiocres; le dessous des pieds est muni de poils longs et rudes, formant une espèce de bourrelet. La

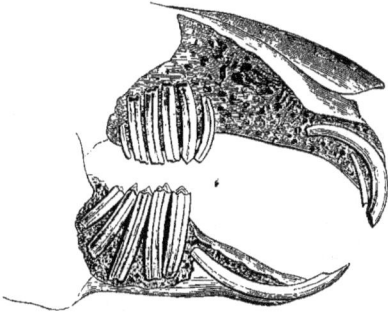

Dentition du lièvre.

queue, courte, est relevée. Les Lièvres ont quatre incisives à la mâchoire supérieure; deux antérieures, larges et longues, et deux plus petites placées derrière celles-ci; deux incisives à la mâchoire inférieure, douze molaires en haut et six en bas; ces dents sont formées de lames verticales soudées ensemble. En tête de ce groupe sont les Lièvres proprement dits, dont le type est notre Lièvre commun (*L. timidus*); il a son pelage d'un gris jaunâtre et les oreilles marquées de noir à la pointe. La gorge et le ventre sont blancs ainsi que la queue. Leur course rapide se fait par sauts. Privés de tout moyen de défense, c'est dans leur agilité, leurs ruses, dans la subtilité de leur ouïe, qu'ils mettent leur salut; aussi leur timidité est-elle proverbiale, et sortent-ils rarement pendant le jour de leurs gîtes ou des broussailles dans lesquelles ils se dérobent à leurs nombreux persécuteurs. En général, lorsqu'un Lièvre est né dans le pays où on le chasse, il ne s'en écarte guère; il tourne et retourne sur ses pas et revient au gîte. Ces animaux vivent isolés et ne terrent point comme les lapins. Les Lièvres mâles, que les chasseurs nomment *bouquins*, se mettent à la recherche des femelles et parcourent souvent une très grande étendue de pays. Les femelles, qu'on nomme *hases*, produisent de quatre à six petits ou *levrauts* à chaque portée, qui se renouvelle plusieurs fois par année. Le Lièvre ne se plie pas, comme le lapin, à la domesticité. On est pourtant parvenu à en éduquer quelques individus au point de leur faire battre le tambour, tirer le pistolet, etc. Un préjugé populaire veut que le Lièvre dorme les yeux ouverts, au contraire de ce qui a lieu chez tous les animaux; ce fait est basé sans doute sur ce que, lorsqu'on surprend cet animal au gîte, il reste immobile, les yeux grands ouverts et comme paralysé par la crainte. Une curieuse particularité du mode de vie de ces animaux consiste dans l'habitude qu'ils ont d'avaler leurs crottes. Cet acte a sans doute pour but de dérober leurs traces à leurs ennemis. Le poil du Lièvre a les mêmes usages que celui du lapin dans la chapellerie. La saveur de sa chair est modifiée par les plantes dont il se nourrit; coriace et très excitante dans les pays chauds, elle avait été défendue au peuple juif, et Mahomet la proscrivait également. Les Lièvres qui habitent les plaines montagneuses des contrées tempérées sont de beaucoup préférables à ceux qui habitent les plaines basses et marécageuses, à ceux surtout qu'on élève dans les parcs. Le Lièvre commun est répandu dans toute l'Europe tempérée et jusqu'en Asie Mineure. On connaît plusieurs espèces de Lièvres exotiques, qui ne diffèrent de la nôtre que par les nuances du pelage; tels sont : le **Lièvre à nuque noire** ou *moussel* de l'Inde, roux avec un collier noir; le **Lièvre de Sibérie** ou *tolaï*, gris pâle, à nuque et oreilles jaunes; le **Lièvre d'Égypte**, roux, à oreilles très grandes; le **Lièvre glacial** du Groënland, dont le pelage devient blanc pendant l'hiver, etc. — Les lapins forment une division du groupe des Lièvres. Nous avons parlé à l'article LÉPORIDE des métis que l'on obtient du croisement de ces deux espèces. — On range à la suite des

Lièvre de France.

Lièvres les lagomys (lièvres-rats), petits rongeurs propres aux régions polaires, et dont la taille ne dépasse pas celle du cochon d'Inde. Ils diffèrent des Lièvres par l'absence de queue, par la brièveté de leurs oreilles et par leurs membres plus courts. Le *Lagomys alpin*, qui se rencontre dans les monts Altaï et au Kamtchatka, est roussâtre avec les oreilles brunes. Il se creuse des terriers, comme les lapins, et y vit en petites familles. Ce petit animal n'a pas plus de 15 centimètres.

LIÈVRE MARIN. Nom vulgaire que l'on donne aux

Aplysies (voir ce mot), à cause de leurs tentacules, en forme d'oreilles de lièvre.

LIÈVRE SAUTEUR. (Voir Helamys.)

LIGAMENTS. Les Ligaments consistent en faisceaux de tissu fibreux d'un blanc nacré, tantôt arrondis et tantôt aplatis, peu élastiques, très durs et très résistants, lesquels concourent à maintenir les os en place dans presque toutes les articulations. — Les Ligaments s'attachent de part et d'autre, par leurs deux extrémités, aux différents os rapprochés pour former l'articulation. Tel est le caractère qui les distingue des tendons, lesquels font toujours suite aux muscles, dont ils ne sont que des prolongements.

LIGIE (*Ligia*). Genre de crustacés de l'ordre des Isopodes, de la famille des *Oniscidés* ou Cloportes. Les Ligies ressemblent beaucoup aux cloportes proprement dits; ils en diffèrent par leurs antennes externes très longues et par l'appendice caudal très allongé, avec deux branches styliformes. L'espèce type, **Ligia oceanica**, vulgairement *cloporte marin*, se trouve en abondance sur les rochers des bords de la mer.

LIGNEUX. Le Ligneux ou matière ligneuse est cette substance dure, cassante, amorphe, déposée en couches plus ou moins épaisses et irrégulières dans les cellules allongées des tissus ligneux, et constituant cette partie du bois qui, plus abondante dans le cœur que dans l'aubier, en accroît la dureté et la densité. Elle existe en plus grande proportion dans les bois bruns, durs, lourds, que dans les bois blancs, légers et tendres. (Voir Bois.)

LIGNITE (mot dérivé de *lignum*, bois). On nomme ainsi certaines substances minérales qui se confondent quelquefois avec la houille, et qui, étant de la même nature et de la même formation, semblent n'en différer que par l'état imparfait de carbonisation dans lequel elles se trouvent. Le Lignite brûle avec une odeur souvent âcre et fétide, quelquefois agréable, mais sans analogie avec celle que produit la combustion de la houille et du bitume, sans couler comme les bitumes, ni s'agglutiner comme les houilles, et en laissant pour résidu une cendre pulvérulente, ferrugineuse et terreuse, qui renferme, à ce qu'on dit, de la potasse. Ce combustible ne peut pas servir dans la préparation du fer, mais on l'emploie dans les plâtrières et au chauffage domestique. Le plus souvent, le Lignite présente, au moins dans quelques-unes de ses parties, la texture ligneuse, et un ensemble de caractères qui font reconnaître sa nature végétale et permettent de le rapporter à des bois enfouis sur place et décomposés à la manière de la tourbe. C'est habituellement dans les Lignites que l'on trouve l'ambre en morceaux arrondis. Une sorte de Lignite compacte et brillante très noire, et ne présentant aucune trace de structure organique, prend le nom de *jais* ou *jayet*. (Voir ce mot.) On exploite, en France, plusieurs mines de Lignite, dont les principales sont dans les départements des Bouches-du-Rhône, de l'Hérault et des Vosges. On le rencontre surtout dans les marnes inférieures, le calcaire jurassique et les terrains tertiaires.

LIGNIVORES (de *lignum*, bois, et *vorare*, dévorer). Synonyme de Xylophages.

LIGULE (de *ligula*, languette). Ce nom désigne à la fois : 1° un genre de mollusques lamellibranches siphonés, voisins des Thracies et des Trigonelles; 2° un genre de vers intestinaux de l'ordre des Cestoïdes (voir ce mot), qui vivent dans l'intestin des batraciens et des poissons; 3° la membrane scarieuse, souvent déchiquetée ou poilue, qui naît à la jonction de la gaine et du limbe dans les feuilles des graminées.

LIGULÉ. En forme de languette. Se dit principalement de la corolle monopétale irrégulière, formant à sa base un tube très court, et presque totalement constituée par une languette, comme les demi-fleurons du pissenlit, du souci. (Voir Composées.)

LIGULIFLORES. Section de la famille des *Composées* comprenant les plantes dont les fleurs sont à corolle ligulée. (Voir Chicoracées.)

LIGUSTRUM. (Voir Troène.)

LILAS. Les arbustes que tout le monde connaît sous ce nom constituent le genre *Syringa*, qui ap-

Lilas de Perse.

partient à la famille des *Oléacées*, tribu des *Fraxinées*, et qu'il ne faut pas confondre avec le seringat, plante de la famille des *Philadelphées*. Le genre *Lilas* se distingue par les caractères suivants : calice en forme de cloche ou de toupie, à quatre dents égales; corolle en forme d'entonnoir ou de ciboire, à limbe divisé en quatre lobes; étamines au nombre de deux, insérées au tube de la corolle ; ovaire à deux loges, contenant chacune deux ovules ; style grêle, épaissi au sommet en un stigmate en forme de massue bifide ; fruit capsulaire, coriace, bivalve, à deux loges renfermant chacune une ou deux graines ; feuilles opposées, en général très entières ; fleurs disposées en thyrses, qui naissent soit à l'extrémité des jeunes pousses, soit le long des rameaux de l'année précédente. — Le **Lilas commun** (S. *vulgaris*, L.) est l'espèce la plus répandue dans nos jardins. Cet arbrisseau, aujourd'hui si commun qu'on le croirait volontiers indigène, passe pour originaire de l'Asie Mineure, d'où il fut introduit en Europe vers la fin du seizième siècle. Du reste, ce Lilas est si rustique qu'il résiste en plein air jusqu'en Norwège. Il atteint jusqu'à 5 et 6 mètres de hauteur. — Le **Lilas de Chine** (S. *chinensis*, Wild.) ou *Lilas varin* obtient aujourd'hui la préférence sur le Lilas commun, parce qu'il se prête mieux à la taille et qu'il se couvre d'une plus grande quantité de fleurs. — Le **Lilas de Perse** (S. *persica*, L.), auquel on applique aussi le nom impropre de *jasmin de Perse*, n'est pas moins recherché que les deux espèces précédentes ; ses fleurs sont plus tardives, et elles répandent une odeur plus suave. — On en cultive, sous le nom de *Lilas à feuilles de persil*, une variété à feuilles plus ou moins profondément découpées. — Ces belles plantes sont d'une culture facile et se multiplient par graines ou par greffe. — On donne vulgairement le nom de *Lilas des Indes* au Margousier ou Azedarach.

LILIACÉES. Famille de végétaux monocotylédones ayant pour type les *lis*. (Voir ce mot.) La plupart sont herbacées et bulbeuses. Leurs feuilles sont alternes, rarement verticillées, à veines fines, nombreuses, parallèles. Les fleurs ont un périanthe simple, régulier, semblable à une corolle, à six segments, soit distincts dès la base, soit confluents inférieurement en tube plus ou moins allongé. Les étamines sont insérées à la base des segments du périanthe, et en même nombre que ces segments. Le pistil se compose d'un ovaire inadhérent, à trois loges, surmonté d'un style à stigmate indivisé ou trilobé. Le fruit est une capsule à trois loges et à trois valves, à graines en général nombreuses dans chaque loge. La plupart des Liliacées se font remarquer par l'élégance de leurs fleurs ; aussi l'horticulture doit-elle à cette famille un grand nombre de plantes d'ornement, dont les plus notables sont les lis, les tulipes, les fritillaires, les hémérocalles, les jacinthes, les tubéreuses, etc.

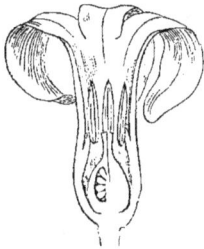

Liliacée.
Fleur de jacinthe coupée verticalement.

(Voir ces mots.) Le genre *Aloès*, dont plusieurs espèces fournissent le médicament amer qui porte le même nom ; le genre *Ail*, qui comprend plusieurs

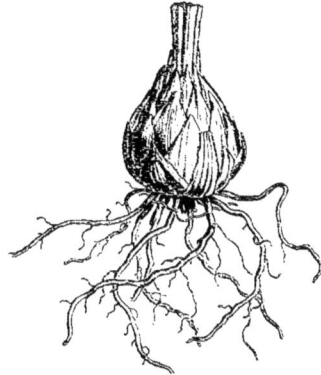

Bulbe de lis.

plantes potagères renommées ; l'asperge, le dragonnier, les scilles, le yucca, etc., font aussi partie de ce groupe.

LILIUM. Nom scientifique latin du genre *Lis*.

LIMACE (*Limax*). Genre de mollusques GASTÉROPODES terrestres, type de la famille des *Limacidés*, de l'ordre des PULMONÉS. Ces mollusques se distinguent des autres par un trou ouvert sous le bord de leur manteau, qu'ils dilatent ou contractent à volonté pour respirer. La cavité qui reçoit l'air est tapissée d'un réseau de vaisseaux pulmonaires qui tiennent lieu des branchies dont ces animaux sont dépourvus. Ces animaux sont hermaphrodites. Les Limaces ont le corps allongé, ... dessus ...

Limace grise (*limax agrestis*).

sous, terminé en pointe postérieurement. Il est pourvu, dans quelques cas, d'une très petite coquille oblongue et plate ou d'une concrétion calcaire. Leur bouche, entourée de deux lèvres, contient une mâchoire supérieure en forme de croissant dentelé, avec laquelle ils rongent très facilement les herbes et les fruits. Leur tête est surmontée de quatre tentacules, dont les postérieurs, plus longs, portent les yeux à leur extrémité ; ces organes, comme chez les hélices, peuvent rentrer sur eux-mêmes et sortir du corps de la même manière qu'un doigt de gant que l'on retourne. Leur peau, creusée de nombreux sillons et comme écailleuse, suinte une matière muqueuse gluante, qui laisse une trace luisante sur le passage de l'animal. On en distingue différentes espèces, que l'on confond vulgairement sous les noms de *loche* ou de *licoche*, et que les zoologistes répartissent en deux sections, suivant la situation de l'orifice respiratoire. Dans la première qui forme le genre *Arion*, cet orifice est situé en avant du milieu du bouclier dorsal, tandis que dans la seconde, qui constitue le genre *Limax* proprement dit, cet orifice est en arrière du milieu du bouclier dorsal. Au genre *Arion* appartient la grosse **Limace rouge** (*L. rufus*), à laquelle on donne aussi le nom de *loche*. C'est une des plus grandes espèces ; elle mesure de 12 à 15 centimètres. Sa couleur est très belle, variant du rouge-vermillon au brun rouge bronzé. Moins féconde que les autres, elle n'en commet pas moins de très grands dégâts quand elle pénètre dans un jardin, s'attaquant à toutes les plantes potagères, aux fruits et même aux fleurs, principalement aux dahlias, dont elle ronge la tige, de telle sorte que celle-ci se brise au moindre vent. Cette espèce paraît être moins luci-fuge que ses congénères, car on la rencontre souvent le jour dans les bois humides se promenant le long des sentiers. Parmi les Limaces proprement dites, nous citerons : la **grande Limace grise** (*L. maximus*) qui a 10 à 12 centimètres de longueur ; elle habite dans les caves et dans les lieux sombres pendant le jour, mais elle en sort la nuit pour se jeter sur les végétaux du jardin qu'elle coupe et déchiquette en peu de temps ; elle est souvent tachetée ou rayée de noir, tandis que la **petite Limace grise** (*L. agrestis*) est d'une couleur uniforme ; cette dernière, qui n'a que 5 à 6 centimètres, vit en abondance dans nos jardins, où elle cause beaucoup de dégâts. C'est la plus prolifique de toutes les Limaces ; elle se réunit souvent par petites troupes au pied des végétaux qu'elle envahit, s'insinue entre les feuilles des choux, des laitues, des chicorées et en ronge le cœur ; elle monte aussi sur les arbres et les espaliers dont elle dévore les fruits. Un observateur sagace, M. E. Noël, dit avoir vu cette Limace descendre des arbres en se suspendant à sa bave étirée en fil très mince et se balancer ainsi dans l'air, à la façon des araignées. Dans les pays tempérés, les Limaces s'enfoncent dans la terre pour y passer l'hiver dans un engourdissement complet, et ne reparaissent qu'au printemps suivant ; dans les pays chauds, au contraire, elles se cachent pendant la durée des grandes chaleurs. — Les Limaces sont très nuisibles dans les plantations et les jardins, où elles dévorent les jeunes pousses des arbres et les plantes qui commencent à germer ; elles dévorent la plupart de nos espèces potagères : choux, carottes, radis, salades, et montrent une certaine prédilec-

tion pour les plantes légumineuses, telles que les pois et les haricots. Ces animaux mous et gluants craignent le soleil et ne sortent guère que la nuit pour dévorer les plantes ; pendant le jour, elles se cachent dans l'herbe, sous les pierres ou à fleur de terre ; en un mot, partout où il y a obscurité et fraîcheur. Ces habitudes nous indiquent un des meilleurs moyens pour les détruire, c'est de leur offrir un certain nombre de ces abris où l'on sera certain de les trouver. Il suffira de mettre sur les plates-bandes des tuiles ou des planchettes de bois humide, un peu soulevées d'un côté au moyen d'un caillou, ou même de simples feuilles de chou, tous objets qui peuvent sembler aux Limaces un abri contre la chaleur du jour, pour qu'elles s'y retirent en grand nombre. On n'aura qu'à retourner ces pièges et à écraser ces mollusques. On peut encore, avec plus de profit, si l'on possède une basse-cour, les donner aux poules, et surtout aux canards, qui en sont très friands. Un moyen également efficace pour les éloigner ou les détruire est de répandre autour des jeunes plants de la cendre ou de la suie.

LIMAÇON. Un des noms vulgaires des Hélices. (Voir ce mot.) On donne encore ce nom à l'une des cavités qui constituent le labyrinthe de l'oreille et qui est formée d'un tube enroulé comme la coquille d'un mollusque. (Voir OREILLE.)

LIMANDE. Espèce de poisson du genre *Plie*.

LIMBE. Partie plate de la feuille que porte le pétiole. (Voir FEUILLE.) On donne aussi le nom de *Limbe* à la portion supérieure des corolles mono-pétales à partir du point où les pétales deviennent libres.

LIME (*Lima*). Genre de mollusques bivalves, acéphales, de la famille des *Pectinides*. Les Limes sont voisines des Peignes, dont elles diffèrent par une coquille plus allongée dans le sens perpendiculaire à la charnière, presque toujours ornée de côtes ou stries longitudinales, hérissées d'écailles. L'animal ressemble à celui des peignes ; son manteau, très ample, vient déborder la coquille, et sur son bord s'attachent de nombreux tentacules flexibles et rétractiles. Les Limes ne s'enterrent pas dans le sable ; elles vivent dans les endroits rocailleux et ont la singulière habitude de se construire une sorte de nid formé de petites pierres et de fragments de coquilles qu'elles réunissent à l'aide du byssus qu'elles sécrètent. Elles nagent par saccades et assez rapidement en battant leurs valves l'une contre l'autre. La **Lime bâillante** (*L. hians*) habite les mers d'Europe. Sa coquille, d'un blanc pur, est ornée de côtes rayonnantes, les valves ne se joignent pas complètement, et s'ouvrent aux deux extrémités pour donner passage aux franges orangées du manteau. Les espèces vivantes ne sont pas nombreuses ; on en connaît beaucoup plus à l'état fossile, surtout dans les terrains jurassiques et crétacés.

LIME-BOIS (*Lymexylon*). Genre d'insectes COLÉOPTÈRES de la famille des *Malacodermes*. Ce sont des insectes de petite taille, à corps très allongé et cylindrique, à pattes courtes et grêles. Leurs larves, vermiformes, vivent dans le bois et causent souvent des dégâts considérables. L'espèce la plus répandue, le Lime-bois naval (*L. navale*), se multiplie parfois d'une façon désastreuse dans les magasins de bois de la marine, surtout dans nos ports septentrionaux. Il est long de 10 millimètres; sa tête est noire; son corps de couleur fauve, avec l'extrémité des élytres enfumée.

LIMETTE. Fruit du Limettier.

LIMETTIER (*Citrus limetta*). Espèce du genre *Citrus*, famille des *Aurantiacées*. (Voir ORANGER.) Cette espèce, qui est répandue par la culture dans toute la région méditerranéenne, comprend deux variétés : l'une à rameaux épineux, et l'autre à rameaux inermes. Le fruit est globuleux, terminé par un mamelon, à écorce d'un jaune pâle et à pulpe aqueuse, douceâtre, un peu fade. On donne à ce fruit le nom de *Limette*.

LIMNÉE, *Limnæa* (du grec *limnê*, marais). Genre de mollusques GASTÉROPODES, type de la famille des *Lymnæidés*, dans l'ordre des PULMONÉS. L'animal porte deux tentacules comprimés, larges, triangulaires, et les yeux sont placés à la base de leur bord interne; leur coquille est mince, ovale oblongue, à spire plus ou moins saillante, parfois turriculée, à

Limnée des étangs.

ouverture ovale, très ample, à bord droit tranchant, non contigu. Les Limnées vivent en grand nombre dans les eaux dormantes de tous les pays; comme les autres pulmonés aquatiques, elles sont hermaphrodites. On les voit souvent dans les étangs nager le pied en l'air et la coquille en bas. Elles se nourrissent de plantes aquatiques. L'une des espèces les plus répandues, la Limnée des étangs (*L. stagnalis*), est bien reconnaissable à sa longue coquille pointue. Pendant l'hiver ou en temps de sécheresse, elles s'enfoncent dans la vase. Une espèce, la Limnée glaciale, se trouve jusqu'à 2 600 mètres dans les Pyrénées.

LIMNÉIDÉS (du genre *Limnée*). Famille de mollusques de l'ordre des GASTÉROPODES PULMONÉS, qui comprend, outre les Limnées proprement dites, les Planorbes et les Physes. (Voir ces mots.)

LIMNOCHARIS (du grec *limnê*, marais, et *charieis*, qui se plaît). Herbes de l'Amérique tropicale de la famille des *Butomacées*, et qui, comme nos Butomes ou joncs fleuris, avec lesquels ils ont de grands rapports, croissent au bord des eaux.

LIMON, LIMONIER. Synonymes de Citron, Citronnier.

LIMONITE. Fer oxydé brun. Minerai de fer. (Voir FER.)

LIMOSA. Nom scientifique latin des oiseaux du genre *Barge*.

LIMOSELLE, *Limosella* (de *limus*, limon). Genre de plantes dicotylédones, monopétales, hypogynes, de la famille des *Rhinanthées*. Elles offrent pour caractères : calices à cinq dents; corolle très petite, à limbe divisé en cinq lobes presque égaux; quatre étamines, dont deux avortent quelquefois; capsule à une loge, à deux valves. — La Limoselle aquatique (*L. aquatica*) est une plante acaule, à fleurs très petites dépassées par les feuilles; celles-ci sont radicales, en rosette, spatulées, longuement pétiolées, les fleurs à calice violacé à corolle blanchâtre. Elle croît, en été, dans les lieux humides.

LIMULE, *Limulus* (du latin *limus*, limon). Genre d'animaux invertébrés marins, que leur organisation singulière a fait placer dans un ordre particulier dans la classe des CRUSTACÉS, sous le nom de *Xiphosures* ou de *Pœcilopodes*. Ces animaux semblent former le passage entre les crustacés, dont ils ont la respiration branchiale, et les arachnides, dont ils se rapprochent par la disposition de leurs appendices, notamment par l'existence de chélicères tenant lieu d'antennes. Ils ont le corps recouvert par un grand bouclier céphalothoracique, derrière lequel se trouve un second bouclier plus petit, qui correspond à l'abdomen et qui se termine par une longue queue en forme de stylet, particularité que rappelle leur nom (*xiphos*, épée, et *oura*, queue).

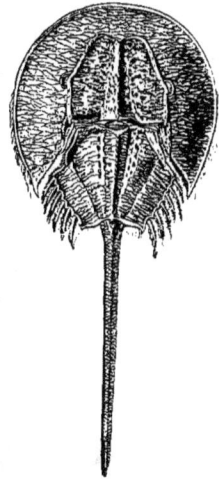

Limule des Moluques.

Le céphalothorax porte deux yeux composés latéraux et deux ocelles rapprochés sur la ligne médiane; il est muni en dessous de six paires de membres qui entourent la bouche, sont la plupart terminées en pince didactyle, et servent, par leur hanche hérissée d'aspérités, à la division des aliments. L'abdomen est articulé avec le bouclier céphalothoracique et armé de chaque côté d'aiguillons mobiles; il porte à sa face inférieure des appendices lamelleux qui constituent des branchies et correspondent aux cinq dernières paires de membres abdominaux. Quelques espèces de Limules atteignent une assez grande taille; telle est le Limule des Moluques (*Li-*

73

mulus polyphemus), qui mesure 60 à 70 centimètres de longueur ; il habite les mers chaudes des deux continents. Les nègres mangent sa chair et se servent de sa carapace comme de cuiller. Les sauvages emploient son appendice styliforme en guise de fer de flèche. Sa piqûre est, au reste, dangereuse, bien qu'elle ne soit pas empoisonnée, comme l'ont prétendu certains voyageurs. Les Limules naissent dépourvus de l'aiguillon caudal et des trois dernières paires de branchies ; ils ressemblent alors aux crustacés fossiles, aujourd'hui disparus, les *Trilobites* (voir ce mot), qui appartiennent aux formations géologiques les plus anciennes.

LIN (*Linum*). Genre de plantes dicotylédones type de la famille des *Linacées*. Il renferme des espèces nombreuses, la plupart herbacées ou sous-frutescentes, européennes ou asiatiques. Une seule espèce a de l'importance pour nous, c'est le **Lin commun** (*L. usitatissimum*, L.), cultivé dès la plus haute antiquité en Égypte et en Grèce, et que l'on croit être originaire du plateau de la grande Tartarie. C'est

Lin.

une petite plante à tige grêle, ne dépassant guère 4 à 5 décimètres en Europe, mais atteignant jusqu'à 2 mètres sur les bords du Nil. Les feuilles qui garnissent cette tige sont éparses, aiguës, lancéolées et marquées de trois petites nervures. Les fleurs occupent le sommet des rameaux ; elles ont une belle couleur bleue ; leur durée est courte, et il leur succède des capsules globuleuses, terminées par le style qui persiste. Ces capsules s'ouvrent en

cinq parties et renferment de petites semences ovales, aplaties, luisantes, d'un gris un peu rougeâtre. Le Lin est une plante économique et médicinale. Elle occupe le premier rang parmi les plantes textiles, et la thérapeutique la met en tête des émollients. C'est surtout dans le Nord que le Lin acquiert toutes les propriétés qui le rendent appréciable ; il veut, pour réussir, un terrain bien préparé et chargé d'engrais. Les longues pluies et la grande chaleur nuisent à son développement. La culture du Lin, en Europe, se perd dans la nuit des temps. Les Égyptiens n'en tiraient qu'un faible parti ; mais, chez les Grecs et les Romains, le tissage du Lin avait atteint un très haut degré de perfection. Le chanvre leur était inconnu comme plante textile. La filasse de Lin est fournie par les fibres de son écorce, dissociées et isolées à l'aide des opérations successives du rouissage, du teillage et du peignage. Les Lins les plus estimés sont ceux de la Hollande, de la Belgique et de nos départements du Nord. La culture du Lin offre peu de difficultés ; on le sème généralement au printemps dans une terre légère bien préparée. La récolte se fait par arrachage lorsque les tiges et les capsules ont jauni ; on réunit alors les plantes par petites bottes, qu'on dispose sur le sol de la manière la plus favorable pour leur dessiccation ; on en sépare la graine, puis on procède au rouissage. La *graine de Lin* a aussi son importance économique. Elle renferme dans son amande une huile fixe très abondante, claire, jaunâtre, d'une odeur particulière et d'une saveur repoussante. L'huile de Lin ne peut servir pour l'éclairage ; elle émet, en brûlant, une quantité considérable de fumée ; elle rancit avec une grande facilité et s'épaissit quand on la conserve quelque temps à l'air ; la litharge augmente beaucoup la propriété qu'elle a de se solidifier, ce qui a permis d'en faire des instruments de chirurgie, bougies, sondes, etc. Cette huile, qualifiée de *siccative*, est un des principaux ingrédients des vernis gras et de l'encre des imprimeurs. La seule partie du Lin qui serve en thérapeutique est la graine. Entière et infusée, on en prépare des boissons émollientes et adoucissantes, dont l'usage est salutaire dans une foule de circonstances. Elle cède à l'eau une matière mucilagineuse fort analogue à la gomme, dont elle a toutes les propriétés. Cette même graine, brisée par la meule et réduite en farine, sert à faire des cataplasmes émollients d'un emploi très fréquent. — On cultive souvent dans les jardins comme plantes d'ornement : le **Lin campanulé** (*L. flavum*), à grandes fleurs jaunes, campanulées, qui croît spontanément dans nos provinces méridionales, ainsi que le **Lin de Narbonne**, à fleurs bleues. — On donne vulgairement le nom de *Lin* à plusieurs plantes étrangères à ce genre, à cause de leurs propriétés textiles ; ainsi l'on nomme :

Lin d'Amérique, l'Agavé ;

Lin de la Nouvelle-Zélande, le *Phormium tenax ;*

Lin de marais, certaines conferves ;
Lin maudit, la Cuscute.

LINA. Genre d'insectes Coléoptères de la famille des *Chrysomélidés* (voir ce mot), très rapproché des Chrysomèles, dont ils diffèrent par leur corps plus oblong, leurs antennes plus courtes. On en connaît beaucoup d'espèces qui, presque toutes, vivent sur les peupliers, les aunes, les saules, qu'elles dépouillent souvent de leurs feuilles. Telles sont la **Lina populi**, de 9 à 11 millimètres, d'un vert métal-

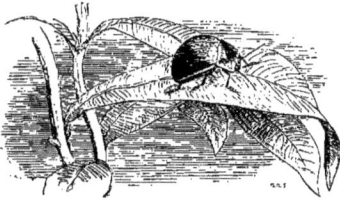

Chrysomèle du peuplier (*Lina populi*).

lique très foncé, à élytres d'un beau rouge très finement et très densément ponctuées, avec un point noir à l'angle sutural ; la **Lina tremulæ**, plus petite, plus allongée, à corselet moins étroit, à impressions latérales plus fortes, à élytres plus arrondies à l'extrémité, sans tache ; la **Lina œnea**, longue de 5 à 7 millimètres, d'un vert métallique, parfois doré ou bleu, à élytres ovalaires, rebordées tout autour, finement ponctuées avec des lignes régulières, à corselet sans impressions latérales que l'on trouve sur les aunes.

LINACÉES. Famille de plantes dicotylédones, polypétales, hypogynes, qui a pour type le genre **Lin**. (Voir ce mot.) Elle comprend, en outre, les genres *Radiola*, *Erythroxylon*, *Houmiri*, etc. Les Linacées sont très voisines des Géraniacées. Ce sont des plantes à fleurs régulières pentamères ; calice à cinq folioles, divisé jusqu'à la base ; corolle à cinq pétales égaux, cinq ou dix étamines alternant avec les pétales ; ovaire à cinq loges, subdivisées chacune en deux logettes par une fausse cloison incomplète, et dont chacune contient un ovule inséré à l'angle interne des loges ; trois à cinq styles libres ; capsule s'ouvrant en cinq valves bifides.

LINAIGRETTE, *Eriophorum* (du grec *érion*, laine, et *pherein*, porter). Genre de plantes monocotylédones de la famille des *Cypéracées*, offrant pour caractères : des épillets multiflores, à écailles inférieures stériles ; style caduc ; trois stigmates, quelquefois deux ; soies hypogynes nombreuses, laineuses, longuement exsertes après la floraison. Le type du genre, la **Linaigrette engaînée** (*Er. vaginatum*), à racine fibreuse, à tiges nombreuses, gazonnantes, de 2 à 5 décimètres, glabres, trigones ; à feuilles radicales raides, à épillets terminaux solitaires, ovoïdes, grisâtres, croît dans les marais tourbeux. A leur maturité, les Linaigrettes sont facilement reconnaissables en ce que leurs épillets ressemblent alors à de belles houppes soyeuses.

LINAIRE (*Linaria*). Genre de plantes de la famille des *Scrofularicés*, très voisin des Mufliers (*Antirrhinum*), auxquels Linné les réunissait. Ce sont des plantes herbacées à feuilles alternes, au moins à la partie supérieure de la tige ; leurs fleurs sont solitaires à l'aisselle des feuilles, ou réunies en épis, accompagnées de bractées ; chacune d'elles est composée : d'un calice à cinq divisions ; d'une corolle personnée, ou en mufle, dont le tube renflé se prolonge à sa base en un éperon ; de quatre étamines didynames ; d'un ovaire supère avec stigmate obtus. La plupart des Linaires croissent dans le bassin de la Méditerranée et dans l'Amérique méridionale. On trouve abondamment aux environs de Paris, sur le bord des chemins et des fossés, la **Linaire commune** (*L. vulgaris*) ou *lin sauvage*, *chasse-venin*, *muflier bâtard*, haute de 5 à 6 décimètres, à fleurs d'un jaune pâle, réunies en épis terminaux. Elle est employée dans les campagnes en fomentations, en cataplasmes, en onguents. On cultive fréquemment dans les jardins la **Linaire des Alpes**, qui se couvre de jolies fleurs d'un bleu violet dont le palais est orangé ; la **Linaire élégante**, d'Égypte, et la **Linaire à grandes fleurs**, d'Amérique, à corolles d'un beau jaune.

LINGUAL (de *lingua*, langue). Qui a rapport à la langue : muscle lingual, nerf lingual, artère linguale.

LINGUE. Espèce du genre *Morue*. (Voir ce mot.)

LINGULE (de *lingula*, languette). Genre de brachiopodes sarcobranches, à coquille bivalve, régulière, convexe, sans charnière, les deux valves étant appliquées l'une sur l'autre et maintenues seulement par des muscles. L'animal est fixé aux rochers ou à tout autre corps solide par un pédicule musculeux. Chez quelques espèces (*Lingula pyramidata*), ce pédicule a jusqu'à huit ou neuf fois la longueur du corps. Ces animaux habitent les mers chaudes des Indes et de l'Amérique. On en connaît quelques espèces actuellement vivantes, et un plus grand nombre de fossiles des terrains siluriens.

LINNÉE, *Linnœa* (dédié à Linné). Genre de plantes dicotylédones, monopétales, périgynes, de la famille des *Rubiacées*, tribu des *Lonicérées*. Ce genre ne comprend qu'une espèce, la **Linnœa borealis**, des forêts montueuses de la Suède et de la Norwège. C'est une petite plante à tiges presque ligneuses, à feuilles opposées, arrondies, persistantes ; à fleurs campanulées, à cinq lobes, quatre étamines, disposées par deux au sommet des pédoncules, de couleur blanche et répandant une odeur douce. Sa tige et ses feuilles amères et sudorifiques sont employées contre la goutte et les rhumatismes.

LINOT. (Voir Linotte.)

LINOTTE (*Cannabina*). Genre d'oiseaux de l'ordre des Passereaux conirostres, famille des *Fringillidés*. Ils sont voisins des Moineaux dont ils diffèrent par leur bec court, conique, sans renflement. Ces oiseaux vivent réunis, excepté toutefois à l'époque de la reproduction; ils fréquentent les haies et les buissons sur la lisière des bois pendant l'été, et descendent l'hiver dans les plaines et les lieux cultivés. Ils vivent de graines et recherchent surtout

Linotte.

celles du lin et du chanvre (d'où leurs noms français et latin). La plupart des espèces chantent agréablement. Le type de ce genre est la **Linotte des vignes** (*C. vulgaris*), commune dans toute l'Europe tempérée. Le fond de son plumage est gris, les flancs et la poitrine sont rouges au printemps, la gorge blanchâtre, grivelée. Cette espèce est la plus remarquable par la beauté de sa voix; son chant éclatant et varié ne cesse qu'à la mue. Son naturel doux et docile uni à ses brillantes qualités musicales la fait rechercher comme oiseau de volière. Elle s'habitue d'ailleurs parfaitement à la captivité. Les Linottes font deux pontes par an; les mâles ne partagent ni le travail de la nidification, ni les soins de l'incubation, mais ils veillent et subviennent aux besoins de leur femelle. La Linotte commune fait, dans les vignes, un nid formé de brins d'herbes entrelacés, garni à l'intérieur d'un matelas de laine et de plumes; la femelle y pond quatre ou cinq œufs d'un blanc sale, marqués au gros bout de petites taches d'un rouge foncé. Le plumage de cette espèce varie beaucoup; on en rencontre de noires et d'isabelles. — La **Linotte des montagnes** (*C. flavirostris*), qui n'est que de passage en France, a le bec jaune et le croupion d'un rose foncé. Elle habite les contrées septentrionales de l'Europe; son chant est strident et monotone. — On fait une section à part des Sizerins (*Linaria*). La **Linotte sizerin** ou *boréale* (*Linaria borealis*), que l'on trouve dans le nord des deux continents, a le plumage généralement blanchâtre, avec le dessus de la tête et le croupion d'un beau rouge. Il n'est que de passage en France et niche au Grœnland. — Le **Cabaret** (*Linaria minima*), qui habite les régions arctiques, n'est que de passage en France. Il a le devant de la poitrine d'un rouge cramoisi, le ventre blanc varié de taches

brunes et le croupion roussâtre. Son chant agréable et son joli plumage le font rechercher par les amateurs.

LION (*Felis leo*). Bien que semblable par son organisation et par ses mœurs aux autres carnassiers de la famille des *Chats* ou *félidés*, en tête de laquelle le placent les naturalistes, le Lion s'en distingue, non moins par la noblesse de sa démarche et la fierté de son regard, que par sa large face et son vaste front, qu'encadre magnifiquement une épaisse crinière. Son pelage est généralement d'un fauve uniforme; ses membres sont nerveux; sa longue queue se termine par un flocon de poils, noirs chez le Lion d'Afrique. La femelle, d'un quart plus petite, est dépourvue de crinière. La taille ordinaire du Lion varie de 1^m,66 à 2 mètres, depuis le bout du museau jusqu'à la naissance de la queue, sur 1^m,15 à 1^m,30 de hauteur. Cependant on en a vu qui avaient jusqu'à 2^m,50 de longueur. On distingue plusieurs variétés de Lions, dont les mieux caractérisées sont : le **Lion jaune du Cap**, à crinière fauve; le **Lion brun du Cap**, à crinière noire, qui passe pour le plus féroce et le plus dangereux de tous; le **Lion de Perse et d'Arabie**, d'un jaune clair, autrefois répandu en Grèce; le **Lion du Sénégal**, à pelage d'un jaune clair et brillant, à crinière peu fournie, et le **Lion de Barbarie**, à pelage brunâtre, à crinière épaisse et flottante. Suivant Élien et Pline, il existait autrefois dans l'Inde un *Lion noir*, à poil hérissé; mais aucun voyageur moderne n'en a fait mention. Quant au **Lion d'Amérique**, c'est le

Tête de lion, de face.

couguar ou *puma*, qui n'a de commun avec le Lion que la couleur fauve de son pelage. Comme tous les animaux féroces, le Lion recule et disparaît devant la civilisation de l'homme : son espèce était autrefois bien plus répandue qu'elle ne l'est aujourd'hui.

On la trouvait en Europe où elle n'existe plus. Elle abondait en Asie Mineure et surtout en Afrique, à en juger par le nombre prodigieux que l'on en faisait venir de cette contrée pour les spectacles de Rome. César en fit paraître quatre cents, et Pompée six cents, dans les fêtes qu'ils donnèrent au peuple romain. De nos jours, ces carnassiers sont confinés dans quelques parties de l'Asie et de l'Afrique. — De tous les êtres de la création, il en est peu qui soient plus connus que le Lion, et il en est peu sur qui les fables de toute sorte aient trouvé plus de crédit. On en a fait le roi des animaux; on s'est plu à accumuler sur lui mille qualités, dont la grandeur d'âme, la fierté, la générosité forment la

enfermé jusqu'à la fin du jour, moment où il quitte sa retraite pour chercher sa nourriture. C'est plus souvent par surprise que par force que le Lion s'empare de sa proie; il se glisse derrière les buissons, ou se met en embuscade dans les roseaux, sur les bords d'une mare où les animaux ont l'habitude de venir boire. D'un bond énorme il s'élance sur sa victime, qu'il laisse rarement échapper. Mais s'il manque son coup, il ne cherche pas à poursuivre sa proie, car il est mauvais coureur, et la plupart des ruminants le distancent facilement. Il ne peut non plus grimper aux arbres. Lorsque le Lion est poussé par la faim, ou irrité par une blessure, il devient terrible; sa crinière se redresse et

Lion de Barbarie.

base. Buffon, se laissant trop entraîner au plaisir de tracer ce portrait séduisant, a épuisé pour lui les plus brillantes couleurs de sa magique palette, tandis qu'il en a réservé les plus sombres pour le tigre. Le Lion n'est en réalité ni clément ni magnanime; c'est tout simplement une bête féroce qui, comme le tigre et la panthère, se jette sur sa proie et la dévore. Seulement, quand son appétit est satisfait, il est moins avide; c'est là une qualité qu'il partage avec beaucoup d'animaux. Mais si la royauté qu'on lui attribue doit être seulement le partage de la force, nul en effet ne peut y prétendre à meilleur droit. Telle est en effet la prodigieuse vigueur du Lion, qu'il peut terrasser un homme d'un coup de queue, briser les reins d'un cheval d'un coup de patte, et qu'il traîne sans difficulté les plus gros bœufs à de grandes distances. C'est au sein des forêts, dans les cavernes ou les rochers, qu'il établit sa demeure; il y reste ordinairement

s'agite, de sa queue il se bat les flancs, ses yeux deviennent flamboyants, et il pousse des rugissements effroyables. Cependant, il fuit devant l'homme, et ne l'attaque que s'il en est attaqué lui-même. Les colons du Cap le chassent à cheval, avec des chiens, et souvent les Cafres l'attaquent tête à tête, avec des armes assez légères. On le prend quelquefois vivant dans des fosses recouvertes de gazon, et dès qu'il est prisonnier, il devient, au dire de Buffon lui-même, d'une lâcheté telle, qu'on peut l'attacher, le museler et le conduire où l'on veut. Pris jeune, il s'apprivoise facilement, mais comme chez tous ses congénères, son naturel féroce finit toujours par reprendre le dessus. Le Lion mange beaucoup à la fois; dans nos ménageries on lui donne jusqu'à 7 kilogrammes de viande par jour; mais il peut ensuite rester assez longtemps sans prendre de nourriture. Comme tous les *felis*, la Lionne a quatre mamelles; elle porte cent huit jours, met bas deux ou trois petits par portée, et les allaite quelques mois, les dérobant soigneusement à tous les regards, et combattant jusqu'à la mort pour les défendre. Car, malgré la noblesse et la sensibilité qu'on lui prête, le Lion dévore ses petits, comme le font d'ailleurs presque tous les chats, lorsqu'il peut découvrir la retraite où sa femelle les a cachés. Les *lionceaux*, semblables, dans leur jeune âge, aux tigres, par les bandes transversales qui sillonnent leur pelage, mettent quatre ou cinq ans pour arriver à l'âge adulte. Leur crinière ne commence à pousser qu'à trois ans. La durée de la vie du Lion est, à ce que l'on croit, de trente à trente-cinq ans.

LIONDENT. (Voir LEONTODON.)

LION DES PUCERONS. Nom donné par Réaumur à la larve des *Hémérobes* (voir ce mot), qui se nourrit de pucerons.

LION MARIN. Nom vulgaire de l'Otarie à crinière. (Voir PHOQUE.)

LIPARIS (du grec *liparos*, brillant). Genre de lépidoptères nocturnes de la famille des *Liparidés*, caractérisés par des palpes très petits, une trompe

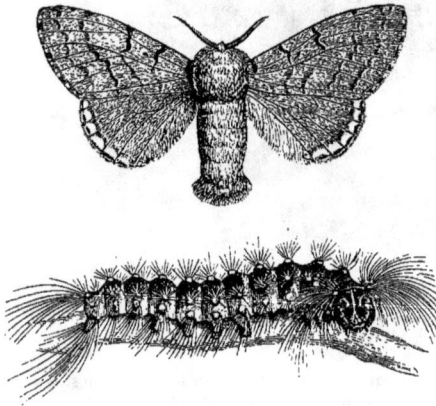

Liparis disparate femelle et sa chenille.

rudimentaire, les antennes assez longues, pectinées chez les mâles, simplement dentées en scie chez les femelles. Celles-ci ont l'abdomen très gros et terminé le plus ordinairement par une bourre soyeuse qui s'en détache au moment de la ponte, et sert à couvrir les œufs. Les chenilles sont très velues, et causent souvent des dégâts considérables. Les unes éclosent en septembre, les autres au printemps. Les premières, Liparis chrysorrhœa et Liparis auriflua, tissent une grande tente de soie pour y passer l'hiver; puis, au printemps, dès que les arbres fruitiers ont quelques fleurs ou quelques feuilles, elles sortent de leur retraite pour dévorer tout ce qui se trouve dans leur voisinage et n'y rentrent qu'à la nuit. Le papillon de la première espèce est connu des jardiniers sous le nom de *cul brun;* celui de la seconde, sous celui de *cul doré.* Ces deux papillons sont blancs, très velus, avec l'abdomen garni d'une bourre brune dans le premier, d'un jaune doré dans le second. — Chez le **Liparis dispar** ou *disparate*, en raison de la dissemblance qui existe entre les deux sexes, le mâle est moitié moins grand que la femelle et brun; cette dernière est d'un blanc sale, avec des lignes transversales en zigzag. La femelle dépose ses œufs par paquets sur le tronc des arbres et les recouvre de la bourre qui garnit son abdomen; ceux-ci passent l'hiver sous cet abri moelleux, et les petites chenilles qui naissent au mois de mai se répandent sur tous les arbres qu'elles dépouillent de leurs feuilles. Ces chenilles, longues de 5 centimètres, sont d'un brun noirâtre, munies sur chaque anneau de pinceaux de poils roussâtres. Très communes certaines années, elles commettent dans les jardins fruitiers, et surtout dans les forêts, des dégâts considérables. Pour détruire ces espèces malfaisantes, il faut détacher avec un grattoir du tronc des arbres les paquets d'œufs couverts de bourre et les brûler.

LIQUIDAMBAR. Genre de plantes de la famille des *Balsamifluées* (*Liquidambarées* de H. Baillon). Il comprend des arbres de taille moyenne, voisins des Platanes, à feuilles alternes, pétiolées, accompagnées de stipules; à fleurs réunies en chatons; les chatons mâles sont coniques, composés d'un très grand nombre d'étamines insérées sur un axe commun; les chatons femelles plus courts, globuleux, et portés sur des pédoncules plus longs, sont formés par des fleurs composées d'un ovaire à deux loges surmonté de deux styles, et entouré de petites écailles en forme de calice. Les fruits sont des capsules à deux loges, contenant un petit nombre de graines et réunies en sorte de cône. — Le **Liquidambar résineux** (*L. orientalis*), de l'Asie Mineure, est un arbre de 12 à 15 mètres de hauteur, à tronc robuste, se ramifiant à peu de distance du sol; ses feuilles à pétioles allongés sont divisées en cinq lobes aigus, dentés en scie. Ces feuilles, froissées entre les doigts, répandent une odeur balsamique due à une substance résineuse répandue dans toutes les parties de la plante. Cette substance, connue sous les noms de *styrax, storax, copalme*, coule spontanément par les incisions qu'on fait à l'écorce; elle a la consistance et la couleur du miel; son odeur rappelle celle de l'acide benzoïque, sa saveur est âcre et amère. Cette résine, obtenue ainsi, porte le nom de *Liquidambar blanc;* elle est rare dans le commerce; celle que l'on y rencontre le plus communément s'obtient en faisant bouillir les jeunes branches de l'arbre; elle est alors moins odorante et colorée en brun. Cette substance entre dans la composition de plusieurs baumes et préparations médicales; elle est regardée comme cordiale, stomachique, diaphorétique, etc. — Le **Liquidambar styraciflua**, de l'archipel Indien, reconnaissable à ses feuilles à lobes aigus, donne aussi un baume odorant, mais qui n'entre pas dans le commerce.

LIRIODENDRON. (Voir Tulipier.)

LIS (*Lilium*). Genre type de la famille des *Liliacées* (voir ce mot), comprenant des plantes monocotylédones qui offrent les caractères suivants : périanthe à six segments distincts dès leur base, disposés en forme de cloche ou roulés en arrière;

Lis blanc; *a*, son bulbe.

étamines plus courtes que le pistil; style couronné de trois stigmates en forme de tête. Les Lis sont des plantes à bulbes composés d'écailles charnues et imbriquées; à tiges simples, droites, garnies de feuilles sessiles, étroites, verticillées chez quelques espèces, éparses chez les autres; à fleurs disposées en grappe, ou en panicule terminale. Le genre comprend de nombreuses espèces, toutes remarquables par l'élégance des fleurs; celles qu'on cultive le plus généralement comme plantes d'ornement sont les suivantes : le Lis blanc ou **commun** (*L. candidum*, L.), qu'on reconnaît facilement à ses grandes fleurs d'un blanc pur, très odorantes, légèrement inclinées, en forme de cloche; cette espèce paraît originaire d'Orient; le Lis orangé (*L. bulbiferum*, L.), qui croît spontanément dans les Alpes; ses fleurs, assez semblables de forme à celles du Lis blanc, sont droites, peu odorantes, d'un rouge orangé; le Lis turban (*L. pomponium*, L.), espèce caractérisée par des feuilles très étroites et par des fleurs pendantes, d'un écarlate brillant, à segments roulés en arrière en forme de turban : croît dans les Alpes et les Pyrénées; le **Lis des Pyrénées**, voisin du Lis turban, mais à fleurs jaunes, ponctuées de rouge brun; le

Lis martagon (*L. martagon*, L.), à fleurs en turban d'un rose violet; enfin le **Lis superbe** (*L. superbum*, Lam.), dont la tige s'élève jusqu'à 26 décimètres et se termine par une magnifique girandole de trente à quarante fleurs, lesquelles sont pendantes, en forme de turban, d'un rouge orangé, ponctuées de pourpre brun : cette espèce est originaire de l'Amérique septentrionale. Les fleurs du Lis blanc fournissent une eau distillée très odorante, réputée antispasmodique. On mange en Russie les bulbes du Lis martagon.

On a étendu le nom de Lis à des plantes étrangères au genre *Lilium*; ainsi l'on nomme :

Lis asphodèle, l'Hémérocalle jaune;

Lis des marais, le Nénuphar blanc et l'Iris des marais;

Lis du Japon, l'Amaryllis du Japon;

Lis de mer, les Encrines;

Lis de Saint-Jean, le Glaycul;

Lis jaune, l'Hémérocalle jaune;

Lis vert, le Colchique d'automne.

LISERON (*Convolvulus*). Genre de plantes dicoty-

Liseron.

lédones, monopétales, hypogynes, type de la famille des *Convolvulacées*. Les Liserons ont une tige herbacée ou semi-ligneuse, le plus souvent volubile et sarmenteuse; les fleurs sont grandes, campanulées, de couleurs tendres. Le type du genre est le **Liseron des champs** (*C. arvensis*), surnommé *petit liseron* ou *clochette*, à feuilles sagittées, à fleurs roses ou blanches. On en connaît un grand nombre d'espèces dont quelques-unes sont cultivées dans tous les jardins, tels sont : le **Liseron tricolore** ou *belle de jour*, dont les fleurs ont le limbe bleu, passant au blanc, et la gorge jaune ; le **Liseron satiné** (*C. cneorum*), à feuilles revêtues d'un léger duvet argenté, à fleurs d'un blanc lavé de rose ; le **Liseron écarlate** ou *quamoclit*, de l'Amérique méridionale, à feuilles découpées en lobes linéaires, à fleurs d'un rouge écarlate ; le **Liseron pourpre** (*volubilis* des jardiniers), originaire de l'Amérique méridionale, à feuilles en cœur, à fleurs pourprées à l'intérieur, d'un blanc violacé à l'extérieur. Toutes ces plantes demandent une terre légère et une exposition chaude. D'autres espèces joignent à leur beauté des qualités plus utiles ; parmi ces dernières nous citerons : le *jalap* et la *patate*, qui font partie du genre *Ipomæa*. (Voir ce mot.) C'est également une espèce de Liseron, le *Convolvulus scammonia*, L., qui produit la gomme-résine purgative employée en médecine sous le nom de *scammonée d'Alep*.

LISETTE. Un des noms vulgaires du Charançon de la vigne (*Rhynchites bacchus*) et de l'Eumolpe. (Voir ces mots.)

LISSOTRIQUES (du grec *lissos*, lisse, et *thrix*, cheveu). Races humaines à cheveux lisses. (Voir ULOTRIQUES.)

LITCHI (nom chinois). Arbre de taille moyenne de la famille des *Sapindacées*, dont le nom botanique est *Nephelium litchi*). Cet arbre, répandu dans les contrées tropicales de l'Asie, a des feuilles composées de deux à trois paires de folioles aiguës, des fleurs blanches, petites, en panicules terminales et des fruits d'un rouge ponceau dont le goût rappelle un peu celui du raisin muscat. Ces fruits sont recherchés comme dessert en Chine, et on les fait sécher pour les conserver en hiver.

LITHOBIE (du grec *lithos*, pierre, et *bios*, vie, qui vit sous les pierres). Genre de myriapodes de l'ordre des CHILOPODES, caractérisés par leur corps composé de dix-sept articles, quinze paires de pieds et des antennes très longues, de trente à quarante articles. Une espèce commune en France est la Lithobie à tenailles (*L. forficatus*), longue de 4 centimètres. Elle habite sous les pierres et sous les écorces ; sa morsure est inoffensive.

LITHODOME (du grec *lithos*, pierre, et *domos*, demeure). Genre de mollusques LAMELLIBRANCHES de la famille des *Mytilidés*, dont l'espèce type est, Lithodomus lithophagus, commune sur les côtes calcaires de l'Océan, creuse dans la pierre des cavités d'où il ne sort plus. Sa coquille, presque cylindrique, allongée, est arrondie en avant, un peu en coin postérieurement ; elle est revêtue d'un épiderme brun très résistant sous lequel existent des stries transversales. (Voir PHOLADE.)

LITHOPHAGES (de *lithos*, pierre, *phagô*, manger).

Ce nom ne désigne pas, comme on pourrait le croire, d'après l'étymologie, des animaux qui mangent la pierre, mais certains mollusques qui jouissent de la propriété de creuser, dans les roches de la mer, des cavités dans lesquelles ils se logent ; aussi ont-ils été nommés avec plus de raison par quelques naturalistes *saxicaves*. Tels sont les pholades, les lithodomes. (Voir ces mots.)

LITHOSPERMUM (du grec *lithos*, pierre, et *sperma*, graine). (Voir GRÉMIL.)

LITORNE. Oiseau du genre *Merle*. (Voir ce mot.)

LITTORINE (de *littoralis*, de rivage). Genre de mollusques GASTÉROPODES PROSOBRANCHES, répandus sur toutes nos côtes, où on leur donne vulgairement les noms de *vigneau* et de *guignette*. Ces colimaçons de mer ont une coquille épaisse, ovale ou globuleuse, turbinée, à ouverture arrondie. L'animal possède un pied épais, muni d'un opercule corné ; sa tête porte deux tentacules, à la base externe desquels sont situés les yeux. L'espèce type, Littorina littorea ou *vigneau*, est très abondante sur les côtes de la Manche et de l'Océan ; elle est jaune ou grise, rayée longitudinalement de brun ou de noir. On la vend dans tous nos ports de mer et même à Paris.

Littorine.

LIVÈCHE (*Levisticum*). Genre de plantes herbacées, vivaces, de la famille des *Ombellifères*, caractérisé par ses carpelles à cinq côtes ailées, dont les deux latérales plus larges. La **Livèche officinale**, vulgairement *ache de montagne*, est une herbe vivace qui élève souvent à plus de 2 mètres sa tige fistuleuse, à feuilles deux ou trois fois ailées, à segments incisés dentés, à ombelles de fleurs jaunes. Elle croît dans les régions montagneuses du Midi, où l'on mange ses racines et ses jeunes pousses. Ses graines sont aromatiques, toniques et carminatives.

LOBE, LOBULE. En anatomie, on nomme *lobe* toute portion arrondie, saillante, plus ou moins nettement circonscrite d'un organe ; les lobes se subdivisent souvent en parties plus petites nommées *lobules*. — En botanique, le mot *lobe* s'applique aux découpures arrondies des feuilles, et à celles de la corolle monopétale, lorsque ces découpures sont obtuses ou arrondies.

LOBÉLIACÉES (du genre *Lobelia*). Famille de plantes détachée par Jussieu des Campanulacées, dont elle se distingue par sa corolle inclinée sur le côté et fendue en dessous et par ses anthères soudées entre elles. On en fait aujourd'hui une simple tribu des Campanulacées. (Voir LOBÉLIE.)

LOBÉLIE (*Lobelia*). Genre de plantes dédié à Lobel, botaniste lillois du dix-septième siècle. Le genre *Lobelia* appartient à la famille des *Campanulacées*, tribu des *Lobéliées*, caractérisée par la corolle à limbe bilabié, la lèvre supérieure étant bifide et l'inférieure trifide ; étamines réunies en un tube qui entoure le style et fait saillie par la fente de la corolle; capsule à deux ou trois loges. Les Lobélies sont des plantes herbacées, à feuilles alternes, à fleurs de couleurs brillantes, disposées en épis ou en grappes. Leurs tiges renferment un suc laiteux, âcre et corrosif. Quelques-unes se cultivent dans les jardins comme plantes d'ornement, d'autres sont employées en médecine; parmi ces dernières, nous citerons surtout la **Lobélie syphilitique** (*Lobelia syphilitica*), originaire des forêts de l'Amérique sep-

Lobélie brûlante.

tentrionale; sa tige, haute de 40 à 60 centimètres, est velue, garnie de feuilles alternes, sessiles, lancéolées, légèrement denticulées, sinueuses sur leurs bords; ses fleurs violettes, solitaires à l'aisselle des feuilles, forment au sommet de la tige un épi très allongé. Toutes les parties de cette plante sont lactescentes et répandent une odeur vireuse; ses racines fibreuses ont une saveur âcre, assez analogue à celle du tabac. Cette racine s'emploie en décoction, surtout en Amérique, dans le traitement de la syphilis; elle excite une forte transpiration, augmente les déjections, et agit à forte dose comme vomitif. — Le suc de la **Lobélie brûlante** (*L. urens*) et celui de la **Lobélie à grandes fleurs** (*L. longiflora*) ont des propriétés très caustiques. Appliqué sur la peau, il y détermine des ulcérations, et à l'intérieur il agit comme poison âcre. La Lobélie brûlante croît aux environs de Paris dans les marais, les bois humides; ses fleurs, d'un bleu clair, forment une longue grappe terminale. — La **Lobélie cardinale**, de Virginie, se cultive dans les jardins à cause de la beauté

de ses grandes fleurs écarlates. — La **Lobélie enflée** (*L. inflata*), très répandue dans l'Amérique du Nord, est employée contre l'asthme spasmodique. Le principe actif de cette plante est la lobéline. La racine et les capsules sont les parties les plus actives.

LOCHE. Les Loches ou Dormilles (*Cobitis*, L.) forment, sous le nom de *Cobitiens*, un petit groupe dans la famille des *Cyprinidés*. Ces poissons ont la tête petite, le corps allongé, revêtu d'écailles et enduit de mucosité; les nageoires ventrales fort en arrière des pectorales; la bouche au bout du museau, peu fendue, sans dents, mais entourée de lèvres propres à sucer, et de barbillons. Nous en avons trois espèces dans nos eaux douces : la **Loche franche** (*C. barbatula*), longue de 10 à 13 centimètres, nuagée et pointillée de brun, sur un fond jaunâtre,

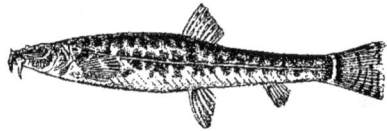

Loche franche.

à six barbillons; cette espèce, commune dans nos ruisseaux, est de fort bon goût; la **Loche d'étang** (*C. fossilis*), longue quelquefois de 30 centimètres, avec des raies longitudinales brunes et jaunes, et dix barbillons; elle se tient dans la vase des étangs; sa chair est molle et sent la vase; la **Loche de rivière** (*C. tænia*), à corps comprimé, orangé, marqué de séries de taches noires; c'est la plus petite des trois; elle se tient dans les rivières, entre les pierres, et est peu recherchée. — Les Loches sont des poissons très vifs qui se nourrissent d'insectes et de petits vers qu'ils cherchent dans la vase et dans le sable où leurs barbillons les leur font découvrir. Elles fraient en avril et en mai. La Loche d'étang fournit un exemple remarquable d'adaptation. On a constaté, en effet, que, suivant les conditions dans lesquelles il se trouve placé, ce poisson respire soit par ses branchies lorsqu'il est dans l'eau, soit par son tube digestif ou sa vessie natatoire, qui font office de poumon lorsque les eaux stagnantes qu'il habite venant à se dessécher, il s'enfonce dans la vase et respire l'air en nature.

LOCHE. Nom vulgaire des Limaces. (Voir ce mot.)

LOCULAIRE (de *loculus*, loge). On dit, en botanique, le fruit ou l'ovaire *uniloculaire*, *bi*, *tri*, *quadri*, *quinque loculaire*, suivant qu'il offre une, deux, trois, quatre ou cinq loges.

LOCULICIDE (de *loculus*, loge, et *cædere*, fendre). La déhiscence du fruit est dite *loculicide* lorsqu'elle s'opère par la rupture longitudinale de la nervure dorsale des carpelles. C'est le mode de déhiscence le plus fréquent. (Voir FRUIT.)

LOCUSTA. Nom scientifique latin du genre *Sauterelle*. (Voir ce mot.) — Les anciens désignaient sous ce nom la langouste.

LOCUSTIDÉS (de *locusta*, sauterelle). Famille d'insectes ORTHOPTÈRES dont les nombreux représentants sont bien connus sous le nom de *Sauterelles*. (Voir ce mot.)

LODOÏCÉE (*Lodoicea*). Genre de plantes monocotylédones de la famille des *Palmiers*, tribu des *Borassinées*, dont l'unique espèce, le **Lodoïcée des Séchelles**, n'a été longtemps connue que par son fruit, sous les noms de *coco de mer* et *coco des Maldives*. Ce fruit est une noix de coco d'un volume considérable, ovale, ayant 50 centimètres de longueur et pesant 10 à 12 kilogrammes. Après sa chute de l'arbre, il est souvent entraîné par les flots de la mer à des distances considérables, et les vents et les courants les portaient surtout sur la côte des Maldives. Mais, comme on ne connaissait ni son lieu de provenance, ni l'arbre qui le produisait, on en vint à supposer que cet arbre végétait dans les profondeurs de la mer, jusqu'au moment où le naturaliste voyageur Sonnerat, ayant débarqué à l'île Praslin, l'une des Séchelles, y découvrit ce bel arbre, qu'il importa même à l'Ile de France. Le Lodoïcée s'élève comme une belle colonne à 25 et 30 mètres de hauteur et se termine par une touffe de douze à vingt feuilles très grandes, ovales, à bords plus ou moins fendus et déchirés ; on en voit qui atteignent jusqu'à 6 et 7 mètres de longueur sur 3 de largeur. Le tronc, parfaitement cylindrique, est marqué, à des intervalles d'environ 12 centimètres, de cicatrices annulaires laissées par les feuilles tombées. Les fleurs mâles et les fleurs femelles forment, sur des pieds différents, des spadices ou régimes, longs souvent de plus de 1 mètre.

LOIR (*Myoxus*). Genre de mammifères rongeurs, type de la famille des *Myoxidés*, formant le passage entre les Rats et les Écureuils ; ils rappellent la physionomie de ces derniers, dont ils ont le museau court, la tête large, la fourrure épaisse, la queue touffue et, en partie, le genre de vie. Ils ont des incisives longues et pointues, quatre molaires de chaque côté à chaque mâchoire. Les membres antérieurs, plus courts que les postérieurs, sont terminés par une main à quatre doigts garnis d'ongles arqués et pointus et d'un pouce rudimentaire ; les pieds postérieurs ont cinq doigts. Remplis d'agilité durant la belle saison, les Loirs sautillent d'arbre en arbre. Ils se nourrissent de fruits et surtout de noisettes et de faines ; ils se montrent également avides des œufs des petits oiseaux. Mais, vers le mois de novembre, on les voit s'appesantir ; ils recherchent alors les cavités des rochers et des vieux troncs, y entassent quelques provisions de bouche en cas de réveil, y forment une molle litière avec de l'herbe, des feuilles sèches et de la mousse ; puis s'y couchant en se pelotonnant le plus possible, ils s'endorment pour passer l'hiver jusqu'au printemps, qui les réveille de nouveau pour le restant de l'année. On en connaît trois espèces en Europe. Les Loirs européens sont tous bien connus des habitants de nos campagnes, qui n'en mangent point la chair, bien qu'elle passe pour fort délicate, ce qui la faisait rechercher des anciens. On prétend qu'au temps des Lucullus et des Apicius, on en élevait, comme nous faisons des lapins, pour la consommation des bonnes tables de Rome. — Le Loir (*M. glis*), grand comme un rat, gris brun cendré en dessus, blanchâtre en dessous, avec la queue très touffue, aussi longue que le corps, habite les forêts des contrées méridionales de l'Europe. — Le Lérot (*M. nitela*), un peu plus petit que le Loir, a son pelage d'un beau gris roux ; il a l'œil entouré d'une

Lérot.

tache noire et la queue de cette même couleur avec du blanc au bout. Il est commun dans nos jardins, où il se tient dans les trous de murs, et d'où il sort la nuit pour manger nos pêches, nos abricots, nos raisins, etc. Cette espèce est répandue dans toute l'Europe méridionale et tempérée. — Le **Muscardin** (*M. avellanarius*), de la taille d'une souris, est roux cannelle dessus, blanchâtre dessous ; la queue, couverte de poils courts, est fauve. Cette espèce habite les forêts de l'Europe tempérée et méridionale ; elle est plus rare que les deux précédentes, et sa chair est beaucoup moins délicate. — Le **Loir du Sénégal** (*M. coupeii*), d'un gris clair, et le **Myoxus murinus**, du cap de Bonne-Espérance, ont les mêmes mœurs que les Loirs européens.

LOLIGO. Nom scientifique du Calmar.

LOLIUM. (Voir IVRAIE.)

LOMBAIRES, LOMBES. On donne le nom de *lombes* à la région postérieure de l'abdomen, au niveau de la région ombilicale, de chaque côté de la colonne vertébrale, et celui de *lombaire* à tout ce qui concerne les lombes : artères lombaires, nerfs lombaires, etc. Dans les mammifères, cette région porte le nom de râble. Les vertèbres lombaires sont au nombre de cinq et très fortes ; leurs apophyses sont larges et horizontales. Les muscles de cette région sont le long dorsal, le sacro-lombaire, le transversaire épineux, qui sont le siège du rhumatisme connu sous le nom de *lumbago*.

LOMBRIC (*Lumbricus*). Genre d'annélides bien connues de tout le monde sous le nom de *vers de terre*. Les Lombrics se rangent parmi les Annélides chétopodes, de la section des Abranches, c'est-à-dire parmi celles pourvues de soies et privées de branchies. Leur corps est très allongé, aminci en pointe aux deux extrémités, celle de la tête effilée ; il est arrondi, composé d'un grand nombre d'anneaux portant chacun en dessous huit soies raides, courtes et crochues, qui servent à leur progression. Leur bouche, prolongée en forme de trompe rétractile, est dépourvue de tentacules ; ils n'ont pas d'yeux ; l'anus est placé à l'extrémité postérieure du corps. On voit, vers le tiers antérieur, un bourrelet plus ou moins saillant, rougeâtre, appelé *ceinture*. Elle sécrète la substance qui forme le cocon où le Lombric enferme ses œufs ; chaque anneau est percé de deux pores qui sont les orifices des organes rénaux. Ces animaux réunissent les deux sexes ; mais ils s'accouplent néanmoins et sont ovipares ; leurs œufs sont enfermés dans des cocons allongés, d'un roux transparent, garnis vers le petit bout d'un prolongement fibreux ; à sa naissance, le ver a 5 à 6 millimètres de longueur. Les Lombrics n'ont pas de branchies ; ils respirent par la peau ; leur tube digestif offre des glandes salivaires, un œsophage, un gésier et un intestin. L'appareil circulatoire est formé de nombreux vaisseaux contenant un sang rouge ; un vaisseau dorsal joue le rôle de cœur. Le système nerveux est composé d'une paire de ganglions cérébraux et d'une chaîne ganglionnaire, formée d'autant de ganglions qu'il y a de segments. Les Lombrics vivent de préférence dans les lieux humides ; ils se nourrissent de matières végétales, et avalent souvent de la terre. On ne les rencontre que pendant la belle saison chaude ; dès que le froid commence à se faire sentir, ils s'enfoncent en terre, quelquefois à de grandes profondeurs, et y restent jusqu'au printemps suivant. Il y a des Lombrics dans tous les pays et l'on en connaît un grand nombre d'espèces ; la plus connue est le **Lumbricus terrestris** ou *ver de terre*, répandu en quantité considérable dans nos terres cultivées.

Les vers de terre abondent partout où le sol est humide ; bien qu'animaux terrestres, l'eau leur est nécessaire et à ce point que l'exposition à l'air sec pendant une seule nuit leur est fatale, tandis qu'ils peuvent vivre pendant plusieurs semaines complètement dans l'eau. Quand le sol est sec l'été, ou lorsqu'il est gelé l'hiver, ils pénètrent à une profondeur considérable et cessent de travailler.

Ils rampent de tous côtés la nuit ; mais, s'ils sortent de leur trou le jour, ils y laissent habituellement leur queue insérée et s'y cramponnent si bien qu'il est difficile de les arracher du sol sans les mettre en morceaux. Ils emploient deux méthodes pour creuser leur trou : en écartant la terre devant eux dans tous les sens, et en l'avalant. Dans le premier cas, le ver allonge sa tête amincie dans toute petite crevasse ou trou qu'il rencontre, puis il gonfle la partie antérieure de son corps de manière à écarter la terre ; mais quand il ne peut procéder de cette façon, il avale la terre et la rejette par l'extrémité postérieure de son corps, formant ainsi ces petits tas vermiculaires si fréquents dans tous les terrains qu'ils habitent. Non seulement les vers mangent la terre pour construire leur trou, mais pour en extraire la matière organique qui y est contenue ; car, comme l'on sait, la terre végétale contient non seulement de nombreux détritus de feuilles et d'autres matières végétales, mais tout un monde d'œufs, de larves et d'animaux microscopiques vivants ou morts. Leur organisation leur permet de s'assimiler ces substances nutritives et de rejeter la terre complètement épurée dans cet alambic vivant.

Les terriers ainsi formés sont loin d'être de simples trous, ce sont en réalité des puits de mine qui descendent parfois à de grandes profondeurs ; j'en ai vu qui avaient plus de 1 mètre. Ils sont toujours perpendiculaires ou très peu obliques, et tapissés dans toute leur étendue d'un revêtement de terre foncée très fine qui n'est autre que celle qu'ils rejettent. Cet enduit devient très compact et lisse quand il est sec ; et comme le tube est exactement adapté à la forme du ver, celui-ci y monte et y descend fort aisément au moyen de soies raides et crochues dont tout son corps est garni. La plupart des trous se terminent par une petite chambre qui a sans doute pour objet de permettre au ver de se retourner dans son étroit tuyau. Les vers, avons-nous dit, avalent une quantité extraordinaire de terre, dont ils extraient toute la matière digestible, mais ils consomment aussi une énorme quantité de feuilles en décomposition, et ils s'en servent non seulement comme d'aliment, mais comme de tampons pour boucher l'ouverture de leurs trous ; ils y emploient d'ailleurs toute autre espèce de débris organiques. Les brins de paille, les plumes, les feuilles, les morceaux de papier qu'on voit le matin fichés en terre dans les cours et les jardins et qui ont l'air d'avoir été plantés par des enfants, sont enterrés la nuit par les vers. Ces espèces de tampons ont probablement pour but de cacher l'entrée de leur retraite aux carabes, aux scolopendres et autres animaux qui sont leurs ennemis ; mais ils ne peuvent les mettre à l'abri des taupes, qui en détruisent des quantités considérables.

Eh bien, cette créature infime, ce ver de terre que les naturalistes eux-mêmes considéraient comme un anneau insignifiant de la chaîne des êtres organisés, devient, d'après les observations de Darwin, une des forces les plus considérables de la nature et joue un très grand rôle dans l'histoire naturelle de notre monde. Il est un exemple remarquable de l'effet immense produit dans la nature par l'accumulation continue de petites causes. Ne sait-on pas déjà que les foraminifères, ces coquilles microscopiques, ont bâti des montagnes !

Les vers de terre contribuent à modifier la surface terrestre. On les rencontre sur tous les points du globe en nombre incalculable. Des expériences faites avec le plus grand soin, et comme sait les faire l'illustre observateur Darwin, ont prouvé que, dans un champ moyen, les vers de terre déposent à la surface 647 grammes de déjections par mètre carré en un mois. Les vers ne travaillent ni par les temps très secs l'été, ni pendant les grands froids de l'hiver; par conséquent, en prenant une évaluation très basse et même en admettant qu'ils ne travaillent que pendant six mois de l'année, ils rejetteraient par an 3ᵏ,882 de déjections par mètre carré, c'est-à-dire en nombre rond 38 000 kilogrammes par hectare, ce qui donnerait en dix ans une couche uniforme de 3 centimètres d'épaisseur; car, sous l'influence des vents et de la pluie, ces petits monticules finissent par s'établir en couches parfaitement horizontales. Il a trouvé 1 345 vers dans 1 are, ce qui donne 134 500 vers par hectare. Mais il faut remarquer que cette estimation est fondée sur le nombre des vers trouvés dans un jardin et qu'il en existe beaucoup plus dans les prés. Tous les pêcheurs, qui emploient le Lombric comme amorce du gros poisson, savent que, dans les prairies humides, on peut en ramasser, la nuit avec une lanterne, plusieurs centaines en fort peu de temps.

Somme toute, il paraît bien prouvé que, sur chaque hectare de terre adapté à l'œuvre des vers, un poids de 38 tonnes de terre passe annuellement par leur corps et est ramené du sous-sol à la surface. Par ce travail des vers, la terre végétale est en mouvement constant, quoique lent, et des surfaces fraîches sont continuellement exposées à l'action des agents atmosphériques. Les feuilles que les vers entraînent dans leurs trous sont déchirées en minuscules fragments, partiellement digérées, saturées de leurs sécrétions et ensuite mélangées à la terre, et c'est cette terre qui forme ce qu'on appelle l'*humus*. Comme on le voit, le ver de terre est loin d'être nuisible, et peu d'animaux sont appelés à jouer un rôle plus important dans l'économie de la nature. Ce sont donc des animaux utiles qu'il faut protéger, au lieu de les écraser avec dégoût, comme on le fait trop généralement.

LOMENTACÉ. Se dit en botanique d'un fruit en forme de gousse, qui est étranglé de distance en distance et divisé par des cloisons en plusieurs loges renfermant chacune une graine (moutarde, sainfoin, coronille, etc.).

LONGICORNES. Famille d'insectes de l'ordre des COLÉOPTÈRES, section des *Tétramères*, remarquables surtout par la longueur de leurs antennes. On leur donne aussi le nom de *Capricornes*. Leur corps est généralement allongé; leur tête verticale, armée de fortes mandibules, porte des antennes très longues, de onze articles; leurs pattes sont longues et grêles. Les larves des Longicornes sont de gros vers allongés, mous, apodes, blanchâtres, à tête écailleuse, armée de fortes mandibules. Ces larves vivent aux dépens des végétaux et font beaucoup de tort aux arbres en les perçant de trous multipliés; mais, le plus ordinairement, elles se nourrissent sous les écorces, et s'y pratiquent de longues galeries dans lesquelles elles grimpent comme des ramoneurs. Les insectes parfaits fréquentent les fleurs, les arbres pourris, etc. Les Longicornes sont les plus grands et les plus gracieux des coléoptères; on en connaît plusieurs milliers d'espèces

dont la plupart sont ornées de belles couleurs; quand on les saisit, ils font entendre un petit son monotone, produit par le frottement du corselet, et meuvent avec vivacité leurs longues antennes. On divise généralement les Longicornes en quatre tribus : 1° les PRIONIENS, qui ne volent que le soir ou la nuit et se tiennent sur les arbres. Le type de ce groupe est le **Prione chagriné**, commun aux environs de Paris; il est long de 35 millimètres, d'un brun noirâtre avec les antennes en scie. Quelques espèces américaines de cette tribu atteignent des proportions considérables; tel est le **Macrodontia cervicornis** de la Guyane, qui mesure 12 centimètres de longueur; — 2° les CÉRAMBYCIENS, à formes plus

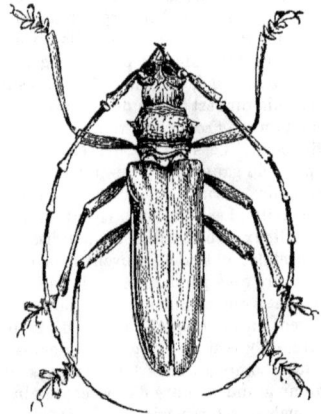

Cerambyx heros.

allongées, comprennent des genres nombreux, dont les plus remarquables sont : les *capricornes* proprement dits ou *cerambyx;* type **Cerambyx heros** des environs de Paris, d'un noir brun, à corselet épineux; sa larve attaque les chênes; les *callichroma,* aux brillantes couleurs, dont une espèce, le **Capricorne musqué**, qui vit sur le saule, répand une délicieuse odeur de rose; il est long de 30 millimètres, d'un vert ou bleu foncé; le **Purpuricène**, long de 30 millimètres, qui a les élytres d'un rouge de sang; le genre *Rosalia* renferme l'un des plus beaux insectes d'Europe : long de 30 millimètres, il est d'un beau bleu tendre, avec des taches d'un noir velouté sur les élytres; ses antennes ont chaque article orné d'un bouquet de poils noirs; il habite les Alpes; — 3° les LAMIAIRES, à tête verticale, aplatie en avant, comprennent aussi des genres nombreux, parmi lesquels nous citerons : les *lamies* proprement dites, dont le type est la **Lamie tisserand**, longue d'un pouce, toute noire, commune en France; les *dorcadions*, petits insectes gris ou noirs, qui se rencontrent communément aux environs de Paris dans la poussière des chemins; le bruit très aigu qu'ils produisent par le frottement de leur corselet les a fait nommer vulgairement *chanterelles;* les *saperdes,* dont plusieurs espèces sont communes dans nos environs. C'est au groupe des lamiaires qu'appartient l'**Acrocine** à longs pieds, vulgairement *arlequin de Cayenne,* l'un des plus grands et des plus beaux Longicornes; il a 6 centimètres de longueur; ses pattes antérieures sont deux fois

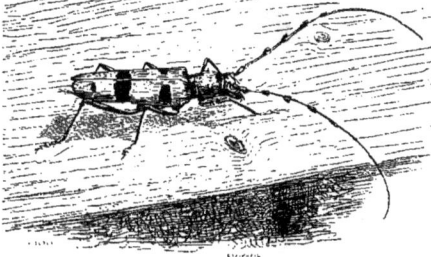

Rosalie des Alpes.

aussi longues que les autres; ses élytres, agréablement mélangées de gris, de rouge et de noir, rappellent un habit d'arlequin. Les *Clytus* ont le corselet presque globuleux, sans tubercules latéraux; les cuisses notablement rétrécies à la base; la tête fortement inclinée, la face aplatie en avant, les antennes moins longues que le corps; les palpes courts; le corselet plus ou moins globuleux, le corps épais, convexe, orné de couleurs très variées; les pattes postérieures sont assez longues. Le *Clytus arcuatus* a 15 à 16 millimètres; il est d'un noir foncé; avec les antennes et les pattes rousses; le corselet ayant deux bandes étroites, fortement interrompues; les élytres ayant à la base quatre points jaunes, dont un sur l'écusson et un autre sur la suture; plus quatre bandes jaunes ar-

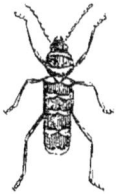

Clytus floralis.

quées; la dernière terminale; très commun sur les chênes récemment abattus. — 4° les Lepturètes, à antennes insérées en avant, à élytres rétrécies en arrière. On trouve aux environs de Paris la **Lepture à éperons,** commune sur les fleurs de ronce, à corps allongé, noir, avec les élytres jaunes marquées de bandes noires; ses jambes postérieures sont armées de deux fortes dents. La **Lepture hastée** a les élytres rouges, marquées d'une tache noire en fer de lance.

LONGIPENNES. Groupe d'oiseaux de l'ordre des Palmipèdes. (Voir ce mot.) Ce sont des oiseaux à ailes très longues, à vol rapide et soutenu. La palmature ne s'étend pas au pouce, qui est souvent rudimentaire. Ce groupe comprend les Goélands, les Sternes, les Labbes, les Pétrels, Albatros, Becs en ciseaux, etc.

LONGIROSTRES. Groupe d'oiseaux de l'ordre des

Échassiers. (Voir ce mot.) Ces oiseaux, encore appelés Limicoles (de *limus,* limon) sont caractérisés par leur bec long, grêle, assez faible. Ce sont les Chevaliers, les Barges, Combattants, Bécasses, Bécassines, Courlis, etc.

LONG-NEZ. Nom vulgaire d'une espèce de singe. (Voir Nasique.)

LONICERA. Nom scientifique du genre *Chèvrefeuille.*

LONICÉRÉES. Synonyme de Caprifoliacées pour certains botanistes, et, pour d'autres, simple tribu de cette dernière famille. (Voir Caprifoliacées.)

LOPHIODON (du grec *lophos,* crête, et *odous,* dent). Genre de pachydermes fossiles, très voisins des Tapirs (voir ce mot), dont les restes décrits par Cuvier (*ossements fossiles*) se rencontrent dans les terrains tertiaires. On en connaît plusieurs espèces: le Lophiodon ossilense, le plus grand de tous, dont la taille se rapprochait de celle du rhinocéros; le Lophiodon medium, de la taille du tapir des Indes; le Lophiodon minutum, plus petit, comparé par Cuvier à un squelette de jeune tapir d'Amérique.

LOPHIE (*Lophius*). (Voir Baudroie.)

LOPHOBRANCHES (de *lophos,* houppe, et *bragchia,* branchies). Groupe de poissons de l'ordre des Téléostéens, se distinguant de toutes les autres tribus par la forme de leurs branchies qui, au lieu d'avoir, comme à l'ordinaire, la forme de dents de peigne, se divisent en petites houppes rondes disposées par paires le long des arcs branchiaux; elles sont enfermées sous un grand opercule qui ne laisse qu'un petit trou pour la sortie de l'eau. Ces singuliers poissons ont en outre le corps cuirassé complètement par des écussons qui le rendent presque toujours anguleux. Cette tribu comprend deux familles; celle des *Pégasidés* (pégases) et celle des *Syngnathidés* (hippocampes). (Voir ces mots.)

LOPHOPHORE (du grec *lophos,* aigrette, et *phoros,* qui porte). Genre d'oiseaux Gallinacés de la famille des *Phasianidés.* Bien qu'ils aient le plumage brillant et l'aigrette du paon, la circonférence de l'œil et la joue nues comme les faisans, les Lophophores s'en distinguent par leur queue, qui n'est point composée de pennes disposées sur deux plans différents et qu'ils ne peuvent relever. Leur bec est long, fort, très courbé; leurs tarses courts, armés d'un fort éperon; leur queue droite horizontale, arrondie à son extrémité. — L'espèce la plus connue, le Lophophore resplendissant (*Lophophorus refulgens*), que les Indiens nomment *monaul* ou *oiseau d'or,* habite les monts Himalaya et le Népaul. C'est un des plus beaux oiseaux que l'on connaisse. Il est presque aussi gros qu'un dindon; le mâle a la tête ornée d'un élégant panache de plumes minces à palette dorée; tout le dessus de son corps est d'un beau vert brillant à reflets dorés, pourprés et azurés; le dessous est noir à reflets verdâtres. Le mâle seul a ce plumage éclatant; la femelle n'offre aucune trace de ces couleurs métalliques: elle est uniformément brune, tachée de roux. On ne connaît pas les mœurs de ces oiseaux ; le cri du mâle est un gloussement rauque, assez semblable à celui du dindon.

LORANTHACÉES (du latin *loranthus*). Famille de plantes dicotylédones, comprenant des arbrisseaux parasites, à rameaux noueux, souvent articulés, à feuilles généralement opposées, dépourvues de stipules ; à fleurs ordinairement dioïques, dépourvues de corolle ; quatre-six-huit sépales insérés autour d'un disque épigyne ; étamines en même nombre que les sépales, insérées sur eux et opposées ; ovaire infère, uniloculaire, uniovulé, à ovule sessile, dressé ; style simple. Fruit drupacé, renfermant une graine unique. Les genres principaux sont : *Loranthus* et *Viscum* (gui).

LORANTHE, *Loranthus* (du grec *lóron*, lanière, et *anthos*, fleur). Genre de plantes type de la famille des *Loranthacées*, dont les représentants sont des arbrisseaux rameux, dichotomes, qui s'implantent, comme le gui, sur la tige et les branches d'autres végétaux, aux dépens desquels ils vivent en parasites. On en connaît un très grand nombre d'espèces, presque toutes propres aux régions tropicales ; mais dont aucune jusqu'à ce jour n'a offert un intérêt d'utilité à l'homme. Une seule espèce appartient à l'Europe, le **Loranthe d'Europe** (*L. europæus*), qui croît sur les chênes et les châtaigniers. Son port ressemble tellement à celui du gui, qu'on les confond assez généralement. Il s'en distingue cependant en ce que son périanthe (calice) a six divisions et celui du gui quatre seulement, et que ses baies, pédonculées et jaunâtres, tombent avant le printemps, tandis que celles du gui, sessiles et blanches, persistent jusqu'en juin.

LORI. Division de la famille des *Perroquets*. (Voir ce mot.)

LORIOT (*Oriolus*). Genre d'oiseaux PASSEREAUX, section des *Conirostres*, famille des *Corvidés*, caractérisé par un bec un peu plus long que la tête, bombé, plus haut que large ; des ailes allongées ; une queue moyenne, légèrement arrondie ; des tarses courts et épais, de la longueur du doigt médian qui est soudé à l'interne, les ongles recourbés. Les Loriots sont des oiseaux voyageurs qui arrivent dans nos climats vers le mois de mai et les quittent vers la fin d'août ; ils passent l'hiver en Afrique et dans l'archipel. Le **Loriot d'Europe** est la seule espèce dont les habitudes soient connues. Il vit sur les lisières des grands bois et fréquente le bord des eaux ; il voyage et vit en famille et fait un nid des plus curieux : ce nid, qu'il construit sur les arbres élevés, n'est point placé, comme le sont en général ceux des autres oiseaux, à l'enfourchure des branches verticales, mais il est posé à l'extrémité de celles qui divergent horizontalement, et son fond ne repose sur rien ; il a la forme d'une coupe fixée aux branches par ses bords, et il est tissu avec un art merveilleux de tiges de graminées et de bouts de chanvre. La femelle y dépose de quatre à six œufs blancs, tachés de points d'un brun noirâtre ; elle les couve avec assiduité et entoure des plus tendres soins ses petits, qu'elle défend avec intrépidité, même contre l'homme. Le **Loriot d'Europe** (*O. galbula*) ou *merle d'or* a la taille du merle ; son plumage est d'un beau jaune brillant avec les ailes et la queue noires dans le mâle ; celui de la femelle est d'un vert olivâtre. Il se nourrit d'insectes et de larves, et se montre très friand de cerises et de figues ; cette dernière nourriture donne à sa chair

Loriot d'Europe, mâle et femelle.

un goût fin et délicat. Le Loriot est un oiseau farouche et défiant ; dès qu'on l'approche, il s'enfuit en faisant entendre son cri *you, you, yoù*, suivi d'une sorte de miaulement aigu. Il ne vit pas longtemps en captivité. Il existe dans l'Inde plusieurs espèces très voisines de la nôtre ; tels sont : le **Loriot de Chine** ou *couliavan*, le **Loriot à tête noire** du Bengale, le **Loriot bicolore** du cap de Bonne-Espérance, etc.

LORIS. (Voir LÉMURIENS.)

LOTE. (Voir LOTTE.)

LOTIER (*Lotus*). Genre de plantes dicotylédones de la famille des *Légumineuses papilionacées*, herbacées, à feuilles trifoliées, accompagnées de stipules foliacées ; les fleurs, le plus souvent jaunes, sont portées, au nombre de une à dix, sur des pédoncules axillaires. Le **Lotier corniculé** (*L. corniculatus*), répandu en France dans les prairies, les champs, les bois, constitue un bon fourrage naturel ; connu dans les campagnes sous les noms vulgaires de *pied de poule*, de *trèfle cornu*, il est employé comme vulnéraire. — Le **Lotier comestible** (*L. edulis*) du Midi donne des légumes tendres, d'une saveur douce qui rappelle celle des petits pois.

LOTOS. Les anciens ont désigné sous ce nom plusieurs plantes de familles différentes. La plus célèbre est l'arbre des Lotophages, dont le fruit doux comme le miel (*meliédés*), au dire d'Homère, faisait oublier aux étrangers leur patrie. Suivant Olaüs Celsius, ce fruit serait le fameux *doudaïm*, si vanté chez les Hébreux pour sa saveur et son odeur. Théophraste le compare pour la taille à un petit poirier, pour les feuilles à l'yeuse. Le fruit qui naît sur les branches est de la grosseur d'une fève, et mûrit en changeant de couleur. On en fait du vin ; le bois, qui est brun, sert à fabriquer des flûtes estimées. Son fruit, comparable aux baies du myrte, porte un petit noyau ; il parvient à la grosseur d'une olive.

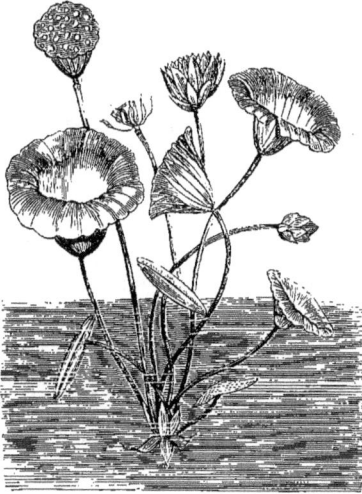

Lotos sacré des Égyptiens.

C'est une datte pour le goût, mais l'odeur en est plus suave. Il faut donc voir dans le lotus d'Homère et de Théophraste un arbre de la famille des *Rhamnoïdées*, et le **Rhamnus lotus** de Linné ou *jujubier* (*Zizyphus lotus* de Willdenow) satisfait complètement aux descriptions qu'ils en donnent. Il est très commun près des Syrtes, où l'on s'est toujours accordé à placer le pays des Lotophages. Poiret, Desfontaines, en exaltent le fruit comme la plus délicieuse production des côtes de Tunis et de Tripoli. Nous avons décrit cette espèce à l'article JUJUBIER. Les Lotus du Nil, non moins célèbres, sont d'une détermination difficile à cause du peu de détails renfermés dans les textes. La plus remarquable de ces plantes est le **Lotos sacré des Égyptiens**, que l'on voit fréquemment figuré sur leurs monuments. On mange sa racine crue ou cuite ; la fleur est rose, double de celle du pavot ; le fruit, assez semblable à une tête d'arrosoir, contient dans ses alvéoles une trentaine de fèves propres à servir d'aliment. Hérodote l'appelle *lis rosé*, et compare aussi le fruit à du miel en rayons. Galien vante les semences comme aliment. Cette plante est sans aucun doute le *Ne-*

lumbium speciosum. (Voir NELUMBO). Quant au *Lotus bleu* du Nil, c'est le *Nymphæa cœrulea*.

LOTTE (*Lota*). Genre de poissons d'eau douce de la famille des *Gadidés*, caractérisé par deux nageoires dorsales et une anale. La seule espèce de ce genre, la **Lotte commune** (*L. vulgaris*), est remarquable par sa forme allongée et sa peau visqueuse qui la rapproche de l'anguille. Sa tête est large et aplatie ; sa mâchoire inférieure n'est garnie que d'un seul barbillon. Sa couleur est jaune, marbrée de brun. Elle a en moyenne 40 à 50 centimètres de longueur. La Lotte habite les lacs et rivières de l'Europe, principalement le Rhin, la Moselle et la Saône, ainsi que le lac de Genève. Elle fraie pendant l'hiver, et se réunit à cette époque par bandes nombreuses pour déposer ses œufs blancs et d'une petitesse extrême sur le bord des eaux où elle vit. Elle aime les eaux vives à fond de gravier, et se nourrit d'insectes, de vers et de poissons. La chair de la Lotte est blanche et délicate, sans arêtes. Son foie, très volumineux, est particulièrement recherché des gourmets.

LOTUS. (Voir LOTIER et LOTOS.)

LOUBINE. Poisson du genre *Perche*.

LOUP (*Canis lupus*). Espèce du genre *Chien*, famille des *Canidés*, dans l'ordre des CARNIVORES DIGITIGRADES. Les Loups ont de tels rapports avec certaines races de chiens (voir ce mot), qu'on serait tenté de les prendre pour des chiens sauvages. Cependant les proportions sont généralement plus fortes ; la queue, au lieu d'être relevée, est droite. Le poil, qui varie selon les contrées qu'il habite, est, dans l'espèce commune, d'un gris fauve, avec les jambes fauves et une raie noire sur celles de devant. Ses oreilles sont droites. Par son museau allongé, il ressemble à un mâtin. Mais s'il a l'organisation du chien, il en diffère essentiellement par les mœurs. Loin d'être sociable, il vit habituellement solitaire, au sein des grandes forêts, ne se réunissant aux animaux de son espèce que lorsque la faim le presse, et lorsqu'il a besoin d'associer ses efforts aux leurs pour conquérir une proie. — Le Loup est, par ses appétits carnassiers, non moins que par sa force, l'animal le plus nuisible de nos contrées. Cependant son courage n'est pas en rapport avec sa vigueur ; et comme il n'a pas, ainsi que le renard, les instincts de la ruse, il est réduit le plus souvent à se repaître de charogne. Il passe ordinairement le jour à dormir, retiré dans les bois ; il n'en sort que la nuit pour explorer les campagnes. Mais dès que l'aube commence à blanchir l'horizon, il rentre dans la retraite qu'il s'est choisie dans quelque fourré. Sa marche est furtive et légère, ses sens très développés, surtout ceux de l'ouïe et de l'odorat. Quand le Loup est pressé par la faim, il oublie sa défiance naturelle, devient audacieux et intrépide, et ose attaquer l'homme lui-même. Il se détermine alors à sortir de son fort pendant le jour ; il s'approche d'un troupeau avec précaution, puis, lorsqu'il est à portée, s'élance au milieu des chiens et des bergers, saisit un mouton, l'enlève et disparaît souvent avant même que les gardiens du troupeau, stupé-faits de tant d'audace, aient songé à le poursuivre. Lorsque le Loup s'introduit la nuit dans une ber-gerie, il commence par étrangler tous les moutons les uns après les autres, puis il en emporte un et le mange. Il revient ensuite en chercher un second qu'il cache dans quelque fourré, puis un troisième, un quatrième, et ainsi de suite jusqu'à ce que le jour vienne le forcer à la retraite. Il les cache dans des lieux différents; mais très souvent, et sans doute par suite de sa défiance, il ne revient plus les chercher. De cette habitude de tout tuer lui est ve-nue cette réputation de férocité et de cruauté inu-

Loup.

tile qui n'est peut-être que de la prévoyance; car le Loup n'égorge pas plus les moutons, pour le plaisir de tuer, que le hamster n'amasse des provisions considérables pour le plaisir de gaspiller. Chacun d'eux a les instincts que lui a départis la nature.— Le Loup est plus vigoureux que nos chiens de la plus forte race; il peut faire trente lieues dans une seule nuit, et rester plusieurs jours sans manger. La Louve met bas, dans d'épais fourrés qu'elle a dis-posés pour cet usage, cinq à neuf petits Louveteaux, naissant, comme les chiens, les yeux fermés, et res-tant pendant un an sous la tutelle de leur mère, qui leur prodigue les soins les plus assidus. Elle porte deux mois et quelques jours. Le Loup peut produire avec le chien des métis féconds. Il est sus-ceptible de contracter la rage. Quoique difficile à apprivoiser, on l'a vu accompagner son maître et lui donner des preuves non équivoques d'attachement. Tout ce que nous avons dit plus haut s'applique au **Loup ordinaire** (*C. lupus*, L.). Par suite de la guerre acharnée qu'on lui fait, il a presque entièrement disparu de certains pays, et particulièrement de l'Angleterre, où il était très commun. On le trouve depuis l'Égypte jusqu'à la mer Glaciale. Dans les contrées du Nord, il atteint une taille plus élevée; son pelage est plus clair et même parfois tout blanc. Lorsque des neiges abondantes couvrent la terre, et qu'ils ne trouvent plus de nourriture dans les bois, les Loups du Nord descendent dans la plaine en troupes souvent considérables, et viennent chercher une proie jusqu'à l'entrée des villages et des villes.

On distingue plusieurs variétés de Loups. Le **Loup noir** (*C. lycaon*), d'un noir uniforme, avec une tache blanche à l'extrémité du museau, se trouve dans les Pyrénées et au Canada.— Le **Loup rouge**, d'Amé-rique (*C. jubatus*), est d'un roux cannelle, foncé en dessus, plus clair en dessous; cette variété, qui se rencontre aux environs des montagnes Rocheuses et jusqu'au Mexique, passe pour très dangereuse.— Le **Loup des prairies** (*C. latrans*), *barking wolf* des Amé-ricains, constitue une espèce distincte. « Ce Loup vit en troupes nombreuses dans les vastes plaines herbeuses qui s'étendent entre le Mississipi et l'océan Pacifique, dans l'Amérique du Nord. Il est d'un tiers moins grand que le Loup commun, et il ressemble autant au chacal qu'au Loup; son pelage est d'un gris plus ou moins foncé; sa queue touffue, d'un brun foncé au bout. Son cri consiste en trois jappements suivis d'un hurlement prolongé, de là son nom spécifique de Loup aboyeur (*C. latrans*). Ces animaux sont extrêmement rusés; ils savent flairer et éviter tous les pièges et emploient divers stratagèmes pour s'emparer de leur proie. Ils vivent en troupes nombreuses, et chassent de concert les cerfs et les antilopes; ils suivent aussi les grands troupeaux de bisons et se jettent sur ceux que la fatigue sépare du troupeau. Leur peau forme un des articles de commerce de la compagnie de la baie d'Hudson, mais elle est de peu de valeur.

LOUP-CERVIER. (Voir LYNX.)

LOUP MARIN (*Labrax lupus*). Poisson du genre *Bar*. (Voir ce mot.)

LOUPE. (Voir MICROSCOPE.)

LOUTRE (*Lutra*). Genre de mammifères de l'ordre des CARNIVORES, section des DIGITIGRADES, dont on a fait une famille à part, celle des *Lutrinés*. Leur organisation est appropriée aux habitudes de la vie aquatique; leur corps est déprimé, allongé; leur queue, aplatie horizontalement; leurs mem-bres sont courts et terminés par des pieds large-ment palmés; leur tête large et écrasée, terminée par un mufle qu'ornent de fortes moustaches; leur langue est douce. Deux sortes de poils forment leur pelage; les uns soyeux, assez longs, les autres lai-neux, plus courts et plus fournis. Leurs dents sont carnassières; il y a trois fausses molaires en haut et en bas. Ces animaux se nourrissent de poissons qu'ils pêchent avec beaucoup d'adresse. Ils éta-blissent leur retraite sur le bord des eaux, soit entre les rochers, soit sous les racines d'un arbre; ils n'en sortent d'ailleurs que la nuit. Leur dé-marche à terre est lourde et embarrassée, mais ils nagent et plongent avec la plus grande facilité, et l'eau est leur véritable élément. La Loutre se nour-rit principalement de poissons et de reptiles aqua-tiques, et elle en détruit une grande quantité. Quoique d'un naturel sauvage, elle se laisse appri-voiser, et se montre même docile et intelligente; dans certaines contrées, on l'habitue, dit-on, à faire la pêche pour le compte de son maître. Ces animaux vivent généralement par couples, et la femelle met bas trois ou quatre petits. On connaît plusieurs espèces de Loutres. La **Loutre commune** (*Lutra vulgaris*) ou *Loutre d'Europe* est longue de 70 centimètres du bout du museau à l'origine de la

Loutre.

queue, et celle-ci a 30 centimètres. Son pelage est en dessus d'un brun foncé, en dessous d'un gris brunâtre et donne une fourrure estimée; elle est quelquefois tachetée de blanc. Les poils sont employés dans la fabrication des pinceaux. C'est la seule espèce d'Europe.—La **Loutre du Kamtchatka** (*Enhydris marina*) ou *Loutre de mer* a plus d'un mètre de longueur; son pelage, d'un beau brun marron lustré en dessus, est en dessous d'un gris argenté. Cette espèce habite le bord de la mer; on lui fait une chasse active, pour sa fourrure brillante et moelleuse, qui se paye très cher en Chine et au Japon, où les Anglais et les Russes en transportent annuellement un grand nombre. — La **Loutre d'Amérique** ou *Saricovienne* (*L. brasiliensis*), un peu plus grande que notre Loutre d'Europe, a son pelage d'un beau fauve en dessus, plus clair en dessous, avec la gorge et le bout du museau d'un blanc jaunâtre. — On a créé le genre *Aonyx* pour une espèce de Loutre sans ongles qui habite les étangs salés des régions maritimes de l'Afrique australe. C'est la **Loutre du Cap** (*Lutra capensis*); un peu plus grande que notre Loutre, elle est d'un beau châtain sur les parties supérieures, blanchâtre sur les inférieures. Elle a les habitudes de la Loutre d'Europe.

LOUVETTE. Nom vulgaire donné au tique des chiens (*Ixodes ricinus*). (Voir IXODE.)

LOXIA. Nom scientifique latin du Bec-croisé. (Voir ce mot.)

LUCANE (*Lucanus*). Genre type de la famille des

Lucanidés. (Voir ce mot.) Ce nom est celui sous lequel Pline désigne le *Cerf-volant*, insecte bien connu de tout le monde. — Le **Lucane cerf-volant** (*L. cervus*) est le géant des coléoptères de notre pays; il peut atteindre jusqu'à 6 et 7 centimètres de longueur. Il présente une organisation singulière. Sa tête, plus large que le corselet, est carrée, bordée de côtes relevées et armée de mandibules démesurément saillantes, arquées, fortes, dentelées, affectant la forme de cornes de cerf, dont les pointes se rapprocheraient l'une de l'autre. Ces énormes pinces sont mises en mouvement par des muscles énergiques et puissants. Le mâle seul possède ces mandibules dont la longueur lui a valu le nom de *cerf*. Malgré cet appareil formidable, cet insecte est fort innocent et se contente de sucer, au moyen de ses mâchoires en forme de houppes membraneuses les liquides végétaux. Toutefois, si on les saisit sans précaution, ils peuvent pincer la peau jusqu'au sang. La femelle, plus petite, a des mandibules courtes; on lui a donné le nom de *biche*. Les pattes sont vigoureuses et terminées par des crochets aigus. C'est à l'aide de ces crocs courbés et acérés que l'animal se cramponne solidement sur le tronc et sur les branches des arbres, où il passe sa vie à l'état parfait, se nourrissant des feuilles vertes et des bourgeons. La larve du Lucane cerf-volant se développe lentement dans le tronc des vieux chênes; comme elle y vit plusieurs années, elle y cause certains ravages. C'est un gros

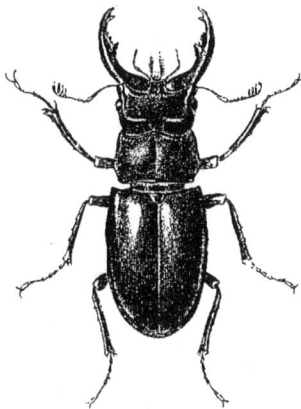

Lucane cerf-volant.

ver blanchâtre, dont la tête est brune et munie de deux fortes mâchoires destinées à ronger le bois. La substance ligneuse la plus dure, sous la dent cornée de l'insecte, est bientôt réduite en une espèce de tan. Cette larve faisait partie de celles que les Romains recherchaient sous le nom de *cossus*, et mangeaient avec délices. Au moment de sa métamorphose, la larve du Lucane se construit une coque en sciure de bois agglutinée au moyen d'un liquide qu'elle sécrète, et s'y transforme en nymphe, pour en sortir après quelques semaines à l'état d'insecte parfait. Ce qu'il y a de remarquable, c'est que le Lucane qui vit à l'état de larve pendant près de quatre ans, ne survit que quelques jours sous sa nouvelle forme, si robuste cependant, et meurt dès qu'il a assuré la propagation de sa race. On trouve encore en France le **Lucanus capreolus**, d'un bon tiers plus petit. Dans ce même groupe des *Lucanidés* rentrent : le **Dorcus parallelipipedus**, qui n'a que 20 millimètres de longueur et qui est tout noir ; le **Platycerus caraboïdes**, de 12 à 15 millimètres, d'un bleu d'acier ; le **Sinodendron cylindricum**, de 12 millimètres, d'un noir brillant. Plusieurs espèces de l'Asie et de l'Amérique sont de très grande taille.

LUCANIDÉS. Tribu d'insectes COLÉOPTÈRES de la famille des *Lamellicornes*, qui tire son nom du genre *Lucanus*, type de ce groupe, d'ailleurs très peu nombreux. — Les Lucanidés ont les antennes plus longues, à premier article très développé, les derniers formant une massue très lâche ; leur tête est proportionnellement très grande et leurs mandibules prennent d'ordinaire chez les mâles un grand développement. Malgré cet appareil effrayant, ces insectes sont fort innocents et se contentent de sucer les liquides qui suintent des arbres ; leur languette, allongée en forme de pinceau soyeux, leur facilite ce genre de vie. Cette tribu comprend les genres *Lucanus*, *Dorcus*, *Platycerus*, *Sinodendron*, etc.

LUCERNAIRE, *Lucernaria* (de *lucerna*, lampe). Petit groupe de zoophytes ou radiaires (cœlentérés), de la classe des HYDROMÉDUSES, de l'ordre des ACALÈPHES Leur corps est mou, en forme de cloche renversée, et se prolonge par son sommet en un pédoncule au moyen duquel l'animal est fixé. Au centre de la face concave se trouve la bouche ; les bords sont prolongés par des bras au nombre de huit, qui portent chacun un groupe de tentacules urticants. Les Lucernaires sont dioïques et leurs organes reproducteurs sont, comme chez un grand nombre de méduses, situés dans les canaux radiaires. Ces animaux peuvent se déplacer à l'aide des contractions de leur cloche ; mais, d'ordinaire, ils sont fixés par leur pédoncule aux corps sous-marins.

LUCILIE. Genre de diptères de la famille des *Muscidés*. (Voir MOUCHE.)

LUCINE (nom mythologique). Genre de mollusques bivalves, lamellibranches, siphonés, voisins des Cyclades, à coquille orbiculaire, striée et lamelleuse transversalement, à dents latérales écartées et pénétrant entre les lames de l'autre valve ; les impressions musculaires allongées et rugueuses. L'animal a les bords du manteau ouverts en dessous et porte en arrière un ou deux orifices des siphons ; le pied allongé, cylindrique, fait saillie à la base de la coquille. On trouve les Lucines dans toutes les mers. La **Lucine réticulée** (*L. reticulata*) et la **Lucine ondée** (*L. undata*) se rencontrent sur les

côtes de la Manche. On en connaît aussi de nombreuses espèces fossiles.

LUCIOLE. (Voir LAMPYRE.)

LUCIO-PERCA ou *Brochets-perches*. (Voir SANDRES.)

LUDWIGIA (nom propre). Genre de plantes dicotylédones de la famille des *Onagrariées*, comprenant des herbes annuelles ou vivaces, la plupart aquatiques, et propres aux régions chaudes du globe. Quelques-unes sont intéressantes par leurs propriétés médicales. Telles sont : la **Ludwigia diffusa**, dont la racine est employée dans l'Inde comme anthelminthique et diaphorétique ; la **Ludwigia repens**, de la Cochinchine, où on l'emploie, mélangée à l'huile de ricin, contre la teigne et les maladies du cuir chevelu ; la **Ludwigia peruviana**, employée dans l'Amérique du Sud en cataplasmes résolutifs contre les abcès et les tumeurs.

LUEN. Espèce du genre *Faisan*. (Voir ce mot.)

LUETTE. Appendice charnu qui pend au milieu du voile du palais, entre les amygdales. (Voir PALAIS.)

LULU. Espèce du genre *Alouette*. (Voir ce mot.)

LUMACHELLE (de l'italien *lumachella*, colimaçon). On donne ce nom à des marbres qui contiennent une grande quantité de coquilles et de polypiers fossiles. Ceux-ci y semblent parfois comme entassés. Les plus estimés sont ceux où les empreintes des fossiles se détachent en couleur claire sur un fond sombre. Telles sont : la **Lumachelle d'Astrakan**, où les coquilles ou leurs fragments d'un jaune clair ressortent sur le fond brun du marbre ; et la **Lumachelle de Carinthie**, où les coquilles, d'un noir irisé, se détachent sur le fond d'un gris clair.

LUNAIRE, *Lunaria* (de *lune*, nom faisant allusion à la forme et à la couleur de son fruit). Genre de plantes de la famille des *Crucifères*, comprenant des herbes vivaces ou bisannuelles, remarquables par leur fruit ou silicule ronde, aplatie comme une pièce de monnaie, d'où leurs noms vulgaires de *monnayère*, *monnaie du pape*, *médaille de Judas*. La **Lunaire bisannuelle**, à fleurs d'un pourpre violet disposées en bouquets terminaux, et la **Lunaire vivace**, à fleurs roses ou d'un pourpre vif, odorantes, se cultivent dans les jardins. Elles viennent spontanément dans les régions montagneuses du Midi.

LUNARIA. Nom latin du genre *Lunaire*.

LUNE (poisson). Espèce du genre *Môle*. (Voir ce mot.)

LUPIN (*Lupinus*). Plantes de la famille des *Légumineuses papilionacées*, tribu des *Génistées*, constituant un genre caractérisé par un calice bilabié à divisions entières ou dentées, par une carène bipétalée, des étamines toutes soudées à leur base, et par une gousse coriace, oblongue, à plusieurs graines. Les Lupins sont des plantes annuelles pour la plupart ; leurs feuilles sont remarquables par leurs folioles ovales ou lancéolées. Leurs fleurs, en grappe, varient beaucoup quant à la nuance de leurs corolles ; il en est de blanches, de violettes teintées de blanc, de jaunes, de bigarrées. On cultive dans les jardins celles qui ont les fleurs les plus grandes et les plus riches en couleurs. L'espèce cultivée par les Grecs et les Romains, le **Lupin blanc** (*L. albus*, L.), se cultive encore aujourd'hui dans le midi de l'Europe. Cette plante s'élève à 6 décimètres environ, et sa tige, garnie de

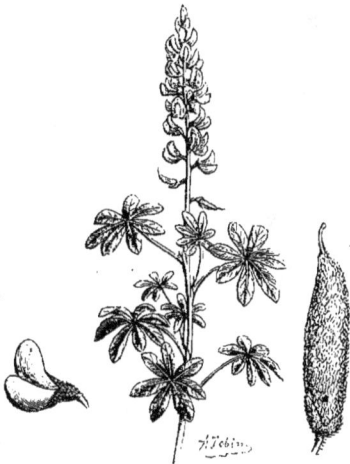

Lupin blanc.

feuilles pétiolées, composées de cinq à sept folioles velues, se charge, surtout vers le sommet, de gousses renfermant des graines orbiculaires, aplaties et jaunâtres, riches en amidon, que les paysans corses et piémontais emploient comme aliment. C'est, d'ailleurs, une plante d'une culture très facile; elle prospère dans les terrains maigres et arides, bien qu'elle préfère un sol humide et meuble. La plante en vert constitue un bon fourrage et engraisse promptement le bétail. On cultive dans les jardins, comme plantes d'agrément, le **Lupin en arbre** (*L. arboreus*), de l'Amérique du Nord; c'est un arbrisseau toujours vert, de 15 à 20 décimètres de hauteur, à fleurs jaunes; le **Lupin changeant** (*L. mutabilis*), de la Colombie, joli arbuste à fleurs bleues et jaunes, répandant une odeur suave; le **Lupin varié** (*L. varius*), plante annuelle, à fleurs bleues, qui croît dans les blés en Italie,

LUPULINE. Espèce d'u genre *Luzerne*.

LUPUS. Nom latin du Loup.

LUSTRE D'EAU. (Voir CHARA.)

LUZERNE (*Medicago*). Genre de la famille des *Légumineuses papilionacées*, tribu des *Lotées*. Ce sont des plantes herbacées qui croissent spontanément dans les parties moyennes et méridionales de l'Europe; leurs feuilles sont presque toujours trifoliolées, accompagnées de stipules; leurs fleurs sont petites, réunies en petites têtes ou en épis axillaires, presque toujours jaunes ou violacées; à calice campanulé à cinq divisions, à corolle papilionacée. Le légume qui succède à ces fleurs est courbé en faucille ou contourné en spirale. Les espèces de ce genre sont nombreuses; la plus intéressante est la **Luzerne cultivée** (*M. sativa*). Sa racine est vivace, très longue; sa tige ne s'élève guère qu'à 5 ou 6 décimètres; ses fleurs, de couleur violacée, sont réunies en grappes axillaires; les légumes qui leur succèdent sont tortillés en spirale à un ou deux tours, les graines sont jaunes et ovoïdes. Tout le monde connaît l'importance de la Luzerne cultivée, comme plante fourragère. On la sème au printemps dans la proportion de 20 kilogrammes par hectare; elle veut une terre profonde, pas humide, et demande vers la fin de l'hiver un engrais bien consommé, ou du plâtre calciné. Une luzernière bien cultivée donne généralement trois coupes principales, et une dernière, souvent assez productive encore, qu'on nomme *regain*. La Luzerne sèche constitue un fourrage excellent et très nutritif; mais, à l'état frais, elle ne doit être donnée qu'avec modération, et, lorsqu'elle est humide, elle peut déterminer chez les bestiaux des gonflements qui deviennent souvent mortels. Le meilleur remède dans ce cas consiste en une cuillerée d'ammoniaque

Luzerne cultivée.

dans un verre d'eau. — La **Luzerne-houblon** ou *hupuline*, désignée sous les noms vulgaires de *minette* et de *trèfle jaune*, croît communément dans les champs; sa tige est couchée, grêle; ses fleurs petites, réunies en épi, sont d'un jaune doré; ses gousses réniformes ne renferment qu'une seule graine. Cette plante constitue un bon fourrage, et offre l'avantage de réussir dans des terres de qualité fort médiocre ; elle est, en outre, très précoce. — On cultive dans les jardins, comme plante d'agrément, la Luzerne en arbre, joli arbrisseau, originaire d'Italie, dont les belles grappes jaunes produisent un charmant effet.

LUZULA. Genre de plantes monocotylédones de la famille des *Joncacées*, qui se distinguent des joncs par leur capsule à une seule loge et à trois graines dressées ; ses feuilles sont planes, ordinairement poilues. On distingue la **Luzule poilue** (*L. pilosa*), à tige grêle, de 2 à 4 décimètres, à feuilles radicales lancéolées linéaires, très velues, à fleurs en corymbe ombelliforme, à pédicelles inégaux uniflores, à fleurs brunes, que l'on trouve au printemps dans les bois ; et la **Luzule champêtre** (*L. campestris*), à tige grêle de 1 à 2 décimètres, à souche traçante, feuilles étroites, linéaires, poilues, surtout à la base, à corymbe terminal simple, formé d'épis courts, ovoïdes, à anthères jaunes, beaucoup plus longues que leurs filets, qui croît au printemps sur les pelouses, les bruyères.

LYCHNIDE, *Lychnis* (du grec *luchnos*, lampe). Genre de plantes dicotylédones, polypétales, périgynes, de la famille des *Caryophyllacées*. Ce sont des plantes herbacées, vivaces, à feuilles simples, opposées, dont les fleurs grandes et belles sont composées d'un calice tubuleux, campanulé, ovoïde, d'une corolle à cinq pétales égaux, de dix étamines, d'un ovaire à une seule loge renfermant des ovules nombreux, et surmonté de cinq styles. Plusieurs espèces de ce genre appartiennent à notre flore ; les plus remarquables sont : la **Lychnide des bois** ou *Lychnide dioïque*, très commune aux environs de Paris, dans les bois, le long des chemins et des haies ; ses feuilles sont ovales lancéolées ; ses fleurs, dioïques ou à sexes séparés, sur des pieds différents, sont blanches, odorantes ; les fleurs femelles sont plus renflées que les fleurs mâles. On la cultive dans les jardins sous les noms de *jacée* et de *robinet*. — La **Lychnide fleur de coucou,** à feuilles lancéolées linéaires, à fleurs purpurines réunies en cime. On la cultive dans les jardins sous le nom impropre de *véronique des jardiniers*. — La **Lychnide coquelourde** (*L. coronaria*), qui croît dans le Midi et en Italie, est souvent cultivée dans les jardins ; ses feuilles sont ovales lancéolées ; ses fleurs grandes, blanches avec le centre purpurin, solitaires à l'extrémité de pédoncules allongés ; on en possède des variétés pourpres ou écarlates d'un très bel effet. — La **Lychnide de Chalcédoine** connue sous les noms de *croix de Malte, croix de Jérusalem*, est l'une des plantes d'ornement les plus remarquables ; sa tige, haute de 8 à 10 décimètres, garnie de feuilles lancéolées, porte à son sommet un bouquet de fleurs d'un beau rouge vermillon à pétales échancrés profondément. On en obtient par la culture des variétés roses, blanches et safranées. Ces plantes

demandent en général une terre légère et une exposition chaude. — La **Lychnide nielle** (*L. githago*), connue sous le nom de *nielle des blés*, très commune dans les moissons et dont les graines noires nui-

Lychnide dioïque.

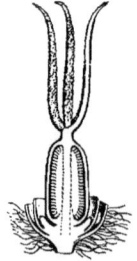

Lychnide, ovaire et pistil de la fleur femelle.

sent à la qualité de la farine, est grande, à tige simple, anguleuse, velue, ainsi que toute la plante ; ses feuilles sont étroites, allongées, entières ; ses fleurs sont d'un rouge vineux, solitaires, sur de longs supports.

LYCIET (*Lycium*). Genre de plantes dicotylédones, monopétales, hypogynes, de la famille des *Solanacées*. Ce sont des arbustes de 1 à 2 mètres de hauteur, souvent épineux, à feuilles entières, alternes, à fleurs solitaires ou géminées. — Le **Lyciet d'Europe** (*L. europœum*), qui croît dans les régions méditerranéennes, est un arbrisseau maigre, épineux, à rameaux flexueux, penchés vers le sol, à feuilles fasciculées par trois ou quatre, à fleurs violacées ; le fruit est une baie jaune ou rouge. — Le **Lyciet de Barbarie** (*L. barbarum*), originaire de l'Afrique septentrionale, est aujourd'hui acclimaté dans toute la France. Il est moins épineux que le précédent, à fleurs purpurines ou violacées, à baies jaunes, et sert dans les jardins à faire des haies et à couvrir les tonnelles.

LYCIUM (Voir Lyciet.).

LYCOPERDON. Ce mot grec, dont la traduction française est *vesse de loup*, sert à désigner un genre de champignons charnus, globuleux ou claviformes, à tégument membraneux, renfermant dans leur intérieur les sporidies ou graines microscopiques, que le champignon lance, à sa maturité, comme un nuage de poussière (d'où son nom). Ce genre appartient à la division des *Basidiosporées* ; il est le type de la famille des *Lycoperdacées*. On trouve en France plusieurs espèces de ce genre dont la plus remarquable est le **Lycoperdon gigantesque**, qui atteint jusqu'à 30 centimètres de diamètre ; il n'a pas de pédicule, est globuleux et d'un blanc pâle. On le séchait autrefois par tranches pour l'employer, comme l'amadou, à arrêter les hémorragies. Ce champignon paraît posséder des propriétés anesthésiques, et on l'utilise en le faisant brûler pour engourdir les abeilles dont on veut enlever le miel. On rencontre dans la Russie méridionale une espèce, le **Lycoperdon horrendum**, dont le diamètre dépasse 1 mètre ; c'est le plus volumineux des champignons connus. Assez fermes dans leur jeune âge, les Lycoperdons se ramollissent en vieillissant et se réduisent en poussière. Ils ne sont pas comestibles, bien qu'ils ne soient pas vénéneux.

LYCOPERSICUM. Nom scientifique latin de la Tomate. (Voir ce mot.)

LYCOPODE (de *lukos*, loup, et *pous, podos*, pied, par allusion à la forme de la racine). Genre de plantes acotylédones, type de la famille des *Lyco-*

Lycopodium inundatum ; a, écaille portant un sporange.

podiacées, l'une des plus curieuses du règne végétal, et par son port et par la singularité de son organisation. Les Lycopodiacées sont vivaces, herbacées ; la tige est dure, droite ou flexueuse, souvent rampante et se fixant aux supports par des crampons. Les feuilles, médiocrement chargées de chromule, sont petites, ovales, lancéolées, pourvues d'une nervure médiane et posées sur la tige comme les écailles sur le corps d'un reptile. Les organes reproducteurs sont des corps arrondis ou trigones, s'ouvrant en une ou deux valves et renfermant à l'intérieur des corpuscules arrondis ou spores visibles seulement au microscope. Les sporanges mâles et femelles sont le plus souvent disposés en épis. Les Lycopodiacées vivent généralement sous les tropiques ; l'Europe en possède quelques espèces. Leurs dimensions sont très variables : il en est qui s'élèvent à peine à la taille de nos polytrics, d'autres excèdent 1 mètre de haut ; plusieurs sont remar-

quables par leur élégance. — Le **Lycopode en massue** (*Lycopodium clavatum*, L.) est une espèce d'Europe et d'Amérique, commune en France et surtout en Suisse, où on l'exploite pour en obtenir les capsules. Celles-ci ont l'apparence d'une poussière jaunâtre, très inflammable, ce qui leur a valu le nom de *soufre végétal*. Les tiges sont rampantes ; elles émettent d'espace en espace des rameaux redressés donnant naissance à de longs épis cylindriques, et chargés d'une quantité prodigieuse de capsules. Il suffit de secouer légèrement les épis pour qu'elles se séparent. Le Lycopode est un objet de commerce assez important. On a tiré parti de sa prompte et facile inflammabilité pour simuler des éclairs sur nos théâtres. On l'emploie aussi pour saupoudrer les excoriations de la peau des petits enfants et, dans les pharmacies, pour enrober les pilules afin de les empêcher d'adhérer entre elles. Nous figurons ici une espèce voisine, le *Lycopodium inundatum*. On a rapporté à cette famille certaines plantes fossiles gigantesques de la période houillère (voir Végétaux fossiles), qui ont reçu les noms de *Sigillaria* et *Lepidodendron*.

LYCOPODIACÉES. Famille de végétaux cryptogames acrogènes, composée d'herbes, la plupart vivaces, à tige souvent dichotome, garnie de feuilles petites, simples, sessiles, insérées en spirale sur plusieurs rangs. Les organes reproducteurs, placés généralement à l'aisselle des feuilles, consistent en conceptacles bivalves ou *sporocarpes* ordinairement de deux sortes : les uns très gros, *macrosporanges*, renfermant chacun de quatre à huit spores anguleuses (*macrospores*), et d'autres plus petits, *microsporanges*, contenant des spores très nombreuses et très fines (*microspores*). Les microspores donnent naissance, après leur germination, à un *prothallium* analogue à celui des fougères, et à la surface duquel se développent des *archégones* qui reproduisent la plante mère. — On divise les Lycopodiacées en deux tribus : les *Lycopodiées*, qui portent à la fois les organes mâles et femelles, et les *Sélaginellées*, qui portent ces organes sur des prothalles séparés.

LYCOSE (du grec *lukos*, loup, araignée-loup). Genre d'arachnides pulmonaires, ordre des Aranéides, caractérisées par le céphalothorax prismatique portant en avant huit yeux inégaux disposés sur trois rangs, quatre au premier rang et deux sur chacune des deux autres lignes ; leurs pattes sont fortes, allongées, celles de la quatrième paire plus longues que les autres. Les Lycoses sont des araignées coureuses qui ne font pas usage de filets pour arrêter leur proie. On leur donne le nom d'*araignées-loups*. Le type du genre est la célèbre **Tarentule** (voir ce mot), sur laquelle on a répandu tant de fables.

LYGÉE, *Ligæus* (du grec *lugeios*, noirâtre). Genre d'insectes Hémiptères, section des *Hétéroptères*, type de la famille des *Ligéidés*. Ce sont des punaises au corps étroit et allongé, généralement coloré de rouge et de noir. Elles ont la tête petite, triangulaire, les antennes filiformes, de quatre articles

Ces insectes vivent de matières végétales; on les rencontre souvent en grand nombre serrés les uns contre les autres sous les écorces et au pied des murs. Les **Ligœus equestris, apterus, saxatilis**, sont fort communs. (Voir Punaise.)

LYMEXYLON (du grec *lumé*, fléau, et *xulon*, bois). (Voir Lime-bois.)

LYMNÉE. (Voir Limnée.)

LYMPHATIQUE [Système]. Appareil propre à la formation et à la circulation de la lymphe, et qui est spécial à la classe des Vertébrés. Chez les vertébrés supérieurs, dans l'homme, la portion périphérique de ce système est constituée par de très fins réseaux capillaires, d'où naissent des vaisseaux qui se réunissent les uns aux autres et forment en définitive un petit nombre de troncs terminaux débouchant dans les grosses veines voisines du cœur. Le principal de ces troncs est connu sous le nom de *canal thoracique*, c'est à lui qu'aboutissent, outre les lymphatiques des membres postérieurs, les *chylifères* ou Lymphatiques de l'intestin qui apportent dans le courant sanguin une partie des matériaux nutritifs élaborés par la digestion. Enfin, sur le trajet de ces vaisseaux on trouve des organes particuliers, les ganglions lymphatiques, nodosités ellipsoïdes, de volume variable, qui produisent des globules blancs destinés à se transformer ultérieurement en globules sanguins. (Voir Sang.)

LYMPHE (du latin *lympha*, dérivé lui-même du grec *numphé*, eau). Liquide clair, transparent, d'un jaune pâle, légèrement salé, qui circule dans les vaisseaux lymphatiques. Il contient des globules blancs et des gouttes graisseuses très fines; ce sont ces gouttelettes surabondantes, qui de la Lymphe intestinale font le *chyle*. (Voir Digestion et Circulation.)

LYNX. Genre de mammifères carnassiers de la famille des *Félidés* (voir Chat), que caractérise particulièrement l'existence d'un pinceau de poils à l'extrémité des oreilles et la brièveté de la queue. Nous citerons en tête le **Lynx** proprement dit (*Felis lynx*), dont la taille est presque le double de celle du chat sauvage; son pelage est roux, tacheté de brun, le tour de l'œil et la gorge sont blanchâtres, sa queue très courte. La finesse de sa vue est proverbiale. Les anciens, amis du merveilleux, allaient jusqu'à lui attribuer la faculté de voir à travers les murailles. Ce carnassier, autrefois commun en Europe, est aujourd'hui refoulé dans quelques parties boisées et montagneuses de ce continent. Perché sur un arbre, il guette les petits mammifères, dont il fait sa proie. Cependant il ne craint pas d'en attaquer de plus forts que lui. C'est un animal très destructeur. Comme le loup, le Lynx pousse pendant la nuit une sorte de hurlement; il attaque de préférence les faons, et ce sont ces deux habitudes qui lui ont probablement valu des chasseurs son nom vulgaire de *loup-cervier*. Il tue sa proie en lui brisant les vertèbres du cou, et lui fait alors un trou derrière le crâne pour lui sucer la cervelle. Pris jeune et élevé en captivité, il s'apprivoise assez facilement et montre même de l'attachement pour son maître. Comme le chat, il est d'une propreté recherchée et toujours occupé à lisser sa jolie robe qui fournit une fourrure assez estimée. — Le **Lynx de Moscovie** ou *chelason* (*Felis cervaria*), de la taille du loup, a le pelage d'un gris argenté avec des taches noires; sa queue est touffue, noire à son extrémité. Sa fourrure est, dans le Nord, un objet

Lynx d'Europe.

de commerce assez important. On estime également celles du **Lynx d'Amérique**, du **Lynx de Barbarie** ou *caracal*. — Le **Lynx des marais** ou *chaus* habite le Caucase, l'Égypte et la Nubie.

LYRE. (Voir Mesure.)

LYRIODENDRON. (Voir Tulipier.)

LYS. (Voir Lis.)

LYSIMAQUE, *Lysimachia* (du grec *luein*, apaiser, et *maché*, combat, parce qu'on lui attribuait anciennement des propriétés vulnéraires). Genre de plantes dicotylédones, monopétales, hypogynes, de la famille des *Primulacées*, composé d'herbes vivaces à feuilles simples, opposées ou verticillées, propres aux régions tempérées du globe, à fleurs pentamères, jaunes ou roses, disposées en grappe ou en panicule. La **Lysimaque commune** (*L. vulgaris*), connue sous les noms vulgaires de *corneille* et de *chassebosse*, est commune dans les lieux humides, au bord des ruisseaux. Sa tige, haute de 8 à 10 décimètres, est droite, simple; ses feuilles à pédoncule très court, ovales lancéolées, aiguës; ses fleurs jaunes en grappe rameuse paniculée au sommet de la tige. — La **Lysimaque nummulaire** (*L. nummularia*), vulgairement *herbe aux écus*, également très commune, croît abondamment dans les prairies humides, dans les lieux herbeux et frais. Sa tige est rampante; ses feuilles arrondies légèrement en cœur à leur base, obtuses au sommet, lui ont valu son nom vulgaire; ses fleurs jaunes, grandes, portées sur de longs pédoncules, sont solitaires à l'aisselle des feuilles. Les lobes de leur calice sont ovales lancéolés, deux fois plus courts que la corolle. On regarde cette espèce comme astringente, mais on s'en sert peu dans la médecine moderne.

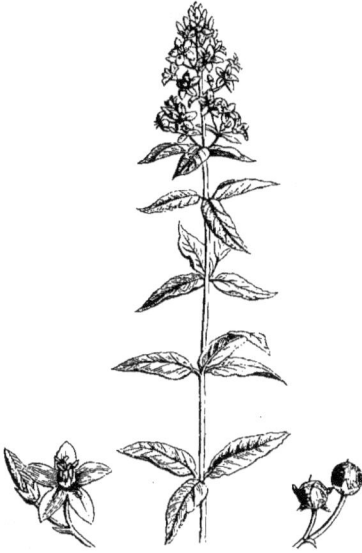

Lysimaque commune.

— La **Lysimachia purpurea** des anciens auteurs est la Salicaire. (Voir ce mot.)

LYTHRAIRE. (Voir Salicaire.)

LYTHRARIÉES (du genre *Lythrum*, salicaire). Famille de plantes dicotylédones, polypétales, périgines, à tige herbacée ou ligneuse, à rameaux tétragones, portant des feuilles opposées ou alter-

nes, sans stipules ; des fleurs axillaires ou en épi, hermaphrodites, régulières ; à calice persistant, à tube plus ou moins renflé, à huit, dix ou douze dents sur deux rangs ; quatre à six pétales insérés sur la gorge du calice ; deux à douze étamines insérées

Lythrariées (*Lythrum salicaria*).

au-dessous des pétales ; un style à stigmate simple ; l'ovaire libre, à deux ou plusieurs loges multiovulées ; capsule membraneuse à deux ou quatre loges polyspermes. Ce groupe comprend les genres *Lythrum* (salicaire), *Cuphea*, *Peplis* (peplide), etc.

LYTHRUM. Nom latin du genre *Salicaire*.

LYTTE (*Lytta*). (Voir Cantharide.)

M

MAAGONI ou **MAHOGONI**. Nom américain de l'arbre qui fournit l'acajou (*Swietenia mahogoni*). (Voir Acajou.)

MABEA. Genre de plantes dicotylédones de la famille des *Euphorbiacées*. Ce sont des arbrisseaux sarmenteux de l'Amérique du Sud, où on les appelle vulgairement *bois calumet*, parce que leurs rameaux creux servent à faire des tuyaux de pipe : tels sont les Mabea pipiri et taquari, de la Guyane. Le Mabea fistuligera, du Brésil, possède dans son écorce des propriétés toniques et fébrifuges.

MACACO. Espèce du genre *Maki*. (Voir ce mot.)

MACACUS. (Voir Macaque.)

MACAQUE, *Macacus* (Nom que donnent les nègres du Congo à toutes les espèces de singes indistinctement). Groupe de singes catarrhiniens de l'an-

cien continent, de la famille des *Cercopithèques*, caractérisés par des fesses calleuses, des abajoues et une taille moyenne ; ils ont les membres bien proportionnés pour marcher à quatre pattes. Leurs dents sont au nombre de trente-deux, comme chez tous les singes de cette famille. Leurs narines s'ouvrent en arrière du museau ; leur queue est courte chez la plupart, et, quelque longue qu'elle soit, elle reste pendante et ne devient jamais un organe de préhension. Les Macaques prennent place entre les guenons et les cynocéphales ; ils sont plus doux et plus susceptibles d'éducation que ces derniers ; quelques espèces cependant et surtout les mâles montrent un caractère intraitable. Toutes les espèces sont de l'Asie méridionale, à l'exception d'une, qui se trouve dans le nord de l'Afrique et dans le midi de l'Espagne : c'est le **Magot**, le *pithé-kos* d'Aristote et de Gallien, le plus anciennement connu de tous les singes. Il a environ 8 décimètres de longueur, depuis le bout du museau jusqu'à l'extrémité postérieure du corps ; sa queue est réduite à un petit tubercule ; sa hauteur, lorsqu'il marche, est de 5 décimètres. Toute la partie supérieure de son corps est d'un gris jaunâtre ; le sommet de la tête, les épaules et la face supérieure des bras sont d'un jaune doré, mélangé de noir ; ses joues, ainsi que toutes les parties inférieures du corps et la face interne des membres, sont d'un blanc sale ; la face, les oreilles, le scrotum, sont nus ; dans quelques-uns, le pelage tire fortement sur le brun. Ce singe est un de ceux que l'on voit

Magot.

le plus souvent dans les ménageries ambulantes ; il est remarquable par son intelligence, sa vivacité et sa gentillesse, au moins dans le jeune âge ; car en vieillissant son caractère devient de moins en moins traitable. Il change beaucoup également au physique, à ce point que Linné et Buffon ont décrit les deux âges comme étant deux espèces différentes : le *Pithèque* et le *Magot*. La petite figure ronde et intelligente du jeune Magot s'allonge en museau avec l'âge ; sa face se teint d'une couleur de chair livide. Le Magot est répandu sur toute la côte septentrionale de l'Afrique ; on le trouve également à Gibraltar, mais il est probable que les individus qui se rencontrent dans cette dernière localité, proviennent de singes qui ont été importés à une époque plus ou moins reculée. — L'Ouanderou ou **Macaque** à crinière, le Maimon, le Rhésus, tous trois de l'Inde, appartiennent à la section des Macaques à queue courte ; le **Macaque** aigrette, le Bonnet chinois, le **Macaque** doré sont des Macaques à queue longue. Ces espèces sont décrites dans Buffon.

MACAQUE (ver). (Voir Dermatobie.)

MACAREUX (*Fratercula*). Genre d'oiseaux de l'ordre des Palmipèdes, section des *Brachyptères*, famille des

Alcidés (de *alca*, pingouin), caractérisés par un bec robuste, très comprimé latéralement, plus court que la tête et aussi haut que long, à mandibule supérieure crochue à la pointe, et marquée par des sillons profonds ; des jambes courtes, situées très en arrière du corps ; des ailes courtes et étroites. Ces oiseaux sont excellents nageurs, mais leur marche est embarrassée, et leur vol de courte durée ; aussi ne quittent-ils guère l'eau que pour se reposer ou se reproduire. La femelle pond dans les creux ou dans les fentes des rochers deux œufs et quelquefois un seul. Les Macareux habitent les mers glacées du pôle Nord ; on les rencontre quelquefois, pendant les hivers rigoureux, sur les rivages tempérés de l'Europe. Leur nourriture consiste en mollusques, en crustacés et en petits poissons, qu'ils saisissent en plongeant. On connaît deux espèces de ce genre : le **Macareux** moine (*Fr. arctica*), noir en dessus, blanc en dessous ; cet oiseau se rencontre parfois sur les côtes de France et d'Angleterre ; le **Macareux** huppé (*Fr. cristata*), qui se distingue du précédent par sa tête ornée de deux huppes de plumes jaunes ; il habite le Kamtchatka et le Groënland.

MACERON, *Smyrnium* (du grec *smurna*, myrrhe, suivant les uns ; de la ville de Smyrne, suivant les autres). Genre de plantes de la famille des *Ombellifères*, comprenant des végétaux herbacés bisannuels, qui croissent spontanément dans les parties méridionales de l'Europe. Le **Maceron** commun (*S. olus atrum*) croît communément dans les régions méditerranéennes, surtout dans les pâturages humides. De sa racine charnue s'élève, à 1 mètre et plus, sa tige striée, rameuse, portant des feuilles ternées, à segments dentés ; ses fleurs, en ombelle terminale, sont d'un jaune verdâtre. Cette plante, à laquelle on donne parfois le nom vulgaire de *gros persil de Macédoine*, était employée autrefois comme aromatique et stimulante. On mange ses jeunes pousses dans le Midi.

MACHÆRODUS (du grec *machaira*, glaive, et *odous*, dent). Espèce de grand chat fossile de la taille du jaguar, dont on trouve les restes dans les terrains tertiaires (miocène). C'était un des plus terribles carnassiers de cette époque, et fort heureusement, il n'a pas perpétué sa race jusqu'à nos jours. Ainsi que son nom l'indique, ses canines étaient allongées et tranchantes comme des lames de poignard, et avec ces dents, il devait, dit M. Gaudry, enlever des lanières dans le cuir épais des pachydermes. Cette conformation des dents lui a fait donner le nom spécifique de *cultridens* (dents en lame de couteau).

MACHAON. (Voir Papillon.)

MACHE. Nom vulgaire d'une espèce du genre *Valérianelle* (voir ce mot), dont les rosettes de feuilles radicales sont très estimées comme salade d'hiver. On la vend sur nos marchés sous les noms de *mâche, doucette, blanchette.*

MACHELIÈRES. Synonyme de Molaires.

MACHETES. Nom scientifique latin des oiseaux du genre *Combattant*.

MACHOIRES. On nomme ainsi la charpente osseuse qui supporte les dents chez les animaux vertébrés. Cet organe varie d'ailleurs beaucoup suivant les diverses classes d'animaux. (Voir Squelette, Mammifères, Oiseaux, Poissons, Reptiles, Insectes, etc., et les mots Bouche et Dents.)

MACIGNO. Nom italien d'un grès marneux qui contient du quartz, du calcaire et de l'argile ; on l'emploie comme pierre de construction. On le trouve dans les Apennins.

MACIS. On donne ce nom à l'arille ou membrane qui enveloppe la noix muscade. (Voir Muscadier.)

MACLE ou CHIASTOLITE (du latin *macula*, tache). Espèce minérale du groupe des Silicates anhydres d'alumine. La macle est une andalousite qui a entraîné dans sa cristallisation un peu de la matière colorante noire du schiste et quelquefois une partie du schiste lui-même. Tantôt l'enveloppe vitreuse claire renferme au centre un prisme noir, relié aux angles par des lames noires ; tantôt les lames se terminent par quatre petits prismes noirs formant mosaïque. Ces cristaux se trouvent disséminés dans les schistes argileux dits *maclifères*. On en recueille de beaux spécimens près de Saint-Brieuc (Côtes-du-Nord).

MACLURE (nom propre). Genre de plantes dicotylédones de la famille des *Ulmacées*, tribu des *Morées*, comprenant des arbres élevés propres aux régions chaudes de l'Amérique. L'espèce la plus importante est le **Mûrier des teinturiers** (*Maclura tinctoria*), haut de plus de 10 mètres, qui habite le Mexique et les Antilles ; son bois donne une matière colorante jaune. Une autre espèce, le **Maclure orangé** (*Maclura aurantiaca*), est un arbre épineux de la Louisiane et du Brésil, moins haut que le précédent, dont le bois très flexible sert à faire des arcs, d'où les noms vulgaires de *bois d'arc, bois des osages* (*bow wood*). Ses fruits agrégés ont la forme et la couleur d'une orange.

MAÇON, MAÇONNE. On donne vulgairement ce nom à divers animaux qui construisent leur nid en terre. Tels sont : parmi les oiseaux, la Sitelle d'Europe ; une araignée, la Mygale maçonne, une abeille solitaire, l'*Osmia muraria*.

MACRE (*Trapa*). Genre de plantes de la famille des *Haloragées*, tribu des *Trapées*. Ce sont des plantes herbacées qui nagent dans l'eau des marais et des lacs de l'Europe et de l'Asie centrales. Leurs feuilles inférieures sont capillaires, les supérieures au contraire flottent en rosette à la surface de l'eau ; le pétiole qui les supporte se renfle dans son milieu en une sorte de vésicule remplie d'air qui remplit les fonctions d'une vessie natatoire. Les fleurs sont axillaires, solitaires, à quatre pétales. Le fruit qui succède à ces fleurs est une noix dure accompagnée de deux ou quatre pointes épineuses ; il n'a qu'une seule loge et renferme une graine volumineuse. — L'espèce la plus remarquable du genre est la **Macre flottante** (*Trapa natans*), connue vulgairement sous les noms de *châtaigne d'eau, noix d'eau, tribule,* etc. Ses fleurs, qui se développent de juin en août, sont petites, axillaires, d'un blanc verdâtre. Son fruit, de la couleur et du volume d'une châtaigne ordinaire, armé de quatre cornes aiguës, opposées en croix, renferme une amande

Fruit mûr de la Macre.

dont le goût rappelle celui de la châtaigne. Dans plusieurs contrées de l'Europe, on mange ce fruit bouilli ou cuit sous la cendre. La culture de cette plante serait d'une utilité d'autant plus grande, qu'elle ne demande aucun soin et vient dans des lieux entièrement perdus pour l'agriculture. Elle deviendrait une ressource précieuse pour les pays pauvres et marécageux. Il suffit pour la multiplier d'en jeter les fruits mûrs dans l'eau. Les Chinois cultivent une espèce (*Trapa bicornis*) qui diffère de la nôtre en ce que son fruit n'a que deux appendices cornus.

MACREUSE (*Oidemia*). Genre d'oiseaux Palmipèdes, famille des *Anatidés*, très voisins des Canards, dont ils se distinguent par un bec plus large, plus ren-

Macreuse commune.

flé, et gibbeux à la base et près du front. Ces oiseaux se distinguent en outre par leur plumage uniformément coloré d'une teinte sombre. Leur vol est peu élevé et faible : mais en revanche ils nagent et plongent parfaitement ; aussi ne quittent-ils guère la mer et ses rivages, où ils se nourrissent de moules et d'autres mollusques. Ils ont d'ailleurs les mœurs générales des canards. (Voir ce mot.) On connaît trois ou quatre espèces de Macreuses. La plus répandue est la **Macreuse commune** (*O. nigra*), de passage en hiver sur les côtes de France et d'Angleterre; son plumage est tout noir. — La **Double Macreuse** (*O. fusca*) diffère de la précédente par un miroir blanc sur l'aile. On voit souvent ces deux espèces sur nos marchés. L'histoire de la Macreuse offre une particularité assez curieuse : autrefois, sa chair était considérée comme maigre et permise pendant le carême. Cela vient de cette singulière croyance, généralement répandue au moyen âge, que la Macreuse ne provenait pas d'un œuf comme les autres oiseaux, mais s'engendrait du bois pourri ; les consciences se trouvant par ce fait dégagées de tout scrupule, les conciles en permirent l'usage ; mais lorsqu'il fut prouvé, plus tard, que les Macreuses se reproduisaient comme les autres oiseaux, on trouva d'autres raisons pour prouver que la Macreuse devait être considérée comme un aliment maigre ; on prétendit alors que cet oiseau avait le sang froid et que sa graisse, comme celle des poissons, ne se figeait jamais. Et ce qu'il y a de plus singulier, c'est que, dans certaines parties de la France, non seulement on mange encore, pendant le carême, la chair de Macreuse, qui d'ailleurs est huileuse et indigeste, mais on croit aussi à son origine fabuleuse.

MACROBIOTUS (du grec *makros*, long, et *bios*, vie). (Voir Tardigrades.)

MACROCYSTIS (du grec *makros*, grand, et *kustis*, vessie). Genre d'algues marines de la section des *Mélanophycées*, du groupe des *Laminaires*. Ce sont des algues gigantesques des mers du Sud et de l'océan Pacifique, dont les troncs, de 7 à 8 mètres de hauteur, portent d'énormes bouquets de feuilles qui forment par leur développement un demi-cercle d'un diamètre égal. Une espèce de ce genre atteint souvent, dit-on, jusqu'à 500 mètres de longueur (*Macrocystis pyrifera*) et couvre, dans l'océan Pacifique, de grands espaces de mer ; ses tiges sont grêles, très ramifiées et couvertes de feuilles lancéolées et dentées en scie, dont chacune semble sortir d'une énorme vésicule à air de forme oblongue.

MACRODACTYLES (du grec *makros*, long, et *daktulos*, doigt). Nom adopté par Cuvier, pour désigner une famille d'oiseaux de l'ordre des Échassiers, caractérisés par des doigts fort longs. Ils forment aujourd'hui la famille des *Rallidés*, et comprennent les râles, les poules d'eau, les foulques, les kamichis, les jacanas.

MACRODONTIA (du grec *makros*, long, et *odous, odontos*, dent). Genre d'insectes Coléoptères de la famille des *Longicornes*, qui renferme les géants de la famille. Le type du genre, le **Macrodontia cervicornis**, atteint 8 centimètres de longueur. Il n'est pas rare dans les forêts de la Guyane, et sa larve, très grosse, vit dans le tronc des bombax ou fromagers. On la mange à Cayenne, comme le ver palmiste.

MACROGLOSSE (de *makros*, long, et *glóssa*, langue). Genre de cheiroptères formé pour une espèce de Roussette de Java (*Pteropus rostratus*), remarquable par la longueur et l'extensibilité de sa langue. — On donne également ce nom à un genre d'insectes lépidoptères fondé sur le sphinx du caille-lait (*Macroglossa stellatarum*) qui se distingue par la longueur de sa trompe.

MACROPODIDÉS. (Voir Macropus.)

MACROPUS (de *makros*, long, et *pous*, pied). Nom scientifique latin des Kanguroos (voir ce mot), d'où l'on a fait le nom de *Macropodidés* pour désigner la famille.

MACROSCÉLIDE (du grec *makros*, grand, et *skélos*, jambe). Genre de mammifères de l'ordre des Insectivores, famille des *Soricidés*, mais dont la forme générale rappelle celle des gerbilles ; car ils ont, comme ces dernières, les membres postérieurs notablement plus grands que les antérieurs. Ils ont à chaque mâchoire vingt dents, dont quatorze molaires tuberculeuses ; leur museau est prolongé en petite trompe ; ils ont cinq doigts à tous les pieds, et leur queue longue et grêle est garnie de poils très courts. Les Macroscélides habitent l'Afrique septentrionale, et les Français établis en Algérie leur donnent le nom de *rat à trompe*. Ce sont des animaux fort doux qui s'apprivoisent facilement. L'espèce type, le **Macroscélide de Rozet**, fauve en dessus, blanchâtre en dessous, a 10 centimètres de longueur, sans la queue, qui en mesure autant. On en connaît quelques autres espèces qui habitent l'Afrique australe.

MACROSPORES (de *makros*, grand, et *spora*, semence). Nom donné aux spores des Lycopodes. (Voir ce mot.)

MACROTHERIUM (du grec *makros*, grand, et *thérion*, bête féroce). Nom d'un grand édenté fossile qui est le Pangolin gigantesque de Cuvier. (Voir Pangolin.)

MACROURES. Division de l'ordre des Décapodes, comprenant les crustacés dont l'abdomen bien développé est terminé par une large nageoire en éventail (*makros*, long, et *oura*, queue) ; ce sont les crevettes, écrevisses, homards, langoustes, pagures, etc. (Voir ces mots.)

MACTRE (du grec *maktra*, vase). Genre de mollusques bivalves de la famille des *Cardiacés*. Leur coquille est transverse, subtriangulaire, à côtés inégaux ; le ligament interne est logé de part et d'autre dans une fossette triangulaire. Le pied de l'animal est comprimé et propre à ramper ; il forme avec le manteau deux tubes qui sortent par le côté postérieur de la coquille. Les Mactres vivent enfoncées dans le sable, non loin du rivage ; on en rencontre dans toutes les mers. Leurs coquilles sont, en général, lisses et blanchâtres, légèrement ridées ou sillonnées. On en connaît plusieurs espèces fossiles dans les terrains crétacés et tertiaires.

MADRÉPORAIRES. (Voir Madrépores.)

MADRÉPORES (*Madrepora*). Nom sous lequel on confondait autrefois tous les polypiers pierreux. — On réserve aujourd'hui le nom de *Madrépores* ou *Madréporaires* à un groupe de cœlentérés (zoophytes) de la classe des CORALLIAIRES, ordre des ZOANTHAIRES, comprenant tous les polypiers calcaires solides, dont la surface est percée d'une foule de cavités étoilées dont chacune correspond

Madrépore abrotanoïde.

à un polype. Ces cavités sont nommées des calices. Elles sont divisées en chambres par des *lames* calcaires rayonnantes, dont chacune est comprise, quand l'animal est vivant, entre deux

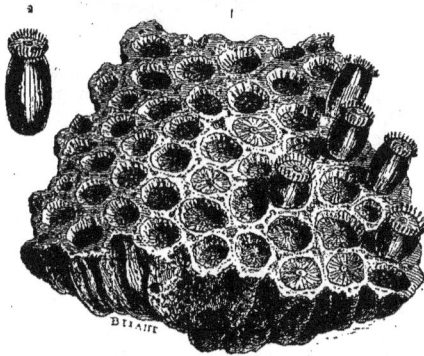

Astrée. 1, polypier ; 2, le polype.

cloisons de polype. Parfois tous les calices sont confondus, de manière que la surface du polypier est transformée en une sorte de labyrinthe sinueux, comme dans les *Méandrines*. Les polypes, en forme

d'actinie, sont assez courts et pourvus de tentacules simples dont le nombre ordinairement très grand est un multiple de 6. La plupart des Madréporaires forment de volumineuses colonies (*Madrepora, Astræa, Meandrina, Oculina,* etc.); quelques-uns cependant vivent solitaires (*Caryophyllia, Balanophyllia*). Le genre *Madrepora* renferme un très grand nombre d'espèces; l'une des plus connues est le **Madrépore abrotanoïde** (*M. muricata*), dont le développement est si rapide qu'il produit en peu d'années des récifs considérables au voisinage des îles de l'océan Pacifique. On en voit dans les collections de belles touffes de 3 à 6 décimètres, d'une blancheur éclatante. Dans l'état de vie, cette partie pierreuse est recouverte d'une écorce vivante, molle et gélatineuse, tout hérissée de rosettes de tentacules, qui sont les polypes. L'écorce et les polypes se contractent au moindre attouchement. (Voir POLYPIERS.) — Près des *Madrépores* proprement dits se rangent : les *Caryophyllies*, à polypiers tantôt solitaires, tantôt

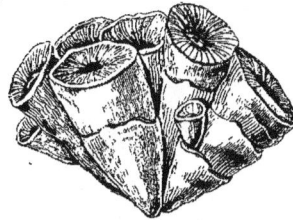

Cyathophyllum turbinatum du dévonien.

plus ou moins fasciculés, mais jamais soudés en masse comme les *Astrées,* qui présentent une large surface, le plus souvent bombée, creusée d'étoiles serrées, dont chacune renferme un polype; les *Méandrines,* dont la surface est creusée de lignes allongées, comme des vallons séparés par des collines et formant un vrai labyrinthe. — On connaît un grand nombre de Madréporaires fossiles disséminés dans les terrains géologiques, principalement dans ceux de l'époque jurassique. — Les Madrépores ou polypiers pierreux constituent souvent des amas considérables. Bâtissant leurs édifices sans relâche depuis des milliers de siècles, ces petits animalcules entassent étage sur étage, polypier sur polypier, avec une lente persévérance, plus puissante que la force, jusqu'à ce que le niveau des flots mette un terme à leurs constructions. Mais alors le travail, arrêté dans le sens de la hauteur, se poursuit dans le sens horizontal; le sommet de l'amas de Madrépores devient un écueil; l'écueil, un îlot; l'îlot, une île; et l'Océan compte une terre de plus. (Voir ILES MADRÉPORIQUES.)

MAGNAN. Nom du ver à soie dans le Midi.

MAGNANERIE. Lieu où se fait l'éducation des vers à soie.

MAGNÉSITE. Matière minérale plus ou moins terreuse, tendre, qui est un hydrosilicate de magnésie. Elle est d'un blanc mat, happe à la langue et fait pâte avec l'eau; sa densité n'est que de 1,2. On trouve la Magnésite dans les calcaires tertiaires. *L'écume de mer*, dont on fait des pipes très estimées, est une magnésite pure et compacte qui nous vient surtout de l'Asie Mineure.

MAGNÉTITE. (Voir Aimant.)

MAGNOLIA (du nom du botaniste français Magnol, mort en 1715). Genre de plantes dicotylédones, polypétales, hypogynes, type de la famille des *Magnoliacées*. Il se compose d'arbres remarquables par la beauté de leur feuillage et de leurs fleurs, et tous

Magnolia grandiflora; a, fruit.

propres aux parties chaudes de l'Amérique septentrionale et de l'Asie tropicale. Leurs feuilles sont alternes, entières, accompagnées de deux stipules. Leurs fleurs sont solitaires à l'extrémité des branches et remarquables par leur grandeur et leur odeur suave. Elles présentent pour caractères : calice à trois sépales colorés, corolle formée de deux à quatre verticilles, chacun à trois pétales; étamines nombreuses, portées sur un prolongement du réceptacle, qui porte également un grand nombre de pistils libres et distincts, uniloculaires. A ces fleurs succède une sorte de cône formé par la réunion d'un grand nombre de capsules coriaces, s'ouvrant par leur suture dorsale, renfermant deux graines ou une seule. — L'espèce la plus répandue aujourd'hui dans les jardins est le **Magnolia à grandes fleurs** (*M. grandiflora*), qui, dans son pays natal, l'Amérique du Nord, s'élève à 20 et 25 mètres de hauteur. Le tronc, droit et uni, se termine par une

belle cime conique; il est revêtu d'une écorce assez semblable à celle du hêtre. Ses feuilles, grandes et luisantes, se rapprochent pour la forme de celles du laurier-amandier; ses fleurs, d'un blanc pur, ont de 16 à 25 centimètres de diamètre et répandent une odeur fort agréable; les fruits qui leur succèdent forment des cônes de 12 centimètres de long. Ce magnifique arbre réussit dans nos climats tempérés et surtout dans le Midi, dans une terre franche et substantielle. — Le **Magnolia parasol** (*M. umbrella*), de moitié plus petit que le précédent, est remarquable par ses feuilles qui atteignent jusqu'à 4 et 5 décimètres de long, et sont réunies à l'extrémité des branches en forme d'ombelle. — Le **Magnolia Yulan**, de la Chine, de 10 à 12 mètres de haut, se couvre de fleurs nombreuses qui précèdent les feuilles, et répandant une odeur douce et agréable. Cet arbre est cultivé avec soin en Chine; on attribue de grandes vertus à son écorce, et l'on emploie ses graines, réduites en poudre, comme toniques, fébrifuges et stomachiques. L'écorce de plusieurs Magnolia de l'Amérique septentrionale (*Magnolia grandiflora, glauca, plumieri*) est également employée aux Etats-Unis comme fébrifuge, ce qui a valu au *Magnolia glauca*, entre autres, le nom de *quinquina de Virginie*. A la Martinique, on aromatise les liqueurs en y faisant infuser des fleurs de Magnolia. — La badiane (voir ce mot) appartient à la même famille.

MAGNOLIACÉES (du genre *Magnolia*). Famille de plantes dicotylédones, polypétales, hypogynes, comprenant de beaux arbres ou arbrisseaux aromatiques et amers, à feuilles alternes, simples, coriaces, à stipules membraneuses; à fleurs grandes, formées d'un calice à trois-six sépales, d'une corolle de six pétales, de nombreuses étamines et de plusieurs ovaires imbriqués en épi; fruit le plus souvent capsulaire et déhiscent. Cette famille comprend les genres *Magnolia, Lyriodendron* (tulipier), *Drimys, Illicium*.

MAGOT. Espèce de singe du genre *Macaque*. (Voir ce mot.) Quelques auteurs en font un genre à part, parce qu'il n'a qu'un tubercule au lieu de queue.

MAGUEY. (Voir Agavé.)

MAHALEB. Nom d'une espèce de Cerisier. (Voir ce mot.)

MAHOGONI. Nom américain de l'arbre à acajou. (Voir Acajou.)

MAIA (nom mythologique). Genre de crustacés de l'ordre des Décapodes, section des Brachyures, de la famille des *Oxyrhinques*, dans laquelle il forme un petit groupe sous le nom de *Maïens*, caractérisés par leur carapace ovale, très large, leur rostre saillant et profondément bifide, les antennes externes à premier article pourvu de deux longues épines. — Le type du genre, qui habite nos mers, le **Maia squinado**, connu vulgairement sur nos côtes sous le nom d'*araignée de mer*, est un de nos plus gros crabes; il est long de 10 à 12 centimètres, couvert de tubercules et d'épines et très velu. Il habite de préférence les fonds vaseux et se cache

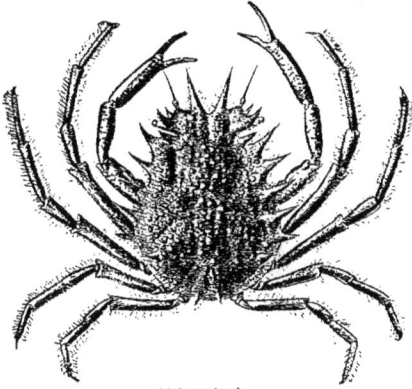

Maia squinado.

sous les pierres. On mange sa chair, mais elle est en réalité peu délicate. — Le Maia verrucosa de la Méditerranée est plus petit.

MAIGRE. Poisson du genre *Sciène*. La seule espèce qui habite nos mers *(Sciæna aquila)*, vulgairement *aigle de mer*, est un grand poisson qui atteint jusqu'à 2 mètres de long. Sa forme générale rappelle celle du bar; son museau est mousse, un peu bombé, sa gueule peu fendue, armée de fortes dents pointues. La couleur du Maigre est d'un gris argenté assez uniforme, un peu plus clair sur le ventre; les nageoires pectorales et ventrales sont d'un beau rouge et les autres d'un brun rougeâtre.

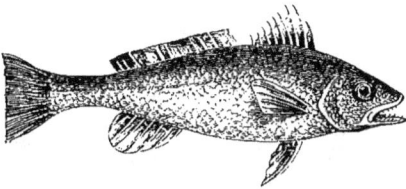

Maigre (*Sciæna aquila*).

Le Maigre est un magnifique poisson, assez commun sur certaines côtes et célèbre autrefois par la bonté de sa chair, bien que moins estimé aujourd'hui. Quand ces poissons nagent en troupe, ils font entendre un bruit sourd, une sorte de mugissement assez fort, disent les pêcheurs, pour être entendu sous vingt brasses d'eau. Il est arrivé que trois pêcheurs, guidés par ce bruit, ont pris vingt Maigres d'un coup de filet; aussi ont-ils soin de mettre de temps en temps l'oreille sur les bords de la chaloupe, pour se guider d'après ce bruit, ou ce chant, comme ils l'appellent. Quelques pêcheurs prétendent que les mâles seuls font entendre ce bruit au temps du frai. Le Maigre, est, dit-on, d'une force extraordinaire et peut, lorsqu'on le tire vivant dans une barque, renverser un homme d'un seul coup de queue; c'est pourquoi l'on a coutume de l'assommer aussitôt qu'il est pris. On pêche sur les côtes du cap de Bonne-Espérance un Maigre très voisin de celui d'Europe. Ce poisson est, par son abondance, une des richesses de la ville du Cap. Chaque jour on en prend par centaines à l'hameçon ou à la seine. On le sale et on le sèche comme la morue; sa chair est ferme et de fort bon goût.

MAILLOT *(Pupa)*. Genre de mollusques GASTÉROPODES PULMONÉS de la famille des *Hélicidés*, comprenant un grand nombre d'espèces terrestres qui vivent dans les gazons, sous les mousses et les pierres. L'animal se rapproche beaucoup de celui des hélices; il a quatre tentacules, dont les antérieurs sont petits et rudimentaires et les postérieurs soudés au sommet. La coquille, généralement petite et épaisse, est ovalaire ou cylindrique, avec des tours de spire nombreux et étroits. On les rencontre sur presque tous les points du globe. Les plus répandues, en France, sont : le Maillot cendré, le Maillot des mousses, le Maillot à trois dents, etc.

MAIMON. Espèce de singe du genre *Macaque*. Le Maimon de Buffon, ou *singe à queue de cochon (Macacus nemestrinus)*, a 60 centimètres du bout du museau à l'origine de la queue; cette dernière est courte et grêle. Il est en dessus d'un fauve verdâtre, avec le milieu du sommet de la tête, le dessus du cou, le dos et la queue noirs; les joues et les parties inférieures sont d'un blanc roussâtre. Le Maimon habite Java et Sumatra. Avec l'âge, il devient très méchant.

MAIN *(Manus)*. La Main est l'extrémité élargie et aplatie des membres thoraciques de l'homme et des singes; elle fait suite à l'avant-bras, auquel elle s'adapte par le poignet (*carpe*). Selon Cuvier, la main est caractérisée par l'indépendance du pouce qui, par son opposition aux autres doigts, lui permet de saisir les plus petits objets. Dans ces conditions, la main est à la fois un organe de préhension et un organe des sens; c'est le siège du tact perfectionné, le *toucher*. L'homme, chez qui cet organe atteint le plus haut degré de perfection, n'offre de main qu'aux membres thoraciques; il est dit *bimane*; les singes et les lémuriens ont leurs quatre membres terminés par une main, ce qui leur a fait donner le nom de *quadrumanes*; chez quelques singes, cependant (atèles, colobes), le pouce manque ou est rudimentaire. La Main de l'homme a une face antérieure, concave, une *région palmaire*, qui tire son nom de la paume de la Main, et une *région dorsale*. La première, marquée de plis particuliers, est glabre, épaisse, adhérente; la région dorsale, convexe dans tous les sens, est couverte d'une peau mince et mobile, garnie de poils et soulevée par les veines superficielles; les tendons des muscles superficiels des doigts s'y dessinent comme des cordes sous-cutanées. La

Main se termine par les doigts; ceux-ci, au nombre de cinq, chez l'homme, sont, en les comptant du dedans au dehors, vus de dos : le pouce, l'index, le medius, l'annulaire et l'auriculaire. Le squelette de la Main est composé des huit os du carpe (poignet), des cinq os du métacarpe ou corps de la Main et des os des doigts, composés chacun de trois phalanges, sauf le pouce qui n'en a que deux : en tout vingt-sept os (voir la figure ci-dessous). Un grand nombre de muscles, de tendons et d'aponévroses, entrent dans sa composition et lui permettent les mouvements les plus variés (voir la figure ci-contre). Les principaux muscles sont les *fléchisseurs* et *extenseurs* de la Main sur l'avant-bras, qui produisent en même temps l'abduction et la rotation; les *extenseurs, fléchisseurs, abducteurs* et *adducteurs* des doigts; les espaces qui séparent les os du métacarpe sont remplis par les *muscles interosseux,* abducteurs et adducteurs de-doigts. Il existe en outre, pour le pouce et le petit doigt, des muscles particuliers qui appartiennent

propre à une foule d'usages; elle est le siège principal de ce sens droit, exact, destiné à rectifier les illusions de tous les autres sens; c'est la Main qui nous donne seule l'idée véritable de la solidité et de la forme des corps. La Main du singe, bien

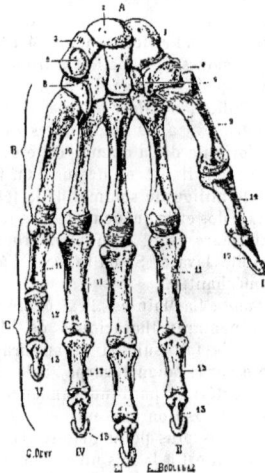

Muscles de la main gauche (face palmaire).

A, cubitus; B, radius; C, pisiforme.

1, muscle court adducteur du pouce; 2, muscle court fléchisseur du pouce; 3, muscle palmaire cutané; 4, tendon du muscle petit palmaire; 5, tendon du muscle grand palmaire; 6, muscle adducteur du petit doigt; 7, muscle court fléchisseur du petit doigt; 8, tendon du muscle long fléchisseur du pouce; 9, muscle adducteur du pouce; 10, les quatre muscles lombricaux; 11, premier interosseux dorsal; 12, tendons des muscles interosseux dorsaux et palmaires; 13, tendons du muscle fléchisseur superficiel; 14, tendons du muscle fléchisseur profond; 15, tendons du cubital antérieur; 16, tendons du court extenseur du pouce; 17, tendons du long adducteur du pouce; 18, muscle carré pronateur.

Dans la région du métacarpe, le tendon du fléchisseur superficiel a été réséqué au niveau du troisième segment digital pour montrer le tendon du fléchisseur profond qui est sousjacent et sur lequel viennent s'insérer les fibres musculaires des lombricaux.

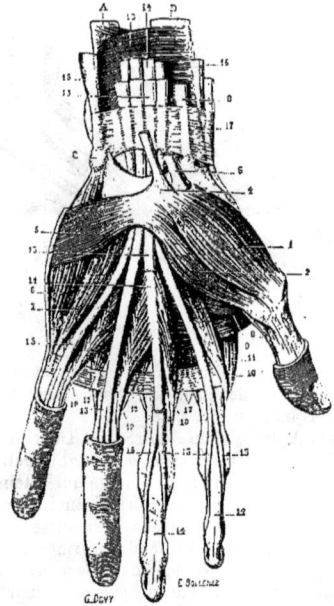

Squelette de la main gauche (face palmaire).

A, carpe; B, métacarpe; C, doigts.

I, pouce; II, index; III, médius; IV, annulaire; V, auriculaire.

1, scaphoïde; 2, semi-lunaire; 3, pyramidal; 4, pisiforme; 5, trapèze; 6, trapézoïde; 7, grand os; 8, os crochu avec 8' son apophyse unciforme; 9, premier métacarpien; 10, cinquième métacarpien; 11, phalange; 12, phalangine; 13, phalangette; 14, première phalange du pouce; 15, deuxième phalange du pouce.

à la région palmaire et forment sous le pouce et sous le petit doigt des saillies volumineuses nommées *éminences thénar* et *hypothénar*. Les artères sont représentées par les petites branches de la radiale et de la cubitale; le réseau veineux a pour origine les veines collatérales des doigts. Les nerfs cubital, radial et médian fournissent à la Main leurs rameaux les plus déliés. — Tout est donc combiné dans la Main pour en faire l'instrument le plus sensible et le plus mobile, et la rendre

qu'ayant également la faculté d'opposer le pouce aux autres doigts, présente, comparativement à celle de l'homme, de nombreuses imperfections. (Voir Singe.)

MAÏS (*Zea maïs*, L.) De même que toutes les autres céréales, cette plante appartient à la famille des *Graminées* (voir ce mot), où elle constitue, à elle seule, un genre particulier nommé *Zea* par Linné. C'est une plante annuelle, dont les tiges s'élèvent d'ordinaire à environ 16-20 décimètres, mais susceptible d'acquérir, dans certaines variétés, le double de cette hauteur. Les feuilles sont grandes, linéaires, lancéolées, d'un vert clair, ciliées. Les fleurs sont monoïques. Les mâles forment une grande panicule terminale, composée de beaucoup d'épis grêles et flexueux ; les épillets naissent deux à deux sur les dents de l'axe des épis, et ils contiennent chacun deux fleurs à trois étamines. Les fleurs femelles sont agrégées, par séries longitudinales et serrées, en épis solitaires aux aisselles des feuilles supérieures et enveloppés chacun d'une sorte d'involucre, formé d'un grand nombre de gaines membraneuses; les épillets sont réduits à une seule fleur fertile, qui est accompagnée d'une

Maïs cultivé.

fleur rudimentaire ; la glume et la glumelle sont à deux valves. L'ovaire se termine en un très long style filiforme, à stigmate longitudinal. Les fruits (vulgairement *grains de Maïs*) sont assez gros, irrégulièrement arrondis, lisses et luisants, jaunes, blanchâtres ou rougeâtres, plus ou moins enfoncés dans les alvéoles de l'axe de l'épi, et disposés sur huit à douze rangs serrés, dont l'ensemble forme un cône qui est recouvert par les gaines de l'involucre. Le Maïs, quoique ses noms vulgaires de *blé de l'Inde, blé de Turquie, blé de Guinée* et *blé d'Espagne*, sembleraient indiquer le contraire, est originaire d'Amérique ; les aborigènes de cette partie du monde le cultivaient de temps immémorial, et ils ne connaissaient pas d'autre céréale avant l'invasion des Européens. Le Maïs fut introduit en Europe peu de temps après la découverte du nouveau con-

tinent, et sa culture était déjà très répandue dans quelques contrées de la France vers le milieu du dix-septième siècle. La culture du Maïs ne réussit guère, en Europe, au delà du 50e degré de latitude; dans toutes les contrées soumises à un hiver plus ou moins prolongé, il importe de n'en faire les semis qu'à une époque assez avancée pour que les gelées printanières ne soient plus à craindre. Le Maïs vient en toute espèce de terre, pourvu qu'elle soit profonde et suffisamment amendée ; toutefois, il préfère les sols légers et un peu humides. La farine de ce grain ne peut se conserver au delà d'une année, et elle n'est pas propre à la panification, à moins qu'on n'y ajoute un tiers de farine de blé. A l'aide de ce mélange, elle fournit un pain sain et de saveur agréable ; mais la manière la plus habituelle d'employer cette farine est d'en faire des bouillies, des gâteaux, de la gaude, de la *polenta*, mets favori des Piémontais, etc. La farine de Maïs contient 75 pour 100 de fécule et 5 pour 100 de sucre ; elle est un des féculents qui contiennent le plus de substances grasses: de 7 à 9 pour 100 ; aussi est-elle recommandée dans l'alimentation des phtisiques. Les stigmates de Maïs sont employés en médecine pour le traitement de la gravelle ; et, au Mexique, on en fait usage depuis fort longtemps contre la colique néphrétique. Le Maïs est une nourriture excellente pour les bestiaux et les oiseaux domestiques, qui engraissent promptement lorsqu'on les soumet à ce régime. En Amérique, on l'emploie à faire de la bière, et on le donne aux chevaux, en place d'avoine. Les feuilles de la plante, soit en vert, soit séchées, fournissent un bon fourrage ; les feuilles séchées surtout. Les Mexicains traitent le Maïs par la chaux éteinte, puis ils lui font subir de nombreux lavages; ces opérations, qui lui enlèvent une partie de ses principes nutritifs, paraissent aussi avoir pour effet d'en rendre l'usage sans danger. En effet, dans la plupart des contrées où le Maïs fait la base de l'alimentation, les populations sont sujettes à la *pellagre*, maladie de la peau, qu'on attribue à une sorte de champignon dont serait attaqué le Maïs; l'emploi de la chaux éteinte détruirait, à ce que l'on croit, l'action pernicieuse de ce champignon.

MAJORANA. (Voir Marjolaine.)

MAKI (*Lemur*). (Voir Lémuriens.)

MALACHIE, *Malachius* (du grec *malakos*, mou). Genre d'insectes Coléoptères de la famille des *Malacodermes*. Les Malachius ont le corps oblong, la tête saillante, rétrécie en avant, les palpes filiformes, à dernier article plus ou moins acuminé ; les antennes sont atténuées à l'extrémité, parfois élargies ou lobées à la base chez les mâles; le corselet est assez plane, presque arrondi; les élytres sont oblongues ou ovalaires, souvent plissées et épineuses à l'extrémité chez les mâles ; les pattes sont assez grêles. Ces insectes sont remarquables par les vésicules rouges, appelées *cocordes*, qu'ils peuvent faire sortir sur les côtés du corselet et de l'abdomen quand on les irrite. Ils sont très agiles, très carnassiers. Les espèces les plus remarquables sont : le **Malachius œneus**, long de 6 à 7 millimètres, d'un vert métallique, à élytres rouges avec une large bande suturale verte, les côtés du corselet rouges, la bouche jaune ; les trois premiers articles des antennes élargis en une dent jaune pâle chez les mâles, et le **Malachius rufus**, de 5 à 7 millimètres, d'un beau rouge en dessus avec la tête et une bande médiane vert bronzé. Ces insectes sont assez communs en France : la larve vit dans le bois mort et l'insecte parfait dévore les pucerons, les cochenilles et autres petits animaux.

MALACHITE (du grec *malaché*, mauve). Ce nom a été donné au carbonate vert de cuivre. C'est un composé de 71 parties de deutoxyde de cuivre, de 18 à 20 d'acide carbonique et de 8 à 10 d'eau. Cette substance, d'un beau vert, cristallise en prismes droits rhomboïdaux. La Malachite cristallisée est assez rare ; cette espèce minérale se trouve plus communément en masses concrétionnées, en groupes aciculaires d'un aspect soyeux, ou bien en petites masses compactes ou terreuses. La Malachite concrétionnée présente des zones de diverses nuances d'un beau vert qui se dessinent de la manière la plus agréable par le poli velouté qu'elle reçoit. Elle est recherchée pour fabriquer des objets d'ornement en l'employant en plaques minces dont on fait une sorte de marqueterie. Cette belle substance se trouve principalement dans les monts Ourals et dans d'autres montagnes de la Sibérie. Plusieurs contrées, telles que la Hongrie, la Bohême, la Saxe et l'Angleterre, en possèdent aussi, mais en moindre quantité et d'une qualité inférieure.

MALACOBDELLE (du grec *malakos*, mou, et *bdella*, sangsue). Genre d'annélides de la famille des *Hirudinées*, à corps plat, couvert de cils vibratiles, qui vivent en parasites sur divers mollusques.

MALACODERMES (du grec *malakos*, mou, et *derma*, peau). Famille d'insectes COLÉOPTÈRES renfermant des genres assez dissemblables, mais qui ont pour caractère commun des téguments mous, des élytres molles et flexibles, ce qui est l'exception chez les insectes coléoptères. Ils ont, en général, le corselet tranchant sur les bords, s'avançant souvent sur la tête, qui s'infléchit en dessous ; cinq articles à tous les tarses. Les entomologistes divisent cette famille en plusieurs tribus, dont les principales sont les *Lampyrides* et les *Cebrionides*. (Voir ces mots.)

MALACOLOGIE (de *malakos*, et *logos*, discours). Partie de la zoologie qui traite des Mollusques.

MALACOPODES (de *malakos*, mou, et *podes*, pieds). Ordre de la classe des MYRIAPODES comprenant le seul genre *Péripate*. (Voir ce mot.)

MALACOPTÈRES ou **MALACOPTÉRYGIENS** (du grec *malakos*, mou, et *ptérux*, nageoire). Grande division établie par Cuvier pour les poissons dont les rayons sont composés de pièces osseuses articulées, qui les rendent flexibles. Cette division comprend trois ordres, suivant la position des ventrales ou leur absence : I. MALACOPTÉRYGIENS ABDOMINAUX, comprenant les *Cyprins*, *Esoces*, *Salmones*, *Clupes*, etc. II. MALACOPTÉRYGIENS SUBBRACHIENS, comprenant les *Gades* et les *poissons plats*. III. MALACOPTÉRYGIENS APODES, privés de nageoires ventrales, ne comprenant que les *Anguilliformes*. — Les Malacoptères forment aujourd'hui une tribu de l'ordre des TÉLÉOSTÉENS ou poissons osseux, qui comprend les Malacoptérygiens abdominaux et apodes de Cuvier, sauf les équilles et les lançons, qui prennent place dans les ANACANTHINES. (Voir ce mot.) Ces derniers comprennent les Malacoptérygiens subbrachiens de Cuvier. — Les Malacoptères actuels sont *physostomes*, c'est-à-dire à vessie munie d'un canal aérien. On les divise en APODES, comprenant les *Murénidés* et les *Gymnotidés*, et en ABDOMINAUX, formés des *Clupéidés*, *Salmonidés*, *Esocidés*, *Cyprinidés*, *Siluridés*. (Voir ces mots.)

MALACOZOAIRES. On donne parfois ce nom, qui signifie *animaux mous*, aux Mollusques (voir ce mot), et celui de *Malacologie* à la branche de la zoologie qui traite de ces animaux.

MALAHEB. (Voir CERISIER.)

MALAIRE [Os] (du latin *mala*, joue). L'os malaire ou *os de la pommette* est un os pair, situé sur les parties latérales de la face, entre le maxillaire supérieur et l'apophyse zygomatique du temporal. Il forme la saillie de la pommette.

MALAIS. Employé d'abord dans un sens vague pour désigner tout ensemble les populations mélan-

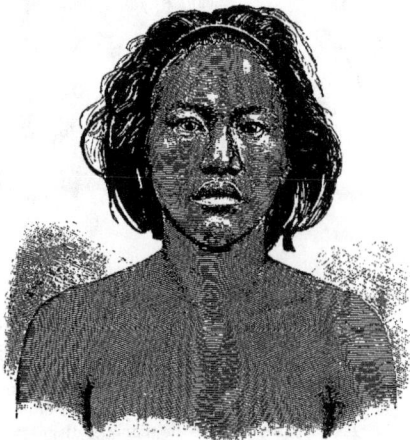

Javanais.

gées qui habitent les grands archipels du sud-est de l'Asie et les îles du Pacifique, ce mot a pris dans ces derniers temps une acception plus étroite et mieux définie.

On distingue maintenant dans la *Malaisie* des anciens auteurs diverses races superposées : la race *Négrito*, formée de petits noirs brachycéphales, à chevelure crépue, localisée dans les parties les plus inaccessibles et les plus malsaines du territoire ; la race *indonésienne*, grande, brune, à cheveux lisses, dolichocéphale, ayant chassé les Négritos et possédé tous les territoires qui s'étendent depuis l'Assam jusqu'à Timor ; les *Malais* enfin, d'immigration plus récente, localisés sur les côtes et le long des cours d'eau, petits et brachycéphales, comme les Négritos, mais bruns de peau et à chevelure lisse et longue ; ils sont sortis du Menang-Kabou, à Sumatra, au onzième et au douzième siècle. Ils y étaient sans doute arrivés de l'Indo-Chine. On trouve, en effet, des tribus toutes semblables par les traits, les mœurs, la langue, etc., dans le Cambodge et diverses autres parties de la péninsule indo-chinoise. L'action des Malais s'est peu après étendue fort loin dans l'est jusqu'en Nouvelle-Guinée, où les *praos* des sultans de Tidor vont encore aujourd'hui lever des impôts pour leur souverain.

MALAMBO. Nom indien sous lequel est expédiée en Europe l'écorce du *Croton malambo,* arbre de la Nouvelle-Grenade qui appartient à la famille des *Euphorbiacées.* Cette écorce, douée d'une odeur aromatique, d'une saveur amère et âcre, s'emploie dans la dyspepsie et dans la convalescence des fièvres intermittentes.

MALAPTÉRURE (des mots grecs *malakos, ptéron, oura,* nageoire caudale molle). Genre de poissons de la famille des *Silurés* se distinguant des vrais Silures, parce qu'ils n'ont point de nageoire rayonnée sur le dos, mais seulement une petite nageoire caudale adipeuse. La tête de ces poissons est recouverte, comme le corps, d'une peau lisse ; le museau court porte six barbillons ; les dents sont en velours, disposées en haut et en bas sur un large

Malaptérure électrique.

croissant. On ne connaît qu'une espèce de ce genre, c'est le **Malaptérure électrique** du Nil, que les Arabes nomment *raasch* ou *tonnerre* à cause de ses propriétés électriques. Ce poisson, que Linné comprenait parmi les Silures, n'a que 40 centimètres de longueur ; sa couleur est d'un brun grisâtre parsemé de petites taches noires assez espacées. L'appareil électrique est placé, chez le Malaptérure, de chaque côté du corps, depuis l'abdomen jusqu'à la queue ; il est composé de deux couches de substances différentes interposées entre la peau et les muscles, et qui reçoivent toutes deux des nerfs nombreux. Au moyen de cet appareil, le Malaptérure peut à volonté donner à ceux qui le touchent ou qui en approchent de véritables commotions électriques, assez violentes pour les engourdir ou même les paralyser. C'est

avec ces armes redoutables qu'il se défend contre ses ennemis, ou qu'il attaque la proie dont il veut s'emparer. Toutefois, l'animal ne peut produire qu'un certain nombre de décharges pendant lesquelles son fluide s'épuise, de sorte qu'au bout d'un certain temps il ne peut plus faire aucun mal et finit par se trouver sans défense. Il a besoin pour reprendre sa puissance électrique de réparer ses forces par la nourriture et par le repos.

MALARMAT (*Peristedion*). Genre de poissons de l'ordre des ACANTHOPTÈRES, famille des *Triglidés,* voisins des Trigles, dont ils diffèrent par leur corps cuirassé de grandes écailles hexagones, par leur museau divisé en deux pointes et par leur bouche dépourvue de dents. L'espèce type, le **Malarmat** (*P. cataphractum*), habite la Méditerranée ; son corps est d'un beau rouge, doré sur les flancs.

MALBROUCK. Espèce de singe du genre *Guenon.*

MALCOMIA (dédié à *Malcolm,* botaniste anglais). Genre de plantes crucifères confondues par les jardiniers parmi les *Juliennes.* Le type du genre, le **Malcomia maritima,** vulgairement *julienne de Mahon* ou *giroflée de Mahon,* donne tout l'été des fleurs violettes, ou rouges, ou lilas, ou blanches, à odeur agréable. (Voir JULIENNE.)

MALICORE. Nom que l'on donne dans les pharmacies à l'écorce sèche de grenade.

MALLÉOLE. Partie des os de la jambe qui forme la cheville du pied. La Malléole interne appartient au tibia, la Malléole externe est constituée par l'extrémité inférieure du péroné. (Voir SQUELETTE.)

MALMIGNATE. (Voir LATRODECTE.)

MALPIGHIA (dédié au célèbre anatomiste Malpighi). Genre de plantes dicotylédones type de la famille des *Malpighiacées.* Ce sont des arbustes propres aux régions chaudes du nouveau monde, dont on cultive plusieurs dans les serres d'Europe sous le nom de *cerisiers des Antilles.* Tel est le *Malpighia glabra,* arbrisseau toujours vert, de 4 à 5 mètres de hauteur, à feuilles coriaces, ovales aiguës, à fleurs purpurines réunies en ombelle ; le fruit qui leur succède est une sorte de drupe rouge de la forme et de la grosseur d'une cerise, d'une saveur aigrelette. — Le *Malpighia brûlant* (*M. urens*) a ses feuilles garnies en dessous de poils piquants et caustiques comme ceux de l'ortie. On lui donne le nom vulgaire de *bois capitaine.* Ses fruits se mangent, et son écorce, douée de propriétés astringentes, est employée contre les diarrhées et les leucorrhées.

MALPIGHIACÉES. Famille de plantes dicotylédones, polypétales, hypogynes, comprenant des arbres ou des arbrisseaux des régions tropicales, à feuilles généralement opposées, munies de deux stipules. Fleurs hermaphrodites ou polygames, à cinq pétales, à étamines en nombre double, à filets soudés ; ovaire libre composé de deux ou trois carpelles à deux ou trois loges uniovulées. Fruit charnu, drupacé ou ligneux.

MALT. On donne ce nom à l'orge germée et séchée que l'on emploie dans la fabrication de la bière.

MALTHE. (Voir Bitume.)

MALUS. Nom scientifique latin du Pommier.

MALVA. Nom scientifique latin du genre Mauve.

MALVACÉES. Famille de plantes dicotylédones, polypétales, à étamines hypogynes. Cette famille, qui a pour type le genre Mauve (Malva), offre pour caractères : calice à cinq dents, corolle rotacée à cinq pétales ; étamines en nombre indéfini ; ovaire à cinq loges ou plus, couronné soit d'un seul style, soit d'autant de styles qu'il y a de loges ; fruit capsulaire ou charnu. Les Malvacées renferment des herbes, des sous-arbrisseaux, des arbrisseaux et des arbres ; leurs feuilles sont alternes, histipulées, en

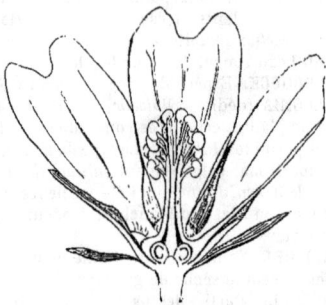

Fleur de mauve, coupée verticalement.

général plus ou moins profondément lobées ; les fleurs naissent d'ordinaire aux aisselles des feuilles. Beaucoup de Malvacées servent à divers usages soit dans l'économie domestique ou dans les arts, soit en thérapeutique. Les cotonniers appartiennent à cette famille. En général, les Malvacées abondent en principes mucilagineux, en vertu desquels on les emploie soit comme remèdes émollients et adoucissants, tels que la guimauve et les mauves, soit comme herbes potagères, telles que le gombo. Les tiges herbacées de la plupart des Malvacées ont une écorce filandreuse, presque aussi tenace que le chanvre : cette écorce sert à faire des cordages, des tissus et du papier ; dans l'Inde, l'Hibiscus cannabinus se cultive en grand à cet effet. Enfin, beaucoup d'espèces intéressent par la beauté de leurs fleurs ; nous nous bornerons à citer, comme plantes d'ornement d'une culture générale, la rose trémière, les lavatères, les ketmies, les mauves, etc. Les principaux genres que renferme cette famille sont : Sterculia, Dombeya, Theobroma, Malva, Althæa, Sida, Abutilon, Hibiscus, Gossypium, Bombax, Adansonia, etc.

MAMELLES. Organes dont la présence constitue le caractère distinctif d'une des principales classes des vertébrés, les mammifères. Les Mamelles, au nombre de deux au moins, sont situées à la région pectorale et s'étendent chez beaucoup d'animaux jusqu'à l'abdomen. — Dans l'espèce humaine, les Mamelles sont deux corps hémisphériques situés à la partie supérieure et antérieure de la poitrine. Au centre de la surface hémisphérique est un cercle de couleur rose, l'auréole, du milieu duquel s'élève le mamelon, petite éminence conoïde d'un rouge plus ou moins foncé, et dans laquelle viennent aboutir les vaisseaux lactifères qui versent le lait à l'extérieur. La forme hémisphérique des Mamelles, chez les femmes, est due à un tissu adipeux abondant, recouvert d'une peau fine et sans rides. Les Mamelles, dépourvues de graisse chez les animaux, ne se développent qu'à l'époque de l'allaitement. (Voir Lait et Allaitement.) Le nombre des Mamelles varie suivant les familles ; il est en général à peu près en rapport avec celui des petits dont se compose chaque portée ; ainsi l'on n'en compte que deux chez les singes, l'éléphant, la chèvre, le cheval ; quatre chez la vache, le cerf, la lionne ; huit chez les chattes ; les chiens, les cochons et les lapins en ont dix ; certains rats et l'agouti douze.

MAMELON. (Voir Mamelles.)

MAMILLAIRE, Mamillaria (de mamma, mamelle, en raison de la forme de ces plantes). Genre de plantes dicotylédones, polypétales, périgynes, de la famille des Cactées. Ces végétaux, qui font partie de ce qu'on appelle les plantes grasses, offrent une organisation singulière : leurs tiges sphéroïdes, ou oblongues, sont hérissées en tous sens de tubercules horizontaux en forme de mamelons (d'où leur nom), disposés en spirales multiples et terminés par un faisceau d'épines rayonnantes ; ce faisceau est entouré d'un duvet cotonneux. Les fleurs, petites, tubuleuses, ont de huit à vingt pétales, rouges ou jaunes, et sortent en assez grand nombre vers le sommet qu'elles ceignent comme d'une couronne. Le fruit qui leur succède est une baie allongée, rouge, contenant un grand nombre de petites graines. Les plus remarquables sont : la **Mamillaria coronaria,** à fleurs rouges, et la **Mamillaria longimamma,** à fleurs jaunes, toutes deux du Mexique.

MAMMALIA. Nom scientifique latin des Mammifères.

MAMMALOGIE (de mamma, et logos, discours). Partie de la zoologie qui s'occupe des Mammifères.

MAMMIFÈRES (du latin mamma, mamelle, et fero, je porte). On donne ce nom à la première classe des animaux vertébrés, qui se distinguent de ceux des autres classes par leur corps ordinairement couvert de poils, leur génération vivipare, et surtout par la présence, chez les femelles, de mamelles sécrétant un liquide particulier appelé lait, destiné à fournir aux petits leur première nourriture. Ces animaux ont un diaphragme musculaire séparant la poitrine de l'abdomen ; un cerveau proportionnellement plus volumineux que dans les autres créatures, et le système nerveux très développé. Ils ont un cœur à deux ventricules et à deux oreillettes, c'est-à-dire une circulation double complète, le sang chaud et rouge, des poumons volumineux (Voir Circulation et Respiration); des mâchoires mobiles dans le sens vertical, recouvertes par des lèvres et munies presque toujours de dents implantées dans les os des mâchoires ; les organes des sens sont généralement bien développés. Comme chez les autres vertébrés, une charpente osseuse donne attache aux muscles par lesquels s'exécutent les mouvements. Le squelette qui détermine la conformation générale du corps offre la plus grande analogie avec celui de l'homme. (Voir Squelette.) Ses modifications sont surtout relatives au mode de locomotion. La plupart des Mammifères vivent à la surface du sol, et sont organisés pour s'y mouvoir avec force, et d'une manière continue, en y marchant sur les quatre membres. Quelques-uns peuvent s'élever en l'air (chauves-souris) au moyen de membranes étendues entre les prolongements de leurs membres ; d'autres ont les membres tellement raccourcis, qu'ils ne se meuvent aisément que dans l'eau (cétacés); mais tous ces animaux,

Figure du cerf montrant le squelette.

malgré ces différences, conservent toujours les caractères fondamentaux de leur classe et l'organisation qui leur est propre. Il faut donc bien se garder de confondre ceux qui volent avec les oiseaux, et ceux qui vivent dans l'eau avec les poissons, comme on le faisait avant Linné. La queue qui, presque nulle dans quelques Mammifères, s'allonge beaucoup dans d'autres, fait suite à la colonne vertébrale et sert souvent d'auxiliaire aux appendices locomoteurs. L'enveloppe cutanée (voir Peau) est, dans l'immense majorité des cas, protégée par une sorte de production essentiellement propre à cette classe, les poils (voir ce mot), dont la couleur, la forme et la consistance varient néanmoins beaucoup (laine, soies, crins, piquants), et qui donnent naissance, en s'agglutinant d'une manière particulière, à des plaques épaisses et solides qu'on nomme ongles, sabots, cornes, écailles. (Voir tous ces mots.) La peau est d'ailleurs organe de protection plutôt que de sensation chez le plus grand nombre des Mammifères, si ce n'est dans quelques parties limitées,

comme les lèvres, où elle se modifie pour devenir organe du toucher. Quant aux autres organes sensoriaux, ils offrent le plus haut degré de perfectionnement et la plus grande analogie avec ceux de l'homme. Aussi n'est-il pas de classe d'animaux où les sensations soient plus délicates, comme il n'en est point où les organes locomoteurs produisent des mouvements plus variés, et où l'ensemble de toutes les propriétés paraisse combiné pour produire une intelligence plus avancée. L'allaitement maternel, qui n'a lieu que dans cette classe d'animaux, implique, chez ceux où il se trouve, des soins prolongés, assidus, donnés aux petits. C'est un des points les plus intéressants à connaître dans l'histoire des mœurs et des habitudes de ces vertébrés ; mais comme chaque espèce diffère sous ce rapport, nous ne pouvons que renvoyer ici à chacun des articles qui leur sont consacrés. Le nombre des mamelles varie de deux à douze ou quatorze. Ce sont les didelphes (voir ce mot) qui en présentent le plus. La gestation (voir ce mot) est d'autant plus longue que l'animal met plus de temps à prendre son accroissement; elle varie de trois semaines à douze mois et plus ; le nombre des petits est ordinairement en proportion inverse de la grandeur de l'espèce. Quoique réunis par les points les plus importants, les Mammifères présentent cependant une extrême variété de formes, d'organisation, de mœurs. Il n'est, par exemple, aucune classe d'animaux où l'on rencontre, sous le rapport du volume, d'aussi grandes différences. Le plus grand des animaux, la baleine, est un Mammifère ; il en est au contraire d'autres, comme quelques espèces de rats, et surtout de musaraignes, dont la grandeur n'excède pas 3 centimètres. La classe des Mammifères est celle qui a fourni à l'homme ses animaux domestiques les plus utiles. (Voir Animaux domestiques.) Ces espèces, multipliées à l'infini, sont aujourd'hui répandues sur tous les points du globe. — Les Mammifères méritent à tous égards d'être placés en tête de la série zoologique, non seulement parce que l'homme en fait partie, mais parce qu'ils sont en réalité supérieurs à tous les autres dans presque tous les points de leur organisation ; les fonctions animales jouissent chez eux d'une étendue plus grande que dans aucun groupe, et c'est aussi dans les animaux de cette classe que l'intelligence acquiert son plus haut point d'extension. La classification des Mammifères repose en général sur des modifications essentielles dans l'organisation, d'où résultent des groupes très naturels et nettement séparés. C'est principalement sur la nature des dents et les modifications des membres que ces coupes sont établies. Telle est, au moins, la classification de Cuvier, qui, sauf quelques légères modifications, est encore aujourd'hui la plus généralement suivie. Les Mammifères sont répartis dans seize ordres :

I. **Les Bimanes.** Cet ordre ne renferme que l'*homme;* il est principalement caractérisé par l'appropriation des membres antérieurs et postérieurs à des usages essentiellement distincts.

II. Les **Quadrumanes** ou Simiens ont le pouce opposable aux quatre membres ; leur appareil dentaire se compose, comme chez les bimanes, d'incisives, de canines et de molaires. Cet ordre comprend les *singes*, les *ouistitis*. Quelques naturalistes ne font aujourd'hui de ces deux ordres qu'un seul sous le nom de Primates.

III. Les **Lémuriens**, qui se distinguent des singes par leur dentition et quelques autres caractères, comprennent les *makis*, les *galagos*, les *tarsiers*.

IV. Les **Chéiroptères** sont caractérisés par une modification singulière des membres antérieurs transformés en ailes, à l'aide d'un grand repli de la peau des flancs qui s'étend jusqu'aux doigts. Ils ont les trois sortes de dents, ce sont les *chauves-souris* et les *roussettes*.

V. Les **Carnassiers** ont les quatre membres terminés par des doigts mobiles armés de griffes et exclusivement conformés pour la marche ; leurs appareils dentaire et digestif sont adaptés à un régime essentiellement carnassier. Cet ordre comprend les *chats*, les *chiens*, les *hyènes*, les *martes*, les *civettes*, les *ours*, les *blaireaux*, les *gloutons*.

VI. Les **Amphibies** ont une organisation analogue à celle des carnassiers, mais leurs membres ne sont pas propres à la marche et constituent des rames pour la natation, tels sont : les *phoques* et les *morses*.

VII. Les **Insectivores** ou Pinnipèdes ont encore les trois sortes de dents, mais leurs molaires, au lieu d'être tranchantes comme chez les carnassiers, sont hérissées de pointes coniques, ce qui les rend propres à saisir et à écraser les insectes dont ils font leur nourriture ; ce sont les *hérissons*, les *musaraignes*, les *taupes*.

VIII. Les **Rongeurs**, dont la bouche est armée de fortes incisives tranchantes et de molaires, mais manque de canines. Tels sont les *écureuils*, les *rats*, les *marmottes*, les *hamsters*, les *lièvres*, les *castors*, les *porcs-épics*.

Les anciens Pachydermes de Cuvier forment aujourd'hui trois ordres distincts :

IX. Les **Éléphants** ou Proboscidiens, qui ont cinq doigts et une longue trompe.

X. Les **Porcins**, ont les doigts en nombre pair et les trois sortes de dents ; ce sont les *cochons* et les *hippopotames*.

XI. Les **Jumentés**, qui ont les doigts en nombre impair, comprenant les *chevaux*, les *tapirs* et les *rhinocéros*.

XII. Les **Ruminants** se distinguent de tous les autres ordres d'animaux par l'existence de quatre estomacs disposés pour la rumination ; leur mâchoire supérieure manque de dents sur le devant ; leurs pieds sont fourchus, et dans beaucoup d'espèces, le front est armé de cornes. Dans cet ordre se rangent les *cerfs*, les *girafes*, les *antilopes*, les *chèvres*, les *moutons*, les *bœufs*, les *chameaux*, les *chevrotains*.

XIII. Les **Édentés** sont surtout caractérisés par l'absence de dents sur le devant de la bouche, l'appareil dentaire ne se compose que des molaires et quelquefois même manque complètement. Leurs ongles prennent un grand développement et enveloppent en majeure partie l'extrémité des doigts ; ce sont les *paresseux*, les *tatous*, les *fourmiliers*, les *pangolins*.

XIV. Les **Cétacés**, dont les formes extérieures sont celles des poissons, sont organisés pour une vie tout aquatique. Les membres postérieurs manquent complètement et les membres thoraciques sont transformés en nageoires ; leur queue se termine par une nageoire horizontale. Ce sont les *lamantins*, les *dugongs*, les *dauphins*, les *narvals*, les *cachalots*, les *baleines*.

XV. Les **Marsupiaux** sont caractérisés par l'existence d'une poche formée par les replis de la peau du ventre et destinée à contenir les petits jusqu'à leur entier développement. Tels sont les *sarigues*, les *kanguroos*, les *phalangers*.

XVI. Les **Monotrèmes** établissent le passage des mammifères aux oiseaux par leur cloaque et leurs mâchoires garnies de lames cornées. Tels sont les *échidnés* et les *ornithorhynques*.

Ces deux derniers ordres sont encore caractérisés par l'absence de placenta, d'où le nom d'*implacentaires* en opposition à celui de *placentaires* donné à tous les animaux des ordres précédents.

Le tableau ci-dessous résume cette classification :

Placentaires ou *Monodelphes*.	Quatre membres.	Onguiculés.	Trois sortes de dents.	Deux mains et deux pieds, attitude verticale...............	HOMINIENS.
				Quatre mains. { Orbites complètes ; molaires à tubercules mousses...................	SIMIENS.
				{ Orbites incomplètes ; molaires à tubercules aigus....................	LÉMURIENS.
				Quatre pieds, molaires broyeuses. { Membres antérieurs transformés en ailes....................	CHÉIROPTÈRES.
				{ Membres antérieurs normaux........	INSECTIVORES.
				Quatre pieds ; molaires tranchantes............	CARNIVORES.
				Membres antérieurs modifiés pour la locomotion aquatique,	AMPHIBIES.
			Deux sortes de dents, pas de canines................		RONGEURS.
		Ongulés.	Cinq doigts à chaque pied, une trompe............		PROBOSCIDIENS.
			Moins de cinq doigts à chaque pied. { Doigts en nombre pair. { Estomac multiple.........		RUMINANTS.
			{ Estomac simple.......		PORCINS.
			{ Doigts en nombre impair...............		JUMENTÉS.
		Dents d'une seule sorte ou manquant complètement............			ÉDENTÉS.
	Deux membres seulement, pas de membres postérieurs................				CÉTACÉS.
Implacentaires.	Pas de cloaque (*Didelphes*) ; des dents...........				MARSUPIAUX.
	Un cloaque (*Ornithodelphes*) ; pas de dents véritables...........				MONOTRÈMES.

MAMMOUTH (*Elephas primigenius*). Espèce d'Éléphant fossile, aujourd'hui disparue, et dont on retrouve de nombreux squelettes dans les terrains quaternaires, surtout dans les contrées du Nord. Ce monstrueux éléphant, haut de 5 à 6 mètres, portait sur le dos une longue crinière de poils noirs et sur

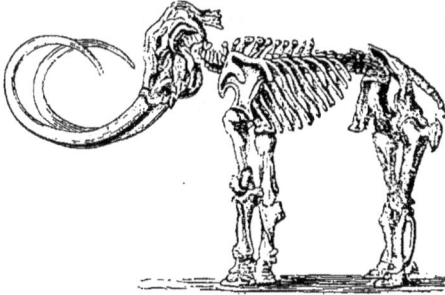

Mammouth (*Elephas primigenius*).

tout le corps une épaisse toison rousse, qui le défendait des injures du froid. Ses défenses, recourbées en arc de cercle, ont 4 mètres environ de longueur avec une épaisseur de 30 centimètres, et pèsent parfois jusqu'à 150 kilogrammes chacune. Cette espèce a vécu jusque dans le midi de la France, en même temps que l'homme, comme l'attestent ses ossements trouvés parmi les restes de l'industrie humaine à ses débuts, alors que l'habitant de nos pays n'avait que des cavernes pour demeure et le caillou tranchant pour arme et pour outil. Mais c'est surtout dans les régions arctiques que ses dépouilles sont abondantes. Toute la Sibérie est comme un cimetière à Mammouths, et, de temps immémorial, les Chinois exploitent ces singulières mines d'ivoire fossile et l'emploient aux mêmes usages que l'ivoire des éléphants modernes. On a même découvert, en Sibérie, des Mammouths ensevelis dans la glace, et si bien conservés qu'ils avaient encore leur pelage laineux ; les chiens eux-mêmes se nourrissaient de leur chair. — Vers la fin du siècle dernier, un pêcheur tongouse découvrit, à l'embouchure de la Léna, un énorme Mammouth encore revêtu de sa chair et de sa peau, enfoui dans la glace. Il en détacha les défenses d'ivoire, et abandonna, sans y attacher la moindre importance, le cadavre aux attaques des bêtes fauves. Pendant six ans, les loups et les ours blancs firent curée de sa chair ; et ce n'est qu'au bout de ce temps que la nouvelle de cette trouvaille parvint aux oreilles du naturaliste Adams. Celui-ci se rendit en toute hâte sur les lieux ; mais il ne put recueillir que le squelette et quelques touffes de poils. Il put d'autre part racheter les défenses, et ce squelette monté forme aujourd'hui la pièce la plus précieuse du musée de Saint-Pétersbourg. — Le nom de *Mammouth*, qui, en tartare, signifie animal souterrain, vient de cette croyance

populaire que l'animal vit encore et qu'il habite sous terre.

MANATE. (Voir LAMANTIN.)

MANCENILLIER (de l'espagnol *mançanilla*, petite pomme). Arbre de la famille des *Euphorbiacées*, qui a acquis une triste célébrité par ses propriétés vénéneuses. Le **Mancenillier vénéneux** (*Hippomane mancenilla*, L.) croît sur le bord de la mer, aux Antilles ; par son port et ses dimensions il rappelle notre poirier ; son tronc, couvert d'une écorce épaisse et grisâtre, laisse couler à la moindre incision un suc laiteux, abondant, dans lequel résident essentiellement les propriétés vénéneuses de la plante ; ses feuilles sont alternes, pétiolées, ovales, dentelées en scie ; ses fleurs sont réunies en petits épis, et le fruit qui leur succède ressemble à une petite pomme d'api (d'où le nom de la plante). Bien que cet arbre ait des propriétés très délétères, plusieurs voyageurs les ont exagérées, en prétendant que son atmosphère était mortelle et que les hommes qui s'arrêtaient sous son ombrage périssaient promptement. Mais le suc laiteux du Mancenillier est l'un des poisons âcres végétaux les plus énergiques. Quelques

Mancenillier vénéneux.

gouttes sur la peau y déterminent la formation d'ulcères, et 3 à 4 grammes introduits dans l'estomac amènent la mort au bout de quelques heures. Le fruit du Mancenillier participe des propriétés vénéneuses du suc laiteux. Cet arbre est, au reste, devenu très rare par suite de la précaution que prennent les habitants de détruire tous ceux qu'ils découvrent; car on n'en tire aucun profit, son bois mou et filandreux ne peut être employé dans la menuiserie, et il ne peut même servir comme combustible, sa fumée étant malfaisante.

MANCHE DE COUTEAU. Nom vulgaire des coquilles du genre *Solen.* (Voir ce mot.)

MANCHETTE DE NEPTUNE. Nom que donnent les marchands et les amateurs à une espèce de polypier pierreux, le *Retepora cellulosa*, qui, par la délicatesse de sa structure, ressemble à une dentelle.

MANCHOT, *Aptenodytes* (de *aptén*, sans ailes, et *dutés*, plongeur). Genre d'oiseaux de l'ordre des PALMIPÈDES, section des *Brachyptères*, famille des *Apténodytidés* ou Impennes. Ces oiseaux sont surtout remarquables par les moignons aplatis en forme de

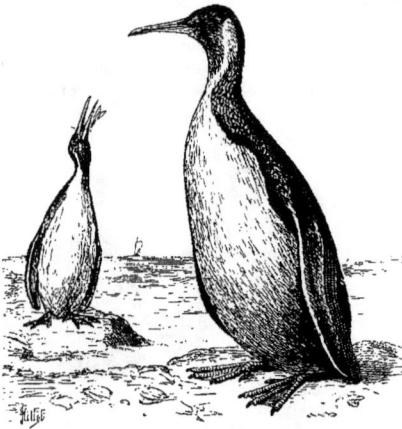

Manchot.

nageoires qui remplacent les ailes. Les Manchots ont une grande analogie de forme et de structure avec les pingouins (voir ce mot) et la plupart des voyageurs les ont confondus sous ce dernier nom. Cependant ils s'en distinguent par des caractères importants. Ainsi, tandis que les pingouins ont le corps couvert de véritables plumes et que leurs ailes sont pourvues de rémiges, fort courtes à la vérité, les Manchots ne sont revêtus que d'un simple duvet serré, offrant plutôt l'apparence de poils que de plumes, et leurs ailes n'ont pas de pennes, mais des vestiges de plumes ressemblant à des écailles. De plus, les Manchots habitent exclusivement l'hémisphère austral, tandis que les pingouins fréquentent les mers les plus septentrionales. Tout chez ces oiseaux a été disposé pour une vie essentiellement aquatique; aussi restent-ils près de huit mois de l'année dans la mer, errant à l'aventure et souvent fort loin des côtes. Leurs mouvements sont vifs et faciles dans l'eau; ils nagent et plongent avec une rapidité prodigieuse, bondissant fréquemment à la surface de la mer. Lorsqu'ils nagent, tout leur corps est submergé, leur tête seule sort de l'eau. Mais autant leurs mouvements sont prestes et aisés dans leur élément, autant ils sont pesants et gauches à terre. Leurs pieds courts et posés à l'arrière de l'abdomen ne leur permettent de marcher qu'avec la plus grande difficulté, et l'on peut les approcher d'assez près pour les tuer à coups de bâton. Vers la fin de septembre, à l'époque de la ponte, on les voit sur les côtes par longues bandes, marchant gravement comme une procession d'enfants de chœur en surplis et en camail noir. La femelle creuse dans le sable des dunes un trou profond dans lequel elle dépose un ou deux œufs. La chair du Manchot est assez bonne à manger, bien qu'elle ait un goût de poisson très prononcé. — On en distingue plusieurs espèces. Le **grand Manchot** (*Aptenodytes patagonica*), habite les îles Malouines et le détroit de Magellan. Il est de la taille d'une oie; son plumage est d'un gris ardoisé en dessus, blanc satiné en dessous avec un masque noir entouré d'une cravate jaune. — Le **Manchot du Cap** (*Apt. demersa*) ou *sphénisque* est brun en dessus, blanc en dessous. — Le **Manchot gorfou** (*Apt. chrysocoma*), de la taille d'un canard, est brun en dessus, blanc en dessous, avec des plumes dorées sur la tête; il habite le Cap et les Malouines.

MANDARINE. Fruit d'une variété d'Oranger. (Voir ce mot.)

MANDIBULES. On nomme ainsi, chez les oiseaux, les deux parties du bec, et, chez les insectes, la première paire de mâchoires.

MANDINGUES. Nègres de la Sénégambie. (Voir NÈGRE.)

MANDRAGORE (du grec *mandra*, étable, et *aguros*, nuisible; c'est-à-dire nuisible aux bestiaux). Genre de plantes de la famille des *Solanacées*, fameuses par les vertus merveilleuses que leur attribuaient les anciens. Ce sont des herbes vivaces, à tige rudimentaire, à racine tubéreuse, grosse, en cône allongé, le plus souvent bifurquée en deux grosses branches qu'on a comparées aux deux cuisses d'un homme; d'où le nom d'*anthropomorphon* que lui donnent les auteurs anciens. Les feuilles sont grandes, pétiolées, ondulées, disposées en rosette radicale; elles répandent une odeur désagréable. Les fleurs naissent sur de longs pédoncules axillaires, simples. Le calice est turbiné, quinquéfide, persistant. La corolle, violette ou d'un jaune livide, est en forme de cloche à cinq lobes, et à sa base s'insèrent cinq étamines. L'ovaire est à deux loges multi-ovulées, couronné d'un long style filiforme, à stigmate terminal, bilobé. Le fruit est une baie charnue, à graines très nombreuses, réniformes et comprimées. En Syrie et dans d'autres contrées on mange ce fruit, qui ne paraît pas participer aux propriétés malfaisantes du suc et des racines de la plante. — Ce genre renferme trois espèces que Linné confondait sous le nom d'*Atropa mandragora*; ce sont les **Mandragora vernalis, microcarpa** et **officinarum**, qui croissent dans les lieux ombragés et humides du midi de l'Europe. On croit que cette plante est le *dudaïm* de la Bible. — Les fables les plus absurdes s'étaient accréditées au sujet de ces plantes; on se plaisait à trouver une ressemblance parfaite entre les racines des Mandragores et le corps humain, et l'on assurait gravement que la plante poussait des gémissements épouvantables quand on l'arrachait

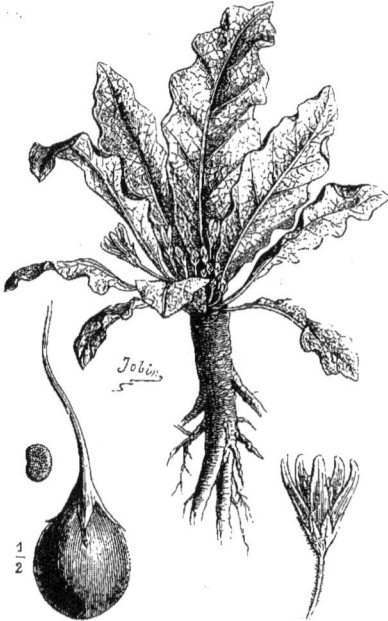

Mandragore (*Mandragora vernalis*).

de terre; cette racine était un élément indispensable pour la composition des philtres, et pour mille autres pratiques diaboliques. Du reste, les Mandragores sont du nombre des narcotiques les plus dangereux, et l'on s'en est servi maintes fois pour des usages criminels. L'extrait de racine de Mandragore s'employait autrefois en médecine dans le traitement de diverses maladies; mais on n'en fait plus guère usage aujourd'hui.

MANDRILLE. Genre de singe du groupe des Cyno-céphaliens qu'il forme avec les *Cynocéphales*. (Voir ce mot.) Les Mandrilles ont la queue très courte et le museau excessivement allongé. Parmi les espèces de ce genre, on distingue le *choras*, appelé *boggo* par les nègres de Guinée. Il habite les côtes occidentales de l'Afrique. Il est remarquable par sa face noire, son nez rouge et les bourrelets d'un beau bleu qui garnissent ses joues; son pelage est d'un brun verdâtre. Lorsqu'il se tient debout, sa taille est de 1m,50 à 1m,66. Dans le jeune âge, le choras est doux et paraît éducable; mais en vieillissant il devient

hideux par sa laideur et son expression de férocité; il perd peu à peu les bonnes habitudes qu'il paraissait avoir contractées dans sa jeunesse, et s'oublie au point de méconnaître la main qui le soigne et

Tête de mandrille.

de la déchirer même souvent pour répondre à ses caresses. Les femelles, plus petites que les mâles, sont aussi plus traitables. — Le *drille* ressemble beaucoup au choras; mais son pelage a des teintes plus verdâtres, et les côtés du corps sont couverts de longs poils très fins alternativement noirs et jaunes; sa face est entièrement noirâtre et ne revêt jamais les teintes bleues et rouges qui distinguent le Mandrille.

MANGABEY. Espèce de singe du genre *Guenon* (Cercopithèque), qui vit à Madagascar.

MANGANÈSE. Métal découvert par Schéele en 1774; il a l'aspect de la fonte; sa cassure est grenue. Sa densité est 8,013; sa dureté est telle qu'il peut couper le verre. Il est très altérable à l'air, à cause de la grande affinité qu'il a pour l'oxygène; aussi ne le trouve-t-on pas à l'état métallique dans la nature; on l'obtient en calcinant le peroxyde de manganèse avec du charbon. Il se combine en diverses proportions avec l'oxygène; ses oxydes sont utilisés dans les laboratoires pour l'extraction de l'oxygène. — Ses principaux minerais sont : le bioxyde de manganèse ou *pyrolusite*, qui cristallise en prismes droits à base rhomboïdale; et la *manganite* ou *acerdèse*, sesquioxyde hydraté, qui est en prismes droits à base rhomboïdale groupée en masses fibreuses et rayonnées. Ce dernier minerai donne moins d'oxygène que les précédents.

MANGANITE. (Voir MANGANÈSE.)

MANGE-TOUT. Nom vulgaire donné à une espèce de haricots et de pois, dont on mange la cosse.

MANGEUR D'ABEILLES. Nom vulgaire du Guépier. (Voir ce mot.)

MANGEUR DE CERISES. Le Loriot d'Europe.

MANGEUR DE FOURMIS. Les Fourmiliers, mammifères et oiseaux.

MANGEUR D'HUITRES. On donne ce nom à l'Huitrier, oiseau de l'ordre des ÉCHASSIERS.

MANGEUR DE MIEL. Le Coucou indicateur d'Afrique. (Voir COUCOU.)

MANGEUR DE MOUCHES. Les Gobe-mouches. (Voir ce mot.)

MANGEUR DE PIERRES. Divers mollusques lithophages.

MANGEUR DE RATS. Un grand serpent du genre *Eunectes*.

MANGLE et **MANGLIER.** (Voir PALÉTUVIER.)

MANGOUSTAN (*Garcinia*). Bel arbre de la famille des *Clusiacées* ou guttifères, qui croît dans les Moluques et dans les régions intertropicales de l'Inde. Son tronc et ses rameaux laissent couler, lorsqu'on les incise, un suc jaune épais, analogue à celui des autres guttiers; ses feuilles sont ovales aiguës; ses fleurs, à quatre pétales étalés, sont rouges, terminales et solitaires. Son fruit, de la forme et du volume d'une orange moyenne, renferme, sous une écorce épaisse et spongieuse, une chair blanche et fondante d'une saveur sucrée légèrement acidulée, d'une odeur qui rappelle celle de la framboise. Ce fruit est regardé comme l'un des plus délicieux de l'Inde. Son écorce a des propriétés astringentes et on l'emploie en Chine pour la teinture en noir.

MANGOUSTE ou **Ichneumon** (*Herpestes*). Genre de mammifères CARNASSIERS de la famille des *Viverridés*, très voisins des Civettes, dont ils ont les formes générales; ils ont aussi, comme ces dernières, une poche à pommade; mais tandis que celle-ci est double chez les civettes et située au-dessous de l'anus, elle est simple chez les Mangoustes et beaucoup moins développée. Leur corps est allongé; leurs pattes courtes, à cinq doigts, armés d'ongles aigus; leur tête petite, prolongée en un museau fin que termine un petit mufle. Les mœurs des Mangoustes sont très analogues à celles des martes. (Voir ce mot.) Elles vivent de rapine et leur nourriture consiste principalement en petite proie vivante et en œufs. Elles paraissent avoir un penchant déterminé pour la chasse aux reptiles. — On connaît plusieurs espèces de ce genre, qui toutes habitent les contrées chaudes de l'ancien continent. La plus célèbre est la **Mangouste d'Égypte** ou *rat de Pharaon*, l'*Ichneumon* des anciens. Elle est un peu plus grande que nos chats, de forme plus allongée et plus basse sur pattes; son pelage est brun foncé, tiqueté de jaune sale, sa queue longue est terminée par un flocon de poils noirs. Son pelage est formé d'un poil gros, sec et cassant. La demi-palmure qui existe entre ses doigts indique un animal qui fréquente le bord des rivières. L'Ichneumon, célèbre dans l'antiquité par l'espèce de culte que lui rendaient les Égyptiens, a été le sujet des fables les plus absurdes; il a fallu un observateur tel que Geoffroy Saint-Hilaire pour rétablir la vérité. L'Ichneumon, dit ce savant naturaliste, est un animal craintif et défiant; jamais il ne se hasarde dans une plaine découverte, mais il se blottit dans les sillons ou canaux disposés en grand nombre pour l'irrigation des terres. Il explore les alentours, non seulement avec les yeux, mais aussi avec l'odorat, très développé chez lui. Lorsqu'il guette sa proie, il rampe lentement sur le ventre, et ce n'est que lorsqu'il croit être sûr de son fait, qu'il s'élance d'un bond sur le but de ses désirs. Il use des mêmes précautions pour aller boire dans le Nil. Il se nourrit de rats, de serpents, d'oiseaux et d'œufs. Cet animal s'apprivoise facilement, s'attache à son maître et le suit fidèlement, ainsi que le fait un chien. En Égypte, on l'emploie généralement à débarrasser les maisons des rats et des souris; et il s'acquitte de cette mission aussi bien qu'un chat. Il habite surtout la basse Égypte; mais remonte dans le haut pays à l'époque des débordements du Nil. Là il trouve un ennemi acharné qui lui fait une guerre

Mangouste d'Égypte.

d'extermination, c'est le *tupinambis*, espèce de gros lézard, auquel son courage seul donne l'avantage. L'Ichneumon était placé, par les Égyptiens, au nombre des animaux qu'ils adoraient, parce qu'ils le considéraient comme un destructeur actif des reptiles qui abondent dans le pays. Ils croyaient que cet animal pénétrait dans le corps des crocodiles endormis la gueule béante et les tuait en leur dévorant les entrailles; ce fait est fabuleux, comme on le pense bien; mais, en réalité, ils restreignent beaucoup la multiplication des crocodiles en détruisant leurs œufs, dont ils sont très friands. — On connaît d'autres espèces de Mangoustes; telles que la **Mangouste de l'Inde** ou *Mangousta mongo*. Son pelage est roux, marqué sur le dos de bandes transversales brunes; sa taille est celle de la fouine. Cette espèce est particulière aux Indes orientales. Elle détruit un grand nombre de reptiles, et s'attaque même, dit-on, au redoutable naja. — La **grande Mangouste** (*Mangusta major*), du double plus grande que la Mangouste de l'Inde, est d'un roux brun; sa queue, terminée en pointe, est d'une couleur plus foncée; elle habite le sud de l'Afrique. Beaucoup d'autres espèces se trouvent dans l'Inde et l'Afrique.

MANGUE ou **MANGO.** Fruit du Manguier.

MANGUIER (*Mangifera indica*, L.). Le Manguier est l'arbre fruitier le plus généralement cultivé dans l'Asie équatoriale, d'où il a été transporté aux Antilles et en d'autres établissements coloniaux du nouveau continent. Cet arbre fait partie de la famille des *Térébinthacées*, tribu des *Anacardiées*. Il atteint la taille du chêne; ses feuilles, longues de 16 à 20 cen-

Manguier.
a, fleur; *b*, fruit ouvert montrant le noyau.

timètres, sur environ 16 de large, sont coriaces, d'un vert foncé, lancéolées, pétiolées, agrégées en rosette à l'extrémité des ramules; les fleurs, petites et d'un jaune verdâtre, naissent en panicules terminales; le calice est à cinq folioles, la corolle à cinq pétales étalés; les étamines sont au nombre de cinq, dont une seule fertile; le fruit, qui est connu sous le nom de *mangue* ou *mango*, est un drupe très variable quant à la forme, au volume et à la couleur; sa chair est succulente; il contient un noyau comprimé, hérissé de longues pointes ligneuses et entrecroisées. On possède un grand nombre de variétés de mangues, de qualité et de saveur très diverses. Plusieurs ont un goût de térébenthine qui ne plaît guère aux Européens; d'autres sont sucrées, acidules et d'un arome délicieux. Les variétés les plus estimées sont : le mango vert, le mango-prune, le mango-pêche et le mango-abricot; ces fruits sont délicieux et constituent un aliment très sain; on les mange soit sans préparation, soit en les arrosant de vin sucré, soit confits; ils passent pour posséder des propriétés dépuratives et antiscorbutiques. L'amande de la graine est très amère; les Hindous l'emploient comme vermifuge. Le bois du Manguier, blanc et mou, est peu usité dans les arts; mais on l'emploie pour brûler le corps des grands personnages. Son écorce renferme un suc résineux brunâtre, d'une saveur âcre et amère, qui

passe pour un excellent remède contre les diarrhées chroniques.

MANICOU. Espèce du genre *Sarigue*. (Voir ce mot.)

MANIDÉS. Famille de mammifères de l'ordre des Édentés, comprenant les Pangolins (*Manis*). (Voir Pangolins.)

MANIHOT. (Voir Manioc.)

MANIOC (*Manihot*). Plante célèbre par le rang qu'elle occupe parmi les végétaux alimentaires de l'Amérique. Le Manioc appartient à la famille des *Euphorbiacées*, tribu des *Jatrophées*. C'est un arbuste haut de 1^m,30 à 2 mètres, à racine tubéreuse, blanchâtre, atteignant souvent un poids de 15 à 20 kilogrammes. Les feuilles sont longues d'environ 50 centimètres, pétiolées, d'un vert foncé en dessus, palmées. Les fleurs sont monoïques : elles naissent en grappes axillaires pédonculées; le calice est rougeâtre, campanulé, divisé en cinq lobes; la corolle manque. Les fleurs mâles ont dix étamines à filets libres, insérées au bord d'un disque charnu. Les fleurs femelles offrent un ovaire à trois loges, couronné d'un style à trois stigmates. Le fruit est une capsule globuleuse, se séparant en trois coques bivalves et à une seule graine. La racine du Manioc est composée presque uniquement de fécule; mais elle contient en outre un suc laiteux et blanchâtre,

Manioc (*Jatropha manihot*).

plus ou moins amer, qui abonde aussi dans toutes les autres parties de la plante, et qui est un poison dangereux. Toutefois, ce principe délétère est de nature si volatile, qu'il suffit de procédés très simples pour en purger complètement les racines de Manioc, et les convertir en aliments salubres. Une des plus importantes de ces préparations de Manioc est celle qu'on appelle *cassave* qui constitue le fond de la nourriture des hommes de couleur et même de beaucoup de blancs aux Antilles. Pour obtenir la cassave, on râpe les racines de Manioc encore fraîches, et l'on en soumet la pâte à une forte pression, dans des sacs de toile, jusqu'à ce qu'il n'en découle plus de suc ; puis, on étend cette matière sur des tables exposées à l'ardeur du soleil, afin d'en chasser ce qui reste encore des parties humides, qui seules sont vénéneuses ; dès que la fécule est suffisamment séchée, on l'étend sur des plaques de fer polies et chauffées préalablement, où elle se transforme en une galette qui ne doit pas avoir plus de 3 millimètres d'épaisseur. Cette sorte de pain est d'autant plus précieuse pour les pays chauds qu'elle n'est point sujette à être attaquée par les vers, et qu'elle peut se conserver pendant plusieurs années, pourvu qu'elle reste à l'abri de l'humidité. On mange la cassave soit séchée, soit en bouillie ; elle gonfle prodigieusement, et il n'en faut pas plus d'une demi-livre pour la nourriture journalière d'un homme. Une autre préparation importante du Manioc est connue sous les noms de *tapioca, farine de manioc*. Cette préparation n'est autre chose que la râpure des racines de Manioc, que l'on presse comme pour en faire de la cassave, et que l'on torréfie jusqu'au degré convenable. Les nègres préparent, avec de la cassave, des patates râpées et du sirop de mélasse qu'ils font fermenter ensemble dans de l'eau, une boisson vineuse assez forte pour enivrer, qu'ils nomment *mobi*. Le suc propre du Manioc, réduit de moitié par l'ébullition, assaisonné de sel et de piment, constitue une sauce que les créoles appellent *cabiou*, et dont ils font usage pour relever le goût des viandes ; cette composition prouve que le poison du Manioc disparaît par l'évaporation, à la suite d'une ébullition prolongée. La culture du Manioc n'exige que peu de soins, et elle est des plus productives ; on dit qu'un seul arpent de terre planté de cette denrée fournit pour le moins autant de substance alimentaire que six arpents de blé. Dans un sol favorable, ces racines acquièrent, au bout d'une année, le volume des plus grosses betteraves.

MANIS. Nom scientifique latin du genre *Pangolin*. (Voir ce mot.)

MANNE. Matière concrète, blanchâtre, d'un aspect cristallin, faiblement odorant, de saveur fade et sucrée, qui découle spontanément ou à la suite d'incisions faites sur l'écorce de certains arbres, notamment sur celle de quelques frênes d'Italie. La Manne est presque en entier formée de *mannite*, substance cristallisable, et d'un principe muqueux, non cristallisable, dans lequel paraissent résider les propriétés laxatives de la Manne. Ce sont le Frêne à feuilles rondes (*Fraxinus rotundifolia*, L.) et le Frêne à fleurs ou Orne (*Fraxinus ornus*), qui fournissent

cette substance, dont la récolte a lieu de juin en août. La Manne découle durant le jour, se concrète pendant la nuit et peut être recueillie le matin. Son écoulement, provoqué par les incisions qu'on y pratique, est souvent dû à la piqûre réitérée d'une espèce de cigale (*Cicada orni*), qui la suce avec avidité. Celle qui découle du *tamarix* paraît due également à la piqûre d'une espèce de *coccus* qui souvent couvre les branches de cet arbre en nombre considérable. La Manne la plus pure, celle qui reste sur l'écorce, est sèche, fragile, en larmes, d'où son nom de **Manne en larmes**, qu'elle porte dans les pharmacies. A la dose de 30 grammes dans du lait, elle constitue un bon purgatif. Elle fait la base de la marmelade de Tronchin, médicament pectoral fort à la mode vers la fin du siècle dernier. La Manne moins pure porte le nom de **Manne en sorte**, et celle que l'on ramasse au pied de l'arbre et qui est souillée de terre se nomme **Manne grasse**. On n'emploie guère cette dernière ; elle est cependant très active, mais d'un goût fort désagréable. Lorsqu'elle est récemment extraite, elle n'a pas les propriétés purgatives qu'elle acquiert plus tard, et on la sert alors en Italie et en Sicile pour dessert. Parmi les plantes sur lesquelles on a trouvé des exsudations d'une nature analogue à la Manne, nous citerons le Mélèze (*Larix europæa*) auquel on doit la **Manne de Briançon** ; et l'*alhagi* d'Orient, petit arbrisseau épineux qui, en été, et dans certaines localités, exsude un liquide sucré qui se concrète en petits grains arrondis, de couleur blanc jaunâtre, assez mou pour s'agglomérer. Cette Manne remplace le sucre dans plusieurs contrées de l'Orient. Quoique l'alhagi se trouve près du Sinaï, ce n'est point à lui, suivant Ehrenberg, qu'il faut rapporter la Manne dont se nourrirent les Israélites pendant leur séjour dans le désert (Exode, XVI, 26), mais bien au *Tamarix mannifera*, arbrisseau commun en Palestine. Le produit sucré qui découle naturellement de ses branches est d'un jaune pâle, d'une saveur assez agréable. On le recueille en abondance et on le mange comme une friandise. Mais il est difficile de croire que, dans les circonstances ordinaires, cette Manne puisse servir à l'alimentation de tout un peuple.

MANS. Nom que l'on donne dans quelques provinces à la larve du hanneton.

MANTE. Genre d'insectes de l'ordre des ORTHOPTÈRES, section des *Coureurs*, famille des *Mantidés*. Les Mantes sont des insectes aussi curieux par leurs formes que par leurs mœurs ; leur corps est étroit et allongé ; leurs ailes simplement pliées dans leur longueur. Ces insectes sont carnassiers ; ils se tiennent sur les arbustes et les broussailles, dans un état d'immobilité complète, attendant qu'une proie se présente à leur portée ; ils la saisissent alors avec leurs pieds antérieurs dont ils replient vivement la jambe contre la cuisse, en guise de pince ; ces membres, terminés en crochet et garnis d'épines, retiennent fortement la proie.

Les Mantes sont très voraces, et les femelles, toujours plus grosses que les mâles, dévorent quelquefois ceux-ci. Les Mantes, lorsqu'elles sont à l'affût, restent immobiles, le corps redressé, les pattes élevées et jointes, dans l'attitude d'une personne qui prie ; cette pose singulière a donné lieu à de nombreuses superstitions sur leur compte, et dans le midi de la France on les appelle *prega Diou* (prie Dieu). Dans tout l'Orient et en Afrique, on leur rend une sorte de culte, et on regarde comme un signe heureux de les rencontrer en son

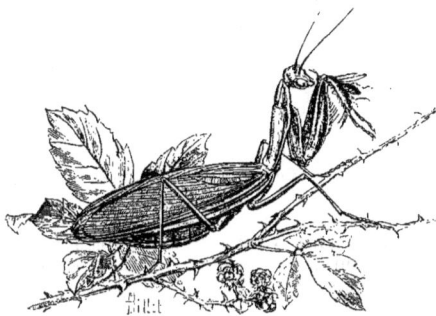

Mante religieuse.

chemin. Les Mantes renferment leurs œufs dans un sac de matière gommeuse qu'elles suspendent aux tiges des arbrisseaux ; les larves qui en sortent ne diffèrent de l'insecte parfait que par l'absence des ailes. Quelques espèces de l'Inde ont des formes encore plus bizarres que nos Mantes européennes ; leurs élytres traversées de nombreuses nervures ressemblent parfaitement à des feuilles végétales. De là, les récits accrédités des voyageurs sur les merveilles des pays les plus éloignés de l'Orient, où l'on voyait, entre autres choses surprenantes, des feuilles détachées des arbres qui prenaient la fuite quand on voulait les saisir. Ces insectes ont été nommés Phyllies (du grec *phullon*, feuille).

MANTEAU. Portion des téguments qui enveloppe en totalité ou en partie le corps des Mollusques. (Voir ce mot.)

MANTEAU DUCAL. Cette dénomination est assez généralement employée par les marchands d'objets d'histoire naturelle, pour désigner une belle espèce de peigne, le *Pecten pallium*, Lamck.; *Ostrea pallium*, Linn., que la beauté et la variété de ses couleurs font beaucoup rechercher dans les collections. (Voir PEIGNE.)

MANTEAU GRIS. Une espèce de Corneille.

MANTEAU NOIR. Une espèce de Goéland.

MANTICORA. Genre d'insectes COLÉOPTÈRES de la famille des *Cicindélides*. (Voir ce mot.) La *Manticore* dont parlent Pline et Élien était un animal monstrueux au corps de lion et à face humaine. L'ento-

mologiste Fabricius a donné ce nom à des cicindélidés géants, propres à l'Afrique australe. Leur tête, plus grosse que le corselet, est armée de grandes mandibules fortement dentées ; leurs élytres soudées ne leur permettent pas de voler ; mais ils courent avec rapidité grâce à leurs pattes longues et robustes. Ce sont des insectes très carnassiers, dont quelques-uns atteignent jusqu'à 5 et 6 centimètres de longueur (*Manticora maxillosa, scabra, herculeana*).

MANUCODE. (Voir PARADISIER.)

MAQUEREAU (*Scomber*). Genre de poissons type de la famille des *Scombéridés*. Ces poissons ont deux dorsales séparées par un espace vide ; les derniers rayons de la seconde et ceux qui correspondent à l'anale sont détachés de manière à former ce que l'on a appelé *fausses nageoires ;* leur corps, en forme de fuseau, est couvert d'écailles uniformément petites et lisses, avec deux petites crêtes cutanées de chaque côté de la queue. L'espèce la plus intéressante est le **Maquereau vulgaire** (*S. scombrus*), à dos bleu, marqué de raies ondées noires, à cinq fausses nageoires en haut et en bas. Cette espèce a cela de remarquable qu'elle n'a point de vessie natatoire, tandis que cet organe existe dans plusieurs espèces de Maquereaux très rapprochées de la nôtre. Cet excellent poisson, long d'environ 35 centimètres, était connu des anciens sous le nom de *Scomber*, et c'était avec sa chair putréfiée que l'on préparait le *garum*, cette fameuse sauce qui se vendait au poids de l'or. Les Maquereaux voyagent par bandes innombrables : suivant quelques naturalistes, ils passent l'hiver dans les mers du Nord, et c'est au mois de mai qu'ils paraissent sur les côtes de France et d'Angleterre ; mais suivant d'autres, et parmi ces derniers, Cuvier et Yarrel, les Maquereaux habiteraient alternativement les côtes et la

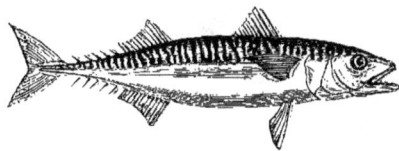

Maquereau.

haute mer ; ils ne se rapprocheraient en grand nombre des rivages qu'à l'époque du frai. Cependant, un grand nombre d'individus restent sur nos côtes pendant l'hiver, car on en pêche toute l'année. Comme leur chair est généralement estimée, ils donnent lieu à des pêches qui, sous le rapport de leur importance commerciale, ne le cèdent guère qu'à celle de la morue et du hareng. C'est pendant les mois de mai et juin qu'on les pêche dans la Manche. On dit qu'un Maquereau est *chevillé* lorsqu'il cesse d'être plein après avoir déposé ses œufs ; sa chair, alors devenue huileuse, a perdu une grande partie de ses qualités. — Le **Maquereau com-**

mun a de 33 à 38 centimètres de longueur ; mais à l'entrée de la Manche, près des Sorlingues, on en prend beaucoup qui ont jusqu'à 50 centimètres de longueur. On ne les pêche guère que pour les saler, parce que leur chair a peu de délicatesse. — Le Maquereau colias, de la Méditerranée, ressemble beaucoup au nôtre, mais il a une vessie natatoire ; sa chair est moins délicate. — Le petit Maquereau ou Grex, que l'on pêche sur les côtes de l'Amérique septentrionale, n'a que 25 à 28 centimètres ; il a une vessie natatoire. — Les pêcheurs normands donnent le nom de Maquereau bâtard à une espèce du genre Caranx. (Voir ce mot.)

MARA (Dolichotis). Genre de mammifères Rongeurs de la famille des Caviadés, très voisins des Cabiais. On n'en connaît qu'une espèce, le Mara ou Lièvre pampas (D. patachonicus). Il est deux fois grand comme notre lièvre, mais il a les oreilles plus courtes, les pattes plus longues et n'a point de queue. Son pelage est doux, soyeux et très fourni. Il habite l'Amérique australe, dans les pampas et sur la terre des Patagons. Il est très léger à la course ; ses mœurs sont très douces, et sa chair délicate.

MARABOU (Leptopilus). Genre d'oiseaux de l'ordre des Échassiers, section des Longirostres, très voisin

Marabou.

des Cigognes, parmi lesquelles on le rangeait autrefois. Les Marabous habitent l'Inde, où on les élève en domesticité, afin de leur ôter leurs plumes, si recherchées pour la toilette de nos élégantes. Ces oiseaux, connus sous le nom de cigognes à sac, ont la tête et le cou nus, le bec très volumineux et renflé, le cou garni d'une longue membrane, en forme de poche, ce qui leur donne une laideur repoussante. La seule espèce de ce genre, le Marabou (L. argala), a le dos d'un brun verdâtre, les ailes cendrées, le ventre blanc ; de chaque côté du croupion part un bouquet de plumes longues, soyeuses, d'un blanc de neige, à barbes découpées et frisées ; ce sont ces plumes qui constituent les panaches que la mode paye à un si haut prix. Cet oiseau habite l'Afrique et les Indes. A Calcutta, et dans plusieurs autres villes de l'Inde, les Marabous sont sous la protection des lois, à cause des services qu'ils rendent en débarrassant les rues de toutes les immondices qui s'y trouvent ; aussi leur familiarité est-elle devenue si grande qu'ils entrent jusque dans les maisons pour y chercher leur nourriture.

MARAIL. (Voir Pénélope.)

MARANTA. Genre de plantes monocotylédones de la famille des Cannacées, dédié à Bartholoméo Maranta, médecin vénitien du seizième siècle. Ce sont des plantes herbacées à rhizome féculent, à tige terminée par des fleurs disposées en épis ou en grappes. Celles-ci sont composées d'un périanthe de six sépales sur deux rangs ; les trois sépales extérieurs plus petits et verts, les trois intérieurs pétaloïdes, plus trois staminodes pétaloïdes, et une seule étamine soudée à l'un des staminodes internes. L'ovaire est infère, à une seule loge uniovulée ; le fruit est charnu et renferme une seule graine. — Le Maranta arundinacea, des Antilles, s'élève à 1 mètre de hauteur ; ses feuilles présentent à la base une large gaine qui entoure la tige, puis elles se développent en une lame grande, ovale lancéolée ; les fleurs sont petites, blanches. Le rhizome noueux de cette espèce fournit la fécule alimentaire connue sous le nom d'arrow-root. — Le Maranta indica, d'Asie, et le Maranta allonya, de la Guyane, donnent également une fécule estimée. Le nom d'arrow-root, qui veut dire racine à flèches, vient de ce que l'on considère cette fécule comme un bon spécifique contre les blessures faites par des flèches empoisonnées.

MARBRE. On nomme ainsi les variétés de pierres calcaires qui sont susceptibles de prendre un beau poli et d'être employées dans les arts. Les minéralogistes divisent ces calcaires en deux classes : les calcaires saccharoïdes, c'est-à-dire dont la cassure est semblable à celle du sucre, lesquels fournissent les marbres statuaires ; et les calcaires sublamellaires, qui, par la finesse de leur grain, sont particulièrement propres à être employés dans la décoration des édifices. Les Marbres saccharoïdes paraissent n'être que des calcaires compacts ou terreux, métamorphosés au contact des roches éruptives incandescentes. (Voir Roches métamorphiques.) Il existe des Marbres en quelque sorte partout, et principalement depuis les dépôts jurassiques jusqu'aux calcaires siluriens. Le nombre des Marbres est immense si l'on tient compte des variétés innombrables qui résultent des différentes nuances de couleur qu'ils présentent et des matières étrangères qu'ils renferment et qui en modifient l'aspect. Nous nous bornerons à indiquer ici les variétés les plus remarquables. — MARBRES ANTIQUES. On donne ce nom aux Marbres dont les carrières sont perdues et qu'on tire des anciens monuments. Le premier et le plus célèbre est le **Marbre de Paros**; c'est de celui-ci que sont faites la Vénus de Médicis, à Rome, et la Diane chasseresse, au musée du Louvre, à Paris. Le **Marbre pentélique**, que l'on tirait du mont Pentelès et du mont Hymette, plus fin et plus serré que le précédent, mais d'une teinte moins unie. — Le **Rouge d'Égypte**, appelé aussi *rouge antique*, se tirait de carrières situées en Égypte, entre le Nil et la mer Rouge. — Le **Noir antique**, surnommé *Marbre de Lucullus*, est remarquable par l'intensité de sa couleur noire. Les anciens le tiraient de la Grèce. — Le **Vert antique** est une brèche (marbre formé d'un amas de cailloux), composé de fragments de serpentine et de marbre saccharoïde, réunis par un ciment calcaire. On l'exploitait dans les environs de Thessalonique en Macédoine et dans la Thrace. — Le **Jaune antique** s'exploitait en Macédoine. — La **Brèche violette antique** s'exploitait probablement dans les environs de Carrare, où l'on en trouve encore de semblable. Ses couleurs sont très variées; elle présente des fragments anguleux de calcaire blanc et de calcaire lilas, réunis par un ciment violet. — MARBRES MODERNES. Si les marbres de l'Europe sont les plus connus, c'est que l'antique civilisation de cette contrée en a rendu l'emploi plus vulgaire. L'Allemagne en possède plusieurs qui ont acquis de la réputation. Parmi les Marbres modernes, nous citerons le **Marbre de la Hesse**, d'un jaune paille et orné d'arborisations; les **Marbres rouges de la Bohême**, les **Marbres verts du Tyrol**. — L'Italie, plus riche peut-être que toutes les autres contrées de l'Europe, a ses Marbres jaunes de Sienne et de Vérone; ses marbres verts de Florence, de Bergame et de Suze; ses marbres coquilliers des Abruzzes, connus dans le commerce sous le nom de **Lumachelle grise d'Italie**; ses célèbres Marbres statuaires de Carrare et de la côte de Gênes; ce superbe **Bleu-turquin** ou *bardiglio*, que l'on tire aussi des environs de Carrare; et ce **Portor**, marbre non moins beau, d'un noir intense sillonné de nombreuses veines d'un jaune vif ou d'un jaune rougeâtre que l'on exploite au cap Porto-Venere. La péninsule hispanique pourrait rivaliser par ses Marbres avec l'Italie. Le royaume de la Grande-Bretagne renferme aussi des Marbres en abondance et dont plusieurs ne le cèdent point aux plus beaux Marbres du continent. La Belgique fait un grand commerce de ses Marbres noirs bitumineux ou carbonifères employés dans les monuments funèbres, et de plusieurs autres

plus ou moins connus. Nous citerons surtout le **Marbre de Sainte-Anne**, d'un fond gris avec des taches blanches irrégulières, dont se servent le plus communément les ébénistes de Paris. — La France compte aujourd'hui une quarantaine de départements qui exploitent des carrières de Marbres. Nous nous bornerons à citer le **Languedoc** ou *incarnat*, rouge de feu, mêlé de blanc et de gris, en zones contournées, que l'on extrait aux environs de Narbonne; le **Nankin**, de Valmiger, dans le département de l'Aude, d'un jaune terne varié par les coquillages qu'il renferme. Les Marbres schisteux de Campan, dans les Pyrénées, forment trois variétés estimées : l'**Isabelle**, d'un rose tendre, entremêlé de veines ondoyantes de talc verdâtre; le **Campan vert**, d'un vert d'eau pâle mélangé de vert plus foncé; le **Campan rouge**, d'un rouge sombre, veiné de rouge brun. Ces Marbres ont été employés à la décoration des palais de Versailles et de Trianon, ainsi que le marbre dit *griotte*, qui présente sur un fond d'un rouge brun des noyaux d'une teinte plus claire. On l'exploite aux environs de Narbonne; c'est un des Marbres rouges les plus recherchés. Les Marbres dits *grand deuil* et *petit deuil* sont des brèches qui offrent des éclats blancs sur un fond noir et que l'on exploite dans plusieurs localités des départements de l'Ariège, de l'Aude et des Basses-Pyrénées. Nous citerons encore le **Marbre blanc** et le **Cipolin** des Hautes-Alpes et de l'Isère; les Marbres coquilliers de la Charente, les Marbres veinés de Maine-et-Loire, les noirs et les jaspés de la Mayenne, et les nombreux Marbres de la Haute-Marne, du département du Nord et de la Manche. — Les Marbres ont pour caractères distinctifs de se réduire en chaux vive par la calcination et de se dissoudre avec une vive effervescence dans les acides nitrique et sulfurique étendus d'eau. Leur pesanteur spécifique varie de 2,5 à 2,8, c'est-à-dire que son poids est en moyenne de 2600 kilogrammes par mètre cube. Les véritables Marbres sont assez tendres pour se laisser rayer par une pointe de fer; aussi l'expression *dur comme du marbre* est-elle vicieuse, et doit-elle s'appliquer aux granits, aux porphyres et aux jaspes, que les anciens confondaient parmi les Marbres.

MARCASSIN. Nom que l'on donne au jeune Sanglier.

MARCASSITE. (Voir PYRITE.)

MARCEAU. (Voir SAULE.)

MARCESCENT (du latin *marcescere*, se flétrir). Se dit, en botanique, des organes (feuilles, calice, corolle) qui se fanent et se dessèchent en restant attachés à la plante. Telles sont les feuilles du chêne, la corolle des bruyères, etc.

MARCGRAVIA (dédié au botaniste Marcgraf). Genre de plantes dicotylédones, polypétales, hypogynes, type de la famille des *Marcgraviacées*. Ce sont des arbrisseaux dressés ou grimpants, à feuilles alternes non stipulées, simples, glabres, luisantes; à fleurs en ombelle ou en épi, hermaphrodites, ré-

gulières ; calice à deux-trois-six sépales, pétales en
même nombre que les sépales, quelquefois soudés
en une coiffe qui recouvre les étamines ; celles-ci
nombreuses, insérées, soit sur un réceptacle, soit
au-dessous de l'ovaire, stigmate sessile ; fruit capsulaire, multivalve, à graines très nombreuses. La
Marcgravia en ombelle (*M. umbellata*), qui croît aux
Antilles, est le type du genre. Sa racine est employée comme diurétique.

MARCHANTIE, *Marchantia* (de *Marchant*, botaniste
français), Genre d'hépatiques (voir ce mot), dont
l'espèce type, **Marchantia polymorpha**, appelée vulgairement *hépatique des fontaines*, est commune
dans toute l'Europe, dans les lieux humides, au
bord des sources, le long des parois des puits, etc.,
où elle forme des plaques de 5 à 10 centimètres de
large qui, par leur multiplicité, couvrent souvent
de grands espaces. Cette espèce a joui autrefois
d'une certaine réputation comme remède contre
les maladies de foie. (Voir Hépatique.)

MARCOTTE. Il est admis en théorie que toutes les
parties de la tige d'un arbre peuvent développer
des racines lorsqu'elles se rencontrent dans des circonstances favorables, c'est-à-dire dans un milieu
humide et abrité de la lumière. C'est sur ce principe
de physiologie qu'est fondée l'opération du bouturage (voir Bouture), qui consiste simplement à détacher un rameau de la plante mère et à le planter
en terre dans des conditions où il puisse développer des racines adventives et vivre à ses propres
frais. Mais dans un grand nombre de plantes, le
développement des racines est très difficile et tellement lent, que le rameau détaché et planté en
terre, serait flétri et mort avant l'apparition des
racines. C'est dans ce cas que l'on a recours aux
Marcottes. Le *marcottage*, ou multiplication par
Marcottes, consiste à ne détacher le rameau du pied
mère que lorsqu'il s'y est développé un nombre suffisant de racines pour lui permettre de vivre libre.
Voici comment on procède : on couche les rameaux
en leur faisant décrire un coude que l'on fixe dans
la terre avec un crochet ; puis on redresse l'extrémité que l'on maintient verticale avec un tuteur.
Le coude enterré émet tôt ou tard des racines adventives, et d'ici là la souche mère nourrit les
rameaux. Lorsque les parties enterrées ont émis un
nombre suffisant de racines adventives, on tranche
les ramifications en deçà du point enraciné. Chacune d'elles, transplantée à part, est désormais un
végétal distinct. Le succès par ce procédé est mieux
assuré que par le bouturage, qui sans préparation
aucune, prive brusquement le rameau de la sève
fournie par la tige et l'oblige à se suffire immédiatement à lui-même. De tout temps le marcottage
a été employé pour la multiplication de la vigne.
Dans ce cas particulier, les rameaux couchés en
terre se nomment *provins*, et l'opération elle-même
prend le nom de *provignage*.

MARGINÉ (de *marginatus*, bordé). Qui a une bordure, un rebord.

MARGINELLE. Genre de mollusques Gastéropodes
de l'ordre des Pectinibranches, assez voisin des Cypræa ou Porcelaines. Ce sont de petites coquilles
lisses et souvent agréablement colorées qui habitent
les mers tropicales.

MARGUERITE (*Bellis*). Genre de plantes de la famille des *Composées*, à fleurs radiées, à feuilles crénelées, disposées en rosettes. C'est à ce genre
qu'appartient la **Marguerite des prés** ou *pâquerette*,
charmante petite plante bien connue de tout le
monde, et à laquelle se rattachent généralement de
si riants souvenirs de jeunesse. Ses feuilles entières
sont disposées en rosette sur le sol ; ses fleurs sur
un support partant de la racine ont un disque jaune
à rayons blancs, souvent rouges en dessous. Elles
se ferment le soir et pendant la pluie. Cultivée dans
nos jardins, la pâquerette devient double et prend
des teintes rouges, roses ou panachées. — La grande
Pâquerette ou *chrysanthème*, assez commune dans
nos prairies élevées, forme un foin grossier que les
animaux mangent volontiers. En général, les prairies où se trouve abondamment cette plante doivent
être fauchées avant les autres. — La **Marguerite
dorée** ou *chrysanthème des blés* nuit aux récoltes et
doit être regardée comme une mauvaise herbe. On
la trouve dans les moissons et plus particulièrement dans les champs sablonneux et maigres. Ses
fleurs sont d'un très beau jaune doré ; ses feuilles
un peu glauques embrassent à demi la tige, qui est
rameuse et étalée.

Reine-Marguerite.

MARGUERITE [Reine-] (*Aster sinensis*). Tout le
monde connaît sous le nom de *reine-marguerite* la

belle fleur originaire de la Chine et du Japon, qui, pour les botanistes, est une espèce du genre *Aster*. Rapportée par les missionnaires en 1730, elle fut cultivée au Jardin des plantes, où, pendant long-temps, elle conserva sa fleur simple et blanche qui la fait beaucoup ressembler à notre grande Mar-guerite des champs. Mais les jardiniers ne tardèrent pas à en obtenir, par semis, quelques jolies va-riétés, et les amateurs, encouragés par ce succès, s'adonnèrent à l'envi à la culture de cette fleur qui donne aujourd'hui un nombre de variétés considé-rable, à fleurs simples, doubles ou semi-doubles, passant par toutes les nuances du rouge au violet. Il en est à ligules planes, d'autres à tuyaux, dont les capitules hémisphériques les font ressembler à de petits dahlias. La Reine-Marguerite est une plante rustique, d'une culture facile, peu sensible aux froids du printemps, et qui généralement exige peu de soins pour donner une belle florai-son. Elle se plaît à toute exposition, excepté celle du nord; mais elle aime l'air libre et ne déploie jamais une belle végétation sous des arbres ou dans des lieux ombragés. Quoique peu difficile sur la nature du terrain, elle préfère une terre substan-tielle bien fumée. Les semis doivent être faits en mars sur couche tiède, sous cloche ou sous châssis, ou en avril sur terreau et même en mai, pour faire durer la floraison; les Reines-Marguerites donne-ront ainsi des fleurs depuis le mois de juillet jus-qu'aux gelées.

MARINGOUIN. (Voir Cousin.)

MARJOLAINE. Plante du genre *Origan*. (Voir ce mot.)

MARMITE DE SINGE. (Voir Lecythis.)

MARMOSE. (Voir Sarigue.)

MARMOTTE (*Arctomys*). Genre de mammifères rongeurs de la famille des *Sciuridés*, pour les uns, constituant, pour les autres, une famille spéciale, celle des *Arctomidés*. Ils sont voisins des Rats et des Écureuils. Ce sont des animaux de petite taille, à formes trapues; à tête large et aplatie; à membres courts, mais robustes. Leur système dentaire est composé de deux incisives supérieures, deux inci-sives inférieures, dix molaires supérieures, huit molaires inférieures, point de canines, en tout vingt-deux dents. Leurs incisives inférieures sont poin-tues, les supérieures très fortes, coupées carrément et taillées en biseau. Leurs membres antérieurs sont terminés par une main large, divisée en quatre doigts armés d'ongles robustes, et très propre à creuser la terre; leurs membres postérieurs ont cinq doigts; tous les doigts sont réunis par une membrane jusqu'à la première phalange. Les Mar-mottes vivent en société et se creusent des terriers profonds où elles passent l'hiver en léthargie. — On en connaît deux espèces en Europe. La **Marmotte des Alpes** (*A. alpina*) a de 30 à 40 centimètres de long sans comprendre la queue, qui est courte, ve-lue et noirâtre à son extrémité; son pelage est d'un gris jaunâtre, teinté de cendré vers la tête, les pieds

et le bout du museau sont blanchâtres. Cet animal, auquel les petits Savoyards ont donné une sorte de célébrité, habite le sommet de toutes les montagnes élevées de l'Europe, et en France, dans les Alpes et les Pyrénées. Elle vit en petites sociétés, composées d'une à trois familles, et se creuse des terriers de 4 à 5 mètres de profondeur le long des pentes ex-posées au midi ou au levant. Ce terrier a toujours la forme d'un Y couché (<), dont les deux branches ont chacune une ouverture, et aboutissent toutes deux à un cul-de-sac profond et spacieux qui est le lieu du séjour. Comme le tout est pratiqué sur le penchant de la montagne, il n'y a que le cul-de-sac qui soit de niveau. La branche inférieure est en pente au-dessous du cul-de-sac, et c'est dans cette partie, la plus basse du domicile, qu'elles font leurs

Marmotte des Alpes.

excréments, dont l'humidité s'écoule aisément au dehors; la branche supérieure de l'< est aussi un peu en pente, et plus élevée que tout le reste; c'est par là qu'elles entrent et qu'elles sortent. Le lieu du séjour est non seulement jonché, mais tapissé fort épais de mousse et de foin. C'est là que, pen-dant l'hiver, se retirent les Marmottes, après avoir soigneusement bouché l'entrée avec de la terre. Plongées dans le foin, elles y passent, dans un en-gourdissement profond, près de six mois de l'année (d'octobre à fin mars). Lorsqu'elles s'hivernent, elles sont ordinairement très grasses; elles sont, au con-traire, très maigres quand elles se réveillent, et pèsent beaucoup moins; cette différence de poids semble prouver que la graisse dont elles sont pour-vues sert à leur nutrition pendant leur sommeil lé-thargique. Au retour de la belle saison, les Mar-mottes sortent de leur engourdissement, mais elles ne s'éloignent jamais beaucoup de leur terrier. Pen-dant qu'elles broutent et se réchauffent au soleil, l'une d'elles fait le guet, et à la moindre apparence de danger, elle avertit, par un sifflement aigu, ses compagnes, qui se précipitent aussitôt dans leur trou. La femelle met bas quatre ou cinq petits. La chair des Marmottes est bonne à manger, bien qu'elle ait une odeur forte; mais les montagnards n'y regardent pas de si près et leur font une chasse active; ils mangent les plus grasses et conservent les jeunes pour ces pauvres enfants qui viennent les montrer en France. La Marmotte s'apprivoise aisément; elle est fort douce de caractère et s'attache même à son maître. En captivité, elle devient omnivore et s'accommode de tout; mais à l'état de nature son régime est purement végétal. — La seconde espèce de l'Europe, la **Marmotte de Pologne** ou *bobak* diffère de la précédente par son pelage, roux en dessous, avec le tour des yeux brun. Elle habite le nord de l'Europe et de l'Asie jusqu'au Kamtchatka. — L'Amérique possède plusieurs espèces de Marmottes, dont la plus intéressante est celle que les Anglo-Américains ont nommée **Chien des prairies**; c'est l'*Arctomys latrans* des naturalistes. Cette espèce, plus petite et de formes moins lourdes que la nôtre, vit en républiques, dans ces vastes prairies herbeuses qui s'étendent entre le Mississipi et les montagnes Rocheuses. Le Chien des prairies est de la taille d'un écureuil, à pelage d'un rouge brique pâle mêlé de gris. Les terriers qu'il creuse sont très profonds; leur ouverture est protégée par une petite éminence haute d'un mètre, en forme de cône tronqué, et faite par le remblai des terres provenant de l'excavation; chaque terrier est habité par cinq ou six individus. Ces habitations sont souvent en nombre tellement considérable, qu'elles couvrent plusieurs acres de terrain. Les Chiens des prairies sont très vifs et très remuants; ils se réunissent en plein air pour courir et gambader ensemble; mais, à la moindre alerte, ils se replongent dans leurs trous en faisant entendre une sorte de petit jappement, qui peut se rendre par les syllabes *tchek, tchek, tchek*. Un fait singulier, c'est qu'au milieu de cette population de Marmottes viennent s'établir des hiboux et des serpents à sonnettes; les premiers s'emparent des vieux terriers abandonnés et semblent vivre en bonne intelligence avec leurs voisins; quant aux reptiles, ils s'y introduisent bon gré mal gré, et vivent sans doute aux dépens de leurs hôtes.

MARNE. Roche calcaire, mélangée d'argile et quelquefois de sable dans des proportions très variables, et qui, suivant la matière dominante, prend le nom de *Marne calcaire* ou de *Marne argileuse*. Quel que soit le mélange, la Marne fait toujours effervescence dans les acides, ce qui la distingue de l'argile dont elle a d'ailleurs les caractères extérieurs. Les Marnes calcaires sont le plus ordinairement blanches, mais on en trouve également de grises, de jaunes, de vertes, de brunes, de rouges, couleurs dues aux oxydes de fer et de manganèse. Cette roche est très répandue dans les différents étages des terrains qui constituent l'écorce terrestre; elle forme des lits ou des bancs d'une épaisseur plus ou moins grande, alternant fréquemment avec des calcaires et des argiles. Dans l'agriculture, les Marnes qui ont la propriété de se diviser facilement à l'air et de tomber en poussière, nous offrent des amendements extrêmement précieux qu'il faut toutefois choisir suivant la nature du terrain : les Marnes cal-caires pour les terrains naturellement trop forts, et les Marnes argileuses pour les terrains trop meubles.

MAROUETTE. Espèce d'oiseau du genre *Râle*. (Voir ce mot.)

MAROUTE. Nom vulgaire de la Camomille puante (*Anthemis cotula*). (Voir CAMOMILLE.)

MARRON. Les Marrons comestibles sont fournis par une variété de châtaignier greffé et cultivé. Le fruit est plus gros et remplit seul la coque. Les Marrons dits de Lyon proviennent du département du Var. (Voir CHÂTAIGNIER.)

MARRONNIER D'INDE (*OEsculus hippocastanum*, L.). Cet arbre, de la famille des *Hippocastanées*, et qu'il ne faut pas confondre avec les variétés du châtaignier auxquelles on donne aussi le nom de *Marronnier*, forme un genre qui se reconnaît aux caractères suivants : calice en forme de cloche, à cinq lobes inégaux; corolle irrégulière, à quatre ou cinq pétales onguiculés, dont deux plus grands, supérieurs, redressés, et deux ou trois inférieurs; étamines au nombre de sept; capsule coriace, à deux loges, ou à une seule par avor-tement, hérissée de pointes raides; grai-nes solitaires dans chaque loge, grosses, luisantes, presque globuleuses d'une belle couleur d'aca-jou à leur maturité. Le Marronnier d'Inde s'élève jusqu'à 25 et 30 mètres, et son tronc acquiert 1 mètre et plus de diamètre; sa tête est ovale pyra-midale, très touffue. Les feuilles sont opposées, longuement pétiolées, digitées, à sept ou neuf folioles dentelées, d'un vert gai; les fleurs naissent en thyrses pyramidaux, terminaux, denses, solitaires, pédonculés, longs de 25 à 30 centimètres. Les pétales sont d'un beau blanc, et marqués à la base d'une tache pourpre ou jaune. Cet arbre, quoi qu'en dise son nom vulgaire, n'est pas indigène de l'Inde, mais de l'Asie Mineure; le premier qui parvint en France y fut apporté de Constantinople en 1615. Tout le monde sait combien ce magnifique végétal s'est multiplié depuis. — Le bois du Marronnier d'Inde est mou, blanc et filandreux; il brûle lentement sans donner beaucoup de chaleur; il ne peut servir qu'aux constructions légères. On le débite aussi en planches, dont on fait des caisses d'emballage et de la volige. L'écorce, amère et fortement astringente, contient beaucoup de tannin; elle rivalise comme tonique avec l'écorce du saule, et peut s'utiliser pour teindre en jaune. L'amande de la graine du Marronnier d'Inde se compose de fécule presque pure; mais son amertume s'oppose à ce qu'on l'emploie à des usages alimentaires; cepen-

Feuille de Marronnier d'Inde.

dant les Turcs en mêlent la farine à la nourriture des chevaux (d'où son nom *hippocastanum*, châtaigne de cheval), et les chèvres et les moutons la mangent sans répugnance. Plusieurs procédés ont été mis en œuvre pour débarrasser la fécule du Marron

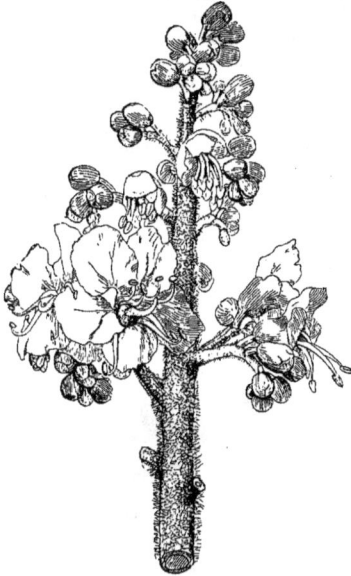

Marronnier d'Inde (*Æsculus hippocastanum*).

d'Inde de son principe amer; et l'on en emploie aujourd'hui d'assez économiques; pour faire concurrence aux substances analogues, on en obtient de 15 à 18 pour 100 de fécule. — Le **Marronnier d'Inde à fleurs rouges** (*Æ. rubicunda*), de l'Amérique boréale, est aussi fort répandu dans les parcs et les jardins; il est moins élevé que le précédent.

MARRUBE (*Marrubium*). Genre de plantes herbacées de la famille des *Labiées*, à feuilles rugueuses, souvent couvertes, ainsi que la tige, d'un duvet cotonneux. — Le **Marrube blanc** (*M. vulgare*), haut de 25 à 50 centimètres, qui croît communément en Europe dans les lieux incultes, au bord des routes, au pied des murs, porte des verticilles de fleurs blanches. Ses feuilles en infusion sont stimulantes, fébrifuges et antihystériques. On donne le nom de *Marrube noir* ou *Marrube puant* au *Ballota fœtida*, qui appartient à un genre très voisin.

MARS ou Mars changeant, petit Mars. Noms vulgaires de papillons du genre *Nymphale*.

MARSAULT ou Marceau. Nom d'une espèce de Saule. (Voir ce mot.)

MARSILEA (dédié à Marsigli, naturaliste italien). Genre de plantes type de la famille des *Marsiléacées*, comprenant des herbes aquatiques à rhizome rampant, à feuilles portées sur un long pétiole,

composées de quatre folioles disposées en croix; les capsules séminifères sont globuleuses et placées à la base des pétioles. — Le type du genre est le **Marsilea quadrifolia**, dont les feuilles à quatre folioles cunéiformes, portées sur de longs pétioles, flottent à la surface des rivières et des marais. — Le **Marsilea salvatrix**, que nous figurons ici, est devenu célèbre, dans ces derniers temps, par les services qu'il a

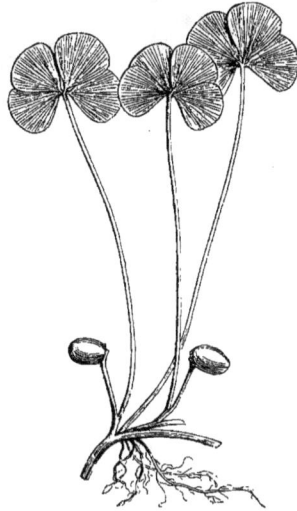

Marsilea salvatrix.

rendus à d'intrépides naturalistes explorateurs qui, perdus au milieu des immenses déserts de l'Australie, et dépourvus de vivres, trouvèrent le salut dans les sporocarpes du Marsilea sauveur.

MARSILÉACÉES. Famille de végétaux cryptogames, hétérosporés. Ce sont des plantes à racines, tiges et feuilles bien développées et munies de vaisseaux fibro-vasculaires, vivant dans l'eau ou dans les tourbières; à racine et tige toujours ramifiées dichotomiquement; à feuilles avec ou sans limbe. Les organes reproducteurs sont constitués par des feuilles transformées en sacs (*sporocarpes*) contenant les sporanges. Les sporanges sont de deux sortes; les uns, plus grands (*macrosporanges*), produisant des spores volumineuses, d'où sortent des prothalles femelles, et les autres, plus petites (*microsporanges*) produisant des spores de moindre taille, d'où sortent les prothalles mâles. Cette petite famille ne renferme que deux genres : *Marsilea*, qui lui donne son nom, et *Pilularia*.

MARSOUIN (*Phocæna*). Petit groupe de cétacés de la famille des *Delphinidés*, et dont les espèces se distinguent des dauphins proprement dits, par leur museau court et bombé, non terminé en bec, et par leurs dents nombreuses, comprimées et dilatées en palettes, sur chaque mâchoire. Ils n'ont qu'une nageoire dorsale en forme de faux. — Le **Marsouin commun** (*Ph. communis*, Cuv.) a près de 2 mètres de longueur Son corps allongé est d'un noir à reflets violacés ou verdâtres, et blanc dessous; les nageoires sont noires, la dorsale est triangulaire. Le mot *marsouin*, corruption de *meerschwein*, signifie

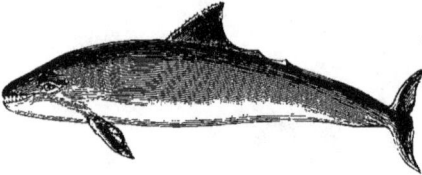

Marsouin.

cochon de mer, nom sous lequel tous les peuples du Nord désignent cet animal. Le Marsouin est le plus commun de tous les cétacés; on en rencontre dans toutes les mers, et on les voit par troupes, dans le beau temps, s'ébattre autour des navires avec une agilité prodigieuse. Ce cétacé aime à se tenir à l'embouchure des fleuves, qu'il remonte quelquefois assez loin; on en voit souvent à Nantes, à Bordeaux, à Rouen, et l'on en a même vu remonter la Seine jusqu'à Paris. Il se nourrit de poissons et de mollusques. On le mange quelquefois faute de mieux, mais sa chair est détestable.

MARSUPIAUX (de *marsupium*, bourse, poche). Ordre de mammifères anormaux implacentaires. Les Marsupiaux ou animaux à bourse se distinguent de tous les autres mammifères par une particularité des plus remarquables: c'est la production prématurée de leurs petits, qui se détachent de la matrice dans un état de développement extrèmement peu avancé. Incapables de mouvement, aveugles, montrant à peine des germes de membres et d'autres organes extérieurs, les petits s'attachent aux mamelles de leur mère, et y restent fixés jusqu'à ce qu'ils se soient développés au degré où les autres animaux mammifères naissent ordinairement. Au moment de leur naissance, leur taille est si petite, que chez le kanguroo géant, qui a la stature de l'homme, ils mesurent à peine 2 centimètres de longueur totale. Chez la femelle, la peau de l'abdomen est disposée en forme de poche autour de ses mamelles, et ses petits, si imparfaits, y sont préservés comme dans une seconde matrice; et même, longtemps après qu'ils ont commencé à marcher, ils y reviennent quand ils craignent quelque danger. Deux os particuliers, les os marsupiaux, attachés au pubis et interposés dans les muscles du ventre, donnent appui à cette poche: ces os se trouvent également dans les mâles, quoiqu'ils n'aient jamais de poche; ils existent de même chez les espèces où la poche est nulle. Tous les animaux de cet ordre, qui se trouvent liés entre eux d'une manière si intime par leur système de repro-

duction, présentent d'ailleurs sous d'autres rapports de grandes différences. Si l'on examine par exemple leur dentition, elle est, chez quelques-uns, tout à fait semblable à celle des carnivores (thylacines, dasyures), ce qui détermine pour eux un régime analogue; chez d'autres, qui ont encore les trois sortes de dents, les molaires sont tuberculeuses au lieu d'être hérissées de pointes, d'où résulte leur régime insectivore (sarigues); il en est enfin qui manquent de canines, et qui, si l'on s'en tenait à la considération des dents, prendraient place parmi les rongeurs (kanguroos, phascolomes). Et comme toujours le régime influe sur les formes extérieures et les habitudes, ces animaux présentent, comme on doit penser, de grandes variations. (Voir SARIGUE, THYLACYNE, PHASCOLOME, KANGUROO, etc.) De sorte que ces animaux semblent former, avec les mammifères placentaires, deux séries parallèles composées de termes correspondants. — La plupart des Marsupiaux habitent l'Australie; quelques-uns vivent

Sarigue et ses petits; a, poche abdominale et mamelles.

en Amérique. Il n'en existe plus aujourd'hui en Europe; mais il y en a eu pendant l'époque tertiaire, comme l'attestent de nombreux fossiles. Ce sont les premiers mammifères qui aient paru sur la terre. — On divise l'ordre des Marsupiaux en deux sections, suivant que leur régime est animal ou végétal: les *Créatophages* et les *Phytophages*. Les *Phytophages* comprennent trois familles: les *Macropodidés* ou Kanguroos, les *Phalangistidés* ou Phalangers, les *Phascolomydés* ou Phascolomes. Les

Créatophages ou carnivores forment trois familles : les *Péramélidés*, les *Dasyuridés* et les *Didelphidés* ou Sarigues.

MARTAGON. Espèce de Lis. (Voir ce mot.)

MARTE ou **MARTRE** (*Mustela*). Grand genre de mammifères carnassiers, de l'ordre des Carnivores digitigrades, type de la famille des *Mustélidés*, qui se reconnaissent à leur corps allongé, terminé par une queue médiocrement longue et garnie de longs poils soyeux ; à leurs pieds courts, terminés par cinq doigts armés d'ongles crochus. Leur système dentaire se compose de six incisives et de deux canines à chaque mâchoire ; de huit à dix molaires tranchantes à la mâchoire supérieure ; de dix à douze à l'inférieure, en tout trente-quatre ou trente-huit dents. Leur pupille est allongée transversalement, comme chez les

Marte commune.

animaux crépusculaires. La longueur de leur corps, jointe à la brièveté de leurs pattes, leur donne quelque chose de l'allure d'un serpent ou d'un ver, ce qui leur a valu l'épithète de *vermiformes*. Grâce à cette conformation, ils peuvent passer par les plus petites ouvertures, et sont redoutables à une foule d'animaux par leur appétit sanguinaire, et par leur courage qui les pousse souvent à attaquer des animaux beaucoup plus grands qu'eux-mêmes. Toutes les espèces de ce genre se distinguent par la ruse, le courage et un goût désordonné pour le carnage et le sang. Ces petits mammifères sont susceptibles d'un certain degré d'apprivoisement ; mais ils répandent une odeur fétide, provenant d'une liqueur sécrétée par deux petites glandes situées près de l'anus. Leur fourrure est généralement recherchée, surtout celle de quelques espèces des contrées glaciales. — Le genre *Marte* a été divisé par les naturalistes en deux sections ou sous-genres : les Martes et les Putois. Les Martes proprement dites ont dix molaires à la mâchoire supérieure et douze à l'inférieure, leur museau est plus long et plus effilé que celui des Putois.—La **Marte commune** (*M. martes*) est longue d'environ 50 centimètres, sans compter

la queue qui a 27 centimètres ; son pelage est d'un brun lustré avec une tache jaune sous la gorge. Cette espèce est très sauvage ; elle fuit les lieux découverts et habités et vit au sein des forêts, où elle se nourrit de reptiles, de petits mammifères, d'oiseaux, et d'œufs qu'elle va dénicher jusque sur les arbres les plus élevés. La femelle porte trois ou quatre petits qu'elle met bas dans le creux d'un arbre ; elle prend le plus grand soin de ses petits et les mène avec elle à la chasse dès qu'ils sont assez forts pour la suivre. La Marte est devenue rare en France par suite des déboisements, mais elle est assez répandue dans le nord de l'Europe et de l'Amérique. Sa fourrure a un certain prix, quoique beaucoup moins estimée que celle de la zibeline.— La **Fouine** (*M. foina*) diffère de la Marte commune par le dessous du cou et la gorge, qui sont blancs et non pas jaunes ; elle en diffère également par ses habitudes, et recherche le voisinage des habitations et des fermes dont elle est le fléau, car si elle parvient à se glisser dans la basse-cour, elle y porte la dévastation. — La **Marte zibeline** (*M. zibellina*), la plus estimée de toutes les Martes pour sa riche fourrure, est de la taille de la Marte commune, à laquelle elle ressemble beaucoup pour les couleurs ; son pelage est d'un brun lustré, noircissant en hiver, et nuancé de gris à la tête. C'est au sein des montagnes glacées de l'Asie que le froid rend inhabitables qu'il faut aller la chercher. Cette chasse, qui se fait en hiver, parce que c'est l'époque où son pelage a le plus de valeur, est aussi pénible que périlleuse ; ce sont surtout les malheureux exilés de la Sibérie qui sont employés à cette chasse et à celle de l'hermine. On prend les Martes dans des pièges, ou en enfumant leur terrier. Lorsqu'elles sont poursuivies, elles fuient avec la plus grande vitesse, et en faisant mille circuits. Il y a des variétés grises et blanches ; ces dernières sont très rares.

MARTEAU. On donne ce nom, en anatomie, à l'un des osselets qui forment la chaîne dans la caisse du tympan. (Voir Ouïe et Oreille.)

MARTEAU (*Zygœna*). Genre de poissons de l'ordre des Sélaciens, de la famille des *Squalidés* (voir ce mot), remarquable surtout par la forme de sa tête,

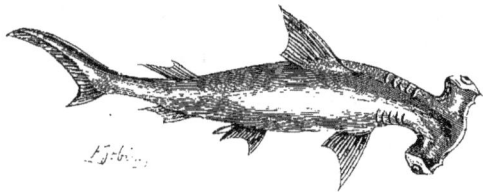

Marteau.

dont les côtés se prolongent de manière à représenter un marteau dont le corps serait le manche ; les yeux sont placés aux extrémités des branches.

Le **Marteau commun** (*Z. malleus*), qui se pêche dans la Méditerranée et l'Océan, atteint jusqu'à 4 mètres de longueur. Il est aussi vorace que les requins.

MARTEAU (*Malleus*). Genre de mollusques bivalves de l'ordre des LAMELLIBRANCHES ASIPHONIENS, famille des *Aviculidés*, remarquables par leur coquille raboteuse, allongée à l'opposé de la charnière, et plus ou moins élargie à la base en deux lobes, figurant les deux côtés d'un marteau. Ces coquilles proviennent de la mer des Indes et de la mer Rouge.

MARTIN (*Gracula*). Genre d'oiseaux de l'ordre des PASSEREAUX, division des DENTIROSTRES, famille des *Turdidés*. Les Martins sont des oiseaux d'Asie et d'Afrique, voisins des Merles, dont ils diffèrent par leurs narines ouvertes dans de larges fossettes à la base du bec; le tour des yeux nu; les ailes longues, pointues. Ce sont des oiseaux sociables, qui se dispersent pendant le jour pour chercher leur nourriture et se réunissent le soir sur un arbre où ils babillent jusqu'à la nuit. Les Martins sont insectivores par excellence; ils détruisent surtout les sauterelles et les criquets. — Le **Martin triste** (*G. tristis*), long d'environ 20 centimètres, habite le Bengale et Java. Il est en dessus d'un brun marron avec la tête noire; ses parties inférieures sont grises. Il fait son nid sur le palmier latanier et y pond de quatre à six œufs. Il a été introduit par Poivre à l'île Bourbon pour y combattre les sauterelles qui y occasionnaient de grands ravages. — Le **Martin roselin** (*G. roseus*) habite l'Asie et l'Afrique. Il a la tête, le cou et les ailes noirs avec des reflets verts et pourpres; la poitrine, le ventre et le dos sont roses. Le Roselin niche dans les ruines des édifices ou les arbres creux; il est accidentellement de passage en Europe et même dans le midi de la France. C'est un oiseau des plus utiles, par la destruction qu'il fait des sauterelles.

MARTIN-CHASSEUR. (Voir MARTIN-PÊCHEUR.)

MARTIN-PÊCHEUR (*Alcedo*). Groupe considérable d'oiseaux, dont on a fait la famille des *Alcédinidés* dans l'ordre des PASSEREAUX SYNDACTYLES. Ces oiseaux sont remarquables par leur corps ramassé, court, terminé par une queue le plus souvent très courte, par leurs pieds situés très en arrière; leur bec et leur tête disproportionnés par leur grosseur avec le reste de leur corps. On en compte plus de deux cents espèces répandues dans toutes les parties du monde, et que l'on a divisées, en raison de leurs mœurs, en trois sections différentes : les MARTINS-CHASSEURS (*Dacelo*), MARTINS-PÊCHEURS proprement dits (*Alcedo*) et MARTINS-PÊCHEURS INSECTIVORES (*Todiramplus*). Les premiers se distinguent par un bec robuste, épais à la base, la mandibule supérieure formant crochet à la pointe, l'inférieure dentelée à ses bords; des ailes obtuses, une queue assez longue, ample et arrondie; des tarses épais, de moitié au moins plus courts que le doigt médian, dont l'ongle est du double plus long que les autres et recourbé. A cette section appartient le **Martin-chasseur géant** (*Dacelo giganteus*), l'*âne rieur* et le *jacasse* des indigènes et des colons de la Nouvelle-Hollande; d'un plumage sombre lavé de bistre et de brun ondulés de noirâtre sur le dos, plus clair en dessous, et n'est relevé que par un bleu pâle lustré de vert sur le croupion et le milieu des ailes, dont les pennes sont bleues extérieurement. Il atteint 45 centimètres de longueur totale. Il fait résonner les forêts de son cri guttural, ressemblant à un éclat de ricanement sauvage, et fait activement la chasse aux reptiles, aux lézards, aux mulots et aux souris; il se nourrit

Martin-pêcheur d'Europe.

aussi de vers, de gros coléoptères et d'insectes; niche dans des troncs d'arbres, et pond deux gros œufs blancs, lustrés et arrondis. Nous citerons encore le **Martin-chasseur à bec noir**, de Java; le **Martin-chasseur de Coromandel**, d'un pourpre azuré, à bec rouge; le **Martin-chasseur à tête blanche**, de Sumatra.

Les Martins-pêcheurs proprement dits se distinguent, outre leur plumage orné le plus généralement de couleurs vives vertes et azurées, par leur bec droit, pointu, quadrangulaire. A cette section appartient le **Martin-pêcheur d'Europe** (*A. ispida*), d'un vert d'aigue-marine en dessus, d'un roux marron en dessous, avec la gorge blanche et les joues rousses, le bec rouge à la base, brun dans le reste, les pieds rougeâtres, sa taille est de 12 centimètres. Il se nourrit presque exclusivement de poissons qu'il guette avec patience, blotti à l'extrémité d'une branche, et sur lesquels il fond avec la rapidité d'un trait en plongeant dans l'eau d'où il ressort aussitôt pour aller dépecer et dévorer sa proie. Son vol est rapide et filé. Sauvage et solitaire, il fréquente le bord des rivières et des cours d'eau ; niche généralement au fond des trous qu'il a pratiqués dans les berges, et qui consistent en une longue galerie aboutissant à une sorte de chambre arrondie, et y dépose cinq ou six œufs blancs, lustrés et de forme presque sphérique ; à défaut de berges, il se rabat sur les troncs d'arbres rapprochés de l'eau, dont il tapisse le creux de petites racines, d'herbes, de poils, de plumes, de duvets, de plantes. Dans les deux cas, à la fin de la ponte et de l'éducation des petits, on trouve le fond du nid comme matelassé des arêtes des poissons qui ont servi à nourrir la famille. — A la même section, quoique sous un nom différent, appartient le **Martin-pêcheur pie** (*Ceryle rudis*), dont le nom indique la couleur, qui est un mélange de points et de bandes noires sur un fond blanc pur ; nous le mentionnons comme contraste de coloration avec le précédent ; il a le bec et les pieds noirs et mesure 28 centimètres de longueur totale. Il habite l'Europe orientale, l'Asie occidentale et toute l'Afrique, et a les mêmes mœurs que la précédente espèce. Viennent enfin les **Martins-pêcheurs insectivores** (*Todiramphus*), tous de la mer du Sud ; au bec droit, fort, déprimé, plus large que haut, les mandibules égales, obtuses au bout et aplaties, à bords entièrement lisses ; à ailes courtes et arrondies, à queue longue ; les tarses sont allongés et réticulés. Tous sont remarquables par leur robe aussi uniformément mélangée de vert et de blanc que l'est celle des vrais Martins-pêcheurs, avec ses tons toujours les mêmes : bleu foncé, bleu de ciel et cobalt ; ils habitent les baies et perchent constamment sur les cocotiers ; leur nourriture ne se compose que de moucherons qu'ils saisissent lorsque ceux-ci viennent voleter autour des spathes chargées de fleurs et de nectar de ces palmiers ; ils ne dédaignent pas les sauterelles ; mais, quelle que soit leur prédilection pour ce genre de nourriture, ils se livrent parfois à la pêche des poissons. Nous citerons de cette section, comme exemple, le **Todiramphe sacré** (*Todiramphus sacer*), qui est en dessus d'un vert bleuâtre uniforme, en dessous d'un blanc pur, avec le bec et les pieds noirs, et dont la taille est de 23 à 24 centimètres. Quelques espèces de l'Océanie et de la Malaisie n'ont que trois doigts, deux seuls courts devant, tel est le **Martin-pêcheur azuré** (*Ceyx purpurea*), d'un bleu d'azur brillant en dessus, en dessous d'un rouge de rouille uniforme, avec le bec noir et les pieds jaunes, et dont la taille est de 21 à 22 centimètres.

MARTIN-SEC. Nom vulgaire d'une variété de poire à chair sèche et cassante.

MARTIN-SIRE. Variété de poire à chair ferme et sucrée.

MARTINET. Section du genre *Hirondelle*. (Voir ce mot.)

MARTRE. (Voir MARTE.)

MARUM. Plante ligneuse du genre *Teucrium*, famille des *Labiées*, à tiges dressées, très rameuses, à feuilles entières, blanches et cotonneuses en dessous ; à fleurs solitaires, purpurines. Répandue dans toute la région méditerranéenne, cette plante a une odeur camphrée pénétrante, une saveur âcre et amère. On l'appelle aussi *germandrée maritime*. On l'emploie en infusion comme stimulante ; son action est analogue à celle de la sauge.

MASSE D'EAU. Nom vulgaire de la Massette, de la forme de son épi.

MASSÉTER (du grec *masaomai*, je mange). On nomme ainsi un muscle court, épais, de forme quadrilatère, qui s'attache d'une part au bord inférieur de l'arcade zygomatique, et d'autre part à l'angle de la mâchoire inférieure et à la face externe de sa branche montante. Il élève le maxillaire inférieur dans l'acte de la mastication.

MASSETTE. *Typha* (du mot *masse*, allusion à la forme de son épi ; son nom scientifique latin vient de *tuphos*, marais). Genre de plantes aquatiques monocotylédones de la famille des *Typhacées*. Les Massettes croissent au bord des étangs et des rivières. D'une racine rampante ou rhizome s'élève un chaume sans nœuds, portant de longues feuilles rubanées, alternes, et se terminant par une *masse* cylindrique et noire qui n'est autre que l'agglomération de leurs fleurs en chaton autour

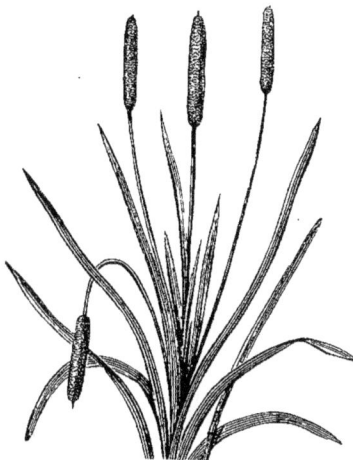

Massette (*Typha*).

d'un axe commun. Les fleurs mâles occupent le sommet de la tige, les fleurs femelles sont rassemblées au-dessous ; les premières sont uniquement composées d'étamines naissant de l'axe ; les femelles sont composées d'un pistil, porté sur un pédoncule garni de soies nombreuses. La partie mâle du chaton tombe après la fécondation, et les ovaires se développent en un petit fruit qu'entourent comme d'une aigrette les soies du pédoncule. — La **Massette à larges feuilles** et la **Massette à feuilles étroites**, connues sous les noms vulgaires de *masse d'eau*, de *roseau des étangs*, croissent dans les étangs, les marais, les rivières et les ruisseaux de toute l'Europe ; on les retrouve en Egypte, en Arabie, dans les Indes et jusque dans l'Amérique septentrionale. On emploie leurs feuilles pour la confection des nattes et des paillassons, leurs aigrettes en guise de ouate, et les Kalmouks mangent, dit-on, leur rhizome.

MASSICOT. Protoxyde de plomb. (Voir PLOMB.)

MASTIC. Suc résineux qui découle par incision du tronc et des branches du *Pistacia lentiscus*. (Voir LENTISQUE.) Il se présente sous la forme de petites larmes jaunâtres, demi-transparentes, à odeur agréable, à saveur aromatique. On l'emploie comme masticatoire, d'où son nom de Mastic, pour fortifier les gencives et blanchir les dents.

MASTICATION. L'ensemble des actes qui ont pour effet de diviser les aliments et de les rendre plus aptes à être attaqués par les sucs digestifs. (Voir DIGESTION.)

MASTIFF. Nom que donnent les Anglais au Dogue de forte race. (Voir CHIEN.)

MASTODONTE (du grec *mastos*, mamelon, et *odous*, dent). Nom donné par Cuvier, à cause des grosses pointes coniques dont leurs dents molaires sont hérissées, à des mammifères que l'on ne connaît que par des débris fossiles, mais qui paraissent avoir eu, à en juger par leur crâne, par leurs défenses, par la structure de leurs pieds, la plus grande analogie de conformation avec les éléphants, près desquels on les a placés. Les Mastodontes présentent cependant un caractère distinctif remarquable dans l'existence de deux petites défenses droites et courtes à l'extrémité de la mâchoire inférieure. Ces débris, que l'on avait d'abord confondus avec ceux du *mammouth* (voir ce mot), se trouvent dans les deux hémisphères, et particulièrement en Amérique, au sein des terrains tertiaires miocènes. On en distingue plusieurs espèces, différant entre elles par la taille. La hauteur du grand Mastodonte était d'environ 3 mètres. C'est à un Mastodonte que paraissent avoir appartenu les ossements découverts sous Louis XIII, et que l'on attribua alors au géant Teutobochus, roi des Cimbres. (Voir GÉANT.) — D'après sa dentition, le Mastodonte devait se nourrir de jeunes tiges, de feuilles, de racines ; présomption confirmée par la curieuse découverte faite en Virginie de l'estomac d'un de ces animaux trouvé au milieu de ses ossements et rempli d'une masse à demi-broyée de petites branches, de feuilles, de gramens.

MATAMATA. Espèce de Tortue. (Voir CHÉLYDE.)

MATÉ. On désigne sous ce nom, au Brésil, au Paraguay et dans d'autres contrées de l'Amérique du Sud, une feuille grillée légèrement et concassée, dont on fait une infusion, et qui, dans ces contrées, remplace le thé. Son usage est très répandu, et l'on

peut dire qu'il forme pour toutes les classes un objet de première nécessité ; il n'est guère de ménage au Brésil qui n'ait sa provision de Maté et le vase en argent dans lequel on le prépare d'ordinaire. Cette feuille, que l'on nomme aussi *yerva del Paraguay* (herbe du Paraguay), proviendrait, suivant Auguste Saint-Hilaire, d'une espèce de houx, auquel il a donné le nom d'*Ilex mate* ; selon d'autres botanistes, elle serait produite par un psoralier (*Psoralea glandulosa*). D'après un voyageur moderne, c'est un buisson touffu avec un tronc de la grosseur de la cuisse, dont l'écorce est lisse et blanchâtre, dont les fleurs, d'un bleu agréablement mêlé de

Maté ; *a*, fleur ; *b*, graine.

blanc, sont disposées en épis, à graines très lisses d'un rouge violet. Parvenue à tout son développement, sa feuille, qui ne tombe jamais en hiver, est semblable à celle de l'oranger. Le Maté, comme boisson, paraît être, ainsi que le thé et le café, légèrement excitant ; c'est un excellent stomachique, à petite dose ; mais il devient purgatif et même émétique à dose élevée.

MATICO. Nom péruvien d'une plante sarmenteuse du genre *Poivrier* (*Piper angustifolium*) qui croît communément au Pérou, au Chili, en Bolivie, et que ses qualités aromatiques, toniques et astringentes font employer en thérapeutique dans les mêmes circonstances que le cubèbe. (Voir ce mot.) Ses feuilles, dont l'odeur rappelle celle de la menthe, ressemblent à celles de la digitale ; leur saveur est âcre et amère. On les emploie en Europe et surtout en Angleterre, contre la gonorrhée, la leucorrhée, le catarrhe vésical, etc.

MATIN. Race de chien domestique de grande taille. (Voir CHIEN.)

MATOU. Nom vulgaire du Chat domestique. (Voir ce mot.)

MATRICAIRE (*Matricaria*). Genre de plantes dicotylédones de la famille des *Composées tubuliflores*, à fleurs radiées, voisines des Anthemis ou Camomilles, dont elles ne diffèrent que par leur réceptacle dépourvu de paillettes. — La **Matricaire officinale**, vulgairement *Matricaire espargoutte*, et la **Matricaire camomille**, toutes deux communes dans les lieux cultivés, possèdent des propriétés analogues à celles de la Camomille romaine, mais à un moindre degré. (Voir CAMOMILLE.)

MATTHIOLA (de *Matthiole*, botaniste italien du seizième siècle). Genre de plantes crucifères détachées du genre *Cheiranthus* ou *Giroflée* (voir ce mot), en raison des différences qui existent dans la forme du stigmate et de la silique. Plusieurs de ces espèces sont cultivées dans les jardins sous leurs anciens noms, telles sont : la **Giroflée des jardins** ou **Violier** (*Matthiola incana*), à fleurs violettes, qui croît spontanément sur les bords de la Méditerranée, et la **Giroflée annuelle** ou **Quarantaine** (*Matthiola annua*), à fleurs blanches ou rouges, également spontanée dans les régions méditerranéennes. On obtient par la culture de ces espèces de nombreuses variétés à fleurs doubles et de couleurs variées.

MATURITÉ. État des fruits ou des graines qui ont atteint leur entier développement.

MAUBÈCHE. (Voir BÉCASSEAU.)

MAURITIA (dédié à Maurice de Nassau). Genre de palmiers des régions tropicales de l'Amérique. Son tronc s'élève à 5 ou 6 mètres ; son feuillage est pendant, un peu membraneux, en forme d'éventail. Les spadices mâles sont séparés des femelles sur des individus différents, longs d'un mètre, flexueux, couverts d'écailles imbriquées, concaves, acuminées ; les divisions de la panicule courtes, longues de 4 centimètres, en forme de chaton, ovales cylindriques, alternes ; les écailles très serrées et nombreuses ; les fleurs sessiles ; le calice trigone, à trois dents ; la corolle trois fois plus grande, à trois divisions très profondes, droites, concaves, lancéolées, aiguës ; les anthères sont presque sessiles, droites, linéaires, à deux loges, de moitié plus courtes que la corolle ; le fruit ressemble à celui du *Calamus rotang*. — Le Mauritia forme dans les lieux humides des groupes magnifiques d'un vert frais et brillant, à peu près comme nos aunes. Son ombre conserve aux autres arbres un sol humide, ce qui fait dire aux Indiens que le Mauritia, par une attraction mystérieuse, réunit l'eau autour de ses racines. Les qualités bienfaisantes de cet arbre sont nombreuses. Seul il nourrit, à l'embouchure de l'Orénoque, la nation indomptée des Guaranis, qui tendent avec art d'un tronc à l'autre des nattes faites avec la nervure des feuilles du Mauritia ; et, durant la saison des pluies où le Delta est inondé, semblables à des singes, ils vivent au sommet des arbres. Ces habitations suspendues sont en partie couvertes avec de la glaise. Les femmes allument sur cette couche humide le feu nécessaire aux besoins du ménage, et le voyageur qui, pendant la nuit, navigue sur le fleuve, aperçoit des flammes à une grande hauteur. Le Mauritia ne leur procure pas seulement une habitation sûre, il leur fournit aussi des mets variés. Avant que sa tendre enveloppe paraisse sur l'individu mâle, et seulement à cette période de la végétation, la moelle du tronc recèle une farine analogue au sagou. Comme la farine contenue dans la racine du manioc, elle forme en se séchant des disques minces, de la nature du pain. De la sève fermentée de cet arbre, les Guaranis font un vin de palmier doux et enivrant. Les fruits, encore frais, recouverts d'écailles comme les cônes du pin, fournissent, ainsi que le bananier et la plupart des fruits de la zone torride, une nourriture variée, suivant qu'on en fait usage, après l'entier développement de leur principe sucré, ou auparavant, lorsqu'ils ne contiennent encore qu'une pulpe abondante. On extrait de la moelle des *Mauritia flexuosa* et *sagus* une fécule alimentaire analogue au sagou. Leur sève fermentée fournit en abondance du vin de palme.

MAUVE (*Malva*). Genre de plantes de la famille des *Malvacées* à laquelle il donne son nom. Ce sont des plantes herbacées ou des arbustes, à feuilles alternes, stipulées ; leurs fleurs, solitaires ou réunies en grappes, ont un calice double : l'extérieur de trois folioles, l'intérieur divisé en cinq lobes égaux, une corolle à cinq pétales, libres dans le jeune âge,

Mauve sauvage.

et se soudant plus tard par l'intermédiaire du tube que forme la réunion des étamines ; celles-ci sont nombreuses. L'ovaire, supère, est surmonté d'un style à huit stigmates ; le fruit est une capsule divisée en huit coques et plus, renfermant chacune une seule, quelquefois plusieurs graines. — Les espèces de ce genre sont très nombreuses ; nous citerons les plus intéressantes. — La **Mauve sauvage** (*M. sylvestris*), vulgairement *grande Mauve*, à tige droite, rameuse, velue, s'élève à 5 ou 6 décimètres de hauteur ; ses feuilles, légèrement velues, sont divisés en cinq ou sept lobes aigus, crénelées sur leurs bords. Ses fleurs, réunies par bouquets de trois à six, sont grandes, purpurines, marquées de lignes plus colorées. La Mauve sauvage croît en abondance dans les lieux incultes, les buissons, le long des haies. Ses propriétés émollientes et adoucissantes la font employer dans la médecine, en décoction, en bains, en tisanes, contre les inflammations intérieures, les rhumes, etc. La fleur de Mauve fait partie des fleurs pectorales. Les feuilles s'emploient en cataplasmes, lotions, etc. — La **Mauve musquée** (*M. moschata*) a sa racine vivace ; elle donne naissance à une ou plusieurs tiges, droites, souvent simples, cylindriques, hérissées de poils simples, et hautes de 65 centimètres environ. Ses feuilles sont arrondies, pétiolées, presque toutes découpées jusqu'au pétiole en cinq lobes incisés et multifides ; les inférieures et surtout les radicales sont réniformes et seulement lobées. Les fleurs sont ordinairement purpurines, quelquefois blanches, quelques-unes solitaires et pédonculées dans les aisselles des feuilles supérieures, la plupart des autres ramassées au sommet de la tige ; elles ont une odeur musquée et agréable ; les folioles de leur calice extérieur sont linéaires. Les capsules sont hérissées de poils. Cette Mauve croît dans les bois et les prés, en France, en Allemagne, en Angleterre. Elle mérite, de même que la précédente, d'être cultivée pour l'ornement des jardins. — La **Mauve à feuilles rondes** (*M. rotundifolia*) ou *petite Mauve* est haute de 2 à 5 décimètres, à feuilles petites, orbiculaires ; à fleurs petites, d'un blanc lavé rose, réunies par cinq à l'aisselle des feuilles ; elle partage les propriétés de la précédente. Les anciens mangeaient ces plantes en guise d'épinards ; et dans certaines contrées de l'Italie elles sont encore d'un usage alimentaire. On cultive dans nos jardins plusieurs espèces de Mauves comme plantes d'ornement, telles sont : la **Mauve frisée** (*M. crispa*), à grandes feuilles dentées et frisées sur leurs bords, à fleurs petites et blanches, réunies en grappes ; qui est haute de 1 à 2 mètres, et croît en Syrie ; la **Mauve rouge**, à fleurs d'un rouge cinabre ; la **Mauve du Cap**, à fleurs roses ; la **Mauve de l'Ile de France**, à fleurs blanches nervées de pourpre ; la **Mauve écarlate**, du Mexique, etc.

MAUVE. Nom vulgaire de quelques espèces de Mouettes. (Voir ce mot.)

MAUVIETTE. Nom vulgaire des Alouettes devenues très grasses en automne.

MAUVIS. Espèce du genre *Grive*.

MAXILLAIRES. Qui a rapport aux mâchoires : os maxillaires, artères maxillaires, nerfs maxillaires, etc.

MAYA. (Voir MAIA.)

MÉANDRINE (de méandres, sinuosités). Genre de zoophytes (cœlentérés) de la classe des CORALLIAIRES, ordre des ZOANTHAIRES MADRÉPORAIRES, famille des *Astréidés*. Ce sont des polypiers en masse simple, convexe, hémisphérique ou ramassée en boule, à

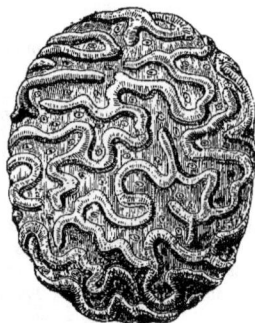

Méandrine.

surface occupée par des sillons sinueux de largeur et de profondeur variables, garnis de chaque côté de nombreuses lames transverses parallèles. Ces sillons représentent les étoiles isolées qu'on voit sur les autres polypiers lamellifères. Les animaux des Méandrines sont assez semblables à des actinies qui seraient réunies par rangées sinueuses au fond des sillons du polypier ; seulement ils n'ont de tentacules que sur les côtés de la bande charnue qui résulte de leur agrégation. Les Méandrines habitent les mers des pays chauds. On en connaît plusieurs espèces vivantes, dont le type est la **Méandrine labyrinthique**, et quelques-unes fossiles, appartenant aux terrains calcaires jurassiques ou tertiaires.

MÉAT. En anatomie, conduit ou canal : méat auditif, le conduit de l'oreille ; méats des fosses nasales ; méat urinaire.

MECHOACAN. On donne dans les pharmacies ce nom à une racine apportée de la province de Mechoacan, dans la république mexicaine. Elle est employée comme purgatif résineux, mais moins actif que la scammonée. Son origine n'a pas été connue d'abord ; mais on sait maintenant que c'est une espèce de liseron. Le *phytolacca decandra* est aussi nommé **Mechoacan du Canada**.

MEDICAGO. Nom scientifique latin de la Luzerne. (Voir ce mot.)

MÉDICINIER (*Jatropha*). Genre de plantes de la famille des *Euphorbiacées*, tribu des *Jatrophées*. Ce sont des arbrisseaux remplis d'un suc lactescent, caustique et vénéneux ; leurs feuilles sont alternes, lobées, leurs fleurs monoïques, en grappes. Deux espèces méritent surtout notre attention : le **Manioc** (*J. manihot*), auquel nous avons consacré un article particulier, et le **Médicinier cathartique** (*J. curcas*), arbrisseau de l'Amérique méridionale, dont les feuilles imitent celles du cotonnier. Ses graines, connues sous les noms de *pignons d'Inde* ou *noix des Barbades*, longues de 16 à 18 millimètres, sont vio-

Médicinier.

lemment purgatives ; elles sont ovoïdes, allongées, d'un brun foncé.

MÉDULLAIRE. Qui contient la moelle ; qui a rapport à la moelle : canal médullaire, rayons médullaires. (Voir Os.)

MÉDUSES. Animaux pélagiques de l'embranchement des Zoophytes ou Cœlentérés, qui formaient autrefois une division de la classe des Acalèphes de Cuvier. Ils constituent aujourd'hui une classe particulière d'animaux qui, pour la plupart, se présentent sous deux formes : une forme agame ou polypoïde et une forme sexuée ou médusoïde. Ces derniers sont des animaux mous, d'une consistance gélatineuse, flottant toujours dans la mer. Ils ont la forme d'une cloche ou d'une *ombrelle* transparente, et ils nagent à l'aide des pulsations de leur ombrelle. Leur organisation est très simple ; ils sont pourvus d'une grande cavité digestive qui, le plus souvent, communique à une bouche et donne naissance à des canaux qui se ramifient dans les diverses parties du corps. De sorte que les matières alimentaires élaborées par l'estomac sont ainsi réparties dans tout l'organisme. Chez les Méduses, l'appareil digestif et l'appareil circulatoire sont, par conséquent, confondus en un seul. Les œufs se développent dans l'épaisseur des parois du sac stomacal ou de l'ombrelle. La taille de ces animaux varie beaucoup ; des Méduses parviennent à plusieurs décimètres de diamètre, tandis que d'autres ne sont visibles qu'au microscope. Leur corps gélatineux et transparent offre des formes très régulières et des couleurs variées et brillantes. La partie supérieure de leur corps, assez semblable à la tête d'un champignon, et nommée *ombrelle*, aide les mouvements par la faculté qu'elle a de se contracter et de se dilater. Du

milieu de l'ombrelle pendent des suçoirs prolongés en pédicules et de longs filets munis de capsules urticantes, ou nématocystes, assez puissants pour déterminer sur la peau de l'homme une sensation de brûlure comparable à celle que fait ressentir l'ortie, d'où leur nom d'*orties de mer*. Les Méduses se nourrissent d'animaux marins qu'elles prennent à l'aide de leurs filets. A de très rares exceptions près les sexes sont séparés. Dans la plupart des cas la génération est alternante : en effet, sauf chez les cténophores, toutes les Méduses passent par l'état polypoïde agame. L'œuf d'une Méduse donne d'abord naissance à une larve qui, après avoir joui de sa liberté, se fixe, se déforme, s'allonge et devient une tige de polypier. Sur cette tige poussent, comme autant de feuilles, des polypes bien caractérisés. Puis, sur cette même tige, naissent de nouveaux bourgeons qui grossissent, se détachent de la tige et prennent tous les caractères des Méduses. On donne à ces animaux le nom d'*Hydroméduses*. (Voir ce mot.) — Il existe cependant des Méduses qui sont produites directement par les larves nées des œufs, sans que celles-ci aient besoin de former auparavant une colonie de Polypes. Plusieurs espèces (scyphistomes) se fixent par le dos comme les polypes hydroïdes avant d'avoir atteint tout leur développement. Le

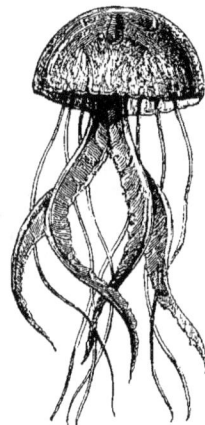

Méduse.

jeune animal s'allonge, son corps devient cylindrique et bientôt paraît formé d'anneaux superposés ; ces anneaux se séparent de plus en plus les uns des autres, se détachent un à un et chacun finit par devenir une de ces grandes Méduses qui voyagent par bandes et sont souvent rejetées sur les côtes par les tempêtes. Ces Méduses appartiennent à l'ordre des Discophores. La classe des Méduses comprend trois ordres : I. Siphonophores, caractérisés par la réunion en colonies d'individus polymorphes, les uns polypoïdes, les autres médusoïdes ; — II. Discophores, caractérisés par l'individualité prépondérante de l'animal sexué (Méduse) et la réduction de l'état polypoïde, qui fait même parfois défaut ; — III. Cténophores, chez lesquels les sexes sont réunis chez le même individu et dont le développement est direct et sans métamorphoses.

MEERSCHWEIN. Ce nom, qui signifie *cochon de mer*, est celui que donnent les pêcheurs du Nord au Marsouin. (Voir ce mot.)

MÉGACÉPHALE (du grec *mégas*, grand, et *képhalé*, tête). Genre d'insectes Coléoptères carnassiers de la famille des *Cicindélidés*. (Voir ce mot.) Ce sont de beaux insectes des régions chaudes du globe, remarquables par leurs formes élégantes et leurs belles couleurs métalliques. Ils sont caractérisés par leur tête grosse et ronde, leur corselet cordiforme et l'absence d'ailes sous leurs élytres. Très carnassiers, ils font leur proie des vers, larves, petits mollusques et insectes; leur course est très rapide; mais ils ne sortent guère que le soir ou la nuit. On en connaît un assez grand nombre d'espèces, parmi lesquelles nous citerons : **Megacephala senegalensis**, **euphratica**, **virginica**, dont les noms indiquent la patrie.

MÉGACERAS (de *mégas*, grand, et *kéras*, corne). Nom du Cerf à bois gigantesques ou grand Cerf des tourbières d'Irlande, espèce fossile dont les bois n'ont pas moins de 3 mètres d'envergure. (Voir Cerf.)

MÉGACHILE (de *mégas*, grand, et *cheila*, lèvre). Genre d'insectes Hyménoptères, section des *Porte-aiguillon*, famille des *Apides*. On lui donne, d'après Réaumur, le nom d'*abeille coupeuse de feuilles*. C'est une abeille solitaire dont nous avons parlé au mot Abeille.

MÉGADERME (de *mégas*, grand, et *derma*, peau). Genre de mammifères de l'ordre des Chéiroptères, dont les espèces sont remarquables par le développement considérable de la peau autour des narines et par l'absence de queue. Ces chauves-souris habitent les régions tropicales de l'Asie et de l'Afrique; tels sont les **Megaderma lyra**, **trifolium**, **spasma**; la première du Malabar et les deux autres de Java.

MÉGALONYX (de *mégas*, grand, et *onux*, ongle). Grand mammifère édenté fossile d'Amérique. (Voir Mégathérium.)

MÉGALONYX (de *mégas*, grand, et *onux*, ongle). Genre d'oiseaux Passereaux de la famille des *Turdidés*, très voisins des Ménures de la Nouvelle-Hollande, mais caractérisés par des tarses et des doigts très gros, ces derniers et surtout le pouce munis d'ongles très grands et très forts, des ailes très courtes, un bec droit, conique et robuste. Les Mégalonyx habitent l'Amérique méridionale; ils courent plus qu'ils ne volent, et cherchent leur nourriture en grattant le sol de leurs robustes pieds. Le **Mégalonyx roux** (*M. rufus*) et le **Mégalonyx à gorge rouge** (*M. rufogularis*) habitent le Chili.

MÉGALOPE (de *mégas*, grand, et *ops*, œil). Genre de poissons Malacoptères ou Physostomes abdominaux, de la famille des *Clupéidés*, très voisins des Harengs, dont ils ont la forme générale; ils ont l'œil plus grand, vingt-deux ou vingt-quatre rayons aux ouïes et le dernier rayon de leur dorsale se prolonge en filet. L'espèce type, la **Savalle** ou **Mégalope géant** (*Megalopus giganteus*), des mers d'Amérique, atteint jusqu'à 4 mètres de longueur.

MÉGALOSAURE. Gigantesque reptile fossile de l'époque jurassique, assez analogue de forme avec les crocodiles de nos jours; mais il avait plus de 10 mètres de longueur. Ce monstrueux saurien porte donc à juste titre le nom de *Mégalosaure* (grand lézard). Ses os, en forme de cylindres creux, et non pleins comme ceux des animaux aquatiques, annoncent des habitudes terrestres, et ses dents recourbées en forme de serpette et dentelées en scie sur le tranchant, comme celles des requins, indiquent un animal vivant de proie. Peut-être aussi poursuivait-il dans l'eau les poissons et les plésiosaures.

MÉGALOTIS (de *mégas*, et *ous*, *ôtos*, oreille). On donne ce nom au Fennec, espèce de Renard remarquable par le développement de ses oreilles.

MÉGAPODE (de *mégas*, grand, et *podes*, pieds). Genre d'oiseaux placés parmi les Échassiers macrodactyles par Cuvier et dans l'ordre des Gallinacés par Temminck. Ce sont des oiseaux dont le bec est grêle, droit, aussi large que haut, à la mandibule supérieure dépassant l'inférieure et légèrement courbée à la pointe; les ailes sont médiocres; les tarses et les pieds forts, les ongles très longs et très robustes. Ces oiseaux, encore peu connus, habitent les terrains marécageux des contrées chaudes de l'ancien continent; ils courent vite et volent peu et bas. — Le **Mégapode Freycinet**, brun noir, se trouve à l'île Waigrou. — Le **Mégapode Lapeyrouse**, à plumage roussâtre, habite les îles Mariannes et les Philippines. — Le **Mégapode Duperrey**, roux en dessus, d'un gris ardoise en dessous, se rencontre à la Nouvelle-Guinée.

MÉGATHÉRIUM (du grec *mégas*, grand, et *thérion*, animal). Le Mégathérium et le Mégalonyx sont des mammifères antédiluviens, dont on ne retrouve aujourd'hui que quelques ossements fossiles. Ces animaux appartiennent à l'ordre des Édentés (voir ce mot), mais leur taille était gigantesque en comparaison des édentés d'aujourd'hui. On n'a trouvé leurs restes qu'en Amérique. Le Mégathérium ressemblait au paresseux sous certains rapports, mais il était beaucoup mieux partagé que lui. D'abord sa taille égalait celle des plus grands rhinocéros, et bien que, comme le paresseux, il n'eût ni incisives ni canines, il était solidement armé. Il avait la tête des bradypes, mais plus allongée et terminée par une espèce de courte trompe, comme le tapir; la mâchoire inférieure, très développée, logeait d'énormes molaires très propres à broyer les racines ou les branchages dont il faisait sa nourriture. Ses membres, moins disproportionnés que ceux du paresseux, étaient énormes et très écartés entre eux, de manière à pouvoir soutenir son corps colossal. Ses pieds avaient près de 1 mètre de long, et ils étaient armés d'ongles énormes. Sa queue, longue et massive, pouvait lui servir de point d'appui, lorsqu'il se dressait contre un arbre. Ainsi grossièrement construit et pesamment armé, il ne pouvait ni courir, ni sauter, ni grimper; et, dans tous ses mouvements, il devait être nécessairement d'une lenteur extrême. Mais il n'avait besoin ni d'une locomotion rapide, puisqu'il ne se nourrissait que de racines, ni d'agilité pour fuir ses ennemis, puisque son corps était enfermé comme dans une cuirasse et que d'un seul coup de son pied ou de sa queue, il pouvait assommer le jaguar ou le crocodile. — Le Mégalonyx était de la taille d'un bœuf. Bien qu'il vécût de racines, comme le Mégathérium, ses dents indiquent qu'il s'accommodait très bien, par occasion, d'une nourriture animale, comme les tatous, et il est probable qu'en fouissant pour chercher des racines charnues, s'il venait à déterrer quelque reptile, il ne manquait

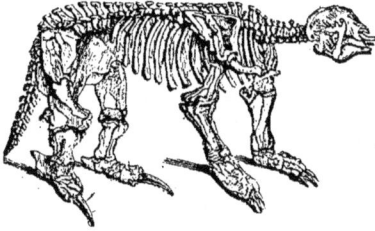

Mégathérium.

pas d'en faire sa proie. Son nom de Mégalonyx lui vient de la longueur de ses ongles qui, recourbés en dessous, comme dans le paresseux, devaient le forcer à marcher en s'appuyant sur la tranche extérieure du pied. — L'histoire de cet antique animal offre cette particularité curieuse qu'il a été décrit d'abord par Jefferson, l'ancien président des États-Unis, qui fut averti de sa découverte par Washington. On aime à retrouver dans les sciences le nom de ces hommes qui ont joué un si beau rôle dans l'histoire de leur pays.

MÉHARI. Nom que l'on donne au Chameau coureur en Afrique. (Voir Chameau.)

MÉLALEUQUE, *Melaleuca* (du grec *mélas*, noir, et *leukos*, blanc). Genre de plantes dicotylédones de la famille des *Myrtacées*, composé d'arbres et d'arbustes propres à l'Australie et à l'archipel Indien, qui offrent cette singularité d'avoir un tronc noir avec des rameaux blancs, d'où leur nom. Deux espèces surtout méritent de fixer l'attention, parce que leurs feuilles fournissent par distillation l'huile ou essence de *cajéput*. (Voir ce mot.) — Le **Melaleuca leucadendron** est un arbre de 15 à 20 mètres de hauteur, à feuilles alternes allongées, lancéolées ; à fleurs blanches en épis lâches. — Le **Melaleuca cajeputi,** moins élevé, a des feuilles alternes, elliptiques, lancéolées ; ses fleurs sont réunies en épis serrés. Ces deux plantes croissent dans les Moluques et dans les îles de l'archipel Indien. On cultive en serre les **Melaleuca hypericifolia** et **pulchella,** jolis arbrisseaux à fleurs pourpres.

MÉLAMPYRE (de *mélas*, noir, et *puros*, blé, de la couleur des graines). Genre de plantes dicotylédones de la famille des *Scrofulariées,* à fleurs monopétales hypogynes, en grappe ou épi feuillé. Ce sont des herbes parasites, à feuilles opposées, li-

néaires, lancéolées, à feuilles florales incisées dentées. — Le **Mélampyre des champs** (*Melampyrum arvense*), vulgairement nommé dans les campagnes *rougeole, blé de vache, queue de renard,* se rencontre communément dans les moissons des terrains calcaires ; on le reconnaît à ses fleurs purpurines ou jaunes, dont les dents du calice se prolongent en une longue pointe sétacée rouge. Ses graines noires, lorsqu'elles sont mélangées au blé, donnent à la farine une couleur violacée et une saveur amère.

MÉLANÉSIENS (de *mélas,* noir). On distingue sous ce nom, créé par Dumont d'Urville, les peuples noirs de l'Océanie, et en particulier de la Nouvelle-Guinée et des archipels voisins. Ce sont des nègres, dont la couleur est fuligineuse ; les cheveux sont crépus ; les mâchoires saillantes ; le crâne est à la fois long, étroit et très développé en hauteur. Ces noirs forment de nombreuses sous-races bien distinctes entre elles. Ainsi les Tasmaniens, disparus aujourd'hui devant la colonisation anglaise, étaient moins dolichocéphales que les Papouas et présentaient une physionomie tout à fait à part. Les insulaires du détroit de Torrès diffèrent beaucoup de ceux de la baie de Geelwink. Les habitants de l'extrémité orientale de la Nouvelle-Guinée se rapprochent des Polynésiens, etc.

MÉLANISME (de *mélas,* noir). Coloration accidentelle noire de la peau ou du pelage des animaux. C'est l'opposé de l'albinisme. (Voir ce mot.)

MÉLANITE. (Voir Grenat.)

MÉLANOPHYCÉES. (Voir Algues et Fucacées.)

MÉLANTHACÉES. (Voir Colchicacées.)

MÉLAPHYRE (de *mélas,* noir, et *phuró,* je pétris). Roche pyroxénique dans laquelle sont disséminés des cristaux de labrador. Elle est violacée ou verte, suivant les variétés. On prend quelquefois ce mot comme synonyme d'Ophite. (Voir ce mot.)

MÉLASOMES (du grec *mélas,* noir, et *sôma,* corps). Tribu d'insectes Coléoptères de la famille des *Hétéromères,* dont les espèces, presque toutes de couleur noire, ont des habitudes en rapport avec leur aspect lugubre. C'est en effet dans les lieux arides et sablonneux, les ruines, les déserts et souvent même dans les caveaux, les celliers, que se rencontrent les insectes Mélasomes. L'Afrique, le centre de l'Asie, l'ouest de l'Amérique, où s'étendent de vastes déserts sablonneux, sont les pays où ils abondent le plus ; l'Europe, qui n'a ni de grands déserts, ni la chaleur torride, n'en possède qu'un petit nombre, principalement répandus dans les régions sablonneuses du littoral de la Méditerranée. Ces insectes funèbres ont des téguments excessivement durs, généralement d'un noir mat ; la tête enfoncée dans le thorax, portant des antennes de moyenne grandeur, à articles grenus ou moniliformes et des mandibules courtes à pointe bifide. Leurs yeux sont oblongs et peu saillants, et leurs tarses, de cinq articles aux pattes antérieures et intermédiaires, n'en ont que quatre aux pattes postérieures (*Hétéromères*). — Les *Pimelia* sont de gros insectes noirs, au corps épais et arrondi, pourvus de longues pattes, dont une espèce, **Pimelia bipunctata**, est commune dans le midi de la France. — Les *Akis* et les *Scaurus*, de forme plus allongée, sont répandus dans le midi de l'Europe et en Barbarie. — Les *Blaps*, d'assez grande taille, exhalent toujours une odeur fétide et fréquentent les lieux sombres et humides ; le **Blaps mortisaga**, long de

Blaps mortisaga.

25 millimètres, assez commun dans notre pays, surtout dans les caves, est regardé comme un présage de mauvais augure, d'où son nom.— Les *Ténébrions*, au corps long et parallèle, sont très communs dans notre pays : le **Tenebrio molitor** ou *meunier*, long de 15 millimètres, est noir en dessus, rouge brun en dessous et vit dans les boulangeries ; sa larve, connue sous le nom de *ver de farine*, se donne aux oiseaux insectivores qui en sont très friands.

MÉLASTOMACÉES (du genre *Melastoma*). Famille de plantes dicotylédones, polypétales, périgynes, à fleurs hermaphrodites régulières, portées sur un réceptacle cupuliforme, sur les bords duquel sont fixés le périanthe et l'androcée : corolle de cinq pétales libres ; étamines en nombre double de celui des pétales, à anthères biloculaires, introrses, fruit bacciforme ou capsulaire, contenant de nombreuses graines. Cette famille comprend plusieurs genres formés d'arbres et d'arbrisseaux exotiques, propres en grande partie à l'Amérique tropicale. Les principaux sont : *Melastoma, Medinilla, Rhexia, Miconia, Meriana, Memecylon*, etc.

MELASTOMA (de *mélas*, noir, et *stoma*, bouche, parce que le suc des fruits noircit la bouche). Genre de plantes type de la famille des *Mélastomacées*. (Voir ce mot.) Ce sont des arbrisseaux de l'Asie tropicale, à feuilles opposées, à fleurs en corymbes terminaux, blanches, roses ou pourpres. Les feuilles du **Melastoma malabathricum** s'emploient en lotions ou en gargarismes comme astringentes ; les racines du **Melastoma polyanthum** sont employées contre l'épilepsie. On mange les baies de ces plantes ; elles ont une saveur sucrée et un peu acide, et laissent sur les lèvres une teinte noire.

MÉLÉAGRIDÉS (de *meleagris*, nom scientifique du genre *Dindon*). On donne ce nom à une petite famille de l'ordre des Gallinacés comprenant le seul genre *Dindon*. (Voir ce mot.)

MELEAGRIS. Ce nom qui, chez les anciens, désignait la pintade, oiseau sous la forme duquel avaient été métamorphosées les sœurs de Méléagre, est aujourd'hui appliqué au genre *Dindon*.

MÉLÈZE (*Larix*). Genre d'arbres de la famille des *Conifères*, très voisins des Pins et des Cèdres ; mais que leurs feuilles d'un vert clair, non persistantes, étroites, en faisceaux, leurs chatons mâles simples, les écailles de leurs cônes minces et en pointe à leur sommet, distinguent suffisamment. Les Mélèzes croissent sur les montagnes élevées, au milieu des rochers ; ils redoutent les pays chauds. Des trois espèces que l'on connaît, deux appartiennent à l'Amérique du Nord ; la troisième, le **Mélèze commun** (*L. europæa*), croît en Europe dans les Alpes françaises, dans les Vosges, etc. C'est de tous les arbres de cette famille celui dont la croissance est la plus rapide ; c'est aussi un de ceux qui acquièrent les plus grandes dimensions ; il atteint communément 30 à 40 mètres, sur un diamètre de plus de 1 mètre à sa base. Sa tige droite, recouverte d'une écorce lisse, porte des rameaux horizontaux ou pendants, et se termine par une flèche élancée. Du milieu des rosettes de feuilles naissent, dans la seconde ou la troisième année, des fleurs de cou-

Branche de Mélèze.
a, inflorescence mâle ; *b*, inflorescence femelle ; *c*, fruit.

leur roussâtre. Les cônes, petits, globuleux, d'abord violacés, prennent une teinte grise à leur maturité. Cet arbre a d'importants usages. Son bois, rougeâtre et veiné, très léger, est cependant très dur et de bonne conservation. On l'emploie pour charpentes, pour les constructions navales, dans la tonnellerie, etc. Il résiste indéfiniment dans l'eau et y prend une dureté considérable, ce qui le rend très propre à la confection de tuyaux pour la conduite des eaux. Son écorce astringente est très riche en tannin. Il en suinte une résine liquide connue sous le nom de *térébenthine de Venise*, usitée en médecine comme stimulant et qui entre dans la composition d'un grand nombre de préparations pharmaceutiques. Enfin, c'est sur les feuilles et les jeunes rameaux de cet arbre que l'on recueille cette substance granuleuse, sucrée, que l'on emploie sous le nom de *manne de Briançon*, pour les mêmes usages que la manne ordinaire. (Voir MANNE et FRÊNE.) Le Mélèze est fréquemment cultivé comme arbre d'ornement dans les jardins paysagers. Cet arbre n'est pas délicat sur la nature du sol; les plus mauvais terrains lui conviennent, à l'exception de ceux qui sont marécageux et argileux. On en trouve sur les montagnes les plus stériles : il prospère dans les lieux froids, pierreux et maigres; il réussit aussi dans les fonds secs et sablonneux; enfin il vient bien sur les collines sèches et arides. L'exposition qui lui est la plus favorable, est celle du nord; il craint, au contraire, la grande chaleur, et les pays trop méridionaux ne peuvent lui convenir.

MÉLIA. (Voir AZEDARACH.)

MÉLICA. (Voir MÉLIQUE.)

MÉLILOT, *Melilotus* (du grec *méli*, miel, et *lôtos*, lotier). Genre de plantes de la famille des *Légumineuses papilionacées*. Ce sont des plantes herbacées, à tige dressée, garnie de feuilles pennées trifoliolées, bordées de dents aiguës. Les fleurs jaunes ou blanches sont petites, réunies en grappes allongées, axillaires et presque terminales. Les fleurs ont un calice campanulé à cinq dents, une corolle papilionacée, dix étamines diadelphes, un pistil à ovaire deux-huit ovulé. Leur fruit ou légume, rugueux, ou veiné à sa surface, renferme de une à quatre graines. — L'espèce la plus intéressante, le **Mélilot officinal**, est une plante annuelle qui croît dans les prés et le long des champs de presque toute l'Europe. Elle répand une odeur aromatique fort agréable, qui, loin de se dissiper, s'accroît par la dessiccation; sa décoction est émolliente et légèrement résolutive; on l'emploie particulièrement contre les inflammations de l'œil. — Le **Mélilot des champs** (*M. arvense*) possède les mêmes propriétés.

MÉLINET. (Voir CÉRINTHE.)

MÉLIPONE (du grec *méli*, miel, et *ponos*, travail). Genre d'abeilles sociales de l'Amérique, très voisines de nos Abeilles domestiques, dont elles diffèrent par leur taille plus petite et l'absence d'aiguillon.

MÉLIQUE, *Melica* (du grec *méli*, miel). Genre de plantes monocotylédones de la famille des *Graminées*, présentant pour caractères : épillets de trois à cinq fleurs, dont un ou deux fertiles et les autres stériles; deux glumes égales convexes; glumelle inférieure concave, la supérieure plus petite, bidentée, à deux carènes. — La **Mélique penchée** (*M. mutans*) a les épillets à deux fleurs fertiles, les pédoncules courts, les glumes violacées ou rougeâtres, la panicule penchée, avec tige grêle, dressée, de 3 à 5 décimètres, et feuilles planes. Elle croît dans les prés et les bois. — La **Mélique ciliée** (*M. ciliata*), à tige raide, de 6 à 8 décimètres, à feuilles étroites, pubescentes, enroulées, a la panicule resserrée en épi allongé, blanchâtre, luisant; la valve extérieure

de chaque fleur fertile est garnie de poils soyeux; elle croît dans les lieux secs du Midi. Les Méliques sont communes, mais sans importance comme plantes fourragères.

MÉLISSE. Genre de plantes de la famille des *Labiées*, ainsi nommées parce que les abeilles (en grec *melissa*) recherchent leurs fleurs. L'espèce la plus intéressante de ce genre est la **Mélisse officinale** ou *citronnelle*, qui croît en Europe, dans les terrains incultes, sur le bord des haies et la lisière des bois. Cette plante, haute de 40 à 60 centimètres, a sa tige droite rameuse, velue dans sa partie supérieure; ses feuilles sont opposées, ovales, dentées, pubescentes; ses fleurs blanches, verticillées, toutes tournées du même côté. Toutes les parties de la plante sont aromatiques. Elle jouit de propriétés stimulantes assez énergiques. Sa préparation

Mélisse.

la plus ordinaire est une eau distillée, l'*eau de Mélisse*, dite *des Carmes*, parce qu'on croit que ces religieux en firent usage les premiers, qui est surtout employée dans les maladies du cerveau et des nerfs; on la fait entrer dans les potions excitantes comme stimulant des nerfs et de l'estomac. C'est en infusion théiforme qu'on l'emploie le plus souvent, et elle constitue une boisson agréable.

MÉLITTE, *Melittis* (de *melissa*, abeille). Genre de plantes dicotylédones de la famille des *Labiées*, offrant pour caractères : calice campanulé, large, à cinq dents; lèvre supérieure de la corolle presque plane, entière, l'inférieure à trois lobes inégaux, le médian orbiculaire, anthères à loges divergentes; akènes ovoïdes, arrondis au sommet. — L'espèce type est la **Mélitte des bois** (*M. melissophyllum*), à tige dressée, simple, velue, de 3 à 5 décimètres; à feuilles grandes, longuement pétiolées, ovales dentées, velues; verticilles axillaires de deux à quatre grandes fleurs blanches, panachées de pourpre. Elle croît dans les bois. — Cette plante aromatique est réputée diurétique et apéritive.

MÉLITÉE. (Voir ARGYNNE.)

MÉLITOPHILES (du grec *méli*, miel, et *philos*, ami). Insectes COLÉOPTÈRES, section de la famille des *Lamellicornes*, comprenant la tribu des *Cétonides* (voir CÉTOINE) et quelques genres voisins qui vivent sur les fleurs.

MELLIFÈRES. Groupe d'insectes HYMÉNOPTÈRES qui répond à la famille des *Apidés*, et qui se distingue de tous les autres hyménoptères par des mâchoires et des lèvres généralement fort longues, constituant une sorte de trompe, et des pattes postérieures le plus souvent conformées pour récolter le pollen des étamines, ayant le premier article des tarses très grand, en palette carrée ou en forme de triangle. Chez certains de ces hyménoptères, il existe trois sortes d'individus, des mâles, des femelles et des neutres (*abeilles*, *bourdons*); dan stous les autres,

Organes buccaux de l'abeille.

Aiguillon d'abeille.

il n'y a que deux sortes d'individus. Les femelles et les neutres sont munis d'un aiguillon, arme redoutable, qui verse dans la plaie un liquide venimeux pouvant tuer ou paralyser complètement les autres insectes. Par leur industrie et le développement de ce que l'on nomme leur instinct, qui prouve souvent une véritable intelligence, les Mellifères tiennent le premier rang dans la classe des insectes. — Le groupe des Mellifères comprend les *abeilles* et les *bourdons*, les *anthophores*, les *andrènes*, les *osmies*, les *xylocopes*. (Voir ces mots.)

Melocactus.

MELOCACTUS (de *melo*, melon, et *cactus*). Genre de plantes dicotylédones de la famille des *Cactées*.

(Voir ce mot.) Ce sont des cactus en forme de melon, c'est-à-dire à tige globuleuse ou ovoïde, à tubercules réunis en côtes longitudinales séparées par des sillons droits, surmontée d'une espèce de spadice laineux formé de mamelons très serrés, à l'aisselle desquels naissent les fleurs ; celles-ci sont petites, tubuleuses, rouges, et de peu de durée. — Le Melocactus commun est ovale, arrondi, à 12 ou 18 angles munis d'épines roussâtres en faisceaux. Ses fleurs sont tubuleuses, rouges ; son fruit est également rouge. Lorsqu'il a atteint son développement et revêtu son spadice, il est de la grosseur d'une tête d'homme. On en connaît d'ailleurs plusieurs espèces.

MÉLOÉ. Genre d'insectes COLÉOPTÈRES de la tribu des *Hétéromères*, type de la famille des *Méloïdés*. Ces insectes se rapprochent assez, par leurs caractères, des Cantharides ; ils en diffèrent par le manque d'ailes, par leurs élytres très courtes, par leur abdomen mou et prodigieusement gonflé, qui rend leur démarche lourde et traînante. Ces insectes, noirs, bleus ou cuivrés, fréquentent les prairies, dont ils mangent l'herbe, on ne les rencontre guère que lorsque le soleil darde ses rayons sur la terre. Ils répandent un liquide jaunâtre qui jouit de propriétés irritantes. Les habitants du Mexique les utilisent en les écrasant et en les appliquant sur les pieds des chevaux. Les Méloés sont très probablement les insectes que les anciens nommaient *buprestes*. Ils portent encore en Morée le nom de *voupresty*. Ce mot, qui signifie *enfle-bœuf*, fait allusion à l'enflure qu'éprouvent les bestiaux qui

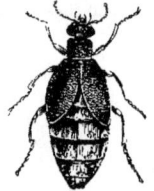

Méloé.

l'avalent en paissant l'herbe, et leur ingestion en certaine quantité peut même amener la mort des animaux. Les Méloés pondent une quantité considérable d'œufs, d'où sortent de petites larves jaunâtres munies de six pattes armées de crochets au moyen desquels elles s'accrochent au corps de certains hyménoptères de la famille des *Apidés* afin d'être portées par eux dans leur nid, où elles vivent en parasites aux dépens de leurs propres larves. On trouve communément dans les environs de Paris le Meloe proscarabœus, d'un noir bleuâtre, long de 20 à 25 millimètres ; le Meloe majalis, qui a les segments de l'abdomen marqués d'une plaque rouge cuivré ; et le Meloe violaceus, d'un bleu de Prusse assez brillant.

MÉLOÏDÉS ou **VÉSICANTS.** Famille d'insectes COLÉOPTÈRES de la tribu des *Hétéromères*, dont le type est le genre *Meloe*. (Voir ce mot.) Ce sont, en général, des insectes d'assez grande taille ou au moins de dimension moyenne, de couleurs souvent vives et variées. Leur corps est habituellement cylindrique, allongé, leur tête trigone, fortement penchée ; le corselet plus étroit que les élytres ; celles-ci molles et flexibles. Leurs pattes sont généralement longues, à tarses hétéromères. Les insectes de la tribu des Vésicants possèdent presque tous cette singulière propriété, utilisée par la médecine, de déterminer sur la peau une inflammation locale connue sous le nom de *vésicatoire*. On la retrouve non seulement dans les cantharides, mais aussi chez les mylabres et les Méloés. (Voir ces mots.)

MELOLONTHA. Nom scientifique du genre *Hanneton*. (Voir ce mot.)

MELON (*Cucumis melo*, L.). Cette plante célèbre, qui appartient à la famille des *Cucurbitacées* et au même genre que le concombre, est une herbe annuelle à tiges faibles, anguleuses, hérissée de poils raides ; à feuilles larges de 8 à 10 centimètres, longuement pétiolées, en forme de cœur arrondi, à bord offrant cinq lobes peu profonds et obtus ; les vrilles sont simples, grêles, roulées en spirale au sommet ; les fleurs sont polygames, les mâles fasciculées au sommet de pédoncules plus courts que les pétioles, les femelles et les hermaphrodites solitaires et presque sessiles. Le fruit varie beaucoup de forme, de volume et de qualité ; tandis que les variétés les plus petites n'excèdent guère la grosseur d'une orange, il en est d'autres qui peuvent se comparer à des potirons ; la forme sphérique ou ellipsoïde est celle qu'affectent la plupart des va-

Melon, pied femelle.

riétés ; leur chair, plus ou moins sucrée et juteuse, est rouge, ou jaunâtre, ou blanche, ou verte. Les cultivateurs divisent ces variétés en trois catégories, savoir : 1º les *Melons communs* ou *brodés*, dont l'écorce, dépourvue de côtes saillantes, est plus ou moins réticulée ; cette race, à laquelle appartiennent,

entre autres, le **Melon maraîcher**, le **Melon des carmes** et le **Melon de Honfleur**, est d'une culture plus facile, mais, par contre, d'une saveur moins agréable ; 2º les *Cantaloups*, caractérisés par une écorce relevée de larges côtes plus ou moins saillantes et peu ou point réticulées ; ces variétés, comme l'on sait, sont les plus recherchées en France ; 3º les *Melons à écorce lisse* et unie.

Melon cantaloup.

Le Melon est probablement indigène des régions chaudes de l'Asie. Ce fruit fut une rareté en Europe, jusqu'à l'époque de l'invasion des Arabes. Toutefois, la culture des Melons n'exige que peu de soins dans le midi de l'Europe ; mais, sous le climat du nord de la France, on ne peut faire venir cette plante qu'à l'aide de couches chaudes, et en l'abritant, durant sa jeunesse, sous un châssis, ou du moins sous une cloche de verre. C'est en février que se font les premiers semis, sur couches remplies de terreau et de fumier de cheval, et couvertes de châssis. Lorsque les plants sont levés, on leur donne un peu de jour en soulevant les paillassons, puis on leur donne de l'air en ouvrant les châssis dans le moment le plus chaud du jour ; mais il faut avoir soin de replacer les paillassons pour la nuit. Quand les fleurs paraissent et que les plantes ont acquis un grand développement, il faut féconder à la main les fleurs femelles en secouant dessus des fleurs mâles, car les insectes auxquels incombe généralement cette fonction n'entrent pas dans les châssis. Quand le fruit est noué, on choisit le plus beau, le mieux conformé, et l'on coupe tous les autres. La branche qui porte le fruit doit être coupée au-dessus de la deuxième feuille située au delà du fruit, et toutes les autres sont taillées vers la base au-dessus de la deuxième feuille. Personne n'ignore que le Melon est un fruit aussi agréable que rafraîchissant, mais absolument dépourvu de qualités nutritives, et convenant peu aux estomacs délicats. Ses graines, de même que celles des concombres, des potirons et des citrouilles, contiennent de l'huile fixe et une grande quantité de mucilage ; aussi servent-elles à faire des émulsions adoucissantes, que l'on prescrit contre les inflammations des voies urinaires. La plante connue sous le nom de Melon d'eau, Pastèque et Citrouille-pastèque, n'est point, à proprement dire, un Melon; mais elle appartient aussi à la famille des *Cucurbitacées*, où elle constitue, conjointement avec la *coloquinte* (voir ce mot), le genre *Citrullus* des botanistes. C'est une herbe annuelle, à tiges grimpantes ou traînantes, velues, très longues. Les feuilles sont d'un vert glauque et très caractérisées par des découpures profondes. Les fleurs sont ordinairement solitaires. Le fruit est presque sphérique, ou bien ellipsoïde, à écorce lisse, mince, verdâtre, marbrée de taches blanches; il est rempli d'une chair rouge ou blanche, ferme et peu succulente dans certaines variétés, qui sont celles qu'on appelle plus spécialement *pastèques*, très succulente dans d'autres variétés, qui, par cette raison, ont reçu le nom de *Melons d'eau*. Les graines sont noirâtres, ou d'un rouge foncé. Le Melon d'eau est originaire de l'Asie équatoriale; sa culture est très multipliée dans les climats chauds, où il se fait, ainsi qu'en Russie, une grande consommation de ses fruits, surtout de ceux à pulpe aqueuse; ce fruit est extrêmement rafraîchissant, mais peu sucré.

MÉLONGÈNE. Espèce du genre *Morelle*, qui produit les fruits connus sous le nom d'*aubergines*. (Voir ce mot.)

MÉLONIDE. On donne parfois ce nom, proposé par Richard, aux fruits à pepins de la famille des *Rosacées* (pomme et poire).

MÉLOPHAGE (du grec *mélophayos*, qui mange les brebis). Genre d'insectes de l'ordre des Diptères, famille des *Hippoboscidés*, dont l'unique espèce, le **Melophagus ovinus**, vit en parasite sur les moutons, dans l'épaisseur de leur toison. Son corps, de couleur ferrugineuse, est dépourvu d'ailes; sa tête est large et porte un suçoir renfermé entre deux valves longues et coriaces, au moyen duquel il suce le sang de ses victimes; ses pattes sont robustes, fortement armées de griffes avec lesquelles il se cramponne à la peau. Il a 5 à 6 millimètres de longueur. Les bergers lui donnent le nom impropre de *pou de mouton*. Les volées d'étourneaux qui suivent les troupeaux et se cramponnent sur le dos des moutons y sont attirés par ces insectes.

Mélophage du mouton, grossi.

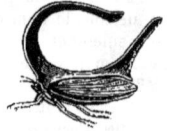

MEMBRACE (*Membracis*). Genre d'insectes de l'ordre des *Hémiptères*, section des *Homoptères*, type de la famille des *Membracidés*. Ce sont des insectes de petite taille, presque tous américains, et remarquables par la bizarrerie de leurs formes. Ils ont des antennes très petites, insérées sous un rebord du front, deux ocelles sur le sommet de la tête; le corselet, foliacé et dilaté de manière à couvrir le corps en partie ou en totalité, s'élève tantôt en pyramide, tantôt en cornes ou en excroissances fon-

giformes, qui leur donnent l'aspect le plus étrange. Ils vivent sur les plantes dont ils sucent la sève et

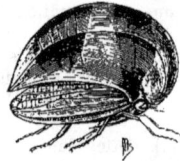

Membrace feuillée.   Membrace baliste.

sautent facilement. On en connaît un grand nombre d'espèces, toutes étrangères.

MEMBRANES. Parties molles, larges, minces, souples, qui tapissent les cavités du corps, enveloppent les organes, entrent dans la composition d'un grand nombre d'entre eux, et en constituent même quelques-uns. On peut diviser les Membranes en deux classes : la première comprenant celles qui, libres par une de leurs faces, sont essentiellement exhalantes et absorbantes, comme la peau, les Membranes muqueuses, les Membranes séreuses; l'autre renfermant celles qui, n'étant jamais libres, sont toujours adhérentes et continues par leurs deux faces aux parties voisines; telles sont le périoste des os, la dure mère cérébrale, les aponévroses; les Membranes du rein, de la rate, etc. — Les **Membranes muqueuses** existent dans toutes les parties creuses du corps destinées à communiquer au dehors par les différentes ouvertures dont la peau est percée. Ce n'est, en réalité, que la continuation de celle-ci à l'intérieur, et formant avec elle une enveloppe close dans laquelle sont contenus tous les organes. Ces Membranes muqueuses sont parsemées d'une foule de petites glandes, dites muqueuses, lesquelles préparent le liquide onctueux et blanchâtre (*mucosité*) dont elles sont complètement arrosées. Elles offrent, du reste, une texture à peu près analogue à celle de la peau. (Voir ce mot.) — Les **Membranes séreuses** sont ainsi appelées à cause du liquide demi-limpide qu'elles sont destinées à préparer pour favoriser les mouvements des organes qu'elles entourent. Ces Membranes, extrêmement fines, se rencontrent dans les grandes cavités ainsi que dans les articulations. Elles présentent deux surfaces, dont l'une est adhérente aux parties voisines, et l'autre, très lisse et très polie, est dirigée vers les organes qu'elles entourent. Les Membranes séreuses ont toutes la forme d'un sac sans ouverture, se repliant sur lui-même, et dont un bonnet de coton donne une idée assez exacte. La portion repliée sur elle-même renferme toujours un organe auquel elle adhère plus ou moins intimement; tels sont : l'*arachnoïde*, qui enveloppe le cerveau; le *péricarde*, qui entoure le cœur, et les *plèvres*, les poumons. — Les **Membranes fibreuses** sont celles qui adhèrent par leurs deux faces aux parties voisines. Elles consistent en des espèces de toiles fermes, peu élastiques, d'une couleur blanchâtre ou nacrée, lesquelles s'observent : 1° autour des articulations mobiles, qu'elles concourent à maintenir de la même manière que les ligaments ; 2° autour des os dont elles tapissent la périphérie dans presque toute leur étendue, sous le nom de *périoste;* 3° autour des muscles qu'elles maintiennent en place sous le nom d'*aponévroses;* 4° dans un grand nombre d'autres parties à la formation desquelles elles concourent, telles que les veines, les fibro-cartilages, etc.

MEMBRANIPORES. Genre de bryozoaires de l'ordre des STELMATOPODES, voisins des Flustres et des Eschares. (Voir ces mots.)

MEMBRES. On nomme ainsi les prolongements ou appendices du corps des animaux spécialement destinés à la locomotion. Les appendices du tronc, auquel ils sont unis au moyen d'articulations, sont disposés par paires. La plupart des vertébrés ont quatre membres, les insectes six, les arachnides huit, les crustacés cinq et sept paires ; les myriapodes, un plus ou moins grand nombre.

MEMINNA. (Voir CHEVROTAIN.)

MÉNADE. (Voir CRABE.)

MÉNINGES (du grec *meninx,* membrane). On donne ce nom aux membranes qui entourent l'appareil nerveux cérébral. (Voir NERFS, SYSTÈME NERVEUX.)

MÉNOBRANCHE (du grec *ménos,* force, et *bragchia,* branchie). Grand batracien des lacs du nord de l'Amérique, très voisin des Tritons et de l'Axolotl ; mais qui, comme ce dernier, paraît n'être que l'état larvaire d'un urodèle du genre *Batrachoseps.*

MÉNOPOME (du grec *ménos,* force, et *poma,* opercule). Genre de Batracien urodèle, très voisin des Salamandres. (Voir ce mot.)

MENTHE. Genre de plantes dicotylédones de la famille des *Labiées,* dont les caractères essentiels sont les suivants : calice campanulé ou tubuleux, cinq dents, corolle presque régulière, en forme d'entonnoir ; limbe à quatre lobes, dont le supérieur un peu plus grand que les trois autres ; étamines de longueur égale ; stigmates courts ; fruit lisse. Les Menthes sont des herbes vivaces, fortement aromatiques, à racine rampante. Leurs fleurs sont blanchâtres ou rougeâtres, petites, axillaires ou disposées en épis terminaux. Ce genre renferme plusieurs espèces intéressantes.—La **Menthe poivrée** (*Mentha piperita*), a sa tige droite, rameuse, ses feuilles ovales aiguës, dentées en scie ; ses fleurs, rougeâtres, sont disposées en épis au sommet des tiges. Cette espèce, dont l'odeur forte et la saveur agréable sont bien connues de tout le monde, jouit à un haut degré de propriétés toniques, stimulantes, stomachiques et antispasmodiques ; elle a une action très puissante sur le système nerveux, les palpitations du cœur, etc. L'huile essentielle qu'on en extrait est, comme l'on sait, recherchée pour aromatiser des dragées, des pastilles, des liqueurs et diverses autres préparations. Cette huile, refroidie, laisse un dépôt de cristaux hexagonaux d'un alcool nommé *menthol,* dont on se sert pour les migraines. La

Menthe poivrée fait partie des espèces aromatiques. La plupart des espèces congénères participent aux propriétés de la Menthe poivrée, mais sans posséder un arome aussi agréable ; nous citerons entre autres : la **Menthe commune** (*Mentha gentilis*), vulgairement *herbe du cœur* ou *baume des jardins;* la **Menthe verte** (*M. viridis*), vulgairement *Menthe romaine* ou *Menthe de Notre-Dame,* de laquelle on retire par la distillation l'essence de Menthe verte, qui est

Menthe poivrée.

très aromatique et stimulante ; la **Menthe sauvage** (*M. sylvestris*) ; la **Menthe à feuilles rondes** (*M. rotundifolia*), que l'on trouve sur le bord des ruisseaux ; la **Menthe-pouliot** (*M. pulegium*), vulgairement *herbe aux puces, pouliot royal,* commune dans les fossés humides, le long des ruisseaux, se distinguant par sa tige rampante, ses feuilles ovales obtuses, crénelées, ses fleurs disposées en longs épis au sommet des tiges. Cette espèce, douée de l'odeur, de la saveur et des propriétés de la Menthe poivrée, est regardée, en outre, comme un excellent emménagogue.

MENTHE-COQ. Nom donné à la Tanaisie balsamite. (Voir TANAISIE.)

MENTON (du grec *mentum*). Partie inférieure et moyenne de la face, située au-dessous de la lèvre inférieure, et formée par la saillie plus ou moins prononcée de la symphyse qui unit les deux moitiés du maxillaire inférieur.

MENTONNIER, IÈRE. Qui se rapporte au menton : nerf mentonnier, artère mentonnière.

MENURE (du grec *méné,* croissant, *oura,* queue). Le Menure ou Lyre est un bel oiseau propre à l'Australie et qui forme un genre à part dans la famille des *Fourmiliers* pour les uns, dans celle des *Turdidés* pour les autres, et dans l'ordre des PASSEREAUX. C'est en effet dans cet ordre que les caractères de son bec et de ses pieds doivent le faire ranger, tandis que ses formes générales le rapprocheraient plutôt des gallinacés. La seule espèce connue, le **Menure-lyre** (*Menura lyra* ou *superba*), est un oiseau chanteur, nichant dans les bois touffus des régions montagneuses de l'Australie et qui se nourrit de vers et d'insectes qu'il cherche en grattant la terre et les feuilles sèches de ses grands ongles. Cet oiseau, qui paraît rare, est de la taille d'un petit faisan; il a le plumage d'un brun grisâtre assez triste; mais les plumes de sa queue, au nombre de

Menure-lyre.

seize, sont vraiment remarquables. Douze plumes très longues, à tige mince, ont leurs barbes effilées et très écartées; deux médianes sont garnies d'un côté seulement de barbes serrées et se recourbent en arc; enfin deux externes en forme d'S ont leurs barbes extérieures très courtes, tandis que les barbes intérieures sont longues et serrées; ces plumes sont rayées alternativement de brun et de roux. La disposition de ces plumes rappelle parfaitement la lyre des anciens; d'où son nom. La queue du mâle seule présente cette disposition. La queue de la femelle n'a que douze pennes de structure ordinaire. Elle fait son nid presque à terre, tantôt dans les buissons, tantôt au pied d'une vieille souche; mais, le plus souvent, dans les lieux les plus ombragés des ravins. Ce nid, de forme elliptique, est composé d'herbes et de racines et n'a pas moins de 60 centimètres dans son plus grand axe. L'ouverture est sur le côté, et elle y pond deux œufs de couleur très foncée et comme éclaboussés

d'encre. — Le Menure-lyre possède au plus haut point la faculté d'imitation et s'assimile les cris et les chants des autres oiseaux. Il s'apprivoise très facilement et se reproduit même en captivité.

MENU-VAIR. On donnait anciennement ce nom à la fourrure aujourd'hui connue sous le nom de *petit-gris*, et qui provient de l'écureuil du Nord.

MÉNYANTHE, *Menyanthes* (du grec *mên*, mois, et *anthos*, fleur). Genre de plantes dicotylédones de la famille des *Gentianacées*, dont l'espèce unique, le **Menyanthes trifoliata**, connue vulgairement sous le nom de *trèfle d'eau*, est une herbe vivace, à rhizome épais, rampant, d'où s'élèvent des feuilles à long pétiole, amplexicaules; ses fleurs, monopétales, hypogynes, à cinq étamines, sont grandes, blanches, réunies en grappe. Elle croît dans les marais de l'Europe et de l'Amérique du Nord. Ses feuilles, très amères, d'une odeur désagréable, sont toniques, stomachiques et fébrifuges. On les emploie contre le scorbut, la scrofule, le rachitisme. Le Ményanthe entre dans la composition du sirop antiscorbutique.

MEPHITIS. (Voir MOUFFETTE.)

MER. On comprend sous ce nom la totalité des eaux salées qui occupent une partie de la surface du globe, soit que ces eaux circonscrivent les continents et les îles, soit qu'elles se trouvent réunies en amas plus ou moins considérable dans l'intérieur de certaines régions terrestres. L'eau répandue à la surface de la terre en couvre à peu près les trois quarts. On lui donne le nom général d'*Océan*, mais elle porte différents noms suivant les diverses parties du globe qu'elle occupe. (Voir EAU.) — On pourrait croire qu'autrefois les eaux de la mer couvraient une étendue beaucoup plus considérable et qu'elles ont dépassé les plus hautes montagnes de la terre, puisqu'on trouve des productions marines sur leurs sommets. (Voir TERRE.) Mais aujourd'hui tous les géologues sont d'accord sur ce point, que la mer est dans un état stationnaire, et que le changement apparent de son niveau provient, non pas des variations réelles dans son volume, mais bien de l'affaissement ou du soulèvement des terrains. Le bassin qui renferme la masse des eaux a un fond tout aussi inégal que la surface de la terre ferme. Des vallées, des rochers, des abîmes, des cavernes s'y succèdent comme sur le sol que nous habitons; on y trouve même des sources d'eau douce. Les îles et les écueils qui paraissent au-dessus de la surface des mers ne sont pas autre chose que le sommet des plus hautes montagnes sous-marines. La profondeur de la mer varie considérablement d'un lieu à un autre; en comparant cependant la partie de la terre élevée au-dessus du niveau de la mer avec la partie recouverte par les eaux, l'analogie ne permet guère d'admettre des profondeurs de plus de 7 000 à 8 500 mètres, et c'est en effet ce que confirment les sondages faits dans ces derniers temps. La température de la mer à sa surface se rapproche ordinairement de celle de l'atmosphère qui l'environne;

seulement elle n'est pas soumise à d'aussi brusques variations. Mais tandis que la température de l'atmosphère diminue à mesure que l'on s'élève, celle de la mer, au contraire, diminue à mesure que l'on s'enfonce ; ce qui s'explique par ce fait que plus l'eau est froide, plus elle est dense. L'eau de la mer est incolore par elle-même ; mais, vue en masse et à une certaine distance, elle a une teinte vert bleuâtre. En plusieurs contrées, elle présente à l'œil d'autres teintes, selon la qualité du fond, les substances qu'elle contient, etc. Le golfe Arabique et celui de Californie ont une couleur rougeâtre due à des algues, qui leur a fait donner le nom de mer Rouge ou Vermeille. L'eau de mer a un goût non seulement salé, mais huileux, amer et nauséabond ; elle est en outre malsaine, à cause de la grande quantité de substances animales et végétales en putréfaction qu'elle contient. Cependant on peut la rendre potable en la distillant, après avoir neutralisé les substances huileuses et bitumineuses qu'elle contient, en y ajoutant de la soude ou quelque matière alcaline capable de les fixer. Les analyses de l'eau de mer donnent pour un litre ou 1 000 parties :

Eau distillée.	966 »
Chlorure de sodium	26 25
Chlorure de magnésium	3 55
Sulfate de magnésie	2 20
Chlorure de potassium	0 72
Carbonate de chaux	0 02
Sulfate de chaux	1 26
	1000 00

plus quelques traces de silice, d'iode et d'acide carbonique. On a observé que la salure de la mer est plus grande vers le fond qu'à sa surface. Chacun sait que par l'évaporation on peut extraire le sel de l'eau de la mer. La pesanteur spécifique de l'eau de mer varie selon qu'elle contient plus ou moins de sel. Elle est en moyenne 1.027. Un phénomène très remarquable qu'offre fréquemment la mer, est celui de la phosphorescence ; ce phénomène est dû à la présence de myriades d'animalcules phosphorescents. On connaît le mouvement régulier et périodique des *marées* dû aux attractions combinées ou opposées de la lune et du soleil. Il existe, en outre, de nombreux courants qui amènent les eaux froides du pôle vers l'équateur et déversent les eaux chaudes des tropiques vers les régions du pôle, de façon à modérer les températures extrêmes. Ces courants sont dus à la température, à la salure des eaux, aux vents, etc. La mers sont habitées par une quantité considérable d'animaux et de végétaux ; ces derniers appartiennent à la grande famille des algues. (Voir ce mot.) Quant au règne animal, tous les ordres y sont représentés, et, comme le dit Pline, non seulement tout ce qui existe autre part se trouve dans la mer, mais elle possède en outre beaucoup de choses qui ne sont point ailleurs. C'est là que la nature offre les extrêmes de la grandeur et de la petitesse, depuis ces myriades d'infusoires microscopiques, jusqu'à ces baleines et ces cachalots qui surpassent vingt

fois les plus grands des quadrupèdes terrestres. L'Océan n'est jamais en repos ; ses vagues sont des agents de destruction continuels et puissants, qui battent et rongent sans relâche les rivages et en arrachent des masses considérables de matériaux qu'elles étalent lentement et régulièrement dans son lit, et qui doivent à la longue remplir le bassin des mers. Les abîmes comblés d'un côté sont ouverts de l'autre par les courants et les tempêtes, d'où résulte un changement de place continuel.

Ces dépôts de matériaux, arrachés aux roches préexistantes et disposés conformément aux lois de la gravité, constituent les couches ou strates qui forment la croûte terrestre. (Voir TERRAINS.) Les animaux qui vivent dans la mer doivent nécessairement, après leur mort, laisser leur dépouille sur le fond ; ceux qui vivent dans les eaux douces ou sur le sol, y sont également le plus souvent entraînés. De toutes manières, les dépôts marins renferment les débris des animaux contemporains de leur formation. On donne à ces débris le nom de *fossiles* (voir ce mot), et ces fossiles sont pour le géologue les médailles de l'histoire du globe.

MERCURE. Le Mercure, qu'on connaît vulgairement sous le nom de *vif-argent*, est un métal; mais sa fusibilité est telle que, dans nos climats tempérés, il se présente toujours à l'état liquide. Par un froid artificiel de 40 degrés centigrades, il est solide, et dans cet état présente tous les caractères physiques des métaux, c'est-à-dire qu'il est brillant, malléable, très pesant, puisque son poids spécifique est de 13,60. Il est blanc, avec une teinte irisée bleue, qui le ferait aisément distinguer de l'argent. La volatilité du mercure égale sa fusibilité ; à + 360 degrés environ, il entre en ébullition et s'élève en fumées abondantes ; mais même à une température de + 10 à 12 degrés, il se volatilise, quoique lentement. L'état de liquidité permanente dans lequel est le mercure rend ses combinaisons faciles : aussi se combine-t-il avec un grand nombre de corps. Avec l'oxygène, il forme deux oxydes : le premier est noir, le deuxième est rouge ; c'est le précipité *perse*. Avec le chlore, il donne deux chlorures qui fournissent deux armes puissantes à l'art de guérir : le *calomel* ou protochlorure, le *sublimé corrosif* ou deutochlorure. Il se combine aussi avec le soufre, et fournit un protosulfure noir ou *éthiops minéral*, et le cinabre ou deutosulfure, dont la couleur est d'un beau rouge. Combiné avec les métaux, il forme des mélanges connus sous le nom d'*amalgames*. Il dissout l'or et l'argent, ce qui permet de l'employer pour l'extraction des métaux précieux dans les mines. Le tain des glaces est un amalgame d'étain. Avant la découverte de Ruoltz, on n'avait pour l'argenture et la dorure d'autres moyens que l'emploi des amalgames d'argent et d'or. Dans son plus grand état de pureté, on se sert du mercure pour la construction des thermomètres, à cause de la régularité de sa dilatation par la chaleur, et à cause de son poids pour celle des baromètres. Le mercure est fort abondamment répandu dans la nature, mais rarement à l'état natif. On le rencontre quelquefois en petites gouttelettes dans les mines de sulfure ; elles paraissent provenir de la décomposition spontanée du minerai. On le trouve généralement à l'état de bisulfure (cinabre) : il en existe des mines en France ; à Idria, en Carniole ; à Almaden, en Espagne ; près de Schemnitz, en Hongrie ; en Chine, au Pérou et dans quelques autres parties de l'Amérique. Pour obtenir le mercure, on calcine le cinabre avec de la limaille de fer ou avec de la chaux ; il se produit un sulfure de fer ou de calcium, et le mercure, étant volatil, se dégage. On fait passer les vapeurs mercurielles par des tuyaux très longs dans un réservoir commun où elles se condensent par le refroidissement.

MERCURIALE (*Mercurialis*). Genre de plantes dicotylédones, apétales, de la famille des *Euphorbiacées*, tribu des *Jatrophées*. Ce sont des herbes à feuilles opposées, stipulées ; à fleurs monoïques ou dioïques ; les mâles à calice triparti, à huit-douze étamines, à filets libres, les femelles à calice triparti renfermant un ovaire à deux loges monospermes, à deux-trois styles courts, élargis ; le fruit est une capsule rugueuse à deux coques.— La **Mercuriale annuelle** (*M. annua*), connue dans les campagnes sous les noms vulgaires de *foirole, ortie bâtarde*, est douée de propriétés laxatives et émollientes. C'est une petite herbe de 2 à 3 décimètres, à racine fibreuse, à tige très rameuse. Ses feuilles sont opposées, stipulées, dentées, d'un vert pâle, ses fleurs sont dioïques, c'est-à-dire à sexes séparés sur des pieds différents, verdâtres, très petites. La plante

Mercuriale (*M. annua*).

a une saveur amère et répand une odeur désagréable : c'est un remède populaire, principalement en lavement. — La **Mercuriale vivace** (*M. perennis*), très abondante dans les bois humides, et connue sous les noms de *mercuriale sauvage, mercuriale des bois, chou de chien*, passe pour vénéneuse et fort nuisible aux bestiaux. Elle diffère de la précédente par sa racine traçante, sa tige anguleuse et ses fruits pubescents.

MÉRENDÈRE (*Merendera*). Genre de plantes monocotylédones de la famille des *Colchicacées* établi pour une jolie plante bulbeuse qui croît en abondance sur les pelouses des Pyrénées : c'est le **Merendera bulbocodium** ou *bulbocode d'automne*. Vers la fin de l'été, elle donne une fleur solitaire, grande, presque sessile sur le bulbe, et d'un pourpre violacé ; elle est formée d'un calice pétaloïde à six divisions rétrécies à la base et portant au sommet six étamines à anthère en fer de lance ; l'ovaire est surmonté de trois styles allongés. Un

peu après la fleur sortent les feuilles, au nombre de trois ou quatre ; elles sont linéaires et étalées. Le fruit qui succède à la fleur est une capsule à trois loges ; le pédoncule qui le porte s'allonge d'un décimètre environ. On lui attribue des propriétés analogues à celles du colchique.

MERGULE. (Voir GUILLEMOT.)

MERGUS. Nom scientifique latin du Harle. (Voir ce mot.)

MÉRINOS. Race de moutons renommés pour la beauté de leur toison. (Voir MOUTON.)

MÉRINGEANNE. Un des noms vulgaires de l'Aubergine. (Voir ce mot.)

MÉRION (*Malurus*). Genre d'oiseaux australiens de la famille des *Fourmiliers* (voir ce mot), dont ils ont les mœurs. Ils sont caractérisés par un bec plus long que la tête, des ailes courtes et arrondies, une queue assez longue et étagée, des tarses et des doigts robustes. On en connaît une quinzaine d'espèces, toutes remarquables par l'éclat de leurs couleurs, qui se réduisent cependant au bleu, au noir et au brun rouge. Nous citerons le **Mérion aux ailes blanches** (*M. leucopterus*), d'un magnifique bleu luisant, avec les ailes et le bout de la queue satiné. Sa longueur totale est de 12 centimètres.

MERISE. Fruit du Merisier.

MERISIER (*Cerasus avium*, L.). Espèce du genre *Cerisier* qui se distingue du cerisier proprement dit, en ce qu'il forme un arbre beaucoup plus élevé, à tête pyramidale, et en ce que son fruit est petit, sucré, à chair adhérante au noyau. — Le Merisier croît spontanément dans les bois montueux d'une grande partie de l'Europe. On croit que les guigniers, les heaumiers et les bigarreautiers n'en sont que des races de culture. En France, cet arbre n'obtient que rarement une place dans les jardins fruitiers, parce qu'on lui préfère à juste titre les autres espèces ou variétés du même genre, dont le fruit est plus gros. Mais dans la forêt Noire et en Suisse, on le cultive à cause de son fruit dont on extrait, par la distillation, le fameux *kirschenwasser* ou *kirsch*. Le bois du Merisier est dur, uni, pesant, d'un grain serré et d'un roux foncé imitant le bois d'acajou ; il est excellent comme combustible. Les tourneurs et les ébénistes en font un grand usage.

MÉRITHALLE (du grec *meris*, partie, et *thallos*, rameau). On donne ce nom, en botanique, à la partie d'un rameau ou d'une tige comprise entre les insertions de deux feuilles successives ; c'est le synonyme d'entre-nœud.

MERLAN (*Merlangus*). Genre de poissons de la famille des *Gadidés* ou Morues. Les Merlans se distinguent des Morues proprement dites, par l'absence de barbillon. — Le **Merlan commun** (*M. vulgaris*), bien connu de tout le monde, car il figure sur la table du pauvre comme sur celle du riche, se pêche le long des côtes de l'Océan, où il se trouve en abondance ; il est recherché pour la légèreté de sa chair. On le distingue à sa taille d'environ 30 centimètres, à son dos d'un gris roussâtre pâle, à son ventre argenté, et à sa mâchoire inférieure plus longue que la supérieure. — Le **Merlan noir** (*M. carbonarius*), *charbonnier*, *colin*, atteint une taille double de celle du précédent, il est d'un brun foncé et a la mâchoire supérieure plus longue que l'inférieure. On le sale et on le sèche comme la morue. — Le **Merlan jaune** (*M. pollachius*) ou *lieu*, qui a presque la taille du précédent, est brun dessous et a les flancs tachetés. Il est plus estimé que le

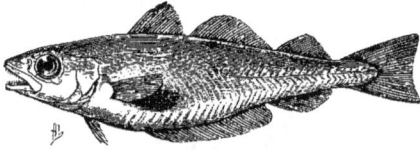

Merlan.

colin, et ne le cède qu'au Merlan. Tous ces poissons vivent en grandes troupes dans l'océan Atlantique. — Les Merlus, qui forment une division du genre *Merlan*, n'ont que deux nageoires dorsales, une seule à l'anus, et manquent de barbillons. — Le **Merlan ordinaire** (*Merluccius vulgaris*), long de 40 à 60 centimètres, à dos gris brun, à dorsale antérieure pointue, à mâchoire inférieure plus longue, se pêche en abondance égale dans l'Océan et dans la Méditerranée, où les Provençaux lui donnent le nom de *merluche*; salé et séché, dans le Nord, il prend celui de *stockfish*, qui se donne également à la morue sèche.

MERLE (*Turdus*). Genre d'oiseaux de l'ordre des Passereaux, section des *Dentirostres*, type de la fa-

Merle.

mille des *Turdidés*, qui renferme, outre les Merles proprement dits, les Grives, les Moqueurs, les Gobemouches. Les Merles se distinguent des pies-grièches, auxquelles ils ressemblent beaucoup, par leur bec comprimé et arqué sans être fortement dentelé

ni crochu à sa pointe. Quoiqu'ils mangent des insectes, leur régime est surtout frugivore; ils préfèrent surtout les baies du sorbier, celles de l'aubépine, les cerises, les raisins. Leurs habitudes sont en général solitaires; mais ils se rassemblent pour

Grive.

émigrer en bandes plus ou moins nombreuses; ils quittent nos contrées dans le mois de septembre pour se répandre dans les îles de l'Archipel, en Sardaigne, en Sicile ou même en Afrique. Il n'est presque point de parties du monde où ils n'habitent. On donne plus particulièrement le nom de Merle aux espèces dont les couleurs sont uniformes ou au moins distribuées par larges places, et on réserve celui de Grives à celles dont le plumage est *grivelé* ou marqué de petites taches noires et brunes. Tous les Merles sont éminemment musiciens; excellents imitateurs, ils ne perdent rien de leurs qualités en captivité et apprennent facilement à siffler des airs et même à parler. — En tête des Merles proprement dits, nous citerons le **Merle commun** (*T. merula*). Le mâle est entièrement noir, avec le bec jaune, tandis que la femelle est brune en dessus, rougeâtre en dessous. Cet oiseau, qui reste chez nous toute l'année, est un de nos chanteurs les plus agréables, surtout au printemps; il est d'un naturel sauvage et querelleur, et montre pour la défense de ses petits un courage intrépide. Quoique défiant et rusé, il se laisse prendre dans divers pièges, et on l'apprivoise facilement. Le mâle et la femelle travaillent tous deux à la construction de leur nid, qu'ils composent de mousse et de terre détrempée. La ponte, qui est de quatre à six œufs, se renouvelle deux ou trois fois dans l'année. La chair de cette espèce est estimée. Il existe des *Merles blancs*; c'est une variété par albinisme assez rare. — Le **Merle à plastron blanc** (*T. torquatus*), ainsi nommé de la large plaque blanche que le mâle porte à la poitrine, et le **Merle de roche** (*T. saxatilis*), d'un gris d'ardoise, habitent les parties montueuses de l'Europe et ne sont que de passage en France. — Le **Merle bleu** (*T. cyaneus*) appartient, comme les deux précédents, au genre *Pétrocincle*. C'est une belle espèce à plumage bleu avec des croissants noirs et blanchâtres. Il habite tout le midi de l'Europe; il vit solitaire et niche sur les rochers. C'est un des chanteurs les plus mélodieux. Quoique très sauvage et très défiant, il s'apprivoise facilement et ne perd rien de ses qualités musicales en captivité; aussi cet oiseau se paye-t-il fort cher dans tout l'Orient. Mais, de toutes les espèces de Merles, celle qui possède au plus haut point la faculté d'imiter les autres animaux, celle en même temps dont le chant est le plus suave et le plus mélodieux, est sans contredit le **Moqueur d'Amérique**. (Voir MOQUEUR.) — On donne le nom de Grives aux espèces du genre *Merle* qui ont le plumage grivelé, c'est-à-dire parsemé de petites taches noires ou brunes. On en connaît quatre espèces en Europe; toutes sont brunes en dessus et tachetées sur les parties inférieures. Ce sont : la **Grive** (*T. musicus*), un peu plus petite que le Merle commun, brune sur le dos, jaune roussâtre avec des taches noires sur le cou et la poitrine, blanche sur le ventre et les flancs, dessous des ailes jaune; le **Mauvis** (*T. iliacus*), plus petit que la précédente, à laquelle il ressemble beaucoup; il s'en distingue par le dessous de ses ailes qui est d'un roux ardent; la **Draine** (*T. viscivorus*), d'un brun cendré en dessus, jaunâtre en dessous avec des taches brunes en forme de fer de lance, espèce très commune en France; la **Litorne** (*T. pilaris*), châtain en dessus, d'un roux clair en dessous avec des taches lancéolées noires. — Les Grives sont, comme les Merles, des oiseaux chanteurs vivant d'insectes, de fruits, et voyageant en troupes nombreuses. On sait que leur chair a une saveur fort agréable ; c'est la Grive proprement dite et le Mauvis que l'on mange le plus. Les Grives sont très gourmandes; lorsqu'elles trouvent un aliment selon leur goût, elles se gorgent au point de ne pouvoir presque plus voler; et, comme on les rencontre fréquemment dans les vignes, on a pensé qu'elles s'enivraient en mangeant du raisin, ce qui a donné lieu au proverbe : *Soûl comme une grive*. Ces oiseaux arrivent dans nos contrées au printemps et les quittent vers la fin de septembre, pour se répandre dans les îles de l'Archipel et dans le nord de l'Afrique. Ils font, dans les buissons ou sur les arbres, un nid composé de mousse et d'herbes sèches, liées ensemble par de la terre détrempée. La femelle y dépose de trois à cinq œufs, d'un bleu verdâtre taché de noir chez la Grive, le Mauvis et la Litorne, d'un gris roussâtre taché de brun chez la Draine.

MERLE D'EAU. On donne ce nom, d'après Buffon, au Cincle plongeur d'Europe. (Voir CINCLE.)

MERLUCHE et **MERLUS**. (Voir MERLAN.)

MÉROPS. Nom scientifique latin du genre *Guêpier*.

MÉROU. Poisson du genre *Serran*.

MÉSANGE (*Parus*). Genre d'oiseaux de l'ordre des PASSEREAUX CONIROSTRES, type de la famille des *Pari-*

dés, qui ont pour caractères distinctifs un petit bec conique, garni de poils à sa base, et les narines cachées sous les plumes, des tarses annelés, l'ongle postérieur robuste et plus long que les antérieurs. Ce sont de petits oiseaux généralement parés de couleurs agréables; vifs, hardis, curieux, et que l'on voit sautant ou voletant sans cesse, grimpant d'une branche à l'autre et s'y suspendant en tournant autour d'elles, à l'aide de leurs ongles effilés et recourbés. Ils se nourrissent de graines qu'ils déchirent, ne pouvant les broyer comme les granivores,

Mésange bleue.

ou d'insectes, et principalement de larves, qu'ils vont chercher jusque sous l'écorce des arbres. Ils sont méchants et querelleurs et n'épargnent même pas les petits oiseaux malades ou sans défense; ils leur percent le crâne à coups de bec pour se repaître de leur cervelle. On les voit, en captivité, montrer la même cruauté envers les autres oiseaux avec lesquels ils se trouvent, et dont ils finissent presque toujours par se débarrasser. Malgré leur naturel querelleur, les Mésanges vivent en société, et vont par petites troupes, si ce n'est à l'époque de la reproduction où elles vont par couples. La plupart de ces espèces nichent dans le creux des arbres ou dans les fentes des murailles; sauf la Mésange à longue queue et le Rémiz, qui construisent des nids avec beaucoup d'art; toutes pondent un grand nombre d'œufs (de six à huit); et plusieurs font deux pontes; ces œufs sont blancs, marqués de taches rouges. On les redoute dans les jardins, où elles causent beaucoup de dégâts au printemps, et nuisent surtout aux ruches; mais ces oiseaux sont si curieux et si peu méfiants qu'ils donnent dans tous les pièges, quelque grossiers qu'ils soient.

Les Mésanges sont répandues dans toute l'Europe, et notamment en France. Les espèces que l'on voit chez nous sont : la **Mésange charbonnière** (*P. major*), olivâtre en dessus, jaune en dessous, avec la tête noire, et une bande de même couleur sur la poitrine ; la **Mésange petite charbonnière** (*P. ater*), à dos cendré, ventre blanc, moindre de taille ; la **Mésange nonnette** (*P. palustris*), cendrée dessus, blanchâtre dessous, avec la tête et la gorge noires ; la **Mésange à tête bleue** (*P. cœruleus*), remarquable par la variété des couleurs de son plumage, où domine le bleu ; la **Mésange huppée** (*P. cristatus*), à huppe noire avec bordure blanche ; la **Mésange à longue queue** (*P. caudatus*), à plumage noir et blanc, dont le nid ovale, composé de lichens, de mousse et de laine entrelacés avec un art admirable et garni à l'intérieur de petites plumes et de duvet, et suspendu à l'extrémité des branches d'arbres, est percé de deux ouvertures, une pour l'entrée, l'autre pour la sortie ; la **Mésange à moustaches** (*P. biarmicus*), de couleur fauve, à tête cendrée, avec deux bandes noires partant de la base du bec et se prolongeant de chaque côté du cou comme une paire de moustaches. On distingue des Mésanges, les **Remiz**, qui ont le bec plus grêle, plus pointu ; la **Mésange-remiz** (*P. pendulinus*) a le sommet de la tête et la nuque cendrés, le front et les côtés de la tête noirs, la gorge blanche. Cette espèce est remarquable surtout par l'art admirable avec lequel elle construit son nid. Il est en forme de sac ou de bourse, composé de brins de racines entrelacés avec le duvet des fleurs du chardon, du pissenlit et du saule, de façon à former un tissu épais et serré comme du feutre. Le Remiz suspend ce nid à l'extrémité d'une branche flexible et pendante au-dessus de l'eau, et en place l'ouverture sur le côté.

MÉSEMBRYANTHÈME. (Voir FICOÏDE.)

MÉSENTÈRE (du grec *mesentérion*, de *mésos*, milieu, et *enteron*, intestin). Repli formé par deux lames du péritoine et qui tient l'intestin grêle rattaché à la colonne vertébrale. (Voir PÉRITOINE.)

MESLIER. Nom vulgaire du Néflier.

MÉSOCARPE (de *mésos*, milieu, et *karpos*, fruit). Partie du péricarpe (voir ce mot) située entre l'épicarpe et l'endocarpe. C'est le mésocarpe (partie moyenne du fruit), qui, dans la pomme, la poire, la pêche, l'abricot, etc., constitue ce qu'on appelle la chair du fruit.

MÉSOPHYLLE (de *mésos*, milieu, et *phullon*, feuille). Synonyme de Parenchyme (voir ce mot) et peu usité.

MÉSOPITHÈQUE (de *mésos*, moyen, et *pithékos*, singe). Du temps de Cuvier, on ne connaissait point de restes fossiles de l'homme ni du singe, ou, du moins, il n'admettait point comme tels ceux qu'on avait découverts. Depuis, de nombreux ossements fossiles ont été retrouvés dans les couches quaternaires, et il ne reste plus aucun doute à cet égard. Dans les terrains d'alluvion de la France, de l'Angleterre et de l'Allemagne, on a découvert les restes

fossiles de plusieurs espèces de singes, et M. Albert Gaudry a fait, de 1853 à 1860, à Pikermi, en Grèce, des fouilles qui lui ont procuré en grande quantité les ossements fossiles de ces animaux. Ces singes appartiennent à une seule espèce nommée par M. Gaudry, *Mésopithèque*, et intermédiaire entre les semnopithèques et les macaques. Le Mésopithèque différait du magot par sa face plus allongée qui ne s'abaisse pas brusquement au-dessous des frontaux, par les mamelons de ses molaires de forme moins conique et par sa longue queue ; il se rapprochait un peu du mangabey par cette queue, par les proportions des membres et même par sa dentition.

MÉSOPRION (de *mésos*, milieu, et *prion*, scie). Genre de poissons ACANTHOPTÈRES de la famille des *Percidés*, caractérisés par une denteleure en forme de scie sur le milieu de chaque côté de la tête. Ce sont de beaux poissons, remarquables par l'éclat de leurs couleurs, qui habitent les deux océans ; dans nos colonies des Indes, on leur donne les noms de *vivaneau* et de *sarde*. — Le **Mésoprion doré** (*M. uninotatus*), long de 35 à 40 centimètres, a tout le dessus du corps d'un bleu d'acier bruni, le bas des joues et des flancs d'un rose vif, le ventre argenté ; sur le tout règnent sept ou huit bandes longitudinales d'une belle couleur d'or. — Le **Mesoprion rouge** (*M. aya*) ou *sarde rouge*, long de 75 à 95 centimètres, est entièrement d'un beau rouge carmin avec le bord des écailles argenté. La chair de ces poissons est très délicate.

MÉSOTHORAX (de *mésos*, milieu, et *thorax*, poitrine). Deuxième segment thoracique chez les insectes. (Voir ce mot.) C'est celui qui porte en dessus la première paire d'ailes et en dessous la deuxième paire de pattes.

MESPILUS. Nom scientifique latin du Néflier. (Voir ce mot.)

MESSAGER. Nom vulgaire du Serpentaire. (Voir ce mot.)

MESSIRE-JEAN. Nom d'une variété de Poire.

MÉTACARPE (du grec *méta*, après, et *karpos*, le poignet). Portion osseuse de la main située entre le carpe et les phalanges. (Voir MAIN.)

MÉTACARPIEN. Qui se rapporte au métacarpe : les cinq os métacarpiens, les ligaments métacarpiens, etc.

MÉTAGÉNÈSE (de *méta*, alternativement, et *génésis*, naissance). Mode de reproduction caractérisé par l'alternance régulière d'une génération sexuelle avec une ou plusieurs générations privées d'organes reproducteurs. Ce mode de reproduction, que l'on nomme aussi *généagénèse* et *génération alternante*, s'observe surtout chez un certain nombre d'animaux invertébrés (cœlentérés, vers, tuniciers, arthropodes). (Voir REPRODUCTION.)

MÉTAL. (Voir MÉTAUX.)

MÉTALLOÏDES. On comprend sous ce nom tous les corps simples non métalliques ou n'offrant pas toutes les propriétés des métaux. Ce sont l'hydrogène, le chlore, le brome, l'iode, le fluor, l'oxygène, le soufre, le sélénium, le tellure, l'azote, le chlore, le phosphore, l'arsenic, le bore, le carbone, le zirconium et le silicium.

MÉTAMORPHOSES (de *méta*, indiquant changement, et *morphé*, forme). Changements qu'éprouvent certains animaux dans le cours de leur développement, ou ensemble des états successifs par lesquels ils passent avant de parvenir à leur forme définitive. Le plus souvent ils présentent, sous ces divers états, une forme, une organisation et des mœurs différentes. C'est ainsi que chez les insectes, de l'œuf sort une larve ou chenille qui devient nymphe ou chrysalide, laquelle, à son tour, revêt la forme d'insecte parfait. On observe des métamorphoses chez les batraciens, les crustacés, les insectes, les vers, les cœlentérés, etc.

MÉTATARSE (de *méta*, après, et *tarsos*, tarse). Partie du squelette du pied située en avant du tarse, et formée de cinq os allongés et disposés parallèlement. On les nomme *Métatarsiens*. (Voir Pied et Squelette.)

MÉTAUX. On désigne sous ce nom des corps simples, opaques, généralement solides, brillant d'un éclat particulier, conducteurs du calorique et de l'électricité, plus pesants que l'eau (le sodium et le potassium exceptés), et susceptibles, pour la plupart, de se combiner avec l'oxygène pour former des oxydes. On connaît aujourd'hui plus de cinquante métaux, dont un grand nombre n'offrent qu'un intérêt purement scientifique. — Quelques-uns se rencontrent dans la nature à l'*état natif*, c'est-à-dire purs, et non mêlés à d'autres substances; tels sont : l'or, le platine, l'argent, le mercure, le cuivre, le fer, le bismuth, etc. ; mais la plupart se rencontrent en combinaison avec des métalloïdes, surtout avec l'oxygène, le soufre et l'arsenic, tels sont : le manganèse, le cobalt, le nickel, le chrome, le zinc, le plomb, l'étain, l'antimoine, etc., etc. — Les Métaux et les minerais métallifères se rencontrent dans différents endroits; ils sont communément disposés en filons, plus rarement ils forment des couches et des amas; quelquefois ils entrent comme partie constituante dans la composition de certaines roches, auxquelles ils donnent leur couleur, leur densité, etc. — Tous les Métaux sont solides aux températures ordinaires, à l'exception du mercure qui reste liquide jusqu'à — 40 degrés. Si l'on en excepte l'or qui est jaune, le cuivre et le titane qui sont rouges, tous les Métaux sont d'un blanc plus ou moins bleuâtre ou grisâtre. Quelques-uns, tels que le fer, le plomb, le cuivre et l'étain, ont une odeur et une saveur désagréables. La densité des Métaux varie beaucoup; celle du platine est la plus grande et s'élève à 21,53 (celle de l'eau distillée étant prise pour unité); puis viennent celles de l'or, 19,26 ; du mercure, 13,59; du plomb, 11,35; de l'argent, 10,47; du cuivre, 8,9; du fer, 7,8; de l'étain, 7,3, etc. ; le sodium et le potassium sont les seuls qui pèsent moins que l'eau : la densité du premier est 0,97, celle du second, 0,87. Le plus

grand nombre des Métaux sont *ductiles* et *malléables*, c'est-à-dire qu'ils ont la propriété de se laisser tirer en fils plus ou moins fins à la filière, et de se laisser réduire au marteau en lames plus ou moins minces; l'or et l'argent occupent le premier rang pour la ductilité et la malléabilité. Le fer est le plus dur et le plus tenace de tous les Métaux. La fusibilité des Métaux varie beaucoup de l'un à l'autre : ainsi le mercure fond à — 40 degrés, le potassium à + 38 degrés, le sodium à + 90 degrés, l'étain à + 210 degrés, le plomb à + 260 degrés, le zinc à + 370 degrés; d'autres, tels que l'argent, le cuivre, le fer et l'or, ne fondent qu'à une chaleur rouge, plus ou moins intense; enfin, il en est, comme le platine, qui ne fondent qu'au chalumeau à oxygène et à hydrogène. Les Métaux forment la classe la plus importante des corps, puisqu'on les emploie dans presque tous les arts nécessaires à la vie; ils servent à fabriquer les instruments employés dans nos travaux, et sans eux, même dans les climats les plus favorables, les hommes auraient de la peine à s'élever au dessus de l'état sauvage. Ils fournissent aux médecins plusieurs remèdes héroïques. La chimie nous enseigne les moyens de les séparer des matières terreuses auxquelles ils sont mêlés dans la nature, de les purifier, de les employer seuls ou combinés entre eux. Plusieurs Métaux sont d'un usage presque universel dans la société. Les plus employés sont le fer, le cuivre, le plomb, l'étain, l'argent, l'or, le mercure, le zinc, le platine. Ils doivent à leur ductilité, à leur état dans la nature et à leur abondance respective, la préférence qu'on leur accorde : aussi consomme-t-on beaucoup plus de fer que de tout autre métal, et doit-il être regardé comme l'un des plus beaux présents que la nature ait faits à l'homme. C'est le nouveau monde, comme on sait, puis l'empire de Russie et l'Australie, qui fournissent le plus de Métaux précieux (or et argent). Les Métaux les plus utiles, tels que le fer et le plomb, abondent surtout dans la Grande-Bretagne, en Russie, en France, en Autriche, etc. La première de ces contrées est aussi riche en cuivre et en étain. L'Espagne, outre le plomb, fournit beaucoup de mercure; la Russie est le seul pays d'Europe où l'on exploite le platine. (Voir les articles particuliers que nous avons consacrés aux divers Métaux usuels.)

MÉTHODE. (Voir Classification.)

MÉTIS (de l'espagnol *mestizo*, mêlé). Dans l'origine, les Espagnols donnaient ce nom aux enfants nés de l'union d'un parent européen avec un parent indigène d'Amérique. On l'étendit plus tard aux produits de races mélangées, soit dans l'espèce humaine, soit dans les espèces animales ou végétales, en réservant le nom d'*hybride* aux produits des croisements entre espèces. Aujourd'hui on applique le nom de *métis* ou de *mulet* à tout produit provenant du mélange d'espèces ou de races distinctes, comme le mulet, le bardeau, le chabin, le léporide, l'alpavigogne, etc., etc. (Voir Mulet.)

MÉTROSIDEROS (du grec *metra*, moelle, et *sidéros*,

fer). Genre de plantes dicotylédones, polypétales, périgynes, de la famille des *Myrtacées*. Ce sont des arbres ou arbrisseaux de l'Australie, de l'archipel Indien ou du cap de Bonne-Espérance. Leurs feuilles sont opposées, sans stipules, entières; leurs fleurs axillaires ou terminales, pédonculées. — Le **Metrosideros vera**, des Moluques et de Java, est un bel arbre à bois très dur; c'est un des *bois de fer* du commerce; son écorce amère, douée de propriétés astringentes, est employée contre la diarrhée. Plusieurs espèces, cultivées aujourd'hui dans nos serres sous le nom de *Metrosideros*, ont été retirées de ce genre pour former le genre *Callistemon;* elles diffèrent, en effet, des premiers parce que leurs fleurs, *non pédonculées,* sont fixées le long des rameaux en épis denses; tels sont les *Callistemon lanceolatum* ou **Metrosideros à panaches,** arbrisseau de 2 à 3 mètres, dont les rameaux se couvrent de fleurs à filets staminaux d'un beau rouge, et le *Callistemon speciosum,* assez voisin du précédent, mais plus grand.

METROXYLON (de *métra,* moelle, et *xulon,* bois). Genre de palmiers de l'archipel Indien, dont plusieurs espèces, **Metroxylon lœve** et **Metroxylon Rumphii,** produisent le *sagou,* qui est importé en Europe.

MEULIÈRE. On nomme vulgairement *pierre meulière,* et minéralogiquement *silex molaire,* une variété de quartz, appelée silex, dont on se sert pour faire les meules *(mola)* à moudre le grain. Sa texture est essentiellement celluleuse; on la rencontre ordinairement en blocs plus ou moins considérables, en rognons, au milieu des sables, des argiles et des marnes du terrain tertiaire. La Meulière est très abondante dans le terrain des environs de Paris; elle est exploitée sur une grande échelle à la Ferté-sous-Jouarre pour la fabrication des meules de moulin. Dans leur description géologique des environs de Paris, Cuvier et Brongniart font remarquer que la variété de Meulière propre à donner des meules de moulin est entièrement dépourvue de tout corps organisé végétal ou animal; tandis que les autres variétés de cette roche en renferment en plus ou moins grande quantité. La Meulière fournit aussi un excellent moellon qui prend parfaitement le mortier à cause des nombreuses cavités qui s'y trouvent.

MEUM (du grec *meon*). Petite plante herbacée de la famille des *Ombellifères,* qui croît communément dans les pâturages des montagnes. On lui donne communément le nom de **Meum athamanticum.** Sa racine aromatique, à saveur amère et piquante, est apéritive et stimulante.

MEUNIER. Nom que donnent les pêcheurs au Chevaine *(Leuciscus cephalus).* On donne également ce nom et celui de ver de farine à la larve du Ténébrion.

MEXICAINS. (Voir AZTÈQUES.)

MÉZÉREON. (Voir DAPHNÉ.)

MICA (du latin *micare,* briller). Substance brillante, foliacée, divisible presque à l'infini en feuillets minces et flexibles, qui est un silicate d'alumine

et de potasse avec ou sans magnésie; sa forme cristalline primitive est un prisme droit à base rhombe de 120 degrés. Les Micas sont fusibles au chalumeau, le plus souvent en émail blanc; ils se laissent rayer avec l'ongle. Leurs teintes ordinaires sont le brun, le vert, le noirâtre, le blanc d'argent et le jaune d'or. On en distingue plusieurs variétés; les plus répandues sont : le **Mica foliacé,** qui donne de grandes feuilles transparentes, et qui est connu sous le nom vulgaire de *verre de Moscovie,* parce que les Russes l'emploient pour le vitrage des fenêtres et des lanternes; le **Mica lamelliforme,** qui se rencontre en petites paillettes brillantes disséminées dans les roches solides ou dans les sables; ces paillettes ont la couleur blanche de l'argent ou la couleur jaune de l'or; on s'en sert comme poudre pour sécher l'écriture. Le Mica est abondamment répandu dans la nature; on le trouve dans tous les terrains, depuis les plus anciens jusqu'aux plus modernes. Il fait partie essentielle du granit, du gneiss, du micaschiste, etc.

MICASCHISTE. Roche composée de mica et de quartz dans laquelle le mica forme ordinairement la moitié ou le tiers. Sa texture est feuilletée. Le Micaschiste forme des couches puissantes dans les terrains primordiaux. Cette roche renferme un très grand nombre de minéraux disséminés. Les principaux sont : la tourmaline, en cristaux souvent considérables; le grenat, l'amphibole, le talc, le graphite, etc. Cette roche est très développée dans les Cévennes et les Pyrénées.

MICO. Nom d'une espèce de singe du genre *Ouistiti.* (Voir ce mot.)

MICOCOULIER (*Celtis*). Genre de plantes dicotylédones de la famille des *Ulmacées,* à fleurs solitaires,

Jobin.

Micocoulier.

à périanthe simple de cinq segments, étamines cinq à anthères dorsifixes, deux stigmates pubescents terminaux; drupe charnu, lisse. Ce sont des arbres

82

à feuilles alternes, dentées, à trois nervures, qui croissent dans les régions tempérées de l'hémisphère boréal. — Le Micocoulier de Provence (*C. australis*) ou *fabrequier* est un arbre de 15 à 20 mètres, à rameaux divergents, à feuilles ovales lancéolées, d'un vert foncé en dessus, grisâtres en dessous, à fleurs axillaires blanchâtres. Son fruit noirâtre, gros comme une merise, a un goût sucré qui le fait rechercher par les oiseaux ; son amande donne une huile douce propre à l'éclairage. Sa racine et son écorce renferment une matière colorante jaune que l'on obtient très facilement. Son bois compact, flexible, fin et tenace, d'un brun noirâtre et susceptible d'un très beau poli, est utilisé pour la fabrication des instruments à vent, dans la marqueterie, l'ébénisterie, la menuiserie, le charronnage, etc. — Le Micocoulier de Virginie (*C. occidentalis*) se cultive comme arbre d'ornement dans les parcs.

MICOURÉ. (Voir Sarigue.)

MICRASTER (du grec *mikros*, petit, et *astèr*, étoile). Genre d'Echinides renfermant plusieurs espèces fossiles caractéristiques des terrains crétacés.

MICROBES (du grec *mikros*, petit, et *bios*, vie). On désigne sous ce nom des êtres infiniment petits, qui représentent la vie dans sa manifestation la plus simple, et sont répandus en nombre considérable dans l'atmosphère et dans une foule de substances. Confondus jusque dans ces derniers temps sous la dénomination collective d'*infusoires*, aujourd'hui généralement considérés comme des végétaux de la classe des algues, ces infiniment petits sont la cause d'une grande quantité de fermentations et de maladies. (Voir Bactérie, Vibrion, Schizomycètes.) En inoculant aux animaux les produits morbides engendrés par les Microbes, on détermine chez eux une maladie identique à celle dont ils proviennent. Mais aujourd'hui, grâce aux travaux de l'illustre savant Pasteur, on sait que, par la culture de ces mêmes Microbes dans des milieux stérilisés, leur virulence s'atténue graduellement, et leur inoculation, au lieu de tuer les animaux, leur communique une forme mitigée de la maladie, et par suite une immunité plus ou moins longue contre cette même maladie. C'est une vaccination préventive.

MICROCOCCUS (de *mikros*, petit, et *kokkos*, graine). Genre de bactériens ou de vibrioniens, dont les représentants, les plus petits de tous les corps vivants connus, se manifestent sous la forme globuleuse ; ce sont des cellules sphériques ou ellipsoïdes de moins d'un millième de millimètre de diamètre, que quelques auteurs considèrent comme de simples germes ou spores de champignons schizomycètes. (Voir ce mot.) Ces micro-organismes sont la cause d'une foule de décompositions et de maladies infectieuses. Ils forment souvent des amas colorés à la surface des substances nourricières ; c'est au **Micrococcus prodigiosus** que sont dues les taches rouges qui se voient parfois sur le pain, sur le fromage, sur le lait, et qui, prises pour du sang, dans

les siècles d'ignorance, frappaient de terreur les populations superstitieuses, qui les croyaient des manifestations de la colère divine. Le **Micrococcus cyaneus** teint le lait en bleu ; le **Micrococcus pyogenes** produit le pus. L'érysipèle, la rougeole, la morve, la syphilis, le choléra des poules, la flacherie des vers à soie, etc., etc., sont produits ou du moins propagés par les Micrococci. (Voir Bactéries.)

MYCRODACTYLUS. Nom scientifique latin du Cariama. (Voir ce mot.)

MICROGASTER (de *mikros*, petit, et *gastèr*, ventre). Genre d'insectes Hyménoptères de la famille des *Braconides*. Les Microgasters sont des insectes de petite taille, à antennes grêles, de dix-huit articles, fort répandus dans nos pays, où ils rendent des services signalés. Ils s'attaquent, en effet, aux chenilles de ces papillons blancs, si communs partout, et qui commettent tant de dégâts dans les jardins potagers. Le Microgaster dépose un assez grand nombre d'œufs dans la même chenille. Les petites larves vivent longtemps aux dépens des parties graisseuses de cette chenille. Celle-ci a acquis tout son développement à la même époque que les parasites qui la rongent ; elle abandonne alors la plante qui lui servait de pâture et grimpe le long des murs pour s'y fixer et y subir sa transformation en chrysalide. Mais les larves de Microgaster, elles, aussi,

Microgaster glomeratus grossi.

ont atteint tout leur développement et vont se transformer en nymphes. Ils attaquent alors les organes importants de la chenille et ne laissent qu'une dépouille inanimée qu'ils percent de toutes parts, et tout autour d'elle chaque individu se file un petit cocon soyeux d'un jaune pâle, parfaitement ovale. Quelques jours après en sort l'insecte parfait. — Des expériences suivies ont prouvé que les Microgasters détruisent ainsi plus des neuf dixièmes des chenilles des papillons blancs. Par les ravages qu'ils exercent encore dans les potagers, on peut calculer ce qu'ils seraient sans ces petits hyménoptères. — L'espèce dont nous venons de parler est le **Microgaster glomeratus**. Il est long de 2 millimètres et demi, de couleur noire avec les pattes d'un fauve testacé. Les autres espèces du même genre vivent de la même manière sur diverses chenilles.

MICROGLOSSE (de *mikros*, petit, et *glôssa*, langue). Genre d'oiseaux grimpeurs de la famille des *Psittacidés*. (Voir Perroquets.)

MICROLÉPIDOPTÈRES (de *mikros*, petit, et *lépidoptère*, papillon). Division de l'ordre des Lépidoptères comprenant les *Pyrales*, les *Teignes*, les *Tordeuses*, qui se distinguent généralement par leur petite taille, et par la forme et le développement des palpes maxillaires.

MICROPYLE (de *mikros*, petit, et *pulé*, porte). Ouverture que présente l'épisperme des graines, et par laquelle le boyau pollinique traverse les enveloppes de l'ovule pour opérer la fécondation. (Voir Reproduction et Graine.)

MICROSCOPE. Il existe dans la nature une foule d'êtres organisés qui, par leurs dimensions, échapperaient toujours à nos regards, si nous ne trouvions pas le moyen de les apercevoir distinctement en augmentant considérablement, au moyen d'instruments d'optique, la grandeur des images qui les représentent au fond de notre œil. La constitution intime des végétaux et des animaux nous échapperait également sans leur secours. Ces instruments portent le nom de *Microscopes* (du grec *mikros*, petit, et *skopeó*, je regarde). Dans sa simplicité première, le microscope est composé d'une seule lentille bi-convexe ou plano-convexe, ou de deux lentilles plano-convexes superposées; il porte alors le nom de *loupe;* cet instrument grossit les objets et transmet directement à l'œil l'image amplifiée. Dans le *Microscope composé*, une lentille à court foyer, tournée vers l'objet, et que l'on nomme *objectif*, donne en arrière une image très grossie; cette image n'entre dans l'œil qu'après avoir été amplifiée de nouveau par une seconde lentille placée près de l'œil et nommée *oculaire*. Il résulte de cette combinaison que le grossissement définitif est le produit du grossissement résultant de chacun des verres ou de ces systèmes de verres; ainsi, par exemple, si l'objectif grossit vingt fois l'objet, et l'oculaire dix fois l'image produite par l'objectif, le grossissement total sera de deux cents fois. Il est inutile de dire que l'on obtient des grossissements proportionnés à la courbe des lentilles objectives et oculaires employées; il ne faut cependant pas dépasser certaines limites, car l'on perd toujours en lumière et en netteté ce que l'on gagne en amplification. — Depuis les plus anciens Microscopes jusqu'aux Microscopes actuels les plus perfectionnés, tels que

Microscope Nachet.
o, oculaire; *o'*, objectif; *l*, loupe d'éclairage; *v*, vis de rappel.

les divers modèles de Nachet, on a imaginé une foule de dispositions secondaires, qui ne changent en rien la disposition fondamentale rapportée plus haut. — Le but et les bornes de cet ouvrage ne nous permettent pas d'entrer à ce sujet dans des détails que l'on trouvera d'ailleurs dans tous les traités de physique. Un des accessoires les plus utiles du Microscope est la *chambre claire*, qui sert à prendre un croquis exact des objets microscopiques. Cet appareil, qui se place sur l'oculaire du Microscope, se compose essentiellement d'un prisme à peu près rhomboïdal, disposé de telle façon que l'œil de l'observateur, regardant dans le Microscope, aperçoit, en même temps que l'objet mis au point, son image projetée sur une feuille de papier placée à côté du Microscope. On peut alors, à l'aide d'un crayon, suivre et fixer cette image sur le papier.

Une simple loupe suffit pour examiner les petits animaux et les organes extérieurs des plantes; mais l'étude des cellules, des tissus, des liquides, et de certains animaux et végétaux infiniment petits (diatomées, infusoires, rotifères, etc.) nécessite l'emploi du Microscope. Les objets soumis à l'observation doivent être préparés d'une certaine manière, suivant leur nature.

Les pellicules et les parties très minces de l'organisme animal ou végétal peuvent être observées directement, il suffit de les déposer dans une goutte d'eau placée sur une lame de verre porte-objet, et de recouvrir le tout avec une lamelle de verre mince. Quand ces parties sont trop épaisses pour être transparentes, il faut en obtenir des coupes très fines afin que la lumière puisse les traverser. Il suffit d'un bon scalpel ou d'un rasoir pour opérer ces coupes, qui doivent être aussi régulières que possible : la lame du scalpel doit être humectée d'eau. Si le corps est trop dur pour être facilement coupé en tranches, on le prépare par usure (os, dents, coquilles, minéraux, etc.). On enlève d'abord une lamelle à la scie fine, puis on la frotte doucement sur une pierre ponce bien plane, et on la polit ensuite sur une pierre fine à repasser. Si l'objet est trop petit pour être tenu à la main, on le place dans une fente pratiquée dans un morceau de liège ou de moelle de sureau qu'on serre entre les doigts. Les tranches minces ainsi obtenues sont placées dans un liquide approprié tel que l'eau, l'alcool, la glycérine, l'huile, etc. C'est l'eau qui est le plus souvent employée. Souvent il est avantageux de teindre les coupes au moyen de couleurs d'aniline qui se fixent de préférence sur certaines parties et les mettent en évidence. Les préparations sont quelquefois assez intéressantes pour qu'on désire les conserver. Suivant leur nature on les traite de diverses manières. Lorsqu'elles sont très petites, très transparentes et qu'elles ne se déforment pas en séchant (comme les diatomées, les foraminifères, etc.), on les conserve à sec entre deux lames de verre simplement fixées au moyen

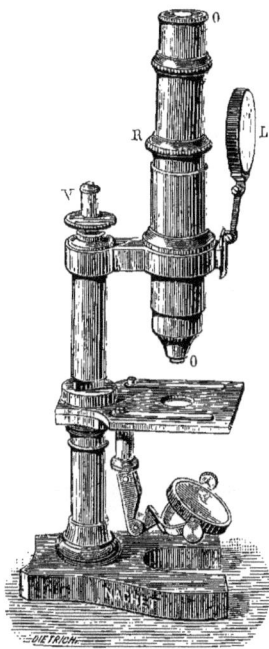

d'un peu de cire ou de gomme-laque. — Le plus souvent on les garde dans des milieux liquides ou solidifiables. Le liquide le plus généralement employé est la glycérine anglaise étendue de trois à six fois son poids d'eau. La glycérine ne s'évaporant pas, la préparation, mise à l'abri de la poussière, se conserve sans autre soin. Lorsqu'on se sert d'un liquide volatil tel que l'eau additionnée de substances très diverses (acide acétique, acide phénique, alcool camphré, chlorure de calcium, etc.), il est indispensable de former autour du couvre-objet une fermeture hermétique. Le lut qui convient à presque tous les cas, est formé de bitume de Judée et de mixture des doreurs dissous dans l'essence de térébenthine. On l'applique à froid au moyen d'un petit pinceau qu'on promène légèrement autour du couvre-objet de manière à recouvrir les bords de celui-ci et une portion de la lame de verre qui le porte. On fait aussi des luts avec la cire à cacheter dissoute dans l'alcool, avec la gomme-laque, etc. Les milieux solidifiables les plus usités pour les préparations durables sont la gélatine-glycérine, mélange de gélatine, d'eau, de glycérine et d'acide phénique en proportion telle que la masse soit ferme à la température ordinaire, mais qu'elle se ramollisse aisément vers 50 à 60 degrés. Cette mixture convient aux objets délicats et transparents. Pour les objets durs et moins translucides, on se sert de baume de Canada ou de la térébenthine de Venise qui se ramollissent également à une chaleur peu élevée. Voici la manière habituelle d'opérer pour le montage dans le baume : la préparation, lavée dans l'alcool faible et bien séchée, doit être mise à macérer dans l'essence de térébenthine, qui, non seulement prépare les voies pour la pénétration du baume, mais encore prévient la formation des bulles d'air, qui sont une des principales causes de non-réussite. On dépose au centre de la glace-support une quantité suffisante de baume, que l'on chauffe doucement, en promenant la glace au-dessus de la flamme d'une lampe à alcool, mais en évitant de le porter jusqu'à l'ébullition, et en ayant soin de crever avec la pointe d'une aiguille toute bulle d'air qui se formerait. On place alors au milieu l'objet à préparer, on fait chauffer doucement pour provoquer la pénétration du baume, et l'on recouvre rapidement le tout avec le carré de glace mince en exerçant une légère pression pour bien étendre le baume et en chasser le superflu ; puis on transporte aussitôt la préparation sur une surface de marbre ou de métal afin qu'elle s'y refroidisse rapidement. La préparation terminée, on colle à chaque bout de la lame porte-objet une bande de carton blanc mince ou de papier assez épais pour dépasser le niveau de la lamelle couvre-objet ; on inscrit sur cette bande le nom de l'objet, la date de sa préparation, la nature du milieu conservateur. Les lames peuvent alors être empilées les unes sur les autres et attachées en petits paquets au moyen d'anneaux de caout-

chouc. On les met dans un tiroir à l'abri de la poussière et de la lumière.

MICROSCOPIQUES. Nom que donnait Bory de Saint-Vincent aux Infusoires. (Voir ce mot.)

MICROSPORE (*mikros*, petit, et *spora*, graine). (Voir LYCOPODIACÉES.)

MICROSPORON (*mikros*, petit, et *sporos*, semence). Genre de champignons myxomycètes, microscopiques, qui se développent sur diverses parties du corps de l'homme et y provoquent diverses maladies. Le **Microsporon furfur** produit l'affection cutanée connue sous le nom de *pityriasis* ; le **Microsporon Audouini** provoque la teigne.

MICROZOAIRES (*mikros*, petit, et *zóon*, animal). Animaux microscopiques : les Protozoaires et les Infusoires. (Voir ces mots.)

MIDAS. (Voir OUISTITI.)

MIEL. (Voir ABEILLE.)

MIELLAT. Matière sucrée mucilagineuse, analogue à la manne, qui exsude en été, sous forme de gouttes, des feuilles, tiges, fleurs et bourgeons de certains végétaux, tels que l'érable, le tilleul, etc., soit spontanément, soit par suite de la piqûre de pucerons.

MIGNARDISE. Nom vulgaire d'une espèce d'œillet, le *Dianthus plumarius*. (Voir ŒILLET.)

MIGNONNETTE. Nom vulgaire de la Luzerne lupuline et du Trèfle des prés.

MIGRATION (du latin *migrare*, émigrer, changer de demeure). On nomme *migrations*, en histoire naturelle, ces voyages ou excursions qu'entreprennent dans certaines saisons de l'année, un très grand nombre d'animaux de toutes les classes. Suivant la manière dont les migrations ont lieu et en considération des causes qui les provoquent, on peut les distinguer en *naturelles* ou *périodiques* et en *accidentelles* ou *irrégulières*. — Les premières sont celles auxquelles sont constamment soumis les animaux doués de l'instinct des voyages ; les secondes sont uniquement le résultat de l'instinct de conservation mis en jeu par des événements extraordinaires, tels que des ouragans, des tempêtes, un froid intense, etc. Les migrations sont d'autant plus étendues et plus habituelles dans une classe d'animaux, qu'il y a dans ce groupe un plus grand nombre de circonstances physiques ou physiologiques favorables à la locomotion. On peut donc s'attendre à rencontrer les migrations les plus complètes, les plus régulières chez les oiseaux et chez les poissons, qui, de tous les êtres animés, sont ceux où les moyens de translation offrent le plus de facilité. Les mammifères, sauf quelques espèces de rongeurs (lemmings, rats), sont généralement sédentaires ; les reptiles ne le sont pas moins ; mais les oiseaux offrent tous les modes et tous les degrés d'émigration. Les uns partent isolément, les autres par troupes ; mais quelle que soit la manière dont se fait le voyage, tous choisissent un climat favorable. Un instinct admirable les fait aborder sur la côte hospitalière qui doit leur servir de refuge pendant que la chaleur ou le froid envahit les contrées qu'ils ont momentanément délaissées. Tout le monde a entendu parler des migrations des hirondelles, des cygnes, des oies, des grues, des hérons, des cigognes (voir ces mots), etc. D'autres espèces, sans entreprendre des voyages de long cours, partent aussi à des époques fixes ; s'avancent de proche en proche vers le sud à mesure que le froid les chasse des pays septentrionaux : tels sont les alouettes, les ortolans, les pinsons, et beaucoup d'autres espèces frugivores. L'histoire des migrations des poissons offre quelques faits curieux, que l'on trouvera aux mots HARENG, MAQUEREAU, SAUMON, MORUE. Parmi les invertébrés, il en est un petit nombre seulement qui émigrent ; tels sont, dans la classe des crustacés, les crabes de terre, et dans celle des insectes, les criquets, dont les hordes innombrables signalent leur passage par une dévastation des campagnes semblable à celle que produirait un incendie. Une seule et même cause ne détermine pas les migrations. Ainsi, c'est sans doute la surabondance de population qui occasionne celle des lemmings et des sauterelles ; c'est, au contraire, le besoin de trouver un lieu favorable pour déposer le frai qui occasionne celle des poissons et des crabes de terre. Beaucoup d'oiseaux, notamment les espèces insectivores de nos pays, semblent sollicités à changer de résidence par l'absence, en hiver, de la proie qui compose leur alimentation.

MIL. (Voir MILLET.)

MILAN (*Milvus*). Genre de l'ordre des RAPACES, de la famille des *Falconidés,* caractérisés par un bec peu robuste, des doigts et des ongles faibles ; des ailes très longues, atteignant l'extrémité de la queue, qui est elle-même très allongée et fourchue. Ces caractères indiquent des oiseaux très habiles voiliers, mais peu redoutables. Il est, en effet, peu d'oiseaux de proie dont le vol soit aussi souple et aussi élégant que celui des Milans ; ils semblent se jouer dans les airs comme les hirondelles, et si la puissance de leur bec et de leurs serres correspondait à celle de leur vol, nulle proie ne pourrait se soustraire à leur poursuite. Mais il n'en est pas ainsi, et la faiblesse des armes du Milan lui permet à peine de résister même à l'épervier. C'est là la seule raison de réputation de lâcheté dont on l'a gratifié, peut-être un peu légèrement. En effet, le Milan ne manque pas de hardiesse, car on l'a vu souvent fondre sur les oiseaux de basse-cour, malgré la présence de l'homme, et on l'a vu aussi disputer avec énergie sa proie aux corbeaux, aux buses et à d'autres petits oiseaux de proie ; il est plutôt faible que lâche. Les rochers escarpés, les grands arbres des forêts sont généralement les lieux que choisissent les Milans pour établir leur nid, construit, comme celui de la plupart des rapaces, de petites branches entrelacées et recouvertes d'une couche de gramen. La ponte est de trois à cinq œufs blancs tachés de roux. Les jeunes naissent couverts d'un duvet grisâtre. — Le **Milan royal** (*M. regalis*), ainsi nommé parce qu'il servait aux plaisirs des princes, qui le faisaient chasser par l'épervier, est de couleur fauve mêlée de blanc, avec les pennes des ailes noires et la queue rousse ; la cire du bec est grise. Il est répandu en Europe, en Asie et en Barbarie. Il est commun en France et en Angleterre, surtout dans

Milan royal (*Milvus regalis*).

les cantons voisins des montagnes. Les mulots, les taupes, les rats, les reptiles et les gros insectes, sont sa nourriture ordinaire ; mais il est quelquefois réduit à dévorer les poissons morts flottant sur les eaux. Il s'approche aussi des lieux habités pour prendre les jeunes poulets. Cet oiseau s'élève avec la plus grande rapidité, et c'est du haut des airs, où il plane si légèrement qu'on ne remarque pas le mouvement de ses ailes, qu'à l'aide de sa vue perçante il découvre sa proie et fond sur elle avec la rapidité de l'éclair. — Le **Milan noir** (*M. ætolius*) a tout le plumage d'un brun roux fuligineux, avec la queue d'un gris brun ; la tête et le cou sont gris, chaque plume flammée de brun ; la cire du bec est jaune. Cette espèce habite l'Europe, l'Asie et l'Afrique.

MILANDRE (*Galeus*). Genre de poissons SÉLACIENS de la famille des *Squalidés,* très voisins des Requins, dont ils diffèrent principalement par la présence d'évents et par leurs dents dentelées à leur côté extérieur. La seule espèce connue, le **Milandre** (*Galeus canis* ou *chien de mer*), habite la Méditerranée et l'Océan. Sa taille est de 1m,50 à 2 mètres. Il a les formes du requin ; mais son museau est aplati, allongé et couvert de petits tubercules ; sa peau est chagrinée et tuberculeuse, d'un gris cendré en dessus, blanchâtre en dessous. C'est un poisson redoutable par sa férocité et son audace ; comme le requin, dont il a les mœurs, il est la terreur des mers. Sa voracité lui fait même parfois oublier le soin de sa sûreté, car on l'a vu s'élancer sur la côte pour se jeter sur les hommes ; aussi la pêche de ce poisson est-elle très dangereuse et demande-t-elle les plus grandes précautions. La femelle, plus grosse que le mâle, met bas trente-six à quarante petits vivants. Pline parle de ce poisson et dit qu'il est la terreur des plongeurs occupés à la recherche du corail et des éponges, qui sont souvent forcés de lui livrer des combats sanglants, dont ils ne sortent pas toujours vainqueurs.

MILIOLITHES. Petites coquilles très abondantes dans les terrains tertiaires et qui appartiennent à la classe des RHIZOPODES. (Voir FORAMINIFÈRES.)

MILIUM. (Voir MILLET.)

MILLEFEUILLE. (Voir ACHILLÉE.)

MILLE-FLEURS. On donne ce nom au Tlaspi des prés.

MILLEPERTUIS (*Hypericum*). Genre de plantes dicotylédones, polypétales, hypogynes, de la famille des *Hypéricées*, ayant pour caractères : un calice à cinq divisions, une corolle de cinq pétales, des étamines nombreuses, réunies par la base de leurs filets en trois ou cinq faisceaux, trois à cinq styles. Les Millepertuis sont des herbes ou des arbrisseaux à feuilles opposées, simples, marquées de points translucides, particularité à laquelle ils doivent leur nom. — Le **Millepertuis commun** (*H. perforatum*), appelé vulgairement *herbe aux piqûres, herbe de Saint-Jean, chasse-diable*, commun dans les bois et sur les pelouses, le long des chemins, a des tiges dressées, rameuses, à rameaux opposés ; les fleurs, jaunes, sont disposées en cime à la partie supérieure de la tige ; le fruit est une capsule globuleuse, à trois loges, renfermant des graines fines et nombreuses. Cette plante, lorsqu'on la froisse entre les doigts, répand une odeur aromatique et résineuse. On en faisait autrefois un usage fréquent comme d'un remède excitant et anthelminthique. Il jouissait aussi d'une grande réputation pour la guérison des blessures et des ulcères. Il entre dans la composition du baume du commandeur, du baume tranquille, de l'eau vulnéraire, etc. — Le **Millepertuis androsème** (*H. androsemum*), qui se distingue du précédent par son fruit charnu et bacciforme, jouissait également autrefois d'une très grande réputation dans le traitement d'une foule de maladies, ainsi que l'annonce le nom de *toute saine* qu'on lui donne vulgairement.

MILLEPIEDS. (Voir MYRIAPODES.)

MILLÉPORE. (Voir MILLÉPORIDÉS.)

MILLÉPORIDÉS. Famille d'animaux cœlentérés de la classe des HYDROCORALLIAIRES, comprenant des espèces à polypier plus ou moins foliacé, à frondes blanches, fragiles, très découpées et percé, comme leur nom l'indique, d'une multitude de petits trous représentant les loges ou calices des polypes. Ces calices sont de dimensions très diverses sur le même sujet. Le type de ce groupe est le **Millépore corne d'élan** (*Millepora alcicornis*), de la mer des Antilles,

dont le polypier en touffe, composé de petites branches cylindriques confondues à leur base,

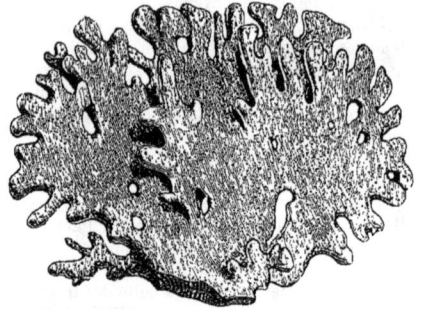

Millépore corne d'élan.

figurent des frondes palmées à bords digités, qui rappellent les cornes de l'élan.

MILLET (*Panicum*). Ce mot, qui désigne un genre de plantes de la famille des *Graminées*, vient du latin *mille* (mille), pour exprimer la fécondité des espèces qu'il renferme. La plante la plus importante du genre est le **Millet commun** (*P. miliaceum*),

Millet à grappe.

céréale originaire de l'Inde, et depuis longtemps cultivée en Europe, surtout dans le Midi. Cette graminée est annuelle ; ses tiges, hautes de 6 à 12 décimètres, sont droites et velues ; ses feuilles planes, à gaine très velue. Les fleurs, petites et d'un jaune verdâtre ou violettes, glabres, sont disposées en panicule terminale, lâche, inclinée d'un côté; leurs glumes sont dépourvues d'arêtes. Le fruit est un petit grain arrondi et jaunâtre, bien connu de tout le monde. Dans beaucoup de contrées de l'Inde, le Millet forme l'une des principales denrées alimentaires; chez nous, on l'emploie surtout à nourrir la volaille et les oiseaux de cage ou de volière; on en fait aussi de la farine, qu'on mange en bouillie, mais qui est peu appropriée à la panification. La plante, coupée en vert, est un excellent fourrage. On en distingue des variétés à grains noirs, à grains blancs et à grains jaunes; ces derniers sont les plus estimés; le Millet noir est le plus précoce. — Le **Millet à grappe**, *Millet des oiseaux* ou *Millet à épi* (*P. italicum*, L.), est une espèce très voisine de la précédente, de laquelle elle diffère en ce que ses fleurs sont disposées en panicule dense, presque cylindrique, ou ovale, à axe velu. Cette plante, également originaire de l'Inde, sert aux mêmes usages que le Millet commun. Ce qui caractérise le Millet entre toutes les plantes céréales, c'est la faculté qu'il possède de résister à la sécheresse même dans les sols qui y sont le plus exposés. Le Millet demande une terre légère; dans les terres arides, on l'alterne avec le seigle; on le sème à la volée dans la proportion de 25 litres par hectare. — On nomme vulgairement **Millet d'Inde** ou *gros millet* le maïs; **Millet à longue grappe**, l'alpiste.

MILLOUIN. (Voir Canard.)

MIMEUSE ou **MIMOSA**. Genre de plantes de la famille des *Légumineuses*, tribu des *Mimosées;* arbustes munis d'aiguillons, offrant pour caractères : des fleurs polygames, calice à quatre dents, corolle campanulée, régulière, quatre-huit étamines; gousse à une seule loge, composée d'articulations séparant chaque graine et se détachant à maturité. Les fleurs, petites, blanches ou roses, sont rassemblées en capitules ou en grappes. — Ce genre renferme un grand nombre d'espèces, dont quelques-unes sont très remarquables par leur extrême irritabilité. La plus célèbre, sous ce rapport, est la **Mimosa pudica**, vulgairement connue sous le nom de *sensitive*. — Cette plante, très répandue dans toute l'Amérique tropicale, s'élève à 5 ou 6 décimètres de hauteur; sa tige est armée d'aiguillons épars; ses feuilles sont composées de quinze à vingt paires de folioles obliques; ses fleurs en capitules sont purpurines; son légume est garni sur ses bords de soies raides. Sous le climat de Paris, la sensitive ne mûrit ses graines qu'en serre chaude. Si l'on touche un peu fortement une feuille de cette plante, toutes les folioles dont se compose la feuille s'appliquent les unes sur les autres par leur face supérieure, et le pétiole commun s'abaisse sur la tige. Si l'on touche légèrement une des folioles, cette foliole seule s'ébranle et tourne sur son pétiole particulier. Si l'on gratte avec la pointe d'une aiguille un tubercule blanchâtre qu'on observe à la base des folioles, celles-ci s'ébranlent tout à coup, et bien

plus vivement que si la pointe de l'aiguille eût été portée dans tout autre endroit. Si l'on coupe avec des ciseaux la moitié d'une foliole de la dernière ou de l'avant-dernière paire, presque aussitôt la foliole mutilée et celle qui lui est opposée se rapprochent. L'instant d'après, le mouvement a lieu dans les folioles voisines, et continue de se communiquer, paire par paire, jusqu'à ce que toute la feuille soit repliée. L'acide nitrique, la vapeur du soufre brûlant, l'ammoniaque, le feu communiqué

Sensitive (*Mimosa pudica*).

par le moyen d'une lentille de verre, l'étincelle électrique, produisent des effets analogues; mais, dans tous les cas, le trouble est momentané. Le calme revenu, les pétioles tournent lentement sur leur point d'attache, les feuilles se redressent et les folioles s'étalent de nouveau. Plusieurs physiologistes ont tenté d'expliquer ce phénomène singulier; les uns y ont vu l'action d'un fluide particulier; l'électricité a également été mise en avant; mais, disons-le, les hypothèses plus ou moins ingénieuses qui ont été proposées à cet égard n'expliquent pas d'une façon satisfaisante la cause première de ces phénomènes. — La **Mimosa sensitiva**, d'Amérique, offre les mêmes phénomènes que la *pudica*, mais à un degré moindre; son écorce est astringente et employée au Brésil dans le traitement des hémorroïdes et des fistules. — Une espèce de l'Afrique tropicale, **Parkia africana**, porte des graines amères, toniques, connues sous le nom de *café du Soudan;* les nègres en font usage en infusion.

MIMOSÉES. Section de la famille des plantes Légumineuses, comprenant des espèces à tige ligneuse, rarement herbacées ; à feuilles bi ou tripinnées ; à fleurs hermaphrodites ou polygames à périanthe double, à étamines libres, hypogynes, ordinairement en nombre indéfini ; ovaire uniloculaire, graines sans albumen. Outre le genre *Mimosa*, qui lui donne son nom, nous citerons comme genres principaux : *Acacia*, *Juga*, *Adenanthera*, etc.

MIMULE, *Mimulus* (du grec *mimos*, comédien). Genre de plantes dicotylédones, monopétales, hypogynes, de la famille des *Antirrhinées*. Ce sont des herbes vivaces, à feuilles opposées, ovales dentées, à fleurs en gueule à corolle bilabiée, à quatre étamines incluses. On cultive dans les jardins le **Mimulus guttatus**, à fleurs d'un beau jaune ponctuées de rouge ; le **Mimulus cardinalis**, à fleurs d'un rouge écarlate ; le **Mimulus moschatus**, à fleurs jaunes répandant une forte odeur de musc. Ces plantes demandent une exposition un peu ombragée.

MINE, MINERAIS. — On donne le nom de *Mines* à des excavations plus ou moins profondes que l'on creuse dans le sein de la terre pour en tirer les substances métallifères ou salines qu'elle renferme. Celles-ci prennent le nom de *Minerais*. Les excavations creusées pour l'extraction des terres, des pierres, du marbre, des sables, sont désignées sous le nom de *carrières*. Les gîtes minéraux sont diversement disposés. Les Minerais et les substances minérales ne sont pas toujours cachés au sein de la terre ; souvent ils sont répandus sur la surface du sol dans des terrains d'alluvion. Ces dépôts s'appellent *minières ;* une *Mine* suppose toujours un travail, sinon un souterrain, au moins creusant la terre à une certaine profondeur. Les gîtes de minéraux se divisent en *gîtes généraux* et en *gîtes particuliers ;* les premiers forment des masses puissantes et étendues qui constituent des terrains ou parties de terrains de la série géologique ; les seconds sont des masses minérales accidentelles qui se présentent au milieu des gîtes généraux dont elles diffèrent par leur nature ; on nomme ces dernières *gîtes de Minerais.* — Les Minerais se présentent en couches, en filons, en amas, ou disséminés dans des sables ou des dépôts d'alluvions. Ils sont presque tous associés à des matières étrangères inutiles appelées *gangues*. — Les *couches* sont ordinairement très régulières et parallèles aux plans de stratification des terrains au milieu desquels elles se trouvent. Elles prennent le nom de *bancs*, quand elles sont d'une étendue considérable et qu'elles sont composées de matières de peu de valeur, comme les pierres à bâtir, les ardoises, etc. — Les *filons* n'ont aucune régularité ; ce sont de longues crevasses, plus ou moins larges, qui se sont faites à travers les couches après la solidification de ces dernières, et qui se sont remplies de matières précieuses. — Les *amas* sont des masses de Minerais qui n'ont aucune forme régulière. Les pierres à bâtir, les marbres, les ardoises, le gypse, le sel gemme, les houilles, se rencontrent toujours en couches, ainsi que les fers oxydés, les schistes

cuivreux, quelquefois la galène et le mercure sulfuré. Les Minerais de plomb se trouvent surtout en filons, ainsi que ceux de fer et d'étain ; ceux de zinc se trouvent sous forme d'amas. L'or et le platine se trouvent disséminés dans des sables superficiels ou situés à une petite profondeur ; il en est de même du diamant et de toutes les pierres précieuses.

MINÉRALOGIE, MINÉRAUX. On donne le nom de MINÉRALOGIE (de *minera*, minéraux, et *logos*, discours, traité) à la branche de l'histoire naturelle qui s'occupe des corps bruts ou minéraux. Les Minéraux ou corps inorganiques sont des corps de formation naturelle, résultant d'une réunion de particules élémentaires déterminée par l'attraction moléculaire. Ce sont les pierres, les métaux, les sels, etc. En un mot, tous les corps non organisés qui se trouvent naturellement à la surface et dans l'intérieur de la terre. Ces corps sont de simples agglomérations de particules homogènes, constituant des masses dont les plus petites parties possèdent les propriétés du tout, et qu'on peut, par conséquent, diviser et subdiviser mécaniquement à l'infini, sans qu'elles changent de nature ; mais ces masses présentent des formes très variées, suivant que les molécules qui les composent ont pris telle ou telle disposition. Quand elles se sont réunies d'une manière régulière, géométrique, elles donnent ordinairement lieu à des *cristaux* présentant des faces planes, séparées par des arêtes et formant des angles plus ou moins aigus. Les corps bruts s'accroissent d'une manière illimitée, par *juxtaposition* de nouvelles molécules, qui, en se déposant, en s'étendant à la surface, contre les premières, changent quelquefois la forme du corps en même temps qu'elles en augmentent le volume. Ils ont une durée indéterminée ; ils continuent d'exister jusqu'à ce qu'une cause extérieure et accidentelle vienne en décomposer les molécules constituantes, ou les disperser en détruisant la force de cohésion qui les tenait réunies. On voit que ces caractères distinguent nettement le règne minéral ou inorganique des règnes animal et végétal, ou règnes organiques. Lorsque des substances minérales cristallisent avec précipitation, ou bien éprouvent quelque perturbation capable de troubler l'arrangement de leurs molécules, elles ne se prennent qu'en *masses informes accidentelles*, et plus ou moins irrégulières ; mais si cette cristallisation s'opère lentement et sans qu'aucun mouvement étranger entrave l'action des lois qui la régissent, il en résulte des formes et des structures régulières polyédriques, à la science desquelles Haüy a donné le nom de *cristallographie*. (Voir ce mot.) On appelle cristaux les Minéraux qui présentent ces formes régulières cristallines, qui sont les formes essentielles les plus importantes des corps bruts. Le même Minéral offre souvent une grande diversité de formes cristallines, toutes également régulières, mais dont les faces diffèrent, tant par leur nombre que par leur configuration. Néanmoins, ces différentes formes présentent toujours des rapports généraux de symétrie qui, en les rattachant les unes aux autres, permettent de les faire toutes successivement dériver de l'une quelconque d'entre elles, à l'effet d'en former par suite un groupe auquel on donne le nom de *système cristallin*. On a rapporté tous les cristaux connus à six séries de formes, dont la plus simple de chaque sert de type au système cristallin, les autres n'en étant que des modifications. Ces formes typiques sont : 1° le cube; 2° le rhomboèdre; 3° le prisme droit à base carrée; 4° le prisme droit à base rectangle; 5° le prisme oblique à base rectangle; 6° le prisme oblique à base de parallélogramme obliquangle. Les formes cristallines, ayant pu être toutes ramenées à ces six types, sont nécessairement semblables dans beaucoup d'espèces différentes; mais les angles de chaque variété de forme sont invariables dans la même espèce, et varient au contraire d'une espèce à l'autre; d'où il suit que leur mesure est un caractère d'une très grande valeur pour le minéralogiste. Afin de mesurer ces angles avec précision, on se sert d'instruments appelés *goniomètres*. Le plus simple consiste en un demi-cercle en cuivre, divisé en degrés, au centre duquel sont deux lames d'acier mobiles sur un axe commun, et dont l'une correspond au diamètre du demi-cercle. On applique les extrémités de ces lames sur les deux faces du cristal dont on veut mesurer l'angle, et leur écartement en indique exactement le degré d'ouverture.

La structure, caractère qui résulte du mode d'arrangement des molécules dans l'intérieur du Minéral, est tantôt régulière, tantôt irrégulière. La *structure régulière* est celle des cristaux dont les molécules, en se fixant à côté les unes des autres, se sont disposées avec une parfaite symétrie. Cette disposition nous est rendue sensible par le moyen du *clivage*, opération mécanique qu'on peut faire sur presque tous les minéraux cristallins, et par laquelle on les divise suivant des plans aussi lisses et aussi brillants que les surfaces naturelles. Cette propriété est une conséquence de la structure régulière des Minéraux qu'il faut considérer comme composés, dans certains sens, de rangées droites de molécules juxtaposées parallèlement et formant des lamelles ou couches planes superposées les unes sur les autres. C'est ainsi qu'on peut diviser facilement le mica, le gypse, le spath d'Islande, etc Certaines substances, notamment le mica, ne peuvent être nettement clivées que dans un sens; mais le calcaire, la galène et beaucoup d'autres Minéraux, ont plusieurs sens de clivage, d'où il résulte que les fragments détachés de la masse par la percussion sont de véritables polyèdres. La division de la galène, par exemple, donne toujours des fragments cubiques. Il en est de même des cristaux de carbonate de chaux. La *structure irrégulière*, due à diverses causes, se manifeste surtout dans les substances non cristallines ou mal cristallisées, c'est-à-dire composées d'une réunion confuse de molécules; le

plus souvent ce sont des agrégations de grains (*structure granulaire*), de lamelles (*structure lamellaire*), de fibres (*structure fibreuse*), de feuillets (*structure schisteuse*), etc. Certains Minéraux ont la propriété de se laisser traverser par les rayons lumineux; on les dit *transparents*, tels sont le cristal de roche, le gypse, etc. On les dit *translucides* lorsque, tout en livrant passage à la lumière, ils ne permettent point d'apercevoir les objets placés derrière eux; certaines agates sont dans ce cas. Enfin, ils sont opaques lorsque la lumière ne peut plus les pénétrer, comme les métaux. L'éclat et la couleur des Minéraux sont très variables; quelques-uns deviennent lumineux par le frottement, la chaleur ou l'électricité. Leur dureté varie depuis celle du talc, qui se laisse rayer par toutes les autres substances, jusqu'au diamant qui, au contraire, raye tous les corps. Les corps bruts diffèrent entre eux sous le rapport de la composition. — Ainsi, sur les soixante-treize corps *simples* dont l'analyse a jusqu'ici constaté l'existence, une douzaine au plus se trouvent à l'état libre ou natif, savoir : l'antimoine, l'argent, l'arsenic, le bismuth, le carbone, le cuivre, le fer, le mercure, l'or, le platine, le soufre et le tellure. Tous les autres corps sont *composés*, c'est-à-dire qu'ils résultent de combinaisons de corps simples, unis deux à deux, trois à trois, etc., et ces composés se nomment alors *binaires, tertiaires, quaternaires,* etc. Les composés binaires sont les plus nombreux; exemple : les acides et oxydes. Les mêmes substances, susceptibles de se combiner en diverses proportions, pourraient constituer des composés qui, se formant au hasard, varieraient à l'infini; mais il est loin d'en être ainsi; car les corps composés sont, au contraire, des combinaisons très limitées et en proportions définies. L'analyse seule suffit presque toujours pour établir clairement la différence que les corps présentent entre eux; cependant elle ne suffit point pour quelques Minéraux qui, bien que paraissant avoir une composition chimique parfaitement identique, n'en présentent pas moins des caractères physiques on ne peut plus différents. Dans ce cas, on supplée à l'analyse par les propriétés physiques qui permettent de différencier les corps en question par leur forme, par leur structure, par leur dureté, par leur pesanteur spécifique, etc.

Il existe un grand nombre de classifications; les unes prennent pour base la composition chimique, d'autres la forme; celles qui obtiennent les rapprochements les plus naturels apprécient la valeur de tous les caractères, en choisissant les plus importants, et s'en servent pour asseoir les grandes divisions. Puis des caractères d'une importance déjà moindre fournissent des subdivisions. — Dans la méthode de Beudant, les substances minérales sont réparties dans dix classes renfermant les familles suivantes : I. *Sidérides* (fer, aimant), *Manganides, Chromides, Aluminides* (corindon, cymophane); II. *Tantalides, Tungstides, Molybdides, Uranides;* III. *Ti-*

tanides, *Stannides* (étain oxydé); IV. *Bismuthides* (bismuth), *Antimonides* (antimoine), *Arsénides* (arsenic, arséniures), *Phosphorides* (phosphures, phosphates); V. *Tellurides* (tellure), *Sélénides* (séléniures), *Sulfurides* (soufre, sulfures, galène, cinabre); VI. *Chlorides* (chlore, chlorures), *Bromides* (bromures), *Iodides* (iodure), *Fluorides* (fluorine, topaze, micas); VII. *Hydrogénides* (hydrogène, eau), *Azotides* (azote, air, salpêtre), *Carbonides* (carbone, diamant, graphite, lignite, houille, asphalte, naphte, succin, calcaire, malachite, azurite); VIII. *Borides* (borax), *Silicides* (quartz, calcédoine, opale, argiles, émeraude, obsidienne, ponce, tourmaline, outremer, talc, amphibole, etc.); IX. *Zincides* (bi-oxyde de zinc), *Hydrargyrides* (mercure), *Argyrides* (argent), *Plumbides* (plomb, massicot, minium); X. *Cobaltides* (oxyde de cobalt), *Cuprides* (cuivre), *Aurides* (or), *Platinides* (platine), *Palladiides* (palladium). Dans les cours professés au Muséum d'histoire naturelle et à la Faculté des sciences par le savant minéralogiste Delafosse, la classification adoptée est basée sur les rapports de la composition chimique et de la forme cristalline. Elle peut se résumer dans le tableau suivant :

Classes.	ORDRES.	FORMULES sur lesquelles sont basés les genres.	ESPÈCES.
I. Combustibles non métalliques. Combustibles.	Charbons.	Carbone pur.	Diamant. Graphite.
II. Combustibles métalliques ou métaux.	Métaux natifs.		Arsenic, antimoine, bismuth, étain, mercure, or, plomb, fer, argent, cuivre, platine.
	Arséniures.	A 1 équivalent de métal et 1 équival. d'arsenic.	Nickeline rouge.
	Sulfures, etc.		
III. Minéraux non combustibles ou pierres.	Oxydes métalliques.	A 2 équivalents de métal et 3 d'oxygène.	Fer oligiste.
		A 3 équivalents de métal et 4 d'oxygène.	Fer aimant.
	Chlorures.	A 1 équivalent de métal et 1 de chlore.	Sel gemme.
	Aluminates. Silicicates alumineux.	RO R'O³ ou rR. 2 R'O³ , SiO³ ou R Si.	Spinelle. Staurotide.
	Silicicates non alumineux.	3 (MgO) SiO³ ou Mg³ Si.	Péridot.
	Borates.	3 MgO, 4 BoO³ ou Mg³ Bo⁴.	Boracite.
	Carbonates.	CaO CO³ ou CaC.	Calcaire.
	Sulfates. Phosphates. Azotates, etc.	CaO SO⁴ 2HO ou CoS 2 + H	Gypse.

Un très grand nombre de Minéraux se prêtent à des usages très multipliés, et sont fréquemment employés pour les besoins de la société; outre les

Métaux (voir ce mot), dont on connaît les importants usages, c'est au règne minéral que l'architecte emprunte presque tous ses matériaux, tels que les pierres calcaires, la meulière, la pierre à plâtre, les granits, les marbres, les albâtres, etc., qui lui servent à construire et à décorer les édifices. Le lapidaire emploie le diamant, la topaze et toutes les pierres précieuses pour la fabrication des objets de luxe et de parure. L'agriculteur amende ses terres avec certaines marnes, le plâtre, etc. Le lithographe utilise certaines variétés de calcaire compact à grains fins. Dans les arts du dessin et de la peinture, on se sert du graphite, de l'outremer, du blanc d'Espagne, des ocres, etc. Dans les arts chimiques, on emploie l'alun, le borax, le sel gemme, etc. Enfin, les Minéraux reçoivent dans les arts et dans les usages de la vie une multitude d'autres applications qu'il serait trop long d'énumérer ici, et qui trouveront leur place dans les articles spéciaux.

MINETTE. Nom vulgaire de la Luzerne lupuline.

MINIUM. (Voir Plomb.)

MINK. Nom vulgaire d'une espèce de Putois des régions septentrionales de l'Europe.

MIOCENE (du grec *meion*, milieu, et *eôs*, aurore). L'une des divisions des terrains tertiaires. (Voir Tertiaires [Terrains].)

MIRABELLE. Variété de Prune.

MIRABILIS. Synonyme de Nyctago. (Voir ce mot.)

MIROBOLAN. (Voir Myrobolan.)

MIRTIL. Nom d'une espèce d'Airelle. (Voir ce mot.)

MISPICKEL (nom allemand). Minerai de fer renfermant de l'arsenic (arsénio-sulfure de fer). Il est d'un blanc d'argent à éclat métallique, cristallise en prismes allongés et se trouve dans les mines d'étain et de cuivre.

MITE. On donne vulgairement ce nom à diverses espèces d'Acariens. (Voir ce mot.) Ainsi, la Mite à fromage est le *Tyroglyphus siro*; la Mite des oiseaux est le *Dermanyssus avium*; la Mite des coléoptères est le *Gamasus crassipes* (*G. coleoptratorum*); la Mite rouge ou *rouget* est le *Trombidium holosericeum*. — On donne aussi parfois le nom de *Mites* aux petits vers ou larves qui dévorent les fourrures, les étoffes, les livres, les collections d'histoire naturelle, etc.; ils appartiennent à divers ordres d'insectes; ce sont les dermestes, les anthrènes, les ptines, les teignes, etc., etc. (Voir ces mots.)

MITRALE (Valvule). On donne ce nom, d'après sa ressemblance grossière avec une mitre d'évêque, à la valvule attachée au pourtour de l'ouverture par laquelle l'oreillette gauche du cœur communique avec le ventricule gauche et qui a pour but d'empêcher le sang qui a passé dans le ventricule de revenir dans l'oreillette. (Voir Cœur et Circulation.)

MITRE (*Mitra*). Genre de mollusques Gastéropodes de l'ordre des Pectinibranches, famille des *Buccinides*, voisins des Volutes, dont ils se distinguent par leur forme turriculée, leur sommet pointu, leur ouverture petite et triangulaire, à bord columellaire mince et muni de plusieurs plis parallèles entre eux, qui diminuent de grandeur de haut en bas, bord droit tranchant et presque dentelé. Les animaux de ces coquilles sont d'une timidité et d'une lenteur extrêmes ; ils restent enfoncés dans la vase qui dérobe à la vue leurs brillantes couleurs, et se contentent d'envoyer seulement, hors de la coquille, leur longue trompe, pour explorer les environs. Les Mitres ne se rencontrent que dans les mers du Sud ; les espèces les plus remarquables sont : la **Mitre papale** ou *tiare* (*M. papalis*), longue de 12 centimètres, blanche, avec des rangées de taches rouges ; la **Mitre brûlée** (*M. ustulata*), à coquille fusiforme, d'un jaune brunâtre, avec des bandes et taches longitudinales d'un brun rougeâtre ; la **Mitre de Péron**, orangée, avec chaque tour de spire blanc.

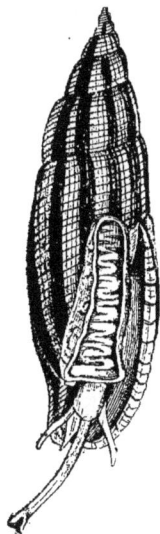

Mitre brûlée.
(*Mitra ustulata*).

MIXOMYCÈTES. (Voir Myxomycètes.)

MOA. Nom donné par les indigènes de la Nouvelle-Zélande à une espèce de grands oiseaux dépourvus d'ailes, dont les ossements ont été trouvés dans les plages sablonneuses, dans les marais, les bois, au fond des rivières, dans les cavernes. Ces ossements ont été reconnus appartenir à divers genres fossiles, les plus grands au genre du dinornis ou à celui du palaptéryx ; et ils se rencontrent mêlés aux restes d'un grand oiseau, l'aptornis, qui ressemblait à un cygne, et à ceux d'oiseaux plus petits, tels que l'apteryx et le notornis. On suppose qu'aucun Moa n'a été vu vivant depuis 1650 ; malgré les recherches qui ont été faites dans l'intérieur de l'île, malgré les récompenses qui ont été promises, il n'en a jamais été rencontré par des Européens. Cet oiseau, plus grand que l'autruche, fréquentait d'abord les plaines de la Nouvelle-Zé-

lande et ne se réfugia dans les forêts qu'à cause de la guerre incessante que lui avaient déclarée les naturels ; il était de mœurs inoffensives et se nourrissait de végétaux. (Voir l'article Dinornis, où nous l'avons figuré.)

MOCOCO. Espèce du genre *Maki*. (Voir Lémuriens.)

MODIOLE (*Modiolus*). Genre de mollusques bivalves Lamellibranches de la famille des *Mytilacées*, qui diffère du genre *Moule* par la position du sommet des valves, qui est au tiers de la charnière et non à son extrémité antérieure. La **Modiole lithophage** (*M. lithodomus*), qui abonde dans la Méditerranée, est comestible ; elle doit son nom à ce qu'elle perfore les roches calcaires les plus dures. On en connaît plusieurs d'Amérique, et un assez grand nombre d'espèces fossiles.

MOELLE. (Voir Os et Tige.)

MOELLE ÉPINIÈRE. (Voir Nerfs, Système nerveux.)

MOHA. Nom vulgaire d'une variété du *Panicum italicum* ou millet des oiseaux, dont quelques auteurs font une espèce particulière sous le nom de *Panicum germanicum*. (Voir Millet.)

MOINE. Nom vulgaire donné à divers animaux, notamment à une espèce de phoque et à un vautour.

MOINEAU (*Passer*). Section de la famille des *Fringillidés*, de l'ordre des Passereaux conirostres, renfermant les espèces à bec conique, plus ou moins gros à sa base, pointu au sommet, percé de narines arrondies, et en partie cachées sous les plumes du front. Cette division comprend, outre les Moineaux proprement dits, les Chardonnerets, les Linottes, les Serins, les Pinsons, les Veuves (voir ces mots), qui forment autant de sous-genres. Les Moineaux proprement dits sont des oiseaux à formes plutôt lourdes que sveltes : vivant en troupes quelquefois considérables, dans les contrées où se trouvent des graines à leur convenance ; quelques espèces d'Europe sont rares dans les bois et les campagnes et semblent chercher de préférence les grandes villes, où elles trouvent en tout temps une nourriture facile. Plus hardis que les autres oiseaux, dit Sonnini, ils ne craignent pas l'homme, l'environnent dans les villes, à la campagne, se détournant à peine pour le laisser passer sur les chemins. Sa présence ne les gêne point, ne les distrait point de la recherche de leur nourriture, ni des soins qu'ils don-

Moineau familier.

nent à leurs petits, ni de leurs combats, ni de leurs plaisirs ; ils ne sont assujettis en aucune manière, et, à vrai dire, ils ont plus d'insolence que de familiarité. D'autres espèces, au contraire, vivent loin de toute demeure et fuient les lieux habités avec autant de soin que les nôtres les recherchent. On a beaucoup discuté sur l'utilité ou la nocuité des Moineaux ; beaucoup d'auteurs sont d'avis que la plupart occasionnent de très grands dégâts par la consommation et l'on peut dire le gaspillage énorme qu'ils font des graines utiles à l'homme. Ces déprédateurs de nos moissons et de nos fruitiers, disent-ils, semblent détruire pour le plaisir de détruire, et le savant Bosc, dans son *Cours d'agriculture*, évalue à près de deux millions d'hectolitres par an la consommation de grains que font ces oiseaux en France. Mais les Moineaux ont aussi trouvé des défenseurs, et ceux-ci ont prétendu que ces oiseaux n'égrainaient les plantes que pour y chercher les insectes ; ils ont voulu prouver que la destruction qu'ils faisaient de ces insectes nuisibles était un service immense que ne pouvait balancer la perte de quelques grains. En faisant la part de l'exagération d'un côté comme de l'autre, il faut conclure que les Moineaux sont plus granivores qu'insectivores, et qu'ils occasionnent d'assez grands dégâts pour justifier les mesures de rigueur prises contre eux dans certaines contrées de l'Europe. Cependant, au printemps, ils nourrissent leurs petits d'insectes, de chenilles et surtout de hannetons dont ils font une grande consommation. Ils sont donc nuisibles ou utiles suivant les saisons et suivant les cultures. Ces oiseaux ne rachètent d'ailleurs leurs défauts par aucune qualité agréable. Leur plumage n'a rien qui flatte l'œil, leur chair n'est pas très bonne et leur voix est loin d'être mélodieuse, surtout lorsque réunis en troupe considérable, ils font entendre leurs piailleries étourdissantes. — Les Moineaux sont malheureusement très féconds ; ils font au moins deux pontes par an, souvent trois, de cinq à sept œufs chacune. Ils nichent indifféremment sous les toits, dans les trous des murs, dans les creux d'arbres, etc. — On connaît en Europe cinq espèces de Moineaux ; la plus répandue est le **Moineau familier** ou *pierrot* (P. domestica), bien connu de tout le monde. Il a le sommet de la tête et l'occiput d'un cendré bleuâtre, la gorge et le devant du cou d'un noir profond, les flancs cendrés, le reste du plumage brun, varié de noir et de gris ; on le rencontre depuis les provinces méridionales de la France jusque dans les régions du cercle Arctique. La femelle est toute grise et plus svelte. — Le **Moineau cisalpin** a la tête et le derrière du cou d'un marron pur, les joues blanches, le reste du plumage brun, nuancé de gris et de noir. Il habite les contrées méridionales de l'Europe, au-delà des Alpes. — Le **Moineau-friquet** (P. montana) ou *moineau des bois*, à tête rousse, avec un collier blanc et deux bandes de la même couleur sur les ailes, se rencontre dans toute l'Europe.

— Le **Moineau espagnol**, du midi de l'Europe, a le dos noir et le flanc marqué de longues flammes noires. — Le **Soulcie** (*P. petronia*), d'un brun cendré mêlé de blanchâtre, avec le devant du cou et les sourcils jaunes, habite le midi de l'Europe.

MOISISSURES. (Voir MUCÉDINÉES.)

MOLAIRES. (Voir DENTS.)

MOLASSE. Grès calcaire ou marneux rempli de cailloux roulés et de coquilles brisées, qui appartient à l'époque tertiaire (miocène). Il doit son nom à son peu de consistance. Il est commun en Suisse et en Autriche. On l'emploie comme moellon.

MOLE (*Orthagoriscus*). Genre de poissons TÉLÉOSTÉENS de l'ordre des PLECTOGNATHES, famille des *Molidés*, voisins des Diodons ; ils ont, comme eux, les mâchoires indivises ; mais leur corps, comprimé et sans épines, n'est pas susceptible de s'enfler, et leur queue est si courte et si haute verticalement, qu'ils ont l'air de poissons dont on aurait coupé la partie postérieure. Leur dorsale et leur anale, chacune haute et pointue, s'unissent à la caudale. On trouve dans nos mers le **Mole de la Méditerranée** (*O. mola*), nommé vulgairement *poisson-lune* à cause de la forme de son corps, qui atteint 1^m,50 et pèse plus de 100 kilogrammes. Son corps est d'une belle couleur argentée ; mais sa chair, grasse et visqueuse, a un goût et une odeur désagréables. Ce poisson n'a pas de vessie natatoire et on le voit souvent flotter à la surface comme s'il était mort. Il se nourrit d'herbes marines.

MOLÈNE (*Verbascum*). Plantes de la famille des *Scrofulariacées*, à tige droite, souvent de haute taille, garnie de feuilles alternes, simples, parfois décurrentes, le plus souvent cotonneuses ; à fleurs pentamères, à corolle rotacée ; le fruit qui leur succède est une capsule globuleuse, biloculaire. L'espèce type (*V. thapsus*), connue sous le nom vulgaire de *bouil-*

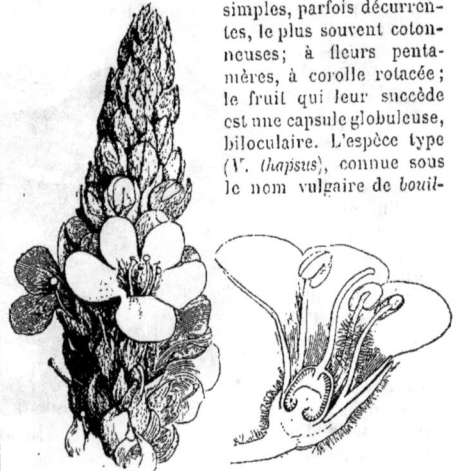

Sommet de la tige fleurie du Bouillon blanc.

Molène (fleur coupée verticalement).

lon blanc, bonhomme, herbe de Saint-Pierre, est une plante bisannuelle, à tige simple, droite, cotonneuse, haute de 6 à 10 décimètres ; les feuilles sont grandes, ovales, cotonneuses et blanchâtres ; les fleurs sont jaunes, grandes, disposées en longues grappes simples à l'extrémité supérieure de la tige ; le calice et la corolle à cinq divisions, cinq étamines ; la capsule est ovoïde, tomenteuse, à deux loges. Le Bouillon blanc croît dans les lieux incultes, sur le bord des chemins, aux environs de Paris. Il fleurit pendant tout l'été. Les fleurs de cette plante sont adoucissantes et pectorales ; on les donne en infusion dans les bronchites, les irritations de poitrine, les rhumes, les inflammations de gorge, en un mot, chaque fois qu'il faut des adoucissants ; on emploie ses feuilles pour faire des cataplasmes adoucissants. — La **Molène blattaire** (*V. blattaria*), connue sous le nom vulgaire d'*herbe aux mites*, parce qu'on lui attribue, bien à tort, la propriété de les éloigner, est commune sur le bord des chemins et la lisière des bois. Sa tige, haute de 6 à 10 décimètres, porte des feuilles glabres, vertes, crénelées ; ses fleurs, en grappe lâche très longue, sont jaunes, à pétales violets à la base. Une espèce très voisine (*V. blattarioïdes*), nommée *fausse blattaire*, est cotonneuse. On cultive dans les jardins la **Molène pyramidale** du Caucase, grande et robuste espèce dont les fleurs sont disposées en une panicule pyramidale qui a souvent 60 à 70 centimètres de longueur.

MOLLET. Saillie que forment à la partie supérieure de la région jambière postérieure les ventres charnus des deux muscles jumeaux.

MOLLUSCOÏDES. Sous-embranchement du type des Mollusques, renfermant les Tuniciers et les Bryozoaires, animaux qui, par leur organisation, établissent le passage des mollusques proprement dits aux zoophytes. Ils sont tous pourvus d'un tube digestif distinct contourné sur lui-même et d'un appareil branchial bien développé ; mais ils n'ont pas d'anneau ganglionnaire comme les mollusques et n'offrent que des vestiges d'un système nerveux. Presque tous se multiplient par des œufs ou par bourgeonnement et forment ainsi des agrégations d'individus plus ou moins confondus entre eux. Les deux classes que forment les Molluscoïdes sont faciles à caractériser :

Bouche entourée de tentacules .... BRYOZOAIRES.
Bouche non entourée de tentacules ..... TUNICIERS.

MOLLUSQUES (du latin *mollis*, mou) ou **MALACOZOAIRES** (du grec *malakos*, mou, et *zôon*, animal). Embranchement d'animaux invertébrés, à corps mou, inarticulé, dont le corps n'est pas formé de pièces distinctes et solides et manque de squelette et de membres articulés. Les muscles, destinés aux mouvements, s'attachent à la peau, qui est ordinairement très molle et très contractile, quelquefois nue, mais recouverte dans le plus grand nombre d'espèces, d'une substance calcaire ou pierreuse appelée *coquille*. Une masse nerveuse placée au-dessus du tube alimentaire remplit le rôle de cerveau, et communique avec d'autres ganglions par

des filets nerveux, qui se rendent aux diverses parties du corps. Les sens, chez les Mollusques, varient beaucoup de position et de nombre : ainsi la vue manque dans beaucoup d'espèces ; chez les céphalopodes seuls on a constaté les organes de l'ouïe, mais tous semblent posséder le tact à un point assez développé. La circulation est complète

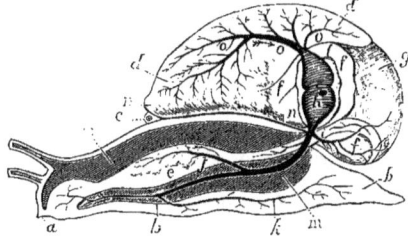

Anatomie d'un gastéropode.

a, bouche ; *b*, pied ; *c*, anus ; *d*, poumon ; *e*, estomac (recouvert par les glandes salivaires) ; *f*, intestin ; *g*, foie ; *h*, cœur ; *i*, artère aorte ; *j*, artère gastrique ; *k*, artère du pied ; *l*, artère hépatique ; *m*, cavité abdominale fonctionnant comme sinus veineux ; *n*, canal irrégulier communiquant avec cavité abdominale portant le sang au poumon ; *o*, vaisseau portant le sang artériel du poumon au cœur.

et se fait au moyen de deux ordres de vaisseaux ; ils ont aussi des organes spéciaux pour la respiration de l'air libre ou de celui qui est dissous dans l'eau, et présentent tous les phénomènes de la digestion, qui a lieu dans un tube à deux ouvertures séparées. Enfin, ces animaux, chez lesquels on remarque peu d'instinct, offrent des variations

Gastéropode, coquille univalve.

nombreuses dans la disposition des sexes, qui sont tantôt séparés, tantôt réunis sur les individus ovipares ou ovo-vivipares. — Les Mollusques, destinés à vivre les uns dans l'air atmosphérique, les autres dans l'eau douce ou salée, ne sont pas tous formés sur un même type ; ils sont, en effet, moins symétriques et moins uniformes que les vertébrés, et n'ont rien de constant, relativement à leur configuration ou à leur organisation interne, ni dans les ordres, ni dans les espèces. La peau de ces animaux est, comme nous l'avons déjà dit, molle et contractile ; elle offre, dans la plupart, un développement qui recouvre leur corps, et que l'on nomme le *manteau*. Ce développement varie beaucoup dans sa forme, ses dimensions, sa structure, sa solidité; tantôt il ressemble à un large bouclier recouvrant la surface dorsale de l'animal, tantôt ce sont deux lobes qui se réunissent en dessus pour laisser entre eux un vaste canal; d'autres fois on le voit affecter la forme d'un sac régulier ou irrégulier, s'étendre et se diviser comme des nageoires, et présenter quelques orifices pour différentes fonctions. Dans le plus grand nombre des espèces, il se forme, dans l'épaisseur du manteau ou à sa surface externe, des incrustations calcaires, qui s'y déposent par couches et s'accroissent en épaisseur et en étendue, à la manière des ongles, des poils ou des écailles, et qui deviennent un abri dans lequel l'animal peut se retirer. — Lorsque cette substance pierreuse n'existe pas ou qu'elle est seulement cachée dans l'intérieur du manteau, on dit que le mollusque est *nu*, tandis qu'il porte le nom de testacé ou à *coquille* lorsqu'elle est bien apparente; quoi qu'il en soit, elle est toujours le résultat d'une matière excrétée et déposée par couches, très variée dans sa composition, sa forme, sa couleur et sa texture. Les coquilles, en général, sont ornées de couleurs plus ou moins vives, de côtes, de stries, d'épines, et d'autres productions. Celles qui sont formées d'une seule pièce s'appellent *univalves;* les hélices ou limaçons et les planorbes, si abondants dans les champs et les étangs, donnent une idée exacte de cette conformation. On appelle *coquille bivalve* celle qui est formée de deux pièces, comme dans les huîtres et les moules, etc. Enfin, il en est qui sont composées de plusieurs parties et qui por-

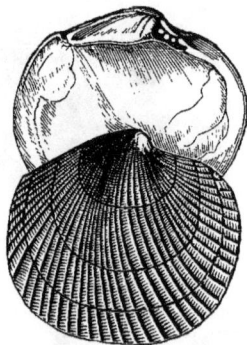

Lamellibranche à coquille bivalve.

tent le nom de *multivalves*. Ces incrustations calcaires sont recouvertes par un derme mince et quelquefois desséché, qui porte le nom de *drap marin*, parce qu'on y aperçoit comme dans un tissu des fibrilles feutrées. On ne trouve pas dans les Mollusques des mouvements rapides comme chez les animaux pourvus de membres articulés. N'ayant

pas de membres proprement dits, ils ne peuvent se mouvoir qu'en contractant leur corps en divers sens pour ramper et nager. Ces animaux ont aussi des muscles pour mouvoir les valves de leurs coquilles; quelques-uns sont munis en outre, comme les pois-

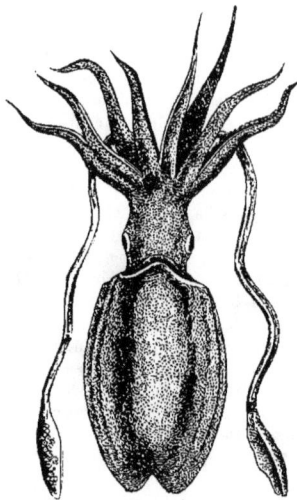

Céphalopode (Seiche).

sons, d'une vessie hydrostatique, qu'ils compriment ou relâchent à volonté pour diminuer ou augmenter leur pesanteur spécifique. Sous le rapport de l'habitation, on divise les Mollusques en *terrestres, fluviatiles* et *marins*. Dans son *Règne animal*, Cuvier répartit ces animaux dans six classes qu'il caractérise ainsi : 1º Mollusques dont le corps est en forme de sac ouvert par devant, et d'où sort une tête armée de tentacules : CÉPHALOPODES (les seiches, les nautiles, les poulpes); 2º Mollusques offrant une tête distincte, non entourée de tentacules, et des nageoires membraneuses sur les côtés du cou : PTÉROPODES (les clios, les cléodores); 3º Mollusques ayant une tête distincte, et pour organe principal du mouvement un pied charnu occupant la surface inférieure du corps : GASTÉROPODES (les limaces, les escargots, les volutes, les strombes, etc.); 4º Mollusques sans tête apparente, ayant quatre branchies distinctes du manteau, et généralement un pied charnu : ACÉPHALES (les huîtres, les moules, les vénus, les pholades, etc.); 5º Mollusques sans tête apparente, sans pied charnu, le plus souvent sans branchies distinctes, deux bras ciliés ou garnis de filaments leur en tenant lieu : BRACHIOPODES (les térébratules, les orbicules, Mollusques à coquilles bivalves); 6º les Mollusques sans tête, sans pied, sans bras, les organes du mouvement étant représentés par des filaments ou *cirres* disposés par paires le long du ventre, comme celles que l'on voit sous la queue de certains crustacés : CIRROPODES ou CIRRI-

PÈDES (les anatifes, balanes, etc.). Ces derniers forment aujourd'hui un ordre particulier de la classe des CRUSTACÉS.

Actuellement on divise les Mollusques en quatre classes, qui répondent aux quatre premières classes de Cuvier ; en voici le tableau :

Une tête distincte.	Portant au moins huit tentacules disposés en cercle; mollusques nageurs................	CÉPHALOPODES.	
	Portant rarement plus de deux paires de tentacules; un pied servant à ramper	GASTÉROPODES.	
	Portant deux expansions membraneuses servant à nager.....	PTÉROPODES.	
Point de tête distincte.	Branchies en forme de double lamelle............................	LAMELLIBRANCHES.	

MOLOCH. Espèce de singe du genre *Sagouin*. (Voir ce mot.)

MOLOSSE. Dogue de forte race. (Voir CHIEN.)

MOLY. Ce nom qui, dans l'*Odyssée* d'Homère, désigne une plante que Mercure donne à Ulysse pour le préserver des enchantements de Circé, a été appliqué par Linné à une espèce d'*Ail*. (Voir ce mot.)

MOMORDIQUE. Genre de plantes dicotylédones de la famille des *Cucurbitacées*, composé de plantes

Momordica elaterium.

herbacées à fleurs monoïques ou dioïques, polypétales, périgynes, pentamères, qui croissent dans les régions tropicales de l'Amérique et de l'Asie. Le *Momordica balsamina*, qu'il ne faut pas confondre avec la Balsamine des jardins, a des tiges menues, striées, grimpantes, munies de vrilles ; des feuilles palmées, lobées, à lobes bordés de grosses dents ; des fleurs solitaires petites, jaunes. Ses feuilles, âcres et amères, sont employées topiquement comme vulnéraires ; ses fruits vénéneux, de la grosseur d'une prune, appelés *pommes de merveille*,

à cause de leur belle couleur écarlate, entrent dans la composition d'un baume employé contre les hémorroïdes et les gerçures du sein. Elle croît dans l'Inde. — On emploie les feuilles du **Momordica charantia**, également de l'Inde, en décoctions réputées vermifuges. — Quant au **Momordica elate-**rium ou *concombre sauvage*, il appartient aujourd'hui au genre *Ecbalium*. (Voir ce mot.)

MOMOT (*Prionites*). Groupe d'oiseaux de l'ordre des PASSEREAUX, formant la troisième famille des *Syndactyles*. Ils représentent, au nouveau monde, les Rolliers et les Guêpiers de l'ancien : ils en ont la nature des plumes, la forme ramassée du corps, la brièveté des pattes, la presque uniformité de couleurs et la tête déprimée ; mais ils s'en distinguent par la longueur de leur bec crénelé sur ses bords, par le développement de leur queue et par le caractère particulier des rectrices médianes dont le rachis est nu et dépourvu de barbes dans une partie du milieu de leur longueur. Ils habitent les forêts, fréquentent aussi le bord des eaux dans les berges desquelles ils creusent leurs nids et y déposent des œufs blancs ; ils se nourrissent d'insectes, de petits rongeurs, de serpents et de fruits. L'espèce principale et la plus grande est le **Momot du Brésil** (*P. momotus*), à tête panachée de bleu céleste et de noir ; en dessus d'un olive éclatant tirant sur le vert, le dessous du corps lavé de ferrugineux ; les ailes bleu clair ; là queue verte variée de bleu changeant en violet ; sa longueur totale, y compris la queue, est de 44 à 46 centimètres. On en connaît plusieurs espèces, toutes de l'Amérique tropicale.

MONACANTHE (du grec *monos*, seule, et *akantha*, épine). Genre de poissons TÉLÉOSTÉENS (osseux) de l'ordre des PLECTOGNATHES, famille des *Scléodermes*, caractérisés par la grande épine dentelée qui représente leur première nageoire dorsale. Leurs écailles sont très petites, hérissées de rugosités très serrées. Ils ont, comme les Balistes, le corps comprimé, sont de taille moyenne et habitent les mers de la zone torride.

MONADE. *Monas* (du grec *monas*, unité). Genre de protozoaires du groupe des *Flagellates*, type de la famille des *Monadiens*. Ce sont des corps unicellulaires, nus, de forme arrondie ou oblongue, munis d'un seul filament flagelliforme. Ce sont les plus petits de tous les animaux connus ; quelques-uns ne dépassent pas un millième de millimètre. Ils vivent librement dans les eaux (*Monas termo, Monas vivipara*), ou en parasites dans les organes de divers animaux (*Monas caviæ, Monas anatis*).

MONADELPHE (du grec *monos*, seul, et *adelphos*, frère). Se dit des étamines, quand leurs filets sont soudés en un seul corps (les malvacées, l'oranger, etc.). Linné faisait de ce caractère la seizième classe de son système.

MONADIENS. Famille de protozoaires du groupe des FLAGELLATES, comprenant des êtres microscopiques, unicellulaires, dont le corps globuleux ou ovoïde est pourvu d'un ou de plusieurs filaments flagelliformes. Les *Monades* en ont un, les *Spiromonas* en ont deux, les *Trichomonas* en ont trois, les *Hexamita* en ont six. On range encore dans cette famille les *Astasia*, les *Euglena*, etc.

MONAUL. (Voir LOPHOPHORE.)

MONBIN. (Voir SPONDIAS.)

MONE. Nom vulgaire d'une espèce de *Guenon*.

MONÈRE, MONÉRIENS. Le naturaliste allemand Hæckel a donné le nom de *Monères* aux formes les plus simples sous lesquelles se manifeste la vie. Ce sont des grumeaux de matière protoplasmique, parfaitement limpides et dans lesquels les plus puissants microscopes ne peuvent faire découvrir aucune trace d'organisation. Cependant cette gelée est vivante ; on la voit à chaque instant changer de forme, émettant de grêles prolongements autour d'elle et s'emparant d'animalcules qu'elle dissout et incorpore dans sa propre substance ; elle grandit et se reproduit. Ces filaments grêles qui hérissent la surface de la Monère ne sont pas fixes ; c'est le grumeau de protoplasma qui lui-même s'étire à sa surface de manière à produire ces espèces de bras qu'on nomme *pseudopodes,* et qui lui servent tout à la fois à ramper, à saisir sa proie et même à la digérer. Ces pseudopodes rayonnent de toutes parts, s'allongent, se contractent, se ramifient, s'anastomosent de toutes les façons. La Monère grandit assez rapidement ; lorsqu'elle a atteint une certaine taille, elle s'allonge, s'étrangle dans son milieu et se partage en deux portions à peu près égales qui forment deux Monères ; celles-ci ne dépassent guère 1 millimètre de diamètre. Chez quelques Monères (*Protamibes*), les pseudopodes ne s'allongent pas en filets minces et grêles, mais sont courts, épais, arrondis au sommet et semblent plutôt des lobes que des appendices ; ils forment le groupe des *Lobomonères.* Ceux au contraire dont les pseudopodes sont grêles, minces, divisés à l'infini comme le chevelu des racines d'un arbre, forment le groupe des *Rhizomonères.* (Voir PROTOZOAIRES.)

MONGOLS. On donne plus particulièrement le nom de Mongols aux tribus qui vivent dans les déserts à l'ouest de la Chine. Comme c'est chez ces Mongols que s'accentuent au plus haut degré les caractères des *races jaunes,* le terme *mongolique* a été, dès longtemps, employé en anthropologie pour désigner tout l'ensemble du tronc jaune. Les Mongols proprement dits sont de taille moyenne, plutôt petits que grands ; leur teint de peau est blanc jaunâtre ; les cheveux, gros et raides, sont très noirs ; les yeux sont obliques et bridés ; le crâne est globuleux et la face est losangique, avec un nez petit et des pommettes fort saillantes. Mais il ne faudrait pas appliquer cette description à toutes les races

dites *mongoliques.* Les Chinois, par exemple, sont sous-dolichocéphales et leur face est haute et relativement étroite ; les Esquimaux, à tête très allongée, ont, par contre, la figure étonnamment massive ; les Malais ont les yeux horizontaux, etc., etc. Dans l'état actuel de nos connaissances, on classe les branches du tronc mongolique de la manière suivante : une première branche est la branche *mongole* propre-

Type mongolique (Siamois).

ment dite (Mongols, Kalmouks, Bouriates, etc.) ; les autres sont la branche *turque* (Turcomans, Yakoutes), la branche *indo-mongole* (Népauls, Bhôts, Siamois, Annamites, etc.), la branche *malaise* (Madurais, etc.), la branche *polynésienne* (Indonésiens, Maoris), enfin les branches *aléoute, toungouse, sinique* ou chinoise et *esquimale.* Au même tronc mongolique se rattachent d'une façon plus ou moins étroite les branches *américaines* distinguées en *paléo-américaine* (moundbuilders, cliff-dwellers, Olmèques, etc.), *athapaskane, algonquine, aztèque, péruvienne, guaranie,* etc.

MONGOUS. Espèce du genre *Maki.* (Voir LÉMURIENS.)

MONILIFORME (de *monile,* collier). On applique ce nom aux organes ou parties d'organes des végétaux ou des animaux composés de petites masses séparées par des étranglements, et placées à la suite les unes des autres comme les grains d'un chapelet ou d'un collier.

MONITOR ou **VARAN** (du latin *monitor,* avertisseur). Genre de reptiles de l'ordre des SAURIENS, type de la famille des *Varanidés.* Leur nom de *Monitor* ou de *sauvegarde* vient du sifflement d'effroi qu'ils font, dit-on, entendre à l'aspect du crocodile et qui avertit l'homme de l'approche de ce redoutable reptile. Les Monitors forment le passage des lézards aux crocodiles. Comme les premiers, ils ont une queue allongée, des pieds munis de cinq doigts libres, inégaux et onguiculés, une langue extensible et bifide; comme les seconds, ils se distinguent par leur grande taille et par leurs habitudes un peu aquatiques. Ils ont aussi la queue comprimée et manquent de dents au palais. Ces reptiles vivent au bord des fleuves, mais ne plongent que pour échapper à leurs ennemis. Les femelles creusent des trous dans le sable pour y déposer leurs œufs. Les Monitors proprement dits se reconnaissent aux petites écailles qui recouvrent tout le corps; on en connaît plusieurs espèces dans l'ancien et le nouveau continent. L'une des plus remarquables est le Monitor du Nil (Monitor niloticus) ou sauvegarde (ouaran des Arabes). Il est brun avec des piquetures plus pâles et plus foncées, formant divers compartiments parmi lesquels on remarque des rangées transverses de grandes taches ocellées, qui, sur la queue, deviennent des anneaux. Sa

Monitor du Nil.

queue, ronde à la base, est surmontée d'une carène sur presque toute sa longueur; il atteint 2 mètres. Les anciens Égyptiens lui décernaient un culte, peut-être parce qu'il détruit les œufs des crocodiles. — Une autre espèce, le Monitor terrestre, d'Égypte (Ouaren el hard des Arabes), a les dents tranchantes et pointues, la queue presque sans carène, et demeurant ronde beaucoup plus loin; ses habitudes sont plus terrestres; il est commun dans les déserts qui avoisinent l'Égypte. C'est le crocodile terrestre d'Hérodote.

MONNAIE DE GUINÉE. (Voir CAURIS.)

MONNAIE DU PAPE. Nom vulgaire de la Lunaire annuelle (Lunaria annua).

MONOCEROS (de monos, un seul, et kéras, corne). Synonyme de Narval et de Licorne.

MONOCHLAMIDÉES (du grec monos, un seul, et chlamus, manteau). Sous-embranchement de l'embranchement des DICOTYLÉDONES ou exogènes, dans la classification de de Candolle, comprenant les végétaux dont la fleur ne présente qu'une seule enveloppe florale.

MONOCLE (du grec monos, un seul, et du latin oculus, œil). (Voir CYCLOPE.)

MONOCOTYLÉDONES (de monos, seul, et cotulédón). Se dit d'une plante dont l'embryon présente un seul cotylédon. C'est un des trois grands embranchements de la classification botanique de Jussieu. (Voir BOTANIQUE.) Il comprend les Orchidées, les Liliacées, les Broméliacées, les Palmiers, les Aroïdées, les Graminées, les Alismacées, les Hydrocha-

ridées, les Potamées, etc. (Voir ces mots.) Les plantes monocotylédones se distinguent généralement par l'organisation intérieure de leur tige, par leurs feuilles à nervures droites et par leurs fleurs ordinairement construites sur le type trimère ou à trois divisions.

MONŒCIE (monos, seul, oïkia, demeure). Vingt et unième classe du système de Linné, comprenant tous les végétaux dont les fleurs sont unisexuées et portées sur un même individu; ces végétaux sont alors dits monoïques.

MONOGAME (du grec monos, seul, et gamos, mariage). Qui n'épouse qu'une seule femme; l'opposé de polygame. Se dit des animaux qui vivent avec une seule femelle, soit pendant toute leur existence, soit pendant une seule saison.

MONOGYNIE (monos, seul, guné, femme). Ce nom désigne les plantes dont la fleur n'a qu'un pistil ou organe femelle.

MONOÏQUE. (Voir MONŒCIE.)

MONOPÉTALE. Se dit des fleurs dont la corolle est composée d'une seule pièce. Synonyme de Gamopétale.

MONOSÉPALE. Se dit des fleurs dont le calice est composé d'une seule pièce. Synonyme de Gamosépale.

MONOSPERME (de monos, seul, et sperma, graine). On nomme ainsi le fruit, l'ovaire ou la loge qui ne renferment qu'une seule graine.

MONOSTOME (de monos, seul, et stoma, bouche). Genre de vers intestinaux de l'ordre des TRÉMATODES, groupe des DISTOMIENS, caractérisés par la présence d'une seule ventouse entourant la bouche; ils n'ont pas comme les Distomes de ventouse ventrale. Ce sont des vers de petites dimensions qui vivent la plupart dans les organes des oiseaux aquatiques: M. flavum, M. mutabile. A l'état de larve ou de cercaire, ils vivent d'abord dans les mollusques, d'où ils passent dans les oiseaux qui s'en nourrissent.

MONOTRÈMES (du grec monos, seul, et tréma, trou). Groupe singulier de mammifères que Geoffroy Saint-Hilaire considéra le premier comme devant former une classe intermédiaire entre les vivipares et les ovipares; on les place aujourd'hui dans les mammifères implacentaires, à côté des marsupiaux. Ils ont les formes extérieures des mammifères, leur circulation, leur respiration, leur diaphragme complet, leurs organes des sens, et l'ensemble de leur squelette; mais leurs organes de la génération et la conformation de leur épaule rappellent de très près ce qu'on observe chez les reptiles. Ils manquent de mamelles, au moins extérieures. Comme les reptiles, ils n'ont qu'une seule issue commune aux organes de la génération, au canal urinaire et à la terminaison postérieure du canal intestinal; l'orifice des voies génito-urinaires, au lieu d'aboutir directement au dehors, va se réunir avec la fin de l'intestin dans une poche ouverte à l'extérieur, et que l'on nomme *cloaque*, d'où leur nom de *monotrèmes.* Ce groupe renferme les échidnés et les ornithorhynques. (Voir ces mots.) Des observations récentes ont montré que ces mammifères pondent de gros œufs dont le développement a été observé par Caldwell. Ce sont des raisons purement philosophiques qui avaient conduit les anciens auteurs à les rapprocher des oiseaux plutôt que des reptiles, opinion qui rappelle le nom d'*ornithodelphes* que leur donnait de Blainville.

MONOTROPE(du grec *monotropos*, uniforme). Genre de plantes dicotylédones, type de la famille des *Monotropées,* offrant une organisation très singulière, et dont l'aspect rappelle celui des Orobanches. Ce sont des herbes vivaces, à tiges charnues, jaunâtres, qui portent au lieu de feuilles des écailles alternes. Leurs fleurs, terminales ou latérales, sont hermaphrodites, à quatre ou cinq sépales, quatre-cinq pétales, huit-dix étamines hypogynes, ovaire libre à quatre ou cinq loges multiovulées, fruit capsulaire à graines nombreuses. Le type du genre, **Monotropa hypopitys**, vulgairement *suce-pin*, est long de 15 à 30 centimètres; il est assez commun dans nos forêts, où, suivant divers auteurs, il vivrait en parasite sur les racines des pins et des sapins, d'où son nom vulgaire; mais cette opinion n'est pas justifiée par les faits.

MONSTRE, MONSTRUOSITÉ. On donne le nom de *Monstre*, parmi les êtres organisés, à tout individu qui vient au monde avec une défectuosité quelconque dans une ou plusieurs parties de son corps. Pendant longtemps, les monstruosités furent regardées comme des jeux, des écarts de la nature, et l'on admit comme possibles les réunions d'organes les plus extraordinaires, donnant naissance à ces êtres bizarres, dont les anciens nous ont transmis les descriptions sous les noms de *chimères, sphinx, griffons, centaures, harpies,* etc. Une des opinions les plus généralement accréditées, encore aujourd'hui, est celle qui attribue les Monstruosités à l'influence exercée sur le fœtus par l'imagination de la mère, soit que celle-ci ait eu une *envie* qu'elle n'ait pu contenter, soit qu'elle ait été vivement impressionnée par un objet extérieur. Cette croyance ne supporte pas un examen sérieux, et c'est dans l'acte même de la reproduction du nouvel être qu'on doit chercher la cause des Monstruosités dont il peut être frappé. Une des grandes lois de la nature, c'est que toutes les organisations sont liées entre elles par des transitions insensibles et que les plus élevées dans chaque série semblent n'être que des modifications d'un seul et même type fondamental. On ne doit donc pas être étonné si ce qui est anomalie ou Monstruosité dans une espèce constitue l'état normal dans une autre. Cette grande loi coïncide avec un autre principe non moins incontestable, savoir que le fœtus humain s'organise peu à peu, et qu'il suit, dans son développement, une progression dont tous les degrés sont en rapport avec quelque forme animale. Les lois ordinaires du monde organisé ne sont pas enfreintes ou suspendues, mais troublées seulement dans leur exécution et il en résulte une conformation inusitée, une anomalie. C'est d'après ces considérations réunies que les physiologistes modernes ont érigé en axiome que les Monstruosités sont les résultats d'un retardement, ou pour mieux dire, d'un arrêt, d'une suspension de développement. Il suit de cette théorie que si avant l'entier développement du fœtus une cause quelconque vient s'opposer au perfectionnement de ses organes, si, par exemple, une artère d'un calibre trop étroit fournit d'insuffisants matériaux de nutrition, l'organe privé de nourriture restera peu avancé en organisation, ne subira point les transformations ordinaires, et conservera une analogie parfaite avec le même organe envisagé à l'état normal chez un être d'une classe inférieure dans l'échelle animale, tandis qu'un ou plusieurs autres organes, héritiers des matériaux nutritifs qu'il aurait dû recevoir, prendront un accroissement insolite. Considérés sous ce point de vue, les Monstres n'ont plus rien de vague et d'indéterminé; le désordre de leur construction n'est qu'apparent. Une Monstruosité quelconque est donc, comme nous l'avons dit, un désordre organique apporté en naissant. Mais jamais la confusion n'arrive au point qu'elle n'ait plus de limites, et qu'on ne voie pas encore un certain ordre percer à travers le désordre. Jamais le type monstrueux ne s'écarte assez du type régulier pour faire sortir entièrement l'individu de la série des êtres naturels à laquelle il appartient; jamais non plus un organe n'éprouve d'altérations assez fortes pour devenir totalement méconnaissable. Les irrégularités n'atteignent guère que les formes, et, quoique extrêmes souvent, elles ne vont jamais jusqu'à changer et intervertir les relations mutuelles des parties. Quant aux *Diplogénèses,* ou Monstres doubles, ils proviennent le plus souvent de deux fœtus jumeaux soudés l'un à l'autre par des adhérences vicieuses. — L'œuf en général ne contient qu'une seule vésicule germinative ou l'élément d'un seul être, mais il arrive quelquefois qu'il en contient deux, et même un plus grand nombre; ces vésicules, malgré leur présence simultanée sur un si petit espace, peuvent se développer indépendamment et donner naissance à des êtres réguliers; mais elles peuvent aussi se pénétrer, se souder, confondre leurs vies et leurs développements. C'est à de semblables phénomènes qu'il faut attribuer les quadrupèdes à six pattes, les oiseaux à trois ou quatre pattes, les animaux à deux têtes, etc. (Voir REPRODUCTION.)

MONTAGNES. On donne le nom de *Montagne* à une élévation un peu considérable de la surface terrestre, et celui de *collines* à de petites Montagnes.

Une réunion de Montagnes qui s'étend en longueur prend le nom de *chaîne*. Plusieurs groupes de Montagnes liés entre eux forment un *système*. La crête ou le faîte est l'ensemble des sommets de toute la chaîne; c'est la crête qui détermine la ligne de partage des eaux descendant des deux côtés de la chaîne. Les flancs d'une chaîne se nomment *versants*. Les Montagnes, en se réunissant, laissent entre elles des dépressions plus ou moins considérables que l'on appelle *vallées*. (Voir ce mot.) Les Montagnes les plus élevées, telles que le mont Blanc (4 810 mètres), le Chimborazo (6 534 mètres), et le Gaurisankar, point culminant de l'Himalaya (8 840 mètres), bien qu'elles nous paraissent colossales, perdent tout leur prestige lorsqu'on les compare aux dimensions de la terre. Les rugosités qui couvrent la peau d'une orange sont beaucoup plus considérables, toute proportion gardée, que les aspérités de la surface du globe, et pour représenter le Gaurisankar sur une sphère de 2 mètres de diamètre, il suffirait d'un grain de sable d'un millimètre de relief.

Les continents sont loin d'avoir toujours été ce qu'ils sont aujourd'hui; leur configuration et leur étendue ont très souvent changé. Telle partie qui se trouve aujourd'hui sous les eaux était jadis émergée et réciproquement. On voit d'ailleurs le même phénomène se produire lentement de nos jours; des observations rigoureuses prouvent que le nord de l'Europe, par exemple, se soulève peu à peu à raison d'environ 75 centimètres par siècle, et l'on a reconnu que le sol s'abaissait sur d'autres points du globe.

Beaucoup de géologues se sont occupés de la formation des Montagnes. Les uns ont pensé qu'elles

1. Couches plissées du Jura.

étaient dues au retrait que le globe terrestre a dû prendre par le refroidissement, et que son enveloppe, devenue trop grande pour les parties qu'elle renfermait, a dû s'affaisser en se ridant et se plissant, à peu près comme le fait la peau d'une pomme dont la pulpe intérieure, en se desséchant, diminue de volume. Les plis et les rides auraient formé les plaines et les vallées, tandis que les saillies représenteraient les Montagnes. D'autres ont attribué la formation des Montagnes à des soulèvements; suivant eux, elles seraient sorties du sein de la terre en perçant violemment sa croûte.

Il est probable que toutes les montagnes n'ont pas été produites par la même cause; quelques-unes

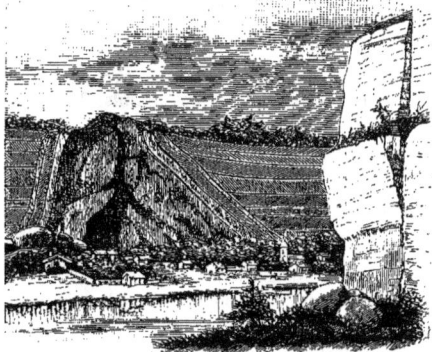

2. Massif de soulèvement avec couches relevées et couches horizontales.

peuvent être dues à des affaissements; mais il est certain que d'autres ont été produites par des soulèvements brusques ou lents, par des fractures; telles sont celles dont les sommets les plus élevés sont formés par des roches primitives, et ce sont les plus nombreuses et les plus importantes. En effet, du degré d'épaisseur et de solidité que présente l'écorce solidifiée, dépendent la fréquence et la valeur des dislocations du sol. Mince et flexible, l'écorce terrestre doit, au moindre retrait de la masse fluide, se rider en plis onduleux de médiocre hauteur; plus épaisse et plus rigide, elle doit résister plus longtemps aux déformations; mais aussi, quand arrive le défaut d'équilibre, au lieu de se plisser, elle doit se fragmenter violemment et dresser suivant les lignes de rupture les flancs escarpés de ses couches brisées. Les rugosités de la terre sont donc d'autant plus accentuées qu'elles sont plus récentes; et, en effet, l'observation apprend qu'aux premiers âges de notre globe correspondent les croupes arrondies de quelques collines de peu d'élévation; tandis qu'aux âges plus rapprochés de nous se sont dressées les chaînes énormes des Andes et de l'Himalaya. On admet généralement la théorie du soulèvement et on l'attribue à l'influence qu'exercent les matières fluides internes du globe sur son enveloppe extérieure dans les différents stades de son refroidissement. C'est ainsi qu'ont dû se former ces éminences considérables qui constituent nos grandes chaînes de Montagnes. La théorie du soulèvement explique beaucoup de faits jusqu'alors inexplicables; elle fait comprendre par exemple la présence des coquillages au sommet des plus hautes montagnes, sans qu'il soit besoin de supposer que la mer les ait recouvertes dans leur état actuel. Il suffit, en effet, que ces montagnes, en sortant du sein des eaux, aient soulevé avec elles et porté à 3 ou 4 000 mètres de hauteur les terrains déposés par la mer dont les points d'émersion se trouvaient recouverts.

Considérées au point de vue géologique, les Montagnes sont en général formées par des masses de roches d'origine ignée, qui se montrent à nu vers les hauts sommets, et sont recouvertes vers la base par des couches sédimentaires se prolongeant sur le bas pays environnant. Les granits, les gneiss, les micaschistes et les schistes sont les roches qui constituent principalement les sommets. A mesure que l'on redescend on rencontre les tranches transversales de diverses couches sédimentaires qui montent et viennent mourir sur la base de la montagne; puis enfin les couches sédimentaires propres à la surface de la vallée qui s'étend au-dessous de la montagne. (Voir la deuxième figure.)

On a recherché si toutes les grandes chaînes de Montagnes avaient surgi à la même époque, et l'on a reconnu que non seulement leur formation appartenait à des époques distinctes et souvent fort éloignées l'une de l'autre, mais que leur direction semblait obéir à des lois mathématiques. C'est à M. Élie de Beaumont que l'on doit cette grande découverte. La formation des chaînes de Montagnes par voie de soulèvement explique les révolutions de la surface du globe, dont les traces sont si visibles, et les lignes de démarcation que l'on observe dans la succession des terrains. Celles-ci sont, en effet, le résultat des changements opérés dans les limites et le régime des mers par les soulèvements successifs des Montagnes. Le long de presque toutes les chaînes, on voit les couches les plus récentes s'étendre horizontalement jusque sur le pied des Montagnes, comme elles doivent le faire, si elles ont été déposées dans des mers ou des lacs dont ces Montagnes ont en partie formé les rivages. D'autres roches, au contraire, se redressant et se contournant plus ou moins sur le flanc des montagnes, s'élèvent parfois jusqu'à leurs crêtes. Il est évident que l'âge de l'apparition de la chaîne est intermédiaire entre la période du dépôt de ces roches qui sont redressées et celles du dépôt des couches qui s'étendent horizontalement au pied de ces pentes. Les nombreuses dislocations que l'écorce terrestre a subies, dislocations d'où sont résultées les chaînes de Montagnes, se sont produites à diverses époques, dont il est possible de déterminer l'âge relatif ou l'ordre chronologique, ainsi que nous venons de l'établir. D'autre part, chacune de ces dislocations n'a pas eu pour résultat une ligne unique de plissement, ou de rupture, mais bien un certain nombre, parallèles entre elles et réparties sur une bande plus ou moins étendue de terrain. De là sont provenus, suivant des alignements parallèles, des bourrelets continus ou morcelés, tantôt d'une grande

élévation, tantôt formant un médiocre pli, tantôt même cachés sous les dépôts postérieurs des mers. Tous ces bourrelets ou chaînes de Montagnes à direction parallèle sont contemporains entre eux; leurs flancs présentent la même succession de couches sédimentaires soulevées, preuve que leurs apparitions, comme relief du sol, sont de même date. Chacun de ces groupes montagneux, de même âge et de direction parallèle, se nomme *système de soulèvement*. On le désigne par le nom de la chaîne principale qui en fait partie. (Voir SOULÈVEMENTS.)

MOQUEUR (*Orphæus*). Genre d'oiseaux de la famille des *Merles* ou *Turdidés*, tribu des PASSEREAUX ORDINAIRES, se distinguant des Merles proprement dits par un bec plus grêle et plus convexe et par une queue plus longue. On en compte plusieurs espèces exclusivement américaines. Ils nichent dans les bois et les halliers, mais sont très familiers et recherchent le voisinage de l'homme ou de son habitation, chassant partout aux insectes. Quoique peu soucieux de l'emplacement de leur nid et du choix de ses matériaux, ils l'établissent en général au milieu des grands buissons, à 1 ou 2 mètres du sol; ce nid est grossièrement composé en dehors de branches épineuses et surmonté parfois d'un dôme de longues épines; l'intérieur, assez soigné, est entièrement garni de racines fines et fibreuses; les œufs, au nombre de quatre ou six, sont d'un vert clair pointillé de taches couleur de terre d'ombre, et ayant la plus grande ressemblance avec ceux des vrais merles. Le nom de Moqueur (*Mimus*) leur a été donné de leur talent d'imitation des cris et du chant des autres oiseaux, au point de tromper les chasseurs, d'où le nom de Polyglotte (*Polyglottus*) que porte une espèce; celui d'Orphée (*Orphæus*) vient de leur chant naturel, qui est d'une douceur et d'une puissance sans égales et a fait leur réputation, et cette faculté, ils la conservent dans toutes les saisons; aussi les Américains ne se bornent pas à le comparer à notre rossignol, ils l'exaltent bien au-dessus. « L'Européen, dit Audubon, qui entend cette voix vigoureuse et passionnée à travers le feuillage du magnolia de la Louisiane, la compare avec l'hymne nocturne du rossignol et ressent un certain mépris pour ce qu'il admirait autrefois. » C'est aussi pour la nuit qu'il réserve ses plus doux accords; mais ce n'est pas en soupirs longs et mélancoliques qu'il les exprime, c'est en attaquant franchement la note. Cette qualité dominante donne à l'oiseau en volière une haute valeur commerciale; on paye jusqu'à 60 et 100 dollars (300 à 500 francs) un bon chanteur. Les Moqueurs nichent et se reproduisent en domesticité en Europe. Nous nous bornerons à citer le **Moqueur** proprement dit ou *vulgaire* (O. *vulgaris*); en dessus d'un gris brun plus ou moins foncé sur les ailes et la queue, avec miroir blanc sur les premières, une bordure blanche aux secondes, et un long sourcil blanc; bec et pieds noirâtres. Sa taille est de 22 à 23 centimètres.

MORAINES. (Voir GLACIER.)

MORCHELLA. Nom latin du genre *Morille*.

MORÉE (*Morœa*). Genre de plantes monocotylédones de la famille des *Iridacées*. Elles se rapprochent beaucoup des Iris par la forme et la beauté de leurs fleurs, et les jardiniers les confondent souvent. C'est ainsi que la **Morée à grandes fleurs** (*M. virgata*) est pour eux l'*iris plumeuse*, et la **Morée de la Chine** (*M. sinensis*) l'*iris tigrée*. Ce sont des plantes herbacées, à rhizome rampant ou bulbeux; à feuilles ensiformes; à spathes allongées, un peu imbriquées. Leurs fleurs diffèrent de celles des iris, en ce que leur tube est plus court et leurs trois étamines insérées à la base du périanthe. La plupart des espèces viennent du Cap. Outre les deux signalées plus haut, on cultive la **Morée fausse iris** (*M. iridioïdes*), dont les fleurs blanches, mélangées de jaune et de bleu, s'épanouissent en juin. La souche charnue de la Morée de la Chine est préconisée comme un antidote de la morsure des serpents venimeux.

MORÉES (de *morus*, mûrier). Tribu de la famille des Ulmacées (voir ce mot), dont le type est le genre *Mûrier* (*Morus*).

MORELLE (*Solanum*). Genre de plantes de la famille des *Solanacées*, renfermant un grand nombre d'espèces, dont plusieurs figurent parmi les plantes les plus utiles à l'homme. Au premier rang nous citerons la **Morelle tubéreuse** (*S. tuberosum*) ou *pomme de terre*, à laquelle nous avons consacré un article particulier. — La **Morelle mélongène** (*S. melongena*), vulgairement connue sous le nom d'*aubergine*, est une herbe annuelle, plus ou moins cotonneuse, à tige haute de 30 à 40 centimètres, rameuse, armée çà et là de petits aiguillons jaunâtres ou blanchâtres. Les feuilles sont ovales pointues, sinueuses, à pétiole et à côte garnis en dessous d'aiguillons. Les fleurs sont violettes ou blanchâtres, pédonculées, solitaires vis-à-vis les feuilles. Le fruit, qui est la partie comestible de la plante, atteint le volume d'un œuf d'oie ou d'une orange; il est de forme tantôt sphérique, tantôt ovale, luisant à la surface, charnu en dedans, ordinairement violet. Ce fruit est un mets très recherché par les habitants de l'Europe méridionale; on le mange soit frit ou grillé, soit apprêté de diverses autres manières. On cultive comme plante d'agrément, sous les noms vulgaires de *plante aux œufs* ou *poule pondeuse*, une variété de la mélongène, à fruits

Aubergine
(*Solanum melongena*).

d'un beau blanc et semblables à des œufs de poule; mais ces fruits ne sont pas mangeables; on prétend même qu'ils ont des propriétés vénéneuses. — La **Tomate** (*S. lycopersicum*) ou *pomme d'amour* était comprise autrefois dans le genre Morelle; on en a fait un genre à part. — La **Morelle douce-amère** (*S. dulcamara*), commune dans presque toute l'Europe, croît dans les haies, les buissons et au bord des bois; on la trouve en fleurs depuis le mois de mai jusqu'en automne. Sa tige, courte et ligneuse, se divise en nombreux sarments, longs de 5 à 6 pieds au plus, et trop faibles pour se soutenir sans l'appui d'un corps étran-

Morelle noire.

ger. Les feuilles sont tantôt ovales et indivisées, tantôt diversement lobées. Les fleurs, de couleur violette et de grandeur médiocre, naissent en cimes latérales ou opposées aux feuilles; il leur succède des baies ovoïdes, d'un rouge écarlate et du volume d'une petite fraise. Les jeunes pousses et les feuilles de la plante ont une saveur d'abord douceâtre, puis amère, et c'est à cette circonstance qu'est dû son nom. L'odeur de ces parties est peu agréable, mais elle se perd par la dessiccation ou par l'ébullition; dans plusieurs contrées d'Europe, on les mange cuites, en guise d'herbe potagère. Peu de végétaux ont été autant préconisés dans l'ancienne thérapeutique que la douce-amère; de nos jours encore, elle est très usitée contre les maladies cutanées, et beaucoup de médecins la regardent comme un excellent remède diurétique et antiscorbutique. On la cultive dans les jardins où l'on en obtient des variétés à feuilles panachées et à fleurs blanches. — La **Morelle noire** (*S. nigrum*), vulgairement *mourelle* ou *crève-chien*, est une plante herbacée, très répandue dans les lieux cultivés, le long des haies, etc. Sa tige, haute de 2 à 4 décimètres, est rameuse, garnie de feuilles ovales, dentées, pétiolées; ses fleurs petites, blanches, en cime, donnent naissance à de petites baies, noires à leur maturité. Cette plante répand une odeur de musc assez prononcée. Dans certaines contrées on mange ses feuilles en guise d'épinards ; ces feuilles, crues, renferment un principe vénéneux qu'elles perdent par la cuisson. — La Morelle noire est employée en médecine : la plante fraîche, écrasée, sert à faire des cataplasmes ; ses fruits sont employés comme narcotique léger. Elle entre dans la composition du baume tranquille. — La **Morelle faux quinquina** (*S. pseudoquina*) est un arbuste à feuilles oblongues lancéolées, étroites aiguës, à face inférieure munie de faisceaux de poils ; ses fruits, réunis en grappes, sont de la forme et de la grosseur des merises. Son écorce renferme un principe amer et fébrifuge qui la fait employer avec succès au Brésil à la place du quinquina. — On cultive dans les jardins comme plantes d'ornement : la **Morelle recourbée** du Pérou, à bouquets de fleurs d'un bleu clair ; la **Morelle atrosanguine**, haute de 1 mètre, très épineuse, d'un rouge noir, à grappes de petites fleurs jaunes.

MORÈNE. Nom vulgaire de l'*Hydrocharis morsus ranæ*. (Voir HYDROCHARIS.)

MORGELINE. Nom vulgaire de l'*Alsine media* ou Mouron des oiseaux. (Voir ALSINE.)

MORILLE (*Morchella*). Genre de champignons comestibles de la division des *Thécasporées*, tribu des *Mitrés*, caractérisés par leur chapeau ovale ou conique, stipité, non percé au sommet, à surface relevée de nervures réti-

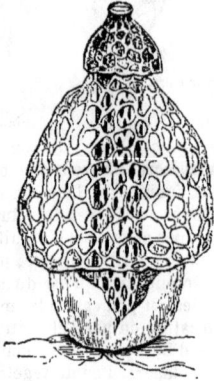

Morille à réseau.

culées, entre lesquelles se trouvent les alvéoles sèches contenant les sporules ; le stipe est épais, creux. Les Morilles sont des champignons terrestres, inodores et d'une saveur agréable ; elles naissent au printemps, dans les bois et les pâturages, principalement sous les ormes, les chênes, les frênes et les châtaigniers. L'espèce la plus répandue en France est la **Morille commune** (*M. esculenta*). Son chapeau est ovale ou presque arrondi, blanchâtre, jaunâtre, ou noirâtre, ordinairement du volume d'un œuf de poule. Ce champignon, fort estimé des gourmets, se plaît dans les terrains calcaires. — Dans une espèce étrangère, la **Morille à réseau** (*M. reticulata*), le chapeau est percé à jour comme une dentelle.

MORILLON. Nom vulgaire d'une espèce de Canard, l'*Anas fuligula*.

MORINDA (abrégé du latin *Morus indica*, mûrier d'Inde). Genre de plantes dicotylédones, monopé-

tales, périgynes, pentamères, de la famille des *Rubiacées*. Ce sont des arbres propres aux régions tropicales de l'Asie et de l'Amérique, à feuilles opposées, entières, stipulées, à fleurs réunies en capitule globuleux ; le fruit est un drupe anguleux à deux ou quatre noyaux. — Le **Morinda citrifolia** croît aux Indes orientales, où ses fruits sont employés contre la dysenterie et l'asthme. — Le **Morinda umbellata** paraît jouir des mêmes propriétés ; on tire, en outre, de ses racines, un suc avec lequel les habitants des Moluques teignent les étoffes en jaune safran. — Le **Morinda roioc** donne par infusion une liqueur noire analogue à l'encre.

MORINGA (nom malabar). Genre de plantes dicotylédones, polypétales, périgynes, de la famille des *Capparidacées*. Ce sont des arbres de l'Asie tropicale, à feuilles deux ou trois fois pennées avec impaire ; à fleurs disposées en grappes paniculées ; le fruit est une capsule en forme de silique uniloculaire à trois valves, à graines ovales, trigones. Le type du genre, le **Moringa ben**, fournit une huile douce, sans odeur, et qui ne rancit pas en vieillissant, ce qui la fait rechercher des parfumeurs pour la composition de leurs essences ; les horlogers l'emploient également.

MORIO. Nom vulgaire d'un papillon du genre *Vanesse*.

MORMON. Espèce de singe du genre *Cynocéphale*.

MORMYRE (du grec *mormos*, hideux, et *oura*, queue). Genre de poissons de l'ordre des PHYSOSTOMES ou MALACOPTÈRES ABDOMINAUX, famille des *Ésocidés*. Ils ont le corps comprimé, oblong, écailleux ; leur tête est couverte d'une peau nue et épaisse qui

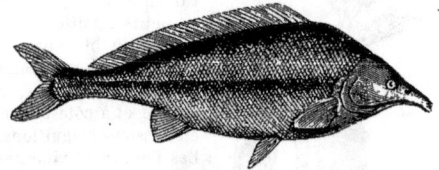

Mormyre oxyrhynque.

enveloppe les opercules et les rayons des ouïes, et ne laisse pour ouverture qu'une fente verticale ; leur bouche est très petite. Ces poissons, dont on distingue plusieurs espèces, vivent toutes dans le Nil. La plus répandue est le **Mormyre oxyrhynque**, qui alimente en abondance le marché du Caire. Il a 30 à 35 centimètres de long, est bleu foncé sur le dos, plus pâle sous le ventre avec la tête rouge. Sa chair est très estimée, et on le trouve abondamment sur les marchés du Caire.

MORPHO (du grec *morpha*, beauté). Genre de papillons diurnes de la famille des *Nymphalidés*, tous des régions chaudes de l'Amérique, et remarquables par leur grande taille et par l'éclat de leurs couleurs ; tels sont : le **Morpho menelas**, d'un bleu pâle très brillant avec quelques points blancs ; le **Morpho adonis**, d'un beau bleu d'azur, avec le bord externe noir ; le **Morpho elenor** ; qui font l'ornement des collections.

MORPION. Nom vulgaire du Pou du pubis. (Voir Pou.)

MORRÈNE. Nom vulgaire du genre *Hydrocharis*.

MORS DU DIABLE. Nom vulgaire de la Scabieuse succise.

MORSE (*Trichecus*). Mammifère de l'ordre des Pinnipèdes ou Amphibies, type de la famille des *Trichécidés*, qui, semblable au phoque par la forme générale de son corps et par ses membres, en diffère notablement par la tête et par les dents. Sa mâchoire supérieure forme un gros mufle renflé, et porte deux canines, dirigées en bas, atteignant souvent de 6 à 7 décimètres de long. Sa mâchoire inférieure, comprimée pour se loger entre ces deux défenses, manque d'incisives et de canines. Les molaires, au nombre de huit à chaque mâchoire, ont la forme de cylindres courts et tronqués. Du reste, comme chez les phoques, le corps, gros antérieurement, diminue insensiblement jusqu'à la queue, où il se termine par deux pattes larges, minces et dirigées en arrière, de manière à simuler une queue ; les membres antérieurs sont si courts et

Morse.

tellement enveloppés dans la peau, que, sur la terre, ils ne peuvent leur servir qu'à ramper ; mais ce sont d'excellentes nageoires ; aussi ces animaux passent-ils la plus grande partie de leur vie dans la mer, et ne viennent-ils à terre que pour dormir au soleil et allaiter leurs petits. — Il paraît n'y avoir qu'une espèce de Morse (*T. rosmarus*), désignée vulgairement sous les noms de *vache marine*, *cheval marin*, *éléphant de mer*. Elle atteint 4 à 5 mètres de longueur et surpasse en grosseur un taureau. Son poil est ras, jaunâtre ou roussâtre. Elle se nourrit de plantes marines, de crustacés, de coquillages. Les Morses, comme les phoques, se réunissent en troupes et se prêtent un mutuel secours quand ils sont attaqués. Ils habitent les côtes du Spitzberg et des autres contrées glaciales. On les chasse pour l'ivoire de leurs défenses, pour leur peau et pour leur huile, dont un seul individu fournit souvent jusqu'à une demi-tonne ; mais cette espèce devient de plus en plus rare. On les pêche au harpon, comme la baleine, et cette pêche n'est pas sans danger, car s'ils

sont en grand nombre, ils ne fuient pas, mais entourent les chaloupes et cherchent à les submerger en les frappant de leurs défenses. D'une capture difficile en pleine mer, où la rapidité de leurs mouvements leur donne de grands avantages, et où ils se défendent avec fureur quand ils sont blessés, ces animaux se laissent surprendre plus aisément à terre ; mais, devenus défiants par la chasse active qu'on leur fait, ils ne s'éloignent pas beaucoup du rivage. Ils livrent souvent aux ours blancs des combats terribles dont ils sortent souvent vainqueurs. — Le Morse reste, dit-on, constamment attaché à la même femelle ; celle-ci se retire, au commencement du printemps, sur le rivage ou sur un glaçon pour mettre bas un petit, qui bientôt la suit à l'eau. — On trouve sur la côte orientale de Sibérie des dents de Morse qui ont 12 à 15 décimètres de longueur ; ces dents fossiles appartiennent à quelque grande espèce aujourd'hui perdue et dont la taille devait être double de celle de l'espèce connue de nos jours.

MORT Cessation totale des fonctions vitales. On nomme vulgairement :

Mort au chanvre, l'Orobanche ;

Mort aux chiens, le Colchique d'automne ;

Mort aux loups, l'*Aconitum lycoctonum* ;

Mort aux poules, la Jusquiame noire.

Mort aux poux ; la Staphisaigre ;

Mort aux vaches, la Renoncule scélérate.

MORUE (*Gadus*). Genre de poissons de la famille des *Gadidés*. Leurs caractères distinctifs sont : trois nageoires sur le dos, deux anales, une caudale petite et coupée carrément. Le museau est gros et obtus ; il dépasse la mâchoire inférieure, qui porte sous la lèvre un barbillon charnu et conique. Les dents sont en fortes cardes aux deux mâchoires et sur le chevron du vomer. Tout le monde mange de la Morue et peu de personnes savent comment est fait ce poisson, qui ne nous arrive que coupé et préparé. Il se vend frais sur les marchés sous le nom de *cabillaud*. — La **Morue commune** (*G. morrhua*) se rapproche beaucoup par ses formes du merlan ; elle a cependant le ventre et la tête plus gros, et sa taille est beaucoup plus grande, puisqu'elle atteint 1 mètre. Elle a le dos gris, tacheté de jaunâtre, le ventre blanc, et son corps est recouvert de petites écailles molles. Ce poisson est très vorace ; il se nourrit de poissons, de crustacés, de mollusques, et sa gloutonnerie est telle qu'il se jette sur les amorces les plus grossières, telles que des morceaux de drap rouge ou même des figurines en plomb, simulant de petits poissons. En hiver, la Morue se retire dans les profondeurs de la mer. On ne la voit jamais dans les eaux douces; elle ne se montre même près du rivage de la mer que dans le temps du frai, lorsqu'approche le moment de se débarrasser de ses œufs, ou que la nécessité de pourvoir à sa subsistance l'attire vers des bancs couverts de crabes, de moules, etc. C'est sur des fonds pierreux, au milieu des rochers, qu'elle dépose ses œufs. Le temps du frai varie selon les contrées qu'elle habite; dans le nord de l'Europe, on l'observe ordinairement en février. La fécondité de ce poisson est vraiment prodigieuse; on estime à neuf millions le nombre d'œufs contenu dans un ovaire

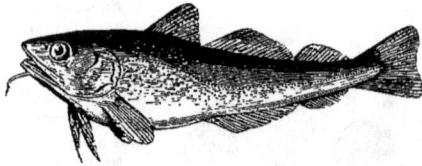

Morue commune.

de morue longue de 1 mètre. Tout est utile dans les Morues : on sait quelle immense consommation on fait de leur chair; leur foie fournit une huile employée dans les arts et en médecine; leur vessie natatoire donne une bonne colle; leur langue est un mets délicat. L'océan Glacial est en quelque sorte la patrie d'adoption de ces poissons. On les trouve en nombre incalculable sur les côtes de la Norwège, de l'Islande, et sur le grand banc de Terre-Neuve. — Une autre espèce de Morue, l'Églefin (G. æglefinus), se distingue du cabillaud par son dos brun et la ligne noire qu'elle porte sur les côtés. Sa taille est plus petite. Elle abonde également dans le Nord. Son goût est moins agréable que celui de la Morue ordinaire. — Le Dorsch ou petite Morue, que l'on nomme à Paris faux merlan, est tacheté comme la Morue, mais beaucoup plus petit. On le pêche dans la Baltique. C'est l'espèce la plus estimée à l'état frais. — La pêche de la Morue est la plus importante de celles auxquelles prend part la marine française. C'est vers les parages de Terre-Neuve que se dirige la masse de nos pêcheurs. Cette pêche emploie chaque année environ 300 navires. On pêche la Morue à la ligne ou à la seine, et chaque pêcheur est payé suivant le nombre de poissons qu'il a pris. Des hommes spécialement chargés d'habiller la Morue, la vident, lui tranchent la tête, puis l'ouvrent dans toute sa longueur, la salent et la rangent par couches dans la cale du navire; quand elle a bien pris le sel, on la fait sécher au soleil. Quinze jours et quatre ou cinq soleils sont nécessaires pour que la Morue acquière un bon état de sécheresse.

Une bonne pêche peut produire dans la saison cinquante quintaux de poisson par homme. On appelle Morue fraîche ou plutôt cabillaud la Morue telle qu'elle sort de l'eau; salée et séchée, on la nomme Morue sèche; séchée à la fumée, elle prend le nom de stockfish. — La Lingue ou Morue longue (G. molua) a de 10 à 13 décimètres de long; elle est olivâtre dessus, argentée dessous; les deux dorsales d'égale hauteur; la mâchoire inférieure un peu plus courte, portant un seul barbillon. Ce poisson est aussi abondant que la Morue et se prend aux mêmes lieux; on lui fait subir la même préparation. — Le Capelan (G. capelanus) est la plus petite de toutes les Morues; il dépasse rarement 18 à 20 centimètres, et se prend sur toutes les côtes de l'Europe. Il est d'un brun jaunâtre en dessus, blanc dessous. Sa tête est courte, son museau obtus et son maxillaire supérieur plus long que l'inférieur.

MORUS. Nom latin du genre Mûrier.

MOSASAURE (du latin Mosa, la Meuse, et saurus, lézard). Grand reptile fossile, voisin des Monitors, et qui doit son nom à ce qu'il a été trouvé sur les bords de la Meuse, non loin de Maëstricht, dans les couches supérieures de la craie blanche. Ce redoutable saurien n'avait pas moins de 8 mètres de longueur, et ses pattes, disposées en larges palettes natatoires, devaient en faire un rapide nageur.

MOSCATELLE. (Voir Adoxa.)

MOSCHUS. Nom latin du genre Musc.

MOTACILLA. Nom latin du genre Hochequeue.

MOTTEUX. Oiseau du genre Traquet.

MOU. Nom que donnent les bouchers au poumon du bœuf et du veau.

MOUCHE (Musca). Ce nom, sous lequel on désigne vulgairement la plupart des DIPTÈRES (voir ce mot), ne s'applique aujourd'hui, en zoologie, qu'à une famille de la section des Brachycères; cette famille constituait autrefois le grand genre Mouche de Linné; elle porte aujourd'hui le nom de Muscidés, et comprend plus de mille espèces, qui ont pour caractères communs : 1° une trompe bien distincte, membraneuse, rétractile, ordinairement garnie de deux palpes et d'un suçoir formé de deux pièces; 2° des antennes aplaties en palette, avec une soie latérale. Leur corps, généralement court, est cependant bien divisé en tête, thorax et abdomen. Leurs ailes, de médiocre étendue, présentent des nervures transversales. Leurs tarses sont garnis de crochets et de pelotes, à l'aide desquels ces insectes peuvent s'attacher dans toutes les positions aux corps les plus polis. Les Mouches pondent leurs œufs, et les placent un à un, au moyen d'une tarière dont la femelle est pourvue, dans le fumier, dans la viande fraîche ou putréfiée, dans le fromage, ou même dans le corps d'autres animaux. La larve vermiforme et blanchâtre qui en sort se métamorphose au bout de quelques jours en nymphe, c'est-à-dire que sa peau se durcit et forme le cocon dans lequel elle passe un temps plus ou moins long, suivant la saison. L'insecte, à l'état parfait, vole avec rapidité en faisant entendre un bourdonnement dû au frottement des ailes contre le corselet. Il se nourrit de toutes sortes de matières végétales ou animales. La plupart ne vivent qu'une saison ; cependant quelques individus s'engourdissent à l'entrée de l'hiver jusqu'au printemps suivant. Les Mouches habitent toutes les parties du monde, mais surtout les plus chaudes ; quelques-unes sont nuisibles par le tort qu'elles causent à l'agriculture ; mais la plupart sont seulement incommodes par l'opiniâtreté avec laquelle elles s'attachent aux parties découvertes de notre corps, et par les ordures qu'elles déposent sur tous les objets dans nos appartements, et jusque sur nos aliments. Elles remplissent cependant un rôle important dans l'économie de la nature en hâtant, par le dépôt de leurs larves, la dissolution des êtres organisés qui ont cessé de vivre ; ces larves, connues vulgairement sous le nom d'*asticots*, servent à leur tour de pâture à un grand nombre d'animaux, et chacun sait qu'elles sont un des appâts les plus fréquemment employés par les pêcheurs. Les nombreuses espèces de cette famille ont été réparties dans plusieurs genres. Le type du groupe est le genre *Musca*. Parmi ses espèces nombreuses, nous citerons les suivantes. — La **Mouche domestique** (*M. domestica*), longue de 6 millimètres, bien connue de tout le monde par son importunité, est très commune partout. — La **Mouche des bœufs** (*M. bovina*), un peu plus grosse que la précédente, s'en distingue en outre par sa tête blanche et par la bande dorsale noire de son abdomen. Cette espèce, très commune en France, se jette sur les narines, les yeux et les plaies des bestiaux. — La **Mouche bourreau** (*M. carnifex*), longue de 6 à 8 millimètres, d'un vert métallique obscur taché de noir, tourmente beaucoup les bœufs. — La **Mouche vomissante** ou *Mouche bleue de la viande* (*Calliphora vomitoria*), longue de 12 à 14 millimètres, à corselet noir, à abdomen d'un bleu métallique, est couverte de longs poils noirs. Cette espèce pénètre dans les maisons et cherche à se poser sur les viandes pour y déposer ses œufs, qui éclosent promptement et les font immédiatement gâter. Elle dégorge, quand on la saisit, une liqueur brune infecte, ce qui lui a fait donner le nom qu'elle porte ; elle dépose aussi ses œufs sur les cadavres. — La **Mouche César** (*Lucilia Cesar*),

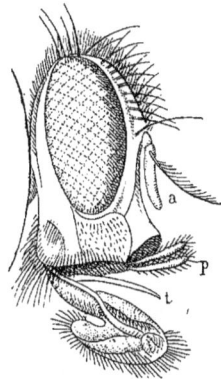

Tête de la mouche bleue de la viande, fortement grossie. *a*, antenne ; *p*, palpes maxillaires ; *t*, trompe.

longue de 9 millimètres, d'un beau vert clair métallique, dépose ses œufs sur les charognes. — Les Anthomyes vivent à l'état parfait sur les fleurs, et à l'état de larve dans les fientes. L'**Anthomye pluviale**, d'un gris de perle ponctué de noir, est assez commune dans toute l'Europe. Quelques Anthomyes sont fort nuisibles à l'état de larves ; telles sont : l'**Anthomyia platura**, qui ronge les échalotes ; l'**Anthomyia ceparum**, qui détruit les oignons ; l'**Anthomyia lactucæ**, qui gâte les laitues. — Les Scatophages vivent à l'état d'insecte parfait, aussi bien qu'à celui de larves sur les excréments. Ce sont de longues Mouches velues, de couleur jaune. On leur donne vulgairement le nom de *Mouche à m....* — Les Chlorops vivent sur les plantes ; une espèce, le **Chlorops cereris**, dont la larve se développe dans la

Mouche bleue (*Calliphora vomitoria*).

tige du blé, est très nuisible. Il en est de même du **Chlorops frit**, qui vit aux dépens de l'orge. Dans certaines années où ils sont abondants, ces petits diptères sont extrêmement nuisibles. — Les Tachines déposent leurs œufs dans le corps des chenilles, comme les ichneumons. — A la famille des *Muscidés* appartiennent encore les Stomoxes, dont la piqûre est très douloureuse. L'espèce type, le **Stomoxys calcitrans**, est très commun et fort incommode. C'est surtout en été et en automne que cette Mouche nous tourmente, ainsi que les bœufs et les chevaux. Mais bien plus dangereuses sont les espèces du genre *Lucilia* ; l'une d'elles, qui habite Cayenne, **Lucilia hominivorax**, pond parfois dans les narines de ceux que l'ivresse ou le sommeil lui livre en plein air ; la larve remonte dans les sinus frontaux et y cause des désordres graves qui souvent entraînent la mort. Une espèce analogue habite le Mexique. — La **Lucilia Bigoti**, du Sénégal, y est également fort redoutée ; elle pique avec sa tarière et introduit sous la peau ses œufs, dont la présence détermine une tumeur au milieu de laquelle vit la larve, comme celle des Œstres. Les soldats français des petits postes, au Sénégal, en sont souvent atteints. Le terrible **Tsetsé** ou *Mouche zimb* (voir Tsetsé) appartient à la famille des *Muscidés*. — On donne vulgairement le nom de *Mouches* à un grand nombre d'insectes qui n'appartiennent point à cette famille ; ainsi l'on nomme :

Mouche-araignée, l'Hippobosque ;
Mouche à bec, une Punaise du genre *Réduve* ;
Mouche-cantharide, la Cantharide ;
Mouche à chien, l'Hippobosque ;

Mouche d'Espagne, la Cantharide ;

Mouche à feu, le Lampyre ;

Mouche des galles, les Cynips ;

Mouche luisante, le Lampyre ;

Mouche lumineuse, l'*Elater noctilucus ;*

Mouche merdivore, les Scatophages ;

Mouche à miel, l'Abeille ;

Mouche piquante, les Stomoxes ;

Mouche du nez des moutons, un Œstre ;

Mouches à scie, les Tenthrèdes ;

Mouche de la viande, le *Calliphora vomitoria ;*

Mouches vibrantes, les Ichneumons ;

Mouche zimb, le Tsetsé.

MOUCHEROLLE. (*Muscipeta*). Genre d'oiseaux Pas-sereaux, section des *Dentirostres*, famille des *Musci-capidés*, détaché du genre *Gobe-mouches* dont ils diffèrent par leur bec très déprimé, à mandibule supérieure crochue et garnie à sa base de longs poils qui recouvrent plus ou moins les narines. Les ailes sont obtuses, d'un développement médiocre ; les doigts sont au nombre de quatre ; l'externe est uni à celui du milieu jusqu'à la seconde articula-tion. Ce sont des oiseaux de petite taille, à plumage orné de vives couleurs, qui, comme les gobe-mou-ches, ne se nourrissent que d'insectes ailés, qu'ils attrapent au vol avec beaucoup d'adresse. Ils habi-tent les grands bois et perchent habituellement au sommet des arbres les plus élevés. Ils y construisent leur nid sans beaucoup d'art, et la femelle y pond quatre ou cinq œufs blancs tachés de roux. On en connaît un certain nombre d'espèces, toutes exo-tiques, et habitant les régions chaudes des deux mondes. L'une des plus grandes et des plus belles est le **grand Moucherolle** ou *roi des gobe-mouches*, de l'Amérique méridionale. Sa taille est de 20 centi-mètres ; sa tête est couronnée par une belle huppe rouge bordée de noir ; les parties supérieures de son corps sont d'un brun foncé ainsi que les cou-

Moucherolle.

vertures alaires ; la poitrine est blanche, la gorge jaune, le ventre roux ainsi que les pennes des ailes ; le cou est entouré d'un collier noir, le bec et les pieds sont de cette couleur. — Le **Moucherolle à cou jaune** (*M. flavicollis*), de la Chine, est vert taché de jaune, à bec et pieds rouges ; il n'a que 16 centi-mètres.

MOUCHERONS. On donne vulgairement ce nom aux petites espèces diptères, et surtout à celles du genre *Cousin*. (Voir ce mot.)

MOUCHET. Nom vulgaire de la Fauvette pégot.

MOUETTE (*Gavia*). Genre d'oiseaux de l'ordre des Palmipèdes, section des *Longipennes*, famille des *Laridés*, se distinguant par leur bec allongé, pointu, arqué vers le bout ; par leurs narines médianes et

Mouette à masque.

longitudinales, par leur pouce court et libre. Ils ne diffèrent des goélands, avec lesquels on les confon-dait autrefois, que par leur bec grêle et leur petite taille. Ces oiseaux fourmillent sur les côtes de la mer, se nourrissant de poissons vivants et morts et de toutes les matières animales qu'ils rencontrent. Ils sont très criards, et c'est de leur voix que leur vient le nom vulgaire de *mauves* (de l'allemand *mauwen*, miauleurs) ; ils sont aussi lâches que vo-races. Ils nagent et volent très bien. Dans le repos, leur port est ignoble ; leur grosse tête, portée sur un cou renfoncé, leur donne un air lourd et stu-pide ; mais leur vol est plein de grâce et de légèreté ; dans l'air, ils semblent infatigables et savent braver les plus grandes tempêtes ; on en rencontre à plus de cent lieues en mer. C'est surtout sur les rivages des mers polaires que l'on rencontre ces oiseaux par bandes innombrables. Ils nichent dans le sable ou dans quelque trou de rocher et y déposent trois ou quatre œufs blancs ou verdâtres. La chair des Mouettes est dure et coriace, d'un goût et d'une odeur désagréables : cependant les Groënlandais les mangent et nos marins ont été plus d'une fois obligés de s'en contenter. Le plumage des Mouettes est épais, généralement blanc, nuancé de gris et de cendré bleuâtre ; les femelles se distinguent des mâles en ce qu'elles ont la queue terminée de noir.

On réservait autrefois le nom de *Mouettes* aux petites espèces, et l'on donnait celui de *Goëlands* à celles qui dépassent la taille du canard. Parmi les premières, nous citerons : la **Mouette blanche**, longue de 30 centimètres, toute blanche, à bec jaune ; la **Mouette à masque brun** (*G. capistrata*), plus petite que la précédente, d'un cendré bleuâtre en dessus, blanche en dessous, avec une tache noirâtre sur les yeux et les oreilles ; la **Mouette à pieds bleus**, d'un cendré bleuâtre en dessus, blanche en dessous, à pieds bleuâtres. Ces deux dernières espèces se rencontrent en hiver sur les côtes de France, ainsi que la **Mouette cendrée** (*G. cinerea*), connue vulgairement sous les noms de *mauve* et de *pigeon de mer*. Son plumage est d'un beau blanc avec le manteau cendré clair.

MOUFETTE, *Mephitis* (ces mots français et latin signifient une odeur infecte). Genre de mammifères CARNIVORES de la section des DIGITIGRADES, famille des *Mustélidés*, voisins des Putois. Les Moufettes (*Mephi-*

Moufette du Brésil.

tis) ont, comme les blaireaux, les ongles de devant longs et propres à fouir ; ils ont cinq doigts à tous les pieds. Leur tête est courte, leur museau terminé par un petit mufle. Leur queue médiocre, ou courte, est garnie de longs poils et se relève en panache sur le dos. Leur pelage est long et fourni. On ne connaît pas encore bien les mœurs des Moufettes ; on sait seulement que ce sont des animaux nocturnes vivant dans des terriers et se nourrissant de petits mammifères, d'oiseaux et d'œufs ; que, comme la plupart des martes, elles sont très sanguinaires et commettent de grands dégâts dans les basses-cours. Lorsque ces animaux sont irrités ou veulent éloigner leurs ennemis, ils sécrètent par les glandes anales une liqueur tellement fétide, qu'elle suffoque même les chiens. Kalm rapporte (*Voyage dans l'Amérique septentrionale*) qu'un de ces animaux s'étant introduit pendant la nuit dans la ferme qu'il habitait, fut poursuivi par les chiens, et qu'il répandit alors une odeur tellement fétide, qu'étant dans son fil il en manqua être suffoqué, et que les chiens s'enfuirent en hurlant. C'est de cette puanteur que leur vient leur nom latin de *Mephitis*. Les Moufettes sont généralement rayées de blanc sur un fond noir. On trouve la **Moufette commune** (*M. americana*) dans l'Amérique septentrionale ; le **Chinche** (*M. chincha*) dans l'Amérique méridionale ; la **Moufette du Chili** (*M. chilensis*) ; ces espèces sont de la taille du chat. La **Moufette de Java** (*M. javanensis*), dont Fr. Cuvier a fait son genre *Mydaus*, se rapproche par sa forme du blaireau ; il est comme lui plantigrade et a les doigts armés d'ongles propres à fouir. Il vit dans des terriers et répand une odeur infecte. La seule espèce connue (*M. meliceps*) porte le nom vulgaire de *Télagon*.

MOUFLON. (Voir MOUTON.)

MOUILLE-BOUCHE. Nom d'une variété de poire, aussi nommée *verte langue*. Sa chair est blanche, fondante et sucrée. Elle mûrit vers la mi-octobre.

MOULE (*Mytilus*). Genre de mollusques bivalves de la classe des LAMELLIBRANCHES, ordre des ASIPHONIENS, type de la famille des *Mytilidés*. Leur coquille est oblongue, à valves égales, noirâtres, à structure le plus souvent feuilletée, à charnière tantôt bidentée, tantôt privée de dents. Ils ont un pied dont ils se servent pour ramper ou pour fixer le byssus qui s'insère à sa base. Les valves sont rapprochées par l'action des deux muscles adducteurs. On confond sous le nom commun de Moules des genres bien distincts en zoologie, mais que l'on réunit néanmoins dans la même famille sous le nom de *Mytilidés ;* ce sont : les MOULES proprement dites, les ANODONTES ou *Moules d'étang*, les MULETTES ou *Moules des peintres*. Les premières ont la coquille triangulaire, mince, bombée, close par un ligament étroit qui occupe la place des dents. On les trouve abondamment dans la plupart des mers, à peu de distance des côtes. — La **Moule commune** (*M. edulis*) est très répandue le long de nos côtes, où elle se suspend en grappes aux rochers, aux pieux, etc., à l'aide de son byssus ; mais, contrairement à l'huître, elle peut se déplacer à volonté. On sait quelle grande consommation on fait de ce mollusque, dont la chair est assez agréable au goût. On profite de la marée basse pour le détacher, au moyen d'un râteau, des corps auxquels il adhère. Passé l'hiver, sa chair devient coriace et n'a plus aussi bon goût, quelquefois même elle occasionne des accidents d'empoisonnement plus ou moins inquiétants, mais qui se dissipent, en général, assez rapidement en faisant vomir la personne malade, et en lui administrant une potion éthérée, des boissons acidules. On a attribué ces propriétés malfaisantes à la présence, dans l'intérieur de la coquille, d'un petit crabe prétendu venimeux, le pinnothère, ou au frai des orties de mer qu'elles auraient mangé, ou à leur séjour contre la coquille doublée de cuivre de certains navires ; mais il est probable qu'il faut plutôt les chercher dans un état morbide du mollusque. — Les coquilles connues sous le nom de *Moules d'étang* appartiennent au genre *Anodontes;* celles désignées sous le nom de *Moules des peintres* font partie du genre *Mulette.* (Voir ces mots.) — La Moule perlière (*Unio margaritiferus*) se trouve dans les ruisseaux de montagnes.

MOURETTE. Nom vulgaire de la Morelle noire (*Solanum nigrum*).

MOURINE. (Voir Raie.)

MOURON. On désigne sous ce nom deux genres de plantes bien distincts, puisque l'un appartient à la famille des *Lysimachiées*, et l'autre à la famille des *Caryophyllées*. Nous avons parlé du premier au mot Anagallis, réservant le nom de *Mouron* au genre qui renferme le **Mouron des oiseaux** (*Stellaria media*) ou *morgeline*. Cette petite plante croît partout dans les champs et les lieux cultivés ; ses tiges sont couchées et redressées, très rameuses, garnies de petites feuilles entières ovales et pointues, avec des fleurs constamment blanches, à cinq pétales divisés profondément. On la donne, comme chacun sait, aux petits oiseaux qui la mangent avec plaisir. L'Anagallis, que l'on nomme vulgairement *Mouron des champs*, passe au contraire pour être très nuisible aux petits oiseaux ; on le distingue très facilement du vrai Mouron à ses fleurs rouges. — On donne le nom de **Mouron** d'eau à une plante du genre *Samole* qui croît dans les marais et les prés humides ; ses tiges herbacées portent à leur extrémité une grappe de fleurs blanches.

MOURON BLEU. Variété de l'*Anagallis arvensis*.

MOUSSE (*Muscus*). Pour le vulgaire, le mot *Mousse* s'étend, non seulement aux Mousses véritables, mais encore à une foule d'autres petites plantes très différentes. Pour le botaniste, ce nom désigne une grande famille de végétaux acotylédones acrogènes, cellulaires, d'une structure fort complexe, et reconnaissables aux caractères suivants : plantes toujours vertes, à feuilles symétriques, tantôt dentées et tantôt entières, toujours sessiles, traversées par une nervure médiane, et attachées sur des tiges rampantes ou redressées de manière à les couvrir plus ou moins complètement et à se cacher elles-mêmes en partie comme les tuiles d'un toit. Les organes reproducteurs des Mousses, tantôt réunis sur un même pied, tantôt portés par des pieds différents, sont toujours disposés au sommet de la tige ou dans les rameaux dans les Mousses acrocarpes (de *akros*, pointe, et *karpos*, fruit), ou cladocarpes (de *klados*, rameau, et *karpos*, fruit), ou accolées le long de la tige dans les Mousses pleurocarpes (de *pleura*, côté, et *karpos*, fruit). Les plantes femelles produisent des *archégones*, les pieds mâles des *anthéridies*. Les anthéridies sont des sacs à pied rétréci, qui se développent au milieu d'un groupe de feuilles rapprochées en une sorte d'involucre ; à la maturité, ces sacs s'ouvrent au sommet et laissent échapper les *anthérozoïdes* qui pénètrent dans l'archégone pour y féconder l'*oosphère*. Les archégones

ou organes femelles sont des sacs supportés par un pied et terminés par un long col ; au fond de ce sac se développe l'oosphère qui, fécondée, devient l'*œuf*. Celui-ci, en se développant, rompt le sporange et se transforme en une espèce d'*urne* ou de *capsule* longuement pédonculée et qui emporte à son extrémité libre la partie rompue du sporange. Cette partie constitue ce qu'on nomme la *coiffe*. Celle-ci enlevée met à nu le couvercle de l'urne ou *opercule*, et à l'intérieur se trouve logé le sporange contenant les spores qui s'échappent, et produisent en germant un protonéma, corps filamenteux sur lequel s'élèvent des bourgeons destinés à produire de nouveaux individus. Les Mousses

1, *Sphagnum squarrosum* ; 2, polytric commun femelle ;
a, sommet de la tige mâle ; *b, c,* urnes couvertes par la coiffe.

se plaisent dans les lieux humides des deux hémisphères : quelques-unes sont aquatiques ; elles végètent à des températures fort basses, peuvent dépasser de beaucoup les limites des neiges éternelles, et se trouvent en abondance près des glaces polaires. Il est à remarquer que les plus belles espèces sont indigènes des parties les plus septentrionales de l'Europe ; les dimensions comparatives de ces plantes sont fort différentes : les *gymnostomes* atteignent à peine 1 centimètre de hauteur, tandis que les *fontinales* et certains *hypnum* peuvent dépasser 50 et 60 centimètres. Leur couleur est uniformément verte, mais avec diverses nuances. Ces petites plantes ne fournissent à l'homme aucun produit vraiment important ; elles ne sont point alimentaires, quoique les rennes, faute de mieux, paissent les *sphagnum ;* mais le rôle des Mousses dans l'économie de la nature est fort important : leurs générations, qui se succèdent avec rapidité, préparent une terre végétale qui, plus tard, permet aux grandes plantes de se développer ; elles revêtent agréablement la nudité des rochers. Ces petites plantes sont essentiellement envahissantes ; elles se multiplient rarement par le développement de leurs séminules, mais leurs rejets rampants s'étendent au loin et forment des tapis qui servent de refuge à une quantité innombrable d'animaux ; ce sont, pour un grand nombre d'entre eux, de vastes prairies qu'ils parcourent dans tous les sens, ou de hautes forêts entre les troncs desquelles ils se glissent. C'est là que pullulent les mollusques terrestres et les insectes. Les oiseaux font de la Mousse l'un des principaux éléments de la construction de leurs nids.

On divise la famille des Mousses en cinq tribus, suivant la forme de la capsule et la manière dont elle s'ouvre.

I. Bryacées. Mousses proprement dites à fructification terminant la tige (*acrocarpes*) ou rameaux (*cladocarpes*) ; à capsule toujours pourvue d'un opercule, et s'ouvrant ordinairement par la chute de l'opercule. Tiges habituellement dressées ou inclinées, simples ou ramifiées. Ce groupe est très nombreux et comprend les genres *Dicranum, Fissidens, Barbula, Splachnum, Funaria, Bryum, Mnium, Polytrichum,* etc. Nous citerons, comme types : la **Funaire hygrométrique** (*Funaria hygrometrica*), dont la capsule est striée ; à pédicelle flexueux et courbé; ce pédicelle, tordu pendant la dessiccation, se déroule à la moindre humidité, d'où son nom spécifique ; elle est commune sur les murs et dans les endroits où l'on a fait du charbon ; — le **Fissident adianthoïde** (*Fissidens adianthoïdes*), Mousse de 2 à 6 centimètres, en touffes lâches d'un vert foncé ; — la **Mousse capillaire** (*Bryum capillare*), plante dioïque en gazons hauts de 5 à 20 millimètres ; à feuilles oblongues, obovées ou subspatulées ; fleurs mâles capituliformes; capsule brune, oblongue obovée, à long col ; — le **Polytric commun** (*Polytric commune*), à tiges dressées, de 2 à 4 décimètres, en touffes lâches très étendues; feuilles allongées, à nervure médiane très saillante; capsule quadrangulaire, à coiffe couverte de poils longs, retombants.

II. Hypnacées ou *Pleurocarpes.* Mousses à fructification latérale, c'est-à-dire se développant sur le côté de la tige ou des rameaux. Ce groupe comprend les genres *Fontinalis, Eryphœa, Neckera, Hypnum,* etc. — Les *Hypnes,* très nombreuses en espèces et les plus répandues, forment souvent d'épais tapis de verdure. Elles se distinguent par leur port plus ramifié et par leur capsule longuement pédicellée, le plus souvent asymétrique. Ce sont les plus utiles; on s'en sert pour calfeutrer les huttes et les bateaux, pour emballer les plantes, les fruits et les objets fragiles. — Les *Fontinales,* à capsule sessile, presque cachée dans un bouquet de feuilles, flottent

dans les eaux courantes, et leurs tiges prennent parfois un allongement assez considérable.

III. Phascacées. Mousses à capsule sans opercule, s'ouvrant par la déchirure de ses parois, ne dépassant guère 5 à 10 millimètres, croissant sur la terre humide. Genres *Phascum, Archidium, Ephemerum.* Le type de ce groupe est le **Phasque pointu** (*Ph. cuspidatum*), à tige de 1 à 2 millimètres en gazons étendus, serrés, d'un vert terne.

IV. Sphagnacées. Mousses des marais et des tourbières, où, par leur accumulation, elles contribuent largement à la formation de la tourbe. Leur capsule s'ouvre par une fente circulaire qui détache d'une pièce toutes les parois de la capsule. Ce groupe comprend les **Sphaignes** (*Sphagnum*), remarquables par leur couleur glauque, leur consistance molle et spongieuse; elles sont très avides d'eau. Telle est la **Sphaigne à feuilles squarreuses** (*S. squarrosum*).

V. Andréacées ou *Schistocarpes* (*schistos*, fendu, et *karpos*, fruit). Mousses vivant dans les montagnes sur la paroi des rochers ; à feuilles noirâtres, à capsule s'ouvrant à la maturité par l'écartement de quatre à six valves retenues à la base ou au sommet.

On nomme vulgairement :

Mousse d'Islande, le Lichen d'Islande ;

Mousse aquatique, les Conferves d'eau douce ;

Mousse marine, de petites algues du genre *Entéromorphe.*

MOUSSE DE CORSE. La plante connue sous ce nom n'appartient pas à la famille des *Mousses*, mais à celle des *Algues,* section des *Floridées.* Ce varech forme des touffes serrées de quelques centimètres de hauteur, dont les ramifications nombreuses sont enchevêtrées les unes dans les autres; sa couleur varie du jaune clair au rouge foncé; elle croît abondamment sur les côtes de la Méditerranée, surtout en Corse. La Mousse de Corse (*Gigartina helminthocorton* a une odeur saumâtre et désagréable, analogue à celle des éponges fraîches. Comme l'indique son nom spécifique (*Helminthocorton*, qui détruit les vers), cette plante a des propriétés vermifuges très prononcées qui la font employer en médecine, surtout pour les enfants, parce qu'elle ne leur inspire aucune répugnance.

MOUSSERON. Espèce de champignon du genre *Agaric.* (Voir ce mot.)

MOUSTACHES. On donne ce nom aux poils qui garnissent la lèvre supérieure de l'homme et des animaux.

MOUSTIQUE. (Voir Cousin et Simulie.)

MOUTARDE ou **Sénevé** (*Sinapis*). Genre de plantes de la famille des *Crucifères,* tribu des *Brassicées,* dont on connaît plusieurs espèces. Nous citerons surtout la **Moutarde blanche** (*S. alba*), préconisée dans ces derniers temps contre les affections du foie, des organes internes et du système nerveux. C'est une plante annuelle indigène d'Europe, que l'on trouve communément dans les champs pierreux et parmi les blés. Ses fleurs jaunes, disposées en épis lâches, paraissent au mois de juin et pendant une grande partie de l'été. Ses graines, renfermées au nombre de quatre dans une silique, sont d'un blanc jaunâtre. — La **Moutarde noire** (S. *nigra*)

Moutarde blanche.

croît spontanément dans les lieux arides et pierreux ; elle est aussi annuelle ; ses fleurs sont également jaunes, mais ses graines sont brunes, d'un goût âcre et piquant. Elles contiennent un principe salin et volatil uni à de la gomme et à de l'huile qu'on emploie en médecine. — Les graines de Moutarde sont antiscorbutiques ; en stimulant les fibres languissantes de l'estomac, elles favorisent la digestion, et donnent de l'appétit. Réduites en farine, ces semences forment la base des emplâtres rubéfiants nommés *sinapismes*. La préparation des graines de Moutarde dont on fait usage dans la cuisine se fait en broyant entre des meules de la graine de Sénevé mouillée et arrosée de quantité suffisante de liquide pour lui donner une consistance semi-fluide. La plus estimée se fait avec la graine de Moutarde blanche. Plusieurs choses s'ajoutent à la Moutarde pour en rendre le goût plus agréable : dans le Nord, on y met du piment ; autre part, on y mêle l'estragon et une foule d'herbes aromatiques.

Une troisième espèce, la **Moutarde des champs** (S. *arvensis*), est très commune dans les champs et les lieux incultes de presque toute l'Europe. Ses fleurs sont jaunes, plus grandes que celles de l'espèce précédente ; ses graines sont noires ; on les

mêle fréquemment à celles de l'espèce précédente, mais elles en altèrent la qualité.

MOUTON (*Ovis*). Genre de mammifères ruminants de la famille des *Ovidés*, très voisins des Chèvres, dont ils se distinguent par leur chanfrein arqué, par leurs cornes dirigées en arrière, contournées latéralement en dehors, et par l'absence de barbe au menton. — Le groupe des Ovins ou Moutons comprend deux genres : celui des *Moutons* proprement dits, et celui des *Mouflons*, que presque tous les naturalistes anciens considéraient comme la souche de nos Moutons domestiques ; mais, de nos jours, l'idée de la pluralité de souche est la plus répandue, et on les fait dériver de formes diluviennes aujourd'hui éteintes. Quoi qu'il en soit, la domestication du Mouton remonte à la plus haute antiquité ; on en parle dans la Bible, dans le Zend-Avesta, dans Homère, et il est représenté sur les monuments de l'antique Égypte ; il nous vient incontestablement d'Orient, et s'il descendait du Mouflon, ce ne pourrait être que d'une espèce asiatique comme le voulait Pallas. — Les Moutons ont huit incisives inférieures, pas d'incisives supérieures, six molaires à couronne marquée de doubles croissants d'émail à chaque côté et aux deux mâchoires. Ce sont des animaux de taille moyenne, à corps couvert d'un mélange de laine et de poils, à jambes grêles,

Mouflon d'Europe.

sans brosses aux genoux ; ils ont deux mamelles inguinales ; la queue généralement courte et pendante. Leurs cornes, souvent contournées en hélice, sont marquées d'anneaux tuberculeux. Les Moutons se rapprochent d'ailleurs tellement des chèvres par leur organisation, qu'ils produisent entre eux et que les métis qui proviennent de ces croisements, les *chabins*, sont parfois féconds. — Les Mouflons (*Musimon*) diffèrent des Moutons domestiques par la brièveté de leur queue, par l'épaisseur et la rudesse de leur poil et par la présence de larges cellules dans tout l'intérieur des axes osseux qui supportent les étuis de leurs cornes. Les Mouflons vivent en familles plus ou moins nombreuses; ils habitent de préférence les pays élevés, les sommités des montagnes, sautent de rocher en rocher comme les chèvres, et font preuve d'une agilité et d'une force musculaire prodigieuses. — L'espèce la plus anciennement connue et que l'on a regardée longtemps comme la souche primitive de nos races domestiques, est le **Mouflon d'Europe** (*Musimon musmon*), qui habite les parties les plus élevées de la Corse et de la Sardaigne. Il est un peu plus grand que notre Mouton domestique; ses cornes, courbées en trois quarts de cercle, triangulaires à leur base, s'aplatissent en lames à leur extrémité; elles sont ridées ou annelées, et acquièrent de 60 à 70 centimètres de long. La femelle en est souvent dépourvue. Le corps, épais, musculeux, à formes arrondies, est couvert de deux sortes de poils : les uns laineux, assez courts, frisés et grisâtres; les autres, qui les recouvrent, longs, soyeux, fauves ou noirs. Sa queue est très courte. Ces mammifères errent sur les montagnes, en troupes plus ou moins nombreuses, sous la conduite d'un vieux mâle. Au temps de l'accouplement, les mâles se livrent entre eux des combats furieux. Les femelles portent cinq mois et mettent bas deux petits qui suivent leur mère dès le moment de leur naissance. Ces animaux sont d'un naturel stupide comme ceux qui appartiennent à nos races domestiques. — L'**Argali** ou *Mouflon d'Asie* est plus grand et plus vigoureux que le Mouflon de Corse; sa taille égale presque celle d'un âne. Les cornes, très grosses et très longues chez le mâle, sont minces et presque droites chez la femelle. Le poil, d'un gris fauve et ras en été, est en hiver dur, épais, roussâtre, avec du blanc aux parties inférieures. Par leur remarquable agilité, par leurs mœurs, ces ruminants rappellent le bouquetin bien plus que le Mouton domestique. Leur graisse et leur chair sont recherchées dans les parties froide sou tempérées de l'Asie, où ils vivent. — Le **Mouflon d'Afrique** (*Musimon tragelaphus*, G. Cuv.) ou *Mouton barbu* se distingue par la longueur des poils de ses joues et de ses mâchoires qui lui forment une sorte de barbe. Cette espèce, encore peu connue, habite les lieux déserts et escarpés du nord de l'Afrique. — Le **Mouflon d'Amérique**, *bighorn* des Américains, a des formes plus sveltes que les espèces précédentes; ses cornes, très grandes et très larges, sont comprimées et courbées comme celles du bélier domestique; celles de la femelle sont petites et presque droites. Le poil court et raide

est d'un brun marron, avec le museau et les fesses blanchâtres. Cet animal vit en troupes sur les montagnes rocheuses du nord de l'Amérique septentrionale. Les peuplades américaines lui font une chasse active pour sa chair. — La domestication semble avoir privé les Moutons de toutes leurs qualités naturelles; les formes sveltes et gracieuses, la rapidité et la légèreté qui caractérisent les Mouflons font place chez les Moutons à des formes lourdes, à une indolence et à une stupidité qui sont devenues proverbiales. En outre, le poil rude et sec des Mouflons est remplacé, dans nos races domestiques, par une laine moelleuse. Les femelles ou *brebis* ne montrent qu'un faible attachement pour

Mouton du Berry.

leur progéniture. Les jeunes ou *agneaux* reconnaissent cependant leur mère au milieu du troupeau, mais ils ne tardent pas à perdre cette lueur d'instinct. On réserve ordinairement le nom de *Moutons* aux individus qui ont subi la castration. Le bélier peut engendrer à dix-huit mois, la brebis à un an. Celle-ci porte cinq mois et ne fait, le plus souvent, qu'un petit par portée; elle est féconde jusqu'à dix ou douze ans. — Le **Mouton domestique** présente des variations très grandes dans sa taille, sa toison, etc. Parmi les races à laine longue, on distingue surtout celles de Saxe et d'Angleterre. — Le **Mouton mérinos**, originaire de Barbarie, et commun aujourd'hui en Espagne, d'où il s'est répandu en France, se fait remarquer par la finesse et le moelleux de sa laine, dont l'industrie a tiré un parti si avantageux. Ses cornes volumineuses forment une spirale régulière sur les côtés de la tête. Ces appendices sont dirigés en haut chez le **Mouton de Valachie**; ils varient de nombre chez le **Mouton d'Islande**, où il en existe quelquefois jusqu'à six. — L'une des variétés les plus remarquables par la singularité de sa forme est le **Mouton à large queue**, originaire de l'Asie, commune surtout chez les Kirghises, et dans laquelle cet appendice acquiert un tel volume, par suite du développement du tissu cellulaire graisseux, qu'il a l'aspect d'une grosse loupe, et qu'il faut lui donner quelquefois un support pour faciliter la marche de l'animal. — On considère comme des espèces distinctes le **Mouton à longues jambes** (*O. longipes*), d'Afrique, reconnaissable à la longueur de ses jambes, à son chanfrein arqué et à l'épaisse crinière qui recouvre les parties supérieures de son corps, et le **Mouton à tête noire** (*O. melanocephala*), d'Abyssinie, sans cornes, à corps blanc et à tête noire. On sait combien de services les Moutons rendent à l'industrie agricole et manufacturière. Leur tonte se fait une fois par an, en été. Le poids moyen d'une toison est de 2 kilogrammes. Quand on destine les Moutons à la production de la laine, on attend jusqu'à l'âge de huit à dix ans avant de les livrer à la boucherie; mais quand on les engraisse pour ce dernier usage, on les abat à deux ou trois ans, leur chair étant alors plus savoureuse et plus tendre. La graisse du mouton, ou *suif*, est un produit non moins important. On emploie sa peau pour la chaussure. Le parchemin se fait avec la peau d'agneau.

MOUTON DU CAP. Nom vulgaire de l'Albatros.

MUCÉDINÉES (de *mucedo*, moisissure). Grand groupe de champignons oomycètes, de très petite taille, souvent microscopiques, et que l'on confond généralement sous le nom vulgaire de *moisissures*. — Dans tous les endroits humides où règne une douce température, sur toutes les substances organiques abandonnées dans les lieux frais et obscurs, dans les caves, les armoires, les appartements mal aérés se développent les *moisissures*, autrement dit les *Mucé-*

Mucédinées.
¡1, botrytis du ver à soie; 2, 3, *Mucor mucedo*; 4, *Erineum*.

dinées. Tout le monde les connaît; presque invisibles en particulier, elles forment par leur agglomération des masses qui ont tantôt l'aspect d'un velours ou d'un duvet blanchâtre, tantôt l'apparence d'une poussière grise ou de taches diversement colorées. Longtemps on a cru que ces petits organismes inférieurs se reproduisaient spontanément et provenaient de la décomposition des substances sur lesquelles ils se montraient; mais il est aujour-

d'hui reconnu que, comme les champignons plus élevés, ils se reproduisent par des séminules ou spores transportés par l'air ou par toute autre voie. On les divise en deux tribus : 1° les **Mucédinées** proprement dites, dont les spores sont nues, disposées en chaînettes et solitaires ou groupées en épi, en ombelle, à l'extrémité des filaments fertiles ou de leurs ramifications. Dans ce groupe rentrent les genres *Aspergillus*, dont le type, *Aspergillus glaucus*, se développe sur les fruits gâtés, les confitures; *Penicillium*, sur les mucilages, les plantes en décomposition; *Botrytis*, qui se développe dans le corps du ver à soie et produit la maladie connue sous le nom de *muscardine*, etc.; 2° les **Mucorinées**, dont les filaments fertiles, souvent agrégés, sont terminés par des sporanges renfermant une ou plusieurs spores; ils présentent quelquefois des phénomènes de conjugaison. Ce groupe comprend comme genres principaux : les *Ascophora*, qui croissent sur la vieille colle de pâte; *Empusa*, qui se développe sur les mouches; *Trichophyton*, qui produit la teigne, etc.

MUCOR. Genre de plantes cryptogames de la classe des CHAMPIGNONS, de l'ordre des OOMYCÈTES, type de la famille des *Mucorinées*. (Voir ce mot.)

MUCORINÉES (de *mucor*, moisissure). Famille de champignons microscopiques de l'ordre des OOMYCÈTES, vulgairement nommés *moisissures* et qui vivent le plus souvent dans les matières végétales ou animales en voie de décomposition : fruits, excréments, cadavres, etc., et plusieurs d'entre elles comptent parmi les moisissures les plus vulgaires; tels sont le *Mucor mucedo*, le *Rhizopus nigricans*, etc. Quelques-unes même sont parasites sur d'autres champignons. Leur thalle est ramifié un grand nombre de fois. Quand ce thalle a acquis une certaine vigueur et qu'il est suffisamment aéré, il produit des spores destinées à multiplier la plante; ces spores sont de deux sortes : les unes naissent à l'intérieur d'une cellule mère ou sporange; ce sont les spores proprement dites, qui se rencontrent dans tous les genres de la famille; les autres se forment isolément à l'extrémité de rameaux différenciés; on les distingue des premières sous le nom de *Conidies*; on ne les connaît encore que dans quelques genres. Le sporange se forme à l'extrémité d'un pédicelle plus ou moins long, tantôt simple, tantôt diversement ramifié; ce sporange est le plus souvent sphérique, parfois allongé en massue. Il produit d'ordinaire un grand nombre de spores qui sont disséminées lorsque le sporange, arrivé à maturité, s'ouvre pour leur donner passage.

MUCRONÉ (de *mucro*, pointe). Se dit, en botanique, d'une partie terminée en pointe et raide.

MUCUS. Matière semi-fluide, visqueuse, sans couleur, qui se produit à la surface des membranes muqueuses, et y forme une couche protectrice. Répandu sur les membranes muqueuses, qui le sécrètent d'une façon continue, il forme cette matière visqueuse qui les rend molles, humides et glissantes, ce qui importe à l'exercice de leurs fonctions; mais dans certains cas, par suite de l'inflammation des muqueuses, la sécrétion du Mucus devient trop abondante et s'écoule au dehors. C'est ce que l'on voit dans le rhume de cerveau, la pituite, la bronchite, etc.

MUE (de *mutare*, changer). A certaines époques de leur vie, les animaux sont sujets à deux sortes de changements ; les uns connus sous le nom de *métamorphoses*, dans lesquels il y a transformation, c'est-à-dire où la forme nouvelle que revêt l'animal est différente de celle qu'elle remplace (voir INSECTES et BATRACIENS); les autres désignés sous la dénomination de *mues*, dans lesquels il n'y a pas transformation, c'est-à-dire où la forme primitive de l'animal est conservée. Dans le premier cas, le changement se produit à l'égard d'organes d'une haute importance et cause une altération dans la forme primitive, tandis que, dans le second, elle n'affecte que des organes d'une importance secondaire et qui, le plus souvent, n'appartiennent même qu'au système tégumentaire, tels que les poils, l'épiderme, les bois des cerfs, etc. Les mues proprement dites s'effectuent généralement au passage d'une saison à une autre : peu sensibles dans quelques espèces de vertébrés, elles sont très remarquables dans quelques autres. Ainsi, on sait que beaucoup d'animaux blanchissent en hiver, et qu'un très grand nombre d'oiseaux revêtent, à l'époque de la pariade, de riches parures qu'ils perdent bientôt après. Le poil de beaucoup de mammifères des pays froids devient, durant la saison des frimas, plus touffu, plus fin et plus moelleux. C'est au printemps et en automne qu'a lieu la mue chez les animaux sauvages ; elle est chez eux régulière et périodique ; mais il n'en est pas de même de plusieurs espèces domestiques, et particulièrement chez celles que leur genre de vie soustrait aux rigueurs du froid, et pour lesquelles les soins de l'homme ont rendu inutiles les précautions prises par la nature. Ainsi, les chiens et les chats qui vivent dans nos maisons n'ont pas d'époques de mue bien marquées. Un autre genre de mue est celui qui s'effectue au passage d'un âge à un autre ; tel est le remplacement des dents de lait, chez les mammifères, par celles de la seconde dentition, et la nouvelle livrée que prend le jeune oiseau dans beaucoup d'espèces, lorsqu'il entre dans l'âge adulte. (Voir OISEAUX.) On sait que les serpents et les lézards changent de peau à une certaine époque de l'année ; que les crustacés déposent leur enveloppe calcaire, devenue trop étroite, et que les insectes à l'état de larve changent plusieurs fois de peau. Tous ces phénomènes sont du domaine de la mue, et l'on peut même y rapporter la défoliation automnale des arbres.

MUFLE. On désigne sous ce nom une partie nue et plus ou moins saillante qui termine le museau de certains mammifères, particulièrement des ruminants.

MUFLE DE VEAU. Un des noms vulgaires du Muflier à grandes fleurs (*Antirrhinum majus*.)

MUFLIER (*Antirrhinum*). Genre de plantes de la famille des *Scrofulariacées*, offrant pour caractères : fleurs irrégulières, calice cinq-partit à segments inégaux ; corolle à tube large, évasé, bossu en dehors, à limbe en gueule ou personé (de *persona*, masque), la lèvre inférieure trilobée. Quatre étamines incluses; capsule à deux loges renfermant plusieurs graines. Les Mufliers sont des plantes à tige droite, haute de 6 à 10 décimètres, à feuilles lancéolées, pointues, garnies de fleurs en épi en forme de mufle de veau, rouges ou blanches. On en connaît plusieurs espèces que l'on cultive dans les jardins. Tels sont : le **Muflier des jardins**, vulgairement *mufle de veau*, *gueule de loup* ou *gueule de lion*, à fleurs en grappes terminales, pourprées avec le palais

Fleur de muflier (*Antirrhinum*).

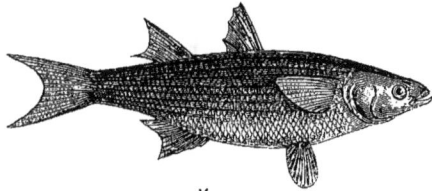

jaune, qui croît naturellement en France, dans les fentes des vieux murs, dans les décombres; le **Muflier bicolore**, à tube de la corolle blanc pur, à limbe d'un pourpre vif; le **Muflier à feuilles larges**, à feuilles ovales, très larges, à fleurs jaunes.

MUGE (*Mugil*). Genre de poissons de l'ordre des TÉLÉOSTÉENS, tribu des *Acanthoptères*, type de la famille des *Mugilidés* qu'il forme à lui seul. Ces poissons ont le corps presque cylindrique, couvert de grandes écailles, à deux dorsales séparées dont la première n'a que quatre rayons épineux, à ventrales attachées un peu en arrière des pectorales. Il y a six rayons à leurs ouïes ; leur tête est un peu déprimée, couverte de grandes écailles ou de plaques polygonales; leur museau est très court,

Muge.

leurs dents sont extrêmement déliées. Ce sont de bons poissons qui remontent en troupes aux embouchures des fleuves, en faisant de grands sauts au-dessus de l'eau. Nos mers en produisent quelques espèces parmi lesquelles on remarque le **Muge à large tête** (*M. cephalus*) que sur nos côtes on désigne sous les noms vulgaires de *mule* et *mulet de mer* et qui est la meilleure et la plus grande espèce de la Méditerranée. Elle se distingue des autres espèces par ses yeux à demi couverts par deux voiles adipeux qui adhèrent au bord antérieur de l'orbite. Ce poisson est d'un gris plombé sur le dos, plus clair sur les flancs, et pointillé de brun, argenté

86

sous le ventre. Il atteint 60 à 70 centimètres de longueur et pèse jusqu'à 15 kilogrammes. Deux autres espèces, de la taille du précédent, habitent également nos mers; ce sont le **Muge capiton** (*M. capito*) et le **Muge à grosses lèvres** (*M. chelo*); cette dernière espèce est d'un beau bleu d'acier que parcourent des lignes d'un brun doré; les ventrales sont rougeâtres. La chair de ces poissons est tendre, grasse et d'un goût agréable. On fait avec leurs œufs en Italie et en Corse une espèce de caviar qu'on nomme *boutargue*.

MUGILIDÉS. (Voir Muge.)

MUGUET. Plante de la famille des *Liliacées*, tribu des *Asparaginées*, où elle constitue le genre *Convallaria*, qu'on distingue aux caractères suivants : périanthe pétaloïde en forme de cloche, divisé jusque

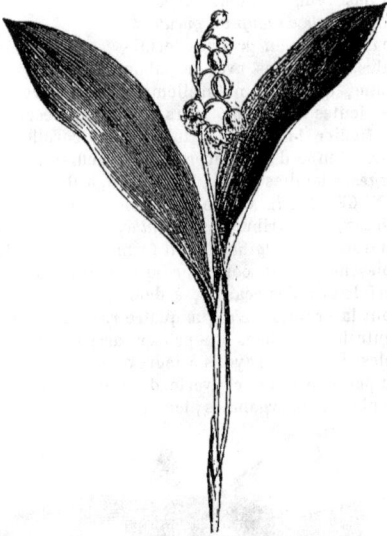

Muguet de mai.

vers le milieu en cinq lobes pointus et recourbés; étamines au nombre de six, plus courtes que le périanthe; ovaires à trois loges bi-ovulées; style filiforme, terminé par un stigmate à trois lobes, baie sphérique à cinq loges; graines presque globuleuses, ordinairement solitaires dans chaque loge. — Le **Muguet de mai** (*Convallaria majalis*, L.) est une herbe vivace, à racine rampante, noueuse, garnie d'un grand nombre de fibrilles blanchâtres; elle produit une ou plusieurs hampes hautes de 15 à 20 centimètres, dressées, accompagnées chacune de deux ou trois feuilles radicales, d'un beau vert, elliptiques, pointues, engaînantes à la base. Les fleurs sont blanches, assez petites, très odorantes, disposées en grappe unilatérale, vers le sommet de la hampe. Le fruit est du volume d'un pois. Cette jolie plante qui se cultive fréquemment dans les jardins, est commune dans les bois; elle fleurit en mai et en juin. La racine et les fleurs passent pour être émétiques et purgatives; l'eau distillée des fleurs s'employait jadis à titre d'antispasmodique. On a récemment retiré de cette plante un puissant cardiaque, la *convallarine*, d'action semblable à la digitaline. — On nomme petit **Muguet des bois**, l'Aspérule.

MULATRE. Produit de l'union d'un blanc et d'un noir. (Voir Métis.)

MULE. Femelle du Mulet.

MULET. On désigne sous ce nom le produit de l'union de l'âne avec la jument; on distingue quelquefois, sous le nom de *bardeau*, le produit du cheval et de l'ânesse; ces métis participent des formes et qualités des deux espèces dont ils proviennent. Leur tête assez grosse surmontée de longues oreilles, rappelle l'âne; par le volume et la conformation générale du corps, ils se rapprochent plus du cheval. Le bardeau a les formes plus anguleuses, plus minces. Ces animaux bâtards ne constituent pas une espèce proprement dite, puisqu'ils sont généralement stériles entre eux. Ils supportent mieux la fatigue et les privations que le cheval, sont moins maladifs, moins difficiles sur le choix des aliments; ils peuvent porter des charges plus considérables, et ont le pied très sûr, ce qui fait qu'on les préfère dans les pays de montagnes. On en élève beaucoup dans le midi de la France.

On emploie aussi le mot Mulet comme synonyme de Métis, pour désigner le produit de deux individus d'espèces ou de races différentes. Généralement, les produits du croisement entre espèces prennent le nom d'*hybrides*, et ceux des croisements entre races se nomment *métis*.

Dans le monde animal comme dans le monde végétal, toutes les espèces généralement se reproduisent et se perpétuent sans se mêler ni se confondre les unes avec les autres. La loi de nature veut que les créatures de toutes sortes croissent et se multiplient en propageant leur propre espèce et non point une autre. S'il pouvait arriver que les différentes espèces se mêlassent, que des races hybrides fussent produites et se perpétuassent sans empêchement, il en résulterait nécessairement une confusion universelle. Mais la nature a mis dans chaque animal l'instinct de se rapprocher de son espèce et de s'éloigner des autres, comme elle lui a donné celui de choisir ses aliments et d'éviter les poisons. Des Mulets et d'autres hybrides peuvent bien se produire chez des races dans l'état de domesticité; mais on n'en connaît point dans l'état sauvage et naturel, sauf quelques-uns dans le règne végétal. Même lorsque les individus hybrides sont produits, on a reconnu qu'il était impossible d'en obtenir une race nouvelle, leur fécondité étant très limitée, ou finissant par reproduire l'un des types primitifs. En général, les Mulets sont privés de la faculté de se propager, ou la faculté génératrice se perd dans l'une des générations les plus prochaines. Les animaux d'espèce différente qui ont donné ensemble des produits sont parmi les mammifères : la *jument* et l'*âne*, le *cheval* et l'*ânesse*, le *chien* et la *louve*, le *chien* et la *renarde*, l'*alpaca* et la *vigogne*, le *bison* et la *vache*, le *lion* et la *tigresse*, le *bouc* et la *brebis*, le *lapin* et la *hase*, le *chacal* et la *chienne*; parmi les oiseaux : la *poule* et le *faisan*, le *coq* et la *faisane*, le *canard* et le *milouin*, le *serin* et le *chardonneret*, etc. Autant le mélange des espèces entre elles est infécond ou peu fécond, autant il est facile de faire produire ensemble les races ou variétés d'une même espèce, de manière à modifier et à multiplier les races persistantes. C'est en choisissant avec soin les individus chez lesquels certaines qualités dominent, c'est en calculant le degré d'influence de l'un ou l'autre sexe, que l'agriculteur parvient à améliorer les races de ses chevaux, de ses bœufs, de ses moutons, suivant ses besoins. (Voir REPRODUCTION et RACES.)

MULET. (Voir MUGE.)

MULETTE (*Unio*). Genre de mollusques bivalves LAMELLIBRANCHES de la famille des *Mytilidés*, très voisins des Anodontes, dont ils diffèrent par leur coquille plus épaisse, plus bombée, à charnière dentée. Les Mulettes que l'on désigne parfois sous les noms de *moules de rivière*, *moules des peintres*, habitent comme les anodontes les eaux douces de tous les pays, et surtout les fonds vaseux. Parmi les nombreuses espèces de ce genre, nous citerons la **Moule des peintres** (*U. pictorum*), à coquille oblongue et mince, que l'on emploie dans les arts pour contenir les couleurs d'or et d'argent. — La **Moule du Rhin** (*U. margaritifera*) est une grande espèce dont la nacre est assez belle pour que ses concrétions puissent être employées à la parure, comme les perles de l'avicule. (Voir ce mot.)

MULLE (*Mullus*). Genre de poissons de l'ordre des ACANTHOPTÈRES, type de la famille des *Mullidés*, qui a pour caractères : corps oblong, peu comprimé, couvert de larges écailles ; bouche peu ouverte, faiblement armée de dents. Ces poissons se font surtout remarquer par deux longs barbillons qui leur pendent sous la mâchoire inférieure. Leur chair blanche et ferme en fait un des aliments les plus agréables que la mer nous fournisse. C'est à ce genre qu'appartient le **Rouget-barbet** (*M. barbatus*), qui se trouve principalement dans la Méditerranée. Il est d'un beau rouge vif et atteint communément 25 à 30 centimètres. Son goût est des plus exquis. C'était un des mets les plus recherchés des anciens Romains; ils l'élevaient dans des étangs, avec des soins infinis, et les individus qui arrivaient à une taille extraordinaire se vendaient des prix extravagants. Suétone en cite plusieurs qui furent payés jusqu'à 1 500 francs. Les riches Romains faisaient arriver les Rougets dans de petites rigoles, jusque sous les tables où on les mangeait; on les plaçait alors dans des vases de verre, afin que l'on pût observer tous les changements de couleur qu'ils

éprouvaient durant leur agonie. Il ne faut pas confondre le Rouget de la Méditerranée (*Mullus*) avec le **Rouget commun** ou *grondin*, poisson commun sur les marchés de Paris et qui appartient au genre *Trigle*. (Voir ce mot.) — Le **Surmulet** (*U. surmuletus*), qui est commun dans la Méditerranée et se trouve dans l'Océan plus fréquemment que le précédent, a de 35 à 40 centimètres de long; sa couleur est d'un

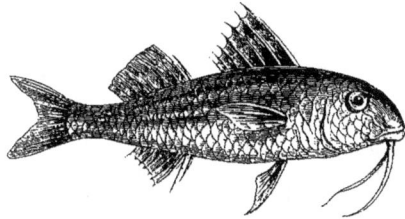

Mulle-rouget.

beau rouge avec trois lignes d'un jaune doré. Sa chair, quoique moins estimée que celle du rouget, est fort délicate. On le pêche abondamment dans le golfe de Gascogne; aussi en mange-t-on beaucoup à Bordeaux et à Bayonne, où on le nomme *barbo* et *barberin*.

On donne le nom de **Roi des Mulets** (*Apogon rex mullorum*) à un petit poisson de la Méditerranée, dont on fait un genre à part sous le nom d'*apogon*. Il a 15 centimètres de longueur, et sa couleur est d'un beau rouge à reflets dorés, pointillé de noir sous la gorge. Il est privé de barbillons. Sa chair est assez délicate.

MULLIDÉS. Famille de poissons de l'ordre des TÉLÉOSTÉENS, tribu des ACANTHOPTÈRES, composé du seul genre *Mulle*. (Voir ce mot.)

MULOT. Espèce du genre *Rat*; c'est le *Mus sylvaticus* des zoologistes. Long de 10 à 12 centimètres, sans la queue, qui en mesure presque autant, le Mulot est intermédiaire pour la taille entre le rat et la souris, et ressemble au surmulot pour la couleur. Quelques individus sont gris pur, d'autres bruns, d'autres tout à fait blancs; cette espèce ne fréquente pas, comme les précédents, l'habitation de l'homme; sa résidence ordinaire est dans les bois, où elle vit de graines charnues et de jeunes pousses; mais elle se répand dans les champs et nuit considérablement aux moissons en coupant les tiges du blé pour en dévorer le grain. Le Mulot creuse des trous à 30 centimètres sous terre, qu'il remplit de provisions; la femelle met bas chaque année plusieurs portées de neuf ou dix petits. C'est un véritable fléau pour nos champs et nos bois. Lorsqu'ils ont ravagé un canton, ils émigrent parfois en bandes nombreuses pour une autre région. Le Mulot est répandu dans les deux mondes. — Le **petit Mulot** de Buffon est le rat champêtre (*Mus campestris*); le **grand Mulot** est le Surmulot.

MUNGO. Espèce du genre *Mangouste*. (Voir ce mot.)

MUQUEUSE. Nom des membranes qui tapissent la face interne de tous les organes creux communiquant avec l'extérieur par les ouvertures du corps; leur surface libre est habituellement humectée de mucus. (Voir Membrane.)

MURE. Fruit du Mûrier et de la Ronce.

MURÈNE. (Voir Anguille.)

MUREX. Nom scientifique latin du genre *Rocher*. (Voir ce mot.)

MURIER, *Morus* (de son nom grec *moria*, ou de *mauros*, obscur). Genre d'arbres de la plus haute importance, surtout en ce qu'il renferme des végétaux dont les feuilles servent de nourriture aux vers à soie (voir ce mot), et, en outre, parce que plusieurs espèces fournissent d'excellents fruits. Ce genre fait partie de la famille des *Ulmacées*, tribu des *Morées*, et offre pour caractères des fleurs dioïques ou monoïques, disposées en épis pédonculés : les fleurs mâles à périanthe partagé en quatre lobes égaux; étamines au nombre de quatre à filets filiformes, anthères réniformes, attachées par le milieu du dos. Les fleurs femelles à périanthe persistant, recouvrant l'ovaire partagé jusqu'à la base en quatre segments; l'ovaire ovoïde, à une seule loge renfermant une seule graine, couronné de deux stigmates filiformes; tous les périanthes des fleurs, composant un épi femelle, finissent par s'entregreffer, de manière à simuler une baie mamelonnée. C'est cette agrégation qui constitue le fruit qu'on connaît sous le nom de *mûre*. Les Mûriers sont des arbres à suc propre, laiteux, blanchâtre, peu ou point âcre; à feuilles pétiolées, alternes, dentées ou crénelées, de formes très variables chez la plupart des espèces, ordinairement cordiformes à la base, accompagnées chacune de deux stipules latérales; les épis naissent à la base des jeunes pousses et aux aisselles des feuilles; les mâles sont grêles, denses, cylindracés, pendants, caducs, plus longuement pédonculés que les épis femelles; ceux-ci sont ovoïdes, ou cylindracés, pendants ou dressés, en général très courts. Les fleurs mâles sont d'un jaune verdâtre, et plus petites que les fleurs femelles, dont la couleur verte finit par passer au blanc, ou au rouge, ou au violet, lorsque approche l'époque de la maturité du fruit. La plupart des espèces habitent les régions intertropicales; mais plusieurs sont parfaitement naturalisées dans le midi de l'Europe. Parmi les espèces les plus importantes en raison de leur utilité, nous devons citer le **Mûrier noir** (*M. nigra*, L.), qui passe pour originaire de la Perse; c'est le seul Mûrier cultivé en Europe comme arbre fruitier. Ses feuilles peuvent, au besoin, servir d'aliment aux vers à soie; mais on ne les emploie qu'à défaut de celles du Mûrier blanc, parce qu'elles agissent d'une manière désavantageuse sur la qualité de la soie. Les fruits du Mûrier noir jouissent de propriétés rafraîchissantes et légèrement laxatives; ces fruits, cueillis un peu avant leur parfaite maturité, font la base du sirop de mûres. Le bois du Mûrier noir est employé à des

ouvrages de tour et d'ébénisterie. Cet arbre est assez sensible au froid; dans le nord de la France, il s'élève peu, et il ne prospère que dans des situations abritées. — L'espèce la plus fréquemment cultivée en Europe, pour les besoins des magnaneries, est le **Mûrier blanc** (*M. alba*, L.), aujourd'hui naturalisé dans toute l'Europe méridionale, ainsi qu'en Orient. Ce Mûrier paraît être aussi originaire de la Perse; il fut introduit de ce pays en Grèce et dans l'Asie Mineure, sous le règne de l'empereur Justinien; en 1230, il passa en Sicile, d'où il ne fut transporté en Provence qu'en 1494. Le Mûrier blanc a des feuilles lisses et glabres en dessus, peu pubescentes en dessous, d'un vert gai aux deux faces, à pétiole canaliculé en dessus; du reste, la forme de ses feuilles, qui sont très souvent plus ou moins

Mûrier blanc.

profondément lobées, est extrêmement variable. Ses fruits sont tantôt oblongs, tantôt presque sphériques; leur couleur, blanche dans le type de l'espèce, est, dans des variétés, soit jaunâtre, soit rose, soit d'un pourpre noirâtre, comme dans le Mûrier noir. Cet arbre s'élève rarement jusqu'à 10 mètres dans le nord de la France; mais, dans les contrées les plus méridionales de l'Europe, il est susceptible d'acquérir 16 mètres de haut sur 2 mètres de circonférence; l'écorce de son tronc est grisâtre et crevassée; ses branches sont nombreuses, diffuses, disposées en tête plus ou moins arrondie. Le Mûrier blanc est plus rustique que le Mûrier noir; il résiste parfaitement aux hivers les plus rigoureux du nord de la France; à la faveur de situations abritées, on le cultive en Allemagne et en Russie jusqu'au 50ᵉ degré de latitude. Cet arbre se refuse à croître dans les sols humides et tenaces, tandis qu'il craint peu la sécheresse. Le bois du Mûrier blanc est d'un jaune pâle, assez dur, et d'un grain serré; on l'emploie à des ouvrages de tour, de menuiserie et de charronnage. Enfin, on peut en obtenir, surtout de celui des racines, une teinture d'un jaune très solide, et, à ce qu'on assure, aussi belle que celle du fustet. Les fruits ont une saveur sucrée, mais fade; aussi ne sont-ils guère estimés pour la nourriture de l'homme; mais ils servent à engraisser la volaille, qui en est très friande; on les utilise encore pour faire du vinaigre et des sirops. — Une autre espèce non moins importante que le Mûrier blanc est le **Mûrier multicaule** (*M. multicaulis*), connu encore sous le nom de *Mûrier des Philippines*. Cette espèce est originaire de Chine, où on la préfère à toutes ses congénères pour l'industrie séricicole. Le Mûrier multicaule prospère dans les départements du Midi; mais il résiste difficilement aux hivers du nord de la France; sa culture est plus avantageuse que celle du Mûrier blanc, parce qu'elle produit une quantité plus considérable de feuilles, et que la soie obtenue des chenilles qui en ont été nourries est d'une qualité supérieure. L'espèce se distingue à ses feuilles plus ou moins ridées, rudes au toucher en dessus, d'un vert gai, pubescentes en dessous, très acérées; les fruits sont oblongs ou ellipsoïdes, pédonculés, non pendants, petits, d'abord blancs, puis rouges, enfin noirâtres. — Dans l'Asie équatoriale, on cultive plus spécialement, pour la nourriture des vers à soie, le **Mûrier de l'Inde** (*M. indica*, L.). Ce Mûrier ne résiste pas aux hivers, sous le climat de Paris. — Le **Mûrier rouge** (*M. rubra*, L.), indigène du Canada et des Etats-Unis, se fait remarquer par sa tête ample et très touffue. Ses feuilles ne conviennent aucunement à la nourriture des vers à soie; mais ses fruits ne le cèdent pas à ceux du Mûrier noir. — Le **Mûrier tinctorial** (*M. tinctoria*, L.), espèce qui croît aux Antilles ainsi qu'aux environs de Carthagène, fournit le bois connu dans le commerce sous les noms de *fustet* ou *bois jaune*.

MURIER A PAPIER. L'arbre auquel on donne ce nom n'appartient en réalité au genre *Mûrier*; c'est le *Broussonetia papyrifera* des botanistes, qui fait partie toutefois de la famille des *Ulmacées* et de la tribu des *Morées*. C'est un bel arbre à tronc droit recouvert d'une écorce brune, très branchu, à feuilles de forme très variable, tantôt à trois, tantôt à cinq lobes, dentées en scie, quelquefois inégalement divisées, rugueuses, vertes en dessus, blanchâtres en dessous, pétiolées. Les fleurs sont petites, dioïques; les fleurs mâles en épis denses, les fleurs femelles en capitules; le fruit, un peu plus gros qu'un pois, est plein d'un jus douceâtre. Cet arbre utile abonde au Japon et dans les îles de la mer des Indes, et les Japonais en font ce beau papier si remarquable par sa souplesse et sa résistance. — En novembre ou décembre, alors que la sève n'a plus aucune activité, on récolte les tiges de Broussonetia; on coupe les jeunes rejetons en morceaux d'un mètre de long, on les réunit en petits fagots qu'on soumet à un premier lavage; puis on les met dans une chaudière où ils subissent une ébullition prolongée. On en détache ensuite l'écorce que l'on fait tremper pendant trois ou quatre heures dans l'eau courante. On racle cette écorce avec un couteau pour en enlever l'épiderme; puis, après l'avoir lavée de nouveau, on l'expose au soleil jusqu'à ce qu'elle soit devenue blanche. On bat ensuite l'écorce à grands coups de maillet sur une table jusqu'à ce qu'elle soit réduite en bouillie; on la lave, puis on la met dans un crible à travers lequel l'eau s'écoule, et on l'agite longuement. On met alors la pâte dans une cuve en bois avec de l'eau additionnée d'eau de riz et d'une décoction mucilagineuse d'hortensia. On agite bien le mélange, et il n'y a plus qu'à retirer de la cuve la quantité de matière nécessaire pour faire les feuilles de papier une par une sur des châssis faits en bambou.

MUSA. Nom latin du genre *Bananier*, d'où le nom de *Musacées*, désignant la famille des *Bananiers*. (Voir ce mot.)

MUSANGA. (Voir Paradoxure.)

MUSARAIGNE (*Sorex*) (du latin *mus*, rat, et *aranea*, araignée). Genre de mammifères carnassiers de l'ordre des Insectivores; type de la famille des *Soricidés*; leur système dentaire est composé de deux incisives fortes et crochues en haut et en bas, de

Musaraigne commune.

seize molaires à la mâchoire supérieure et de dix à l'inférieure; en tout, trente dents. Les Musaraignes ressemblent par leurs formes générales aux petites espèces du genre *Rat*; mais elles s'en distinguent au premier coup d'œil par la forme allongée de la tête, terminée par une petite trompe et par tous les caractères qui différencient un insectivore d'un rongeur. Les anciens auteurs les plaçaient même parmi les rats et c'est de cette confusion que vient leur nom de *Mus araneus* que donne Pline à l'espèce commune, et c'est Linné qui leur a appliqué le nom de *Sorex*. Chez ces animaux, les oreilles sont très grandes et les yeux très petits; les pattes courtes, terminées par cinq doigts armés d'ongles crochus; un pelage doux et épais recouvre le corps; sur chaque flanc existe, sous les poils ordinaires, une rangée de soies raides et serrées entre lesquelles suinte une humeur grasse extrêmement fétide. Les Musaraignes vivent dans des trous d'arbres ou de murs dont elles ne sortent généralement que le soir pour aller à la recherche des vers et des insectes dont elles font leur nourriture. On en connaît plusieurs espèces qui se trouvent dans toutes les parties du monde. La plus répandue en Europe est la **Musaraigne commune** (S. *araneus*) ou *musette*, longue de 6 centimètres du bout du museau à la naissance de la queue ; celle-ci mesure 3 centimètres. Son pelage est gris en dessus, cendré en dessous, mais il varie souvent du brun au cendré clair. Elle habite les bois pendant la belle saison et se rapproche l'hiver des habitations, où elle se cache dans les écuries, les granges, etc. La croyance populaire, suivant laquelle la morsure de cet animal serait venimeuse, et dangereuse pour le bétail, est fausse. — La **Musaraigne-carrelet** (S. *tetragonurus*) doit son nom à la forme quadrilatère de sa queue. — La **Musaraigne d'eau** habite de préférence le bord des ruisseaux, où elle nage avec facilité, grâce aux cils raides qui bordent ses pieds ; elle est noire dessus, blanche dessous. — La **Musaraigne de Toscane**, la plus petite des espèces d'Europe, a le corps long de 3 centimètres et la queue de 5 centimètres. Son pelage est d'un gris brun. Elle est commune en Italie. — Une espèce étrangère, la **Musaraigne musquée**, de l'Inde, répand une forte odeur de musc qui imprègne tout ce qu'elle touche. Elle est du double plus grande que la musette ; son poil est court, d'un gris brun teint de roussâtre. — La **Musaraigne géante**, de l'Inde, est longue de 17 centimètres, du bout du museau à la naissance de la queue ; celle-ci a près de 10 centimètres. Son pelage est d'un gris brun en dessus. Elle répand, comme l'espèce précédente, une forte odeur musquée.

MUSC. Substance odorante que nous fournit un animal dont nous avons parlé à l'article Chevrotain. Le Musc s'offre sous l'aspect d'une substance onctueuse, grumeleuse, d'un brun noirâtre, d'une odeur pénétrante. On connaît son emploi en parfumerie ; la médecine en fait usage à titre de stimulant et d'antispasmodique. Il paraît avoir effectivement une action très réelle sur le système nerveux. On le prescrit dans l'hystérie, la coqueluche, le tétanos, pour combattre les symptômes ataxiques des fièvres graves, etc.

MUSCA. Nom scientifique latin du genre *Mouche*.

MUSCADE. Fruit du Muscadier.

MUSCADIER (*Myristica*). Genre de plantes dicotylédones, polypétales, hypogynes, constituant à lui seul la famille des *Myristicacées*, et renfermant des arbres et des arbrisseaux propres aux parties chaudes de l'Amérique et des îles de l'Asie tropicale, lesquels, par leur port leur aspect général, ressemblent à des lauriers. L'espèce la plus remarquable du genre est le **Muscadier aromatique** (*M. officinalis*, L.). C'est un arbre qui s'élève à 10 ou 12 mètres de hauteur ; ses branches étalées, très rameuses, forment une belle cime ovoïde ; ses feuilles, longues de 12 à 15 centimètres, sont alternes, coriaces, luisantes, lancéolées, d'un beau vert en dessus, blanchâtres en dessous. Les fleurs sont axillaires, dioïques, dépourvues de corolle, à calice campanulé, tridenté, de la forme et de la grandeur de celles du muguet. Les fleurs mâles naissent en corymbes lâches ; elles offrent chacune neuf ou douze étamines, soudées en forme de colonne ; les fleurs femelles sont portées, au nombre de une à trois, sur des pédoncules plus courts que ceux des fleurs mâles. L'ovaire est à une seule loge et à ovule solitaire ; il est surmonté d'un style court. Le fruit est une capsule uniloculaire, charnue, bivalve, du volume d'une noix, presque sphérique, d'un vert jaunâtre à la maturité, à chair blanche, filandreuse, âcre et astringente. Ce fruit

Muscadier ; a, muscade.

contient une graine presque globuleuse, enveloppée d'un arille (enveloppe charnue) très aromatique, mince, charnu, découpé en forme de réseau, et de couleur écarlate à l'état frais ; le tégument extérieur de la graine est osseux, mince, fragile, brun noirâtre ; le périsperme est charnu, blanchâtre, fortement aromatique, parsemé dans toute sa substance de veines irrégulièrement ramifiées, et remplies d'une huile grasse, jaunâtre, de la consistance du beurre. C'est ce périsperme qui, dépouillé des téguments, puis séché à la fumée et soumis pendant quelque temps à la macération dans une forte lessive de chaux, constitue la *noix muscade* du commerce. L'arille de la graine du Muscadier est ce qu'on appelle vulgairement *macis*, ou *fleur de muscade*, substance dans laquelle l'arome prédomine. Par la distillation, on extrait de la graine du Muscadier une huile essentielle caustique, et, par l'expression, l'huile grasse dont nous avons parlé. Ces substances, qui s'emploient comme remèdes stimulants, sont connues sous le nom d'*huile de muscade*. Le Muscadier est originaire des Moluques, où sa culture fut longtemps monopolisée par la Compagnie hollandaise ; mais, depuis la fin du siècle dernier, cet arbre se cultive aussi aux îles de France et de Bourbon, ainsi que dans l'Inde et dans l'Amérique équatoriale.

MUSCARDIN. Espèce du genre *Loir*.

MUSCARDINE. Maladie parasitaire dont sont atteints les Vers à soie. (Voir ce mot.)

MUSCARI. Genre de plantes monocotylédones de la famille des *Liliacées*, offrant pour caractères : périanthe globuleux, à limbe court divisé en six dents ; étamines non saillantes ; ovaire à trois loges, stigmate à trois angles. Ce sont des plantes bulbeuses, à fleurs disposées en grappe simple. Les fleurs violacées du **Muscari odorant** (*Muscari moschatum*), du Levant, répandent une odeur musquée à laquelle ce genre doit son nom. — Le **Muscari à toupet** (*M. comosum*), connu vulgairement sous le nom de *vaciet* ou d'*ail à toupet*, croît assez communément dans les champs, les clairières des bois et les vignes d'une partie de la France ; ses fleurs sont d'un bleu violet. Son bulbe passe pour posséder des propriétés émétiques ; ses fleurs sont antispasmodiques. — On cultive dans les jardins le **Muscari monstruosum**, qui donne une grosse grappe de fleurs d'un bleu violacé.

MUSCAT. Nom d'une variété de Raisin.

MUSCICAPA. Nom scientifique latin des oiseaux du genre *Gobe-mouches*. (Voir ce mot.)

MUSCIDÉS. (Voir Mouches.)

MUSCINÉES. (Voir Mousses.)

MUSCLES. Organes composés de tissu musculaire ou contractile, qui, chez les mammifères, se présentent sur l'animal écorché sous l'aspect de masses rouges plus ou moins foncées (chair musculaire). Ils s'attachent généralement aux leviers formés par les os du squelette et sont les agents actifs des mouvements. L'insertion des Muscles sur les os ne se fait pas directement, elle a lieu par le moyen d'une substance intermédiaire de texture fibreuse qui pénètre dans la substance de ces organes. Tantôt ce tissu fibreux, qui est blanc et nacré, prend la forme d'une membrane ; on l'appelle alors *aponévrose ;* d'autres fois il ressemble à une corde plus ou moins longue, et constitue alors ce que les anatomistes nomment *tendons.* Ce sont ces tendons que l'on appelle vulgairement *nerfs*, bien qu'ils n'aient rien de commun avec ces organes. — Les Muscles proprement dits sont en général formés d'une partie épaisse, molle et rouge, que l'on appelle *chair*. Tous les Muscles destinés à produire les mouvements du corps sont fixés au squelette par leurs deux extrémités ; il en résulte que, lorsqu'ils se contractent, ils déplacent l'os qui leur présente le moins de résistance et l'entraînent vers celui qui reste immobile, et qui leur sert de point d'appui pour mouvoir le premier. Le principe de l'irritabilité qui préside au mouvement des Muscles est tantôt soumis à la volonté de l'être, tantôt indépendant d'elle. De là la distinction admise par les anatomistes de Muscles volontaires ou de la vie animale, et de Muscles involontaires ou de la vie organique. Les premiers sont ceux qui servent à la station, aux divers genres de progression, aux mouvements du larynx et à un état des organes des sensations. Les seconds sont ceux qui servent aux mouvements organiques, tels que les mouvements du cœur, du tube alimentaire, de la vessie, etc. Cependant, il est peu de fonctions sur lesquelles la volonté et, surtout, les passions n'aient une influence notable. Les mouvements des

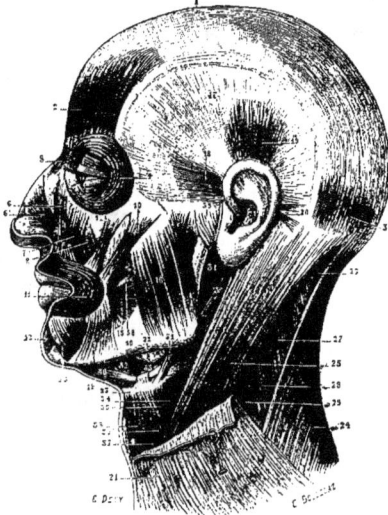

Muscles de la tête et du cou (couche superficielle).

1, aponévrose épicrânienne réunissant le muscle frontal (2) et le muscle occipital (3), qui forment une sorte de muscle digastrique ; 4, muscle orbiculaire des paupières ; 5, muscle pyramidal ; 6, muscle élévateur commun de la lèvre supérieure et de l'aile du nez ; 6', muscle transverse du nez ; 7, muscle élévateur propre de la lèvre supérieure ; 8, muscle canin ; 9, muscle petit zygomatique ; 10, muscle grand zygomatique ; 11, muscle orbiculaire des lèvres ; 12, muscle de la houppe du menton ; 13, muscle carré du menton ; 14, muscle triangulaire des lèvres ; 15, muscle buccinateur ; 16, muscle masséter ; 17, aponévrose temporale qui recouvre le muscle du même nom ; 18, muscle auriculaire antérieur ; 19, muscle auriculaire supérieur ; 20, muscle auriculaire postérieur ; 21, muscle peaussier dont la partie supérieure a été incisée pour montrer les muscles sous-jacents des régions sus et sous-hyoïdienne ; 22, glande sous-maxillaire ; 23, os hyoïde ; 24, muscle trapèze ; 25, muscle sterno-cléido-mastoïdien ; 26, muscle complexus ; 27, muscle splénius ; 28, muscle angulaire de l'omoplate ; 29, muscle scalène postérieur ; 30, muscle digastrique ; 31, muscle stylo-hyoïdien ; 32, muscle mylo-hyoïdien ; 33, muscle hypoglosse ; 34, muscle constricteur du pharynx ; 35, muscle sterno-cléido-hyoïdien ; 35', muscle omo-hyoïdien ; 36, muscle thyro-hyoïdien ; 37, muscle sterno-thyroïdien ; 38, canal de Stenon ; 39, articulation temporo-maxillaire ; 40, maxillaire inférieur.

Muscles sont prodigieusement nombreux et variés ; on peut toutefois les rapporter à deux classes, suivant qu'ils concourent à la production d'un même mouvement ou qu'ils déterminent un mouvement contraire à celui d'un autre Muscle. Dans le premier cas, on les appelle *congénères*, et dans le second, *antagonistes*. On désigne aussi les Muscles d'après leurs usages, sous les noms de *fléchisseurs* et d'*extenseurs*, d'*adducteurs* et d'*abducteurs*, de *rotateurs*, etc. — Les Muscles de la face sont tous groupés autour des ouvertures naturelles de la région antérieure de la tête ; ce sont : le Muscle *orbiculaire des paupières*, le Muscle *orbiculaire des lèvres*, véritables sphincters, ou anneaux composés de fibres circulaires qui servent à fermer les yeux et à rapprocher les lèvres ; le *Muscle des joues*, le *Muscle masséter*, servant à élever la mâchoire inférieure ; le *Muscle temporal*, servant au même usage ; le *zygomatique*, les Muscles élévateurs et abaisseurs des lèvres. Les Muscles de la région cervicale se portent de la colonne vertébrale à la partie postérieure de la tête, et servent à la redresser ; d'autres s'insèrent sur les côtés de la base du crâne, aux apophyses, et descendent obliquement vers la poitrine, à la partie antérieure du cou ; ils servent à faire tourner la tête sur la colonne vertébrale. Le poids du corps tendant continuellement à courber la colonne vertébrale en avant, il existe des Muscles puissants qui s'insèrent le long de sa face postérieure et ont pour but de redresser l'épine dorsale ; ils se fixent à l'extrémité des apophyses. Les mouvements de flexion de la colonne en avant ne nécessitent presque aucun déploiement de force ; aussi les Muscles employés à les produire sont-ils grêles et en petit nombre. Des Muscles nombreux fixent l'omoplate contre les côtes. L'un des principaux d'entre eux est le *grand dentelé*, qui se porte de la partie antérieure du thorax au bord postérieur de cet os, en passant entre lui et les côtes. Chez l'homme, il est peu développé ; mais il est extrêmement fort chez les quadrupèdes, et constitue avec celui du côté opposé une espèce de sangle qui supporte tout le poids du tronc. Chez l'homme, le *Muscle trapèze*, qui s'étend de la colonne vertébrale à l'omoplate, sert à relever l'épaule et à soutenir le poids du membre ; aussi est-il très développé. Les Muscles destinés à mouvoir l'humérus s'insèrent au tiers supérieur de l'os et s'attachent par leur extrémité opposée à l'omoplate et au thorax ; ce sont : le *grand pectoral*, qui porte le bras en dedans, le *grand dorsal*, qui le porte en arrière, et le *deltoïde*, qui le relève. Les Muscles extenseurs et fléchisseurs de l'avant-bras s'étendent de l'épaule ou de la partie supérieure de l'humérus à la partie supérieure du cubitus. Les mouvements de rotation du radius et de la main sur le cubitus sont affectés par des Muscles situés à l'avant-bras et qui se portent obliquement de l'extrémité de l'humérus ou du cubitus à l'une et à l'autre de ces parties. — Les Muscles de la main, fléchisseurs et extenseurs des doigts, forment la majeure partie de la masse charnue de l'avant-bras et se terminent par des tendons extrêmement longs et grêles, dont les uns se fixent aux premières phalanges, les autres aux phalangettes. La plupart des Muscles destinés à mouvoir la cuisse et la jambe prennent insertion sur le bassin. Les Muscles extenseurs de la jambe s'attachent au tibia. Le pied ne peut se mouvoir sur la jambe que dans le sens de la longueur, et les Muscles qui servent à cet usage entourent le tibia et le péroné. Les extenseurs du pied, qui forment la saillie du

mollet, se fixent au calcanéum par un gros tendon appelé *tendon d'Achille;* outre ces Muscles, qui sont généralement disposés par paire, les uns occupant le côté droit du corps, les autres le côté gauche, il y a des muscles impairs, tels que les sphincters et

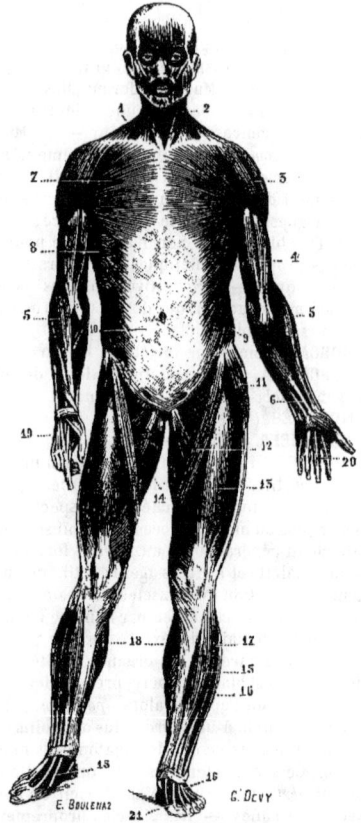

Ensemble des muscles superficiels du corps humain.

1, trapèze ; 2, sterno-cléido-mastoïdien ; 3, deltoïde ; 4, biceps ; 5, long supinateur ; 6, grand palmaire ; 7, grand pectoral ; 8, grand dentelé ; 9, grand oblique de l'abdomen ; 10, grand droit de l'abdomen recouvert par l'aponévrose du grand oblique ; 11, tenseur du fascia lata ; 12, couturier ; 13, quadriceps fémoral ; 14 adducteurs de la cuisse ; 15, jambier antérieur ; 16, péroniers latéraux ; 17, extenseur commun des orteils ; 18, triceps de la jambe ; 19, tendons de l'extenseur commun des doigts ; 20, tendons du fléchisseur commun ; 21, tendons de l'extenseur du gros orteil.

le *diaphragme*. Ce dernier est un large plan musculaire qui sépare horizontalement la cavité de la poitrine de celle du ventre ; sa face supérieure convexe fait partie de la cavité thoracique ; sa face inférieure concave est tournée vers l'abdomen. Il concourt aux mouvements de la respiration et seconde les muscles abdominaux dans leurs efforts pour l'expulsion des matières fécales et de l'urine.

MUSCUS. Nom latin des Mousses. (Voir ce mot.)

MUSETTE. Nom vulgaire d'une espèce de Musaraigne. (Voir ce mot.)

MUSIMON. Nom du Mouflon de Corse. (Voir Mouton.)

MUSOPHAGE. (Voir Touraco.)

MUSTÉLIDÉS (de *Mustela*, nom latin de la Marte). Famille de petits mammifères carnassiers, section des Digitigrades, caractérisés par la forme allongée de leur corps et la brièveté de leurs pieds, qui leur permettent de passer par les plus petites ouvertures, et leur ont fait donner le nom de *vermiformes*. Ils ont, en outre, une mâchelière tuberculeuse à chaque mâchoire. Cette famille comprend trois genres principaux : les *Martes*, les *Putois* et les *Loutres*. (Voir ces mots.)

MUTILLE. Genre d'insectes Hyménoptères, section des Porte-aiguillon, qui forme, avec les *Fourmis*, le groupe des *Hétérogynes*. Ces insectes ont la forme générale des fourmis, mais leurs mœurs sont bien différentes. Ils vivent solitaires et ne renferment pas d'individus neutres ; les femelles n'ont pas d'ailes ; elles vont pondre leurs œufs dans les nids des bourdons et leurs larves dévorent celles de ces insectes. La plupart des espèces habitent les pays chauds. La **Mutille à pieds roux** (*Mutila rufipes*) se trouve en France.

MUTIQUE. Ce terme s'emploie, en botanique, pour désigner une partie qui ne se termine ni en pointe ni en arête.

MYCELIUM (du grec *mukès*, champignon). Tissu filamenteux qui résulte de la végétation des spores des champignons et constitue la partie fondamentale et végétative de la plante.

MYCODERME (du grec *mukès*, champignon, et *derma*, peau). Nom sous lequel on désigne quelquefois les champignons parasites qui se développent sur la peau de l'homme et des animaux. — On donne encore ce nom aux végétations qui se produisent à la surface des liquides en voie de fermentation. Tel est le *mycoderme du vin*.

MYCOLOGIE (de *mukès*, champignon, et *logos*, discours). Partie de la botanique qui s'occupe des Champignons.

MYDAS (nom mythologique appliqué à ces insectes à cause de la longueur de leurs antennes). Les Mydas sont des insectes Diptères de la famille des *Tanystomes*, de très grande taille pour la plupart, et qui habitent les régions chaudes de l'Afrique et de l'Amérique. Ils ont les mœurs des asiles, et, comme ces derniers, vivent aux dépens des autres insectes qu'ils saisissent au vol et dévorent. L'une des espèces les plus remarquables est le **Mydas géant** du Brésil.

MYDAS. Nom d'un singe du genre *Tamarin*.

MYDAUS (du grec *mudos*, mauvaise odeur). Espèce du genre *Moufette* (*Mephitis javanensis*), dont Fr. Cuvier a fait un genre à part. (Voir Moufette.)

MYE, *Mya* (du latin *muax*, moule). Genre de mollusques Lamellibranches siphonés, type de la famille des *Myidés*. Ces bivalves ont une coquille solide, transverse, bâillante postérieurement, cou-

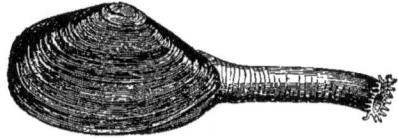

Mye des sables.

verte d'un épiderme brun ou grisâtre ; leur manteau est presque complètement fermé ; l'animal fait sortir, par une des extrémités de la coquille, un pied court, et, par l'autre, un double siphon très grand. Le type du genre est la **Mye des sables** (*M. arenaria*), qui vit enfoncée dans le sable. On la mange sur nos côtes.

MYGALE. Genre type de la famille des *Mygalidés*, de l'ordre des Aranéides, de la classe des Arachnides, présentant pour caractères : les yeux au nombre de huit, groupés sur une élévation au devant du céphalothorax ; les mandibules horizontales avec leur crochet terminal fléchi en dessous, muni de pointes cornées en forme de râteau ;

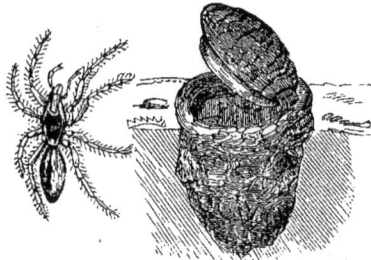

Mygale maçonne.

les palpes insérés à l'extrémité des mâchoires ; quatre poches pulmonaires ; les filières au nombre de deux paires. Les pattes sont allongées et robustes. Ce genre renferme les plus grandes et les plus fortes espèces d'araignées, en même temps que les plus industrieuses. Parmi les premières, nous citerons la **Mygale aviculaire** (*Mygale avicularia*), qui a jusqu'à 6 centimètres de longueur ; tout le corps et les pattes sont couverts de longs poils d'un brun roux qui lui donnent un aspect hideux. Cette araignée, commune dans la Guyane et la Martinique, se construit, dans les creux d'arbres ou de pierres, une vaste cellule d'une soie forte et très blanche ; elle y demeure pendant le jour et n'en sort que lorsque le soleil descend sous l'horizon, pour donner la chasse aux gros insectes et aux petits lézards. Elle tue même les petits oiseaux qu'elle surprend dans leur nid. — La **Mygale de Leblond**, qui

87

se trouve au Brésil, est encore plus grande; elle atteint 8 centimètres de longueur, et ses pattes, étendues, occupent un espace circulaire de 15 à 18 centimètres de diamètre. Ces araignées sont venimeuses; leur morsure est toujours mortelle pour les petits animaux, et très douloureuse même pour l'homme. — Les espèces d'Europe sont de plus petite taille, et quelques-unes d'entre elles sont remarquables par leur industrie; telle est la **Mygale maçonne** (*M. cæmentaria*), longue de 18 millimètres, qui se trouve en Italie, dans le midi de la France et en Algérie. Elle creuse sur un chemin en pente et aride un trou cylindrique qui a de 1 à 3 décimètres de profondeur; elle l'enduit d'une pellicule soyeuse, blanche et mince. L'entrée de ce tube, aussi ronde que si on l'eût tracée au compas, est fermée par un opercule mobile en terre, bombé et tapissé de soie à son intérieur; ce couvercle est attaché par une charnière élastique au moyen de laquelle il retombe tout seul pour boucher le trou. Pour sortir de sa retraite, l'araignée n'a qu'à soulever le couvercle, qui retombe après lui avoir livré passage; mais, comme elle devait avoir plus de difficulté pour y rentrer, elle a eu soin de construire la surface extérieure de la porte rugueuse et inégale, de manière à pouvoir la saisir facilement avec ses crochets. Mais la Mygale a donné des preuves encore plus admirables de son instinct; si l'on examine attentivement la surface interne du couvercle, on y découvre quelques petits trous percés près du bord opposé à la charnière; ces trous sont destinés à remplir le rôle de verrous; en effet, lorsqu'on veut ouvrir, par force, de l'extérieur, la porte de la Mygale, celle-ci se cramponne au moyen de ses pattes aux parois de son tube, puis elle fait pénétrer dans les trous du couvercle les puissants crochets de ses mâchoires et le maintient ainsi fermé avec une telle énergie, qu'on éprouve une grande difficulté à en triompher. C'est toujours pendant la nuit que la Mygale maçonne travaille à son habitation ou poursuit sa proie; elle tend de petits filets sur les inégalités du terrain qui avoisine sa demeure, et se pourvoit ainsi de mouches, de moucherons et de petits vers. — La **Mygale pionnière**, qui habite la Corse, offre la même curieuse industrie. Les femelles des Mygales déposent leurs œufs dans un cocon de soie blanche et veillent sur leur progéniture avec la plus grande sollicitude; elles le saisissent entre leurs pattes, s'enfuient avec leur précieux fardeau à la moindre apparence de danger, et se laissent souvent tuer plutôt que de l'abandonner.

MYLABRE, *Mylabris* (nom grec d'un insecte à propriétés vésicantes). Genre d'insectes COLÉOPTÈRES de la famille des *Hétéromères*, de la tribu des *Vésicants* ou Méloïdés, très voisins des Cantharides (voir ce mot), dont ils rappellent les formes. Les Mylabres, dont les antennes sont renflées vers le bout, abondent dans toutes les parties chaudes de l'ancien continent. Ils ont le corps noir avec des

taches ou des bandes jaunes ou rougeâtres sur les élytres. Le Mylabre de la chicorée (*M. cichorii*), très commun dans le Midi, mais qu'on ne trouve ni dans le centre ni dans le Nord, est l'insecte que les anciens employaient comme cantharide et que décrit Dioscoride. Il est noir, velu, avec une tache humérale et deux bandes jaunes sur chaque élytre. C'est également une grande espèce de ce genre (*M. pustulatus*) qu'emploient les Chinois pour remplacer notre cantharide dans la thérapeutique; elle est longue de 4 centimètres. Au Brésil et au Mexique, on emploie au même usage des espèces du pays.

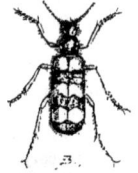

Mylabre de la chicorée.

MYLANDRE. (Voir MILANDRE.)

MYLIOBATES. (Voir RAIE.)

MYOGALE. (Voir DESMAN.)

MYOLOGIE (du grec *mus*, muscle, et *logos*, traité). Partie de l'anatomie qui concerne les muscles. (Voir ce mot.)

MYOPOTAME (du grec *mus*, rat, et *potamos*, rivière). Genre de mammifères de l'ordre des RONGEURS, qui tiennent le milieu entre les Rats et les Castors. Ils ont des premiers l'apparence extérieure, mais ils en diffèrent par leur pelage raide et mêlé de piquants, leur queue velue et quatre molaires de chaque côté en haut et en bas, ce qui les rapproche des Castors, dont ils ont aussi les cinq doigts à chaque pied, dont les postérieurs palmés. Ils ont aussi de ces derniers la taille et les habitudes aquatiques. On n'en connaît qu'une espèce de l'Amérique méridionale, le Coypou (*Myopotamus coypus*), qui a près de 1 mètre de longueur, dont un tiers pour la queue. Il est d'un brun marron, plus clair sur les flancs et roux sous le ventre, et porte des moustaches longues et raides.

MYOSOTIS (de *mus*, souris, et *ous*, *ôtos*, oreille). Genre de plantes dicotylédones, monopétales, hypogynes, de la famille des *Borraginées*. Son nom lui vient de la ressemblance qu'on a cru reconnaître entre les feuilles de ces plantes et l'oreille du petit rongeur. Les Myosotis sont des plantes herbacées, vivaces, de petite taille, couvertes de poils courts et serrés. Leurs feuilles sont sessiles; leurs fleurs, en forme de coupe, petites, remarquables par leur élégance, sont d'un joli bleu d'azur, roses ou blanches, avec la gorge jaune. Ces fleurs forment de petits épis du plus joli effet; elles se composent d'un calice à cinq divisions, d'une corolle en entonnoir dont le limbe a cinq lobes, de cinq étamines. — Comme type du genre, nous citerons le **Myosotis des marais** (*Myosotis palustris*), répandu dans les prairies et les lieux humides de toute l'Europe. Cette charmante plante a inspiré des idées douces et affectueuses, comme l'indiquent ses noms vulgaires de *ne m'oubliez pas*, en France; de *vergissmeinnicht*, en Allemagne; et de *forget me not*, en

Angleterre. On lui donne aussi parfois le nom de *scorpione*, à cause de ses épis recourbés en queue

Myosotis.

de scorpion. On cultive le Myosotis dans les jardins où il fleurit depuis avril jusqu'en août. On le multiplie de boutures, de graines ou d'éclats; il demande une terre constamment humide.

MYOSURUS (du grec *mus*, rat, et *oura*, queue). Genre de plantes dicotylédones, polypétales, hypogynes, de la famille des *Renonculacées*, dont les caractères sont: calice à cinq sépales prolongés en éperon; cinq pétales à onglet tubuleux; akènes nombreux, disposés en épi grêle, munis d'un bec court; étamines peu nombreuses. — Le **Myosure minime** (*Myosurus minimus*), vulgairement nommé *ratoncule*, est une petite herbe à hampe uniflore, à fleur d'un jaune verdâtre, à feuilles radicales, linéaires. On la trouve dans les terrains secs et sablonneux, où elle fleurit au printemps.

MYOXUS. Nom scientifique latin du Loir. (Voir ce mot.)

MYRE. (Voir ANGUILLE.)

MYRIAPODES ou **MILLE-PIEDS.** Classe d'animaux arthropodes, terrestres, comme les Insectes et les Arachnides. Comme les premiers, ils respirent par des trachées; mais ils sont dépourvus d'ailes et ont toujours plus de six pieds. Le nombre de ceux-ci varie depuis vingt-quatre jusqu'à plus de cent, et ces organes sont attachés aux anneaux qui, dans certains genres (*Chilognathes*), en portent chacun deux paires. Lorsque ces anneaux sont formés de deux demi-segments, chacune de ces parties a une

paire de pieds, tandis qu'une d'elles seulement offre deux stigmates. Les yeux sont le plus souvent formés par la réunion d'yeux lisses; quelques Myriapodes cependant ont des cornées à facettes. — Un fait bien remarquable, c'est que, chez certaines espèces, le nombre des anneaux et celui des pieds augmentent encore après l'éclosion. La tête porte deux antennes courtes; la bouche, conformée pour

Iules des sables (*Iulus sabulosus*).

la mastication, rarement pour la succion (*Polygornium*), est composée d'une paire de mandibules biarticulées et de deux paires de mâchoires. Ces deux paires de mâchoires se soudent chez les Iules de façon à former une sorte de lèvre; mais, chez les Scolopendres, les mâchoires demeurent distinctes et, en outre, la première paire de pattes se transforme en grands crochets au sommet desquels viennent s'ouvrir les glandes à venin. Le thorax est formé d'une suite d'anneaux tous à peu près semblables et égaux entre eux, et l'on ne distingue aucune ligne de démarcation entre lui et l'abdomen. Le système nerveux est formé d'une longue chaîne ventrale qui se renfle en ganglions, dont le nombre correspond à celui des anneaux du corps. Le canal digestif s'étend tout le long du corps; il en est de même de l'appareil circulatoire représenté par un vaisseau dorsal divisé en autant de chambres qu'il y a d'anneaux, et de chacune desquelles part une paire d'artères latérales. Au sortir de l'œuf, les jeunes n'ont qu'un petit nombre d'anneaux et de pattes. Ils subissent des mues successives après chacune desquelles ils acquièrent de nouveaux anneaux et de nouveaux membres. Les Myriapodes vivent ordinairement dans les lieux humides et ombragés, sous les pierres, les écorces et même dans nos habitations; ils fuient la lumière et ne sortent guère que le soir. Leur forme générale est plus ou moins allongée et linéaire; le nombre de leurs pieds les fait reconnaître facilement. On divise les Myriapodes en deux ordres: 1° les CHILOGNATHES, à antennes courtes, renflées à leur extrémité, et composées de sept articles; ils ont le corps ordinairement cylindrique et crustacé et leurs anneaux portent une double paire de pattes. Cette division renferme entre autres les genres *Iule* et *Glomeris*,

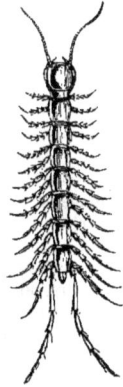

Scolopendre.

type des familles des *Iulidés* et des *Gloméridés;* 2° les CHILOPODES, à antennes longues et subulées, composées de quatorze articles au moins; leur corps est déprimé et généralement membraneux et leurs anneaux ne portent qu'une paire de pattes. Les genres *Scolopendre* et *Lithobie* appartiennent à cette division. Parmi les premiers, nous citerons l'Iule des sables (*Iulus sabulosus*), qui a plus de deux cents pattes; il est brun, avec une double raie rougeâtre sur le dos; il a de 45 à 60 millimètres de longueur; l'Iule terrestre (*I. terrestris*), d'un tiers plus petit, est d'un gris plombé rayé de jaune. Une espèce du Brésil, l'Iule très grand (*I. maximus*), a de 15 à 18 centimètres de long. Les Iules sont frugivores et nullement dangereux; mais il n'en est pas ainsi des Scolopendres (voir ce mot), dont la morsure cause une cruelle irritation, et souvent des accidents graves.

MYRICA. Genre de plantes dicotylédones, polypétales, périgynes, de la famille des *Myricacées.* Leurs fleurs, disposées en chatons dioïques, ont quatre étamines dans les fleurs mâles; un ovaire à une seule loge, contenant un seul ovule, et que surmonte un style très court terminé par deux longs stigmates, dans les fleurs femelles. Le fruit est un petit drupe à une seule graine dressée. Deux espèces méritent de fixer l'attention : le Myrica gale, vulgairement dénommé *piment aquatique* ou *myrte bâtard*, et le Myrica cerifera, *cirier* ou *arbre à cire* de la Louisiane. Le Galé, appartient aux lieux humides et marécageux des régions tempérées des deux continents; on le trouve en France, en Angleterre et dans le nord de l'Italie. C'est un arbrisseau de 1 mètre de hauteur, à écorce roussâtre pointillée de blanc, à feuilles alternes, dures, oblongues, dentelées en scie et courtement pétiolées, parsemées de points jaunâtres, résineux, odorants; leurs chatons, d'un rouge brun, paraissent avant les feuilles. Ces dernières sont employées pour préserver les étoffes des attaques des insectes; en certains lieux, on en fait des infusions théiformes. La seconde espèce, le Cirier, de l'Amérique septentrionale, croît aussi dans les terrains marécageux; il a le port du précédent, mais est deux fois plus grand; ses feuilles sont plus largement dentées et son fruit se recouvre à maturité d'une couche de matière blanche et onctueuse comparable à de la cire. Pour l'en séparer, on fait bouillir les baies avec une quantité d'eau suffisante pour les recouvrir seulement; on remue les baies de manière à les ramener du centre à la circonférence, où on les écrase contre les parois de la chaudière, afin de favoriser la séparation de la cire. Quand une assez grande quantité de cire est rassemblée à la surface de l'eau, on l'enlève avec une cuiller et on la filtre au travers d'une grosse toile; lorsqu'elle est figée, on la fait égoutter, sécher; puis on la fond et la coule en *pain.* On peut retirer d'un Myrica bien fertile près de 4 kilogrammes de graines, qui donnent 1 kilogramme de cire jaune verdâtre; mais on

peut la purifier par l'alcool bouillant, qui la laisse précipiter incolore presque en totalité par le refroidissement, en retenant le principe colorant, ainsi que l'arome volatil qui lui donnait de l'odeur. Elle peut alors être comparée à la cire d'abeille sous tous les rapports. Le Cirier de la Louisiane jouit en outre de propriétés précieuses pour l'assainissement des lieux marécageux.

MYRICACÉES (du genre *Myrica*). Famille de plantes dicotylédones qui ne comprend que le seul genre *Myrica*. On en fait aujourd'hui une simple tribu de la famille des *Castanéacées*.

MYRIOPHYLLE (du grec *murioi*, dix mille, et *phullon*, feuille). Genre de plantes dicotylédones, polypétales, périgynes, de la famille des *Haloragées.* Ce sont des herbes aquatiques répandues dans les ré-

Myriophylle volant d'eau.

gions froides et tempérées du globe; à feuilles verticillées, linéaires ou découpées en segments capillaires; à fleurs en épi interrompu, les supérieures staminées, les inférieures pistillées. Le type du genre, **Myriophyllum verticillatum**, connu sous le nom de *volant d'eau*, se trouve dans les eaux stagnantes. Il y pullule souvent à ce point qu'il faut curer les étangs.

MYRIPRISTIS. Ce nom, qui signifie en grec *mille scies*, est celui d'un singulier poisson de l'ordre des ACANTHOPTÉRYGIENS, voisin des Holocentres. Cuvier lui a donné ce nom parce que chacune des pièces qui garnissent ses joues et chacune de ses écailles a le bord dentelé comme une scie et que c'est là ce qui frappe le plus au premier aspect de cet animal. Il a le corps court, haut, médiocrement comprimé; la tête obtuse, la queue courte et mince; tout son corps est couvert d'écailles grandes, finement striées, dentelées et marquées d'une tache brune. Il est assez commun sur les côtes de la Martinique, où on le nomme vulgairement *frère Jacques;* c'est un petit poisson de 20 centimètres de long; mais il est d'une beauté merveilleuse et la nature semble avoir employé pour le peindre les plus riches couleurs de sa palette; ses côtés sont d'un rouge cerise glacé, sur un fond argenté et qui vers le dos tourne au vermillon; les bords des écailles jettent un éclat doré, et cet or, reflété par les fines dentelures du bord, forme comme des lignes longitudinales entre leurs rangées. La nageoire dorsale est variée de jaune et de rose ; les pectorales et les ventrales sont aurore. On le conserve souvent dans de grands vases de verre à cause de sa rare beauté ; mais il faut avoir soin de le changer d'eau chaque jour, d'eau de mer bien entendu.

MYRISTICA. (Voir MUSCADIER.)

MYRMECOPHAGA (du grec *murméx*, fourmi, et *phagô*, je mange). Nom scientifique latin du genre *Fourmilier*. (Voir ce mot.)

MYRMÉLÉON. (Voir FOURMILION.)

MYRMICA (du grec *murméx*, fourmi). Genre d'insectes HYMÉNOPTÈRES de la famille des *Formicidés*, caractérisés par des palpes maxillaires très longs, des mandibules triangulaires. Il comprend plusieurs espèces indigènes. La plus commune en France est la Fourmi rouge (*Myrmica rubra*) ; elle est rougeâtre avec le premier nœud muni d'une seule épine en dessous. Cette Fourmi établit son nid dans la terre, sous des pierres ou des détritus. Une très petite espèce de ce genre (*Myrmica domestica*) habite les maisons, où elle est un véritable fléau, pénétrant dans les endroits les mieux clos et dévastant tout ce qui est à sa portée. (Voir FOURMIS.)

MYROBALAN (du grec *muron*, onguent, et *balanos*, gland). On donne ce nom à plusieurs fruits de l'Inde provenant de diverses espèces du genre *Badamier*. (Voir ce mot.) Autrefois employés en médecine, ils sont aujourd'hui abandonnés. — On donne aussi ce nom aux fruits des *Spondias* ou Pruniers d'Amérique.

MYROBOLAN. Mauvaise orthographe. (Voir MYROBALAN.)

MYROSPERME, *Myrospermum* (de *muron*, onguent, parfum, et *sperma*, graine). Arbres de l'Amérique méridionale, de la famille des *Légumineuses papilionacées*, qui fournissent, l'un (*M. peruiferum*) le baume du Pérou, et l'autre (*M. balsamiferum*) le baume de Sonsonate. Plusieurs auteurs les considèrent comme de simples variétés du *Toluifera balsamum*, qui forme aujourd'hui le genre *Myroxylon*.

MYROXYLON (du grec *muron*, parfum, et *xulon*, bois). Genre de plantes dicotylédones de la famille des *Légumineuses papilionacées*, et dont l'espèce principale, le *Myroxylon toluiferum*, produit le baume de Tolu. Le *Myroxyle du Pérou* est un arbre de moyenne grandeur, remarquable par l'élégance et la grâce de son port ; son écorce est lisse, épaisse ; ses feuilles sont composées de folioles alternes ovales, parsemées de points translucides ; ses fleurs blanches et disposées en grappes rameuses produisent des gousses longues et comprimées, un peu courbées en faux. Toutes les parties de cet arbre, et surtout son écorce, sont résineuses, et donnent par incision le célèbre baume du Pérou. — Le *Myroxyle de Tolu*, très voisin de l'espèce précédente, en diffère par ses folioles moins nombreuses, lancéolées et aiguës. Il croît aux environs de Tolu,

dans la province de Carthagène. On obtient par incision de son écorce le baume de Tolu. Le bois de cette espèce est d'un rouge foncé au centre et répand une délicieuse odeur de baume ; il est très recherché pour les constructions. Le suc résineux, qui s'écoule des incisions faites au tronc de ces arbres, est reçu dans des vases où on le laisse se sécher ; il constitue alors des masses solides, d'une couleur fauve, se liquéfiant avec facilité, d'une saveur âcre mais agréable et d'une odeur suave. Ces deux résines ont une composition et des propriétés identiques ; elles renferment une résine soluble, une huile essentielle, en forte proportion (70 pour 100), de l'acide benzoïque. Elles entrent dans la composition des sirops balsamiques, que l'on emploie principalement contre les catarrhes pulmonaires chroniques.

MYRRHE (du grec *murrha*, parfum). La Myrrhe est une gomme-résine qui nous vient d'Arabie et d'Abyssinie ; elle est solide, en fragments irréguliers ou en larmes rougeâtres, fragile et presque friable, luisante, d'une odeur forte, aromatique, d'une saveur âcre et amère ; elle ne se fond pas à la chaleur, brûle très difficilement, et paraît être composée d'un tiers de résine, de gomme et d'une très faible quantité d'huile essentielle. La Myrrhe n'est point usitée dans les arts, mais son usage médicinal est assez fréquent comme tonique ; elle a même été préconisée dans le traitement de la coqueluche. Elle entre dans la composition du baume de Fioravanti, des pilules de cynoglosse, etc. La Myrrhe découle du tronc du *Balsamodendron myrrha*, petit arbuste rabougri, épineux, assez abondant dans l'Arabie Heureuse. (Voyez BALSAMIER.) Comme chacun sait, la Myrrhe était regardée dans l'antiquité comme le parfum le plus exquis et le plus précieux. Il en est parlé dans la Bible, et les mages venus de l'Orient offrirent à l'enfant Jésus de l'or, de l'encens et de la Myrrhe. Les Romains la payaient fort cher et on la brûlait dans les temples et les palais. Ces diverses circonstances nous portent à croire que nous ne connaissons pas la véritable Myrrhe des anciens ; car les qualités de la gomme-résine qui porte aujourd'hui ce nom sont loin de répondre à celles que l'on attribuait à cet aromate précieux.

MYRRHIS (qui a l'odeur de la myrrhe). Genre de plantes ombellifères dont l'espèce type, le **Myrrhis** *odorata*, qui croît dans les pâturages des hautes montagnes, est bien connue sous les noms de *cerfeuil musqué* et *cerfeuil d'Espagne*. Il entre dans la composition de la liqueur de la Grande-Chartreuse.

MYRTACÉES. Famille de plantes dicotylédones, polypétales, périgynes, renfermant des arbres ou des arbrisseaux d'un port élégant, presque toujours ornés en tout temps de leurs feuilles. Celles-ci sont opposées, parsemées de points glanduleux. Leurs fleurs, axillaires ou terminales, tantôt solitaires, tantôt en épis, en cimes, en grappes, ont un calice à quatre ou cinq sépales soudés par leur base, une corolle à quatre ou cinq pétales, régulière, des étamines nombreuses, un ovaire libre, à une seule loge et plus souvent à plusieurs loges. Le fruit est tantôt charnu, tantôt sec et capsulaire, à une ou plusieurs graines. — L'écorce des jeunes pousses, les feuilles, les fleurs, et souvent aussi les fruits des Myrtacées contiennent des huiles essentielles éminemment aromatiques : les clous de girofle (voir GIROFLIER), le piment des Antilles (voir MYRTE) et l'huile de caje-

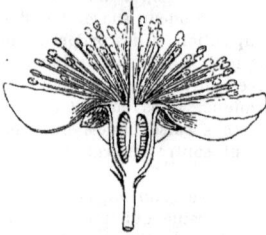

Myrte, fleur coupée verticalement.

put (voir ce mot), sont des exemples bien notables de cette propriété. Outre leur arome, la plupart des Myrtacées contiennent des principes astringents. Les fruits charnus d'un certain nombre d'espèces de cette famille, surtout ceux des Goyaviers (voir ce mot), sont acidules ou rafraîchissants, qualité qui les rend précieux pour les climats brûlants où ils sont indigènes. — Aussi élégantes que variées dans leurs formes, les Myrtacées offrent une foule de plantes d'agrément dont plusieurs prospèrent sous le climat du midi de la France.

MYRTE. Genre type de la famille des *Myrtacées.* (Voir ce mot.) Les Myrtes sont des arbres ou des arbrisseaux aromatiques et très élégants; à feuilles opposées, coriaces, persistantes, en général très entières, à fleurs axillaires ou terminales, pédonculées, solitaires, ou disposées en panicules: chacune est accompagnée de deux bractées. La corolle est blanche dans la plupart des espèces. On connaît environ deux cents espèces de ce genre; presque toutes habitent l'Amérique équatoriale. — L'espèce à laquelle on donne vulgairement le

Myrte, branche fleurie.

nom de Myrte, sans désignation plus spéciale, est le **Myrte commun** (M. communis, L.), qui croît spontanément dans toutes les contrées voisines de la Méditerranée. C'est un petit arbre ou un buisson de 3 à 6 mètres de haut. Les feuilles sont ovales pointues, presque sessiles, luisantes, d'un vert foncé, rapprochées.

Les fleurs sont solitaires aux aisselles des feuilles. Le limbe du calice est à cinq dents. La corolle est blanche. Les baies sont ovoïdes, d'un bleu noirâtre, du volume d'un gros pois. — Le Myrte entre dans la catégorie des arbres poétiques. En effet, sa verdure perpétuelle, et les parfums qui en émanent le rendent digne de cette préférence. Chez les Grecs, le Myrte fut consacré à Vénus. Une des Grâces en portait un bouquet. Aux funérailles des grands hommes, on ornait leur statue de branches de Myrte. Les Romains, eux aussi, l'avaient consacré à Vénus, et il devint le symbole de l'union des époux. Indépendamment de cette illustration poétique et symbolique, le Myrte jouissait encore chez les anciens d'une grande célébrité médicale. Les feuilles, en vertu de leur astringence, s'employaient contre la dysenterie, l'hémorragie, l'hydropisie et autres maladies; mais aujourd'hui ce charmant végétal n'est plus guère employé qu'à la décoration des jardins. Cependant, dans quelques contrées du Midi, on fait encore avec ses baies une liqueur spiritueuse assez agréable. Dans le midi de la France, ainsi qu'en Italie, on fait avec le Myrte des haies et des rideaux de verdure. Dans les pays où il ne peut plus vivre en pleine terre, on l'élève sur une seule tige; ainsi, planté en pot ou en caisse, il a besoin d'une terre substantielle et de fréquents arrosements en été. — Nous devons encore faire mention de quelques espèces importantes. L'une, le **Myrte piment** (M. pimenta, L.), arbre indigène des Antilles, fournit les graines connues sous le nom de *piment;* ce sont des baies violettes à leur maturité, succulentes, sucrées et très parfumées. Cueillies avant leur maturité et desséchées, elles constituent la *toute-épice* du commerce, expression qui indique qu'elles participent à la fois de la saveur de la cannelle, du poivre, du girofle et de la muscade. Ces fruits sont l'objet d'un commerce assez important aux Antilles. — Une autre, également des Antilles, où on la connaît sous les noms vulgaires de *Cannellier sauvage* ou *giroflier sauvage*, et qui est le **Myrtus caryophyllata** des botanistes, produit un fruit comparable aux clous de girofle, tant par la forme que par l'arome. — Le **Myrte d'Australie**, qui rappelle jusqu'à un certain point le genre *Myrtus* de nos contrées, s'élève parfois à une hauteur de 12 mètres; il porte des grappes de fruits d'un beau rouge violet, de la grosseur de nos cerises; ses feuilles, de forme allongée, sont d'un vert foncé. Le fruit donne un jus d'une belle couleur rouge violet et d'un goût légèrement acide, mais très agréable. La fermentation se produit à la température ordinaire avec dégagement d'acide carbonique et production d'alcool. Par l'action de la fermentation, il acquiert une odeur éthérée particulière qui constitue son bouquet. Au point de vue chimique, sa composition présente de nombreuses analogies avec celle du vin. Il serait facile, par conséquent, de tirer des fruits du Myrte d'Australie des produits utilisables dans l'industrie. La culture de cet arbuste ne demande aucun soin, l'acclimatement ne présente aucune difficulté, si l'on en juge par les essais qui ont été faits au Jardin botanique de Naples. Il existe en Sicile une espèce de Myrte qui porte des fruits blancs et sucrés, avec lesquels on fabrique une sorte de vin blanc.

MYRTE BATARD. (Voir Galé.)

MYRTILLE (*Vaccinium myrtillus,* L.). Espèce du genre *Airelle.* (Voir ce mot.)

MYTILACÉS. (Voir Mytilidés.)

MYTILIDÉS (du grec *mutilos,* moule). Famille de mollusques Lamellibranches, section des Asiphonés, caractérisés par une coquille bivalve, régulière, close, à charnière sans dents. Ces espèces sécrètent un byssus. A cette famille appartiennent les moules, les lithodomes, modioles, dreyssènes, etc.

MYTILUS (du grec *mutilos*). Nom scientifique latin des Moules. (Voir ce mot.)

MYXINE (du grec *muxa,* mucosité). Genre de poissons cartilagineux de l'ordre des Cyclostomes, formant la famille des *Myxinidés.* Les Myxines vivent en parasites sur d'autres poissons. Ils ont le corps allongé, cylindrique, vermiforme, recouvert d'une peau nue lisse et visqueuse ; la tête est arrondie et porte à son extrémité une espèce de tube ou évent qui communique avec la cavité buccale ; les yeux manquent et les branchies communiquent avec l'extérieur par une ouverture placée de chaque côté de l'abdomen. La bouche est circulaire, en forme de ventouse, et l'extrémité de la tête porte quatre paires de barbillons. — La **Myxine** (*Myxine glutinosa*) se trouve sur les côtes septentrionales de l'Europe ; elle est brune sur le dos, jaunâtre sur les flancs et

blanche en dessous. Elle manque de nageoires pectorales et ventrales ; la dorsale, l'anale et la caudale sont rudimentaires. Les œufs de ces poissons sont aussi très singuliers ; ils sont pourvus d'une enveloppe cornée ovoïde, dont la partie supérieure se soulève au moment de l'éclosion, comme le couvercle d'une petite boîte.

MYXOMYCÈTES (de *muxa,* mucosité, et *mukés,* champignon). Groupe d'organismes inférieurs ou protophytes, dont la plupart des naturalistes font aujourd'hui un ordre particulier de la classe des champignons. Chacun de ces organismes est d'abord constitué par une *spore,* cellule germinative qui se transforme en une *zoospore* pourvue à l'une de ses extrémités d'un long cil ou flagellum, ce qui l'a fait prendre dans cet état pour un infusoire flagellé. En effet, si l'on ne considérait que le mouvement, cette zoospore nage d'abord librement ; puis, au bout d'un certain temps, elle se fixe au fond de l'eau, se déforme, et finit par constituer une masse protoplasmique aux contours indécis, et dont l'aspect gélatineux a fait donner à ces organismes le nom de *champignons muqueux.* Ces singuliers champignons ne se développent qu'au contact de l'humidité, sur les matières végétales en putréfaction ; c'est une espèce de Myxomycète qui forme sur le tan ces masses muqueuses d'un beau jaune, que l'on nomme *fleurs de tan.* Lorsqu'elles ont acquis un certain développement, ces masses gélatineuses se contractent, s'arrondissent et s'entourent d'une cuticule résistante qui se rompt à la maturité et disperse les spores pulvérulentes.

N

NACRE. Matière blanche, brillante et de nature calcaire, qui, réunie en couches lamelleuses superposées, constitue l'intérieur d'un certain nombre de coquilles. Cette matière est dure, argentée ; elle brille de plus riches couleurs, et reflète avec le plus vif éclat la pourpre et l'azur. La Nacre est sécrétée par le collier et le bord du manteau d'un assez grand nombre de mollusques ; mais l'on ne voit jamais les coquilles nacrées dépasser certaines familles ou certains genres. Les avicules, les mulettes et les anodontes principalement fournissent la plus belle Nacre. Ces coquilles, et d'autres encore abondamment répandues, donnent au commerce une matière dure, facile à polir, qui peut servir à un grand nombre d'ornements. Parmi les mollusques univalves on trouve plusieurs coquilles nacrées dans les scutibranches ; les troques, les turbots et le plus grand nombre des espèces d'haliotides se distinguent par la beauté de leur Nacre, mais il n'en est pas de même des coquilles terrestres ou fluviatiles, car aucune d'elles n'est nacrée.

NACRÉ [Grand et Petit]. Noms vulgaires de deux espèces de papillons diurnes du genre *Argynne* (*Argynnis lathonia* et *pandora*), remarquables par les taches nacrées qui ornent leurs ailes en dessous.

NAGEOIRES. Organes servant à la locomotion des poissons et qui représentent leurs membres. (Voir Poissons.)

NAGEURS (*Natatores*). Synonyme de Palmipèdes. (Voir ce mot.)

NAGOR. Mammifère du genre *Antilope.*

NAIA. (Voir Naja.)

NAÏADE, NAÏADÉES. La famille des *Naïadées* comprend des végétaux d'eau douce, monocotylédones, à graine dépourvue de périsperme ; à fleurs monoïques, plus rarement dioïques ; les mâles souvent réduites à une étamine, et les femelles à un pistil ; ovaires à une seule loge et un seul ovule pendant ; fruit ordinairement sec, indéhiscent, renfermant de une à quatre graines. A cette famille appartiennent entre autres les genres *Naïade, Zostère* et *Potamogeton.* (Voir ces mots.) Le genre *Naïade* (*Naias*), qui donne son nom à la famille, offre pour caractères des fleurs monoïques; les mâles peu apparents, composées d'un double périanthe et d'une anthère à quatre lobes; les femelles dépourvues de périanthe, composées seulement d'un ovaire sphérique surmonté d'un style simple à stigmate bifide. Ce sont de petites plantes qui forment dans les eaux douces, stagnantes ou courantes, de vastes tapis de verdure. — La **Naïade monosperme**, ou à un seul fruit, a des tiges cylindriques, rameuses, transparentes et munies de pointes épineuses; ses feuilles, d'un beau vert, sont étroites et luisantes, dentées et garnies, comme les tiges, de petites pointes épineuses; les fleurs, peu apparentes, sont placées dans l'aisselle des feuilles. Cette plante est commune partout. — La **Naïade tétrasperme** ou à quatre graines, moins répandue que la précédente, en diffère par l'absence des pointes épineuses et parce que ses capsules contiennent quatre graines.

NAIS. Genre de vers de l'ordre des LOMBRICIENS LIMICOLES. Ce sont des vers filiformes, de petite taille, qui portent deux rangées de soies, les unes capillaires, les autres terminées en crochet bifurqué, et vivent dans les eaux douces. La **Naïs à trompe** (*Nais proboscidea*) est commune parmi les conferves de nos eaux stagnantes. Les Naïs se reproduisent non seulement par des œufs, mais aussi par bourgeonnement et par scission.

NAJA. Genre de reptiles OPHIDIENS de la section des *Protéroglyphes*, qui figurent parmi les serpents les plus redoutables, à cause de la subtilité de leur

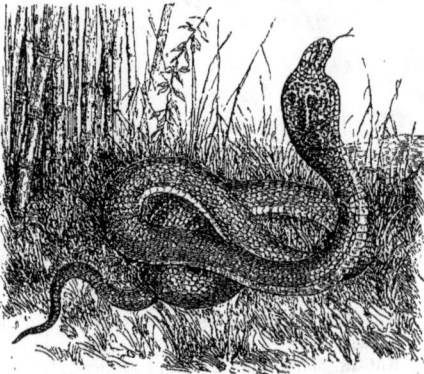

Naja à lunettes.

venin. Les Najas ont la tête garnie de plaques écailleuses, leurs maxillaires supérieurs portent antérieurement de forts crochets creusés d'un sillon et communiquant avec des glandes à venin; ils diffèrent en outre des vipères par la disposition singulière de leurs côtes antérieures, qui peuvent se redresser de manière à dilater cette partie du tronc en un disque plus ou moins large. Tels sont l'**Aspic**

d'**Égypte** ou *Haje* (voir Aspic) par lequel se fit mordre Cléopâtre lorsque, après la bataille d'Actium, elle voulut échapper par la mort au vainqueur d'Antoine; le **Naja à lunettes** (*Naja tripudians*), connu aussi sous le nom de *cobra di capello*; la taille de ce dernier est de 12 à 15 décimètres. Sa couleur est jaunâtre ou brun clair. Quant l'animal est en repos, le cou n'a pas plus de diamètre que la tête; mais, sous l'influence des passions, la peau de cette partie se gonfle en forme de coiffe: c'est sur cette coiffe, dans laquelle rentre souvent la tête, que se trouve dessinée en noir une figure de lunettes, qui lui a fait donner son nom. Il habite le Coromandel et d'autres parties de l'Inde, où il est très redouté; son venin est mortel pour l'homme, qui ne survit à sa morsure qu'une heure ou deux. Les bateleurs indiens apprivoisent ce serpent, après lui avoir arraché ses crochets venimeux, et le font jouer et danser sur sa queue, au son de la musique, d'une façon vraiment surprenante. Les jongleurs du Caire font de même avec l'aspic; ils ont le secret, en lui pressant la nuque, de le plonger dans une espèce de catalepsie qui le fait tenir debout raide comme un bâton.

NANDOU. Nom vulgaire de la *Rhœa americana*, sorte d'autruche américaine. (Voir ce mot.)

NANGUER (*Antilope dama*). Espèce du genre *Antilope*. (Voir ce mot.)

NAPEL. (Voir Aconit.)

NAPHTE. (Voir Bitume.)

NAPIFORME (de *napus*, navet). Se dit, en botanique, de toute racine charnue, pivotante, courte et renflée, qui, par sa forme, ressemble à celle du navet.

NAPUS. Nom scientifique latin du Navet. (Voir ce mot.)

NARCISSE. *Narcissus* (nom tiré de la fable de Narcisse, parce que plusieurs espèces vivent au bord des eaux). Genre de plantes monocotylédones de la famille des *Amaryllidées* (famille qui ne diffère des liliacées qu'en ce que l'ovaire adhère complètement à la partie inférieure du périanthe). Ce genre comprend de nombreuses espèces (sans compter un grand nombre de variétés), toutes remarquables par l'élégance et le parfum de leurs fleurs; plusieurs de ces plantes croissent spontanément dans toute la France, mais la plupart sont indigènes des contrées voisines de la Méditerranée. Les Narcisses sont des plantes bulbeuses, à feuilles toutes radicales, linéaires, allongées; à hampes simples, nues; à fleurs solitaires ou disposées en ombelle simple, terminales, odorantes, accompagnées d'une gaine (spathe) membraneuse qui les enveloppe avant l'épanouissement. Le périanthe est pétaloïde (jaune ou blanc), tubuleux, à limbe régulier, partagé jusqu'à sa base en six segments; l'orifice du tube est couronné d'un nectaire en forme de cloche, de godet ou d'anneau. Les étamines sont au nombre de six, insérées vers le sommet du tube du périanthe. L'ovaire est à trois loges renfermant chacune un nombre indéfini d'ovules; il est surmonté d'un style filiforme, à stigmate obtus, terminal. Le fruit est une capsule presque membraneuse, à trois loges et à trois valves. — Parmi les espèces les plus remarquables, nous citerons le **Narcisse des poètes** (*Narcissus poeticus*, L.), ainsi nommé parce que l'on suppose que c'est lui qui fait le sujet du mythe de la métamorphose de Narcisse. Cette espèce, l'une des plus fréquemment cultivées dans les jardins, se reconnaît facilement à ses feuilles planes et glauques; à sa hampe uniflore; à son périanthe dont le limbe est d'un blanc de lait très pur, et dont le nectaire forme un godet court, d'un jaune pâle, à bord rougeâtre et crénelé. — Le **Narcisse sauvage** ou *faux Narcisse* (*N. pseudonarcissus*, L.), qu'on appelle vulgairement *fleur de coucou, clochette des bois*, est commun dans les bois et les prairies. Ses bulbes, de même que ceux des autres Narcisses, sont émétiques; leur extrait, administré à forte dose, est un véritable poison. Les fleurs passent pour avoir des propriétés antispasmodiques, fébrifuges et antidysentériques. — La **Jonquille** (*N. jonquilla*) se cultive aussi fréquemment dans les jardins pour le parfum de ses fleurs. Cette jolie plante croît naturellement dans les lieux incultes. Son bulbe est petit; sa hampe cylindrique porte deux à six fleurs d'un beau jaune et d'une odeur suave. On cultive encore dans les parterres les **Narcissus odorus, tazetta, multiflorus,** etc.

Narcisse.

NARD. Genre de plantes de la famille des *Graminées*, renfermant des gramens gazonnants de petite taille, qui croissent dans les parties montagneuses de l'Europe moyenne et méridionale. Le Nard des anciens n'avait rien de commun avec ces petites plantes, qui, du reste, n'offrent pas grand intérêt. C'étaient des rhizomes ou des racines aromatiques qu'ils employaient quelquefois en médecine, mais plus souvent à titre de parfums. Les plus connus étaient le **Nard des Indiens** (*Nardus indica* ou *spicanard*, et plusieurs espèces de valériane (*V. celtica, V. saxatilis*). Horace et Tibulle chantent le Nard indien; Dioscoride et Pline en font mention et lui attribuent des vertus héroïques.

NARINE. Orifice ou plutôt vestibule des fosses nasales. (Voir Nez.)

NARKE. (Voir Torpille.)

NARVAL (*Monodon*). Genre de cétacés de la division des *Souffleurs*, formant une famille à part près de celle des Dauphins, et particulièrement caractérisés par les défenses implantées dans l'os de la mâchoire supérieure; ordinairement une seule de ces défenses se développe, et la seconde reste rudimentaire et cachée dans l'alvéole. C'est presque toujours la défense gauche qui se développe. Cette dent, sillonnée en spirale et dirigée en ligne droite, fait hors de la mâchoire une saillie de 2 à 3 mètres. Par leur forme générale, les Narvals ressemblent aux Marsouins. Leur bouche, dépourvue de dents, est petite; l'évent est placé verticalement au-dessus de l'œil. La peau est nue, lisse et recouvre une épaisse couche de lard. Les nageoires pectorales sont petites, la caudale est large. On ne connaît qu'une espèce de ce genre : le **Narval ordinaire** (*M. monoceros*), vulgairement appelé *licorne de mer*. Il est long de 5 à 6 mètres; sa peau est blanchâtre, tachée de brun; sa tête se confond avec le reste du corps. Ce cétacé habite les mers du Nord, entre le Groënland et l'Islande. On le pêche surtout pour sa défense, qui fournit un bel ivoire, et pour son huile, qui est de bonne qualité, mais peu abondante. Les Groënlandais mangent sa chair. Le Narval vit en troupes quelquefois très nombreuses; ses mouvements sont pleins de vivacité, et il nage avec une incroyable vitesse. C'est un animal très vorace; il se nourrit de mollusques, de crustacés et de poissons qu'il perce de sa défense. On a prétendu que le Narval se servait de son arme non seulement pour se défendre contre les tyrans des mers, mais encore pour attaquer les autres animaux et principalement la baleine. Bien que certains voyageurs aient donné des descriptions fort pittoresques de ces prétendus combats, nous croyons qu'il ne faut accueillir ces récits qu'avec une extrême réserve;

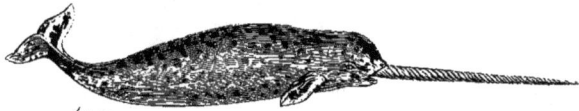

Narval ordinaire.

car rien ne justifie cette inimitié entre deux animaux qui n'ont pas à se disputer la même proie, et qui ne peuvent se servir de nourriture l'un à l'autre. La femelle met au monde un seul petit, qui accompagne partout sa mère; celle-ci paraît lui montrer beaucoup d'affection et se laisse harponner, dit-on, plutôt que de l'abandonner.

NASAL. Qui a rapport au nez : fosses nasales, artère nasale, nerf nasal, etc.

NASE. Espèce de la famille des *Cyprinidés*. Le **Nase** (*Chondrostoma nasus*) est un poisson que l'on prend assez fréquemment dans la Seine et dans la Marne, où il est entré depuis un demi-siècle à peine, par suite du percement du canal de la Marne au Rhin. Il ne se trouvait auparavant que dans ce dernier fleuve, et on le connaît sur les marchés sous les noms de *mulet de rivière* et de *gueule carrée;* ce dernier nom, ainsi que celui de Nase, lui vient de la forme de son museau. Le Nase atteint, comme la carpe, d'assez fortes dimensions; c'est un des plus grands cyprins. Son corps est allongé et recouvert d'écailles assez grandes; il rappelle, en général, les formes du chevaine; mais son museau est proéminent et arrondi. Il est d'un gris verdâtre en dessus, d'un blanc argenté en dessous, avec les nageoires inférieures jaunâtres ou rougeâtres. On le pêche de la même façon que la carpe.

NASICORNE. Nom spécifique de l'*Oryctes nasicornis.* (Voir ORYCTES.)

NASIQUE. Espèce de singe du groupe des Semnopithèques, remarquable par la longueur de son nez qui atteint 10 centimètres et plus. Il habite l'île de Bornéo. Buffon l'a décrit sous le nom de *Guenon* à long nez.

NASON (*Naseus*). Genre de poissons TÉLÉOSTÉENS de l'ordre des ACANTHOPTÈRES, famille des *Theuties,* très voisins des Acanthures, mais ayant la queue garnie de lames fixes et tranchantes, au lieu d'épines mobiles; ils ont, en outre, trois rayons mous aux ventrales. Le **Nason licornet** (*N. fronticornis*) est commun à l'Ile-de-France, où on le rencontre en troupes de deux à trois cents individus. Il a environ 40 centimètres de longueur, est d'un gris cendré et couvert d'écailles très petites. Sa chair est médiocre; les nègres en font cependant de grandes salaisons.

NASSE (*Nassa*). Genre de mollusques GASTÉROPODES de l'ordre des PECTINIBRANCHES, famille des *Buccinidés,* très voisins des Buccins, dont ils diffèrent cependant par plusieurs caractères. Ils ont la tête très large, les tentacules longs et coniques, et les yeux placés à la base de ceux-ci; le pied est large; la coquille est ovale, plus ou moins renflée ou allongée, avec l'ouverture ovale, oblongue, fortement échancrée pour le passage d'un siphon mobile. Les Nasses habitent toutes les mers; elles sont généralement de petite taille. La **Nasse réticulée**, des mers d'Europe, varie beaucoup dans ses couleurs; elle est ovale, conique, plissée longitudinalement et striée en travers. On trouve plusieurs Nasses fossiles dans les terrains tertiaires.

NASTURTIUM. Ce genre de plantes crucifères doit son nom, dérivé de *nasus tortus* (nez tordu), d'après Pline, au *Nasturtium officinale* ou *cresson de fontaine,* dont le goût piquant fait froncer, dit-il, les ailes du nez. — Le genre *Nasturtium* est caractérisé par ses fleurs à sépales étalés, non gibbeux, son stigmate échancré, sa silique cylindrique à valves convexes, parfois très courte, à graines disposées sur deux ou quatre rangées. Le type du genre est le **Nasturtium officinale**, dont nous avons parlé au mot CRESSON.

— Les autres espèces du genre *Nasturtium* ont leurs fleurs jaunes et n'offrent pas le même intérêt; cependant on mange, dans certaines provinces, les feuilles du **Nasturtium amphibium**, également très répandu au bord des eaux.

NASUA. Nom scientifique latin du Coati. (Voir ce mot.)

NATICE (*Natica*). Genre de mollusques GASTÉROPODES de l'ordre des PECTINIBRANCHES, type de la famille des *Naticidés.* Ce sont des animaux marins, au corps volumineux, muni d'un pied large prolongé en avant; la coquille est globuleuse, ou ovale, ombiliquée, à spire plus ou moins courte, à ouver-

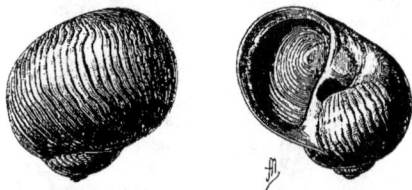

Natica castanea.

ture large, demi-circulaire; le manteau de l'animal recouvre la coquille en partie. — La **Natica castanea**, très commune sur nos côtes normandes, est de couleur fauve châtain; elle atteint 4 centimètres. — La **Natice à bouche noire** (*N. melastoma*), blanche, zonée de fauve, à ouverture d'un brun noir, habite l'océan Indien. On en connaît beaucoup de fossiles dans les terrains tertiaires.

NATRON. Roche pierreuse; carbonate de soude hydraté; incolore quand il est pur; cristallisant en prisme unioblique, d'une densité de 1.42. On l'employait autrefois pour la verrerie et la fabrication du savon; mais il est sans usage depuis qu'on fabrique le carbonate de soude. Le Natron se trouve en efflorescence en Égypte, en Arabie, et en solution dans les eaux de certains lacs.

NATURALISATION. (Voir ACCLIMATATION et ANIMAUX DOMESTIQUES.)

NAUCORE, *Naucoris* (du grec *naûs,* bateau, et *koris,* punaise). Genre d'insectes HÉMIPTÈRES, section des HÉTÉROPTÈRES, famille des *Naucoridés.* Ce sont des punaises d'eau ou hydrocorises qui ont le corps déprimé, ovalaire, la tête large, munie de grands yeux plats, d'antennes de quatre articles, et d'un rostre long et effilé, dont le labre, très grand et triangulaire, recouvre la base. Les pattes antérieures courtes, se repliant sur la cuisse, qui est ciliée, dentée en dessous, forment un organe de préhension; les postérieures robustes, très ciliées. Les Naucores nagent très rapidement et sont très voraces; elles font une guerre acharnée à tous les petits animaux d'eau douce. Elles sortent souvent de l'eau la nuit et se servent de leurs ailes pour se rendre d'une mare dans une autre. — La **Naucore cimicoïde**, commune dans les eaux stagnantes des environs de Paris, est d'un jaune verdâtre avec quelques points bruns.

NAUCRATES. (Voir Pilote.)

NAUPLIUS. Forme larvaire sous laquelle éclosent un grand nombre de crustacés. (Voir ce mot.)

NAUTILE, *Nautilus* (du grec *nautilos,* navigateur). Les anciens donnaient autrefois ce nom aux Argonautes (voir ce mot); il appartient aujourd'hui à un genre de l'ordre des Céphalopodes tétrabranchiaux, qui forme à lui seul la famille des *Nauti-*

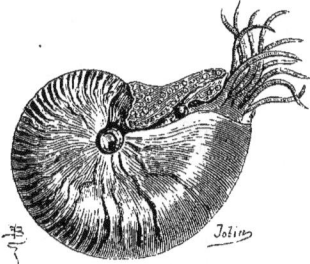

Nautile (*Nautilus pompilius*).

lidés. Ce sont des animaux à coquille discoïde, en spirale régulière enroulée sur le même plan, et partagée par des cloisons transverses en plusieurs loges, dont l'animal occupe la dernière. Celui-ci est couvert d'un manteau qui tapisse l'intérieur de cette loge dont il suit toutes les sinuosités. Sa tête, peu distincte du corps, est entourée de tentacules nombreux, cylindriques, rétractiles, sans ventouses, et deux tentacules plus gros isolés des premiers ; les yeux gros, pédiculés, font saillie de chaque côté de la tête; les branchies sont au nombre de quatre. Les cloisons de la coquille sont perforées dans leur centre pour donner passage à un siphon. Non seulement cette coquille protège le corps de l'animal, mais elle lui permet, dit-on, de s'élever à la surface et de descendre au fond des eaux, et cela au moyen d'un mécanisme excessivement curieux. Le siphon dont la coquille est pourvue communique par son extrémité supérieure avec le péricarde, espèce de sac qui entoure le cœur de l'animal. Cette cavité contient un fluide sécrété par des glandes particulières et assez abondant pour remplir le siphon tout entier. Quand les bras et le corps du Nautile sont étendus au dehors, le fluide reste dans le péricarde, le siphon est vide et rempli d'air comme l'intérieur des chambres; dans cet état, la pesanteur spécifique de l'animal est telle qu'il s'élève et flotte à la surface. Lorsque, dans un moment d'alarme, les bras et le corps sont contractés et retirés au fond de la coquille, le péricarde se trouve comprimé et le fluide qu'il contient pénètre dans le siphon; la pesanteur spécifique de la coquille augmente ; l'animal s'enfonce et plonge au fond des mers. Les Nautiles habitent la mer des Indes; leur coquille, richement nacrée à l'intérieur, est ornée

à l'extérieur de flammes ou de taches noires et d'un brun roux sur fond blanc; cette jolie coquille est très recherchée pour la fabrication de divers objets. Les Orientaux, en enlevant la couche non nacrée de cette coquille, en font des vases d'un grand éclat sur lesquels ils gravent des figures diverses. On en connaît deux espèces : le **Nautile flambé** (*N. pompilius*), à coquille flambée transversalement de roux, et le **Nautile ombiliqué** (*N. umbilicatus*), plus petit; à coquille largement ombiliquée de chaque côté.

NAVET (*Brassica napus*). Espèce du genre *Chou,* dont on cultive communément dans nos jardins potagers plusieurs variétés. Les feuilles radicales sont en lyre ; les caulinaires crénelées ; celles du sommet amplexicaules, à siliques divariquées. On rapporte toutes les variétés cultivées à trois groupes : les *Navets secs,* à chair fine, serrée, ne se délayant pas à la cuisson; tels les **Navets de Freneuse, de Meaux, de Berlin,** etc. ; les *Navets tendres* à chair plus molle : **Navet plat hâtif, de Clairefontaine, gros long d'Alsace, des Vertus, des Sablons**; et les *demi-tendres,* qui tiennent le milieu entre les deux autres : **jaune de Hollande, jaune d'Écosse, long noir d'Alsace,** etc. On mange non seulement la racine des Navets, dont la saveur est fort agréable et qui n'a que le défaut d'être peu substantielle, mais encore les

Navet.

jeunes pousses, bouillies et assaisonnées de diverses manières. Les racines du Navet sont aplaties, globuleuses ou allongées en fuseau. Les Navets aplatis sont particulièrement désignés sous le nom de *raves.* Le Navet veut un climat brumeux, tempéré pendant l'été et doux en hiver; aussi réussit-il à merveille en Angleterre et dans nos contrées occidentales (Normandie, Bretagne et Poitou). Terrain sec et ciel humide sont les meilleures conditions de succès pour cette plante.—Les Navets, qui tiennent une des premières places dans l'agriculture anglaise, ont beaucoup moins d'importance en France; cependant, leur culture rend de grands services dans les pays où l'on élève beaucoup de bestiaux. On cultive surtout dans ce but le **Navet rond** ou *rabioule* du Limousin, le **rond de Hollande**, le **Navet long d'Alsace**.

NAVET DU DIABLE. On donne ce nom vulgaire à la Bryone. (Voir ce mot.)

NAVETTE (*Brassica napus oleifera*). Cette espèce du genre *Chou* est très voisine de la précédente, mais sa racine est grêle et non charnue; elle est cultivée pour fourrage et surtout pour l'huile qu'on extrait de ses graines. Celle-ci, dénommée *huile de Navette*, est douce et comestible. Cette plante est moins productive que le *colza* (voir ce mot); mais elle a l'avantage de donner des produits dans les terrains qui ne pourraient convenir à cette dernière plante. On la sème ordinairement après la moisson, et sa graine donne environ 30 pour 100 d'huile.

NAVICULE (de *navicula*, petite barque). On donne ce nom à des êtres vivants microscopiques, qui se trouvent dans les eaux douces ou marines. Ces petits êtres, que l'on a classés tantôt parmi les algues (*diatomées*), tantôt parmi les infusoires, ont la forme d'une nacelle ou d'une navette de tisserand. Les plus grands n'ont guère plus de 2 dixièmes de millimètre; ils sont doués de mouvements spontanés, quoique très lents; mais on n'a pu jusqu'à ce jour, avec le secours des meilleurs microscopes, découvrir les secrets de leur organisation. Les Navicules se développent parfois en quantité tellement prodigieuse dans les eaux stagnantes qu'elles y forment une épaisse couche brune. Leurs tests siliceux, accumulés au fond des eaux, forment dans certains terrains d'alluvion des couches épaisses connues sous le nom de *tripoli* et de *farine fossile*.

NAYA. (Voir Naja.)

NAYADE et **NAYADÉES**. (Voir Naïade, Naïadées.)

NÉCRENTOME (de *nékros*, mort, et *entomon*, insecte). Appareil servant à débarrasser les collections d'insectes des mites et des larves qui les ravagent. C'est un instrument en ferblanc, comparable au bain-marie d'un alambic, et assez grand pour pouvoir contenir plusieurs boîtes de collection. Il est formé de deux récipients cylindriques, dont l'un plus petit que l'autre, de façon à pouvoir y entrer en laissant un espace vide de 25 à 30 millimètres tout autour entre les deux enveloppes, et de 50 millimètres entre les deux fonds. Ces deux vases sont soudés à demeure dans leur partie supérieure, et le cylindre intérieur doit être fermé exactement par un couvercle muni d'une poignée. On introduit de l'eau, de manière à remplir l'intervalle compris entre les deux fonds, par un trou placé dans la partie supérieure que l'on ferme avec un bouchon, et l'on met l'appareil sur un fourneau pour que l'eau entre en ébullition. On dépose alors dans le récipient intérieur les boîtes ou objets à désinfecter, en ayant soin de bien refermer l'appareil, et on les y laisse séjourner quinze à vingt minutes; ce temps est suf-

fisant pour détruire les larves et les œufs par la chaleur de l'eau bouillante, qui est de 100 degrés. Ajoutons que le cylindre extérieur doit être muni d'un tuyau pour laisser échapper la vapeur et qu'il est prudent d'ajouter de temps en temps un peu d'eau afin que l'appareil ne soit jamais à sec, ce qui l'exposerait à se dessouder.

NÉCROBIE, *Necrobia* (de *nékros*, mort, et *bios*, vie, la vie du mort). Ce petit insecte, qui fait aujourd'hui partie du genre *Corynetes*, de la famille des *Clérides* (voir Clairon), est bleu foncé, long de 4 millimètres. Il n'offre d'intérêt que parce qu'il fut la cause indirecte du salut de Latreille. Le savant entomologiste, enfermé dans une prison de Bordeaux, comme prêtre réfractaire, dut à la découverte de cet insecte l'intervention de Bory de Saint-Vincent, qui obtint sa liberté. Ce fut en souvenir de ce fait qu'il donna ce nom à l'insecte, cause de sa délivrance.

NÉCROPHAGES (du grec *nékros*, mort, et *phagô*, je mange). Tribu d'insectes Coléoptères de la famille des *Clavicornes*, comprenant les Dermestes, les Boucliers et les Nécrophores (voir ces mots). Ces insectes vivent de matières animales.

NÉCROPHORE (du grec *nékros*, mort, et *phoros*, qui porte). Genre d'insectes Coléoptères, famille des *Silphides* ou nécrophages, tribu des *Clavicornes*, se distinguant des genres voisins par leurs antennes à massue perfoliée de quatre articles, leurs pattes épaisses et robustes.— Ces insectes, nommés *porte-morts* ou *enterreurs*, ont l'odorat des plus subtils; ils parcourent les espaces d'un vol rapide, pour saisir sous le vent la trace de quelque taupe, souris, oiseau ou reptile mort récemment.

Dès qu'ils en ont découvert un, ils se réunissent quatre ou cinq et creusent la terre sous le cadavre de l'animal jusqu'à ce qu'ils l'aient fait disparaître dans le trou; alors ils rejettent sur lui la terre qu'ils avaient déblayée et l'enterrent complètement. C'est un instinct admirable qui porte ces insectes à mettre en lieu sûr une proie

Nécrophore fossoyeur.

qui devra servir à la nourriture de leur postérité; car, en effet, après s'être repus eux-mêmes, ils y déposent leurs œufs, d'où sortent bientôt les larves; celles-ci, vers blanchâtres à six pattes écailleuses, se développent en sécurité dans le cadavre, qu'elles quittent dès qu'elles ont atteint toute leur croissance, pour se former en terre une cellule, dans laquelle elles subissent leur transformation en insecte parfait. Le type de ce genre est le **Nécrophore fossoyeur** (*Necrophorus vespillo*, L.), commun aux environs de Paris; il est noir avec les bords des élytres et deux bandes dentelées d'un fauve vif.— Le **Nécrophore germanique** est tout noir et du double plus gros que le précédent. Ces insectes répandent une forte odeur musquée. On en connaît diverses autres espèces qui ont les mêmes mœurs : **Necrophorus humator, fessor, sepultor, mortuorum.**

NECTAIRE et **NECTAR.** On donne ce nom de *Nectaires*, en botanique, à certains organes glanduleux qui existent dans les fleurs d'un très grand nombre de plantes, et qui sécrètent un suc mielleux dont les insectes, et surtout les abeilles, sont très avides. Ce suc, que l'on nomme *nectar*, disparaît peu de temps après la fécondation, car elle devient inutile, comme nous allons le voir. Le plus grand nombre des plantes phanérogames renferment dans leur corolle l'organe femelle (pistil) et les organes mâles (étamines); mais il en est beaucoup chez lesquelles ces organes sont séparés et placés dans des fleurs différentes, ou même sur des pieds distincts, et parfois fort éloignés l'un de l'autre. Dans le premier cas, la fécondation peut s'opérer naturellement, le pollen qui tombe des étamines s'attachant au stigmate du pistil; mais, dans les deux autres cas, le contact de la poussière fécondante devient beaucoup plus difficile, sinon impossible. Ce sont les insectes qui deviennent alors les intermédiaires inconscients de leur fécondation. Attirés par le Nectar que sécrètent les fleurs, les insectes pénètrent dans la corolle et se gorgent de la liqueur sucrée; on y remarque surtout en majorité des abeilles, des bourdons et autres insectes velus. En fourrageant les fleurs, leur corps hérissé de poils se charge du pollen des étamines; puis ils prennent leur vol vers d'autres plantes de la même espèce et, en pénétrant au fond de leurs fleurs, ils répandent sur le pistil la poussière dont ils sont couverts et assurent ainsi la fécondation des graines que renferme l'ovaire. Quant à la corolle, si remarquable par ses formes, ses nuances, son odeur, c'est, pour les insectes, l'enseigne éclatante à laquelle ils reconnaissent l'hôtellerie où ils savent qu'ils trouveront la table bien servie. Ajoutons que beaucoup de plantes dont les fleurs sont hermaphrodites ne pourraient cependant être fécondées sans l'intervention des insectes; soit que les étamines et le pistil ne se développent pas en même temps, ce qui est assez fréquent, surtout chez les labiées, les ombellifères, soit par suite de leur conformation, comme les orchidées.

NECTARIFÈRE. Qui est pourvu de nectaires. (Voir ce mot.)

NÈFLE. Fruit du Néflier.

NÉFLIER (*Mespilus*). Genre de plantes de la famille des *Rosacées*, tribu des *Pirées*. Les Néfliers sont des arbres de petite taille, indigènes des parties moyennes et septentrionales de l'Europe; à l'état sauvage, ils sont garnis d'épines qu'ils perdent par la culture; leurs feuilles sont alternes, dentées, stipulées; leurs fleurs, grandes et solitaires, sont accompagnées de bractées persistantes, à cinq pétales; le fruit est une pomme à osselets, couronnée par les dents du calice. Beaucoup de ces végétaux décorent les jardins paysagers. Leur feuillage conserve toute sa fraîcheur durant les ardeurs de l'été; leurs fleurs, très abondantes et assez odorantes, ne se dé-

veloppent qu'en mai ou en juin; leurs fruits, comestibles dans plusieurs espèces, ont en général beaucoup d'éclat. L'arbre fruitier qu'on appelle vulgairement *Néflier* est le **Mespilus germanica** des botanistes, espèce qui croît spontanément dans les bois d'une grande partie de l'Europe. C'est un petit arbre ou un buisson tortueux, très rameux, à fleurs rosées, terminales; son fruit, connu sous le nom de *nèfle*, est très astringent avant la maturité; il ne devient mangeable qu'en hiver, après avoir séjourné quelque temps au fruitier sur la paille; alors, avant

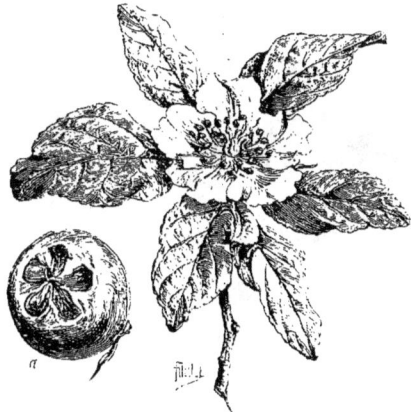

Néflier : *a*, fruit.

de passer à la fermentation putride, il se ramollit et acquiert une saveur vineuse. Les Nèfles s'employaient jadis, à titre de remède astringent, contre les diarrhées atoniques et les dysenteries. Le bois de Néflier est très tenace, d'un grain fin et égal, de couleur grise avec des veines rouges. Il serait très propre aux ouvrages de tour, s'il n'avait pas le défaut de se tourmenter. Parmi les Néfliers cultivés comme arbrisseaux d'agrément, on estime surtout le **Néflier buisson ardent** (*M. pyracantha*, L.), qui doit son nom à la prodigieuse quantité de fruits écarlates dont il est orné en automne.

NÈGRE. Race humaine répandue dans l'Afrique et la Mélanésie. Les caractères généraux de la race nègre sont une peau plus ou moins noire, les yeux noirs, les cheveux noirs et crépus, la barbe rare, le nez épaté, les lèvres lippues. Les mâchoires sont prognathes, le front étroit, haut et fuyant; les pariétaux sont aplatis, l'occiput est développé. Le crâne est dolichocéphale et de faible capacité (1372 centimètres cubes). La poitrine est très ample, le bassin étroit; les membres supérieurs sont robustes, les inférieurs bien moins développés; l'avant-bras et la jambe relativement plus longs que chez le blanc. Le mollet est petit et placé très haut; la plante du pied est aplatie et le talon saillant. — On distingue dans la race nègre deux sous-types bien distincts : l'Africain, subdivisé en races soudanienne, nouba, mandingue, guinéenne, etc., et l'Océanien, qui forme la race mélanésienne et ses déri

Nègre du Loango.

vées. Aux nègres africains se rattachent les Bantous ou Cafres, qui peuplent toute l'Afrique au sud de l'équateur et sont mêlés d'Éthiopiens, de Hottentots, d'Arabes, etc.

NÉGRITOS. Sous ce nom, les anthropologistes

Négrito des Philippines.

modernes désignent les petites races nègres dont les anciens ont fait mention sous le nom de *Pygmées*,

et sur lesquelles ils nous ont transmis tant de légendes singulières. Ces petits nègres existent encore de nos jours en Asie, en Malaisie, en Mélanésie et en Afrique. Ces derniers ont été bien étudiés par M. Hamy sous le nom de *Négrilles*, tandis que les anciens voyageurs espagnols avaient proposé celui de Négritos pour les Pygmées de l'archipel Indien. Les Négritos, aujourd'hui à peu près partout dispersés, morcelés, et souvent traqués par des races plus grandes et plus fortes, ne se trouvent plus sur certains points du globe qu'ils ont jadis occupés et sont en voie de disparition sur bien d'autres. Tout porte à croire que, en Orient, les Négritos ont précédé, sur le sol où on les retrouve encore, les races qui les ont opprimés, dispersés et souvent à peu près anéantis ; leur présence dans l'archipel Indien est certainement antérieure à la séparation des grandes îles qui le forment, du continent asiatique. On les trouve surtout aujourd'hui aux Philippines, dans la péninsule malaise, aux îles Andaman et dans quelques montagnes de l'Inde. Leurs lèvres sont peu épaisses, leur nez, quoiqu'un peu large, est droit et bien détaché, leur menton est fermement accusé. Les traits qui distinguent cette race sont la petitesse de la taille et la forme raccourcie du crâne. L'Andamanien ou Mincopie atteint rarement 1m,50. Sa tête est brachycéphale ; c'est là un trait qui distingue nettement cette race du nègre d'Afrique et du Papou, qui l'un et l'autre ont la tête dolichocéphale ; tous deux d'ailleurs sont de bien plus grande taille.

NÉGUNDO. Nom d'une espèce d'Érable des États-Unis (*Acer negundo*). (Voir ÉRABLE.)

NELSONIA (dédié à l'amiral Nelson). Genre de plantes de la famille des *Acanthacées*. Ce sont des herbes de la Nouvelle-Hollande.

NELUMBO, *Nelumbium* (de *nelombo*, nom que lui donnent les Indiens). Genre de plantes dicotylédones polypétales de la famille des *Nymphéacées*, voisines des Nymphæa ou Nénuphars, qui croissent dans les eaux douces de l'Asie méridionale. D'un rhizome épais, rampant, partent des pétioles et des pédoncules assez longs pour élever les feuilles et les fleurs au-dessus de la surface de l'eau. — L'espèce la plus intéressante du genre est le **Nelumbo brillant** (*N. speciosum*), décrit par Théophraste sous le nom de *fève d'Égypte* (*Faba ægyptiaca*), et dont Hérodote parle sous le nom de *lis rose* ou *lotus du Nil*. Cette belle plante, qui croît spontanément dans les lacs et les eaux peu courantes des parties chaudes de l'Asie, paraît avoir été très anciennement naturalisée en Égypte, bien qu'on ne l'y rencontre plus aujourd'hui. Ses belles fleurs roses ont jusqu'à 30 centimètres de diamètre ; elles répandent une odeur d'anis. Ses fruits, assez semblables à un rayon de miel circulaire, contiennent dans leurs alvéoles une trentaine de graines ou fèves d'un goût délicat. Cette plante, qui joue dans la religion des brahmes un rôle important, tient également un haut rang comme plante alimentaire. Les habitants des contrées où il croît abondamment trouvent dans ses rhizomes et dans ses graines un aliment sain et nourrissant. On fait

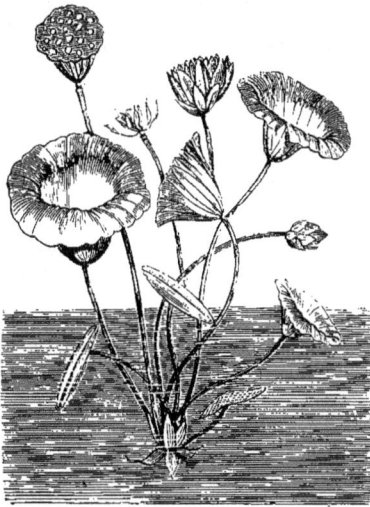

Nelumbo ou lotus du Nil.

avec les graines des pâtes qui ont des usages médicinaux. La racine est employée comme diurétique.

NÉMATHELMINTHES (*néma*, fil, et *helmins*, ver). Classe de vers filiformes, cylindriques, inarticulés, mais dont la peau est généralement marquée de stries ou de rides transversales. Ils sont dépourvus d'appendices locomoteurs et se meuvent par une sorte de reptation. Ils portent d'ordinaire à l'extrémité céphalique des organes de fixation, tels que papilles ou crochets. Ils ont un système nerveux; mais il n'existe chez eux ni système vasculaire ni organes respiratoires. Les Némathelminthes ont les sexes séparés; leur développement est direct ou soumis à des métamorphoses plus ou moins compliquées. La plupart sont parasites au moins pendant une partie de leur existence.

On divise cette classe en deux ordres : les ACANTHOCÉPHALES, qui manquent de tube digestif et ont une trompe rétractile munie de crochets, et les NÉMATOÏDES, qui ont un appareil digestif et un appareil œsophagien.

NÉMATOCYSTES (du grec *néma*, fil, et *kustis*, vessie). Organes urticants dont sont munis les animaux cœlentérés, et qui consiste en petites capsules contenant un liquide et un filament plus ou moins long roulé en spirale. Ce filament est creux, et au moindre contact est projeté au dehors et porte sur le corps atteint le liquide caustique que renferme la capsule. Les Nématocystes sont répandus en grande quantité sur certaines parties du corps, principalement sur les tentacules, les fils pêcheurs des méduses. (Voir CŒLENTÉRÉS.)

NÉMATOÏDES. Vers parasites pour la plupart, à corps cylindrique, parfois très long et ressemblant à un fil, d'où leur nom (du grec *néma*, fil). Ils ne sont pas annelés, mais revêtus d'un épiderme épais marqué de rides transversales. Ils sont totalement dépourvus d'appendices locomoteurs et se meuvent par une sorte de reptation ; mais ils portent généralement à l'extrémité antérieure ou céphalique des papilles ou crochets au moyen desquels ils peuvent se fixer. Leur tube digestif est droit et se termine par un orifice anal. On reconnaît chez eux un système nerveux, quoique très simple, mais point de système vasculaire ni d'organes de respiration. Ils ont les sexes séparés. Leur développement est direct ou subit des métamorphoses suivant les espèces. — Les Nématoïdes forment un ordre de la classe des NÉMATHELMINTHES, et se divisent en plusieurs familles, dont les principales et les plus intéressantes sont : les *Ascaridés*, qui ont trois papilles buccales (genres *Ascaride*, *Oxyure*); les *Strongilidés*, à bouche munie de plus de trois papilles (genre *Strongle*); les *Trichinidés*, qui n'ont pas de papilles (genre *Trichine*) ; les *Filaridés*, à bouche entourée d'une plaque chitineuse (genre *Filaire*); les *Anguillulidés*, à bouche dépourvue de papilles, à corps fusiforme (genre *Anguillule*). (Voir ces mots.)

NÉMOCÈRES (de *néma*, fil, et *kéras*, corne). Grande division de l'ordre des DIPTÈRES (voir ce mot), comprenant ceux qui ont le corps allongé, les pattes longues et grêles, les ailes bien développées et les antennes généralement filiformes et composées d'au moins six articles. Tels sont les cousins, tipules, cécidomyes, bibions, simulies, etc.

NE M'OUBLIEZ PAS. Un des noms vulgaires du Myosotis. (Voir MYOSOTIS.)

NÉMOURE, *Nemura* (du grec *néma*, fil, et *oura*, queue). Genre d'insectes de la famille des *Perlidés*, dans le sous-ordre des PSEUDO-NÉVROPTÈRES. Très voisins des Perles, dont ils ont les mœurs et l'organisation, ils s'en distinguent surtout par l'absence de soies à l'extrémité de l'abdomen. (Voir PERLE.)

NEMS. Nom arabe de la Mangouste ichneumon. (Voir MANGOUSTE.)

NÉNUPHAR (*Nymphœa*). Genre de plantes aquatiques de la famille des *Nymphéacées*, dont les espèces vivent dans les eaux stagnantes ou faiblement courantes de plusieurs contrées tempérées ou froides du globe. De leur rhizome, épais et horizontal, qui s'enracine dans la vase, partent des pétioles de longueur proportionnée à la profondeur de l'eau ; leurs feuilles sont en cœur ou sagittées ; leurs fleurs à calice de quatre à six sépales libres, à corolle de dix à vingt-huit pétales sur plusieurs rangs, libres, dont les intérieurs passent peu à peu à la forme des étamines ; celles-ci nombreuses ; ovaire à plusieurs loges, surmonté d'un stigmate pelté, rayonné ; fruit charnu, rempli de pulpe dans laquelle sont plongées les graines. Ce genre renferme plusieurs espèces remarquables ; la plus commune d'entre elles est, en Europe, le **Nénuphar**

jaune (*Nuphar luteum*), vulgairement *lis d'étang jaune*, *jaunet d'eau*, *volet jaune*. Quoiqu'elle soit moins belle que le Nénuphar blanc, l'œil s'arrête avec plaisir sur sa fleur d'un jaune citron qui sort de l'eau, vers le lever du soleil, pour étaler ses pétales au grand air, et qui disparaît dès que l'astre se couche. Cette plante vit à l'état d'immersion

Nénuphar jaune.

complète jusqu'à la venue du printemps. Les feuilles allongent leurs pétioles, et les fleurs leurs pédoncules, autant qu'il est nécessaire qu'elles le fassent pour atteindre le niveau de l'eau, et si celui-ci s'élève accidentellement, leur élongation continue. Sur les bords des lacs de l'Amérique septentrionale abondent de grands Nénuphars, dont les feuilles sont si rapprochées qu'elles nuisent parfois à la navigation des petites embarcations. — La racine du Nénuphar passait autrefois pour posséder des propriétés sédatives et anaphrodisiaques qui en avaient fait adopter l'usage dans les maisons religieuses; mais des expériences plus récentes ont prouvé que ces propriétés n'existaient pas. — Le **Nénuphar blanc** (*N. alba*), vulgairement connu sous le nom de *lis des étangs*, *blanc d'eau*, *volet blanc*, *lune d'eau*, est une des plus belles plantes de nos climats; ses grandes fleurs blanches s'élèvent au-dessus de la surface de l'eau des lacs et des faibles courants d'eau. On employait son rhizome de préférence à celui du Nénuphar jaune, comme anaphrodisiaque. — Le **Nénuphar bleu** (*N. cærulea*), de la basse Égypte, a ses feuilles nageantes orbiculaires, échancrées en cœur; ses fleurs, d'un beau bleu, s'épanouissent à la surface de l'eau tant que le soleil est au-dessus de l'horizon. Cette belle plante que l'on voit figurée sur tous les monuments égyptiens, est le *lotus bleu* d'Hérodote. On mange son rhizome, dont le goût rappelle celui de la châtaigne. — Le **Nénuphar lotus** (*N. lotus*, B.) croît abondamment dans le Nil; son rhizome tuberculeux figure aussi parmi les plantes alimentaires de l'Égypte. Sa fleur est blanche. Linné comprenait dans les Nénuphars d'autres espèces, dont les botanistes modernes ont

fait le genre *Nelumbo* (voir ce mot), auquel appartient le célèbre *lotus des Indes*.

NEOTTIA (du grec *neottia*, nid d'oiseau). Genre de plantes monocotylédones de la famille des *Orchidées*, offrant pour caractères : le labelle sans éperon, pendant, profondément bifide; un gynostème court, à anthère sessile, l'ovaire non tordu en spirale. Sa racine est composée d'un paquet de fibres entrelacées; sa tige blanchâtre, sans feuilles. Le type du genre est la **Néottie nid d'oiseau** (*N. nidus avis*). Sa tige, haute de 3 à 4 décimètres, est d'un brun clair, garnie, au lieu de feuilles, d'écailles engainantes, ce qui lui donne l'apparence d'une orobanche; ses fleurs, d'un blanc roussâtre, sont en épi serré oblong. Son nom vient de l'entrelacement des fibres de la racine qu'on a comparé à un nid d'oiseau. On la trouve dans nos bois.

NÉPAUL. (Voir TRAGOPAN.)

NÈPE, *Nepa* (du grec *népas*, scorpion). Genre d'insectes HÉMIPTÈRES, section des HÉTÉROPTÈRES, type de la famille des *Népidés*. Les Nèpes sont des hydrocorises ou punaises d'eau, de forme et d'habitudes étranges. Elles ne nagent point et marchent au fond de l'eau ou se poussent par secousses; mais leurs pattes antérieures, qui se replient comme des pinces, peuvent saisir avec prestesse la proie qui passe à leur portée. Leur corps, large et plat

Nèpe.

comme celui d'une punaise, est terminé par une sorte de long tuyau qui lui sert à respirer l'air à la surface. La **Nèpe cendrée**, toute grise, et longue de 25 à 28 millimètres, est le type du genre. La disposition de ses membres antérieurs, en forme de pinces, lui a fait donner le nom de *scorpion d'eau*.

NÉPENTHÈS. Ce mot, tiré du grec *né* privatif, *penthos*, douleur, signifie *qui dissipe le chagrin*, et désigne un genre de plantes dicotylédones, polypétales, périgynes, qui forme à lui seul la famille des *Népenthées*, voisine de celle des Aristolochiées. Ces plantes sont surtout remarquables par l'organisation singulière de leurs feuilles; la nervure médiane ou pétiole de celles-ci se continue à l'extrémité de la feuille en une vrille recourbée que termine une grande urne dont la capacité est souvent assez grande pour contenir un verre d'eau;

cette urne est fermée par un opercule ou couvercle. A l'intérieur s'amasse de l'eau dont l'origine n'est pas parfaitement connue ; les uns y ont vu de l'eau de pluie ou de rosée, les autres la considèrent comme le résultat d'une sécrétion propre, et s'appuient sur l'existence du tissu glanduleux qui tapisse la paroi interne de ce singulier organe. Quoi qu'il en soit, cette eau est douce et bonne à boire,

Nepenthès.

et on lui attribuait la merveilleuse propriété de noyer le chagrin ; mais elle ne peut être, comme on l'a prétendu, d'un grand secours aux voyageurs, puisque, loin de croître dans les lieux arides et brûlants, elle vient dans les endroits très humides et marécageux. Les fleurs du Népenthès sont en grappe ou en panicule. Le fruit est une capsule à quatre loges. Le **Népenthès** indien croît dans l'Inde et à Ceylan.

NÉPÉTA ou **CATAIRE**. Genre de plantes de la famille des *Labiées* offrant pour caractères : calice tubuleux, sillonné de nervures, à cinq dents aiguës ; lèvre supérieure de la corolle plane, dressée, échancrée ; l'inférieure étalée, à trois lobes ; l'intermédiaire plus grand, arrondi, très concave. L'espèce type du genre, la **Népéta cataire** (*Nepeta cataria*), vulgairement *herbe aux chats*, est haute de 8 à 10 décimètres, couverte d'une pubescence grisâtre, d'une odeur forte et pénétrante, à tige droite, rameuse, à feuilles pétiolées, cordiformes, dentées en scie, blanchâtres en dessous ; à fleurs en petits faisceaux pédonculés, rapprochés en épis terminaux, blanches ou rosées piquetées de rouge. Elle croît l'été au bord

des chemins. Cette plante, aromatique et amère, est employée comme antiscorbutique et pectorale. Son odeur attire les chats, qui vont se rouler sur elle.

NÉPHÉLIS. Genre d'annélides de l'ordre des Hirudinées. Assez communes dans les eaux douces de France, ces petites sangsues ne s'attaquent qu'aux mollusques.

NEPTICULA. (Voir Teigne.)

NÉRÉIDE (*Nereis*). On donne ce nom à des vers marins autrefois appelés *scolopendres de mer*, et qui vivent généralement sur les côtes, dans les trous des rochers, dans les coquilles vides, dans le sable ou la vase. Les Néréides sont des vers à sang rouge ou annélides de l'ordre des Polychètes (pourvues de nombreuses soies), à branchies rudimentaires, à anneaux fort nombreux, garnis sur les côtés de soies raides. Ces animaux ne sont pas sédentaires dans des tubes comme les amphitrites ; leur corps est souvent orné de couleurs élégantes. Certaines espèces, très communes sur nos côtes, servent aux pêcheurs pour amorcer leurs lignes ; telle est la **Néréide lombricoïde**, au corps allongé, linéaire, composé d'une centaine de segments, et

Néréide.

rappelant l'aspect de nos mille-pieds terrestres. Sa tête porte quatre antennes, et quatre yeux ; ses branchies, insérées sous les pieds, ont la forme de petites languettes charnues. C'est au genre des Néréides qu'appartient ce petit ver filiforme et phosphorescent, qu'on trouve assez fréquemment dans les huîtres (*Nereis gallica*). Elle a 5 ou 6 centimètres de longueur. L'espèce la plus remarquable du genre est la **Néréide gigantesque** (*N. gigantea*), des mers de l'Inde. Elle a 1ᵐ,30 de longueur et 448 anneaux.

NEREIS. (Voir Néréide.)

NERFS, SYSTÈME NERVEUX. Le système nerveux est l'agent spécial de la sensibilité ; il se compose dans les animaux supérieurs des centres nerveux et des nerfs qui prennent naissance dans les diverses parties centrales du système, et se distribuent en se ramifiant dans tous les organes, auxquels ils communiquent la propriété de sentir, celle de se mouvoir volontairement ; celle, enfin, d'opérer les divers mouvements organiques involontaires, nécessaires à l'entretien de la vie. Nous l'étudierons chez l'homme, où il est le mieux développé, renvoyant aux articles consacrés aux diverses classes d'animaux pour les modifications qu'il présente. Les Nerfs sont formés par une substance particulière molle, blanchâtre, se réunissant en masses plus ou moins considérables ou consti-

89

tuant des cordons allongés. Le centre du système nerveux est désigné sous le nom d'*encéphale* et se compose du cerveau (voir ce mot), du cervelet et de

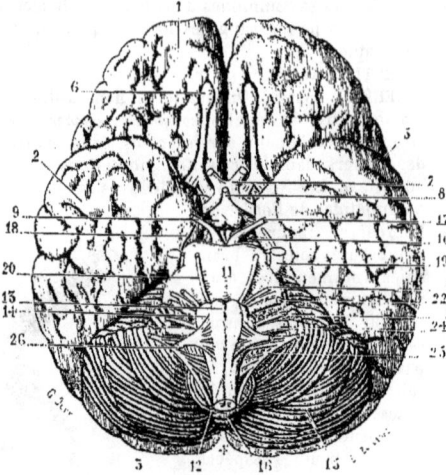

Cerveau (face inférieure).

1, lobe frontal du cerveau ; 2, lobe sphénoïdal ; 3, lobe occipital ; 4,4', scissure interhémisphérique ou médiane ; 5, scissure de Sylvius ; 6, nerf olfactif ; 7, chiasma des nerfs optiques ; 8, tuber cinereum et sa tige ; 9, tubercules mamillaires ; 10, pédoncules cérébraux ; 11, protubérance annulaire ; 12, bulbe ; 13, pyramides antérieures ; 14, olives ; 15, lobes latéraux du cervelet ; 16, son lobe médian ; 17, nerf moteur oculaire commun ; 18, nerf pathétique ; 19, nerf trijumeau ; 20, nerf moteur oculaire externe ; 21, nerf facial ; 22, nerf auditif ; 23, nerf glosso-pharyngien ; 24, nerf pneumogastrique ; 25, nerf spinal ; 26, nerf grand hypoglosse.

la moelle épinière. Les Nerfs qui naissent du cerveau et de la moelle épinière, et qui établissent la communication entre les centres nerveux et les diverses parties du corps, sont au nombre de quarante-trois paires. Chacun de ces Nerfs est formé de fibres nombreuses, et entouré d'une membrane nommée *névrilème*. Ces faisceaux de fibres, à mesure qu'ils s'éloignent des centres nerveux, se divisent successivement en branches, en rameaux et en ramuscules, ce qui les a fait comparer à un arbre composé de branches nombreuses ; mais ces ramuscules se divisent à leur tour en filets si déliés, que l'œil ne peut plus les suivre. Il n'est absolument aucune partie de notre corps qui ne soit pourvue d'un filet nerveux. Ainsi, la fine extrémité des Nerfs aboutit dans la peau, dans les muscles, dans les organes des sens.

L'*encéphale* est toute cette masse nerveuse qui occupe la cavité du crâne et comprend le cerveau, le cervelet, la moelle allongée, et, par extension, la moelle épinière, qui occupe toute la longueur du canal vertébral. Le cerveau est une masse de substance pulpeuse qui remplit toute la région antérieure du crâne et la plus grande partie de la région postérieure ; sa forme est ovalaire et il

se divise selon son grand diamètre en deux parties égales auxquelles on a donné le nom d'*hémisphères*, mais qui sont plutôt des lobes, puisqu'en réalité ce ne sont que des quarts de sphère. La base du sillon profond qui les sépare est une lame mince formée par la réunion des hémisphères sur la ligne médiane, et qui a reçu le nom de *corps calleux*. La surface des hémisphères cérébraux est sillonnée par des enfoncements irréguliers sous le nom d'*anfractuosités*, et les parties saillantes qu'ils forment ont reçu celui de *circonvolutions*. Chaque moitié latérale du cerveau est creusée d'une cavité (le *ventricule latéral*) qui présente à son intérieur des parties distinctes, les *corps striés et les couches optiques*. A la partie inférieure du cerveau se distinguent deux pédoncules très gros qui semblent sortir de la substance de cet organe, et se continuent avec la moelle épinière ; ce sont les *pédoncules cérébraux*. C'est aussi de cette partie que sortent les nerfs auxquels le cerveau donne naissance. Le cervelet placé au-dessous de la partie postérieure du cerveau, présente comme celui-ci deux hémisphères, mais séparés par un sillon moins profond ; il paraît composé d'un assemblage de lames ou de feuillets placés de champ. Il a à peine le tiers du volume

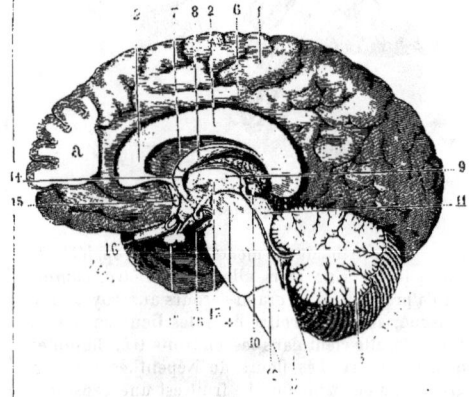

Cerveau (coupe sagittale passant par la scissure médiane).

1, circonvolutions de la face interne de l'hémisphère droit ; 2, coupe du corps calleux, 2', son genou ; 3, coupe du bulbe ; 4, coupe du pédoncule cérébral droit ; 5, coupe du cervelet montrant l'arborisation de la substance blanche enveloppée par la substance grise (arbre de vie) ; 6, circonvolution du corps calleux ; 7, cloison transparente ou septum lucidum ; 8, trigone cérébral ; 9, couche optique ; 10, glande pinéale et habena ; 11, tubercules quadrijumeaux droits ; 12, aqueduc de Sylvius ; 13, paroi externe du ventricule moyen ; 14, trou de Monro ; 15, commissure antérieure du cerveau ; 16, coupe du chiasma des nerfs optiques ; 17, glande pituitaire ; 18, nerf moteur oculaire commun. (La partie antérieure du lobe frontal a été coupée en a, de manière à montrer la structure des circonvolutions formées de substance grise qui recouvre la substance blanche.)

du cerveau et se continue avec la moelle épinière au moyen de deux gros pédoncules, tandis qu'une bande de substance blanche (la *protubérance annu-*

laire), qui part d'un hémisphère à l'autre, l'unit intimement à cet organe. Entre le cervelet et le cerveau, et cachées par les lobes postérieurs de ce dernier, sont quatre petites éminences arrondies, placées par paires de chaque côté de la ligne médiane; elles forment le prolongement antérieur des faisceaux de la moelle épinière et portent le nom de *lobes optiques* ou *tubercules quadrijumeaux*. Ces tubercules sont séparés par deux sillons ou croix, au milieu desquels se trouve un petit corps grisâtre, nommé la *glande pinéale*, dont le célèbre Descartes faisait le siège de l'âme. Le cerveau est d'une consistance tellement délicate, que la moindre blessure, la moindre compression, entraînerait les plus graves accidents. Aussi la nature a-t-elle pris les plus grandes précautions pour le protéger. Les vaisseaux sanguins qui se rendent dans cet organe ne pénètrent pas brusquement dans sa substance, comme cela a lieu pour les autres organes. Les artères et les veines forment à sa surface un lacis de vaisseaux capillaires qui constituent une première enveloppe nommée *pie-mère;* sur cette couche de petits vaisseaux s'étend une seconde enveloppe, l'*arachnoïde*, plus fine que les toiles d'araignée, dont elle tire son nom, et sécrétant une sérosité qui obvie aux dangers du frottement des vaisseaux contre ses parois. Puis, enfin, la *dure-mère* fibreuse et résistante, qui, d'une part, s'applique aux parois du crâne, et, de l'autre, se réfléchissant sur l'arachnoïde, s'enfonce dans les sillons du cerveau et dans les intervalles existant dans ces diverses parties de l'encéphale, et, se moulant exactement sur elles, les force par sa résistance à conserver leur forme et empêche entre elles tout contact. La *moelle épinière*, qui forme le prolongement de l'encéphale et occupe, comme nous l'avons déjà dit, toute la longueur du canal vertébral, a la forme d'un gros cordon divisé par un double sillon en deux moitiés latérales. Son extrémité supérieure, à laquelle on donne le nom de *moelle allongée*, se termine par plusieurs faisceaux qui la joignent au cerveau et au cervelet et forment des renflements dont les tubercules quadrijumeaux font partie. Indépendamment de son canal ou étui osseux, la moelle épinière est recouverte de trois membranes, qui ne sont qu'un prolongement de celles du cerveau. De la moelle épinière et de la moelle allongée partent les nerfs, symétriquement divisés par paires; le nombre de ces paires varie dans les divers animaux, suivant le nombre de leurs vertèbres et l'étendue de la moelle épinière. Chez l'homme, on en compte quarante-deux paires : douze crâniennes et trente rachidiennes. Les premières sont répandues dans la tête et président aux sens de l'odorat, de la vue, du goût, aux mouvements de la face, etc. Les autres se répandent, en se ramifiant à l'infini, dans toutes les parties du corps. Outre la moelle épinière, il existe au devant de la colonne vertébrale un double cordon formé de renflements distincts ou ganglions, qui, au moyen de divers Nerfs, se rattache à ceux de la moelle épinière. Ce système nerveux porte le nom de *Nerf grand sympathique*, parce qu'on le regardait autrefois comme le principal agent des sympathies corporelles; il prend une part ac-

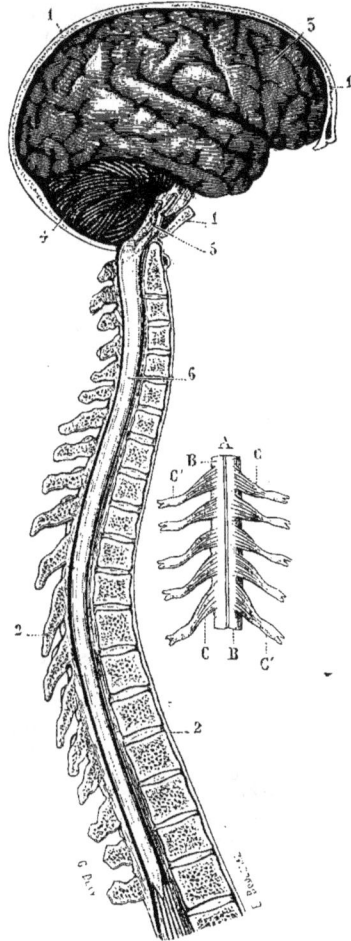

Axe cérébro-spinal.

1, coupe sagittale du crâne; 2, coupe du rachis ou colonne vertébrale; 3, face latérale du cerveau; 4, cervelet; 5, bulbe rachidien ou moelle allongée; 6, moelle épinière.
Segment de moelle épinière vue par sa face antérieure : A, sillon médian; B, cordons antérieurs; C, racines des nerfs spinaux; C', leur ganglion.

tive aux fonctions des divers organes auxquels il envoie ses ramifications. De même que les Nerfs du système encéphalique se rendent aux organes des sens, à la peau, aux muscles, ceux du grand sympathique se distribuent au cœur, aux poumons, à l'estomac, aux intestins, etc., et c'est sous leur influence que fonctionnent ces organes. — On a cherché à expliquer l'influence nerveuse, en se fondant sur la rapidité avec laquelle se passent les divers phénomènes d'innervation; on a supposé que les grands centres nerveux sécrétaient un fluide particulier, dont les Nerfs étaient les conducteurs. Cette théorie rend un compte satisfaisant d'un certain nombre de faits d'innervation; mais elle se montre impuissante à en expliquer beaucoup d'autres; on voit, d'ailleurs, qu'elle n'est qu'une simple reproduction des théories physiques de l'électricité, appliquées à un autre ordre de phénomènes. On a assigné au cerveau de nombreuses fonctions; mais on peut dire d'une manière générale qu'il est le point d'où partent les déterminations de la volonté et le rendez-vous de toutes les sensations. Le docteur Gall, guidé d'abord par ses travaux anatomiques, établit que les parties antérieures étaient le siège des facultés intellectuelles, les parties latérales le centre des fonctions qui ont pour but la conservation de l'individu, et les parties postérieures celles qui président à la conservation de l'espèce. L'observation paraît en effet favorable à cette grande division; mais il n'en est plus ainsi lorsque, dominé par cette idée qu'il y a dans le cerveau autant d'organes que de facultés dans l'entendement, le célèbre phrénologiste veut assigner un endroit déterminé et particulier à chaque faculté ou penchant. Les expériences les plus récentes établissent d'une manière certaine que ce sont en effet les hémisphères cérébraux qui sont le siège exclusif de l'intelligence. Dans le cervelet réside le principe qui règle la coordination des mouvements de locomotion, et la moelle allongée est le siège du principe qui règle le mécanisme de la respiration, et par suite le mécanisme entier de la vie. Lorsqu'on enlève sur un animal les hémisphères cérébraux, on abolit l'intelligence, mais sans troubler la régularité de ses mouvements. Cette régularité existe tant que le cervelet reste intact, malgré la perte de l'intelligence. Quand on enlève le cervelet, on abolit les mouvements de locomotion; un animal dont on blesse le cervelet perd l'équilibre de ses mouvements, comme un animal plongé dans l'ivresse. Enfin, quand on détruit la moelle allongée, on abolit la respiration; la vie s'éteint. Le système nerveux existe avec un développement plus ou moins complet dans toute la série animale, si l'on en excepte toutefois les protozoaires, qui n'en offrent pas trace. Ce développement est en raison directe de la complexité de l'organisation. Dans toutes les classes, le volume du cerveau, relativement à celui de la moelle épinière, est d'autant moins considérable que l'animal est plus éloigné de l'espèce humaine. Chez l'homme, le poids du cerveau augmente rapidement jusqu'à la vingt-cinquième année et commence à diminuer depuis la cinquantième; il s'atrophie peu à peu dans la vieillesse. Dans les derniers degrés de l'échelle animale, le système nerveux ne consiste guère qu'en molé-

cules disséminées dans le tissu musculaire (voir ANIMAL); puis on le voit, dans une série plus élevée, se centraliser en filaments distincts, s'agglomérer en masses réunies entre elles par des cordons de communication; puis enfin, au point le plus élevé de l'échelle, nous le voyons former des masses continues, intimement liées entre elles, et dont l'organisation compliquée suffit à faire pressentir l'importance des fonctions dont il est chargé dans l'économie animale. (Voir CERVEAU.)

NÉRION (*Nerium*). Genre de plantes de la famille des *Apocynacées*, dont les caractères sont : calice à cinq divisions profondes, corolle infundibuliforme, à cinq lobes, à la base desquels se trouvent cinq appendices planes, pétaloïdes, frangés; étamines distinctes, incluses, anthères sagittées, terminées par une longue pointe barbue; style à stigmate cylindrique. Follicules allongés contenant de nombreuses graines aigrettées. C'est à ce genre qu'ap-

Nérion (laurier-rose).

partient le **Laurier-rose** (*N. oleander*), arbrisseau toujours vert, à tige haute de 3 à 4 mètres, se divisant en rameaux trifurqués, chargés de feuilles ternées, sessiles, lancéolées aiguës. Les fleurs roses, très grandes, sont élégamment disposées en une sorte de corymbe. Le Laurier-rose, qui fait en automne l'ornement de nos jardins, et que l'on rentre en serre pendant l'hiver, croît dans les lieux escarpés et rocheux du midi de la France et de l'Europe. Cette belle plante renferme dans toutes ses parties un principe vénéneux des plus subtils, l'oléandrine; ses émanations seules suffisent, dit-on, pour occasionner des accidents graves. Pris à l'intérieur, son suc agit comme poison narcotico-âcre. On cite ce fait d'une famille dont cinq membres périrent pour avoir mangé d'un gigot que la cuisinière, ignorante, avait fait cuire avec une baguette de Laurier-rose en guise de traverse de broche; cependant, on emploie son extrait incorporé dans un liniment contre les maladies de peau. — Une espèce du même genre, le **Nerium antidysentericum**, s'emploie dans l'Inde contre la dysenterie. — On cultive dans nos jardins le **Nérion odorant** (*laurier-rose indien* des jardiniers), à grandes fleurs odorantes de couleur carnée rose ou jaune pâle.

NÉRITE (*Nerita*). Genre de mollusques GASTÉROPODES SCUTIBRANCHES, type de la famille des *Néritidés*, dont les représentants se distinguent à leur coquille globuleuse, operculée, dépourvue d'ombilic, à spire courte et non saillante, à ouverture semi-lunaire, à bord gauche denté. L'animal a le corps court, conique, très large en avant, et présentant un mufle parfois bilobé ; deux tentacules minces et écartés portent à leur base externe les yeux brièvement pédicellés. Le type du genre est la **Nérite polie**, de l'océan Indien. On en connaît plusieurs espèces fossiles. On a séparé des Nérites, sous le nom de *Néritines*, les espèces d'eau douce qui se distinguent par leurs coquilles plus minces, à bords non dentés. Le type de cette section est la **Néritine fluviatile**, commune dans tous les cours d'eau d'Europe.

NÉRITINE. (Voir NÉRITE.)

NERIUM. (Voir NÉRION.)

NÉROLI. On donne ce nom à l'huile essentielle de fleurs d'oranger, obtenue par distillation.

NERPRUN. Nom commun à plusieurs arbres ou arbrisseaux appartenant au genre *Rhamnus*, type de la famille des *Rhamnacées*, et qui viendrait par corruption de *noire-prune*, par allusion à leurs fruits. Ce sont des arbrisseaux ou de petits arbres, à feuilles alternes, à fleurs petites et peu apparentes, ramassées en grappes, à fruits drupacés contenant deux ou quatre noyaux. — Ce genre renferme de nombreuses espèces. Le **Nerprun alaterne** (*Rhamnus alaternus*, L.), très recherché pour l'ornement des jardins paysagers, où il produit un effet très pittoresque, surtout en hiver, par son feuillage persistant et d'un vert gai. Cette espèce, qui forme un buisson s'élevant jusqu'à 7 mètres, croît spontanément dans toute la région méditerranéenne. On en cultive plusieurs variétés : l'*alaterne à feuilles rondes*, l'*alaterne à feuilles cordiformes* et l'*alaterne à feuilles panachées*. — Le **Nerprun purgatif** (*R. catharticus*, L.), qu'on connaît aussi sous les noms de *bourguépine*, est commun dans presque toute l'Europe. C'est un buisson de 3 à 5 mètres de haut, à rameaux étalés, épineux ; à feuilles ovales, acuminées, finement dentelées ; à fleurs petites, jaunâtres, agrégées aux aisselles des feuilles. Les fruits, noirâtres et de la grosseur d'un pois, sont un violent purgatif. Les campagnards en font parfois usage à la dose de vingt à trente ; mais ce remède ne saurait convenir qu'à des constitutions robustes. Le sirop de Nerprun s'administre en médecine à la dose de 15 à 30 grammes, le plus souvent associé à l'eau-de-vie allemande. Il est également employé comme purgatif dans la médecine vétérinaire. On

prépare avec ces fruits et de l'alun la couleur appelée *vert de vessie*. L'écorce fraîche de ce Nerprun n'est pas moins drastique que ses fruits. Les fruits de plusieurs Nerpruns indigènes de l'Europe méridionale, notamment le *Rhamnus infectorius*, L. ; le *Rhamnus saxatalis*, L., et *Rhamnus tinctorius*, Waldst., sont connus, dans le commerce des matières tinctoriales, sous le nom de *graine d'Avignon* ; ils servent à teindre en jaune. Leur décoction avec le blanc de céruse donne la couleur dite *stil de grain*. — Le **Nerprun bourgène** (*R. frangula*, L.), appelé vulgairement *bourdaine* et *aune noir*, est commun dans toute l'Europe, au bord des eaux et dans les bois

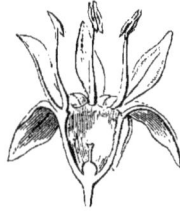

Nerprun (*Rhamnus cathart.cus*),   Nerprun
fleur mâle.   (*Rhamnus catharticus*).

humides. Cet arbrisseau atteint 5 à 6 mètres de hauteur. L'écorce du tronc et des grosses branches est d'un brun noirâtre. Le bois de la Bourgène est celui qui fournit le charbon le plus estimé pour la fabrication de la poudre à canon. Son écorce sert à teindre les laines en vert, en jaune et en brun ; la même propriété se retrouve dans les fruits, dont on prépare aussi du vert de vessie ; ils participent encore aux propriétés drastiques de ceux du Nerprun purgatif.

NERVEUX (Système). (Voir NERFS.)

NERVURES. (Voir FEUILLE.)

NÉVRILEME (du grec *neuron*, nerf, et *eilêma*, enveloppe). Enveloppe des nerfs. (Voir ce mot.)

NÉVROPTÈRES (du grec *neuron*, nervure, et *ptéron*, aile). Ordre d'insectes que l'on reconnaît à leurs quatre ailes membraneuses, transparentes, finement réticulées ; à la conformation de leur bouche, formée de deux lèvres, de mandibules et de mâchoires propres au broiement. Cependant, ces organes sont rudimentaires chez les phryganes et manquent même tout à fait chez les éphémères. Leur corps est allongé et mou ; leurs antennes sont sétacées et composées d'un grand nombre d'articles. Ils n'ont point d'aiguillon, et rarement une tarière. Leurs larves sont hexapodes. Les insectes de cet ordre varient par leurs mœurs et par leurs métamorphoses. Latreille les partageait en deux familles ;

1° celle des **Subulicornes**, ainsi nommées de leurs antennes en forme d'alène, comprenant, outre les *demoiselles* ou *libellules*, les *éphémères* et les *phryganes*, et 2° celle des **Planipennes**, qui portent leurs ailes couchées horizontalement sur le dos, et compte deux genres principaux : les *Termites* ou *termès* et les *Fourmilions*. Des classifications plus récentes divisent les Névroptères en plusieurs familles, qui sont : les *Termitidés* (termite), les *Per-*

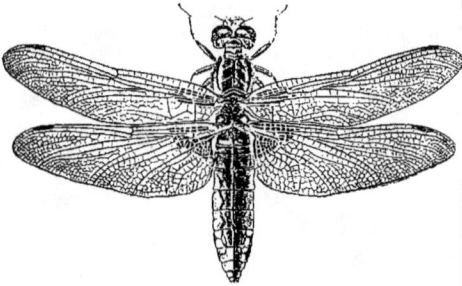

Libellule déprimée.

lidés (perla), les *Éphémérides* (éphémère), les *Libellulidés* (libellule), les *Myrméléonidés* (fourmilion), les *Phryganidés* (phrygane). (Voir ces mots.) Cependant, quelques auteurs, considérant les différences que présentent certains de ces groupes dans les métamorphoses incomplètes qu'ils subissent, ont proposé de les placer dans l'ordre des ORTHOPTÈRES, ou entre les deux ordres sous le nom de *Pseudonévroptères*. Ce sont les *Libellulidés*, les *Éphémérides* et les *Termitidés*.

NEZ. Organe de l'Odorat. En anatomie, on entend

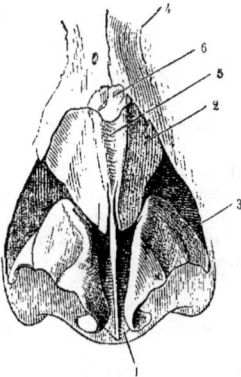

Cartilages du nez.
1, cloison des narines ; 2, cartilage latéral ; 3, cartilage de l'aile du nez ; 4, os nasal.

par *nez*, seulement la saillie triangulaire placée à la partie médiane de la face au-dessous du front et qui forme la limite antéro-supérieure des fosses nasales, qui sont en réalité l'organe de l'olfaction. (Voir ODORAT.) Dans la saillie nasale, on distingue la *racine*, partie qui se continue avec la portion intersourcilière du front ; les *ailes* ou faces latérales, et la *base* percée de deux ouvertures que l'on nomme *narines*, et dont la partie saillante ou bout du nez est nommée *lobule*. Les parties solides qui donnent au nez la forme que nous lui voyons, sont les apophyses montantes de l'os maxillaire supérieur, les os propres du nez et plusieurs cartilages, dont les principaux sont : le *cartilage de la cloison*, séparant les fosses nasales, et les *cartilages latéraux*, formant les ailes du Nez. Une couche de muscles recouvre ces cartilages ; elle est parcourue par des artères et des veines, et innervée par le nerf facial. A l'intérieur, le Nez est tapissé par une membrane muqueuse, et il est recouvert à l'extérieur d'une peau épaisse et riche en glandes sébacées. Placées à l'entrée des fosses nasales, c'est par les narines que s'introduisent les émanations qui vont provoquer le sens de l'odorat, et c'est par elles que s'introduit la plus grande partie de l'air qui pénètre dans les poumons.

NICKEL. Corps simple métallique, d'un blanc grisâtre, dur et aussi ductile que l'argent. Il se trouve dans la nature à l'état d'oxyde, de sulfure, d'arséniure, de silicate, etc. Le sulfure de Nickel ou *haarkies*, nom qui vient du mot allemand *haar* (cheveux), parce qu'il cristallise en aiguilles fines comme des cheveux, est l'un des plus répandus, quoique peu abondant. Le Nickel prend une belle couleur blanche et beaucoup d'éclat sous le brunissoir. Sa densité, lorsqu'il a été fondu, est de 8.402 ; l'air ne l'altère pas à la température ordinaire, il s'oxyde lentement au rouge. Il se dissout dans l'acide nitrique. Le Nickel peut s'allier avec une forte proportion de cuivre sans perdre sa couleur blanche ; on en a tiré parti pour faire des alliages destinés à remplacer l'argenterie, et connus sous le nom de *maillechort*. La blancheur du Nickel, sa dureté, la propriété qu'il possède de résister à l'action de l'air et de l'humidité, et son prix peu élevé, ont donné à l'industrie l'idée d'en recouvrir les métaux communs pour les préserver de l'oxydation. Le gouvernement belge frappe des pièces de 5, 10 et 20 centimes avec un alliage de cuivre et 25 pour 100 de Nickel.

NICOTIANE. (Voir TABAC.)

NID. On donne ce nom à l'espèce de logette que construisent les oiseaux pour y déposer leurs œufs et y élever leurs petits. On ne saurait trop admirer l'adresse étonnante qu'ils déploient dans la construction de ce Nid, pour l'exécution duquel ils n'ont que leur bec, et les précautions ingénieuses qu'ils prennent en vue des besoins à venir. Tantôt ces Nids se composent de brins de paille, de petites bûchettes entrelacées, dont les intervalles sont bouchés avec de la mousse ; tantôt c'est une solide maçonnerie formée de gravier et de terre gâchée avec de l'humeur salivaire, offrant parfois à l'inté-

stances molles, ou même des plumes que la mère a arrachées de sa poitrine ; d'autres fois c'est un vé-

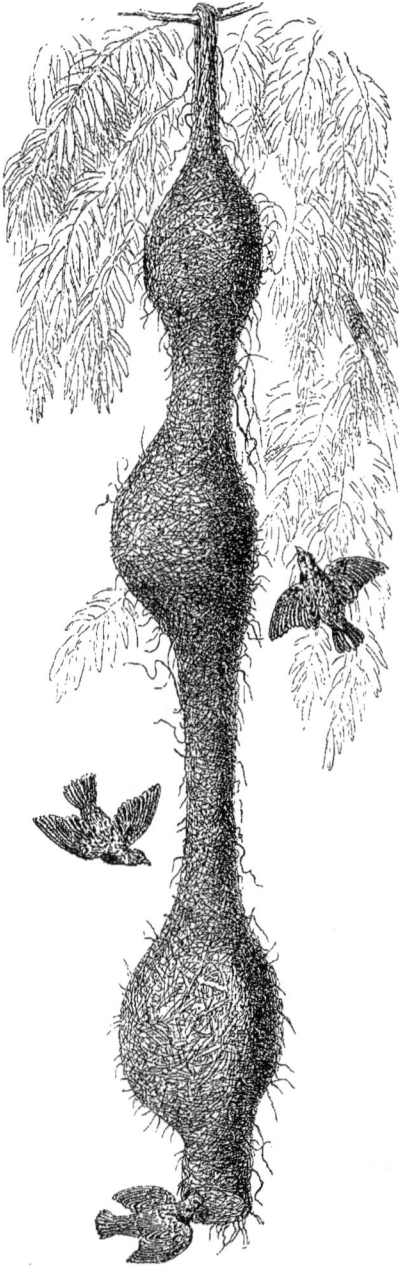

Nid de la fauvette effarvatte (petite rousserole).

ritable tissu d'une finesse et d'une solidité admirables, comme celui du *Remiz*. (Voir ce mot). Quant à

Nid de baya.

Nid de tisserin du Bengale.

rieur des compartiments, et une couche de sub-

la forme, autant d'espèces, autant de variétés. Chez les uns, elle est conique ; chez les autres, sphérique ou ellipsoïdale. Un troupiale construit une sorte de bourse suspendue aux branches par quatre cordons ; le baya, petit bouvreuil de l'Inde, fait son Nid en forme de bouteille et le suspend à une branche tellement flexible que les singes, les serpents, ni même les écureuils, n'y peuvent atteindre ; l'oiseau en place l'entrée en dessous, de façon qu'il n'y peut pénétrer lui-même qu'en volant ; ce Nid renferme un double fond où les œufs sont en sûreté. La rousserole fixe le sien aux roseaux et le rend mobile au moyen d'anneaux de jonc, de manière que, si les eaux s'élèvent, il ne puisse être submergé. Nous décrirons en son lieu le Nid singulier du républicain. Nous donnons ici le Nid si curieux du tisserin du Bengale, qui ajoute chaque année une bourse à son Nid. L'aire des oiseaux de proie se compose de pièces de bois, souvent très volumineuses, maintenues entre elles par de fortes branches, et reposant sur l'entablement de quelque roc élevé. Il est des espèces qui se bornent à creuser dans la terre ou dans le sable une cavité arrondie où elles abandonnent leurs œufs à la chaleur solaire. Il en est qui choisissent, pour y déposer leur ponte, quelque creux d'arbre. Le coucou laisse à une mère étrangère, dont il usurpe le Nid, le soin de faire éclore ses petits. Quant au choix du lieu où le Nid repose, il est généralement subordonné à la manière de vivre de l'animal. Ainsi, les oiseaux aquatiques nichent sur le bord des eaux, les petites espèces au milieu des champs, les grandes dans les bois, sur les arbres élevés ; l'autruche confie ses œufs au sable du désert. Le plus souvent, la femelle seule travaille à la confection du Nid ; le mâle surveille l'ouvrière et pourvoit à ses besoins. Dans quelques cas, il est le manœuvre de sa compagne. Les mammifères ne construisent pas de Nids à proprement parler ; mais plusieurs espèces, notamment dans le groupe des rongeurs, amassent dans leurs terriers des débris de substances molles dont elles font un lit à leurs petits. L'écureuil, le muscardin, entrelacent même, dans ce but, des brins d'herbe ou des branches pour former un abri. Le lapin creuse aussi en terre un trou uniquement destiné à sa jeune famille. Nous avons longuement parlé de la demeure du castor. (Voir ce mot.) Un fait plus singulier, c'est qu'on trouve chez les poissons, qui, moins que les autres animaux, paraissent posséder des instruments propres à la nidification, certaines espèces construisant des Nids ; tels sont surtout les épinoches. (Voir ce mot.) Les insectes sont peut-être de tous les animaux ceux qui déploient la plus admirable industrie dans la construction de leurs Nids. (Voir Abeille, Bourdon, Guêpe, Termites, Xylocope, etc.)

NIELLE. Nom vulgaire sous lequel on désigne plusieurs plantes nuisibles aux céréales, mais principalement l'*Agrostemma githago*. (Voir Agrostemme.)

NIGELLE. Genre de plantes dicotylédones, polypétales, hypogynes, de la famille des *Renonculacées*, renfermant des plantes herbacées, à feuilles divisées en lobes nombreux et étroits ; à fleurs grandes, à cinq pétales, solitaires à l'extrémité de la tige et des branches. — La **Nigelle cultivée**, connue sous le nom vulgaire de *toute-épice*, croît parmi les blés de l'Europe tempérée et méridionale. Ses fleurs sont blanches ou bleues ; son fruit est formé de cinq capsules membraneuses noirâtres qui, en Orient, sont employées comme condiment, et souvent mêlées à la farine du pain et des gâteaux. — La **Nigelle de Damas**,

Nigelle cultivée (*N. sativa*).

vulgairement nommée *cheveux de Vénus*, *patte d'araignée*, habite toute la région méditerranéenne ; elle est haute de 3 à 4 décimètres, à feuilles sessiles, divisées en lanières très étroites ; ses fleurs sont terminales, d'un beau bleu d'azur, embrassées à leur base par un grand involucre découpé en segments presque filiformes, d'où lui sont venus ses noms vulgaires. On la cultive dans les jardins.

NILGAU. Espèce du genre Antilope. (Voir ce mot.)

NITELLE. (Voir Chara.)

NITIDULE, *Nitidula* (du latin *nitidus*, brillant). Genre d'insectes Coléoptères, type de la famille des *Nitidules* et faisant partie des Clavicornes de Latreille. Les Nitidula ont le corps assez court, assez convexe, les antennes à massue courte, le corselet rebordé, rétréci en avant, les jambes ciliées en dehors ; ces insectes vivent dans les matières animales à moitié desséchées, dans les vieux os, les vieux cuirs ; ils ont, en général, des couleurs sombres qui ne justifient guère leur nom. Le type du genre est la **Nitidula obscura**, de 3 à 4 millimètres, noir presque mat, à ponctuation extrêmement fine, à base des antennes et pattes rousses. — La **Nitidula bipustulata**, de 4 millimètres et demi, est noire ou d'un brun noir, mate, avec une grande tache jaune d'ocre au milieu de chaque élytre, à pattes et bords latéraux du corselet roussâtres. — La **Nitidula quadripustulata**, 2 millimètres et demi, est plus oblongue, plus parallèle, presque rugueusement ponctuée, d'un brun noir, à élytres ayant chacune deux taches d'un jaune d'ocre. Ces espèces se trouvent aux environs de Paris.

NITRE. Azotate ou nitrate de potasse, qui forme de petites incrustations sur les roches calcaires et se forme journellement dans les caves, les écuries et autres lieux humides. Ce Nitre impur des murailles est connu sous le nom de *salpêtre* et joue un rôle important dans le mélange qui constitue la *poudre*. Le Nitre est soluble dans l'eau, il déflagre sur les charbons ardents et colore la flamme en violet.

NIVÉOLE. (Voir PERCE-NEIGE.)

NOBLE ÉPINE. Un des noms vulgaires de l'Aubépine.

NOCTHORE, *Nyctipithecus* (du grec *nux*, nuit, et *pithékos*, singe). Genre de singes de l'ordre des PLATYRHINIENS, de la famille des *Pithécidés*, qui se distinguent des Sagouins par leurs grands yeux et par leurs oreilles cachées par les poils. On en connaît plusieurs espèces, toutes propres à l'Amérique du Sud, et qui ont des habitudes nocturnes. Tels sont le Douroucouli du Brésil (*N. trivirgata*) et le Nocthore à face de chat, du Para.

NOCTILION (du latin *nox*, nuit). Genre de CHÉIROPTÈRES, de la section des *Chauves-souris*, à museau court et renflé, fendu et garni de tubercules charnus; sans membrane nasale, à oreilles petites et à queue courte. On en connaît une espèce de l'Amérique du Sud, le Noctilion uniloculaire, de la taille du rat.

NOCTILUQUE (du latin *nox*, *noctis*, nuit, et *lucere*, briller). Genre d'infusoires du groupe des *Flagellates*. C'est un fort petit être, à peine gros comme une graine de pavot, auquel les naturalistes donnent le nom de *Noctiluca miliaris*. Cet infusoire marin est un corps gélatineux, transparent, sphéroïdal, creusé

en dessus d'une cavité en entonnoir d'où sort un tentacule. Il ressemble assez, sous le microscope, à une cerise décolorée à queue courte, le tentacule formant ici la queue. C'est en agitant rapidement cet appendice que l'animal se meut. — Ces animalcules sont remarquables par la propriété qu'ils possèdent d'émettre dans l'obscurité une vive lumière. Leur reproduction a lieu soit par simple division, soit par formation de zoospores en tout semblables à ceux des radiolaires. C'est à leur agglomération par myriades, à certaines époques, qu'est dû le magnifique et étrange phénomène de la phosphorescence de la mer.

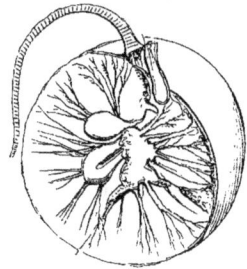

Noctiluque (coupe verticale).

NOCTUELLES. Groupe d'insectes LÉPIDOPTÈRES de la section des *Nocturnes* (*Chétocères*), qui formait autrefois le grand genre *Noctua* de Linné. C'est une immense légion de papillons de nuit, variant beaucoup pour la taille ; mais la plupart de grandeur médiocre et de couleurs sombres. Les Noctuelles se distinguent facilement des Bombyces par leur tête comparativement plus grosse, moins enfoncée sous le thorax ; par leurs antennes toujours en soie, simples ou finement denticulées , leur trompe bien développée. Leurs ailes supérieures, dont la forme varie entre le triangle et le trapèze, sont garnies d'une frange épaisse ; elles recouvrent entièrement les inférieures pendant le repos, et sont disposées en toit. Dans le plus grand nombre des espèces, ces ailes

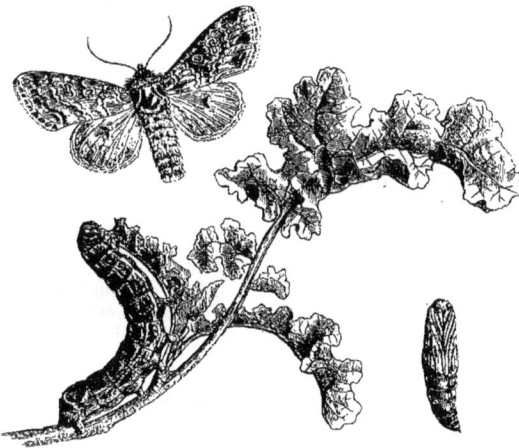

Noctuelle du chou (*Hadena brassicæ*), papillon, chenille et chrysalide.

présentent deux taches, l'une en forme d'anneau, placée vers le milieu de la cellule discoïdale, et l'autre en forme de rein, située vers l'extrémité de la cellule. Ces papillons ne sortent guère que la nuit ; ils sont très avides du miel des fleurs et de toutes les matières sucrées ; aussi ce sont ceux qui accourent avec le plus d'empressement à la miellée. Leurs chenilles sont les plus généralement allongées,

90

cylindriques, munies de seize pattes ; elles se chrysalident en terre et la pupe est de forme conique, terminée en pointe aiguë, d'un brun plus ou moins rougeâtre et comme vernissée. — On divise les Noctuelles en plusieurs groupes, dont chacun comprend plusieurs genres. — Les **Acronyctes**, dont le type, *Acronycta psi*, a les ailes grisâtres avec plusieurs petits traits noirs dont deux forment le ψ grec. Ce petit papillon est fort commun sur les ormes. — Les **Hadena**, dont l'espèce la plus répandue, la *Noctuelle du chou* (*Hadena brassicæ*), est un des insectes les plus nuisibles à la culture maraîchère. Les **Bryophila**, dont le nom signifie *mangeur de mousses* et leur vient de ce que leurs chenilles mangent les mousses et les lichens ; ce sont de très petits papillons. — Les **Triphènes** sont d'assez grande taille ; leurs ailes antérieures

Noctuelle des moissons
(*Agrotis segetum*).

sont grises et les postérieures jaunes avec des bandes noires. Deux espèces, *Triphæna orbana* et *pronuba*, sont très communes ; leurs chenilles vivent sur les crucifères. — Les **Lichenées** (*Catocala*) sont également de grande taille et fort jolies ; leurs ailes supérieures sont grises, les inférieures rouges (*C. nupta*), bleues (*C. fraxini*), jaunes (*C. paranympha*). — Les **Xylines** se reconnaissent à leurs ailes veinées comme certains bois. — Les **Plusies** se distinguent des autres Noctuelles par leurs ailes ornées de taches d'or ou d'argent (*Plusia gamma*, *P. aurifera*, *P. orichalcea*) ; leur nom signifie *richesse*. — Plusieurs espèces du genre **Agrotis** sont très nuisibles ; telles sont l'*Agrotis segetum*, dont la chenille attaque, non pas les céréales comme l'indique son nom, mais les betteraves auxquelles elle est très nuisible. Telle est encore l'*Agrotis tritici* qui, dans certaines années, devient un fléau pour les moissons. — Une Noctuelle de la Guyane, l'*Erèbe strix*, le géant du groupe, a 25 centimètres d'envergure ; ses ailes sont grises traversées d'une infinité de lignes noires.

NOCTULE. (Voir Chéiroptères.)

NOCTURNES [Papillons]. On a longtemps donné ce nom, généralement abandonné pour celui d'*Hétérocères*, à la grande division des Papillons de nuit qui comprend les familles des *Bombyces*, des *Noctuelles*, des *Phalènes* et des *Pyrales*. (Voir ces mots.) — On donne parfois le nom d'*oiseaux de proie nocturnes* à la famille des Strigidés. (Voir ce mot.)

NOISETIER (*Corylus*). Genre de plantes de la famille des *Castanéacées* (*Amentacées* de Jussieu). Ses caractères sont : fleurs monoïques ; chatons mâles cylindriques, pendants, composés d'écailles rhomboïdales à trois lobes, dont celui du milieu couvre les deux autres ; huit étamines insérées à la base des écailles ; anthère à une seule loge ; fleurs femelles adnées plusieurs ensemble dans un bourgeon écailleux ; ovaire surmonté de deux styles ; point de calice apparent à l'époque de la floraison ; involucre coriace paraissant après et enveloppant une noix ovale, lisse, à une seule graine, marquée à la base d'une cicatricule large et arrondie. — L'espèce la plus intéressante du genre est le **Noisetier commun** ou *coudrier* (*C. avellana*), arbrisseau commun dans les haies et les taillis. Ses branches droites et rameuses offrent de petites taches jaunâtres. Les feuilles, en forme de cœur, sont pubescentes en dessous, pétiolées et alternes ; les stipules

Noisetier commun ; *a*, chaton mâle ; *b*, fruit.

sont ovales lancéolées. Les chatons mâles sont longs et pendent de la partie supérieure des jeunes rameaux de l'année précédente. Les fleurs femelles forment une espèce de petit bourgeon. Il leur succède des fruits, désignés sous le nom de *noisettes*, dont l'amande est fort agréable et contient une quantité considérable d'huile grasse, que l'on peut extraire par le moyen de la pression. Cet arbrisseau, depuis fort longtemps cultivé dans nos jardins, a donné naissance à plusieurs variétés, dont les principales sont le *coudrier franc* à fruit blanc, le *coudrier à fleur rouge* et l'*avelinier*. — Le **Noisetier d'Amérique**, plus petit que ceux d'Europe, a un très petit fruit enveloppé dans un large involucre.

NOIRPRUN pour Nerprun. (Voir ce mot.)

NOISETTE. Fruit du Noisetier.

NOIX. Fruit du noyer. On donne aussi le nom de *Noix* à tous les fruits composés, comme celui du noyer, d'une enveloppe ligneuse renfermant une ou plusieurs semences et recouverte d'une pulpe plus ou moins molle ou charnue qui prend le nom de *brou*. — On donne vulgairement le nom de *Noix* à des fruits de plantes très différentes. Ainsi l'on nomme :

Noix d'acajou, le fruit de l'Acajou ;

Noix d'arec, le fruit de l'Arec cachou.

Noix de bancoule, le fruit du Bancoulier.

Noix de Banda, le fruit du Muscadier ;

Noix des Barbades, le fruit du Médicinier ;

Noix de coco, le fruit du Cocotier ;

Noix d'eau, le fruit de la Macre ;

Noix de galle, les Galles des arbres ;

Noix de gouron, la graine du Sterculier acuminé ;

Noix de marais, le fruit de l'Anacardier ;

Noix muscade, le fruit du Muscadier ;

Noix de Saint-Ignace et **Noix vomique**, la baie du Vomiquier ;

Noix de terre ou **terre-Noix**, les racines du *Bunium bulbocastanum*.

NOLI ME TANGERE (ne me touchez pas). Nom donné par Linné à la Balsamine sauvage, parce que ses fruits s'ouvrent et se recoquillent en lançant leurs graines dès qu'on y touche. L'élatère offre le même phénomène.

NOMBRIL. (Voir Ombilic.)

NONETTE. Nom vulgaire d'un oiseau du genre *Mésange*, le *Parus palustris*. (Voir Mésange.)

NOPAL. Nom vulgaire de l'*Opuntia vulgaris*. (Voir Opuntia.)

NOSTOCH. Genre de plantes cryptogames de la classe des Algues, type de la famille des *Nostochinées*. Les Nostochs se présentent généralement sous la forme de masses cellulaires ou de chapelets toujours enveloppés d'une gelée formée par l'épaississement des couches externes. Leurs cellules renferment des corpuscules allongés doués de mouvements rapides lorsqu'ils sont séparés à une certaine époque de la vie de la plante. Ces corpuscules, qu'on nomme *zoospores*, exécutent des mouvements comparables à ceux des animaux dits Infusoires, avec lesquels on les a souvent confondus autrefois, et ils s'exercent au moyen d'organes semblables, de cils vibratiles. Cette faculté de locomotion est passagère ; bientôt la spore s'arrête sur un corps solide, se développe et donne naissance à un nouveau végétal. — Le Nostoch commun, qui se trouve dans les lieux herbeux, les pelouses et même dans les allées des jardins, est formé de nombreux filaments moniliformes, composés de cellules arrondies ; il offre cette singularité de n'être visible que par un temps humide. Après la pluie, on le rencontre en masses gélatineuses, plissées ou onduleuses, de couleur verdâtre ou brunâtre. Mais dès que la sécheresse est revenue, il semble disparaître, réduit qu'il est à ses membranes délicates. Cette espèce croît jusque sous le 60ᵉ degré de latitude nord. On trouve aussi dans les environs de Paris, sur les pierres submergées ou flottant dans l'eau, le Nostoch verruqueux, ainsi nommé des verrues granulées qui le remplissent. Sa couleur est verte et sa forme globuleuse. On attribuait autrefois aux Nostochs, en médecine, des propriétés émollientes, résolutives.

NOTODELPHYS. (Voir Grenouille.)

NOTONECTE (du grec *nôtos*, dos, et *nectés*, nageur). Genre d'insectes Hémiptères, section des Hétéroptères, type de la famille des *Notonectidés*. Ce sont des insectes aquatiques et carnassiers à corps plus ou moins allongé, plat en dessous, convexe en dessus, à tête pourvue d'yeux très grands, d'antennes courtes et d'un rostre aigu et très robuste ; les pattes des deux premières paires à tarses cylindri-

Notonecte.

ques, terminés par deux crochets aigus ; les postérieures très longues, aplaties, garnies de poils, organisées pour la natation. Les Notonectes nagent retournées sur le dos ; elles ressemblent alors à un petit bateau mû par trois paires de rames. — Le type du genre est la **Notonecte glauque** (*Notonecta glauca*). Elle est longue de 15 à 18 millimètres ; ses élytres brunes ou bleuâtres sont disposées en toit et restent toujours couvertes d'une couche d'air qui les fait paraître argentées sous l'eau. L'insecte, en brossant ses élytres avec ses pattes postérieures, rassemble soigneusement cet air en une bulle destinée à renouveler sa provision, quand il est empêché de venir respirer à la surface par l'extrémité de son abdomen. Sa piqûre est très douloureuse.

NOYAU (*Nucleus*). On donne ce nom à l'endocarpe, durci et ligneux, des fruits drupacés, qui contient l'amande. (Voir Fruit.)

NOYER. Cet arbre, auquel son utilité assigne un des premiers rangs parmi les végétaux des climats tempérés, constitue le genre *Juglans*, qui donne son nom à la famille des *Juglandées*. Les Noyers se distinguent aux caractères génériques suivants : fleurs monoïques, les fleurs mâles en chatons, naissant vers le sommet des ramules de l'année précédente, réduites chacune à une écaille portant en dessus les étamines qui sont au nombre de quatre à huit par écaille, ou en nombre indéfini ; fleurs femelles solitaires, ou en faisceaux, ou en épis, naissant au sommet des jeunes pousses ; périanthe herbacé, à limbe supère, fendu, soit en quatre lobes disposés sur un seul rang, soit en huit lobes disposés sur deux rangs. Ovaire infère, à une seule loge, couronné de deux stigmates à quatre lobes, ovule solitaire, attaché au fond de la loge. Le fruit (vulgairement nommé *noix*) est un drupe à noyau ligneux, à une seule graine séparable en deux valves, mais restant clos naturellement, recouvert d'un *brou* spongieux qui finit par se détacher. La cavité du noyau, presque remplie par la graine, est divisée par des cloisons minces en deux ou quatre compartiments incomplets. La graine est partagée en quatre lobes et irrégulièrement sinueuse sur toute la surface ; son enveloppe propre est membraneuse ; l'amande est charnue et huileuse. L'espèce la plus importante est le **Noyer commun** (*Juglans regia*, L.) ; c'est à lui seul que s'applique

Noyer commun. — *a*, chaton mâle ; *b*, chaton femelle ; fruit.

vulgairement le nom de Noyer sans désignation spéciale. C'est un arbre s'élevant jusqu'à environ 20 mètres, et couronné d'une cime ample, touffue, arrondie. Le tronc acquiert de 3 à 4 mètres de circonférence ; son écorce, de couleur grisâtre, est lisse ou gercée, suivant l'âge des arbres. Les feuilles sont alternes, grandes, d'un beau vert, aromatiques, composées de sept ou neuf folioles oblongues ou ovales, pointues, légèrement dentelées, etc. Les variétés les plus notables du fruit sont la *noix à coque tendre* ou *noix de mésange*, remarquable par sa coque assez tendre pour se briser facilement entre les doigts ; la *noix de jauge* caractérisée par son volume considérable ; la *noix anguleuse* ou *à coque dure* ; la *noix à bijoux*, qui est très grosse et presque carrée ; la *petite noix*, qui est moitié moins grosse que la noix ordinaire. Le noyer croît spontanément dans les montagnes de l'Asie Mineure, de la Perse, du Caboul et de Cachemyre. On ignore l'époque précise de son introduction en Grèce et en Italie. — Quoi qu'il en soit, le Noyer se cultive de-

puis des siècles dans une grande partie de l'Europe ; toutefois il ne résiste pas aux hivers très rigoureux ; car une température de 20 degrés centigrades le fait périr jusqu'à la racine, et souvent ses jeunes branches gèlent à un froid beaucoup moindre. Presque toutes les parties du Noyer sont utilisés dans les arts, dans l'économie domestique, ou en thérapeutique. Son bois, très dur et susceptible d'un beau poli, est, comme l'on sait, fort recherché dans l'ébénisterie. L'écorce sert à la teinture. On use des fruits comme aliment et comme médicament ; avant la maturité on leur donne le nom de *cerneaux*. On prépare, avec les feuilles, des lotions stimulantes et résolutives ; les feuilles sont efficaces dans les maladies scrofuleuses, la carie des os, les ophtalmies scrofuleuses. Le brou de noix joint à une odeur fortement aromatique une saveur amère et piquante : c'est une substance stimulante, mais d'ailleurs peu employée comme médicament ; toutefois, on la fait entrer dans certaines liqueurs stomachiques. L'amande de la noix abonde en huile grasse, excellente pour l'usage alimentaire, mais susceptible de rancir promptement ; elle est d'un fréquent emploi en peinture. Un préjugé populaire attribue aux émanations du Noyer, ainsi qu'à l'eau de la pluie qui a lavé ses feuilles, une action délétère, tant sur l'homme et les animaux que sur les plantes. Des expériences sérieuses ont démontré son innocuité ; quant à ce fait, qu'il ne pousse guère de plantes au-dessous de lui, cela s'explique par cette raison que son feuillage est très touffu, et projette dès lors une ombre très épaisse, peu favorable à la végétation. — Le **Noyer noir** (*Juglans nigra*, L.), indigène des États-Unis, diffère du Noyer commun par des feuilles composées d'environ quinze folioles ovales lancéolées, dentelées, et par le fruit qui est plus exactement sphérique, comme chagriné à la surface, mais bien inférieur au noir en qualité. — Le **Noyer cathartique** des États-Unis est remarquable par les propriétés de son écorce, dont l'extrait ou la décoction est l'un des purgatifs les plus accrédités parmi les Américains.

Noyer du Japon. (Voir GINKGO.)

Noyer blanc. (Voir CARYA.)

Noyer de Bancoul. (Voir BANCOULIER.)

NUCIFRAGA (de *nux*, noix, et *frangere*, briser). Nom scientifique latin du genre d'oiseaux nommé *Casse-noix*.

NUCLÉOLE (de *nucleolus*, petit noyau). Petits corps arrondis qu'on aperçoit sous forme de tache unique ou multiple dans le noyau des cellules. Le Nucléole de la cellule ovule porte le nom de *tache germinative*.

NUCLEUS (noyau). On donne ce nom à un petit corps, le plus souvent sphérique, mesurant à peine quelques millièmes de millimètre et qu'on rencontre dans la plupart des cellules complétement développées. (Voir CELLULE.)

NUCULAINE. Nom donné en botanique à un drupe composé, c'est-à-dire dont le mésocarpe charnu renferme plusieurs noyaux, tantôt libres (nèfle), tantôt soudés ensemble (cornouiller).

NUCULES. Noyaux libres ou soudés que renferment les *Nuculaines*.

NUDIBRANCHES. Ordre de mollusques Gastéropodes comprenant de petits mollusques nus, répandus dans presque toutes les mers. Les gastéropodes de cet ordre n'ont aucune coquille ; ils vivent tous dans l'eau où on les voit quelquefois nager, présentant le pied à la surface du liquide. Mais ce n'est pas là leur attitude ordinaire ; ils ram-

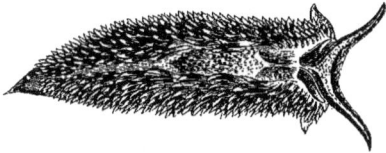

Eolide.

pent le plus souvent sur les algues, les zoostères ou les colonies de polypes hydraires, dont ils se nourrissent ; leurs organes respiratoires sont à nu sur quelque partie de leur dos. Les Nudibranches renferment plusieurs genres qui diffèrent entre eux, soit par la grandeur ou la forme de leur corps ou de leur manteau, soit par le nombre et la disposition de leurs tentacules. Les principaux sont les *Doris*, les *Glaucus*, les *Éolides*. (Voir ces mots.)

NUDICAULE (de *nudus*, nu, et *caulis*, tige). Se dit, en botanique, d'une tige sans branches et sans feuilles.

NUMENIUS. Nom scientifique latin du genre *Courlis*.

NUMIDA. Nom scientifique latin du genre *Pintade*.

NUMMULAIRE. (Voir Lysimaque.)

NUMMULITE (de *nummulus*, petite pièce de monnaie). Genre de protozoaires de la classe des Foraminifères, section des *Perforés*, caractérisés par leur

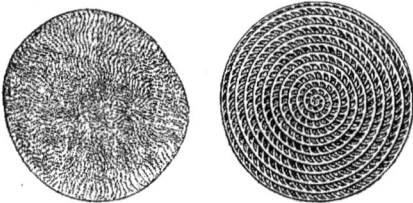

Nummulites lævigata, très grossie, vue de face et en coupe horizontale.

coquille de forme lenticulaire, enroulée en spirale dans un même plan et formée de tours très nombreux, divisés en une infinité de loges. Les noms de *Nummulites* et de *Lenticulites* donnés à ces coquilles viennent de leur forme discoïde qui les a

fait comparer à une lentille ou à une petite pièce de monnaie. Ces petites coquilles sont tellement abondantes dans certains terrains, que ceux-ci en ont pris le nom ; tel est le *terrain nummulitique*, calcaire placé au-dessus des terrains crétacés et que l'on considère généralement comme formant les premières couches des terrains tertiaires. (Voir ce mot.) Le Monte Bolca et les collines de Vérone, en Italie, sont presque entièrement formés de ces petits foraminifères, qui y sont entassés comme les grains dans un monceau de blé. C'est avec le calcaire nummulitique que sont bâties les pyramides d'Égypte. Chose merveilleuse ! ces infiniment petits, si insignifiants lorsqu'on les considère isolément, ont produit, par leur prodigieuse multiplication, une action plus considérable sur la structure de la terre que les masses colossales des baleines et des éléphants, ou les troncs puissants des chênes et des baobabs ; leurs dépouilles accumulées depuis des millions d'années ont fini par produire des continents, et, actuellement encore, ils préparent lentement, au fond des mers, les matériaux de nouvelles terres appelées à émerger un jour à leur tour du sein de l'Océan. Nous figurons ici la *Nummulites lævigata*, l'une des plus répandues dans les couches nummulitiques ; elle a la forme et la grandeur d'une lentille.

NUPHAR. Genre créé pour le Nénuphar jaune et détaché des *Nymphæa*, dont il se distingue par ses pétales nectarifères, plus courts que le calice, et par ses étamines insérées sous l'ovaire. (Voir Nénuphar.)

NUQUE. Partie supérieure de la face postérieure du cou.

NUTRITION. Fonction importante chez les êtres organisés, en vertu de laquelle, prenant en dehors d'eux-mêmes des substances qu'ils élaborent, ils en extraient des éléments qu'ils s'approprient et qui leur servent à s'accroître et à se maintenir pendant la durée de leur vie. D'une manière insensible, mais continue, les vieux matériaux mis hors d'usage et transformés par l'exercice de la vie, sont éliminés de l'organisation, où leur présence serait désormais nuisible, et rendus au monde extérieur sous des formes diverses ; tandis que des matériaux nouveaux, fournis par les aliments, les remplacent et se distribuent dans les diverses parties du corps qui se les assimilent, c'est-à-dire les façonnent, les organisent et les rendent semblables à leur substance même. Ainsi, par exemple, la plante prend sans cesse dans le sol et dans l'air, par ses racines et par ses feuilles, des matériaux divers avec lesquels elle fabrique la sève dont elle se nourrit, et, tandis qu'elle s'approprie cette sève, elle rejette, sous forme d'excrétions, une portion de la matière qui la formait jusque-là. De même, l'animal va chercher dans le monde extérieur de l'air et des aliments qu'il élabore de manière à composer un fluide nutritif, et, en même temps qu'il s'approprie ce fluide, il se débarrasse par les excrétions d'une partie de la vieille matière. Il faut, il est vrai, tenir compte de l'état où se trouve l'être vivant ; car la proportion entre l'importation et l'exportation, si l'on peut ainsi dire, doit varier suivant qu'il a besoin de s'accroître, ou bien au contraire qu'il a complété son développement, et la maladie imprime aussi aux mouvements organiques des déviations plus ou moins notables. Si l'on étudie la nutrition à l'état élémentaire, c'est-à-dire chez les êtres où l'organisation est le moins compliquée, on voit que les substances prises au dehors s'incorporent à l'animal immédiatement et presque sans avoir subi d'altération. Mais à mesure qu'on s'élève dans l'échelle des êtres, on voit s'opérer une analyse plus délicate, parce que les opérations se multiplient et que les instruments se perfectionnent. (Voir Digestion, Circulation.) Un renouvellement complet de nos tissus au bout d'un certain temps est une conséquence inévitable de la nutrition telle que les physiologistes nous l'expliquent. C'est ce qui a fait comparer par Cuvier la vie à un tourbillon plus ou moins rapide dont la direction est constante, et qui entraîne toujours des molécules de même sorte ; mais où les molécules individuelles entrent et d'où elles sortent continuellement, de manière que la forme du corps lui est plus essentielle que sa matière. Les aliments, quelle qu'en soit la nature, quelle qu'en soit la source, contiennent les éléments qui sont destinés directement à la nutrition, de l'oxygène, de l'hydrogène, du carbone et de l'azote ; les végétaux fabriquent à l'aide de ces matériaux des matières organiques qui servent à la nourriture des herbivores, et ceux-ci, à leur tour, deviennent la pâture des carnivores, qui trouvent, tout formés dans leur proie, les principes nécessaires à leur nutrition. Ainsi tout s'enchaîne dans la nature ; rien ne se crée, rien ne se perd ; tous les changements qui s'opèrent continuellement sont dus à des combinaisons qui se font ou à des combinaisons qui se défont. La matière du tapis de verdure, qui aujourd'hui revêt une prairie, fait paître le lendemain les animaux qui s'en nourrissent ; puis quelques jours après, elle passera dans notre propre organisation, d'où elle s'en ira dans l'atmosphère, qui, la cédant à de nouvelles plantes, reproduira plus tard une nouvelle végétation.

NYCTAGE, *Nyctago* (du grec *nux, nuktos*, nuit). nom donné par Jussieu au genre *Mirabilis* de Linné ; beaucoup d'auteurs lui ont restitué ce dernier nom. Ce genre de plantes, type de la famille des *Nyctaginacées*, a pour caractères botaniques : involucre caliciforme quinquéfide ; calice coloré, infundibuliforme, très allongé, renflé à sa base ; limbe à cinq lobes ; cinq étamines soudées par la base de leurs filets. Le fruit est un akène ovoïde recouvert par l'involucre et la base du calice. — Le type du genre *Nyctage* est le **Nyctago belle-de-nuit** ou *faux jalap*. Cette plante, aujourd'hui cultivée dans tous les jardins d'agrément, est originaire du Pérou où elle est vivace ; sa racine, annuelle dans nos climats, donne naissance à une tige dressée,

rameuse, renflée à chaque articulation ; elle forme de belles touffes de 50 à 60 centimètres de hauteur, à feuilles opposées, d'un vert foncé en dessus. Ses fleurs élégantes, grandes et allongées, sont tantôt rouges, tantôt blanches, jaunes ou panachées, groupées au nombre de huit ou dix à la partie su-

Nyctage faux jalap (*Mirabilis jalapa*).

périeure de la tige ; elles répandent une odeur très agréable. Cette plante est vulgairement nommée *belle-de-nuit*, parce que ses fleurs ne s'épanouissent que le soir et restent fermées tout le jour. On a cru longtemps que c'était la racine du Nyctago qui fournissait le jalap ; cette racine offre d'ailleurs, quoiqu'à un degré moindre, les mêmes propriétés médicales ; elle est cependant inusitée.

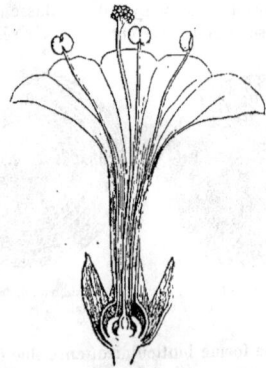

Nyctage ; fleur coupée verticalement.

NYCTAGINACÉES. Famille de plantes dicotylédones comprenant des plantes herbacées et des arbrisseaux à feuilles simples, opposées, sans stipules ; à fleurs hermaphrodites, axillaires ou terminales, solitaires ou réunies plusieurs ensemble dans un involucre caliciforme, à périanthe pétaloïde, tubuleux, à limbe élargi en coupe ou en entonnoir ; étamines en nombre variable, insérées sur un disque glanduleux qui entoure l'ovaire ; fruit sec (akène) enveloppé par la base du périanthe. Cette famille comprend des plantes exotiques, la plupart des régions tropicales du nouveau monde, et formant les genres *Nyctago* ou *Mirabilis, Abronia, Bougainvillea*, etc.

NYCTÈRE (de *nukteris*, chauve-souris). Genre de chauve-souris d'Afrique dont le chanfrein est creusé d'un sillon profond. (Voir CHÉIROPTÈRES.)

NYCTÉRIBIE (du grec *nukteris*, chauve-souris, et *bios*, vie). Genre d'insectes de l'ordre des DIPTÈRES, section des *Pupipares*, dont l'espèce type, la **Nyctéribie de Latreille** (*N. vespertilionis*), vit en parasite sur les chauves-souris. Cet insecte ressemble plutôt à une araignée qu'à un diptère ; il est privé d'ailes et d'yeux ; sa tête est enfoncée dans le thorax ; son ventre est couvert de longs poils noirs ainsi que ses jambes, qui sont longues, robustes et terminées par de fortes griffes bidentées. Il est long de 3 millimètres et sa couleur est un brun jaunâtre clair.

NYCTICÈBE (de *nux*, nuit, et *kébos*, singe). Genre de mammifères lémuriens établi par G. Saint-Hilaire pour une espèce de Loris du Bengale (*N. bengalensis*). (Voir LÉMURIENS.)

NYLGAU. (Voir NILGAU.)

NYMPHALE (*Nymphalis*). Nom scientifique latin du Nénuphar. (Voir ce mot.)

NYMPHALE (*Nymphalis*). Genre d'insectes LÉPIDOPTÈRES, type de la famille des *Nymphalidés*. (Voir ce mot.) Ce genre renferme deux espèces européennes, aux ailes brunes à beaux reflets violets et tachées de blanc : le **Grand Mars** (*nymphalis Iris*) et le **Petit Mars** (*nymphalis Ilia*). Leurs chenilles, d'un vert

clair, ont la forme de limaces, avec deux petites cornes sur la tête ; elles vivent sur la cime des peupliers.

NYMPHALIDÉS (du genre *Nymphale*). Famille de LÉPIDOPTÈRES RHOPALOCÈRES ou papillons de jour, qui se distinguent par leurs pattes antérieures rudimentaires, impropres à la marche, et par leurs palpes longs, garnis d'écailles. Cette famille renferme une foule d'espèces remarquables par la beauté de leurs couleurs. Telles sont les Nymphales, qui donnent leur nom au groupe, les Argynnes, les Vanesses, les Sylvains, etc. (Voir ces noms.)

NYMPHE. État transitoire des insectes entre la larve et l'insecte parfait. La chrysalide est la nymphe du papillon.

NYMPHEA. Nom scientifique latin du genre *Nénuphar*. (Voir ce mot.)

NYMPHÉACÉES. Cette famille, qui doit son nom au genre *Nymphea*, vulgairement *Nénuphar* (voir ce mot), appartient au groupe des plantes dicotylédones, polypétales, hypogynes. Elle ne comprend que des herbes vivaces, aquatiques, acaules, à souches rampantes ou tubéreuses et à sucs propres un peu laiteux. Leurs feuilles sont radicales, longuement pétiolées, à limbe flottant ; leurs fleurs solitaires, longuement pédonculées, à disque charnu portant la corolle, à étamines nombreuses, multisériées, à ovaire multiloculaire, enveloppé par le disque et portant des stigmates sessiles soudés ensemble au plateau rayonnant. Dans presque toutes les contrées du globe, mais notamment dans les régions tropicales, ces végétaux, en raison de leurs grandes feuilles flottantes et de leurs fleurs en général d'une beauté merveilleuse, font la parure des lacs, des étangs et autres eaux tranquilles. Leurs souches et leurs graines contiennent de la fécule, principe assez abondant dans certaines espèces pour servir d'aliment à l'homme. Cette famille comprend les genres *Victoria, Nymphea, Nuphar*, etc.

O

OB. Devant un adjectif indique ressemblance incomplète ou renversement : *obconique*, en forme de cône renversé (la poire) ; *obcordé*, en forme de cœur renversé (les capsules de la véronique officinale) ; *obovale*, ovale plus large en haut qu'en bas.

OBEAU. Nom vulgaire du Peuplier blanc dans certaines provinces.

OBIER. (Voir VIORNE.)

OBISIE. (Voir CHÉLIFÈRE.)

OBLADE. Poisson du genre *Sargue* (*Sargus melanurus*).

OBSIDIENNE. Substance vitreuse, noirâtre, verdâtre, ou grisâtre, plus rarement rougeâtre, formant une roche volcanique, abondante dans les terrains

trachytique et basaltique. L'analyse y a fait reconnaître de la silice, de l'alumine, de la soude et des traces d'oxyde de fer. Elle raie le verre. Sa pesanteur spécifique est de 2,4. L'Obsidienne renferme souvent des cristaux de feldspath. Les contrées où l'on trouve le plus communément cette substance sont l'Islande, le Mexique, les Andes du Pérou, la Hongrie, et en France, l'Auvergne. Les Péruviens employaient l'Obsidienne à faire des couteaux et des miroirs ; de là lui vient le nom vulgaire de *miroir des Incas ;* les Romains l'employaient également à cet usage. Son nom vient d'Obsidius, qui, le premier, d'après Pline, rapporta cette pierre d'Éthiopie.

OCA. (Voir OXALIS).

OCCIPITAL. Os qui forme la partie postérieure et inférieure du crâne, qu'il relie à la colonne vertébrale ; il est de forme losangique ; plat et percé à sa partie inférieure d'un grand trou qui donne passage à la moelle épinière. — On applique également ce mot pris adjectivement pour désigner les organes qui ont rapport à la région dite *occipitale :* artère occipitale, nerf occipital, trou occipital, etc.

OCCIPUT. Partie postérieure de la tête formée par l'os occipital.

OCEANIA. Genre de cœlentérés de la classe des POLYPOMÉDUSES, ordre des DISCOPHORES, dont la forme polypoïde paraît correspondre à des Tubulaires. Les méduses sont campaniformes et pourvues autour de l'ombrelle de filaments simples ; les canaux radiaires sont au nombre de quatre et non ramifiés. On en connaît beaucoup d'espèces ; la plus répandue est l'Oceania pileata. Quelques-unes sont phosphorescentes.

OCELLE (de *ocellus,* petit œil). On donne ce nom à de petites taches arrondies figurant un œil. On donne également ce nom aux yeux supplémentaires ou yeux simples des insectes. (Voir INSECTES.)

OCELOT (*Felis pardalis,* L.). Espèce du genre *Chat* propre à l'Amérique méridionale. Sa taille est de 1 mètre de long, sans compter la queue qui mesure 40 centimètres. Son pelage est d'un gris fauve avec des bandes d'un fauve plus foncé et bordées de noir en dessus, blanchâtre en dessous, semé de taches noires isolées. C'est un animal nocturne, qui vit retiré tout le jour dans les fourrés et n'en sort que la nuit pour se livrer à la chasse des oiseaux et des petits mammifères. Il a tout à la fois les habitudes des chats et des fouines. Les Américains lui donnent le nom de *macaragua.*

OCIMUM ou **OCYMUM.** Nom scientifique latin du genre *Basilic.* (Voir ce mot.)

OCRE (du grec *ôkra,* terre jaune). On comprend sous ce nom des substances argileuses, colorées le plus ordinairement en jaune, souvent en rouge, et quelquefois en brun, par une certaine quantité de peroxyde ou d'hydroxyde de fer. Les anciens minéralogistes désignaient ces argiles sous la dénomination de *bols* et de *terres bolaires.* Les diverses variétés d'Ocre sont plus ou moins fusibles ; leur grain est fin et serré ; elles se divisent dans l'eau pour former une pâte longue comme celle des argiles plastiques ou à poterie. Toutes contiennent plus ou moins d'alumine, et plusieurs renferment de la silice en quantité assez notable. La plupart des Ocres sont employées dans la peinture. Parmi les plus connues, nous citerons l'Ocre rouge d'Ormuz, appelée aussi *rouge indien ;* les Ocres jaunes, dont une connue sous le nom de *terre de Sienne ;* les Ocres brunes ou *terre d'ombre.*

OCTANDRIE (du grec *octô,* huit, et *anêr, andros,* homme). Nom d'une classe du système sexuel de Linné, comprenant toutes les plantes à fleurs hermaphrodites ayant huit étamines : tropéolées, éricacées, polygonées, onagrariées, etc.

OCULAIRE (de *oculus,* œil). Qui a rapport ou qui appartient à l'œil : globe oculaire, nerf oculaire. — On donne ce nom, en optique, au verre devant lequel on place l'œil. (Voir MICROSCOPE.)

OCTOPODES (de *octô,* huit, et *podes,* pieds). Division de la grande famille des mollusques CÉPHALOPODES renfermant les *poulpes* et les *argonautes.* (Voir ces noms.)

OCULINE, *Oculina* (de *oculus,* œil). Genre de polypiers de la classe des CORALLIAIRES, ordre des ZOANTHAIRES, type de la famille des *Oculidés.* Ce sont des polypiers calcaires, arborescents, à rameaux lisses, courts, avec des étoiles ou cellules polypifères, les unes terminales, les autres latérales et superficielles. — Le type du genre, l'Oculina virginea, connue sous le nom de *corail blanc,* se rencontre dans la Méditerranée. On en connaît plusieurs à l'état fossile dans les terrains secondaires et tertiaires.

ODONTOLITHE (du grec *odous, odontos,* dent, et *lithos,* pierre). On donne ce nom à la fausse turquoise ou turquoise occidentale. Elle est constituée par des fragments de dents et d'ossements fossiles, pénétrés de phosphate de fer. Sa couleur est le bleu verdâtre.

ODORAT. Sens à l'aide duquel sont perçues les odeurs. On nomme *olfaction* la fonction par laquelle l'animal se met en rapport avec les émanations odorantes, au moyen d'un appareil d'autant plus compliqué qu'on s'approche plus des classes supérieures. Le siège de l'odorat est dans le nez et dans les fosses nasales, cavités anfractueuses que tapisse de ses nombreux replis une membrane muqueuse toujours molle et humide nommée *membrane pituitaire,* dans laquelle se ramifie, jusqu'à la plus extrême ténuité, un nerf appelé *olfactif.* Ce nerf, né de la partie antérieure des lobes cérébraux par deux cordons mous et pulpeux, traverse, en se divisant, les petits pertuis de la lame criblée de l'ethmoïde, et se perd bientôt dans la membrane sans que la dissection puisse l'y démontrer. Cet organe est affecté ou même sensiblement ébranlé par la présence des molécules odorantes, et l'ébranlement se transmet avec rapidité au cerveau pour faire connaître la sensation de l'odeur. On doit donc se représenter l'appareil olfactif comme une espèce de crible placé sur le chemin que l'air parcourt pour s'introduire dans les poumons et destiné à retenir les corps étrangers mêlés avec l'air, et particulièrement les molécules odorantes. L'odorat est d'autant plus délicat que les fosses nasales, et celles qui leur correspondent, offrent plus d'étendue : le chien, dont les cavités nasales et les sinus frontaux ont une ampleur considérable, sait retrouver son maître, d'après la seule odeur qu'ont laissée ses pas sur la route qu'il a parcourue ; chez les mammifères, les organes olfactifs présentent une grande analogie avec ceux de l'homme, et sont le plus souvent d'une extrême finesse ; cependant chez les cétacés ce sens est peu développé. Le nez n'existe pas chez les oiseaux ; les narines s'ouvrant plus ou moins près de la base du bec, sont souvent recouvertes par des plaques cartilagineuses, par des plumes, des excroissances charnues qui nuisent considérablement à l'olfaction, et la subtilité d'odorat que l'on a prêtée aux corbeaux et aux vautours a été fort exagérée ; ce sens est fortement aidé dans ses investigations par celui de la vue, très développé chez ces animaux. Dans les reptiles et les poissons, le sens de l'odorat semble jouer un rôle secondaire ; aussi leur appareil olfactif est-

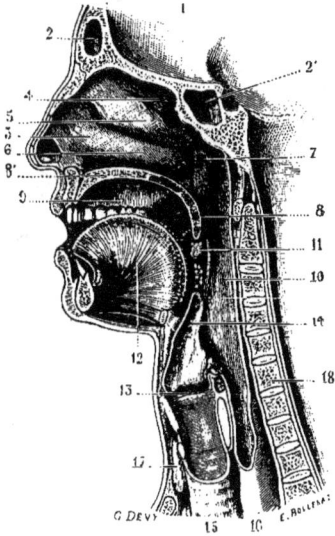

Coupe du cou et de la face montrant les fosses nasales et les voies aériennes.

1, cavité du crâne ; 2, sinus frontal ; 2', sinus sphénoïdal ; 3, fosses nasales ; 4, cornet supérieur ; 5, cornet moyen ; 6, cornet inférieur ; 7, ouverture de la trompe d'Eustache ; 8, 8' coupe du voile du palais et de la voûte palatine ; 9, bouche ; 10, pharynx ; 11, amygdale comprise entre les deux piliers droits du voile du palais ; 12, coupe de la langue ; 13, coupe du larynx ; 14, épiglotte ; 15, trachée ; 16, œsophage ; 17, coupe du corps thyroïde ; 18, coupe des disques et des corps vertébraux.

il très peu compliqué ; chez les batraciens même, il paraît à peine ébauché. Arrivé aux animaux invertébrés, on ne rencontre plus de cavités nasales ; cependant les mollusques, les crustacés et les arachnides sont bien évidemment pourvus du sens de l'odorat. On place généralement le siège de ce sens dans les tentacules des premiers, et dans l'article basilaire des antennes internes des seconds. Quant aux insectes, il est probable qu'il existe dans les stigmates des trachées ou organes respiratoires de ces animaux ; mais, à vrai dire, on ne connaît rien de bien positif concernant les organes affectés à ce sens parmi les invertébrés. (Voir pour plus de détails les articles consacrés à ces diverses classes d'animaux.) L'odorat n'est point un sens d'une utilité aussi indispensable que la vue et l'ouïe, son abolition ou sa perversion n'ont pas, au moins dans l'es-

pèce humaine, de très graves inconvénients. Chez les animaux, au contraire, ce sens est presque le guide unique qui leur fait rechercher ou éviter telle ou telle espèce de nourriture ; aussi le voit-on chez beaucoup d'animaux, même placés très bas dans l'échelle des êtres, beaucoup plus parfait que chez l'homme, dont les facultés sont cependant plus complètes.

ODYNÈRE (*Odynerus*). Genre d'insectes Hyménoptères de la famille des *Euménides*, dans la section des *Porte-aiguillon*. Les Odynères ressemblent à de petites guêpes noires ceinturées de jaune. Réaumur, et après lui Audouin et Léon Dufour, ont fait des observations pleines d'intérêt sur les Odynères. L'espèce dont parle Réaumur sous le nom de *guêpe solitaire* est l'**Odynère des murailles** (*O. murarius*), de Latreille. Elle est noire, avec les antennes et le front jaunes, deux taches sur le devant du corselet et quatre bandes sur l'abdomen, également jaunes. Cette Odynère, qui n'est pas rare aux environs de Paris, creuse dans le sable ou dans les vieilles murailles un trou cylindrique qu'elle prolonge au dehors en y adaptant un petit tuyau construit en guillochis avec la terre qu'elle retire de sa galerie souterraine. Ce tuyau est sans doute destiné à garantir son nid de l'invasion des insectes étrangers. Quand ce nid est terminé, elle y dépose un œuf. Mais avant d'en maçonner l'entrée, il était nécessaire de pourvoir à la nourriture de la larve qui doit prendre tout son accroissement dans cette retraite et y subir toutes ses transformations. L'Odynère s'en va donc chercher une petite chenille verte sans pattes qui, dans le repos, se tient roulée sur elle-même ; elle la saisit, la force à s'étendre le long de son corps, afin qu'elle puisse entrer plus facilement dans son trou, et vient la déposer au fond de sa cellule où la chenille se roule d'elle-même en anneau. L'Odynère en entasse ainsi dix à douze, toutes disposées en forme annulaire, puis elle ferme l'ouverture du trou avec les matériaux de l'échafaudage qu'elle avait construit à l'entrée. La larve de l'Odynère éclôt, mange une première chenille, puis une seconde, et ainsi successivement jusqu'à la dernière. Alors elle a atteint tout son développement, et se file un cocon pour s'y transformer en nymphe ; ce n'est qu'au printemps suivant qu'elle perce le plafond de sa demeure et prend son essor à l'état d'insecte parfait. — Une autre espèce d'Odynère, l'**Odynera rubicola**, placée par quelques auteurs dans le genre *Oplopus*, construit son nid dans une tige de ronce sèche ; elle le divise en loges, au moyen de terre sableuse pétrie, et dépose dans chacune d'elles un œuf avec des petites chenilles de pyrales. La larve passe l'hiver engourdie dans sa cellule et se métamorphose au printemps suivant.

ŒCOPHORE (du grec *œcophoros*, qui porte une maison). (Voir TEIGNE.)

ŒDICNÈME (du grec *oidos*, renflement, et *knêmê*, jambe). Genre d'oiseaux de l'ordre des Échassiers, section des *Pressirostres*, famille des *Charadridés*,

91

très voisins des Pluviers, dont on les a séparés. Ils ont le bout du bec renflé, les narines placées au milieu du bec, les pieds longs et grêles, trois doigts dirigés en avant, réunis à la base par une membrane. Dans le jeune âge, le haut du tarse et de l'articulation tibio-tarsienne est très renflé; d'où son nom. — Une seule espèce se rencontre en France, dans les terres arides et sablonneuses et notamment en Beauce ; c'est l'**Œdicnème criard** (*Œdicnema crepitans*), décrit par Buffon sous le nom de *courlis de terre*. Il est d'un roux cendré en dessus, avec une raie noirâtre sur chaque plume; la joue, la gorge et le ventre sont blancs. Il se nourrit d'insectes, de colimaçons et de petits lézards. Ces oiseaux ne sont pas sédentaires; à l'automne, ils émigrent en compagnie, en poussant de grands cris : *turlui, turlui, turlui*.

ŒIL (*Oculus*). Organe spécial du sens de la vue. L'Œil, chez l'homme et les animaux supérieurs, est un corps sphéroïdal qui remplit à peu près chacune de ces deux cavités de la tête osseuse connue sous le nom d'*orbite*. Au globe oculaire, siège de la vision, sont annexés des organes accessoires; les uns occupent avec lui la cavité orbitaire, les autres sont placés en avant et en dehors. Ce sont des artères, des veines, des nerfs destinés à l'Œil et à ses mus-

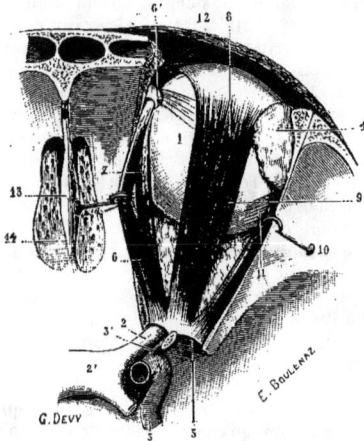

Vue du globe oculaire et des muscles moteurs de l'œil, la paroi supérieure de l'orbite étant enlevée.

1, globe oculaire; 2, nerf optique; 2' chiasma des nerfs optiques; 3, artère carotide interne; 3', artère ophtalmique; 4, glande lacrymale; 5, tendon de Zinn; 6, muscle grand oblique avec 6' sa poulie de réflexion; 7, muscle droit interne; 8, muscle élévateur de la paupière supérieure; 9, muscle droit supérieur; 10, muscle droit externe; 11, insertion supérieure du muscle petit oblique; 12, orbiculaire des paupières; 13, apophyse cristagalli; 14, lame criblée de l'ethmoïde.

cles moteurs, les sourcils, les paupières et la glande lacrymale. Ceux-là ont pour attribution de le nourrir, de le mouvoir et de le suspendre; le rôle des autres est de le protéger.

Nous allons passer successivement en revue ces diverses parties en nous attachant d'abord et surtout à la description de l'organe principal. Logé dans l'orbite sur un coussinet de tissu graisseux assez abondant pour l'isoler complètement des sept os qui concourent à former cette cavité (ce coussinet

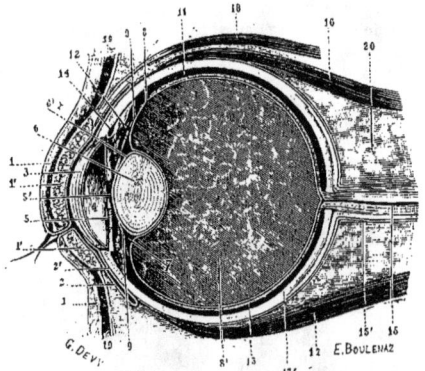

Coupe du globe oculaire et de ses annexes.

1, paupière inférieure et supérieure avec 1' cartilages tarses; 2, conjonctive palpébrale ; 2' conjonctive oculaire ; 3, cornée ; 4, chambre antérieure de l'œil ; 5, iris ; 5', pupille; 6, cristallin, et 6', cristalloïde ; 7, canal de Petit ; 8, membrane hyaloïde, et 8', humeur vitrée ; 9, zone de Zinn ; 10, sclérotique ; 11, choroïde ; 12, procès ciliaires; 13, rétine; 14, canal de Fontana ; 15, nerf optique ; 15', sa gaine ; 16, muscle droit supérieur ; 17, muscle droit inférieur ; 18, muscle élévateur de la paupière supérieure ; 19, muscle orbiculaire des paupières ; 20, coussinet graisseux.

persiste chez les individus les plus émaciés), le globe de l'Œil se présente comme une sphère d'environ 23 millimètres de diamètre qui porterait, soudé à sa partie antérieure, un segment de sphère de moindre rayon. *Essentiellement* il se compose d'une membrane hémisphérique, la *rétine*, sur laquelle viennent se peindre les images extérieures, et la rétine elle-même peut être considérée comme l'épanouissement d'un nerf de sensibilité spéciale, le *nerf optique*, qui a charge de transmettre au cerveau les impressions perçues par cette membrane. Toutes les autres parties du globe oculaire n'ont qu'une importance secondaire. Elles facilitent l'exercice de la vision et se bornent à aider la rétine et le nerf optique à remplir leur fonction.

Anatomiquement, il faut regarder l'Œil comme formé d'une coque solide dont la rétine représente la couche interne, et d'organes plus ou moins fluides renfermés dans cette coque. La rétine est une membrane concave, transparente, d'une teinte légèrement opaline et d'une faible cohésion qui présente à sa partie centrale une dépression, qu'on nomme à tort la *papille*, dépression qui correspond au nerf optique. Elle est de nature nerveuse et d'une extrême fragilité. Sur la rétine et en dehors d'elle se trouve appliquée une seconde membrane très vasculaire et chargée de pigment, qu'on désigne sous le nom de *choroïde*. Grâce à ce pigment qui lui donne une coloration très sombre, la choroïde absorbe les rayons lumineux qui ont traversé la rétine et les empêche de se réfléchir à la surface de cette membrane. Enfin la coque de l'œil comporte une troisième couche qui recouvre la choroïde. Blanche, d'aspect nacré (c'est elle qu'on appelle communément le *blanc de l'œil*), très épaisse et très résistante, cette troisième membrane porte le nom de *sclérotique* (de *scléros*, dur) ou de *cornée opaque*. C'est la charpente et comme le squelette extérieur du globe oculaire, et elle constitue un appareil de protection pour les organes qu'il contient. De plus, la sclérotique donne attache aux muscles qui meuvent l'œil autour de ses différents axes. Sa surface est criblée d'un grand nombre de petits pertuis qui livrent passage aux vaisseaux nourriciers et aux nerfs. En arrière, un orifice plus grand que les autres, donne entrée au nerf optique. En avant, on rencontre une ouverture plus considérable que nous étudierons plus au long. *Sclérotique*, *choroïde*, *rétine*, tels sont les trois feuillets qui composent la coque de l'Œil. Mais cette triple couche n'existe que dans les *trois quarts postérieurs du globe oculaire*. En avant, ce sphéroïde ne comporte qu'une couche unique, *la cornée transparente*. C'est par elle que les rayons lumineux pénètrent dans l'organe. La *cornée* est comme enchâssée dans l'ouverture antérieure de la sclérotique, ouverture dont le diamètre ne dépasse pas 14 millimètres, tandis que celui de la cornée atteint 15 milimètres. Il existe là une disposition tout à fait comparable à celle du verre de montre serti dans son cadre métallique.

Une sorte de diaphragme membraneux, vertical, partage en deux loges inégales l'intérieur de la coque oculaire; on a donné à cette cloison le nom d'*iris*. Circulaire et contractile, cet écran est perforé à sa partie centrale pour laisser passer les rayons lumineux. L'ouverture irienne, circulaire chez l'homme, affecte des formes différentes chez certains animaux; elliptique dans le sens vertical (chez le chat), son grand axe occupe quelquefois le sens transversal. Son aspect est celui d'une petite tache noire qu'on appelle *prunelle* ou mieux *pupille*. Elle est remarquable par la faculté qu'elle possède de se dilater ou de se contracter selon la quantité de lumière à laquelle elle doit livrer passage. Suivant que nous regardons un objet plus ou moins éclairé, le diamètre de l'anneau pupillaire diminue ou augmente. Il en est de même lorsque notre vue se porte d'un objet très rapproché sur un objet très éloigné. Diverses substances, la belladone, l'atropine, la strychnine, l'ésérine, etc., ont une action sur la pupille et jouissent de la propriété de dilater ou de resserrer cet orifice. Ajoutons que, chez le fœtus, il est fermé par une membrane dite *pupillaire*.

L'Iris présente une variété de nuances qui sont le plus souvent en rapport avec la couleur des cheveux. Bleue d'ordinaire chez les hommes blonds, d'un brun plus ou moins foncé chez ceux dont le système pileux est noir, sa coloration peut offrir une foule de teintes intermédiaires. Pour en terminer avec cette membrane, disons qu'elle est très vasculaire, riche en granulations pigmentaires et en filets nerveux, que sa grande circonférence adhère au muscle ciliaire et qu'elle répond à l'union de la sclérotique et de la cornée.

Chacune des deux loges que l'Iris détermine à l'intérieur du globe oculaire est occupée par des organes particuliers qu'on appelle *milieux réfringents* et dont le rôle sera expliqué plus loin. La loge antérieure, comprise entre la cornée et l'iris, se trouve remplie d'un liquide transparent, l'*humeur aqueuse*, ainsi nommée parce que sa limpidité rappelle celle de l'eau. Dans la loge postérieure limitée par l'iris et la rétine, nous trouvons d'avant en arrière le *cristallin* et le *corps vitré*. Le cristallin est une sorte de lentille biconvexe de 5 millimètres d'épaisseur sur 10 millimètres de diamètre; sa consistance est gélatineuse et sa transparence parfaite (son opacité accidentelle constitue la maladie appelée *cataracte*). Il se compose d'une capsule enveloppante, la *membrane cristalloïde*, et d'une substance propre, de structure lamelleuse et comme stratifiée; la densité des couches concentriques dont elle est formée, augmente de la périphérie vers le centre. Le cristallin est suspendu à l'intérieur de l'œil par une collerette plissée adhérente à la coque et qu'on nomme *zone de Zinn*. Enfin, en arrière du cristallin nous trouvons le *corps vitré*, dont la face antérieure, déprimée, présente une sorte de cupule qui enchâsse la lentille cristallinienne. C'est le dernier milieu réfringent qu'ait à franchir le rayon lumineux avant d'impressionner la rétine. On a comparé sa consistance à celle du verre fondu; de là son nom. Il est absolument limpide. Comme au cristallin, on lui considère une membrane enveloppante et une substance propre. L'enveloppe s'appelle membrane *hyaloïde*. Très mince et lisse par sa face externe où s'applique exactement sur le cristallin et la rétine, elle semble hérissée au contraire sur sa face profonde par une foule de prolongements qui s'entrecroisent dans tous les sens pour limiter des espèces d'aréoles irrégulières. L'intérieur de ces mailles est gorgé d'un fluide un peu plus dense que l'eau. C'est l'*humeur vitrée*.

Pour résumer l'histoire des milieux réfringents, disons qu'ils sont au nombre de quatre et de consistance variable. L'humeur aqueuse et l'humeur vitrée sont liquides; le cristallin interposé entre elles offre une densité plus considérable; la cornée enfin qui, par la position qu'elle occupe, constitue le premier des milieux réfringents, est une membrane solide. Pour bien comprendre la théorie de la vision, il est nécessaire de connaître les principes de l'optique, dont nous rappellerons ici quelques axiomes indispensables : La lumière, quelle que soit son origine, se répand autour du foyer qui la produit, sous forme de rayons ; ces rayons se meuvent en ligne droite, tant que les conditions du milieu à travers lequel ils passent restent les mêmes. — Tout rayon lumineux qui tombe obliquement sur la surface d'un corps non transparent est réfléchi, et l'angle de réflexion est égal à l'angle d'incidence. —S'il tombe perpendiculairement à la surface d'un corps transparent quelconque, il continue toujours directement son premier trajet ; mais s'il tombe obliquement, et si ce corps est d'une densité différente de celle du milieu que vient de traverser ce rayon, celui-ci est dévié de sa ligne droite. Si le corps est plus dense, le rayon lumineux, en continuant son trajet, se rapproche de la perpendiculaire au point d'immersion ; s'il est moins dense, il s'écarte au contraire de la perpendiculaire.—Quand les rayons lumineux, arrivant sur un corps transparent, tombent sur une surface concave ou convexe au lieu d'être plane, ils éprouvent des déviations différentes. Si la surface est convexe, ils convergent par le seul fait de cette convexité ; si cette surface est concave, ils divergent, et cela indépendamment de l'influence du milieu, en général plus dense, qu'ils traversent alors. — Quand les rayons lumineux, tombant sur une surface convexe, convergent, ils se réunissent en un point que l'on appelle *foyer*, et qui est le point où se forme l'image du corps d'où ces rayons partent ; mais les rayons marginaux éprouvant une déviation plus forte que celle des rayons plus voisins du centre de la surface convexe, il en résulte un cercle de diffusion autour de l'image, c'est ce qu'on nomme l'*aberration de sphéricité*. Pour la faire disparaître, on conçoit qu'il faut annuler ces rayons marginaux, c'est à quoi l'on arrive par l'interposition d'un diaphragme entre la lentille réfringente et le foyer. — Enfin la distance de l'objet, vu à travers une lentille, a de l'influence sur le point où se forme le foyer : plus cet objet est éloigné, plus le foyer tend à se rapprocher de la lentille ; plus il est rapproché, plus ce foyer s'éloigne.

Théorie de la vision. — Sous le rapport de la vision, l'œil est comparable à une chambre noire photographique qui serait pleine d'un liquide transparent au lieu d'être pleine d'air. Les parois de la chambre noire sont formées par la sclérotique ; les lentilles de l'objectif par la cornée et le cristallin ; le diaphragme placé entre les lentilles par l'iris ; la couche noire dont est recouvert l'intérieur de l'appareil est remplacée par la choroïde, et enfin la glace dépolie sur laquelle vient se peindre l'image des objets, par la rétine. L'usage des diverses parties que nous venons d'énumérer est sensiblement le même dans la chambre noire que dans l'œil. La cornée, l'humeur aqueuse, le cristallin et l'humeur vitrée servent dans l'œil, comme les lentilles dans la chambre noire, à donner sur un écran — glace dépolie dans l'appareil, rétine dans l'œil — une image réduite des objets. Dans l'œil, comme dans la chambre noire, le diaphragme sert,

d'une part à régler la quantité de lumière qui pénètre dans l'instrument, d'autre part à éliminer les rayons qui passent par le bord des lentilles et à corriger, par suite, l'aberration de sphéricité résultant de leur courbure. Les photographes ont une série de diaphragmes d'ouverture variable qu'ils adaptent à leurs objectifs suivant les circonstances ; l'œil n'en a qu'un, l'iris ; mais, sous l'influence des muscles dont il est muni, son ouverture peut varier considérablement.

Comme nous l'avons vu, le foyer de la lentille, c'est-à-dire le point où se reproduit l'image, se

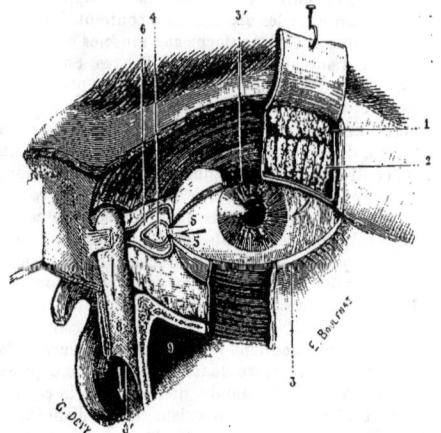

Voies lacrymales.

1, portion orbitaire de la glande lacrymale ; 2, portion palpébrale de la même glande ; 3, 3', bords libres des paupières ; 4, caroncule ; 5, points lacrymaux ; 6, conduits lacrymaux ; 7, sac lacrymal ; 8, canal nasal ; 8', son embouchure dans les fosses nasales.

rapproche ou s'éloigne de la lentille suivant que l'objet est plus ou moins éloigné. Si la lentille était à une distance invariable de l'écran ou de la rétine, il n'y aurait que les objets toujours placés à la même distance qui formeraient nettement leur image sur cette paroi. Toutes les fois que l'objet se rapprocherait ou s'éloignerait, son image s'éloignerait ou se rapprocherait de l'écran et perdrait considérablement alors de sa netteté. Il faut donc ramener l'image au foyer de la lentille, ce que les photographes appellent *mettre au point*. Dans la chambre noire, on fait varier, au moyen d'une crémaillère, la distance qui sépare les lentilles du verre dépoli, de manière que l'image tombe toujours sur l'écran. Dans l'œil c'est la lentille, c'est-à-dire le cristallin dont la courbure, en variant, fait varier la longueur de son foyer, de façon à s'adapter à la vision des objets placés à diverses distances. C'est au moyen d'un muscle spécial, le muscle ciliaire, que s'opèrent les changements de forme du cristallin, lequel augmente d'épaisseur pour la vision proche, c'est-à-dire raccourcit son foyer, et s'amincit au contraire pour la vision à distance et, par suite allonge ce même foyer. — Les images se peignent sur la rétine renversées, ainsi que l'indique la marche des rayons lumineux dans l'œil, et comme on peut du reste s'en convaincre en examinant l'image formée sur le fond de l'œil enlevé de l'orbite d'un animal tué récemment. Cependant, chacun sait que les images paraissent droites et non renversées.

Ce renversement des images n'a pas peu embarrassé les physiologistes et les philosophes. Buffon a prétendu que primitivement nous voyons les objets renversés et que ce n'est que par le toucher et l'habitude que nous acquérons les connaissances nécessaires pour rectifier cette erreur ; d'autres ont prétendu avec plus de raison que les nerfs optiques transmettaient l'image redressée au cerveau.

Nous avons vu que la distance de l'objet influe sur celle du foyer de la lentille ; que plus l'objet est éloigné, plus le foyer est court, que plus l'objet est rapproché, plus le foyer s'éloigne de la lentille. Un œil bien conformé s'accommode aux distances, soit par la contraction de l'iris, soit par l'allongement ou le raccourcissement de l'axe du cristallin, mais lorsque celui-ci ou la cornée sont trop convexes, les rayons lumineux convergent trop tôt, et l'image se forme en avant de la rétine ; il s'agit donc dans ce cas d'allonger le foyer visuel, c'est-à-dire de rapprocher l'objet de l'œil, ce que font les myopes qui mettent l'objet qu'ils veulent voir presque en contact avec la cornée, ou de corriger l'excès de convexité en plaçant entre l'œil et l'objet un verre divergent ou concave. C'est le contraire chez le presbyte ; sa cornée ou son cristallin étant trop plats, les rayons lumineux qui les traversent sont moins fortement réfractés et forment le foyer visuel au delà de la rétine ; il faut donc, dans ce cas, raccourcir ce foyer, c'est-à-dire éloigner l'objet, ou interposer un verre convexe qui augmente le pouvoir réfringent de l'œil. C'est sur ces données qu'est fondée la théorie des lunettes. — Par sa position et la délicatesse de sa structure, l'œil se trouve exposé à de nombreuses altérations ; aussi la nature a-t-elle pris de grandes précautions pour le protéger. Afin de le soustraire à la trop grande excitation de la lumière, elle a tendu au-devant de cet organe deux voiles mobiles, les *paupières*, qui servent aussi à le maintenir dans l'orbite. Ce sont des replis musculo-membraneux dont la face antérieure est formée par la peau qui se continue sur leur face postérieure avec une muqueuse, la *conjonctive*. Dans l'épaisseur se trouvent interposés un muscle, l'*orbiculaire*, destiné à les fermer, des fibro-cartilages, les tarses, qui donnent à leur bord libre la rigidité indispensable, enfin des glandes, dont le produit facilite leur glissement. Sur leur bord libre, épais et résistant, s'implantent des poils durs et de longueur variable, les *cils*, qui s'opposent à l'entrée des corps étrangers et défendent le globe oculaire contre les poussières aériennes. La conjonctive unit le globe oculaire

aux paupières. C'est de là que lui vient son nom. Après avoir tapissé la face postérieure des paupières, cette membrane se réfléchit et recouvre la face antérieure de l'œil. Arrivée au niveau de la cornée, elle s'amincit et n'est plus représentée que par son épithélium ; en effet, sa couche profonde ne dépasse pas le pourtour de l'orifice sclérotical auquel elle est intimement liée. Comme cette membrane a une étendue plus grande que les surfaces qu'elle recouvre, elle ne saurait entraver les mouvements du globe oculaire. L'humeur albumineuse qu'elle sécrète facilite le glissement de sa portion palpébrale sur sa portion réfléchie. Elle est en outre lubrifiée par les larmes. Une glande volumineuse située partie sous la voûte orbitaire, près de l'angle externe et supérieur de sa base, partie dans l'épaisseur de la paupière supérieure, donne naissance à cette sécrétion. Six ou sept petits canaux qui s'ouvrent en haut et en dehors sur la face conjonctivale de ce repli donnent issue au liquide que le clignement palpébral répand à la surface de l'œil et pousse vers son angle interne. Par deux petits pores situés à ce niveau, les *points palpébraux*, les larmes pénètrent dans deux canalicules qui se réunissent avant de s'aboucher dans un réservoir vertical que continue en bas le *canal nasal*. Une communication s'établit ainsi entre les culs-de-sac de la conjonctive et le méat moyen des fosses nasales. Quand, sous le coup d'une émotion vive, le liquide est sécrété en trop grande abondance, les voies lacrymales (c'est le nom que porte l'ensemble de ces canaux) ne peuvent suffire à l'écoulement des larmes ; leur trop plein franchit alors le bord libre de la paupière inférieure et déborde sur les joues, en même temps que l'afflux nasal se trouve augmenté dans une notable proportion.

Six petits faisceaux musculaires composent l'appareil moteur de l'œil. S'attachant d'une part à différents points de l'orbite, et de l'autre sur la sclérotique, ils peuvent, par leur contraction, porter l'œil à droite, à gauche, en haut et en bas, enfin le faire pivoter sur son axe antéro-postérieur, en un mot le mouvoir dans tous les sens.

Il nous reste encore à parler des *sourcils*. Au-dessus de la paupière supérieure qu'elle sépare du front s'étend une saillie musculo-membraneuse ombragée de poils. Cette saillie porte le nom de *région sourcilière*. Les poils qu'elle supporte décrivent une courbe légère à concavité inférieure. Ils servent à détourner la sueur, à l'empêcher de tomber sur l'œil, en même temps qu'ils interceptent une partie des rayons lumineux qui pourraient blesser la vue par leur éclat trop vif. — L'œil tel que nous l'avons décrit ne se rencontre que dans les vertébrés et les mollusques céphalopodes ; mais encore présente-t-il dans ces différentes classes des modifications nombreuses. Les oiseaux l'emportent sur les mammifères quant aux développements de l'œil ; ce qui devait être en effet pour satisfaire aux nécessités de leur vie aérienne : enveloppés de toutes parts du fluide lumineux, obligés souvent de se diriger directement contre les rayons solaires, les oiseaux sont munis d'un appareil particulier, qui, tout en leur permettant de voir, modère l'intensité de la lumière. Cet organe est une troisième paupière qui, au moyen d'un muscle, peut être tirée comme un rideau au devant du globe oculaire. Certains mammifères n'en sont pas complètement dépourvus ; le chien, le chat, ont comme les oiseaux, mais moins développée, une *nyctitante* ou *clignotante*. La caroncule, chez l'homme, est aussi un vestige de cette troisième paupière. Comme antithèse de la vue des oiseaux, nous trouvons celle des poissons naturellement très bornée en raison du milieu qu'ils habitent ; chez eux l'œil est fixe et dépourvu de paupières. On ne trouve pas d'yeux véritables chez les polypes, les acalèphes, les échinodermes, les vers intestinaux, non plus que dans les infusoires. Les mollusques acéphales en sont également dépourvus. Les yeux des insectes, des arachnides et des crustacés sont de deux sortes ; les yeux *à facettes* ou *composés*, et les yeux lisses ou *stemmates*. Ces derniers, dont le nombre varie beaucoup, sont de petits organes très simples situés de chaque côté de la tête. Chez quelques insectes, ces stemmates se trouvent simultanément avec les yeux composés. Les yeux composés des insectes et des crustacés sont des segments de sphère plus ou moins grands, immobiles chez les insectes ou mobiles sur des pédicules chez les crustacés. Le nerf optique se renfle dans leur intérieur en un segment de sphère, de la surface de

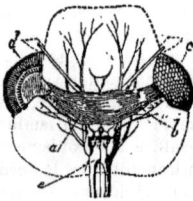

Yeux à facettes du hanneton.

a, cerveau ; *b*, nerfs optiques ; *c*, œil entier ; *d*, œil coupé longitudinalement.

laquelle s'élèvent des milliers de fibres nerveuses qui se dirigent comme autant de rayons vers la superficie de l'organe. Entre leurs extrémités et la cornée transparente ou plutôt les innombrables petites cornées soudées ensemble se trouvent des cônes transparents, également disposés en rayons, et correspondant chacun supérieurement à une cornée en facette et inférieurement à une fibre du nerf optique. Les cônes ne laissent parvenir aux filets nerveux correspondants que les rayons dirigés suivant leur axe, et par conséquent ceux-ci ne provoquent que la sensation de la vue d'une parcelle de l'objet. De cette manière chaque cône représente une partie aliquote de l'image et celle-ci se compose, à l'instar d'une mosaïque, d'autant de parcelles qu'il y a de cônes, en sorte que sa netteté doit être en raison du nombre de ces derniers. Le nombre de ces cônes varie à l'infini suivant les espèces ; l'œil de la fourmi en possède cinquante, et celui de certains papillons, plusieurs milliers. — En botanique, on nomme *œil*

ou bouton le bourgeon naissant. On emploie également ce nom d'*œil* pour désigner vulgairement certaines espèces d'animaux ou de végétaux ; ainsi l'on a appelé :

Œil de bœuf, les Chrysanthèmes ;
Œil de chèvre, l'*Ægylops ovata* ;
Œil de christ, l'*Aster amellus* ;
Œil du diable, l'*Adonide d'été* ;
Œil de paon, un papillon (*Papilio Io*) ;
Œil de perdrix, l'*Adonis æstivalis* ;
Œil de soleil, la Matricaire, etc., etc.

ŒIL DE CHAT. On donne ce nom à un quartz hyalin devenu chatoyant par l'incorporation de fils très fins d'amiante.

ŒILLET. Genre de plantes dicotylédones, polypétales, périgynes, de la famille des *Caryophyllacées*. Il renferme un grand nombre d'espèces, dont plusieurs se cultivent comme plantes de parterre, et se distingue aux caractères suivants : calice tubuleux à peu près cylindrique, quinquédenté, garni à

Œillet-giroflier.

la base de plusieurs paires d'écailles opposées en croix et imbriquées. Corolle de cinq pétales à onglet long, presque linéaire, muni antérieurement d'une lamelle longitudinale concave ; lame des pétales étalée, dentée ou incisée, dépourvue d'appendice, ordinairement barbue à la base. Étamines au nombre de dix, saillantes, mais plus courtes que les pétales. Ovaire surmonté de deux stigmates. Capsule presque cylindrique, à une seule loge renfermant plusieurs graines, s'ouvrant au sommet en cinq valves ; graines comprimées. — Les espèces les plus remarquables comme plantes d'agrément sont : l'Œillet-giroflier (*Dianthus caryo-phyllus*, L.), vulgairement *œillet*, sans autre désignation spéciale, dont les amateurs cultivent un grand nombre de variétés et dont les pétales sont employés en parfumerie ; l'Œillet-mignardise (*D. plumarius*, L.), qu'on recherche principalement pour les bordures des parterres ; l'Œillet de Chine (*D. sinensis*, L.) et l'Œillet-bouquet ou *Œillet de poète* (*D. barbatus*, L.), qui croît spontanément dans certaines vallées des Pyrénées. Il est alors d'un rouge pourpre, mais prend par la culture toutes les nuances depuis le pourpre jusqu'au blanc. Ces plantes se multiplient de graines, de marcottes et de boutures ; on les sème au printemps en terre de bruyère pour repiquer le jeune plant dans une terre bien préparée ; les Œillets demandent des arrosements assez fréquents ; ils résistent facilement à l'hiver sans abri.

ŒILLET D'INDE. Nom vulgaire donné à une plante du genre *Tagetes*. (Voir ce mot.)

ŒILLETTE. Nom vulgaire des pavots cultivés pour les graines dont on extrait l'huile. (Voir PAVOT.)

ŒNANTHE (du grec *oiné*, vigne, et *anthos*, fleur, parce que, suivant Pline, l'Œnanthe a l'odeur de la vigne en fleur). Genre de plantes herbacées, aquatiques, de la famille des *Ombellifères*. Les Œnanthes sont des herbes aquatiques, à ombelles composées, à fleurs blanches fixées sur de longs pédicelles. Ce sont en général des plantes très vénéneuses : telle est l'Œnanthe safranée (*Œ. crocata*), qui croît dans les prés humides, sur le bord des fossés et des mares. Cinq ou six tubercules allongés, fusiformes, rapprochés en faisceau, composent sa racine, d'où naît une tige dressée, haute de 6 à 10 décimètres, cylindrique, cannelée, creuse en dedans, divisée en rameaux à sa partie supérieure. Ses feuilles inférieures sont grandes, pétiolées, engainantes à leur base ; ses fleurs blanches, petites, très rapprochées. Il s'écoule de toutes les parties de cette plante, mais surtout des tubercules de la racine, lorsqu'on les entame, un suc laiteux, jaune et nauséabond dont les teinturiers se servaient autrefois ; ils ont renoncé à son usage, par suite des nombreux accidents auxquels il donnait lieu. Cette ombellifère croît en abondance aux environs de Paris, ainsi que l'Œnanthe phellandre (*Phellandrium aquaticum*, L.), vulgairement connue sous le nom de *ciguë d'eau* ; ses tiges, qui s'élèvent souvent à 2 mètres de hauteur, portent des feuilles très découpées qui leur donnent quelque ressemblance avec celles du céleri sauvage ; ces feuilles froissées dans les doigts exhalent une odeur analogue à celle du cerfeuil. Mais, comme l'indique le nom que lui a donné Linné (*phellandrium*, qui tue les hommes), cette plante est des plus vénéneuses. On emploie ses graines en Allemagne comme fébrifuge.

ŒNOTHÈRE, *Œnothera* (du nom grec de la plante). Genre de plantes dicotylédones, polypétales, péri-gynes, de la famille des *Onagrariées*. Ce sont des plantes herbacées, à feuilles alternes, à fleurs axil-laires, tétramères, qui appartiennent la plupart aux régions tempérées du nouveau monde. — L'Œno-thera biennis, type du genre, croît spontanément en France, où elle est connue sous le nom vulgaire d'*o-nagre* ou *herbe aux ânes*. Sa tige, haute de 9 à 10 dé-cimètres, porte des feuilles lancéolées, dentées ; à l'aisselle des supérieures s'épanouissent de grandes fleurs jaunes odorantes. En Allemagne, on mange ses racines et ses jeunes feuilles, comme chez nous celles des mâches et des raiponces. (Voir ONAGRE.)

ŒSOPHAGE (du grec *oisein*, porter, et *phagein*, manger). On donne ce nom à la portion du tube digestif qui s'étend de la partie inférieure du pharynx jusqu'à l'ouverture cardiaque de l'estomac. (Voir DIGESTION.)

ŒSTRE. Virgile et Pline donnaient le nom d'*œs-trus* à des insectes que, d'après leurs descriptions, on doit rapporter aux *taons*. Aujourd'hui l'on désigne sous ce nom des insectes diptères, d'assez grande taille, dépourvus de trompe et de palpes, et chez lesquels la cavité buccale est tellement petite, qu'on a cru qu'ils en étaient privés. Les Œstres ressemblent à de grosses mouches velues ; ils n'ont comme ces dernières que deux ailes et deux balanciers et appartiennent en effet à l'ordre des DIPTÈRES, section des *Brachycères*. A leur état parfait, ces insectes semblent appelés uniquement par la nature à reproduire leur espèce et l'on croit même que, comme les éphémères, ils ne prennent pas de nourriture. Aussitôt après leur dernière métamorphose, les Œstres femelles se mettent à la recherche des animaux sur lesquels elles doivent déposer leurs œufs. On a cru pendant longtemps que l'Œstre commun déposait ses œufs sur les bords de l'anus du cheval, et Réaumur, trompé par l'assertion de Vallisniéri, a lui-même avancé ce fait ; mais les observations du célèbre vétérinaire Clarke ont démontré qu'il n'en était pas ainsi. L'Œstre, dont l'abdomen est très allongé, colle ses œufs, enduits d'une humeur visqueuse, sur la poitrine, l'épaule ou la partie interne de la jambe du cheval ; ces œufs éclosent à l'endroit où ils ont été pondus, et ce n'est qu'à l'état de larve que l'insecte, s'attachant à la langue qui, sollicitée par la démangeaison, vient lécher la partie du corps sur laquelle il était collé, parvient par l'œsophage dans l'estomac de sa victime. Cette larve est sans pattes, de forme conique, allongée ; son corps est composé de onze anneaux garnis chacun à leur bord postérieur d'une rangée circulaire d'épines dont la pointe très aiguë est dirigée en arrière ; c'est au moyen de ces épines qu'elle rampe le long du tube digestif jusque dans l'estomac, où elle vit un certain temps, se nourrissant de chyme. On comprend difficilement comment ces larves peuvent vivre renfermées dans cet organe, exposées à une température très élevée et dans un air vicié. Lorsque ces larves ont pris tout leur accroissement, elles descendent en suivant les intestins, jusqu'à l'anus, d'où elles se laissent tomber à terre pour s'y transformer en chrysalide ; leur peau se durcit alors, devient d'un beau noir et leur sert de coque ; elles restent dans cet état environ six semaines, puis en sortent à l'état d'insecte parfait pour s'occuper presque aussitôt de la reproduction de leur espèce. La présence de ces larves dans l'estomac des chevaux ne paraît pas d'ailleurs produire de désordres graves. Tout ce qui précède s'applique à l'espèce la plus commune, l'**Œstre du cheval** (*Gastrophilus equi*), dont l'aspect rappelle celui d'un

OEstre du cheval et sa larve.

bourdon ; mais on en connaît plusieurs autres espèces qui vivent en parasites sur le bœuf (*Hypoderma bovis*), le renne, le cerf (*OEdemagena tarandi*), le chameau et le mouton. Plusieurs larves d'OEstre vivent sous la peau, dans des tumeurs que détermine la piqûre de l'OEstre ; telles sont celles de l'OEstre du renne, du cerf et du bœuf. — L'**Œstre du mouton** (*Cephalemyia ovis*) place ses œufs sur le bord interne des narines de cet animal, la larve s'insinue, par ces ouvertures, dans les sinus frontaux et se fixe à la membrane interne qui les tapisse. On voit alors le mouton comme pris de vertige, frapper la terre avec ses pieds et fuir tête baissée. La présence de ces larves dans les membranes cérébrales détermine souvent le tournis. Une espèce d'OEstre de l'Amérique du Sud (*Cuterebra noxialis*) attaque l'homme. (Voir CUTÉRÈBRE.)

ŒUF (*Ovum*). Tous les êtres organisés, végétaux et animaux, se reproduisent au moyen d'*Œufs*. Les graines des plantes phanérogames contiennent, en effet, un embryon qui lui-même est issu d'un élément anatomique, contenu dans le sac embryonnaire, et qui est tout comparable à l'OEuf des animaux. Le célèbre médecin anglais Harvey, à qui l'on doit la belle découverte de la circulation du sang, émit le premier cette opinion : *Omne vivum ex ovo*, tout corps vivant naît d'un OEuf. Ces OEufs ou ovules encore renfermés dans les ovaires qui sont les organes où ils se forment (voir REPRODUCTION), ont une organisation presque indépendante dans toute la série animale. Cependant, on réserve plus généralement le nom d'*Œuf* aux germes que la femelle expulse au dehors enfermés dans une enveloppe qui contient les matériaux nécessaires à son développement ; tandis que chez les mammifères, l'OEuf ne sort du corps de la mère qu'après son développement complet. — Dans l'OEuf des ovipares (oiseaux, reptiles, poissons, insectes), la partie la plus extérieure de l'OEuf est formée par la *capsule* : cette membrane ou capsule de l'OEuf recouvre immédiatement le *vitellus* ou *jaune* qui offre extérieurement une membrane vitelline ; la masse vitelline est composée d'une multitude de cellules extrêmement petites, contenant des granules et des gouttelettes d'une huile grasse. C'est dans le vitellus qu'existe la *vésicule germinative* dont les dimensions sont ordinairement fort petites et qui est remplie par un liquide transparent. Sur un des points de sa surface se voit un petit amas de corpuscules opaques formant la *tache germinative*. Telle est la composition de l'OEuf au moment où il se détache de l'ovaire. C'est dans

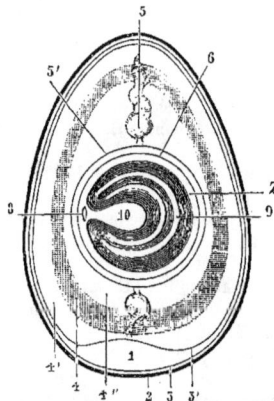

OEuf d'oiseau, coupe (Balbiani).

1, chambre à air ; 2, coquille ; 3, 3', feuillets externe et interne de la membrane coquillière ; 4, couche moyenne de l'albumen comprise entre deux couches plus liquides (4' et 4'') ; 5, chalaze ; 5', membrane chalazifère ; 6, membrane vitelline ; 7, couche de vitellus blanc ; 8, cicatricule ; 9, jaune avec ses couches concentriques jaunes et blanches ; 10, latebra ou cavité centrale.

l'oviducte qu'il se revêt du blanc ou albumine et de la coquille calcaire qu'il présente fort souvent. Le jaune, maintenu par la membrane vitelline, est entouré dans l'œuf des oiseaux par des couches d'albumine ou de blanc qui, tordues sur elles-mêmes vis-à-vis des deux extrémités saillantes de l'OEuf, y forment une sorte de lien propre à soutenir le vitellus et à l'immobiliser ; on appelle ces ligaments albumineux les *chalazes*. — Dans les mammifères, l'OEuf est très petit ; il se compose de la masse vitelline enveloppée dans une membrane épaisse et transparente que quelques auteurs ont nommée *chorion* et que d'autres ont considérée comme représentant la partie albumineuse. Ces ovules sont placés chacun dans une vésicule (*vésicules de Graaf*) remplie d'un liquide albumineux. L'embryon des mammifères, arrivé à l'état de fœtus, paraît au premier abord différer complètement du jeune animal renfermé dans la coquille de l'œuf des ovipares. Cependant, chez les premiers, l'organe dans lequel vit le fœtus est encore un véritable OEuf ; et ce qui le distingue seulement des ovipares, c'est que le fœtus y reçoit directement les sucs nourriciers de la mère par des conduits et des vaisseaux admirablement disposés pour cet effet (voir PLACENTA), tandis que les autres trouvent leur nourriture dans l'enveloppe ou l'Œuf, sans qu'ils aient besoin de leur mère, comme chez le petit poulet, par exemple. — Mais comment se développe l'embryon dans l'Œuf? Dès que l'ovule est fécondé, l'évolution de l'Œuf commence par la segmentation du *vitellus*. Le noyau de segmentation se divise en deux, et les granules vitellins se groupent autour de ces noyaux nouveaux, de manière à former deux cellules; puis la segmentation se continue de la même façon en donnant quatre, huit, seize, etc., cellules. Elle aboutit ainsi à la formation d'une masse mamelonnée appelée corps muriforme ou *morula*. Les cellules ainsi formées sont destinées à se métamorphoser ensuite, selon des modes divers, pour la

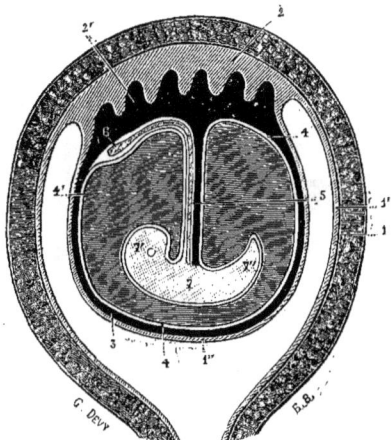

Œuf de mammifère, coupe schématique.

1, coupe de l'utérus ; 1', caduque ; 1″, caduque réfléchie ; 2, placenta maternel ; 2' placenta fœtal ; 3, chorion ; 4, amnios ; 4', cavité amniotique remplie de liquide ; 5, cordon ; 6, vésicule ombilicale ; 7, embryon ; 7', capuchon céphalique ; 7″, capuchon caudal.

constitution de l'embryon. Ces cellules ne tardent pas en général à se réunir en une couche périphérique et forment ainsi une sphère creuse ou vésicule blastodermique. Puis l'une des moitiés de cette sphère se déprime et s'invagine dans l'autre ; il se produit ainsi une cupule dont la paroi (*blastoderme*) est formée de deux couches concentriques de cellules, l'une externe appelée *ectoderme*, l'autre interne, *endoderme*. La cavité de cette coupe représente l'intestin primitif; c'est cet état que Hœckel désigne sous le nom de *gastrula*. C'est de ces feuillets du blastoderme que dérivent toutes les parties qui entrent dans la constitution de l'embryon; mais la marche que suit le développement embryonnaire présente des différences trop nombreuses dans les divers groupes d'animaux, pour qu'il soit possible d'en faire l'exposé à un point de vue général. D'ailleurs, la formation même de la gastrula s'effectue d'une façon variable. Quoi qu'il en soit, lorsque les deux feuillets blastodermiques primitifs sont constitués, il s'en forme entre eux un troisième, le *mésoderme*, qui se dédouble en deux lames adhérentes, l'une à l'ectoderme, l'autre à l'endoderme. Chacun de ces feuillets prend part à la constitution des systèmes organiques. Ainsi, l'ectoderme forme l'épiderme, le système nerveux central et les organes des sens. L'endoderme produit le revêtement épithélial du tube digestif et les glandes annexes de l'intestin. Enfin, le mésoderme donne les muscles, les vaisseaux, les tissus conjonctifs, etc. — Les petits, au moment où ils sortent du corps de leur mère, sont tantôt nus et déjà tout formés, c'est-à-dire qu'après avoir séjourné plus ou moins longtemps dans l'utérus, ils y ont acquis un certain développement et se sont débarrassés des membranes de l'Œuf, qui restent encore dans l'utérus, comme chez les mammifères ; tantôt l'Œuf est pondu avec ses membranes et le germe qu'il contient ; de là, la distinction des animaux en *vivipares* et *ovipares*. Chez les animaux ovipares, tantôt les Œufs ont été fécondés lorsqu'ils étaient encore dans le corps de la femelle, comme chez les oiseaux et les invertébrés ; tantôt la fécondation n'a lieu qu'au moment où ils sont pondus, comme chez les grenouilles et les crapauds ; tantôt, enfin, ces Œufs ne sont fécondés que plus ou moins longtemps après avoir été pondus, ainsi que cela a lieu chez les poissons. Parmi les animaux ovipares, il n'y a que les oiseaux qui aient besoin de couver leurs œufs pour que le germe qu'ils contiennent se développe par la chaleur. Au moment où ils sortent de l'Œuf, leurs petits ont la forme qu'ils doivent conserver toute leur vie ; mais chez les batraciens, beaucoup de crustacés, et le plus grand nombre des insectes, les petits ont une forme différente et éprouvent des métamorphoses. (Voir ces mots et l'article REPRODUCTION.) Nous ne terminerons pas cet article sans dire un mot sur cet absurde préjugé répandu dans les campagnes, qui attribue aux coqs la faculté de pondre des Œufs privés de jaune et donnant naissance à des serpents. Les femelles seules étant pourvues d'ovaires, peuvent pondre des Œufs. Lorsque l'Œuf se forme, le jaune tombe le premier dans l'oviducte, le blanc est sécrété ensuite, puis la coquille ; le blanc se moule ordinairement sur le jaune ; mais si celui-ci est détourné dans sa route, le blanc se forme sans envelopper le jaune, et la coquille recouvre le blanc. Dans ces Œufs sans jaune, les *chalazes* (cordons blanchâtres que renferme le blanc) se développent et s'enroulent comme le ferait un ver ou un serpent en miniature; de là vient sans doute la croyance singulière de nos paysans, fortifiée peut-être par la présence assez fréquente des couleuvres dans le fumier des fermes et des basses-cours.

OGNON. (Voir OIGNON.)

OGOTON. (Voir Lagomys.)

OÏDIUM. Genre de champignons de la division des Cystoporées, famille des *Mucédinées*, formés de filaments simples ou rameux, cloisonnés, et dont les articles microscopiques se résolvent en sporidies. Une espèce de ce genre, l'*Oïdium Tuckeri*, étudié en 1847 par Berkeley, jouit d'une triste célébrité, comme cause ou comme effet — c'est là un point encore contesté — de la maladie de la vigne qui a sévi jusque dans ces dernières années. Ce champignon filamenteux se développe par plaques d'un aspect duveteux sur les tiges, les feuilles, les grappes de la vigne. Le développement des grains s'arrête; puis ils se flétrissent, se dessèchent et tombent. Le moyen le plus puissant et le plus généralement employé pour combattre ce parasite est le soufrage, qui consiste à répandre sur les parties vertes de la plante de la fleur de soufre, à l'aide d'un petit soufflet spécialement affecté à cet usage. — C'est à un champignon de ce genre, à l'*Oïdium albicans*, assez voisin de celui de la vigne, qu'est due la maladie connue sous le nom de *muguet*, qui attaque les jeunes enfants et qui provient ordinairement d'une mauvaise alimentation, du manque de soins et du défaut de propreté. (Voir Mucédinées.)

OIE (*Anser*). Genre de l'ordre des Palmipèdes lamellirostres, de la famille des *Anatidés* dans laquelle ils forment une tribu distincte, celle des *Ansérinés*. Ils se distinguent surtout des canards par la forme du bec, plus court que la tête, plus étroit en avant qu'en arrière, et plus haut que large à sa base. Ils tiennent le milieu, pour le volume du corps, entre les canards proprement dits et les cygnes; leur cou, moins long que celui de ces derniers, est plus long que chez les canards. Leurs tarses plus élevés, moins écartés et plus rapprochés de la partie antérieure du corps, rendent leur marche plus facile : aussi leurs habitudes sont-elles plus terrestres qu'aquatiques. Ils ne plongent pas, nagent peu, se tiennent de préférence dans les prairies humides et ne se rendent à l'eau qu'après le coucher du soleil. Des graines, des plantes aquatiques, composent leur nourriture. Un seul mâle ou *jars* suffit à plusieurs femelles. Celles-ci nichent à terre dans les bruyères ou les marais, et pondent six à huit œufs verdâtres, qu'elles couvent un mois. Aussitôt sorti de sa coquille, le petit *oison* marche et pourvoit à sa subsistance. Lorsque ces animaux prennent leur nourriture, l'un d'eux fait ordinairement sentinelle et avertit ses compagnons par un cri très bruyant, ordinairement répété par la troupe entière. Leur vol est élevé; lorsqu'ils émigrent, leurs bandes nombreuses se placent sur une seule ligne ou sur deux lignes divergentes. Dans ce cas, celui qui est à la tête du triangle cède, quand il est fatigué, sa place à un autre. Ils ne quittent pas les pays tempérés quand l'hiver est doux; mais si le froid est vif, ils s'avancent vers le Midi, d'où ils partent au printemps pour gagner le Nord. Leur grande défiance et leur séjour dans les lieux découverts rendent leur chasse difficile et peu productive ; parfois ces oiseaux s'abattent en troupes sur les terres ensemencées et y occasionnent des dégâts considérables. Les Oies doivent à leur pesante et disgracieuse allure une réputation de stupidité qu'elles ne méritent pas. On en a vu, à l'état de domesticité, donner des preuves d'instinct remarquables, et des marques singulières d'attachement et de reconnaissance à leur maître. Les anciens avaient pour ces oiseaux beaucoup plus de considération que les modernes; les Romains leur portaient même une grande vénération par suite du service qu'ils leur avaient rendu. Tout le monde sait, en effet, que ce furent les Oies que l'on nourrissait au Capitole qui, par leurs cris, avertirent les Romains de l'assaut nocturne que

Oie commune.

tentaient les Gaulois. Les Égyptiens comptaient l'Oie au nombre des animaux sacrés, et on la voit figurer dans leurs hiéroglyphes. Ce genre renferme un grand nombre d'espèces. — L'**Oie ordinaire** (*A. cinereus*), souche de nos races domestiques, a, dans l'état sauvage, le plumage d'un gris cendré, à manteau brunâtre ondé de gris; dans nos basses-cours, ses couleurs sont très variées. Son gros bec, entièrement jaune, et ses ailes, qui, repliées, n'atteignent pas l'extrémité de la queue, la distinguent suffisamment des autres espèces. Elle est originaire des régions orientales de l'Europe. Dans plusieurs parties de la France, on en nourrit des troupeaux considérables et on les mène au pâturage comme des moutons. Le mâle est appelé *Jars*, un seul suffit à cinq ou six femelles. Chacune de celles-ci pond de trente à quarante œufs quand on a soin de les lui enlever ; on ne lui en donne à couver que quinze à dix-huit. Elle est bonne couveuse et bonne mère. Les oisons peuvent être livrés à la consommation à l'âge de six à huit mois. Quand on veut engraisser ces animaux, on les laisse dans un lieu obscur et peu spacieux, ou même dans une petite loge très étroite, où on les nourrit abondamment de maïs, etc. En quelques semaines, ils sont surchargés de graisse, et leur foie acquiert ce développement et cette saveur qui les font tant rechercher pour la confection des pâtés de foie gras, dont Strasbourg a la renommée. Cette espèce n'est pas estimée seulement comme aliment ; ses plumes étaient, comme on le sait, très employées pour l'écriture, et son duvet sert à faire des oreillers et des matelas. On distingue, en France, deux races principales : l'**Oie commune** et l'**Oie de Toulouse**, cette dernière reconnaissable à son ventre traînant. — L'**Oie sauvage** (*Anas segetum*), qui diffère peu de l'espèce précédente, est plus commune dans les parties occidentales de l'Europe. — L'**Oie de neige** (*A. hyperborea*), dont le corps est blanc, les rémiges noires, le bec d'un rouge vif, habite les régions polaires. — L'**Oie rieuse** (*A. albifrons*), qui a reçu ce nom à cause de son cri, ressemblant à un ricanement, est grise, avec le ventre noir et une tache blanche sur le front. — Citons parmi les espèces exotiques : l'**Oie à cravate** (*A. canadensis*), belle espèce du nord de l'Amérique ; l'**Oie de montagne** (*A. montanus*), remarquable par sa taille, qui est d'un mètre de longueur ; l'**Oie armée** (*A. gambensis*), qui se distingue par le petit éperon que portent ses ailes ; la **Bernache** (*A. leucopsis*), des contrées polaires, qui nous visite en hiver. Cette espèce a le manteau gris, le bec et le cou noirs. — On donne vulgairement le nom d'Oie de mer au Dauphin. (Voir ce mot.)

OIGNON (*Allium cepa*, L.). Espèce du genre *Ail* (voir ce mot) ; elle se distingue facilement à son bulbe

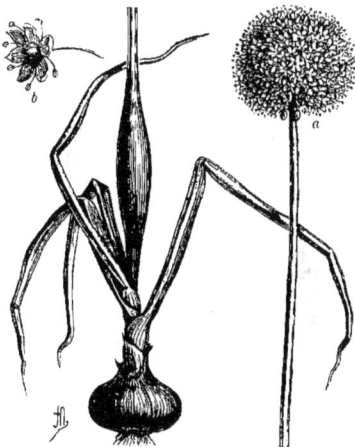

Oignon. — *a*, capitule ; *b*, fleur.

plus ou moins déprimé ; à sa tige et à ses feuilles fistuleuses, cylindriques et renflées vers le milieu ;

à ses fleurs blanchâtres, disposées en capitule ; enfin, à l'odeur particulière et pénétrante qu'exhalent toutes ses parties. Tout le monde connaît les emplois culinaires de cette plante et surtout de son bulbe, qui porte le même nom que la plante même, nom qui, par extension, s'applique, en outre, aux bulbes en général. (Voir Bulbe et Racine.) Les propriétés médicinales de l'Oignon sont à peu près les mêmes que celles de l'Ail commun et de plusieurs autres congénères. On ne connaît pas la patrie de l'Oignon, on sait seulement qu'il est connu de toute antiquité et qu'il est beaucoup plus doux dans les contrées méridionales que dans les pays du Nord. On en connaît un grand nombre de variétés cultivées.

OISEAUX. De toutes les classes d'animaux, celle des Oiseaux est la mieux caractérisée, c'est celle dont les espèces se ressemblent le plus entre elles et qui est séparée de toutes les autres par un plus grand intervalle. Placés dans la série zoologique immédiatement après les mammifères, les Oiseaux composent la seconde classe des vertébrés, et n'auraient besoin que des plumes qui recouvrent leur corps pour être distingués entre tous les êtres animés ; mais pour embrasser dans une définition plus complète les traits caractéristiques de leur organisation, nous dirons que ce sont des vertébrés ovipares, à sang chaud, à circulation double et complète, à respiration aérienne, et dont les membres antérieurs sont conformés pour le vol. Il y a cependant des oiseaux qui ne volent pas : les autruches d'Afrique, les nandous d'Amérique, les casoars d'Australie, les aptéryx de la Nouvelle-Zélande, les pingouins et les manchots des régions glaciales sont totalement incapables de voler. La forme générale des Oiseaux varie peu ; elle est particulière aux êtres qui composent cette classe. On n'en saurait imaginer une plus favorable au mode de locomotion auquel ils sont essentiellement destinés. Ces vertébrés atteignent rarement une grande taille. Leur squelette offre à peu près les mêmes os que chez les mammifères, mais il a subi des modifications en rapport avec leurs habitudes. La tête est, en général, petite, quoique la portion crânienne soit plus développée que chez les autres ovipares. La face est formée, en majeure partie, par des mâchoires qui sont revêtues d'une production cornée ou *bec*, dont la forme et le volume, très variables, sont en rapport avec le régime de l'animal, et ont fourni l'une des bases principales de la classification de ces bipèdes. Le cou, remarquable par sa flexibilité, est d'autant plus long que l'animal, plus haut sur ses jambes, doit se baisser davantage pour prendre sa nourriture, ou qu'il doit, comme le cygne, la chercher au fond de l'eau. Le tronc offre, par la soudure de ses vertèbres et celle des côtes avec le sternum, un point d'appui solide aux ailes pour les mouvements énergiques du vol. C'est dans un but analogue qu'existe à la face inférieure du thorax un large sternum dont la surface est encore augmentée par une forte saillie (le bréchet), donnant attache aux muscles pectoraux, les agents principaux de la locomotion aérienne. Les *ailes* représentent les membres antérieurs des mammifères, mais modifiés pour le vol ; leur extrémité libre se termine par une sorte d'avant-bras et de main informe transformée par les plumes qui s'y implantent en une large rame, tandis que l'extrémité opposée, ou l'épaule, fournit un point d'appui rendu plus solide par deux clavicules, dont l'une forme avec sa congénère l'os que l'on nomme vul-

gairement la *fourchette*. Le membre inférieur présente une cuisse cachée sous la peau qui recouvre le ventre, et une jambe ordinairement plus ou moins longue (le *tarse*), laquelle se meut verticalement sur plusieurs doigts armés de griffes, et *palmés*, c'est-à-dire réunis par des membranes, dans les espèces qui nagent plus qu'elles ne volent. Les *plumes* qui protègent la peau, et ressemblent à quelques égards aux poils des mammifères, se composent d'un *tube* ou tuyau creux implanté dans la peau ; d'une *tige* pleine d'une matière spongieuse, qui est la continuation du tube ; de *barbes* tantôt molles, tantôt raides, terminées par des crochets qui servent à les entrelacer de manière à en former

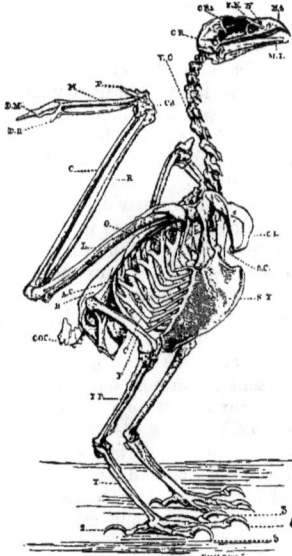

Squelette de pygargue.

M. S, mandibule supérieure ; M. I, mandibule inférieure ; N, narine ; F. N, fosse nasale ; OR, orbite ; CR, crâne ; V C, vertèbres du cou ; CL, clavicule ; ST, sternum ; C, côtes ; B, bassin ; COC, coccyx ; F, fémur, os de la cuisse ; T.P, tibia et péroné ; T, tarse ; 2, pouce ; 3, doigt interne ; 4, doigt médian ; 5, doigt externe ; O, omoplate ; L, humérus ; C, cubitus ; R, radius ; CA, carpe ; P, pouce ; M, métacarpe ; D. M, doigt médian ; D. R, doigt rudimentaire.

une lame solide, impénétrable à l'air. Il en est qui manquent de barbes et ressemblent à des piquants de porcs-épics. Leurs couleurs variées à l'infini surpassent quelquefois en éclat celles des pierres précieuses, ou des plus belles fleurs. La livrée des femelles est généralement moins riche que celle des mâles. La *mue*, ou le renouvellement des plumes, a lieu ordinairement chaque année après la ponte, quelquefois au printemps et en automne. Les ornithologistes donnent différents noms aux plumes des diverses parties du corps. Celui de *pennes* s'applique aux grandes plumes de la queue et de l'aile ; les premières sont dites *rectrices*, parce que l'oiseau s'en sert comme d'un gouvernail ; les secondes s'appellent *rémiges*, parce qu'elles font l'office d'une rame. On les divise en *primaires* ou *secondaires*, selon qu'elles s'insèrent à la main ou à l'avant-bras. Les plumes qui recouvrent la base des pennes se nomment *couvertures* ou *tectrices;* celles des autres parties du corps, au-dessous desquelles se trouve un duvet fin et moelleux, paraissent surtout destinées à garantir l'oiseau des atteintes du froid. Deux glandes, situées de chaque côté de la queue, sécrètent une humeur grasse, dont le bipède se sert pour enduire, à l'aide de son bec, la surface de son plumage, et le rendre ainsi imperméable à l'eau. C'est de la longueur des rémiges que dépend surtout l'étendue du vol. Pour l'effectuer, l'oiseau déploie l'aile et l'abaisse subitement, trouvant ainsi dans l'air qui résiste un point d'appui sur lequel il se soulève. Le système nerveux des oiseaux est moins développé que celui des mammifères. Le tact l'est fort peu, par suite de l'interposition des plumes. Le goût paraît obtus, ce qu'explique la structure cartilagineuse de la langue dépourvue de papilles nerveuses. L'odorat, quoique moins imparfait, est peu développé. L'appareil olfactif a son orifice extérieur percé dans la substance du bec, et souvent dans la *cire*, membrane charnue qui le recouvre ; on a beaucoup exagéré la finesse de l'odorat chez quelques espèces destinées à se nourrir de chairs putréfiées telles que les vautours et les corbeaux ; ce sens n'est même guère plus développé chez eux que dans le reste des oiseaux. L'appareil de l'ouïe, moins compliqué que chez les mammifères, n'offre pas de conque extérieure. Ce sens existe cependant à un certain degré de développement. Mais c'est surtout l'appareil de la vue (voir OEIL) qui acquiert chez ces animaux un degré de perfection qu'il n'a dans aucune autre classe du règne animal. Outre qu'ils sont généralement très volumineux relativement à la grosseur de la tête, leurs yeux offrent une troisième paupière verticale et demi-transparente qui occupe l'angle interne du globe oculaire, et qui, pouvant en recouvrir la surface, leur permet de fixer le soleil sans en être ébloui. Telle est la portée de ce sens chez quelques Oiseaux, qu'à la hauteur où nous ne les apercevons qu'à peine, ils distinguent les petits animaux dont ils se nourrissent, et sur lesquels ils fondent en droite ligne avec la rapidité de la foudre. L'appareil digestif offre dans cette classe de vertébrés des modifications qui lui sont propres. L'œsophage se renfle en général à sa partie inférieure en une poche nommée *jabot*, dont les parois sont membraneuses, et à laquelle succède une seconde dilatation qui s'ouvre inférieurement dans un troisième estomac nommé *gésier*. Le volume, l'épaisseur du gésier varient beaucoup, selon le régime de l'animal. Ainsi, dans les espèces granivores, il est tapissé d'une espèce d'épiderme presque cartilagineux et recouvert de muscles d'une telle puissance qu'il peut broyer les corps les plus durs, et remplacer en quelque sorte les organes de la mastication.

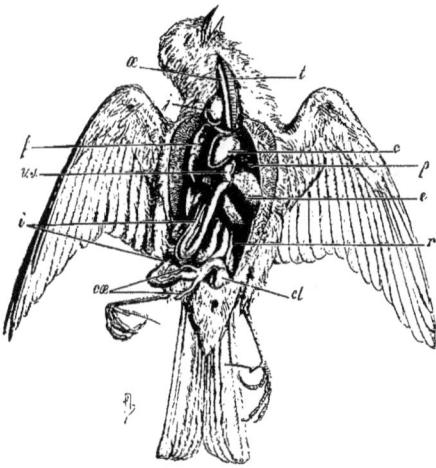

Organes internes de l'oiseau.

œ, œsophage; *t*. trachée; *j*, jabot; *f*, foie; *c*, cœur; *p*, poumon; *vs*, ventricule succenturié; *e*, estomac; *i*, intestin; *r*, rein; *cœ*, cæcum; *cl*, cloaque.

La partie inférieure de l'intestin rectum offre une dilatation (le *cloaque*), réservoir commun des appareils digestif, urinaire et génital(ces derniers n'ayant pas de parties visibles à l'extérieur). Si nous passons aux organes de la respiration, nous trouvons d'abord à la partie inférieure de la trachée-artère un second larynx d'une structure très compliquée, et qui est le siège principal du chant; le larynx supérieur aboutit à la base de la langue, dans une fente dont l'orifice se ferme à la volonté de l'animal au moyen de pointes cartilagineuses qui s'entrecroisent. C'est dans le larynx inférieur qu'est produit le son fondamental de la voix qui se modifie ensuite par le plus ou moins de longueur, de largeur, de contours, d'élasticité de la trachée elle-même, et de son orifice dans la gorge. La voix des Oiseaux est, en général, très forte, mais elle n'est pas toujours développée dans toutes les saisons de l'année; dans la plupart des espèces, elle ne brille de tout son éclat qu'au moment de la pariade. La voix des femelles est moins forte que celle du mâle, et le chant proprement dit paraît être interdit à la plupart d'entre elles. Les ramifications des bronches ne se terminent pas toutes aux poumons : il en est qui communiquent avec de grandes cellules creusées dans le tissu cellulaire des différentes parties du corps, et jusque dans les os, où elles portent l'air, de manière à doubler, pour ainsi dire, la respiration et à diminuer singulièrement le poids spécifique de l'animal. La poitrine n'est pas, comme chez les mammifères, séparée de l'abdomen par un diaphragme. L'appareil circulatoire n'offre pas de différences essentielles avec celui des mammifères. L'époque de la pariade est la phase la plus brillante dans l'existence des Oiseaux. C'est alors que leurs facultés se développent dans toute leur plénitude, qu'ils revêtent leur plus belle livrée et font entendre ces chants mélodieux qui constituent le principal moyen de communication et à l'aide desquels ils expriment leurs besoins, leurs plaisirs ou leurs peines. Tous les Oiseaux sont ovipares. Il est des espèces monogames, dans lesquelles le mâle reste fidèle toute la vie à une seule compagne; il en est de polygames, dans lesquelles le mâle se choisit un nombre plus ou moins grand de femelles, de la possession desquelles il se montre très jaloux, et d'où résultent entre les rivaux des combats violents et meurtriers. Aussitôt que la femelle ressent les influences de la fécondation, sa sollicitude pour sa future couvée éclate, et on la voit s'occuper en commun avec le mâle de la construction de son nid, dans laquelle le petit couple déploie un art si merveilleux. La ponte, qui suit la confection du nid, se compose d'un nombre d'œufs qui varie selon les espèces. A peine les petits sont-ils éclos, qu'ils reçoivent les soins les plus touchants de leur mère, qui les recouvre de ses ailes pour les préserver du froid, leur apporte une nourriture choisie qu'elle dégorge à demi digérée dans leur gosier, veille avec sollicitude à leurs premiers pas hors du nid, et lorsqu'un danger les menace, déploie pour les sauver non moins d'intelligence que de courage. Au reste, tous les petits Oiseaux ne réclament pas les mêmes soins; il en est qui, couverts d'un épais duvet au sortir de la coquille, ont déjà assez de vigueur pour chercher eux-mêmes leur nourriture. — Les Oiseaux ont la vie longue; les petites espèces elles-mêmes peuvent atteindre la vingtième année. Plusieurs observateurs assurent que les Oiseaux de proie et les perroquets vivent jusqu'à cinquante ans. — Les migrations des Oiseaux ou les voyages qu'un grand nombre d'espèces entreprennent à certaines époques de l'année, sont un des phénomènes les plus extraordinaires de la vie de ces animaux. Les variétés de leur plumage, relatives aux climats et aux températures, prouvent qu'ils sont, comme les autres animaux, soumis à certaines lois géographiques. Ainsi, les espèces dont les couleurs sont les plus vives, semblent recevoir leur éclat du soleil de la zone torride, tandis qu'au contraire celles qui ont un plumage terne habitent les zones tempérées. On a remarqué aussi que le plumage est d'autant plus épais que l'Oiseau vit davantage dans les climats froids ou dans les régions élevées de l'atmosphère. — Les Oiseaux ne le cèdent qu'aux mammifères sous le rapport de l'intelligence et de la faculté qu'ils ont de se laisser apprivoiser; aussi a-t-on tiré d'eux un grand parti dans l'art de la fauconnerie. Cependant les Oiseaux de proie nocturnes sont aussi peu éducables que les diurnes le sont à un haut degré. On sait avec quelle facilité on parvient à faire répéter à une foule d'oiseaux de genres différents, des mots et même des couplets. (Voir ÉTOURNEAU, MERLE, PERROQUET.) Le kamichi, l'agami (voir ces mots) font la garde des troupeaux, les cormorans pêchent au profit de leur maître. L'utilité que l'homme retire de cette classe d'animaux est immense; une foule d'espèces lui offrent les aliments les plus savoureux, ou fournissent les produits d'un grand avantage à l'économie rurale, aux arts, au luxe. Dans l'économie générale de la nature, il est des espèces d'Oiseaux qui rendent de tels services à l'homme que leur destruction a été regardée comme un fait justiciable des lois; tels sont les échassiers, qui purgent la terre d'une foule de reptiles nuisibles; les Oiseaux de proie, qui la débarrassent des corps en putréfaction; les passereaux et cette foule d'espèces qui font aux insectes destructeurs une guerre si profitable à la culture. A l'exception du pigeon, il n'est pas un seul oiseau qui soit purement granivore; tous se nourrissent, en même temps ou suivant les saisons, de grains et d'insectes; nuisibles sous le premier rapport, ils sont utiles sous le second. Il y aurait à établir une balance entre le mal qu'ils font et les services qu'ils rendent; suivant Florent Prévost, aide-naturaliste au Muséum, qui a longuement étudié la question, les services l'emportent de beaucoup sur le mal. Il a constaté que, suivant les circonstances, les insectes entrent pour moitié au moins, souvent dans une proportion beaucoup plus forte, dans le régime alimentaire des oiseaux granivores. C'est exclusivement avec des insectes que ces oiseaux nourrissent leur avide couvée. Les chouettes, effraies, hiboux, que l'ignorance poursuit sottement comme animaux de mauvais augure, font une guerre acharnée aux rats, souris, campagnols, mulots, loirs, qui sont si funestes aux récoltes engrangées comme aux récoltes sur pied. D'après les observations du naturaliste anglais White, un couple d'effraies détruit, chaque jour, au moins cent cinquante petits rongeurs. Mais, incontestablement au premier rang, pour les services qu'ils nous rendent, viennent tous les oiseaux purement insectivores : les grimpereaux, le pivert, l'engoulevent, les différentes variétés d'hirondelles, mais surtout ces charmants musiciens des champs, rossignols, fauvettes, traquets, rouge-gorge, rouge-queue, bergeronnettes, pipits, pouil-

lots, roitelets et le troglodyte, cet ami des chaumières, qui tous à l'envi nous rendent d'inappréciables services. Il en est cependant dont les déprédations compenseraient l'utilité dont peuvent être les espèces carnassières, si ces mêmes déprédateurs de nos récoltes et de nos vignobles n'étaient précisément, pour la plupart, ceux-là mêmes qui fournissent des aliments à nos tables. — On connaît aujourd'hui près de dix mille espèces d'Oiseaux qui ont été répartis, dans la méthode de Cuvier, en six ordres, dont les caractères sont fournis principalement par la conformation du bec et des pattes, laquelle est toujours en rapport avec le régime de ces animaux. Chacun de ces ordres comprend un certain nombre de familles, de genres, d'espèces et de variétés. Nous allons faire connaître cette classification, en renvoyant pour les caractères qui distinguent chacune de ces coupes principales aux articles spéciaux. Le premier ordre comprend les **Oiseaux de proie** ou **rapaces**, ayant quatre doigts, trois devant, un derrière; ongles forts et crochus (griffes, serres); bec crochu et robuste. Très voraces, carnivores, ces animaux vivent par couples sur les rochers, dans les forêts. Ils forment deux familles, les *diurnes* et les *nocturnes*. On trouve dans la première les vautours, les griffons, les faucons, les aigles, autours, éperviers, milans, etc. La seconde famille renferme les chouettes, chats-huants et ducs. — Le deuxième ordre, dit des **Passereaux**, a pour caractères : quatre doigts (un derrière, trois devant), dont les deux externes réunis en tout ou en partie; ongles et bec droits; tarses courts et grêles. Ils vivent par couples, se nourrissent de grains, de fruits, d'insectes. Cet ordre se partage en cinq familles : 1° les *Dentirostres*, comprenant les pies-grièches, les gobe-mouches, les merles et les grives, les loriots, les lyres, les becs-fins ou fauvettes, rossignols, roitelets, etc. ; 2° les *Fissirostres*, renfermant les hirondelles et les engoulevents; 3° les *Conirostres*, granivores, au bec conique, fort, sans échancrure, comprenant les alouettes, les mésanges, les bruants et ortolans, moineaux, pinsons, linottes, chardonnerets, gros-becs, bouvreuils, serins, les étourneaux et becs-croisés, les corbeaux, corneilles, pies, geais et les oiseaux de paradis; 4° les *Ténuirostres*, au bec grêle (*tenuis*), allongé, sans échancrure, ayant pour espèces les colibris ou oiseaux-mouches; 5° les *Syndactyles*, ayant le doigt interne à peu près aussi long que celui du milieu, tous deux soudés ensemble jusqu'à l'avant-dernière articulation : les martins-pêcheurs ou alcyons et les calaos forment cette famille. — Le troisième ordre est celui des **Grimpeurs**, dont les principaux genres sont les pics, les coucous, les toucans, les perroquets, dont on fait de nos jours un ordre à part. — Dans le quatrième ordre, celui des **Gallinacés**, on range les paons, les dindons, les pintades, les faisans, les coqs ou tétras, gélinotes, perdrix, cailles, pigeons ramiers et tourterelles, etc. — Le cinquième ordre, comprenant les **Échassiers** et **oiseaux de rivage**, caractérisés par la longueur de leurs jambes et de leur cou, se partage en cinq familles : 1° les *Brévipennes* (*brevis*, court, *penna*, plume), caractérisés par la brièveté de leurs ailes qui ne leur permet pas de voler (autruches, casoars) ; 2° les *Pressirostres*, au bec comprimé (*pressus*) et plus court que dans les autres échassiers (outardes, pluviers, vanneaux, huîtriers) ; 3° les *Cultrirostres*, ayant le bec en couteau (*culter*), long, tranchant, pointu (grues, hérons, cigognes) ; 4° les *Longirostres*, au bec long et grêle (bécasses, ibis, courlis) ; 5° les *Macrodactyles*, caractérisés par la longueur de leurs doigts (flamants, poules d'eau, etc.). — Le sixième ordre comprend les **Palmipèdes** ou *Oiseaux nageurs*, à pieds entièrement palmés, tarses courts, plumage épais ; ils habitent les mers, les fleuves, etc. ; se nourrissent de poissons, de vers, etc. On les divise en quatre familles : 1° les *Plongeurs*, à ailes très courtes, ne quittant pas la surface de l'eau (manchots, pingouins, etc.) ; 2° les *Longipennes*, à ailes très longues et qu'on trouve en pleine mer sous toutes les latitudes (pétrels ou oiseaux de tempête, mouettes, albatros) ; 3° les *Totipalmés*, ayant quatre doigts réunis par une seule membrane, les seuls des palmipèdes se perchant sur les arbres (pélicans, cormorans, fous, frégates) ; 4° les *Lamellirostres*, au bec large, épais, garni sur ses bords d'une rangée de lames en forme de dents, ayant les ailes de longueur médiocre, habitant généralement les eaux douces (canards, oies, cygnes, macreuses, eiders, etc.). — Des articles particuliers ont été consacrés à tous ces genres d'oiseaux. Nous ferons remarquer que la méthode de Cuvier, procédant des êtres les plus parfaits à ceux qui le sont moins, est en contradiction avec les faits qui nous sont révélés par la géologie et l'embryologie ; puisque ceux-ci nous apprennent que la nature a toujours procédé du simple au composé. Pour appliquer la démonstration à la classe des oiseaux, il nous suffira de citer les raisons qu'en donne Lasson. « Si l'on admet, dit-il, que la surface de la terre a été couverte d'eau, il faut admettre aussi que les palmipèdes ont été créés pour vivre dans un fluide qui seul renfermait alors leur pâture ; que par suite, les rapaces, fixés sur les sommets sourcilleux des hautes montagnes, vivant de proies ou de charognes rejetées par les flots, apparurent lorsque les terres se dégagèrent du sein des mers ; qu'enfin, les échassiers se disséminèrent sur les grèves au niveau de la ligne des eaux, et que c'est ainsi que l'on peut se rendre compte de l'identité de quelques espèces sur presque tous les rivages du globe. Enfin, lorsque la végétation fut établie, apparurent les Oiseaux omnivores, etc. ; les granivores ne purent naître que lorsque les plantes herbacées qui donnent les graines dont ils s'alimentent, ou les végétaux qui portent des fruits se furent développés. » Il en résulte que les Oiseaux qui ont dû apparaître les premiers sont les Oiseaux de mer ; les seconds, les Oiseaux de rivages ; les troisièmes, les Oiseaux de terre et coureurs ; les quatrièmes, les passereaux ; et les cinquièmes et derniers, les Oiseaux de proie.

Depuis Cuvier, quelques naturalistes, et principalement Isidore Geoffroy Saint-Hilaire, professeur au Muséum d'histoire naturelle de Paris, ont apporté des modifications à sa classification. Ce dernier se base principalement sur les caractères fournis par les organes de la vie de relation, tels que les membres et surtout l'aile. Il reconnaît dans le membre antérieur trois types bien distincts : dans le premier, celui des ALIPENNES, l'aile est parfaitement conformée pour le vol ; leur sternum présente sur sa face antérieure la carène saillante désignée sous le nom de *bréchet*. Cette première division comprend les oiseaux qui ont la faculté de voler : les *Rapaces*, les *Passereaux*, les *Gallinacés*, les *Échassiers*, les *Palmipèdes*. — Dans le second type, celui des RUDIPENNES, les membres antérieurs, réduits à une sorte de moignon ou d'aile rudimentaire, sont impropres au vol ; leur sternum a la forme d'un bouclier à surface antérieure entièrement plane et sans carène. Cette division comprend les *Coureurs* (autruche, casoar, aptéryx). — Le troisième type est caractérisé par les membres antérieurs impropres au vol et disposés en rames ou en nageoires ; le membre est aplati et les tiges des plumes qui les couvrent sont courtes, élargies en écailles. Is. Geoffroy leur donne le nom d'IMPENNES (manchot, gorfou). Voici le résumé de la classification adoptée généralement aujourd'hui :

		Ailes impropres au vol ; point de bréchet....................................			COUREURS.
		Doigts unis par une membrane..			PALMIPÈDES.
Ailes disposées pour le vol, un bréchet. *Oiseaux voiliers.*	Doigts libres.	Cou et tarses extrêmement longs....................................			ÉCHASSIERS.
		Cou et tarses de longueur ordinaire.	Trois doigts en avant.	Ongles aplatis.	Pattes fortes, ailes courtes peu propres au vol ; petits capables de marcher en naissant... GALLINACÉS.
					Pattes faibles, ailes grandes permettant un vol rapide ; petits incapables de marcher en naissant............... PIGEONS
				Ongles faibles, pointus ; bec de forme variable dépourvu de cire......................	PASSEREAUX.
				Ongles pointus et recourbés ; bec crochu à l'extrémité, revêtu à sa base d'une membrane nommée cire....................	RAPACES.
			Deux doigts en avant, et deux en arrière.	Bec de forme variable généralement droit.....	GRIMPEURS.
				Bec fort, crochu dès sa base.................	PERROQUETS.

OISEAUX FOSSILES. Les Oiseaux ont fait leur apparition sur le globe à une époque fort ancienne ; les premiers dont on ait retrouvé les traces datent de l'époque jurassique. Tels sont : l'**Hesperornis**, Oiseau nageur dépourvu d'ailes ; l'**Ichthyornis**, de la craie d'Amérique ; l'**Archœopterix**, de Solenhofen. Ces Oiseaux primitifs ne présentaient pas encore l'ensemble des caractères que possède aujourd'hui l'ordre des Oiseaux. Ceux que nous citons ci-dessus avaient des dents implantées dans les mâchoires et susceptibles d'être remplacées après leur chute. L'**Archæopteryx** avait une queue osseuse aussi longue que son corps, ses ailes étaient une sorte de patte terminée par trois doigts pourvus d'ongles. Son péroné était complet et ses métatarsiens n'étaient qu'incomplètement soudés. L'**Hesperornis**, grand comme un cygne, mais plus massif, était incapable de voler, ses ailes étant réduites à un seul osselet styliforme, et son sternum aplati en forme de bouclier ; mais il était puissamment organisé pour poursuivre à la nage et en plongeant les poissons qui devaient être sa nourriture, et qui ne pouvaient échapper à son bec robuste et garni de dents coniques à pointes dirigées en arrière. Ses membres inférieurs contrastaient par leur force avec l'atrophie des supérieurs ; la queue, composée de vertèbres dilatées latéralement, était longue et garnie de plumes. Ces vertèbres sont d'ailleurs biconcaves comme chez les reptiles. Les Ichthyornis et Apatornis, autres Oiseaux à dents, de la taille du pigeon et du corbeau, tenaient également des reptiles par les dents, le crâne, les vertèbres et la queue, mais leurs ailes étaient bien développées. La petitesse des hémisphères cérébraux et le développement relativement énorme des lobes optiques et du cervelet, dénotent d'ailleurs un cerveau tout à fait reptilien. En même temps que ces Oiseaux singuliers vivaient des espèces de Lézards (*Dinosauriens*) qui marchaient comme eux debout sur leurs pattes de derrière, dont quelques-uns perchaient sur les arbres et dont les os présentent avec ceux des Oiseaux, leurs contemporains, une telle ressemblance qu'on ne peut les en distinguer lorsqu'on les trouve isolés. Ces Oiseaux étaient donc alors très voisins des reptiles ; mais ils s'en éloignent à mesure qu'ils se rapprochent de l'époque actuelle. Le nombre des Oiseaux fossiles est d'ailleurs peu considérable et la plupart appartiennent aux périodes tertiaire et quaternaire. Le corps léger des Oiseaux ne se dépose pas aussi facilement que celui des autres animaux ; il doit flotter longtemps et court par conséquent plus de chances de destruction, outre la fragilité des os ; ce qui explique la rareté des ornitholithes dans les dépôts de sédiments. Un certain nombre d'espèces ne sont même connues que par la simple impression de leur pied. Souvent les dimensions de ces empreintes indiquent des oiseaux d'une taille colossale, tels que les *Ornitichnites* des grès bigarrés des États-Unis, et surtout le *Brontozoum giganteum* qui, d'après les traces qu'il a laissées, devait avoir une longueur de pied de 43 centimètres et des enjambées de 2^m,50 à 3 mètres. En France, on a rencontré un certain nombre d'Oiseaux fossiles dont quelques-uns n'appartiennent plus à notre faune ; tels sont : des perroquets, des couroucous, des salanganes, des marabous, des flamants, des ibis, et ce sont d'abord les espèces aquatiques qui dominent. Quelques espèces de grande taille, qui ont vécu dans les temps historiques : **Æpyornis**, **Palœornis**, **Dinornis**, **Palapterix**, **Dodo** (voir ces mots), se sont éteintes depuis.

Dans le langage vulgaire, on emploie le mot *Oiseau* accompagné d'une épithète pour désigner certaines espèces de familles et de genres différents. Ainsi l'on a appelé :

Oiseau-abeille, les Oiseaux-mouches ; — **Oiseau bleu**, la Poule sultane, le Merle bleu ; — **Oiseau-boucher**, la Pie-grièche ; — **Oiseau-bourdon**, les Oiseaux-mouches ; — **Oiseau des Canaries**, le Serin ; — **Oiseau-chat** (*cat-bird*), le Gobe-mouches de la Caroline ; — **Oiseau couronné**, la Grue couronnée ; — **Oiseau à deux becs**, le Calao à casque ; — **Oiseau de Junon**, le Paon ; — **Oiseau de Jupiter**, l'Aigle ; — **Oiseau-lyre**, le Ménure ; — **Oiseau de mauvais augure**, l'Effraie ; — **Oiseau-moine**, le Corbeau chauve ; — **Oiseau de la mort**, l'Effraie ; — **Oiseau-mouche**, division du genre *Colibri* ; — **Oiseau des neiges**, l'Ortolan des neiges et le Lagopède ; — **Oiseau de Numidie**, la Pintade ; — **Oiseau de paradis** (voir PARADIS) ; — **Oiseau pêcheur**, le Martin-pêcheur et le Balbuzard ; — **Oiseau à pierre**, le Hocco pauxi ; — **Oiseau de pluie**, le Pic vert ; — **Oiseau-rhinocéros**, un Calao ; — **Oiseau royal**, la Grue couronnée ; — **Oiseau Saint-Jean**, un Faucon ; — **Oiseau Saint-Martin**, le Buzard ; — **Oiseau sans ailes**, les Manchots et les Pingouins ; — **Oiseau des tempêtes**, le Pétrel ; — **Oiseau-trompette**, l'Agami ; — **Oiseau du tropique**, le Paille-en-Queue.

OISEAUX-MOUCHES et **COLIBRIS** (*Trochilidés*). Famille d'oiseaux de l'ordre des PASSEREAUX, section des *Ténuirostres*, qui comprend, outre les *Colibris* et les *Oiseaux-mouches*, quelques petits genres moins importants. Ces oiseaux sont caractérisés par un bec au moins aussi long que la tête, très grêle ; quatre doigts presque entièrement libres, des ailes longues, dont la première rémige est la plus développée. La nature a étalé dans la parure de ces oiseaux tout le luxe dont elle peut disposer ; l'or y est répandu avec profusion ; les reflets de leur plumage surpassent en éclat l'étincelle qui s'échappe du diamant ; chaque plume, chaque barbule est un prisme qui décompose les rayons lumineux du soleil et semble lui dérober son éclat. Les uns étincellent des feux du rubis, d'autres ont leur robe brodée de pourpre et d'or. L'émeraude, la topaze, l'améthyste, les couvrent de splendeurs et les font ressembler à des bijoux sortis des mains du lapidaire. Les Trochilidés sont les plus petits de tous les oiseaux, et ceux dont les formes sont le plus sveltes et le plus gracieuses. Les espèces de ce genre habitent les contrées les plus chaudes du nouveau continent, et se plaisent surtout dans les jardins, où ils voltigent de fleur en fleur pour sucer le miel de leur corolle par un mouvement rapide de leur langue effilée et fourchue. Cette habitude leur a fait donner par les Espagnols le nom de *picaflores*, et par les Anglo-Américains, celui de *honey sucker* (suce miel); ils mangent aussi des insectes. Peu défiants, ils se laissent approcher de très près; mais dès que l'on fait mine de les saisir, ils fuient avec la rapidité d'un trait. Leurs petits pieds grêles et délicats sont incapables de se livrer à la marche;

Oiseau-mouche rubis-topaze et son nid, de grandeur naturelle.

aussi les trouve-t-on rarement à terre. Leur voix est un petit cri aigu, mais ils n'ont pas de chant. Courageux, audacieux même, ils se livrent entre eux de grands combats; mais c'est surtout lorsqu'il s'agit de défendre leur couvée qu'éclate leur héroïsme: ils s'élancent avec la hardiesse du désespoir sur des espèces beaucoup plus fortes, et la victoire couronne souvent leurs efforts. Leur nid a la forme d'une capsule suspendue à une branche, à une feuille, à un brin de chaume. La ponte est de deux œufs blancs, dont souvent le volume n'est pas plus considérable que celui d'un pois. Ils font deux couvées par an, et montrent pour leurs petits une tendresse si grande, qu'ils s'attachent aux pas de ceux qui leur enlèvent leur progéniture, et s'établissent pour les nourrir dans le lieu où on les a déposés. Malheureusement ces petits bijoux de la nature ne peuvent être conservés vivants dans nos climats; jusqu'ici les soins les plus minutieux n'ont

servi qu'à en faire languir un petit nombre pendant quelques semaines. On en connaît plus de quatre cents espèces que l'on divise en Colibris proprement dits (*Trochilus*), qui ont le bec arqué comme chez l'espèce nommée **Colibri topaze**, à cause de la belle couleur jaune de sa gorge entourée de noir. Dans ce groupe rentrent le **Colibri grenat**, le **Haussecol vert**, le **Plastron bleu**, etc. (voir Colibri), et en Oiseaux-mouches (*Ornismyia*), qui ont le bec droit; à cette section appartiennent l'**Oiseau-mouche géant**, de la taille d'une hirondelle, le **Rubis** et le **Rubistopaze**. Ce dernier est le plus commun des Oiseaux-mouches; mais il n'en est pas le moins beau, et son plumage jouit d'un éclat sans pareil. Il a les couleurs et il jette le feu des deux pierres précieuses dont Buffon lui a donné le nom; nous le figurons ici avec son nid de grandeur naturelle. Il faut que ces petits êtres soient doués d'une fécondité prodigieuse, car c'est par milliers qu'on expédie chaque année leurs dépouilles en Europe. L'**Oiseau-mouche ensifère** a le bec aussi long que le corps. Les femelles diffèrent des mâles par une livrée plus terne. On prend les Oiseaux-mouches au moyen de filets à papillons, mais cette chasse demande une grande habileté, car leur vivacité est extrême, ou bien on les tue avec une sarbacane ou de la cendrée.

OISON. On donne ce nom au jeune de l'Oie.

OLEA. Nom scientifique latin du genre *Olivier*. (Voir ce mot.)

OLÉACÉES ou **OLÉINÉES.** Famille de plantes dicotylédones qui a pour type le genre *Olivier* (*Olea*). Elle est composée d'arbres et d'arbustes à feuilles opposées, dépourvues de stipules, à fleurs hermaphrodites disposées en grappes ou en panicules et offrant pour caractères: calice monosépale à quatre dents, corolle hypogyne à quatre ou deux pétales libres ou cohérents, deux étamines insérées sur la corolle, à anthères biloculaires; ovaire simple, à deux loges, à ovules pendants; fruit capsulaire, drupacé ou bacciforme. Cette famille se divise en deux tribus: 1° les Oléinées, chez lesquelles le fruit est drupacé ou bacciforme (genres: *Olivier, Troène*, etc.), et 2° les Fraxinées, qui ont le fruit capsulaire (genres: *Frêne, Lilas*, etc.). Quelques auteurs joignent à cette famille les *Jasminées*.

OLÉCRANE (du grec *ôlékranon*, la pointe du coude, de *ôléné*, coude, et *kranon*, tête). On donne ce nom à la grosse apophyse qui forme la partie postérieure de l'extrémité supérieure du cubitus, et forme la portion la plus saillante du coude.

OLÉINÉES. (Voir Oléacées.)

OLFACTIF (de *olfactus*, odorat). Qui a rapport à l'odorat: membrane olfactive, partie supérieure de la membrane pituitaire, qui correspond au cornet supérieur; nerfs olfactifs, filets nerveux qui, par les trous de la lame criblée, se distribuent à la muqueuse de la région olfactive.

OLFACTION. (Voir Odorat.)

OLIGISTE. (Voir Fer.)

OLIVE. Genre de mollusques Gastéropodes de

93

l'ordre des Pectinibranches, famille des *Dactilidés*, ainsi nommés de la forme de leur coquille qui rappelle celle du fruit de l'olivier. Ils sont voisins des Volutes (voir ce mot), dont ils se distinguent cependant par leur coquille subcylindrique, enroulée, lisse, à spire courte, dont les sutures sont

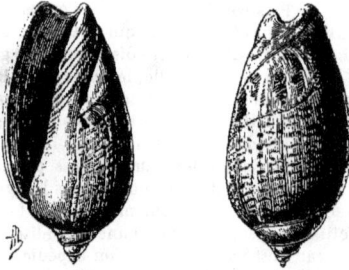

Olives du Brésil.

canaliculées, avec l'ouverture longitudinale, échancrée à sa base et la columelle obliquement striée. L'animal des Olives a le pied allongé, étroit, très épais, et relevé de chaque côté pour envelopper la coquille. La tête fort petite est munie de deux tentacules qui portent les yeux sur leur côté externe. Les Olives habitent les mers des pays chauds, où elles s'enfoncent dans le sable pour y chercher les petits mollusques et les vers dont elles se nourrissent. On tire parti de leur voracité pour s'en emparer au moyen d'une ligne amorcée avec de la chair crue. Ce sont de jolies coquilles fort recherchées des collectionneurs; l'une des plus remarquables est l'**Olive porphyrée** ou *Olive de Panama*, d'une belle couleur roussâtre, ornée de lignes nombreuses en zigzag, d'un brun foncé; elle a 12 centimètres de longueur.

OLIVE. Fruit de l'olivier. (Voir ce mot.)

OLIVIER (*Olea*). Genre de plantes type de la famille des *Oléacées*, renfermant des arbres ou des arbrisseaux à feuilles opposées, à fleurs petites, généralement disposées en grappes ou en panicules. Parmi les espèces de ce genre nous citerons surtout l'**Olivier d'Europe** (*Olea europæa*, L.). Ce précieux végétal se rencontre tantôt sous forme d'un buisson irrégulièrement rameux, tantôt sous celle d'un arbre dont l'aspect est assez semblable à celui du saule blanc; dans les pays où il croît spontanément, son tronc peut acquérir, avec l'âge, environ 2 mètres de circonférence; son écorce est rude et crevassée; les feuilles, en général lancéolées ou oblongues, sont coriaces, persistantes, luisantes et d'un vert plus ou moins grisâtre en dessus, couvertes en dessous d'un duvet soyeux; les fleurs, petites et blanches, naissent aux aisselles des feuilles, en panicules pyramidales ou en forme de grappes. Le calice est très petit, en forme de clochette à quatre dents; la corolle, également presque

en forme de cloche, est divisée en quatre lobes. Son tube porte deux étamines à peine saillantes. Le fruit (connu sous le nom d'*olive*) est un drupe ovoïde ou ovale, noirâtre et luisant à la maturité (rougeâtre, ou blanchâtre, ou verdâtre dans certaines variétés), à noyau solitaire, osseux, rugueux, plus ou moins allongé, et contenant une seule graine; la chair de ce fruit est pulpeuse, molle et verdâtre : c'est de cette pulpe même qu'on obtient, par expression, l'huile d'olive. L'Olivier croît spontanément dans l'Atlas, ainsi qu'en Arabie et en Perse. Il y a lieu de croire que la première introduction de cet important végétal en France est due à la colonie phocéenne qui fonda Marseille, environ six siècles avant notre ère. Quant à l'origine de la culture de l'Olivier en Orient, elle se perd dans les traditions fabuleuses de la plus haute antiquité, puisque, d'après la mythologie grecque, Minerve en avait doté la ville d'Athènes à sa naissance. L'Olivier se plaît dans les terrains chauds et pierreux; il s'accommode aussi d'un sol gras et fertile. Les froids rigoureux, de même que les gelées printanières tardives, lui sont fort nuisibles : aussi, sa

Olivier.

culture ne se fait-elle avec avantage qu'au sud du 45e degré de latitude; et encore ne réussit-elle, vers cette limite extrême, qu'à la faveur des expositions les plus abritées. En France, on le cultive dans les départements suivants : Ardèche, Drôme, Aude, Vaucluse, Basses-Alpes, Hérault, Gard, Pyrénées-Orientales, Bouches-du-Rhône, Alpes-Maritimes et Var. L'Olivier fleurit en mai et en juin ; les olives mûrissent en novembre ; mais elles persistent jusqu'au printemps suivant. L'huile obtenue des olives cueillies avant leur parfaite maturité est de première qualité ; mais les olives mûres en fournissent en quantité plus considérable. Dans beaucoup de localités, on a coutume de ne cueillir ce fruit qu'aux approches du printemps, ou même d'attendre qu'il soit tombé spontanément ; mais, en suivant cette coutume, on n'obtient que des huiles de mauvais goût, et l'on épuise les arbres. A l'exception de quelques variétés, les olives fraîches sont d'une âpreté extrême, qui ne permet pas de les manger sans autre préparation ; mais il n'est personne qui ignore l'emploi culinaire des olives confites. La croissance de l'Olivier est très lente, et il jouit d'une longévité remarquable ; sa durée ordinaire paraît être de cinq à six siècles. Son bois est jaunâtre, veiné, dur, susceptible d'un beau poli ; il n'est point sujet à se fendre ni à être attaqué par les insectes ; on l'emploie aux ouvrages de tour, de tabletterie et d'ébénisterie ; il est excellent comme combustible. L'Olivier se propage avec une rapidité prodigieuse, au moyen des rejetons de ses racines ; on connaît même peu d'arbres dont les racines soient douées d'une aussi forte vitalité ; le moindre tronçon, pourvu qu'on ait soin de le recouvrir de terre meuble et de le maintenir assez humide, ne tarde pas à reproduire de nouvelles racines et de nombreux rejetons. D'ailleurs, on le multiplie avec facilité, tant de boutures de ramules que de greffes sur sauvageons. Un Olivier élevé de graine ne devient productif qu'au bout de vingt-cinq à trente ans. En Afrique, en Orient et dans les régions les plus méridionales de l'Europe, la culture des Oliviers n'exige d'autres soins que ceux de la plantation et le choix des variétés ; mais dans les climats moins favorables, et notamment en France, on a coutume de labourer les plantations en automne ainsi qu'au printemps et de les fertiliser par des engrais.

OLIVIER DE BOHÊME. (Voir CHALEF.)

OLIVINE. (Voir PÉRIDOT.)

OLLAIRE (*Pierre*). On donne ce nom à une variété de roche talqueuse ou talcschiste de couleur grisâtre, formée de stéatite compacte et impure. Elle se laisse tourner facilement et s'emploie à la fabrication de marmites et autres vases allant au feu et propres à cuire les aliments, d'où son nom vulgaire de *pierre à pot*. On la trouve dans les Alpes et en Piémont.

OMBELLE (de *umbella*, parasol). Inflorescence dans laquelle les pédoncules égaux entre eux sont ramassés sur un même plan, et s'élèvent à la même hauteur en divergeant comme les rayons d'un parasol. Cette disposition des fleurs se remarque dans les ombellifères. (Voir ce mot.) On désigne sous le nom d'*ombelle simple* ou de *sertule*, l'ombelle dont chacun des rayons se termine par une seule fleur (primevère, butome) ; quand, au contraire, les axes secondaires ou rayons émettent chacun plusieurs axes

tertiaires uniflores (fenouil, persil, carotte), il s'ensuit une *ombelle composée*, formée d'un plus ou moins

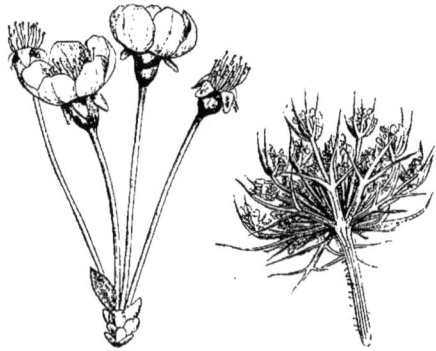

Ombelle simple (cerisier).   Ombelle composée (carotte).

grand nombre d'ombelles simples auxquelles on donne le nom d'*ombellules*.

OMBELLIFÈRES. Famille de végétaux dicotylédones, polypétales, à étamines épigynes, ainsi nommés de leur inflorescence, habituellement en ombelles ; plus rarement en capitules ou en panicules. Ce sont, le plus généralement, des herbes à tiges noueuses, souvent fistuleuses, à feuilles alternes, pétiolées, dépourvues de stipules, à limbe

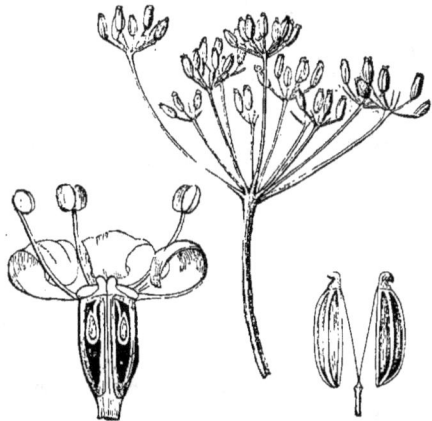

Ombelle ; fleur coupée verticalement et graine grossies (fenouil).

souvent très divisé ; à fleurs le plus ordinairement régulières, hermaphrodites, pentamères, à ovaire infère, à deux loges uniovulées. Fruit sec, muni de dix côtes qui se séparant à la maturité en deux moitiés ou *méricarpes*, suspendus au sommet d'un prolongement filiforme (*carpophore*). Un très grand nombre de plantes appartiennent à cette famille ; la plupart habitent l'hémisphère septentrional, et surtout les contrées tempérées. Quant à leurs propriétés, les Ombellifères offrent de très grandes disparates : les unes sont très vénéneuses (les ciguës, les œnanthes, etc.); tandis que d'autres, dépourvues de principes délétères, fournissent ou des racines comestibles et sucrées (la carotte et le panais), ou des herbes potagères (le persil, le cerfeuil, le fenouil, etc.), ou des graines aromatiques (la coriandre, l'aneth, le cumin, l'angélique, etc.), ou d'excellents fourrages. Plusieurs espèces contiennent des gommes-résines purgatives et stimulantes : l'*assa fœtida* et la *gomme ammoniaque* sont de ce nombre. Du reste, la racine et les parties herbacées de beaucoup d'espèces sont aussi très aromatiques. Toutes les Ombellifères qui croissent dans des localités marécageuses doivent être considérées comme suspectes ; toutefois, il se rencontre aussi des espèces dangereuses parmi celles qui se trouvent constamment dans les terrains secs. — D'après M. Baillon, on divise les Ombellifères en six tribus : 1° les **Daucées** (carotte, cumin, thapsia, etc.); 2° les **Échinoporées** (echinopora); 3° les **Peucédanées** (peucedanum, angélique, œnanthe, æthuse, fenouil); 4° les **Carées** (carum, ciguë, ache, buplèvre, coriandre, cerfeuil ; 5° les **Hydrocotylées** (hydrocotyle, eryngium); 6° les **Araliées** (aralia, panax, lierre).

OMBELLULE. (Voir Ombelle.)

OMBILIC (*Umbilicus*), vulgairement *nombril*. Ce mot désigne la cicatrice arrondie, plus ou moins déprimée, située vers le milieu de la ligne médiane de l'abdomen et qui remplace l'orifice par lequel passait le cordon ombilical. — On donne ce nom, en botanique, au point où la graine est attachée au placenta dans l'ovaire par le moyen du funicule ou cordon ombilical. Ombilic est ici synonyme de hile ou cicatricule.

OMBILICAL [Cordon]. Cordon ligamenteux qui s'étend du fœtus au placenta et sert à porter de la mère à l'enfant les matériaux de la nutrition. (Voir Placenta.)

OMBRE (*Thymallus*). Genre de poissons Téléostéens de l'ordre de Physostomes ou Malacoptères abdominaux, famille des *Salmonidés*. Les Ombres ont de très grands rapports avec les saumons parmi lesquels les rangeait Linné, mais leur bouche est plus petite et leurs dents plus fines. On ne connaît qu'une espèce de ce genre, l'Ombre commune (*Th. vulgaris*). Ce poisson, qui atteint 60 à 70 centimètres de longueur, a des formes allongées ; sa tête, arrondie, est brune parsemée de petits points noirs; son corps est bleuâtre avec le ventre blanc; les nageoires ventrale, anale et caudale sont rougeâtres, celle du dos est d'un beau violet. L'Ombre a les mœurs de la truite; il aime les eaux rapides, froides et pures. On le trouve communément en Prusse et en Silésie, mais surtout en Laponie. On le prend dans le Rhin et en Auvergne. Au printemps, les Ombres passent des lacs dans les cours d'eau des montagnes pour y déposer leur frai. La chair de ce poisson, blanche, douce et d'un goût exquis, en fait un mets très estimé. Son nom générique *Thymallus* vient de l'odeur de thym qu'il répand au moment où on le sort de l'eau.

OMBRE-CHEVALIER. Nom vulgaire d'une espèce de saumon, le *Salmo salvelinus*, qui vit constamment dans les eaux douces. (Voir Saumon.)

OMBRELLE (*Umbrella*). Genre de mollusques Gastéropodes de la famille des *Pleurobranches*. C'est un mollusque au corps épais, ovalaire, ayant un peu l'aspect des patelles; son pied est très ample, plat en dessous et débordant de toutes parts. La tête porte quatre tentacules, dont les deux supérieurs plus épais. Les branchies, foliacées, sont disposées entre le pied et le rebord du manteau, le long du côté droit. La coquille est petite, orbiculaire, très peu convexe en dessus; elle est blanche avec une petite pointe au sommet. L'Ombrelle de l'Inde (*U. indica*), connue sous le nom de *parasol chinois*, est large de plus d'un décimètre; elle est assez commune à l'île Maurice. On en connaît une espèce plus petite de la Méditerranée.

OMBRELLE. On donne ce nom au globe transparent, d'apparence gélatineuse, qui recouvre comme une cloche les organes des Méduses. (Voir ce mot.)

OMBRETTE (*Scopus*). Genre d'oiseaux de l'ordre des Échassiers, famille des *Ardéidés*, groupe des Ciconiens, voisin des Cigognes, dont il diffère par son bec comprimé, parcouru par un long sillon dans lequel sont percées les narines. On n'en connaît qu'une espèce, l'**Ombrette du Sénégal** (*S. umbretta*), à plumage brun irisé de reflets violets. Le mâle a l'occiput garni d'une huppe.

OMBRINE (*Umbrina*). Genre de poissons Acanthoptères de la famille des *Sciénidés*. Les Ombrines se distinguent des Sciènes par un barbillon sous la mâchoire inférieure. L'**Ombrine commune** (*U. vulgaris*) est un poisson de taille moyenne, assez abondant dans la Méditerranée et le golfe de Gascogne où l'on en pêche parfois des individus du poids de 15 livres. Sa chair est ferme et de très bon goût. L'Ombrine est rayée obliquement de couleur d'acier sur un fond doré; le dessus de la tête est moucheté de noir; les nageoires sont brunes, excepté la première dorsale, qui est d'un gris bleuâtre.

OMNIVORES (de *omnia*, toutes choses, et *vorare*, dévorer). Ce sont les animaux qui, ainsi que l'homme, font usage de toutes sortes d'aliments, végétaux ou animaux.

OMOPLATE. Os large et aplati, de forme triangulaire, placé à la partie postérieure de l'épaule dont il forme le sommet. (Voir Squelette.)

OMPHALIER, *Omphalea* (du grec *omphalos*, nombril). Genre de plantes de la famille des Euphorbiacées composé d'arbrisseaux sarmenteux, à feuilles alternes munies de stipules, à fleurs monoïques, en panicule, à fleur femelle terminale accompagnée à la base de plusieurs fleurs mâles. Les Omphaliers sont propres aux contrées tropicales de l'Amérique. Aux Antilles, on emploie les feuilles des **Omphalea triandra et diandra** dans le traitement des ulcères.

Ces espèces portent le nom vulgaire de *noisetier de Saint-Domingue*, à cause de leur fruit comestible.

ONAGGA. Synonyme de Dauw. (Voir CHEVAL.)

ONAGRARIÉES. Famille de plantes dicotylédones, polypétales, périgynes, qui a pour type le genre *Œnothera* (vulgairement *onagre*). Ce sont des plantes herbacées ou des arbrisseaux à feuilles simples, à fleurs hermaphrodites, régulières, solitaires ou en grappes ; calice tubuleux à limbe de quatre segments ; pétales en même nombre que les divisions du calice, insérés sur la gorge de ce dernier ; étamines en nombre égal ou double de celui des pétales ; ovaire infère à quatre loges, à ovules nombreux ; fruit ordinairement capsulaire, plus rarement charnu à graines nombreuses. Cette famille renferme les *Œnothera* (onagre), *Epilobium*, *Fuchsia*, *Circœa*, etc. Quelques auteurs y rattachent les *Trapées*, les *Haloragées* et les *Hippuridées*, comme simples tribus.

ONAGRE, *Œnothera* (du grec *onagros*, âne sauvage, parce que ses feuilles ressemblent aux oreilles de cet animal). Genre de plantes qui donne son nom à la famille des Onagrariées. Ce sont des plantes her-

Onagre (*Œnothera biennis*).

bacées à feuilles alternes et à fleurs axillaires. Celles-ci ont un calice à tube très prolongé et à quatre lobes réfléchis, une corolle à quatre pétales, huit étamines ; le fruit est une capsule à quatre loges, renfermant de nombreuses graines. La plupart des espèces sont originaires des régions chaudes ou tempérées de l'Amérique. La seule qui croisse aux environs de Paris est l'**Onagre bisannuelle** (*Œn. biennis*), vulgairement *herbe aux ânes*, qui ne s'élève guère à plus d'un mètre. Ses feuilles sont lancéolées, pubescentes ; ses fleurs grandes, jaunes, solitaires à l'aisselle des feuilles, répandent une odeur

agréable. Dans certains pays on mange ses jeunes pousses et même ses racines comme les salsifis. On cultive dans les jardins, comme plante d'ornement, l'**Onagre odorante** de l'Amérique du Nord, à grandes fleurs jaunes, se succédant pendant tout l'été et une partie de l'automne.

ONAGRE. (Voir CHEVAL.)

ONCE (*Felis uncia*), qu'il ne faut pas confondre avec le *Felis onça*, autrement dit *jaguar* (voir ce mot). Espèce de panthère propre aux régions septentrionales de l'Asie. (Voir PANTHÈRE.)

ONCIDIUM. Genre de plantes de la famille des *Orchidées*. Ce sont des herbes parasites propres à l'Amérique tropicale, à feuilles coriaces, planes ou cylindriques, à fleurs grandes, le plus souvent disposées en panicule. On en cultive plusieurs dans les serres, notamment l'**Oncidium papilio**, dont les grandes fleurs jaunes tachetées de rouge ressemblent à de gracieux papillons.

ONDATRA. Mammifère rongeur très voisin des Campagnols, dont il diffère par ses pieds de derrière qui sont palmés, et par sa queue longue, comprimée verticalement et écailleuse. L'Ondatra est de la taille d'un petit lapin, mais ses jambes sont plus courtes ; ses doigts armés d'ongles robustes sont palmés aux pieds de derrière, et sont bordés de poils raides et entrecroisés. La queue est aussi longue que le corps, comprimée verticalement et couverte de larges écailles. Le poil de l'Ondatra est de deux sortes : l'un soyeux et long, de couleur brune, l'autre court et serré, plus fin, et de couleur grise. Un appareil glandulaire particulier, placé près des organes génitaux, laisse exsuder un liquide d'une odeur musquée très pénétrante. Linné plaçait l'Ondatra dans le genre *Castor*, sous le nom de **Castor zibeticus**, et ce petit mammifère offre en effet plus d'un point de ressemblance avec ces intéressants animaux ; outre sa queue aplatie et écailleuse qui établit une certaine analogie entre ces animaux, l'Ondatra a des habitudes semblables, et il appartient à la même patrie, l'Amérique du Nord. Les sauvages des grands lacs le nomment le frère cadet du castor. On le range parmi les Arvicolidés ou campagnols. L'Ondatra est éminemment sociable ; comme le castor, il sait se construire des huttes où il trouve un abri pendant l'hiver, qu'il passe dans l'engourdissement. Lorsqu'une colonie d'Ondatras veut construire son village, elle choisit un lac ou une eau dormante, ce qui les dispense de construire ces digues, souvent gigantesques, qu'élèvent les castors. Seulement pour éviter les inconvénients qui pourraient résulter de la crue ou de la diminution des eaux, ils ont soin de diviser leurs huttes en plusieurs étages, dont le plus élevé est toujours situé au-dessus des plus hautes eaux. La forme extérieure de ces habitations est celle d'un dôme, et la construction est formée de joncs habilement tressés, recouverts de terre glaise battue avec soin ; les murs de cette hutte ont environ 1 pied d'épaisseur, et son diamètre intérieur est d'environ 2 pieds ; elle communique toujours, par des galeries souterraines, avec le fond de l'eau. Ces huttes, dont chacune contient une famille de six à huit individus, sont parfois réunies en nombre tellement considérable qu'elles forment de véritables villages. Au printemps, les

Ondatra.

Ondatras se dispersent par couples et gagnent les hautes terres; mais aussitôt que les femelles sont prêtes à mettre bas, ils retournent à leurs retraites; celles-ci portent cinq ou six petits. Les Indiens chassent l'Ondatra pour sa peau; mais cette fourrure est peu estimée à cause de la forte odeur qu'elle conserve toujours.

ONGLES (*Ungues*). On comprend sous ce nom, non seulement les Ongles plats de l'homme, mais encore les griffes des carnassiers, les sabots des pachydermes et des ruminants, les Ongles crochus ou serres des oiseaux de proie, les Ongles généralement rudimentaires des reptiles. Ce sont des prolongements cornés qui arment et protègent l'extrémité des doigts chez les animaux des classes supérieures. Sa substance est analogue à la couche cornée de l'épiderme. Chez l'homme, les Ongles affectent la forme d'une lamelle arrondie et occupent la face dorsale de la dernière phalange des doigts et des orteils. On distingue à l'Ongle trois parties : 1° une partie libre plus ou moins proéminente en avant, et séparée de la partie correspondante de la pulpe du doigt par un sillon; 2° un *corps* étendu depuis ce sillon jusqu'au repli cutané placé à la base de l'Ongle et qui forme la *gouttière unguéale*; 3° une *racine* qui occupe la partie moyenne de la gouttière unguéale ou *matrice de l'ongle*. Ce n'est qu'au sixième mois que l'Ongle est formé chez le fœtus. L'Ongle se forme dans la matrice et glisse en avant; il se renouvelle complètement en cinq mois environ chez l'adulte; plus rapidement chez l'enfant. Nous donnerons, dans les articles consacrés aux diverses classes d'animaux, les particularités concernant cet organe.

ONGLET (diminutif d'*ongle*). On nomme ainsi la base plus ou moins rétrécie du pétale qui supporte la partie élargie ou limbe. (Voir FLEUR.)

ONGUICULÉS. On donne ce nom aux mammifères chez lesquels la dernière phalange digitale est munie d'un ongle.

ONGULÉS. Mammifères qui ont la dernière phalange des doigts entourée d'un sabot.

ONISCIDÉS (de *oniscus*, cloporte). (Voir CLOPORTE.)

ONISCUS (de *oniskos*, nom grec du cloporte). Genre de CRUSTACÉS ISOPODES, type de la famille des *Oniscidés*, dont les représentants sont bien connus sous le nom de *cloportes*. (Voir ce mot.)

ONITIS (du grec *onis*, fumier d'âne). (Voir COPROPHAGES.)

ONOBRYCHIS. (Voir SAINFOIN.)

ONONIS (du grec *onos*, âne). Genre de plantes de la famille des *Légumineuses papilionacées*. Les Ononis sont des plantes sous-ligneuses à feuilles ternées et stipules engaînantes; à calice persistant, en cloche, à cinq divisions linéaires; à carène rétrécie en bec, à étendard large, strié, étalé; les étamines sont toutes soudées, la gousse sessile, renflée. Le type du genre, l'**Ononide épineuse** (*Ononis spinosa*) ou *bugrane des champs*, est une plante à racine profonde et verticale, à tiges dressées, velues et armées d'épines nombreuses, portant des feuilles fasciculées, à folioles petites, cunéiformes, denticulées; des fleurs rouges axillaires, solitaires, sur un pédicelle très court; le fruit est une gousse velue à trois graines. Elle fleurit l'été dans les champs arides. — L'**Ononide rampante** (*O. repens*), vulgairement *bugrane rampante*, *arrête-bœuf*, est une plante velue, à tiges couchées, radicantes à la base, de 4 à 6 décimètres, à rameaux épineux ascendants, à folioles ovales, velues, visqueuses, à stipules larges, ovales, dentées, à fleurs roses ou blanches, axillaires, solitaires; à gousse pubescente à deux graines, et plus courte que le calice. Elle fleurit l'été dans les lieux stériles et sablonneux, les champs. On en connaît de nombreuses espèces, surtout dans le Midi.

ONOPORDE, *Onopordum* (du grec *onos*, âne, et *perdein*, péter). Genre de plantes de la famille des *Composées tubuliflores*, tribu des *Carduacées*. Le genre Onopordon a pour caractères : involucre à folioles imbriquées, entières, atténuées en épine, réceptacle charnu, à alvéoles profondes, denticulées; fruit comprimé, tétragone, sillonné en travers, poils de l'aigrette ciliés. Le type du genre, l'**Onoporde acanthe** (*O. acanthium*), vulgairement *pet d'âne*, *chardon aux ânes*, a une tige droite, robuste, cotonneuse, de 8 à 12 décimètres; à feuilles décurrentes, larges, ovales, sinuées, dentées, épineuses, cotonneuses en dessous; l'involucre presque globuleux, gros, cotonneux, à écailles terminées en épine raide. Ses fleurs purpurines s'épanouissent de juillet à octobre, dans les lieux incultes, au bord des chemins. — On extrait de ses graines une huile bonne pour l'éclairage.

ONTHOPHAGE (du grec *onthos*, fiente, et *phagos*, mangeur). Genre d'insectes COLÉOPTÈRES de la famille des *Lamellicornes* ou *Scarabéidés*, section des *Coprophages*. Les Onthophages ont le corps très court, peu convexe, les yeux incomplètement divisés et l'écusson indistinct; leurs antennes ont neuf articles; la tête est presque toujours armée de cornes chez les mâles; le corselet est aussi grand que les élytres, qui sont très courtes et ne cachent guère le pygidium. Ces insectes vivent généralement dans les fientes des herbivores. On en connaît un très grand nombre d'espèces; les plus répandues en France sont : l'Onthophagus fracticornis, long de 6 à 10 millimètres, bronzé sur la tête et le corselet, élytres d'un jaune roux, tachetées de noir; sur la tête une petite lame surmontée d'une corne grêle; l'Onthophagus cœnobita, long de 7 à 9 millimètres, tête et corselet cuivreux, élytres d'un jaunâtre assez clair, tachetées de noir; tête munie d'une corne semblable, corselet impressionné en avant; l'Onthophagus vacca, long de 7 à 12 millimètres, bronzé, avec l'épistome noir, élytres jaunâtres, tachetées de noir verdâtre; tête munie d'une corne semblable chez les mâles, et de deux carènes, dont une souvent biscornue, chez les femelles; l'Onthophagus taurus, long de 7 à 12 millimètres, tout noir, tête des mâles portant deux cornes grêles, longues, arquées en dessus, très variables du reste et réduites parfois à deux dents presque droites; l'Onthophagus nutans, long de 7 à 10 millimètres, également tout noir, mais à tête portant une lame surmontée d'une corne grêle; l'Onthophagus furcatus, long de 4 à 5 millimètres, d'un brun noir médiocrement brillant, avec l'extrémité des élytres fauve; tête des mâles ayant trois cornes droites, grêles; l'intermédiaire courte. — D'autres espèces ne présentent de cornes dans aucun sexe; tel est l'Onthophagus Schreberi, long de 5 à 7 millimètres, presque rond, d'un noir brillant avec deux grandes taches rouges sur chaque élytre; le bord antérieur présente quatre tubercules plus ou moins marqués.

ONYX. (Voir AGATE.)

OOLITHIQUE. (Voir JURASSIQUE.)

OPALE. Substance minérale composée de silice et d'eau, remarquable par ses reflets brillants et irisés, qui la font fréquemment employer dans la bijouterie. Elle se compose d'environ 92 pour 100 de silice, de 7 à 8 d'eau et d'un peu de peroxyde de fer. Ses principales variétés sont : l'Opale incolore, qui est tantôt diaphane et tantôt translucide ou opaque; l'Opale chatoyante (girasol), qui est d'une transparence laiteuse et présente souvent de beaux reflets chatoyants; l'Opale de feu, qui est diaphane et d'une teinte claire; enfin, l'Opale irisée, appelée aussi Opale noble, Opale arlequine, œil du monde, qui présente un fond d'un blanc bleuâtre d'où jaillissent des reflets irisés et d'un jaune d'or. On connaît aussi l'Opale hydrophane, qui happe à la langue et perd en se séchant ses couleurs irisées, qu'elle reprend lorsqu'on la tient plongée quelque temps dans l'eau. Cette variété se trouve communément au Mexique. L'Opale proprement dite se présente en veines dans les roches trachytiques de la Hongrie, au Mexique, dans les environs de Zimapan. Son principal gisement est dans les porphyres compacts.

OPERCULE (de *operculum*, couvercle). On donne ce nom à une petite pièce cornée, sécrétée par le pied de certains mollusques gastéropodes à coquille turbinée et qui sert à en fermer l'ouverture quand l'animal s'y est retiré. (Voir MOLLUSQUES.)

OPHIDIENS (du grec *ophis*, serpent). Les Ophidiens ou Serpents se reconnaissent à leur corps écailleux, cylindrique, très allongé, privé de membres, se mouvant soit dans l'eau, soit sur la terre, par une simple reptation. Cette reptation consiste dans une impulsion du corps, dans des mouvements ondulatoires que facilite l'extrême mobilité de leur colonne vertébrale, composée d'un nombre considérable de vertèbres et munie de muscles puissants. Quand les serpents se reposent sur la terre, ils forment avec leur corps plusieurs ronds surmontés par la tête. C'est par le déploiement subit de ces ronds que, quoique privés de pieds, ils réussissent à sauter et à s'élancer, comme un ressort qui se détend. Les espèces qui, comme la couleuvre à collier, se soutiennent dans l'eau, nagent à la surface de ce fluide, par des ondulations verticales en respirant au dehors. Les muscles des Ophidiens sont doués d'une force de contractilité vraiment prodigieuse; aussi l'un de leurs plus puissants moyens d'attaque consiste-t-il à enlacer leur proie et à l'étouffer dans leurs replis. Le nombre de leurs vertèbres est toujours considérable et dépasse même trois cents dans quelques espèces. De ces vertèbres, les unes, et c'est le plus grand nombre, portent des côtes, tandis que les autres, qui appartiennent à la queue, en sont dépourvues. Ces reptiles ne se nourrissent que d'animaux vivants, qu'ils étouffent ou tuent de leur venin avant de les engloutir. — Leur langue est en général très extensible et bifide; c'est cette langue que le vulgaire appelle *dard* et qu'il regarde comme lançant le venin. Tous les serpents ont les os maxillaires et les palatins garnis de dents; mais ces dents, pointues et recourbées en arrière, ne leur servent jamais à mâcher, et ne sont propres qu'à retenir la proie. Chez certains serpents (vipères), quelques-unes de ces dents offrent un canal communiquant avec une glande à venin, dont le produit est porté par la morsure jusqu'au fond de la plaie. Les serpents changent périodiquement de peau ou plutôt d'épiderme, comme les sauriens. Leurs yeux manquent de paupières, ce qui donne à leurs regards cette fixité effrayante qui a fourni matière à tant de fables sur la fascination qu'ils exercent sur la proie dont ils veulent se rendre maîtres. Leur circulation double, mais incomplète, s'opère toujours lentement; leur sang est froid. Les Ophidiens n'ont qu'un seul poumon développé, l'autre étant réduit, dans la plupart des espèces, à un simple vestige. La trachée-artère ne se partage pas en branches, mais se termine sans se diviser dans le poumon. Le larynx est très simple, et la voix se réduit à un sifflement en général assez faible. La faculté dont jouissent ces reptiles d'avaler des animaux entiers de beaucoup supérieurs au volume de leur corps, vient de la grande extensibilité de leur canal digestif, et du mode d'articulation de leurs mâchoires, dont les ligaments lâches et élastiques permettent à la bouche, profondément fendue, de s'écarter prodigieusement. Ces énormes proies se trouvent souvent atteintes par la putréfaction avant d'être complètement digérées. Pendant tout le temps que dure cette laborieuse digestion, l'animal, plongé dans la torpeur et pouvant à peine se remuer, est

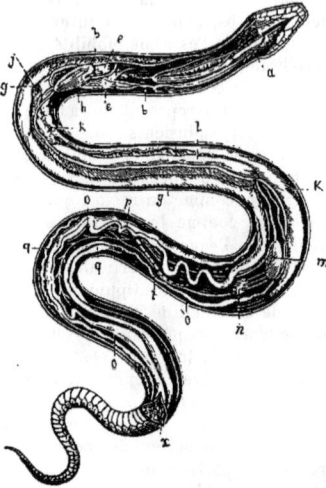

Anatomie de la couleuvre.

a, trachée-artère; *b b*, veines caves; *e e*, oreillettes; *h*, cœur; *g*, estomac; *j*, poumon gauche rudimentaire; *k*, poumon droit très développé; *l*, foie; *m*, vésicule biliaire; *n*, glande pancréatique; *o o*, intestins; *o*, duodénum; *p*, oviducte; *q*, reins; *t*, œufs en chapelet; *x*, cloaque.

incapable d'opposer la moindre résistance aux ennemis qui viendraient le surprendre. Les serpents passent toute la mauvaise saison dans un engourdissement léthargique, cachés dans quelque retraite obscure, les uns isolés, les autres réunis en plus ou moins grand nombre. C'est à la fin de cette hibernation qu'ils changent de peau. Les femelles pondent généralement des œufs; ces œufs, agglutinés en séries moniliformes (en forme de collier) par une matière muqueuse, sont revêtus chacun d'une membrane molle, encroûtée. Ils éclosent parfois dans l'intérieur du corps, comme chez les vipères, qui doivent même leur nom à cette particularité. Les femelles prennent souvent soin de leurs petits dans le premier âge. L'aspect extraordinaire de ces animaux, joint aux armes terribles dont ils sont souvent pourvus, a toujours excité chez l'homme un étonnement mêlé de crainte. Aussi, voit-on le serpent figurer dans les monuments de tous les anciens peuples comme un principe malfaisant. Il se retrouve dans la mythologie des Grecs et dans la Genèse. C'est dans les contrées méridionales que les

Ophidiens sont presque exclusivement répandus. On n'en trouve point dans la zone glaciale, et les rares espèces de nos régions tempérées sont de petite taille. Sous l'influence du ciel des tropiques, au contraire, ils acquièrent un volume énorme et sont des plus redoutables.—Le professeur Duméril partage les Ophidiens en cinq groupes d'après les caractères tirés des dents. Ce sont : 1° les **Opotérodontes**, ayant des dents seulement à l'une ou à l'autre mâchoire; un seul genre en Europe, *Typhlops* ; — 2° les **Aglyphodontes**, ayant des dents aux deux mâchoires toutes semblables, rondes et pleines, comprenant les familles des *Colubridés* et des *Pythonidés;* — 3° les **Opistoglyphes** ou **Colubriformes**, à crochets venimeux cannelés, situés en arrière; — 4° les **Protéroglyphes**, à crochets venimeux cannelés situés en avant, comprenant les *Élapsidés* et les *Hydrophidés;* — 5° les **Solénoglyphes**, à crochets venimeux tubulaires, renfermant les *Vipéridés* et les *Crotalidés*.

OPHIOGLOSSE (de *ophis*, serpent, et *glóssa*, langue). Genre de fougères dont l'espèce type, l'**Ophioglosse commune** (*Ophioglossum vulgatum*), nommée vulgairement *langue de serpent*, à cause de la forme de ses feuilles, croît assez communément dans les prairies tourbeuses et les marécages de toute l'Europe moyenne et septentrionale. Son rhizome est horizontal, grêle; sa feuille haute de 12 à 15 centimètres. Les anciens employaient la cendre du rhizome brûlé, mêlangée avec du saindoux, pour arrêter la chute des cheveux. Sa racine fibreuse et ses feuilles ont été aussi employées comme vulnéraires et résolutives, mais toutes ces propriétés sont aujourd'hui révoquées en doute.

Ophioglosse
(*Ophioglossum vulgatum*).

OPHION. Genre d'insectes HYMÉNOPTÈRES, section des TÉRÉBRANTS, famille des *Ichneumonidés*. Les Ophions ont les antennes filiformes extrêmement grêles, les mandibules bidentées, les palpes labiaux de quatre articles. Ils se reconnaissent en outre à leur abdomen pédonculé, plus ou moins comprimé et en faucille. Leur tarière est courte, mais saillante. On en connaît un grand nombre d'espèces; le type du genre est l'**Ophion jaune** (*Ophion luteus*), commun dans presque toute l'Europe. Cet insecte vit aux dépens des chenilles du genre DICRANURA; comme les autres Ophions, il pond ses œufs en dehors des chenilles, attachés à leur peau par un pédicule contourné. Les larves qui sortent de l'œuf enfoncent leur tête sous la peau de la chenille et la rongent ainsi. Il n'y a jamais plus d'un ou de deux de ces grands parasites par chenille. Leurs mœurs sont d'ailleurs assez semblables à celles des *Ichneumons*. (Voir ce mot.)

OPHIORRHIZA (de *ophis*, serpent, et *rhiza*, racine). Genre de plantes dicotylédones de la famille des *Rubiacées*. Ce sont des plantes herbacées ou sous-frutescentes propres aux régions chaudes de l'Asie. La plus importante du genre, l'Orphiorrhiza mungos ou *herbe aux serpents*, passe dans l'Inde pour être un remède infaillible contre la morsure des serpents les plus venimeux. C'est la racine qu'on emploie.

OPHISURE (de *ophis*, serpent, *oura*, queue). (Voir Anguille.)

OPHITE (de *ophis*, serpent). (Voir Serpentine.) Cordier nommait ainsi le *Porphyre vert antique* des Italiens. — On donne également ce nom à des roches pyroxéniques (*Ophite des Pyrénées*) que l'on rapporte à l'époque triasique.

OPHIURES (de *ophis*, serpent, et *oura*, queue). Ordre d'animaux radiaires de l'embranchement des Echinodermes, de la classe des Stellérides. Les Ophiures (*Ophiuridæ*), dont on faisait autrefois une division de l'ordre des Astéries ou Étoiles de mer, diffèrent de ces dernières par plusieurs caractères importants : leurs bras ou rayons, au lieu d'être épais, peu mobiles et soudés entre eux à la base, comme dans les Astéries, sont cylindriques et mobiles comme des serpents, et articulés au disque central dont ils se détachent facilement. Leur estomac ne se prolonge jamais dans les bras, et ne s'ouvre au dehors que par un seul orifice, la bouche, qui est toujours en dessous ; l'anus fait défaut. Leurs tubes ambulacraires font saillie, non sur la face ventrale des bras, comme dans les Astéries, mais de chaque côté des rayons. Les bras, chez les Ophiures, sont généralement au nombre de cinq, jamais au delà de sept ; ils perdent fréquemment leur aspect vermiforme et peuvent se recourber en vrilles, comme chez les *Trichaster*, ou se ramifier à l'infini, comme chez les *Astrophyton* (Euryale). (Voir ces mots.) — L'Ophiura lacertosa est commune sur nos côtes ; ses rayons ressemblent à des queues de lézard.

OPHRYS, *Ophrys* (du grec *ophrus*, sourcil, allusion à la forme arquée des sépales qui sont souvent couverts de poils). Genre de plantes de la famille des *Orchidées*. (Voir ce mot.) Ce sont des plantes herbacées, tuberculeuses, qui ressemblent pour le port aux *Orchis*, mais en diffèrent par leur labelle dépourvu d'éperon et leur ovaire non tordu. Les fleurs des Ophrys affectent les formes les plus singulières. La plupart d'entre elles offrent une grande ressemblance avec certains insectes : tantôt c'est une araignée que l'on croit voir posée sur le labelle, tantôt c'est une abeille ou un taon, et l'illusion est telle que l'on redoute d'en approcher la main. Les Ophrys sont des plantes herbacées, à racines formées de tubercules arrondis, au nombre de deux. La tige est simple, cylindrique, garnie

de feuilles entières, engainantes, d'un beau vert ; les fleurs sont disposées en épi terminal. Ces plantes se plaisent autour du bassin de la Méditerranée ; on en rencontre plusieurs espèces remarquables dans les prés humides et les bois couverts de la France. — L'une des plus répandues est l'Ophrys-mouche (*O. myodes*). Sa tige, haute de 30 à 35 centimètres, garnie dans sa partie inférieure de quelques feuilles ovales lancéolées, porte un épi lâche de fleurs qui s'épanouissent au printemps. Chaque fleur est formée d'un labelle en forme de mouche,

Ophrys-abeille.

d'un pourpre noirâtre, qui semble reposer sur les divisions calicinales. Cette espèce, assez répandue dans les bois des environs de Paris, vient bien dans les plates-bandes ou sur les pelouses des jardins, si l'on a soin de l'enlever avec sa motte et de n'y plus toucher. — L'Ophrys-abeille (*O. apifera*), plus rare, se trouve également dans les bois des environs de Paris ; le labelle de ses fleurs, d'un pourpre ferrugineux rayé de jaune, représente assez fidèlement une abeille. — L'Ophrys-araignée (*O. aranifera*) fleurit pendant tout l'été ; sa tige porte de quatre à six fleurs rapprochées et garnies de longues bractées ; leur ressemblance avec une araignée est frappante, et l'on y voit même les yeux représentés par de petits corps ronds d'un vert très clair. Toutes ces plantes sont d'une culture difficile, et rarement on les conserve.

OPISTOBRANCHES. (Voir Gastéropodes.)

OPISTHOGLYPHES (de *opisthos*, en arrière, et *gluphé*, sillon). Groupe de l'ordre des Ophidiens ou serpents comprenant ceux qui ont des crochets venimeux cannelés situés en arrière ; ce sont les Colubriformes. (Voir ce mot.)

OPONTIE. (Voir Opuntia.)

OPIUM. (Voir Pavot.)

OPOPONAX. Genre de plantes de la famille des

94

Ombellifères, tribu des *Peucédanées*, qui donne, par des incisions faites au collet de la racine, une gomme-résine de couleur jaunâtre. Cette substance à laquelle on attribuait autrefois des vertus thérapeutiques universelles, n'est plus employée aujourd'hui que dans la parfumerie. L'Opoponax nous vient de Syrie.

OPOSSUM. (Voir SARIGUE.)

OPOTÉRODONTES (du grec *opotéros*, l'un ou l'autre, et *odous*, dent). Section de l'ordre des OPHIDIENS ou serpents comprenant ceux qui n'ont de dents qu'à l'une ou à l'autre des deux mâchoires. Ce groupe ne renferme que le genre *Typhlops*. (Voir ce mot.)

OPULUS. (Voir VIORNE.)

OPUNTIA (de *Opuntus*, ville de Phocide). Genre de plantes dicotylédones de la famille des *Cactées* ou

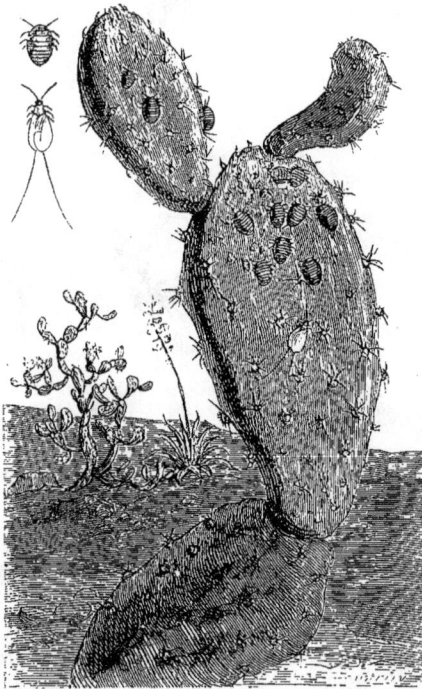

Opuntia cochenillifera portant des cochenilles.

Cactacées, à tiges charnues, rameuses, articulées, plus ou moins aplaties, portant des faisceaux d'aiguillons et de soies; les fleurs, sortant de ces faisceaux, ont un périanthe tubuleux, à divisions pétaloïdes, des étamines en nombre indéfini : le fruit charnu est en forme de figue. — L'Opuntia commune (*O. vulgaris*), plus connue sous les noms vulgaires de *raquette* et de *nopal*, est originaire d'Amérique, mais naturalisée aujourd'hui dans toute la région méditerranéenne. Son fruit est comestible; sa forme lui a fait donner le nom de *figue d'Inde* ou *figue de Barbarie;* on l'emploie contre la diarrhée. — L'Opuntia ficus indica, de l'Amérique tropicale, donne un fruit beaucoup plus gros et très bon à manger. — C'est sur l'Opuntia cochenillifera du Mexique qu'on élève la cochenille du nopal. (Voir COCHENILLE.)

OR (*Aurum*). Ce métal précieux, connu dès la plus haute antiquité; est solide, jaune, très brillant, inodore, insipide. C'est le plus ductile et le plus malléable de tous les métaux, et le plus pesant après le platine; son poids spécifique est de 19,22, l'eau étant prise pour unité. Il est moins fusible que l'argent et pas volatil. L'Or se présente toujours à l'état natif, tantôt assez pur, tantôt mêlé avec des sulfures et des arséniures métalliques; on le rencontre surtout dans les porphyres, les trachytes et les granits; dans des argiles sablonneuses. On l'y rencontre ordinairement en grains plus ou moins volumineux, nommés *pépites,* mêlés avec du gravier, du sable et de la terre, ou entraîné avec le sable des rivières. En 1842, on a trouvé dans l'Oural un bloc d'or natif qui pesait près de 40 kilogrammes, et plus tard, en Californie, une pépite du poids de 60 kilogrammes. L'Or valant à peu près 3200 francs le kilogramme, on peut juger de la valeur de ces pépites. L'Or cristallise naturellement; sa forme primitive est l'octaèdre régulier; sa forme secondaire, le dodécaèdre ; mais ces cristaux ne sont jamais nets, ils s'implantent souvent de manière à faire des dendrites dans les roches qui les renferment. Il se présente aussi avec des formes imitatives, comme des grains, des cylindres, des paillettes. Sa ductilité et sa malléabilité sont surprenantes; un grain d'or (53 milligrammes) peut être tiré en un fil long de 200 mètres, et on réduit ce métal en feuilles tellement minces qu'avec un grain d'or on peut couvrir une surface de 360 mètres carrés. Sa ténacité surpasse celle de tous les métaux ; un fil d'or de 3 millimètres de diamètre peut supporter, sans se rompre, un poids de 250 kilogrammes. Sa dureté est cependant assez faible, ce qui fait qu'on est obligé, pour en former l'or monnayé et des bijoux, de l'allier avec une certaine quantité de cuivre ou d'argent dont la proportion est réglée par la loi et garantie par le contrôle. La monnaie renferme un dixième de cuivre. La pureté de l'or natif varie suivant les mines: celui des filons est en général moins pur que celui d'alluvion; il est combiné avec de l'argent. L'acide azotique (nitrique) n'attaque point l'or; mais il est dissous par l'acide hydrochloro-azotique, lequel, pour cette raison, a reçu le nom d'*eau régale.* L'Or a la plus grande affinité pour le mercure ; par leur contact, ces deux métaux s'unissent: il en résulte un amalgame, dont le mercure se sépare ensuite par la volatilisation. Depuis une quarantaine d'années, la Californie et l'Australie ont produit des quantités d'or vraiment prodigieuses. La Russie d'Asie en a produit aussi beaucoup. Les autres contrées aurifères de l'Amérique sont le Chili, le Mexique, la Nouvelle-Grenade. Quant au Pérou, qui, autrefois à lui seul, approvisionnait d'or le monde entier, il est considérablement déchu de son ancienne importance. En Europe, il y a peu d'or ; on peut cependant citer les mines de Kremnitz en Hongrie, celles de la Finlande et des monts Ourals. On évalue la production annuelle de l'or sur tout le globe à plus de 900 millions. C'est à cette abondance du précieux métal, qu'il faut attribuer le prix plus élevé de tous les objets contre lesquels on l'échange, l'équilibre étant rompu entre ces deux éléments du commerce.

ORANG (*Satyrus*). Genre de mammifères de l'ordre des PRIMATES, de la famille des *Singes anthropomorphes*. Les Orangs sont, avec les chimpanzés et les gorilles, ceux de tous les quadrumanes qui se rapprochent le plus de l'homme ; c'est pourquoi on en a formé un petit groupe à part, sous le nom d'*anthropomorphes* (de *anthropos*, homme, et *morphé*, forme). Les Orangs ont le museau proéminent, l'angle facial de 58 à 60 degrés, trente-deux dents semblables à celles de l'homme, si ce n'est que leurs canines sont plus longues ; ils manquent de queue, d'abajoues et de callosités, et leurs membres supérieurs descendent au delà du genou ; tandis que les membres inférieurs sont plus courts et relativement faibles. Ces singes sont très rapprochés de l'homme par leurs caractères physiques ; leur cerveau est conformé comme le nôtre, mais il est beaucoup moins développé, et en outre, ils ont les pouces des pieds opposables aux autres doigts, et la con-

formation de leur glotte s'oppose à l'émission de mots articulés. On n'a pas encore pu observer un Orang pendant toute la durée de la vie, et ce ne sont guère que de jeunes sujets qu'on a étudiés dans nos ménageries. L'espèce la mieux connue, et que certains zoologistes admettent, même seule dans ce genre, est l'**Orang-outang** (*Simia satyrus*, L.) ou mieux, comme l'écrivent quelques auteurs, *orang-houtan*. Ce nom malais signifie *homme des bois*. Ce grand singe', autrefois répandu dans toute l'Inde, est aujourd'hui confiné dans les forêts les plus inaccessibles de Malacca, de Sumatra et de Bornéo. Les jeunes individus que l'on a vus en Europe ne dépassaient guère un mètre de haut ; mais, dans l'âge adulte, et dans son pays natal, il atteint, au dire des voyageurs, plus de 1^m,60. Son corps est trapu, couvert d'un poil long et peu fourni, d'un roux plus ou moins foncé ; la face, les oreilles et les mains sont nues, toute la peau a une teinte d'un gris d'ardoise, excepté le tour des yeux et de la bouche, qui sont de couleur chair. Les oreilles sont

Orang, jeune et adulte.

petites et bien conformées ; le dessus de la tête et les joues sont garnis de longs poils se dirigeant d'arrière en avant et figurant parfaitement une coiffure en désordre et des favoris. Les jambes sont courtes, les bras longs ; les mains ont leur paume nue, garnie d'une peau très douce sur laquelle se trouvent les mêmes stries que sur la nôtre. Les mœurs des orangs-outangs à l'état de nature sont peu connues ; l'on sait seulement qu'ils vivent en troupes, qu'ils sont doués d'une très grande force musculaire, et que, dans leur âge mûr, alors qu'ils atteignent une grande taille, ils ont le front fuyant, une expression marquée de bestialité et deviennent des animaux redoutables. Ils s'arment de bâtons pour repousser les bêtes féroces, et se défendent avec énergie même contre les hommes. Leur nourriture est essentiellement frugivore, ce qui amène forcément une vie un peu nomade ; cependant ils se tiennent presque constamment sur le haut des arbres, au milieu desquels ils courent et sautent avec rapidité. A terre, leurs mouvements sont lents, parce qu'ils n'appuient sur le sol que le tranchant extérieur des pieds de derrière et le dessus des doigts des mains. Ils marchent, mais rarement, debout et sans appui. L'Orang-outang a des allures graves et ne montre pas, même dans le jeune âge, cette pétulance capricieuse ou brutale qui caractérise si bien les autres singes. Les jeunes individus ont toujours montré une grande intelligence, une assez grande douceur de caractère et une sociabilité remarquable. Ces animaux répètent sans peine, dit Frédéric Cuvier, toutes les actions auxquelles leur organisation ne s'oppose pas ; ce qui résulte de leur confiance, de leur docilité et de la grande facilité de leur conception. Dès la première tentative, ils comprennent ce qu'on leur demande, c'est-à-dire qu'après avoir fait l'action pour laquelle on vient de les guider, ils savent qu'ils doivent la répéter d'eux-mêmes, lorsque les mêmes circonstances se renouvellent. Ainsi, ils boivent dans un verre, mangent avec une fourchette ou une cuillère, se servent d'une serviette, se tiennent à table comme les convives ; et l'on en a vu de bien dressés, servir leur maître, lui verser à boire et lui changer d'assiette. Le savant que nous venons de citer va même plus loin, et accorde à cet animal de la prudence, de la prévoyance, et de ces idées innées auxquelles les sens n'ont pas la moindre part. On a souvent poussé à l'excès l'assimilation de cette espèce avec l'homme quant aux habitudes. En admettant, au reste, que l'Orang soit même plus intelligent que certains hommes sauvages, ce qui distingue le mieux l'homme de l'Orang, c'est que ce dernier est privé de la parole, et que les poches thyroïdiennes sont placées au dedans de sa langue, de manière à ce que l'air, sortant de la glotte, s'y engouffre pour produire un murmure sourd, lequel ne peut conséquemment, d'après G. Cuvier, jamais former un langage articulé. Outre cela, on remarque encore d'autres différences anatomiques : la partie osseuse de la face se développe d'une manière remarquable avec l'âge et finit par prédominer sur le crâne, dont le trou occipital est très en arrière. En comparant attentivement le cerveau des singes anthropomorphes avec celui de l'homme, le docteur Gratiolet a reconnu que le mode de développement était complétement différent. En effet, les circonvolutions temporo-sphénoïdales apparaissent les premières dans le cerveau des singes, qui s'achève par le lobe frontal ; or, c'est précisément l'inverse qui a lieu chez l'homme ; les circonvolutions frontales apparaissent les premières et les temporo-sphénoïdales

se montrent en dernier lieu. Les différences assez grandes que présente l'Orang-outang aux diverses périodes de sa vie, ont fait croire qu'il existait plusieurs espèces : ainsi l'**Orang roux** serait le jeune âge, et l'**Orang d'Abel** ou *pongo* l'âge mûr de l'Orang-outang ; l'**Orang morio** n'est qu'une variété à pelage plus foncé ; cependant Owen et d'autres naturalistes en font une espèce distincte.

ORANGE. Fruit de l'Oranger.

ORANGER (*Citrus*). Genre de plantes type de la famille des *Aurantiacées*. Toutes les plantes de ce genre sont des arbres ou des arbrisseaux originaires de l'Asie tropicale, mais répandus aujourd'hui par la culture dans toutes les régions chaudes ou tempérées du globe. Leurs feuilles sont persistantes, alternes, luisantes, marquées de points transparents ; leurs fleurs blanches ou légèrement purpurines répandent en général une odeur suave et pénétrante ; elles présentent pour caractères : calice urcéolé, trois-cinq fide ; corolle de cinq à huit pétales ; vingt à soixante étamines ; ovaire à loges nombreuses

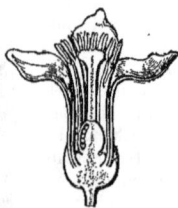

Fleur d'oranger coupée verticalement.

renfermant chacune de quatre à huit ovules. Le fruit (orange, citron, cédrat) est, comme à l'état d'ovaire, divisé en loges nombreuses ; mais celles-ci se remplissent d'une pulpe lâche qui enveloppe les graines ; un endocarpe membraneux entoure ces

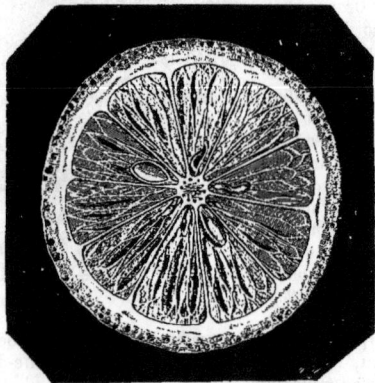

Citron (coupe transversale).

loges qui peuvent se séparer sans déchirement. Le péricarpe forme ce qu'on nomme vulgairement *écorce* ou *zeste*, il est jaune ou rougeâtre extérieurement, creusé d'un grand nombre de réservoirs vésiculeux, remplis d'huile essentielle. Ce genre renferme plusieurs espèces importantes. — Le **Citronnier** ou **Limonnier** (*C. limonium*), indigène dans l'Inde, a été transporté en Occident par les califes, et de là en Italie et en Sicile par les croisés. C'est un arbre de 6 à 8 mètres de hauteur, à tête arrondie; ses feuilles, d'un vert clair, sont ovales, oblongues pointues, articulées au point de leur attache; ses fleurs, blanches en dedans et violacées en dehors, naissent en petits corymbes au sommet des rameaux. Tout le monde connaît son fruit ovoïde, terminé par un mamelon recouvert d'une écorce d'un jaune pâle, et les usages de son suc comme boisson rafraîchissante et comme assaisonnement. On retire de son écorce une huile essentielle qui entre dans plusieurs préparations pharmaceutiques et de parfumerie. Cette même écorce, confite au sucre et glacée, est connue sous le nom de *zeste d'Italie*. — Le **Cédratier** (*C. medica*) est

Oranger commun.

moins élevé que les précédents; ses branches sont courtes et raides, d'un vert clair ainsi que les feuilles; celles-ci sont plus allongées que dans les autres espèces; ses fleurs sont grandes, violacées ou purpurines au dehors, portées sur un pédoncule court. Son fruit, beaucoup moins estimé que celui du citronnier limon, se distingue par la grande épaisseur de son écorce, sa pulpe est aussi moins acide et moins parfumée. — L'Oranger (*C. aurantium*) est, comme le citronnier, originaire de l'Asie équatoriale, mais il ne parvint en Europe qu'à la suite des conquêtes des Arabes. Ce végétal forme un arbre élégant à cime arrondie, plus haut et plus vigoureux que le citronnier et le cédratier; sa fleur, blanche au dehors comme au dedans, est portée par un pédoncule allongé. Chacun connaît son beau fruit globuleux, d'un jaune rougeâtre. L'oranger est trop délicat pour résister aux moindres gelées, pour peu qu'elles se prolongent; aussi sa culture en plein air et sans abri ne réussit-elle en France que dans quelques localités de l'ancienne Pro-

vence. On sait que dans les climats moins favorisés, les Orangers sont soumis à une culture réglée, et qu'il faut les transporter, dès que les premiers froids sont à craindre, dans des serres qui, par cette raison, ont reçu le nom d'*orangeries*. Dans les pays chauds, l'Oranger a produit une quantité prodigieuse de variétés surtout eu égard à la forme, au volume et à la qualité du fruit. Ces variétés se rapportent à deux races principales, savoir : 1º les *Orangers* proprement dits, dont le fruit a la pulpe douce et sucrée; 2º les *Bigaradiers*, qui se distinguent surtout en ce que la pulpe de leur fruit (qu'on appelle *bigarade*) est à la fois acidule et amère. Toutes les oranges qu'on importe en France appartiennent à la première de ces races. D'ailleurs les bigarades sont très recherchées surtout dans le Midi, tant comme assaisonnement que pour la préparation de diverses confitures. L'utilité de l'Oranger ne se borne pas à l'usage alimentaire qui se fait de son fruit. Le bois de cet arbre est dur, compact et susceptible d'un beau poli ; sa couleur est d'un jaune pâle; il n'est pas moins estimé que le bois de citronnier pour les ouvrages de tour et d'ébénisterie. Les feuilles, soit en poudre, soit en infusion, s'emploient à titre de stomachique, de vermifuge et d'antispasmodique. On extrait, par distillation, de ses fleurs, l'huile essentielle connue sous le nom d'*essence* ou *huile de néroli*, qui entre dans la composition des parfumeries les plus exquises, ainsi que l'*eau de fleur d'oranger*. Enfin, l'écorce du fruit participe aux propriétés médicales des feuilles, et elle constitue la base de la liqueur dite *curaçao*.

ORANG-OUTANG. (Voir ORANG.)

ORBICULAIRE (de *orbiculus*, petit cercle). On donne ce nom à deux muscles de la face, le muscle orbiculaire des lèvres, qui entoure celles-ci, et le muscle palpébral, qui occupe l'épaisseur des paupières.

ORBITE. On donne ce nom aux deux fosses qui logent les organes de la vue. (Voir ŒIL.)

ORCANETTE. (Voir BUGLOSSE.)

ORCHIDÉES. Famille de végétaux monocotylédones, à étamines épigynes, remarquable, tant par le mode de végétation propre à beaucoup d'espèces que par la singulière conformation des fleurs, qui offrent les formes les plus bizarres, jointes à de superbes colorations. Les Orchidées sont de nos climats sont des herbes à racine composée ordinairement d'un petit nombre de fibres et, en outre, de deux tubercules charnus, plus ou moins arrondis, ou palmés, que l'on nomme *pseudobulbes*. Ils sont habituellement au nombre de deux, mais inégalement développés, l'un fournissant à l'alimentation de la tige actuelle, l'autre destiné à la tige qui se montrera au printemps prochain, ou le plus ancien déjà flétri, suivant la saison où on le considère; leur tige est simple, dressée, feuillée et peu élevée. Dans les régions équatoriales, dont les immenses forêts vierges nourrissent une quantité prodigieuse d'Orchidées, ces plantes vivent la plupart en fausses parasites soit sur les arbres vivants, soit sur les troncs que la vétusté fait entrer en putréfaction. Beaucoup d'entre elles sont de véritables lianes (voir ce mot) à sarments grêles et flexibles, garnis de longues racines aériennes; d'autres, dépourvues de tige, ont une grosse souche charnue, analogue à un bulbe, de laquelle naissent les feuilles et les fleurs. Toutes les Orchidées ont les feuilles alternes, engainantes, simples et très entières. Les fleurs, fétides dans certaines espèces, mais très odorantes dans un bien plus grand nombre, sont disposées en épis, ou en grappes, ou en

Ophrys apifera.

Pseudobulbes d'orchis: *a*, le plus ancien, flétri et vide; *b*, le plus jeune, gorgé d'aliments; *c*, fleurs.

panicules. — Les Orchidées, dit H. Baillon, peuvent être considérées comme des Iridées à fleur irrégulière et ordinairement résupinée; la résupination se produisant par la torsion de la fleur sur son ovaire. Ces fleurs sont toujours irrégulières et l'ovaire est infère, uniloculaire, renfermant de nombreux ovules; le périanthe est pétaloïde et formé de six folioles disposées sur deux verticilles concentriques et alternes; l'interne a deux folioles petites et symétriques et une troisième plus grande, en forme de tablier qu'on nomme le *labelle*. L'androcée est formée de six étamines, mais toutes avortent, sauf une ou deux; ces dernières sont unies au style et portées sur son sommet. Les deux loges de l'anthère renferment chacune une masse de pollen (*masse pollinique*). Le fruit capsulaire, le

plus souvent en forme de gousse allongée, renferme beaucoup de petites graines semblables à de la sciure de bois. Le segment inférieur (*labelle*) du périanthe affecte des formes aussi extraordinaires que variées, suivant les genres ou les espèces; ainsi, il en est où cet organe ressemble plus ou moins exactement soit à une araignée, soit à une abeille, ou à un bourdon (*ophrys*), ou à quelque autre insecte; dans d'autres, il est voûté à peu près comme un sabot (*crepidium*). Souvent les trois segments extérieurs du périanthe se rapprochent en forme de casque, tandis que les deux segments supérieurs de la rangée intérieure simulent une visière baissée. Enfin, dans plusieurs genres, la fleur peut être comparée à un oiseau à ailes déployées (*ornithidium*). Le pollen de la plupart des Orchidées reste agrégé en masses visqueuses, moulées sur la cavité des loges de l'anthère, et le stigmate est habituellement placé au-dessous de l'androcée, dans une situation telle que le pollen ne peut pas naturellement tomber sur les papilles du stigmate, de sorte que la fécondation ne peut avoir lieu que par l'intermédiaire des insectes qui transportent le pollen d'une fleur à l'autre. Considérées sous le rapport de l'utilité, les Orchidées n'ont aucune importance utilitaire, à l'exception des espèces qui produisent la *vanille* et le *salep*. (Voir ces mots.) Mais un grand nombre d'espèces font le plus bel ornement de nos serres. On en connaît aujourd'hui environ six mille espèces réparties dans une foule de genres dont les principaux sont: *Orchis, Aceras, Serapias, Epipactis, Cypripedium, Cephalanthera, Neottia, Limodorum, Ophrys, Epidendrum, Cattleya, Vanda*, etc.

ORCHIS. Genre type de la famille des *Orchidées*. (Voir ce mot.) Il offre pour caractères distinctifs: les trois segments extérieurs du périanthe à peu près égaux; labelle entier, lobé, éperonné; masses polliniques granuleuses, distinctes. Les Orchis sont des herbes vivaces, à racine munie de deux tubercules ovoïdes, à tige très simple, feuillue, à fleurs disposées en épi terminal. Ces plantes, remarquables par l'élégance de leurs fleurs, croissent dans les bois, les prairies et les pâturages. On en connaît plusieurs espèces indigènes, parmi lesquelles nous citerons: l'Orchis maculée (*Orchis maculata*), qui doit son nom aux taches noirâtres dont ses feuilles sont parsemées; ses fleurs, en épi serré, sont blanches avec des taches violacées ou purpurines; l'Orchis bouffon (*Orchis morio*), à tubercules presque globuleux, à fleurs en épi lâche, violacées

Orchis militaris.

avec des taches blanches sur le labelle. — L'**Orchis militaris**, qui croît dans les clairières des bois, a ses fleurs à casque rose ou blanc ponctué et strié de lilas en dehors, à labelle blanc ou rosé ponctué de houppes purpurines. — L'**Orchis pourpre**, une des espèces les plus remarquables de celles qui se trouvent dans nos environs (Meudon, Saint-Germain, Montmorency), a ses fleurs à casque pourpre foncé, à labelle blanc ou rosé, ponctué de houppes purpurines. Mais aucune de nos espèces du centre ou du nord n'est comparable à l'**Orchis papillon** du midi, avec ses grandes fleurs roses ou violacées. Les tubercules des Orchis sont composés presque uniquement de fécule; la substance alimentaire connue sous le nom de *salep* n'est autre chose que ces tubercules séchés. Le salep nous vient d'Orient, et l'on ne connaît pas exactement les espèces qui le fournissent; mais on peut tirer le même parti de la plupart des Orchis indigènes. Le salep constitue un excellent analeptique, que l'on emploie comme le tapioca et le sagou; il est souvent recommandé pour restaurer les forces des personnes épuisées.

OREILLARD. Genre de chauves-souris caractérisées par l'énorme développement de leurs oreilles. (Voir Chéiroptères). Les Oreillards (*Plecotus*) appartiennent à la famille des *Vespertilionidés*. Le type du genre, le **Plecotus auritus**, est commun en Europe; ses oreilles sont presque aussi longues que le corps.

OREILLE (*Auris*). Organe du sens de l'*ouïe*. (Voir ce mot.) — On donne vulgairement le nom d'Oreille à quelques plantes dont certaines parties offrent quelque ressemblance avec cet organe; ainsi l'on a appelé :

Oreille d'âne, le Nostoc et la grande Consoude;
Oreille de lièvre, un Champignon (*Peziza onotica*);
Oreille de mer (voir Halyotis);
Oreille d'homme, une espèce d'Agaric;
Oreille d'ours, une Primevère;
Oreille de rat, le Myosotis.

OREILLETTE. (Voir Cœur et Circulation.)

ORFRAIE. (Voir Pygargue.)

ORGANES, ORGANISATION. (Voir Organismes.)

ORGANISMES (de *organum*, organe). On donne le nom d'Organisme à tout corps organisé, ayant ou pouvant avoir une existence séparée : un animal, un végétal, un œuf, une graine sont des organismes, dont l'existence distincte a des lois plus ou moins complexes. — Tous les organismes animaux ou végétaux ont pour élément primordial constitutif une petite masse de substance homogène albumineuse qu'on désigne sous le nom de *protoplasma*. (Voir ce mot.) C'est sous la forme de globules protoplasmiques que se présentent les organismes à leur plus grand état de simplicité : tels sont les monériens. (Voir Protistes.) Autour de cette petite masse protoplasmique se forme souvent une enveloppe plus consistante et formant une membrane protectrice; cette forme constitue la *cellule*. Or, les organismes les plus compliqués sont formés par la réunion de ces cellules modifiées et associées de différentes

manières. Tout Organisme animal ou végétal est une collectivité qui résulte de l'union de ces éléments; tout être vivant se développe par multiplication et par différenciation de cet élément cellulaire qui en est le point de départ; car l'ovule d'où il sort est à l'origine une simple cellule. Cette cellule primitive se multiplie à l'infini; elle donne naissance, par division successive, à un amas de cellules qui, dans les phases ultérieures de développement, vont en se propageant et de plus en se transformant de différentes manières pour édifier l'organisme. Les tissus qui forment les organes sont constitués par l'agrégation d'innombrables cellules diversement modifiées, mais toutes dérivées de la première. Les globules du sang et de la lymphe sont de simples cellules libres et isolées en suspension dans un liquide particulier nommé *plasma*. — Les cellules se multiplient par scission ou division. Quand une cellule a acquis un certain développement, elle se partage en deux moitiés qui forment deux cellules nouvelles; celles-ci se partagent à leur tour et ainsi de suite, de sorte que leur multiplication est très rapide. Les cellules qui prennent naissance dans la segmentation de l'œuf sont d'abord homogènes, mais elles ne tardent pas à se différencier les unes des autres et à revêtir des formes nouvelles pour la constitution de tissus spéciaux. C'est par suite de modifications chimico-physiques du protoplasma que s'opèrent ces métamorphoses, qui ont pour résultat la formation des divers éléments organiques. (Voir Reproduction.) Dans les plantes, tous les éléments anatomiques sont des cellules diversement modifiées; chez les animaux, pendant la période embryonnaire, le nouvel être n'est encore formé que de cellules; mais, plus tard, celles-ci constituent un groupe d'éléments anatomiques au milieu de plusieurs autres. C'est par l'agrégation des cellules que se forment les tissus. On distingue ceux-ci en deux groupes : les *tissus végétatifs*, affectés à la nutrition, et qui ont leurs analogues dans les végétaux, et les *tissus animaux*, qui servent aux fonctions de relation et sont propres aux seuls animaux : 1° Les tissus végétatifs se divisent suivant la forme spéciale de leurs cellules et leur disposition, en tissu cellulaire, tissu muqueux, tissu fibreux, tissu cartilagineux, tissu osseux; 2° les tissus animaux comprennent le tissu musculaire et le tissu nerveux. Tous ces tissus se combinent de diverses manières et forment par leur réunion des parties du corps de structure plus ou moins compliquée, mais de forme définie et accomplissant des actes fonctionnels particuliers : ce sont les organes. Un appareil est formé par un groupe d'organes en connexion anatomique directe et formant un tout coordonné pour l'accomplissement d'une fonction, comme l'appareil respiratoire par exemple. L'ensemble qui résulte de la réunion d'un certain nombre d'organes en connexion plus ou moins étroite, et concourant, chacun par son rôle physiologique, à la conservation de l'être collectif dont il fait partie, constitue un *individu*. — Dans les animaux les plus simples (protozoaires), formés uniquement de protoplasma, les phénomènes de la vie ont pour siège cette matière homogène, et ne sont localisés en aucun point. Ce sont des organismes sans organes; mais au fur et à mesure que l'organisation se perfectionne, la localisation des fonctions s'accroît, et celles-ci sont dévolues à des parties de plus en plus distinctes par leur structure et ayant chacune un rôle particulier. C'est ce que le savant professeur Milne Edwards nomme la *division du travail physiologique*. Les facultés de l'animal deviennent d'autant plus exquises que cette division du travail est portée plus loin, et chaque instrument physiologique remplit d'autant mieux son rôle que ce rôle est plus spécial. La différenciation morphologique, qui accompagne la division du travail physiologique, produit cette grande diversité de formes qu'on remarque chez les animaux, bien que tous aient la cellule pour origine. Mais quels que soient le nombre des organes et leur complexité, ils concourent à un résultat commun, à l'accomplissement des phénomènes fonctionnels par lesquels se manifeste la vie. Ils sont coordonnés de telle sorte que la structure de chacun d'eux est dans un rapport déterminé avec la structure des autres, et il est évident, comme le dit Cuvier, que l'harmonie convenable entre les organes qui agissent les uns sur les autres est une condition nécessaire de l'existence de l'être auquel ils appartiennent. On sait avec quel succès Cuvier s'est servi de ce principe de la *corrélation des organes* pour reconstruire à l'aide de quelques-unes de leurs parties seulement, un grand nombre d'animaux éteints et disparus. Il a fondé ainsi la science de la paléontologie. (Voir ce mot.) Envisagés au point de vue de leurs fonctions, les organes peuvent être divisés comme ces fonctions elles-mêmes en deux groupes principaux : ceux qui sont affectés à la conservation de l'individu (nutrition, locomotion), et ceux qui sont destinés à la conservation de l'espèce (reproduction). (Voir Animaux.) La structure et les fonctions de ces organes varient suivant les diverses classes du règne animal; c'est donc aux articles spéciaux que nous leur avons consacrés, qu'on en trouvera la description.

ORGE (*Hordeum*). Genre de la famille des *Graminées* (voir ce mot), qui offre pour caractères essentiels : fleurs disposées en épis serrés; épillets uniflores, imbriqués sur plusieurs rangs, insérés trois à trois sur chaque dent de l'axe de l'épi; glume à deux paillettes, dont l'inférieure se termine en longue arête; étamines au nombre de trois; stigmate à deux branches plumeuses; fruit (vulgairement *grain* ou *graine*) oblong, ventru, tronqué au sommet, creusé d'une rainure longitudinale, et en général, enveloppé étroitement par la glumelle. On connaît environ vingt espèces de ce genre. — L'Orge commune (*H. vulgare*, Linn.), vulgairement *grosse orge, escourgeon*, se distingue de ses congé-

nères en ce que ses fleurs et ses fruits sont imbriqués sur six rangs, dont deux plus proéminents. Toutes les fleurs sont hermaphrodites. Les épis sont assez gros, garnis d'arêtes droites et très longues. Cette plante croît spontanément dans la Sicile, la Mésopotamie et le nord de l'Inde. La culture de cette orge est plus générale, surtout dans les contrées de montagnes, que celle des espèces suivantes. — L'Orge à **six rangs** (*H. hexastichum*, L.), vulgairement *orge carrée, orge d'hiver, soucrion*, ne diffère de l'orge commune que par des épis plus courts, plus gros, et dont les six rangs de fruits sont tous égaux. — L'Orge noire (*H. nigrum*, Willd.) diffère des deux

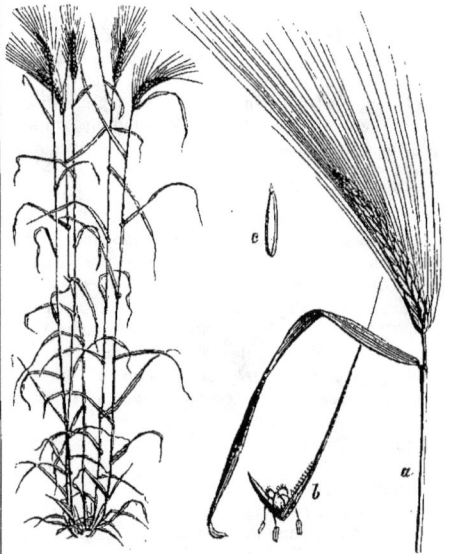

Orge commune. — *a*, épi; *b*, fleur; *c*, grain.

précédentes par des épis noirâtres, composés seulement de quatre rangs de fruits. On la cultive beaucoup en Angleterre, mais elle est peu répandue sur le continent. — L'Orge à deux rangs (*H. distichum*, L.) se distingue à ses épis comprimés, formés seulement de deux rangs de fleurs fertiles. Cette orge passe pour originaire de l'Asie centrale ; on en possède une variété appelée vulgairement *orge nue, orge d'Espagne, orge du Pérou*, dont la glumelle s'écarte du fruit à la maturité. — L'Orge pyramidale (*H. zeocriton*, L.), vulgairement *faux riz, riz d'Allemagne, orge de Russie*, moins fréquemment cultivée que les précédentes, est assez voisine de l'orge à deux rangs, mais ses épis sont plus courts et ses fleurs mâles sont munies d'une arête plus ou moins longue. Ces diverses espèces ont des propriétés absolument semblables : aussi les emploie-t-on indifféremment aux mêmes usages, en herbe comme fourrage, ou en grain comme céréales, surtout dans les pays septentrionaux et montagneux ; la plupart réussissent dans des terres pauvres qu'il serait souvent difficile d'utiliser pour une autre culture; mais elles prospèrent surtout dans une terre profondément labourée et bien préparée. La culture de l'Orge est de point en point celle du froment de printemps. On donne pour cette culture deux labours avant l'hiver, et un troisième au moment des semailles. La plupart des orges doivent être semées dès les premiers jours de mars, plus tôt, si l'état de la terre et celui de la température le permettent. Les semailles d'Orge faites tardivement réussissent quelquefois, mais l'Orge semée tard, à la fin d'avril ou au commencement de mai, change de tempérament; d'annuelle qu'elle était, elle devient bisannuelle, et, si on lui laisse occuper le terrain, elle ne monte en épis que la seconde année. Quand l'Orge végète bien, c'est une des récoltes les plus productives; c'est ce qui a donné lieu au proverbe qui dit : *Faire ses orges*, dans le sens de : faire de bonnes affaires. Le choix des variétés à cultiver de préférence est déterminé par la qualité du sol et par le climat local. L'Orge est, après le froment, la céréale la plus importante pour les zones extratropicales. Elle constitue, comme l'on sait, le principal ingrédient de la bière, et elle tient par conséquent une grande place dans l'agriculture de ceux de nos départements dont le climat n'admet pas la culture de la vigne. Dans le Nord et dans beaucoup de pays de montagnes, la farine d'Orge remplace la farine de froment pour la plupart des usages alimentaires ; toutefois, le pain d'Orge est plus lourd et beaucoup moins nutritif que le pain de froment et même que le pain de seigle, d'où le dicton : *grossier comme du pain d'Orge*. En médecine, on emploie pour tisane le grain dépouillé mécaniquement de son tégument, sous le nom d'*Orge mondé* ou *Orge perlé*.

ORGUE DE MER. On donne vulgairement ce nom aux polypiers du genre Tubipore.

ORIGAN, *Origanum* (du grec *oros*, montagne, et *ganos*, joie). Genre de plantes de la famille des *Labiées*, comprenant des herbes propres aux régions moyennes de l'Europe et de l'Asie, à feuilles entières ou légèrement dentelées, à fleurs réunies en épis cylindriques, accompagnées de bractées colorées. Parmi les espèces de ce genre, nous citerons l'**Origan marjolaine** (O. *marorana*), que l'on cultive fréquemment dans les jardins, à cause de ses propriétés aromatiques; il est originaire de l'Afrique septentrionale. Sa tige est herbacée, légèrement tétragone, haute d'environ 3 décimètres très rameuse dès la base ; les feuilles sont oblongues, obtuses, très entières, pétiolées, finement pubescentes; les fleurs sont petites, disposées en épis serrés, presque globuleux à l'extrémité des ramules, et garnies de bractées concaves réunies, cotonneuses. Le calice est en forme de cloche terminée supérieurement en lèvre plane, obovale; la corolle est blanchâtre. Cette plante répand une

odeur agréable ; elle est usitée en médecine comme tonique et stimulante. — L'**Origan commun** (O. *vulgare*, L.), qu'on appelle aussi *marjolaine sauvage*, croît communément en Europe, sur les pelouses sèches, dans les bois arides et secs. C'est, de même que la vraie marjolaine, une plante très aromatique, dont l'infusion s'emploie comme remède tonique, stimulant, sudorifique et vulnéraire; sa

Origan marjolaine ; *a*, fleur grossie.

tige, haute de 60 centimètres, rameuse à sa partie supérieure, porte un épi serré de fleurs purpurines, accompagnées de bractées rougeâtres. — L'**Origan dictamne** ou *dictamne de Crète* passait chez les anciens pour une plante merveilleuse dont le suc fermait à l'instant les blessures les plus dangereuses, et guérissait de la morsure des serpents ; mais elle est aujourd'hui abandonnée par la thérapeutique moderne. Sa tige, haute de 25 à 30 centimètres, garnie de feuilles ovales, cotonneuses et blanchâtres, se termine par un épi serré, pyramidal, de fleurs blanches.

ORIGNAL. Nom canadien de l'Élan. (Voir ce mot.)

ORIOLUS. Nom scientifique latin du genre *Loriot*. (Voir ce mot.)

ORIX. Nom d'une espèce du genre *Antilope*. (Voir ce mot.)

ORME (*Ulmus*). Genre de plantes type de la famille des *Ulmacées*, renfermant plusieurs arbres importants des climats tempérés. Une seule espèce est indigène, c'est l'**Orme champêtre**, vulgairement *Ormeau* (U. *campestris*). De cette espèce dérivent de nombreuses variétés dont les principales sont : l'Orme à petites feuilles, le plus répandu dans les plantations; l'Orme à larges feuilles, inférieur au précédent pour la qualité de son bois; l'Orme subéreux, variété accidentelle n'offrant aucun intérêt spécial; l'Orme tortillard ou l'Orme à moyeux, qu'on

95

reconnaît à sa tige tortueuse relevée de bosses, et dont la fibre est si entrelacée et si coriace, qu'il est impossible de la fendre à la hache. L'Orme est un arbre de première grandeur, propre aux climats tempérés, et qui s'accommode mieux du froid que de la grande chaleur. Il peut croître avec succès sur des sols de natures diverses ; les sols marécageux, trop compacts ou absolument arides, sont les seuls qui ne lui conviennent pas. Ses racines sont fortes et nombreuses : les unes pivotent, si le terrain a du fond ; les autres s'étendent latéralement jusqu'à 20 mètres de distance, et émettent des drageons qui nuisent fort aux cultures voisines. Dans cette essence, la floraison a lieu dès les premiers jours du printemps, bien avant le développement des feuilles.

Orme. — *a*, fleur mâle ; *b*, fleur femelle ; *c*, graine.

Orme.

La semence, assez petite, est logée au centre d'une membrane circulaire, foliacée, très légère, qui favorise la dissémination de la graine à des distances assez grandes. Elle mûrit à la fin de mai,

et comme elle coïncide avec l'apparition des hannetons, les enfants des campagnes lui donnent le nom de *pain de hanneton*. L'Orme se reproduit avec une facilité extrême de boutures, de tiges ou de racines, de marcottes, de rejetons, etc. ; mais la semence fournit des arbres plus beaux et plus durables. Le semis doit suivre immédiatement la cueillette de la graine. Cet arbre est très robuste, même dans sa jeunesse ; il croît promptement, surtout sur un sol frais ; il parvient à des dimensions colossales en hauteur et en diamètre, et vit trois siècles et plus. L'Orme n'est jamais une espèce dominante dans les forêts : il a l'inconvénient de pulluler par les rejets de ses racines, qui s'entrenuisent. On le considère essentiellement comme arbre de plantations ; et aujourd'hui presque toutes les routes de France en sont bordées. Inconnues au temps de François Ier, c'est sous le ministère de Sully que ces plantations ont reçu la plus grande extension. On trouve encore bon nombre d'arbres plantés à cette époque dans un bon état de croissance. Les Romains plantaient l'orme dans le midi de l'Italie, pour servir d'appui et de soutien à la vigne ; cet usage s'est conservé jusqu'à ce jour dans le royaume de Naples. Le bois d'Orme est jaunâtre à l'extérieur et brun au centre ; c'est le premier de nos bois de charronnage. Souple, dur, point trop lourd, il est particulièrement employé pour les instruments agricoles ; comme il se fend difficilement et qu'il n'éclate jamais sous les chocs, on le préfère à tout autre pour la confection des jantes et des moyeux des roues ; en raison de ses fibres serrées, tenaces, anastomosées, on en construit des vis de pressoir, des roues d'engrenage ; l'artillerie en fait usage pour les affûts de canon, la marine pour la quille des vaisseaux. Il est excellent pour les travaux hydrauliques, et c'est peut-être le meilleur pour former les corps de pompes et des tuyaux de conduite ; mais il est peu usité en charpente, parce qu'en pièces de fortes dimensions il se tourmente beaucoup. Enfin, l'Orme est un bon bois de chauffage.

ORMEAU. (Voir ORME.)

ORMIER. (Voir HALIOTIDE.)

ORNE (*Ornus*). Genre de plantes formé aux dépens du genre *Frêne* pour une espèce, le *Fraxinus ornus*, qui en diffère par son périanthe double, à corolle polypétale. L'Orne (*O. europæa*) est un petit arbre de la région méditerranéenne, dressé, à tête arrondie, à rameaux noueux, irréguliers ; ses feuilles sont composées, imparipennées, de sept à neuf folioles ovales lancéolées, dentées. Les fleurs, petites, d'un blanc verdâtre, sont disposées en grappes axillaires et terminales souvent très développées. L'Orne produit de la manne comme certains frênes ; c'est surtout en Sicile qu'on cultive cet arbre pour en recueillir la manne au moyen d'incisions transversales. (Voir MANNE.)

ORNÉODE. (Voir PTÉROPHORIDES.)

ORNITHODELPHES. (Voir MONOTRÈMES.)

ORNITHOGALE (du grec *ornis*, oiseau, et *gala*, lait).

Genre de plantes de la famille des *Liliacées* renfermant des plantes bulbeuses, à hampe droite, terminée par une grappe de fleurs à périanthe coloré de six folioles étalées, six étamines; ovaire à trois loges multiovulées. — L'espèce la plus répandue est l'**Ornithogale ombellée** (*Ornithogalum umbellatum*), vulgairement connue sous le nom de *dame d'onze heures*, parce que ses fleurs ne s'épanouissent que

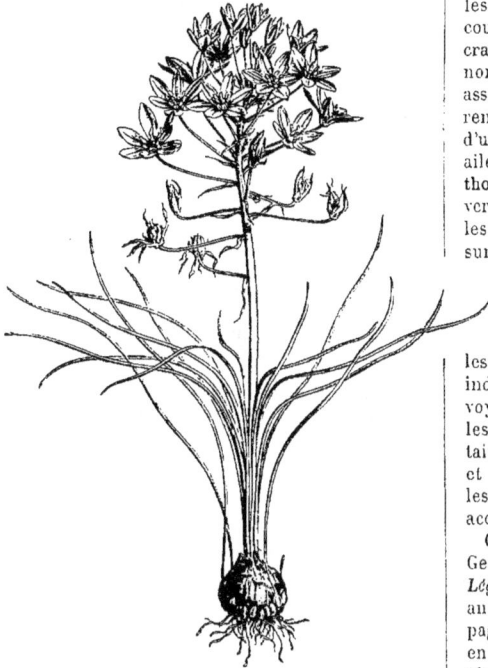

Ornithogale ombellée.

vers le milieu de la journée. Elle est répandue dans les prés et les vignes de presque toute la France ; sa hampe, haute de 2 décimètres, se termine par une grappe de fleurs blanches. On cultive dans les jardins l'**Ornithogale pyramidale**, vulgairement connue sous le nom d'*épi de lait* à cause de ses fleurs d'un beau blanc, en étoile, réunies en grappe pyramidale, et l'**Ornithogale des Pyrénées**, à fleurs d'un blanc jaunâtre avec une raie verte au dos, réunies en grappe allongée.

ORNITHOLITHES (de *ornis*, oiseau, et *lithos*, pierre). On donne parfois ce nom aux ossements fossiles des oiseaux. (Voir OISEAUX FOSSILES.)

ORNITHOLOGIE (de *ornis*, oiseau, et *logos*, traité). Partie des sciences naturelles qui a rapport à l'étude des oiseaux. (Voir ce mot.)

ORNITHOMYE (du grec *ornis*, oiseau, et *muia*, mouche). Genre d'insectes DIPTÈRES du groupe des PUPIPARES, voisins des Hippobosques (voir ce mot), et qui vivent en parasites sur les oiseaux. Les Ornithomyes ont les antennes velues, composées de deux articles, dont le premier petit et le second allongé; leurs ailes sont longues et étroites; leurs pattes, grandes et robustes, ont leurs tarses munis de crochets tridentés. Ces diptères, dont la reproduction est semblable à celle des hippobosques, vivent sur diverses espèces d'oiseaux, et jamais sur les mammifères. Ils sont d'une grande vivacité, courent très vite et souvent de côté comme les crabes ; ils volent facilement. L'**Ornithomyia viridis**, nommée par de Geer *hippobosque des oiseaux*, est assez commune en France et se trouve sur différents oiseaux. Elle est longue de 7 à 8 millimètres, d'un vert obscur, avec les yeux brun rougeâtre ; les ailes sont vitrées, à nervures noirâtres. — L'**Ornithomyia fringillaria** est d'un jaune d'ocre à reflets verdâtres, l'abdomen est d'un vert foncé et velu ; les pattes sont d'un noir de jais. Cette espèce vit sur les petits oiseaux, tels que le moineau, les mésanges, etc. — Les Ornithomyes, dont les ailes très étroites finissent en pointe, forment le genre *Stenopteryx*, dont le type est le **Stenopteryx hirundinis** qu'on trouve sur les hirondelles. Réaumur en a trouvé jusqu'à trente individus dans le nid d'un de ces oiseaux. Nous voyons les ailes réduites à de simples lames dans les stenopteryx ; elles sont encore plus rudimentaires dans les leptotènes, qui vivent sur les cerfs et les daims, et disparaissent complètement dans les mélophages (voir ce mot), qui passent leur vie accrochés au milieu de la toison des moutons.

ORNITHOPUS (de *ornis*, oiseau, et *pous*, pied). Genre de plantes dicotylédones de la famille des *Légumineuses papilionacées*. Ce sont des herbes annuelles, velues, à feuilles imparipennées, accompagnées de stipules ; leurs fleurs sont rassemblées en petites ombelles et sont accompagnées de bractées. — L'espèce type, l'**Ornithopus perpusillus**, vulgairement *pied d'oiseau*, à fleurs rosées, se trouve dans les lieux sablonneux de presque toute l'Europe. — L'**Ornithopus sativus**, du midi de l'Europe, se cultive comme plante fourragère, sous le nom de *Serradelle*.

ORNITHORHYNQUE (du grec *ornis*, oiseau, et *rhug-chos*, bec). Genre de mammifères de l'ordre des MONOTRÈMES caractérisé surtout par la forme singulière du museau prolongé en une espèce de bec corné très large, aplati, et garni sur ses bords de lamelles transversales, ce qui lui donne beaucoup de ressemblance avec le bec d'un canard. Leur corps est allongé, leur queue aplatie, leurs membres extrêmement courts, et terminés par des doigts onguiculés et palmés. Cette conformation est en rapport avec la vie aquatique de ces bizarres animaux que l'on ne trouve que dans les rivières et les marais de la Nouvelle-Hollande, où ils barbottent comme des canards, et se construisent des espèces de terriers garnis de joncs et de mousse. La seule espèce connue, l'**Ornithorhynque roux** (*O. paradoxus*), n'a que 30 à 35 centimètres de long ; son corps est couvert de poils d'un brun roussâtre ; son bec est noir en dessus, gris en dessous ; ses pieds courts ont cinq doigts armés d'ongles puissants et sont garnis de membranes, dont celles des pieds de devant dépassent les doigts. Les pieds de derrière, chez les mâles seulement, portent un ergot acéré percé d'un trou qui correspond par un canal à une glande de laquelle s'écoule une liqueur que quelques auteurs ont signalée comme vénéneuse. Les organes génito-urinaires excrémentitiels s'ouvrent à l'extérieur par un seul orifice ou cloaque, comme chez les ovipares, et, en effet, ces animaux pondent des œufs comme les oiseaux. Depuis longtemps on savait par les naturels que l'Ornithorhynque femelle pond deux œufs à peu près semblables à ceux

Ornithorhynque.

de la poule, mais plus petits, qu'elle les couve dans un nid placé au fond de son terrier ; mais ces faits, longtemps discutés et niés par les savants, n'ont été vérifiés et affirmés définitivement que dans ces derniers temps par un naturaliste anglais, Caldwell. L'Ornithorhynque se nourrit de vers et de quelques animaux aquatiques qu'il pêche avec son bec, à peu près comme le font nos palmipèdes ; il n'a d'ailleurs, en place de dents, qu'un seul mamelon corné de chaque côté à chaque mâchoire, et l'extrémité de sa langue est garnie de papilles de même nature. Ce singulier animal habite les eaux tranquilles et les rives les plus cachées, dans lesquelles il se creuse un terrier très vaste. L'entrée du souterrain est étroite, placée sous l'eau, puis le boyau s'élève et s'avance dans la terre en bifurquant, de manière que les deux branches décrivent un demi-cercle pour se joindre à la chambre principale, souvent placée à plus de 10 mètres de l'eau et à 1 mètre au-dessus du point de départ. C'est dans cette chambre que la femelle élève ses petits. Les organes de la vue et de l'ouïe paraissent peu prononcés chez ces animaux ; mais ils ont en compensation celui de l'odorat très développé, et ils ne prennent jamais le moindre objet sans le flairer d'avance. Les mœurs de l'Ornithorhynque sont d'ail-

leurs peu connues ; car il ne sort que la nuit et montre une défiance extrême, qui rend l'observation très difficile. Il n'est d'aucune utilité à l'homme, ni pour sa chair qui est détestable, ni pour sa fourrure, et n'offre réellement d'intérêt que par la singularité de son organisation.

ORNUS. (Voir Orne.)

OROBANCHE (du grec *orobos*, plante légumineuse, et *aychein*, étrangler). Genre de plantes dicotylédones, monopétales, hypogynes, type de la famille des *Orobanchées*. Ce sont de petites plantes herbacées, de couleur roussâtre, qui vivent en parasites sur les racines d'autres végétaux auxquels elles empruntent les matériaux de leur nutrition, au moyen de suçoirs radicellaires en forme de petits tubercules. Leur tige, simple ou rarement rameuse, ne porte que des feuilles rudimentaires semblables à des écailles, et n'offrant jamais la coloration verte. Leurs fleurs sont disposées en épi terminal. Les Orobanches croissent surtout dans les champs d'avoine, de seigle, d'orge, de trèfle, de chanvre et parmi les légumineuses ; elles vivent aux dépens de ces plantes, les étreignent et finissent par les faire périr. Les fleurs odorantes de l'Orobanche epithymum sont quelquefois employées. — Parmi les nombreuses espèces de ce genre, nous citerons : l'**Orobanche du panicaut** (*O. Eryngii*), à tige de 2 à 3 décimètres, violacée, à corolle d'un blanc jaunâtre ou violacé, qui croît sur le panicaut ; l'**Orobanche majeure** (*O. major*), à tige de 2 à 3 décimètres, rougeâtre, pulvérulente ; à corolle jaune pâle ou violette, qui croît sur la *Centaurea scabiosa*. Le thym, le genêt, le sainfoin, la sauge, la fève, l'absinthe et une foule d'autres plantes sont sujets au parasitisme des Orobanches. — L'**Orobanche bleue** (*Phelipœa cærulea*) croît sur l'achillée millefeuille. — L'**Orobanche écailleuse** (*Lathræa squamaria*) vit sur les racines de la vigne. — L'**Orobanche rameuse** (*Phelipœa ramosa*) s'implante sur le chanvre.

OROBANCHÉES (du genre type *Orobanche*). Famille de plantes dicotylédones, monopétales, hypogynes, composée d'herbes vivaces, mais jamais vertes ; parasites sur les racines de diverses plantes. Elles ont une tige épaisse, à feuilles réduites à des écailles colorées, à fleurs disposées en épi terminal. Ces fleurs hermaphrodites, irrégulières, à calice libre, persistant, à quatre ou cinq sépales soudés à la base, à corolle tubuleuse, campanulée, à limbe bilabié, la lèvre supérieure entière ou bifide, l'inférieure à trois divisions ; quatre étamines didynames, sur le tube de la corolle, à anthères bilobées ; ovaire libre, un style, stigmate bilobé. Le fruit est une capsule uniloculaire à deux valves, contenant des graines nombreuses, très petites. Les principaux genres compris dans cette famille sont : *Orobanche*, *Phelipœa*, *Lathræa*, *Clandestina*.

OROBE. Genre de plantes de la famille des *Légumineuses papilionacées*, très voisines des Gesses. Ce sont des herbes dressées, à feuilles pennées, à fleurs de couleur rose ou violacée fixées en nombre sur des pédoncules axillaires ; le calice est tubuleux, campanulé, l'étendard cordiforme, la gousse oblongue, linéaire, renfermant plusieurs graines globuleuses. L'espèce la plus intéressante de nos contrées est l'Orobe tubéreuse, qui croît communément dans les bois ; sa racine est garnie de nombreux filaments sur lesquels sont placées sept ou huit tubérosités de la grosseur d'une noisette, bonnes à manger, cuites dans l'eau. Les montagnards de l'Écosse les recherchent à cet effet et en obtiennent, mêlées avec un peu d'eau et de levain, une boisson qu'ils vantent pour être en même temps rafraîchissante et fortifiante. Ses tiges grêles et rameuses sont recherchées par les bestiaux et offrent une grande ressource dans les régions à sol argileux, où les autres fourragères viennent mal. Ses fleurs, disposées en grappes simples, d'un pourpre rose, passent au bleu quelques jours après l'épanouissement, qui a lieu en mai et juin. — L'Orobe printanier (*P. vernus*), commun sur nos montagnes du Midi, est remarquable par ses belles fleurs purpurines, réunies par six à huit sur un épi élégant ; sa floraison précoce le fait rechercher par les jardiniers qui en décorent les bords des massifs. — L'Orobe jaune (*O. luteus*) est également digne de culture par ses tiges hautes de 60 centimètres et ses grandes fleurs safranées.

ORONGE. Champignon du genre *Amanite*. L'**Amanite oronge vraie** (*Amanita aurantiaca*) présente la forme d'un œuf ; son volva, qui est blanc, la recouvre en totalité quand elle commence à paraître ; plus tard il se sépare à la partie supérieure en plu-

Agaric, fausse oronge.

sieurs lobes. Son chapeau est convexe, d'une couleur rouge orangé, large de 8 à 18 centimètres ; ses lames sont toujours d'un jaune citron. — L'**Amanite fausse oronge**, très vénéneuse, a la plus grande ressemblance, pour le port et la couleur, avec la vraie. Son volva, cependant, n'est jamais complet :

il ne recouvre jamais le champignon en totalité ; son chapeau a des plaques jaunâtres irrégulières formées par les débris du volva ; de plus son pédicule et ses lames sont blancs, jamais jaunes comme dans l'Oronge vraie. L'Oronge vraie, qui croît dans le midi de la France, offre un mets délicieux. Elle est très commune en Italie, où on la nomme *uovolo*, de la forme d'œuf qu'elle a en naissant. Les anciens Romains étaient très friands de ce champignon, qu'ils nommaient *bolet*. Au dire des historiens, ces fins gourmets de l'antiquité s'assujettissaient à le préparer eux-mêmes. C'était un usage très répandu chez les riches patriciens ; ils le nommaient *fungorum princeps* et *dominus*. Apicius, l'un des trois fameux gastronomes du même nom, celui qui vivait sous les règnes d'Auguste et de Tibère, a fait connaître, dans son ouvrage sur l'art culinaire, comment on l'apprêtait à Rome : cuit dans le vin avec bouquet de coriandre fraîche, dans le jus de viande, etc., liaison d'huile, de miel et de jaune d'œuf. Dans les festins on plaçait toujours ce mets somptueux devant le maître de la maison.

ORPHIE (*Belone*). Genre de poissons téléostéens de l'ordre des ANACANTHINES, famille des *Scombrésocidés*, au corps couvert d'écailles cycloïdes et présentant de chaque côté de l'abdomen une rangée d'écailles carénées ; ses mâchoires s'allongent en museau et sont garnies de longues dents coniques. L'**Orphie commune** (*B. vulgaris*), de nos côtes, est longue de 65 centimètres, verte en dessus, blanche en dessous ; elle offre cette singularité que ses os sont d'un beau vert. Sa chair est néanmoins saine et agréable.

ORPIMENT. Arsenic sulfuré. (Voir ARSENIC.)

ORPIN. Nom vulgaire de plusieurs plantes du genre *Sedum* (voir ce mot) ; notamment du *Sedum telephium*.

ORQUE. (Voir DAUPHIN.)

Orseille tinctoriale.

ORSEILLE (*Roccella*). Genre de plantes acotylédones de la famille des *Lichénacées*. Ce sont des lichens à thallus rameux, lacinié, couvert de tubercules farineux. Les espèces du genre *Orseille* croissent sur les rivages maritimes à toutes les expositions. — **L'Orseille des anciens** (*R. tinctoria*) croît aux Canaries; c'est là que l'allaient chercher les Phéniciens, et on l'employait à la teinture des étoffes en rouge violet. Elle se trouve sur plusieurs autres îles de l'Atlantique où on la récolte en raclant les rochers sur lesquels elle croît, et il s'en fait un commerce assez étendu. Ce lichen forme des touffes grises ou brunâtres de 5 à 7 centimètres de hauteur. On récolte sur nos côtes de l'Ouest une espèce assez voisine de la précédente, l'**Orseille fuciforme**, d'un beau gris à reflets bleuâtres.— L'**Orseille d'Auvergne** ou *parelle* fournit également une couleur rouge, ses croûtes blanchâtres croissent en abondance sur les rochers. En Suède et en Norwège, on emploie au même usage le lichen tartareux (*Lecanora tartarea*).

ORTEILS. On nomme ainsi les doigts de pied. (Voir Pied.)

ORTHOCÉRAS (du grec *orthos*, droit, et *kéras*, corne). Genre de mollusques Céphalopodes fondé sur des coquilles fossiles de grande dimension qui se trouvent principalement dans les terrains de transition. Ce sont des coquilles droites en forme de cône allongé, à tranche circulaire, cloisonnée dans la plus grande partie de sa longueur. Il en existe d'énormes, quelques-unes atteignent plus d'un mètre de longueur. On en trouve dans le terrain silurien, mais c'est surtout pendant la période dévonienne que les Orthocéras ont eu leur maximum de développement.

ORTHOPTÈRES (du grec *orthos*, droit, et *ptéron*, aile). Ordre d'insectes caractérisé par des ailes antérieures à demi coriaces, constituant des élytres,

Criquet.

par des ailes postérieures, membraneuses, plissées longitudinalement en éventail au repos et cachées sous les antérieures. A ce caractère il faut ajouter : une bouche armée de mandibules et de mâchoires disposées pour la mastication, celle-ci présentant

en dedans une pièce cornée et dentelée, recouverte par une lame voûtée nommée *galette;* le corps est allongé, moins consistant que celui des coléoptères; la tête est grosse, verticale ; les yeux composés, très grands et accompagnés de deux ou trois petits ocelles; l'abdomen est souvent muni d'une tarière ou d'un oviducte, à l'aide duquel l'animal loge ses œufs dans le lieu qui lui convient. Tous ces insectes sont terrestres, même à l'état de larve. La plupart se nourrissent de plantes et sont très voraces. Leurs métamorphoses sont incomplètes ; la larve et la nymphe diffèrent peu de l'insecte parfait, seulement elles sont aptères. Certaines espèces font des dégâts incalculables, quand ils se multiplient beaucoup, dans les jardins potagers, dans les champs, etc. On les répartit en deux sections bien distinctes : 1° celle des **Orthoptères coureurs**, dont les pieds, tous égaux, sont propres à la course; 2° celle des **Orthoptères sauteurs**, dont les pattes postérieures sont conformées pour le saut. La première section comprend les *forficulidés*, les *blattidés*, les *mantidés*, les *phasmidés*. Dans la seconde, on range les *acrididés* (criquets), les *locustidés* (sauterelles) et les *gryllidés*. Beaucoup d'entomologistes associent aujourd'hui aux orthoptères les insectes aptères dont Latreille faisait un ordre particulier sous le nom de *thysanoures*, comprenant les *podures* et les *lépismes*. Quant aux libellules, éphémères, perles, termites, que quelques entomologistes ont proposé de retirer des névroptères pour les joindre aux Orthoptères, ils nous semblent tout au plus devoir former un sous-ordre sous le nom de *pseudonévroptères*, et être placés comme trait d'union entre les deux ordres. Nous avons consacré des articles particuliers à chacun de ces genres.

ORTHORHYNCHUS (du grec *orthos*, droit, et *rugchos*, bec). Nom scientifique latin des Oiseaux-mouches. (Voir ce mot.)

ORTHOSE. (Voir Feldspath.)

ORTIE, *Urtica* (de *urere*, brûler). Genre type de la famille des Urticacées. Les Orties sont des plantes herbacées plus ou moins hérissées de soies raides et acérées, dont l'attouchement cause sur la peau une irritation douloureuse accompagnée d'ampoules. Ce phénomène est dû à une liqueur vénéneuse que laissent échapper en se brisant les poils de la plante, et qui s'introduit dans la petite plaie qui résulte de la piqûre. A l'état de dessication, on peut impunément manier les orties, parce que la matière malfaisante s'est volatilisée. Quelques-unes sont tellement irritantes, que leurs piqûres produisent des douleurs intenses pouvant durer plusieurs jours; telles sont: l'**Urtica ferox**, de la Nouvelle-Zélande, l'**Urtica stimulans**, de Java, l'**Urtica urentissima**, de Timor. Deux espèces de ce genre sont très communes en France et dans toutes les autres contrées de l'Europe; ce sont: l'**Ortie brûlante ou petite Ortie** *(U. urens, L.)*, plante annuelle haute de 30 à 40 centimètres qui infeste les jardins et autres lieux cultivés ou voisins des habitations de l'homme ; ses feuilles sont opposées, petites, dentées en scie ; ses fleurs, petites, monoïques, sont en grappes axillaires ; l'**Ortie dioïque** *(U. dioïca)* ou **grande Ortie,** qui croît de préférence dans les haies, les buissons, les décombres, et dépasse souvent 1 mètre de hauteur ; ses feuilles sont grandes, à fortes dents de scie ; elle est plus hérissée que l'autre, et par conséquent plus incommode ; néanmoins c'est une excellente plante fourragère, qui offre l'avantage de prospérer dans les terrains les plus arides, et d'être très précoce ; en Suède, on la

Ortie brûlante. — *a,* fleur mâle ; *b,* fleur femelle.

cultive, de temps immémorial, pour cet usage, et, dans tout le Nord, on en recherche les jeunes pousses à titre d'herbe potagère ; ses tiges fournissent une filasse inférieure en qualité au chanvre, mais qu'on emploie avec avantage à faire des tissus grossiers et du papier ; les graines de cette ortie sont une excellente nourriture pour la volaille. — On emploie, dans les îles de l'archipel Indien, les fibres de l'**Ortie ramie** (*U. utilis*) et celles de l'**Ortie blanche** (*U. nivea*), qu'il ne faut pas confondre avec le lamier blanc, auquel on donne vulgairement ce nom, pour fabriquer des cordages et des étoffes d'une très grande solidité ; la première surtout, supérieure au chanvre comme rendement, paraît être une précieuse acquisition pour nos colonies africaines, où elle réussit parfaitement. (Voir RAMIE.)

On nomme vulgairement :

Ortie bâtarde, une espèce de Mercuriale ;
Ortie blanche, le *Lamium album ;*
Ortie jaune, un Galeobdolon ;
Ortie rouge, le *Lamium purpureum ;*
Ortie puante, le *Stachys sylvatica.*

ORTIE DE MER. On donne ce nom aux Méduses et à divers autres animaux de la classe des CŒLENTÉRÉS (voir ce mot), dont le contact fait ressentir une sensation de brûlure comme celui de l'ortie.

ORTOLAN (*Emberiza ortulana*). Petit oiseau du genre des *Bruants,* au milieu desquels il se distingue par son dos brun olivâtre et par sa gorge d'un jaune paille. On le trouve en tout temps dans le midi de l'Europe, mais ce n'est que vers le mois de mai qu'on le voit arriver en France, et il en repart en septembre pour regagner les contrées d'où il était venu. Ce n'est qu'à leur passage d'automne que les Ortolans sont chargés de graisse et recherchés des gourmets pour la délicatesse de leur chair. Ceux que les oiseleurs prennent au printemps sont très maigres, et soumis à l'engraissement avant d'être livrés à la consommation. L'Ortolan niche dans les haies, sur les ceps de vigne, ou même à terre au milieu des champs ; la femelle pond dans ce nid, fait assez négligemment avec des feuilles desséchées, quatre ou cinq œufs de couleur grisâtre ; la ponte se renouvelle deux fois l'an.

ORVALE. (Voir SAUGE et LAMIER.)

ORVET (*Anguis*). Genre de reptiles de l'ordre des SAURIENS, section des *Brévilingues,* famille des *Scincidés,* à langue courte et épaisse, dont on ne connaît qu'une espèce propre à l'Europe, l'**Orvet commun** (*A. fragilis,* L.), que l'on rencontre également en Barbarie et en Asie. L'Orvet a l'apparence des serpents ordinaires ; il atteint communément 20 à 25 centimètres de longueur. Son corps est cylindrique, très mince, dépourvu de membres, et la queue fait la moitié de la longueur totale. Il est tout couvert d'écailles très lisses, luisantes, d'un jaune argenté en dessus, noirâtre en dessous ; il a trois filets noirs le long du dos, qui se changent avec l'âge en diverses séries de points, et finissent par disparaître. Ses yeux sont très petits, ce qui a fait croire qu'il était aveugle ; on lui donne même quelquefois

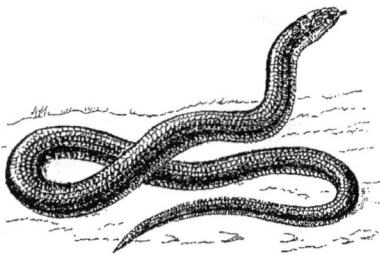

Orvet.

ce nom dans les campagnes ; mais il y voit fort bien et se nourrit de vers, d'insectes, de petits mollusques. Il fait ses petits vivants. Il vit dans les terrains sablonneux, dans les bois, se retire dans un trou pendant une partie du jour, la nuit durant la pluie, ou à l'approche du danger, et il y passe le temps des grands froids. L'Orvet est un animal complétement inoffensif, bien que dans beaucoup de localités on le redoute à l'égal des serpents venimeux. Linné a donné à cet ophidien le nom de *fragilis* à cause de la facilité avec laquelle sa queue se casse, et la même raison lui a fait appliquer celui de *serpent de verre* dans quelques-unes de nos provinces. On lui donne aussi parfois le nom d'*Anveau*.

ORYCTÈRE. (Voir ORYCTES.)

ORYCTÉROPE (du grec *oructèr*, fouisseur). Genre de mammifères de l'ordre des ÉDENTÉS, très voisin des Fourmiliers. On n'en connaît qu'une espèce propre au cap de Bonne-Espérance, où il paraît être assez commun. Il a des formes allongées comme les fourmiliers; sa tête, très longue, de forme conique, se termine par une sorte de boutoir; comme la plupart des édentés, il manque d'incisives et de canines, mais il a douze molaires à chaque mâchoire; les oreilles sont longues et pointues; la queue, renflée à sa base, est de forme conique; ses membres sont très robustes; les pieds de devant ont quatre doigts, ceux de derrière en ont cinq, tous sont

Oryctérope.

armés d'ongles très forts et propres à creuser la terre. La peau, dure et épaisse, est couverte d'un poil court peu abondant. — L'**Oryctérope du Cap** ou *cochon de terre* (*Orycteropus capensis*) est long de 1 mètre depuis le bout du museau jusqu'à l'origine de la queue, celle-ci mesure un demi-mètre. Sa couleur générale est d'un gris roussâtre, les membres sont noirâtres et la queue gris clair. C'est un animal fouisseur et nocturne, qui se creuse des terriers profonds; sa nourriture consiste en fourmis et en termites dont il s'empare, comme le fourmilier, en étendant sur leur passage sa longue langue enduite d'un mucus gluant. Les colons du Cap et les Hottentots estiment beaucoup la chair de l'Oryctérope et lui font une chasse active.

ORYCTES (du grec *oruktèr*, fouisseur). Genre d'insectes COLÉOPTÈRES de la famille des *Lamellicornes* ou *Scarabéidés*, division des *Rhizophages*. Les Oryctes ou rhinocéros sont en Europe les seuls représen-

tants de ces énormes scarabées des régions tropicales, dont quelques-uns atteignent 1 décimètre de longueur. Ce sont des insectes de forme ovale, très convexes, à pattes épaisses et robustes, les antérieures armées de trois ou quatre fortes dents. Leurs antennes ont dix articles dont les trois derniers forment la massue. Le type du genre, l'**Oryctes nasicorne**, vulgairement connu sous le nom de

Oryctes nasicorne, mâle et femelle.

rhinocéros, est long de 30 à 36 millimètres, d'une couleur d'acajou brillant. Sa tête est armée d'une longue corne arquée chez le mâle, remplacée chez la femelle par un simple tubercule pointu; le corselet du mâle se relève au milieu en une forte saillie tridentée. La femelle place ses œufs dans le tan des cultures maraîchères ou dans les vieux troncs pourris des chênes. La larve qui en sort ressemble à celle du hanneton, mais devient beaucoup plus grosse; elle mange les détritus ligneux

Larve d'oryctes.

du terreau et attaque aussi les racines des plantes. L'Oryctes nasicorne est assez commun aux environs de Paris, dans les jardins et surtout dans le tan, en juin et juillet. Il est bien connu des écoliers, qui s'en amusent et lui font supporter le poids de leurs gros dictionnaires. La force musculaire et la résistance des téguments de cet insecte sont extraordinaires, et c'est de lui qu'on a pu dire que, s'il avait la taille de l'éléphant, il bouleverserait sans peine les rochers et les montagnes. Dans le Midi se trouvent l'Oryctes grypus, un peu plus grand, et l'Oryctes silenus, plus petit; ils ont les mêmes mœurs.

ORYX. Espèce du genre *Antilope*. (Voir ce mot.) Ce serait cette espèce, figurée de profil sur les monuments égyptiens, qui aurait donné lieu à la fable de la licorne. (Voir ce mot.)

ORYZA. Nom scientifique latin du Riz. (Voir ce mot.)

OS. Parties dures et résistantes dont l'ensemble forme le squelette (voir ce mot) et qui servent d'appui, de points d'attache aux autres portions moins résistantes du corps des animaux vertébrés. Anatomiquement, les os sont formés de couches périphériques de tissu compact au-dessous duquel se trouve du tissu spongieux, et leur surface est revêtue par le périoste, membrane de tissu conjonctif. C'est par le périoste que se fait l'accroissement des os en épaisseur, c'est-à-dire le dépôt de nouvelles couches osseuses à la superficie. Les os longs sont composés d'un corps ou *diaphyse* et de deux extrémités ou *épiphyses* ordinairement renflées; ils présentent à leur centre un canal médullaire que remplit la moelle. C'est une substance particulière, de consistance pulpeuse, plus ou moins ferme, blanche ou jaunâtre; elle est composée de cellules formées par un noyau entouré d'un corps protoplasmique très réduit (*médullocelles*), qui en sont l'élément essentiel, puis de cellules adipeuses, de corps fibroplastiques et d'une matière amorphe plus ou moins abondante. Les os larges ou plats se composent de deux couches de tissu compact dites *tables* et d'une couche intermédiaire spongieuse (*diploé*), les os courts sont spécialement formés de tissus spongieux. Tout os est constamment en voie de régénération, sa paroi intérieure se résorbant sans cesse, tandis que sa paroi extérieure se renouvelle aux dépens du périoste. Dans le jeune âge, les os n'ont ni la rigidité ni la structure qu'on leur voit chez les adultes. A l'origine tout os est mou et ne renferme que du tissu cellulaire et des vaisseaux; c'est l'état muqueux auquel succède bientôt l'état cartilagineux. Alors la matière gélatineuse se forme et donne à l'os un aspect blanc et nacré. Puis on voit graduellement la matière osseuse apparaître dans des points isolés du même os; de ces points d'ossification elle irradie dans toutes les directions, de façon que peu à peu les points ossifiés se rejoignent et tout l'organe passe à l'état osseux. Chez le vieillard, l'accroissement en épaisseur par le périoste cesse avant la résorption des couches intérieures, ce qui produit un amincissement qui se traduit par la fragilité des os dans un âge avancé. Chimiquement, les os sont formés de gélatine et de phosphate de chaux.

OSCABRION (*Chiton*). Genre de mollusques GASTÉROPODES PROSOBRANCHES, famille des *Chitonidés*, remarquables par leur coquille articulée, formée de huit plaques transversales imbriquées et entourée par un repli du manteau; les branchies s'étendent de chaque côté du corps, sous le rebord de la peau; la tête est dépourvue de tentacules et d'yeux; la bouche contient une langue très longue, roulée en spirale et armée de dents cornées; la face ventrale est occupée par un disque charnu ou pied musculeux servant à la reptation comme celui des autres

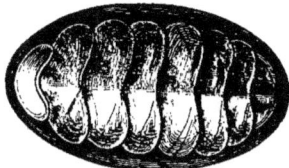

Chiton squamosus.

gastéropodes. Le corps des Oscabrions est en général de forme ovale, arrondi aux extrémités, convexe en dessus et plus ou moins plane en dessous. Le type du genre est le **Chiton squamosus**, assez commun dans les mers tropicales, et qui atteint une assez grande taille. On trouve dans la Manche, fixés aux corps solides, les **Chiton marginatus, cinereus, albus, ruber**, tous de petite taille.

OSCILLAIRES. (Voir OSCILLATORIÉES.)

OSCILLATORIÉES (*Oscillatoriæ*). Groupe de plantes de la famille des *Algues*, qui consistent en petits filaments très grêles, à cellules toutes semblables, discoïdes. Ces filaments sont nus, ou entourés d'une couche glaireuse, libres et doués de mouvements lents, oscillants, qui leur ont valu leur nom. La multiplication se fait par séparation de portions de filaments qui vont vivre indépendantes et s'accroissent par segmentation de leurs cellules constituantes. Les Oscillaires n'atteignent que quelques centimètres de longueur; elles habitent les eaux ou les lieux humides. Quelques-unes abondent dans les eaux thermales. Plusieurs naturalistes les rangent parmi les protistes.

OSCINE (*Oscinis*). Genre d'insectes DIPTÈRES de la famille des *Muscidés* ou Mouches, voisins des CHLOROPS, dont une espèce, l'**Oscinis frit**, produit souvent, à l'état de larve, des dégâts considérables dans les céréales et surtout sur l'orge. C'est une très petite mouche noire, à ailes enfumées, à tarses jaunâtres, commune dans toute l'Europe.

OSEILLE. Cette plante, bien connue de tout le monde, appartient au genre *Rumex* des botanistes et à la famille des *Polygonacées*. — L'**Oseille des jardins** (*Rumex acetosa*, L.) ou *surelle* est une herbe vivace, commune dans les pâturages et les prairies. On la cultive, comme chacun sait, à titre de plante potagère à cause de la saveur acidule de toutes ses parties, saveur due à l'oxalate de potasse (vulgairement *sel d'oseille*) qu'elle renferme, et qui se fait surtout sentir dans les jeunes feuilles. Personne n'ignore que l'oseille s'emploie non seulement comme aliment, mais qu'elle entre aussi dans la composition des sucs d'herbes et autres potions rafraîchissantes. — L'oseille commune est haute de 50 à 80 centimètres, sa tige est droite et sillonnée, ses feuilles inférieures, portées par de longs pétioles, sont sagittées avec des oreillettes à la base, les su-

Oseille. — *a*. fleur ; *b*, fruit.

périeures sont sessiles ; les fleurs, très petites, sont dioïques et disposées en faux verticilles. — La petite Oseille (*R. acetosella*), très commune dans les bois sablonneux, ne dépasse pas 12 à 15 centimètres ; elle a, mais à un degré plus faible, les qualités de la précédente. L'Oseille aquatique appartient au genre *Patience*. (Voir ce mot.)

OSIER (*Oseraie*). (Voir SAULE.)

OSMIE. (Voir ABEILLES SOLITAIRES.)

OSMITES (du grec *osmé*, odeur). Genre de plantes de la famille des *Composées*, tribu des *Sénécionidées*. Ce sont des arbrisseaux indigènes du Cap ; à feuilles alternes, sessiles, ovales lancéolées, dentées en scie ; à fleurs blanches à disque jaune, en capitules solitaires au sommet des rameaux. On en cultive quelques espèces en serre ; elles répandent une forte odeur de camphre.

OSMONDE (*Osmunda*). Genre de plantes cryptogames de la famille des *Fougères*, à sporanges pédicellés, réunis en panicule à la partie supérieure de la fronde ; celle-ci, roulée en crosse avant la préfoliation. Le type du genre, l'**Osmonde royale** ou *fougère fleurie*, est la plus remarquable de nos fougères indigènes. Ses frondes bipennées, à folioles oblongues, sessiles, comme denticulées, ont de 8 à

10 centimètres de longueur. Elle croît dans les bois humides ; son rhizome, autrefois employé comme

Osmonde royale. — *a*, feuille ; *b*, fleur.

vulnéraire, astringent, diurétique ; est simplement un purgatif doux. On emploie ses feuilles, dans les campagnes, pour faire des lits aux enfants.

OSPHROMENUS. (Voir GOURAMI.)

OSSELET, *Ossiculum* (diminutif de *os*).

OSSELETS DE L'OUÏE. On donne ce nom à la petite chaîne osseuse de l'oreille moyenne. (Voir OUÏE.)

OSSEMENTS FOSSILES. (Voir FOSSILES et PALÉONTOLOGIE.)

OSSEUX. Cuvier donnait ce nom aux poissons osseux par opposition aux poissons cartilagineux. On les nomme aujourd'hui *Téléostéens*. (Voir POISSONS.)

OSSIFRAGA. Nom scientifique latin du Gypaète. (Voir ce mot.)

OSTÉODERMES (de *ostéon*, os, et *derma*, peau). On donne ce nom aux poissons téléostéens dépourvus d'écailles proprement dites et dont le corps est recouvert de plaques ossifiées, souvent réunies en une sorte de carapace. Tels sont les Lophobranches et les Plectognathes. (Voir ces mots.)

OSTÉOLOGIE (du grec *ostéon*, os, et *logos*, discours). Partie de l'anatomie qui traite des os. (Voir Os et SQUELETTE.)

OSTRACÉS. (Voir OSTRÉIDÉS.)

OSTRACION. (Voir COFFRE.)

OSTRACODES (du grec *ostrakôdés*, en forme de coquille). Ordre de la classe des CRUSTACÉS comprenant de très petits animaux dont le corps est enfermé dans une sorte de carapace bivalve comparable à la coquille des mollusques acéphales. Ils sont munis de sept paires d'appendices de forme variée. Chez les Cypris, les plus répandus des animaux de ce groupe et qui lui servent de type, les appendices, dans le jeune âge, ne fonctionnent que comme des pattes : à l'âge adulte, les deux dernières paires seulement restent des pattes, les autres se transforment en mandibules, mâchoires, pattes-mâchoires et antennes. Ces dernières fonctionnent comme de véritables pattes et se terminent par des crochets au moyen desquels l'animal

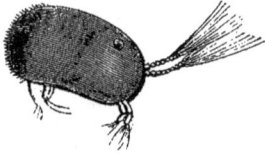

Cypris.

peut se fixer aux corps étrangers. Les appendices respiratoires sont portés par les mâchoires. Les Cypris vivent en quantité considérable dans les eaux douces ; d'autres, les Cypridines et les Cythères, habitent la mer.

OSTREA. Nom scientifique latin du genre *Huître*. (Voir ce mot.)

OSTRÉIDÉS (de *ostrea*, huître). Famille de mollusques bivalves, lamellibranches, de la section des ASIPHONIENS, ayant pour caractères principaux une coquille inéquivalve, écailleuse, à charnière ordinairement dépourvue de dents avec un seul muscle adducteur. Cette famille est essentiellement formée par les huîtres (*ostrea*). A côté se placent les genres *Gryphœa*, *Anomia*, *Placuna*, etc.

OTARIE, *Otaria* (du grec *ôtarion*, petite oreille). Genre de mammifères type de la famille des *Otaridés*, qui diffèrent des *Phoques* proprement dits en ce qu'ils possèdent une petite conque auriculaire et que leurs membres, plus dégagés du corps, sont plus aptes à la marche. Le **Lion marin** (*O. leonina*) et l'**Ours marin** (*O. ursina*) appartiennent à ce groupe. (Voir PHOQUE.)

OTIS. (Voir OUTARDE.)

OTUS. Nom scientifique latin du genre *Hibou*.

OUANDEROU. Nom d'une espèce de singe du genre *Macaque*.

OUARAN ou **VARAN.** (Voir MONITOR.)

OUATE (Herbe à l'). Nom vulgaire de l'Asclépiade de Syrie. (Voir ASCLÉPIADE.)

OUBLIE. Nom vulgaire d'une coquille du genre *Bulle*.

OUÏE. Sens par lequel nous percevons les sons et dont l'organe est l'oreille. Nous allons d'abord faire connaître cet organe chez l'homme. Les anatomistes partagent généralement l'ensemble de l'oreille en trois portions qui ont reçu les noms d'*oreille externe*, d'*oreille moyenne* et d'*oreille interne*. L'oreille externe se compose de deux parties distinctes : le pavillon et le conduit auditif externe. Le pavillon (1) est cette partie saillante que l'on désigne vulgairement sous le nom d'*oreille*; il présente en dehors trois éminences et autant d'enfoncements, lesquels ont pour usage de diriger parfaitement les ondes sonores vers le conduit auditif. Le conduit auditif (6, *a*) s'étend du

pavillon de l'oreille à la membrane du tympan (7, *b*) ou, si l'on veut, au repli membraneux, qui est situé de champ entre la terminaison du conduit auditif

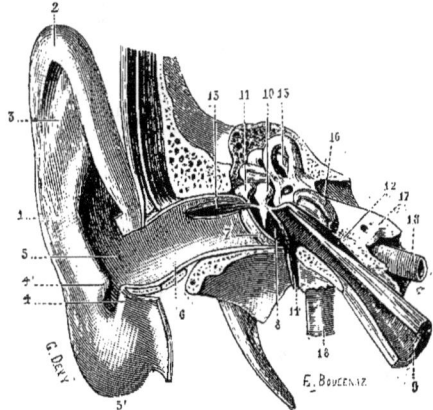

Oreille.

1, pavillon ; 2, hélix ; 3, anthélix ; 4, tragus ; 4' antitragus ; 5, conque ; 5', lobule, 6, conduit auditif externe ; 7, membrane du tympan ; 8, caisse du tympan ou oreille moyenne ; 9, trompe d'Eustache ; 10, marteau ; 11, enclume ; 12, muscle interne du marteau ; 13, muscle externe du marteau ; 14, muscle antérieur du marteau ; 15, canaux demi-circulaires ; 16, limaçon ; 17, rocher ; 18, carotide interne.

et le commencement de l'oreille moyenne. C'est un canal plus large à ses extrémités qu'à sa (partie moyenne, long de 25 à 30 millimètres et courbé dans sa longueur ; il est évidemment destiné à recevoir les ondulations sonores, et à les transmettre dans leur intégrité au nerf qui doit effectuer la sensation. Ce conduit est tapissé d'une membrane muqueuse, où l'on remarque les orifices des glandes qui sécrètent une humeur jaunâtre, destinée à modérer l'impression trop irritante de l'air et à empêcher les corps étrangers de s'introduire dans l'organe de l'Ouïe. L'oreille moyenne est cette seconde partie de l'oreille, que l'on désigne encore sous le nom de *caisse du tympan* (8, *d*) ou du *tambour*, située entre la membrane du tympan et l'oreille interne. La membrane du tympan est concave à sa surface externe et convexe à l'interne, qui répond au tympan. On remarque dans l'intérieur de l'oreille moyenne plusieurs parties, dont les principales

Schéma de l'ouïe.

a, conduit auditif externe ; *b*, membrane du tympan ; *c*, chaîne des osselets ; *d*, caisse du tympan ou oreille moyenne ; *e*, trompe d'Eustache ; *f*, fenêtre ronde ; *g*, fenêtre ovale ; *h*, labyrinthe ou oreille interne.

Chaîne des osselets de l'oreille vue par sa partie antérieure. — A, marteau ; B, enclume ; C, os lenticulaire ; D, étrier.

sont: la fenêtre ovale, ouverture qui établit une communication avec l'oreille interne, et qui est en partie fermée par l'étrier; et la fenêtre ronde, ouverture faisant également communiquer le tympan avec une autre partie de l'oreille interne; l'orifice triangulaire d'un canal très court, situé au-dessus d'une partie nommée *enclume*(11), s'ouvrant dans les cellules mastoïdiennes, cavités nombreuses qui communiquent entre elles; enfin, l'ouverture de la trompe d'Eustache (9, e), conduit long d'environ 5 centimètres, étendu depuis la caisse du tympan jusqu'à la partie supérieure du pharynx, où son orifice évasé et renflé est situé derrière l'ouverture postérieure de la fosse nasale correspondante. Dans l'intérieur de l'oreille moyenne sont encore contenus quatre petits os, dits *osselets de l'ouïe*, le marteau, l'enclume, l'os lenticulaire et l'étrier, lesquels ont pour usage d'imprimer certains mouvements à la membrane du tympan, quand les ondes sonores viennent à la frapper. L'oreille interne porte aussi le nom de *labyrinthe*, à cause des nombreux détours que présentent les différentes cavités et conduits dont elle est composée ou avec lesquels elle communique : dans cette partie de l'organe de l'audition se trouve logé le nerf acoustique, qui effectue la sensation. Le labyrinthe comprend : une cavité osseuse contournée en spirale qui porte le nom de *limaçon* (16), trois cavités cylindroïdes, courbées en demi-cercles, les canaux demi-circulaires (15); enfin une cavité centrale à laquelle aboutissent toutes les autres, et que, pour cette raison, on a appelée *vestibule*, communiquant avec l'oreille moyenne par la fenêtre ovale. Cette dernière cavité est remplie d'un liquide aqueux. L'oreille, telle que nous venons de la décrire, ne se rencontre que chez l'homme et les mammifères. Son organisation se simplifie considérablement à mesure que l'on descend les degrés de l'échelle animale, pour disparaître même complètement dans les dernières classes. Pour expliquer le phénomène de l'audition, il est nécessaire de rappeler ici quelques principes d'acoustique. Le *son* est le résultat d'oscillations rapides imprimées aux molécules des corps élastiques, lorsque sous l'influence d'un choc ou du frottement l'état d'équilibre de ces molécules a été troublé, elles tendent alors à reprendre leur position première, mais elles n'y reviennent qu'en exécutant des mouvements vibratoires ou de va-et-vient extrêmement rapides. Les vibrations du corps sonore se communiquent à l'air qui est en contact avec sa surface, et se propagent dans celui-ci par cercles de plus en plus grands, comme ceux qui se forment à la surface d'une eau tranquille lorsqu'on y jette une pierre. Les ondes sonores primitivement aériennes augmentent d'intensité en devenant liquides. Le son parcourt environ 340 mètres par seconde, infiniment moins que la lumière qui, dans le même espace de temps, parcourt 72 000 lieues, ce qui explique la distance qui existe dans certains cas entre l'apparition de l'éclair et le bruit du tonnerre. — Les ondes sonores frappent le cartilage de l'oreille qui les recueille et les dirige dans le conduit auditif, et cela d'autant mieux qu'il est plus grand, plus détaché de la tête et dirigé en avant. Le son est reçu dans le conduit auditif, qui le transmet, en partie par l'air qu'il contient, en partie par ses parois, jusqu'à la membrane du tympan. Celle-ci reçoit le son, entre en vibration, et peut, jusqu'à un certain point, s'accommoder à son intensité, en se relâchant ou en se tendant par l'action alternative des muscles antérieur et interne du marteau. La membrane du tympan reçoit les rayons sonores, et les transmet à l'air contenu dans la caisse, ainsi jusqu'à la chaîne des osselets. Le principal usage de la caisse du tympan est de transmettre à l'oreille interne les sons qu'elle a reçus de l'oreille externe. Cette transmission du son par la caisse a lieu : 1° par la chaîne des osselets, qui agit spécialement sur la membrane de la fenêtre ovale; 2° par l'air qui la remplit, et qui agit sur la portion pierreuse et sur la membrane de la fenêtre ronde; 3° enfin par les parois. La trompe d'Eustache sert à renouveler l'air de la caisse; elle donne issue à l'air, dans les cas où des sons trop violents viennent frapper la membrane du tympan. Les cellules mastoïdiennes, en augmentant l'étendue de la caisse, augmentent aussi la résonance des sons qui viennent s'y rendre. Les vibrations sonores sont propagées par l'intermédiaire des membranes de la fenêtre ovale et de la fenêtre ronde, véritables tympans, à la rampe du limaçon et aux canaux demi-circulaires, puis de là au liquide aqueux du vestibule, dans lequel baigne le nerf acoustique; celui-ci est ébranlé et cette impression transmise au cerveau constitue l'audition. Le milieu, habité par les divers groupes d'animaux, semble exercer une influence très grande sur le plus ou moins de complication de l'organe de l'Ouïe. L'oreille interne existe seule chez les poissons; et chez les reptiles, la membrane du tympan est souvent recouverte par la peau; cela tient à ce que les poissons et les reptiles étant presque tous aquatiques ou rampants sur la terre, ces animaux trouvent dans la plus grande capacité conductrice des sons de l'eau et de la terre une compensation suffisante à l'imperfection de leurs organes. C'est à la même cause que l'on peut attribuer la privation du pavillon de l'oreille chez les taupes, les phoques et les cétacés. Les oiseaux sont également privés du pavillon qui, en augmentant le poids et le volume de la tête, aurait nui à la vitesse du vol; toutefois, chez les oiseaux nocturnes, on retrouve une espèce d'auricule; ce rudiment de pavillon compense la diminution d'étendue de la vision. Les chauves-souris, qui ont la vue très faible, sont pourvues de grandes oreilles, dont la sensibilité est si exquise que par la seule impression de l'air elles sentent qu'elles approchent d'un corps quelconque. Chez les insectes et la plupart des mollusques, l'organe de l'ouïe est représenté par des otocystes ou vésicules auditives closes, contenant des concrétions solides ou otolithes, et qui reçoivent leurs nerfs du cerveau. Dans les crustacés, l'appareil auditif consiste en deux petits sacs membraneux remplis de liquide, presque toujours situés sur l'article basilaire des antennules et sur lesquels viennent s'épanouir des nerfs spéciaux. Enfin, chez les zoophytes, le sens de l'Ouïe paraît manquer complètement.

OUIES. On donne vulgairement ce nom aux fentes qui se voient sur les côtés de la tête des poissons et qui mettent les branchies en communication avec l'eau.

OUISTITI (*Hapale*). Genre de singes américains type de la famille des *Arctopithèques* ou *Hapalidés*, comprenant les plus petites espèces de singes. Ils n'ont ni callosités aux fesses ni abajoues ; leur queue non prenante est couverte partout d'un poil long et fourni ; leurs ongles sont transformés en de véritables griffes, et le pouce n'est pas opposable. Ils

Ouistiti (*Iacchus vulgaris*).

n'ont que cinq molaires de chaque côté et à chaque mâchoire. La taille de ces animaux ne dépasse pas celle de nos écureuils. Leurs poils longs et très doux sont généralement peints de couleurs variées. Les Ouistitis sont abondants au Brésil et à la Guyane ; on en trouve au Mexique et dans la Colombie. Ils vivent sur les arbres et font une chasse active aux insectes dont ils se nourrissent presque exclusivement. Ces animaux s'apprivoisent facilement et sont d'un caractère assez doux ; mais ils sont très frileux et demandent beaucoup de soins dans nos climats. E. Geoffroy Saint-Hilaire divise les Ouistitis en deux genres : les *Ouistitis* proprement dits (*Iacchus*), et les *Tamarins* (*Midas*), qui diffèrent un peu par la dentition et ont les oreilles plus grandes. — Le **Ouistiti commun** (*Iacchus vulgaris*, G.) a le pelage grisâtre, mêlé de brun et de cendré ; il a une tache blanche au milieu du front et deux grandes touffes de poils blanchâtres qui sont

situées au devant et derrière chaque oreille. La longueur du corps est d'environ 20 centimètres, sans comprendre la queue qui est un peu plus longue que lui. — Une autre espèce, le **Tamarin de Buffon** (*Midas rufimanus*, Desm.), un peu plus grand que le précédent, a le pelage noir varié de gris ; les mains et les pieds sont couverts de poils roux, ses oreilles sont larges et nues.— Le **Ouistiti oreillard** ressemble beaucoup au Ouistiti commun, mais il en diffère par sa face toute blanche. Il habite le Brésil. — Nous citerons encore le **Tamarin nègre**, le **Ouistiti à front jaune**, et le **Ouistiti mico** ou **argenté**, décrits dans Buffon.

OURAX. (Voir Hocco.)

OURS (*Ursus*). Genre de mammifères carnivores de la section des PLANTIGRADES, type de la famille des *Ursidés*, auxquels leur grande taille, leurs formes trapues, leurs membres épais, armés d'ongles puissants, donnent un aspect redoutable. Leur système dentaire dénote d'ailleurs des habitudes peu carnassières ; aussi ne mangent-ils de chair qu'autant que la contrée qu'ils habitent ou la saison ne leur fournissent pas les fruits et les racines qu'ils préfèrent. Ils ont la dent carnassière à couronne tuberculeuse, suivie de deux grosses molaires à tubercules mousses. La conformation de leurs membres, peu favorable à la course, leur permet de se tenir dressés sur les pattes de derrière et de grimper avec agilité aux arbres, où ils vont souvent chercher les nids des abeilles. Ils doivent aussi à la grande quantité de graisse, dont leur corps est ordinairement chargé, la faculté de nager avec facilité. Leurs yeux sont petits, mais vifs, leurs oreilles mobiles ; leur museau terminé par un cartilage également mobile, dans lequel sont percées les narines. Le pelage se compose chez eux de poils épais, longs et brillants ; leur queue est très courte. Ces animaux ont une force musculaire très grande, et leur intelligence est loin d'être en rapport avec la lourdeur de leur allure. Cependant ils mènent une vie solitaire et indolente, retirés dans les antres qu'ils creusent, ou dans le tronc de quelque arbre séculaire, au sein des forêts les plus épaisses ; ils y dorment tout le jour et n'en sortent que la nuit pour chercher leur nourriture. — On trouve des Ours dans toutes les parties du monde et sous toutes les latitudes, excepté dans la Nouvelle-Hollande et au sud de l'Afrique. C'est surtout du nord des deux continents que l'on tire les fourrures livrées au commerce ; on emploie aussi leur graisse comme cosmétique. Leur chair passe pour être fort bonne à manger et l'on regarde même les pattes comme un mets délicat.

On connaît une douzaine d'espèces d'Ours. L'**Ours brun** (*U. arctos*) est commun dans les hautes montagnes et dans les grandes forêts de l'Europe et de l'Asie septentrionale. Il a 1^m,50 de hauteur mesuré au garrot, le pelage brun ou jaunâtre. Il vit solitaire, se loge dans les cavernes et les troncs creux des vieux arbres où il passe le jour à dormir, et ne se met en campagne qu'à la nuit pour chercher sa nourriture. Celle-ci consiste en fruits et en racines, et ce n'est que poussé par la faim qu'il attaque un être vivant. Mais jamais il n'est dangereux pour l'homme, à moins qu'il n'en soit attaqué; dans ce cas, il devient terrible et engage une lutte mortelle pour l'un ou pour l'autre, et quelquefois pour tous deux. C'est dans les pays les plus froids, là où sa fourrure est plus épaisse, qu'on fait à l'Ours la chasse la plus active. Souvent on lui tend des pièges, dans lesquels on l'attire à l'aide du miel, pour lequel il a un goût effréné. Quelquefois on l'attaque corps à corps en se servant d'un épieu qu'on cherche à lui enfoncer dans le ventre, lorsqu'il se dresse sur ses

Ours brun des Alpes.

pattes de derrière pour étouffer son ennemi entre ses bras; mais cette lutte présente beaucoup de danger, cet animal devenant furieux dès qu'il se sent blessé. L'usage des armes à feu offre seul quelque sécurité. L'Ours fuit toute société, même celle de ses semblables; ce n'est même qu'au temps de la reproduction qu'il recherche sa femelle. Celle-ci met bas de un à cinq petits, après sept mois de gestation. Elle leur montre une grande tendresse, les soigne, les nettoie, les lèche, et se fait tuer sur place plutôt que de les abandonner. Le mâle, au contraire, paraît tout à fait indifférent et l'on prétend même qu'il ne manque jamais de manger ses enfants, si le hasard lui fait découvrir l'asile où sa femelle les a cachés dans un lit de feuilles sèches et de mousse. Les Ours ne passent pas l'hiver en léthargie et ne se nourrissent pas de leur propre graisse, comme l'ont avancé plusieurs auteurs; ils restent enfermés dans leur tanière pendant le jour, mais ils en sortent toutes les fois que la faim les presse et aussi souvent en hiver qu'en été. Malgré ses formes grossières, sa tournure pesante et grotesque, l'Ours est rempli d'intelligence et de finesse, et tous ses sens sont très développés. La prudence est un des traits saillants de son caractère; il montre toujours la plus grande circonspection, et donne très rarement dans les pièges qu'on lui tend. — L'Ours noir (*Ursus niger*) d'Europe paraît n'être qu'une variété de l'Ours brun. — L'Ours des Pyrénées ou des **Asturies** (*U. pyrenaïcus*) est plus petit que l'Ours brun, et son pelage est d'un fauve jaunâtre; ses mœurs sont d'ailleurs analogues à celles

de l'Ours brun.—L'**Ours commun** d'**Amérique** (*U. americanus*) est de la taille de notre Ours brun, dont il paraît avoir les mœurs; son pelage est d'un noir lustré ou d'un brun chocolat. Il habite toute l'Amérique du Nord et descend vers le Sud pendant les hivers rigoureux. Cet Ours est encore moins carnassier et moins dangereux que le nôtre. Mais il n'en est pas ainsi d'une autre espèce d'Amérique, que sa férocité a fait surnommer l'**Ours terrible** (*U. ferox*), *grisly bear* des Américains. Tous les voyageurs s'accordent à faire un portrait effrayant de cet animal qui porte la terreur dans les contrées qu'il habite. Il atteint communément 2ᵐ,60 de longueur et souvent davantage; ses pattes sont armées de griffes énormes et sa force est prodigieuse ainsi que sa férocité. Son pelage, très épais, est d'un gris blanchâtre et sa physionomie est terrible. Il habite les immenses forêts vierges des montagnes Rocheuses et du Missouri. Cet Ours est éminemment carnassier et attaque les grands animaux tels que les daims, les argalis et les bisons. Il attaque l'homme lui-même, et rarement celui-ci sort vainqueur de la lutte; cependant le sauvage indien combat ce terrible adversaire et ambitionne un collier fait de ses griffes, autant que la chevelure d'un ennemi.—Il nous reste à parler de l'**Ours blanc** (*U. maritimus*, L.) ou **Ours polaire**, célèbre par sa réputation de férocité. Cette espèce atteint 6 pieds et demi à 7 pieds de longueur (2ᵐ,30), mais jamais 12 pieds, comme l'ont affirmé quelques voyageurs chez lesquels la peur doublait sans doute la grosseur de l'animal. L'Ours polaire est remarquable par la longueur de son cou, de son corps et de ses pieds; par la forme de sa tête allongée et aplatie; il est tout couvert de longs poils blancs, touffus et soyeux : il en a jusque sous la plante des pieds, ce qui assure sa marche sur les glaces les plus unies. Pendant le court été des contrées boréales, il se retire dans l'intérieur des terres et vit solitairement au milieu des bois; c'est pendant cette saison que la femelle fait ses petits et qu'elle les allaite sur un lit de mousse. Mais bientôt des neiges abondantes couvrent la terre et forcent les Ours à quitter les bois, où ils ne trouvent plus de nourriture; c'est alors qu'ils viennent sur les bords de la mer par troupes, et cette sorte de sociabilité distingue encore cette espèce de toutes les autres. Ils poursuivent jusque dans les profondeurs de la mer les poissons et les mammifères amphibies dont ils font leur proie; ils plongent et nagent avec autant d'aisance que d'agilité, et peuvent faire ainsi plusieurs lieues sans se reposer. Quelquefois ils montent sur un glaçon flottant, s'y endorment, et sont entraînés en pleine mer. C'est ainsi qu'on voit, chaque année, arriver sur des glaçons flottants, en Islande et en Norwège, des bandes d'Ours affamés qui se jettent alors sur tout ce qu'ils rencontrent, et cette circonstance n'a pas peu contribué à établir leur réputation de courage et de férocité. Leur proie ordinaire consiste en phoques et en jeunes morses; mais ils ne dédaignent pas les cadavres que les vagues rejettent à la côte. L'Ours blanc est l'effroi des marins qui sont obligés d'hiverner dans les régions polaires ; doué d'un courage aveugle et stupide, cet animal ne se rend nullement compte du danger, et sa voracité le pousse à attaquer une troupe de matelots bien armés ou à tenter l'abordage d'une chaloupe remplie d'hommes. En captivité, l'Ours blanc ne se montre susceptible d'aucune éducation, d'aucun attachement, et il reste toujours d'une sauvagerie brutale et stupide. Sa fourrure, quoique belle et bien garnie, ne sert guère qu'à faire des tapis de pieds et quelques vêtements grossiers, mais chauds. — On place à la suite des Ours, comme sous-genre, sous le nom de *Helarctos,* une espèce asiatique, qui se distingue des autres Ours par sa tête ronde, son front large et ses ongles longs et comprimés : c'est l'**Ours malais** ou **Ours bateleur,** qui habite les îles de la Sonde, Bornéo, Sumatra, etc. Il n'a que 1ᵐ,30 de longueur ; son pelage est d'un noir luisant avec une grande tache d'un fauve jaunâtre sur la poitrine. Cet animal, intelligent et peu farouche, se laisse facilement apprivoiser ; les bateleurs malais lui apprennent des danses grotesques et divers tours. Il passe pour être entièrement frugivore.

On connaît plusieurs espèces d'Ours fossiles de l'époque quaternaire. Le plus remarquable est l'**Ours des cavernes** (*Ursus spelœus*), espèce gigantesque grande comme un taureau, et que sa puissante stature et son front fortement bombé distinguent de tous les Ours vivants. On trouve ses restes nombreux amoncelés au fond des antres qui servaient de repaire à cet animal, sous une couche de limon et de stalagmites.

OURS MARIN. Nom vulgaire d'une espèce de Phoque du genre *Otarie.* (Voir Phoque.)

OURSINS (*Echinidæ*). Classe d'animaux à symétrie rayonnée de l'embranchement des Echinodermes. — Les Oursins proprement dits sont globuleux, revêtus d'un test calcaire comme la coquille des mollusques, et composé d'une quantité innombrable de petites pièces polygonales soudées entre elles et disposées par bandes régulières, comme les côtes d'un melon ; ces bandes sont couvertes de petits mamelons sur lesquels sont fixées des épines raides et cassantes. C'est à ce dernier caractère que ces animaux doivent leurs noms d'oursins, de hérissons, de châtaignes de mer, ou celui plus scientifique d'*Echinidés*, tiré du grec *échinos* (hérissé d'épines). L'animal, mou et gélatineux, est renfermé dans cette enveloppe dure et épineuse, comme une châtaigne dans sa coque. A l'intérieur de cette boîte calcaire est tendue la membrane qui relie et maintient les organes de l'animal. Si on dépouille de ses piquants cette enveloppe solide, on reconnaît que celle-ci se décompose en cinq bandes ou fuseaux régulièrement percés de trous, entièrement semblables entre eux, ce sont les bandes ambulacraires ; elles sont séparées par autant de fuseaux imperforés. Par les trous

des bandes perforées sortent des pieds tubuleux complétement rétractiles et susceptibles de s'allonger au delà des épines, pour se fixer par leur extrémité, creusée en ventouse, sur les corps solides. Au point où convergent toutes les bandes de l'enve-

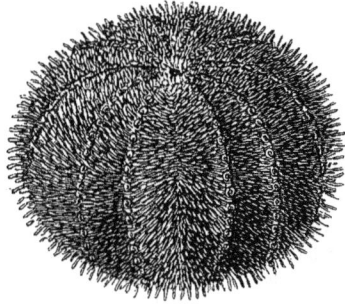

Oursin comestible.

loppe, c'est-à-dire au centre même du disque, en dessous, se trouve la bouche. Cette bouche est armée de cinq dents en forme de larges ciseaux enchâssés dans une charpente calcaire très compliquée et mue par des muscles puissants ; on donne à cet appareil le nom de *lanterne d'Aristote.* Ces dents ont avec celles des mammifères rongeurs ce singulier point de ressemblance, qu'elles croissent par la base à mesure qu'elles s'usent et restent toujours de même longueur et tranchantes. L'anus s'ouvre généralement à l'opposite de la bouche. Le tube digestif

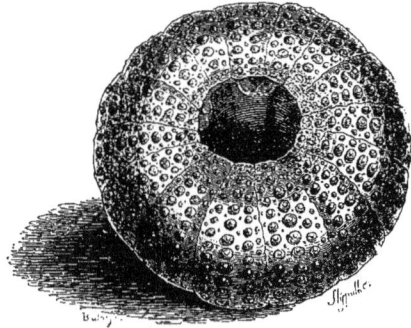

Oursin comestible dépouillé de ses épines.

s'étend entre les deux orifices, après avoir décrit plusieurs circonvolutions. L'appareil circulatoire se compose de deux vaisseaux absorbants qui déversent le chyle dans cinq branches rayonnantes simples ou ramifiées qui se terminent en cul-de-sac. Le système nerveux est constitué par un anneau œsophagien renflé en cinq ganglions, de chacun desquels part un cordon nerveux qui s'allonge le long des bandes ambulacraires. Les organes de reproduction sont cinq grosses glandes situées autour de l'anus. De l'œuf sort une petite larve pyramidale connue sous le nom de *Pluteus*, et qui nage au moyen de cils vibratiles. — Les Oursins sont tous marins ; ils se tiennent la bouche en bas et rampent ainsi sur le sol. On les trouve à marée basse dans les fentes des rochers, sous les pierres, entre les plantes marines ou sur le sable. On en connaît plusieurs espèces sur nos côtes ; la plus commune est l'**Oursin comestible** (*Echinus esculentus*), de la grosseur et de la forme d'une pomme ordinaire. Son test est percé de dix rangées de trous rapprochés par paires se rendant régulièrement de la bouche au point opposé, comme les méridiens d'un globe terrestre ; il est couvert de piquants courts, rayés, ordinairement violets. Au printemps, les ovaires des femelles se remplissent d'œufs qui les font rechercher comme aliment ; on prétend même que c'est un mets fort délicat ; on les mange comme les œufs à la coque, en y trempant des mouillettes de pain, ce qui leur a fait donner, en quelques endroits, le nom d'œuf de mer. Certaines espèces se creusent dans les rochers des trous proportionnés à leur taille. Ils se nourrissent de petits mollusques et d'algues marines. On trouve les Oursins à l'état fossile en nombre considérable, surtout dans les couches des époques secondaire et tertiaire. — On divise les Oursins ou Echinides en *Réguliers* et *Irréguliers*. Les premiers, qui comprennent les *Oursins* proprement dits, ont la forme plus ou moins sphéroïdale ; la bouche centrale est munie d'un appareil masticateur ; l'anus placé à l'opposite est à peu près central. Parmi les genres vivants, nous citerons : *Cidaris, Echinus, Toxopneustes*, etc. Les irréguliers comprennent les *Clypeasteroïdes*, en forme de bouclier : la bouche centrale est munie d'un appareil masticateur, mais l'anus est excentrique. Les principaux genres sont : *Clypeaster* et *Dendraster*. Les *Spatangoïdes* sont ovalaires ou cordiformes ; leur bouche, excentrique, est dépourvue d'appareil masticateur ; l'anus est excentrique et ils n'ont que quatre aires ambulacraires. Les principaux genres vivants sont : *Spatangus, Echinoneus, Echinocardium*, etc.

OUTARDE (*Otis*). Genre d'oiseaux de l'ordre des ÉCHASSIERS PRESSIROSTRES, section des *Hérodactyles* de Geoffroy, qui, par leurs caractères mixtes, tiennent à la fois des oiseaux de rivage et des gallinacés. Ils ont de ces derniers la lourdeur des formes, la forme voûtée du bec et le régime granivore ; tandis qu'ils se rattachent aux premiers par les autres points de leur anatomie, la nudité du bas de leurs jambes, la longueur de leurs tarses et celle de leur cou. Ils n'ont que trois doigts devant, courts, et réunis à leur base ; ils volent mal et en rasant la terre, vu la brièveté de leurs ailes, qui les aident tout au plus dans leur course agile. Ce sont des oiseaux très défiants, sauvages et même farouches, qui fréquentent surtout les plaines, ne perchent jamais et déposent leurs œufs par terre, au milieu

de l'herbe et des céréales. — La **grande Outarde** (*O. tarda*), le plus gros des oiseaux d'Europe, car le mâle atteint, en général, 1 mètre de long, a le plumage d'un fauve vif et traversé de traits noirs sur le dos, grisâtre sur tout le reste du corps. Les plumes des oreilles forment de chaque côté de la tête des sortes de moustaches. La femelle est d'un tiers moins forte. Cette espèce se trouve en Allemagne, en Italie principalement, dans quelques parties de la France, surtout dans la Champagne pouilleuse. Sa chair est très recherchée, surtout quand l'animal est jeune. — La petite **Outarde** ou *canepetière* (*O. tetrax*), de taille moitié moindre, est brune, piquetée de noir en dessus, blanchâtre en dessous. Le mâle a le cou noir, avec deux colliers blancs. Cette espèce, beaucoup plus rare que la précédente, nous arrive au printemps et nous quitte

Outarde canepetière.

en automne. Sa chair est aussi très estimée. Les Outardes se rassemblent par petits groupes, surtout en hiver ; mais au printemps les mâles se séparent et sont suivis chacun de plusieurs femelles dont ils se montrent très jaloux. La grande analogie qui semble exister sous le rapport des mœurs entre la plupart des gallinacés qui vivent dans nos basses-cours et les Outardes, avait fait espérer que l'on pourrait réduire ces dernières à la domesticité ; mais elles ont toujours refusé de pondre en captivité. — Une espèce d'Afrique, le *Houbara* (*O. houbara*), se distingue par la huppe de plumes effilées qui orne sa tête. Elle a les mœurs des Outardes d'Europe et habite le nord de l'Afrique. En raison de son bec allongé et très déprimé à la base, on en a fait un genre particulier (*Houbara undulata*).

OVAIRE. Ce nom est donné, en botanique, à une partie creuse, plus ou moins renflée, formée d'un ou plusieurs carpelles, qui renferment les ovules. A l'époque de la maturité, l'ovaire constitue le fruit. (Voir FLEUR et FRUIT.)

Ovaire. (Voir Œuf et Reproduction pour les animaux.)

OVIBOS (du latin *ovis*, mouton, et *bos*, bœuf). Nom scientifique latin du Bœuf musqué. L'Ovibos ou bœuf musqué diffère des autres bœufs par plusieurs caractères importants qni l'ont fait élever au rang de genre distinct. Il n'a pas de mufle, son chanfrein est très busqué, comme chez les moutons; ses cornes, très larges, se touchent à leur base, s'appliquent ensuite sur les côtés de la tête, puis se relèvent brusquement de côté et en arrière. Il n'a pas de barbe, sa queue est très courte et ses membres robustes. — L'Ovibos musqué est un peu plus petit que le bœuf; son aspect est celui d'un énorme mou-

Ovibos musqué.

ton. Son pelage se compose de deux sortes de poils, l'un doux et laineux en dessous, l'autre plus grossier et fort long en dessus; sa couleur générale est un brun foncé, ses cornes sont blanches et lisses. L'Ovibos habite l'Amérique du Nord; il vit par troupes de quatre-vingts à cent dans les régions les plus froides, les montagnes boisées qui avoisinent le cercle polaire. Malgré sa lourdeur apparente, il montre une grande agilité, qui, jointe à sa nature farouche et ombrageuse, rend sa chasse dangereuse. Sa chair, qui rappelle celle de l'élan, exhale une forte odeur de musc qui la rend détestable pour les personnes qui n'y sont pas accoutumées.

OVIDUCTE (de *ovum*, œuf, et *ductus*, conduit). On donne ce nom, chez les oiseaux, au conduit par lequel l'œuf descend de l'ovaire dans le cloaque; la même disposition existe, à peu près, chez les batraciens, les reptiles et les poissons. — Chez les insectes, l'Oviducte est un canal formé par la réunion de deux tubes qui naissent des ovaires et qui sont destinés à porter les œufs soit dans la terre, soit sous les écorces, ou dans les tissus végétaux, soit même dans le corps ou sous la peau de divers animaux.

OVIPARE (de *ovum*, œuf, et *parere*, engendrer). Se dit de tous les animaux qui pondent des œufs.

OVOVIVIPARES (de *ovum*, œuf, *vivus*, vivant, et *parere*, engendrer). On désigne sous ce nom quelques animaux ovipares dont les œufs éclosent dans le corps même de la mère, de sorte que celle-ci pond ses petits vivants; telle est la vipère.

OVULE (de *ovulum*, petit œuf). On désigne sous ce nom, en botanique, les petits corps contenus dans l'ovaire des plantes phanérogames, et qui après fécondation, deviennent les graines. (Voir ce mot.) — On donne également ce nom, en zoologie, à l'élément femelle de la génération, lequel, après fécondation, se développe en un nouvel être. (Voir Œuf et Reproduction.)

OVULE. Genre de mollusques Gastéropodes prosobranches de la famille des *Cypréidés*, très voisins des Porcelaines. Leur coquille, dont les tours successifs s'enveloppent complètement, est recouverte par le manteau qui sécrète la couche émaillée externe, comme chez les porcelaines, dont ils diffèrent par l'absence des dents ou plis multiples au bord gauche de l'ouverture et par les prolongements plus ou moins prononcés de la coquille aux deux extrémités. On connaît un certain nombre d'Ovules répandues dans les mers chaudes et tempérées du globe; celles des mers d'Europe (*Ovula patula, spelta, carnea*) sont fort petites, mais celles des mers tropicales, telles que l'*Ovula oviformis* des Moluques, atteignent de 8 à 10 centimètres. Cette dernière est d'un beau blanc de porcelaine.

OXALIDÉES (du genre *Oxalis*). Groupe de plantes dicotylédones, polypétales, hypogynes, longtemps considéré comme une famille distincte, mais qu'on réunit aujourd'hui comme simple tribu à la famille des *Géraniacées*. Elle est constituée par le genre *Oxalis*. (Voir ce mot.)

OXALIS (du grec *oxus*, acide). Genre de plantes type du groupe des *Oxalidées*, dont M. H. Baillon fait une tribu de sa famille des *Géraniacées*. Les Oxalidées se distinguent par des fleurs régulières, pentamères, à réceptacle convexe, étamines en nombre double ou triple des pétales;

Oxalis acetosella.

ovaires à loges pluriovulées, fruit capsulaire s'ouvrant en cinq valves. Ce sont des plantes herbacées à feuilles alternes, pétiolées, composées, à fleurs solitaires ou en petites ombelles. — L'Oxalide blanche ou surelle (*O. acetosella*), assez fréquente dans les bois humides des environs de Paris, est une herbe à rhizome rougeâtre, grêle, traçant, émettant des rejets filiformes. Les feuilles, toutes radicales, ont un long pétiole terminé par trois folioles en cœur pliées longitudinalement au niveau de la nervure moyenne. Les fleurs sont blanches ou jaunes, solitaires à l'extrémité de pédoncules radicaux. Les feuilles, qui ont une saveur acide et agréable, sont considérées comme antiscorbutiques; elles sont très riches en acide oxalique et servent à son extraction. Plusieurs espèces du Pérou, connues sous le nom d'*Oca*, sont utiles par leurs tubercules comestibles gorgés de fécule. Ce sont les **Oxalis crenata, tuberosa, carnosa.**

OXYCÈDRE. (Voir Cade.)

OXYCOCCOS. (Voir Canneberge.)

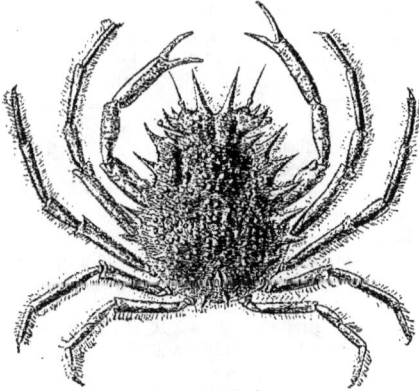

Oxyrhynque (Maïa).

OXYRHYNQUES (du grec *oxus*, aigu, et *rhugchos*, bec). Famille de crustacés Décapodes, dont le corps a la forme d'un triangle, ayant sa base arrondie et tournée en arrière, et son sommet formé par un rostre saillant et pointu. Leur carapace est plus longue que large, très inégale et presque toujours hérissée d'épines ou de tubercules. Les pattes-mâchoires et les pattes de la première paire ne sont pas très développées, mais les suivantes sont d'une longueur démesurée, toujours grêles et cylindriques; ce qui leur fait donner sur nos côtes le nom d'*araignées de mer*. Les Oxyrhynques sont essentiellement marins et vivent dans l'eau profonde; ils ne tardent pas à périr quand on les retire de leur élément. Les genres *Maia* et *Inachus* appartiennent à ce groupe.

OXYURE (de *oxus*, aigu, et *oura*, queue). Genre de vers de l'ordre des Nématodes, type de la famille des *Oxyuridés*. Ces vers, de très petite taille, ont le corps cylindrique ou fusiforme, terminé en pointe aiguë chez la femelle, obtusément chez le mâle; leur bouche est munie de trois lèvres. Les Oxyures vivent en parasites dans l'intestin de quelques mammifères; l'un d'eux, l'**Oxyuris vermicularis**, qui ne dépasse pas 8 millimètres de longueur, vit sur l'homme et surtout chez les enfants, principalement dans le rectum, où il cause des démangeaisons insupportables. On emploie contre eux les vermifuges et les purgatifs. Les lavements à l'eau froide procurent souvent un grand soulagement. Les lavements à l'eau salée et à l'absinthe sont encore plus efficaces. — Le chien, le chat, le cheval, le lapin, sont attaqués par des Oxyures spéciaux. Celui du cheval (*Oxyuris equi*) mesure de 40 à 50 millimètres de longueur.

P

PACA (*Cœlogenys*). Genre de mammifères rongeurs de la famille des *Caviadés*, voisins des Agoutis, dont

Cœlogenys Paca.

ils se distinguent par la présence d'abajoues et par leurs membres postérieurs terminés par cinq doigts armés d'ongles robustes propres à fouir. La queue est remplacée par un simple tubercule et leur pelage est composé de poils courts et raides. — Le type du genre, le **Cœlogenys Paca**, habite les forêts basses et humides de l'Amérique méridionale, où il se creuse des terriers à la manière des lapins. Il ne sort guère de sa retraite pendant le jour, mais va la nuit à la recherche des fruits et des racines dont il fait sa nourriture. Il est un peu plus gros qu'un lièvre; son pelage est brun avec neuf ou dix bandes blanches longitudinales formées de taches très rapprochées; tout le dessous est d'un blanc sale. Cet animal est devenu rare, par suite de la chasse active qu'on lui fait, en raison de la délicatesse de sa chair.

PACAN, PACANIER. (Voir Carya.)

PACHIRIER (*Pachiria*). Genre de plantes de la famille des *Sterculiacées*, propres à l'Amérique tropicale. Ce sont des arbres de moyenne taille, d'un port élégant qui rappelle celui du châtaignier. Leurs feuilles sont alternes, composées de trois à neuf folioles, leurs fleurs très grandes, solitaires, axillaires, blanches ou rouges, leur fruit est une capsule ovale, renfermant de nombreuses graines que l'on mange cuites sous la cendre. — Le type du genre est le **Pachirier aquatique**, qui croît au bord des eaux.

PACHYDERMES (de *pachus*, épais, et *derma*, peau). Ordre de mammifères se distinguant par l'épaisseur de leur cuir, par leurs sabots, et par l'absence de clavicule. Cet ordre, établi par Cuvier, renfermait les plus grands quadrupèdes connus. Il se divisait en trois familles bien distinctes : celle des **Proboscidiens** ou Pachydermes à trompe (*proboscis*, trompe), celle des **Pachydermes propres** (*Belluæ* de Linné) et celle des **Solipèdes**. La première famille ne renferme que les éléphants auxquels nous avons consacré un article particulier. Les Pachydermes ordinaires (porcins) qui se rapprochent, à plusieurs égards, des ruminants par le squelette, ont l'estomac simple, les doigts en nombre pair, la peau dure et très épaisse, presque entièrement dépourvue de poils. Leurs formes massives, leurs jambes généralement courtes et grosses, rendent leur allure pesante et leur ensemble très disgracieux. Ils fréquentent de préférence les lieux humides et marécageux, où ils ont la facilité de se rouler dans la fange pour assouplir la raideur de leur peau et se débarrasser des insectes qui les incommodent, dans les contrées méridionales qu'ils habitent. Ce sont généralement des animaux d'une nature très peu sociable ; le cochon est le seul d'entre eux qu'on ait pu réduire à l'état domestique. Cette famille comprend les hippopotames, les tapirs, les rhinocéros et les cochons. (Voir tous ces noms.) La troisième famille des Pachydermes, celle des *Solipèdes* (Jumentés), tire son nom de la forme des pieds, qui se termine par un seul doigt renfermé dans un sabot unique. Le groupe des solipèdes ne comprend qu'un seul genre : le *cheval*, dans lequel rentrent aussi l'âne et le zèbre. — Les classificateurs actuels font de ces trois familles autant d'ordres particuliers : ce sont les *Proboscidiens*, les *Porcins* et les *Jumentés*. (Voir ces mots.)

PACO. (Voir LAMA.)

PÆONIA. Nom scientifique latin du genre *Pivoine.* (Voir ce mot.)

PAGEL (*Pagellus*). Genre de poissons de l'ordre des ACANTHOPTÈRES, famille des *Sparidés*. Ils diffèrent des Spares proprement dits par des molaires arrondies, plus petites, placées sur deux ou plusieurs rangs, par les dents antérieures toutes en cardes, et par le museau plus allongé. Plusieurs espèces se rencontrent dans la Méditerranée ; la plus répandue, le **Pagel commun** (*P. erythrinus*), est d'un beau rouge carmin en dessus, rosé sur les flancs et argenté sous le ventre ; les nageoires sont roses ; mais il perd ses belles couleurs en vieillissant et devient blanchâtre. Il est long de 30 à 40 centimètres. Sa chair est blanche et très estimée. — Le **Pagel à dents aiguës** ou *rousseau* des Marseil-

lais (*P. centrodontus*) atteint 50 et même 60 centimètres ; il se distingue du précédent par son museau moins pointu, son œil plus grand et par une large tache noire située vers le haut de l'épaule ; ses côtes sont d'un gris argenté ; ses nageoires dorsale et anale sont brunâtres, les ventrales d'un gris très clair. Sa chair est également fort bonne.

PAGRE (*Pagrus*). Genre de poissons de l'ordre des ACANTHOPTÈRES, de la famille des *Sparidés*, établi aux dépens des daurades, dont ils diffèrent par leur museau très court et parce qu'ils n'ont sur les côtés des mâchoires que deux rangées de petites dents molaires arrondies. On en pêche trois espèces dans la Méditerranée : le **Pagre commun** (*P. vulgaris*), le **Pagrus orphus** et le **Pagrus hurta**. Ce sont des poissons de taille moyenne (40 à 60 centimètres) et dont la chair est assez estimée.

PAGURE. Genre de crustacés DÉCAPODES de la division des MACROURES, type de la famille des *Paguridés*, remarquables par leurs habitudes et par certains détails de leur conformation. Leur aspect rappelle celui des écrevisses et des homards, mais leur queue est molle, longue, cylindracée, rétrécie vers le bout ; les quatre derniers pieds sont beaucoup plus courts que les précédents. Les pattes-mâchoires externes sont de grandeur médiocre, inégales, l'une est toujours plus renflée que l'autre. Le thorax est ovoïde ou oblong. Les quatre antennes sont très rapprochées, les mitoyennes plus courtes que les latérales. La mollesse et la nudité de l'abdomen chez les Pagures leur rend également dangereuse la dent des poissons et les chocs contre les rochers et les galets ; aussi ces animaux cherchent-ils un asile dans quelque coquille univalve, au fond de

Pagure Bernard.

laquelle ils s'accrochent au moyen de leurs appendices abdominaux. — L'espèce la plus répandue de ce genre est le **Pagure Bernard** ou *ermite*, que l'on rencontre sur toutes les plages des mers de l'Europe ; on le voit habituellement dans la coquille des buccins. Tous les ans, après la mue, le Pagure, ayant grossi, se trouve trop à l'étroit dans sa coquille et est obligé d'en chercher une autre, dans laquelle il entre à reculons. Il arrive quelquefois que, pressé de changer de domicile et n'en trouvant pas à son gré, le Pagure en attaque un autre dont il convoite la maison, et l'oblige, s'il est le plus fort, à la lui céder. Certains poissons sont très friands de la chair des Pagures ; aussi ceux-ci se tiennent-ils prudemment enfoncés dans leur coquille, dont ils cherchent à fermer l'entrée avec leur grosse pince. Ils se promènent sur les rochers ou au fond de l'eau, en traînant après eux leur demeure. Certaines petites espèces de Pagures se nichent dans les éponges, les serpules, les polypiers, etc. Les habitants des côtes du Calvados mangent le Pagure Bernard ; sur d'autres points du littoral, les pêcheurs s'en servent comme appât.

PAILLE. Sous ce terme général, on comprend les tiges de toutes les céréales quand elles sont séchées par la maturité et dépouillées de leur grain.

PAILLE-EN-QUEUE (*Phacton*). Genre d'oiseaux palmipèdes de la famille des *Totipalmes*, remarquables par les deux pennes étroites et très longues qu'ils portent à leur queue, et qui, de loin, ressemblent à une paille ; leur tête ne présente aucune partie nue ; leur bec est droit, pointu, denticulé, médiocrement fort ; leurs pieds sont courts et leurs ailes très longues ; aussi volent-ils très loin dans la haute mer, et, comme ils ne quittent la zone torride que rarement, leur apparition fait reconnaître aux navigateurs le voisinage du tropique ; de là le nom d'*oiseau du tropique* qu'ils lui donnent. Ces oiseaux, de la grosseur d'un pigeon, font la chasse aux poissons volants. — On en distingue deux espèces : le **Paille-en-queue à brins rouges**, à plumage généralement blanc, nuancé d'une légère teinte rosée, dont le bec et les deux longues pennes caudales sont rouges ; et le **Paille-en-queue à brins blancs**, dont les pennes caudales sont blanches.

PAILLETTES. On donne ce nom, en botanique, aux lames minces et scarieuses qui, dans certaines plantes de la famille des *Composées*, garnissent le réceptacle et sépare les fleurs entre elles. On donne aussi ce nom aux pièces de l'involucre et du périanthe des graminées.

PAIN [Arbre à]. L'Artocarpe. (Voir ce mot.)

PAIN DE DIKA. Au Gabon, et sur une grande partie de la côte occidentale d'Afrique, de la Sierra-Leone à Saint-Paul de Loanda, croît en abondance une sorte de manguier qui diffère du *Mangifera indica*, et qu'on a nommé *Mangifera gabonensis*. C'est un arbre dont la hauteur atteint de 15 à 20 mètres, et qui a le port du chêne d'Europe ; les naturels l'appellent *oba*. Il a les feuilles moins lancéolées et plus courtes que le manguier indien ; il a, comme lui, des fleurs blanchâtres ; son fruit, de couleur jaune, peut égaler en grosseur un œuf de cygne. Les Gabonais mangent ce fruit, mais tirent surtout parti de l'amande qu'il renferme dans un noyau aplati et tomenteux ; cette amande, recouverte d'un épisperme rougeâtre, est blanche à l'intérieur ; elle est d'un goût agréable et très oléagineuse. On fait la récolte des fruits de l'*oba* dans les mois de novembre et de décembre ; on en extrait les amandes, que l'on concasse grossièrement, et on les fait cuire par masses de 3 à 4 kilogrammes, en forme de cônes tronqués ; la cuisson fait adhérer assez fortement les unes aux autres les parcelles de cette pâte, et il en résulte une sorte de gâteau, qui constitue le Pain de dika, et qui est un des principaux aliments dont se nourrissent les indigènes du Gabon.

On nomme encore :

Pain de hanneton, les fruits de l'Orme ;

Pain de coucou, l'*Oxalis acetosella ;*

Pain de lièvre, le Gouet ;

Pain d'oiseau, la Brize moyenne ;

Pain de pourceau, le Cyclame d'Europe ;

Pain de singe, le fruit du Baobab.

PALAIS. On nomme ainsi la voûte qui forme la paroi supérieure de la cavité buccale et sépare celle-ci des fosses nasales ; elle est formée par les os maxillaires supérieurs et palatins revêtus d'une membrane muqueuse. On la désigne aussi sous le nom de *voûte palatine.*

PALÉMON. Genre de crustacés de l'ordre des Décapodes macroures, de la famille des *Caridides*, caractérisés par leur rostre très allongé, se recourbant en haut et denté en scie. Ces petits crustacés,

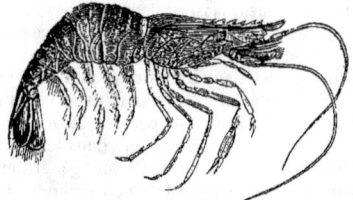

Crevette.

que l'on apporte en quantités considérables sur les marchés de Paris, y sont connus sous le nom de *crevettes roses*, de *salicoques* et de *bouquet*. C'est le **Palæmon serratus** des naturalistes. Il ne faut pas le confondre avec la *crevette grise*, qui appartient au genre *Grangon*. Cette dernière est moins délicate et ne devient pas rouge comme le Palémon par la cuisson.

PALÉONTOLOGIE (du grec *palaion*, ancien, *onton*, être, et *logos*, discours, traité). Histoire des anciens êtres, autrement dit des *fossiles*. (Voir ce mot.) Tous les savants admettent aujourd'hui l'origine ignée de notre globe et sa fluidité primitive, son refroidissement progressif pendant sa révolution dans l'espace, et par suite, la formation d'une croûte solide superficielle. Mais on concevra facilement que la vie n'a été possible à sa surface que lorsque celle-ci, par suite du refroidissement de la masse, eut atteint une température assez basse pour que l'eau, due à la condensation des vapeurs contenues dans l'atmosphère, pût se maintenir d'une manière permanente à l'état liquide dans ses dépressions ; l'eau ou l'humidité étant, comme on sait, une des conditions essentielles de tout organisme vivant. Les premières eaux ainsi formées durent contenir des principes salins et avoir une composition assez analogue à celle des mers actuelles, à ce qu'on peut conclure du moins des caractères des plus anciens organismes, tandis qu'on n'a de preuves de l'existence d'eaux douces qu'à partir d'une époque beaucoup moins reculée. L'Océan d'alors devait être sans bornes, peu profond, mais parsemé d'innombrables îlots représentant les aspérités de la croûte disloquée du globe. Les premiers organismes animaux et végétaux étaient donc tous aquatiques et marins. Du moment qu'il y eut des eaux permanentes, des sédiments s'y déposèrent, par suite de l'altération et de la décomposition des roches émergées, et formèrent, au-dessus des roches cristallines et massives résultant du refroidissement de la masse fluide incandescente, des dépôts en couches superposées ou, comme on dit, *stratifiées*. Ces causes et leurs effets s'étant continués sans interruption jusqu'à nos jours, il en est résulté une série de dépôts argileux, sableux, calcaires, marneux, caillouteux, etc., se recouvrant les uns sur les autres, comme on le voit dans les collines et les carrières de nos environs. De ces couches formées les unes après les autres, les plus anciennes sont nécessairement celles qui sont placées le plus profondément, et comme chacune de ces couches a ses fossiles caractéristiques propres et spéciaux, et qu'ils sont les mêmes dans toute l'étendue de chacune d'elles, il s'ensuit que ces diverses couches sont comme les pages du grand livre de l'histoire de la terre, et que les fossiles sont les caractères au moyen desquels nous déchiffrons les événements géologiques. Pour en faciliter l'étude, on a établi des divisions dans les couches ainsi superposées et on les a réparties en plusieurs grandes époques qui sont, en commençant par les plus profondes : l'époque primaire, l'époque de transition, l'époque secondaire, tertiaire et quaternaire ou moderne. Chacune de ces époques est à son tour divisée en un grand nombre d'étages ou formations, dont on trouvera le détail au mot Terrains, et qui sont caractérisées par l'apparition de nouveaux types animaux et végétaux. Nous avons décrit au mot Fossiles les caractères qui les distinguent, et nous avons dit de quelle utilité ils étaient pour le géologue, dans l'étude de l'histoire de la terre et du mode de déposition des couches qui les renferment. L'étude des fossiles a fait reconnaître une progression continue dans le développement de la vie sur le globe. A partir des couches les plus profondes où se manifeste la vie, jusqu'aux plus récentes, nous voyons se présenter dans la succession des divers étages, un développement graduel d'organisation, une progression du simple au composé et comme une série ascendante de systèmes vivants de plus en plus compliqués ou parfaits ; de sorte que dans les couches les plus inférieures, on ne rencontre que les végétaux de la structure la plus simple et les animaux dont les fonctions sont le moins élevées : zoophytes, mollusques, crustacés; puis apparaissent dans les forma-

tions suivantes des êtres d'une organisation de plus en plus complexe, à mesure qu'on remonte la série des terrains : poissons, reptiles, oiseaux, mammifères. Ces faunes et ces flores diverses se succèdent à la surface du globe, à mesure qu'il poursuit son évolution, mais aucune d'elles n'apparaît ou ne disparaît en bloc. Les espèces s'éteignent une à une et naissent une à une, de telle sorte que leur ensemble subit insensiblement dans le cours des âges une incessante transformation. Nous allons dans cet article jeter un coup d'œil rapide sur la succession des êtres à travers le temps. Selon toute probabilité, la vie, durant ces périodes primitives, se manifesta d'abord par des protistes, des algues des infusoires et des polypes nus qui, dépourvus de squelette et de carapace calcaire, n'ont pu laisser aucune trace de leur existence. A l'exception de quelques algues élémentaires, de quelques zoophytes mal déterminés (*cophyton, eozoon*), on ne rencontre pas d'autres fossiles dans les immenses dépôts laurentiens qui recouvrent les roches primitives dans l'Amérique du Nord, et n'ont pas moins de 6 à 7 000 mètres d'épaisseur. Si les lois biologiques étaient les mêmes à cette époque reculée que celles que nous connaissons à présent, et rien ne peut faire supposer le contraire, les plantes ont dû précéder les animaux, quelque simples que fussent ceux-ci ; car, ce sont elles qui préparent et élaborent tous les éléments propres à entretenir la vie

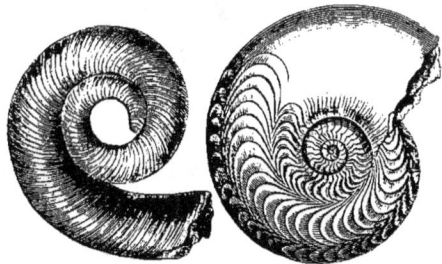

Céphalopodes siluriens
(*Lituites cornu* et *Goniatites Hœninghausi*).

des animaux. De même que l'animal carnassier suppose nécessairement l'existence d'animaux herbivores, ceux-ci supposent l'existence des plantes sans lesquelles ils ne pourraient subsister. Il est donc probable que des plantes d'une organisation très simple (algues, conferves, dont les téguments mous et gélatineux n'ont laissé aucune trace) vivaient déjà à cette époque. — Dans l'étage suivant, le Cambrien, apparaissent déjà quelques êtres un peu plus élevés dans l'échelle animale : ce sont des polypiers, des annélides, quelques mollusques brachiopodes. Sans doute au milieu d'eux vivaient aussi des vers, des acalèphes, dont le corps, composé exclusivement de parties molles, n'a pu laisser de traces.

— Dans les divers étages du terrain SILURIEN sont disséminés les débris parfaitement conservés d'un grand nombre d'organismes inférieurs; ce sont des polypiers : *Cyathaxonia Dalmani, Halisytes labyrin-*

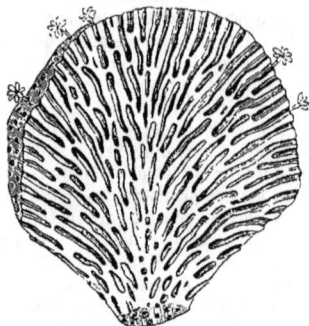

Polypier silurien (*Favosites*).

thica, Favosites multipora; des mollusques acéphales : des avicules, des lingules, si abondants par endroits que le sol est littéralement pétri de leurs coquilles, et déjà des céphalopodes : goniatites, orthocères, lituites, nautiles, qui déploient au sein

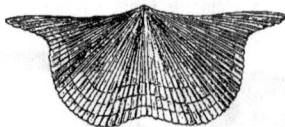

Brachiopode dévonien (*Spirifer disjunctus*).

des mers leurs longs bras ornés de ventouses et que nous retrouverons à l'époque suivante; des annélides et des échinodermes; puis des crustacés, dont les plus nombreux et les mieux organisés sont les trilobites, singuliers animaux recouverts d'une

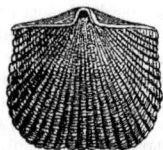

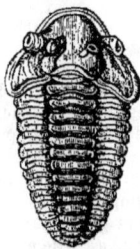

Orthis rustica.　　　Trilobite (*Calymene Blumenbachii*).

cuirasse calcaire divisée en trois lobes, portant de gros yeux à facettes, et qui ressemblaient à d'énormes cloportes. Ces crustacés, très variés et très nombreux pendant l'ère primaire, disparaissent

complètement, pour faire place à d'autres familles dans les époques suivantes. Les polypiers ou madrépores de l'époque silurienne sont assez nombreux : *Alveolites, Favosites,* etc. — Dans le terrain DÉVONIEN, les progrès de la vie sont déjà très manifestes. Des fossiles différents succèdent aux premiers. Dans les mers vivent toujours des trilobites, des mollusques acéphales, brachiopodes et céphalopodes, mais ils appartiennent à des espèces différentes et présentent des formes nouvelles. Les brachiopodes surtout y dominent : ce sont des *Spirifer,* des *Leptæna,* des *Orthis;* parmi les zoophytes, des *Cyathophyllum,* des *Favosites.* C'est à cette époque qu'apparaissent les premiers animaux vertébrés, de nombreux poissons fort différents d'ailleurs de nos espèces actuelles. La plupart avaient le corps recouvert d'écailles dures, émaillées, et presque toujours anguleuses (*ganoïdes*), ou garnies de plaques osseuses irrégulières (*placoïdes*), et leur queue présentait des lobes inégaux, la colonne vertébrale se prolongeant dans le lobe supérieur beaucoup plus développé; cette organisation ne se retrouve plus aujourd'hui que dans les squales et les esturgeons. Parmi les placoïdes, les *Cladodus* et les *Ctenodus,* couverts d'une peau épaisse et rugueuse et armés de dents triangulaires et pointues, se rapprochaient beaucoup de nos modernes requins. Parmi les ganoïdes, les *Cephalaspis* avaient la tête large, plate, couverte d'un vaste bouclier, et le corps garni d'écailles angulaires; les *Pterichthys,* défendus de

Poisson dévonien
(*Pterichthys cornu*).

même par de larges plaques d'émail, possédaient, en outre, deux fortes rames nageoires pareillement revêtues de brassards pierreux; les *Coccosteus* étaient cachés presque tout entiers, sauf la queue, sous une cuirasse formée de plusieurs pièces et hérissée de gros clous d'é-

Poisson dévonien (*Osteolepis*).

mail. Les *Cœlacanthes,* aux larges nageoires frangées, couverts de grandes écailles soudées entre elles, atteignaient des dimensions considérables; tels étaient : l'*Osteolepis,* protégé par un revêtement de grandes écailles carrées; l'*Holoptychius,* à écailles anguleuses, au crâne blindé de plaques d'émail; le *Megalichthys,* couvert d'écailles ciselées, le recouvrant comme d'une carapace de tortue, et qui semble faire pressentir l'arrivée prochaine des reptiles. C'est en effet dans les couches supérieures du vieux grès rouge dévonien que l'on a trouvé, en Ecosse, les débris du premier reptile : ce sont les os d'un petit lézard ou d'une salamandre aquatique (Telerpeton elginense)

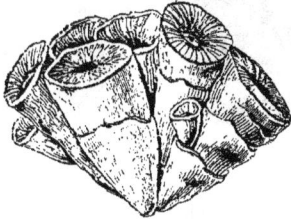

Polypier du dévonien (*Cyatophyllum turbinatum*).

lerpeton elginense) qui vivait sans doute dans les nombreuses mares de cette époque. Moins bien armés, mais se rapprochant plus des poissons de nos jours, étaient les acanthodes à écailles presque microscopiques et munis d'un rayon à leurs nageoires. De petits organismes inférieurs de la famille des *Hydrozoaires*, les stromatopores, donnent, par leur accumulation, naissance à des massifs calcaires de plusieurs centaines de mètres d'épaisseur. La flore dévonienne est surtout marine, mais les

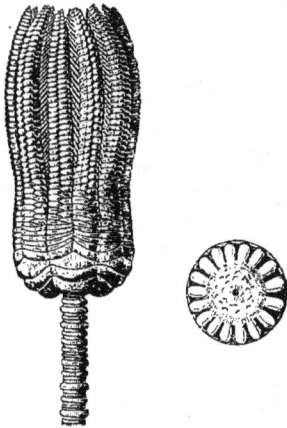

Encrinus liliiformis et un disque de la tige.

terres émergées se couvrent déjà de fougères et de calamites qui font pressentir la luxuriante végétation de l'époque suivante. — Le terrain HOUILLER est riche en fossiles; le calcaire carbonifère en semble parfois tout pénétré. La roche n'est quelquefois qu'un amas de polypiers : *Zoantharia*, *Lonsdalia*, *Cyatophyllum*, *Retepora*, etc.; les encrinites, si curieuses par leur structure, s'y montrent aussi; elles

ressemblent à de grands lis de pierre, à tige composée d'une multitude de pièces articulées l'une sur l'autre, figurant chacune un disque polygonal qui présente la forme d'une étoile. Le marbre des

Sigillaire.

écaussines est tout pétri de ces élégants disques étoilés. Parmi les mollusques, des brachiopodes représentés surtout par de nombreux productus de formes variées et par des spirifères dont les deux longs bras s'enroulent au sein de la coquille; les céphalopodes ont pour représentants des orthocères, des goniatites; ceux-ci ont la coquille

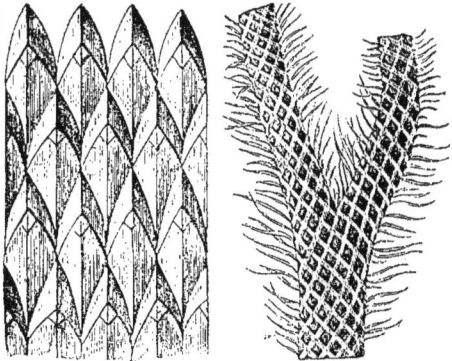

Lepidodendron aculeatum.   Lepidodendron élégant.

assez semblable de forme à celle du nautile des mers actuelles et divisée en chambres par des cloisons comme cette dernière. C'est dans l'étage houiller que l'on rencontre les premiers insectes, quelques coléoptères et des névroptères (libellules) : mais ce sont surtout les poissons qui prennent le plus de développement. Outre les placoïdes et les ganoïdes, dont les principaux genres apparaissent à l'époque précédente, se montrent de nouvelles

formes qui, par certains détails de leur organisation, font pressentir les reptiles sauriens (lézards,
crocodiles), qui bientôt vont paraître. Les poissons
sauroïdes rappellent, en effet, l'organisation des
sauriens par la structure de leur crâne, par leurs
énormes dents coniques, par leur corps cuirassé de
larges plaques d'émail ; tels sont les genres *Pygopterus* et *Acrolepis*, dont se rapprochaient déjà le
magalichthys et l'holoptychius. Cette puissante famille, qui se partageait avec les squales la domination des mers houillères, n'est représentée dans la
faune moderne que par deux espèces : le *Bichir* ou
Polyptère du Nil et le *Lépidostée* des fleuves de l'Amérique du Nord. Puis apparaissent deux véritables

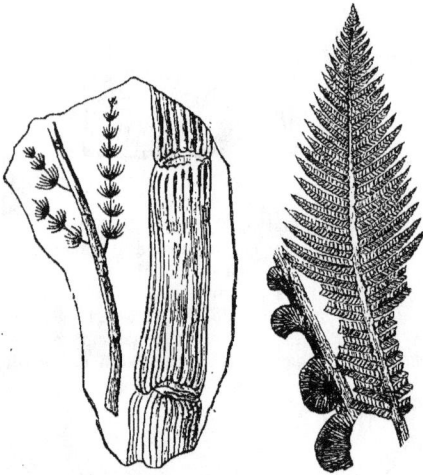

Calamite.   Fougère (Pecopteris de la houille.)

reptiles sauriens, l'*Archegausorus* et le *Protero-
saurus*, qui, avec le *Telerpeton*, sont les premiers
vertébrés terrestres respirant par des poumons.
Mais c'est surtout la végétation qui prend à cette
époque un développement auquel n'est comparable
celui d'aucune autre époque. La flore houillère, dépourvue de monocotylédones et de dicotylédones,
abonde en plantes cryptogames, avec une certaine
proportion de cycadées et de conifères. Ce sont des
lycopodiacées gigantesques (*Lepidodendron, Sigillaria*) à feuillage maigre et piquant, des fougères arborescentes et des fougères herbacées énormes
(*Nevropteris, Pecopteris*), enfin de grandes équisétacées (*Calamites*). Le caractère de cette végétation, à
laquelle est due la houille, était la profusion plutôt
que la richesse, la vigueur plutôt que la variété ; les
fleurs brillantes et les arbustes gracieux y faisaient
défaut. Avec la période secondaire nous entrons
dans le règne des reptiles. Ce sont eux, en effet,
qui y dominent par leur nombre, par leur force et
par la variété de leur organisation souvent bizarre.

Les animaux marins prédominent encore et prou-
vent que les terres émergées avaient peu d'étendue.
Les couches formées dans les mers de l'époque
PERMIENNE renferment en petit nombre des poly-

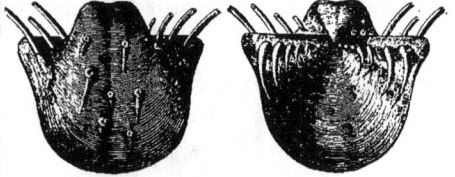

Productus horridus du Permien, vu en dessus
et en dessous.

piers, des bryozoaires, des mollusques, des brachiopodes (*Productus horridus*), des crustacés ; on y
trouve quelques belles espèces de poissons : *Palœo-
niscus, Cœlacanthus, Pygopterus, Acrolepis ;* puis des
sauriens voisins des moniteurs (*Monitor thuringinen-
sis*). A cette époque, on voit s'éteindre la plupart des
types organiques qui l'ont précédée et l'on en voit
poindre de nouveaux ; les reptiles sont déjà plus
nombreux qu'à l'époque précédente ; ils ont en
même temps une structure plus perfectionnée et la
progression et la perfection iront toujours en croissant jusqu'à l'époque JURASSIQUE. Ce sont les laby-

Voltzia heterophylla du trias.

rinthodontes du trias, gigantesques batraciens, qui
ont laissé, avec leurs os, l'empreinte de leurs pas
sur les vases molles de l'époque. Alors paraissent
aussi les premières tortues : *Trionyx, Chelonia*, et
plusieurs reptiles crocodiliens : *Thecodontosaurus,
Rhyncosaurus, Simosaurus, Capitosaurus*. Puis dans
les mers jurassiques se montrent ces étranges
halisauriens ou dragons de mer dont aucun animal

aujourd'hui ne rappelle la singulière organisation. C'est l'*Ichthyosaure*, saurien gigantesque de 7 mètres de longueur qui, avec une tête et une queue

Ichthyosaure du lias.

de crocodile, avait les vertèbres d'un poisson et les pattes-nageoires d'un cétacé ; c'est le *Plésiosaure*, plus monstrueux encore, qui, sur un tronc pourvu

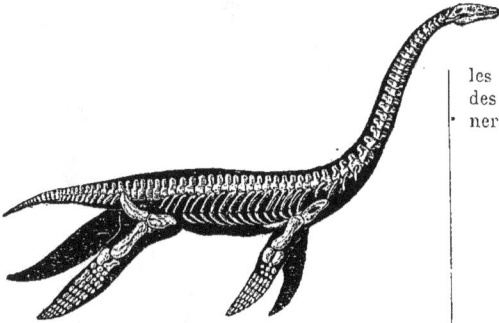

Plésiosaure du lias.

de quatre pattes-nageoires et d'une queue courte, porte une petite tête de lézard au bout d'un cou d'une longueur démesurée, mince et flexible comme

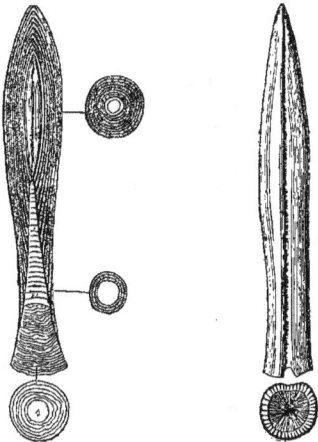

Belemnites hastatus de l'oolithe.   Belemnites acutus du lias.

un serpent. C'est enfin le *Ptérodactyle* (voir ce mot), reptile volant qui se rapproche des oiseaux par la forme de la tête et du cou, des mammifères par le

tronc et la queue et dont les membres ailés rappellent ceux de la chauve-souris. — Sur le sol émergé du lias vivait un crocodilien plus gigantesque encore, le *Mégalosaure* (voir ce mot), qui mesurait de 12 à 15 mètres suivant Cuvier. Le lias et le terrain jurassique, ainsi que le terrain crétacé qui les suit, abondent en fossiles de l'ordre des Céphalopodes ; ce sont des nautiles, des bélemnites et surtout des ammonites, qui caractérisent d'autant mieux l'ère secondaire qu'ils ne doivent pas lui survivre. Très nombreux dès le début, on en voit depuis la dimension d'une petite pièce de monnaie jusqu'à celle d'une roue de carrosse. On y trouve aussi en abondance des mollusques acéphales (gryphée, térébratules, huîtres) et des gastéropodes. — C'est dans le schiste lithographique qu'ont été trouvés les premiers débris d'oiseaux : appelé par les géologues *Archæopterix*, cet oiseau présente des caractères singuliers qui paraissent lui donner quelques liens de parenté avec les reptiles.

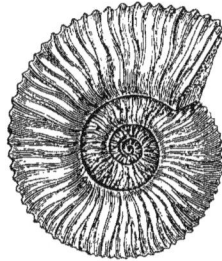

Ammonite de Duncan.

Sa colonne vertébrale se prolonge en une queue très longue composée de vingt vertèbres, et la main de l'aile offre des doigts libres, mobiles, armés de fortes griffes, tandis que les oiseaux actuels n'ont qu'un seul doigt formant l'aile et sans griffe. — C'est dans la grande oolithe du terrain jurassique

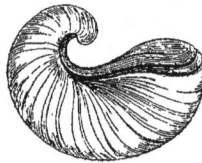

Gryphée arquée du lias.   Térébratule quadrifide.

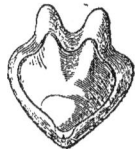

que se montrent pour la première fois des mammifères ; ces restes appartiennent à l'ordre le plus imparfait, à celui des Marsupiaux (voir ce mot) et à un genre voisin des myrmecobius de l'Australie. Pendant la période oolithique se continue, mais en décroissant, le règne des grands reptiles sauriens. Les ichthyosaures disparaissent, mais les plésiosaures et les ptérodactyles leur survivent et surtout les derniers jusque dans la craie. De nouveaux genres se montrent dans la période oolithique : tels sont de grands crocodiles téléosauriens, de 10 mè-

Archæopteryx.

tres de longueur, qui devaient être la terreur des eaux. Quant à la flore, elle se fait remarquer par le grand nombre de cycadées qu'elle contient et par

Cycas revoluta.

l'apparition des premières plantes monocotylé-dones (palmiers). — Dans le terrain Crétacé conti-nuent à se développer des céphalopodes : nautiles, ammonites, et plusieurs nouveaux genres : *Bacu-*

lites, Turrilites, Ancyloceras, Crioceras, ainsi que de nombreux mollusques et rudistes, des polypiers, des échinodermes, des coquilles microscopiques et des foraminifères en quantité tellement considé-rable que la craie en est presque totalement for-mée. A cette époque apparaissent les premiers poissons à queue homo-cerque, c'est-à-dire à lobes égaux (*Lepidotus*) ; les puissants ganoïdes ont en partie cédé la place à de monstrueux requins et à d'énormes raies. L'un de ces requins, dont on re-trouve les dents décou-pées en scie et longues de 12 centimètres, devait avoir une taille considé-rable. Les puissants hali-sauriens de l'époque ju-rassique ne sont plus représentés que par le *Mosasaure*; sa grande taille, qui n'était pas moindre de 8 mètres, sa dentition formidable, sa queue aplatie latérale-ment et ses pattes élar-gies en palettes qui en faisaient un rapide na-geur, indiquent suffisam-ment qu'il devait domi-ner en tyran sur les mers. D'énormes sauriens ter-restres ont laissé leurs débris dans la craie; tels sont l'*Hylæosaure*, qui avait 8 mètres de long, et le gigantesque *Iguano-don* qui mesurait près de 10 mètres. Tous deux se rapprochaient par leur organisation de nos mo-dernes iguanes. — Après la craie vient le terrain Tertiaire. A cette époque, un changement notable se produit dans la flore et la faune terrestres. — La pé-riode tertiaire inférieure ou éocène est l'aurore d'un nouvel ordre de choses. Nous entrons déjà, pour ainsi dire, sous le péristyle du monde moderne, on y y distingue de loin les

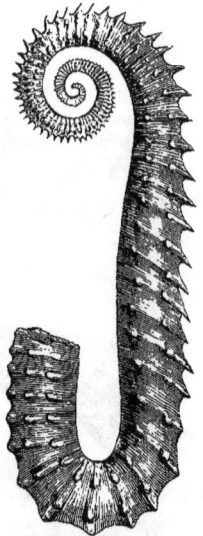

Scaphites gigas
(Crétacé glauconieux).

Echinoderme de la craie
(*Discoidea cylindrica*).

grands caractères des animaux et des végétaux contemporains. — Les céphalopodes à coquille cloisonnée, ammonites, bélemnites et autres genres analogues, si abondants au sein des mers précé-dentes, disparaissent anéantis pour toujours. Il en est de même des énormes reptiles halisauriens, qui sont remplacés par des êtres plus parfaits. Alors la terre se peuple de mammifères, non de faibles marsupiaux comme ceux que nous a déjà montrés la période jurassique, mais de vrais mammifères aussi élevés d'organisation que le sont ceux de notre époque. Des myriades de foraminifères (nummulites), de diatomées et d'autres infu-

Cyclostoma Arnouldi.

Helix hemispherica de l'éocène inférieur.

soires microscopiques continuent à former des terrains puissants par leur accumulation incroyable. Les polypiers, les bryozoaires, les zoanthaires,

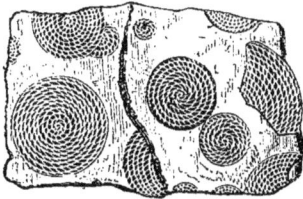

Nummulites de l'éocène.

moins nombreux qu'aux époques précédentes, se rapprochent davantage des espèces actuelles. Il en est de même des mollusques. On rencontre peu

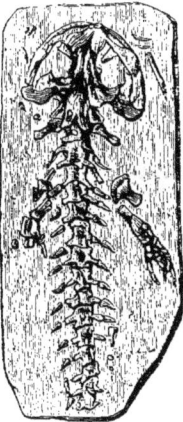

Salamandre gigantesque.

Cérithe géante.

d'insectes; ceux-ci, comme les vers et les annélides, ne pouvant laisser que peu de traces, à cause de la mollesse de leurs téguments. On en rencontre cependant dans l'ambre jaune et dans diverses

marnes d'eau douce un assez grand nombre pour s'assurer que tous les ordres d'insectes et d'arachnides vivaient à cette époque. Les crustacés, au contraire, y sont largement représentés. Parmi les poissons, les placoïdes et les ganoïdes ont presque tous disparu pour faire place aux cténoïdes et aux cycloïdes, poissons à queue homocerque, c'est-à-dire à lobes égaux, tels qu'ils dominent aujourd'hui. Les reptiles à formes si bizarres de l'époque jurassique ne sont plus représentés que par des crocodiles, des tortues et de nombreux batraciens. Le plus remarquable d'entre eux est une salamandre gigantesque qui a longtemps été considérée comme un squelette humain. (Voir HOMME FOSSILE.) On trouve dans les terrains tertiaires un certain nombre d'oiseaux appartenant aux divers ordres des oiseaux de proie, des grimpeurs, des gallinacés, des échassiers, des palmipèdes. Les plus remarquables sont des espèces gigantesques, *Dinornis*, *Palapteryx*, *Apterornis*, aujourd'hui disparues; mais dont on a retrouvé les ossements et même les œufs à la Nou-

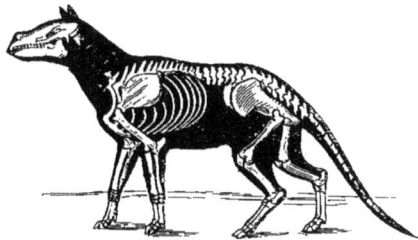

Anoplothérium commun du bassin de Paris.

velle-Zélande et à Madagascar. L'*Épiornis* de Madagascar avait au moins 4 mètres de hauteur, et son œuf, dont on a retrouvé de nombreux exemplaires, a une capacité égale à six fois celle de l'œuf d'autruche ou cent quarante-huit fois celle d'un œuf de poule. Les mammifères sont représentés dans les mers par de gigantesques cétacés : *Xiphius*, *Zeuglodon*, *Hyperodon*, voisins des dauphins modernes. Sur la terre dominent à l'époque éocène les pachydermes, dont les plus remarquables, trouvés dans les plâtrières de Paris et restaurés par Cuvier, sont les *Palæotherium*, voisins des tapirs, les *Anoplotherium*, les *Lophiodon*, les *Anthracotherium*, voisins des rhinocéros pour l'organisation et la taille, tous animaux disparus aujourd'hui. Dans les forêts vivaient des carnassiers du genre *Chien* et du genre *Chat*, des insectivores, etc. Les progrès de l'organisation animale se montrent encore dans le tertiaire moyen ou miocène. Alors paraissent les éléphants (mastodontes), les rhinocéros, les hippopotames, les tapirs, et surtout ce singulier *Dinotherium* (voir ce mot) dont la mâchoire inférieure se recourbait en arc et portait deux énormes défenses dirigées en bas. Des cerfs, des bœufs, des chevaux, des cochons, d'espèces sinon identiques, au moins voisines des nôtres, habitaient les plaines ou les forêts où ils devenaient la proie de nombreux carnassiers des genres *Chien* (cynodon, amphicyon), *Civette, Chat* (felis, machœrodus), aux longues dents en poignard dentelé. On y rencontre aussi divers rongeurs tels que castor et écureuil, puis enfin un singe de grande taille analogue mais non identique avec les orangs d'aujourd'hui. Les mers ont des phoques, des morses, des baleines et de nombreux squales parmi lesquels le *Carcharodon megalodon*, dont les larges dents triangulaires,

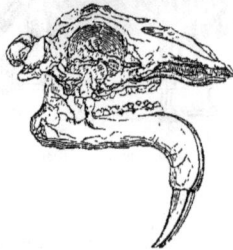

Dinotherium.

dentelées sur les bords et longues d'un décimètre, indiquent un animal gigantesque et terrible. — A l'époque tertiaire postérieure ou du pliocène, les palæotherium, les anoplotherium sont disparus; les pachydermes sont représentés par des rhinocéros et des hippopotames voisins de nos espèces actuelles et surtout par des éléphants qui remplacent le mastodonte, race éteinte. Alors apparaissent en abondance des ruminants: bœufs, cerfs, antilopes; des rongeurs de genres très variés. A la proportion croissante des herbivores terrestres, correspondent des animaux carnassiers plus nombreux, mieux armés; ours, hyènes, grands chats, chiens vigoureux voisins de nos loups. On trouve aujourd'hui leurs restes dans les cavernes qu'ils habitaient pêle-mêle avec les ossements de la proie dévorée. On trouve également les os de plusieurs singes fossiles; ce qui prouve que ces singuliers animaux n'étaient point limités comme aujourd'hui aux régions australes, mais s'étendaient comme les élé-

phants, les rhinocéros, les girafes, les tigres et les hyènes sur toute l'Europe centrale. L'apparition de l'homme sur la terre paraît remonter également aux derniers temps de l'époque tertiaire. Quoi qu'il

Renne.

en soit, il est bien évident que l'homme a été témoin de l'époque glaciaire qui ouvre la période quaternaire; car, dans les alluvions et les grottes de cet âge, on trouve les débris de ses ossements et les restes de sa naissante industrie : silex taillés, poterie grossière, etc. (Voir HOMME FOSSILE.) L'un des contemporains de l'homme à cette période était le renne qui vivait jusque dans le midi de la France ; aujourd'hui cet animal, reculant peu à peu devant le climat devenu trop doux, s'est réfugié dans l'extrême nord où il est devenu l'animal domestique du Lapon. Plusieurs autres animaux, aujourd'hui disparus, vivaient en même temps que l'homme, dont on retrouve les ossements mêlés aux leurs. Tel était le mammouth, monstrueux éléphant velu, le rhinocé-

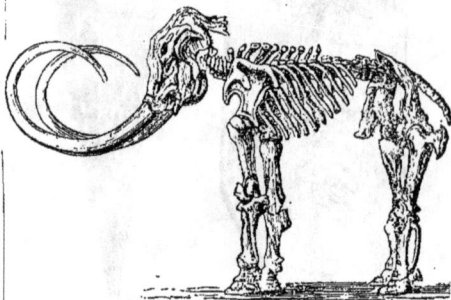

Mammouth (*Elephas primigenius*).

ros à narines cloisonnées, également velu, le grand ours des cavernes, le grand chat des cavernes, supérieur de taille au tigre, l'hyène des cavernes, le cerf à grandes cornes, dont les bois mesuraient

4 mètres d'une pointe à l'autre, l'aurochs enfin, dont quelques rares individus seulement vivent encore dans les forêts de la Lithuanie. Puis paraissent toutes les espèces qui vivent encore de nos jours, et qui composent la faune de l'époque moderne. Le monde végétal déploie de son côté une ampleur et une diversité jusqu'alors inconnues. Les cryptogames et les gymnospermes ne dominent plus, et les plantes dicotylédones et monocotylédones prennent un développement considérable. — De cette rapide esquisse du développement graduel des êtres sur le globe, il résulte que les formes des animaux et des plantes fossiles s'éloignent d'autant plus des espèces actuelles que l'on descend à une plus grande profondeur dans les immenses catacombes où ils sont ensevelis, et qu'ils présentent une organisation de plus en plus complexe à mesure qu'on remonte la série des terrains. Et

Cerf à cornes gigantesques.

cette progression des êtres, qui se montre aussi bien dans l'ensemble de l'organisation que dans le nombre des espèces successivement ajoutées, démontre qu'une formule, qu'une loi a régi leur apparition depuis son commencement jusqu'à nos jours. On remarque, en effet, qu'à partir des couches les plus profondes où se manifeste la vie jusqu'aux plus récentes, il se présente dans la succession des divers étages, relativement aux formes de la vie animale et végétale, un développement graduel d'organisation, une progression du simple au composé et comme une série ascendante de systèmes vivants de plus en plus compliqués ou parfaits, de manière que, dans les couches les plus inférieures, prédominent les animaux dont les fonctions sont le moins élevées, mollusques, crustacés, zoophytes, et les végétaux de la structure la plus simple ; puis, apparaissent dans les formations suivantes des poissons, d'innombrables reptiles aux proportions gigantesques, marins ou amphibies, rampant dans des savanes ou des marécages, au milieu d'une végétation tropicale, composée de

fougères, de cicadées, de conifères. Enfin, les terrains tertiaires sont caractérisés par des oiseaux et des mammifères terrestres, par des singes et enfin par l'homme ; les plantes dicotylédones y sont quatre ou cinq fois plus nombreuses que les monocotylédones, et ces débris organiques offrent en général les plus grands rapports avec les genres actuels. Quant aux dépôts les plus superficiels, diluviens et alluviens, ils renferment les restes des animaux et des plantes qui, pour la plupart, existent maintenant à la surface du globe. Ainsi, les formes des animaux et des plantes fossiles s'éloignent d'autant plus des espèces actuelles, que l'on descend à une plus grande profondeur dans les immenses catacombes où ils sont ensevelis, et ils présentent une organisation de plus en plus complexe à mesure qu'on remonte la série des terrains. Cette succession de formes organiques, de plus en plus perfectionnées à mesure qu'on s'avance dans la suite des âges, ce renouvellement des êtres vivants, a donné lieu à des interprétations diverses : les uns y ont vu, comme Cuvier, la création d'autant de systèmes particuliers de vie que l'on distingue de périodes géologiques ; d'autres, adoptant les idées de Lamarck et de Geoffroy Saint-Hilaire croient à un enchaînement continu des espèces, à une lente évolution qui se poursuit, harmonieuse dans toutes ses phases, depuis les premiers jours du monde ; de telle sorte que les êtres actuels seraient les descendants des êtres d'il y a une centaine de mille ans, et que ceux-ci, à leur tour, auraient eu pour progéniteurs les êtres des plus anciennes époques géologiques. Darwin, en Angleterre, fut un des plus illustres représentants de cette école nouvelle, qui a trouvé des adhérents chez les savants de toutes les nations. Mais l'heure de trancher cette question n'est pas venue, et les matériaux sont encore insuffisants pour établir d'une manière positive les enchaînements des êtres fossiles.

PALÉOSAURE (de *palaios*, ancien, et *sauros*, lézard). Genre de reptiles fossiles, établi sur quelques débris trouvés près de Bristol, dans le grès rouge du terrain permien. Cet animal, l'un des premiers reptiles qui aient paru sur la terre, tenait à la fois du lézard et du crocodile ; la forme de ses os indique des habitudes terrestres.

PALÉOTHÉRIUM (de *palaios*, ancien, et *thérion*, animal). C'est dans le gypse ou plâtre parisien du terrain tertiaire éocène qu'ont été découverts les nombreux débris des mammifères fossiles à l'aide desquels l'illustre Cuvier, créateur de la Paléontologie, est parvenu à déduire la forme et les proportions des autres parties de ces animaux et à reconstruire leurs squelettes avec une grande précision. Parmi ces animaux sont les Paléothériums, qui paraissent avoir beaucoup d'affinité anatomique avec les tapirs. Ils sont caractérisés par sept molaires de chaque côté, en haut et en bas, des canines saillantes, et trois doigts à chaque pied. On en connaît plusieurs espèces. C'est d'abord le grand **Paléothérium**, qui, d'après Cuvier, offrait une grande analogie de formes et sans doute aussi de mœurs avec le tapir d'Amérique. Comme ce dernier, il avait une grosse tête dont le nez se terminait en une courte trompe musculeuse et charnue. Son œil était très petit, comme celui du cochon. Son corps lourd et trapu était porté par des jambes

Palæotherium magnum.

courtes et massives terminées par un pied à trois doigts encroûtés dans des sabots. Sa taille égalait celle des plus grands chevaux. La découverte d'un magnifique échantillon de cet animal dans les carrières de gypse de Vitry (Seine) ont, toutefois, modifié l'idée qu'on se faisait de son apparence; loin d'être lourd et massif comme un tapir, le *Palæotherium magnum* se rapprochait plutôt par ses formes extérieures du Lama. Les autres espèces de ces singuliers pachydermes ne différaient guère les unes des autres que par la taille; le **Paléothérium large**, de la taille du cochon, avait des formes plus lourdes et massives que le précédent; le **Paléothérium moyen**, avec des formes moins lourdes, avait la taille du mouton; le petit **Paléothérium**, grand comme un agneau, avait des formes plus grêles que les autres espèces. Tous ces animaux vivaient au bord des eaux et broutaient l'herbe des prairies ou mangeaient les racines charnues des plantes aquatiques.

PALÉOZOÏQUE (de *palaios*, ancien, et *zóon*, animal). On donne, en géologie, le nom de terrains paléozoïques à ceux de l'époque primaire, comprenant les périodes cambrienne, silurienne, dévonienne et permo-carbonifère, dont les terrains renferment les restes des plus anciens êtres organisés, aujourd'hui disparus.

PALÉTUVIER (*Rhizophora*). Genre de plantes qui donne son nom à la famille des *Rhizophorées*. Les Palétuviers sont des arbres qui croissent sur le littoral des mers dans les contrées tropicales; leurs feuilles sont opposées, entières, accompagnées de stipules; leurs fleurs, portées sur des pédoncules axillaires bi ou trifides, ont un calice accompagné à sa base par une bractée en forme de cupule, à limbe quadriparti, une corolle à quatre pétales alternes au calice, insérés sur un anneau charnu qui revêt le haut du tube calicinal, huit-douze étamines; ovaire à deux loges bi-ovulées, surmonté d'un style court, conique, à stigmate bidenté. A ces fleurs succède un fruit coriace, à

Palétuvier (*Rhizophora mangle*).

une seule loge et à une seule graine par avortement. Peu après sa maturité, il est percé au sommet par la radicule de sa graine qui germe sans l'abandonner et se développe en dehors de lui en un corps allongé, renflé en massue vers son extrémité. L'espèce la plus remarquable est le **Palétuvier-manglier** (*R. mangle*, L.), qui forme, dans les lagunes et sur les plages maritimes de l'Amérique intertropicale, des forêts impénétrables. Cet arbre atteint environ 16 à 18 mètres de haut. Les branches sont opposées, les unes, garnies de feuilles, forment la tête de l'arbre, les autres, nues, s'inclinent vers la terre où elles prennent racine. Le bois du manglier est blanchâtre et n'est employé que comme combustible. Le fruit, comme l'écorce de l'arbre, sert au tannage.

PALINURE. (Voir Langouste.)

PALISSANDRE ou PALIXANDRE. Beau bois de couleur violacée, très dur et d'un grain serré, dont on se sert dans l'ébénisterie. On ne connaît pas bien l'arbre qui le fournit, mais on sait qu'il croît dans l'Inde. Guibourt dit qu'il appartient au genre *Dalbergia*. Ce sont les Hollandais qui, les premiers, l'apportèrent en Europe. Ce bois nous vient aussi du Brésil, et il a porté longtemps le nom de *bois de Sainte-Lucie*, parce qu'il nous venait par la voie de cette île des Antilles. Les Anglais le nomment *rose wood* (bois de rose.)

PALMA-CHRISTI. (Voir Ricin.)

PALME. On donne ce nom aux feuilles des Palmiers.

PALMÉE. Se dit d'une feuille presque aussi large que longue, dont les nervures partant du pétiole s'écartent toutes en divergeant. — On dit de la feuille : **Palmatilobée**, lorsqu'elle est palmée, lobée ; **Palmatipartite**, palmée, divisée en plusieurs parties ; **Palmatiséquée**, palmée, divisée en segments jusqu'au pétiole. (Voir Feuille.) — On donne également cette qualification à une disposition particulière chez certains animaux dont les doigts sont réunis par une membrane. Cette disposition indique des animaux nageurs.

PALMIERS. Cette belle famille de plantes monocotylédones, que Linné, dans son langage poétique, appelait les princes du règne végétal, renferme un très grand nombre d'espèces. Les types de cette famille sont le **Dattier** et le **Cocotier** auxquels nous avons consacré des articles particuliers ; mais beaucoup d'espèces s'en éloignent plus ou moins par leur port. En effet, on en voit qui, au lieu de cette élégante colonne couronnée d'une belle touffe de feuilles, présentent une tige brusquement renflée au milieu ou à la base, quelquefois même raccourcie en bulbe. A côté d'espèces gigantesques qui s'élèvent à 60 mètres et plus, il en existe d'autres qui ne forment que des souches basses et touffues, des rhizomes desquels partent des jets ou des branches souterraines. La tige des Palmiers est presque toujours simple, mais le **Doum** ou *Palmier de la Thébaïde* se distingue par son tronc divisé au sommet en deux branches divergentes qui se bifurquent elles-mêmes jusqu'à trois ou quatre fois et se couronnent d'une énorme touffe de feuilles à l'extrémité des dernières ramifications. La végétation des **Rotangs** se rapproche de celle des bambous. Ces Palmiers anomaux sont de véritables lianes (voir ce mot) dont la souche produit des touffes de sarments grimpants et flexibles, quelquefois longs de 130 mètres, articulés de distance en distance, portant une feuille à chaque articulation et ressemblant par cette structure à d'immenses

roseaux. Les feuilles des Palmiers se distinguent tant par leur élégance que par leurs dimensions souvent gigantesques. La forme gracieuse qu'on observe chez le dattier et qu'on connaît sous le nom de *palme*, est commune à beaucoup d'autres Palmiers, et ces feuilles ont assez communément une longueur de 4 à 6 mètres. Mais dans un grand nombre de végétaux de cette famille, elles affectent la forme d'un éventail lobé ou profondément découpé, et parfois d'une ampleur étonnante. Chez quelques espèces de l'Inde, la touffe qui couronne ces arbres magnifiques se dispose en forme de parasol occupant un espace de plus de 30 mètres

Palmier de la Thébaïde.

de tour, et le limbe de chaque feuille a environ un mètre de large. Dans les rotangs et dans plusieurs autres genres de Palmiers, les feuilles, au lieu d'être agrégées en touffe terminale, sont plus ou moins distancées, et disposées sur deux rangs alternes, comme dans les graminées. Les fleurs des Palmiers sont sans éclat et en général fort petites, mais naissent le plus souvent en quantités incroyables, et forment des inflorescences dignes du volume du tronc et du feuillage. On estime à environ 12 000 le nombre de fleurs contenues dans un régime de dattier ; on a compté jusqu'à 8 000 fruits sur une seule panicule d'un Palmier de l'Amérique méridionale. L'inflorescence des *corypha* de l'Inde forme une pyramide de 7 à 8 mètres de haut. Rien de plus varié enfin que la forme et surtout le volume du fruit des Palmiers : depuis le monstrueux coco des Maldives, qui pèse 10 à 12 kilogrammes et qui est du volume d'une grande citrouille, on arrive par degrés jusqu'à des baies à peine plus grosses qu'un grain de groseille. Ce qui a été dit aux articles Cocotier et Dattier, concernant les emplois de ces végétaux, suffit pour donner une idée de leur importance. Les Palmiers à fruits comestibles sont assez nombreux; mais à cet égard aucun ne saurait rivaliser avec les précédents. La production connue sous le nom de *chou-palmiste* appartient à la plupart des espèces de la famille; elle n'est autre chose que le bourgeon terminal, en général très gros, composé de jeunes feuilles encore tendres et ayant une saveur agréable : c'est un aliment des plus recherchés, qu'on mange soit en salade, soit en friture ou accommodé de diverses autres manières; toutefois, il est des Palmiers dont le bourgeon est amer et astringent, et par conséquent non comestible. Les espèces notamment fameuses pour fournir le chou-palmiste le plus exquis sont : le **Palmiste franc** (*Areca oleracea*, L.), des Antilles, et le cocotier. Le *vin de palmier* ou *vin de palme*, dont on a fait déjà mention à l'article Cocotier, existe également dans beaucoup d'autres espèces : cette sève sucrée abonde surtout dans le *Caryota urens* de l'Inde. Au témoignage de Roxburgh, un arbre adulte de cette espèce donne une centaine de pintes de sève dans l'espace de vingt-quatre heures. L'amande d'un certain nombre de Palmiers contient de l'huile grasse, qu'on en retire par expression, et qui s'emploie à une foule d'usages. Les fibres des pétioles sont souvent douées d'une grande ténacité : on en confectionne des tissus grossiers, des câbles, des balais de piassava, des cordes et autres liens; dans beaucoup d'espèces, le pétiole devient assez fort pour tenir lieu de pieux ou de perches; les peuplades sauvages en font des lances, des javelots, ou autres armes et ustensiles. Le limbe des feuilles sert à tresser des nattes et des paniers; il remplace le chaume pour la couverture des habitations rustiques. Le bois de certains Palmiers, fort dur et presque incorruptible, se prête à merveille à des ouvrages de tour et de marqueterie, susceptibles du plus beau poli; mais plus souvent ce bois est peu durable et d'une texture lâche. La substance alimentaire connue sous le nom de *sagou* est une fécule contenue dans le tissu cellulaire du tronc de beaucoup de Palmiers, et surtout des sagoutiers. — Le **Palmier à cire** (*Ceroxylon andicola*, Humb.), de la Nouvelle-Grenade, se couvre, sur toute la surface de son tronc, d'une matière résineuse analogue à la cire, dont les habitants du pays font des cierges et des bougies. — Nous citerons encore le **Palmier nain** (*Chamærops humilis*); cet arbre, qui couvre en Algérie des espaces considérables, faisait naguère le désespoir du défricheur par ses racines profondes et tenaces; mais dans ces derniers temps l'industrie est parvenue à en tirer parti pour la fabrication du papier. L'industrie du cordier s'est également emparée de la bourre fibreuse que fournit la tige de cet arbre; cette bourre, qui a la consistance du crin, donne d'excellents cordages. — La

plupart des Palmiers sont doués d'une grande longévité, et chaque année ils produisent de nouvelles fleurs; quelques espèces, au contraire, ne fleurissent qu'une seule fois dans leur vie, et meurent immédiatement ou peu de temps après avoir mûri leurs fruits. Les Palmiers, surtout ceux de grande taille, croissent presque tous dans les régions intertropicales. Pourtant, les naturalistes en ont

Palmier à cire.

catalogué un certain nombre qui appartiennent à d'autres régions. En Europe se trouve le **Palmier nain** (*Chamærops humilis*), qui s'avance presque jusque sous le 44e de latitude, non loin de la Provence. La Chine possède le **Chamærops excelsa**, à Chang-Haï et dans l'île de Tchusan; cet arbre, qui supporte des froids rigoureux, rend d'excellents services à l'habitant. Le **Chamærops martiana**, du nord de l'Inde, se trouve sur les flancs de l'Himalaya, jusqu'à 2700 mètres. En Australie, du 32 au 39e, habite le **Livistona australis**, malgré les gelées si fréquentes sous ces climats. Nous rencontrons à la Nouvelle-Zélande, au 38e, l'**Areca** (*Areca sapida*); à

Port-Natal, dont la température se rapproche beaucoup de celle du midi de l'Espagne, on voit le **Phœnix reclinata**, analogue au dattier des oasis africaines. L'Amérique n'est pas moins riche en Palmiers : ainsi le **Coco australis**, de Buenos-Ayres, le **Jubæa spectabilis**, du Chili, etc.; plus au nord, entre les tropiques, mais à une certaine élévation sur les Andes, croît le **Diplothemium Torallii**, qui s'accommoderait très bien, comme l'a dit M. Charles Naudin, du climat méridional de notre pays. Au Mexique, le **Brahea dulcis** croît parmi les pins et les chênes ; à la Louisiane se développe l'élégant **Palmetto** (*Chamærops palmetto*). Tous ces Palmiers, exploités comme arbres saccharifères, deviennent de plus en plus rares dans toutes les régions que nous venons de passer en revue. Leur introduction en France, en Corse et en Algérie serait un bienfait pour notre pays. Des essais de naturalisation ont été faits qui ont donné d'excellents résultats et qui doivent par cela même encourager les horticulteurs à entreprendre l'acclimatation en Europe de tous ces Palmiers des régions extratropicales.

PALMIPÈDES (*Palmipes*). Ordre d'oiseaux caractérisés par leurs doigts palmés qui leur permettent de se mouvoir facilement sur l'eau, et dans lequel se rangent les oiseaux nageurs. Leurs pieds sont implantés à l'arrière du corps, et au contraire des échassiers, ils sont très courts et très robustes; leur cou est généralement long et flexible. Leur plumage serré et duveteux est rendu imperméable par une matière graisseuse que sécrètent des glandes particulières placées près de l'anus. On divise l'ordre des Palmipèdes en plusieurs familles. Nous avons fait connaître à l'article OISEAUX la classification de Cuvier; dans celle d'Isid. Geoffroy Saint-Hilaire, les Palmipèdes sont divisés en I, **Longipennes** (pétrel, puffin, albatros, goéland, mouette); II, **Totipalmes** (pélican, cormoran, frégate); III, **Lamellirostres** (oie, cygne, canard, eider, harle); IV, **Brachyptères** (grèbe, plongeon, marcareux, pingouin). (Voir tous ces mots.)

PALMISTE [Chou]. (Voir PALMIER.)

PALOMBE. Nom vulgaire du Pigeon ramier.

PALOURDE. Nom vulgaire donné sur nos côtes aux coquilles du genre *Bucarde* et à celle du Peigne commun.

PALPÉBRAL (de *palpebra*, paupière). Qui a rapport aux paupières : muscle palpébral, artère palpébrale, etc.

PALPES (de *palpare*, tâter). Appendices articulés, mobiles, situés en nombre pair, sur les parties latérales de la bouche des insectes. On les nomme *palpes maxillaires* ou *palpes labiaux*, suivant qu'ils appartiennent à la mâchoire ou à la lèvre inférieure. (Voir INSECTES.)

PALPICORNES. Famille d'insectes COLÉOPTÈRES PENTAMÈRES qui doivent leur nom à la longueur des palpes maxillaires que l'on prendrait souvent pour les antennes, si l'on s'en rapportait à l'apparence. Ces dernières sont, au contraire, fort courtes et se terminent en un bouton que l'on a comparé à une massue. Dans tous les Palpicornes, cette massue est formée de plusieurs articles; leur nombre est de quatre en général. — Trois tribus principales rentrent dans cette famille : celle des *Hydrophilidés*, qui, par les formes extérieures et les habitudes aquatiques, se rapprochent des Hydrocanthares; celle des *Hélophoridés*, qui se lie à la précédente d'une manière intime ; celle enfin des *Sphærididés*, qui, bien que n'habitant plus le même milieu, présentent des caractères analogues. (Voir HYDROPHILE.)

PALUDINE (de *palus*, marais). Genre de mollusques GASTÉROPODES PECTINIBRANCHES type de la famille des *Paludinidés*. Leur coquille est mince, globuleuse et presque conique, à ouverture ovale arrondie et tranchante sur les bords. L'animal possède un pied large, muni d'un opercule corné; sa tête porte deux tentacules, à la base externe desquels sont situés

Paludina vivipara.

les yeux brièvement pédonculés. Ces mollusques habitent les eaux douces; ils sont vivipares; leurs œufs se développent dans l'ovisac, et les petits naissent l'un après l'autre à de longs intervalles, munis d'une coquille qui porte déjà quatre tours de spire. Le type du genre est la **Paludina vivipara**, répandue dans toutes les grandes rivières, où on la trouve attachée aux plantes aquatiques. Elle parvient à 30 millimètres de diamètre; sa couleur est verte avec de larges bandes brunes.

PAMPLEMOUSSE. Nom vulgaire d'une espèce d'oranger-citronnier de l'Inde, qui croît habituellement au bord des eaux. Il produit un gros fruit à écorce lisse, jaune pâle, mais dont la chair est médiocre.

PAMPRE. On donne ce nom aux branches et sarments de la vigne chargés de feuilles et de fruits.

PANACHÉ. Se dit, en botanique, des feuilles et des fleurs qui présentent des couleurs variées tranchant les unes sur les autres.

PANAIS (*Pastinaca*). Genre de plantes dicotylédones de la famille des *Ombellifères*, dont l'espèce type, la **Pastinaca sativa** ou *pastenade blanche*, est cultivée dans les jardins potagers pour sa racine alimentaire. Cette racine, qui a une grande ressemblance extérieure avec celle de la grande ciguë, s'en distingue par sa saveur sucrée et aromatique. La plante est bisannuelle, à tige dressée, haute de 60 centimètres à 1 mètre, creusée de cannelures longitudinales; les feuilles, composées de folioles ovales, sont velues; ses fleurs sont jaunes, disposées en larges ombelles sans involucre. Le fruit est ovale orbiculaire, très glabre. Le Panais croît dans les terrains incultes; sa racine, âcre et ligneuse à l'état sauvage, devient douce, saine et nourrissante par la culture. Dans certains départements on cultive le Panais en grand comme plante fourragère. Le Panais résiste aux plus fortes gelées du climat moyen de la France; on peut donc se dispenser de l'arracher et ne pas s'embarrasser de sa conservation pendant l'hiver. C'est, d'ailleurs, une des racines fourragères les plus nourrissantes et les plus recherchées des bestiaux. On en connaît deux espèces : le **Panais long**, le plus généralement cultivé, et le **Panais rond**, dont la forme est celle d'un navet. Le Panais long est le plus avantageux à cultiver, à cause du volume de ses racines ; mais il ne réussit que dans les terrains frais et très profonds, et il ne peut, pour ainsi dire, pas se passer d'un défoncement, ce qui en rend la culture très coûteuse, et, par le même motif, très limitée. Le Panais rond, moins exigeant quant à la qualité du terrain, n'a besoin que des soins de culture qu'on donne à la carotte fourragère; aussi est-il plus cultivé que le Panais long, quoiqu'il soit moins productif. On sème les deux variétés de Panais en mars et avril.

PANAMA [Bois de]. On donne vulgairement ce nom à l'écorce d'un arbre du Chili, le **Quillaia saponaria**, de la famille des *Rosacées*. Cette écorce, dont l'usage est fort répandu depuis quelques années pour le dégraissage des étoffes, nous arrive par paquets ; elle est noire en dehors, blanchâtre en dedans, et communique à l'eau dans laquelle on la fait tremper quelques heures les propriétés d'une eau fortement savonneuse. Le bois de Panama renferme en effet, entre autres principes, de la saponine, matière particulière très piquante, soluble dans l'eau et l'alcool. La teinture de Panama est employée en médecine pour faire des émulsions de goudron, de Tolu, de coaltar, etc. L'infusion de l'écorce de Panama est diurétique.

PANAX (du grec *panakès*, qui guérit tous les maux). Genre de plantes dicotylédones de la famille des *Araliacées*, comprenant des arbrisseaux et des arbres des régions chaudes de l'Asie et de l'Amérique, à feuilles digitées, à fleurs polygames, réunies au sommet en ombelle. L'espèce la plus intéressante de ce genre est le **Ginseng**. (Voir ce mot.) — Le **Panax fruticosa**, de Java, se cultive dans presque toutes les régions tropicales, où on mange ses feuilles en guise de persil. — Le **Panax fragrans**, de l'Inde, est aromatique et tonique.

PANCRÉAS (du grec *pan*, tout, et *kréas*, chair). Grosse glande en grappe, divisée en lobes et lobules, située en arrière de l'estomac, contournée par le duodénum auquel elle adhère, et dont l'extrémité droite ou queue vient s'appliquer sur la rate. Le Pancréas sécrète un suc particulier, le *suc pancréatique*, qui a la propriété d'émulsionner les corps gras et de les rendre propres à être absorbés, et de transformer les albumines en peptone. Le conduit excréteur de cette glande (canal de Wirsung), situé au centre de l'organe, vient s'ouvrir dans le duodénum par une embouchure commune avec le canal cholédoque ; il reçoit dans son trajet une foule de canalicules secondaires.

PANCRÉATIQUE [Suc]. (Voir PANCRÉAS.)

PANDA (*Ailurus*). Genre de mammifères de l'ordre des CARNIVORES PLANTIGRADES, famille des *Ursidés*, offrant pour caractères : quatre dents mâchelières de chaque côté, à chaque mâchoire, une fausse molaire tranchante en avant, six incisives et de grosses canines en haut et en bas ; la tête arrondie et courte, le museau large et court, les oreilles courtes et poilues, des moustaches peu fournies ; le corps épais, cinq doigts à tous les pieds, armés d'ongles arqués, très aigus ; la queue longue, épaisse et touffue. La seule espèce connue est le **Panda éclatant** (*Ail. refulgens*), des monts Himalaya. Il est de la taille d'un grand chat, d'un roux brillant en dessus, noir en dessous, avec la face blanche. Il se plaît sur les arbres et fait la chasse aux oiseaux et aux petits mammifères.

PANDANÉES. (Voir PANDANUS.)

PANDANUS. Genre de plantes monocotylédones type de la famille des *Pandanées*. Les Pandanus,

Pandanus utilis. — 1, fleur; 2, fruit.

vulgairement appelés *vaquois*, ont l'aspect des palmiers. Ce sont des plantes peu élevées, à stipe ligneux couvert de cicatrices qu'y laissent les feuilles tombées. Celles-ci, rassemblées en touffe terminale, sont engainantes à leur base, simples, longues, épineuses sur la côte médiane et sur les bords. De leur centre s'élèvent des spadices dont les fleurs sont dioïques, ou polygames, sans calice ni corolle; les mâles forment une masse de filets terminés par une anthère biloculaire; les femelles ont plusieurs ovaires anguleux monospermes, réunis en tête et couronnés par un stigmate sessile, qui donne naissance à des drupes fibreux réunis ensemble et contenant chacun une seule graine. — On en connaît plusieurs espèces dont les plus remarquables sont : le **Pandanus** comestible *P. edulis*, dont les habitants de Madagascar mangent les fruits, et qui s'élève à 6 mètres de haut; le **Pandanus des Moluques** *P. humilis*, dont le bourgeon terminal se mange comme celui du chou palmiste; le **Pandanus odorant** *P. odoratissimus*, très répandu dans l'Inde, la Chine et les îles Mascareignes, et qui s'élève à 4 ou 5 mètres; du collet de la tige partent plusieurs jets qui vont s'enraciner sur le sol et forment autour du pied comme autant d'arcs-boutants; ses fleurs sont très odorantes, et les Indiennes aiment à s'en orner; ses feuilles, qui atteignent parfois jusqu'à 2 mètres de longueur, séchées et fendues, sont employées à tresser des cordages, des nattes grossières et des sacs dans lesquels on emballe le café.

PANDION. (Voir BALBUZARD.)

PANGOLIN, *Manis* (de son nom indien *panguelling*). Genre de mammifères de l'ordre des ÉDENTÉS, assez voisins des Fourmiliers et formant la famille des *Manidés* (du nom latin *manis*). Ces animaux ont le corps de forme allongée, demi-cylindrique; leur tête est amincie vers le haut; leur queue très grosse et très longue; leurs membres sont, au contraire, courts et armés de fortes griffes; mais leur caractère le plus singulier est que leurs poils sont agglutinés de telle sorte qu'ils forment des écailles épaisses et nombreuses qui recouvrent tout le corps en dessus; en un mot, ils ressemblent beaucoup à des sauriens dont les écailles seraient imbriquées; aussi les appelait-on autrefois *grands lézards écailleux*. La tête est en cône plus ou moins allongé, la bouche petite, terminale, dépourvue de dents; la langue est fort longue, ronde et susceptible de sortir de la bouche comme celle des fourmiliers ; il n'existe pas d'oreille externe et le trou auditif est très rapproché des yeux; les pieds ont cinq doigts armés d'ongles robustes et crochus; la queue, très longue, presque aussi large que le corps à sa base, est couverte de larges écailles cornées, triangulaires, attachées à la peau par leur base. On connaît peu les mœurs de ces singuliers animaux : ils se nourrissent de fourmis, et pour s'en emparer ils plongent leur langue visqueuse dans les fourmilières qu'ils ouvrent avec leurs ongles, et la font rentrer dans leur bouche lorsqu'elle est chargée d'insectes. Leur naturel est doux, leur cri faible, leur démarche lente ; ils se creusent des terriers

d'où ils ne sortent guère que la nuit. Ils se roulent en boule comme les hérissons lorsqu'ils sont inquiétés; et leurs écailles relevées les font alors ressembler à certaines pommes de pin. Leur chair passe pour être délicate. — L'espèce la plus connue, le **Pangolin** de Buffon ou *grand armadille* de Séba (*M. laticaudata*), habite les Indes; sa longueur est de 65 centimètres sur lesquels la queue en mesure à peu près 30. Ses écailles de corne blonde sont très

Pangolin.

grandes, épaisses et triangulaires, les pattes et la queue en sont également couvertes. — Le **Pangolin de Java** (*M. javanica*) a la queue plus courte que le corps; les écailles brunes, plus élargies. — Le **Pangolin à longue queue** (*M. longicaudata*) vit en Afrique.

PANIC, *Panicum* (de *panis*, pain). Genre de plantes monocotylédones de la famille des *Graminées*, dont une espèce, le **Panicum miliaceum**, est bien connue sous le nom de *millet*. (Voir ce mot.) — Le **Panicum jumentorum** est cultivé en grand dans l'Amérique du Sud comme plante fourragère. — Le **Panicum vaginatum** et le **Panicum virgatum** donnent aussi un bon fourrage.

PANICAUT *Eryngium*. Genre de plantes ombellifères de la tribu des *Hydrocotylées*. Ce sont des plantes herbacées, vivaces, épineuses, à feuilles radicales engainantes, à fleurs groupées en capitules oblongs. — L'espèce type du genre est le **Panicaut champêtre** *E. campestre*, qui croît dans les lieux incultes de toute la France. Sa tige, très rameuse, striée et blanchâtre, s'élève à 30 centimètres; ses feuilles ondulées sont engainantes à leur base; ses fleurs blanches sont en petits capitules, que dépassent les bractées raides et épineuses de l'involucre. Ce sont ces épines qui ont valu à la plante son nom vulgaire de *chardon Roland*. Sa racine, longue et grosse, rougeâtre à l'extérieur, était autrefois employée en médecine comme apéritive et diurétique. On attribue les mêmes propriétés à l'*Eryngium maritimum*. On cultive assez souvent, comme plante d'ornement, le **Panicaut des Alpes** (*Er. alpinum*), belle espèce vivace des Alpes, du Jura, dont la tige, droite et rameuse seulement vers son extrémité, s'élève à 5 et 6 décimètres; ses feuilles radicales, longuement pétiolées, sont profondément échancrées en cœur à leur base, dentées en scie ; les caulinaires, presque sessiles, sont divisées en trois ou cinq lobes ; les fleurs, en capitules volumi-

Panicaut.

neux, sont entourées d'un involucre formé de nombreuses bractées allongées, bordées de cils raides et de couleur violette.

PANICULE. Disposition de fleurs ou de fruits où les pédicules secondaires, divisés plusieurs fois et de différentes manières, sont d'autant plus courts qu'ils se rapprochent du sommet, et forment une sorte de panache (*panicula*), comme dans le marronnier d'Inde, le yucca et un grand nombre de graminées. (Voir INFLORESCENCE.)

PANORPE (du grec *pan*, tout, et *orpê*, crochet). Genre d'insectes NÉVROPTÈRES type de la famille des *Panorpidés*. Les Panorpes ont la bouche très allongée, en forme de rostre, le front pourvu de trois gros ocelles, les antennes sétacées avec le premier article très épais ; le corps est allongé, les ailes bien développées, transparentes, plus ou moins tachetées de noir, les pattes sont longues et les tarses terminés par deux crochets dentelés en scie. Le dernier segment abdominal, chez le mâle, est allongé, articulé, et terminé par une pince comparable à la queue du scorpion, ce qui lui a valu, de la part des auteurs anciens, l'appellation de *mouches-scorpions*. — Le type du genre, la **Panorpe commune** (*Panorpa communis*), noire, avec l'extrémité de l'abdomen roussâtre, se trouve dans toute l'Europe.

PANSE. Premier estomac des ruminants. (Voir ce mot.)

PANSPERMIE (du grec *pan*, tout, et *sperma*, semence). Doctrine physiologique d'après laquelle l'apparition spontanée des infusoires, des ferments, des microbes, est due à l'existence de germes innombrables répandus dans l'atmosphère, dans les eaux, etc. (Voir GÉNÉRATION SPONTANÉE.)

PANTHÈRE (*Felis pardus*, L.). Espèce de mammifère carnivore comprise dans le genre *Chat*, de la famille des *Félidés*. La Panthère est plus petite que le tigre et offre beaucoup de ressemblance avec le léopard par sa taille et par sa couleur. Son beau pelage, fauve foncé en dessus, blanc en dessous, offre dix rangées de taches noires en forme de rosaces sur les flancs, c'est-à-dire formées de l'assemblage de cinq ou six petites taches simples ; sa queue est de la longueur du corps. Cet animal est répandu dans l'archipel Indien et dans les parties orientales et méridionales de l'Asie. Ses mœurs sont celles de tous les grands carnassiers du genre *Chat*, c'est-à-dire très féroces. La Panthère attaque surtout les antilopes et les singes, qu'elle poursuit jusque sur les arbres. La nuit, elle vient rôder autour des habitations isolées pour surprendre les animaux domestiques, et elle ne craint pas d'attaquer l'homme lorsqu'elle est poussée par la faim. L'animal que nous venons de décrire est la vraie Panthère de Linné et des Hollandais de l'Inde ; mais Buffon et Cuvier lui donnent le nom de léopard. — Le léopard de Linné (*Felis leopardus*), panthère de Cuvier, est plus grand que la vraie Panthère ; son pelage est d'un fauve plus clair ; ses taches plus grandes et plus espacées forment six ou sept rangées ; sa queue est plus courte : le léopard est aussi féroce que la Panthère, dont il a les mœurs ; les nègres le craignent beaucoup, bien qu'ils lui fassent une chasse active pour s'emparer de sa belle fourrure. Cette espèce, plus rare que la précédente dans l'Inde, habite l'Afrique où n'existe pas la Panthère de Linné. Les voyageurs ont confondu sous les noms de Panthère et de léopard plusieurs autres espèces de félis ; telle est entre autres la grande panthère d'Amérique des fourreurs qui n'est autre que le *jaguar*. (Voir ce mot.) — A Java vivent des Panthères noires (*Felis melas*), que l'on considère comme une simple variété de la Panthère commune, dont elles ont d'ailleurs les formes, les dimensions et les mœurs. — L'**Once** (*Felis uncia*) est une espèce de Panthère propre aux régions septentrionales de l'Asie. Elle se distingue de la précédente par un pelage plutôt gris que fauve ayant les taches en rose moins nombreuses et plus fortes.

PAON (*Pavo*). Genre d'oiseaux de l'ordre des GALLINACÉS, famille des *Phasianidés*, caractérisés par l'aigrette qui orne leur tête et par le développement extraordinaire des plumes tectrices sus-caudales, qui, chez le mâle, recouvrent la queue, et peuvent se relever pour faire la roue. Le bec est robuste, à mandibule supérieure voûtée, à base nue ; les joues sont en partie nues, les tarses robustes sont armés chez le mâle d'un éperon. Le Paon occupe le premier rang parmi les oiseaux pour l'incomparable éclat de sa robe, où se mêle le velouté des plus belles fleurs au feu des pierreries les plus étincelantes. Tout le monde a pu admirer la magnifique espèce que nous élevons pour l'ornement de nos ménageries et de nos parcs, les belles teintes azurées qui ornent son cou, les taches en forme d'yeux qui se peignent sur les grandes plumes de sa queue éblouissante, et cependant, la domesticité a déjà enlevé de l'éclat à la richesse de ces teintes, de l'abondance à ce plumage si touffu. A l'état sauvage, dans les forêts natales de l'Inde, cet oiseau est encore plus beau ; le bleu éclatant dont son cou est orné se prolonge sur le dos et sur les ailes au milieu de mailles d'un vert doré magnifique. Comme chez nous, du reste, la femelle est privée de cette brillante parure. Chez les mâles, la queue n'acquiert toute sa longueur qu'au bout de trois ans, et elle tombe chaque année, vers la fin de l'été, pour repousser au printemps. Cette mue est pour le Paon une époque de retraite : il se tait, ne se *pavane* plus, prend un air de tristesse ; on dirait qu'il est honteux de se montrer dépouillé de son plus bel ornement. C'est surtout en présence de ses compagnes qu'il se rengorge et déploie avec complaisance toutes les richesses de son plumage ; il

Paon.

tourne autour d'elles en faisant la roue et en traînant les ailes, il piaffe, il s'agite, et semble mettre en usage tous les ressorts de la coquetterie. Le Paon, comme le coq, peut suffire à sept ou huit femelles : celles-ci pondent, à l'état libre, une vingtaine d'œufs, qu'elles cachent avec soin dans quelque épais fourré, mais en domesticité, ce nombre se réduit à six ou huit. La durée de l'incubation est de vingt-sept à trente jours ; les petits paonneaux en naissant suivent leur mère, et peuvent déjà, comme tous les poussins gallinacés, chercher eux-mêmes leur nourriture. Les mœurs du Paon sont, d'ailleurs, celles des gallinacés, en général ; sa nourriture consiste en graines de toutes sortes. Quoiqu'il ait beaucoup de peine à s'élever dans les airs, on le voit cependant parcourir quelquefois des distances assez considérables ; il aime les lieux élevés, et se plaît sur les combles des maisons ou sur la cime des grands arbres. Le nom qu'il porte vient, dit-on, du cri rauque et discordant qu'il pousse. Quoique le Paon soit depuis longtemps comme naturalisé en Europe, il n'en est pas originaire : ce sont les Indes orientales, c'est le pays qui produit le saphir, le rubis, la topaze, qui doit être regardé comme son pays natal. Des Indes les Paons ont passé dans la partie occidentale de l'Asie ; de l'Asie ils ont passé dans la Grèce, où ils furent d'abord si rares, qu'à Athènes on les montra pendant trente ans comme un objet de curiosité. Les Paons, ayant passé de l'Asie dans la Grèce, se sont ensuite avancés dans les parties méridionales de l'Europe et, de proche en proche, en France, en Allemagne, en Suisse et jusque dans la Suède, où, à la vérité, ils ne subsistent qu'en petit nombre, à force de soins, et non sans une altération considérable de leur plumage. Les Romains le firent figurer sur leurs tables, et ce luxe s'introduisit en France, bien que la chair de cet oiseau soit d'un goût médiocre, si ce n'est quand il est très jeune. — Le **Paon domestique** (*P. cristatus*), que distingue son aigrette de plumes redressées et s'élargissant par le bout, est sujet à des variétés nombreuses, qui paraissent dues à l'influence de la domesticité. On en voit de grises, de blanches, de noires, de vertes, de jaunes, etc. — Les plus constantes sont celles du **Paon blanc** et du **Paon panaché**. — Une autre espèce non moins belle est le **Paon spicifère**, ainsi nommé de l'aigrette en forme d'épi qu'il porte sur la tête. Il est originaire du Japon ; son cou est noir, son dos vert foncé, les épaules bleues, les ailes noires, et la poitrine émeraude avec chaque plume bordée d'or. — Au même groupe appartiennent les **Éperonniers** (*Polyplectrum*), qui ont deux éperons aux tarses (espèces plus petites et moins belles que les précédentes) et qui habitent la Chine et le Thibet ; et les **Lophophores** (*Lophophorus*), magnifiques oiseaux du nord de l'Hindoustan, dont une espèce, le **Lophophore éclatant** ou *monaul*, est grande comme un dindon, d'un vert foncé, avec des reflets changeants d'or, de saphir et d'émeraude sur l'aigrette et sur les plumes du dos ; ce qui l'a fait appeler *l'oiseau d'or*. Ce magnifique gallinacé vit dans les lieux solitaires et élevés, sous un climat tempéré, ce qui fait espérer que l'on pourra l'acclimater chez nous ; mais bien qu'il se soit déjà reproduit dans nos ménageries, on n'a pu, que nous sachions, en obtenir plusieurs générations. Le Jardin d'acclimatation de Paris possède vivant un de ces magnifiques oiseaux.

PAON. On donne vulgairement ce nom, en entomologie, à plusieurs espèces de lépidoptères dont les ailes sont ornées de taches en forme d'yeux. Ainsi l'on nomme *Paon de jour* le vanesse Io ; *grand Paon* et *petit Paon* des bombyx ; *demi-Paon* le smerinthe ocellé. On donne également ce nom à des poissons des genres *Labre* et *Chœtodon*.

PAPAVER. Nom scientifique latin du genre *Pavot*.

PAPAVÉRACÉES (de *papaver*, nom scientifique des pavots). Famille de plantes dicotylédones, polypétales, hypogynes. Les Papavéracées sont des herbes en général gorgées de sucs laiteux et âcres, à feuilles alternes, d'ordinaire plus ou moins profondément découpées ; à fleurs le plus souvent grandes et parées d'une corolle éclatante, mais très fugace ; calice à deux sépales, pétales en nombre double ou multiple de celui des sépales ; étamines indéfinies à anthères biloculaires ; carpelles en nombre variable unis par les bords et formant un ovaire uniloculaire à placentas pariétaux. Les propriétés narcotiques auxquelles le pavot doit son antique célébrité se retrouvent à un degré plus ou moins énergique dans à peu près toutes les Papavéracées ; néanmoins, les graines de ces végétaux contiennent de l'huile grasse sans aucun principe nuisible. (Voir PAVOT.) Les principaux genres que renferme cette famille sont les *Pavots*, les *Argemones*, les *Chélidoines*, les *Glaucium*, etc.

PAPAYER (*Carica*). Genre de plantes de la famille des *Bixacées*, tribu des *Papayées*, renfermant des arbres de l'Amérique tropicale, dont le port est assez analogue à celui d'un palmier, à cause de leur tronc en colonne, terminé par un bouquet de feuilles palmées, longuement pétiolées et ramassées en touffe ; leurs fleurs en grappes sont unisexuelles, dioïques, très petites. — L'espèce la plus intéressante du genre est le **Papayer cultivé** (*C. papaya*), qui s'élève à 10 ou 12 mètres de hauteur. Son tronc droit est couvert d'une écorce grisâtre, marquée par intervalles de cicatrices laissées par la chute des feuilles. Les fleurs femelles forment de petites grappes à l'aisselle des feuilles, et lorsque le fruit, se développant, devient une baie ovoïde à cinq côtes, longue de 12 à 15 centimètres, la feuille tombe et laisse le fruit comme suspendu à une portion du

Papayer cultivé.

tronc dénudée. Ce fruit est d'un jaune orangé ; sa chair est épaisse, succulente et renferme dans son intérieur un grand nombre de graines ; sa saveur est douce et agréable. Au point de vue médical, le Papayer offre un certain intérêt ; le suc laiteux de son fruit vert agit comme vermifuge, et on l'emploie, dit-on, avec succès contre les rousseurs de la peau. Une des propriétés les plus singulières du suc de ce fruit est d'attendrir les viandes en quelques minutes, lorsqu'on les plonge dans de l'eau qui en renferme à peu près un dixième ; mais ces viandes sont sujettes à se décomposer très vite et l'on a même observé que la chair des cochons qui se nourrissent de son fruit est impropre aux salaisons. Cet arbre, originaire de l'Amérique tropicale, est aujourd'hui très répandu dans l'Inde où l'ont importé les Portugais. Une autre espèce du nord du Brésil, le **Carica digitata** ou *chamburu* des naturels est au contraire extrêmement vénéneuse; ses fleurs exhalent une odeur repoussante.

PAPEGAI ou **PAPEGEAI**. Nom vulgaire du Perroquet, et employé par Buffon pour désigner un groupe de perroquets américains qui n'ont point de rouge dans les ailes.

PAPILIONACÉES. Section de la grande famille des *Légumineuses* (voir ce mot), renfermant les plantes dont la fleur rappelle la forme d'un papillon dont les ailes seraient étendues; tels sont les pois, les haricots, les vesces, etc. Elle est caractérisée par la corolle irrégulière, à cinq pétales insérés sur un disque tapissant le fond du calice; le pétale supérieur e (*étendard*) embrassant les deux latéraux a (*ailes*) qui sont appliqués sur les deux inférieurs; ceux-ci, rapprochés l'un de l'autre, ou même soudés, b (*carène*). simulent un pétale unique. Les étamines, au nombre de dix, sont monadelphes ou diadelphes. Les Papilionacées comprennent près de trois cents genres.

Fleur papilionacée.

PAPILLE (du latin *papilla*). On désigne sous ce nom de petites éminences que l'on remarque à la surface de la peau et des membranes muqueuses et dans lesquelles s'épanouissent les extrémités des vaisseaux et des nerfs. (Voir PEAU.)

PAPILIONIDÉS. (Voir PAPILLON.)

PAPILLON (*Papilio*). Ce nom, sous lequel on désigne vulgairement tous les insectes de l'ordre des LÉPIDOPTÈRES (voir ce mot), représente pour les entomologistes modernes un genre de LÉPIDOPTÈRES DIURNES (*Rhopalocères*) type de la famille des *Papilionidés*. La grande division des Papillons de jour ou diurnes, dont Linné ne faisait qu'un seul genre, renferme les espèces les plus remarquables par la richesse des couleurs dont sont peintes leurs ailes. Leurs chenilles ont toujours seize pattes; leurs chrysalides, presque toujours de forme angulaire, sont rarement renfermées dans une coque. L'insecte parfait, constamment pourvu d'une trompe, ne vole que pendant le jour. On a introduit dans cette famille trois sections, d'après la manière dont la chrysalide subit ses métamorphoses. Chez les uns, elle est attachée par la queue et par une sorte de lien transversal en forme de ceinture : on les désigne sous le nom de *succincts*; chez d'autres, elle est suspendue par la queue seulement : c'est la section des *suspendus*; ceux enfin qui se renferment dans une coque pour subir leurs métamorphoses constituent la section des *enroulés*. Dans la première section, on remarque les Papillons *proprement dits*, genre très nombreux en espèces, remarquables la plupart par leur taille et la variété de leur coloris. Ils correspondent aux Chevaliers de Linné. Ce grand naturaliste, qui aimait à poétiser la science, divisait cette section de chevaliers en *troyens* et en *grecs;* dans le premier groupe, il rangeait les espèces dont la poitrine marquée de rouge et les couleurs sombres annonçaient le deuil et la défaite, c'étaient Pâris, Priam, Hector, Enée, Anchise, etc.; les chevaliers grecs étaient représentés par les espèces dont la poitrine n'est pas tachée de rouge; c'étaient Agamemnon, Achille, Ajax, Ulysse, Ménélas, etc. Ces espèces sont, pour la plupart, propres aux contrées tropicales de l'Amérique et de l'Asie. La famille actuelle des *Papilionidés* comprend les Papillons proprement dits, les parnassiens, les piérides, les coliades, les anthocharis, les thaïs, etc. — Parmi les espèces les plus remarquables de France, nous citerons le **Papillon machaon** ou *grand porte-queue*, dont les ailes sont

Papillon machaon et sa chrysalide.

jaunes avec des taches et des raies noires ; celles de la seconde paire se prolongeant en queue, et présentant près du bord postérieur une série de taches bleues dont une, en forme d'œil, est marquée de rouge à l'angle interne. Sa chenille est d'un beau vert, avec des anneaux noirs ponctués de rouge; elle se trouve, en été et en automne, sur le fenouil et la carotte. Le **Flambé** (*P. podalirius*) est d'un jaune pâle avec des bandes noires transversales; les ailes inférieures se terminent par une longue queue. — Les parnassiens, autre genre de la section, nous offrent le **Papillon Apollon** blanc, tacheté de noir, avec quatre taches blanches en forme d'yeux, bordées de rouge et de noir sur les ailes inférieures. La chenille est d'un noir velouté avec une triple rangée de points rouges. — Sous la dénomination de *piérides*, on désigne les Papillons connus plus généralement sous le nom de *brassicaires*, ou *Papillons blancs*, dont les chenilles sont éminemment nuisibles aux cultures potagères; tels sont le **Papillon blanc du chou**, le **Papillon de la rave**, le **Papillon du navet**, le **Papillon aurore** (*Anthocharis cardamines*), à ailes blanches avec une grande tache aurore au sommet des supérieures.

— Les Coliades ont des ailes jaunes ; le **Citron** (*Rhodocera rhammi*) ; le **Soufré** (*Colias hyale*) ; le **Souci** (*Colias edusa.*)

PAPION. Espèce de singe du genre *Cynocéphale.* (Voir ce mot.)

PAPOUS. Race de nègres océaniens, habitant la Mélanésie, en n'y comprenant pas l'Australie ; c'est-à-dire la Nouvelle-Guinée, les îles Salomon, les Nouvelles-Hébrides, la Nouvelle-Calédonie. Cette race s'est d'ailleurs croisée avec la race polynésienne. Les Papous ont la peau noire ou brun foncé, les cheveux crépus et noirs, le crâne très dolichocéphale, le nez épaté, les lèvres lippues, les mâchoires très saillantes (prognathisme) ; leur taille est moyenne. Leur civilisation est fort peu avancée ; ils en sont encore à l'âge de la pierre polie et leurs instruments rappellent à s'y méprendre, ceux de la même époque de civilisation exhumés en Bretagne.

PAPYRACÉ (de *papyrus*, papier). Qui est mince et sec comme le papier : l'os ethmoïde, et certaines coquilles de mollusques.

PAPYRIER. Nom vulgaire du Mûrier à papier. (Voir Mûrier.)

PAPYRUS. Cette plante, célèbre pour avoir fourni le papier dans l'antiquité, appartient au genre *Souchet.* (Voir ce mot.) Le Papyrus est une grande et belle plante qui croît dans les eaux peu profondes et tranquilles de l'Abyssinie et de la Syrie. De sa racine tortueuse et solidement ancrée dans le sol s'élève une tige triangulaire, haute de 2 à 3 mètres et plus, qui se termine par une large ombelle s'agitant au moindre vent comme un ondoyant panache. Dès la plus haute antiquité, ce végétal précieux couvrait une partie des terres que le Nil inonde chaque année. « Le Papyrus croît en si grande abondance sur les bords du Nil, dit Cassiodore, qu'on dirait une immense forêt. » Et cependant aujourd'hui on ne l'y rencontre plus. Ceux que l'on cultive dans les jardins et dans les serres, nous viennent de Syrie et de Sicile. Quoi qu'il en soit, c'était anciennement une des richesses du pays ; on en tirait des cordes, des tissus, on en fabriquait des corbeilles, et sa racine était mangée bouillie ou grillée par les Égyptiens, ce qui leur a fait donner par Eschyle le nom de *mangeurs de papyrus.* Mais ce qui, par dessus tout, lui donnait une valeur inestimable, c'était la pellicule renfermée sous l'écorce de sa tige, avec laquelle on fabriquait un papier souple, léger, presque blanc sur lequel les Égyptiens, puis les Grecs et les Romains traçaient les caractères de leur écriture, à l'aide d'un petit jonc taillé à cet effet. On employait, pour fabriquer ce papier, la partie de la tige qui avait séjourné sous l'eau et y avait blanchi par l'effet de cette immersion. On obtenait ainsi un tronçon de 40 à 50 centimètres de longueur, dont on enlevait l'écorce et les premières pellicules ; puis on recueillait celles qui se trouvaient dessous. Toutes fraîches elles étaient doucement étirées, étendues, mises en presse ; puis, collées bout à bout pour en former des feuilles de dimensions variées. On en possède

Papyrus.

aujourd'hui dans les musées qui ont jusqu'à 10 et 15 mètres de longueur.

PAQUERETTE ou *petite marguerite.* Nom vulgaire du *Bellis perennis.* (Voir Bellis.)

PARADIS [Oiseaux de] ou **PARADISIERS** (*Paradiseidæ*). Groupe d'oiseaux formant une petite famille particulière dans la section des Passereaux coracirostres, dont ils ont le bec fort, comprimé, les narines cachées par des plumes écailleuses et poilues, les tarses, les doigts et les ongles forts. Mais c'est surtout par le développement extraordinaire et la magnificence du plumage qu'ils se distinguent. Chez la plupart, les plumes des flancs s'allongent, effilées et soyeuses, en panaches beaucoup plus longs que le corps et brillant des plus riches reflets. Souvent aussi, deux filets ébarbés partent du croupion et se prolongent comme les plumes des flancs qu'ils dépassent. Dans d'autres espèces, des plumes accessoires sortent de la tête, des épaules, et l'éclat de leur parure ne le cède en rien à celui des colibris. — Les Paradisiers sont originaires de la Nouvelle-Guinée et des îles voisines. Les individus qui nous parvinrent les premiers, étant privés de pieds, on imagina à cette occasion les fables les plus absurdes. Ces oiseaux, disait-on, restaient constamment en l'air et vivaient de rosée. En mourant, ils prenaient leur essor vers les cieux, leur primitive patrie (d'où le nom de *paradisiers*), et c'était là aussi qu'ils pondaient leurs œufs. Ces contes ne prirent fin que lorsque les voyageurs eurent apporté des individus entiers, et appris que les naturels avaient coutume d'arracher les jambes de ces oiseaux pour se faire des panaches de leurs plumes. En effet, ces oiseaux se trouvent avoir pour patrie, et non pour paradis, une contrée habitée par les Papous, qui sont bien les plus féroces de tous les sauvages, et qui les

Paradisier émeraude.

chassent très activement pour s'emparer de leurs plumes, lesquelles ont une grande valeur commerciale. On connaît peu d'ailleurs les habitudes des Paradisiers. On sait seulement qu'ils sont d'un naturel très défiant, qu'ils vivent dans les forêts les plus profondes de la Papouasie, perchés par bandes sur les arbres les plus élevés, et qu'ils se nourrissent d'insectes et de fruits. Leur cri est aigre et désagréable. L'espèce la plus anciennement célèbre est l'**Oiseau de paradis** ou **Paradisier émeraude** (*P. apoda*), grand comme une grive, marron, avec le dessus de la tête jaune, le tour de la gorge vert d'émeraude. C'est le mâle de cette espèce qui porte ces longs faisceaux de plumes d'un beau jaune d'or dont les dames ornent leur coiffure. — Le **Paradisier rouge** (*P. rubra*) se distingue du précédent par ses panaches d'un brun rouge et par les deux filets de sa queue. — Dans d'autres espèces, les plumes des flancs ne dépassent pas la queue ; tels sont : le **Ma-**

nucode (*P. regia*), grand comme un moineau, marron velouté dessus, blanc dessous, avec une bande en travers de la poitrine et l'extrémité des plumes latérales d'un beau vert doré ; deux longs filets terminés en palette partent de la queue ; le **Magnifique** (*P. magnifica*), marron dessus, vert dessous et aux flancs, avec les pennes des ailes jaunes et un faisceau jaune-paille de chaque côté du cou ; le **Sifilet** (*P. sexetacea*), qui est grand comme un merle, et a tout son plumage d'un noir velouté avec un plastron vert doré sur la gorge, et trois des plumes de chaque oreille prolongées en longs filets, d'où son nom.

PARADIS [Graines de]. On donne ce nom aux graines de l'*Amomum cardamomum*. (Voir Amome.)

PARADIS [Pommier de]. Espèce naine du genre *Pommier* que l'on emploie souvent pour y greffer les variétés dont on veut obtenir des arbres nains.

PARADOXURE (du grec *paradoxos*, étrange, et *oura*, queue). Genre de mammifères carnivores de la tribu des Digitigrades, famille des *Viverridés*. Ce sont des animaux voisins des Civettes, et le nom de *Paradoxure* (queue paradoxale) leur a été imposé par Fr. Cuvier, parce que leur queue paraît être constamment enroulée et maintenue du même côté. Ces carnassiers, qui habitent l'Inde, ont à peu près la taille du chat ; mais le corps et le museau plus allongés. Ils ont au-dessous de l'anus un sillon qui représente la poche odorante des civettes (voir ce mot), mais avec un moindre développement ; leurs ongles sont crochus et à demi rétractiles. Leur pelage est doux au toucher, souvent moucheté ou marqué de bandes longitudinales. Ils vivent sur les arbres, font la chasse aux petits quadrupèdes et aux nids d'oiseaux. On en connaît plusieurs espèces, dont la plus répandue est le **Pougouné** (*Paradoxurus typus*) ; il est d'un brun jaunâtre avec trois rangées de taches obscures sur le dos ; ses oreilles, ses pattes et sa queue sont noirs. — Le **Musanga** de Java, le **Bondar** du Bengale, le **Paradoxure peint** de Bornéo, diffèrent peu du précédent.

PARAGLOSSE (du grec *para*, auprès, et *glôssa*, langue). On donne ce nom à deux appendices membraneux ciliés, qui font partie de la lèvre inférieure (*languette*) chez beaucoup d'insectes. Ils sont généralement très petits, de forme variée, et placés de chaque côté de la base de la languette.

PARAGONITE. Roche silicatée qui se présente en masses formées d'écailles blanches onctueuses au toucher comme du talc, et renfermant du quartz et des cristaux de staurotide rouge et de disthène bleu. Sa densité est 2.77, sa dureté celle du gypse. Elle fond facilement au chalumeau et est attaquable par l'acide sulfurique concentré. On la trouve au Saint-Gothard, dans la Mayenne, etc.

PARAMÉCIE. (Voir Infusoires.)

PARAPHYSES (du grec *para*, auprès, et *phusis*, naissance). On désigne sous ce nom, en botanique, des cellules très allongées, simples ou rameuses qui, dans les lichens, les mousses, les hépatiques, accompagnent les organes mâles et les organes femelles. On les considère généralement comme des organes de reproduction avortés.

PARASITES, PARASITISME (du grec *para*, auprès, et *sitos*, nourriture). Ce nom sert à désigner les êtres organisés, animaux et végétaux, qui vivent aux dépens de la propre substance des autres. — C'est une des lois générales de la nature que la vie s'entretienne aux dépens de la vie, que l'existence des uns s'alimente par la mort des autres, et rien ne pouvant venir de rien, il faut bien, pour que l'organisation continue ses phases, que ce soit aux dépens de quelque chose. La vie est tout à la fois but et moyen, et les êtres organisés sont nés pour se servir mutuellement de pâture. La plante pousse plus vigoureusement lorsque ses racines sont plongées dans un sol fertilisé par des débris animaux, et l'animal à son tour vit soit de végétaux, soit de chair pour servir lui-même plus tard de proie et de nourriture à quelque autre espèce. L'animal carnassier suppose nécessairement des animaux herbivores, comme ceux-ci supposent des plantes. C'est une suite de dominations, vivant les unes aux dépens des autres. C'est un mal nécessaire, une loi fatale, sans laquelle le monde ne pourrait exister. Que deviendrait la terre, si tous les germes animaux et végétaux se développaient librement ? Il ne resterait bientôt plus assez de place dans l'air, dans les mers, sur les continents, pour les innombrables descendants de la population primitive, et nous verrions toutes les plaies d'Égypte désoler à la fois la terre. Rien de tout cela n'est heureusement à craindre. Guidé par les instincts que la nature prévoyante a mis en lui, chaque être travaille à conserver la place qui lui est réservée, et il concourt à son insu à assurer cet ordre admirable qui se manifeste dans le monde. De là ces combats pour la vie, ces luttes incessantes qui se livrent sur tous les points du globe et qui sembleraient devoir finir par l'extermination des races entières, si la fécondité inépuisable de la nature n'était là pour réparer toutes les pertes.

On a restreint le nom de *parasites*, en histoire naturelle, aux êtres, animaux ou végétaux, qu'un état incomplet d'organisation force à chercher des ressources chez d'autres individus d'espèces différentes. Les parasites animaux se divisent en indirects et en directs. La première classe comprend ceux qui n'exercent le parasitisme qu'en vue de leur progéniture ; la fonction qui préside à l'éducation et aux soins des petits manquant chez eux, soit que la cause organique de cette absence ait son siège dans le cerveau, comme c'est le cas dans le coucou, qui dépose ses œufs dans le nid d'autres oiseaux, soit qu'elle tienne à la privation d'instruments de récolte, comme chez certaines espèces d'insectes qui ont les mêmes habitudes que les coucous, soit enfin qu'elle consiste dans la brièveté de la vie des parents, comme dans les œstres, les ichneumons, les cynips et d'autres insectes, qui déposent leurs œufs sous la peau de certains animaux ou dans le parenchyme de certaines plantes, de manière que leur progéniture se trouve postérieurement placée dans des conditions favorables à son développement. Les parasites directs sont ceux qui exercent le parasitisme dans l'intérêt de leur propre existence, c'est-à-dire qui tirent leur nourriture des animaux sur lesquels ils se fixent. Les uns vivent sur les parties externes, comme les insectes aptères ou parasites proprement dits (*poux ricins*) et les acariens ; on leur donne le nom d'*épizoaires* ; les autres, qui vivent, au contraire, plus ou moins profondément cachés dans l'intérieur du corps, ont reçu le nom d'*entozoaires*, ce sont les vers intestinaux. Les parasites végétaux se divisent également en deux classes : 1° les parasites vrais, qui vivent aux dépens d'un autre végétal ou d'un animal, et lui empruntent les sucs nécessaires à son entretien ; tels sont le gui, les orobanches, les cuscutes, qui épuisent les plantes sur lesquelles ils vivent ; telles sont surtout les urédinées, qui sont pour l'agriculture un véritable fléau, et les mucédinées, dont plusieurs engendrent, chez l'homme et les animaux, des maladies telles que la teigne, la pellagre, le muguet ; 2° les parasites faux sont ceux que la faiblesse seule de leurs tissus force à chercher un appui dans les plantes voisines, dont ils ne tirent d'ailleurs aucuns sucs ou matériaux nutritifs ; le lierre, la vigne vierge, les lianes nous offrent des exemples de ce pseudoparasitisme.

PARASOL. Nom vulgaire d'un champignon du genre *Agaric*.

PARATUDO. (Voir Gomphrène.)

PARDALOTE (du grec *pardalotos*, tacheté). Genre d'oiseaux de l'ordre des Passereaux dentirostres, voisins des Tyrans. Ce sont des oiseaux de petite taille, à formes trapues, qui, pour la plupart, habitent la Nouvelle-Hollande. Leur plumage, de couleurs agréables, quoique peu vives, est généralement pointillé ou rayé de blanc. Tel est le **Pardalote pointillé** de la Nouvelle-Galles du Sud, à corps gris ondulé de fauve, avec la tête et les ailes noires pointillées de blanc et le croupion couleur de feu. On ne connaît pas bien les mœurs de ces oiseaux qui doivent se rapprocher de celles des mésanges.

PARDUS et **PARDALIS.** (Voir Panthère.)

PARELLE. On donne ce nom à une espèce de lichen employé en teinture et plus connu sous le nom d'*orseille d'Auvergne*. (Voir Orseille.) On nomme encore Parelle ou *patience* une espèce du genre *Rumex*. (Voir Patience.)

PARENCHYME (du grec *paregchuma*, épanchement). On donne ce nom, en botanique, au tissu cellulaire mou, spongieux, qui constitue la moelle des plantes et qui remplit dans les feuilles les jeunes tiges ou les fruits, les intervalles existant entre les faisceaux fibreux. (Voir Végétaux.)

PARESSEUX. (Voir BRADYPE.)

PARIÉTAIRE, *Parietaria* (du latin *paries*, mur). Genre de plantes dicotylédones de la famille des *Ur*-*ticacées*. Ce sont des plantes herbacées, à feuilles le plus souvent alternes, portant à leur aisselle des fleurs des deux sexes, entourées d'un involucre commun à deux ou trois folioles ou multiparti. Les fleurs mâles se composent d'un périanthe à quatre ou cinq divisions, renfermant quatre-cinq étamines, dont le filet, d'abord recourbé en manière de ressort dans la concavité du périanthe, se redresse brusquement au moment de la fécondation, détermine ainsi une vive secousse, et par suite l'ouver-

Pariétaire officinale ; *a*, fleur.

ture de l'anthère et l'expulsion du pollen. Les fleurs femelles ont un périanthe à quatre dents, un ovaire libre à une seule loge, renfermant un seul ovule et surmonté d'un stigmate en pinceau, velu, à style très court. Les Pariétaires croissent généralement sur les rochers et les vieux murs, entre les pierres qu'elles brisent pour végéter, d'où leurs divers noms ; la plus intéressante de nos espèces indigènes est la **Pariétaire officinale**, connue sous les noms vulgaires de *casse-pierre*, *perce-muraille*, *herbe des murailles*, etc. Sa tige rameuse, rougeâtre, velue, s'élève à 5 ou 6 décimètres ; ses feuilles sont lancéolées ovales, luisantes en dessus. Cette plante est d'un usage populaire comme diurétique, émolliente et rafraîchissante ; on l'emploie en décoction, surtout dans les maladies inflammatoires, les hydropisies, et en particulier dans la gravelle et les affections catarrhales de la vessie.

PARIÉTAL [Os] (du latin *paries*, muraille). Les os pariétaux, Pariétal droit et Pariétal gauche, sont placés à la partie latérale du crâne ; ils s'articulent ensemble supérieurement, avec l'occipital en arrière et le coronal en devant, le temporal et le sphénoïde en bas. Ce sont des os plats, à peu près carrés, qui forment une partie considérable de la voûte crânienne. Ils présentent une saillie à leur centre désignée sous le nom de *bosse pariétale*.

PARIS. (Voir PARISETTE.)

PARISETTE (*Paris*). Genre de plantes monocotylédones de la famille des *Liliacées*, tribu des *Asparaginées*, offrant pour caractères : des fleurs hermaphrodites ; un périanthe à huit divisions, les quatre internes très étroites ; huit étamines à filets dilatés portant les anthères sur le milieu ; quatre styles à stigmates simples ; le fruit est une baie noire, polysperme. — L'espèce type est la **Parisette à quatre feuilles** (*P. quadrifolia*), vulgairement *raisin de renard*, *étrangle-loup*, *morelle à quatre feuilles*, à souche longuement rampante ; à tige droite, glabre, de 2 à 3 décimètres, garnie au sommet de quatre feuilles ovales, opposées en croix, du centre desquelles s'élève la fleur ; celle-ci verdâtre à anthères jaunes ; baie d'un noir violet. Elle se trouve au printemps dans les bois et lieux couverts. C'est une plante purgative, mais vénéneuse, et par conséquent d'un emploi dangereux. Ses propriétés n'étant pas assez constantes dans leur action, il vaut mieux la rejeter. Elle tue, dit-on, les chiens et les poules.

PARMÉLIE (*Parmelia*). (Voir LICHENS.)

PARMENTIÈRE. Nom donné à la pomme de terre, du nom de son introducteur en France, Parmentier.

PARNASSIE (*Parnassia*). Genre de plantes dicotylédones de la famille des *Saxifragées*, composé d'herbes vivaces qui croissent dans les prairies marécageuses des régions septentrionales. Leurs feuilles sont alternes, les fleurs grandes, pentamères. Le type du genre, la **Parnassie des marais** (*P. palustris*), à tige grêle, anguleuse, porte des feuilles radicales cordiformes, une seule caulinaire embrassante et une grande fleur solitaire terminale, blanche.

PARNASSIEN. (Voir PAPILLON.)

PARONYCHIÉES ou **PARONYCHIACÉES** (du genre *Paronychia*). Famille de plantes dicotylédones, polypétales, composée d'herbes généralement annuelles, à feuilles opposées munies de stipules scarieuses. Ce sont des plantes grêles, ordinairement couchées ; à fleurs hermaphrodites régulières ; calice à cinq divisions ; cinq pétales petits ou nuls, souvent semblables à des étamines transformées, insérés sur le calice ; cinq étamines, parfois deux ou trois périgynes ; deux styles libres ou soudés ; capsule petite, monosperme, indéhiscente, ou polysperme, et s'ouvrant en trois valves. Ce groupe comprend les genres *Paronychia*, *Illecebrum*, *Herniaria*, *Scleranthus* (gnavelle), *Corrigiola*, *Telephium*.

PARONYQUE, *Paronychia* (du grec *parónuchia*, panaris). Genre type de la famille des *Paronychiacées*. Ce sont de petites herbes assez insignifiantes qui croissent dans le Midi (*P. argentea*, *P. nivea*), à petites fleurs en glomérules, blanches. On les employait autrefois pour la guérison des panaris. Elles sont aujourd'hui inusitées.

PAROTIDE [Glande] (du grec *para*, auprès, et *ous*, *ótos*, oreille). C'est la plus grosse des glandes salivaires; elle est située au-dessous de la conque du pavillon de l'oreille et du conduit auditif externe, au-dessus de l'angle de la mâchoire inférieure; l'artère carotide et le nerf facial traversent son tissu. Celui-ci est résistant, d'un blanc grisâtre, composé de granulations réunies en lobules qui donnent naissance à des ramuscules excréteurs dont la réunion forme le conduit parotidien ou *canal de Sténon*. Ce conduit s'avance horizontalement dans l'épaisseur de la joue, et vient s'ouvrir dans la bouche au niveau de la seconde dent molaire supérieure, pour y verser la salive.

PARRA. (Voir JACANA.)

PARTHÉNOGÉNÈSE (du grec *parthénos*, vierge, et *génesis*, génération). Singulier phénomène qui consiste dans la production d'œufs fertiles par des femelles non fécondées. Ce mode de reproduction s'observe chez quelques insectes, notamment chez les pucerons et les abeilles. (Voir ces mots et REPRODUCTION.)

PARUS. Nom scientifique latin du genre *Mésange*.

PASAN ou **PASENG**. Nom persan de l'Ægagre, et que Buffon donne à tort à une espèce du genre *Antilope*. (Voir CHÈVRE.)

PAS-D'ANE. Nom vulgaire du *Tussilago farfara*. (Voir TUSSILAGE.)

PASSE-PIERRE. (Voir SALICORNE.)

PASSER. Nom scientifique latin du genre *Moineau*.

PASSERAGE (*Lepidium*). Genre de plantes dicotylédones de la famille des *Crucifères*. Ce sont des herbes à feuilles alternes, à fleurs petites, ordinairement blanches, disposées en corymbe ou en grappe terminale; le fruit est une silicule à une ou deux graines ovales. Nous citerons parmi les espèces assez nombreuses de ce genre, le **Lepidium sativum**, originaire de l'Orient, et cultivé en Europe sous le nom de *cresson alénois;* on le mange en salade et il passe pour posséder des vertus antiscorbutiques; le **Lepidium campestre** ou *Thlaspi officinal*, commun dans les lieux incultes, dont les graines entrent dans la confection de la thériaque; le **Lepidium ruderale**, qui passe pour fébrifuge et dont l'odeur éloigne, dit-on, les punaises; le **Lepidium latifolium** ou *grande Passerage*, qui est employée en médecine dans les cas de douleurs sciatiques, dans l'hypertrophie du cœur, etc., mais elle ne possède pas, malgré son nom, la vertu de guérir la rage.

PASSEREAUX, *Passeres* (de *passer*, nom latin du moineau). Dans sa méthode, Cuvier fait deux ordres indépendants des PASSEREAUX et des GRIMPEURS, que Vieillot et après lui Isid. Geoffroy Saint-Hilaire réunissent en un seul ordre sous le nom de PASSEREAUX. La plupart des zoologistes font aujourd'hui deux ordres distincts des grimpeurs et des passereaux. Les espèces très nombreuses qui rentrent dans ce dernier ordre sont de taille petite ou moyenne; leurs formes sont sveltes; leurs ailes, en général, de moyenne longueur, ainsi que leurs jambes; leurs doigts, ordinairement faibles, munis d'ongles grêles. Quant au bec, il varie beaucoup, et ses modifications ont même servi de base à la division de cet ordre en plusieurs sections ou tribus. C'est dans l'ordre des Passereaux que se trouvent les oiseaux chanteurs et la plupart de ceux qui exécutent des voyages périodiques; presque tous sont monogames. Ils se nourrissent d'insectes, de fruits, de grains, mais on peut affirmer en thèse générale (voir OISEAUX), que ce sont des animaux utiles et qu'ils rendent à l'agriculture les plus grands services. — Dans la classification actuelle, les Passereaux se divisent d'abord en deux sections, suivant la conformation du pied : 1° les **Syndactyles**, qui ont le doigt externe dirigé en avant et réuni à sa base avec le médian; tels sont: les Calaos (*Bucéridés*), les Guêpiers (*Méropidés*), les Martins-pêcheurs (*Alcédinidés*), etc.; 2° les **Déodactyles**, qui ont toujours trois doigts libres en avant et un derrière; ce sont les vrais Passereaux. On les subdivise ainsi : 1° FISSIROSTRES à bec fendu profondément : Engoulevent (*Caprimulgidés*), Hirondelles (*Hirondinidés*); 2° TÉNUIROSTRES, à bec grêle, allongé : Huppe, Grimpereaux, Colibri; 3° CONIROSTRES, à bec conique, fort : Corbeaux (*Corvidés*), Mésanges (*Paridés*), Moineaux (*Fringillidés*), Alouettes (*Alaudidés*), Étourneaux (*Sturnidés*); 4° DENTIROSTRES, à bec denté vers la pointe : Pies grièches (*Laniidés*), Bergeronnettes (*Motacillidés*), Fauvettes, Rossignols, Roitelets (*Sylviadés*).

PASSE-ROSE. Nom vulgaire de la rose trémière (*Althæa rosea*). (Voir GUIMAUVE.)

PASSE-VELOURS. (Voir CÉLOSIE.)

PASSIFLORE (*Flos passionis*, fleur de la passion, ainsi nommée à cause de la ressemblance qu'on a cru trouver entre la forme des organes floraux de ces plantes et celle des instruments de la passion de Jésus-Christ). Les espèces du genre *Passiflora* sont herbacées, ou frutescentes, grimpantes au moyen de vrilles axillaires et pour la plupart propres à l'Amérique tropicale. Ces plantes, dont les botanistes ont fait la famille des *Passiflorées*, ont un calice et une corolle à cinq parties. Le fond de la fleur est occupé par un disque très développé, mamelonné et garni de plusieurs rangées de productions en forme de tentacules, du centre duquel s'élève une longue colonne terminée par le pistil et formée par les filets soudés entre eux; ceux-ci deviennent libres au sommet en cinq étamines à anthères biloculaires. Le pistil est à trois styles que terminent autant de stigmates. Le fruit est charnu, souvent comestible. Nous signalons les espèces les plus remarquables. La Passiflore quadrangulaire, de la Jamaïque, se cultive dans nos serres pour sa beauté et pour son fruit; sa tige sarmenteuse acquiert 18 à 20 mètres de longueur; ses rameaux sont quadrangulaires à feuilles ovales, en cœur; ses fleurs, larges de 10 centimètres, sont pourpres mêlées de blanc ; le fruit, ovoïde, de la grosseur d'un petit melon, est très estimé des créoles qui le

Passiflore.

mangent assaisonné de sucre et de vin ; c'est l'une des plus fréquemment cultivées dans nos serres. Cette belle plante se cultive, comme la plupart de ses congénères, dans une bonne terre légère ; elle demande des arrosements abondants ; on la multiplie par boutures et par marcottes. — La **Passiflore à grappes**, du Brésil, à rameaux cylindriques, a de belles fleurs pourpres en grappes. — La **Passiflore bleue**, du Pérou, réussit dans nos climats à une exposition chaude ; ses fleurs sont bleues, odorantes ; son fruit est de la grosseur d'un petit œuf. Cette espèce, très répandue aujourd'hui dans les jardins, est très propre à couvrir les murs et les berceaux.

PASSIFLORÉES. Famille de plantes dicotylédones, polypétales, périgynes, qui a pour type et pour genre unique les Passiflores. (Voir ce mot.)

PASTEL (*Isatis*). Genre de plantes dicotylédones de la famille des *Crucifères*. La seule espèce de ce genre qui doive nous intéresser est le **Pastel tinctorial**, dont la culture a eu une si grande importance sous l'empire et pendant le blocus continental, comme remplaçant l'indigo, produit essentiellement tropical. Le Pastel croît naturellement sur les coteaux secs et pierreux des parties méridionales et tempérées de l'Europe ; et on le cultive en grand comme plante tinctoriale dans nos provinces méridionales. Sa tige droite, lisse et rameuse vers le haut, est longue de 1 mètre ; ses feuilles sont lan-

céolées aiguës, embrassantes à leur base qui se prolonge en deux oreillettes ; ses fleurs jaunes forment des grappes terminales ; le fruit qui leur succède est une silicule prolongée en pointe aiguë. Le Pastel réussit surtout dans les terres argileuses, grasses, légèrement humides. Le semis se fait généralement dans la dernière quinzaine de février, à

Pastel. — *a*, fleur : *b*, fruit.

la volée, en lignes espacées de 20 centimètres. La récolte des feuilles se fait dès qu'elles ont atteint leur entier développement ; le nombre de ces récoltes est de quatre et même cinq dans les climats chauds. Après la cueillette, on porte ces feuilles dans un lieu sec et ombragé, puis on les soumet à l'action d'une meule qui les réduit en pâte homogène ; on dépose cette pâte en tas sous un hangar et on l'abandonne à une fermentation de quinze à vingt jours ; puis on en forme des pelotes qu'on laisse sécher à l'ombre avant de les livrer au commerce. Il fournit alors une couleur bleue solide. Aujourd'hui que l'indigo est descendu à un prix très bas, la culture du Pastel est à peu près abandonnée, cette plante étant beaucoup moins riche en matière tinctoriale. Très anciennement connue, cette plante, que les Celtes nommaient *guède*, *vouède*, leur servait à se peindre le corps.

PASTENADE. Nom vulgaire du Panais.

PASTENAGUE. Espèce du genre *Raie*, dont on fait un genre particulier sous le non de *Trygon*, et qui diffère des raies proprement dites par leur queue armée de piquants. (Voir RAIE.)

PASTÈQUE. Nom vulgaire d'une plante cucurbitacée de l'Inde, le *Citrullus vulgaris*, que l'on cultive dans le midi de l'Europe et en Égypte. Ses fruits, connus sous le nom de *melon d'eau*, ont une chair rougeâtre, très aqueuse, acidule et sucrée très rafraîchissante. (Voir MELON.)

PATATE. (Voir BATATE.)

PATCHOULY (du chinois *patchey elley*, feuille du patchey). Ce sont les tiges et les feuilles grossièrement hachées et mises en paquets d'une plante labiée de l'Inde (*Pogostemon patchouly*). Son odeur est très forte et on l'emploie pour la conservation des vêtements et des fourrures et comme parfum.

PATELLE (de *patella*, écuelle). Genre de mollusques GASTÉROPODES de l'ordre des CYCLOBRANCHES (Holostomes), type de la famille des *Patellidés*, offrant pour caractères : animal hermaphrodite, à tête munie de deux tentacules pointus, portant les yeux à leur base externe, rampant lentement sur un pied charnu en forme de disque ovalaire et à l'aide duquel il s'attache fortement aux rochers. Sous les bords de leur manteau règne un cordon de petits feuillets branchiaux (*Cyclobranches*). Le corps est entièrement recouvert par une coquille univalve, symétrique, ovale ou circulaire, en cône surbaissé, sans fissure à son bord. On trouve les Patelles sur les rivages de presque toutes les mers, fixées solidement aux rochers que couvre et découvre alternativement la mer. — La **Patelle commune** (*Patella vulgata*) est très commune sur toutes nos côtes ; sa coquille conique, qui ressemble à un chapeau chinois, est d'un gris verdâtre. L'animal, en appliquant son pied sur le rocher et en soulevant son corps comme une ventouse, y adhère avec une telle force, qu'on déchire l'animal plutôt que de l'enlever. Un poids de 10 kilogrammes suspendu par une cordelette autour de la coquille ne lui fait pas lâcher prise. On ne peut détacher la Patelle qu'en passant une lame de couteau entre le pied de l'animal et le rocher, ce qui permet à l'air de rentrer et de détruire l'adhérence. On mange les Patelles sur nos côtes, où on les désigne sous le nom de *berlins ;* mais leur chair, assez savoureuse, est coriace et indigeste.

Patelle.

PATENOTRIER. (Voir STAPHYLIER.)

PATIENCE (*Rumex*). Genre de plantes dicotylédones de la famille des *Polygonacées*, à fleurs régulières, hermaphrodites, périanthe à six divisions, six étamines, trois styles, fruit trigone. Ce sont des herbes à feuilles alternes, simples, à fleurs petites, disposées en épis ou en grappes. — Le type du genre est la **Patience officinale** (*R. patientia*). Très voisine de l'oseille, dont elle diffère cependant par plusieurs caractères, et surtout par sa taille beaucoup plus grande, cette plante croît naturellement dans les lieux humides en France et en Allemagne ; elle est en outre cultivée dans presque tous les jardins.

On mange ses feuilles en guise d'épinards. On emploie ses racines longues et fibreuses en décoction, à cause de ses propriétés astringentes toniques et dépuratives, principalement dans les maladies de

Patience crépue.   Fleur grossie.

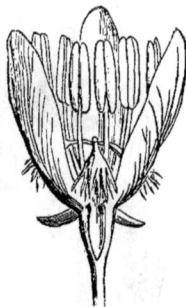

peau. — La **Patience aquatique**, remarquable par la hauteur de sa tige (2 mètres) et la longueur de ses feuilles, est recommandée dans le traitement du scorbut, des affections cutanées, etc. — La **Patience crépue** (*R. crispus*), à feuilles ondulées, crépues au bord, à verticilles floraux dépourvus de bractées, offre les mêmes propriétés que l'officinale. — Le **Sang dragon** ou *oseille rouge* (*R. sanguineus*), à tige et nervures rougeâtres, offre les mêmes propriétés que la Patience officinale. Les *Rumex acetosa* et *acetosella* sont connus sous le nom d'*oseille*. (Voir ce mot.)

PATISSON. (Voir POTIRON.)

PATRAQUE. Nom vulgaire sous lequel on désigne une variété de pomme de terre à tubercules arrondis.

PATTES. Membres ou organes de locomotion des animaux.

On nomme vulgairement :

Patte d'araignée, la Nigelle de Damas ;

Patte de griffon, l'Ellébore fétide ;

Patte de lièvre, le Trèfle rouge ;

Patte de lion, l'Alchemille ;

Patte d'oie, les Chénopodes ;

Patte pelue, la Calandre du blé.

PATURIN (*Poa*). Genre de plantes de la famille des *Graminées*. Ces plantes croissent dans les régions tempérées du globe ; leurs feuilles sont planes, leurs fleurs hermaphrodites, réunies par deux en épillets, groupés eux-mêmes en panicule. Quelques espèces de ce genre ont de l'intérêt comme alimentaires soit pour l'homme, soit pour les animaux domestiques. — Le **Paturin commun** (*P. trivialis*, L.), très abondant dans les prés, fournit un foin d'excellente qualité ; il est très propre à faire des prairies arti-

ficielles. — Le **Paturin des prés** (*P. pratensis*, L.), également commun dans les prés, se distingue du précédent par ses feuilles lisses, qui sont rudes au toucher dans le Paturin commun. Il fournit aussi un foin de bonne qualité et très précoce. — Le **Paturin fertile** et le **Paturin des Alpes** constituent également un très bon fourrage. Les Paturins sont le foin par excellence ; ils résistent mieux que toutes les autres graminées aux extrêmes du chaud et du froid, de la sécheresse et de l'humidité ; ils repoussent plus touffus à mesure qu'ils sont coupés ou broutés. — Le **Paturin d'Abyssinie**, désigné en Afrique sous le nom de *teff*, est cultivé dans ce pays comme céréale ; son grain donne une farine très blanche dont

Paturin ; *a*, épi.

on fait des gâteaux d'une saveur agréable. La rapidité de sa végétation est telle qu'on en fait la récolte deux mois après les semailles ; on obtient ainsi trois récoltes par an.

PATURON. On nomme ainsi la région du pied du cheval située entre le *boulet* et la *couronne* et formée par le premier os phalangien et les tendons qui l'entourent. (Voir CHEVAL.)

PAULLINIA. Genre de plantes dicotylédones de la famille des *Sapindacées*, comprenant des arbustes sarmenteux ou volubiles, propres aux régions tropicales de l'Afrique et de l'Amérique. Leurs feuilles sont alternes, composées, les fleurs disposées en grappes axillaires.— Le **Paullinia sorbilis**, du Brésil, sert à préparer le guarana, pâte rouge formée de ses graines pilées et que l'on emploie comme tonique, antinévralgique et antidiarrhéique. On emploie les feuilles du **Paullinia grandiflora** contre les maladies des yeux. Par contre, on considère comme un poison redoutable les graines et le suc du **Paullinia curum** ; les sauvages de la Guyane en font usage pour empoisonner leurs flèches.

PAULONIA ou **PAULOWNIA** (nom propre). Bel arbre du Japon, de la famille des *Scrofulariacées*, introduit en 1835 en France, où il réussit parfaitement. Il décore aujourd'hui nos jardins publics et privés, où il prend un superbe développement. Son port ressemble beaucoup à celui du catalpa (voir ce mot), et il peut atteindre 25 mètres de hauteur. Ses feuilles sont très larges, cordiformes, opposées, ses fleurs, d'un beau bleu et disposées en grappes, éclosent au printemps et répandent une odeur douce de vanille. Les bois laqués qui nous viennent du Japon, sont le plus souvent du bois du Paulonia.

PAUME. (Voir MAIN.)

PAUMELLE. Variété d'Orge. (Voir ce mot.)

PAUPIÈRES. (Voir ŒIL.)

PAUXI. (Voir Hocco.)

PAVIE. Variété de pêche à peau duveteuse, à chair ferme adhérente au noyau. Elle ne mûrit bien que dans le Midi.

PAVILLON DE L'OREILLE. Partie évasée et superficielle de l'oreille externe, dont la partie profonde est formée par l'entrée du conduit auditif. (Voir OUÏE.)

PAVO. Nom scientifique latin du genre *Paon*.

PAVONIA (dédié à J. Pavon, voyageur naturaliste). Genre de plantes dicotylédones de la famille des *Malvacées*. Ce sont des arbrisseaux des régions tropicales, à feuilles alternes, simples, dentées ou lobées, à fleurs grandes, généralement solitaires, à pédoncules axillaires, roses, jaunes ou écarlates. On en cultive quelques-unes en serre : **Pavonia typhalœa, coccinea, spinifex**.

PAVOT. Le genre *Pavot* (*Papaver*), type de l'importante famille des *Papavéracées*, renferme plusieurs plantes à suc propre lactescent, qui, presque toutes, vivent dans l'ancien continent. Elles sont remarquables par la beauté de leurs fleurs, qui se balancent gracieusement à l'extrémité de longs pédoncules hérissés de poils. On cultive, dans nos jardins, le **Pavot d'Orient**, le **Pavot à bractées**, le **Coquelicot**, dont les fleurs varient à l'infini leurs nuances, et le **Pavot somnifère** ou **Pavot à opium**, le plus célèbre de tous. Cette espèce croît spontanément en Grèce, en Egypte et dans l'Asie Mineure ; la culture en est facile dans tous les pays tempérés. Ses tiges s'élèvent à 1 mètre de hauteur ; elles sont glauques et lisses, plus ou moins rameuses, et portent des feuilles alternes, engainantes, également lobées-dentées. Les fleurs sont terminales, fort grandes, de couleur blanche ou gris de lin ; les capsules, ovoïdes, de la grosseur d'un citron, à stigmate sessile et rayonné. Ce fruit est intérieurement divisé en huit à quatorze cloisons placentaires, papyracées, auxquelles sont attachées de petites semences blanches ou noires, suivant les variétés, réniformes, et d'une saveur agréable. Toutes les parties de la plante sont médicinales et narcotiques. Les capsules participent aux propriétés de l'opium ; elles servent à préparer le sirop d'opium, le sirop diacode ou de Pavot blanc ; on en fait des décoctions calmantes destinées à des fomentations, des cataplasmes, des injections. Ce sont surtout elles qui fournissent l'opium. Comme plante oléifère, le Pavot somnifère est l'objet de grandes cultures en Allemagne, en Belgique et dans le nord de la France. L'huile extraite des semences du Pavot noir a une couleur jaune-citron clair; elle se congèle difficilement, est plus légère que l'eau, fait un savon mou et brûle mal. On l'admet dans l'usage culinaire sous les noms d'*huile d'œillette*, *huile blanche*, *huile de Pavot*. Elle a une saveur agréable, quoique inférieure à celle de l'huile d'olive, avec laquelle on la mélange souvent. Il est inutile de dire qu'elle ne participe en rien aux propriétés narcotiques du Pavot. La culture de cette plante est, pour nos départements septentrionaux, une source de prospérité. Les graines de Pavot, torréfiées et pétries avec du miel, étaient employées chez les Romains à faire diverses friandises; et de nos jours encore dans tout l'Orient, et en Italie, on les fait entrer dans certains mets et on les recouvre de sucre pour en faire de petites dragées. Les deux variétés du Pavot somnifère, la blanche et la noire, sont également propres à l'extraction de l'opium; on les cultive dans ce but en Grèce, dans la Perse, la Turquie et le Bengale. Il a été tenté des essais, en Allemagne, en France et en Angleterre, pour obtenir de l'opium indigène, mais on n'a recueilli jusqu'à ce jour que des produits inférieurs; les essais faits en Algérie ont donné des résultats plus satisfaisants. Pour obtenir l'opium, il faut pratiquer des incisions obliques sur les capsules, recueillir le suc laiteux qui s'écoule et le placer dans de petites coquilles exposées au soleil, où il s'épaissit; après quoi on le pile dans un mortier pour en faire des trochisques. L'opium du commerce nous vient de

Pavot.

l'Orient sous la forme de boules ou de gâteaux de la grosseur d'une orange; il est de couleur brune, sec et brillant à l'intérieur; son odeur est forte et vireuse, sa saveur amère et nauséabonde; ses deux principes les plus importants sont deux alcaloïdes: la morphine et la narcotine. L'opium est un des agents thérapeutiques les plus importants, à cause de son action sédative sur le système nerveux. A faible dose, il agit comme calmant et soporifique; aussi est-il employé dans les maladies nerveuses, les névralgies, les gastralgies, les dysenteries, etc. Il entre dans la composition des pilules de cynoglosse, employées avec tant de succès dans les maladies de poitrine et les bronchites, pour obtenir le calme de la toux. A dose plus forte, il détermine le coma, des nausées, un état de stupeur profonde et amène même la mort. L'habitude peut cependant émousser son action; on sait que les Orientaux, et surtout les Turcs et les Chinois, en font un usage immodéré; ils le fument, le mêlent à leurs breuvages, le mâchent, et se procurent ainsi une ivresse profonde accompagnée de rêves voluptueux et de sensations agréables. Mais l'abus prolongé de cette substance amène un abrutissement progressif, un anéantissement presque complet des facultés physiques et intellectuelles, et enfin la mort.

PEAU (du latin *pellis*). On donne ce nom au tissu membraneux qui constitue l'enveloppe extérieure des animaux, et forme les limites visibles du corps. La peau est élastique, flexible et résistante; elle est le siège organique du toucher, et sert d'enveloppe générale à l'ensemble de tous les autres systèmes. Par les orifices naturels, elle se continue avec des muqueuses à l'intérieur. La peau est formée de deux parties distinctes, une superficielle, l'*épiderme*, et au-dessous le *derme*. L'épiderme, constitué par des rangées de cellules épithéliales superposées, est simplement une couche protectrice qui ne contient ni nerfs ni vaisseaux. Il se renouvelle constamment par sa couche profonde, tandis que sa couche externe se dessèche et tombe souvent par petites plaques. C'est dans sa couche profonde que sont contenues les granulations pigmentaires colorées (*pigmentum*), auxquelles sont dues les colorations qui distinguent les diverses races humaines; ce pigmentum, très rare chez l'Européen, est très abondant chez le nègre. L'épiderme prend souvent une consistance cornée; c'est lui qui constitue les ongles, les griffes, les sabots, les écailles, etc., que présentent un grand nombre d'animaux.

Le *derme*, bien plus épais que l'épiderme, présente à sa surface de nombreuses petites saillies, les *papilles*, qui s'enfoncent dans l'épiderme et lui sont intimement unies. Il contient des amas de graisse, des vaisseaux et des nerfs très nombreux et très ramifiés. Les nerfs que renferment les papilles nerveuses viennent aboutir dans de petits corpuscules ovoïdes (les *corpuscules du tact*), visibles seulement au microscope et qui paraissent être chargés de recueillir les impressions qui résultent du contact des objets extérieurs. — Outre les usages de la peau comme siège du toucher et comme enveloppe protectrice du corps, elle est encore un organe de sécrétion par les *glandes sébacées* et *sudoripares* qui

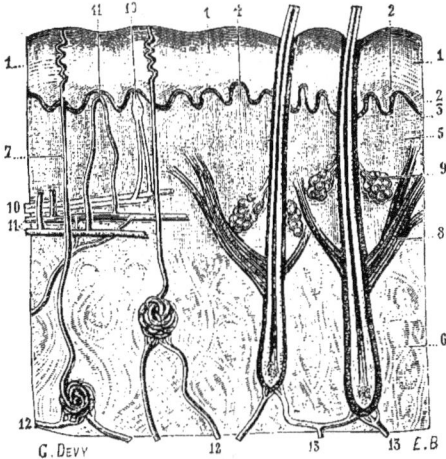

G. DEVY   E. B

Coupe schématique de la peau.

1, épiderme formé par des couches cellulaires d'autant plus épaisses qu'elles sont moins superficielles ; 2, couche muqueuse de Malpighi ; 3, couche pigmentaire ; 4, papilles dermiques ; 5, derme ; 6, couche cellulaire sous-cutanée dont les mailles sont remplies de tissus graisseux ; 7, glande sudoripare ; 8, follicule pileux et poils 8', muscles du follicule ; 9, glande sébacée ; 10, nerfs du derme ; 10', corpuscule du tact en rapport avec les nerfs et renfermé dans la papille dermique ; 11, vaisseaux sanguins dermiques envoyant des ramuscules dans les papilles ; 12, vaisseaux se rendant à une glande sudoripare ; 13, vaisseaux d'un follicule pileux.

versent leurs produits sur la surface externe, le *sébum* des premières ayant pour fonction d'imbiber de substance *grasse* la couche cornée de l'épiderme, la *sueur* des secondes ayant pour but, par son évaporation, de permettre à l'organisme de lutter contre l'élévation de température. Les orifices de ces glandes constituent les pores de la peau.

PÉBRINE. Maladie des vers à soie due au développement de corpuscules parasitaires.

PEC ou **PECQ.** Nom vulgaire du Hareng salé.

PÉCARI (*Dicotyles*). Genre de mammifères de l'ordre des PORCINS, famille des *Suidés*, très voisins des Cochons, dont ils diffèrent cependant par plusieurs caractères ; les principaux sont : des canines ne sortant pas de la bouche ; la présence, sur la région des lombes, d'une poche particulière d'où suinte une substance d'odeur musquée, plus ou moins fétide ; le manque presque complet de queue, et quatre doigts seulement aux pieds de derrière. Les Pécaris ont les formes extérieures des sangliers ; leur tête longue et pointue est terminée par un groin ; leur corps trapu et raccourci est couvert de soies très fortes et raides. Les Pécaris sont exclusivement propres aux parties chaudes de l'Amérique ; on en

distingue deux espèces : 1° le **Pécari à collier** (*D. torquatus*), de la grosseur d'un chien de moyenne taille, dont le pelage est d'un gris uniforme, avec une bande ou collier d'un blanc jaunâtre qui lui entoure les épaules et se prolonge sur le dos ; 2° le **Pécari à lèvres blanches** (*D. labiatus*) ou *tajassu*, de la taille d'un gros chien, à pelage d'un brun noirâtre, un peu plus clair sous le ventre, et à mâchoire inférieure blanche. La forme du corps et les mœurs sont identiques dans les deux espèces, avec cette différence toutefois que le Pécari tajassu se réunit en troupes considérables, souvent de plusieurs centaines, et habite exclusivement les vastes forêts du Brésil et de la Guyane, tandis que le Pécari à collier ne va jamais que par petites troupes de dix à vingt-cinq et se trouve aussi répandu dans le Mexique et le Texas. Ces deux espèces ne se mêlent jamais ensemble, et paraissent même se fuir, car on ne les rencontre jamais dans un même district. Les Pécaris se nourrissent de fruits, de racines et de reptiles ; ils établissent leur repaire dans des arbres creux ou des trous de rochers. Ils sortent souvent de leurs forêts pour envahir les champs de maïs et de manioc, où ils commettent des dégâts considérables ; aussi les planteurs leur font-ils une guerre d'extermination ; leur chair est d'ailleurs fort délicate chez les jeunes ; mais celle des adultes

A. Jobin

Pécari.

conserve une odeur très forte et est très désagréable. Les Pécaris ont un instinct de sociabilité et de protection mutuelle très développé ; lorsque l'un d'eux est attaqué, tous les autres accourent à ses cris, prennent parti contre l'agresseur quel qu'il soit, chasseur ou bête féroce, et l'attaquent avec une telle fureur, en se servant de leurs dents et de leurs pieds de devant, que l'ennemi paye souvent son audace de la vie, s'il ne parvient à les tuer tous jusqu'au dernier, car il n'est pas d'autre moyen de leur faire céder la place.

PÊCHE. Fruit du pêcher. (Voir ce mot.)

PÊCHER (*Persica*). Arbre de la famille des *Rosacées,* tribu des *Prunées,* où il forme pour quelques botanistes un genre à part. Le Pêcher ne diffère génériquement des amandiers que par son fruit charnu et à noyau profondément sillonné ; ce dernier caractère est à peu près le seul qui le fasse distinguer scientifiquement des pruniers et de l'abricotier. (Voir ces mots.) — Le Pêcher est originaire de

Fleur de Pêcher.

l'Asie tempérée, et surtout de la Perse, comme l'indique son nom botanique *Persica* ; son introduction en Europe paraît remonter à plus de dix-neuf siècles. On sait qu'il résiste aux hivers les plus rigoureux du nord de la France, mais que sa floraison précoce l'expose aux gelées printanières, qui anéantissent trop souvent les fruits dans leur germe. —

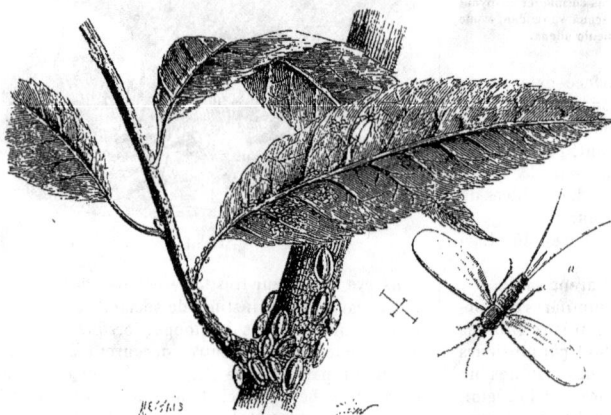

Pêcher attaqué par les kermès. — *a*, le mâle très grossi.

Les excellentes qualités de la Pêche sont connues de tout le monde ; certaines variétés passent à juste titre pour les fruits les plus exquis de nos climats. Les médecins regardent sa chair comme rafraîchissante et légèrement laxative ; ils conseillent aux personnes d'un estomac faible de l'assaisonner avec du sucre et du vin. Les fleurs du Pêcher présentent à un degré plus prononcé cette propriété laxative, aussi les emploie-t-on fréquemment à titre de purgatif doux, surtout pour les enfants. Le nombre des variétés est considérable ; on les a classées en plusieurs groupes, savoir : 1° les **Pêches** proprement dites, à peau cotonneuse ou duveteuse, et à chair quittant plus ou moins facilement le noyau ; 2° les **Pêches pavies** ou **Persèques**, qui ont aussi la surface recouverte d'un duvet velouté, mais dont la chair adhère au noyau ; 3° les **Pêches lisses**, à chair quittant le noyau, et 4° les **Brugnons**, ou Pêches lisses à chair adhérente au noyau. — Les Pêches donnent lieu en France à une culture importante et par suite à un commerce étendu ; on connaît la réputation des Pêches de Montreuil. — Les fleurs de tous les Pêchers contiennent de l'acide cyanhydrique, substance qui existe également dans les feuilles et surtout dans les amandes ; toutes ces parties sont très amères ; aussi les amandes de Pêcher peuvent-elles être substituées à bon droit aux variétés amères des véritables amandes. Le bois de Pêcher est d'un rouge brun, marbré de veines plus claires ; son grain fin et serré le rend susceptible de prendre un beau poli, et, parmi les bois indigènes, c'est un des plus recherchés pour l'ébénisterie. — La culture du Pêcher est la même que pour l'abricotier. (Voir ce mot.) Plusieurs animaux nuisent aux Pêchers ; tels sont les rats et les loirs parmi les mammifères ; mais les plus nuisibles sont parmi les insectes : ce sont les hannetons, les pucerons et surtout les kermès. Ces derniers, appelés punaises du Pêcher par les cultivateurs de Montreuil, se répandent sur l'arbre dont ils causent le dépérissement par la succion de la sève, et les branches sont souvent couvertes de leurs petites coques.

PÉCILOPODES. Pour Pœcilopodes.

PECTEN. Nom latin du genre *Peigne*.

PECTINÉ. En forme de peigne.

PECTINIBRANCHES (de *pecten*, peigne, et *brachia*, branchies). Ordre de mollusques de la classe des GASTÉROPODES comprenant tous ceux dont les branchies sont composées de feuilles rangées comme les dents d'un peigne sur une ou deux lignes au plafond de la cavité respiratoire formée par le manteau, et s'ouvrant largement sur le côté gauche et supérieur du cou ; ils possèdent des yeux sessiles ou pédiculés ; leur coquille est ordinairement enroulée en spirale, et présente les formes les plus variées. Les Pectinibranches de Cuvier rentrent dans les Prosobranches de Milne Edwards; mais beaucoup de zoologistes ont conservé cet ordre, qui se divise en un grand nombre de familles, dont les principales sont : *Capulidés* (cabochon, calyptrée), *Vermétidés* (vermet), *Littorinidés* (littorine), *Cypréidés* (porcelaine), *Strombidés* (strombe), *Conidés* (cône), *Naticidés* (natice), *Cassididés* (casque), *Volutidés* (volute), *Purpuridés* (pourpre), *Buccinidés* (buccin, nasse), *Tritonidés* (triton), *Muricinés* (murex).

PECTORAL, ALE. Qui a rapport à la poitrine (en latin, *pectus, pectoris*) : région pectorale, cavité pectorale qui renferme le cœur et les poumons; muscles grand pectoral et petit pectoral. Chez les mammifères, on dit les mamelles pectorales lorsqu'elles sont situées sur la poitrine, comme chez les singes et les chauves-souris. Les poissons ont la plupart des nageoires pectorales.

PÉDICELLE. (Voir. PÉDONCULE.)

PÉDICELLAIRES. Petits organes consistant en une tige terminée par une pince à deux ou trois branches, que l'on observe chez les oursins et les étoiles. (Voir ces mots.)

PÉDICELLÉS. Nom que donnait Cuvier au premier ordre des animaux de la classe des ÉCHINODERMES, comprenant ceux qui sont pourvus de nombreux tentacules rétractiles, terminés par des ventouses. Ce sont les oursins, les étoiles de mer et les holothuries.

PÉDICULAIRE, *Pedicularis* (de *pediculus*, pou). Genre de plantes dicotylédones de la famille des *Scrofulariacées*, composé d'herbes à feuilles incisées, dentées ou pinnatifides, à fleurs disposées en épis terminaux, offrant pour caractères : calice ventru de deux à cinq lobes; corolle tubuleuse à deux lèvres, la supérieure en casque comprimé, l'inférieure plane, à trois lobes. Capsule ovoïde, comprimée, à deux loges polyspermes. — L'espèce type du genre, la **Pédiculaire des marais** (*P. palustris*), est une plante vivace à tige dressée, très rameuse, de 3 à 6 décimètres, à feuilles très découpées, pennatifides, à fleurs roses, rarement blanches, brièvement pétiolées. Elle croît dans les prés humides. On la nomme vulgairement **herbe aux poux**, parce qu'elle était employée autrefois pour détruire les poux. — La **Pédiculaire des bois** (*P. sylvatica*), à tiges nombreuses de 1 à 2 décimètres, à rameaux couchés, étalés, à fleurs rouges axillaires, croît dans les bois humides. Les Pédiculaires étaient autrefois considérées comme excitantes et détersives; on les employait dans le pansement des vieux ulcères, des plaies de mauvaise nature; à l'intérieur, on les administrait comme astringent contre les hémorragies internes.

PÉDICULE (de *pediculus*, petit pied). Désigne, en botanique, un support ou pied, et principalement l'axe qui soutient le chapeau des champignons.

PÉDICULIDÉS (de *pediculus*, nom latin du pou). Famille d'insectes HÉMIPTÈRES dont les représentants connus sous le nom vulgaire de *Poux* sont tous aptères, ne subissent pas de métamorphose et vivent en parasites sur les mammifères. On y distingue trois genres principaux suivant que leur abdomen est composé de sept segments (*Pediculus*), de huit segments (*Phthirius*), ou de neuf segments (*Hœmatopinus*). (Voir Poux.)

PÉDIPALPES (de *pes*, pied, et *palpus*, palpe). Ordre d'ARACHNIDES, très voisins des Scorpions, représenté par les *Phrynes* et les *Téliphones*, qui habitent les régions chaudes de l'Asie et de l'Amérique. (Voir SCORPIONIDÉS.)

PÉDONCULE. On donne ce nom, en anatomie, à des faisceaux nerveux plus ou moins volumineux, qui rattachent les unes aux autres les masses encéphaliques : Pédoncules cérébraux, Pédoncules cérébelleux. — En botanique, on nomme *Pédoncule* le support de la fleur; le Pédoncule est simple ou composé; dans ce dernier cas les ramifications du Pédoncule portent le nom de *Pédicelle*.

PÉGASE. Genre de poissons de l'ordre des LOPHOBRANCHES, dont on fait le type d'une famille particulière, les *Pégasidés*. Bien que voisins des hippocampes (voir ce mot), ils s'en distinguent particulièrement en ce que leur museau saillant présente la bouche protractile sous sa base, que leur corps est large et aplati, et que leurs nageoires sont très déve-

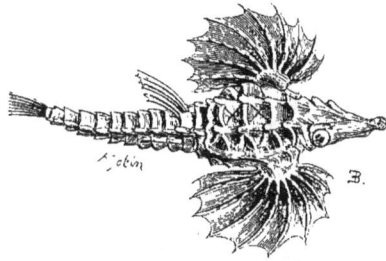

Pégase.

loppées en forme d'ailes, ce qui a donné lieu au nom du genre. Du reste, le corps de ces poissons est entièrement cuirassé, comme celui des hippocampes. On en connaît plusieurs espèces qui habitent la mer des Indes. — Le **Pégase volant** (*Pegasus volans*) est long de 6 à 8 centimètres; ses nageoires pectorales sont très grandes. Les **Pegasus natans, draco, laternarius** se rencontrent dans les mêmes parages. Ils sont tous de petite taille.

PEGMATITE. Roche composée de quartz et de feldspath qui forme des filons dans le gneiss, le granit. Cette roche renferme jusqu'à 78 pour 100 de silice; le mica y est peu abondant et blanc. Les éléments de la roche sont généralement en gros fragments; quelquefois les cristaux de quartz traversent ceux de feldspath et dessinent dans la masse comme des caractères cunéiformes; on lui donne alors le nom de **Pegmatite graphique**. Cette roche s'altère parfois et donne alors le kaolin ou terre à porcelaine. La Pegmatite est un granit sans mica. Une variété finement grenue, dite *granulite*, est employée dans les constructions.

PÉGOT. Nom vulgaire d'une espèce de la fauvette des Alpes.

PEIGNE (*Pecten*). Genre de mollusques ACÉPHALES de la classe des LAMELLIBRANCHES, ordre des ASIPHONIENS, type de la famille des *Pectinidés*, qui se distinguent des Huîtres par leur coquille à valves inégales, demi-circulaire, régulièrement marquée de côtes et munie de deux oreillettes qui élargissent les côtés de la charnière. L'animal a un petit pied ovale, son manteau est entouré de deux rangées de filets ; la bouche est garnie de tentacules branchus. Quel-

Peigne.

ques espèces ont un byssus et vivent fixées sur les rochers comme les moules et les huîtres, mais d'autres sont assez actives et nagent en agitant les valves de leur coquille. Tout le monde connaît la grande espèce de nos côtes, appelée vulgairement *pèlerine* ou *coquille de Saint-Jacques*, parce que les pèlerins qui visitaient jadis les lieux de dévotion, dans le voisinage de la mer, avaient l'habitude d'orner de ces coquilles leur manteau et leur chapeau : c'est le *Pecten maximus*; elle se mange, mais sa chair dure et indigeste est bien inférieure à celle de l'huître. La coquille de quelques espèces de Peignes est teinte des plus vives couleurs ; telle est celle qu'on a surnommée le *manteau ducal;* cette belle coquille de la mer des Indes présente douze côtes ou rayons hérissés d'écailles saillantes ; sa couleur est un beau rouge marbré de brun et élégamment tacheté de blanc.

PEIGNE DE VÉNUS. Nom vulgaire d'une plante ombellifère du genre *Scandix* (Sc. *pecten veneris*), très commune dans les moissons.

PEINTADE. (Voir PINTADE.)

PEI VOULANT (poisson volant). Nom provençal de l'Exocet. (Voir ce mot.)

PÉKAN. Nom vulgaire donné au putois du Canada.

PELAGE. On désigne sous ce nom la peau des animaux mammifères revêtue de poils.

PÉLAGIE, *Pelagia* (du grec *pelagos*, mer). Genre de zoophytes cœlentérés de la classe des POLYPOMÉDUSES, ordre des DISCOPHORES, type de la famille des

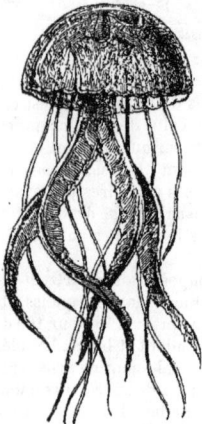

Pelagia noctiluca.

Pélagidés, se distinguant par leur ombrelle hémisphérique dont le bord est lobé et muni de filaments pêcheurs. La bouche est grande et le pédoncule buccal terminé par quatre bras soudés à la base. Chez les Pélagies, la larve ciliée donne naissance directement à une méduse. Une matière grasse particulière répandue dans les cellules de leur épiderme, rend plusieurs d'entre elles lumineuses pendant la nuit; telle est la Pelagia noctiluca de la Méditerranée, dont l'ombrelle ne dépasse guère un décimètre.

PÉLAGIENS. Ce nom donné par Vieillot aux oiseaux de mer, mouettes, sternes, stercoraires, etc., répond aux longipennes. (Voir ce mot.)

PÉLAMIDE (*Pelamys*). Genre de poissons ACANTHOPTÈRES de la famille des *Scombéridés*, établi aux dépens des Thons, dont ils diffèrent par leurs formes plus allongées, leur museau plus pointu, leur gueule plus fendue et leur système dentaire. L'espèce type, la **Pélamide commune** (*P. sarda*), connue dans la Méditerranée sous le nom de *bonite à dos rayé* et décrite par Lacépède sous le nom de *scombre sarde*, est un poisson de 7 à 8 décimètres de long, de couleur argentée, teinté de bleu clair sur le dos et marqué de huit à dix lignes noirâtres obliques.

PÉLARGONIUM (de *pelargos*, cigogne, parce que le fruit se termine en long bec). Genre de plantes

Pélargonium zonal.

confondu avec les géraniums (voir ce mot), dont elles se distinguent par le sépale supérieur du calice, prolongé sur le pédicelle et formant un tube au fond duquel est une glande nectarifère, et par les étamines dont sept seulement sur dix sont pourvues d'anthères. Ce genre est extrêmement riche en espèces. Presque tous les Pélargoniums habitent les environs du cap de Bonne-Espérance, et aucun n'est indigène de l'Europe. Ce sont des arbustes d'agrément fort recherchés des amateurs de fleurs, soit à raison de l'éclat de leurs corolles, soit à cause de leur arome. La culture de ces plantes est des plus faciles, et, bien qu'originaires d'un climat brûlant, la plupart des espèces peuvent se conserver l'hiver dans une orangerie, ou même dans une chambre assez abritée pour que la température n'y descende pas au-dessous de zéro. La multiplication s'opère au moyen de boutures de jeunes pousses. Les plus répandues sont le **Pélargonium zonal**, dont les feuilles sont marquées d'une tache noire ou zone en fer à cheval, et le **Pélargonium à grandes fleurs**. Le Pelargonium odoratissimum et le Pelargonium roseum répandent une odeur qui rappelle celle de la rose. On a obtenu par la culture un nombre considérable de variétés.

PÈLERIN. On désigne sous ce nom vulgaire une espèce de faucon et une espèce de squale du genre *Selache*. (Voir ces mots.)

PÈLERINE. On donne ce nom à la coquille du peigne. (Voir ce mot.)

PELIAS. Genre d'ophidiens SOLÉNOGLYPHES de la famille des *Vipéridés*, fondé pour la petite vipère rouge (*Pelias berus*) qui diffère des vipères proprement dites par ses trois grandes plaques céphaliques. Elle est plus petite que la vipère commune, est d'un brun roussâtre et porte le long du dos une bande noire en zigzag. Très rare aux environs de Paris, elle habite les Pyrénées et le midi de l'Europe.

PÉLICAN (*Pelecanus*). Genre d'oiseaux de l'ordre des PALMIPÈDES, section des TOTIPALMES, famille des *Pélécanidés*, faciles à distinguer au vaste sac qui pend sous la mandibule inférieure, lequel n'est qu'une extension de la membrane qui s'étend entre les deux branches de cette mandibule ; cette poche, très dilatable, est un réservoir dont ces oiseaux se servent pour faire provision des poissons qu'ils pêchent en nageant. La mandibule supérieure est très large, droite, large, aplatie, et terminée par un crochet. Les ailes de ces grands oiseaux sont de médiocre longueur, mais mues par des muscles puissants ; leur queue est ronde, le tour des yeux et la gorge nus ; le bas des jambes est également dénué de plumes. Ils vivent sur les côtes maritimes, sur les lacs et les fleuves. Tantôt ils planent à la surface de l'eau, et plongent avec rapidité comme l'aigle pêcheur, pour saisir le poisson au sein des eaux ; tantôt, nageant de compagnie, ils forment un cercle qu'ils resserrent peu à peu pour y renfermer leur proie. Le Pélican a longtemps passé pour l'emblème de la tendresse maternelle ; il nourrissait, disait-on, ses petits de son propre sang, à défaut d'autres aliments, se déchirant la poitrine avec son bec pour en faire jaillir ce liquide. Non seulement cette fable est entièrement controuvée, mais elle est l'opposé de la réalité, car cet oiseau ne cherche pas même, comme le font beaucoup d'autres, à défen-

dre ses petits quand il se les voit ravir ; il néglige de construire un nid, se contentant de déposer ses œufs, au nombre de deux à cinq, dans quelque excavation naturelle qu'il garnit grossièrement de quelques brins de fucus. Ses habitudes sont d'ailleurs les mêmes que celles des cormorans. Son vol facile et soutenu lui permet les voyages de long cours. A l'époque de leurs migrations, les Pélicans se rassemblent en nombre considérable, souvent deux ou trois cents, et forment une ligne plus ou moins tortueuse qui traverse obliquement les régions de l'air. Ils volent à une hauteur considérable, le cou replié en arrière et la tête posée sur le dos. Les Pélicans paraissent susceptibles d'une certaine éducation, et ils s'habituent facilement à vivre à côté de l'homme ; mais on n'a jamais réussi à les dresser pour la pêche, comme le cormoran. La chair de cet

Pélican.

oiseau, comme celle de toutes les espèces qui se nourrissent de poisson, est très désagréable au goût. On emploie la peau de son sac à différents usages : quelques peuplades sauvages s'en font des bonnets ; les matelots, des blagues à tabac, etc. — Le **Pélican ordinaire** (*P. onocrotalus*) habite l'Europe orientale ; il est de la taille du cygne, son plumage est blanc, teinté de rose ; sa tête est ornée en arrière d'un bouquet de plumes longues et effilées ; sa poche est jaunâtre, veinée de rouge ; sa voix ressemble au braiement d'un âne. — Le **Pélican brun** (*P. fuscus*) a le cou marron, le dos et les ailes flammés de brun, le thorax et l'abdomen marron flammés de blanc. Il habite les Antilles.

PÉLOBATE (du grec *pélos*, marais, et *bateô*, je marche). Genre de batraciens anoures voisins des Crapauds, dont ils diffèrent par leur peau lisse, les dents qui garnissent leur mâchoire supérieure, et l'éperon osseux et tranchant qu'ils portent au talon. Les Pélobates sont, comme les crapauds, terrestres et nocturnes ; ils se cachent le jour dans des trous. Plusieurs espèces habitent le midi de l'Europe : Pelobates cultripes, Pelobates fuscus.

PÉLOBATIDÉS. Famille de batraciens anoures voisins des Crapauds, dont ils diffèrent surtout par leur mâchoire supérieure garnie de dents. Dans ce groupe rentrent les genres *Pelobates*, *Alytes* et *Bombinator*.

PELTÉ (de *pelta*, bouclier). Se dit des feuilles simples, orbiculaires, dont le pétiole est inséré vers le milieu de la face inférieure du limbe, comme un parasol ; telles sont les feuilles de la capucine, de l'hydrocotyle, etc.

PELVIEN (de *pelvis*, bassin). Cavité pelvienne, aponévrose pelvienne : cavité du bassin, aponévrose du bassin.

PENDULINE. Nom vulgaire du Remiz. (Voir ce mot.)

PÉNÉEN. (Voir PERMIEN.)

PÉNÉLOPE. Genre d'oiseaux de l'ordre des GALLINACÉS, famille des *Cracidés* ou Hoccos. Ils diffèrent de ces derniers par leur bec plus grêle ; leur tête est le plus souvent ornée d'une huppe. Ces oiseaux habitent l'Amérique méridionale ; ils vivent en famille et leurs mœurs sont celles des hoccos. (Voir ce mot.) — Le **Pénélope guan** (*P. cristata*), décrit par Buffon sous le nom de *Yacou*, est d'un vert roussâtre à reflets métalliques ; sa chair est très délicate. — Le **Pénélope marail**, des forêts de la Guyane, est d'un beau vert à reflets métalliques ; il n'a presque pas de huppe.

PENICILLUM (de *penicillum*, pinceau). Genre de champignons microscopiques du groupe des MUCÉDINÉES. (Voir ce mot.) Plusieurs auteurs le regardent comme n'étant qu'un état imparfait de l'*Aspergillus glaucus*.

PENNATI. (Voir PINNATI.)

PENNATULE (de *penna*, plume). Genre de zoophytes cœlentérés de l'ordre des ALCYONAIRES, type de la famille des *Pennatulidés*. Ces polypiers, soutenus par un axe corné, flexible, portent de chaque côté de la tige des prolongements disposés symétriquement, comme les barbes d'une plume, et sur lesquels sont insérés les polypes,

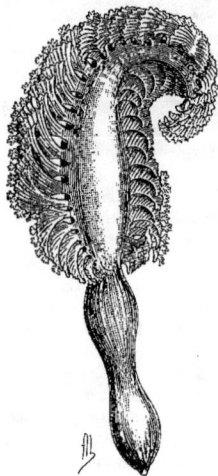

Pennatule.

qui ont huit tentacules pinnés. Les prolongements foliacés, serrés les uns contre les autres, sont soutenus par des nervures rayonnantes formées de longs spicules. Ces feuilles s'élargissent et s'allongent gra-

duellement du sommet de la tige jusque vers son milieu pour diminuer ensuite et laisser finalement un espace nu assez allongé, exactement comme le font les barbes d'une plume, d'où résulte une ressemblance réelle avec une grande plume d'oiseau. De là les noms de *Pennatule* et de *Plume de mer*, sous lesquels on désigne ces singuliers zoophytes. Les Pennatules ne sont jamais adhérentes, et s'enfoncent simplement dans le sable ou la vase par la portion basilaire de leur tige. Quelques espèces sont phosphorescentes ; telles sont les **Pennatula phosphorea** et **Pennatula rubra** des mers d'Europe.

PENNÉE (de *penna*, plume). Feuille composée de folioles disposées le long du pétiole comme les barbes d'une plume. On dit la feuille *pennatifide*, divisée jusqu'au milieu de son limbe ; *pennatipartie*, divisée jusqu'au delà du milieu du limbe ; *pennatiséquée*, divisée en segments jusqu'à la nervure. (Voir FEUILLE.)

PENNES (de *penna*, plume). On désigne sous ce nom les grandes plumes des ailes et du croupion des oiseaux.

PENSÉE. Espèce du genre *Violette*. (Voir ce mot.)

PENTACRINE. (Voir CRINOÏDES et COMATULE.)

PENTAGYNIE (de *penté*, cinq, et *guné*, femme). Nom d'un ordre de plantes phanérogames, dans le système de Linné, comprenant toutes celles dont la fleur offre cinq styles distincts.

PENTAMÈRES (du grec *penté*, cinq, et *méros*, partie). Nom donné à un groupe d'insectes COLÉOPTÈRES dont tous les tarses ont cinq articles. Ce sont : les cicindélidés, les carabidés, les dyticidés, les staphilinidés, les clavicornes, les palpicornes, les lamellicornes, les buprestidés et les élatéridés. (Voir ces mots.) — On emploie également ce mot en botanique pour désigner les organes de la fleur formés de cinq parties : calice, corolle pentamère, c'est-à-dire calice de cinq sépales, corolle de cinq pétales.

PENTANDRIE. Cinquième classe du système botanique de Linné, comprenant les plantes dont les fleurs hermaphrodites ont cinq étamines libres.

PENTATOME (de *penté*, cinq, et *tomé*, division). Genre d'insectes HÉMIPTÈRES, section des HÉTÉROPTÈRES, type de la famille des *Pentatomidés*. Ces insectes, généralement connus sous le nom

Pentatome verte.

de *punaises des bois*, ont le corps ovalaire, peu convexe, la tête triangulaire, munie en dessous d'un sillon dans lequel s'insère le rostre ; celui-ci grêle, très allongé, antennes de cinq articles, dont le premier court et le second d'un tiers plus long que le troisième ; prothorax plus large que long ; écusson très grand ; tarses de trois articles, terminés par des ongles crochus. Les Pentatomes vivent sur les plantes et se nourrissent de leurs sucs; elles répandent généralement une odeur forte et désagréable. Quelques-unes sont très nuisibles dans les jardins; telles sont les Pentatoma oleraceum et ornatum, qui dissèquent les feuilles des choux, des navets et autres crucifères. La première, petite, est d'un bleu bronzé avec des taches rouges ou blanches; la seconde, du double plus grande, est noire et rouge. — La Pentatome grise et la Pentatome verte vivent sur les arbres fruitiers; elles répandent cette odeur puante analogue à celle de la punaise des lits, et communiquent aux fruits qu'elles touchent une odeur infecte. — La Pentatome rayée (P. lineata), jaune, rayée de brun rouge, est commune dans le Midi.

PEPIN. Graine des fruits charnus (pomme, poire, etc.) et de certaines baies (raisin, groseille, etc.). (Voir Fruits.)

PÉPON, PÉPONIDE. Les botanistes donnent ce nom au fruit des cucurbitacées (melon, potiron, courge, etc.).

PEPSIS. Genre d'insectes Hyménoptères de la famille des Sphégidés. Ce sont de grands sphex, tous propres à l'Amérique du Sud. Les Pepsis sont les géants de la famille, et leur piqûre est très redoutée. L'une des plus grandes espèces du genre, le **Pepsis heros** du Brésil, atteint jusqu'à 65 millimètres de longueur. Il est d'un bleu presque noir, d'un lustre velouté, les ailes sont brunes et luisantes. — Le **Pepsis elevata**, également du Brésil, est d'un noir velouté, à reflets verts; ses antennes sont jaunes dans leur dernière moitié. Ces insectes ont les mœurs des sphex. (Voir ce mot.)

PÉRAMÈLE (du grec péra, poche, et meles, blaireau). Genre de mammifères de l'ordre des Marsupiaux, carnassiers, caractérisés par leur museau allongé et par leur système dentaire; ils ont en tout quarante-huit dents, dont dix incisives en haut et six en bas. Leurs membres postérieurs sont plus longs que les antérieurs; ceux-ci ont cinq doigts, les postérieurs n'en ont que quatre, armés d'ongles robustes. La tête des Péramèles est longue, leur museau pointu, leurs oreilles médiocres; leur queue, peu longue, est velue et non prenante. Les femelles sont pourvues d'une poche abdominale. Voisins des sarigues par leurs formes générales, les Péramèles s'en éloignent par leurs mœurs; ils vivent dans des terriers qu'ils se creusent avec leurs ongles acérés et se nourrissent de petites proies. On en connaît quatre ou cinq espèces, toutes d'Australie. La plus répandue, le **Perameles nasuta**, est longue de 50 centimètres avec 15 centimètres de queue; d'un brun clair en dessus, blanchâtre en dessous.

PERCE-BOIS. (Voir Cossus et Xylocope.)

PERCE-NEIGE (Galanthus). Genre de plantes de la famille des Amaryllidées, à périanthe campanulé, de trois sépales et trois pétales, capsule à trois loges polyspermes. Ce sont des plantes bulbeuses, à feuilles linéaires. — Le Perce-neige (Galanthus ni-valis) ou galantine, nivéole, violette d'hiver, donne ses fleurs blanches à odeur de miel dès le mois de janvier ou de février et souvent alors que la terre est encore couverte de neige; de là son nom. Sa hampe nue, fistuleuse, haute de 25 à 35 centimètres, porte à la base deux feuilles opposées et au sommet une fleur solitaire blanche, penchée, à divisions intérieures, plus courtes et échancrées, tachées de vert en dehors. Ses bulbes sont réputés comme fébrifuges et purgatifs. — Une autre plante porte le

Perce-neige (Galanthus nivalis).

nom de Perce-neige, c'est la **Nivéole printanière** (Leucojum vernum), genre très voisin du précédent. Sa hampe anguleuse, de 20 à 25 centimètres, est munie dans le bas de trois feuilles linéaires, lancéolées et terminée par une fleur solitaire campanulée, à divisions égales, très profondes, pointues. La Nivéole épanouit sa fleur blanche à pétales marqués au sommet d'une tache verte à la fin de l'hiver.

PERCE-OREILLE. (Voir Forficule.)

PERCE-PIERRE. (Voir Pariétaire et Crithme.)

PERCHE (Perca). Genre de poissons Téléostéens de la tribu des Acanthoptérygiens osseux, type de la famille des Percidés, dont les caractères sont d'avoir des mandibules inégales, armées de dents aiguës et recourbées, un opercule de trois lames écailleuses, dont la supérieure est dentée sur les bords; les écailles dures à bord libre garni de petites pointes; les nageoires épineuses, les ventrales à cinq rayons mous, sept rayons aux branchies. — La Perche commune (P. fluviatilis), le plus commun de tous les acanthoptérygiens de nos climats, est en même temps l'un de nos meilleurs et de nos plus beaux poissons d'eau douce. L'éclat doré de ses flancs, le vert brun de son dos, les six ou sept bandes foncées qui se détachent sur l'une et l'autre couleur, la marque noire de la première dorsale, enfin la belle teinte rouge de ses ventrales et de son anale, la font distinguer dans les eaux claires qu'elle habite de préférence. Elle fréquente les berges, là où la végétation est abondante et où se tiennent les alevins et les insectes dont elle fait sa nourriture. Elle ne dépasse guère 30 centimètres. La Perche est extrêmement vorace ; elle se jette avidement sur les insectes, les petits reptiles et les poissons, et elle est facile à prendre avec une amorce vivante. Ce poisson est très commun dans nos rivières et nos étangs, ainsi que dans tous les cours d'eau de l'Europe septentrionale. Au même groupe appartient le Bars ou *loup de mer* (*P. labrax*, L.), genre *Labrax* de Cuvier, qui est un poisson de mer très voisin de la Perche et qui atteint 8 à 10 décimètres de lon-

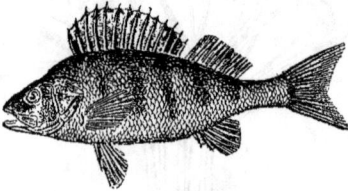

Perche.

gueur. Ce poisson a le corps argenté, d'un gris bleu d'acier en dessus, tout à fait blanc sous le ventre ; il est très abondant dans la Méditerranée, et se pêche également sur nos côtes de l'Ouest. Sa chair délicate en fait un des poissons les plus recherchés sur nos tables. Il existe dans les mêmes mers une variété de bars toute tachetée de brun. Une autre espèce (*P. elongata*) se trouve sur les côtes des États-Unis où elle est connue sous le nom de *rockfish* (poisson de roche) ; elle est plus grande que la nôtre, et atteint, dit-on, 13 à 15 décimètres de longueur et 30 à 35 kilogrammes en poids. Ce poisson a le dos rayé longitudinalement de sept à huit raies noires sur un fond gris argenté, ce qui lui a fait donner aussi le nom de Bars rayé (*striped bass*). — On donne le nom de **Perches de mer** aux *Serrans* (voir ce mot) et celui de **Perche goujonnière** à une espèce du genre *Gremille*.

PERCIDÉS. Famille de poissons de l'ordre des Téléostéens, tribu des Acanthoptères. Les Percidés, ainsi nommés du genre *Perche*, type de la famille, sont des poissons à corps oblong, couvert d'écailles dures, dont les mâchoires, le vomer et les palatins sont garnis de dents. Cette famille comprend les perches, les bars, les aprons, les apogons, les serrans, les gremilles, les vives, les uranoscopes, les mulles, etc.

PERCNOPTÈRE. (Voir Vautour.)

PERDIX. Nom scientifique latin du genre *Perdrix*.

PERDREAU. Jeune perdrix.

PERDRIX (*Perdix*). Les Perdrix forment, dans l'ordre des Gallinacés, une famille (*Tétraonidés*) comprenant toutes les espèces chez lesquelles un espace nu occupe le dessus de l'œil en forme de sour-

cil ; dans ce groupe rentrent les tétras, les gangas, les Perdrix proprement dites, les colins et les cailles. Les Perdrix proprement dites se distinguent des genres voisins par l'absence d'ergots que remplace une simple saillie tuberculeuse du tarse. Ces oiseaux ont d'ailleurs une physionomie particulière ; leur corps arrondi, leurs jambes courtes, leur tête petite, leur queue courte et pendante, les distinguent généralement des autres gallinacés. Les Perdrix vivent par petites familles dans les champs, les bruyères, et abandonnent rarement le canton où elles sont nées ; elles emploient la marche ou la course de préférence au vol, leurs ailes courtes et concaves ne leur permettant qu'un vol saccadé, peu soutenu et peu élevé ; elles ne se perchent que très rarement. Les Perdrix sont d'un naturel timide et fort doux, le moindre bruit les effraie ; elles possèdent au plus haut degré l'instinct de la sociabilité et ne se séparent par couples qu'au temps de la pariade, c'est-à-dire au premier printemps. Les Perdrix sont monogames, fait rare parmi les gallinacés. La femelle fait dans les blés, les broussailles ou les bruyères, un nid qui consiste en une légère excavation qu'elle garnit de quelques feuilles sèches et de brins d'herbes ; c'est dans ce nid grossièrement construit qu'elle dépose douze à quinze œufs jaunâtres mouchetés. Les jeunes *perdreaux* suivent leur mère dès leur naissance ; mais ils ne peuvent encore voler. Tous les chasseurs connaissent les ruses que les Perdrix mettent en usage pour détourner de leurs poussins le danger qui les menace. Ce danger est-il imminent, aussitôt le cri d'alarme est poussé par la mère, et à ce signal, les perdreaux se dispersent comme par enchantement. On voit le mâle se présenter au devant du chien, traînant l'aile, contrefaisant le boiteux, ne fuyant que tout juste pour n'être pas pris. Peu de temps après que le mâle s'est levé, la femelle s'envole dans une autre direction, s'abat assez loin, et revient en courant très vite auprès de ses petits qu'elle rassemble par un cri particulier. La famille vit ainsi réunie en compagnie jusqu'au mois de mars suivant. Ces oiseaux se nourrissent d'insectes, surtout pendant leur première jeunesse ; ils vivent ensuite de graines et surtout de blé. Les renards, les martes, les faucons, sont les animaux les plus nuisibles aux Perdrix, après l'homme toutefois qui leur fait une chasse opiniâtre à cause de la bonté de leur chair. Les Perdrix sont répandues dans toutes les parties du monde ; l'Europe en possède plusieurs espèces qui toutes se rencontrent en France. La **Perdrix grise** (*P. cinerea*) a les tarses et le bec de couleur grisâtre, le plumage d'un fauve varié de gris et de brun, le dessus de la tête roux clair ; elle a sur l'abdomen un croissant roux marron. Cette espèce est la plus répandue ; elle fréquente les pays plats. — La **Perdrix rouge** (*P. rubra*), dont les pieds, le bec, le tour des yeux sont rouges, est un peu plus grosse que la précédente, et rare dans le Nord ; elle recherche les lieux accidentés, les petits coteaux couverts de taillis et de bruyères. — La **Perdrix grecque** ou *bartavelle* (*P. græca*), du midi de l'Europe, surpasse la précédente en grosseur, et offre comme elle un bec et des pieds rouges, mais ne présente que seize pennes à la queue, au lieu de dix-huit. Elle a les joues et la gorge d'un blanc pur. Cette espèce se plaît dans les lieux élevés, arides et rocailleux et ne descend dans la plaine que pendant l'hiver. — Les Perdrix sont généralement sédentaires, ou leurs voyages se bornent à passer d'un canton dans un autre ; cependant on en connaît une espèce, la **Perdrix de passage** ou de **Damas**, qui ne diffère guère de la Perdrix grise que par sa taille beaucoup plus petite, et qui exécute

Perdrix rouge.

des migrations lointaines, mais irrégulières ; elle paraît en France de loin en loin en bandes plus ou moins considérables. — Les *Colins* (*Ortyx*) sont les représentants des Perdrix en Amérique ; ils ont le bec court, plus gros et plus bombé, et la tête entièrement garnie de plumes. Ils se rapprochent des Perdrix grises par leur manière de vivre. — L'espèce type, le **Colin de la Californie** (*Ortyx californica*), a la tête surmontée de trois ou quatre plumes noires, dressées en aigrette, la gorge noire encadrée de blanc, le plumage gris cendré bleu avec le ventre et les flancs blancs maillés de noir. Il a les mœurs des Perdrix.

On donne le nom de *Perdrix des neiges* au lagopède alpin. (Voir Lagopède.)

PERFOLIÉ. Se dit des feuilles qui embrassent si complètement la tige, que celle-ci paraît la traverser.

PÉRIANTHE (du grec *péri*, autour, et *anthos*, fleur). On donne ce nom aux enveloppes florales en général. Il est double lorsqu'il est composé d'un calice et d'une corolle, comme dans la plupart des plantes dicotylédones ; il est simple lorsqu'il n'a qu'une seule enveloppe, comme dans presque toutes les monocotylédones. On lui donne alors souvent le nom de *périgone*.

PÉRICARDE (de *péri*, autour, et *kardia*, cœur). Membrane qui enveloppe le cœur. (Voir Cœur.)

PÉRICARPE (de *péri*, autour, et *karpos*, fruit). (Voir Fruit.)

PÉRICOROLLIE. Classe de végétaux dans la méthode de Jussieu, comprenant les plantes dicotylédones monopétales à corolle périgyne.

PÉRIDOT. Substance minérale, vitreuse, d'un vert poireau ou olive, d'où son nom vulgaire d'*olivine*, formée de silice, de magnésie et de fer oxydé ; elle cristallise en prisme rhomboïdal, et sa densité varie entre 3.2 et 3.5. On en connaît plusieurs variétés ; celles qui sont cristallisées sont connues sous le nom de *chrysolithe ;* la variété *pyrogène* est en grains ou en petits rognons, cette dernière se trouve exclusivement dans les basaltes et les laves.

PÉRIGONE (de *péri*, autour, et *goné*, organes). Nom donné au périanthe simple.

PÉRIGYNE (de *péri*, autour, et *guné*, pistil). Se dit des étamines et de la corolle quand ces parties sont insérées autour de la base du pistil.

PÉRINÉE. Région inférieure du corps comprise entre l'anus et les parties génitales.

PÉRIOSTE (de *péri*, autour, et *osteon*, os). Membrane qui enveloppe les os. (Voir Os.)

PÉRIPATE, *Peripatus* (du grec *péripateó*, je me promène). Cet animal singulier, dont la place est restée longtemps incertaine, paraît devoir être rangé décidément près de la classe des Myriapodes, mais on a dû établir pour lui une classe distincte, celle des Malacopodes ou Onychophores. Son aspect général rappelle celui d'une iule ou d'une chenille nue, son corps est divisé en anneaux bien apparents, dont chacun porte à la face ventrale, au lieu de membres articulés, une paire de mamelons charnus, coniques, terminés par une griffe bifurquée. La tête, peu distincte, est munie de deux antennes épaisses et de deux yeux ; la bouche porte des lèvres en forme de bourrelet, et au fond une paire de mâchoires bifurquées ; de chaque côté de la bouche est une papille par laquelle l'animal sécrète une toile assez semblable à celle des araignées. Les organes respiratoires consistent en trachées courtes et sans fil spiral, qui s'ouvrent au dehors par des stigmates disséminés sur toute la surface des anneaux ; le système nerveux est constitué par un ganglion cérébroïde et par deux cordons latéraux. Les Péripates ont les sexes séparés et sont ovovivipares ; ils habitent les lieux humides et ombragés de l'hémisphère austral. On en connaît plusieurs espèces, peu différentes entre elles, quoique de pays fort éloignés les uns des autres, du Cap, de la Nouvelle-Zélande, de l'Australie, des Indes, du Chili. Ils semblent vivre à la façon des myriapodes.

PÉRISPERME (de *péri*, autour, et *sperma*, graine). (Voir Graine.)

PÉRITOINE (de *péri*, autour, et *teino*, j'étends). Membrane séreuse qui tapisse la cavité abdominale et enveloppe les intestins.

PERLE. (Voir Avicule.)

PERLE (*Perla*). Genre d'insectes type de la famille des *Perlidés*, qui appartient au groupe des Pseudonévroptères, placé aujourd'hui entre les orthoptères et les névroptères. Ces insectes, dont l'aspect général rappelle celui des phryganes, habitent le bord des eaux courantes dans lesquelles les femelles laissent tomber leurs œufs. Les larves qui en sortent sont carnassières; elles passent tout l'hiver au fond de l'eau et prennent au printemps des rudiments d'ailes, ce qui constitue chez elles l'état de nymphe; elles sortent bientôt de l'eau pour aller se fixer sur une pierre ou sur une plante, leur peau se dessèche, se fend sur le dos, et livre passage à l'insecte parfait muni de quatre ailes. Celui-ci a le corps étroit, allongé, déprimé; la tête, assez grande, porte deux grandes antennes sétacées et l'abdomen se termine par deux soies allongées. L'insecte parfait ne vit que quelques jours et semble n'avoir d'autre mission que la reproduction de l'espèce. Le type du genre est la *Perla nubecula* ou **Perle brune à raie jaune** de Geoffroy, fort commune au bord des eaux, dès les premiers jours du printemps, aux environs de Paris.

PERLON. Un des noms vulgaires du Trigle. (Voir ce mot.)

PERMIEN [Terrain]. Le terrain permien, ainsi nommé parce qu'il est très développé dans la province de Perm, au pied de l'Oural, en Russie, est peu répandu, surtout en France, où il ne se montre que dans quelques vallées de l'Aveyron et des Vosges. On lui donne aussi le nom de *pénéen*, à cause de sa pauvreté. Pendant la période de calme qui succéda au soulèvement du terrain carbonifère, se déposèrent au fond des eaux des *grès rouges*, des schistes très riches en minerais de cuivre, des calcaires entremêlés de marnes et de gypse. On y rencontre encore quelques couches de houille disséminées sur certains points; mais elle est sèche et fibreuse et se rapproche du lignite par ses caractères. — Trois étages composent le terrain permien; le premier, celui placé à la base, est le *nouveau grès rouge*, ainsi nommé par opposition au *vieux grès rouge* de la période dévonienne. Il occupe, autour des Vosges, la partie inférieure des vallées. L'étage suivant est le *calcaire magnésien*, qui manque à peu près complètement en France, mais est abondant en Angleterre et en Allemagne. Le *grès vosgien* termine la série. C'est une roche friable, composée de grains de quartz à surface rougeâtre et brillante. Cet étage, immédiatement placé sur le nouveau grès rouge, forme, sur la pente orientale des Vosges, des plateaux élevés, découpés, de forme carrée. C'est à cette époque qu'on voit paraître les premiers reptiles sauriens, dont les poissons sauroïdes du terrain houiller présentaient déjà quelques traits précurseurs. Leur organisation les rapproche des monitors de l'époque actuelle, eux-mêmes voisins des crocodiles : *Palæosaurus*, *Protosaurus*. Les mollusques nous montrent des spirifères, des productes et pour la première fois des huîtres, qui avec leur coquille massive, sans régularité, doivent pulluler, très variées d'espèce, dans toutes les mers des âges ultérieurs. La flore des terres émergées a beaucoup d'analogie avec celle de la houille; elle est principalement composée de fougères, de lycopodiacées, de conifères : *calamites*, *lepidodendron*, *sphœnopteris*, *nevropteris*, *walchia*, *zamia*, etc. Le mouvement de dislocation qui a mis au jour les couches du terrain permien, paraît avoir été de peu d'importance et de courte durée; cependant, le plan de stratification, différent des couches suivantes, prouve suffisamment qu'elles appartiennent à une formation distincte.

PÉRONÉ. Os long et grêle placé à la partie externe du tibia. (Voir Anatomie.)

PERONOSPORA. Genre de champignons microscopiques de la famille des *Mucédinées*, dont une espèce, le **Peronospora infestans**, cause la maladie de la pomme de terre et en provoque la pourriture.

PERROQUET. Les Perroquets ou *Psittacidés* (de *psittacus*, nom latin du Perroquet) forment, pour les uns, un ordre particulier, celui des Préhenseurs, pour d'autres, une simple famille de l'ordre des Grimpeurs. Ce groupe très nombreux renferme les espèces qui offrent pour caractères particuliers : un bec gros, dur, arrondi, courbé dès la base, qui est garnie d'une membrane ou cire où sont percées les narines, à mandibule supérieure grande, crochue, et aiguë au bout, à mandibule inférieure petite, le plus souvent échancrée à son extrémité; une langue épaisse, charnue, arrondie. Leurs pattes robustes sont armées d'ongles forts et crochus qui leur permettent de saisir fortement, de s'accrocher facilement de branche en branche, en se servant de leur bec. Les Perroquets ont en général un port lourd; leur tête volumineuse, portée sur un cou très court et épais, et leur corps robuste leur donnent une apparence peu svelte; quelques espèces de perruches ne manquent cependant pas d'élégance. Leur plumage est en général brillant; le vert, le rouge, le bleu et le jaune y dominent. — Les Perroquets sont des oiseaux plus préhenseurs que grimpeurs; en effet, ils se servent autant de leur bec que de leurs pieds pour cheminer sur les arbres. Ils vivent en troupes nombreuses dans les bois où ils se nourrissent de fruits et surtout de fruits à noyaux dont ils recherchent l'amande. Leurs fortes mandibules brisent les noyaux les plus durs, et ils se servent très adroitement d'une de leurs pattes, pour porter leur nourriture à leur bec, en restant perchés sur l'autre. En captivité, ils deviennent omnivores et montrent un goût particulier pour les substances sucrées; mais on sait que les amandes amères sont pour eux un violent poison. On prétend que ceux à qui on donne des os à ronger prennent un goût tellement prononcé pour les substances animales, qu'ils contractent l'habitude de s'arracher les plumes pour en sucer la base, et qu'ils finissent par se déplumer entièrement partout où le bec peut atteindre; les plumes des ailes et de la queue, dont l'extraction serait trop douloureuse, sont seules respectées. Les Perroquets sont des oiseaux criards, querelleurs et turbulents; lorsqu'ils se réunissent le soir dans les bois, pour y passer la nuit, leurs criailleries deviennent étourdissantes. Ils saluent également le lever du soleil de leur voix. Ces oiseaux sont très sociables; quelques espèces de perruches sont même remarquables sous le rapport de l'attachement qu'elles se témoignent, et qui leur a valu le nom d'*inséparables*. L'époque des pontes est pour les Perroquets comme pour la plupart des autres oiseaux une époque d'isolement. Le mâle et la femelle se retirent à l'écart et préparent dans quelque trou d'arbre un nid grossièrement garni de feuilles sèches, dans lequel la femelle dépose de deux à quatre œufs, toujours blancs. Les pontes se renouvellent plusieurs fois dans l'année. Les petits naissent tout nus, et leur tête, d'une grosseur disproportionnée, leur donne l'air le plus grotesque; ce n'est qu'au bout de trois mois qu'ils sont complètement revêtus de plumes. Le mâle et la femelle montrent l'un pour l'autre la plus vive affection, et ont pour leurs petits une grande tendresse. Les Perroquets sont, comme tout le monde sait, susceptibles d'éducation, surtout lorsqu'on les a pris jeunes; ils sont même susceptibles d'attachement; mais le fond de leur caractère est méchant, ou tout au moins ils semblent éprouver un besoin continuel de se servir de leur bec pour rompre et pour ronger. En liberté, ils dévastent les arbres pour le plaisir de déchirer et de briser; en domesticité, ils mordent et rongent tout ce qui se trouve à leur portée. On en a vu cependant dont l'éducation avait totalement changé le caractère, qui montraient une grande douceur, obéissaient à leur maître, apprenaient divers exercices, récitaient des phrases entières et sifflaient des airs. De tous ces faits, celui qui a eu tout lieu de nous étonner, c'est le pouvoir qu'ils ont d'imiter tous les bruits qu'ils entendent, le miaulement du chat, l'aboiement du chien, le cri de divers oiseaux et surtout la parole de l'homme; mais il ne faut pas en faire honneur à leur intelligence; ce sont de purs imitateurs qui ne doivent ce talent qu'à la conformation de leur langue et de leur larynx, et nulle locution proverbiale n'est plus juste que *répéter comme un perroquet*, pour dire répéter sans comprendre. Toutes les espèces n'ont pas d'ailleurs la même aptitude à apprendre et à reproduire les sons qui les frappent, et si les *jacos*, les *perroquets verts* et certaines *perruches* nous offrent en ce genre des exemples surprenants, il en est d'autres, tels que les *aras* et les *cacatois*, auxquels la nature a complètement refusé le pouvoir de l'imitation. Les Perroquets vivent très longtemps; Buffon estime à quarante ans la durée moyenne de leur existence, et à vingt-cinq celle des perruches; mais on a de nombreux exemples d'une plus grande longévité. Cuvier distinguait les Perroquets en deux sections : l'une comprenant les espèces à queue

longue et étagée (aras et perruches), l'autre renfermant les espèces à queue plus courte et égale (perroquets et cacatois). Mais aujourd'hui qu'on en connaît plus de quatre cents espèces, de structure, d'habitudes et d'instincts très variés, on les répartit dans treize tribus. La première est celle des PERROQUETS STRIGOPS, dont le facies rappelle celui des chouettes et forme ainsi le passage des rapaces nocturnes aux grimpeurs. Le type de cette division, le **Perroquet strigops** (*Strigops habroptilus*), offre une exception notable aux habitudes des Perroquets. C'est un oiseau sombre et silencieux qui fuit le jour, et comme les chouettes, ne montre quelque activité que le soir ou la nuit. Son aspect est d'ailleurs en rapport avec ses habitudes; son plumage, d'un vert pâle, est bariolé de noir, et sa face est garnie, comme celle des chouettes, de plumes allongées en manière de poils qui rayonnent autour des yeux. Cet oiseau, Perroquet par son organisation et chouette par ses habitudes, vit dans des trous de rochers ou dans ceux qu'il creuse sous des racines d'arbres; il se nourrit de racines de fougères, qu'il déterre avec ses pattes, et court plus qu'il ne vole. Le Strigops habite la Nouvelle-Zélande, où les naturels lui donnent le nom de *kakapo*, qui signifie Perroquet de nuit. Il a 60 centimètres de longueur. — Les PÉZOPORES ou Perroquets ingambes nous offrent un diminutif du même type, mais svelte et léger à la course, sur de longues jambes minces. **Le Pézopore terrestre** (*Pezoporus terrestris*), à plumage d'un vert plus franc, mélangé de jaune et de noir, présente les mêmes plumes rayonnant autour des yeux. Il a 32 à 35 centimètres de longueur, dont moitié pour la queue. Cet oiseau court avec rapidité et ne perche jamais. — Les PLATYCERQUES forment la deuxième tribu; ils ont la queue longue, large et flabellée. Nous prendrons comme type la **Perruche d'Alexandre** (*Platycercus Alexandri*), ainsi nommée parce qu'elle fut introduite en Europe par ce conquérant à son retour de l'Inde. Son plumage est d'un joli vert avec un collier rouge sur la nuque et une tache noire sous la gorge. — La troisième tribu, celle des ARAS (*Macrocercus*), est caractérisée par la queue étagée, plus longue que le corps, le bec très robuste, la face nue. Toutes les espèces sont propres aux parties chaudes de l'Amérique. Ce sont les plus grands et les plus brillants de tous les Perroquets; mais leur beauté fait leur seul mérite, car ils sont généralement stupides et méchants, et leur voix est rauque et désagréable. Tel est l'**Ara araucana** ou *ara bleu* (*Macrocercus araucana*); il est en dessus d'un beau bleu d'azur, et d'un jaune brillant en dessous; ses joues nues sont blanches marquées de petites lignes noires. Cette espèce, qui habite le Brésil et le Paraguay, se nourrit principalement des fruits du palmier latanier. — L'**Ara canga** (*Macrocercus aracanga*) ou *Ara rouge*, de l'Amérique méridionale, est d'un rouge de feu, excepté les ailes qui sont d'un bleu d'azur ainsi que les tectrices de la queue. Ces

oiseaux vivent par paires et rarement en troupes.
— La quatrième tribu est celle des Perruches (*Conurus*); elles ont la queue étagée, plus ou moins longue, le bec médiocre, les joues emplumées et sont généralement de petite taille. Telles sont : la **Perruche versicolore** (*Conurus versicolor*), à tête et poitrine rouges, à gorge jaune, avec une bande bleue sur la joue et le reste du plumage vert, de la Guyane; la **Perruche de la Caroline** (*Conurus carolinensis*), à front rouge-cerise, tête orange, dos vert, ventre jaunâtre. On connaît un grand nombre de perruches que nous ne pouvons décrire ici. — La cinquième tribu est celle des Amazones de l'Amérique méridionale; ils tirent leur nom du fleuve

1, Ara; 2, Cacatois.

près duquel il sont le plus abondants. Leur bec est puissant, leur queue courte ; le vert domine dans leur plumage. On y distingue l'**Amazone à tête jaune**, l'**Amazone à tête rouge** et l'**Amazone à tête blanche**. — La sixième tribu est celle des Perroquets proprement dits, dont les plus remarquables par leurs talents et leur attachement sont : le **Perroquet gris** ou *jaco* (*Psittacus erythacus*), d'Afrique, et le **Perroquet vert** (*Psittacus amazonicus*), de la Guyane. — La septième tribu est celle des Perroquets nestors de l'Australie; ils ont le bec long, très arqué, le plumage généralement sombre, entremêlé de rouge roussâtre. Le **Nestor austral** a le plumage d'un brun ferrugineux, un demi-collier rouge noir, les plumes de l'oreille jaunes ; sa taille est de 35 centimètres. — La huitième tribu est celle des Dasyptiles de l'Afrique et de l'Océanie, dont le type est le **Dasyptile de Pesquet**, d'un noir intense relevé par le rouge cramoisi du milieu des ailes, des par-

ties inférieures et du croupion. — La neuvième tribu renferme les Agapornis, chez qui les clavicules disparaissent complètement. Cette division renferme les plus petites espèces de la famille. L'**Agapornis à tête rouge** (*Ag. pullacia*), de la Guinée,

Perroquet gris ou jaco.

à la tête d'un rouge éclatant et le corps d'un beau vert. On leur donne le nom d'*inséparables*, le mâle et la femelle ne se quittant jamais. C'est à cette tribu qu'appartient cette charmante petite Perruche australienne, la **Perruche ondulée**, qui se reproduit chez nous avec la plus grande facilité; puis le plus petit de tous les Perroquets connus :

Perruche ondulée.

le **Micropsitte pygmée**, de la Nouvelle-Guinée; il n'a que 5 à 6 centimètres de longueur. Il a la tête et le ventre jaunâtres, le dos vert, la queue marquée d'orangé. — La dixième tribu est celle des Loris, de l'Océanie, chez qui la couleur dominante est un rouge éclatant. Ils ont la queue longue et la langue terminée par un faisceau de longues papilles au moyen desquels ils sucent le jus des fruits pulpeux dont ils se nourrissent. Nous citerons le **Lori à collier** (*Lorius domicella*), à calotte noire bordée de bleu et tout le corps d'un rouge éclatant, excepté les ailes qui sont vertes, et un demi-collier d'un jaune doré. Sa taille est de 30 centimètres. — La onzième tribu, celle des CACATOIS ou KAKATOÈS, à queue courte, carrée, ont le bec très fort, les joues emplumées et la tête ornée d'une huppe de plumes longues, effilées, susceptibles de se redresser. Leur plumage est généralement blanc, quelquefois teint de jaune ou de rouge. Tels sont : le **Cacatois à huppe blanche** (*Cacatua cristata*), le **Cacatois à huppe jaune** (*Cacatua sulphurea*) et le **Cacatois à huppe rouge** (*Cacatua erythrolophus*). Ces trois espèces habitent les Moluques. Le **Cacatois noir** (*Cacatua banksii*) est de la Nouvelle-Galles du Sud. — La douzième tribu est celle des MICROGLOSSES, genre de Perroquets dont le bec énorme renferme une très petite langue cylindrique, terminée par un petit gland corné creusé en cupule. La tête est ornée d'une huppe de plumes effilées; les joues et le tour des yeux sont nus, la queue est longue et carrée. Le **Microglosse noir** (*Microglossum aterrimum*) habite la Nouvelle-Guinée. Son plumage est d'un noir bleuâtre, la peau nue des joues est rouge. — La treizième et dernière tribu est celle des CALYPTO-RHYNQUES, reconnaissables à leur gros bec élevé, dilaté, à leur mandibule inférieure, aux ailes longues et pointues, à la queue ample et élargie à la base. Le **Calyptorhynque à cimier** (*Calyptorhyncus galeatus*) est d'un gris bleuâtre, à tête et huppe d'un beau rouge minium. Il habite l'Australie et cherche sous l'écorce des eucalyptus les larves et les insectes dont il se nourrit, ce qui le distingue de tous les autres Perroquets.

PERROQUET DE MER. (Voir SPARE.)

PERRUCHE. (Voir PERROQUET.)

PERSEA. (Voir LAURIER.)

PERSICA. Nom scientifique latin du Pêcher. (Voir ce mot.)

PERSICAIRE. (Voir RENOUÉE.)

PERSIL. On désigne communément sous ce nom le *Petroselinum sativum*, plante de la famille des *Ombellifères*, bien connue par le fréquent usage que l'on en fait dans la cuisine. Cette plante, originaire de la région méditerranéenne, mais cultivée partout aujourd'hui, a une racine blanchâtre, fusiforme, pivotante ; sa tige, rameuse, très striée, glabre et remplie de nœuds, porte des feuilles alternes, amplexicaules, deux fois ailées, d'un vert agréable et luisant, sans tache, à pétioles pleins et exhalant une odeur douce, aromatique, lorsqu'on les froisse entre les doigts; les fleurs sont disposées en ombelle terminale, garnie d'une collerette formée par une seule foliole, elles sont jaunâtres; les semences qu'elles produisent sont ovales, striées, d'un vert jaunâtre. Son aspect général et la forme de ses feuilles la font ressembler à la ciguë, plante éminemment vénéneuse ; et cette ressemblance fâcheuse a souvent été cause d'accidents funestes. Cependant, un peu d'attention les fait facilement distinguer ; ainsi la tige de la ciguë est creuse, tachée de pourpre livide dans sa partie inférieure ; ses feuilles sont d'un vert sombre et portent des taches brunes; froissées entre les doigts, elles exhalent une odeur fétide. Le Persil est aussi fort employé en médecine ; le fruit, qui est la partie la plus active, renferme l'apiol, employé sous forme de capsules ; sa racine est diurétique, son suc se donne contre la fièvre intermittente et s'applique extérieurement comme révulsif sur les contusions, les piqûres d'insectes, etc. Les bestiaux aiment beaucoup le Persil ; mais cette plante est, dit-on, un poison dangereux non seulement pour les perroquets, mais pour tous les oiseaux de basse-cour. On cultive aussi le **Persil frisé**, remarquable par la beauté de ses feuilles, et le **Persil de Naples**, variété très grande, dont on fait blanchir les côtes, qui se mangent cuites. Ce sont de simples variétés du Persil cultivé.

On nomme vulgairement:

Persil d'âne, le Cerfeuil sauvage ;

Persil bâtard, l'*Æthusa cynapium* ou petite Ciguë ;

Persil de cerf, le Peucedane persillé ;

Persil de Macédoine, le *Seseli macedonicum ;*

Persil [faux], la petite Ciguë ;

Persil des marais, l'Ache odorante ;

Persil des montagnes, la Livèche à feuilles d'ache.

PERSISTANT. On applique cette épithète à tous les organes végétaux qui restent sur la plante au delà de l'époque qui semble fixée pour sa chute ; tels sont : les feuilles chez les pins, les sapins, le lierre, les daphnés, les pervenches, etc. Le calice qui subsiste dans les borraginées, le rhinanthe, les saxifrages, est persistant ; la corolle est persistante dans la campanule parce qu'elle se dessèche sans se détacher après la fécondation.

PERSONNÉE (de *persona*, masque). Se dit de la corolle monopétale à deux lèvres, dont la gorge est close par une saillie de la lèvre inférieure, ce qui lui donne à peu près la forme de masque ou de gueule, comme dans les mufliers, les scrofulaires. On a quelquefois employé ce nom pour désigner la famille des *Scrofulariacées*.

Fleur personnée (muflier).

PÉRUVIENS. Rameau de la race américaine dont les représentants sont aujourd'hui répandus sur la côte ouest de l'Amérique du Sud, le long de l'océan Pacifique, entre l'Équateur et le tropique du Capricorne. Cette vaste région qui, avant la conquête espagnole, formait l'empire des Incas, offre des ruines de monuments et des routes dont la beauté témoigne d'une civilisation assez avancée. Comme l'Aztèque du Mexique, le Péruvien a bien dégénéré sous la cruelle domination espagnole. Comme tous les indigènes de l'Amérique, le Péruvien est un mongoloïde, bien qu'il présente fréquemment, comme beaucoup d'Indiens Peaux-Rouges, un nez long et presque aquilin. Les traits de sa physionomie sont d'ailleurs réguliers et bien dessinés, sa stature est moyenne, ses membres bien proportionnés. Ses mœurs sont paisibles et douces. D'après Morton, la moyenne de leur capacité crânienne ne serait que de 1 234 centimètres cubes ; et leur indice céphalique de 78,7, suivant Broca.

PERVENCHE (de *pervinca*, ancien nom de la plante). Les Pervenches, genre de la famille des *Apocynacées*, sont des herbes touffues, vivaces, à tiges faibles ou rampantes, à feuilles opposées, coriaces, persistantes, très entières, à pédoncules solitaires, axillaires, uniflores. — La **Pervenche commune** ou **petite Pervenche** (*Vinca minor*, L.), haute de 20 à 40 centimètres, croît dans les haies, les buissons et les bois. L'élégance et la précocité de ses fleurs, qui sont d'un bleu de ciel assez vif, la recommandent pour l'ornement des parterres ; son port bas et touffu la rend propre à former des bordures et des glacis ; on en possède des variétés à corolle blanche, pourpre ou violette, simple ou double. Toutes les parties de la plante ont une saveur âcre, un peu astringente et amère ; leur décoction se prescrivait jadis comme vulnéraire, fébrifuge et sudorifique, et les sages-femmes la prescrivent encore aux femmes en couches pour faire passer le lait. Elle fait partie du *thé suisse*. — La **grande Pervenche** (*Vinca major*, L.), qui habite l'Europe méridionale et se cultive aussi comme plante de parterre, se distingue facilement de l'espèce commune à ses fleurs et à son feuillage, notablement plus grands, ainsi qu'à ses tiges presque droites.

Pervenche (*Vinca minor*).

PESSE. Nom vulgaire de l'*Hippuris vulgaris*. (Voir HIPPURIS.)

PET D'ANE. Nom vulgaire de l'Onoporde acanthe.

PÉTALE. (Voir FLEUR.)

PÉTARDIER. (Voir BRACHINE.)

PÉTASITE. (Voir TUSSILAGE.)

PÉTAURISTE. (Voir PHALANGER.)

PÉTIOLE. Support ou vulgairement queue de la feuille. (Voir ce mot.)

PETITE GARANCE. (Voir ASPÉRULE.)

PETIT-GRIS. Espèce du genre *Ecureuil*.

PETIT MUGUET. (Voir ASPÉRULE.)

PÉTONCLE, *Pectunculus* (diminutif de *pecten*, peigne). Genre de mollusques bivalves LAMELLIBRANCHES de la famille des *Arches* ou *Arcacés*. Ce sont de grandes coquilles orbiculaires, équivalves, à charnière en ligne courbe et pourvue de dents nombreuses ; l'animal à corps arrondi, comprimé, à manteau dépourvu de cirres et de tubes ; à pied grand et fourchu. On trouve sur nos côtes le **Pétoncle glycimeris**, à coquille large de 1 décimètre, sillonnée et striée verticalement avec des zones obscures ; le **Pétoncle poilu** ou *flammule*, à coquille finement treillissée, toute parsemée de taches angulaires fauves sur un fond blanc et recouverte d'un épiderme brun, pileux, semblable à du velours. On en connaît plusieurs espèces fossiles.

PÉTRAT. Nom vulgaire du Brua t proyer.

PÉTREL (*Procellaria*). Genre d'oiseaux de l'ordre des PALMIPÈDES, famille des *Longipennes* ou *grands voiliers* de Cuvier ; très voisins des Albatros auxquels les réunissent quelques auteurs. Ils ont comme eux un bec renflé, dont l'extrémité crochue semble faite d'une pièce articulée au reste de la mandibule supérieure ; des doigts antérieurs unis par une large membrane ; un pouce nul ou remplacé par un ongle

Pétrel damier.

rudimentaire. Les Pétrels se distinguent surtout des albatros, en ce que le bec, plus long que la tête chez ces derniers, est chez eux plus court que la tête. Les Pétrels, doués comme les albatros d'un vol puissant et rapide, parcourent des trajets immenses en peu d'heures et s'avancent au large à plusieurs centaines de lieues. Compagnons inséparables du marin, ils volent sans cesse autour des navires, plongeant dans le sillage ou courant sur les flots. Contrairement aux autres oiseaux qui fuient la tempête, les Pétrels semblent la chercher; ils se jouent des vents et des orages, et courent à la cime des vagues soulevées en les frappant de leurs pieds avec une extrême vitesse et en se servant de leurs ailes. C'est même à cette habitude qu'ils doivent leur nom, *pétrel* venant de *Petrus* (saint Pierre) qui marchait sur les flots. Cette habitude où sont les Pétrels de fréquenter les mers agitées, est la conséquence de leur genre de vie; c'est parce que l'agitation des flots ramène à leur surface une grande quantité des animaux marins dont ils se nourrissent, que ces oiseaux préfèrent la tempête au calme. Les Pétrels ne se rendent à terre que la nuit, et dans le temps des pontes; ils nichent dans les crevasses des rochers ou se contentent de déposer leurs œufs dans quelque trou sur les grèves désertes. Ils nourrissent leurs petits en leur dégorgeant dans le bec des aliments à demi digérés. — On connaît plusieurs espèces de Pétrels parmi lesquels nous citerons les plus remarquables : le **Pétrel géant** (*P. gigantea*), qui surpasse l'oie en grandeur et dont le plumage est noirâtre en dessus, blanc en dessous; le **Damier** ou **Pétrel du Cap** (*P. capensis*), de la taille du canard, tacheté en dessus de blanc et de noir, blanc en dessous. On voit quelquefois sur nos côtes le **Pétrel fulmar** (*P. glacialis*), blanc, à manteau cendré, de la taille d'un gros canard ; il niche quelquefois sur les côtes escarpées des îles Britanniques. On rencontre aussi communément dans nos mers une petite espèce de la taille d'une alouette, brune à croupion blanc; c'est le *Procellaria pelagica*, auquel les marins donnent plus communément le nom d'**Oiseau des tempêtes**. Il se reproduit sur les côtes de Bretagne.

PÉTRICOLE (du latin *petra*, pierre, et *colere*, habiter). On donne ce nom à certains mollusques qui excavent la pierre pour s'y creuser une retraite : tels sont les Pholades (voir ce mot) et quelques cardiacées.

PÉTRIFICATION (de *petra*, pierre, et *fieri*, devenir). On donne ce nom aux fossiles dont les parties organisées détruites ont été remplacées par des molécules minérales.

PÉTROCINCLE (du grec *pétros*, rocher, et *kinklos*, merle). Division générique établie sur les espèces saxatiles du genre *Merle*, dits *Merles de roche*. Tels sont les **Turdus saxatilis, torquatus, cyaneus**, que nous avons décrits à l'article MERLE.

PÉTROLE. (Voir BITUME.)

PETROMYSON (de *pétros*, pierre, et *muzo*, je suce). Nom scientifique latin du genre *Lamproie*.

PETROSELINUM. Nom scientifique latin du *Persil*.

PÉTUN. Un des noms vulgaires du Tabac.

PÉTUNIA (nom brésilien). Genre de plantes de la famille des *Solanacées*, voisines des *Nicotianes* (tabac), monopétales, hypogynes, pentamères, à corolle en entonnoir ; cinq étamines ; capsule à deux loges. Ce sont des plantes herbacées, vivaces, à fleurs solitaires, originaires de l'Amérique méridionale, que l'on cultive dans les jardins. Tels sont le **Pétunia**

odorant (*P. nyctaginiflora*), dont les grandes fleurs blanches, évasées, répandent une odeur agréable, le **Pétunia pourpre** et le **Pétunia violet** (*P. violacea*), dont les fleurs plus petites, violettes, à corolle ventrue,

Pétunia pourpre.

ne sont odorantes que le soir. Ces deux espèces donnent par la culture de nombreuses variétés qui ornent aujourd'hui la plupart des jardins, et fleurissent pendant toute la belle saison jusqu'aux premières gelées.

PEUCÉDANE, *Peucedanum* (du grec *peucedanos*, amer). Genre de plantes de la famille des *Ombelli-*

Peucédane. — *a*, fleur ; *b*, fruit.

fères, type de la tribu des *Peucédanées*, qui comprend en outre les genres *Aneth*, *Férule*, *Panais*, *Opoponax*. (Voir ces mots.) Ces plantes ont des ombelles composées, des fleurs à lobes calicinaux plus ou moins développés, à pétales cunéiformes; à fruit entouré d'une large bordure plane. — Le **Peucédane officinal**, à tige pleine, finement striée, s'élève souvent à 2 mètres de hauteur; ses feuilles sont très découpées, à divisions linéaires; ses fleurs jaunâtres. On employait autrefois cette plante contre les maladies nerveuses. — Le **Peucédane de Paris** (*P. parisiense*), très commun dans nos bois, a des feuilles trois ou quatre fois bipartites, à segments linéaires aigus; ses fleurs sont blanches. Les porcs recherchent avec avidité les racines de ces plantes. — Le **Peucedanum oroselinum** ou *persil de montagne* est employé comme fébrifuge; mais la plus importante, au point de vue médical, est l'**Impératoire** (*P. ostruthium*), plante herbacée vivace qui croît dans les prairies subalpines. Sa racine fibreuse, dont l'odeur forte rappelle celle de l'angélique, s'emploie avec succès contre les fièvres intermittentes.

PEUPLIER (*Populus*). Genre de plantes de la famille des *Salicinées* qui ne comprend que les saules et les Peupliers; ces derniers sont des arbres la plupart très élevés, à racines rampantes et émettant des rejetons; à rameaux cylindriques épars; à bourgeons écailleux; à feuilles éparses, pétiolées, simples, veineuses, non persistantes, bistipulées, dentelées; les chatons naissent épars ou fasciculés sur les ramules de l'année précédente; ils sont plus précoces que les feuilles, sessiles ou pédonculés, multiflores, allongés, à écailles lobées. Ce genre appartient aux régions de l'hémisphère septentrional, et c'est surtout dans les climats froids que se plaisent la plupart des espèces; aussi les peupliers occupent-ils une place importante parmi les productions végétales de ces contrées. Ils prospèrent en général dans les sols les plus ingrats, et la plupart se multiplient avec une facilité presque sans égale, tant de boutures que des rejetons de leurs racines. Les feuilles et les jeunes pousses peuvent servir de fourrage au bétail. Nous citerons les espèces les plus remarquables. — Le **Peuplier blanc** (*P. alba*, L.), appelé vulgairement *ypréau*, est commun en France et dans les contrées plus méridionales de l'Europe. Quoiqu'il vienne de préférence dans les lieux frais et humides, il prospère également dans les terrains secs et dans tous les sols, à l'exception de la glaise. Ce Peuplier vit soixante-dix à quatre-vingts ans, et il acquiert presque tout son développement dans l'espace de trente à quarante ans. Son bois est blanc (quelquefois jaunâtre au centre; celui de la racine marbré de brun), léger, assez tenace et d'un grain fin; il est plus estimé pour la menuiserie que celui des autres peupliers indigènes. Les tourneurs, les charrons, les sculpteurs en bois, et surtout les layetiers, en font une grande consommation. Enfin, on peut le substituer à la gaude pour teindre les laines en jaune. On forme avec le Peuplier blanc de très belles avenues, et on le plante fréquemment dans les parcs, où son feuillage mobile et d'un

blanc argenté produit un effet des plus pittoresques. — Le **Peuplier tremble** (*P. tremula*, L.), arbre de 15 à 20 mètres, est susceptible d'acquérir 1 mètre et plus de diamètre, quoique sa grosseur ordinaire ne soit que de 4 à 5 décimètres. Cet arbre est commun dans toute l'Europe, ainsi qu'en Sibérie; il vient de préférence dans les sables frais, mais du reste il s'accommode de tout autre sol, soit sec, soit humide, ou même marécageux. Sa durée est de quatre-vingts à cent ans, et il acquiert tout son développement dans l'espace de cinquante à soixante ans. Son bois est blanc, poreux, lisse, léger et fort tendre; on l'emploie aux mêmes usages que celui

Peuplier de Virginie.

du Peuplier blanc, mais il est moins durable. La décoction de l'écorce jouit, en Sibérie, de la renommée d'un excellent antiscorbutique et antisyphilitique. Le charbon de tremble est très mauvais comme combustible, mais un des mieux appropriés à la composition de la poudre à canon. — Le **Peuplier grisard** ou *grisaille* (*P. canescens*, Smith) paraît n'être qu'une varité du tremble, dont il ne diffère guère que par des feuilles plus ou moins cotonneuses et grisâtres en dessous. — Le **Peuplier noir** ou *Peuplier franc* (*P. nigra*, L.) est commun dans les climats tempérés de l'Europe; il s'élève jusqu'à 35 mètres sur 1 mètre et plus de diamètre; sa durée est rarement de plus de quatre-vingts ans, mais sa croissance est fort rapide; il ne prospère que dans les localités découvertes dont le sol est frais et humide; ses rejetons sont très flexibles et peuvent remplacer les osiers. Les bourgeons contiennent une substance gommo-résineuse et aromatique qui entre dans la préparation de l'onguent dit *populeum*. Le bois de Peuplier fournit un charbon poreux employé en médecine comme poudre absorbante sous le nom de *charbon de Belloc*. Le bois du Peuplier noir est plus filandreux que celui de ses congénères ; il sert à faire des planches, de la charpente légère, de l'ébénisterie commune, de la volige, etc. — Le **Peuplier pyramidal** ou *Peuplier d'Italie* (*P. pyramidalis*, Roz.) est originaire d'Orient ; il fut introduit de la Lombardie en France, vers 1760. L'utilité de cet arbre ne le cède en rien à l'élégance de son port. Son bois s'emploie aux mêmes usages que celui du Peuplier noir, et il a sur ce dernier l'avantage de croître encore plus rapidement, et de s'accommoder de tous les sols et de toutes les expositions ; il atteint une hauteur très considérable dans l'espace de vingt-cinq à trente ans. Le bois de ce Peuplier est plus solide que celui du Peuplier noir, et préférable, comme combustible, à celui de tous ses congénères. — Le **Peuplier de Virginie** (*P. virginiana*, Desf.), ou improprement *Peuplier suisse*, est sans contredit l'espèce la plus recommandable, en raison de son produit ; car, dans les sols frais et fertiles, cet arbre peut acquérir, dans l'espace d'une vingtaine d'années, 25 mètres de haut sur 1 mètre de diamètre ; aussi est-ce le Peuplier le plus généralement cultivé en France. Il s'élève jusqu'à 40 mètres ; on en tire le même parti que du Peuplier noir et du Peuplier d'Italie. L'Amérique possède plusieurs espèces de Peupliers assez voisines des nôtres.

PÉZIZE, *Peziza* (du grec *pesos*, pourriture). Genre de champignons discomycètes type de la famille des *Pezizacées*, et renfermant un très grand nombre d'espèces, dont la plupart croissent sur les substances en putréfaction, les vieux bois, le terreau. Leur réceptacle membraneux est sessile ou pédiculé, creusé en forme de cupule, dont la cavité est tapissée par un hyménium composé de thèques claviformes, cylindriques, renfermant des spores microscopiques qui sont expulsées avec élasticité sous forme d'un petit nuage coloré. Plus tard, la cupule devient plane ou même convexe. A ce genre appartient l'un des champignons les plus remarquables par sa forme et sa grandeur : c'est le *Peziza cacabus*; il croît à Java. Il a 1 mètre de hauteur et sa cupule représente une marmite profonde de 50 centimètres sur 65 centimètres de diamètre ; le pédicule qui la supporte est creux, haut de 45 centimètres et épais de 8. Parmi les espèces les plus répandues, nous citerons le **Peziza fascicularis**, commun sur les troncs du tremble et du peuplier, d'un noir enfumé ; le **Peziza virginea**, tout blanc ; le **Peziza citrina**, d'un beau jaune. Le **Peziza onotica** est fort remarquable par son réceptacle allongé et dressé comme une oreille d'âne ; il est d'une belle couleur orangée et croît sur les chênes.

PHACIDIE, *Phacidium* (du grec *phaké*, lentille, et *idéa*, forme). Genre de champignons discomycètes voisins des *Pézizes*. Ils ont la forme et les dimen-

sions d'une lentille, et croissent sur les feuilles et les écorces des arbres : le **Phacidium pini** croît sur le pin et le genévrier.

PHACOCHÈRE. Genre de mammifères pachydermes de la famille des *Porcins*, qui se distingue des cochons proprement dits par la tête plus large, le développement considérable des canines et les caroncules verruqueux que portent les joues. On n'en connaît qu'une espèce bien déterminée ; c'est le **Phacochère africain**, qui ressemble à notre sanglier pour la taille et les formes générales, bien que plus lourdes. Sa tête monstrueuse, rendue hideuse par les deux loupes qu'elle porte sur les joues et par les énormes défenses qui lui sortent de la bouche, sa rude crinière hérissée lui donnent un aspect féroce. Ses mœurs sont d'ailleurs brutales et farouches et les nègres du Sénégal le redoutent beaucoup.

PHAÉTON. (Voir PAILLE-EN-QUEUE.)

PHALANGE (du grec *phalagx*). On nomme ainsi les petits os qui forment le squelette des doigts de la main ou du pied ; tous les doigts sont formés par trois Phalanges, à l'exception des pouces. (Voir MAIN et PIED.)

PHALANGER (*Phalangista*). Les Phalangers sont de petits animaux de l'ordre des MARSUPIAUX, qui représentent, dans l'Australie et l'archipel Indien, les sarigues ou didelphes de l'Amérique, auxquels ils ressemblent d'ailleurs beaucoup. Ils en diffèrent cependant par leur système dentaire, leur régime essentiellement frugivore et le caractère de leurs pieds

Phalanger-renard.

de derrière, dont le second et le troisième doigt sont réunis par la peau jusqu'aux ongles. Ils forment la famille des *Phalangistidés*. Les Phalangers sont éminemment grimpeurs ; tous leurs doigts sont munis de griffes, à l'exception du pouce des pieds de derrière qui n'a pas d'ongle ; il est opposable aux autres doigts, ce qui, joint à leur queue prenante, leur donne une grande facilité pour grimper et sauter sur les arbres. La poche abdominale des femelles est vaste comme chez les sariques. On distingue les Phalangers en deux groupes : les Couscous, qui habitent les îles de la Malaisie, et les Phalangers proprement dits, qui appartiennent à l'Australie. Les premiers ont la queue prenante, dénudée presque dès sa base, écailleuse, comme celle des rats; leurs oreilles sont courtes, leur tête ronde et leurs yeux très grands. Ils vivent dans les épaisses forêts des îles indiennes, et ils se nourrissent de fruits et d'insectes. Le Couscous tacheté (*Ph. maculata*), *Phalanger mâle* de Buffon, a 30 centimètres de long sans la queue qui mesure 22 centimètres; son pelage, d'un gris jaunâtre, est taché de larges plaques brunes ; on le trouve à Amboine et à la Nouvelle-Guinée ; — le Couscous oriental (*Ph. orientalis*), *Phalanger femelle* de Buffon, est très voisin du précédent; ses couleurs sont un peu plus claires. Cette espèce, distincte de la précédente, vit à Amboine et à Timor. Le Couscous blanc et le Couscous oursin vivent dans les Célèbes. Quoique les Couscous aient une mauvaise odeur, les Papous mangent leur chair. Cuvier rapporte que quand ils voient un homme ils se suspendent par la queue, et que l'on parvient en les fixant à les faire tomber de lassitude. — Les Phalangers proprement dits ont la queue velue, dénudée seulement en dessous, comme celle des sapajous; leurs oreilles sont grandes, leur museau plus allongé. Les espèces de ce genre habitent exclusivement l'Australie et les îles australiennes; tels sont : le Phalanger de Cook, découvert par le célèbre navigateur de ce nom, et qui est de la taille d'un chat, brun cendré en dessus, blanc en dessous ; le Phalanger-renard, brun roux en dessus, gris en dessous, et le Phalanger nain, de la taille du rat, d'un gris roux en dessus, blanc en dessous. Ces animaux grimpent parfaitement aux arbres ; mais ils paraissent se retirer dans des terriers qu'ils creusent dans les terrains sablonneux ; ils doivent joindre les insectes aux fruits. — On désigne sous le nom de *Pétauristes* de petits Phalangers qui se distinguent par la présence de membranes latérales analogues à celles des écureuils volants ou polatouches. Leurs mœurs ont beaucoup de rapports avec celles des écureuils, et ils jouissent, comme les polatouches, de la faculté de s'élancer à de grandes distances.

PHALANGIENS ou **PHALANGIDÉS.** (Voir Faucheur.)

PHALARIS. Nom scientifique latin du genre *Alpiste.* (Voir ce mot.)

PHALÈNES (*Phalenidæ*). Groupe d'insectes Lépidoptères de la division des *Nocturnes* (*Hétérocères*). Ce sont, en général, des papillons de taille petite ou moyenne, qui se distinguent facilement des bombyx et des noctuelles par leur corps grêle, leurs ailes grandes, relativement au volume du corps, et généralement horizontales pendant le repos. Dans beaucoup d'espèces ces ailes sont peintes de vives couleurs. Leurs antennes sont en forme de soies, très souvent pectinées dans les mâles; leur trompe est rudimentaire, membraneuse et sans usage pour l'animal. Mais c'est surtout sous la forme de chenilles

que les Phalènes sont remarquables. Elles ont le corps allongé, mince, cylindrique et n'ont presque toujours que dix pattes, les six écailleuses qui ne manquent jamais, et quatre membraneuses seulement, et jamais elles n'en ont plus de quatorze en tout. Ce sont toujours les premières paires de pattes membraneuses qui manquent; de sorte qu'il se trouve un espace vide entre les pattes écailleuses et les membraneuses. Par suite de cette conformation, leur mode de progression est fort différent de celui des autres chenilles. Lorsqu'elles marchent, les larves des Phalènes commencent par prendre un point d'appui avec leurs pattes écailleuses ; elles détachent alors la partie postérieure de leur corps et, la portant en avant pour en former comme une boucle avec leur corps, elles fixent leurs pattes membraneuses, comme le montre la figure; détachant ensuite leurs pattes écailleuses, elles reportent la partie antérieure en avant, en étendant complètement le corps pour accrocher de nouveau leurs pattes écailleuses et recommencer les mêmes ma-

Phalène effeuillante et chenille arpenteuse (grandeur naturelle).

nœuvres. Dans ce singulier mode de progression ces chenilles semblent mesurer, arpenter le sol, ce qui leur a valu le nom de *géomètres* ou d'*arpenteuses*. Une autre singularité qu'offrent ces chenilles réside dans l'incomparable puissance musculaire dont elles sont douées; on les voit, le corps dressé, rigide, fixées par leurs pattes postérieures seules, demeurant pendant des heures entières immobiles dans cette position fatigante. Leur immobilité absolue, jointe à leurs couleurs habituellement vertes ou brunes, semblables à celles des végétaux et du bois, les fait tellement ressembler à de petits rameaux, qu'ils échappent le plus souvent aux recherches de leurs ennemis. Lorsque ces chenilles sont inquiétées, elles se dérobent aussitôt en se laissant tomber; mais elles n'atteignent pas le sol et restent suspendues à moitié chemin au bout d'un fil, le long duquel elles peuvent remonter sans difficulté lorsque le danger est passé.

Le groupe des Phalènes renferme un très grand nombre d'espèces, toutes de taille médiocre et vivant à peu près de la même façon. On les a réparties dans une longue suite de genres, fondés souvent sur des caractères différentiels très faibles : la Phalène gris de perle (*Metrocampa margaritata*), qui vit sur le chêne et l'aune ; la Phalène du chêne (*Halias quercana*), d'un vert clair, qui vit sur le chêne; la Phalène du lilas (*Ennomos syringaria*), d'un jaune fauve, jaspé de rose et de lilas; la Phalène de l'alisier (*Ru-*

mia cratægata), d'un beau jaune citron taché de brun ; la **Phalène du sureau** (*Urapteryx sambucaria*), l'une des grandes espèces de notre pays, d'un jaune de soufre avec des raies brunes sur les ailes ; la **Phalène du groseillier** (*Abraxas grossulariata*), fort jolie espèce, qui a les ailes blanches tachetées de noir ; les antérieures légèrement teintées de fauve ;

Phalène du groseillier.

la **Phalène à plumets** (*Fidonia plumistaria*), ainsi nommée de ses antennes plumeuses ; la **Phalène géomètre** (*Geometra papilionaria*), qui a les ailes d'un beau vert pré et vit sur le bouleau. — Une espèce fort commune, la **Phalène effeuillante** (*Hybernia defoliaria*), jaune striée de brun, est fort nuisible à l'état de chenille aux arbres fruitiers, qu'elle dépouille de leurs feuilles, la femelle est privée d'ailes et ressemble à une araignée.

PHALLUS. Genre de champignons basidiomycètes, dont l'espèce type, le **Phallus impudicus**, ou *morille fétide*, est assez commune dans les bois humides. Ce champignon, d'assez grande taille, est enveloppé d'un double volva qui, à un certain moment, se crève avec bruit ; la partie supérieure reste sur le chapeau et l'inférieure forme une espèce de godet au centre duquel se trouve le pédicule, cylindracé, fistuleux ; celui-ci est surmonté d'un chapeau conique ou campanulé, creusé d'alvéoles renfermant une substance verdâtre dans laquelle sont les spores. Cette substance, au moment de la maturité, se réduit en déliquium, et répand une odeur cadavéreuse infecte qui attire de fort loin les mouches et autres insectes qui se nourrissent de cadavres.

PHANÉROGAMES (du grec *phanéros*, apparent, et *gamos*, noces). Embranchement du règne végétal comprenant toutes les plantes dont les organes reproducteurs, bien apparents, sont constitués par des étamines et des pistils. (Voir Reproduction et Fleur.) Ce mot est opposé à Cryptogame (de *kruptos*, caché).

PHARYNX (nom grec du gosier). Partie du tube digestif dans laquelle s'ouvrent en haut la bouche et les fosses nasales et qui se continue en bas avec l'œsophage et le larynx. C'est une sorte de carrefour où se croisent les voies respiratoires et digestives. (Voir Respiration et Digestion.)

PHASCOLOME (*Phascolomus*, rat à bourse). Genre de mammifères de l'ordre des Marsupiaux formant un groupe à part. Les *Phascolomys* sont de véritables rongeurs par le système dentaire ; ils ont à chaque mâchoire deux incisives et des molaires au nombre

de cinq pour chaque côté. Ce sont des animaux lourds, à grosse tête plate, à jambes courtes, à corps comme écrasé, sans queue, qui portent cinq doigts onguiculés aux pieds de devant et quatre à ceux de derrière, avec un petit tubercule sans ongle au lieu de pouce ; leurs ongles antérieurs sont très longs et propres à creuser ; leurs yeux sont très petits, ainsi que les oreilles ; leur poil est épais et grossier, leur démarche d'une lenteur excessive. On n'en connaît qu'une espèce : le **Wombat** (*Ph. wombat*), de la taille d'un blaireau, à poil d'un brun plus ou moins jaunâtre, qui vit dans des terriers et ne se nourrit que d'herbes. On dit que sa chair est excellente. Il se trouve à la Nouvelle-Hollande, près du port Jackson, à l'île King, etc.

PHASEOLUS. Nom scientifique latin du genre *Haricot*.

PHASIANUS. Nom scientifique latin du genre *Faisan*.

PHASMA. *Phasmidés* (du grec *phasma*, spectre). Genre d'insectes Orthoptères de la tribu des *Coureurs*. Les Phasmidés ou Spectres ont de grands rapports avec les Mantes, parmi lesquelles les rangeaient Linné et Fabricius ; mais outre qu'ils n'ont pas, comme ces derniers, les pattes préhensiles, leur régime est toujours végétal et leurs élytres très petites, considérablement plus courtes que les ailes membraneuses. Les Phasmidés présentent souvent les formes les plus étranges, ce qui leur a fait donner le nom de *spectres*. Ils sont, en général, longs et minces et plus ou moins cylindriques, de sorte que certaines espèces dépourvues d'ailes ont l'aspect de tiges de bois desséché ; de là les noms vulgaires de *bâton ambulant*, de *cheval du diable*, etc., qu'on leur donne dans leur pays natal. — Les Phasmidés habitent l'Amérique méridionale, l'Asie, l'Afrique et surtout l'Australie. Ce sont des insectes lents qui vivent sur les arbrisseaux ou les arbres dont ils mangent les jeunes pousses. Les mâles sont plus petits que les femelles ; celles-ci pondent leurs œufs sur les

Phasma géant.

feuilles ou l'écorce des arbres; quelques-unes sont très fécondes et se multiplient au point de devenir nuisibles. — On divise les Phasmidés en espèces aptères ou privées d'ailes et en espèces ailées. Les premières, qui forment le genre *Bâton* (*Bacillus*), sont les seules qui aient des représentants dans le midi de l'Europe; tel est le **Bacillus Rossii**, qui est long de 7 à 8 centimètres, de couleur jaunâtre; on le trouve en Italie et dans le midi de la France. — Le genre *Eurycanthe*, également aptère, a le corps et les jambes garnis d'épines : l'**Eurycanthe horrible** (*E. horrida*), de la Nouvelle-Guinée, est long de 12 à 15 centimètres. — Parmi les espèces ailées, nous citerons les *Phyllies*, des Indes orientales, dont le corps est garni d'expansions membraneuses qui les font ressembler à des feuilles; leur forme et surtout leur couleur d'un beau vert les rendent difficiles à découvrir lorsqu'elles sont placées sur un arbuste. Telle est la **Phyllie feuille sèche** (*Phyllium siccifolia*), qui a 8 ou 9 centimètres de longueur. — Le **Phasma enceladas**, de l'Australie, est le géant de la famille; il a 20 centimètres de longueur; il est brun tacheté de jaune.

PHASQUE (*Phascum*). (Voir Mousse.)

PHATAGIN. Nom vulgaire d'une espèce du genre *Pangolin*. (Voir ce mot.)

PHELIPEA. (Voir Orobanche.)

PHELLANDRE. Nom vulgaire de l'*Œnanthe phellandrium* ou ciguë aquatique. (Voir Œnanthe.)

PHÉNICOPTÈRE (du grec *phoinikos*, rouge, et *ptéron*, aile). Nom scientifique du genre *Flamant*.

PHÉNIX. Oiseau fabuleux de l'antiquité. On a aussi donné ce nom aux Paradisiers.

PHILADELPHUS. Nom scientifique latin des Seringas. (Voir ce mot.)

PHILANDER. (Voir Sarigue.)

PHILANTHE, *Philanthus* (du grec *philos*, qui aime, et *anthos*, fleur). Genre d'insectes Hyménoptères du groupe des *Crabronites*, dans la famille des *Sphégides*, caractérisés par des antennes écartées à la base, brusquement renflées à l'extrémité, et par leurs mandibules unidentées.

Philanthus apivorus.

Le type du genre, le **Philanthus apivorus**, est un des plus dangereux ennemis des abeilles; lui-même vit sur les fleurs; mais il sait que ses larves ont besoin d'une nourriture animale, et c'est avec des abeilles qu'il les approvisionne. La femelle, qui a les formes élancées des sphex et des ichneumons, a 14 millimètres de longueur; elle est d'un noir luisant taché de jaune, couleur qui domine sur l'abdomen et les pattes. Lorsque vient le moment de la ponte, le Philanthe femelle creuse des galeries obliques dans un terrain sablonneux; puis, ce travail achevé, il vole de fleur en fleur à la recherche des abeilles; dès qu'il en voit une il s'élance sur elle, la saisit avec ses mandibules par le cou et lui enfonce son dard dans l'abdomen. La malheureuse abeille succombe presque aussitôt, et le Philanthe va la porter au fond d'une de ses galeries et pond ses œufs auprès de son corps, destiné à servir de pâture aux larves qui naîtront.

PHILOMÈLE. Nom que donnaient les anciens au Rossignol.

PHILOPTERUS (du grec *philos*, qui aime, et *ptéron*, aile). Genre d'insectes Hémiptères de la famille des *Ricinides*. (Voir Ricin.) Ce sont des insectes aptères qui vivent en parasites sur les oiseaux. Le genre *Philopterus* a les antennes filiformes, de cinq articles, les tarses munis de deux crochets, les palpes maxillaires non distincts, le prothorax plus étroit que la tête, l'abdomen composé de neuf segments. Le Philopterus ocellatus ou *ricin du corbeau* vit sur cet oiseau et sur la corneille mantelée; il pond ses œufs en cercle autour des yeux de ces oiseaux. Ce parasite est long de 2 millimètres et demi, d'un blanc grisâtre avec les yeux noirs et des taches coniques noires sur les côtés de l'abdomen. Une autre espèce vit sur le canard. — Le **Ricin du paon** (*Philopterus pavonis*) a la tête arrondie antérieurement, avec les angles temporaux très grands; le thorax cordiforme, anguleux postérieurement; l'abdomen court, rétréci à sa base et élargi à son sommet. Il est d'un gris sale, avec le bord latéral des segments et un point sur chacun d'eux plus foncés.

PHLÉOLE. (Voir Fléole.)

PHLEUM. Nom latin du genre *Fléole*.

PHLOX (du grec *phlox*, flamme). Genre de plantes dicotylédones de la famille des *Polémoniacées*, comprenant des plantes herbacées vivaces, originaires de l'Amérique septentrionale et cultivées aujourd'hui dans tous les jardins pour la beauté de leurs fleurs. Leurs feuilles sont entières et sessiles; les inférieures opposées, les supérieures alternes; les fleurs, de couleur purpurine ou violacée, quelquefois bleues ou blanches, sont disposées en panicules ou en corymbes au sommet des tiges. Ces fleurs ont un calice à cinq divisions, une corolle à tube allongé; à limbe en coupe, à cinq divisions, cinq étamines incluses, inégales, un pistil dont l'ovaire a trois loges uniovulées, et le style surmonté

Phlox.

d'un stigmate trifide. — On cultive dans les jardins un grand nombre de Phlox; le plus répandu, le **Phlox paniculata**, haut de 1 mètre, à fleurs pourpres ou lilas, est originaire de Virginie. — On cultive également les **Phlox maculata, Phlox drummondi, Phlox carolina**, etc., qui ont donné de nombreuses et belles variétés. N'oublions pas le **Phlox suaveolens**, dont les fleurs blanches répandent un doux parfum.

PHOCA. Nom scientifique latin du genre *Phoque*.

PHOCŒNA. Nom scientifique latin du genre *Marsouin*.

PHOCIDÉS (de *phoca*, phoque). Famille de mammifères carnassiers de l'ordre des PINNIPÈDES, comprenant les *Phoques*, les *Otaries* et les *Morses*.

PHŒNIX. Nom scientifique latin du genre *Dattier*.

PHOLADE (*Pholas*). Genre de mollusques acéphales bivalves de la classe des LAMELLIBRANCHES, ordre des SIPHONIENS, type de la famille des *Pholadidés*. Si l'on visite attentivement certaines parties de nos falaises normandes ou bretonnes, dont le pied est presque constamment baigné par les eaux de la mer, on les verra percées d'une infinité de petits trous ronds; ces trous sont habités par des coquillages vivants,

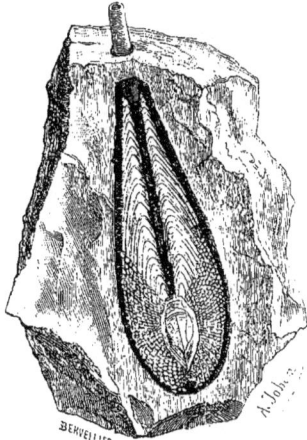

Pholade dactyle.

par des Pholades. Si l'on juge de la grosseur du mollusque par la dimension de l'ouverture par laquelle il est entré, l'on s'attendra à trouver dans la pierre un fort petit coquillage; mais lorsque, à l'aide d'un pic ou d'un marteau de géologue, on détache une portion de la pierre habitée, on est frappé de surprise à la vue d'un gros mollusque bivalve de 6 à 8 centimètres de longueur. Il est logé dans une grande cavité creusée en manière d'entonnoir ou de cône tronqué, et le sommet du cône est dans ce petit trou que vous voyez à la surface de la pierre : ce trou est celui que le mollusque a percé dans la pierre lorsqu'il était tout petit, et, à mesure qu'il a grossi, il l'a creusé plus profondément; de sorte que ce trou, qui lui a suffi pour entrer, ne lui permettrait pas de sortir. Mais l'animal n'y songe point; établi dans cette forteresse, à l'abri de ses ennemis,

il y passe sa vie, recevant avec l'eau de la mer les animalcules dont il fait sa nourriture. — La Pholade est un animal épais, allongé, enveloppé dans son manteau, muni d'un pied court, aplati, et d'un siphon très extensible. Sa coquille, ovale allongée, est mince, blanche, presque transparente ; la surface en est couverte de stries qui se coupent, comme dans une lime, de manière à laisser entre elles de petites pointes aiguës; deux petites pièces accessoires garnissent le dos des grandes valves, près de la charnière. Du corps de l'animal exsude une matière phosphorescente, assez abondante pour que, plongé dans un bocal rempli d'alcool, cette matière s'amasse au fond du vase et y forme une couche lumineuse. — On a beaucoup discuté sur cette faculté qu'ont les Pholades d'excaver la roche. Les uns veulent que ces mollusques y parviennent par le seul frottement répété de leur coquille raboteuse ; d'autres ont cru voir dans cet éclat phosphorescent dont l'animal brille dans l'obscurité, la preuve de la sécrétion d'un acide phosphorique qui agirait comme mordant pour ronger le roc. On peut d'ailleurs parfaitement admettre les deux causes réunies, et supposer que la pierre, d'abord ramollie par cette sécrétion acide, et peut-être bien aussi par l'action même de l'eau de mer, est ensuite facilement désagrégée par le frottement des coquilles de l'animal. Les Pholades sont recherchées par les habitants des côtes, qui en sont très friands et les désignent sous le nom de *dails*. — On rencontre sur nos côtes plusieurs espèces de Pholades, dont la plus commune est la **Pholade dactyle** (*Pholas dactylus*), à coquille cunéiforme, munie de trois pièces accessoires ; une autre, la **Pholade scabrelle** (*Ph. candida*), à coquilles plus allongées et sans pièces accessoires. — Une espèce d'Amérique (*Pholas costata*) atteint 16 centimètres de longueur.

PHOLAS. Nom scientifique latin des Pholades.

PHOLIS. (Voir BLENNIE.)

PHONOLITHE (du grec *phonê*, son, et *lithos*, pierre). Roche feldspathique dont la pâte est analogue pour la composition à celle du trachyte; mais elle s'en distingue en ce qu'elle est toujours compacte et sans porosité sensible. Elle se présente sous forme de masses compactes, d'un gris verdâtre ou jaunâtre plus ou moins foncé, qui se séparent ordinairement en plaques minces compactes et qui résonnent fortement sous le marteau, circonstance à laquelle la roche doit son nom.

PHONYGAME (*Phonygama*). Groupe d'oiseaux appartenant à la famille des *Paradisiers*, caractérisé par un bec de la longueur de la tête, très légèrement incliné ; la mandibule supérieure est échancrée à la pointe ; les narines, basales, entièrement cachées sous les plumes veloutées du front; les ailes arrondies; la queue assez allongée et étagée; les tarses scutellés, les ongles recourbés. Ces oiseaux sont, en outre, caractérisés d'une manière exceptionnelle, chez les passereaux, par une trachée-artère se dirigeant sur la poitrine et l'abdomen, dont elle affleure la peau, en y décrivant plusieurs circonvolutions, ce qui contribue à donner à leur voix un volume extraordinaire et leur permet de moduler des sons comme avec un cor. — L'espèce la plus anciennement connue est le **Phonygame chalybe** (*P. viridis*), de la Nouvelle-Guinée, noir à reflets vert brillant, violacés, et comme sablé d'or et d'argent; les plumes du toupet sont divisées en deux parties, comme chez la plupart des paradisiers; sa longueur totale est de 36 à 37 centimètres, il vit d'insectes et de fruits. Une autre espèce, le **Phonygame de Kéraudren** (*P. kéraudreni*), du même pays, a tout le plumage d'un vert sombre, chatoyant sur le dos, deux huppes minces, triangulaires, formées de plumes effilées, occupent les parties latérales et postérieures de l'occiput.

PHOQUE (*Phoca*). On comprend sous le nom de *Phoques*, un groupe de mammifères carnassiers de l'ordre des Pinnipèdes, et dont les zoologistes font deux familles distinctes : les *Phocidés* et les *Otaridés*. Leurs principaux caractères zoologiques se tirent de la forme de leur corps en fuseau, de leur museau, qui est plus ou moins conique, et de l'absence de défenses propres aux *morses*. (Voir ce mot.) Leur tête ressemble à celle du chien, dont ils ont le regard doux et intelligent. Leurs oreilles sont peu ou point saillantes; leur langue est douce, échancrée au bout; leurs dents sont au nombre de trente-deux ou trente-six; quatre ou six incisives en haut, quatre en bas, des canines pointues, vingt à vingt-quatre mâchelières tranchantes ou coniques. Leur crâne est assez vaste; leurs lèvres garnies de fortes moustaches. Par la partie antérieure du corps, ils ressemblent à un quadrupède, tandis que l'extrémité postérieure a plutôt de l'analogie avec un poisson. Leurs pieds de devant, enveloppés dans la peau jusqu'au poignet, se terminent par cinq doigts palmés et armés d'ongles crochus; les postérieurs ne deviennent libres que près du talon; entre ceux-ci est une courte queue. Leur peau est épaisse, couverte d'un poil court, très serré. Une épaisse couche de graisse donne à toutes les parties de leur corps une forme arrondie. — A terre, les Phoques ne se meuvent que très difficilement, mais ils plongent et nagent avec une grande facilité, et peuvent rester assez longtemps sous l'eau sans respirer, faculté qu'ils doivent à la conformation de leurs narines garnies d'une espèce de valvule empêchant ce liquide d'y pénétrer, et à un sinus veineux du foie, servant de réservoir au sang, lorsque l'interruption de la respiration entrave le mouvement de ce fluide. Les Phoques vivent de poissons qu'ils pêchent avec beaucoup d'adresse et qu'ils mangent dans l'eau. Ce sont des animaux doux et intelligents qui s'apprivoisent aisément et montrent de l'attachement pour ceux qui les soignent. On les rencontre partout; mais c'est surtout près des pôles et de l'équateur qu'ils sont le plus abondants. La femelle ne fait qu'un petit, rarement deux, qu'elle garde à terre pendant douze à quinze jours; au bout de ce temps, le petit

suit ses parents à l'eau et se mêle à la troupe; mais il accourt au moindre cri de sa mère et celle-ci ne le perd pas de vue pendant les cinq ou six mois que dure l'allaitement. Bien que les Phoques aient l'instinct de la sociabilité très développé, ils adoptent, lorsqu'ils vont à terre, un rocher séparé pour eux et leur famille, et ils ne souffrent pas qu'un autre s'empare de cette place ni vienne se mêler à eux; ils repoussent tout étranger et lui livrent un combat acharné qui se termine souvent par la mort de l'un d'eux; c'est évidemment la jalousie qui occasionne ces combats. Lorsque la famille repose à terre, un de ses membres veille et fait sentinelle, et s'il voit ou entend quelque chose d'inquiétant, il donne aussitôt un signal, et tous se précipitent à la mer. On fait à ces animaux une guerre à outrance pour se procurer leur huile et leur peau; on mange aussi leur chair, mais elle est d'un goût désagréable et coriace. Lorsqu'on les prend jeunes, les Phoques

Phoque.

se privent parfaitement, reconnaissent leur maître et lui montrent une grande affection. Ils sont très doux, très intelligents et font tout ce que leur permet leur organisation informe. On connaît toutes les fables auxquelles les Phoques ont donné lieu dans l'antiquité. En nageant, ces animaux lèvent au-dessus de l'eau leur tête arrondie, portant de grands yeux vifs et pleins de douceur; leurs épaules arrondies paraissent aussi à la surface, de manière que, vus à certaine distance, on a fort bien pu les prendre pour des êtres extraordinaires tels que les sirènes et les tritons. Quant à leur voix, c'est une espèce de hurlement, qui ne peut en aucune façon donner l'idée du chant délicieux des sirènes. — Le groupe des Phoques se divise en deux familles : 1° celle des *Phoques* proprement dits, ou *Phocidés*, qui n'ont ni conque auditive, ni canines supérieures prolongées en défenses, comme les Morses (voir ce mot); 2° les *Otaridés*, qui ont une oreille externe, les membres moins empêtrés que les Phoques, et des ongles rudimentaires. — Le **Phoque commun** ou *veau marin* (*Callocephalus vitulinus*), long de 1 mètre à 1m,20, est recouvert d'un poil gris jaunâtre, luisant, tacheté de brun. Cette espèce, qui n'est pas rare sur nos côtes, est tellement commune dans le Nord, que le produit annuel de sa chasse s'élève à plus de 100000 peaux et 1400 tonneaux d'huile.

Pour s'en emparer, on tend, sur le rivage, avec de grands filets, des espèces de piéges dans lesquels on emprisonne quelquefois tout un troupeau. — Le **Phoque à ventre blanc** ou *moine* (*P. monachus*), que l'on trouve particulièrement dans l'Adriatique, est d'une taille double du précédent. — Le **Phoque à capuchon** (*P. cristata*), de l'océan Glacial, doit son nom à une peau lâche, susceptible de s'étendre en une espèce de coiffe, dont l'animal couvre ses yeux quand il est menacé. — Le **Phoque à trompe** (*Macrorhinus proboscidens*), de l'océan Pacifique, est la plus grande espèce du genre ; il n'atteint pas moins de 8 à 10 mètres de longueur, sur 4 à 5 de circonférence ; il est facilement reconnaissable à la trompe courte et mobile qui termine son museau. C'est lui que les voyageurs désignent sous le nom d'*éléphant marin*. Il vit en troupes de cent cinquante à deux cents individus. On retire de sa pêche une immense quantité d'huile. — Les OTARIES sont des Phoques à oreilles externes, dont les doigts sont à peu près immobiles, les ongles petits et aplatis ou même nuls. Les principales espèces de ce groupe sont : le **Phoque à crinière** (*Otaria leonina*), vulgairement *lion marin*, presque aussi grand que le Phoque à trompe, et qui tire son nom de l'espèce de crinière que lui forment les poils du cou, plus épais et plus crépus que dans les autres parties du corps ; le **Phoque ourson**, vulgairement *ours marin* (*Otaria ursina*), plus petit de moitié, sans crinière. Tous deux habitent l'océan Pacifique. Le **petit Phoque noir** ou *loup marin* (*Otaria australis*), des côtes de la Nouvelle-Hollande, a de 6 à 10 décimètres de longueur ; il est tout noir.

Phormium tenax.

PHORMIUM. Le Phormium tenax ou *lin de la Nouvelle-Zélande* est une plante de la famille des *Lilia-*

cées qui croît spontanément à la Nouvelle-Zélande. Du collet d'une racine tubéreuse charnue, partent de nombreuses feuilles rubanées, longues de 1 à 2 mètres, d'un vert gai, d'un tissu très résistant, du milieu desquelles s'élève une hampe rameuse, haute de 2 mètres, dont chaque rameau porte dix à douze grandes fleurs jaunes dirigées d'un même côté. Cette plante, qui croît en abondance dans la Nouvelle-Zélande, fournit à ses habitants une filasse remarquable par sa finesse, son luisant soyeux et sa force, et avec laquelle ils fabriquent leurs plus belles étoffes ; ils en font aussi des lignes, des cordages, des filets. On a réussi à acclimater le Phormium dans le midi de la France, et l'on en a extrait et tissé les fibres sous le nom de *soie végétale*. Cette matière est très extensible, et n'est surpassée en ténacité que par la soie ; malheureusement la chaleur humide et surtout le blanchissage lui sont funestes, et ne tardent pas à désagréger les cellules dont se composent les fibres de la plante, qui, par suite, après un ou deux lessivages, se réduisent en étoupes.

PHOSPHORESCENCE. On donne ce nom au phénomène par lequel certains corps émettent de la lumière sans qu'ils soient en combustion, et sans répandre de chaleur sensible. La plupart des substances organiques en décomposition dégagent de la lumière. La phosphorescence spontanée s'observe chez quelques plantes et surtout dans beaucoup d'animaux, pendant la nuit : tels sont les lampyres ou vers luisants, les fulgores, une espèce de myriapode (scolopendre électrique), quelques élaters (pyrophores), les pholades, beaucoup d'annélides et d'organismes inférieurs. C'est à ces derniers et surtout aux noctiluques (voir ce mot) qu'est due la phosphorescence de la mer.

PHRYGANE. Genre d'insectes de l'ordre des NÉVROPTÈRES, type de la tribu des *Phryganides*, offrant l'aspect de petites phalènes ; leurs ailes inférieures sont larges et plissées, les antérieures poilues ; leurs couleurs sont en général grisâtres. Les organes de la bouche sont incomplets chez les phryganes ; ces insectes ne prennent aucune nourriture à l'état d'insecte parfait ; leurs antennes sont longues et filiformes ; leurs tarses de cinq articles, dont le dernier est muni de deux crochets. Ces insectes se trouvent dans les endroits marécageux, au bord des eaux. On les voit voler le soir, pendant les beaux jours d'été. La femelle colle ses œufs aux feuilles ou aux tiges des plantes aquatiques, et il en naît une larve qui se développe dans l'eau des marais, des ruisseaux. Couverte d'une peau fine et délicate, cette larve deviendrait la proie des poissons ou des oiseaux aquatiques, qui en sont très friands, si, par son industrie, elle ne trouvait pas moyen de déjouer leurs attaques. Elle se fabrique un fourreau de soie, qu'elle fortifie à l'extérieur, au moyen de petites pierres, de petites coquilles ou de fragments de bois, qu'elle colle ensemble au moyen d'un ciment particulier, insoluble dans l'eau. Ainsi cuirassée, elle ne craint pas ses ennemis, et elle traîne partout avec elle son fourreau, d'où elle ne fait sortir que la portion antérieure de son corps. Quelques espèces, moins industrieuses que les autres, se retirent dans des coquilles vides de planorbes. Lorsque la larve sent approcher le moment de sa transformation en nymphe, elle se retire tout à fait dans son tuyau, en ayant bien soin d'en fermer les extrémités par un réseau de soie à mailles serrées, qui, tout en empêchant ses ennemis de s'y introduire, permet à l'eau d'y pénétrer. Au moment de sa dernière métamorphose, la nymphe brise sa cloison, et grimpe sur quelque plante exposée au soleil ; la chaleur a bientôt desséché sa peau, celle-ci se fend sur le dos et donne passage à l'insecte ailé

Phryganes.

qui prend son essor. Quelques minutes suffisent pour faire de cet animal aquatique un habitant de l'air. On trouve plusieurs espèces de ce genre singulier dans les environs de Paris ; la plus répandue est la grande Phrygane (*Phryganea grandis*, L.) ; son corps, ses ailes et ses antennes sont couverts d'un duvet serré ; elle fait son étui de petits graviers ; la **Phrygane rhombique** le compose de brindilles de bois ; la **Phryganea lunaris** le construit de brins d'herbes savamment enchevêtrés ; et la **Phryganea fusca** choisit pour fabriquer sa demeure des petites coquilles qu'elle agglutine au moyen de la matière soyeuse qu'elle sécrète.

PHTHIRIUS (du grec *phtheir*, pou). Nom scientifique du Pou inguinal. (Voir Pou.)

PHYCÉES, PHYCOÏDÉES. (Voir Fucacées et Algues.)

PHYLLADE (du grec *phullon*, feuille, parce que cette roche se divise en feuillets très minces). (Voir Ardoise.)

PHYLLIE (du grec *phullon*, feuille). Genre d'insectes de l'ordre des Orthoptères, de la famille des *Phas*-

midés. Ils ont le corps aplati, membraneux, ainsi que les jambes, et leur couleur verte ou brune se confond avec celle des végétaux sur lesquels ils vivent ; leurs élytres, traversées par de nombreuses nervures, ressemblent parfaitement à des feuilles végétales. De là les récits accrédités des voyageurs sur les merveilles des pays les plus éloignés de l'Orient, où l'on voyait, entre autres choses surprenantes, des feuilles détachées des arbres qui prenaient la fuite quand on voulait les saisir. Ces insectes singuliers habitent les Indes et les îles de l'océan Indien. (Voir Phasma.)

PHYLLODE (de *phullon*, feuille, et *eidos*, ressemblance). On donne ce nom, en botanique, aux pétioles de certaines feuilles, qui se sont élargis au point de ressembler à des feuilles véritables ; toutefois, le Phyllode est toujours bien distinct du limbe par sa direction verticale et ses nervures toutes longitudinales. Plusieurs acacias originaires de l'Australie offrent des exemples de Phyllodes.

PHYLLODOCE (nom mythologique). Genre de vers annélides de l'ordre des Chétopodes notobranches. Comme les syllis, les Phyllodoce ont le corps allongé et formé de nombreux segments ; mais leur tête, dépourvue de palpes, porte quatre tentacules, et leurs pieds sont munis de faisceaux de soies disposées en éventail. — On trouve le **Phyllodoce laminosa** et le **Phyllodoce maculata** sur les côtes de la Méditerranée.

PHYLLOMORPHE (de *phullon*, feuille, et *morphé*, forme). Genre d'insectes Hémiptères hétéroptères de la famille des *Coréides*. Ils sont caractérisés par leur corps hérissé d'épines et par les membranes foliacées qui garnissent les côtés et se divisent en lobes épineux. — Le **Phyllomorpha laciniata** est répandu dans presque toute l'Europe.

PHYLLOPHAGES (du grec *phullon*, feuille, et *phagô*, je mange). Division d'insectes Coléoptères de la tribu des *Scarabéidés*, famille des *Lamellicornes*. Le type du groupe des Phyllophages est le genre *Hanneton*. (Voir ce mot.)

PHYLLOPODES (de *phullon*, feuille, et *podes*, pieds). Groupe de crustacés de l'ordre des Branchiopodes qui se distinguent par leur corps nettement segmenté et par leurs pattes nombreuses et foliacées (de dix à quarante paires). Les uns ont une carapace bivalve (*Estheria*) ; d'autres portent un large bouclier dorsal, en arrière duquel se trouve un abdomen en forme de queue (*Apus*) ; d'autres enfin ont le corps allongé sans bouclier ni carapace (*Branchipus*). Presque tous ces crustacés habitent les eaux douces, quelques-unes les eaux saumâtres. On rencontre l'**Artemia salina** dans les marais salants.

PHYLLOSOME (de *phullon*, feuille, et *sóma*, corps). Ces singuliers animaux, que Cuvier et beaucoup d'autres naturalistes ont longtemps considéré comme un genre distinct de crustacés stomapodes, ont été reconnus comme étant simplement l'état larvaire des crustacés de la famille des *Palinuridés* et

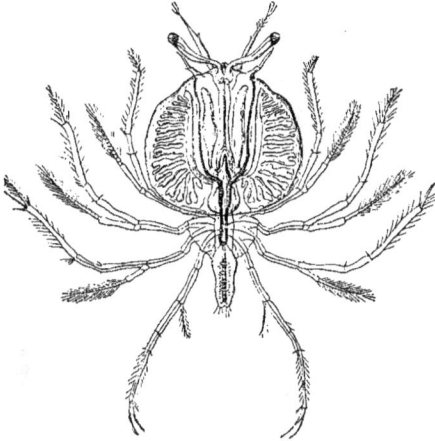

Phyllosome, larve de la langouste.

particulièrement des *Langoustes*. (Voir ce mot.) Leur corps est formé de deux pièces : l'antérieure, qui est très déprimée, arrondie, transparente, porte les yeux pédiculés et quatre antennes ; la postérieure porte les pieds-mâchoires, cinq paires de pattes bifurquées et se termine par un abdomen très petit.

PHYLLOSTOME (de *phullon*, feuille, et *stoma*, bouche). Genre de mammifères de l'ordre des Chéiroptères ou *Chauves-souris,* remarquables par les ap-

Phyllostome fer de lance.

pendices en forme de fer de lance qui surmontent le nez ; la langue est longue et extensible ; les oreilles très grandes à oreillon interne denté ; la queue nulle ou rudimentaire. Ces chauves-souris habitent les régions tropicales de l'Amérique. — Le type du genre, le **Fer de lance** (*Phyllostoma hastatum*), de la Guyane et du Paraguay, ne quitte guère ses sombres forêts. Il a près de 20 centimètres de longueur et 35 d'envergure ; la feuille qui surmonte son nez est entière, en forme de fer de lance et débordée par la membrane de la lèvre qui est en forme de croissant. Son pelage est court, marron en dessus et brun en dessous. Comme toutes les chauves-souris, c'est un animal nocturne, et ses yeux, très petits, ne peuvent supporter la lumière. Les Phyllostomes sont, au dire des naturels et des voyageurs, très sanguinaires ; outre les insectes et autres petits animaux qui forment le fond de leur nourriture, ils attaquent les gros animaux pendant leur sommeil, et, comme le vampire (voir ce mot), ils en sucent le sang qu'ils font sortir de la peau en l'incisant avec les papilles cornées dont leur langue est munie. On connaît plusieurs espèces de Phyllostomes ; toutes habitent l'Amérique méridionale.

PHYLLOXERA (de *phullon*, feuille, et *kéras*, corne). Genre d'insectes Hémiptères, section des Homoptères, famille des *Phylloxéridés*. Leurs caractères généraux sont : corps large, aplati en dessus ; tête étroite munie de deux gros yeux globuleux et de trois ocelles, antennes très courtes, presque cylindriques, rostre plus ou moins long. On y distingue, comme chez les pucerons, deux formes distinctes, la forme aptère et la forme ailée ; ils ont à peu près les mêmes mœurs et la même puissance de reproduction ; mais les Phylloxera sont toujours ovipares, ce qui les distingue nettement des pucerons. Ce genre renferme plusieurs espèces, dont l'une, le **Phylloxera quercus**, vit sur le chêne blanc, dont il suce les feuilles ; mais la plus tristement célèbre est le **Phylloxera vastatrix**, nom mérité par les ravages qu'il commet dans nos vignobles. C'est aux racines souterraines de la vigne que s'attaque ce petit insecte, et c'est là surtout ce qui le rend si redoutable. Dans la plupart des cas de maladies des végétaux produites par des insectes, on voit la cause du mal sur les feuilles, les fruits, les tiges, et, cette cause anéantie, la plante bien soignée reprend sa vigueur ; mais ici il n'en est plus de même, la cause du mal reste longtemps cachée sous terre dans les racines, et lorsque ce mal devient apparent au dehors, il est sans remède. Bientôt les feuilles rougissent, puis se dessèchent ; les raisins subissent un arrêt de développement et se rident sans mûrir. Lorsqu'il en est arrivé là, le cep ne tarde pas à périr. Si l'on arrache un de ces ceps malades, on trouve ses radicelles couvertes de nodosités ou de renflements, et, sur ces nodosités on remarque une plus ou moins grande quantité de très petits insectes qui ressemblent à une poussière jaunâtre grenue : ce sont des Phylloxera. Si l'on examine l'insecte à la loupe, on distingue une espèce de petit pou jaunâtre, à corps ovoïde partagé en segments et portant sur chaque anneau quatre tubercules. La tête se prolonge en avant en une trompe ou long bec articulé qui rappelle le suçoir des punaises. Il n'a pas d'ailes et porte six pattes courtes. L'insecte enfonce son bec dans les racines, suce perpétuellement les sucs qu'elle renferme, et c'est l'afflux de la sève provoqué par la succion qui cause les nodosités que l'on voit parsemées sur les radicelles. La génération des Phylloxera est comparable à celle des pucerons, à cela près qu'au lieu d'être vivipare, comme la femelle du puceron, celle du Phylloxera est toujours ovipare. Pendant toute la belle saison, les femelles pondent des œufs d'où ne sortent que des femelles aptères; ce n'est qu'au mois de septembre qu'il en sort des mâles et des femelles ailées. Ces dernières

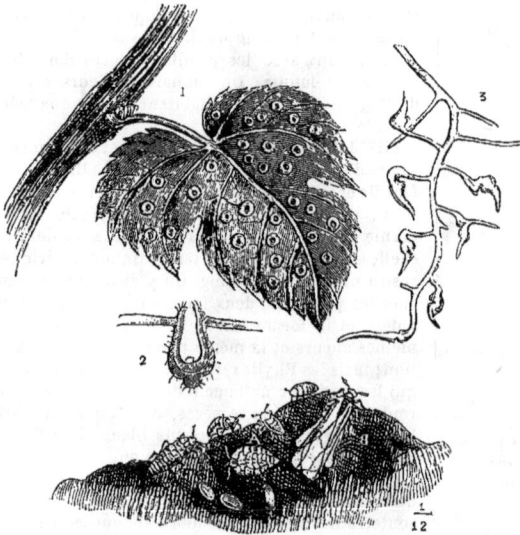

A, B, phylloxera à ses divers états, très grossi. — 1, feuille infestée de cupules ; 2, cupule très grossie ; 3, radicelles déformées par le phylloxera.

ne pondent qu'un seul œuf qu'elles déposent sous l'écorce pour y passer l'hiver et qui sera la souche des générations femelles de l'année suivante. Ces femelles ailées volent très bien et vont au loin propager leur race, et c'est ainsi que l'on voit tout à coup le mal se déclarer sur des points éloignés du centre d'infection. La fécondité prodigieuse de ces insectes explique la progression effrayante de la maladie; on évalue, en effet, à huit ou dix le nombre des générations de l'année, et comme chaque femelle pond au moins trente œufs, nous voyons que chaque œuf pondu à l'automne renferme le germe de plusieurs milliards d'individus, qui écloront dans le courant de l'année suivante. — Il y a une vingtaine d'années que le Phylloxera a fait son apparition dans le département du Gard ; depuis lors il a envahi tout le Midi et l'on a bien de la peine à arrêter ses ravages. On a préconisé une foule de

remèdes contre le Phylloxera ; le meilleur paraît être de submerger les vignes; malheureusement la situation du plus grand nombre des vignobles ne permet pas son application. Là où l'on ne peut employer l'eau, on a eu l'idée de la remplacer par du sable ; on a remarqué, en effet, que les vignes plantées sur terrain sablonneux ne sont pas attaquées par le Phylloxera et que plus le terrain est composé de sable pur, mieux le puceron est écarté ; on a donc proposé d'ensabler les vignes, procédé qui consiste à mettre au pied de chaque souche malade, 80 ou 100 litres de sable de rivière; mais c'est là un moyen coûteux, qu'on ne peut employer partout et qui rend, en outre, le terrain impropre à toute autre espèce de culture pour l'avenir. Reste l'empoisonnement du sol et par conséquent des insectes ; ce procédé est celui dont l'usage est le plus général. Un nombre infini de substances ont été recommandées pour l'application de ce dernier système ; c'est le sulfhydrate d'ammoniaque et le sulfure de carbone que l'illustre chimiste Dumas signale comme donnant dans la pratique les meilleurs résultats. Les gaz qui s'en dégagent tuent sûrement le Phylloxera, et la potasse et le soufre, résidus de la décomposition, forment un excellent engrais pour la plante. Le sulfure de carbone est plus actif que le sulfhydrate d'ammoniaque, mais il a l'inconvénient d'être très volatil et beaucoup moins maniable; en le mêlant au goudron, celui-ci en retarde la volatilité. Pour introduire ces substances, on fait des trous entre les racines au moyen d'une tarière tubulaire ou de tout autre instrument. Enfin, lorsqu'une certaine étendue de vignes infestées résiste à tous les traitements et ne peut guérir, il faut arracher tous ces plans phylloxérés, pour les brûler sur place en les arrosant de goudron ou de pétrole, et avec eux, ceux qui les avoisinent, et qui, bien que sans signes extérieurs de dépérissement, portent déjà, très probablement, les germes du mal et ne tarderaient pas à les propager autour d'eux; car cette peste s'étend de proche en proche comme une tache d'huile. Après l'arrachage on devra retourner le sol profondément, le mêler de chaux vive et le laisser en friche au moins pendant un an. On fera bien aussi, par mesure de précaution et pour éviter que quelque Phylloxera échappé à la destruction ne puisse gagner les vignes les plus proches, d'enduire celles-ci de goudron ou même de pétrole jusqu'au collet de la racine et plus bas si l'on peut.

PHYSALE, *Physalia* (du grec *phusê*, vessie). Genre de CŒLENTÉRÉS de la classe des HYDROMÉDUSES, ordre des SIPHONOPHORES. Ce sont des hydroméduses libres, en colonies polymorphes, soutenues par une tige simple, contractile, renflée à son extrémité supérieure en une vessie hydrostatique simple, disposée transversalement; portant à sa face inférieure les organes destinés à la nutrition et à la propagation, ainsi que de nombreux filaments armés de nématocystes; ces filaments, véritables instruments de pêche, peuvent s'allonger considérablement ou se rétracter à la volonté de l'animal en se contournant en tire-bouchon. Parmi ces organes, on distingue de grands tubes pourvus d'une ouverture à leur extrémité libre et portant chacun un des filaments ci-dessus : ce sont les siphons; d'autres tubes ou siphons plus petits sont disposés irrégulièrement à la base

Physale pélagique.

des grands siphons. Tous ces tubes, ces siphons, communiquent ensemble et se réunissent en un réseau qui rampe dans l'épaisseur des parois de la vessie aérienne; ils sont, en outre, entremêlés de grappes d'organes reproducteurs, et les capsules sexuelles femelles se détachent pour devenir des méduses libres. La vésicule aérienne, sorte de ballon allongé, est surmontée d'une crête membraneuse, plissée ou bouillonnée et généralement nuancée de vives couleurs. On a vu dans cet appendice une sorte de voile, ce qui leur a fait donner le nom de galères. Les Physales abondent dans les mers chaudes et tempérées, où elles flottent à la surface en bandes souvent fort nombreuses. Les **Physalia caravella** et **pelagica** se rencontrent dans l'océan Atlantique. Cette dernière, dont la vessie aérienne peut atteindre la grosseur d'une outre de cornemuse, est d'un beau violet. — Les Physales ou galères sont extrêmement urticantes; les longs filaments adossés à leurs siphons sont garnis d'une multitude de nématocystes qui en font de puissants moyens de

défense ou d'attaque. S'étendant de toutes parts comme un filet vivant autour de l'animal, ils déchargent au moindre contact leurs flèches empoisonnées sur toute proie qui vient à les toucher, la paralysent et l'enveloppent de leur inextricable réseau. Alors amenée du contact des tubes digestifs, qui dégorgent sur elle leur suc corrosif, la proie est ramollie, transformée en une bouillie épaisse qu'absorbent les siphons, et qui de là se répartit dans toutes les régions du corps.

PHYSALIDE (Voir ALKÉKENGE.)

PHYSE. Genre de mollusques GASTÉROPODES PULMONÉS, voisins des Limnées, dont l'espèce type, **Physa fontinalis**, est commune dans les ruisseaux et les rivières.

PHYSETER (du grec *phusétér*, cétacé). Nom scientifique latin du Cachalot.

PHYSIOLOGIE (de *phusis*, nature, et *logos*, discours, traité). Comme l'indique son étymologie, ce mot désignait chez les anciens la science qui traite de la nature entière, l'histoire naturelle en général; mais les modernes ont restreint le terme de physiologie à l'étude des phénomènes de la vie chez les êtres organisés. (Voir ANIMAUX et VÉGÉTAUX.) — Les fonctions qui entretiennent la vie chez les êtres organisés peuvent se diviser en trois grandes classes : les *fonctions de nutrition*, les *fonctions de relation* et les *fonctions de reproduction*. Les fonctions de nutrition et de reproduction, qui se rapportent à la conservation de l'individu et à la conservation de sa race, sont communes aux plantes et aux animaux; mais les fonctions de relation qui servent à mettre l'animal en relation avec les êtres qui l'environnent n'existent que chez les animaux. — Chacune de ces grandes divisions physiologiques se subdivise à son tour en plusieurs séries de phénomènes qui tendent à un même but final, mais qui sont plus ou moins distinctes entre elles. Ainsi la nutrition ne s'effectue que par le concours de diverses fonctions telles que la digestion, la circulation, la respiration. (Voir ces mots.) L'exercice des fonctions de relation, sensibilité, volonté, instinct et intelligence, dépend de l'action du système nerveux. Enfin les fonctions de reproduction ont pour objet la conservation de la race. (Voir ces mots.)

PHYSIOLOGIE VÉGÉTALE. (Voir VÉGÉTAUX.)

PHYSOCLYSTES (du grec *phusa*, vessie, et *kleistos*, fermé). On donne ce nom à une division de l'ordre des poissons TÉLÉOSTÉENS, dont la vessie natatoire est close, c'est-à-dire privée de canal aérien. Ce sont les *Acanthoptères* et les *Anacanthines*.

PHYSOPHORE (du grec *phusô*, vessie, et *phoros*, qui porte). Genre de Cœlentérés de la classe des HYDROMÉDUSES, de l'ordre des SIPHONOPHORES, caractérisés par une vessie aérienne très peu développée et un nombre plus ou moins considérable de vésicules natatoires ovoïdes, disposées sur deux rangs le long de la tige du polypier. A la partie inférieure de cette tige sont placés : 1° une couronne de longs tentacules vermiformes, sans bouche ni organes, rangés circulairement autour d'un disque qui termine la tige inférieurement; 2° des siphons pourvus d'une bouche et d'une cavité digestive, présentant à leur base une couronne de nématocystes et munis chacun d'un long filament pêcheur portant

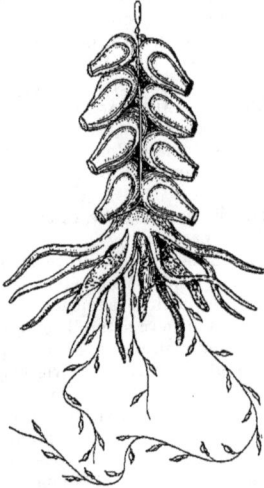

Physophore hydrostatique.

lui-même de petits organes rouges semblables à des boutons de fleurs et qui sont des appareils urticants; 3° des groupes d'individus sexués mâles et femelles intercalés entre les siphons. Le **Physophora hydrostatica** se rencontre fréquemment dans la Méditerranée.

PHYTELEPHAS (du grec *phuton*, plante, et *éléphas*, éléphant). Genre de plantes monocotylédones de la famille des *Pandanées*, dont l'unique espèce, le **Phytelephas macrocarpa**, est un arbre qui croît au bord des eaux dans les forêts du Pérou. Son fruit, formé de drupes anguleux réunis en forme de cône arrondi, noirs à la maturité, atteint la grosseur d'une tête d'enfant; on l'appelle dans le pays *cabeza de negro* (tête de nègre). Ce fruit renferme un endosperme blanc, opaque, comestible dans le jeune âge, mais qui se durcit en vieillissant, au point de ressembler à de l'ivoire. On le travaille comme ce dernier, et l'on en fait divers ouvrages de tabletterie; il est connu sous le nom d'*ivoire végétal*.

PHYTEUMA. (Voir RAIPONCE.)

PHYTOLACCA (du grec *phuton*, plante, et *lacca*, laque). Genre de plantes type de la famille des *Phytolaccées*. Ce sont des herbes ou des arbrisseaux à feuilles alternes, à fleurs en grappes, ordinairement hermaphrodites et pentamères, à baie globuleuse. Le *Phytolacca decandra*, de Virginie, est une herbe vivace, dont la racine pivotante est employée comme purgative sous le nom de *méchoacan du Canada*. Son nom de *raisin d'Amérique* vient de ses fruits en

grappe, qui sont violemment purgatifs; celui d'*herbe à la laque*, du suc de ses baies qui donne une teinture rouge. Cette plante est naturalisée en Europe, et l'on s'en sert à tort pour colorer le vin et les confitures. On mange, aux États-Unis, les jeunes pousses du *Phytolacca esculenta*, en guise d'épinards.

PHYTOLACCÉES. Famille de plantes dicotylédones voisines des Chénopodées, avec lesquelles on les confondait autrefois, mais dont elles se distinguent suffisamment par le nombre et la position des étamines, en nombre égal ou multiple de celui des sépales, le style latéral et la pluralité des carpelles. Ce sont des herbes ou des arbustes, parfois volubiles, à feuilles alternes, à fleurs hermaphrodites disposées en épis ou en grappes, offrant pour caractères : calice à quatre ou cinq sépales ; corolle généralement nulle; étamines hypogynes insérées à la base d'un disque tapissant le fond du calice; ovaire uni- ou pluriloculaire; fruit bacciforme à graines dressées. Genres principaux : *Phytolacca, Rivina, Petiveria*.

PHYTOLOGIE (de *phuton*, plante, et *logos*, traité). Synonyme de Botanique.

PIC (*Picus*). Genre d'oiseaux de l'ordre des GRIMPEURS, famille des *Picidés*, dont les caractères généraux sont : bec droit, conique ou pyramidal; langue longue, très extensible, les deux doigts antérieurs unis à leur base. La famille des *Picidés* comprend, outre les *Pics*, les genres *Picule* et *Torcol*. — Les Pics proprement dits (*Picus*) sont des oiseaux éminemment grimpeurs, faciles à reconnaître à leur bec long, droit, anguleux, terminé en coin ; à leur langue extensible et grêle, garnie vers son extré-

Grand Pic vert.

mité d'épines dirigées en arrière; à leur queue composée de dix grandes pennes raides, dont ils se servent comme d'arc-boutant quand ils grimpent le long des arbres. Leurs doigts robustes sont armés d'ongles forts et crochus. Leur plumage offre des couleurs assez éclatantes, mais disparates. Les ailes, de médiocre longueur, ne leur permettent qu'un vol lourd et saccadé; mais, grimpeurs par excellence, on les voit monter perpendiculairement et en décrivant une spirale le long du tronc ou des grosses branches des arbres avec une agilité telle que l'œil a souvent peine à les suivre. Leur nourriture consiste principalement en insectes et en larves, qu'ils cherchent soit sous l'écorce des arbres qu'ils fendent à coups de bec, soit dans les crevasses où ils introduisent leur langue imbibée d'une salive gluante. Une singulière habitude des Pics, c'est, après avoir frappé quelques coups de bec, d'aller vivement explorer le côté opposé de la branche; cette pratique a pour objet, non pas comme on le dit souvent dans le vulgaire, de voir s'ils ont percé l'arbre, mais bien de saisir les insectes qu'ils ont pu en faire sortir. D'un naturel craintif et rusé, ces oiseaux vivent solitaires dans les forêts, et se retirent la nuit dans des trous d'arbres que souvent ils creusent eux-mêmes; au temps de l'appariement, les mâles appellent les femelles par des cris aigus et durs qui peuvent se rendre par les syllabes *pleu, pleu,* et d'autres fois par le cri *tio, tio, tio*. Le couple choisit un trou naturel dans quelque tronc d'arbre, ou s'en creuse un pour y faire le nid. Un fait digne de remarque, c'est que, lorsque le trou est creusé dans une grosse branche horizontale ou oblique, ce qui se voit souvent, le nid a la forme d'un long boyau, dont l'ouverture est tournée vers

Pic épeiche.

le sol, ce qui, joint à son étroitesse, en rend l'accès plus difficile à leurs ennemis. La femelle dépose dans ce nid plusieurs œufs blancs, dont le nombre varie suivant les espèces. On regarde, dans certains pays, les Pics comme des oiseaux très nuisibles aux forêts et aux vergers; mais c'est à tort, car ils rendent au contraire de très grands services en débarrassant les arbres d'une foule d'insectes et de larves qui souvent les font périr; d'ailleurs ils n'attaquent les arbres que pour y chercher leur proie, et par conséquent ils ne s'adressent pas aux arbres sains. Là se borne leur utilité pour l'homme, car leur chair est coriace et porte avec elle une odeur repoussante. Ces oiseaux, répandus sur presque tout le globe, sont surtout communs dans les forêts humides de l'Amérique. L'Europe en possède six ou sept espèces, dont les plus connues sont : le **Pic vert** (*P. viridis*), grand comme une tourterelle, vert dessus, blanchâtre dessous, avec une calotte rouge, et le croupion jaune : c'est l'un de nos plus beaux oiseaux; le **grand Pic noir** (*P. martius*), entièrement

noir, avec une calotte rouge chez le mâle, qui est presque de la grosseur d'une corneille; l'**Épeiche** ou **grand Pic varié** (*P. major*), de la taille d'une grive, à plumage varié dessus de noir et de blanc, blanc dessous avec une tache à l'occiput; le **petit Épeiche** (*P. minor*), qui n'est pas plus grand qu'un moineau et qui est varié de noir et de blanc en dessus, d'un blanc grisâtre en dessous, avec du rouge sur la tête du mâle. — On connaît de nombreuses espèces exotiques de Pics qui toutes offrent les mœurs de nos Pics européens.

PICA. Nom scientifique latin de la Pie.

PICAREL. Genre de poissons Acanthoptérygiens de la famille des *Sparidés*, remarquables par l'extension qu'ils peuvent donner à leur bouche, qui prend la forme d'un tube, à cause des longs pédicules des intermaxillaires et du mouvement de bascule que leur font faire les os mandibulaires. Cette faculté de projeter ainsi leur bouche leur permet de saisir par surprise les petits animaux qui nagent à leur portée. Les Picarels ont le corps oblong, comprimé, de forme assez semblable à celui du hareng, et couvert de grandes écailles; leurs couleurs sont assez brillantes, leur chair est ferme et bonne à manger. Ils vivent sur les côtes vaseuses et herbacées de la mer. L'espèce la plus répandue, le **Picarel commun**, a le corps allongé, fusiforme; la tête est pointue, à bouche très protractile. Long de 30 centimètres, il est d'un gris argenté à reflets dorés et nuancé de taches brunes irrégulières, les nageoires dorsale et anale sont grises, les pectorales d'un beau jaune rougeâtre. Ce poisson est assez commun dans toute la Méditerranée, surtout dans les parages d'Iviça, où il est si abondant qu'il forme à lui seul plus de la moitié du produit total de la pêche de cette île.

PICEA. (Voir Pin.)

PICIDÉS. (Voir Pic.)

PICUS. Nom scientifique latin des Pics.

PIE (*Pica*). Genre d'oiseaux Passereaux conirostres de la famille des *Corvidés*. Les Pies diffèrent des corbeaux par leur bec moins gros, et leur queue longue et étagée. — La **Pie ordinaire** ou **Pie d'Europe** (*P. caudata*) est un bel oiseau bien connu de tout le monde, d'un noir soyeux, à reflets pourprés, bleus et dorés, avec le ventre blanc et une grande tache de même couleur sur l'aile. Elle est très commune dans les climats tempérés et médiocrement froids de l'Europe, et se trouve aussi dans l'Amérique septentrionale; mais on cesse de la rencontrer dans les régions tout à fait glaciales. Elle forme des couples constants, et chaque couple vit isolé, l'hiver comme l'été. Cependant on la voit quelquefois en petites troupes, surtout dans la mauvaise saison; mais ces réunions ne sont que momentanées. La Pie est omnivore, vivant de toutes sortes de fruits, allant sur les charognes, faisant sa proie des œufs et des petits oiseaux faibles, quelquefois même des père et mère; elle fait souvent de grands dégâts dans les vignes et dans les champs de pois et de fèves. L'hiver elle se rapproche des lieux habités, où elle trouve plus de ressources pour vivre; cependant la Pie est d'une défiance extrême, et la présence de l'homme la fait fuir au loin. On a prêté à cet oiseau un instinct ou un odorat bien merveilleux, en prétendant qu'il sent la poudre du chasseur qui le poursuit. Il faut attribuer tout simplement à sa défiance et non à un instinct surnaturel, le soin qu'il prend de s'éloigner de l'homme, qu'il soit ou non armé d'un fusil; et ce qui le prouve, c'est qu'il ne sait pas plus que les autres oiseaux éviter le coup meurtrier du chasseur caché sous la ramée. Son vol est moins élevé et moins soutenu que celui des corbeaux; aussi n'entreprend-il pas de grands voyages; il ne fait guère que voltiger d'arbre en arbre. La Pie place ordinairement son nid au haut des plus grands arbres; elle apporte à sa construction les plus grands soins; aidée de son mâle, elle

Pie.

le fortifie extérieurement avec des bûchettes flexibles qu'elle lie avec un mortier de terre gâchée, puis elle le recouvre en entier d'une enveloppe à claire-voie formée de petites branches épineuses, ne laissant qu'une ouverture étroite pour y entrer. Ce nid, véritable forteresse, n'a pas moins de 50 à 60 centimètres de diamètre. Après en avoir tapissé le fond de mousse et de gramens, la femelle y dépose sept ou huit œufs d'un vert blanchâtre moucheté de gris et de brun. Le mâle et la femelle couvent ces œufs alternativement, et l'incubation dure ordinairement quatorze jours. Les petits, que l'on nomme piats, naissent aveugles et presque informes; le père et la mère les élèvent avec une grande sollicitude, et leur continuent leurs soins pendant longtemps; car ils sont très tardifs à se suffire à eux-mêmes. Leur chair est un médiocre manger et très inférieure à celle des jeunes freux,

quoiqu'on ait pour elle moins de répugnance. Bien que, dans son état sauvage, la Pie soit extrêmement méfiante, c'est cependant de tous les oiseaux de nos contrées celui qui s'apprivoise le plus facilement. Comme les geais et les sansonnets, la Pie peut retenir et répéter quelques mots; margot est celui qu'elle prononce le plus facilement; de là vient qu'on lui donne vulgairement ce nom. Sa loquacité, comme chacun sait, est passée en proverbe. Comme presque toutes les espèces de la famille des corbeaux, la Pie a un instinct de prévoyance remarquable; elle met en réserve les provisions qu'elle ne peut utiliser dans le moment, et les dépose dans quelque endroit caché, le plus souvent dans un trou qu'elle creuse au pied d'un arbre, et son magasin est quelquefois considérable. Cette habitude d'amasser la pousse souvent à enlever des objets sans utilité pour elle, et de là vient qu'on l'accuse vulgairement d'un penchant au larcin. Les mœurs des autres espèces de pies diffèrent si peu de celles de notre Pie commune, que l'histoire de celle-ci peut être considérée comme l'histoire du genre. — Outre la Pie commune, nous citerons: la **Pie bleue** (*P. cyanea*), qui se trouve en Espagne et en Italie: elle a le dessus de la tête, les joues et la gorge noirs; le derrière du cou et les ailes d'un beau bleu, le devant du cou et les parties postérieures d'un blanc grisâtre; la **Pie rousse** du Bengale; la **Pie commandeur** du Mexique; elle est d'un bleu d'azur en dessus, avec une écharpe d'un noir velouté sur la gorge.

PIE. On se sert de ce nom pris comme adjectif, pour désigner l'état d'animaux dont le plumage, le pelage, la peau, sont marqués, comme celui de la pie, de taches ou plaques blanches et noires.

PIE DE MER. (Voir Huitrier.)

PIE-GRIÈCHE (*Lanius*). Genre d'oiseaux de l'ordre des Passereaux dentirostres, famille des *Turdidés*, qui n'ont rien de commun avec les Pies proprement dites. Les Pies-grièches se distinguent des autres dentirostres par un bec conique ou comprimé, et plus ou moins crochu au bout. Quoique d'assez petite taille, ces oiseaux ont les goûts sanguinaires des oiseaux de proie; courageux et intrépides, on les voit même se défendre contre des ennemis bien plus forts qu'eux. Ils vivent en famille dans les plaines boisées, nichent dans les arbres ou dans les buissons, se nourrissant d'insectes ou préférablement de petits oiseaux. Les Pies-grièches volent d'une manière inégale, et en jetant des cris aigus; leur ramage propre n'a rien d'agréable, mais elles ont l'habitude de contrefaire le chant des oiseaux qui perchent dans leur voisinage, et quelques espèces poussent très loin ce talent d'imitation. Ce qu'il y a de plus singulier, c'est que les femelles ne le cèdent en rien aux mâles sous ce rapport. Ces oiseaux construisent sur la cime des arbres élevés, ou sur de gros buissons, un nid grossièrement fait de racines, de mousse et de crin, dans lequel la femelle dépose cinq ou six œufs, dont la forme et la couleur varient suivant les espèces. Le mâle partage avec la femelle les soins de l'incubation. Les Pies-grièches, dont la méchanceté est passée en proverbe, semblent en effet pousser la cruauté jusqu'au raffinement ; elles détruisent sans nécessité et comme par goût de destruction ; car elles continuent de chasser et de tuer après qu'elles sont repues. Plusieurs espèces ont la singulière habitude d'enfiler aux épines des buissons les petits animaux qu'elles saisissent, et elles sont si adroites dans cette sorte d'exécution que l'épine passe toujours au travers de la tête de l'oiseau ou de l'insecte qui reste ainsi suspendu. Les Pies-grièches sont répandues sur tout le globe ; nous signalerons les espèces les plus connues en France. — La Pie-grièche commune ou grise (*L. excubitor*) passe chez nous toute

Pie-grièche.

l'année ; elle est de la taille d'une grive, cendrée dessus, blanche dessous, avec la queue, les ailes et une bande autour de l'œil noires. Il y en a une variété tout à fait blanche. Cet oiseau vit dans les bois, où il se nourrit d'oiseaux, de mulots, de grenouilles, de lézards et d'insectes. Le mâle montre beaucoup de courage à défendre ses petits, et résiste souvent au corbeau avec assez de vigueur pour l'éloigner de son nid. — La petite Pie-grièche ou Pie-grièche d'Italie (*L. minor*) ressemble beaucoup à la précédente, dont elle diffère par sa taille plus petite. — La Pie-grièche rousse, plus petite que la précédente, a le dessus de la tête et du cou d'un roux vif, le dos noir, les scapulaires, le ventre et le croupion blancs. — L'Écorcheur (*L. collurio*), encore un peu plus petit, a le dessus de la tête et du croupion cendré, dos et ailes fauves, dessous blanchâtre, un bandeau noir sur l'œil. Il détruit une quantité de petits oiseaux, de jeunes grenouilles et d'insectes, qu'il enfile aux épines des buissons ; ses habitudes sanguinaires lui ont fait donner le nom d'*oiseau boucher*. Ces trois espèces quittent notre pays pendant l'hiver.

PIED (en latin *pes, pedis*, en grec *pous, podos*). Portion terminale des membres chez les animaux.

(Voir les articles consacrés aux diverses classes d'animaux.) Extrémité inférieure du membre abdominal chez l'homme, le Pied est très différent de celui de quelque animal que ce soit et même de celui des singes. (Voir ce mot.) Le Pied s'articule avec la jambe à angle droit, et reçoit d'elle le poids du corps dans la station verticale, à peu près vers le tiers postérieur de sa face dorsale. La face supérieure ou dorsale du Pied est plus ou moins convexe dans ses deux tiers postérieurs ; sa face inférieure ou plantaire est concave d'avant en arrière, dans l'espace compris entre le talon et les articulations métatarso-phalangiennes. Les deux faces du Pied sont séparées par deux bords, l'interne et l'externe ; le premier est plus long que le second. Ils sont tous les deux un peu concaves dans les deux tiers postérieurs, et légèrement convexes dans leur tiers antérieur. L'extrémité antérieure du Pied est formée par les orteils, qui sont rangés sur une ligne oblique de dedans en dehors ; l'extrémité postérieure ou talon est arrondie, formée par la grosse tubérosité du calcanéum ; c'est sur elle et les articulations métatarso-phalangiennes qu'a principalement

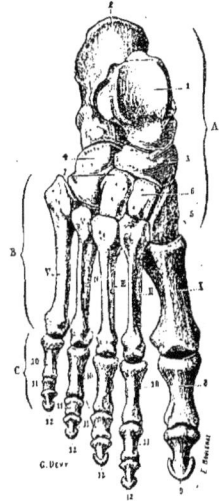

Squelette du pied droit
(face dorsale).

A, tarse. — 1, astragale ; 2, calcanéum ; 3, scaphoïde ; 4, cuboïde ; 5, premier cunéiforme ; 6, deuxième cunéiforme ; 7, troisième cunéiforme.

B, métatarse. — I, II, III, IV, V, les cinq métatarsiens.

C, phalanges. — 8, première phalange du gros orteil ; 9, seconde phalange du gros orteil ; 10, phalange des quatre autres orteils ; 11, phalangine des quatre autres orteils ; 12, phalangette des quatre autres orteils.

lieu le point d'appui dans la station et la progression. Le Pied est composé d'un grand nombre de parties constituantes, telles que les os, les ligaments, les muscles, les vaisseaux et les nerfs, etc. Ce sont les os du Pied qui en déterminent principalement la forme ; ils sont divisés en trois régions, le *tarse*, le *métatarse* et les *phalanges*. Le tarse, composé de sept os, est placé postérieurement aux deux autres régions ; il est plus large en avant qu'en arrière, et divisé en deux rangées, dont la première est composée de l'astragale et du calcanéum, la seconde du scaphoïde, du cuboïde et des trois cunéiformes. C'est sur la face supérieure de l'astragale qu'est placée la jambe, et que tombe par conséquent le poids du corps. Le *métatarse*, situé entre le tarse et les phalanges, est composé de cinq os longs, parallèlement placés les uns à côté des autres, mais qui offrent des différences sous le rapport de leur longueur et de leur volume. Les *orteils* forment la troisième région du Pied, et sont composés chacun de trois phalanges, à l'exception du gros orteil, qui n'en a que deux. Les *phalanges* sont divisées en *métatarsiennes, moyennes* et *unguinales ;* elles sont beaucoup moins longues que celles de la main, surtout les moyennes, qui sont presque carrées. Ces vingt-six os, qui entrent dans la composition du Pied, sont liés entre eux à peu près comme ceux de la main. Tous les os du Pied présentent une mobilité plus ou moins grande, résultat de leur multiplicité. Les puissances motrices de cet organe de la progression sont les muscles; les uns le meuvent en totalité et les autres en partie. Les premiers appartiennent à la jambe, les seconds au pied seulement; ils le portent dans l'extension, dans la flexion, dans l'adduction et l'abduction, etc. Indépendamment des os, des ligaments et des muscles, il entre encore beaucoup d'autres parties dans la composition du pied : ce sont des artères, des veines, des nerfs, des vaisseaux lymphatiques, des tissus cellulaires, graisseux, etc. Le Pied est en général plus grand chez l'homme que chez la femme, de même qu'il est le plus souvent en proportion avec la stature des individus. — On donne vulgairement ce nom ajouté à un autre mot à divers animaux et à diverses plantes; ainsi l'on nomme : **Pied d'alouette,** les Dauphinelles; — **Pied de bœuf,** un champignon du genre Bolet; — **Pied de cheval,** une espèce d'huître; — **Pied de coq,** la Renoncule bulbeuse; — **Pied de griffon,** l'Ellébore fétide; — **Pied de lièvre,** le Trèfle des champs; — **Pied de lion,** l'Alchemille; — **Pied de loup,** le Lycopode; — **Pied d'oie,** les Chénopodes; — **Pied de poule,** la Renoncule rampante; — **Pied de veau,** le Gouet; — **Pied rouge,** l'Huîtrier; — **Pied vert,** le Bécasseau.

PIE-MÈRE. On donne ce nom à la plus interne des méninges, c'est-à-dire des membranes qui enveloppent l'encéphale et la moelle. (Voir CERVEAU.)

PIÉRIDES (*Pieridæ*). Famille d'insectes LÉPIDOPTÈRES, section des RHOPALOCÈRES ou Papillons diurnes comprenant un très grand nombre d'espèces réparties dans le monde entier. Ils ont pour caractères communs : des palpes triarticulés, les ongles des tarses bifides, et les ailes arrondies, en général à fond blanc ou jaune. Leurs chenilles sont cylindriques, allongées, pubescentes ; les chrysalides nues, anguleuses, terminées en avant par une seule pointe, attachées par la queue et par un lien transversal. Cette famille comprend, outre le genre *Pieris,* type du groupe, les genres *Anthocharis, Colias, Leucophasia, Euterpe,* etc. — Le genre *Pieris* a pour type le **Papillon du chou** (*Pieris brassicæ*), grand papillon blanc qui vole dans les jardins pendant toute la belle saison. Il a les ailes blanches, avec le sommet des supérieures noir; la femelle porte, en outre, sur les ailes de devant trois taches noires. Sa

chenille vit sur les choux et y cause souvent de grands dégâts. Elle est d'un vert grisâtre, avec trois lignes longitudinales jaunes, séparées par de petits points tuberculeux noirs, dont chacun est surmonté d'un poil; la chrysalide est d'un gris blan-

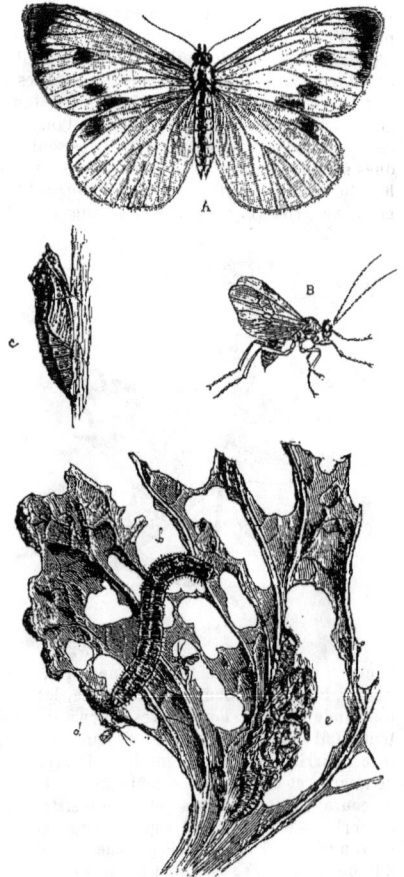

Papillon du chou et ichneumon.

A, papillon du chou, insecte parfait ; *b*, chenille ; *c*, chrysalide. — B, ichneumon microgaster, parasite du papillon du chou (grossi); *d*, grandeur naturelle ; *e*, sortie des larves de l'ichneumon hors du corps de la chenille s'apprêtant à filer leurs petits cocons.

châtre, tachetée de noir et de jaune. Sa multiplication est heureusement entravée par un petit ichneumon (*Microgaster glomeratus*) qui détruit un grand nombre de chenilles en déposant ses œufs dans leur corps. (Voir MICROGASTER.) — Le **Papillon de la rave** (*Pieris rapæ*) n'est pas moins nuisible; sa chenille attaque les choux, les raves, les navets, les capucines. Elle est d'un vert gai, avec trois lignes jaunes, et couverte de petits poils courts. Le papillon ressemble au précédent, mais il est au moins d'un tiers plus petit. — Le **Papillon du navet** (*P. napi*) se distingue du précédent par les nervures de ses ailes bordées de vert en dessous. — Les *Anthocharis* sont de charmants petits papillons, connus sous le nom d'*aurores*; leur tête est plus large que chez les Pieris et leurs antennes plus courtes. Tel est l'**Anthocharis cardamines**, très répandu dans les bois au printemps; il a les ailes blanches, avec une grande tache orange qui couvre le tiers apical des ailes supérieures, avec un peu de noir; la femelle n'a pas de tache orange, mais l'extrémité des ailes est saupoudrée de noir. Sa chenille verte, avec une ligne latérale blanche, vit sur la cardamine des prés et d'autres crucifères.

PIERRE. On donne vulgairement ce nom accompagné de quelque épithète à un grand nombre de substances minérales; ainsi l'on nomme : Pierre à **aiguiser**, un grès siliceux à grain fin; — Pierre à **briquet**, Pierre à feu, le Silex; — Pierre d'aimant, la Magnétite; — Pierre à chaux (voir Chaux); — Pierre **infernale**, le Nitrate d'argent; — Pierre à **plâtre**, le Gypse; — Pierre calcaire, le Carbonate de chaux; — Pierre de foudre, les aérolithes; — Pierre à Jésus, le Gypse laminaire; — Pierre de liais, calcaire à grain fin et à texture compacte, employée dans les constructions; — Pierre lithographique (voir Calcaire); — Pierre du Levant, une espèce de Dolomie; — Pierre de lune, variété de Feldspath ou Orthose nacrée, chatoyante; — Pierre ponce (voir Ponce); — Pierre de touche, le Silex schisteux; — Pierre ollaire (voir Ollaire); — Pierres précieuses, le Diamant, le Rubis, le Saphir, l'Émeraude, la Topaze, etc.; — Pierre à repasser, divers calcaires et schistes argilo-siliceux plus ou moins durs.

PIERROT. Nom vulgaire du Moineau.

PIETTE. Nom vulgaire du Harle.

PIEUVRE. Nom vulgaire du Poulpe. (Voir ce mot.)

PIGAMON (*Thalictrum*). Genre de plantes dicotylédones de la famille des *Renonculacées*, composé d'herbes vivaces répandues dans les régions tempérées. L'espèce type, le **Pigamon jaune** (*T. flavum*), vulgairement *rue des prés*, *rhubarbe des pauvres*, à tige haute de 6 à 12 décimètres, est commune dans les prairies marécageuses, au bord des rivières et des étangs; ses feuilles sont alternes, à folioles cunéiformes, trilobées; ses fleurs petites, jaunâtres, groupées en panicule terminale. Ses feuilles et surtout sa racine sont employées comme purgatives dans les campagnes. La décoction de sa racine s'emploie à la dose de 25 grammes dans 500 grammes d'eau. Son suc est employé pour teindre la laine en jaune.

PIGEON (*Columba*). Groupe d'oiseaux qui, sous le nom de *Colombins*, forme pour les ornithologistes actuels un ordre intermédiaire entre ceux des Gallinacés et des Passereaux. En effet, ils ont, comme les premiers, le bec voûté, les narines membraneuses et renflées, le jabot très ample, le gésier très musculeux; comme les seconds, ils ont les doigts

libres à leur base, le vol bien soutenu, quoique lourd. Leur forme générale et même leurs mœurs s'éloignent de celles des gallinacés. Ce sont des oiseaux diurnes et paisibles, vivant de fruits pulpeux, de graines, plus rarement de limaçons et d'insectes. Ils sont généralement monogames, et leurs unions ne sont plus souvent détruites que par la mort. Le mâle et la femelle se témoignent mutuellement la plus vive tendresse, qu'ils expriment par de fréquentes caresses et par les accents de leur voix, que ses modulations et son timbre particulier ont fait désigner sous le nom de *roucoulement*. Tous deux concourent à la construction du nid, et le placent, selon les espèces, qu'ils exposent par des grands arbres, tantôt dans les buissons, d'autres fois dans des cavités de rochers. Ce nid, assez grossièrement composé de petites branches et de feuilles, est très évasé et ne reçoit ordinairement que deux œufs, que la femelle et le mâle couvent alternativement. De ces deux œufs, il y en a presque toujours un qui produit un mâle, tandis que l'autre donne naissance à une femelle : ces individus, élevés ensemble, restent appariés pour toujours. Les petits ou *pigeonneaux* naissent presque nus, aveugles et très faibles, et non pas tout prêts, comme les jeunes gallinacés, à courir et à chercher leur nourriture : aussi le père et la mère leur dégorgent-ils les aliments qu'ils ont amassés dans leur jabot. Les Pigeons font chaque année deux ou trois couvées, et, après la dernière, ils quittent, au moins pour la plupart, les climats où ils nichent, et gagnent des régions plus méridionales. Les mœurs de ces oiseaux sont douces et familières; ils s'apprivoisent aisément. A l'état sauvage, on les voit habiter de préférence le voisinage des eaux ou la lisière des forêts. Ils ne se réunissent guère que dans leurs migrations, mais alors leur nombre est quelquefois considérable. Aux États-Unis, ils voyagent en troupes tellement nombreuses que le ciel en est obscurci. La chair de nos Pigeons domestiques est d'assez bon goût quand l'animal est jeune. L'ordre des Colombins se divise en deux familles : les *Colombidés* et les *Didunculidés*. (Voir ce mot.) Nous ne nous occuperons ici que des Colombidés, que l'on divise en trois tribus principales : les *Colombes*, les *Colombi-gallines* et les *Colombars*.

1° Les **Colombes** ou Pigeons proprement dits, qui ont le bec grêle et flexible, les pieds courts, à tarses emplumés au-dessous de l'articulation, comprennent plusieurs espèces. — Le **Ramier** (*C. palumbus*), la plus grande de toutes, a le plumage d'un cendré bleuâtre, la poitrine d'un roux vineux, des taches blanches sur les côtés du cou et à l'aile. Il habite les forêts de l'ancien continent, émigre en hiver en Afrique et nous revient en mars. Cette espèce ne produit jamais en captivité. — Le **Colombin** ou *petit ramier* (*C. œnas*) est d'une taille moindre que le précédent, dont il diffère surtout par l'absence des taches blanches; il est gris-ardoise avec la poitrine vineuse et les côtés du cou d'un beau vert changeant. — Le **Biset** ou *Pigeon de roche* (*C. livia*, L.), plus petit que les deux précédents, n'a que 35 centimètres de longueur, son envergure est du double ; il est d'un gris d'ardoise avec le tour du cou vert changeant, et une double bande noire sur l'aile. Cette espèce paraît être la souche de toutes nos races domestiques. A l'état sauvage, le Bizet habite tout l'ancien continent ; il niche dans les fentes des rochers ou les trous des vieux arbres. — La **Tourterelle** (*C. turtur*), notre plus petite espèce sauvage, se reconnaît à son manteau fauve, tacheté de brun, à son cou bleuâtre, avec une tache de chaque côté, mêlée de noir et de blanc. Elle fait retentir nos bois de ses roucoulements, nous quitte vers la fin de

Pigeon ramier.

l'été pour aller passer l'hiver dans des climats plus chauds, et nous revient en mai. — La **Tourterelle à collier** (*C. risoria*), que nous élevons en volière, et qui tire son nom de la bande noire qu'elle porte sur la nuque, est originaire d'Afrique. Elle produit avec l'espèce précédente des mulets inféconds. Telles sont nos espèces indigènes. Quant aux nombreuses variétés de nos races domestiques, on peut leur assigner pour souche principale, sinon unique, le Biset, celle de toutes les espèces sauvages qui s'habitue le mieux à la domesticité ; on l'élève dans les volières ou dans des colombiers. Dans cette dernière condition, il conserve son plumage et ses mœurs primitives. Aucune espèce animale n'a peut-être donné naissance à des races aussi nombreuses et aussi dissemblables que le Pigeon. La domestication de cet oiseau remonte très haut. En Égypte, on mangeait des Pigeons domestiques plus de trois mille ans avant notre ère. En Orient, l'élevage de cet oiseau fut de tout temps un des passe-temps favoris des simples particuliers comme des souverains. Par suite sans doute de leurs relations avec ces pays lointains, les Hollandais d'abord, les Anglais ensuite, entrèrent avec ardeur dans la même voie et perfectionnèrent les races déjà existantes ou en créèrent de nouvelles. D'après Darwin, qui en a fait une étude approfondie, il existe onze races

principales de Pigeons, comprenant au moins cent cinquante sous-races bien assises, sans parler des variétés nombreuses qui apparaissent parmi elles. Les races de Pigeons ne se distinguent pas seulement par des caractères extérieurs, leur charpente osseuse elle-même est atteinte ; le nombre de leurs vertèbres varie. — Parmi les espèces les plus remarquables, nous citerons : le **Pigeon grosse-gorge**, qui a l'habitude d'avaler de l'air et distend son jabot outre mesure ; ainsi gonflé, il se promène et se pavane, marchant droit sur ses pieds ; le **Pigeon paon**, noir ou blanc, qui a les grandes plumes de la queue redressées comme celles d'un paon faisant la roue ; le nombre de ces plumes, qui est de douze chez le biset, dépasse trente dans cette jolie race ; le **gros Mondain**, qui atteint la taille d'une petite poule, tandis que certains Pigeons culbutants sont de très petite taille ; le **Messager**, qui possède la faculté de retrouver, à d'immenses distances, le colombier où il a été élevé, et dont on se sert pour le transport rapide des nouvelles ; il a le bec très fort et allongé ; chez le **Turbit**, au contraire, il est conique et si petit, qu'à peine il est visible. Chez le **Pigeon nonnain** et le **Jacobin**, les plumes de la poitrine et du cou s'allongent et se disposent de manière à former une sorte de palatine et un large capuchon qui cache presque entièrement la tête. Dans la race des **Dos-frisés**, toutes les petites plumes du corps forment des espèces de boucles. On ne peut passer sous silence la singulière façon de voler que présente la race des **Culbutants**. On sait combien le vol des Pigeons en général, et surtout du ramier, est régulier et soutenu ; au contraire, chez les culbutants, il est interrompu à des intervalles de temps plus ou moins rapprochés par de véritables culbutes en arrière, espèces de sauts périlleux qu'ils répètent jusqu'à vingt et trente fois de suite. — De tous les Pigeons étrangers, le plus remarquable est le **Pigeon voyageur** (*C. migratoria*), de l'Amérique septentrionale ; il est de la grosseur du biset, d'un gris bleu, avec la poitrine d'un roux jaunâtre et le cou d'un beau vert changeant. La femelle est plus petite que le mâle et ses couleurs sont moins brillantes. Cette espèce habite tout le continent septentrional américain, depuis la baie d'Hudson jusqu'au Mexique. Elle forme des bandes tellement considérables, qu'elles couvrent plusieurs milles d'étendue, et que leur vol obscurcit le soleil. Audubon et Wilson, dont on ne peut révoquer en doute la sincérité, ont observé de ces bandes dont ils évaluaient le nombre à plus d'un billion d'individus. Leurs migrations, sollicitées par le besoin de pourvoir à leur subsistance et non par le désir de chercher un climat plus doux, ne sont pas régulières ; ils ne changent de place que lorsqu'ils ont épuisé toutes les ressources du canton où ils se trouvent. Leur nourriture consiste en fruits, en baies et en graines de toutes sortes, surtout en glands doux et en faines, qu'ils trouvent dans les immenses forêts du sud et de l'ouest des États-Unis. A l'époque de la ponte, les pigeons voyageurs adoptent un canton boisé et construisent leurs nids sur les arbres les plus élevés; ces nids, dont un seul arbre porte souvent une centaine, forment des villes aériennes de plusieurs milles d'étendue. Un grand nombre d'animaux carnassiers se rassemblent autour de ces vastes campements, et vivent aux dépens des malheureux Pigeons. Les habitants des contrées environnantes ne manquent pas non plus de venir faire leur récolte lorsqu'ils ont découvert le perchoir. C'est alors un massacre qui dure plusieurs jours et qui ne cesse que par suite de la fatigue des chasseurs. On emporte alors les victimes par charretées, on les sale et on les expédie dans toutes les parties de l'Union. Les Pigeons voyageurs ont une puissance de vol bien supérieure à celle de

Goura (colombi-galline).

leurs congénères, et l'on s'est assuré qu'ils pouvaient parcourir aisément 20 lieues en une heure.

2° Les COLOMBARS ont le bec court et robuste, comprimé sur les côtés, les tarses robustes, courts, emplumés jusqu'au talon. Les espèces de ce groupe appartiennent à la zone torride dans l'ancien monde. Tels sont : le **Colombar unicolore**, de Java, et le **Colombar commandeur**, du Bengale.

3° Les COLOMBI-GALLINES, originaires des parties chaudes des deux hémisphères, et qu'on n'a pu acclimater en Europe, se rapprochent beaucoup plus des gallinacés; leurs tarses sont robustes et nus; ils mangent à terre comme nos coqs, ne perchent pas, et cherchent leur nourriture à la sortie de l'œuf. A ce groupe appartient le **Goura** ou *Pigeon couronné des Indes* (*Lophyrus coronatus*), magnifique oiseau dont la taille égale presque celle du dindon. Son plumage est d'un beau bleu cendré avec le dessus des ailes marron pourpré. Sa tête est ornée d'une belle huppe de plumes à barbes fines et frisées. Le Goura est assez répandu à la Nouvelle-Guinée et dans d'autres îles de la Malaisie. On l'élève en domesticité à Java pour la délicatesse de sa chair. Quelques espèces portent des caroncules au-dessus

de la tête, ce qui complète leur ressemblance avec nos gallinacés.

PIGMENT (de *pigmentum*, couleur). Substance colorée qui, à l'état de fines gouttelettes ou de granulations, colorent les éléments anatomiques. Le Pigment se trouve chez l'homme à l'état de granulations dans les cellules de l'épiderme, c'est-à-dire dans les couches de Malpighi. Cette substance, assez rare chez le blanc, et localisée sur certains points, comme la face interne de la choroïde, l'aréole du mamelon, etc., est très abondante chez le nègre, qui lui doit sa couleur.

PIGNON. (Voir Pin.) On nomme :
Pignons d'Inde, les graines du *Croton tiglium*;
Pignons doux, les graines du *Pinus picea*.
PIKA. Nom vulgaire du Lagomys des Alpes.
PILCHARD. Espèce de Hareng.
PILET. Espèce du genre *Canard*.
PILOCARPUS. (Voir JABORANDI.)
PILORI. Espèce du genre *Rat.* (Voir ce mot.)
PILOSELLE. (Voir ÉPERVIÈRE.)
PILOTE (*Naucrates*). Genre de poissons de la famille des *Scombéridés*. Ces poissons offrent une grande ressemblance de forme avec les Maquereaux, mais ils en diffèrent par leur première dorsale dont les rayons sont libres. Le **Pilote conducteur** (*N. ductor,* Cuv.) ou *Pilote de la Méditerranée* a de 2 à 3 décimètres de longueur; il est d'un bleu grisâtre à reflets argentés avec de larges bandes verticales d'un bleu plus foncé. C'est le *fanfre* des Provençaux, le

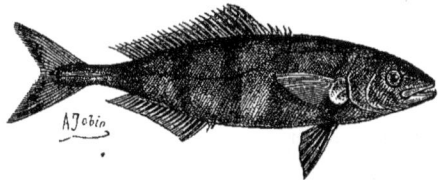

Pilote.

pampana des Siciliens. Le nom de Pilote lui vient de ce qu'il accompagne les navires pour s'emparer de tout ce qui en tombe, comme les requins; de là ce conte absurde que le Pilote servait de guide au requin qui lui abandonnait, en récompense, une part du butin; les Pilotes cependant vivent à peu de distance du vorace animal, auquel ils échappent d'ailleurs facilement par la vitesse et l'irrégularité de leurs mouvements.

PILULAIRE (Scarabée). (Voir COPROPHAGES.)
PILULARIA, Genre de plantes cryptogames de la famille des *Marsiléacées* (voir ce mot), offrant pour caractères : feuilles réduites au rachis, roulées en crosse dans la jeunesse; capsules globuleuses, solitaires, sessiles sur le rhizome, à quatre loges et à cloisons longitudinales; spores fixées aux parois de la capsule. — La **Pilulaire à globules** (*Pilularia globulifera*) est une plante aquatique vivant au bord des mares, des étangs, dans les tourbières; à rhi-

zome filiforme, rampant; à feuilles cylindriques, filiformes, naissant par deux et trois ensemble à chaque nœud du rhizome.)

PIMÉLIE. (Voir Mélasomes.)

PIMENT *(Capsicum).* Genre de plantes dicotylédones de la famille des *Solanacées.* Ce sont des herbes ou des arbrisseaux à feuilles alternes, à fleurs solitaires, à corolle hypogyne, rotacée, quinque-sexfide; cinq-six étamines, style en massue, à stigmate obtus; baie sèche, lisse et luisante à deux ou trois loges polyspermes. — Le **Piment annuel** *(C. annum),* vulgairement *poivre de Guinée, poivre long,* est originaire du Brésil, mais cultivé dans presque toutes les régions du globe, à cause de son fruit. Ses baies ovoïdes, d'abord vertes, puis d'un rouge vif à la maturité, ont une saveur chaude et piquante qui les fait employer comme condiment. Son action se rapproche beaucoup de celle du poivre; à petites doses, il stimule les fonctions gastriques. — Le **Piment de Cayenne** *(C. frutescens),* à baies plus grosses et plus longues, est d'une âcreté insupportable. On ne se douterait guère que cette substance brûlante a été, d'après l'expérience des médecins anglais aux Antilles, reconnue comme spécifique dans l'angine gangréneuse; on l'emploie en gargarisme : cette efficacité médicale est sans doute due à un principe astringent très développé. On donne aussi le nom de Piment à une plante des régions tropicales de l'Amérique, l'**Eugenia pimenta,** vulgairement : *grand Piment, Piment des Anglais, Piment de la Jamaïque,* qui appartient à la famille des *Myrtacées.* C'est un arbre de 10 mètres, à feuilles opposées, entières, à fleurs blanches, dont les baies sont d'un pourpre foncé, très odorantes, à saveur poivrée; on en retire une essence que l'on substitue souvent à l'essence de girofle. Ce myrte magnifique est très rameux, à écorce fine, couleur de cannelle, avec un épiderme transparent, qui se déchire sans peine; ses feuilles, très entières, sont grandes, épaisses, luisantes, très odorantes, et ressemblent beaucoup à celles de la laurette *(Prunus cerasus).* L'arbre se couvre de nombreuses fleurs, assez semblables à celles du myrte des jardins; elles sont remplacées par des baies violettes dans leur maturité, succulentes, sucrées et très parfumées, mais qui échauffent beaucoup les personnes qui en mangent. Les ramiers, les grives, les merles et d'autres oiseaux, qui en sont très avides, acquièrent par cette nourriture un fumet très délicat et s'engraissent beaucoup. Ce sont ces baies, cueillies avant leur maturité, desséchées au soleil ou à l'étuve, et pulvérisées, qui constituent la *toute-épice* des boutiques *(all spice* des Anglais). Elles sont l'objet d'une récolte assez lucrative aux Antilles, et principalement dans l'île de la Jamaïque. Le nom de *toute-épice* indique que ces baies participent à la fois de la saveur des quatre principales épices du commerce : la cannelle, le poivre, le girofle et la muscade.

On nomme encore :

Piment aquatique, le *Polygonum hydropiper;*

Piment de marais, le *Myrica gale;*

Piment royal, le *Myrica gale.*

PIMPINELLE. (Voir Boucage.)

PIMPLE, *(Pimpla).* Genre d'insectes Hyménoptères de la famille des *Ichneumonidés.* (Voir ce mot.) Les Pimples ont l'abdomen arrondi, la tarière plus ou moins saillante chez les femelles, quelquefois très longue. Les espèces du genre *Pimpla* proprement dit se distinguent surtout par la longueur de la tarière des femelles. — Le **Pimpla manifestator,** type du genre, nous en offre un exemple. C'est un grand in-

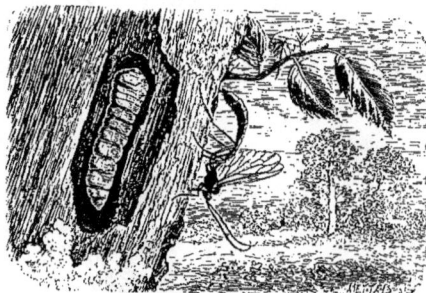

Pimple déposant ses œufs dans le corps d'une larve.

secte noir avec les pattes longues et roussâtres, sauf les postérieures qui sont noires. Commun dans toute l'Europe, il recherche les chenilles nocturnes pour leur confier ses œufs, et sa longue tarière sait les atteindre au fond des crevasses ou dans les trous où elles se cachent. — Le **Pimpla instigator,** plus petit et à tarière plus courte, et qui appartient à une espèce voisine, est également fort répandu et offre les mêmes mœurs. Quelques espèces de Pimples déposent leurs œufs dans des cocons d'araignées, où les petites larves se développent et subissent leurs transformations.

PIMPRENELLE. Plantes de la famille des *Sanguisorbées,* formant le genre *Poterium* des botanistes. Ses caractères sont : fleurs monoïques ou polygames, calice à quatre divisions, vingt-trente étamines; à anthères bilobées; deux ou trois styles terminaux; ovaire enfermé dans le tube du calice, donnant naissance à un fruit composé de deux nucules monospermes. — La **Pimprenelle sanguisorbe** *(Poterium sanguisorba)* est une plante vivace, commune dans les prés secs et montagneux, que l'on cultive fréquemment dans les jardins potagers, ou même en prairies artificielles. Sa tige dressée, hérissée, laineuse, atteint 1 mètre de hauteur; ses feuilles foliolées, dentées en scie, sont aromatiques; ses fleurs sont en épi serré de 2 centimètres de long; les fleurs femelles occupent la partie supérieure, les fleurs hermaphrodites et mâles occupent la partie inférieure de l'épi. — Cette plante est regardée comme astringente, vulnéraire, diurétique. On mélange fréquemment ses feuilles avec la salade. Elle fournit de très bons pâturages, et passe pour augmenter la sécrétion du lait chez les bestiaux. Son foin

Pimprenelle.

est excellent pour les moutons. — On nomme **Pimprenelle aquatique** le *Samolus valerandi* ou mouron d'eau.

PIN. Genre de la famille des *Conifères* (voir ce mot) renfermant une quarantaine d'espèces fort remarquables, dont la plupart habitent les climats tempérés de l'hémisphère septentrional ; quelques espèces seulement s'avancent jusqu'au delà du cercle polaire, et forment d'immenses forêts dans les régions arctiques ; mais presque toutes celles qui sont propres aux contrées plus méridionales ne croissent que sur les montagnes ou sur des plateaux plus ou moins élevés. La plupart des Pins forment des arbres de première grandeur, à branches horizontales ou inclinées, disposés en cône pyramidal et touffus. Les feuilles, linéaires, raides, persistantes, sortent par groupes de deux à cinq de gaines écailleuses ; ce qui les distingue des sapins dont chaque feuille est isolée ; c'est à la longue durée de ce feuillage que les Pins et autres conifères doivent le nom d'*arbres verts*. Les fleurs sont monoïques et disposées en chatons. Le fruit est un *cône* ou *strobile* composé d'écailles ligneuses, en forme de coin épaissi et anguleux au sommet, entregreffées avant la maturité, mais finissant par s'écarter les unes des autres ; à la surface interne de chacune de ces

écailles adhèrent deux petites noix ailées (vulgairement *graines*), qui s'en détachent à la maturité. — Parmi les végétaux propres aux climats froids ou tempérés, il en est peu qui puissent rivaliser avec les Pins sous le rapport de l'utilité. La plupart des espèces prospèrent dans des localités perdues pour l'agriculture. Leur accroissement est en général assez rapide. Le suc résineux contenu plus ou moins abondamment dans la plupart des espèces, fournit le galipot, l'essence de térébenthine, la colophane, la poix noire et le goudron, toutes matières indispensables à une infinité d'usages. Le bois de certaines espèces est d'un emploi plus universel que

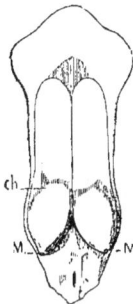

Pin ; écaille séminifère ;
M, micropyle ; *ch*, chalaze.

Cône de pin.

tout autre bois indigène, et essentiel surtout aux constructions navales. Plusieurs Pins produisent des fruits dont l'amande est comestible. Enfin, les Pins, tant en raison de leur port pittoresque et de leur feuillage persistant, qu'à cause de la facilité avec laquelle ils croissent en toute exposition et dans la plupart des sols, occupent, à juste titre, le premier rang parmi les arbres d'agrément. Ce sont encore les Pins qui fournissent ces belles mâtures de vaisseau que nous allons chercher dans le Nord. Les Pins ne peuvent se multiplier ni de boutures ni de marcottes ; mais la greffe herbacée se pratique facilement entre espèces voisines ; cette greffe se fait en fente sur la jeune pousse terminale du sujet, à l'époque où cette pousse est en pleine sève. L'accroissement en hauteur des Pins ne cesse qu'avec la vie de ces végétaux, à moins que leur *flèche*, qui ne se produit jamais après avoir été détruite, n'ait été brisée par accident ou autrement ; c'est en général depuis l'âge de dix ans jusqu'à celui de cinquante que cet accroissement en hauteur se montre dans toute sa vigueur. Aucune espèce de Pin ne repousse du pied, lorsque le tronc en a été abattu. — Nous allons passer en revue les espèces les plus importantes. Le **Pin sylvestre** (*P. sylvestris*), *pin vulgaire*, *pinasse*, est un arbre de 25 à 40 mètres, à feuilles glauques, raides, de 3 à 5 centimètres ; cônes de la longueur des feuilles réunis par deux ou trois, ovoïdes, en toupie pointue ; écailles à massue pyramidale ou losange, tronquée au sommet. Cette espèce habite toute l'Europe, elle prospère surtout dans les sols sablonneux et secs; la durée de sa vie est d'environ deux siècles. Son bois est plus durable et plus solide que celui des sapins auxquels on le préfère aussi comme combustible; on l'emploie à la charpente, à la menuiserie, et à quantité d'autres usages. L'écorce est astringente; on la substitue dans le Nord à celle du chêne pour le tannage. C'est principalement du Pin sylvestre que l'on obtient en Europe le galipot, la colophane et le goudron. En outre, c'est presque lui seul qui

Pin sylvestre.

fournit, en Europe, la mâture des grands navires. — Le **Pin maritime** (*P. maritima*) ou *pinastre* est de la taille du précédent, à feuilles de 15 à 20 centimètres, dépassant de beaucoup les cônes; ceux-ci oblongs, en toupie, luisants; écailles à massue renflée, terminée par un mamelon en losange pointu. Ce Pin habite toute l'Europe méridionale et se plaît dans les sables siliceux; la résine s'y trouve en plus grande abondance que dans toute autre espèce; on l'exploite en grand pour l'extraction de l'essence de térébenthine, de la poix, du goudron, de la colophane et du noir de fumée. — Le **Pin laricio**, *pin de Corse, pin de Calabre*, est le plus grand de tous les Pins de l'Europe; son tronc atteint 35 mètres de hauteur et jusqu'à 3 mètres de diamètre; il est dégarni de branches à une très grande hauteur; celles-ci sont étalées, très rameuses, disposées en pyramide; feuilles de 15 à 20 centimètres, d'un vert noirâtre; cônes courts, pointus, écailles à massue très épaisse, irrégulière et non anguleuse; on l'emploie dans la marine. — Le **Pin pignon** (*P. pinea*) a de 15 à 20 mètres de hauteur, ses rameaux en tête arrondie; feuilles de 5 à 7 centimètres, d'un vert blanchâtre, plus courtes que les cônes qui atteignent 15 à 20 centimètres; ceux-ci sont très gros, presque sphériques, obtus; il croît dans l'Europe méridionale, en Orient et dans l'Afrique septentrionale; on le cultive dans ces contrées comme arbre fruitier. Ses amandes, nommées pi-

gnons doux, ont une saveur analogue à celle des noisettes. — Nous citerons encore le **Pin austral**, des États-Unis, à feuilles de 35 centimètres de longueur; on le désigne sous le nom de *Pin à longues feuilles* ou de *Pin jaune;* bon bois et très résineux. — Le **Pin de Weymouth**, du Canada, atteint 60 mètres de hauteur; on le nomme en Amérique *Pin blanc;* il donne un bon bois de construction. — Le **Pin cembro**, qui croît dans les Alpes, les Carpathes et le Caucase, ne dépasse pas 12 mètres; les amandes de son cône sont bonnes à manger : son bois est excellent pour la menuiserie.

PINCE. (Voir CHÉLIFÈRE.)

PINÇON. (Voir PINSON.)

PINÉALE [Glande]. Petite masse de substance cérébrale grise de la grosseur d'un pois, de forme conique, que l'on a comparée à une pomme de pin. Elle est placée au-dessus des tubercules quadrijumeaux, en avant du cervelet et en arrière du ventricule inférieur. Cette glande pinéale, dont Descartes faisait le siège de l'âme, est en rapport, chez beaucoup de reptiles, avec un œil impair rudimentaire situé sur le vertex. Cet œil paraît avoir été fonctionnel chez divers reptiles et batraciens de l'époque secondaire. (Voir CERVEAU.)

PINEAU ou **PINOT**. On donne ce nom à une variété de raisin, surtout répandue en Bourgogne. — On donne également ce nom à certains champignons du genre *Bolet*.

PINGOUIN (de *pinguis*, gras). Genre d'oiseaux

Pingouin à ailes courtes.

aquatiques appartenant à l'ordre des PALMIPÈDES, section des BRACHYPTÈRES, famille des *Alcidés*, et qui, ne marchant que très péniblement, volant à peine, vivent presque exclusivement à la surface des eaux. En effet, leurs ailes imparfaites sont, dans quelques espèces, réduites à une sorte de moignon, et leurs pieds très courts, placés à l'extrémité postérieure du corps, les obligent à se tenir dans une position verticale peu favorable à la marche. En revanche, ils nagent et plongent avec une grande facilité. Les Pingouins se font remarquer par la singulière conformation de leur bec allongé en forme de lame de couteau. Ils manquent de pouce, et ont les doigts complètement palmés. Ils diffèrent des manchots (voir ce mot) en ce que leur corps, au lieu d'être, comme chez ces derniers, couvert d'un duvet serré, et ressemblant à du poil, est revêtu de véritables plumes. Les Pingouins ont sous la peau une épaisse couche de graisse, qui les protège contre le froid rigoureux des contrées qu'ils habitent, et c'est de là que vient leur nom. On les trouve en bandes nombreuses sur les bords des mers arctiques, où ils nichent. — Le **Pingouin commun** (*Alca torda*) est à peu près de la taille du canard. Il est noir dessus, blanc dessous. Il ne pond qu'un œuf très volumineux, grisâtre, marqué de taches noires. — Le **Pingouin à ailes courtes** (*Alca impennis*), vulgairement *grand Pingouin*, atteint presque la taille de l'oie; il ressemble d'ailleurs beaucoup au précédent. Il habite les mers glaciales, et il est à craindre que son espèce ne soit aujourd'hui complètement éteinte.

PINGUICULA. (Voir GRASSETTE.)

PINIER. (Voir PIN.)

PINNE (de *pinna*, aigrette, par allusion à leur byssus). Genre de mollusques bivalves LAMELLI-BRANCHES ASIPHONIENS, de la famille des *Mytilidés*, à coquille équivalve, à charnière latérale, sans dents. Ces valves simulent imparfaitement les nageoires

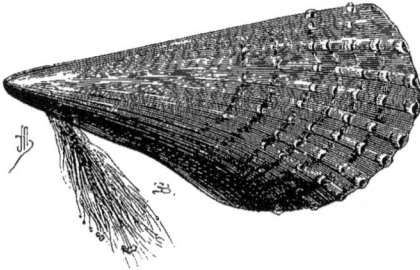

Pinne marine.

d'un poisson, bâillante au bord libre, pointue à l'extrémité antérieure, où aboutissent les crochets, qui sont droits; ligament marginal linéaire, fort long, presque intérieur; animal allongé, assez épais, subtriangulaire; lobes du manteau réunis au bord dorsal, séparés dans le reste de leur étendue et ordinairement ciliés sur les bords; lèvres foliacées, très allongées, et se terminant par deux paires de palpes soudés dans presque toute leur longueur; pied grêle, conique, vermiforme, sécrétant un byssus soyeux qui

part de sa base. Ces coquilles sont connues vulgairement sous le nom de *jambonneaux*, à cause de leur forme triangulaire et de leur couleur brune et enfumée qui les fait ressembler grossièrement à un jambon. L'animal se mange; mais c'est surtout au byssus que sécrète son pied qu'il doit d'attirer l'attention des pêcheurs de la Méditerranée; ce byssus est une houppe de filaments, longs de 12 à 15 centimètres, très fins et très soyeux, d'une belle couleur brune ou mordorée, dont on confectionne en Italie de riches étoffes. Ces étoffes ne sont plus guère regardées que comme des objets de curiosité depuis que la soie est tombée à bas prix. Elles sont cependant très belles et très solides, et leur couleur est inaltérable, mais leur prix est fort élevé. Ce genre renferme une vingtaine d'espèces, dont cinq ou six fossiles. Toutes les espèces vivantes sont comestibles, et plusieurs se font remarquer par leur grandeur. Telles sont la **Pinne rouge** (*Pinna rudis*), que l'on trouve dans l'océan Atlantique et sur les côtes d'Amérique, et la **Pinne écailleuse** (*P. squamosa*), qui vit dans l'océan Atlantique austral : la première atteint une longueur de 50 centimètres; la seconde en a quelquefois de 58 à 60.

PINNÉ ou **PENNÉ.** Se dit des feuilles composées dont les folioles sont disposées de chaque côté d'un pétiole commun. Il s'applique également aux nervures qui offrent une disposition analogue.

PINNATIFIDE ou **PENNATIFIDE.** On donne cette qualification aux feuilles et aux bractées qui, ayant les nervures pinnées, ont les lobes divisés jusqu'au milieu de leur largeur. Le *Solanum pinnatifidum*, le *Melampyrum pratense*, etc., nous en offrent des exemples.

PINNATIFOLIÉ ou **PENNATIFOLIÉ.** Se dit des feuilles pinnatifides.

PINNATIPARTI ou **PENNATIPARTI.** (Voir PINNATISÉQUÉ.)

PINNATISÉQUÉ ou **PENNATISÉQUÉ.** De Candolle appelle *pinnatiséquées* les feuilles qui, ayant leurs nervures pinnées, ont leur limbe divisé en plusieurs portions qui se prolongent jusqu'à la nervure moyenne. D'autres botanistes donnent à ces feuilles l'épithète de *pinnatiparties*.

PINNIPÈDES (de *pinna*, nageoire, et *pedes*, pieds). On a donné ce nom aux animaux mammifères de l'ancien ordre des AMPHIBIES, comprenant les *Phoques* et les *Morses*. (Voir ces mots.)

PINNOTHÈRE (du grec *pinna*, pinne, et *théraô*, je recherche). Genre de crustacés DÉCAPODES BRACHYURES de la famille des *Grapsidés*. Ce sont de très petits crabes, à carapace presque carrée, qui vivent en général dans les coquilles des mollusques lamellibranches, tels que pinnes et moules; ils sont surtout communs chez ces derniers (*Pinnotheres pisum*) et l'on a même longtemps attribué à sa présence, mais à tort, le malaise que cause parfois l'ingestion de ces mollusques. Le Pinnothère paraît vivre dans ces coquilles non en parasite, mais comme commensal.

PINSON (*Fringilla*). Genre d'oiseaux de l'ordre des Passereaux conirostres, famille des *Fringillidés*. Ils se distinguent des moineaux par un bec moins arqué et par un chant moins monotone; ils ont également des habitudes et une allure différentes. — **Le Pinson ordinaire** (*F. cœlebs*) est l'un des oiseaux les plus répandus dans nos campagnes, qu'il égaie un des premiers, au retour du printemps. Il a le dessus du corps brun, le dessous d'un roux vineux, avec deux bandes blanches sur l'aile. Il est vif, très gai, s'apprivoise facilement quand on le prend jeune, et a la faculté de s'approprier le chant d'autres oiseaux chanteurs, lorsqu'il est élevé auprès d'eux. On a parfois la barbarie de lui crever les yeux, dans la persuasion qu'il chante mieux après cette mutilation. Ses mœurs diffèrent sous certains rapports de celles des moineaux. Les Pinsons marchent plus qu'ils ne sautent, ce qui est le contraire chez les moineaux et les linottes; en outre, leur vol, moins rapide que celui de ces derniers, s'accomplit par saccades. Ils sont moins sociables que ces oiseaux, s'unissent à une femelle qu'ils ne quittent plus, l'aident dans la construction du nid, et pourvoient à ses besoins pendant qu'elle couve. Le nid des Pinsons est d'une élégance et d'un travail achevé; il est tissé de mousse, de crin et de laine, et le plus souvent si bien dissimulé qu'on a de la peine à le trouver. La femelle y dépose quatre à six œufs verdâtres, tachés de brun. — Outre le Pinson ordinaire, nous citerons le **Pinson des Ardennes** (*F. montifringilla*), noir velouté en dessus, d'un beau roux orangé en dessous; cette espèce ne niche pas en France, c'est dans les forêts épaisses d'arbres verts du nord de l'Europe qu'il fait sa ponte. Il n'émigre chez nous que pendant les grands froids. Son chant est inférieur à celui du Pinson ordinaire. — Le **Pinson niverolle** (*F. nivalis*), des Alpes, à tête bleuâtre, brun en dessus, blanc en dessous, niche dans les crevasses des rochers et dans le voisinage des neiges et des glaces.

PINTADE (*Numida*). Genre d'oiseaux de l'ordre des Gallinacés classés dans la famille des *Phasianidés*, entre les Dindons et les Faisans, dont ils se distinguent par une queue courte, pendante, et par l'absence d'éperon au tarse. Une crête calleuse surmonte leur tête nue, et des barbillons charnus pendent au bas des joues. Ils ont les formes générales des faisans; leur taille est trapue, leur dos arrondi. Ces oiseaux sont originaires d'Afrique, où on les rencontre en grandes troupes. — La **Pintade méléagride** (*N. meleagris*) est l'espèce la plus répandue; son surnom mythologique vient de la fable qui la faisait naître de la métamorphose des sœurs de Méléagre. Elle a le plumage ardoisé, semé de taches blanches qui paraissent peintes, d'où est venu son nom générique, les Portugais l'appelant autrefois *gallina pinta* (poule peinte). Il en existe des variétés albines complètement blanches. Le cou n'est couvert que d'un léger duvet; la tête, qui est nue, porte à son sommet une crête cartilagi-

neuse dont la couleur varie du blanc au rougeâtre. Le bec est très dur, pointu, rouge à sa base, jaunâtre au bout. Des caroncules charnues, bleues dans le mâle, rougeâtres dans la femelle, pendent de chaque côté de la partie inférieure de la tête; les pieds sont bruns et assez élevés. La Pintade, dont les ailes sont fort courtes, ne vole ni longtemps ni fort haut, mais elle court avec une grande vitesse. Elle recherche néanmoins les arbres pour s'y percher, et dans l'état de domesticité, elle aime à se tenir sur le comble des maisons. Son cri aigu et perçant est d'autant plus désagréable qu'elle le fait

Pintade.

entendre sans cesse. C'est du reste un animal vif, inquiet et turbulent. Dans nos basses-cours, il se rend maître des autres espèces de volailles, qui redoutent son humeur querelleuse et ses violents coups de bec. Il est difficile d'accoutumer les Pintades domestiques à pondre dans les poulaillers; elles aiment à déposer leurs œufs dans les haies et les broussailles. Ces œufs sont rougeâtres, plus petits que ceux de la poule, mais très bons à manger. Les Pintadeaux sont très délicats et difficiles à élever dans nos climats; on leur donne pour nourriture du millet et autres graines, des insectes et des vers. Tel est aussi le régime de la Pintade adulte. Sa chair, qui est très savoureuse, faisait les délices des Romains. Le coq Pintade produit avec la poule domestique des mulets ordinairement inféconds.

PINTADINE. (Voir Avicule.)

PIPA. Genre de batraciens anoures de la famille des *Aglosses*, qui semble former le passage des grenouilles aux crapauds. Ils diffèrent des uns et des autres par l'absence de langue, et ils manquent de dents. Ils ont les formes lourdes et les habitudes des crapauds. On n'en connaît qu'une espèce du Brésil, le **Pipa** (*Pipa americana*), qui a une physionomie aussi hideuse que bizarre. Sa tête est aplatie, triangulaire, allongée en museau; sa bouche est énorme et ses yeux tout petits; les doigts de devant fort longs, libres et fendus au bout en quatre petites pointes; ceux des membres postérieurs sont réunis par une membrane. Son mode de reproduction est des plus singuliers. Il n'abandonne pas ses œufs dans l'eau, comme le font les autres anoures après la ponte ; les mâles étalent sur le dos des femelles les œufs glaireux qu'elles viennent de pondre, et celles-ci se rendent à l'eau. Bientôt la peau

Pipa.

du dos qui supporte les œufs éprouve une sorte d'inflammation, se gonfle et les œufs s'y trouvent comme incrustés dans de petits alvéoles où ils éclosent. Les petits restent dans ces espèces de poches jusqu'à ce qu'ils aient pris un développement suffisant, comme les petits des sarigues dans la poche de leur mère.

PIPAL. Nom vulgaire du Figuier du Bengale.

PIPER. Nom scientifique latin du genre *Poivrier*.

PIPÉRACÉES. Famille de plantes dicotylédones, polypétales, hypogynes, composées de plantes herbacées ou d'arbrisseaux sarmenteux répandus dans les contrées tropicales du globe. Leurs feuilles sont, le plus souvent, opposées ; leurs fleurs hermaphrodites, en chaton, dépourvues de périanthe, à étamines en nombre variable de deux à dix ; ovaire libre uniloculaire et uniovulé ; fruit bacciforme, rarement capsulaire. Cette famille, qui a pour type le genre *Piper* (Poivrier), comprend aussi les genres *Cubeba, Saururus, Chloranthus*, etc.

PIPI ou **PIPIT.** (Voir Farlouse.)

PIPISTRELLE. Espèce de chauve-souris du genre *Vespertilion*. C'est une des espèces les plus communes en France. Elle est de fort petite taille et d'un brun plus ou moins roux. (Voir Chéiroptères.)

PIQUANT. (Voir Épine et Aiguillon.)

PIQUE-BŒUF (*Buphaga*). Genre de passereaux conirostres de la famille des *Sturnidés*, très voisins des Étourneaux, dont ils tiennent la place en Afrique. Ces oiseaux paraissent avoir pour mission de débarrasser les grands mammifères des insectes parasites qui vivent à leurs dépens. On les voit constamment, au milieu des bœufs, des buffles et des

chevaux, poursuivant sur leur dos les taons et les œstres, et disséquant à coups de bec les tumeurs cutanées qui renferment leurs larves. Ils détruisent également les punaises de bois et généralement toutes sortes d'insectes. On ne connaît pas d'ailleurs d'autres détails sur leurs habitudes. Les Pique-bœufs ont des couleurs peu brillantes où dominent le brun et le roux. Le **Pique-bœuf roussâtre** (*B. africana*) est assez commun dans l'Afrique méridionale, où les colons lui accordent une protection toute spéciale, en raison des services qu'il leur rend.

PIQUE-BOIS. Nom vulgaire du Pic.

PIRATINERA. Synonyme de Galactodendron.

PIRIFORME (de *pirum*, poire). Qui a la forme d'une poire.

PISCICOLE (*Piscicola*). (Voir Ichthyobdelle.)

PISCICULTURE (du latin *piscis*, poisson, et *cultura*, culture). La Pisciculture est l'art de multiplier le poisson, comme l'agriculture est l'art de multiplier les fruits de la terre. — La fécondité des poissons est prodigieuse : le saumon et la truite produisent 30 000 œufs, le brochet, 100 000, la carpe et la tanche, 300 000, et quelques poissons de mer (la morue, le hareng), des millions. En présence de semblables chiffres, il semblerait que le poisson dût être une source en quelque sorte inépuisable d'alimentation et encombrer nos marchés ; mais il n'en est rien ; aujourd'hui la consommation du poisson est insignifiante en France ; tellement insignifiante qu'un nombre considérable d'individus n'en mangent jamais. Nos cours d'eau sont dépeuplés et 1 pour 100 des germes produits se développe à peine, par suite des envahissements de l'industrie manufacturière, de l'infection des eaux par les résidus des usines, et surtout grâce à l'incurie et aux déprédations des pêcheurs, qui font périr plus de petits poissons qu'ils n'en prennent de gros. Frappés des conséquences funestes que devait entraîner, au point de vue de l'alimentation et du bien-être des populations, cet appauvrissement progressif de nos eaux douces, des esprits éminents ont pensé que, si l'on pouvait féconder ces œufs et les mettre à l'abri des nombreuses causes de destruction qui les menacent, on arriverait promptement à repeupler nos cours d'eau et à produire du poisson de manière à augmenter dans une proportion notable la quantité de nourriture animale dont l'homme a besoin. Des expériences et des efforts de ces penseurs est née une science nouvelle, la *Pisciculture*. — Un manuscrit, daté de 1420, nous apprend qu'un moine de l'abbaye de Réome, près de Montbard, nommé dom Pinchon, imagina de féconder artificiellement des œufs de truite en faisant écouler tour à tour par la pression les œufs de la femelle et la laite du mâle de cette espèce dans une eau qu'il agitait ensuite avec le doigt. Après cette opération, il plaçait les œufs dans une caisse en bois dont le fond était garni de sable fin et qui était fermée par des grillages d'osier en dessus et à ses deux extrémités. L'appareil restait plongé dans une eau faiblement courante, jusqu'au moment de l'éclosion. Dom Pinchon, un Français, serait donc le premier inventeur des fécondations artificielles ; mais ses essais, qu'il ne rendit pas publics, n'eurent nécessairement aucune influence sur les progrès de la pisciculture, et l'on ne voit pas qu'il ait eu des imitateurs. Ce n'est que vers le milieu du siècle dernier qu'un officier de Westphalie, J.-L. Jacobi, imaginait de féconder artificiellement les œufs de poisson et essayait d'appliquer ce procédé au repeuplement des rivières et des étangs. Il adressa même à ce sujet, à notre illustre Buffon, des notes manuscrites que Lacépède a mentionnées dans le premier volume de son *Histoire naturelle des poissons*. Les essais de Jacobi portaient sur deux des espèces de poissons les plus estimées : la truite et le saumon. Il obtint des produits ; mais il ne dit pas s'il arriva à un résultat final satisfaisant au point de vue pratique, et l'on est en droit d'en douter, puisque ces résultats ne sont constatés nulle part, ce que l'on n'eût pas manqué de faire. Enfin, en 1842, un simple pêcheur de La Bresse, nommé Remy, retrouva les procédés de Jacobi. Pour lui, ce fut une véritable découverte, car il ignorait les travaux de ses devanciers. Cette découverte dut coûter d'immenses recherches à un homme qui, étranger aux études physiologiques, fut obligé d'acquérir par ses seules observations les données nécessaires. — Joseph Remy est mort à La Bresse (arrondissement de Remiremont) au commencement de 1851 ; mais il a vu son œuvre grandir et prospérer. Dès 1848, M. de Quatrefages annonçait qu'il était possible de semer du poisson comme on sème du grain. En même temps M. Coste, professeur d'embryogénie comparée au Collège de France, ayant répété les expériences de Remy, poursuivait sans relâche leur application pratique, que l'appauvrissement de nos ressources ichthyologiques rendait chaque jour plus nécessaire. Il obtint bientôt la création à Huningue d'un établissement modèle qui ne tarda pas à devenir une école, où, de tous les points de l'Europe, on vint chercher des instructions et des alevins. La guerre de 1870 nous a enlevé Huningue et a longtemps paralysé les efforts particuliers, qui reprennent aujourd'hui un nouvel essor.

Les divers procédés de la Pisciculture offrent trois périodes distinctes : 1° la récolte et la fécondation des œufs ; 2° l'incubation et l'éclosion ; 3° la nourriture et la dissémination. La récolte et la fécondation sont sans difficulté : il suffit de se procurer des poissons mâles et femelles dont la laitance et les œufs soient parvenus au degré convenable. Quant aux appareils propres à amener l'éclosion, le plus simple et le plus pratique est un double tamis en toile métallique inoxydable, destiné à soustraire les œufs fécondés à la voracité des rats d'eau, des poissons, des insectes, des oiseaux aquatiques ; on plonge ce double tamis dans un courant, à 10 centimètres environ de profondeur.

Les poissons éclos, il faut pourvoir à leur nourriture. Si ce sont des espèces herbivores, elles trouvent dans les eaux les aliments qui leur sont nécessaires. Mais il n'en est pas de même des espèces carnassières. Ainsi, Remy ayant vu les petites truites se nourrir, au moment de leur naissance, de la substance comme mucilagineuse qui entoure les œufs, avait songé à leur donner d'abord du frai de grenouille, plus tard de la viande hachée. Mais bientôt il modifia complètement ce régime, et, continuant à imiter les procédés de la nature, il se borna à semer à côté de ses truites des espèces herbivores plus petites qu'alimentaient les végétaux aquatiques, et qui servaient à leur tour de nourriture aux espèces carnassières. Cependant, toutes les tentatives qui ont été faites pour nourrir le jeune poisson, quand la vésicule ombilicale est résorbée, ont prouvé qu'il ne fallait pas essayer de le nourrir surtout en grande masse, et qu'il était préférable de répandre le poisson dans les eaux quelques jours après la disparition de cette vésicule. On a reconnu aussi que le transport des jeunes poissons, notamment de ceux qui habitent les eaux vives, était très difficile, et qu'il était bien préférable de faire éclore les œufs dans les eaux mêmes où le jeune poisson doit être élevé.

La Pisciculture, qui nous permettra peut-être un jour de créer à volonté des métis et d'obtenir peut-être ainsi des variétés plus grosses ou plus succulentes, ne doit pas se borner à multiplier les poissons d'eau douce ; elle doit encore aviser aux moyens de propager et d'acclimater les poissons de mer. Ce problème est déjà résolu pour les espèces qui vivent alternativement dans les eaux salées et dans les eaux douces ; les fleuves servent alors à l'ensemencement des mers.

PISIFORME (de *pisum*, pois). Qui a la forme d'un pois. — On donne ce nom, en anatomie, au quatrième os de la première rangée du carpe. (Voir MAIN.)

PISOLITHIQUE (de *pisum*, pois, et *lithos*, pierre). On dit d'une roche qu'elle a la structure pisolithique, globaire ou amygdalaire, lorsqu'elle contient, disséminées dans sa masse, des parties plus ou moins sphéroïdales ; tel est le calcaire oolithique.

PISSENLIT (*Taraxacum*). Genre de plantes herbacées, vivaces, de la famille des *Composées liguliflores*, tribu des *Chicoracées*, offrant pour caractères : un involucre à folioles nombreuses, inégales, imbriquées sur plusieurs rangs, les extérieures souvent étalées ou réfléchies ; réceptacle nu ; graines atténuées brusquement en un bec filiforme, surmontées d'une aigrette à soies capillaires, très blanche. — Tout le monde connaît le **Pissenlit** officinal (*T. officinale*), plante très commune partout, qui fleurit du printemps à l'automne ; ses feuilles sont radicales et présentent des variations presque infinies, mais sont le plus souvent oblongues, lancéolées, profondément dentées et comme barbelées ; la tige est laineuse ; sa fleur est composée de capitules terminaux à fleurons jaunes. Les aigrettes, s'étalant à la maturité, forment par leur réunion une tête parfaitement globuleuse, que les enfants s'amusent à disperser par leur souffle. On mange crues les jeunes pousses et les racines, qui forment au printemps une fort bonne salade. Mais plus tard, la plante durcit et ne peut guère plus se manger

Pissenlit.

Graine de Pissenlit.

que cuite. Depuis quelques années, les horticulteurs ont essayé d'améliorer cette plante par la culture et y sont parvenus. En médecine, on emploie le Pissenlit comme diurétique (d'où son nom), laxatif et dépuratif. Dans le Nord, on emploie sa racine séchée et torréfiée pour mélanger avec le café en guise de chicorée.

PISTACHE. Graine du Pistachier.

PISTACHE DE TERRE. (Voir Arachide.)

PISTACHIER (*Pistacia*). Arbre fruitier qui passe pour originaire de Syrie, et qu'on cultive généralement dans tout l'Orient, ainsi que dans le nord de l'Afrique et le midi de l'Europe. La chaleur du climat du nord de la France ne suffit pas à la maturation des fruits du Pistachier, quoique cet arbre soit assez rustique pour résister aux hivers de ces latitudes. Le genre *Pistacia* appartient à la famille des *Térébinthacées*. L'espèce principale du genre, le **Pistachier franc** (*P. vera*), s'élève rarement au delà de 10 mètres; ses feuilles sont la plupart composées de trois ou cinq folioles ovales, glabres, coriaces; quelques-unes n'offrent que la foliole terminale. Les fleurs sont dioïques, dépourvues de pétales, disposées en panicules latérales. Le fruit est un drupe presque sec, roussâtre, ovoïde allongé, ou presque sphérique, à noyau osseux, uniloculaire, rempli d'une seule graine; celle-ci contient une amande d'un vert clair, qui est la partie comestible, et qu'on connaît sous le nom de *pistache*. Elle est surtout employée par les confiseurs pour les bonbons. En médecine, on en prépare des émulsions adoucissantes. — Une autre espèce, également intéressante, est le **Térébinthe** (*P. terebinthus*), qui croît dans toute la région méditerranéenne et donne une oléo-résine d'une odeur aromatique forte et pénétrante qui découle naturellement des fentes de l'écorce. Ce liquide, en s'épaississant à l'air, constitue

la *Térébenthine de Chio*. — Une troisième espèce est le **Pistachier lentisque** (*P. lentiscus*); c'est un arbrisseau rameux et tortu à écorce brune et rougeâtre; ses feuilles sont formées de huit folioles lancéolées; ses fleurs sont rougeâtres, ses fruits de la grosseur d'un pois, d'un brun rouge. Cette plante, répandue dans les régions méditerranéennes et surtout dans l'île de Chio, laisse exsuder de sa tige une substance résineuse connue sous le nom de *mastic*. Ce mastic, qui se présente dans le commerce sous forme de larmes solidifiées, est d'un jaune clair, d'une odeur

Pistachier.

agréable quand on le chauffe, d'une saveur aromatique; il est d'un usage général dans tout l'Orient où on le mâche pour parfumer l'haleine, raffermir les gencives et blanchir les dents. On le brûle aussi comme parfum dans l'intérieur des maisons. On retire en outre, des graines du lentisque, une huile propre à l'éclairage.

PISTACHIER [Faux]. (Voir Staphylier.)

PISTACIA. (Voir Pistachier.)

PISTIL. Organe femelle des végétaux phanérogames. (Voir Fleur.)

PISUM. Nom latin du genre *Pois*.

PITHÉCIENS (du grec *pithêkos*, singe). (Voir Singes.)

PITHECUS. Nom latin du Magot, chez les anciens, et qui désignait les singes en général.

PITTE. (Voir Agave.)

PIVERT. (Voir Pic.)

PIVOINE (*Pæonia*). Ce genre de plantes, si remarquables par l'éclat et la grandeur de leurs fleurs, appartient à la famille des *Renonculacées*, tribu des

Pæoniées; il ne renferme que peu d'espèces; mais, par contre, le nombre des variétés qu'on en cultive dans les parterres est très considérable. L'espèce la plus commune dans les jardins est la **Pivoine officinale** (*P. officinalis*, L.), indigène dans l'Europe méridionale; c'est une herbe vivace, tantôt très glabre, tantôt plus ou moins velue; à tiges simples ou peu rameuses, dressées, hautes de 2 à 8 décimètres; à feuilles décomposées; à fleurs larges de 5 à 10 centimètres, de couleur pourpre, ou rose, ou écarlate, ou carnée, ou blanche, exhalant une odeur forte et peu agréable. La racine est d'une saveur d'abord

Pivoine.

douceâtre, mais qui finit par se convertir en amertume fort prononcée. Les médecins des écoles d'Hippocrate et de Galien considéraient cette racine comme un spécifique contre l'épilepsie, et ils attribuaient les mêmes propriétés aux fleurs et aux graines de la plante. Quoi qu'il en soit de ces vertus, l'usage médical de la Pivoine a été abandonné par la thérapeutique moderne. — La **Pivoine moutan** (*P. moutan*), originaire de la Chine, connue sous le nom vulgaire de *Pivoine en arbre* (nom tant soit peu emphatique, car la plante n'est qu'un arbuste de 10 à 16 décimètres), est l'une des plus belles plantes d'ornement parmi celles qui résistent, sans abri, aux hivers du nord de la France; mais ses fleurs, qui paraissent dès le mois d'avril, étant sujettes à souffrir des gelées printanières, on la cultive généralement dans l'orangerie.

PIVOT. On nomme ainsi la partie principale de la racine d'une plante, qui s'enfonce verticalement dans le sol et affecte la forme d'une pyramide renversée. On dit ces racines pivotantes.

PLACENTA (mot latin qui signifie *gâteau*). Les anatomistes ont nommé *Placenta*, à cause de sa forme, un corps mollasse et spongieux, aplati, intermédiaire, pendant la gestation, entre la mère et le fœtus et destiné à porter à ce dernier les matériaux de la nutrition, le sang maternel. Il adhère par une de ses faces à la paroi interne de l'utérus et donne naissance par l'autre aux vaisseaux qui forment le cordon ombilical. Presque tous les mammifères ont un Placenta; les marsupiaux et les monotrèmes seuls en sont dépourvus. (Voir ces mots.) De là la division des mammifères en placentaires et implacentaires. — On donne le nom de *Placenta*, en botanique, à une saillie plus ou moins prononcée sur les parois intérieures de l'ovaire et à laquelle sont attachés les ovules. (Voir FRUIT et GRAINE.) On lui donne aussi le nom de *trophosperme* (du grec *tréphô*, je nourris, et *sperma*, graine).

PLACOÏDES. (Voir POISSONS FOSSILES.)

PLAGIOSTOMES (du grec *plagios*, oblique, et *stoma*, bouche). Ordre de poissons cartilagineux, établi par Duméril et répondant à l'ordre des SÉLACIENS (voir ce mot) et aux Placoïdes d'Agassiz. On en fait aujourd'hui une simple division de l'ordre des SÉLACIENS, comprenant les Rajidés (raies) et les Squalidés (squales). (Voir ces mots.)

PLANAIRES (*Planaria*). Genre de vers de l'ordre des TURBELLARIÉS, section des *Dendrocèles*. Ce sont des vers plats, larges et courts, ovales, non annelés, dont l'estomac ramifié n'a qu'un orifice, la bouche, qui est située vers le milieu du corps et renferme une trompe cylindrique, protractile. La plupart habitent les eaux douces; on les trouve souvent attachés aux lentilles d'eau et à d'autres plantes aquatiques. Leur taille ne dépasse guère 3 ou 4 centimètres. Tels sont les **Planaria torva, fusca, lugubris**, communes dans les eaux stagnantes.

PLANE. Nom vulgaire du Platane.

PLANIPENNES. Groupe d'insectes de l'ordre des NÉVROPTÈRES comprenant ceux qui présentent des organes buccaux bien distincts et forts, et les quatre ailes semblables, ne se repliant jamais sur l'abdomen pendant le repos. Il comprend les *Panorpes, Hémérobes, Chrysopes, Mantispes, Fourmilions*, etc. On en a détaché les *Termites* et les *Perles*, qui font partie des pseudo-névroptères.

PLANORBE (de *planus*, plan, et *orbis*, tour). Genre de mollusques GASTÉROPODES AQUATIQUES de l'ordre des PULMONÉS, de la famille des *Lymnœidés*. Les Planorbes sont de petits mollusques d'eau douce, très communs dans toutes nos mares et nos rivières. Ils se distinguent par leur coquille discoïde, dont les tours de spire sont apparents en dessus et en dessous. L'animal porte deux longs tentacules minces et filiformes et les yeux sont placés à la base interne de ces tentacules. Les Planorbes vivent sur les plantes aquatiques, et nagent, la coquille en bas, en contractant leur large pied. La plus grande espèce du genre est le **Planorbe corné** (*Planorbis corneus*), large de 25 millimètres. On trouve dans les terrains

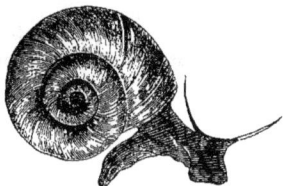

Planorbe.

tertiaires de formation lacustre de nombreuses espèces fossiles de ce genre : **P. corneus, P. rotundatus, P. planulatus.**

PLANTAGINÉES. Famille de plantes dicotylédones, monopétales, hypogynes, représentée par le genre *Plantago* ou Plantain. (Voir ce mot.) On y comprend aussi les genres *Littorella* et *Bauguera.*

PLANTAIN (*Plantago*). Genre de plantes dicotylédones type de la famille des *Plantaginées,* renfermant des végétaux herbacés qui offrent pour caractères principaux : fleurs hermaphrodites, disposées en épis, munies chacune d'une bractée ; calice

Grand Plantain.

quadriparti ; corolle tubuleuse à quatre divisions ; quatre étamines, insérées au tube de la corolle. Fruit capsulaire membraneux, à déhiscence circulaire, à deux loges renfermant, deux, quatre, huit ou douze graines à face ventrale excavée, naviculaire. Ce sont des plantes vivaces à feuilles radi-

cales disposées en rosettes, entières, sinuées, à fleurs en épis très allongés. — Le **Grand Plantain** (*P. major*), qui croît au bord des chemins, dans les prairies, etc., s'élève à 3 décimètres et plus ; l'épi, droit et cylindrique, a souvent plus d'un décimètre de long. Le grand Plantain a joui d'une très grande réputation auprès des médecins anciens ; on le regardait comme propre à arrêter les hémorragies, les vomissements, et comme un vulnéraire très efficace. On emploie aujourd'hui l'eau distillée de Plantain comme astringent contre les ophthalmies chroniques. — Le **Plantain d'eau** (*Alisma plantago*, L.) appartient à la famille des *Alismacées ;* sa tige, de 6 à 10 décimètres de haut, s'élève du milieu d'une rosette de feuilles radicales et donne naissance, dans sa partie supérieure, à plusieurs verticilles de rameaux disposés en panicule rameuse supportant les fleurs ; celles-ci ont trois sépales, trois pétales et six étamines. Le Plantain d'eau croît dans les fossés au bord des eaux. Sa racine passe, en Russie, comme très efficace contre l'hydrophobie ; mais, en réalité, elle est sans effet.

PLANTE. (Voir Végétal.)

PLANTES MARINES. Nous avons indiqué, aux mots Herbier, Herborisation, les moyens de recueillir et de conserver en collection les plantes terrestres, nous dirons ici quelques mots sur la manière de récolter et de préparer les Plantes marines. Les algues marines peuvent se répartir en trois familles assez naturelles, dont la couleur est un des caractères distinctifs les plus marquants. La première est celle des algues vertes ou zoospermées. Ces plantes abondent vers la limite des hautes eaux, surtout dans les flaques comprises dans la zone des marées ordinaires. La seconde famille, celle des algues brunes ou vert-olive, les phycées, est plus abondante vers la limite des basses marées et couvre les rochers de cette région : ce sont les fucus et les varechs. La troisième famille, celle des algues rouges, ou floridées, ne se rencontre guère que dans une eau profonde à l'abri de l'air et de la lumière. On les trouve à la limite des basses eaux, qui, lors des grandes marées, se retirent bien au delà du point où elles s'arrêtent habituellement. — On peut parfaitement conserver les Plantes marines ; elles offrent même sur les plantes terrestres cet avantage

Céramie élégante.

de garder intactes leurs formes et leurs couleurs : les algues vertes et les floridées gagnent en brillant et en coloris par leur exposition à la lumière et à l'air. Le meilleur procédé pour les recueillir est de les mettre dans une carafe à large goulot et remplie d'eau fraîche. Cette eau doit être renouvelée plusieurs fois, afin de bien débarrasser les plantes de tout leur sel, qui, étant déliquescent, attirerait l'humidité et la moisissure et amènerait infailliblement la prompte destruction de la collection entière. Lorsqu'elles ont été bien lavées, on plonge les algues une à une dans une large cuvette ou bassin rempli d'eau fraîche et bien claire, puis on glisse sous la plante flottante une feuille de beau et fort papier, sur lequel on étale et l'on sépare, à l'aide d'une longue aiguille, les petits rameaux en cherchant à donner à la plante le port qu'elle a naturellement dans la mer, comme le représente notre figure de la Céramie élégante. Cela fait, on retire doucement le papier de l'eau en soulevant avec lui l'algue, qui y reste attachée. Presque toutes les hydrophytes sont recouvertes d'un enduit gélatineux au moyen duquel elles adhèrent naturellement au papier; cependant, il vaut mieux les placer entre des feuilles de papier buvard, qu'il faut renouveler jusqu'à ce que la plante soit bien sèche.

PLANTIGRADES (de *planta*, plante des pieds, et *gradus*, marche). Tribu de la famille des MAMMIFÈRES CARNIVORES, composée d'animaux qui marchent sur la plante entière de leurs pieds de derrière : cette tribu comprend les genres *Ours, Raton, Coati, Blaireau*, etc. (voir ces mots), et répond à la famille actuelle des *Ursidés*.

PLANTULE. On désigne sous ce nom l'embryon végétal, au moment où il se développe par la germination.

PLAQUEMINIER. (Voir ÉBÉNIER.)

PLASME (du grec *plasma*, forme). On appelle ainsi la partie liquide du sang. (Voir ce mot.)

PLASTRON. On appelle ainsi la partie inférieure du double bouclier qui recouvre le corps des tortues. (Voir ce mot.)

PLATANE (du grec *platus*, large). Genre de plantes formant à lui seul la famille des *Platanées*. Les Platanes sont de grands arbres à rameaux cylindriques; à bourgeons écailleux, naissant dans la base des pétioles et recouverts par ceux-ci jusqu'à la chute des feuilles; celles-ci sont alternes, pétiolées, pal-

Platane.
a, fleur mâle; *b*, fleur femelle.

mées ou lobées, dentées, accompagnées de stipules solitaires; les fleurs précoces, très petites, monoïques, dépourvues de calice et de corolle, agrégées en capitules globuleux, entremêlées de petites écailles persistantes. Ces végétaux ont été classés à la suite des amentacées par Jussieu, et après les urticées par d'autres botanistes. Le **Platane commun** (*Platanus orientalis*), qu'on cultive si fréquemment en France aujourd'hui, y était inconnu avant 1750, époque à laquelle Buffon en fit planter un au Jardin des Plantes. Il croît spontanément en Orient, en Grèce,

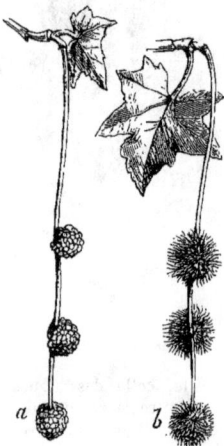

Platane commun.

en Sicile et en Calabre; il s'élève, dans son climat natal, jusqu'à 35 mètres, et son tronc est susceptible d'acquérir une grosseur prodigieuse. Pline fait mention d'un Platane qui existait de son temps en Lycie et dont le tronc, creusé par la vétusté, avait 26 mètres de circonférence. De Candole en cite un, près de Constantinople, dont les dimensions seraient supérieures. L'écorce en est lisse, la nouvelle d'un vert pâle et jaunâtre, l'ancienne, qui se détache chaque année par plaques, grisâtre ou brunâtre. Les branches sont nombreuses, très rameuses; la cime, ample et touffue, prend une forme arrondie. Les feuilles, assez semblables à celles de la vigne, sont larges, d'un vert gai. Le Platane prospère surtout dans les sols meubles et fertiles, au bord des eaux, mais il ne refuse de croître dans aucune espèce de terrain. Il se multiplie, avec autant de facilité que les saules, de boutures, de branches couchées ou même de tronçons de racine. Cet arbre donne beaucoup d'ombre et n'est point sujet aux ravages des insectes ; aussi le plante-t-on fréquemment dans le voisinage des habitations. Le bois de Platane est dur, pesant, tenace, marbré de veines réticulées ; en se desséchant, il devient d'un rouge terne et est susceptible d'un beau poli ; mais il a le défaut d'être trop hygrométrique, ce qui s'oppose à son emploi dans l'ébénisterie et les constructions. En revanche, c'est un excellent bois de chauffage. On emploie le bois des racines, d'un beau rouge veiné, pour les ouvrages de tour et de tabletterie.

PLATANE [Faux]. (Voir ÉRABLE.)

PLATANÉES. (Voir PLATANE.)

PLATESSA. Nom scientifique de la Plie.

PLATINE (de l'espagnol *platina*, diminutif de *plata*, argent). Métal d'un gris de plomb, approchant du blanc d'argent. Il est malléable, ductile, très tenace, et n'est fusible qu'au chalumeau à gaz oxyhydrique ; il est inaltérable à l'air et un seul acide l'attaque : c'est l'acide chlorhydro-azotique, connu sous le nom d'*eau régale*. Sa pesanteur spécifique est de 21,47 à 23, c'est par conséquent le plus lourd des métaux. Sa dureté tient le milieu entre celle du fer et celle du cuivre. On ne le trouve jamais pur dans la nature ; il est toujours mélangé et peut être allié avec d'autres métaux, tels que le rhodium, l'osmium, le palladium, l'or et le fer. Le Platine n'a été découvert qu'en 1735, dans des dépôts d'or d'alluvion de l'Amérique méridionale. On l'exploite au Brésil et en Russie, dans les monts Ourals. Dans les filons comme dans les dépôts de transport, il est toujours en grains plus ou moins gros ; on en a découvert du poids de 6 et même de 8 kilogrammes. L'inaltérabilité, l'infusibilité, la ténacité du Platine, enfin sa malléabilité qui permet de le réduire en feuilles extrêmement minces et en fils tellement ténus qu'à peine peut-on les apercevoir, le rendent très précieux, et font regretter qu'on ne puisse se le procurer à bon marché. Le prix du Platine ouvré est d'environ cinq fois celui de l'argent. Malgré son prix élevé, on s'en sert avec avantage pour fabriquer des chaudières et des alambics, qui sont fort utiles dans les fabriques de produits chimiques, ainsi que des creusets, des capsules et d'autres objets employés dans les laboratoires.

PLATRE. (Voir GYPSE.)

PLATYCÉPHALE (du grec *platus*, large, et *képhalê*, tête). Genre de poissons ACANTHOPTÉRYGIENS, famille des *Triglidés* ou *Joues cuirassées*. Ce genre a été détaché des Cottes pour des poissons de la mer des Indes qui offrent quelques différences d'organisation ; mais leur aspect général et leurs mœurs sont les mêmes. Le type du genre, le **Platycephalus insidiator**, se cache dans le sable pour surprendre les autres poissons. Il est brun en dessus, blanchâtre en dessous et long de 30 centimètres.

PLATYDACTYLE (du grec *platus*, large, et *daktulos*, doigt). Division de la famille des *Geckotidés*, caractérisée par la largeur des doigts. (Voir GECKO.)

PLATYRRHINIENS (de *platus*, large, et *rhin*, nez).

Groupe ou famille de Singes (Simiens) caractérisés par un nez aplati, sur les côtés duquel s'ouvrent les narines séparées entre elles par une large cloison. Ce groupe comprend tous les singes du nouveau continent. (Voir SINGES.)

PLATYRHYNCHUS (de *platus*, large, et *rhugchos*, bec, museau). Genre créé par Cuvier pour une espèce de phoque, le *Lion marin* (**Pl.** *leoninus*). (Voir PHOQUE.)

PLECTOGNATHES (de *plektos*, soudé, et *gnathos*, mâchoire). Groupe ou tribu de poissons de l'ordre des TÉLÉOSTÉENS caractérisés par la disposition de la mâchoire supérieure dont les os sont soudés au crâne, par l'appareil operculaire caché sous la peau et ne laissant à l'extérieur qu'une fente étroite. Ils manquent le plus souvent de nageoires abdominales. — On divise les Plectognathes en **Gymnodontes** et en **Sclérodermes** ; les premiers ont les mâchoires garnies d'une substance d'ivoire qui leur forme comme un bec : *Môles, Diodons;* les derniers ont des dents distinctes et la peau revêtue d'écailles dures ou de plaques osseuses : *Balistes, Coffres.*

PLÉSIOSAURE (du grec *plésios*, voisin, et *saura*, lézard). Nom donné à un reptile fossile de l'époque jurassique. Ce sont, dit Cuvier, ceux de tous les reptiles et peut-être de tous les animaux fossiles qui ressemblent le moins à tout ce que l'on connaît. Il avait une tête de serpent, armée de dents puissantes et crochues et supportée par un cou d'une longueur

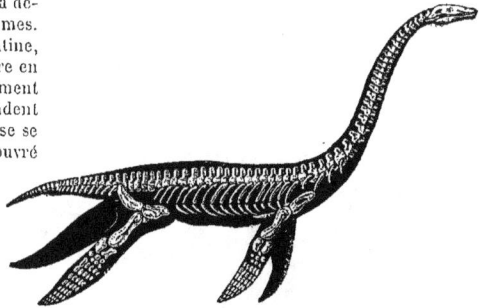

Plésiosaure du lias.

prodigieuse. Son corps, plutôt court, cylindrique et arrondi, était peut-être couvert d'écailles. Au point de jonction du cou et du tronc, une forte charpente osseuse supportait les nageoires, semblables à celles de l'ichthyosaure, mais plus longues et plus élancées ; les nageoires postérieures, pareilles aux antérieures, sont placées tout près de l'extrémité du tronc. La queue, de la longueur du tronc, était arrondie. On pourrait comparer cet étrange animal à un énorme serpent caché dans la carapace d'une tortue. Quelques espèces atteignaient de 5 à 6 mètres de longueur. Le Plésiosaure devait nager vigoureusement. La tête, qu'il portait très haut, embrassait de ses grands yeux un vaste horizon, et si les nageoires ne l'amenaient pas d'un seul bond sur sa proie, il pouvait y suppléer en lançant en avant, grâce à la longueur du cou, sa gueule armée de crocs formidables.

PLEUREUR [Saule]. Nom vulgaire du *Salix babylonica*. (Voir SAULE.)

PLEUROBRANCHE (*Pleurobranchia*). Genre de mollusques GASTÉROPODES PLEUROBRANCHES type de la famille des *Pleurobranchinés*. Ces animaux ont en général une coquille rudimentaire ovale, mince et interne, couverte par le manteau. Leur corps ovale, déprimé, couvert par le manteau et porté sur un pied large qui déborde, semble formé de deux disques superposés entre lesquels sont rangées les branchies au côté droit seulement; la tête, entre les deux disques, porte la bouche transverse et deux tentacules à la base desquels sont les yeux; elles est en outre surmontée d'un voile membraneux portant deux tentacules cylindriques. On en connaît deux espèces de la Méditerranée : Pleurobranchia tuberculosus et Pleurobranchia Forskalii, et plusieurs autres des mers chaudes.

PLEUROBRANCHES (du grec *pleura*, côté, et *brachia*, branchie). Ordre de mollusques GASTÉROPODES dont les branchies sont ou découvertes ou seulement protégées par un pli du manteau et situées à la partie postérieure du ventre. Il comprend les Pleurobranchinés, les Aplysiidés, les Dolabelles, les Bullidés, etc.

PLEUROCARPES (du grec *pleura*, côté, et *karpos*, fruit). (Voir MOUSSES.)

PLEURONECTES ou **PLEURONECTIDÉS** (du grec *pleura*, côté, et *nêktés*, nageur, qui nage sur le côté).

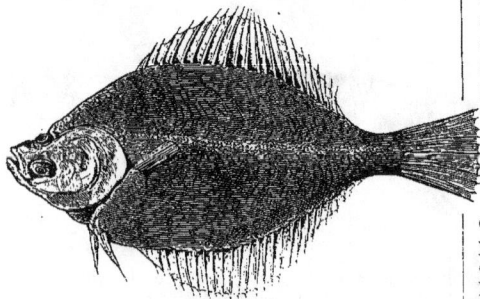

Limande.

Famille de poissons de l'ordre des TÉLÉOSTÉENS, tribu des *Anacanthines* (*Malacoptérygiens subbrachiens* de Cuvier). Ces poissons sont remarquables par le défaut de symétrie de leur tête où les deux yeux sont du même côté, disposition unique dans l'embranchement des vertébrés. Le reste du corps participe d'ailleurs un peu de cette anomalie ; le côté où sont les yeux est de couleur brune, tandis que l'autre est blanchâtre. Le corps de ces poissons,

très comprimé latéralement, leur a valu le nom vulgaire de *poissons plats*. Ils nagent obliquement, le côté des yeux en dessus, et sont privés de vessie natatoire. Ce genre comprend les plies (carrelet, limande), les turbots, les soles, les flétans, etc. (Voir ces mots.) La plupart de ces poissons sont renommés pour la délicatesse de leur chair.

PLÈVRE. Membrane séreuse qui enveloppe le poumon. (Voir POUMON et RESPIRATION.)

PLEXUS. Mot latin qui signifie *entrelacement*, et par lequel on désigne un entrecroisement multiple de branches nerveuses ou de vaisseaux.

PLICIPENNES. (Voir PHRYGANIDES.)

PLIE (*Platessa*). Genre de poissons de la famille des *Pleuronectidés* ou poissons plats; leur forme est rhomboïdale, les deux yeux sont à droite, et la dorsale ne s'avance que jusqu'au dessus de l'œil supérieur. — La Plie franche ou carrelet (*P. vulgaris*) est reconnaissable à six ou sept tubercules, formant

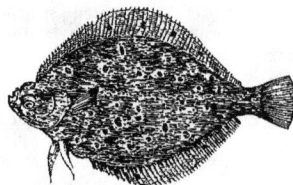

Plie : det.

une ligne sur le côté droit de sa tête, entre les yeux, et aux taches aurore qui relèvent le brun du corps de ce même côté. Elle est presque orbiculaire. Elle se pêche sur les côtes de la Manche et de la mer du Nord. C'est l'espèce de ce genre dont la chair est la plus tendre. — Le Flet ou picaud (*P. flesus*) est à peu près de même forme que la Plie, à taches plus pâles, n'ayant que de petits grains à la ligne saillante de sa tête; sa ligne latérale a des écailles hérissées; sa chair est de beaucoup inférieure à celle de la Plie. Il remonte fort haut dans les rivières, et beaucoup d'individus de cette espèce sont tournés en sens contraire. — Le Pôle (*P. pola*) est de forme oblongue, et distingué des autres Plies par une tête et une bouche plus petites. Son corps est lisse, et sa ligne latérale droite. On l'estime à l'égal de la sole. — La Limande (*P. limanda*) est de forme rhomboïdale comme le flet, présentant des yeux assez grands, et, entre eux, une ligne saillante. Ses écailles sont plus âpres que celles des précédentes, ce qui lui a valu son nom (dérivé de *lime*). Le côté des yeux est brun clair, avec quelques taches effacées, brunes et blanchâtres. Quoique petite on l'estime plus à Paris que la Plie, parce qu'elle supporte mieux le transport.

PLOMB. Métal gris, très ductile, malléable et très fusible (334 degrés); si mou qu'il se laisse rayer avec l'ongle ; très lourd (sa pesanteur spécifique est de 11 fois 1/2 celle de l'eau). Le Plomb est un des métaux les plus abondants ; mais on ne le trouve dans la nature que très rarement à l'état natif ; il est le plus souvent combiné, soit avec du soufre, soit avec l'oxygène. Combiné avec le soufre, il constitue le sulfure de Plomb ou *galène*, substance métallique composée de 13 parties de soufre pour 85 de plomb, cristallisant dans le système cubique. C'est le minerai de Plomb le plus abondant et le plus facile à traiter. Presque tout le Plomb qui se rencontre dans le commerce est extrait de la galène. Les procédés d'extraction consistent à griller le sulfure de Plomb avec du fer. — Le Plomb carbonaté ou *céruse* se rencontre également en filons exploitables ; c'est une substance nitreuse, blanche ou jaunâtre, brillante, cristallisant dans le système prismatique. Elle se compose de 70 à 80 pour 100 d'oxyde de plomb et de 12 à 16 d'acide carbonique. — Le Plomb oxydé jaune ou *massicot* et le Plomb oxydé rouge ou *minium* se rencontrent également dans la nature. — Le Plomb à l'état de pureté se ternit rapidement à l'air et se recouvre d'une mince couche d'oxyde qui ne tarde pas à absorber l'acide carbonique de l'air et à se changer en céruse ; il est inaltérable dans l'air privé d'acide carbonique. Ce métal ne décompose l'eau ni à froid ni à chaud. Le plomb à l'état métallique est connu depuis la plus haute antiquité. Ses usages sont très multipliés et bien connus de tout le monde. Fondu et mêlé avec la moitié de son poids d'étain, il forme la soudure des plombiers ; allié avec environ un quart de son poids d'antimoine, il constitue le métal des caractères d'imprimerie.

PLOMBAGINE. (Voir GRAPHITE.)

PLOMBAGINÉES (du genre *Plumbago*). Petite famille de plantes dicotylédones, monopétales, hypogynes, comprenant des herbes vivaces, à feuilles fasciculées, ou alternes ; à fleurs hermaphrodites régulières, à calice et corolle monopétales, cinq étamines, ovaire libre, uniloculaire, uniovulé, surmonté de cinq styles ; fruit capsulaire uniloculaire et monosperme. Cette famille comprend les genres *Plumbago* (dentelaire), *Armeria*, *Statice*.

PLONGEON (*Colymbus*). Genre d'oiseaux palmipèdes de la section des *Plongeurs* ou Brachyptères, famille des *Colymbidés*. Ils se distinguent par la conformation du bec, lisse, droit, comprimé, pointu ; les jambes situées très en arrière du corps, les tarses nus, réticulés, les doigts totalement palmés. Les Plongeons sont des oiseaux essentiellement aquatiques ; tous nagent avec facilité et la plupart plongent avec une rapidité telle qu'ils évitent souvent le plomb du chasseur. Mais ils marchent sur la terre avec une difficulté extrême, ce qui est dû à la position très reculée de leurs jambes. Leur habitation favorite est le bord des rivières, des lacs et des étangs. Ils se nourrissent de poissons qu'ils poursuivent jusqu'au fond de l'eau. A l'époque des pontes, les Plongeons viennent à terre ; ils pondent deux œufs jaunâtres marqués de taches brunâtres. A l'automne, ils abandonnent les contrées boréales

pour se porter vers des régions plus tempérées. Leur chair est coriace et a une odeur huileuse. — Le **grand Plongeon** ou **Imbrim** (*C. glacialis*), long de près de 1 mètre, a le dos brun noirâtre piqueté de

Plongeon.

blanc, le ventre blanc, la tête et le cou noirs nuancés de vert avec un collier blanc.

PLUMATELLES (de *pluma*, plume). Genre de molluscoïdes de la classe des *Bryozoaires*, connus longtemps sous le nom de Polypes fluviatiles, et vivant dans les eaux douces, principalement dans les mares et les étangs. Ce sont des animaux presque microscopiques, dont le corps en forme de tube transparent, porte à la partie supérieure un double rang de tentacules disposés en fer à cheval autour de la bouche. Flottant librement dans le jeune âge, les Plumatelles se fixent un peu plus tard par leur base, sécrètent un tube membraneux adhérant aux corps submergés et d'où partent, comme des branches successivement ramifiées, d'autres tubes sécrétés par les jeunes polypes issus du premier par gemmation comme des bourgeons. On trouve les Plumatelles assez communément dans les eaux stagnantes, fixées sous les feuilles des nymphœa et des potamogetons ; tels sont la **Plumatella campanulata** et **Plumatella repens**.

PLUMBAGO. (Voir DENTELAIRE.)

PLUME DE MER. (Voir PENNATULE.)

PLUMES. Téguments qui recouvrent le corps des oiseaux (voir ce mot) et qui remplacent chez eux les poils des mammifères. Les Plumes sont des productions épidermiques comme les poils, et comme eux, composées d'un bulbe producteur se développant dans des follicules de la peau, et d'une partie extérieure sécrétée. Sous le rapport de la forme, de la consistance, de la structure et des couleurs, les Plumes varient considérablement. Toutes sont, à de rares exceptions près, constituées par un tube ou tuyau, par une tige, prolongement de celui-ci, et enfin par des *barbes*, le plus ordinairement garnies elles-mêmes de *barbules* pourvues de crochets, destinés à retenir les barbes les unes à côté des autres, de manière à en former une lame solide et impénétrable à l'air. L'axe primaire ou tuyau corné renferme une substance spongieuse aréolaire qui n'est autre chose que la papille desséchée et flétrie. Les couleurs brillantes et irisées qui donnent un si bel éclat au plumage de certains oiseaux, ne paraissent dues qu'à des accidents de lumière.

PLUMULE. On emploie ce mot en botanique comme synonyme de Gemmule.

PLURILOCULAIRE (de *plures*, plusieurs, et *loculus*, loge). Qui a plusieurs loges ou cavités.

PLURIPARTITE (de *plures*, plusieurs, et *partitus*, divisé). Qui a plusieurs divisions.

PLUSIA. (Voir Noctuelles.)

PLUTEUS. (Voir Oursin.)

PLUTONIEN (Terrain). Les géologues donnent ce nom aux roches non stratifiées qui sont le résultat d'actions ignées, et qui forment le terrain primordial ou azoïque. (Voir Terre, Terrains, Roches, etc.)

PLUVIAN. (Voir Pluvier.)

PLUVIER (*Charadrius*). Oiseaux de l'ordre des Échassiers, famille des *Charadriadés* (Pressirostres de Cuvier), voisins des Outardes, dont ils se distinguent par leur bec grêle, renflé vers son extrémité; leurs pieds à trois doigts seulement en avant, le

Pluvier doré.

pouce manquant complètement; leurs ailes pointues, atteignant l'extrémité de la queue. Les Pluviers ou Pluviants doivent leur nom à ce qu'on ne les trouve chez nous qu'à l'époque des pluies de l'automne et du printemps. On les voit en troupes nombreuses sur les bords de la mer, des marais, des fleuves, poussant fréquemment un petit cri *hin, hin, hin*, et frappant la terre de leurs pieds pour en faire sortir les vers et autres petits animaux dont ils se nourrissent. Les Pluviers émigrent à l'automne, du nord au midi; leur vol n'est pas élevé; ils se rangent sur une seule ligne et avancent de front, en formant dans les airs des zones parfois très étendues. Les Pluviers ne font pas de nid, la femelle dépose dans quelque trou quatre à six œufs jaunâtres ou verdâtres tachés de noir ou de brun.

— Nous en possédons plusieurs espèces. La plus commune, le **Pluvier doré** (*C. pluvialis*), qui est de la taille d'une forte grive, et répandue sur presque tout le globe, a le plumage noirâtre, pointillé de jaune, avec la gorge et le ventre blancs. Il niche dans le Nord. Le Pluvier doré se trouve assez abondamment sur les marchés de Paris, où il passe pour un bon gibier. — Nous avons aussi le **Pluvier à collier** (*C. hiaticula*), que distingue le cercle de plumes noires qui entoure le cou; il est plus petit que le précédent et son plumage est plus clair. — Le **Pluvier guignard** (*C. morinellus*), plus petit encore, est revêtu de couleurs sombres. — La plupart des espèces étrangères portent des épines aux ailes ou des lambeaux charnus à la tête : tels sont le **Pluvier armé** (*C. spinosus*), d'Égypte, et le **Pluvier-pie**, des Indes, noir et blanc.

PNEUMOBRANCHES. (Voir Dipnés.)

POA. Nom scientifique du Paturin. (Voir ce mot.)

PODAGRAIRE (*Œgopodium*). Plante herbacée, ombellifère, à tige fistuleuse; à feuilles à segments larges, dentés, deux ou trois fois ternées; à fleurs blanches. Elle croît communément dans les lieux ombragés humides. Son nom de Podagraire (*Œ. podagraria*) et celui plus vulgaire d'*herbe aux goutteux*, lui viennent de ce qu'on lui attribuait autrefois la propriété de guérir la goutte. Elle est aujourd'hui sans usage.

PODALYRE. Nom scientifique du Papillon flambé. (Voir Papillon.)

PODALYRIA (nom mythologique). Genre de plantes de la famille des *Légumineuses papilionacées* comprenant des arbrisseaux à feuilles alternes, simples, à stipules subulées, à pédoncules axillaires uni ou pauciflores, à fleurs pourpres, roses ou blanches. Elles croissent principalement au cap de Bonne-Espérance. — La **Podalyria soyeuse** (*P. sericea*) se cultive dans les jardins; elle est haute de 1 mètre, à rameaux couverts de poils soyeux et comme argentés, à feuilles oblongues, mucronées, duveteuses; à pédoncules uniflores, à fleurs roses.

PODARGE. (Voir Engoulevent.)

PODOCARPE (du génitif *podos*, pied, et *karpos*, fruit). Grands arbres conifères très voisins des Ifs, qui croissent dans les contrées chaudes de l'hémisphère austral.— Le **Podocarpus dacrydioides**, de la Nouvelle-Zélande, atteint jusqu'à 65 mètres de haut. Les naturels en construisent leurs pirogues.

PODOPHTHALMES (du génitif *podos*, pied, et *ophthalmos*, œil). Genre de crustacés Décapodes brachyures du groupe des *Portuniens*, caractérisés par leur carapace en forme de quadrilatère très allongé et par leurs yeux portés sur de très longs pédoncules. C'est un crabe de l'océan Indien. (*Pod. vigil*).

PODOPHYLLE (du génitif *podos*, pied, et *phullon*, feuille). Genre de plantes de la famille des *Berbéridacées*, ne différant des berberis que par leur tige rhizomateuse. — Le **Podophylle en bouclier** (*P. peltatum*) est une herbe de l'Amérique du Nord, à rhizome vivace, émettant une tige aérienne simple, haute de 30 centimètres, terminée par deux feuilles larges comme la main, palmées, à cinq ou sept lobes, lobés eux-mêmes et dentés au sommet, et par une fleur unique, blanche, située entre les deux feuilles. On extrait de son rhizome une résine nommée *podophylline* très usitée en Amérique comme purgatif; elle est aussi employée en France.

PODOSPERME (de *pous, podos*, pied, et *sperma*, graine). Synonyme de Funicule.

PODURE (de *podos*, pied, et *oura*, queue). Genre d'insectes de l'ordre des ORTHOPTÈRES, groupe des *Thysanoures*, type de la famille des *Podurides*. Ce sont de très petits insectes aptères, au corps peu allongé, mou; leur tête porte deux antennes, courtes et épaisses, composées seulement de quatre articles, elle est munie de mandibules et de mâchoires; leur abdomen se termine par un appendice fourchu replié sous le ventre, et qui, en se redres-

Podura villosa très grossi.

sant brusquement comme un ressort, sert d'appareil du saut. On en connaît un assez grand nombre d'espèces. — Le **Podure des arbres** (*Podura arborea*), long de 3 à 4 millimètres, est une des espèces les plus grandes du genre. Il est d'un noir lisse et brillant, avec la base des antennes et du thorax jaune. Ce Podure se trouve communément sur les troncs vermoulus dans les bois. — Le **Podure gris** (*Podura plumbea*), de moitié plus petit, a l'appendice saltatoire de la longueur du corps. Cette espèce vit sur les plantes basses; elle est commune aux environs de Paris. — Le **Podure aquatique** (*Podura aquatica*) vit en nombre souvent considérable sur les feuilles des plantes aquatiques ou à la surface des eaux stagnantes, où il exécute ses sauts. Il est d'un noir mat. On trouve cette espèce jusque sur la neige. Le **Podure velu** (*Podura villosa*) est très commun partout.

PODURELLE. Nom par lequel Latreille désignait la famille des *Podurides*. (Voir ce mot.)

PODURIDÉS. Famille d'insectes APTÈRES du groupe des *Thysanoures*, rattaché aujourd'hui à l'ordre des ORTHOPTÈRES. Elle a pour type le genre *Podure* (voir ce mot), et comprend en outre les genres *Smynthurus* et *Orchesella*, très voisins des Podures.

PŒCILOPODES (du grec *poikilos*, varié, et *podes*, pieds). Groupe d'animaux arthropodes que l'on place à la suite des crustacés. Il ne comprend que le seul genre *Limule*. (Voir ce mot.)

POIL (*Pilus*). Prolongements filiformes qui garnissent l'enveloppe extérieure de beaucoup d'animaux et de plantes. On peut distinguer deux sortes de poils : les uns, tels que ceux des plantes et de tous les animaux à sang froid, ne sont que des appendices épidermiques; les autres, propres aux animaux à sang chaud, tels que les mammifères, se produisent comme les dents dans une capsule qui en renferme le germe et que sa forme ovale a fait comparer aux oignons et nommer *bulbe*. Ce bulbe est situé dans les couches profondes de la peau. (Voir ce mot.) Chaque Poil se compose d'une partie centrale spongieuse, dite *substance médullaire*, et

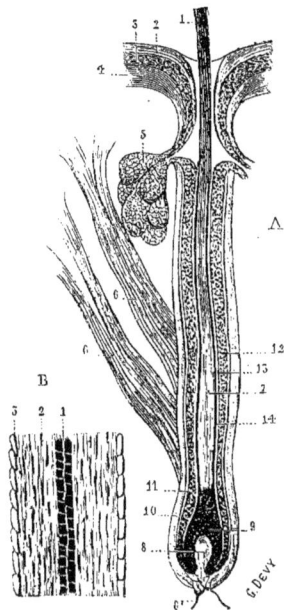

Poil humain.

A, coupe d'un follicule pileux (grossissement de 50 diamètres). 1, tige du poil; 2, couche cornée de l'épiderme; 3, couche muqueuse de Malpighi; 4, coupe du derme; 5, glande sébacée; 5', orifice d'une autre glande sébacée; 6, muscles lisses du poil; 7, racine du poil; 8, papille, 8', ses vaisseaux nourriciers; 9, bulbe; 10, tunique à fibres longitudinales et transversales; 11, couche amorphe; 12, gaine externe provenant de la couche de Malpighi; 13, gaine interne provenant de la couche épidermique cornée; 14, épiderme du poil.

B, coupe de la tige (grossissement de 350 diamètres). 1, moelle; 2, substance corticale du poil à noyaux linéaires; 3, épiderme.

d'une partie *corticale* plus dense, recouverte d'un fin épiderme ou *cuticule* formé de lamelles imbriquées. La partie corticale est composée de lames écailleuses empilées et soudées ensemble et sécrétées sans interruption par le bulbe; l'intérieur du Poil est occupé par un canal central ou des canaux interrompus, étroits, contenant des particules huileuses. Le bulbe ou l'organe producteur du Poil est toujours en rapport avec un réseau sanguin du derme et des filets nerveux qui lui donnent cette activité vitale, si remarquable dans l'âge viril, et qui diminue insensiblement avec l'âge. Il est renflé à son extrémité profonde (tête du poil); dans le follicule cette tête répond à la papille du follicule. Les plumes des oiseaux sont sécrétées par des organes analogues à ceux des Poils. (Voir Plumes.) Les Poils ne présentent pas les teintes vives qui sont propres à la majeure partie des plumes; leur couleur passe par des nuances variées du rouge au jaunâtre, et du noir au gris et au blanc. La décoloration que

Extrémité libre de deux cheveux de femme (Vibert).
(Grossissement de 250 diamètres.)

l'on remarque dans les Poils d'un grand nombre d'animaux, et qui affecte principalement ceux de l'homme dans sa vieillesse, paraît être due à l'interruption de la sécrétion de la matière colorante; interruption causée par l'âge ou par l'action du froid dans les climats septentrionaux. La forme des Poils est très variable : leur rareté ou leur abondance paraît être en rapport avec le plus ou moins d'épaisseur de la peau. Ainsi le pelage est bien fourni dans les carnassiers et les rongeurs, qui ont la peau mince; il est peu épais dans les ruminants; encore plus rare dans les pachydermes et presque nul dans la plupart des cétacés, tous animaux munis d'un cuir épais. Les piquants du porc-épic et de l'échidné, les écailles du pangolin et la corne du rhinocéros ne sont autre chose que des poils aglutinés ensemble.

POGONIAS (mot grec qui signifie *barbu*). (Voir Barbus.)

POIRE. Fruit du Poirier. (Voir ce mot.) C'est un drupe ou mélonide.

POIREAU (*Allium porrum*, L.). Plante potagère appartenant au même genre que l'ail, la ciboule, l'échalote, l'oignon, etc., et à la famille des *Liliacées*. Le Poireau se reconnaît à son bulbe allongé, à sa tige haute de 6 à 10 décimètres, pleine, garnie de feuilles planes, mais pliées en gouttières, linéaires lancéolées, de couleur glauque; à ses fleurs petites et blanchâtres, à étamines dont les filets sont alternativement simples et trifurqués au sommet; enfin, à son odeur particulière, moins forte que celle de ses congénères. L'emploi culinaire du Poireau n'est ignoré de personne. Cette plante jouit de propriétés diurétiques et apéritives.

POIRÉE. (Voir Bette.)

POIRIER (*Pirus*, Tourn.). Genre de la famille des *Rosacées*, tribu des *Pomacées*. Les variétés presque innombrables de Poiriers cultivées comme arbres fruitiers, sont considérées, à tort ou à raison, comme issues d'un seul type spécifique : le **Poirier commun** (*P. communis*, L.), qui croît spontanément dans les bois d'une grande partie de l'Europe, où il forme un arbre de 10 à 13 mètres de haut, à cime plus ou moins régulièrement pyramidale, à rameaux en général épineux, à feuilles ovales, pointues, finement dentelées, longuement pétiolées, d'un vert gai; à fleurs blanches, disposées en corymbes lâches : à fruit arrondi ou turbiné, petit, jaunâtre à la maturité, ayant une chair plus ou moins pierreuse et astringente. Sans aucun doute, la culture du Poirier remonte à l'antiquité la plus reculée : Homère le cite (sous le nom d'*ochné*) parmi les arbres des jardins d'Alcinoüs; du temps de Pline, les Romains en possédaient déjà plusieurs variétés

Fleur de Poirier.

fort estimées. Certaines poires, à chair sucrée et fondante, occupent à juste titre le premier rang parmi nos fruits de table; d'autres, plus ou moins astringentes à l'état cru, deviennent excellentes en compote, ou sont recherchées de préférence pour la préparation du poiré, boisson, comme l'on sait, assez analogue au cidre, mais plus capiteuse, et, par cette raison, fréquemment employée par les marchands pour falsifier les vins blancs. Parmi les espèces les plus estimées, il faut citer : le **Messire Jean**, gros fruit, presque rond, sucré, relevé; le **Petit muscat**, à la peau d'un vert jaunâtre, la chair agréable au goût, et légèrement musquée ; les **Poires de bon chrétien d'été**, de bon chrétien d'hiver, grosses et savoureuses; les **Bergamotes** sont de bons fruits juteux et sucrés, mais inférieurs aux précédents ; le **Beurré** est la poire par excellence, sa chair fondante et d'un goût délicieux donne un suc abondant et parfumé. Le **Saint-Germain**, l'**Angleterre**, le **Doyenné**, sont encore des poires de choix. Le bois des Poiriers est pesant, d'un grain uni et d'une couleur rougeâtre; teint en noir, il imite parfaitement l'ébène; il se fend rarement; aussi, est-ce un des meilleurs, après le buis et le cormier, qu'on puisse employer pour la gravure et la sculpture en bois; sa dureté et le poli dont il est susceptible le font rechercher pour les ouvrages de tour et d'ébénisterie; les luthiers en fabriquent des bassons, des flûtes et autres instruments; les charpentiers s'en servent pour les menues pièces des rouages des moulins; enfin, il est excellent comme combustible. Les Poiriers sont moins difficiles que les pommiers sur la nature du sol; ils prospèrent dans les terrains secs et pierreux; on les multiplie de graines, de drageons et de greffes; mais ceux qu'on obtient par les semis ne donnent d'ordinaire que des fruits plus ou moins âpres.

POIS (*Pisum*). Genre de plantes de la famille des *Légumineuses papilionacées*, tribu des *Viciées*. Ce sont des plantes herbacées, annuelles, dont quelques-unes ont une grande importance comme plantes potagères et fourragères. Elles sont glabres, à feuilles pennées, dont le pétiole commun se prolonge en vrille à son extrémité; leurs fleurs sont portées en nombre variable sur des pédoncules axillaires. Le fruit est une gousse ou légume oblong, qui renferme plusieurs graines arrondies. La principale espèce de ce genre, le **Pois cultivé** (*P. sativum*, L.), renferme un grand nombre de variétés, les unes hâtives, les autres tardives; les unes à cosse àparchemin, les autres à cosse sans parchemin : dans ces dernières, la gousse peut aussi servir de nourriture. Parmi les Pois de primeur, nous citerons seulement le **Pois de Francfort** ou **Pois Michaut**, de bonne qualité; le **Pois baron**, d'un grain petit ; le **Pois de Clamart** ou **carré fin**, dont les grains, serrés dans la cosse, sont comprimés ou aplatis sur leurs faces. On nomme **Pois nains** ceux dont la tige est peu élevée; il y en a sans parchemin. Les Pois tardifs sont en général plus gros que les Pois hâtifs; ils doivent être *ramés*, c'est-à-dire soutenus par un petit branchage, pour être plus productifs. Les Pois ne se mangent pas seulement verts : lorsqu'ils sont secs et concassés, ils donnent encore une bonne purée; on parvient même à les conserver verts pour l'arrière-saison. La cosse ou les tiges fraîches ou sèches des Pois composent un excellent fourrage pour les animaux.

Pois chiche. Cette plante appartient au genre *Cicer*

des botanistes; elle croît spontanément dans les moissons du midi de l'Europe, et on la cultive fréquemment dans les jardins. C'est une plante annuelle couverte de poils glanduleux, à feuilles imparipennées; les pédoncules axillaires, uniflores; la gousse renflée, cylindrique, renferme deux graines gibbeuses, tronquées d'un côté, et auquel on a trouvé quelque ressemblance avec la tête d'un bélier

Pois cultivé
(*Pisum sativum*).

Gousse du pois. — *g*, graine;
f, funicule ; *t*, trophosperme.

armé de cornes recourbées, d'où son nom latin *Cicer arietinum*. Le Pois chiche a servi à la nourriture de l'homme dès les temps les plus reculés ; de nos jours, il entre dans l'alimentation du peuple, en Égypte, en Syrie, en Espagne et dans tout le midi de l'Europe. Dans certaines contrées on en fait torréfier les graines qu'on emploie en guise de café.

Pois de senteur. Nom vulgaire de la Gesse odorante.

POISSONS. Les Poissons sont des animaux vertébrés, à sang rouge, qui respirent par des *branchies* et par l'intermède de l'eau; leur peau est nue et écailleuse. Cette classe d'animaux est une de celles qui se laissent le mieux limiter par des caractères bien tranchés et invariables. Les formes des Poissons sont admirablement en rapport avec le milieu dans lequel ils vivent : leur tête offre en général l'apparence d'une pyramide couchée, le sommet en avant, et dont la base se joint au reste du corps qui, lui-même, va en diminuant, ce qui leur permet de fendre l'eau avec facilité. Vertébrés, ils ont un squelette, le cerveau et la moelle épinière enveloppés dans la colonne vertébrale, quatre extrémités seulement, les organes des quatre premiers sens dans les cavités de la tête, etc. Vivant dans un liquide plus pesant et plus résistant que l'air, leurs forces motrices ont dû être disposées et calculées pour la progression, et l'élévation a dû pouvoir se faire aisément : de là les formes de moindre résistance de leur corps, la plus grande force musculaire donnée à leur queue, la brièveté de leurs membres, leur expansibilité, les téguments lisses ou écailleux et non hérissés par des plumes ou des poils. Ne respirant que par l'intermède de l'eau, c'est-à-dire ne profitant, pour rendre à leur sang les qualités artérielles, que de la petite quantité d'oxygène contenu dans l'air mêlé à l'eau, leur sang a dû rester froid, leur vitalité, l'énergie de leurs sens et de leurs mouvements ont dû être moindres que chez les mammifères et les oiseaux. Ainsi leur cerveau, bien que d'une composition semblable, est proportionnellement beaucoup plus petit, et les organes extérieurs des sens ne sont pas de nature à lui imprimer des ébranlements puissants. Les Poissons, en effet, sont de tous les vertébrés ceux qui donnent moins de signes apparents de sensibilité ; n'ayant point d'air élastique à leur disposition, ils sont demeurés muets. Leurs yeux comme immobiles, leur face osseuse et fixe, ne laissent aucun jeu à leur physionomie, aucune expression à leurs émotions. Leur oreille enfermée de toutes parts dans les os du crâne, sans conque extérieure, sans limaçon à l'intérieur, composée seulement de quelques sacs et canaux membraneux, doit leur suffire à peine pour distinguer les sons. Leur vue même, dans les profondeurs où ils vivent, aurait peu d'occasion de s'exercer, si la plupart des espèces n'avaient, à la grandeur de leurs yeux, un moyen de suppléer à la faiblesse de la lumière. Mais cet œil ne peut changer ses dimensions et s'accommoder aux distances des objets ; sa pupille demeure de même à tous les degrés de lumière. Aucune paupière ne protège cet œil. Ne pouvant se nourrir qu'en poursuivant à la nage une proie qui nage elle-même plus ou moins rapidement ; n'ayant de moyens de la saisir que de l'engloutir, un sentiment délicat des saveurs leur aurait été inutile ; aussi leur langue presque immobile, souvent osseuse ou cuirassée par des plaques dentaires, et ne recevant que des nerfs grêles et en petit nombre, nous montre que l'organe est émoussé. L'odorat même ne peut être aussi continuellement en exercice dans les poissons, que dans les animaux qui respirent et qui ont sans cesse les narines traversées par les vapeurs odorantes. Enfin leur tact, presque annulé à la surface de leur corps par les écailles, et dans leurs membres par la sécheresse des membranes qui les enveloppent, ne peut résider que dans leurs lèvres, qui même souvent sont réduites à une dureté osseuse et

insensible. Ainsi les sens extérieurs des poissons leur donnent peu d'impressions vives et nettes, la nature qui les entoure ne doit les affecter que d'une manière confuse. Leur besoin continuel, celui qui seul, hors la reproduction, les agite et les entraîne, leur passion dominante enfin doit être d'assouvir le sentiment intérieur de la faim ; poursuivre une proie ou échapper à un destructeur font l'occupation de leur vie. A peine a-t-il été donné, dans quelques espèces, aux deux sexes de s'apparier. Dans les autres, les mâles sont réduits à féconder les œufs dont ils ne connaissent point la mère et dont ils ne verront point les produits, en les arrosant de leur laitance. Les plaisirs de la maternité sont également étrangers au grand nombre des espèces ; quelques-unes seulement portent pendant quelque temps leurs œufs avec elles, et l'on ne connaît guère que l'épinoche et deux ou trois autres, qui se construisent un nid pour y déposer leur progéniture. — Le squelette des Poissons est ordinairement osseux ; mais, chez un assez grand nombre de ces animaux, il reste constamment à l'état de cartilage. La colonne vertébrale s'étend de la tête à l'extrémité de la queue, elle donne attache aux arêtes qui représentent les côtes. En arrière de la tête se trouve une espèce de ceinture osseuse, constituée sur les côtés par les os analogues à ceux du bras. C'est sur cette ceinture que vient battre l'espèce de volet mobile, appelé *opercule*, qui ouvre et ferme alternativement l'ouverture des *ouïes*, chargée de livrer passage à l'eau qui a servi à la respiration en traversant les branchies. Beaucoup de Poissons ont une *vessie natatoire*, appareil particulier situé sous la colonne vertébrale, à peu près vers la moitié du corps, et au moyen duquel ils peuvent rendre leur poids spécifique supérieur ou inférieur à celui de l'eau, et, par conséquent, s'enfoncer ou s'élever dans ce liquide. Ils en augmentent ou en diminuent le volume à volonté, et partant, opèrent un déplacement plus ou moins considérable du liquide sans changer leur propre poids absolu. La vessie natatoire est souvent close ou absente, comme chez les Pleuronectes et les Gades ; souvent aussi elle communique avec l'extérieur par un canal qui s'ouvre soit dans l'œsophage, soit dans la cavité branchiale ; de sorte que le gaz qu'elle contient peut être chassé au dehors et que du gaz nouveau peut y être introduit. Organe d'équilibre chez la plupart, la vessie natatoire devient pour quelques espèces un organe de respiration, un véritable poumon ; tels sont les Dipnés. (Voir ce mot.)

La respiration et la circulation sont peu actives chez les Poissons ; le sang veineux, rampant en nombreux filets à la surface des peignes branchiaux (voir Branchies), trouve à peine assez d'oxygène pour reprendre ses qualités vivifiantes ; aussi est-il froid comme celui des reptiles. Le cœur n'est composé que d'un ventricule et d'une oreillette, et représente par conséquent la moitié droite d'un cœur de mammifère ou d'oiseau. Le sang sort du ventricule pour se rendre aux branchies, et, après avoir subi l'influence vivifiante de l'air, il passe directement dans les vaisseaux artériels qui le transportent dans toutes les parties du corps; puis, après avoir servi à la nutrition des organes, il est rappelé par les veines dans l'oreillette du cœur qui le reverse dans le ventricule, d'où il s'échappe de nouveau pour retourner à l'appareil respiratoire. La digestion se fait très rapidement, et le chyle est absorbé par de nombreux vaisseaux lymphatiques qui aboutissent par plusieurs troncs dans le système veineux près du cœur. Les dents, en forme de cônes ou de crochets, sont simplement soudées à l'os qui les porte. — Les Poissons se reproduisent pour la plupart par des œufs mous que pondent les femelles et qui sont fécondés par les mâles après la ponte; mais quelques espèces sont ovovivipares, ce sont celles chez lesquelles il y a accouplement; tels sont les squales. Toutes les eaux douces ou marines renferment des Poissons; les uns n'habitent que les mers, les autres séjournent

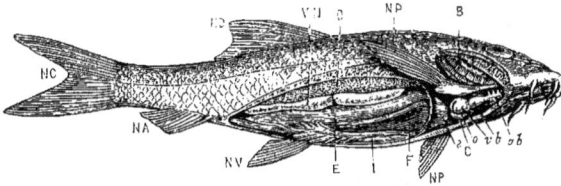

Anatomie du Poisson.

B, branchies; C, cœur; E, estomac; F, foie; I, intestin; O, ovaire; V N, vessie natatoire; N P, nageoires pectorales; N D, nageoire dorsale; N V, nageoire ventrale gauche; N A, nageoire anale; N C, nageoire caudale; a b, artère branchiale; b, bulbe artériel; v, ventricule; o, oreillette; s, sinus veineux.

exclusivement dans les eaux douces, d'autres enfin passent sans inconvénient des unes dans les autres. Quelques espèces ont la faculté de sortir de l'eau et de s'avancer plus ou moins loin des rivières et des étangs; mais la plupart ne tardent pas à mourir hors de leur élément. Le nombre des Poissons est immense, et beaucoup d'entre eux offrent à l'homme une nourriture saine et agréable; la fécondité de certaines espèces est telle qu'on a compté des millions d'œufs dans un seul individu. Mais ces œufs, que la femelle livre aux eaux, à peu près comme l'arbre livre au vent ses graines, sont soumis à mille chances de destruction; et un centième de la ponte tout au plus donne des produits. C'est dans le but d'empêcher cette perte énorme, que deux simples pêcheurs des Vosges, Gehin et Rémy, dont les noms méritent d'être inscrits parmi ceux des bienfaiteurs de l'humanité, ont créé l'art de la *pisciculture*. Cet art consiste à recueillir les œufs, chez les femelles prêtes à frayer, à les mêler à la laitance des mâles, et à les placer dans les meilleures conditions d'éclosion; puis à protéger, nourrir et laisser grandir le petit poisson en écartant tout ce qui pourrait nuire à son développement, de manière à

ne le livrer aux eaux libres qu'au moment où il est en état de se préserver par lui-même. Le principe de ces opérations est aujourd'hui acquis à la science et à la pratique. — Cuvier, dont la classification est encore adoptée presque intacte par beaucoup de naturalistes, partage les Poissons en deux séries: les *Poissons osseux* et les *Poissons cartilagineux*. Ceux des Poissons osseux qui ont la mâchoire supérieure mobile sont dits **Acanthoptérygiens** (*akantha*, épine; *ptérugion*, nageoire), quand les rayons de leur nageoire dorsale antérieure sont osseux; ils constituent le premier ordre. Tous ceux qui ont les rayons de leurs nageoires mous, à l'exception de quelques-uns seulement, sont appelés **Malacoptérygiens** (*malakos*, mou); ils forment le deuxième, le troisième et le quatrième ordre. Les Malacoptérygiens *abdominaux* ont les nageoires ventrales situées à la partie postérieure de l'abdomen: ce sont la plupart des Poissons d'eau douce, tels que les cyprins (carpes, barbeaux, tanches, ables ou ablettes, goujons), les saumons (saumon, truite, éperlans, ombres), les clupes (hareng, sardine, alose, anchois), etc. Les Malacoptérygiens *subbrachiens* ont les nageoires ventrales attachées à l'appareil de l'épaule; ils forment deux familles: les gades (morues, merlans, merluches, lottes), et les poissons plats (pleuronectes, plies, turbots, soles). Dans les Malacoptérygiens *apodes* (*a* privatif et *pous*, pied), les ventrales n'existent pas (anguilles, congres, murènes, etc.) Le cinquième ordre de la série des Poissons osseux comprend ceux qui, tout en ayant la mâchoire supérieure mobile comme les précédents, en diffèrent par leurs branchies qui, au lieu de former une sorte de peigne, sont disposées en houppes rondes, d'où leur vient leur nom de **Lophobranches** (*lophos*, éminent). Le sixième ordre enfin renferme ceux dont la mâchoire supérieure est engrenée au crâne: ce sont les **Plectognathes** (*plèktó*, je joins, et *gnathos*, mâchoire). La série des Poissons cartilagineux ou **Chondroptérygiens** (*chondros*, cartilage) comprend ceux qui ont les branchies libres, une seule ouverture à chaque opercule, et qui forment le septième ordre de la classe des Poissons, les **Sturioniens** (esturgeons, sterlet), et ceux qui ont les branchies adhérentes et plusieurs ouvertures branchiales. Ceux-ci, aussi nommés Chondroptérygiens à branchies fixes, par opposition aux Chondroptérygiens à branchies libres donnée aux Sturioniens, constituent les deux derniers ordres: les **Sélaciens** à mâchoire supérieure mobile (squales et requins, marteaux, scies, raies et torpilles), et les **Cyclostomes** ou suceurs, qui ont les mâchoires soudées en un cercle osseux immobile (lamproies).

Cette classification, suivie par la généralité des naturalistes jusque dans ces derniers temps, a été quelque peu modifiée. Voici celle adoptée actuellement au Muséum :

peigne ; cette division comprend les Acanthoptérygiens de Cuvier, en y adjoignant les Pleuronectes ;

Division des Poissons en ordres :

				Ordres correspondants de la classification de Cuvier.
Poissons pourvus de poumons et de branchies...			DIPNÉS.	»
Poissons dépourvus de poumons.	Une valvule spirale dans l'intestin.	Branchies formées d'arcs osseux libres, couverts par un opercule ; squelette osseux ou cartilagineux.	GANOÏDES.	STURIONIENS.
		Point d'opercules ; une série de fentes branchiales de chaque côté du cou ; squelette cartilagineux.	SÉLACIENS.	SÉLACIENS.
	Pas de valvule spirale dans l'intestin.	Un cœur.	Squelette osseux ; des arcs branchiaux et un opercule..................	TÉLÉOSTÉENS.	ACANTHOPTÉRYGIENS. MALACOPTÉRYGIENS. LOPHOBRANCHES. PLECTOGNATHES.
		Squelette cartilagineux, des poches branchiales de chaque côté du cou..	CYCLOSTOMES.	CYCLOSTOMES.
		Point de cœur...............................	ACARDIENS.	»

Par l'ordre des DIPNÉS (voir ce mot), les Poissons se rattachent aux Batraciens, et par celui des ACARDIENS (*Amphioxus*), ils se relient aux invertébrés par les Ascidies.

On nomme vulgairement :

Poisson-bœuf, le Lamantin ;

Poisson-chirurgien, certains Acanthures à épines saillantes ;

Poisson-coffre, les Ostracions ;

Poisson électrique, la Torpille et le Gymnote ;

Poisson-licorne, le Narval ;

Poissons plats, les Pleuronectes ;

Poisson de Saint-Pierre, la Dorée ;

Poisson souffleur, des Cétacés : Cachalot, Dauphin ;

Poisson volant, les Exocets.

POISSONS FOSSILES. Les Poissons ont fourni un grand nombre de fossiles aux diverses couches géologiques ; c'est à eux qu'appartiennent les premiers représentants du type vertébré. Agassiz, à qui l'on doit les travaux les plus importants sur les Poissons fossiles, a basé sa classification sur la forme et la structure des écailles dont leur corps est couvert. Ces écailles ou leur empreinte sont souvent, en effet, la seule trace qu'aient laissée ces animaux de leur existence, et leurs caractères s'appliquent d'ailleurs parfaitement aux Poissons actuels ; car, dans tous, la disposition de l'enveloppe écailleuse qui protège leur corps est liée par d'étroits rapports à leur organisation intérieure. Ce zoologiste divise donc les Poissons en quatre ordres : 1° les Placoïdes, caractérisés par les plaques d'émail qui recouvrent leur peau d'une manière irrégulière soit en larges plaques, soit en tubercules ou en petits points granuleux ; les Placoïdes comprennent les Poissons cartilagineux de Cuvier à l'exclusion des Esturgeons ; 2° les Ganoïdes, caractérisés par des écailles anguleuses composées de plaques osseuses ou cornées que revêt une lame mince d'émail, desquels il faut rapprocher les Plectognathes, les Syngnathes et les Sturioniens ; 3° les Cténoïdes, à écailles formées d'une lame cornée et d'une lame osseuse sans couche d'émail ; ces écailles sont dentelées ou pectinées à leur bord postérieur comme les dents d'un

4° enfin les Cycloïdes ou Poissons à écailles formées de lames cornées ou osseuses, dépourvues d'émail et à bords arrondis. Cette division répond aux Malacoptérygiens de Cuvier, moins les Pleuronectes. — Les deux premiers ordres apparaissent seuls dans les terrains géologiques qui précèdent la craie ; les deux derniers, qui comprennent à eux seuls plus des trois quarts des espèces connues des Poissons vivants, paraissent pour la première fois dans la craie, où disparaissent en même temps tous les genres fossiles des deux premiers ordres qui avaient existé précédemment. (Voir PALÉONTOLOGIE.)

POITRINE. On nomme ainsi la cavité formée par la colonne vertébrale, le sternum et les côtes, auxquels se rattachent les muscles intercostaux et le diaphragme. Cette espèce de cage osseuse renferme les organes de la respiration et de la circulation. (Voir ces mots.)

POIVRE. Fruit du Poivrier. (Voir ce mot.) — On donne encore ce nom à certaines graines qui, par leur saveur aromatique ou brûlante, rappellent celle du Poivre. Ainsi l'on appelle :

Poivre d'Afrique, les graines de l'*Uvaria aromatica* ;

Poivre d'Amérique, le *Schinus molle* ;

Poivre d'eau, le *Polygonum hydropiper* ;

Poivre de Guinée, les Piments à saveur très piquante ;

Poivre de la Jamaïque, le Myrte piment ;

Poivre de muraille, le *Sedum âcre* ;

Poivre long, les Piments.

POIVRIER (*Piper*). Genre de plantes type de la famille des *Pipéracées*, renfermant des espèces nombreuses, dont beaucoup sont remarquables par les propriétés aromatiques et stimulantes de leur fruit. Presque tous les Poivriers habitent la zone équatoriale ; ce sont des arbustes sarmenteux ou des herbes succulentes, à feuilles alternes, simples, entières, fortement nervées et veinées ; leurs fleurs hermaphrodites ou dioïques sont privées de calice et de corolle, disposées en chatons, et en général très petites. L'espèce qui fournit le poivre noir du commerce (sinon en totalité, du moins en grande partie) est le **Poivre noir** (*P. nigrum*), indigène dans l'Inde et dans les îles de la Sonde. C'est un arbuste à tige grimpante, flexueuse, dichotome, produisant de petites racines à toutes les articulations ; les feuilles sont alternes, pétiolées, d'un vert gai, luisantes, ovales pointues, à cinq ou sept nervures, longues de 10 à 15 centimètres et disposées sur deux rangs. Les chatons naissent vis-à-vis les feuilles : ils sont longs de 8 à 15 centimètres, grêles, lâches, pédonculés et pendants ; les fleurs sont monoïques ou polygames. Le fruit est une petite baie globuleuse, d'abord verte, puis rouge, enfin noirâtre à la maturité. Ce Poivrier est cultivé en grand dans presque

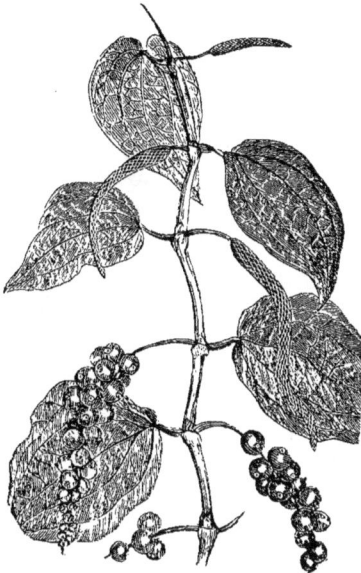

Poivrier noir.

toute l'Asie équatoriale ; depuis la fin du dernier siècle seulement, on s'occupe de cette culture aux îles de France et de Bourbon, ainsi qu'aux Antilles et à Cayenne. Ce végétal prospère surtout dans les localités humides et ombragées. On récolte les chatons dès que quelques-uns des fruits qu'ils portent se colorent en rouge, sans attendre la maturité complète ; on met sécher ces chatons au soleil, où les fruits finissent par acquérir la couleur noire sous laquelle ils nous arrivent en Europe. Les fruits dont la maturité est trop avancée perdent en grande partie leur arome. Le Poivrier produit ordinairement deux récoltes par an. Le poivre le plus estimé de l'Inde est celui de la côte de Malabar ; cette contrée en produit 8 et 9 millions de livres par année. On distingue dans le commerce deux sortes de poivres, savoir : le noir et le blanc ; le premier est le fruit entier ; l'autre n'est constitué que par la

graine, dépouillée de l'enveloppe charnue qui est la partie la plus stimulante. Le poivre noir est une des épices le plus anciennement employées par l'homme. Déjà du temps de Théophraste et de Dioscoride, les Grecs le connaissaient ; et il a été pendant longtemps le principal objet du commerce de l'Europe avec l'Inde. — Le **Bétel**, autre espèce de Poivrier, a déjà été le sujet d'un article particulier. (Voir BÉTEL.) — Le **Cubèbe**, ou poivre à queue, est également le fruit d'un Poivrier, le *Piper cubeba*, L., qu'on cultive fréquemment à Java ; ce fruit est noirâtre, du volume d'un pois, rétréci à sa base en un court stipe ; sa saveur est analogue à celle du poivre noir, mais moins brûlante. En médecine, on l'emploie comme médicament éminemment tonique, stimulant et antiblennorrhagique. — Plusieurs espèces de Poivriers de la Polynésie, entre autres le **Piper longifolium** et le **Piper methysticum** de Forster, sont remarquables par leurs propriétés narcotiques ; les insulaires de ces parages savent en préparer une boisson enivrante. — Plusieurs végétaux qui n'appartiennent pas à ce genre, sont désignés vulgairement sous le nom de *Poivrier* accompagné de diverses épithètes. — Le **Poivrier de la Jamaïque** est le *Myrtus pimenta*, ou toute-épice. (Voir MYRTE.)

POIX. Substance résineuse que l'on retire des pins et des sapins.

POLATOUCHE. Genre de mammifères RONGEURS de la famille des *Sciuridés*, séparés des écureuils en ce que la peau de leurs flancs, s'étendant entre les jambes de devant et de derrière et formant une sorte de parachute lorsqu'ils les écartent, leur donne la faculté de se soutenir en l'air quelques instants et de faire de très grands sauts. Leurs pieds ont de longs appendices osseux, qui soutiennent une partie de cette membrane latérale. On a divisé les Polatouches en deux sections, les *Polatouches* et les *Ptéromys*. Les POLATOUCHES comprennent l'*assapanick* ou **Polatouche** de Buffon, qui se trouve au Canada et aux États-Unis jusqu'en Virginie, et qui a le pelage d'un gris roussâtre en dessus, blanc en dessous ; c'est un petit animal très timide, triste et nocturne comme tous ceux de son genre ; le **Polatouka** (*Sciurus volans*, L.), un peu plus grand que le précédent, à pelage d'un gris cendré en dessus, blanc en dessous, et qui se trouve dans presque toutes les forêts de bouleaux et de pins du nord de l'Europe, en Sibérie, en Laponie, en Finlande, en Lithuanie, en Suède. On cite une variété blanche : le sik-sik, un peu plus petit que l'écureuil, à pelage d'un brun roussâtre en dessus et sur la tête, avec une raie noire sur les flancs, le corps blanchâtre en dessous ; il habite les forêts les plus froides de l'Amérique septentrionale. — Les PTÉROMYS (de *ptéron*, aile, et *mus*, rat) renferment le *taguan* ou **grand Écureuil volant** (*Sciurus petaurista*, L.), des Moluques et des Philippines, qui a la grandeur d'un chat, le pelage brun pointillé de blanc en dessus, gris en dessous, la queue presque noire ; le **Ptéromys bril-**

lant (*Pteromys nitidus*, E. Geoff.), de Java, qui ressemble au taguan, avec le pelage d'un brun marron foncé en dessus, roux brillant en dessous, la queue presque noire ; le **Ptéromys flèche** (*Sciurus sagitta*, G. Cuv.), aussi de Java, qui a 15 centimètres de longueur, le pelage d'un brun foncé en dessus, blanc en dessous, et la queue d'un brun clair.

POLÉMOINE (*Polemonium*). Genre de plantes dicotylédones type de la famille des *Polémoniacées*, dont une espèce, la **Polémoine bleue** (*P. cœruleum*), spontanée dans l'Europe orientale, se cultive dans les jardins sous le nom de *valériane bleue*. Elle est d'une culture facile et donne de nombreuses variétés à fleurs violettes, blanches ou panachées. C'est une plante herbacée de 8 à 10 décimètres de hauteur, légèrement pubescente, à feuilles ailées, alternes, à segments lancéolés, dont les fleurs nombreuses sont campanulées, presque rotacées, à cinq lobes. On connaît d'autres espèces, principalement de l'Amérique du Nord : la **Polémoine rampante** (*P. reptans*) et la **Polémoine brillante** (*P. pulcherrimum.*)

POLÉMONIACÉES. Famille de plantes dicotylédones, monopétales, hypogynes, composée d'herbes à feuilles alternes, sans stipules, qui habitent surtout l'Amérique, et ont pour caractères communs : fleurs hermaphrodites régulières à corolle monopétale, campanulée ou en entonnoir, à cinq étamines insérées à la gorge de la corolle ; ovaire triloculaire surmonté d'un style dont l'extrémité se divise en trois branches stigmatiques ; fruit capsulaire, s'ouvrant en deux ou trois valves et contenant des graines à tégument spongieux. Cette famille, qui fournit à l'horticulture plusieurs plantes intéressantes, comprend, outre le genre *Polemonium*, auquel elle doit son nom, les *Phlox*, les *Gilia* et les *Cobœa.*

POLEMONIUM. (Voir POLÉMOINE.)

POLIANTHES (du grec *polis*, ville, et *anthos*, fleur). Nom scientifique des Tubéreuses. (Voir ce mot.)

POLISTE. (Voir GUÊPE.)

POLLEN. Matière composée d'une immense quantité de petits grains, ordinairement jaunes et de formes diverses, plus ou moins visqueuse, et qui joue dans les plantes le rôle de la liqueur fécondante des animaux. (Voir FLEUR et REPRODUCTION.)

POLYADELPHIE (de *polus*, plusieurs, et *adelphos*, frère). Classe du système de Linné comprenant les plantes dont les étamines sont soudées par leurs filets en plus de deux faisceaux, comme dans l'oranger, le millepertuis, etc.

POLYANDRIE (du grec *polus*, beaucoup, et *andria*, virilité). Nom donné dans le système de Linné à une classe de plantes renfermant celles qui ont un grand nombre d'étamines réunies dans une même fleur, comme les rosacées, les renonculacées, etc.

POLYBORUS. Nom scientifique latin du genre *Caracara.* (Voir ce mot.)

POLYDESME (du grec *polus*, beaucoup, et *desmos*, ligament). Genre de la classe des MYRIAPODES, de l'ordre des CHILOGNATHES, dont les espèces, répandues en assez grand nombre dans diverses régions du globe, se distinguent par leurs segments moins nombreux que chez les Iules (vingt sans la tête), bien séparés, portant deux paires de pieds, sauf les trois premiers qui n'en ont qu'une. Les Polydesmes vivent sous les pierres ; le type du genre est le **Polydesmus complanatus**, qui se trouve dans toute l'Europe.

POLYGALE, *Polygala* (du grec *polus*, beaucoup, et *gala*, lait, à cause de la propriété qu'on lui attribue d'augmenter le lait des vaches et des brebis). Les Polygales sont des plantes herbacées, servant de type à la famille des *Polygalacées*, caractérisées par des fleurs irrégulières, hermaphrodites, à périanthe double, huit étamines soudées en tube, ovaire à deux loges uniovulées ; leurs feuilles sont alternes ; leurs fleurs papilionacées sont le plus souvent disposées en grappes terminales. — Le **Polygala commun** (*P. vulgaris*), vulgairement connu sous le nom d'*herbe à lait*, forme de petites touffes basses dont les tiges grêles, garnies de feuilles lancéolées, d'un vert foncé, se terminent par de petites grappes serrées de fleurs bleues ou rougeâtres. Cette plante, qui couvre souvent de vastes étendues de terrain dans les bois, au milieu des bruyères, et sur les pelouses sèches, passe pour augmenter le lait des bestiaux qui la broutent. — Le **Polygala amer** (*P. amara*), qui croît dans une grande partie de l'Europe et dont les jolies grappes bleues s'épanouissent pendant deux ou trois mois de l'été, offre dans toutes ses parties un principe amer auquel il doit des propriétés toniques et purgatives. — Le **Polygala de Virginie** (*P. senega*) ou *sénéga*, propre à l'Amérique septentrionale, haut de 15 à 20 centimètres, est une des plantes les plus précieuses, si elle possède réellement les propriétés qu'on lui attribue. Sa racine (*snake root* des Anglo-Américains) passe en Amérique pour un spécifique assuré contre la morsure des serpents venimeux, et même contre celle du terrible crotale, et les Indiens, lorsqu'ils voyagent, ne manquent jamais d'en emporter une provision avec eux. Elle est employée en Amérique comme tonique, stimulante, expectorante et diurétique, dans la pneumonie, l'asthme et le rhumatisme. En France, elle est beaucoup moins usitée. On l'admi-

Polygala commun ; *a*, fleur.

nistre en infusion (10 grammes par litre), en poudre et sous forme d'extrait alcoolique ; à petite dose, elle est expectorante ; à haute dose, elle est purgative et émétique. — On cultive souvent dans les jardins le **Polygala brillant**, originaire du cap de Bonne-Espérance ; c'est un arbuste qui s'élève à plus d'un mètre de hauteur et se fait remarquer par ses belles grappes pendantes de fleurs violettes.

POLYGALÉES ou **POLYGALACÉES**. Famille de plantes dicotylédones, polypétales, hypogynes, comprenant des herbes et des arbustes à feuilles généralement alternes, simples, sans stipules, à fleurs hermaphrodites, irrégulières, offrant un calice à cinq sépales, dont les deux latéraux plus amples et pétaloïdes, une corolle de trois à cinq pétales inégaux, tantôt libres, tantôt soudés par leur adhérence aux étamines réunies au tube, celles-ci au nombre de huit et soudées, ou deux à quatre libres ; ovaire libre, biloculaire ; fruit sec ou charnu, déhiscent ou indéhiscent. Cette famille comprend les genres *Polygala*, *Badiera*, *Xanthophyllum*, *Kramiera*, etc.

POLYGAME (du grec *polus*, plusieurs, et *gamos*, union). Se dit d'une plante qui porte à la fois, sur le même pied, des fleurs hermaphrodites et des fleurs unisexuées. Linné a donné le nom de *Polygamie* à une classe de plantes qui offrent cette organisation.

POLYGONACÉES (de *polygonum*, nom latin du genre Renouée). Famille de plantes dicotylédones, apétales, à fleurs petites, en épis ou en grappes ; à calice persistant, de trois à six divisions, souvent coloré ; quatre à dix étamines périgynes ; ovaire libre uniloculaire et uniovulé ; le fruit est un akène tétragone à une seule graine. Ce sont des plantes herbacées, à feuilles alternes, simples, munies de stipules en gaîne. Cette famille renferme plusieurs genres importants : *Polygonum* (renouée), *Rheum* (rhubarbe), *Fagopyrum* (sarrazin), *Rumex* (oseille).

POLYGONATUM (du grec *polus*, beaucoup, et *gonu*, nœud). Genre de plantes monocotylédones de la famille des *Liliacées*, qu'il ne faut pas confondre avec le genre *Polygonum*. Les Polygonatum sont des herbes vivaces, à feuilles sessiles ou amplexicaules, alternes ; à fleurs axillaires, très voisins des Convallaria dont ils diffèrent par leur périanthe tubuleux à six dents dressées. Le type du genre, **Polygonatum vulgare**, plus connu sous le nom vulgaire de *sceau de Salomon*, est très commun dans les bois. C'est une petite plante à rhizome traçant, noueux, produisant des tiges simples, anguleuses, à feuilles sessiles, à l'aisselle desquelles pendent une ou deux fleurs blanches. Le rhizome s'employait autrefois en infusion contre la goutte et la gravelle. — Le **Polygonatum multiflora** ou *grand sceau de Salomon*, également commun, plus grand que le précédent, à tige cylindrique, a ses fleurs groupées de trois à cinq à l'aisselle des feuilles.

POLYGONUM. (Voir Renouée.)

POLYGYNE (du grec *polus*, beaucoup, et *gyné*, fe-melle). Se dit des fleurs qui contiennent plusieurs pistils. Linné a donné le nom de Polygyne, dans son système, à un ordre de plantes qui offrent cette organisation ; les renoncules, le fraisier, le rosier, etc., sont polygynes.

POLYMORPHISME (de *polus*, beaucoup, et *morphé*, forme). On désigne sous ce nom le fait, pour certains animaux formant un tout, d'être composés par des individus agrégés et soudés ayant des organes communs, mais de structure différente et accomplissant des fonctions distinctes. C'est ce que l'on remarque surtout dans les cœlentérés médusaires siphonophores, où il y a des individus servant, les uns à la locomotion, les autres à la digestion, d'autres encore à la reproduction. (Voir Siphonophores.)

POLYNÉSIENS. Variété de l'espèce humaine répandue dans les îles et archipels de l'océan Pacifique, principalement la Nouvelle-Zélande, les îles Tonga, Samoa, Taïti, Marquises, Hawaï, etc. Cette race, très variable et très mêlée, dérive certainement de la branche mongoloïde. Les Polynésiens sont en général de haute taille, à forme et traits réguliers ; dolichocéphales prognathes ; à peau jaune ou brune ; à cheveux droits, noirs et rudes ; les yeux sont noirs, rarement obliques ; le nez de forme variable ; le crâne est souvent en carène, et sa capacité moyenne est de 1430 centimètres cubes.

POLYOMMATES (du grec *polus*, beaucoup, et *omma*, œil). Genre d'insectes Lépidoptères, section des Rhopalocères ou diurnes, de la famille des *Erycinidés*. Ce sont de jolis petits papillons de jour vulgairement connus sous le nom d'*argus*, à cause de la multitude de petites taches oculées que présente la face inférieure de leurs ailes. — On y distingue les *Thecla* dont les ailes inférieures sont prolongées en une petite queue : **Thecla betulæ**, **Thecla quercûs**, **Thecla W album** ; les Polyommates à ailes inférieures dépourvues de queue, à ailes d'un fauve doré en dessus, couvertes d'yeux en dessous : **Polyommatus phlœas**, **Polyommatus virgaureæ**, **Polyommatus hippothoë** ; les *Lycæna* ou *argus*, à ailes bleu d'azur en dessus, grises en dessous, couvertes d'yeux : **Lycœna adonis**, **Lycœna alexis**, **Lycœna arion**, **Lycœna corydon**, etc. — Les chenilles de ces papillons sont remarquables par leurs formes ramassées qui les fait ressembler à des cloportes.

POLYPE, *Polypus* (du grec *polus*, beaucoup, et *pous*, pied). Ce nom, que les anciens auteurs donnaient aux poulpes, fut appliqué plus tard aux hydres, aux animaux du corail et aux autres organismes marins que jusqu'au milieu du dix-huitième siècle, on avait placés parmi les plantes sous les noms de *lithophytes* et de *cératophytes*. Cuvier employa ce mot pour désigner la quatrième classe de ses animaux rayonnés ou zoophytes, comprenant tous ceux dont le corps cylindrique ou ovalaire n'a d'ouverture qu'à l'une de ses extrémités, laquelle est entourée de tentacules ; ce qui leur donne, en effet, une certaine ressemblance avec le poulpe. Plus tard, une étude plus approfondie fit reconnaître qu'il fallait en séparer certains d'entre eux que leur organisation rapproche des mollusques : ce sont les *Bryozoaires*, et que d'autres ne sont qu'un état transitoire d'une forme plus élevée qu'on appelle méduses. (Voir HYDROMÉDUSES.) Les Polypes proprement dits forment aujourd'hui la classe des CORALLIAIRES, nom préférable à celui d'*Anthozoaires* que leur donnent certains auteurs, ce dernier ayant le défaut d'être semblable par sa prononciation à celui d'*Entozoaires*, dont le sens est bien différent. En général, ces animaux ne restent pas isolés, mais forment des colonies qui résultent de la multiplication par scissiparité ou par bourgeonnement d'un Polype simple issu d'un œuf. Les individus ainsi produits restent unis par un tissu général commun appelé *sarcosome*, et sont en communication les uns avec les autres au moyen de canaux qui parcourent ce tissu et dans lesquels circule le fluide nourricier, de sorte qu'à côté de la vie propre à chaque habitant de la colonie, il existe une vie commune à la colonie tout entière. Presque tous vivent fixés par leur extrémité postérieure à des corps étrangers et n'exécutent d'autres mouvements que ceux de leurs tentacules, ayant pour but de déterminer dans l'eau, par leur agitation, un courant qui amène à leur bouche les corpuscules flottants, qui constituent leur nourriture. Ainsi agrégés les uns aux autres, ils forment des masses animées, de figures variées, vivant d'une vie commune, pourvues d'un seul corps avec des milliers d'estomacs et de bouches. Il y a des polypes entièrement mous et composés d'un tissu gélatineux d'une extrême ténuité. Chez d'autres, la portion inférieure de l'enveloppe tégumentaire sécrète un sel calcaire et prend une consistance cornée ou pierreuse, formant des tubes, des cellules, des lames, etc., que l'on appelle *polypiers*. Ces polypiers ou formations squelettiques sont le plus souvent constitués par des corpuscules calcaires nommés *spicules* qui se déposent dans les parties molles sous-tégumentaires. Quand ces spicules sont disséminés dans le tissu, ils lui donnent une consistance coriace, granuleuse (Alcyoniens); mais, quand ils sont en grand nombre et soudés, agglutinés entre eux, par une matière calcaire jouant le rôle de ciment (Corail), ils ont la dureté de la pierre. D'autres fois, la matière calcaire est remplacée par une substance organique qui donne au polypier la consistance de la corne (Gorgones). Parfois même le squelette est formé de portions alternativement cornées et calcaires (Isis). Les polypiers pierreux prennent souvent des proportions considérables; les Polypes meurent avec le temps, mais leur dépouille pierreuse reste. Les squelettes de chaque génération servant de base pour le développement d'autres Polypes, on voit d'énormes rochers, des bancs immenses s'élever du sein des mers tropicales, œuvre de chétifs animaux dont le corps n'a que quelques millimètres de longueur; tels sont les madrépores, les coraux, etc. Mais comme ces zoophytes ne peuvent vivre que dans l'eau, les polypiers cessent de s'élever aussitôt qu'ils ont atteint la surface de la mer; alors les graines apportées par les courants ou déposées par l'air, venant à y germer, les recouvre d'une riche végétation. Beaucoup d'îles de l'océan Pacifique n'ont pas une autre origine. (Voir ILES MADRÉPORIQUES.) Les espèces à polypier charnu ou corné vivent sous toutes les latitudes, mais les Polypes pierreux ne se trouvent guère que dans les climats chauds. (Voir CORALLIAIRES, MADRÉPORAIRES, etc.)

POLYPÉTALE (de *polus*, plusieurs, et *pétalon*, pétale). Corolle composée de plusieurs pétales distincts. Ce mot est synonyme de Dialypétale.

POLYPIER. (Voir POLYPE.)

POLYPODE, *Polypodium* (de *polus*, beaucoup, et de *pous*, pied, à cause de ses nombreuses racines entrelacées). Genre de plantes cryptogames de la famille des *Fougères*, caractérisé par ses sporanges en groupes arrondis, gros, épars sur les nervures ou dans les angles de la face inférieure des frondes, sans indusie, à nervures pennées, les secondaires anastomosées. — Le Polypode vulgaire ou *Polypode du chêne* (*P. vulgaris*) est commun au pied des arbres dans les bois ombragés, sur les rochers. Son rhizome, de la grosseur d'une plume d'oie, est aplati, jaunâtre, d'une odeur désagréable, d'une saveur douceâtre et âcre. On l'emploie en décoction comme purgatif.

POLYPOMÉDUSES. (Voir HYDROMÉDUSES.)

POLYPORE, *Polyporus* (de *polus*, beaucoup, et *poros*, pore). Genre de champignons hyménomycètes très voisins des Bolets dont ils ont été détachés. Ils s'en distinguent par leur chapeau généralement sessile, en forme de croûte ou de coquille, à tubes formés de parois distinctes et adhérant au chapeau. Ils croissent le plus souvent sur le tronc des vieux arbres. Tels sont : le **Polypore du Mélèze** (*P. officinalis*), improprement nommé *agaric blanc* dans l'ancienne pharmaceutique, qui l'employait comme purgatif drastique; le **Polypore amadouvier** (*P. igniarius*), qui sert à faire l'amadou. (Voir BOLET.)

POLYPTÈRE (de *polus*, beaucoup, et *ptéron*, nageoire). Genre de poissons osseux de l'ordre des GANOÏDES, section des *Rhombifères*, formant la petite famille des *Polyptéridés*. Ils se distinguent par le grand nombre de leurs nageoires dorsales, par la nageoire caudale arrondie, entourant le bout de la queue, par leur vessie natatoire double. Ils respirent pendant leur jeune âge par des branchies externes, comme les batraciens, ce qui les rapproche des Dipnés (voir ce mot). Leurs mâchoires sont garnies d'une rangée de dents coniques, et derrière sont des dents en râpe. — Le Polyptère du Nil ou *bichir*, trouvé dans le Nil par Et. Geoffroy Saint-Hilaire, est un assez grand poisson, au corps allongé, revêtu d'écailles pierreuses rhomboïdales; il a seize dorsales séparées et soutenues chacune par une forte épine. On ne connaît pas bien ses mœurs, mais son organisation indique qu'il est carnivore. Sa chair est bonne à manger. On en connaît une autre espèce du Sénégal (*P. senegalus*) qui n'a que douze dorsales.

POLYSÉPALE (de *polus*, plusieurs, et *sépale*). Se dit de plusieurs sépales distincts. Synonyme de Dialysépale.

POLYSPERME (de *polus*, plusieurs, et *sperma*, graine). Ovaire ou fruit contenant plusieurs graines.

POLYSTOME (de *polus*, plusieurs, et *stoma*, bouche). Genre de vers parasites de l'ordre des Trématodes, type de la famille des *Polystomidés*. Ce sont de très petits vers de forme discoïde, au corps aplati, ayant deux ventouses antérieures et plusieurs ventouses postérieures munies de crochets. Les Polystomes vivent en parasites sur la peau ou sur les branchies des poissons et autres animaux aquatiques.

POLYTRIC, *Polytrichum* (de *polus*, beaucoup, et *thrix*, poil). Genre de plantes cryptogames de la famille des *Mousses*, caractérisé par son urne terminale pédicellée, à coiffe petite, couverte de poils

Polytric commun.
a, sommet de la tige mâle; *b*, *c*, urnes de la tige femelle couvertes par la coiffe.

longs et dirigés en bas. Les mousses de ce genre sont les plus grandes de la famille, et celles dont la structure est la plus compliquée. Elles sont vivaces et se rencontrent sous tous les climats. Le type du genre, le **Polytric commun**, croît en touffes lâches très étendues, hautes de 2 à 4 décimètres; ses feuilles sont allongées, à nervure médiane très saillante; ses capsules quadrangulaires à coiffe couverte de longs poils retombants. On en fait des brosses très usitées pour l'apprêt de certaines étoffes.

POLYTRICHUM. (Voir Polytric.)

POLYZOÏQUES [Animaux] (de *polus*, beaucoup, et *zôon*, animal). On désigne sous ce nom les animaux qui vivent agrégés en colonie.

POMACANTHE (du grec *poma*, opercule, et *akantha*, épine). Genre de poissons Acanthoptérygiens de la famille des *Squamipennes*, détaché des *Chétodons* de Linné, dont ils diffèrent par leur préopercule armé d'un aiguillon, et par le nombre des épines dorsales (neuf à dix). — Le **Pomacanthe doré** (*Pomacanthus auratus*), de l'Amérique méridionale (mer des Antilles), est revêtu d'une belle teinte dorée avec l'extrémité des nageoires d'un beau vert d'émeraude; il atteint de 32 à 34 centimètres. Les Anglais de Saint-Thomas le nomment *parry*. — Le **Pomacanthe noir** (*P. paru*, Cuvier) est aussi grand, mais le fond de sa couleur est d'un brun noirâtre, uni sur la tête et sur les nageoires, et semé de traits verticaux un peu arqués et disposés en quinconce sur tout le corps. L'aiguillon du préopercule est jaune. A la Martinique, où il porte le nom de *portugais*, on en pêche du poids de 6 à 7 kilogrammes, et il y est très recherché. — Le **Pomacanthe arqué** (*P. arcuatus*, Lacépède) est d'une couleur générale mêlée de brun, de noir et de doré, qui renvoie, pour ainsi dire, des reflets et fait ressortir les cinq bandes qui partagent son corps, de manière à faire paraître l'animal comme revêtu de velours et comme orné de lames d'argent.

POMACÉES. Groupe de plantes caractérisé par la nature de son fruit, nommé *pomme* par les naturalistes (pommier, poirier), considéré longtemps comme une famille distincte, mais qui ne forme plus maintenant qu'une tribu de la famille des *Rosacées*. (Voir ce mot.)

POMME. Fruit du Pommier. — On nomme encore vulgairement : **Pomme d'amour**, la Tomate; **Pomme cannelle**, l'Anone; **Pomme épineuse**, la Stramoine; **Pomme d'or**, l'Orange; **Pomme de pin**, le fruit des Conifères; **Pomme rose**, le fruit du Jambosier; **Pomme d'Arménie**, l'Abricot.

POMME DE TERRE (*Solanum tuberosum*, L.). Cette plante, l'une des plus précieuses pour l'homme, est originaire de l'Amérique, d'où sir Francis Drake, en 1586, et sir Walter Raleigh, vingt ans après, la rapportèrent en Angleterre. Son introduction en France date du dernier siècle, et c'est à Parmentier que l'on doit ce bienfait. Cette plante, qui appartient aux Solanées (voir ce mot), est bien connue de tout le monde, du pauvre comme du riche; car elle est cultivée en France sur près d'un million d'hectares, et elle entre pour un sixième dans l'alimentation générale des habitants. La culture européenne, loin d'altérer ses qualités, lui en a fait acquérir de nouvelles. Ses tubercules, d'abord d'une faible grosseur, se sont modifiés dans leurs formes et leur couleur autant que dans leur volume. Grâce aux semis, l'horticulture a pu obtenir les variétés délicates qui figurent sous tant d'aspects sur nos tables, et l'agriculture s'est emparée de celles que leur abondance rend particulièrement propres à la nourriture. La Pomme de terre est une des plus précieuses garanties contre les disettes : croissant à l'intérieur même de la couche labourable, abritée contre les orages et les intempéries qui peuvent frapper partiellement ses tiges sans atteindre ses rhizomes, elle a beaucoup moins que les blés à redouter les météores atmosphériques ; et, quoique ses produits soient loin d'être toujours aussi abondants, il est fort rare qu'ils manquent tout à fait. A peu près indifférentes sur la nature du sol, les Pommes de terre ont besoin d'être fumées ; elles fournissent du reste elles-mêmes les matières fécondantes qu'elles réclament lorsqu'on les fait consommer par les animaux. La culture des Pommes de terre est très variée. Elles réussissent de préférence dans les sols légers, quoique substantiels ; mais elles viennent à peu près partout, plus savoureuses ou plus volumineuses, suivant que la couche arable est plus sèche ou contient une plus grande quantité d'eau. Le mode de reproduction usuelle consiste à planter des tubercules entiers, s'ils sont de moyenne grosseur, ou coupés en deux ou trois morceaux, si leur volume est considérable, en ayant soin toutefois que chaque morceau porte un œil. On les met en terre au printemps pour récolter en août et septembre. La Pomme de terre, ou *morelle tubéreuse*, a donné à la culture un nombre extrêmement considérable de variétés ; les plus connues et les plus utiles sont parmi les variétés *hâtives* qui donnent leurs produits de très bonne heure, mais sont généralement peu productives : la **Naine**, la **Chave**, la

Pomme de terre.

Grosse jaune hâtive et la **Fine hâtive** ; parmi les variétés *tardives*, la **Truffe d'août**, le **Cornichon jaune**, le **Cornichon rouge** ou violet, les **Vitelottes**, la **Tardive d'Irlande**, la **Patraque blanche** et la **Patraque jaune**, dont la culture est la plus répandue en France. On se rappelle les maladies qui, dans le courant de ce siècle, ont si malheureusement exercé leurs ravages dans les cultures de ce précieux végétal. La première de ces maladies paraît s'être manifestée pour la première fois en 1830 dans les contrées voisines du Rhin, d'où elle se répandit jusqu'en Bohême et en Silésie, réduisant des deux tiers les récoltes dans ces pays. Les tubercules qui en étaient affectés offraient d'abord des taches foncées ou réticulées, dues à la dessiccation de l'épiderme ; bientôt la dessiccation gagnait l'intérieur, lui donnant une teinte livide et noirâtre, et les tubercules entiers devenaient durs comme la pierre, au point de ne pouvoir se briser sous le marteau et de résister à l'action de l'eau bouillante et de la vapeur. Cette maladie est nommée en allemand *stockfaüle* ou *gangrène sèche*. M. de Martius, chargé par le gouvernement bavarois d'en étudier la nature, l'a attribuée à un champignon microscopique

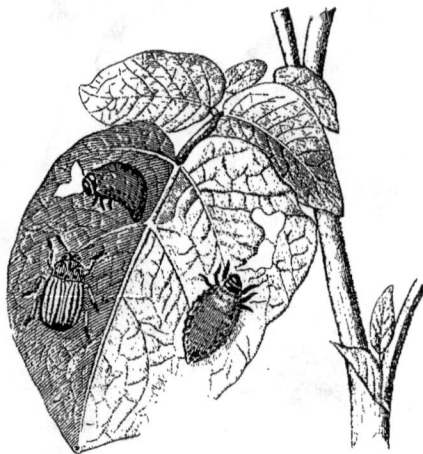

Doryphore (*Leptinotarsa decemlineata*), insecte parfait et larves.

qui se produirait en immense quantité au milieu du tissu cellulaire des tubercules (*Ann. des sciences naturelles*, sept. 1842). La seconde de ces maladies a produit des effets bien plus déplorables encore. Elle a commencé à se manifester en 1842, dans la Belgique et la Hollande, puis en Allemagne, en France et dans la Grande-Bretagne, pour reparaître plusieurs années de suite, détruisant en entier la récolte de la Pomme de terre sur plusieurs points, et notamment en Irlande. Cette maladie se manifeste par des taches brunes sur les fanes, qui ne tardent pas à périr, et dans les tubercules par la production d'une matière jaune qui pénètre toute la masse et en amène bientôt la décomposition. Cette maladie est due, comme pour la gangrène sèche, à un champignon microscopique, le *Peronospora infestans*. Dans ces dernières années s'est révélé un nouvel ennemi de la Pomme de terre : c'est un insecte coléoptère de la famille des *Chrysomélidés*, appartenant au genre *Doryphora*. Cet insecte (*Leptinotarsa decemlineata*) est originaire des États-Unis d'Amérique, où on le désigne sous le nom de *colorado* ou de *potato beetle*. Il a été malheureusement introduit en Europe et l'on a constaté sa présence en Angleterre, en Hollande et en Allemagne.

POMMETTE. Saillie que présente la joue au-dessous de l'angle externe de l'œil ; elle est formée par le relief de l'os malaire.

POMMIER (*Malus*, Tourn.). Genre d'arbres de la famille des *Rosacées*, tribu des *Pomacées*, très voisin des Poiriers, dont il diffère surtout par ses étamines conniventes à la base, et par son fruit en général

Pommier ; fleur et fruit.

ombiliqué aux deux bouts. On en connaît environ dix espèces, dont la plus importante est le **Pommier commun** (*M. communis*, De Cand. ; *Pirus malus*, L.), si généralement cultivé comme arbre fruitier. Si le Pommier n'est pas indigène d'Europe, sa culture y remonte probablement à l'origine de toute civilisa-

tion. Quoi qu'il en soit, il ne résiste ni aux chaleurs des contrées intertropicales, ni aux froids des régions arctiques. C'est dans le nord de la France et de l'Espagne, ainsi qu'en Angleterre, en Allemagne et dans le nord des États-Unis, que cet arbre réussit le mieux. Le nombre de ses variétés est encore plus considérable que celui du poirier. On en connaît aujourd'hui plus de douze cents. On divise toutes ces variétés en deux catégories : les pommes de table ou pommes à couteau et les pommes à cidre. Parmi les premières, les plus estimées sont : les *reinettes*, surtout celle du Canada et la grise, les *rambours*, les *apis*, les *calvilles*, les *pommes de glace*, etc. Les pommes à cidre offrent aussi de nombreuses variétés, presque toutes acerbes et amères. Le Pommier peut vivre plus de deux siècles et acquérir avec l'âge de fortes dimensions ; son vieux bois est veiné de brun roux ; il est recherché pour les ouvrages de menuiserie, d'ébénisterie et de tour. Cet arbre ne prospère que dans un terrain profond et légèrement humide ; sa multiplication s'opère comme celle des poiriers, par la greffe en écusson ou en fente sur des pieds francs, venus de graines. — Le **Pommier sauvage** ou Pommier à fruit acide (*M. acerba*, D. C.) diffère du Pommier commun par ses feuilles plus petites et glabres, par ses fleurs plus longuement pédonculées et par son fruit très acide. Cette espèce croît spontanément dans les bois de l'Europe ; c'est peut-être le type de certaines races de Pommiers à cidre ; elle prospère encore assez avant, vers le Nord, sous des climats beaucoup trop rigoureux pour la culture des autres Pommiers. — Le **Pommier de Chine** (*M. spectabilis*, Desf.) est l'un des plus beaux arbres d'ornement que l'on connaisse ; en avril, il se couvre d'une quantité innombrable de fleurs d'un rose vif, légèrement odorantes. Cette espèce se cultive fréquemment dans les bosquets. Il en est de même du **Pommier à bouquets** (*M. coronaria*, Mill.), indigène de l'Amérique septentrionale, et remarquable par la délicieuse odeur de rose que répandent ses fleurs.

POMPILE. Genre d'insectes Hyménoptères de la famille des *Sphégides*. Ce sont des porte-aiguillon d'assez grande taille, dont les formes rappellent celles des guêpes, mais plus élancées ; leur tête est courte et large, leurs mandibules bidentées, leurs antennes contournées vers le bout. On en connaît un assez grand nombre d'espèces répandues dans les deux mondes ; elles sont généralement noires, tachées de jaune ou de roux. Tels sont les **Pompilus variegatus** et **viaticus** de nos pays. Les Pompiles creusent des trous profonds dans le sable et les terres argileuses et la femelle y dépose ses œufs, à côté desquels elle place les corps paralysés des insectes qui doivent servir de nourriture à ses larves. On voit souvent les Pompiles fondre tout à coup sur des toiles tendues par des araignées pour les attirer par un mouvement brusque, les saisir aussitôt par le dos, les piquer de leur dard, leur couper instantanément les pattes et les enlever rapidement en l'air, tout cela avec une vélocité merveilleuse. Lorsqu'ils ont réuni dans leur nid un nombre suffisant de victimes pour servir au développement de l'être sans pattes qui doit sortir de leur œuf, les Pompiles l'abandonnent; mais ils ont soin d'en boucher l'entrée avec du sable ou des particules de terre mêlées à la salive qu'ils dégorgent, pour aplanir la surface et masquer ainsi l'orifice du trou, afin d'en dérober la vue aux ennemis de leur progéniture. La larve se nourrit des corps paralysés, mais non privés de vie, qui sont à sa disposition. Elle se transforme en nymphe, puis en hyménoptère dans cet espace resserré; elle sort alors de son trou, et ne se nourrit plus que de fleurs. Réaumur, qui a observé les mœurs de ces animaux, les nommait *guêpes solitaires*.

PONCE ou **Pumite**. Roche feldspathique plus ou moins vitreuse, blanchâtre ou grisâtre, à structure celluleuse. Elle diffère de l'Obsidienne par les trous dont elle est perforée de toutes parts. La Ponce est très rude au toucher, elle est assez dure pour rayer le verre et l'acier; elle fond au chalumeau en un émail blanc; elle est composée de 70 de silice, 16 d'alumine, 0,06 de potasse, 0,03 de chaux et 0,03 d'eau avec quelques traces d'oxyde de fer. Cette substance paraît appartenir exclusivement aux terrains pyroïdes. Elle se présente souvent dans les déjections des volcans en petits filaments capillaires, constituant des masses considérables que l'on nomme *rapilli*. Les tufs ponceux, si communs dans le terrain trachytique et qui forment tout le sol des environs de Naples, sont composés de rapilli englobant des fragments de Ponce et même de roches diverses de différentes grosseurs. La Ponce fournit un excellent moellon, à cause de ses nombreuses cavités dans lesquelles le mortier s'introduit facilement. On se sert dans les arts de fragments de Ponce pour polir le bois, l'ivoire, etc.

PONGO. (Voir ORANG.)

POPLITÉ (du latin *poples*, jarret). Qui a rapport au jarret : région poplitée, artère poplitée, muscle poplité, etc.

POPULAGE (*Caltha*). Genre de plantes dicotylédones de la famille des *Renonculacées* à périanthe simple formé de cinq sépales pétaloïdes, étamines nombreuses; fruit formé de cinq à dix follicules en verticille, à plusieurs graines. — Le **Populage des marais** (*C. palustris*), vulgairement *souci d'eau*, a une tige dressée, un peu rameuse, de 3 à 5 décimètres; ses feuilles radicales sont cordiformes, crénelées; ses fleurs sont grandes, terminales, d'un beau jaune vif. Il croît dans les lieux marécageux, au bord des rivières, et fleurit au printemps. Ses feuilles sont très âcres. Dans le Nord, on fait confire ses boutons dans le vinaigre, et on les emploie en guise de câpres.

POPULUS. Nom latin du Peuplier. (Voir ce mot.)

PORC. (Voir COCHON.)

PORC-ÉPIC (*Hystrix*). Genre de mammifères de l'ordre des RONGEURS, type de la famille des *Hystricidés*, remarquables par les piquants raides et poin-

tus dont ils sont armés, de même que les hérissons parmi les carnassiers. Leur museau gros et tronqué, joint à une voix grognante, les a fait assez improprement comparer au porc, dont ils diffèrent sous tous les autres rapports. Par leur taille, leur forme générale, leurs habitudes, ils se rapprochent plutôt du lapin. Leurs pieds ont quatre doigts devant et cinq derrière, armés les uns et les autres d'ongles assez forts pour fouir des terriers profonds dans lesquels, timides et défiants comme tous les rongeurs, ils passent la plus grande partie du jour. Leur

Porc-épic d'Italie.

nourriture consiste principalement en graines, racines, œufs d'oiseaux. S'ils rencontrent un ennemi avant d'avoir pu regagner leur trou, ils hérissent leurs aiguillons, dont ils se font un bouclier; mais c'est à tort qu'on a prétendu qu'ils les lançaient à distance : cette erreur n'est fondée que sur la facilité avec laquelle ces piquants, creux comme un tuyau de plume, longs et clair-semés, se détachent de la peau, à laquelle ils adhèrent très faiblement. Le Porc-épic ordinaire, nommé **Porc-épic d'Italie** (*H. cristata*), se trouve dans tout le midi de l'Europe et en Afrique; il a 60 à 70 centimètres de longueur; ses piquants sont annelés de blanc et de noir; sa démarche est lourde. Une crête de longues soies occupe sa tête et sa nuque. Sa courte queue est garnie de poils longs et creux. C'est un animal solitaire qui passe l'hiver dans un engourdissement léthargique. Il se réveille dès les premiers beaux jours du printemps et cherche aussitôt une compagne. La femelle porte trois mois et demi et met bas trois ou quatre petits qui naissent couverts de poils. On trouve dans les Indes et en Afrique d'autres espèces peu différentes de la précédente. — Le **Coendou** (*Synetheres*) ou **Porc-épic à longue queue**, de moitié plus petit que le Porc-épic d'Italie, se distingue par sa queue plus longue que le corps, et prenante, comme celle des sapajous. Son corps est couvert de piquants plus courts et plus serrés que dans les vrais Porcs-épics. Cette espèce vit sur les arbres, de fruits, de

feuilles et de racines. Il habite l'Amérique méridionale, principalement au Brésil et à la Guyane.
— L'**Erethyzon urson** (*Erethyzon dorsatus*), des États-Unis, est de la taille du Porc-épic d'Italie ; ses piquants sont moins longs que chez ce dernier ; mais ils sont plus également répartis. Cet animal se creuse des terriers sous les arbres et se nourrit d'écorces et de fruits ; il a des habitudes nocturnes.

PORC DE RIVIÈRE. (Voir Cabiai.)

PORCELAINE (*Cypræa*). Genre de mollusques de la classe des Gastéropodes, ordre des Pectinibranches, famille des *Cypréidés*, dont la coquille univalve et convexe, à bords roulés en dedans, présente une ouverture longitudinale, étroite, dentée des deux côtés. L'animal est ovale, allongé, ayant de chaque côté un large lobe appendiculaire, à manteau garni

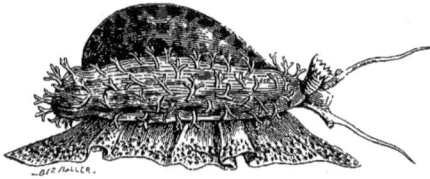

Porcelaine tigre.

de cirres. Sa tête est pourvue de deux grands tentacules coniques. Les Porcelaines sont des coquilles lisses, polies et brillantes, ce qui leur a valu leur nom. On en connaît un grand nombre d'espèces répandues dans presque toutes les mers ; mais les plus grandes et les plus belles vivent dans les mers des pays chauds. Parmi les espèces les plus remarquables, nous citerons la Porcelaine tigre (*C. tigris*), belle coquille ovale, bombée, d'un blanc bleuâtre, ornée d'un grand nombre de taches ron-

Porcelaine coccinelle.

des, noires. Elle habite la mer des Indes. On trouve fréquemment sur nos côtes la Porcelaine coccinelle (*C. coccinella*), petite coquille ovale, ventrue, à fond grisâtre ou rosé, marqué de taches noires. Il en est de même de la Porcelaine cauris (*C. moneta*), petite coquille d'un jaune pâle, qui se trouve aussi en abondance sur la côte de Guinée, où on l'emploie comme monnaie courante, et où elle joue un rôle considérable dans les transactions commerciales des pays nègres.

PORCELLION (*Porcellio*). Genre de crustacés Isopodes de la famille des *Oniscidés*, très voisins des Cloportes, avec lesquels on les confond vulgairement, mais dont ils diffèrent cependant par certains caractères : leurs antennes n'ont que sept articles au lieu de huit et le dernier segment de l'abdomen est terminé par des appendices styliformes. Ils ont les mêmes habitudes. Le type du genre, **Porcellio scaber**, est commun dans les endroits humides.

PORCINS (de *porcus*, porc). Ordre de mammifères autrefois réuni par Cuvier dans l'ordre des Pachydermes avec les Jumentés, dont ils se distinguent par le nombre pair de leurs doigts. Ordinairement les deux doigts médians, d'égale grosseur, appuient seuls sur le sol, les deux extérieurs étant plus ou moins rudimentaires ; le fémur est dépourvu du troisième trochanter. Ces caractères sont communs aux Porcins et aux ruminants, ce qui les a fait parfois réunir dans un même ordre sous le nom de *Bisulques* ; mais ils présentent entre eux des différences assez importantes pour en faire deux ordres séparés. En effet, les Porcins ont le métatarse et le métacarpe composés de plusieurs os distincts au lieu d'un canon unique ; leurs mâchoires portent les trois sortes de dents, enfin ils ont un estomac simple et ne ruminent pas. — L'ordre des *Porcins* se divise en trois familles : 1° les *Anoplothéridés*, qui ne comprennent que des fossiles : *Anoplotherium, Xiphodon, Dichobune ;* 2° les *Suidés* ou *Cochons* (*Sus*): *Sanglier, Pécari, Babiroussa ;* 3° les *Hippopotamidés : Hippopotame.* (Voir ces mots.)

PORES (du grec *poros*, passage). On nomme ainsi les orifices de glandes ou de canalicules microscopiques qui criblent les membranes animales ou végétales. (Voir Peau et Feuilles.)

PORPHYRE. Ce nom, qui vient du grec *porphura*, pourpre, était donné par les anciens à la roche connue des modernes sous le nom de *Porphyre rouge antique*, et qui s'exploitait principalement dans la haute Égypte. Aujourd'hui on comprend sous le nom de Porphyre des roches de différentes couleurs, mais d'une composition semblable, à base de feldspath de l'espèce appelée *albite*, enveloppant des cristaux d'une autre espèce de feldspath appelée *orthose*. On en connaît six variétés principales : 1° le **Porphyre rouge antique**, d'un rouge foncé, parsemé de petites taches blanches ; 2° le **Porphyre brun rouge**, brun sombre avec des cristaux d'orthose et un peu de quartz ; 3° le **Porphyre rosâtre**, rouge pâle avec de nombreux grains ou cristaux de quartz ; 4° le **Porphyre violâtre**, à cristaux d'orthose blanchâtre ou verdâtre ; 5° le **Porphyre granitoïde**, de couleur variable, renfermant, outre de grands cristaux d'orthose, une multitude de petits cristaux ; 6° enfin le **Porphyre vert** ou *prasophyre antique*, que les anciens Grecs exploitaient au pied du Taygète. Les Porphyres sont des roches d'origine ignée ; on les emploie dans les constructions et dans les arts, où elles sont recherchées à cause du beau poli qu'elles peuvent prendre.

PORREAU. (Voir Poireau.)

PORTE [Veine]. Tronc veineux dans lequel se résument les nombreuses ramifications veineuses des intestins, et qui conduit le sang dans le Foie. (Voir Foie.)

PORTE-AIGUILLON. On nomme ainsi une division de l'ordre des Hyménoptères. (Voir ce mot.)

Porte-bec, le Charançon ;

Porte-lanterne, un insecte du genre *Fulgore ;* ·

Porte-mort, le Nécrophore ;

Porte-musc, le Chevrotain ;

Porte-queue, le Papillon machaon ;

Porte-scie, une division de l'ordre des HYMÉNOPTÈRES.

PORTULACA. (Voir POURPIER.)

PORTULACÉES (du genre *Portulaca*). Famille de végétaux dicotylédones, polypétales. Ce sont des plantes annuelles, succulentes, à feuilles entières sans stipules ; à fleurs hermaphrodites, presque régulières, ordinairement en cime ; calice à deux-trois sépales, rarement quatre-six inégaux ; trois-douze étamines ou plus, insérées avec les pétales sur le calice, un ovaire uniloculaire, presque adhérent ; un style ; capsule uniloculaire ou à trois valves. Ce groupe comprend les genres *Portulaca*, *Montia*, *Mollugo*.

PORTUNUS. Nom scientifique latin des crabes du genre *Étrille*. (Voir ce mot.)

POTAMOT, *Potamogeton* (de *potamos*, fleuve, et *geitôn*, voisin). Genre de plantes aquatiques, monocotylédones, de la famille des *Naïadées*, à fleurs hermaphrodites, petites, verdâtres, rassemblées en épis que leur pédoncule élève à la surface de l'eau. Ce sont des herbes vivaces, dont les feuilles submer-

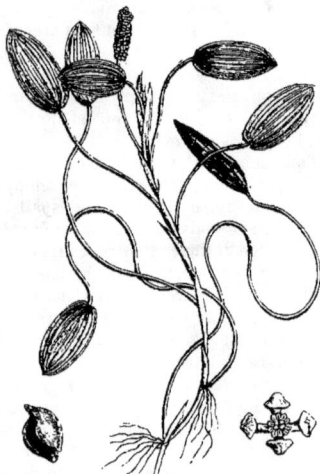

Potamot nageant.

gées sont d'un tissu très délicat. Répandus dans toutes les eaux stagnantes ou d'un cours peu rapide, les Potamots couvrent souvent de grandes étendues de leur feuillage d'un vert bleuâtre. On trouve communément aux environs de Paris : le **Potamot nageant** (*P. natans*), à tige cylindrique, plus ou moins longue, selon la profondeur de l'eau, à feuilles d'un vert foncé, longuement pétiolées, les inférieures submergées étroites, lancéolées, les supérieures flottantes, ovales ; les fleurs d'un blanc verdâtre, en épis cylindriques serrés ; le **Potamot crépu** (*P. cris-*

pus), à tige comprimée, dichotome, à feuilles sessiles, linéaires oblongues, fortement ondulées et finement denticulées ; stipules lacérées au sommet ; épi pauciflore, ovoïde ; et le **Potamot pectiné** (*P. pectinatus*), à tige filiforme, rameuse, à feuilles linéaires, sétacées, toutes submergées, engaînantes à la base ; à épi longuement pédonculé, allongé, interrompu.

POTENTILLE (*Potentilla*). Genre de plantes de la famille des *Rosacées*, voisin du genre *Fraisier*, dont il diffère par son fruit qui ne prend pas la consistance pulpeuse. La **Potentille ansérine** (*P. anserina*) croît sur le bord des étangs et des ruisseaux et s'y multiplie avec une très grande rapidité ; ses tiges, faibles et étalées, forment, comme dans le fraisier, des rejets qui s'enracinent de distance en distance et donnent naissance à des touffes de feuilles ; celles-ci, longues de 20 à 25 centimètres, sont couvertes d'un duvet blanc et soyeux d'où la plante a tiré le nom d'*argentine*, qu'on lui donne vulgairement ; de même son nom vulgaire d'*herbe aux oies* parce que les oies recherchent ses feuilles. Ses pédoncules portent à leur sommet une seule fleur d'une belle couleur jaune de soufre. Elle fleurit tout l'été. Toutes les parties de la plante et surtout les racines ont une saveur astringente et contiennent du tannin ; aussi emploie-t-on en décoction ses feuilles et sa racine, comme tonique, dans les différents cas de diarrhée chronique. — La **Quinte-feuille** (*P. reptans*, L.), qui a ses feuilles composées de cinq folioles, croît dans les lieux incultes. On l'emploie dans les mêmes circonstances que la précédente. — La **Tormentille** (*P. erecta*, L.), à tiges grêles, redressées et rameuses, est un puissant astringent, plus riche en tannin que la Potentille ansérine ; on l'emploie également en décoction contre la diarrhée, la dysenterie, les hémorragies, etc.

POTIRON (*Cucurbita maxima*). Espèce du genre *Courge*, de la famille des *Cucurbitacées*. (Voir ce mot.) Parmi tous les végétaux herbacés, il n'en est aucun dont les fruits atteignent un volume aussi considérable que ceux de quelques variétés de cette espèce ; car leur poids ordinaire est de 15 à 20 kilogrammes, et il s'en trouve parfois de 7 à 8 décimètres de diamètre sur 3 et demi de haut, et du poids de 30 kilogrammes et même plus. Le Potiron, originaire de l'Asie équatoriale, de même que la plupart des autres cucurbitacées alimentaires, se cultive fréquemment dans les potagers et les champs. Cette plante produit des tiges rampantes atteignant jusqu'à 10 mètres de long, garnies de vrilles bifurquées ou trifurquées ; ses feuilles sont arrondies ou ovales, obtuses, velues, à cinq lobes plus ou moins profonds, et portées sur de gros pétioles verticaux d'environ 3 décimètres de long ; les fleurs sont solitaires, axillaires, pédonculées, monoïques, grandes, jaunes, en forme de cloche à cinq lobes rabattus ; le fruit est presque sphérique, un peu déprimé aux deux bouts, creux vers le centre à la maturité, à écorce jaune ou verdâtre (quelquefois rayée de bandes blanchâtres), lisse ou brodée, ou verruqueuse, unie ou relevée de côtes ; il contient une grande quantité de graines assez grosses, ovales, comprimées, lisses, blanchâtres, à bords épaissis en bourrelet. La chair du Potiron, ferme et de couleur jaune ou orange, est peu savoureuse à l'état cru ; mais l'art culinaire sait en préparer plusieurs mets assez généralement goûtés. L'huile grasse qui abonde dans les graines est d'une saveur de noisette, et elle peut servir à l'usage alimentaire ; on emploie aussi ses graines, en guise d'amandes, pour faire des émulsions adoucissantes. — La Courge pépon (*C. pepo*), espèce à peine distincte du Potiron, comprend un grand nombre de variétés : les *citrouilles* ou *giraumons*, les *patissons*, les *orangins*, les *cougourdettes*, les *barbarines*.

POTOROO ou **POTUROO**, *Hypsiprimnus* (du grec *hupson*, élevé, et *prumna*, extrémité postérieure). Genre de mammifères marsupiaux très voisins des Kangurous, avec lesquels on les a longtemps confondus, mais qui en diffèrent par la présence de dents canines à la mâchoire supérieure, ce qui les rapproche des Phalangers. Ils ont d'ailleurs les formes et les habitudes des Kangurous. — Le type du genre, le Poturoo ou *kanguroo rat* (*H. murinus*), est de la taille d'un petit lapin ; son pelage est d'un gris roux et blanc sous le ventre. Comme tous ses congénères, il habite l'Australie.

POTTO. (Voir KINKAJOU.)

POU (*Pediculus*). Genre d'insectes aptères, famille des *Pédiculidés*, rangés aujourd'hui parmi les HÉMIPTÈRES. Ces insectes ont le corps déprimé, ovalaire, presque transparent, muni de six pattes terminées par des ongles ou crochets très forts. La bouche est formée d'un petit mamelon en forme de trompe, renfermant le suçoir à l'aide duquel ils pompent le sang, après avoir percé la peau au moyen d'un aiguillon situé à l'extrémité du ventre. Les œufs ou lentes que la femelle colle sur les poils ou les plumes des animaux, éclosent au bout de cinq à six jours ; les petits changent plusieurs fois de peau, mais ne subissent aucune métamorphose. Telle est la rapidité de leur croissance, qu'au bout de dix jours ils ont atteint tout leur développement. Ces insectes pondent un nombre si considérable d'œufs que deux individus suffiraient, selon le calcul qu'on en a fait, pour produire, au bout de deux mois, 18000 de ces parasites. Cette fécondité extraordinaire, jointe à des habitudes de malpropreté, explique suffisamment le développement du *phthiriasis* ou *maladie pédiculaire*, dont l'intensité est quelquefois assez grande pour amener un dépérissement mortel. Trois espèces de ce genre sont propres à l'homme. Le Pou de la tête (*P. capitis*), qui ne vit que dans les cheveux, surtout chez les enfants, est d'un blanc sale taché de brun. C'est

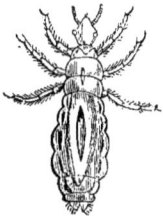

Pou de tête.

un préjugé fort répandu dans les campagnes que la présence des Poux préserve les enfants de toute autre maladie. Loin de là, sans parler des démangeaisons incessantes qui privent l'enfant du sommeil et du repos, ces parasites finissent par causer une suppuration dégoûtante qui épuise le patient et peut dégénérer en ulcère. — Le Pou du corps (*P. vestimenti*), de couleur jaunâtre, sans taches, vit sur le corps, surtout dans les poils du bras et de la poitrine. Ce parasite se multiplie tellement, surtout chez les individus affectés de certaines maladies de peau, qu'il a, dit-on, parfois causé la mort. Si l'on en croit les historiens, Hérode, Sylla et Philippe II d'Espagne auraient succombé à cette dégoûtante maladie. — Le Pou du pubis (*Phthirius inguinalis*), connu sous le nom trivial de *morpion*, a le corps arrondi et très large, les pattes très fortes, armées de puissants crochets. Il s'attache principalement aux poils du pubis et des aisselles, et cause des démangeaisons insupportables. — Le meilleur remède contre le développement de ces dégoûtants parasites est, après les soins de propreté, l'emploi d'une pommade mercurielle, ou des lotions faites avec une décoction de tabac, d'essence de térébenthine ou de staphisaigre. Les espèces de Poux sont très nombreuses ; tous nos animaux domestiques en nourrissent des espèces particulières, qui, pour la plupart, appartiennent au genre *Hœmatopinus*. Tels sont ceux du bœuf (*H. bovis*), du cochon (*H. suis*), du mouton (*H. ovis*), etc. — Les philoptéridés ou Poux des oiseaux se distinguent des pédiculidés par leur bouche munie de mandibules distinctes. Ils portent en général le nom de l'animal sur lequel ils vivent : tels sont le ricin du paon (*Philopterus pavonis*), celui de la pintade (*Ph. numidæ*), du corbeau (*Ph. corvi*), etc. (Voir PHILOPTERUS et RICINS.)

On nomme vulgairement :

Pou de baleine, les Balanes et les Cyames qui se fixent sur cet animal ;

Pou de bois, un Ricin et certains podures ;

Pou de poisson, un petit crustacé qui s'attache à la peau des poissons ;

Pou volant, un petit diptère noir, qui se jette sur les cochons, et dépose ses œufs dans leur épiderme.

POUCE (*Pollex*). Le plus gros et le plus fort des doigts de la main. (Voir ce mot.)

POUCE-PIED. (Voir ANATIFE.)

POUDINGUE. On donne ce nom, en géologie, à des roches conglomérées, formées généralement par la réunion de fragments roulés de roches diverses réunis par un ciment quelconque. Ils ont, par conséquent, des couleurs très variées. Leur dureté, leur ténacité et leur étendue sont très variables suivant la nature de leur composition et l'élément qui domine ; on leur donne des noms différents ; ainsi on distingue des Poudingues quartzeux, siliceux, calcaires, feldspathiques, etc.

POUGOUNÉ. (Voir PARADOXURE.)

POUILLOT (*Phyllopneuste*). Genre de la famille des *Fauvettes* ou *Sylviadés*. Les Pouillots ne diffèrent des fauvettes proprement dites que par un bec plus droit et plus court, et par des tarses un peu plus longs. Ce sont, après les roitelets, les plus petits oiseaux d'Europe. Toujours en mouvement, ils grimpent et se suspendent aux branches, comme les mésanges, dans toutes les positions, et y poursuivent les insectes, larves et chenilles dont ils font leur unique nourriture ; ils méritent à ce point de vue d'être mis au rang des plus utiles auxiliaires de l'homme. Ils ne nichent pas comme les vraies fauvettes, ni comme les roitelets ; mais toujours à terre, près d'un buisson, sous une touffe d'herbes ou sur le revers d'un fossé ;

Pouillot (*Phyllopneuste trochilus*).

le nid est globulaire, ouvert sur le côté et renferme quatre à six œufs blancs avec des points et des petites taches rouges.—On connaît une douzaine d'espèces de ce genre, toutes de l'ancien continent ; l'Europe en possède cinq, dont le Pouillot ordinaire ou **Pouillot fitis** (*Ph. trochilus*), d'un cendré verdâtre en dessus, d'un blanc nuancé de jaune en dessous, avec un sourcil blanc. Sa taille est de 12 centimètres. C'est le *Chantre* de Buffon. Sans être très mélodieux, son chant est agréable et assez varié. On le rencontre, non seulement dans toute l'Europe, mais en Asie et en Afrique. — Le **Pouillot sylvicole** (*Ph. sibilatrix*), verdâtre en dessus, blanc en dessous, avec le cou et la poitrine jaunes. Il habite la France, l'Allemagne et l'Italie.

POULAIN et **POULICHE.** Nom donné au jeune cheval. (Voir ce mot.)

POULE. Nom donné à la femelle du Coq. (Voir ce mot.)

POULE D'EAU (*Gallinula*). Genre d'oiseaux de l'ordre des ÉCHASSIERS, section des *Macrodactyles*, famille des *Rallidés*, se distinguant des râles, avec lesquels ils offrent beaucoup de ressemblance, par de longs doigts bordés d'une membrane étroite. Ils ont une plaque frontale comme les foulques, le bec conique, plus court que la tête, légèrement courbé à la pointe de la mandibule supérieure. Leur vol n'est ni élevé ni soutenu. Comme ils nagent et plongent très bien, on les voit plus souvent sur l'eau qu'à terre ; cependant ils courent rapidement. Cachés pendant le jour dans les roseaux, c'est surtout le soir et la nuit qu'ils vont à la chasse des insectes et des petits reptiles dont ils se nourrissent. Leur

nid est composé de joncs grossièrement entrelacés, que la mère recouvre de brins d'herbe, lorsqu'elle est obligée de s'éloigner un instant de sa couvée. Les petits courent aussitôt éclos. — On trouve fréquemment en France, dans les marais, la **Poule d'eau commune** (*G. chloropus*), d'un brun foncé en dessus, d'un gris ardoise en dessous, avec du blanc aux cuisses, au ventre et sur le bord de l'aile. Sa chair est médiocre et mérite assez le privilège que lui accordait autrefois l'Église, d'être considérée comme maigre. — La **Poule sultane** (*Porphyrio hyacintinus*) dont on a fait le genre *Talève*, est une belle espèce du midi de l'Europe, que les Romains et les Grecs apprivoisaient pour la placer dans leurs palais comme objet d'ornement ; elle se reconnaît à son plumage d'un bleu

Poule d'eau.

turquoise autour du cou, d'un bleu foncé sur le dos et sur le ventre, avec du blanc à la queue et une plaque frontale d'un rouge vif.

POULE SULTANE. (Voir POULE D'EAU.)

POULET. Le petit de la Poule.

POULIOT. Nom vulgaire d'une espèce de Menthe.

POULPE (*Octopus*). Genre de mollusques CÉPHALOPODES de l'ordre des DIBRANCHIAUX, type de la famille des *Octopodidés*. Ces animaux, connus dans l'antiquité sous le nom de *polypous* (animal à plusieurs pieds), diffèrent des seiches en ce qu'ils n'ont que huit pieds (d'où leur nom scientifique *octopus*) au lieu de dix. Les Poulpes sont donc des céphalopodes nus (sans coquille), sans osselet interne, dont le corps mou, ovoïde, est en partie contenu dans un manteau en forme de sac, d'où sort en avant la tête, très volumineuse et terminée par une couronne de huit bras ou tentacules très longs et garnis de ventouses. Au milieu des tentacules s'ouvre la bouche, garnie de deux mandibules cornées en bec de perroquet, et servant à l'animal à broyer le test des crustacés dont il se nourrit. De chaque côté est un œil saillant, qui par sa structure rappelle celui des vertébrés. Les Poulpes sont essentiellement marins et meurent hors de l'eau ; ils se meuvent assez rapidement à l'aide de leurs tentacules, qui leur servent à la fois d'organes locomoteurs et de préhension. Au moyen des ventouses qui les garnissent, ces bras adhèrent si fortement aux corps qu'ils ont embrassés, qu'il est impossible de

Poulpe.

les en détacher ; leur longueur et leur force constituent pour l'animal des armes redoutables, et l'on a vu parfois de grandes espèces faire périr des nageurs en s'attachant à leurs jambes. Mais il faut reléguer parmi les animaux fabuleux le fameux *Poulpe kraken* de la Norwège, dont les terribles bras vont prendre les marins jusque sur le pont du navire. Jamais, dans nos parages, les Poulpes n'atteignent de grandes dimensions. Ce qui paraît vrai, d'après le rapport de plusieurs navigateurs, c'est qu'il existe dans les mers chaudes d'énormes Poulpes, *gros comme une barrique*, et dont la longueur, y compris les bras, peut atteindre 3 et 4 mètres. On comprend que ces monstres soient dangereux pour l'homme ; non qu'ils puissent le dévorer, mais parce qu'ils enlacent le nageur de leurs bras puissants, paralysent ainsi ses mouvements et l'entraînent sous l'eau, où il trouve infailliblement la mort.

Aristote déjà en cite un de 3 mètres, et sans nous arrêter aux récits, évidemment exagérés, de Pline et d'Olaüs Magnus, des naturalistes sérieux, tels que Péron, Quoy, Gaimard, Rang, ont vu dans les mers équatoriales des animaux de ce genre absolument gigantesques, ce que confirment d'ailleurs certains fragments de leur corps dispersés dans divers musées. Comme les seiches, les Poulpes sécrètent une liqueur noire qui, en obscurcissant l'eau autour d'eux, les dérobe à la vue de leurs ennemis. On ne mange guère leur chair, qui est très dure ; mais, le plus souvent, les pêcheurs les coupent en morceaux et s'en servent comme amorce. — Le type du genre est le **Poulpe commun** (*O. vulgaris*), connu sous le nom de *pieuvre*, et très répandu sur presque toutes les côtes de la Méditerranée et de l'Océan. Cet animal n'a pas les allures vives des seiches et des calmars ; il nage le corps redressé, en étalant ses tentacules en rosace et en les agitant, ce qui le fait avancer en tourbillonnant. Il rampe sur les bas-fonds à l'aide de ses bras, qu'il fixe au sol, en tirant son corps vers le point où ils sont attachés. Aussi ses habitudes diffèrent-elles un peu de celles des autres céphalopodes. La seiche et le calmar poursuivent presque toujours leur proie à la nage, tandis que le Poulpe se cache dans quelque fente de rocher pour y attendre le gibier en embuscade, comme font les araignées chasseuses ; puis lorsqu'un animal passe à sa portée, il jette rapidement ses bras sur lui, l'enlace, le fixe au moyen de ses ventouses, et le déchire de son bec crochu. — On connaît un assez grand nombre d'espèces du genre *Poulpe*, toutes assez rapprochées du Poulpe commun. Une espèce de la Méditerranée, l'**Élédone musquée**, dont les bras n'ont qu'une seule rangée de ventouses, répand une forte odeur musquée ; comme elle sert souvent de nourriture aux cachalots, on lui a attribué la production de l'ambre gris.

POUMON (du latin *pulmo*, fait du grec *pneumon*, organe respiratoire). Les Poumons sont les organes de la respiration. (Voir ce mot.) Ils sont placés dans la cavité de la poitrine ou *thorax*, l'un à droite, l'autre à gauche du cœur. Chacun est enveloppé d'une fine membrane, appelée *plèvre*, composée d'un sac dont une moitié rentre dans l'autre. Des deux feuillets résultant de cette disposition, l'interne adhère aux Poumons et l'externe tapisse la paroi du thorax. Les Poumons sont des organes volumineux, criblés d'une infinité de petites cavités ou *cellules pulmonaires*, communiquant avec l'air extérieur par les dernières ramifications de la *trachée-artère*. Celle-ci débute dans l'arrière-bouche, où elle s'ouvre par un orifice nommé *glotte*. Elle se compose d'une série d'anneaux cartilagineux, incomplets en arrière, empilés l'un au-dessus de l'autre et maintenus en un canal continu par la membrane qui les relie. Cette charpente cartilagineuse, très élastique et résistante, fait que le canal se maintient toujours largement ouvert pour le libre passage de l'air à son entrée et à sa sortie.

Dans sa partie supérieure, immédiatement après la glotte, la trachée-artère présente une dilatation considérable que l'on nomme *larynx*. Cette dilatation, sur laquelle on reviendra, est l'organe de la voix. Parvenue entre les deux Poumons, la trachée-artère se subdivise en deux canaux, nommés *bronches*, de moindre calibre, mais de même structure. Chacun d'eux se rend dans le Poumon voisin, en

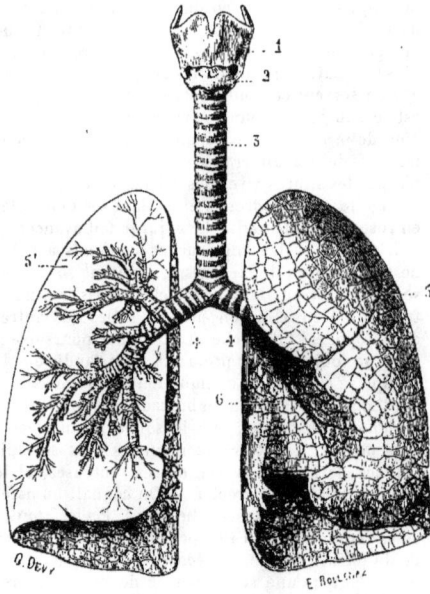

Organes de la respiration.

1, cartilage thyroïde ; 2, cartilage cricoïde ; 3, trachée-artère ; 4.4, bronches ; 5, poumon gauche ; 5', poumon droit montrant les ramifications de la bronche droite ; 6, dépression profonde de la face interne du poumon droit dans laquelle se trouve en partie logé le cœur.

s'y subdivisant en une multitude de ramifications, dont les dernières, extrêmement fines, débouchent dans les cellules dont est criblée la substance des Poumons. Pour arriver aux cellules pulmonaires, l'air pénètre par les narines, ou moins fréquemment par la bouche ; il franchit l'orifice de la glotte, suit la trachée-artère, les bronches et finalement les derniers ramuscules de celles-ci. (Voir RESPIRATION.)

POUPART. Nom vulgaire du Crabe tourteau.

POURCEAU. Nom vulgaire du Cochon domestique.

POURPIER (*Portulaca*). Genre de plantes de la famille des *Portulacées* renfermant de petites espèces herbacées, charnues ; à feuilles opposées, épaisses, entières ; à fleurs terminales, solitaires ou ramassées au sommet des rameaux. Ces fleurs sont hermaphrodites, régulières, leur calice est à deux divisions ; leur corolle à quatre ou six pétales égaux. leurs étamines au nombre de six à douze, le style ordinairement quinquéfide ; le fruit capsulaire s'ou-

vrant en travers, renferme des graines nombreuses, noires. — L'espèce type du genre, et la plus intéressante, est le **Pourpier commun** (*P. oleracea*), qui croît spontanément dans les terrains cultivés de presque toute la France, et que l'on cultive dans les jardins potagers. L'espèce sauvage a sa tige couchée et rougeâtre, longue de 2 ou 3 décimètres ; ses feuilles sont oblongues, sessiles, charnues et glabres ; ses fleurs, rapprochées plusieurs ensemble à l'extrémité des branches, sont jaunes ; elles ne restent ouvertes que deux heures environ avant et après midi. L'espèce cultivée a sa tige plus dressée, d'un vert gai ; on en connaît une variété dont toutes les parties sont colorées en jaune, ce qui lui a fait donner le nom de *Pourpier doré*. Le Pourpier est assez fade, mais il prend facilement la saveur des aliments auxquels on le mêle ; on le mange cru en salade ou cuit et assaisonné de diverses manières. En médecine, on le regarde comme

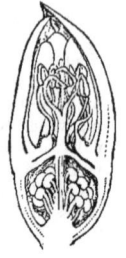

Pourpier ;
fleur coupée verticalement.

rafraîchissant et diurétique. — On cultive comme plante d'ornement le **Pourpier gillies** du Chili, à cause de ses fleurs d'un beau rouge pourpre, à anthères d'un jaune doré.

POURPRE (*Purpura*). Genre de mollusques GASTÉROPODES, ordre des PECTINIBRANCHES, de la famille des *Buccinidés*. Leur coquille, univalve, est ovale ou oblongue, canaliculée, avec l'ouverture arrondie ou ovalaire ; elle porte à l'extérieur des bourrelets rudes, épineux ou tuberculeux. L'animal rampe sur un pied ovale ; sa tête porte de longs tentacules coniques, à la base externe desquels sont situés les yeux ; leur bouche est pourvue d'une longue trompe extensible, armée de petites dents. On connaît de nombreuses espèces de ce genre ; l'une des plus communes sur nos côtes est le **Purpura lapillus**, un des coquillages qui fournissait aux anciens la Pourpre dont il a conservé le nom. C'est une coquille ovale, épaisse, à spire courte. Elle offre d'ailleurs un grand nombre de variétés : tantôt sa couleur jaunâtre ou grisâtre est tout unie,

Pourpre.

tantôt elle est traversée de plusieurs bandes orangées ; tantôt sa surface est lisse, d'autres fois elle est plus ou moins fortement cannelée. L'animal qui habite cette coquille ressemble beaucoup à celui du buccin ; il vit fixé sur les rochers, et se cache à la marée basse sous les touffes de fucus. Personne n'ignore combien était précieuse la riche Pourpre de Tyr chez les anciens. Ne connaissant ni la cochenille ni le carmin, ils ne pouvaient teindre en écarlate les vêtements des rois et des triomphateurs qu'au moyen de la liqueur colorante de quelques petits mollusques. Ce n'était pas, il est vrai, notre espèce qui fournissait la Pourpre la plus estimée ; celle-ci était due à deux coquillages du genre *Murex* (*M. trunculus* et *M. brandaris*), qui sont propres à la Méditerranée. — Le **Purpura lapillus** fournissait une teinture moins estimée, mais fréquemment employée cependant. Ce qui donnait surtout un grand prix à la Pourpre, c'était sa rareté ; car chaque animal n'en renfermant que quelques gouttes, des milliers de victimes suffisaient à peine pour la teinture d'une seule robe. — La poche de la liqueur des Pourpres est située à la partie supérieure du corps de l'animal entre la rate et le foie. Cette liqueur verdâtre se combine avec l'oxygène de l'air qui en fait un véritable oxyde et le fait passer par les nuances du bleu et du violet au pourpre le plus éclatant. De nos jours la cochenille a détrôné la Pourpre, et celle-ci n'est plus employée.

POUSSIN. Nom donné au poulet nouvellement éclos.

PRÉFLORAISON. On nomme ainsi, en botanique, l'agencement des parties florales et surtout du calice et de la corolle dans le bouton. Cet arrangement est assez généralement constant dans les plantes d'un même genre, et souvent même dans celles de toute une famille. Les préfloraisons les plus ordinaires sont : la **Préfloraison valvaire**, lorsque les parties sont rapprochées et contiguës par leurs bords, sans se recouvrir, comme dans le gui, la vigne ; la **Préfloraison tordue**, quand les pièces se recouvrent en partie les unes les autres, comme dans la mauve. La **Préfloraison imbriquée** est celle où les feuilles florales se recouvrent successivement depuis la première qui est extérieure jusqu'à la dernière qui est intérieure, comme dans le camellia.

PRÊLE ou **PRESLE** (*Equisetum*). Genre type unique de la famille des ÉQUISÉTACÉES. (Voir ce mot.)

PRENANTHE (du grec *prénês*, penché, et *anthos*, fleur). Genre de plantes de la famille des *Composées*, tribu des *Chicoracées*. Ce sont des herbes glabres, à feuilles souvent dentées, à fleurs en panicules de 3 à 5. — Nous citerons le **Prenanthe des murailles** (*Prenanthes muralis*), que l'on trouve, l'été, sur les vieux murs et les décombres. C'est une plante à racine fibreuse de 6 à 9 décimètres, à tige rougeâtre, rameuse au sommet ; à feuilles pinnatifides, lyrées, à lobes anguleux et dentés, les caulinaires auriculées embrassantes, à capitules nombreux ; fleurs jaunes à involucre brun rougeâtre. — La **Prenanthe pourpre** (*P. purpurea*), à tige grêle, de 8 à 12 décimètres, à feuilles embrassantes, crénelées ou dentées, à fleurs roses en large panicule, se trouve l'été sur les hautes montagnes, dans les Alpes et les Pyrénées.

PRESSELLES. (Voir BRUXELLES.)

PRESSIROSTRES (du latin *pressus*, comprimé, et *rostrum*, bec). Famille d'oiseaux de l'ordre des ÉCHASSIERS, comprenant ceux dont le bec est médiocre, comprimé sur les côtés ; les pattes de longueur moyenne, dépourvues de pouce, ou celui-ci

rudimentaire ; des ailes courtes ne fournissant qu'un vol peu soutenu. Cette famille, établie par Cuvier, répond à celle des *Alectoridés* des ornithologistes actuels. Elle comprend les pluviers, les vanneaux, les huîtriers, les courvites, les outardes. (Voir ces mots.)

PRÊTRE. Nom vulgaire de l'Athérine. (Voir ce mot.)

PRIMATES. Premier ordre de la classe des mammifères comprenant l'homme et les singes. Imitant l'exemple donné par Linné, plusieurs naturalistes réunissent aujourd'hui en un seul ordre ces deux groupes, qui formaient pour Cuvier deux ordres séparés : les BIMANES et les QUADRUMANES. Cependant, beaucoup de zoologistes font aujourd'hui du genre humain un ordre et même un règne à part (voir HOMME), et conservent le nom de *Primates*, à l'exemple d'Is. Geoffroy et de P. Gervais, pour désigner les *Quadrumanes* de Cuvier, c'est-à-dire les singes, les lémuriens, les cheyromys et les galéopithèques. (Voir ces mots.)

PRIMEVÈRE (*Primula*). Genre type de la famille des *Primulacées*. Il renferme plusieurs espèces remarquables, soit comme plantes d'agrément, soit comme plantes médicinales. — La **Primevère** offi-

Primevère.

cinale (*P. veris officinalis*, L.) et la **Primevère inodore** (*P. veris elatior*, L.), qu'on désigne l'une et l'autre par les noms vulgaires de *primerole*, *coucou* et *brayette*, sont communes dans les bois et les prairies, dont elles font l'ornement dès le retour du printemps ; ce sont des plantes basses et vivaces, à feuilles radicales, oblongues, dentées, à fleurs pédonculées dans la *Primula officinalis*, disposées en ombelle sur une hampe de 10 à 15 centimètres dans la *Primula elatior*. L'infusion de leurs fleurs passe pour céphalique et cordiale. On cultive dans les parterres plusieurs variétés de la Primevère inodore. — La **Primevère à grandes fleurs** (*P. grandiflora*, Lamk.) et la Primevère oreille d'ours (*P. auricula*) sont cultivées dans les jardins comme plantes d'ornement. La dernière surtout, remarquable par ses belles fleurs rouges, dont la culture a varié les nuances à l'infini, joint à son brillant coloris une odeur suave.

PRIMULACÉES (de *primula*, primevère). Famille de plantes dicotylédones, monopétales, hypogynes, composée d'espèces herbacées annuelles ou vivaces, à feuilles alternes ou opposées, quelquefois toutes radicales, sans stipules; à fleurs hermaphrodites et régulières, le plus souvent pentamères; à corolle monopétale, rotacée ou campanulée; à ovaire libre uniloculaire. Fruit charnu ou capsulaire s'ouvrant au sommet. Les genres principaux qui rentrent dans cette famille sont : *Primula, Anagallis, Androsace, Cyclamen, Lysimachia, Samolus*, etc.

PRIONE, *Prionus* (du grec *prión*, scie). Genre d'insectes COLÉOPTÈRES de la famille des *Longicornes*, caractérisés par leur tête enchâssée dans le corselet; leurs yeux réniformes, échancrés; leurs antennes de douze articles et pectinées dans les mâles, de onze articles et en scie chez les femelles; leur corselet garni de trois larges épines de chaque côté; leurs élytres convexes rebordées extérieurement; leurs pattes fortes et courtes. — Le type du genre, le **Prione chagriné** (*P. coriarius*), a de 30 à 35 millimètres de longueur; sa couleur est un brun noir brillant; ses élytres sont rugueusement ponctuées. On le trouve assez communément dans nos grands bois, sur les chênes, où la larve perce des trous profonds. Il ne vole que le soir.

PRISTIS. Nom scientifique latin du genre *Scie*. (Voir ce mot.)

PROBOSCIDIENS (du grec *proboskis*, trompe). Ordre d'animaux mammifères, autrefois compris parmi les Pachydermes, mais dont les caractères sont assez tranchés pour former un ordre séparé. Il comprend les plus grands des mammifères terrestres, les éléphants (voir ce mot), qui se distinguent par leurs membres semblables à des piliers, pourvus de cinq doigts enveloppés par la peau, terminés chacun à leur extrémité par un petit sabot arrondi, et surtout par la longue trompe mobile et terminée par un appendice digitiforme, que forme le prolongement du nez. Ces animaux, remarquables à tant d'égards, n'ont que deux sortes de dents : incisives et molaires; ces dernières, très volumineuses, présentent à leur surface des lamelles d'émail transversales; il n'en existe jamais qu'une ou deux à la fois

de chaque côté à chaque mâchoire, mais ces molaires se renouvellent six ou sept fois, une nouvelle molaire poussant derrière l'autre et avançant à mesure que celle-ci s'use. Quant aux incisives, elles sont au nombre de deux, implantées dans les os intermaxillaires, et représentées par ces énormes défenses entre lesquelles descend la trompe. L'estomac des Proboscidiens est simple, leur intestin pourvu d'un cæcum très vaste; leurs hémisphères cérébraux offrent à leur surface de nombreuses circonvolutions; enfin ils se séparent des autres ongulés par d'importants caractères tirés du développement; ils sont pourvus d'une membrane caduque et leur placenta est zonaire. — Cet ordre ne comprend qu'une famille, celle des *Éléphantidés*, composée des Éléphants actuels et fossiles et des genres éteints : *Mastodonte* et *Dinotherium*. (Voir ces mots.)

PROCELLARIA. (Voir PÉTREL.)

PROCERUS. (Voir CARABES.)

PROCESSIONNAIRES [Chenilles]. Une espèce de papillon de nuit, le **Bombyx processionnaire** (*Cnethocampa processionea*), dépose, vers la fin du mois d'août, ses œufs en nombre considérable sur les feuilles et les branches du chêne où ils passent l'hiver. Les chenilles qui en sortent, au printemps, vivent en société et offrent à la curiosité de l'observateur les mœurs les plus singulières. Dans leur jeune âge elles campent en différents endroits du chêne sur lequel elles sont nées; elles se conten-

Bombyx processionnaire.

tent d'établir des toiles légères sous lesquelles elles s'abritent momentanément; mais, vers le mois de juin, alors qu'elles ont atteint les deux tiers de leur développement, elles se réunissent pour se construire une vaste habitation, dans laquelle elles subiront toutes leurs métamorphoses et qu'elles n'abandonneront qu'à l'état de papillon pour aller au loin fonder d'autres colonies. Cette retraite est une espèce de grand sac de soie appliqué le long du tronc, ouvert par le haut pour l'entrée et la sortie des chenilles. Il a parfois jusqu'à 50 centimètres de longueur sur 10 à 15 centimètres de largeur. Les chenilles se tiennent là, habituellement immobiles pendant le jour, les unes à côté des autres ; mais, vers le soir, elles en sortent pour prendre leur nourriture. Elles observent dans leur marche un ordre parfait, d'abord une à une, deux à deux, trois à trois, quelquefois jusqu'à vingt de front, marchant quand la première marche, s'arrêtant quand elle s'arrête ; c'est cette singulière manière de se mouvoir qui leur a fait donner par Réaumur le nom de *Processionnaires*. Elles s'arrêtent pour manger ; puis, quand elles sont repues, elles rentrent au nid dans le même ordre. Au moment de se transformer en chrysalides, les chenilles filent leurs coques parallèlement les unes aux autres dans l'épaisseur du nid. Tous les papillons d'un même nid éclosent dans les vingt-quatre heures. Ce papillon, qui éclôt en août, est d'une couleur peu brillante ; ses ailes sont grises, les supérieures marquées de bandes transversales d'un brun noirâtre. La femelle est beaucoup plus claire. Quant à la chenille, elle a, lorsqu'elle est adulte, environ 35 millimètres de longueur ; son dos est noirâtre, avec les côtés cendré clair et le ventre jaunâtre ; chaque anneau est marqué d'une rangée circulaire de petits tubercules rougeâtres surmontés d'un long poil blanc.

Ce n'est qu'avec les plus grandes précautions qu'il faut toucher ces toiles, surtout après que les papillons en sont sortis ; en effet, les chenilles y ont changé de peau, et ces dépouilles, couvertes de poils fins et raides, forment une poussière qui se répand dans l'air, pénètre dans les pores de la peau et y cause des démangeaisons insupportables, souvent accompagnées d'une inflammation très vive, surtout aux yeux.

PROCRIS. (Voir Zygène.)

PROCRUSTES. (Voir Carabes.)

PRODUCTUS. Genre de coquilles fossiles de la classe des Brachiopodes, qui toutes appartiennent

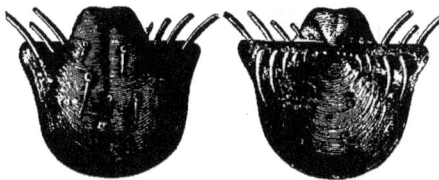

Productus horridus, vu en dessus et en dessous.

aux terrains de transition. Ce sont des coquilles bivalves à valves inégales, dont l'inférieure est bombée, à crochet saillant et entier, la supérieure operculaire, plane ou concave, se repliant avec les bords de l'autre ; la charnière linéaire, droite. Plusieurs

espèces de Productus ont vers le bord supérieur une série d'épines plus ou moins longues, tubuleuses ; leurs valves sont généralement ornées de stries ou de côtes. Tels sont le **Productus horridus** du permien, et le **Productus longispinus** du carbonifère.

PROGLOTTIS (du grec *pro*, en avant, et *glôssa*, langue). On désigne par ce nom, chez les vers cestoïdes et les cœlentérés, la phase sexuée, celle où ils se reproduisent par des œufs. (Voir Ténia et Hydroméduses.)

PROGNATHISME (du grec *pro*, en avant, et *gnathos*, mâchoire). Saillie en avant des mâchoires et surtout du maxillaire supérieur, qui, dans certaines races humaines, rapproche la face du museau bestial. Le prognathisme est un caractère d'infériorité ; il est généralement en raison inverse du développement cérébral. Il entre comme élément dans la détermination de l'*angle facial*.

PROIE [Oiseaux de]. (Voir Rapaces.)

PROLIFÈRE (de *proles*, race, et *fero*, je porte). Se dit, en botanique, des involucres et des fleurs, au centre desquels l'axe s'allonge et produit des bourgeons anormaux qui se terminent par des feuilles ou des fleurs. Cette monstruosité se produit surtout chez les plantes cultivées de nos jardins.

PROPOLIS (du grec *pro*, devant, et *polis*, ville). Substance résineuse et odorante que les abeilles recueillent sur certaines plantes et dont elles se servent pour enclore leur demeure. (Voir Abeilles.)

PROSIMIENS. (Voir Lémuriens.)

PROSOBRANCHES (du grec *pros*, en avant, et *brachia*, branchies). D'après Milne Edwards on divise les mollusques gastéropodes branchifères en deux groupes principaux : les *Prosobranches* et les *Opisthobranches*, suivant que l'oreillette où débouchent les veines branchiales est située en avant du ventricule ou en arrière ; disposition qui est liée à celle des organes respiratoires eux-mêmes. Dans les Prosobranches, les branchies sont d'ordinaire renfermées dans une chambre respiratoire formée par le manteau et situées en avant du cœur. On les divise à leur tour en *Holostomes*, dont la coquille a son ouverture entière et qui comprennent les Patelles ou Cyclobranches, les Fissurelles, Haliotis, Trochus, Nérite, Paludine, Littorine, Turritelle, Natice, etc., et en *Siphonostomes*, dont l'ouverture de la coquille est échancrée ou prolongée en un canal qui donne passage au siphon ; ce sont les Cyprées, Volutes, Cones, Buccins, Pourpres, Murex, Strombes, etc. Les *Opisthobranches* (du grec *opisthen*, en arrière, et *brachia*) sont, la plupart, dépourvus de coquille ; ce sont les *Nudibranches*, comprenant les Eolis, Glaucus, Téthys, Doris, Tritonia, et les *Tectibranches* : Aplysie, Dolabelle, Bulle, etc.

PROTÉACÉES. Famille de plantes dicotylédones, apétales, périgynes, composée d'arbres et d'arbrisseaux à feuilles ordinairement alternes, toujours vertes, dépourvues de stipules ; à fleurs hermaphrodites, groupées en épis, en grappes, en capitule, et composées d'un périanthe à quatre divisions, de quatre étamines opposées à ces divisions, à anthères biloculaires, introrses; ovaire libre, à une loge, à un ou plusieurs ovules. Fruit sec ou charnu, déhiscent ou indéhiscent, à graines dépourvues de périsperme. Ces plantes, toutes propres à l'hémisphère austral, Amérique, Australie, Afrique, sont réparties dans des genres nombreux, dont les principaux sont : *Protea, Conospermum, Franklandia, Persoonia, Grevillea, Banksia,* etc.

PROTÉE (*Protea*). Genre de plantes type de la famille des *Protéacées,* comprenant des arbrisseaux ou de petits arbres du cap de Bonne-Espérance, à feuilles alternes, très entières, coriaces; à fleurs réunies en capitules volumineux, entourées d'un involucre persistant à feuilles colorées. On en cultive plusieurs dans les jardins ; tels sont : le **Protée élégant**(*P. speciosa*), haut de 3 mètres, à feuilles ovales oblongues, à fleurs roses en grosses touffes, et le **Protée en cœur** (*P. cordata*), à tige rampante, donnant des branches redressées, à feuilles grandes, en cœur, bordées de rouge, à capitules latéraux, écarlates. Ces plantes redoutent l'humidité et le froid ; on les multiplie de boutures ou de graines.

PROTÉE (*Proteus*). Genre très curieux d'animaux de la classe des BATRACIENS, ordre des PÉRENNIBRANCHES, dans lequel il forme la famille des *Protéidés.* Il offre quelque analogie de formes avec les tritons ;

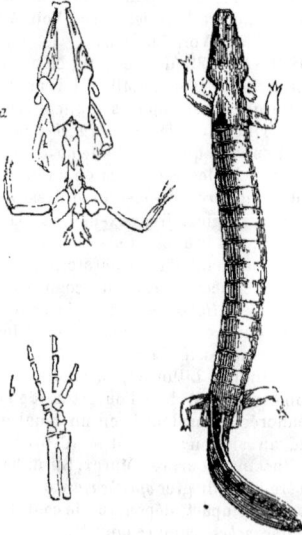

Protée; *a*, *b*, portions du squelette.

mais les pattes sont plus courtes, à trois doigts, le corps plus allongé, le museau plus long et la taille plus grande. Le caractère le plus singulier, et qui rapprocherait plutôt les Protées des larves des salamandres, c'est l'existence d'une paire de branchies extérieures qui ne disparaissent pas avec l'âge

comme chez ces larves. On a longtemps cru, en effet, que les Protées n'étaient que les têtards d'un batracien inconnu ; mais ce qui prouve que leur organisation a atteint tout le développement dont elle est susceptible, c'est que l'on a constaté chez plusieurs individus des ovaires remplis d'œufs. Le Protée (*P. anguinus*), seule espèce connue jusqu'à ce jour, a été découvert pour la première fois dans les lacs souterrains de la basse Carniole. Sa longueur est d'environ 36 centimètres. La couleur de sa peau est d'un blanc rosé. Ce reptile singulier ne vit que dans l'obscurité et dépérit à la lumière. Son œil, très petit, est caché sous la peau ; ses mœurs sont d'ailleurs inconnues.

PROTÉIDÉS. (Voir PROTÉE.)

PROTÈLE. Genre de mammifères carnivores de la famille des *Hyénidés,* établi pour une espèce du Cap, le **Protèle Delalande.** Cet animal se rapproche beaucoup de l'hyène commune par sa forme et par son pelage ; mais sa taille est beaucoup plus petite, ne dépassant pas celle d'un chien de berger ; ses formes sont plus légères ; son museau beaucoup plus allongé ; il a quatre doigts aux membres postérieurs, comme les hyènes, mais ses pieds antérieurs en ont cinq, garnis d'ongles robustes et pointus ; ses membres antérieurs sont aussi longs que les postérieurs. Sa dentition est également différente de celle des hyènes ; il a les six incisives et les quatre canines des carnassiers ; mais ses molaires, au nombre de huit seulement à chaque mâchoire, sont rudimentaires et toujours mal développées. Le Protèle a le pelage et la crinière de l'hyène rayée ; six ou sept bandes noires sur fond gris. Il vit en société dans un terrier d'où il ne sort que la nuit, pour attaquer les petits agneaux, ou dévorer les charognes. Cet animal paraît d'ailleurs assez rare.

PROTÉROGLYPHES (du grec *protéron,* en avant, et *gluphê,* sillon). Section de l'ordre des OPHIDIENS ou Serpents comprenant ceux dont les crochets venimeux sont cannelés et situés en avant. Ce sont les Najas, les Élaps, les Hydrophis.

PROTHORAX. On nomme ainsi, chez les insectes, le premier segment thoracique qui porte la première paire de pattes. (Voir INSECTES.)

PROTISTES (de *prôtos,* premier; premiers êtres). Nous avons dit, au mot MICROBES, que le naturaliste Hæckel avait proposé ce nom pour désigner ces êtres microscopiques, d'une organisation tout à fait élémentaire, que l'on ne saurait classer avec certitude parmi les animaux ou les végétaux. Il a divisé ce règne en trois groupes : les *Protistes neutres* ou vrais Protistes, qui sont les plus inférieurs; puis les *Protophytes* et les *Protozoaires* (voir ces mots), suivant que leur organisation les rapproche davantage des végétaux ou des animaux. — Les Protistes neutres comprennent les Monériens et les Amœbiens, auxquels Hæckel joint les Bactériens, que les botanistes français rangent parmi les protophytes. — Les Monériens sont les plus élémentaires

des êtres vivants; ils sont formés d'un simple grumeau de matière protoplasmique, sans noyau ni
membrane, susceptible de se contracter et d'émettre
des prolongements ou pseudopodes qui servent au
petit organisme à se mouvoir et à saisir sa proie;
la masse entière se déplace lentement à la suite
des pseudopodes qui paraissent l'entraîner en prenant leur point d'appui sur le corps étranger où
rampe l'animal. Cet organisme sans organes se
nourrit par diffusion; c'est-à-dire que, lorsqu'il
rencontre un petit corps propre à sa nutrition, il
l'englobe dans sa propre substance, se l'assimile et
rejette au dehors les parties non alibiles. Leur reproduction est aussi rudimentaire que les autres fonctions; la masse du Monérien s'étrangle vers la partie
médiane, puis se divise en deux masses qui désormais vivront isolément et se diviseront de même.
On connaît aujourd'hui un grand nombre d'espèces
de Monères qui, toutes, vivent dans les eaux douces
ou salées; tels sont le *Bathybius Hæckelii*, qui affecte
la forme d'un réseau à larges mailles; le *Prota-
mœba primitiva*, qui change constamment de forme;
la *Protomyxa aurantiaca*, remarquable par sa belle
couleur orangée et par les longs filaments grêles et
anastomosés ensemble qui rayonnent autour de son
corps globuleux. — Les Amœbiens ou Amibes ont
leur masse protoplasmique pourvue d'un noyau et
émettent, comme les Monériens, de nombreux pseudopodes; telle est l'*Amœba princeps*, que l'incon-
stance de sa forme a fait nommer *Protée*. Quelques
Amibes se revêtent d'une membrane enveloppante
qui, parfois, s'encroûte de calcaire, ce qui les rapproche des foraminifères; telles sont les *Arcella*,
les *Difflugia*, etc.

PROTOCOCCUS (du grec *prótos*, premier, et *kokkos*,
grain). Genre d'algues unicellulaires du groupe des
Chlorospermées, dont les cellules globuleuses transparentes, remplies d'un endochrôme de couleur
verte ou rouge, se développent en nombre les unes à
côté des autres sur la terre, les rochers humides,
dans les eaux, etc. Ces infiniment petits, que Hæckel
range parmi ses protistes, offrent des phénomènes
singuliers. Ainsi le **Protococcus pluvialis**, qui se
trouve dans les creux de rochers où s'est amassée
de l'eau de pluie, est, à un moment de son existence, doué de mouvement et prend la forme d'un
animal infusoire (*Astasia pluvialis*); celui-ci se multiplie par division, et sa lignée redevient en partie
Protococcus. Il en est de même du **Protococcus nivalis**, qui couvre souvent la neige comme de larges
taches de sang, et que ses transformations ont fait
regarder tour à tour comme une algue et comme
un infusoire. Une autre espèce, le **Protococcus at-
lanticus**, colore souvent en rouge de grands espaces de mer, et c'est à la présence fréquente d'algues
semblables que la mer Rouge doit son nom. On a
proposé le nom de *hæmatococcus* (du grec *haima*,
sang) pour les espèces colorées en rouge, mais la
couleur est sans valeur dans ce genre où la même
espèce passe souvent du vert au rouge. Selon toute

probabilité, les Protococcus ne sont qu'un état
transitoire d'êtres plus élevés.

PROTOGINE. C'est un granit dans lequel une partie du mica ressemble à du talc. Cette roche forme
presque seule l'axe des plus hauts sommets des
Alpes. Elle diffère du granit par la couleur verdâtre
de son mica talqueux.

PROTOPHYTES (*de prótos*, premier, et *phuton*,
plante). Les naturalistes transformistes donnent ce
nom, d'après Hæckel, à des organismes inférieurs
du règne des Protistes, qui, bien qu'ils n'offrent pas
les caractères nettement tranchés des végétaux, se
rapprochent cependant beaucoup plus de ceux-ci
que des animaux. Cette division du groupe des Protistes comprend les Diatomées, les Schizomycètes
ou Bactéries, les Myxomycètes, et certaines algues
unicellulaires.

PROTOPLASMA (*de prótos*, premier, et *plasma*,
formation). (Sarcode de Dujardin.) Substance homogène, molle, albuminoïde, comparable à du blanc
d'œuf, formée de carbone, d'hydrogène, d'oxygène
et d'azote, que l'on a considéré comme l'élément
primordial constitutif de tous les organismes animaux ou végétaux, mais qui est en réalité un mélange de beaucoup d'autres substances vivantes,
qui ont été récemment distinguées Ces substances
primitives engendrent toutes les autres substances
vivantes; elles forment la partie vraiment active de
tous les éléments anatomiques, sont la cause première de leurs propriétés communes; en un mot,
elles sont le siège de tous les phénomènes vitaux.
La cellule primitive de tout organisme est formée
de Protoplasma, et les organismes les plus compliqués sont formés par la réunion de ces éléments
modifiés et associés de différentes manières. Comme
point de départ des organismes vivants, on trouve,
dans les eaux douces ou salées, de petites masses
ou globules de cette substance, les Monères, qui
jouissent de la faculté de se mouvoir et de s'assimiler les matières nutritives. (Voir Protistes.)

PROTOPTERUS. (Voir Dipnés.)

PROTOZOAIRES (du grec *prótos*, premier, et *zóa-
rion*, animal). Premier embranchement du règne
animal, comprenant les animaux les plus simples
par leur organisation, et dont le corps est constitué
par une petite masse de substance contractile nommée *protoplasma*. (Voir ce mot.) Ces petits êtres sont
placés sur les confins du monde vivant, et il devient dès lors fort difficile de décider auquel des
deux règnes, végétal ou animal, appartiennent certaines formes ambiguës souvent réduites à un simple grumeau de cette substance. Pour cette raison,
le naturaliste Hæckel a proposé d'en former un
règne à part sous le nom de *protistes*. Tantôt le
corps des Protozoaires consiste en un simple globule de protoplasma, qui, n'étant pas limité par
une enveloppe extérieure, peut changer constamment de forme et peut émettre des prolongements
grêles ou des filaments qui s'étendent au dehors en
rayonnant et qu'on nomme *pseudopodes* (faux pieds);

tantôt le corps est circonscrit par une membrane extérieure différenciée et conserve alors une forme définie ; cette enveloppe est généralement munie de cils vibratiles ou de soies qui servent à la locomotion ; tantôt, enfin, les Protozoaires sont pourvus de pièces solides produites par sécrétion de la substance protoplasmique, telles que coquilles ou spicules siliceux. C'est par segmentation ou germination que se reproduisent les Protozoaires. — On divise les Protozoaires en deux classes : 1º les **Rhizopodes**, formés de sarcode nu, sans membrane d'enveloppe et pourvus généralement d'une coquille calcaire ou d'un squelette siliceux; 2º les **Infusoires**, au corps limité par une enveloppe distincte, portant des appendices mobiles tels que cils vibratiles, flagellums, etc. (Voir ces mots.)

PROYER. Espèce du genre *Bruant*.

PRUNE, PRUNELLE. (Voir PRUNIER.)

PRUNELLE. (Voir ŒIL.)

PRUNIER (*Prunus*). Genre d'arbres fruitiers de la famille des *Rosacées*, tribu des *Prunées*, dont les cerisiers, les pêchers, ainsi que l'abricotier ne diffèrent que par des caractères botaniques de peu de valeur. Le caractère essentiel du genre *Prunier*

Prunier.

(*Prunus*) réside dans le fruit, dont la surface, toujours parfaitement lisse, se couvre aux approches de la maturité, d'une poussière fine et glauque, et dont le noyau est en général plus ou moins aplati, ni poreux, ni sillonné, à bords tranchants; l'un creusé d'un sillon, l'autre relevé de trois angles saillants. Tous les Pruniers habitent les contrées extra-tropicales de l'hémisphère septentrional. — Le **Prunier commun** (*P. domestica*, L.) passe à tort ou à raison pour le type originaire de tous les fruits connus sous le nom collectif de *prunes*, dont les variétés les plus estimées sont les reines-claude, les mirabelles, les damas, les perdrigons, les bricettes, la prune Monsieur, la prune royale, etc. Cet arbre, croît, dit-on, spontanément et en forêts dans la Hongrie, la Croatie, la Moldavie, et autres contrées du sud-est de l'Europe, ainsi qu'en Orient. Le bois de cet arbre est dur, veiné de rouge, d'un grain fin, serré et susceptible d'un beau poli; les ébénistes, les menuisiers et les tourneurs en font une consommation considérable. Il découle souvent du Prunier une gomme qui participe à toutes les propriétés de la gomme arabique. Personne n'ignore l'emploi alimentaire des Prunes; séché au four ou au soleil, ce fruit reçoit le nom de *pruneau;* toutefois, on emploie plus spécialement à cet usage certaines variétés à fruit allongé, telles que la *quetsche zwetsche* des Allemands, la Prune d'Agen, la diaprée violette, etc. Le Prunier s'accommode assez facilement de toute sorte de terre, pourvu qu'elle ne soit ni marécageuse ni trop sablonneuse; cependant il réussit dans une terre légère mieux que dans toute autre. Les pieds venus de semis donnent des arbres plus forts et plus durables, mais d'une croissance plus lente; aussi leur préfère-t-on généralement les rejets, qui se développent avec plus de rapidité. — Le **Prunier épineux** (*P. spinosa*, L.), plus communément connu sous le nom de *prunellier* ou *épine noire*, abonde dans toute l'Europe, au bord des bois et dans les buissons. Toutes les parties de cet arbrisseau, et surtout ses fruits, ont une saveur fortement astringente ; la pharmaceutique en préparait autrefois un extrait qui s'administrait à titre de tonique. On en obtient aussi par la fermentation et la distillation une liqueur spiritueuse. Les fleurs sont purgatives, l'écorce fébrifuge. Les fruits, trop acerbes pour pouvoir être mangés, servent à faire un bon vinaigre.

PRUNIER D'AMÉRIQUE. (Voir ICAQUIER.)

PSAMMITE. Grès argileux formé par un assemblage de grains de quartz hyalin, de paillettes de mica, de grains de feldspath, agglutinés par un ciment de nature argileuse, souvent très schisteux. Ce ciment est coloré en rouge ou jaune par des oxydes de fer, en vert, en bleu par des carbonates de cuivre, variété de couleurs qui leur a fait donner en géologie le nom de *grès bigarrés*. Dans ceux du terrain houiller, il est coloré en noir par des particules charbonneuses.

PSELAPHIDÉS (du genre *Pselaphus*). Tribu de la famille des *Brachélytres*. Ce sont de très petits insectes coléoptères se rapprochant beaucoup des *Staphylinides* (voir ce mot), mais ils en diffèrent par leur abdomen corné, non mobile, composé de cinq segments seulement, par leurs longs palpes et leurs tarses de trois articles. Ce groupe comprend plusieurs genres dont les principaux sont *Pselaphus* et *Claviger*. Ces petits insectes vivent dans la mousse et parmi les herbes. Les *Claviger* vivent parmi les fourmis, qui les parquent et en prennent soin, comme elles font des pucerons, pour recueillir le fluide sucré qu'ils sécrètent comme ces derniers.

PSELAPHUS (du grec *pselaphaô*, je tâtonne). Genre type de la tribu des *Psélaphidés*. (Voir ce mot.)

PSEUDO... (du grec *pseudês*, faux). Ce mot se place devant un grand nombre d'expressions et se remplace fréquemment par le mot correspondant français *faux, fausse*. (Voir ces mots.)

PSEUDONÉVROPTÈRES. Groupe d'insectes Névroptères ne présentant que des métamorphoses incomplètes, ce qui a déterminé plusieurs auteurs à les réunir comme sous-ordre aux Orthoptères. Par le fait, ils forment le passage d'un ordre à l'autre. Il comprend les Perlidés, les Ephéméridés et les Libellulidés, dont les larves sont aquatiques, et les Termitidés et Psocidés, dont les larves sont terrestres. (Voir ces mots.)

PSEUDOPODES (du grec *pseudês*, faux, et *podes*, pieds). On donne ce nom aux expansions sarcodaires rétractiles qui servent à la locomotion des rhizopodes et d'autres protozoaires.

PSEUDOPUS (de *pseudês*, faux, et *pous*, pied). Genre de reptiles de l'ordre des Sauriens, de la famille des *Chalcididés*. Ces animaux ont le corps cylindrique, serpentiforme, couvert comme celui des orvets d'écailles imbriquées luisantes, sauf sur la tête, où elles sont remplacées par de grandes plaques, mais ils se distinguent surtout par des membres postérieurs rudimentaires, représentés par un petit os analogue au fémur et tenant à un vrai bassin caché sous la peau. Le **Scheltopusick** (*Pseudopus pallasii*) est le seul représentant de ce genre singulier. Il est long de 65 centimètres et habite les régions herbeuses du sud de la Russie et de l'Autriche.

PSIDIUM. (Voir Goyavier.)

PSITTACIDÉS (de *psittacus*, perroquet. (Voir Perroquets.)

PSITTACUS. Nom scientifique latin du genre *Perroquet*.

PSOPHIA. Nom scientifique latin de l'Agami.

PSOQUE, *Psocus* (du grec *psôkô*, je réduis en poussière). Genre d'insectes du sous-ordre des Pseudonévroptères, type de la famille des *Psocidés*. Ce sont de très petits insectes, connus vulgairement sous le nom de *poux de bois;* ils ont le corps mou, renflé, d'un blanc jaunâtre, la tête grande à antennes longues, sétacées, les ailes en toit, les tarses de deux articles. Ils sont très agiles et vivent dans les vieux bois et les troncs d'arbres, qu'ils perforent. Le type du genre, le **Psoque à deux points** (*Ps. bipunctatus*), est long de 3 à 4 millimètres, varié de jaune et de noir; il vit sur les lichens. Une espèce que l'on trouve souvent dans les maisons, le **Psoque pulsateur** (*Ps. pulsatorius*), est aptère. Il doit son nom à la croyance qu'il produisait ces petits coups répétés qu'on a comparés au tic-tac d'une montre, mais on sait aujourd'hui que ce bruit est dû à la vrillette (*anobium*).

PSORALIER, *Psoralea* (du grec *psôraleos*, galeux, allusion aux glandes tuberculeuses qui couvrent le calice). Genre de plantes dicotylédones de la famille des *Légumineuses papilionacées*, tribu des *Galégées*. Ce sont des arbrisseaux glanduleux, à feuilles pennées avec impaire généralement à trois folioles, pourvues de deux stipules à la base du pétiole; les fleurs, accompagnées de bractées, forment des épis; le fruit est un petit légume indéhiscent, à une seule graine. Les espèces appartiennent au cap de Bonne-Espérance ou à l'Amérique, une seule espèce se trouve en Europe, dans les régions méditerranéennes, c'est le **Psoralier bitumineux**, dont le nom rappelle la forte odeur qu'il répand; c'est un arbuste de 1 mètre de hauteur, à feuilles pubescentes en dessous, à fleurs violacées en épis courts; sa gousse est hérissée de poils noirâtres. On cultive dans les jardins le **Psoralier odorant** à fleurs blanches du Cap, le **Psoralier glanduleux** du Chili, connu des jardiniers sous le nom de *thé du Paraguay;* l'infusion de ses feuilles est employée comme vermifuge et stomachique. — Le **Psoralier comestible** (*Ps. esculenta*), du Missouri, a des racines riches en fécule, qui sont un excellent aliment.

PSOROPTES (du grec *psôra*, gale). Nom scientifique de l'Acarus de la gale du cheval. (Voir Acarus.)

PSYCHÉ. Genre d'insectes Microlépidoptères, voisins des Tinéidés, remarquables par la différence qui existe entre les deux sexes. Le mâle, dépourvu de trompe et de palpes, a le corps velu, des ailes minces plus ou moins diaphanes et des antennes doublement pectinées; la femelle, sans ailes ni antennes, a la forme d'un ver allongé muni d'un oviducte térébriforme; elle vit dans un fourreau de soie recouvert de débris de feuilles et de mousses, dont elle ne sort jamais, même pour s'accoupler ou pour pondre. Les chenilles vivent également dans des fourreaux d'où elles ne laissent sortir que leurs trois premiers anneaux qui sont cornés et elles s'y transforment en chrysalides. On en connaît plusieurs espèces, les **Psyche graminella, hirsutella, muscella**, qui se rencontrent dans le midi de la France.

PSYCHODIAIRES (du grec *psuché*, la vie, et *diaireô*, je sépare). Nom que donnait Bory de Saint-Vincent aux organismes inférieurs qu'il regardait comme intermédiaires entre le règne végétal et le règne animal. Dans ces derniers temps, le naturaliste allemand Hæckel a tenté de rétablir ce groupe sous le nom de Protistes. (Voir ce mot.)

PSYLLE (*Psylla*). Genre d'insectes Hémiptères de la famille des *Aphididés*. Ce sont de très petits insectes, auxquels on donne communément le nom de *faux pucerons*. Ils vivent sur les arbres et y provoquent souvent, par leurs piqûres, des excroissances et des déformations.

PTARMIGAN (*Tetrao mutus*). Espèce du genre *Tetras* de l'ordre des Gallinacés, qui habitent les hautes régions du Nord. On le trouve en Norwège, en Laponie, en Ecosse, où il recherche les plus hauts sommets, dans la région des neiges, bien au delà des bruyères. La nature a pourvu à sa sûreté par un plumage dont le noir, le jaune, le blanc, le gris se confondent en été avec les lichens et les mousses dont se couvrent les rochers sous lesquels il s'abrite, et qui, blanchissant à mesure que la saison avance, finit, en hiver, par prendre presque la teinte des neiges qui l'entourent. Comme c'est un gibier estimé et que sa poursuite est entourée de grandes difficultés, la chasse du Ptarmigan est

Ptarmigan d'Ecosse.

un sport recherché des amateurs. Outre les difficultés qu'il faut vaincre pour atteindre les hauteurs qu'il habite, le Ptarmigan est rusé; il montre un merveilleux instinct pour se cacher entre les pierres ou même sous la neige.

PTERICHTYS (du grec *ptéron*, aile, et *ichthuos*, poisson. Genre de poissons fossiles de l'ordre des GANOÏDES. (Voir ANIMAUX FOSSILES.)

PTERIS. Nom scientifique de la grande Fougère ou Fougère commune (*Pteris aquilina*), si abondante

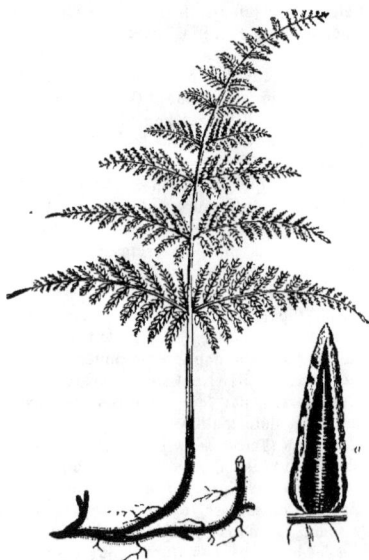

Grande fougère (*Pteris aquilina*); a, foliole vue en dessous.

dans les bois sablonneux. Elle est le type du genre et se distingue par ses sporanges disposés en lignes continues autour des pinnules, et par l'indusie linéaire et comme formée par le bord de la feuille replié en dessous. La section oblique de sa souche représente assez bien l'aigle à deux têtes, d'où son nom d'*aquiline*. Sa racine est considérée comme vermifuge et l'on fait avec ses feuilles des matelas pour les enfants.

PTEROCARPUS (du grec *ptéron*, aile, et *karpos*, fruit). Genre de plantes dicotylédones de la famille des *Légumineuses papilionacées*, comprenant des arbres énormes propres aux régions tropicales des deux continents, et dont plusieurs fournissent un suc de couleur rouge qui durcit à l'air et donne une résine comparable au sang-dragon; tels sont le **Pterocarpus draco**, de l'Amérique du Sud, et le **Pterocarpus indicus**, des îles de la Sonde. Le **Pterocarpus santalinus**, de l'Inde, fournit un bois de teinture connu sous le nom de *santal rouge*, qui est retiré du tronc et des grosses branches, et que l'on trouve dans le commerce à l'état de copeaux colorés en rouge brun foncé; le **Pterocarpus marsupium**, du Malabar, donne le *kino du Malabar*, astringent énergique.

PTÉRODACTYLE. Ce nom, tiré du grec, signifie *aile-doigt* et s'applique à un reptile fossile de l'époque jurassique. C'est l'être le plus singulier de

Ptérodactyle.

cette époque féconde en animaux extraordinaires, et ses formes bizarres rappellent les fabuleux dragons de la mythologie. Il offre dans sa structure des caractères en apparence si extraordinaires, qu'on le prit tour à tour pour un oiseau, pour une chauve-souris, enfin pour un reptile volant; ce qui tient à l'existence simultanée de certains caractères évidemment propres à chacune des grandes classes auxquelles on le rapportait. La forme de sa tête et la longueur de son cou, semblables à ceux des oiseaux; ses ailes approchant de celles des chauves-souris; sa queue et son corps analogues à ceux des mammifères; tous ces caractères, joints à un crâne étroit comme celui des reptiles et à un bec garni de dents aiguës, présentaient une combinaison d'anomalies apparentes que le génie de Cuvier pouvait seul concilier. — Pour la forme extérieure, ces animaux avaient quelque ressemblance avec les chauves-souris ou les vampires actuels. La plupart d'entre eux — car il y en avait plusieurs espèces — avaient le museau allongé, corné comme un bec d'oiseau et armé de dents coniques. Leurs yeux, d'une grosseur extraordinaire, leur donnaient probablement la faculté de voir pendant la nuit. Le doigt extérieur des membres antérieurs, extrêmement allongé, servait de support à une large membrane alaire; les autres doigts, libres, étaient terminés par des ongles puissants et crochus, au moyen desquels l'animal pouvait ou ramper ou grimper ou se suspendre aux arbres. Il est probable aussi que les Ptérodactyles étaient doués de la faculté de nager, si commune chez les reptiles, et que possède aussi la chauve-souris vampire de l'île de Bonin. Ils étaient donc capables d'habiter tous les éléments, volant dans l'air, fendant les ondes ou rampant à la surface de la terre. Il y avait plusieurs espèces de Ptérodactyles, se distinguant par le plus ou moins de longueur de leur bec et de leur cou et par leur taille. L'un d'eux appartenant au terrain crétacé avait plus de 3 mètres d'envergure, et surpassait la taille du vautour, d'autres avaient la taille du canard ou même de la grive.

PTÉROMYS (de *ptéron*, aile, et *mus*, rat). Écureuil volant. (Voir Écureuil et Polatouche.)

PTÉROPHORIDÉS. Petite famille d'insectes Lépidoptères de la division des *Hétérocères*, tribu des *Pyralides*. Ils se distinguent de tous les autres papillons par la conformation singulière des ailes. Ici les nervures des ailes sont détachées et garnies de franges d'une délicatesse extrême, ce qui leur donne l'apparence de petites plumes. On y distingue deux genres principaux: les *Ptérophores* et les *Ornéodes*. Les Ptérophores ont les ailes supérieures divisées en deux parties et les inférieures en trois, ce qui les fait paraître munis de cinq

Ornéode.

plumes au lieu d'ailes; de là le nom de **Ptérophore pentadactyle** donné à l'espèce la plus commune de ce genre. Tout entier d'un blanc de neige, il se détache sur le vert des feuilles des haies, où on le rencontre souvent. La chenille de cette jolie espèce est rayée de blanc, de vert et de jaune, et sur les liserons.— Les Ornéodes ont les ailes encore plus divisées que les Ptérophores. Chaque aile est découpée en six petites plumes frangées, c'est-à-dire douze de chaque côté. Rien n'égale la délicatesse de ces petits papillons. Au repos, les plumes des ailes se superposent comme les branches d'un éventail.

PTÉROPODES (du grec *ptéron*, aile, et *pous*, *podos*, pied). Classe de mollusques caractérisés par deux expansions antérieures, symétriques, en forme d'ailes, placées aux deux côtés de la bouche, et leur servant à nager dans la mer. Ils diffèrent peu d'ailleurs des gastéropodes par le reste de leur organisation. Cette classe renferme des animaux de petite taille, hermaphrodites; les uns sont nus (*gymnosomes*), comme les clios; les autres sont munis d'une coquille mince, calcaire (*thécosomes*), tels sont les hyales et les limacines. Tous les Ptéropodes sont hermaphrodites. Ils habitent la haute mer réunis en troupes nombreuses.

Ptéropode.

PTEROPUS (de *ptéron*, aile, et *pous*, pied). Nom scientifique latin du genre *Roussette*.

PTINE (*Ptinus*). Genre d'insectes Coléoptères type de la famille des *Ptinidés*. Ce sont de petits insectes à corps épais, pubescent, dont le corselet, très convexe, rugueux, cache la tête; celle-ci est verticale et porte de longues antennes de onze articles; leurs pattes, assez grandes, débordent de beaucoup les élytres, leurs tarses ont cinq articles. On en trouve plusieurs espèces en France; les plus répandues sont: le **Ptinus fur**, long de 3 millimètres, d'un brun roussâtre, tacheté de blanc, et qui est très commun dans les maisons, où sa larve ronge souvent les fourrures, les tapis; et le **Ptinus latro**, d'un roux obscur, mais sans taches, qui n'est que trop commun dans les collections d'histoire naturelle, où il commet de grands dégâts.

PTINIDÉS. (Voir Ptine.)

PUBESCENT (de *pubescere*, se couvrir de duvet). Se dit des organes des plantes qui sont couverts de petits poils mous, courts et duveteux.

PUCE (*Pulex*). Genre d'insectes Aptères de l'ordre des Suceurs, qu'il compose à lui seul dans la méthode de Cuvier. Les entomologistes modernes en

Puce de l'homme grossie douze fois en diamètre.

font aujourd'hui la section des *Aphaniptères* dans l'ordre des Diptères, dont ils se rapprochent par leurs organes buccaux. Les Puces, ou pulicidés, ont pour caractères distinctifs une bouche en forme de suçoir aigu, composé de trois pièces et renfermé dans une sorte de trompe ou de gaine, formée de deux lames articulées, recouverte de deux écailles à sa base. Ces parasites, bien connus de tout le monde, ont le corps ovalaire, deux petits yeux com-

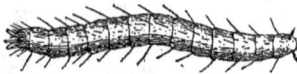

Larve de la puce grossie douze fois en diamètre.

posés, les pattes épineuses, longues, fortes (surtout les dernières), et parfaitement disposées pour le saut, qui est d'une étendue extraordinaire, eu égard à leur taille. Ces insectes sortent de l'œuf sous la forme de petits vers blancs qui, après une douzaine de jours, se filent un cocon soyeux où ils demeurent le même temps à l'état de nymphe, pour en sortir à l'état parfait. L'espèce la plus répandue est la Puce commune (*P. irritans*), qui se nourrit du sang de l'homme et de plusieurs animaux. C'est au moyen des deux lames dentelées en scie, renfermées dans leur suçoir, que les Puces percent la peau, l'irritent et font affluer le sang, qu'elles sucent au moyen des contractions de leur jabot. On connaît plusieurs espèces de Puces : celles des animaux domestiques diffèrent de celle de l'homme, et chaque espèce paraît même avoir la sienne propre. Toutes ces espèces vivent du sang des animaux, sans que cette nourriture leur soit indispensable, puisqu'on trouve des Puces dans les bois, les maisons abandonnées et jusque sur

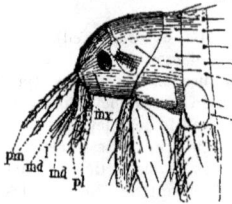

Tête de puce
grossie trente fois en diamètre.

md, mandibules ; *mx*, mâchoires ;
pm, palpes maxillaires; *l*, stylet
impair; *pl*, palpes labiaux.

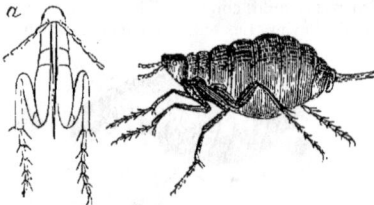

Puce chique ; *a*, partie antérieure vue de face.

les bords de la mer. Les Puces qui vivent dans les appartements font plusieurs œufs à chaque ponte; elles les placent dans les ordures qui s'amassent dans les coins ou dans les fentes des parquets. — Une autre espèce non moins nuisible

et propre à l'Amérique tropicale est la *chique* ou **Puce pénétrante** (*P. penetrans*). Cette dénomination caractérise parfaitement ses habitudes. En effet, la chique, qui diffère de la Puce ordinaire par la longueur, relativement très considérable, de son suçoir, ne se borne pas à piquer la peau pour pomper le sang; elle s'introduit dans cette membrane et se pratique une demeure au-dessous d'elle. Une fois implantée entre le derme et l'épiderme, elle suce le sang et son abdomen se gonfle jusqu'à acquérir le volume d'un pois. Puis elle y dépose ses œufs, qui donnent naissance à d'autres chiques, et perpétue ainsi les incommodités; car on conçoit bien que l'irritation produite par ces animaux occasionne des inflammations, des abcès, des ulcères gangréneux; on voit souvent des nègres, que les chiques attaquent de préférence, périr du tétanos sans autre cause. C'est préférablement sous la plante ou dans les doigts des pieds que s'insinue cet animal parasite. Lorsqu'on en est atteint, il faut s'en débarrasser au plus tôt, afin qu'il n'ait pas le temps de pulluler. Une tache rouge signale l'endroit où la chique s'est logée, outre que la démangeaison douloureuse l'indique assez. Alors, au moyen d'une petite incision, on extrait cet hôte incommode et l'on cautérise la plaie avec un pinceau trempé dans une goutte de nitrate d'argent, afin de détruire ses œufs s'il y en avait. De bonnes chaussures mettent l'Européen à l'abri de la chique; quant aux nègres et aux Indiens, qui marchent nu-pieds, ils se frottent d'infusion de tabac, de rocou et d'huile.

On nomme vulgairement :

Puces d'eau, les Daphnies ;
Puces de mer, les Talitres ;
Puces de terre, les Altises ;
Puce pénétrante, la Chique.

PUCERON (*Aphis*). Genre d'insectes de l'ordre des HÉMIPTÈRES, section des HOMOPTÈRES, type de la famille des *Aphidides*, bien connus de tout le monde, et surtout des amateurs de jardinage. Les Pucerons sont de petits insectes au corps court et renflé, à tête petite portant deux antennes filiformes, très longues, et terminée par un suçoir ou bec acéré; leurs pattes sont longues et grêles, leurs ailes grandes et diaphanes; leur abdomen porte à son extrémité deux petits tuyaux en forme de cornes mobiles. Ces insectes se trouvent répandus, en quantité souvent considérable, sur un grand nombre de végétaux, et leur sont très nuisibles. Ils enfoncent leur bec dans les tiges et en sucent la sève, dont l'afflux détermine souvent des nodosités considérables. Très peu agiles, les Pucerons ne quittent guère la plante sur laquelle ils sont nés, et ce n'est que par exception qu'ils prennent leur vol pour s'éloigner du lieu de leur naissance. Le détail le plus intéressant de l'histoire de ces insectes est sans contredit celui de leur reproduction singulière : à l'automne, les femelles ailées pondent des œufs qui éclosent au printemps suivant; or, de ces œufs, il ne sort que des femelles sans ailes, qui, sans union préalable, produisent des petits vivants, tous femelles et également privées d'ailes; celles-ci mettent au monde une nouvelle portée de femelles, et cette reproduction extraordinaire se renouvelle pendant dix générations successives; à la onzième et dernière, seulement, paraissent des mâles pour féconder les femelles, qui cette fois pondent des œufs dont l'éclosion n'a lieu qu'au printemps suivant. Des expériences nombreuses et faites avec le plus grand soin ne laissent aucun doute sur ce mode singulier de reproduction auquel on a donné le nom de *parthénogénèse*. Il est peu d'animaux qui puissent présenter une fécondité si extraordinaire. Le célèbre Réaumur a fait, à ce sujet, des observations curieuses. Un Puceron, dit-il, peut produire environ 90 petits; au

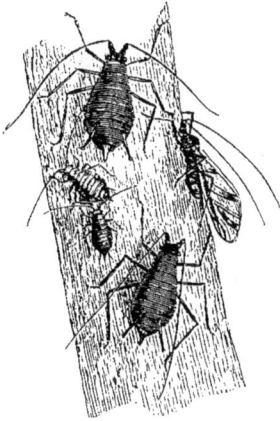

Pucerons à divers états, très grossis.

bout de deux ou trois semaines, chacun en aura produit 90 autres; cette seconde génération sera de 8100; la troisième, par le même calcul, sera de 729 000; la quatrième, de 65 610 000; la cinquième de 5 904 900 000; la sixième présentera le chiffre effrayant de 531 milliards, et il y a dix générations successives en quelques mois. On comprend que nulle végétation ne résisterait à ces innombrables légions, si cette incroyable multiplication n'était entravée par de nombreux ennemis, tels que les coccinelles, les syrphes, les hémérobes, dont les larves en dévorent des quantités prodigieuses, sans que ces insectes apathiques cherchent à éviter la mort par la fuite. — Les Pucerons sécrètent, par les deux appendices situés à l'extrémité de leur corps, un liquide sucré dont les fourmis sont très friandes; c'est ce qui explique la présence de ces dernières sur toutes les plantes où sont rassemblés ces insectes. Les fourmis ne leur font aucun mal, et se contentent de sucer leurs petites cornes; quelquefois aussi elles les emportent dans leur fourmilière et en prennent le plus grand soin. Ce fait singulier, constaté par de nombreux

observateurs, les a fait nommer par Linné les *vaches des fourmis*. On connaît un grand nombre d'espèces de Pucerons; il est même peu de plantes qui n'en nourrissent une ou deux espèces, et plusieurs d'entre elles sont très nuisibles; le **Puceron du rosier** nuit beaucoup à cet arbuste; le **Puceron du tilleul** abîme ces arbres sur les promenades publiques; le **Puceron du pêcher** produit la *cloque* des feuilles; enfin la récolte des pommes à cidre est souvent compromise par le **Puceron lanigère**; ce dernier, couvert d'un duvet blanchâtre, cause de grands dégâts aux pommiers sur lesquels il vit. L'orme, le peuplier, le fusain, le plantain, le groseiller, etc., nourrissent des espèces particulières de Pucerons, qui produisent sur ces plantes des déformations ou des galles; toutes présentent de grands rapports avec l'espèce du rosier.

PULEX. Nom scientifique latin du genre *Puce*. (Voir ce mot.)

PULICAIRE, *Pulicaria* (de *pulex*, puce, parce que l'on attribue à cette plante la propriété de chasser les puces). Genre de plantes dicotylédones de la famille des *Composées tubuliflores*, détaché du genre *Inula*, à cause des soies extérieures de l'aigrette qui sont soudées en une couronne dentée ou laciniée. Le type du genre, la **Pulicaire commune** (*P. vulgaris*), à tige pubescente, à feuilles alternes, lancéolées, onduleuses, molles, sessiles, à fleurs jaunes, croît dans les lieux humides; elle a des propriétés astringentes. — L'*Inula dysenterica* (voir INULE) rentre dans ce genre.

PULICIDÉS (de *pulex*, puce). Famille d'insectes APTÈRES de l'ordre des DIPTÈRES, comprenant les Puces. (Voir ce mot.)

PULMONAIRE. Qui a rapport au poumon : artère pulmonaire, veines pulmonaires. (Voir CIRCULATION et POUMON.)

PULMONAIRE, *Pulmonaria* (de *pulmo*, poumon). Genre de plantes de la famille des *Borraginées*, renfermant des herbes pileuses qui croissent dans les régions moyennes et méridionales de l'Europe. Les feuilles radicales sont pétiolées, marquées de taches blanchâtres qui ont fait comparer leur aspect à celui des poumons et ont valu le nom de *Pulmonaire* à la plante type de ce genre. Leurs fleurs, bleues ou rouges, sont en cime terminale, composées d'un calice quinquéfide, d'une corolle en entonnoir, de

Pulmonaire officinale.

cinq étamines incluses, d'un pistil à ovaire quadrilobé. A ces fleurs succèdent quatre petits akènes lisses. Les Pulmonaires sont des plantes à rhizome épais, émettant des tiges de 1 à 3 décimètres, simples et ne se divisant qu'au sommet pour former les rameaux de l'inflorescence. — La **Pulmonaire officinale** (*P. officinalis*) ou Pulmonaire commune, appelée vulgairement *herbe aux poumons, herbe au lait de Notre-Dame*, se rencontre dans les bois de presque toute la France. Les anciens médecins, jugeant souvent des propriétés des plantes d'après des analogies et des ressemblances bizarres, avaient comparé les feuilles tachées de cette plante à nos poumons, et dès lors ils avaient pensé qu'elles devaient être salutaires dans les affections pulmonaires. Cette réputation n'a pu résister à l'épreuve d'un examen sérieux, et on ne considère plus aujourd'hui la Pulmonaire que comme mucilagineuse et émolliente.

PULMONAIRE DU CHÊNE. Nom vulgaire d'une espèce de lichen, le *Sticta pulmonaria*, qui croît sur le tronc des vieux arbres et surtout des chênes et des hêtres, où il forme des expansions membraneuses plus ou moins découpées et lobées, d'un vert jaunâtre. On l'emploie souvent pour remplacer le lichen d'Islande comme stomachique et béchique.

PULMONAIRES. Nom donné aux Aranéides qui sont pourvues de sacs pulmonaires. (Voir ARAIGNÉE.)

PULMONÉS. Division de l'ordre des GASTÉROPODES (voir ce mot) comprenant les mollusques terrestres ou d'eau douce dont la poche respiratoire pourvue d'un riche réseau vasculaire est appropriée à la respiration aérienne et constitue une sorte de poumon. Ce sous-ordre est rangé parmi les Prosobranches, c'est-à-dire que l'organe respiratoire est placé en avant du cœur. Les Gastéropodes pulmonés sont pour la plupart pourvus d'une coquille; quelquesuns cependant en sont privés (limaces, oncidies). Tous sont hermaphrodites et ovipares. Les principales familles comprises dans ce groupe sont les *Cyclostomidés, Lymnœidés, Limacidés, Hélicidés,* etc. (Voir ces mots.)

PULSATEUR. (Voir PSOQUE et VRILLETTE.)

PULSATILLE. Espèce du genre *Anémone*. (Voir ce mot.)

PUMA. Le Puma (*Felis concolor*), que l'on nomme encore *couguar* ou *lion d'Amérique*, est une grande espèce du genre *Chat*, propre aux deux Amériques. L'appellation de lion, que lui donnent les colons américains, ne lui convient nullement; il n'en a ni la crinière ni les formes, et s'en rapprocherait tout au plus par son pelage, sans raies ni taches, d'un fauve rougeâtre uniforme. Ses formes rappellent plutôt celles du jaguar; mais il a la tête plus ronde et la queue proportionnellement plus longue. Il atteint 1m,30 de longueur, non compris la queue qui a 7 décimètres. La Puma habite, dans l'Amérique du Sud, le Brésil, le Paraguay, la Guyane, le Pérou; on le rencontre également au Mexique et dans toute

l'Amérique du Nord jusqu'aux grands lacs. Il se trouve également dans les déserts de la Patagonie, et jusque sous les 53e et 54e degrés de latitude de la Terre de feu. — Comme tous ses congénères, le Puma a des mœurs solitaires; il vit retiré, pendant le jour, dans les pampas et les taillis épais, et vient parfois rôder pendant la nuit autour des habitations. Cet animal est très agile, il grimpe le long des arbres avec la légèreté du chat, et s'accroupit souvent en embuscade sur quelque grosse branche horizontale, pour s'élancer d'un bond sur tout animal qui vient passer à sa portée. Cramponné sur son dos, il ouvre la gorge de sa victime et lui suce le sang jusqu'à ce qu'elle tombe épuisée; il achève alors son repas en déchirant ses chairs palpitantes. Le Puma n'est ni moins courageux ni moins féroce que les autres grands *felis;* il fuit la présence de l'homme, mais il devient terrible lorsqu'il est blessé. Dans l'ouest des États-Unis on chasse le Couguar avec une meute de chiens de forte race ; la bête féroce fuit devant eux, mais malheur au limier qui s'avance trop près, car d'un seul coup de patte il l'éventre. On connaît une variété du Puma dont le pelage est presque noir.

PUMITE. (Voir PONCE.)

PUNAISES (*Cimex*). Linné comprenait autrefois sous ce nom la presque totalité des insectes HÉMIPTÈRES HÉTÉROPTÈRES, que Latreille divisait en *Géocorises* ou Punaises terrestres et *Hydrocorises* ou Punaises d'eau. La première division comprend les familles des *Hydrométridés, Coréidés, Pentatomidés, Réduvidés, Lygéidés;* la seconde est formée de deux familles : celles des *Népidés* et des *Notonectidés.* (Voir ces mots.) Nous traiterons ici des *Géocorises* ou Punaises proprement dites, car les entomologistes modernes réservent aujourd'hui le nom de Punaise (*Cimex*) à la Punaise des lits, qui est aptère. — Les Géocorises sont des insectes dont les ailes antérieures sont crustacées à la base et membraneuses à leur extrémité. Leur bouche en forme de bec est composée de pièces articulées les unes au bout des autres comme le tube d'une lunette, et dans l'intérieur de ce tube existent trois lames dentées, acérées à leur pointe, avec lesquelles ces insectes percent la peau des animaux et des plantes. Leurs métamorphoses sont incomplètes; c'est-à-dire qu'ils n'éprouvent d'autres changements que le développement des ailes et l'accroissement du corps. La

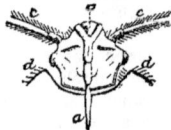

Rostro de punaise.

a, extrémité du rostre; *b,* labre ou lèvre supérieure; *c, c,* portion des antennes; *d, d,* yeux.

première famille, celle des *Réduvidés,* se distingue à sa tête rétrécie, à ses antennes longues et grêles, à son écusson petit. Ce sont des insectes carnassiers, à bec acéré et robuste. Le genre *Réduve* est le type de ce groupe. Les Réduves pénètrent dans nos maisons, mais ce sont pour nous des auxiliaires utiles, car ils font à la Punaise des lits une guerre d'extermination, aussi bien sous l'état de larve que sous celui d'insecte parfait. Dans son état de larve, la Réduve emploie la ruse pour s'approcher de sa victime ; elle se recouvre de plâtre, de poussière, de duvet, de tout ce qui peut la déguiser enfin, puis elle s'avance lentement, et lorsqu'elle est arrivée à portée de sa proie, d'un bond elle s'élance dessus, la perce de son bec acéré et suce son cadavre. Ces habitudes lui ont fait donner le nom de **Réduve masquée** (*Reduvius personatus*). Arrivée à l'état parfait, la Réduve n'a plus recours à la ruse, c'est alors un insecte noir, de formes allongées rappelant celles de certaines mouches ; elle est munie d'ailes et peut fondre sur sa proie avec rapidité. Sa piqûre est très douloureuse. Elle est d'un brun noirâtre avec les ailes enfumées. Une espèce de Java, le *Reduvius amœnus*, est d'un beau rouge corail avec des taches d'un noir bleu luisant. — Le genre *Cimex* forme la famille des *Cimicidés ;* il ne contient qu'un très petit nombre d'espèces ; la plus connue, la plus répandue et la plus redoutée est la **Punaise des lits** (*Cimex lectularius*), cet hôte dégoûtant de nos maisons, qui trouble notre repos et répand une odeur fétide. Son corps est mou, aplati, à peine plus long que large, dépourvu d'ailes. On sait combien cet insecte est

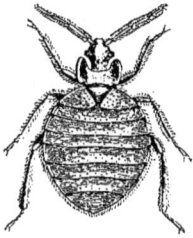
Punaise des lits, très grossie.

avide de sang. Caché pendant le jour dans les angles des murs, dans les plis des rideaux, il n'en sort que la nuit. La femelle parvient facilement à dérober aux recherches ses œufs, que leur petitesse rend presque imperceptibles et qu'elle fixe dans les recoins les plus cachés des murailles. Cet ignoble insecte passe pour avoir été importé en Europe de l'Amérique, à la fin du seizième siècle ; mais c'est là une erreur, puisque Pline, Dioscoride et Martial en font mention dans leurs écrits. L'homme n'est pas le seul qui ait le triste privilège de nourrir cet animal dégoûtant, car il attaque aussi l'hirondelle, et il est probable que cet oiseau éminemment voyageur en transporte souvent les œufs dans son plumage. On sait que la Punaise des lits se multiplie avec une prodigieuse rapidité, surtout dans les maisons malpropres ; elle pond quatre fois de mars en septembre. La benzine, la térébenthine, l'huile de pétrole les tuent sûrement ; mais ces liquides répandent une odeur fort désagréable et sont très inflammables. La poudre de pyrèthre les tient à distance si l'on en saupoudre les draps, mais n'en débarrasse pas la maison. Un des meilleurs moyens pour se débarrasser de cet hôte incommode, est de brûler du soufre dans un réchaud, après avoir fermé hermétiquement tous les endroits par où l'air pourrait pénétrer. On trouve le lendemain les Punaises

asphyxiées par le gaz acide sulfureux qui s'est dégagé. — La famille des *Lygéidés* comprend de nombreux genres dont toutes les espèces sont phytophages. Ces insectes ont le bec plus court que les Réduviens, les pattes allongées et propres à la course. Les *Lygées* ont le corps allongé et aplati en dessus, la tête triangulaire ; leurs couleurs dominantes sont le rouge et le noir. Ces Punaises vivent sur les plantes, réunies souvent en grande quantité ; le **Lygœus militaris** et le **Lygœus equestris** sont très communs. Le **Pyrrhocoris apterus** est commun dans les bois, au point souvent de former au pied des arbres et des palissades de grandes masses rouges. Les **Miris** sont verts, tachés de brun ou de jaune. La famille des *Scutellérrides* se distingue

Pyrrhocoris apterus.

surtout à la grandeur de l'écusson (*scutellum*). Ils ont le corps large et épais, les pattes courtes ; ils vivent sur les végétaux. — Les *Pentatomes* ou *Punaises des bois* ont des formes courtes et ramassées ; elles sont parfois ornées de couleurs agréables, mais répandent toujours une odeur fétide. Ces insectes vivent sur les plantes, et sont souvent réunis en grand nombre. La **Pentatome grise** vit sur le bouleau ; la femelle montre pour ses petits la plus vive sollicitude, elle veille sur eux et les conduit comme une poule fait de ses poussins. Le mâle est loin de ressentir la même tendresse pour sa progéniture, car il cherche à la dévorer partout où il la rencontre. La **Pentatome du chou** (*Pentatoma oleracea*) est fort commune et très nuisible à cette plante. — Le genre *Scutellaria*, remarquable par

Pentatome grise.

le grand développement de l'écusson, renferme plusieurs espèces étrangères, dont la richesse rivalise avec celle des plus beaux coléoptères ; mais leur odeur est infecte. L'odeur que répandent la plupart des Punaises est due à la sécrétion d'une glande qui s'ouvre à la face inférieure du métathorax, au niveau de la dernière paire de pattes.

PUNICA. Nom scientifique latin du genre *Grenadier.* (Voir ce mot.)

PUPE. Synonyme de Nymphe et de Chrysalide. (Voir Insectes.)

PUPILLE. (Voir Œil.)

PUPIPARES (de *pupa*, nymphe, et *parere*, engendrer). Groupe d'insectes Diptères ainsi appelés parce que les œufs éclosent et les larves se développent et se transforment en nymphes dans le ventre même de la femelle. Ce sont des insectes parasites qui vivent sur les mammifères ou sur les oiseaux et dont le type nous est offert par les hippobosques.

(Voir ce mot.) On y joint les *Mélophages, Nyctéribies, Ornithomyes*, etc.

PUPUT. Nom vulgaire de la Huppe.

PURGE ou ÉPURGE. Noms vulgaires de l'*Euphorbia lathyris*. (Voir EUPHORBE.)

PURPURA. Nom latin scientifique des mollusques gastéropodes du genre *Pourpre*.

PUTOIS, *Putorius* (de *putor*, puanteur). Division du grand genre *Marte* (voir ce mot), famille des *Mustélidés*. Les Putois se distinguent des martes par leurs molaires au nombre de huit en haut et de dix en bas, et par leur tête moins allongée. C'est à cette section qu'appartiennent les Putois proprement dits, le furet, le vison, la belette, le zorille, l'hermine. Les Putois sont, avec les martes, les plus sanguinaires des carnassiers; ils seraient les plus redoutables si leur force secondait leur naturel féroce. On les voit rôder autour des habitations, cherchant à pénétrer dans les basses-cours, où leurs formes minces et allongées leur permettent de s'introduire

Putois des rivières.

par la moindre ouverture. Rien n'échappe alors à leur rage. C'est de sang plutôt que de chair qu'ils se montrent avides. Ce sont des animaux nocturnes et solitaires, que l'on trouve dans presque toutes les parties du monde. — Le **Putois commun** (*P. fœtidus*) est le plus grand de tous; sa taille est de 35 centimètres environ; il se distingue à son pelage brun en dessus, fauve sur les flancs et en dessous, à son museau blanc. Il s'établit en été dans les terriers des lapins, dans les vieux troncs d'arbres; en hiver, dans les coins les plus reculés de la ferme, pour laquelle son voisinage est une calamité. Il se glisse dans le poulailler ou le colombier, écrase la tête de toutes les volailles et les transporte une à une pour les emmagasiner, ou, s'il ne peut les emporter entières, il leur mange la cervelle. Les petits naissent en été et quittent leur mère en automne. On tire parti de la fourrure douce et chaude de ces carnassiers; malheureusement elle conserve souvent cette odeur désagréable à laquelle il doit son nom. — Parmi les espèces du Nord, le **Putois de Sibérie**, d'un fauve clair uniforme, et le *mink* ou **Putois des ri-**

vières, d'un brun roussâtre, sont particulièrement recherchés par les marchands de pelleteries. — Le **Putois du Cap** ou *zorille*, rayé irrégulièrement de blanc et de noir, donne une fort belle fourrure. Le **Furet** (*Mustela furo*) ressemble beaucoup au Putois commun. Son pelage est brun très clair ou jaunâtre; il a le corps plus allongé et plus mince, la tête plus étroite, le museau plus pointu que le Putois; la femelle est plus petite que le mâle. Il est originaire de Barbarie; on ne le trouve en France que domestiqué, et on l'y emploie pour poursuivre les lapins dans leurs terriers. « Cet animal, dit Buffon, est naturellement l'ennemi mortel du lapin : lorsque l'on présente un lapin, même mort, à un jeune furet qui n'en a jamais vu, il se jette dessus et le mord avec fureur; s'il est vivant, il le prend par le cou, par le nez, et lui suce le sang. Lorsqu'on le lâche dans les trous des lapins, on le musèle, afin qu'il ne les tue pas dans le fond du terrier et qu'il les oblige seulement à sortir et à se jeter dans le filet dont on couvre l'entrée. » — Le **Vison** (*Putorius vison*), qui est le représentant du Putois dans l'Amérique septentrionale, possède une fourrure supérieure à celle des Putois d'Europe; c'est le Vison blanc des fourreurs. Il est d'un fauve très clair, blanchâtre à la tête. — Le **Pékan** de Buffon, du Canada, a le dessus du corps d'un brun marron avec les oreilles blanchâtres, le dessous du corps gris foncé, la queue et les membres noirs. Cette espèce habite le Canada. — Nous avons consacré des articles particuliers à la *Belette*, au *Furet* et à l'*Hermine*.

PYCNOGONIDÉS (du grec *puknos*, nombreux, et *gonu*, articulation). Petit groupe d'arachnides comprenant de singuliers animaux de taille minime qui vivent dans la mer, au milieu des algues. Ils sont remarquables surtout par le grand développement de leurs membres, dans lesquels pénètrent les diverticules du tube digestif et même les organes génitaux, ce qui leur a fait donner par quelques auteurs le nom de *Pantopodes* (tout pieds). Ils ont quatre paires de pattes très longues, multiarticulées et terminées par des griffes. Le tronc, composé de quatre segments, est très petit; en avant est un rostre ou suçoir à la base duquel se trouvent deux paires d'appendices; l'abdomen est rudimentaire et il n'y a pas d'organes respiratoires. Au sortir de l'œuf les petits ont le corps inarticulé et pourvu seulement de deux paires de pattes.

PYCNOGONUM. Genre type de la famille des Pycnogonidés. Le **Pycnogonum littorale** se trouve sur les côtes d'Europe; il vit en parasite sur des ascidies et sur divers poissons.

PYGARGUE (*Haliœtus*). Genre de la famille des *Falconidés*, dans l'ordre des oiseaux de proie, caractérisé par un bec grand, presque droit, comprimé latéralement, crochu à la pointe et fendu jusque sous les yeux; des narines grandes et lunulées; des tarses courts, robustes, garnis de plumes seulement à leur moitié supérieure; des ongles arqués, aigus, celui du doigt médian creusé en dessous d'une gouttière, des ailes longues et une queue courte, cunéiforme. Ce que l'on a dit des aigles pourrait se dire des Pygargues; cependant les Pygargues sont moins valeureux, plus lourds, plus indolents. Du reste, par leur taille, leur vigueur et leur férocité, ils tiennent un des premiers rangs parmi les rapaces. Tandis que les aigles vivent dans les montagnes et les grandes forêts de l'intérieur, les Pygargues fréquentent les bords de la mer, les grands lacs. Cette différence d'habitat provient d'une différence dans le régime. Ces oiseaux vivent en effet de poissons, sur lesquels ils fondent au sein des eaux, ainsi que d'oiseaux et de mammifères aquatiques; aussi les a-t-on appelés *aigles pêcheurs;* ils se nourrissent aussi de reptiles et de batraciens. On en a vu parfois se jeter sur les jeunes phoques et se

Pygargue à tête blanche.

cramponner tellement sur leur dos en y enfonçant leurs griffes acérées, que souvent ils ne peuvent plus les dégager et sont entraînés par leur victime au fond de la mer. — Le **Pygargue d'Europe** (*H. nisus*), que l'on nomme aussi *orfraie*, est d'un brun cendré avec la queue blanche, mais il présente de nombreuses variations de plumage dans sa jeunesse. Il est commun dans tout le nord de l'Europe et se montre souvent sur nos côtes pendant l'hiver. Le petit **Pygargue de Buffon** n'est autre que le mâle de cette espèce; il est moins grand que la femelle. Cette espèce attaque les moutons et les jeunes veaux. — Le **Pygargue à tête blanche** (*H. leucocephalus*) a le corps d'un brun foncé avec la tête, le dessous du cou, les couvertures de la queue d'un blanc pur. Il habite l'Amérique septentrionale et se montre parfois en Europe. Ses mœurs sont les mêmes que celles du Pygargue d'Europe. — Le **Pygargue vocifer** (*H. vocifer*), du Sénégal, est remarquable par la force et la sonorité de sa voix. Ses

clameurs jettent l'effroi parmi les troupeaux. — Le **grand Pygargue d'Amérique** est la *Harpie.* (Voir ce mot.)

PYLORE (du grec *pulôros*, gardien d'une porte). Espèce d'anneau musculaire contractile qui termine l'estomac et qui se dilate pour livrer passage aux aliments dans les intestins. (Voir Digestion.) Il forme l'extrémité droite de l'estomac qu'il fait communiquer avec le duodénum. Le Pylore participe à presque toutes les maladies de l'estomac, mais il en est une qui l'affecte plus particulièrement : c'est le squirre et, par suite, le cancer. Le muscle pylorique se contractant et perdant son élasticité ne donne plus passage aux aliments. Ceux-ci sont rejetés par des vomissements, et de là résulte une abstinence forcée qui entraîne plus ou moins rapidement la mort.

PYRALES (Pyralidés), (du grec *pyralis*, qui provient du feu). Grande famille d'insectes Lépidoptères du sous-ordre des Microlépidoptères, se distinguant des phalènes par leurs palpes longs et leur trompe bien développée. Leur corps est généralement frêle et leurs ailes amples, horizontales au repos. Leurs chenilles ont seize pattes et sont en général très vives; leurs chrysalides sont renfermées dans des coques étroites, qui varient de forme et de consistance selon les genres. — Ce groupe comprend une multitude de très petits papillons. Les Pyrales sont en nombre immense; elles offrent une grande variété de formes et d'habitudes, et souvent une richesse de coloris et d'ornements qui surpasse tout ce que les grandes espèces peuvent montrer de plus remarquable. Malheureusement, la grande majorité de ces jolis papillons est d'une taille tellement exiguë, qu'on ne peut en distinguer les formes et les beautés qu'à l'aide d'une loupe. Mais s'ils nous offrent de ravissantes miniatures, ils ont parmi eux, d'un autre côté, plusieurs des plus terribles ennemis de l'homme, dont ils attaquent les cultures, les provisions, les vêtements, les meubles, etc. — Presque toujours cachées pendant le jour, les Pyrales recherchent l'obscurité; mais elles sont cependant attirées par la lumière, et c'est de cette habitude que leur est venu leur nom de *Pyralis* et le dicton : « Se brûler à la chandelle comme un papillon. » Les unes vivent à découvert sur les feuilles, ou se creusent des galeries dans leur épaisseur, en en rongeant le parenchyme; d'autres plient ces feuilles ou les roulent en cornets et s'y tiennent cachées jusqu'à leur dernière métamorphose, d'où le nom de *tordeuses* (*Tortrix*) que leur donnait Linné. Il en est qui vivent dans l'intérieur des fruits, des graines, des bourgeons qu'elles font périr. Il en est enfin qui pénètrent dans nos demeures et y vivent à nos dépens, détruisant nos provisions, nos vêtements, nos tentures. — La famille des *Pyralidés* comprend un assez grand nombre de genres. Les principaux sont les *Aglosses*, dont les chenilles vermiformes, à pattes très courtes, se nourrissent de matières animales ou végétales. L'Aglosse de la farine (*Asopia farinalis*) se rencontre souvent dans les maisons; elle pénètre dans les armoires, les garde-manger, où elle paraît vivre des débris de cuisine. L'**Aglosse de la graisse** (*Aglossa pinguinalis*) se rencontre dans les mêmes lieux; sa chenille se nourrit des matières grasses. — Les Tordeuses de feuilles (*Tortrices*) sont souvent très nuisibles à l'homme; les chenilles de la **Tordeuse du pin** (*Tortrix turionaria*), de la **Tordeuse du cerisier** (*T. lævigana*), de

Pyrale de la vigne.

la **Tordeuse du poirier** (*T. holmiana*), dévorent les feuilles de ces arbres et leur causent souvent un grand préjudice. Mais la plus nuisible est sans contredit la **Pyrale de la vigne**. Cette Tordeuse (*Tortrix vitana*) est un petit papillon jaune dont les ailes à reflets vert doré sont traversées de bandes brunes. La femelle pond ses œufs au mois de juillet; ils éclosent fin août, et les petites chenilles se cachent dans les fissures des échalas ou de l'écorce pour y passer l'hiver; puis, au printemps suivant, elles sortent de leur retraite affamées et dévorent les jeunes pousses, ce qui ruine la récolte et parfois même le cep. De 1835 à 1840, les ravages de cette Pyrale furent incalculables; aujourd'hui, ils sont devenus insignifiants; mais malheureusement remplacés par ceux du trop fameux *Phylloxera*. (Voir ce mot.) — Les *Carpocapsa* s'attaquent aux fruits; dès que le fruit est noué, la femelle y dépose un œuf, et la petite chenille qui en sort pénètre dans le fruit dont elle ronge la pulpe. Les plus nuisibles sont la **Pyrale des pommes** (*Carpocapsa pomonana*); la **Pyrale du prunier** (*C. pruniana*); la **Pyrale de l'abricotier** (*C. funebrana*); la **Pyrale des châtaignes** (*C. splendana*), etc. — L'un des genres les plus remarquables de ce groupe est celui des *Galleria*, dont une espèce est bien connue par les dégâts que cause sa chenille dans les ruches d'abeilles. — La **Gallerie de la cire** (*Galleria cerella*) a de 25 à 28 millimètres d'envergure, les ailes supérieures d'un gris violacé, les inférieures jaunâtres. La chenille ne se nourrit pas de miel, mais de cire. Il est assez singulier de voir les abeilles, d'ordinaire si défiantes, laisser pénétrer dans leur ruche ce petit papillon. Celui-ci est, il est vrai, inoffensif par lui-même; mais dès qu'il a pu faire sa ponte dans la

ruche, c'est bien différent. Chaque petite chenille, à peine éclose, pénètre dans les alvéoles, s'y creuse une longue galerie à travers la cire, qu'elle garnit de sa soie, et fait périr les larves des abeilles. Elle commet parfois de tels ravages dans les gâteaux de cire, que les abeilles, impuissantes à arrêter le mal, sont obligées de déserter la ruche.

PYRÈTHRE (*Pyrethrum*). Genre de plantes dicotylédones de la famille des *Composées tubuliflores*, voisin des Chysanthèmes, avec lesquels les confondait Linné. Ce sont des plantes herbacées, ordinairement vivaces, répandues dans presque toutes les régions tempérées de l'ancien continent. Leurs feuilles sont alternes, dentées ou lobées; leurs fleurs en capitules solitaires ou groupés en corymbe, à disque jaune et rayon blanc ou jaune. Plusieurs espèces sont cultivées dans les jardins comme plantes d'agrément; tels sont : le **Pyrèthre de la Chine**, dont les beaux capitules varient du pourpre au rose, de l'orangé au jaune clair et au blanc, le **Pyrèthre de l'Inde**, très voisin du précédent, mais à capitules plus petits; le **Pyrèthre-tanaisie** du midi de l'Europe, connu sous les noms vulgaires de *balsamite*, *menthe-coq*, *grand baume*, dont l'odeur aromatique est forte et agréable. Mais une espèce surtout est aujourd'hui renommée à cause de sa propriété de détruire ou au moins d'éloigner les insectes : c'est

Pyrethrum roseum.

le *Pyrethrum roseum* du Caucase. Les floscules de cette plante, qu'on dégage du réceptacle par le frottement, constituent ce qu'on appelle dans le commerce la *poudre persane*. On ne connaît la poudre de Pyrèthre que depuis une quarantaine d'années. Un marchand arménien, nommé Saunbitof, fut le premier qui, dans ses voyages dans l'Asie méridionale, remarqua que les indigènes s'en servaient contre les insectes. Il en fit provision et, de retour dans son pays, en répandit l'usage. On la cultive aujourd'hui dans une partie de la Russie, surtout à Tiflis et à Charkof. La récolte se fait par un temps sec; on sèche les fleurs plutôt à l'ombre qu'au soleil. La fleur cueillie fraîche est presque inodore; ce n'est qu'après avoir été séchée qu'elle exhale cette odeur forte qui tue les insectes, odeur très volatile, du reste, et qui perd sa vertu au delà d'un an de conservation. La poudre de Pyrèthre, bien conditionnée, non seulement repousse et chasse les insectes (puces et punaises), mais encore elle les empoisonne.

PYRITE (du grec *pur*, feu). Nom vulgaire des sulfures métalliques et surtout des sulfures de fer. Ainsi l'on nomme :

Pyrite arsénicale, le sulfo-arséniure de fer ;
Pyrite blanche, le sulfure de fer prismatique;
Pyrite cuivreuse ou *chalkopyrite*, le sulfure de cuivre et de fer ;
Pyrite jaune, le sulfure de fer cubique.

PYROLA (diminutif de *pyrus*, poirier). Genre de plantes dicotylédones, monopétales, hypogynes, détaché de la famille des *Ericacées* ou Bruyères de Jussieu, dont il diffère par le port et surtout par ses graines ailées, pour en faire le type de la famille des *Pyrolacées*. Ce sont des plantes herbacées glabres, à souche produisant des rosettes de feuilles du milieu desquelles part la tige florifère; les feuilles sont simples, ovales, coriaces, crénelées ou dentées en scie et ressemblent, dit-on, à celles du poirier; les fleurs forment généralement une grappe terminale, unilatérale, sauf dans une espèce qui ne porte qu'une fleur (*P. uniflora*). Cette plante, qui croît dans le Midi, est remarquable par sa grande fleur blanche, penchée, à cinq pétales presque libres, à dix étamines et cinq stigmates surmontant l'ovaire libre. — Le **Pyrola rotundifolia**, à grappes de fleurs blanches ou roses odorantes, croît dans les bois montueux. Cette plante a joui autrefois, comme vulnéraire, d'une réputation qu'elle semble avoir perdue aujourd'hui.

PYROLACÉES. (Voir PYROLA.)

PYROLUSITE (du grec *pur*, feu, et *lusis*, dissolution). Peroxyde de manganèse qui se décompose par la chaleur. (Voir MANGANÈSE.)

PYROMAQUE. (Voir SILEX.)

PYROPHORE (de *pur*, feu, et *phoros*, qui porte). Insecte COLÉOPTÈRE de la famille des *Elatérides* (voir ce mot), qui répand la nuit une lumière phosphorescente.

PYROSOMES (du grec *pur*, feu, et *soma*, corps, à cause de leurs propriétés phosphorescentes). Animaux molluscoïdes de l'ordre des ASCIDIENS, qui vivent dans la haute mer en colonies flottantes. Les colonies de Pyrosomes ne se rencontrent qu'en pleine mer. On les voit nager obliquement près de la surface, semblables à des manchons de cristal sur lesquels seraient taillées des milliers de facettes. Ces manchons, parfaitement cylindriques, sont fermés à une extrémité, ouverts à l'autre, et c'est

en se contractant et en chassant l'eau à travers cet orifice que la colonie progresse. Les parois du manchon sont constituées par une infinité d'animaux dont chacun est assez semblable à une *salpe*. (Voir ce mot.) Chaque individu possède des organes producteurs de lumière situés au-dessous des branchies, et l'excitation de l'un d'eux se transmet à toute la colonie. Chaque membre de la colonie jouit, en outre, de deux modes de reproduction : la reproduction agame par laquelle il produit des individus nouveaux qui viennent s'intercaler entre leurs aînés, et la production d'œufs qui sont la souche de nouvelles colonies.

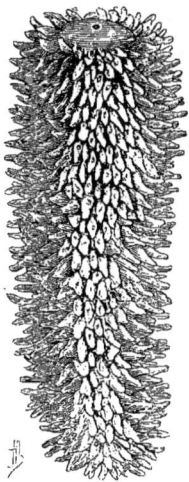

Pyrosome.

PYROXÈNE (de *pur*, feu, et *xénos*, hôte). Genre de minéraux assez communs dans les roches d'origine ignée. Ce sont des silicates de chaux, de fer et de magnésie très voisins des Amphiboles. (Voir ce mot.) Ils diffèrent de ces dernières par leur moindre fusibilité, un éclat plus terne et plus vitreux ; la valeur d'angle des cristaux de Pyroxène n'est que de 93 degrés, tandis qu'elle est de 124 degrés dans l'amphibole ; en outre, la surface des cristaux est striée chez ce dernier, tandis qu'elle est unie dans le Pyroxène. On distingue parmi les Pyroxènes, le Diopside, le Diallage, l'Augite. Le *Diopside*, à base de chaux et de magnésie, est blanc, vert pâle ou d'un gris verdâtre. Le *Diallage* est jaune ou brun, chatoyant, à base de magnésie et d'oxyde de fer. L'*Augite*, plus riche en fer que les espèces précédentes, est d'un brun très foncé ou d'un noir parfait; on le nomme aussi *Pyroxène des volcans*, parce qu'il se rencontre abondamment disséminé dans les roches volcaniques.

PYRRHOCORIS. (Voir PUNAISES.)

PYRRHULA. Nom scientifique latin du genre *Bouvreuil*. (Voir ce mot.)

PYRUS. Nom latin du genre *Poirier*.

PYTHON. Le nom du monstrueux reptile qu'Apollon perça de ses flèches près de Delphes, désigne aujourd'hui un genre de reptiles ophidiens de l'Inde et de l'Afrique, type de la famille des *Pythonidés*, dont les espèces dépassent toutes les autres en grandeur, et n'ont d'égaux pour la taille que les boas américains, qu'ils représentent dans l'ancien continent. Les Pythons ont toutes les pièces de la bouche garnies de dents, la queue préhensile, et l'anus muni de crochets pédiformes. Ils ont deux rangées de plaques sous-caudales, ce qui les distingue des boas. Ils atteignent 10 à 12 mètres de longueur, mais ils ne dépassent pas cette taille, bien que certains voyageurs aient parlé d'individus de 45 et 50 pieds. Quant à ceux dont parlent Pline et d'autres auteurs anciens, c'étaient certainement des Pythons, mais considérablement amplifiés par la terreur qu'ils avaient inspirée. — Ces serpents vivent dans les lieux boisés, chauds et humides. Ils ne sont pas venimeux; mais leur grande taille et leurs habitudes carnassières les rendent redoutables. Cachés dans les hautes herbes, ou suspendus par la queue à quelque arbre, ils attendent qu'un animal passe à leur portée; ils s'élancent alors, l'enlacent dans les replis nombreux de leur corps, et broient les os de leur victime, qu'ils avalent ou plutôt qu'ils aspirent peu à peu. La disproportion singulière qui existe entre leur corps et la masse qu'ils engloutissent étonnerait, si l'on ne savait combien leurs mâchoires et leur gosier sont dilatables. En effet, ils peuvent, non pas comme l'ont prétendu certains voyageurs, par trop amis du merveilleux, avaler des bœufs et des chevaux, mais engloutir des cochons et des gazelles; et ce fait n'est pas plus surprenant que celui de nos petites couleuvres avalant des souris et de gros crapauds. Les Pythons nagent fort bien. L'espèce la mieux connue est le **Python améthyste** ou *ular-sava* des îles indiennes, qui atteint communément 10 mètres de long. On a possédé au Jardin des Plantes des **Pythons à deux raies** du Bengale, qui ont pondu leurs œufs en captivité. Nous citerons encore le **Python royal** et le **Python de Séba**, tous deux de l'Afrique intertropicale, et le **Python molure** de l'Inde.

PYTHONIDÉS. Famille d'ophidiens, aglyphodontes, ou serpents non venimeux, qui a pour type le genre *Python* et comprend aussi les boas. (Voir ces mots.)

PYXIDE (du grec *puxidion*, petite boîte). Fruit qui s'ouvre en travers comme une boîte à savonnette; la partie supérieure est appelée *opercule* : tel est le fruit du mouron rouge (*Anagallis*) et des jusquiames.

Q

QUACCHA (pour *Couagga*). Espèce du genre *Cheval*.

QUADRUMANES. Second ordre des mammifères de Cuvier, comprenant les singes et les makis, animaux dont le caractère principal est d'avoir les quatre membres terminés par des mains, dont le pouce, très mobile, est opposable aux autres doigts. Actuellement, on forme deux ordres séparés des *Lémuriens* et des *Simiens* ou singes. (Voir ces mots.) Quelques savants font de ces derniers l'ordre des Primates (voir ce mot) et y font entrer l'homme.

QUADRUPÈDES. On désignait autrefois sous ce nom que l'on emploie encore vulgairement aujourd'hui, les animaux mammifères munis de quatre pieds; mais cette appellation est défectueuse, puisque les batraciens et beaucoup de reptiles ont également quatre pieds. On ne l'emploie plus dans le langage scientifique.

QUAMOCLIT. (Voir Liseron.)

QUAO. Chien sauvage des montagnes de l'Inde; ses formes le rapprochent du chien de berger. (Voir Chien.)

QUARANTAINE. Nom vulgaire d'une plante crucifère du genre *Matthiola*. (Voir ce mot.)

QUARTERON, QUARTERONNE. On donne ce nom aux individus provenant de l'union d'un blanc avec une mulâtresse ou d'un mulâtre avec une blanche.

QUARTZ (nom allemand de la silice). On désigne généralement sous ce nom les nombreuses substances minérales qui sont composées presque entièrement de silice : tels sont le cristal de roche, les agates, le silex. Le Quartz joue dans la nature un rôle fort important; il constitue à lui seul plusieurs espèces de roches nommées *quartzites* et entre dans la composition d'un grand nombre d'autres, les granits, les micaschistes, les porphyres, etc. On le rencontre dans tous les termes de la série géognostique, en parties disséminées, en cristaux, en veines, en filons, en amas et en masses de diverses formes. Le Quartz, considéré comme espèce minéralogique, est une substance tantôt opaque, tantôt translucide, tantôt transparente, souvent ornée de couleurs variées et brillantes, d'une dureté plus grande que celle du verre, cristallisant dans le système rhomboïdal. Les substances nombreuses qui appartiennent à cette espèce peuvent se grouper dans les quatre sous-espèces suivantes : *Quartz hyalin, agate, jaspe* et *silex*. (Voir Agate et Silex.) Nous ne parlerons ici que du Quartz hyalin et du jaspe. Le *Quartz hyalin*, vulgairement appelé *cristal de roche*, a toujours l'aspect vitreux, d'où son nom tiré du grec (*hualos*, verre); il est inaltérable au feu; sa pesanteur spécifique est de 2,65. Ses cristaux offrent des prismes hexagones réguliers et possèdent la réfraction double à un axe attractif, indépendamment d'une espèce de polarisation particulière, parallèlement à l'axe. Le cristal de roche, lorsqu'il est pur, est parfaitement limpide et incolore; mais il est souvent coloré par des matières étrangères; il prend alors le nom d'*améthyste* lorsqu'il est violet, de *fausse topaze* lorsqu'il est jaune, de *rubis de Bohême* lorsqu'il est rose. On trouve souvent des sables quartzeux agglutinés par du carbonate de chaux. Le Quartz se rencontre aussi en petites masses bacillaires ou fibreuses; mais fréquemment en grande masse compacte. L'opale (voir ce mot) et l'*aventurine* sont également des Quartz; nous en avons déjà parlé dans des articles particuliers. Les diverses variétés du Quartz hyalin sont taillées et employées en bijoux, en vases, en objets de luxe. Le *jaspe* est très voisin de l'agate ; mais il est plus généralement mêlé de parties étrangères, surtout d'oxydes métalliques qui le colorent en jaune, en vert, en rouge, en noir, en gris, etc. ; il est opaque, à cassure terne, mais peut prendre un beau poli. Il se trouve ordinairement en petites masses au voisinage des serpentines et des mélaphyres.

QUASSIA. Genre de plantes dicotylédones de la famille des *Rutacées*, tribu des *Simaroubées*, dont l'espèce unique, le **Quassia amara**, est un arbre des régions tropicales de l'Amérique, connu sous les noms de *bois amer, quina de Cayenne*. Son tronc, à écorce unie, mince, grise, est haut de 6 à 7 mètres ; ses feuilles composées de trois à cinq folioles ovales lancéolées ; ses fleurs, grandes, rouges, disposées en grappes, ont une corolle à cinq pétales en tube, dix étamines, cinq ovaires libres, uniovulés, cinq styles soudés en un tube très long. Les racines et l'écorce de cet arbre possèdent une amertume qu'on ne retrouve dans aucune autre plante à un si haut degré. On les emploie en médecine, sous forme d'infusion ou de macération, comme tonique, apéritif et fébrifuge.

QUATERNAIRE [Époque]. On donne ce nom à la période géologique qui a immédiatement précédé l'époque actuelle. Elle a été caractérisée par des phénomènes météoriques d'une grande intensité. En effet, les commotions qui mirent au jour le dernier étage de l'époque tertiaire et qui produisirent des soulèvements tels que les chaînes de la Corse et de la Sardaigne, celles des Alpes, durent entraîner des perturbations considérables. Les eaux, se précipitant dans les parties basses, balayant tout sur leur passage, emportaient les terrains meubles et friables en traçant d'énormes sillons, et couvraient le sol tantôt de galets et de débris de roches, comme dans les plaines de la Camargue et de la Crau, tantôt d'argile et de terre végétale, comme dans la vallée du Rhône. Ces alluvions anciennes se rencontrent en tous lieux, surtout dans les vallées actuelles ; et les rivières qui les sillonnent aujourd'hui ne seraient que les restes très amoindris des grands courants diluviens qui ont creusé ces vallées et formé ces dépôts, auxquels on a donné le nom général de *diluvium*. C'est à cette époque qu'il faut reporter la séparation de l'Angleterre du continent par un bras de mer, le partage des eaux entre l'Océan et la Méditerranée, et la configuration géographique actuelle. Ces inondations immenses, provoquées, suivant les uns, par des phénomènes de soulèvements très intenses, produits, suivant les autres, par la fusion d'immenses glaciers (voir Diluvium), durent en effet avoir lieu sur presque tous les points du globe, et, sans aucun doute, l'homme primitif fut à la fois spectateur et victime du dernier de ces cataclysmes, dont tous les peuples semblent avoir conservé l'effrayant souvenir. Des au-

teurs très autorisés font remonter son apparition jusqu'aux temps tertiaires. En même temps que l'homme, vivaient à cette époque plusieurs animaux disparus, tels que le mammouth, le mégathérium, le glyptodon, le rhinocéros à narines cloisonnées, l'hyène et l'ours des cavernes, et les genres actuellement vivants. Quant à la flore, ses types sont à peu près les mêmes que nous connaissons aujourd'hui.

QUENOUILLE. Un des noms vulgaires de la massette.

QUERCINÉES (de *quercus*, nom latin du genre *Chêne*). Tribu de la famille des *Castanéacées*, dont le type est le chêne. (Voir ce mot.)

QUERCITRON. Espèce du genre *Chêne*, le *Quercus coccinea* ou *Quercus tinctoria*, dont l'écorce sert à teindre en jaune. (Voir Chêne.)

QUERCUS. Nom latin du Chêne.

QUEUE. On emploie vulgairement ce mot accompagné d'une épithète pour désigner quelques animaux et plusieurs plantes ; ainsi l'on nomme :

Queue en flèche, le Phaéton paille-en-queue ;
Queue blanche, le Pygargue ;
Queue en éventail, le Gros-bec de Virginie ;
Queue de poêle, le Têtard de la grenouille et du crapaud ;
Queue fourchue, la chenille du *Bombyx vinula;*
Queue [*Papillon à*], le Machaon ;
Queue de cheval, le Prêle ;
Queue de souris, une Renoncule ;
Queue de renard, une Amarante.

QUILLAIA. Genre de plantes dicotylédones de la famille des *Rosacées*, composé d'arbres de l'Amérique du Sud, dont l'écorce est très riche en substance mucilagineuse et savonneuse. Celle du *Quillaia saponaria*, du Chili, s'importe en Europe en grande quantité sous le nom de *bois* ou d'*écorce de Panama*. On s'en sert pour nettoyer les étoffes de laine et de soie. On emploie cette même écorce réduite en poudre, au Chili, comme sternutatoire contre le coryza. (Voir Panama [*Bois de*].)

QUINA. Nom appliqué vulgairement à plusieurs écorces exotiques réputées comme fébrifuges et surtout aux quinquinas. (Voir ce mot.)

QUINCAJOU. (Voir Kinkajou.)

QUINOA. Espèce du genre *Chénopode* (voir ce mot), le *Chenopodium quinoa* du Pérou, dont les graines, connues sous le nom vulgaire de *petit riz*, constituent un aliment très nourrissant.

QUINQUINA. On a donné ce nom aux écorces de plusieurs espèces d'arbres qui tous appartiennent au genre *Cinchona*, Lin., de la famille des *Rubiacées*. Les Cinchona habitent les Andes péruviennes et le Brésil. Ce sont des arbres qui croissent à 2 000 ou 2 500 mètres au-dessus du niveau de la mer. Leur tronc peut atteindre 35 à 40 centimètres de diamètre. Les feuilles sont opposées, planes, portées sur un court pétiole et munies de stipules foliacées ; les fleurs, disposées en panicule ou en corymbe, sont terminales, blanches ou purpurines. La corolle, quinquéfide, protège cinq étamines dont les filaments sont très courts; l'ovaire est infère, biloculaire; le style, simple, porte un stigmate bifide. Le fruit est capsulaire, couronné par le calice, et renferme, dans deux loges, un nombre assez considérable de semences comprimées, bordées d'une étroite membrane. On connaît dans les pharmacies le quinquina *gris*, le *jaune* et le *rouge*. Le plus important est le jaune, puis vient le gris, et enfin le rouge. Le **Quinquina jaune royal** (*Cinchona calisaya*) ou *calisaya* est celui qui sert à l'extraction de la quinine. Il est fourni par les rameaux déjà âgés du *Cinchona lancifolia*; nous le recevons de Santa-Fé de Bogota. Ce Quinquina se présente en morceaux aplatis, très variables dans leur dimension, et quelquefois aussi en fragments roulés. Cette écorce est rugueuse, inégale, à cassure très fibreuse. Elle donne une poudre jaune fauve, à peine odorante, fortement amère et

Quinquina. — *a*, corolle et étamines; *b*, style.

un peu astringente. D'un kilogramme on peut tirer 32 grammes de quinine. C'est là le Quinquina fébrifuge par excellence, celui dont on fait des alcoolés, des vins, des opiats, des poudres, des extraits, etc. — Le **Quinquina gris** ou quinquina *de Loxa*, le premier qui fut introduit en Europe, est dû surtout au *Cinchona condaminea* du Pérou ou *Cinchona officinalis*. Ce sont des écorces roulées, de grosseur variable, recouvertes d'un épiderme grisâtre, offrant des fissures transversales et des rugosités nombreuses. L'odeur de ce Quinquina est assez prononcée; il a une saveur astringente, amère et abonde en *cinchonine*. — Le **Quinquina rouge**, en morceaux plus ou moins grands, roulés, aplatis, à surface rude et rugueuse, est recouvert d'un épiderme épais, dur et fendillé. Les couches corticales qui en forment la

masse sont d'un rouge brun et d'une ténacité assez considérable. Il a une saveur amère, astringente, un peu acide; son odeur est nulle. L'analyse a constaté, dans cette espèce, de la quinine, mais en faible quantité. Il est principalement dû au *Cinchona succirubra*. — Ces trois sortes de Quinquinas, auxquelles viennent se rattacher une foule de variétés, ont tour à tour joui d'une grande vogue. Depuis la découverte des alcaloïdes auxquels sont dues leurs propriétés, on s'est assuré que le Quinquina gris ne fournissait que la cinchonine, dont l'action fébrifuge est moins bien établie que celle de la quinine, et que le Quinquina rouge, le plus rare des trois, qui contient de la quinine et de la cinchonine, n'en fournissait que des quantités très faibles, tandis que le Quinquina jaune, heureusement le plus commun, abondait en quinine. La prééminence fut donc accordée à ce dernier, et les autres espèces n'occupèrent qu'une place inférieure. M. de Humboldt assure que les propriétés de ce médicament héroïque n'ont été révélées aux Péruviens, dans les lieux mêmes où croissent les Quinquinas, que par les Européens. Quoi qu'il en soit, ce fut seulement vers 1638 qu'on l'apporta en Espagne, pour la première fois. Le médecin anglais Talbot l'administra à la cour de Louis XIV avec succès, et bientôt ce médicament devint à la mode et fut préconisé comme il méritait de l'être. Le Quinquina en poudre porta d'abord le nom de *poudre de comtesse*, du nom d'une comtesse de Cinchon, femme du vice-roi du Pérou, qui la première le mit en usage. C'est en son honneur que Linné lui a donné le nom générique de *cinchona*. Quant à l'appellation de *Quinquina*, elle vient du nom de *kina kina* que lui donnaient les Indiens. Le prix élevé de leurs écorces et l'imprévoyance avec laquelle les Indiens Cascarilleros dévastent les forêts séculaires qui les produisent, ont amené les savants européens à étudier si l'acclimatation du quinquina était possible soit dans leurs colonies de l'ancien continent, soit même dans le midi de l'Europe. L'initiative de cette grande entreprise scientifique appartient véritablement à la France, bien que les premiers résultats pratiques aient été obtenus par les Anglais et les Hollandais. Déjà La Condamine, en 1736, avait tenté cet essai, qu'un accident de mer arrêta dès ses débuts. C'est à M. Weddel, médecin et botaniste de l'expédition de M. de Castelnau (1843-1848), que revient l'honneur de cette utile expérience, subventionnée par le Muséum de Paris. Les serres du Jardin des Plantes produisirent les premiers sujets vivants que l'on eût vus en Europe, de même qu'une de ces plantes, communiquée au docteur Lindley, donna la première floraison dans les serres de Chiswick. — Les premiers essais de culture rurale eurent lieu en Algérie, en 1850. M. Hardy répartit dans son jardin d'acclimatation du Hamma quelques plants de la variété *Calisaya*; mais ils ne purent résister aux premiers froids. On reprit la tentative avec la variété *Officinalis*, plus vivace. Au mois de mai 1867, le gouvernement français envoya dans sa colonie cent vingt et un jeunes sujets provenant de Java. Les essais n'ont produit jusqu'à présent aucun résultat satisfaisant. Quant aux plantations anglaises dans l'Inde, elles sont en pleine prospérité, et peuvent fournir actuellement plus de 200 000 kilogrammes de quinine par an.

QUINTEFEUILLE. (Voir POTENTILLE.)

R

RAASCH. Mot arabe qui signifie *tonnerre*, et que les Arabes appliquent à un poisson électrique, le Malaptérure (voir ce mot), qui habite les eaux du Nil.

RABIOULE. (Voir NAVET.)

RACES. On entend par *race*, en histoire naturelle, des variétés permanentes dans lesquelles se perpétuent, par voie de génération, certains caractères particuliers, et qui diffèrent des *espèces* en ce que ces caractères ne remontent pas jusqu'aux premiers parents, mais ont apparu postérieurement à ceux-ci, constituant ainsi une sorte de déviation du type primitif. L'homme ne peut rien sur l'espèce, mais il peut beaucoup sur les *variétés* et sur les *races*. Trois causes principales, le climat, la nourriture et la domesticité, produisent le changement, l'altération, la dégénération dans les animaux. « On est toujours sûr, dit Fr. Cuvier, de former des races lorsqu'on prend soin d'accoupler constamment les individus pourvus des particularités d'organisation dont on veut faire les caractères de ces races. Après quelques générations, ces caractères, produits d'abord accidentellement, se seront si fortement enracinés, qu'ils ne pourront plus être détruits que par le concours de circonstances puissantes. » Tout, ou presque tout est artificiel dans la production de nos races domestiques. On produit à volonté des chiens gros ou petits, en unissant ensemble les plus grands ou les plus petits individus. Le mélange des races, le climat, la nourriture, l'esclavage, peuvent donc beaucoup sur la production des *races*, mais les altérations ne portent que sur les caractères les plus superficiels des animaux, sur la couleur, sur la longueur des poils, sur la grandeur, sur le volume du corps. » Cependant, il faut reconnaître, dit M. de Quatrefages, que les dissemblances tant extérieures qu'anatomiques existant parfois entre animaux de *même espèce*, mais de *races différentes*, sont telles que, rencontrées chez des individus sauvages, elles motiveraient l'établissement de genres distincts et parfaitement caractérisés. Par cela même qu'on accepte l'existence des races, on reconnaît que l'espèce est variable. C'est là un des arguments de l'école transformiste; car, disent ses partisans, du moment que cette variation ne saurait être contestée et du moment qu'elle amène la formation des races, il est difficile de ne pas admettre que la même action qui a produit ce résultat, continuée pendant une longue suite de générations à travers l'immense durée des périodes géologiques n'ait pas pu atteindre au degré de différenciation qu'on observe entre les espèces. (Voir ESPÈCE.)

RACES HUMAINES. (Voir HOMME.)

RACHIS. Mot grec qui signifie colonne vertébrale et que l'on emploie souvent dans le langage scientifique pour désigner celle-ci. — Les nerfs rachidiens sont ceux qui partent de la moelle épinière. (Voir NERFS.)

RACINE (*Radix*). Organe qui sert à fixer les plantes au sol et qui pompe les matériaux nutritifs indispensables à leur accroissement. Il offre pour caractères essentiels de se diriger, malgré tous les obstacles, dans le sens opposé de la tige, c'est-à-dire de haut en bas, de ne jamais verdir, même alors qu'il est exposé au contact prolongé de la lumière et de ne jamais porter ni feuilles ni bourgeons. Toute racine se compose de trois parties distinctes, le *collet*, le *corps* et le *chevelu*. Le collet, que Lamarck appelle *nœud vital*, est cette partie des plantes intermédiaire à la racine et à la tige; il se distingue par un léger rétrécissement, et c'est de lui que les fibres s'échappent, les supérieures pour s'élever dans la tige, les inférieures pour descendre dans la racine. Le *corps* est la portion moyenne de la racine: il est très variable dans sa consistance et dans sa forme. Le *chevelu* est l'ensemble des filaments déliés ou *radicelles*, qui termine la racine. L'extrémité des radicelles est terminée par une partie sèche et dure, la *coiffe*, et garnie au-dessus de sa pointe d'un duvet délicat de poils très déliés qui constituent le système absorbant. — La considération de la *forme générale* des racines a permis d'en réduire toutes les modifications connues à trois types principaux: les racines *pivotantes*, les racines *fibreuses* et les racines *tubérifères*. Les racines pivotantes s'enfoncent perpendiculairement dans le sol et figurent assez exactement un cône renversé. Elles sont particulières aux végétaux *dicotylédonés*. Leur forme secondaire, leur direction, leur consistance, varient dans les différentes espèces botaniques, et sont exprimées par des épithètes distinctives. Les racines

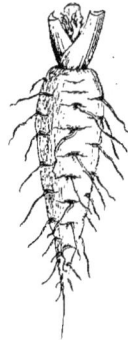

Racine pivotante
(carotte).

fibreuses sont composées d'un plus ou moins grand nombre de filaments simples ou ramifiés qui s'échappent immédiatement du collet. Elles sont particulières aux plantes *monocotylédonées*. Les tiges de beaucoup de plantes ont la faculté d'émettre des racines supplémentaires qu'on nomme *racines adventives*. C'est ainsi que certaines plantes rampantes (véronique, potentille), les stolonifères (fraisier), produisent, au contact du sol, des racines adventives. Les opérations des jardiniers connues sous les noms de *bouture* et *marcotte* reposent sur cette propriété. Les racines *tubérifères* présentent sur divers points de leur étendue des renflements plus ou moins volumineux et souvent remplis de fécule; il ne faut pas les confondre avec les *tubercules*, qui sont, en réalité, des rameaux rampant sous le sol. Ces productions sont formées de tissu cellulaire à mailles remplies de fécule amylacée, elles sont marquées de cicatrices auxquelles on a donné le nom

Racine fibreuse.   Racine tubéreuse.

d'*yeux*, et qui doivent être regardées comme des bourgeons souterrains capables de propager l'espèce (la pomme de terre). Le *bulbe*, que l'on classe parmi les racines, est un véritable rhizome; il est formé d'un bourgeon charnu recouvert d'écailles plus ou moins nombreuses (le poireau, l'oignon, etc.). Les racines traçantes, ou *rhizomes*, les *stolons*, sont de véritables tiges. (Voir Tige.) Le sol n'est pas l'unique milieu dans lequel plongent et se développent les racines. Certaines plantes qui vivent à la surface de l'eau, comme les lemnées, les confient à ce liquide; d'autres ont à la fois des racines aquatiques et flottantes et des racines terrestres et fixées. Quelques-unes, auxquelles on donne le nom de *parasites*, insinuent les leurs dans l'écorce ou dans les racines des autres plantes, et s'accroissent à leurs dépens. Le gui, les orobanches, vivent parasites des végétaux. Plusieurs végétaux manquent de racines : les algues sont dans ce cas et se nourrissent en conséquence des seules matières qui se trouvent en rapport avec leur surface libre : le mode suivant lequel

ils adhèrent aux corps qui leur servent de soutien reçoit le nom d'*empâtement*. D'autres ont des racines si petites, comparativement au volume de leur tige, qu'elles ne sont pas nourries, mais seulement fixées par elles à la terre; tels sont les palmiers, les joubarbes, etc. On sait que beaucoup de racines jouent un rôle important comme substances alimentaires (le navet, le radis, la carotte, la betterave, etc.), et fournissent, en outre, des produits très importants à l'industrie.

RADIAIRE. Nom vulgaire d'une espèce du genre *Astrance.*

RADIAIRES ou **RAYONNÉS.** On donne souvent ce nom aux animaux de l'embranchement des Zoophytes, à cause du genre de symétrie que présente leur corps. Ils comprennent les *Échinodermes* et les *Cœlentérés* des classifications actuelles.

RADICALES. On nomme ainsi les feuilles qui partent du collet de la plante, et semblent surmonter la racine, comme dans le pissenlit, le plantain, etc.

RADICELLES. On désigne sous ce nom, en botanique, les racines secondaires ou fibrilles qui garnissent une racine et dont l'ensemble constitue le chevelu. (Voir Racine.)

RADICULE. On appelle ainsi, dans la graine qui germe, la partie de l'embryon qui constitue le rudiment de la racine.

RADIÉES. Tribu de la famille des *Composées* (voir ce mot), comprenant les genres dont les capitules offrent à la fois des fleurs régulières et des fleurs irrégulières ou demi-fleurons à la périphérie du capitule (hélianthe, chrysanthème, pâquerette, etc.)

RADIOLE, *Radiola* (du latin *radiolus*, petit rayon, parce que sa capsule est rayée). Genre de plantes de la famille des *Linées*, voisines des Lins, dont elles diffèrent par leurs organes floraux quadripartis. La *Radiole à mille graines* (*R. millegrana*), vulgairement *faux lin*, est une petite plante à tige grêle, filiforme, à feuilles ovales, opposées, sessiles, à fleurs terminales très petites, blanches, qui croît dans les terrains sablonneux de toute l'Europe.

RADIOLAIRES. Ordre d'animaux microscopiques de la classe des Rhizopodes, embranchement des Protozoaires, qui doivent leur nom à la disposition rayonnée qu'offre leur squelette siliceux ou formé d'une substance albuminoïde, rigide et élastique, l'acanthine. Ce squelette, qui affecte des formes très variées, est tantôt extérieur et composé de spicules isolés ou unis entre eux, tantôt il part du centre et se compose de piquants qui rayonnent au dehors; d'autres fois enfin, il consiste en un test treillissé. Leur corps, formé de substance protoplasmique, présente dans son milieu une capsule centrale ou noyau, et est creusé à la surface de nombreuses vacuoles contractiles. De la périphérie du protoplasme partent de nombreux pseudopodes grêles et filamenteux disposés en rayonnant autour de la masse du corps. Les Radiolaires, dont les plus grands ne dépassent pas la grosseur d'une tête d'épingle, se rencontrent en abondance à la surface des eaux, où ils flottent par légions innombrables. Les explorations sous-marines de ces derniers temps ont montré que, dans diverses régions de l'Atlantique et du Pacifique, le fond de l'Océan était formé par un fin limon exclusivement composé de Rhizopodes vivants, soit Radiolaires, soit Foraminifères (voir ce mot), formant des dépôts en tout analogues à ceux qui ont constitué la craie. Les formes des Radiolaires, déterminées par leur squelette siliceux, sont les plus variées et les plus singulières que le règne animal puisse offrir. Leurs espèces sont innombrables et fort difficiles à distinguer, si tant est qu'il en existe. Il faut lire, pour s'en faire une idée, le beau chapitre que leur a consacré M. Edmond Perrier dans son remarquable ouvrage sur *les Colonies animales*. Quelques-uns (*Actinophrys sol*) abondent dans la vase des étangs d'eau douce, mais le plus grand nombre habite les eaux de la mer (*Acanthodesmia, Acanthometra, Thalassicolla*). Tous ces animaux se reproduisent par division. On en connaît beaucoup à l'état fossile. Nous donnons ici quelques-unes des formes typiques de ces singuliers petits êtres.

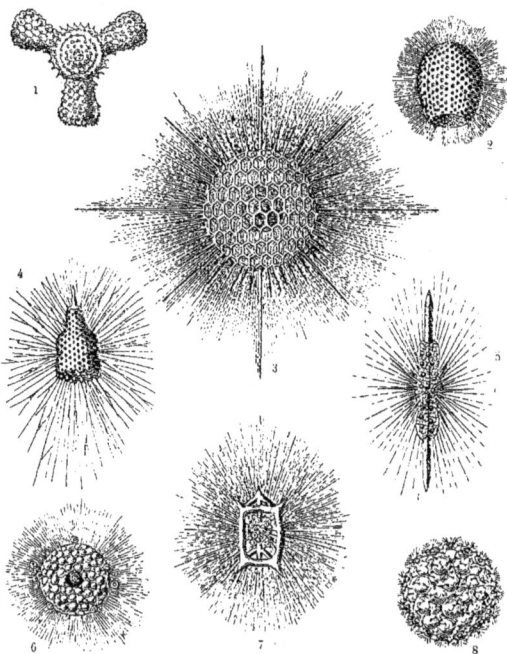

Radiolaires.

1, Euchitonia Leydigi; 2, carpocanium obliqua; 3, heliosphœra actinota; 4, eucyrtidium cranoides; 5, ampullonche heteracantha; 6, collozoum inerme; 7, acanthodesmia prismatium; 8, sphœrozoum ovodimar.

RADIS (*Raphanus*). Genre de plantes de la famille des *Crucifères*, tribu des *Raphanées*, dont l'espèce type, le **Radis cultivé** (*R. sativus*), est cultivée de temps immémorial dans la plus grande partie de l'Europe et de l'Asie, mais dont l'origine n'est pas certaine, quoiqu'on la dise indigène de Chine ou du nord de l'Inde. La partie comestible de cette plante est principalement fournie par la racine, qui offre vers son extrémité supérieure un renflement charnu plus ou moins volumineux, affectant, suivant les variétés, une forme soit allongée, soit presque sphérique, soit arrondie et déprimée comme un navet. Indépendamment de sa forme, cette racine varie quant à la couleur de sa surface, qui est blanche ou jaune, rouge, violette, noirâtre

ou grisâtre. A Paris, les variétés qui offrent une racine grosse, à chair ferme et d'une saveur très piquante, sont appelées *raves* ou *raiforts*, tandis que la désignation de *radis* ne s'applique qu'à celles de volume médiocre, à chair plus délicate et légèrement piquante. Parmi les Radis proprement dits, on distingue surtout le **Radis rond** et le **Radis allongé**; celui-ci porte aussi le nom de *petite rave*. Dans beaucoup de contrées, on mange aussi les jeunes feuilles de Radis, soit cuites, soit en salade. Les Radis se sèment presque toute l'année; sur couche en hiver, en pleine terre dans les autres saisons. Ils demandent beaucoup d'eau dans les chaleurs et un peu d'ombre. — La seconde variété, le **Radis noir** ou *raifort*, est volumineuse, noire, à chair dure, compacte, à saveur chaude et très piquante. On attribue au raifort des propriétés stimulantes et antiscorbutiques. Aussi forme-t-il la base du sirop et du vin antiscorbutiques.

RADIUS. Os long, prismatique, qui occupe le côté externe de l'avant-bras (du côté du pouce). Son extrémité supérieure ou tête s'articule avec la petite tête de l'humérus et avec la petite cavité du cubitus; inférieurement, il s'unit avec le carpe par deux facettes, l'une externe pour le scaphoïde, l'autre interne pour le semi-lunaire. (Voir SQUELETTE et MAIN.)

RAFFLESIA (de *Raffles*, nom propre). Genre singulier de plantes dicotylédones type de la famille des *Rafflésiacées*, dont les représentants, privés de tige et de feuilles, consistent uniquement en une fleur, parfois gigantesque, qui vit en parasite sur les racines de divers arbres. L'espèce la plus remarquable du genre, la **Rafflésie d'Arnold** (*Rafflesia Arnoldi*), croît dans l'île de Sumatra et à Java. Elle ressemble avant son épanouissement à un énorme chou pommé, et lorsqu'elle est ouverte, son diamètre atteint 1 mètre. Cette fleur prodigieuse tient par une très petite racine; son périanthe, environné de larges écailles colorées, présente cinq lobes épais; il est pourvu d'un disque charnu sur les bords duquel sont insérées les étamines; l'ovaire infère et à une loge renferme de nombreux ovules attachés sur des placentas pariétaux. La fleur est

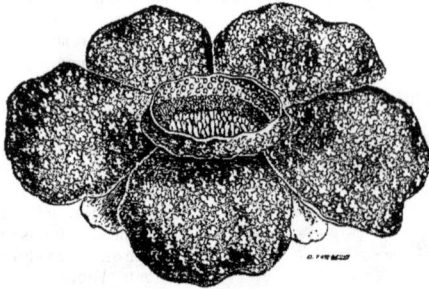

Rafflesia Arnoldi.

de couleur de chair, les écailles ou bractées qui l'entourent sont d'un bleu livide. Lorsqu'elle est complètement développée, cette fleur exhale une odeur cadavéreuse qui attire une foule d'insectes. A cette fleur succède une baie globuleuse qui contient de nombreuses graines osseuses. On place généralement ces plantes singulières près des Aristolochiacées.

RAIES ou **RAJIDÉS** (de *raja*, nom latin de la raie). Famille de poissons cartilagineux de l'ordre des SÉLACIENS, division des *Plagiostomes*, reconnaissables à leur corps aplati et semblable à un disque à cause de son union avec des pectorales très amples et charnues qui se joignent en avant l'une à l'autre, ou avec le museau et qui s'étendent en arrière des deux côtés de l'abdomen. Les yeux sont à la face dorsale ainsi que les évents qui communiquent avec la cavité branchiale; la bouche, les narines et les orifices des branchies sont à la face ventrale; les nageoires dorsales sont placées sur la queue; celle-ci est mince et allongée. Les Raies sont en général des poissons de haute mer, qui recherchent les fonds de sable ou vaseux; elles parviennent souvent à une taille considérable; on en a pêché dans l'Atlantique qui avaient plus de 2 mètres de largeur, et dont le poids dépassait 100 kilogrammes. Ces poissons pondent des œufs très grands, enveloppés dans une coque d'apparence cornée, coriace, de forme carrée et dont les angles se prolongent plus ou moins en pointes, ce qui leur donne la forme d'un brancard. Nos mers fournissent plusieurs espèces dont on mange la chair. — La **Raie bouclée** (*R. clavata*) est l'une des plus estimées; elle se distingue par de gros tubercules osseux ovales, nommés *boucles*, garnis chacun dans leur milieu d'un aiguillon recourbé, qui hérissent irrégulièrement ses deux surfaces et jouent le rôle d'armes défensives. — La **Raie ronce** (*R. rubus*) dif-

fère de la précédente par l'absence des boucles. — La **Raie blanche** ou **cendrée** (*R. batis*) a une seule rangée d'aiguillons sur la queue. Cette espèce

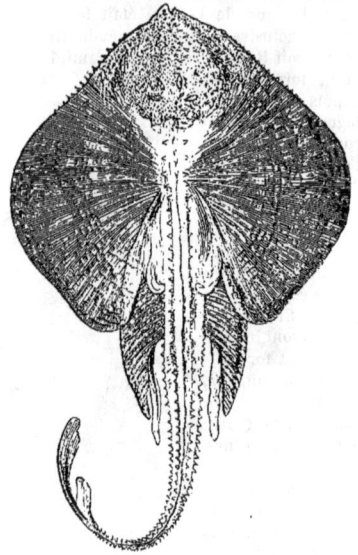

Raie ronce.

atteint de très grandes dimensions. — La **Raie pastenague** se reconnaît à sa queue armée d'un aiguillon dentelé en scie des deux côtés; cet aiguillon passe pour venimeux, parce que ses dentelures rendent dangereuses les blessures qu'il fait. On en fait un genre particulier sous le nom de *trygon*. La **Pastenague** (*Trygon pastinaca*) atteint plus de 2 mètres sans compter la queue; elle est en dessus d'un gris jaunâtre, rousse sur les bords, et blanche

Œuf de raie.

dessous. Sa chair est tendre et savoureuse. Une espèce de la Méditerranée, la **Pastenague marine** (*Trygon thalassia*), est en dessus d'un beau violet foncé, avec le dessous du corps plus pâle. — On fait également un genre particulier de la **Mourine** ou *aigle de mer* (*Myliobates aquila*), dont l'aspect rappelle jusqu'à un certain point celui d'un oiseau de proie aux ailes étendues. — Le foie des Raies est très riche en huile que l'on extrait et que l'on administre aux malades comme l'huile de foie de morue. Les Torpilles (voir ce mot) rentrent dans ce groupe.

RAIFORT ou *Radis noir*. Espèce du genre *Radis*. (Voir ce mot.)

RAIFORT SAUVAGE. On donne vulgairement ce nom à une espèce du genre *Cochlearia* (le *C. armoracia*).

RAINETTE. (Voir GRENOUILLE.)

RAIPONCE (*Campanula rapunculus*, L.). Espèce du genre *Campanule*, à racine bisannuelle, à tige dressée, ramifiée supérieurement, à fleurs bleues, en panicule. Cette plante, commune dans les lieux incultes, dans les pâturages, au bord des chemins, des fossés, des bois, se cultive dans nos jardins potagers pour sa racine blanche charnue et ferme qui se mange en salade. Sa saveur est douce et assez agréable; on la considère dans les campagnes comme très bonne pour les nourrices, dont on dit qu'elle augmente le lait.

RAISIN. Fruit de la Vigne.

Raisin des bois. (Voir AIRELLE.)

Raisin de mer. (Voir FUCACÉES.) Les pêcheurs donnent également ce nom aux grappes d'œufs des seiches. (Voir ce mot.)

Raisin d'ours. (Voir ARBOUSIER.)

RAISINIER (*Coccoloba*). Genre de plantes dicotylédones de la famille des *Polygonacées* comprenant des arbres ou des arbrisseaux de l'Amérique tropicale, à larges feuilles alternes, à fleurs hermaphrodites disposées en grappes ou en épis, et dont les fruits bacciformes aigrelets rappellent le raisin. — Le **Raisinier d'Amérique** (*C. uvifera*) croît aux Antilles; il s'élève à 6 ou 8 mètres de hauteur; ses feuilles, très grandes, sont découpées en cœur à la base, ses fleurs sont blanches, en longues grappes odorantes. On mange son fruit et l'on en fait des boissons rafraîchissantes. — Le **Raisinier pubescent** (*C. pubescens*), de la Martinique, ainsi nommé de ses feuilles couvertes en dessous d'un duvet ferrugineux, s'élève jusqu'à 20 mètres et plus. Son bois, réputé incorruptible, fournit un des *bois de fer* du commerce.

RAJA. Nom scientifique latin du genre *Raie*.

RAJIDÉS. (Voir RAIES.)

RALE (*Rallus*). Genre d'oiseaux de l'ordre des ÉCHASSIERS, section des MACRODACTYLES, famille des *Rallidés*. Ces oiseaux sont très voisins des Poules d'eau, dont ils se distinguent facilement toutefois par l'absence de plaque frontale et par leurs doigts dépourvus de membranes. Les mœurs et les habitudes des Râles rappellent d'ailleurs celles des poules d'eau. Parmi les nombreuses espèces qui appartiennent à ce genre, trois sont assez communes en Europe et très recherchées comme gibier. — Le **Râle d'eau d'Europe** (*R. aquaticus*, L.) est à peu près de la taille d'une caille; il est brun fauve, tacheté de noirâtre en dessus, cendré noirâtre en dessous, à flancs rayés de noir et de blanc, à bec rouge. Il est commun dans les lieux marécageux,

sur nos ruisseaux et nos étangs; il nage assez bien, et court avec vitesse sur les feuilles des plantes aquatiques; il aime à se cacher dans les grandes herbes et les joncs, se nourrit de petites crevettes, de limaçons, d'insectes. Il niche sur le bord des eaux, au milieu des herbes. Malgré son goût de marécage, sa chair est assez recherchée. — Le Râle de genêts (*R. crex*, L.), un peu plus grand que le pré-

Râle d'eau.

cédent, est brun fauve, tacheté de noirâtre dessus, roussâtre dessous; à flancs rayés de noirâtre, à ailes rousses. Il vit et niche dans les champs, y courant dans l'herbe avec beaucoup de vitesse, et se nourrissant de graines aussi bien que d'insectes et de vermisseaux. Son nom latin *crex* est l'expression de son cri. — La **Marquette** ou petit Râle tacheté (*R. porzana*, L.), plus petit que les précédents, brun foncé, piqueté de blanc, vit dans les lieux marécageux. C'est un gibier délicat, surtout en automne.

RALLIDÉS (de *rallus*, nom latin du râle). Famille d'oiseaux de l'ordre des ÉCHASSIERS, section des MACRODACTYLES, caractérisés par des doigts fort longs, des ailes courtes et des habitudes aquatiques. Cette famille comprend les râles, les poules d'eau, les foulques, les kamichi. (Voir ces mots.)

RAMBOUR. Variété de pommes. (Voir POMMIER.)

RAMIE. Confondue à tort sous le nom d'ortie blanche avec l'*Urtica nivea*, la Ramie appartient au genre *Bœhmeria*, de la famille des *Urticées*; les Anglais la nomment *china grass*. C'est une plante textile connue depuis quelques années seulement en Europe. Elle y fut introduite par le botaniste hollandais Blume, qui lui conserva le nom qu'elle porte à Java. Haute de 1m,30 à 2 mètres, elle a des tiges droites comparables à celles du chanvre; mais ses feuilles minces, acuminées et longuement pétiolées, rappellent celles de l'*Urtica nivea* ou celles d'une ortie sans piquants. Lorsqu'on arrache du sol un pied de Ramie, on y remarque, outre les racines fibreuses qui plongent verticalement dans le sol, des racines horizontales ou rhizomes, garnis de loin en loin d'œils qui servent à la propagation de la plante. Ces racines sont vivaces, et elles se propagent avec une rapidité et une force prodigieuses au moyen de leurs rhizomes. De chaque racine s'élève une touffe de plusieurs tiges, de sorte qu'un seul pied, planté dans un champ bien préparé, lance ses rhizomes dans tous les sens, et marche rapidement à la conquête du champ entier. Une certaine humidité est nécessaire au développement des tiges ; mais la plante doit être cultivée dans des terrains bien drainés ; lorsque ses racines plongent dans l'eau stagnante, elle s'étiole et meurt ; elle est, en outre, dans les pays secs, de trop lente venue et produit peu. — La Ramie est cultivée dans les Moluques et dans les diverses îles de l'archipel Indien, préférablement à toute autre plante textile ; sa filasse est d'un blanc nacré, très douce au toucher, tandis que celle de l'ortie blanche est d'un blanc verdâtre. Les habitants de Sumatra fabriquent avec la Ramie une sorte d'étoffe inusable ; à Java, les naturels préfèrent les fibres de cette plante à celles de toute autre pour la fabrication de leurs filets et de leurs cordages. On l'emploie aujourd'hui en Europe dans la fabrication de la pâte à papier, et sous ce rapport, Payen donne à cette plante la même valeur que le lin et le chanvre. La Ramie paraît aujourd'hui acclimatée en Provence. C'est au moins ce qui résulte des expériences du savant membre de l'Institut, Naudin. On en distingue deux espèces : la **Ramie blanche** (*Boehmeria nivalis*) et la **Ramie verte** (*B. utilis* ou *tenacissima*), toutes deux très rustiques. En outre de leur valeur comme plantes textiles, les Ramies fournissent avec leurs feuilles un très bon fourrage pour les vaches.

RAMIER. (Voir Pigeon.)

RAMILLE. On donne ce nom aux plus petites divisions des rameaux.

RAMPHASTIDÉS (de *ramphastos*, nom scientifique des Toucans). Ce mot désigne la famille qui a pour type les *Toucans*. (Voir ce mot.)

RAMURE. Nom que l'on donne aux bois des cerfs.

RANA. Nom latin de la grenouille, type de la famille des *Ranidés*.

RANATRE (*Ranatra*). Genre d'insectes Hémiptères, section des Hétéroptères, de la famille des *Népidés*. Ce sont des insectes aquatiques, au corps très allongé, linéaire, à tête petite, portant des antennes de trois articles et un rostre court, mais robuste, dirigé en avant ; le prothorax est long, cylindrique, l'abdomen terminé par un long tube respiratoire ; leurs pattes sont très grandes et très grêles, les antérieures, recourbées en dessus et munies vers le milieu de leur longueur d'une forte épine, se replient et font l'office de pince. Les Ranâtres ont les mœurs des Nèpes ; elles restent comme elles au fond des mares, où elles attendent, les pattes levées en arrêt, que quelque proie passe à leur portée. Le type du genre est la **Ranâtre commune** (*R. vulgaris*), le *Scorpion aquatique* de Geoffroy, très commun dans toutes les mares d'Europe.

RANGIFER. Nom scientifique latin du Renne. (Voir ce mot.)

RANIDÉS (du mot latin *rana*, grenouille). Nom de la famille des *Grenouilles*. (Voir ce mot.)

RANUNCULACÉES (de *ranunculus*, nom latin du genre *Renoncule*). (Voir Renonculacées.)

RAPACES. Les Rapaces ou oiseaux de proie, qui forment le premier ordre de la classe des Oiseaux, dans la classification de Cuvier, ou le dernier dans la méthode ascendante, se reconnaissent à leur bec et à leurs ongles forts et crochus, armes puissantes au moyen desquelles ils tuent et dépècent les autres oiseaux et même les quadrupèdes et les reptiles. Ils sont parmi les oiseaux ce que sont les carnassiers parmi les mammifères. Ils ont la base du bec recouverte d'une membrane ou cire dans laquelle sont percées les narines, quatre doigts, trois en avant, un en arrière, armés de griffes puissantes et recourbées ; les jambes couvertes de plumes, les tarses courts. Les Rapaces sont monogames : les petits viennent au monde faibles et nus. On les divise

Rapace diurne (milan).

en diurnes comprenant deux familles : les *Falconidés* et les *Vulturidés*, et en nocturnes ou strigidés. Les premiers ont les yeux dirigés sur les côtés et ont la base du bec recouverte d'une membrane appelée cire, dans laquelle sont percées les narines. Leurs ailes allongées et pointues leur assurent un vol puissant ; aussi les voit-on souvent planer à une très grande hauteur, en quête d'une proie. Elle renferme les autours, les faucons, les aigles, les vautours, les éperviers, les milans, les buses, les messagers. (Voir ces mots.) Les nocturnes ont la tête grosse, de grands yeux dirigés en avant ; et entourés d'un cercle de plumes ; ces yeux, conformés pour voir la nuit, sont offusqués par la trop grande lumière du jour ; ils ont en outre la cire du bec recouverte par les plumes ; le sens de l'ouïe très développé. Leurs ailes sont arrondies, leurs plumes très souples, ce qui rend leur vol silencieux. Le doigt externe de leur pied se dirige à volonté en avant ou en arrière. Ce sont les hiboux, chouettes, chats-huants, ducs. (Voir tous ces mots.) — Les grands Rapaces diurnes, aigles, faucons, éperviers, milans, peuvent être classés parmi les animaux nuisibles, par suite de la quantité de gibier et d'oiseaux insectivores qu'ils détruisent ; quel-

Rapace nocturne (grand-duc).

ques-uns, tels que les buses et busards, qui s'attaquent surtout aux petits mammifères rongeurs et aux insectes, sont plutôt utiles que nuisibles. Quant aux Rapaces nocturnes ou strigidés, qui vivent presque exclusivement de mulots, de souris, de chenilles et de bombyx, on doit les placer au premier rang parmi les animaux utiles à l'homme, et l'on ne saurait trop s'élever contre les préjugés stupides et barbares qui les font clouer en croix sur les portes des granges et des fermes.

RAPHANUS. Nom latin du raifort. (Voir ce mot.)

RAPHÉ (du grec *raphé*, couture). Ligne saillante formée par le cordon ombilical et qui s'étend de l'ombilic externe à la chalaze dans la graine. (Voir Graine.)

RAPHIDIE, *Raphidia* (du grec *raphis*, aiguille). Genre d'insectes Névroptères de la famille des *Planipennes*, remarquables par leur tête allongée en arrière, leur corselet long, étroit, cylindrique ; l'abdomen se termine chez les femelles par un long oviducte corné. La Raphidie commune (*R. aphiopsis*) est longue de 14 millimètres, noire avec des raies jaunâtres sur l'abdomen ; ses ailes sont transparentes avec des nervures noires. Elle vit de proie. Sa larve, très longue et mince, se meut avec beaucoup d'agilité.

RAPILLI. (Voir Ponce.)

RAPUNCULUS. (Voir Raiponce.)

RAQUETTE. (Voir Opuntia.)

RASCAS. Poisson du genre *Sargue*.

RASCASSE. Poisson du genre *Scorpène*.

RAT (*Mus*). Genre de mammifères rongeurs, type

de la famille des *Muridés*. On comprenait autrefois sous le nom de *Rat* tous les rongeurs de petite taille ; mais, de nos jours, on réserve ce nom aux espèces qui ont, comme le Rat domestique, une longue queue nue et écailleuse, trois molaires garnies de tubercules mousses à chaque mâchoire, et les membres antérieurs à peu près égaux à ceux de derrière. Leur œil est petit, à prunelle ronde, leur oreille ovale, leur lèvre supérieure est fendue, garnie de chaque côté de fortes moustaches. On distingue parmi les Rats trois groupes : les *Rats* proprement dits, les *Campagnols* et les *Ondatras*. (Voir ces mots.) Les Rats sont omnivores et essentiellement destructeurs. Leur voracité est telle qu'elle les porte à s'entre-détruire quand ils sont pressés par la faim. Ils ne font pas en général de provisions pour la saison froide, comme la plupart des rongeurs, et leur instinct se borne à creuser des terriers de peu d'étendue. Plusieurs espèces se sont transportées avec l'homme partout où il s'est établi, et, d'une fécondité extrême, elles se sont multipliées au point de devenir de véritables fléaux. Parmi celles qui fréquentent aujourd'hui nos habitations, une seule paraît originaire d'Europe : c'est la Souris (*M. musculus*), la seule qu'aient connue les anciens. Elle offre plusieurs variétés dans la teinte de son pelage, ordinairement d'un gris uniforme. Ce petit rongeur creuse des galeries quelquefois très longues et très compliquées. La femelle fait annuellement plusieurs portées, composées chacune de sept ou huit petits. Quoiqu'elle supporte très bien le froid, c'est dans les pays chauds qu'elle pullule le plus. Sous le nom commun de *Rat*, on confond vulgairement le **Rat**

Rat.

noir et le **Surmulot**. Le premier *M. rattus*), qui est d'un cendré noirâtre, quelquefois tout noir, à queue plus longue que le corps, paraît n'avoir pénétré en Europe que dans le moyen âge ; cependant on ne sait rien de positif sur son origine. Jadis très commun dans nos villes, il a été détruit en grande partie, et refoulé dans les campagnes par une autre espèce plus grande et plus forte, que le commerce nous a apportée des Grandes Indes : c'est le **Surmulot** (*M. decumanus*), très commun surtout dans les ports de mer. Son pelage est d'un brun roussâtre ;

il est très destructeur. Sa taille est de 21 à 24 centimètres, sans compter la queue qui est de 18 à 21 centimètres. On trouve des variétés complètement blanches de ces trois espèces. — Quant au **Mulot** (*M. sylvaticus*) ou *Rat des champs*, il est de la taille de la souris, d'un fauve jaunâtre en dessus, d'un blanc pur en dessous ; ses yeux et ses oreilles sont grands, sa queue velue. Cette espèce vit dans les bois et dans les champs, où elle se multiplie beaucoup, au grand désespoir des cultivateurs. — On connaît encore en France le **Rat nain** (*M. minutus*), espèce de moitié plus petite que la souris, d'un beau fauve jaunâtre en dessus, blanche dessous. Elle vit dans les blés, où elle construit avec des chaumes entrelacés un petit nid qui rappelle celui des oiseaux. — Le **Rat musqué** des Antilles, d'un beau noir lustré, est presque aussi grand que le surmulot, et non moins nuisible que lui. On connaît d'ailleurs plusieurs autres espèces de Rats répandues dans toutes les parties du monde : le **Rat géant** de l'Inde, qui atteint 40 centimètres de longueur et sa queue autant, et le **Rat pilori** des Antilles, qui occasionne souvent des dégâts considérables dans les plantations. On donne vulgairement le nom de *Rat*, accompagné de quelque épithète, à différents mammifères qui n'appartiennent pas à ce genre. Ainsi l'on nomme :

Rat à trompe, le Macroscélide ;
Rat bipède, la Gerboise ;
Rat d'eau, un Campagnol ;
Rat des champs, le Mulot ;
Rat de Pharaon, la Mangouste ;
Rat épineux, l'Echimys ;
Rat musqué, l'Ondatra ;
Rat taupe, le Spalax ;
Rat volant, une espèce de Polatouche.

RATANHIA. On donne ce nom, au Pérou et à la Nouvelle-Grenade, à une racine que ses propriétés très astringentes font employer en médecine contre les hémorragies, les hémoptysies, etc. Cette racine, qui contient 42 pour 100 de tannin, est produite par diverses espèces du genre *Krameria*, de la famille des *Polygalacées*. Ce sont de petits arbustes. — L'espèce du Pérou, le **Krameria triandra**, est la plus employée. D'une souche grosse comme le poing, partent des rameaux aériens ligneux qui émettent des branches décombantes et des racines longues de plusieurs pieds. Les fleurs, hermaphrodites, irrégulières, en grappes courtes, naissent à l'aisselle des feuilles ; celles-ci sont alternes, simples et entières, couvertes de poils soyeux. — Le **Krameria tomentosa**, de la Nouvelle-Grenade, et le **Krameria argentea**, du Brésil, fournissent également au commerce la racine de Ratanhia.

RATE (en grec *splén*). Viscère d'une couleur rouge obscur, en forme de haricot, situé dans l'hypocondre gauche au-dessous du diaphragme, et qui existe chez tous les animaux vertébrés. La Rate reçoit une grosse artère et une des racines principales de la veine porte qui la remplit de ses nombreuses divisions : on les nomme artère splénique et veine splénique. On ne connaît point encore d'une manière positive les fonctions de cet organe. Suivant Broussais, la Rate est un déviateur du sang qui se porte au foie, à l'estomac, aux intestins et au pancréas. Ce qu'il y a de certain, c'est que son ablation chez l'homme et les mammifères n'entraîne aucun trouble fonctionnel.

RATEL (*Mellivora*). Genre de mammifères de l'ordre des CARNIVORES, de la tribu des PLANTIGRADES, famille des *Mustélidés*. Le Ratel est un animal assez voisin des Gloutons, mais qui a le système dentaire et les appétits carnassiers des chats, dont il diffère par sa marche plantigrade, tandis que ceux-ci sont digitigrades. Sa tête rappelle celle des putois ; son museau est court, ainsi que ses oreilles ; son corps est épais et trapu, porté par des membres petits et robustes ; ses pieds ont cinq doigts garnis d'ongles très forts et propres à fouir ; sa queue est courte. Il a environ 1 mètre de long, sans compter la queue qui a 30 centimètres. Son pelage est rude, assez long, et offre cette particularité, assez rare chez les mammifères, d'une coloration claire en dessus et foncée en dessous. Les parties supérieures de la tête et du dos sont, en effet, d'un gris clair, et les inférieures sont noires, ces deux couleurs étant séparées par une bande longitudinale blanchâtre qui commence derrière l'oreille, court le long des flancs et se termine à la base de la queue. Le Ratel se rencontre dans les environs du cap de Bonne-Espérance, au Sénégal et en Abyssinie. Il est carnassier et fait sa proie d'une foule de petits animaux ; il est surtout friand de miel. Comme il creuse la terre avec une très grande facilité, il s'empare aisément des gâteaux de miel des abeilles terrestres ; c'est de cette particularité que le nom scientifique de *mellivora* lui a été appliqué par F. Cuvier. Sa peau dure, recouverte d'un poil épais et rude, le met parfaitement à l'abri des piqûres des abeilles. On lui donne, au Cap, le nom de *blaireau puant*, à cause de l'odeur forte et désagréable qu'il répand.

RATIER. Nom vulgaire de la Cresserelle, oiseau du genre *Faucon*.

RATON (*Procyon*). Genre de mammifères CARNIVORES de la section des PLANTIGRADES, famille des *Ursidés*, que leur organisation, comme leurs habitudes, rapproche beaucoup des ours, auxquels ils sont cependant bien inférieurs en taille. Ce sont des animaux de forme ramassée, de la grosseur d'un blaireau à peu près, portant une queue touffue, et dont la tête, triangulaire, se termine par un museau effilé comme celui d'un renard. Leurs oreilles sont droites, pointues ; leurs yeux assez ouverts, à pupille ronde ; leurs pattes peu fortes, terminées par cinq doigts munis d'ongles forts et aigus. Leur système dentaire est à peu près analogue à celui des coatis, et composé de vingt dents à chaque mâchoire. Les Ratons habitent surtout l'Amérique du Nord, où ils sont répandus depuis les contrées glacées du Canada jusque dans les régions brûlantes de la Louisiane et du Mexique ; on les trouve également dans plusieurs parties de l'Amérique du Sud. — On distingue deux espèces de Ratons. Le **Raton laveur** (*P. lotor*), ou *raccoon* des Anglo-Amé-

Raton laveur.

ricains, est long de 60 centimètres environ, sans compter la queue ; son pelage épais et doux, comme celui du renard, avec lequel il a quelque ressemblance, surtout par la tête, est d'un gris nuancé de roux, plus clair sous le ventre, avec le dessus du dos brun, et une large tache noire entourant les deux yeux ; sa queue, très touffue, offre six bandes blanches et six bandes noires alternatives. Le Raton laveur habite les bois, toujours dans le voisinage des eaux ; il grimpe avec une grande agilité sur les arbres au moyen de ses ongles aigus, et c'est dans le trou de quelque vieux tronc qu'il établit sa retraite. C'est là que la femelle met bas trois à cinq petits, dans les premiers jours du printemps. Cet animal se nourrit de racines et de fruits ; mais il y joint très volontiers la chair et les œufs des oiseaux ; il s'introduit même parfois dans les basses-cours et y commet de grands dégâts ; il fait aussi beaucoup de tort aux plantations de maïs et de cannes à sucre. Le Raton laveur doit son nom à la singulière habitude qu'il a d'immerger sa proie dans l'eau avant de la dévorer. — Le **Raton crabier** (*P. cancrivorus*), est un peu plus grand que le précédent ; son pelage est fauve, brun noir sur la tête et le dos, avec une tache blanche au milieu du front ; sa queue ne présente que huit ou neuf anneaux, alternativement noirs et gris. — Le Raton crabier a les habitudes de l'espèce précédente ; seulement il recherche les crabes et les petites tortues d'eau douce qu'il pêche très adroitement. On mange la chair du Raton, assez délicate chez les jeunes ; mais elle acquiert avec l'âge une odeur musquée fort désagréable. Cette espèce se rencontre principalement à la Guyane et au Brésil.

RATONCULE (*Myosurus*). Genre de plantes de la famille des *Renonculacées*, dont le type, connu vulgairement sous le nom de *queue de souris* (en grec *myosurus*), est une petite plante glabre, à feuilles

radicales linéaires, obtuses, à fleurs d'un jaune verdâtre, qui croît communément dans les champs humides, mais n'offre aucun intérêt.

RAVE. Espèce du genre *Chou* (voir ce mot), de la famille des *Crucifères*, dont la racine est une sorte de gros navet rond, large et aplati : c'est le *turneps* des Anglais, et on le nomme en quelques endroits *raviole* ou *grosse rave*. Il y en a de gros et de petits, de ronds et de longs, de blancs, de gris, de jaunâtres ou de noirâtres en dehors. On les emploie surtout dans l'art culinaire. On sème en mai et juin. Les choux raves résistent aux gelées ; on ne les arrache qu'au besoin ; dans les lieux où l'hiver est rigoureux, on les dépouille de leurs feuilles et on

Rave.

les conserve comme les autres légumes. Ces feuilles peuvent servir pour nourrir les bestiaux. — On donne aussi le nom de *petite rave* à une plante potagère du genre *Raifort* dont la racine est longue, d'un rouge foncé, tendre, succulente et cassante. (Voir Radis.)

RAVENALA (nom que porte la plante à Madagascar). Genre de plantes monocotylédones de la famille des *Musacées* ou Bananiers. L'espèce unique, **Ravenala madagascariensis**, plus connue sous le nom d'*arbre du voyageur*, a le port d'un palmier ; son tronc, marqué des cicatrices des feuilles tombées, se termine par un faisceau de larges feuilles, dont le pédoncule très long, très dilaté à la base et creusé en gouttière, contient toujours une eau limpide et claire qui, dans ce climat brûlant, est souvent d'un grand secours pour les voyageurs. Ses graines fournissent une farine alimentaire, dont font usage les naturels.

RAVENELLE. Nom vulgaire de la Giroflée de muraille.

RAVET. Nom vulgaire que porte aux colonies la Blatte kakerlac ou Cancrelas.

RAY-GRASS. Nom que donnent les Anglais à l'Ivraie vivace, dont ils forment des gazons et des pâturages. (Voir IVRAIE.)

RAYONS. On donne ce nom, en botanique, aux fleurs étroites en forme de languette ou *ligule* rangées autour du disque; on les nomme aussi *demi-fleurons*. Cette disposition s'observe dans la famille des *Composées*. (Voir ce mot.)

RAYONS MÉDULLAIRES. (Voir BOIS.)

RAYONNÉS. Synonyme de Radiaires.

RÉALGAR. (Voir ARSENIC.)

RÉCEPTACLE. On donne ce nom, en botanique, à l'extrémité plus ou moins élargie du pédoncule sur laquelle sont insérés les verticilles floraux. (Voir FLEUR.)

RECTRICES. On donne ce nom aux plumes de la queue chez les oiseaux. (Voir PLUMES.)

RECTUM (du latin *rectus*, droit). Dernière portion du gros intestin qui se termine à l'anus. (Voir DIGESTION.) Le rectum est la partie de l'intestin où s'accumulent les matières fécales et où leur poids fait sentir la sensation dite besoin de défécation. Son orifice inférieur, terminé par un sphincter, prend le nom d'*anus*. (Voir ce mot.)

REDOUX, REDOUL. Noms vulgaires du *Coriaria myrtifolia*. (Voir CORIAIRE.)

RÉDUVE (*Reduvius*). Genre type de la famille des *Réduviidés*, créée aux dépens du genre *Punaise* de Linné. La famille des *Réduviidés* comprend des hémiptères au corps allongé, à tête fortement rétrécie vers sa partie postérieure, à bec court, épais, fortement recourbé, à antennes longues et grêles, composées de quatre articles, dont les deux premiers plus longs et plus gros que les autres; les pattes sont longues et minces. Ce sont des insectes très carnassiers, doués d'une grande agilité. Ils ont des formes très variées, des couleurs le plus souvent sombres,

Réduve masquée; *a*, sa larve.

mais quelquefois très vives. Les Réduves proprement dites (*Reduvius*) ont la tête ovalaire, les yeux saillants, les antennes à premier article épais. Leur corselet est triangulaire, très distinctement bilobé; les élytres de la longueur de l'abdomen au moins.

Le type du genre, la **Réduve masquée** (*R. personatus*), fréquente les maisons habitées, où elle fait la chasse aux punaises, aux mouches et aux araignées. Elle doit son nom à la curieuse habitude qu'a sa larve de s'envelopper de poussière, de flocons, de toiles d'araignée, de façon à masquer sa présence. Cachée sous ce déguisement, elle s'avance doucement, par petits soubresauts vers les insectes qu'elle convoite. Devenue plus agile à l'état parfait, lorsqu'elle a pris des ailes, la Réduve abandonne ce déguisement. Elle est alors d'un brun noirâtre obscur avec les pattes roussâtres. La Réduve entre souvent dans les maisons, le soir, attirée par la lumière. Elle n'est pas nuisible et nous délivre au contraire des insectes incommodes ou dégoûtants qui sont malgré nous nos hôtes. Il faut cependant se bien garder de la saisir, ou ne le faire qu'avec précaution, car elle pique avec son bec très acéré et produit plus de douleur qu'une guêpe. Une des plus belles espèces du genre est la **Réduve agréable** (*R. amœnus*), de Java. Elle est d'un beau rouge de corail, avec des taches d'un noir bleu luisant. Les autres genres de la famille : *Nabis, Pirates*, etc., ont des mœurs analogues. (Voir PUNAISES.)

RÉDUVIIDÉS. (Voir RÉDUVE.)

RÉGIME. On donne ce nom aux spadices (grappes de fruits) des dattiers, bananiers, etc.

RÉGLISSE, *Glycyrrhiza* (du grec *glukus*, doux, et *rhiza*, racine). Genre de plantes de la famille des *Légumineuses papilionacées* qui ne comprend qu'un très petit nombre d'espèces. Ce sont des herbes ou des arbrisseaux vivaces, hauts de 1 à 2 mètres, à rhizome très développé, à feuilles pennées avec impaire, à fleurs blanches ou bleues disposées en grappes axillaires. — La **Réglisse officinale** (*G. glabra*) a de longues racines traçantes, jaunes en dedans, roussâtres en dehors, dont la saveur sucrée, les propriétés adoucissantes, les font servir à la préparation de tisanes et de pâtes pectorales. On la trouve en grande quantité en Italie, en Espagne et dans le Languedoc; elle est vivace, et se cultive en grand dans les jardins : on la multiplie très facilement par rejetons qu'on détache des vieilles racines. Elle a une saveur douce et mucilagineuse, qui la rend précieuse pour les classes indigentes, puisqu'elle peut remplacer le sucre dans les tisanes et en diminuer l'amertume; outre sa saveur douce et mucilagineuse, elle a encore une action marquée sur les voies urinaires; elle est d'un puissant secours dans les rhumes et dans toutes les maladies de poitrine. Mais on ne doit jamais la faire bouillir, à moins que le médecin ne le prescrive d'une manière formelle; au contraire, toutes les fois qu'on l'emploie à édulcorer une tisane, il faut verser celle-ci toute bouillante sur la racine coupée en petits morceaux, et la laisser infuser quelques heures. De cette manière, le principe sucré seul se dissout, et la tisane n'a que la saveur agréable de la racine de réglisse, et non point son âcreté. — On prépare en quantité importante le suc ou extrait noir solidifié, désigné dans le commerce sous le nom de *jus de réglisse* ou *réglisse noire*, et une pâte qui est très connue. — La **Réglisse hérissée** ou de Dios-

Réglisse; *a*, fleur; *b*, fruit.

coride (*G. echinata*) diffère peu de la précédente. Elle croît naturellement dans la Pouille et dans la Tartarie; c'est elle que les anciens employaient.

Réglisse bâtarde. (Voir Astragale.)

RÈGNES DE LA NATURE. Tous les corps répandus à la surface du globe, ou renfermés dans le sein de la terre, se divisent en *corps bruts* ou *inorganiques*, et en *corps vivants* ou *organisés*. — Les corps organisés se divisent à leur tour en deux groupes : les végétaux et les animaux. De là les trois grandes divisions ou *règnes* de la nature, que la science a désignés sous le nom de *règne minéral*, *règne végétal* et *règne animal*.

Les corps bruts ou inorganiques, tels que les pierres, les métaux, sont formés de molécules qui n'ont entre elles d'autres rapports que ceux d'adhésion et de cohérence, n'exerçant d'autre action les unes sur les autres que de s'attirer et de se repousser réciproquement; ces molécules ne se renouvellent pas, ne changent pas. Si le volume de ces corps augmente, ce n'est que par juxtaposition, c'est-à-dire parce que d'autres corps semblables viennent se déposer à leur surface.

Les corps organisés, au contraire, naissent de corps semblables à eux; ils procèdent de parents qui leur donnent l'être et la vie; ils croissent en attirant sans cesse dans leur composition des molécules étrangères qui remplacent celles qu'ils abandonnent; en un mot, ils se nourrissent et se reproduisent, et toutes leurs parties exerçant des actions variées les unes sur les autres concourent à un but commun, qui est l'entretien de la vie. (Voir Animal et Végétal.)

Nous avons établi dans l'article Animaux les ca-

ractères distinctifs des deux règnes, et nous avons dit que ces caractères, bien marqués dans les organismes élevés des deux séries, se réduisent à néant si l'on compare les êtres les plus inférieurs, animaux et végétaux. Les formes les plus simples constituent comme une zone intermédiaire, que beaucoup de naturalistes considèrent comme un règne à part, auquel ils donnent le nom de *règne des protistes*. (Voir Protistes.) — Quelques savants, considérant l'énorme distance qui sépare l'homme des animaux au point de vue intellectuel, ont proposé de faire de l'espèce humaine un règne à part; mais il est certain que l'homme, considéré anatomiquement et physiologiquement, ne diffère pas des autres mammifères.

REGULUS. Nom scientifique latin du Roitelet.

REIN. (Voir Reins.)

REINE. On donne vulgairement ce nom à divers animaux et à quelques plantes. Ainsi l'on nomme :

Reine, Reinette, la Rainette ;

Reine des abeilles, la femelle de l'Abeille ;

Reine des bois, l'Aspérule odorante ;

Reine des carpes, une variété de la Carpe à grandes écailles ;

Reine-claude, une variété de Prune ;

Reine-marguerite, l'Aster de la Chine ;

Reine des prés, la Spirée ulmaire.

REINETTE. Variété de pommes.

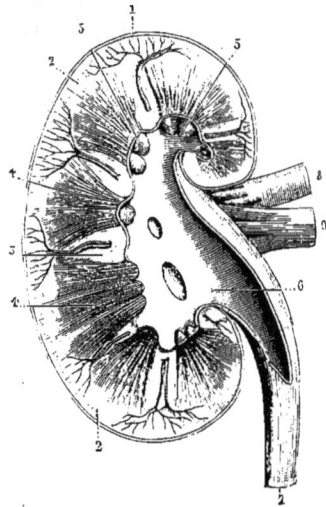

Coupe du rein droit (moitié postérieure).

1, tunique albuginée ; 2, substance corticale ; 3, colonnes de Bertin avec les ramuscules artériels et veineux qui se distribuent dans la substance corticale ; 4, pyramides de Malpighi ; 5, sommet de ces pyramides entouré de leur calice ; 6, bassinet ; 7, uretère ; 8, artère rénale ; 9, veine rénale.

REINS (du latin *ren, renis*). Les Reins sont la partie la plus essentielle de l'appareil urinaire. Ce sont deux organes glanduleux placés dans le ventre, derrière les intestins, sur chaque côté de la colonne vertébrale, au niveau de la dernière vertèbre dorsale, et le bord échancré tourné du côté de la colonne vertébrale. Leur couleur est d'un rouge obscur tirant sur le brun; leur forme est celle d'un grain de haricot. Le mets auquel on donne le nom de rognon de mouton n'est autre que le rein de cet animal. Considérés à l'extérieur, les Reins sont composés de deux substances : l'une, la substance corticale ou granulée, l'autre, la substance médullaire ou tubuleuse. La substance corticale entoure la mé-

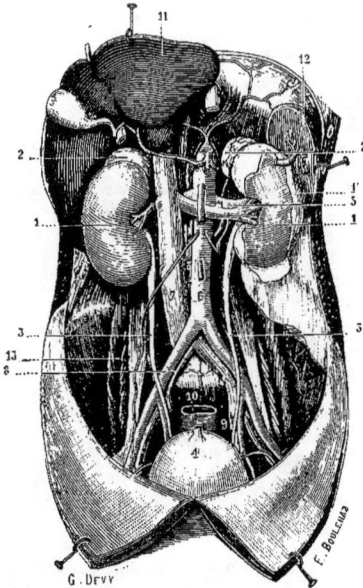

Appareil urinaire, vue d'ensemble.

1, rein; 1', capsule celluleuse formée par un dédoublement du *fascia propria*; 2, capsule surrénale; 3, uretère; 4, vessie; 5, artère et veine rénale; 6, aorte; 7, veine cave inférieure; 8, artères et veines iliaques; 9, petit bassin; 10, rectum; 11, foie; 12, rate; 13, muscle psoas.

dullaire dans tous les sens; elle donne naissance à des filaments qui se portent dans l'intérieur en convergeant, se réunissent et forment un mamelon qui vient se rendre dans le conduit excréteur. Ces espèces de cônes constituent la substance médullaire ou tubuleuse; ils sont au nombre de quinze à vingt; par leurs bases, ils se continuent manifestement avec la corticale; par leur sommet ils sont libres. Tous viennent s'ouvrir dans un réservoir membraneux appelé *bassinet*. De ce réservoir part un long conduit membraneux : c'est l'*uretère* (ne pas confondre avec l'*urètre*), qui, après un trajet assez long, se termine dans la vessie. — Les fonctions dont les Reins sont chargés sont des plus importantes de

l'économie vivante. Par l'action spéciale que ces organes exercent sur le sang qui les traverse, ils forment l'urine, qui débarrasse l'économie de divers principes introduits par l'alimentation, ou accidentellement développés par la maladie, et dont l'expulsion importe au plus haut degré à l'harmonie des fonctions.

RELIGIEUSE ou **PRIE-DIEU**. Noms donnés dans le Midi à la Mante. (Voir ce mot.)

RÉMIGES. On donne ce nom aux grandes plumes des ailes des oiseaux, parce qu'elles font l'office de rames (en latin *remigium*). (Voir PLUMES.)

REMIZ (*OEgithalus*). Genre d'oiseaux de l'ordre des PASSEREAUX CONIROSTRES détachés des Mésanges, dont ils se distinguent par leur bec fin, en alène, par leurs tarses plus courts et surtout par leur mode de nidification. Le type du genre, le **Remiz d'Europe** (*OEg. pendulinus*), a le sommet de la tête et la nuque d'un cendré pur, avec un bandeau noir sur le front et qui enveloppe l'œil; le dos est d'un gris roussâtre, la gorge blanche et le reste des parties inférieures blanchâtres avec des teintes rousses. La femelle offre la même coloration que le mâle, mais ses couleurs sont moins vives. Le Remiz habite la Hongrie, l'Italie, le midi de la France et de l'Allemagne. Il se

Remiz d'Europe.

nourrit d'insectes aquatiques, de chenilles et des semences des plantes et des roseaux qui croissent sur le bord des eaux auprès desquelles il établit sa demeure. Son nom spécifique *Pendulinus* lui vient de la manière dont il construit son nid. Afin de mettre sa couvée à l'abri des atteintes de ses ennemis, il suspend ce nid à l'extrémité d'une branche flexible et pendante au-dessus de l'eau. Il l'y attache solidement au moyen de brins de chanvre ou d'autres matières filamenteuses, et lui donne la forme d'une longue bourse dont l'ouverture occupe le côté qui regarde l'eau. Cette bourse est composée de matières duveteuses tirées des fleurs du peuplier, du saule, du tremble, tissues avec des fibres et des racines très fines et formant un tout serré et résistant. L'intérieur du nid est garni d'une couche de fin duvet. La ponte, qui a lieu deux fois dans l'année, est ordinairement de quatre ou cinq œufs d'un blanc pur, marqués de quelques taches rousses.

REMORA (*Echeneis*). Genre de poissons de la famille des *Scombéridés*, très remarquables par leur organisation. Leur corps est allongé, revêtu de petites écailles ; leur tête, plate en dessus, porte un disque formé d'un grand nombre de lames cartilagineuses transversales, obliquement dirigées en arrière, dentelées à leur bord postérieur et mobiles, de manière que le poisson, soit en faisant le vide entre elles, soit en accrochant les épines de leurs bords, se fixe avec force aux différents corps, tels

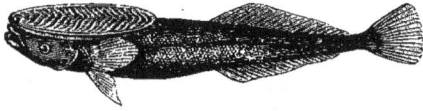

Remora.

que les rochers, vaisseaux, poissons, etc. C'est ce fait remarquable qui a donné lieu à la fable tant répétée, que le Remora pouvait arrêter dans sa marche le vaisseau le plus rapide, et Pline nous apprend que ce fut lui qui arrêta le vaisseau d'Antoine à la bataille d'Actium.—Le **Remora ordinaire** (*E. remora*) a 50 centimètres de longueur ; sa couleur est gris noirâtre. Il est assez commun dans la Méditerranée. Ce poisson s'attache avec force aux rochers, aux navires et souvent aux grandes espèces de poissons, aux requins, par exemple, et telle est son adhérence qu'un homme ne peut souvent pas le détacher. Ces poissons vivent en troupes et suivent les vaisseaux, comme les pilotes, pour profiter des débris et des ordures qu'on jette par-dessus le bord.

RÉNAL (du latin *ren*, rein). Qui a rapport au rein : artère rénale, veine rénale.

RENARD. Les Renards (*Vulpes*) forment un genre de la famille des *Chiens* ou *Canidés*. Ils ont le même système de dentition ; mais leur tête est plus large, leur museau plus allongé et plus pointu, leur queue plus longue et plus touffue ; ils ont les prunelles à fente verticale, ce qui dénote des habitudes nocturnes. Toutes les espèces du groupe des Renards ont la même physionomie ; elles ne diffèrent que par la taille et par les couleurs. — Le **Renard commun** (*V. vulgaris*), que tout le monde connaît, dont le pelage est fauve sur le dos et blanc sous le ventre, répand une odeur infecte. Cependant il existe en Suisse une variété de cette espèce, qui doit à l'odeur agréable qu'elle exhale le nom de *Renard musqué.* Le Renard, dont la ruse a passé en proverbe, est moins courageux que le chien et le loup ; mais il est plus fin, plus ingénieux pour tromper sa proie, ou pour se dérober lui-même au danger. Il passe ordinairement le jour à dormir, non dans son terrier, mais dans quelque fourré épais. C'est vers la tombée de la nuit qu'il quitte sa cachette pour se mettre en quête. Il dévore avec une égale avidité les petits

quadrupèdes, les oiseaux, les reptiles, les œufs, etc.; mais jamais il ne se repaît de corps morts. On sait les ravages que fait cet animal dans les basses-cours ; dès qu'il a trouvé les moyens de s'y introduire, il commence par étrangler les volailles pour les empêcher de crier, puis il les emporte une à une par l'entrée qu'il s'est faite vers son terrier, ordinairement creusé à l'entrée du bois le plus voisin, et de la manière la plus propre à le dérober aux yeux. C'est là que la femelle loge et cache ses petits ; elle est tellement pleine de sollicitude pour ses renardeaux, que lorsqu'après une sortie elle s'aperçoit qu'ils ont été dérangés, elle les transporte, avec sa gueule, dans une retraite plus profonde. Dans les pays où le lièvre abonde, le Renard sait très bien s'entendre avec sa femelle pour lui faire la chasse. L'un d'eux s'embusque au bord du chemin dans le bois, tandis que l'autre se met en quête, lance le lièvre, le poursuit vivement et de manière à le forcer de se diriger vers l'endroit où son compagnon est en embuscade. Celui-ci, dès qu'il voit le lièvre à sa portée, s'élance, le saisit et les deux chasseurs le dévorent ensemble. Le cri du Renard est

Renard.

une sorte d'aboiement ou plutôt de glapissement désagréable. La *renarde* porte neuf semaines et met bas sept ou huit petits. — On distingue plusieurs variétés dans le Renard commun : on nomme Renard charbonnier celle à queue terminée de noir; Renard crucigère, une autre variété qui porte une sorte de croix brune sur le dos. Le **Renard de l'Hymalaya**, le **Renard d'Égypte**, le **Renard du Bengale**, sont considérés comme des espèces distinctes. L'Amérique en possède également plusieurs espèces, entre autres le **Renard rouge** (*V. fulvus*) et le **Renard tricolore** (*V. cinero-argenteus*) de l'Amérique du Nord, et le **Renard d'Azara** (*V. Azaræ*), de l'Amérique du Sud. Le **Renard bleu** ou *isatis* est plus petit que le Renard commun ; sa fourrure, épaisse et douce, est recherchée pour sa belle nuance d'un gris cendré ou d'un brun clair, du moins dans la saison chaude, car il devient quelquefois blanc en hiver. Cet animal, qui ne craint point l'eau, puisqu'il va dans les lacs dénicher les oiseaux aquatiques, habite les régions boréales. On trouve dans les mêmes régions, sur les deux continents, le **Renard argenté**, dont la fourrure est la plus estimée de toutes celles des animaux de cette famille. Son pelage est d'un noir de suie, légèrement glacé de blanc. Le **Fennec**, habitant des déserts africains, est remarquable par la petitesse de sa taille et par la grandeur de ses oreilles; il est connu sous le nom de *Renard à grandes oreilles;* c'est l'*anonyme* de Buffon. — L'**Adive** ou *corsac* de Tartarie est une petite espèce dont les mœurs rappellent celles de l'isatis.

RENNE (*Rangifer*). Genre de mammifères de l'ordre des Ruminants, famille des *Cervidés,* voisin des Cerfs. Le Renne se distingue surtout des cerfs proprement dits par ses bois sessiles, pourvus d'andouillers basilaires, médians et aplatis; et, contrairement à ce qu'on observe chez leurs congénères, les femelles portent des bois semblables à ceux des mâles. En

Renne.

outre, leurs sabots très larges, au lieu de se correspondre à leur face interne par une surface plane, se correspondent par une surface convexe, comme chez les chameaux. On ne connaît qu'une espèce de ce genre, le **Renne** (*R. tarandus*). Sa taille est à peu près celle de notre cerf commun; mais il est moins svelte; ses jambes sont plus grosses et plus courtes. Son poil, en partie laineux et brun en été, devient presque blanc en hiver. Cet animal, qui ne peut vivre que dans les contrées les plus froides des deux continents, et qu'en Laponie même on est obligé de conduire, pendant l'été, dans les montagnes, est depuis longtemps célèbre par les services de tout genre qu'il rend aux populations hyperboréennes. Devenu, en effet, pour elles un animal domestique, il sert de bête de trait et de somme; il

leur fournit par son lait et sa chair une nourriture précieuse dans ces climats désolés, et sa peau se transforme en un vêtement solide et chaud. La Renne est pour le Lapon ce qu'est le chameau pour l'Arabe, le plus précieux de tous les biens. Attelé à un traîneau, il peut faire, en hiver, plus de 30 lieues par jour; aussi son pied est-il conformé de la manière la plus favorable pour courir sur un sol mobile sans s'y enfoncer. En échange de tous les services qu'il rend, il ne faut à cet utile serviteur que quelques bourgeons d'arbres ou quelques lichens qu'il va déterrer sous la neige. On voit en Laponie des caravanes formées de longues suites de traîneaux tirés chacun par un Renne, aux bois desquels on a fixé les guides. A l'état sauvage, ces ruminants habitent les forêts et les plaines marécageuses; en été, ils émigrent sur les montagnes voisines de la côte. On les rencontre également au Canada et dans les régions situées au delà des grands lacs; les Américains lui donnent le nom de *caribou,* tandis qu'ils donnent celui de *renne* à l'élan. (Voir ce mot.) Le Renne est un animal fort doux, et qui se laisse facilement réduire en domesticité; les riches Lapons en forment des troupeaux qui montent souvent à quatre et cinq cents têtes; les plus pauvres habitants en ont toujours deux ou trois paires.

RENONCULACÉES. Famille de plantes ayant pour type le genre *Renoncule* (voir ce mot) et comprenant un grand nombre de genres répartis dans quatre tribus : *Aquilégiées, Renonculées, Clématidées, Pœoniées,* qui ont pour caractères communs : fleurs hermaphrodites, périanthe à folioles indépendantes; étamines libres, en nombre indéfini; anthères biloculaires; carpelles libres ou connés seulement par la base; fruit composé, sec à la maturité. Comme genres principaux, nous citerons : 1° *Aquilégiées :* . ancolie, nigelle, ellébore, pied d'alouette; 2° *Renonculées :* renoncule, anémone; 3° *Clématidées :* clématite; 4° *Pœoniées :* pivoine. (Voir ces mots.)

RENONCULE (*Ranunculus*). Genre de plantes type de la famille des *Renonculacées,* comprenant de nombreuses espèces, dont la plupart croissent dans les régions tempérées de l'hémisphère septentrional : ce sont des herbes annuelles, bisannuelles ou vivaces, à feuilles alternes, pétiolées, en général lobées, ou décomposées; à fleurs jaunes ou blanches, pédonculées, ordinairement terminales. Presque toutes les Renoncules sont plus ou moins âcres et vénéneuses; toutefois, leur principe délétère se dissipe en tout ou en partie par la dessiccation, de sorte que le bétail les mange sans inconvénient avec le foin. Les feuilles et autres parties de ces plantes, appliquées fraîches sur la peau, ne tardent pas à faire naître des ampoules : aussi les administret-on parfois comme remède vésicant. Parmi les espèces indigènes les plus vénéneuses, nous citerons la **Renoncule** d'eau ou *grenouillette* (*R. sceleratus,* L.), qui croît au bord des mares et des fossés; la **Renoncule âcre** (*R. acris,* L.), très commune dans les prairies, qu'elle orne de ses jolies fleurs en coupe, d'un jaune doré et vernissé ; on la nomme vulgairement *bouton d'or*. Cette plante renferme un principe vénéneux très énergique ; on la cultive dans les jardins où elle double facilement. Plusieurs Renoncules se font remarquer par l'élégance de leurs fleurs. — La **Renoncule des jardins** (*R. asiaticus*, L.) est, comme on sait, l'objet d'une culture très recherchée. Cette plante est originaire d'Orient. On en possède aujourd'hui une quantité presque innombrable de variétés de toutes couleurs, le bleu pur excepté. Cette Renoncule réussit dans les sols riches et meubles ; il faut retirer de terre ses tubercules (*griffes*) dès que le feuillage de la plante se dessèche à la suite de la floraison ; on étend ces tubercules dans un lieu aéré, jusqu'à ce que toute leur humidité se soit dissipée ; dans cet état, ils se conservent, sans être replantés, durant une année ou même plus ; on ne les replante qu'à la fin de l'hiver dans nos climats. Mais ce n'est qu'au moyen des semis qu'on obtient de nouvelles variétés. — La **Renoncule d'Afrique** (*R. africanus*) ou *Renoncule pivoine*, également très cultivée, a les fleurs plus grandes, rouges, mais donnant de nombreuses variétés.

Renoncule âcre.

RENOUÉE (*Polygonum*). Genre de la famille des *Polygonacées* comprenant des herbes herbacées, à feuilles alternes, souvent accompagnées de stipules, à fleurs de cinq pétales, huit étamines. C'est à ce genre qu'appartient la Bistorte, à laquelle nous avons consacré un article particulier. — Parmi les Renouées proprement dites, nous citerons la **Renouée tinctoriale**, originaire de la Chine, où on la cultive en grand ; de sa racine en rhizome s'élèvent cinq ou six tiges, plus ou moins rameuses, hautes de 8 à 10 décimètres, garnies de feuilles ovales, d'un beau vert, stipulées ; ses fleurs purpurines sont disposées en épis cylindriques. On obtient des feuilles de cette plante, par macération ou par ébullition, une matière bleue analogue à celle de l'indigotier (voir ce mot) ; elle donne 1 1/2 pour 100. On la sème en mars dans une bonne terre, à une exposition très abritée. — La **Renouée persicaire**, commune dans les lieux humides de toute la France, est haute de 3 à 9 décimètres ; ses feuilles sont oblongues lancéolées, souvent tachées de rouge ; ses fleurs roses ou blanches, en épis cylindriques. Elle est employée comme vulnéraire et astringente. — Le *Polygonum fagopyrum* est cultivé sous le nom de *sarrazin*. (Voir ce mot.) — Nous citerons encore la **Renouée poivre d'eau** (*P. hydropiper*), vulgairement *poivre d'eau*, *curage*, plante à saveur âcre et brûlante, à tige redressée, rameuse, de 3 à 8 décimètres ;

à feuilles oblongues lancéolées, brièvement pétiolées ; à fleurs roses ou d'un blanc verdâtre en épis allongés, qui croît l'été dans les lieux humides. Ses feuilles fraîches et pilées agissent comme rubéfiant. — La **Renouée des oiseaux** (*P. aviculare*), vulgairement *traînasse*, *achée*, est une plante à tige de 2 à 5 décimètres, ordinairement étalée, à feuilles lancéolées, glabres, rudes sur les bords ; deux à quatre fleurs blanchâtres ou rougeâtres, sessiles à l'aisselle de presque toutes les feuilles. Elle croît l'été dans les lieux vagues, au bord des chemins. Ses graines servent à nourrir les oiseaux.

RÉPONCE. (Voir RAIPONCE.)

REPRISE. Nom vulgaire du *Sedum telephium*. (Voir SEDUM.)

REPRODUCTION. Fonction par laquelle les êtres organisés reproduisent des individus semblables à eux. Tout être vivant n'ayant qu'une existence limitée, il était de toute nécessité qu'il pût assurer la continuité de son espèce en donnant naissance à des êtres nouveaux, destinés à se perpétuer, à leur tour, de génération en génération. Les moyens par lesquels se reproduisent les plantes et les animaux ont la plus grande analogie. L'origine du nouvel être est toujours une certaine portion du corps de son parent qui se détache, s'accroît en se nourrissant, et constitue, dans un délai plus ou moins long, un individu nouveau capable à son tour d'en produire d'autres. Cette portion de matière vivante détachée de l'être qui se reproduit, est ce qu'on nomme un *germe*. Le plus souvent, ce germe, après avoir été fécondé, devient libre, en emportant avec lui une certaine quantité de matière organique nutritive, qui lui permet de se développer sans continuité de substance avec son parent ; les plantes qui se perpétuent par des graines et les animaux qui se reproduisent par des œufs, en offrent un exemple. D'autres fois, le germe a besoin, pour opérer son évolution, de rester adhérent au corps de sa mère ; c'est ce que l'on voit chez les mammifères. De ce qui précède, il résulte que tout être vivant provient d'un parent, qui lui transmet la vie avec une portion de matière organisée empruntée à son propre corps, de telle sorte que la vie et la matière organisée passent ainsi du premier parent de l'espèce à ses successeurs, de génération en génération. En est-il toujours ainsi et y a-t-il possibilité que des êtres vivants prennent naissance dans la nature sans l'intervention de parents et aux dépens de la matière organique ou inorganique ? Cette question a été traitée au mot GÉNÉRATION SPONTANÉE.

Dans les végétaux comme chez les animaux, on distingue deux modes différents de reproduction, suivant que le nouvel être est produit par l'action d'un seul ou par le concours de deux générateurs. Dans le premier cas, la reproduction est dite *asexuée*, dans le second elle est *sexuée*. La reproduction asexuée (sans sexes) présente elle-même diverses formes à considérer. La plus simple est celle qui s'opère par division ou scission et qu'on désigne sous le nom de *scissiparité*. On l'observe dans les organismes inférieurs animaux et végétaux, tels que les monères, les infusoires, les bactéries, etc. Il consiste en ceci : quand le corps a atteint un certain volume, il s'étrangle dans son milieu et se divise en deux moitiés qui, en se séparant, forment deux individus distincts. D'autres fois, la reproduction s'opère par *bourgeons* : sur un point de la surface de l'organisme générateur se développe un nouvel être, qui s'en détache à un moment donné et vit alors d'une vie propre, indépendante ; c'est ce qu'on nomme *gemmiparité*. Ce mode de reproduction, très fréquent chez les plantes, se montre chez les animaux zoophytes, les bryozoaires, etc. Il arrive souvent que les individus produits par bourgeonnement restent unis à l'animal ou à la plante souche ; tels sont les stolons, surgeons, bulbilles des végétaux ; telles sont les colonies animales des polypes hydraires, des ascidies composées. On appelle *cellules germinatives* les germes qui sont formés chacun par une seule cellule ; on les observe surtout chez les végétaux cryptogames où l'on leur donne le nom de *spores* ou *sporules*. Cette reproduction par cellules germinatives établit un passage entre les deux formes de génération asexuelle et sexuelle. Dans la première, le germe ou cellule germinative a par lui-même la faculté de se développer pour donner naissance à un nouvel individu ; dans la seconde, ce germe, constitué également par une simple cellule, ne peut se développer que sous l'influence d'un autre élément, élément fécondant qui lui donne la puissance évolutive ; ce germe est alors appelé *ovule*.

La reproduction *sexuée*, qui est la forme la plus commune parmi les plantes et les animaux d'une organisation un peu élevée, est caractérisée par ce fait qu'une cellule dite mâle se fond dans une autre cellule dite femelle, qui se développe en un végétal ou un animal nouveau. Examinons d'abord ce qui se passe dans les végétaux phanérogames : L'*ovule* est renfermé dans cette partie renflée de l'organe femelle que l'on nomme l'*ovaire*, celui-ci est surmonté du *pistil*, colonne creuse terminée par le *stigmate*, sorte de bouche spongieuse et gluante qui en forme l'entrée. L'ovule, petit globule cellulaire enveloppé de membranes, adhère à la paroi intérieure de l'ovaire et présente une ouverture nommée *micropyle*. L'organisme mâle, l'*étamine*, est composé d'un filet, portant à son extrémité deux petits sacs accolés l'un à l'autre, l'*anthère*, et qui renferment le *pollen*, fine poussière granuleuse destinée à féconder l'ovule et à le transformer en *graine*. (Pour plus de détails, voir FLEUR.) Chaque grain de pollen est une utricule remplie d'un liquide mucilagineux protoplasmique qu'on nomme *fovilla*. Lorsque le pollen est projeté sur le stigmate, il se gonfle au contact humide de ce dernier, éclate, et laisse sortir sa membrane interne sous forme d'un long tube, le *boyau pollinique*, qui s'insinue à travers le style, pénètre dans l'ovule par le micropyle,

et y verse la matière fécondante ou fovilla. Dès lors s'organise le germe vivant de l'ovule ; l'ovaire grossit pour constituer le fruit, et dans son sein, les ovules se développent en graines. Lorsque, pour une raison ou pour une autre, le contact du pollen avec les ovules n'a pas eu lieu, l'ovaire se flétrit et meurt avec le reste de la fleur. Le premier effet que produit le contact de la fovilla sur l'ovule, est de provoquer le développement de l'embryon par la segmentation : la vésicule embryonnaire est d'abord remplie d'une masse unique de matière granuleuse qui se concentre bientôt en deux points symétriques pour former deux masses distinctes. Chacune de ces moitiés subit à son tour la même modification et ainsi de suite, de sorte que la masse primitive se segmente en 4, 8, 16, 32, etc., parties, et constitue enfin un corps homogène de cellules agglomérées qui rappelle assez bien le fruit du mûrier, d'où le nom de *morula* qu'on lui a donné. C'est la première trame organique de l'embryon, et nous verrons plus loin comment il se développe.

La reproduction des animaux a, nous l'avons dit, la plus grande analogie avec celle des végétaux. Dans les formes inférieures, les deux éléments génésiques, ovules et liqueur fécondante, peuvent être réunis chez le même individu, qui est alors à la fois mâle et femelle, et a la faculté de féconder lui-même ses ovules (les huîtres, les moules). Ces animaux sont dits *androgynes*. Chez d'autres, des organes sexuels distincts sont encore réunis chez le même individu ; mais il n'y a de fécondation possible que par le rapprochement de deux individus qui se fécondent réciproquement : on les dit *hermaphrodites ;* tels sont les sangsues et les limaçons. Mais, à mesure que l'organisation se complique et se perfectionne, les organes sexuels se trouvent séparés dans l'espèce, et deviennent le partage d'un seul individu ; il est mâle ou femelle, suivant la nature de l'organe sexuel qui lui est dévolu ; et la génération est la conséquence immédiate du concours des deux sexes, de leur accouplement. Cependant, chez quelques-uns, le germe, ou l'ovule de la femelle, n'est fécondé par la liqueur vivifiante émanée du mâle qu'après avoir été rejeté au dehors par la femelle ; ce cas est celui des poissons et des batraciens. Mais dans les animaux plus parfaits, tels que les oiseaux et les mammifères, le rapprochement est indispensable ; et chez eux, les organes sexuels sont disposés de telle sorte, que le fluide vivifiant du mâle pénètre dans l'organe de la femelle ; c'est là que l'œuf est fécondé. Le célèbre anatomiste anglais Harvey affirma le premier (1651) que tous les êtres vivants procèdent d'un œuf : *Omne vivum ex ovo*. L'ovule n'est autre chose, en effet, que l'œuf primordial, et la graine est l'œuf du végétal. L'ovule des plantes phanérogames se développe toujours, comme nous l'avons vu, dans la cavité de l'ovaire, et la graine qui se dégage du fruit mûr renferme une plante prête à germer, de même qu'à la fin de l'incubation l'œuf de la poule renferme un jeune oiseau prêt à sortir par l'éclosion. Chez les mammifères, c'est dans le sein de la mère qu'a lieu l'incubation, et le petit en sort tout vivant; on les dit *vivipares*. Chez les oiseaux, les reptiles, les batraciens, les poissons et la plupart des invertébrés, l'œuf sort du sein maternel, l'incubation et l'éclosion ont lieu au dehors : on dit ces animaux *ovipares*. Par exception, cependant, chez quelques-uns de ces derniers, l'œuf éclôt dans le sein de la mère et le petit en sort vivant; on leur donne alors le nom d'*ovovivipares*. — L'ovule des animaux est d'abord constitué, comme chez les végétaux, par une simple masse de protoplasma pourvue d'un noyau; puis il acquiert une membrane limitante, la masse protoplasmique s'accroît par l'adjonction d'éléments nutritifs, le noyau renferme une granulations nucléolaires. On reconnaît alors dans l'ovule les parties constituantes suivantes : une enveloppe transparente ou *membrane vitelline*, un contenu, le *vitellus*, dans lequel se trouve une vésicule nettement limitée : la *vésicule germinative* ou *de Purkinge*, et dans celle-ci plusieurs nucléoles, les *taches germinatives de Wagner*. Le plus souvent, la membrane vitelline est percée d'une ouverture ou *micropyle*, par laquelle les éléments fécondateurs mâles pénètrent dans l'ovule; car il faut que l'œuf, pour produire un être nouveau, subisse l'action directe de la liqueur séminale ou des spermatozoïdes qui pénètrent dans le vitellus par le micropyle, comme la fovilla dans l'ovule des plantes. Le vitellus est formé de deux parties : l'une, les *corpuscules plastiques*, servant à la formation de l'embryon, l'autre, les *globules vitellins*, servant à sa nutrition. Ces deux vitellus sont en proportion variable dans l'ovule, suivant les cas. Il y a des œufs dans lesquels les éléments nutritifs sont en quantité insuffisante pour le développement de l'embryon, et celui-ci se nourrit alors aux dépens de l'organisme matériel; tels sont ceux des mammifères dont l'embryon puise les éléments de sa nutrition par l'intermédiaire du placenta. D'autres contiennent une réserve nutritive assez grande pour que l'embryon se développe indépendamment de la mère; tels sont ceux des ovipares. Quand la fécondation de l'ovule est effectuée, celui-ci, grâce à cette impulsion particulière, poursuit son évolution et entre dans une nouvelle phase de développement, la période embryogénique, dont le début a pour caractère distinctif le fractionnement ou segmentation de l'œuf, comme nous l'avons vu plus haut. Ces cellules agglomérées sont destinées à se métamorphoser ensuite suivant des modes divers pour la constitution de l'embryon. Elles se réunissent, se différencient de plus en plus, et s'associent en cordons, en tubes, en lames, pour arriver à constituer les divers organes. Cette structure va se compliquant successivement de manière que les formes se particularisent de plus en plus à mesure que le développement avance. — Le développement de tout être vivant comporte donc une série de transformations qui, ayant la cellule pour point de départ, conduisent le germe, par une succession d'états intermédiaires, jusqu'à la forme définitive qu'il doit atteindre. Cet ensemble de phénomènes constitue ce que l'on nomme des *métamorphoses*, et l'on peut poser en principe que tout être vivant subit des métamorphoses. Cependant, on réserve plus ordinairement cette expression pour désigner les changements de forme très remarquables que subissent certains animaux ovipares après l'éclosion, les insectes et les batraciens (voir ces mots) par exemple. La naissance ne correspond pas, en effet, pour tous les animaux, à une même phase de la vie embryonnaire, et le jeune peut déjà présenter en naissant les traits de ses parents ou n'avoir avec eux aucun trait de ressemblance. Quand l'embryon naît ainsi à un degré de développement peu avancé et dans un état d'imperfection relative, on lui donne le nom de *larve*, et, dans ce cas, il ne reproduit le type originel qu'après de nouvelles modifications plus ou moins profondes, accomplies pendant sa vie extérieure : ce sont ces modifications qu'on désigne plus particulièrement sous le nom de métamorphoses. Lorsque le développement, au contraire, est poussé assez loin au sein de l'œuf ou de l'organisme maternel pour que le jeune, en naissant, possède les caractères morphologiques de l'individu dont il provient, on qualifie ce développement de direct. Dans ce cas, le nouveau-né n'a plus pour compléter son évolution et devenir adulte, qu'à s'accroître et à acquérir, pour l'achèvement de ses organes génitaux, la faculté de se reproduire à son tour. Il n'y a, en réalité, aucune différence essentielle entre les transformations que subit l'animal dans l'œuf ou dans le corps de sa mère et les métamorphoses proprement dites qui ne sont que des transformations du même ordre, mais accomplies après l'éclosion. La larve n'est qu'un embryon à vie indépendante. Dans les deux cas, le même être partant de l'œuf arrive, par des changements successifs, à reproduire la forme même de l'animal qui lui a donné naissance. Cependant il n'en est pas toujours ainsi; dans certains cas, l'animal né de l'œuf fécondé, meurt sans avoir présenté aucun trait de ressemblance avec le parent dont il provient; mais il produit lui-même par génération asexuée des êtres chez qui reparaît ensuite la forme du parent sexué. Ce mode singulier de développement, caractérisé par une alternance de générations sexuées et asexuées, est désigné sous le nom de *génération alternante*, de *métagenèse* ou de *généagenèse*. Les hydroméduses (voir ce mot) nous en offrent un exemple remarquable. — Un autre mode de génération anormale, connu sous le nom de *parthénogenèse*, consiste dans la production d'œufs fertiles par des femelles non fécondées. On le rencontre principalement chez les arthropodes; les abeilles, les pucerons, les psyche, quelques bombyx, etc., offrent ce mode de reproduction.

REPTILE (de *repere*, ramper). Les Reptiles forment la troisième classe des vertébrés. Ce sont des animaux à sang froid, qui respirent l'air par des poumons et qui n'ont ni poils, ni plumes, ni mamelles; leur peau est nue ou recouverte d'écailles, et ils se reproduisent par des œufs. Leurs formes présentent de grandes variations; en général leur corps est très allongé, terminé en avant par une tête presque toujours petite, en arrière par une queue plus ou moins longue; tantôt il manque absolument de membres (*serpents*), ou n'en a que des vestiges (*seps*); tantôt il est supporté par quatre pattes conformées pour la nage ou la marche, qui est généralement lente (*sauriens*, *tortues*), ces appendices se mouvant de dehors en dedans, au lieu d'être dirigés parallèlement au corps; ce qui fait qu'ils ne fournissent en quelque sorte que des points d'appui pour se pousser en avant par une sorte de repta-

Reptile chélonien (tortue).

tion, et le ventre traîne toujours à terre. Ce peu d'énergie dans les mouvements se lie d'ailleurs au peu d'étendue de la respiration, les muscles déployant moins de vigueur sous l'influence du sang froid et peu oxygéné qui les anime. Comme chez tous les animaux à sang froid, leur corps s'échauffe ou se refroidit avec l'atmosphère ambiante. Les deux oreillettes du cœur s'ouvrant dans un seul ventricule, il en résulte que le sang veineux qui revient des diverses parties du corps et le sang artériel arrivant des poumons se mêlent dans cette cavité commune, et que les organes ne reçoivent qu'un sang imparfait. Leur squelette offre des variations assez grandes, mais il est toujours développé à un plus haut degré que chez les batraciens; la boîte crânienne est plus complètement ossifiée. La peau de ces animaux forme un revêtement solide composé d'écailles ou de scutelles qui sont parfois imbriquées comme les tuiles d'un toit. Chez les

tortues, elle se recouvre de grandes plaques osseuses qui s'unissent avec le squelette interne. Les organes digestifs, qui ne sont pas séparés de la poitrine par un diaphragme, offrent une structure fort simple. Il n'y a souvent point de ligne de démarca-

Reptile saurien (lézard vert).

tion tranchée entre l'œsophage et l'estomac; les intestins sont courts, et se terminent, comme chez les oiseaux, dans un cloaque. La bouche, largement fendue, est armée de dents ordinairement coniques ou crochues, servant à retenir la proie et non à la diviser; elles sont, le plus souvent, simplement soudées aux os; chez les crocodiles elles sont implantées dans des alvéoles, et chez les tortues elles sont remplacées par une lame cornée analogue au bec des oiseaux. Dans quelques espèces (*vipères*, *crotales*), il existe dans la bouche des glandes particulières destinées à verser un poison violent dans la plaie faite par les dents creuses ou crochets venimeux avec lesquels elles communiquent. La plupart des reptiles vivent de proies vivantes qu'ils avalent sans les mâcher. Ils peuvent supporter des jeûnes très prolongés. Le système nerveux est plus élevé que chez les batraciens; leur cerveau est petit, sans circonvolutions; leur moelle épinière,

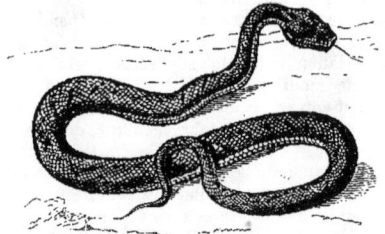

Reptile ophidien (vipère).

comparativement développée. Pour ce qui concerne les sens, le toucher d'abord ne peut être très développé, car si quelques reptiles ont une peau entièrement nue, chez la plupart elle est recouverte de plaques cornées plus ou moins épaisses. Les yeux sont quelquefois munis d'une triple paupière, laquelle chez d'autres manque tout à fait. Les organes de l'odorat et de l'ouïe sont peu développés; l'oreille externe manque presque toujours complètement; plusieurs espèces n'ont pas de voix. De même que les oiseaux, les Reptiles se reproduisent par des œufs; mais ceux-ci éclosent souvent avant la ponte, dans le corps même de la mère (génération ovovivipare). Aucune espèce ne couve ses œufs, la plupart même les abandonnent après les avoir déposés dans un lieu convenable. C'est surtout dans la production des Reptiles, dit Cuvier, que la nature semble s'être jouée à imaginer les formes les plus bizarres et à modifier, dans tous les cas possibles, le plan général qu'elle a suivi pour les animaux vertébrés. L'aspect généralement triste des Reptiles, et surtout les propriétés malfaisantes de certains d'entre eux, ont inspiré, à toutes les époques et chez toutes les nations, les mêmes sentiments de curiosité et de crainte. Des préjugés sans nombre ont pris naissance à leur occasion, et les moindres espèces de cette classe inspirent souvent de la frayeur et presque toujours de la répugnance. Le nombre des Reptiles connus de nos jours ne dépasse pas seize cents; très nombreux sous la zone équatoriale, ces animaux deviennent plus rares à mesure qu'on se rapproche des pôles. La vie n'est active chez eux qu'à la condition d'une forte chaleur. Comme nous l'avons dit, leur température est variable et dépend toujours de celle du milieu dans lequel ils se trouvent plongés. Aussi l'élévation et l'abaissement de cette température exercent-ils sur toutes leurs fonctions une puissante influence. Tous, par l'action du froid, tombent dans une léthargie comateuse qui simule la mort; et l'excès de chaleur dans les terres intertropicales produit chez quelques espèces un effet semblable. On divise les Reptiles en quatre ordres : 1° les Chéloniens ou tortues; 2° les Crocodiliens ; 3° les Sauriens, geckos, caméléon, iguane, lézards ; 4° les Ophidiens ou serpents. Les Batraciens (voir ce mot), que l'on rangeait autrefois parmi les Reptiles, forment aujourd'hui une classe à part.

Voici le tableau de la division en ordres de la classe des Reptiles :

Plérodactyles, parcouraient les régions de l'air. (Voir tous ces mots et PALÉONTOLOGIE.)

RÉPUBLICAIN. Levaillant a donné ce nom à un oiseau africain de l'ordre des PASSEREAUX, voisin des Gros-becs (Loxia socia), remarquable par ses mœurs et surtout par son nid. Celui-ci, construit en commun par des centaines de couples, forme autour du tronc d'un arbre comme un large toit de

Nid du républicain (Loxia socia).

chaume, dans l'épaisseur duquel sont creusés les nids, accolés les uns aux autres; chaque couple a le sien; tous les citoyens de cette petite république y vivent en parfaite intelligence et pourraient servir de modèle à bien d'autres, car ils mettent en pratique la liberté, l'égalité et la fraternité.

REQUIN. (Voir SQUALES.)

RÉSÉDA. Genre de plantes dicotylédones de la famille des Résédacées, ayant pour caractères : fleurs hermaphrodites, irrégulières, calice à quatre-sept sépales, soudés inférieurement; corolle à quatre-sept pétales hypogynes, très inégaux; dix-trente étamines, insérées sur un disque charnu, à filets ordinairement libres; ovaire libre, composé de trois à cinq carpelles pluriovulés, soudés en un ovaire à une seule loge, renfermant plusieurs graines; deux-

Corps entouré d'une carapace	....		CHÉLONIENS.
Pas de carapace. { Cœur à quatre cavités	....		CROCODILIENS.
{ Cœur à trois cavités, {	Des paupières; bouche non dilatable	....	SAURIENS.
	Pas de paupières; bouche dilatable	....	OPHIDIENS.

REPTILES FOSSILES. Pendant l'ère secondaire de l'évolution terrestre, c'est-à-dire durant les périodes jurassique et crétacée, les Reptiles semblent avoir régné en maîtres à la surface du globe. Les espèces marines, si rares de nos jours, étaient nombreuses dans les vastes mers; elles y remplissaient le rôle de nos cétacés actuels qui n'existaient pas encore. Tels étaient les Plésiosaures, Ichthyosaures, Téléosaures; d'autres, comme le Mégalosaure et l'Iguanodon, étaient terrestres; d'autres encore, les

six stigmates; fruit capsulaire, uniloculaire, s'ouvrant au sommet. Les Résédas sont des plantes annuelles ou bisannuelles, hautes de 25 à 50 centimètres, qui habitent principalement la région méditerranéenne. Ces plantes ont des feuilles alternes simples, entières ou divisées. Leurs fleurs sont disposées en grappes terminales. L'espèce la plus importante de ce genre est le Reseda luteola ou gaude, bien connu comme plante tinctoriale, et auquel nous avons consacré un article particulier (voir GAUDE); une autre espèce également bien connue et qui est cultivée dans tous les jardins pour le parfum de ses fleurs, est le **Réséda odorant** (*R. odorata*), herbacé, annuel dans nos contrées; mais en Orient, il devient ligneux et peut atteindre 2 mètres et plus. Dans les serres tempérées ou dans les appartements suffisamment chauffés, on peut, en lui laissant une seule tige, le transformer en un arbuste qui dure plusieurs années et donne des fleurs pendant tout l'hiver.

Réséda odorant.

Réséda, fleur vue de face.

RÉSÉDACÉES. (Voir RÉSÉDA.)

RÉSINES. On donne ce nom à certaines substances d'origine végétale qui s'extraient ou découlent naturellement de beaucoup d'arbres, notamment de ceux de la famille des *Conifères* et des *Térébinthacées*. (Voir ces mots.) Ces substances sont composées de carbone, d'hydrogène et d'oxygène ; elles se forment aux dépens des huiles essentielles que contiennent les plantes, sous l'influence de l'oxygène de l'air; au contact de l'air, l'essence s'évapore et la résine s'épaissit et se solidifie ; elle a alors généralement une cassure vitreuse. Elles sont insolubles dans l'eau, se dissolvent dans l'alcool, l'éther et les alcalis; elles sont inflammables, et produisent par leur combustion une grande quantité de noir de fumée. Les Résines sont ordinairement jaunes, ou rouges, ou brunes. Leur pesanteur spécifique varie de 1,045 à 1,228, celle de l'eau étant 1. La plupart sont insipides et ont peu d'odeur, à moins qu'elles ne soient échauffées ; chez toutes, la propriété électrique se développe par le frottement; elles conduisent mal la chaleur et l'électricité qu'elles conservent. Les principales Résines sont : la térébenthine et la colophane ; l'élémi ou Résine d'Amérique, qui provient de l'*Amyris elemifera*; le mastic, produit du *lentisque*, le caoutchouc, le copahu, le gaïac, la gomme copal, l'aloès, l'assa fœtida, l'encens, la myrrhe, la scammonée (suc laiteux qui s'extrait du *Convolvulum scammonia*), le succin ou ambre jaune, que l'on considère comme un produit végétal à l'état fossile ; la laque, etc.

RÉSINIER. (Voir BURSÈRE.)

RESPIRATION. Fonction physiologique à laquelle on rattache les échanges de gaz qui s'accomplissent entre un organisme et l'atmosphère et qui ont pour conséquence une absorption d'oxygène et un dégagement d'acide carbonique. Cette fonction est commune aux végétaux et aux animaux : elle n'a pas d'organes spéciaux chez les végétaux. La manière dont s'accomplit la respiration varie en raison des organes dont sont pourvues les diverses classes d'animaux. On peut ramener ces organes à trois types fondamentaux : les poumons et les trachées qui servent à la respiration aérienne et les branchies propres à la respiration aquatique. Les pou-

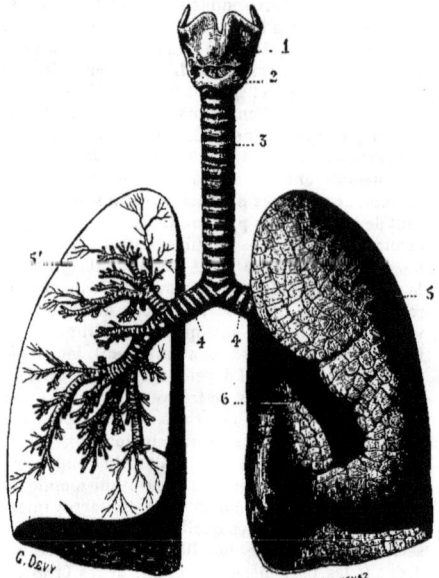

Organes de la respiration.

1, cartilage thyroïde : 2, cartilage cricoïde ; 3, trachée-artère ; 4, 4, bronches ; 5, poumon gauche ; 5', poumon droit montrant les ramifications de la bronche droite ; 6, dépression profonde de la face interne du poumon gauche dans laquelle se trouve en partie logé le cœur.

mons, qui sont les organes les plus parfaits, appartiennent aux mammifères, aux oiseaux et aux reptiles ; les trachées se rencontrent chez les Insectes et les autres Articulés terrestres ; les branchies chez les Poissons, les Crustacés, les Annélides et les Mollusques. Nous décrirons ici la fonction respiratoire, telle qu'elle apparaît chez l'homme et les animaux supérieurs, et nous renverrons le lecteur aux articles consacrés aux autres classes d'animaux pour les particularités que peut présenter chez elles cette fonction importante. Le mécanisme de l'acte respiratoire consiste dans la succession de deux mouvements alternatifs, l'un d'*inspiration* et l'autre d'*expiration*. Le premier de ces deux mouvements correspond à l'entrée de l'air dans l'intérieur du poumon, et le second à son expulsion au dehors. Le jeu d'un soufflet reproduit parfaitement ces phénomènes mécaniques de la respiration. Le mouvement d'inspiration est surtout actif ; les muscles nombreux qui s'insèrent à la surface des côtes, le diaphragme, cloison musculaire qui forme comme la base de la poitrine, les muscles abdominaux, concourent par leur contraction combinée à élargir la cavité thoracique et déterminent ainsi l'entrée de l'air extérieur dans cette cavité. Au mouvement d'inspiration succède rapidement le mouvement d'expiration : ce mouvement est surtout passif ; il résulte à la fois du relâchement des muscles que nous venons d'énumérer, de l'affaissement des parois pectorales, abandonnées à leur élasticité naturelle, et du mouvement d'ascension qu'exécutent les viscères abdominaux quand le diaphragme a cessé de les refouler en bas. Les phénomènes chimiques de la respiration consistent dans des modifications qui portent à la fois sur la composition du sang et sur celle de l'air qui a servi à l'accomplissement de cet acte vital. Le fluide atmosphérique, pénétrant dans les cellules excessivement nombreuses par lesquelles se terminent les ramifications bronchiques, se trouve en contact presque immédiat avec le sang veineux, qui circule dans des vaisseaux extrêmement déliés ; c'est dans ce contact du sang et de l'air qu'a lieu l'échange de principes que nous avons dit constituer essentiellement l'acte de la respiration. L'air cède une partie de son oxygène au liquide sanguin, en même temps que celui-ci se débarrasse d'une certaine quantité d'eau et de l'acide carbonique. Lavoisier a, le premier, démontré que l'air qui a ainsi servi à la respiration a perdu une certaine quantité de son oxygène, et que, d'un autre côté, il s'est chargé d'une quantité variable, suivant les cas, d'acide carbonique et d'eau. L'acte respiratoire chez l'adulte se répète quatorze à seize fois par minute ; à chaque inspiration il absorbe à peu près 480 centimètres cubes d'air, et à chaque expiration il expulse à peu près le même volume. Or, l'air ordinaire contient environ 21 parties d'oxygène et 79 d'azote, pour un total de 100, tandis que l'air exhalé contient environ 5 parties d'acide carbonique et 15 d'oxygène seulement ; la proportion d'azote ne subit que peu de changement. L'air qui a été respiré a gagné 5 pour 100 d'acide carbonique et perdu autant d'oxygène. 10 à 12 mètres cubes d'air passent ainsi, en vingt-quatre heures, à travers les poumons d'un adulte. A cette masse d'air on ajoute donc, en respirant, 5 pour 100 d'acide carbonique, et on lui enlève 5 pour 100 d'oxygène. Il en résulte que plusieurs personnes étant enfermées dans un espace restreint, leur respiration diminue sans cesse la quantité d'oxygène et augmente celle de l'acide carbonique. L'air devient alors de moins en moins propre à revivifier le sang, l'hématose ne se fait plus, et au bout d'un certain temps, se produit l'asphyxie. L'aspect du sang qu'a revivifié l'action de l'air diffère profondément du sang veineux ; tandis que celui-ci est d'une coloration noire,

le sang oxygéné acquiert une rutilance remarquable; il est écumeux, plus léger et moins chaud. Au point de vue chimique, la respiration est une véritable combustion, mais une combustion dont le foyer ne se trouve pas, comme on pourrait le croire, dans les vésicules pulmonaires. C'est dans les capillaires généraux, c'est-à-dire dans toute l'économie, que s'opèrent les combustions qui donnent naissance à l'acide carbonique que renferme le sang veineux, et qui vient s'exhaler à la surface de la muqueuse pulmonaire. Des expériences nombreuses ont permis de constater que, dans le poumon, se faisait seulement un échange entre l'acide carbonique du sang veineux et l'oxygène atmosphérique. — C'est grâce à la chaleur qui résulte des innombrables combustions dont nos tissus sont le siège, chaleur qui reste la même malgré les températures très diverses des milieux dans lesquels l'organisme vivant peut être placé, que nous pouvons lutter contre les déperditions continuelles que subit notre organisme dans un climat rigoureux. C'est cette propriété qui rend l'homme capable de supporter, sans beaucoup de peine, des degrés excessifs de froid ou de chaud ; de vivre, par exemple, en Sibérie, où le thermomètre baisse quelquefois jusqu'à — 33 degrés, et sur les bords du Niger, où il s'élève jusqu'à + 48 degrés. L'effet constant de la chaleur animale se manifeste au dehors par l'expiration des fluides qui s'exhalent à la surface du corps, tantôt sous la forme de la transpiration insensible, quand la chaleur est modérée, tantôt sous l'apparence de gouttelettes qui constituent la sueur, quand le dégagement du calorique est abondant. Ainsi l'homme trouve dans la chaleur elle-même un remède à son excès, l'évaporation plus considérable de la matière de la transpiration amenant bientôt un salutaire refroidissement, phénomène comparable à celui qui se produit sur ces vases d'argile poreuse connus sous le nom d'*alcarazas* et employés pour rafraîchir l'eau.

RÉTINE (Voir ŒIL.)

RÉVEILLE-MATIN. Nom vulgaire de l'*Euphorbia helioscopia*. (Voir EUPHORBE.)

RHAMNACÉES (de *rhamnus*, nerprun). Famille de plantes dicotylédones, polypétales, périgynes, comprenant comme genres principaux : *Rhamnus* (nerprun), *Zizyphus* (jujubier), *Paliurus, Ceanothus*. Ce sont des arbrisseaux à feuilles simples, ordinairement alternes ; à fleurs petites, axillaires, régulières, hermaphrodites ou dioïques ;

Coupe verticale
d'une fleur de rhamnus.

calice monosépale, à quatre-cinq lobes, quatre-cinq pétales quelquefois très petits et en forme d'écailles ; quatre-cinq étamines opposées aux pétales, à anthères introrses ; ovaire libre ou adhérant au

calice ; trois-quatre styles plus ou moins soudés; fruit sec ou charnu, à trois loges.

RHAMNUS. (Voir NERPRUN.)

RHÉSUS. Espèce de singe du genre *Macaque.*

RHEUM. (Voir RHUBARBE.)

RHINANTHE (du grec *rhin*, museau, et *anthos*, fleur). Genre de plantes dicotylédones de la famille des *Scrofulariacées.* Ce sont des plantes herbacées, annuelles, à feuilles opposées, dentées, à fleurs jaunes en épis feuillés, à calice ventru à quatre dents, à corolle bilabiée, la lèvre supérieure en casque, l'inférieure à trois lobes, quatre étamines, style très long; pour fruit, une capsule orbiculaire, s'ouvrant en deux valves, à graines nombreuses. L'espèce type, le Rhinanthus crista galli, connue sous les noms vulgaires de *cocrête,* *crête de coq,* est commune dans les prés et les pâturages humides.

RHINOCEROS (de *rhin*, nez, et *kéras*, corne). Genre de mammifères rangés par Cuvier parmi les Pachydermes, et placés plus récemment dans l'ordre des JUMENTÉS. Ces animaux, qui forment la famille des *Rhinocéridés,* tirent leur nom d'une ou deux éminences dures, en forme de corne, qui surmontent le nez, sans adhérer cependant avec les os du crâne. Ce sont des animaux à formes lourdes, massives et trapues, de très haute taille, à peau épaisse, rugueuse, presque nue, très dure, et formant dans quelques espèces des plis profonds en travers du corps. La queue est rudimentaire ; les pieds sont, en avant comme en arrière, divisés en trois doigts entourés de très grands sabots. Chaque mâchoire est garnie de chaque côté de sept mâchelières et d'une canine ; le nombre des incisives varie ; elles manquent même complètement dans l'espèce d'Afrique ; la lèvre supérieure, allongée et mobile, peut saisir et arracher les végétaux dont ces animaux se

Rhinocéros.

nourrissent. Les Rhinocéros sont les plus grands des mammifères terrestres connus, après l'éléphant, car ils peuvent atteindre 3m,50 de long et 2 mètres de haut; ils ne se nourrissent que d'herbes, de jeunes pousses d'arbres, etc. Ils habitent les lieux marécageux et se plaisent à se rouler dans la fange pour assouplir leur peau. Ce sont d'ailleurs des animaux stupides, comme l'indique la très petite capacité intérieure de leur crâne. Leur naturel est grossier et farouche; leur force extraordinaire. Aussi combattent-ils avec avantage contre les plus redoutables animaux, quand ils sont provoqués. Terribles, surtout lorsqu'ils entrent en fureur, ils marchent droit à leur ennemi qu'ils cherchent à éventrer avec leur corne, ou qu'ils écrasent sous leurs pieds. Leurs yeux sont très petits et leur vue peu étendue, mais leur odorat est des plus subtils : aussi les chasseurs évitent-ils avec soin de se trouver sous le vent. Malgré tout le péril qu'il y a à les attaquer, les Indiens leur font la chasse, pour leur chair, qui est, dit-on, d'un goût assez agréable; pour leur cuir, qui fournit d'excellentes armes défensives, et pour leur corne nasale, à laquelle ils attribuent des propriétés antivénéneuses. La patrie du Rhinocéros est circonscrite aux parties chaudes de l'ancien continent; on le trouve surtout dans les vastes déserts de l'Afrique méridionale et des Indes orientales. On en connaît plusieurs espèces; les deux principales sont : celle d'*Afrique* à deux cornes, celle de l'*Inde* à une seule corne. On a trouvé quelquefois des individus sans cornes; mais on ignore encore si c'est une race distincte ou une variété individuelle. — Le **Rhinocéros des Indes** (*Rh. unicornis,* L.) est remarquable par les plis profonds que forme sa peau en arrière, en avant et en travers des cuisses ; sans ces plis formés d'une peau plus souple, il ne pourrait guère se mouvoir, tant sa peau est épaisse et rude. La corne unique qui surmonte son nez est une arme défensive qui peut lui servir à se frayer un passage dans les épaisses forêts qu'il habite, mais non à déterrer les racines comme l'ont avancé quelques naturalistes ; sa pointe recourbée vers le front, et la brièveté de son cou s'opposant évidemment à ce qu'il s'en serve de cette manière. La femelle ne fait qu'un petit pour lequel elle montre beaucoup de sollicitude. La chasse du Rhinocéros offre de grands dangers ; car ce lourd animal, lorsqu'il est blessé, entre en fureur ; il bondit et s'élance alors avec la rapidité du meilleur cheval, renversant et foulant aux pieds tout ce qu'il rencontre. La peau du corps est d'ailleurs à l'épreuve de la balle, et ce n'est qu'à la tête qu'on peut l'atteindre sûrement. — Le **Rhinocéros d'Afrique** (*Rh. bicornis*) a la peau moins épaisse et moins rude que l'espèce des Indes ; elle n'a pas de plis. Son nez porte deux cornes ; celle de devant, très longue et pointue, atteint parfois 2 pieds de longueur ; la seconde, placée derrière, est beaucoup plus courte. Ses mœurs sont les mêmes que celles de l'espèce des Indes. — Le **Rhinocéros de Java** n'a qu'une corne, sa taille est plus petite que celle des espèces précédentes. Sa peau est en outre couverte de tubercules pentagones et paraît comme écailleuse. — Le **Rhinocéros de Sumatra** ne dépasse pas 2 mètres de longueur ; son nez porte deux cornes, dont celle placée près des yeux est plus courte que l'autre ; sa peau est rugueuse, à plis peu marqués. — Le **Rhinocéros de Bruce**, de l'Abyssinie, diffère du *bicornis* d'Afrique par les plis profonds de sa peau. On a trouvé dans les diverses régions de l'Europe, et même en France, les ossements fossiles de plusieurs espèces de Rhinocéros. Tel est, entre autres, le **Rhinocéros à narines cloisonnées** (*Rh. tichorinus*), dont on a découvert des individus avec leur chair et leur peau enfouis dans les glaces de la Sibérie, et dont les os se rencontrent avec ceux du mammouth dans les terrains quaternaires. — On donne vulgairement le nom de *Rhinocéros* à un insecte coléoptère du genre *Oryctes*. (Voir ce mot.)

RHINOLOPHE (du grec *rhin*, et *lophos*, crête). Genre de mammifères de l'ordre des Chéiroptères, type de la famille des *Rhinolophidés*, caractérisés par les expansions cutanées qui surmontent les narines. (Voir Chéiroptères.)

RHIPIPTÈRES (*Strepsiptères* de quelques naturalistes). Ordre peu nombreux de très petits insectes que l'on distingue des diptères, dont ils sont voisins, à leurs ailes, grandes, membraneuses, plissées longitudinalement en manière d'éventail (d'où leur nom, du grec *rhipis*, éventail, et *ptéron*, aile), et recouvertes à leur base de petites élytres et d'appendices en forme de balanciers. A l'état de larves ils ressemblent à de petits vers blancs et mous et vivent en parasites sous les anneaux de certains hyménoptères, surtout des guêpes et des polistes. Cet ordre

comprend deux genres, les *Xénos* et les *Stilops*, qui ne renferment qu'un très petit nombre d'espèces.

RHIZOCARPÉES (du grec *rhiza*, racine, et *karpos*, fruit). Groupe de végétaux cryptogames acrogènes, offrant pour caractères : plantes à racines, tiges et feuilles bien développées et munies de vaisseaux fibro-vasculaires, vivant dans l'eau ou dans les tourbières. Racine et tige toujours ramifiées dichotomiquement ; feuilles avec ou sans limbe ; organes reproducteurs constitués par des feuilles transformées en sacs (*sporocarpes*) contenant les sporanges. Les sporanges sont de deux sortes, les uns plus grands (*macrosporanges*) produisant des spores volumineuses, d'où sortent les prothalles femelles, et les autres plus petits (*microsporanges*) produisant des spores de moindre taille d'où sortent les prothalles mâles. Ce groupe comprend deux familles : les *Marsiléacées* et les *Salviniées*.

RHIZOME (de *rhiza*, racine, et *homos*, semblable). On désigne sous ce nom, en botanique, les tiges souterraines qui rampent au-dessous du niveau du sol, poussent des racines adventives de plusieurs points de leur surface et émettent à leur partie antérieure des bourgeons, des feuilles et des tiges florifères. L'iris, le muguet, le nénuphar, les carex, nous offrent des exemples de plantes à rhizome.

RHIZOPHAGES (du grec *rhiza*, racine, et *phagô*, je mange). Division d'insectes Coléoptères de la famille des *Lamellicornes*, comprenant les Oryctes (voir ce mot) et quelques genres voisins.

RHIZOPHORA (de *rhiza*, racine, et *phoros*, qui porte). Nom scientifique latin des Palétuviers.

RHIZOPODES (de *rhiza*, racine, et *podes*, pieds). Classe de l'embranchement des Protozoaires. Ce sont des animaux d'une organisation très simple, dont le corps est formé de sarcode libre, et qui ont la propriété d'émettre des expansions le plus souvent filamenteuses ou *pseudopodes*, qui servent à la locomotion ou à la préhension des aliments. Dujardin, qui a établi ce groupe, comparait ces pseudopodes au chevelu d'une racine de végétal, d'où le nom de Rhizopodes. Souvent leur corps est enveloppé d'une coquille calcaire sécrétée à la surface (*Foraminifères*) ; d'autres fois il renferme à l'intérieur une capsule centrale et il est pourvu de pièces siliceuses qui forment une espèce de charpente solide (*Radiolaires*) ; il en est dont le corps sarcodique, absolument nu, est pourvu de vésicules contractiles, et de pseudopodes souvent en forme d'expansions larges, digitées. C'est à cette dernière division qu'appartiennent les monères et les amibes, la plus simple expression de la vie animale. Le naturaliste Hæckel fait de ces derniers la division des Protistes neutres dans son règne des Protistes, qui comprend en outre les *Protophytes* et les *Protozoaires*. (Voir ces mots.)

RHIZOSTOME (de *rhiza*, racine, et *stoma*, bouche). Genre de méduses de l'ordre des Discophores, type de la famille des *Rhizostomidés*, remarquables en ce que la bouche, située au centre de l'ombrelle dans le jeune âge, se ferme de bonne heure, et est remplacée par un grand nombre d'orifices buccaux ou suçoirs portés sur les bras. Ceux-ci, au nombre de huit, sont soudés par paires à leur base. Des orifices buccaux partent des canaux qui parcourent ces bras et se réunissent en un tronc commun qui débouche dans la cavité gastro-vasculaire. Le **Rhizostome d'Aldrovande** habite la Méditerranée et le **Rhizostome de Cuvier** l'océan Atlantique. Ce dernier, que l'on rencontre fréquemment sur nos côtes, où la mer les rejette parfois en grand nombre, atteint souvent d'assez grandes dimensions; son ombrelle est hémisphérique à bords rougeâtres.

RHODIOLE. (Voir Orpin.)

RHODODENDRON (du grec *rhodon*, rose, et *dendron*, arbre) ou **Rosage**. Genre de la famille des *Éricacées*. Il se compose d'arbrisseaux à feuilles persistantes dans la plupart des espèces, très entières ou légèrement crénelées, très rapprochées. Les fleurs, remarquables par l'élégance de leurs formes et par l'éclat de leurs couleurs, naissent en corymbe au sommet des ramules de l'année précédente. Plusieurs espèces occupent le premier rang parmi les arbustes les plus recherchés pour l'ornement des

Rhododendron.

parterres ou des serres; mais leur culture ne réussit qu'en terre de bruyère. — Le **Rhododendron commun** (*Rhododendron ponticum*, L.), indigène d'Orient, est l'un de ceux qu'on cultive le plus fréquemment dans les jardins. Il forme un buisson touffu s'élevant de 2 à 3 mètres, à feuilles lancéolées, luisantes, d'un vert foncé en dessus; à corolle rotacée, grande, d'un lilas tirant sur le violet, ou rose, ou blanche, ou panachée. Tournefort rapporte que le miel qu'y récoltent les abeilles occasionne des vertiges et des nausées aux personnes qui en mangent; Pline et d'autres auteurs anciens avaient déjà fait mention des propriétés pernicieuses de ce miel. — Le **Rhododendron d'Amérique** (*Rh. maximum*) ne le cède

point en beauté à l'espèce précédente, et il se cultive à peu près aussi généralement. — Les pâturages élevés des Alpes et des Pyrénées produisent le **Rhododendron ferrugineux** (*Rh. ferrugineum*, L.), qu'on a coutume de désigner par le nom fort impropre de *rosage des Alpes;* mais ces arbustes charmants se montrent assez rebelles à la culture en plaine. — Le **Rhododendron arborescent** (*Rh. arboreum*, Sm.), qui croît dans les régions inférieures de l'Himalaya, où il forme un arbre d'une dizaine de mètres de haut, se cultive dans les collections de serre. — Le **Rhododendron chrysanthum**, Pall., qui habite le Caucase et les Alpes de la Daourie, est remarquable par ses propriétés médicales; l'infusion de ses feuilles, d'ailleurs vénéneuses à forte dose, est un sudorifique des plus efficaces; on en fait fréquemment usage en Russie et en Sibérie, contre les maladies chroniques de la peau et les affections rhumatismales.

RHODONITE (du grec *rhodon*, rose, à cause de sa couleur). Bisilicate de manganèse. C'est un minéral rose qui se présente en masses lamelleuses dans les filons manganésifères; il est facilement fusible et attaqué par les acides. On le trouve dans les Pyrénées, en Bohême, en Suède et dans l'Oural. Les Russes en font des boîtes et des vases fort jolis.

RHODORACÉES ou **RHODODENDRÉES**. Ancienne famille de plantes dicotylédones voisine des *Éricacées;* on en fait aujourd'hui une simple division dans cette dernière famille. Elle comprend les genres *Ledum, Rhododendron, Azalea, Rhodora, Kalmia.*

RHŒAS. Nom spécifique latin du Coquelicot. (Voir Pavot.)

RHOMBUS. Nom scientifique latin du genre *Turbot.*

RHOPALOCÈRES (du grec *rhopalon*, massue, et *kéras*, corne). Nom donné par Boisduval à la grande division des Papillons diurnes des anciens auteurs. (Voir Lépidoptères.)

RHUBARBE. Les racines connues sous ce nom proviennent de plusieurs espèces du genre *Rheum*, qui se classe dans la famille des *Polygonacées*, immédiatement auprès du genre *Rumex*, auquel appartiennent l'oseille et la patience. Toutes les espèces de Rhubarbe croissent dans les contrées extra-tropicales de l'Asie, surtout sur les plateaux ou les montagnes des régions centrales de ce continent. Ce sont de grandes herbes vivaces, à racine grosse, charnue et pivotante; à tiges droites, striées, divisées en beaucoup de rameaux disposés en longue panicule pyramidale et garnis d'une quantité innombrable de petites fleurs blanchâtres ou rougeâtres; à feuilles indivisées ou palmées, très amples, échancrées à leur base, en général minces et molles: les radicales portées sur de longs pétioles. Tout le monde sait que la Rhubarbe est un médicament précieux, à la fois tonique, stomachique et purgatif, qui est généralement bien supporté par l'estomac, mais d'une saveur fort désagréable. Elle est employée, soit en poudre, soit en potion, soit en sirop, contre les gastralgies, la chlorose, la dyspepsie, la dysenterie, la diarrhée, l'atonie des fonctions digestives. Le sirop est très employé, chez les enfants, sous le nom de *sirop de rhubarbe composé* ou *sirop de chicorée*. En raison de la consommation considérable qui se fait de ces racines, on les cultive tant en France que dans d'autres pays de l'Europe; mais cette Rhubarbe indigène doit être administrée à plus forte dose que la Rhubarbe exotique. La sorte la plus estimée dans le commerce est celle qu'on appelle **Rhubarbe de Chine**, et qui provient du *Rheum*

Rhubarbe.

officinale et de quelques autres espèces du même genre, particulièrement du *Rheum palmatum*, L., qui croît dans la Boukharie et la Mongolie. On cultive en Perse la **Rhubarbe groseille** (*Rheum ribes*), ainsi nommée à cause de ses fruits remplis d'une pulpe rouge; elle est très appréciée en Angleterre, en Suède, en Russie, en Perse, comme aliment sain et délicat; on mange les feuilles et les jeunes tiges de cette plante soit crues, soit en confitures, soit confites au sucre. On emploie également sa racine comme celle du *Rheum palmatum*.

Rhubarbe des pauvres. Un des noms vulgaires de l'*Euphorbia cyparissias* et du *Thalictrum flavum*. (Voir EUPHORBE et PIGAMON.)

RHUS. (Voir SUMAC.)

RHYNCHITES (de *rhugchion*, qui a un petit bec). Genre d'insectes COLÉOPTÈRES de la famille des *Rhynchophores* ou *Charançons*. Les Rhynchites ont le rostre allongé, cylindrique; ils se distinguent en outre par leurs formes arrondies, leurs jambes sans épines et les crochets des tarses fortement fendus. Les espèces de ce genre sont généralement revêtues de

couleurs métalliques très brillantes; mais ils sont très nuisibles aux arbres fruitiers et en particulier à la vigne. Parmi ces derniers est le **Rhynchite du bouleau** (*Rhynchites betuleti*), bien connu des cultivateurs sous les divers noms d'*urbec*, de *becmare*, de *lisette*, etc. Ce charançon, long de 5 à 6 millimètres, est d'un bleu ou vert brillant doré; ses élytres sont marquées de stries régulières ponctuées. La femelle de cet insecte roule en paquet cylindrique les feuilles de l'extrémité d'un bourgeon; puis le perce en quatre ou cinq places différentes avec son bec et pond un œuf dans chaque trou, elle coupe ensuite à moitié les pétioles des feuilles pour arrêter la sève, ce qui les fait flétrir et dessécher. Ces rouleaux pendent à l'extrémité des branches et tombent à terre au bout de quelque temps. Les larves

Rhynchites coniques sur un abricotier.

sorties des œufs ont rongé l'intérieur du rouleau pour vivre. Parvenues à toute leur croissance, lorsqu'il est tombé, elles en sortent pour entrer dans le sol, où elles se transforment en nymphe, puis en insecte parfait, à l'automne ou au printemps suivant. La larve est molle, courte, arrondie; elle représente un petit ver blanc à douze segments, à tête ronde, écailleuse, armée de solides mâchoires; elle est privée de pieds. La nymphe est renfermée dans une coque de terre agglutinée. — Cet insecte est fort nuisible, sans doute, mais il est facile au cultivateur vigilant de récolter dans ses vignes tous les paquets de feuilles roulées en forme de cylindre et de les brûler.—Le **Rhynchites Bacchus**, ainsi nommé, soit à cause de sa belle couleur de rubis, soit parce qu'il est considéré comme se nourrissant des sucs de la vigne, est un des plus jolis charançons de nos pays. Il est long de 6 à 8 millimètres, d'un beau rouge cuivreux brillant à reflets parfois violacés, avec le rostre, les pattes et les antennes bleus. Il est tout couvert d'une courte pubescence. On accuse cette espèce de rouler les feuilles de la vigne, comme le précédent, pour y établir son nid, mais on la trouve beaucoup plus communément au premier printemps sur les pommiers et les poiriers en fleur. La femelle perce avec sa trompe les jeunes poires, puis y pond un œuf. Un jardinier soigneux doit visiter ses jeunes fruits avec attention dans le courant de juin, enlever tous ceux qui seront piqués et les brûler. — Le **Rhynchite conique** (*Rh. conicus*) est de moitié plus petit que les précédents ; mais on peut dire qu'il est du double plus nuisible. Ce petit charançon, long de 3 à 4 millimètres, est d'un beau bleu foncé; ses élytres sont fortement striées, ponctuées. Cet insecte, nommé *coupe-bourgeon*, cause souvent des dégâts considérables sur les arbres fruitiers. Lorsque le moment est venu pour la femelle de pondre ses œufs, c'est-à-dire dans la seconde quinzaine de mai, elle se transporte sur un jeune bourgeon bien tendre, y perce un petit trou avec son bec, puis y pond un œuf; cela fait, elle coupe circulairement aux trois quarts la base du bourgeon, qui bientôt ne recevant plus la sève, se flétrit, noircit et pend. L'insecte répète cette opération autant de fois qu'il a d'œufs à pondre, et il en pond malheureusement un grand nombre. On doit, en mai et en juin, recueillir avec soin les bourgeons coupés et les brûler pour détruire les larves. Le coupe-bourgeon s'attaque particulièrement aux poiriers, mais il s'adresse également aux pommiers, aux pruniers, aux abricotiers, etc.

RHYNCHOPE ou **BEC-EN-CISEAUX** (*Rhynchops*). Genre d'oiseaux de l'ordre des PALMIPÈDES, de la section des LONGIPENNES, famille des *Laridés*, remarquables par la conformation de leur bec aplati latéralement en deux lames superposées ; la mandibule supérieure est beaucoup plus courte que l'inférieure ; ses deux bords sont rapprochés en dessous, de manière à former, depuis sa base, une étroite rainure comme le manche d'un rasoir ; la mandibule inférieure, rétrécie dès sa base en lame à deux tranchants, entre un peu dans la rainure de la mandibule supérieure. Pour se procurer sa nourriture le Bec-en-ciseaux rase la surface de la mer en plongeant sa mandibule longue et coupante dans l'eau, et en tenant la supérieure très ouverte et hors de l'eau. Lorsque quelque petit poisson ou ver marin vient à frapper le dessus de sa lame inférieure, il referme brusquement l'autre et avale sa pêche. M. Lesson, qui a observé ces oiseaux en troupes innombrables sur les côtes du Chili, rapporte que, lorsque la marée descendante laisse à

découvert ces plages sablonneuses, dont les flaques d'eau se trouvent remplies de macres et d'huîtres, les Becs-en-ciseaux se placent près de ces mollusques, attendant qu'ils entr'ouvrent un peu leur coquille, et profitent de ce moment pour enfoncer la lame inférieure de leur bec entre les valves qui se referment; alors ils enlèvent la coquille, la frappent sur la grève, coupent le ligament du mollusque, après quoi ils l'avalent sans obstacle. Le Bec-en-ciseaux commun habite toutes les parties chaudes et tempérées des deux Amériques; il est noir en dessus, avec le front, la face et tout le dessous blancs; il a 40 centimètres de long et 1^m,20 d'envergure.

RHYNCHOPHORES (du grec *rhugchos*, bec, et *phoró*, je porte). Famille d'insectes COLÉOPTÈRES, généralement connus sous le nom vulgaire de *charançons*. Cette famille, très nombreuse, que l'on désigne aussi sous le nom de *Curculionidés*, comprend des insectes qui se distinguent des autres Coléoptères par la forme de leur tête prolongée en avant en une sorte de bec ou de trompe. Ce bec, qui varie beaucoup de forme et de longueur, est terminé par la bouche, dont toutes les pièces sont en général fort petites. Les

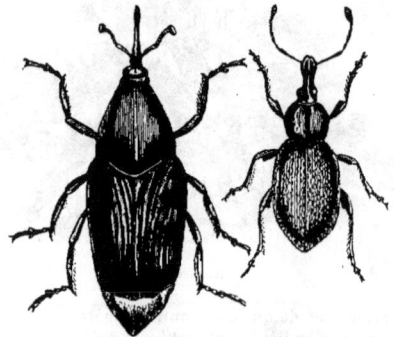

Calandre du palmier.   Otiorhynchus.

antennes, droites dans quelques genres, sont coudées au deuxième article dans l'immense majorité de la famille; elles sont toujours insérées sur la trompe et varient de forme, de longueur, ainsi que par le nombre de leurs articles; celui-ci est le plus souvent de onze, et les derniers renflés en massue. Leur corps est généralement cylindrique et de forme trapue et renflée, le corselet étroit et les élytres très développées; leurs téguments sont épais et très durs. Leurs pattes sont courtes et robustes, à tarses de quatre articles, dont les trois premiers le plus souvent élargis, comme il convient à des insectes qui grimpent après les tiges ou marchent sur le feuillage. Leur démarche est en général assez lente. — Les Rhynchophores sont des insectes essentiellement phytophages, qui s'attaquent à tous les végétaux, et plusieurs d'entre eux, confondus sous le nom générique de *Charançons*, méritent d'être rangès parmi les animaux les plus nuisibles à l'homme. Il n'est guère de plante qui ne nourrisse plusieurs espèces de Charançons, ce qui explique la prodigieuse multiplicité de ces petits êtres dans toutes les parties du monde. Dans les contrées tropicales, où la végétation prend un développement considérable, on rencontre des espèces d'assez grande taille et dont la parure, souvent merveilleuse, ne le cède en rien aux oiseaux les plus brillants de ces riches contrées. Mais les espèces d'Europe sont moins bien partagées sous ce rapport, et généralement plus en

Bruche du pois, à droite très grossie.　　Calandre du blé, grossie.

harmonie avec la sobre végétation de nos régions tempérées. Les espèces de Charançons y sont très nombreuses, mais de petite taille et le plus souvent peu ornées. Beaucoup d'entre elles s'attaquent à nos légumes, à nos fruits, à nos céréales et causent souvent des dégâts considérables ; tels sont les Bruches, les Apions, les Calandres, les Rhynchites. (Voir ces mots.) Parmi les espèces étrangères, quelques-unes ne le cèdent à aucune autre famille de coléoptères en richesse et en beauté ; tels sont : le **Charançon impérial** du Brésil (*Entimus imperialis*) tout couvert d'or et d'émeraudes ; le **Charançon royal** (*C. regalis*), d'un vert bleu avec des bandes dorées ; le **C. fastuosus** et le **C. nobilis**, de l'Amérique du Sud. Les Rhynchites, les Polydrosus, les Chlorophanus sont les plus jolis charançons de notre pays. — Les Rhynchophores ont été divisés, d'après la forme du bec et des antennes, en cinq groupes ou tribus : *Bruchides*, *Attelabides*, *Curculionides*, *Rhynchænides* et *Calandrides*. L'entomologiste allemand Schœnherr a publié la monographie de cette famille, dont on connaît plus de six mille espèces.

RHYTINA. (Voir STELLÈRE.)

RIBES. Nom scientifique latin du genre *Groseillier*.

RIBÉSIACÉES. Synonyme de Grossulariées. (Voir ce mot.)

RICHARDIA. Synonyme de Calla. (Voir ce mot.)

RICHARDS. Nom donné aux buprestes, insectes coléoptères, à cause de leurs brillantes couleurs.

RICCIE. Genre d'hépatiques. (Voir ce mot.)

RICIN. Genre de plantes de la famille des *Euphorbiacées*, renfermant une espèce intéressante à plusieurs titres. Le Ricin (*Ricinus communis*, L.), connu aussi sous le nom de *palma christi*, est un arbre qui, dans les forêts de l'Inde et de l'Amérique, atteint jusqu'à 10 mètres de hauteur ; mais sous notre climat, il est annuel et n'atteint pas 2 mètres de haut. Ses feuilles sont pennées ; ses fleurs, réunies

en panicules ou en longs bouquets d'épis, occupent la partie supérieure des tiges et des rameaux ; les fleurs femelles sont régulières et monoïques, apétales, et des fleurs mâles, pourvues d'étamines en nombre indéfini, sont placées au dessous. Le fruit est formé de trois coques, renfermant une semence lisse et tachetée ; parvenu à sa maturité, les trois coques se séparent, puis chacune d'elles s'ouvre en deux valves avec explosion et laisse échapper une graine. Le Ricin d'Amérique fournit une huile précieuse pour la médecine. Cette huile, qu'on obtient en broyant les graines dans un mortier et en exprimant la pulpe à froid, est un purgatif très doux, non irritant et qui rend de grands services ; elle est employée à la dose de 15 à 60 grammes ; il faut l'employer fraîche, car elle rancit facilement : la meilleure qualité est incolore et sans odeur, et doit se dissoudre en totalité dans l'alcool concentré et dans l'éther. Le Ricin qui orne nos jardins n'atteint pas les proportions majestueuses du Ricin d'Amérique, et c'est dans nos serres seulement que son existence se prolonge au delà d'une année : c'est l'espèce

Ricin.

africaine qui a été transplantée en Europe. Ses propriétés purgatives sont bien inférieures à celles du Ricin d'Amérique, et cependant la plus grande partie de l'huile de Ricin qu'on emploie dans nos pharmacies vient du midi de la France, de l'Espagne et de l'Italie. La culture du Ricin a pris une nouvelle importance depuis l'introduction en France du *Bombyx cinthia*, espèce de ver à soie qui se nourrit des feuilles de cette plante. Le Ricin croît naturellement et en abondance dans nos colonies d'Afrique ; mais sous le climat de la France centrale, il demande beaucoup de soins. Il faut le semer en février ou mars, sur couche bien fumée et sous châssis, les graines lèvent au bout de douze à quinze jours, et l'on peut retirer les châssis du 10 au 15 mai et laisser la plante croître à l'air libre.

RICINELLE. (Voir ACALYPHE.)

RICINS. On désigne vulgairement sous ce nom divers animaux arthropodes qui appartiennent à des classes différentes : les uns, que l'on place dans l'ordre des HÉMIPTÈRES, près des pédiculidés, vivent comme eux en parasites sur les mammifères et sur les oiseaux; ils constituent la famille des *Mallophages;* ils n'ont pas de suçoir, mais des mandibules en forme de crochets et des mâchoires rudimentaires; leur apparence est celle des poux. Ce sont les trichodectes, dont une espèce vit sur le mouton (*Tr. ovis*), les cyropes, les philoptères et les liothées; ces deux derniers vivent sur les oiseaux (*Liotheum galli*), sur le coq. Les autres, encore plus connus sous le nom de tiques, appartiennent à la classe des ARACHNIDES, ordre des ACARIENS, famille des *Ixodes*. (Voir ce mot.)

RIDENNE ou **CHIPEAU.** Nom vulgaire d'une espèce du genre *Canard* (l'*Anas strepera*).

RIEUSE. (Voir MOUETTE.)

RIGNOCHE. Nom vulgaire d'un champignon du genre *Hydne*.

RIMIER. (Voir ARTOCARPE.)

RIZ (*Oryza*). Plante céréale, indigène de l'Inde, et dont la culture, sans doute aussi ancienne que l'origine de toute civilisation, s'étend sur toute l'Asie méridionale, où elle remplace presque exclusivement le blé et les autres grains propres aux climats moins chauds. Le Riz joue donc un rôle des plus importants dans l'alimentation du genre humain; sans compter l'énorme consommation qui s'en fait en Europe et aux États-Unis, il forme la base de l'alimentation des peuples asiatiques. — Le **Riz cultivé** (*O. sativa*, L.) est une graminée annuelle à chaumes hauts de 6 à 12 décimètres, à feuilles longues de 2 à 4 décimètres, linéaires, lancéolées, pointues, très rudes aux bords, à gaine profondément fendue; les fleurs forment une panicule terminale plus ou moins longue, plus ou moins étalée ou serrée. Les épillets sont réduits à une seule fleur; la glume (enveloppe externe) est à deux paillettes très petites, pointues; la glumelle est à deux paillettes inégales : l'une, extérieure, plus grande, ordinairement terminée par une longue arête; les étamines sont au nombre de six; l'ovaire est surmonté de deux stigmates plumeux; le fruit (vulgairement *grain*) est comprimé, strié, ordinairement oblong. On cultive dans l'Inde de nombreuses variétés de riz; la plupart ont le grain blanchâtre; mais il s'en trouve aussi de couleur rougeâtre ou noirâtre. On en a introduit la culture en Égypte, en Italie, en Espagne et en Amérique (Caroline). — Le Riz sauvage, que l'on regarde comme le type de toutes les races de Riz cultivé, croît assez communément dans l'Inde, au bord des lacs et des étangs, où ses tiges atteignent quelquefois jusqu'à 3 mètres de long. On ne le cultive point, à cause de la faiblesse de son produit; mais on a soin d'en récolter le grain, qui se vend très cher, parce qu'il est de qualité supérieure. — Quoique le Riz soit à proprement dire une plante aquatique, la plupart des rizières de l'Inde ne reçoivent jamais d'autres eaux que celles de ces pluies périodiques si abondantes dans la plupart des régions intertropicales : aussi les famines qui, de temps à autre, désolent d'une manière si déplorable cette contrée, n'ont-elles d'autre cause que la rareté accidentelle des pluies. Toutefois, les rizières les plus pro-

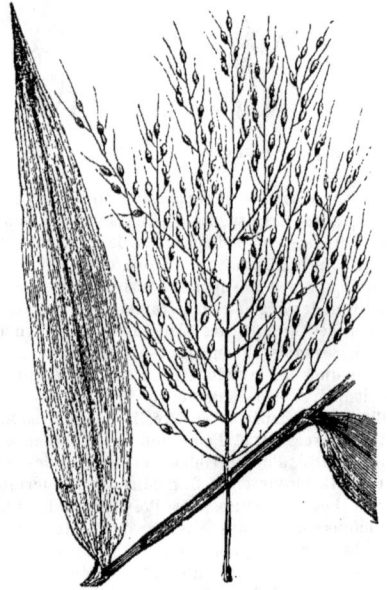

Riz à larges feuilles.

ductives de l'Inde se trouvent dans de vastes plaines découvertes, sujettes aux inondations passagères d'une rivière, et retenant l'eau très longtemps à la surface, même au plus fort de l'été. Dans les contrées privées du secours de ces circonstances climatériques, il faut y suppléer par des irrigations copieuses et fréquentes, jusqu'aux approches de la maturité du grain. — En Europe, la latitude la plus septentrionale où se cultive le riz est celle du Piémont. Les rizières jadis établies dans le midi de la France ont été supprimées depuis, par ordre du gouvernement, à cause des miasmes délétères qu'elles exhalaient; inconvénient qu'offrent d'ailleurs les rizières piémontaises. — La composition chimique du Riz diffère de celle des grains des autres céréales par le manque presque complet du principe azoté qu'on appelle gluten; c'est ce qui le rend impropre à faire du pain. Dans l'Inde et en

Chine, on extrait du Riz, par la distillation, la liqueur alcoolique connue sous le nom de *rak* ou *arak*. On sait que la paille de Riz sert à faire des tissus recherchés comme objets de toilette ; elle est employée également dans la fabrication du papier de Chine et divers autres papiers fins. En médecine, le Riz est employé en tisane, préparée par décoction avec 20 grammes par litre, dans les irritations intestinales. La poudre s'emploie en cataplasmes ou pour saupoudrer le visage ou les parties malades. On connaît de nombreuses variétés de Riz, les unes barbues, les autres sans arêtes. Nous figurons ici le Riz à larges feuilles de l'Inde.

Il faut distinguer entre la beauté du Riz et la qualité. Le Riz de l'Italie septentrionale est l'un des plus beaux que l'on puisse voir, parce qu'il est très bien préparé, décortiqué ou blanchi avec soin à l'aide de pilons perfectionnés ; mais, comme qualité, on ne saurait le comparer au Riz de l'Inde, ni surtout à celui de la Caroline. Si nous regardons le Riz d'Égypte, et que nous nous arrêtions à l'aspect extérieur, il nous paraîtra l'un des moins beaux qui existent, parce que les moyens en usage dans ce pays pour le dépouiller de son enveloppe sont très imparfaits ; et pourtant, sous le rapport de la qualité, il est sans contredit l'un des meilleurs ; les Orientaux disent même qu'il est le meilleur et le déclarent incomparable. Or, les populations de l'Orient sont mieux placées que nous pour apprécier les variétés de cette céréale ; car elles en font une consommation immense, qui égale celle de la pomme de terre en Occident. Les rizières d'Égypte se trouvent vers la base du Delta, et prospèrent surtout aux environs de Mansourah, de Damiette et de Rosette.

On nomme vulgairement **Riz bâtard**, l'alpiste. (Voir ce mot.)

ROBE. On emploie souvent ce nom, en zoologie, pour désigner le pelage des animaux mammifères, et surtout lorsqu'on parle de la couleur de l'animal.

ROBINIER. Arbre connu vulgairement en France sous le nom d'*acacia*, qui appartient à des plantes de genre différent et toutes étrangères à l'Europe. (Voir ACACIA). Nous lui conserverons donc le nom sous lequel il a toujours été désigné par tous les botanistes. Le Robinier appartient, comme les Acacias, à la famille des *Légumineuses ;* mais il rentre dans la section des *Papilionacées.* C'est au botaniste Jean Robin que l'on doit l'introduction de ce bel arbre en Europe, vers le commencement du dix-septième siècle. — Le Robinier faux acacia (*Robinia pseudo-acacia*) est originaire de la Virginie ; mais il est, aujourd'hui, si communément cultivé en Europe, qu'il a fini par s'y naturaliser. Il atteint jusqu'à 25 et 30 mètres ; son tronc est droit, ses jeunes branches et ses rameaux sont longs et grêles, et de fortes épines naissent de chaque côté de la base des feuilles ; celles-ci sont ailées avec impaire de douze à vingt et une folioles, ovales oblongues. Ses fleurs, en nombreuses grappes pendantes, sont

papilionacées, et répandent une odeur délicieuse ; son fruit est une gousse longue, à valves minces, à graines réniformes. La rapidité avec laquelle cet arbre croît, fait qu'il fournit, dans un temps donné, plus de bois qu'aucun de nos arbres indigènes à bois dur. On le multiplie par rejetons, et mieux encore par semis. Bien que l'acacia préfère un sol frais et léger, il réussit bien dans toutes sortes de terres ; ce qui fait que c'est aujourd'hui l'une des plantations d'agrément les plus répandues. Son bois, quoique peu employé, est très propre à la menuiserie et au tour ; il est dur, compact et résistant, et c'est à tort qu'on le repousse comme cassant. Cette erreur vient de ce que ses branches sont souvent brisées par le vent aux bifurcations ; mais c'est toujours par la dissociation des fibres et non par la rupture que ces fractures se produisent. C'est de plus un très bon bois de chauffage. — On cultive quelques autres espèces de Robiniers, toutes originaires de l'Amérique septentrionale ; tels sont : le **Robinier en boule** ou *acacia parasol*, dont la tête ressemble à une boule compacte de verdure ; le **Robinier hérissé** ou *acacia rose*, à grandes fleurs roses, qui est du plus bel effet.

ROCAMBOLE. Nom vulgaire d'une espèce d'ail, l'*Allium scorodoprasum*, propre au Midi et cultivé dans les jardins potagers sous le nom d'*échalote d'Espagne.*

ROCCELLA. (Voir ORSEILLE.)

ROCHER. On donne ce nom, en anatomie, à une portion de l'os temporal, très dure, prismatique, rugueuse, et qui renferme les cavités de l'oreille moyenne et de l'oreille interne.

ROCHER (*Murex*). Genre de mollusques GASTÉROPODES, ordre des PECTINIBRANCHES, renfermant des espèces dont les anciens tiraient la liqueur qui donnait la *pourpre.* (Voir ce mot.) C'est un animal assez semblable à celui des buccins, et qui porte une coquille univalve, ovale, oblongue, à spire assez élevée, et dont la surface externe est hérissée d'épines et de protubérances, d'où son nom de Rocher. C'est le Murex *trunculus* et *brandaris* de la Méditerranée, que les anciens tiraient la pourpre. Ce genre renferme de nombreuses espèces, remarquables par

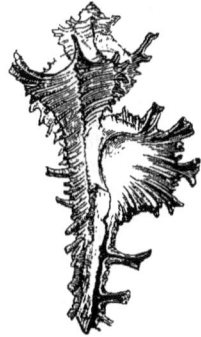

Rocher scorpion.

la singularité de leurs formes et répandues surtout dans les mers des pays chauds. Nous citerons les **Rochers scorpion, épineux, saxatile,** de l'océan Indien.

ROCHES. Les parties solides qui forment l'écorce du globe consistent en substances distinctes, telles que : argile, craie, sable, calcaire, granit, etc. Ces matières qui composent la croûte terrestre, ne sont pas confusément mêlées ; des masses minérales distinctes occupent des espaces immenses et offrent un certain ordre dans leur disposition. Pour le géologue, toutes ces masses minérales, qu'elles soient molles ou pierreuses, solides ou pulvérulentes, sont des *roches*. Ce mot n'implique pas nécessairement une masse minérale présentant la condition de matière dure et compacte, c'est-à-dire pierreuse ; le sable et l'argile sont compris sous cette dénomination. D'après leur origine, leurs différences de structure ou leur mode de superposition, les Roches se divisent naturellement en deux grandes classes : 1° les **Roches ignées** ou **cristallines**, qui proviennent du refroidissement de la croûte primitive du globe, ou de l'éruption des matières incandescentes que renferme l'intérieur de la terre ; 2° les **Roches sédimentaires** ou **stratifiées**, qui sont formées par les dépôts de matières minérales au sein des eaux, en couches horizontales ou strates. — Les premières, auxquelles on donne encore le nom de *roches plutoniennes*, à cause de leur origine ignée, ont pour caractère constant de se montrer sous des formes amorphes ou cristallines, mais jamais en lits parallèles pouvant constituer une stratification régulière ; elles ne renferment jamais de débris fossiles. Ces roches sont formées d'un amas confus de petits cristaux et se composent uniquement de divers silicates, combinaisons de l'acide silicique avec des bases de nature fort variable : potasse, soude, chaux, magnésie, oxyde de fer, alumine et autres. Les principales sont les *granits*, les *porphyres*, les *diorites*, les *syénites*, les *gneiss*, les *micaschistes*. Toutes sont des mélanges à proportions variables de quelques-uns des éléments minéralogiques suivants : *quartz*, *feldspath*, *mica* et *amphibole*. (Voir ces mots.) Les **Roches sédimentaires**, que l'on nomme aussi *roches neptuniennes*, parce qu'elles sont dues au dépôt des eaux, sont toujours *stratifiées*, c'est-à-dire disposées en assises plus ou moins régulières ; elles contiennent le plus souvent des débris fossiles des êtres organisés, animaux ou plantes, qui ont vécu ou ont été entraînés au sein des eaux. (Voir FOSSILES.) Les éléments qui les composent peuvent être rapportés à trois ordres de Roches plus ou moins modifiées l'une par l'autre : ce sont les roches *arénacées* ou *siliceuses*, les roches *argileuses* et les roches *calcaires*, d'où proviennent les *argiles*, les *marnes*, les *grès*, les *calcaires*, les *sables*, les *cailloux roulés*. (Voir ces mots.) On donne le nom de *Roche métamorphiques* à des Roches qui, tout en conservant une apparence de stratification, témoignant de leur origine aqueuse, présentent une véritable cristallisation indiquant l'influence d'une cause ignée ou plutonique. Leur texture et le mode de leur stratification ont été modifiés ; elles ont été altérées, *métamorphosées*, et ont pris une texture cristalline soit par le contact ou la proximité d'une roche d'éruption plutonique ou vol-

canique, soit par l'action des vapeurs et des sublimations qui accompagnent la sortie de certaines masses à l'état de fluidité ignée : telles sont les Roches gneisiques, micaschisteuses et talcschistes, les marbres, les dolomies. (Voir ces mots.)

ROCHIER. L'oiseau décrit sous ce nom par Buffon est le vieux mâle de l'émerillon (*Falco œsalon*).

ROCOU, ROCOUYER. Le Rocouyer (*Bixa orellana*), genre type de la famille des *Bixacées*, est un arbre de l'Amérique tropicale, propagé par la culture dans toute la zone torride. Le **Rocouyer d'Amérique** a 4 à 5 mètres de hauteur, une cime touffue, des feuilles éparses, grandes, d'un beau vert, acuminées, pétiolées ; des fleurs en panicule terminale, d'un blanc rosé. La pulpe des graines est rougeâtre ; délayée dans l'eau chaude et abandonnée à la fermentation, elle fournit une matière colorante rouge, qui prend par l'évaporation la consistance d'une pâte solide et qu'on livre au commerce sous le nom de *Rocou*. Les peintres en font un grand usage.

ROGNON. Nom vulgaire donné au rein d'un animal.

ROGNON. On donne ce nom, en minéralogie, à des masses métalliques ou minérales qui se sont consolidées au milieu de matières diverses. Le plus souvent ils sont arrondis, noueux, tuberculeux, lisses à la surface ; tel est le silex de la craie.

ROIOC. (Voir MORINDA.)

ROITELET (*Regulus*). Genre d'oiseaux de la famille des *Becs-fins* ou *Sylviadés*, de l'ordre des PASSEREAUX, se distinguant par un bec droit, court, très grêle, à la base duquel sont situées les narines ; celles-ci, assez larges, sont recouvertes par deux petites plumes raides ; leurs tarses sont grêles et nus ; leurs ailes atteignent le milieu de la queue, qui est

Roitelet.

de longueur médiocre et très échancrée. Les Roitelets sont des petits oiseaux insectivores très vifs, qui restent l'hiver dans nos pays et vivent en famille, comme les mésanges, et, comme elles, se suspendent aux branches pour y chercher les insectes. — Le **Roitelet commun** (*Sylvia regulus*), le plus petit des oiseaux d'Europe, est olivâtre en dessus, jaunâtre en dessous. Le mâle porte sur le sommet de la tête une huppe jaune, bordée de noir. Il est très répandu sur tout notre continent, et préfère surtout les forêts de chênes verts ou de sapins, sur les rameaux desquels il place son nid, construit avec de la mousse et offrant la forme d'une boule percée d'une ouverture sur le côté. La femelle y pond six ou sept œufs jaunâtres, de la grosseur d'un pois. Ces petits passereaux sont vifs et remuants comme les mésanges, et très familiers ; ils se rapprochent, en hiver, de nos habitations. On les voit poursuivre au vol, avec une agilité extrême, les insectes dont ils font leur nourriture. Rarement on les rencontre seuls ; ils vivent ordinairement par paires et quelquefois même en petites bandes. Leur ramage est doux et agréable. Ils supportent fort bien la captivité et s'accommodent, comme les rossignols, d'une pâtée faite avec du cœur de bœuf et de la farine de graines de pavot. —Une autre jolie espèce, aussi d'Europe, est le **Roitelet triple bandeau** (*R. ignicapillus*), qui s'en distingue par sa couronne ; chez lui, le milieu du vertex est d'un jaune aurore vif, bordé en devant et sur les côtés de jaune-capucine et de noir profond ; sa taille est de 9 centimètres.

ROLLE. (Voir ROLLIER.)

ROLLIER (*Coracias*). Genre d'oiseaux de l'ordre des PASSEREAUX, famille des *Coracidés*, caractérisés par un bec robuste, comprimé, à pointe un peu crochue ; à narines oblongues, placées au bord des plumes et non recouvertes par elles ; les pieds sont courts et forts. On les divise en Rolliers et en Rolles ; ces derniers comprenant les espèces à bec plus court et plus épais. Ce sont des oiseaux assez semblables aux geais par leurs mœurs et par leurs formes générales ; leurs couleurs sont vives, mais rarement harmonieuses.— La seule espèce qui se trouve en Europe est le **Rollier commun** (*C. garrula*), vert d'aigue-marine, à dos et à scapulaires fauves, avec du bleu pur au fouet de l'aile ; il est à peu près de la taille du geai. C'est un oiseau criard et fort sauvage, qui vit par bandes, niche dans les creux d'arbres ou sur leurs branches, principalement, à ce qu'il paraît, sur le bouleau ; il vit de grains, de vers, d'insectes, et même de grenouilles ; cet oiseau a la singulière habitude, comme les toucans, de lancer en l'air et de recevoir dans son gosier l'aliment qu'il veut déglutir. Il nous quitte l'hiver et n'est jamais commun chez nous. A l'automne, il devient très gras et passe pour un mets délicat. — Les Rolles sont tous étrangers ; tels sont le **grand Rolle violet** (*Eurystomus violaceus*, de Madagascar, et le **petit Rolle violet** (*Eur. purpurascens*), du Sénégal.

ROMAINE. Variété de Laitue.

ROMARIN (*Rosmarinus*). Genre de plantes dicotylédones de la famille des *Labiées*, dont l'unique espèce, le **Rosmarinus officinalis**, croît en abondance dans la plupart des contrées voisines de la Méditerranée. En raison de ses propriétés éminemment aromatiques, on la cultive fréquemment dans les jardins des climats plus septentrionaux. Le Romarin forme un buisson très rameux et touffu, haut de 1 à 2 mètres ; ses feuilles sont sessiles, linéaires ; ses fleurs, d'un bleu pâle, violacé, sont disposées en petites grappes axillaires. Chaque fleur présente un calice campanulé, bilabié, une corolle à limbe bilabié, à lèvres inégales, l'inférieur à trois lobes, dont le médian très grand et pendant ; deux étamines. Le Romarin participe aux vertus excitantes et toniques communes à tant d'autres labiées : c'est

Romarin.

à ce titre qu'on l'emploie en thérapeutique, tant à l'intérieur qu'à l'extérieur. Il entre dans la composition du baume tranquille et du baume opodeldoch. La préparation connue sous le nom d'*eau de la reine de Hongrie* s'obtient par la distillation des fleurs de Romarin dans de l'alcool. Dans l'Europe méridionale, on se sert de cette plante pour assaisonner des viandes et autres mets.

RONCE (*Rubus*). Genre de la famille des *Rosacées*, tribu des *Fragariées*, composé d'espèces à tiges ligneuses ou herbacées, en général sarmenteuses et armées d'aiguillons. C'est à ce genre qu'appartient le framboisier, auquel nous avons consacré un article particulier. — La **Ronce commune** ou **des haies** (*R. fruticosus*), ainsi que son nom l'indique, contribue, dans les campagnes, à consolider les clôtures ; ses feuilles sont recherchées de la plupart des animaux herbivores ; son bois flexible est employé par les vanniers ; ses fruits, connus sous le nom de *mûres sauvages* ou *meurons*, plaisent aux enfants et donnent un sirop assez agréable. On en extrait, dit-on, un suc fermentescible propre à servir de boisson. En médecine, on emploie les feuilles de Ronces en décoction pour gargarismes dans les maux de gorge. Plusieurs espèces ou variétés de Ronces sont cultivées dans les jardins, soit pour la largeur et la bonne odeur de leurs pétales, comme la **Ronce odorante** (*R. odoratus*), généralement cultivée dans les jardins sous le nom de *framboisier du Canada*, soit

Fruit mûr et fleur dépouillée de sa corolle (*Rubus idæus*).

pour la duplicature de leurs fleurs, comme la **Ronce double** (*R. fruticosus flore pleno*), soit enfin par suite de la privation des aiguillons qui caractérisent l'espèce ordinaire, comme la **Ronce sans épines**.

RONCINÉ. Se dit, en botanique, d'une feuille pennatifide dont les lanières se dirigent de haut en bas et figurent la lame d'une serpette; telles sont les feuilles du pissenlit, du laiteron, etc.

RONGE-BOIS. (Voir COSSUS et LYMEXYLON.)

RONGEURS (*Rodentes*). Ordre nombreux de mammifères onguiculés que caractérise plus spécialement la présence, à chaque mâchoire, de deux longues incisives taillées en biseau, et parfaitement

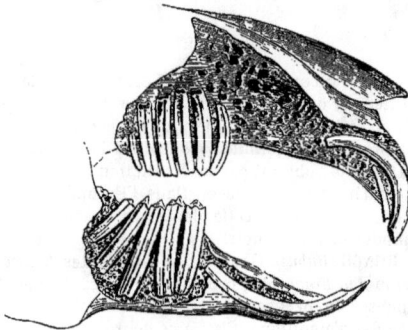

Dentition du lièvre.

propres à ronger les substances dures, telles que le bois et l'écorce. Ces dents sont garnies d'émail à la partie supérieure seulement, de sorte que la partie postérieure s'usant plus vite que la précédente, elles sont toujours taillées en biseau et restent tranchantes. Les canines manquent, et un intervalle vide sépare les dents antérieures des molaires; celles-ci sont munies de replis d'émail transversaux chez les Rongeurs frugivores, et de tubercules mousses chez les omnivores. Presque tous les Rongeurs sont de petite taille; leur corps, étroit en avant, est ordinairement renflé en arrière, et leurs membres postérieurs étant, en général, plus longs que ceux du devant, ces quadrupèdes sautent plutôt qu'ils ne marchent; ils sont d'allures vives et offrent un pelage souple et épais. Quoique leur intelligence soit fort bornée, on trouve dans plusieurs espèces des instincts très remarquables. Ils sont herbivores ou omnivores. Armés la plupart d'ongles acérés, ils se creusent des terriers inaccessibles aux carnassiers qui leur font la guerre, ou bien ils grimpent avec la plus grande agilité sur les arbres. Leurs habitudes sont généralement sédentaires; il en est qui voyagent; plusieurs passent l'hiver en léthargie. Leur fécondité est extrême. Les Rongeurs ont des représentants dans toutes les parties du globe; plusieurs des espèces qui vivent dans le Nord sont recherchées pour leur fourrure. On a divisé cet ordre en deux sections : 1° celle des **Claviculés**, qui ont des clavicules, et par suite des mouvements plus variés et plus étendus, tels sont : l'écureuil, la marmotte, le loir, le hamster, le chinchilla, les rats, le castor, la gerboise, etc. ; 2° celle des Rongeurs **Acléidiens**, dépourvus de clavicules ou n'ayant que des clavicules imparfaites ; ce sont : les porcs-épics, les lièvres et les cabiais. (Voir ces noms.) — L'ordre des Rongeurs a été divisé en plusieurs familles ; ce sont : les *Léporidés* (lièvres, lapins) ; les *Sciuridés* (écureuils, marmottes) ; les *Castoridés* (castors) ; les *Hystricidés* (porc-épic) ; les *Caviadés* (cochon d'Inde, agouti) ; les *Myoxidés* (loirs) ; les *Muridés* (souris, rats) ; les *Arvicolidés* (campagnols).

ROQUET. Nom d'une petite race de Chiens, à museau court et retroussé, à front bombé, aux yeux saillants, à oreilles courtes et pendantes, à jambes grêles, à poil court, de couleur variable.

ROQUETTE (*Eruca*). Plante herbacée de la famille des *Crucifères*, qui croît spontanément dans les champs incultes du midi de l'Europe. Sa hauteur est de 3 à 5 décimètres ; sa tige poilue porte des feuilles lyrées, à lobe terminal grand et ovale, des fleurs blanches ou jaunes veinées de violet. La Roquette a une odeur forte, une saveur âcre et piquante. C'est un stimulant et un antiscorbutique. En Italie, on la fait entrer comme assaisonnement dans les salades.

RORQUAL. (Voir BALEINE.)

ROSACÉES. Grande famille de plantes dicotylédones, polypétales, à étamines périgynes ; elle comprend le genre des *Rosiers* (voir ce mot), qui en a été considéré comme le type. Autour de ce genre élégant sont groupés une foule d'autres végétaux remarquables, au nombre desquels se trouvent la plupart de nos arbres fruitiers, savoir : les pommiers, les poiriers, les cognassiers, le néflier, le cormier, les cerisiers, les pruniers, l'abricotier, l'amandier et le pêcher ; le fraisier et le framboisier. (Voir tous ces mots.) Ils ont pour caractères communs la division des anthères en deux loges déhiscentes par des fentes longitudinales et la disposition verticillée des étamines. Leurs feuilles sont alternes et généralement pourvues de stipules. M. Baillon, dans son *Histoire des plantes*, divise les Rosacées en huit séries ou tribus : les *Rosées* (roses) ; les *Agrimoniées* (aigremoine, kousso, alchemille, pimprenelle) ; les *Fragariées* (fraisier, ronce, potentille,

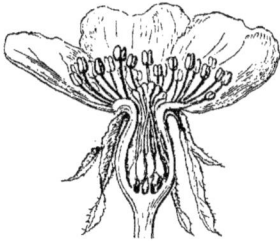

Fleur d'églantier, coupe verticale.

benoite) ; les *Spirées* (*Spiræa*) ; les *Pyrées* (poirier, pommier, sorbier, cognassier, néflier) ; les *Prunées* (prunier, abricotier, pêcher, amandier, cerisier) ; les *Chrysobalanées* (chrysobalanus).

ROSAGE. (Voir RHODODENDRON.)

ROSALIE (*Rosalia*). Genre d'insectes COLÉOPTÈRES de la famille des *Longicornes*. Le genre *Rosalia* n'a qu'une espèce, la **Rosalie des Alpes** (*R. alpina*), mais c'est certainement le plus joli et le plus gracieux coléoptère de nos contrées européennes. Il a de 35

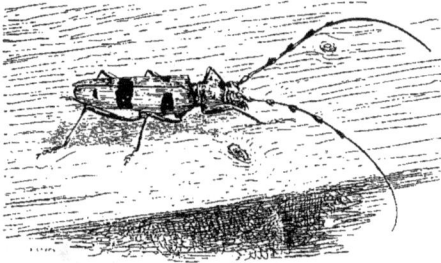

Rosalie des Alpes.

à 40 millimètres de longueur et joint à l'élégance des formes des couleurs charmantes. Le fond, d'un bleu tendre, est relevé de taches d'un beau noir velouté et chacun des articles de ses longues antennes, à partir du cinquième, est garni d'une houppe de poils noirs. C'est dans les plus hautes montagnes de l'Europe que l'on trouve cet insecte, dans les Alpes, les Pyrénées. Sa larve vit dans le hêtre et le sapin.

ROSE. (Voir ROSIER.)
Rose de chien. (Voir ROSIER.)
Rose des Alpes. (Voir RHODODENDRON.)
Rose du Japon. (Voir CAMELLIA.)
Rose de Jéricho. (Voir ANASTATIQUE.)
Rose de Noël. (Voir HELLÉBORE.)
Rose trémière. (Voir GUIMAUVE.)

ROSEAU (*Arundo*). Genre de plantes monocotylé-

doncs de la famille des *Graminées,* caractérisées par leurs épillets pédicellés à deux-cinq fleurs hermaphrodites, trois étamines ; glumes aiguës, carénées. — Le type du genre, le **Roseau commun** (*A. phragmites*, L.), est très commun dans les étangs, les marécages et autres localités aquatiques ; on le distingue facilement de la plupart des autres graminées indigènes, à ses tiges élancées et à la largeur de ses feuilles. Cette plante est assez importante sous plusieurs rapports. Ses longues racines traçantes consolident la vase et les rivages ; on les emploie d'ailleurs à titre de remède diurétique et sudorifique. Ses tiges sont recherchées pour confectionner des nattes et divers ouvrages de vannerie, ainsi que pour la couverture des chaumières. Les jeunes feuilles fournissent un fort bon fourrage, et celles de la plante adulte s'emploient comme litière. Enfin l'on fait de petits balais d'appartement avec les panicules de fleurs. — L'espèce qu'on appelle vulgairement **Roseau à quenouille** (*A. donax*, L.) ne croît pas spontanément dans le nord de la France, mais elle abonde, au bord des eaux, dans les départements du Midi. C'est, de toutes les graminées d'Europe, celle qui atteint les dimensions les plus considérables ; ses tiges, fortes et droites, s'élèvent jusqu'à 4 mètres, et sont garnies de feuilles longues de 3 à 6 décimètres sur 6 à 8 centimètres de large ; l'inflorescence, qui couronne la tige, forme une large panicule étalée, allant souvent jusqu'à 5 décimètres de long. Vers la fin de l'année, les tiges de ce Roseau, bien que creuses et légères, ont une dureté considérable ; dans cet état de lignification, elles servent à faire des quenouilles, des cannes, de longs manches pour pêcher à la ligne, des treillages, de la vannerie et toutes sortes d'autres ustensiles ; elles résistent longtemps à l'action de l'air et de l'humidité. Les racines et les feuilles s'emploient aux mêmes usages que celles du Roseau commun.

On nomme vulgairement :

Roseau épineux, le Rotang ;
Roseau de la Passion, la Massette ;
Roseau odorant, l'*Acorus calamus*.

ROSE-GORGE. (Voir GROSBEC.)

ROSELET. Nom vulgaire donné à l'Hermine en pelage d'été.

ROSIER. Genre type de la famille des *Rosacées*, de la tribu des *Rosées*. Les Rosiers sont des arbrisseaux ordinairement armés d'aiguillons ou de soies raides ; à feuilles alternes pennées, composées de trois, cinq ou sept folioles dentelées, les paires opposées, accompagnées de stipules en général adhérentes au pétiole ; à fleurs grandes, régulières, terminales, tantôt solitaires, tantôt disposées en corymbe. Le caractère principal du genre consiste en ce que les pistils libres et inadhérents sont insérés sur toute la paroi interne du tube du calice, qui les recouvre en entier. Les pétales, au nombre de cinq dans l'état normal de la fleur, sont, comme l'on sait, très multipliés dans la plupart des variétés de culture appelées vulgairement *à fleurs doubles*. La vogue justement acquise dont jouissent ces élégants arbustes, à titre de plantes d'agrément, est très ancienne ; et sans contredit il n'est aucune fleur qui ait été célébrée autant par les poètes, ou qui compte un plus grand nombre d'amateurs. La beauté et le parfum exquis ne sont pas les seules qualités de la rose ; l'art en extrait diverses préparations cosmétiques

Églantier (*Rosa canina*) ; A, fruit.

ou pharmaceutiques ; les pétales sont astringents et purgatifs. L'*eau de roses* est connue de temps immémorial dans l'Inde. — On multiplie les Rosiers de graines, de boutures, de drageons, d'éclats, et principalement de greffes sur l'**Églantier commun** (*Rosa canina*, L.) et l'**Églantier odorant** (*Rosa rubiginosa*, L.) ; l'églantier ou *Rosier sauvage* est très répandu dans toute l'Europe ; son nom vulgaire de *Rosier de chien* lui vient d'une prétendue propriété attribuée par les anciens à sa racine ; Pline en parle comme d'un spécifique contre l'hydrophobie. Les fleurs de l'églantier, malgré leur élégance, ne sauraient rivaliser avec celles de la plupart des autres Rosiers : aussi ne cultive-t-on cette espèce qu'à l'effet d'y greffer à haute tige les Rosiers destinés à orner les parterres. Les fruits, très astringents avant la parfaite maturité, s'emploient en Allemagne à faire d'excellentes confitures ; autrefois on en préparait dans les pharmacies une conserve appelée *cynorrhodon*, médicament tombé en désuétude. La plupart des Rosiers s'accommodent de toute sorte de sol ; mais les fleurs se développent en plus grande abondance dans une terre franche, légère, amendée de temps à autre avec du terreau végétal. Les variétés presque

innombrables qu'on cultive aujourd'hui dans les jardins se rapportent pourtant la plupart à un nombre assez limité d'espèces dont nous allons signaler les plus notables. L'un des Rosiers les plus généralement répandus dans les jardins est celui qu'on appelle vulgairement **Rosier à cent feuilles** (*R. centifolia*, L.). Les catalogues des fleuristes en énumèrent plus de deux cents variétés, au nombre desquelles se trouvent : les *roses moussues*, remarquables en ce que leurs calices et pédoncules sont garnis d'un duvet rameux et verdâtre qui ressemble en quelque sorte à une mousse ; les *Rosiers pompons*, qui ne s'élèvent guère à plus de 1 pied, et dont la fleur est tout à fait mignonne ; la *rose-anémone*, la *rose-œillet*, la *rose de Hollande*, la *rose de Belgique*, etc. Le Rosier cent-feuilles croît spontanément dans les forêts du Caucase. C'est cette espèce qui se cultive souvent en grand, notamment dans les environs de Paris, pour la consommation des pharmaciens, des liquoristes et des parfumeurs. — Le **Rosier de Damas** (*R. damascena*, Mill.) ne diffère guère du Rosier cent-feuilles, si ce n'est qu'il fleurit une seconde fois vers la fin de l'été, ce qui lui a valu les noms de *Rosier bifère*, *Rosier des quatre saisons*. — Le **Rosier**

Rose à cent feuilles.

de Provins (*R. gallica*, L.), dont les variétés sont encore plus nombreuses que celles du Rosier cent-feuilles, n'est pas moins recherché par les horticulteurs. Ses fleurs, connues en droguerie sous le nom de *roses rouges*, font la base de plusieurs préparations astringentes fort usitées en thérapeutique, telles que la *conserve de roses*, le *miel rosat*, le *sucre rosat* et le *vinaigre de roses*. Elles s'emploient également en décocté pour lotions et injections. — La **Rose blanche** (*R. alba*) fournit aussi de nombreuses variétés. — Le **Rosier du Bengale** (*R. semperflorens*), mal nommé puisqu'il vient de la Chine, à feuillage lisse et coriace, se recommande surtout par la longue durée de sa floraison. — La **Rose capucine** (*R. punicea*, Mill.) et la **Rose jaune** (*R. lutea*, M.) se font remarquer par leurs couleurs ; mais elles n'ont pas une odeur agréable.

ROSSIGNOL (*Luscinia*). Genre d'oiseaux de la famille des *Sylviadés* (Becs-fins de Cuvier), de l'ordre des Passereaux, qui ne diffèrent guère des fauvettes que par leurs mœurs. Le type du genre est le **Rossignol ordinaire** (*L. philomela*). Cet oiseau est le plus mélodieux des chantres des bois. Son plumage ne répond pas à l'éclat de sa voix : c'est une modeste robe d'un brun roussâtre en dessus, gris pâle en dessous. Chaque année il nous arrive avec le printemps et s'enfonce dans les taillis épais pour y construire son nid. Le mâle chante pendant que la femelle couve ses œufs ; mais dès que les petits sont éclos, il se tait, sa voix se perd même, et il ne lui reste plus qu'un cri rauque et désagréable. La femelle fait jusqu'à trois pontes par année. Le père et la mère, également occupés de l'éducation de leurs petits, leur dégorgent la nourriture. Vers la fin de septembre, ils se dirigent vers les climats méridionaux. Les Rossignols viennent communément s'établir au lieu qui les a vus naître ; celui qui s'est une fois fixé quelque part y revient tous les ans. Ils vont souvent à terre et marchent plutôt qu'ils ne sautent ; leur démarche est gracieuse et légère. Le Rossignol est un oiseau curieux et glouton ; aussi donne-t-il facilement dans tous les pièges qu'on lui tend. Si l'on remue la terre devant lui, il vient regarder dès qu'on s'est écarté, et un simple piège à main garni d'un ver à farine suffit pour le prendre. De tout temps le Rossignol a attiré l'attention de l'homme ; les Grecs, pour lesquels le chant de cet oiseau était déjà l'objet d'une admiration particulière, l'appelaient *philomélos*. C'est avec raison qu'on l'a surnommé le *roi des chanteurs* ; la force de son organe vocal est vraiment étonnante et aucune voix n'égale les inflexions si variées, les modu-

lations si brillantes de ce chantre mélodieux. — Quelle description peut donner une idée du charme qu'on éprouve à l'entendre par une belle nuit d'été, dans ce calme universel de la nature, et lorsque tout semble faire silence pour l'écouter ! Le Rossignol chante même en cage, où de barbares amateurs poussent parfois la cruauté jusqu'à priver de la vue le petit chanteur, afin qu'il s'abandonne sans distraction aucune à ses inspirations musicales. Les Rossignols sont cependant difficiles à élever ; on les nourrit généralement au moyen d'une pâte composée d'un hachis de cœur de bœuf et de farine de graines de pavot. On leur donne aussi des larves de ténébrion (vulgairement *vers de farine*), dont ils sont très friands. Indépendamment de leur talent musical, les Rossignols ont un autre mérite, au moins égal aux yeux de beaucoup de gens : c'est celui d'être un excellent gibier. Vers la fin de l'été, ils deviennent très gras, surtout dans le Midi, et le disputent aux ortolans pour la délicatesse de la chair ; aussi ne se fait-on pas faute de le pourchasser à outrance.

ROSSIGNOL DE MURAILLE. Espèce du genre *Rubiette*. (Voir ce mot.)

ROSSOLIS. (Voir Drosera.)

ROSSOMAK. (Voir Glouton.)

ROSTRE (de *rostrum*, bec). On donne ce nom à l'appareil buccal des insectes hémiptères ; on l'emploie aussi pour désigner la portion de la tête des charançons allongée en trompe et que termine la bouche. On l'applique également à cette partie du test qui, dans beaucoup de crustacés, s'avance en pointe entre les yeux.

ROTANG ou **ROTIN** (*Calamus*). Genre de plantes de la famille des *Palmiers*, dont les espèces, propres à l'Asie et à l'Afrique intertropicales, se distinguent par leur tige très grêle, coupée de nœuds espacés, dont chacun porte une feuille pennée à gaine allongée. Cette tige s'étend d'ordinaire sur les arbres à la manière des lianes ordinaires et atteint parfois, dit-on, une longueur de plusieurs centaines de mètres. L'inflorescence est un spadice rameux ; leurs fleurs sont petites, rosées ou verdâtres, dioïques ; aux fleurs femelles succède un fruit bacciforme, contenant une seule graine. Dans les contrées où ils croissent naturellement, les Rotangs rendent quelquefois les forêts impénétrables, à cause de

Rossignol.

leurs longues tiges semblables à des câbles, étendues d'un arbre à l'autre, ou serpentant sur le sol, et surtout à cause des fortes épines dont ils sont souvent hérissés. Ce sont ces tiges dont on fait des cannes estimées, connues sous les noms de *rotins*, *joncs*, etc. — Le **Rotang sang-dragon** fournit la sub-

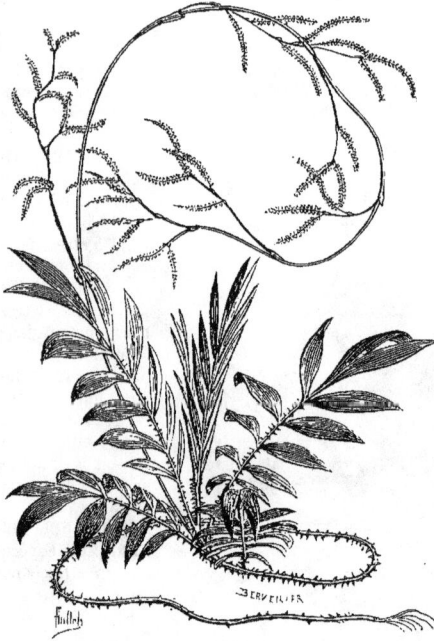

Rotang.

stance résineuse connue sous le nom de *sang-dragon*. — Le **Rotang à cordes**, des Moluques et des îles de la Sonde, est tellement flexible et résistant, qu'on s'en sert pour prendre et lier les éléphants sauvages. — On se sert également du **Rotang flexible** et du **Rotang à cravaches**, des îles de la Sonde et des Moluques, pour faire des câbles, des liens et divers objets de vannerie.

ROTANGLE. (Voir GARDON.)

ROTATEURS. Classe de l'embranchement des **VERS** comprenant des animaux microscopiques, vivant dans les eaux douces ou salées ou dans les lieux humides. Les Rotateurs ont le corps plus ou moins allongé, parfois en forme de sac, revêtu d'une membrane chitineuse, et d'ordinaire annelé extérieurement. La partie postérieure du corps, en forme de queue, et désignée sous le nom de pied, se termine le plus souvent par deux appendices ou soies rigides qui peuvent servir soit à la locomotion, soit à la fixation de l'animal. Le caractère le plus saillant des Rotateurs et surtout apparent dans les rotifères, celui auquel ils doivent leur

nom, consiste dans la présence d'expansions cutanées, garnies d'une bordure de cils vibratiles et portées sur la tête; on les appelle organes rotateurs parce que les mouvements des cils vibratiles leur donnent l'apparence de roues qui tourneraient sur leur axe. Ces organes, qui varient de forme, jouent un rôle important dans la locomotion, et de plus déterminent des courants qui amènent à la bouche les particules nutritives. Le tube digestif est complet; la bouche s'ouvre à la partie antérieure du corps et conduit dans un pharynx musculeux, muni d'épaississements chitineux propres à broyer les

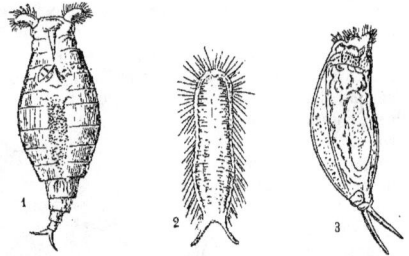

Rotateurs (très grossis).
1, Rotifer inflatus; 2, Chœtotonus squamatus; 3, Salpina brevispina.

aliments; l'anus est à l'extrémité opposée. Ils manquent de vaisseaux et leur circulation est purement lacunaire; leur système nerveux est composé d'un ganglion cervical bilobé, et l'on voit sur la partie céphalique deux petits yeux, au moins chez les jeunes. Les femelles sont plus grosses que les mâles et pondent des œufs; les petits ne subissent pas de métamorphose après leur éclosion. Les Rotateurs sont des animaux essentiellement aquatiques. On les divise en *Flosculaires* qui se fixent et sont logés dans un étui, en *Brachions* qui nagent librement et ne forment pas d'étui, et en *Rotifères* qui peuvent à leur gré ramper ou nager. C'est à cette dernière division qu'appartient le *Rotifère reviviscent*. Quelques Rotateurs, les *Lacinularia*, *Conochilus*, forment des colonies dans lesquelles tous les individus sont réunis par une masse gélatineuse commune.

ROTIFÈRE (du latin *rota*, roue, et *fero*, je porte). Famille d'animaux microscopiques de la classe des ROTATEURS que l'on a pendant longtemps confondus avec les infusoires (voir ce mot), mais chez lesquels on a reconnu, grâce au perfectionnement du microscope, une structure tout à fait différente et bien plus compliquée. Ils ont le corps symétrique, annelé, dont la partie postérieure se prolonge en une sorte de queue, terminée par deux courts appendices divergents, qui sont un organe locomoteur ou de fixation, et leur tête présente deux petits yeux rouges. Mais ce qu'ils offrent de plus curieux, c'est la présence de chaque côté de la tête de deux espèces de tourillons, dont le sommet, couronné de cils vibratiles, paraît tourner rapidement à la manière d'une roue, d'où leur nom de *Rotifère*. Ces organes singuliers sont-ils des ébauches de branchies respiratoires, ou sont-ils destinés à produire dans l'eau des courants qui amènent dans la bouche de l'animalcule la matière dont il se nourrit ? c'est ce qu'il ne nous est pas permis d'affirmer. Si on laisse évaporer la goutte d'eau dans laquelle il prend ses ébats, le Rotifère se contracte de plus en plus, se déforme et ne paraît bientôt plus que sous l'aspect d'un mince fragment de parchemin desséché. On le croirait mort, mais, gardé pendant des années dans cet état, il reprend vie et mouvement dès qu'on l'humecte de nouveau. Toutefois, s'il est entièrement à nu lorsqu'il se dessèche, il ne ressuscite jamais ; mais si on a soin de le couvrir auparavant de poussière ou de mousse, il revient constamment à la vie lorsqu'on humecte ces substances. Une dessiccation trop rapide paraît donc être fatale à notre animalcule. On a reconnu que les Rotifères pouvaient supporter un froid de 17 degrés, puis une chaleur de 75 degrés, par conséquent subir un changement de 92 degrés de température sans perdre leur propriété de revivescence. C'est le *Rotifer redivivus* qui a fait le sujet de ces expériences.

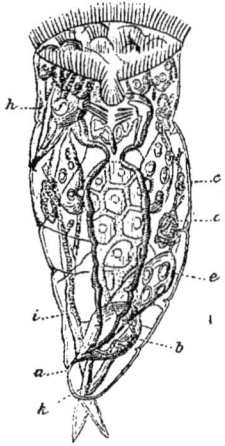

Hydatina senta (très grossie).
a, anus ; *b*, vésicule contractile ; *c, c*, canaux aquifères ; *e*, ovaire ; *f*, ganglion ; *h*, fossette sétigère.

ROTIN. (Voir Rotang.)

ROTULE. Os du genou. (Voir Anatomie et Squelette.)

ROUGE-GORGE. (Voir Rubiette.)

ROUGE-QUEUE. (Voir Rubiette.)

ROUGEOLE. (Voir Mélampyre.)

ROUGET. (Voir Acarus et Mulle.)

ROUILLE. Maladie des céréales produite par un champignon du genre *Uredo*. (Voir ce mot.)

ROULEAU, ROULETTE (*Tortrix*). Serpents non venimeux de l'Inde et de l'Amérique méridionale voisins des Orvets, dont on a fait le genre *Tortrix* et qui a pour type le Rouleau scytale de la Guyane, petit serpent inoffensif.

ROUSSELET. Variété de poire, jaune à la maturité, à chair juteuse et musquée.

ROUSSELETTE. Nom vulgaire de l'Alouette des bois (*Alauda nemorosa*).

ROUSSEROLLE (*Calamoherpe*). Genre d'oiseaux de la famille des *Sylviadés*, détaché des Fauvettes (voir ce mot), dont ils se distinguent par le sommet de la tête déprimé ; le bec large à la base, comprimé sur les côtés ; les ailes plus courtes, subaiguës ; la queue conique, étagée ; les tarses grêles, les doigts allongés. les ongles longs et comprimés. Les Rousserolles se distinguent également des fauvettes par leurs mœurs ; elles fréquentent le bord des eaux et les lieux humides, où elles vivent principalement d'insectes qu'elles recherchent en sautillant le long des branches des arbustes et des plantes aquatiques. C'est à quelques pieds au-dessus du sol qu'elles établissent leur nid artistement construit au moyen de petites herbes flexibles et bien matelassé au dedans. Au moment de la ponte, ces oiseaux deviennent irascibles et querelleurs. — Nous en possédons plusieurs espèces. La grande **Rousserolle** (*Cal. turdoïdes*) ou *rossignol de rivière* atteint presque la taille d'une petite grive ; elle est d'un brun roussâtre en dessus, jaunâtre en dessous, a la gorge blanche et un trait pâle sur l'œil. Elle niche parmi les joncs et se nourrit d'insectes aquatiques. Ses œufs, au nombre de quatre ou cinq, sont d'un blanc verdâtre tacheté de roux. — La petite **Rousserolle** ou *Effarvatte* (*Cal. arundinacea*), semblable à la précédente pour les mœurs et la couleur, est d'un tiers moins grande. — La **Fauvette des roseaux** (*Cal. phragmitis*), plus petite que l'effarvatte, est d'un gris olivâtre en dessus, avec des taches brunes, d'un blanc roussâtre en dessous, les yeux surmontés d'un sourcil blanchâtre et la tête de deux larges bandes noires. Elle fréquente les roseaux qui bordent les marais et les rivières, et y établit son nid.

ROUSSETTE. (Voir Chéiroptères.)

ROUSSETTE (*Scyllium*). Genre de poissons cartilagineux de l'ordre des Sélaciens, famille des *Squalidés*. Ces poissons, que l'on a désignés sous le nom de *Roussettes* à cause de la coloration rousse de leur corps, se trouvent dans toutes les mers tempérées et tropicales. Ils ont cinq ouvertures branchiales de chaque côté, leurs évents sont situés en arrière et près des yeux ; leur bouche est armée de dents nombreuses, fines et aiguës sur quatre rangs ; leurs nageoires dorsales sont au nombre de deux et dépourvues d'épines. Les Roussettes ont la forme générale des requins, comme eux la bouche ouverte sous le museau. Deux espèces surtout sont communes sur les côtes de la Manche, la grande et la petite Roussette, auxquelles nos pêcheurs donnent le nom de *chien de mer*. — La grande **Roussette** (*S. canicula*), très commune sur toutes les côtes de l'Europe, atteint jusqu'à 2 mètres de longueur ; elle a les parties supérieures du corps d'un gris roussâtre parsemé de petites taches noires, le dessous d'un blanc sale. — La petite **Roussette** (*S. catulus*), de moitié plus petite, a les mêmes couleurs, mais les taches sont beaucoup plus grandes. — Les pêcheurs les ont en grande horreur, non seulement parce qu'ils détruisent une immense quantité de poissons, mais aussi parce qu'ils coupent et déchirent leurs filets. Lorsqu'ils en prennent quelqu'un, ils lui ouvrent le ventre et lui coupent la tête ; ils ne le capturent cependant pas dans le seul but d'assouvir leur vengeance, car la chair de la Roussette se sale et se mange sous le nom de *chien de mer*, mais elle est dure et d'un goût désagréable. Les gainiers emploient leur peau, beaucoup moins rude que celle du requin, pour garnir des étuis de toutes sortes; on la connaît sous le nom de *peau de chagrin*; peinte en vert, elle constitue le galuchat commun. Les Roussettes pondent des œufs d'une forme singulière. Cet œuf est d'une consistance cornée; sa

Roussette.

forme générale peut être comparée à celle d'une taie d'oreiller avec des cordons attachés aux quatre angles. L'oreiller renfermé dans la taie est la jeune Roussette. Les longs cordons ou appendices qui

Bouche de la Roussette vue en dessous.

partent des angles sont contournés comme les vrilles des plantes grimpantes et ont la même destination; ils servent à fixer les œufs aux algues et les y maintiennent solidement ancrés de façon à défier la fureur des vagues. Afin que le jeune squale puisse respirer, l'enveloppe de l'œuf est percée à chaque extrémité d'un petit trou, par où l'eau passe en quantité suffisante, et lorsqu'il a atteint l'époque fixée pour sa délivrance, le bord supérieur de l'œuf se décolle pour lui livrer passage.

ROUVRE. Nom vulgaire du Chêne.

ROYOC. (Voir MORINDA.)

RUBAN D'EAU. On donne ce nom à des plantes du genre *Sparganium*, voisines des Massettes, à cause de leurs feuilles longues et étroites ressemblant à un ruban, qui flottent dans l'eau des rivières et des étangs.

RUBANÉS. (Voir CESTE.)

RUBANIER. (Voir RUBAN D'EAU.)

RUBECULA. Nom latin du Rouge-gorge. (Voir RUBIETTE.)

RUBÉOLE. (Voir ASPÉRULE.)

RUBIA. (Voir GARANCE.)

RUBIACÉES. Famille de plantes dicotylédones à corolle monopétale épigyne, ayant pour type le genre *Rubia*. Les fleurs, toujours régulières, ont le réceptacle concave et l'ovaire infère, biloculaire; le périanthe tantôt double, tantôt simple, le plus souvent pentamère, quelquefois tétramère (*Galium*). Fruit sec ou charnu. C'est

Rubiacée.
Fleur grossie d'ipécacuanha.

l'un des groupes les plus riches en espèces; on en connaît environ deux mille. La plupart de ces végétaux habitent les régions intertropicales. Les Rubiacées abondent en végétaux précieux par leur utilité. Le **Caféier** (voir ce mot) en est un exemple des plus notables. Mais c'est surtout par leurs propriétés médicales que beaucoup d'espèces sont dignes de tout notre intérêt : les unes, parmi lesquelles il suffit de citer le **Quinquina** (voir ce mot) sont éminemment toniques et fébrifuges; d'autres, telles que les **Ipécacuanha** (voir ce mot), ne sont pas moins célèbres à titre d'émétiques; plusieurs jouissent de vertus puissamment diurétiques; quelquesunes ont été signalées comme drastiques et vénéneuses. Certaines Rubiacées exotiques donnent des fruits charnus et comestibles. Une foule d'espèces se parent de fleurs superbes et souvent très odorantes. Parmi les Rubiacées indigènes, dont la plupart d'ailleurs ne forment que des herbes de peu d'importance, la **Garance** (voir ce mot) est importante comme plante tinctoriale; le principe colorant qui existe dans les racines de cette plante se retrouve, avec plus ou moins d'intensité, chez beaucoup d'autres Rubiacées, soit indigènes, soit exotiques.

RUBIETTES (*Rubicillinæ*). Groupe d'oiseaux de la famille des *Sylviadés* (Becs-fins de Cuvier), de l'ordre des PASSEREAUX. Ce groupe renferme plusieurs espèces intéressantes telles que les rouges-gorges, les rouges-queues, les rossignols, les gorges-bleues, etc. — Le **Rouge-gorge** (*Rubecula erythaca*),

Rouge-gorge.

qui est répandu dans toute l'Europe, est le type de ce groupe. Ce joli petit passereau est gris brun en dessus, blanc en dessous, avec la gorge et la poitrine d'un roux ardent. C'est un des oiseaux les plus familiers et les plus faciles à apprivoiser. Il niche dans les bois, près de terre ; la femelle fait deux ou trois couvées par an, composées de quatre à six œufs jaunâtres, tachés de brun rouge. Le mâle fait entendre, pendant l'incubation, un chant doux et agréablement modulé ; c'est surtout le matin et le soir qu'il donne toute sa voix ; il se tait dans le jour ou ne fait entendre qu'une sorte de gazouillement. Le Rouge-gorge émigre en septembre pour ne revenir qu'en avril. Quelquefois cependant il reste dans nos contrées pendant l'hiver ; il n'est pas rare alors de le voir se réfugier dans nos habitations, et nous charmer par sa gentillesse, sans être aucunement effarouché par la présence de l'homme ; et cependant cet oiseau si familier fuit la société de son semblable, le provoque et l'attaque même lorsqu'il le rencontre. A l'arrière-saison, le Rouge-gorge joint aux insectes les fruits tendres et sucrés, ce qui donne à sa chair un goût très délicat. — Le genre *Rubiette* renferme plusieurs autres espèces, moins répandues que le Rouge-gorge, et qui offrent les mêmes habitudes ; tels sont : le **Gorge-bleue** (*Sylvia cyanecula*), qui a la gorge et le milieu du cou bleus ; le **Rouge-queue** (*S. phœnicurus*), vulgairement connu sous le nom de *rossignol de muraille*. Il est un peu plus petit que le rossignol, brun en dessus, à gorge noire, avec la croupe et les plumes de la queue d'un roux clair. Il niche dans les vieux murs ou dans les trous d'arbres ; sa ponte est de six à huit œufs d'un bleu céleste. Le mâle fait entendre au printemps un ramage assez mélodieux. A ce groupe appartient le rossignol, auquel nous avons consacré un article particulier.

RUBIS (du latin *rubeus*, rouge). On donne ce nom à différentes pierres précieuses transparentes d'un rouge plus ou moins vif. Le **Rubis oriental** est un corindon vitreux (voir ce mot) d'un rouge cochenille et d'une grande dureté ; il est inaltérable au feu et pèse 4,28 fois plus que l'eau ; le **Rubis spinelle** est moins dur, et sa couleur a un reflet légèrement orangé ; le **Rubis balais** est d'un rouge clair ; le **Rubis du Brésil** ou *topaze du Brésil* est d'un rouge tirant sur le jaune, soit que cette couleur lui appartienne réellement, soit qu'on la lui ait communiquée en le chauffant. Plusieurs autres pierres portent à tort le nom de Rubis ; ainsi des grenats de couleur rouge ou violacée et pâle ont été nommés *Rubis de roche*, *Rubis de Hongrie* ; le **Rubis de Bohême** est un grenat d'un beau rouge de feu qu'on trouve dans ce pays ; les quartz hyalins roses ou rouges sont dits des **Rubis d'Occident** ; enfin les belles tourmalines rouges de Sibérie sont appelées **Rubis de Sibérie**.

RUBUS. Nom latin du genre *Ronce*. (Voir ce mot.)

RUDISTES (*Rudista*). Famille de mollusques établie par Lamarck pour des fossiles des terrains crétacés, qui ont été tour à tour placés parmi les polypiers, parmi les brachyopodes et parmi les lamellibranches ; il n'existe pas aujourd'hui d'espèces vivantes auxquelles on puisse les rapporter. Ils sont caractérisés par une coquille inéquivalve, non symétrique, épaisse ; les deux valves

sont inarticulées et sans traces de ligament. En général massives et irrégulières, ces coquilles affectent des formes variées, mais elles sont le plus ordinairement coniques. On y distingue les genres *Hippurites*, *Radiolites* et *Caprina*.

RUE (*Ruta*). Genre de plantes de la famille des *Rutacées*, à laquelle il donne son nom, ainsi qu'à la tribu des *Rutées*. Ses fleurs sont régulières, herma-

Fleur de Rue (coupe verticale).

phrodites, à réceptacle convexe, pentamères ou tétramères, à ovaire formé de cinq carpelles uniloculaires, contenant chacun un nombre indéfini d'ovules. La seule espèce de ce genre qui doive nous intéresser est la **Rue commune** (*R. graveolens*) des régions méditerranéennes. C'est une plante vivace dont la souche ligneuse et rameuse émet des tiges aériennes rameuses, presque ligneuses dans le bas, herbacées dans leur plus longue partie. Ses feuilles sont décomposées, à folioles oblongues ; ses fleurs jaunes, grandes, disposées en cyme dichotome, ont un calice et une corolle à quatre divisions ; huit étamines, dont quatre plus courtes ; un pistil à quatre ovaires multiovulés. Quelques fleurs, situées à l'extrémité de la tige, présentent cinq divisions au lieu de quatre, dix étamines, cinq ovaires. Cette plante répand une odeur forte, nauséeuse ; elle a des propriétés très excitantes qui la font employer en médecine comme antispasmodique et emménagogue ; mais son emploi est dangereux. — La **Ruta angustifolia**, du Midi, a les mêmes propriétés. — On nomme :

Rue (*Ruta graveolens*).

Rue de chèvre, le Galega officinal ;
Rue de chien, la Scrofulaire canine ;
Rue des murailles, une fougère du genre *Asplenium* ;
Rue des prés, le Pigamon.

RUMEX. Nom latin de l'Oseille et de la Patience.

RUMINANTS (de *ruminare*, remâcher). Ordre de mammifères qui tirent leur nom de ce qu'ils peuvent, après avoir avalé pour un temps une certaine quantité d'aliments, les ramener dans la bouche et les mâcher de nouveau. L'estomac des Ruminants se compose de quatre poches. L'œsophage, après avoir traversé le diaphragme, se continue par une dilatation, le feuillet, ainsi nommé à cause des replis longitudinaux qui font ressembler sa surface intérieure aux feuillets d'un livre; le feuillet débouche dans la caillette dont la surface interne, plissée, sécrète le suc actif de la digestion, le suc gastrique; on appelle cette poche la caillette, parce que le liquide sécrété par elle a la propriété de faire cailler le lait; lorsque l'animal avale un liquide ou une matière divisée, cet aliment s'infiltre entre les replis du feuillet, et passe dans la caillette; mais, si une boule de foin ou d'herbe passe dans l'œsophage, elle est arrêtée par le feuillet;

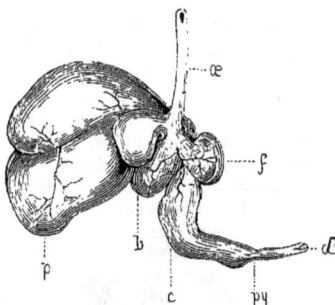

Estomac de ruminant.

œ, œsophage; f, feuillet; d, duodénum; py, pylore; c, caillette; b, bonnet; p, panse.

elle exerce une pression sur les parois de l'œsophage. Ces parois sont percées d'une ouverture que ferme un sphincter de fibres analogues aux fibres qui permettent aux lèvres de fermer la bouche. Lorsqu'une matière suffisamment consistante presse ces lèvres, elle force le passage et tombe dans une vaste poche appelée *panse*, placée au côté gauche de l'abdomen et en communication avec une autre plus petite, nommée le *bonnet*. Le bonnet et la panse conservent ces aliments, et, lorsque l'animal veut ruminer, les amènent à cette ouverture dont nous parlions; celle-ci en saisit une partie que l'œsophage ensuite reporte à la bouche, par des mouvements inverses de ceux à l'aide desquels il fait passer les aliments de la bouche à l'estomac dans la digestion ordinaire; tel est l'estomac du mouton. Le feuillet n'a pas toujours cette forme d'un crible; chez le chevrotain, par exemple, il est réduit à un simple anneau musculaire. Il y a, comme on le voit, une harmonie physiologique entre la complication de l'estomac des Ruminants, la lenteur de leur digestion et la nature de leurs aliments qui cèdent plus difficilement que la chair, des matières propres à être transformées en sang. Ces réservoirs de nourriture ont encore un grand rôle dans la vie de ces animaux, souvent faibles et doux. Si une antilope broute dans une oasis où elle craint d'être surprise par le lion, au moindre indice qui lui annonce l'ennemi, elle prend la fuite et va ruminer en lieu sûr les aliments que sa panse

tient en réserve contre la famine du désert. Le canal intestinal atteint vingt-deux et même vingt-huit fois la longueur du corps. Telle est, sous tous les autres rapports la conformité de leur organisation, qu'ils semblent ne former qu'une seule famille. Tous sont bisulques ou à pieds fourchus, c'est-à-dire que leurs pieds n'ont que deux doigts enveloppés dans deux sabots qui, se regardant par une face aplatie, semblent former un sabot unique, divisé accidentellement. Les incisives qui manquent à la mâchoire supérieure, sont inférieurement séparées des molaires par un espace vide qui est dû à l'absence des canines, chez les espèces du moins dont la tête est armée de cornes persistantes (bœufs, moutons, chèvres, antilopes, girafe); les chameaux et les lamas ont des canines, et des incisives aux deux mâchoires. — Généralement les Ruminants vivent en troupes plus ou moins considérables, les femelles et les jeunes réunis en grand nombre sous la conduite et la protection de quelques mâles. C'est surtout cet ordre qui a fourni à l'homme ses espèces domestiques. Un fait digne de remarque, c'est que les Ruminants n'ont fait leur apparition sur le globe qu'à partir de l'époque tertiaire moyenne. L'ordre des RUMINANTS comprend les familles des *Bovidés* ou bœufs, des *Cervidés* ou cerfs, des *Moschidés* ou chevrotains, et des *Camélidés* ou chameaux. (Voir ces mots.)

RUPICOLE (*Rupicola*). Les Rupicoles ou *coqs de roche* forment un genre particulier dans l'ordre des PASSEREAUX DENTIROSTRES. Ces oiseaux sont remarquables par la double crête de plumes en éventail

Rupicole orangé.

qu'ils portent sur la tête et par la fraîcheur des couleurs qui les parent. Leurs principaux caractères génériques sont : un bec court, robuste et voûté, les narines ovales, recouvertes par les plumes du front; les tarses robustes, les doigts armés d'ongles crochus; les ailes moyennes et la queue courte, arrondie. Les Rupicoles sont de la taille du pigeon, et leurs formes rappellent un peu celles des gallinacés. Ils habitent les crevasses des rochers et les cavernes, s'y construisent un nid formé de racines sèches, où la femelle pond deux œufs presque sphériques, de la grosseur et de la couleur de ceux du pigeon. Ces oiseaux vivent solitaires; ils se nourrissent de graines et de fruits sauvages. Leur naturel farouche et défiant fait qu'on les approche difficilement; au moindre bruit ils fuient d'un vol rapide quoique peu élevé. — Le Rupicole orangé (*R. aurantia*), ou *coq de roche* commun, se trouve à la Guyane; son plumage est d'un beau jaune orangé, ainsi que sa huppe qui est bordée d'un cercle étroit rouge. — Le Rupicole vert (*R. viridis*), de Sumatra, a son plumage du plus beau vert émeraude, avec les ailes traversées par trois bandes d'un noir velouté.

RUSCUS. (Voir FRAGON.)

RUTABAGA. Cette plante, également connue sous le nom de *navet jaune de Suède*, n'est point un navet; c'est un chou à feuille lisse, très peu différent du colza quant à ses feuilles et à sa fleur; il en diffère seulement par sa racine renflée en forme de navet, à chair jaune à l'intérieur : c'est une des racines fourragères les plus utiles pour la nourriture et l'engraissement des bêtes à cornes. On sème la graine de Rutabaga en lignes, dans le courant d'avril;

le meilleur mode de culture pour cette excellente racine fourragère, c'est la culture en ados. A part ses propriétés nourrissantes pour le bétail, le Rutabaga se recommande par la propriété de résister aux hivers les plus rudes du climat de la France; de sorte qu'on n'a pas besoin de se préoccuper de sa conservation pendant l'hiver, et qu'on peut le laisser en place pour l'arracher au fur et à mesure des besoins de la consommation. Le Rutabaga donne aux vaches un lait excellent.

RUTACÉES. Famille de plantes dicotylédones comprenant des herbes vivaces ou des arbrisseaux à feuilles alternes, simples ou pennatiséquées, souvent parsemées de points glanduleux, à fleurs hermaphrodites, régulières, calice à quatre-cinq divisions, corolle quatre-cinq pétales, étamines hypogynes en nombre double ou triple; trois-cinq carpelles libres contenant un ou deux ovules ou davantage, styles en nombre égal, stigmate tri- ou quinquélobé; fruit capsulaire ordinairement à plusieurs coques. Ces fleurs sont blanches ou jaunes, disposées en grappes ou en cimes, odorantes. Les genres compris dans cette famille sont : les *Rues* (*Ruta*) et les *Fraxinelles* (*Dictamnus*).

S

SABADILLE. (Voir CÉVADILLE.)

SABELLE, *Sabella* (de *sabulum*, sable). Genre de vers de l'ordre des CHÉTOPODES, classe des ANNÉLIDES CÉPHALOBRANCHES, section des *Tubicoles*, voisins des Serpules et des Térebelles, mais manquant d'opercules. Chez les Sabelles, la tête est séparée du corps par une sorte de repli cutané formant une collerette plus ou moins développée. Les branchies sont plus ou moins évasées en éventail et pourvues, tantôt d'une, tantôt de deux rangées de cirrhes. Ces animaux sont pourvus d'un tube membraneux, ayant la consistance du cuir; ils se creusent parfois des galeries dans les roches ou dans le sable. Les espèces principales sont : **Sabella penicillus, Rudolphii, pavonina,** de nos côtes; cette dernière doit son nom à ses branchies d'un jaune doré, annelées de rouge et de bleu brillant.

SABINE (*Juniperus sabina*). Arbrisseau du genre *Genévrier* (voir ce mot) qui croît spontanément dans les lieux secs et pierreux des provinces méridionales de la France. Il s'élève à 4 mètres de hauteur; ses rameaux sont couverts de feuilles très petites, squamiformes, opposées; ses fleurs en chatons sont portées sur de petits pédoncules écailleux; ses fruits sont charnus, pisiformes, d'un bleu noirâtre, renfermant un ou deux petits noyaux osseux. Les feuilles et les jeunes rameaux de la Sabine ont une saveur âcre et amère et une odeur forte et désagréable; elles contiennent beaucoup de résine et

d'huile volatile; ces parties de la plante sont employées en médecine comme vermifuges et emménagogues à faible dose (2 à 4 décigrammes); prises en plus grande quantité, elles peuvent occasionner des désordres graves, l'inflammation de l'estomac et des intestins.

SABLE. On donne ce nom à toute matière minérale réduite en parcelles infiniment petites. Il y a, on le comprend, autant d'espèces de sables qu'il y a d'espèces de roches, qui ne se délayent pas absolument dans l'eau, mais les plus abondamment répandus sont ceux de nature siliceuse qu'on rencontre sur les plages maritimes et à l'embouchure des fleuves. Les vagues de la mer battant sans relâche les falaises (voir ce mot), les sapent par la base, en font ébouler des pans qu'elles triturent et arrondissent en cailloux roulés ou galets. Lentement roulés par la mer dans ses oscillations quotidiennes, ou violemment cinglés sur le rivage dans les tempêtes, ces cailloux se déposent et forment ces digues de galets qui marquent sur chaque plage la zone où viennent mourir les vagues. Poussées par les courants, les masses de galets et de sable marchent le long de la côte, s'alimentant des débris de toutes les falaises au pied desquelles elles passent, s'usant, se brisant et diminuant de plus en plus de volume, de sorte que, à quelque distance des falaises, le galet devient de plus en plus rare, et le Sable plus abondant. (Voir DUNES.) Des effets semblables se produisent dans les montagnes, sur les pentes rapides, où les torrents, grossis soudain par les pluies d'orage ou par la fonte des neiges, sont capables des plus violents effets. Les fissures d'un terrain disloqué donnent d'abord prise aux eaux, qui bientôt détachent des fragments et les roulent avec elles. Ceux-ci, de leurs chocs, en détachent d'autres plus volumineux, qui se fendent à leur tour et s'écroulent en ruines. Les éclats rocheux, de toute forme, de tout volume, heurtés continuellement l'un contre l'autre, perdent d'abord leurs angles, puis s'arrondissent par leur mutuel frottement et prennent le poli par la friction plus douce des parcelles sablonneuses. Ainsi se forment les *cailloux roulés*, dont les plus volumineux s'arrêtent les premiers, quand l'affaiblissement des pentes ne laisse plus aux eaux la force de les entraîner. Ceux de dimensions moindres arrivent jusqu'au fleuve, dont le torrent est tributaire. Là se poursuit la friction mutuelle, qui achève de les polir ou les brise en plus petits fragments. Enfin, lorsque le fleuve s'approche de son embouchure et n'a presque plus de pente, ses eaux tranquilles ne charrient guère que le fin résidu de tout ce travail de trituration, les sables et les matières limoneuses, qui forment des *allurions*. (Voir ce mot.)

SABLE D'OR. On rencontre sur certaines plages un sable qui a un éclat doré très remarquable, comme à Dinard, près de Saint-Malo. Ce sable doit son aspect à la proportion considérable de mica jaune qu'il renferme. (Voir Mica.)

SABLINE, *Arenaria* (du latin *arena*, sable, parce que ces plantes croissent ordinairement dans le sable). On donne surtout ce nom à une espèce très commune en France et en Algérie, l'**Arenaria rubra**, L., ou *Spergularia rubra*, d'autres auteurs. C'est une plante herbacée annuelle, de la famille des *Caryophyllées*, ou suivant d'autres, des Alsinées. C'est une petite plante pubescente, glanduleuse, à feuilles linéaires, planes, à fleurs rouges ou lilas. On l'emploie en médecine comme diurétique.

SABOT. Nom vulgaire des coquilles du genre *Turbo*. (Voir ce mot.)

SABOT (*Ungula*). On donne ce nom à l'ongle des animaux mammifères lorsqu'il est très épais et garni de toutes parts la dernière phalange des doigts. Le cheval, le bœuf, le mouton, généralement tous les pachydermes et les ruminants ont des sabots.

SABOT DE VÉNUS. Nom vulgaire du *Cypripedium calceolus*. (Voir Cypripède.)

SACCHARUM. (Voir Canne a sucre.)

SACCOMYS (du grec *sakkos*, sac, et *mus*, rat). Genre de rongeurs américains, dont une seule espèce a été décrite par Cuvier; c'est un animal de la taille du lérot, remarquable surtout par le développement énorme de ses abajoues. On ne connaît pas ses mœurs et il paraît très rare.

SACRE. Nom vulgaire d'une espèce de Faucon.

SACRÉ. Qui concerne le sacrum : artères sacrées, veines sacrées.

SACRUM. Os triangulaire placé à la partie postérieure du bassin, faisant suite à la colonne vertébrale (voir Squelette), et continué lui-même par le *coccyx*. Il est comme encastré entre les os des îles. Il présente sur les côtés quatre trous pour le passage des branches antérieures et postérieures des nerfs sacrés.

SAFRAN (*Crocus*). Genre de la famille des *Iridacées*, composé de plantes bulbeuses, à feuilles radicales, étroites, linéaires, et à fleurs grandes, élégantes, portées sur de courtes hampes. Plusieurs espèces, notamment le **Crocus luteus**, remarquable par ses fleurs d'un jaune vif, qu'on voit éclore dès les premiers jours du printemps, et le **Crocus vernus**, L., ou *Safran printanier*, à fleurs violettes, également très précoces, sont communes dans les jardins comme plantes d'ornement; mais la plus intéressante est sans contredit celle qui fournit la substance aromatique qu'on désigne de même par le nom de Safran, et qui n'est autre chose que les stigmates desséchés du **Safran cultivé** ou *Crocus sativus*, espèce indigène d'Orient, mais qu'on cultive en grand dans le midi de la France. Cette espèce remarquable a des feuilles linéaires, allongées, de grandes fleurs violettes qui se développent en automne; c'est pour leurs stigmates

Safran cultivé
(*Crocus sativus*).

longs, d'un beau jaune, que l'on cultive la plante en grand dans plusieurs provinces de la France et de l'Allemagne. Cette substance s'emploie souvent comme épice, et la thérapeutique en tire parti à titre de remède stimulant, antispasmodique et emménagogue. Elle entre dans la composition du laudanum de Sydenham, des gouttes noires anglaises, de la thériaque, des pilules de cynoglosse, etc. L'huile volatile, qui est le principe actif du Safran, est d'un goût âcre et brûlant. Le Safran sert également à colorer les pâtes d'Italie. On obtient des bulbes du Safran une fécule très blanche, agréable au goût, donnant un alcool de très bonne qualité.

SAFRAN BATARD. (Voir Colchique et Carthame.)

SAGINE (*Sagina*). Petite plante herbacée rampante de la famille des *Alsinacées*. La **Sagine apétale** et la **Sagine couchée** se trouvent aux environs de Paris.

SAGITTAIRE (de *sagitta*, flèche, allusion à la forme des feuilles). Genre de plantes de la famille des *Alismacées*, vulgairement connues sous le nom de *flèches d'eau*. Elles ont des fleurs composées de trois sépales, trois pétales, des étamines nombreuses, des ovaires nombreux, réunis sur un réceptacle globuleux. Ce sont des plantes herbacées, aquatiques à feuilles en flèche, à fleurs blanches, réunies en assez grand nombre à l'extrémité d'une hampe. L'espèce la plus répandue en Europe, la **Fléchière**

Sagittaire, fléchière d'eau.

(*Sagittaria sagittæfolia*), est commune au bord des eaux ; elle s'élève souvent à 1 mètre.

SAGITTÉ. Se dit des feuilles ou d'autres organes qui ont la forme d'un fer de flèche. Telles sont les feuilles du liseron, de la fléchière.

SAGOU. (Voir SAGOUTIER.)

SAGOUIN (*Callithrix*). Genre de singes platyrrhiniens de la division des *Sapajous*, ou singes du nouveau continent. Les Sagouins ont la tête petite, arrondie, à face plate, à narines largement ouvertes sur le côté ; leurs oreilles sont grandes appliquées sur le crâne. Leur corps est assez grêle ; leurs membres dégagés ; la queue de la longueur du corps au moins, non prenante, couverte de poils dans toute sa longueur. Ces singes, de petite taille, sont très vifs et grimpent aux arbres avec une extrême légèreté ; cependant c'est dans les broussailles épaisses et dans les trous des rochers qu'ils se retirent, au contraire des sajous. Comme ces derniers, ils font une chasse active aux insectes et aux petits oiseaux ; mais ils se nourrissent aussi de fruits. Parmi les espèces les plus remarquables, nous citerons le **Saïmiri** ou *singe écureuil* (*C. sciurus*,

Geof.), long de 33 centimètres à peine ; il a le pelage court, d'un gris olivâtre, avec les bras et les jambes d'un roux vif et le museau noirâtre. Ce singe est un des plus jolis et des plus intelligents que l'on connaisse ; rien n'égale la gentillesse de ses manières et la douceur de ses mœurs ; aussi ces qualités le font-elles rechercher par les habitants du Brésil. Son agitation est continuelle ; on le trouve occupé sans cesse à jouer, à sauter, et à prendre des insectes, surtout des araignées, qu'il préfère à tous les aliments végétaux. Les Saïmiris habitent par petites troupes les forêts du Brésil et de la Guyane. Ils supportent difficilement le climat de l'Europe. — Le **Titi de l'Orénoque** est d'un jaune doré en dessus. — Le **Moloch**, du Brésil, est cendré en dessus, d'un fauve roussâtre en dessous, à face brune. — Le **Sagouin à masque** a le pelage d'un gris cendré, avec la face et les mains noires. — Le **Sagouin veuve** a le pelage d'un noir luisant, avec une cravate d'un beau blanc sur la gorge. Toutes ces espèces offrent en général les mœurs du Saïmiri.

SAGOUTIER (*Sagus*). Genre de plantes de la famille des *Palmiers*, comprenant un petit nombre d'espèces qui croissent dans les lieux maritimes de l'Asie, de l'Afrique et de l'Amérique intertropicales. Ces arbres, de hauteur moyenne, ont un stipe épais, simple, se terminant par un beau bouquet de feuilles pennées. Leurs fleurs sont monoïques, disposées en chatons distiques, qui, réunis en grand nombre, forment un très grand régime placé au-dessous du bouquet de feuilles et qui demande plusieurs années pour atteindre son entier développement. Les fleurs mâles ont un calice et une corolle à trois divisions : six à douze étamines ; les fleurs femelles, assez semblables aux fleurs mâles, n'ont que six étamines stériles à filets courts et soudés inférieurement, un pistil à ovaire à trois loges, surmonté de trois stigmates aigus. A ces fleurs femelles succède un fruit arrondi ou ovoïde couvert de larges écailles imbriquées. Trois espèces de ce genre sont surtout remarquables par leur utilité : ce sont : le **Sagoutier de Rumphius**, des Moluques, le **Sagoutier raphia**, de l'Inde, et le **Sagoutier pédonculé**, de Madagascar. Les diverses parties de ces espèces sont utilisées de plusieurs manières dans les contrées intertropicales. Leurs feuilles servent à couvrir les habitations, et les nègres font des sagaies avec leur côte. Le bourgeon terminal des Sagoutiers se mange comme le chou palmiste et aussi bien cru que cuit. Par l'extrémité tronquée de l'arbre dont on a enlevé ce bourgeon terminal, s'écoule une sève abondante qui, par la fermentation, se transforme en une liqueur vineuse, supérieure au vin de palme. Mais le produit le plus important des Sagoutiers est le *sagou* : c'est une fécule qui existe en abondance dans le tissu cellulaire, analogue à la moelle, que renferme le stipe. Pour l'extraire, on fend l'arbre dans sa longueur, on retire ce tissu cellulaire que l'on écrase, puis on le place au-dessus de vases sur des tamis de crin ;

on le délaie avec de l'eau qui entraîne la fécule qu'elle dépose sur un linge et que l'on fait ensuite sécher au soleil. Le Sagou sert d'aliment dans les contrées où on le recueille, et le commerce l'ap-

Sagoutier de l'Inde.

porte en Europe, où l'on en fait avec du lait ou du bouillon des potages délicieux.

SAIGA. Nom d'une espèce d'Antilope.

SAÏMIRI. (Voir Sagouin.)

SAIN-BOIS. (Voir Daphné.)

SAINFOIN (*Hedysarum*). Genre de plantes de la famille des *Légumineuses papilionacées*, tribu des *Hédysarées*, formé d'espèces herbacées ou sous-frutescentes qui habitent les parties tempérées et un peu froides de l'hémisphère septentrional. Leurs feuilles sont pennées avec foliole impaire ; leurs fleurs sont assez grandes, purpurines, blanches ou jaunâtres, et forment des épis ou grappes axillaires. Chacune d'elles présente un calice à cinq divisions linéaires, une corolle dont l'étendard est grand, dont les ailes sont beaucoup plus courtes que la corolle ; dix étamines diadelphes ; un ovaire multiovulé que surmonte un style filiforme. A ces fleurs succède un légume formé d'articles comprimés, orbiculaires, à une seule graine. Parmi les nombreuses espèces de Sainfoin, nous citerons le **Sainfoin à bouquet** ou **Sainfoin d'Espagne** (*H. coronarium*), à tige haute de 6 à 10 décimètres, à feuilles de sept à neuf folioles, à fleurs en épis rouges et odorantes. Cette espèce, originaire d'Italie, est fréquemment cultivée dans les jardins d'agrément. —

L'Esparcette ou **Sainfoin cultivé** (*H. onobrychis*) est aujourd'hui le type du genre *Onobrychis*, et forme avec la luzerne la plus grande partie de nos prairies artificielles : c'est une plante haute de 5 à 8 décimètres, à tige anguleuse, rameuse, pubescente ; à feuilles de dix-sept ou dix-neuf folioles ; à fleurs d'un rouge vif avec l'étendard rayé de rouge plus intense ; le légume est pubescent, bordé de dents épineuses. Cette plante fournit un excellent fourrage, et, à cette qualité, joint celle d'améliorer considérablement le sol dans lequel elle est cultivée. Elle végète sans difficulté dans les sols crayeux, secs et peu fertiles. — Le **Sainfoin oscillant** (*H. girans*) est une espèce du Bengale dont les feuilles présentent le singulier phénomène d'être continuellement en mouvement et d'osciller d'autant plus qu'il fait plus chaud. Cette plante, plus curieuse qu'élégante, a des feuilles à trois folioles et des fleurs bleuâtres. Elle ne vient chez nous qu'en serre.

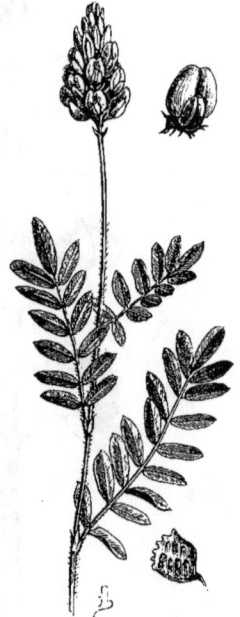

Sainfoin.

SAINT-GERMAIN. Variété de Poires à chair fondante, sucrée, acidulée, mais souvent pierreuse.

SAINTE-LUCIE. Espèce du genre *Cerisier*.

SAJOU. (Voir Sapajou.)

SAKI (*Pithecia*). Genre de mammifères de l'ordre des Primates, division des Platyrrhiniens, famille des *Pithécidés*. Les Sakis ont le corps long et grêle, entièrement couvert de poils, la face courte, le front proéminent, les narines écartées ; les doigts sont munis d'ongles plats, le gros orteil seul est opposable ; leur queue, très touffue, leur a fait donner le nom de *Singes à queue de renard*. Tous appartiennent à l'Amérique méridionale. Tels sont : le **Saki satanas** ou **Saki noir**, le **Saki à tête blanche** (*P. leucocephala*), le **Saki capucin** (*P. chiropotes*). On a fait un sous-genre, sous le nom de Brachyure, de quelques espèces qui ont la queue courte ; ce sont l'**Ouakary**, le **Saki rubicond**, etc.

SALAMANDRE. Genre de batraciens de l'ordre des Urodèles, type de la famille des *Salamandridés*, parfaitement distincte de celle des lézards, avec lesquels on les confondait naguère. Les Salamandres ont cependant, comme les lézards, le corps allongé, supporté par quatre membres et terminé par une longue queue; mais l'aplatissement de la tête, leur peau dépourvue d'écailles, les pustules dont les flancs sont recouverts, et qui laissent suinter, lorsque l'animal est inquiété, une humeur lactescente très fétide, donneraient plutôt à la Salamandre quelque ressemblance avec le crapaud. Aussi est-elle comme lui l'objet d'une répulsion générale, bien qu'on la regarde à tort comme venimeuse. Dépourvu de tout moyen de nuire, cet innocent animal aux habitudes tristes et solitaires, passe sa vie dans des trous ou dans la vase, y cherchant les vers ou les insectes dont il fait sa nourriture. La Salamandre terrestre est ovovivipare, et son têtard

Salamandre terrestre.

opère ses métamorphoses avec plus de rapidité que ses congénères, car il perd ses branchies très peu de temps après sa naissance. On sait que la Salamandre était autrefois le sujet de fables nombreuses, dont la plus accréditée voulait que le feu ne fît pas périr cet animal, qu'il pût marcher au travers, et même l'éteindre sur son passage. Il se peut faire que, placée sur un feu peu ardent, la Salamandre puisse sécréter par ses glandes un liquide suffisant pour diminuer momentanément l'activité du foyer, comme le font d'ailleurs toutes les substances humides; mais il y a loin de là à l'incombustibilité qu'on lui attribuait. — On divise ces batraciens en deux groupes : les Salamandres terrestres (Salamandra) et les Salamandres aquatiques (Triton). — 1° Les SALAMANDRES TERRESTRES, qui vivent dans des lieux humides, sont caractérisés par leur queue arrondie, leur génération ovovivipare et leurs habitudes terrestres. On en connaît une vingtaine d'espèces au moins, dont trois se trouvent en France; la plus connue est la Salamandre commune ou Salamandre maculée (Salamandra maculosa), répandue dans la France centrale; longue de 10 centimètres, elle est brun verdâtre foncé avec de grandes taches jaune vif. Elle est parfaitement inoffensive et vit dans les bois humides, sous la mousse ou dans des conduits souterrains. Elle sort surtout la nuit, pour chercher les vers et les insectes dont elle se nourrit. Les Salamandres terrestres sont ovovivipares; les unes vont déposer leurs petits dans l'eau; les autres ne mettent au jour que des jeunes ayant déjà subi toutes leurs métamorphoses. — 2° Les SALAMANDRES AQUATIQUES ou TRITONS ont la peau lisse, la queue compri-

mée sur les côtés, les doigts lobés ou incomplètement palmés. Elles sont ovipares et vivent constamment dans l'eau. Leurs têtards ont des branchies très développées de chaque côté du cou, et ne les perdent que lorsqu'ils ont acquis leurs quatre pattes; ce sont les antérieures qui poussent les premières. On en trouve plusieurs espèces dans les mares et les étangs des environs de Paris. Ces animaux peuvent vivre à terre, où on les rencontre même souvent, lorsque les grandes chaleurs de l'été ont desséché les mares; mais autant ils sont adroits et vifs dans l'eau, autant ils paraissent lents et embarrassés à terre. La femelle dépose ses œufs sous les feuilles des plantes aquatiques, un à un, et ne les laisse pas tomber au fond de l'eau en longs chapelets, comme l'ont avancé plusieurs naturalistes. — On trouve communément aux environs de Paris le **Triton à crête** (*Triton cristatus*), vulgairement *grand lézard d'eau*, noirâtre en dessus, avec le dessous du corps d'un beau rouge orangé tout parsemé de taches noires; à l'époque de la ponte il porte une crête bien développée le long du dos et de la queue. — Les Salamandres ont la singulière propriété de reproduire leurs membres lorsqu'ils ont été coupés; et l'on en a vu de complètement congelées revenir à la vie; ces propriétés vitales les ont rendues célèbres en physiologie.— Le genre *Cryptobranchus* a été établi pour un triton gigantesque du Japon, long d'un mètre, le **Cryptobranchus Sieboldii**, ainsi nommé du naturaliste Siebold qui, le premier, l'a rapporté en

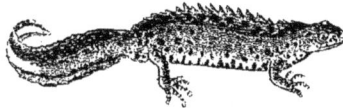

Triton à crête.

Europe. C'est le géant des batraciens. C'est près de ce curieux amphibien qu'il faut placer la Salamandre gigantesque fossile trouvée dans le terrain tertiaire d'Œningen, et décrite par Scheuchzer comme un fossile humain (*homo diluvii testis*).

SALANGANE. (Voir HIRONDELLE.)

SALAR. Espèce du genre *Saumon.* (Voir ce mot.)

SALEP. Substance nutritive ou fécule que l'on tire des bulbes de plusieurs espèces d'Orchidées.

SALICAIRE (*Lythrum*). Genre de plantes de la famille des *Lythrariées*, comprenant des herbes ou des sous-arbrisseaux à feuilles entières, opposées, à fleurs réunies à l'aisselle des feuilles ou en épis terminaux, et dont les caractères sont : calice monosépale, tubuleux; six pétales, six-douze étamines; capsule oblongue à deux loges contenant de nombreuses graines. — Le type du genre, la Salicaire commune (*L. salicaria*, ou *Lysimachie rouge*, croît en France dans les lieux humides, au bord des fossés. Sa tige s'élève à 12 décimètres de hauteur, ses fleurs en glomérules axillaires, pourpres ou blanches, sont de trois sortes qui se distinguent par la grandeur relative du style et des étamines, elles-mêmes de deux grandeurs. Dans l'extrême nord on emploie ses feuilles en guise de thé. Elle est quelquefois employée en

Salicaire (*Lythrum salicaria*).

médecine à cause de ses propriétés astringentes. Son nom lui vient de ce que les feuilles ressemblent à celles du saule (*salix*).

SALICINÉES (de *salix*, saule). Famille de plantes dicotylédones, polypétales, périgynes, comprenant les *Saules* et les *Peupliers* (voir ces mots), et dont les

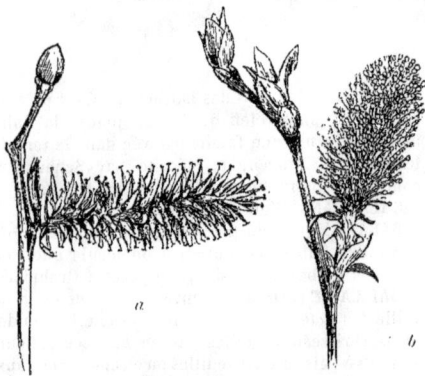

Saule marceau. — *a*, fleur femelle; *b*, fleur mâle.

caractères principaux sont: des fleurs incomplètes, dioïques, à périanthe nul, en chatons; fleurs mâles en chatons cylindriques ou oblongs, portant un grand nombre d'écailles à l'aisselle de chacune desquelles se trouve une fleur à deux-douze étamines indépendantes ou soudées. Fleurs femelles en chatons semblables aux mâles, à périanthe nul, à

ovaire supère, entouré d'un disque uniloculaire, à deux placentas pariétaux pluriovulés; un fruit cap-

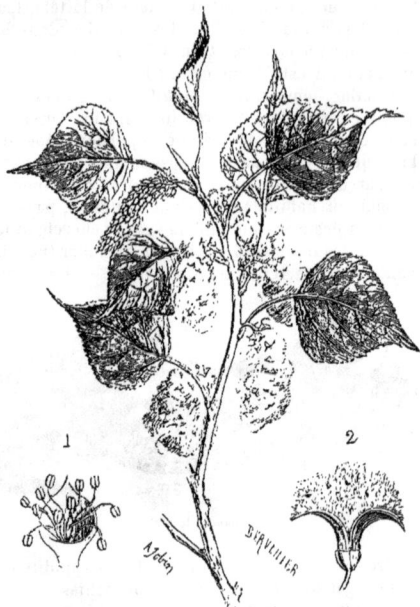

Peuplier noir. — 1, fleur mâle; 2, fleur femelle.

sulaire, polysperme, à graines sans albumen, entourées de longs poils soyeux.

SALICOQUE. On donne ce nom aux crustacés du genre Palémon. (Voir ce mot.)

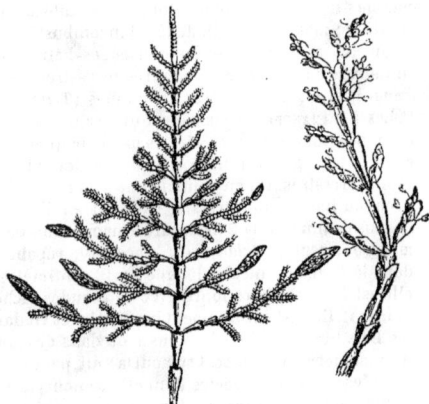

Salicorne.   Rameau grossi.

SALICORNE (*Salicornia*). Genre de plantes dicotylédones de la famille des *Chénopodiacées*, qui ne croissent que dans les terrains imprégnés de sel. Les espèces sont herbacées ou sous-ligneuses, articulées, dépourvues de feuilles ; aux articulations se montrent vers la fin de l'été, de petites fleurs à peine visibles, à calice ventru, denticulé, sans corolle, une-deux étamines hypogynes, ovaire ovoïde à deux styles et stigmate bifide ; puis, un fruit utriculaire, recouvert par le calice. — Les Salicornia herbacea et Salicornia fruticosa croissent abondamment dans les marais salants des bords de l'Océan et de la Méditerranée. Elles contiennent en quantité de la soude qu'on en extrait par incinération. On fait confire leurs jeunes rameaux dans le vinaigre pour l'assaisonnement des salades.

SALIVAIRE [Appareil]. L'appareil salivaire est composé d'un très grand nombre de glandes. On a divisé les glandes salivaires en deux groupes. Dans le premier, on range cette multitude de très petites glandules que renferme la muqueuse des joues, des lèvres et de la langue. Logées dans l'épaisseur de la

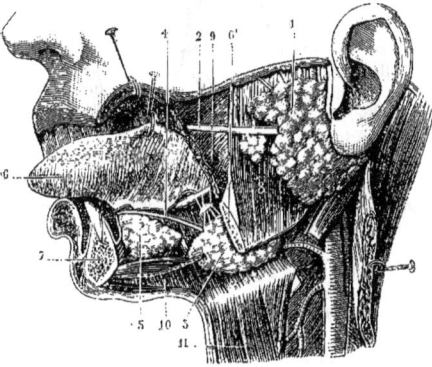

Glandes salivaires (la paroi externe de la bouche et une partie du maxillaire inférieur sont réséqués).

1, parotide ; 2, canal de Sténon ; 3, glande sous-maxillaire ; 4, canal de Wharton ; 5, glande sublinguale ; 6, nerf lingual ; 6', ganglion de la glande sous-maxillaire ; 7, maxillaire inférieur ; 8, langue ; 9, masséter ; 10, buccinateur ; 11, mylo-hyoïdien ; 12, mylo-sous-hyoïdiens.

paroi buccale, elles portent le nom de glandes intra-pariétales ou accessoires. Sous celui de glandes extra-pariétales ou glandes salivaires proprement dites, on comprend trois paires de glandes volumineuses qui constituent une sorte de chapelet étendu de l'une à l'autre oreille, et dont la partie moyenne répond au frein de la langue. La paire supérieure (paro-tides) occupe l'excavation qui sépare l'oreille du bord postérieur de la mâchoire, dont elles recouvrent presque complètement la branche montante. Un canal spécial dit de Sténon, verse le produit de leur sécrétion dans la cavité buccale au niveau du collet de la deuxième grosse molaire supérieure. Ce sont ces glandes qui, enflammées, sont le siège de la maladie connue vulgairement sous le terme d'oreillons. Beaucoup moins considérables que les paro-

tides sont les glandes sous-maxillaires et les glandes sublinguales qui complètent le demi-circuit glandulaire ; logées, celles-ci sous la muqueuse du plancher buccal qu'elles soulèvent sur les côtés du frein lingual, les autres au-dessous et en dedans du corps de la mâchoire inférieure. Les glandes sous-maxillaires ont chacune un conduit excréteur, canal de Wharton. Les sublinguales, au contraire, déversent la salive par une quinzaine de petits pertuis, qu'on désigne quelquefois, mais à tort, sous le nom de Rivinus, car cet anatomiste ne connaissait qu'un seul de ces canalicules. — La Grenouillette est une tumeur produite par l'engorgement de ces glandes sublinguales.

SALIVE. Liquide visqueux, incolore, inodore dans l'état normal, et qui est sécrété par les glandes situées sur divers points de l'appareil buccal. Ce liquide est composé d'eau, de mucilage, d'albumine, de divers sels de soude, de chaux et d'ammoniaque. Grâce à la ptyaline ou diastase qu'elle renferme aussi, la Salive joue un rôle important dans la digestion. Lorsque les aliments sont placés dans la cavité buccale, ils stimulent les glandes chargées de la sécrétion salivaire, et la salive est formée avec abondance ; celle-ci se mêle au bol alimentaire, l'humecte et lui fait subir ainsi une modification à la fois physique et chimique, qui prépare son assimilation. (Voir DIGESTION.)

SALIX. Nom latin du genre Saule. (Voir ce mot.)

SALMONIDÉS. Famille de poissons téléostéens de l'ordre des MALACOPTÉRYGIENS, groupe des Physostomes abdominaux qui offre pour caractères : la nageoire dorsale suivie d'une petite nageoire adipeuse ; les ventrales situées en arrière des pectorales ; la bouche grande, dépourvue de barbillons, ayant les mâchoires, les palatins, le vomer et la langue pourvus de dents nombreuses. Cette famille est composée de plusieurs genres : Saumon, Truite, Ombre, Éperlan, dont les espèces habitent, les unes spécialement les eaux douces, les autres alternativement les eaux douces et la mer. Ces poissons sont généralement renommés pour la délicatesse de leur chair.

SALPÊTRE. (Voir NITRE.)

SALPES (Salpa). Groupe de molluscoïdes de la classe des TUNICIERS, compris par quelques auteurs parmi les Ascidies, mais formant pour d'autres un ordre particulier sous le nom de Salpiens. Ce sont des animaux nageurs, dont le corps, de forme cylindroïde, est remarquable par sa transparence cristalline. Les orifices d'entrée et de sortie, au lieu d'être voisins comme chez les ascidies, sont éloignés l'un de l'autre aux deux extrémités ; leur système nerveux est plus développé que chez les ascidies. Les organes digestifs forment à la partie postérieure une masse arrondie ou nucleus. L'orifice antérieur ou la bouche est une large fente transversale, munie de deux lèvres ; elle communique avec la cavité respiratoire, contenant des branchies très développées, ayant la forme d'un tube rempli de sang. Les Salpes vivent solitaires ou réunis en colonies flottantes, en chaînes régulières, qui se meuvent par une série de contractions chassant l'eau par l'orifice postérieur et produisant une espèce de recul qui pousse le corps en avant. Ce corps, de consistance gélatineuse et transparent comme du cristal, a la forme d'un petit baril. Les Salpes se reproduisent par génération alternante; les individus agrégés produisent des œufs ou des embryons qui donnent naissance à des Salpes solitaires femelles ou asexués, sur lesquels se développent par bourgeonnement de nombreux individus pourvus d'organes sexuels et qui restent agrégés en chaînes plus ou moins longues.

SALSE (du latin *salsus*, salé). On donne ce nom à des monticules ou petits volcans en miniature qui rejettent par leur entonnoir des vapeurs, des gaz, notamment de l'acide carbonique et de l'hydrogène protocarboné, et enfin des boues imprégnées de matières salines, surtout de sel marin, circonstance qui a fait donner le nom de *Salses* à ces bouches éruptives. Ces petits volcans boueux sont fréquents en Europe. Il s'en trouve en Italie, dans la province de Modène; en Sicile, au voisinage de Girgenti; sur les bords de la mer Caspienne, etc.

SALSEPAREILLE (*Smilax*, L.). Genre de plantes de la famille des *Liliacées*, tribu des *Asparagées*, originaires de l'Amérique. On en distingue plusieurs espèces; mais la Salsepareille, dite de Portugal, qui vient du Brésil, est la plus estimée. Cette plante, fort employée en médecine, est considérée comme un excellent dépuratif; on l'emploie principalement comme remède antisyphilitique. Quel-

Salsepareille.

ques praticiens en font usage aussi dans le traitement des maladies de la peau. — La Salsepareille du Brésil (*S. officinalis*) est une plante à tige grimpante, aiguillonnée, à feuilles ovales allongées, aiguës, à cinq-sept nervures coriaces; les fleurs, disposées en grappes, sont unisexuées, composées chacune d'un périanthe coloré à six folioles, six étamines, ovaire à trois loges; le fruit est une baie rouge de la forme et de la grosseur d'une cerise. —

Deux autres espèces, la Salsepareille du Mexique (*S. medica*) et la Salsepareille de la Guyane (*S. syphilitica*), entrent également dans le commerce.

SALSIFIS (*Tragopogon*). Genre de plantes dicotylédones de la famille des *Composées liguliflores*, tribu des *Chicoracées*. Le Salsifis des prés (*Tr. pratense*), vulgairement *barbe de bouc*, *rataboul*, *cochet*, *lombarde*, croît dans les prairies et les pâturages de toute l'Europe. C'est une plante herbacée de 5 à 8 décimètres, à feuilles embrassantes, lancéolées, linéaires, très allongées; à capitules de fleurs jaunes. — Le Salsifis cultivé (*Tr. porrifolius*), à feuilles larges, embrassantes, à fleurs de couleur pourprée, est cultivé dans les potagers; sa racine pivotante, charnue, connue sous les noms de *Salsifis blanc* ou de *Cercifis*, sert à l'alimentation. — On donne les noms de *Salsifis noir*, *Salsifis de Bohême* à des espèces du genre *Scorzonère*.

Salsifis cultivé.

SALSOLA (de *sal*, sel). Genre de plantes dicotylédones de la famille des *Chénopodiacées*, composé d'herbes ou de sous-arbrisseaux connus vulgairement sous le nom de *soudes*, et qui ne croissent que sur les bords de la mer. Leurs feuilles sont charnues, cylindriques, leurs fleurs axillaires, petites. Les Salsola soda et Kali sont surtout communs sur nos côtes; ils contiennent de la soude. Ces plantes jouissent en outre de propriétés diurétiques qui les font employer en médecine.

SALTIGRADES (de *saltus*, saut, et *gradus*, marche). Famille d'araignées vagabondes de l'ordre des ARANÉIDES DIPNEUMONES, comprenant celles qui sont organisées pour le saut et s'élancent sur leur proie quand celle-ci passe à leur portée. Ce sont les Attes et les Saltiques. (Voir ces mots.)

SALTIQUE, *Salticus* (de *saltus*, saut). Genre d'aranéides dipneumones type de la famille des *Saltigrades* ou *Attidés*, offrant pour caractères : quatre paires d'yeux dont les intermédiaires plus gros, en avant, sur une ligne transverse; les deux autres près des bords latéraux; languette tronquée au sommet. On trouve communément en France le Saltique chevronné (*S. scenicus*), long de 5 millimètres, noir en dessus avec le corselet bordé de blanc et trois chevrons blancs sur l'abdomen. Cette espèce se voit souvent immobile à l'affût sur un mur exposé au soleil, s'élançant d'un saut sur sa proie ; elle est toujours suspendue au bout d'un fil de soie qu'elle dévide ou replie suivant le besoin.

SALVATOR, (Voir Moniter.)

SALVADORE, *Salvadora* (dédié à J. Salvador, botaniste espagnol du dix-septième siècle). Genre de plantes de la famille des *Plombaginées*, à calice court, corolle à quatre divisions, quatre étamines soudées aux lobes de la corolle ; le fruit est une baie globuleuse, de la grosseur d'un pois, à une loge et à une seule graine. — La **Salvadore de Perse** (*S. persica*), qui habite les Indes orientales et l'Arabie, est un arbrisseau à feuilles opposées, ovales ; à fleurs très petites, rassemblées en grappes terminales ou axillaires. Les Arabes regardent cette plante comme douée de précieuses propriétés curatives et principalement comme contre-poison. Son écorce est employée dans l'Asie australe comme vésicante et ses feuilles comme purgatives.

SALVELIN. Espèce du genre *Saumon*.

SALVIA. Nom scientifique latin de la *Sauge*.

SALVINIE, *Salvinia* (dédié au botaniste italien Salvini). Genre de plantes cryptogames de la famille des *Marsiléacées*, tribu des *Salvinites*. Ce sont des herbes aquatiques, nageantes, à feuilles alternes imbriquées, formées uniquement de tissu cellulaire et dépourvues de stomates. Les organes reproducteurs (*anthéridies* et *sporanges*) sont renfermés dans des involucres différents en forme de capsules globuleuses. — La **Salvinie flottante** (*S. natans*) croît dans les eaux stagnantes de l'Europe méridionale où elle forme souvent des tapis de verdure. Ses feuilles ovales, roulées en spirale, sont parsemées de poils articulés réunis par quatre.

SAMARE (de *samara*, nom donné par Pline au fruit de l'orme). Fruit coriace, indéhiscent, très aplati, ordinairement prolongé sur ses bords en aile membraneuse. Tels sont les fruits de l'orme, de l'érable.

SAMBUCUS. (Voir Sureau.)

SAMOLE (*Samolus*). Genre de plantes de la famille des *Primulacées* dont l'espèce type (*S. valerandi*), vulgairement connue sous le nom de *mouron d'eau*, est une petite plante herbacée, commune dans les lieux marécageux. Ses feuilles sont ovales, spatulées, ses fleurs blanches, en grappes terminales. Le *Samolus*, dit Pline, est employé par les Gaulois contre les maladies des bœufs et des vaches. La médecine moderne l'a employé comme apéritif et vulnéraire.

SANDAL. (Voir Santal.)

SANDARAQUE. Résine odorante qui découle spontanément ou par incisions du tronc et des branches d'une espèce de cyprès de Barbarie, le *Callitris articulata*. Elle est en larmes d'un jaune pâle, d'odeur agréable ; dissoute dans l'alcool, elle forme un beau vernis ; pulvérisée, elle donne une poudre blanche dont on se sert pour empêcher le papier de boire. — On donne le nom de *Sandaraque d'Allemagne* à une résine verdâtre qu'on extrait du genévrier.

SANDERLING (*Calidris*). Genre d'oiseaux de l'ordre des Échassiers (*Longirostres* de Cuvier), famille des *Scolopacidés*, caractérisé par un bec droit, grêle, de longueur médiocre, trois doigts seulement dirigés en avant et le pouce tout à fait rudimentaire. On n'en connaît qu'une espèce : le **Sanderling des sables** (*C. arenaria*), qui habite les rivages de la mer en Europe et en Asie ; il ne se montre sur nos côtes que vers la fin de l'automne et en hiver. C'est un oiseau dont le corps a 20 centimètres de longueur, gris en dessus, blanc en dessous ; au printemps, il a le cou, la poitrine et les flancs d'un roux cendré avec des taches noires, la tête marquée de taches noires bordées de roux et de blanc. Le Sanderling des sables parcourt dans ses migrations périodiques une grande partie du globe. Il émigre par petites troupes le long des bords de la mer, et ces troupes, en se réunissant, forment parfois des bandes excessivement nombreuses. On ne le trouve qu'accidentellement le long des fleuves, et il paraît se nourrir presque exclusivement de vers et de petits mollusques marins. Il se reproduit dans les régions du cercle Arctique, et il se rencontre abondamment au printemps et à l'automne sur les côtes de la Hollande et de l'Angleterre. Tous les hivers il se montre sur nos côtes picardes, mais il n'y paraît jamais très commun.

SANDRE (*Lucioperca*). Genre de poissons téléostéens de l'ordre des Acanthoptères, famille des *Percidés*, offrant pour caractères les nageoires et les préopercules de la perche, avec des dents pointues qui rappellent celles du brochet, d'où son nom (*lucius*, brochet, et *perca*, perche). Le type du genre, le **Sandre commun** (*L. sandra*), vit dans les fleuves et les lacs du nord et de l'est de l'Europe ; il est verdâtre, à bandes verticales brunes ; sa taille est de 1 mètre et plus. Sa chair est très délicate.

SANG. Le Sang est un liquide plus ou moins rougeâtre, visqueux, odorant, et présentant la propriété de se coaguler aussitôt qu'il est extrait des vaisseaux qui le renferment ; cette masse demi-solide est ce qu'on nomme le *plasma* sanguin. Si on l'examine au microscope, on voit qu'il tient en suspension un nombre considérable de globules, dont les uns rouges (*hématies*), en forme de lentilles, donnent au Sang sa couleur, et d'autres, beaucoup moins nombreux (*leucocytes*), sont presque sphériques et blancs. Les globules sanguins, très petits chez l'homme, varient en diamètre de $1/130^e$ à $1/300^e$ de millimètre ; leur grosseur et même leur forme varient dans les diverses classes d'animaux. Lorsqu'on abandonne le Sang à lui-même, on voit qu'au bout d'un certain temps il se divise en deux parties, l'une solide qu'on appelle *caillot*, l'autre liquide que l'on nomme *sérum*. Le caillot est essentiellement formé de fibrine retenant les globules sanguins dans son réseau ; il renferme aussi une matière colorante particulière que les chimistes appellent *hémoglobine*. Le sérum est un liquide d'un jaune verdâtre, formé principalement d'albumine tenue en dissolution dans de l'eau à la faveur du carbonate de soude ; il a beaucoup d'analogie pour la couleur, la saveur et la consistance, avec le petit-lait. Chez les invertébrés le sang est généralement incolore. Le sang est indispensable à la vie, il est le produit de l'élaboration du chyle, acquérant ses propriétés vivifiantes dans l'acte de la respiration (voir ce mot), en distribuant par les vaisseaux les principes nutritifs à tous les tissus organiques (voir CIRCULATION) et y reprenant les particules qui doivent en être éliminées.

SANG-DRAGON. Gomme-résine que l'on emploie dans les arts pour colorer certains vernis, et que fournissent plusieurs végétaux, principalement le Dragonnier des Canaries et une espèce de Rotang. (Voir ces mots.)

SANGLIER. (Voir COCHON.)

SANGSUE, *Hirudo* (de *sanguisuga*, qui suce le sang). Genre de vers de la classe des ANNÉLIDES, de l'ordre des HIRUDINÉES, famille des *Gnathobdellides*. Ce sont des animaux apodes, dépourvus de soies, qui, outre l'absence de ces appendices, se distinguent encore des autres invertébrés de cette classe par les deux espèces d'entonnoirs ou de cavités contractiles qu'ils portent aux deux extrémités du corps et qui, agissant à la manière d'une ventouse, permettent à l'animal d'adhérer fortement aux objets sur lesquels il s'applique. Au fond de la ventouse antérieure est la bouche, armée de mâchoires denticulées en forme de scie, à l'aide desquelles ces annélides percent la peau pour en tirer le sang. Leur corps allongé, plissé transversalement, offre à la face dorsale des anneaux antérieurs un certain nombre de petites taches noires qui paraissent être des yeux rudimentaires. On voit aussi dans plusieurs espèces deux séries de pores s'étendant au-dessous du corps, et communiquant avec de petits sacs muqueux que l'on a regardés à tort comme des organes respiratoires. La respiration paraît s'effectuer seulement à travers la peau, et cette fonction est très peu active chez ces animaux. Les Sangsues sont hermaphrodites. Elles rassemblent leurs œufs dans des cocons enveloppés d'une sorte de bourre ou d'excrétion fibreuse. Les Sangsues ont l'habitude de s'attacher aux poissons, aux batraciens, aux bestiaux même quand ils vont boire dans les mares, pour vivre à leurs dépens. Quoique très carnassières, elles supportent cependant, pendant l'hiver, de très longs jeûnes, enfoncées dans la vase, où elles n'ont pour se nourrir que des détritus organiques ou quelques larves d'insectes. On sait que les Sangsues médicinales se conservent longtemps dans de l'argile humide et même dans de l'eau que l'on renouvelle. On confondait naguère, sous le nom de Sangsues, un grand nombre d'espèces différentes, aujourd'hui réparties dans plusieurs genres, dont l'ensemble forme l'ordre des HIRUDINÉES. Les Sangsues proprement dites (*Sanguisuga*) ont le corps allongé, plan en dessous, convexe en dessus ; elles se renflent et se contractent jusqu'à prendre la forme d'une olive. La surface du corps présente des anneaux ou segments nombreux ; la peau est colorée, recouverte d'un épiderme mince, diaphane, enduit de mucosité, et dont l'animal se dépouille périodiquement. Les Sangsues habitent les eaux douces et tranquilles, dans lesquelles elles nagent rapidement par un mouvement ondulatoire de leur corps ; hors de l'eau, leur mode de progression est assez singulier : après avoir fixé son disque postérieur, l'animal s'allonge en avant autant que possible, puis il fixe sa ventouse buccale, détache la postérieure pour la rapprocher de l'antérieure, et recommence ces divers mouvements au moyen desquels il marche assez vite, et comme une chenille arpenteuse. Les plus intéressantes à connaître sont : la **Sangsue verte** ou **officinale**, la plus grosse des espèces connues, rayée de jaune en dessus, et la **Sangsue grise** ou **médicinale**, ordinairement marbrée. Ce sont les espèces les

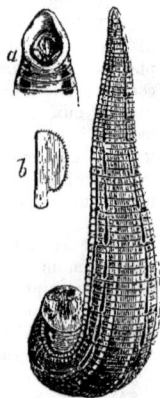

Sangsue officinale.
a, bouche ouverte ; *b*, mâchoire grossie.

plus fréquemment employées en médecine, quoique plusieurs autres du même genre pourraient servir également. La première est plus commune dans le midi, la seconde dans le nord de l'Europe. — On emploie également en médecine la **Sangsue truite** (*H. troctina*), de l'Algérie, connue dans le commerce sous le nom de *Dragon d'Alger*. Son corps est plus large, de couleur verdâtre, avec six rangées de petites taches sur le dos ; les parties latérales sont orangées ou rougeâtres et les bandes marginales du ventre en zigzag. — On trouve communément dans les marais et les eaux douces de la France et de l'Algérie une espèce de Sangsue à dos roussâtre, marquée de six rangées de petites taches noires, à ventre verdâtre plus foncé que le dos. C'est l'**Hemopis vorace** ou *Sangsue des chevaux*, impropre au service médical, mais fort nuisible aux bestiaux et même à l'homme. Elle a l'habitude de se fixer aux jambes des chevaux et des bœufs, ou même dans leurs narines et dans leur bouche, lorsque ces animaux vont boire. On sait que les Sangsues sont fréquemment employées en médecine pour opérer les émissions sanguines locales. Dans les applications qu'on en fait au traitement de nombreuses maladies, on peut les poser sur tous les points du corps. Aujourd'hui, la consommation des Sangsues diminue d'une manière notable, tant parce que l'expérience a démontré que les émissions sanguines n'ont pas toute l'importance qu'on leur avait attribuée, que parce qu'on leur substitue avec avantage les ventouses sèches et surtout scarifiées. Cependant, elles sont encore l'objet d'un grand commerce. Plusieurs départements du centre et de l'ouest de la France possèdent des étangs à Sangsues naturels, principalement ceux de l'Indre, du Loir-et-Cher, de la Vienne, des Deux-Sèvres, de la Vendée, etc. On en a créé d'artificiels dans plusieurs parties de la France, notamment dans le Bordelais. Les marais naturels sont généralement à fond tourbeux et plus ou moins riches en végétation. On les abandonne communément à la nature, en se contentant d'y promener de temps en temps quelques malheureux animaux, bœufs, chevaux ou ânes, qui fournissent aux Sangsues le sang dont elles ont besoin pour leur nourriture. Les pauvres bêtes en ont souvent les jambes et le ventre couverts et ne tardent pas à périr épuisées par ce régime barbare. Non seulement ces moyens sont réprouvés par la morale et l'humanité, mais c'est une cruauté inutile. L'expérience a prouvé que l'on peut parfaitement nourrir les Sangsues avec le sang des animaux que l'on abat à la boucherie. Le sang de bœuf ou de mouton leur convient parfaitement. Elles passent l'hiver dans l'engourdissement. A l'époque de la reproduction, en juillet et août, les Sangsues montent sur les talus ou les îlots ménagés dans les bassins et y creusent de petites galeries au fond desquelles elles déposent leurs cocons. On les place dans des caisses, dont le fond formé d'un treillis très large est recouvert d'un lit de mousse, et l'on pose ces caisses au bord du bassin d'incubation. Les jeunes, à mesure qu'elles naissent, passent à travers la mousse et vont gagner la vase du marais. A l'état de nature, les jeunes Sangsues se nourrissent principalement de mollusques et de têtards, dont elles sucent les sucs, leurs mâchoires n'étant pas assez fortes pour entamer la peau des animaux. — Au bout de deux ans, les Sangsues pèsent de 1g,3 à 2 grammes, et peuvent être mises en vente. Au-dessous de ce poids, ces annélides sont trop faibles et d'un emploi médical peu avantageux. Pour recueillir les Sangsues, on bat l'eau et on les ramasse avec un filet à mesure qu'elles arrivent, excitées par le besoin de nourriture et par l'espoir de s'attacher à une proie.

SANGUINAIRE, *Sanguinaria* (du latin *sanguis*, sang). Genre de plantes de la famille des *Papavéracées*, caractérisé par une corolle à huit pétales oblongs, environ vingt-quatre étamines, une capsule oblongue à deux valves caduques, à placentas persistants. Ce sont des herbes vivaces. — L'unique espèce connue, la **Sanguinaire du Canada** (*S. canadensis*), *blood root* des Américains, est très répandue dans l'Amérique du Nord. De son rhizome cylindrique brun, s'élève une hampe droite terminée par une fleur blanche. Toutes ses parties sont gorgées d'un suc rougeâtre d'une saveur âcre et brûlante. Son rhizome, doué de propriétés très irritantes, constitue un vomitif puissant. On l'emploie comme émétique en décoction ou en infusion, en poudre ou en pilules. Son suc donne une teinture jaune.

SANGUINE. Variété de fer oligiste. (Voir FER.)

SANGUISORBE, *Sanguisorba* (de *sanguis*, sang, et *sorbere*, absorber, par allusion à ses propriétés vulnéraires). Genre de plantes dicotylédones, polypétales, périgynes, de la famille des *Rosacées*. Ce sont des plantes herbacées, glabres, à feuilles imparipennées, à fleurs en épi, hermaphrodites, à calice coloré, à quatre lobes et à tube quadrangulaire entouré de deux ou trois bractées, à pétales nuls, quatre étamines; style filiforme; un ou deux carpelles inclus dans le tube du calice. — La principale espèce du genre croît dans les prés humides des environs de Paris; c'est la **Sanguisorbe officinale** (*S. officinalis*), vulgairement *pimprenelle des prés*, à tige droite, anguleuse, de 5 à 9 décimètres, à feuilles glauques, de cinq à quinze folioles, oblongues, dentées; ses fleurs d'un pourpre foncé forment un épi ovale, à bractées égalant les fleurs. Elle a des propriétés astringentes. — Une espèce du genre *Poterium* (pimprenelle) porte également le nom de *Sanguisorba;* c'est la **Pimprenelle commune** ou Pimprenelle des jardins. (Voir PIMPRENELLE.)

SANGUISORBÉES. Section ou tribu de la famille des *Rosacées* (voir ce mot), comprenant les genres *Agrimonia, Alchimilla, Sanguisorba, Poterium*, etc.

SANICLE, *Sanicula* (de *sanare*, guérir). Plante herbacée vivace de la famille des *Ombellifères*, dont la

Sanicle d'Europe.

tige simple et nue s'élève à 40 ou 50 centimètres; ses feuilles radicales, longuement pétiolées, glabres, luisantes, sont palmées, à cinq lobes trifides, dentés; ses fleurs petites, blanches, en ombelle composée, de quatre à cinq rayons, accompagnée d'un involucre; ses fruits, sans côtes visibles, sont couverts de longues épines courbées en crochet. Cette plante, commune dans nos bois, passait autrefois pour posséder des vertus merveilleuses; on l'employait surtout comme vulnéraire et contre la dysentérie et l'hématurie; mais, en réalité, elle est seulement un peu astringente; aussi est-elle aujourd'hui complètement abandonnée. — On donne le nom de **Sanicle de montagne** à la *Benoîte officinale.*

SANSONNET. Nom vulgaire de l'Étourneau. (Voir ce mot.)

SANTAL. Bois précieux, originaire de l'Inde. On en distingue trois espèces : 1° le **Santal citrin**, qui est d'un jaune fauve, peu dur et plus léger que l'eau; sa saveur est amère et son odeur tient le milieu entre le musc et la rose; par la distillation on en obtient une huile volatile excessivement légère et d'une odeur très forte : c'est le Santal du commerce; 2° le **Santal blanc**, auquel plusieurs naturalistes supposent la même origine que celle du Santal citrin, avec cette seule différence qu'il serait abattu avant d'avoir atteint sa maturité; c'est le *Santalum album;* on l'emploie en Asie pour falsifier l'essence de rose, dont il possède aussi l'odeur; 3° enfin, le **Santal rouge**, qui vient de Ceylan et de la côte de Coromandel, et est fourni par le *Pterocarpus santalinus.* Il est un peu plus léger que l'eau; brun à l'extérieur, rouge à l'intérieur; sa texture est très fibreuse; son odeur est faible, mais agréable. Il est surtout employé en teinture et en tabletterie. Les *Santalum* appartiennent à la famille des *Loranthacées.* Ce sont de grands arbres à feuilles opposées, entières; à fleurs très petites, tétramères, en thyrse, à fruit drupacé, de la grosseur d'une cerise.

SANTOLINE (*Santolina*). Genre de plantes dicotylédones de la famille des *Composées tubuliflores,* tribu des *Sénécionidées,* dont le type, le **Santolina chamœcyparissus,** connu sous les noms vulgaires de *faux cyprès, garde-robe, citronnelle, aurone femelle,* etc., croît sur les pelouses sèches du midi de la France. C'est un petit arbuste buissonneux, haut de 30 à 60 centimètres, dont les feuilles très petites, nombreuses, dentées sur quatre rangs, lui donnent l'aspect d'un petit cyprès. Ses fleurs jaunes en capitules solitaires répandant une odeur forte et pénétrante qui la font employer pour préserver les étoffes et les fourrures de l'attaque des insectes. On emploie ses feuilles en infusion comme vermifuge.

SANVE. Nom vulgaire de la moutarde des champs (*Sinapis arvensis*).

SAPAJOUS. Les Sapajous ou Sajous (*Cebus*) sont des singes platyrrhiniens dont Cuvier faisait une grande famille comprenant toutes les espèces d'Amérique, qui diffèrent de celles de l'ancien continent, ou singes proprement dits, par plusieurs caractères importants. Ils n'ont point d'abajoues ni de callo-

sités aux fesses, ont une queue longue, le plus souvent prenante, qui leur sert comme de cinquième main, et ont quatre dents molaires de plus que les singes de l'ancien monde, c'est-à-dire douze à chaque mâchoire; leurs narines, séparées par une large cloison, s'ouvrent sur les côtés du nez; d'où le nom de *platyrrhiniens* donné à cette division. Ces animaux habitent les forêts intertropicales du nouveau continent; ils sont vifs, pétulants et ont des formes plus gracieuses que les vrais singes; mais ils sont moins intelligents. Leur caractère est généralement doux, et ils s'apprivoisent facilement. On divise les Sapajous en deux sections, suivant qu'ils ont la queue prenante ou non. Parmi les premiers viennent se ranger les atèles, les alouates (voir ces

Sajou capucin ou Saï.

mots) et les sajous. Dans la seconde section sont compris les sagouins, les callitriches, les sakis. — Les Sajous ou Sapajous proprement dits (*Cebus*) ont la tête arrondie, le museau large et plat; les membres sont longs et forts, terminés par des mains dont le pouce est peu libre; la queue, poilue sur toute sa surface, n'est prenante qu'à son extrémité. Les Sajous sont de jolis animaux, pleins de vivacité et de gentillesse. Dans les forêts de la Guyane et du Brésil, ils vivent en troupes, se nourrissent de fruits, de vers, d'insectes, d'œufs, et quelquefois même de petits oiseaux, lorsqu'ils peuvent les attraper. Ils se tiennent de préférence, surtout la nuit, sur les plus hautes branches des arbres les plus élevés, afin d'éviter l'atteinte des grands serpents dont ils deviennent souvent la proie et dont ils ont une frayeur horrible. — Le **Sajou commun** (Sajou brun, Buff., *Simia apella,* L.), porte à la Guyane le nom de *cay-gouazou;* son pelage est brun clair en dessus, fauve en dessous; le dessus de la tête, la queue et la partie inférieure des membres sont noirs, la face est d'un noir violâtre encadrée de longs poils bruns. — Le **Sapajou nègre**, de Buffon, n'est qu'une variété du précédent à pelage plus foncé. Cette jolie espèce, d'un naturel doux et affectueux, est très recherchée à cause de sa gentillesse; mais elle est très difficile à conserver en Europe, parce qu'elle craint beaucoup le froid. — Le **Capucin** ou **Saï** (*C. capucinus*), d'un beau jaunâtre, a les pieds, les mains et une calotte sur la tête noirs. — Nous citerons encore le **Carico** ou **Sajou à gorge blanche**, du Brésil, noir en dessus, blanchâtre en dessous, à face couleur de chair; le **Sajou cornu** ou **Nico**, du Brésil, est d'un brun uniforme, avec deux pinceaux de poils sur les côtés de la tête; sa face et ses mains sont violacées. Le **Sajou de Buffon** paraît n'être qu'une variété plus claire du précédent.

SAPHIR. Variétés blanches ou bleues du corindon hyalin, employées par les joailliers comme pierres fines. On en connaît de blancs, fort estimés, de bleu clair, bleu barbeau, bleu indigo, chatoyants. Les Saphirs nous viennent de l'Inde, et surtout de Ceylan. On les trouve dans les terrains d'alluvion formés aux dépens des roches anciennes.

SAPIN (*Abies*). Ce genre, de la famille des *Conifères*, ne se sépare essentiellement des pins (voir ce mot) que par les feuilles, qui ne sont jamais réunies par faisceaux et dans des gaines, par les cônes, composés d'écailles coriaces, mais non ligneuses, amincies au sommet et non épaisses, inadhérentes et non entregreffées. Le **Sapin épicéa**(*A. picea*, Mill.; *Pinus abies*, L.), connu sous les noms vulgaires de *pesse, épicéa, Sapin de Norwège, Sapin rouge, pinasse*, etc., forme l'une des principales essences forestières du nord de l'Europe, ainsi que sur les Alpes, les Karpathes et autres chaines de l'Europe moyenne; on le rencontre en Laponie jusqu'à 60e de latitude. Il atteint jusqu'à 50 et 60 mètres de haut, sur 1m,50 et 2 mètres de diamètre. Son tronc est conique, effilé vers le sommet, à écorce roussâtre ou d'un gris ferrugineux, rugueuse ou crevassée, très épaisse sur les vieux arbres; le bois est tendre, élastique, d'un blanc jaunâtre rayé de rouge. Les branches, plus ou moins inclinées, forment une pyramide régulière et élancée. Les feuilles sont linéaires, tétragones, pointues, imbriquées, longues de 13 à 20 millimètres; elles persistent pendant cinq à six ans. Les cônes sont solitaires, terminaux, pendants, cylindriques, un peu renflés vers le milieu, longs de 14 à 18 centimètres, d'un brun roux à la maturité. L'Épicéa prospère surtout dans les terres sablonneuses ou pierreuses qui ne

Cône de sapin
(*Abies picea*).

sont ni arides ni trop humides. Dans les sols très frais et surchargés de terreau, sa croissance est plus rapide, mais sa durée beaucoup moins longue. Dans les localités propices, la vie de ce Sapin peut se prolonger au delà de deux siècles. Les forêts de Sapins bien tenues se repeuplent sans le secours de l'homme par les graines des vieux arbres. L'Épicéa supporte la transplantation dans sa jeunesse, pourvu qu'on évite de mutiler ses racines; une fois coupée du pied, elle ne reproduit jamais de rejets.

Sapin (*Abies picea*).

Ce Sapin est l'un des arbres les plus précieux pour le nord de l'Europe. Son bois est d'un usage universel pour la charpente, la mâture, les constructions navales, la menuiserie, l'ébénisterie commune, la tonnellerie, la boissellerie et quantité d'autres emplois. Il est au premier rang comme combustible. Dans le Nord, son écorce remplace celle du chêne pour le tannage. Enfin, cette espèce fournit aussi de la poix, de l'essence de térébenthine, de la colophane et du noir de fumée. — Le **Sapin noir** (*A. nigra*, Mich.) ou *Sapinette noire* abonde au Canada et dans le nord des États-Unis; il diffère du Sapin épicéa par ses branches étalées, mais non inclinées, ainsi que par ses cônes courts et ellipsoïdes. Cette espèce est surtout remarquable parce qu'on fait, avec ses jeunes pousses, la bière appelée par les

Anglais *spruce beer*, boisson éminemment antiscorbutique, que l'on emploie habituellement dans les navigations de long cours. — La **Sapinette blanche** (*A. alba*) sert également en Amérique à faire de la bière. — Une espèce non moins importante pour l'Europe que le Sapin épicéa, le **Sapin commun** (*A. vulgaris*, Poir.), vulgairement *Sapin blanc*, *Sapin argenté*, est très répandue dans les Pyrénées, les Alpes, le Jura, les Vosges, la forêt Noire, les Karpathes et autres montagnes de l'Europe moyenne. Ce Sapin forme un arbre magnifique, de 40 à 60 mètres de haut, à tronc très droit, dégarni de branches jusqu'à une élévation considérable; à branches horizontales ou de longueur médiocre eu égard à la taille du tronc. Les feuilles sont longues de 20 à 30 millimètres, planes, linéaires, échancrées, d'un vert foncé et luisantes en dessous, d'un glauque blanchâtre en dessous, disposées sur deux rangs; les cônes sont dressés, presque cylindracés, obtus, gros, longs de 15 à 20 centimètres, d'un vert olive avant la maturité, puis d'un brun roux. Cet arbre se plaît dans les sols frais et fertiles; dans les localités de cette nature, sa durée est de deux à trois siècles, et il y acquiert une taille plus élevée que tout autre conifère d'Europe; sa croissance est aussi rapide que celle du Sapin épicéa. Son bois est blanchâtre, léger, élastique, médiocrement résineux; on l'emploie aux mêmes usages que le bois d'Épicéa. Le Sapin commun n'est pas assez résineux pour l'exploitation de la poix; mais c'est de lui qu'on obtient la substance connue dans le commerce sous le nom de *térébenthine de Strasbourg* : cette térébenthine fournit à la distillation un quart de son poids d'essence. En médecine, on emploie les bourgeons de Sapin pour leurs propriétés antiscorbutiques et pectorales. La tisane de Sapin est diurétique. — Le **Sapin baumier** (*A. balsamea*, L.) est une espèce de l'Amérique septentrionale, très voisine du Sapin commun; on en obtient la térébenthine connue dans le commerce sous le nom de *baume de Gilead*.

SAPINDUS. (Voir SAVONNIER.)

SAPINETTE. On a donné ce nom à plusieurs espèces du genre *Sapin*. (Voir ce mot.)

SAPONAIRE, *Saponaria* (de *sapo*, savon). Genre de plantes de la famille des *Caryophyllacées*, tribu des *Lychnées*, dont le type, la **Saponaire officinale** ou *savonaire*, *savonnière*, *herbe à foulon*, est une plante vivace qui croît naturellement dans les champs cultivés aux environs de Paris, au bord des haies, des buissons, des fossés. Ses tiges dressées, presque simples, articulées, noueuses, portent des feuilles opposées, sessiles, ovales aiguës, marquées de cinq nervures longitudinales. Les fleurs, disposées en panicule terminale, sont grandes, rosées, à corolle formée de cinq pétales longuement onguiculés; l'ovaire est surmonté de deux styles et de deux stigmates; le fruit est une capsule à une seule loge renfermant plusieurs graines. Toutes les parties de la Saponaire ont une saveur légèrement amère et mucilagineuse, et communiquent à l'eau, par le moyen de la chaleur, l'apparence mousseuse de l'eau de savon (de là le nom de Saponaire). La médecine emploie les feuilles de Saponaire en infusion, comme tonique amer, apéritif, et la racine en décoction comme sudorifique et dépuratif, dans les maladies cutanées et la goutte. On trouve dans le

Saponaire officinale.

commerce, sous le nom de *Saponaire d'Orient*, une racine dont les propriétés savonneuses sont utilisées pour le dégraissage des étoffes de laine. — La **Saponaire des vaches** (*S. vaccaria*, de Linné), jolie petite plante à fleurs purpurines, commune dans les moissons de toute l'Europe, forme aujourd'hui, pour quelques botanistes, le genre *Vaccaria*.

SAPOTILLIER (*Sapota*). Arbre des contrées tropicales, de la famille des *Sapotacées*, dicotylédones, monopétales, hypogynes. Le **Sapotillier comestible** (*S. achras*) atteint souvent de grandes dimensions; il est très répandu aux Antilles, où il atteint 15 à 16 mètres de hauteur. Sa forme générale est pyramidale. Ses branches, divisées trois ou quatre fois, sont recouvertes d'une écorce fauve et portent vers leur extrémité des feuilles elliptiques, aiguës, dont le pétiole est couvert d'un duvet ferrugineux. Les fleurs, campanulées, forment une ombelle terminale. Les rameaux et les pétioles du Sapotillier renferment en abondance un suc laiteux qui se concrète à l'air et répand, lorsqu'on le brûle, une agréable odeur d'encens. Son bois est compact et liant et on l'emploie dans les constructions navales et la menuiserie. Le fruit, que l'on nomme *sapotille* ou *nèfle d'Amérique*, est une pomme arrondie, ou un peu ovale, à peau brune plus ou moins crevassée, contenant huit graines oblongues luisantes, recouvertes d'un périsperme dur et noir, sous lequel est une amande blanche très amère. Avant sa maturité, ce fruit a la chair verdâtre et d'une âcreté très désagréable ; mais, lorsqu'il est mûr, et qu'on l'a laissé blettir, comme nos nèfles, il devient d'un brun rougeâtre, et sa chair succulente, fondante et sucrée, est d'un goût exquis et fort saine. L'émulsion faite avec les amandes est considérée comme un puissant remède contre les rétentions d'urine. Enfin, son écorce, fortement astringente, est un excellent fébrifuge. Une espèce de Chine, le **Sapotillier découpé** (*S. dissecta*), donne un fruit de la forme, de la grosseur et de la couleur d'une olive, et dont la chair est douce et acidulée.

SAPPAN [Bois de]. (Voir CÆSALPINIA.)

SAPRINUS. (Voir HISTER.)

SARCELLE(*Querquedula*). Division du genre *Canard* (voir ce mot), dont les espèces n'ont guère d'autre caractère distinctif que leur petite taille. Nous avons en France la **Sarcelle ordinaire** (*Anas quer-*

Sarcelle.

quedula), longue de 30 à 35 centimètres, maillée de noir sur un fond gris, avec un trait blanc autour de l'œil, le miroir de l'aile d'un vert doré, liséré obliquement de blanc dans le mâle adulte, d'un verdâtre terne dans la femelle. Elle paraît en France à l'automne et au printemps, et il en reste quelques-unes qui nichent dans nos prairies marécageuses. C'est un gibier assez estimé ; ainsi que la **petite Sarcelle** ou *Sarcelle d'hiver*, plus commune en France que la précédente, et qui y reste en grand nombre toute l'année. Elle niche dans les plus hauts joncs, dont les brins servent à la construc-

tion de son nid, matelassé en dedans d'une grande quantité de plumes. Elle est un peu plus petite que la précédente, rayée finement de noirâtre, avec la tête rousse, et une bande verte à la suite de l'œil, bordée de deux lignes blanches. On la trouve aussi dans l'Amérique du Nord.

SARCOCARPE(du grec *sarx*, chair, et *karpos*, fruit). Synonyme de Mésocarpe. C'est la partie moyenne du fruit qui, dans nos fruits charnus (pomme, poire, prune, abricot, pêche, etc.), constitue la chair.

SARCODE. (Voir PROTOPLASMA.)

SARCOPHAGE (de *sarx*, chair, et *phagô*, je mange). Genre d'insectes DIPTÈRES de la famille des *Muscidés*, comprenant des espèces dont les larves vivent exclusivement sur les cadavres. Ils se distinguent des mouches par leur corps plus allongé, leurs antennes à style plus long, et l'abdomen muni de deux fortes soies au bord des segments. — L'espèce type, le **Sarcophaga carnaria**, longue de 12 millimètres, de couleur cendrée avec les yeux rouges, le thorax rayé de gris et de noir, est très commune sur les fleurs. La femelle conserve ses œufs jusqu'après l'éclosion, et dépose ses larves vivantes sur les cadavres d'animaux. Elles pullulent au point que Linné a pu dire sans trop d'hyperbole que trois mouches consomment le cadavre d'un cheval aussi vite que le fait un lion.

SARCOPTE (de *sarx*, chair, et *koptein*, couper). Genre d'arachnides de l'ordre des ACARIENS, dont l'espèce type, le **Sarcopte de la gale** (*Sarcoptes scabiei*), et ses nombreuses variétés vivent en parasites sur l'homme et les mammifères et y déterminent la maladie de la gale. (Voir ACARUS.)

SARCORAMPHE (de *sarx*, chair, et *ramphos*, bec). (Voir VAUTOUR.)

SARDE. Poisson de la famille des *Percidés*. (Voir MÉSOPRION.)

SARDINE (*Clupea sardina*). Poisson de mer de la famille des *Clupéidés*, semblable au hareng par sa forme et ses mœurs. Le seul caractère qui l'en distingue consiste dans le sous-opercule qui est coupé carrément au lieu d'être arrondi, et ses écailles relativement plus grandes. Sa taille est beaucoup plus petite ; elle dépasse rarement 15 centimètres. Les parties supérieures sont d'un vert bleuâtre, les flancs et le ventre sont argentés. Ce poisson, très connu par l'extrême délicatesse de sa chair, se pêche abondamment sur les côtes de Bretagne, sur celles de Normandie et de Provence. On le prend également sur celles d'Italie, d'Espagne et de Portugal. C'est en automne que les Sardines viennent frayer sur les côtes et qu'on en fait une pêche très abondante ; aussitôt la ponte effectuée, elles regagnent la haute mer.

SARDOINE. Variété de quartz agate de couleur orangée.

SARGASSE (*Sargassum*). Genre d'algues marines du groupe des MÉLANOPHYCÉES, tribu des *Fucacées*. Le type du genre, le **Sargassum natans**, connu sous les noms de *fucus flottant* ou *raisin de mer*, ainsi nommé par nos marins à cause des grosses vésicules, réunies en grappes au sommet de ses feuilles, est très répandu dans les mers tropicales, où il couvre des espaces considérables connus sous le nom de *mer*

Sargassum natans.

des Sargasses. Cette algue a souvent jusqu'à 100 mètres et plus de longueur, et donne à l'Océan l'aspect de vastes prairies submergées : cette espèce, qui nage librement sans s'enraciner, forme quelquefois, par ses entrelacements, des sortes de bancs qui arrêtent la marche des navires. C'est ce qui arriva à Christophe Colomb, lors de son voyage de découverte vers l'Amérique.

SARGUE (*Sargus*). Les Sargues, anciens *Spares* de Linné, forment un genre de la famille des *Sparidés*, caractérisé par la présence en avant des mâchoires d'incisives tranchantes presque semblables à celles de l'homme. La Méditerranée en possède plusieurs espèces peu différentes les unes des autres ; quelques-unes s'avancent jusque dans le golfe de Gascogne. Tels sont : le Sarguet (S. *Rondeletii*), le petit **Sargue** (S. *annularis*) et le **Sargue commun** (S. *salviani*) ou *rascas*. Toutes ces espèces ont le corps élevé et comprimé latéralement ; leurs couleurs consistent en bandes verticales noires sur un fond argenté. Ils vivent près des côtes par petites bandes et se nourrissent de petits poissons et de mollusques. Leur chair est assez estimée.

SARGUET. Espèce du genre *Sargue.* (Voir ce mot.)

SARIETTE. (Voir Sarriette.)

SARIGUE (*Didelphis*). Genre d'animaux mammifères implacentaires, de l'ordre des Marsupiaux (voir ce mot) ou animaux à bourse, section des *Insectivores*, type de la famille des *Didelphidés*. Les Sarigues se distinguent par l'allongement de leur museau et par le nombre de leurs dents ; elles ont dix incisives à la mâchoire supérieure et huit à l'inférieure, deux canines et quatorze molaires à chaque mâchoire, en tout cinquante dents, nombre le plus grand que l'on ait observé chez les mammifères. Leur langue est hérissée, leurs oreilles grandes et nues, leur queue prenante et nue aussi, au moins en partie ; les membres, généralement courts, ont cinq doigts armés d'ongles aigus, mais faibles, excepté le pouce des pieds de derrière, qui en est privé et qui est opposable aux autres doigts, ce qui a fait donner à ces animaux l'épithète de *pédimanes.* Les Sarigues sont des animaux nocturnes, qui nichent sur les arbres et qui vivent de fruits, d'insectes ou d'œufs. On en connaît plusieurs espèces, toutes d'Amérique. Dans les unes, les femelles ont une poche profonde où sont leurs mamelles, et où elles renferment leurs petits à la moindre apparence de danger. Telle est la **Sarigue**

Sarigue et ses petits ; *a*, poche et mamelles.

à oreilles bicolores ou **Opossum** (D. *virginiana*), qui est grande comme un chat, à pelage mêlé de blanc et de noirâtre, à oreilles mi-parties de noir et de blanc ; elle habite l'Amérique, pénètre la nuit dans les lieux habités, attaque les poules et mange leurs œufs. Ses petits, quelquefois au nombre de seize, ne pèsent pas 1 gramme en naissant. Quoique aveugles et presque informes, ils trouvent la mamelle par instinct et y adhèrent, jusqu'à ce qu'ils aient atteint la grosseur d'une souris, ce qui n'arrive que le cinquantième jour, époque où ils ouvrent les yeux. Lorsqu'ils ont atteint la taille du rat, ils sortent de leur havresac pour s'ébattre ou apprendre à manger des aliments solides. — La **Sarigue d'Azzara** et la **Sarigue crabier** appartiennent à ce genre. — Les *Philanders*, que les sauvages appellent *manicous*, se placent près des Sarigues ; ils sont doués d'une grande agilité sur les arbres qu'ils ne quittent guère ; leur pouce opposable, leur queue nue et enroulante leur permet de grimper facilement, de se balancer, de sauter de branche en branche comme de véritables singes. Quand les mères permettent à leurs petits de sortir de leur poche protectrice pour s'ébattre, on les voit veiller avec sollicitude sur leur progéniture ; au moindre bruit, elles poussent un petit cri, et, à ce signal, toute la famille s'élance dans le sac de la mère qui s'échappe en grimpant avec prestesse sur un arbre. Les Sarigues prises jeunes peuvent s'apprivoiser ; elles sont douces et inoffensives, mais peu intelligentes ; la puanteur insupportable de leur urine fait qu'on ne les élève guère en domesticité. Cependant les Indiens se nourrissent de leur chair qui passe pour fort délicate. — D'autres espèces, telles que les **Marmoses** ou **Micourés**, n'ont point de poches, mais seulement, de chaque côté du ventre, un repli qui en est le vestige. Elles ont coutume de porter leurs petits sur le dos, les queues entortillées autour de celle de la mère. De ce nombre est la **Marmose** (*D. murina*), plus petite que notre rat commun, de couleur gris fauve avec un trait brun au milieu duquel est l'œil. Cet animal se réfugie dans les terriers, bien qu'il vive sur les arbres ; mais il préfère la pêche à la chasse et guette les poissons et les crabes. On connaît encore le **Micouré laineux**, le **Micouré de Mérian**, etc.

SARRASIN (*Fagopyrum*). Genre de plantes de la famille des *Polygonacées*, que ses grains nourrissants ont fait classer par les agronomes parmi les céréales. — Le **Sarrasin commun** (*F. vulgare*) croît spontanément en Perse, où on lui donne le nom de *hadrasin* ou *blé rouge*. Aujourd'hui sa culture est fort répandue en Europe, surtout dans les pays pauvres et les terres médiocres. Quoique sa farine soit impropre à la panification, il est des contrées dans lesquelles il fait encore la principale nourriture des populations fermières et villageoises. — On connaît en France deux espèces de Sarrasin, le **Sarrasin ordinaire** ou *blé noir*, plante annuelle, haute de 50 centimètres environ, rameuse, à fleurs blanches réunies en grappes, à feuilles alternes, hastées, cordiformes, dont le fruit est un akène triangulaire, contenant une seule graine de même forme ; et le **Sarrasin de Tartarie** (*Polygonum tartaricum*), qui diffère de l'autre autant par la disposition de ses tiges, la couleur, la grandeur de ses fleurs, que par la forme de ses graines. Les premières sont remarquablement plus rameuses et plus touffues ; les secondes ont des pétales tellement petits qu'ils

sont à peine apparents, et que la plante est déjà en graine avant qu'on se soit aperçu de l'épanouissement. La corolle est d'ailleurs verdâtre au lieu d'être blanche. Les semences, enfin, présentent sur leurs trois angles des membranes proéminentes ; elles sont raboteuses sur leurs faces. Le Sarrasin de Tartarie a le double avantage d'être plus rustique et plus précoce que le blé noir ordinaire. Il est aussi plus abondant ; mais il donne une moins bonne farine. Il a sur les marchés une valeur moindre. Le Sarrasin est précieux, parce que, sans le concours de fortes fumures, il peut donner d'abondants pro-

Sarrasin (*Fagopyrum vulgare*).

duits dans des terrains même de faible valeur, et parce qu'il accomplit en très peu de temps toutes les phases de sa végétation.

SARRÈTE. (Voir Serratule.)

SARRIETTE (*Satureia*, L.). Genre de plantes de la famille des *Labiées*. C'est à ce genre qu'appartient la **Sarriette des jardins** (*S. hortensis*, L.), à racine annuelle, à tige dressée, rameuse, haute d'environ 25 à 30 centimètres, à feuilles opposées, linéaires, lancéolées aiguës ; fleurs petites, violettes, rassemblées au nombre de trois à l'aisselle des feuilles supérieures ; quatre étamines, didynames, plus courtes que la lèvre supérieure. La Sarriette croît dans les champs cultivés des provinces méridionales de la France ; on la cultive dans tous les jardins. Son odeur et sa saveur sont à peu près les mêmes que celles du thym ; aussi l'emploie-t-on souvent comme ce dernier pour aromatiser certaines préparations culinaires. — La **Sarriette des montagnes** (*S. montana*, L.) croît dans les lieux élevés des provinces méridionales ; ses fleurs sont tantôt roses, tantôt blanches. Son odeur est aromatique et agréable ; sa saveur âcre et piquante la rend très excitante et la fait employer en médecine comme antispasmodique.

SASSAFRAS. Genre de plantes dicotylédones de la famille des *Lauracées*, détaché du genre *Laurus* dont il diffère par ses fleurs dioïques nues, à périanthe de six folioles, neuf étamines, à anthères quadriloculaires, ovaire sessile, uniloculaire. — Le type du genre, le **Sassafras officinal** (*Sassafras officinale*), est un bel arbre des régions chaudes de l'Amérique du Nord ; il atteint dans le sud jusqu'à 15 mètres de haut. Ses feuilles sont alternes, grandes, ovales ou multilobées, vertes en dessus, blanches en dessous et pubescentes ; ses fleurs, petites, jaunâtres, sont disposées en panicules ; le fruit est une petite baie monosperme de la grosseur d'un pois. Sa racine est employée en médecine comme sudorifique et stimulante.

SATUREIA. Nom scientifique latin du genre *Sarriette*. (Voir ce mot.)

SATURNIA. Section du genre *Bombyx*, comprenant les espèces dont les ailes sont étendues et horizontales ; tels sont : le grand **Paon de nuit**, le **petit Paon de nuit**, de nos pays, l'**Atlas**, de la Chine, etc. — Le grand **Paon de nuit** (*Pavonia major*), qu'on peut considérer comme elle type du genre, est le plus grand lépidoptère que nous ayons en Europe ; il a de 12 à 15 centimètres d'envergure. Ses ailes sont d'un gris nébuleux en dessus, avec l'extré-

leurs sombres où dominent le gris et le brun. Leur vol est irrégulier et saccadé ; ils habitent les bois, les prés, les montagnes ; on les rencontre partout. Leurs chenilles ont le corps allongé se terminant en queue fourchue ; elles vivent sur les graminées et les plantes basses, cachées pendant le jour et ne sortant que la nuit pour ronger les feuilles. Leurs chrysalides, courtes et arrondies, ont la tête en croissant ; elles n'ont ni épines ni taches métalliques. — Le genre *Arge* est représenté en France par l'**Arge galathea** ou *demi-deuil*, à ailes blanches tachées de noir. Les *Erebia* ou Satyres nègres habitent les montagnes élevées ; ils doivent leur nom à la couleur sombre de leurs ailes où le noir domine. Les **Erebia medea** et **medusa** sont très répandues

Bombyx grand paon (Saturnia).

mité plus foncée terminée par une bordure d'un blanc sale ; chaque aile offre, en outre, vers le milieu un œil fauve à prunelle blanche entourée d'un cercle noir. Sa chenille est énorme, elle est longue de 8 à 9 centimètres, quand elle a atteint son développement ; sa couleur est d'un beau vert pomme, avec des tubercules d'un bleu de turquoise portant de longs poils raides. Elle vit solitaire sur nos arbres fruitiers qu'elle dépouille de leurs feuilles. Au moment de se transformer, elle se file une coque en forme de poire de la grosseur d'un œuf de pigeon, d'une bourre brune très dure et très solide. Le papillon sort de sa chrysalide vers la fin d'avril. — Les vers à soie du ricin, celui du chêne, le *Cynthia* et le *Yama maï* des Indes, appartiennent au genre *Saturnia*. (Voir VER A SOIE.)

SATYRE (*Satyrus*). Genre d'insectes LÉPIDOPTÈRES de la section des *Rhopalocères* ou papillons diurnes de la famille des *Satyridés*. Ces papillons, auxquels Linné donnait le nom de *plébéiens*, forment un groupe renfermant divers genres : *Arge*, *Erebia*, *Satyrus*. Ce sont en général des papillons aux cou-

dans les parties montagneuses de la France. Les vrais Satyres (*Satyrus*) habitent nos plaines ; leur vol est bas et sautillant. Leurs ailes sont brunes, marquées d'une ou de plusieurs taches oculées. Tels

Satyre aréthuse.

sont : l'**Agreste** (*S. semele*), le **Silène** (*S. proserpina*), l'**Hermite** (*S. briseis*), le **Satyre** (*S. megœra*), le **Tircis** (*S. egeria*), le **Myrtil** (*S. janira*), le **Mélibée** (*S. hero*), le **Céphale** (*S. ascanius*), l'**Aréthuse** (*S. arethusa*), etc.

SAUGE, *Salvia* (du latin *salvare*, sauver, en raison des vertus héroïques que lui attribuaient les anciens). Genre de plantes de la famille des *Labiées*, dont on connaît un très grand nombre d'espèces. Ce sont des herbes ou des sous-arbrisseaux, rarement des arbustes. Elles diffèrent beaucoup de port et d'inflorescence, mais se reconnaissent facilement à leurs caractères, dont les principaux sont : calice tubuleux ou campanulé, bilabié, à lèvre supérieure entière ou tridentée, à lèvre inférieure ovale, bifide ; corolle bilabiée, à lèvre supérieure entière ou légèrement échancrée, l'inférieure trilobée ; le lobe médian de celle-ci est plus large et échancré ; étamines au nombre de deux ; longs connectifs terminés d'un côté par un limbe pétaloïde, de l'autre par une anthère à deux loges ; le style se divise au sommet en deux branches. La disposition particulière du style et des étamines est destinée à assurer la fécondation de la fleur par les Insectes. — Plusieurs espèces de Sauges offrent un intérêt réel, soit pour leurs propriétés médicinales, soit comme plantes d'ornement. Parmi les premières, nous citerons la **Sauge officinale** (*S. officinalis*, L.), petit arbuste qui croît naturellement dans le midi de la France et que l'on cultive souvent dans les

Sauge des prés.

jardins. Les tiges, hautes d'environ 30 à 40 centimètres, ligneuses inférieurement, donnent naissance à des rameaux herbacés ; leurs feuilles sont opposées, pubescentes, ovales, dentées et pétiolées ; les fleurs, disposées en épis aux aisselles des feuilles supérieures, sont violacées, purpurines, bleues ou blanches. Cette plante répand une odeur forte et aromatique, sa saveur est amère ; on emploie ses feuilles et ses fleurs sous forme d'infusion comme excitant et stimulant, antispasmodique et fébrifuge. Elle fait partie des espèces aromatiques et vulnéraires. — La **Sauge des prés** (*S. pratensis*) et la **Sauge sclarée**, appelée également *toute-bonne* et *orvale* (*S. sclarea*, L.), jouissent des mêmes propriétés. La première, très commune dans les prés, est reconnaissable à ses feuilles très rugueuses, oblongues, en cœur, crénelées, et à ses grappes de grandes fleurs bleues. La **Sclarée**, dont la tige droite et rameuse s'élève à 8 ou 9 décimètres, a des feuilles rugueuses et velues, des fleurs violacées ou bleuâtres accompagnées de feuilles florales concaves, colorées, qui exhalent une odeur forte et agréable. — La **Sauge éclatante**, du Brésil, est une belle plante d'ornement ; ses feuilles florales et ses fleurs, longues de 5 à 6 centimètres, sont d'un rouge ponceau éclatant.

SAUGE DES BOIS. (Voir GERMANDRÉE.)

SAULAIE. Lieu planté de saules.

SAULE (*Salix*). Genre de plantes dicotylédones de la famille des *Salicinées*. Ce sont des arbres ou des arbrisseaux à racines rampantes, à rameaux cylindriques, alternes, à feuilles dentelées, simples, alternes, accompagnées de stipules, à fleurs petites, dioïques, dépourvues de calice et de corolle, disposées en chatons allongés, soyeux. On connaît un grand nombre d'espèces dont la plupart habitent les régions extra-tropicales de l'hémisphère septentrional. Ces arbres se plaisent généralement dans les lieux humides ou marécageux. L'utilité des Saules est des plus variées. Au moyen de leurs longues racines traçantes ils fixent ou affermissent les sables mobiles ou la vase des rivages. La qualité médiocre de leur bois est compensée par la rapidité de leur croissance. Du reste, comme combustible, le bois des Saules est supérieur à celui des peupliers,

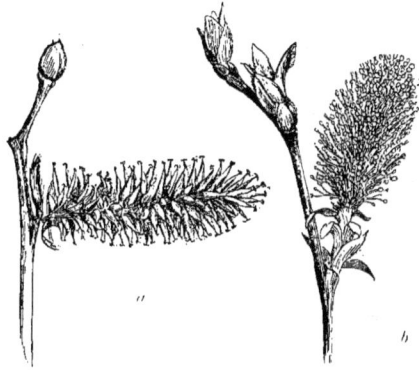

Saule marceau. — a, fleur femelle ; b, fleur mâle.

et son charbon l'un des meilleurs pour la fabrication de la poudre à canon. Personne n'ignore que les rameaux tenaces et flexibles de certaines espèces s'emploient journellement sous le nom d'*osiers*, comme liens, et sont indispensables à beaucoup d'autres usages ; on en tire parti surtout pour la vannerie et pour lier les cercles des tonneaux ; aussi ces espèces font-elles l'objet d'une culture très lucrative dans les localités convenables ; les terrains consacrés à cette exploitation sont appelés vulgairement *oseraies*. L'écorce des Saules sert au tannage ; elle est astringente et amère ; celle de plusieurs espèces jouit en outre de propriétés fébrifuges très efficaces. On en retire un principe alcalin, la salicine, qui est employé depuis quelques années contre les affections rhumatismales. Les feuilles fournissent un bon fourrage. Les Saules sont remarquables par la facilité avec laquelle ils reprennent de boutures, soit de racines, soit de branches, soit de rameaux, ou de ramules : aussi n'a-t-on guère recours aux graines pour la propagation. Nous possédons plusieurs espèces de Saules, parmi lesquelles nous devons signaler le **Saule blanc** (S. *alba*, L.), vulgairement *osier blanc*, *osier vert*. Une variété à rameaux jaunes est connue sous le nom d'*osier jaune*. Ce saule, que l'on trouve dans toute l'Europe au bord des fleuves et des rivières, est susceptible de s'élever jusqu'à 25 mètres sur 1 mètre et plus de diamètre ; on le reconnaît facilement à ses feuilles couvertes d'un duvet satiné et de couleur argentée. C'est l'espèce le plus fréquemment cultivée en oseraies. Son écorce sert à teindre en brun et en rouge, ainsi qu'au tannage de certains cuirs fins. Le bois de ce Saule est d'un blanc rougeâtre ou tirant sur le jaune, très léger et d'un grain uni ; il sert à faire des solives pour les constructions légères, des douves, de la menuiserie, etc. Coupé en lanières minces, on en confectionne des chapeaux qui imitent ceux de paille. — Le **Saule pourpre** (S. *purpurea*) vulgairement *osier rouge*, est commun dans toute l'Europe ; il ne forme qu'un buisson de 1 à 2 mètres ou un arbre de 3 à 4 mètres. — Le **Saule marceau** (S. *caprea*, L.), vulgairement *marceau* ou *marsault*, est un arbre de 8 à 10 mètres, ayant des feuilles en général beaucoup plus larges que celles des autres Saules. Cette espèce est commune dans toute l'Europe, surtout dans les bois ; du reste elle prospère dans toute sorte de sol, dans les terrains les plus secs aussi bien que dans les localités humides ou marécageuses. Son bois est blanc, mêlé de brun ou de roux au centre, plus pesant et plus solide que celui de ses congénères ; il s'emploie pour la menuiserie commune, et comme il se fend facilement en lames minces, on en fait des boîtes, des cribles, des ruches, etc. ; il fournit aussi des perches et des échalas pour la vigne. Les rameaux sont assez tenaces. L'écorce sert au tannage ainsi qu'à la teinture du chanvre et du coton en noir. — Le **Saule pleureur** (S. *babylonica*, L.), auquel ses branches pendantes impriment un caractère si pittoresque, est originaire de la Chine et de l'Orient ; on le cultive fréquemment dans nos jardins d'agrément. Linné lui donna le nom de *Babylonica*, parce qu'il croyait que c'était sous un ombre, aux bords de l'Euphrate, que les Israélites captifs venaient s'asseoir pour pleurer la ruine de Sion (Psaume 136).

SAUMON (*Salmo*). Genre de poissons téléostéens, physostomes, de l'ordre des MALACOPTÈRES abdominaux, type de la famille des *Salmonidés*. — Les Saumons ont le corps plus ou moins fusiforme, écailleux, et presque toujours tacheté. On les reconnaît facilement à la nature de leurs nageoires dorsales, dont la première est garnie de rayons, la seconde adipeuse, et qui de plus sont situées en avant des ventrales, ce qui est le contraire chez les éperlans. Ce sont de tous les poissons ceux dont la mâchoire est le plus complètement dentée. Ils nagent avec la plus grande facilité et remontent même les courants les plus rapides, à l'époque du frai. Leur chair est, comme chacun sait, très déli-

cate. — La plus grande espèce de ce genre, le **Saumon commun** (S. *salar*), atteint plus d'un mètre et pèse plus de 10 kilogrammes. On en a pêché en Écosse qui pesaient jusqu'à 30 kilogrammes. Elle a le dos noir, les flancs bleuâtres, le ventre argenté, la chair rouge. Elle habite les mers arctiques et est très abondante dans tout l'Océan septentrional, d'où elle entre, chaque printemps, dans tous les fleuves, qu'elle remonte jusqu'à leur source pour y frayer. Les femelles précèdent toujours les mâles ; elles font, en entrant dans les fleuves, des espèces de trous ou sortes de nids, dans lesquels elles abandonnent leurs œufs, que les mâles viennent ensuite arroser de leur laitance. Ces émigrations se font en troupes nombreuses, et dans un ordre régulier. On s'est même assuré qu'elles avaient lieu chaque année dans les mêmes lieux. Lorsqu'un Saumon rencontre un obstacle, il se ploie en arc,

Saumon.

puis, se débandant tout à coup comme un ressort, il s'élance hors de l'eau, et va retomber plusieurs mètres au delà. On en a vu franchir ainsi des cataractes qui n'avaient pas moins de 4 à 5 mètres de hauteur. Les Saumoneaux quittent le haut des rivières et gagnent la mer quand ils ont acquis une certaine croissance. La pêche de cet excellent poisson, très productive dans les rivières du nord de l'Europe, se fait le plus ordinairement avec des filets de diverses formes. Quelquefois on établit des barrages pour l'arrêter ; on le pêche souvent en Écosse aux flambeaux, avec le trident ou même à la ligne. — Le **Saumon bécard** est une espèce ou au moins une variété dont le maxillaire inférieur se recourbe en haut en forme de crochet. — L'**Omble** ou **Ombre-chevalier** (S. *umbla*), qu'il ne faut pas confondre avec l'OMBRE (*Thymallus*), ne remonte jamais le cours des fleuves. Il est d'un gris verdâtre ou bleuâtre en dessus, d'un blanc argenté en dessous. — Le **Salvelin** (S. *salvelinus*), le plus petit et le plus délicat des Saumons, ne dépasse guère 3 ou 4 décimètres de longueur. Ce poisson n'est pas migrateur ; il habite les lacs de la Suède et de la Norvège.

SAURIENS (du grec *sauros*, lézard). Ordre de la classe des REPTILES, comprenant ceux qui, par leur organisation, ont une certaine analogie avec les lézards. Les Sauriens ont, en général, le corps pourvu de deux paires de membres et divisé en régions distinctes, le tronc étant séparé de la tête par un cou bien apparent, et se prolongeant en arrière par une longue queue. Cependant, les membres sont parfois rudimentaires ou font même entièrement défaut; tantôt les deux paires manquent (*Orvet*), tantôt une seule paire (*Chirote*). Mais, sauf ces rares exceptions, les Sauriens sont quadrupèdes, et leurs pattes, dirigées en dehors, ont généralement cinq doigts; leur ventre porte sur le sol. Ceux qui ont les pattes rudimentaires ou qui en sont dépourvus, ont néanmoins sous la peau des traces évidentes de l'épaule et du bassin des autres espèces, ce qui permet de les distinguer des ophidiens. Leur bouche n'est pas dilatable et leur tympan est apparent extérieurement; leurs yeux sont généralement pourvus de paupières mobiles. La plupart des Sauriens sont terrestres, quelques-uns aquatiques; tous sont ovipares, sauf les orvets. Ces animaux sont principalement répandus dans les régions chaudes; ils sont insectivores. — On divise les Sauriens en huit groupes ou familles : 1° **Amphisbénidés** (amphisbène, chirote); 2° **Scincidés** (scinque, orvet); **Chalcitidés** (chalcis); 4° **Geckotidés** (gecko); 5° **Iguanidés** (iguane, dragon, agame); 6° **Caméléonidés** (caméléon); 7° **Lacertidés** (lézards); 8° **Varanidés** (varan, monitor).

Les Sauriens diffèrent des Crocodiliens, que l'on y réunissait autrefois, en ce que, chez ces derniers, le cœur a quatre cavités et les dents sont logées dans de vrais alvéoles; chez les Sauriens, le cœur n'a que trois cavités et leurs dents sont fixées sur l'os même; en outre, la langue est toujours libre et protractile chez les Sauriens, tandis qu'elle est presque nulle et attachée au palais dans les Crocodiliens.

SAUTERELLE. Linné confondait autrefois dans le même genre les Sauterelles (*Locusta*) et les Criquets (*Acridium*); mais les entomologistes modernes en font deux groupes bien distincts. Voici d'ailleurs les caractères qui les différencient : les *Locustidés*, ou Sauterelles proprement dites, ont des antennes très longues et très grêles, et les femelles sont pourvues d'une tarière en forme de sabre recourbé, composée de deux lames cornées, qui s'écartent pour donner passage aux œufs que la femelle enfouit dans la terre. Les *Acridídés* ou Criquets ont les antennes courtes et épaisses, et leurs femelles sont privées de cette robuste tarière ou sabre qui distingue celles des locustiens. Quoi qu'il en soit, ces deux groupes appartiennent à l'ordre des ORTHOPTÈRES. Les Sauterelles sont des insectes à corps robuste, allongé, remarquables surtout par la grande disproportion de leurs jambes postérieures avec celles de devant et du milieu, ce qui indique des insectes essentiellement sauteurs. En effet, cette conformation leur rend la marche difficile, et ce n'est que par des sauts réitérés qu'ils peuvent s'avancer. Ils se servent aussi de leurs ailes, qui sont très développées et dépassent l'abdomen : les supérieures sont des espèces d'élytres ou étuis, qui recouvrent, pendant le repos, les inférieures; celles-ci, plissées dans toute leur longueur comme un éventail, sont larges, et souvent peintes de couleurs éclatantes. Tous ces insectes ont la faculté de produire un chant, ou plutôt une sorte de stridulation bien connue de tout le monde, et qui paraît avoir pour but, chez les mâles, d'appeler leurs femelles; car les mâles seuls sont aptes à produire ce chant, qui provient du frottement de leurs cuisses postérieures, munies de stries raboteuses, contre les nervures des élytres, et qui agissent par conséquent comme un archet sur les cordes d'un violon. Les stridulations des Sauterelles se font surtout entendre vers la fin de l'été et pendant les beaux jours de l'automne; et ces insectes sont si communs que leur chant domine celui de tous les autres. — Le type du genre *Sauterelle* est la grande

Sauterelle verte.

Sauterelle verte (*Locusta viridissima*, L.), répandue dans toute l'Europe; elle est longue de 5 à 6 centimètres, entièrement verte, avec une ligne brunâtre sur l'abdomen; elle fait entendre, le soir, son chant aigu et sonore. C'est à cette espèce que le vulgaire donne le nom de *cigale*, dénomination qui appartient à un insecte fort différent, de l'ordre des HÉMIPTÈRES. On en connaît plusieurs autres espèces en France; telles sont la **Sauterelle brune** (L. *fusca*) et la **Sauterelle porte-selle** (L. *ephippigera*), verdâtre à tête noire, qui hante les vignes. Leurs espèces, très nombreuses, sont d'ailleurs répandues dans le monde entier. Les Sauterelles, en général, vivent dans les champs, souvent sur les arbres, dévorant les feuilles et les tiges des plantes. Elles occasionnent ainsi des dégâts d'une certaine importance; mais qui, vu leur nombre comparativement restreint, ne sont pas à beaucoup près comparables à ceux que commettent les criquets. (Voir ce mot.)

SAUTEURS. Plusieurs animaux ont reçu ce nom en raison de leurs allures; telles sont : une espèce d'antilope, les gerboises, les araignées du genre *Saltique;* enfin une division de l'ordre des Orthoptères comprenant les sauterelles et les grillons.

SAUVEGARDE. (Voir Moniton.)

SAVACOU (*Cancroma*). Genre d'oiseaux de l'ordre des Échassiers, famille des *Ardéidés* (hérons), caractérisés par un bec très large, très évasé, à arête convexe en dessus, à mandibule supérieure terminée en crochet, et à bords tranchants; le tour des yeux et la gorge nus; des tarses allongés, aréolés; des ailes amples et dépassant la queue, qui est courte. Sauf la forme extraordinaire du bec, les Savacous sont de vrais hérons. — Le **Savacou huppé** (*C. cochlearia*) est la seule espèce connue du genre; il habite le bord des eaux de la Guyane et du Brésil, perché sur un arbre, d'où il s'élance sur le poisson dont il fait sa nourriture. Cet oiseau, de la taille d'une poule, a le dessus du corps d'un gris bleuâtre; le dessus de la tête, une huppe et le derrière du cou noirs; le bord de l'aile, la poitrine et le dessous du corps blancs. La mandibule supérieure est noirâtre et l'inférieure blanchâtre.

SAVONNIER (*Quillaia*). Arbre du Chili, de la famille des *Rosacées*, dont l'écorce, connue sous le nom de *bois de Panama*, est très employée depuis quelques années en France pour le dégraissage des étoffes. — On donne également le nom de Savonnier ou d'*arbre à savon* à un arbre des Antilles du genre *Sapindus*, dont les graines, renfermées dans un fruit pulpeux de la forme et de la grosseur d'une cerise, ont la propriété de faire mousser l'eau et de dégraisser les étoffes comme le meilleur savon. La racine du Savonnier possède la même propriété, mais à un degré moindre. On a introduit cet arbre (*Sapindus saponaria*) en Algérie, et il paraît bien venir.

SAXATILE (du latin *saxum*, roche), se dit des plantes qui croissent sur les rochers.

SAXICAVE. (Voir Lithodome et Pholade.)

SAXIFRAGACÉES ou **SAXIFRAGÉES** (du genre *Saxifraga*). Famille de plantes dicotylédones, à fleurs polypétales, le plus souvent régulières, à réceptacle concave; corolle périgyne; étamines en nombre égal aux pétales ou double, à filets libres, à anthères introrses biloculaires; ovaire libre ou soudé au réceptacle, renfermant des ovules nombreux; fruit généralement capsulaire, dont les carpelles se séparent de haut en bas à la maturité, à graines menues, pourvues d'un albumen. D'après H. Baillon, cette famille est divisée en vingt tribus, dont les principales sont : *Saxifragées, Céphalotées, Parnassiées, Hydrangées, Ribésiées, Liquidambarées, Platanées, Datiscées,* etc. Quelques auteurs en font des familles séparées.

SAXIFRAGE (de *saxifraga*, qui brise les rochers). Genre de plantes dicotylédones, polypétales, périgynes, herbacées, à fleurs disposées en cimes irré-gulières; calice et corolle à cinq divisions dix étamines, deux styles. Ce genre donne son nom à la famille des *Saxifragées* et renferme un grand nombre d'espèces. — La **Saxifrage commune** (*S. granulata*), connue sous les noms vulgaires d'*herbe à la gravelle*, de *casse-pierre*, croît assez abondamment dans les environs de Paris. Au collet de la racine sont rassemblés de nombreux tubercules rougeâtres, charnus et pisiformes; d'une touffe de feuilles radicales, pétiolées, à cinq ou sept lobes obtus, s'élèvent des tiges rameuses, de 25 à 30 centimètres de hauteur. Les fleurs sont blanches, situées au sommet des ramifications de la tige. Le fruit est une capsule biloculaire, terminée par deux cornes divergentes, et s'ouvrant en deux valves. Les tubercules de cette plante étaient employés autrefois en médecine comme diurétiques et anticalculeux. — On cultive quelques espèces étrangères dans les jardins pour la beauté de leurs fleurs; telles sont : la **Saxifrage de la Chine**, qui se couvre de belles fleurs roses à gorge jaune; la **Saxifrage ombreuse**, vulgairement *mignonnette, amourette, désespoir*

Saxifrage trilobée.

des peintres, à fleurs en panicule, blanches pointillées de rouge, si répandue dans les jardins; elle vient des Pyrénées. — L'une des plus belles et des plus répandues dans les jardins est la **Saxifrage à feuilles charnues** (*S. crassifolia*). Sa racine épaisse et vivace donne naissance à une rosette de six à huit feuilles ovales, grandes, épaisses, étalées sur le sol, longues de 15 centimètres, dentées sur leurs bords, du centre desquelles s'élève une tige nue, ramifiée dans le haut seulement, et portant à chaque extrémité de petits bouquets de fleurs assez grandes, à corolle de cinq pétales, d'un pourpre clair. Cette plante, originaire de la Sibérie, est employée par les Russes en guise de thé; son infusion est regardée comme souveraine contre la diarrhée, et l'on emploie également ses feuilles pour panser les vésicatoires et les cautères. — La **Saxifrage trilobée** (*S. tridactylites*), qui croît dans les lieux sablonneux, sur les vieux murs, a une racine grêle, une tige de un décimètre environ, dressée, rameuse, pubescente; ses feuilles sont un peu charnues, les radicales spatulées ou trilobées, celles de la tige alternes, à trois ou cinq lobes; les fleurs, petites et blanches, sont axillaires et terminales. — La **Saxifrage à longues feuilles** (*S. longifolia*) est une plante très élégante, remarquable par sa belle rosette touffue de longues feuilles spatulées et surtout par sa longue grappe paniculée de fleurs blanches. — La **Saxifrage pyramidale**, qui croît sur les montagnes de la France méridionale, forme une vaste rosette de feuilles radicales, du milieu de laquelle s'élève une hampe charnue surmontée de longues panicules pyramidales, qui s'épanouissent depuis les premiers jours de mai jusqu'à la fin de juillet. Il n'est pas rare d'en rencontrer dans les jardins, hautes de 1 mètre et chargées d'un millier de fleurs. — La **Saxifrage jaune** est également très répandue dans les jardins. — Ces plantes sont en général très rustiques, et, placées dans un lieu favorable; elles prospèrent dans nos jardins sans demander aucun soin; cependant elles aiment l'ombre et craignent le plein soleil ; elles se multiplient d'elles-mêmes par leurs petites graines ou par l'extension de leurs pieds.

SCABIEUSE, *Scabiosa*, L. (du latin *scabies*, gale). Genre de plantes de la famille des *Dipsacées*, composé d'herbes annuelles ou vivaces, à fleurs agrégées

Scabieuse.

dans un involucre commun. C'est dans les champs cultivés que croît la **Scabieuse commune** (*S. arvensis*, L.): sa tige est dressée, rameuse, poilue, haute de 30 à 50 centimètres; ses feuilles opposées, profondément pinnatifides; ses fleurs, d'un violet pâle, forment des capitules presque hémisphériques à l'extrémité des branches. Les feuilles de cette plante

ont une saveur acerbe et un peu amère. Elles jouissaient autrefois d'une grande réputation dans le traitement de la gale ; c'est même du nom latin de cette maladie (*scabies*) que vient celui de la plante; mais aujourd'hui son usage est à peu près abandonné. — La **Scabieuse succise** (*S. succisa*), qui fleurit en automne dans les bois et sur les pelouses, est employée comme astringente; on lui donne, on ne sait trop pourquoi, le nom vulgaire de *mors du diable*. — La **Scabieuse colombaire** (*S. columbaria*), haute de 30 à 80 centimètres, croît dans les prairies, dans les plaines et les montagnes de presque toute la France ; ses fleurs sont bleues, violettes ou blanches; elle est employée comme dépuratif et vantée contre les affections cutanées. — On cultive dans les jardins plusieurs espèces de Scabieuses qui produisent un bel effet, telles sont : la **Scabieuse fleur de veuve** (*S. atropurpurea*, L.), des Indes, à belles fleurs d'un pourpre velouté; on en obtient par la culture des variétés à fleurs roses et panachées; la **Scabieuse des Alpes**, à fleurs jaunes ; la **Scabieuse étoilée**, à fleurs blanches; la **Scabieuse du Caucase**, à fleurs bleues, etc. — Ces plantes demandent une terre légère et une exposition chaude.

SCALAIRE (*Scalaria*, nom latin qui signifie *escalier*). Genre de mollusques gastéropodes de l'ordre des PECTINIBRANCHES, famille des *Trochidés*, offrant pour caractères : animal spiral à tête courte, portant deux tubercules coniques, pointus, avec les yeux à leur base externe ; à pied court, presque quadrangulaire, muni d'un opercule corné. Coquille presque turriculée, à tours de spire plus ou moins serrés et garnis de côtes longitudinales élevées, interrompues, ouverture petite, arrondie, bordée d'un bourrelet un peu réfléchi. L'espèce type de ce genre, assez répandue sur nos plages, est la Scalaire (*S. communis*): elle représente un cône très allongé, composé de dix tours de spire bien distincts, traversés par des côtes épaisses; sa couleur est blanche ou vineuse, marquée de taches pourpres ou violettes; elle mesure de 25 à 35 millimètres de longueur.

Scalaire commune.

— Une espèce du même genre qui se trouve dans la mer des Indes, et que l'on nomme **Scalaire royale** ou **précieuse** (*S. pretiosa*), est remarquable en ce que ses tours de spire ne se touchent qu'aux points où sont les bourrelets, et laissent du jour dans leurs intervalles. Cette coquille, fort rare autrefois, s'est payée jusqu'à 1 000 francs, et est encore aujourd'hui d'un prix assez élevé.

SCAMMONÉE. Espèce du genre *Convolvulus*, le *C. scammonia*, qui produit une gomme-résine employée en médecine comme purgatif drastique énergique, à la dose de 30 à 60 centigrammes. La Scammonée la plus estimée est celle qui provient du **Liseron scammonée de Syrie**, et se recueille particulièrement aux environs d'Alep. Le commerce apporte ce produit de Smyrne; mais il est alors mêlé à d'autres substances, et présente des morceaux plus compacts. La Scammonée est légère, tendre, friable, d'un gris brun désagréable. Le suc du *liseron des haies*, qui croît dans nos haies vives, se vend sous les noms de **Scammonée d'Europe** et de **Scammonée d'Allemagne**; celui du *liseron bryone* prend dans le commerce les noms de **Scammonée d'Amé-**

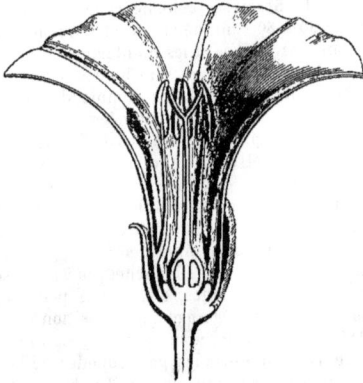

Fleur de *Convolvulus scammonia* (coupe verticale).

rique; ces deux produits sont faiblement purgatifs.
— La **Scammonée de Montpellier** ou *en galettes* est le suc concret et noirâtre extrait des racines blanches du *Cynanchum monspeliacum*. (Voir ASCLÉPIADÉES.) C'est un purgatif énergique et dangereux, que la fraude substitue trop souvent à la véritable Scammonée. (Voir LISERON.)

SCAPE (de *scapus*, tige). On nomme ainsi une tige dépourvue de feuilles ressemblant à une hampe.

SCAPHOÏDE (du grec *scaphé*, barque). On donne ce nom à un os du pied et à un os de la main. Le Scaphoïde de la main est le premier os de la première rangée du carpe; l'os Scaphoïde du pied est situé à la partie interne de la rangée antérieure du tarse entre l'astragale en arrière et les trois os cunéiformes en avant.

SCAPHOPODE (de *scaphé*, barque, et *pous*, *podos*, pied). (Voir DENTALE.)

SCAPULAIRE. Qui a rapport à l'épaule ou à la région de l'épaule : artères scapulaires, région scapulaire, etc. — On donne ce nom chez les oiseaux aux plumes implantées sur l'humérus ou portion antérieure de l'aile répondant à l'épaule.

SCARABÉE. On donnait autrefois vulgairement ce nom à tous les insectes de l'ordre des Coléoptères; mais il désigne aujourd'hui un genre particulier de la famille des *Lamellicornes*, renfermant les coléoptères les plus remarquables par leur grande dimension et par leurs formes bizarres. On reconnaît facilement ces insectes aux cornes et aux protubérances qui existent sur la tête et le corselet, au

moins chez les mâles. Ils sont pour la plupart bruns ou noirâtres. Leur nourriture est purement végétale, et ils vivent en général dans les troncs d'arbres où ils font parfois de grands dégâts, surtout à l'état de larve. Ces beaux coléoptères se trouvent principalement dans les contrées équatoriales; la plupart des espèces appartiennent à l'Amérique. Nous citerons le **Scarabée hercule** ou *mouche cornue*, des Antilles, noir, à élytres d'un gris jaunâtre ou bleuâtre tâché de noir, et remarquable par le prolongement considérable de son corselet, qui s'avance en forme de trompe, tandis que de la tête part en sens inverse une grande corne, ces deux appendices formant pince. Nous citerons encore le **Scarabée**

Scarabée typhon (grandeur naturelle).

typhon, du Brésil, l'une des espèces les plus remarquables ainsi que le **Scarabée à longs bras**, des Indes orientales. Nous ne possédons en France que le genre *Oryctes*, dont les représentants sont vulgairement nommés *rhinocéros* à cause de la corne recourbée qui surmonte leur tête; ces insectes se rapprochent beaucoup des Scarabées. Le genre *Scarabée* donne son nom à la tribu des *Scarabéidés*.
— Le **Scarabée sacré** des Égyptiens appartient au genre *Ateuchus*. (Voir COPROPHAGES.)

SCARABÉIDÉS. Tribu d'insectes COLÉOPTÈRES de la famille des *Lamellicornes*. — Les Scarabéidés ont les antennes courtes, insérées, comme chez les Lucanides, sous les côtés de la tête ou sous ses bords latéraux, et terminées par une massue à feuillets beaucoup plus serrés ; le dernier segment de l'abdomen forme une sorte d'écusson perpendiculaire appelé *pygidium*, qui est presque toujours entièrement à découvert ; les hanches antérieures sont rapprochées ou contiguës, les jambes sont généralement dentées et propres à fouir. — Cette tribu renferme un nombre considérable d'insectes dont on a réparti les genres dans plusieurs divisions qui correspondent à leur manière de vivre. Tels sont : 1° les **Coprophages**, qui vivent dans les fumiers et les excréments (*Ateuchus, Copris, Onthophage, Aphodie*) ; 2° les **Saprophages**, dont l'existence se passe dans les matières animales en putréfaction ou sous les matières stercorales (*Geotrupes*) ; 3° les **Rhizophages**, vivant dans le tan des vieilles souches d'arbres ou dans les couches des jardins (*Oryctes*) ; 4° les **Phyllophages**, qui vivent généralement sur les feuilles (*Hannetons*) ; enfin 5° les **Mélitophiles**, vivant sur les fleurs (*Cétoines, Trichie*, etc.). (Voir ces mots.)

SCARE, *Scarus* (nom du poisson chez les anciens). Genre de poissons téléostéens de l'ordre des ACANTHOPTÈRES, famille des *Labridés*, voisins des Labres, dont ils se distinguent par des dents maxillaires soudées en plaques tranchantes et des dents pharyngiennes disposées en pavés. Leur corps est ovale, comprimé, couvert d'écailles larges, portant une nageoire dorsale unique, les ventrale et anale garnies de rayons épineux. Les Scares possèdent généralement des couleurs vives et leur chair est délicate. — Nous citerons comme type du genre, le **Scare des anciens** (*Sc. cretensis*), qui habite la Méditerranée et se nourrit de coraux. Ce poisson, très recherché par les anciens, est encore fort estimé aujourd'hui. Il est d'un rouge pourpré en dessus, argenté en dessous. Les autres espèces habitent les mers tropicales ; leurs brillantes couleurs les ont fait appeler dans beaucoup de lieux *perroquets de mer*.

SCARIOLE, et mieux **SCAROLE**. Variété de Chicorée.

SCARITE, SCARITIENS (du genre *Scarites*). Groupe d'insectes COLÉOPTÈRES de la famille des *Carabidés*. Ils se distinguent par leurs pattes courtes, dont les jambes antérieures palmées leur permettent de fouir la terre ou le sable, par leur corselet fortement étranglé à la base, par leurs fortes mandibules. — Les Scarites, qui forment le type de ce groupe, sont des insectes de grande taille, noirs, luisants, propres aux bords de la Méditerranée ; leur tête énorme est aussi large que le corselet et armée de mandibules larges et fortes ; les antennes sont coudées, le premier article étant très long, le corselet est cupuliforme, les élytres sont arrondies à l'extrémité. — Le **Scarites gigas** de 30 à 40 millimètres de longueur ; sa tête, presque carrée, est deux fois aussi longue que le corselet ; les élytres sont un peu élargies et arrondies en arrière, avec des lignes ponctuées très fines. — On connaît d'autres espèces : **Scarites lœvigatus, Scarites arenarius**, de moitié plus petites. — Les autres genres du groupe sont les *Clivina*, qui ressemblent en très petit aux Scarites ; tel est le **Clivina fossor**, de 6 à 7 millimètres de lon-

gueur. Ces insectes habitent au bord des eaux. — Les *Ditomus*, voisins des Scarites, ont les mâchoires moins développées, les jambes antérieures non palmées : **Ditomus capito**.

SCAROLE. (Voir CHICORÉE.)

SCATOPHAGE. Synonyme de Coprophage. (Voir ce mot et MOUCHE.)

SCEAU DE SALOMON. (Voir MUGUET.)

SCEAU DE NOTRE-DAME. (Voir TAMIER.)

SCHELTOPUSICK. (Voir PSEUDOPUS.)

SCHISTE (du grec *schistos*, fissile). On dit qu'une roche est schistoïde lorsqu'elle paraît formée de lits minces ou même de feuillets, et le mot Schiste désigne souvent des espèces minérales très distinctes. On peut caractériser le Schiste une roche d'apparence homogène qui se laisse diviser en plaques minces ; ainsi on dit : un Schiste ardoisier, un Schiste argileux, marneux, calcaire, chloriteux, suivant la nature de la roche ou de son espèce minérale prédominante. Le Schiste le plus commun et le plus important est le **Schiste argileux**, dont l'ardoise est une variété bien connue, et dont les diverses pierres à aiguiser sont des variétés plus dures. Les Schistes appartiennent aux terrains de sédiment antérieurs à l'époque crétacée.

SCHYZOMYCÈTES (du grec *schizein*, fendre, et *mukès*, champignon). Cryptogames unicellulaires, d'une excessive petitesse, constitués par une cellule dépourvue de noyau et aujourd'hui considérés comme des algues incolores. Les individus sont tantôt isolés, tantôt réunis en masses plus ou moins considérables nageant dans une substance visqueuse qui les maintient unies. Voisins des levures avec lesquelles ils partagent le pouvoir de provoquer des fermentations, ils pullulent dans tous les liquides organiques exposés à l'air et pénètrent même dans les tissus des animaux et des végétaux, où ils déterminent la plupart des maladies contagieuses. Beaucoup de Schizomycètes jouissent de mouvements spontanés ; quelques-uns ont même, au moins temporairement, un ou deux flagellums. Ils se reproduisent avec une effrayante rapidité par scission transversale, chaque cellule se divisant en deux autres qui se divisent à leur tour, et qui souvent vivent bout à bout de manière à former des bâtonnets articulés (*Bacillus*). Les *Micrococcus*, les *Bactéries*, les *Vibrions*, sont les principaux genres de Schizomycètes. (Voir ces mots.)

SCIE (*Pristis*). Genre de poissons de l'ordre des SÉLACIENS, de la famille des *Pristidés*, formant le passage entre les Rajidés (raies) et les Squalidés (squales). Leur corps, allongé comme chez les squales, se termine par une queue épaisse, charnue, et porte deux nageoires dorsales bien distinctes ; mais, comme dans les raies, leurs ouvertures branchiales sont reportées en dessous. La famille des *Pristidés* ne comprend que le seul genre Scie, dont l'espèce type, **Pristis antiquorum**, habite la Méditerranée et l'océan Atlantique. C'est un très grand poisson qui atteint 4 et 5 mètres de longueur ; sa tête courte est munie d'un long rostre déprimé en lame d'épée et armé sur toute sa longueur, de chaque côté, de fortes dents pointues et tranchantes, assez espacées les unes des autres, ce qui lui donne l'aspect d'une scie ; la bouche, qui est placée en dessous, est garnie de dents nombreuses, petites, plates, régulièrement disposées en mosaïque. Les nageoires pectorales sont très développées, les ventrales sont petites. La couleur générale du poisson est un gris jaunâtre. On a prétendu que la Scie livrait de terribles combats à la baleine et aux autres gros cétacés ; mais, comme nous l'avons dit de l'espadon, ni les mœurs de la Scie ni son organisation ne dénotent un animal sanguinaire, et nous ne voyons pas trop dans quel but elle attaquerait la baleine et les autres cétacés. Elle est cependant parfois tellement tourmentée par certains parasites qu'elle devient furieuse et peut dans ce cas s'élancer contre tout corps qui passe à sa portée, même sur un navire.

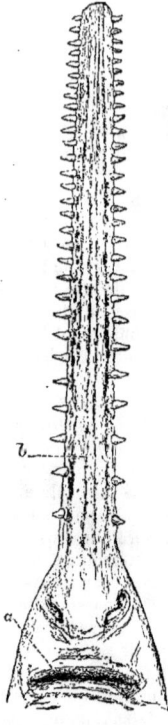

Tête de la Scie (*Pristis*). *a*, bouche ; *b*, rostre.

SCIÈNE (*Sciæna*). Genre de poissons Acanthoptères type de la famille des *Sciénidés ;* ils ont deux dorsales, sans barbillons ; sept rayons aux branchies ; leur tête est écailleuse, bombée, la mâchoire supérieure dépassant un peu l'inférieure, toutes deux munies de dents aiguës, les palatins et le vomer en sont dépourvus. Les écailles sont de grandeur moyenne. — L'espèce la plus remarquable de ce genre est la **Sciène** ou **Maigre** d'Europe (*Sc. aquila*),

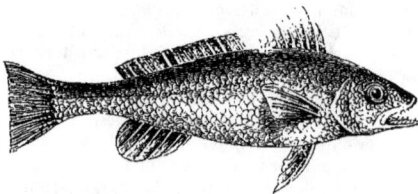

Maigre (*Sciæna aquila*).

poisson de grande taille, assez commun sur nos côtes. Il atteint jusqu'à 2 mètres de longueur, et sa force est telle qu'il peut, dit-on, renverser un homme d'un coup de queue ; c'est pourquoi les pêcheurs ont soin de l'assommer aussitôt qu'ils l'ont pris. Sa chair est ferme et assez agréable. La couleur du Maigre est un gris argenté uniforme, un peu brunâtre sur le dos, avec la première dorsale, la pectorale et les ventrales rouges ; la caudale est teintée de brun.

SCIÉNIDÉS. Famille de poissons de l'ordre des Téléostéens, tribu des Acanthoptères, ayant pour type le genre *Sciène*. (Voir ce mot.) Elle comprend aussi les genres *Ombrine* et *Corb*, que l'on trouve dans nos mers. Ce sont des poissons au corps allongé, comprimé, couvert d'écailles cténoïdes (en forme de peigne). Leurs dents sont petites ; ils n'en ont ni au vomer ni aux palatins. Ils ont une vessie natatoire pourvue d'appendices, et plusieurs cæcums pyloriques.

SCILLE (*Scilla*). Genre de plantes monocotylédones de la famille des *Liliacées*, comprises dans le genre *Squilla* de Linné. Ce sont des végétaux bulbeux, à fleurs disposées en grappes et accompagnées de bractées, à calice pétaloïde à six divisions, des étamines en nombre égal, un ovaire triloculaire multiovulé ; le fruit est une capsule parcheminée trivalve, contenant dans chaque loge un nombre variable de graines. — Le type du genre est la **Scille maritime** (*Sc. maritima*), qui croît sur les bords sablonneux de l'Océan et de la Méditerranée ; c'est une plante à bulbe tuniqué très volumineux d'où s'élève une hampe droite souvent haute de 8 et 10 décimètres, terminée par un long épi de fleurs blanches, tachées de vert. Les feuilles, qui se montrent après l'inflorescence, sont ovales lancéolées, aiguës, cannelées, longues de 30 à 40 centimètres. Le bulbe, qui atteint parfois la grosseur des deux poings et pèse jusqu'à 2 kilogrammes, est extérieurement d'un brun rougeâtre. Les écailles du bulbe ont une saveur âcre et amère ; elles sont employées en médecine, à l'état de poudre et de teinture, comme diurétiques et expectorantes. La Scille entre dans un grand nombre de préparations : pilules scillitiques, vin scillitique, vin diurétique, vinaigre scillitique, oxymel scillitique ; appliquées fraîches et écrasées sur la peau, les écailles sont rubéfiantes. — On considère comme de simples variétés le Scilla pancration, le Scilla numidica, d'Algérie, et le Scilla insularis, qui ont les mêmes propriétés. Le Scilla maritima forme aujourd'hui le genre *Urginea*. Les vrais Scilles des botanistes : Scilla autumnalis, Scilla amœna, Scilla verna, Scilla italica, croissent dans le midi de la France. — On cultive dans les jardins, pour ses belles fleurs bleu d'azur, la **Scille du Pérou**.

SCINCIDÉS ou **SCINCOÏDES**. (Voir Scinque.)

SCINQUE (*Scincus*). Genre de reptiles de l'ordre des Sauriens, type de la famille des *Scincidés*, qui comprend, outre les Scinques proprement dits, les *Seps* et les *Orvets*. (Voir ces mots.) Ces animaux se rapprochent plus ou moins des serpents ; leurs membres sont rudimentaires ou manquent même tout à fait. Les Scinques ont quatre pieds assez courts, le corps presque d'une venue avec la queue, tout couvert d'écailles uniformes, luisantes disposées comme des tuiles ou comme celles des carpes. Leur langue est charnue, peu extensible et échancrée. Leurs mâchoires sont garnies tout autour de petites dents serrées; leurs pieds ont des doigts tous libres et onguiculés. Tel est le Scinque ordinaire ou Scinque des pharmacies (S. officinalis), long de 15 à 20 centimètres, la queue plus courte que le corps, tout d'un jaunâtre argenté, avec des bandes transverses noirâtres. Il se trouve dans la Nubie, l'Abyssinie, l'Arabie ; vit d'insectes et se creuse un trou dans le sable. Les anciens médecins attribuaient à cet animal une foule de propriétés thérapeutiques ; mais son emploi est aujourd'hui presque absolument abandonné, du moins en Europe ; car les Orientaux continuent d'y avoir confiance, et en administrent les préparations dans un grand nombre de maladies, particulièrement dans l'éléphantiasis et autres affections de la peau. On en a signalé plusieurs autres espèces en Afrique et en Amérique, moins bien connues.

SCIRPE (Scirpus). Genre d'herbes aquatiques de la famille des Cypéracées (voir ce mot), très communes dans les étangs et les marais. Elles sont connues vulgairement sous le nom de petits joncs et employées par les chaisiers et les tonneliers, surtout le Scirpe des lacs (Sc. lacustris), qui atteint 1^m,50 à 2 mètres de hauteur.

SCISSIPARITÉ. (Voir Reproduction.)

SCIUROPTÈRE (de skiurus, écureuil, et ptéron, aile, écureuil volant). Nom scientifique des Polatouches. (Voir Écureuil.)

SCIURUS. Nom scientifique latin du genre Écureuil.

SCLARÉE. (Voir Sauge.)

SCLÉRODERMES (du grec skléros, dur, et derma, peau). Groupe de poissons Plectognathes dont le corps est recouvert d'une sorte de cuirasse inflexible ; ce sont les Coffres et les Balistes. (Voir ces mots.)

SCLÉROTIQUE. Synonyme de cornée opaque. (Voir Œil.)

SCOLEX (du grec skôléx, ver). On désignait autrefois sous ce nom de petits vers qui vivent en parasites chez les poissons. Plus tard on reconnut que ces vers, privés d'organes sexuels, n'étaient pas des animaux complètement développés, mais simplement une phase larvaire de vers cestoïdes. Aujourd'hui on emploie ce nom pour désigner les larves agames qui naissent de l'œuf. Dans certains cas, deux formes de larves se succèdent avant l'apparition de la forme génératrice; on donne alors à la première le nom de protoscolex et à la seconde celui de deutoscolex. Ces noms, appliqués d'abord aux seuls vers cestoïdes (voir Ténia), ont été donnés par extension à la phase agame d'un grand nombre d'animaux : vers, cœlentérés, échinodermes, etc.

SCOLIE. Scolia (de skolios, courbe). Genre d'insectes Hyménoptères de la tribu des Sphégiens (voir Sphex), qui ont pour caractères : les mandibules tridentées, les palpes de trois articles. Ce sont d'assez grands insectes noirs tachetés de jaune. Le type du genre, la Scolie des jardins (Sc. hortorum), commune dans le midi de la France, longue de 35 à 40 millimètres, est noire, velue, à front jaune ; l'abdomen est noir, avec une large bande transversale jaune sur les deuxième et troisième segments, souvent interrompue, surtout dans la femelle. Cet insecte, répandu dans le midi de l'Europe, vole sur les fleurs, au plein soleil. Il paraît nourrir ses larves avec celles de l'Oryctes nasicornis, gros coléoptère qui vit dans le tan et le bois pourri ; peut-être aussi les approvisionne-t-il, à leur défaut, avec les larves du hanneton.

SCOLOPAX. Nom scientifique latin du genre Bécasse.

SCOLOPENDRE. Genre de myriapodes de l'ordre des Chilopodes, dont le corps est formé de vingt et un anneaux (non compris la tête), munis chacun d'une paire de pattes terminées par des tarses biarticulés. (Voir Myriapodes.) Les Scolopendres atteignent souvent une grande taille, 25 à 30 centimètres; celles des pays chauds principalement, et dans ce cas leur morsure est redoutable. Le type du genre, la Scolopendre mordante (Scolopendra morsitans), du midi de la France, atteint jusqu'à 8 centimètres de longueur; elle sort le soir pour chasser les cloportes et les insectes. Sa morsure est très douloureuse. Une espèce de l'Amérique tropicale, Scolopendra insignis, a 2 décimètres de longueur; sa morsure est très redoutée, et, suivant l'opinion populaire, elle est souvent mortelle, si l'on n'est promptement secouru.

SCOLOPENDRE (Scolopendrium). Genre de fougères caractérisé par des sores linéaires allongés, unilatéraux, insérés sur les bifurcations des nervures secondaires, recouvertes par une indusie membraneuse, et dont l'espèce type, le Scolopendrium officinale, vulgairement scolopendre, langue de cerf, croît communément dans les lieux humides, les fentes des murs des puits. Ses frondes sont oblongues, lancéolées, pétiolées, cordiformes à la base, hautes de 30 à 50 centimètres, à pétiole couvert de poils squamiformes, à limbe lisse, ferme et glabre. On les employait autrefois comme pectorales et diurétiques ; mais elles sont aujourd'hui complètement abandonnées.

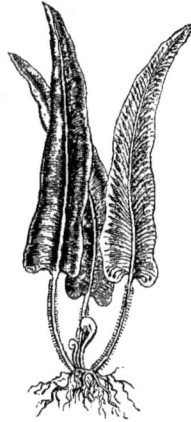

Scolopendre
(Scolopendrium officinale).

SCOLYME (Scolymus). Genre de plantes de la famille des Composées liguliflores, tribu des Chicoracées. Ce sont des herbes à feuilles coriaces, épineuses, à grandes fleurs jaunes, qui croissent dans le Midi. Le **Scolymus hispanicus**, haut de 5 à 8 décimètres, à tige et nervures blanchâtres, ressemble à un chardon très épineux ; il porte le nom d'*épine jaune*. Sa racine douce et sucrée se mange en guise de scorzonère. — Le **Scolyme à grandes fleurs** (*Sc. grandiflorus*), des côtes de Barbarie, est remarquable par ses grandes fleurs d'un beau jaune.

SCOLYTE et SCOLYTIDÉS. Le genre *Scolyte* (*Scolytus*) est le type de la famille des SCOLYTIDÉS ou XYLOPHAGES, insectes coléoptères de forme plus ou moins allongée, à antennes courtes, coudées, plus ou moins renflées en massue à leur extrémité ; à palpes très courts, à mâchoires fortes, à élytres dures, à pattes courtes. Ce sont, en général, des coléoptères de coloration peu brillante, le plus souvent sombre, brune ou noire ; leur forme est un peu allongée, parfois renflée. Malgré la petite taille des Scolytidés, qui semblerait devoir faire mépriser ces insectes, ce sont, sans nul doute, les plus redou-

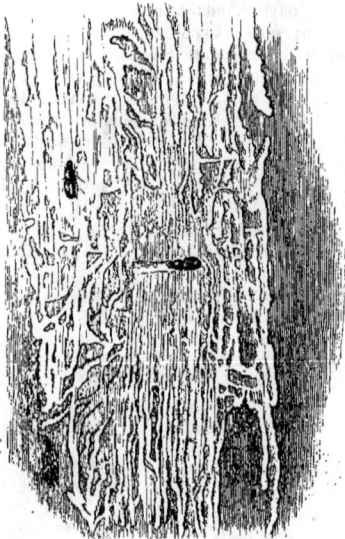

Scolyte et ses galeries.

tables de tous les coléoptères pour les arbres de nos forêts et les bois mis en œuvre par l'homme. Certains d'entre eux se multiplient à tel point, que, par leur quantité innombrable, ils détruisent des forêts immenses. Au temps de la ponte, les femelles pénètrent entre l'écorce et l'aubier et y creusent une galerie qui a le diamètre de leur corps ; en avançant, elles pratiquent sur les côtés et à égale distance de petites encoches dans chacune desquelles elles déposent un œuf. A peine nées, les larves se mettent à ronger le bois, c'est le commencement de leurs galeries qu'elles poursuivent tou-

jours dans une direction déterminée. Aussi les bois et les écorces des arbres attaqués présentent-ils des dessins presque invariables pour chaque espèce. Le **Scolytus piniperda** (*Hylurgus*) ou destructeur des pins est d'un brun marron foncé, velu, ponctué, et fort commun partout où il y a des forêts de pins. La femelle, avons-nous dit, creuse entre l'aubier et l'écorce une rainure profonde, aux deux côtés de laquelle elle dépose ses œufs dont le nombre varie de soixante à quatre-vingts. Au bout de quinze jours, il sort des œufs de petits vers qui commencent aussitôt leur œuvre de destruction ; chaque larve se creuse une galerie séparée qui s'éloigne en serpentant de celle qui leur a servi de berceau, et ces galeries acquièrent plus de largeur à mesure que la larve prend de l'accroissement. Au bout de quelques semaines, la larve se change en nymphe ; si cette transformation a lieu pendant la belle saison, elle revêt bientôt la forme d'insecte parfait ; si elle a lieu à l'automne, elle passe l'hiver dans cet état. Dans certaines années, au printemps, on voit les Scolytes sortir par milliers de dessous les écorces des pins et se réunir en essaims considérables qui vont plus loin propager leur œuvre de destruction. Les ravages accomplis par cette espèce sont parfois tellement étendus, qu'ils prennent les proportions d'un incendie. Les forêts du Hartz, en Allemagne, ont été dans certaines années tellement dévastées par ces insectes que, en 1783, on évalua le nombre des arbres atteints à un million et demi. En 1833, cet insecte causa la perte d'une immense quantité de pins sur une étendue de 190 hectares dans la forêt de Rouvray, et, plus récemment, il a fallu abattre au bois de Vincennes cinquante mille pieds de chênes attaqués par les Scolytes. — On rencontre des Scolytes volant à toutes les heures du jour, mais c'est principalement le soir, peut-être même la nuit, qu'ils se livrent à leurs ébats et qu'ils perforent les trous dans lesquels les femelles doivent déposer leurs œufs. — Le **Scolyte pygmée** (*Hylesinus pygmœus*), long de 2 millimètres, d'un beau noir à élytres roussâtres, attaque les chênes. — Le **Scolyte destructeur** (*H. destructor*), deux fois grand comme le précédent, d'un noir brillant, à élytres, pattes et antennes d'un rouge marron, vit dans les ormes, les hêtres, etc., et cause souvent aux arbres de nos grandes routes des torts considérables. Tous deux sont très communs dans toute l'Europe. — Le **Scolyte du frêne** (*H. fraxini*) ravage les frênes ; le **Scolyte de l'olivier** (*H. oleiperda*) dans certaines années fait beaucoup de mal à cet arbre utile. D'autres Scolytes attaquent nos arbres fruitiers et leur portent un grand préjudice. Les Bostriches ont le corps cylindrique, souvent hérissé de poils ; la tête courte, le plus souvent recouverte par le corselet comme par un capuchon ; les antennes se terminent par une massue solide brièvement ovalaire. Comme les Scolytes, ces insectes vivent sur les arbres et y creusent des galeries entre l'aubier et l'écorce. Tels sont le **Bostrichus typographus** et le **Bostrichus chalcogra-**

phus ; le premier vit sur les sapins et le second sur les chênes. De graves discussions se sont élevées pour savoir si les Scolytes n'attaquent que les arbres déjà malades, avec *mission* de hâter leur mort et d'en débarrasser le sol, ou s'ils envahissent ceux pleins de vie, qu'ils font d'abord languir, puis périr. Nous croyons avec M. E. Perris, qui a, pendant de longues années, étudié les mœurs de ces insectes, dans les Landes, qu'il y a une bonne raison pour que ces animaux respectent les arbres sains et vigoureux, c'est que les blessures qu'ils y feraient en y creusant leurs galeries détermineraient presque instantanément des extravasions de sève, qui emprisonneraient les œufs dans une couche gélatineuse et noieraient infailliblement les insectes, ou tout au moins leurs larves naissantes. Or, les insectes, on le sait, ont un instinct trop sûr pour exposer ainsi l'avenir de leur progéniture. Nous ajouterons toutefois, en admettant que les Scolytes ne s'attaquent qu'aux arbres dont les fonctions ont été altérées par une cause quelconque, que cette cause provient souvent d'une foule d'autres insectes, qui ne s'attaquent pas au bois ou à l'écorce, mais dévorent les feuilles, les bourgeons et autres parties tendres des arbres, ce qui amène chez eux un affaiblissement, qui les rend propres à servir de pâture aux Scolytes, et ceux-ci, guidés par un instinct infaillible, y accourent en foule et s'y multiplient à l'envi.

SCOMBER. Nom latin du Maquereau. (Voir ce mot.)

SCOMBÉRIDÉS (de *scomber*, nom latin du maquereau). Famille importante de poissons téléostéens de l'ordre des ACANTHOPTÈRES, qui comprend les maquereaux, les thons, les bonites, les carans, les coryphènes, etc. (Voir ces mots.) Ces poissons sont caractérisés par leur corps lisse couvert de très petites écailles, par leur queue et leur nageoire caudale très vigoureuses, et par les pièces de leur opercule dépourvues de dentelures. La famille des *Scombéridés* est éminemment utile à l'homme par le volume des espèces, la bonté de leur chair et leur reproduction inépuisable, qui les ramène périodiquement dans les mêmes parages et en fait l'objet de pêches importantes.

SCOMBRÉSOCES (*Scombresox*). Genre de poissons téléostéens de l'ordre des MALACOPTÈRES, famille des *Esocidés*. Ils ont les os pharyngiens inférieurs soudés, et les derniers rayons de leur dorsale et de leur anale sont détachés. — Le Scombrésoce campérien (*S. camperii*) vit dans la Méditerranée et l'océan Atlantique en bandes nombreuses ; sa taille est de 35 à 50 centimètres ; son corps, très allongé, grêle et comprimé, est d'un bleu verdâtre en dessus, argenté en dessous ; sa tête est longue, et la mâchoire inférieure dépasse beaucoup la supérieure. Sa chair est médiocre.

SCOPS. Genre d'oiseaux de proie nocturnes de la famille des *Strigidés*. (Voir CHOUETTE.) Le Scops europæus est connu sous le nom de *petit duc*.

SCORDIUM. (Voir GERMANDRÉE.)

SCORPÈNE (*Scorpæna*). Genre de poissons de l'ordre des ACANTHOPTÈRES, de la famille des *Triglidés*, répandus surtout dans la Méditerranée. Ce sont des espèces à tête large, comprimée, garnie d'épines et de tentacules charnus. Leur corps en coin, s'amoindrissant graduellement de la tête à la queue, est couvert d'écailles moyennes. Ils manquent de vessie natatoire. Deux espèces se rencontrent sur nos côtes : la grande Scorpène et la Scorpène brune. La

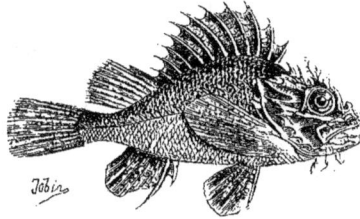

Scorpène.

grande Scorpène (*S. scrofa*) ou *grande rascasse* des Languedociens, *scorpiom* des Marseillais, est très abondante dans la Méditerranée, où elle vit par bandes ; mais elle est rare dans l'Océan. Elle est d'un rouge marbré de taches plus foncées. Elle atteint 35 à 40 centimètres. C'est un poisson redoutable à cause des piquants qui hérissent son corps et qui font des blessures douloureuses. — La Scorpène brune (*S. percus*) ou *petite rascasse* des Provençaux est plus petite que la précédente ; brune en dessus avec des taches noires, elle est d'un blanc rosé en dessous ; les nageoires sont lavées de jaune.

SCORPION (*Scorpio*). Genre d'animaux articulés de la classe des ARACHNIDES, type de l'ordre des SCORPIONIDÉS qui renferme deux familles : celle des *Scorpionidés* ou Scorpions proprement dits, et celle des *Chélifèridés*. (Voir *Chelifer*.) Dans les Scorpions, le corps est composé d'anneaux distincts ; la tête, confondue avec le thorax en une seule pièce (*céphalothorax*), se termine : en avant, par deux palpes très grands armés d'une pince didactyle ; en arrière, par une queue noueuse composée de six anneaux, dont le dernier se recourbe en une sorte de dard ou de crochet aigu. Ce dard est percé en dessous de deux ouvertures qui communiquent avec une glande venimeuse : aussi la piqûre de ces animaux a-t-elle des effets très redoutables même pour l'homme, au moins dans les pays chauds ; celle des espèces d'Europe n'est jamais mortelle : il en résulte seulement une inflammation locale assez vive, accompagnée de fièvre que l'on combat par l'usage de l'ammoniaque liquide (alcali volatil) administré intérieurement à la dose de quelques gouttes dans un verre d'eau sucrée, et instillé extérieurement dans la plaie pour détruire le venin. Les Scorpions ont une paire de gros yeux stemmatiformes sur le milieu du céphalothorax, et, sur le bord extérieur et antérieur de la même partie, de deux à cinq paires d'yeux plus petits. Leur système nerveux est bien développé et leur appareil circulatoire très complexe ; les stigmates ou orifices respiratoires sont placés en dessous, de chaque côté de l'abdomen ; on en compte huit. Ces stigmates ne s'ouvrent pas dans de vraies trachées comme chez les insectes, mais dans des sacs pulmonaires dans lesquels pénètre l'air extérieur. Les Scorpions vivent dans les parties chaudes des deux continents, cachés sous les pierres, dans des troncs d'arbres, et même dans l'intérieur des maisons. Ils courent très vite, en tenant leur queue relevée au-dessus du dos, et la dirigeant à leur gré contre leurs ennemis ou contre les animaux dont ils veulent faire leur proie. Extrêmement voraces, ils détruisent une grande quantité de vers et d'insectes qu'ils saisissent avec leurs serres, et ils s'attaquent même parfois entre eux. Ils sont vivipares ; la femelle porte pendant quelque temps ses petits sur son dos. On en connaît un assez grand nombre d'espèces. — Le **Scorpion commun**

Scorpion commun.

(*S. flavicaudus*), répandu dans le midi de la France, en Corse, en Algérie, n'a que 30 à 36 millimètres de long ; il est brun foncé ; sa queue est pourvue de fortes carènes. Sa piqûre n'est guère plus dangereuse que celle d'un frelon. — Le **Scorpion d'Europe** (*S. europæus*), également commun dans le Midi, est long de 6 à 8 centimètres, de couleur brun rougeâtre, avec les pattes jaunes. Sa piqûre est douloureuse et entraîne une inflammation assez vive, mais n'est pas à beaucoup près aussi dangereuse que celle du **Scorpion d'Afrique** (*S. funestus*) que l'on trouve en Barbarie et surtout dans le Sahara algérien ; celui-ci est plus grand du double, roussâtre, sa queue est plus longue que le reste de son corps. Les Arabes le redoutent beaucoup, et prétendent que l'homme meurt de sa piqûre. On en connaît plusieurs espèces de l'Inde et de l'Amérique, dont quelques-unes de grande taille ; elles forment le genre *Buthus*.

SCORPION D'EAU. Nom vulgaire de la Nèpe. (Voir ce mot.)

SCORPIONIDÉS. (Voir Scorpion.)

SCORZONÈRE. Genre de plantes de la famille des *Composées liguliflores*, tribu des *Chicoracées*, comprenant des espèces herbacées vivaces, à tige simple ou rameuse ; à feuilles lancéolées, entières, demi-embrassantes à leur base. Les fleurs jaunes ou purpurines sont en capitules terminaux ; l'involucre qui les entoure est formé de plusieurs rangées de folioles imbriquées. Les fruits (akènes) qui succèdent à ces fleurs sont uniformes, sessiles ; ils portent une aigrette formée de plusieurs rangs de poils plumeux. Le type du genre est la **Scorzonère d'Espagne** (*Scorzonera hispanica*, L.), connue sous le nom vulgaire de *salsifis noir ;* elle croît spontanément en Espagne, et on la cultive communément dans les potagers. Sa racine, longue et épaisse, noirâtre à l'extérieur, blanchâtre à l'intérieur, devient charnue par la culture ; quoique d'une saveur un peu fade, elle se digère aisément. On la mange en hiver, et l'on choisit les pieds de la deuxième année ; ceux plus âgés sont durs et souvent d'une amertume désagréable. On cultive la Scorzonère sur

Scorzonère d'Espagne.

un sol léger un peu humide, recouvert de terreau. Les bestiaux mangent ses feuilles volontiers ; et, ce qui est plus important, elles peuvent remplacer les feuilles de mûrier pour la nourriture des vers à soie. — On cultive cette plante concurremment avec le **Salsifis à feuilles de poireau** (*Tragopogon porrifolium*, L.), dont la racine est également alimentaire, et même plus estimée que la précédente.

SCROFULAIRE (*Scrofularia*). Genre de plantes de la famille des *Scrofulariacées*. Ce sont des plantes herbacées ou sous-ligneuses, à feuilles ordinairement opposées, à fleurs en cime terminale. Les fleurs, monopétales, hypogynes, ont un calice à cinq divisions, une corolle irrégulière, à tube large et ventru, à limbe bilabié, la lèvre inférieure courte et trilobée, la supérieure plus longue et bilobée ; quatre étamines soudées par paires et une cinquième stérile ou qui avorte ; ovaire à deux loges multiovulées, fruit capsulaire. Le nom de *Scrofulaire* vient de ce qu'on attribuait autrefois, à ces plantes des propriétés médicales contre les scrofules. — La **Scrofulaire noueuse** (*S. nodosa*), type du genre, vulgairement *bétoine aquatique*, *herbe aux hémorroïdes*, est une plante vivace, à souche renflée, noueuse, à tige haute de 60 à 80 centimètres, garnie de feuilles opposées, pétiolées, grandes, ovales aiguës ; ses fleurs, petites, d'un brun rougeâtre, ont une odeur qui rappelle celle du sureau. Elle a été utilisée comme tonique, sudorifique, fébrifuge, vulnéraire. On l'utilise aujourd'hui contre les coupures, brûlures, etc. — La **Scrofulaire aquatique**

(*S. aquatica*), dont la tige présente quatre arêtes et s'élève à 1 mètre, croît sur le bord des ruisseaux.

— Il y a quelques années, on a préconisé la Scrofulaire noueuse comme ayant la vertu de neutraliser les effets de la morsure des animaux enragés. Cette précieuse propriété était connue, disait-on, de temps immémorial, dans le Nord, où on l'utilisait toujours avec succès. Quoi qu'il en soit, voici comment on procède : Il faut cueillir la plante au mois d'août et la faire sécher à l'ombre après en avoir bien nettoyé la racine. Ces feuilles et ces racines séchées doivent être écrasées et réduites en poudre. Pour l'administrer au malade, on coupe des tranches de pain, on y étale du beurre et l'on saupoudre ce beurre de Scrofulaire ainsi pulvérisée. Le nombre de ces tartines est de trois par jour pendant quatorze jours; de plus, chaque jour, le malade boira trois verres de l'infusion des feuilles. Du treizième au quatorzième jour, il faudra examiner le dessous de la langue, et, s'il y a de petites cloches, les brûler avec la pierre infernale et rincer ensuite la bouche avec de l'eau salée. L'Académie de médecine n'a pas approuvé ce remède et a décrété que la cautérisation était seule efficace contre le virus rabique; on sait que ce n'est là qu'un expédient et que le fer rouge est souvent infidèle. La vaccination antirabique découverte par Pasteur offre seule des garanties contre cette terrible maladie.

Scrofulaire noueuse.

SCROFULARIACÉES. Famille de plantes dont le type est le genre *Scrofulaire* qui en résume les caractères principaux. On la divise en trois groupes ou tribus d'après le mode de déhiscence du fruit. Ce sont : 1° les **Digitalées**, à capsule bivalve, septicide : genres *Digitale, Scrofulaire, Bouillon blanc;* 2° les **Rhinanthées**, à capsule bivalve, loculicide : genres *Rhinanthe, Pédiculaire, Véronique;* 3° les **Antirrhinées**, à capsule déhiscente par des pores : genres *Muflier, Linaire,* etc.

SCROPHULAIRE et SCROPHULARIACÉES. (Voir Scrofulaire et Scrofulariacées.)

SCUTELLAIRE, *Scutellaria* (de *scutum,* bouclier, d'une écaille qui accompagne le calice). Genre de plantes dicotylédones de la famille des *Labiées,* à calice campanulé, bilabié, dont la lèvre supérieure est munie d'un appendice dorsal accrescent en forme de bouclier, corolle à tube long, à deux lèvres. Ce sont des plantes herbacées, annuelles ou vivaces, à feuilles de forme variée, à fleurs disposées en grappes. — L'espèce type, **Scutellaria galericulata,**

connue sous le nom vulgaire de *toque,* croît communément dans les lieux marécageux et au bord des ruisseaux; ses feuilles sont dentées, ses fleurs bleues; elle s'élève à 3 ou 4 décimètres. On l'employait autrefois comme fébrifuge. — Quelques espèces exotiques se cultivent dans les jardins; telles sont la **Scutellaire à grandes fleurs** (*S. macrantha*), de la Chine, à grandes fleurs bleues, et la **Scutellaria coccinea,** du Mexique, à grappes d'un rouge écarlate.

SCUTELLÈRE. (Voir Punaise.)

SCUTIBRANCHES (de *scutum,* bouclier, et *bragchia,* branchie). Ancien ordre de mollusques gastéropodes comprenant ceux dont les branchies pectinées sont placées dans une cavité à la partie supérieure du cou ou au bord inférieur du manteau. Ce sont des animaux hermaphrodites; les uns ont une coquille spirale, les autres une coquille conique plus ou moins aplatie et formant une sorte de bouclier (*scutum*). Cet ordre, qui correspond aux Prosobranches distocardes actuels, comprend les fissurelles, les haliotys, les trochidés, les turbinés, les nérites, etc.

SCUTIGÈRE (*scutigera,* qui porte un bouclier). Genre de Myriapodes de l'ordre des Chilopodes, type de la famille des *Scutigéridés,* dont le corps, composé de quinze demi-anneaux portant chacun une paire de pattes, est recouvert en dessus de huit plaques en forme d'écusson ou de bouclier. Ils ont en outre des yeux à facettes au lieu d'ocelles; des antennes filiformes plus longues que le corps; des pattes grêles, dont la longueur augmente d'avant en arrière et qui sont terminées par des tarses formés de nombreux articles. — Le type du genre, **Scutigera coleoptrata,** se trouve communément dans le Midi, sous les pierres. Ces animaux courent la nuit avec rapidité pour chercher les insectes dont ils se nourrissent.

SCYLLARE (*Scyllarus*). Genre de crustacés de l'ordre des Décapodes macroures, famille des *Palinuridés,* voisins des Langoustes dont ils se distinguent par leur corps très large et déprimé et par leurs antennes externes transformées en larges lamelles; ils sont privés de pinces. Le **Scyllarus latus** et le **Scyllarus arctus** habitent la Méditerranée; le premier, connu sous le nom de *cigale de mer,* se vend sur les marchés du Midi, mais sa chair est moins estimée que celle de la langouste et du homard.

SCYLLIUM. Nom scientifique des Roussettes ou chiens de mer.

SCYTALE (nom donné par les anciens à un serpent indéterminé). On désigne aujourd'hui sous ce nom un genre de serpents venimeux, voisins des vipères et des crotales, mais dont ils diffèrent par l'absence de grelots à la queue et de fossettes derrière les narines. — Le **Scytale zigzag** (*Sc. binotatus*), de la côte de Coromandel, est long de 30 centimètres, de couleur brun foncé avec une raie longitudinale jaune en zigzag bordée de noir de chaque côté du dos; le dessous du corps est d'un blanc jaunâtre. Ce serpent est très redouté. Il en est de même du

Scytale des Pyramides (*Sc. pyramidum*) décrit dans le grand ouvrage de l'expédition d'Égypte par Geoffroy Saint-Hilaire. De la taille du précédent, il est brun en dessus avec de petites bandes irrégulières blanchâtres ; le dessous du corps est blanc sale. Ce serpent, assez commun aux environs des Pyramides, pénètre parfois dans les maisons du Caire, d'où il est très difficile de le déloger sans le secours des psylles. Ceux-ci, dont c'est le métier, savent fort bien, en imitant leur sifflement, les faire sortir de leur retraite. Le nom de *Scytale* a été également donné par Linné à une espèce de rouleau. (Voir ce mot.)

SÉBACÉES [Glandes]. Ce sont des glandes de la peau qui s'ouvrent dans les follicules pileux, ou, en certains points, directement à la surface du derme. Elles sécrètent une matière grasse connue sous le nom de *sebum* (suif) ou de *matière sébacée*.

SEBUM. Substance grasse, produite par la sécrétion des glandes sébacées.

SECALE. Nom scientifique latin du Seigle.

SÈCHE. (Voir SEICHE.)

SECRÉTAIRE. (Voir SERPENTAIRE.)

SÉCRÉTION (de *secernere*, séparer). Les fonctions de nutrition comportent, comme on l'a vu (voir NUTRITION), l'élimination des matières solides ou liquides devenues inutiles. Cette élimination est effectuée par des organes spéciaux ou *glandes;* c'est ce que l'on nomme des *excrétions*. Parmi les produits fournis par les glandes, il en est qui jouent un rôle dans l'économie et ne sont pas de simples excrétions ; on les distingue alors sous le nom de *sécrétions :* par exemple les liquides sécrétés par les glandes salivaires, par le foie, la vésicule biliaire, et autres annexées à l'appareil digestif. Les larmes, le lait sont des sécrétions. Tous ces liquides diffèrent beaucoup du sérum du sang, d'où néanmoins proviennent leurs matériaux.

SÉDIMENT. On donne ce nom aux détritus provenant de la décomposition et de la dissolution des roches, et que les eaux courantes portent à la mer, au moins en partie. Le nom de *roches sédimentaires* s'applique aux dépôts de matières minérales formés au sein des eaux. (Voir ROCHES et TERRAINS.)

SEDUM. Genre de plantes de la famille des *Crassulacées*. Ce sont des plantes herbacées, à feuilles alternes, charnues, cylindriques ou planes; à fleurs disposées en cime, composées d'un calice à cinq sépales, d'une corolle à cinq pétales, de dix étamines périgynes, d'un ovaire à cinq loges multiovulées. Parmi les espèces les plus intéressantes de ce genre, nous citerons le **Sedum à odeur de rose** (*Sedum rhodiola*), qui croît sur les rochers, dans le midi de la France. Il doit son nom à l'odeur agréable que répand, à l'état frais, son rhizome épais et charnu. De ce rhizome s'élèvent plusieurs tiges simples, hautes de 2 décimètres environ, chargées dans toute leur étendue de feuilles planes, lancéolées; ses fleurs, petites, rougeâtres, sont réunies en cime serrée. — Le **Sedum reprise** (*Sedum telephium*)

ou *Orpin*, l'une des plus grandes espèces du genre, croît spontanément dans les taillis, les vignes et les lieux pierreux; on appliquait autrefois ses feuilles charnues sur les coupures, d'où son nom vulgaire d'*herbe à la coupure*. Ses fleurs en cime sont purpurines. — L'une des espèces les plus répandues est l'**Orpin brûlant** (*Sedum âcre*), connu sous les noms vulgaires de *poivre de muraille* et *trique madame*. Il forme souvent des touffes épaisses sur la crête des vieux murs, où s'épanouissent en juin et en juillet ses nombreuses fleurs d'un beau jaune. Toute la plante renferme un suc âcre et caustique, et les feuilles, lorsqu'on les mâche, ont une saveur

Fleur de Sedum grossie.   Sedum âcre.

piquante et poivrée. D'après Linné, en Suède on prend la décoction des feuilles de l'Orpin brûlant contre la fièvre, et cette même boisson est efficace contre les affections scorbutiques. Les médecins français ont employé sa poudre contre l'épilepsie et les cancers, mais aujourd'hui l'Orpin âcre est à peu près abandonné en thérapeutique. — L'**Orpin à fleurs blanches** (*Sedum album*), vulgairement *petite joubarbe* et *vermiculaire*, est commun aux environs de Paris, où il croît dans les endroits secs et pierreux. Ses tiges, longues de 15 à 20 centimètres, d'abord couchées, se redressent ensuite ; elles sont garnies de feuilles cylindriques, succulentes, d'un vert gai et portent des corymbes de petites fleurs blanches. On l'emploie en tisane comme rafraîchissante et astringente. On fait souvent confire ses feuilles dans le vinaigre.

SEGMENT. Division d'une feuille se prolongeant jusqu'à la nervure médiane.

SEICHE (*Sepia*). Genre de mollusques CÉPHALOPODES de l'ordre des DIBRANCHIAUX, section des DÉCAPODES, de la famille des *Sépiadés*. Leur corps est charnu, déprimé, contenu dans un sac oblong et bordé dans toute sa longueur par une aile ou nageoire étroite. Un os libre crétacé, opaque, friable et léger, de forme ovale, déprimé et aminci vers les bords, est enchâssé dans l'intérieur du corps vers le dos ; c'est cet os connu sous le nom d'*os de seiche*, que l'on donne aux oiseaux en cage pour s'aiguiser

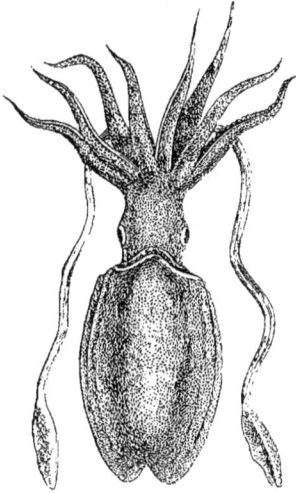

Seiche.

le bec. La tête se trouve en avant du sac et porte deux gros yeux semblables à ceux des poissons ; elle est couronnée par les bras ou tentacules au nombre de dix, dont deux beaucoup plus longs, dilatés à leur extrémité, qui seule est garnie de ventouses ; les huit autres, plus courts, sont munis de ventouses tout le long de leur face interne. La bouche est armée de deux mâchoires cornées en forme de bec de perroquet. Le corps des Seiches est marqué supérieurement de lignes blanches onduleuses et de petites taches pourprées. Ces mollusques ont près du cœur une vessie renfermant une liqueur très foncée, qui, desséchée, fournit une couleur brune employée en

OEufs de la Seiche.

peinture sous le nom de *sépia*. Cette liqueur est un moyen de défense pour l'animal ; car, répandue dans l'eau, elle lui donne le moyen d'échapper à la poursuite de ses ennemis en l'entourant d'un nuage épais. — La Seiche commune (S. *officinalis*) est très abondante dans la Méditerranée ; on la rencontre

également sur les côtes de l'Océan, mais on ne l'y voit pas toute l'année. Il est probable que c'est le besoin de la ponte qui l'attire sur le littoral, et qu'elle retourne ensuite dans les profondeurs de la mer. Les œufs de la Seiche sont fort singuliers ; ce sont des capsules parcheminées, piriformes, de couleur brune, dont chacune est portée par un pédoncule flexible, au moyen duquel ils sont tous reliés ensemble et fixés à quelque corps sous-marin. Sa chair est un aliment dont les pêcheurs et les gens pauvres font une grande consommation. — On connaît de nombreuses espèces de Seiches répandues dans les mers des diverses latitudes du globe, chaudes ou tempérées ; telles sont : la **Seiche tuberculeuse** (S. *tuberculata*), de la mer des Indes ; la **Seiche désarmée** (S. *inermis*), de la côte de Coromandel ; la **Seiche de Savigny** (S. *Savignyi*), de la mer Rouge, etc.

SEIGLE *(Secale)*. Genre de plantes de la famille des *Graminées*. Originaire de l'Asie Mineure, le Seigle est annuel, ainsi que le froment. Il se distingue aisément parmi nos céréales, par ses épillets biflores et solitaires sur chaque dent du rachis, tandis qu'ils sont groupés par trois et uniflores dans l'orge, et solitaires, mais multiflores dans le froment, et par sa glumelle inférieure terminée par une très longue arête. Il donne une excellente

Seigle. — *a*, épi ; *b*, glumelle inférieure.

farine, et mûrit aisément, même dans des terrains secs et sablonneux où le froment ne viendrait pas. Mêlé au froment, il fournit un mélange que l'on nomme *méteil*, qui fait un pain plus frais et de meilleure qualité que s'il était de froment seul. Le

Seigle sert aussi comme fourrage et comme engrais. Semé comme le froment, il lève beaucoup plus vite et rapporte un sixième de plus que lui. On l'emploie dans la confection de la bière et de l'eau-de-vie de grains, dans la fabrication du pain d'épice ; on fait de la tisane avec son gruau, et sa paille sert aux mêmes usages que la paille du froment. Le Seigle n'a pas de variétés ; celui qu'on nomme petit **Seigle, Seigle de printemps, Seigle marsais, Seigle trémois,** etc., ne varie qu'en raison de la saison où il a été semé, et revient en quelques années à la grosseur du Seigle commun. — Le **Seigle d'hiver** est le plus généralement cultivé ; l'épi de ce Seigle est garni de barbes minces et longues qui, en raison de leur fragilité, tombent en partie aux approches de la maturité. C'est cette variété qui tient, dans la culture des terres légères siliceuses, la même place que tient le froment dans la culture des terres fortes ; sans cette céréale une partie de l'Europe n'aurait pas de pain. — Le **Seigle de printemps** est moins productif que celui d'hiver ; on ne le sème guère que de loin en loin, pour remplacer le moins mal possible le Seigle d'hiver, trop endommagé par les intempéries de la mauvaise saison. — Le **Seigle de Rome** est celui de tous qui donne le grain le plus volumineux ; c'est aussi celui dont le grain donne la plus belle farine. Ce Seigle est spécialement propre aux terres légères des pays méridionaux ; il arrive difficilement à maturité au nord du bassin de la Seine. — Le **Seigle multicaule** ou *de la Saint-Jean* est celui de tous les Seigles qui talle le plus ; chaque grain forme une grosse touffe de gazon de laquelle sort une multitude d'épis ; aussi doit-il être semé très clair. Lorsqu'on sème le Seigle

Ergot du seigle.

multicaule vers la fête de Saint-Jean-Baptiste, à la fin de juin, il produit au mois d'octobre suivant une belle récolte de fourrage qui peut être fauchée et distribuée au bétail à l'état frais ; l'année suivante, il repousse au printemps et donne une récolte passable comme s'il n'avait pas été fauché, mais le grain de ce Seigle est petit et de qualité médiocre. Son mérite principal consiste dans sa propriété de croître avec peu ou point d'engrais dans les terres les moins fertiles. Quant au **Seigle ergoté,** après avoir été regardé longtemps comme une maladie de la semence, il a été reconnu pour n'être que l'ovaire non fécondé, et surmonté d'un champignon d'une espèce particulière (*Sphacelia segetum* ou plutôt *Cordiceps purpurea*). Cet ovaire devient, avec son champignon, un violent poison qui peut occasionner la mort, ou un remède auquel on a recours en médecine comme un puissant hémostatique.

SEL MARIN, SEL GEMME. Le Sel marin ou *chlorure de sodium* s'extrait par évaporation de l'eau de mer, où il existe dans la proportion de 2,30 pour 100. On le rencontre également dans les entrailles du sol, où il forme çà et là des couches plus ou moins puissantes, exploitées avec le pic à la manière d'une roche. Dans ce dernier cas, il prend le nom de *sel gemme.* Peut-être convient-il de voir dans ces bancs salifères les résidus de bras de mer qui, cernés par les terres, sans communication avec les étendues océaniques, et ne recevant pas d'affluents, ont perdu leurs eaux par l'évaporation et ont laissé à sec leurs matières salines, ensevelies plus tard sous d'épais sédiments. Très rarement, le Sel gemme est blanc ; sa coloration habituelle est le rougeâtre, le verdâtre, le gris, coloration qu'il doit à la présence d'une petite quantité de matières étrangères. Souvent il est accompagné de *gypse* ou *pierre à plâtre,* c'est-à-dire de sulfate de chaux. Semblable association de sel gemme et de gypse est fréquente dans les marnes irisées. Comme exemple, citons les salines de Vic, en Lorraine, qui s'étendent sur une longueur de 25 kilomètres. A partir d'une soixantaine de mètres de profondeur, commencent les couches de sel, au nombre de douze ou treize, séparées les unes des autres par des nappes d'argile grisâtre. La puissance totale du dépôt atteint près de 100 mètres, dont les deux tiers appartiennent au Sel gemme et le reste aux argiles intercalées. On rencontre des dépôts salifères dans toutes les parties du monde : en Russie, en Perse, en Espagne, en Allemagne, dans le désert de Sahara ; mais de tous ces dépôts, le plus remarquable est celui des fameuses mines de Sel de Wieliczka, auprès de Cracovie, que l'on exploite depuis six siècles. On estime que ce dépôt forme une masse de 400 kilomètres de longueur sur 125 kilomètres de largeur. Il y est déposé par couches stratifiées sur des lits d'argile et de grès. Les galeries d'exploitation y descendent jusqu'à 240 mètres de profondeur, s'étendent à 3 000 mètres en longueur et à 1 000 mètres en largeur.

SÉLACHE (du grec *selakos,* poisson cartilagineux). Genre de poisson cartilagineux de l'ordre des SÉLACIENS, famille des *Squalidés* ou Requins. Les Sélaches ou Pèlerins ont les formes extérieures des requins proprement dits ; mais ils sont pourvus d'évents comme les milandres, et leurs dents sont petites, coniques et sans dentelures. Les fentes branchiales, au nombre de cinq de chaque côté, sont très grandes, et les expansions cutanées qui recouvrent les branchies constituent de longs feuillets flottants assez comparables aux collets ou aux manteaux de pèlerins, d'où son nom. Ce poisson est le plus grand de tous les squales connus ; il atteint jusqu'à 10 mètres de longueur ; mais ses mœurs sont beaucoup moins féroces que celles des requins, peut-être à cause de sa dentition plus faible. Il est en entier d'un gris d'ardoise plus clair en dessous.

SÉLACIENS (du grec *selakos*, poisson cartilagineux). Ordre de poissons cartilagineux de la sous-classe des CHONDROPTÉRYGIENS, de Cuvier, comprenant les raies, les requins, les torpilles, les chimères, etc. C'est à ce groupe qu'appartiennent les poissons qui atteignent la plus grande taille; mais leur squelette reste très imparfait, ne s'ossifie jamais et n'est composé que de pièces cartilagineuses. Ils ne possèdent jamais de véritables écailles, mais leur peau est munie d'un très grand nombre de corpuscules osseux, saillants, qui la rendent plus ou moins rugueuse, comme la peau de requin, ou de véritables osselets souvent surmontés d'une épine, comme dans les raies. Les Sélaciens n'ont pas de vessie natatoire; leur appareil respiratoire consiste en une série de cinq à sept paires de cavités, faisant communiquer de chaque côté le fond de la bouche avec l'extérieur, et ayant chacune au dehors un orifice particulier; de sorte qu'on voit chez ces poissons, sur les côtés du cou (requins) ou sur la face inférieure du corps, en arrière de la bouche (raies), cinq à sept fentes semblables entre elles. La bouche est, chez tous ces animaux, située à la face ventrale du corps, assez loin du bout du museau. Leurs dents sont extrêmement nombreuses. Tous les poissons de ce groupe possèdent deux paires de membres représentés par des nageoires pectorales et abdominales; il existe toujours, en outre, une nageoire caudale; cette dernière est hétérocerque, c'est-à-dire que les lobes de la queue sont inégaux, la colonne vertébrale se prolongeant dans le lobe supérieur; ils ont aussi des nageoires dorsale et anale. Au point de vue du système nerveux et des organes des sens, les Sélaciens sont plus parfaits que les poissons osseux. Les mâles possèdent des organes copulateurs, et par suite il y a accouplement et fécondation interne. Parmi les Sélaciens, les uns sont ovipares, les autres vivipares; les œufs des premiers sont fort singuliers; ils sont entourés d'une enveloppe comme du parchemin, de forme quadrilatérale, et garnie à chacun de ses angles d'une corne ou d'un long appendice contourné sur lui-même. — L'ordre des SÉLACIENS comprend trois familles : les *Chiméridés*, les *Squalidés* et les *Rajidés*.

SÉLAGINELLE (*Selaginella*). Genre de plantes cryptogames hétérosporées de la famille des *Lycopodiacées*. Ce sont des plantes vertes, à feuilles disposées sur trois ou quatre rangs et de grandeur inégale, à organes reproducteurs de deux sortes : capsules ou sporanges à granules fins et nombreux (*microspores*), produisant un prothalle mâle, et capsules ou sporanges renfermant quatre gros globules (*macrospores*), produisant un prothalle femelle. Nous avons en France deux espèces. — La **Sélaginelle helvétique** (*S. helvetica*), à tige de 4 à 10 centimètres, grêle, radicante, dichotome, a les feuilles denticu-

lées au sommet, les plus grandes ovales, perpendiculaires à la tige, les plus petites lancéolées, appliquées; épis géminés. Elle croît sur les rochers des hautes montagnes. — La **Sélaginelle denticulée** (*S. denticulata*), à tige de 15 à 30 centimètres, radicante, très rameuse, dichotome, a les feuilles brièvement dentelées, ciliées; les plus grandes ovales, sèches, un peu roulées en dessous, non perpendiculaires à la tige, les plus petites lancéolées, appliquées; épis géminés. Elle croît dans les lieux humides et ombragés. Cette espèce est employée à l'ornement des serres, pour tapisser les murs humides.

SÉLECTION (de *selectio*, action de choisir). On nomme ainsi le choix fait par l'homme des animaux reproducteurs, dans le but d'améliorer les races ou d'en obtenir de nouvelles. (Voir MULET et RACES.)

SÉLECTION NATURELLE. (Voir TRANSFORMISME.)

SEMBLIDE (*Semblis*). Genre d'insectes NÉVROPTÈRES, qui donne son nom à la famille des *Semblidés* ou Sialidés qui a pour caractères : tête épaisse arrondie, dépourvue d'ocelles, antennes sétacées, mandibules très courtes, tarses de cinq articles dont le quatrième cordiforme. L'espèce type du genre, la **Semblide de la boue** (*S. lutaria*), très commune en France au bord des eaux, dans lesquelles vit sa larve, sert d'amorce aux pêcheurs qui la nomment *voilette*. C'est une mouche à ailes réticulées de noir, d'aspect enfumé, les ailes antérieures recouvrent au repos les postérieures et s'inclinent en forme de toit. La femelle pond ses œufs sur les herbes et les feuilles des plantes aquatiques, et la larve qui en sort se rend à l'eau. Cette larve est très carnassière; elle vit sur les fonds vaseux et porte de chaque côté de l'abdomen des filets articulés qui jouent le rôle de branchies. Ces larves sortent de l'eau pour se transformer en nymphe.

SEMENCE. (Voir GRAINE.)

SEMEN-CONTRA (pour *semen contra vermes*, graine contre les vers). On donne ce nom aux capitules non épanouis de plusieurs espèces d'armoise (*artemisia*), ceux notamment des **Artemisia maritima, cina, judaïca**, à cause de leurs propriétés vermifuges.

SEMI-FLOSCULEUSES. (Voir COMPOSÉES.) Tournefort donnait ce nom aux fleurs composées dont le capitule est formé uniquement de fleurs ligulées ou en languette; elle répond aux *Liguliflores* de de Candolle, aux *Chicoracées* de Jussieu.

SÉMINULES. Synonyme de Spores et Sporules.

SÉMITES. Un des grands rameaux de la race blanche comprenant les Juifs et les Arabes, jadis les Assyriens, les Syriens, les Phéniciens. Ils diffèrent radicalement des Indo-Européens ou Aryens (voir ce mot), surtout par le langage; ils offrent également des différences physiques et mentales. En général, ils ont la peau blanche, mais qui brunit facilement, les yeux noirs, fendus en amande, le nez aquilin, les dents blanches et verticales; les cheveux et la barbe sont noirs et abondants. Leur taille est moyenne; leur crâne sous-dolichocéphale. Les plus purs représentants de la branche sémitique se trouvent aujourd'hui dans l'Arabie centrale.

SEMNOPITHÈQUES (du grec *semnos*, grave, et *pithékos*, singe). Groupe de singes catarrhiniens, reconnaissables à leur corps grêle et élancé, à leur face courte, à leurs oreilles rondes et à leur longue queue. Ils ont des callosités aux fesses, mais point d'abajoues ; leurs mains antérieures étroites et très longues, ont des pouces très courts. Les Semnopithèques habitent le continent et les îles asiatiques. Les principales espèces sont : le **Douc** (*S. nemœus*),

Semnopithèque (Colobe vrai).

de la Cochinchine ; l'**Entelle**, de l'Inde ; le **Semnopithèque maure**, de Java ; le **Semnopithèque à mains jaunes**, de Sumatra, etc. Aux Semnopithèques se rattache le **Nasique**, de Bornéo, remarquable par la longueur exagérée de son nez. — Les Colobes, dont le nom tiré du grec signifie *mutilé*, sont des Semnopithèques auxquels manque le pouce aux mains de devant ; ils habitent tous le continent africain ; tels sont : le **Colobe Guereza**, d'Abyssinie ; le **Colobe à camail**, de Sierra-Leone ; le **Colobe satanas**, tout noir, de Fernando-Po. Le **Colobe vrai** (*C. verus*), de la côte occidentale d'Afrique, a le pelage assez court, olivâtre en dessus et sur les côtés, gris en dessous et sur les membres ; sa queue est fort longue. Tous ces quadrumanes sont, en général, des singes agiles, mais moins turbulents et moins bruyants que le commun des singes. — L'Entelle fait partie des divi-

nités des Hindous, qui considèrent comme un crime le meurtre d'un de ces animaux.

SEMPERVIVUM (toujours vivant). Nom latin du genre *Joubarbe*. (Voir ce mot.)

SÉNÉ. On désigne sous ce nom certaines feuilles et gousses douées de propriétés purgatives. Ces feuilles, qui ont beaucoup d'analogie avec celles du baguenaudier, appartiennent à deux plantes du genre *Cassia*, originaires de la Haute-Égypte et des pays voisins, et il est probable que le mot *Séné* est dérivé de *sennaar*. Plusieurs végétaux de nos contrées portent aussi le nom de Séné : la **Coronille**, plante légèrement purgative, s'appelle *Séné bâtard*; le **Colutea arborescent**, purgatif puissant, est le *faux Séné*; enfin la **Casse de Maryland** est connue sous le nom de *Séné d'Amérique*. (Voir CASSE.) On faisait autrefois en France une consommation considérable de Séné. L'emploi de ce médicament est aujourd'hui bien plus restreint, à cause de son goût désagréable. On associe ordinairement le Séné à la manne, à la rhubarbe, aux sulfates de soude et de magnésie. Cependant, en infusion, à la dose de 8 à 10 grammes par 250 grammes d'eau, c'est un purgatif sûr et énergique.

SÉNEÇON (*Senecio*). Genre de plantes de la famille des *Composées tubuliflores*, tribu des *Sénécionées*, qui comprend un très grand nombre d'espèces réparties sur toute la surface du globe. Ce sont des plantes herbacées, à feuilles alternes, à fleurs en capitules solitaires ou en corymbes, ayant le disque généralement jaune, rarement pourpre, à calice de plusieurs folioles sur un seul rang, réceptacle nu ; les fleurs du rayon à corolle ligulée ; celles du disque tubulées ; fruits en akènes couronnés par une aigrette simple. — Le Séneçon commun (*S. vulgaris*), type du genre, nommé vulgairement *herbe aux charpentiers*, est une plante annuelle qui croît dans tous les lieux cultivés ; sa tige droite, charnue, haute de 30 à 40 centimètres, porte des feuilles épaisses, embrassantes ; le capitule de fleurs toutes tubulées, en grappe corymboïde, de couleur jaune. On lui attribue des propriétés émollientes ; les oiseaux recherchent ses graines.

Séneçon.

— Le **Séneçon des bois** (*S. sylvaticus*), à tige très rameuse, pubescente, à feuilles pennaséquées, à capitules nombreux, jaunes, est commun dans nos bois.

— Le **Séneçon Jacobée** (*S. Jacobæa*), à tige striée rameuse, haute d'un mètre, terminée par des capitules de fleurs jaunes, rayonnés, croît communément dans les prairies, les bois, le long des chemins.—On cultive dans les jardins plusieurs espèces exotiques, telles que le **Séneçon des Indes**, à grands capitules cramoisis, roses, lilas, à disque jaune; le **Séneçon pourpre**, des Canaries; et beaucoup d'autres connues des jardiniers sous le nom de *Cinéraires*.

SÉNÉGA ou **SÉNÉCA**. (Voir Polygala.)

SÉNÉGALI. On a donné ce nom à une division du genre *Fringilla* (moineaux) comprenant un groupe de petites espèces, toutes d'Afrique ; tels sont les **Fringilla senegala, melanotis, atricollis, sanguinolenta**, etc. (Voir Bengali.)

SÉNEVÉ. Nom vulgaire qu'on donne à la Moutarde noire.

SÉNONIEN [Étage]. Étage du terrain crétacé (voir ce mot) compris entre l'étage turonien et l'étage danien ; il comprend la craie blanche des auteurs.

SENS. Appareil organique qui met un animal en rapport avec les objets extérieurs par le moyen des impressions que ces objets font sur lui. L'homme et les animaux supérieurs ont cinq sens : la *vue*, l'*ouïe*, l'*odorat*, le *goût* et le *toucher*. (Voir ces mots.)

SENSITIVE. (Voir Mimeuse.)

SENTEUR [Pois de]. Espèce du genre *Gesse*. (Voir ce mot.)

SÉPALES. On nomme ainsi les folioles du calice. (Voir Fleur.)

SEPIA. (Voir Seiche.)

SÉPIOLE. Genre de mollusques Céphalopodes décapodes, dont le type, la **Sépiole commune**, habite la Méditerranée. Ce sont des seiches en miniature qui vivent en bandes et que l'on mange sur nos côtes.

SEPS ou **SÈPE**. (Voir Ceps ou Cèpe.)

SEPS. Genre de reptiles de l'ordre des Sauriens, de la famille des *Scincidés* ou Scinques, dont ils diffèrent seulement par leur corps plus allongé et tout à fait serpentiforme, et par leurs pieds encore plus petits, et dont les deux paires sont plus éloignées l'une de l'autre. Nous en avons un en Europe : c'est le **Seps tridactyle** (*Seps tridactylus*), qui se trouve dans la Provence, l'Italie, la Sardaigne et plusieurs contrées de l'Afrique. Il n'a que trois doigts à tous les pieds, qui sont d'une excessive petitesse ; son corps, long et menu, atteint jusqu'à 35 et 40 centimètres; sa queue se termine par une pointe aiguë. Il est d'une couleur d'acier poli, avec une bande longitudinale pâle et bordée de points bruns de chaque côté du dos. Il vit dans l'herbe et se nourrit d'insectes et de petits mollusques. A l'approche de la mauvaise saison, il s'enfonce en terre et s'engourdit.

SEPT-ŒIL. Nom vulgaire de la Lamproie de rivière.

SEQUOIA. Genre de plantes de la famille des *Conifères*, tribu des *Abiétinées*, très voisin des Pins et renfermant les plus grands arbres que l'on connaisse. — Le **Sequoia gigantea**, nommé par Lindley *Wellingtonia*, croît dans la Californie et l'Orégon, sur les pentes occidentales des montagnes Rocheuses, à 2 000 mètres d'altitude, où il forme une longue bande forestière de 300 kilomètres environ. Ce géant du règne végétal atteint jusqu'à 100 mètres de hauteur et 30 mètres de circonférence. Ses cônes sont à peine de la grosseur d'une noix. Le docteur Hooker estime l'âge de ces colosses végétaux à plus de trois mille ans. A. Carlisle en a tracé une description enthousiaste : « Dans une clairière paisible, raconte-t-il, à 6 000 pieds sur les rampes de la Sierra, poussent ces monarques des forêts du monde. A demi cachés par les pins énormes et les sapins autour d'eux et entre eux, leurs cimes s'élèvent au-dessus de leurs grands voisins, et on ne peut guère les voir qu'en se trouvant tout près. Le gracieux contour de ces troncs énormes, la douceur veloutée et la riche couleur de leur écorce, leurs branches noueuses qui s'étalent comme les bras musculeux de quelque grand Briarée, le vert éclatant de leur feuillage élégant et mince, tout se combine pour en faire des arbres aussi beaux que grands, aussi majestueux que vigoureux. » Par malheur, les industriels californiens, qui installent des scieries mécaniques partout, ravagent d'une façon effrayante ces superbes forêts par le fer et par le feu; elles sont donc destinées à disparaître dans un avenir prochain.

SÉREUSES [Membranes]. Membranes minces, transparentes, qui tapissent les parties soumises à des frottements, et qu'elles sont destinées à amoindrir. En général, ces membranes sont disposées sous forme de sac, sans ouverture, et formées de deux feuillets dont l'un tapisse l'organe, et l'autre la cavité où glisse l'organe. Bornées par une membrane propre revêtue d'une couche d'épithélium, leur surface lisse et glissante sécrète un liquide (*sérosité*) qui la lubrifie. Les membranes séreuses se distinguent en *viscérales* (péritoine, plèvre, péricarde, arachnoïde) et en séreuses articulaires ou *synoviales*. Les premières enveloppent les viscères (intestins, poumons, cœur, cerveau), les secondes garnissent les articulations mobiles.

SÉRICAIRE (*Sericaria*.) Nom scientifique du Ver à soie. (Voir ce mot.)

SERIN (du latin *citrinus*, qui est de couleur de citron, dans Pline). Oiseau de la famille des *Fringillidés*, de l'ordre des Passereaux conirostres, formant une division du genre des *Bouvreuils* (*Pyrrhula*), et bien connu par une de ses espèces : le **Serin des Canaries** (*Pyrrhula canaria*), que sa facilité à multiplier en esclavage ainsi que l'agrément de son chant ont répandu partout. La domesticité a tellement fait varier ses couleurs, qu'il est difficile de lui en assigner une primitive. En Europe, il est généralement d'un jaune plus ou moins intense, ou nuancé de verdâtre : mais, dans son pays natal, au pic de Ténériffe, il est, au dire de tous les voyageurs, d'un gris verdâtre taché de brun. Il s'accouple avec plusieurs autres espèces, telles que la linotte, le tarin, le chardonneret, et produit souvent avec elles des mulets plus ou moins féconds. « Si le rossignol est le chantre des bois, dit Buffon, le Serin est le musicien de la chambre : le premier tient tout de la nature ; le second participe à nos arts. » Avec moins de force d'organe, moins d'étendue dans la voix, moins de variété dans les sons, le Serin a plus d'oreille, plus de facilité d'imitation, plus de mémoire ; et comme la différence du caractère (surtout dans les animaux) tient de très près à celle qui se trouve entre leurs sens, le Serin, dont l'ouïe est plus attentive, plus susceptible de recevoir et de conserver les impressions étrangères, devient aussi plus sociable, plus doux, plus familier ; il est capable de reconnaissance, et même d'attachement; ses caresses sont aimables, ses petits dépits innocents et ses colères ne blessent ni n'offensent. Ses habitudes naturelles le rapprochent encore de nous ; il se nourrit de graines comme nos autres oiseaux domestiques ; on l'élève plus aisément que le rossignol, qui ne vit que de chair ou d'insectes, et qu'on ne peut nourrir que de mets préparés. — Le genre *Serin* est représenté en Europe par une espèce, le **Cini** (*P. serinus*), qui habite tout le midi de l'Europe, et surtout l'Italie et l'Espagne. On le rencontre dans nos provinces méditerranéennes. Sa voix a beaucoup plus de force, mais son chant consiste en un cri strident, aigu, continu, et fort monotone quoique modulé, mais qui se modifie et s'adoucit en captivité. Il niche sur les arbres de moyenne taille, tels que les genêts et les chênes verts, et se nourrit de graines. Le Cini est d'un vert olivâtre taché de brun en dessus, d'un beau jaune en dessous.

Seringat commun.

SERINGAT (*Philadelphus*). Genre de plantes de la famille des *Philadelphées*, qu'il ne faut pas confondre avec le genre *Syringa*, qui comprend les lilas. Ce sont des arbrisseaux à feuilles opposées, simples, pétiolées ; à fleurs réunies en cimes rameuses, terminales, composées d'un calice subulé, à limbe quadri ou quinquéparti, d'une corolle à quatre-cinq pétales, d'étamines nombreuses, d'un ovaire à quatre ou cinq loges, surmonté de quatre ou cinq styles soudés à la base. Ces fleurs sont généralement blanches et odorantes. — Le **Seringat commun** (*Ph. coronarius*, L.), qui est l'espèce la plus répandue dans les jardins, est originaire d'Orient ; ses fleurs répandent une forte odeur de jasmin. Toutes les autres espèces sont indigènes de l'Amérique septentrionale ; leurs fleurs ont une odeur faible, mais plus agréable que celle du Seringat commun ; tels sont le **Seringat à larges feuilles** et le **Seringat grandiflore**, de la Caroline.

SÉROSITÉ. Liquide contenu dans les cavités séreuses et exhalé par la surface interne des membranes de ce nom qu'il lubrifie. (Voir Séreuses.) La Sérosité n'est pas identique au sérum du sang auquel on l'a comparé ; elle n'est pas coagulable par la chaleur.

SERPENT. (Voir Ophidiens.) On nomme vulgairement :

Serpent à deux têtes, l'Amphisbène ;
Serpent à lunettes, la Vipère naja ;
Serpent à sonnettes, le Crotale ;
Serpent corail, l'Élaps ;
Serpent cracheur, l'Échidné ;
Serpent de mer, l'Ophysure et l'Hydrophys ;
Serpent de verre, l'Orvet.

SERPENTAIRE (*Gypogeranus*). Genre de l'ordre des Rapaces ou Oiseaux de proie, formant une petite famille particulière sous le nom de *Gypogéranidés*. Ces oiseaux, dont la conformation générale rappelle

Serpentaire.

celle de certains échassiers, ont un bec robuste, crochu, très fendu, à narines latérales obliques, percées dans une cire ; leurs ailes sont armées de trois éperons obtus, et leurs jambes très longues, comme celles des hérons, sont emplumées entièrement. On ne connaît qu'une seule espèce de ce genre, c'est le **Serpentaire** (*G. serpentarius*) ou *secrétaire*. Ce dernier nom lui vient de la huppe effilée et raide que présente son occiput, et qui le fait ressembler à certains bureaucrates qui ont la manie de faire un porte-plume de leur oreille. Son cou et son manteau sont d'un gris bleuâtre, ses ailes noires; les plumes de ses cuisses sont noires; lisérées de blanc. Le Serpentaire habite les plaines arides des environs du cap de Bonne-Espérance, où il vit par paires, mâle et femelle, se séparant rarement. Cet oiseau, d'un naturel méfiant et rusé, se laisse difficilement approcher. Son port est noble, sa démarche aisée; il vole peu et court avec rapidité, d'où le nom de *messager*, sous lequel on le désigne aussi quelquefois. Sans autre arme que ses ailes pourvues de tubercules osseux, il attaque et dompte les serpents les plus venimeux. Il combat le reptile en sautillant de côté et en lui présentant toujours le bout de son aile qui lui sert de bouclier et contre laquelle le serpent épuise en vain sa rage et son venin; puis, quand à coups d'aile il a bien étourdi son ennemi, il lui brise la tête d'un coup de bec et l'avale tout entier. Il mange aussi des lézards, des grenouilles et même des insectes. Au temps de la pariade, les femelles se construisent un nid en forme d'aire sur les buissons élevés; la ponte est de deux ou trois œufs de la grosseur de ceux de l'oie, blancs tachés de roussâtre. On a tenté d'introduire le Serpentaire dans plusieurs des Antilles, notamment à la Guadeloupe et à la Martinique, pour l'opposer au redoutable serpent trigonocéphale qui les infeste; mais il n'y a pas prospéré et en est disparu.

SERPENTAIRE. On a donné ce nom, en botanique, à plusieurs plantes auxquelles on a attribué la propriété de guérir la morsure des serpents venimeux. — La **Serpentaire commune** (*Dracunculus vulgaris*) ou *draconcule* est une espèce d'arum qui croît dans le Midi; sa grosse souche, ses feuilles en pédales et sa spathe d'un rouge brun, répandent une odeur nauséabonde. On la considérait autrefois comme un spécifique contre la morsure des serpents venimeux. Il en était de même de la racine de Bistorte (voir ce mot) qu'on nommait *Serpentaire rouge*. — La **Serpentaire de Virginie** est une aristoloche (*Aristolochia serpentaria*), commune dans les régions méridionales de l'Amérique du Nord. Sa racine rampante en longues fibres blanchâtres, répandant une odeur forte, aromatique, camphrée, est employée en Amérique contre la morsure des serpents; elle est en réalité stimulante et très utile dans les fièvres adynamiques.

SERPENTINE ou **OPHITE.** Roche porphyroïde, ainsi nommée à cause de ses bigarrures qui l'ont fait comparer à la peau d'un serpent. C'est un hydrosilicate de magnésie contenant de 40 à 44 pour 100 de silice, 33 à 43 pour 100 de magnésie, 10 à 15 pour 100 d'eau, 0 à 5 pour 100 d'alumine. La Serpentine est d'un vert obscur, à texture compacte, à cassure écailleuse, très tenace, très douce au toucher. Elle forme tantôt des couches ou amas stratifiés subordonnés aux schistes talqueux, tantôt des filons ou amas transversaux. Souvent aussi elle est en veines dans le calcaire, et il en résulte ce que l'on appelle le *marbre vert* ou *serpentineux*.

SERPENTINE. Nom vulgaire de l'Estragon.

SERPENTS. (Voir Ophidiens.)

SERPOLET. Espèce du genre *Thym.* (Voir ce mot.)

SERPULE, *Serpula* (de *serpere*, ramper). Genre de vers de la classe des Annélides, de l'ordre des Chétopodes céphalobranches, se construisant des tubes calcaires, par une sécrétion de la peau. Les naturalistes anciens plaçaient les Serpules parmi les mollusques à coquilles, auprès des tarets et des vermets, qui se construisent des tubes à peu près semblables. Mais si l'on tire une Serpule de son tuyau, ce que l'on peut faire aisément, l'animal y étant libre et non point fixé par des muscles puissants,

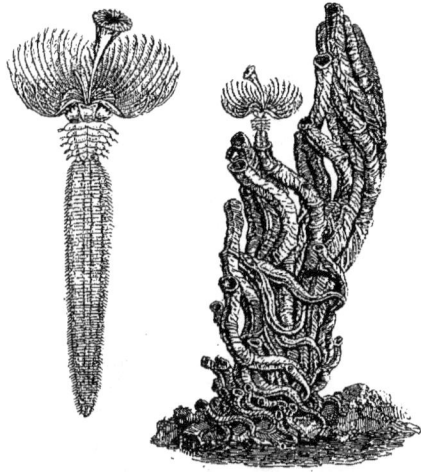

Serpule contournée.

comme les mollusques à leur coquille, on verra combien il en diffère par son organisation. Son corps est vermiforme, composé de nombreux anneaux dont chacun porte une paire d'appendices ou pieds terminés par une soie. Les tentacules plumeux, d'un rouge vif, qu'il déploie en éventail au-dessus de l'ouverture de son tube, sont ses branchies, ses organes de respiration, que gonfle, en les colorant, un sang vermeil. C'est également au moyen de ces élégants panaches qu'il arrête au passage la proie qui lui sert de nourriture. — Les Serpules couvrent de leurs tubes enchevêtrés les uns dans les autres, non seulement les rochers, mais les coquilles et tous les corps sous-marins; et l'on trouve parfois à marée basse des débris de poterie couverts de leurs tuyaux. On en rencontre d'ailleurs sur nos côtes plusieurs espèces qui se distinguent entre elles par la forme de leur cornet et par quelques détails de leur organisation. Le type du genre, la

Serpule contournée (*S. contortuplicata*), très commune sur nos côtes, a son tube rond et strié tranversalement, comme une corne d'antilope ; d'autres sont lisses et anguleuses ; les unes sont contournées en spirale, les autres droites; celles-ci sont couchées, celles-là élevées en l'air. Les Spirorbes sont de petites Serpules dont le tube est contourné en spire circulaire.

SERRADELLE. Plante fourragère du genre *Ornithopus* (voir ce mot); c'est l'*Ornithopus sativus* des botanistes. Dans tous les départements où il y a des terres incultes à mettre en valeur, la Serradelle ou *pied d'oiseau* est appelée à rendre les plus grands services ; c'est la plante fourragère par excellence pour les terrains siliceux, légers et maigres, mais suffisamment profonds. On la sème de bonne heure au printemps, à raison de 8 à 10 kilogrammes de graine par hectare; elle donne en septembre une coupe abondante. Bien que la Serradelle soit meilleure comme fourrage frais que comme foin sec, on peut cependant la faire sécher, et son fourrage très nourrissant est d'une grande valeur dans une entreprise de défrichements à son début, où la grande difficulté, c'est de faire vivre les bestiaux.

SERRAN (*Serranus*). Genre de poissons de l'ordre des ACANTHOPTÈRES, de la famille des *Percidés*, caractérisés par une seule nageoire dorsale à portion antérieure épineuse, à partie postérieure molle ; dents d'inégale grandeur aux mâchoires, palatins et vomer. Langue lisse; écailles très adhérentes. Ces poissons se rencontrent surtout dans la Méditerranée et sont souvent appelés *perches de mer*. — Le Serran commun (*S. cabrilla*) est abondant dans la Méditerranée et se plaît au milieu des roches. Il est en dessus d'un beau brun avec les flancs d'un jaune rougeâtre marqués longitudinalement de deux ou trois bandes bleuâtres; le ventre est jaunâtre ainsi que les nageoires pectorales et ventrales. — Le Serran écriture (*S. scriba*) a la tête et les joues couvertes de traits irréguliers bleuâtres qui lui ont fait donner son nom. Son dos est rougeâtre, traversé par des bandes verticales d'un brun foncé; le ventre est jaunâtre ; les nageoires d'un jaune roux semé de taches. La chair de ces poissons est assez délicate. — Le Mérou (*S. gigas*), le plus grand du genre, atteint un poids de 7 kilogrammes et plus. Il est en dessus d'un brun rougeâtre, plus clair en dessous. Sa chair est assez estimée.

SERRATULE, *Serratula* (de *serratus*, denté en scie). Genre de plantes dicotylédones de la famille des *Composées tubuliflores*, dont l'espèce type, Serratula tinctoria, connue sous le nom vulgaire de *sarrette*, est commune en Europe dans les bois et pâturages et donne à la teinture une matière jaunâtre d'un beau ton. C'est une herbe vivace de 5 à 8 décimètres, à feuilles finement dentées; à fleurs purpurines, à capitules en grappe corymbiforme; sa tige est sillonnée.

SERRES. On nomme ainsi les ongles ou griffes des oiseaux de proie.

SERRICORNES. Latreille désignait sous ce nom les insectes coléoptères dont les antennes sont généralement dentées en scie. Ce groupe comprenait principalement les familles actuelles des *Buprestidés* et des *Élatéridés*. (Voir ces mots.)

SERSIFIX. (Voir SALSIFIS.)

SERTULAIRE, *Sertularia* (de *sertum*, bouquet). Genre de zoophytes ou cœlentérés de la classe des HYDROMÉDUSES, ordre des HYDROÏDES SYNUYDRAIRES, type de la famille des *Sertularidés*. Ce sont de petits polypiers en colonies ramifiées dont les polypes sont situés sur les faces opposées, dans des tubes ou hydrothèques en forme de bouteilles. Les Sertu-

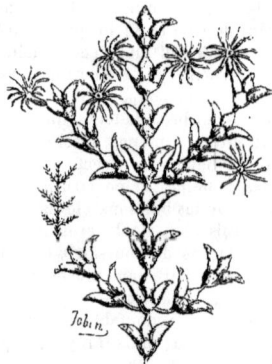

Sertulaire.

laires, très voisines des Campanulaires, en diffèrent toutefois par leurs hydrothèques sessiles ou à pédoncule très court et non annelé. Très abondants sur nos côtes parmi les fucus, les Sertulaires ont l'aspect de petits arbustes demi-transparents, dont les plus grands ne dépassent guère 10 à 12 centimètres. Leur état médusaire n'est pas bien connu. Les principaux genres de ce groupe sont les *Sertularia*, qui ont les polypes alternes, et les *Dynamena*, qui ont les polypes opposés. Le type du genre est la Sertularia cupressina.

SERTULARIDÉS. (Voir SERTULAIRE.)

SERTULE (de *sertum*, bouquet). On donne ce nom, en botanique, à l'ombelle simple, c'est-à-dire à celle dont les axes secondaires, égaux entre eux, s'élèvent à la même hauteur, en divergeant comme les rayons d'un parasol, comme la primevère, par exemple.

SÉRUM. Liquide qui sert de véhicule aux globules du sang et du lait. (Voir ces mots.)

SERVAL (*Felis serval*). Mammifère carnivore de la famille des *Félidés*, **Chat-pard** ou **Chat-tigre** des fourreurs. Cet animal, qui habite toute la partie méridionale de l'Afrique, est de la taille du lynx. Son pelage est d'un fauve clair avec la gorge et l'intérieur des cuisses blanchâtres ; ses oreilles sont grandes, rayées de noir et de blanc ; des mouchetures noires marquent le front et les joues, quatre raies le long du cou, des taches pleines sur le reste du corps et la queue annelée de noir. Le Serval grimpe aux arbres avec agilité et fait la chasse aux singes et autres petits animaux. Sa férocité native paraît indomptable, on ne peut l'apprivoiser. Au Cap, on le chasse pour sa fourrure, qui est fort belle et a une grande valeur commerciale.

SÉSAME (*Sesamum*). Plante oléagineuse type de la famille des *Sésamées*, détachée par de Candolle des Bignoniacées. — Le **Sésame ordinaire** (*S. orientale*), originaire de l'Inde, est une herbe annuelle, velue, haute de 6 à 10 décimètres, à feuilles ovales ou oblongues, les inférieures opposées, longuement pétiolées, dentelées ; les supérieures alternes, entières, courtement pétiolées ; à fleurs solitaires,

Sésame.

axillaires, ayant une corolle blanche et assez semblable à celle de la digitale pourpre. Le fruit est une capsule oblongue, tétragone, un peu comprimée, à deux valves et à quatre loges. Les Égyptiens appellent cette plante *semsen*. Elle paraît être cultivée chez eux de temps immémorial, ainsi que dans tout l'Orient. Au rapport d'Hérodote, les Babyloniens ne faisaient pas usage d'autre huile que de celle de Sésame. Cette huile, à ce qu'on assure, se conserve plusieurs années sans rancir, et peut remplacer l'huile d'olive. On en fait aussi des préparations cosmétiques, et on l'emploie comme laxatif doux. La graine de cette plante est l'objet d'un commerce important entre le Levant et Marseille, qui fait entrer l'huile de Sésame dans la fabrication de son savon. Jusqu'à présent, la culture de cette plante en Occident n'a donné que des résultats peu satisfaisants.

SÉSAME D'ALLEMAGNE. Nom vulgaire de la Caméline. (Voir ce mot.)

SÉSÉLI. Genre de plantes dicotylédones de la famille des *Ombellifères*. Ce sont des herbes vivaces ou bisannuelles, à feuilles alternes composées de folioles étroites, linéaires, à fleurs blanches disposées en ombelle à ombellules courtes, ramassées. Les Séséli sont répandus dans les régions tempérées de l'Europe et de l'Afrique. Nous citerons comme type le **Séséli officinal** ou *de Marseille* (*Seseli tortuosum*), commun dans le midi de la France, dont les graines, d'une odeur forte, peu agréable, d'une saveur âcre, très aromatique, sont employées comme carminatives et stomachiques. Il en est de même du **Seseli macedonicum** des régions méditerranéennes, connu sous le nom vulgaire de *persil de Macédoine*.

SÉSIES ou **SÉSIAIRES.** Famille d'insectes LÉPIDOPTÈRES de la section des HÉTÉROCÈRES et qui emprunte son nom au genre *Sesia*. Les papillons de cette famille ont un aspect singulier et ressemblent beaucoup au premier abord à certains hyménoptères (abeilles, guêpes, frelons). Leur corps est élancé, le plus souvent peint de bandes jaunes sur fond noir ; leurs ailes étroites, en grande partie nues et transparentes, ne sont pourvues d'écailles que sur les nervures et sur les bords. Leurs antennes sont épaisses, souvent crénelées, surtout chez les mâles ; leurs jambes postérieures sont munies de fortes épines. Ces jolis papillons volent en plein jour d'une allure droite et rapide, et se posent sur les troncs d'arbres où les femelles pondent leurs œufs. Leurs chenilles ont le corps mou, allongé et cylindrique, muni de plaques écailleuses sur le premier et le dernier anneau. Elles vivent et se transforment dans l'intérieur des végétaux, et sont pâles et décolorées, comme toutes les larves vivant dans l'obscurité. Elles s'y construisent une coque avec des parcelles de bois assemblées au moyen de leur soie, et leur chrysalide porte sur le bord de chaque anneau une rangée de petites dents recourbées, à l'aide desquelles elle rampe le long de sa galerie pour se rapprocher de l'orifice au moment de l'éclosion du papillon. — Les principales espèces sont la *Sesia apiformis*, en forme d'abeille ; la *Sesia vespiformis*, à forme de guêpe ; la *Sesia tipuliformis*, à forme de tipule, etc.

SESSILE. Qui n'a pas de support propre : feuille sans pétiole, fleur sans pédoncule, etc.

SÉTACÉ (de *seta*, soie). Qui ressemble à une soie de cochon.

SÈVE. Fluide nourricier des plantes, qui, se portant successivement dans leurs diverses parties, va fournir à chacune d'elles les matériaux de son accroissement. Aussi l'a-t-on souvent comparée au sang des animaux, quant au rôle qu'elle joue dans l'organisation végétale. La Sève ascendante n'est à peu près que de l'eau claire telle qu'elle est puisée dans le sol ; à peine si l'analyse y trouve quelques substances dissoutes en faible proportion, telles que des sels de potasse, des sels de chaux et de l'acide carbonique. Cependant, à mesure qu'il pénètre plus avant dans l'épaisseur des tissus, ce liquide aqueux dissout diverses substances tenues en réserve dans les cellules et provenant d'un travail antérieur, souvent du sucre, comme dans certains érables et divers palmiers. Néanmoins cette Sève ascendante n'est pas encore un fluide nourricier. Nous dirons dans l'article Végétaux par quel mécanisme la Sève s'élève dans les parties végétales ; ce n'est que lorsqu'elle a subi dans les feuilles une évaporation qui lui enlève l'eau en excès et des remaniements chimiques qui lui donnent des propriétés nouvelles, qu'elle a acquis les qualités nécessaires à la nutrition de la plante. Sous l'influence des rayons solaires, les parties vertes (chlorophylle) décomposent l'acide carbonique de l'atmosphère, rejettent l'oxygène et absorbent le carbone qui est aussitôt combiné avec les matériaux de la Sève ascendante. Ces matériaux sont, outre les sels que les racines ont absorbé dans le sol, l'azote, l'oxygène et l'hydrogène de l'eau. De l'association de ces éléments deux à deux, trois à trois, quatre à quatre, résultent la matière à sucre, la matière à fécule, la matière à bois, à fruits, à fleurs, etc., et le résultat de tout ce merveilleux travail est la Sève élaborée ou *Sève descendante*. — L'ascension de la Sève se fait, dans les arbres, par l'aubier, c'est-à-dire par les couches les plus récentes et les plus tendres du bois ; dans les plantes herbacées, dont la partie centrale ne durcit point, elle a lieu par l'ensemble des faisceaux ligneux. La Sève élaborée redescend par les couches internes de l'écorce, et devient cette sorte de bois fluide, le *cambium*, qui, chaque année, donne une nouvelle couche d'aubier et une nouvelle couche de liber. De ce courant principal en dérivent d'autres secondaires qui amènent la Sève aux divers organes ; de sorte que bourgeons, feuilles, jeunes rameaux, fleurs, fruits, tout enfin reçoit sa part de matériaux nutritifs. Une autre partie de la Sève s'emmagasine dans les vaisseaux laticifères, sous forme de liquide opaque et coloré et y forme le suc propre ou le *latex*. (Voir ce mot.) — Très ralenti, ou même suspendu pendant l'hiver, le mouvement de la Sève acquiert, aux premières chaleurs du printemps, une activité qui dédommage la plante de sa longue torpeur hivernale. C'est alors que la section de leurs rameaux amputés, les arbres fruitiers et surtout la vigne, laissent exsuder la Sève ascendante, et que l'on dit qu'ils pleurent. (Voir Végétaux.)

SHELTOPUSICK. (Voir Pseudopus.)

SIALIDE. Synonyme de Semblide.

SIAMANG. Singe du genre *Gibbon*.

SIDA. Genre de plantes dicotylédones de la famille des *Malvacées*, composées d'herbes et de sous-arbrisseaux des régions chaudes du globe. Ces plantes, dont le port rappelle celui de nos mauves, en ont également les propriétés, et sont employées dans leur pays d'origine comme émollientes et pectorales. On cultive dans les jardins le **Sida picta** et le **Sida abutilon**, à belles fleurs d'un jaune doré. On leur donne parfois le nom d'*abutilon*.

SIDÉROSE (du grec *sidéros*, fer). Fer carbonaté.

SIDÉROXYLON (du grec *sidéros*, fer, et *xulon*, bois). Genre de plantes dicotylédones de la famille des *Sapotacées*, comprenant de grands arbres propres aux régions tropicales, à feuilles alternes, simples, coriaces ; à fleurs pentamères ; à fruit charnu, et dont le bois est très employé dans le commerce sous le nom de *bois de fer*. — Le **Sideroxylon inerme** fournit le bois de fer de Cayenne ; le **Sideroxylon cinereum** donne le bois de fer de Bourbon, et le **Syderoxylon spinosum** est originaire du Maroc.

SIEBOLDIA (nom propre). Synonyme de Cryptobranchus. (Voir Salamandre.)

SIFFLEUR. On donne vulgairement ce nom à une espèce de Canard, l'*Anas Penelope*. — On nomme également ainsi le *Lagomys pica*.

SIFILET. Nom d'un oiseau du genre *Paradisier*.

SIGILLAIRE (*Sigillaria*). Végétaux fossiles propres au terrain houiller. Ce sont des troncs parfois énormes, à surface cannelée, portant des cicatrices régulièrement espacées et provenant de la base des feuilles ; celles-ci très longues, rigides, à coupe transversale triangulaire, étaient munies d'une gouttière profonde en dessus et d'une arête saillante en dessous. Ces arbres, dont la hauteur dépassait souvent 40 mètres, forment un groupe ambigu entre les gymnospermes et les cryptogames.

SILAUS. Genre de plantes dicotylédones de la famille des *Ombellifères*, formé aux dépens du genre *Peucedanum*. Le type du genre, **Silaus pratensis**, l'ancien *Peucedanum silaus*, est une herbe vivace, commune dans les prairies marécageuses, dont la racine et les fruits sont employés comme diurétiques.

SILÈNE. Genre de plantes de la famille des *Caryophyllacées*, très voisines des Lychnis, dont elles diffèrent principalement en ce qu'elles n'ont que trois styles au lieu de cinq. Leurs espèces nombreuses sont répandues sur tout le globe et plusieurs croissent aux environs de Paris, telles que le **Silene inflata** et le **Silene gallica**, à fleurs blanches, et les **Silene conica** et **conoïdea**, à fleurs rouges. On en cultive plusieurs espèces dans les jardins, telles que le **Silène à bouquets** (*S. armeria*), du Midi, à pétales pourpres ; le **Silène de Virginie**, à pétales rouges ; le **Silène orné**, du Cap, à fleurs d'un rouge velouté.

SILEX. Espèce minérale du genre *Quartz* (voir ce mot), presque exclusivement formée de silice ; le Silex contient à peine 1 pour 100 d'eau et 1 pour 100 de chaux, alumine et oxyde de fer. Il est aussi dur que le quartz, se brise en éclats tranchants, translucides sur les bords. Le Silex est très répandu en rognons, en petits bancs, en lits interrompus dans les terrains secondaires et en particulier dans la craie, comme on le voit facilement dans les falaises crayeuses de la Normandie. On en distingue plusieurs variétés : la plus importante est le **Silex pyromaque**, anciennement pierre à feu ou pierre à briquet, qui produit d'abondantes étincelles sous le choc de l'acier et du fer, et qui a été longtemps utilisé par les hommes primitifs, à défaut de métaux, pour fabriquer leurs armes et leurs outils. — Le **Silex molaire** ou *meulière* (voir ce mot) a pour caractère d'être criblé de trous, de cavités.

SILICATES. On donne ce nom aux sels résultant de la combinaison de l'acide silicique avec les bases salifiables. Ces sels sont très répandus dans la nature. L'analyse chimique y décèle souvent la présence de plusieurs bases; lorsqu'une de ces bases domine, elle donne son nom au Silicate. Tous les Silicates ont l'aspect pierreux, et presque tous sont cristallisés. Ce groupe de composés est le plus important de la minéralogie, car le nombre des espèces qu'il comprend forme à peu près les deux cinquièmes de tous les éléments immédiats des substances qui composent l'écorce terrestre. Parmi les silicates, les uns sont *anhydres*, comme le quartz, les agates, les jaspes; les autres sont *hydratés*, comme les opales. On divise les Silicates comme suit : **Silicates alumineux** (andalousite, argiles, kaolins, feldspath, grenats, émeraude, etc.); **Silicates non alumineux** (amphibole, pyroxène, péridot, talc, serpentine, magnésite); **Silicates sulfurifères** (lapislazuli); **Silicates chlorifères** ou **fluorifères** (sodalite, leucophane, topaze).

SILICE. La Silice pure cristallisée se trouve dans la nature; c'est le quartz hyalin ou cristal de roche. (Voir QUARTZ). Mais elle joue souvent le rôle d'acide et se trouve combinée avec diverses bases. (Voir SILICATES).

SILICULE. (Voir SILIQUE.)

SILIQUE et **SILICULE.** Espèces de fruit. La Silique est une capsule à deux carpelles et à deux loges, s'ouvrant de bas en haut en deux valves qui laissent

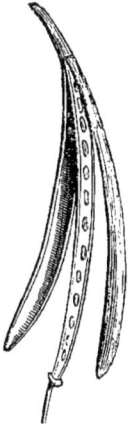

Silique (colza).   Silicule (*Cochlearia*).

en place une cloison longitudinale et parallèle aux valves, formée par les placentaires pariétaux auxquels sont attachées les graines (giroflée, chou). La Silicule est une Silique dont la longueur n'excède

pas quatre fois la largeur comme dans le cochlearia, la lunaire. Ces deux fruits appartiennent à la section des fruits simples, syncarpés, déhiscents et ne se rencontrent que dans la famille des *Crucifères*. (Voir ce mot.)

SILPHE (*Silpha*). Genre d'insectes COLÉOPTÈRES du groupe des *Clavicornes*, et type de la famille des *Silphidés*. (Voir ce mot.) On donne à ces insectes le nom français de *Boucliers*, parce que leur forme générale rappelle en effet celle d'un bouclier ovale. Le corselet et les élytres, dilatés sur les côtés, ont leurs bords relevés en gouttière et dépassent le corps qu'ils recouvrent complètement. La tête est allongée, armée de mandibules fortes et aiguës, surmontée de deux antennes renflées en massue; elle est inclinée en avant et cachée sous le prothorax. Leurs pattes sont courtes. Les Boucliers sont des insectes de moyenne taille, de couleur noire pour la

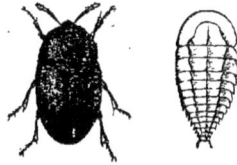

Silpha opaca et sa larve.

plupart, et répandant une odeur nauséabonde qui provient de leur genre de nourriture. En effet, ils ne vivent que de cadavres en putréfaction et d'excréments; ils paraissent destinés par la nature, surtout à l'état de larves, à purger la terre des immondices qui la souillent et qui, par leurs émanations, empoisonneraient l'air. Lorsqu'on saisit ces insectes, ils répandent par la bouche une liqueur noire, fétide, corrosive, dont l'usage paraît être d'accélérer la décomposition des matières dont ils se nourrissent. Les larves sont des vers plats à corps composé de douze segments, à angles postérieurs aigus, et dont le dernier est muni de deux appendices coniques. Quelques espèces se nourrissent de proie vivante et chassent les chenilles sur les arbres; tels sont le **Bouclier jaune à quatre points noirs** (S. *quadripunctata*) et le **Bouclier noir à corselet jaune** (S. *thoracica*), qui se trouvent aux environs de Paris. Dans ces derniers temps, une espèce grande et toute noire, le **Silpha opaca**, a causé des ravages importants dans les cultures de betteraves du Nord. Comme tous ses congénères, cet insecte est nécrophage ou saprophage, et ce n'est que par nécessité, lorsque sa multiplication devient exubérante, qu'il dévore les feuilles des betteraves. Les larves ont des habitudes nocturnes et s'enterrent dans la journée. On a employé avec succès contre cet insecte nuisible un mélange d'eau et de sulfure de carbone au dixième, mais ce procédé, d'un emploi facile dans les petites cultures, devient très onéreux dans les grandes, où il n'est guère possible que de faire la récolte de l'insecte parfait comme on le fait pour le hanneton.

SILPHIDÉS (du grec *silphé*). Famille d'insectes coléoptères du groupe des *Clavicornes*, caractérisée par la forme des hanches antérieures rapprochées, très saillantes et des antennes qui grossissent vers l'extrémité, présentant l'aspect soit d'une massue allongée, soit d'une courte branche coudée terminée par un bouton ovalaire ou presque arrondi, composé de lamelles serrées et réunies par une tige centrale, au lieu de se tenir par le bord, comme on le voit chez les lamellicornes; presque toujours l'abdomen est mobile à l'extrémité et dépasse un peu les élytres, les mandibules sont robustes, assez saillantes. Leurs tarses sont de cinq articles. Presque tous les insectes de cette famille vivent dans les matières animales et végétales, soit décomposées, soit simplement fermentées ou même desséchées, et remplissent une véritable mission hygiénique en faisant disparaître les cadavres et les substances putréfiées. — Cette tribu comprend les genres *Silpha*, donnant son nom au groupe, *Agyrtes*, *Necrodes* et *Necrophorus*.

SILPHIUM. Genre de plantes dicotylédones de la famille des *Composées tubuliflores*, tribu des *Sénécionidées*. Ce sont des plantes herbacées vivaces, à tige élevée, au port élégant, remarquables par la grandeur et la beauté de leurs fleurs, qui ressemblent en plus petit aux hélianthes. Elles sont originaires de l'Amérique du Nord. Tels sont le *Silphium terebinthinaceum*, connu sous le nom de *rhubarbe de la Louisiane*, dont les racines sont douées de propriétés purgatives, et le *Silphium gummiferum*, qui produit une gomme-résine aromatique employée comme stimulante et antispasmodique. — Quant au fameux **Silphium de la Cyrénaïque**, c'est le *Thapsia garganica*. (Voir THAPSIA.)

SILURE, *Silurus* (du grec *silouros*, de *seiô*, remuer, et *oura*, queue). Genre de poissons de l'ordre des TÉLÉOSTÉENS, tribu des MALACOPTÈRES ABDOMINAUX, type de

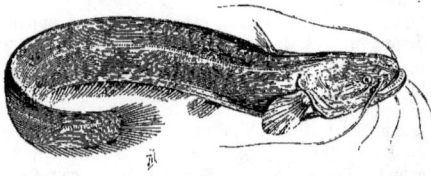

Silure.

la famille des *Siluridés*. Les Silures sont de grands poissons à peau nue, à tête déprimée, à bouche fendue au bout du museau, à lèvres épaisses garnies de six barbillons. Le premier rayon de leur pectorale est souvent développé en un fort aiguillon, dont les pêcheurs redoutent beaucoup les blessures. La seule espèce du genre qui se trouve en Europe, est le **Silure commun** (S. *glanis*) (*saluth* des Suisses, *wels* des Allemands); ce poisson, dont la taille dépasse souvent 2 mètres, a la tête grosse et aplatie, la peau

nue, d'un noir verdâtre en dessus, blanc jaunâtre en dessous avec des taches noirâtres assez nombreuses. Sa chair est blanche, très grasse, mais indigeste; en Hongrie, où l'on en prend du poids de 150 kilogrammes et plus, on emploie son lard comme celui du porc. Le Silure est le plus grand de nos poissons des fleuves et des lacs; aussi l'a-t-on nommé la *baleine des eaux douces*. Sa voracité est extrême; on l'a vu attaquer des chiens et d'autres animaux dans l'eau, et là où il est abondant, peu d'hommes osent se baigner. Lacépède rapporte que l'on vit en Poméranie, près de Limritz, un Silure qui avait la gueule si grande que l'on aurait pu y faire entrer un enfant de six ans. Le Volga en possède du reste qui ont, dit-on, 3 à 4 mètres de longueur. — L'espèce à laquelle on donne le nom de **Silure électrique** appartient au genre *Malaptérure*. (Voir ce mot.)

SILURIEN [Terrain]. A l'agitation produite par les soulèvements et les dislocations du terrain cambrien (voir ce mot), succéda une période de calme, pendant laquelle se précipitèrent de nouveaux sédiments, provenant des débris pulvérisés ou arrachés par les eaux aux formations précédentes. Ce sont des schistes ardoisiers noirâtres, des calcaires gris ou bleuâtres, convertis en marbres colorés par le contact de la matière en fusion qui continuait à jaillir par les soupiraux béants de l'écorce terrestre. — Tels furent les éléments des dépôts formés au fond des eaux pendant cette seconde époque, et que de nouveaux soulèvements ne tardèrent pas à mettre au jour, en formant des nouvelles îles ou en réunissant entre elles quelques-unes de celles déjà formées. Un grand nombre de ces îles, aujourd'hui fort éloignées de la mer pour la plupart, existent encore. On les observe sur une grande étendue dans le pays de Galles, autrefois des Silures, ce qui a fait donner à ces dépôts le nom de *terrains siluriens*. On les rencontre également en Bretagne, où ils renferment de riches gisements de silicate de fer et de galène argentifère que l'on y exploite. C'est à cette formation que se rapportent les ardoisières d'Angers et celles des Ardennes. A l'époque silurienne, le sol émergé, pour la France, comprenait une bande de terre vers le golfe actuel de Saint-Malo, sur une partie de la Bretagne et de la Normandie; un grand plateau granitique formant de nos jours l'Auvergne et le Limousin, doit rester à sec pendant toute l'immense durée des périodes géologiques suivantes et se couvrir de bouches volcaniques, aujourd'hui éteintes, mais dont l'activité passée est attestée par les coulées de laves ou *cheires* et par les cratères éteints ou les *puys*. A la même époque étaient émergés le massif des Ardennes et un autre massif dans le Var, qui est devenu les montagnes des Maures et de l'Esterel. La presqu'île Scandinave et une partie des îles Britanniques étaient également émergées, et cette dernière était reliée aux terres de notre Bretagne par un sol dont un affaissement devait plus tard faire le lit de la Manche.

Les roches de cette époque, et surtout les calcaires, sont très riches en fossiles ; ce sont des zoophytes : *Alveolites subfibrosus, Chætetes antiqua, Favosites mul-*

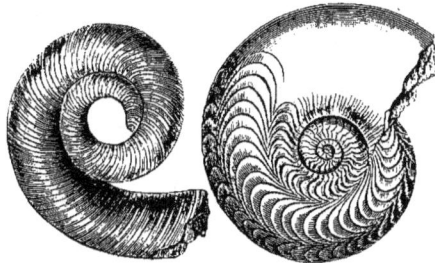

Lituites cornu.   Goniatites Hœninghausi.

tipora ; des mollusques branchiopodes, les plus simples en organisation : *Térébratules, Orthis, Productus ;* des céphalopodes, les mieux organisés des

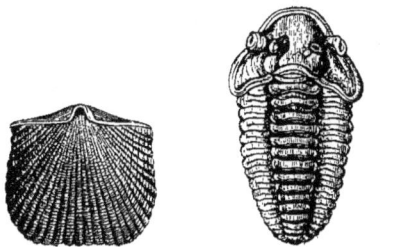

Orthis rustica.   Trilobite (*Calymene Blumenbachii*).

mollusques : *Orthoceras, Lituites ;* des crustacés marins, les *Trilobites,* répandus dans toutes les parties du monde, et si nombreux que la roche en est parfois pétrie. On y trouve également un grand nombre d'algues marines.

SILVAIN. (Voir SYLVAIN.)

SILYBUM (*Silybum marianum*). Nom scientifique du Chardon-marie. (Voir CHARDON.)

SIMAROMA. (Voir VANILLIER.)

SIMAROUBA (nom vernaculaire). Genre de plantes dicotylédones de la famille des *Rutacées,* détaché du genre *Quassia,* de Linné, pour des arbres de l'Amérique tropicale, à feuilles alternes, pennées ; à fleurs petites, blanchâtres, pentamères, dix étamines hypogynes, disposées en grappes paniculées. — Le type du genre, le **Simarouba officinal** (*Simarouba officinalis*), est un grand et bel arbre de 20 mètres de haut et plus, de la Guyane et des Antilles, dont l'écorce, d'un blanc jaunâtre, très amère, jouit des mêmes propriétés que le bois de quassia ; c'est un excellent tonique et un bon stomachique. On l'emploie contre les fièvres intermittentes, la chlorose, les dysenteries atoniques. — Le **Simarouba**

excelsa, des Antilles, à écorce grise, a les mêmes propriétés.

SIMIENS (de *simia,* singe). (Voir SINGE.)

SIMPLES. On désignait autrefois, sous ce nom collectif, les plantes médicinales.

SIMULIE, *Simulium* (du latin *simulare,* dissimuler). Genre d'insectes DIPTÈRES de la famille des *Tipulidés.* Ce sont de très petites mouches assez semblables à des cousins, et dont la piqûre est fort douloureuse. On les voit, l'été, tourbillonner en petits nuages au coucher du soleil, surtout dans les bois. Les moustiques des Antilles appartiennent à ce genre.

SINAPIS. Nom scientifique de la Moutarde. (Voir ce mot.)

SINCIPUT. Mot latin par lequel on désigne le sommet de la tête ou *vertex.*

SINGES (*Simia*) ou *Simiens.* Ordre de mammifères qui formait pour Cuvier, avec les Lémuriens (voir ce mot), l'ordre des QUADRUMANES. Ce sont, de tous les animaux, ceux qui ressemblent le plus à l'homme par leur conformation générale, comme par leur organisation interne. Toutefois, malgré cette ressemblance, et quoi qu'en aient pu dire certains philosophes, la raison et le langage articulé jettent un abîme entre le Singe le plus parfait et l'homme le moins civilisé. L'angle facial, qui chez l'homme varie entre 70 et 85 degrés, est de 30 à 35 sur le

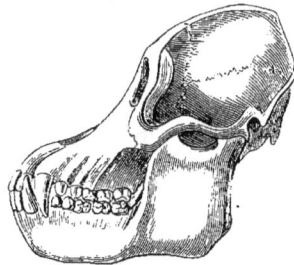

Crâne du Gorille.

Chimpanzé et l'Orang ; le cerveau du Gorille pèse 567 grammes suivant Huxley, celui de l'Indo-Européen 1 300 et plus. Considérés dans les traits les plus généraux de leur organisation, les Singes ont le corps svelte, velu. Leurs membres longs et grêles se terminent par de véritables mains, dont les doigts allongés et flexibles rendent ces mammifères plus propres à grimper qu'à marcher. La face est colorée dans un certain nombre d'espèces, de la manière la plus bizarre. Leur système dentaire, leurs organes digestifs, respiratoires et circulatoires, ont une grande similitude avec ceux de l'homme ; cette ressemblance se trouve même dans les organes de relation. Les Singes sont essentiellement frugivores ; ils se tiennent presque tous sur les arbres, et vivent en troupes composées d'une ou de plusieurs familles. Les femelles mettent bas un ou deux petits, qu'elles portent dans leurs bras et entourent des plus tendres soins, jusqu'à ce qu'ils soient en âge de pourvoir eux-mêmes à leur subsistance. Les mœurs varient d'ailleurs dans chaque espèce ; mais le penchant à l'imitation et au vol, la ruse, l'extrême mobilité des idées et la vivacité des mouvements qui s'y rattachent, en forment toujours les traits distinctifs. Constamment dominés par leurs impressions du moment, on voit ces animaux passer du calme le plus parfait à la plus furieuse colère. Ils se montrent, en général, d'autant plus intelligents, d'autant plus doux et plus soumis qu'ils sont plus jeunes. Avec l'âge, ils

Magot.

reprennent ordinairement leurs plus mauvais penchants ; il en est même qui deviennent intraitables. Ces quadrumanes sont exclusivement propres aux pays chauds ; aussi succombent-ils presque tous dans nos climats à la phtisie pulmonaire. Le midi de l'Europe ne nourrit qu'une seule espèce, le magot, sur les rochers de Gibraltar ; encore est-elle originaire d'Afrique. Les Singes de l'ancien continent diffèrent à beaucoup d'égards de ceux du nouveau monde ; Buffon le premier a établi d'une façon très nette les caractères qui les distinguent. Ces différences ont servi de base principale à leur classification en deux groupes principaux. Les Singes de l'ancien continent, ou **Singes proprement dits**, ont la queue généralement courte ou même nulle ; souvent des abajoues, des callosités aux fesses, les narines ouvertes en dessous du nez et séparées par une étroite cloison, CATARRHINIENS (de *cata*, dessous, et *rhin*, nez) ; les dents molaires au nombre de vingt, comme chez l'homme. Les Singes du nouveau continent ou **Sapajous** (voir ce mot) ont une longue queue, souvent prenante, et n'offrent ni callosités ni abajoues ; ils ont vingt-quatre molaires, ce qui porte le nombre de leurs dents à trente-six, et leurs narines, séparées par une large cloison, s'ouvrent sur les côtés,

d'où le nom de *platyrrhiniens* donné au groupe (de *platus*, large, et *rhin*, nez.) Le groupe des PLATYRRHINIENS, dont tous les représentants habitent les forêts vierges de l'Amérique du Sud, comprend deux familles : celle des *Hapalidés*, dont les doigts, sauf les pouces des pieds, sont munis de griffes, qui n'ont que cinq molaires au lieu de six de chaque côté et à chaque mâchoire, et dont la queue longue et touffue n'est pas préhensile. Elle comprend les Ouistitis. La seconde est celle des *Cébiens* ou *Sapajous* ; ils ont trente-six dents, des ongles plats à tous les doigts ; les uns ont la queue velue et non préhensile ; ce sont les Sagouins, les Sakis, les Callitriches ; les autres ont la queue prenante et nue à l'extrémité : ce sont les Atèles, les Alouates, les Sajous. — Le groupe des CATARRHINIENS comprend plusieurs familles : les *Cynocéphales*, à museau allongé, de mœurs brutales, qui habitent l'Afrique ; les *Macaques*, tous de l'Inde, sauf le Magot ; les *Cercopithèques* ou *Guenons*, propres à l'Afrique ; les *Semnopithèques*, en grande partie de l'Asie méridionale ; enfin les *Anthropomorphes*, qui n'ont ni queue, ni callosités, ni abajoues ; et qui se rapprochent le plus de l'homme. Ce sont les Gibbons, l'Orang, le Chimpanzé et le Gorille. (Voir ces mots.)

SINGES FOSSILES. Cuvier ayant réduit à néant les faits invoqués avant lui, en faveur des géants primitifs de l'espèce humaine et des hommes témoins du déluge, crut pouvoir contester l'existence de l'homme avant l'époque actuelle ; il prétendit même que celui des mammifères qui, par son organisation, se rapproche le plus de l'homme, le Singe, ne se trouvait pas dans les terrains antérieurs au *diluvium*. On sait que depuis lors des débris fossiles de simiens et d'hommes ont été trouvés en abondance dans les terrains quaternaires de diverses contrées, et que des ossements de singes ont été découverts jusque dans les couches éocènes du terrain tertiaire. Tels sont : les Propithecus antiquus, voisin des Gibbons, les Macacus eocœnus et pliocœnus, le Dryopithecus Fontani, décrit par M. Gaudry. Ce dernier était un Singe d'un caractère très élevé, qui se rapprochait de l'homme et avait à peu près sa taille ; enfin le **Mésopithèque**, découvert en Grèce, à Pikermi, par M. Gaudry et qui est intermédiaire aux macaques et aux semnopithèques ; quelques savants ont prétendu reconnaître dans ces espèces le précurseur, sinon l'ancêtre de l'homme. (Voir HOMME FOSSILE.)

SINUS. On désigne par ce nom, en anatomie, une cavité plus ou moins irrégulière dont l'entrée est plus étroite que le fond. Les sinus frontaux sont des cavités profondes dans l'épaisseur de l'os frontal, qui communiquent avec le méat moyen et sont tapissées par un prolongement de la pituitaire.

SIPHON. Nom d'une espèce d'Aristoloche. (Voir ce mot.) — On appelle également ainsi le canal qui traverse la cloison de certaines coquilles, et qui en fait communiquer ensemble les diverses parties.

SIPHONAPTÈRES (du grec *siphon*, tube, et *aptéron*, sans aile). Nom d'un ancien ordre d'insectes ne comprenant que les puces, classées aujourd'hui parmi les diptères.

SIPHONIA. (Voir HÉVÉA et CAOUTCHOUC.)

SIPHONIENS. Groupe de mollusques lamellibranches comprenant ceux chez lesquels les bords du manteau en partie soudés offrent des siphons tubiformes plus ou moins allongés; tels sont les *Lucinidés, Cardiidés, Vénéridés, Tellinidés, Solénidés*, etc.

SIPHONOPHORES. Ordre de zoophytes ou cœlentérés de la classe des HYDROMÉDUSES, répondant aux Acalèphes hydrostatiques de Cuvier. Ce groupe comprend des colonies flottantes, composées de plusieurs sortes d'individus qui remplissent des fonctions différentes et jouent le rôle d'organes par rapport à l'ensemble de la communauté dont ils font partie. On y distingue deux catégories principales d'individus : les polypoïdes nourriciers, et les méduzoïdes sexués qui, en général, ne deviennent pas libres et restent attachés à la colonie. Les divers membres de l'agrégation sont portés sur une tige commune, creusée d'un canal dans lequel circule le liquide nutritif, et généralement munie à son extrémité supérieure d'un appareil hydrostatique ou *vessie aérienne*. Les polypes nourriciers, ou tubes en suçoir, ne sont en quelque sorte que des estomacs qui, par le fond, communiquent avec le canal central commun. Ils sont suspendus à la tige par un pédoncule, de la base duquel part un filament préhensile ou *fil pêcheur*, le plus souvent ramifié et toujours armé de capsules urticantes ou *nématocystes*. (Voir CŒLENTÉRÉS.) Les bourgeons qui se développent sur les individus médusiformes donnent naissance aux divers individus dont se compose la colonie. Dans ce groupe, rentrent les physophores, les diphyes, les physalies, les vélelles, tous marins et flottants à la surface des eaux; leurs formes sont des plus variées et des plus singulières. « Bien peu d'animaux marins excitent l'étonnement au même degré que les Siphonophores, dit M. le professeur E. Perrier, dans son remarquable ouvrage *les Colonies animales;* qu'on imagine de véritables lustres vivants, laissant flotter nonchalamment leurs mille pendeloques au gré des molles ondulations d'une mer tranquille, repliant sur eux-mêmes leurs trésors de pur cristal, de rubis, de saphirs, d'émeraudes ou les égrenant de toutes parts, comme s'ils laissaient tomber de leur sein une pluie de pierres précieuses. Tels sont ces êtres merveilleux, bijoux animés que l'on croirait fraîchement sortis de l'écrin de quelque reine de l'Océan. L'esprit ne saurait rêver rien de plus riche. » (Voir PHYSALE, DIPHYE, PHYSOPHORE.)

SIPHONOSTOME (de *siphon*, tube, et *stoma*, bouche). Genre de poissons de l'ordre des LOPHOBRANCHES, de la famille des *Syngnathidés*, caractérisé par son corps très allongé, anguleux, recouvert de plaques annulaires; son museau long à mâchoires formant une sorte de tube à l'extrémité duquel se trouve la bouche qui est très petite et fenduc obliquement de haut en bas. La nageoire dorsale est développée, les pectorales petites, la caudale en pointe. — Le type du genre, le **Siphonostome typhle**, se rencontre dans toutes les mers d'Europe. Ce petit poisson, que les matelots appellent *pipe de mer*, est en dessus d'un gris verdâtre, pointillé de brun, plus clair en dessous. Ce nom de Siphonostome a souvent été employé comme synonyme de celui de *bouches en flûte*, donné par Cuvier à une petite famille qui comprend les genres *Aulostome, Fistulaire, Centrisque*.

SIPONCLE (*Sipunculus*). Genre de vers de l'ordre des GÉPHYRIENS, famille des *Siponculidés*. Ce sont des vers à corps cylindrique, recouvert d'un tégument coriace, et dont la partie antérieure du corps, plus mince, est rétractile et exsertile comme une trompe. Le corps est dépourvu de soies, de bouclier et de branchies. La bouche, orbiculaire, contient une petite trompe entourée de papilles. Ces vers, dont on trouve des espèces dans toutes les mers, vivent enfouis dans le sable ou la vase. — On rencontre sur les côtes de Bretagne le **Siponcle géant**, qui atteint jusqu'à 34 centimètres de longueur sur 2 de diamètre. Une espèce de la mer des Indes, de la taille du Siponcle géant, est mangée par les habitants des côtes.

SIRÈNE. Les anciens désignaient sous ce nom des personnages moitié femme, moitié poisson, qui, par leur voix enchanteresse, attiraient les voyageurs et les faisaient périr. Les naturalistes donnent aujourd'hui ce nom à des animaux dont la forme ni la voix n'étaient faits pour rappeler ces êtres mythologiques. Les Sirènes (*Siren*) appartiennent à la classe des BATRACIENS, ordre des URODÈLES, section des *Pérennibranches*, ou à branchies persistantes. Ils sont le type de la famille des *Sirénidés*, ont le corps très allongé, terminé par une queue comprimée verticalement; deux pieds en avant pourvus de trois ou quatre doigts; les pieds de derrière manquent ainsi que le bassin; il y a huit paires de petites côtes sans sternum; trois branchies de chaque côté du cou, en forme de houppes, et qui persistent toute la vie. La tête est déprimée, la bouche peu fendue, le museau obtus, l'œil fort petit. La mâchoire inférieure n'est armée de dents tout autour; mais la supérieure n'en a pas, et il en a plusieurs rangées au palais. On n'en connaît que trois espèces, toutes des États-Unis, dont la plus grande, la **Sirène lacertine**, qui est noirâtre, a quatre doigts aux pieds, et atteint jusqu'à 1m,30 de longueur. Elle habite les marais de la Caroline, où elle se nourrit de mollusques, d'insectes et de vers.

SIRÈNES. On désigne aussi sous ce nom un groupe de mammifères comprenant les cétacés herbivores. Ce sont les Lamantins et les Dugongs. (Voir ces mots.)

SIRÉNIDÉS. Famille de batraciens ayant pour type le genre *Sirène*. (Voir ce mot.)

SIREX. Genre d'insectes Hyménoptères du groupe des Térébrants, famille des *Siricidés*. Ce sont de grands insectes qui ressemblent un peu aux frelons par leurs couleurs jaunes et noires, mais leurs formes sont beaucoup moins allongées et cylindriques. — Le type du genre, le Sirex géant, commun dans les forêts de pins du nord de l'Europe, y commet parfois de grands dégâts à l'état de larve. Il atteint de 32 à 35 millimètres.

SIRINGA et mieux **SYRINGA**. Nom scientifique du genre *Lilas*. (Voir ce mot.)

SISON. Genre de plantes dicotylédones de la famille des *Ombellifères*, offrant pour caractères généraux : calice à dents nulles ; corolle à pétales ovales, profondément échancrés, à pointe roulée en dedans ; fruit ovale, globuleux, à styles très courts ; carpelles à cinq côtes filiformes égales ; vallécules à une bandelette ; involucre et involucelles à folioles peu nombreuses. — Le type du genre, le Sison amome (S. *amomum*), est une plante aromatique à tige droite, glabre, finement striée, de 6 à 8 décimètres de hauteur, à feuilles de cinq, sept ou neuf folioles, les supérieures divisées en lanières étroites et courtes, des ombelles nombreuses à trois ou quatre rayons grêles, le central plus court ; l'involucre et les involucelles d'une à trois folioles. Ses fleurs blanches s'épanouissent de juillet à septembre. Cette plante, connue sous les noms vulgaires de *faux amome*, *persil de vache*, croît en Europe et en Orient. Ses fruits, vantés autrefois comme diurétiques et carminatifs, ne sont plus guère employés aujourd'hui.

SISYMBRE, *Sisymbrium* (nom grec attribué à l'une des espèces). Genre de plantes crucifères de la tribu des *Cheiranthées*, composées de végétaux herbacés ou vivaces, à feuilles entières ou incisées, à fleurs blanches ou jaunes, généralement disposées en grappes ; le fruit qui leur succède est une silique allongée, cylindracée, hexagone, renfermant des graines nombreuses. — Le Sisymbrium officinale ou *vélar*, commun dans les lieux secs, au pied des murs, à fleurs jaunes, haut de 4 à 6 décimètres, a joui autrefois d'une grande réputation contre le catarrhe pulmonaire et l'enrouement, d'où son nom d'*herbe aux chantres*. Ses feuilles sont en réalité astringentes. — Le Sisymbrium sophia, également commun dans les lieux incultes et sur les vieux murs, à feuilles très découpées, était préconisé contre une foule de maladies et principalement pour la guérison des plaies et des ulcères, d'où son nom

Alliaire
(*Sisymbrium alliaria*).

vulgaire de *sagesse des chirurgiens*. — Le **Sisymbrium alliaria**, vulgairement *alliaire*, a des fleurs blanches et des feuilles cordiformes qui répandent une forte odeur d'ail quand on les froisse.

SISYPHE, *Sisyphus* (nom mythologique). Genre d'insectes Coléoptères de la famille des *Lamellicornes*, section des *Coprophages*. Les Sisyphus sont bien faciles à reconnaître à leur corps très épais, leur chaperon échancré, leurs antennes de huit articles, et surtout à leurs élytres fortement rétrécies en arrière et à leurs pattes postérieures longues, arquées, qui leur servent à traîner les boules de fiente où ils déposent leurs œufs. C'est à cette habitude, commune à plusieurs Coprophages, qu'ils doivent le nom que leur a donné Latreille, en souvenir de ce fils d'Eole condamné à rouler au sommet d'une montagne un lourd rocher qui retombait toujours au moment où il était près d'atteindre le but. — Le Sisyphe de Schœffer (S. *Schœfferi*), assez commun dans le centre et le midi de la France, se rencontre constamment roulant sa boule ; il choisit souvent des crottes de chèvre dont la forme arrondie lui économise du travail. Ici le mâle accompagne presque toujours sa femelle, lorsque celle-ci roule sa pelote ; non qu'il l'aide à la pousser, mais comme pour surveiller son travail et l'encourager ; peut-être aussi pour lui donner un coup de patte au besoin. Telle est leur sollicitude pour ces boules qui doivent servir de berceau à leur progéniture, que Mulsant rapporte en avoir vu, surpris par la nuit avant d'avoir pu enterrer leur globule, qu'il retrouvait le lendemain de grand matin, le tenant entre leurs pattes, comme un trésor dont ils n'avaient pu se séparer.

SITTELLE (*Sitta*). Genre d'oiseaux de l'ordre des Passereaux ténuirostres, de la famille des *Certhiadés* ou Grimpereaux. Les Sittelles ont un bec droit, prismatique, pointu, comprimé vers le bout, dont elles se servent pour entamer l'écorce et en retirer les vers. Nous n'en avons qu'une en France, c'est la **Sittelle commune** (S. *europæa*) ou le *torchepot*, long de 13 centimètres, cendré, bleuâtre en dessus, roussâtre en dessous, une bande noirâtre descendant derrière l'œil. Il habite les diverses parties de l'Europe, et reste sédentaire dans la contrée où il a pris naissance. Il passe l'été dans les bois, où il mène une vie solitaire ; mais on le voit souvent, pendant l'hiver, dans les vergers et les jardins. Le cri de la Sittelle est *ti, ti, ti, ti*; mais c'est par le chant *guiric, guiric*, que le mâle rappelle au printemps la femelle, avec laquelle il travaille à l'arrangement du nid. Ils l'établissent dans un trou d'arbre ; et si l'ouverture du trou est trop grande, ils la rétrécissent avec de la terre grasse, ce qui a donné naissance aux dénominations de *pie-maçon*, *torchepot*, et ils garnissent le fond du nid d'un léger matelas de mousse, sur lequel la femelle pond cinq à sept œufs grisâtres, marqués de petites taches rouges. La Sittelle soyeuse (S. *uralensis*) habite le Caucase et la Sibérie et se montre accidentellement en France. Elle est d'un gris bleuâtre en dessus, d'un blanc éclatant en dessous.

SIUM (Voir BERLE.)

SIZERIN. (Voir LINOTTE.)

SMÉRINTHE. (Voir SPHINX.)

SMILAX. (Voir SALSEPAREILLE.)

SOIE. Matière que sécrètent certaines chenilles, et dont elles forment le cocon dans lequel elles se renferment pour se transformer en chrysalides. (Voir LÉPIDOPTÈRES.) On donne également le nom de *soies* aux poils rudes qui recouvrent la peau de certains mammifères, notamment des porcs et des sangliers.

SOIE VÉGÉTALE. (Voir PHORMIUM.)

SOJA. (Voir DOLIC.)

SOL. (Voir TERRAINS.)

SOLANÉES ou **SOLANACÉES.** Famille de plantes dicotylédones, monopétales, hypogynes, qui doit son nom au genre *Solanum*, auquel appartiennent la morelle, la pomme de terre, la douce-amère, etc. Les fleurs, pentamères, ont un réceptacle convexe avec un calice à cinq divisions, une corolle rotacée à cinq lobes, cinq étamines portées sur la corolle et alternes avec ses divisions, un ovaire supère à deux loges. Le fruit est une baie et renferme beaucoup

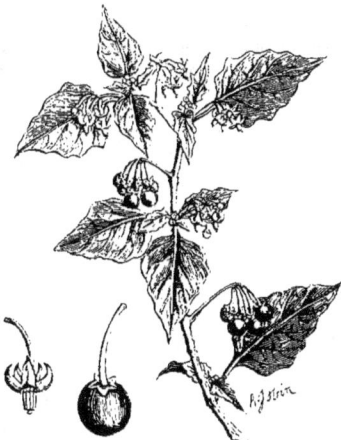

Morelle noire.

de graines. Les Solanées sont des herbes ou des arbustes à feuilles alternes, à fleurs disposées en cimes simulant des ombelles. Presque toutes les Solanées sont vénéneuses et médicinales; elles jouissent de propriétés narcotiques et stupéfiantes qui les font employer dans les maladies nerveuses; tels sont les belladones, les datura, les tabacs, les jusquiames. Cependant toutes les Solanées ne sont pas vénéneuses; plusieurs d'entre elles nous offrent des aliments ou des condiments; il nous suffira de citer la pomme de terre, la tomate, l'aubergine, les piments. (Voir ces divers mots.)

SOLANUM. Nom scientifique latin du genre *Morelle*. (Voir ce mot.)

SOLDANELLE (*Convolvulus soldanella*, de Linné). Espèce du genre *Liseron* (*Convolvulus*), à fleurs purpurines, portant deux bractées, dont on a fait le genre *Calystegia*, avec les *Convolvulus sepium* et *Convolvulus pubescens*. Cette plante croît sur les côtes maritimes de l'Océan et de la Méditerranée. Elle a des propriétés analogues à celles de la scammonée. (Voir CALYSTEGIA.)

SOLE (*Solea*). Genre de poissons de la famille des *Pleuronectidés* ou Poissons plats. Comme les autres poissons de cette famille, les Soles ont les deux yeux du même côté du corps, lequel reste supérieur quand l'animal nage, et est toujours fortement coloré, tandis que le côté où manquent les yeux reste

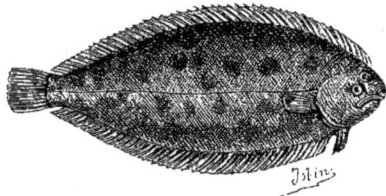

Sole commune.

blanchâtre. Leur bouche est contournée et comme monstrueuse du côté opposé aux yeux, et garnie seulement de ce côté-là de fines dents en velours serré, tandis que le côté des yeux n'a aucune dent. Leur forme est oblongue, leur museau rond, plus avancé que la bouche. Leur nageoire dorsale commence sur la bouche et règne ainsi que l'anale jusqu'à la caudale. Tout le monde connaît la **Sole commune** (*S. vulgaris*), qui est un de nos meilleurs poissons; elle se trouve dans toutes nos mers et surtout dans la Méditerranée, où l'on en fait des pêches importantes. Elle remonte quelquefois la Seine jusqu'à Tancarville, où on l'a pêchée plusieurs fois. On connaît plusieurs autres espèces de Soles, différant peu de la précédente: telles sont la **Sole ocellée**, la **Sole panachée** et la **Sole jaune**, qui habitent la Méditerranée. On pêche également, sur les côtes d'Angleterre, une petite Sole qu'on appelle *solenette*.

SOLEIL. Nom vulgaire de l'*Helianthus annuus*. (Voir HÉLIANTHE.)

SOLEN (de *solen*, tuyau). Genre de mollusques bivalves de la classe de LAMELLIBRANCHES, de l'ordre des SIPHONIENS, type de la famille des *Solénidés*, offrant pour caractères: animal cylindrique, allongé, enveloppé dans un manteau fermé dans toute sa longueur, ouvert seulement aux deux extrémités; coquille composée de deux longues pièces creusées en gouttière, et réunies par des membranes sur les côtés, mais ouvertes aux deux extrémités; en sorte que le corps de l'animal est comme enfermé dans un cylindre aplati; l'une des ouvertures donne passage au pied, partie charnue, cylindrique, allongée, susceptible de se renfler au bout en massue ; l'ouverture opposée laisse passer le tuyau respiratoire ou siphon qui est double comme les canons d'un fusil de chasse. Les Solens vivent enfouis dans le sable, ne laissant passer que le bout de leur tube respiratoire, et tous leurs mouvements consistent à monter et à descendre dans leur puits, suivant que l'eau couvre ou découvre le sable où ils sont enter-

Solen couteau.

rés. On leur donne le nom vulgaire de *couteau* ou *manche de couteau* à cause de leur forme assez semblable, en effet, à l'ustensile de ce nom. On mange leur chair bien qu'assez dure et l'on s'en sert surtout comme amorce pour la pêche du merlan. La coquille des Solens est souvent colorée de riches teintes bleues, roses, violettes ; mais elles sont recouvertes à l'état vivant d'un épiderme d'un vert brunâtre qui les cache. Le **Solen couteau** (*L. cultellus*), le **Solen sabre** (*S. ensis*), le **Solen rasoir** (*S. novacula*) sont assez communs sur nos côtes.

SOLENETTE. (Voir Sole.)

SOLÉNOCONQUE. (Voir Dentale.)

SOLÉNOGLYPHE (du grec *solén*, tuyau, *gluphê*, sillon). Section de l'ordre des Ophidiens ou Serpents comprenant ceux dont les crochets venimeux sont tubulaires : ce sont les plus dangereux. Tels sont les *Vipères*, les *Crotales*, les *Cérastes*, les *Trigonocéphales*, etc. (Voir ces mots.)

SOLFATARE (nom italien qui signifie *soufrière*). Après sa période d'activité et avant d'arriver à l'extinction totale, un cratère est parfois dans un état intermédiaire pendant lequel ses soupiraux, obstrués de débris comme dans les volcans éteints, ne rejettent ni laves, ni scories, ni cendres, mais seulement des vapeurs et des gaz, notamment du gaz carbonique, du gaz chlorhydrique, du gaz sulfureux et de l'hydrogène sulfuré, qui laisse dans les fissures par lesquelles il se dégage des dépôts de soufre cristallisé. En cet état le cratère est qualifié de *Solfatare*, c'est-à-dire *soufrière*. Mais il existe des Solfatares permanentes ; il y en a qui, depuis les temps historiques les plus reculés, n'ont rejeté autre chose que des vapeurs et des gaz. Telle est, au voisinage de Naples, la Solfatare de Pouzzoles, vaste cratère qui, dans l'antiquité, était réduit, comme aujourd'hui, à des émanations gazeuses, et était déjà exploitée du temps de Pline. Ces vapeurs acides réagissent sur l'alumine des trachytes et produisent de l'alun. (Voir ce mot.)

SOLIDAGO (de *solidare*, consolider). Genre de plantes dicotylédones de la famille des *Composées tubuliflores*, composé d'herbes annuelles ou vivaces,

à feuilles alternes, sessiles ; involucre ovoïde, plurisérié ; réceptacle nu ; fleurs radiées, demi-fleurons peu nombreux (de cinq à neuf) de même couleur que les fleurons ; fruits cylindriques munis de côtes ; poils de l'aigrette sur un seul rang. — Le type du genre, le **Solidage verge d'or** (*Solidago virga aurea*), vulgairement *verge d'or*, est une plante pubescente de 6 à 10 décimètres, à tige dressée, raide, anguleuse ; à feuilles ovales lancéolées, plus ou moins dentées, à fleurs courtement pédicellées le long des rameaux, en grappes dressées, jaunes. Elle fleurit de juillet à octobre, dans les bois, les pâturages. Cette plante est cultivée dans les jardins, ainsi que les **Solidago canadensis** (Gerbe d'or) et **Solidago bicolor**, d'Amérique. La *verge d'or* fait partie des plantes vulnéraires suisses ; elle est astringente.

SOLIFUGE (de *sol*, soleil, et *fugere*, fuir). (Voir Galéode.)

SOLIPÈDES. (Voir Équidés.)

SOLITAIRE. (Voir Dronte.)

SOMMEIL D'HIVER (*hibernation*). État de torpeur léthargique, mais non maladive, dans lequel plusieurs animaux passent la saison de l'hiver. — Au nombre des mammifères hibernants se placent les chauves-souris, les hérissons, les blaireaux, les loirs, les marmottes, etc. A l'approche de l'hiver, ils se blottissent dans les creux d'arbres, dans des trous qu'ils pratiquent sous terre, se roulent en boule, s'endorment, et persistent dans une immobilité parfaite. — Tous les animaux à sang froid, qui résistent à l'action du froid, les reptiles, les poissons, les crustacés, les mollusques, divers insectes, s'enfoncent dans le sol, se plongent dans les eaux et sous la vase. Ce sommeil léthargique présente deux degrés ; il est imparfait ou complet. Dans le premier cas, la respiration n'est que suspendue et se renouvelle cinq ou six fois par minute. Dans le second cas, elle est complètement abolie ; phénomène constaté par les expériences de Spallanzani, renouvelées par Flourens, en soumettant les animaux endormis à l'action du gaz acide carbonique, à laquelle, dans tout autre cas, ils ne résistent que quelques minutes, tandis que, durant le sommeil, ils supportent cette même action pendant plusieurs heures. L'appareil circulatoire paraît aussi avoir suspendu ses fonctions : mouvements du cœur obscurs, lents et rares ; absence de toute pulsation des artères des membres. La cause première du sommeil hibernal n'est point encore connue. Dans nos climats, on l'attribue généralement à l'action du froid, à l'incapacité dans laquelle sont ces animaux de conserver leur chaleur spécifique lors de l'abaissement de la température atmosphérique. Quelques observations sembleraient justifier cette opinion : Pallas a endormi des marmottes et des hérissons en les plaçant dans une glacière pendant l'été. Mais l'hibernation a lieu sous le climat brûlant de l'Égypte aussi bien que dans les déserts de la Sibérie. Le tanrec de Madagascar, qui habite la zone torride, passe en léthargie les trois mois les plus chauds de l'année ; plusieurs grands reptiles éprouvent ce sommeil périodique sous le ciel embrasé de l'équateur, et l'on ne peut dire que l'extrême chaleur, comme l'extrême froid, produit toujours cet effet ; car un petit nombre d'espèces seulement présentent ce phénomène, et certains animaux hibernants (des loirs), soumis pendant l'hiver à une température de +42 degrés, ne se sont pas réveillés, tandis qu'ils résistaient au sommeil, pendant l'été, à un froid artificiel de — 25 degrés. Le froid et la chaleur extrêmes influent évidemment sur les animaux hibernants, puisqu'ils amènent l'engourdissement, la torpeur, même chez l'homme ; mais le sommeil hibernal résulte surtout d'une prédisposition particulière chez les animaux qui y sont sujets.

SOMMEIL DES PLANTES. On donne ce nom à un changement de position qu'affectent le feuillage et les fleurs de certains végétaux pendant la nuit, position toute différente de celle qu'ils avaient pendant le jour. C'est ainsi que les oxalis plient leurs feuilles en deux suivant la nervure médiane et les laissent pendre renversées à l'extrémité du pétiole, que les trèfles rassemblent leurs feuilles autour des fleurs comme pour les protéger, que l'épinard redresse ses feuilles vers le haut de la tige et les applique contre la sommité encore tendre de la pousse, tandis que l'impatiente des bois, au contraire, infléchit ses feuilles vers le bas de la tige, que l'œnothère dispose ses feuilles supérieures en un abri nocturne autour de ses grandes fleurs jaunes. Les acacias, les mimosas et la plupart des végétaux à feuilles composées, dont les folioles sont étalées pendant le jour, les couchent l'une contre l'autre quand vient la nuit. Ce ne sont pas seulement les feuilles qui sont soumises à ces alternatives de veille et de repos ; les fleurs dorment aussi ; quelques-unes ouvrent régulièrement leurs corolles avec le jour pour les refermer dès que le soleil se couche ; d'autres ferment leurs corolles ou les rouvrent exactement à la même heure, et l'on sait que l'observation de ces faits curieux inspira à Linné la poétique idée de son *horloge de Flore.* Ainsi le cercifis jaune et la crépide des toits ouvrent leurs fleurs entre quatre et cinq heures du matin pour les refermer de neuf à dix ; l'hémérocalle fauve et le liseron s'ouvrent entre cinq et six heures du matin pour se refermer entre sept et huit heures du soir ; l'épervière des murailles s'épanouit entre six et sept heures du matin pour s'endormir à deux heures après midi ; à sept heures du matin, s'ouvrent le souci pluvial et le nénuphar blanc ; à huit heures, le mouron rouge ; à neuf heures, le souci des champs ; à dix heures, la mauve rose et la ficoïde ouvrent leurs fleurs aux rayons du soleil, tandis que se referment celles de la belle-de-nuit, et à onze heures celles du géranium triste ; à midi, se ferme le souci des champs ; à une heure, s'endort la crépide rouge ; à deux, l'épervière des murailles ; à trois, le mouron rouge ; à quatre, la porcelle des prés ; à cinq, l'épervière frutiqueuse ; à six heures du soir, s'ouvre le géranium triste ; à sept, se ferme

le pavot à tige nue ; à huit, l'hémérocalle et le liseron.—C'est une question encore obscure que celle du sommeil des plantes ; cependant, il est hors de doute que la lumière exerce une grande influence sur ces phénomènes. Certains états atmosphériques, l'orage, la pluie, par exemple, exercent aussi la même influence sur certaines plantes. C'est ainsi que le souci pluvial ouvre ses fleurs de sept à quatre heures lorsque le temps est beau, mais il les tient fermées s'il pleut ou même si le temps menace ; la stellaire ou morgeline agit de même, et le nénuphar blanc referme ses fleurs et les retire sous l'eau à l'approche d'un orage ou dès que le ciel s'assombrit.

SONCHUS. (Voir Laiteron.)

SONNEUR (*Bombinator*). Genre de batraciens anoures de la famille des *Pélobatidés,* très voisins des Crapauds ; mais qui en diffèrent parce qu'ils ont des dents à la mâchoire supérieure, tandis que ces derniers en sont dépourvus. Le Sonneur (*B. igneus*) a les pattes postérieures pourvues d'une membrane natatoire ; il est de petite taille, de couleur gris foncé en dessus, d'un jaune vif en dessous, fréquente les flaques sablonneuses d'une partie de l'Europe. Son nom provient de son cri modulé et argentin.

SOPHORA. Genre de plantes de la famille des *Légumineuses papilionacées* comprenant un très petit nombre d'espèces, dont la plus remarquable est le **Sophora du Japon.** C'est un grand arbre à tronc droit, à rameaux étalés, un peu pendants, devenant quelquefois pleureurs par la culture ; à écorce grise sur le tronc, d'un vert foncé sur les rameaux, à folioles ovales, petites, formant un feuillage léger et touffu ; fleurs d'un blanc jaunâtre, réunies en amples panicules droites, un peu odorantes ; gousses pulpeuses à semences noires et luisantes. On cultive ce bel arbre dans les parcs. Son bois est compact, jaune et uni ; aussi est-il employé dans l'ébénisterie ; les corolles servent pour la teinture en jaune.

SORBE. Fruit du Sorbier.

SORBIER. Genre de plantes de la famille des *Rosacées,* tribu des *Pyrées.* Les Sorbiers sont des arbres qui ne diffèrent guère par les caractères de leurs fleurs des autres genres du groupe des Pyrées, (pommiers, poiriers, alisiers, etc.) ; mais on les en distingue facilement à leurs feuilles pennées et à leur fruit à endocarpe membraneux. Leurs fleurs, petites, blanches et légèrement odorantes, se montrent, à la fin du printemps, au sommet des jeunes pousses ; elles sont disposées par bouquets serrés, étalés en forme de parasol. — Le **Sorbier commun** (*Sorbus aucuparia,* L.), qu'on désigne aussi par le nom vulgaire de *cochêne* ou *Sorbier des oiseleurs,* est très recherché pour l'ornement des parcs et des bosquets ; il produit un effet des plus pittoresques, non seulement à l'époque de la floraison, mais surtout en automne, où il se couvre d'innombrables bouquets de baies d'un écarlate vif ; ces fruits persistent jusqu'au fort de l'hiver, et attirent les grives, les merles et autres oiseaux frugivores qui tous en sont très friands. Le Sorbier croît spontanément dans toute l'Europe, ainsi qu'en Sibérie; un climat froid lui convient même mieux que de fortes chaleurs. Le bois de Sorbier est dur et compact; on l'emploie aux ouvrages de tour, de menuiserie et de charronnage. Les fruits ont une saveur fortement âpre et astringente : l'acide malique y abonde; néanmoins les habitants du Nord mangent

Sorbier cultivé ou Cormier.

ces fruits lorsqu'ils ont été adoucis par les gelées ; ils en préparent aussi une sorte de cidre et une boisson alcoolique. — Le **Sorbier cultivé** (*Sorbus domestica*, L.), plus généralement connu sous le nom de *cormier*, croît dans les forêts de l'Europe australe; on le retrouve dans plusieurs contrées de France et d'Allemagne. C'est cette espèce que les anciens ont désigné sous le nom de *sorbus*. On le cultive comme arbre fruitier. Le cormier n'acquiert tout son développement qu'à un âge très avancé, et atteint parfois de grandes proportions (3 et 4 mètres de tour). Le bois du cormier est roux, dur, très compact et susceptible d'un beau poli; c'est un des bois les plus recherchés pour l'ébénisterie et les ouvrages de tour. Les fruits, appelés *sorbes* ou *cormes*, ne deviennent mangeables qu'en hiver, quelque temps après avoir été cueillis ; alors leur saveur, d'astringente qu'elle était, finit par devenir douceâtre et analogue à celle des nèfles; en Allemagne, on utilise ce fruit pour faire de l'eau-de-vie et des boissons semblables au cidre.

SORE (du grec *sôros*, amas). Amas, agglomération de sporanges qui constituent la fructification des fougères. (Voir ce mot.)

SOREX. (Voir Musaraigne.)

SORGHO (*Sorghum*). Genre de plantes de la famille des *Graminées*, important par le rôle que

jouent quelques-unes de ses espèces, comme plantes alimentaires et économiques. Au premier rang figure le **Sorgho douro** (*S. vulgare*), vulgairement *grand millet d'Inde*, grande et belle espèce de 3 mètres de haut. Sa tige pleine, à nœuds pubescents, est garnie de longues feuilles engainantes, finement dentées en scie et terminée par une panicule rameuse, pubescente. Ses fruits, arrondis, varient du jaune clair au pourpre noirâtre. — Le **Sorgho saccharin** (*S. saccharatum*), vulgairement *millet de Cafrerie*, se distingue de l'espèce précédente par ses tiges plus épaisses, sa panicule plus grande, et ses fruits couleur de rouille. Toutes deux sont originaires de l'Inde, et répandues aujourd'hui sur une

Sorgho. — *a*, épi; *b*, fleur.

Sorgho saccharin.

grande partie de la surface du globe. La première, surtout, est la base principale de l'alimentation d'un grand nombre de peuples de l'Asie et de l'Afrique. On la cultive également dans les parties méridionales de l'Europe ; mais elle est peu productive dans notre climat. Ces espèces renferment, avant la maturité, une grande quantité de matière sucrée dans le tissu cellulaire abondant qui forme la portion centrale de leur tige ; le Sorgho saccharin, surtout, offre sous ce rapport de grands avantages à l'exploitation. L'introduction de cette plante dans nos provinces algériennes a donné d'excellents résultats. Son rendement par hectare, suivant M. Hardy, serait de 250 kilogrammes de sucre ou près de 80 hectolitres d'alcool. On utilise en outre ses tiges sèches pour faire du papier, et son écorce donne une matière jaune colorante.

SOUCHE. On donne, en botanique, le nom de Souche à la partie souterraine de la tige des plantes vivaces. On l'emploie souvent comme synonyme de Rhizome.

SOUCHET (*Cyperus*). Genre de plantes monocotylédones de la famille des *Cypéracées*, dont le chaume simple, sans nœuds, est garni à sa partie inférieure de feuilles engainantes, mais la gaine n'est point fendue, ce qui les distingue des graminées. Les fleurs forment des épis, et sont composées d'une

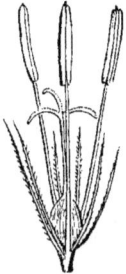

Cypéracées (fleur de *Scirpus lacustris*).

simple écaille, remplaçant les enveloppes florales, de trois étamines, et d'un pistil à trois styles. — On connaît plusieurs espèces de Souchet. Le **Souchet long** (*C. longus*, L.) croît sur le bord des ruisseaux d'une partie de l'Europe, offre dans sa souche brunâtre et rampante une saveur aromatique et piquante assez analogue à celle du gingembre. On l'emploie en médecine comme emménagogue, diurétique et stomachique. — On mange en Espagne et en Italie les tubercules du **Souchet comestible** (*C. esculentus*, L.), connu sous le nom vulgaire d'*amande de terre*, et dont le goût rappelle celui de la noisette. On les mange crus, mais plus souvent cuits. C'est avec l'écorce interne d'une espèce de Souchet, le *Cyperus papyrus*, que les Égyptiens fabriquaient leur fameux papyrus.

SOUCHET. (Voir Canard.)

SOUCI (*Calendula*). Genre de plantes de la famille des *Composées tubuliflores* caractérisé par les fleurs du rayon femelles et fertiles, les fleurs du disque mâles ; aux fleurs femelles succèdent des akènes hérissés de pointes. Le nom de *souci* ou *solci* vient du latin *solsequium* (qui suit le soleil), parce que les espèces de ce genre ont la propriété de s'épanouir quand l'astre du jour brille, et de tenir sans cesse leur disque tourné vers lui. Les Soucis sont des plantes herbacées, annuelles, à feuilles entières, oblongues lancéolées, parsemées de points transparents et de poils. Leurs fleurs sont jaunes, en

capitules terminaux. — Le **Souci des champs** (*C. arvensis*) ou petit Souci, à capitules petits, d'un jaune pâle, qui pullule dans les prés et au milieu des vignes, est un fléau pour le cultivateur à cause de sa trop facile multiplication ; il répand une odeur forte et désagréable. — Le **Souci des jardins** (*C. officinalis*), à larges feuilles d'un jaune orange, produit un fort bel effet ; on en obtient de doubles, de semidoubles ; toutes ses parties répandent une odeur forte et peu agréable ; sa saveur est amère et un peu âcre. Il agit comme stimulant, et on l'a longtemps employé en médecine comme antispasmodique et antiscrofuleux.

SOUCI D'EAU. (Voir Populage.)

SOUDE. Nom vulgaire des plantes du genre *Salsola*. (Voir ce mot.)

SOUFFLEURS. On donne ce nom à la division des cétacés carnivores. (Voir Cétacés.)

SOUFRE. Un des corps simples les plus importants, en raison des nombreux services qu'il rend à l'industrie. Ce corps est très abondant dans la nature, soit à l'état de sulfure ou de sulfate, soit à l'état de pureté ; il se rencontre à cet état dans les terrains volcaniques, en poudre impalpable nommée *fleur de soufre*, ou cristallisé en octaèdre à base rhomboïdale, surtout en Sicile ; on le rencontre aussi dans certaines plantes, comme les crucifères, et dans plusieurs eaux minérales. Le Soufre étant en général mélangé à des matières terreuses, on l'en sépare par la distillation. Le Soufre est solide, jaune, insipide ; il acquiert une légère odeur par le frottement, et en même temps, se charge d'électricité résineuse ; il est très mauvais conducteur de l'électricité et du calorique. Il a peu de ténacité. Sa pesanteur spécifique est 2 ; il fond à 117 degrés, et est alors translucide et d'une couleur jaune brillant. Le Soufre est insoluble dans l'eau ; il est soluble dans l'essence de térébenthine et dans d'autres liquides. Il sert à la fabrication de la poudre à canon et des allumettes. En brûlant, il se combine avec l'oxygène et produit de l'acide sulfureux, qui est gazeux et a une odeur caractéristique bien connue ; c'est celle qui se fait sentir lorsqu'on enflamme des allumettes, car c'est alors de l'acide sulfureux qui se dégage. L'acide sulfureux est considéré aujourd'hui comme un des meilleurs désinfectants pour les habitations ; on l'a utilisé également avec succès, sous forme d'inhalation, dans les affections pulmonaires. En médecine, le Soufre est employé à l'intérieur, comme stimulant, en pastilles, en pilules, en poudre, et comme médicament externe dans les maladies parasitaires. Il est également employé dans les maladies de la vigne.

SOUFRE VÉGÉTAL. (Voir Lycopode.)

SOUFRÉ. Nom vulgaire d'un papillon du genre *Coliade*.

SOUI-MANGA (*Cinnyris*). Groupe d'oiseaux de l'ordre des Passereaux, section des Melliphages, formant une petite famille qui représente, dans l'ancien continent, les oiseaux-mouches du nouveau monde.

Les Souï-mangas ont les mœurs et les habitudes des colibris, et comme eux ils sont caractérisés par une langue très extensible, creusée en gouttière, bifide, et qui leur permet d'aller pomper au fond du calice des fleurs, le miel et les petits insectes dont ils font leur nourriture. Leur nom de Souï-manga signifie en langue madécasse *mangeur de sucre*. Ce qui les distingue principalement des oi-

Souï-manga.

seaux-mouches, c'est la fine denticulation des bords du bec qui est plus ou moins long, plus ou moins recourbé ; leurs tarses sont longs et leurs ongles crochus. Leur plumage, surtout chez les mâles, au temps de la pariade, revêt les plus riches couleurs où dominent le vert, le bleu, le violet, l'écarlate. Ils fréquentent les bois et suspendent leur nid aux touffes de lianes. — Le groupe des Souï-mangas renferme, outre ceux-ci, les genres *Vestiaire*, *Hémignathe*, *Dicée*. Leur beau plumage, leur vivacité et leur chant agréable les font rechercher des amateurs ; ils s'élèvent très bien en cage, mais il faut les isoler, car ils sont batailleurs. Parmi les espèces les plus remarquables, nous citerons : le **Souï-manga africain** (*C. afer*), d'un beau vert d'émeraude éclatant d'or en dessus, gris en dessous avec un plastron rouge ; le **Souï-manga gracieux** (*C. lepidus*), d'un vert métallique en dessus, d'un beau jaune en dessous, avec les côtés du cou, des épaules et le croupion violet pur ; le **Vestiaire pacifique** (*Vestiaria pacifica*), de l'Océan, qui est d'un rouge écarlate avec les ailes et la queue noires ; le **Dicée ensanglanté** (*Dicæum cruentatum*), qui est d'un rouge écarlate en dessus, d'un fauve olivâtre en dessous, avec les flancs d'un noir intense.

SOULCIE. Espèce du genre *Moineau*. (Voir ce mot.)

SOULÈVEMENTS. Sous la pression des gaz intérieurs, la croûte solide du globe peut, en certains cas, être brisée, disloquée, fracturée ; dans d'autres cas, cédant à la force d'élasticité, elle s'arrondira, se boursouflera ; les couches se redresseront et formeront ces éminences plus ou moins considérables que nous nommons montagnes et le phénomène qui cause ces effets prend le nom de Soulèvement. Dans l'enfance du globe, l'écorce terrestre mince

et flexible s'affaissant au moindre retrait de la masse fluide, se ridait en plis onduleux de médiocre hauteur ; plus épaisse et plus rigide, elle dut résister plus longtemps aux déformations ; mais aussi, quand arrivait le défaut d'équilibre, au lieu de se plisser, elle se fragmentait violemment et redressait suivant les lignes de rupture les flancs escarpés de ses couches brisées. Les rugosités de la terre sont donc d'autant plus accentuées qu'elles sont plus récentes ; et, en effet, l'observation apprend qu'aux premiers âges de notre globe correspondent les croupes arrondies de quelques montagnes de peu d'élévation, telles que celles de la Bretagne et les ballons des Vosges ; tandis qu'aux âges plus rapprochés de nous, se sont dressées les chaînes énormes des Andes et de l'Himalaya. Plusieurs hypothèses ont été proposées pour expliquer le Soulèvement des montagnes. La théorie qui a eu longtemps le plus de vogue est celle du savant Élie de Beaumont, qui peut se résumer dans les propositions suivantes :

1° Les montagnes ont été soulevées par les agents intérieurs qui produisent et ont produit tous les phénomènes plutoniens, c'est-à-dire attribués à l'action du feu central du globe ;

2° Ce Soulèvement a eu pour premier effet de pousser au dehors des roches cristallines dont les masses énormes forment le noyau des montagnes actuelles et viennent ordinairement se montrer à nu dans leurs parties élevées et jusqu'à leur sommet ;

3° Le surgissement de ces masses cristallines a nécessairement rompu le sol résistant qui, auparavant, formait sur ces points la surface terrestre, et les deux bords de la vaste déchirure qui en résultait, se sont redressés le long des pentes et à la base des masses cristallines soulevées ;

4° Les couches sédimentaires redressées et disloquées qui s'observent au pied des montagnes sont donc antérieures au soulèvement et par conséquent plus anciennes que les montagnes qui les dominent aujourd'hui ;

5° Après l'apparition des crêtes montagneuses, les vallées situées à leur pied ont pu être envahies par les eaux, et de nouveaux dépôts ont pu recouvrir les couches préexistantes à la montagne, et ces nouveaux dépôts ont affecté une horizontalité qui contraste avec le redressement des couches antérieures au Soulèvement ;

6° On peut donc déterminer l'âge géologique d'une montagne en constatant à sa base la nature des couches relevées par le Soulèvement et de celles qui sont horizontales et viennent mourir au pied de la montagne. Celles-ci sont évidemment plus jeunes que les couches redressées, et plus âgées que toutes celles qui ne le sont pas ;

7° Les montagnes de même âge ont, au moins en Europe, des directions généralement parallèles ; de telle sorte que les forces souterraines paraissent avoir, à chaque Soulèvement, manifesté leur puissance dans une même direction. L'ensemble des montagnes parallèles que réunit ainsi un même âge géologique constitue ce qu'on nomme un *système de soulèvement*, et on le désigne par le nom de la chaîne principale qui en fait partie.

D'après cette théorie, l'histoire de la terre présenterait donc, d'une part, de très longues périodes de repos comparatif, pendant lesquelles le dépôt de la matière sédimentaire s'est opéré d'une manière aussi régulière que continue, comme nous le montrent les couches coquillières parallèles, et de l'autre, des périodes de très courte durée, pendant lesquelles auraient eu lieu de violents paroxysmes causés par la réaction de la matière fluide intérieure contre l'enveloppe extérieure; révolutions brusques, qui ont interrompu la continuité de l'action lente, comme le prouveraient les couches redressées et les pics de granit. Chacune de ces époques de révolution dans l'état de la surface de la terre aurait déterminé la formation subite d'un grand nombre de chaînes de montagnes. Et chacune d'elles a toujours coïncidé avec un autre phénomène, savoir, le passage d'une formation sédimentaire à une autre, caractérisée par la différence des types organiques qu'elle renferme. A cette théorie, qui longtemps a régné sans partage, plusieurs géologues de l'école moderne, et surtout Constant Prévost et Lyell, en ont substitué une autre; celle des *causes actuelles* qui repousse complètement l'intervention des révolutions brusques, des cataclysmes soudains et imprévus, pour attribuer aux seules causes qui, actuellement encore, modifient la surface de la terre, toutes les transformations du globe. Cependant, il ne faudrait pas être trop exclusif, et, tout en admettant que les causes lentes qui agissent de nos jours ont existé autrefois et produit les mêmes effets, il est probable que certains phénomènes du monde ancien, tels que les grandes dislocations, les soulèvements des montagnes, l'envahissement des mers, ont pu entraîner de grandes perturbations géologiques. Les preuves en paraissent écrites dans les archives du monde primitif, nous les retrouvons à chaque pas dans les montagnes, et il nous semble difficile de contester la vérité de certains bouleversements. Quoi qu'il en soit, voici les divers systèmes de soulèvement observés en Europe, et dans leur ordre chronologique :

1° *Système du Hundsruck.* — Une chaîne de médiocre élévation; le Hundsruck, située entre le Rhin et la Moselle, a donné son nom à ce soulèvement, le premier en date. De la même époque est l'Eiffel, sur la rive gauche de la Moselle. En France, ce système se montre en Bretagne, dans les départements du Finistère et de l'Ille-et-Vilaine; en Normandie, dans les départements de l'Orne et de la Manche; dans l'Anjou, le Beaujolais, le Forez.

2° *Système des Ballons.* — Ce système tire son nom des montagnes à sommets arrondis en dôme, qui dans les Vosges prennent la dénomination de *ballons*. On le retrouve dans le Morbihan, les Côtes-du-Nord, la Lozère, la Corrèze et l'Aude, à la montagne Noire.

3° *Système du nord de l'Angleterre.* — A ce système appartiennent le nord de l'Angleterre, les Alpes Scandinaves, l'extrémité du département du Finistère.

4° *Système du Hainaut.* — Les collines du Hainaut, l'une des provinces de la Belgique limitrophes de la France, quelques points de la Bretagne entre Quimper et Laval, représentent ce quatrième système de soulèvement.

5° *Système du Rhin.* — Il est principalement développé au voisinage du Rhin, entre Bâle et Mayence, et se retrouve en Auvergne et dans le Beaujolais.

6° *Système du Thuringerwald.* — La chaîne qui donne son nom à ce système sépare la Bavière de la Saxe et de la Bohême. Sont contemporains quelques points de la Vendée, du Limousin, de l'Aveyron.

7° *Système de la Côte-d'Or.* — Les montagnes de la Côte-d'Or, du Morvan, entre Dijon et Nevers, le Jura, les Cévennes, appartiennent à cet âge.

8° *Système du mont Viso.* — A ce soulèvement sont dues les Alpes du Dauphiné, les Alpes Cottiennes, dont fait partie le mont Viso.

9° *Système des Pyrénées.* — De ce système dépendent les chaînes des Pyrénées, des Alpes Juliennes, vers le fond de l'Adriatique, des Apennins, des Balkans, des Karpathes.

10° *Système de la Corse.* — Les îles de Corse et de Sardaigne sont les principaux représentants de ce système.

11° *Système des Alpes occidentales.* — Ce soulèvement, un des plus étendus, a produit les Alpes occidentales, notamment le mont Rose et le mont Blanc.

12° *Système des Alpes principales.* — Il comprend les Alpes du Valais, du Piémont, de la Provence.

13° *Système du Ténare.* — De cette époque datent les montagnes de la Morée, dont l'une des ramifications se termine au sud par le cap Matapan, ou cap Ténare. L'Etna, la Somma du Vésuve, le Stromboli et probablement aussi les volcans de l'Auvergne et du Vivarais appartiennent à ce système.

Il est à remarquer, comme déjà nous l'avons fait observer, que les reliefs du sol s'accentuent davantage à mesure que leur formation est de date plus récente. Des collines médiocres, des ondulations de peu de saillie apparaissent d'abord; ultérieurement surgissent les Cévennes et le Jura, plus tard encore les Pyrénées, puis le mont Blanc et le mont Rose, enfin l'Etna. En dehors de l'Europe, la même loi se maintient. Ainsi l'Himalaya, la plus puissante chaîne du monde, appartient à l'avant-dernier système, à celui des Alpes principales. (Voir TERRE et TREMBLEMENTS DE TERRE.)

SOURCES. Les Sources sont de petits courants d'eau souterrains qui prennent leur origine dans les phénomènes atmosphériques, pénètrent dans la croûte superficielle du globe, et après un trajet quelquefois considérable, finissent par trouver une issue à la surface du sol. Lorsque le soleil darde ses chauds rayons sur la vaste étendue des mers, des milliards de gouttes imperceptibles s'en détachent sous forme de vapeurs et montent dans l'atmosphère, où elles se rassemblent en nuages, courent au-dessus du globe portées par les vents, et retombent en pluie ou en neige. Une partie de cette eau s'infiltre dans le sol, traverse les terrains perméables, et descend jusqu'à ce qu'elle rencontre une couche imperméable de roche ou d'argile, le long de laquelle elle coule pour s'accumuler dans les parties les plus basses, de manière à former un réservoir souterrain. Ces réservoirs se rencontrent pour ainsi dire en tous lieux, mais à des profondeurs différentes. Aussi est-il rare que l'on ne rencontre pas d'eau partout où l'on creuse un puits; seulement, il peut arriver qu'il faille descendre très bas pour rencontrer la nappe d'eau. Mais l'eau des couches inférieures que l'on atteint au moyen des puits se fait souvent jour d'elle-même à la surface du sol pour y constituer des Sources. Les Sources n'ont pas toutes la même température : outre celle qui résulte des saisons et du climat, quelques-unes d'entre elles possèdent un degré de chaleur beaucoup plus élevé que celui de l'atmosphère. La température des Sources varie depuis celle de la glace fondante jusqu'à celle de l'eau bouillante. Lorsque leur chaleur constante est sensiblement plus élevée que celle de l'atmosphère, elles prennent le nom d'*eaux chaudes* ou *thermales*. C'est à l'échauffement des couches profondes, causé par l'existence d'un feu central, dont nous avons donné les preuves aux articles TERRE et CHALEUR DE LA TERRE, qu'est due la température des eaux thermales. Les Sources thermales sont communes dans toutes les parties du monde. La France en possède un grand nombre. Presque toutes sont situées dans les pays de montagnes, c'est-à-dire dans les contrées où la nature, au moyen des dislocations causées par les soulèvements, s'est, pour ainsi dire, chargée de creuser elle-même des puits artésiens. La plupart des Sources thermales renferment en dissolution des gaz divers et des matières salines, dont la nature dépend des terrains traversés et des réactions qui se passent dans le laboratoire volcanique d'où elles remontent. Les Sources thermales les plus remarquables de France sont celles de Chaudes-Aigues et de Vic dans le Cantal. Leur température se rapproche de l'ébullition. Certaines Sources thermales sont périodiquement jaillissantes. Telles sont celles de l'Islande, connues dans le pays sous le nom de *geysers*, qui veut dire furieux. La plus puissante, ou le *Grand Geyser*, jaillit d'un vaste bassin de 13 mètres de diamètre situé au sommet d'un monticule qu'ont formé des incrustations de silice, blanches et polies comme du marbre, continuellement déposées par les eaux. L'intérieur de ce bassin se rétrécit en entonnoir et se termine par des canaux tortueux, plongeant à des profondeurs inconnues. Chaque éruption de ce volcan d'eau bouillante s'annonce par un frémissement du sol, par des bruits sourds, par des détonations souterraines. Ces détonations deviennent de moment en moment plus fortes; la terre tremble, et du fond du cratère l'eau monte en tumulte et remplit le bassin, où, pendant quelques instants, elle bouillonne au milieu d'un tourbillon de vapeurs, comme dans une chaudière chauffée par quelque brasier invisible. Soudain une forte explosion éclate et une colonne d'eau, large de 6 mètres, s'élance à 60 mètres de hauteur, et retombe en averses brûlantes. Ce jaillissement formidable ne dure que quelques instants. Bientôt la gerbe liquide s'affaisse, l'eau se retire du bassin pour s'engouffrer dans les profondeurs du cratère, et se trouve remplacée par une colonne de vapeur, rugissante, qui s'élance avec le bruit du tonnerre et rejette les quartiers de rochers tombés dans le cratère, ou les broie en menus fragments. Enfin le calme renaît. la fureur du Geyser s'apaise, mais pour recommencer plus tard et reproduire la même série de phénomènes. — On trouve également des Sources thermales jaillissantes à la Nouvelle-Zélande et dans les montagnes Rocheuses, aux Etats-Unis.

SOURCIL. Saillie musculaire arquée, garnie de poils placée transversalement au-dessus de chaque œil.

SOURD. Nom vulgaire de la Salamandre terrestre.

SOURDON. Nom vulgaire sur nos côtes d'un mollusque du genre *Bucarde* (*Cardium edule*).

SOURIS. Espèce du genre *Rat*. C'est le *Mus musculus* de Linné, le plus petit des rats de nos habitations. La race des Souris européennes remonte à la plus haute antiquité; Homère en parle dans sa *Batrachomyomachie*. Aussi la Souris est-elle universellement connue, même dans ses différentes va-

Souris.

riétés, depuis la Souris domestique, qui accompagne partout l'homme comme la mouche, jusqu'à la souris des moissons, qui bâtit sa demeure dans les épis de blé, jusqu'aux Souris blanches, véritables albinos de l'espèce, que les enfants de l'Italie Cisalpine nous apportent des vallées de l'Arno. « La Souris, beaucoup plus petite que le rat, dit Buffon, est aussi plus nombreuse, plus commune, plus généralement répandue; elle a le même instinct, le même tempérament, le même naturel, et n'en diffère guère que par sa faiblesse et par les habitudes qui l'accompagnent. Timide par sa nature, familière par nécessité, la peur ou le besoin font tous ses mouvements; elle ne sort de son trou que pour chercher à vivre; elle ne s'en écarte guère, y rentre à la première alerte, ne va pas, comme le rat, de maison en maison, à moins qu'elle n'y soit forcée, fait aussi beaucoup moins de dégât, a les mœurs plus douces et s'apprivoise jusqu'à un certain point, mais sans s'attacher... Ces animaux ne sont point laids; ils ont l'air vif et même assez fin; l'espèce d'horreur qu'on a pour eux n'est fondée que sur les petites surprises et sur l'incommodité qu'ils causent. »

SOUSLIK. (Voir SPERMOPHILE.)

SPADICE. Assemblage de fleurs nues et unisexuelles, insérées sur un support charnu, et qui dans sa jeunesse est enveloppé dans une grande bractée nommée *spathe* (arum, calla).

SPALAX (du grec *spalax*, taupe). Genre de mammifères de l'ordre des RONGEURS, famille des *Spalacidés*. Ils ressemblent aux taupes par leurs formes et leur vie souterraine. Leur corps est cylindrique, leur tête grosse; les yeux et les oreilles sont cachés; les membres courts et les pieds fouisseurs pourvus de cinq doigts armés d'ongles robustes; leur queue est rudimentaire. Ces animaux, connus sous le nom de *zemmis* ou *rats-taupes*, sont presque aveugles et se creusent des galeries souterraines; ils se nourrissent de racines. — La principale espèce est le **Spalax typhlus**, qui habite la Russie méridionale et l'Asie Mineure; il est un peu plus gros que notre rat; son poil, court et très doux, est d'un gris roussâtre; il n'a pas de queue. Une autre espèce, le **Zokor**, un peu plus grand, est d'un gris cendré; sa queue a 2 centimètres. Il a les mêmes mœurs.

SPARCETTE ou **ESPARCETTE**. Nom vulgaire de l'*Onobrychis sativa*, auquel on donne plus souvent celui de *sainfoin*.

SPARE. (Voir SARGUE et SPARIDÉS.)

SPARGANIER. *Sparganium* (du grec *sparganon*, bandelette). Genre de la famille des *Typhacées*, composé d'herbes aquatiques, à feuilles allongées, linéaires, engainantes à la base, à fleurs monoïques, rassemblées en capitules serrés entremêlés de bractées foliacées et parmi lesquels les supérieurs sont mâles. Le **Sparganier commun** (*Sp. ramosum*), commun dans les marais, le long des rives, est connu sous les noms vulgaires de *rubanier* ou *ruban d'eau*. Sa tige, souvent haute de 1 mètre, se divise dans sa partie supérieure en rameaux qui portent les capitules floraux. — Une autre espèce, le **Sparganier simple** (*Sp. simplex*), moins commun, se distingue par sa tige simple surmontée par une sorte d'épi terminal.

SPARGOUTE. (Voir SPERGULE.)

SPARIDÉS. Famille de poissons de l'ordre des TÉLÉOSTÉENS, tribu des ACANTHOPTÈRES, caractérisés par une tête courte, à pièces operculaires sans

épines ni dentelures, à denture variable suivant les genres. Ils n'ont qu'une dorsale unique et des pectorales falciformes dépourvues d'écailles. Ils ont une vessie natatoire souvent bilobée à sa partie postérieure. C'est à ce groupe qu'appartiennent les spares ou sargues, les daurades, les canthères, etc.

SPART, *Lygeum* (du grec *sparton*, corde). Plante de la famille des *Graminées*, commune en Espagne et dans le nord de l'Afrique. Ses chaumes simples, à feuilles cylindriques, lui donnent l'aspect de certains joncs. Les tiges de cette plante servent à la confection des nattes fines, de chapeaux et, en général, des ouvrages dits de *sparterie*, qui forment, comme on sait, la matière d'un commerce important.

SPATANGUE, *Spatangus* (du grec *spatos*, cuir, et *aggos*, vase). Genre d'échinodermes de l'ordre des ÉCHINIDES IRRÉGULIERS, caractérisés par leur test cordiforme, mince, dont les pores ambulacraires forment sur le dos une rosace de quatre ou cinq rayons. Leur bouche, sans appareil masticateur, est située en avant. On trouve communément sur nos côtes le **Spatangus purpureus**, vulgairement *cœur de mer;* il vit enfoncé dans le sable et paraît se nourrir des détritus organiques dont il est entouré. On en connaît plusieurs espèces fossiles appartenant aux terrains crétacé et tertiaire.

SPATH. Les minéralogistes réunissent sous ce nom plusieurs sortes de minéraux qui ont pour caractère commun un tissu lamelleux et chatoyant; ainsi on nomme **Spath calcaire** le carbonate de chaux lamellaire; **Spath fluor**, la fluorine; **Spath d'Islande**, le calcaire transparent et incolore; **Spath magnésien**, la dolomie, etc. — On donne le nom de **Spath pesant** au sulfate de baryte.

SPATHE. Bractée ample, membraneuse, qui entoure les fleurs dans certaines plantes monocotylédonées : ail, arum, narcisse, etc.

SPATULAIRE. (Voir LÉPIDOSTÉE.)

SPATULARIDÉS. Famille de poissons à squelette cartilagineux, à peau nue, qui forme, avec les Esturgeons ou Acipenséridés, le sous-ordre des Sturioniens, intermédiaires entre les Sélaciens et les Téléostéens. (Voir STURIONIENS et LÉPIDOSTÉE.)

SPATULE. Les Spatules (*Platalea*) ont de grands rapports avec les cigognes; mais leur bec, dont elles ont tiré leur nom, est long, plat, large partout, s'élargissant et s'aplatissant surtout au bout en un disque arrondi comme celui d'une spatule. Cet élargissement du bec lui ôte toute sa force, et ne le rend propre qu'à fouiller dans la vase ou à pêcher des petits poissons et des insectes dans l'eau. — La **Spatule blanche** (*Pl. leucorodia*), longue en totalité de 75 centimètres sur lesquels le bec en occupe 22, est toute blanche, avec une huppe de même couleur à l'occiput, et une large tache d'un roux jaunâtre sur la poitrine. — Répandue dans tout l'ancien continent, où elle niche sur les arbres élevés, cette espèce n'est chez nous que de passage : on la voit sur nos côtes au mois de novembre, et elle y repasse en avril. Sa chair est bonne à manger et n'a pas le goût huileux de la plupart des oiseaux de rivage. —

Spatule.

La **Spatule rose** (*Pl. aiaia*), du Brésil, a son plumage d'un rose vif.

SPECTRE. On donne ce nom au Vampire. — On l'applique aussi aux insectes du genre *Phasma*.

SPÉCULAIRE. (Voir CAMPANULE.)

SPERGULE (*Spergula*). Genre de plantes de la famille des *Alsinées*, ayant pour caractères : calice à cinq sépales, corolle à cinq pétales entiers, dix étamines, cinq styles; fruit en capsule ovoïde s'ouvrant par cinq valves. — La **Spergule des champs** ou *spargoute* (*Sp. arvensis*) est une plante annuelle de 25 à 40 centimètres, un peu velue, à feuilles linéaires, canaliculées en dessous; fleurs petites, blanches, portées sur de longs pédoncules étalés et disséminés. Cette plante est cultivée comme fourrage en Hollande et en Allemagne et dans quelques départements de la France. Elle donne un fourrage très estimé vert ou sec, et ses graines broyées au moulin sont aussi nourrissantes pour le bétail que les tourteaux de colza.

SPERMACETI. (Voir BLANC DE BALEINE.)

SPERMOPHILE (de *sperma*, graine, et *philéô*, j'aime). Genre de mammifères de l'ordre des RONGEURS, famille des *Arctomydés*, voisins des Marmottes, dont ils diffèrent par leurs formes plus sveltes, leurs pieds plus allongés et surtout par l'existence de grandes abajoues qui s'étendent jusque sur les côtés du cou. — L'espèce type, le **Souslik** (*Spermophilus citillus*) ou *zizel*, est un joli petit animal qui habite surtout les pays du Nord, la Russie, la Bohême, le Kamtchatka. Il a 10 à 12 centimètres de longueur, sans compter la queue, la tête grosse, le chanfrein bombé, les yeux grands et saillants; les oreilles presque nulles. Son pelage, court et doux, est d'un brun grisâtre, parsemé de petites taches blanches; les parties inférieures sont d'un blanc jaunâtre, ainsi que les pattes et le tour des yeux. Le Souslik vit solitaire ou par couple dans des terriers compliqués et profonds qu'il se creuse sur les pentes des montagnes. Ils y amassent, pendant l'été, des provisions de graines qu'ils transportent dans leurs vastes abajoues; mais ils s'engourdissent l'hiver comme les marmottes. On en connaît d'autres espèces de l'Amérique ou de l'Asie.

SPET. (Voir SPHYRÈNE.)

SPHACÉLIE (du grec *sphazein*, détruire). (Voir ERGOT.)

SPHÆRIDIE, *Sphæridium* (du grec *sphaira*, globe, et *eidos*, apparence). Genre d'insectes COLÉOPTÈRES de la famille des *Palpicornes*, section des *Sphæridiens*. Ce sont de petits insectes terrestres, à corps brièvement ovalaire ou presque hémisphérique; le corselet est aussi large à la base que les élytres et se rétrécit en avant, les antennes ont huit articles, le deuxième article des palpes maxillaires est renflé ou ovalaire. Ils vivent dans les bouses et sont noirs, tachetés de rouge ou de jaune. — Le **Sphæridium scarabœoides**, de 5 à 6 millimètres, d'un noir brillant, densément et finement ponctué, à élytres aussi larges que le corselet, obtuses à l'extrémité, ayant chacune une grande tache rouge aux épaules et une tache lunulée jaune en arrière, est très commun. — Le **Sphæridium bipustulatum**, plus petit, à corselet bordé de jaune ainsi que les élytres, qui ont en outre une tache lunulée jaune, est moins commun.

SPHAGNACÉES. (Voir MOUSSES.)

SPHAGNUM. Nom latin des Sphaignes.

SPHAIGNE. (Voir MOUSSE.)

SPHÉGIDÉS. (Voir SPHEX.)

SPHÉGIENS. Synonyme de Sphégidés.

SPHÉNISQUE (du grec *sphèn*, coin, par allusion à la forme du bec). Genre formé aux dépens du genre *Manchot* (*Aptenodytes*), pour une espèce du Cap, qui diffère par son bec à mandibule inférieure tronquée au bout, à narines découvertes et percées au milieu de la mandibule supérieure. Cet oiseau, qui a le faciès et les habitudes des manchots (voir ce mot), est d'un brun noir en dessus, blanc en dessous; il a environ 55 centimètres de longueur et pèse 5 à 6 kilogrammes; mais sa chair est huileuse et indigeste.

SPHÉNOÏDE (du grec *sphenoeïdès*, qui ressemble à un coin). Cet os impair, enclavé vers le milieu des os de la base du crâne, en forme comme la clé de voûte. Il est formé d'une partie moyenne épaisse, qu'on appelle le corps, et de deux parties latérales larges et étalées; ce qui l'a fait comparer à une chauve-souris dont les ailes sont étendues. Le Sphénoïde concourt à former les cavités nasales, les orbites, les fosses zygomatiques et la paroi supérieure du pharynx.

SPHÉRIE, *Sphæria* (de *sphaira*, sphère). Genre de champignons ascomycètes type de la famille des *Sphériacées*. Ce sont de très petits champignons noirs, sphériques, ayant rarement plus de 1 millimètre qui croissent sur les écorces et les feuilles mortes ou malades, sur les fumiers, etc.

SPHEX (du grec *sphéx*, guêpe). Genre d'insectes HYMÉNOPTÈRES de la division des *Porte-aiguillon*, type de la famille des *Sphégidés*. Ces hyménoptères se reconnaissent à leur tête large, à mâchoires et lèvres courtes; à leurs antennes longues, contournées dans les femelles; à leurs pattes propres à fouir; à leurs jambes postérieures beaucoup plus longues que les autres et épineuses. Les Sphex vivent eux-mêmes sur les fleurs; mais ils produisent des larves carnassières pour lesquelles ils sont obligés d'amasser des provisions en quantité suffisante pour les conduire jusqu'au moment de leur transformation en nymphe. Ce sont des insectes aux formes élancées, généralement d'un noir violacé brillant, taché de blanc ou de rouge. Les femelles sont toujours armées d'un redoutable aiguillon.—Plusieurs genres rentrent dans la famille des *Sphégidés;* ils sont fondés sur quelques différences dans la forme du prothorax et des antennes. Les **Pompiles**, à mandibules bidentées, pratiquent des trous dans le vieux bois ou profitent d'ouvertures déjà toutes faites; quelques-uns creusent leur nid dans le sable. Ils approvisionnent leurs larves avec des araignées, et ne redoutent

Sphex.

pas de les aller chercher jusque sur leur toile, même les plus grosses; mais le plus souvent ils s'adressent aux araignées errantes qui ne filent pas de toile. Rien n'est curieux comme d'assister à ce duel entre le Pompile et l'araignée. Dès que le premier a aperçu la toile, il vient se poser dessus; l'araignée, avertie par l'ébranlement des fils et espérant une proie, sort de sa retraite : mais elle s'arrête bientôt en reconnaissant qu'elle a affaire à un redoutable adversaire. Elle prend peur et veut fuir; mais le Pompile ne lui en laisse pas le temps. Il fond sur elle et la perce de son terrible aiguillon; l'araignée, engourdie par le venin, tombe sur sa toile, et son vainqueur l'emporte dans son nid. Arrivé là, il pose sa proie sur le bord et, d'un coup de tête, la pousse au fond du trou, où il a déposé un œuf. Six à huit araignées, suivant leur grosseur, complètent sa provision. Il bouche ensuite l'entrée de l'habitation.— Le Pompile varié (*Pompilus variegatus*) et le Pompile des chemins (*P. viaticus*) sont les plus répandus dans notre pays. — Les SPHEX proprement dits comprennent de nombreuses espèces : le **Sphex à ailes jaunes** (*Sphex flavipennis*) approvisionne son nid avec des grillons engourdis par son aiguillon, le **Sphex albisecta** y dépose des criquets, le **Sphex bleu** s'attaque aux araignées.— Les **Pepsis**, Sphex de l'Amérique méridionale, sont les géants de la famille; le **Pepsis heros**, du Brésil, a 7 ou 8 cen-

timètres de longueur. — Les AMMOPHILES, qui creusent leur nid dans les chemins sablonneux, l'approvisionnent avec de grosses chenilles de papillons de nuit. Telle est l'**Ammophila sabulosa**, commune dans les environs de Paris. — Le **Chlorion**, beau Sphex d'un vert métallique, habite l'île Bourbon; il fait la chasse aux blattes. — La **Scolie des jardins,** noire, tachetée de jaune, nourrit ses larves avec celles de l'*Oryctes* et peut-être du hanneton.

SPHINCTER (du grec *sphigktér*, lien qui serre, qui étreint, de *sphiggô*, lier, serrer). On appelle muscles sphincters des faisceaux musculaires disposés autour d'un orifice naturel, qu'ils sont destinés à fermer ou à resserrer. Tels sont les Sphincters des lèvres, des paupières, de l'anus, etc.

SPHINGIDÉS. (Voir SPHINX.)

SPHINX (*Sphingidæ*). Famille d'insectes LÉPIDOPTÈRES de la section des *Crépusculaires* (*Hétérocères*) ayant pour type le genre *Sphinx*. Cette famille, l'une des plus belles et des mieux caractérisées de l'ordre des Lépidoptères, renferme de grands papillons au corps volumineux, conique; leurs antennes sont épaisses, prismatiques, crénelées en dessous, surtout dans les mâles; leurs ailes longues, étroites, robustes, leur donnent un aspect particulier, qui

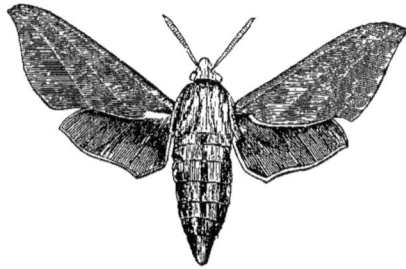

Sphinx de la vigne.

les fait aisément distinguer des autres familles. Leur vol est puissant et rapide; comme les oiseaux-mouches, ils planent au-dessus des fleurs, dans lesquelles ils plongent leur longue trompe, sans jamais se poser. On les voit, au crépuscule des chaudes journées d'été, fendre l'air avec la rapidité d'un trait, puis s'arrêter tout à coup immobiles au-dessus d'une fleur et s'y maintenir en place par une sorte de frémissement des ailes. Celles-ci sont habituellement peintes de couleurs mates et sombres, mais souvent teintées de fraîches et tendres nuances. Les chenilles des Sphinx sont très massives, ont la tête plus ou moins conique et l'avant-dernier anneau de leur corps muni d'une corne caudale. Lorsqu'on les touche, elles redressent la partie antérieure de leur corps d'une manière menaçante; c'est à cette attitude rappelant un peu celle du sphinx égyptien que ce genre doit son nom. Elles se métamorphosent dans la terre sans se filer de coque. Les Sphinx ont été aussi appelés *papillons-*

bourdons, à cause du bruit qu'ils font en voltigeant. — La famille des *Sphingidés* comprend, outre les Sphinx proprement dits, les genres *Macroglossa*, remarquable par la longueur de la trompe, *Deilephila*, dont la trompe n'est pas plus longue que la moitié du corps; *Brachyglossa*, à trompe très courte; *Acherontia*, à trompe courte et épaisse, et *Smerinthus*, à trompe tout à fait rudimentaire. Parmi les espèces les plus répandues, nous citerons le **Macroglossa stellatarum**, le plus commun des Sphinx et l'un des plus petits, dont la chenille vit sur les caille-lait; le **Sphinx de la vigne** (*Deilephila elpenor*), le **Sphinx du tithymale** (*D. euphorbiæ*), qui figurent tous deux parmi les plus beaux Sphinx, ainsi que le **Sphinx du laurier-rose** (*D. nerii*) les Sphinx proprement dits : **Sphinx pinastri, Sphinx ligustri, Sphinx convolvuli**. — Le **Sphinx tête de mort** (*Acherontia atropos*) est un des plus remarquables; nous lui avons consacré un article particulier (voir ACHERONTIA); les **Smerinthus tiliæ** et **Smerinthus populi** sont communs sur le tilleul et le peuplier.

SPHYRÈNE (du grec *sphyraïna*, dard, trait). Genre de poissons de l'ordre des ACANTHOPTÈRES, que Cuvier plaçait parmi ses Percoïdes à ventrales abdominales; mais dont on fait aujourd'hui le type d'une famille particulière, celle des *Sphyrénidés*. La seule espèce qui fréquente nos mers, le **Spet** ou **Sphyrène**, que les Italiens nomment *luccio* ou brochet de mer, et les Espagnols *espeto*, rappelle, en effet, notre brochet par sa forme allongée, sa mâchoire inférieure dépassant la supérieure et sa forte dentition. Son corps est très allongé, couvert de petites écailles; sa tête oblongue, aplatie sur le sommet, l'œil grand, la bouche largement fendue; les nageoires dorsales, au nombre de deux, sont très espacées, les pectorales petites et arrondies, les ventrales triangulaires, la caudale très fourchue. Il est en dessus d'un beau vert noirâtre, argenté en dessous. — Le **Sphyrène spet** atteint 1 mètre de longueur; c'est un poisson très vorace, et les pêcheurs craignent sa morsure. On le pêche dans la Méditerranée et dans l'Océan; sa chair est blanche et délicate. — Le **Sphyrène barracuda** ou *bécune*, de la mer des Antilles, atteint, dit-on, jusqu'à 3 mètres. On le craint à l'égal du requin.

SPIC, ASPIC. (Voir LAVANDE.)

SPICANARD, SPIKENARD. (Voir NARD.)

SPICIFÈRE (de *spica*, épi, et *fero*, je porte). Espèce du genre *Paon*. (Voir ce mot.)

SPILANTHE, *Spilanthes* (du grec *spilos*, tache, et *anthos*, fleur). Genre de plantes dicotylédones de la famille des *Composées*, tribu des *Sénécionidés*. Ce sont des herbes annuelles qui croissent dans les régions tropicales, à feuilles opposées, entières, à fleurs jaunes ou capitules rayonnés (*S. acmella*) ou discoïdes (*S. oleracea*). Ces deux espèces, d'Amérique, ont une saveur piquante et poivrée qui les fait employer pour garnir la salade. On les considère comme de bons antiscorbutiques, d'où le nom de *cresson du Para* qu'on leur donne.

SPINACIA. (Voir ÉPINARD.)

SPINAL. Qui a rapport à l'épine dorsale : artères spinales, nerf spinal, muscles spinaux, etc. — On donne le nom de *système spinal* ou de *moelle épinière* à la partie du centre nerveux qui est contenue dans le canal vertébral, qu'elle occupe dans toute sa longueur sous la forme d'un cordon cylindrique. La moelle épinière, à l'inverse de l'encéphale, se compose de substance blanche au dehors et de substance grise à l'intérieur. Un léger sillon médian la divise dans toute sa longueur en deux moitiés symétriques réunies au centre. De distance en distance, elle émet des ramifications ou nerfs, qui

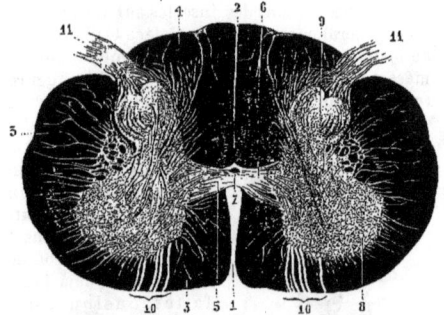

Coupe transversale de la moelle épinière au niveau de la cinquième paire de nerfs cervicaux. (D'après Stilling.)

1, sillon antérieur; 2, sillon postérieur; 3, cordon antéro-latéral qu'on a teinté en noir pour mieux faire ressortir la configuration des cornes de la substance grise; 4, cordon postérieur; 5, commissure antérieure ou blanche; 6, commissure postérieure ou grise; 7, coupe du canal central; 8, corne antérieure de la substance grise; 9, sa corne postérieure; 10, racines antérieures ou motrices des nerfs spinaux; 11, leurs racines postérieures ou sensitives.

sortent deux à deux hors de l'étui des vertèbres, l'un à droite, l'autre à gauche, par les trous de conjugaison; ce sont les *nerfs spinaux*. Ce nerfs sont au nombre de trente et une paires, dont huit cervicales, douze dorsales, cinq lombaires et six sacrées. Chaque nerf naît de la moelle par deux racines, l'une antérieure, l'autre postérieure. (Voir la figure, nos 10 et 11.) A sa sortie du trou de conjugaison, chaque nerf spinal se divise en deux branches de volume inégal; l'une postérieure, plus petite, va aux muscles et à la peau des régions dorsales; l'autre antérieure, plus volumineuse se distribue dans les régions pectorale et ventrale (plexus et nerfs intercostaux).

SPINELLE. (Voir RUBIS.) C'est un aluminate de magnésie pur ou mélangé d'un peu de fer.

SPIRÉE (*Spiræa*). Genre de plantes de la famille des *Rosacées*, tribu des *Spirées*, à fleurs hermaphrodites, régulières, à réceptacle concave, calice à cinq divisions, corolle à cinq pétales, une vingtaine d'étamines disposées sur trois verticilles, ovaire uniloculaire, renfermant plusieurs graines. — La **Spirée ulmaire** (*S. ulmaria*), vulgairement *reine des prés*, *pied de bouc, herbe aux abeilles, ornière*, est une plante herbacée à souche vivace émettant un petit nombre de tiges aériennes herbacées, hautes de 6 à 12 décimètres. Les feuilles sont très allongées, à cinq ou neuf paires de grandes folioles dentées, entremêlées de folioles plus petites ; les fleurs petites, blanches, très odorantes, disposées en grandes grappes terminales ou cimes. Les feuilles et la sou-

Spirée ulmaire ; *a*, fleur grossie.

che de l'ulmaire sont considérées comme fébrifuges, stimulantes et diurétiques. — La **Spirée filipendule** (*S. filipendula*), à feuilles composées de quinze à vingt paires de segments aigus dentés, à fleurs blanches en corymbes lâches, haute de 50 à 60 centimètres, est assez commune dans les bois sablonneux des environs de Paris. Les tubercules de la racine sont suspendus comme par un fil (*filum pendulum*), d'où le nom de la plante. Elle paraît jouir des mêmes propriétés que l'espèce précédente. La fécule des tubercules peut être utilisée contre les diarrhées et les dysenteries.

SPIRILLUM. Genre de schizomycètes ou de protophytes unicellulaires en forme de filaments courts, contournés en spirale. Ils se meuvent en tournant autour de leur axe comme une hélice. Ils n'ont que quelques millièmes de millimètre et se trouvent dans les eaux croupissantes.

SPIRLIN. (Voir ABLETTE.)

SPIRORBE. (Voir SERPULE.)

SPLANCHNIQUE. Qui a rapport aux viscères. On donne le nom de cavités splanchniques aux trois grandes cavités du corps, le crâne, la poitrine et l'abdomen, parce qu'elles contiennent les viscères.

SPLANCHNOLOGIE (de *splanchnon*, viscère, et *logos*,

discours). Partie de l'anatomie descriptive qui traite des viscères.

SPONDIAS (du grec *spondias*, prunier sauvage). Genre de plantes dicotylédones de la famille des *Térébinthacées*, comprenant des arbres des régions tropicales, à feuilles alternes, pennées avec foliole impaire, à fleurs disposées en panicules axillaires ou terminales. Ces arbres, connus sous le nom vulgaire de *monbins*, donnent un fruit comparable à nos prunes et que l'on nomme *prunes d'Amérique* ou *mirobalans*. — Le **Spondias monbin** ou *monbin jaune*, des Antilles, donne un fruit qui ressemble aux prunes mirabelles, et dont on fait des gelées et des confitures ; on emploie ses fleurs en infusion contre les maux de gorge, et son écorce comme astringent. — Le **Monbin rouge** (*S. purpurea*), des mêmes contrées, offre les mêmes propriétés. — A ce genre appartient l'**Arbre de Cythère**, de Taïti (*S. dulcis*), qui produit des grappes de fruits gros comme des pêches, dont la saveur rappelle un peu celle de la pomme de reinette. Son bois sert aux naturels pour la construction de leurs pirogues.

SPONDYLE (*Spondylus*). Genre de mollusques LAMELLIBRANCHES ASIPHONIENS, famille des *Pectinidés*, connus vulgairement sous le nom d'*huîtres épineuses*. Leur coquille bivalve, bombée, auriculée, à valves striées munies d'épines souvent très longues et à charnière pourvue de très fortes dents, est remarquable par l'élégance et la vivacité des couleurs. Chez l'animal, le bord du manteau est garni de deux rangées de tentacules, dont quelques-uns terminés par des tubercules colorés. Ces mollusques habitent les mers chaudes des deux continents. Tels sont le **Spondylus americanus**, de l'Amérique du

Spondyle.

Sud, et le **Spondylus regius**, de l'océan Indien. Une espèce se trouve dans la Méditerranée, le **Spondylus gœderopus** ; c'est une belle coquille de 8 à 10 centimètres, d'une couleur rougeâtre ou orangée assez vive ; on l'appelle vulgairement *pied d'âne*.

SPONGIAIRES (de *spongia*, éponge). Classe d'animaux zoophytes, formés par une masse celluleuse creusée à l'intérieur d'un système de canaux plus ou moins compliqué et soutenus par des spicules calcaires ou siliceux, ou par des fibres cornées. (Voir ÉPONGES.)

SPORANGE (de *sporos*, graine, et *aggeion*, vase). Capsule renfermant les spores des CRYPTOGAMES.

SPORES (du grec *sporos*, graine). Séminules; corps reproducteurs des cryptogames, renfermés dans les sporanges ou thèques.

SPORIDIE, SPORULE. Synonymes de Spore.

SPRAT. Le Sprat ou Esprot est un petit hareng que l'on pêche abondamment dans les mers du Nord. Il diffère du *harenguet* ou *blanquette* par son corps moins élevé et sa couleur beaucoup plus foncée. (Voir HARENG.)

SQUALES ou **SQUALIDÉS** (de *squalus*, nom latin du requin). Famille de poissons de l'ordre des SÉLA-CIENS, section des PLAGIOSTOMES, que l'on distingue à leur corps allongé, fusiforme, revêtu d'une peau rugueuse ou tuberculeuse, et terminé par une grosse queue charnue, ordinairement divisée en deux lobes inégaux ; à leurs yeux, placés sur les parties latérales de la tête ; à leur museau proéminent, sous lequel s'étend transversalement une bouche armée de dents fortes et tranchantes. La

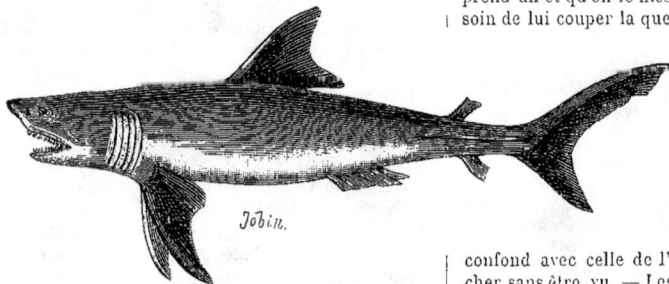

Requin commun.

plupart des espèces de ce groupe sont de grande taille. Leurs nombreuses tribus, répandues dans toutes les mers, s'y font remarquer par leur extrême voracité. On les confond généralement sous le nom de *Requins*. Leur peau rugueuse sert à polir différents ouvrages de bois et d'ivoire, à recouvrir des étuis, des boîtes, des gaines, des livres, etc., sous le nom de *peau de chagrin*. Quant à leur chair, dure et coriace, elle n'est guère en usage comme aliment. La famille des Squalidés comprend plusieurs genres, répartis dans trois sections, selon la présence ou l'absence des évents et de l'anale ; ce sont : 1° les *Requins* et *Lamies*, sans évents, mais pourvus d'anale ; 2° les *Milandres, Emissoles, Pèlerins* ou *Sélaches*, ayant des évents et une anale ; 3° les *Aiguillats, Humantins, Leiches*, privés d'anale, mais pourvus d'évents. Quant aux Anges (*Squatina*) et aux Scies (*Pristis*), que l'on rattache souvent aux Squalidés, ils forment le passage entre les Rajidés et les Squalidés. — Les Requins (*Carcharias*) se reconnaissent à la saillie de leur mâchoire supérieure armée de dents pointues et dentelées en scie sur leurs bords, au défaut d'évents et à la présence d'une nageoire anale. On

eu connaît une quinzaine d'espèces. Le Requin commun (*S. carcharias*) ou *carcharias verus*, le plus grand de tous, atteint quelquefois 8 mètres de long et pèse jusqu'à 600 kilogrammes. Sa teinte générale est d'un brun cendré, avec le dessous du corps d'un blanc sale. On compte jusqu'à six rangées de dents triangulaires et mobiles dans sa vaste gueule. La rapidité de ses mouvements, sa force prodigieuse, son audace, sa voracité, lui ont fait donner le nom de *tigre des mers*. Son nom de *Requin* vient, dit-on, de *Requiem*, prière des morts, parce que son apparition auprès d'un nageur ne laisse aucun espoir de sauver celui-ci. A l'abri des morsures et des balles même, grâce à la dureté de sa peau, il attaque tous les animaux et suit les vaisseaux pour dévorer les corps qui tombent à la mer. Les phoques, les morues, les thons, les harengs composent sa nourriture ordinaire ; il trouve cependant dans une espèce de cachalot un ennemi redoutable. La pêche du Requin se fait à l'aide d'un fort hameçon garni d'un appât, et attaché à une longue et forte chaîne. Lorsqu'on en prend un et qu'on le hisse à bord d'un navire, on a soin de lui couper la queue d'un coup de hache, car sa force est telle, que, d'un coup de cet organe, il peut renverser un homme ou même lui casser la jambe. — Le **Requin bleu** (*C. glaucus*), de moitié plus petit, est aussi redoutable et par sa voracité et par sa couleur bleue qui se confond avec celle de l'eau et lui permet d'approcher sans être vu. — Les *Carcharodons*, très voisins des Lamies, atteignent une taille considérable ; on en a pris qui mesuraient plus de 10 mètres. Leur bouche énorme, garnie de dents nombreuses et tranchantes, en font un des plus terribles tyrans des mers. On trouve dans les terrains tertiaires des dents d'animaux de ce genre dont quelques-unes mesurent jusqu'à 10 centimètres de hauteur, ce qui indiquerait, toute proportion gardée, des Requins de 25 à 30 mètres de longueur. — Les **Aiguillats** (*Acanthias*) sont de petits Squales caractérisés par leurs nageoires dorsales pourvues chacune d'une épine, leurs évents placés immédiatement en arrière des yeux, l'absence d'anale. Ils voyagent en troupes à la suite des bancs de harengs dont ils se nourrissent. (Voir LAMIE, MILANDRE, ÉMISSOLE, SÉLACHE, HUMANTIN, LEICHE, ROUSSETTES, MARTEAU, SCIE DE MER.)

SQUAME (de *squama*, écaille). (Voir ÉCAILLE.)

SQUAMIPENNES (de *squama*, écaille, et *penna*, aile, nageoire). Famille de poissons de l'ordre des ACANTHOPTÈRES, caractérisés par leur corps généralement élevé, comprimé et couvert d'écailles jusque sur les nageoires ; dorsales réunies, occupant toute la longueur du dos ; nageoires abdominales munies d'un fort piquant. Cette petite famille comprend les genres *Chétodon, Holacanthe* et *Archer.* (Voir ces mots.)

SQUELETTE (du grec *skeleton*). On donne le nom de Squelette à l'ensemble des os qui forment comme la charpente du corps des animaux vertébrés. Chez l'homme, dont nous prendrons le Squelette comme type, on compte chez l'adulte, où les pièces osseuses sont soudées, 198 os distincts ainsi répartis : crâne et face, 22; colonne vertébrale, avec le sacrum et le coccyx, 25; os hyoïde, 1; côtes et sternum, 25; membres supérieurs, 32 pour chaque; membres inférieurs, 38 pour chaque. Le Squelette se divise, comme le corps lui-même, en trois parties : la tête, le tronc et les membres. — La **tête** se compose de deux portions principales, le crâne et la face. Le *crâne*

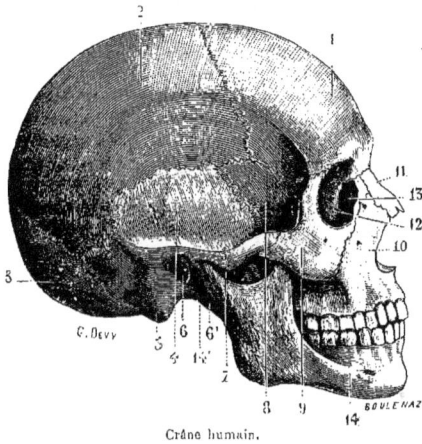

Crâne humain.

1, frontal ; 2, pariétal ; 3, occipital ; 4, temporal ; 5, apophyse mastoïde ; 6, conduit auditif externe ; 6', fosse temporale ; 7, arcade zygomatique ; 8, sphénoïde ; 9, os malaire ; 10, maxillaire supérieur ; 11, os propres du nez ; 12, orbite ; 13, canal lacrymal ; 14, maxillaire inférieur ; 14', son condyle.

est une sorte de boîte osseuse de forme ovalaire, qui occupe toute la partie postérieure et supérieure de la tête et qui loge le cerveau. (Voir ce mot.) Il est formé par la réunion de huit os : le *frontal* ou *coronal* (1), en avant; les deux *pariétaux* (2), en haut; les deux *temporaux* (4), sur les côtés; l'*occipital* (3), en arrière; le *sphénoïde* (8) et l'*ethmoïde* en bas; tous ces os, à l'exception du dernier, ont la forme de grandes lames minces et s'articulent parfaitement entre eux; l'ethmoïde, dont le nom signifie *semblable à un crible*, offre vers son milieu une lame horizontale criblée d'un grand nombre de petits trous qui livrent passage aux filets des nerfs *olfactifs* ou de l'odorat; l'occipital, qui loge le cervelet, s'articule avec la colonne vertébrale et est percé d'un trou que traverse la moelle épinière. La *face* est formée par la réunion de quatorze os de formes très diverses, et présente cinq grandes cavités destinées à loger les organes de la vue, de

l'odorat et du goût; les os principaux sont les *maxillaires supérieurs* (10), les *os jugaux* ou os des pommettes (9), en arrière; les *os palatins* ou os du palais, qui se joignent au sphénoïde. Les fosses de l'œil sont formées par une portion de l'os *frontal*, et leur plancher par les maxillaires supérieurs; en dedans, ce sont l'*ethmoïde* et un petit os appelé *lacrymal*, qui complètent leurs parois; le *sphénoïde* en occupe aussi le fond, où se trouvent les ouvertures servant au passage du nerf optique et des autres branches nerveuses appartenant à l'appareil de la vision. Le nez étant formé en majeure partie de cartilages, la portion osseuse du nez est peu saillante; elle est formée par deux petits os appelés *nasaux* (11); les fosses nasales sont séparées de la bouche par la voûte du palais formée par les *os palatins*, et elles sont séparées entre elles inférieurement par le *vomer*. La mâchoire inférieure est formée d'un seul os, le *maxillaire inférieur* (14), il est mobile et s'articule avec les os temporaux. Les deux mâchoires sont garnies de petits os très blancs et très durs que l'on nomme *dents* (voir ce mot), et dont le nombre est ordinairement de trente-deux, seize à chaque mâchoire; elles sont implantées dans des trous nommés *alvéoles*. On range parmi les os de la tête l'os *hyoïde*, qui est suspendu aux os temporaux par des ligaments; il a la forme d'un V, et placé en travers de la partie supérieure du cou, il sert à porter la langue et à soutenir le larynx.

Le tronc est la partie du Squelette qui s'étend depuis la tête jusqu'aux membres inférieurs. La partie la plus importante du tronc est la *colonne vertébrale ;* c'est une espèce de tige osseuse qui règne dans toute la longueur du corps et qui se compose d'un grand nombre de petits os appelés *vertèbres*, placés bout à bout et solidement unis entre eux; elle est placée à la partie postérieure du tronc, soutenant la tête et appuyée sur le bassin. On compte chez l'homme trente-trois vertèbres, sept *cervicales* (3) formant le cou; douze *dorsales*, cinq *lombaires* (4), cinq *sacrées* et quatre *coccygiennes ;* les cinq vertèbres sacrées se soudent entre elles et ne forment plus qu'un os nommé *sacrum* (7). Le caractère essentiel des vertèbres est d'être traversées par un trou qui, en se réunissant à ceux des autres vertèbres, forme un canal s'étendant depuis le crâne jusque vers l'extrémité du corps et logeant la moelle épinière; les vertèbres coccygiennes ou du *coccyx* ne présentent point de canal semblable et sont solides. Chaque vertèbre se compose d'un corps et de diverses apophyses, ou prolongements épineux, qui servent de points d'attache aux muscles. Chacune des douze vertèbres dorsales porte une paire d'arceaux très longs et aplatis qui se recourbent autour du tronc, de façon à former une sorte de cage osseuse destinée à loger le cœur et les poumons. Ces arceaux sont les *côtes* (5), dont le nombre est par conséquent de douze de chaque côté du corps; leur extrémité se termine par une tige cartilagineuse qui, dans les sept premières paires de côtes ou

125

vraies côtes, viennent se joindre au *sternum* (6), os qui occupe en avant la ligne médiane du corps, et sert à compléter les parois de la cavité thoracique ; les cinq dernières paires de côtes ou *fausses côtes* n'arrivent pas au sternum, mais se joignent aux cartilages des côtes précédentes. — Le *bassin*, situé à la partie inférieure du tronc, dont il forme la base, se

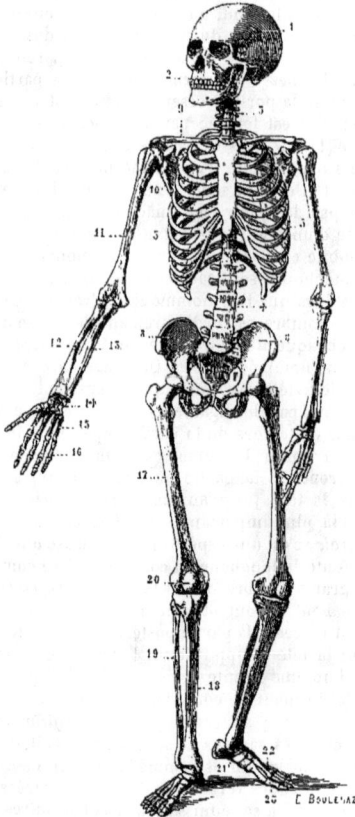

G. DEVY

Squelette humain.

1, crâne ; 2, face ; 3, vertèbres cervicales ; 4, vertèbres lombaires ; 5, côtes ; 6, sternum ; 7, sacrum et coccyx ; 8, os iliaque ; 9, clavicule ; 10, omoplate ; 11, humérus ; 12, radius ; 13, cubitus ; 14, carpe ; 15, métacarpe ; 16, doigts ; 17, fémur ; 18, tibia ; 19, péroné ; 20, rotule ; 21, tarse ; 22, métatarse ; 23, orteils.

compose de quatre os, le *sacrum* et le *coccyx* (7), qui le limitent en arrière, et les deux os *coxaux* ou *os iliaques* (8), situés sur les parties latérales et antérieures du bassin ; les os iliaques sont eux-mêmes formés de trois os, l'un supérieur, *ilion*, l'autre inférieur, *ischion*, et le troisième plus antérieur, connu sous le nom d'os *pubis ;* mais dans l'âge adulte ces trois os se soudent de manière à n'en

plus former qu'un. Le bassin renferme la vessie urinaire, le rectum et les organes internes de la génération. Le bassin de la femme a plus d'amplitude et de capacité que celui de l'homme.

Les **membres** ou extrémités sont au nombre de quatre : deux supérieurs ou thoraciques, et deux inférieurs ou abdominaux. Les membres supérieurs sont formés par l'épaule, le bras, l'avant-bras et la main. — L'épaule, ou portion basilaire du membre sur laquelle s'insère le bras, est formée de deux os, l'*omoplate* (10) et la *clavicule* (9). L'omoplate est un grand os plat qui occupe la partie supérieure et

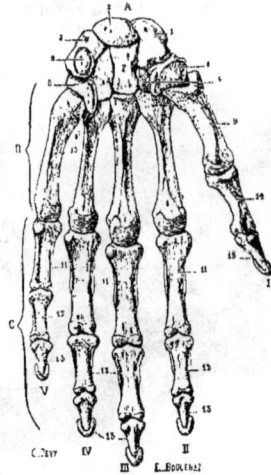

Squelette de la main gauche (face palmaire).

A, carpe ; B, métacarpe ; C, doigts.

I, pouce ; II, index ; III, médius ; IV, annulaire ; V, auriculaire.

1, scaphoïde ; 2, semi-lunaire ; 3, pyramidal ; 4, pisiforme ; 5, trapèze ; 6, trapézoïde ; 7, grand os ; 8, os crochu avec 8' son apophyse unciforme ; 9, premier métacarpien ; 10, cinquième métacarpien ; 11, phalange ; 12, phalangine ; 13, phalangette ; 14, première phalange du pouce ; 15, deuxième phalange du pouce.

externe du dos, sa forme est à peu près triangulaire ; la clavicule, os grêle et cylindrique, placé à la partie supérieure de la poitrine, s'étend comme un arc-boutant du sternum à l'omoplate ; cet os est moins long chez l'homme que chez la femme. Le bras est formé par un seul os, l'*humérus* (11) ; son extrémité supérieure, grosse et arrondie, s'articule avec une cavité de l'omoplate dans laquelle elle peut rouler dans tous les sens. L'avant-bras est formé de deux os, le *radius* (12) et le *cubitus* (13), le premier situé en dehors, le second en dedans ; ces os sont unis entre eux par des ligaments, mais ils sont cependant mobiles, et le radius qui porte la main peut tourner sur le cubitus. La main, qui termine le radius, se divise en trois portions : le *carpe* (14) ou poignet est formé par deux rangées de petits os courts, très intimement unis entre eux ;

on en compte huit; les quatre qui forment la première rangée sont : le *scaphoïde*, le *semi-lunaire*, le *pyramidal* et le *pisiforme;* les quatre autres sont : le *trapèze*, le *trapézoïde*, le *grand os* et l'*os crochu*. Le *métacarpe* (15) est la partie de la main située entre le carpe et les doigts; il est composé de cinq os qui s'articulent avec les doigts par leur extrémité; ils sont unis entre eux, à l'exception du cinquième qui porte le pouce. Les *doigts* (16), au nombre de cinq, sont formés chacun par une série de petits os longs, joints bout à bout, et appelés *phalanges;* le pouce n'en présente que deux, mais tous les autres en ont trois; la première phalange ou *phalangette* porte l'ongle. — Les membres abdominaux sont formés comme les membres thoraciques de quatre sections; la hanche, la cuisse, la jambe et le pied. La hanche est formée par l'os *iliaque* (8) ou du bassin, qui porte sur le côté et en dehors une cavité articulaire destinée à loger la tête de l'os de la cuisse. Celle-ci, comme le bras, ne se compose que d'un seul que l'on nomme *fémur* (17), c'est de tous les os du corps le plus long et le plus volumineux; son extrémité supérieure, coudée en dedans, est arrondie et séparée du corps de l'os par un rétrécissement appelé *col du fémur*. — La jambe est formée de deux os principaux, en dedans le *tibia* (18) et en dehors le *péroné* (19); les deux extrémités inférieures de ces os constituent les *malléoles* ou chevilles; on trouve en outre, audevant du genou, un troisième os appelé *rotule* (20). Le pied se compose ainsi que la main de trois parties principales, savoir : le tarse, le métatarse et les orteils. Le *tarse* (21) a sept os, et son articulation avec la jambe ne se fait que par l'un d'entre eux, l'*astragale*, qui s'élève au-dessus des autres; l'astragale repose sur le *calcanéum*, qui se prolonge beaucoup plus loin en arrière pour former le talon; enfin un troisième os, le *scaphoïde*, termine la première rangée des os du tarse; la se-

Squelette du pied droit
(face dorsale).

A, tarse. — 1, astragale; 2, calcanéum; 3, scaphoïde; 4, cuboïde; 5, premier cunéiforme; 6, deuxième cunéiforme ; 7, troisième cunéiforme.

B, métatarse. — I, II, III, IV, V, les cinq métatarsiens.

C, phalanges. — 8, première phalange du gros orteil; 9, seconde phalange du gros orteil ; 10, phalange des quatre autres orteils; 11, phalangine des quatre autres orteils; 12, phalangette des quatre autres orteils.

conde rangée se compose de quatre petits os, dont trois ont reçu le nom d'*os cunéiformes*, et le quatrième placé en dedans celui d'*os cuboïde*. Les os du *métatarse* (22), au nombre de cinq, ressemblent exactement à ceux du métacarpe; seulement ils sont plus forts et moins mobiles. Les os qui composent les orteils (23), ou doigts des pieds, sont au nombre de quatorze; leur disposition est en tout semblable à celle des phalanges des doigts, mais le gros orteil n'est pas détaché des autres, et ne peut leur être opposé comme le pouce des mains.

Le Squelette de la femme est plus petit et plus grêle que celui de l'homme; les saillies osseuses sont moins prononcées; la tête est plus rétrécie en avant, plus allongée d'avant en arrière; le thorax, plus court et moins saillant, est plus large en haut et se rétrécit inférieurement; les membres supérieurs sont plus courts, les épaules plus basses, les clavicules plus allongées et moins courbées; les fémurs sont plus obliques en dedans, les crêtes iliaques très évasées et déjetées en dehors, ce qui donne une grande largeur aux hanches; enfin les extrémités sont sensiblement plus petites.

Squelette de mammifère.

Telle est la composition du Squelette chez l'homme, et telle elle se retrouve dans tous les vertébrés. Chez tous il dérive d'un même type fondamental; tel os se développe, tel autre diminue ou même disparaît; d'autres fois, plusieurs os, séparés chez un animal, sont soudés en un seul chez un autre; mais partout la comparaison est facile et naturelle, partout on reconnaît le même Squelette modifié seulement pour des besoins différents. Partout on voit l'unité de plan de composition proclamé par Geoffroy Saint-Hilaire.

ARTICULATIONS DES OS (*syndesmologie*.) — On donne le nom d'articulation à l'union des divers os entre eux. Les parties qui concourent à former les articulations sont les cartilages, les ligaments, les

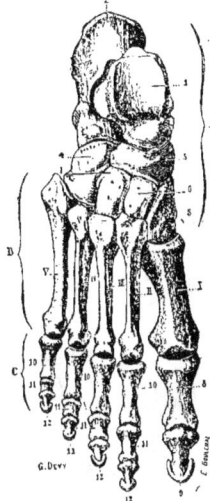

fibro-cartilages et les membranes synoviales. Tantôt la substance cartilagineuse adhère fortement à l'une et à l'autre surface articulaire, et ne leur permet de se mouvoir qu'à raison de son élasticité; d'autres fois, les surfaces articulaires glissent l'une sur l'autre et ne sont maintenues en rapport que par des ligaments qui les entourent et qui sont disposés de manière à poser des bornes à leurs mouvements. Dans les articulations contiguës, se trouvent les membranes synoviales, sortes de poches sans ouverture, qui entourent les articulations de toutes parts; leur face interne est lubrifiée par un liquide visqueux qui permet à ses surfaces de glisser facilement l'une sur l'autre; elles ont pour but de diminuer le frottement.

SQUILLE (*Squilla*). Genre de crustacés podophthalmes de l'ordre des SToMAPODES. (Voir ce mot.) Le corps des Squilles est très allongé, mais leur carapace est très courte et l'abdomen forme au moins les trois quarts de la longueur totale. Celui-

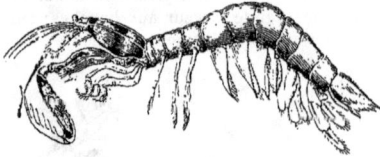

Squille mante.

ci est terminé par une nageoire caudale très grande. Leurs pattes antérieures sont conformées en lame de faux à tranchant hérissé de longues dents acérées et reçue dans une rainure de l'article qui précède, conformation qui rappelle celle des pattes ravisseuses des mantes, insectes orthoptères dont ils ont d'ailleurs un peu l'aspect général. On en connaît plusieurs espèces : la **Squille mante**, de la Méditerranée, longue de 15 à 18 centimètres; la **Squille de Desmarets**, de la Manche et de l'Océan. Une espèce des mers chaudes, **Squilla maculata**, atteint jusqu'à 33 centimètres de longueur. Ces crustacés habitent les eaux profondes, loin des côtes.

SQUINE. On donne ce nom dans les pharmacies à la racine d'une espèce de salsepareille, le *Smilax china*, de la Chine. Elle a les propriétés de la salsepareille officinale, comme sudorifique et dépuratif. (Voir SALSEPAREILLE.)

STACHYS (du grec *stachus*, épi). Genre de plantes dicotylédones de la famille des *Labiées*. Ce sont des herbes annuelles ou vivaces, à fleurs jaunes ou purpurines, répandant une odeur désagréable. — Le **Stachys des bois** (*St. sylvatica*), vulgairement *grande épiaire* ou *ortie puante*, commune dans les haies, les buissons, est employée comme diurétique. — Le **Stachys recta** ou *crapaudine*, des pelouses sèches et des terrains calcaires, est astringent et vulnéraire. — Le **Stachys affinis** ou **Stachys tuberifera**, de la Chine et du Japon, connu vulgairement sous le nom d'*épiaire à chapelets*, est une

plante vivace, à tige simple ou rameuse, quadrangulaire, haute de 25 à 40 centimètres; à feuilles opposées, pétiolées, hispides, à base cordée, acuminées; à fleurs purpurines. La souche émet de nombreux rhizomes souterrains, tubéreux. Les tu-

Stachys tubérifère. — *a*, fleur; *b*, tubercule.

bercules, coniques, pointus, annelés, connus sous le nom de *crosnes du Japon* (du nom du village où ils ont été tout d'abord cultivés en France), sont employés depuis quelques années dans l'alimentation, en France, en Angleterre, en Suisse, où ils constituent un légume à saveur agréable.

STALACTITES et **STALAGMITES** (du grec *stalaktis*, *stalagmias*, qui tombe goutte à goutte). Les eaux qui suintent à travers les pores et les fentes des roches calcaires se chargent d'une certaine quantité de carbonate de chaux; lorsqu'elles arrivent à une cavité, elles y déposent les molécules calcaires qu'elles tiennent en dissolution : ce sont ces dépôts que l'on nomme Stalactites. Si la cavité où arrivent les eaux qui ont traversé le sol est grande, si c'est une grotte, une caverne, l'eau qui filtre à travers la voûte y forme des Stalactites en longues aiguilles qui descendent de plus en plus vers la terre. Les eaux qui tombent goutte à goutte des Stalactites n'ont pas abandonné tout le carbonate de chaux qu'elles contenaient; aussi le déposent-elles sur le sol de la caverne, sous forme de concrétions mamelonnées qui tendent toujours à s'élever à mesure que l'eau y dépose de nouvelles matières; ces concrétions ont reçu le nom de Stalagmites. S'allongeant sans cesse par l'addition de nouvelles molécules, les Stalactites finissent par se joindre, par former des colonnes, puis, à la longue par remplir complètement la caverne. Rien n'est pittoresque comme certaines grottes tapissées de Stalactites qui, à la lueur des flambeaux, reflètent la lumière dans tous les sens; telles sont les grottes d'Arcy-sur-Cure et d'Auxelles, en France; celle d'Antiparos, dans l'archipel grec, et surtout celle dite du Mammouth, dans le Kentucky (États-Unis). Cette dernière est la plus vaste du monde. Elle mesure 15 kilomètres en longueur et ne compte pas moins de deux cent vingt-trois galeries constituant un immense labyrinthe.

STALAGMITES. (Voir Stalactites.)

STAMINAL, STAMINÉ. Qui a rapport aux étamines. (Voir Fleur.)

STAPÉLIE, *Stapelia* (de Stapel, botaniste hollandais). Genre singulier de plantes propres au cap de Bonne-Espérance, qui appartiennent à la famille des *Asclépiadées*. Ce sont des plantes à tiges charnues, succulentes, à côtes et sans feuilles comme certains cactus; ces tiges, rameuses, portent sur leurs angles des tubérosités terminées en pointe. C'est à l'aisselle de ces tubérosités que naissent ordinairement les fleurs. Celles-ci sont portées sur un pédoncule cylindrique; elles sont grandes, monopétales, à cinq divisions, à double couronne d'étamines, à masses polliniques fixées par leur base. Ces fleurs sont marquées de rides transversales et parsemées de taches et de lignes d'un pourpre livide, comme celles qui existent sur la peau d'un crapaud, d'où le nom vulgaire de *fleurs de crapaud*; elles répandent en outre une odeur fétide, cadavéreuse, qui attire de loin les insectes. Le fruit est formé de deux follicules rapprochés, contenant des graines nombreuses surmontées d'une aigrette. On en cultive quelques espèces dans les serres par curiosité, surtout les suivantes : **Stapelia grandiflora**, dont les fleurs, d'un pourpre foncé, ont jusqu'à 15 centimètres de diamètre; **Stapelia hirsuta**, velue, fleurs à jaunâtres striées de brun; **Stapelia variegata**, jaunâtre, panachée de brun rouge.

STAPHILIN. (Voir Staphylin.)

STAPHISAIGRE (du grec *staphis*, raisin cuit, raisin sec, *agria*, sauvage). Espèce du genre *Dauphinelle* (voir ce mot), de la famille des *Renonculacées*. C'est une plante herbacée du midi de la France, dont la tige, à racine pivotante, porte de grandes feuilles palmées à cinq ou sept lobes, et s'élève à 1 mètre et plus. Ses fleurs bleues sont disposées en un épi terminal haut de 20 à 30 centimètres, hérissé de poils mous. Ses graines, fortement purgatives, et même vénéneuses à haute dose, sont employées à l'extérieur et en poudre pour détruire les poux; d'où le nom vulgaire d'*herbe aux poux* donné à la plante.

STAPHYLIER, *Staphylea* (du grec *staphulé*, grappe). Genre de plantes dicotylédones, polypétales, hypogynes, type de la famille des *Staphyléacées*, formée aux dépens des Rhamnées. Les Staphyliers sont des arbrisseaux à feuilles opposées, trifoliolées ou pennées avec impaire, à fleurs blanches, pentamères, en grappes; le fruit est une capsule renflée, vésiculeuse, à graines très dures, rondes. — Le type du genre, **Staphylea pinnata**, connu sous les noms vulgaires de *faux pistachier* et *patenôtrier*, croît dans le Midi. Ses feuilles sont pennées, à cinq ou sept folioles dentées en scie, ses tiges rameuses s'élèvent à 3 et 4 mètres. Son nom de patenôtrier lui vient de ce que ses graines ont le test assez dur pour servir à faire des grains de chapelet; ces graines fournissent une huile de bonne qualité. Les autres espèces sont d'Amérique.

STAPHYLIN. Genre d'insectes Coléoptères type de la famille des *Staphylinides* ou Brachélytres. Ces insectes sont très reconnaissables, au premier abord, à leur corps long et linéaire, à leurs antennes moniliformes, à leurs élytres très courtes, laissant à découvert la plus grande partie de l'abdomen, ce qui leur a valu le nom de *brachélytres*. Les Staphylins ont l'aspect général des forficules, sauf les pinces qui terminent ordinairement l'abdomen de ces derniers. Ces insectes sont carnassiers; les uns vivent sur les matières cadavériques et sur le fumier, quelquefois dans les champignons et sous l'écorce des arbres. Leurs larves rappellent l'aspect de l'insecte parfait, et comme lui elles relèvent d'un air menaçant le bout de leur abdomen quand on les inquiète. Les Staphylins sont tous très agiles et volent bien; mais ils font rarement usage de leurs ailes. On en connaît un très grand nombre d'espèces, réparties dans de nombreux genres : *Staphilinus, Tachyporus, Homalota, Oxyporus, Stenus, Pœderus, Omalium,* etc.; presque

Staphylin odorant.

toutes sont noires ou de couleurs sombres; le type du genre *Staphilinus* est le **Staphylin odorant** (*St. olens*), très commun dans toute l'Europe; sa taille est de 30 à 35 millimètres, sa couleur d'un noir opaque; il vit de rapine et court par les chemins. Son nom lui vient de la forte odeur de musc qu'il répand, surtout lorsqu'on l'inquiète. — Le **Staphylin à grandes mâchoires** (*St. maxillosus*), noir, avec les élytres et l'abdomen couverts d'un duvet gris court et serré, formant des dessins variés, et le **Staphylin bourdon** (*St. hirtus*), dont le corps est couvert de poils d'un jaune doré, se trouvent également dans les environs de Paris. Ce sont les plus grandes espèces du groupe; toutes très utiles à l'homme, parce qu'elles détruisent une foule de petits insectes et de larves nuisibles. Aussi faut-il bien se garder de les écraser, ce que l'on fait trop souvent. Quelques-unes, appartenant au genre *Homalota*, sont d'une taille presque microscopique.

STATICE. Genre de plantes dicotylédones de la

famille des *Plombaginées*, offrant pour caractères principaux : calice à cinq dents, à corolle infundibuliforme, à cinq divisions ou pétales soudés à la base et portant cinq étamines; fleurs réunies en glomérules compacts portés sur une hampe nue et entourés de folioles membraneuses imbriquées se prolongeant inférieurement sur la hampe en forme de gaine. Ces plantes sont des herbes vivaces ou de petits arbustes qui croissent en abondance sur nos côtes maritimes et dans les marais salants. Le type du genre, le **Statice maritime** (*St. maritima*), vulgairement *gazon d'Olympe*, à hampes courtes et pubescentes, de 5 à 15 centimètres, à feuilles très étroites, linéaires, molles, fleurs lilas, en capitules hémisphériques, se cultive en bordure dans les jardins. Il se trouve sur les rochers maritimes de l'Ouest. — Le **Statice limonium** est une plante à souche feuillée, émettant un ou plusieurs pédoncules bractéolés; à feuilles molles, oblongues, spatulées, atténuées en long pétiole et terminées par une longue pointe subulée; à fleurs lilas, en gros épillets formant une panicule corymbiforme. Ces plantes sont douées de propriétés astringentes. — On cultive dans les jardins le **Statice sinnata**, du Levant, à fleurs bleues, à feuilles lyrées, et le **Statice speciosa**, de Russie, à fleurs roses, à feuilles ovales. Ces plantes doivent être rentrées avant les froids.

STAUROLITHE (du grec *stauros*, croix, et *lithos*, pierre). Synonyme de Staurotide.

STAUROTIDE (de *stauros*, croix). Silicate d'alumine et de fer, qui cristallise en prismes droits à base rhombe, d'un brun rouge foncé, infusible au chalumeau, insoluble. Les cristaux sont ordinairement groupés deux par deux en forme de croix rectangulaire, ce qui lui a fait donner les noms vulgaires de *croisette* et de *pierre de croix*. Elle est composée de 31 de silice, de 51 d'alumine et 18 d'oxyde de fer. Sa dureté est 7, sa densité 3,5. On la retrouve disséminéedans des schistes argileux.

STÉATITE (du grec *stéar*, *stéatos*, suif. (Voir TALC.)

STELLAIRE. *Stellaria* (de *stella*, étoile). Genre de plantes de la famille des *Caryophyllacées*, division des *Alsinées*, ayant pour caractères : calice à cinq sépales, corolle à cinq pétales bifides, dix étamines, trois styles; fruit en capsule globuleuse. Ce sont des herbes à feuilles opposées, à fleurs groupées en cime. Les espèces, très nombreuses, sont répandues sur tout le globe. On trouve en France : la **Stellaria media** ou *mouron des oiseaux* (voir MOURON), la **Stellaire des bois** (*St. nemorum*), à tige pubescente, à feuilles inférieures longuement pétiolées, cordiformes; la **Stellaria holostea**, à grandes fleurs blanches, commune dans les haies; la **Stellaire aquatique** (*St. aquatica*), à tiges couchées, à feuilles ovales, que l'on trouve dans les lieux humides.

STELLÈRE (*Rytina*). Mammifère cétacé de la division des CÉTACÉS HERBIVORES, famille des *Sirénidés*, décrit par le naturaliste russe Steller comme une espèce de lamantin. Cet animal forme un genre particulier sous le nom de *Rytina borealis*. Son corps

pisciforme, long de 3m,50 à 4 mètres, se termine par une nageoire caudale échancrée; ses pieds-nageoires sont petits, sans ongles, sa tête petite, allongée, son museau garni de longues moustaches blanches; ses mâchoires, privées de dents, sont garnies de fortes plaques cornées. Ce cétacé, assez commun autrefois, paraît-il, dans les mers du Kamtchatka, est aujourd'hui disparu par suite de la chasse acharnée qu'on lui a faite. Du moins, aucun voyageur ne l'a retrouvé depuis Steller.

STELLÉRIDES (de *stella*, étoile). Classe d'animaux radiaires de l'embranchement des ÉCHINODERMES, dont le corps discoïde, aplati, présente le plus souvent la forme étoilée ou pentagonale. Ils ont généralement cinq rayons ou bras plus ou moins allongés, mais ce nombre peut s'élever jusqu'à quarante. Ces bras sont creusés en dessous d'un sillon qui loge les tubes ambulacraires, et qui est formé par l'angle rentrant que forme à l'intérieur des bras une double série de pièces calcaires, articulées entre elles comme des vertèbres. La bouche est située au centre de la face ventrale, au fond d'une excavation entourée de vingt pièces calcaires dont dix constituent les dents; l'estomac est en forme de sac; l'anus, lorsqu'il existe, s'ouvre au pôle apical. Ces animaux jouissent au plus haut degré de la faculté remarquable de reproduire les parties perdues. Les Stellérides comprennent deux ordres : les ASTÉRIDES et les OPHIURIDES. (Voir ces mots.)

STELLION (*Stellio*). Les anciens désignaient sous ce nom un lézard venimeux et rusé, et le mot *stellionat* (fourberie) en paraît dérivé. Aujourd'hui, il sert à dénommer un genre de reptiles de l'ordre des SAURIENS CRASSILINGUES, famille des *Iguanidés*. Ce sont des lézards inoffensifs, au corps aplati couvert d'écailles inégales, en partie épineuses; leur tête est grosse et large, renflée en arrière; leur langue charnue, épaisse, non extensible et seulement échancrée à sa pointe : les pieds sont allongés, à doigts amincis, séparés, onguiculés; la queue est couverte d'écailles grandes, carénées et épineuses. — Le type du genre, le **Stellion du Levant** (*S. vulgaris*), habite les terrains sablonneux et pierreux de l'Égypte et de la Syrie; il est long de 30 centimètres, très agile et se nourrit principalement d'insectes; il a les mœurs de nos lézards. Ce qu'il y a de singulier, c'est qu'en Orient on emploie les excréments de ce reptile comme cosmétique. — Les FOUETTE-QUEUE ou Stellions bâtards (*Uromastyx*) forment un sous-genre qui se distingue par la tête aplatie et non renflée et par la présence d'une série de pores sous les cuisses. Le **Fouette-queue d'Égypte** (*S. spinipes*) atteint près d'un mètre de longueur; il est d'un beau vert pré et vit sous terre dans des petits terriers. Il habite la Haute-Égypte et le désert.

STEMMATES (du grec *stemma*, bandeau). Yeux lisses que certains insectes portent sur le front. Synonyme d'Ocelle. (Voir INSECTES.)

STÉNÉLYTRES (du grec *sténos*, étroit, et *élytron*, élytre). Famille d'insectes COLÉOPTÈRES établie par

Latreille et comprenant les hélopes, les cistèles, les œdémères, les calopes, etc. Cette famille rentre aujourd'hui dans celle des *Hétéromères*.

STÉNOCARPE (de *sténos*, étroit, et *karpos*, fruit). Genre de plantes de la famille des *Protéacées*, comprenant des arbustes de la Nouvelle-Hollande à feuilles alternes, à fleurs en ombelles axillaires ou terminales; le fruit est un follicule étroit, linéaire, d'où le nom du genre. — On cultive en serre le **Sténocarpe de Cuningham**, magnifique espèce à grandes feuilles sinuées, à fleurs longues de 3 à 4 centimètres, d'un bel orangé écarlate à la base et se fondant peu à peu jusqu'au jaune doré; elles forment une large ombelle étalée de plus de soixante fleurs.

STÉNODERME (de *sténos*, étroit, et *derma*, peau). Genre de chéiroptères ou chauve-souris du groupe des *Phyllostomes*. (Voir CHÉIROPTÈRES.)

STÉNOSTOME (de *sténos*, étroit, et *stoma*, bouche). (Voir CTÉNOPHORES.)

STENTOR ou **HURLEUR**. Nom français des singes du genre *Alouate*. (Voir ce mot.)

STENTOR. Genre d'infusoires hétérotriches, embranchement des PROTOZOAIRES. Ces infiniment petits êtres, qui figurent cependant parmi les plus volumineux des infusoires, ont le corps allongé et élargi en avant en forme d'entonnoir dont le bord est garni de cils comme nos paupières. Au moyen du mouvement continu imprimé par l'animal à ces cils, s'opère dans l'eau un tourbillon constant qui amène à sa bouche les particules dont il se nourrit. Les Stentors se fixent aux corps immergés par leur extrémité inférieure, qui agit comme une ventouse; ils se contractent ou s'étirent à volonté, ou se détachent même pour nager en liberté. Ils se reproduisent par scission. — Le **Stentor de Muller**, *Polype à entonnoir* de Réaumur, répandu dans les eaux stagnantes, a la forme d'une trompette à large embouchure; il est visible à l'œil nu, étant long d'un millimètre à l'état d'extension, blanc et demi transparent. Il en est de bleus, de rouges et de noirs : *St. cœruleus, St. igneus, St. niger.*

Stentor de Muller.

STERCORAIRE (de *stercus*, excrément). On donne ce nom aux oiseaux du genre *Labbe*, à certains insectes du genre *Bousier*. (Voir ces mots.)

STERCULIER, *Sterculia* (de *stercus*, excrément, à cause de l'odeur infecte de la plante). Genre de la famille des *Malvacées*, tribu des *Sterculiées*, caractérisé par des fleurs polygames dépourvues de corolle, et par le fruit formé de cinq carpelles distincts. Il se compose d'arbres répandus dans les régions tropicales de l'Afrique et de l'Asie, à feuilles alternes couvertes de poils étoilés, à fleurs jaunes ou rouges, paniculées. — Le **Sterculier fétide**, de l'Inde (S. *fœtida*), doit son nom à l'odeur désagréable de ses fleurs. C'est un végétal arborescent à feuilles digitées de sept à neuf folioles; ses graines donnent une huile comestible très employée dans le pays. — Le **Sterculier à feuilles de platane** (S. *platanifolia*), de la Chine et du Japon, se cultive dans les parcs et les jardins pour son beau feuillage. — Le **Sterculier acuminé** (S. *acuminata*), du Congo, qui porte dans le pays le nom de *kola*, donne des graines comestibles de la grosseur d'une châtaigne, connues sous le nom de *noix de gourou*, et qui, mises dans l'eau mauvaise ou même saumâtre, en corrigent le goût. La kola, dont la saveur est astringente et amère, est employée en médecine comme tonique cardiaque et antidiarrhéique. On en prépare une alcoolature, un vin et un élixir.

STERLET. (Voir ESTURGEON.)

STERNAL. On nomme *région sternale* la partie de la paroi antérieure de la poitrine qui correspond au sternum, et *côtes sternales* celles qui s'articulent directement avec le sternum.

STERNE (*Sterna*). Genre d'oiseaux de l'ordre des PALMIPÈDES, famille des *Longipennes*, vulgairement désignés sous le nom d'*hirondelles de mer*. Ils tirent leur nom de leurs ailes excessivement longues et pointues, de leur queue fourchue, de leurs pieds courts, qui leur donnent un port et un vol ana-

Sterne pierre-garin.

logues à ceux des hirondelles. Leur bec est pointu, comprimé, droit, sans courbure ni saillie, avec les narines situées vers la base; leurs doigts sont au nombre de quatre, un derrière, trois devant, assez long pour porter à terre, trois devant, unis par des membranes échancrées, ce qui en fait de mauvais nageurs. Elles volent en tous sens et avec rapidité sur la mer, jetant de grands cris, et enlevant habituellement de la surface des eaux les mollusques et les petits poissons dont elles se nourrissent. Elles s'avancent aussi dans l'intérieur sur les lacs et les rivières. Il y en a plusieurs espèces en Europe; et l'une d'elles se voit communément au printemps, sur nos côtes maritimes et nos eaux douces, c'est l'**Hirondelle de mer à bec rouge**, ou le *pierre-garin* (S. *hirundo*), long d'un pied, et dont l'envergure en

a au moins deux; blanc, à manteau cendré clair, calotte noire, pieds rouges, bec rouge à bout noir.
— Le **Sterne arctique** (S. *arctica*) est très voisin du pierre-garin, mais avec le devant du cou, la poitrine et l'abdomen lavés d'un cendré bleuâtre. Cette espèce habite les régions du cercle Arctique et passe régulièrement sur les côtes maritimes du nord de la France.

STERNUM (du grec *sternon*, poitrine). Os impair situé au devant et au milieu du thorax. Il s'articule de chaque côté avec la clavicule et les sept premières côtes, et donne attache aux muscles sterno-mastoïdiens, aux grands pectoraux et aux muscles du bas ventre. (Voir Squelette.)

STIGMATE (de *stigma*, marque). Extrémité supérieure du pistil dans les fleurs, destinée à retenir le pollen des étamines. (Voir Fleur.) — Orifices extérieurs des trachées ou tubes respiratoires chez les insectes. (Voir Insectes.)

STILLINGIA. Genre de plantes de la famille des *Euphorbiacées*, comprenant des arbres des régions tropicales de l'Asie et de l'Amérique, à feuilles alternes, à fleurs monoïques, en épi. Le **Stillingia sebifera**, vulgairement *arbre à suif*, a ses graines enveloppées d'une matière grasse assez semblable à du suif.

STIPE. On désigne sous ce nom la tige des végétaux monocotylédonés. (Voir Tige.)

STIPITÉ (de *stipes*, pied). Se dit d'une partie pourvue d'un support particulier : fruit stipité, aigrette stipitée.

STIPULES. Les Stipules sont des expansions foliacées qui accompagnent la base du pétiole. Elles se trouvent dans un grand nombre de plantes, mais non pas dans toutes, car leur rôle est fort secondaire. La forme et l'ampleur de ces organes varient beaucoup d'une espèce végétale à l'autre : ainsi dans le rosier, elles forment, tout à la base du pétiole, un rebord membraneux étroit; tandis que dans les feuilles pennées du pois, la base du pétiole offre deux énormes stipules bien plus grandes que les folioles. Tantôt elles sont soudées entre elles, tantôt elles entourent la tige et lui forment un étui. Dans beaucoup de plantes, telles que l'aubépine, le poirier, l'abricotier, les stipules n'ont qu'une durée éphémère ; elles tombent lorsque la feuille qu'elles accompagnent s'est épanouie. Leur principale fonction est de servir d'enveloppe protectrice aux feuilles encore jeunes.

STOCKFISCH (de l'allemand *stock*, bâton, et *fisch*, poisson). Les pêcheurs du Nord donnent ce nom à la morue salée et séchée. (Voir Morue.)

STOLON. Bourgeon rejet, qui pousse sur les racines ou les tiges et peut devenir une nouvelle plante. Le fraisier est stolonifère. Après avoir couru un certain espace sans rien produire, ces Stolons ou *coulants*, comme les appellent les jardiniers, donnent un bouquet de feuilles tournées vers le ciel ; de la partie inférieure naissent des racines qui s'enfoncent en terre, et un nouvel individu est ainsi produit. C'est en quelque sorte un marcottage naturel.

STOLONIFÈRE. Se dit d'une plante qui émet des stolons.

STOMAPODES (du grec *stoma*, bouche, et *podes*, pieds). Ordre de la classe des Crustacés podophthalmes, c'est-à-dire ayant les yeux portés sur des pédoncules mobiles, caractère qu'ils partagent avec les décapodes. Mais ils diffèrent de ceux-ci en ce qu'ils ont cinq paires de pieds-mâchoires groupés autour de la bouche, et trois paires seulement de membres thoraciques affectés à la locomotion. L'abdomen est en général pourvu de pattes natatoires bien développées et se termine par une queue ou nageoire en éventail. Des branchies en forme de houppes, libres et flottantes, sont fixées à la base de ces pattes abdominales. Les œufs sont tantôt déposés à terre, tantôt portés par la femelle sous le corps où les retiennent les appendices lamelleux des pattes. Le développement s'accompagne généralement de métamorphoses assez compliquées. Les *Squilles* et les *Mysis* forment les deux familles de l'ordre des Stomapodes. Les premières offrent l'aspect général des mantes, dont ils ont les pattes ravisseuses; les seconds rappellent les formes des crevettes.

STOMATES (de *stoma*, bouche). On donne ce nom aux pores qui criblent le tissu épidermique des feuilles chez les végétaux. (Voir Feuilles et Végétaux.)

STOMOXE, *Stomoxys* (du grec *stoma*, bouche, et *oxus*, aigu). Genre d'insectes Diptères de la famille des *Muscidés*. Les Stomoxes ont le port de la mouche domestique. Leurs antennes se terminent en une palette accompagnée d'une soie latérale le plus souvent velue. Leur trompe est très acérée et se porte en avant. Le type du genre, le **Stomoxe piquant** (S. *calcitrans*), est de couleur cendrée à palpes fauves; le thorax est marqué de lignes noires et l'abdomen de taches brunes. Cette espèce est très commune dans toute l'Europe et fort incommode par sa piqûre. C'est surtout en été et en automne que ce diptère nous harcelle et nous tourmente; les bœufs et les chevaux n'en sont point garantis par l'épaisseur de leur cuir. Les femelles font leur ponte dans le fumier. On a fait de quelques Stomoxes (S. *stimulans* et *irritans*), dont les palpes sont plus longs que la trompe, le genre *Hæmatobia*.

STORAX ou **STYRAX**. (Voir Liquidambar.)

STRAMOINE. (Voir Datura.)

STRATES. (Voir Stratification.)

STRATIFICATION. Nous avons vu que les roches sédimentaires (voir Roches et Terrains) avaient pour caractère d'être divisées en couches plus ou moins épaisses que l'on appelle *strates*. Ces couches, eu égard à leur mode de déposition dans les eaux, devront avoir le plus souvent une position horizontale; quelquefois cette horizontalité sera détruite par le mouvement des eaux ou la violence des courants qui corrodent et dénudent les couches sous-marines ; le parallélisme des couches pourra être, sinon détruit, au moins très modifié ; de nouvelles couches recouvriront ces accidents et contribueront à former ces bandes sinuées que l'on rencontre si souvent dans les terrains sédimentaires. D'autres fois, cette horizontalité primitive sera troublée par suite des soulèvements et des affaissements du sol. Ainsi les couches sédimentaires présentent de grandes variations; quelquefois elles sont redressées, inclinées et même verticales par rapport à leur position normale; elles pourront encore être planes, contournées ou repliées en zigzag. — Lorsque toutes les couches d'un même système ou d'une même formation sont parallèles à la direction générale, quelle qu'en soit la direction horizontale ou inclinée, on dit que la Stratification de ces couches est *concordante*, c'est-à-dire que le parallélisme est conservé. On la dit *régulière*, lorsque toutes les couches affectent un parallélisme complet entre elles et par rapport à leur direction générale; *irrégulière*, lorsque les couches sont contournées de différentes manières. La Stratification est *arquée* lorsqu'elle est composée de couches plus ou moins ondulées ou contournées; *brisée*, quand elle forme une suite d'angles plus ou moins ouverts ou aigus. Lorsque, par suite d'un soulèvement ou d'un affaissement, les couches sédimentaires sont disloquées et inclinées d'une certaine manière, tandis que celles de la formation antérieure ou postérieure le sont d'une manière différente, en sorte qu'il n'existe plus de parallélisme entre ces différentes formations, on dit alors que la Stratification est *discordante* ou *transgressive*.

STRATIOMYIDÉS (du grec *stratiotés*, soldat, et *muia*, mouche). Famille d'insectes de l'ordre des Diptères, section des Brachocères. Ces mouches ont le corps aplati, assez large; les antennes terminées par un style ou une soie; les palpes insérés sur la base de la trompe, celle-ci courte, charnue, grosse et cachée, au repos, dans la cavité buccale; les nervures des ailes peu distinctes, n'atteignant pas ordinairement l'extrémité. Cette famille a pour type le genre *Stratiomys*.

STRATIOMYS. Genre d'insectes Diptères type de la famille des *Stratiomyidés*. Les Stratiomys sont de grosses mouches qui vivent sur les fleurs et se nourrissent du suc des nectaires. Leur corps est très velu dans les mâles, beaucoup moins dans les femelles; leurs ailes sont longues, lancéolées, les cuillerons petits. Les larves ont le corps long, aplati, revêtu d'une peau coriace divisée en anneaux, dont les trois derniers plus longs et moins gros forment une queue terminée par un bouquet de poils plumeux et qui partent de l'extrémité du dernier anneau comme des rayons. Au milieu de cette étoile de poils est l'ouverture qui donne passage à l'air nécessaire à leur respiration; car ces larves vivent dans l'eau. — L'espèce la plus connue est le Stratiomys caméléon. Il est noir, à thorax couvert de poils jaunes; le ventre est jaune, avec les deuxième, troisième et quatrième segments à bande noire; les ailes sont bleuâtres. On trouve cette espèce, en mai, sur les fleurs de l'aubépine et, pendant l'été, sur les plantes aquatiques où les femelles déposent leurs œufs.

STRATIOTES (mot grec qui signifie soldat, à cause de ses feuilles en forme de glaive). Genre de plantes de la famille des *Hydrocharidées*, à fleurs dioïques, les mâles à spathe bivalve multiflore, les femelles à spathe uniflore. Étamines très nombreuses, les extérieures stériles; ovaire à six loges. — Le type du genre est le **Stratiote aloès** (*Str. aloïdes*). Cette plante, assez rare, a le port d'un petit aloès; ses feuilles lancéolées, linéaires, sont raides, épineuses, pointues, disposées en rosette; ses fleurs sont blanches, portées sur de longs pédoncules. On la trouve dans les eaux stagnantes de la France et de la Belgique.

STREPSIPTÈRES (du grec *strepsis*, contournement, et *ptéron*, aile). (Voir Rhipiptères.)

STRIGIDÉS (de *strix*, nom latin de la chouette). Famille de l'ordre des Rapaces, section des Nocturnes, comprenant l'ancien genre *Stryx* de Linné ou les *Chouettes* de Cuvier. (Voir Chouette.)

STRIGOPS. Genre de perroquet nocturne. (Voir Perroquet.)

STRIX. Nom scientifique latin des Effraies.

STROBILE (du grec *strobilos*, cône, fruit du pin). (Voir Cône.) On donne également ce nom à une phase du développement des hydroméduses et des vers cestoïdes. (Voir ces mots.)

STROBILOPHAGE (de *strobilos*, cône, et *phagô*, je mange). Nom scientifique du Durbec.

STROMBE, *Strombus* (du grec *strombos*, toupie). Genre de mollusques Gastéropodes de l'ordre des Pectinibranches, type de la famille des *Strombidés*. L'animal a une tête très distincte, en forme de trompe, surmontée de deux gros tentacules cylindriques; les yeux sont portés par deux petits appendices déliés placés à la partie interne et supérieure des tentacules; le pied est comprimé, divisé en deux parties, dont la postérieure porte un opercule long, corné. La coquille, très grande, est ventrue et terminée à la base par un canal court, échancré ou tronqué; le bord droit se dilate en une aile parfois très étendue. — Le type du genre, le **Strombe aigle**, de la mer des Indes, est une très belle coquille souvent employée comme ornement. Elle est d'un beau blanc extérieurement, et son intérieur est d'un rose très vif. — Le **Strombe géant**, de la mer des Antilles, atteint 25 à 30 centimètres de longueur.

STRONGLE, *Strongylus* (du grec *stroggulos*, cylindrique). Genre de vers intestinaux ou Helminthes, de l'ordre des Nématoïdes, type de la famille des *Strongylidés*. — L'espèce la plus intéressante est le **Strongle géant** (*S. gigas*), le plus grand de tous les vers intestinaux. Sa tête porte six papilles, son corps très allongé peut atteindre jusqu'à près d'un mètre de long, au moins la femelle, le mâle étant de moitié plus petit; sa couleur est rougeâtre; de chaque côté du corps règne une rangée de papilles tactiles. On rencontre assez fréquemment ce ver dans les reins de divers mammifères, surtout de ceux qui se nourrissent de poissons, ce qui porte à croire que c'est chez ces vertébrés que se passent les premières phases de son développement. On l'a trouvé, mais fort rarement, chez l'homme, très fréquemment, au contraire, chez le chien. — D'autres espèces plus petites, le **Strongylus filaria**, le **Strongylus duodenalis**, de taille beaucoup moindre, vivent en parasites chez divers mammifères.

STRONGYLE. (Voir Strongle.)

STRUTHIO. Nom scientifique latin du genre *Autruche*.

STRUTHIONIDÉS (de *struthio*, autruche). Famille d'oiseaux de l'ordre des Brévipennes ou coureurs comprenant les autruches. (Voir ce mot.)

STRYCHNINE. (Voir Strychnos.)

STRYCHNOS. Les Grecs donnaient ce nom à des plantes vénéneuses de la famille des *Solanées;* on l'applique aujourd'hui à un genre de plantes de la famille des *Loganiacées,* tribu des *Strychnées,* renfermant des arbres ou des arbrisseaux des contrées intertropicales de l'Asie et de l'Amérique, dont plusieurs sont remarquables par leurs propriétés vénéneuses et médicinales. On a réparti les Strychnos dans deux sections, suivant que les espèces sont arborescentes ou grimpantes. Parmi les premières, figure le **Strychnos vomiquier**(*Str. nux vomica*). C'est un arbre de moyenne grandeur, à bois dur et d'une excessive amertume; l'écorce est grise; les branches opposées; les feuilles ovoïdes et veinées; les fleurs blanches, terminales, ombelliformes; les fruits ronds, lisses, de la grosseur d'une orange, mous, gélatineux, remplis d'une chair acide et renfermant plusieurs semences. Ces semences sont rondes, aplaties, légèrement déprimées à leur centre, ce qui leur donne à peu près la forme de boutons d'habit, d'un gris verdâtre, luisantes, soyeuses, d'une consistance cornée, d'une amertume âcre et nauséeuse. C'est avec cette semence que l'on prépare la *noix vomique* (dont la strychnine est le principe actif le plus important), si fréquemment usitée en médecine et surtout dans l'homœopathie. Cette substance est un poison violent, et son usage exige les plus grandes précautions; à très petites doses, elle agit efficacement contre les inflammations,

Strychnos vomiquier.

l'hydropisie, la goutte, l'épilepsie et les paralysies. De plus, elle constitue un tonique amer et stimulant, employé dans diverses formes de l'anémie et de la gastrite, dans le diabète, la diarrhée, etc. Elle s'administre en poudre, et surtout en teinture et en extrait alcoolique. C'est l'écorce du vomiquier qui constitue la *fausse angusture* des pharmaciens. — Le **Strychnos faux quinquina** (*Str. pseudochina*), du Brésil, donne une écorce amère que l'on emploie en Amérique aux mêmes usages que celle du quinquina. — Le **Strychnos ignatier** (*Str. ignatii*) fournit les graines connues sous le nom de *fèves de Saint-Ignace,* parce que c'est un jésuite qui, le premier, fit connaître cette plante. L'Ignatier croît aux Philippines; c'est un arbre assez élevé, à rameaux longs et cylindriques, à feuilles opposées, dans l'aisselle desquelles naissent de petites grappes de fleurs; celles-ci sont blanches, tubuleuses, et répandent une odeur de jasmin. Les fruits, de forme ovoïde, sont pulpeux, de la grosseur d'une poire moyenne; les graines, au nombre de quinze à vingt, sont éparses dans la pulpe; elles sont ovoïdes, longues de 2 à 3 centimètres, d'un brun pâle. Ces graines ou fèves de Saint-Ignace contiennent de la strychnine en grande quantité et jouissent des mêmes propriétés que la noix vomique. — Parmi les espèces grimpantes, signalons le **Strychnos tieuté**, grande liane qui croît dans les forêts vierges des montagnes de Java, où elle s'élève jusqu'au sommet des plus grands arbres. Le suc de cette plante est un des plus violents poisons du règne végétal; les Javanais le nomment *upas tieuté,* et s'en servent pour empoisonner leurs flèches. — Le **Strychnos bois de couleuvre** (*Str. colubrina*), espèce sarmenteuse, comme la précédente, croît au Malabar; sa racine est regardée par les Indiens comme très efficace contre la morsure des serpents venimeux; de là son nom.

STURIO. Nom latin de l'Esturgeon. (Voir ce mot.)

STURIONIDÉS. Synonyme de Acipenséridés, du nom de l'Esturgeon (*Acipenser sturio*), qui désigne la famille de l'ordre des Ganoïdes, comprenant le seul genre *Esturgeon.* (Voir ce mot.)

STURIONIENS. Sous-ordre de poissons ganoïdes à squelette cartilagineux, qui, par leurs branchies libres, très rapprochées de celles des poissons osseux, forment le passage de ceux-ci aux Sélaciens ou cartilagineux. Ce groupe ne comprend que deux familles vivantes : les *Acipenséridés* ou Esturgeons et les *Spatularidés.* (Voir ces mots.)

STURNUS. Nom scientifique latin de l'Etourneau. (Voir ce mot.)

STYLE (de *stulos*, poinçon). Prolongement filiforme qui, dans un grand nombre de fleurs, surmonte l'ovaire, et s'élargit plus ou moins ou se divise à son sommet, qui prend le nom de *stigmate.* (Voir Fleur.)

STYLIFORME ou **STYLOÏDE.** En forme de style.

STYLOPS. (Voir Rhipiptères.)

STYRAX. Genre de plantes de la famille des *Styracées,* voisine des Oléacées. Ce sont des plantes dicotylédones, monopétales, périgynes, arbres ou arbustes, qui croissent en Asie et en Amérique. Ils ont des feuilles alternes, entières, des fleurs blanches en grappes. — Une seule espèce vit en Europe, c'est le Styrax officinal ou *aliboufier*, qui croît dans le Liban, la Grèce, l'Italie et jusqu'à Nice. C'est un grand arbuste de 3 à 4 mètres. Il fournit par incision le Styrax solide ou baume storax employé surtout dans la parfumerie. — Le Styrax benjoin, de Sumatra et de Java, donne le baume connu sous le nom de *benjoin*, dont l'odeur est analogue à celle de la vanille. Il est employé comme encens dans les églises grecques. — Quant au suc connu sous le nom de *Styrax liquide* ou *storax*, il provient du liquidambar. (Voir ce mot.)

SUBBRACHIENS (de *sub*, sous, et *brachium*, bras). Ordre de poissons osseux établi par Cuvier pour ceux qui ont les ventrales situées sous les pectorales. Ce groupe rentre aujourd'hui dans l'ordre des Anacanthines. (Voir ce mot.)

SUBÉREUX (de *suber*, liège). Spongieux, semblable à du liège : l'écorce du chêne-liège et de l'ormeau subéreux.

SUBULÉ (de *subula*, alène). Se dit, en botanique, de tout organe qui, d'abord cylindrique, se termine en alène.

SUCCIN. Le Succin, ou Ambre jaune (*electrum* des anciens), est une substance d'origine organique, solide, jaune, d'un aspect résineux, dont la densité est 1,08. Il est cassant, d'une dureté médiocre, et peut cependant recevoir un beau poli ; il brûle avec flamme jaune en répandant une odeur résineuse, et fond à une température assez élevée en coulant comme l'huile. Le Succin est éminemment électrique ; par le frottement, il s'électrise résineusement, et c'est de son nom latin qu'est venu celui d'*électricité*. L'Ambre jaune se présente presque constamment en masses mamelonnées ou en rognons disséminés dans des matières terreuses ; ces masses sont ordinairement compactes, à cassure conchoïde, souvent transparentes ; sa couleur varie du jaune pur au jaune blanchâtre. On le trouve au milieu des sables, des argiles et des lignites, en nodules disséminés dont la grosseur varie depuis celle d'une noisette jusqu'à celle d'une tête d'homme. Il renferme souvent différents corps organiques (des insectes, des feuilles), qui prouvent son état primitivement fluide, et une origine semblable à celle des gommes ou résines ; aussi le regarde-t-on généralement comme un produit du règne végétal à l'état fossile. Le Succin abonde dans la Prusse orientale, surtout aux environs de Dantzig et de Kœnigsberg ; on le rencontre par petites masses dans certaines localités de la France, notamment à Saint-Pollet (Gard), près de Gisors et de Soissons, en Sicile, en Amérique, etc. L'Ambre jaune est employé dans la fabrication de petits objets d'ornement, tels que colliers, chapelets, porte-cigares, etc.

SUCCISE. Espèce du genre *Scabieuse*.

SUCCOTRIN. (Voir Aloès.)

SUCCURUYU. Nom brésilien de l'*Eunectes griseus*, serpent de la famille des *Boas*. (Voir Eunectes.)

SUCET. (Voir Lamproie.)

SUCEURS. (Voir Cyclostomes.)

SUCRE. (Voir Canne.)

SUCRIERS. Petite famille d'oiseaux américains de l'ordre des Passereaux, section des *Mellîphages*, comprenant les Guit-guits (*Cœreba*), les Pipits (*Dacnis*), et les Sucriers proprement dits (*Certhiola*). Ils sont caractérisés par un bec ou légèrement courbé, ou droit et en alène, ou crochu à la pointe, par une langue ciliée et divisée en plusieurs filaments, des tarses moyens, et par une queue ample, arrondie ou faiblement échancrée. Ils habitent les immenses forêts de la Guyane, du Brésil et des Andes Boliviennes. Ils s'accrochent aux branches comme les mésanges pour s'approcher des fleurs dont ils sucent le miel et y recherchent les insectes. Ils suspendent aux arbustes un nid en forme de bourse dont l'ouverture est tournée vers le sol et y pondent trois ou quatre œufs blanchâtres grivelés de brun. — Ce petit groupe renferme une quarantaine d'espèces parmi lesquelles nous citerons le **Guit-guit bleu** (*Cœreba cyanea*), du Brésil, d'un beau bleu d'outremer en dessus, avec les rémiges d'un jaune vif et tout le reste du corps noir ; le bec et les pieds d'un rouge de corail. Sa longueur est de 12 centimètres. — Le **Sucrier** (*Certhiola flaveola*) est d'un gris cendré en dessus, jaune en dessous, avec la tête noirâtre et des sourcils blancs, les ailes bordées de jaune-citron, le bec et les pieds noirs ; il est long de 11 à 12 centimètres.

SUEUR. Liquide incolore, d'une saveur salée et d'une odeur plus ou moins forte, qui renferme 99 pour 100 d'eau et 1 de diverses substances, dont la principale est l'*urée*. Elle est sécrétée par une multitude de petites glandes de la peau, en forme de petits tubes pelotonnés sur eux-mêmes (voir Peau) que l'on nomme *glandes sudoripares*. La Sueur s'élabore aux dépens du sang ; dans les conditions normales, elle est d'autant plus abondante que la température est plus élevée, et, par son évaporation, elle rafraîchit le corps. La sécrétion de la Sueur est très importante, et l'on sait que sa suppression accidentelle entraîne presque toujours des désordres graves, tels que la pleurésie, le rhumatisme articulaire, etc. Il y a une grande analogie de composition entre la Sueur et l'urine ; toutes deux semblent avoir pour mission de débarrasser le sang de l'urée, et la sécrétion de l'une est presque toujours en raison inverse de celle de l'autre.

SUIDÉS (de *sus*, cochon). Famille de mammifères de l'ordre des Porcins, caractérisés par leurs troisième et quatrième doigts bien développés, les deux autres rudimentaires. Leur corps est couvert de soies. Leur museau obtus est terminé par un boutoir qui leur sert à fouiller la terre. Leur queue est longue, mince, enroulée. Ils ont les trois sortes de dents ; les canines, très développées, se recourbent en haut et constituent de puissantes défenses. Cette famille comprend les cochons, dont le sanglier d'Europe est le type; les pécaris d'Amérique, les babiroussas d'Asie et les phacochœres d'Afrique. (Voir ces mots.)

SUKERKAU. (Voir LEMMING.)

SUMAC (*Rhus*). Genre de plantes de la famille des *Térébinthacées*, tribu des *Anacardiées*, comprenant des arbrisseaux propres aux contrées tempérées des deux continents. Le type du genre, le **Sumac fustet** (*Rh. cotinus*, L.), est un joli arbuste de 10 à 15 décimètres de hauteur, répandu dans toutes les parties méridionales de l'Europe. On le cultive fréquemment dans les jardins à cause de ses feuilles arrondies, agréablement odorantes, et de ses fleurs en élégantes panicules. Ses feuilles servent en Orient à teindre les peaux en jaune. — Le **Sumac de Virginie**, dont on emploie l'écorce pour le tannage, est un bel arbrisseau de 4 ou 5 mètres, à feuilles composées de huit à dix paires de folioles dentées; à panicules terminales d'un rouge vif. — Le **Sumac**

Sumac (*Rhus coriaria*). — *a*, fleur; *b*, fruit.

vernis du Japon (*Rh. vernix*) donne un vernis fort en usage dans ce pays. — Le Rhus coriaria et le Rhus typhinum sont très riches en matières tanniques qui les font employer dans le tannage. On cultive le premier dans le midi de la France, en Espagne et en Italie, où il croît spontanément.

SUPÈRE. Se dit, en botanique, de l'ovaire, lorsque celui-ci est inséré au-dessus de la corolle et des étamines. On le dit aussi alors *libre*, c'est-à-dire non adhérent au calice.

SUREAU (*Sambucus*). Genre de plantes de la famille des *Caprifoliacées*, dont les caractères sont: calice adhérant à l'ovaire, à cinq dents, corolle à cinq divisions, cinq étamines égales entre elles, ovaires de trois à cinq loges uniovulées, surmontées d'autant de stigmates. Ce genre a pour type le **Sureau noir** (*S. nigra*) ou *Sureau commun;* c'est un arbre

de moyenne grandeur, à écorce grise et fendillée, à bois blanc, mou, léger, renfermant un canal médullaire très développé. Ses feuilles sont opposées, imparipennées, à folioles ovales, acuminées; ses

Sureau noir.

fleurs sont blanches, disposées en cime au sommet des rameaux. Les fruits sont noirs, arrondis et renferment trois petits noyaux. Le Sureau noir croît dans les bois, les haies, les buissons. Il fleurit en mai; les fleurs répandent une odeur aromatique, mais peu agréable; elles doivent être employées sèches comme sudorifique; quand elles sont fraîches, elles sont purgatives et diurétiques. — Les mêmes propriétés existent dans le **Sureau à grappes** (*S. racemosa*, L.), que l'on cultive dans les jardins d'agrément à cause de ses grappes de fruits d'un rouge vif. — L'**Yèble** (*S. ebulus*, L.), espèce herbacée de 10 à 15 décimètres de hauteur, croît dans les champs et sur le bord des chemins; ses fleurs ont une odeur d'amande amère; ses fruits sont noirs et luisants. On emploie la racine d'Yèble comme un puissant purgatif.

SURELLE. (Voir OSEILLE et OXALIDE.)

SURMULET. (Voir MULLE.)

SURMULOT. (Voir RAT.)

SURNIE. (Voir HARFANG.)

SURON. (Voir BUNION.)

SUS. Nom latin du genre *Cochon*.

SUSLIK. (Voir SPERMOPHILE.)

SYCOMORE. (Voir ÉRABLE et FIGUIER.)

SYCONE. On donne ce nom au fruit du *Figuier*. (Voir ce mot.)

SYÉNITE. Roche formée d'amphibole et d'orthose, souvent mélangée de quartz et de mica, et qui se rencontre en enclaves puissantes dans le terrain primitif et les sédiments les plus anciens. La Syénite a une structure grenue; elle est ordinairement d'un rose rougeâtre, tachetée de noir et de gris. Son nom vient de la ville de Syène en Égypte, et les Égyptiens l'ont beaucoup utilisée dans leurs monuments. Les sphinx, les obélisques, et notamment celui qu'on voit à Paris, sont faits en Syénite.

SYLLIS. Genre de vers de la classe des Annélides, de l'ordre des Chétopodes, remarquables par leur corps allongé, aplati, composé d'un grand nombre de segments à mamelons simples portant un faisceau de soies et un acicule. La tête est munie de deux gros palpes et de trois antennes multiarticulées; la bouche est munie d'une trompe protractile, parfois munie d'un stylet. Les Syllis offrent un mode de reproduction très singulier : leurs segments antérieurs sont stériles, les suivants produisent les éléments reproducteurs. A un certain moment, il se produit, en avant de ces segments, une tête et un certain nombre d'anneaux, puis les segments sexués et ces segments nouveaux se séparent du reste du corps, constituant ainsi un nouvel individu. Il est probable que de nouveaux segments sexués se forment ensuite en arrière des segments antérieurs stériles. L'individu sexué présente, en général, des caractères assez différents de ceux de l'individu dont il s'est séparé. La bouche est munie d'une trompe protractile, suivie d'un gésier musculeux. Les Syllis sont de petite taille et vivent parmi les fucus et les corallines. On en connaît plusieurs espèces sur nos côtes, parmi lesquelles nous citerons : la **Syllis amica**, la **Syllis aurica**, la **Syllis gemmifera.**

SYLPHE et **SYLPHIUM.** (Voir Silphe et Silphium.)

SYLVAIN, *Limenitis* (de *sylva*, forêt). Genre d'insectes Lépidoptères de la famille des *Nymphalidés*, caractérisés par une tête allongée, des antennes de la longueur du corps terminées par une massue peu renflée, des palpes longs, velus, l'abdomen grêle et allongé. Les Sylvains volent dans les bois. — Le **grand Sylvain** (*L. populi*) a les ailes en dessus d'un brun noirâtre avec une bande blanche transversale divisée par taches et une bordure fauve ; elles sont en dessous d'un fauve vif. Sa chenille vit sur le peuplier et le tremble. — Le **petit Sylvain** (*L. sibylla*) est plus petit, plus foncé, la bande blanche plus large et plus régulière. Sa chenille, verte et épineuse, vit sur le chèvrefeuille des bois.

SYLVIA. Nom générique latin des oiseaux du genre *Fauvette*.

SYLVIADÉS. Famille d'oiseaux de l'ordre des Passereaux dentirostres, renfermant les plus petits des oiseaux chanteurs qui peuplent nos bois. Ce sont les roitelets, troglodytes, rousserolles, fauvettes, pouillots, etc. (Voir ces mots.)

SYLVIE. Un des noms vulgaires de l'*Anemone nemorosa.*

SYMPATHIQUE [Système nerveux]. On donne ce nom ou celui de *Système nerveux de la vie organique* (Bichat), à l'ensemble du système nerveux ganglionnaire formant un double cordon nerveux situé le long de la colonne vertébrale, l'un à droite et l'autre à gauche. Chaque cordon s'étendant de la tête au bassin se compose d'un tronc continu sur le trajet duquel sont espacés trois ganglions cervicaux, douze ganglions thoraciques et neuf ganglions abdominaux. Chacun de ces ganglions reçoit des faisceaux radiculaires provenant de la moelle; et envoie des rameaux nombreux aux viscères. Le Système nerveux sympathique préside surtout à tous les phénomènes organiques auxquels la sensibilité et la volonté n'ont pas de part ; il détermine la contraction et le relâchement des fibres musculaires des vaisseaux. (Voir Système nerveux.)

SYMPHYTUM. (Voir Consoude.)

SYMPLOCARPE, *Simplocarpus* (du grec *sumploos*, associé, et *karpos*, fruit). Genre de plantes monocotylédones de la famille des *Aroïdées*. Ce sont des herbes acaules de l'Amérique et de l'Asie septentrionales, à feuilles entières, à fleurs en spadice entouré d'une spathe en capuchon. — Le **Symplocarpe fétide**, de l'Amérique du Nord, répand une odeur infecte. Sa racine est employée comme stimulant et antispasmodique.

SYNANTHÉRÉES. (Voir Composées.)

SYNAPTE. (Voir Holothurie.)

SYNDACTYLES (du grec *sun*, ensemble, et *daktulos*, doigt). Division de l'ordre des Passereaux comprenant ceux dont le doigt externe, presque aussi long que le médian, lui est soudé jusqu'à l'avant-dernière phalange. Ce groupe comprend les martins-pêcheurs, guêpiers, rolliers, calaos, etc. (Voir Passereaux.)

SYNGNATHE (du grec *sun*, ensemble, et *gnathos*, mâchoire). Genre de poissons de l'ordre des Lophobranches (voir ce mot), type de la famille des *Syngnathidés*, qu'ils forment avec les *Hippocampes*. (Voir ce mot.) Les Syngnathes, connus sous le nom d'*aiguilles de mer*, ont le corps très allongé, mince, d'une grosseur à peu près égale sur toute la longueur. Leur tête se prolonge en une sorte de tube à l'extrémité duquel s'ouvre la bouche. La queue n'est pas préhensile comme chez les hippocampes. Les mâles portent les œufs de leurs femelles dans une poche ventrale. On en connaît plusieurs espèces dans nos mers. Tels sont : le Syngnathus acus, long de 30 centimètres, d'un brun pâle avec des anneaux plus foncés; le Syngnathus phlegon, de la Méditerranée, d'un beau bleu en dessus, blanc en dessous ; le Syngnathus lumbriciformis, poisson-pipe des Anglais, long de 15 centimètres, d'un vert olive marbré de brun.

SYNOVIE. Liquide clair jaunâtre, d'aspect huileux, sécrété par les membranes synoviales, et qui a pour usage de lubrifier les surfaces articulaires des os et de faciliter leur glissement les unes sur les autres.

SYRINGA. Ce nom, qu'il ne faut pas confondre avec celui de *Seringat* (voir ce mot), est le nom latin du genre *Lilas.*

SYRNIUM. Nom scientifique latin du genre *Chat-huant.* (Voir Chouette.)

SYRPHE (*Syrphus*). Genre d'insectes de l'ordre des Diptères, section des *Brachocères*, caractérisé par des antennes plus courtes que la tête, un corps déprimé et étroit. Ce sont des diptères de formes allongées, assez élégantes, ornés de taches et de bandes

TAB — 1006 — TAB

jaunes. Leurs larves sont très carnassières et dévorent les pucerons, les chenilles et d'autres insectes. Ces larves ont la figure d'un cône allongé, garni sur les côtés de mamelons. Lorsqu'elles doivent passer à l'état de nymphes, elles se fixent sur des feuilles au moyen d'une liqueur visqueuse; leur corps se raccourcit et son extrémité antérieure, auparavant plus mince, est maintenant plus grosse; on distingue sous l'enveloppe les ailes et les pattes. — Le **Syrphe des bois** (*S. lucorum*) et le **Syrphus pyrastri**, également noirs, tachés de jaune, font, à l'état de larve, une grande destruction de pucerons.

SYSTÈME. En zoologie, on entend par ce mot l'ensemble des parties ou des organes qui concourent à l'accomplissement d'une même fonction; c'est ainsi qu'on dit : système nerveux, système osseux, système circulatoire, etc. On emploie également le mot Système comme synonyme de classification. (Voir ce mot.)

SYSTOLE (du grec *sustolé*, resserrement). On désigne par ce mot, en physiologie, la contraction d'une paroi musculaire formant un viscère creux, du cœur principalement, et qui a pour effet d'expulser son contenu. A ce mouvement de contraction (*Systole*) succède un mouvement de relâchement ou de dilatation (*diastole*). C'est à ces mouvements alternatifs, comparables à ceux d'un soufflet, et qui produisent les battements du cœur et par suite les pulsations dans les artères, qu'est dû le phénomène de la circulation du sang. (Voir Circulation.)

T

TABAC (*Nicotiana*). Genre de plantes de la famille des *Solanacées* (voir ce mot), offrant pour caractères : un calice tubulé, campanulé, quinquéfide; une corolle infundibuliforme, limbe à cinq lèvres plissées, cinq étamines, un stigmate bilobé; ovaire supère, capsule à deux loges, graines nombreuses. Les nicotianes sont des plantes herbacées de 12 à 20 décimètres de haut, toutes exotiques.— L'espèce la plus intéressante, la **Nicotiane tabac**, ou simplement *Tabac*, est couverte dans toutes ses parties d'un duvet court et laineux; la tige, haute de 15 à 20 décimètres, est dressée, rameuse, chargée de feuilles alternes, très grandes, oblongues lancéolées, sessiles; les fleurs nombreuses, disposées en large panicule ramifiée, terminale, à corolle d'un beau rose. Cette plante, cultivée aujourd'hui dans toute l'Europe, est originaire de l'Amérique méridionale. Las Cases, dans son *Histoire générale des Indes*, rapporte que les Indiens se servent d'une espèce de mousqueton bourré d'une feuille sèche, qu'ils appellent *tabacos*, et qu'ils allument par un bout, tandis qu'ils hument par l'autre extrémité, en aspirant sa fumée. C'est donc de ce mot indien *tabacos* que vient notre mot *Tabac*, et non de l'île *Tabago*, comme l'ont prétendu quelques auteurs. Le nom latin de *nicotiana* a été donné au Tabac en l'honneur de Nicot, ambassadeur de Catherine de Médicis à la cour de Portugal, qui introduisit le premier ce végétal en France, en 1560. L'usage médical du Tabac fut bientôt préconisé comme une panacée; on lui attribua les vertus les plus merveilleuses; mais si cette plante eut ses panégyristes, elle eut aussi ses détracteurs, et comme toujours, les uns en dirent beaucoup trop de bien et les autres beaucoup trop de mal. On sait que le roi Jacques Ier publia un libelle contre le Tabac, et que le pape Urbain VIII excommunia tous ceux qui prendraient du Tabac dans les églises. De nos jours, l'usage médical du Tabac est presque tombé en désuétude, on ne l'emploie plus guère que dans les cas d'asphyxie par l'eau, comme stimulant. Quoique originaire des contrées chaudes de l'Amérique, le Tabac réussit très bien dans nos climats tempérés, à la condition que les semis en soient faits sur couche bien abritée, et que le jeune plant soit garanti avec soin de la gelée. Les semis se font du 15 février au 15 mars; la plante atteint toute sa croissance au bout de six mois. On enlève les feuilles radicales et la cime des plantes, afin que toute la force végétative se porte sur les feuilles réservées à la préparation du Tabac. La récolte de ces feuilles se fait en août ou septembre. Après les avoir détachés, on les suspend sous des hangars pour les faire sécher. Le principe actif du Tabac ou *nicotine* est essentiellement vénéneux, son ingestion détermine en très peu

Tabac de France (*Nicotiana tabacum*).

de temps l'empoisonnement, et l'on sait que le Tabac préparé même donne des étourdissements et des nausées à ceux qui en font usage pour la première fois. — On cultive plusieurs espèces de Tabacs qui se distinguent entre elles par la forme des feuilles et par les fleurs : le **Nicotiana tabacum** est cultivé en France et en Amérique; le **Nicotiana rustica** donne le Latakié et le Tabac turc; le **Nicotiana repanda** est l'espèce cultivée à la Havane. La décoction et la fumée de Tabac sont très utiles pour la destruction des insectes, pucerons et chenilles. — On sait qu'en France le gouvernement se réserve le monopole des Tabacs ; la régie fabrique trois espèces de Tabacs : le Tabac dit étranger (Maryland, Virginie, Porto-Rico, Levant, Latakié), le Tabac ordinaire et le Tabac de cantine. La culture du Tabac est interdite aux particuliers ; elle n'est autorisée que dans dix-huit départements. Cette culture se fait pour l'approvisionnement de la régie et sous le contrôle des employés. La consommation annuelle du Tabac en France monte aujourd'hui à près de 40 millions de kilogrammes. Il ne nous appartient pas d'examiner si l'usage du Tabac est utile ou nuisible ; des volumes ont été écrits pour ou contre. Il semble cependant résulter des études faites par les médecins, que son emploi modéré est plutôt bienfaisant que nuisible, il agit comme calmant, et l'on a remarqué que les ouvriers des manufactures de Tabac étaient préservés des fièvres intermittentes ; en outre, des expériences récentes sembleraient démontrer que le Tabac détruit les microbes. Mais, d'un autre côté, comme tous les narcotiques, son abus amène à la longue de l'hébétude et un affaiblissement des facultés intellectuelles, des désordres nerveux et la production de l'angine de poitrine ; il est d'ailleurs incontestable que l'usage du Tabac est des plus nuisibles pour les enfants.

TABAC D'ESPAGNE. Nom vulgaire d'un papillon diurne du genre *Argynne*. (Voir ce mot.)

TABANIENS (de *tabanus,* taon). Les Tabaniens ou Tabanidés forment une famille d'insectes diptères du sous-ordre des Brachycères, qui comprend les plus gros et les plus robustes des diptères. Ce sont de grosses mouches caractérisées par leur trompe saillante, un suçoir armé de six soies chez la femelle, de quatre seulement chez le mâle. Le type bien connu de ce groupe est le Taon, qui tourmente nos animaux domestiques. (Voir Taon.)

TABANUS. (Voir Taon.)

TABLIER. Synonyme de Labelle dans les Orchidées. (Voir ce mot.)

TABOURET. Nom vulgaire du genre *Thlaspi*.

TACAMAQUE (*Tacahamaca*). Résine fournie par plusieurs arbres de la famille des *Térébinthacées*, propres à la Guyane, et qu'on employait autrefois comme tonique et excitant. Elle provient de l'*Icica tacahamaca* et de l'*Icica guianensis*. (Voir Iciquier.)

TACCO (*Saurothera*). Sous-famille des *Cuculidés* ou Coucous, de l'Amérique, caractérisés par un bec de la longueur de la tête, presque droit, courbé seulement à la pointe, qui est finement denticulée ; des ailes courtes et concaves, une queue longue et étagée, tarses forts plus ou moins allongés, ainsi que les doigts, et recouverts de larges écailles. Ce sont les marcheurs des coucous, courant à terre plus qu'ils ne volent ; se nourrissant d'insectes, de chenilles ; ils font surtout la chasse aux petits reptiles et aux petits rongeurs. On peut citer entre autres le **Tacco voyageur** ou *de Botta* (*S. viaticus*),

en dessus de couleur bronzée, tachetée de blanc et de roux, blanc en dessous ; de 30 centimètres de longueur totale.

TACHINE, *Tachina* (du grec *tachinos*, prompt, agile). Genre d'insectes Diptères athéricères, famille des *Muscidés*. Ce sont de petites mouches à corps étroit, cylindrique ; à antennes ayant leur troisième article plus long que le deuxième. Ces insectes vivent à l'état parfait sur les fleurs ; mais les femelles déposent leurs œufs sur les chenilles, et les jeunes larves, à leur naissance, pénètrent dans le corps, s'alimentent de la substance adipeuse qui y abonde, et, après y avoir subi tout leur développement, sortent du corps de leur victime pour subir leurs transformations. On en connaît un assez grand nombre d'espèces, dont le type est la **Tachina vulgaris**, noire, à face grise et variée de cendré. Elle est commune dans toute la France, et nous rend des services en détruisant beaucoup de chenilles nuisibles.

TACHYPETES (du grec *tachupétès*, qui vole rapidement). Nom générique latin de la Frégate. (Voir ce mot.)

TADORNE. (Voir Canard.)

TÆNIA. (Voir Ténia.)

TÆNIOÏDES. (Voir Ténioïdes.)

TAGETES (nom mythologique). Genre de plantes dicotylédones de la famille des *Composées tubuliflores*. Ce sont des herbes annuelles, originaires d'Amérique, et cultivées dans les jardins pour leurs jolies fleurs jaunes et orangées, dont l'odeur est malheureusement désagréable. On en cultive surtout deux espèces connues des jardiniers sous les noms de **grand Œillet d'Inde** (*Tagetes erecta*) et **petit Œillet d'Inde** (*T. patula*), bien qu'ils n'aient rien de commun avec les œillets.

TAISSON. Nom vulgaire du Blaireau.

TALC. Substance composée de 62 pour 100 de silice et de 33 de magnésie, sans alumine, d'un peu de fer et d'eau, se rapprochant beaucoup des micas par ses caractères extérieurs. Le Talc se présente sous forme de feuillets minces et flexibles, en lamelles hexagonales ; mais ces feuillets sont mous et non élastiques. Beaucoup plus tendre que le mica, il est, de tous les minéraux, le moins dur, et sa poussière blanche est onctueuse au toucher. Il accompagne souvent les roches trappéennes. La *stéatite* est une variété compacte connue sous le nom de *craie de Briançon*.

TALCSCHISTE. Roche composée de talc, le plus souvent mélangé de quartz, de feldspath et de mica. Elle offre beaucoup de rapports avec le micaschiste, dont il est parfois difficile de le distinguer. Cette roche est très riche en métaux précieux ; on y trouve le grenat, la tourmaline, des filons de galène, et même parfois de l'or.

TALÈVE. (Voir Poule d'eau.)

TALIPOT. On donne ce nom, à Ceylan et au Malabar, à une espèce de Palmier du genre *Corypha*. Ce bel arbre, qui atteint parfois jusqu'à 30 mètres de hauteur, a des feuilles multilobées de 2 à 3 mètres de diamètre. Son spadice, très long, porte un grand nombre de fleurs d'une odeur pénétrante ; ses fruits, sphériques et verts, renferment une huile épaisse. Le **Talipot** (*Corypha umbraculifera*) de Ceylan, fournit ses larges feuilles pour couvrir les habitations ; les noyaux de ses fruits, tournés et polis, servent à faire des colliers, et les spathes de ses fleurs donnent, quand on les coupe, un suc qui, séché et durci au soleil, est employé comme vomitif.

TALITRE. Genre de crustacés amphipodes de la famille des *Gammaridés*, très voisins des Gammarus ou Crevettes de ruisseau, qu'ils représentent dans les eaux salées. Ce sont de petits crustacés de 10 à 12 millimètres de longueur, dont le corps, divisé en un grand nombre de segments, porte sept paires de pattes ; leur tête est munie de longues antennes. — Le type du genre, le *Talytrus saltator*, habite par myriades les sables de nos plages maritimes, et on leur donne le nom de *puces de mer,* nom qu'ils doivent aux bonds prodigieux qu'ils exécutent au moyen des appendices qui terminent leur abdomen et qui, repliés sous le ventre, se détendent comme un ressort.

TALON. Saillie postérieure du pied formée par l'os *calcanéum,* et qui donne insertion au tendon d'Achille. (Voir SQUELETTE et PIED.)

TALPA. Nom latin de la Taupe.

TAMANDUA. (Voir FOURMILIER.)

TAMANOIR. (Voir FOURMILIER.)

TAMARIN (*Midas*). (Voir OUISTITI.)

TAMARIN ou **TAMARINIER** (*Tamarindus indica,* L.). Arbre de la famille des *Légumineuses cæsalpiniées,* propre aux régions intertropicales de l'Asie et de l'Afrique, qui atteint jusqu'à 25 mètres de hauteur. Son tronc, d'une grosseur souvent énorme, se ramifie à peu de distance du sol et étale dans toutes les directions ses rameaux touffus, de façon à former une cime arrondie, très large, impénétrable aux rayons du soleil. On le cultive dans ces contrées, ainsi qu'en Égypte, en Syrie et en Perse ; mais sa culture ne réussit pas dans notre climat. Le fruit du Tamarin renferme une pulpe acide, que les Orientaux recherchent à cause de ses qualités rafraîchissantes ; ils en font des sorbets et des confitures. A forte dose, cette pulpe devient purgative : c'est à ce titre qu'elle trouve place dans la pharmacopée européenne.

TAMARIS (*Tamarix*). Genre de plantes dicotylédones, polypétales, hypogynes, type de la famille des *Tamariscinées,* ayant pour caractères : fleur à calice quadri ou quinquéfide, corolle à quatre ou cinq pétales, cinq-dix étamines insérées sur le bord d'un disque ; trois styles et trois stigmates ; fruit en capsule oblongue, triangulaire, à trois valves. Les Tamaris sont des arbrisseaux d'un port élégant, à feuilles alternes très petites, en forme d'écailles engaînantes ; leurs fleurs, blanches, roses ou purpurines, sont groupées en épis. — Le **Tamaris français** (*T. gallica*), qui croît dans le Midi, s'élève habi-

tuellement à 5 ou 6 mètres, mais peut atteindre jusqu'à 10 mètres. Son aspect original et ses épis de fleurs roses le font rechercher pour orner les jardins. — On cultive également le **Tamaris d'Afri-**

Tamaris; a, fleur.

que et le **Tamaris des Indes**. C'est une espèce de Tamaris, commun en Palestine, le **Tamarix mannifera,** qui produit la manne dont se seraient nourris les Hébreux. (Voir MANNE.)

TAMATIAS (*Capito*). Famille de la tribu des ZYGODACTYLES PERCHEURS, se divisant en deux groupes : TAMATIAS et BARBACOUS ; leur plumage est généralement sombre. — Le **Tamatia à plastron noir** ou *grand Tamatia* (*C. macrorhynchus*), à calotte et plastron noirs, cou blanc, est haut de 20 centimètres ; le Barbacou à croupion blanc (*Chelidoptera tenebrosa*) s'en distingue par l'allongement de ses ailes, qui ont la forme de celle des hirondelles, et par la brièveté de ses tarses ; sa taille est de 16 à 17 centimètres. On en connaît plusieurs espèces, presque toutes de la Guyane.

TAMIER (*Tamus*). Genre de plantes monocotylédones de la famille des *Dioscorcécées*. Ce sont des herbes à tiges volubiles, à feuilles en cœur, pétiolées, veinées, à fleurs dioïques, à six étamines, disposées en grappes axillaires, ayant pour fruit une baie à trois loges renfermant chacune deux graines. — Le **Tamier commun** (*T. communis*) n'est pas rare dans les taillis, dans les buissons. Sa tige atteint

3 mètres. Ses fleurs sont petites et verdâtres; son fruit est rouge et gros comme une cerise. On employait autrefois sa souche épaisse et charnue comme purgative et diurétique; elle n'est plus

Tamier.

guère usitée aujourd'hui que dans quelques campagnes. Cette plante a une foule de noms vulgaires; c'est la *vigne noire*, le *sceau de Notre-Dame*, l'*herbe aux femmes battues*, etc.

TAN. Écorce du chêne réduite en poudre et qui sert à *tanner* les peaux, c'est-à-dire à les rendre imputrescibles, grâce au tannin ou acide tannique qu'elle renferme.

TANACETUM. (Voir Tanaisie.)

TANAISIE (*Tanacetum*). Genre de plantes de la famille des *Composées tubuliflores*. Les Tanaisies sont des plantes herbacées, à feuilles diversement divisées, à capitules jaunes, flosculeux, rarement radiées; à fleurs marginales pistillées, à fleurs centrales staminées, réceptacle convexe, nu, akènes anguleux. — La Tanaisie commune (*T. vulgare*) croît dans les lieux incultes, et épanouit, de juillet en septembre, ses corymbes de fleurs d'un jaune doré. Ses tiges droites, très feuillées, s'élèvent à 60 ou 80 centimètres de haut; ses feuilles sont découpées en segments pennés, divisés eux-mêmes de la même façon. Les sommités fleuries de cette plante répandent une odeur forte et pénétrante, leur saveur est amère, âcre et chaude; on les emploie en infusion ou en poudre comme vermifuge; on prétend qu'elle éloigne les insectes, et on en suspend parfois des bottes dans les greniers. On extrait des feuilles et des fleurs de la Tanaisie un principe immédiat amer, la *Tanacétine*, que l'on a préconisé dans ces derniers temps contre la rage. — La Tanaisie balsamite, vulgairement nommée *baume* ou *menthe-coq*, croît dans les lieux incultes des provinces méridionales de la France; ses fleurs, petites et jaunes, forment un large corymbe d'un fort bel effet. Son odeur forte,

aromatique et agréable, sa saveur amère et chaude, la font considérer comme un stimulant énergique.

Tanaisie.

On la cultive fréquemment dans les jardins comme plante d'ornement. Cette plante est rangée par de Candolle dans le genre *Pyrèthre*.

TANCHE (*Cyprinus tinca*, L.; *Tinca vulgaris*, Cuv.). Genre de poissons de la famille des *Cyprinidés*, reconnaissable à son corps élevé et couvert d'écailles très petites, sa bouche munie de deux barbillons et

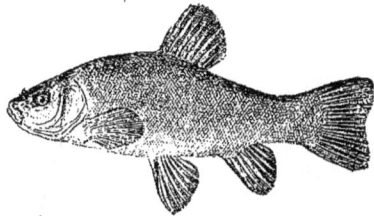

Tanche.

sa nageoire caudale coupée presque carrément. Ses dents pharyngiennes sont disposées sur une seule rangée. La Tanche se trouve dans les eaux douces, courantes ou stagnantes de toute l'Europe, surtout dans celles dont le fond est vaseux et herbeux. Comme la carpe, elle jouit d'une grande ténacité vitale, et peut être conservée vivante plusieurs jours dans de l'herbe mouillée. Elle est d'un brun jaunâtre et prend parfois une belle teinte dorée. Elle atteint une assez grande taille, 30 à 40 centimètres, et l'on en pêche quelquefois qui pèsent jusqu'à 5 kilogrammes. Leur chair est assez délicate lorsqu'on les prend sur un fond de sable, mais détestable lorsqu'elles habitent un fond vaseux. La Tanche fraye à partir de la fin de mai jusqu'en juillet; elle dépose ses œufs sur les plantes aquatiques.

TANGARA. Genre d'oiseaux de l'ordre des Passereaux dentirostres, renfermant des espèces de l'Amérique intertropicale, qui, par leurs allures vives et leurs mœurs, y rappellent nos moineaux ou fringillidés. Ils ont les ailes courtes et le vol peu puissant, sont généralement ornés de couleurs éclatantes, et vivent de grains et de fruits auxquels ils

Tangara septicolore.

joignent des insectes, surtout au temps de l'éducation des petits. Ils vivent en troupes ou en famille et ont une voix peu agréable. Parmi leurs nombreuses espèces, celles qui sont le plus fréquemment apportées en Europe sont : le Septicolore (*T. talao*), noir velouté en dessus, avec le croupion et les parties postérieures rouge orangé, la gorge et les couvertures des ailes bleu violet, la poitrine et le ventre vert clair ; le Tangara cardinal (*T. flammiceps*), qui est tout rouge avec une huppe de même couleur; le Tangara archevêque (*T. archiepiscopus*), violet, à dos olivâtre, avec les rectrices des ailes jaunes.

TANREC. Mammifère de la famille des *Insectivores*, qui représentent les hérissons dans l'île de Madagascar, qu'ils habitent exclusivement. Ce sont des animaux de petite taille, au corps trapu, bas sur jambes, allongé. Leur tête est longue, conique, et se termine en une sorte de groin mobile qui dépasse de beaucoup les dents en avant; la gueule est très fendue, les oreilles sont courtes et arrondies. Leurs pieds ont cinq doigts, armés d'ongles robustes et propres à fouir la terre ; la queue manque totalement. Leur pelage, comme celui des hérissons, est épineux et parsemé de poils très longs. Les Tanrecs se nourrissent d'insectes et vivent dans des terriers qu'ils se creusent au bord des eaux où ils aiment à plonger souvent. Ils passent plusieurs mois de l'année dans un état d'engourdissement, et ce sont les mois chauds, au rebours de ce qui arrive pour les hibernants d'Europe.

TANTALE, *Tantalus.* Genre d'oiseaux de l'ordre des Échassiers, de la famille des *Ardéidés* (*Cultrirostres* de Cuvier). Ce sont des oiseaux voisins des Ibis, dont ils ont les mœurs, et qui habitent comme eux les régions marécageuses des parties chaudes des deux continents. Leur nourriture consiste en poissons, petits reptiles, vers, etc. Ils perchent et établissent leur aire, qui est composée de buchettes et de joncs, sur la cime des plus grands arbres ; la femelle y pond deux ou trois œufs. Comme tous les grands échassiers, leurs migrations sont régulières et se font par bandes nombreuses. Les Tantales ont le bec long, assez fort, droit, courbé vers le bout; une partie de leur tête ou même de leur cou est dénuée de plumes, leurs jambes sont très longues, et leurs doigts antérieurs réunis par une membrane. — Le **Tantale d'Afrique** (*T. ibis*), confondu à tort avec l'ibis sacré des Égyptiens, est beaucoup plus grand que ce dernier, et se trouve surtout au Sénégal. Il a la peau du visage nue et rouge, le bec jaune et le plumage blanc.— Le **Tantale d'Amérique** (*T. loculator*) est grand comme une cigogne, blanc, avec les pennes des ailes et de la queue noires; le bec, les pieds et la peau nue de la tête et du cou sont noirâtres. — Le **Tantale de Ceylan** (*T. leucocephalus*), le plus grand et le plus fort, est blanc avec une bande sur la poitrine et les pennes noires, et de longues plumes roses sur le croupion ; il a le bec et la peau de la face jaunes.

TAON (*Tabanus*). Genre d'insectes de l'ordre des Diptères, section des Brachocères, type de la famille des *Tabaniens*. Ces insectes ont le corps large, la trompe saillante terminée par deux lèvres allongées; les antennes à dernier article offrent plusieurs divisions. Ils ressemblent à de grosses mouches, ont le corps velu, les ailes étendues horizontalement de chaque côté du corps, et l'abdomen triangulaire. Ces insectes, extrêmement redoutés de nos animaux domestiques et particulièrement du bœuf et du cheval, dont ils percent la peau pour sucer le sang, commencent à paraître vers la fin du printemps, et deviennent surtout importuns pendant les temps d'orage. L'espèce la plus commune, et qui appartient au genre Taon proprement dit, est le **Taon des bœufs** (*T. bovinus*), fort commun dans notre pays ; d'un brun noirâtre, avec des lignes jaunes sur l'abdomen et des yeux verts. Ces diptères sont répandus partout ; le lion, dans la zone torride, et le renne, sous le ciel polaire, en sont également tourmentés. — Une espèce de l'Afrique australe, le **Taon du Cap** (*T. capensis*), est tellement redoutée des bestiaux, que son bourdonnement suffit pour les mettre en fuite. — Parmi les Tabaniens nous citerons encore les Chrysops, qui se font remarquer

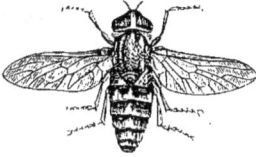

Taon des bœufs.

par la couleur dorée de leurs yeux. Ils ont les mœurs des Taons et attaquent les chevaux avec acharnement. L'homme lui-même, lorsqu'il traverse certains bois humides où ces insectes sont nombreux, s'aperçoit bientôt à ses dépens de leur présence. L'espèce la plus commune dans notre pays, le **Chrysops cœcutiens** ou *Chrysops aveuglant*, est long de 10 millimètres ; il est noir, avec à la base de l'abdomen fauve, les ailes enfumées. — Les Hœmatopota, également voisins des Taons, se repaissent du sang des animaux comme les précédents ; l'Hœmatopota pluvialis est grise, marquée de blanchâtre ; elle est assez commune dans notre pays.

TAPIOCA. (Voir Manioc.)

TAPIR (*Tapirus*). Genre de mammifères pachydermes de l'ordre des Jumentés, famille des *Tapiridés*, qui ne comprend que les Tapirs. Ces animaux ont beaucoup d'analogie, dans la forme générale

Tapir d'Amérique.

de leur corps, avec les cochons, mais en diffèrent cependant par la petite trompe charnue et rétractile que forme le prolongement de leur mâchoire supérieure, par leur peau presque nue, par la disposition de leurs doigts, au nombre de quatre aux pieds de devant et de trois à ceux de derrière. Les Tapirs sont des animaux herbivores, d'un naturel sauvage, vivant dans les forêts et recherchant surtout les lieux humides. Jeunes, ils vont par petites troupes ; vieux, ils vivent solitaires. Nageant avec une grande facilité, ils trouvent dans les rivières un refuge contre leurs ennemis, bien qu'ils sachent au besoin se défendre avec vigueur contre les grands carnassiers. Les Tapirs présentent d'ailleurs à peu près les mœurs des sangliers, bien qu'ils occasionnent moins de dégâts et soient moins dangereux pour les chasseurs, n'ayant pas comme eux de redoutables défenses. Leur naturel est même assez doux et ils s'apprivoisent facilement. Ces animaux pourraient sans doute être acclimatés en France où ils rendraient de grands services, non-seulement à cause de leur chair ainsi que de leur peau comparable à celle du buffle, mais encore comme bête de somme. — On distingue le **Tapir d'Amérique** du **Tapir des Indes** ; le premier (*Tapirus americanus*) est de la taille d'un âne ; sa peau est brune, presque nue ; son cou est épais et porte une petite crinière ; sa queue est courte. Le Tapir de l'Inde (*Tapirus indicus*) est plus grand que celui d'Amérique ; sa couleur est le brun noir avec le dos d'un blanc grisâtre ; il n'a pas de crinière. Il habite la presqu'île de Malacca, Sumatra et Bornéo. On rapproche des Tapirs quelques espèces fossiles, telles que les *Lophiodons* et les *Tapirotherium*.

TAQUARI. (Voir Mabea.)

TARANDUS. Nom scientifique latin du Renne.

TARAXACUM. Nom scientifique du Pissenlit. (Voir ce mot.)

TARDIGRADES. Ces très petits animaux, longtemps compris parmi les infusoires, forment un ordre à part dans la classe des Arachnides. (Voir ce mot.) Ce sont des êtres microscopiques qui vivent dans la poussière des toits ou sous les mousses, et dont le corps, assez comparable à celui d'une petite larve, porte de chaque côté quatre pattes courtes, mais cependant articulées et pourvues chacune de plusieurs ongles ayant la forme de griffes. Leur corps est divisé assez distinctement en trois ou quatre articulations ; il est un peu appointi en avant où il présente une sorte de rostre et parfois deux points oculaires. En arrière, on ne lui voit point de prolongement abdominal. Ces petits animaux sont célèbres par leur faculté de supporter une extrême dessiccation et une température élevée sans perdre la propriété de recouvrer le mouvement et toute l'activité vitale dont ils jouissaient avant d'être ainsi desséchés ou chauffés. Ils partagent cette propriété curieuse avec les rotifères et certaines anguillules. (Voir ces mots.) — On donne également ce nom aux animaux mammifères du groupe des Bradypes. (Voir ce mot.)

TARENTULE. Genre d'araignées du groupe des Lycoses, célèbre par les fables qu'on a débitées sur les propriétés de son venin. — La **Tarentule ordinaire** (*Lycosa tarentula*), ainsi nommée de la ville de Tarente, en Italie, aux environs de laquelle elle est commune, est longue de 25 à 30 millimètres ; son corps est velu, ses pattes longues et fortes, ses mâchoires droites et robustes ; elle a huit yeux en parallélogramme allongé. Sa couleur est un gris brun, avec le dessous de l'abdomen rouge traversé par une bande noire. Cette araignée habite les lieux secs et arides, et se creuse des conduits souterrains

Tarentule.

qu'elle garnit de soie et qui ont souvent plus de 30 centimètres de profondeur. Ce tube, d'abord perpendiculaire, fait un petit coude à 6 ou 8 centimètres au-dessous du sol, puis redescend perpendiculairement. C'est à l'origine de ce coude que la Tarentule se met en embuscade pour épier les insectes dont elle se nourrit. Elle court très vite et s'élance d'un bond sur sa proie. La femelle pond une vingtaine d'œufs qu'elle renferme dans un cocon et qu'elle porte partout avec elle ; après leur éclosion, les petits restent encore quelque temps cramponnés sur le dos de leur mère. Une opinion très répandue et rapportée par une foule d'auteurs anciens, veut que la morsure de la Tarentule produise sur l'homme une espèce de délire très grave, caractérisé principalement par une propension irrésistible à danser, et qui ne peut être guérie que par la musique. Aux premiers accords de l'instrument, dit-on, le malade se met à danser, et il danse tant que dure la musique, jusqu'à ce qu'épuisé de fatigue il tombe sans mouvement ; alors le venin est expulsé avec la sueur excitée par la danse. S'il a existé réellement en Italie une maladie nerveuse dont le besoin de danser a été le principal symptôme, on ne peut l'attribuer à la morsure de la Tarentule, dont de nombreuses expériences ont prouvé l'innocuité, au moins pour l'homme. Il existe dans le midi de la France une espèce de Tarentule (*Lycosa narbonensis*) plus petite que l'espèce italienne, mais offrant absolument les mêmes mœurs.

TARET, *Teredo* (du grec *térédón*, ver qui ronge le bois). Genre de mollusques Lamellibranches siphoniens de la famille des *Pholadides*. Les Tarets connus des marins sous le nom de *vers des navires*, sont des petits animaux à coquille bivalve, à corps vermiforme, très allongé, sans tête, à manteau mince, ouvert en avant pour laisser passer le pied, et se pro-

longeant en un double tube pour apporter l'eau à la bouche et aux branchies. Leur coquille, placée à la partie antérieure du corps, et qui occupe à peine la trentième partie de sa longueur totale, est petite, striée, à stries hérissées de dentelures aiguës et à bords tranchants. C'est au moyen de cette coquille, qui semble jouer le rôle de mâchoires, que les Tarets creusent le bois des digues et des navires placés sous l'eau, et les criblent de trous semblables à ceux qu'on ferait avec une tarière. Ces mollusques sont, à cause de cette habitude, très redoutables ; ils ont plusieurs fois mis des vaisseaux hors de service ; et en 1731, la Zélande, dont le sol est plus bas que le niveau de la mer, faillit être submergée, par suite du dommage causé aux pilotis de ses digues par les Tarets. Divers moyens ont été proposés pour combattre les ravages des Tarets, et le doublage en cuivre des navires a pour but principal de les protéger contre l'atteinte de ces animaux destructeurs. Mais ce procédé est inapplicable aux constructions sous-marines et aux magasins de bois submergés, et chaque année les chantiers des ports font des pertes considérables. Les galeries que percent ces mollusques sont plus ou moins profondes suivant la grandeur de l'animal et la durée de sa vie ; mais

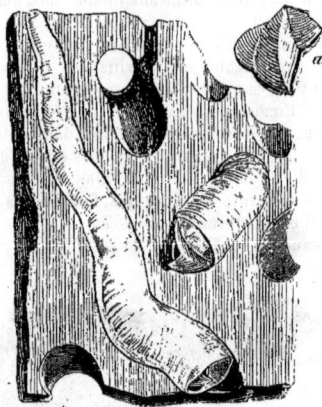

Taret ; *a*, coquille.

l'orifice en est toujours presque invisible. A mesure que le Taret croît, il creuse son trou et le tapisse d'un enduit calcaire que sécrètent les parties nues de son corps. Les Anglais protègent les bois de leurs constructions sous-marines en les garnissant de clous à large tête très serrés les uns contre les autres ; ces clous sont rapidement oxydés par l'action de l'eau de mer, et les intervalles du bois se couvrent d'une couche de rouille, substance pour laquelle le Taret semble avoir une profonde aversion, car il n'attaque jamais ce bois. M. de Quatrefages s'est assuré qu'un millionième de deutochlorure de mercure dissous dans les bassins suffisait pour tuer le Taret et arrêter sa fécondation ; mais ce moyen n'est applicable qu'aux bassins réservés et non aux ports. — L'espèce la plus commune, le **Taret naval** (*T. navalis*), se rencontre abondamment dans toutes les mers d'Europe.

TARIÈRE. Appareil de forme et de longueur très variables, dont sont munies les femelles de certains insectes hyménoptères (*Tenthrèdes*, *Ichneumons*, *Cynips*, etc.) et qui leur sert à percer les tissus végétaux ou animaux pour y déposer leurs œufs. On lui donne aussi le nom d'*oviscapte*. (Voir HYMÉNOPTÈRES.)

TARIN. (Voir CHARDONNERET.)

TARO. Nom d'une matière féculente nutritive que les insulaires de la mer du Sud retirent de l'*Arum esculentum*, et dont ils font une espèce de pain grossier.

TARPAN. Nom que l'on donne aux chevaux redevenus sauvages dans les steppes asiatiques.

TARSE. Partie postérieure du pied. (Voir SQUELETTE et PIED.) Le Tarse est au pied ce que le carpe est à la main ; il est composé de sept os courts enclavés les uns dans les autres. Par extension, on donne aussi ce nom, chez les arthropodes et principalement chez les insectes, à la partie terminale de la patte, composée de petits articles mobiles placés bout à bout.

TARSIER (*Tarsius*). Genre de mammifères de l'ordre des LÉMURIENS, qui se distinguent par la

Tarsier.

longueur de leurs tarses. Les extrémités portent cinq doigts dont un pouce opposé aux autres doigts ;

mais aux membres postérieurs, le plus long doigt est le quatrième après le pouce, et le plus court est le premier. Leur dentition se compose de quatre incisives en haut, deux en bas, deux canines et six paires de molaires à chaque mâchoire, leurs incisives mitoyennes d'en haut sont longues et pointues. — L'espèce type est le **Tarsier de Buffon** (*Lemur spectrum*), qui habite Bornéo et les Célèbes. De la taille d'un écureuil, ce petit animal a des formes grêles ; sa tête est ronde, son museau court, ses yeux sont très grands, ses oreilles très développées et arrondies ; ses membres sont allongés et sa queue, mince comme un cordon et garnie de longs poils dans son dernier tiers, est plus longue que le corps. Le Tarsier est un animal nocturne qui vit d'insectes, qu'il attrape avec beaucoup d'adresse dans les bois. Les Malais lui donnent le nom de *podge*.

TARTARIN. Nom vulgaire d'une espèce de singe du genre *Cynocéphale*, le *C. hamadryas*. Il porte aussi le nom de *papion à perruque*. (Voir CYNOCÉPHALE.)

TATOU (*Dasypus*). Genre d'animaux mammifères de l'ordre des ÉDENTÉS, famille des *Dasypodidés*. Ils sont voisins des Pangolins ou armadilles (voir ce mot) ; mais en diffèrent surtout en ce que chez ceux-ci les poils agglutinés forment des écailles imbriquées, tandis que chez les Tatous c'est un test écailleux et dur, composé de compartiments semblables à des petits pavés, qui recouvre leur tête, leur corps et souvent leur queue. Cette substance forme un bouclier sur le front, un second très grand et très convexe sur les épaules, un troisième sem-

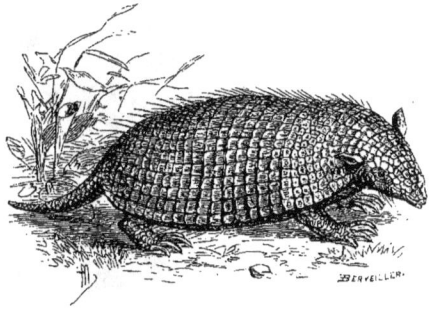

Tatou Encoubert.

blable au précédent sur la croupe, et, entre les deux derniers, plusieurs bandes parallèles et mobiles, qui donnent au corps la faculté de se ployer ; la queue est tantôt garnie d'anneaux successifs, tantôt seulement, comme les jambes, de divers tubercules ; la peau du ventre est fort épaisse et recouverte seulement de poils rares, longs et durs, comme des soies de porc. Ces animaux ont de grands ongles propres à fouir ; les doigts sont au nombre de quatre, et quelquefois cinq devant, toujours cinq derrière. La tête petite, terminée par un museau pointu, porte de longues oreilles et de petits yeux. Les Tatous sont des animaux inoffensifs qui vivent le jour dans des terriers dont ils ne sortent que le soir pour aller à la recherche des racines, des fruits ou des insectes qui composent leur nourriture. Les femelles sont très fécondes. Tous sont originaires des parties chaudes ou tempérées de l'Amérique.

Glyptodon clavipes.

Leur chair est bonne à manger. Aussi est-ce un gibier très recherché des indigènes. — Le **Tatou géant** (*D. gigas*) se rencontre au Pérou et au Brésil ; il a 1 mètre de longueur sans compter la queue qui a 30 centimètres. C'est le plus grand de tous les Tatous actuellement existants. — Le **Tatou Encoubert** (*D. sœcinctus*) se trouve au Paraguay. Il est de la taille d'une marmotte, et lorsqu'il s'aplatit au soleil, il ressemble à un énorme cloporte. — Le **Cabassou** ou *Tatou à douze bandes* (*D. unicinctus*) ressemble à l'Encoubert, mais il a un plus grand nombre de bandes mobiles. — Le **Cachicame** (*D. novem cinctus*), du Brésil et de la Guyane, est long de 40 centimètres et sa queue de 30 ; il est de couleur noirâtre et a neuf bandes mobiles. On rapporte à cette famille le genre *Glyptodon*, Tatou fossile gigantesque propre au diluvium des pampas de l'Amérique du Sud. Une épaisse cuirasse osseuse de plus d'un mètre de longueur, et formée de plaques en rosace, recouvrait son corps. La seule espèce de ce genre dont on ait retrouvé les restes, a reçu le nom de *Glyptodon clavipes*, à cause de ses énormes pieds comparables à ceux d'un éléphant.

TAUPE (*Talpa*). Genre de mammifères carnassiers de l'ordre des INSECTIVORES, type de la famille des *Talpidés*. Ce sont des animaux de petite taille, dont le corps ramassé, bas sur jambes, sans cou distinct, se termine en une tête allongée par une sorte de boutoir, soutenu par un os particulier. Leurs yeux, extrêmement petits, sont presque inaperçus sous le poil qui les recouvre ; les membres antérieurs, très rapprochés de la tête, sont remarquables par leur brièveté, par leur force et par la structure des pattes dont les doigts, courts et presque confondus ensemble, forment une large main que terminent d'énormes ongles, plats et tranchants. A l'aide de cet appareil fouisseur, et s'aidant de son museau comme d'une tarière, de ses mains comme d'une bêche, la Taupe creuse avec une rapidité surprenante des travaux souterrains où se montre un art admirable. Ce sont de longues galeries venant toutes aboutir à un gîte principal et s'annonçant au dehors par les petits amoncellements de terre que forme l'animal en rejetant les déblais qui le gênaient dans son opération. Ces demeures ne communiquent pas directement avec l'air extérieur ; et quand la Taupe en sort, ce n'est que dans le but de choisir un autre point pour de nouveaux travaux. La profondeur à laquelle elle creuse varie d'ailleurs selon la saison et la nature du terrain. Ce n'est que le matin et le soir qu'elle travaille et poursuit les vers dont elle fait sa nourriture : le jour elle reste endormie dans son gîte. La femelle soigne ses petits avec beaucoup de sollicitude, et les dépose sur un lit d'herbages, dans une espèce de chambre située dans la partie la plus élevée de la *taupinière*, de manière à être à l'abri des inondations. — La **Taupe commune** (T. *vulgaris*), répandue dans toutes les parties fertiles de l'Europe, a le pelage d'un beau noir. On lui fait une guerre très active, parce que les galeries qu'elle creuse bouleversent les semis, et que les inégalités qui en résultent à la surface du sol empêchent de faucher au ras de terre. Cependant ces dégâts

Taupe.

ont jusqu'à un certain point leur compensation dans la destruction considérable des larves d'insectes nuisibles qu'accomplit l'animal fouisseur. Toutefois, elle cause de tels dégâts dans les jardins qu'elle doit en être proscrite ; mais plusieurs agronomes recommandent de la conserver dans les champs et dans les prés. Partout où elle a été presque complètement détruite, on a remarqué ensuite une multiplication désastreuse de hannetons et de vers blancs. C'est à tort qu'on a regardé les Taupes comme privées de l'appareil de la vision, il existe même dans l'espèce connue sous le nom de **Taupe aveugle** (*T. cœca*). Seulement cet organe est très peu développé chez ces animaux, vu que leur vie souterraine ne le leur rend que d'une faible utilité. On confond vulgairement sous le nom de *taupes* plusieurs genres voisins qui lui ressemblent; tels sont : le **Chrysochlore** (*T. inaurata*), du Cap, ainsi nommé de son pelage d'un beau vert doré; le **Condylure d'Amérique** (*Condylura cristata*), dont les narines sont entourées de petits appendices cartilagineux formant par leur réunion une espèce d'étoile d'un aspect très singulier.

TAUPE-GRILLON. (Voir COURTILIÈRE.)

TAUPIN. (Voir ELATER.)

TAUREAU. (Voir BŒUF.)

TAXIDERMIE (du grec *tassein*, dresser, et *derma*, peau). On nomme ainsi l'art de préparer, *d'empailler* les animaux.

TAXINOMIE ou **TAXONOMIE** (du grec *taxis*, arrangement, et *nomos*, loi). Étude des lois qui doivent présider à la classification des êtres en histoire naturelle. (Voir CLASSIFICATION.)

TAXUS. Nom scientifique latin du genre *If*.

TCHICARRA. Nom d'une espèce du genre *Antilope*. (Voir ce mot.)

TECK (*Tectona*). C'est un grand arbre de l'Inde et de Ceylan, que les indigènes nomment *tekka*, et qui appartient à la famille des *Verbénacées*. Son tronc droit et fort gros est formé d'un bois dur, serré, solide, à l'abri des attaques des insectes, à cause des propriétés vénéneuses de la sève qui circule dans toutes ses parties, particulièrement sous son écorce rude, épaisse et grisâtre. — Le type du genre, **Teka grandis**, fournit le fameux *bois de teck*, le plus estimé de tous les bois pour les constructions navales; il dure trois fois plus que le meilleur chêne. On le cultive aussi comme arbre d'ornement à cause de sa puissante ramure, de son beau feuillage et de ses fleurs blanches qui s'épanouissent en belles panicules terminales. On attribue à ces fleurs en infusion des propriétés diurétiques; on a préconisé ses feuilles en décoction contre le choléra, et de plus, elles servent à teindre en rouge.

TECOMA. Genre de plantes dicotylédones de la famille des *Bignoniacées*, la plupart propres aux contrées chaudes de l'Amérique. Ce sont des arbres ou des arbrisseaux, parfois grimpants, à feuilles opposées, pennées avec impaire, à grandes fleurs campanulées jaunes ou rouges, d'un très bel effet. L'espèce généralement cultivée dans les jardins est le **Tecoma de Virginie** (*T. radicans*), vulgairement connu sous les noms de *jasmin de Virginie*, *jasmin trompette*. Cette belle plante forme une véritable liane qui s'accroche aux murs et aux treillages qu'elle couvre d'un beau tapis de verdure sur lequel se détachent de nombreux corymbes terminaux de grandes fleurs d'un beau rouge sang. On le multi-

plie facilement par graines semées sur couche, par éclats, marcottes et boutures. On cultive aussi dans

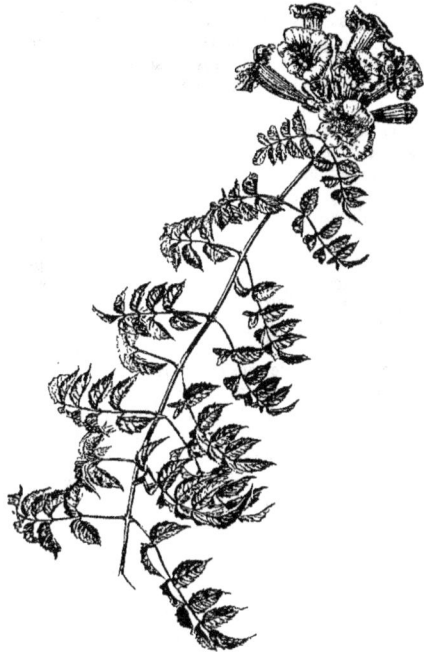

Tecoma de Virginie.

nos jardins le **Tecoma du Cap** (*T. capensis*), à belles fleurs coccinées.

TECTIBRANCHES. Groupe de mollusques GASTÉROPODES OPISTOBRANCHES, comprenant ceux dont les branchies sont placées sous un repli du manteau, comme sous un toit (*tectum*). Tels sont les Pleurobranches, les Aplysies, les Bulles.

TECTONA. (Voir TECK.)

TECTRICES (de *tectum*, toit). On donne ce nom aux plumes imbriquées qui recouvrent l'aile et les grandes pennes qui s'y implantent. (Voir OISEAU.)

TEFF. (Voir PATURIN.)

TÉGÉNAIRE (*Tegenaria*). Genre d'arachnides de l'ordre des ARANÉIDES DIPNEUMONES, famille des *Tubitèles*, qui a pour type l'Araignée domestique de nos maisons. (Voir ARAIGNÉE.)

TÉGUMENT (de *tegere*, couvrir). Synonyme de membrane, enveloppe.

TEIGNE. Les paysans donnent ce nom à la Cuscute. (Voir ce mot.)

TEIGNES (*Tineidæ*). Famille d'insectes LÉPIDOPTÈRES, sous-ordre des *Microlépidoptères*. La nombreuse famille des Teignes ou Tinéidés renferme les plus petits des papillons. Quelques-uns ont à peine quelques millimètres d'envergure; mais beaucoup d'entre eux offrent une parure dont la richesse surpasse tout ce que l'on peut imaginer. C'est aussi parmi eux que l'on rencontre les habitudes les plus curieuses et les plus variées. Malheureusement, c'est également parmi ces charmants lilliputiens que l'on trouve les insectes les plus nuisibles à l'homme. — Les Tinéidés se reconnaissent à leurs ailes étroites, bordées d'une longue frange soyeuse, à leurs longues antennes, à leurs palpes plus ou moins redressés au devant de la tête, à leur trompe rudimentaire. Le nombre des espèces est considérable : plusieurs d'entre elles sont un véritable fléau pour nos habitations; elles trouent nos habits, nos couvertures, nos tapisseries, dévorent et gâtent nos fourrures, réduisent en poussière le crin et la plume de nos meubles, attaquent nos aliments et nos provisions. Leur petite taille leur permet de pénétrer partout, et rien ne peut nous défendre contre ces microscopiques adversaires, qui se rient du vétiver, du camphre et de tous les autres insecticides.— La **Teigne des tapisseries** (*Tinea tapezella*) a les ailes d'un blanc jaunâtre, brunes à la base ; elle les porte appliquées contre le corps pendant le repos, et leur extrémité est un peu relevée en queue de coq. Elle vole en été dans les maisons, à la recherche des étoffes de laine, sur lesquelles elle dépose ses œufs. Dès qu'elle est éclose, la chenille ronge le drap sur lequel elle se trouve, et se construit, avec de petits brins qu'elle tisse d'une manière fort habile, un fourreau cylindrique dans lequel elle se tient à couvert. — La **Teigne des pelleteries** (*T. pellionella*), à ailes grises avec trois points noirs, pond ses œufs

Teigne du blé et sa chenille très grossies.

sur les fourrures, au milieu des poils, et les petites chenilles qui en sortent coupent et arrachent les poils, non seulement pour leur nourriture et leur vêtement, mais encore pour se frayer un chemin; de sorte qu'il n'en reste aucun dans les endroits où elles ont passé. Et, comme elles changent souvent

de place, la peau la mieux fournie de poils ne tarde pas à en être entièrement dégarnie. — La **Teigne des crins** (*T. crinella*) a les mêmes mœurs que la précédente; mais elle attaque exclusivement les

Teigne du pommier (*Yponomeuta cognatella*).

crins, les plumes, les peaux. Le papillon a les ailes d'un fauve pâle uniforme. — Tous les préservatifs en usage sont sans action sur les Teignes; ni le camphre, ni le poivre, ni le pyrèthre ne les éloignent; la benzine et l'essence de térébenthine les tuent; mais leur odeur insupportable en rend l'usage désagréable. Le meilleur moyen est encore de remuer, d'agiter souvent et d'exposer à la lumière les objets que l'on veut conserver, les Teignes craignant par-dessus tout le dérangement et le grand jour. — Mais, de toutes les Teignes, les plus terribles sont celles qui attaquent nos grains dans nos greniers et souvent nous menacent de la famine. — La **Teigne des blés** (*T. granella*) est d'un blanc jaunâtre tacheté de noir. Elle pénètre dans les greniers et pond ses œufs sur les tas de blé. La chenille qui en sort lie entre eux, au moyen de quelques fils de soie, deux ou trois grains de froment et vit dans cette coque en rongeant chaque grain. Lorsqu'elle a atteint tout son développement, la chenille quitte les grains et se retire le long des poutres, des murs, pour se métamorphoser en chrysalide. Le papillon éclôt au printemps suivant et pond de nouveau ses œufs sur les grains restés sains. — Une autre Teigne, non moins redoutable, est celle connue sous le nom d'**Alucite**; elle appartient au genre **Œcophora** et commet des ravages aussi étendus que la Teigne des blés. C'est un petit papillon de couleur grisâtre, avec les ailes couleur de café au lait parsemées de très petites taches grises. Sa chenille, courte et épaisse, blanchâtre, se tient dans l'intérieur d'un grain de blé, dont elle dévore la partie farineuse. Arrivée à tout son développement, elle a soin de ronger un point du grain pour ménager une petite trappe par où le papillon pourra sortir lorsqu'il sera éclos. Ce dernier pond presque

osseux à colonne vertébrale formée de vertèbres distinctes, par des branchies libres logées dans une cavité branchiale munie d'un opercule, par l'absence d'évents et de valvule spirale dans l'intestin. Ces poissons sont généralement ovipares et pondent un très grand nombre d'œufs. L'ordre des Téléostéens se divise en cinq tribus, dont chacune comprend plusieurs familles. En voici le tableau :

		Mâchoire supérieure mobile.	Des rayons épineux........................ ACANTHOPTÈRES.	
	Branchies pectinées.		Pas de rayons épineux { Sans canal aérien... ANACANTHINES.	
TÉLÉOSTÉENS.			{ vessie natatoire. { Avec canal aérien... MALACOPTÈRES.	
		Mâchoire supérieure soudée au crâne............................ PLECTOGNATHES.		
	Branchies en forme de houppe.. LOPHOBRANCHES.			

aussitôt ses œufs, un seul sur chaque grain, dans lequel pénètre la petite chenille, et elle bouche le trou qu'elle a fait avec ses excréments; de sorte qu'au premier coup d'œil les grains rongés ne diffèrent nullement de ceux qui sont sains. Cette Teigne a souvent exercé des dégâts considérables et ravagé des provinces entières. — La **Teigne de l'olivier** (OEcophora olivella) nuit souvent beaucoup aux plantations d'oliviers dans le Midi. La petite chenille pénètre dans le fruit et en ronge l'amande. — La **Teigne du pommier** (Yponomeuta cognatella) est un terrible fléau pour les pommiers. On voit ces arbres dans certaines années, en Normandie, présenter l'aspect d'arbres dont les feuilles auraient été brûlées, tandis que leurs branches sont enveloppées dans un réseau de soie blanche ressemblant de loin à d'innombrables toiles d'araignée. C'est là l'œuvre d'une petite Teigne à ailes d'un blanc pur marquées de points noirs. La chenille est d'un blanc jaunâtre avec des points verruqueux noirâtres. Les pêchers, les cerisiers, les fusains, les lilas, etc., sont également ravagés par des Teignes de ce genre. — Les **Coléophores** ou *porte-étuis* sont de curieuses petites Teignes qui ne volent que le soir après le coucher du soleil. Leur nom vient des habitudes de leurs chenilles, qui rongent le parenchyme des feuilles et se construisent avec l'épiderme de petits fourreaux qu'elles transportent partout avec elles. Ces fourreaux sont construits de deux pièces cousues ensemble. — Il est peu de plantes qui ne nourrissent quelque espèce de Teigne. Les *Lithocolletis* se creusent des galeries dans l'épaisseur des feuilles; mais ne les quittent jamais et y subissent leurs transformations. — Il en est de même des *Nepticula*, les plus petites des Teignes; quelques-unes n'ont que 4 à 5 millimètres d'envergure.

TEIGNE AQUATIQUE. Réaumur donne ce nom aux larves des Phryganes. (Voir ce mot.)

TEK. (Voir TECK.)

TÉLAGON. Nom d'une espèce de mammifère du groupe des MOUFETTES. (Voir ce mot.)

TÉLÉOSTÉENS (du grec *teleios*, parfait, et *ostéon*, os). Cet ordre correspond aux Poissons osseux de Cuvier, moins les quelques genres (Polyptère, Lépidostée) reportés parmi les Ganoïdes. Ils sont tous essentiellement caractérisés par un squelette

Les *Acanthoptères* répondent aux Acanthoptérygiens de Cuvier; les *Anacanthines* sont les Malacoptérygiens subbrachiens de Cuvier; les *Malacoptères* comprennent ses Malacoptérygiens abdominaux et apodes; les *Lophobranches* et les *Plectognathes* sont les mêmes. (Voir ces mots.)

TÉLÉPHORE. (Voir LAMPYRIDÉS.)

TELLINE. Genre de mollusques bivalves, ordre des LAMELLIBRANCHES SIPHONIENS, de la famille des *Tellinidés*, à coquille allongée, aplatie, dont la charnière porte trois dents; l'animal possède pour respirer deux longs tubes qu'il fait sortir d'entre ses valves entrebâillées ou qu'il y cache à son gré. Les Tellines abondent sur tous les rivages; ce sont

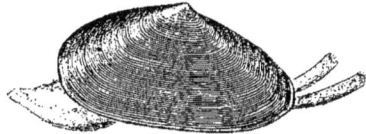

Telline.

de petites coquilles d'un blanc jaunâtre, avec des rayons roses, ou rouges, ou bruns. Sur nos côtes, on trouve les **Tellina variabilis, tenuis, solidula, donacina**, etc. Une espèce d'Amérique, fort recherchée des amateurs, qui lui donnent le nom de **Soleil levant** (*Tellina radiata*), est une belle coquille à fond blanc, marquée de rayons rouges divergents.

TELPHUSE, *Telphusa* (nom propre). Genre de crustacés DÉCAPODES BRACHYURES, de la famille des *Grapsidés*. Ce sont des crabes d'eau douce très répandus en Grèce et en Italie, où on les mange. Ils sont remarquables par leur carapace beaucoup plus large que longue, convexe en dessus avec le bord antérieur de l'ouverture buccale fortement échancré en dehors; leurs pinces sont pointues et finement dentées; leurs antennes latérales plus courtes que les pédoncules oculaires.— L'espèce type, **Telphusa fluviatilis**, longue d'environ 7 centimètres, est jaunâtre; elle vit dans les eaux claires des ruisseaux, des lacs, des rivières. On en connaît plusieurs espèces d'Afrique et d'Asie, qui ont les mêmes mœurs.

TEMPE. Région latérale de la tête comprise entre l'œil et l'oreille ; elle répond à l'os temporal. (Voir CRANE.)

TEMPORAL. Qui a rapport à la tempe : artère temporale, muscle temporal, nerfs temporaux, etc.

TEMPORAL. Os plat, pair, de forme irrégulière situé sur les parties latérales et inférieures du crâne. (Voir ce mot.)

TENDON (de *tendere*, tendre). Lames ou cordons blancs, nacrés, tenaces, par lesquels les muscles vont s'attacher aux os. Leur tissu, de même nature que celui des ligaments, n'est pas irritable comme celui des muscles.

Tendon d'Achille. Gros tendon aplati, formé à la partie postérieure et inférieure de la jambe par la réunion des tendons des muscles jumeaux et soléaires et qui s'attache à la portion inférieure du calcanéum.

TÉNÉBRION (de *tenebrio*, qui aime l'obscurité). Genre d'insectes COLÉOPTÈRES de la famille des *Hétéromères*, tribu des *Mélasomes*. (Voir ce mot.) Ce sont des insectes de couleur sombre et fuyant la lumière ; leur corps est oblong, allongé ; leurs pattes sont courtes, leurs antennes grenues. La plupart des

Ténébrion.

espèces répandent une odeur désagréable. L'espèce la plus répandue dans nos contrées, est le **Ténébrion de la farine** (*T. molitor*) ou *meunier*, long de 15 à 18 millimètres ; on le trouve fréquemment dans les boulangeries, où sa larve se nourrit de son ou de farine. On emploie cette larve comme appât pour prendre les rossignols, qui en sont très friands.

TÉNIA ou mieux **TÆNIA** (du grec *tainia*, ruban). Genre de vers intestinaux type de la famille des *Tæniadés*, de l'ordre des CESTOÏDES. (Voir ce mot.) Ces animaux vivent en parasites dans l'intérieur du corps des animaux et y causent des accidents plus ou moins graves. Les Ténias sont des vers extraordinairement longs, minces, plats et composés d'un grand nombre d'articulations ; à leur extrémité est une tête pourvue de quatre suçoirs et d'une espèce de trompe, au moyen de laquelle ils s'attachent à la paroi des intestins ; cette tête ou *scolex* est suivie par un étranglement filiforme, ou col, auquel le corps succède. La consistance des Ténias peut être comparée à celle du parchemin mouillé ; tantôt ils ressemblent à des rubans étroits, et d'autres fois à des graines de citrouille enfilées à plat et bord à bord, suivant les espèces. Chacun de ces articles ou

anneaux, auxquels on donne le nom de *cucurbitains*, renferme des œufs, et lorsque ceux-ci sont parvenus à maturité, ils se détachent et donnent naissance à une larve ou scolex, dès qu'ils sont transportés dans l'estomac qui leur convient. C'est ce scolex, armé de ventouses et de crochets, qui constituera plus tard la tête du Ténia et qui engendre les an-

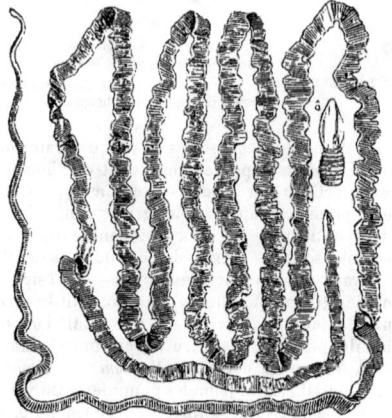

Tænia solium ; *a*, scolex.

neaux suivants. Chacun de ces anneaux reproduisant un animal, peut être considéré comme un individu subordonné faisant partie d'un ensemble ou colonie d'ordre plus élevé. Ces vers semblent dépourvus de toute espèce de sens ; leur organisation est très simple. Ils sont hermaphrodites, et multiplient par des germes ou par des œufs, dont il sort de petites larves ; les *Cysticerques* ne sont autre chose que des Ténias à l'état de larve ; aucun fait n'a prouvé jusqu'ici que des portions détachées ou des tronçons de Ténia se soient jamais changés en Ténias complets ; telle est cependant l'opinion généralement admise par le vulgaire. D'après les expériences du savant zoologiste belge Van Beneden, les œufs rejetés avec les fèces par les animaux qui en sont infestés, sont avalés par d'autres animaux qui se nourrissent de matières végétales, sur lesquelles ces œufs se trouvaient fixés. Ils se développent chez ces animaux à l'état de larves ou de *cysticerques* : ces animaux herbivores, à leur tour, dévorés par les carnivores, leur transmettent ces larves qui, dans leur intestin, se développent et deviennent Ténias. C'est ainsi que le cysticerque de la souris devient le Ténia du chat, que celui du lapin devient Ténia chez le chien, que le cœnure du mouton devient le Ténia du loup ; l'homme, qui est omnivore, en nourrit plusieurs espèces. On n'a jamais trouvé de Ténias que dans les intestins des animaux vertébrés, et quelques-uns en ont plusieurs. L'homme en nourrit plusieurs espèces, dont la plus commune est le **Ténia de l'homme** ou *ver solitaire* (*Tænia solium*,

Linné), de 4 à 6 mètres de longueur, et souvent beaucoup plus; on en a cité qui avaient plus de 20 mètres. Il est d'une couleur blanche opaline qui devient opaque après sa mort. C'est principalement dans l'intestin grêle qu'on le rencontre. Souvent on trouve plusieurs Ténias dans le même intestin, et, par conséquent, le nom de solitaire est mal appliqué. Ce ver peut déterminer par sa présence dans le canal intestinal de l'homme des accidents tels que vomissements, gastralgie, convulsions épileptiformes, affaiblissement. C'est en mangeant la chair du porc crue ou mal cuite que l'homme contracte le ver solitaire. L'œuf du Ténia pénètre dans l'estomac du porc lorsque celui-ci mange des excréments humains, il en sort une larve ou cysticerque, qui, à l'aide de ses crochets, chemine dans les tissus du porc; ce n'est que lorsqu'il passe dans l'estomac de l'homme qu'il y devient Ténia. Lorsque les cysticerques existent en grand nombre dans les organes du porc, on dit que celui-ci est *ladre*. Il existe un véritable spécifique contre le Ténia : c'est l'huile animale de Dippel, ou l'huile empyreumatique de Chabert, à laquelle on fait succéder celle de ricin, comme purgatif. On emploie aussi avec succès l'écorce de grenadier. En Abyssinie, où cet helminthe est fort commun, on emploie pour s'en débarrasser l'écorce de kousso. — Le **Bothriocéphale**, plus large que le Ténia et dont le scolex ne porte que deux ventouses, habite également l'intestin de l'homme; il est surtout fréquent en Russie et en Suisse, d'où cette opinion que les premières phases de son développement s'effectuent dans l'eau.

TENREC. (Voir TANREC.)

TENTACULE (de *tentare*, tâter). Appendices mobiles, non articulés et très diversement conformés, dont sont munis beaucoup de mollusques et de zoophytes, et qui servent d'organes tactiles, préhensiles ou locomoteurs.

TENTHRÈDE (*Tenthredo*). Genre d'insectes de l'ordre des HYMÉNOPTÈRES, de la famille des *Tenthrédinidés*, dont ils sont le type. Ce sont des insectes à corps court et parallèle, à abdomen non pédiculé, mais uni au thorax sur toute sa largeur. La tarière des femelles est écailleuse, logée entre deux autres lames qui lui servent d'étui, dentelée en scie pour inciser les végétaux où elles déposent leurs œufs; cette conformation leur a fait donner le nom de *mouches à scie*. Leurs larves ont un aspect tout différent de celui qu'elles offrent dans les autres familles d'hyménoptères; elles ressemblent à de petites chenilles; mais elles s'en distinguent généralement par le nombre de leurs pattes membraneuses, qui n'est que de dix au plus chez les vraies chenilles, tandis qu'il est de quatorze ou seize dans les Tenthrédinidés. On donne pour cette raison à ces larves le nom de *fausses chenilles*. Pour se métamorphoser en nymphes, elles se filent une coque soyeuse, soit dans la terre, soit sur les plantes où elles ont vécu. La famille des Tenthrédinidés comprend un grand nombre d'espèces, réparties dans

plusieurs genres; plusieurs d'entre elles sont très nuisibles aux cultures. — Tels sont les Cephus. Le **Cephus pygmæus**, petite mouche noire à anneaux jaunes, perce avec sa tarière les tiges de blé et de seigle et y dépose ses œufs; la larve qui en sort ronge la moelle de la tige en descendant peu à peu vers la racine pour s'y transformer en nymphe. L'épi ne se développe pas sur ces tiges, qui se brisent en outre au moindre vent. — Telles sont encore les Lida à longues antennes grêles, dont les larves vivent en société sur les arbres fruitiers et rongent leurs feuilles. La **Lyda pyri** vit sur le poirier qu'elle couvre de ses toiles comme certaines chenilles.

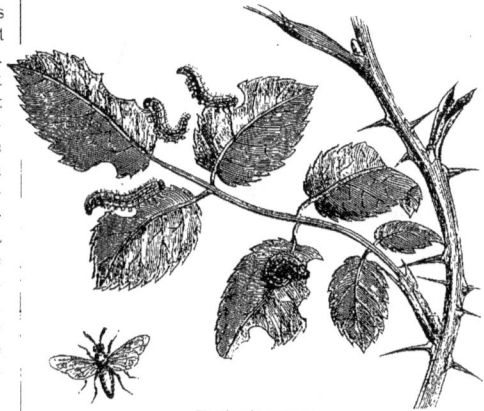

Tenthredo rosarum.

D'autres espèces vivent sur les pins, les trembles, les groseilliers et y commettent souvent de grands dégâts. — Les *Tenthrèdes* proprement dites ont des mœurs analogues; celle des rosiers, **Tenthredo rosarum**, jaune, à tête et thorax noirs, dépose ses œufs dans l'écorce du rosier; il en sort de petites fausses chenilles jaunes à points noirs qui se répandent sur la plante et en dévorent les feuilles et les jeunes pousses. — La **Tenthrède du poirier** (*T. fulvicornis*) dépose ses œufs dans les fleurs en bouton et fait avorter le fruit. — La **Tenthrède du navet** (*Athalia spinarum*) dévore les feuilles de cette plante et se multiplie souvent au point de détruire la récolte.

TÉNUIROSTRES (de *tenuis*, mince, et *rostrum*, bec). Sous-ordre des OISEAUX PASSEREAUX, ayant pour caractère commun un bec long et grêle, tantôt droit, tantôt arqué. Tels sont les huppes, les grimpereaux, les colibris, etc.

TÉPHRITE, *Tephritis* (du grec *téphra*, cendre). Genre d'insectes DIPTÈRES ATHÉRICÈRES de la famille des *Muscidés*, ayant pour caractères distinctifs des antennes inclinées, à troisième article long, et les ailes ayant une pointe au bord extérieur. L'abdomen des femelles est terminé par un tuyau écailleux ou oviducte qui leur sert à déposer leurs œufs dans les semences des plantes, de divers fruits, quelquefois aussi sous l'épiderme de la tige des végétaux. Quelques espèces de ce groupe deviennent très nuisibles; comme le **Tephritis cerasi**, qui vit de la pulpe des cerises. C'est une petite mouche d'un noir brillant, à tête fauve; l'écusson est jaune et les tarses fauves; les ailes sont traversées par quatre bandes noires. Cette mouche pond, sur les jeunes cerises, un seul œuf sur chacune, et la larve qui en sort pénètre dans le fruit et en ronge la pulpe. Lorsque le fruit tombe de l'arbre, la larve en sort et s'enfonce dans la terre, où elle se transforme en pupe. — Le **Tephritis meigeni** attaque le fruit de l'épine-vinette; un autre, le **Tephritis arctii**, pond ses œufs dans la graine de la bardane. — Un Téphrite de l'Ile-de-France nuit beaucoup à la culture du citronnier, en déposant ses œufs dans les fruits de cet arbre et les empêchant ainsi de parvenir à une parfaite maturité. Un autre insecte de ce groupe attaque dans le Midi les olives. Le dernier article de ses antennes, proportionnellement plus allongé que dans les vrais Téphrites, en a fait constituer le genre *Dacus*. C'est le **Dacus oleæ**, qui occasionne souvent des dégâts considérables aux olives dans le midi de l'Europe. Sa larve s'introduit dans le fruit et en dévore la pulpe.

TÉRASPIC. Nom que donnent les jardiniers aux plantes du genre *Thlaspi*. (Voir ce mot.)

TÉRÉBELLE, *Terebella* (de *terebra*, vrille). Genre de vers de la classe des ANNÉLIDES, de l'ordre des CHÉTOPODES TUBICOLES. Le corps est divisé en deux régions : l'une, antérieure, porte des pieds biramés; l'autre, postérieure, plus étroite, est pourvue de pieds uniramés et de soies à crochets. Sur le dos, près de l'extrémité antérieure, s'élèvent par paires six branchies en forme d'arbuscules, qui, sans cesse agitées par le sang, présentent alternativement des teintes ambrées ou écarlates, suivant que ce liquide abandonne leurs rameaux ou les remplit. De la tête part une touffe de cent à cent cinquante longs filaments blancs qui peuvent s'étendre, se contracter, se diriger dans tous les sens; ce sont les bras de la Térébelle, qui réalise ainsi la fable de Briarée, le géant aux cent bras. C'est à l'aide de ces filaments que la Térébelle construit son tube; il est merveilleux de les voir saisir au loin les grains de sable et les débris de coquilles, les ramener près de l'annélide, les disposer dans l'ordre nécessaire autour de son corps, où ils sont soudés ensemble par une humeur visqueuse, véritable mortier hydraulique fourni par l'animal, qui se trouve en fort peu de temps abrité dans une forteresse crénelée; car l'orifice de

Térébelle.

son tuyau est garni de distance en distance de petits appendices de sable. — On en connaît plusieurs espèces sur nos côtes, notamment le **Terebella conchilega**, le **Terebella nebulosa**, le **Terebella cirrata**.

TÉRÉBENTHINE. Sucs oléo-résineux, odorants, demi-liquides et glutineux qui découlent du tronc de végétaux appartenant aux familles des *Conifères* et des *Térébinthacées*. (Voir ces mots.)

TÉRÉBINTHACÉES. Famille de plantes dicotylédones, polypétales, périgynes, comprenant des arbres et des arbrisseaux à suc tantôt balsamique ou gommeux, tantôt laiteux et caustique. Ils ont des feuilles alternes sans stipules, des fleurs régulières, à réceptacle ordinairement convexe accompagné d'un disque glanduleux; calice ordinairement pentamère, corolle polypétale, quelquefois nulle, éta-

Térébinthacées (manguier). — *a*, fleur; *b*, fruit.

mines égales en nombre à celui des pétales et alternes avec eux ou en nombre double; gynécée formé de plusieurs carpelles indépendants ou réunis en un ovaire pluriloculaire; fruit de nature très variable. Cette famille, voisine de celle des *Euphorbiacées*, se divise en cinq tribus : *Spondiées* (spondias); *Bursérées* (bursera, balsamea); *Anacardiées* (anacardium, mangifera, pistacia); *Mappiées* (mappia); *Amyridées* (amyris).

TÉRÉBINTHE. Espèce du genre *Pistachier*. (Voir ce mot.)

TÉREBRA. (Voir Vis.)

TÉRÉBRANTS (de *terebrare*, percer). Section de l'ordre des insectes HYMÉNOPTÈRES comprenant ceux dont la femelle est armée d'une tarière. Elle comprend les familles des *Tenthrédinés*, des *Cynipsidés* et des *Ichneumonidés*.

TÉRÉBRATULES (du latin *terebratus*, percé). Genre d'animaux molluscoïdes de la classe des BRACHIOPODES (voir ce mot), type de la famille des *Térébratulidés*. Ce sont des mollusques à bras fixes, courbés ; leur coquille est libre, ovale, bombée, pourvue d'une charnière et d'une ouverture placée à l'extrémité du crochet de la grande valve ; c'est par ce trou que passe le pédicule charnu au moyen duquel l'animal est attaché aux corps marins. Ce genre comprend quelques espèces vivant actuellement dans nos mers : la Terebratula caput serpentis, la Terebratula vitrea, à coquille ovale, et un nombre assez considérable d'espèces fossiles disséminées dans les divers terrains à partir du dévonien. Au lias appartient la **Terebratula quadrifida**.

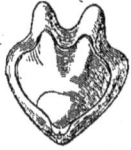

Térébratule quadrifide.

TEREDO. Nom scientifique latin du Taret. (Voir ce mot.)

TERMES. (Voir TERMITE.)

TERMINALIA. (Voir BADAMIER.)

TERMITES (*Termes*). Genre d'insectes de l'ordre des NÉVROPTÈRES, rangés par beaucoup d'entomologistes modernes dans le groupe des PSEUDO-NÉVROPTÈRES et offrant pour caractères : tête très grosse, portant sur son sommet trois ocelles, et, en avant, des antennes courtes, moniliformes ; ailes présentant des nervures longitudinales, mais n'ayant que des nervures transversales rudimentaires ; tarses de quatre articles ; mandibules, mâchoires et lèvres des orthoptères. Ces insectes sont remarquables en ce qu'ils établissent le passage des orthoptères aux névroptères, présentant en même temps des caractères propres à ces deux ordres. On trouve les Termites dans les pays chauds ou tempérés. Ils forment des réunions nombreuses et construisent des demeures qui atteignent souvent des proportions gigantesques. Leurs mœurs et leurs habitudes rappellent beaucoup du reste celles des fourmis. Cinq formes de l'espèce ont été bien constatées parmi les Termites : 1° et 2° les *mâles* et les *femelles*, pourvus d'ailes ; 3° les *soldats*, généralement regardés comme des mâles imparfaits, et qui sont remarquables par la grosseur et l'allongement de leur tête, par le grand développement de leurs mandibules et par leur corps, privé d'ailes et plus robuste que celui des mâles et des femelles ; 4° les *ouvrières*, considérées par presque tous les entomologistes comme de simples larves, ressemblent par la forme générale de leur corps aux mâles et aux femelles ; elles sont privées d'ailes, d'yeux et d'ocelles ; leur corps est mou, leur tête arrondie et leur taille toujours inférieure à celle des soldats ; 5° des individus appartenant à l'état de *nymphes*, ressemblant complètement aux larves et aux ouvrières, mais présentant des rudiments d'ailes. Les mâles et les femelles n'ont d'autre mission que celle de reproduire l'espèce. Aussitôt après leur transformation en insecte parfait, ils prennent leur vol et émigrent ; puis, comme les fourmis, les femelles perdent presque aussitôt leurs ailes et sont recueillies par les neutres pour former le noyau de nouvelles colonies. Bientôt après leur rentrée dans le nid, l'abdomen des femelles prend un développement énorme ; on a évalué leur masse, au moment de la ponte des œufs, à plusieurs milliers de fois celle d'une ouvrière. La femelle se tient dans une galerie profonde du nid, immobile et pondant sans relâche des œufs dont les ouvrières s'emparent. Le nombre des œufs que peut pondre la femelle s'élève, assure-t-on, à quatre-vingt mille en vingt-quatre heures. Les soldats sont regardés comme les défenseurs des habitations des termites : la puissance de leurs mandibules leur permet de combattre avec avantage les autres insectes qui voudraient s'introduire dans leur

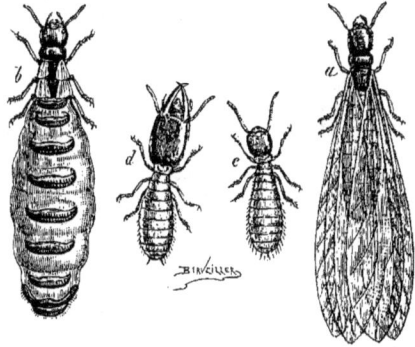

Termites. — a, mâle ; b, femelle ; c, ouvrière ; d, soldat.

nid. Les ouvrières sont chargées de toutes les fonctions attribuées aux neutres ou aux ouvrières dans les sociétés des abeilles et des fourmis. Ces insectes ne travaillent jamais à découvert : les uns établissent leurs demeures dans la terre, dans de vieux troncs d'arbres, dans les boiseries des habitations ; les autres ont bien des nids extérieurs, mais toujours clos de toutes parts et sans issue apparente. Ces demeures, qui ont parfois des dimensions telles que de loin on les prendrait pour des huttes de sauvages, ont la forme de pyramides ou de tourelles recouvertes par une toiture solide. Toutes les fois que les ouvrières ont besoin de se transporter à une distance plus ou moins considérable de leur nid, elles construisent une galerie pour établir une voie de communication ; et, par ce moyen, elles ne se montrent jamais au dehors. Les nids d'une espèce africaine, désignée sous le nom de *Termes bellicosus*, ont souvent 3 mètres d'élévation. Ces habitations, construites avec une sorte de terre argileuse, sont bientôt recouvertes d'herbe, et leur dureté est telle que l'on peut monter dessus sans les ébranler. Dans l'ouest de la France, on rencontre en abondance le **Termite lucifuge**, espèce de petite taille, et cependant très redoutable par les dégâts immenses qu'elle fait dans nos bois de construction. Depuis longtemps elle s'est tellement multipliée à La Rochelle, à Rochefort et sur un grand nombre d'autres points, qu'elle occasione les plus grands ravages sans qu'on puisse parvenir à la détruire. Des maisons, des bâtiments entiers ont été ruinés jusque dans leurs fondations par ces insectes. Des planchers se sont écroulés à plusieurs reprises, et malheureusement rien ne dénote la destruction à l'extérieur. Les Termites ménagent toujours la superficie du bois, creusant l'intérieur et le sillonnant de galeries dans tous les sens, jusqu'à ce que le bois vienne à se rompre. A La Rochelle, on a été obligé d'abandonner l'hôtel de la préfecture envahi par eux, et une partie des archives a été totalement détruite. — **Le Termes mordax**, qui habite l'Afrique australe, construit des nids fort singuliers; ils ont la forme d'un fût de colonne haut de 50 à 75 centimètres et recouvert d'une espèce de toit en dôme. Quelques espèces bâtissent leur nid sur les arbres, sous la forme d'une énorme boule.

TERNÉ. Se dit des parties rapprochées par trois, et principalement des feuilles verticillées par trois ou à trois folioles.

TERRAIN PRIMITIF ou SOL PRIMORDIAL. L'enveloppe terrestre commence par de gigantesques assises de gneiss qui en forment comme les inébranlables fondations. Ces roches, dues au premier refroidissement de la surface du globe, sont cristallines, massives; ce sont elles qui formèrent les parois des premiers bassins océaniques, et la base de tous les dépôts de sédiment. Cette croûte enveloppe le globe de toutes parts; c'est la carapace qui enceint la masse incandescente et qui aujourd'hui est assez puissante pour neutraliser à l'extérieur la presque totalité de ses effets calorifiques. La solidification du terrain primitif s'est opérée de haut en bas, à l'inverse de ce qui est arrivé pour les terrains sédimentaires qui le recouvrent. Quand nous voyons cette roche gneissique à la surface, nous devons supposer qu'elle y a été poussée par celles de la même classe qui se sont formées successivement au dessous, ou qu'une cause quelconque a fait disparaître les couches plus récentes qui la recouvraient. On donne encore à ce Terrain primitif le nom de *terrain azoïque* (du grec *a* privatif et *zoé*, vie : sans vie), parce que l'on n'y rencontre aucune trace d'êtres organisés, animaux ou végétaux; la trop grande chaleur de la terre à l'époque de sa formation s'opposant au développement de la vie à la surface du globe.

TERRAINS. Lorsqu'on regarde avec attention les parois d'une tranchée profonde, d'une falaise à pic, d'un puits de mine, etc., on remarque facilement que le terrain est composé de couches horizontales, plus ou moins épaisses, placées les unes sur les autres. La terre n'est donc pas, comme on pourrait le croire, une masse solide de matière de même composition. Les Terrains les plus bas, les plus unis, ne nous montrent, même lorsque nous y creusons à de très grandes profondeurs, que des couches horizontales qui enveloppent presque toutes d'innombrables produits de la mer, des os et des dents de poissons, et d'autres animaux, des coquillages, des plantes marines, etc. Des couches pareilles, des produits semblables, composent les collines jusqu'à d'assez grandes hauteurs. Et dans toutes les parties du monde, sur tous les continents, sur toutes les îles un peu considérables, le sol présente le même phénomène. Si les couches qui composent l'écorce terrestre étaient continues, partout les mêmes, conservant la même épaisseur, la même composition minéralogique et renfermant des corps organisés semblables, on pourrait croire qu'elles se sont déposées toutes en même temps et sans interruption, mais il n'en est pas ainsi; ces couches sont de nature diverse, plus ou moins solides, formées d'éléments différents, et chacune d'elles a ses fossiles caractéristiques, propres et spéciaux. Il s'ensuit donc que ces couches ont été formées les unes après les autres, et que les plus anciennes sont nécessairement celles qui sont placées le plus profondément. Ces diverses couches de la terre sont comme les pages du grand livre de la création et les pétrifications, les fossiles sont les caractères au moyen desquels nous déchiffrons les événements géologiques. Lorsque des plaines on se transporte sur les montagnes, il est facile de se convaincre que les montagnes les plus élevées ne sont point formées par une accumulation plus considérable des dernières couches, mais bien par un redressement de toutes les couches que leur élévation comporte. Ces couches se redressent obliquement, quelquefois presque verticalement. Tandis que dans les plaines et les collines plates, il fallait creuser profondément pour connaître la succession des couches, on les voit ici par leur flanc, en suivant les vallées produites par leurs déchirements. De sorte que la connaissance de la composition d'une montagne élevée de 5 à 6 000 mètres au-dessus du niveau de la mer, est équivalente à celle que l'on acquerrait, en examinant, au moyen de fouilles artificielles, les différentes couches dont le terrain est formé jusqu'à la profondeur de 5 à 6 000 mètres. Si des plaines et des flancs des montagnes on s'élève vers les sommets escarpés des grandes chaînes, on voit disparaître tout à fait ces débris d'animaux marins et ces innombrables coquilles qui remplissaient les couches horizontales ou relevées. Là la roche ne contient plus aucun vestige d'êtres vivants, elle n'est pas en lits parallèles, indiquant une stratification régulière comme les couches coquillières; mais sa nature est cristalline ou amorphe, et elle s'enfonce toujours sous les couches de sédiment, ce qui prouve indubitablement qu'elle a été formée avant elles, et que son éruption a dû avoir lieu à une époque postérieure à celle où ces masses granitiques existaient seules, puisqu'elles ont soulevé avec elles les couches coquillières qui les recouvraient. (Voir MONTAGNES et SOULÈVEMENTS.) Partout où a pu pénétrer le marteau du géologue, on a toujours trouvé les couches stratifiées disposées entre elles dans un ordre constant; c'est-à-dire que celles qui sont supérieures sur un point ne deviennent jamais inférieures sur un autre. Chaque formation indépendante se distingue de celle qui la précède ou qui la suit par des caractères particuliers qui lui sont propres. Quant à l'âge relatif de chacune d'elles, il est suffisamment indiqué par l'ordre de superposition; aussi a-t-on très justement comparé la disposition des couches stratifiées à une pile de livres d'histoire entassés les uns sur les autres et placés de telle sorte, que chaque volume se trouve toujours immédiatement au-dessus de celui qui renferme le récit des événements de l'époque précédente. Il ne faudrait pas croire, cependant, que l'enveloppe minérale se divise en tranches ou en feuillets concentriques, dont le nombre soit égal sur tous les points, comme le sont par exemple les pellicules d'un oignon; elle est composée de différentes masses de roches stratifiées qui se divisent en couches plus ou moins épaisses. Ces couches, de formes irrégulières et de nature différente, sont placées les unes au dessus des autres d'une manière variable, sans que, cependant, l'ordre des superpositions se trouve interverti; mais il arrive souvent qu'un ou plusieurs terrains manquent dans telle ou telle contrée, comme à telle ou telle hauteur de la série. Ainsi, les terrains modernes peuvent quelquefois se trouver posés sans intermédiaires sur les terrains anciens, et ceux-ci même, n'ayant jamais été recouverts dans certaines de leurs parties, ou ayant été dénudés après coup par les eaux, peuvent se montrer à la surface du sol. Trois causes principales ont donc contribué à former et à modifier la surface du globe dans la suite des siècles; ce sont les soulèvements, les émissions de matière ignée et la production de dépôts sédimentaires formés par couches régulières dans le sein des eaux et provenant de la désagrégation ou de la trituration des roches préexistantes. Le feu et l'eau, Pluton et Neptune, comme les avaient personnifiés les anciens, sont les deux grands agents qui, alternativement et parfois simultanément, ont présidé à la formation de toutes les masses minérales de la division géologique en terrains *plutoniens* et en terrains *neptuniens*. Toujours la cause ignée a produit à la surface de nouvelles aspérités par les soulèvements ou par l'entassement de matières vomies, tandis que la cause aqueuse a toujours travaillé à les faire disparaître, en désagrégeant et rongeant ces aspérités pour combler de leurs débris divers les dépressions du sol. Tels sont les faits généraux qui, en s'accumulant de siècle en siècle, ont fini par constituer l'écorce terrestre telle que nous la connaissons aujourd'hui. Nous diviserons donc les matériaux qui composent l'écorce minérale du globe en trois grandes classes ou séries distinctes :

1° le *Terrain primitif* ou de cristallisation formé par le refroidissement de la matière ignée autour de la matière fluide et incandescente; 2° les *Terrains sédimentaires* déposés par les eaux sur cette première enveloppe; 3° enfin, les *produits d'épanchements et d'éruptions*, roches de cristallisation comme celles du terrain primitif et ayant une origine commune. Elles se sont formées à toutes les époques géologiques, soit par injection de la matière ignée, soit par éruptions volcaniques, et constituent des amas transversaux ou des accumulations au milieu des Terrains des diverses périodes. Chacune de ces grandes divisions comprend un certain nombre de Terrains, embrassant la série des diverses couches que l'on regarde comme formées pendant une seule et même période, et chaque Terrain se divise à son tour par *étages;* en supposant une tranchée ouverte à travers toute l'épaisseur de l'écorce terrestre, et en admettant qu'aucune des couches sédimentaires ne fît défaut depuis les dépôts les plus modernes jusqu'à la base du terrain primitif, on aurait les dispositions successives que présente la coupe théorique suivante :

Tableau des Terrains et Etages formant l'écorce solide du globe.

Terrains.		Etages.
MODERNE.		Humus ou Terre végétale.
		Alluvions.
QUATERNAIRE.		Lœss.
		Diluvium.
TERTIAIRES.		Pliocène.
		Miocène.
		Eocène.
SECONDAIRES.	CRÉTACÉ.	Craie.
		Grès vert.
		Néocomien.
	JURASSIQUE.	Oolithique.
		Lias.
	TRIASIQUE.	Marnes irisées.
		Calcaire conchylien.
		Grès bigarré.
	PERMIEN.	Grès vosgien.
		Calcaire magnésien.
		Nouveau grès rouge.
PRIMAIRES.	HOUILLER.	Grès houiller.
		Calcaire carbonifère.
	DÉVONIEN.	Vieux grès rouge.
		Schistes argileux.
	SILURIEN.	Schistes ardoisiers.
		Calcaires colorés.
	CAMBRIEN.	Schistes micacés.
		Argiles durcies.
AZOÏQUE ou PRIMITIF.		Talc.
		Micaschiste.
		Gneiss.

TERRAINS PALÉOZOÏQUES (du grec *palaios*, ancien, et *zôon*, animal). On donne ce nom, par opposition à celui d'*azoïques*, aux Terrains où les traces de la vie organique se montrent pour la première fois. Ce sont les premiers Terrains sédimentaires ou de transition, comprenant les étages *cambrien*, *silurien* et *dévonien*. (Voir ces mots.)

TERRE. La Terre, séjour de l'homme, et qui pour un si grand nombre de ses habitants est le *monde*, n'est cependant que l'une des moins volumineuses des planètes qui circulent autour du soleil. La troisième, dans l'ordre des distances à l'astre qui les éclaire, elle en est éloignée d'environ 15 millions de myriamètres. La Terre n'est pas une sphère régulière : c'est un sphéroïde déprimé vers chacun de ses pôles, de telle sorte que l'axe fictif autour duquel elle paraît tourner journellement est plus court de 1/303° environ que le diamètre opposé ou équatorial. Le diamètre moyen de la Terre est d'environ 12 732 kilomètres. Les inégalités de la surface du globe, qui paraissent si grandes à nos yeux, sont à peine appréciables comparativement à son volume, et malgré ses hautes montagnes, la surface de la terre peut être regardée, relativement, comme aussi unie que la peau d'une orange. On sait que la terre est douée de deux mouvements : l'un sur elle-même autour de son axe polaire et qui s'exécute en 23 heures 56 minutes 4 secondes, et l'autre autour du soleil en 365 jours 5 heures 49 minutes, ce qui donne une vitesse progressive d'environ 412 lieues par minute. La marche circulaire de la terre autour du soleil suit un orbite elliptique dans un plan qui est incliné de 23°,27 par rapport à la direction de l'axe de rotation diurne. Les deux mouvements propres de la terre ont lieu également dans la même direction que celle des autres planètes et de leurs satellites ; c'est-à-dire d'occident en orient. — De nombreuses observations attestent que la partie interne du globe terrestre est douée d'une chaleur propre, dont les effets, à peine appréciables aujourd'hui à sa surface, sont cependant assez sensibles à quelques mètres de profondeur pour que le thermomètre s'élève d'environ 1 degré centigrade par 30 mètres de profondeur, à partir du point où cesse d'agir la chaleur solaire. (Voir CHALEUR DE LA TERRE.) On peut inférer de là que la Terre a possédé antérieurement une température bien supérieure à celle qu'elle conserve aujourd'hui, et qu'elle s'est comportée et se comporte encore comme un corps échauffé qui, dans un milieu plus froid, se refroidit graduellement de l'extérieur à l'intérieur ; on peut, en conséquence, admettre que toute la masse terrestre a pu, à un moment donné, être tenue par une haute température à une consistance assez molle pour qu'en tournant sur elle-même, elle se soit déprimée suivant son axe de rotation, en raison de la force centrifuge. Les faits et la logique conduisent donc à l'hypothèse que le génie des Leibnitz, des Newton, des Buffon avait proposée, c'est-à-dire que la Terre pouvait être considérée comme un astre, d'abord incandescent et lumineux, devenu opaque par le refroidissement. En admettant avec tous les géologues l'incandescence primitive de la masse terrestre, on comprendra que les parties les plus extérieures ont dû être les premières refroidies et par conséquent solidifiées, de telle manière que, dans le moment actuel, la première enveloppe, durcie, figée et même refroidie, peut, à la profondeur de quelques lieues seulement, reposer sur des matières encore incandescentes et fluides. Les matières incandescentes que vomit le cratère des volcans, les tremblements de terre, l'existence des sources thermales, viennent à l'appui de cette hypothèse. En examinant attentivement la disposition et la nature des masses minérales qui constituent l'écorce consolidée du globe terrestre, on reconnaît que ces masses ont dû être produites successivement, et qu'elles ont une origine *ignée* ou *aqueuse*. Dans le premier cas, elles proviennent des matières fluides et incandescentes, solidifiées par voie de refroidissement, comme les *granits*, les *porphyres*, les *basaltes*, etc. ; dans le second, elles sont le résultat de matières déposées ou précipitées au fond des eaux, comme les *grès*, les *argiles*, les *calcaires*, etc. (Voir TERRAINS.) Pendant la période d'incandescence, il est évident que l'eau et toutes les matières qui se volatilisent par la chaleur étaient à l'état gazeux et réunies aux fluides élastiques de l'atmosphère. Par suite de l'abaissement continu de la température, la vapeur d'eau se condensa, tomba sur la terre, qu'elle désagréga, délaya, ravina, et commença à déposer ces sédiments dont les couches stratifiées se continuent encore de nos jours. Les siècles s'écoulent, et la croûte solide continue à s'épaissir dans les deux sens, de haut en bas par le refroidissement incessant, et de bas en haut par l'accumulation de détritus que produisent naturellement les eaux et tous les agents érosifs combinés. Par suite du refroidissement, la croûte enveloppante dut éprouver un retrait, se contracter et se briser sur divers points. De plus, cette contraction opérant des pressions énormes sur la masse fluide intérieure, les gaz et les matières en fusion durent tendre à s'échapper au dehors par les points les moins résistants. A ces influences dynamiques furent dus les soulèvements et les affaissements qui ont produit les montagnes et les vallées. Les gaz et les différentes substances métalliques vaporisées s'introduisant dans les fissures et les déchirures de la croûte solide, et s'y solidifiant à leur tour, donnèrent naissance aux *filons métalliques*. — Quand la croûte solide fut devenue assez épaisse pour tempérer comme un écran l'influence de la chaleur intérieure, les eaux purent se réunir en masses plus étendues, et former bientôt des mers qui couvrirent la presque totalité du globe. Puis, lorsqu'enfin la température ne dépassa pas 50 à 60 degrés, la vie put se manifester d'abord dans les eaux, puis sur la terre mise à sec. Ces végétaux, en absorbant une partie de l'acide carbonique dont l'atmosphère était saturée, purifièrent celle-ci, qui devint de plus en plus propre au développement de la vie. C'est à cette riche époque de végétation que correspond la formation de la houille, qui doit son origine à des masses de végétaux enfouies au sein des eaux, et ayant subi, sous une forte pression, une décomposition particulière ; c'est à cette époque qu'appartiennent aussi les premiers animaux marins (polypes, mollusques, puis crustacés, poissons).

Bientôt, l'air plus pur, plus oxygéné, put entretenir la vie d'animaux plus parfaits ; c'est alors qu'apparurent ces énormes reptiles aux formes si bizarres et si variées (voir PALÉONTOLOGIE), ces tortues géantes, puis quelques oiseaux, enfin des mammifères. A mesure que la température et la composition de l'atmosphère changent, des espèces nouvelles apparaissent pour remplacer celles qui s'éteignent dès que leur organisation n'est plus en rapport avec les circonstances nouvelles. Puis enfin lorsque toutes les conditions vitales sont remplies, l'homme paraît, comme pour couronner l'œuvre de la nature. La puissance de l'écorce terrestre, qui s'est augmentée de plus en plus, opposant un plus grand effort à la force expansive des gaz et des matières incandescentes de l'intérieur, les soulèvements deviennent plus rares, mais plus violents. Ces soulèvements, en se manifestant au sein des mers, durent produire des inondations qui, balayant les continents, ont laissé partout des traces irrécusables de ces *déluges* (voir ce mot) dont notre globe paraît avoir été le théâtre. On conçoit qu'alors les eaux laissaient des traces profondes de leur passage, et telle est sans doute la cause des dénudations et des vallées d'érosion que présente la surface de la terre. A mesure que l'écorce terrestre gagnait en puissance, sa température baissait davantage, et aujourd'hui, la seule chaleur émise par le soleil suffit à l'organisation et à la vitalité de ses habitants, puisque, d'après les calculs du savant Fourier, la chaleur intérieure du globe n'élève pas d'un trentième de degré la température de la surface. Le feu d'un côté et l'eau de l'autre sont donc les deux grands agents qui, alternativement et quelquefois simultanément, ont présidé à la formation de toutes les masses minérales ; de là la division en TERRAINS NEPTUNIENS, formés par les eaux, et en TERRAINS PLUTONIENS, dus à l'action ignée. (Voir TERRAINS et ROCHES.)

TERRE A FOULON. C'est une espèce d'argile (*argile smectique*) qui renferme à peu près deux fois autant d'eau que les argiles ordinaires. Elle est plus onctueuse, happe à la langue, et se délaye mal dans l'eau. Généralement grise ou verdâtre, elle est souvent tachetée. Elle est surtout recherchée pour son pouvoir absorbant considérable à l'égard des corps gras. La Terre à foulon se laisse facilement couper au couteau ; sa densité varie entre 1,7 et 2,4. Elle existe en couches en Angleterre, en Allemagne, en France, etc.

Terre à porcelaine. Le kaolin.

Terre de pipe. Argile plastique blanche qui durcit au feu en restant blanche.

Terre d'ombre. Espèce d'ocre brune employée en peinture et qui vient, dit-on, de l'Ombrie.

Terre de Sienne. Variété d'ocre jaune qui s'extrait et se prépare aux environs de Sienne, en Italie. On l'emploie beaucoup en peinture.

Terre-noix. Racine bulbeuse d'une espèce de carvi (*Carum bulbocastanum*).

TERTIAIRES [Terrains]. Après les soulèvements qui terminèrent l'époque crétacée (voir ce mot), et qui firent surgir les Pyrénées, les Apennins, l'Europe se trouva profondément modifiée. Le bassin des mers se rétrécit, de nouvelles terres émergent, et la plus grande partie de l'Europe actuelle se trouve portée au-dessus des eaux. La France en particulier est mise à sec, sauf deux grands golfes, dont l'un occupe le nord et l'autre le sud-ouest ; mais Paris et Londres sont encore sous les eaux.

L'époque tertiaire a été divisée en trois groupes ou étages : l'inférieur ou *éocène*, le moyen ou *miocène*, et le supérieur ou *pliocène*. L'étage inférieur, auquel on donne aussi le nom d'étage parisien, est composé de diverses couches d'argile plastique. Cette argile, qui présente des teintes très variées, alterne souvent avec des sables, des grès, des conglomérats et des lignites qui, dans le Soissonnais, constituent des lits assez puissants pour être exploités avec avantage. Sur cette argile plastique qui forme l'assise inférieure du terrain parisien, la mer déposa des bancs épais de ce calcaire grossier dont sont construites les maisons de Paris et qui renferme une quantité considérable de coquilles et surtout de foraminifères. On y trouve aussi en grand nombre des dents de requin. Les calcaires marins furent recouverts, dans le bassin de Paris, par les eaux d'un immense lac qui déposèrent une couche épaisse de calcaire lacustre, puis de gypse dans lequel ont été ouvertes les nombreuses carrières à plâtre de Montmartre, Pantin, Livry, etc. Avec ce dépôt de gypse, qui couronne l'étage parisien, alternent des couches de marnes et d'argiles de diverses couleurs et des dépôts de meulières qu'on exploite surtout à la Ferté-sous-Jouarre pour en faire d'excellentes meules de moulin. En Angleterre et en Belgique, l'étage parisien est représenté par des sables et des argiles bien reconnaissables pour appartenir à cette formation, puisqu'ils contiennent une partie des coquilles du calcaire grossier parisien. Un grand nombre de dépôts salifères appartiennent à cet étage ; ils sont répandus dans toutes les parties du monde. (Voir SEL GEMME.)

A l'époque où se forma l'étage parisien dont le soulèvement donna à la France, encore reliée à l'Angleterre, à peu près sa configuration actuelle, la vie végétale et animale prit un large développement. Les végétaux, qui jusque-là avaient couvert le sol, appartenaient en majorité à des espèces inférieures, cryptogames ou monocotylédones : des algues, des mousses, des fougères, des équisétacées, des naïadées ; les plantes dicotylédones n'y étaient encore représentées que par quelques conifères. Ici, les fougères arborescentes, les zamias, les cycas de la période précédente disparaissent pour faire place à des palmiers qui forment de véritables forêts, même dans les régions aujourd'hui tempérées, ce qui prouve qu'un climat méditerranéen, sinon tropical, régnait alors sur toute l'Europe. Dans les formations d'eau douce du bassin de Paris, on a trouvé de nombreux troncs de palmiers, dont quelques-uns d'une grosseur considérable. Parmi les conifères, on y trouve des pins, des cyprès, des ifs, des thuyas, des araucarias ; c'est la résine concrétée de certains conifères de cette époque qui a produit l'ambre jaune ou succin. Puis à ce moment, pour la première fois, parurent des plantes dicotylédones, angiospermes, c'est-à-dire des arbres plus ou moins analogues à nos chênes, à nos hêtres, à nos ormes, à nos peupliers, saules, érables, etc. Les arbres et les arbustes se couvrent de fleurs et de fruits, et dès lors parurent les oiseaux chanteurs qui se nourrissent de baies et de graines, et les insectes ailés qui recueillent dans les corolles parfumées le miel dont ils se nourrissent. Dans le vaste lac qui couvre le bassin de Paris nagent une foule de poissons : des mormyres, des truites, des cyprins, des brochets, mais d'espèces distinctes de leurs congénères actuels et ne leur ressemblant que par les formes générales. Les mers sont également habitées par des légions de poissons herbivores dont l'accroissement excessif est tenu en échec par la voracité des espèces carnivores ; d'énormes raies, des torpilles, des squales. Les grands poissons ganoïdes et placoïdes des périodes précédentes ont disparu pour faire place aux cténoïdes et aux cycloïdes qui forment l'immense majorité de la population maritime actuelle. Les céphalopodes à coquille cloisonnée, ammonites, bélemnites et autres genres analogues, si abondants au sein des mers précédentes, sont anéantis pour toujours, mais remplacés par une immense quantité de coquillages, bivalves et gastéropodes, parmi lesquels nous citerons la *cérithe géante*, qui mesure jusqu'à 70 centimètres de longueur, des *corbules*, des *cythérées*, des *cyrenia* et surtout des *miliolites*, petites coquilles microscopiques, accumulées parfois en nombre si prodigieux qu'elles forment sur de vastes étendues des couches de plusieurs mètres d'épaisseur. Dans les eaux douces vivent des tortues, des émydes et des trionyx. Les reptiles monstrueux qui ont vécu pendant l'époque précédente n'existent plus et leurs débris seuls survivent pour attester leur présence dans les terrains anciens. D'énormes crocodiles vivent encore, mais ils se rapprochent de ceux qui peuplent actuellement les rivages d'Afrique. Les espèces de mammifères, bornées jusque-là à quelques didelphes et à quelques petits rongeurs, apparaissent d'une manière continue et à tous les étages, et le caractère le plus tranché de cette époque est le développement extraordinaire des mammifères. Ce

Cérithe géante
(éocène moyen).

sont d'abord d'énormes cétacés : baleines, rorquals, marsouins, dauphins, qui remplacent les reptiles gigantesques de la période secondaire. Puis viennent des lamantins et des phoques, qui mènent des cétacés aux mammifères terrestres, d'abord tous herbivores ; ensuite viennent les carnassiers aux-

Cyclostoma
Arnouldi.

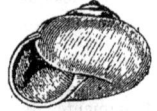

Helix hemispherica
de l'éocène inférieur.

quels ceux-ci devaient servir de proie. — Ainsi se manifeste d'une manière évidente la progression continue des êtres organisés. Peu abondant relativement dans les couches inférieures, leur nombre s'accroît dans ces couches à mesure qu'elles deviennent plus récentes, et à une organisation relativement plus simple s'ajoutent des types organiques de plus en plus compliqués.

Sur les bords du grand lac parisien vivaient de nombreux mammifères. Une chose fort remarquable, c'est que l'une des familles qui, aujourd'hui, occupe le moins de place par le nombre de ses espèces, est justement la plus généralement répan-

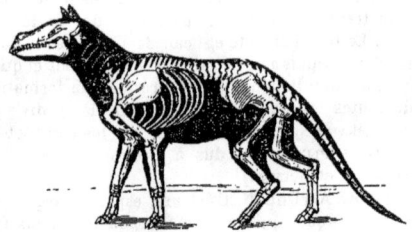

Anoplothérium commun du bassin de Paris.

due à cette époque antédiluvienne sur la surface du globe ; c'est celle des pachydermes. Sur une cinquantaine d'espèces de mammifères reconnues dans les couches éocènes, notamment dans les carrières à plâtre de Paris, les quatre cinquièmes appartiennent à cet ordre, mais n'ont pas laissé de représentants parmi la population actuelle du globe. Les plus remarquables sont les palæotherium, les anoplotherium, les lophiodons, l'anthracotherium, le xiphodon. (Voir ces mots et PALÉONTOLOGIE.)

Le mouvement qui souleva le terrain parisien eut une action très circonscrite, puisqu'il ne fit guère que combler les deux grands golfes où la mer recouvrait le sol occupé par Paris, Londres et Bruxelles d'une part, et par une partie de la Guyenne de l'autre ; mais, en même temps, s'affaissait au dessous du niveau de la mer, une partie de la Touraine, de la Provence et du Languedoc. Ces contrées, de nouveau submergées, furent recouvertes par des couches de sable et des bancs de grès dont Fontainebleau nous offre en quelque sorte le type, et dans la Touraine la mer déposa des couches de coquilles brisées et empâtées dans un ciment calcaire, qui forment ces roches friables connues sous le nom de *faluns*, dont on se sert pour amender les terres dans la Touraine et le Bordelais. Ces nouveaux terrains appartiennent à l'époque *miocène* ou moyenne.

Les calcaires et les molasses (grès marneux) de cet étage fournissent d'excellents matériaux de construction qui, associés en Italie aux marbres de la période secondaire, ont servi à la construction des plus beaux monuments.

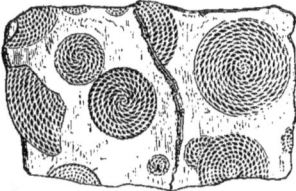

Nummulites.

Dans l'étage du miocène se montrent des formations marines ou lacustres (calcaires, schistes siliceux), où les tests des foraminifères, des nummulites, des diatomées sont accumulés en quantités telles, qu'ils forment des montagnes et des couches de plusieurs myriamètres d'étendue, sur 10 à 20 mètres d'épaisseur. Les couches de l'étage miocène ou falunien renferment, outre ces innombrables coquilles, d'abondants débris de poissons, de cétacés et de mammifères. L'organisation animale est en progrès; vers la fin de l'époque éocène existait déjà un quadrumane, espèce de *macaque*, dont les analogues habitent aujourd'hui la Guinée et les îles de la Sonde. A l'époque miocène apparaît un grand singe voisin des orangs de nos jours; les autres mammifères remarquables sont des tapirs, des hippopotames, des rhinocéros, des mastodontes, des cerfs, des bœufs, divers rongeurs, tels que castor et écureuil, enfin des carnassiers, lions, tigres ou panthères gigantesques (*machœrodus, megatherion, smilodon*). Dans les grands lacs d'eau douce vit un gigantesque pachyderme, le *dinotherium* (voir ce mot), animal singulier qui n'a pas laissé d'analogue après lui. Les mers ont des phoques, des morses, des baleines et de nombreux requins, parmi lesquels le *Carcharodon megalodon*, dont les larges dents triangulaires, dentelées sur les bords, et longues d'un décimètre et plus, se trouvent souvent empâtées dans le calcaire grossier de la vallée du Rhône.

La période miocène se termina par des soulève-

ments qui non seulement relevèrent les contrées qui s'étaient affaissées lors de l'apparition du terrain parisien, mais firent surgir les masses granitiques qui constituent la charpente du mont Blanc, du mont Rose et de plusieurs autres montagnes alpestres.

Lorsque le calme se fut un peu rétabli, commencèrent à se déposer les couches de l'étage supérieur tertiaire ou *pliocène*. Des alluvions, composées de galets, de sables et d'argiles entraînés par les eaux, comblèrent les lacs intérieurs, et, dans le même temps, une épaisse couche de sable se déposait au fond de la mer, sur l'emplacement qui forme aujourd'hui les landes de Gascogne. Dans tout l'espace qui s'étend le long des Apennins, du Piémont à la Calabre, se formèrent des dépôts de sable ferrugineux, de gravier, d'argile et de marne bleuâtre remplie de coquilles. Les sept collines basaltiques sur lesquelles est assise Rome appartiennent à cette époque. Elles furent amenées au jour par un mouvement de dislocation qui, en même temps, souleva la chaîne principale des Alpes (celle qui s'étend sans interruption du Valais en Autriche), brisa entre Brest et le cap Lizard l'isthme qui reliait l'Angleterre à la France, et peut-être aussi celui qui rattachait l'Espagne à l'Afrique.

Pendant l'époque tertiaire, les éruptions de matière ignée paraissent avoir eu une intensité et une

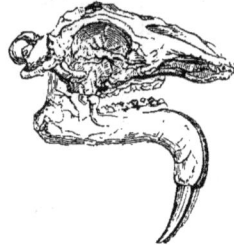

Dinotherium (miocène supérieur).

durée considérables, dont témoignent les volcans éteints de l'Auvergne, du Velay, en France, des bords du Rhin, de l'Asie Mineure, de l'Islande, etc.

A l'époque pliocène, la flore est très riche et formée en majorité d'espèces qui, sans être identiques avec celles de l'époque moderne, ont néanmoins avec elles beaucoup de ressemblance. Les palmiers ont disparu, chassés par un climat déjà trop froid pour eux. Des arbres qui appartiennent maintenant à l'Amérique et à l'Asie, tels que tulipiers, liquidambars, calycanthes, plaqueminiers, savonniers, sont mélangés avec nos vulgaires chênes, aunes, bouleaux, tilleuls, hêtres, peupliers, saules, châtaigniers, etc. Les palæothorium, anoplotherium, lophiodons de l'éocène sont disparus. Les pachydermes sont représentés par des rhinocéros, des hippopotames, des solipèdes voisins du cheval, et surtout des éléphants, qui remplacent le mastodonte, race éteinte. Alors apparaissent en abondance des ruminants, tels que bœufs, cerfs, antilopes; des rongeurs de genres très variés. A la proportion croissante des herbivores terrestres correspondent des animaux carnassiers plus nombreux, mieux armés; ours, hyènes, grands chats, chiens vigoureux voisins de notre loup. On trouve aujourd'hui leurs restes dans les cavernes qu'ils habitaient, pêle-mêle avec les ossements de la proie dévorée. C'est également à cette époque, peut-être même au miocène, que l'homme fit son apparition sur la terre, puisqu'on a retrouvé là les traces de sa naissante industrie, des silex travaillés. (Voir Homme fossile.)

TESSON ou **TAISSON**. Nom qu'on donnait anciennement au Blaireau.

TEST. On emploie ce mot pour désigner l'enveloppe calcaire des mollusques, des crustacés, des échinodermes, etc., d'où le nom de *testacés* qu'on donnait autrefois à ces animaux.

TESTA. Nom sous lequel on désigne l'enveloppe la plus extérieure de la graine ou *épisperme*.

TESTACELLE (diminutif de *testa*, coquille). Genre de mollusques de l'ordre des Gastéropodes pulmonés, famille des *Limacidés*. Ces mollusques ont l'aspect des limaces, mais ils portent sur la partie postérieure du corps une petite coquille ovale, à très petite spire et formant à peine le dixième de la longueur du corps. — La **Testacella haliotidea**, le type du genre, est assez commune dans le Midi. Elle s'enfouit dans le sol et y poursuit les vers de terre dont elle se nourrit. Elle a quatre tentacules dont les deux plus grands portent les yeux à l'extrémité et sa bouche est armée d'une trompe protractile puissante; sa couleur est un gris pâle taché de gris plus foncé.

TESTACÉS. Nom que donnait Cuvier au premier ordre de ses mollusques acéphales, qui correspond aux lamellibranches des classifications actuelles.

TESTUDO. Nom latin des Tortues.

TÉTARD. (Voir Batraciens et Grenouilles.)

TÊTE D'ANE. (Voir Chabot.)

TÊTE DE MORT. (Voir Acherontia.)

TÊTE DE MÉDUSE. (Voir Euryale.)

TÉTRA. Mot grec signifiant *quatre*, et qui entre dans la composition d'un certain nombre de mots scientifiques, ainsi :

Tétradactyles (de *tétra*, et *daktulos*, doigt), à quatre doigts;

Tétragone, à quatre angles;

Tétramères (de *tétra*, et *méros*, partie), à quatre parties;

Tétradynamie (de *tétra*, quatre, et *dunamis*, puissance). Se dit des fleurs qui ont six étamines, dont quatre plus grandes, opposées par paires (les crucifères);

Tétragynie (de *tétra*, quatre, et *guné*, femelle). Classe du système de Linné comprenant les plantes dont les fleurs ont quatre pistils;

Tétrandrie (de *tétra*, quatre, et *andros*, homme). Classe du système de Linné comprenant les plantes dont les fleurs sont munies de quatre étamines.

TÉTRAS (*Tetrao*). Genre d'oiseaux de l'ordre des Gallinacés, famille des *Tétraonidés*, caractérisés par un bec court, robuste, épais; à mandibule supérieure voûtée, plus longue que l'inférieure; les narines à demi closes par une membrane renflée que cachent les plumes avancées du front; les sourcils

Tétras de plaine.

nus, garnis de papilles rouges; les pieds robustes, emplumés jusqu'aux doigts, et souvent même jusqu'aux ongles; quatre doigts, trois en avant, réunis jusqu'à la première articulation, et un derrière qui ne porte sur le sol que par son extrémité; les ailes courtes, concaves, arrondies; la queue arrondie, moyenne. C'est à ce genre qu'appartient le **Tétras de plaine** ou *grand coq de bruyère* (*T. urogallus*); cet oiseau est de la taille du paon, mais il est plus gros dans toutes ses parties. Une plaque nue, parsemée de papilles charnues, et d'un rouge vif, surmonte les yeux; ses pieds, garnis en avant de plumes brunes jusqu'à l'origine des doigts, sont nus à leur face postérieure et ne présentent point d'ergot; sa queue est arrondie. Son plumage est ardoisé, finement rayé en travers de noirâtre. La femelle est moins grosse que le mâle, et la couleur de son plumage est jaunâtre, rayé de brun. Le mâle relève les plumes de sa tête en aigrette, et fait la roue avec sa queue, comme le paon et le dindon. On trouve les Tétras dans les forêts de pins et de sapins qui couvrent nos plus hautes montagnes ou les plaines des pays du Nord. Ils se nourrissent des fruits et des jeunes pousses des sommités de ces arbres, ainsi que des baies de différentes plantes, de graines, de vers, d'insectes, etc. Cachés pendant le jour, ils ne se montrent guère que le matin et le soir, au crépuscule et à l'aurore, pour aller chercher leur pâture. La femelle pond à terre et sur la mousse de huit à seize œufs qu'elle couve comme la poule. De même que le coq, le Tétras se montre très jaloux de ses femelles, et livre des combats acharnés à ses rivaux. Cet oiseau est d'un naturel farouche et aime la solitude; mais, à l'époque de la pariade, il perche, pousse des cris d'appel, et est tellement étourdi qu'il se laisse approcher et tirer très facilement. Le grand coq de bruyère est un gibier excellent, surtout lorsqu'il est jeune; aussi a-t-on fait plusieurs fois des tentatives pour le domestiquer, mais on n'a pas encore pu y réussir. Il languit et ne tarde pas à mourir quand on le tient en captivité. — Le **Tétras à queue fourchue** ou *coq de bouleau* (*T. tetrix*), de la taille du coq ordinaire, habite également les montagnes boisées du nord de l'Europe. Le plumage du mâle est noir, irisé de violet sur la tête et la poitrine, avec du blanc aux ailes; sa queue est fourchue. La femelle est fauve, rayée en travers de noirâtre et de blanchâtre. Cet oiseau vit en troupes dans les forêts plantées de bouleaux, dont les jeunes pousses font sa nourriture favorite. Sa chair est moins estimée que celle du coq de bruyère. — La **Gélinotte** ou *poule des coudriers* (*T. bonasia*) appartient également au genre *Tétras*; elle habite la France et l'Allemagne. Un peu plus grande que la perdrix, son plumage est varié de brun, de gris, de roux et de blanc, avec une large bande noire près du bout de la queue. La gorge du mâle est noire. Elle a les mœurs des Tétras et sa chair est exquise. — Le **Lagopède** ou **Ptarmigan**, compris autrefois parmi les Tétras, forme aujourd'hui un genre à part. (Voir Lagopède.)

TETRODON (de *tetra*, quatre, et *odous*, dent). Genre de poissons type de la famille des *Tétrodontidés*.

TÉTRODONTIDÉS. Famille de poissons téléostéens de l'ordre des Plectognathes, dont les lames d'ivoire qui garnissent les mâchoires sont indivises (*Diodons*) ou divisées dans leur milieu, à la mâchoire supérieure seulement (*Triodon*), ou aux deux mâchoires (*Tetrodon*). Leur caractère commun est d'être pourvus d'une vaste poche extensible, dépendant de l'œsophage et qu'ils peuvent remplir d'air, ce qui leur permet de se gonfler comme des ballons et de flotter à la surface de l'eau. — Le **Tétrodon du Nil** (*Tetrodon lineatus*), que les Arabes nomment

fahaca, a le corps pointillé de brun en dessus, les flancs et le ventre rayés longitudinalement. Pendant

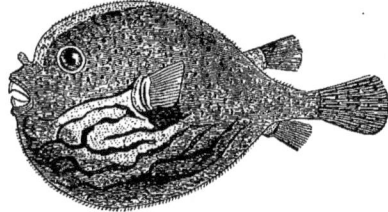

Tetrodon fahaca.

les inondations, le Nil en rejette beaucoup sur les terres. (Voir Diodon.)

TETTE-CHÈVRE. (Voir Engoulevent.)

TEUCRIUM. Nom scientifique latin de la Germandrée.

THALAMIFLORES (de *thalamus*, lit, et *flos*, fleur). Division du règne végétal, dans la classification de de Candolle, comprenant les plantes phanérogames, polypétales, hypogynes, dont les pétales sont insérés sur le réceptacle (*thalamus*), au niveau de l'ovaire (renonculacées, crucifères, caryophyllées, etc.)

THALASSIOPHYTES (du grec *thalassa*, la mer, et *phuton*, plante. On donne parfois ce nom aux algues marines. (Voir Algues.)

THALICTRUM. (Voir Pigamon.)

THALLE (du grec *thallos*, rameau). Partie des plantes cryptogames qui porte les organes reproducteurs. (Voir Cryptogames.)

THAPSIA (de l'île de Thapsos, où on le trouva pour la première fois). Genre de plantes ombellifères, propres à la région méditerranéenne composé d'herbes vivaces. On en connaît plusieurs espèces, telles que le **Thapsia asclepium**, appelé vulgairement *panacée d'Esculape*, dont les anciens employaient la racine pilée pour guérir les ulcères, et le **Thapsia villosa** dont *faux turbith*, dont la racine est purgative. — Le **Thapsia garganica** est une plante à racines vivaces, épaisses, allongées, à tige haute de 30 à 50 centimètres, à feuilles décomposées avec des folioles entières, ovales, luisantes, à ombelles nues à la base. Sa racine grosse, charnue, tuberculeuse, souvent bifurquée, renferme en abondance un suc résineux, âcre, irritant et caustique. Ce suc entre dans la composition de l'emplâtre de Thapsia et d'un sparadrap révulsif. Cette plante était anciennement connue sous le nom de *silphium de la Cyrénaïque*, et tous les auteurs anciens se sont accordés sur ses vertus merveilleuses. De longues discussions attribuèrent tantôt à une plante, tantôt à une autre les propriétés du célèbre végétal de Cyrène, lorsqu'en 1817 le botaniste della Cella le retrouva dans les prairies de Spaghè, en Cyrénaïque, et le reconnut comme appartenant au genre *Thapsia*. En 1859, le docteur Laval recueillit, près des ruines de Cyrène, une certaine quantité de silphium, dont il étudia avec soin les propriétés. Il reconnut son action bienfaisante sur les poumons et l'ensemble des organes respiratoires et en obtint d'excellents résultats contre les affections de la poitrine et de la gorge, dans les hôpitaux militaires. Suivant les médecins qui en ont fait l'application, l'extrait de silphium, soit en granules, soit en teinture, guérit rapidement la phtisie, la bronchite, la laryngite, l'esquinancie, etc.

THÉ (en chinois *tcha*). Arbuste toujours vert dont on obtient, par l'infusion des feuilles, une excellente boisson, aujourd'hui en usage dans le monde entier. Le Thé (*thea*, L.) est un arbrisseau de la famille des *Camelliacées*, qui, à l'état sauvage, peut atteindre 6 à 8 mètres de hauteur, mais qui ne dépasse pas 3 mètres à l'état de culture. Ses feuilles sont alternes, courtement pétiolées, ovales, aiguës, dentées, luisantes, d'un vert foncé, longues

Thé.

de 5 à 8 centimètres. L'arbre à Thé est originaire des contrées centrales de l'Asie, et non de la Chine comme on le croit ; mais sa culture est extrêmement répandue dans ce pays. Celui qui se récolte aux environs de Pékin est le plus estimé. Le Thé fut introduit en Europe au dix-septième siècle par la Compagnie des Indes hollandaises. Son usage, d'abord très limité, a pris une extension considérable, surtout en Angleterre et aux États-Unis. En France, l'usage du Thé est devenu à peu près général. — Les botanistes ont été longtemps divisés sur la question de savoir s'il existe deux espèces de Thé, l'une dont on tire le *Thé vert*, l'autre dont on tire le *Thé noir*. On sait aujourd'hui qu'il n'existe qu'une seule sorte d'arbre à Thé, et que toute la différence entre le Thé noir et le Thé vert dépend de quelques modifications apportées dans la préparation. En Chine et au Japon, la récolte du Thé se fait deux fois par année, au printemps et vers le mois de septembre. Après leur récolte, les feuilles sont exposées au soleil ; ensuite on les soumet à la torréfaction dans une bassine chauffée au rouge, en les remuant continuellement. Les feuilles torréfiées sont passées aux ouvriers chargés de leur enroulement. Ces deux opérations sont répétées deux ou trois fois. Les Thés verts sont moins torréfiés que les Thés noirs ; ils conservent mieux leur couleur et leur forme primitive ; mais ils résistent moins bien à l'action du temps. Lorsque les Thés ont été préparés, on les emballe tout chauds dans des caisses hermétiquement fermées, où on les tasse. Avant cet emballage, les Chinois les aromatisent avec différentes plantes balsamiques, l'*Olea fragrans*, le *Camellia sasanqua*, etc. On donne aux Thés verts une couleur uniforme au moyen d'une poudre faite avec 3 parties d'*younglin* (sulfate de chaux) et une partie d'*aco* (indigo). Les Thés fins, destinés à l'exportation, sont mis dans des caisses vernissées, doublées de lames d'étain, de plomb ou de papier peint, afin de les rendre imperméables à l'air. Les Thés fins envoyés en Russie, et distingués sous le nom de *Thés de caravane*, sont enfermés dans des caisses semblables revêtues de nattes de bambous très serrées. Le commerce possède un grand nombre de variétés de Thés que l'on divise en deux groupes, les Thés verts et les Thés noirs. Les premiers ont une couleur verte ou grisâtre ; ils sont plus âcres, plus aromatiques que les seconds, dont la couleur est brune, et qui sont généralement plus doux. Les principales sont : *Thés noirs :* Pekao, congo, souchong, pouchong, honlong, bohea ; *Thés verts :* Hyson, poudre à canon, impérial, tonkay. La culture du Thé a été introduite par les Anglais dans leurs possessions asiatiques ; il est aujourd'hui cultivé dans toutes les parties de l'Inde et avec un succès tel que l'Inde paraît destinée à devenir le plus grand pays de production de cette précieuse plante. Dans la Corée, le Tonkin, la Cochinchine, l'Annam, l'Ava et la Birmanie, on la cultive également, mais elle est consommée sur place. On a introduit le Thé au Brésil en 1827. Les Français ont essayé de l'acclimater en Algérie en 1844. On le trouve aujourd'hui à Maurice, à Sainte-Hélène, à Singapour, dans l'Australie et dans les Antilles. Les Américains le cultivent depuis 1857, dans la Virginie et la Caroline ; ils viennent de l'introduire dans la Californie et près de Baltimore. On a essayé de retrouver la patrie originaire du Thé. C'est dans la vallée de l'Assam, le long du Brahmapoutra, et non en Chine, qu'il faudrait le placer, pour ce motif que dans l'Assam seulement on le trouve partout à l'état sauvage et aussi haut qu'un arbre (de 4 à

6 mètres). Tous les voyageurs, depuis Marco Polo jusqu'à Richthofen, sont d'accord là-dessus; du reste, les traditions racontent que le Thé fut apporté en Chine par un missionnaire bouddhiste de l'Inde. — L'analyse du Thé a donné une substance volatile, une huile essentielle, du tannin, une matière caséeuse, de la gomme, un principe particulier qui a reçu le nom de *théine*. Péligot, dans un travail sur le Thé, pense que « le Thé ne doit pas être considéré comme une boisson exclusivement excitante; elle doit être, en outre, nourrissante, à cause de la proportion et de la nature des substances qui la composent ». Et les Anglais, dit encore Péligot, en associant, comme ils le font habituellement, l'infusion du Thé au sucre et au beurre, réalisent les conditions assignées à tout aliment parfait. Les propriétés que l'on s'accorde à reconnaître à cette boisson sont celles des boissons stimulantes : elle rend les digestions plus promptes, plus faciles, active la circulation, provoque une exhalation cutanée plus abondante et stimule les facultés intellectuelles. Toutefois, les personnes d'un tempérament sec et nerveux devraient s'en abstenir, ou du moins y mélanger une certaine quantité de lait.

Thé du Paraguay. (Voir MATHÉ.)

Thé du Labrador. (Voir LÉDON.)

Thé suisse. Mélange de plantes aromatiques recueillies dans les Alpes suisses, telles que bétoine, lierre terrestre, millefeuilles, arnica, thym, véronique, romarin, sauge, hysope, etc. Il est employé en infusion, comme vulnéraire, et dans les digestions laborieuses, les coliques, etc.

THÉOBROME. Nom scientifique du Cacaoyer.

THÈQUES (du grec *thékê*, boîte). On donne ce nom aux petits sacs ou capsules qui renferment les spores dans les mousses et les lichens.

THÉRIDION (du grec *théridion*, animalcule). Genre d'arachnides de l'ordre des ARANÉIDES DIPNEUMONES, de la famille des *Thérides*. Ce sont des araignées sédentaires, inéquitèles, c'est-à-dire qui filent des toiles disposées en réseaux irréguliers. Leurs yeux, au nombre de huit, sont placés : quatre au milieu en carré, les deux antérieurs sur une petite éminence, et deux de chaque côté. — Le type du genre, le **Théridion bienfaisant** (*Th. benignum*), est très petit et très répandu à l'automne dans les jardins et surtout sur les treilles; ils recouvrent les grappes d'une toile très fine, presque invisible, mais qui suffit pour en éloigner les insectes et même les guêpes qui craignent de s'y empêtrer les pattes. Cette petite araignée est rousse, tachée de noir.

THEVETIA. (Voir AHOUAÏ.)

THLASPI (du grec *thlaein*, comprimer; allusion à la forme aplatie du fruit). Genre de plantes dicotylédones de la famille des *Crucifères*, ayant pour caractères distinctifs : calice non bossu; pétales entiers à peu près égaux; silicule ovale, comprimée, échancrée au sommet, à valves carénées, bordées sur le dos d'une membrane foliacée à deux loges polyspermes. — Le **Thlaspi des champs** (*T. arvense*), vulgairement *monoyère*, est une plante glabre à odeur d'ail; à tige dressée, anguleuse, de 2 à 3 décimètres; à feuilles oblongues sinuées, dentées; les radicales pétiolées, celles de la tige amplexicaules. Fleurs blanches d'avril à octobre. Il croît dans les lieux cultivés, les vignes. — Le **Thlaspi alpestre** (*T. alpestre*), qui croît dans les hautes montagnes, se distingue par ses anthères d'un noir violacé et par ses silicules largement ailées. — Le **Thlaspi bourse à pasteur** (*T. bursa pastoris*), vulgairement *tabouret*, forme aujourd'hui le genre *Capsella*, qui se distingue par sa silicule triangulaire, comprimée, à valves carénées, non ailées. C'est une petite plante très commune dans les lieux incultes, à feuilles radicales en rosette, celles de la tige amplexicaules, à petites fleurs blanches; elle est astringente. Les jardiniers donnent également le nom de *Thlaspi* à plusieurs espèces du genre *Iberis*.

THOMISE, *Thomisus* (du grec *thomissein*, lier). Genre d'arachnides de l'ordre des ARANÉIDES DIPNEUMONES. Ce sont des araignées de petite taille, sédentaires, qui ont la singulière habitude de marcher de côté ou à reculons, comme les crabes. Elles ne filent pas de toile, mais se mettent en embuscade pour surprendre leur proie. Leurs yeux, au nombre de huit, sont petits, disposés en deux lignes transverses très larges. La femelle entoure ses œufs d'un cocon qu'elle garde assidûment. — Le **Thomisus cristatus**, l'espèce type du genre, est répandu dans toute la France. Il est long de 5 millimètres, d'un jaune obscur parsemé de points noirs. — Le **Thomisus citreus**, d'un jaune citron, vit sur les fleurs.

THON (*Thynnus*). Genre de poissons de la famille des *Scombéridés*, voisins des Maquereaux, dont ils se distinguent par une sorte de corselet formé d'écailles plus grandes et moins lisses que sur le reste du corps, où elles sont presque imperceptibles, et par la disposition des nageoires dorsales, dont la première se prolonge jusque très près de la seconde.

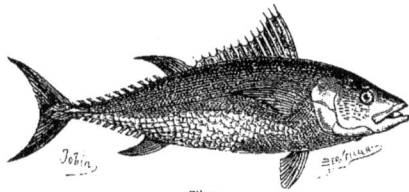

Thon.

— Le **Thon commun** (*T. vulgaris*), qui a ordinairement de 1m,30 à 2 mètres de longueur, peut atteindre, selon Cuvier, une longueur triple et peser, dit-on, jusqu'à 500 kilogrammes. Sa forme générale est celle du maquereau, mais plus arrondie; il est d'un noir bleuâtre en dessus, grisâtre avec des taches argentées en dessous. Cet excellent poisson se pêche dans la Méditerranée, où on le trouve à plusieurs époques de l'année, par bancs innombrables. Dans la pêche dite *thonaire,* les bateaux, disposés en demi-cercle, réunissent leurs filets de manière à former une enceinte autour d'une troupe de Thons, lesquels, effrayés par le bruit, se rapprochent du rivage, vers lequel on les ramène de plus en plus en rétrécissant l'enceinte, jusqu'à ce qu'enfin on tende un dernier et grand filet terminé en cul-de-sac, et dans lequel on tire vers la terre les poissons capturés. La chair de ce poisson, qui est très estimée, se conserve soit à l'aide du sel, soit par la cuisson et l'immersion dans l'huile; celle du ventre, plus estimée, se sale à part dans des barils particuliers. C'est une industrie très importante sur les côtes de la Provence, du Languedoc, de la Sardaigne, etc. — La **Thonine** (*T. thunnina*), espèce plus petite, d'un bleu brillant sur le dos avec des arabesques noires, se pêche aussi dans la Méditerranée. — La **Bonite des tropiques** ou *Thon à ventre rayé* (*T. pelamys*), plus petite que le Thon commun, est d'un bleu noirâtre en dessus, d'un blanc argenté en dessous, avec quatre bandes longitudinales d'un brun verdâtre. Sa chair est plus rouge que celle du Thon. Elle est célèbre par la chasse qu'elle donne aux poissons volants. — Le **Germon des Basques** (*T. alalonga*), qui se prend aussi dans la Méditerranée avec le Thon, en diffère très peu ; seulement sa chair est plus blanche. Il pèse rarement plus de 40 à 50 kilogrammes.

THONINE. (Voir Thon.)

THORACIQUE. Qui a rapport au thorax : artère thoracique, nerf thoracique.

THORAX. Mot emprunté du grec et qui sert à désigner la capacité de la poitrine. (Voir Anatomie). C'est la cage osseuse formée en arrière par la colonne vertébrale, en avant par le sternum, sur les côtés par les côtes et les cartilages costaux.

THRIPS. Genre composé de très petits insectes qui, par leur organisation particulière, forment un ordre à part, celui des Thysanoptères, pour quelques entomologistes ; d'autres les placent parmi les pseudo-névroptères. Ils ont des mandibules longues, presque en forme de soies, des mâchoires aplaties, munies d'un palpe articulé ; la lèvre inférieure porte aussi deux petits palpes articulés. Les ailes, au nombre de quatre, sont longues et étroites, garnies sur leurs bords de longs cils très serrés ; les tarses, vésiculeux, n'ont que deux articles ; les antennes sont courtes, de neuf articles. Les larves ne diffèrent de l'insecte parfait que par l'absence des ailes. Les Thrips vivent sur les végétaux, auxquels ils sont parfois très nuisibles ; ils rongent les feuilles. Dans le midi de la France et en Italie les oliviers en souffrent beaucoup chaque année, et les plantes des serres chaudes en sont souvent infestées. — Le type du genre est le **Thrips cerealium,** qui cause de grands dommages aux céréales ; le blé surtout en souffre beaucoup dans certaines localités ; c'est à lui que sont dus, le plus souvent, les grains racornis, quelquefois si communs dans les épis. C'est un petit insecte de 2 millimètres de longueur, d'un brun ferrugineux, avec les antennes

et les pattes annelées de blanc. — Le **Thrips hemorrhoïdalis,** qui infeste souvent les serres, est noir avec les pattes jaunes ; sa larve est jaunâtre, sans ailes. Ce sont les azalées et les orchidées qui en ont le plus à souffrir. La fleur de soufre et la fumée de tabac détruisent ces insectes, mais cette dernière est nuisible à beaucoup de plantes, notamment aux orchidées.

THUYA (du grec *thuon,* encens). Genre de la famille des *Conifères,* groupe des Cupressinées. Ces arbres se reconnaissent sans peine à leur port pyramidal et à leurs ramules grêles, distiques, aplatis, recouverts de très petites feuilles imbriquées et persistantes. Toutes les parties des Thuyas exhalent une odeur résineuse et peu agréable. — Le **Thuya d'Amérique** (*Th. occidentalis*), connu sous les noms vulgaires d'*arbre de vie* ou de *cèdre blanc,* est commun au Canada ainsi que dans le Nord des États-Unis, et fort répandu, en Europe, dans les jardins. Cet arbre peut s'élever jusqu'à 20 mètres, mais il ne croît qu'avec une extrême lenteur ; il se plaît surtout dans les sols marécageux ou humides ; c'est dans les localités de cette nature qu'il forme, en Amérique, d'épaisses forêts. Son bois jouit de la précieuse faculté de résister très longtemps à la pourriture, étant exposé aux alternatives de la sécheresse et de l'humidité ; son emploi le plus habituel, dans les contrées où il abonde, est pour confectionner les pieux et barres servant à enclore les champs et autres propriétés rurales. — Le **Thuya d'Orient** (*T. orientalis*), également nommé *arbre de vie,* nous vient de la Chine. Plus répandu en Europe que le précédent, comme arbre d'ornement, il ne dépasse guère 10 mètres de hauteur. On le plante souvent en palissades pour garantir du vent, et on le taille alors en charmille. Les Thuyas se multiplient par semis comme les pins.

THYLACINE (du grec *thulax,* bourse, poche). Genre de mammifères de l'ordre des Marsupiaux, de la

Thylacine.

famille des *Dasyuridés.* Ce sont des animaux essentiellement carnassiers, et leur dentition rappelle celle des carnivores; ils ont huit incisives supérieures, six inférieures, quatre canines fortes et pointues, et quatorze molaires à chaque mâchoire, en tout quarante-six dents. Ils ont cinq doigts aux pieds de devant, quatre seulement aux pieds de derrière, qui manquent de pouce ou n'en ont qu'un rudiment, et leurs doigs sont munis de griffes. — Le **Thylacine de Harris** (*Thylacinus cynocephalus*) est grand comme un loup, mais plus bas sur jambes; c'est le plus grand des carnassiers du continent austral. Son pelage est court, assez doux, de couleur grise, rayé en travers de noir sur la croupe. Il est très carnivore et chasse tous les petits quadrupèdes et les oiseaux; au besoin, il se rejette sur les cadavres des poissons et autres animaux marins. Il reste caché le jour dans les cavernes et les trous des rochers, au bord de la mer, et ne sort guère que la nuit pour surprendre sa proie. Il se trouve à la terre de Van-Diémen.

THYM, *Thymus* (de *thumos*, nom grec d'une espèce du genre). Genre de la famille des *Labiées*. On en connaît plusieurs espèces, dont la plupart croissent dans les régions voisines de la Méditerranée; ce

sont de petits arbustes, en général remarquables par l'arome agréable qu'ils exhalent, surtout lorsqu'on froisse leurs feuilles entre les doigts. Ces feuilles sont petites, entières, veinées; leurs fleurs, purpurines, sont réunies en épis plus ou moins serrés. — L'espèce qu'on désigne plus spécialement sous le nom de *Thym* est le **Thymus vulgaris**, L., indigène dans l'Europe méridionale, et fréquemment cultivé, dans les potagers, à titre de plante condimen-

Thym cultivé.

taire; elle fournit l'essence de Thym, qui, comme on sait, entre dans la composition de diverses préparations de parfumerie. Le Thym fait partie des espèces aromatiques. — Tout le monde connaît **le Thym sauvage** ou *serpolet* (*Thymus serpyllum*, L.), commun dans toute la France sur les pelouses sèches. Son odeur est quelquefois assez semblable à celle du citron. Les abeilles récoltent dans ses corolles les éléments d'un miel parfumé, et les lapins sont très friands de leur feuillage. L'infusion de serpolet s'emploie comme stomachique et antispasmodique. On multiplie les Thyms par division des vieux pieds, rarement par graines.

THYMALLUS. (Voir Ombre.)

TIERCELET. (Voir Epervier.)

TIEUTÉ. (Voir Upas.)

THYMÉLÉACÉES (du genre *Thymelœa*). Famille de plantes dicotylédones, à calice coloré, tubuleux, sans corolle, étamines en nombre égal ou double des divisions du calice; ovaire libre uniloculaire, à une seule graine; fruit tantôt sec et indéhiscent, tantôt drupacé. Ce sont des arbres ou des arbustes à feuilles alternes ou éparses, dépourvues de stipules. Les genres principaux de cette famille sont : *Dirca, Daphne, Thymelœa, Passerine, Laget.* Quelques auteurs en ont fait la famille des *Daphnéacées*.

THYMÉLÉE (*Thymelœa*). Genre de plantes de la famille des *Thyméléacées*, que Linné plaçait dans le genre *Daphné* (*Daphne thymelœa*). C'est un arbuste à rameaux simples, à feuilles alternes, ovales lancéolées; à fleurs axillaires, sessiles, de couleur jaunâtre. Il est commun dans tout le midi de l'Europe. Son écorce possède des propriétés vésicantes.

THYNNUS. (Voir Thon.)

THYROÏDE (du grec *thureos*, bouclier). Cartilage quadrilatère placé en avant du larynx et qui le protège comme un bouclier. Il est formé de deux lames latérales qui forment en avant un angle saillant très prononcé chez quelques personnes et que l'on nomme vulgairement *pomme d'Adam*. Sa face interne donne attache au ligament de la glotte, et il s'unit à l'os hyoïde par ses bords postérieurs latéraux qui se prolongent en cornes. (Voir Larynx.)

THYRSE. Panicule en forme d'épi, formée de fleurs portées sur des pédoncules rameux (les vulpins). Se dit aussi des grappes fusiformes, comme celles du lilas.

THYSANOPTÈRES. (Voir Thrips.)

THYSANOURES (de *thusanos*, frange, et *oura*, queue). Petit ordre d'insectes Aptères et ne subissant pas de métamorphoses, que quelques naturalistes considèrent aujourd'hui comme une division de l'ordre des Orthoptères, auxquels ils les rattachent. Ces insectes sont reconnaissables entre tous par les organes particuliers du mouvement qu'ils portent à l'extrémité de l'abdomen, d'où leur nom de *Thysanoures* (queue à franges), et qui leur permettent, le plus souvent, d'exécuter des sauts plus ou moins considérables. Ils varient d'ailleurs beaucoup sous le rapport de la forme générale et de la composition de chaque organe en particulier. Chez ces insectes, la bouche est composée, comme chez les insectes broyeurs, de mandibules et de mâchoires plus ou moins développées. Tous sont aptères, très agiles et échappent à la main qui veut les saisir, soit par une fuite rapide, soit en sautant. Les uns vivent dans l'intérieur des maisons, les autres se trouvent sous les pierres, sur les matières végétales en décomposition, les feuilles, etc. On divise cet ordre en deux familles : les *Podurides* et les *Lépismides*.

TIBIA. Os interne et le plus volumineux de la jambe, qu'il forme avec le péroné. (Voir Squelette.)

TICHODROME. Nom scientifique de l'Echelette. (Voir Grimpereau.)

TIGE. La Tige est cette partie du végétal qui s'élève au-dessus du sol et n'est séparée de la racine que par le *collet*, région où, dans la tige primaire, l'épiderme disparaît et où les faisceaux libériens, superposés dans la jeune tige aux faisceaux ligneux, les quittent pour alterner avec eux dans la jeune racine. La Tige primaire se distingue de la racine, en ce que ses faisceaux primaires sont formés de liber et de bois superposés de dehors en dedans, et non alternes comme dans la racine, et, en outre, en ce qu'elle porte les feuilles et que son sommet végétatif est dépourvu de coiffe. Plus tard, par suite du progrès des formations secondaires, les faisceaux libériens et les faisceaux ligneux se superposent dans la racine des gymnospermes et des dicotylédones comme dans leur tige, tandis que la structure primaire persiste chez la plupart des cryptogames vasculaires et des monocotylédones. La Tige est ordinairement aérienne, et, alors, elle est tantôt *dressée*, c'est-à-dire ferme et droite; tantôt *couchée* sur le sol dans une partie de sa longueur; tantôt *rampante* et fixée au sol par des racines adventives; tantôt *volubile*, c'est-à-dire enroulée autour des corps voisins. Dans beaucoup de plantes, cependant, la tige est souterraine. Elle peut, dans ce cas, ou bien s'allonger au-dessous du sol et prendre le nom de *rhizome* (voir ce mot), ou bien être courte, aplatie, ou munie d'écailles; on lui donne alors le

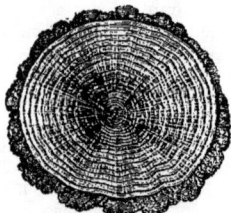

Tige dicotylédone montrant les couches concentriques.

nom de *bulbe*. (Voir ce mot.) La Tige peut être simple, c'est-à-dire d'un seul jet, elle supporte alors directement ses feuilles; elle peut être composée, c'est-à-dire divisée en branches et en rameaux; on la dit *dichotome* lorsqu'elle se divise par bifurcations successives; *trichotome*, si elle se divise par trois, etc. Ses divisions sont des *branches*, et les divisions de celles-ci sont des *rameaux*, qui, eux-mêmes, peuvent porter des *ramules*. — On distingue trois sortes principales de tiges : le tronc, le stipe et le chaume. Le *tronc* est propre aux arbres dicotylédonés, dont nous avons décrit la structure au mot Bois; dans les dicotylédones herbacées, on trouve, de dehors en dedans, l'*épiderme*, au-dessous duquel se trouve une zone assez épaisse de cellules irrégulières, laissant entre elles des méats intercellulaires; cette zone représente le parenchyme cortical ou *écorce primaire ;* le parenchyme cortical est limité au dedans par une couche circulaire de cellules spéciales remplies d'amidon, c'est la *gaine des faisceaux*, en dedans de laquelle est la zone des *faisceaux libéro-vasculaires* (voir Bois); enfin, le centre de la Tige est occupé par un cylindre de cellules polygonales, qui constituent par leur ensemble la

*moelle. Le *stipe* peut être considéré comme le type le plus habituel des tiges monocotylédonées. La tige ligneuse des monocotylédones, à laquelle on a donné le nom de *stipe*, se compose d'un grand nombre de faisceaux libéro-ligneux plus rapprochés vers la circonférence que vers le centre de la tige, et qui ne se disposent pas en couches régulières concentriques. Les feuilles qui les embrassent étroitement par la base forment une sorte d'enveloppe recouvrant une couche de tissu cellulaire très mince. Dans les tiges ligneuses monocotylédonées, les bourgeons sont ordinairement terminaux et la tige paraît s'accroître de dedans en dehors (*endogène*). Quant au *chaume*, qui se rencontre dans les graminées (froment, roseaux, bambous), c'est une Tige creuse, garnie de distance en distance de nœuds d'où partent les feuilles. La Tige ligneuse des fougères

Stipe monocotylédone (coupe verticale d'une tige de Palmier).

offre des faisceaux fibreux très développés, disposés en cercle non continu autour de la moelle et en dedans d'une couche interne cellulaire. Dans les lichens, les champignons, les algues, le tissu est complètement cellulaire. On divise les tiges en *herbacées*, *ligneuses* et *sous-ligneuses*. Les premières sont vertes, tendres et meurent chaque année ; les secondes offrent la dureté du bois et sont persistantes; les dernières participent des deux précédentes, en ce que leur base persiste, tandis que les rameaux se renouvellent tous les ans. — On distingue encore les tiges en *grimpantes*, *rampantes*, *volubiles*, etc. Ces dernières s'enroulent autour des corps environnants; mais toujours suivant une direction fixe et invariable pour chaque espèce ; c'est ainsi que le houblon et le chèvrefeuille se contournent de gauche à droite, tandis que le liseron et le haricot s'enroulent de droite à gauche. On dit la tige *stolonifère*, lorsqu'elle donne naissance à des rameaux rampants, *stolons* ou *coulants*, qui s'enracinent de distance en distance, comme dans le fraisier.— On dit que la Tige est *aphylle*, si elle est sans feuilles; *subéreuse*, quand l'écorce produit du liège ; *épineuse*, lorsqu'elle est garnie d'épines; *inerme*, si elle est dépourvue d'épines ou d'aiguillons. — La Tige existe toujours; mais dans quelques plantes elle est très courte, comme dans le pissenlit, la mandragore, etc.; dans ce cas, on dit que la plante est *acaule*.

TIGLIUM. (Voir Croton.)

TIGRE (*Felis tigris*). Ce nom, sous lequel on confond communément plusieurs espèces du genre *Chat* à robe tigrée, est réservé par les naturalistes au

Tigre royal seulement, espèce à poil ras, rayée de bandes irrégulières noires sur un fond d'un fauve doré. Il est exclusivement asiatique et habite les forêts et les jungles épaisses de l'Inde, de Java et de Sumatra. Sa tête est moins grosse que celle du lion, son corps est plus allongé et peut-être plus souple; quant à sa force prodigieuse, à la vigueur de ses mâchoires, à l'étendue et à l'impétuosité de ses bonds, il ne le cède à aucun de ses redoutables congénères. Par ses appétits sanguinaires, il est la terreur des contrées qu'il habite; aucun animal, si ce n'est l'éléphant, ne peut lui résister. Il éventre un bœuf d'un coup de griffe et l'emporte en fuyant. On le voit poursuivre sa proie jusque sur les arbres, où il grimpe facilement, et il ne craint pas d'atta-

Tigre.

quer l'homme lui-même. Sa force et la rapidité de sa course sont telles, qu'on l'a vu, maintes fois, dans les marches de troupes, enlever un cavalier de dessus son cheval et disparaître avec lui dans le fond du bois, avant qu'on ait pu songer à le poursuivre. Ses mœurs sont d'ailleurs entièrement analogues à celles des autres chats (voir ce mot et Lion), et ce que l'on a dit de l'insatiable besoin qu'il a de répandre du sang, de sa férocité sans but et de ses instincts bassement cruels, n'est, dit Cuvier, qu'un tissu d'exagérations ou d'erreurs. Impitoyable quand il est poussé par la faim, il redevient calme et paisible quand il est repu, et passe alors son temps à dormir. On prétend même que, pris de bonne heure, il s'apprivoise assez facilement et se montre sensible aux bons traitements. Cependant, il paraît plus méfiant que le lion. La chasse au Tigre se fait avec des éléphants ou à l'aide de différents pièges. Sa magnifique peau est fort recherchée. — On a donné le nom de **Tigre chasseur** au guépard; il diffère du Tigre royal par son pelage fauve, semé de petites taches noires uniformes. Il est de la taille

du léopard, mais plus haut sur jambes. On le dresse dans l'Inde pour la chasse. — Le **Tigre d'Amérique** n'est autre que le jaguar. (Voir ce mot.)

TIGRE. Les jardiniers donnent ce nom au Tingis du poirier. (Voir Tingis.)

TIGRIDIE (de *tigris*, tigre). Genre de plantes de la famille des *Iridées*, dont l'espèce type, la **Tigridie queue de paon** (*Tigrida pavonia*), originaire du Mexique, est cultivée dans les jardins pour la beauté de ses fleurs nuancées de violet, de jaune et de pourpre. Elle a le port et l'aspect des iris.

TILIACÉES (de *tilia*, tilleul). Famille de plantes dicotylédones, polypétales, hypogynes, qui prend son nom du genre *Tilleul*, en latin *Tilia*. Les Tiliacées sont voisines des Malvacées, dont elles se distinguent surtout par leurs étamines libres. Leur réceptacle est toujours convexe, le calice de quatre ou cinq sépales, la corolle de quatre-cinq pétales, les étamines en nombre indéfini à filets libres, à anthères biloculaires; l'ovaire supère à plusieurs loges. Cette famille comprend un petit nombre de genres, dont les principaux sont: *Tilia* (tilleul), *Corchorus* (corète), *Sparmannia*.

TILLEUL (*Tilia*). Genre de plantes de la famille des *Tiliacées*. Les Tilleuls forment des arbres plus ou moins élevés, couronnés d'une tête ovale ou arrondie, très touffue; leurs feuilles sont alternes, pétiolées, dentelées, pointues, en général arrondies ou cordiformes; leur inflorescence, en cime ou en corymbe, est caractérisée par une grande bractée en forme de languette, dont la côte médiane adhère au pédoncule depuis la base jusque vers le milieu. Le port élégant, le feuillage touffu et les fleurs odorantes des Tilleuls, recommandent ces arbres pour l'ornement des parcs et autres plantations d'agrément. Ils se plaisent dans les terrains légers et un peu humides. Les espèces indigènes parviennent quelquefois à un âge très avancé, et leur tronc peut acquérir des proportions considérables. Le bois de Tilleul est mou, léger et flexible; il n'est propre ni au chauffage ni à la charpente, mais recherché par les layetiers, les menuisiers, les tourneurs. Le charbon de Tilleul est excellent pour la fabrication de la poudre à canon; l'écorce intérieure est filandreuse; elle s'emploie à faire des cordes, des nattes et des souliers, dont l'usage est fort répandu parmi les paysans russes. L'infusion de ces fleurs jouit de propriétés antispasmodiques, sudorifiques et légèrement toniques ; personne n'ignore combien l'usage en est général. — On connaît environ quinze espèces de ce genre ; nous citons les plus remarquables. Le **Tilleul commun** (*T. sylvestris*, Desf.), nommé vulgairement *tillau*, *tillet*, haut de 15 mètres environ,

Tilleul.

abonde surtout dans le nord de l'Europe ; il diffère de tous ses congénères par son feuillage glabre et d'un vert glauque. — Le **Tilleul à grandes feuilles** ou *Tilleul de Hollande* (*T. platyphylla*, Scop.) est commun dans presque toute l'Europe ; en France, on le cultive plus fréquemment que le Tilleul commun, dont on le distingue au premier coup d'œil à ses feuilles d'un vert foncé en dessus et légèrement velues en dessous. — Le **Tilleul d'Amérique** ou *Tilleul du Canada* (*T. americana*), en raison de l'ampleur de ses feuilles, mérite la préférence comme arbre d'ornement sur les deux espèces précédentes.

TINAMOUS, *Tinamus* (nom qu'on donne à ces oiseaux dans la Guyane). Genre d'oiseaux gallinacés qui forment un petit groupe sous le nom de *Crypturidés* (de *kruptos*, caché, et *oura*, queue). Ils se distinguent, en effet, par leur queue presque nulle, leur bec long et mince, leurs jambes longues ; leur cou mince et allongé, leurs ailes courtes. Comme les perdrix, ces oiseaux ont un vol lourd, mais courent rapidement ; ils perchent sur les branches basses et se nourrissent de fruits, de graines et d'insectes. Ils constituent un très bon gibier. On en connaît plusieurs espèces, toutes propres à l'Amérique du Sud, et que l'on a réparties dans deux sections d'après la présence ou l'absence d'une queue. A la première, *Crypturus*, appartiennent le *Magona*, le *Macao*, le *Tatanpa*, des Brésiliens ; dans la seconde, *Tinamus*, rentrent l'*Inamou*, le *Tinamou nain*, le *Tinamou cannelle*.

TINEA. Nom latin des Teignes.

TINÉIDÉS. (Voir Teignes.)

TINGIS. Genre d'insectes Hémiptères, section des Hétéroptères, type de la famille des *Tingitidés*. Ce sont de très petites punaises au corps déprimé, à tête souvent épineuse, munie d'un rostre de trois articles logé dans un sillon profond et d'antennes de quatre articles. Leurs élytres homogènes dans toute leur étendue sont souvent pourvues, ainsi que le bord antérieur du prothorax, d'expansions membraneuses. Les Tingis vivent sur les végétaux dont ils sucent la sève. Ils ont le corps aplati, les élytres réticulées et le dernier article des antennes en bouton. Une espèce de ce genre, le **Tingis du poirier** (*Tingis piri*), est très nuisible aux poiriers ; les jardiniers le connaissent sous le nom de *tigre*. Ce tigre n'a que 2 millimètres de longueur et 3 millimètres et demi d'envergure ; il est cependant très nuisible malgré sa petite taille ; il s'établit en colonie sous les feuilles qu'il pique et crible de petites pustules noires. Les fumigations et les aspersions ne font pas grand effet sur lui ; le meilleur moyen d'en débarrasser les arbres est encore de couper les feuilles attaquées et de les brûler. On détruit ainsi une grande quantité d'œufs et de larves.

TIPULE (*Tipula*). Genre d'insectes de l'ordre des Diptères, section des Némocères, et type de la famille des *Tipulidés*. Cette famille comprend, outre

Tipule et sa larve.

les Tipules proprement dites, les Cécidomyes et les Bibions. Les Tipules (*Tipula*) ressemblent à de grands cousins, mais leur corps est encore plus allongé, et leurs pattes d'une longueur et d'une ténuité extrêmes, ce qui leur a valu le nom anglais de *daddy long legs*. Elles ont pour caractères une trompe courte et épaisse, des antennes filiformes de treize articles. Elles vivent dans les endroits humides, déposent leurs œufs dans la terre au moyen de leur tarière acérée, et les larves vivent sur les racines de certaines plantes auxquelles elles causent ainsi parfois beaucoup de tort. Il en est cependant dont les larves vivent dans l'eau. Telles sont celles du *Chironome plumeux*, connues sous le nom de *vers de vase*, et fort recherchées des pêcheurs à la ligne; on les récolte en abondance dans le sable qu'on retire de la Seine, surtout près d'Asnières. Cette larve ressemble à un ver délié, d'un beau rouge de sang. — L'une des espèces les plus communes et les plus nuisibles est la **Tipule potagère** (*T. oleracea*). Elle est d'une couleur tannée, avec des raies obscures; les ailes sont enfumées avec les nervures d'une ocre brune, les balanciers longs, grêles et en massue; les pattes très longues, d'un jaune d'ocre brillant. Cette espèce doit son nom aux ravages qu'elle cause dans les jardins potagers. La femelle pond ses œufs en volant, ou reposée sur l'herbe, et les lance à distance comme par un fusil à vent. Ces œufs ressemblent à de petites graines ovales, d'un noir brillant; l'abdomen de la femelle en renferme souvent plus de trois cents. Les larves qui en sortent croissent jusqu'à ce qu'elles aient atteint la grosseur d'une petite plume d'oie; elles sont cylindriques, longues de 25 millimètres, d'une couleur terreuse, et revêtues d'une peau tellement dure qu'en Angleterre on les nomme *jaquettes de cuir*. Ces larves restent cachées pendant le jour et rongent les racines des fèves, des laitues, des choux, des pommes de terre, etc.; elles sortent la nuit pour changer de lieu lorsque la nourriture leur manque ou qu'elles veulent se transformer en nymphe. Celle-ci est épineuse et montre sous la peau le relief des ailes et des pattes. — Une autre espèce, très voisine de la précédente, la **Tipula maculosa**, détruit les pois, les fraisiers, les carottes et les laitues. — Nous citerons encore la **Tipule à longues cornes** (*T. longicornis*), dont la couleur générale est jaune d'ocre; le thorax est noir, revêtu d'un duvet gris verdâtre. La larve de cette espèce vit à la racine du gazon et le détruit rapidement lorsqu'elle est abondante.

TIQUE. (Voir Ixode.)

TIQUET. (Voir Altises.)

TISIPHONE (nom mythologique). Genre de serpents venimeux, voisins des Trigonocéphales. (Voir ce mot.) C'est la Vipère brune de la Caroline.

TISSERAND. (Voir Tisserin.)

TISSERIN (*Ploceus*). Genre de Passereaux conirostres de la famille des *Fringillidés*, caractérisé par son bec allongé, non renflé à la base, ses pieds médiocres, ses ailes moyennes. Les Tisserins doivent leur nom à l'art avec lequel ils tissent leur nid en entrelaçant des brins d'herbe, des joncs, de la paille, et d'autres matières filamenteuses. Ils vivent habituellement par troupes, se nourrissent de grains et de bourgeons et habitent les Indes et l'Afrique. — Le **Tisserin républicain** (*P. abyssinicus*), qui se trouve au Cap de Bonne-Espérance, a la taille du gros-bec; il est d'un brun olivâtre en dessus, jaunâtre en dessous. Ces oiseaux doivent leur nom au

singulier instinct qui les fait rapprocher leurs nids en grandes quantités pour former une seule masse à plusieurs compartiments disposés de telle manière que celui du milieu est séparé des autres et mis à l'abri des serpents et autres animaux nuisibles. — Le **Tisserin du Bengale** (*P. bengalensis*) est brun en dessus, avec la tête et le cou jaunes et les parties inférieures d'un blanc jaunâtre; il a le bec rougeâtre.

Tisserin du Bengale.

Cette espèce construit son nid avec des fibres végétales qu'elle entrelace de manière à leur donner la forme d'une longue bourse. L'année suivante, il suspend une nouvelle bourse à la première pour y faire sa ponte, ajoutant ainsi, chaque année, une nouvelle bourse communiquant avec les supérieures. Il en suspend ainsi quatre ou cinq à la suite l'une de l'autre. Nous avons figuré ces nids curieux à l'article Nid.

TISSUS. (Voir Organismes.)

TITHYMALE (du grec *tithê*, nourrice, à cause du suc laiteux de la plante). Les anciens donnaient ce nom à plusieurs espèces du genre *Euphorbe*.

TODDI. Nom que porte dans l'Inde le vin de Palmier. (Voir ce mot.)

TODIER (*Todus*). Groupe américain de petits oiseaux de l'ordre des Passereaux, famille des *Syndactyles*. Ils sont caractérisés : par un bec allongé, du double plus large que haut, garni à sa base de poils assez raides, et très finement dentelé sur ses bords; des ailes courtes, faibles et concaves; une queue médiocre presque carrée, et des tarses minces de la longueur du doigt médian. Ces oiseaux fréquentent les forêts et les bois en montagnes, se nourrissent exclusivement d'insectes; et avec leurs faibles pattes, se creusent sur le bord des ravins ou des fossés escarpés un terrier consistant en une galerie tournante qui aboutit à une chambre circulaire où se trouve le nid, composé de racines fibreuses et de coton, dans lequel ils pondent quatre ou cinq œufs grisâtres piquetés de brun jaunâtre. — Le type du genre est le **Todier vert** (*T. viridis*), d'un riche vert en dessus, d'un blanc jaunâtre en dessous, avec la gorge d'un beau rouge incarnat ; le bec rougeâtre, les pieds gris ; taille de 10 à 11 centimètres.

TOLU [Baume de]. (Voir Myroxylon.)

TOLUIFERA. (Voir Myroxylon.)

TOMATE (*Solanum lycopersicum*, L.). Plante du genre *Morelle*, connue sous le nom vulgaire de *pomme d'amour*. Elle est originaire de l'Amérique tropicale. Sa racine annuelle donne naissance à une tige

Tomate à tige droite.

herbacée charnue, rameuse, couverte de poils rudes, haute de 40 à 60 centimètres ; les feuilles sont alternes, pennées ; les fleurs sont jaunes, disposées en cimes axillaires. Le fruit, bien connu de tout le monde, est une grosse baie rouge, irrégulièrement lobée. La Tomate est originaire du Pérou, mais au-

Tomate commune. Tomate rouge grosse.

jourd'hui répandue dans tous les jardins potagers. Le fruit de cette plante a une saveur aigrelette qui le fait employer dans les sauces ; on le mange également farci. Sous le climat de Paris, on sème sur couche et sous châssis, au premier printemps, pour repiquer la jeune plante en mai ; on espace les

pieds de 6 à 8 décimètres. Sa tige s'allonge beaucoup ; on est obligé de la soutenir au moyen d'un tuteur et on l'arrête à un mètre environ en en pinçant l'extrémité. On en obtient des variétés à tige rigide qui peuvent se tenir droites sans tuteur. Cette plante demande de fréquents arrosages pendant les chaleurs de l'été. En septembre, on effeuille en partie la plante pour hâter la maturation des fruits qui a lieu peu de temps après. On peut, comme curiosité, greffer la Tomate sur la pomme de terre, et récolter ainsi sur le même pied, des fruits et des tubercules.

TOMENTEUX (de *tomentum*, duvet). Se dit, en histoire naturelle, des organes ou des parties recouverts de poils courts, mous et comme feutrés. On l'emploie souvent comme synonyme de Cotonneux.

TONKA [Fève]. (Voir Coumarou.)

TONNE (*Dolium*). Genre de mollusques Gastéropodes pectinibranches de la famille des *Doliidés*, comprenant un petit nombre d'espèces propres aux mers chaudes. L'animal se rapproche des Buccins, mais la coquille est mince, ventrue, bombée, presque toujours globuleuse et cerclée transversalement. Une seule espèce se trouve dans la Méditerranée, la **Tonne casque** (*D. galea*), qui atteint 18 à 20 centimètres ; les autres espèces sont exotiques. On en connaît quelques espèces fossiles des terrains crétacés supérieurs et tertiaires.

TONNERRE (en arabe *raasch*). Nom que l'on donne au Malaptérure électrique. (Voir Malaptérure.)

TOONA. (Voir Cédrel.)

TOPAZE (*Aigue-marine orientale* des lapidaires). Substance minérale transparente d'un jaune plus ou moins éclatant, dure comme le rubis. Elle se compose de 30 d'alumine, de 35 de silice et de 15 de fluor ; c'est donc un fluosilicate d'alumine. La Topaze se trouve ordinairement dans les roches granitiques, les gneiss, les micaschistes ; elle cristallise en prismes droits à base rhomboïdale. Les plus estimées sont celles de Sibérie et du Brésil. On en trouve parfois de bleuâtres et de rosées.

TOPAZE. Nom d'une espèce du genre *Colibri*.

TOPINAMBOUR (*Helianthus tuberosus*). Espèce du genre *Hélianthe*. (Voir ce mot.) Cette plante, originaire du Brésil, et depuis longtemps cultivée en Europe pour ses tubercules alimentaires, s'élève de 15 à 20 décimètres ; ses feuilles ovales, pétiolées, sont très larges ; ses fleurs en capitules sont plus petites que celles du tournesol. Elle produit des tubercules semblables à certaines variétés de pommes de terre de forme allongée. Ces tubercules ont une saveur légèrement sucrée, analogue à celle de l'artichaut ; ils servent du reste beaucoup moins à la nourriture de l'homme qu'à celle du bétail et des porcs. Les moutons broutent volontiers ses feuilles. Le Topinambour étant très productif, même dans les terrains les plus ingrats, sa culture devient fort avantageuse dans les localités de cette nature. Il n'y a pas de sol si ingrat, où le Topinambour ne puisse être cultivé avec bénéfice. On plante les tubercules, soit entiers, soit coupés en morceaux, à la même époque et de la même manière que les pommes de terre; il n'est pas nécessaire de leur donner du fumier : si on peut leur accorder une demi-fumure en les plantant, ils donneront de meilleurs produits. On ne plante ordinairement les Topinambours qu'une fois; dès qu'ils se sont emparés du terrain, ils en restent en possession pour toujours. Comme le plus petit fragment de racine laissé en terre suffit pour reproduire une plante robuste et productive, il n'y a pas lieu de renouveler la plantation; ce qui reste dans le sol après l'arrachage suffit au repeuplement, et l'on trouve tous les ans à peu près la même quantité de tubercules. Les feuilles et les jeunes pousses du Topinambour sont un bon fourrage frais pour le bétail; on peut les couper une ou deux fois sans nuire à la production des tubercules. Ceux-ci ne gèlent pas, et l'on peut, sans risquer de les perdre, les laisser en place et ne les arracher qu'au fur et à mesure des besoins.

TOQUE (*Simia radiata*). Espèce de singe du genre *Macaque*. (Voir ce mot.) — On donne également ce nom à la Scutellaire commune. (Voir SCUTELLAIRE.)

TORCHEPOT. Nom vulgaire d'un oiseau du genre *Sittelle*.

TORCOL (*Yunx*). Genre d'oiseaux de l'ordre des PASSEREAUX, section des ZYGODACTYLES, famille des *Picidés*, voisins des Pics. (Voir ce mot.) Les Torcols ont la langue protractile, comme les pics, mais dépourvue d'épines; leur bec droit et pointu ne présente pas d'angles bien sensibles, et n'est pas assez fort pour entamer les arbres et soulever les écorces; la queue n'a que des pennes de forme ordinaire. Ils vivent d'insectes comme les pics, mais sont moins grimpeurs. Nous en avons un répandu dans toute l'Europe méridionale et tempérée, néanmoins assez rare partout : c'est le **Torcol d'Europe** (*Y. torquilla*), de la taille d'une alouette, brun en dessus, et joliment vermiculé de petites ondes noirâtres et de mèches longitudinales fauves et noires, blanchâtre rayé transversalement de noirâtre en dessous. C'est un oiseau solitaire qui aime les bois montagneux, arrive chez nous en mai pour partir en septembre, et pond, sans faire de nid, dans les trous d'arbres, peu de temps après son arrivée. Le nom de Torcol lui a été donné, à cause « d'un signe ou plutôt d'une habitude qui n'appartient qu'à lui, dit Buffon, c'est de tordre et de tourner son cou de côté et en arrière, la tête renversée vers le dos et les yeux à demi fermés, pendant tout le temps que dure ce mouvement, qui n'a rien de précipité, et qui est au contraire lent, sinueux et tout semblable aux replis ondoyants d'un reptile. » On en compte quatre autres espèces de l'Asie et de l'Afrique.

TORDEUSES (*Tortrices*). (Voir PYRALES.)

TORMENTILLE. Espèce de plante du genre *Potentille*. (Voir ce mot.) La **Potentille tormentille** (*P. tormentilla*) est commune dans les bois, les bruyères, les pâturages secs. D'un rhizome épais, partent des tiges grêles, ascendantes, de 3 à 4 décimètres, à feuilles radicales pétiolées, les caulinaires sessiles, à trois folioles cunéiformes; à stipules incisées, digitées; ses fleurs jaunes sont solitaires, à quatre divisions, sur des pédoncules axillaires au moins aussi longs que les feuilles. C'est un des plus puissants astringents indigènes; il s'emploie dans la diarrhée et la dysenterie chronique, la fièvre intermittente; à l'extérieur contre les ulcères, les contusions et les épanchements sanguins.

TORPILLE (*Torpedo*.) Les Torpilles ou Torpédidés forment, dans l'ordre des SÉLACIENS, une famille voisine de celle des *Rajidés* ou Raies, dont ils ont les formes générales. Leur corps est lisse et représente un disque à peu près circulaire, dont le bord antérieur est formé par deux prolongements du museau qui, de chaque côté, vont rejoindre les nageoires

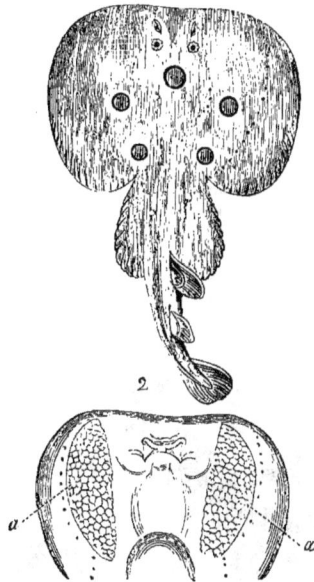

Torpille ; *a*, appareil électrique.

pectorales et laissent entre ces organes, la tête et les branchies, un espace ovalaire servant à loger l'appareil électrique qui fait de ces poissons un des genres les plus curieux du règne animal. Cet appareil se compose d'une multitude de prismes verticaux, serrés les uns contre les autres comme des rayons d'abeilles, subdivisés par des cloisons horizontales en chambres successives et animées par une grosse branche nerveuse ramifiée venant du cerveau. C'est dans ces singuliers organes que se produit l'électricité à l'aide de laquelle les torpilles peuvent donner à ceux qui les touchent des commotions violentes. Ces poissons sont moins puissants que les *gymnotes* (voir ce mot); cependant ils engourdissent le bras de celui qui les touche. Les Torpilles se servent probablement de ce moyen pour s'emparer de leur proie. — La **Torpille commune** (*T. narke*), longue de 60 centimètres environ, se trouve sur nos côtes océaniennes et méditerranéennes. Sa chair est assez délicate, mais molle et comme muqueuse. Sa couleur est rousse, avec des ocelles bruns à centre bleu, dont le nombre varie de deux à six, suivant les variétés. On a trouvé dans les schistes de Monte-Bolca les restes fossiles d'une Torpille gigantesque. — La **Torpille marbrée** (*T. marmorata*), qui fréquente les côtes méditerranéennes, est en dessus d'un brun clair marbré de taches brunes ; mais ses couleurs sont très variables.

TORTILE (*Tortilis*). Qui se tord en vrille.

TORTILLARD. Variété de l'Orme.

TORTRIX (*Tortrices*). Tordeuses. (Voir PYRALES.)

TORTUE (*Testudo*). Nom générique sous lequel on désigne vulgairement un ordre entier de reptiles auxquels les naturalistes donnent préférablement celui de CHÉLONIENS (de *chéloné*, nom grec de la Tortue). La différence des mœurs et les modifications qui y correspondent dans l'organisation ont nécessité dans cet ordre l'établissement de quatre groupes principaux, savoir : les Tortues *terrestres, fluviatiles, paludines* et *maritimes*.

I. Les Tortues terrestres (*Testudinidés*) ont la carapace très bombée, recouverte de grandes plaques cornées, non imbriquées, et formant une voûte solide, le plus souvent immobile, sous laquelle l'animal peut se retirer entièrement. Leurs pattes courtes et grosses se terminent par une sorte de moignon arrondi où sont implantés les ongles. Ces animaux vivent dans les bois et dans les hautes herbes; ils se creusent des terriers où ils passent l'hi-

Tortue grecque.

ver engourdis; jamais ils ne vont à l'eau. Leur nourriture se compose de végétaux et de mollusques. La mère dépose ses œufs dans un trou, puis ne paraît plus s'occuper des petits qui en sortent. Nous ne possédons en Europe que trois espèces de Tortues terrestres, lesquelles appartiennent au genre *Tortue* proprement dit. La plus connue est la **Tortue grecque** (*T. græca*), qui se trouve aussi dans le midi de la France; elle est jaune, tachetée de noir, longue de 30 centimètres; on la mange en Italie. Une espèce voisine, la **Tortue mauresque** (*T. mauritanica*), se trouve fréquemment aux environs d'Alger. — Parmi

les espèces étrangères, il en est qui atteignent un mètre et plus de longueur.

II. Les Tortues paludines (*Emydidés*) forment le passage entre les Tortues essentiellement aquatiques et les Tortues terrestres. Leurs pattes sont terminées par cinq doigts libres, mais plus ou moins palmés; la carapace est complètement ossifiée et recouverte de plaques cornées ; la tête et les membres peuvent se cacher sous la carapace. A ce

Emyde bourbeuse.

groupe appartiennent : la **Tortue bourbeuse** (*Emys orbicularis*), commune dans le midi de l'Europe, mais rare en France. Elle est longue de 20 à 25 centimètres, noirâtre, toute semée de points jaunes disposés en rayons. Elle vit dans les eaux bourbeuses et les marais. — La **Tortue peinte** (*Emys picta*), l'une des plus jolies espèces, habite les Etats-Unis. Elle est brune avec un ruban jaune autour de chaque plaque. C'est encore à cette division qu'appartient le genre *Chelys*, si singulier d'aspect, avec ses franges et son nez prolongé en trompe. — Le **Matamata** (*Chelys fimbriata*), long de 60 à 80 centimètres, d'un brun foncé en dessus, plus pâle en dessous, a la carapace hérissée d'éminences pyramidales, le corps bordé tout autour d'une frange déchiquetée. Les pattes antérieures ont cinq doigts onguiculés à peine distincts ; les postérieures en ont quatre onguiculés, et un plus court, sans ongle. Elle vit dans les marais de Surinam et de Cayenne, où elle se nourrit de mollusques et où on la recherche beaucoup pour la bonté de sa chair.

III. Les Tortues fluviatiles ou d'eau douce (*Trionycidés*) ont les pattes palmées ou en rames, trois doigts seulement sont pourvus d'ongles (d'où leur nom *trionyx*); la carapace aplatie, élargie, est incomplètement ossifiée et recouverte d'une peau au lieu d'écaille, ce qui leur a fait donner le nom de Tortues molles. Ils ne peuvent rentrer leur tête et leurs pattes sous leur carapace. Ce sont des espèces essentiellement aquatiques, nageant avec une extrême facilité, et qui ne viennent à terre que pendant la nuit pour s'y reposer. Elles vivent de poissons, de vers et de mollusques. Telle est le **Tyrsé** ou *Tortue molle du Nil* (*Trionyx ægyptiacus*), qui atteint 1 mètre. Elle est verte, mouchetée de blanc. Cette espèce, qui habite le Nil, rend au pays de grand services en dévorant les petits crocodiles au moment où ils éclosent. — La **Tortue molle d'Amérique** (*Trionyx ferox*), qui habite les rivières de la Caroline, de la Floride et de la Guyane, a les mêmes mœurs; elle détruit les petits alligators et devient la proie des grands.

IV. Les Tortues marines (*chélonidés*) ont leur enveloppe trop petite pour recevoir la tête et les pattes, qui sont extrêmement allongées, aplaties en

Tortue caret.

nageoires, notamment aux extrémités antérieures, et terminées par des doigts étroitement enveloppés dans la même membrane. Les pièces de leur plastron ne forment point une plaque continue, mais laissent des intervalles remplis par du cartilage. Leur bec est crochu, très tranchant sur les bords. Une masse charnue qui surmonte les narines fait l'office de soupape en les fermant lorsque l'animal plonge sous l'eau. Ces reptiles nagent avec une grande facilité; on les rencontre parfois à plusieurs centaines de lieues des côtes, à la surface de la mer, où ils peuvent même s'endormir, et ils n'en sortent guère qu'à l'époque de la ponte, pour déposer leurs œufs dans un trou qu'ils creusent sur la plage. Ces œufs, en nombre très considérable, restent exposés pendant quinze jours au moins, cachés sous le sable, à la chaleur du soleil; puis les petits, encore privés d'écaille, éclosent et se dirigent vers la mer. Ces espèces marines acquièrent, en général, une très grande taille. On en a vu dont le corps pesait jusqu'à 800 kilogrammes, et dont la carapace avait plus de 5 mètres de circonférence. On les trouve en troupes nombreuses dans les mers des pays chauds. — La **Tortue franche** ou

Tortue verte (*Chelonia mydas*) se distingue à ses écailles verdâtres. Elle a 2 mètres et plus de longueur, et pèse jusqu'à 400 kilogrammes; sa chair est très estimée. Ses œufs sont aussi très bons à manger. — La **Caouane** (*Chelonia caretta*), plus petite que la précédente, brune ou rousse; se trouve jusque dans la Méditerranée. Elle fournit une bonne huile à brûler, mais sa chair est de mauvais goût, et son écaille peu estimée. — Le **Caret** (*Chelonia imbricata*), moins grand que la Tortue franche, porte treize écailles fauves et brunes, se recouvrant comme des tuiles. On le trouve dans les mers des pays chauds. Sa chair est mauvaise et malsaine; mais ses œufs sont très délicats. C'est cette espèce qui fournit l'écaille employée dans les arts.

TORTUE [Grande et petite]. Nom vulgaire de deux espèces de papillons du genre *Vanesse*. (Voir ce mot.)

TORULEUX (de *torulus*, renflé). Se dit, en botanique, des siliques renflées de distance en distance (*Sinapis alba*).

TORUS. En botanique, synonyme de Réceptacle.

TOTANUS. Nom scientifique latin des oiseaux du genre *Chevalier*. (Voir ce mot.)

TOTIPALMES. Division de l'ordre des oiseaux Palmipèdes comprenant ceux qui ont tous les doigts réunis dans une seule membrane; tels que pélicans, cormorans, frégates, paille en queue, etc. (Voir ces mots.)

TOUCAN. Les Toucans et les Aracari forment, dans l'ordre des Passereaux, tribu des Zygodactyles ou *Percheurs*, une petite famille, celle des *Ramphastidés* (de *ramphastos*, nom scientifique du Toucan). Ce sont des oiseaux de l'Amérique tropicale, remarquables par l'énormité de leur bec, qui, dans quelques espèces, est presque aussi long et aussi gros que le corps. Le bec est arqué vers le bout, dentelé aux bords, et formé d'une enveloppe très mince, de sorte qu'il est très léger malgré son énorme volume; leur langue, longue et étroite, est garnie de chaque côté de barbes comme une plume; les deux doigts antérieurs sont soudés jusqu'à leur milieu. Ces oiseaux sont propres aux parties chaudes de l'Amérique où ils vivent en familles, se nourrissant d'insectes et de fruits, et dévorant à l'occasion les œufs et les petits oiseaux. Comme les calaos, avec lesquels leur énorme bec leur donne quelque ressemblance, les Toucans jettent leur proie en l'air pour la recevoir dans leur gosier sans la mâcher. Ces oiseaux ont en général le fond du plumage vert ou noir avec du rouge ou du jaune brillant sur la gorge et la poitrine. — Le **Toucan du Brésil** (*R. Tucanus*) a 50 centimètres de longueur, les parties supérieures noires, à reflets bronzés, les joues et la gorge d'un jaune orange bordé de rouge; les couvertures de la queue jaune-soufre; le bec est vert et bleu taché de jaune.

Les Aracaris, dont le nom exprime le cri, ont le bec moins volumineux que celui des Toucans, quoique très grand. — L'Aracari de Baillon (*Pteroglossus*

Baillonii), du Brésil, est verdâtre en dessus, d'un jaune intense en dessous.—L'**Aracari grigri** (*P. Aracari*), de la Guyane, a la tête et le cou noirs, les

Toucan (aracari de Baillon).

ailes et le dos verts, la poitrine et le ventre jaunes avec une écharpe rouge. Les Aracaris ont les mœurs des Toucans.

TOUCHER. Celui des cinq sens qui nous fait connaître au contact la conformation et les qualités extérieures des corps. Il a pour organe général la peau (voir ce mot). La main est l'organe immédiat du tact chez l'homme.

TOUPIE (*Trochus*). Genre de mollusques GASTÉROPODES de l'ordre des PECTINIBRANCHES de Cuvier (*Prosobranches*), type de la famille des *Trochidés*, offrant pour caractères : animal en spirale, à tête

Toupie marginée.   Toupie perlée.

munie de deux tentacules coniques, portant à leur base des yeux pédonculés; pied court, arrondi à ses extrémités, frangé ou bordé dans son pourtour; opercule corné, circulaire. Coquille conique,

épaisse, à spire plus ou moins élevée, élargie, anguleuse à la base, à ouverture entière et à bords désunis dans sa partie supérieure; columelle arquée, plus ou moins saillante à la base. — Les espèces de ce genre, très nombreuses, sont répandues dans toutes les mers; ils vivent près des rivages, au milieu des plantes marines dont ils se nourrissent, et leurs organes buccaux sont merveilleusement appropriés à leur genre d'alimentation. Leur bouche renferme une langue hérissée de pointes très rapprochées, et disposées symétriquement comme celles d'une lime; cette langue, dont on ne pourra voir la structure curieuse qu'en la soumettant au pouvoir amplifiant du microscope, sert à l'animal pour couper les fibres végétales dont il fait sa nourriture. — Parmi les espèces qui habitent nos mers, l'une des plus belles est la **Toupie marginée** (*T. zyziphinus*), coquille conique, à base orbiculaire aplatie, à spire formée de huit à dix tours bordés chacun d'un cordon saillant. Sa couleur est d'un fauve roussâtre, et le cordon de chaque tour de spire est orné de taches carrées d'un rouge plus ou moins violet. — Une autre espèce également remarquable est la **Toupie perlée** (*T. granulatus*), dont chaque tour de spire est bordé par un cordon granuleux et comme formé d'un rang de perles. — On trouve beaucoup plus communément la **Toupie linéaire** (*T. lineatus*), formée de quatre à cinq tours de spire; d'un blanc jaunâtre agréablement varié de lignes flexueuses d'un rouge violet. — La **Toupie impériale** (*T. imperialis*), des mers australes, a 10 centimètres de diamètre; elle est d'un brun violacé.

TOURACO (*Turacus*). Les Touracos forment avec les Musophages une famille d'oiseaux grimpeurs de l'ordre des AMPHIDACTYLES d'I. Geoffroy Saint-Hilaire, tous propres à l'Afrique. Les Touracos ont le bec court et bombé, avec le bord des mandibules dentelé; les narines sont cachées par les plumes du front, et leur tête est toujours ornée d'une huppe. Leurs formes rappellent un peu celles des hoccos. Ils ont le vol lourd, vivent au fond des forêts et nichent dans des trous d'arbres; ils se nourrissent de fruits et de baies. — L'espèce la plus remarquable, le **Touraco géant** (*T. giganteus*), est de la taille d'un faisan, d'un vert d'aigue-marine en dessus, bleu foncé en dessous, la huppe composée de larges plumes d'un bleu indigo, le bec jaune orangé. — Les Musophages présentent les caractères des Touracos; mais ils en diffèrent en ce que la base de leur mandibule supérieure se prolonge sur le front et jusqu'au sommet de la tête, comme un masque. Ils doivent leur nom à ce qu'ils vivent surtout du fruit du bananier (*musa*). La seule espèce connue, le **Musophage violet**, presque de la grandeur du précédent, est d'un beau violet à reflets bleus, sauf le tour des yeux, l'occiput et les grandes pennes de l'aile, qui sont cramoisis; il n'a pas de huppe.

TOURBE. Matière plus ou moins noire ou brune, spongieuse, formée de débris de végétaux décomposés. Elle brûle avec ou sans flamme en répandant beaucoup de fumée et en exhalant une odeur désagréable analogue à celle des herbes sèches. Les Tourbes se produisent de nos jours dans les eaux stagnantes et sont presque toujours formées de plantes d'eau douce. Elles servent de combustible, on en amende les terres sableuses et crayeuses, et leurs cendres sont utilisées pour fertiliser les prairies. Les Tourbières sont très abondantes à la surface du globe, beaucoup plus dans le nord que dans le midi ; elles se trouvent le plus souvent dans des endroits bas et marécageux. Leurs couches ont une épaisseur très variable ; on en connaît qui ont jusqu'à 18 mètres. Les Tourbières sont de formation récente et ne se trouvent qu'au-dessus des terrains de transport connus sous le nom de *diluvium*. La Hollande, la Bavière, le Hanovre, sont très riches en tourbières ; en France, elles se rencontrent surtout dans la vallée de la Somme.

TOURETTE (*Turritis*). Petite plante crucifère à fleurs blanches en grappe terminale, qui croît dans les lieux arides et pierreux. (Voir ARABETTE.)

TOURLOUROU. (Voir CRABE.)

TOURMALINE. Substance minérale du groupe des boro-silicates d'alumine. On la nomme *shorl électrique*, parce qu'elle s'électrise très facilement par le frottement et la chaleur. Ses cristaux appartiennent au système rhomboédrique ; ce sont des prismes à faces multiples de trois, souvent cannelés et très allongés. Sa dureté est supérieure à celle du quartz ; sa densité est 3. Il y en a de vertes, de roses, de brunes, de noires. Elle est abondante dans les terrains anciens, granit, gneiss et surtout micaschiste. Ces pierres sont peu estimées dans la joaillerie.

TOURNE-PIERRE (*Strepsilas*). Genre d'oiseaux de l'ordre des ÉCHASSIERS, section des *Longirostres,* famille des *Scolopacidés* ou Bécasses. Ils se distinguent par leur bec relativement court, conique, à pointe dure et tronquée ; les doigts libres, le pouce touchant à terre par le bout, les ongles courbés et pointus ; les ailes aiguës, la queue arrondie. — Le **Tourne-pierre à collier** (*S. interpres*) habite le littoral du nord des deux continents ; il n'est que de passage en France, où il fréquente les plages maritimes, retournant avec son bec les galets et les cailloux sous lesquels se cachent les mollusques et les vers dont il fait sa nourriture. Sa taille est d'environ 20 centimètres ; il a le manteau varié de noir et de roux, la tête et le ventre blancs, le poitrail et les joues noirs. La femelle pond dans le sable trois ou quatre œufs d'un gris cendré à grosses taches brunes.

TOURNESOL. Plante tinctoriale du genre *Croton.* (Voir ce mot.) On donne parfois ce nom, et plus souvent celui de *Soleil*, à l'Hélianthe annuel.

TOURNIQUET. Nom vulgaire des Gyrins. (Voir ce mot.)

TOURTEAU. (Voir CRABE.)

TOURTERELLE (*Turtur*). Les Tourterelles forment un petit groupe dans la famille des *Colombidés.* Elles se distinguent, en effet, des **Pigeons** (*Columba*) par

un bec plus mince, renflé, des tarses longs et grêles, nus, des ailes longues, la queue moyenne, presque rectiligne, et des formes plus élancées. — La **Tourterelle ordinaire** (*T. auritus*), notre plus petite espèce sauvage, qui se reconnaît à son manteau fauve tacheté de brun, à son cou bleuâtre, avec une tache de chaque côté mêlée de noir et de blanc, fait retentir nos bois de ses roucoulements répétés. Elle nous quitte vers la fin de l'été pour des climats plus chauds et revient en mai dans nos bois où elle niche, toujours la même paire ensemble, sur les

Tourterelle ordinaire.

grands arbres. Elle a 25 à 28 centimètres de longueur. — La **Tourterelle à collier** ou **Rieuse** (*T. risorius*), que nous élevons en volière, et qui tire son premier nom de la bande noire qu'elle porte au bas de la nuque, est originaire d'Afrique ; elle produit avec l'espèce précédente. Telles sont nos espèces indigènes. — On en connaît plusieurs espèces étrangères, entre autres la **Tourterelle de Bantam** (*T. bantamensis*), tachetée de lunules brunes sur le dos et sur les ailes, et la **Tourterelle bruyante** (*T. strepitans*), d'Amérique, à front, joues et parties inférieures blanches, bordées de rose sur la poitrine.

TOUTE-BONNE. Nom vulgaire de la Sauge sclarée et de la Blette Bon-Henri. (Voir ces mots.)

TOUTE-ÉPICE. Nom vulgaire de la Myrte piment. (Voir MYRTE.)

TOXICARIA. (Voir UPAS.)

TRACHÉE-ARTÈRE. Le conduit aérien qui fait suite au larynx et se continue par les bronches. (Voir POUMONS et RESPIRATION.) On donne le nom de *trachées* aux organes respiratoires des insectes, et aux vaisseaux en spirale des plantes qui servent également à la respiration. (Voir INSECTES et VÉGÉTAUX.)

TRACHÉENNES. Ordre établi par Cuvier pour les Arachnides qui respirent par des trachées ; il répond aux familles actuelles des *Solpugidés*, des *Phalangidés*, des *Chélifèridés* et des *Phrynidés*.

TRACHINIDÉS (du genre *Trachinus*, vive). Famille de poissons ACANTHOPTÈRES, à première nageoire dorsale munie d'épines très aiguës, et qui a pour type le genre *Vive*. (Voir ce mot.)

TRACHINUS (du grec *trachus*, âpre). Nom scientifique latin des Vives.

TRACHYTE (du grec *trachus*, âpre, raboteux). Roche volcanique, formée en grande partie de feldspath (orthose ou albite), silicate double d'alumine et de potasse ou de soude. — Le Trachyte est une matière finement poreuse, âpre au toucher, de couleur blanchâtre dans certaines variétés, plus ou moins sombre dans d'autres. Son nom fait allusion à l'âpreté caractéristique qui résulte de sa structure poreuse. C'est la moins fusible des roches volcaniques. Aussi généralement le Trachyte est-il sorti de terre dans un état pâteux et a formé des boursouflures, des cônes, des mamelons énormes au-dessus de la bouche de sortie, au lieu de s'épancher en longues coulées, comme le font les laves fluides. Certaines montagnes de l'Auvergne, que leur forme mamelonnée a fait comparer à des dômes, reconnaissent une semblable origine. Tel est en particulier le Puy de Dôme; tels sont aussi le mont Dore, le Cantal. Les volcans de la Cordillère des Andes et des îles de la Sonde sont pareillement de nature trachytique. Dans les anciens âges, les éruptions de Trachyte ont été fréquentes; de nos jours, elles sont devenues rares, et les volcans rejettent surtout de la lave ordinaire.

La *Pierre ponce* paraît n'être qu'une modification du Trachyte rendu poreux par le passage d'une multitude de bulles gazeuses qui l'ont traversé pendant qu'il était à l'état pâteux. La Pierre ponce est assez légère pour flotter sur l'eau; elle est claire, grisâtre ou jaunâtre. Certaines montagnes en sont presque entièrement formées, notamment dans les îles Lipari.

TRADESCANTIA (de *Tradescant*, naturaliste anglais). Genre de plantes monocotylédones de la famille des *Commélinées*. Ce sont des herbes à tige noueuse, à feuilles alternes, entières, engainantes à la base; à fleurs en ombelle ou en grappe, à six divisions, six étamines, ovaire à trois loges pluriovulées. La plupart sont d'Amérique; on en cultive quelques espèces dans les jardins, principalement la **Tradescantie de Virginie**, à fleurs d'un beau bleu, réunies en ombelle terminale. On lui donne vulgairement le nom d'*éphémère*.

TRAGOPAN. Genre d'oiseaux GALLINACÉS de la famille des *Phasianidés*, très voisins des Faisans, dont ils différent par leur queue courte et arrondie. le fanon charnu qui pend sous la gorge et une petite corne grêle derrière chaque œil. Le Tragopan **cornu** ou **népaul**, de l'Inde, est de la taille d'un coq; son plumage est d'un rouge éclatant semé de petites larmes blanches. Il a les mœurs des faisans.

TRAGOPOGON (du grec *tragos*, bouc, et *pogon*, barbe). Nom scientifique latin du Salsifis. (Voir ce mot.)

TRAGULUS. (Voir CHEVROTAIN.)

TRAINASSE. Nom vulgaire d'une espèce de renouée, le *Polygonum aviculare*, et de quelques autres plantes à longues tiges couchées ou rampantes.

TRANSFORMATION. Synonyme de Métamorphose. (Voir ce mot.)

TRANSFORMISME (de *trans*, au delà, et *formatio*, formation). Théorie d'après laquelle toutes les formes animales et végétales actuelles proviendraient de la transformation de quelques formes primitives peu nombreuses, ou même d'une seule forme, sous l'influence des conditions extérieures modificatrices; ou, en d'autres termes, théorie d'après laquelle toutes les espèces se seraient graduellement produites à la surface du globe, et celles qui nous entourent descendraient des espèces différentes qui les ont précédées. Toutes, en un mot, se rattacheraient, par une succession non interrompue de formes continuellement en voie de variation, à des êtres simples, apparus dès l'origine et qui auraient produit tous les autres en se transformant ou en se groupant de façons diverses.

Deux doctrines sont depuis longtemps en présence relativement à l'origine des espèces animales et végétales. L'une affirme que ces espèces ont apparu sur le globe telles que nous les voyons aujourd'hui; qu'elles n'ont subi et ne peuvent subir que de très légères modifications; qu'il n'y a et n'y a jamais eu rien de commun entre elles. Cette doctrine est celle soutenue par Cuvier et Agassiz. L'autre prétend que le règne animal et le règne végétal, avec tout leur appareil d'espèces, de genres, de familles, d'ordres, d'embranchements, n'ont pas été créés de toutes pièces, que la vie s'est d'abord montrée sur la terre sous une forme simple, d'où sont sorties, par une série ininterrompue de modifications successives, toutes les formes, si complexes soient-elles, que nous révèle l'étude de la nature. Cette seconde doctrine compte parmi ses adhérents Buffon, Lamarck, les deux Geoffroy Saint-Hilaire, pour ne citer que les morts; et bien que quelques esprits timorés la considèrent comme étant en contradiction avec les croyances religieuses, des savants d'une piété reconnue l'admettent, voyant dans les transformations des êtres une évolution dont les circonstances et la direction sont régies par une puissance supérieure. La théorie du Transformisme ou de la *descendance*, comme on l'appelle quelquefois, tend de jour en jour à devenir la seule doctrine réellement scientifique sur l'origine des êtres.

Lamarck, le premier, eut la hardiesse de formuler cette hypothèse d'une manière scientifique. Il se basa sur les variations individuelles, qui, transmises par hérédité, peuvent s'accentuer de plus en plus, de façon à transformer complètement les organes et par suite les êtres; l'usage ou le défaut d'usage des parties fut pour lui la cause déterminante de ces transformations. Après lui, Geoffroy Saint-Hilaire démontra l'importance théorique des organes rudimentaires et mit en évidence la loi du balancement des organes; mais, combattus par Cuvier, ils ne purent faire triompher leurs doctrines, n'ayant pu arriver à déterminer exactement la manière dont ces influences exercent leur action.

C'est au naturaliste anglais Darwin qu'était réservée la gloire de compléter l'œuvre de Lamarck par sa *théorie de la sélection*, à laquelle on donne le nom de *darwinisme*. L'auteur soutient que toutes ou presque toutes les espèces organiques résultent de la *sélection* : les espèces artificielles à l'état domestique (animaux domestiques et plantes cultivées), par la sélection artificielle ; les espèces naturelles de plantes et d'animaux, à l'état sauvage, par la sélection naturelle. Chez les premières, c'est la volonté de l'homme qui, de propos délibéré, a agi ; chez les secondes, c'est la lutte pour l'existence qui accorde la victoire à ceux auxquels des caractères particuliers ont donné une supériorité quelconque sur leurs compétiteurs, et, par suite, la sélection naturelle, continuant à agir dans la série des générations, devra développer et fixer ces caractères, absolument comme le fait la sélection artificielle ; dans l'un comme dans l'autre cas, la sélection devra transformer les variétés en races et les races en espèces ; seulement, dans la sélection artificielle ces transformations aboutissent à produire des formes adaptées aux caprices et aux besoins de l'homme, tandis que dans la sélection naturelle les transformations aboutissent à adapter les êtres à leur milieu. « Tout changement de milieu, dit Lamarck, détermine des besoins nouveaux, ces besoins provoquent des habitudes, et les habitudes déterminent les modifications de l'organisme. » Or, la géologie et la paléontologie nous apprennent que la terre est parvenue à l'état où nous la voyons aujourd'hui par une série de modifications graduelles et continues, modifications de l'atmosphère, des eaux, de la température, du niveau, remplacement des terres par les mers et réciproquement. La paléontologie nous montre des faunes et des flores diverses se succédant à la surface du globe à mesure qu'il poursuit son évolution. Les espèces s'éteignent une à une et naissent une à une, de telle sorte que leur ensemble subit insensiblement dans le cours des âges une incessante transformation. Sans doute il existe de nombreuses lacunes ; mais, pour employer les paroles du savant professeur Gaudry : « Ce que nous savons est peu de chose comparativement à la richesse des formes enfouies dans le sein de la terre, et ce serait grand hasard, qu'ayant encore rassemblé seulement quelques anneaux des chaînes du monde organique, nous ayons justement mis la main sur les anneaux qui se suivent. » En voyant les modifications que l'homme a fait subir aux animaux (chiens, chevaux, pigeons, etc.) et aux plantes, en quelques centaines d'années, on peut comprendre ce qu'a pu faire la nature dans des millions de siècles. (Voir TERRE et FOSSILES.)

TRANSPIRATION (de *trans*, à travers, et *spirare*, souffler). On donne ce nom aux exhalations et aux sécrétions qui se font à la surface de la peau, soit à l'état gazeux, soit à l'état liquide. (Voir SUEUR.)

TRAPA. (Voir MACRE.)

TRAPÈZE et **TRAPÉZOÏDE.** Deux os du carpe. (Voir Main et Squelette.) — On donne aussi le nom de *muscle trapèze* au plus large des muscles du dos et de la nuque ; très large, mince et aplati, il s'insère aux vertèbres dorsales, à la colonne cervicale et à l'occipital, pour s'attacher à la clavicule et à l'épine de l'omoplate.

TRAPP (du suédois *trappa*, escalier). Roche volcanique composée de feldspath, de pyroxène, d'amphibole, qui a une grande analogie de composition avec le basalte (voir ce mot) ; mais il s'en distingue en ce qu'il n'a ni la forme prismatique ni la texture brillante de ce dernier. Sa couleur est d'un vert foncé ou d'un noir verdâtre ; elle est d'un grain serré, homogène. Son nom lui vient de ce qu'elle constitue habituellement des terrasses superposées en gradins. Elles pénètrent souvent sous forme de filons et d'injections au milieu des roches sédimentaires.

TRAQUET (*Saxicola*). Genre d'oiseaux de l'ordre des PASSEREAUX DENTIROSTRES de la famille des *Turdidés*. Ils se distinguent par leur bec droit, très fendu ; à mandibule supérieure échancrée et courbée seulement à la pointe ; par leurs tarses longs et grêles ; leurs ailes atteignant le milieu de la queue ou la dépassant ; celle-ci moyenne, légèrement arrondie

Traquet.

ou carrée. — Le type du genre est le **Traquet motteux** (*S. œnanthe*), cendré en dessus, roussâtre en dessous, avec le croupion blanc, ce qui lui a fait donner le nom vulgaire de *cul blanc*. Le Motteux habite les régions tempérées de l'Europe ; il arrive en France au printemps et en part à l'automne. Il se tient dans les champs qu'on laboure pour ramasser les vers que le sillon met à nu, mais jamais dans les grands bois. Il niche dans les champs sous des pierres, des fagots, dans des trous ; sa ponte est de cinq ou six œufs d'un bleu verdâtre pâle. — Le **Traquet tarier** (*S. rubetra*) habite toute l'Europe tempérée ; il arrive en France en mars et part en octobre. Il est plus petit que le précédent, et n'a que 10 à 12 centimètres de longueur ; d'un brun noirâtre en dessus, avec le devant du cou, la poitrine et les flancs d'un roux plus clair, le ventre blanc. Il niche dans les prairies. — Le **Traquet pâtre** (*S. rubicola*) habite l'Europe et l'Afrique. Il est brun, à poitrine rousse, à gorge noire. On le voit voltiger sur les buissons à la poursuite des insectes. Il dépose son nid dans les souches des buissons et les crevasses des rochers. — Une espèce du cap de Bonne-Espérance, le **Traquet imitateur** (*grand Motteux* de Buffon), est remarquable par la faculté qu'il possède d'imiter le chant des autres oiseaux et même les cris des divers animaux.

TRAVERTINS. Calcaires compacts, d'un blanc grisâtre ou jaunâtre, légers, solides, prenant bien le mortier à cause des cavités dont ils sont souvent criblés. Le type de cette roche est le Travertin célèbre qui s'étend sur une grande partie de la plaine entre Rome et Tivoli; la plupart des monuments de Rome sont construits de cette matière.

TRÈFLE (*Trifolium*). Genre de plantes de la famille des *Légumineuses papilionacées.* Les Trèfles, dont on connaît plus de cent cinquante espèces, sont des plantes herbacées très souvent gazonnantes, répandues dans toutes les contrées tempérées du

Trèfle des prés.

globe; leurs feuilles sont composées de trois folioles, d'où vient le nom du genre; leurs fleurs rouges, purpurines, violacées, blanches ou jaunes, forment des épis serrés ou des capitules; elles présentent un calice campanulé à cinq dents, une corolle papilionacée, dont la carène est dépassée par les ailes et surtout par l'étendard; dix étamines diadelphes, un ovaire à une loge, surmonté d'un style à stigmate obtus. Le fruit est un petit légume contenant d'une à quatre graines. — L'espèce la plus importante est le **Trèfle des prés** (*T. pratense*, L.), également désigné sous le nom de *trèfle rouge*; abon-

dant dans toute l'Europe, où il est l'objet de grandes cultures. En France, il occupe la place la plus importante dans les prairies artificielles; il fournit un fourrage excellent et très abondant, et constitue même un excellent engrais vert lorsqu'on l'enfouit. Il réussit particulièrement dans les terres fraîches et profondes. On le sème généralement au printemps. — Nous citerons encore le **Trèfle blanc** (*T. repens*, L.), vulgairement *triolet*, qui supporte également bien la grande sécheresse et l'humidité; il est précieux pour créer sur des terrains peu fertiles de bons pâturages à moutons, en l'associant à de bonnes graminées. — Le **Trèfle incarnat** (*T. incarnatum*, L.), que l'on cultive également comme fourrage, se recommande surtout par sa précocité, c'est un des premiers fourrages qu'on puisse faucher au printemps. Beaucoup d'autres espèces croissent naturellement dans nos campagnes.

TRÈFLE D'EAU. Nom vulgaire du Ményanthe.

TRÉMATODES (du grec *trématôdês*, troué). Ordre d'HELMINTHES ou vers parasites offrant un corps aplati, généralement foliacé, et non segmenté, comme chez les Cestoïdes. Ils ont des ventouses pour se fixer; point d'appareil de circulation ni d'organes respiratoires. Leur système nerveux et leur appareil excréteur rappellent ceux des Cestoïdes, mais ils ont un tube digestif qui manque chez ces derniers. Ce tube, souvent ramifié, se termine en cul-de-sac, sans anus. Ils sont hermaphrodites. On divise les Trématodes suivant le nombre de leurs ventouses, en MONOSTOMIENS : une seule ventouse (genre *Monostomum*); DISTOMIENS : deux ventouses (genre *Distomum*); POLYSTOMIENS : plusieurs ventouses (genres *Polystomum* et *Diplozoon*.) — Le type de ce groupe est la **Douve du foie** (*Distomum hepaticum*), qui vit en parasite chez le mouton. (Voir DOUVE.) Les autres Trématodes habitent les divers organes d'une foule d'animaux. Les *Monostomes* vivent chez les oiseaux aquatiques; les *Polystomes* et *Diplozoon* sont parasites des poissons.

TREMBLE. (Voir PEUPLIER.)

TREMBLEMENTS DE TERRE. On donne le nom de *Tremblements de terre* aux secousses plus ou moins violentes dont le globe terrestre est affecté, qu'elles soient ou non accompagnées de dislocations ou de soulèvements. On peut distinguer deux sortes de Tremblements de terre : les uns circonscrits dans chaque région volcanique; les autres qui s'étendent sur d'immenses espaces, et avec une célérité si grande, qu'une même secousse peut se faire sentir presque simultanément sur des points éloignés de plus de mille lieues l'un de l'autre; témoin le trop célèbre Tremblement de terre de 1755 qui détruisit Lisbonne et Méquinez (Maroc) et se fit ressentir jusqu'à la Martinique et au Groënland. Quant à la cause qui les produit et aux effets qui les accompagnent, il n'y a entre eux d'autre différence que l'intensité et l'étendue. Ils proviennent des coups de bélier des vagues souterraines et de l'expansion des vapeurs contre le plafond qui les recouvre.

Les Tremblements de terre se manifestent par des oscillations verticales, horizontales ou circulaires, qui se suivent et se répètent à de courts intervalles. Le plus souvent, la secousse se propage en ligne droite ou ondulée, à raison de 3 myriamètres par minute. Quelquefois elle s'étend à la manière des ondes et il se forme des cercles de commotion où les secousses se propagent du centre à la circonférence. Les secousses circulaires ou giratoires sont les plus dangereuses ; mais aussi elles sont les plus rares ; elles produisent des effets souvent singuliers : des murs et des maisons ont été retournés sans être renversés, des routes droites ont été courbées, des champs couverts de cultures différentes ont glissé les uns sur les autres. L'action verticale de bas en haut produit souvent l'effet de l'explosion d'une mine. C'est ainsi qu'à Rio Bamba, en 1797, lors du Tremblement de terre qui détruisit cette ville, les cadavres d'un grand nombre d'habitants furent lancés au delà de la petite rivière de Lican, sur la colline de la Culca, à plus de 100 mètres de hauteur. Le phénomène s'annonce ordinairement par des bruits sourds, par des roulements souterrains. « La nature de ce bruit, dit de Humboldt, varie beaucoup ; il roule, il gronde, il résonne comme un cliquetis de chaînes entrechoquées ; il est saccadé comme les éclats d'un tonnerre voisin, ou bien il retentit avec fracas comme si des masses de roches vitrifiées se brisaient dans les cavernes souterraines. » Les secousses ont lieu parfois sans être accompagnées d'aucun bruit souterrain, et d'autres fois ces bruits se font entendre sans secousses. Dans le terrible Tremblement de terre qui détruisit Lima, en 1746, on entendit à Truxillo, distant de 150 lieues de l'endroit du sinistre, un coup de tonnerre souterrain, sans ressentir aucune secousse. « L'impression que produit sur nous un Tremblement de terre, dit de Humboldt, qui en a été plusieurs fois témoin, est profonde ; ce qui nous saisit, ce n'est pas seulement le souvenir des grands ravages qu'ils ont produits, ni l'image des catastrophes dont l'histoire a conservé le souvenir et que notre imagination reproduit à notre pensée ; ce qui nous saisit, c'est que nous perdons notre confiance innée dans la stabilité du sol. Vient-il à trembler, ce moment suffit pour détruire l'expérience de toute la vie. On peut s'éloigner d'un volcan, on peut éviter un courant de lave ; mais quand la terre tremble, où fuir ? Partout on croit marcher sur un foyer de destruction ; alors chaque bruit, chaque souffle d'air excite l'attention. On se défie surtout du sol sur lequel on marche ; les animaux, particulièrement les porcs et les chiens, éprouvent cette angoisse. L'épouvante se manifeste même chez les oiseaux ; on en a vu dans une agitation extrême, voler sans direction déterminée, tourbillonner et s'abattre comme frappés de vertige. Les crocodiles de l'Orénoque, d'ordinaire aussi muets que nos petits lézards, fuient le lit ébranlé du fleuve et courent en rugissant vers la forêt. »

Quand l'agitation du sol est légère, on en est averti, dans les lieux habités, par le tintement des cloches et le mouvement des meubles. Si le Tremblement acquiert une certaine intensité, les maisons se lézardent, les cheminées s'ébranlent et tombent ; mais si le phénomène se présente dans tout son développement, rien ne résiste à son action. Ce redoutable fléau renverse non seulement des villes, mais il a quelquefois assez de puissance pour rendre méconnaissable l'aspect du sol qu'il a ébranlé. Les arbres sont déracinés ; il se produit des éboulements de montagnes, des couches de terrains considérables glissent dans les vallées qu'elles recouvrent ; le cours des rivières est interrompu, les lacs sont desséchés, les sources sont taries ; ailleurs, au contraire, des sources jaillissent dans des lieux qui en étaient privés, des courants de boue s'établissent, les falaises sont ébranlées et s'écroulent dans la mer. La terre s'entr'ouvre et engloutit des villes entières pour ne laisser à leur place qu'un étang, un espace couvert de sable, ou un gouffre béant. Témoin le terrible Tremblement de terre de 1868, qui, dans la république de l'Équateur, engloutit ou renversa vingt villes. Les villes d'Otavalo et de Cotacachi, contenant l'une douze mille et l'autre huit mille habitants, ont été englouties avec leurs populations, et l'emplacement où elles se trouvaient fait aujourd'hui partie des abîmes. Arica, Iquique, Arequipa, Talcahuana, Ibarra sont rasées ; plus de soixante mille âmes ont péri. Soixante mille êtres humains rayés du livre de vie dans l'espace de quelques minutes !

D'autres fois, les Tremblements de terre produisent des dislocations tout à fait analogues à celles des soulèvements dont fut témoin l'enfance du monde. Ainsi, en 1819, on vit dans l'Inde s'élever au milieu d'une plaine une colline de 80 kilomètres de longueur, qui barra le cours de l'Indus, pendant que vers l'embouchure de ce fleuve, un bourg fortifié disparut sous les eaux. Il est rare qu'un volcan se forme à la suite de secousses prolongées ; tel fut pourtant le cas du volcan de Jorullo au Mexique qui, après trois mois de secousses et de tonnerres souterrains, surgit tout à coup au milieu de la plaine jusqu'à la hauteur de 510 mètres. Ce fut également par l'ouverture de plusieurs cratères que se termina le Tremblement de terre de Lima en 1746.

C'est dans les régions volcaniques que les Tremblements de terre sont le plus communs : le midi de l'Italie et ses îles, l'Islande, les Canaries, les Antilles, le Pérou, etc. Ces phénomènes sont, en effet, intimement liés à celui des éruptions volcaniques et sont les effets d'une même cause : la réaction des vapeurs soumises à une pression énorme dans l'intérieur de la terre. On a remarqué dans les éruptions volcaniques, que plus les explosions étaient tardives, et plus les secousses étaient fortes, parce que les vapeurs sont alors accumulées en plus grande quantité. C'est dans cette remarque si simple que se trouve l'explication générale du phénomène. C'est ce qui explique aussi pourquoi les plus forts Tremblements de terre, ceux qui ont amené la destruction de Lisbonne, de Lima, de Caracas, de Cachemyre, et d'un grand nombre de villes en Syrie et dans l'Asie Mineure, se sont produits, en général, loin des volcans en activité. On peut, en effet, regarder ceux-ci comme des soupapes de sûreté par lesquelles s'échappe, comme dans nos chaudières, le trop plein de vapeur, la matière ignée en fusion. (Voir Volcans.)

TRÉMELLE (*Tremella*). Genre de champignons hyménomycètes à réceptacle mou, gélatineux, polymorphe, ayant un peu l'apparence des Nostocs, et qui se développent sur le bois mort, les écorces. La **Tremella cerebrina** est assez commune sur les pins et sapins abattus et sur d'autres arbres morts.

TRÉMIÈRE. Espèce du genre *Althœa*. (Voir Guimauve.)

TRÉMOIS (Blé). Nom que l'on donne en quelques contrées de France, au Blé de mars. (Voir Froment.)

TRÉMOLITE. (Voir Amphibole.)

TRÉPANG. (Voir Holothurie.)

TRI. Préfixe qui, dans les mots composés, signifie trois. — Triandrie : trois étamines ; — Tricoque, fruit composé de trois coques ; — Tricuspidé, qui a trois pointes ; — Tridenté, à trois dents ; — Trifide, profondément divisé en trois lobes ; — **Trifolié**, à trois feuilles ; — **Trifolié**, à trois folioles ; — **Trigyne**, à trois pistils ; — **Trilobé**, à trois lobes ; — **Triloculaire**, à trois loges ; — **Trinervé**, à trois nervures ; — **Triparti**, fendu en trois au delà du milieu ; — **Tripétale**, à trois pétales ; — **Trisannuel**, qui dure trois ans ; — **Trisperme**, à trois graines ; — **Trivalve**, à trois valves.

TRIAS [Terrain du]. Les dépôts qui se formèrent au dessus du terrain permien sont au nombre de trois, ce qui a fait donner à leur ensemble le nom de *Trias* ou de *terrains triasiques ;* ce sont : les grès bigarrés qui en forment l'étage inférieur, le calcaire conchylien ou muschelkalk, qui se trouve au milieu, et les marnes irisées ou étage kuprique qui recouvrent le précédent. Ces trois étages ne se rencontrent jamais l'un sans l'autre. Ils forment toute la partie occidentale des Vosges. Les grès bigarrés, qui se présentent d'abord, sont à grains plus ou moins fins, de couleurs variées, ordinairement gris clair ou jaunâtres, rayés de bandes rouges, roses ou bleues d'un effet quelquefois assez agréable. Ces grès bigarrés que l'on retrouve dans toutes les parties du monde, contiennent beaucoup de végétaux ; ce sont des fougères arborescentes, de genres différents de ceux de l'époque carbonifère, et aujourd'hui éteints (*nevropteris, pecopteris*), des calamites, des cycadées au feuillage élégamment découpé et ayant le port des palmiers, des zamias aux longues feuilles hérissées d'épines, des voltzia, des conifères ressemblant aux ifs et aux thuyas, des prêles et des lycopodes existent encore, mais leur taille s'amoindrit de plus en plus. Des mollusques,

des crustacés, des polypiers, des poissons et des reptiles sauriens y ont laissé leurs débris ou leurs empreintes. Dans les mers, vivaient de monstrueux requins, dont les dents, disséminées dans les cou-

Voltzia heterophyllia.

ches marines, ont de 8 à 12 centimètres de longueur. D'énormes raies vivaient également à cette époque. On a découvert sur les grès bigarrés de la Saxe des empreintes de pas que l'on rapporte à un énorme batracien, le *Chirotherium* (animal à mains),

Fougère fossile du Trias.

ainsi nommé pour rappeler le seul document que l'on ait sur son existence, c'est-à-dire les traces de ses pattes laissées sur les boues de l'époque et semblables à l'empreinte d'une monstrueuse main.

D'autres empreintes appartiennent à des tortues. Les grès des États-Unis (Connecticut) ont offert des empreintes encore plus étranges; ce sont celles d'un oiseau gigantesque, sans doute un échassier, qui devait avoir près de deux fois la grandeur de l'autruche. De grands reptiles sauriens font déjà pressentir ceux si nombreux et si remarquables de l'époque jurassique. L'étage du grès bigarré est surtout développé dans les Vosges en Lorraine, en Alsace, où il atteint une puissance moyenne de 150 mètres; on le rencontre encore en Angleterre, en Allemagne, en Russie et en Amérique. La cathédrale de Strasbourg est bâtie avec ces grès bigarrés dont sont construites également presque toutes les villes des bords du Rhin. L'étage du calcaire conchylien ou muschelkalk, qui repose sur les grès bigarrés, consiste en couches d'un calcaire compact gris, bleuâtre ou noirâtre, contenant des rognons de silex; il alterne avec des marnes et des argiles. Cet étage est très riche en débris fossiles et surtout en coquillages, ce qui lui a fait donner son nom. On y rencontre des espèces d'huitres, de peignes et de térébratules en quantité considérable; puis des cératites, des ammonites, des encrines. Les trilobites, si nombreux aux époques précédentes, ont disparu. — L'étage du calcaire conchylien est très développé en Alsace et dans le Var, ainsi que dans le grand-duché de Bade et le Wurtemberg.

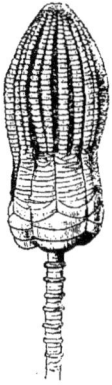

Encrine.

L'étage des marnes irisées, qui recouvre le calcaire conchylien, se compose d'une multitude de petites couches argileuses et marneuses colorées irrégulièrement en rouge, en jaune verdâtre ou bleuâtre, alternant avec des grès quartzeux friables diversement colorés. De la houille maigre, du gypse, de riches minerais de fer, de cuivre, et surtout du sel gemme y sont disséminés. Dans le Wurtemberg, comme en France, où le sel gemme constitue une des richesses du sol, cette substance alterne en couches de 7 à 10 mètres avec des couches d'argile. Les marnes irisées contiennent, comme les grès bigarrés, un assez grand nombre de végétaux, des fougères, des calamites, des cycadées, des conifères; mais les mollusques et les autres animaux y sont beaucoup moins nombreux. Lorsque les couches du Trias furent complètement formées, elles furent soulevées à leur tour et parurent sur divers points au-dessus des eaux. C'est à ce soulèvement que sont dues les collines ou falaises des bords du Rhin et celles du Morvan.

TRIBU. Division intermédiaire entre la famille et le genre, en histoire naturelle.

TRIBULE, *Tribulus* (de *tribolos*, nom grec de la plante). Genre de plantes herbacées de la famille des *Zygophyllées*, à feuilles pennées, opposées, stipulées, à fleurs pentamères blanches ou jaunes. — Le type du genre, le **Tribulus terrestris,** assez commun dans le midi de la France, où il porte le nom de *herse* et de *croix de Malte*, croît dans les lieux secs et sablonneux. Son fruit pentagonal, hérissé d'épines, est très redouté des cultivateurs qui marchent pieds nus et s'y blessent souvent; aussi arrachent-ils autant qu'ils peuvent cette plante, qui n'est d'aucune utilité.

TRICHECUS (du grec *thrix*, poil, *échô*, j'ai). Nom scientifique latin des Morses.

TRICHILIE (*Trichilia*). Arbres américains de la famille des *Méliacées*, dont l'écorce amère et astringente est employée, au Brésil, contre les hydropisies.

TRICHINE, *Trichina* (du grec *thrix*, cheveu). Genre d'helminthes ou vers entozoaires de l'ordre des NÉMATODES, type de la famille des *Trichinidés*. Le genre *Trichine* constitue à lui seul la famille des *Trichinidés*, et ne renferme lui-même qu'une espèce bien authentique. Le Trichina spiralis, devenu tristement célèbre dans ces derniers temps, est un petit ver blanc, à peu près cylindrique; le mâle est long d'environ 1 millimètre, épais d'un vingtième de millimètre, la femelle mesure 3 millimètres de longueur et un douzième de millimètre d'épaisseur. Ces vers se rencontrent dans les muscles de divers animaux, principalement chez le rat, le chien et le porc; ils y sont contenus dans une petite poche du tissu cellulaire, formant une sorte de kyste. Ils ne se multiplient pas au sein de la substance

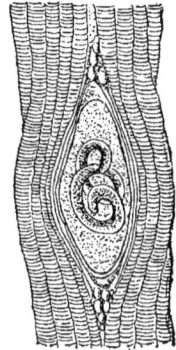

Trichine enkystée dans un muscle.

des muscles, mais l'ingestion de viande de porc fraîche ou mal apprêtée, renfermant des Trichines, expose aux plus grands dangers et peut devenir promptement fatale. Les Trichines, arrivées dans l'estomac et mises en liberté, acquièrent des organes reproducteurs, s'accouplent et produisent des petits vivants qui passent de l'estomac dans les intestins; puis, à travers l'enveloppe de ceux-ci, ils pénètrent dans les muscles où ils s'enkystent; la substance des muscles s'atrophie, la paralysie survient, puis la mort. On a observé des cas nombreux de cette horrible maladie en Allemagne et en Amérique, où l'on mange la chair du porc crue ou mal préparée. Le jambon bien fumé et conservé assez longtemps avant d'être consommé perd toute influence nuisible. Les porcs contractent la Trichine en mangeant des rats jetés sur les fumiers; car ce sont ces rongeurs qui sont les hôtes ordinaires de ce parasite.

TRICHIUS. (Voir Cétoine.)

TRICHOCÉPHALE (du grec *thrix*, cheveu, et *képhalé*, tête). Genre de Vers intestinaux de l'ordre des Nématodes, type de la famille des *Trichocéphalidés*. Ce sont des vers à corps très allongé, offrant une partie antérieure longue et mince et une partie postérieure plus ou moins renflée. La bouche est arrondie, nue. Les sexes sont séparés et la génération ovipare. On trouve les Trichocéphales dans le gros intestin et surtout dans le cæcum des mammifères. Le Trichocephalus dispar, qui vit dans le gros intestin de l'homme, est le type du genre. Il est long de 4 à 5 centimètres, épais au milieu du corps de 1 millimètre, et la partie antérieure vers la tête s'amincit et devient fine comme un cheveu; sa partie postérieure est fortement enroulée en spirale, surtout chez le mâle. Les ruminants, les porcins, les chiens sont surtout infectés de Trichocéphales d'espèce différente.

TRICHODESMIUM (de *thrix*, cheveu, et *desmé*, botte). Ce nom s'applique à une petite algue de la tribu des *Oscillariées*. Elle est constituée par de petits filaments cloisonnés, d'un rouge de sang, réunis en petits faisceaux qui nagent à la surface des mers et couvrent parfois des espaces considérables. C'est ainsi que M. Evenor Dupont, pendant une de ses traversées dans la mer Rouge, a constaté sa présence sur une étendue de près de cent lieues. Sans aucun doute, c'est à ce phénomène que la mer Rouge (*Erythræum mare*) doit son nom, dont l'étymologie a été si souvent discutée.

TRICHOSOME (de *thrix*, cheveu, et *soma*, corps). Genre de petits vers Nématodes, très voisins des Trichocéphales et qui vivent dans les intestins de divers mammifères.

TRICUSPIDÉ (de *tres*, trois, et *cuspis*, pointe). Qui a trois pointes.

TRICHOPTÈRES (de *thrix*, cheveu, et *ptéron*, aile). Ce nom est employé par quelques auteurs pour désigner un groupe d'insectes de l'ordre des Névroptères, qui comprend la seule famille des *Phryganidés*. (Voir Phrygane.)

TRIDACNE. Genre de mollusques acéphales de la classe des Lamellibranches, ordre des Siphoniens, type de la famille des *Tridacnidés*, à coquille bivalve renfermant un animal épais, à bords du manteau adhérents, à pied énorme muni d'un byssus composé de fibres tendineuses. Coquille énorme, très épaisse, solide, régulière, équivalve, à peu près triangulaire, à charnière formée de deux dents. C'est à ce genre qu'appartiennent les plus grandes coquilles connues; il en est dont le diamètre atteint 1 mètre; tel est le Tridacne géant de la mer des Indes (*Tridacna gigas*), dont le poids dépasse parfois 150 kilogrammes. Ces mollusques sont attachés aux rochers par un byssus si fort qu'on est obligé de le trancher à coups de hache. On mange leur chair, quoique dure, et l'on prétend qu'un seul de ces animaux suffirait au repas de quarante personnes. Les coquilles des Tridacnes sont employées depuis des siècles, dans les églises catholiques, comme bénitiers, et elles ont pris de cet usage leur nom vulgaire de *bénitier*. Celles qui se trouvent dans l'église de Saint-Sulpice, à Paris, furent données à François Ier par la république de Venise.

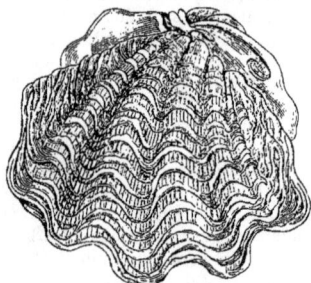

Tridacne géant.

TRIDACTYLE (du grec *treis*, trois, et *daktulos*, doigt). Genre d'insectes Orthoptères très voisins des Courtilières; mais dont les distinguent facilement leur petite taille, leurs antennes courtes et leurs pieds postérieurs dépourvus de tarses. Le Tridactylus variegatus, commun dans les contrées méridionales de l'Europe, se creuse dans le sable, au voisinage de l'eau, de longues galeries.

TRIFIDE (de *tres*, trois, et *findo*, je divise). Qui a trois divisions.

TRIFOLIÉ (de *tres*, trois, et *folium*, feuille). Qui a trois feuilles : le trèfle.

TRIFOLIUM (du latin *tres*, et *folium*, feuille). Nom scientifique latin du Trèfle. (Voir ce mot.)

TRIGLE (*Trigla*). Genre de poissons Acanthoptères de la famille des *Triglidés* (Joues cuirassées de Cuvier), vulgairement connus sous le nom de *grondins* ou *rougets*. Les Trigles ont la tête comme cuirassée par leur énorme os sous-orbitaire, qui lui donne une forme cubique, mais irrégulière; leurs nageoires dorsales, au nombre de deux, sont séparées l'une de l'autre; leurs pectorales sont grandes; au devant de ces nageoires sont trois rayons libres, plus gros que les autres. Plusieurs espèces font entendre, quand on les prend, des sons qui leur ont valu leur nom vulgaire de *grondins* ou *coucous*. — On trouve communément, sur nos marchés, le Rouget commun (*T. cuculus*) ou *grondin rouge*, poisson de mer assez estimé; son corps, d'une belle couleur rouge rosée, a 30 centimètres de longueur à peu près. Il a le museau oblique, et présente, le long du corps, de chaque côté, de nombreuses lignes verticales et parallèles, qui coupent la ligne latérale, et sont formées par des replis de la peau, dans chacun desquels est une lame cartilagineuse; ses écailles sont petites et elliptiques. — Le Perlon (*T. hirundo*), qui atteint communément 60 centimètres, est, comme le précédent, très commun sur nos côtes de l'Océan. Il a le dos d'un brun rougeâtre, le ventre d'un blanc rosé, les flancs d'une teinte intermédiaire et dépourvus des lignes que présentent les deux autres; les pectorales sont noires, bordées de bleu du côté interne. Il doit à la largeur de ses nageoires pectorales le nom d'*hirondelle*. On en fait

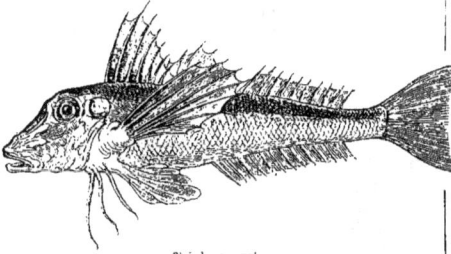

Trigle rouget.

des salaisons. — Le **Grondin** (*T. gurnardus*), nommé aussi *gronau*, *gurnard*, est également commun dans l'Océan et la Méditerranée, c'est le plus abondant de tous sur nos marchés, mais il est moins estimé que le rouget, et d'un prix inférieur. Il atteint jusqu'à 60 centimètres. Il est d'ordinaire gris brun dessus, tacheté de blanc, tout blanc dessous, mais il y en a aussi de rougeâtres et de rouges.

TRIGLOCHIN. Genre de plantes monocotylédones type de la petite famille des *Juncaginées*. — Le **Troscart** ou **Triglochin des marais** (*T. palustre*) est une petite plante des marais à souche cespiteuse, à tige grêle de 2 à 4 décimètres, non ramifiée; à feuilles toutes radicales, linéaires, semi-cylindriques; à fleurs petites, verdâtres, en épi allongé, terminal. On le trouve au bord des marais. Il est réputé apéritif.

TRIGONE (du grec *treis*, trois, et *gonia*, angle). Qui a trois angles.

TRIGONELLE, *Trigonella* (diminutif de *trigona*). Genre de plantes dicotylédones de la famille des *Légumineuses papilionacées*, tribu des *Lotées*. Ce sont des plantes herbacées à feuilles trifoliolées, stipulées; à fleurs solitaires ou en grappes, à calice campanulé à cinq divisions; à carène obtuse, très petite, en sorte que l'étendard et les ailes simulent une corolle à trois pétales; gousse linéaire, plus ou moins comprimée, polysperme. — La **Trigonelle fénugrec** (*T. fœnum græcum*) est cultivée comme plante fourragère; sa graine se mange en Orient. C'est une plante glabre, de 2 à 3 décimètres, à tiges dressées, rameuses; à folioles cunéiformes, ovales, denticulées au sommet; fleurs sessiles, axillaires, solitaires ou géminées, jaunes, en juin et juillet; gousse linéaire, très longue, courbée en faux et terminée par un bec allongé. On mange ses graines bouillies comme les pois. — La **Trigonelle pied d'oiseau** (*T. ornithopodioïdes*), assez commune dans l'Ouest, à tiges étalées, les folioles échancrées au sommet, les fleurs en bouquets pédonculés, la gousse très courte, épaisse. — On cultive

dans les jardins la **Trigonelle bleue**, de la Suisse, pour ses jolies fleurs bleues au doux parfum.

TRIGONIA. Genre de coquilles fossiles de forme triangulaire, qui se trouvent dans les terrains triasiques, jurassiques et crétacés.

TRIGONOCÉPHALE (du grec *trigônos*, triangulaire, et *képhalé*, tête). Genre de reptiles ophidiens de la famille des *Crotalidés*, voisins des Crotales, dont ils diffèrent surtout par leurs écailles carénées et l'absence des osselets de la queue. Le **Trigonocéphale** ou *fer de lance* (*Bothrops lanceolatus*), le plus dangereux reptile de nos colonies, habite la Martinique, Sainte-Lucie et Boquia. Ce reptile atteint 2 mètres à 2 mètres et demi de longueur; sa couleur est un jaune grisâtre, varié de brun. Il vit de petits mammifères et se cache dans les champs de cannes à sucre, où il fait de nombreuses victimes parmi les nègres. Sa morsure est mortelle et telle est la subtilité de son venin, que les secours les plus prompts arrivent toujours trop tard. On a tenté plusieurs fois d'exterminer la race de ces serpents en leur opposant le serpentaire, mais ces oiseaux ne paraissent pas s'être acclimatés à la Martinique; on donne au reste une prime aux nègres pour la chasse du Trigonocéphale. Une espèce de ce genre se rencontre au Brésil où on lui donne le nom de *Jararaca* (*Bothrops jararaca*). Une autre habite Java et Ceylan.

TRIGYNE (du grec *treis*, trois, et *guné*, femme). Se dit des fleurs qui ont trois pistils ou organes femelles. Linné en faisait un ordre sous le nom de *trigynie*, dans chacune de ses treize premières classes.

TRIJUMEAU. Un des nerfs crâniens qui se divise en trois branches, dont l'une, l'*ophthalmique*, pénètre dans l'orbite, et les deux autres, *maxillaire supérieure* et *maxillaire inférieure*, sont destinées aux muscles masticateurs. (Voir NERFS.)

TRILLIE (*Trillum*). Genres de plantes monocotylédones de la famille des *Liliacées*. Ce sont des herbes vivaces exotiques, surtout de l'Amérique, où l'on emploie leur rhizome (*T. erectum* et *T. latifolium*) contre les maladies de peau.

TRILOBITES (par allusion à la forme *trilobée* du corps). Crustacés fossiles de la période silurienne, placés par Milne Edwards, entre les isopodes et les branchiopodes, et par quelques autres à côté des limules ou xyphosures. Ils sont répandus à profusion dans toutes les parties du monde au sein des formations siluriennes, et si nombreux, que la roche en est parfois pétrie. Les ardoises d'Angers notamment en possèdent de beaux exemplaires. Ces animaux, dont aucune espèce ne vit aujourd'hui et même ne se retrouve à l'état fossile dans aucun des terrains postérieurs, paraissent être les premiers représentants de la classe des crustacés à la surface du globe. Ils sont formés en avant d'une sorte de grand bouclier demi-circulaire, dont les côtés portent de gros yeux à facettes. Au bouclier des Trilobites fait suite l'abdomen, composé de segments imbriqués comme le sont ceux de la queue de l'écrevisse, mais divisé par deux sillons longitudinaux en trois parties ou lobes, qui ont valu à l'animal son nom de Trilobite. Une courte queue triangulaire termine le tout. La face inférieure n'a d'autres membres qu'une série de molles lamelles servant à la fois, sans doute, d'organes respiratoires et d'organes locomoteurs, ainsi que cela se voit encore dans divers crustacés de nos jours (branchiopodes). Quelques Trilobites, comme moyen de défense, avaient la faculté de se rouler en boule, ainsi que le font nos cloportes ; tels sont les *calymènes*. D'autres étaient dépourvus de cette faculté; par exemple les *ogygies*.

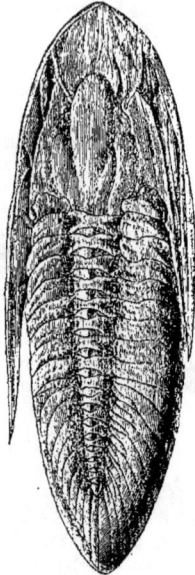
Trilobite (*Ogygia Guettardi*).

TRILOCULAIRE (du latin *tres*, trois, et *loculus*, loge). Se dit du fruit ou de l'ovaire à trois loges.

TRIMÈRE (du grec *treis*, trois, et *méros*, partie). Se dit des insectes qui n'ont que trois articles à tous les tarses (*coccinellidés*).

TRIODON (du grec *treis*, trois, et *odous*, dent). Genre de poissons de la famille des *Tétrodontidés*. (Voir ce mot et DIODON.)

TRIONYX (de *treis*, trois, et *onux*, ongle). (Voir TORTUE.)

TRIPES. Nom vulgaire sous lequel on désigne les intestins des animaux de boucherie.

TRIPETTE. Nom vulgaire d'un champignon du genre *Clavaire*. (Voir ce mot.)

TRIPHŒNA. (Voir NOCTUELLES.)

TRIPOLI (de la ville de ce nom). Silice terreuse, pulvérulente, agglomérée, d'une teinte rougeâtre, qui paraît formée presque exclusivement des dépouilles siliceuses des petits organismes végétaux connus sous le nom de *diatomées*. (Voir ce mot.) On sait que cette terre fossile sert à polir les métaux. On la tirait en grande partie de Tripoli (d'où son nom); mais il en existe des dépôts en Toscane, en Bohême, en Auvergne, etc.

TRIQUE-MADAME. Nom vulgaire du *Sedum album*.

TRITICUM. Nom scientifique du Blé ou Froment. (Voir ce mot.)

TRITOMA (du grec *treis*, trois, et *tomê*, section). Genre de plantes monocotylédones de la famille des *Liliacées*, tribu des *Asphodélées*, voisines des Aloès. Ce sont des plantes d'ornement qui nous viennent du Cap et produisent un fort bel effet. Du milieu d'une touffe de longues feuilles ensiformes, dentelées, s'élève une tige ou hampe de 6 à 10 décimètres, qui porte à son extrémité un long épi de fleurs serrées, formant comme un beau plumet, variant du jaune au rouge éclatant. Le *Tritoma uvaria* demande une exposition chaude et craint l'humidité et le froid. On cultive encore les **Tritoma media** et **pumila**, assez voisins, mais plus petits.

TRITON. (Voir SALAMANDRE.)

TRITONIE, *Tritonia* (nom mythologique). Genre de mollusques GASTÉROPODES de l'ordre des NUDIBRANCHES, dont les branchies rameuses sont rangées longitudinalement des deux côtés du dos. Leur aspect général est celui des Doris, c'est-à-dire limaciforme. Leur tête est surmontée de deux tentacules rétractiles ; leur bouche est armée de deux mâchoires latérales, cornées, tranchantes ; leur pied est large, canaliculé, et leur permet de s'attacher aux plantes marines sur lesquelles ils rampent. — La **Tritonie de Homberg**, la plus grande du genre (6 à 7 centimètres), de couleur de cuivre, se trouve sur nos côtes. On en connaît plusieurs autres espèces de toutes les mers.

TROCHANTER. On donne le nom de *grand* et *petit Trochanter* aux deux tubérosités que présente l'extrémité supérieure du fémur; l'un est en dedans, l'autre en dehors.

TROCHILIDÉS (de *trochilus*, colibri). Famille d'oiseaux de l'ordre des PASSEREAUX TÉNUIROSTRES, comprenant les Colibris et les Oiseaux-mouches. (Voir ces mots.)

TROCHILUS. Nom scientifique latin des Colibris.

TROCHUS. (Voir TOUPIE.)

TROÈNE (*Ligustrum*). Genre de plantes de la famille des *Oléacées*, comprenant des arbrisseaux à feuilles opposées, sans stipules, à fleurs régulières, en panicules, formées d'un calice à quatre dents, d'une corolle en entonnoir à limbe divisé en quatre lobes, deux étamines incluses, un ovaire à deux loges contenant chacune deux graines, style court, stigmate bifide, baie globuleuse à deux loges. — Le **Troène commun** (*L. vulgare*), qui croît dans les bois de presque toute l'Europe, est un arbrisseau à rameaux flexibles, naissant près de terre et dressés, à feuilles persistantes, petites, coriaces, à fleurs blanches, aromatisées, en thyrse, qui s'épanouissent au printemps et donnent pour fruit une baie noire de la grosseur d'un pois, dont les oiseaux sont très friands, et qui sert souvent à teindre les vins. Son bois est dur et s'emploie pour des ouvrages de tour. Il fournit un charbon utilisé dans la fabrication de la poudre à canon. Les feuilles du Troène sont astringentes.

TROGLODYTE (du grec *trôglodutês*, qui habite dans les trous, dans les cavernes). On appelait ainsi dans l'antiquité les peuplades qui, en diverses contrées, habitaient, dit-on, des cavernes.

TROGLODYTE (*Troglodytes*). Genre d'oiseaux PASSEREAUX DENTIROSTRES, de la famille des *Sylviadés*, caractérisé par un bec grêle, plus ou moins arqué, des ailes courtes, très obtuses, une queue médiocre, arrondie, et légèrement étagée, des tarses courts, avec des doigts robustes et des ongles forts, arqués. La plupart des espèces sont américaines. — Notre **Troglodyte d'Europe** (*T. europœus*) émigre peu : il est presque partout sédentaire, son vol est court, en droite ligne, d'un buisson à un autre, où il furette à la recherche des insectes dont il se nourrit. On le voit souvent aussi dans nos jardins, dans nos vergers, où il attire l'attention par sa gentillesse et la vivacité de son allure non moins que par la bruyante gaieté de son ramage. Il est facilement reconnaissable à sa petite taille (10 centimètres) et à sa petite queue, toujours relevée et souvent presque couchée sur le dos. Il place son nid n'importe où, dans un buisson, dans une touffe de lierre, entre deux racines d'arbre, sous la voûte d'un pont ou dans un trou de mur. Ce nid, très grand, proportionnellement à l'oiseau, est fait de mousse, garni à l'intérieur de plumes et de crin. Sa forme est globulaire et la femelle y pond de six à huit œufs blancs pointillés de brun rouge. Son plumage est en dessus d'un brun roux rayé transversalement de noirâtre, et en dessous d'un cendré roussâtre, plus clair et bleuâtre sur la poitrine. Ce gentil petit oiseau est très facile à apprivoiser. On le confond parfois, mais à tort, avec les roitelets.

TROGLODYTES. Nom scientifique du genre *Chimpanzé*. (Voir ce mot.)

TROLLE (*Trollius*). Genre de plantes de la famille des *Renonculacées*, tribu des *Helléborées*. Ce sont des plantes herbacées à feuilles palmées, à fleurs grandes, composées d'un calice de cinq à quinze sépales colorés; d'une corolle de huit à vingt pétales à onglet tubuleux; étamines en nombre indéfini; pistils nombreux, fruit : follicules secs, libres, verticillés sur plusieurs rangs. — Le type du genre, le **Trolle d'Europe** (*T. europœus*), vulgairement *renoncule des montagnes*, est une plante qui croît sur les hautes montagnes et s'élève de 4 ou 5 décimètres; elle se couvre, au printemps, de grandes fleurs jaunes globuleuses. Ses feuilles sont découpées en cinq segments trifides. On la cultive dans les jardins ainsi que le **Trolle d'Asie**, à feuilles plus grandes, à fleurs d'un beau jaune orangé.

TROMBIDION, *Trombidium* (du grec *trombodês*, timide). Genre d'arachnides de l'ordre des ACARIENS, famille des *Trombidides*. Ce sont de petits acarus à huit pattes, d'une belle couleur rouge, qui courent avec rapidité à terre ou sur les feuilles. Leur corps est renflé, assez mou. — Le type du genre, le **Trombidion soyeux** (*T. holosericeum*), est d'un beau rouge velouté ; les plus grands ne dépassent pas 1 millimètre. Ce petit animal n'est pas nuisible ; il rend au contraire des services aux jardiniers en dévorant une foule de petits insectes rongeurs de végétaux. Cependant, sous forme de larve, il est fort incommode pour les personnes qui se promènent sur les gazons ou se couchent sur l'herbe, en automne, il grimpe le long des jambes, pénètre

dans la peau et cause des démangeaisons insupportables. Il est alors d'un rouge de brique et n'a que six pattes. On lui donne le nom de *rouget* ou de *lepte automnal*.

TROMPE (*Proboscis*). On nomme ainsi un prolongement du nez chez certains mammifères, tels que l'éléphant, le tapir, ainsi que le suçoir charnu, rétractile et protractile de certains insectes et annélides. — On a étendu ce nom, par analogie, à certains organes en forme de canal ou de tuyau : telles sont la **Trompe d'Eustache** dans l'oreille (voir ce mot), et les **Trompes de Fallope** qui vont de l'utérus à l'ovaire.

TROMPE MARINE. Nom vulgaire d'une coquille du genre *Buccin*. (Voir ce mot.)

TROMPETTE DES MORTS. (Voir CRATERELLE.)

TROMPETTE (Oiseau). Nom vulgaire de l'Agami, et d'un poisson du genre *Syngnathe*.

TRONC. On désigne généralement sous ce nom la tige des arbres, et par extension, chez l'homme, la partie du corps sur laquelle s'articule les membres.

TROPHOSPERME. (Voir PLACENTA.)

TROPŒOLUM. Nom latin du genre *Capucine*. (Voir ce mot.)

TROQUE. (Voir TOUPIE.)

TROSCART. (Voir TRIGLOCHIN.)

TROU DE BOTAL. On nomme ainsi l'orifice qui, chez le fœtus, fait communiquer les deux oreillettes et résulte d'un développement incomplet de

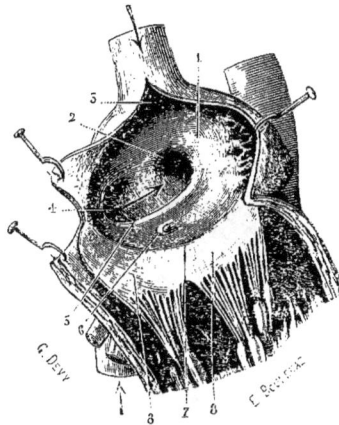

Trou de Botal.

1, cloison interauriculaire; 2, trou de Botal; 3, orifice de la veine cave supérieure; 4, orifice de la veine cave inférieure; 5, valvule d'Eustache; 6, orifice de la veine coronaire, muni de sa valvule (dite de *Thebesius*); 7, orifice auriculo-ventriculaire droit; 8, valvule tricuspide.

la cloison interauriculaire. Chez l'adulte, les deux moitiés artérielle et veineuse du cœur ne communiquent pas; mais chez le fœtus, les deux oreillettes sont d'abord confondues en une seule, puis, du troisième au sixième mois, se forme entre elles une cloison percée d'une ouverture qui se trouve plus ou moins complètement obturée au moment de la naissance. De cette conformation, reconnue à la fin du seizième siècle par l'anatomiste italien Botal, il résulte que le sang artériel de la mère, venu du placenta par la veine ombilicale, passe directement dans l'oreillette gauche. (Voir Cœur et Circulation.)

TROUPIALE (*Icterus*). Genre d'oiseaux de l'ordre des Passereaux, division des Coniostres, famille des *Sturnidés* ou Étourneaux. Ces oiseaux, tous d'Amérique, rappellent par leurs caractères et leurs mœurs nos étourneaux d'Europe. Ils vont par grandes troupes, d'où leur nom, et commettent souvent de grands dégâts dans les champs et les vergers, car ils vivent de grains, de fruits et d'insectes. — Le type du genre, le **Troupiale varié** (*I. varius*), qui habite la Guyane et les États-Unis, y est connu sous le nom d'*étourneau des vergers*. Son plumage est noir avec le bas du dos, la croupe et le ventre d'un brun marron. Son chant consiste en un sifflement un peu modulé. Il est surtout remarquable par l'industrie avec laquelle il établit son nid, en forme de panier, aux rameaux pendants de certains arbres.

TRUFFE (*Tuber cibarium*, Bull.). Champignon de la division des Thécasporées, tribu des *Tubéracées*. La Truffe est un champignon souterrain, de forme irrégulièrement arrondie, de consistance ferme et charnue, d'un brun noirâtre, à surface couverte de petites verrues; son volume varie depuis la gros-

Truffe comestible.

seur d'une noix jusqu'à celle du poing. A l'intérieur, elle est parsemée de veines membraneuses, anastomosées. Elle a pour organes de reproduction des spores microscopiques renfermées dans des sporanges arrondis ou ovoïdes. Ces organes, qui apparaissent à la maturité, sont d'une singulière petitesse, leur dimension ne dépassant pas un dixième de millimètre de diamètre. Lorsque la Truffe, devenue trop mûre, pourrit et se décompose à son tour dans le sol, ces spores, mises à découvert, produisent du *mycélium*, c'est-à-dire des filaments blancs, analogue à celui de l'agaric; c'est lui qui, en se développant, reproduit la cryptogame. On a prétendu que la Truffe n'est pas un champignon, mais une excroissance, une espèce de galle développée par la pi-

qûre de certaines mouches sur les racines du chêne; cette opinion n'est pas soutenable. En réalité on voit souvent une mouche jaunâtre sur les points où se trouvent des Truffes; mais elle les recherche afin d'y déposer ses œufs afin que la larve qui en sortira puisse se nourrir de sa substance. — Tout le monde connaît l'usage de la Truffe comme comestible, et le renom dont elle jouit parmi les gourmets. L'espèce la plus estimée est la **Truffe noire**: elle est sur-

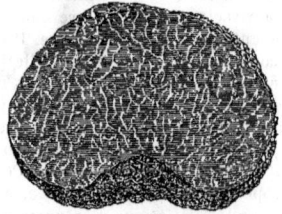

Truffe comestible, coupe transversale.

tout commune dans le Périgord. — Une autre espèce, la **Truffe grise**, commune dans le Piémont, est plus ronde que la précédente, aplatie, et a son parenchyme grisâtre. — La Truffe vient de préférence en terre légère, dans les bois de chênes ou de châtaigniers, à quelques pouces seulement de profondeur; son odeur aromatique et pénétrante en décèle la présence aux chiens et aux porcs qu'on dresse spécialement à en faire la recherche. Depuis longtemps on cherche les moyens de cultiver les Truffes comme les champignons de couche; mais les essais faits jusqu'à ce jour ont été sans résultats. Le moyen qui offre le plus de chance de succès, est de faire des semis réglés de chênes, dans un terrain argilocalcaire, le plus favorable au développement des Truffes; il faut ordinairement de six à dix ans pour qu'une truffière soit en rapport, et elle conserve sa fertilité pendant vingt ans environ. Cette manière de procéder est doublement avantageuse, puisqu'elle fait produire, en même temps, des Truffes et du bois, dans un sol impropre à toute autre culture.

TRUFFE D'EAU. (Voir Macre.)

TRUIE. Femelle du Porc. (Voir Cochon.)

TRUITE (*Trutta*). Genre de poissons de la famille des *Salmonidés*, très voisins des Saumons, et que Cuvier et Agassiz rangeaient dans le genre *Salmo*. — La **Truite commune** (*T. fario*) se trouve presque dans toutes les rivières de l'Europe où les eaux sont vives et froides, et elle remonte les fleuves et leurs affluents jusqu'à leur source dans les régions les plus montagneuses. C'est un beau poisson renommé pour la délicatesse de sa chair. Il a la peau lisse, onctueuse et couverte de petites écailles; le dos grisâtre ou vert noirâtre, les côtés de la tête et du corps d'un jaune doré tout parsemés de taches rondes d'un rouge brun ou vermillon, entouré d'un cercle plus clair; les nageoires pectorales sont brunes et violacées, les ventrales et la caudale dorées, l'anale mélangée de gris, de pourpre et d'or. La Truite atteint communément de 35 à 40 centimètres de longueur, mais dans les eaux du Jura et du Vivarais, on en prend quelquefois d'une taille double et qui pèsent jusqu'à 4 et 5 kilogrammes. La Truite se plaît dans les eaux vives et fraîches qui coulent sur un fond rocailleux, surtout dans les ruisseaux qui descendent des

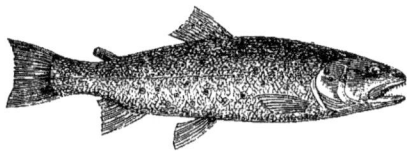

Truite.

hautes montagnes; mais l'hiver elle gagne les grandes rivières pour ne pas se trouver renfermée sous la glace. Comme le saumon, la Truite nage avec beaucoup de rapidité contre les courants, et peut franchir des cascades élevées. C'est d'ailleurs un poisson vorace qui se nourrit de petits poissons, de mollusques et d'insectes, après lesquels on le voit souvent s'élancer au-dessus de la surface de l'eau. Les Anglais ont un goût tout particulier pour la pêche de la Truite, qu'ils prennent à la mouche artificielle. On distingue plusieurs variétés qui diffèrent entre elles par la couleur, les taches, etc. La **Truite des lacs** (*T. lacustris*), dont quelques auteurs font une espèce particulière, est surtout abondante dans le lac de Genève. Elle paraît avoir la tête plus longue et le corps plus effilé, et ses couleurs sont moins vives que chez la Truite de rivière. Elle quitte les lacs au mois de septembre pour remonter les rivières qui s'y jettent et y effectuer sa ponte, puis elle retourne dans les lacs. Ses œufs sont d'un jaune orange. La chair de la Truite est aussi recherchée que celle du saumon; elle est généralement blanche; cependant quelques individus présentent la coloration dite *saumonée*. — La **Truite de mer** (*T. argentea*), que l'on désigne aussi sous le nom de *Truite saumonée*, rappelle par ses mœurs le saumon avec lequel elle a de grands rapports. Elle est en dessus d'un gris bleuâtre; les flancs sont argentés et parsemés de taches noirâtres; le ventre est blanc. La couleur de sa chair est orangé pâle; son poids le plus ordinaire est de 4 à 5 kilogrammes.

TRYGON. (Voir PASTENAGUE.)

TSETSÉ. Le Tsetsé est un petit diptère de la famille des *Muscidés* et appartient au genre *Glossina*. On lui donne en Afrique le nom de *Zimb*, et dans la science celui de *Glossina morsitans*. Cet insecte, de la taille de la mouche ordinaire, est brun rayé de jaune. Le célèbre docteur Livingstone a donné quelques détails sur le Tsetsé, qu'il a rencontré dans son voyage au Zambèse. Sa vue est très perçante,

dit-il, et, rapide comme la flèche, il s'élance du haut d'un buisson où il guette ses victimes. C'est un suceur de sang. On voit sa trompe se diviser en trois parties, dont celle du milieu s'insère assez profondément dans la peau, qui prend bientôt une teinte cramoisie. Cette piqûre est pour l'homme sans plus de danger que celle du cousin; mais il n'en est pas de même des animaux, qui, presque toujours, y succombent au bout de quelques jours. C'est un empoisonnement du sang produit par le venin que sécrète une glande placée à la base de la trompe du Tsetsé. Livingstone perdit quarante-trois bœufs magnifiques sur les bords du Zambèse, qui en sont infestés. Le bœuf, le cheval, le mouton et le chien meurent victimes de la piqûre de ce diptère, et ce qu'il y a de singulier, c'est que ces mêmes animaux n'en ressentent aucun effet nuisible tant qu'ils tettent leur mère. Le porc et la chèvre sont également insensibles à ce

Mouche tsetsé.

poison, et les peuplades qui habitent ces contrées ne peuvent avoir d'autre animal domestique que la chèvre. Tous les animaux le redoutent; son seul bourdonnement jette parmi eux l'épouvante. Aussitôt qu'il paraît, les troupeaux, saisis de terreur, se mettent à fuir affolés de tous côtés dans la plaine. Les plus forts animaux, ceux même dont la peau est la plus épaisse et la mieux défendue par un poil dur et serré, ne sont pas à l'abri des terribles piqûres de la mouche Tsetsé. Leur corps se couvre bientôt de grosses tumeurs qui s'excorient, se putréfient et entraînent infailliblement la mort.

TUBE DIGESTIF, TUBE INTESTINAL. (Voir DIGESTION et INTESTINS.)

TUBER, TUBÉRACÉES. (Voir TRUFFE.)

TUBERCULE. Partie solide, épaisse, composée de matière féculente et d'un ou plusieurs bourgeons, et située, soit à côté du collet de la racine, comme dans plusieurs orchis, soit sur des tiges souterraines, comme dans la pomme de terre. (Voir TIGE, RACINE.)

TUBÉREUSE (*Polyanthes*). Genre de plantes de la famille des *Liliacées*, tribu des *Hémérocallidées*, qui ne renferme qu'une seule espèce, la **Tubéreuse des jardins** (*P. tuberosa*, L.). C'est une plante herbacée à bulbe solide, épais, répandue dans presque toute la zone intertropicale. Ses feuilles inférieures sont linéaires, allongées, celles de la tige très petites; ses fleurs en grappe sont blanches, lavées de rose et douées d'une odeur suave, mais forte et pénétrante. Elles sont formées d'un périanthe en entonnoir à long tube, à limbe divisé en six lobes presque égaux, étalés; de six étamines incluses; d'un seul pistil, dont l'ovaire présente trois loges; le fruit est une capsule trigone dont chaque loge renferme un grand nombre de graines. On obtient par la culture des variétés panachées et à fleurs doubles. Sous le climat de Paris, on met les bulbes en terre sur couche et sous châssis, en les tenant abrités tant que les gelées sont à craindre. La Tubéreuse est indigène des îles de la Sonde; on prétend que les exhalaisons de ses fleurs ont des propriétés narcotiques qui peuvent la rendre dangereuse dans une chambre close.

Tubéreuse.

TUBÉREUSE BLEUE. Nom que donnent les jardiniers à l'Agapanthe en ombelle.

TUBÉREUSE [Racine]. Se dit de toute racine renflée irrégulièrement ou qui offre des excroissances charnues plus ou moins épaisses.

TUBICOLES (du latin *tubus*, tube, et *colo*, j'habite). Groupe d'annélides chétopodes de l'ordre des Polychètes, comprenant celles qui habitent des tubes formés avec une matière que sécrète leur corps et qui prend la consistance du parchemin (*amphitrites*), ou de la pierre (*serpules*), ou qui est formé de matériaux étrangers, comme le sable, les coquilles (*hermelles*).

TUBIPORE (de *tubus*, tube, et *pora*, orifice). Genre d'animaux radiaires de l'embranchement des Cœlentérés, ordre des Alcyonaires, type de la famille des *Tubiporidés*. Leur nom vient de leur polypier calcaire formé de tubes dont la disposition verticale à côté les uns des autres leur a valu l'appellation vulgaire d'*orgues de mer*. Tous les tuyaux cylindriques, parallèles, sont réunis de distance en distance par des lamelles horizontales, parcourues par un réseau vasculaire assez complexe qui met les divers polypes en rapport étroit de nutrition les uns avec les autres. Chaque tube porte un polype de couleur verte et entièrement rétractile. — Le **Tubipora musica** et le **Tubipora purpurea** habitent la mer Rouge.

TUBITÈLES (de *tubus*, tube, et *téla*, toile). Famille d'arachnides de l'ordre des Aranéides dipneumonés, comprenant les araignées sédentaires qui se construisent soit des tubes, soit des cellules qui leur servent de demeure. Elles se distinguent à leurs filières cylindriques rapprochées en un faisceau dirigé en arrière. Ce groupe renferme les genres *Tegenaria*, *Argyronète*, *Segestric*, *Clubione*, etc.

TUBULAIRES. Groupe d'animaux radiaires cœlentérés de la classe des Hydroméduses, composé de polypes nus ou pourvus de tubes chitineux dans lesquels ils ne peuvent rentrer et dont l'extrémité n'est pas évasée en forme de calice. Ce groupe comprend les familles des *Hydridés*, des *Hydractinidés*, des *Corynidés*, des *Tubularidés*, etc. Les trois dernières renferment des polypes nourriciers tentaculifères réunis en colonies sur le même polypier avec des capsules closes dans lesquelles se développent des méduses sexuées, qui deviennent libres par suite de la rupture des capsules. Les Tubulaires ne sont donc, en réalité, que l'état agame de ces méduses. (Voir Hydroméduses.)

TUBULARIA. (Voir Tubulaires.)

TUE-CHIEN. Le Colchique d'automne.

TUE-LOUP. L'Aconit.

TUE-MOUCHE. L'Agaric fausse oronge.

TUF. Roche calcaire. (Voir Travertin.) — On donne le nom de **Tuf ponceux** à une boue de ponce grisâtre, consolidée, mêlée de parcelles de matières étrangères que l'on rencontre à Pausilippe, près de Naples, et au mont Dore, en France. — On nomme **Tuf trachytique** une roche friable ou compacte, grisâtre ou jaune d'ocre, terreuse, ayant l'aspect d'une boue volcanique solidifiée.

TUFAU ou **TUFFEAU.** Variété de craie d'un gris pâle, souvent mêlée de sable et de mica, inférieure à la craie blanche. (Voir Crétacé [Terrain]). Elle a quelquefois assez de résistance pour être employée dans les constructions.

TULIPE, *Tulipa* (de l'italien *tulipano*, ou du persan *thouliban*, turban). Ce genre de la famille des Liliacées est un des plus beaux du règne végétal. Il renferme des plantes herbacées, bulbeuses, qui croissent spontanément dans l'Europe méridionale et dans l'Asie moyenne; leurs feuilles sont radicales, ovales oblongues; de leur milieu s'élève une hampe droite que termine une fleur dressée, à six pétales, six étamines hypogynes, un stigmate sessile à trois lobes, un ovaire à trois loges renfermant des ovules nombreux. Le nombre des espèces de Tulipes n'est pas très grand, mais on en a obtenu, par la culture, d'innombrables variétés. — Le type du genre, la **Tulipe sauvage** (*T. sylvestris*, L.) ou *Tulipe des bois*, haute de 4 à 5 décimètres, porte une belle fleur jaune; elle abonde dans les prairies médiocrement élevées. — La **Tulipe de l'Écluse**, commune dans nos provinces méridionales, a sa fleur purpurine avec le bord blanc. — Mais la Tulipe par excellence, si répandue dans nos jardins, est la **Tulipe de Gesner** (*T. Gesneriana*, L.), qui vient spontanément dans la Toscane et la Turquie. Cette belle fleur a donné des variétés sans nombre; les plus estimées des amateurs sont celles dans lesquelles

les couleurs se détachent sur un fond blanc. On sait qu'en Hollande, certaines variétés se sont payées jusqu'à 2 000 et 3 000 florins. La culture des Tulipes demande des soins minutieux dont le détail ne peut trouver place que dans les ouvrages d'horticulture. Il nous suffira de dire que les Tulipes se multiplient par caïeux, qui donnent constamment

Tulipe.

une plante identique à celle dont ils proviennent; c'est par les graines que l'on se procure de nouvelles variétés; mais ce n'est qu'au bout de quatre ou cinq ans que la fleur atteint sa coloration définitive. On relève les oignons ordinairement à la fin de juin, on les tient au sec, et on les replante en octobre dans une terre douce et substantielle, à 15 centimètres de profondeur.

TULIPIER (*Liriodendron*). Grand arbre de la famille des *Magnoliacées*, originaire de l'Amérique du Nord, où il atteint 30 mètres d'élévation. Son nom lui vient de ses grandes fleurs, qui rappellent un peu comme forme celles de la tulipe. — Le **Tulipier de Virginie** (*L. tulipifera*) offre un port magnifique; ses branches étalées portent de larges feuilles palmées à trois lobes, dont le médian largement tronqué; ses grandes fleurs solitaires, assez nombreuses, d'un jaune verdâtre avec une tache orangée, s'épanouissent en juin et juillet, et répandent une odeur agréable. Elles ont trois sépales colorés, six pétales sur deux rangs, de nombreuses étamines; le fruit est une sorte de capsule en forme de cône composée

d'écailles imbriquées contenant les graines. L'écorce de cet arbre, amère et aromatique, passe pour tonique et fébrifuge.

TUNICIERS (*Tunicata*). Classe d'animaux inférieurs autrefois rapprochés des Mollusques, mais que beaucoup de naturalistes tendent aujourd'hui à considérer comme des Vertébrés très inférieurs, fixés au sol par leur extrémité antérieure et déformés par cette condition d'existence. Leur corps, dépourvu de membres, est enveloppé dans une espèce de *tunique*, formée d'une substance très voisine de la cellulose, et constituant un sac ouvert à son pôle libre par deux orifices, l'un pour l'entrée, l'autre pour la sortie de l'eau; ce sac, aux contours irréguliers, adhère par l'autre pôle aux corps submergés. Branchies grandes, ordinairement en forme de sac, placées à l'entrée du tube digestif, de forme variable; cœur tubuleux; circulation oscillatoire, le courant sanguin changeant de direction à des inter-

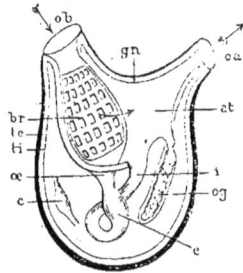

Schéma de l'organisation d'une Ascidie. — *te*, tunique; *ob*, orifice buccal; *br*, chambre branchiale; *œ*, œsophage; *e*, estomac; *i*, intestin; *oa*, orifice anal; *gn*, ganglion nerveux; *c*, cœur; *og*, organes génitaux.

valles de temps très rapprochés; fait unique dans le règne animal. Le tube digestif, généralement recourbé en forme d'anse, est pourvu de deux orifices; un ganglion nerveux unique est situé entre ces deux orifices. Les Tuniciers sont hermaphrodites. Les uns sont solitaires, les autres (Ascidies composées, Pyrosomes, etc.) vivent en colonies. Leurs larves, en forme de têtard, présentent dans leur développement un grand nombre de traits communs avec l'*Amphioxus*. On les trouve flottants dans la mer ou fixés sur les rochers et les fucus. On y distingue les Ascidies, les Pyrosomes et les Salpes. (Voir ces mots.)

TUPAIA. Genre de mammifères de la tribu des *Erinacidés* (hérissons). Ils diffèrent de ces derniers par l'absence de piquants, la longueur de leur queue et leurs habitudes, qui rappellent celles des makis. Comme ces derniers, ils vivent sur les arbres et se nourrissent d'insectes et de fruits. Les Tupaias habitent les îles de la Sonde. Leur pelage est doux et bien fourni; leur longue queue est relevée en panache, comme celle des écureuils; leur museau, très allongé, se termine en pointe. Cuvier donne à ces animaux le nom générique de *Clado-bate*. — Le type de ce genre est le **Tupaia ferrugineux**, commun à Java, à Bornéo, à Sumatra. Il a 20 centimètres de longueur du bout du museau à la naissance de la queue; celle-ci mesure 25 centimètres; son pelage est de couleur ferrugineuse. On connaît encore le **Tupaia tana**, le **Tupaia banxring**, le **Tupaia murin**.

TURBAN. On donne ce nom vulgaire à plusieurs coquilles des genres *Turbo* et *Trochus*. — On donne également ce nom à une variété de Courge et au Lys de Pomponne.

TURBELLARIÉS (du latin *turbella*, agitation, par allusion aux cils). Vers plats, non parasites, à corps non annelé, couvert de cils vibratiles. Ces vers sont presque tous marins; quelques-uns vivent dans l'eau douce ou la terre humide. On les divise en trois groupes d'après les caractères tirés de leur tube digestif. Celui-ci est droit et n'a qu'un orifice chez les *Rhabdocèles;* il n'a également qu'un orifice, mais il est ramifié, chez les *Dendrocèles* (Planaires); enfin, il est pourvu de deux orifices dans les *Rhynchocèles* (Némertiens). Les Rhabdocèles et les Dendrocèles sont hermaphrodites et voisins des Trématodes. Les Rhynchocèles sont à sexes séparés; ils sont pourvus d'une trompe protractile, indépendante du tube digestif et souvent armée d'aiguillons venimeux. Quelques espèces de Némertiens atteignent une taille énorme; le *Lineus longissimus*, par exemple, dépasse souvent 1ᵐ,30 de longueur.

TURBINELLE (diminutif de *turbo*, sabot). Genre de mollusques Pectinibranches de la famille des *Fusidés*. Ce sont des mollusques des mers chaudes des deux mondes, dont l'animal ainsi que la coquille ont de grands rapports avec ceux des fuseaux. Mais dans ceux-ci la columelle est complètement lisse, tandis qu'elle est marquée de quatre ou cinq plis transverses dans les Turbinelles; la bouche se prolonge en canal. — On en connaît un certain nombre d'espèces dont le type est la **Turbinelle cornigère**, de la mer des Indes, remarquable par les rangées d'épines qui lui ont valu le nom de *dent de chien*. — **La Turbinelle de Ceram** est la *chausse-trappe* des amateurs et des marchands.

TURBITH. Espèce de convolvulacée du genre *Ipomœa* (voir ce mot), dont la racine est employée comme purgatif.

TURBO (de *turbo*, sabot). Genre de mollusques Gastéropodes prosobranches de la famille des *Trochidés*. Les Turbos ou Sabots sont très voisins des Troques ou Toupies (voir ce mot); ils ne s'en distinguent guère que par la coquille dont la spire présente des tours arrondis moins nombreux, et le dernier tour plus grand que les autres. De plus, l'ouverture est presque circulaire. On en connaît un grand nombre d'espèces, la plupart des mers chaudes, où elles acquièrent une grande taille et de brillantes couleurs; tels sont : les **Turbo pie**, **nacré**, **bouche d'or**, **bouche d'argent**, etc., bien connus des amateurs. — Le **Turbo rugosus** est assez

commun dans la Méditerranée. — Le **Turbo marmoratus**, appelé également *burgau* et *sabot nacré*, de la mer des Indes, fournit une très belle nacre, qui est recherchée pour les ouvrages de tabletterie. —

Turbo cornutus.

Le **Turbo cornutus** est remarquable par les aspérités qui sillonnent sa coquille. — On en connaît plusieurs espèces fossiles répandues dans presque tous les terrains sédimentaires.

TURBOT (*Rhombus*). Genre de poissons de la famille des *Pleuronectidés* ou poissons plats, qui se distinguent essentiellement des autres genres par la disposition de la nageoire dorsale, laquelle règne sur toute l'étendue du corps, depuis la caudale jusqu'au bord de la mâchoire supérieure. La plupart

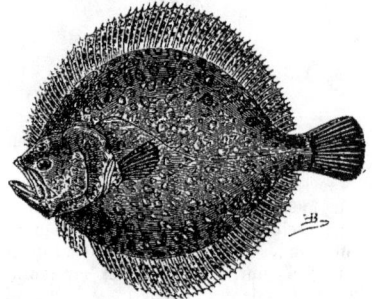

Turbot commun.

ont les yeux à gauche. Tel est le **Turbot** proprement dit (*R. maximus*), dont le corps, de forme rhomboïdale, presque aussi haut que long, est brun, hérissé de petits tubercules calcaires d'un seul côté. Ce poisson, qui dépasse parfois 1 mètre de longueur, est extrêmement vorace. Il aime à plonger dans la vase à l'embouchure des fleuves, où on le pêche principalement à l'aide de lignes de fond d'une extrême longueur. On le prend dans presque toutes les mers. C'est le plus savoureux de tous les poissons plats. On sait quel cas en faisaient les Romains, qui l'appelaient le *faisan des eaux*. — La **Barbue** (*R. lævis*), autre espèce de ce genre, d'une forme plus ovalaire, est plus petite et fort commune sur nos côtes; elle est également très estimée. Elle se distingue du Turbot par les filets longs et détachés de sa dorsale. Son côté gauche est d'un brun foncé parsemé de taches roussâtres. On en prend souvent sur nos côtes du poids de 8 et 10 kilogrammes.

TURC. On donne ce nom, dans certaines régions, à la larve du hanneton.

TURC (Chien). Variété de chien à peau nue. (Voir Chien.)

TURDUS. Nom latin du Merle.

TURION. Bourgeon partant d'une souche souterraine, dont la tige, enfouie dans le sol, émet chaque année de nouveaux rameaux aériens; telles sont nos asperges. Tantôt le Turion est à la face supérieure du rhizome, et il s'allonge sous terre, comme dans les souchets, tantôt il est à l'extrémité du rhizome, qui se redresse pour gagner l'air.

TURNEPS. Nom que donnent les Anglais à la grosse rave ou rabiole. (Voir Rave.)

TURNIX. Genre d'oiseaux Gallinacés, très voisins des Cailles, dont ils ont l'aspect et les mœurs; ils en diffèrent par l'absence du pouce. Ces oiseaux fréquentent les plaines sablonneuses et les hautes herbes de l'Asie et de l'Afrique. — Une seule espèce se rencontre en Europe, en Espagne et en Sicile, c'est le **Turnix tachydromus**, vulgairement connu sous le nom de *Tringue*. — Une espèce de Java, le **Turnix combattant** (*T. pugnax*), est élevée à Java comme oiseau de combat, ainsi que les coqs en Angleterre.

TURQUET. Nom vulgaire du Maïs ou blé de Turquie.

TURQUETTE. Nom vulgaire de l'Herniaire. (Voir ce mot.)

TURQUIN. (Voir Marbre.)

TURQUOISE. Pierre opaque, d'un bleu clair, plus dure que le verre et susceptible de prendre le poli. La Turquoise orientale ou *calaïte* est composée d'acide phosphorique, d'alumine, de chaux et d'oxyde de cuivre; c'est à ce dernier qu'elle doit sa couleur. Elle est infusible au chalumeau et inattaquable aux acides. On la trouve en Perse et en Syrie, dans les terrains d'alluvion. — On donne le nom de **Turquoise occidentale** ou *odontolithe* à des fragments d'ivoire ou d'os fossile pénétrés de phosphate de fer. Elle est attaquée par les acides et brûle en répandant une odeur animale.

TURRILITE (de *turris*, tour). Genre de mollusques fossiles de l'ordre des Céphalopodes, voisins des Ammonites. Ils s'en distinguent en ce que leur coquille s'enroule obliquement et est turriculée. Les Turrilites appartiennent aux terrains crétacés.

TUSSILAGE, *Tussilago* (de *tussim agere*, qui chasse la toux). Genre de plantes de la famille des *Composées tubuliflores*, qui se distingue par son réceptacle presque plan et dépourvu de paillettes, ses fleurons

très nombreux, ceux de la circonférence ligulés, femelles, ceux du centre tubuleux, mâles, en petit nombre. — Le **Tussilage** ou *pas-d'âne* (*T. farfara*) est une plante à rhizome charnu, traçant; à souche épaisse, à feuilles apparaissant après les fleurs, toutes radicales, très amples, longuement pétiolées,

Tussilage.

ovales cordées; on a comparé leur forme à l'empreinte du sabot d'un âne, d'où son nom vulgaire. Ces feuilles sont cotonneuses en dessous ainsi que les tiges. Celles-ci, hautes de 15 à 20 centimètres, portent des fleurs d'un jaune d'or, groupées en panicules terminales et solitaires. Les fleurs du Pas-d'âne font partie des espèces pectorales des pharmacies.

TUYOU. On donne parfois ce nom à l'Autruche d'Amérique, le Nandou.

TYMPAN. (Voir Oreille.)

TYPE (du grec *tupos*, empreinte, modèle). Ce mot s'emploie parfois, en histoire naturelle, comme synonyme d'Embranchement.

TYPHA (de *tuphos*, marais). Nom scientifique latin des plantes du genre *Massette*. (Voir ce mot.)

TYPHACÉES. Petite famille de plantes monocotylédones qui ne comprend que les deux genres *Typha* (massette) et *Sparganium* (rubanier). (Voir ces mots.)

TYPHLOPS (du grec *tuphlops*, aveugle). Petits ophidiens de la tribu des Opotérodontes, qui n'ont de dents qu'à la mâchoire supérieure, ont des yeux rudimentaires et cachés sous la peau, et des vestiges de bassin. Ces caractères les rapprochent des orvets, auxquels d'ailleurs ils ressemblent beaucoup, et ils forment ainsi le passage entre les ophidiens et les sauriens apodes auxquels appartient l'orvet. C'est là le seul intérêt qu'ils présentent. La seule espèce qui se trouve dans l'Europe orientale, le **Typhlops vermiculaire**, a 25 centimètres de longueur et la grosseur d'une forte plume d'oie. Il est d'un brun jaunâtre et ressemble à un gros lombric.

TYRAN. Genre d'oiseaux de l'ordre des PASSEREAUX DENTIROSTRES, de la famille des *Muscicapidés* ou Gobemouches. Les Tyrans sont des Gobe-mouches américains de la taille de nos pies-grièches, dont ils ont un peu les mœurs. Ce sont des oiseaux querelleurs, batailleurs, qui ne souffrent aucun oiseau de proie dans leur voisinage. Ils vivent d'insectes, de reptiles et de petits oiseaux, auxquels ils font une guerre perpétuelle, d'où leur nom de Tyran. — Le **Pytanga** (*Tyrannus pitanga*), du Brésil, est brun en dessous, jaune en dessous, avec une petite touffe jaune d'or à l'occiput; le **Tictivi** ou *Tyran à ventre jaune* (*T. sulfuratus*) ressemble au précédent; mais son bec est plus allongé et comprimé. On en connaît deux ou trois du Mexique.

TYROGLYPHUS (de *turos*, fromage, et *glupheus*, sculpteur). Genre d'acariens de très petite taille, dont le type, **Tyroglyphus siro**, vit sur les fromages secs; il est bien connu sous le nom de *mite du fromage*. — Le **Tyroglyphus mycophagus** vit sur les champignons, et le **Tyroglyphus entomophagus** fréquente les collections entomologiques, dans lesquelles il commet souvent de grands dégâts. Leurs larves, qui n'ont que six pattes et des organes buccaux rudimentaires, étaient autrefois considérées comme formant un genre particulier sous le nom d'*Hypopes*.

U

ULEX. Nom scientifique latin de l'Ajonc.

ULMACÉES (de *ulmus*, nom latin de l'orme). Famille de plantes dicotylédones apétales, à fleurs hermaphrodites ou polygames, à périanthe simple, campanulé, portant trois à neuf étamines à anthères biloculaires; ovaire libre, uniloculaire; à un ovule suspendu et deux styles divergents. Les Ulmacées comprennent plusieurs genres, dont les principaux sont : *Orme, Planère, Micocoulier.* Ce sont des arbres ou des arbrisseaux des régions tempérées ou tropicales. La famille des *Ulmacées*, telle que la constitue M. Baillon, comprend quatre tribus : les *Ulmées*, les *Morées*, les *Artocarpées* et les *Cannabinées*.

Orme. — *a*, fleur mâle; *b*, fleur femelle ; *c*, graine.

ULMAIRE. (Voir SPIRÉE.)

ULMUS. Nom latin du genre *Orme*.

ULOTRIQUES (du grec *oulos*, crépu, et *thrix*, cheveu). On donne ce nom aux races humaines qui ont des cheveux crépus, par opposition aux races *lissotriques* (de *lissos*, lisse), à cheveux lisses. Quelques anthropologistes ont proposé de classer les races humaines d'après ce caractère; mais quelle que soit son importance, il est insuffisant et tout à fait secondaire dans beaucoup de cas. C'est ainsi que les Australiens et certains noirs de l'Inde ont les cheveux lisses comme les Européens.

ULULA. Synonyme de Strix. (Voir CHOUETTE.)

ULVACÉES. (Voir ULVE.)

ULVE (*Ulva*). Genre de plantes cryptogames de la classe des ALGUES, type de la famille des *Ulvacées*. Ce sont des plantes aquatiques à fronde membraneuse, plane ou tubuleuse, formée d'une ou de plusieurs couches de cellules superposées. Les spores renfermées dans les cellules sont généralement quaternées. Comme celles des nostochs et des conferves, elles sont munies de cils et douées de mouvement pendant un certain temps de leur vie. — Les Ulves forment des expansions foliacées, le plus souvent traversées de nervures, mais sans apparence de tige.

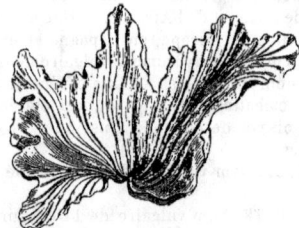

Ulve laitue.

Ces algues habitent la mer, et plus rarement les eaux douces; elles sont d'un vert clair; plusieurs sont recherchées comme aliment, entre autres l'Ulve laitue (*U. lactuca*) ou *laitue de mer*, que l'on trouve communément sur nos côtes à marée basse sur les roches que baigne la mer; elle est d'un beau vert gai. Il en est de même de l'Ulve très large, moins commune que la précédente. Les tortues préfèrent ces algues à toutes les autres. Une espèce se trouve dans les ruisseaux des environs de Paris : c'est l'Ulve intestinale, qui a la forme d'un long boyau vert.

UMBELLE, UMBELLIFÈRES (du latin *umbella*, ombelle). (Voir OMBELLE, OMBELLIFÈRES.)

UMBLE ou **OMBLE.** (Voir SAUMON.)

UNAU. Mammifère du genre *Bradype*.

UNCIA. (Voir ONCE.)

UNICELLULAIRE (de *unus*, un, et *cellula*, cellule). Se dit de certains organismes, protozoaires ou protophytes, qui ne sont formés que d'une cellule.

UNICORNE. (Voir LICORNE.)

UNIO. (Voir Mulette.)

UNISEXUELLES. On nomme ainsi, en botanique, les fleurs qui ne possèdent que l'un des organes de la reproduction, c'est-à-dire des étamines ou des pistils. Suivant que les fleurs mâles et les fleurs femelles se trouvent réunies sur un même pied, ou isolées sur des pieds différents, on les dit *monoïques* ou *dioïques*. Cette séparation des sexes qui, chez les animaux, est l'organisation dominante, n'est au contraire que l'exception dans les végétaux.

UNIVALVES. On désigne sous ce nom les coquilles composées d'une seule pièce ou valve enroulée ou non; tels sont les hélices, les sabots, les patelles.

UNONA. (Voir Uvaria.)

UPAS. Nom que donnent les Javanais au poison qu'ils tirent de deux plantes de genres différents. Le premier appartient à la famille des *Urticées*, très voisin des Artocarpes (voir ce mot); mais si ces derniers sont un bien précieux pour les habitants des pays où on les cultive, l'Upas est au contraire un des végétaux les plus malfaisants que l'on connaisse. — Le Bohon upas (*Antiaris toxicaria*) est très commun

Upas tieuté.

dans l'île de Java; son tronc et ses branches renferment un suc laiteux qui est un poison des plus violents, et les Javanais s'en servent pour empoisonner leurs crics et leurs flèches. C'est un poison narcotico-âcre des plus terribles; il provoque des convulsions tétaniques suivies de mort. Les indigènes affirment que les émanations de l'arbre elles-mêmes sont dangereuses. — L'Upas tieuté, également très violent, appartient au genre *Strychnos*. C'est une grande liane des forêts montagneuses de Java, qui s'enlace autour des plus grands arbres et grimpe jusqu'à leur sommet. Son écorce rugueuse

et rougeâtre est revêtue d'un enduit pulvérulent blanchâtre : ses feuilles sont opposées, lancéolées, à pétiole court; ses fleurs sont blanches, groupées en corymbe à l'aisselle des feuilles. Le fruit est une baie de la grosseur d'une pomme, lisse et rouge. C'est la racine de cette liane qui fournit, par ébullition et évaporation, un suc épais qui contient une forte proportion de strychnine. (Voir Strychnos.)

UPUPA. Nom scientifique latin du genre *Huppe*.

URANIE (nom mythologique). Genre d'insectes Lépidoptères des régions tropicales, dont les ailes, très grandes, sont parées de couleurs éclatantes; les inférieures se prolongent en une queue plus ou moins longue. Ces papillons, les plus beaux que l'on connaisse, semblent, par la forme de leurs antennes, former le passage entre les Rhopalocères et les Hétérocères. Ces antennes, d'abord filiformes, s'amincissent en forme de soie à leur extrémité. Ce beau genre ne renferme qu'un petit nombre d'espèces diurnes. Nous citerons comme type, l'**Urania rhipheus**, de Madagascar, dont les ailes, d'un noir de velours, sont rayées de vert doré et comme saupoudrées d'or; l'**Urania orientalis** et l'**Urania orontes** sont asiatiques.

URANOSCOPE (du grec *ouranos*, ciel, et *skopeô*, je regarde). Genre de poissons de l'ordre des Acanthoptères, famille des *Trachinidés*, qui doit son nom à la position de ses yeux situés sur la partie supérieure de la tête, de façon à regarder le ciel. Le genre *Uranoscope* (*Uranoscopus*) a les ventrales en avant des pectorales; une ou deux dorsales, les dents toutes en velours, la tête presque cubique, une forte épine à chaque épaule; la bouche fendue verticalement, portant à l'intérieur et au devant de la langue un lambeau long et étroit, que l'animal peut faire sortir à volonté, et qui, dans la vase où il se tient habituellement caché, lui sert, dit-on, comme d'appât pour attirer les petits poissons. Ses écailles sont petites.— La seule espèce d'Europe est l'**Uranoscope de la Méditerranée** (*Ur. scaber*), qui n'excède guère 35 centimètres de long. Il est gris brun, avec des séries irrégulières de taches blanchâtres, deux dorsales, la première épineuse et petite, la seconde molle et longue. On le mange, quoiqu'il ne paraisse pas très estimé. Les pêcheurs craignent beaucoup les piqûres de ses aiguillons.

URARI. Synonyme de Curare.

URBEC. Nom vulgaire du Rhynchite du bouleau.

URCÉOLAIRE (de *urceola*). (Voir Infusoires.)

URCÉOLÉ (de *urceola*, petite outre). Se dit d'un organe ventru dans son milieu et resserré à son orifice : le calice de la rose, la corolle de la bruyère.

URCHIN. (Voir Hydne.)

URÉDINÉES (du latin *uredo*, charbon). Groupe de champignons coniomycètes. Les Urédinées sont de très petits champignons qui vivent en parasites sur d'autres plantes et y déterminent diverses maladies, telles que le charbon, la carie, la rouille. Ces parasites attaquent toutes les parties des plantes, excepté les racines, et leur présence se révèle le plus souvent par des taches semblables à des amas de poussière diversement colorés. Leur mycélium filamenteux produit deux sortes d'organes reproducteurs : d'abord des *spermogonies*, conceptacles en forme de bouteilles, dans l'intérieur desquels naissent par cloisonnement de nombreuses petites cellules cylindriques, pointues, qui se segmentent à leur sommet en minces cellules nommées *spermaties*, pouvant, dans des conditions convenables, donner naissance à des spores secondaires ou *sporidies*; puis des *œcidies*, réceptacles fructifères, ayant la forme d'une petite coupe, dont la paroi, nommée *péridium*, est constituée par des cellules hexagonales qui, en se segmentant, produisent de nombreuses spores disposées en chapelets. Ces spores ne tardent pas à émettre des vésicules germinatives qui pénètrent dans le tissu de la plante nourricière, où elles produisent un mycélium donnant naissance, par segmentation, à des spores globuleuses ou allongées appelées *stylospores*. Ces stylospores se comportent comme les spores des œcidies; mais, dans certaines espèces, ils se forment sur des plantes différentes.

UREDO (du latin *uredo*, charbon). Les *Uredo*, longtemps regardés comme un genre à part, ne sont que les organes reproducteurs des espèces du genre *Puccinia*. Ainsi l'**Uredo segetum**, qui produit le charbon des blés, se développe d'abord à l'état de *Puccinia* sur les feuilles de l'épine-vinette, d'où ses spores transportées sur une graminée, blé, seigle, se développent sous forme d'Uredo. Celui-ci, à son tour, produit des spores de seconde génération ou stylospores qui ne peuvent germer que sur l'épine-vinette. Il en est de même de l'**Uredo rubigo vera**, qui produit la rouille des céréales, et dont la forme parfaite, le *Puccinia coronata*, se développe sur les nerpruns (*Rhamnus catharticus*), de l'**Uredo caries**, qui produit la carie, de l'**Uredo rosæ**, qui attaque les pétioles et les pistils du rosier; une autre, l'**Uredo fabæ**, se développe sur la tige et les feuilles de la fève.

URETÈRE (du grec *ourein*, uriner). Canal musculomembraneux qui conduit l'urine du rein dans la vessie. (Voir REINS.)

URÈTRE. Canal excréteur de l'urine, qui se rend du col de la vessie au méat urinaire. Il ne faut pas confondre l'*Urètre* et l'*uretère*.

URINE. Liquide excrémentitiel sécrété par les reins, d'où il coule par les uretères dans la vessie, qui le chasse au dehors par l'urètre. La sécrétion de l'Urine sert à débarrasser le sang des matériaux en excès et, par conséquent, susceptibles de devenir nuisibles à l'organisme, d'éliminer une grande partie de l'eau superflue et des matières étrangères introduites par les boissons et les éléments, en un mot, de conserver l'intégrité normale du sang. (Voir pour l'appareil urinaire l'article REINS.)

URNE ou **THÈQUE**. (Voir THÈQUE.)

URODÈLES (du grec *oura*, queue, et *dêlos*, visible). (Voir BATRACIENS.)

URSON. (Voir PORC-ÉPIC.)

URSUS. Nom latin de l'Ours.

URTICÉES ou **URTICACÉES** (de *urtica*, nom latin de l'ortie). Famille de plantes dicotylédones, polypétales, hypogynes, à fleurs unisexuées ou polygames. Les mâles ont quatre sépales imbriqués et quatre étamines élastiques, superposées; les femelles ont dans le calice un ovaire uniloculaire, couronné d'un bouquet de papilles, avec un ovule presque basilaire. Le fruit est un akène membraneux ou crustacé, enveloppé par le calice persistant.

Ortie brûlante. — *a*, fleur mâle; *b*, fleur femelle.

Ce sont des plantes herbacées, annuelles ou vivaces, à feuilles opposées ou alternes, souvent munies de poils brûlants; à petites fleurs groupées en glomérules sur des axes communs, simples ou ramifiés. Les genres principaux sont l'*Ortie* et la *Pariétaire*. Les fibres du liber de plusieurs espèces sont employées comme matière textile : telles sont principalement l'**Ortie blanche** (*Urtica nivea*) et la **Ramie** (*Boehmeria utilis*).

URUBU. Espèce du genre *Vautour*. (Voir ce mot.)

USNÉE, *Usnea* (de l'arabe *ashna*, mousse). Genre de lichens à thalle fruticuleux, filiforme, très rameux, de couleur glauque; les apothécies sont orbiculaires, ciliées sur les bords. Les Usnées croissent sur les arbres et les rochers, d'où elles pendent en longues touffes de filaments rameux. — Le type du genre, l'**Usnée barbue** (*U. barbata*), est commun sur les arbres des grandes forêts. — L'**Usnée fleurie**, du Pérou, fournit une belle teinture violette.

USTILAGO (de *ustio*, brûlure). Genre de champignons clinosporés de la tribu des *Urédinées*, établi sur quelques espèces d'uredo : **Uredo segetum** (*Uredo carbo*), **Uredo maïdis**. (Voir UREDO.)

UTÉRUS (du latin *uterus*, matrice). Organe femelle dans lequel les ovules fécondés se développent. (Voir REPRODUCTION.)

UTRICULAIRE (de *utricula*, petite outre). Genre de plantes dicotylédones, monopétales, hypogynes formant la famille des *Utriculariées*, qui offre pour caractères : corolle irrégulière, personnée ; deux étamines à anthères uniloculaires, insérées sur la corolle ; ovaire uniloculaire, à ovules nombreux ; fruit capsulaire. Ce sont des plantes aquatiques à feuilles radicales très découpées et garnies de nombreuses vésicules arrondies (*utriculæ*), qui, à certaines époques, sont remplies d'air et jouent alors le rôle d'appareils de flottaison, pour permettre à la plante de

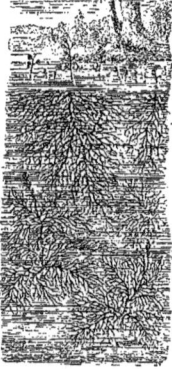

Utriculaire commune.   Utricules.

venir fleurir à la surface de l'eau. Mais il n'en est pas toujours ainsi, et des observations suivies ont permis de reconnaître, dans ces utricules, des engins de pêche, des sortes de nasses pour capturer les animalcules dont fourmillent les eaux stagnantes. Ces utricules ont une ouverture garnie de poils et fermée par une espèce d'opercule ou de clapet qui s'ouvre de dehors en dedans. Si l'on examine ces utricules à la loupe, on trouve dans le liquide qui les remplit, beaucoup de bestioles, telles que daphnies, cyclopes, infusoires. Au bout de quelque temps, tous ces petits organismes ont disparu, complètement dissous dans le liquide, et

l'on en a conclu que ces utricules agissent comme de petits estomacs qui digèrent. — On en connaît plusieurs espèces. **L'Utriculaire commune** (*U. vulgaris*) a des tiges de 3 à 5 décimètres, garnies de feuilles nageantes à segments capillaires finement denticulés ; hampe portant trois à huit fleurs alternes, en grappe, d'un beau jaune strié d'orange. Elle fleurit l'été dans les eaux stagnantes. — **L'Utriculaire naine** (*U. minor*), de moitié plus petite, n'ayant que deux à quatre fleurs d'un jaune pâle, se trouve également dans les marais, les étangs. — **L'Utriculaire moyenne** (*U. intermedia*) se distingue par sa racine bulbeuse et ses feuilles distiques dépourvues de vésicules. Sa hampe porte de trois à cinq fleurs dont la lèvre supérieure est deux fois plus longue que le palais, à corolle d'un jaune pâle strié de pourpre.

UTRICULE. Synonyme de Cellule.

UVARIA de *uva*, raisin). Genre de plantes dicotylédones de la famille des *Anonacées*, formé par la réunion des *Unona* et des *Uvaria* de Linné. Ce sont des arbres ou des arbustes sarmenteux des contrées tropicales. — L'espèce type du genre, l'**Uvaria triloba**, des États-Unis, cultivée en Europe sous le nom d'*asiminier*, est un arbuste dont les fruits servent, en Amérique, à faire une boisson fermentée. — L'**Uvaria odorata**, ou *canang* des Moluques, dont l'odeur forte et pénétrante rappelle celle des narcisses, est employé pour composer une pommade aromatique appelée *boribori*. Cette pommade, dont les naturels se frottent le corps dans la saison des fièvres, est connue, en Europe, sous le nom d'*huile de Macassar.*

UVA-URSI (raisin d'ours). Espèce du genre *Arbousier*. (Voir ce mot.)

UVULARIA (de *uvula*, petite grappe). Genre de plantes monocotylédones de la famille des *Colchicacées*, dont une espèce, l'**Uvulaire de la Chine** (*Uvularia sinensis*), est cultivée dans les jardins comme plante d'ornement. Ses feuilles sont larges, embrassantes ; ses fleurs, composées d'un périanthe de six folioles campanulées, sont pendantes et d'un rouge brun.

V

VACCARIA. (Voir Saponaire.)

VACCINIÉES (du genre *Vaccinium*). Petite famille de plantes dicotylédones, semi-monopétalées, comprenant des sous-arbrisseaux à feuilles coriaces, alternes ou éparses ; à fleurs hermaphrodites régulières composées d'un calice tubulé à quatre-cinq dents, d'une corolle insérée sur le tube du calice, à quatre-cinq divisions, de huit-dix étamines insérées avec la corolle au sommet du calice ; un style, un stigmate ; baie à quatre-cinq loges polyspermes.

Cette famille, dont le type est le genre **Vaccinium** (airelle), comprend aussi les genres *Thibaudia* et *Oxycoccos* (canneberge).

VACCINIUM. Nom scientifique latin du genre *Airelle*. (Voir ce mot.)

VACHE. (Voir Bœuf.)

On nomme vulgairement :

Vache à Dieu, la Coccinelle ;

Vache marine, le Morse ;

VACIET. (Voir Airelle.)

VACOUA ou **VAQUOIS.** (Voir PANDANUS.)

VAIRON (*Leuciscus phoxinus*). Joli petit poisson de la famille des *Cyprinidés*. Il a le corps allongé, arrondi, couvert de très petites écailles ; sa tête est courte, comprimée latéralement, dépourvue de barbillons ; sa bouche est moyenne et son œil grand. Comme le goujon, dont il rappelle un peu les formes, il vit de préférence sur les fonds de sable ou de gravier. Sa vivacité est extrême, il semble voler

Vairon.

dans l'eau, comme l'hirondelle dans l'air. Ses couleurs sont très brillantes, surtout au moment du frai. En temps ordinaire, il est en dessus d'un brun verdâtre à flancs plus clairs marqués de taches ou de bandes plus foncées ; mais, à l'époque du frai, les parties inférieures de son corps se colorent en rouge plus ou moins vif. Il fraye de mai à juin. Sa chair est presque aussi délicate que celle du goujon.

VAISSEAUX. Ce sont les artères, les veines, les vaisseaux lymphatiques, etc. (Voir ces mots.)

VALÉRIANACÉES. Famille de plantes herbacées annuelles, à feuilles opposées, sans stipules ; fleurs le plus souvent hermaphrodites, plus ou moins irrégulières ; calice adhérent à l'ovaire, à limbe roulé en dedans, ou denté et dressé ; corolle tubuleuse insérée sur l'ovaire, à limbe de trois, quatre ou cinq lobes un peu inégaux, à tube gibbeux ou muni d'un éperon ; une à quatre étamines insérées dans le tube de la corolle ; un style à un, deux ou trois stigmates ; ovaire à un, deux ou trois loges dont une seule fertile renfermant un ovule solitaire et pendant. Cette famille renferme un petit nombre de genres dont les principaux sont : *Valeriana, Centranthus, Valerianella, Fedia.*

VALÉRIANE (de *valere*, être en santé). Genre type de la famille des *Valérianacées.* Ce sont des plantes herbacées, à feuilles radicales ramassées ; celles de la tige opposées ou verticillées ; leurs fleurs, rassemblées en corymbes ou en panicules, ont un calice à tube adhérent, à limbe libre, enroulé, et finissant par former une aigrette de soies plumeuses ; une corolle à limbe quinquéfide, trois étamines attachées à la corolle ; le fruit est une capsule à une seule loge, renfermant une seule graine. — La **Valériane officinale** (*Valeriana officinalis*), type du genre, est une grande et belle plante herbacée qui croît abondamment dans tous les bois de l'Europe ; ses fleurs en corymbes roses ou blanches sont d'un bel effet. La racine fibreuse de cette plante, presque inodore à l'état de fraîcheur, acquiert, en se desséchant, une odeur fétide, pénétrante, et une sa-

veur âcre et amère. Cette racine est employée en médecine, dans le traitement des maladies nerveuses, la migraine, les névralgies, l'épilepsie, l'hystérie, comme stimulante, antispasmodique, emménagogue et sudorifique. On l'administre en

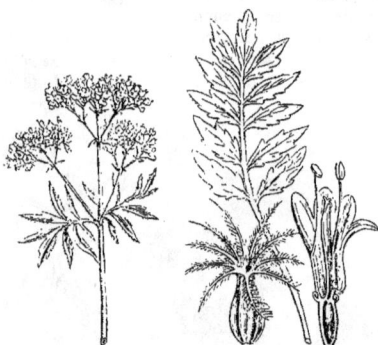

Valériane officinale. — Feuille radicale ; fleur ; graine.

poudre, à la dose de 2 à 10 grammes, en infusion, 10 grammes par litre. L'extrait de Valériane est la préparation la plus employée, de 2 à 4 grammes en pilules. Cet extrait entre dans la composition des pilules de Méglin, avec parties égales d'extrait de jusquiame. L'odeur de la Valériane, si désagréable pour nous, est recherchée par les chats qui se roulent avec délices sur la plante — La **petite Valériane** et la **Valériane phu** ont des propriétés analogues, quoique moins actives.

VALÉRIANELLE. Genre de la famille des *Valérianacées*, détaché des valérianes de Linné, et comprenant des plantes herbacées, annuelles, à feuilles opposées, à petites fleurs blanches ou rosées, dont le calice est à tube adhérent et la corolle régulière sans éperon ; trois étamines ; ovaire à trois loges dont une seule fertile. On en connaît plusieurs espèces, dont la plus intéressante est la **Valérianelle potagère** (*Valerianella olitoria*), vulgairement connue sous les noms de *mâche* et de *doucette*. On mange ses feuilles en salade. La *mâche à feuilles rondes* et la *mâche d'Italie* sont également estimées.

VALLÉES. On nomme *Vallées* les dépressions plus ou moins considérables qui séparent deux chaînes de montagnes (voir ce mot), ou les différentes parties d'un même massif. Dans le premier cas, on les nomme *Vallées longitudinales* et dans le second *Vallées transversales*, parce qu'elles coupent les chaînes en travers. A ces dernières viennent aboutir perpendiculairement les *Vallons*, qui séparent les rameaux de chaque branche. C'est par les Vallées que s'écoulent les eaux produites par les brouillards, les pluies, la fonte des neiges. Ces eaux se rassemblent dans les gorges, les vallons, les vallées transversales et forment les torrents, les ruisseaux, les rivières et les fleuves pour se rendre à la mer ou dans quelque grand lac. La forme et la pente des Vallées influent nécessairement sur la marche de ces courants. Mais, le plus souvent, ce ne sont pas ces cours d'eau qui ont creusé les Vallées; ils n'ont fait que se diriger par des canaux qu'ils ont trouvés tout établis. Ces Vallées sont dues aux soulèvements qui ont bosselé et déchiré la surface du sol. Les couches inflexibles se sont brisées, et il en est résulté des fentes qui, postérieurement modifiées par les agents atmosphériques et surtout par les eaux, sont devenues des Vallées. Il est cependant probable que certaines Vallées qui traversent des terrains meubles ont été entièrement produites par l'action des eaux, et sont dues à l'érosion ou à la dénudation produite par des courants accidentels d'une durée et d'une intensité parfois considérables. De là la distinction en *Vallées de déchirement* et *Vallées d'érosion*. (Voir Soulèvements.)

VALLISNÉRIE (du nom de *Vallisnéri*, botaniste italien). Genre de plantes monocotylédones de la famille des *Hydrocharidées*, qui croissent dans les eaux douces de l'Europe méridionale et de l'Asie. Les caractères du genre sont: périanthe à trois divisions, trois étamines; ovaire uniloculaire, trois stigmates. Fleurs mâles très petites, brièvement pé-

Vallisnérie.

dicellées, disposées sur un spadice entouré d'un involucre à trois ou quatre valves; fleurs femelles solitaires, à spathe tubuleuse, portées sur un pédoncule filiforme très long, roulé en spirale. — Le type de ce genre, la Vallisnérie spirale (*Vallisneria spiralis*), est célèbre à cause des phénomènes merveilleux qui accompagnent et amènent sa fécondation. Un rhizome court, garni de nombreuses petites racines, émet des feuilles linéaires rubanées, et quelques hampes, portant des fleurs dont

les sexes sont séparés; les fleurs mâles, très petites, sont réunies en grand nombre dans une spathe portée par une hampe très courte; les fleurs femelles sont solitaires à l'extrémité d'une très longue hampe tortillée en spirale, comme un ressort à boudin. Lorsque le moment de la fécondation est arrivé, la spathe qui contient les fleurs mâles s'ouvre, et celles-ci, se détachant de leur support, viennent flotter librement à la surface de l'eau. La hampe en spirale serrée, qui porte la fleur femelle, se détend alors comme un ressort, et vient balancer à la surface du liquide sa corolle épanouie, qui rencontre les fleurs mâles et s'imprègne de leur pollen. La fécondation étant ainsi opérée, la hampe resserre de nouveau sa spire et le fruit va se développer et mûrir au fond de l'eau. La Vallisnérie se trouve dans le Rhône, et surtout dans le canal du Languedoc, en telle abondance, qu'elle nuit à la navigation.

VALVES. On donne ce nom aux diverses pièces qui composent la coquille des mollusques, on la dit *univalve, bivalve, multivalve,* suivant qu'elle est formée de une, deux ou plusieurs pièces. — En botanique, on donne ce nom aux parties des fruits secs déhiscents qui se séparent naturellement à la maturité pour laisser échapper les graines.

VALVULES. On donne ce nom à des replis membraneux placés dans les vaisseaux et certains organes creux et qui ont pour usage de diriger, de régulariser le cours des liquides, ou de les empêcher de rétrograder. Telles sont les Valvules des veines, des artères, du cœur, etc. (Voir Circulation.)

VAMPIRE. Genre de chéiroptères ou chauves-souris, de la famille des *Phyllostomes*, propre à certaines régions de l'Asie et de l'Amérique. — Le Vampire spectre (*Vampyrus spectrum*) est de la grosseur d'un jeune chat, couvert de poils roux. Son aspect est hideux, et a sans doute beaucoup contribué à noircir sa réputation; ses dents canines, fortes et

Vampire.

pointues, sortent de la bouche, et son nez est surmonté d'une feuille ovale, creusée en entonnoir. Il a 60 à 65 centimètres d'envergure. On l'a accusé de faire périr les hommes et les animaux en leur suçant le sang pendant leur sommeil; mais ce fait est probablement exagéré, car les plaies qu'il occasionne avec sa langue osseuse et pointue sont très petites, et ne peuvent devenir dangereuses qu'envenimées par la chaleur du climat. Cependant, des voyageurs et des naturalistes dignes de foi, tels que Pierre Martyr, don Antonio de Ulloa, Azara, La Condamine, affirment que ces chauves-souris sucent le sang des hommes et des animaux pendant qu'ils dorment, et que parfois elles les épuisent au point de les faire mourir. M. Tschudi, qui a parcouru le Pérou de 1838 à 1842, rapporte le cas d'un Indien de son escorte qui, s'étant endormi dans un état d'ivresse, resta exposé aux attaques des Vampires. La blessure unique qu'il en reçut était placée au visage : elle était petite et en apparence légère ; toutefois elle fut suivie d'une inflammation et d'une tuméfaction telles que les traits de cet homme en devinrent momentanément méconnaissables.

VANDELLIE, *Vandellia* (dédié à Vandelli). Genre de plantes dicotylédones de la famille des *Scrofulariacées*. Ce sont des herbes de l'Amérique et de l'Asie, dont l'une, la *Vandellia diffusa*, de l'Amérique du Sud, est employée comme émétique et purgatif, sous le nom d'*herbe du Paraguay*.

VANDOISE (*Leuciscus vulgaris*). Ce petit poisson, connu de nos pêcheurs sous le nom de *dard*, se trouve dans toutes les eaux claires et mouvantes. Elle se rapproche, pour la forme, de la chevaine, mais sa tête est plus petite, son museau plus pointu et ses écailles plus petites. Elle est en dessus d'un gris verdâtre ou bleuâtre, ses flancs sont dorés et son ventre blanc; les nageoires inférieures sont jaunâtres. Ses mouvements sont vifs et gracieux, mais sa chair est très médiocre. Elle fraye en mars et avril sur les graviers. — La **Vandoise bordelaise**, qui se pêche dans la Gironde, est très voisine de la précédente, mais s'en distingue par ses formes un peu plus allongées.

VANELLUS. (Voir VANNEAU.)

VANESSE. Genre d'insectes LÉPIDOPTÈRES de la section des RHOPALOCÈRES ou Diurnes, de la famille des *Nymphalides*. Les espèces de ce genre figurent parmi nos plus gracieux papillons. Leurs ailes anguleuses ou festonnées sont, le plus souvent, peintes des plus brillantes couleurs. Leurs antennes, aussi longues que le corps, sont rigides, terminées par une massue ovoïde, leurs palpes sont une fois plus longs que la tête, velus et terminés en pointe. Le corselet est très robuste et aussi long que l'abdomen, qui est beaucoup plus court que les ailes inférieures. — Les chenilles ont la tête échancrée en cœur et le corps garni d'épines velues ou rameuses, sauf le premier et le dernier anneau, qui en sont dépourvus. — Les chrysalides sont anguleuses et ont, le plus souvent, la tête cornue et le dos garni de deux rangées de tubercules. La plupart sont ornées de taches d'or et d'argent. On rencontre des Vanesses dans toutes les contrées du monde; la plupart sont ornées des plus riches couleurs. On n'en connaît guère qu'une douzaine d'espèces en Europe. Celles de nos contrées sont : le **Morio** (*Vanessa antiopa*), d'un noir pourpré, avec une bordure jaune tachée de bleu; le **Vulcain** (*Vanessa*

atalanta), dont les ailes d'un noir velouté, sont agréablement tachées de rouge, de bleu et de blanc. — Le **Paon de jour** (*Vanessa Io*), la plus belle espèce du genre, a les ailes d'un rouge carmin éclatant sur lequel se détache un grand œil semblable à ceux

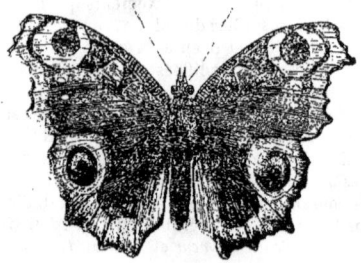

Vanessa Io.

qui ornent la queue du paon. Sa chenille, d'un noir de velours, pointillée de blanc et hérissée d'épines, vit sur l'ortie. — Les **Vanessa cardui** (belle-dame), **V. C. album** (gamma), la **Grande** et la **Petite Tortue** (*V. polychloros* et *V. urticæ*), sont également très répandues.

VANGA. Genre d'oiseaux de l'ordre des PASSEREAUX DENTIROSTRES, famille des *Laniidés*. Ce sont des pies-grièches des îles indiennes et de l'Océanie, à bec robuste, très comprimé, très crochu. Ils ont les mœurs querelleuses et sanguinaires de nos pies-grièches. Dans ce genre rentrent les *Lanius curvirostris* (*Vanga leucocephala*), *Vanga destructor*. (Voir PIE-GRIÈCHE.)

VANILLE. Fruit du Vanillier. (Voir ce mot.)

VANILLIER (*Vanille*). Genre de plantes de la famille des *Orchidées*, qui fournissent la vanille du commerce. Deux espèces produisent cette substance : le **Vanillier à feuilles planes** (*V. planifolia*), du Mexique, et le **Vanillier aromatique** (*V. aromatica*), du Brésil. Ce sont des plantes herbacées, qui grimpent le long des arbres, souvent à une grande hauteur. La tige est volubile, de la grosseur du doigt, munie de vrilles faisant fonctions de suçoirs. Les feuilles sont courtement pétiolées, ovoïdes et d'un vert gai. Les fleurs, remarquables par leur beauté, sont irrégulières, blanches, disposées vers le sommet des tiges en épis axillaires; le fruit a la forme d'une silique, droite, cylindrique, d'un brun rougeâtre, de 20 centimètres de longueur, à une seule loge, plein d'une pâte molle, dans laquelle se trouvent une grande quantité de semences fort petites, brunâtres. L'odeur que dégage ce fruit est délicieuse et rappelle celle du baume du Pérou ; sa saveur est aromatique, chaude et persistante. Le commerce présente la Vanille à l'état que nous venons de faire connaître; seulement elle est plus déprimée. Elle contient une grande quantité d'huile essentielle et d'acide benzoïque. La Vanille est un des plus précieux aromates que l'on connaisse ; la suavité de son parfum est incomparable. On la fait entrer dans un grand nombre de compositions de pharmacie et de parfumerie. C'est elle qui donne au chocolat cette saveur exquise qui le fait si uni-

Vanillier.

versellement rechercher. La Vanille est un analeptique puissant, aussi utile aux valétudinaires qu'aux gens bien portants. En poudre, ce fruit est prescrit comme tonique et stomachique. La Vanille croît spontanément sur les rives de l'Orénoque et dans les forêts du Mexique ; elle veut des contrées chaudes, mais arrosées par des sources nombreuses. La floraison de cette belle plante commence en avril pour finir en août. On récolte la gousse avant sa maturité ; autrement le fruit s'ouvre, se dessèche et devient presque inodore. On est parvenu, en Belgique, à faire mûrir dans les serres les gousses de Vanille, et ce produit, sans être comparable à la Vanille exotique, était pourtant très recommandable. — Dans le commerce on distingue trois sortes de Vanilles : la première, appelée par les Mexicains *bova*, c'est-à-dire bouffie, a les siliques grosses et courtes, l'odeur très forte et moins agréable ; chez la seconde, *leq*, les siliques sont plus longues et plus déliées, son odeur est vraiment balsamique, c'est la meilleure ; la troisième sorte dite *simarona* ou bâtarde, présente des siliques très petites en tous sens, presque sèches, ayant

moins d'odeur que la précédente. — C'est surtout du Mexique que provient la Vanille ; les Espagnols l'y trouvèrent en usage comme condiment du chocolat et l'apportèrent en Europe ; mais elle resta longtemps très rare. La culture de la Vanille a été introduite dans l'île de la Réunion ou Bourbon par Marchand en 1817, et cette culture y a si bien réussi qu'on en exporte annuellement près de 20 000 kilogrammes de gousses. La plus belle Vanille est celle du Mexique ; la Vanille de Bourbon, généralement plus courte, est moins parfumée.

VANNEAU (*Vanellus*). Genre d'oiseaux de l'ordre des Échassiers, très voisins des Pluviers (voir ce mot), dont ils diffèrent par la présence d'un pouce très petit, qui manque chez les pluviers. On n'en connaît qu'une espèce d'Europe, le **Vanneau huppé** (*V. cristatus*), joli oiseau de la taille d'un pigeon, d'un noir bronzé à reflets d'un vert doré ; il porte sur la tête une huppe longue et déliée. Les Vanneaux sont des oiseaux sociables, qui vivent par troupes dans les terrains humides et sur les bords des rivières. Ils se nourrissent d'insectes et de vers qu'ils font sortir de leurs trous en piétinant le sol. D'une nature très farouche, le Vanneau prend la fuite à la moindre apparence de danger ; son vol est vigoureux et soutenu. Lorsqu'il prend son essor, il pousse un petit cri qui peut se traduire assez fidèlement par les syllabes *dixhuit*. C'est un oiseau très vif et très gai, fort gracieux dans ses mouvements. La femelle fait son nid en mars ; elle le place dans les herbes ou dans les joncs, et y pond de quatre à six œufs qu'elle couve pendant vingt jours environ. En naissant, les petits sont assez forts pour suivre leur mère. Les Vanneaux n'arrivent dans nos climats que vers la fin de février, pour nous quitter vers la

Vanneau.

fin d'octobre. A cette époque, ils sont fort gras et constituent un gibier très délicat. Quelques espèces étrangères ont les ailes armées d'ergots. Tels sont le **Vanellus cayennensis** et le **Vanellus senegala**.

VAQUOIS. (Voir Pandanus.)

VARAIRE. Nom vulgaire du *Veratrum album*. (Voir Vératre.)

VARAN. (Voir Moniton.)

VARECH. On donne ce nom, sur nos côtes, à toutes les plantes de la famille des *Fucacées*.

VARIÉTES. (Voir Races et Espèces.) On entend par Variétés les individus de même espèce qui se distinguent du type spécifique par des caractères secondaires tels que la taille, la couleur, la forme d'une partie, etc. Lorsque ces variétés se perpétuent, elles prennent le nom de *Races*.

VASCULAIRES (de *vasculum*, vaisseau). Qui a rapport aux vaisseaux. Ce mot s'applique aux plantes dans l'organisme desquelles entrent des vaisseaux (*vasculum*). Tous les végétaux phanérogames ou cotylédones sont vasculaires. — On donne le nom de *Système vasculaire*, en zoologie, à l'appareil circulatoire des animaux.

VAUTOUR (*Vultur*). Ce genre, de la famille des *Vulturidés*, oiseaux de proie diurnes, se distingue de tous les autres groupes de l'ordre des Rapaces par la nudité de leur tête, généralement étendue, à leur long cou, presque toujours garni, à la base, d'un collier de duvet ou de longues plumes. Quoique de grande taille et munis d'un bec vigoureux, recourbé vers la pointe, les Vautours ont des ongles proportionnellement faibles et incapables de devenir des armes puissantes. Naturellement lâches et voraces, ils font leur nourriture de cadavres. Le plus faible adversaire leur fait prendre la fuite, et ce n'est que réunis en troupes qu'ils osent s'attaquer à un animal vivant. Leur démarche lourde et ignoble est embarrassée par la longueur de leurs ailes, qu'ils sont obligés de tenir à demi étendues pour ne pas les traîner. Leur vol, toujours lent, quoique bien soutenu, s'effectue obliquement et en tournoyant, soit qu'ils montent, soit qu'ils descendent, et les conduit dans les régions de l'air à des hauteurs prodigieuses. Ils mangent avec tant de gloutonnerie que souvent, après leurs infects repas, ils peuvent à peine s'envoler, et restent dans un état de torpeur jusqu'à ce que leur digestion soit terminée : leur jabot fait alors à la base du cou une grosse saillie et de leurs narines découle une liqueur fétide. Ces goûts dépravés sont cependant un bienfait pour quelques pays, tels que l'Égypte et le Pérou, où les Vautours soustraient à la putréfaction une foule de cadavres et de substances animales qui, sans eux, encombreraient les rues et en feraient autant de foyers pestilentiels. On a beaucoup exagéré la puissance du sens olfactif chez les Vautours ; ces oiseaux sentent plus par la vue que par l'odorat, et lorsqu'on les voit de fort loin se diriger vers les corps qui peuvent leur servir de nourriture, c'est presque toujours leur vue perçante qui les guide. Vivant le plus ordinairement en troupes, toujours perchés sur des lieux élevés ou planant au haut des airs, si l'un d'eux aperçoit un cadavre, il dirige vers cette proie avec célérité ; dès lors l'éveil est donné de proche en proche, souvent à des distances considérables, et tous les Vautours des environs accourent prendre part au festin. Ces oiseaux vivent par paires et établissent ordinairement leur aire garnie intérieurement de paille et de foin, sous l'entablement d'un rocher inaccessible. Ils nourrissent leurs petits d'aliments déjà introduits dans leur estomac et qu'ils dégorgent devant eux. On trouve des Vautours dans toutes les parties du globe ; néanmoins, ils sont en plus grand nombre dans les régions équatoriales coupées par de grandes chaînes de montagnes. On divise le groupe des Vautours en quatre genres : les *Vautours* proprement dits, les *Sarcoramphes*, les *Cathartes*, les *Percnoptères*. Les *Vautours* proprement dits appar-

Vautour noir.

tiennent exclusivement à l'ancien continent : on les reconnaît à leur tête et à leur cou sans plumes et sans caroncules, et à leurs narines ouvertes transversalement à la base du bec. Tels sont le **Vautour fauve** (*V. fulvus*) et le **Vautour brun** (*V. cinereus*) ou *arrian*, dont le corps dépasse en grosseur celui du cygne, et dont les ailes étendues mesurent près de 3 mètres. — Les *Sarcoramphes* ressemblent beaucoup aux précédents, mais ils s'en distinguent par leurs narines longitudinales et surtout par les appendices charnus (caroncules) qui surmontent la base du bec : l'espèce la plus remarquable de ce groupe, le **roi des Vautours** (*Sarcoramphus papa*), du Brésil, a son plumage d'une couleur de café au lait clair ; il doit son nom aux caroncules d'un rouge vif qui ornent sa tête comme un diadème ; son collier est bleu ardoisé. — Les *Cathartes* ne diffèrent des Sarcoramphes que par l'absence de caroncules et par leur bec plus grêle. Le type de cette section est le **Cathartes aura** de l'Amérique méridionale. Son plumage est noir, sa tête nue d'un rouge violacé. Cet oiseau, qui porte, au Pérou, le nom de *Gallinazo*, est respecté et protégé des habitants, à cause de son utilité comme agent de la salubrité publique. Il en est de même de l'Urubu qui habite toute l'Amérique méridionale. Il est de la taille d'un petit dindon et entièrement d'un noir brillant. Ce dégoûtant oiseau rend, comme ses congénères, de grands services en consommant les immondices qui corrompraient la pureté de l'air; aussi protège-t-on partout cet oiseau, et à Lima et en d'autres lieux, celui qui a mis à mort un Urubu est condamné à une amende de 250 piastres. — Les *Percnoptères* sont distingués par les plumes qui garnissent leur cou, ainsi que par la faiblesse du bec. L'espèce la plus remarquable, et qui a donné son antique nom grec à toutes les espèces de ce genre, le petit **Vautour** (*Neophron percnopterus*), a le corps de la grosseur d'un fort corbeau, entièrement blanc, à l'exception, chez le mâle, des premières rémiges de l'aile, qui sont noires. Cet oiseau, qui abonde surtout en Grèce, en Égypte et en Arabie, était fort respecté des Égyptiens, qui trouvaient dans sa voracité un moyen d'assainissement pour les rues des grandes villes; il rend encore aujourd'hui les mêmes services. C'est cet oiseau qu'on nommait *poule de Pharaon*. — Le **Condor** des Andes a été détaché du groupe des *Sarcoramphes* et forme aujourd'hui un genre distinct. (Voir CONDOR.)

VEAU. Petit de la Vache.

VEAU MARIN. Nom vulgaire des Phoques.

VÉGÉTAUX. Les Végétaux, que l'on désigne également sous le nom de *plantes*, sont des êtres organisés, vivants, privés de la faculté de se mouvoir en totalité, qui se nourrissent et se développent au moyen de substances inorganiques qu'ils absorbent dans le sein de la terre ou au milieu de l'atmosphère. (Voir notre article ANIMAL, où nous comparons les deux règnes.) Tout Végétal provient d'un

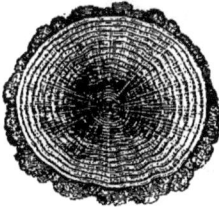

Tige de chêne montrant les couches concentriques.

individu semblable à lui-même : il s'accroît en tirant du dehors les éléments qui le composent : il perpétue son espèce par une véritable génération : enfin, le plus ordinairement, il périt ou meurt à une époque déterminée. Dans l'examen d'une plante, la première chose qui frappe les yeux est cette partie tantôt droite, tantôt couchée ou oblique, nommée *tige* (voir ce mot); le plus souvent elle se divise en *branches* et en *rameaux*. Elle est fixée au sol par l'intermédiaire d'un autre corps nommé

racine (voir ce mot) : celle-ci est enfoncée dans la terre, et terminée par des filaments très déliés, par lesquels la plante pompe une partie de sa nourriture. En observant la coupe transversale d'un arbre (chêne, orme, tilleul), on remarque au centre de la tige un *étui* où est renfermée la *moelle*, puis des couches ou zones circulaires, qui se recouvrent et s'emboîtent les unes dans les autres, et constituent le *bois* (voir ce mot); ensuite, des couches plus tendres qui forment l'*aubier*, et enfin l'*écorce*, tissu particulier qui enveloppe le tout. De l'étui central partent des prolongements qui représentent les lignes d'un cadran solaire. Ils établissent la communication de la moelle avec l'écorce, et ont reçu le nom de *rayons médullaires*. Telle est au moins l'organisation des plantes *dicotylédones*. L'organisation de la tige n'est pas la même dans une certaine classe d'arbres (les *monocotylédones*), — la plupart étrangers à nos climats, comme les palmiers. — Les tiges et leurs divisions sont au printemps garnies de *feuilles* (voir ce mot), expansions aplaties, membraneuses, d'un vert plus ou moins foncé, produites par les *bourgeons*, petits corps écailleux, d'une forme arrondie, qui naissent dans l'aisselle des feuilles et des rameaux. Toutes ces parties sont alimentées par des fluides particuliers, comme la *sève*, le *cambium*, etc. En passant aux organes de la reproduction, nous trouvons d'abord : la *fleur*, qui se compose ordinairement de deux enveloppes circulaires, le *calice* et la *corolle*, portant au centre l'organe femelle appelé *pistil*, composé d'un corps assez volumineux, l'*ovaire*, qui contient les *ovules* ou rudiments des graines, et d'une partie glanduleuse destinée à recevoir le pollen et qu'on appelle le *stigmate*. Autour du pistil sont rangés les organes mâles ou *étamines*, espèces de filaments surmontés d'une poche membraneuse, ou *anthère*, dans laquelle est contenu le *pollen* ou poussière fécondante. L'ovaire fécondé se développe, se gonfle, et, à l'époque de la maturité, constitue le *fruit*; ce n'est que l'ovaire accru et développé renfermant la *graine* destinée à reproduire la plante. — Telle est l'organisation la plus générale et la plus complète des Végétaux ; mais on ne doit pas s'attendre à trouver toujours réunies sur la même plante les diverses parties que nous venons d'énumérer. Ainsi la tige, ou la corolle, ou les feuilles, etc., manquent quelquefois : il est une classe de Végétaux, tels que les lichens, les mousses, les champignons, les algues, etc., où ne sont pas apparents les organes reproducteurs : c'est ce qui les a fait nommer *cryptogames*, c'est-à-dire plantes à organes cachés ou invisibles.

Anatomie végétale. — Examinée au microscope, la structure intime des Végétaux est d'une remarquable simplicité et se résout en un petit nombre de matériaux primitifs, toujours les mêmes pour toutes les plantes et pour toutes leurs parties. L'organe élémentaire des Végétaux est la *cellule*, globule creux d'une extrême finesse, formé d'une délicate membrane close de partout et qui ressemble à une petite outre sans ouverture. La cellule, essentiellement formée de *protoplasma* (voir ce mot), se produit au sein de la sève, qui est en quelque sorte le sang de la plante. La forme de la cellule est en principe ronde ou ovalaire ; mais

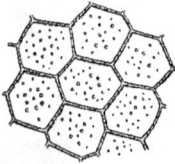

Cellules de la moelle du sureau.

pressées l'une contre l'autre, elles se déforment et prennent la forme polygonale, comme les pois que l'on fait bouillir ensemble ou les cellules des gâteaux d'abeilles. Ces cellules, accumulées en nombre suffisant, forment toutes les parties de la plante : feuilles et fleurs, graines et fruits, écorce et bois indistinctement. Les cellules se forment et s'agencent en tissu avec une inconcevable rapidité. On a calculé qu'une seule feuille de haricot, à l'époque de sa croissance, produit, en une heure, deux mille cellules pour le moins. — Pour s'accommoder aux fonctions diverses qu'elles ont à remplir, les cellules perdent, en un point déterminé du Végétal,

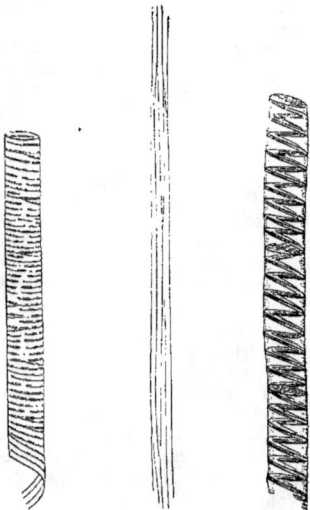

Vaisseau réticulé. Fibres ligneuses. Trachée.

leur forme originelle et en prennent une très allongée. Ou bien encore elles s'ajustent bout à bout en série, s'ouvrent aux extrémités pour communiquer entre elles, et constituent ainsi des canaux plus ou moins longs. — Les *fibres* sont des cellules allongées qui vont en se rétrécissant aux extrémités à la manière d'un fuseau. Elles forment la majeure partie du bois. Comme les cellules ordinaires, dont elles ne sont qu'une variété, elles affectent diverses

apparences provenant des déchirures de leurs couches internes tapissant la première membrane. Il y en a donc de ponctuées, de rayées, de réticulées, etc. Mais le trait le plus remarquable des fibres, c'est leur tendance à empiler rapidement couche sur couche dans leur intérieur ; aussi, tôt ou tard, les assises surajoutées comblent la cavité centrale. — Dans ses attributions ordinaires, la cellule est close. Quand elle concourt à la formation d'un vaisseau, elle s'ouvre à ses extrémités pour communiquer avec celle qui la précède et celle qui la suit, et former ensemble un canal libre. — Les *vaisseaux* ne se ramifient point et ne s'abouchent jamais l'un avec l'autre. Disséminés çà et là dans le bois, ordinairement réunis en petits groupes, ils vont tout droit des racines aux feuilles, sans communiquer entre eux. Leur longueur est indéfinie, mais leur diamètre est généralement à peu près invisible ; dans quelques espèces de bois, cependant, tels que ceux de la vigne et de la clématite, on distingue à la vue simple, dans une coupe transversale bien nette, une foule de très petites ouvertures qui sont les orifices d'autant de canaux. Il n'en est cependant pas ainsi des *vaisseaux laticifères ;* ceux-ci qui renfermant les sucs propres des végétaux ou *latex* (voir ce mot), sont anastomosés en mailles de formes singulières ; ils se rencontrent surtout dans le liber. — Les *trachées* sont de véritables vaisseaux minces, trans-

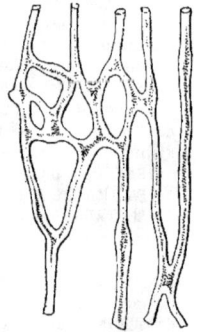

Vaisseaux laticifères.

parents, à parois épaissies suivant une spirale serrée, comme un ressort à boudin. Les trachées ne se trouvent jamais dans le bois, si ce n'est au voisinage immédiat de la moelle ; mais elles sont très fréquentes dans les jeunes pousses, les feuilles et les fleurs. — On donne le nom de *cellulose* à la substance qui forme les parois des cellules, des fibres et des vaisseaux. Cette substance est exsudée par la cellule elle-même ; elle a la même composition chimique que l'amidon ; elle est la matière première du monde végétal ; elle forme la majeure partie du bois. Ses éléments sont : le carbone, l'hydrogène et l'oxygène. Néanmoins elle est accompagnée de diverses substances qui l'imprègnent, qui l'incrustent, qui remplissent les cavités cellulaires et communiquent aux diverses parties d'une plante, moelle, feuilles, chair molle et pulpeuse, écorce fibreuse, bois tenace, des propriétés fort différentes. Assemblés entre eux, les organes élémentaires : cellules, fibres, vaisseaux, forment ce qu'on appelle les tissus des Végétaux. Le tissu peut être composé uniquement de cellules juxtaposées ; il est dit alors *tissu* cellulaire. S'il est composé de fibres, il prend alors le nom de *tissu fibreux*; s'il est formé de fibres et de vaisseaux, il est appelé *tissu fibro-vasculaire*. Les Végétaux exclusivement cellulaires sont les plus élémentaires, les plus infimes, tels que les algues, les mousses, les lichens, les champignons, etc. Les Végétaux formés de cellules et de vaisseaux, à l'exclusion des fibres, constituent le groupe des conifères, ou des arbres résineux qui ont pour fruits des cônes, tels que le pin, le cèdre, le mélèze, le

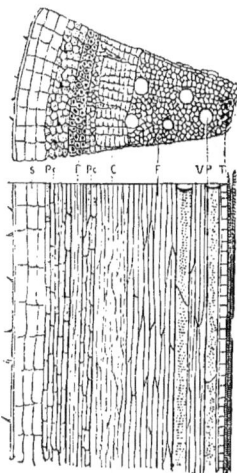

Tronc d'érable, coupe transversale et verticale montrant les fibres et les vaisseaux.

cyprès, le sapin. Enfin les Végétaux qui dominent dans nos contrées, depuis le simple brin d'herbe jusqu'aux grands arbres, tels que le chêne, le hêtre, le peuplier, contiennent dans leur structure les trois genres d'organes élémentaires : la cellule, la fibre et le vaisseau. On leur donne le nom de *Végétaux vasculaires* pour rappeler le vaisseau (*vasculum*) qui leur est spécial. — Ainsi, trois sortes de tissus concourent à la formation des Végétaux : le tissu cellulaire, le tissu fibreux et le tissu vasculaire, et de la combinaison variée de ces tissus naissent les différents organes composés qui servent à entretenir la vie de l'individu (organes de la nutrition), et ceux qui servent à perpétuer l'espèce (organes de reproduction). Parmi les premiers sont : la *tige*, la *racine*, les *feuilles*, les *bourgeons;* parmi les derniers : la *fleur* et le *fruit*. (Voir ces mots.) Les liquides qui circulent dans les Végétaux sont la *sève ascendante* et la *sève descendante*. Les cellules et le réseau laticifère contiennent en outre des produits très variables : de la résine, de la gomme, des sucs acides, des sucs laiteux, des essences, du sucre, des huiles, des alcaloïdes, de la *fécule* (voir ces mots), et surtout la matière colorante verte, ou *chlorophylle*

(voir ce mot), qui donne aux Végétaux leur couleur caractéristique.

Physiologie végétale. — La force vitale qui régit les fonctions de tous les Végétaux semble avoir pour principe l'*irritabilité*, et ce principe suffit pour expliquer tous les phénomènes de la végétation. On entend par *fonction* un ensemble d'actes concourant à un but commun. Il y a deux classes de fonctions dans les Végétaux : les fonctions individuelles ou de *nutrition*, et les fonctions de *reproduction*. Les premières comprennent les divers actes de la vie végétative : absorption, circulation, élaboration, sécrétion, feuillaison, floraison. — L'*absorption* est la fonction par laquelle les organes des plantes prennent dans le milieu où ils se trouvent les substances nécessaires à la nutrition du végétal. L'absorption se fait par les racines et par les feuilles. Dans les racines, les poils radicaux sont destinés à cette fonction. L'entrée du liquide dans les parties végétales se fait par endosmose. La capillarité, la perte de liquide qui résulte de l'évaporation par les feuilles, la consommation des substances diverses par les tissus, consommation qui règle la diffusion de ces substances, sont les causes qui déterminent l'élévation du liquide vers les parties supérieures du végétal. — L'*endosmose* est cette force en vertu de laquelle deux liquides de densité différente, séparés par une membrane animale ou végétale, comme une vessie ou une gousse de baguenaudier, pénètrent chacun à travers la membrane dans le liquide opposé, de telle manière que le moins dense pénètre en proportion plus considérable dans le plus dense, dont le niveau se trouve ainsi élevé. L'eau est dans les Végétaux le véhicule de tout agent nutritif, qui, pour être introduit dans l'économie végétale, doit être dissous. — Il y a dans les Végétaux, comme dans les animaux, une *circulation*, c'est-à-dire mouvement d'un liquide décrivant un circuit plus ou moins complet. Ce liquide dans les Végétaux est appelé *sève*. La sève est incolore, généralement d'une densité un peu plus considérable que celle de l'eau, et elle a des qualités différentes suivant qu'on la prend dans son cours ascendant ou dans son cours descendant.

On distingue dans la circulation dans les animaux une partie *centrifuge* (artérielle) et une autre *centripète* (veineuse). La circulation dans les Végétaux se prête à une distinction analogue : centrale d'abord, elle devient périphérique lorsqu'elle a passé par les feuilles, où la sève acquiert un dernier degré d'élaboration par la transpiration et l'absorption qui s'y fait. La sève, avons-nous dit, se constitue essentiellement à l'aide de liquides pris dans le sein de la terre par les poils radicaux. Des racines, elle se dirige par l'intermédiaire du bois, vers les feuilles, où elle se trouve en rapport avec l'air et l'acide carbonique qui ont pénétré par les stomates et y subit d'importantes modifications; elle s'épaissit et redescend par le liber. Une couche de cellules, située entre le bois et le liber, et qui est l'origine des formations secondaires, la *couche générative*, donne chaque année une nouvelle couche de bois, en dedans, et une nouvelle couche de liber, en dehors. La circulation descendante est prouvée par le fait suivant : si l'on fait une ligature à un arbre dicotylédoné, on voit au-dessus de cette ligature un renflement considérable de l'écorce dû à l'afflux du liquide nourricier, tandis que la partie du tronc au-dessous de cette ligature ne grossit plus. — La *transpiration* est la fonction par laquelle l'eau surabondante dans la sève est rejetée dans l'atmosphère. Ce que l'on appelle vulgairement la respiration des plantes est un phénomène complexe qui correspond en partie à la respiration des animaux et en partie à leur digestion. Toutes les plantes absorbent, en effet, de l'oxygène et rejettent de l'acide carbonique; les plantes dépourvues de chlorophylle n'effectuent pas d'échange d'une autre nature avec l'atmosphère. Mais, à la lumière, ce phénomène est masqué chez les plantes vertes par un phénomène inverse consistant en ce que l'acide carbonique produit par la plante et celui qu'elle puise dans l'atmosphère sont décomposés par la chlorophylle; le carbone s'unit indirectement à de l'eau

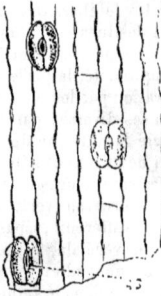

Epiderme et stomates du lis.

pour former les nombreux hydrates de carbone élaborés par le végétal (sucre, amidon, cellulose), l'oxygène est restitué à l'atmosphère. Cette décomposition de l'acide carbonique diminue avec l'intensité de la lumière, tandis que le phénomène inverse demeure constant; il en résulte que le dégagement d'oxygène se ralentit à mesure que le jour baisse, et est remplacé la nuit par un dégagement d'acide carbonique. Non-seulement la lumière agit sur la respiration des Végétaux; mais elle contribue encore à produire la couleur, la saveur et l'odeur des diverses parties extérieures de la plante; tout le monde sait, en effet, que les plantes privées de lumière restent ou deviennent blanches, fades et aqueuses, état que l'on désigne sous le nom d'étiolement.

De la nutrition. — Le carbone, l'oxygène, l'hydrogène, sont les éléments primitifs de la trame des Végétaux et des substances qui y sont contenues. L'azote est nécessaire à la constitution de leur protoplasme, leur seule partie vivante. Le carbone du végétal provient de l'acide carbonique de l'air. L'oxygène est fourni par l'eau, par l'acide carbonique, décomposé dans le végétal, et par l'air, car l'oxygène de celui-ci n'est pas entièrement rejeté. L'azote est fourni par l'air et surtout par les engrais ammoniacaux. Ces substances dissoutes dans l'eau sont entraînées dans le végétal et conduites vers les

parties vertes supérieures; en route, les sels diffusent dans toutes les parties vivantes du végétal, et dans les feuilles, la sève se charge d'hydrates de carbone et de produits divers. Le fluide nourricier ainsi préparé parcourt tous les tissus et fournit à chacun les matériaux propres à sa conservation et à son accroissement. Cet acte vital, qui ne se fait qu'en vertu d'une force propre, est nommé *assimilation*.

L'accroissement en longueur du végétal résulte du cloisonnement indéfiniment répété d'une cellule (muscinées, presque toutes les cryptogames vasculaires) ou d'un groupe de cellules initiales (quelques lycopodacées, toutes les phanérogames). Ce cloisonnement se produit dans la racine, aussi bien sur la face des cellules tournée vers l'extrémité de la racine que sur les autres, de sorte que les cellules initiales sont recouvertes par d'autres qui constituent la coiffe; au contraire, la face supérieure des cellules initiales demeure toujours nue dans la tige. Les cellules nées de ces initiales forment le *méristème terminal*, dans lequel se différencient peu à peu l'écorce, le liber et le bois. L'accroissement latéral résulte du jeu de l'*assise génératrice* qui existe entre le liber et le bois, et de celles qui sont situées dans l'écorce. Ces assises n'existent que dans les gymnospermes, les dicotylédones et un petit nombre de monocotylédones (*dracœna*). Les branches ont pour point de départ une cellule unique ou un groupe de cellules qui se comportent comme les initiales de la tige. — L'hiver est un temps d'arrêt pour la végétation des plantes de notre climat; presque toutes perdent leurs feuilles. Aussitôt que la chaleur a excité l'action vitale, l'organisation s'anime, la sève raréfiée dans les vaisseaux commence à se remplacer; les bourgeons formés l'année précédente grossissent et se développent; les feuilles et les fleurs apparaissent. Cette apparition des feuilles a généralement lieu avant celle des fleurs; cependant nous voyons le contraire pour quelques plantes, la plupart de nos arbres fruitiers, par exemple. La feuille prépare les sucs nutritifs pour la fleur. Celle-ci sort de son bourgeon après y avoir été longtemps retenue. Ce bourgeon est ordinairement court et gros, assez régulièrement ovale. Le développement des fleurs avant qu'il y ait des feuilles s'explique par un dépôt de sève qui se fait à la base de chaque bourgeon l'année précédente, et qui sert au printemps de nourriture à la jeune fleur.

Il existe dans les Végétaux phanérogames deux modes de reproduction : la bouture et la graine. La *bouture* (voir ce mot) est une partie séparée du végétal, et qui, placée dans des conditions convenables, le reproduit identiquement. La reproduction par graines offre quatre périodes bien tranchées : la *floraison*, la *fécondation*, la *maturation* et la *germination*. La *floraison* correspond chez les Végétaux à ce que l'on nomme puberté chez les animaux. La *fécondation* s'opère au moyen de la poussière des étamines (*pollen*) répandue sur le stigmate. L'humeur visqueuse qui enduit le stigmate détermine la rupture des vésicules du pollen, qui produirait chacune un long tube délié, le tube pollinique, qui s'insinue à travers le style, descend jusque dans l'ovaire et vient s'appliquer sur l'extrémité libre du nucelle dans lequel l'*oosphère* est contenue. Le protoplasme du grain de pollen se mélange à celui de l'oosphère qui est alors un œuf. L'œuf se cloisonne alors et constitue peu à peu l'*embryon*. Dans les plantes dioï-

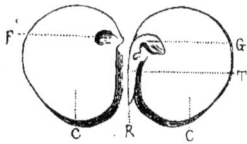

Graine du pois ouverte.
c c, cotilédons; g, gemmule; τ, tigelle; ʀ, radicule.

ques, dont les sexes sont séparés sur des pieds différents, les insectes surtout sont les intermédiaires de la fécondation en transportant, souvent à de grandes distances, la poussière des étamines sur les individus femelles. La *maturation* comprend la période qui commence après la fécondation et finit à la maturité. Le phénomène de la *germination* s'opère par le mouvement vital imprimé à la graine. Dès que celle-ci est située dans les conditions favorables,

Haricot en voie de germination.

elle se gonfle en absorbant l'humidité, son enveloppe se rompt, la radicule sort et se dirige vers la terre, la plumule s'élève, les cotylédons s'épanouissent et, comme de fécondes mamelles, prodiguent à la jeune plante une nourriture appropriée à ses organes. Mais bientôt la plante, munie des appareils nécessaires à son existence propre, voit les cotylédons se flétrir et disparaître; le nouvel être est constitué. Les divers organes de la plante ont été l'objet d'articles spéciaux auxquels nous renvoyons pour ne pas tomber dans d'inévitables redites. (Voir les mots Tige, Racine, Bourgeons, Feuille, Fleur, Graine, Fruit, etc.)

Partout où les regards de l'homme peuvent s'arrêter sur notre globe, partout où ses pas le conduisent, il rencontre une végétation plus ou moins variée qui forme sous ses pieds comme un tapis de verdure émaillé de mille couleurs. Toutes les plantes diffèrent entre elles par la forme, par les époques de leur développement, par la taille qu'elles acquièrent et par les habitudes qui leur sont propres. En parlant de celles qui constituent les principaux genres

des familles végétales, nous les avons signalées sous ces rapports divers, soit qu'elles peuplent le fond des eaux en se balançant à leur surface, soit qu'elles vivent dans la profondeur des vallées ou sur la cime des hautes montagnes, depuis les contrées glacées qui avoisinent le pôle jusqu'aux régions torrides de l'Équateur.

On connaît aujourd'hui environ cent cinquante mille espèces de plantes, et pour parvenir à les distinguer les unes des autres, on a dû imaginer des moyens plus ou moins ingénieux de les classer. (Voir Classification.) Pendant longtemps, le système sexuel de Linné a prévalu. Cette classification artificielle, si claire et si séduisante, est basée sur le nombre, la position, les rapports des étamines et des pistils. Nous donnons un résumé de cette classification dans le tableau n° 1.

Ce système, le plus commode et le plus facile pour arriver à la détermination des espèces, offre toutefois l'inconvénient de réunir dans certains groupes des plantes dissemblables artificiellement rapprochées. Du reste, Linné lui-même avait compris que cette classification devait être remplacée par la méthode naturelle dont il jeta les bases. Ce fut Antoine-Laurent de Jussieu qui eut le mérite d'en fixer les lois.

Jussieu, dans sa méthode, considère le nombre de feuilles séminales (cotylédons) ou leur absence, et l'insertion des étamines. Cette méthode offre la distribution la plus naturelle des Végétaux, elle a l'avantage de conserver les familles naturelles, de rassembler les plantes analogues par leurs vertus, et de présenter un tableau gradué de l'organisation végétale, depuis la plante la plus simple jusqu'à celle qui est la plus compliquée.

Ces quinze classes se subdivisent en cent quarante et un ordres, auxquels s'appliquent également les règles que nous venons d'indiquer. Les plantes *acotylédones* de Jussieu correspondent aux *cryptogames* de Linné, aux *agamiques* de Lamarck. Elles n'ont pas de caractères communs, par cela même que leur réunion est produite par un défaut de parties. Leur structure est cependant différente des Végétaux qui ont des feuilles séminales, et dans lesquels on a observé des vaisseaux; tandis qu'ici on n'a reconnu que des cellules ou aréoles; de là la distinction en *plantes vasculaires* et *plantes cellulaires*. Elles forment cinq familles : les champignons, les algues, les lichens, les hépatiques et les mousses. Sous le nom de *monocotylédones* ou d'unilobées, sont comprises toutes les plantes dont les semences, confiées à la terre, se développent avec un seul lobe ou cotylédon. Elles comprennent trois classes, de la deuxième à la quatrième, qui sont : la deuxième classe, *Hypostaminie*, comprenant plusieurs familles dont les principales sont les cypéridées, les graminées, etc.; la troisième classe, *Péristaminie*, qui comprend : les palmiers, les asperges, les joncs, les lis, les ananas, les iris, les narcisses; la quatrième classe, *Épistaminie*, comprend les balisiers, les orchidées, etc.

TABLEAUX DES CLASSIFICATIONS DU REGNE VÉGÉTAL.

I. — Tableau synoptique du système de Linné.

Divisions.	Sous-divisions.		Classes.	Exemples.
		D'une	I. MONANDRIE.	*Centranthe.*
		De deux............	II. DIANDRIE.	*Veronique.*
		De trois............	III. TRIANDRIE.	*Iris.*
		De quatre............	IV. TÉTRANDRIE.	*Plantain.*
	1° Les étamines n'étant uniés par aucune de leurs parties; égales et au nombre	De cinq............	V. PENTANDRIE.	*Mouron.*
		De six.	VI. HEXANDRIE.	*Lis.*
		De sept.	VII. HEPTANDRIE.	*Marronnier.*
		De huit.	VIII. OCTANDRIE.	*Epilobe.*
		De neuf.	IX. ENNÉANDRIE.	*Laurier.*
		De dix.	X. DÉCANDRIE.	*Œillet.*
		De douze............	XI. DODÉCANDRIE.	*Joubarbe.*
I. Monoclines ou hermaphrodites à étamines et pistils situés dans la même fleur.		Souvent 20 adhérentes au calice.........	XII. ISOCANDRIE.	*Fraisier.*
		Plus de 20 jusqu'à 100 n'adhérant pas au calice	XIII. POLYANDRIE.	*Renoncule.*
	2° Les étamines étant inégales; deux toujours plus courtes.	Ayant deux filets plus longs	XIV. DIDYNAMIE.	*Muflier.*
		Ayant quatre filets plus longs.	XV. TÉTRADYNAMIE.	*Giroflée.*
I. Fleurs à organes sexuels apparents (*Phanérogames*).	3° Les étamines étant réunies par quelques-unes de leurs parties ou avec le pistil.	1° Par les filets.		
		En un corps.........	XVI. MONADELPHIE.	*Mauve.*
		En deux corps......	XVII. DIADELPHIE.	*Pois.*
		En plusieurs corps....	XVIII. POLYADELPHIE.	*Millepertuis.*
		2° Par les anthères.		
		En forme de cylindre.	XIX. SYNGÉNÉSIE.	*Bleuet.*
		Attachées au pistil....	XX. GYNANDRIE.	*Orchis.*
	II. Diclines ou unisexuelles à étamines et pistils dans des fleurs différentes.	1° Sur le même pied.....	XXI. MONOÉCIE.	*Arum.*
		2° Sur des pieds différents..............	XXII. DIOÉCIE.	*Ortie.*
		3° Sur des pieds différents, ou sur le même pied avec des fleurs hermaphrodites............	XXIII. POLYGAMIE.	*Pariétaire.*
II. Fleurs à organes sexuels non apparents (*Cryptogames*)........................			XXIV. CRYPTOGAMIE.	*Fougères.*

II. — Tableau de la méthode de Jussieu.

PLANTES.				
	Acotylédones....................................		I. ACOTYLÉDONIE.	
	Monocotylédones à étamines.	Hypogynes....................	II. HYPOSTAMINIE.	
		Périgynes....................	III. PÉRISTAMINIE.	
		Épigynes	IV. ÉPISTAMINIE.	
	Dicotylédones.	A pétales à étamines.	Épigynes	V. ÉPICALICIE.
			Périgynes	VI. PÉRICALICIE.
			Hypogynes....................	VII. HYPOCALICIE.
		Monopétales à étamines.	Hypogynes....................	VIII. HYPOCOROLLIE.
			Périgynes....................	IX. PÉRICOROLLIE.
			Épigynes (anthères réunies)..	X. ÉPICOROLLIE (*Synanthère*).
			Épigynes (anthères distinctes)	XI. ÉPICOROLLIE (*Asynanthère*).
		Polypétales à étamines.	Épigynes	XII. ÉPIPÉTALIE.
			Hypogynes....................	XIII. HYPOPÉTALIE.
			Périgynes....................	XIV. PÉRIPÉTALIE.
	Monoïques, dioïques, polygames		XV. DICLINIE.	

III. — Tableau de la méthode de De Candolle.

VÉGÉTAUX.				
	Vasculaires ou Embryonnés.	Exogènes[1] ou dicotylédones.	Corolle polypétale et étamines insérées sur le réceptacle.................	THALAMIFLORES.	*Renoncule.*
			Corolle polypétale ou monopétale et étamines insérées sur le calice.......	CALICIFLORES.	*Fraisier.*
			Corolle monopétale staminifère insérée sur le réceptacle.................	COROLLIFLORES.	*Belladone.*
		Endogènes[2] ou monocotylédones.	Une seule enveloppe florale, ou calice et corolle semblables...........	MONOCHLAMIDÉS.	*Ortie.*
			Fructification visible et régulière......	PHANÉROGAMES.	*Iris.*
			Fructification invisible ou irrégulière....	CRYPTOGAMES.	*Fougères.*
	Cellulaires, inembryonnés, acrogènes.[3]		Expansions d'apparence foliacée.........	FOLIACÉS.	*Mousses.*
			Point d'expansions foliacées..........	APHYLLES.	*Champignons.*

[1] De *exô*, dehors, et *généa*, naissance, développement, — [2] De *endon*, en dedans, et *généa*. — [3] De *acros*, extrémité, et *généa*.

Les *dicotylédones* ou plantes à deux cotylédons sont les plus nombreuses; elles forment onze classes. La cinquième classe, *Epicalicie*, comprend la seule famille des aristoloches; la sixième classe, *Péricalicie*, comprend les lauriers, les polygonées, les arroches, etc.; la septième classe, *Hypocalicie*, renferme les amarantes, les plantains, les nyctages; la huitième classe, *Hypocorollie*, comprend les acanthes, les jasminées, les labiées, les scrofulaires, les solanées, les liserons, les gentianes, les borraginées, les apocynées; la neuvième classe, *Péricorollie*, renferme les bruyères, les campanulacées; la dixième classe, *Epicorollie synanthérée*, comprend les chicoracées, les corymbifères; la onzième classe, *Epicorollie asynanthérée*, comprend les dipsacées et les rubiacées; la douzième classe, *Epipétalie*, est formée par les ombellifères; la treizième classe, *Hypopétalie*, comprend les renonculacées, les papavéracées, les crucifères, les orangers, les vignes, les malvacées, les caryophyllées; la quatorzième classe, *péripétalie*, est formée par les joubarbes, les rosacées, les légumineuses, les nerpruns; enfin la quinzième et dernière classe, *Diclinie*, comprend les cucurbitacées, les orties, les amentacées, les conifères. (Voir ces différents noms et le tableau n° 2.)

Après Jussieu, les botanistes ont successivement adopté et perfectionné sa méthode; parmi eux nous citerons les de Candolle (Voir le tableau n° 3), Ad. Brongniart, Endlicher, Bentham, Hooker, Baillon, Van Tieghem, etc.

VÉGÉTAUX FOSSILES. Nous avons dit à l'article Fossiles ce que l'on doit entendre par ce mot, nous en avons décrit les caractères généraux, et nous n'y reviendrons pas ici. Les Végétaux que l'on trouve à l'état fossile ne sont presque jamais complets; ce sont, le plus souvent, des portions ou des fragments de Végétaux, des tiges, des rameaux, des feuilles, des fruits ou rarement des fleurs, isolés des autres parties de la plante. Le plus souvent ce sont des impressions ou moulages de la plante, accompagnés de la destruction complète ou à peu près complète des parties constituantes du végétal; de sorte que la forme externe seule nous est dévoilée et peut nous diriger dans l'appréciation de ses affinités. Parfois, cependant, et c'est le cas pour les plantes de l'époque houillère, les tissus internes sont passés à l'état de charbon et nous montrent encore leur texture. — Pendant les premiers âges de la terre, la chaleur propre du globe, encore fort élevée, produisait à la surface une température uniforme, de sorte qu'il n'y existait pas de différences climatériques comme celles que l'on y observe aujourd'hui. C'est ce que nous démontrent, en effet, les restes fossiles des couches profondes. Nous rencontrons partout les mêmes formes végétales, au nord comme au midi, au pôle comme à l'équateur, et la flore qui revêtait les diverses parties du globe à cette époque, était identique ou au moins très analogue. Les premières plantes ne purent être naturellement que des

plantes marines, puisqu'il fut un temps où la terre était cachée sous les eaux. Ces plantes furent des varechs ou fucoïdes, et c'est, en effet, des algues marines qui apparaissent seules dans les schistes primitifs des terrains cambrien et silurien; et ces algues devaient exister en masses très étendues, si l'on en juge par les dépôts charbonneux qu'elles ont formés. — Mais lorsque la terre se souleva lentement au dessus des flots, poussée par la puissance d'expansion des gaz souterrains développés par le feu central, de nouvelles plantes se montrèrent. Sur ces terres basses constamment inondées par les eaux de la mer, par les pluies et les averses continues, il dut surgir des végétaux aquatiques, tels que des conferves, des characées, des

Fougère Pecopteris de la houille. Lepidodendron.

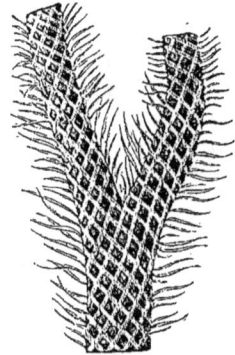

hépatiques, des mousses, qui, sans doute, n'ont pas laissé de traces à cause de leur consistance molle. Toutes ces plantes peu variées, mais en nombre incalculable, favorisées par une atmosphère humide et chaude, et chargée d'acide carbonique, conquirent peu à peu le sol et constituèrent de leurs débris un profond humus imprégné de sucs fertiles. Sur ce sol devenu fécond, se développèrent des plantes arborescentes, des plantes vasculaires des groupes inférieurs. — Pendant la période dévonienne, la terre ferme était déjà couverte d'une végétation puissante dont les restes nous sont parvenus convertis en amas de combustible charbonneux. Parmi ces végétaux dominaient les fougères et les équisétacées, dont les masses, accumulées pendant des siècles, ont donné naissance à ces immenses dépôts de houille que nous exploitons aujourd'hui. Certains lits de houille schisteuse sont formés d'un entassement de feuilles carbonisées, serrées l'une contre l'autre en bloc compact et conservant encore tous les détails de leur délicate structure. Ces plantes formaient d'épaisses forêts comme on en trouverait à peine aujourd'hui dans les régions favorisées de l'Inde et du Brésil. Les végétaux qui ont contribué le plus à la formation de la houille, sont d'énormes fougères dont la tige élancée se termine par un bouquet de très grandes feuilles découpées, ce qui leur donnait l'aspect des palmiers. On ne retrouve aujourd'hui les analogues de ces fougères arborescentes que dans les îles des mers tropicales; encore n'en connaît-on guère qu'une cinquantaine d'espèces, tandis que la période houillère nous en offre près de trois cents. C'étaient les *Protopteris*, au tronc élancé, couvert des cicatrices des feuilles tombées, les *Tœniopteris*, aux feuilles empennées, les *Sphenopteris*, aux frondes multilobées et divergentes, les *Neuropteris*, les *Pecopteris*, *Cyclopteris*, etc. — Les autres Végétaux qui ont contribué à la formation de la houille, sont des lycopodiacées, des équisétacées, des calamites, des sigillaires, des cycadées et des conifères. Les lycopodiacées de nos jours sont d'humbles plantes, amies des lieux frais et ombragés, assez semblables à des mousses. A l'époque houillère, ces plantes avaient des dimensions dont le monde actuel n'offre plus d'exemples : tels étaient les *Lépidodendrons*, dont la tige, parfois haute de 15 à 20 mètres, était couverte de rangées spirales, de cicatrices en losange laissées par la chute des feuilles. Cette tige était ramifiée à son extrémité, portant des feuilles ensiformes et une fructification en forme de cône.

Sigillaire.

Les *Sigillaires*, qui n'ont plus d'analogue dans le monde actuel, et disparaissent après le dépôt de la houille, nous offrent d'énormes troncs qui atteignent jusqu'à 20 mètres de longueur sur une largeur de 4 à 10 décimètres, tout d'une venue comme des fûts de colonne. Ces troncs, creux en dedans, et probablement remplis pendant leur existence, d'une pulpe sans consistance, sont parcourus d'un bout à l'autre de cannelures rectilignes et paral-

lèles sur lesquelles sont régulièrement rangées, sous forme de larges empreintes (d'où leur nom de *sigillum*, sceau) les cicatrices laissées par la chute ou la destruction des feuilles. Ces végétaux singuliers devaient offrir l'aspect de certains cactus que

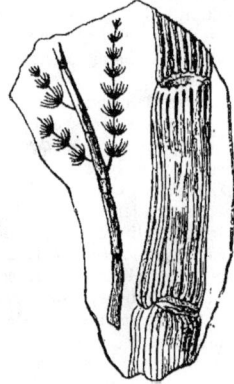

Calamite.

l'on nomme *cierges*. Les *Calamites*, au tronc également volumineux, articulé et creusé de cannelures longitudinales, étaient des prêles gigantesques (*equisetum*). La tige est divisée de distance en distance par des articulations dont chacune porte des rameaux étagés par groupes annulaires. A côté de ces Végétaux puissants, croissaient une foule de petites plantes : *asterophyllites*, *annulaires*, *sphenophylles*, dont la tige creuse, cellulaire, articulée, portait des feuilles verticillées, de grandeurs et de formes diverses. Ces plantes devaient être aquatiques et flotter à la surface comme nos chara et nos myriophyllum. — Mais au milieu de cette riche végétation, aucun chant d'oiseau, aucun pas de mammifère ne se faisait entendre ; l'abondance de l'acide carbonique, si favorable au développement des Végétaux, eût été mortel aux animaux qui respiraient l'air en nature. Seule, la mer nourrissait dans son sein des mollusques, des crustacés, des poissons et des reptiles. (VOIR PALÉONTOLOGIE). — Les cicadées et les conifères qui commencèrent à paraître à l'époque houillère prennent un plus grand développement dans la période suivante. Le genre actuel *Araucaria* est celui qui se rapproche le plus des conifères qui ont contribué à la formation de la houille; leurs petits cônes, de la grosseur d'une noisette, sont répandus avec abondance dans certains lits de houille. La période permienne semble n'être que la continuation affaiblie de la période houillère ; ce sont des fougères arborescentes, des équisétacées, des lépidodendrons, qui ont laissé leurs débris et leurs empreintes dans le grès rouge. Dans le trias, s'amoindrissent les fougères arborescentes, les calamites, etc., tandis que les conifères (*Voltzia*), et surtout les cycadées, qui forment en quelque sorte le passage des conifères aux palmiers, apparaissent et gagnent en importance pour atteindre leur apogée dans la période jurassique. Dans cette dernière période, les calamites ont disparu, les fougères deviennent de plus en plus rares; au contraire les conifères, *Abbertia*, *Voltzia*, *Araucaria*, *Thuya*, prédominent, ainsi que les cicadées, *Zamia*, *Pterophyllum*, *Pandanus*, qui formaient des forêts épaisses. Dans les baies et près des rivages, de nombreuses algues marines conti-

Cycas revoluta.

nuent à végéter, et se rapprochent des formes aujourd'hui vivantes (*Sphærococcus*, *Halymenia*, *Chondrus*). Pendant la période crétacée dominent encore les conifères et les cycadées, auxquelles s'associent des Végétaux voisins des palmiers actuels. Puis, apparaissent les premiers représentants de dicotylédones plus élevées ; dans les couches de lignite sont conservées les empreintes de feuilles de saule, de peuplier, de tilleul, de platane et de tulipier, plantes à feuilles larges, à nervures réticulées. — Avec la période tertiaire, se développe le règne végétal, dont les espèces phanérogames sont en quelque sorte le germe nouveau qui donnera naissance à la flore actuelle. Les tiges des espèces végétales deviennent plus noueuses et plus ramifiées; les feuilles plus larges et garnies de nervures délicates ; ce sont nos essences forestières mais avec des différences spécifiques. Alors apparaissent les fleurs et les graines enveloppées d'un péricarpe. A côté des palmiers qu'on ne rencontre plus aujourd'hui que dans le voisinage des contrées tropicales, se montrent des conifères d'espèces nouvelles, des saules, des ormes, des hêtres, des peupliers, des noyers, des tulipiers, des ronces et quelques-unes complètement étrangères maintenant à nos climats. Telles sont les *Sapindacées*, propres aux régions tropicales de l'Amérique, et les *Protéacées*, spéciales au sud de l'Afrique et à l'Australie. Le tapis de plantes herbacées ne faisait pas défaut; mais leur fragilité est cause qu'elles ont donné beaucoup moins de débris reconnaissables. Les algues, les mousses, les chara ont laissé de nombreuses empreintes, et les fruits globuleux des chara, de la grosseur d'une tête d'épingle, existaient en si grande abondance, que les couches du gypse parisien et du calcaire grossier en sont pour ainsi dire pétries. Des légumineuses, des liliacées, des graminées, des myricées, des cypéracées y croissaient en quantité; mais un fait digne de remarque est la rareté des plantes à corolles gamopétales ou en entonnoir. C'est à cette époque que végétaient ces curieux pins succinifères dont la résine s'est transformée en ambre, dans laquelle se retrouvent aujourd'hui incrustés des insectes des divers ordres et d'autres débris organiques. Les palmiers, abondants dans nos régions tempérées pendant l'époque miocène, disparaissent à l'époque pliocène avec un grand nombre d'espèces tropicales, et la flore se rapproche de plus en plus de celle des temps modernes. Dès lors se distinguent nettement les différences climatériques suivant les contrées, et les flores se diversifient suivant les climats.

VEILLEUSE, VEILLOTTE. Noms vulgaires du Colchique d'automne.

VEINES. Vaisseaux destinés à ramener au cœur le sang des diverses parties du corps. Toutes contiennent du sang noir, à l'exception des veines pulmonaires, qui conduisent à l'oreillette gauche le sang devenu rouge par son oxygénation dans les poumons. Sous le rapport de la structure, elles diffèrent des artères par l'absence de la tunique moyenne élastique; aussi leurs parois sont-elles flasques, minces, et leur canal, au lieu de rester béant, s'affaisse dès qu'il cesse d'être plein. De là résulte une cicatrisation facile. Pour arrêter l'écoulement du sang par une Veine, il suffit de maintenir les bords de la blessure rapprochés par un bandage : ces bords se soudent et le vaisseau se retrouve intact. Moins importantes que les artères. les veines peuvent, sans grave inconvénient, occuper la superficie. Beaucoup d'entre elles, en effet, rampent sous la peau, où elles dessinent, par transparence, des traits bleuâtres, par exemple sur le dos de la main. Les saignées médicales se font toujours sur une veine. (Voir CIRCULATION.)

VÉLAR (*Erysimun*). Genre de plantes dicotylédones de la famille des *Crucifères*, tribu des *Cheiranthées*, offrant pour caractères : calice à sépales serrés, non bossué ; pétales entiers ; style très court, à stigmate obtus ; silique linéaire, tétragone, à valves marquées d'une nervure saillante ; graines ovoïdes sur un rang. — Le **Vélar giroflée** (*E. cheiranthoïdes*) est une plante velue, à tige dressée, striée, de 4 à 8 décimètres, à feuilles oblongues lancéolées, atténuées aux deux bouts; fleurs jaunes, petites, de juin à septembre; siliques anguleuses, dressées, stigmate très petit. Elle croît dans les champs humides. — Le **Vélar des murailles** (*E. mu-*

rale) croît sur les vieux murs, les lieux secs. Sa tige anguleuse, poilue, porte des feuilles oblongues lancéolées; ses fleurs, d'un jaune pâle, très odorantes, s'ouvrent en mai et juin; ses siliques, dressées, sont pubescentes, terminées par un style court. — Le **Vélar pâle** (*E. ochroleucum*), à fleurs d'un jaune très pâle, odorantes, à siliques épaisses, bosselées, dressées, haute de 1 à 3 décimètres, croît sur les hautes montagnes. — Le **Vélar d'Orient**, dont on a fait un genre distinct (*Conringia orientalis*), se distingue par ses fleurs d'un blanc jaunâtre à sépales et pétales dressés, par ses siliques tétragones, huit ou dix fois plus longues que le pédicule, à cloison spongieuse. Cette plante glauque, très glabre, à feuilles cordiformes, amplexicaules, croît dans les champs calcaires et s'élève à 5 ou 6 décimètres.

VÉLELLE (diminutif de *velum*, voile). Genre d'animaux radiaires cœlentérés de l'ordre des Siphonophores, qui forment un groupe distinct près des physales. Chez les Vélelles, la vésicule aérifère est remplacée par une sorte de disque elliptique de consistance cartilagineuse et surmonté d'une crête triangulaire qui surnage au-dessus de l'eau et sert à l'animal de voile pour prendre le vent et se laisser

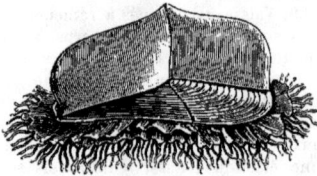

Velella scaphidia.

pousser par lui. A la face inférieure du disque sont attachés les polypes; le polype nourricier au centre, est le plus grand; il est toujours stérile et remplit le rôle d'estomac principal de la colonie. Autour de lui viennent se ranger circulairement une foule d'autres polypes plus petits, pourvus aussi de bouche, mais portant à leur base des grappes de bourgeons sexuels qui se développent et se détachent sous forme de petites méduses discoïdes, décrites sous le nom de *chrysomitra*. Les bords du disque sont pourvus de nombreux tentacules couverts de capsules urticantes. On trouve dans la Méditerranée les Velella limbosa et Velella spirans, toutes deux d'un beau bleu.

VENTRE. (Voir Abdomen.)

VENTRICULE. Ce mot, employé autrefois comme synonyme d'estomac, désigne aujourd'hui plus spécialement les deux grandes cavités du cœur. (Voir Cœur.)

VENTURON. Espèce de passereau conirostre du genre *Linotte*, c'est la **Cannabina citrinella**, vulgairement appelé *serin d'Italie*, à cause de sa couleur d'un vert jaunâtre; il a les pennes des ailes et de

la queue noires. On rencontre cet oiseau dans tout le midi de l'Europe.

VÉNUS. Genre de mollusques bivalves de la classe des Lamellibranches, type de la famille des *Vénéridés*. Les Vénus sont de jolies coquilles, assez voisines des Tellines, aplaties et allongées parallèlement à la charnière; mais elles s'en distinguent en ce qu'elles ont trois petites dents divergentes sous le sommet. Une espèce de ce genre, fort commune sur nos côtes, est la **Vénus treillissée** (*Venus decus-*

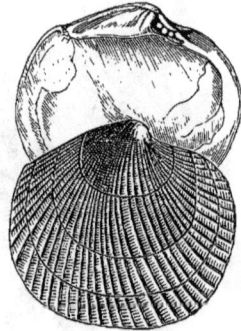

Venus tigerrina.

satus), que l'on mange sous le nom de *clovisse*. Beaucoup de gens préfèrent ce mollusque à l'huître, mais son goût beaucoup plus fort déplaît assez généralement aux palais délicats. On en connaît dans toutes les mers. Elles vivent constamment sur les côtes, enfoncées dans le sable à une petite profondeur. Elles en sortent facilement et peuvent même marcher en sautillant à l'aide de leur pied. Quelques espèces de la mer des Indes et des autres mers chaudes sont très recherchées : telles sont les Venus gigantea, ornata, plicata, tigerrina.

VER. On confond sous ce nom une foule d'animaux qui n'appartiennent pas au type des Vers proprement dits; c'est ainsi qu'on nomme : **Ver à soie**, la Chenille du bombyx du mûrier ou séricaire; — **Ver assassin**, la larve de l'Hydrophile; — **Ver blanc**, la larve du Hanneton; — **Ver des digues**, le Taret; — **Ver du fromage**, la larve de la Mouche du fromage; — **Ver de Guinée**, la Filaire; — **Ver de la graisse**, la chenille de l'Aglosse; — **Ver du lard**, la larve du Dermeste du lard; — **Ver luisant**, la femelle du Lampyre; — **Ver macaque** (voir Dermatobie); — **Ver de Médine**, la Filaire; — **Ver des noisettes**, la larve du Charançon des noisettes; — **Ver palmiste**, la larve du Charançon du palmier; — **Ver à queue** (voir Eristale); — **Ver solitaire**, le Ténia; — **Ver de terre**, le Lombric; — **Ver des vaisseaux**, le Taret et le Lymexylon; — **Ver du vinaigre**, le Vibrion.

VER. (Voir Vers.)

VER A SOIE (*Sericaria*). On donne ce nom à la

chenille du Bombyx du mûrier qui, comme tout le monde sait, fournit la soie. Le Bombyx du mûrier (S. *mori*) est un petit papillon dont les ailes d'un blanc sale sont ornées, chez le mâle, d'un croissant et de bandes brunâtres. La chenille ou *Ver à soie* proprement dit est d'un blanc rosé nuancé de gris, avec une corne sur la queue. Cette espèce, originaire de la Chine, est devenue domestique dans nos contrées. Le cocon qu'elle fabrique est ovale, formé d'un fil blanc, vert ou jaune d'or. Comme chacun le sait, la nourriture de cet intéressant insecte est le mûrier. Les anciens Romains tiraient la soie de l'Orient, mais sans savoir au juste d'où elle venait; ils la payaient son poids réel d'or. Ce ne fut que pendant le Bas-Empire, sous Justinien, que des moines, envoyés dans l'Inde, parvinrent à tromper la surveillance jalouse de ceux qui élevaient des vers à soie, observèrent leur mode d'éducation, et rapportèrent dans un bâton creux des œufs que l'on fit éclore à la chaleur du fumier. Dès lors la culture de la soie se répandit sur les côtes d'Afrique, en Espagne, en Sicile; mais ce ne fut qu'à l'époque des croisades qu'elle fut introduite en France; cette branche d'industrie ne prit réellement d'importance que sous le règne d'Henri IV, et par les soins de Sully. Depuis, elle a pris une extension remarquable, et, de nos jours, l'ouvrière elle-même porte des robes de soie, que les femmes des empereurs romains ne pouvaient se procurer qu'à prix d'or. — Il est peu de personnes qui, dans leur jeunesse, ne se soient amusées à élever des Vers à soie; leur culture, exécutée sur une grande échelle, dans des locaux connus sous le nom de *magnaneries*, est à peu près la même. La femelle du Bombyx du mûrier pond ses œufs vers le milieu de l'été; ce n'est qu'au printemps suivant qu'ils éclosent. Les jeunes Vers sont noirs et hérissés de poils; trois ou quatre jours après leur naissance, ils changent de peau, et leur couleur commence à s'éclaircir; une seconde mue a lieu quelques jours après la première, et ils se dépouillent encore trois fois de leur peau avant d'avoir acquis leur entier développement. Après la dernière mue, le Ver à soie mange considérablement, puis il devient plus lent, cesse

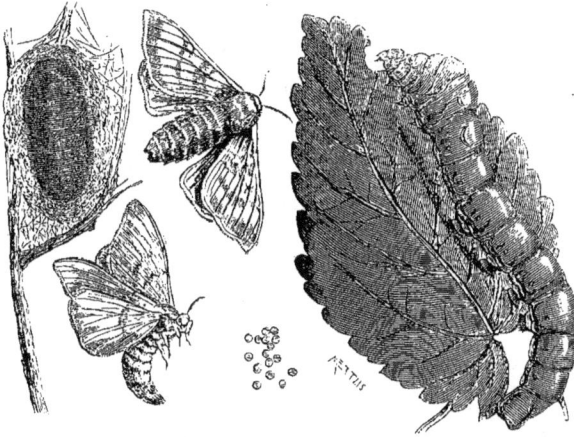

Bombyx du mûrier, ver à soie, cocon et œufs.

de manger, et commence à filer son cocon. Lorsque sa retraite est entièrement confectionnée, son corps, comme celui de toutes les autres chenilles, se raccourcit, se renfle davantage par le milieu, et au bout de quelques jours se transforme en chrysalide. Une quinzaine de jours plus tard, le papillon éclôt; il perce son cocon d'un trou circulaire, et se traîne au dehors en agitant ses ailes. Ces insectes s'accouplent presque en naissant. La femelle pond aussitôt ses œufs par plaques, et les papillons périssent bientôt après. — Les magnaneries doivent être vastes et bien aérées; on y entretient une température constante de 25 à 30 degrés. Lorsque les Vers ont filé leurs cocons, on choisit les mieux conformés pour la reproduction, et on dépose les autres sur des claies jusqu'au moment d'étouffer les chrysalides. Cette dernière opération, qui doit se faire sans délai, afin de ne pas laisser aux papillons le temps de percer leurs cocons, consiste à introduire ces derniers dans des tubes de zinc hermétiquement fermés, qu'on tient plongés pendant quelques instants dans l'eau bouillante. La première opération que la soie ait à subir est celle du dévidage; il se fait dans la magnanerie même, par des femmes assises devant une bassine remplie d'eau chaude; la fileuse jette plusieurs cocons dans cette bassine pour détremper la matière gommeuse qui entoure et colle le fil; puis elle étire la première couche formée d'un fil grossier nommé *côtes;* quand elle est arrivée à la soie pure, elle commence à dévider en croisant le fil, et c'est à cet état que celui-ci passe à la tourneuse qui le met sur le dévidoir et en fait des écheveaux. La bonne soie ne doit pas donner plus de 2 ou 3 pour 100 de déchet.

Pour construire sa coque, le Ver tire continuellement le même fil de ses filières, situées sous la bouche et non à l'extrémité du corps, comme chez les araignées; la longueur totale de ce fil est d'environ 300 mètres. La matière soyeuse est une sorte de vernis liquide renfermé dans deux petits canaux situés dans l'estomac le long du canal alimentaire, et qui se sèche à mesure qu'il prend l'air. La chenille du Bombyx du mûrier n'est pas la seule qui produise de la soie; depuis quelques années l'attention des naturalistes et des manufacturiers s'est portée sur différentes espèces susceptibles de produire cette matière ; plusieurs même offrent sur notre Bombyx du mûrier ce double avantage de donner une soie plus abondante et de se nourrir de plantes moins délicates que le mûrier. Tel est le **Saturnia cecropia**, de l'Amérique septentrionale, qui se nourrit des feuilles du saule ou du prunier. C'est un grand papillon d'un brun noirâtre avec des taches lunées et une raie transversale claire sur les ailes. Sa chenille est verte avec des tubercules rouges ou jaunes ; elle file un cocon d'une soie brunâtre, moins fine que celle de notre ver à soie, mais très solide. — Le **Saturnia polyphemus**, des États-Unis, (Caroline et Virginie), se nourrit des feuilles du chêne et du hêtre ; comme notre Bombyx grand paon, c'est un beau papillon d'un gris brunâtre à taches ocellées. Sa chenille file un cocon d'un gris clair, brillant. — Le **Saturnia mylitta**, de l'Inde, se nourrit des feuilles du chêne, et donne un cocon tissu d'excellente soie et cinq ou six fois gros comme celui de notre Ver à soie. — Le **Yama maï**, de Chine, mange également les feuilles du chêne. — La **Saturnie du ricin**, qui, comme son nom l'indique, se nourrit des feuilles du ricin, donne une soie forte et même un peu grossière ; on en fait dans la Chine des étoffes inusables. Ces Vers sont très rustiques et ne réclament aucun soin ; mais la soie qu'ils donnent est loin d'avoir la finesse et le brillant de celle que fournit le Bombyx du mûrier, et n'a pas donné jusqu'à présent de résultats sérieux.

Veratrum album.

VÉRATRE, *Veratrum* (du latin *vere atrum*, vraiment funeste). Genre de plantes monocotylédones de la famille des *Colchicacées*. Ce sont des herbes vivaces rampantes, qui croissent dans les régions montagneuses de l'Europe ; leurs feuilles sont ovales ou lancéolées, alternes ; à fleurs à périanthe de six folioles, formant une panicule terminale. — Le type du genre, le **Vératre blanc**

(*V. album*), connu sous le nom vulgaire d'*ellébore blanc*, croît dans les pâturages alpestres ; il a des propriétés purgatives, drastiques, émétiques, très énergiques ; sa souche pivotante, tuberculeuse, charnue, émet des fibrilles grisâtres réunies en touffes ; c'est un poison narcotico-âcre violent, que l'on a préconisé contre le choléra. Ses fleurs sont d'un blanc verdâtre. — Le **Vératre noir** (*V. nigrum*), à fleurs d'un pourpre noirâtre, jouit des mêmes propriétés. — On extrait de ces plantes un alcaloïde, la *vératrine*, que l'on emploie en médecine à dose extrêmement faible contre le rhumatisme articulaire et l'hydropisie. — La **Cévadille**, du Mexique, qui appartenait aux *Veratrum*, forme aujourd'hui le genre *Asagræa*. (Voir CÉVADILLE.)

VERBASCUM. (Voir MOLÈNE.)

VERBENA. Nom scientifique de la Verveine.

VERBÉNACÉES (de *verbena*, nom latin de la verveine, type de la famille). Famille de plantes dicotylédones, monopétales, hypogynes, composée d'herbes ou d'arbrisseaux à feuilles opposées sans stipules, à fleurs hermaphrodites irrégulières ; calice libre à quatre-cinq divisions, tubuleux, persistant ; corolle monopétale, hypogyne, tubuleuse, à quatre-cinq divisions ; quatre étamines didynames, incluses, un style, un stigmate, ovaire libre à quatre lobes ; fruit sec à quatre loges monospermes. — Les propriétés des Verbénacées sont généralement toniques et stimulantes. Les genres principaux compris dans cette famille sont : Verbena, Lantana, Petrea, Vitex, Tectona.

VERDELET. Nom vulgaire du Bruant jaune. (Voir BRUANT.)

VERDIER. (Voir GROS-BEC.)

VERGE D'OR. Nom vulgaire d'une espèce du genre *Solidago*. (Voir ce mot.)

VERGNE, VERNE. Nom vulgaire de l'Aune.

VERJUS. Variété de raisin. On donne surtout ce nom au suc du raisin non encore mûr, et que l'on emploie dans quelques localités en guise de vinaigre.

VERLION, *Vermileo* (de *vermis*, ver, et *leo*, lion). Genre d'insectes DIPTÈRES, section des BRACHYCÈRES, famille des *Leptidés*. La seule espèce du genre partage avec le fourmilion, de l'ordre des NÉVROPTÈRES, le curieux instinct de la chasse à l'affût au fond d'un entonnoir de sable. Aussi nomme-t-on l'insecte Ver-lion ou *vermilion*, d'après les mœurs de sa larve. Cette curieuse larve se trouve en France dans le Lyonnais, la Provence, l'Auvergne ; mais elle n'a jamais été rencontrée aux environs de Paris, où l'on trouve, au contraire, le fourmilion en abondance. Comme ce dernier, elle se tient au pied des vieux murs ou des talus sablonneux abrités de la pluie. — Le corps de la larve est d'un gris sale, un peu jaunâtre, augmentant de grosseur de la tête à l'extrémité. La tête est effilée comme celle des asticots, et armée de deux mandibules en forme de dards, qu'elle enfonce dans le corps de ses victimes. Le dernier anneau, plus long que les autres et terminé par quatre appendices charnus, se recourbe en dessous comme un crampon qui fixe la larve au sable de l'entonnoir pendant que sa proie se débat. Bien qu'elle n'ait pas de pattes, cette larve est très agile ; elle s'enfonce comme un éclair dans le sable, dès qu'on touche à son entonnoir, et s'élance au fond sur la proie qui y tombe, en l'enlaçant comme un petit serpent. Le Vermilion ne creuse pas son entonnoir par les mêmes procédés que le fourmilion ; il s'enfonce dans le sable, la tête en bas et, par la rotation de son corps, rejette le sable dans tous les sens et finit ainsi par former un cône plus profond et moins évasé que celui du fourmilion. La larve paraît vivre plusieurs années. Elle se transforme en nymphe sans faire de coque, entourée de grains de sable collés après sa peau. — L'insecte parfait a l'apparence d'une tipule ; il est long de 10 à 12 millimètres, jaune, taché de noir ; ses ailes sont transparentes, légèrement enfumées.

VERMET (de *vermis*, ver). Genre de mollusques Gastéropodes de l'ordre des Tubulibranches, longtemps confondus parmi les *Serpules*. L'animal est vermiforme, à tête peu distincte munie d'une trompe et de deux tentacules médiocres portant les yeux à la base extérieure ; le pied est cylindrique, avec

Vermet.

deux longs filaments en avant et un opercule mince. La coquille tubuleuse, mince, a beaucoup de rapport avec les tubes des serpules ; mais ce qui peut l'en faire distinguer facilement, c'est que cette coquille est cloisonnée. Le type du genre est le **Vermet lombrical** ou *Vermet d'Adanson*, des mers du Sénégal. Ce qui donne encore plus de ressemblance avec les Serpules aux Vermets, c'est que ces coquilles s'entrelacent en groupe pour se fixer aux corps sous-marins.

VERMICULAIRE. Nom vulgaire du Sedum âcre.

VERMIFORME. Qui a la forme d'un Ver.

VERMILION, *Vermileo.* (Voir Vermileon.)

VERMILLON. Le Vermillon naturel est une variété de cinabre (voir ce mot) ou sulfure de mercure. Le Vermillon employé dans la peinture s'obtient en faisant agir 85 de mercure sur 15 de soufre.

VERNE ou **VERGNE.** Noms vulgaires de l'Aune.

VERNIS DU JAPON. (Voir Ailante.)

VÉRON. (Voir Vairon.)

VÉRONIQUE. Genre de plantes de la famille des *Scrofulariacées*, renfermant des espèces herbacées, à feuilles opposées ; les fleurs ont un calice et une corolle à quatre divisions, deux étamines divergentes, saillantes hors de la corolle ; capsule biloculaire à loges polyspermes ; fleurs axillaires ou en épis. Un grand nombre d'espèces croissent en France ;

nous citerons surtout la **Véronique officinale** (*Veronica officinalis*), connue sous les noms vulgaires de *Véronique mâle* ou *thé d'Europe*. C'est une plante herbacée à tige droite, rameuse, tétragone, à feuilles ovales oblongues, rudes, les supérieures entières

Véronique officinale.

ou crénelées, les inférieures profondément divisées en lobes inégaux, à fleurs petites, bleuâtres, en épis grêles, effilés, qui croît l'été, au bord des chemins, dans les bois montueux, les lieux incultes. Cette plante est amère et aromatique ; ses feuilles en infusion théiforme sont légèrement excitantes, stomachiques et diurétiques ; elles font, du reste, partie du thé suisse. — La **Véronique germandrée** (*V. chamædrys*) ou *Véronique des bois*, *Véronique petit chêne*, et la **Véronique en épis** offrent les mêmes propriétés médicales. Ces trois espèces sont communes dans les bois, les prés et les haies des environs de Paris. — On cultive communément, sous le nom de **Véronique des jardiniers**, le *Lychnis fleur de coucou*.

VERRAT. Nom du Cochon mâle.

VERRINE. Nom vulgaire de la Prêle des champs.

VERRUCAIRE (*Verrucaria*). Genre de plantes cryptogames de la famille des *Lichens* (voir ce mot), à thalle crustacé, membraneux, uniforme, le plus souvent limité ; à thèques en massue contenant de six à huit sporidies. Ces lichens sont assez communs sur les écorces, sur les roches, sur les pierres.

VERRUQUEUX (*Verrucosus*). Qui est chargé de protubérances en forme de verrues.

VERS (*Vermes*). Embranchement du règne animal, comprenant des animaux mous, à corps allongé, cylindrique ou aplati, souvent composé de segments plus ou moins distincts et placés à la suite les uns des autres, n'ayant jamais de membres proprement dits, mais souvent des soies ou cirres qui leur servent d'appendices locomoteurs. Leur système nerveux comprend toujours un double centre cérébroïde relié, chez les vers annelés, par un collier œsophagien à une chaîne ventrale ganglionnaire, et donnant naissance, chez les vers plats, à deux ou quatre longs cordons latéraux d'où naissent des nerfs très multipliés. Le tube digestif complet existe chez le plus grand nombre d'entre eux ; mais, chez beaucoup, le système circulatoire manque. Chez les *Annélides* marines et quelques sangsues la respiration est branchiale ; tous les autres ont une respiration cutanée. Le sang est rouge chez la plupart des lombriciens, des annélides marines et des sangsues; mais il est dépourvu de globules et peut affecter diverses autres couleurs. Les Vers présentent d'ailleurs dans leur organisation des différences considérables en rapport avec leur genre de vie. — On divise l'embranchement des Vers en six classes, dont le tableau suit :

ANIMAUX LIBRES.	Corps annelé { Pourvu de soies locomotrices............................	ANNÉLIDES.
	Pourvu de ventouses...................................	HIRUDINÉES.
	Corps non annelé, couvert de cils vibratiles..........................	TURBELLARIÉS.
ANIMAUX PARASITES.	Corps arrondi, sous anneaux distincts..............................	NÉMATODES.
	Corps aplati, sans anneaux distincts.................................	TRÉMATODES.
	Corps très allongé, aplati, à segments distincts......................	CESTOÏDES.

VERS INTESTINAUX. Ces animaux, qui formaient pour Cuvier la classe des *Helminthes*, sont aujourd'hui répartis dans trois classes distinctes de l'embranchement des Vers, les *Nématodes*, les *Trématodes* et les *Cestoïdes*. (Voir ces mots.) Ces animaux auxquels on donne aussi le nom d'*entozoaires*, vivent en parasites dans les divers organes de l'homme et des animaux.

Vers des cadavres. Une foule de larves d'insectes, auxquels on donne, à cause de leur forme, le nom de *Vers*, vivent sur les cadavres abandonnés à l'air libre et ont pour mission d'en hâter la décomposition et de les faire disparaître ; c'est surtout aux larves des diptères, des coléoptères des genres *Silpha*, *Necrophorus*, *Dermestes*, et aux *Acarus* qu'incombe ce soin. Ces animaux se succèdent même dans un ordre déterminé, qui permet de reconnaître à quelle époque remonte la mort (Mégnin). Certaines mouches déposent, en effet, leurs œufs en telle quantité sur les corps morts, et les larves qui en sortent sont si voraces, que Linné a pu dire, sans trop d'exagération, que trois mouches dévoraient le cadavre d'un cheval aussi vite qu'un lion. — Les poètes et les orateurs de la chaire ont parlé des Vers qui dévorent les cadavres. C'est là une horrible image, horrible surtout pour ceux qui ont livré à la terre des personnes chères. Mais ces Vers des tombeaux n'existent que dans l'imagination des poètes. Tout au plus ce sort serait-il réservé à ces puissants de la terre dont Malherbe a dit :

> Et dans ces grands tombeaux, où leurs âmes hautaines
> Font encore les vaines,
> Ils sont rongés des vers.

En effet, déposés dans de somptueux tombeaux ou dans des caveaux, ils peuvent recevoir la visite de certains insectes qui, pénétrant par les soupiraux des voûtes sépulcrales et par les fentes que le ferment de la putréfaction du corps mort peut avoir produites dans le cercueil même du bois le plus précieux, y déposent leurs œufs; mais le pauvre dont la dépouille mortelle gît dans une fosse de un mètre et plus de profondeur est à l'abri des vers et des insectes sous son épaisse couverture de terre. Il est simplement réduit en poussière et se mêle à sa

terre maternelle sans qu'aucun animal vienne troubler son repos.

Vers des fruits. Ces Vers ne sont autres que les larves de divers insectes, sorties des œufs que les femelles ont pondus dans la fleur ou le bouton, et nullement produits, comme le prétend un vieux préjugé, encore très répandu dans les campagnes, par le vent roux ou la lune rousse.

VERS DE TERRE. (Voir LOMBRIC.)

VERT. Matière verte des végétaux. (Voir CHLOROPHYLLE.)

VERT ANTIQUE. (Voir MARBRE.).

VERTÈBRES. Os dont la série constitue la colonne vertébrale ou rachis. (Voir SQUELETTE.) On donne le nom de Vertébrés aux animaux à charpente osseuse, soutenue par une colonne vertébrale. La colonne vertébrale est formée d'une série d'os, les *Vertèbres*, empilés l'un sur l'autre. La tête elle-même est son prolongement, car les os du crâne ne sont à la rigueur que des Vertèbres modifiées. De tous les os, ce sont les Vertèbres qui varient le

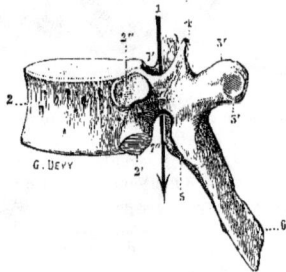

Vertèbre dorsale (vue du côté gauche).

1, trou rachidien ; 2, corps ; 2' 2'', demi-facettes articulaires pour la tête des côtes ; 3, apophyse transverse avec 3', sa facette articulaire pour la tubérosité des côtes ; 4, apophyse articulaire supérieure ; 5, apophyse articulaire inférieure ; 6, apophyse épineuse ; 7, pédicule ; 7' 7'', échancrures supérieure et inférieure formant chacune une partie du trou de conjugaison.

moins d'une espèce animale à l'autre ; on les retrouve dans tout squelette, si simplifié qu'il soit. Les serpents, dépourvus de membres, et par conséquent des os qui entrent dans leur composition, possèdent une longue file de Vertèbres dont les antérieures se renflent pour former le crâne. La Vertèbre est donc l'os caractéristique chez les animaux pourvus d'un squelette, elle ne manque jamais; aussi les désigne-t-on sous le nom de *vertébrés*, et, par opposition, on nomme *invertébrés* ceux qui sont dépourvus de charpente osseuse.—Une Vertèbre se compose, en avant, d'un disque plein nommé le *corps*;

en arrière d'un arc qui se prolonge en sept apophyses. Le prolongement postérieur est *l'apophyse épineuse*, les deux prolongements latéraux sont les *apophyses transverses*. Tous les trois servent de points d'attache à des muscles qui résistent à la flexion du corps en avant sous l'effet de son poids, et le maintiennent

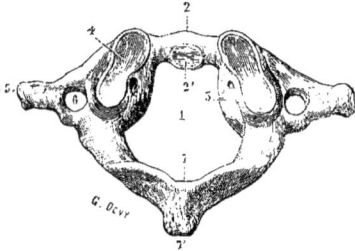

Atlas (vu d'en haut).

1, trou rachidien ; 2, arc antérieur ; 2', facette articulaire pour l'apophyse odontoïde de l'axis ; 3, masses latérales ; 4, apophyses articulaires supérieures pour les condyles de l'occipital ; 5, apophyses transverses ; 6, trou de l'artère vertébrale ; 7, arc postérieur avec 7', son tubercule.

dressé. A la base de chaque apophyse transverse se trouve, tant d'un côté que de l'autre, une apophyse dite *articulaire*, qui par une large facette s'articule avec l'apophyse pareille de la Vertèbre voisine. Chaque Vertèbre est traversée d'un large orifice, dit *trou rachidien*. Par la superposition, ces orifices forment un canal qui communique avec la cavité du crâne au moyen de l'ouverture de l'os occipital, et contient un organe de premier ordre, la *moelle*

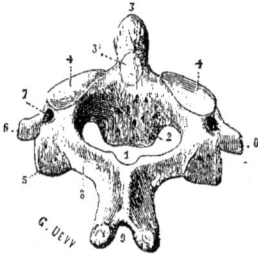

Axis (vue postéro-supérieure).

1, trou rachidien ; 2, corps ; 3, apophyse odontoïde avec 3', sa facette articulaire pour le ligament transverse ; 4, apophyses articulaires supérieures ; 5, apophyses articulaires inférieures ; 6, apophyses transverses ; 7, trou de l'artère vertébrale ; 8, lames ; 9, apophyse épineuse, bifide et bituberculée.

épinière, prolongement du cerveau. Dans toute sa longueur, la moelle épinière donne naissance à des nerfs qui vont se distribuer çà et là dans le corps. Pour leur livrer passage hors du robuste étui qui renferme la moelle, chaque Vertèbre s'échancre un peu sur chaque face, à droite et à gauche du trou rachidien. Les Vertèbres étant superposées, des deux échancrures correspondantes se forme un orifice, appelé *trou de conjugaison*, par lequel sort le nerf, à droite ainsi qu'à gauche. — Le nombre des Vertèbres varie chez les divers animaux ; dans l'homme, elles sont au nombre de trente-trois, savoir : sept Vertèbres cervicales, douze dorsales, cinq lombaires, cinq sacrées et quatre coccygiennes. — Les Vertèbres cervicales forment le cou. La première appelée *atlas*, a une forme très simple qui rappelle presque celle d'un anneau. Elle s'articule, d'une part, avec le crâne, au moyen des deux condyles de l'occipital ; d'autre part, avec la seconde Vertèbre ou *axis*, dont le corps s'élève en une sorte de pivot. C'est autour de ce pivot que l'atlas tourne, permettant ainsi le mouvement de rotation de la tête vers la droite et vers la gauche. — Les Vertèbres dorsales correspondent au dos. Sur chacune d'elles prend appui une paire de côtes, dont le nombre est par conséquent de douze. — Les Vertèbres lombaires correspondent à la région des reins. — Les cinq Vertèbres sacrées, distinctes dans le premier âge, ne tardent pas à se souder en un seul os qu'on nomme *sacrum*. Sur le sacrum s'appuient les os des hanches. Dans cette partie de la colonne vertébrale s'arrête la moelle épinière. — Les quatre Vertèbres coccygiennes ne sont que des noyaux osseux sans trous médullaires ; leur ensemble s'appelle *coccyx*. Les mammifères ont généralement cette portion de la colonne vertébrale très développée et formée d'un grand nombre d'osselets.

VERTÉBRÉS. On donne ce nom au type le plus élevé des animaux, à celui qui comprend ceux dont le corps et les membres ont une charpente intérieure osseuse ou cartilagineuse, composée de pièces liées ensemble et mobiles les unes sur les autres. On divise les Vertébrés en plusieurs classes, se distinguant entre elles par la nature de l'appareil respiratoire, par le degré de perfection du système circulatoire, du mode de reproduction, et par quelques caractères secondaires fournis par le mode de locomotion et la nature des téguments, qui sont adaptés au milieu qu'ils habitent. Les uns, les Poissons, habitant l'eau, respirent toute leur vie l'air dissous dans le liquide et sont munis de nageoires ; d'autres, les Batraciens, ne sont aquatiques, la plupart, que pendant une partie de leur existence, et sont munis de pattes. Les trois autres classes de Vertébrés sont terrestres ; les uns, les Reptiles, ont une température intérieure variable et rampent sur le sol ; les deux autres classes ont une température intérieure constante (animaux à sang chaud) ; les Oiseaux sont couverts de plumes et ont les membres antérieurs conformés pour le vol ; les Mammifères sont couverts de poils et ont les membres conformés pour la marche ou la natation. Les quatre premières classes se reproduisent par des œufs ; les mammifères seuls produisent des petits vivants.

On peut résumer les caractères des cinq classes de Vertébrés dans le tableau suivant :

Vertébrés pourvus de poumons dès leur naissance (*Allantoïdiens*).	Vivipares; à température intérieure constante; ayant des poumons à bronches ramifiées, et un cœur à quatre cavités; couverts de poils.		MAMMIFÈRES.
	Ovipares.	À température intérieure constante; ayant des poumons à bronches ramifiées et des sacs aériens; couverts de plumes; ayant les membres antérieurs transformés en ailes.	OISEAUX.
		À température variable, à trachée-artère simplement bifurquée; à tégument écailleux.	REPTILES.
Vertébrés présentant des branchies au moins à leur naissance (*Anallantoïdiens*).		Possédant des poumons au moins à l'âge adulte; pourvus de pattes.	BATRACIENS.
		Ne possédant que des branchies (sauf les Dipnés); pourvus de nageoires.	POISSONS.

VERTEX. On désigne sous ce nom le sommet de la tête.

VERTICILLE. On appelle *Verticille* un ensemble de parties, rameaux, feuilles, fleurs, qui sont disposées en anneau autour de leur axe ou support; ainsi, les rameaux sont verticillés dans le sapin; les feuilles sont en verticille dans la garance, le muguet. Dans presque tous les végétaux phanérogames, la fleur est un assemblage de plusieurs Verticilles constitués par des feuilles diversement transformées et disposés les uns au-dessus des autres.

VERVEINE (*Verbena*). Genre de plantes dicotylédones type de la famille des *Verbénacées*. Ce sont des plantes herbacées à feuilles opposées, ternées; à fleurs en épis ou en capitules terminaux, accom-

Verveine officinale ; *a*, fleur coupée verticalement.

pagnées chacune d'une bractée, ayant un calice à cinq dents, une corolle à tube cylindrique, à limbe divisé en cinq lobes, à quatre étamines didynames, incluses ; l'ovaire est à quatre loges uniovulées. — La **Verveine officinale** (V. *officinalis*), commune le long des chemins et dans les champs de presque toute l'Europe, était en grande vénération chez les anciens, qui la nommaient *herbe sacrée;* ils s'en servaient pour les aspersions d'eau lustrale, et la suspendaient aux portes des maisons pour en éloigner la maladie et les mauvais esprits. Les sorciers du moyen âge en composaient des philtres. Elle jouait également un rôle important en médecine, et passait pour une panacée universelle; mais elle est, de nos jours, devenue entièrement inutile. Ses petites fleurs, d'un lilas bleuâtre, en épis lâches, sont du plus joli effet. — On cultive aussi dans les jardins la **Verveine citronnelle** (V. *citriodora*), dont les feuilles dentées répandent une délicieuse odeur de citron. Cette dernière espèce fait aujourd'hui partie du genre *Lippia*. Plusieurs espèces concourent à l'ornementation des jardins, par l'élégance et la diversité des teintes de leurs fleurs; telles sont : la **Verveine à feuilles de Chamædrys**, du Brésil, à tiges grêles, très rameuses, rampantes, à grandes fleurs d'un rouge vif; la **Verveine à bouquets** ou *Verveine de Miquelon*, du Texas et de la Louisiane, à tige rameuse, hérissée, portant de longs épis de fleurs purpurines. On les multiplie de graines sur couche ou par boutures.

VESCE. Genre de la famille des *Légumineuses papilionacées*, tribu des *Viciées*. La **Vesce commune** (*Vicia sativa*, L.) est du nombre des plantes fourragères les plus généralement cultivées en Europe ; elle offre l'avantage d'être très productive, de s'accommoder de tous les sols (pourvu qu'ils ne soient ni trop humides ni excessivement arides), de se développer avec rapidité, et de pouvoir se semer jusqu'en juin dans les terres fortes. Le bétail est très friand de ce fourrage. La **Vesce d'hiver**, qu'on sème en automne dans une terre qui a reçu les mêmes façons que pour une semaille de céréale d'hiver, se plaît dans un sol fertile, mais plutôt léger que fort, et exempt d'un excès d'humidité. Semée dans les terres fortes qui conviennent à la Vesce de printemps, la Vesce d'hiver ne résiste pas toujours aux gelées sous le climat du centre de la France, tandis que, semée en terre légère, elle ne gèle jamais. Comme fourrage, ses propriétés ne diffèrent en rien de celles de la Vesce de printemps. Les graines de Vesce sont une excellente nourriture pour la volaille de basse-cour, et notamment pour les pigeons ; celles d'une variété appelée *Vesce blanche* ou Vesce du Canada peuvent servir d'aliment. C'est au genre *Vesce* qu'appartient la **Fève** (V. *faba*), à laquelle nous avons consacré un article particulier.

VÉSICAIRE, *Vesicaria* (du latin *vesica*, vessie). Genre de plantes de la famille des *Crucifères*, tribu des *Alyssinées*. Ce sont des plantes herbacées, qui croissent dans les régions méditerranéennes. Elles doivent leur nom générique à leur silicule renflée ou globuleuse.

VÉSICAL (de *vesica*, vessie), qui a rapport à la vessie : artères vésicales, col vésical.

VÉSICANTS. On donne parfois ce nom aux insectes du groupe des *Cantharidés*, dont la plupart possèdent des propriétés vésicantes utilisées en médecine. Ce sont les *Cantharides*, les *Mylabres*, les *Méloés*, etc. (Voir ces mots.)

VÉSICULE, *Vesicula* (diminutif de *vesica*, vessie). On donne ce nom, en anatomie, à une petite poche ou cavité où se rend et s'accumule le produit de la sécrétion d'une glande ; telle est la Vésicule du fiel ou Vésicule biliaire, la Vésicule germinative, le noyau de l'ovule devenu vésiculeux, les Vésicules séminales, etc.

VESPA. Nom scientifique latin de la Guêpe.

VESPERTILION. (Voir Chéiroptères.)

VESPIDÉS (de *vespa*, guêpe). Famille d'insectes Hyménoptères, section des *Porte-aiguillon*, comprenant les guêpes, les polistes, les épipones, etc. (Voir Guêpe.)

VESSE-LOUP. (Voir Lycoperdon.)

VESSIE URINAIRE (en latin *vesica*). Réservoir musculo-membraneux dans lequel l'urine est amenée des reins par les uretères, goutte à goutte, d'une manière continue, et d'où elle est expulsée en masse à des intervalles éloignés par le canal de l'urètre. (Voir Reins.)

VESSIE NATATOIRE. (Voir Poissons.)

VÉTIVER. Plante graminée du genre *Andropogon* (voir ce mot), remarquable par son odeur pénétrante qui la fait employer journellement pour parfumer le linge et pour préserver les vêtements de l'atteinte des teignes. Dans l'Inde, on la cultive en bordure.

VEUVE (*Vidua*). Genre d'oiseaux de l'ordre des Passereaux conirostres, famille des *Ploccidés*, se distinguant surtout par leur queue, qui a, chez les mâles, des pennes très allongées. Les Veuves sont africaines ; ce sont des oiseaux très vifs, toujours en mouvement ; elles construisent des nids artistement faits ; l'une d'elles surtout, la Veuve à épaulettes (*V. longicauda*), a des habitudes très remarquables. Dans cette espèce, une trentaine de femelles concourent ordinairement à la construction du nid, et toutes y pondent dans des compartiments particuliers qu'elles y ménagent. C'est un établissement commun, dans lequel chaque ouvrière a sa loge distincte. Cette Veuve a le plumage d'un beau noir velouté, avec deux bandes, rouge et blanche, sur chaque aile ; les longues plumes de la queue ont 35 centimètres. — La Veuve à quatre brins est noire en dessus, aurore en dessous, avec le bec et les pieds rouges. — Nous citerons encore la Veuve à collier d'or, qui a un collier jaune foncé ; la Veuve dominicaine, d'un noir brillant, avec la gorge et les parties inférieures blanches ; la grande Veuve, etc.,

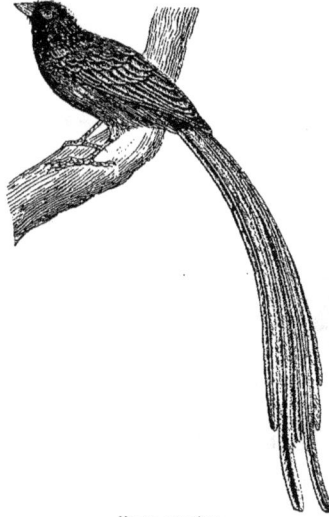

Veuve concolore.

espèces décrites dans Buffon. Nous figurons la Veuve concolore (*V. concolor*) d'Afrique.

VIBRION. (Voir Bactérie.)

VIBURNUM. (Voir Viorne.)

VICIA. Nom latin du genre Vesce.

VICIÉES (de *vicia*, vesce). Section ou tribu de plantes dicotylédones, de la famille des *Légumineuses papilionacées* comprenant celles qui offrent pour caractères : dix étamines diadelphes, une gousse à deux valves continue, des cotylédons épais. Leurs feuilles sont souvent paripennées, à pétiole commun prolongé en soie ou en vrille. Ce groupe comprend, outre le genre *Vicia*, les orobes, gesses (*lathyrus*), fève (*faba*), *Ervum*, lentille (*lens*), pois (*pisum*), ciche (*cicer*).

VICTORIA REGIA. Magnifique plante de la famille des *Nymphéacées* ou Nénuphars, qui croît dans les grands fleuves de la Guyane et du Brésil. Cette plante, véritable merveille du règne végétal, s'épanouit à la surface des eaux, comme nos nénuphars ; ses feuilles gigantesques forment des disques orbiculaires de 1m,30 à 2 mètres de diamètre ; leurs bords sont relevés à 10 centimètres tout autour, et du centre rayonnent à la circonférence huit grosses nervures qui ont l'aspect de lattes de 3 à 5 centimètres de saillie ; de celles-ci s'échappent un réseau de nervures plus petites qui se divisent et se croisent à l'infini. Ces feuilles sont d'un vert foncé en dessus, rougeâtres à leur face inférieure, laquelle est parcourue par un réseau de grosses nervures saillantes et aiguillonnées. Au milieu de ces feuilles s'élèvent de magnifiques fleurs, larges de 30 centimètres, blanches, avec le centre purpurin ou violet, et répandant un parfum délicieux. A ces fleurs, succède un fruit sphérique qui,

Victoria regia.

dans sa maturité, est gros comme la moitié de la tête, et plein de graines arrondies, très farineuses, ce qui fait donner à cette plante le nom de *maïs d'eau* par les colons, qui recueillent ces graines et les font rôtir pour les manger. Cette merveilleuse plante, retrouvée sinon découverte par A. d'Orbigny, pendant son voyage en Amérique (1828), a été décrite par le botaniste anglais Lindley, qui l'a dédiée à sa souveraine la reine Victoria, d'où son nom.

VIDUA. Nom latin des Veuves. (Voir ce mot.)

VIEILLE. Poisson du genre *Labre.*

VIF-ARGENT. (Voir MERCURE.)

VIGNE (*Vitis*). Genre de plantes type de la famille des *Vitacées* ou Ampélidacées. La Vigne cultivée (*V. vinifera*, L.), dont le fruit produit le vin, est un arbrisseau de faible apparence. Sa tige se divise en nombreux rameaux sarmenteux, longs et noueux, munis de vrilles, au moyen desquelles ils s'accrochent aux corps environnants, aux branches des arbres, par exemple, sur lesquels la vigne grimpe volontiers. Les feuilles, d'un vert agréable, sont partagées en trois ou cinq lobes et découpées d'une multitude de dents. Les fleurs, nombreuses, hermaphrodites, sont disposées en grappes opposées aux feuilles. Des baies de forme globuleuse, de couleur et de saveur différentes, suivant les variétés, succèdent aux fleurs, et reçoivent le nom de *raisins*. La Vigne offre une infinité de variétés : les plus recherchées en France sont : le *maurillon hâtif* ou *raisin de Saint-Jean* pour les primeurs, le *chasselas*, le *muscat blanc, gris, rouge*, le *malaga*, le *corinthe*, etc., pour la table. Les vignobles les plus célèbres pour la fabrication des vins, sont ceux du Bordelais, comprenant

ceux de Château-Margaux, de Château-Laffitte, de Barsac, de Sauterne, de Bommes, de Langon, etc., ceux de la Charente, dont proviennent les eaux-de-vie de Cognac. Les vignobles de la Bourgogne et de la Champagne donnent des vins dont la réputation égale celle des meilleurs vins de Bordeaux ; tels sont ceux de la Romanée, de Chambertin, de Richebourg, de Clos-Vougeot, de Musigny, de Beaune, de Montrachet, dans la Bourgogne ; de Sillery, d'Ay, de Mareuil, d'Epernay, dans la Champagne. Les vignobles de l'Hermitage dans la Drôme, de Côte-Rôtie, Condrieu, dans le Rhône, et de Torreins et de Pouilly, dans le Mâconnais, jouissent également d'une haute réputation. Les vignobles du Midi donnent les vins généreux de Rancio, de Collioure, de Grenache ou d'Alicante, de Rivesaltes, de

Vigne.

Maccabeo, les muscats de Frontignan et de Lunel. La Vigne ne croît, en donnant de bons produits, qu'entre certaines limites de climat comprises en général entre le 30ᵉ et le 50ᵉ degré de latitude ; ce qui fait que la France est un des pays les mieux partagés pour la production du vin. Elle réussit surtout dans un terrain calcaire, un sol graveleux, crayeux ou primitivement volcanique. La Vigne se reproduit principalement par bouture, par marcotte et par semis ; elle se prête aussi facilement à la greffe. Pour empêcher les fruits de toucher la terre, on donne aux *ceps* de vigne un appui formé d'échalas, ou bien d'arbres étêtés. Les raisins de table viennent sur des treilles et espaliers. Les gelées du printemps détruisent souvent les fleurs de la vigne ; puis, quand elle vient à nouer, la coulure peut encore détruire les espérances du vigneron. Des insectes et des plantes parasites (*phylloxera*, *oïdium*) viennent aussi l'attaquer et lui causer de graves dommages. Les raisins bien mûrs sont fort agréables au goût ; ils contiennent du mucilage, du sucre et un peu d'acide. Ils sont adoucissants, rafraîchissants et légèrement laxatifs. On a imaginé différents moyens pour les conserver. On peut les garder suspendus dans une chambre ou les faire sécher au soleil ou au four. Les raisins secs de Corinthe jouissent, comme on sait, d'une certaine réputation. Le raisin qui n'est pas mûr reçoit le nom de *verjus;* on l'emploie dans certains mets comme assaisonnement. Noé, suivant l'Écriture, et Bacchus, suivant les païens, ont appris aux hommes la culture de la Vigne. Il n'est point douteux qu'elle soit originaire de l'Asie ; de là elle passa en Grèce, en Italie, en Espagne, dans les Gaules, où elle trouva un climat particulièrement propre à la production du vin.

Vigne vierge (*Hedera quinquefolia*, L.), plante de la famille des *Ampélidacées*, qui constitue le genre *Ampelopsis;* elle est originaire de l'Amérique septentrionale, où elle s'élève au-dessus des plus grands arbres et le long des rochers ; elle est surtout cultivée dans nos jardins pour masquer les murs exposés au nord, ou pour garnir les berceaux.

Vigne de Judée. Nom vulgaire de la Morelle douce-amère.

Vigne blanche, la Bryone.

VIGNEAU ou **VIGNOT.** Nom vulgaire de la Littorine. (Voir ce mot.)

VIGOGNE. Espèce du genre *Lama.* (Voir ce mot.)

VILLARSIA (dédié à *Villars*, botaniste). Genre de plantes dicotylédones de la famille des *Ményanthacées*, offrant pour caractères : calice à cinq divisions ; corolle à cinq divisions étalées, ciliées sur les bords, barbues à la gorge ; un style, stigmate à deux lobes crénelés ; capsule à une loge, bivalve, à graines nombreuses disposées sur deux rangs au bord intérieur des valves. — Le type du genre est la **Villarsie faux nénuphar** (*V. nymphoïdes*), plante aquatique à tiges allongées, radicantes, à feuilles nageantes, entières, orbiculaires, cordiformes à la base, ressemblant en petit à celles du nénuphar, fleurs grandes, jaunes, longuement pédonculées, fasciculées à l'aisselle des feuilles. On la

trouve dans la Seine et la Marne aux environs de Paris.

VINAIGRIER. Un des noms vulgaires du Carabe doré et du Sumac.

VINCA. Nom latin du genre *Pervenche.* (Voir ce mot.)

VINCE TOXICUM. (Voir Dompte-venin.)

VINETTIER ou **VINETIER.** (Voir Épine-Vinette.)

VIOLA. Nom latin du genre *Violette.*

VIOLACÉES ou **VIOLARIÉES.** Famille de plantes dicotylédones, polypétales hypogynes, qui a pour type le genre *Viola.* (Voir Violette.)

VIOLETTE. Genre de plantes de la famille des *Violacées.* Ce sont des plantes herbacées, à tige courte ou nulle, à feuilles alternes, à fleurs irrégulières, solitaires sur des pédoncules axillaires, ayant un calice à cinq divisions, une corolle à cinq pétales inégaux, l'inférieur prolongé en éperon, à cinq étamines conniventes, à ovaire ovoïde-trigone, uniloculaire, renfermant de nombreux ovules. — La **Violette odorante** (*Viola odorata*, L.), type du genre, se montre communément dès le premier printemps dans les bois, les haies, les prairies. Tout le monde connaît cette charmante fleur violette ou blanche dont l'odeur est si suave. Une de ses variétés à jolies fleurs doubles, la *Violette de Parme*, est surtout cultivée dans les jardins. La fleur de

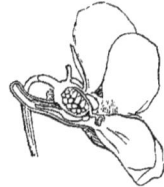

Violette
(fleur coupée verticalement).

Violette est employée en médecine comme pectorale, adoucissante, antispasmodique ; on en prépare un sirop usité dans la bronchite ; les feuilles sont émollientes et laxatives ; les graines sont pur-

Pensée des jardins (*Viola tricolor*).

gatives; la souche et les racines sont vomitives, dangereuses même à forte dose. — La **Violette tricolore** (*Viola tricolor*, L.), plante annuelle qui croît parmi les moissons, dans les sols sablonneux, ne donne, à l'état sauvage, que des fleurs petites et sans éclat, mais par la culture, on en obtient, dans les jardins, de très nombreuses variétés connues sous le nom de *pensées*. — La **Pensée à grandes fleurs**, originaire de Sibérie, mérite à juste titre la préférence qu'on lui accorde, comme plante d'ornement, sur la pensée commune; ses fleurs sont beaucoup plus grandes et plus brillantes, et, grâce aux semis multipliés et aux croisements de races, les cultivateurs en ont obtenu une quantité prodigieuse de variétés. — La **Violette des chiens** (*Viola canina*), qui croît dans les lieux secs et sablonneux, épanouit d'avril à juin ses jolies fleurs bleues.

VIOLETTE MARINE. Nom donné à la Campanule des jardins.

VIOLIER. On donne vulgairement ce nom à la Giroflée des murailles.

VIORNE (*Viburnum*). Genre de plantes dicotylédones de la famille des *Caprifoliacées*. Ce sont des arbrisseaux à feuilles opposées, dentées, à fleurs en corymbes, blanches ou rosées. — La **Viorne tin**, vulgairement *laurier tin*, qui croît dans les terrains

Viorne tin.

secs et pierreux du midi de la France, s'élève de 3 à 5 mètres; on la cultive dans nos jardins à cause de son feuillage toujours vert, et de ses fleurs, rouges en dehors, blanches en dedans, disposées en corymbe et qui se montrent dès le premier printemps. — La **Viorne obier** (*V. opulus*), vulgairement *sureau d'eau*, croît spontanément dans les bois, les lieux couverts et humides. On la cultive dans les jardins, où on obtient une variété à corymbes de fleurs formant de grosses boules blanches, ce qui fait donner à la plante le nom de *boule-de-neige*. Cette belle plante se multiplie par rejetons et marcottes; elle demande une terre fraîche. — La **Viorne latane** (*V. latana*), vulgairement *mancienne, mansévre, bardeau, bourdaine blanche*, commune dans les bois et les haies, est un arbuste qui s'élève à 2 ou 3 mètres;

ses feuilles sont cotonneuses en dessous; ses fleurs blanches; ses fruits drupacés sont rouges, puis noirs. Ils sont employés dans la fabrication de l'encre. On en cultive une variété à feuilles panachées. On voit aussi fréquemment dans les jardins, où on la cultive sous le nom d'*aubépine noire*, une espèce du Canada (*V. prunifolium*).

VIPÈRE (de *vivipara*, vivipare, qui engendre des petits vivants). Grand genre d'ophidiens solénoglyphes, type de la famille des *Vipéridés*, qui comprend, outre les Vipères proprement dites, les Cérastes et les Echidnés. (Voir ces mots.) Les ophidiens de ce groupe sont les plus redoutables de tous les serpents, non par leur force, qui est inférieure à celle des boas et des pythons, mais par leur venin, qui est souvent mortel, même pour

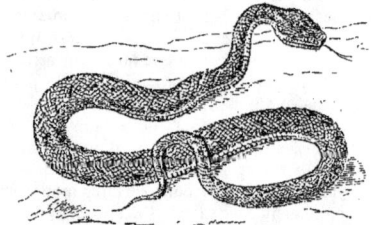

Vipère commune.

certains grands animaux. Ils ont en général le corps trapu et la tête beaucoup plus large que le cou; leur crâne est élargi et aplati dans sa partie frontale, et leurs maxillaires supérieurs, qui sont très courts, sont munis d'une paire de crochets ou grandes dents perforées qu'ils redressent lorsqu'ils veulent s'en servir. — Les Vipères proprement dites sont caractérisées par des plaques entières sur le corps et des plaques doubles sous la queue, qui est cylindrique, un anus simple et sans ergots, et des crochets venimeux. Leur tête, renflée en arrière, en forme de cœur, est revêtue de petites écailles et sans plaques, ce qui permet de les distinguer facilement d'avec les couleuvres. (Voir ce mot.) Les

Appareil venimeux de la vipère.

Vipères, comme les crotales, sont remarquables par l'appareil venimeux qui rend leur morsure mortelle. Leur venin est sécrété par des glandes qui versent ce liquide au dehors par un conduit excréteur, aboutissant à l'une des dents maxillaires de la mâchoire supérieure; cette dent, plus grande que les autres, est percée d'un canal et sert à verser le venin au fond de la plaie faite par la dent elle-même; le bord des mâchoires est garni de glandes salivaires excrétant une salive abondante qui leur permet de ramollir la proie qu'elles engloutissent sans la mâcher; en effet, leurs dents palatines, crochues et recourbées en arrière, ne sont propres qu'à retenir cette proie. — La **Vipère commune** (*Vipera aspis*), longue de 4 à 6 décimètres, est d'un brun cendré sur le dos, avec une ligne noire, en zigzag, et deux rangées de taches noires de chaque côté; le dessous est ardoisé. Elle porte sur la tête, qui est plate, large en arrière, tronquée en avant, une tache noire en forme de V. Il y a des individus presque entièrement noirs et l'on en connaît d'ailleurs plusieurs variétés. La Vipère commune est généralement répandue dans les cantons boisés et pierreux de l'Europe méridionale et tempérée. On la trouve en particulier dans la forêt de Montmorency et dans celle de Fontainebleau. La Vipère est farouche et timide; sa démarche est lourde et irrégulière. Elle reste habituellement immobile pendant le jour, et ne se met guère en chasse que le soir. Elle se nourrit de petits quadrupèdes, d'oiseaux, d'insectes, de mollusques et de vers. La Vipère s'engourdit chez nous aux approches de l'hiver, et se retire alors, souvent en société, sous les tas de pierres ou dans les troncs d'arbres, où on les trouve entrelacées les unes dans les autres. Elle s'accouple au printemps, et, quatre mois après, met au jour douze à vingt-cinq vipereaux vivants. Le venin de la Vipère tue en quelques minutes un pigeon, une poule, et même un chat; un fort chien y résiste souvent, et il est rarement mortel pour l'homme, bien qu'on cite quelques cas de mort. En effet, d'après les expériences de Fontana, les glandes ou vésicules de la Vipère ne peuvent contenir qu'une dizaine de gouttes de venin, et il en faudrait dix-huit à vingt pour déterminer la mort chez un adulte. L'homme résisterait donc à la morsure de la Vipère après quelques jours de fièvre intense, tandis que l'enfant de douze ou quatorze ans succomberait. L'application d'une ventouse sur la plaie, la cautérisation par l'ammoniaque jointe à l'administration de l'alcali volatil à l'intérieur, sont les moyens qu'on emploie ordinairement. Il est bon également de sucer la plaie et de la faire saigner, le venin étant sans action sur les muqueuses. On connaît une variété de la Vipère commune, qui se distingue en ce que la bande le long du dos et les séries de taches noires se confondent en une bande ployée en zigzag; c'est la **Vipère aspic**, particulièrement commune dans la forêt de Fontainebleau. Il ne faut pas la confondre avec l'aspic d'Égypte, si célèbre par la mort de Cléopâtre, et dont nous avons déjà parlé à l'article NAJA. — La **Vipère ammodyte** (*Vipera ammodytes*), qui habite l'Europe centrale et méridionale et se rencontre dans le Dauphiné, est remarquable par une petite corne molle, recouverte d'écailles, qui s'élève sur le bout du museau. — La petite **Vipère** (*Vipera berus*) est répandue dans une grande partie de l'Italie, ainsi que dans les Pyrénées, les Cévennes, les environs de Paris, la Belgique, etc.; elle est d'un quart plus petite que la Vipère commune.

Vipère cornue. (Voir CÉRASTE.)

Vipère jaune de la Martinique, le Trigonocéphale.

Vipère minute. (Voir ÉCHIDNÉ.)

VIPÉRINE, *Echium* (du grec *échis*, vipère). Genre de plantes dicotylédones de la famille des *Borraginées*. Son nom vient, suivant les uns, des taches livides de sa tige, suivant les autres de la forme de son fruit qui rappelle la tête de la vipère, enfin, selon d'autres, parce que la plante était autrefois préconisée contre la morsure des vipères. Ce sont des plantes rudes, hérissées de poils plus ou moins piquants, à fleurs en grappes; calice à cinq divisions, corolle à gorge nue et ouverte, à limbe irrégulier, bilabié; étamines inégales; carpelles tuberculeux, à base plane. — Le type du genre, la **Vipérine commune** (*E. vulgare*), vulgairement *herbe aux vipères*, est haute de 3 à 6 décimètres, hérissée de poils raides, à feuilles sessiles, étroites, lancéolées, à fleurs bleues ou roses, en longue grappe terminale. Elle croît l'été dans les lieux incultes, les champs pierreux. — La **Vipérine violette** (*E. violaceum*), à grandes grappes de fleurs violettes, croît dans les lieux secs, les terrains incultes du Midi.

VIRGILIER, *Virgilia* (dédié à Virgile). Genre de plantes *Légumineuses papilionacées*. Ce sont des arbres ou arbrisseaux du cap de Bonne-Espérance, à feuilles pennées avec impaire, à gousse oblongue comprimée, à fleurs blanches en grappes axillaires. — Le **Virgilia lutea**, de 5 à 7 mètres, se cultive dans les jardins, ainsi que le **Virgilia capensis**, rangé autrefois parmi les sophora.

VIS (*Terebra*). Genre de mollusques GASTÉROPODES, ordre des PECTINIBRANCHES, famille des *Buccinidés*, qui tire son nom de la forme de sa coquille très allongée, turriculée, très pointue au sommet, composée d'un grand nombre de spires; à ouverture ovale, échancrée à la base postérieure, à bord droit tranchant. L'animal a la tête grosse munie d'une trompe et de deux tentacules courts, coniques, qui portent les yeux à leur base externe; le manteau se prolonge en avant en un canal; le pied est court, très épais, muni d'un opercule corné. Les Vis sont des coquilles fort remarquables par leur forme élancée, le poli de leur surface et la vivacité de leurs couleurs. Nous citerons entre autres, les **Vis tachetée, crénelée et moyenne** qui habitent les mers de l'Afrique, des Indes et de l'Océanie.

VISCACHE. (Voir CHINCHILLA.)

VISCÈRES. On désigne sous ce nom tous les organes logés dans les trois cavités du corps, la tête, le thorax et l'abdomen, auxquelles on donne le nom de *cavités viscérales*. Cependant on réserve plus particulièrement ce nom aux organes digestifs.

VISCUM. Nom latin du genre *Gui*. (Voir ce mot.)

VISION. (Voir ŒIL.)

VISON. (Voir PUTOIS.)

VITACÉES. Famille de plantes dicotylédones à fleurs régulières, hermaphrodites, à périanthe double, calice à cinq divisions, corolle dialypétale à cinq pétales, hypogyne; cinq étamines opposées aux pétales, à filets indépendants. Anthères biloculaires; ovaire supère, à deux loges contenant chacune un ou deux ovules; ceux-ci insérés dans l'angle interne des loges sur un placenta axile. Le fruit est bacciforme, succulent, polysperme. Cette famille, à laquelle on donne aussi le nom d'*Ampélidacées* (du grec *ampélos*, vigne), a pour type le genre *Vitis*. Les genres *Ampelopsis* et *Cissus* appartiennent également à cette famille.

Fleur de vigne (coupe verticale).

VITELLUS. (Voir REPRODUCTION et OEUF.)

VITELOTTE. Variété de Pomme de terre.

VITEX. Nom latin du Gattilier.

VITIS. Nom latin du genre *Vigne*.

VIVACE. On donne, en botanique, le nom de plantes vivaces, non seulement à celles dont la tige ligneuse persiste pendant un plus ou moins grand nombre d'années, comme les arbres et les arbrisseaux, mais encore ceux dont la souche ou portion souterraine persiste seule, tandis que les tiges aériennes herbacées périssent chaque année pour repousser l'année suivante. Dans les livres de botanique, on indique ordinairement les premières par le signe ♃ et les secondes par ♃.

VIVE (*Trachinus*). Genre de poissons de l'ordre des TÉLÉOSTÉENS, tribu des ACANTHOPTÈRES, type de la famille des *Trachinidés*, se distinguant des perches par leurs nageoires ventrales, placées très en avant,

Vive.

par leur première dorsale, très courte, et leur deuxième très longue, leurs écailles sont cycloïdes. Ces poissons doivent, dit-on, leur nom de *vive* à ce qu'ils subsistent très longtemps hors de l'eau. Ils ont le corps allongé, la tête comprimée, les yeux rapprochés au bout d'un museau court et à gueule oblique; une épine forte et redoutable garnit l'opercule. — L'espèce la plus répandue sur nos côtes de l'Océan, la **Vive commune** (*T. draco*), est gris roussâtre, avec des taches noirâtres, des traits bleus et des teintes jaunes; elle a trente rayons à la deuxième dorsale, et des stries obliques sur les flancs. Elle atteint communément 30 à 35 centimètres de long. Les pêcheurs redoutent beaucoup la piqûre des aiguillons de sa première dorsale, et des expériences récentes prouveraient, en effet, qu'elle est venimeuse. A marée basse, la Vive reste

souvent enfouie dans le sable, et les pêcheurs qui marchent nu-pieds s'y blessent parfois assez grièvement.—La **petite Vive** (*T. vipera*), *otterpike* des Anglais, est de moitié au moins plus petite que la précédente. — Ces deux espèces appartiennent également à la Méditerranée où les pêcheurs les nomment *iragna;* leur chair est assez délicate.

VIVERRA. Nom latin du genre *Civette*.

VIVIPARES (de *vivus*, vivant, et *parere*, engendrer). On donne ce nom aux animaux qui mettent au jour leurs petits vivants; tels sont les mammifères.

VOILIERS [Grands]. On donne parfois ce nom aux oiseaux de la famille des *Longipennes*, de l'ordre des PALMIPÈDES : goélands, albatros, pétrels, frégates, etc.

VOIX. Mot dérivé du latin *vox*, et qui sert à désigner les sons que produisent l'homme et les animaux pour exprimer leurs sensations. L'organe de la Voix ne se rencontre que dans les animaux à poumons, les mammifères, les oiseaux et les rep-

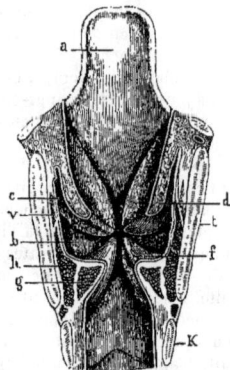

Coupe du larynx.

a, épiglotte; *b*, ventricule; *c*, son prolongement supérieur; *d*, corde vocale supérieure; *f*, corde vocale inférieure; *g*, muscle thyro-aryténoïdien; *k*, cricoïde.

tiles. Le bruit que font entendre certains poissons et beaucoup d'insectes (voir ces mots), n'est pas dû à un organe vocal. La Voix se forme par le passage de l'air contenu dans les poumons, à travers un conduit appelé *trachée-artère*, et qui monte le long de la partie antérieure du cou; il est formé d'anneaux cartilagineux et flexibles. A l'extrémité de ce canal est une sorte de vestibule qui communique avec l'arrière-bouche et qu'on nomme *larynx;* une membrane muqueuse tapisse les parois internes du larynx et passe sur deux ligaments qui laissent entre eux une ouverture triangulaire : ces ligaments sont les *cordes vocales inférieures*. Au-dessus d'elles, les parois du larynx s'élargissent, puis se rapprochent, et la membrane muqueuse tapisse deux nouveaux ligaments qu'on nomme les *cordes vocales supérieures* et qui laissent entre eux une ouverture analogue à la première. L'air, chassé de la poitrine par les muscles de l'expiration, avant de s'échapper par la bouche, est forcé de passer par l'intervalle que laissent entre elles les lames et fait vibrer celles-ci. Ce système de deux membranes, qui peut être assimilé à une anche, dont les lames seraient contractiles et élastiques, a reçu le nom de *glotte*. On a nommé *épiglotte* une membrane ovale, élastique, ressemblant à une langue qui, fixée par sa base, serait susceptible de prendre dans la trachée divers mouvements, en s'élevant ou en s'abaissant sur la glotte, pour modifier la vitesse de l'air qui en sort. L'air, après avoir passé l'épiglotte, arrive dans le gosier et enfin dans la bouche pour s'échapper au dehors. D'après cet exposé succinct, on peut voir que l'organe de la Voix ne peut être comparé qu'à un instrument à anche libre, dans lequel la poitrine sert de soufflet, la trachée-artère, de porte-vent, la glotte, d'anche, et la bouche, de canal par où l'air doit s'échapper. Pour que la Voix se produise, il ne suffit pas que l'air, expulsé des poumons, traverse la glotte, il faut encore que les muscles de celle-ci exercent, sous l'empire de la volonté, une tension convenable sur les cordes vocales. Les sons se trouvent modifiés dans les cavités de la bouche et des narines : ainsi la concavité de celles-ci, chez l'homme, influe plus que la bouche pour l'agrément de la Voix, qui est sourde et fort désagréable quand on se bouche le nez, ou quand on est affecté des maladies qu'on appelle rhumes de cerveau. Dans ce cas, la Voix est sourde et désagréable, et l'on dit d'une personne qu'elle parle du nez, tandis que c'est le contraire. Chez les mammifères et les reptiles, il n'y a qu'une seule glotte, qui est placée vers le point où la trachée-artère vient se terminer dans la bouche. Chez les oiseaux, l'organe de la Voix est plus compliqué; ainsi, dans la classe qui renferme les chanteurs, la glotte est située à la sortie des poumons, et à l'origine de la trachée-artère.

VOLANT D'EAU. (Voir Myriophylle.)

VOLCAN. Les Volcans sont des ouvertures dans l'écorce du globe, qui émettent par intervalles et quelquefois continuellement, avec explosions plus ou moins violentes, des masses gazeuses où domine la vapeur d'eau et des matières fondues, incandescentes, ou notablement altérées par le feu. Presque tous les Volcans connus sont des montagnes isolées, offrant une ou plusieurs ouvertures en forme d'entonnoir que l'on nomme *cratères* et qui communiquent par un long couloir ou cheminée avec le foyer des matières en fusion. Quelles que soient les dimensions des Volcans, leur forme générale est la même; les matières qui les composent, les causes qui les ont élevés, les phénomènes qu'ils présentent, sont presque en tous points comparables; en sorte que l'étude de l'un d'eux peut facilement conduire à la connaissance des autres et donner par analogie une idée exacte, non seulement des nombreux Volcans qui brûlent à la surface des terres connues, mais de ceux, plus

nombreux sans doute, qui sont en activité sous les eaux, et enfin, des Volcans actuellement éteints de divers âges, dont les massifs plus ou moins démantelés et les produits plus ou moins altérés couvrent de vastes contrées, l'Auvergne, la Bohême, l'Irlande, etc. — Les montagnes que couronnent un Volcan, sont presque toujours entièrement composées de matières rejetées par les bouches ignivomes et accumulées les unes sur les autres. Tel est le Vésuve, qui se dessine d'une manière si pittoresque au fond de la délicieuse baie de Naples et s'élève sous la forme d'un cône de 1 200 mètres de hauteur sur une base de 30 milles de circuit. Tel est encore l'Etna, dont le pied plonge dans une mer profonde, tandis que sa cime, couverte de neige et fumante, s'élève à 3 300 mètres et menace de ses feux la Sicile et la Calabre qu'il domine. Le Vésuve, sinon le plus considérable, au moins le plus célèbre parmi les Volcans, est situé dans la plaine de la Campanie à trois lieues de Naples; il s'élève sous la forme d'un grand cône obtus tronqué qui forme la base du Volcan et près des deux tiers de son élévation totale. Sur le plan de la troncature de ce premier cône s'en élève brusquement un second plus petit, à pente rapide et qui termine la montagne. Le sommet de ce cône terminal est tronqué et creusé d'une cavité conique en sens opposé, que sa ressemblance de forme avec une coupe a fait désigner sous le nom de *cratère*. C'est par ce cratère ou bouche volcanique que s'échappent presque continuellement des gaz et des vapeurs visibles et que parfois et à des intervalles plus ou moins rapprochés se font les éruptions dont les effets majestueux et terribles causent en même temps l'admiration et l'effroi. Parfois des éruptions analogues ont lieu par des bouches qui s'ouvrent accidentellement sur les flancs du grand cône et autour desquelles s'élèvent de petits cônes parasites. L'éruption commence ordinairement par de violents jets de gaz et de vapeurs, bientôt accompagnés de cendres et de pouzzolanes — matière composée de petits fragments de terre poreuse et calcinée. — D'épouvantables détonations se font entendre; de prodigieuses gerbes de flammes illuminent toutes les contrées environnantes; d'énormes blocs de rocher, des pierres ponces, des bombes volcaniques composées de matières scoriacées sont lancés à de grandes distances, pendant que la lave monte sans cesse, s'accumule dans le cratère, d'où elle déborde bientôt pour descendre en torrents de feu sur les pentes de la montagne. Les laves en fusion ont une viscosité qui leur permet rarement d'acquérir une très grande vitesse. Leur surface se refroidit d'ailleurs assez rapidement, et, alors, elles ne peuvent plus couler que sous les parties déjà coagulées qui les enveloppent et nuisent encore à leur marche. Même sur des pentes assez rapides, elles mettent quelquefois un jour entier pour parcourir une centaine de mètres. Mais une fois protégées contre l'action de l'air par leur surface solidifiée, elles restent un temps très long à se refroidir. On en a vu répandre encore des vapeurs plusieurs années après l'éruption qui leur avait donné naissance. La quantité de lave vomie par un Volcan en une seule éruption atteint parfois des proportions énormes. Pour n'en citer qu'un exemple, en 1783, au mois de juin, le Scapta-Jockül, Volcan d'Islande, rejeta pendant plusieurs jours des courants de lave qui couvrirent quatre-vingts lieues carrées sur une épaisseur moyenne de 30 mètres, après avoir tari et comblé une large rivière et un vaste lac. Les causes des éruptions volcaniques sont encore mal connues. La distribution des Volcans aux environs des mers, l'immense quantité de vapeur d'eau qu'ils rejettent, la composition des gaz et des vapeurs qu'ils émettent et qui toutes peuvent provenir de l'action de l'eau de mer sur des matières siliceuses, ont conduit d'éminents géologues à penser que la mer jouait le plus grand rôle dans la formation des Volcans et dans leurs éruptions. Pour d'autres géologues, un Volcan n'est que l'un des nombreux accidents d'une cause générale qui se lie à l'état originaire du sphéroïde terrestre et à son état intérieur actuel. L'observation démontre, en effet, que cette cause a son siège, non pas dans l'épaisseur du sol, mais plus bas, car les matières volcaniques sortent évidemment de dessous les plus anciens terrains, qu'elles traversent par conséquent. Les Volcans sont les soupapes de sûreté de cette immense chaudière qui frémit sous nos pas. Quand les tremblements de terre annoncent un excès d'ébullition, les soupapes s'ouvrent; des gaz, des cendres, des laves se font jour et le calme se rétablit. La hauteur des Volcans exerce une grande influence sur la fréquence des éruptions; leur activité paraît être en raison inverse de leur hauteur. En effet, si, comme tout semble le prouver, les foyers de tous ces Volcans sont situés à la même profondeur, il est évident que la force nécessaire pour élever la masse de lave en fusion jusqu'à leurs sommets doit croître avec leurs hauteurs. Il ne faut donc pas s'étonner si le Stromboli, le plus petit de tous (700 mètres), est en pleine activité depuis le temps d'Homère et sert encore aujourd'hui de phare aux navigateurs, tandis que des Volcans sept et huit fois plus élevés, paraissent condamnés à de longs intervalles d'inaction; les colosses qui, comme le Cotopaxi (5812 mètres), couronnent les Cordillères ont à peine une éruption par siècle. Les Volcans sous-marins présentent des phénomènes bien différents de ceux des Volcans atmosphériques. Sous l'eau, les matières gazeuses ou fragmentaires projetées dans une masse liquide agitée, dont la résistance et la pression sont en raison de son épaisseur, se dissolvent ou sont entraînées par les courants et déposées plus ou moins loin des points d'émission; alors elles donnent lieu à des couches sédimentaires. Les matières fluides incandescentes ou laves s'épanchent autour des orifices de sortie d'une manière plus ou moins régulière, mais de telle sorte, cependant, qu'elles forment une masse

conique dont la bouche d'émission fait le centre. En effet, la lave, plus rapidement refroidie, s'arrête à une distance à peu près égale, à partir de ce centre, en conservant plus d'épaisseur au point d'épanchement, les couches suivantes recouvrent ce premier disque de laves, qui s'élève alors lentement du fond des mers jusqu'à leur surface. L'île Julia, qui, en 1831, parut au sein de la Méditerranée, n'était que le sommet d'un immense cône submergé. Avant cette époque, et à plusieurs reprises, on avait remarqué des émanations de gaz, des bulles de vapeurs à la surface des eaux, ressenti en mer des secousses, entendu des bruits, qui démontraient l'existence dans le même lieu d'anciennes cheminées volcaniques. En 1814, émergea du sein des eaux, près des îles Aléoutiennes, une île couronnée d'un pic de 1 000 mètres de hauteur; de son sommet s'échappaient de la fumée et des vapeurs. Plus récemment, des phénomènes analogues se sont passés dans la baie de Santorin qui appartient à l'archipel grec, où, depuis les temps historiques, le sol est agité par des convulsions fréquentes. Santorin, l'ancienne Théra, est elle-même une île d'origine volcanique et semble n'être, avec quelques autres îles plus petites, que le point culminant du bord d'un vaste cratère. En 1707, après de violentes secousses éprouvées à Santorin, on vit surgir une île nouvelle formée de roches noires, du centre desquelles s'élevaient des flammes, des cendres et des vapeurs sulfureuses. A la surface de l'eau flottaient d'innombrables poissons morts. Cette éruption dura une année, pendant laquelle l'île continua à s'agrandir et à monter; elle a aujourd'hui plus de 9 kilomètres de tour; on la nomme Kamméni (l'île brûlée). Pendant un siècle et demi, les parages de Santorin étaient restés dans un calme parfait, lorsque, dans les derniers jours de janvier 1866, des secousses de tremblement de terre annoncèrent le retour du terrible phénomène. Au bout de quelques jours, des détonations violentes se succédèrent, des flammes jaillirent au milieu des eaux en faisant bouillonner les flots. Une partie de l'île Kamméni s'abîma dans la mer; tandis qu'une île nouvelle, l'île du roi Georges, fit son apparition au milieu d'un véritable feu d'artifice. — Après une période plus ou moins longue d'activité, un Volcan peut étouffer ses feux et cesser de fumer; on dit alors qu'il est éteint. La France qui, aujourd'hui, ne possède pas un seul Volcan actif, les comptait autrefois par centaines dans l'Auvergne, le Velay, le Vivarais, les Cévennes, le Languedoc. Le centre de l'Europe, la Saxe, la Bohême, en étaient couverts; il en existait en Grèce, dans le Caucase, en Transylvanie, comme le prouvent les nombreux dépôts trachytiques qu'on y rencontre à chaque pas. — Les principaux produits volcaniques sont la *lave*, le *trachyte*, la *pierre ponce*, les cendres et les sables volcaniques nommés *rapilli*; enfin plusieurs acides à l'état gazeux.

VOLCANS DE BOUE. (Voir SALSES.)

VOLUBILE, VOLUBLE. Se dit de la tige qui s'élève et s'enroule en spirale sur d'autres corps.

VOLUBILIS. Plante du genre *Liseron*. (Voir ce mot.)

VOLUCELLE, *Volucella* (de *volucer*, léger). Genre d'insectes DIPTÈRES, section des BRACHYCÈRES, de la famille des *Syrphides*. Ils se distinguent par leurs antennes plus courtes que la tête, à troisième article oblong avec le style cilié. Les Volucelles qui ont coutume de s'introduire dans les nids des bourdons, pour y déposer leurs œufs, ont les formes générales et les couleurs des bourdons, comme si la nature eût voulu les revêtir d'un déguisement qui favorisât leur parasitisme; elle pénètre donc dans les nids de ces derniers, en bravant l'aiguillon des nombreux individus qui les habitent. Leurs larves causent de grands ravages dans ces nids; car elles ne se contentent pas de manger les provisions mises en réserve pour les larves des Bourdons; mais elles dévorent ces larves elles-mêmes. Le type du genre est la **Volucella bombylans,** assez commune dans notre pays. Elle est longue de 15 millimètres; à corps noir, velu, avec le front et l'écusson jaunâtres; la partie postérieure de l'abdomen est pourvue de poils fauves.

VOLUTE (*Voluta*). Genre de mollusques GASTÉROPODES de l'ordre des PECTINIBRANCHES, famille des *Volutidés*, qui offrent pour caractères: animal ovalaire, à tête grosse, munie de deux tentacules portant les yeux à leur base; bouche terminée par une trompe épaisse armée de dents en crochets; pied très large, débordant de toute part la coquille, et sans opercule, coquille ovale, ventrue, à spire peu élevée, mamelonnée; à ouverture moins large que longue, grande, à bords échancrés, mais sans canal. Ce beau genre renferme un grand nombre d'espèces, toutes propres aux mers des pays chauds. Elles vivent près des rivages et on les trouve souvent à sec sur le sable dans l'intervalle de deux marées. Quelques-

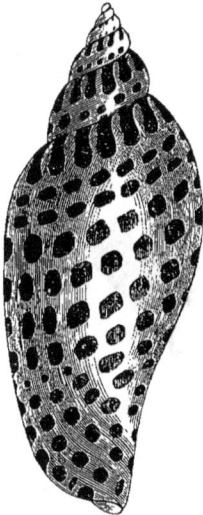

Volute queue de paon
(*Voluta Junonis*).

unes sont très rares et d'un prix élevé. Telles sont la **Volute de Junon,** de l'Australie, et le **Char de Neptune** (*V. cymbium*), de la mer des Indes; nous figurons ici une des plus belles, la **Volute queue de paon,** des mers tropicales. Les Volutes, si brillantes dans les mers tropicales, n'ont, sur nos rivages, que de bien modestes représentants appartenant au genre *Volvaria*; c'est la **Volute grain de mil** (*Volvaria miliaria*), très petite coquille d'un blanc de neige, que l'on trouve assez fréquemment mêlée au sable du rivage, et la **Volute enchaînée** (*Volvaria catenata*), un peu plus grande que la précédente, également blanche, mais pointillée de rouge.

VOLVA. (Voir CHAMPIGNONS.)

VOLVARIA. (Voir VOLUTE.)

VOLVERENNE. (Voir GLOUTON.)

VOLVOX (du latin *volvere*, tourner). Genre de *Protophytes* de la classe des *Algues*, que quelques auteurs rangent encore parmi les animalcules flagellates. C'est une masse gélatineuse, sphérique, de la grosseur d'une tête d'épingle, renfermant des cellules vertes, régulièrement disposées et munies chacune de deux cils vibratiles qui font saillie au dehors de la masse gélatineuse et fouettent constamment le liquide ambiant; mouvement grâce auquel la

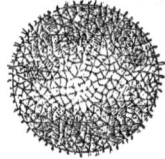

Volvox globator.

masse entière nage en tournoyant. Dans son intérieur se forme des sphérules qui, mises en liberté, constituent autant de colonies nouvelles. L'espèce la plus remarquable du genre, est le **Volvox globator,** que nous figurons ici considérablement grossi.

VOMBAT et mieux **WOMBAT.** (Voir PHASCOLOME.)

VOMIQUIER (Noix vomique). (Voir STRYCHNOS.)

VORTICELLE, *Vorticella* (de *vortex*, tourbillon). Genre de protozoaires de la classe des INFUSOIRES, ordre des PÉRITRICHES. Les Vorticelles forment un groupe remarquable et nombreux en espèces. Leur corps conique, campanulé, rappelle la forme d'une tulipe ou d'une cloche; il est terminé en arrière par un long pédicule, espèce de queue qui se contracte en spirale ou s'allonge comme une laisse à la volonté de l'animal. Celui-ci se tient fixé par l'extrémité inférieure de cette tige aux plantes aquatiques et ouvre au milieu des eaux sa large bouche entourée de cils vi-

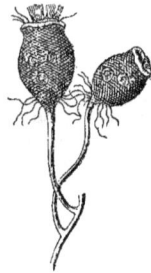

Infusoires.

bratiles qui, par leur agitation, produisent un tourbillon dont la spirale entraîne les monades et les molécules alimentaires qui passent à sa portée. On rencontre les différentes espèces de Vorticelles dans les eaux stagnantes, sur les lentilles d'eau et les conferves, dans l'eau de mer.

VOUÈDE. (Voir PASTEL.)

VRILLES. On donne ce nom, en botanique, à des filets simples ou rameux tortillés en spirale, au moyen desquels certains végétaux faibles parviennent à grimper en s'accrochant aux corps voisins. Tels sont : la bryone, la vigne, les pois, etc.

VRILLETTE. (Voir Anobie.)

VUE. (Voir Œil.)

VULCAIN. Espèce de papillon du genre *Vanesse.*

VULPIN, *Alopecurus* (du latin *vulpes,* et du grec *alopex,* renard). Genre de plantes monocotylédones de la famille des *Graminées,* à fleurs en épis denses à épillets sessiles et uniflores. On cultive le **Vulpin des prés** (*A. pratensis*), le **Vulpin des champs** (*A. agrestis*), et le **Vulpin géniculé** (*A. geniculatus*) comme plantes fourragères ; mais il n'en existe qu'une seule bonne espèce, le **Vulpin des prés,** dont l'aspect extérieur offre beaucoup de ressemblance avec la fléole. C'est une des espèces les plus odorantes et les plus recherchées des bestiaux ; toutefois, il ne donne de bons produits que dans les terrains à la fois frais et fertiles ; on peut alors en espérer de 6 à 7 000 kilogrammes de foin sec par hectare : dans les terrains médiocres et exposés à souffrir de la sécheresse, le Vulpin des prés ne donne pas plus de 2 000 à 2 500 kilogrammes par hectare. Il ne doit donc être semé seul que dans les terrains qui lui conviennent le mieux, à raison de 18 à 20 kilogrammes de graine par hectare, ou la moitié de cette quantité, s'il est associé à d'autres plantes fourragères.

VULTURIDÉS (de *vultur,* nom latin du vautour). Famille d'oiseaux de proie ou *Rapaces,* reconnaissables à leur bec droit, recourbé seulement à l'extrémité, à leur tête petite, plus ou moins dégarnie de plumes, à leur cou long et nu vers le haut, le plus souvent entouré à sa partie inférieure d'un collier de duvet ou de longues plumes. Leurs serres sont moins vigoureuses et leur vol moins rapide que ceux des falconidés ; aussi, la plupart ne se repaissent que de cadavres ou de petits animaux. La famille des Vulturidés comprend plusieurs genres, dont les principaux sont : les *Vautours* proprement dits, les *Percnoptères,* les *Néophrons,* les *Condors.* (Voir ces mots.) Les Gypaètes, que quelques auteurs placent parmi les Vulturidés, forment pour d'autres un groupe intermédiaire entre les falconidés et les Vulturidés.

VULVAIRE. Nom vulgaire du *Chenopodium vulvarium.*

W

WAHLENBERGIE (dédié au botaniste Wahlenberg). Genre de plantes dicotylédones, monopétales, périgynes, de la famille des *Campanulacées.* Ce sont des herbes annuelles, à feuilles alternes, le plus souvent ramassées dans le bas de la plante ; à fleurs portées sur de longs pédoncules, penchées. On en connaît plusieurs espèces dont la plupart du cap de Bonne-Espérance. Une espèce croît en Espagne et en Portugal, la **Wahlenbergie à feuilles de lierre** (*Wahlenbergia hederacea*).

WAKE ou **WACKE** (mot allemand qui signifie *roche*). On donne ce nom aux Basaltes parvenus à un certain degré de décomposition. C'est une roche à texture terreuse, tendre, très facile à casser, dont la couleur varie entre le gris et le noir verdâtre. Son poids spécifique est de 2,70. On le trouve en masses terreuses dans les terrains de trapps.

WALCHIA. Genre de végétaux fossiles de la famille des *Conifères,* qui offrent le port et l'aspect des *Araucaria.* (Voir ce mot.) On les trouve dans les terrains houillers supérieurs.

WAPITI. Nom d'une espèce de Cerf américain. C'est le *Cervus major* de Desmarets, l'*Elk* des Anglo-Américains. Il est d'un quart plus grand que notre cerf, et a la queue très courte. Son pelage est d'un fauve brunâtre ; ses fesses sont blanches, ses bois rameux et très grands ; ses poils sont fort longs sous le cou et le poitrail. Cet animal habite le nord de l'Amérique ; il n'a qu'une femelle qu'il ne quitte jamais et vit en famille, mais non en troupe. Son caractère est fort doux, et il s'apprivoise facilement ; plusieurs voyageurs rapportent que les Indiens du

Cerf wapiti.

Nord s'en servent pour l'atteler à leurs traîneaux. Le Cerf du Canada paraît n'être qu'une variété du Wapiti.

WATSONIE (dédié à Watson). Genre de plantes monocotylédones de la famille des *Iridées.* Ce sont des plantes originaires du cap de Bonne-Espérance, ayant à peu près le port et l'aspect des glayeuls, avec leurs longues feuilles ensiformes et leurs grandes fleurs en grappe unilatérale. On cultive dans les jardins la **Watsonie rose** et la **Watsonie de Mérian** à fleurs rouges.

WEALDIEN ou **WELDIEN** [Terrain]. Formation sédimentaire appartenant à l'étage supérieur des terrains crétacés. Elle tire son nom d'une région boisée appelée *Welden*, dans le canton de Sussex, en Angleterre, et se compose de couches alternatives de calcaires, de sables ferrugineux, d'argiles et de lignites. (Voir Crétacé.) On y trouve de nombreuses coquilles fossiles (*Paludine, Cyclas, Unio, Ostrea, Mytilus*) et des restes d'un gigantesque saurien, l'*Iguanodon mantelli*, qui avait de 15 à 18 mètres de longueur.

WELLINGTONIA GIGANTEA. (Voir Sequoia.)

WERNÉRITE (dédié au célèbre géologue et minéralogiste Werner). Substance minérale solide, vitreuse ou pierreuse, cristallisée, à texture compacte ou lamelleuse. C'est un silicate alumineux qui se rencontre en masses amorphes ou en cristaux prismatiques allongés, dans les mines de fer de la Suède. On en trouve de verts, de gris et d'un rouge obscur.

WINTER [Écorce de]. (Voir Drimys.)

WOMBAT. (Voir Phascolome.)

X

XANTHE (du grec *xanthos*, jaune). Genre de crustacés de l'ordre des Décapodes brachyures, de la famille des *Cancridés*. Ce sont des petits crabes à antennes courtes, à carapace bosselée, dont les espèces sont assez communes sur nos côtes de l'ouest et sur celles de la Méditerranée. On trouve souvent, courant sur le sable, ou caché sous les touffes de fucus que la mer a rejetées sur la plage, le **Xanthe rivuleux** (*Xantho rivulosus*), petit crabe de 3 à 5 centimètres de diamètre, à carapace d'un jaune verdâtre, tachetée de brun pourpré ou de violet. Dans cette espèce, la pince droite est presque toujours plus grosse que la gauche. Un autre crabe, voisin du précédent, se reconnaît à sa carapace bosselée, d'un brun rougeâtre, et à ses pinces noires, c'est le **Xantho floridus**.

XANTHIUM. Nom latin du genre *Lampourde*. (Voir ce mot.)

XANTHOXYLE (du grec *xanthos*, jaune, et *xulon*, bois). Genre de plantes dicotylédones de la famille des *Rutacées*, à fleurs polypétales, hypogynes, à ovaires posés sur un gynophore globuleux. Ce sont des arbres ou des arbrisseaux propres aux régions chaudes de l'Amérique et de l'Inde, et remarquables par leurs propriétés aromatiques et stimulantes; leur écorce renferme une matière jaune colorante, qui les fait employer dans la teinture. — Le **Clavalier** ou *frêne épineux* (*Xanthoxylum fraxineum*), de l'Amérique du Nord, s'élève à 4 ou 5 mètres; ses feuilles ressemblent à celles du frêne; ses fleurs petites, verdâtres, sont disposées en ombelles axillaires; son écorce jaunâtre, d'une saveur âcre et amère, est employée comme fébrifuge et sudorifique. Le **Xanthoxylum clava herculis** ou *bois jaune des Antilles* et le **Xanthoxylum nitidum**, de la Chine, jouissent des mêmes propriétés.

XENOS (du grec *xénos*, sans pieds). (Voir Rhipiptères.)

XIPHIAS (du grec *xiphos*, épée). Nom scientifique latin du genre *Espadon*.

XIPHOSURE (de *xiphos*, épée, et *oura*, queue). (Voir Limule.)

XYLINE. (Voir Noctuelle.)

XYLOCOPE (du grec *xulon*, bois, et *koptó*, couper). Genre d'insectes Hyménoptères, de la section des *Porte-aiguillon*, que Linné rangeait parmi les abeilles, mais qui fait aujourd'hui partie du groupe des *Anthophorides*, caractérisé par les jambes pos-

Xylocope.

térieures dilatées en forme de palette, et par la langue plus longue que la moitié du corps. — La **Xylocope violette** (*abeille charpentière* de Réaumur), que l'on peut observer dans les environs de Paris, a la taille et la forme de nos gros bourdons; elle est entièrement d'un noir violet. Elle vit solitaire et n'emprunte le secours d'aucun autre pour accomplir ses merveilleux travaux. Pour construire son nid, la femelle choisit quelque vieux tronc ou quelque grosse charpente dans lesquels elle perce obliquement un trou d'environ 25 millimètres, puis changeant brusquement de direction, elle creuse perpendiculairement et parallèlement aux côtés du tronc 20 à 30 centimètres de longueur sur 12 à 15 millimètres de diamètre. Ordinairement l'insecte creuse une ou deux de ces excavations; mais d'autres fois elle en perce trois ou quatre, et ce travail lui cause deux semaines d'un incessant labeur. Ce tunnel percé dans le bois n'est cependant qu'une partie de son travail, car il reste encore au petit architecte à diviser le tout en cellules, elle emploie la poussière du bois qu'elle a enlevé pour faire la galerie, et qu'elle a mis de côté pour s'en servir en temps utile. Elle dépose d'abord un œuf à la partie inférieure de la galerie, remplit l'excavation à la hauteur de 3 centimètres environ d'une pâte composée de pollen et de miel, et recouvre le tout d'un ciment composé de poussière de bois et de salive; le couvercle sert de plancher à la seconde chambre. Elle colle un second œuf à ce plancher, remplit la cellule de miel, et la bouche de la même manière. Elle remplit et ferme ainsi dix à douze cellules et clôt enfin l'entrée de la galerie. La larve ne tarde pas à sortir de l'œuf et à profiter des provisions qui sont amassées dans sa cellule. A mesure que le ver grossit, la provision diminue naturellement, et tout est si bien calculé par la sage mère, que lorsque toute la nourriture est épuisée, la larve n'en a plus besoin et est prête à se transformer en nymphe. Celle-ci se métamorphose au bout de quelques jours en insecte parfait, qui sort par l'ouverture que lui a ménagée sa mère sur le côté de sa cellule; car celui qui occupe le fond de la galerie étant né le premier, il était nécessaire qu'il pût sortir sans passer par les autres loges où il eût tué et culbuté ses frères, encore à l'état de nymphes.

XYLOCORIS (du grec *xulon*, bois, et *koris*, punaise). Le nom de *punaises des bois* que l'on applique vulgairement à toutes les punaises terrestres, désigne ici un genre du groupe des *Hydrocorises*, famille des *Ligéides*. Ce sont de petites punaises qui vivent sous les écorces, leur tête est triangulaire, leurs élytres plus grandes que l'abdomen. Une espèce, **Xylocoris parisiensis**, se trouve aux environs de Paris, deux autres Xylocoris **rufipennis** et **Xylocoris nigra** habitent le Midi.

XYLOPHAGES (de *xulon*, bois, et *phagos*, mangeur). Famille d'insectes COLÉOPTÈRES, voisine de celle des RHYNCOPHORES. (Voir ce mot.) Les Xylophages ou Scolytides sont en général de petite taille; on les reconnaît à leur tête sans prolongement ni saillie en forme de trompe, à mandibules courtes mais robustes; à antennes insérées devant les yeux, plus grosses vers leur extrémité, toujours courtes, à leurs tarses composées de quatre articles seulement. Comme l'indique leur nom, les insectes de cette famille vivent presque tous dans le bois; leurs larves attaquent souvent les arbres, surtout les pins, les sapins, les chênes et même les oliviers, les creusent et les sillonnent dans tous les sens. Lorsque ces insectes se multiplient en grande quantité dans une forêt, ils deviennent un véritable fléau et font périr une prodigieuse quantité d'arbres, qui, étant perforés et sillonnés de tous côtés, ne sont plus propres à être employés aux constructions. La famille des *Xylophages* comprend les Scolytes et les Bostriches. (Voir ces mots.) Une foule d'insectes sont d'ailleurs Xylophages, c'est-à-dire mangeurs ou rongeurs de bois, soit à l'état parfait, soit surtout à l'état de larve. Tels sont les buprestes, les longicornes, un grand nombre de charançons, de lamellicornes, de chenilles, etc. On donne particulièrement au *Cossus* et au *Lymexylon* (voir ces mots), le nom de *ronge-bois*.

XYPHOSURE. (Voir XIPHOSURE.)

XYRIDACÉES (du genre *Xyris*).

XYRIS (nom grec d'une espèce d'Iris). Genre de plantes monocotylédones, type de la famille des *Xyridacées* qu'il forme à peu près à lui seul. Ce sont des plantes de marais vivaces, à racines fibreuses, à feuilles radicales ensiformes du milieu desquelles s'élève une hampe portant des fleurs complètes groupées en capitule. Ces plantes, propres aux contrées tropicales de l'Amérique et de l'Australie, ont le port des iris. On emploie, au Brésil, les feuilles et la racine du *Xyris vaginata*, bouillies dans l'huile, contre la lèpre. On fait à la Guyane un usage analogue du *Xyris americana*.

Y

YACK ou **YAK** (*Bos grunniens* de Linné). Le Yack ou *vache de Tartarie*, de Buffon, *si-nijou* des Chinois, est une espèce parfaitement distincte de notre bœuf domestique et du buffle, bien qu'il se rapproche de ce dernier par ses formes. Il a sur la tête une grosse touffe de poils crépus et une sorte de crinière sur le cou; son pelage est noir, assez lisse, presque ras en été, plus touffu en hiver; le dessous du corps, les flancs et la naissance des jambes sont couverts de crins très longs et tombant presque jusqu'à terre; sa queue, souvent blanche, et entièrement garnie de longs crins, ressemble à celle d'un cheval; ses cornes sont unies, rondes, latérales, à pointes un peu recourbées en arrière. L'animal porte une loupe graisseuse sur le garrot comme le zébu. Yack est le nom que porte le mâle au Thibet; la femelle y est appelée *dhé*. — Le Yack à l'état sauvage ne se trouve guère que dans les parties les plus élevées des montagnes qui séparent le Thibet du Boutan ; c'est un animal farouche et dangereux, qui se plaît à l'ombre des forêts bordant les rivières. Il aime à se baigner et à se vautrer dans la fange comme le bufle. Réduit en domesticité par les Mongols, son naturel s'est un peu assoupli, mais il a conservé un caractère inquiet et irascible, et fait entendre un grognement que

Yack.

l'on a comparé à celui du cochon, d'où son nom de *vache grognante*. On emploie cet animal, au Thibet, à porter des fardeaux et à tirer des chariots ; son lait est excellent ainsi que sa chair ; on fait avec son poil des étoffes grossières, et c'est sa queue attachée au bout d'une lance, qui sert d'insigne à la dignité de pacha chez les musulmans. Le Yack s'est plusieurs fois reproduit dans les jardins zoologiques de France, et l'on a même obtenu de son croisement avec la vache des métis doués d'excellentes qualités. Ce serait une très bonne acquisition pour notre agriculture.

YACOU. (Voir Pénélope.)

YA-MA-MAI. (Voir Ver a soie.)

YAPOCK. (Voir Chironecte.)

YAPOU. (Voir Cassique.)

YARKE ou **YARQUE.** Espèce du genre *Saki*.

YÈBLE. (Voir Sureau.)

YERVA DEL PARAGUAY. (Voir Maté.)

YEUSE. Espèce du genre *Chêne*.

YPÉCACUANHA. (Voir Ipécacuanha.)

YPONOMEUTE (du grec *uponomeuô*, je creuse). (Voir Teigne.)

YPRÉAU. Nom vulgaire du Peuplier blanc. (Voir Peuplier.)

YSARD ou **ISARD.** (Voir Chamois.)

YUCCA (nom américain de la plante). Genre de plantes monocotylédones de la famille des *Liliacées*, comprenant des végétaux des contrées chaudes de l'Amérique. — Le type du genre, très répandu aujourd'hui dans nos jardins, le **Yucca gloriosa**, est une belle plante très monumentale. Dans nos jardins, il ne dépasse guère 1 mètre ; mais dans son pays, il atteint plus du double. Ses feuilles sont

Yucca gloriosa.

longues, lancéolées et piquantes, en glaive, assemblées dans le haut de la tige et du milieu desquelles s'élève une hampe terminée par une magnifique panicule de cent à cent cinquante fleurs blanches en forme de tulipe. Ces fleurs ont un périanthe simple, campanulé, à six folioles d'égale longueur, mais dont les intérieures sont plus larges ; six étamines insérées à la base du périanthe, composées de filets courts, plans, élargis au sommet, un ovaire à trois loges multiovulées, surmonté de trois stigmates sessiles ; fruit en capsule oblongue à six angles obtus. On cultive les Yuccas en pleine terre, à toute exposition, en ayant soin de préserver ses feuilles de la neige et de la gelée.

YUNX. Nom générique des Torcols. (Voir ce mot.)

YVRAIE. (Voir Ivraie.)

Z

ZABRE (*Zabrus*). Genre d'insectes COLÉOPTÈRES, du groupe des CARNASSIERS, famille des *Carabidés*. Les Zabres ont des formes lourdes et ramassées, très convexes, à grosse tête et ayant les jambes antérieures terminées par une double épine. Le *Zabrus gibbus*, type du genre, est long de 15 millimètres, oblong, parallèle, d'un brun noirâtre brillant; labre et antennes roussâtres; le corselet à côtés presque droits, légèrement arrondis en avant; base densément ponctuée; élytres longues, à stries ponctuées, intervalles finement ridés; cet insecte est commun partout. On accuse sa larve de ronger les racines des céréales et d'occasionner parfois des ravages sérieux. Les autres Zabrus sont ovalaires et assez courts. — Le **Zabrus inflatus**, de 15 millimètres, est d'un brun noir brillant; à corselet un peu rétréci en arrière; on le trouve dans les sables des Landes, au bord de la mer. — Le **Zabrus obesus**, long de 16 millimètres, a la même forme, mais il est d'un bronzé verdâtre ou doré brillant; il est commun dans les Pyrénées.

ZAMIE, *Zamia*. Genre de plantes monocotylédones de la famille des *Cycadées*, propres à l'Amérique centrale. Elles se distinguent par leurs feuilles pennées; leurs inflorescences mâles forment des cônes terminaux à écailles ovoïdes, et les femelles ont des

Zamia.

écailles dilatées au sommet en un disque hexagonal, au-dessous duquel s'attachent deux ovules renversés. Ces plantes, dans nos climats, ne se cultivent qu'en serre (*Z. muricata*, *Z. Lindleyi*). On trouve des Zamies fossiles dans le calcaire oolithique :

Z. Feneonis et *Z. articulatus*, dans le calcaire corallien, *Z. epibius*, dans le miocène.

ZANTHOXYLE. (Voir XANTHOXYLE.)

ZEA. Nom latin du Maïs.

ZÈBRE (*Equus zebra*, L.). Le Zèbre est en général plus petit que le cheval et plus grand que l'âne, auquel il ressemble par ses formes. Tout son corps est marqué de bandes alternativement blanches et brunes ou noires, disposées avec beaucoup de régularité; sa queue garnie d'une houppe de crins à son extrémité seulement; la peau de sa gorge lâche et formant une sorte de petit fanon, qu'on ne remarque pas dans les autres espèces de ce genre. La crinière commence au sommet de la face antérieure

Zèbre.

du front, entre les deux oreilles, et se continue sur le cou; elle est partout courte et droite et présente tour à tour des espaces blancs et noirs, qui sont la continuation des bandes contiguës du cou. « Le Zèbre, dit Buffon, est peut-être de tous les animaux quadrupèdes le mieux fait et le plus élégamment vêtu; il a la figure et les grâces du cheval, la légèreté du cerf, et la robe rayée de rubans noirs et blancs, disposés alternativement avec tant de régularité et de symétrie, qu'il semble que la nature ait employé la règle et le compas pour la peindre. Les bandes alternatives de noir et de blanc sont d'autant plus singulières qu'elles sont étroites, parallèles, et très exactement séparées, comme dans une étoffe rayée; elles s'étendent non seulement sur tout le corps, mais sur la tête, sur les cuisses et les jambes, et jusque sur les oreilles et la queue. Dans la femelle, ces bandes sont alternativement noires et blanches; dans le mâle elles sont

noires et jaunes, mais toujours d'une nuance vive et brillante sur un poil court, fin et fourni, dont le lustre augmente encore la beauté des couleurs. » Les Zèbres sont originaires d'Afrique, et se trouvent, à ce qu'il paraît, depuis l'Abyssinie jusqu'au cap de Bonne-Espérance, où ils sont connus sous le nom d'*âne rayé*. Ils vivent en troupe, et paissent l'herbe dure et sèche qui croît sur la croupe des montagnes. Leurs jambes, fines, se terminent par un sabot fort dur. Ils ont le pied plus sûr que le cheval, et même que l'âne, et ils courent avec une grande légèreté. On leur attribue aussi une grande force, et ils se défendent, dit-on, par de vigoureuses ruades. Levaillant, pour donner une idée de leur cri, le compare d'une manière assez bizarre, au son que produit une pierre lancée avec force sur la glace. Les femelles portent un an, comme la jument et l'ânesse, et l'espèce du Zèbre produit des mulets avec les deux précédentes. Ces animaux sont très susceptibles d'être apprivoisés, et ceux qui ont été transportés en Europe y ont vécu assez longtemps sans paraître souffrir de la différence du climat; on a pu en dompter quelques individus et les dresser pour le trait, mais, en général, ils restent assez indociles.

ZÉBU. Espèce du genre *Bœuf*.

ZÉE, Zeus. (Voir Dorée.)

ZEMMI ou **ZEMNI.** (Voir Spalax.)

ZÉOLITHE (du grec *zeô*, bouillonner, et *lithos*, pierre). On donne ce nom à plusieurs substances pierreuses, généralement des silicates hydratés d'alumine à base alcaline, qui fondent en bouillonnant et font gelée avec les acides. La chabazie, la stilbite, la mésotype sont des Zéolithes; elles ne jouent aucun rôle important dans les roches.

ZERDA. Nom vulgaire du Fennec. (Voir Renard.)

ZEUS. (Voir Dorée.)

ZIBELINE. Espèce du genre *Marte*. (Voir ce mot.)

ZIBETH. Espèce indienne du genre *Civette*. (Voir ce mot.)

ZIMB [Mouche]. (Voir Tsetsé.)

ZINC. Le nom de ce métal dérive du mot germain *zinn*, qui veut dire *étain*, métal avec lequel le Zinc fut longtemps confondu. Ce n'est qu'au seizième siècle que Paracelse lui donna le nom qu'il porte aujourd'hui. Le Zinc est un métal blanc bleuâtre; sa texture est lamelleuse et cristalline; il est cassant ou malléable selon qu'il est soumis à des températures plus ou moins élevées. A 15 degrés et au-dessous, il est très cassant, il se gerce sous le marteau, il ne peut être laminé; de 60 à 150 degrés, il devient malléable, ductile; il peut être étendu sous la forme de feuilles minces ou étiré sous celle de fils; mais sa ténacité est très faible. Son poids spécifique est 7,2. Le Zinc fond à la température de 412 degrés. A 500 degrés, il brûle sous l'influence de l'oxygène atmosphérique, avec une flamme blanche d'un éclat éblouissant. Ce métal a pris rang parmi les métaux les plus utiles. Les toitures en Zinc remplacent aujourd'hui avec avan-

tage les couvertures en plomb; les conduit et les ustensiles en Zinc offrent plus de d ceux en tôle de fer; au moyen d'une couche appliquée sur la surface de ce dernier n obtient le *fer galvanisé*. La résistance de c aux influences atmosphériques, qui détru pidement les feuilles de fer et même celles est aujourd'hui constatée par une long rience. Le Zinc n'a pas encore été rencon la nature à l'état libre. Les minerais de sont exploités sont le sulfure de Zinc ou b cristallise en dodécaèdres rhomboïdaux beaucoup pour la couleur, et une combi carbonate et de silicate de Zinc qu'on con le nom de *calamine*. (Voir ce mot.) C'est e ces minerais, préalablement grillés, par le qu'on obtient le Zinc. Les principales expl en Europe, sont dans la Silésie et en Bel Zinc de la Vieille-Montagne (Aix-la-Cha plus pur et plus estimé que celui de la S le rencontre en France à Pontgibaud (Puy-à Sainte-Marie-aux-Mines (Vosges), à P (Bretagne), etc.

ZINGIBER. (Voir Gingembre.)

ZINGIBÉRACÉES. Famille ayant pour ty *Zingiber* (Gingembre) et qui rentre aujour la famille des *Amomacées*. (Voir ce mot.)

ZIPHIUS, Genre de Dauphins fossiles. PHIN.)

ZIRCON. Minéral de l'ordre des silicate mineux. Il cristallise en prismes droi carrée; sa densité est 4,67, sa dureté 7,5. sible et insoluble; il jouit à un haut d double réfraction et d'un éclat vif et g rencontre dans les terrains anciens: d saltes, les granits et les roches volcaniq

ZIZANIE. (Voir Ivraie.)

ZIZEL. (Voir Spermophile.)

ZIZIPHUS (de *zizouf*, nom arabe de la pl scientifique latin du Jujubier. (Voir ce n

ZOANTHAIRES. Synonyme de Anthoz grec *anthos*, fleur, et *zôon*, animal), dés ordre de Zoophytes cœlentérés comp *Actiniaires* et les *Madréporaires*. (Voir ces mot *Zoanthaires* est préférable à celu *zoaires*, qui a le défaut de se confondre, nonciation, avec celui d'*Entozoaires*, don fication est bien différente.

ZOCOR ou **ZOKOR.** Espèce du genre *Sp* ce mot.)

ZOÉ (*Zoea*). Nom donné autrefois à des pélagiens, placés avec doute à la fin des mais que l'on a reconnu depuis pour l'état larvaire de certains crustacés b (Voir Crabes et Crustacés.)

ZOOLOGIE (du grec *zôon*, animal, et cours, traité). Branche de l'histoire natu pour but l'étude des animaux. Elle c La Zoographie, qui a pour objet la descr animaux; la Zoonomie (*nomos*, loi), dont

l'étude des lois générales qui régissent le règne animal; la Zootomie (de *tomê*, section) qui s'occupe de l'anatomie des animaux), et la Zootaxie (de *taxis*, ordre), qui a pour objet leur classification. (Voir Animaux.)

ZOOPHYTES. Ce nom, composé de deux mots grecs, *zôon*, animal, et *phuton*, plante, signifie corps organisé, dont la nature participe de celle des animaux et de celle des végétaux, c'est-à-dire *animaux-plantes*. Ces animaux, qui forment le quatrième et dernier embranchement du règne animal, dans la méthode de Cuvier, est le second dans la classification ascendante; il vient après les Protozoaires. (Voir ce mot.) Ces animaux ont reçu de Lamarck le nom de *rayonnés* ou *d'actinozoaires* (du grec *aktin*, rayon); ce sont les *Cœlentérés* des classifications actuelles. Chez la plupart de ces êtres, le corps est ramifié et les rameaux sont souvent disposés régulièrement autour d'un tronc commun, comme les rayons autour d'un axe, ou les pétales d'une fleur autour du réceptacle. Placés au degré le plus inférieur de la série zoologique, les Zoophytes se distinguent par la simplicité de leur organisation; ils ne présentent le plus souvent aucune apparence de système nerveux ni d'une véritable circulation. Si quelques-uns (Échinodermes) ont un canal ou un sac digestif distinct, dans un grand nombre on n'observe qu'une cavité creusée dans la substance même du corps et s'ouvrant par des suçoirs ou même par de simples pores. Sauf chez les cténophores, les sexes sont le plus souvent séparés; en outre, la multiplication a très souvent lieu par bourgeons ou par division. Quant à la respiration, elle paraît se faire tantôt par la surface du corps, tantôt par introduction directe de l'eau à l'intérieur du corps. Toutefois, la présence d'organes et de tissus, composés de cellules, distingue les Zoophytes des Protozoaires. Beaucoup d'entre eux, les *coraux*, les *polypiers* (voir ces mots), vivent agrégés sur un même tronc comme un seul animal et fixés au fond de l'eau; ils simulent tellement les ramifications d'un arbrisseau ou la disposition étoilée de certaines fleurs, qu'il faut, pour être convaincu de leur animalité, s'être bien assuré qu'ils sentent, se meuvent, et digèrent absolument comme des êtres plus parfaits. Chez tous, au reste, les mouvements sont très limités et consistent tout au plus dans la propriété de s'allonger et de se contracter. Quant aux sens, si l'on en excepte celui du toucher, ces êtres n'en offrent aucune trace. Cuvier divisait l'embranchement des Zoophytes en cinq classes : les *échinodermes*, les *vers intestinaux* ou *entozoaires*, les *acalèphes*, les *polypes* et les *infusoires*. Aujourd'hui, cet embranchement ne comprend plus que deux sous-embranchements : les Cœlentérés et les Échinodermes; les *vers* et les *infusoires* rentrent dans des embranchements différents. (Voir ces mots.)

ZOOSPORES (du grec *zôon*, animal, et *spora*, graine). On donne ce nom, en botanique, à des spores mo-

biles, asexuées, pourvues de cils vibratiles, le plus souvent au nombre de deux, et douées de mouvements, ce qui les a fait comparer à des animalcules. (Voir Algues.)

ZORILLE. Espèce du genre *Putois*.

ZOSTÈRE (du grec *zostêr*, ceinture). Genre de plantes marines monocotylédonées, type de la famille des *Zostéracées*, portant des fleurs monoïques protégées par une spathe et composées de pistils et d'étamines alternes sur deux rangs; la fécondation s'opérant sous l'eau. — Le Zostère commun (*Zostera marina*) possède de véritables racines qui s'enfoncent dans le sable; il fleurit et présente si complètement tous les caractères des plantes terrestres, qu'on

Zostère.

peut, du premier coup d'œil, le distinguer des algues marines. Le Zostère forme, sur les fonds de sable submergés de presque toutes les mers, de vastes prairies marines, où pâturent d'innombrables troupes d'animaux; sa tige rampante émet, de distance en distance, des touffes de racines qui pénètrent dans le sable, et elle porte des feuilles en forme de longs rubans d'un vert brillant et satiné, dans l'aisselle desquelles naissent les fleurs, enfermées dans une spathe. Celles-ci n'offrent rien de remarquable, si ce n'est le pollen contenu dans les étamines, qui est en forme de filaments simples ou bifurqués. Le Zostère marin séché est employé à faire des couchers assez médiocres; on le recueille aussi comme engrais, et il sert à emballer les nombreux produits que l'on recueille sur les côtes. Dans quelques contrées on le brûle comme les varechs pour en retirer la soude.

ZYGÈNES (*Zygœnidæ*). Groupe d'insectes Lépidop-

TÈRES de la division des *Crépusculaires* (*Hétérocères*) fondé sur le genre *Zygæna*. Ce sont des papillons de petite taille, à thorax assez robuste, à abdomen assez long, obconique; à ailes supérieures, longues, étroites, cachant en entier les inférieures dans le repos. Antennes généralement épaisses, très renflées au delà du milieu, terminées en pointe obtuse et contournées en cornes de bélier; trompe longue et épaisse. Cette famille renferme plusieurs genres : les Zygènes (*Zygæna*), qui volent pendant le jour à l'ardeur du soleil, ont de nombreux représentants dans notre pays; les plus répandus sont : **Zygæna minos**, **Z. scabiosa**, **Z. filipendulæ**; toutes ont les ailes d'un bleu foncé luisant avec des bandes et des taches d'un rouge vif. — Le **Procris statices** (Turquoise) a les ailes supérieures d'un vert doré, les inférieures noires; il vole également en plein jour; sa chenille verte à chevrons noirs, vit sur la scabieuse. — Le **Procris pruni** vit à l'état de chenille sur le prunier. — L'**Aglaope infausta** a les ailes brunes tachées de rouge; sa chenille, très commune en mai et juin, vit sur les arbres fruitiers.

ZYGŒNA. Nom scientifique latin des poissons du genre *Marteau*.

ZYGODACTYLES (de *zugon*, couple, et *daktulon*, doigt). Ordre d'oiseaux qui répond aux Grimpeurs de Cuvier. Il comprend les Toucans, les Coucous, les Pics, les Perroquets, etc., qui ont deux doigts devant et deux derrière. (Voir GRIMPEURS.)

ZYGOMATIQUE (du grec *zeugos*, lien). Os zygomatique : c'est l'os malaire ou de la pommette. Arcade zygomatique : espace creusé et limité par une arcade résultant de l'union de l'os malaire ou pommette avec l'apophyse zygomatique, éminence longue et grêle de l'os temporal. Le muscle grand zygomatique s'étend de la face externe de l'os malaire à l'angle des lèvres.

ZYGOPHYLLUM (du grec *zugos*, couple, et *phullon*, feuille). Genre de plantes dicotylédones, polypétales, hypogynes, de la famille des *Rutacées*. Ce sont des arbres ou des arbustes, dont les feuilles, alternes ou opposées, portent une seule paire de folioles (d'où leur nom). Leurs fleurs sont hermaphrodites, pentamères, à ovaire pluriloculaire. — Le type du genre, le **Zygophyllum fabago**, vulgairement *Fabagelle*, qui croît dans la région méditerranéenne, est un arbrisseau des lieux incultes. Ses fleurs solitaires, axillaires, blanches tachées de rouge, ont, en bouton, une saveur âcre et amère qui les fait employer en Syrie comme condiments, à la manière des câpres. Les semences du **Z. coccineum** d'Afrique sont employées par les Arabes comme anthelminthiques; il en est de même du **Z. spinosum** du Cap.

ZYGOPHYLLÉES. Famille de plantes dicotylédones ayant pour type le genre *Zygophyllum*. (Voir ce mot.) Elle forme aujourd'hui une simple division de la famille des *Rutacées*.

ZYZEL ou **ZIZEL**. (Voir SPERMOPHILE.)

www.ingramcontent.com/pod-product-compliance
Lightning Source LLC
Chambersburg PA
CBHW060440240326
41598CB00087B/1998